Gesamtverzeichnis des deutschsprachigen Schrifttums (GV) 1700 – 1910

Bearbeitet unter der Leitung von
Hilmar Schmuck und Willi Gorzny
Bibliographische und redaktionelle Beratung:
Hans Popst und Rainer Schöller

76

Kit - Kl

K · G · Saur München · New York · London · Paris 1983

CIP-Kurztitelaufnahme der Deutschen Bibliothek

Gesamtverzeichnis des deutschsprachigen Schrifttums :
(GV). – München, New York, London, Paris : Saur.
Bd. 1 – 6 bearb. unter d. Leitung von Peter Geils
u. Willi Gorzny.
ISBN 3-598-30000-X

1700 – 1910 / bearb. unter d. Leitung von Hilmar
Schmuck u. Willi Gorzny. Bibliograph. u. red.
Beratung: Hans Popst u. Rainer Schöller

NE: Schmuck, Hilmar [Bearb.]

76. Kit - Kl. - 1983.

Techn. Realisierung und Druck: Norbert Gärtner, Mainz-Kastel
Binden: Karl Schaumann, Darmstadt
Printed in the Federal Republic of Germany
ISBN 3-598-30000-X (Gesamtwerk)

Kita, Toyokichi, Igakutokugyoshi, aus Kaga ⟨Japan⟩, Assist. an d. Univ. zu Tokio: Ueber die **Mikroorganismen und Zersetzung** des gekochten Reises ⟨jap. B-éhan [vielm.: Be-han]⟩. *Leipzig 1903: B. Georgi.* (57 S.) 8°
Leipzig, Med. Diss. v. (13. März) 1903

Kitâb al-Fihrist. Mit Anmerkungen hrsg. von Gust. Flügel. Nach dessen Tode besorgt von Joh. Roediger und Aug. Mueller. Mit Unterstützung der deutschen morgenländ. Gesellschaft. 2 Bde. gr. 4. Leipzig, F. C. W. Vogel. * 84 —
Inhalt:
Bd. 1. Den Text enth. von Joh. Roediger. (XXIII, 404 S.) 871. (Subscr.-Pr. *M 42.) Laden.-Pr. *M 48.
» 2. Die Anmerkungen und Indices enth. von Aug. Mueller. (VIII, 278 S.) 872. *M 36.

[Arab.] Kitab an-nuqaț w'ad-dawair, wahua min kutub ad-duruz ad-dinijja. Naqala-hu min al-nushatain al-mangudatain bi Minhan wa bi Tūbinka Hristijan Fridrih Saibuld. Wa-fi dahihi 1: nubda min šarh al bajan fi dikr al-bid'a wa-magra azzaman, 2: ar-risala al-mausuma bi-badw al-halq ([Verf.:] Baha-addin al-Muqtana), 3: ar-risala al-mausuma bi-kašf al-haqaiq ([Verf.:] al-Hamza Ibn-'Ali). At-tab'a 1. *(Leipzig: M. Spirgatis) 1902.* (96, XV S.) 4°
[Nebent.] Die Drusenschrift: Kitab Alnuqat Waldawair: „Das Buch der Punkte und Kreise". Nach d. Tübinger u. Münchener Codex. Hrsg. m. Einl., Facs. u. Anhängen von Christian (Friedrich) Seybold, Prof. in Tübingen.
[03. 7403]

Kitada, Hikosaburo, der Abandon in der Seeversicherg. unter besond. Berücksicht. des japanischen Rechts. (64 S.) gr. 8. Leipzig 908. Buchh. G. Fock. 1. 20

Kitagawa, Otozirо [aus Japan]: Beiträge zur Diagnostik der Darm-Krankheiten. . . . Würzburg, Druck d. Bonitas-Bauer'schen Buchdr., 1889; 19 S. 8°
Würzburg, Med. Fak., Inaug.-Diss. v. 1889

Kitaibel, Paul: Descriptiones et icones plantarum rariorum Hungariae. Vol.1 - 3. Viennae: 1802 - 1812

s.: Waldstein, Franz Graf

JB 6.369

Kitaibel, Paul, Hydrographica Hungariae, praemissa auctoris vita ed. J. Schuster. 11 Ti. 8 maj. (50 B. u. 1 Tab. gr. 4.) Pestini 829, (Hartleben.)

Kitaibel, Paul, (†d. 13. Dec. 1817.) Hydrographica Hungariae, praemissa auctoris vita edidit J. Schuster. II T. Mit 1 Tab. in gr. 4. 8 maj. Pesth 830. (Hartleben). 4 ₰ 16 ℋ

— Ueber die Bardfelder Mineralwasser. Kaschau, 1801.

— plantae rar. Hungariae, s. v. *Waldstein.*

Kitao, Diro, zur Farbenlehre. Inaugural-Dissertation. 8. (32 S.) Göttingen 878, (Vandenhoeck und Ruprecht's Verlag.) *

Kitao Diro, Leukoskop, seine Anwenduug und seine Theorie. Tôkiô 1885. 4.

Kitao, D., Ueber die Wasserbewegung in Böden. Tokio 1897. 8°.

Bericht über die Pestepidemie in Kobe und Osaka von Nov. 1899 bis Jan. 1900. Erstattet von Prof. Dr. S. **Kitasato,** Dr. T. Takaki, Dr. K. Shiga u. Dr. G. Moriya. [Vorr.: T. Hasegawa, Dir.] Veröff. von d. Sanitätsabt. im Minist. d. Innern. *Tokio 1900.* (III, 104, 22 S.) 4°(8°) [01. 3633]

Kitasato, Takeshi, aus Osaka ⟨Japan⟩: **Zur Erklärung der altjapanischen Schrift.** *Leiden: E. J. Brill 1901.* (38 S.) 8°
Leipzig, Phil. Diss. v. [28. Okt.] 1901

Kitasato, Takeshi, Fumio. Japanisches Orig.-Schauspiel in 4 Aufzügen, in deutscher Sprache verf. 8. (81 S.) Dresden 900. C. Reissner. n. 1. 50

— **Namah amitabba.** Ein japan. Drama in 1 Akt. 12. (81 S.) München 899. Dr. H. Lüneburg. — 60

Sakura Sogo. Drama aus d. japan. Gesch. in 5 Akten von Takeshi **Kitasato** aus Osaka ⟨Japan⟩. *Leipzig: H. Seemann (1901).* (81 S.) 8° [F.] [01. 1332]

— **Sakura Sogo.** Drama aus der japan. Geschichte in 5 Akten. gr. 8. (81 S.) Leipzig (902). H. Seemann Nachf. n. 2.—

Kitchener, H. H., Karte der Insel Cypern im Massstabe 1:500.000 auf Grund der trigonometrischen Aufnahme. Herausgegeben von Eugen Oberhummer, mit einer Übersicht der Zählungsergebnisse vom 1. April 1901. 8. München 1903.

Die Insel Cypern. Auf Grund d. trigonom. Aufnahmen von H. H. **Kitchener** unter Leitung von E(ugen) Oberhummer ausgeführt im K. Bayer. Topogr. Bureau in München. 1900. Masst. 1:500,000. Entwurf, Schrift u. Situation v. Hch. Seyfart, Terrain v. J. Maier. *München: Th. Ackermann (1900).* (1 Kartenbl. 44×31 cm.) 8° [kol.] [03. 350]

Kitchener, Will., s. Kitchiner

Kitchin, F[inlay] L[orimer]: **Zur Kenntnis der jurassischen** Brachiopodenfauna von Kutch. *München 1897: Kastner & Lossen.* (56 S.) 8°
München, Phil. Diss. v. 1898

Kitchiner, William

— **Diätetik f. die elegante Welt, od. die Kunst, d. menschl. Leben auf eine angenehme Art zu erhalten u. zu verlängern. Aus dem Engl. u. für Deutsche bearb. von G. W. Becker. 8. Leipz. 825. 2e Aufl. 827. 3e Aufl. 832. Kaysers B. 18 ℋ**

Kitchener, Will., Diätetik f. d. elegante Welt, od. d. Kunst, d. Leben auf e. angenehme Art zu erhalten u. zu verlängern. A. d. Engl. u. f. Deutsche bearb. v. G. W. Becker. 3. Ausg. 8. (12 B.) Leipzig 832, Kayser.

William Kitchiner

[The Economy of the eyes. Deutsch:] Die Oeconomie [Oekonomie] der Augen; oder Vorschriften zur Erhaltung und Verbesserung des Gesichts, nebst Bemerkungen über das Tragen der Brillen u. den Gebrauch d. Operngucker,... Von William Kitchiner. Aus d. Engl. Weimar: Verl. d. Landes-Ind.-Compt. 1825. IV,220 S. 8°

Kitchiner, Will., d. Oekonomie d. Augen, od. Vorschriften zur Erhaltung u. Verbesserung des Gesichts, nebst Bemerkk. üb. das Tragen d. Brillen u. den Gebrauch d. Operngucker, so wie astronom. u. terrestrischer Teleskope. Aus d. Engl. Mit 1 Steintaf. gr. 12. Weimar 825. Ind.-Compt. 21 ℋ

Kite, Charles: Über die Wiederherstellung scheinbar todter Menschen und die Erhaltung der aus verstorbenen Müttern lebendig genommenen Kinder. Eine von der Humane Society gekrönte Preißschrift. (An Essay on the recovery of the apparently dead...to which the Humane Society's medal was adjudged. Dt.) Übers. von Christian Friedrich Michaelis. 223 S., gbd., 3 Taf., 5 Tab.

Leipzig: Büschel 1790

JB 5.223

Charles Kite

Karl Kite (Charles Kite, An Essay on the recovery of apparently dead. [Deutsch:]) Über die Wiederherstellung scheinbar todter Menschen und die Erhaltung der aus verstorbnen Müttern lebendig genommenen Kinder. ... verdeutscht u. m. e. Vorr. begleitet vom Christian Friedrich Michaelis [1727-1804]. Leipzig: Büschel 1790. XXXII, 220 S. 8°

Kite, K., üb. d. Wiederherstellung scheinbar todter Menschen, u. die Erhaltung der aus verstorbenen Müttern lebendig genommenen Kinder. Eine von der Humane Society gekrönte Preisschrift; verdeutscht v. Ch. Fr. Michaelis, m. K. gr. 8. Lpz. Buichel (Joachim) 790.

Kitel, L., franz. Sprachlehre. 2., verb. u. verm. Aufl. 8. ... Neuburg 832, Prechter.

Kiticsán, Coloman, k. und k. Oberlieutenant, übercomplet im Artillerie-Stabe, Adjutant und Lehrer an der technischen Militär-Akademie. Leitfaden für den Unterricht in der Militär-Administration. Im Auftrage des k. und k. Reichs-Kriegs-Ministerium für die k. und k. Militär-Akademien und Cadettenschulen bearbeitet. I. und II. Th. (In 1 Bd.). 8. Wien 1896.

Kiticsán, Coloman, Leitfaden f. d. Unterricht in d. Militär-Administration. Im Auftr. d. k. u. k. Reichs-Kriegs-Ministeriums f. d. k. u. k. Militär-Akademien u. Cadettenschulen bearb. gr. 8. (XIV, 294 S. m. 3 Tab.) Wien 896. L. W. Seidel & Sohn. n. 4.—; geb. in Leinw. n. 5.—

Kitir, Jos. Blätter der Freundschaft. Neue Gedichte. gr. 16. (20 S.) Lpz. 892. Literar. Anstalt, A. Schulze. * — 60

Kitir, Josef (Hrsg.), s. Flugblätter, Poetische.

—— Ausgewählte Gedichte. gr. 8. (16 S.) Wien 889, (Altmann). * — 80

— Leben u. Stimmung. Ausgewählte Gedichte. 12. (VII, 91 S.) Leipzig 891. A. G. Liebeskind. n. 2.—

— neuer Musen-Almanach. Deutsche Poesie zu Beginn des XX. Jahrh. Ausgewählt u. hrsg. v. K. Buchschmuck v. Rud. Reifsohneider. Lex.-8. (166 S.) Wien (901). J. Deubler. n. 2.—

Kitir, Josef, Lyrische Radirungen. 8. (51 S.) Wien: Deutsche Literatur-Anstalt 1898. 1.—

Kitir, Jos., die Weihe d. Alltags. Dichtgn. gr. 8. (48 S.) Leipzig 897. Literar. Anstalt, A. Schulze. n. 1. 80

Die Hochwassermarken im Grossherzogtum Baden. Auf Grund d. von d. Zentralbureau f. Meteorologie u. Hydrographie vorgenommenen Erhebungen u. örtl. Aufnahmen bearb. Von K. **Kitiratschky.** [Nebst] Taf. (Karlsruhe 1908-11: Braun.) 4°
[Text] 1911. Taf 1908.
(Beiträge z. Hydrographie d. Grossh. Baden. H. 13.)

Kitka, Josef, Abhandlungen aus dem Gebiete des Strafrechtes. gr. 8. (340 S. m. 4 Tab. in Fol.) Wien 847, Doll's Enkel. n. 2 ₰ 4 ngr.

Kitka, Jos., Beitrag z. Lehre üb. d. Erhebung d. Thatbestandes d. Verbrechen. gr. 8. (21½ B.) Wien 831, Sollinger.

Kitka, Jos., Beitrag z. Lehre üb. die Erhebung des Thatbestandes der Verbrechen. Neue Ausg. gr. 8. (21⅝ B.) Wien 843, Braumüller u. Seidel.

—— die Beweislehre im österreich. Criminal-Strafprocesse. gr. 8. (28⅓ B.) Wien 841, Braumüller u. Seidel.

Kitka, Jos., die Beweislehre im österreich. Civil-Processe. 8. (11¾ B.) Wien 836 (neuer Ttl. 842), [Braumüller u. Seidel.] 1 Thlr., hrbgl. Pr. Thlr.

Kitka, Jos., die Beweislehre im österreich. Civilprocesse. 8. Wien 836. Kupffer u. Singer. 1 ₰

—— die Beweislehre im österreich. Civil-Processe. gr. 8. (11¾ B.) Wien 842, Braumüller u. Seidel.

Kitka, Jos., Erläuterungen über die österreichische (deutsche) Wechselordnung und den österreich. Wechselproceß vom 25. Jänner 1850. gr. 8. (VIII und 471 S.) Wien 854, Braumüller. Thlr.

—— über den Gerichtsgebrauch u. die Mittel, zwecklosen Schreibereien u. Verzögerungen in Civil- u. Criminalrechtsgeschäften vorzubeugen. gr. 8. (11¼ B.) Wien 845, Braumüller u. Seidel. *

— s. Jurist, der, e. Zeitschrift.

— über das Verfahren bei Abfassung der Gesetzbücher überhaupt, und der Strafgesetzbücher insbesondere. gr. 8. Brünn 838. (Gastl.) n. 1½ ₰

—— über d. Verfahren bei Abfassung d. Gesetzbücher überh., u. d. Strafgesetzbücher insbesondere. gr. 8. (10¾ B.) Brünn 838. (Neuer Ttl.) Wien 841, (Braumüller u. Seidel.) *

—— über das Zusammentreffen mehrerer Schuldigen bei ein. Verbrechen u. deren Strafbarkeit. gr. 8. (9¼ B.) Wien 840, [Braumüller u. Seidel.]

Kitowicz, Ks. J., Dzieła historyczne. Wydanie zupełne. Tom. IV. & V. — Pamiętników. Drukiem dotąd nieogłoszonych. Tom. I. & II. 12. Poznan, (Leipzig 845, Brockhaus et Avenarius.) n. 1 ₰

Kitrosky, Chuna. Ueber die bei der Oxydation des Ricinusöls auftretenden Produkte, und über Versuche zur Aufklärung der Konstitution der Korksäure und Azelainsäure. (Lausanne) Stuttgart, 1891.

Kitschelt, Max [aus Leobschütz, Schlesien. Assist. am chem. Laborat. d. k. b. Akad. d. Wiss.]: Ueber β-Derivate des Tetrahydronaphtalins. ... München, Buchdr. v. M. Ernst, 1890; 57 S. 8°
München, Phil. Fak., Inaug.-Diss. v. 1890

Kitschtasp u. Isphendiar, König v. Persien, (von Jos. Al. Gleich). 2 Bde. 8. Kaschau 794. Scheibler. 20 gr

Kitt, Observationes grammaticae quaedam in Caesarem. Pr. 1875. 22 S. 4°. 3.—

Kitt, Alfr., Schoenaich-Carolaths „Dichtungen" u. andere Skizzen. (29 S.) 8. Leipzig (910). Jaeger'sche Verlagsbuchh. — 60
Sonderabdruck aus: „Neue Zürcher Zeitg."

Das deutsche Liebeslied in der zweiten Hälfte des XIX. Jahrhunderts. Von Alfred Kitt. Leipzig: Jaeger [1905]. (31 S.) 8°
Aus: Neue Zürcher Zeitung.

Kitt, Alfred. Das deutsche Liebeslied in der zweiten Hälfte des XIX. Jahrhunderts. Von A' K' (Wädenswil-Zürich). 32 S. 8. Leipzig, Jaeger, [1906]. [M. —. 60]

Kitt, David, s. Beleuchtung der Vorurtheile wider die kathol. Kirche.

[Kitt, David.] Der Jesuitismus, treu geschildert von einem unbefangenen Protestanten Zürichs. 3., vermehrte und verbesserte Aufl. 8. Zürich 1846.

[Kitt, David.] Der Capuziner-Orden in der Schweiz, und seine republikanische Verfassung; treu geschildert von einem Protestanten. 8. Luzern 1838.

[Kitt, David.] Wort eines Protestanten aus dem Kanton Zürich über die aargauischen Zustände. 8. Luzern 1844.

Kitt, F.

Kitt: Ueber den Abschluss der Bücher. 31 S. 8°–Wien H., Progr. 1864

Kitt: Ueber Conto-Corrente (Rechnungsauszüge) 32 S. 8° –Wien H., Progr. 1865

Kitt: Ueber Rechnungsabschlüsse. 53 S. 8°–Wien H., Progr. 1867

Kitt, Ferd., Lehrbuch der doppelten Buchhaltung. gr. 8. (VII, 376 S.) Wien 876, Gerold's Sohn. *

Kitt, Ferd., die Lehre v. der kaufmännischen Correspondenz. Ein Handbuch f. Anfänger u. Vorgeschrittene im Handelsfache, auch zum Selbstunterrichte. gr. 8. (VIII, 288 S.) Wien 892. C. Gerold's Sohn. Geb. in Leinw. n. 5. —

Kitt, H. Festrede zur Feier des 600 jährigen Gedenktages des Bundes von 1291. Sonntag den 2. August 1891 vor den versammelten Schweizern in Bergamo gehalten. In-8°. 13 S. Zürich, Druck von Fr. Schulthess.

Kitt, H. Das Konskriptionswesen im Kgr. Bayern nach den bestehenden Gesetzen :c. Mit Anmerk. München 1857. 276 S.

Kitt, Cand. phil. Heinrich, von Zürich: Die Entstehung der Altaicher Annalen. (S.A. aus: Untersuchungen zur mittleren Geschichte [— Büdinger], Bd II. S. 53–104]. Leipz. B. G. Teubner 1871. 2 Bl., S. 55–102, 1 Bl. 8°.
[Zürich, Phil. Diss. v. 16. März 1872].

[Kitt, Heinrich.] An Dr. Alfred Escher zum 22 Mai 1882, von einem Jugendfreunde jenseits der Alpen. [Gedicht.] 4. (Bergamo 1882.)

Kitt, Heinr., das Miethwesen in Bayern diesseits des Rheins mit besond. Rücksicht auf Wohnungsmiethen nach gemeinem Rechte, bayer. Landrechte, Stadtrechten, Gesetzen und Verordnungen nebst erläut. Bemerkungen, Formularien und einem alphabet. Register zum prakt. Gebrauche für Juristen und zur Anleitung für Rechtsunkundige dargestellt. 8. (VIII und 160 S.) München 853, Franz.

Kitt, Heinr., „Ostergruß in die Heimath". Predigt am Auferstehungsfeste, 5. IV. 1896, geh. in der evangel. Kirche zu Bergamo. gr. 8. (13 S.) Zürich 896. Schultheß & Co. n. — 40

— ausgewählte Predigten. Hrsg. bei Anlaß seines 50jähr. Prediger-Jubiläums an der evangel. Gemeinde in Bergamo, 14. III. 1897. gr. 8. (V, 287 S.) Ebd. 897. n. 3. —

Kitt, Hein. Verhältniß u. Ziel der getrennten christlichen Confessionen im Lichte e. Räthselwortes Christi. Gastpredigt, geh. in Genua den 16. Juni 1889. 8. (14 S.) Zürich 889, (Schultheß). — 40

Kitt, Heinr., Zeit und Evangelium oder die Stimme des Evangeliums an die Zeit. Predigten aus dem J. 1848. gr. 8. (X und 156 S.) Zürich 849, Schultheß.

Kitt, J. H., Predigt über Offenbarung Johannes XXII. 17. gehalten in der Grossmünsterkirche den 3. Okt. 1875. Zürich, F. Schulthess. —. 45

Kitt, Joannes *(geb. Guttstadt in Ostpr. 24. 12. 1843)*: Quae ac quanta sit inter Aeschylum et Herodotum et consilii operum et religionis similitudo. Vratislaviae (1869). (64 S.) 8° *[Im Buchhandel 1870 bei Goerlich & Koch in Breslau.]*
Breslau, Phil. Diss. v. 22 Dez. 1869

Kitt, Jos., quae ac quanta sit inter Aeschylum et Herodotum et consilii operum et religionis similitudo. Dissertatio inauguralis philologica. gr. 8. (III, 66 S.) Breslau 870, (Goerlich und Coch.) *

Kitt, Joh. De translationibus taciteis. 32 S. Progr. *Konitz* 1884.

Kitt, Kathar., († ...) Gebete über die vier Evangelia. 4. Zürich 767.

Kitt, Mor., Grundlinien der politischen Arithmetik. Zum Gebrauche an Handelsakademien, höheren Handelslehranstalten u. zum Selbstunterrichte. 1. Thl.: Zinseszins- u. Rentenrechng. gr. 8. (VI, 78 u. 89 S.) Wien 901. C. Graeser & Co. — Leipzig, B. G. Teubner. Geb. in Leinw. n. 3. —

Die Jodzahl der Fette und Wachsarten. Von Dr. Moriz Kitt, Prof. in Olmütz. *Berlin: J. Springer 1902.* (70 S.) 8°

Kitt, Moritz [aus Wien]: Ueber Thioxen ... Heidelberg, Univ.-Buchdr. v. J. Hörning, 1896; 30 S., 1 Bl., 1 Taf. 8.
Heidelberg, Naturw.-math. Fak., Inaug.-Diss. v. [18. Apr.] 1896

Kitt, Theodor

Kitt, Th., Abschwächung des Rauschbrandvirus durch strömende Wasserdämpfe. S.-A. a. C. f. B. Jena 88. Fischer.

Kitt, Th., Atlas d. Thierkrankheiten. 40 Fig. in Farbendr. üb. patholog.-anatom. Präparate. N. Orig.-Aufnahmen v. K. Dirr u. G. Mezger, sow. selbstgefert. Skizzen hrsg. gr. 8. (16 Taf. m. IV S. u. 18 Bl. Erklärgn.) Stuttgart 896. F. Enke. Geb. in Leinw. n. 10. —

Kitt, Th., Bacterienkunde u. pathologische Mikroskopie f. Thierärzte u. Studirende der Thiermedicin. Nach Cursusvorträgen. 2., gänzlich umgearb. u. verm. Aufl. der „Bakteriolog. u. pathologisch-histolog. Übgn. f. Thierärzte u. Studirende der Thierheilkunde". gr. 8. (XIV, 450 S. m. 140 Abbildgn. u. 2 kolor. Zeichngn.) Wien 893. M. Perles. n. 9. —

KITT, Th.
Bakterienkunde und pathologische Mikroskopie für Thierärzte und Studirende der Thiermedicin von Dr. Th. Kitt. 3. neubearbeitete Auflage. Mit 160 Abbildungen, colorirten Zeichnungen und Tafeln. Wien. 1899. Perles. Gr.-8°. XIV, 525 S. fl. 6.—, geb. fl. 7.—

Kitt, Th., Bacterienkunde u. pathologische Mikroskopie f. Thierärzte u. Studierende der Thiermedicin. 4., umgearb. Aufl. Mit mehr als 200 Abbildgn. u. 2 kolor. Taf. gr. 8. (XI, 539 S.) Wien 903. M. Perles n. 14. —; geb. n. 16. —

Kitt, Th., Bakterienkunde u. pathologische Mikroskopie f. Tierärzte u. Studierende der Tiermedizin. 5., wiederholt verb. u. umgearb. Aufl. Mit mehr als 200 Abbildgn. u. 4 kolor. Taf. (V, 578 S.) Lex. 8. Wien 908. M. Perles. 15.—; geb. n 17. —

— Bacteriologie u. pathologische Mikroskopie f. Thierärzte u. Studierende der Thiermedicin. 3., neubearb. Aufl. Mit 160 Abbildgn., color. Zeichngn. u. Taf. gr. 8. (XIV, 525 S.) Ebd. 899. n. 10. 80; geb. n. 12. 50

Kitt, Th., s.: Beiträge zur pathologischen Anatomie.

Kitt Th.: Beiträge z. Kenntniss d. Rauschbrandes u. dessen Schutzimpfung. [Leipz. 1887]. (23) S. (Særtr.). P.
— — 2. Serie, m. Tit.: Versuche üb. einmalige Rauschbrandschutzimpfung. [188*]. (30) S. (Særtr.). P.

— — Berichtigung meiner Mitteilung über die Streptotrixformen des Rotlaufbazillus. S.-A. a. C. f. B. Ebd. 98.

— — D. Geflügelcholera. — D. Rauschbrand. S.-A. a. d. C. f. B. Jena 87. Fischer.

— — Impfrotz bei Waldmäusen. S.-A. a. C. f. B. Ebd.

Kitt Th.: Ueber Impfrotz bei Wühlratten. (Wien 1888). 12 S. 1 kol. Tvl. (Særtr.). P.

Lehrbuch der pathologischen Anatomie der Hausthiere für Thierärzte u. Studierende von Prof. Dr. Th[eodor] Kitt in München. Mit Abb. 2. verb. Aufl. Bd 1. 2. *Stuttgart: F. Enke 1900–01.* 2 Bde 8°
2. Mit Beitr. von Prof. F[riedr.] Gutenäcker u. Prof. Dr. W[ilh.] Schlampp in München. [01. 4919

— Lehrbuch der pathologischen Anatomie der Hausthiere. Für Thierärzte u. Studierende der Thiermedicin Mit Beiträgen v. F. Gutenäcker u. W. Schlampp. 2. verb. Aufl. 2 Bde. gr. 8. Stuttgart, F. Enke.
n. 33. —; geb. in Leinw. n. 35. 80
1. (XII, 647 S. m. 215 Abb.) 900. n. 16. —; geb. n. 17. 40
2. (VII, 715 S. m. 162 Abb.) 901. n. 17. —; geb. n. 18. 40

— Lehrbuch der pathologischen Anatomie der Haustiere f. Tierärzte u. Studierende der Tiermedizin. Mit Beiträgen v. F. Gutenäcker u. Jakob. 3. verb. Aufl. 2 Bde. Lex.-8. Stuttgart, F. Enke. n. 34. —;
geb. in Leinw. n. 37. 20
1. (XII, 690 S. m. 312 Abb.) 905. n. 16. —; geb. n. 17. 60
2. (VII, 754 S. m. 213 Abb. u. 3 farb. Taf.) 906. n. 18. —;
geb n. 19. 60

— Lehrbuch der pathologischen Anatomie der Haustiere f. Tierärzte u. Studierende der Tiermedizin. 4. verb. Aufl. (2 Bde.) 1. Bd. (XVI, 776 S. m. 390 Abbildgn.) Lex. 8. Ebd. 910. 18.40; geb. in Leinw. n 20. —

— Lehrbuch der pathologisch-anatomischen Diagnostik f. Thierärzte u. Studirende der Thiermedicin. (2 Bde.) 1. Bd. gr. 8. (VIII, 596 S. m. 103 Abbildgn.) Stuttgart 894. F. Enke. n. 14. —

— Lehrbuch d. pathologisch-anatom. Diagnostik f. Thierärzte u. Studirende d. Thiermedicin. (2 Bde.) 2. Bd. gr. 8. (V, 680 S m. 130 Abb.) Ebd. 895. n. 15. —;
(kplt.: n. 29. —)

— Lehrbuch der allgemeinen Pathologie f. Tierärzte u. Studierende. (VIII, 436 S. m. 119 Abbildgn. u. 4 farb. Taf.) gr. 8. Ebd. 904. n. 11. —;
geb. in Leinw. n. 12. 20

Lehrbuch der allgemeinen Pathologie f. Tierärzte u. Studierende d. Tiermed. Von Prof. Dr. Th[eodor] Kitt, München. 2. verb. Aufl. Mit 6 Farbentaf. u. 140 Textabb. Stuttgart: F. Enke 1908. (VIII, 471 S.) 8° [08. 4289

— — Der Micrococcus ascoformans und das Mykofibrom des Pferdes. S.-A. a. C. f. B. Jena 88. Fischer.

— s.: Monatshefte f. praktische Tierheilkunde.

— Ueber Schutzimpfungen gegen Thierseuchen, im Besonderen üb. die Schutzimpfung gegen den Rauschbrand d. Rinder. (1889). 21 S. (Særtr.). P.

— — Streptotrixformen des Rotlaufbazillus. S.-A. a. C. f. B. Ebd. 97.

Kitt Th.: Ueber Tetanusimpfungen bei Hausthieren. (Jena 1890). (11) S. (Særtr.). P.

Kitt, Th[eodor]: Bacteriologische und pathologisch-histologische Übungen. Wien 1889. VII, 328 S.
— 2. Aufl. [u. d. Tit.:] Bacterienkunde und pathologische Mikroskopie. 1893. XIV, 450 S.
— 3. Aufl. Mit 160 Abb. 1899. XIV, 525 S.
— 4. Aufl. Mit 200 Abb. u. 2 col. Taf. 1903. XI, 539 S.
— 5. verb. u. umgearb. Aufl. Mit mehr als 200 Abb. u. 4 col. Taf. 1908. V, 578 S.

Kitt, Th. Bacteriologische u. pathologisch-histiologische Übungen f. Thierärzte u. Studirende der Thierheilkunde. Eine Anleitg. zur Erlerng. d. Anfangsgründe der Bacterienkunde u. mikroskop. Untersuchgn. Nach Vorträgen e. 14täg. Curses. gr. 8. (VII, 328 S. m. Abbildgn.) Wien 889, Perles. * 7 —

— Was muß jeder Hundebesitzer wissen? Die Gesetze u. polizeil. Vorschriften üb. das Halten v. Hunden (Hundesteuer, Haftpflicht, Tollwutparagraphen ꝛc.). Die auf den Menschen u. auf Tiere übertragbaren Krankheiten des Hundes. Die Pflege u. Erziehg. d. Hundes. (VIII, 112 S. m. 21 Abbildgn. u. 1 Taf.) gr. 8. Stuttgart 908. F. Enke.
2. —; geb. in Leinw. n 2. 40

Kitt, Th., Wert und Unwert der Schutzimpfungen gegen Tierseuchen. Zumeist nach eignen Kontroll-Versuchen dargestellt. gr. 8. (IX, 248 S. mit 14 Textabbild.) Berlin 886, Parey. *

Kittan, Gust. Th., Missionsgebete nebst einem Anh. enth. Versikel und Collecten zum Gebrauch bei Missionsstunden und Missionsfesten. 8. (III und 64 S.) Leipzig 866, Dörffling und Franke.

Kittan, Jh. Karl Fr., s. Predigtentwürfe, schriftgemäße.

Kittan, R., Rede, gehalten am Grabe des Herrn Rittergutsbesitzers F. auf E. am 20. Novbr. 1869 als Selbstvertheidigg. gegen erlittene Schmähgn. u. Angriffe. Zwickau 870. (Döhner.) gr. 8. (10 S.) n.n. 2½ ngr.

Kittan, R. Die Stellung der evangel. Kirche zu der Volksschule in der Gegenwart. Vortrag, geh. in der Hauptversammlg. der Thüringer kirchl. Konferenz zu Eisenach am 6. Mai 1890. gr. 8. (24 S.) Gotha 890. Schloeßmann. * — 50

Rückblicke auf eine siebzigjährige Pilgerschaft von R[udolf] Kittan Geh. Schulrat. Dresden-Blasewitz: Schuberth (1909). 252 S. 8°
[09. 1700

Kittary, Modeste, Orthoptères observés dans les steppes des Kirguises, s.: Bulletin de la société Imp. des naturalistes de Moscou, tome XXII, 2. partie.

— recherches anatom. sur les poissons du genre Acipenser, siehe: Bulletin de la société Imp. des naturalistes de Moscou, tome XXIII, 2. partie.

— anatomische Untersuchungen der gemeinen u. der furchtlosen Solpuga, siehe: Bulletin de la société Imp. des naturalistes de Moscou, tome XXI, 2. partie.

Kittau, Rud., Ueber kirchliche Armenpflege. 8°. Dresden 1873.

Kittbuch, das, od. Anweisung der bewährtesten Kitte f. Porzellan, Glas, Steingut ꝛc., nebst ein. Zugabe: die Verfertigung von Mund- u. Tischlerleim, Siegellack, Holzanstriche, Mörtel, u. v. a. nützl. Mittel. 12. (3 B.) Erfurt 842, Hennings u. Hopf.

Kittbuch, das, oder Anweisung z. Verfertigung aller Arten von Kitte. 16. (2 B.) Bautzen 844, Reichel. Thlr. *

Kittel, meteorologische Beobachtungen in Aschaffenburg, s. Verhandlungen der physical.-medicin. Gesellschaft in Würzburg.

Kittel, s.: Lesebuch, deutsches, f. Stadt- u. Landschulen.

Kittel's, ..., Recept d. kostenfreien Gährungsmittels z. Branntweinstellen. 4. (Leipz., Märker). 9 K

Kittel, A., Beiträge zur Geschichte der Freiherren Echter v. Mespelbrunn. Bei der III. Säkularfeier der durch Fürstbischof Julius Echter v. Mespelbrunn gestifteten Universität Würzburg veröffentlicht. gr. 8. (IV, 59 S. m. 1 genealog. Tab.) Würzburg 882. Stuber's Verl. n. 1. 80

Kittel, A., d. Konstrukteur u. d. Konstruktions-Zeichnen in d. Uhrmacherei, s.: Bibliothek d. Handels-Zeitung f. d. ges. Uhren-Industrie.

Kittel, A., Konstruktions- u. Lehrbuch f. die Uhrmacherei. Neue erweit. Ausg. vom „Lehrbuch f. den Uhrmacher". (V, 102 S. m. 164 Fig.) gr. 8. Leipzig 907. H. A. L. Degener. Geb. 3. 60

Kittel, A., Lehrbuch f. den Uhrmacher in der Schule u. Werkstatt. gr. 8. (V, 91 S. m. 163 Fig.) Dresden 893. G. Kühtmann. n. 3. 60

Kittel, A. Die Rad-Verzahnungen, durch e. pract. Anleitg. leichtfaßlich dargestellt, nebst e. neuen Vorrichtg., die Radzähne richtig herzustellen. Zum Gebrauche f. Uhrmacher, Optiker, Präcisionsmechaniker rc. Mit 8 Zeichnungstaf. u. Text. 8. (42 S.) Altona 889, Send. geb. * 3 —

Kittel, A., u. J. Emele, Vorlagen f. den Unterricht im Fachzeichnen der Uhrmacher. Zum Gebrauch f. Lehrer u. Leiter an gewerbl. Lehranstalten u. zum Selbstunterricht f. Uhrmacher. 28 lith. Taf. in Fol. Mit erläut. Text v. H. Sievert, Verf. d. Leitfaden f. Uhrmacher. 1. u. 2. Lfg. qu. Fol. (à 8 Taf.) Berlin 886. Kühl. à n.n. 3. —

— u. J. Emele, Vorlagen f. den Unterricht im Fachzeichnen der Uhrmacher. Zum Gebrauch f. Lehrer u. Leiter an gewerbl. Lehranstalten u. zum Selbstunterricht f. Uhrmacher. 28 lith. Taf. in Fol. Mit erläut. Text v. H. Sievert, Verf. d. Leitfaden f. Uhrmacher. 3. u. 4. (Schluss-)Lfg. qu. Fol. (12 Taf.) Mit Text. gr. 8. (32 S.) Berlin 887. Kühl. à n.n. 3. — (cplt.: n. 12. —)

Kittel, Eduard

— Herder als Pädagog. Für Lehrer u. Schulfreunde geschildert. gr. 8. (III, 83 S.) Wien 878. Pichler's Wwe. & Sohn. 1. 20

Kittel, Ed., Correspondenz der von der Stadt Eger 1742 an das Hoflager Karl VII. nach Frankfurt Abgeordneten: Johann Christoph v. Brusch u. Johann Trampoli mit dem Rathe der Stadt. Ein Beitrag zur Geschichte des österreich. Erbfolgekrieges. [Aus: „Arch. f. österr. Gesch."] Lex.-8. (48 S.) Wien 877. Gerold's Sohn in Comm. n. — 80

Kittel: Kursachsen u. die Gegenreformation in Eger. Eine Skizze aus der Geschichte der Rekatholisierung Eger's. 25 S. 8°–Eger, Progr. 1869

Kittel, Ed.: Ueber Lehrerbildung mit besonderer Berücksichtigung der formalen Seite derselben. 32 S. 8° –Eger LBA., Progr. 1873.

—— über Lehrerbildung mit besond. Berücksicht. der formalen Seite derselben. gr. 8. (IV, 89 S.) Wien 878, Pichler's Wwe. und Sohn.

Kittel, Ed., aus der Original-Correspondenz des Zacharias Rossenberger von Werdenstedt mit dem Rathe der Stadt Eger. [1603—1626.] Lex.-8. (35 S.) Wien 874, (Gerold's Sohn.) *

Aus: Archiv für oesterreichische Geschichte, besonders abgedruckt.

Kittel: Sokrates, seine Lehre u. seine Zeit. 16 S.–Eger, Progr. 1860.

Kittel: Gedrängte Übersicht über die verschiedenen Auffassungen der Begriffe: Sinn, Verstand u. Vernunft, sowie ihrer wechselseitigen Verhältnisse in der antiken Philosophie mit Einschluss d. neuplat. Richtung. 15 S. 8°–Eger, Progr. 1865.

Kittel, Ed., dunkle Wörter der deutschen Sprache. Für weitere Kreise zusammengestellt. gr. 8. (48 S.) Prag 877. Bellmann. n. — 80

Kittel, Ernst [cand. med. aus Cottbus]: Die Behandlung tuberkulöser Affektionen mit Peru-Balsam. . . . Erlangen, *Pierer'sche Hofbuchdr. Stephan Geibel & Co. in Altenburg*, 1889; 36 S. 8°

Erlangen, Med. Fak., Inaug.-Diss. v. 20. Jul. 1889

Kittel, Ernst, über d. miocänen Pteropoden von Oesterreich-Ungarn. (Separat-Abdruck aus Band I der Annalen des k. k. naturhist. Hofmuseums.) gr. 8°. (23 S. mit einer lithographirten Tafel.) Wien, Hölder. Baar fl. 1 40. 1886.

Kittel, F., a Kannada-English dictionary. Lex.-8. (L, 1752 S.) Mangalore 894. (Basel, Missionsbuchh. — Leipzig, O. Harrassowitz.) Geb. n. 32. —

Kittel, F., üb. den Ursprung d. Lingakultus in Indien. gr. 8. (48 S.) Mangalore 876. (Basel, Missionsbuchh.) n.n. 2. —

Kittel, Franz, prakt. Arzt a. Russ, Ostpr.: Aus d. Kgl. chirurg. Universitätsklinik Königsberg i. Pr. Dir. Prof. Dr. E. Lexer. Ueber eine neue Verschlußnaht bei Pylorusresektion. Königsberg i. Pr. 1906: O. Kümmel. (26 S.) 8°

Königsberg, Med. Fak., Ref. Lexer, Diss. v. 29. Okt. 1906

[Geb. 30. Jan. 81 Stockheim, Kr. Friedland O.-Pr.; Wohnort: Ruß, Kr. Heydekrug; Staatsangeh.: Preußen; Vorbildung: Friedrichs-Kollegium Königsberg i. Pr. Reife M. 00; Studium: Königsberg 9 S.; Coll. 22. Okt. 06; Approb. 19. Nov. 05.]

Kittel, G., gemeinfaßliche Darstellung der Decimalbruchrechnung mit Anwendung auf das neue Maaß- und Gewichtssystem zur Selbstbelehrung für den Bürger und Landmann mit Beispielen aus dem prakt. Leben bearb. 8. (VI, 37 S.) Gera 870, Ißleib und Rietzschel. *

Kittel, G., Fingerzeige in das neue Maaß- u. Gewichtssystem u. wie sich dasselbe in seinem Werthe verhält zu dem im Herzogth. S.-Altenburg zeither gebräuchl. Maaß u. Gewicht f. Alle, welche sich auf eine leichte u. bequeme Art darüber selbst belehren wollen. 2. Aufl. gr. 8. (16 S.) Schmölln 872. Bauer. n. — 25

—— Gewichtstabellen zum Auflegen der neuen Gewichte bei der gemeinen, sowie bei der Decimal-Wage. gr. 8. (7 S.) Ronneburg 872, (Mülle.)

—— vier populäre Vorträge als Erläuterung zu den Fingerzeigen in das neue Maaß- und Gewichtssystem. gr. 8. (15 S.) Schmölln 872, Bauer. *

Kittel, Geo., die wertvollsten Obstsorten Deutschlands, tabellarisch unt. Berücksicht. ihrer Reifezeit u. Verwendbarkeit, ihrer Wachstumsbedinggn. u. Bodenansprüche zum Anbau in übersichtl. u. leichtfaßl. Weise zusammengest. f. Pomologen, Gärtner, Landwirte u. Private. gr. 8. (IV, 207, 67 u. X S.) Düsseldorf (896). F. Richter. Kart n. 8. —

Systematische Übersicht der in Bayern vorkommenden Cicadinen nebst Entwicklungsgeschichte zweier der Gattung Palloptera angehörender Fliegen. — Von Georg Kittel, L. P. — 1875. Passau, ibid. — S. 3—8⁴.
Progr. Passau, K. Lyzeum

Systematisches Verzeichniss der Sandkäfer und Laufkäfer, welche in Bayern und der nächsten Umgebung vorkommen. Von Georg Kittel, L. P. — 1876. Passau, ibid. — S. III—XVI⁴.
Progr. Passau, K. Lyzeum

Kittel, Hermann, approb. Arzt aus Cottbus: **Aus d. Anscharkrankenhause zu Kiel. Ein Fall von Kniegelenksosteosarkom.** *Kiel 1899: H. Fiencke.* (22 S.) 8°
Kiel, Med. Diss. v. [15. Aug.] 1899

Kittel, J., Bertelsels. [Aus: „Ostfries. Monatsbl."] gr. 8. (41 S.) Emden 882. Haynel. — 75

Kittel, J. F., arithmet. Almanach f. jedes Jahr. Mit e. Vorr. v. Gh. Dn. F. Hoffmann. 16. Nagold 822.... (A. u. d. T.: Rechnentaschenbuch für alle Stände, od. d. Nöthigste u. Wissenswürdigste d. Rechnenkunst 2c.)

Kittel, J. J. C., gib Gott dein Herz! Eine Confirmationsrede, am Palmsonnt. 1850 zu Spornitz gehalten. gr. 8. (15 S.) Ludwigslust 850, (Hinstorff'sche Hofbuchh.) *

Kittel, J. J. C., Luthers Tod. Eine Gedächtnißpredigt, am Sonntage Seragef. vor seiner Gemeinde gehalt. u. ein Beitrag z. Förderung des religiös. Fortschritts. gr. 8. (1 B.) Parchim 846, Hinstorff'sche Buchh. *

Kittel, J. M., das merkwürd. Lebensjahr d. musikal. Familie Kittel, od. Kunst-Gesang-Reise im J. 1830 durch Frankreich, England u. d. Niederlande; nebst Zurechtweisung u. Auskunft: wie man sich in Deutschland u. d. angeführten Ländern mit Sprache, Pässen, Gewerbscheinen, Zöllen, Posten, Diligencen, Dampf- u. a. Schifffahrten einzurichten u. zu benehmen habe. 1. Bdchn. Reise v. 21. März bis 17. Dec. 1830. 8. (12 B.) Erfurt 832. (Otto.)

—— musikal. Volksschule. 1. Abthl. Vorschule. 8. (3 B. incl. 1 Tab.) Erfurt 828. (Leipzig, Hofmeister.)

KITTEL, JOH. CHR., Vierstimmige Choräle mit Vorspielen. Zum allg. sowohl als zum besondern Gebrauch für die Schleswig-Hollsteinischen Kirchen. Altona. 1803. Fol.

Kittel, J. C., 4stimm. Choräle mit Vorspielen. gr. 8. 803. Hat jetzt Hammerich in Altona und der Preis

Kittel, J. G., d. angeh. prakt. Organist, od. Anw. z. Gebr. d. Orgel. 3 Bde. 4. Erf. Beyer. 802-808. (à 1 Thlr. 8 gr.)

Kittel, Joh. Chr. (Lehr.), der angeh. prakt. Organist od. Anweis. z. zweckmäß. Gebr. d. Orgel bei Gottesverehrungen, in Beispielen. 3 Abthln. (Hfte.) 3., verm., verb. u. wohlf. Ausg. 4. (38¼ B.) Erfurt 831, Otto. à 21 Gr. Zusammen nur

Kittel, Josef Balduin
Kittel, Dr. J. Balduin. Die Besteuerung des Weines in Deutschland. gr. 8°. München, J. Schweitzer's Verl., 1895.

Kittel, Jos. Balduin, die Besteuerung d. Weines in Deutschland. gr. 8. (IV, 64 S.) München 896. J. Schweitzer, Verl. n. 1. —

Kittel, J. Balduin, das Buch vom Frankenwein. Mit Unterstützg. der königl. bayer. Staatsministerien des Innern u. der Finanzen sowie städt. Behörden u. Korporationen hrsg. vom fränk. Weinbau-Verein. Mit 10 Farbendr.-Bildern nach Aquarellen von Th. Guggenberger u. vielen Textabbildgn. (III, 124 S.) 8. Würzburg 905. H. Stürtz. Geb. in Leinw. n. 1.60

— illustrierter Führer durch Würzburg u. Umgebung, neu bearb. (Umschlag: 6. verb. Aufl.) (56 S. m. 1 farb. Plan.) 8. Würzburg (904). E. Bauer. n. — 75

Illustrierter Führer von Würzburg und seiner Umgebung. Mit 1 Pl. u. zahlr. Abb. In 7. Aufl. völlig neu bearb. von Dr. J[osef] B[alduin] Kittel, Syndikus. Würzburg: Bauer [1909]. 95 S. 8° [10. 10105

Kittel, J. Balduin, s.: Führer u. Taschenplan v. Würzburg.

— die preuss. Hegemonie. Studie zum Verfassungsrechte des Deut. Reichs. München 895.

— d. preußische Hegemonie. E. Studie z. Verfassungsrechte d. Deutschen Reichs, nebst e. Beil., enth. d. ersten Entwurf d. heut. deutschen Reichsverfassg. Zur 25jähr. Gedächtnisfeier d. Gründung d. Deutschen Reichs hrsg. gr. 8. (V, 52 S.) München 896. J. Schweitzer, Verl. n. 1.50

Kittel, J. B., die Frankenstein'sche Klausel u. die deutsche Finanzreform. Eine Studie zum Staats- u. Finanzrechte des Deutschen Reichs. gr. 8. (III, 35 S.) Würzburg 894. Stahel. n. 1. —

[F.] **Kittel**, Joseph Balduin: **Die Bayerischen Reservatrechte ...** Würzburg, J. M. Richter's Buch- u. Kunstdr., 1892; 1 Bl., 95 S. 8.
Würzburg, Jur. Fak., Inaug.-Diss. v. 1892

Kittel, Jos. Balduin. Die bayerischen Reservatrechte. Von der rechts- u. staatswissenschaftl. Fakultät Würzburg preisgekrönte Studie aus dem deutschen Staatsrecht. gr. 8. (95 S.) Würzb. 892, (Stahel). * 1 50

— das Eisenbahnproject Würzburg-Wertheim-Miltenberg u. dessen Fortsetzg. nach Worms. Denkschrift d. Handels- u. Gewerbekammer f. Unterfranken u. Aschaffenburg. gr. 8. (26 S. m. 1 Karte.) Würzburg 895. (Stahel'sche Verlagsanst.) n. 1. —

Kittel, Kaspar (prov. Landw.-Lehrer) **„Kurze Beschreibung der landwirthschaftlichen Verhältnisse der Landgemeinde Mainaschaff im königl. Landgerichte Aschaffenburg".** pg. 3—18. 4°. **Mit einer kol. Karte. Wailandt's Wittib.**
Aschaffenburg, Progr. 1850/51

Die gichtischen Ablagerungen im menschlichen Körper. ⟨Schleichende Gicht.⟩ Ihre Entstehung u. Behandlungsweise f. Laien u. Ärzte dargest. von M. **Kittel**. 2., umgearb. u. verm. Aufl. Leipzig: Konegen 1901. 108 S. 8° [10. 18430 6

Die gichtischen–harnsauren–Ablagerungen im menschlichen Körper ⟨Schleichende Gicht⟩. Ihre Entstehungsursache u. Behandlungsweise f. Laien u. Ärzte dargest. von Dr. med. M. **Kittel**, Franzensbad. 3. (auf d. Umschl.: 4.) verm. Aufl. Leipzig: B. Konegen 1902. (109 S.) 8° [07. 9885 11

Die gichtischen – harnsauren – Ablagerungen im menschlichen Körper ⟨Schleichende Gicht⟩. Ihre Entstehungsursache u. Behandlungsweise f. Ärzte u. Laien dargest. von Dr. med. M. **Kittel**, Arzt in Franzensbad. 4. verm. Aufl. Franzensbad: Selbstverl. 1903. 108 S. 8° [10. 4515 7

Die chronische Gicht. Ablagerg. Steifheit. Auftreibg u. Verkrümmg d. Gelenke. Ihre Behandlg u. Heilg f. Laien u. Aerzte dargest. v. Dr. med. (M.) Kittel, Arzt in Franzensbad. *Berlin: H. Steinitz (1899).* (100 S.) 1 Bd 8. [illegible]

Kittel, Martin Balduin

Kittel, Martin Dr. (kgl. Rector) und Riegel, Albert (Lehrer des Zeichnens) „Die Bau-Ornamente aller Jahrhunderte an Gebäuden der königlichen Stadt Aschaffenburg. Byzantinische Periode". Erste Lieferung mit 2 Tafeln. pg. 1—8. 4°. M. J. Wailandt's Wittib und Sohn.
Aschaffenburg, Progr. 1842/43

Kittel, Mart. Dr. „Die Bau-Ornamente aller Jahrhunderte" etc. Byzantinische Periode. Zweite Lieferung mit 3 Tafeln. pg. 1—8. 4°. Wailandt's Witt.
Aschaffenburg, Progr. 1843/44

Kittel, Mart. Dr. „Die Bau-Ornamente aller Jahrhunderte" etc. Byzantinische Periode. Dritte Lieferung mit 3 Kupfer-Tafeln. pg. 1—7. 4°. Wailandt's W.
Aschaffenburg, Progr. 1844/45

Kittel, M. B. Dr. (Rektor) und Louis, C. (Professor) „Die Bau-Ornamente aller Jahrhunderte an Gebäuden der Königlich Bayerischen Stadt Aschaffenburg. Byzantinische Periode". Vierte Lieferung mit 2 Steinstich-Tafeln. pg. 3—14. 4°. Wailandt's Wittib.
Aschaffenburg, Progr. 1845/46

Kittel, M. B. Dr. (Rektor) und Louis, C. (Professor) und Hofmann, V. (Lehrer) „Die Bau-Ornamente aller Jahrhunderte etc.". Byzantinische Periode. Fünfte Lieferung mit 4 (= 5) Tafeln. pg. 3—8. 4°. (Tafel XII, XIII, XIV, XV, XVI.) Wailandt's Wittib.
Aschaffenburg, Progr. 1846/47

Kittel, M. Dr. und Riegel, Albert „Die Bau-Ornamente aller Jahrhunderte" etc. Byzantinische Periode. Sechste Lieferung mit 2 Kupfer-Tafeln. pg. 3—10. 4°. Wailandt's W.
Aschaffenburg, Progr. 1847/48

Kittel, M. B. Dr. und Louis, Carl (und dessen Schüler) „Die Bau-Ornamente aller Jahrhunderte" etc. Byzantinische Periode. Siebente Lieferung mit 2 Kupfer-Tafeln. pg. 3—9. 4°. Wailandt's W.
Aschaffenburg, Progr. 1848/49

Kittel, M. B. Dr. (Rektor) und Louis, Carl (und dessen Schüler) „Die Bau-Ornamente aller Jahrhunderte" etc. Byzantinische Periode. Achte Lieferung mit 2 Kupfer-Tafeln. pg. 3—12. 4°. (Tafel XXI u. XXII.) Wailandt's Wittib.
Aschaffenburg, Progr. 1849/50

Kittel, M. B. Dr. und Hospes, Joseph „Die Bau-Ornamente aller Jahrhunderte" etc. Byzantinische Periode. Neunte Lieferung mit IV. Kupfertafeln. pg. 3—22. 4°. (Tafel XXIII, XXIV, XXV, XXVI.) Wailandt'sche Dr.
Aschaffenburg, Progr. 1854/55

Kittel, M. B. Dr. und Hospes, Joseph „Die Bau-Ornamente aller Jahrhunderte" etc. Byzantinische Periode. Zehnte Lieferung. Mit IV (= 5) Kupfertafeln. pg. 3—36. 4°. (Tafel XXVII—XXXI.) Wailandt'sche Dr.
Aschaffenburg, Progr. 1856/57

Kittel, M. B. Dr. und Hospes, Joseph „Die Bau-Ornamente aller Jahrhunderte" etc. Deutsche Periode. Elfte Lieferung. Mit II Kupfertafeln und einer Karte. pg. 3—30. 4°. (Tafel XXXII und XXXIII.) A. Wailandt'sche Druckerei.
Aschaffenburg, Progr. 1858/59

Kittel, M. B. Dr. und Hospes, Joseph „Die Bau-Ornamente aller Jahrhunderte" etc. Deutsche Periode. Zwölfte Lieferung. Mit drei Steindrucktafeln. III—VI und pg. 1—82. 4°. (Tafel 1—3.) A. Wailandt.
Aschaffenburg, Progr. 1860/61

Kittel, M. B. Dr. und Hofmann, Valentin „Die Bau-Ornamente aller Jahrhunderte" etc. Deutsche Periode. Dreizehnte Lieferung. Mit zwei Kupfertafeln. pg. 3—10. 4°. (Tafel I und II.) A. Wailandt'sche Dr.
Aschaffenburg, Progr. 1861/62

Kittel, M. B. Dr. und Hofmann, Valentin „Die Bau-Ornamente aller Jahrhunderte" etc. Deutsche Periode. Vierzehnte Lieferung. Mit zwei Kupfertafeln. pg. 3—16. (Tafel 40 und 41.) 4°. A. Wailandt.
Aschaffenburg, Progr. 1862/63

Kittel, M. B. Dr. und Samhaber, Joseph „Die Bau-Ornamente aller Jahrhunderte" etc. Renaissance-Periode. Fünfzehnte Lieferung mit elf Photographien. pg. 3—16. 4°. A. Wailandt'sche Dr.
Aschaffenburg, Progr. 1864/65

Kittel, M. B. Dr. „Die Bau-Ornamente aller Jahrhunderte" etc. Sechzehnte Lieferung mit einer Kupfertafel. pg. 3—15. 4°. A. Wailandt'sche Dr.
Aschaffenburg, Progr. 1865/66

Kittel, M. B. Dr. und Niedling, A. „Die Bau-Ornamente aller Jahrhunderte" etc. Siebenzehnte Lieferung mit fünf (= 6) lithographischen Tafeln. III—VI und pg. 1—21. 4°. (Mit 6 Tafeln.) A. Wailandt.
Aschaffenburg, Progr. 1867/68

— geognostische Beschreibung der Umgegend von Aschaffenburg. 4. Aschaffenburg 840. Pergay. 7/12 ℳ

— s. J. A. Buchner, Pharmacie. 4r Thl. 2r Bd.

Kittel, Mart. Bald., Entwurf u. Vorschlag zu e. Apotheker-Ordnung u. zur Regulirung einiger damit unmittelbar zusammenhäng. Theile d. medicinal- u. sanitäts-polizeil. Gesetzgebung wohlgeord. Staaten. 12. (11½ B.) Nürnberg 830, Schrag.

Kittel, M. B. Dr. „Erinnerung an den verstorbenen Lehrer des Freihand-Zeichnens an der K. Landwirthschafts- und Gewerbsschule zu Aschaffenburg Albert Riegel. pg. 27—34. 4°. Wailandt'sche Dr.
Aschaffenburg, Progr. 1857/58

Kittel, M. B., s. Fürnrohr, A. E., Grundzüge der Naturgeschichte.

—— Grundriß d. Botanik ꝛc., s. Buchner, Joh. Andr., vollst. Inbegriff ꝛc., 4. Thl. 2. Abthl.

Kittel, Martin Balduin, Grundzüge der Anthropologie als Basis der Philosophie. Bd. 1: Die Somatologie. Auch u. d. T.: Grundzüge der Anthropologie oder die Lehre von dem Baue und Leben des menschlichen Leibes. Nürnberg, Schrag. 1833, gr. 8°, XXII, 763 S., 11,25 Mk.
Recens. Katholik Bd. 60 (1836), S. 312—15.

Kittel, Mart. Bald. Dr. „Der hydraulische oder Cäment-Kalk aus der Umgegend Aschaffenburgs und dessen Benutzung". pg. 3—14. 4°. M. J. Wailandt's Wittib und Sohn.
Aschaffenburg, Progr. 1835/36

Kittel, M. B. Dr. „Kurze Lebensgeschichte des verstorbenen Lehrers Georg Oechsner". pg. 27—31. 4°. A. Wailandt.
Aschaffenburg, Progr. 1862/63

Kittel, M. B. Dr. „Kurze Lebensgeschichte des Professors an der K. Forstschule und an der K. Landwirthschafts- und Gewerbsschule zu Aschaffenburg Karl Ludwig Louis". pg. 27—34. 4°. Wailandt's Wittib.
Aschaffenburg, Progr. 1853/54

Kittel (M. B.). Offenbluethigen Pflanzen der Umgegend von Aschaffenburg . . . Asch. 1871-2. 4°.

Kittel, Dr. M. B. (k. Hofrath, Lycealprof. u. Mitgl. d. Akad. d. W.), das *Residenzschloss zu Aschaffenburg* in histor. u. artist. Beziehung. (Progr. d. k. b. Gewerbschule zu A.) Mit 5 lithogr. Taf. (nach Zeichnungen vom Lehramtsverweser *A. Niedling*). Aschaffenburg, gedr. in d. A. Wailandt'schen Druckerei (1868). 4°. Cart.
VI—21 S. — Auch m. d. Tit.: Die Bau-Ornamente aller Jahrhunderte an monumentalen Gebäuden d. k. b. Stadt Aschaffenburg. Lfg. 17.

Skizze der geognostischen Verhältnisse der Umgegend Aschaffenburgs. Von Dr. Kittel. — 1839. Ebend. — Titelbl. — Vorwort I—IV. — Abhdlg. S. 1—40.
Progr. Aschaffenburg

Kittel, Mart. Balduin, Skizze der geognostischen Verhältnisse der nächsten Umgegend Aschaffenburgs. Mit 1 geognost. Carte und 1 Blatte, die Gebirgsdurchschnitte darstellend. gr. 4. Aschaffenburg 840, Pergay. (Krebs.) n. 2/3 ℳ

Kittel's Taschenbuch der Flora Deutschlands, s. a. Beiche, Wilhelm Eduard: Vollständ. Blüthenkalender ...

KITTEL, Martin Balduin: Taschenbuch der Flora Deutschlands zum bequemen Gebrauche auf botanischen Excursionen. - Nürnberg 1837. 744 S.

— Taschenbuch d. Flora Deutschlands, zum bequemen Gebrauche auf botan. Excursionen. 16. Nürnb. 837. Schrag. n. $1^2/_3$ ₰

Kittel, Mart. Bald., Taschenbuch der Flora Deutschlands, zum Gebrauche auf botanischen Excursionen. 2., verm. u. verb. Aufl. In 2 Abthlgn. 8. (84¾ B.) Nürnberg 844, Schrag, Verl.

Kittel, M(art.) B(ald.), Taschenbuch der Flora Deutschlands nach dem Linnéischen Systeme geordnet. gr. 16. (CXI und 507 S.) Nürnberg 847, Schrag. *

Kittel, Mart. Bald., Taschenbuch der Flora Deutschlands zum Gebrauche auf botanischen Excursionen. 3., verm. u. verb. Aufl. Nürnberg (853.) (Leipzig) J. L. Schrag. 16. (CXLII, 1345 S.) n. 2 ₰. 20 ngr.

Kittel, M. B.: Die meteorologischen Verhältnisse Aschaffenburgs aus 30jähr. Beobachtungen. 32 S. – Aschaffenburg, Progr. 1869.

Kittel, M. B.: Verzeichnis der offenblütigen Pflanzen der Umgegend von Aschaffenburg und des Spessarts. 1. Abth. Die Monocotyledonen. 2. Abth. Die Dicotyledonen. Zs. 172 S. – Aschaffenburg, Progr. 1871. 1872.

Kittel, Mart. Dr. (kgl. Lyceal-Professor) „Beantwortung der Frage: Was steht der Einführung der Seidenzucht in Bayern und überhaupt in Teutschland entgegen? Nebst Originalbeobachtungen über die Seidenzucht im Grossen". pg. 1—16. 4°. M. J. Wailandt's Wittib und Sohn.
Aschaffenburg, Progr. 1839/40

Kittel, Otto: W. von Humboldts Ideen über Genie und Welt im Lichte des klassischen deutschen Subjektivismus. *Leipzig 1900: B. G. Teubner.* (48 S.) 8° ¶ [Erschien vollst. 1901 u. d. T.: 'Humboldts geschichtl. Weltanschauung im Lichte d. klassischen Subjektivismus' . . . als: Leipziger Studien aus d. Gebiet d. Geschichte, Bd 7, H. 3.]
Leipzig. Phil. Diss. v. [17. Jan.] 1901

Kittel, Otto, Referendar: Das Verfügungsrecht des Absenders im Binnenfrachtgeschäft nach Handelsrecht. Borna-Leipzig 1909: Noske. IX, 78 S. 8°
Leipzig, Jur. Diss. v. 24. Juli 1909
[Geb. 17. Aug. 81 Leipzig; Wohnort: Leipzig; Staatsangeh.: Sachsen; Vorbildung: Thomassch. Leipzig Reife O. 01; Studium: Freiburg i. B. 1, Leipzig 3. Heidelberg 1. Leipzig 4 S.; Rig. 12. Febr. 06.] [U 09. 2566

Kittel, Otto, Wilhelm v. Humboldts geschichtl. Weltanschauung im Lichte des klass. Subjektivismus der Denker u. Dichter v. Königsberg etc., s. a. Studien, Leipziger, a. d. Gebiet der Geschichte. VII. 3.

Wilhelms von Humboldts geschichtliche Weltanschauung im Lichte des klassischen Subjektivismus der Denker und Dichter von Königsberg, Jena und Weimar. Von Dr. Otto Kittel. *Leipzig: B. G. Teubner 1901.* (VIII, 139 S.) 8°
— Studien, Leipziger, aus d. Geb. d. Geschichte. Bd 7, H. 3. [01. 7907

Kittel, Paul, Friedrich der Grosse, s.: Röchling, Carl.

Kittel, Paul, s.: Hausschatz, patriotischer.

— Künstler-Lichtbildervorführungen a. d. vaterländischen Geschichte. 1. u. 2. Serie. Beschreibender Text. 8. Berlin 901. P. Kittel. à n. 1. —
1. Friedrich der Grosse. 50 Bilder aus dem Leben des Heldenkönigs. Beschreibender Text zu den farb. Lichtbildern: Der alte Fritz, nach den Originalen des bei Paul Kittel, Berlin, erschienenen Bilderwerkes „Der alte Fritz" v. Carl Röchling u. Rich. Knötel. Von Paul Risch. (68 S.)
2. Die Königin Luise u. ihre Zeit. 49 Bilder aus dem Leben der Königin. Beschreibender Text zu den farb. Lichtbildern: Königin Luise, nach den Originalen des bei Paul Kittel, Berlin, erschienenen Bilderwerkes „Die Königin Luise" v. Carl Röchling, Rich. Knötel u. Woldemar Friedrich. Von Herm. Müller-Bohn. (63 S.)

Kittel, Paul (Hrsg.), s. Müller-Bohn, Hermann: Die deutschen Befreiungskriege.

Die Anfänge der Hebräischen Geschichtsschreibung im Alten Testament. Rede z. Antritt d. Rektorats . . . 1896 geh. in d. Aula d. Univ. Breslau v. Rud. Kittel, D. d. Theol. u. Philos. *Leipzig: S. Hirzel 1896.* (26 S.) 1 Bd 8. [96. 8586

Kittel, Rud., die babylonischen Ausgrabungen u. die biblische Urgeschichte. gr. 8. (36 S.) Leipzig 903. A. Deichert Nachf. n. — 80

Die babylonischen Ausgrabungen und die biblische Urgeschichte. Von D. Rud. Kittel, Prof. in Leipzig. 2., unveränd. Aufl. *Leipzig: A. Deichert Nachf. 1903.* (36 S.) 8° [03. 9700 11

Kittel, Rud., die babylonischen Ausgrabungen u. die biblische Urgeschichte. 3. u. 4., erweit. Aufl. (à 44 S.) gr. 8. Leipzig 903. A. Deichert Nachf. n. — 80

Kittel, Rud., die orientalischen Ausgrabungen u. die ältere biblische Geschichte. 5., bis auf die Gegenwart fortgeführte Aufl. (52 S.) 8. Leipzig 908. A. Deichert Nachf. — 90

— der Babel-Bibel-Streit u. die Offenbarungsfrage. Ein Verzicht auf Verständigg. 1. u. 2. unveränd. Aufl. (à 25 S.) gr. 8. Ebd. 903. n. — 50

Kittel, Rudolf (Hrsg.), s. Beiträge zur Wissenschaft vom Alten Testament.

— s.: Biblia hebraica.

Kittel, Rud., soziale Bilder aus London. Vortrag, zum Besten des Vereins für nothleidende Ausländer in London geh. in Stuttgart am 28. März 1881 im großen Saal des Königsbaus. gr. 8. (20 S.) Stuttgart 881. Fink. n. — 25

Kittel, Rud., the books of the Chronicles, s.: Books, the sacred, of the Old Testament.

— die Bücher der Chronik, } s.: Hand-Kommentar
— die Bücher der Könige, } zum Alten Testament.

Kittel, Rudolf (Hrsg.), s. Dillmann, August: Der Prophet Jesaja.

Kittel, Rud., sittliche Fragen. Ethisches und Apologetisches über Freiheit, Gewissen und Sittengesetz. gr. 8. (VIII, 230 S.) Stuttgart 885, Kohlhammer. *

— zu Friedrich Ratzels Gedächtnis. (8 S.) Lex.-8. Leipzig 904. F. W. Grunow. n. — 25
Sonderabdruck aus: „Grenzboten".

—— Geschichte der Hebräer, s. Handbücher der alten Geschichte.

— Geschichte des Volkes Israel, s. a. Handbücher der alten Geschichte. I. 3. II.

Geschichte des Volkes Israel. Von Rud. Kittel, Prof. 2. neubearb. Aufl. Bd 1. 2. Gotha: F. A. Perthes 1909 12. 8°
1. Palastina in d. Urzeit. Das Werden d. Volkes. Quellenkunde u. Geschichte d. Zeit bis z. Tode Josuas. 1912.
2. Das Volk in Kanaan. Quellenkunde u. Geschichte d. Zeit bis z. Babylon. Exil. 1909.
(Handbucher d. alten Geschichte. Ser. 1, Abt. 3.) A 12. 3069

Kittel, Rud., der Prophet Jesaja, s.: Dillmann, Aug.

— aus dem Leben des Propheten Jesaja. Neun akadem. Kanzelreden, geh. im akadem. Gottesdienst zu Breslau im Wintersem. 1893/94. 8. (IX, 76 S.) Gotha 894. F. A. Perthes. n. 1. 20

Kittel, Rudolf, D.: Über die Notwendigkeit und Möglichkeit einer neuen Ausgabe der hebräischen Bibel. Studien u. Erwägungen. *Leipzig 1901: A. Edelmann.* (86 S.) 4°
Leipzig, Progr. zum Reformationsfeste u. Rektoratswechsel 1901

— über die Notwendigkeit u. Möglichkeit e. neuen Ausg. der hebräischen Bibel. Studien u. Erwäggn. gr. 8. (86 S.) Leipzig 902. A. Deichert Nachf. n. 2.—

— Profetie u. Weissagung. Vortrag, geh. am 25. V. 1899 auf der Leipziger Pastoralkonferenz. gr. 8. (25 S.) Leipzig 899. J. C. Hinrichs' Verl. n. — 50

Kittel, Rudolf, D.: Der Schlangenstein im Kidrontal bei Jerusalem. Mit 8 Abb. Leipzig 1907: A. Edelmann. (30 S.) 4°
Leipzig, Progr. z. Reformationsfeste u. Rektoratswechsel 1907

— Studien zur hebräischen Archäologie u. Religionsgeschichte, s.: Beiträge zur Wissenschaft vom Alten Testament. 1. Heft.

— zur Theologie d. Alten Testaments. 2 akadem. Vorlesgn. (I. D. Alte Testament u. d. heut. Theologie. — II. Jesaja 53 u. d. leid. Messias im Alten Testament.) gr. 8. (31 S.) Leipzig 899. J. C. Hinrichs' Verl. n. — 70

— wie dachte Israel in den Tagen Jesu vom Messias? gr. 8. (27 S.) Leipzig 900. Ev.-luth. Centralverein f. Mission unter Israel. n. — 25
Sonderabdruck aus: „Saat auf Hoffnung".

— Die alttestamentl. Wissenschaft, in ihren wichtigsten Ergebnissen m. Berücksicht. des Religionsunterrichts dargestellt. (VIII, 224 S. m. 10 Abbildgn. u. 6 Taf.) 8. Leipzig 910. Quelle & Meyer. 3.—; geb. in Leinw. 3. 50

Kittel, Thdr., die deutsche Eisenbahn-Verkehrsordng. vom 23. XII. 1908, s. a. Handbibliothek, juristische.

Kittel, Theod.: Die Deutsche Eisenbahn-Verkehrsordnung vom 23. Dez. 1908 nebst allgemeinen Ausführungsbestimmungen. Handausg. mit Erl. u. Hinweisen auf die deutsche und die österreichische Rechtsprechung. Leipzig 1910.

(Jurist. Handbibliothek. Hrsg. von Hallbauer u. Schelcher. Bd 298.)

Kittel, Theodor, Ref. in Freiberg i. S.: Die Verleihung von Schienenwegen, insbesondere von Straßenbahnen, dargestellt nach der Theorie des deutschen Verwaltungsrechts. Osterwieck/Harz 1906: A. W. Zickfeldt. (53 S.) 8° [J.]
Leipzig, Jur. Fak., Diss. v. 21. Juli 1906
[Geb. 4. Febr. 83 Stuttgart; Wohnort: Freiberg i. S.; Staatsangeh.: Sachsen, Württemberg, Preußen; Vorbildung: König Albert-Gymn. Leipzig Reife O. 01; Studium: Tübingen 2, Leipzig 6 S.; Rig. 18. Jan. 05.]

Kittel, W., der Gesangunterricht in der 6klassigen Volksschule, s.: Thoma, R.

Kittel, W., methodisch geordnete Sammlung von Uebungen u. Liedern für Schulen, s.: Thoma, R.

Beschreibung der neuesten deutschen Thaler. M. 180 in d. Text eingefügten Abb. Beschr. u. hrsg. v. E. Kittelmann. *Neustrelitz: Dr. d. Barnewitz'schen Buchdr.; (Commv. v. J. Hahlo, Berlin)* 1897. (79 S., 1 Bl.) 1 Bd 8. [97. 3765

Illustrierter Fremdenführer für Neustrelitz und Umgebung. Hrsg. von Emil Kittelmann. Mit 1 Kt. u. 6 Holzschn. 2. verb. u. verm. Aufl. Neustrelitz: Barnewitz in Komm. [um 1900]. 34 S. 8° [10. 13630

Kittelmann, Emil, Fremdenführer f. Neustrelitz u. seine Umgebung. 8. (27 S. m. 6 Abbildgn. u. Umgebungskarte.) Neustrelitz 892. (G. Barnewitz' Sort.) n. — 75

Kittelmann, Feodor: Einige Mischhandschriften von Wolframs Parzival. Strassburg: Trübner 1910. 58 S. 8° · ¶ (Ersch. vollst. als: Quellen u. Forschungen z. Sprach- u. Kulturgesch. d. german. Völker. H. 109.)
Straßburg, Phil. Diss. v. 31. Juli 1909, Ref. Martin
[Geb. 15. Mai 87 Zeulenroda; Wohnort: Rheydt; Staatsangeh.: Preußen; Vorbildung: Oberrealsch. Rheydt Reife O. 06; Studium: Straßburg 3, Berlin 1, Straßburg 3 S.] [U 10. 4046

Kittelmann, Feod., einige Mischhandschriften v. Wolframs Parzival, s. a. Quellen u. Forschungen zur Sprach- u. Kulturgeschichte der germanischen Völker. 109. Heft.

Einige Mischhandschriften von Wolframs Parzival. Von Dr. Feodor Kittelmann. Strassburg: Trübner 1910. 87 S. 8°
(Quellen u. Forschungen z. Sprach- u. Kulturgeschichte d. german. Völker. H. 109.)
[10. 4939

Kittelsen, Th., im Thierstaate. 20 farb. Humoresken. gr. 4. Berlin 895. Internationaler Kunstverl. M. Bauer & Co. In Leinw.-Mappe n. 7. 50

Kittl, Frz., Strategie d. Liebe. Lustsp. in 1 Akte. 4. (45 autogr. S.) München (898). Rubinverlag. n. 1.—

Kittilsen, Halvor, Handbuch der Schaltungsschemata, s.: Hirschfeld, Ernst.

Kittkewitz, Georg

Kittkewitz, L'Apprenti. Französische Grammatik für Handels-, Gewerbe- und kaufmännische Fortbildungsschulen. Ausgabe A in zwei Teilen. Verlag Ferdinand Hirt und Sohn. I. Teil. Leipzig 1907. Kart. K —.95. II. Teil. Leipzig 1908. Kart. K 2.35.

Kittkewitz, G., L'Apprenti. Französisches Lehrbuch für Handels-, Gewerbe- und Bürgerschulen. Ausgabe *A* in zwei Teilen. I. Teil. 2. Aufl. Gr.-8°. (112 S.) K 1.20; II. Teil. 2. Aufl. Gr.-8°. (264 S.) geb. K 3.—. Wien: Müller-Fröbelhaus 1910.

Kittkewitz, Geo., L'apprenti. Französisches Lehrbuch f. Handels-, Gewerbe-, Bürger- u. kaufmänn. Fortbildungsschulen. Ausg. A in 2 Tln. 8. Leipzig, F. Hirt & Sohn. 3. 50
I. 3. Aufl. (112 S.) 910. 1. —
II. 2., verb. Aufl. (264 S. m. 5 Plänen im Text u. 2 farb. Karten.) 909. Geb. 2. 50

— dasselbe. Ausg. B in 1 Tle. Mit 2 farb. Karten u. 2 Stadtplänen im Text. (212 S.) 8. Ebd. 908. Kart. 2. —

Kittl, E., Beiträge zur Kenntnis der Triasbildungen der nordöstlichen Dobrudscha. Mit 1 geolog. Karte, 3 lith. Taf. u. 17 Textfig. (86 S. m. 3 Bl. Erklärgn.) 31,5×25 cm. Wien 908. A. Hölder. 9. 30
Sonderabdruck aus: „Denkschr. d. k. Akad. d. Wiss."

Kittl E.: Beiträge zu den Triasbildungen der nordöstlichen Dobrudscha (mit 1 geolog. Karte, 3 Taf. und 17 Textfiguren). D Bl. 447 . . . . 9.30
Separatabdruck

Kittl, Ernst, das Alttertiär d. Majevica (Bosnien). [Aus: „Annalen d. k. k. naturhistor. Hofmuseums".] Lex.-8. (3 S.) Wien 897. A. Hölder. n. — 40

Kittl, E., Beiträge zur Kenntniss der fossilen Säugethiere v. Maragha in Persien. I. Carnivoren. [Aus: „Annalen d. k. k. naturhistor. Hofmuseums".] Lex.-8. (22 S. m. 5 Steintaf.) Wien 887. Hölder. n. 7. —

Kittl, Ernst, die Gastropoden der Esinokalke, nebst e. Revision der Gastropoden der Marmolatakalke. Lex.-8. (238 S. m. 112 Abbildgn. u. 18 Taf. m. Text auf der Rückseite.) Wien 899. A. Hölder. n. 20. —
Sonderabdruck aus: „Annalen d. k. k. naturhist. Hofmus."

Kittl, Ernst, die Gastropoden der Schichten v. St. Cassian der südalpinen Trias. 3 Thle. [Aus: „Annalen des k. k. naturhistor. Hofmuseums".] Lex.-8. Wien, A. Hölder. n. 34. —
1. (97 S. m. 7 lith. Taf., 10 Abbildgn. u. 7 Bl. Erklärgn.) 891. n. 12. —
2. (63 S. m. 5 lith. Taf.) 892. n. 8. —
3. (185 S. m. 9 Taf. u. 9 Bl. Erklärgn.) 894. n. 14. —

— die Miocenablagerungen d. Ostrau-Karwiner Steinkohlenreviers u. deren Faunen. [Aus: „Annalen d. k. k. naturhistor. Hofmuseums".] Lex.-8. (66 S. m. 3 Steintaf.) Ebd. 887. n. 7. —

—— über die miocenen Pteropoden von Oesterreich-Ungarn. Lex.-8. (28 S. mit 1 lithogr. Taf.) Ebendas. 886. *
Vorstehende drei Schriften sind aus: Annalen des k. k. naturhistorischen Hofmuseums, besonders abgedruckt.

—— Reste v. Listriodon aus dem Miocän Niederösterreichs, s. Beiträge zur Paläontologie Oesterreich-Ungarns etc. 7. Bd.

Ernst Kittl: Die Triasfossilien vom Heureka Sund. Mit 3 Taf. Publ. by Videnskabs-Selskabet i Kristiania. Kristiania 1907: A. W. Brøgger. (44 S.) 4°(8°)
— Report of the second Norweg. arctic expedition in the 'Fram'. No 7. [08. 6348

Kittl, Ernst, die Cephalopoden der oberen Werfener Schichten v. Muć in Dalmatien, sowie v. anderen dalmatischen, bosn.-hersegowin. u. alpinen Lokalitäten, s. a. Abhandlungen der k. k. geolog. Reichsanstalt.

Die Cephalopoden der oberen Werfener Schichten von Muć in Dalmatien sowie von anderen dalmatinischen, bosnisch-herzegowinischen u. alpinen Lokalitäten. Von Ernst **Kittl.** Mit 11 Taf. u. 1 Zinkotypie. *Wien: k. k. geol. Reichsanst. 1903.* (77 S.) 4°
— Abhandlungen d. k. k. geolog. Reichsanstalt. Bd 20, H. 1. [03. 4337

Kittl, J. F., Bianca und Giuseppe, oder: die Franzosen vor Nizza, Oper, s. Breitkopf und Härtel's Text-Bibliothek, Nr. 176.

Kittl, Leop., s.: Gebhardt, A.

Kittl, Marie Gabrielle, Bianca-Adelma. gr. 16. (183 S.) Leipzig 855, Hübner.

—— des Maroniten Braut. Novelle. br. 8. (208 S.) Leipzig 858, Hübner.

— des Maroniten Braut. Novelle. Leipzig 858. Hübner. 16. (208 S.) 24 ngr.

Kittl, Maria Gabriella, die Jüdin in Jerusalem. Novelle. br. 8. (III und 276 S.) Leipzig 861, Hübner.

—— der Scheikh. Novelle. br. 8. (227 S.) Leipzig 857, Hübner.

—— das Schiff im Archipelagus. Novelle. br. 8. (III und 258 S.) Leipzig 859, Hübner.

Kittl, Thdr., die elektromagnetische Wellentelegraphie, s. a. Abhandlungen, technische. 11. Hft.

Kittl, Theodor. Die elektromagnetische Wellentelegraphie. Mit 165 Abbildungen. 155 S. 8. Zürich, Albert Raustein, 1905. (M. 5.40, geb. 6. —)
(Technische Abhandlungen aus Wissenschaft und Praxis... Heft 11.)

Kittlas, F., Lehrbuch d. Elementar-Mathematik, zunächst f. kgl. preuß. Divisionsschulen. 1. Thl.: Arithmetik. Neue, völlig umgearb. Aufl. gr. 8. (10½ B.) Breslau 835, [Berlin,] Richtersche Buchh.

Kittlas, F., Lehrbuch d. Elementar-Mathematik, zunächst als Leitfaden f. d. höh. Cötus d. Kgl. elften Divisionsschule zu Breslau. 8. (14 B. u. 1 Stnt.) Breslau 830, (Gosohorsky.)

—— Lehrbuch d. Elementar-Mathematik, nebst e. Theorie d. Aufnehmens, zunächst als Leitfaden f. d. nied. Cötus d. Kgl. elften Divisionsschule zu Breslau. 8. (23¼ B. u. 11 Stnt.) Breslau 829, (Gosohorsky.)

—— arithmet. Uebungsbeispiele, nebst einigen Taf. d. vornehmsten Maße, Gewichte u. Münzen, zunächst f. d. nied. Cötus Kgl. Preuß. Divisionsschulen. gr. 8. (6¼ B.) Breslau 834, Richter.

Kittlaus, die Jünglingserziehung u. die Religion. (7 S.) gr. 8. Berlin (909). Buchh. des ostdeutschen Jünglingsbundes. nn — 10
Sonderabdruck aus: „Der Jünglingsverein".

Kittlausz, K: Bericht über die im Jahre 1900 durch F. Heine zu Kloster Hadmersleben ausgeführten Versuche zur Prüfung des Anbauwertes verschiedener Kartoffelsorten. Berlin 1901

Kittler, Ch., Flora d. Regnitzgebietes. Zum Gebrauche auf Excursionen, in Schulen u. z. Selbstunterrichte. 8. (VI, 406 S.) Nürnberg 896. F. Korn. Geb. in Leinw. n. 8. 50

Kittler, Chr., s. Hölzel's geograph. Charakter-Bilder.

Kittler, Chr., chronolog. Übersicht üb. die Geschichte der Städte Lindau i. B. u. Bregenz, s.: Reinwaldt.

Kittler, Christian [aus Schwabach]: Über die geographische Verbreitung und Natur der Erdpyramiden... Ansbach, Buchdr. v. C. Brügel & Sohn, 1897; 2 Bl., 56 S. 8.
Erlangen, Phil. Fak., Inaug.-Diss. v. 11. März 1896

Kittler, Chrn., üb. d. geograph. Verbreitg. u. Natur der Erdpyramiden, s. a. Studien, Münchener geographische.

Über die geographische Verbreitung und Natur der Erdpyramiden. Von (Dr.) Christian **Kittler,** (Assist. d. K. Luitpold-Kreisrealschule in München). *München: Th. Ackermann 1897.* (3 Bl., 56 S.) 1 Bd 8.
— Studien, Münchener geographische. Stück 3. [97. 9790

Kittler, Erasmus: Allgemeine Elektrotechnik. Bd 1., s. Kittler: Handbuch der Elektrotechnik.

Allgemeine Elektrotechnik. Unter Mitw. von Privatd. Dr. Ing. W[aldemar] Petersen hrsg. von Geheimerat Prof. Dr. E[rasmus] **Kittler.** 3 Bde. Bd 2. Stuttgart: F. Enke 1909. 8° [08. 18184

Kittler, (Erasmus), allgemeine Elektrotechnik. Unter Mitwirkg. v. W. Petersen hrsg. (In 3 Bdn.) II. u. III. Bd. Lex. 8. Stuttgart, F. Enke. 38. —; geb. in Leinw. n 40. 80
II. Einführung in die Wechselstromtechnik. Transformatoren. (VIII, 596 S. m. 358 Abbildgn.) 909. 18. —; geb. n 19. 40
III. Wechselstrommaschinen: Synchron- u. Asynchronmaschinen. Einankerumformer. Kollektormotoren. Von W. Petersen. (VIII, 700 S. m. 425 Abbildgn.) 910. 20. —; geb. n 21. 40
Bd. I ist noch nicht erschienen.

— Entwurf eines Arbeitsplanes für die elektrotechnischen Messungen der I. Abtheilung der Prüfungs-Commission. (Internat. elektr. Ausstellung München.) (Als Manuskr. vervielfältigt.) München 1882.

Kittler, Erasm., Handbuch der Elektrotechnik. (2 Bde.) 1. Bd. in 2 Hälften. gr. 8. Stuttgart, Enke. [1. Hälfte. (S. 1—296 mit 274 in den Text gedr. Holzschn.) 885. *M 9.—.; 2. Hälfte. (VII, S. 297—667 mit 298 in den Text gedr. Holzschn.) 886. *M 10.—.] *

Kittler, Erasm. Handbuch der Elektrotechnik. [2 Bde.] 2. Bd. 1. Hälfte. Mit 200 eingedr. Holzschn. gr. 8. (324 S.) Stuttg. 890, Enke. * 10 —
1. Bd. 2 Hälften. Ebd. 1885,86. * 19 —.
—— dass. — (3 Bde.) I. Bd. 2. Aufl. Lex.-8. (VIII, 1007 S. m. 674 Holzschn.) Ebd. 892. * 40 —

Kittler, Herm. Jul., Corpus juris criminalis, quod per Germaniam valet, communis academicum secund. systema Anselmi de Feuerbach digessit, recogn. et cum variis lectionibus selectis, perpetua constitutionis criminalis Carolinae cum Bamberg. ac Brandenburg. comparatione indicibusque instructum ed. — E. s. t.: Collectio omnium locor., qui in Anselmi de Feuerbach elementis juris criminalis ex fontibus citantur. Composuit, recogn. locis omissis suppletis indicibusque additis aliis juris crim. elementis accommod. et cum variis lect. sel. perpetuaque constitut. crim. Carolinae c. Bamberg. ac Brandenburg. comparat. instructam ed. Lex.-8. (38½ B.) Lipsiae 834, Hinrichs.

KITTLER, Karl (Nürnberg): Ueber die paralytischen Stimmstörungen der Phthisiker und zwei seltenere Fälle von Recurrenslähmung.- München: Straub 1878. 1 Bl.,12 S.
5.5.1878 - Urk (Titel: De hominum phthisicorum vocis turbatione paralytica.); Chr 1877/78,10
Diss. Ingolst.-Landsh.-Mchn.

Kittlick, Paul [pr. Arzt aus Schlesien]: Über das Cholesteatom des Felsenbeins. . . . Greifswald, Druck v. Julius Abel, 1890; 97 S. 8°
Greifswald, Med. Fak., Inaug.-Diss. v. 9. Apr. 1890

Kittlitz [Schlagwort]

Kittlitz, s.: Sachsen. Karte.

Kittlitz. s.: Sachsen. Messtischblätter.

Kittlitz [Verfasser]

Kittlitz, Albert Freiherr v., a. Mainz: Zur Entwickelung der Gefässe im Auge der Forelle. Wiesbaden 1906: J. F. Bergmann. (26 S.) 8°
Freiburg i. B., Med. Fak., Ref. Wiedersheim, Diss. v. 1907
[Geb. 17. Jan. 81 Mainz; Wohnort: Freiburg i. B.; Staatsangeh.: Preußen; Vorbildung: Gymn. Dresden Reife O. 00; Studium: Freiburg i. B. 10 S.; Coll. 13. Juli 06; Approb. 22. Jan. 06.]

Kittlitz, F. G. Denkwürdigkeiten einer Reise nach d rußischen Amerika, nach Mikronesien und Kamschatka. 2v. Gotha, 1858.

Kittlitz, F. H. von, s.a. K i t t l i t z , J. H. von

Kittlitz, F. H. von. An unsere Brüder in den Landgemeinden. Druck ebenda. 1 Bl. Fol.
Flugblatt. Berlin, 13. Juni 1848.

Kittlitz, F. H. v., Denkwürdigkeiten einer Reise nach dem russischen Amerika, nach Mikronesien und durch Kamtschatka. 2 Bde. Gotha 858. J. Perthes. gr. 8. (XVI, 383; 2 Bl., 463 S. m. Holzschn. im Text u. 4 Radirungen.) n. 4 Thlr.

— die Fürbitte der Thetis. Eine Vorlesung gehalten im Mainzer Kunst- und Literatur-Verein am 25. Jan. 1856. Mit einem Vorw. von K. Klein. Mainz 856. v. Zabern. 8. (VI, 23 S.) 3 ngr.

Kittlitz, F. H. v., psychologische Grundlage für eine neue Philosophie der Kunst. gr. 8. (III und 163 S.) Berlin 863, Springer's Verlag.

Kittlitz, F. H. v., Kupfertafeln z. Naturgeschichte d. Vögel. 1—3. Hft., jed. m. 12 ill. Kpfrt. gr. 8. (zus. 1¾ B. Text.) Frankfurt a. M. 832, 33, Sauerländer. à

— Vegetations-Ansichten. Aufgenommen u. radirt. 1. Heft. Vier Vegetations-Ansichten aus den westlichen Sudeten. Frankfurt a. M. 854. Meidinger. qu. gr. 4. (3 Bl., 15 S. Text u. 4 color. Kpfrtaf.) n. 3 Thlr.

—— Vegetations-Ansichten von Küstenländern und Inseln des Stillen Oceans, aufgenommen auf der Entdeckungsreise der kaiserl. russ. Corvette „Senjawin" unter Capitän Lütke. 2., neu bearb. und verm. Aufl. (In 6 Lfgn.) 1. Lfg. gr. Fol. (6 Kpfrt. mit 24 S. Text in gr. 8.) Berlin 862, Th. Grieben. In Mappe. *

Kittlitz, F. H. v., 24 Vegetations-Ansichten von Küstenländern u. Inseln des Stillen Oceans aufgenommen in d. J. 1827—29 auf der Entdeckungsreise d. k. preuss. Corvette Senjawin unter Cap. Lütke. 3 Lfgn. qu. gr. Fol. (24 Kpfrt. u. 9¼ B. Text in gr. 4.) Siegen 844, 45, Friedrich'sche Vrlgsbuchh. *

Kittlitz, F. H. v., 24 Vegetations-Ansichten von Küstenländern und Inseln des stillen Oceans. Aufgenommen in den J. 1827, 28 und 29 auf der Entdeckungsreise der kaiserl. russ. Corvette Senjawin unter Capitain Lütke. (2 Hälften.) gr. Fol. (24 Kpfrt. III und 70 S. Text in Imp.-4.) Wiesbaden 850—52, W. Friedrich's Verlag. Thlr. *

Kittlitz, H. v., Schlußfolgerungen v. der Seele d. Menschen auf die Weltseele. gr. 8. (39 S.) Mainz 878. v. Zabern. n. — 60

Kittlitz, J. H. von, s.a. K i t t l i t z , F. H. von

Kittlitz, J. H. v., die Fürbitte der Thetis. Eine Vorlesung gehalten im mainzer Kunst- und Literatur-Verein am 25. Jan. 1856. Mit einem Vorworte von C. Klein. 8. (VI und 23 S.) Mainz 856, v. Zabern. *

—— Vegetations-Ansichten. Aufgenommen und radirt. 1. Heft: Vier Vegetations-Ansichten aus den westlichen Sudeten. qu. gr. 4. (VI und 15 S. mit 4 ill. Stnt.) Frankfurt a. M. 854, Meidinger Sohn und Comp. *

Kittlitz, Julie Freiin von: Beitrag zur Kenntnis der Phosphaturie. Leipzig 1909: Lehmann. 38 S. 8°
Leipzig, Med. Diss. v. 13. Juni 1909, Ref. Curschmann
[Geb. 21. Juni 77 Königsberg i. P.; Wohnort: Berlin; Staatsangeh.: Preußen; Vorbildung: Realgymn. Hildesheim Reife O. 02; Studium: Göttingen 5, Berlin 1, Bonn 1, Freiburg i. B. 4 S.; Coll. 21. Juni 09; Approb. Okt. 08.]
[U 09. 2800

Kittlitz, R. Frhr. v., die Zigeuner, s. Sammlung von Vorträgen.

Kittlitz, Rich. Frhr. v., Schleiermacher's Bildungsgang. Ein biograph. Versuch. 8. (V und 192 S.) Leipzig 867, Engelmann.

Kittlitz, Ricardus Ludovicus de (geb. Goldberg in Schles. 22. 2. 1829): De auguribus potentiae patriciorum quondam custodibus. Vratislaviae (1851). (30 S.) 8°
Breslau, Phil. Diss. v. 20. Dez. 1851

Kittlitz, Richard Ludwig Freih. von, De rerum auguralium post legem Ogulniam facta mutatione. (Einladungsschrift zu der öff. Prüfung u. Entlassungsfeier in der Kgl. Ritter-Akademie zu Liegnitz am 29. u. 30. III. 1858). Liegnitz (W. Pfingsten). 51 S. (5.50) 18152
Ab S. 27 Nachrichten üb. d. Anstalt a. d. Schuljahre v. Ostern 1857 bis Ostern 1858 v. d. Director Dr. S a u p p e (Namen).

Kittlitz, v.: Naturbilder aus der griechischen Lyrik. 28 S. –Liegnitz Ri., Progr. 1867. 4°

[F.] Das Verfahren in Grundbuchsachen. Prakt. Anweisg z. Decretur, in Beisp., nebst erläut. Anm. Von Robert Frh. v. Kittlitz, Amtsgerichtsr. *Breslau: J. U. Kern 1896.* (VI S., 1 Bl., 140 S.) 1 Bd 8. [96. 7736

Kittmann, Jul., im Joch des Tyrannen, s.: Esser's, J., Sammlg. leicht aufführbarer Theaterstücke.

Kittner, Marie: Mädchenerziehung u. Mädchenversorgung. Eine vergleichende Studie. — Wien: Seidel 1897. 63 S. 8°
Aus: Zeitschrift für d. österreichische Volksschulwesen Jg. 7-8, 1895/96 -96/97.

Kittower, Salomon, prakt. Arzt aus Odessa '(Russland)': Aus dem pathologischen Institut der Universität Zürich. Ueber regressive Veränderungen an Epithelzellen. Zür.-Oberstrass Fischer u. Diggelmann Dr. 1897. 22 S., 1 Bl. 8°.
Zürich, Med. Diss. [v. 3. Sept. 1897].

Kittredge, G. L., allusions in the squire's tale, s.: Studien, englische. 13. Bd.

Kittseer, Jakob

— Glaubenslehre u. Bekenntniß Israel's. Für das israelitische Gebetbuch bestimmt. Ebend. 868. 8. (4 S.) n. 1 ngr.

Kittseer jun., Jak., die israelitische Glaubenslehre u. die Reform im Judenthum. [Als Suppl. zu dem Werke „Inhalt des Talmud."] Leipzig 868. (Leiner.) 8. (22 S.) n. 5 ngr.

Kittseer jun., Jak., Inhalt des Talmuds und seine Autorität, nebst einer geschichtl. Einleitung. Aus den ersten Quellen geschöpft und unparteiisch behandelt. Preßburg 857. (Leipzig, Haessel.) 8. (2 Bl., XV, 203 S.) n. 1 ℛ. 10 ngr.

Kittseer, Jakob. Inhalt des Talmud und seine Autorität nebst einer geschichtlichen Einleitung. Aus den besten Quellen geschöpft und unparteiisch behandelt. *Pressburg* 1857. In Commission bei *Josef Schwaiger*. 201 S. 8°.

Kittseer, J. jun., Inhalt des Talmuds und seine Autorität nebst einer geschichtlichen Einleitung. 2. Ausgabe. 8. (XII. 201 S.) Pest, Lauffer & Stolp. 1861. 1 fl. 75 kr.

Kittseer jun., Jak., Inhalt des Talmuds und seine Autorität, nebst einer geschichtlichen Einleitung. Aus den ersten Quellen geschöpft und unparteiisch behandelt. 2. Ausg. Leipzig 861. Leiner. gr. 8. (2 Bl., 219 S.) n. 1 ℛ 5 ngr.

Kittsteiner, Wilhelm [approb. Arzt aus Hanau]; Bericht über 3832 während der Jahre 1865–1874 in der pathologisch-anatomischen Anstalt zu München vorgenommene Sectionen .... Stuttgart, Druck v. Gebr. Kröner, 1886: 31 S. 8°.
München. Med. Fak., Inaug.-Diss. v. 1886.

Kittsteiner, Wilhelm, Bericht über 3832 während der Jahre 1865 — 1874 in der pathologisch-anatomischen Anstalt zu München vorgenommene Sectionen. Diss. München 1886, A. Buchholz. 8°. 31 S.

Kittsteiner, über Gallensteinkrankheit, s.a. Volksbücherei, medizin.

Über Gallensteinkrankheit von Dr. W[ilhelm] **Kittsteiner.** Halle: C. Marhold 1905. (27 S.) 8° [ß.]
= **Volksbücherei,** Medizinische. II. 20. [05. 18314 3

— Krankheiten der Leber u. Gallenwege. Für Aerzte u. Studierende. (VIII, 285 S.) 8. Leipzig 904. B. Konegen. n. 5. 60; geb. in Leinw. n. 6. 50

Kitty Trevylyan's Tagebuch, s.a. Schriften, ausgewählte, von der Verf. der Familie Schönberg-Cotta.

Kitty Trevylyan's Tagebuch. Eine Erzählung aus dem letzten Jahrh. von der Verf. der Familie Schönberg-Cotta. Aus dem Engl. übertragen von Charlotte Philippi. 2 Bde. Autorisirte Uebersetzung. Basel 868. Schneider. 8. (VIII, 519 S.) n. 1 ℛ 15 ngr.

Kitz, A., zur großen deutschen Frage. Kein Kaiser alten Styls und mit Erblanden, sondern entweder ein Reich und ein Staat, oder ein Bundesstaat mit einem ausführenden Präsidenten. Ein Votum. gr. 8. (24 S.) Frankfurt a. M. 848, Hermann'sche Buchh.

Kitz, Arn., Seyn und Sollen. Abriss einer philosoph. Einleitung in das Sitten- und Rechtsgesetz. gr. 8. (IV und 125 S.) **Frankfurt a. M. 864, Hermann'sche Buchh.** *

Kitz, Arnold, das Princip der Strafe in seinem Ursprunge aus der Sittlichkeit. Eine philosophisch-jurist. Abhandlung. gr. 8. (54 S.) **Oldenburg 873, Schulze'sche Buchh.** *

Kitz, J. G., methodisches Lehr- und Lesebuch zur gründlichen Einführung in die französische Sprache. Umfassend Grammatik, grammat. Uebungen, Lectüre und prakt. Anleitung zum Sprechen und Schreiben. gr. 8. (XIII und 355 S.) Braunschweig 852, Vieweg und Sohn. *

Kitz, V. Mortalitätstabelle Österreichs, aufgestellt auf Grund der Volkszählung vom Jahre 1869 und der Sterbe- und Geburtslisten 1865—1875. (S. A.) 1881.

Kitzberger, Hans Über geometrische Constructions-Aufgaben und deren Auflösung. 8 (S. 3—25).
Progr. Deutsch. Oberg. der Kleinseite *Prag* 1888.

Kitzberger, Johann Ein Beitrag zum Brocard'schen Winkel. 8 (S. 10—12). **Progr.** K. k. Staats-Oberg. *Landskron i. Böhm.* 1891.

Kitzberger, Johann Entwickelung des III. Keppler'schen Gesetzes. 8 (S. 1—9). K. k. Staats-Oberg. *Landskron in Böhm.* 1891.
Progr.

Kitzberger, Johann Das Princip der virtuellen Geschwindigkeiten und seine Verwendung im Gymnasial-Unterrichte. 8 (9 S.).
Progr. K. k. Staats-Oberg. *Landskron in Böhmen* 1893.

Kitzbühel [Schlagwort]

Kitzbühel, s.a. Geologische Karten. **Friese, F. M. v., u. W. Göbl.**

Kitzbühel. Skirouten-Karte der Umgebung v. Kitzbühel (umfassend das Gebiet: nördl. St. Johann, südl. Pass Thurn, östl. Wildseeloder u. westl. das Spertental). Bearb. u. hrsg. vom Wintersport-Verein Kitzbühel. 1:40,000. 62×46,5 cm. Farbdr. München (909). O. Brunn. 2. —

Kitzbühler Alpen, s.: Kaisergebirge.

Kitzbüheler Berge, s.: Alpen. Artaria.

Kitze, Adf., das Ross in den altfranzösischen Artus- und Abenteuer-Romanen, s.a. Ausgaben und Abhandlungen aus dem Gebiete der romanischen Philologie.

Kitze, Adolf, das Ross in den altfranzösischen Artus- und Abenteuerromanen. Diss. Marburg 1887. 8°. 47 S.
Sonder-Abdruck aus: Ausgaben und Abhandlungen aus dem Gebiete der romanischen Philologie, veröffentlicht von E. Stengel. Heft 75 Marburg 1888, N. G. Elwerts Verlag.

Kitze, Adolf [aus Ragwitz bei Lützen]: Das Ross in den altfranzösischen Artus- und Abenteuerromanen .... Marburg, Univ.-Buchdr. (R. Friedrich), 1887; 2 Bl. + 47 + 1 S. 8°
Marburg, Phil. Fak., Inaug.-Diss. v. 17. Dez.] 1887

Kitzig, E., auf daß der Vater geehrt werde in dem Sohne. 16 Predigten üb. freie Texte. Hrsg. v. G. H. 8. (IV, 135 S.) Halle 876. Mühlmann. n. 2. —

Kitzig, Herm., das Emaillieren v. Blech- u. Gussgeschirren nach modernem Verfahren nebst sämtl. dazu gehörigen Nebenzweigen, wie Schmelzmalerei u. Druckerei, Massen-Schilderfabrikation, Herstellg. reliefartig verzierter Emailgeschirre (Porzellanemaille), Herstellg. v. einbrennbaren Emailporträts, Landschaften etc. vermittelst eigens dazu präparierter Email-Pastellstifte (Email-Pastellmalerei). (IV. 45 S.) 8. Leipzig 907. F. Stoll jr. Geb. in Leinw. 3. —

Kitzing, Ludolph v., oder der gekränkte Patriot. 8. Magdeb v. Schutz. 799.

Kitzing, A. Leitfaden zum Unterricht in der Waffenlehre für die 5. Kl. des Kadettenkorps. Mit Abb. Bd 1. 2. München 1862.

Auf zum Kampf gegen die Macht der Finsternis und Unwissenheit! Ein Aufruf an alle Wahrheitsfreunde u. solche, die es werden wollen. Theosoph. Lehrgedicht von Ernst Kitzing. Schweidnitz: P. Frömsdorf [1904]. (21 S.) 8° [05. 4765

KITZING, Gustav (München): De virtutibus aquae frigidae medicinalibus.- Monachii: Weiss 1839. 15 S. 6.7.1839 - Urk (Titel: De aquae frigidae virtutibus medicinalibus.); P 64 (= Kitzing, Adolf)
Diss. Ingolst.-Landsh.-Mchn.

Kitzing, H. F., Student u. Arbeiter. (16 S.) gr. 8. Leipzig (910). Leipziger Verlags- u. Kommissions-Buchh. — 40

Kitzing, W., u. C. Wahl, Handbuch d. Leihbibliothekwesens. Mit 1 Holzschn. u. 1 autogr. Beilage. 12. (V, 89 S.) Taucha 886. Thallwitz. cart. n.n. 3. —

Kitzingen [Sachl. OW]

Kitzingen, gem. 1825. grav. 1827. Vom K. St. K. 1:2,500. 1 Bl.

Kitzingen und der Bauernkrieg. Nach Originalakten des Kitzinger Stadtarchivs herausgegeben und erläutert von — Ludwig Böhm, G.-L. — 1893, Würzburg, Stürtz. — S. 3—185.

Kitzingen [Schlagwort]

Kitzingen, s.: Deutschland, Kürschner-Peip.

Der ambulante Gerichtsstand der Presse u. die diesbezügl Aufgaben d. Gesetzgebers. Für Juristen u. Laien bearb. von Dr. jur. Friedrich Kitzinger. *München: C. H. Beck 1901.* (IV, 71 S.) 8° [F.] [01. 6250

Kitzinger, Friedrich: Zur Lehre von der Rechtswidrigkeit im Strafrecht. *Stuttgart 1897: Union Deutsche Verlagsges.* (105 S.) 8° ¶ (Aus: Gerichtssaal, Bd 55 H. 1. 2.) [F.]
Erlangen, Jur. Diss. v. 1897

Kitzinger, Ort u. Zeit der Handlung, s. a. Darstellung, vergleichende, des deutschen u. ausländischen Strafrechts.

Kitzinger, Friedrich, Dr. jur.: Ort und Zeit der Handlung im Strafrecht. Zugleich eine Betrachtung d. Erscheinungsformen d. Deliktes. *München: C. H. Beck 1902.* (IV, 307 S.) 8°
München, Jur. Hab.-Schr. v. 1902
(Nicht für den Austausch)

Kitzinger, Friedr., Ort u. Zeit der Handlung. Berlin 1903. 8°.

Kitzinger, Frdr., s.: Verbrechen u. Vergehen, gemeingefährl.

— die internationale kriminalistische Vereinigung. Betrachtungen üb. ihr Wesen u. ihre bisher. Wirksamkeit. (III, 164 S.) 8. München 905. C. H. Beck. n. 3. 50

Kitzinger, G., Materialien und Anleitung zur Führung eines Geschäftes in einfacher und doppelter Buchhaltung. gr. 8. (VI und 231 S.) Ansbach 847, (Gummi.) *

Kitzinger, G. „Ueber den Unterricht in der französischen Sprache. pg. 3—13. 4°. Brügel.
Ansbach, Progr. 1856/57

—— Wechselkunde für Kaufleute und Juristen mit steter Berücksicht. der allgem. deutschen Wechselordnung. gr. 8. (XII und 246 S.) Leipzig 849, Brockhaus. *

KITZINGER, G. F.: Die Gesetzgebung Badens, systemat. dargest. 3 Bde. *Karlsruhe*, (Marx.) 827—29. gr. 8. (4 Thl. 8 Gr.) [*Heidelberg*, Osswald. mit neuem Tit. 3 Thl. 8 Gr.]
1r Bd. die Verfass. u. Verwalt. d. Grossh. Baden.
2r Bd. die Civil- u. Strafgesetzgeb., ferner d. Geschäftskreis sämmtl. Behörden.
Anhang zu d. 3 Bdn. (Bis 1832 incl.) *Heidelberg*, Osswald. 832. gr. 8. (9 Gr.)

Kitzinger, Gabriel, aus Fürth, Bayern: Die Torfwirtschaft und ihre Entwicklung in Bayern. *(München 1903: Pössenbacher.)* (95 S.) 8° [F.] ¶ Aus: Vierteljahresschrift d. Bayer. Landwirtschaftsrates, Jg. 8, H. 2ff.
Heidelberg, Phil Diss. v. 1903

Kitzinger, Leo, Rechtsanwalt in München: Das Vergehen des Nachwuchers, gemäß § 302c R.St.G.B. Breslau: Schletter 1905. (40 S.) 8°
Tübingen, Jur. Fak., Ref. Beling, Diss. v. 26. Jan. 1905
[Geb. 26. Jan. 68 Ansbach; Wohnort: München; Staatsangeh.: Bayern; Vorbildung: Wilhelmsgymn. München Reife M. 86; Studium: München 8 S.; Coll. 10. Febr. 05.]

Kitzinger, Leo, das Vergehen des Nachwuchers gemäss § 302c RStGB., s. a. Abhandlungen, strafrechtliche. 61. Hft.

Das Vergehen des Nachwuchers gemäß § 302c R.St.G.B. Von Leo Kitzinger. Breslau: Schletter 1905. (40 S.) 8°
— Abhandlungen, Strafrechtliche. H. 61. [05. 4911 6

Kitzinger, Wilhelm [Rechtspraktikant]: Über Begriff und Klagbarkeit der Differenzgeschäfte ... Erlangen, k. b. Hof- u. Univ.-Buchdr. v. F. Junge, 1893; 67 S. 8.
Erlangen, Jur. Fak., Inaug.-Diss. v. 1893

Kitzki, Friedrich W(ilhelm): Beiträge zur Kenntnis der Ausfallserscheinungen nach Totalexstirpation des Uterus per vaginam. *Berlin (1898): E. Ebering.* (32 S.) 8°
Berlin, Med. Diss. v. 12. Aug. 1898

Kitzler's, ..., Lebensbeschreibung. 8. Hanau 831. Edler. 2 gr.

Kultur- und Sittenbild aus Narrentanien. Der Flohprocess. Satir. Traumerlebnisse von Gottgetreu-Ohnefurcht Narrengeissel aus Schwertzungenstein. Aus d. Narrentanischen ins Neuhochd. übers. von Alfred Kitzler. *Dresden & Leipzig: E. Pierson 1901.* (43 S.) 8° [F.] [01. 6526

Kitzler, J., weiteres motivirtes Gutachten über den Ausbau der Gebirgs- resp. böhmisch-sächsischen Verbindungsbahn Klostergrab—Mulde nach dem Adhäsions- u. Zahnradprinzipe, über muthmaßl. Verkehr, Betriebsunkosten u. Rentabilität derselben. Mit 3 Tab., 4 (lith. u. photolith.) Blatt Plänen u. Anh. gr. 4. (30 S.) Dresden 878. (Leipzig, Hinrichs' Sort.) n. 2. 50

Kitzler, Otto, musikalische Erinnerungen, m. Briefen v. Wagner, Brahms, Bruckner u. Rich. Pohl. (89 S. m. 1 Fksm.) 8. Brünn 904. C. Winiker. n. 1. 20

Kitzmann, Hans: Über parenthetische Sätze und Satzverbindungen in den Reden des Demosthenes. Nördlingen 1907: C. H. Beck. (96 S.) 8°
Regensburg, k. Neues G P 1907*

Kitzmann, Hans, a. Unternesselbach: Über parenthetische Sätze und Satzverbindungen in den Reden des Demosthenes. Nördlingen 1907: C. H. Beck. (96 S.) 8°
Erlangen, Phil. Fak., Ref. Heerdegen, Diss. v. 12. Juli 1907.
[Geb. 13. Febr. 79 Unternesselbach; Wohnort: Regensburg; Staatsangeb.: Bayern; Vorbildung: Neues Gymn. Nünberg Reife Juli 98; Studium: Erlangen 3, München 2, Erlangen 1 S.; Rig. 2. Nov. 06.]

Kiul, Genie-General-Major, ordentl. Prof. der Nicolauischen Ingenieur Akademie. Befestigungs-Lehre für die Infanterie-Junker-Schule (In russ. Sprache.) (1 Bd. Text in 8. u. 1 Bd. Taf. in Quer-Fol.) Kasan 1892.

Kius, z. Gesch. des vormaligen Herzogthums Sachsen-Hildburghausen. Weimar. 4. 18 p. 1864.
Schul-/Univ.-Schrift

Kius, Oskar Die attische Kleruchie. 4 (26 S.).
Progr. Friedrichs-G. *Cassel* 1888 (362).

Kius, Otto, das Finanzwesen des Ernestinischen Hauses Sachsen im 16. Jahrh. Nach archival. Quellen. gr. 8. (IV und 144 S.) Weimar 863, Böhlau.

Kius, Otto, das Forstwesen Thüringens im 16. Jahrhundert. Jena 869. F. Mauke. gr. 8. (IV, 118 S.) n. 24 *ngr.*

Kius, Otto Zustände während des 30jährigen Krieges und unmittelbar nach demselben im alten Fürstentum Weimar. 17 S.
Progr. Rg. *Weimar* 1878.

Kivu-See, s. Kiwu-See

Kiwi, Rudolf, approb. Arzt aus Kiwziwko: **Entwicklung der** Indicationen und Operationsverfahren bei Retroversioflexio uteri. ‹1884—1898.› *Leipzig 1900: B. Georgi.* (31 S.) 8°
Leipzig, Med. Diss. v. (5. Nov.) 1900

Kiwi, Simon, approb. Arzt u. Zahnarzt aus Kischewko, Prov. Posen: **Ein Fall juveniler Tabes mit pied tabetique.** *Leipzig 1902: B. Georgi.* (27 S.) 8°
Leipzig, Med. Diss. v. (18. Juli) 1902

Kiwisch von Rotterau, Franz

Kiwisch v. Rotterau, Frz. A., Beiträge z. Geburtskunde. I. Abthlg. Mit 2 Stnt. (kl. Fol.) Würzburg 846, Stahel'sche Buchh. *

Kiwisch von Rotterau, Frz. A., Beiträge zur Geburtskunde. 2. Abthl. gr. 8. (VI und 177 S. und 2 Stnt. in Imp.-4.) Würzburg 848, Stahel'sche Buchh. *
1. Abthl. Ebendas. 1846. * 1 Thlr.

—— die Geburtskunde mit Einschluss der Lehre von den übrigen Fortpflanzungsvorgängen im weibl. Organismus. 1. Abthl.: Physiologie und Diätetik. Lex.-8. (XXIV und 512 S.) Erlangen 851, Enke's Vrlgsh. *

—— dass. — 2. Abthl.: Pathologie und Therapie. 1. Heft. Lex.-8. (S. 1—224.) Ebds. 851. *

—— Atlas hierzu. 1. Abthl.: Physiologie und Diätetik. Fol. (19 Stnt. und 11 S. Text.) Ebds. 851. *

Kiwisch von Rotterau, Franz: Die Krankheiten der Wöchnerinnen, nach den in der k.k.Entbindungsanstalt im allgemeinen Krankenhause zu Prag gemachten Beobachtungen. Th.1 - 2, gbd.

Th.1: Prag: typ.Haase 1840
Th.2: Prag: Calve 1841

JB 4.039

—— klinische Vorträge üb. specielle Pathologie u. Therapie d. Krankheiten des weibl. Geschlechts. Die Krankheiten der Gebärmutter. gr. 8. (11 ½ B.) Prag 845, Calve'sche Vrlgsh. 3

—— klinische Vorträge über specielle Pathologie und Therapie der Krankheiten des weibl. Geschlechtes. 1. Abthl.: Die Krankheiten der Gebärmutter mit Einschluss des Puerperalfiebers. 2. Aufl. (XXIV und 670 S.) 1847. und 3., verm. und verb. Aufl. gr. 8. (XVI und 718 S.) Prag 851, Calve'sche Vrlgsh.

—— dass. — 2. (letzte) Abthl.: Die Krankheiten der Eierstöcke, der Eileiter, der Mutterbänder, der Scheide und der äussern Geschlechtstheile. Die extrauterine Schwangerschaft und die differentielle Diagnostik der Geschwülste im weiblichen Becken. 1. Aufl. (XI und 571 S.) 1849. und 2., verm. und verb. Aufl. gr. 8. (IX und 582 S.) Ebds. 852.

Kiwisch von Rotterau, Frz. A., klinische Vorträge über specielle Pathologie und Therapie der Krankheiten des weibl. Geschlechtes. Nach dessen Tode fortges. von Friedr. Wilh. Scanzoni. 3. Bd. 4 Hefte. gr. 8. (1. Heft S. 1—160.) Prag 853, [Tempsky.]
1. Bd. (3. Aufl.) und 2. Bd. (2. Aufl.) Ebendas. 1851—52. 7 Thlr. 7½ Ngr.

Kiwisch von Rotterau, Frz. A., klinische Vorträge über specielle Pathologie und Therapie der Krankheiten des weiblichen Geschlechtes. 1. Bd. 4. Aufl., durchges. u. durch Zusätze verm. von F. W. Scanzoni. Prag 854. Tempsky. gr. 8. (1 Bl., VI, 755 S. u. 1 lith. Taf. in Fol.) 3 *ℛ*. 22½ *ngr.*

— — 3. Bd. A. u. d. T.: Die Krankheiten der weibl. Brüste u. Harnwerkzeuge, so wie die dem Weibe eigenthüml. Nerven- u. Geisteskrankheiten. Bearb. von F. W. Scanzoni. Ebend. 855. gr. 8. (XVI, 541 S.) 3 *ℛ*. 22½ *ngr.*

Kiwisch, Ritter v. Rotterau, Franz A. — Klinische Vorträge über spezielle Pathologie und Therapie der Krankheiten des weiblichen Geschlechtes. Von — —. 2. Band. 1. 2. Heft. Dritte Auflage, durchgesehen und durch Zusätze vermehrt von Dr. Friedrich Scanzoni. Prag, 1856. Druck von Karl Bellmann. J. G. Calve'sche Verlagsbuchhandlung. (2. Band. S. 1—320. 8.)

Kiwisch Ritter v. Rotterau, Frz. A., klinische Vorträge über specielle Pathologie und Therapie der Krankheiten des weiblichen Geschlechtes. 2. Bd. 3. Aufl., durchgeseh. und durch Zusätze verm. von Friedr. Wilh. Scanzoni. A. u. d. T.: Die Krankheiten der weiblichen Sexual-Organe mit Ausnahme jener des Uterus. Nebst zwei Abhandlungen über die Diagnose der Geschwüre etc. in weibl. Becken und über Pathologie und Therapie der Extrauterin-Schwangerschaft. 3. Aufl., durchgeseh. und durch Zusätze verm. von Friedr. Wilh. Scanzoni. gr. 8. (VIII und 680 S.) Prag 857, Tempsky.

—— dass. — 3. Bd. A. u. d. T.: Die Krankheiten der weiblichen Brüste und Harnwerkzeuge, so wie die dem Weibe eigenthüml. Nerven- und Geisteskrankheiten. Bearb. von Friedr. Wilh. v. Scanzoni. 2., verm. und verb. Aufl. gr. 8. (XVIII und 538 S.) Ebendas. 859.
1. Bd. 4. Aufl. Ebendas. 1854. 3 Thlr. 22½ Ngr.

Kiwull, Ernst, aus Riga, Pharmakologische Untersuchungen über einige Solvinpräparate. Diss. Dorpat. 8°. 98 pp.
Abgedruckt in: Arbeiten des pharmakologischen Institutes zu Dorpat. Herausgegeben von Prof. Dr. R. Kobert. Bd. III. Stuttgart, Ferdinand Enke. 1889.

Kiwull, Ernst, pharmakologische Untersuchungen über einige Solvinpräparate. Inaugural-Dissertation. gr. 8. (98 S.) Dorpat 888, (Karow.) *

Kiwu-See

Kivu-See, s.a. Kolonialkarten, Kiepert, R.

Kiwu-See. Kandt, R., Karte des Kiwu-Sees. 1:285,000. 39×29 cm. Farbdr. Nebst Begleittext: Versuch einer Monographie des Kiwu-Sees u. seiner Umgebung, von A. v. Bockelmann. [Aus: „Beiträge z. Kolonialpolitik".] gr. 8. (S. 357—380.) Berlin 902. W. Süsserott. n. 1.50

Kiy, Viktor

Kiy, Vikt., Abriß der deutschen Litteraturgeschichte von den ältesten Zeiten bis zu Goethes Tode. Ein Leitfaden f. den Unterricht in den oberen Klassen höh. Lehranstalten u. e. Einführg. für das Privatstudium. gr. 8. (183 S. m. 1 Bildnis.) Hannover 902. C. Meyer. n. 1. 50; geb. in Leinw. n. 2. —

Kurze Dispositionslehre nebst Beispielsammlung für d. mittl. u. oberen Klassen höh. Lehranst. sowie z. Selbstunterr. von Viktor Kiy, Prof. zu Elberfeld. *Berlin: Weidmann 1901.* (IV, 104 S.) 8° [F.] [01. 3917

Kiy, Vict. Grundzüge der Moralphilosophie vom Standpunkte des Hegel-Rosenkranzschen Systems. 30 S. Progr. Rg. *Trier* 1881.

Kiy, Vikt., Gotthold Ephraim Lessings Leben u. Werke. Für weitere Kreise dargestellt. (IV, 171 S. m. 8 Taf.) 8. Halle 904. H. Gesenius. n. 2. 20; geb. in Leinw. n. 3. —

Kiy, V., Lehrplan f. d. latein. Unterricht auf dem Realgymnasium zu Elberfeld. Pr. 1887. 12 S. —.75

Kiy, Vict., der Pessimismus und die Ethik Schopenhauers. gr. 8. (VIII und 82 S.) Berlin 866, Hayn's Erben.

Hans Sachs. Sein Leben u. Wirken zu dessen 400j. Geburtstage d. deutschen Volke geschildert von Viktor Kiy, Prof. Leipzig: Scholtze 1893. 85 S. 8° [11. 3801

— Themata u. Dispositionen zu deutschen Aufsätzen u. Vorträgen im Anschluß an die deutsche Schullektüre f. die oberen Klassen höherer Lehranstalten. 1. Tl. gr. 8. (XII, 182 S.) Berlin 895. Weidmann. Geb. in Leinw. n. 3. —

Kiy, Vikt., Themata u. Dispositionen zu deutschen Aufsätzen u. Vorträgen im Anschl. an d. deutsche Schullektüre f. d. ob. Klassen höh. Lehranst. 2. u. 3. Tl. gr. 8. Berlin, Weidmann. Geb. in Leinw. n. 6. 50
2. (XII, 227 S.) 895. n. 3. 50
3. (XI. 202 S.) 897. n. 3. —

— Themata u. Dispositionen zu deutschen Aufsätzen u. Vorträgen im Anschluß an die deutsche Schullektüre f. die oberen Klassen höh. Lehranstalten. 3 Tle. gr. 8. Ebd. Geb. in Leinw. n. 9. 70
1. 2. verm. Aufl. (XV, 195 S.) 899. n. 3. —
2. 2. Aufl. (XII, 235 S.) 899. n. 3. 50
3. 2. verm. Aufl. (XI, 218 S.) 901. n. 3. 20

— Themata u. Dispositionen zu deutschen Aufsätzen u. Vorträgen im Anschluß an die deutsche Schullektüre f. die oberen Klassen höherer Lehranstalten. I.—IV. Tl. gr. 8. Berlin, Weidmann. Geb. in Leinw. n. 11. 30
I. 3. Aufl. (XII, 199 S.) 903. Geb. n. 3. —
II. 3. Aufl. (XII, 236 S.) 903. Geb. n. 3. 50
III. „Nathan", „Götz", „Egmont", „Tasso", „Maria Stuart". 3. Aufl. (IX, 213 S.) 906. Geb. n. 3. 20
IV. (X, 82 S.) 903. Geb. n. 1. 60

Kiy, Vikt., Themata u. Dispositionen zu deutschen Aufsätzen u. Vorträgen im Anschluß an die deutsche Schullektüre f. die oberen Klassen höh. Lehranstalten. 1. u. 2. Tl. 8. Berlin, Weidmann. Geb. 6. 50
1. Ältere Zeit. — Klopstock u. seine Zeitgenossen. — Lessing: Minna v. Barnhelm, Emilia Galotti, Laokoon, hamburg. Dramaturgie. — Goethe: Gedichte, Iphigenie, Hermann u. Dorothea. 4. Aufl. (XII, 196 S.) 908. Geb. 3. —
2. Schiller: Gedichte. Wallenstein. Die Jungfrau v. Orleans. Die Braut v. Messina. Wilhelm Tell. 4. Aufl. (XII, 231 S.) 907. Geb. 3. 50

— Tristian u. Isolde, s.: Erzählungen aus klass. Dichtern.

Кижнеръ, Н. М.

Amine und Hydrazine der Polymethylenreihe. Entwicklungs-und Umwandlungsmethoden. Moskau, 1895.

Klaar, A., allgemeine Bildungsmittel, s. Ausstellungs-Bericht, officieller.

Klaar, Alfr., Uriel Acosta. Leben u. Bekenntnisse e. Freidenkers vor 300 Jahren. (169 S.) 8. Berlin 909. G. Reimer. 2.50; geb. 3. 20

Klaar, A., das moderne Drama, s.a. Wissen, das, der Gegenwart.

Klaar, Alfr., das moderne Drama, dargestellt in seinen Richtungen und Hauptvertretern. 3 Abthlgn. 8. Prag, Tempsky. — Leipzig, Freytag. geb. *
Inhalt:
Abthl. 1. Geschichte des modernen Dramas in Umrissen. (VIII, 312 S. mit 9 Portr. in Holzst.) 883. geb. *ℳ 1.
„ 2. Deutsche Bühnendichter der Gegenwart. (VI, 288 S. mit 3 Portr. in Holzst.) 884. geb. *ℳ 4.
„ 3. Fremde Dramatiker auf der deutschen Bühne. (IV, 276 S.) 884. geb. *ℳ 4.

Klaar, Alfr., der Empfang. Geschichtl. Festspiel in 1 Aufzuge. 8. (III, 76 S.) Dresden 888, Minden. *

Klaar, Alfr., der Faust-Cyclus. Vorbereitende Worte zu der Aufführg. des v. Wilbrandt f. die Bühne bearb. Goethe'schen „Faust" an drei Theaterabenden. 8. (26 S.) Prag 899. J. G. Calve. n. — 60

—— Gedenkrede zur Feier von Ludwig Börne's 100. Geburtstag. 8. (29 S.) Prag 886. (Wien. Bensinger.) *

Klaar A, Geschichte der mod. Dramas. (Wissen der Gegenw. 9) Leipzig 1890

—— König Ottokars Glück und Ende. Eine Untersuchung über die Quellen der Grillparzer'schen Tragödie. gr. 8. (128 S.) Leipzig 885, Freytag. *

— Grillparzer als Dramatiker. gr. 8. (32 S.) Wien 891. Bauer. n. — 70

Klaar, Alfr., Franz Grillparzer, s.: Sammlung gemeinnütziger Vorträge.

— Schauspiel u. Gesellschaft. Eine Studie. 8. (34 S.) Berlin 902. J. Räde. n. 1. —

Ⓑ — Schauspiel u. Gesellschaft. 902. (KBl. 31.) Jetzt: Stuttgart, J. G. Cotta Nf.

Klaar, Alfr., Schiller u. Goethe, s.a. Essays, moderne. 51. Hft.

Schiller und Goethe von Alfred Klaar. Berlin: Gose & Tetzlaff [1905]. (53 S.) 8° [F.]
— Essays, Moderne. H. 51. [06. 4630

— wir u. die Humanität, s.a. Kulturprobleme der Gegenwart. 3. Bd.

Wir und die Humanität. Gedankengänge u. Anregungen. Von Alfred Klaar. *Berlin: J. Räde 1902.* (VI, 232 S.) 8°
= Kulturprobleme d. Gegenwart. Bd 3. [02 1365 II

Klaar, Ernst, aus dem Klassenkampf, s.: Fuchs, Ed.

Klaar, Ernst, Knute u. Bombe. Lieder u. Gesänge f. e. freies Rußland. (48 S.) 8. München 905. M. Ernst. n. — 50

Klaar, Ernst, Die letzte Nacht. Zur Erinnerung an die Entlassung Aug. Bebel's aus dem Landesgefängniss zu Zwickau am 14. Aug. 1887. 8⁰. Dresden, Emil Lübke, s. a.

Klaar, K.: Drei Thorthürme ..., s. Schönherr, D. v.

Klaar, Karl, s. Anno Neun. Bd. 16. (Hochrainer, Jgn., das J. 1809.)

(F) **Klaar, K., Ignaz Hochrainer, das Jahr 1809 zu meiner Erinnerung. [Anno Neun. XVI. Bd.] 8°. (83 S.) K —.60**
Innsbruck: Vereinsbuchhandlg. 1909.

Klaas, Meister, und sein Sohn Traugott Schester ... Leipzig 1780. V: *Wezel, Johann Carl.* (GGr) (Alm. d. Belletr. 1782, 288 ff.)

Klaas, A., Erhebungen üb. die vor dem Erlass des Gesetzes vom 28. Septbr. 1887 beschlossenen Feldbereinigungen (Zusammenlegungen), s.: Beiträge zur Statistik des Grossherzogth. Hessen.

Klaas, A.: Die Normal-Fusspunktslinien. 1871. 8⁰ Diss. Tübingen.

Klaas A.: Landwirthschaftliche Reisestudien, besonders in Molkereiwesen in Dänemark, Schweden, Norwegen u. Schleswig-Holstein u. die milchwirthschaftlichen Verhältnisse im Gebiete d. Vereins nassauischer Land- u. Forstwirthe. Wiesbad. 1877. 123 S. (Sætr.).

Klaas, Adolf, der Beruf des Kultur-Ingenieurs, s. Festschrift zu der Jubelfeier des 50jährigen Bestehens der Grossherzogl. Technischen Hochschule zu Darmstadt.

—— die Melioration des Riedes, insbesondere die Ent- und Bewässerung der tiefliegenden Kulturländereien in den Gemarkungen: Erfelden, Leeheim, Dornheim, Wallerstädten, Geinsheim, Trebur und Astheim des Kreises Groß-Gerau. Im Auftrag des Ministeriums des Innern und der Justiz bearb. gr. 8. (220 S. mit 1 Uebersichtskarte und 5 lithogr. Taf.) Darmstadt 886, Bergsträßer. *

Klaas, Artur, appr. Arzt a. Magdeburg: Über Fremdkörper des Magendarmkanals. Halle a. S. 1906: C. A. Kaemmerer & Co. (35 S.) 8°
Halle, Med. Fak., Ref. v. Bramann, Diss. v. 12. Jan. 1907
[Geb. 27. Jan. 82 Magdeburg; Wohnort: Halle a. S.; Staatsangeh.: Preußen; Vorbildung: Pädagog. z. Kloster Unser lieben Frauen Magdeburg Reife O. 01; Studium: Halle 9 S.; Coll. 14. Dez. 06; Approb. 1. Okt. 06.]

Klaas, Heinr. Beiträge zum mathematischen Unterricht. 14 S. *Rheydt* 1885.
Progr.

Klaas, Heinrich: Beiträge zum mathematischen Unterricht. Rheydt, Druck v. H. Leuchtenrath, 1893; 1--10 S. 4.
Rheydt, OR u. PG, P 1893 (501)

Klaas, Rob., Notenschreibschule. 2 Hfte. qu. gr. 8. (16 u. 20 S.) Charlottenburg (899). C. Ulrich & Co. à n. n. — 30

– Dass., s.a. Klaass

Klaas, Wilhelm: Aus der medicinischen Klinik zu Marburg. Über konjugierte Augenablenkung bei Gehirnkrankheiten. *Marburg 1898: (R. Friedrich).* (41 S. mit Taf.) 8°
Marburg, Med. Diss. v. 13. Apr. 1898

Klaas, Wilh., üb. konjugierte Augenablenkung bei Gehirnerkrankgn. gr. 8. (41 S. m. 1 Taf.) Marburg 898. N. G. Elwert's Verl. n. 1. —

Notenschreibschule. Hrsg. von Robert **Klaass,** Gesangl. zu Charlottenburg. H. 1. 2. *Berlin [&] Charlottenburg: C. Ulrich & Co. [1899].* 2 Bde quer-8° [Umschlagt.] [99 176

– Dass., s.a. Klaas

Klaatsch, A. K. F. Herm., († d. 16. Oct. 1829.) tabellar. Uebersicht d. Hautkrankheiten, nach Willans System. gr. Fol. Berl. 824. Th. Enslin. 8 K

Klaatsch, A(ugustus) Hermannus: De psychica organorum dignitate. Halae (1818): Baentsch. IV, 52 S. 8°
Halle-Wittenberg, Med. Diss. v. 8. Jan. 1818
Geb. Berlin 27. [nach hs. V. u. Eckstein: Loge. 1844. S. 298: 26.] 12. 1792. V.

Klaatsch, Herm., d. Brustflosse d. Crossopterygier, s.: Festschrift zum 70. Geburtstage v. Carl Gegenbaur.

Klaatsch, Hermann [Dr. in Heidelberg]: Über den Descensus testiculorum. . . . (Aus: Morphol. Jahrb. XVI. Bd., 4. H. 1890.) Leipzig, W. Engelmann, 1890; 1 Bl., 60 S., 2 Taf. 8°
Heidelberg, Med. Fak., Hab. Schr. v. 1890

Klaatsch, Hermann [Assistent d. Direktors d. Kgl. Anatomie zu Berlin]: Die Eihüllen von Phocaena communis Luv.... Bonn, Univ.-Buchdr. v. Carl Georgi, 1885; 4 + 50 + 2 S. u. 2 Taf. 8°.
Berlin, Med. Fak., Inaug.-Diss. v. 12. Okt. 1885.

Klaatsch, Hermann, die Eihüllen von Phocaena communis Luv. Diss. Berlin 1885, Mayer & Müller. 8⁰ 50 S. mit 2 Taf.

Klaatsch, Herm., Grundzüge der Lehre Darwin's. Allgemein verständlich dargestellt. 2. Aufl. Mit dem Bildniß Darwin's nach e. Entwurf von W. Müller-Schoenefeld. 8. (175 S.) Mannheim 901. J. Bensheimer's Verl. n. 1. —; geb. n. 1.50

Klaatsch, Herm., Grundzüge der Lehre Darwin's. Allgemein verständlich dargestellt. 3. durchgeseh. Aufl. (175 S. m. 1 Bildnis.) 8. Mannheim 904. J. Bensheimer's Verl. n. 1. —; geb. n. 1.50

Über die Herkunft der Scleroblasten. Ein Beitrag z. Lehre von d. Osteogenese. Von H[ermann] **Klaatsch.** ⟨Mit Taf. 5–9 u. 6 Fig.⟩ Leipzig: W. Engelmann 1894. (S. 153–240.) 8° [Umschlagt.]
Aus: Morphol. Jahrbuch. XXI. Bd 2. [06. 550 6

— die Intercellularstructuren an der Keimblase des Amphioxus. gr. 8. (7 S. m. 4 Fig.) Berlin (898). (G. Reimer.) n. — 50

— der kurze Kopf des Musculus biceps femoris. Seine morpholog. u. stammesgeschichtl. Bedeutg. gr. 8. (7 S. m. 2 Abbildgn.) Ebd. 900. n. — 50
2 Sonderabdrucke a.: „Sitzungsber. d. preuss. Akad. d. Wiss."

— Studien z. Geschichte d. Mammarorgane, s.: Denkschriften d. medicin.-naturwiss. Gesellschaft z. Jena.

Klaatsch, Hermannus Martinus Augustus: De cerebris piscium ostacanthorum aquas nostras incolentium. Accedunt tabulae IV lithographicae. Halis Saxonum (1850): Ploetz. 40 S., 4 Taf. 8° (4°)
Halle-Wittenberg, Med. Diss. v. 15. März 1850
Geb. Berlin 10. 11. 1827. V.
Teil einer Hall. gekr. med. Preisschrift v. 1849.

Klaatsch, K. H., d. Preuß. Infanteriegewehr, s. v. Bagensky.

Klaban, Frz., einige Mitteilungen üb. die Vorteilhaftigkeit der Boden-Melioration u. die zu diesem Zwecke sowie zur Errichtung v. landwirtschaftlichen Wasserleitgn. erreichbaren öffentl. Unterstützungen. Für Gemeinden, Wassergenossenschaften u. Landwirte. (63 S.) gr. 8. Prag 907. (J. G. Calve.) nn 1.20

Klabberstück, A. (Hrsg.), s. Newburgh Post.

Kläbe, J. G. A., Dresdner Briefsteller f. Schulen. 8. Dresd. Hilscher. 809.

Kläbe, Jh. Gli. Aug., s. Briefsteller, Dresdner, zum Gebrauch für Stadt - Landschulen.

– s.a. Buch, Das goldene, für Kinder.

— d. goldene Buch f. Kinder. 8. Ebend. 794. m. schw. K. illum.

Kläbe, Jh. Gli. Aug., († d. 7. Oct. 1812.) neuest. gelehrtes Dresden. gr. 8. Leipz. 796. Voß. 16 Kr

— Handbuch d. Erdbeschreib. von Sachsen u. einigen angrenzend. Ländern. 8. Dresd. 794. Hilscher. 14 Kr

— Handb. d. Geographie d. Sächs. Länder rc. 8. Dresd. Hilscher. 794.

— allgem. Rechenknecht, oder Rechentafel zum Gebrauch bei allen Waaren. 8. Dresd. ... 2e A. 809. Hilscher. 12 Kr (A. u. d. T.: allgem. Unterricht zum Gebrauch bei allen Waaren.)

— neuester Dresdner Wegweiser. 8. Dresd. 797. Hilscher. 18 Kr

Kläbe, Karl, Anleitung zur Abfassung von Schüler-Charakteristiken. gr. 4. (12 S.) Leipzig (901). C. Merseburger. n. — 40

— Entwurf zum Ausbau der Hilfsschule zu Halle a. S. u. e. Lehrplan f. sie. 8. (VIII, 107 S.) Ebd. 900. n. 1.20

— was haben wir erreicht u. was erstreben wir?, s.: Grothe, A.

Klaber, Herz.

– Anweis. z. leicht. Berechnung d. zusammengesetzten Interessen, Jahrrenten, Leib- oder Lebensrenten, Tontinen, mit erläut. Beispielen u. d. nöthigen Erklärungen. Nebst einigen Tabellen, vermittelst welcher sich derlei Rechnungsaufgaben durch einfache Multiplikationen oder Divisionen auflösen lassen. gr. 8. Prag 832. (Haase Söhne). 14 Kr

— theoret. prakt. Anweis. zum Kopfrechnen u. zu mehreren prakt. Rechnungsvortheilen, nebst e. Anhange, enth. d. Kennzeichen d. Theilbarkeit einer Zahl durch 7 sammt Beweis. gr. 8. Prag 823. (Calve). (a. Kronberger u. W.) 1 fl

Klaber, Herz, theoret.-prakt. Anweisung zum Kopfrechnen, u. zu mehren prakt. Rechnungsvortheilen. Nebst e. Anh., d. Werth eines Dukatens u. Souverainder's in Wiener Währung u. umgekehrt, zu was immer für beliebige Kurse, auf die kürzeste u. leichteste Art zu berechnen. 2., verb. u. verm. Aufl., hrsg. v. Herm. Keref. gr. 8. (15½ B.) Pesth 842, Kilian sen. u. Weber. (Leipzig, Kummer.)

Klaber, Herz., Aufgaben aus d. höhern Rechenkunst rc., mit e. Anh. von d. Lehre von d. Zauberquadraten u. d. Planetensiegeln, zum Gebrauch für Lehrer u. Lernende. gr. 8. Prag 830. Kronberger u. W. 21 Kr

— der Kopfrechner, oder Samml. von Kopfrechnungsaufgaben, z. Gebrauch für Lehrende u. Lernende. gr. 8. Prag 820. Kronberger u. W. 21 Kr

Klaber, Herz., der arithmet. Lehrmeister, od. Samml. v. Aufgaben aus d. Arithmetik mit d. Auflösn. 1—3. u. 5. Thl. gr. 8. (53¼ B.) Prag 830, 31, (Kronberger u. Weber.) Thlr.
A. u. d. Tln.:
Thl. 1. Der Kopfrechner od. Samml. v. Kopfrechnungsaufgaben rc. 21 Gr.
- 2. Aufgaben zu d. 4 Grundrechnungsarten in ganzen u. gebroch. Zahlen, d. Regeldetri u. Regelconversa. 21 Gr.
- 3. Aufgaben zu d. zusammengesetzten Rechnungsarten. Nebst 1 Tab., zur leichten Berechn. d. zusammenges. Interessen rc. 21 Gr.
- 4. (Wird noch erwartet.)
- 5. Aufgaben aus d. hoh. Rechenkunst, eigentl. Aufgaben aus d. Algebra. Nebst 1 Anh., enth. d. Lehre v. d. Zauberquadraten u. d. Planetensiegeln. 21 Gr.

Klaeber, Friedrich [aus Beetzendorf]: Das Bild bei Chaucer. Tl 1. Abschn. 1: Sammlg d. Bilder aus d. Tierwelt ... [Erschien vollst. bei R. Heinrich in Berlin 1893.] Berlin, C. Vogt's Buchdr., *1892*; x, 36 S., 1 Bl. 8.
Berlin, Phil. Fak., Inaug.-Diss. v. 22. Dez. 1892

Klaeber, Frdr., das Bild bei Chaucer. gr. 8. (VIII, 454 S.) Berlin 893. R. Heinrich. n. 12.—

Klaeber, Hans, Fürst Alexander I. v. Bulgarien. Ein Lebensbild. (XI, 347 S. m. 1 Bildnis, 3 Taf. u. 9 Kartenskizzen.) gr. 8. Dresden 904. C. Heinrich. n. 9.—; geb. n. 12.—

Klaeber, Hans, die preußische Artillerie i. d. Schlacht bei Spicheren am 6. VIII. 1870. M. 1 Bildnis, 1 Plane u. mehr. Anlagen. gr. 8. (37 u. 11 S.) Berlin 898. Militär-Verlagsanstalt. n. 1.20

Klaeber, Hans, Marschall Bernadotte. Kronprinz v. Schweden. (XI, 482 S. m. 1 Bildnis, 39 Abb., 6 Fksms. u. 49 eingedr. Kartenskizzen.) gr. 8. Gotha 910. F. A. Perthes. 12.—; geb. 14.—

Leben und Thaten des französischen Generals Jean Baptist Kleber. Von Hans **Klaobor**. Oberstlt. a. D. *Dresden: C. Heinrich 1900.* (XII, 302 S.) 8° [F.]
[w. 6919

Die Thätigkeit des Generals von Bülow, Kommandeur der Artillerie des III. Armeekorps in der Schlacht bei Vionville am 16. August 1870. Nach offiz. Quellen, den eigenhänd. Aufzeichnungen des Generals, sowie unter Benutzung d. einschläg. Litteratur bearb. v. Hans **Klaeber**, Oberstlt. a. D. (Mit Karten.) *Dresden: C. Heinrich [1898.]* (71 S.) 8° [F.]
[w. 7159

Klaeber, Hans, die Thätigkeit des Generals v. Bülow, Kommandeur der Artillerie des III. Armeekorps, in der Schlacht bei Vionville am 16. VIII. 1870. Nach offiziellen Quellen, den eigenhänd. Aufzeichngn. des Generals, sowie unter Benutzg. der einschläg. Litteratur bearb. gr. 8. (71 S. m. 7 Karten.) Dresden (899). C. Heinrich. n. 2.50

— in u. vor Verdun während d. Belagerg. d. Festung im J. 1870. Nach deutschen u. französ. Quellen u. auf Grund eig. Anschaug. bearb. gr. 8. (V, 87 S. m. Abb., 1 Taf. u. 2 Plänen.) Dresden 898. C. Heinrich. n. 4.—

Klaeber, H(ermann), Rektor in Wültrath: Die Lehre A. Schopenhauers und E. Dührings vom Werte des menschlichen Lebens. Jena 1904: A. Kämpfe. (68 S.) 8°
Jena, Phil. Fak., Ref. Liebmann, Diss. v. 10. Febr. 1905
[Geb. 25. Febr. 62 Beetzendorf; Wohnort: Beetzendorf; Staatsangeh.: Preußen; Vorbildung: Landesschule Pforta Reife M. 80; Studium: Leipzig 4, Halle 4 S.; Rig. 19. Dez. 04.]

Die Lehre A. Schopenhauers und E. Dührings vom Werte des menschlichen Lebens. Von Dr. phil. H[ermann] **Klaeber.** Jena: Rassmann 1905. (68 S.) 8°
[Erschien zugleich als Inaug.-Diss. Jena 1905.] [08. 1768

Klabrias-Partie, die, im Ausstellungs-Theater. Verlegenheits-Schwank in 1 Aufzuge. 12. (14 S.) Wien 892, (Daberkow). * — 40
Aus: Dem Humor eine Gasse, besonders abgedruckt.

Klabund. Hermann [aus Schonwalde]: Ueber die physikalische Isomerie einiger Hydroxylaminderivate mit dem Radical der Paratoluylsäure. . . . Königsberg, Hartungsche Buchdr., *1891*: 2 Bl., 77 S., 1 Bl. 8°
Königsberg, Phil. Fak., Inaug.-Diss. v. 8. Jul. 1891

Klabund, Herm., über die physikalische Isomerie einiger Hydroxylaminderivate m. dem Radical der Paratoluylsäure. Diss. gr. 8. (77 S.) Königsberg i/Pr. 891. (W. Koch.) n. 1. —

Klabusay, Ladislaus, s. Schreib-Kalender, Neuer Korneuburger.

Klacel, v., enkyklopaedishe erinerungen an fortraege aus logik, ethik etc., s. Erinerungen, enkyklopaedishe.

Klácel, M. F., Počátky wedecké Mluwnictwí Českého. gr. 8. (7¾ B.) W Brne 844, Winikera.

Klácel, M. F., Slowník pro čtenáře nowin, w němž se wzswětlwjí slowa cizího půwodu. (Wydan od Národní Jetnoty sw. Cyrilla a Methuda.) gr. 8. (166 S.) Brünn 849, Buschak und Irrgang.) *

Klächen [Pseud.], s. Léonardy, Nicolas

Klachl, Hans, s. Hans.

Klachl Hans; od. d. Rendezvous in d. neuen Allee. Lsp. in in 3 Th. 8. Lpz. Hinrichs. 797. 98.

Klaczko, Julian, zwei Kanzler, Fürst Gortschakow u. Fürst Bismarck. Autoris. deutsche Ausg. gr. 8. (VII, 348 S.) Basel 877. Schwabe. n. 8. —

Klaczko, Julian. Zwei Kanzler. Gortschakow u. Bismarck. Autor. deutsche Uebersetzung. 2. Aufl. 8°. Basel, Schwabe. 1878.
(Original in der Revue des Deux mondes.)

Klaczko, Julian, zwei Kanzler. Fürst Gortschakow u. Fürst Bismarck. Wohlf. (Titel-)Ausg. gr. 8. (VII, 348 S.) Basel (1877) 881. Schwabe. n. 5. —

Klaczko's, Julian, Florentiner Plaudereien. [Von der französ. Akademie gekrönt.] Deutsch v. Wilh. Lauser. gr. 8. (VIII, 269 S.) Wien 884. Engel. n. 7. —

Kladakis, Photios M. [aus Symi (Süd-Sporaden)]: Ueber die Einwirkung des Leuchtgases auf die Lebensthätigkeit der Mikroorganismen. . . . Berlin, Buchdr. v. Gustav Schade (Otto Francke) (1890): 29 S. + 1 Bl. 8°
Berlin, Med. Fak., Inaug.-Diss. v. 21. März 1890

Kladderabums: 1883–1884) New York, NY
Humorous weekly. Small folio, each issue 4 pages. Edited & published by Albert Grahn.

Kladderadatsch, 1. Jahrg. 1848, s. a. Im tollen Jahr.

„Im tollen Jahr". Erster Jahrgang des **Kladderadatsch** 1848. Nach 50 Jahren neu hrsg. mit Anm. u. Erl. — Berlin: Hofmann 1898. 4°

Kladderadatsch. Organ für und von Bummler. (Seit 1850 humoristisch-satyrisches Wochenblatt.) Berlin, A. Hofmann u. Comp. 7. Mai 1848–1867. 20 Bde. 4. (Nebst Sylvester- und Neujahrszeitung, Carnevals-Schwindel und andern Beilagen.)

Kladderadatsch. Organ für und von Bummler. 1. und 2. Jahrg. 1848. Mai — Decbr. 34 Nrn. und Jahrg. 1849. 52 Nrn. (½ Bog. mit eingedr. Holzschn.) gr. 4. Berlin, Hofmann und Comp. à Jahrg. *
Die Fortsetzung erschien unter dem Titel:

Kladderadatsch. Humoristisch-satyrisches Wochenblatt. Redig. von E. Dohm. 3–5. Jahrg. 1850–52. à Jahrg. 52 Nrn. (½ Bog. mit eingedr. Holzschn.) Imp.-4. Ebds. à Jahrg. *

Kladderadatsch. Humoristisch-satyr.-Wochenblatt. Red.: E. Dohm. 6–11. Jahrg. 1853–58. à 60 Nrn. (à ½–1 Bgn. m. Holzschn. im Text.) Berlin, Hofmann u. Co. gr. 4. Jeder Jahrg. 2 ℛ. 24 ngr.

Kladderadatsch. Humoristisch-satyrisches Wochenblatt. Red.: E. Dohm. 12–17. Jahrg. 1859–64. à 60 Nrn. (à ½ Bgn. m. Holzschn.) Berlin, Hofmann & Co. gr. 4. Jeder Jahrg. 2 ℛ 28 ngr.

—— Humoristisch-satyrisches Wochenblatt. Redakt.: E. Dohm. 15.–20. Jahrg. 1862–67. à Jahrg. 60 Nrn. (½ Bog. mit eingedr. Holzschn.) Imp.-4. Berlin, Hofmann und Comp. à Jahrg.

Kladderadatsch. Humoristisch-satyrisches Wochenblatt. Redact.: E. Dohm. 21. und 22. Jahrg. 1868 und 1869. à Jahrg. 60 Nrn. (à ½ Bog. mit eingedr. Holzschn.) gr. 4. Berlin, Hofmann und Comp. à Jahrg. *

—— dass. — Redact.: R. Löwenstein. 23. und 24. Jahrg. 1870 und 1871. à Jahrg. 60 Nrn. (à ½–¾ Bog. mit eingedr. Holzschn.) gr. 4. Ebendas. 1870 *
1871 *

Kladderadatsch. Red.: R. Löwenstein u. E. Dohm. 24–29. Jahrg. 1871–1876 à 60 Nrn. (à ½–¾ B. m. eingedr. Holzschn.) gr. 4. Berlin, Hofmann & Co. à Jahrg. n. 9. —

Kladderadatsch. Humoristisch-satirisches Wochenblatt. Red.: E. Dohm. 30–35. Jahrg. 1877–1882. à 60 Nrn. (à ½–1 B. m. eingedr. Holzschn.) Mit Beilagen. gr. 4. Berlin, Hofmann & Co. à Jahrg. n. 9. —

Kladderadatsch. Humoristisch-satyr. Wochenblatt. Red.: Rud. Löwenstein. 36–39. Jahrg. 1883–1886. à 60 Nrn. (à ½–1 B. m. eingedr. Holzschn.) Mit Beilagen. gr. 4. Berlin, Hofmann & Co. à Jahrg. n. 9. —

Kladderadatsch. Humoristisch-satyr. Wochenblatt. Red.: J. Trojan. 40.–43. Jahrg. 1887–1890. à 60 Nrn. (à ½–1 B. m. Holzschn. u. Beilagen.) gr. 4. Berlin, A. Hofmann & Co. à Jahrg. n. 9. —

Kladderadatsch. Humoristisch-satir. Wochenblatt. Red.: J. Trojan. 44.–47. Jahrg. 1891–1894. à ca. 52 Nrn. (à ca. 1 Bog. m. Holzschn.) gr. 4. Berlin, A. Hofmann & Co. à Jahrg. n. 9. —

— Humoristisch-satir. Wochenblatt. Red.: J. Trojan. 48.–52. Jahrg. 1895–1899. à 52 Nrn. (à ca. 12 S. m. Abb.) gr. 4. Berlin, A. Hofmann & Co. à Jahrg. 9. —
Kann auch halbjährlich bezogen werden.

Kladderadatsch. Humoristisch-satir. Wochenblatt. Red.: J. Trojan. 53.—55. Jahrg. 1900—1902. à 52 Nrn. gr. 4. (à ca. 12 S. m. Abbildgn.) Berlin, A. Hofmann & Co. à Jahrg. 9. —

Kladderadatsch. Humoristisch-satir. Wochenblatt. Red.: J. Trojan. 56.—59. Jahrg. 1903—1906. à 52 Nrn. (à ca. 16 S. m. Abbildgn.) gr. 4. Berlin. A. Hofmann & Co. à Jhrg. 9. —

— dasselbe. Extrablatt (zur ... ugsauflösg. vom 13. XII. 1906. (4 S. m. ? ... ngn.) 4. Ebd. — 10

Kladderadatsch. Humoristisch-satir. Wochenblatt. Red.: J. Trojan u. seit 1908: Paul Warncke. 60.—63. Jahrg. 1907—1910. à 52 Nrn. (à ca. 16 S. m. Abb.) 33,5×24,5 cm. Berlin, A. Hofmann & Co. à Jahrg. 10. —

Kladderadatsch. Humoristisch-satyrisches Semesterblatt. gr. 4. (4 S.) Borna 864, Schulze.

Kladderadatsch: 1891? St. Louis, MO
Humorous weekly. Quarto, each issue 12 pages. Edited & published by Victor Saner.

Kladderadatsch in Kassel oder der Leichenräuber um Mitternacht. Eine wahre Geschichte, geschehen im Jahre des Krieges. Leipzig 1870. V: *Schaefer, Rob.* (cb)

Königsberger **Kladderadatsch.** Satirisches Wochenblatt. 1905, No 1–12. [Mehr nicht erschienen.] (Königsberg i Pr.: H. Herrmann 1905.) (38 Bl.) 4° [Kopft. F.] [05. 6377 10

—— te Letzeburger. Humoristischt-satyrischt Wocheblât. 1. Jahrg. 1887. 52 Nrn. (Bog.) Fol. Luxemburg, Brück. *

[F.] De Kladderadatsch und seine Leute 1848–1898. E. Culturbild ... Hrsg.: R[ud.] Hofmann.) *Berlin: A. Hofmann & C. 1898.* (2 Bl., 304 S.) 1 Bd 8. [98. 6310

Kladderadatsch in London. Humoristische Schilderungen über die Industrie-Ausstellung. Mit 125 Illustrationen. Heft 1—8. Berlin, A. Hofmann & Comp. 185.. 64 S. 4.

Kladderadatsch Neujahrswünsche. Nr. 1. Verlag v. A. Hofmann u. Co. 1 Bl. Fol. Flugblatt. Berlin, 1848/49.

—— pädagogischer. Humoristisch-satyrisches Volksblatt. Redakt.: Herm. Görwitz. 2. Jahrg. 1866. 24 Nrn. (½ Bog.) Mit: Lesehalle für Erholungsstunden. 52 Nrn. (½ Bog.) gr. 4. Stadt-Sulza, Rost. *
Vgl.: Erholungsstunden.

Kladderadatsch in Paris. Humor und Satyre auf der Industrie-Ausstellung. Heft 1—5. Mit 60 Illustrationen von W. Scholz. Berlin, A. Hofmann u. Comp. [1855]. 40 S. 4.

—— in Paris. Humor und Satyre auf der Industrie-Ausstellung 1—5. Heft. Imp.-4. (à 8 S. mit eingedr. Holzschn.) Ebds 855—56. à Heft 3 Ngr. *

—— de plattdütsche. En Sammlung van Vertällekes, Dönkes, Ledches, Rimkes un Sprückches in allerhand Mondarte un Sprichwiese zom Lache. 8. (96 S. mit eingedr. Holzschn.) Mülheim a. d. R. 867, Bagel.

— auf dem Siegesmarsch nach Paris. Mit vielen Illustr. (in Holzschn.) Leipzig 870. R. Schaefer. br. 8. (96 S.) n. 10 ngr.

WIENER Kladderadatſch. Humoriſtiſch-ſatiriſches Wochenblatt. Nr. 47 von 1884; Nr. 24 von 1885; Nr. 78 von 1888.
Konfisziert.

Kladderadatsch-Kalender, s. a. Volks-Kalender, humoristischer, des Kladderadatsch.

Kladderadatsch-Kalender für 1856. Von D. Kalisch. 7. Jahrg. Illustrirt von W. Scholz und H. König. 8. (105 S. mit eingedr. Holzschn.) Berlin 855(56,) Hofmann und Comp. *
Vgl.: Volkskalender, humoristisch-satyrischer, des Kladderadatsch.

Kläden, Fr. Wlh., s.a. Klaiden

— s. Gespensterfurcht, Über die.

– s. Sätze über Religion und Sekten.

F. W. Kläden's Vers. üb. d. Ewigk. u. ihre Freuden. *Halle,* Gebauer. 786. 8° 12 gr

KLADEN, Fr. W., Vorschläge an junge Leute, welche sich vernünftig und glücklich verheirathen wollen. Stendal, Franzen u. Grosse, 1787. 8°. (¼ Rthl.)

– s. Weissagungen, Unschuldige und nützliche.

von Klaeden, *Gustav Alexander* Georg [Referendar]: Actio spolii in der heutigen Gerichtspraxis ... Greifswald, Druck v. F. W. Kunike, 1895; 31 S. 8.
Greifswald, Jur. Fak., Inaug.-Diss. v. 1895

[F.] Das Latein im Rechte. Stillehre f. Juristen v. Dr. jur. G(eorg) v. **Klaeden** ... *Frankfurt a. O.: H. Andres & C. (1896).* (3 Bl., 31 S.) 1 Bd 8. [97. 958

Klaeden, J., de lingua J. Chr. vernacula. Viteb. 1739. 4.

Kläden, K. von: Das Referendar- und Doktorexamen ..., s. Höpfner, Wilhelm

(Kladizko, J.), Die deutschen Hegemonen. Offenes Sendschreiben an Herrn Georg Gervinus von J. K. Berlin, F. Schneider u. Comp., 1849. 52 S. 8°.

Die Kämpfe zur See im russisch-japanischen Kriege. Von N. L. **Klado,** russ. Kapitän. Autor. Übers. von Hasse, Lt. im Inf.Regt Nr. 19. Mit 31 Skizzen. Berlin: K. Siegismund 1907. (334 S.) 8° [F.] [07. 4327

N. L. **Klado,** Kais. Russ. Kapitän. Die russische Seemacht. Nach d. Ausfahrt d. 2ten Geschwaders d. Flotte d. Stillen Ozeans. Aus d. Russ. übers. Mit e. Vorr. u. e. Nachwort von A[lbert] v. Drygalski. Mit 3 Karten. Berlin: K. Siegismund 1905. (164 S.) 8° [F.] [06. 1843

Kladt, L. A. v.

— Andacht in allerlei Leiden u. Drangsalen ꝛc. 8. Düsseldorf 822, (Schreiner.)

— Andacht in allerlei Leiden u. Drangsalen ꝛc. 8. Düsseldorf 823. (Schreiner). 4 gr

v. Kladt, L. A., an die unter meiner Leitung u. Sorge zunächst stehenden Kinder. Eine Erziehungsschrift. 24. Düsseld. 823. (Schreiner). 2 gr

Kladt, L. A. v., kurzgefaßte Lebens- und Wundergeschichte des heil. Bischofs und Blutzeugen Apollinaris, Schutzpatrons der Stadt Düsseldorf ꝛc. mit dessen Bildniß. 8. (Elberfeld, Büschler in Comm.) 821.

— Rede am Feste d. heil. Lambertus ꝛc. 8. Elberf. 820. (Schaub). 3 gr

An das Königliche Holsteinische Landgericht. **Klagantrag** in Sachen des Justizraths u. Obersachwalters Raben in Altona, namens der Königlichen Rentekammer, Klägers, wider den Landsassen Gustav Hirschfeld, als Besitzer des adeligen Guts Cluvensiek, Beklagten, wegen unbefugter Ausübung der Mangjagd auf den Feldern der Dörfer Raade, Schülldorf, Ostenfeld . . . im Amte Rendsburg. Mit Anlagen Nr. 1 u. 2. (Glückstadt. 1846.) [Schlußt.]

Klage, die. Ein deutsches Heldengedicht des 12. Jahrhunderts. Erzählt und erläutert von A. v. Spaun. gr. 8. (111 S.) Pesth 848, Heckenast. (Leipzig, G. Wigand.) *

— **die.** Schlußgesang des Nibelungenliedes in der alten vollendeten Gestalt. Hrsg. durch Frdr. Heinr. v. d. Hagen. Mi (eingedr.) Holzschn. v. F. W. Gubitz 2c. gr. 8. (XIV u. 82 S.) Berlin 852, Vereins-Buchhandlung. 1/2 Thlr

Klage, diu, m. den Lesarten sämmtlicher Handschriften hrsg. v. Karl Bartsch. gr. 8. (XXIII, 224 S.) Leipzig 875. Brockhaus. n. 4. —

Klage der Actionäre der aufgehobenen solothurnischen Bank gegen den Staat Solothurn. O. O. [1887]. V: *Niggeler, Rudolph* & *Simon Kaiser.* (Cat. d. Stadtbibl. Zürich. Zürich 1864—97.)

Klage und Antwort aus Gottes Wort, zum Trost für Leidende. 16. (16 S.) Barmen 866. (Berlin, Beck.) *

Klage, die, mit vollständigem kritischen Apparat und ausführlicher Einleitung. Unter Benutzung der von Fr. Zarncke gesammelten Abschriften und Collationen hrsg. von Ant. Edzardi. hoch 4. (VIII, 266 S.) Hannover 875, Rümpler. *

Klage des Kantons Appenzell . . . gegen den Kanton St. Gallen betreffend die Gränze am Säntis. Heidelberg 1894. V: *Forrer, Ludwig.* (Cat. d. Stadtbibl. Zürich. Zürich 1864—97.)

Klage und Beruhigung der Schutznymphe Neuwieds. U. St. d. 19. Oct. 1761. P.

Klage, Betrübte, über das Farrenbacherbier nebst einigen treuen Wünschen auf das Schaltjahr 1788. (Humoristisches Gedicht von 23 Strophen zu je 4 Zeilen.) Rechts daneben: Frag- und Anzeige-Nachrichten auf 1788. (Scherzanzeigen.) Neujahrsscherz. (Nürnberg 1788.) 2 Bl. Fol. 12.—

Klage, Die betrübte, eines Volckes . . . Bresl. 1740. V: *Jachmann, Gottlieb.* (Kat. d. Druckschr. üb. Breslau. Breslau 1903. S. 13.)

Klage, Billige, über einen verwegenen Poet, einen Selbstmörderischen Studiosum philosophiae betreffend. O. O. 1732. V: *Lämmermann, Christoph August.* (BB) (will) (Adel)

Klage, Bittere, . . . [Trauergedicht auf J. J. Schellhammer], s. Beccau, Joachim

Klage für Herrn Thomas Brassey . . . gegen die Eisenbahngesellschaft der schweizerischen Centralbahn in Basel. Bern 1860. V: *Niggeler, Nicolaus.* (Cat. d. Stadtbibl. Zürich. Zürich 1864—97.)

Klage eines ächten Bremerkindes über die gegenwärtigen Zeiten bei der Eheverbindung Herrn Burchard Tidemanns und Jungfer Maria Dorothea Brandten dem hochverehrtesten Brautpaare zur Beherzigung vorgestellet von P. Bremen 1767. V: *Lappenberg, Samuel Christian.* (Mittheil. aus der Stadtbibliothek Bremen hg. v. H. Seedorf. II. Jg. No. 5. 1909. S. 40).

Klage des Hofes Camana gegen die Gemeinde Safien betreffend Wald-Eigenthum. Chur 1901. V: *Hunger, Sebastian.* (BBullSchw 4, 1904)

Klage und Fürbitte, Der Dänen, über den tödtlichen Hintritt Friderichs des Fünften . . . Flensburg 1766. V: *Fries, Matth.* (Bruun, Bibl. Danica. III, 434.) (Collin, Anonymer. Kiobenh. 1869.)

Klage eines Teutschen gegen eine Spanische Evocation. O. O. 1797. V: *Hofmann, Carl Friedrich.* (MGT)

— **die,** über schlechte Dienstboten und wie dem Uebel abzuhelfen ist. Ein Wort an junge Hausfrauen von einer Frau. gr. 8. (23 S.) Hannover 875, Wolff.

Klage des Domcapitels zu Cöln gegen d. Universität Bonn. 8. Thal-Ehrenbreitenst. 790. Gehra. 5 gr

Klage, Fellenberg's, gegen Pestalozzi . . . Karlsruhe 1827. V: *Schmid, Joseph.* (AarK)

FRAUEN, Zwey gelehrter, rechtmäßige Klage über die Eifersucht ihrer Männer. 8⁰. 3 Bog.
S. Menantes (Chrn. Friedr. Hunold's) Satyrischen Roman. Frf. u. Lpz. 1732. 8⁰. Anhang: „Urtheile von neuen Büchern", no. V. p. 34. — Wirklich erschienen?

Beulwitz, Aug. v.: **Klage** der Brüder Freimaurer von der Grossen Landes-Loge Deutschlands [in Berlin] beym Grabe ihres verewigten [Br.] Carl Aug. v. Beulwitz. Berlin den 30sten März, 1799. 2 Bl. 4⁰ [Umschlagtit.]
Kl. 1410b. Lied ohne Noten: „Allgeliebter! bange Klage, . . ."

Klage, die, in der ältesten Gestalt mit den Veränderungen des gemeinen Textes, als Anhang zum Nibelungenlied hrsg. und mit einem Wörterbuch und einer Einleitung versehen von Adf. Holtzmann. gr. 8. (XXVIII und 148 S.) Stuttgart 859, Metzler'sche Buchh. Verlags-Conto. *

Bertuch, Ephr.: **Klage** am Grabe meines verklärten Brs Ephr. Bertuch. Gestorben den 20. April 1824. Altenburg [1824]: Hofbuchdr. 4 Bl. 8⁰ [Umschlagtit.]
2 Gedichte: „O Sonne verlösch!“ [Unterz.:] D. u. „Der Lenz ist erwacht;...“ von F. A. Fallou.

Die **Klage** des Johann Conrad Kuhl von Butzbach gegen den großherzoglich hessischen Staatsminister Freiherrn du Bos du Thil auf Schadloshaltung wegen angeblich geleisteter Spionendienste. Ein aktenmäßiger Nachtrag zu den geheimen Inquisitionsprocessen gegen Weidig und Jordan. Vom Verfasser der Schrift „Der Tod des Pfarrers F. L. Weidig“. Zürich, literarisches Comptoir 1844. 48 S. 8.

Klage der schweizerischen Lloyd-Rückversicherungs-Gesellschaft in Winterthur gegen die Kinder Lengstorf ... O. O. [1885]. V: *Forrer, Ludw.* (Zuwachsverz. d. Bibliotheken in Zürich 1898 ff.)

— um Ludwig d. XVI. (v. Karl Glo. Cramer). 4. Leipz. 792. Weygand. 4 gr.

Klage um Ludwig XVI ... Weissenfels 1793. V: *Cramer, Carl Gottlob.* (MGT) »Leipzig 1792« (Ky)

Klage für 1. Die vereinigte Elsässische Maschinenbaugesellschaft in Mühlhausen ... gegen 1. den Staat des Cantons Bern ... [Bern 1875.] V: *Aebi.* (BSchwLk V, 9 h)

Klage Uber den allzusehr eingerissenen Mißbrauch Der Reiff-Röcke / In einem Schertz-Gedicht entworffen ... Franckfurt / gedruckt bey David Jacob Cronau / Und in Commission, zu finden bey Johann Christoph Kolb / Kupfferstechern in Augspurg. Ridendo Dicere verum quis vetat? O. J. (um 1730). 4⁰. 5 Bll. incl. Titelkupfer. (In München: P. o. germ. 234, 20.) (2/3 Rthl. J. Scheible, vor 1875; 6 Mk. 50 Pfg., Expl. ohne Titelkpfr., L. Rosenthal, 1906.)
Abgedruckt bei Genthe (s. weiter oben). — Auch Expll. mit „1733“ auf dem Titel vorhanden?

Klage, Neue, Mosis von den Abweichungen der aus Egypten aufsteigenden Israeliter. O. O. 1702. V: *König, Sam.* (Myl)

Klage für die schweizerische Nordostbahngesellschaft, Klägerin, gegen die Stadtgemeinde Zürich, Beklagte, an das i. S. bestellte Schiedsgericht. Zürich 1894. V: *Isler, Emil.* (Cat. d. Stadtbibl. Zürich. Zürich 1864—97.)

Klage eines ehemal. Ontologen üb. d. dermaligen Zoologen, in zwei Sendschreiben der Ersten an einen ehemal. Theologen, herausg. v. einem Freunde des Kleeblatts. gr. 8. Solingen 822. (Leipz., Engelmann.)

— d. Priester, u. ders. üble Nachsage. 8. Frkf. 713.

Klage, Die, Ringulphs des Barden. Zittau 1770. V: *Kretschmann, Carl Friedrich.* (OL) (MGT) (BrMm)

— Ringulphs d. Barden b. Tode Herrmanns. gr. 8. Lpz. Dyk. 771.

Klage der Firma Schinz Ernst und Co. in San Paulo gegen die Firma Escher und Rahn, sowie die Herrn C. Escher und L. Rahn in Zürich betreffend Schadenersatzforderung. Winterthur 1897. V: *Forrer, Ludwig, Eug. Curti & Em. Schurter.* (Zuwachsverz. d. Bibl. in Zürich 1898 ff., 7.)

Klage eines Seelenhirten beym Tode Joseph Gallyuph ... Agram 1786. V: *Szentmartonyi, Ignaz.* (Th) (Jes)

Klage, die, sammt Sigenot u. Eggenliet, nach d. Abdruck d. ältesten Handschriften d. Frhrn. Jos. v. Laßberg. Mit Einleit. u. Wörterbuch hrsg. v. O. F. H. Schönhuth. 18. (570 Seit.) Tübingen 839, [Osiander'sche Buchh.]

—— die, sammt Siegenot und Eggenliet, nach dem Abdruck der ältesten Handschriften des Frhrn. Jos. von Laßberg. Mit Einleitung und Wörterbuch hrsg. von O. F. H. Schönhuth. Neue Ausg. 18. (CXCVI und 364 S.) Tübingen 847, Osiander'sche Buchh.

— beim Tode d. Geliebten. gr. 4. Neiße ... Hennings. 2 gr.

Klage über den Tod J. A. Roth ... die Erbauung anderer Menschen, als der grösseste Ruhm eines Weisen ... Hof 1758. V: *Ruckdeschel, Wolfg. Hnr.* (ML) (Fiker)

Klage der Universität zu Kiel, vertreten durch ihren Rektor, Klägerin, im Prozeß vertreten durch den Rechtsanwalt Döring in Kiel, wider die Stadt Kiel, vertreten durch den Magistrat derselben, Beklagte, wegen Forderung und Feststellung. *o. O. (1897).* (45 S.) 4⁰(2⁰) [Kopst. F.] 1.4.6,8 6

Klage und Vernehmlassung in dem bei dem hohen Bundes-Schiedsgerichte zu Erfurt anhängigen Rechtsstreite der großherzogl. Mecklenburg-Strelitzschen Regierung, Klägerin, wider die großherzgl. Mecklenburg-Schwerinsche Regierung, Beklagte, wegen zu gewährender Mitwirkung zur Umgestaltung der mecklenburgischen Verfassung. Schwerin, Hofbuchdruckerei 1850. 101 S. 4.

— u. Vernehmlassung in dem bei dem hohen Bundes-Schiedsgerichte zu Erfurt anhängigen Rechtsstreite der Großherzogl. Mecklenburg-Strelitzschen Regierung, Klägerin, wider die Großherzogl. Mecklenburg-Schwerinsche Regierung, Beklagte, wegen zu gewährender Mitwirkung zur Umgestaltung der Mecklenburgischen Verfassung. gr. 4. (101 S.) Schwerin 850. (Stiller.) n. 2/3 ℛ

Klage über die Verstockung der Christen. O. O. 1707. V: *Pfanner, Tob.* (Myl)

Volkes Klage beim Tode des Königes von Preussen Friedrichs des Grossen mit Musik begleitet, gesungen vor der feierlichen Leichen-Rede am Sonntage den 17ten September 1786 in der Stadtkirche zu Treptow an der Rega. Stargard 1786. 8.

Klage, Wehmütige, des Abts von St. Gallen. O. O. [1712]. V: *Leodegar IV. abbas.* (Zuwachsverz. d. Bibl. Zürich 1898 ff. 8.)

Klage, Karl

Klage, C., die Scalen d. Dur- u. Molltonarten f. d. Fortepiano rc. qu. gr. Fol. Berl. 827. Schlesinger. 10 Gr

Klage, Carl, die Tonleitern (Scalen) d. Dur- u. Moll-Tonarten f. d. Pianoforte, mit ihren Akkorden, Schluss-Cadenzen u. richt. Fingersatz f. Lehrer u. Lernende aufgesetzt. Fol. (3½ B.) Berlin 833, Klage.

Klageausbruch meines Zartgefühls und meiner Ohren . . . Zürich 1834. V: *Schödler*, *Friedrich*. (Ky)

Klageausbruch meines Zartgefühles u. meiner Ohren, beleidigt durch d. Todtenruferin vulgo Chilchgangsägeri in Zürich. (Gedicht v. F. Schoedler.) 8. (½ B. u. 1 Stndr.) Zürich 834, Orell, Füßli u. Comp.

Klagebeantwortung in Sachen L. Nemelka . . . gegen Fr. Wegmann in Zürich betreffend Schadenersatz. Zürich 1890. V: *Ryf*, *Johann*. (Cat. der Stadtbibl. Zürich. Zürich 1864—97.)

Klagebeantwortung in Sachen der Stadtgemeinde Zürich . . . gegen die Korporation der Metzgerbankbesitzer in Zürich I . . . [Zürich 1895.] V: *Imhoof*, *Theod.* (Zuwachsverz. d. Bibliotheken in Zürich 1898 ff.)

Klagebeantwortung in Sachen der Stadtgemeinde Zürich . . . gegen Jul. Schenkel, Metzgermeister . . . [Zürich 1897.] V: *Imhoof*, *Theod.* (Zuwachsverz. d. Bibliotheken in Zürich 1898 ff.)

Klagebegründung in Sachen der Firmen Müller-Staub & Co., Zürich . . . entgegen der Firma Frid. Schüler-Schmid in Wetzikon betreffend Schadenersatz. Zürich 1883. V: *Goll*, *August*. (Zuwachsverz. d. Bibl. Zürich 1898 ff. 7)

Klaggeschrey, allgem., über Dienstleute. 8. Prag 804. Widtmann. 5 Gr

Klaggeschrei, Allgemeines, über die Dienstmägde insbesondere und über die Dienstleute überhaupt, nebst einem Blick in die Zukunft. (18**.)
Harpf's in Königsberg i. Pr. Leihbibl.

— allgem., über d. Dienstmägde insbesondere u. Dienstleute überhaupt. 8. Prag 805. Widtmann. 6 Gr (C. Haas in Wien). 4 Gr

Klageinlassung in Sachen der schweizerischen Nordostbahngesellschaft gegen die Stadt Zürich an das Schiedsgericht. Zürich 1895. V: *Wyss*, *Heinrich*. (Cat. d. Stadtbibl. Zürich. Zürich 1864—97.)

Klage-Libell, Des hamburgischen Fiscal Peinlicher, wider Dr Christ. Krumbholtz . . . Hildesheim 1709. V: *Feind*, *Barthold*. (Schr)

Klagelied eines von Erfurt abziehenden aufgelösten Deputirten. gr. 8. (4 S.) Erfurt 849, Körner.

Klagelied eines Geometers über den Verfall der Reize seiner Frau. O. O. [ca. 1790]. V: *Blumauer*, *Joh. Alois* [?]. (EB)

Klagelied eines Geschäfts-Reisenden. 16. (3 S.) Kaiserslautern 887, A. Gotthold's Verlag.

Klagelied, d. heimliche, d. jetzigen Männer; e. Stadtgesch. u. die wunderbare Gesellsch. in der Neujahrsnacht, von Jean Paul. 8. Frkft. Willmanns. 808.

Klagelied eines baierischen Jeremias auf die Charwoche. O. O. 1778. V: *Michl*, *Anton*. (BB)

Klagelied von einem Ungarn auf den Tod seiner . . . Königin M. Theresia. Wien 1780. V: *Fukker*, *Frdr. Jac.* (GGr)

Klagelieder, die, nach der Uebersetzung v. Mendel Hirsch, nebst Anmerkgn. (Hebräisch u. deutsch.) (VI, 22 S.) gr. 8. Frankfurt a/M. 903. J. Kauffmann.
Geb. in Leinw. n. 1.20

Klagelieder und Briefe unberühmter Personen über Gegenstände der Zeit . . . Hamm 1817. V: *Puttlitz*, *Carl Edler von*. (GGr)

Klagelieder und Briefe unberühmter Personen über Gegenstände der Zeit. 8. Hamm, Schulz und Wundermann. 817.

Klagelieder eines Einsamen. [Wien 1901.] V: *Reichenberger*, *Berthold*. (EB)

Klagelieder der Geistlichen oder d. traurige Stellung des Theologen ..., s.a. Bauer, Eduin

Klagelieder der Geistlichen, oder die traurige Stellung des Theologen . . . Grimma 1839. V: *Bauer*, *Aurel Reinhard Eduin*. (Haan)

Klagelieder der Geistlichen, od. d. traurige Stellung d. Theologen, in Rundgemälden. Eine Leidensgesch. d. protestant. Geistlichen vor, zu u. in d. Amte. Aus sichern Quellen u. d. Wahrheit getreu dargest. v. ein. Theologen. gr. 12. (4½ B.) Grimma 839, Verlags-Comptoir.

Klagelieder, Die, des Jeremias nach rabbinischer Auslegung. I. Abraham Ibn Ezra's Commentar in deutscher Uebertragung. II. Commentar in Cod. Hebr. 5 der k. Hof- und Staatsbibliothek in München. Hebräischer Text mit Uebersetzung. Mit Vorwort und Erläuterungen von . . . J. M. Schönfelder . . . München 1887.

Klaglieder, die, des Propheten Jeremias, in teutsche Liederform übertr. von A. Hetzel, s. Hetzel.

Klage- und Liebeslieder des neugriechischen Volks, s. Liebes- und Klagelieder.

Klagelieder, Politische. Strassburg... [Altona 1793]. V: *Erbshäuser, Georg Heinrich.* (Schr)

Klagelieder des Propheten J.... in deutsche Verse übersetzt. Prag 1803. V: *Steinsky, Franz Anton.* (GGr)

Klagen. Berlin 1762. V: *Adelung, Joh. Chph.* [?] (MGT Bd. 22) V: *Gleim, Joh. Wilhelm Ludw.* (Ky) (GGr)

Klagen (v. J. W. L. Gleim). 8. Berl. 762. Wever. 2 ℛ

Klagen, Alte, über Bettelunfug auf dem platten Lande . . . [Kiel 1791.] V: *Bolten, Joachim Hermann.* (MGT)

Die **Klagen** des Bauern bearb. von F[riedrich] Vogelsang u. Alan H. Gardiner. 24 Lichtdrucktaf., Umschreibung u. Übers. Leipzig: J. C Hinrichs 1908. (15 S., 24 Taf. mit je 1 Erl.-Bl.) 2°
= Texte, Literarische, d. mittleren Reiches. 1.
— Papyrus, Hieratische, aus d. Kgl. Museen zu Berlin. Bd 4.

Klagen und Bekenntnisse des Christlichen Vaterlandsfreund .... Zurich 1800 s.a. [Wolf, Salomon].

Klagen und Bekenntnisse des Christlichen Vaterlandfreunds auf den bevorstehenden Buß- und Bettag. Zürich 1800. V: *Wolf, Salomon.* (Cat. d. Stadtbibl. Zürich. Zürich 1864—97.)

Klagen, Bittere, der heiligen christkatholischen Kirche, über die Wunden, welche ihr durch die Neuerungssucht verschiedener katholischen Schriftsteller versetzt werden. Klagenfurth, ?, 1785. 472 S.

— bittere, d. kathol. Kirche, üb. d. Wunden d. Neuerungssucht, Spötterey ꝛc. gr. 8. Bamb. Gobhard. 785.

Klagen des jungen Blendheim im Schattenreiche ... Dresden 1780. V: *Contius, Christian Gotthold.* (MGT) (Ky) (OL)

Passavant, Peter Friedr.: **Klagen** der Brüder an dem Monumente des Br. P. F. Passavant. den 1ten Julius 1786. [Frankfurt a. M. 1786.] 4 Bl. 4° [Kopftit.]
Kl. 1377. Gedicht u. Nänie bey Passavants Urne.

— u. **Einreden** für 101 Processe aus dem römischen Rechte. Ein Hilfsbüchlein für den rechtsunkund. Bürger u. Landmann zur Führg. des Parteiprozesses vor dem Einzeln- u. Handelsgerichte nach der mit dem 1. Juli 1870 zum Vollzug komm. neuesten Prozeßordng. im Königr. Bayern von e. rechtskund. Beamten [J. H.]. Würzburg 870. Stahel. 8. (XV, 151 S.) n. 11 ngr.

Eva's Klagen über die Zügellosigkeit ihrer Töchter u. deren traurige Lage jetziger Zeiten, veranlasst durch die Bestrafung, welche an vier Frauenspersonen im Lager bey Glogau zu Ende Juli des Jahres 1808 öffentlich vollzogen worden ist. O. O. 1808. 4°. 2 Bll. Höchst selten! (3 Mk. Rich. Bertling, Dresden, 1899:)

KLAGEN der Frauensleute, da in Kayserlichen Landen beym Türkenkriege und der starken Recrutierung ausgerechnet, daß auf einen Mann siebenzehn und eine halbe Frau kommen. O. O. 1790. 8°. 4 S. (2 Mk. 50 Pfg., Paul Graupe, Berlin, 1911.) Sehr rar!

Klagen

§ — —, Gerechte wider das Mönchswesen; ein Auszug aus den neuesten Schriften, die über diesen Gegenstand erschienen sind, nebst dem General-Mandat Sr. Churfürstl. Durchlaucht in Baiern, die Abstellung verschied. Missbräuche in den Klöstern betreffend. Frankfurt und Leipzig 1770. 8°. (2 Mk. 50 Pfg. K. W. Hiersemann, Lpz., 1898.)
Gleich nach Erscheinen in München verboten.

Klagen, gerechte, wider d. Mönchswesen. 8. Bamb. 770. (Wesche in Frankf. a. M.) 8 ℛ

Klagen und Thränen, Die gerechte, einer Höchst-Betrübten Wittibe. [Herborn 1742.] V: *Focke, Joh. Em.* (Linde, Nassauer Drucke. Wiesbaden 1882.)

— gerechte, u. allgemeine Wünsche der Rechtsuchenden Parteien wider die von ihrer Bestimmung abgewich. Advocaten. 8. Wien 794. (Heubner). 6 ℛ

— bei d. Grabe d. Königs. 4. Koppenh. 766. Brummer. 1 ℛ

Klagen. – Über Klagen des Handwerkerstandes, ihre Ursachen und die Mittel, denselben abzuhelfen, s.a. Hungerbühler, Johann Matthias.

Klagen, über die, des Handwerkerstandes, ihre Ursachen u. die Mittel, denselben abzuhelfen. Ein Wort für's Volk zur Beleuchtung einer vielbesproch. Tagesfrage mit besond. Berücksichtigung der sachbezügl. Verhältnisse u. Gesetze des Kantons St. Gallen. 8. (VIII u. 60 S.) St. Gallen 849, Huber & Co. 9 ngr

Klagen, hochlutherische, aus der rheinischen Kirche. Zur Erwiderung auf die Broschüre: Offene Antwort auf die Denkschrift des Hochwürd. evangel. Ober-Kirchenraths vom 18. Febr. 1867 von einem rhein. Pfarrer. gr. 8. (IX und 84 S.) Saarbrücken 867, Möllinger. *

— — eines Ingenieurs über den Verfall der Reitze seiner Frau. O. O. 1786. 8°. 8 S. Höchst selten! (In Wien, Stadtbibl.: Secr. A 165.)

Klagen eines Juden. Mannheim 1837. V: *Jacoby, Joël (später Franz Carl Joel).* (EE)

Klagen eines Juden. (Von Joel Jacoby.) 8. (10¾ B.) Mannheim 837, Hoff. •

Klagen, Luthers und Lathers laute, über den Wucherunfug in Holstein . . . [Altona 1795.] V: *Niemann, August Christian Heinrich.* (MGT)

Schmerber, Matthias: **Klagen** an dem Monumente des Br. Matthias Schmerber an dem Gedåchtnisstage seiner Trennung von den Brůdern der Loge zur Einigkeit [in Frankfurt a. M.] Den 14ten Jånner 1787. [Frankfurt a. M. 1787.] 4 Bl. 8⁰ [Umschlagtit.]
Kl. 1385. Gedicht. „Freundschaft, heb' unser Lied, . . .“

Klagen oder Nachtgedanken über Leben, Tod und Unsterblichkeit. Englisch und Deutsch. Die vier ersten Nächte. Göttingen 1752 (vollständig 1760 u. 1761). V: *Young, Edward.* Ü: *Kayser, Chr. Bernh.* (Lessings Werke [Hempel] XII, 489.) (Mitth. Prof. Dr. Ullrich-Brandenburg a. H.)

— der rechtsuchenden Parteyen wider die von ihrer Bestimmung abgew. Advocaten. 8. Wien, Camesina. 794.

Klagen eines Rhetiers an seine Bundesgenossen über die Herrnhuter etc. Gedruckt wo Staatsklugheit und Heuchelei und List Mit Christi reiner Lehr noch nicht verknüpfet ist. 1775.
Weller, fing. Druckorte.

Klagen eines Schweizers. [2 Gedichte.] 8. Gedruckt am Bodensee [1801].

Klagen, Thränen-volle, Jammer-volles Ach. Bresl. 1740. V: *Raschke, Johann David.* (Kat. d. Druckschr. üb. Breslau. Breslau 1903. S. 13.)

Klagen, Ungezwungene, der Freundschaft, dem . . . verstorbenen Joh. Joach. Wester geweihet. Kaschau 1798. V: *Sonntagh, Daniel.* (MGT)

— über polizeil. Unordnungen. 8. Neust. a. D. 801. Wagner. 6 K

KLAGEN. – der Unterthanen der O xxx M . . . wegen Aufhebung des neuen Steuersistems u. Wiedereinführung des alten. O. V. o. O. 1790.

— e. Vaters üb. d. Hofmeister. 8. Wien, Gerold (Barth, Lpz.) 784.

Klagen über den empfindlichen Verlust eines zärtlichgeliebten Freundes, Herrn Friedrich Wilhelm von Schliestedt [gest. auf dem Collegio Carolino]. 1764. [Ode.] 2 Bl. 8⁰ *Br LandschB*

Klagen der Völker des Continents von Europa, die Handelssperre betreffend . . . O. O. 1809. V: *Reimarus, Johann Albert Heinrich.* (Ky) (MGT) (CBH)

— der Völker d. Continents v. Europa, d. Handelssperre betreffend, ihren Fürsten dargestellt, (v. J. A. H. Reimarus). 4. ... 809. ... Französ. von Karl von Villers. 8. Amsterd. 809. Brockhaus in Leipz. 10 K Dass. gr. 8. Hamb. 809. Perthes u. B. 3 K

Klagen u. Wünsche der höh. Techniker d. preuß. Staatseisenbahn-Verwaltung. Nebst Beilage: Gegenwärt. Anstellungs- u. Beförderungsverhältnisse d. höh. preuss. Eisenbahnbeamten. [Aus: „Zeitschr. f. Architektur u. Ingenieurwesen“.] (1897.) gr. 8. (14 u. 8 S.) Braunschweig 898. (F. Vieweg & Sohn.) n. — 40

Klagen und Wünsche der höheren Techniker der preussischen Staatseisenbahn-Verwaltung. 2. erg. Aufl. Braunschweig 1899: Vieweg. 20 S. 8⁰ [Umschlagt.] (10. 777 5

Klagen, Zärtliche, eines Jünglings, geweint bei dem frühen Grabe des Professor Gellert. [Leipzig] 1770. V: *Hasche, Johann Christian.* (MGT) (NN)

Klagenfurt [Sachliches OW]

Klagenfurt. Statist. Bericht über die wichtigsten monograph. Verhältnisse. Verfasst vom Magistrate von Klagenfurt. Lex.-8. (10 S.) Wien 887, C. Gerold's Sohn. *
Aus: Städtebuch, österreichisches, besonders abgedruckt.

Klagenfurt u. Umgebung, nebst Panorama v. Kreuzberg, Kurzer Führer durch. kl. 8. (4 S. Text nebst lithogr. Panorama-Streifen.) Klagenfurt, Portschach u. Velden, Joh. Heyn. In Umschl. 30 kr. 1884.

Klagenfurt und seine Umgebung. Klgft., Leon, (ca. 1875). 14 Ansichten.

Klagenfurt und der Wörthersee mit Ausflügen in die Umgebung. Klgft., Leon, 1905. 80 S.

Klagenfurt, Wörthersee u. Karawanken. Klgft., Hauel, (1907). Quart. 16 Ansichten.

Klagenfurt und der Wörthersee in Kärnten. Klgft., Bertschinger, (lith. Rohr in Graz), (1896). Folio. 4 S.

Klagenfurt [Schlagwort]

— s. a.: Oesterreich-Ungarn. Spezialkarte.

Klagenfurt, s. a. Radfahrerkarten, Freytag.

— s. a.: Radfahrerkarten, Letoschek, E.

Klagenfurt, s. a. Woerl's Reisehandbücher.

Klagenfurt-Laibach-Triest, s.: Radfahrerkarten, Grumm.

Klagenfurt. Ausflugskarte d. Umgeb. v. Klagenfurt. 1 : 150,000. 32 × 42 cm. Farbendr. Mit Touren-Verzeichnis, zusammengestellt v. Paul Oberlercher, auf der Rückseite. Wien 896. G. Freytag & Berndt. n. — 40

Klagenfurt. Braumüller, Joh., u. J. G. Rothaug, Karte der Umgebung v. Klagenfurt. 1 : 150,000. 32 × 41 cm. Farbdr. Wien (908). G. Freytag & Berndt. nn — 20

Klagenfurt, Umgebungskarte v. Klagenfurt. Hrsg. vom k. u. k. militär-geogr. Institut in Wien. 1 : 75,000. 38,5 × 57 cm. Farbendr. Wien 894. R. Lechner's Sort. n.n. 2. 80; auf Leinw. n.n. 3. 60

Klage-Ode eines Baiers an seine Landsleute über unbillige Toleranz. Poston u. Gibraltar 1784. V: *Trauner*, *Anton*. (MGT) (Wr)

Klaeger, A., die Verlobung auf der Landstraße, s.: Kühling's, A., Album für Liebhaber-Bühnen.

KLAGER, Emil. Durch die Wiener Quartiere des Elends und Verbrechens. Ein Wanderbuch aus dem Jenseits. Mit Portr. Kl... u. 90 Illustr. (Lichtdr.) nach Orig.-Photogr. des ... Herm. Drawe. Mit Vorwort von Regierungsrath Professor Dr. Friedrich Umlauft und einem *Anhang:* Die Griaslersprache (= die Kundensprache). Wien 1908. 8°. 179 S. (Mk. 4—.) (2 Mk. 50 Pfg. O. Rauthe, Berlin, 1909; 3 Kr., unbeschn. in farbigem Orig.-Umschl., A. H. Huber, Salzburg, c. 1908.)

Kläger, Emil, durch die Wiener Quartiere des Elends u. Verbrechens. Ein Wanderbuch aus dem Jenseits. Mit e. Vorwort v. Frdr. Umlauft. Illustrationen nach Orig.-Photographien v. Herm. Drawe. (180 S. m. Bildnis u. 80 Vollbildern.) 8. Wien 908. (J. Deubler.) (Urspr. Pr. 4. —)

Durch die Wiener Quartiere des Elends und Verbrechens. Ein Wanderbuch aus d. Jenseits. Von Emil **Kläger**. (1.–10. Taus.) Mit e. Vorw. von Reg.R. Prof. Dr. Friedrich Umlauft. Ill. nach Orig.-Photogr. von Ger.Sekr. H. Drawe. Wien: K. Mitschke 1908. (179 S.) 8° [08. 776

Klaeger, Heinrich

Klaeger, H., Amanda, s.: Kühling's, A., Album für Liebhaber-Bühnen.

Kläger, H., der Blumenstrauß, s.: Album f. Liebhaber-Bühnen.

— das Brautkleid, s.: Kühling's, A., Theater-Specialität.

— der Ehrenpokal, s.a. Album f. Liebhaberbühnen.

Kläger, Heinr., der Ehrenpokal, od. die Deputation, s.a. Bloch's, Ed., Theater-Korrespondenz.

Kläger, Heinr., der Ehrenpokal od. Die Deputation, s.a. Thalia.

Der Ehrenpokal oder Die Deputation. Posse in 1 Akt von Heinrich Kläger. *Mühlhausen i. Th.: G. Danner [1900].* (30 S.) 8° [F.]
— Thalia. 56. [00. 9815

—— Gold und Liebe, s. Kühling's, A., Volks-Schaubühne.

— Liebesfrühling, s.: Kühling's, A., Album f. Liebhaber-Bühnen.

— ein Maskenscherz, — ein gutes Mittel, — Tante Mollig, } s.a. Kühling's, A., Album für Liebhaber-Bühnen.

— Tante Mollig od.: Das Verbrechen des Rittmeisters, s.a. Bloch's, Ed., Theater-Korrespondenz.

— dasselbe, s.a. Thalia.

Tante Mollig oder Das Verbrechen des Rittmeisters. Schwank in 1 Akt von Heinrich Klaeger. *Mühlhausen i. Th.: G. Danner [1900].* (28 S.) 8° [F.]
— Thalia. 63. [00. 9812

Tante Mollig oder: Das Verbrechen d. Rittmeisters. Schwank in 1 Akt von Heinrich Klaeger. *Berlin: E. Bloch (1902).* (31 S.) 8° [F.]
— Theater-Korrespondenz, Eduard Blochs. No 319. [02. 1914

Klaeger, H., die kleine Nachtigall, s.: Album f. Liebhaber-Bühnen.

— nie wieder ohne Frau! s.: Kühling's, A., Theater-Specialität.

— in der Polizei-Wachtstube, s.: Hahn, R.

—— in der Polizei-Wachtstube, s. Kühling's Theater-Specialität.

— — Schmeichelkätzchen, s. Kühling's, A., Album für Liebhaber-Bühnen.

— am Silber-Hochzeitstag, s.: Polterabend-Salon.

— fatale Situation, } s.: Kühling's, A., Theater-Specialität.

— der Strike der Mägde, — in der Tanzstunde, } s.: Kühling's, A., Theater-Specialität.

—— Else's Traum, s. Braune, E.

—— die Verlobung auf der Landstraße, s. Kühling's, A., Album für Liebhaber-Bühnen.

— Vor Taschendieben wird gewarnt, s. Kühling's, A.: Theater-Specialität.

Klaeger, Heinr., Wachtstuben-Abenteuer, s.a. Kühling's, A., Theater-Specialität.

— Wachtstuben-Abenteuer, s.a. Danner's, G., Herren-Bühne. Nr. 27.

Wachtstuben-Abenteuer. Militär-Schwank mit Gesang in 1 Akt von H[einrich] Klaeger. *Mühlhausen i. Thür.: G. Danner [1900].* (30 S.) 8° [F.]
— Herrenbühne, G. Danners. No 27. [00. 8737

Klaeger, Martin, Kammergerichtsreferendar: Das Frachtbriefduplikat nach Eisenbahnfrachtrecht. Berlin 1907: O. Hube. (72 S.) 8°
Rostock, Jur. Fak., Ref. Lehmann, Diss. v. 25. März 1907
[Geb. 14. Nov. 80 Lübben i. d. Niederlausitz; Wohnort: Berlin; Staatsangeh.: Preußen; Vorbildung: Friedrich-Wilhelms-Gymn. Berlin Reife M. 90; Studium: Berlin 6 S.; Rig. 30. Okt. 06.]

Kläger, W., Blumengift, s. Kühling's, A., Volksschaubühne.

Klaeger, W., im Boudoir einer Künstlerin, } s. Kühling's, A., Album für Liebhaberbühnen.

Kläger, W., Ludwig Devrient, s. Kühling's, A., Album für Liebhaberbühnen.

— er macht sich verdächtig, s. Kühling's, A., Album für Liebhaber-Bühnen.

— Johann Maria Farina in Cöln, s. Kühling's, A., Album für Liebhaber-Bühnen.

– Geld auf Pfänder, s. Kühling's, A.: Album für Liebhaberbühnen.

— Herr Huschel u. die Seinen, s.: Kühling's, A., Album f. Liebhaberbühnen.

— das Ideal, s. Kühling's, A., Album für Liebhaber-Bühnen.

— eine Kellergeschichte, } s. Theater-Mappe.
— ein Küchenroman, }

Kläger, W., im Mondschein, s. Album für Liebhaber-Bühnen.

— des Glückes eigener Schmied, s. Polterabend-Salon.

Kläger, Wilhelm

Kläger, W., der Präsident, s. a. Bloch's, E., Dilettanten-Bühne.

— der Präsident, s. a. Bloch's, E., Theater-Correspondenz.

Kläger, Wilh., der Präsident, s. a. Universal-Bibliothek.

Der Präsident. Lustspiel in 1 Akt von W[ilhelm] Kläger. In neuer Bühnen-Einr. von Martin Böhm. Berlin: M. Böhm [1908]. (20 S.) 8° [J.] 08. 4397

Klageruf d. Israeliten in Kurhessen, u. Appellation an d. Zeitgeist, abgedrungen durch Entziehung d. allgem. Menschenrechte. gr. 8. ... Hanau 831, König.

Klages, Adolf

Klages, Adf., Bergesklänge. 6 alte Volkslieder aus Wales nach der Aufzeichng. des John Parry m. deutschem u. engl. Text. Übers. u. unter Hinzufügg. e. verbind. Dichtg. f. Bariton-, Solo-, Männer- od. gemischten Chor m. Orchester- od. Klavierbegleitg. bearb. op. 24. Textbuch. (14 S.) 8. Berlin-Gross Lichterfelde (909). Ch. F. Vieweg. — 30

— Blondels Fahrt. Ein Sang vom Rhein. Dichtg. u. Musik v. K. Op. 26. Vollst. Textbuch. (22 S.) 8. Leipzig (909). C. F. W. Siegel. 1. —

Klages, Adf., Gänseliesel. Märchen-Dichtung. Text u. Musik v. K. Op. 12. Textbuch. 8. (19 S.) Leipzig (899). C. F. W. Siegel. — 60

Fremdländisches Liederbuch für gemischten Chor. 50 engl. u. franz. Volksweisen mit d. Originaltexten u. metr. deutscher Übers. Zum Gebr. an höh. Lehranst. ausgewählt u. bearb. von Adolf **Klages**, Gesanglehrer. Op. 16. Berlin-Gr. Lichterfelde: Ch. F. Vieweg [1905]. (94 S.) 8° 06. 6003

Fremdländisches Liederbuch für dreistimmigen Schülerchor. 50 engl. u. franz. Volksweisen mit d. Originaltexten u. metr. deutsch. Übers. Zum Gebr. an höh. Knaben- u. Mädchenschulen ausgew. u. bearb. von Adolf **Klages**, Gesanglehrer. op. 17. Berlin-Gr. Lichterfelde: Ch. F. Vieweg [1906]. (89 S.) 8° 07. 1107

Prinzessin Marzipania oder Des Königs Geburtstag. Märchen-Oper in 2 Akten f. Kinder, frei nach e. Märchenerzählung von Gustav Kastropp. Text u. Musik von Adolf Klages. Op. 15. Ausg. A. Vollst. Text- u. Regiebuch. Leipzig: Siegel [1903]. 40 S. 8° 04. 5555

— Prinzessin Marzipania od. des Königs Geburtstag. Märchendichtung nach G. Kastropp. Text u. Musik v. K. Op. 15. Ausg. A. Vollständiges Text- u. Regiebuch. (46 S.) — Ausg. B. Vollständiges Textbuch. (32 S.) 8. Leipzig (905). C. F. W. Siegel. à n. 1. —

— Der Talisman od. König Wurzelmanns Tanzmeister. Märchenoper f. Kinder in 2 Akten m. freier Benutzg. v. G. Kastropp's „Gnomenmärchen". Dichtung u. Musik v. K. Op. 19. Ausg. A. Vollständiges Regiebuch. (47 S.) 8. Berlin-Großlichterfelde-W. (907). Ch. F. Vieweg. 1. —

— dasselbe. Märchendichtg. nach G. Kastropp's „Gnomenmärchen" f. Solostimmen, Kinderchor, Klavierbegleitg. u. Deklamation. Ausg. B. Vollständ. Textbuch. (31 S.) 8. Ebd. (907). — 60

— die Zwerge im Hübichenstein. Eine Harzmär. Text u. Musik v. K. Op. 13. Vollst. Textbuch. 8. (23 S.) Ebd. (900). — 60

Klages, Albert: Über den lichtelektrischen Effekt an frischen Quecksilber- und Amalgamoberflächen. Heidelberg 1909: Pfeffer. 42 S. 8°
Heidelberg, Naturw.-math. Diss. v. 8. Sept. 1909, Ref. Lenard
[Geb. 4. März 86 Bevern; Wohnort: Heidelberg; Staatsangeh.: Braunschweig; Vorbildung: Gymn. Holzminden Reife O. 05; Studium: Marburg 3, Kiel 2, Heidelberg 3 S.; Rig. 15. Juni 09.] [U 10. 2196

Klages, August, Dr.: Ueber den **Einfluss** von Alkylgruppen auf die Reaktionsfähigkeit substituirter Benzole. *Heidelberg 1900: J. Hörning.* (70 S.) 8°
Heidelberg, Naturw.-math. Hab.-Schr. v. 1900

Einladung zur öffentlichen Probe-Vorlesung, welche Dr. phil. August Klages zur Erlangung der Venia legendi bei der naturwissenschaftlich-mathematischen Facultät der Ruprecht-Carls-Universität zu Heidelberg Samstag, den 3. März 1900 ... abhalten wird. Thema: Die chemischen Grundstoffe. *(Heidelberg 1900): J. Hörning.* (1 Bl.) 8°

Klages, August [aus Hannover]: Studien in der Reihe hydrirter Benzole ... Heidelberg, Univ.-Buchdr. v. Ph. Wiese, 1897; 47 S. 8.
Heidelberg, Naturw.-math. Fak., Inaug.-Diss. v. [8. Mai] 1897

Klages, F., Das Klima der Stadt Braunschweig. [o. O. u. J.] (Sep.-Abdr.)

Klages, H., Choral-Melodien f. Knaben- u. Mädchenschulen, s.: Lange, W.

Klages, Hermann, approb. Arzt aus Braunschweig: **Beitrag zur** Lehre der Schrumpfniere im Kindesalter. *Leipzig: G. Fock 1900.* (35 S.) 8°
Leipzig, Med. Diss. v. (28. Juli) 1900

Klages, Ludw., Stefan George. Mit Bildnis. Zeichnung von Curt Stoeving. gr. 8. (80 S.) Berlin 902. G. Bondi. n. 2. 50

Klages, Ludwig (Red.), s. Monatshefte, Graphologische

Klages, Ludw., Prinzipien der Charakterologie. (VI, 93 S. m. 3 Tab.) Lex. 8. Leipzig 910. J. A. Barth. 2. 50

— Die Probleme der Graphologie. Entwurf e. Psychodiagnostik. (XII, 260 S. m. 178 Fig. u. 5 Tab.) Lex. 8. Ebd. 910. 7.—; geb. 8. —

Klages, Ludwig, aus Hannover: **Versuche zu einer Synthese** des Menthons. *München 1901: V. Höfling.* (56 S.) 8°
München, Phil. Diss. v. 1901

Klages, Richard, approb. Arzt aus Kirchbrak (Hzgt. Braunschw.), Unterarzt im 8. Thüring. Inf.-Reg. No 153: **Über Geschoßwirkungen** auf die Kniegelenksgegend. *Berlin (1904): G. Schade.* (41 S.) 8°
Berlin, Med. Diss. v. 12. Juli 1904

Klages, Vict., an fremden Küsten. Seemanns-Poesie u. Prosa. (120 S.) 8. Meerane (910). J. Sievers. 1.50

Klageschrift für die Baugesellschaft F l ü e l e n - G ö s c h e n e n gegen die Gotthardbahn-Gesellschaft, an das schweiz. Bundesgericht. Zürich 1885. 4°

Klage- und Trostschrift an den Hochwürd. Hrn. Friedrich Wagner . . . Hamburg 1750. V: *Cuno, Joh. Chn.* (JL)

Klagestimme Jeremiä gegen eine falsche Beschuldigung . . . Landshut 1802. V: *Strasser, Benedict.* (Ky) (MGT)

Klaggedicht eines Frauenzimmers über den frühzeitig tödtlichen Hintritt Hrn. Prof. Löhe . . . O. O. 1769. V: *Scherb, Cunigunde.* (will)

Klaggedicht in Gestalt eines Sendschreibens über die Kirchenmusik an ein geistliches Frauenzimmer . . . O. O. u. J. V: *Hamann, Johann Georg.* (R-N)

Klaggesang am Grabe unsers Sturms den 31. Aug. 1786 . . . Hamburg [1786]. V: *Thiess, Johann Otto.* (Petz) (MGT)

Klaggesang an mein Klavier auf die Nachricht von Minettens Tode . . . Augsb. 1783. V: *Schubart, Christian Frdr. Daniel.* (GGr)

Klaggeschrey, s. K l a g e g e s c h r e y

Klägliche, die,. Lstsp. 8. Hamb. 746.

Klägliche, Die, ein Lustspiel in fünf Aufzügen. Hamburg 1747. V: *Fuchs, Gottlieb.* (MGT) (BrMm) »1746« (JL)

KLAGLIED der armen bedrängten lieben Seelen in dem Fegfeuer. O. schwere Gottes Hand, wie bist allhie zu Land. Oedenburg o. J.: Druck. Sieß
- Vgl. Klag-Lied der armen und betrübten Seelen. J. 1799. T. 1011.

KLAG-LIED der armen und betrübten Seelen in dem Feg-Feuer. Allen frommen Christen zur Wahrung, sich vor Sünden zu hütten, und zur Gedächtniss der armen Seelen in dem Fegfeuer zu erlösen, im Druck verfertiget. (Ofen 1799. Gedr. bey Katharina Landererin) 4 f. - 4°

Klaglieder, s.a. K l a g e l i e d e r

Klaglieder, die, erklart von T h e n i u s, s. H a n d b u c h, exeget., zum Alten Testament.

EINIGE zur besonderer Erbauung gesamlete Klag- und Trost-Lieder, welche bey allerhand Nothfällen . . . bey Krankheiten . . . wie auch bey christlichen Leichenbegängnissen gebraucht werden. Pressburg 1764: Joh. Alex. Kämpf. (10) 426 (18) S. - 160 mm

KLAGREDE e i n e s f r o m e n A l t e n M a n n e s v o n d i e s e n g e g e n w ä r t i g e n b ö s e n g e z e i t e n. O. O. 1564. 4 Bll. 4°. (12 Mk. L. Rosenthal, 1906.)

Beginnt: Ach Gott Ich warlich mus klagen / Das Ich erst in meinen alten tagen / Erfahren mus die grosse vntrew u. s. w.

Klagschrift für die Herren Jules, Joseph und Auguste Favre, Bauunternehmer aus Genf in Luzern, gegen die Gesellschaft der Bern-Luzern-Bahn. Bern 1876. V: *Hofer, Fr.* (BSchwLk V 9 h)

KLAGSTIMME e i n e s P r e d i g e r s ü b e r d a s S i t t e n v e r d e r b n i ß u n s e r e r Z e i t e n, zu reiferm Nachdenken für Prediger, für hörende und nicht hörende Christen. Mit Erlaubniß der Obern. 5 Bde. Mit 5 Titelkpfrn., 5 Titelvign., 5 Anfangs- u. 5 Schlußvign. (A. S c h ö n sc., religiöse u. emblemat.-allegor. Darstellgn.). Augsburg, bey Nicolaus Doll. 1792 bis 93. 8°. (3 Mk. 50 Pfg., ebd. 1791—95, J. Hess, Ellwangen, 1887.)

1: XI—448 S., 5 S. Inh. 2: 4 Bll., 335 S. 3 (1793): 4 Bll., 430 S., 1 Bl. Verlagsbücher d. Firma. 4: 4 Bll., 472 S. 5: 4 Bll., 584 S. (S. 150—163: „Von der vollends alle Religion verdrängenden v i e h i s c h e n U n z u c h t" [vgl. Inhalts-Verz.]; die Ueberschr. des betreff. Kap. lautet etwas verändert: „Von der den wahren Glauben izt am gewaltigsten verdrängenden U n z u c h t", wobei auch gegen Comödien, allerhand Ergötzungen, Saufen etc. heftig geeifert wird).

Klagstimme eines Predigers über d. Sittenverderbniß unserer Zeiten, zu reiferem Nachdenken für Prediger, f. hörende u. nicht hörende Christen. Mit Kpf. 5 Bde. gr. 8. Augsb. 791—93. Doll. (Landsh., Krüll). 4 ₰ 16 Kr

KLAGWORTE der armen Seelen in dem Fegfeuer, als ein kräftiges Hilfsmittel, selbst von ihren Schmerzen und Leiden zu erlösen. Ungarisch-Altenburg 1857. Druck v. Alex. Czéh. 4 f. - 12°
- Dass. Arad 1860?. Leopold Réthy. 8 S. - 166 mm

Klahn, Walther, aus Dortmund: Ueber die Entwicklung des lateinischen primären u. secundären mn im Französischen. *Kiel 1898: P. Peters.* (66 S.) 8°
Kiel. Phil. Diss. v. [19. Okt.] 1898

Klähn, Gustav [Oberl. Mülhausen i. Els.]: Hydrographische Studien im Sundgauer Hügellande ... Strassburg, Univ.-Buchdr. v. J. H. E. Heitz, 1893; 92 S., 1 Bl. 8.
Strassburg. Phil. Fak., Inaug.-Diss. v. 1893

Klaehn, M. Aus schwerer Zeit, s. Schillingsbücher.

Klaholt, Franz, appr. Arzt a. Paderborn in Westfalen: Über Hydrocele muliebris und über die cystischen Tumoren der runden Mutterbänder. Würzburg 1905: P. Scheiner. (20 S.) 8°
Würzburg, Med. Fak., Ref. Schoenborn, Diss. v. 10. Mai 1905
[Geb. 9. Juli 80 Paderborn; Wohnort: Würzburg; Staatsangeh.: Preußen; Vorbildung: Gymn. Paderborn Reife O. 00; Studium: Marburg 1, Würzburg 3, München 2, Berlin 2, Würzburg 1 S.; Coll. 13. März 05; Approb. 5. Febr. 05.]

Klaholz, Frz., Erklärung d. heil. Meßopfers. Hrsg. von Frdr. Dunanus. 16. (106 S.) Paderborn 883. Bonifacius-Druckerei. — 30

Klahr, Herm., Neueste Karte der Eisenbahnen Deutschlands, Hollands, Belgiens, ... mit Angabe sämmtlicher Bahnstationen, Dampfschifffahrt- und Hauptpost-Verbindungen. Nach den zuverlässigsten Quellen bearb. Dresden, A. Wolf, 1870. Fol.

Klahr, Herm., Special-Karte vom Königr. Sachsen. Nach den besten Unterlagen bearb. Fol. Dresden 870, Tittel.

Klähr, Massenkubierungstafel zur Bestimmung des Festmetergehaltes v. 1—100 Stück Nadelholzklötzern der Oberstärken von 5—50 cm, getrennt nach den Längen v. 2; 2,5; 3; 3,5; 4; 4,5; 5 m, bearb. nach den Kubierungstaf. v. Pressler-Neumeister. (64 S.) 30,5×25 cm. Wien 910. M. Perles. Kart. 5. —

Klähr, Karl, zwei neue Lustspiele, enthalt.: Von Sieben die Häßlichste; Wachmantel u. Schlafrock. 8. Meißen 834. Goedsche. $1^1/_2$ ₰

Klähr, Karl, zwei neue Lustspiele, enth.: Von Sieben die Häßlichste; Wachmantel u. Schlafrock. 8. (13¼ B.) Meißen 835, Goedsche.

Klähr, Karl Gf., Blüthen der Natur. 8. Meiß. 815. Goedsche. 6 gr

Klähr, Karl (Gf.), Bühnenspiele. (Enthalt.: Der Alchymist; Lstspl. — Das seltene Wiedersehen. — Der Zauberspiegel; Lstspl.) 8. Meißen 819. (Goedsche). 1 Rthl 18 gr

— die geliebten Feinde. Lstspl. in 2 A. Meißen 811. Goedsche. 8 gr

— s. K. Fero.

— die Friedensfeier. Schspl. 8. Ebd. 809. 8 gr

— die Lotterielisten. Lstspl. in 2 A. 8. Ebd. 811. 8 gr (Die 3 vorstehenden, s. auch in Fero Ephemeren).

— kleine Lustspiele u. Possen. 1r Bd. (Enth.: 1) Der freiwillige Jäger. 2) Der Unsichtbare. 3) Der Hausarzt. 4) Die unerwartete Verlobung). 8. Glogau 805. N. Güntersche B. 12 gr

— neue Lustspiele. (Enthalt.: Das Wechselrecht u. die ungewisse Hochzeit). 8. Ebd. 814. 1 Rthl

— der Patriot, oder d. ungewisse Hochzeit. Lstspl. in 2 A. Ebd. 814. 10 gr

— die Rettung. Schspl. in 4 A. 8. Meißen 811. Goedsche. 12 gr

— Theaterspiele. 1) Das Wachsfiguren-Cabinet. 2) Die Theaternoth. 8. Meißen 806. Goedsche. 1 Rthl 6 gr

— neue Theaterspiele. 1) Die Rache. 2) Röschens Hochzeit. 3) Das moderne Paradies. 8. Meißen 817. Goedsche. 1 Rthl 10 gr

Klähr, Theodor

Klähr, *Heinrich Adolf* Theodor [aus Dresden]: Leben und Werke Richard Mulcaster's, eines englischen Pädagogen des 16. Jahrhunderts ... (Th. 1 u. 2 von: Leben, Werke u. päd. Ideen R. Mulcasters ...) Dresden, Bleyl & Kaemmerer, 1893; 3 Bl., 58 S., 1 Bl. 8.
Leipzig, Phil. Fak., Inaug.-Diss. v. [1. Juni] 1893

Klähr, Th., Lehrbuch der französischen Sprache f. Bürgerschulen, s.: Enkel, H.

— kleines französisches Lesebuch, s.: Enkel, H.

— s.: **Studien**, pädagogische.

'Es war einmal' oder Die ersten Menschen in der Prignitz. Von H. **Klahre**, Pfarrer in Halenbeck. Pritzwalk: A. Tienken [1908]. (16 S.) 8° [F.]
= **Volksbücher**, Prignitzer. H. 5. [08. 11977

Klahre, H., „es war einmal!" od. Was der Boden der nordöstlichen Prignitz erzählt, s. a Volksbücher, Prignitzer.

'Es war einmal!' oder: Was d. Boden d. nordöstl. Prignitz erzählt. Von H[ans] **Klahre**, Pfarrer. Pritzwalk: Tienken [1908]. 15 S. 8°
(Prignitzer Volksbücher H. 2) [10. 7444

— Die ersten Menschen in der Prignitz, s.: Volksbücher, Prignitzer.

Klaj, Johann
- - , GRAMMATICA // GERMANICAE // LINGUAE, // Ex optimis quibus-// que Autoribus col- //lecta, // operâ x studio //JOHANNIS CLAII, // EDITIO UNDECIMA. // Norimbergae & Pragae, // Apud, JOH. FRIDER. RUDIGERUM. // Anno 1720. - Titelkupfer und 308 S.
B. S. T. 12°.51.

Klaiber, ..., Verwandlung der Brabanter u. Berliner Ellen u. der altpariser Stäbe in d. neue allgem. badische Ellenmaaß u. Reducirung der Preise dieser Maaße, zum Gebrauch für Handelsleute im Badischen etc. gr. 8. Karlsr. 813. Müller. 6 gr

Klaiber, C. F. Prof., de reformationis in literas humaniores meritis, oratio ad ecclesiae restitutae memoriam in Gymnasio Stuttgartiano habita 1817. 8maj. Stuttgart, Löfflund. 817.

[Klaiber, Chr.]: Kurze Charakteristik des Schriftchens: „Ueber den gegenwärtigen Zustand der Universität Tübingen". Tübingen: Osiander 1826.

Klaiber, Chrstph. Benj., **Bemerkungen** über „das Leben Jesu krit. bearb. v. Fr. Strauss." gr. 8. (7 B.) Stuttgart 836, Beck u. Fränkel.

—— die neutestamentl. **Lehre** v. d. Sünde u. Erlösung. Ein Versuch. gr. 8. (38½ B.) Stuttgart 836, Beck u. Fränkel.

Klaiber, (Chr Benj.) die Lehre v. d. Versöhnung u. Rechtfertigung d. Menschen, ein philos. exeget. Versuch. 8. Tübingen 823, Laupp.

—— **Studien** d. evangel. Geistlichkeit Würtembergs, s. a. **Studien**.

— Studien d. evangel. Geistlichkeit Würtembergs. 1r Bd. 1s Hft. gr. 8. Stuttg. 827. Franckh.

Klaiber, Chr. Fr., (Prof.), die Lehre von d. Versöhnung d. Menschen, philos. exeget. Versuch. 8. Tübing. 823. Laupp. 16 gr

Klaiber, C. F., s. Livius, Titus, römische Geschichte.

— s. Livii historiarum

– s. Sollen wir katholisch werden?

– s. Storr, Glo. Chr.: Betrachtungen über den Brief Pauli an die Römer.

Klaiber, C. W., d. ehemal. Klosterschulen, s. C. G. Wunderlich.

Klaiber, Ernst, aus Boesingen: Ueber das **Verhalten** einiger sekundärer Säurehydrazide vom Typus des Dibenzhydrazids und Phtalhydrazids gegen alkalische Oxydationsmittel. *Heidelberg 1902: K. Rößler.* (67 S.) 8°
Heidelberg, Naturw.-math. Diss. v. 1902

Klaiber, Friederike, s. Klaiber-Hellwag

Klaiber, G., lateinische Chrestomathie für mittlere Abtheilungen gelehrter Schulen. Mit 3 Karten der alten Welt. 8. Stuttgart 840. Metzler. 11/12 Rthl

Klaiber, G., lateinische Chrestomathie f. mittlere Abtheilungen gelehrter Schulen. 2., verb. Aufl. gr. 8. (30½ B. u. 3 Kart. d. alten Welt.) Stuttgart 843, Metzler'sche Buchh.

—— hebräisches Lesebuch. Mit Anmerkn. u. ein. Wörterbuche. 8. (9½ B.) Stuttgart 837, Beck u. Fränkel.

Klaiber, G., das priesterliche Orakel der Israeliten. Stuttgart 865. (Tübingen, Fues'sche Sortimentsh.) 4. (19 S.) n. 10 ngr.

Klaiber, H., Die Lehre A. Schopenhauers u. E. Dührings vom Werte des menschlichen Lebens. gr. 8°. Jena, O. Rassmann, 1905.

Klaiber, Hans, a. Gräfenhausen: Beiträge zu Dürers Kunsttheorie. Blaubeuren [1905]: Fr. Mangold. (66 S.) 8°
Tübingen, Phil. Fak., Ref. v. Lange, Diss. v. 10. Juni 1905
[Geb. 29. Nov. 77 Gräfenhausen; Wohnort: Maulbronn; Staatsangeh.: Württemberg; Vorbildung: Sem. Blaubeuren Reife S. 95; Studium: Tübingen 8 S.; Rig. 19. Dez. 03.]

Klaiber, Hans, Leonardostudien, s. a. Zur Kunstgeschichte des Auslandes.

Leonardostudien von Dr. Hans **Klaiber**. Strassburg: J. H. E. Heitz 1907. (144 S.) 4°(8°)
— **Kunstgeschichte**, Zur, d. Auslandes. H. 56. [07. 17697

Klaiber, Herm., Dampfmaschinen, Dampfkessel, Gas-, Öl- u. Benzinmotoren, ihre Wirkungsweise u. die Bestimmg. ihrer Leistg. zur Einführg. in die Motorenkunde f. Gewerbetreibende sowie als übersichtl. Zusammenfassg. f. Techniker u. Studierende. (VII, 79 S. m. 41 Abbildgn.) Lex. 8. Stuttgart 908. H. Wildt. 2. 50

Klaiber, J. s. Stuttgart-Cannstatt-Esslingen. Zürich ([18]92).

Klaiber J. über deutsche und schwäbische Zustände um die Mitte des vorigen Jahrhunderts. Stuttgart 1873 und 94

Klaiber, J. G., s. Plutarchs Werke 1.—10. Bdchn.

Klaiber, J. Gottfried, Festa natalitia august. ac potent. regis Württembergiae Guilielmi, publica oratione a gymnasio illustri Stuttgartiano. — Insunt observationes ad Zonarae bellum punicum secundum. Stuttgart (Gebr. Maentler) 27. IX. 1825. 32 S. (5.—) 18158

Klaiber, Jh. Andr., († d. 10. Nov. 1795.) Epidemia rubeolosa Kircho-Teccensis Anni 1768 et in ea egregiae corticis Peruviani vires. 4. Tübing. 768.

Klaiber, Jos. Ant.

— kurzer Auszug d. Religions- u. Sittenlehre. 8. Augsb. 798. Rieger. 12 Kr

Klaiber, Jos. Ant., Gebet- u. Unterrichts-Buch. 8. Augsb. 798. Rieger. 16 Kr

— Kreuzwegsandacht, oder die Stationen in d. Sinn u. Geist, wie sie ein Christ beten soll. 8. Freyburg 810. Herder. 3 Kr

Klaiber, Jul., die Frauen der deutschen Heldensage. gr. 16. (27 S.) Stuttgart 870, Grüninger. *

Klaiber, Jul., Wilhelm Hauff, s.: Lebensbilder schwäbischer Dichter.

— Hölderlin, Hegel u. Schelling in ihren schwäbischen Jugendjahren. Eine Festschrift zur Jubelfeier der Universität Tübingen. gr. 8. (213 S.) Stuttgart 877. Cotta. n. 4. 50; geb. m. Goldschn. n. 5. 50

— der Krieg gegen Frankreich vom Jahre 1870—71. Anh. zum Lesebuch für die Latein- u. Realschulen Württembergs, 3. Bd. Im Auftrag der königl. Kultministerial-Abthlg. für Gelehrten- u. Realschulen bearb. gr. 8. (60 S.) Stuttgart 878. Rupfer. n.n. — 30

Klaiber, Jul., das Märchen und die kindliche Phantasie. Vortrag. br. 8. (44 S.) Stuttgart 866, S. G. Liesching.

Klaiber, Jul., Eduard Mörike. Zwei Vorträge üb. ihn. 8. (III, 62 S.) Stuttgart 876. Auerbach. n. 1. 20

—— Stuttgart vor hundert Jahren. Vortrag. gr. 16. (47 S.) Ebendas. 870. *

—— der Unterricht in der ehemaligen hohen Karlsschule in Stuttgart. 4. (48 S.) Stuttgart 873. (Tübingen, Fues'sche Sortimentsh.) *

Klaiber, K., das Kloster Hirsau. Für Geschichts-, Altertums-, Kunst- u. Naturfreunde geschildert. 8. (XI, 129 S. m. 2 Taf.) Tübingen 886 Fues. n. 1. 20

Klaiber, K., neuer Sekretär f. Geschäftsleute, s.: Gruner, H.

Klaiber, K. F., Sammlung biblischer Casualtexte, s. Bertsch, F.

Klaiber, Carl Hermann, Henri Arnaud ([1641]–1721), Pfarrer und Kriegsoberster der Waldenser. Ein Lebensbild. Nach den Quellen untersucht und dargestellt von K' H' K'.... Mit 12 noch ungedruckten Urkunden. 8. Stuttgart 1880.

Klaiber, Karl Herm., Henri Arnaud, Pfarrer u. Kriegsoberster der Waldenser. Ein Lebensbild. Nach den Quellen untersucht u. dargestellt. Mit 12 noch ungedr. Urkunden. gr. 8. (180 S.) Stuttgart 880. J. F. Steinkopf. n. 2. 20

Klaiber, Carl Herm., urkundliche Geschichte der reformirten Gemeinden Cannstatt — Stuttgart — Ludwigsburg, von den ältesten Zeiten bis auf die Gegenwart. Ein Beitrag zur Geschichte der reformirten Kirche in Württemberg. Mit etlichen Urkunden als Anh. gr. 8. (VIII, 288 S.) Stuttgart 884. J. F. Steinkopf. n. 4. —

Klaiber, Marie, aus tiefer Not. Gedichte. (96 S.) kl. 8. Stuttgart 906. Buchh. der ev. Gesellschaft.
Mit Goldschn. n. 1. —; geb. n. 1. 60

Klaiber, Max, der Bankscheck. Eine Erläuterg. d. Scheckgesetzes u. Scheck-Verkehrs f. den tägl. Gebrauch. (24 S.) kl. 8. Stuttgart (909). A. Liesching & Co. — 30

— Der Postscheck. Der Post-Überweisungs- u. Scheckverkehr, nach den deutschen Postscheckordngn. nebst Ausführungsbestimmgn. zusammengefaßt. (24 S.) kl. 8. Ebd. (909.) — 30

Klaiber, Max, das projective Zeichnen. Nebst den f. das Zeichnen wichtigsten Aufgaben aus der ebenen Geometrie. 50 (lith.) Vorlage-Blätter m. begleit Text. Für den Gebrauch an gewerbl. Fortbildungs-Schulen, Kunstgewerbe- u. Industrie-Schulen, sowie zum Selbst-Unterricht. gr. 4. (VIII, 94 S. m. eingedr. Fig.) München 886. Heinr. Arnold's Kunst-Institut. In Mappe. n. 12. —

Klaiber, P., ein letzter Versuch, s.: Blüten u. Früchte.

Klaiber, Pauline, das Hauswesen, s.: Kübler, Marie Susanne.

Klaiber, Th., Ehre sei Gott! Eine Mitgabe fürs Leben. Söhnen u. Töchtern gewidmet. 8. (160 S. m. Abbildgn.) Reutlingen (899). Enßlin & Laiblin.
Geb. in Leinw. m. Goldschn. 2. 25

— Goldkörner. Eine Sammlg. christl. Lieder u. Gedichte zur Erbaug. u. sittl. Veredlg. 8. (160 S. m. Abbildgn.) Ebd. (899). Geb. in Leinw. m. Goldschn. 2. 25

Klaiber, Thdr., deutsche Briefe, s.a. Velhagen & Klasing's Sammlung deutscher Schulausgaben. 117. Lfg.

Klaiber, Th[eodor]. Deutsche Briefe. Für den Schulgebrauch zusammengestellt und hrg. X + 130 S. 8. Bielefeld und Leipzig, Velhagen & Klasing, 1906. ([geb.] M. 1.—)

(Velhagen & Klasings Sammlung deutscher Schulausgaben. Liefg. 117.) *Darin S. 85/91 drei Briefe von* Gottfried Keller; *S. 84 f. von* [Joseph Victor von] Scheffel an August Corrodi; *S. 70/72 von* (Th[eodor]) Storm an [Gottfried] Keller; *S. 64/66 von* David Friedrich Strauss, 1839.

Klaiber, Theodor: Dichtende Frauen der Gegenwart. M. 9 Porträts. — Stuttgart: Strecker & Schröder 1907. 246 S. 8°

— s.: Frauenbriefe aus 3 Jahrhunderten.

Die Meister des deutschen Briefes. In e. Auswahl hrsg. u. bearb. von Dr. Theodor Klaiber u. Prof. Dr. Otto Lyon. *Bielefeld & Leipzig: Velhagen & Klasing 1901.* (VIII, 529 S.) 8° [F.] [01. 681

— die Schwaben in der Literatur der Gegenwart. (VII, 142 S.) kl. 8. Stuttgart 905. Strecker & Schröder. Kart. n. 1. 60

— Adalbert Stifter. (107 S. m. 1 Bildnis.) kl. 8. Ebd. 905. Kart. n. 1. 20

Klaiber - Hellwag, Friederike

Klaiber, Friederike, geb. Hellwag, († d. 14. Aug. 1849), siehe: Christbaum 1839. 46. (Kaysers Bücher-Lexicon Bd. IX. S. 175.) — Ludovike.

[Klaiber-Hellwag, Friederike.] Ludovike (Simanowiz [geb. Reichenbach], 1759–[1827]). Ein Lebensbild für christliche Mütter und Töchter, von der Herausgeberin des Christbaums. Mit Vorwort von Karl Steiger. Nebst Originalbriefen von (Fr[iedrich von]) Schiller und dessen Schwester, Therese Huber und ihren Zeitgenossen. 2. Ausg. Mit einem Titelkupfer [Porträt-Tafel. und 1 Facsimile-Tafel]. 8. Stuttgart 1850.

Klaić, Frz., kroatischer Dolmetscher. Ein prakt. Handbuch zur schnellen u. leichten Erlernung der kroat. Sprache wie selbe in Kroatien, Slavonien, Dalmatien, Bosnien u. der Herzegovina gesprochen wird. gr. 16. (112 S.) Agram 878. Hartmán. n. 1. 20

Klaić, Frz., kroatisch-serbischer Dolmetscher. Ein prakt. Handbuch zur schnellen u. leichten Erlerng. d. kroatisch-serb. Sprache, wie diese in Kroatien, Slavonien, Dalmatien, Serbien, Bosnien u. d. Hercegovina gesprochen wird. 3., verb. Aufl. Besorgt v. Ferd. Miler. 12. (95 S.) Agram 898. L. Hartman. Geb. in Leinw. n. 1. —

Klaić, Frz. Praktischer Lehrgang der Kroat.-Serb. Sprache nach der natürl. Sprachmethode zum Schul-, Privat- u. Selbstunterricht. Durchgeseh. u. ergänzt v. Ferd. Miler. 5. Aufl. 8. (IV, 226 S.) Agram 891, Hartman. geb. * 2 40

—— dass. — Schlüssel. 5. Aufl. 8. (76 S.) Ebd. 891. geb. * 1 20

Klaić, Frz., prakt. Lehrgang d. kroatisch-serb. Sprache. Nach der natürl. Sprachmethode zum Schul-, Privat- u. Selbst-Unterricht. Durchgesehen u. ergänzt von Ferd. Miler. 6., verb. Aufl. 8. (VII, 214 S.) Agram 898. L. Hartman. Geb. in Leinw. n. 2. 40; Schlüssel (81 S.) geb. n. 1. 20

Klaić, Frz., praktisch-theoretischer Lehrgang der kroatischen Sprache. Nach der natürlichsten Sprachmethode zum Schul-, Privat- und Selbst-Unterrichte verfaßt. 2 Thle. 8. Agram, Hartmán's Buchh. *

Inhalt:

Thl. 1. Der einfache Satz. 1. Aufl. (109 S.) 1868; 2. Aufl. (112 S.) 1872; 3. Aufl. (119 S.) 879. * 96 Pf.

" 2. Der mehrfache Satz. 1. Aufl. (123 S.) 1868; 2. verb. Aufl. (124 S.) 879. * M. 1,12.

—— dass. — Aufgaben-Schlüssel. 2 Thle. 1. und 2. Aufl. 8. (42; 47 S.) Ebendas. 868,74. à Thl. * 48 Pf. *

— dasselbe. Aufgaben-Schlüssel zum 1. u. 2. Theil. 2. Aufl. 8. (42 u. 47 S.) Ebend. 872 u. 874. à n. — 48

Klaić, Franz, Praktisch-theoret. Lehrgang d. kroatischen Sprache Nach der natürlichsten Sprachmethode, zum Schul-, Privat- und Selbstunterrichte. 2. Theil. 3. verbess. Aufl. 8 (121 S.) Agram, Leop. Hartmán's Verlag. 56 kr. 1883.

Klaić, Vjekoslav, Geschichte Bosniens von den ältesten Zeiten bis zum Verfalle d. Königreiches. Nach dem Kroat. von Ivan v. Bojničić. gr. 8. (VII, 464 S.) Leipzig 885. Friedrich. n. 10. —

Klaiden, F. W.) über die Gespensterfurcht. Gespräche und Briefe, nebst einer Vorrede von Joh. Aug. Eberhard. Halle 781. 8. *mit Nachschrift von demselben. Halle 787. 8.

– Dass., s.a. Gespensterfurcht, Über die.

Klaje, Herm., der Einfall des kais. General-Wachtmeisters Joachim Ernst v. Krockow in Hinterpommern, vom J. 1643, s.a. Jahrbücher, pommersche. 1. Erg.-Bd.

Klaje, Dr. Hermann. Der Einfall des kais. General-Wachtmeisters Joachim Ernst v. Krockow in Hinterpommern vom Jahre 1643. (Aus:) „Pommersche Jahrbücher." Herausgegeben vom Rügisch-Pommerschen Geschichtsverein zu Greifswald und Stralsund. 1. Ergänzungsband. 8. Greifswald 1901.

Der Einfall des kais. General-Wachtmeisters Joachim Ernst v. Krockow in Hinterpommern vom Jahre 1643. Von Dr. Hermann Klaje. *Greifswald: J. Abel 1901.* (X, 167 S.) 8° [F.]
= Jahrbücher, Pommersche. Erg.Bd 1. [01. 7646

Klaje, Herm., der Feldzug der Kaiserlichen unter Souches nach Pommern im J. 1659. Mit e. Kopie der Karte v. Schävius. (X, 183 S.) 8. Gotha 906. F. A. Perthes. n. 3. 60

Klaje, Dr Hermann. Ein Kolberger Gedenktag. Zur Erinnerung an den 16. Juni 1653. Beilage zu Nr. 113 der „Zeitung für Pommern". Fol. Kolberg 1903.

Klaje, Hermann: Graf Reinhold von Krockow. Ein Lebensbild aus d. Franzosenzeit. Kolberg 1908: Post. VIII, 112 S. 8°
Kolberg, k. Dom- u. RG, Festschr. z. 50j. Jubil., P 1908** [S 08. 229

Klaje, Herm., Graf Reinhold v. Krokow. Ein Lebensbild aus der Franzosenzeit. (VIII, 112 S. m. 1 Karte.) gr. 8. Kolberg 908. (Dietz & Maxerath.) 1. 50
Sonderabdruck aus: „Festschr. z. 50jähr. Jubiläum d. kgl. Dom- u. Realgymnasiums zu Kolberg".

Die Russen vor Kolberg. Zur Erinnerung an d. Belagerung d. Stadt vor hundertfünfzig Jahren ⟨1760⟩ von Prof. Dr. Hermann Klaje. Mit e. Kt. Kolberg: Dietz & Maxerath 1910. VIII, 71 S. 8° [10. 1176]

Klaje, Hermann, aus Schlawe. Die Schlacht bei Guinegate vom 7. August 1479. Inauguraldissertation der hohen philosophischen Fakultät der Universität Greifswald zur Erlangung der Doktorwürde vorgelegt und nebst den beigefügten Thesen Freitag, den 19. December 1890, vormittags 11 Uhr öffentlich verteidigt. 8. Greifswald 1890.

Klaje, Hermann *Paul Franz Adolf* [aus Schlawe]: Die Schlacht bei Guinegate vom 7. August 1479. . . . Greifswald, Druck v. J. Abel, 1890; 2 Bl., 71 S., 1 Kart. 8⁰
Greifswald, Phil. Fak., Inaug.-Diss. v. 19. Dez. 1890

Waldenfels und seine Grenadiere. Ein Beitrag z. Geschichte d. Belagerung Kolbergs im J. 1807. Von Dr. Hermann **Klaje**, Oberl. Mit 1 Karte. Kolberg: Dietz & Maxerath in Komm. 1907. (x, 151 S.) 8° [F.]
Abdr. d. Festschrift d. Kolberger Kgl. Dom.- u. Realgymn. z. 2. Juli 1907. [07. 17664 B

Klaje, Hermann, Dr.: Waldenfels und seine Grenadiere. Ein Beitrag zur Geschichte der Belagerung Kolbergs im Jahre 1807. Festschrift des Kgl. Dom- und Realgymnasiums z. 2. Juli 1907. Kolberg 1907: C. F. Post. (151 S.) 8° [F.]
Kolberg, k. Dom-G u. RG P 1907 (173)

Klairon, Charles, f. Abentheuer e. franzöf. Emigranten.

Klairon, Charles. 8. Rostock, Koppe, 791.

Klairon, Charles, 8. Rostock, 791. Stiller. 18 ggl.

Klairon, Charlotte. Coblenz 1791. V: *Kellner, Georg Christoph.* (Ky)

Klama, A., homiletische Versuche, Eine Sammlung von Predigten. 8. Linz, Haslinger. 814.

– Dass., s.a. Klama, Jh. Odilo

Klama, Jh. Odilo

Klama, P. Odilo, Festpredigt zu Ehren des heil. Bernard, Kirchenlehrers u. Ordensstifters, gehalt. am 22. Aug. 1844. gr. 8. Wien 845, Fr. Beck. 1/6 ℔

— der wahrhaft fromme Sinn d. Christen in seinen Merkmalen, Bestrebungen u. Hoffnungen, nach Anleitung der bekannten sieben Worte Jesu Christi am Kreuze dargelegt in sieben Fastenpredigten d. Jahres 1825. Nebst e. Gedächtnißpredigt am Feste des heil. Ordensstifters Benedikt. gr. 8. Wien 828. Beck. 16 K

Klama, Jh. Odilo, homiletische Versuche. Eine Sammlung von Predigten. 8. Linz 814. Haslinger. 1 ℔ 4 K

– Dass., s.a. Klama, A.

Klama, (P. O.,) wie sehr sich d. vernachlässigte Sorgfalt f. d. Erziehung u. d. Unterr. d. Kinder bestrafe. Eine Schulpredigt. 8. Wien 826, Beck.

Klamann, e. Fall v. Pemphigus neonatorum. [Aus: „Allg. med. Central-Zeitg."] gr. 8. (8 S.) Berlin 893. O. Coblentz. n. 1. —

Was mäh so hin un widder bassierd äs. Kasseläner Verzählungen vun Karle **Klambert**. Hrsg. von Paul Heidelbach. Kassel: K. Vietor 1900. (106 S.) 8° [F.] [08. 1699

Klambt, W. W., urkundliche Chronik der Stadt u. Herrschaft Neurode von ihrem Ursprunge bis auf die heutige Zeit, topograph., statist. u. histor. dargestellt rc. 8. Neurode 842. (Breslau, Kern.) baar 7/8 ℔

Klaembt, Gustav: Dem Andenken Ludwig Zürns. Gedächtnisrede, geh. . . . am 5. Juni 1890. Berlin, R. Gaertner, 1891; 11 S. 4⁰
Berlin, Margarethen-S. OP 1891

Klämbt, *Gustav: Aus der Gedächtnissrede für Dr. Paul Jahn. gest. am 24. Mai 1892.* Berlin, Druck v. C. H. Müller, 1893; 17- 20 S. 4.
Berlin, Margarethen-S, P 1893

Klaembt, P., Echtheit u. Glaubwürdigkeit unserer Evangelien. Vortrag. gr. 8. (40 S.) Breslau 889. Dülfer. n. — 60

Klambt's Bücherschatz. Billige moderne Hausbibliothek. 1. — 28. Bd. kl. 8. Hamm, W. W. (E.) Klambt. à — 15
Blank, Matthias, auf falscher Fährte. Kriminalroman. (147 S.) (904.) (Bd. 15.)
— Nummer 1746. Kriminalroman. — Plambeck, E. O., die Nebenbuhler. Roman. (96 u. 32 S.) (904.) (Bd. 16.)
— Nummer 1746. Kriminal-Roman. (Schluß.) — Plambeck, E. O., die Nebenbuhler. Roman. (Schluß.) — Sherard, Rob. H., an die falsche Adresse. Kriminal-Roman. (144 S.) (904.) (Bd. 17.)
— Dasselbe. (Schluß) — Blankensee, Theo v., die Rätsel e. Nacht. Roman. (144 S.) (905.) (Bd. 18.)
— Dasselbe. (Schluß.) (126 S.) (905.) (Bd. 19.)
Blankensee, Theo v., der Doppelgänger. Roman. (137 S.) (904.) (Bd. 14.)
— du sollst nicht töten! Kriminal-Roman. (126 S.) (905.) (Bd. 22.)
— erkämpftes Glück. Roman. (125 S.) (905.) (Bd. 26.)
— die Rätsel e. Nacht, s.: Blank, M., Nr. 1746.
— gekreuzte Wege. Berliner Kriminal-Roman. (144 S.) (904.) (Bd. 12.)
Blumenreich, Paul, Vorbestraft. Eine Kriminalgeschichte. (126 S.) (903.) (Bd. 6.)
Brun-Barnow, J. v., Frau Marquise. Roman. (152 S.) (904.) (Bd. 8.)
Czwalinna, S., der Totschläger, s.: Felden, K., d. Hüttendirektor.
Felden, Karl, der Hüttendirektor. Roman. — Czwalinna, Siegfr., der Totschläger. Novelle aus Masuren. (126 S.) (905.) (Bd. 21.)
Fischer, Wilh., Erstklassig! Roman. — Fischer, Wilh., gleißendes Gold. Eine Bergmannsgeschichte. (128 S.) (905.) (Bd. 24.)
— der neue Kurs. Roman. — Tanner, Ilse-Dore, Luise Charlotte. Historische Novelle. (143 S.) (905.) (Bd. 23.)
— Moucho, s.: Waldeck, W. v., Prozeß Treuberg.
— der Nihilist. Roman. (150 S.) (905.) (Bd. 20.)
Gottschalk, Arth., der Arzt. Roman. — Gottschalk, Arth., die Hose. Eine lust. Erzählg. (125 S.) (905.) (Bd. 27.)
Hedberg, Frz., zur rechten Zeit! Novelle. Autoris. Uebersetzg. aus dem Schwed. von F. v. Känel. (144 S.) (903.) (Bd. 3.)
Hochfeldt, Hans, friedlicher Krieg. Roman. (144 S.) (903.) (Bd. 1.)
Höllerl, Ad., nur e. Papierstreifen. Detektiv-Roman. (144 S.) (903.) (Bd. 2.)
Linden, A., das Hexenlicht. Roman. (125 S.) (904.) (Bd. 9.)
Lindner, A. E., Elisabeth Holberg. Roman. (124 S.) (904.) (Bd. 11.)
Melandrie, A., Luchsauge. Kriminalroman. Autoris. Bearbeitg. v. A. Friedheim. (144 S.) (903.) (Bd. 7.)
Plambeck, Ernst Otto, um e. Mannes Willen. Roman. (128 S.) (904.) (Bd. 13.)
— die Nebenbuhler, s.: Blank, M., Nr. 1746.
Sherard, Rob. H., an die falsche Adresse, s.: Blank, M., Nr. 1746.
Simson, Eug., Assunta. Venezianische Novelle. (144 S.) (903.) (Bd. 5.)
— die Zigeunerin! Eine Volkserzählg. (144 S.) (903.) (Bd. 4.)
Tanner, I.-D., Luise Charlotte, s.: Fischer, W., der neue Kurs.
Waldeck, Wilh. v., der Teufelssee. Roman. (143 S.) (906. (Bd. 28.)
Waldeck, Wilh. v., Prozeß Treuberg. Roman. — Fischer, Wilh., Moucho. Novelle (142 S.) (905.) (Bd. 25.)
Walfeld, Kurt v., die Hofdame. Roman. (148 S.) (904.) (Bd. 10.)
Erschien in früh. Ausg. u. d. T.: „Kaufmann's mod. Zehnpfennig-Bibl." u. „Zehnpfennig-Bibliothek, mod."

Klambt's Bücherschatz. Billige moderne Hausbibliothek. 29. Bd. kl. 8. Hamm, W. W. Klambt. — 15
Der Schatten des Toten. Roman. Von Theo v. Blankensee. (124 S.) (907.)

Klamer, C. S., die zurückgebliebenen Kinder in der Volksschule, s. a. Abhandlungen, pädagogische. 77. Hft.

Die zurückgebliebenen Kinder in der Volksschule. Vortrag, geh. in Soest, von C. S. Klamer. *Bielefeld: A. Helmich [1903].* (20 S.) 8° [F.]
— Abhandlungen, Pädagogische. H. 77. [04. 7101

Klamer, C. S., sind unsere Volksschulen m. gemischten od. m. nach Geschlechtern getrennt. Klassen einzurichten?, s. a. Abhandlungen, pädagog.

Klamer-Schalke, C. S.: Sind unsere Volksschulen mit gemischten oder mit nach Geschlechtern getrennten Klassen einzurichten? Vortrag. — Bielefeld: Helmich [1901]. 21 S. 8⁰ (Pädagog. Abhandlungen. H. 62.)

Klamerides. — Ueber die Nothwendigkeit u. die zweckmäßigste Einrichtung einer Verbindung der Consistorialverfassung mit der Presbyterial- u. Synodalordnung in der evangel. Kirche. Ein kirchenrechtl. Gutachten mit besond. Rücksicht auf die Kirchenverfassung in den östl. Provinzen d. Preuß. Staates verfaßt. gr. 8. Quedlinburg 841. Basse. 5/6 ₰

Klamersruh, eine ländlich mahlerische Dichtung. O. O. 1796. V: *Schmidt, Clamer Eberh. Carl.* (MGT)

KLAMETH, Alois: Die vom hl. Paulus im Römerbrief vorgetragene Lehre über das Verhältnis zwischen Gesetz und Sünde. — (1906) X, 100 S. 4° (Handschr.) Diss. 948
Diss. Wien, Univ.

Klameth, Gustav: Vom Ausbau des zweiten Tempels bis zum Mauerbau Nehemias. (515— c. 441 v. Chr.) 16 S. 8.
Progr. K. k. Kaiser Franz Joseph-Staatsgymn. *Mährisch-Ostrau* 1910.

Klameth, Gust., Ezras Leben u. Wirken. (XVI, 142 S.) gr. 8. Wien 908. H. Kirsch. 4. 80

Klamka, Max, Referendar: Die Überlassung von Kiautschou seitens Chinas an das Deutsche Reich. Borna-Leipzig 1909: Noske. IX, 53 S. 8°
Breslau, Jur. Diss. v. 1. April 1909, Ref. Brie-Gretener
[Geb. 21. Juni 83 Neustadt (O.-S.); Wohnort: Breslau; Staatsangeh.: Preußen; Vorbildung: Johannes-Gymn. Breslau Reife M. 03; Studium: Breslau 6 S.; Rig. 21. Mai 08.] [U 09. 493

Klamm, Gust., Weinbüchlein. Kurze Anleitung zur Cultur der Rebe, m. Rücksicht auf Klima, Lage u. Sorten, sowie zur Bereitung, Verbesserung u. Behandlung des Weines. Ferner über Obst-, Beeren- u. Schaumweine. Mit erläut. Bemerkungen. 8. (VIII, 112 S.) Halle 882. Hendel. cart. n. 1. —

Was muss der practische Arzt von Nasen-, Rachen- und Kehlkopf-Krankheiten wissen? Kurzes Compendium d. Rhino-, Pharyngo- u. Laryngologie. Zum Gebr. f. pract. Aerzte u. Studierende von Dr. Max Klamm, Breslau. Mit 74 Abb. *Breslau: Preuss & Junger 1901.* (x, 72 S.) 8° [01. 9050 2

[F.] **Klammer,** Hermann [Dr.]: Vergils Äneis Gesang I. Tibull Ausgewählte Elegien. Übersetzt. (Umschlagt.: Übersetzungsproben zu Vergil und Tibull.) Elberfeld, gedr. bei S. Lucas, 1894; 65 S. 8.
Elberfeld, G, P 1894 (430)

Klammer, Hermannus (geb. am 3 Febr. 1853 in Neumünster Rgbz. Schleswig): Animadversiones Annacanae grammaticae ... Bonnae, typ. C. Georgi 1878. 2 Bl., 70 S., 1 Bl. 8.
Bonn, Phil. Fak., Diss. v. 2 Mai 1878

Klammer, Hermann, Prof. Dr.: Sophokles' **Elektra**. Metrisch übers. *Elberfeld 1899: S. Lucas.* (67 S.) 8° [F.]
Elberfeld, G, P 1899 (461)

Klamminger: Die Auflösung der sphärischen Dreiecke mit Berücksichtigung der Analogien zwischen der ebenen und sphärischen Trigonometrie. 28 S. 8°. – Krems OR., Progr. 1869.

Klamminger: Grundzüge der Parallel-Perspective. 41 S. 8°. – Krems OR., Progr. 1865.

Klamminger, Ferd., Anfangsgründe der Planimetrie und Anleitung zum Zeichnen geometrischer Formen aus freier Hand. Lex.-8. (42 S. mit 6 Stnt. in gr. 4.) Wien 864, Sallmayer und Comp. *

—— Bericht über die Londoner Ausstellung vom J. 1862. Im Auftrage des hohen schles. Landes-Ausschusses erstattet. gr. 8. (IV und 156 S. mit eingedr. Holzschn.) Troppau 863, (Schüler.) * *

Klampfl, Eduard, s.: Jagden in Ostindien.

— Jagden in den Polarregionen. (28 S. m. 22 Abb.) Lex. 8. Wien 910. Huber & Lahme Nachf. 1. –

— Richard Wagners „Parsifal" u. seine Bayreuther Darsteller. (102 S. m. Abbildgn.) 8. Ebd. 908. 2. —

Klämpfl, Jos., der ehemalige Schweinach- und Quinzingau. Eine histor.-topograph. Beschreibung. 2. Aufl., viel verm. u. verb.; mit einer Zugabe von mehreren Pfarreien des Unterdonau- u. Grunzwittigaues, des Dekanates Burghausen u. der Pfarrei Untergriesbach. Passau 855. Elsässer u. Waldbauer. 16. (IV, 271; 362 B.) n. 1 ₰. 1 ngr.

Klampring, Friedr. Theodor (Uchta/Westfalen), De potestate domini territorii, et relativa subditorum obligatione. Comment. jur. publ. Präs. Heinr. Balthas. Roth 22. II. 1679. Jena (Heller) 1752. 112 S. (7.—) 18159

Klamroth, Arnold: Ueber die neueren Methoden des Kaiserschnitts .... Strassburg, Univ.-Buchdr. v. J. H. Ed. Heitz (Heitz & Mundel), 1887; 1 Bl. + 53 S. 8°.
Strassburg, Med. Fak., Inaug. Diss. v. 1887.

Klamroth, Arnold, über die neueren Methoden des Kaiserschnitts. Diss. Strassburg i. Els. 1887, Trübners Buchh. u. Antiqu. (E. d'Oleire). 8°. 53 S.

Klamroth, Arthur, Gerichtsassessor in Halberstadt: Die Pfändung der Eigenthümerhypothek. Borna-Leipzig 1906: R. Noske. (VIII, 58 S.) 8° [F.]
Rostock, Jur. Fak., Ref. Bernhöft, Wachenfeld, Diss. v. 30. Juni 1906
[Geb. 3. Febr. 77 Lilienthal b. Bremen; Wohnort: Berlin; Staatsangeh.: Preußen; Vorbildung: Gymn. Emden Reife O. 96; Studium: Leipzig 2, München 1, Halle 3 S.; Rig. 4. Sept. 05.]

Klamroth, Franz Albert (geb. Guben 10. 2. 1857): Ueber Entstehung des Fruchtwassers. Berlin (1881). (29 S.) 8°
Berlin, Med. Diss. v. 5. März 1881

Leitfaden für den Unterricht in der Maschinenkunde an der Kaiserlichen Marineschule (Verf.: G[erhard] **Klamroth**, Marine-Ober-Baurath.) Hrsg. von d. Inspektion d. Bildungswesens d. Marine. Mit 122 Abb. *Berlin: E. S. Mittler & Sohn 1902.* (XIV, 327 S.) 8° [F.] [02. 7777

Klamroth, Hugo Eduard (geb. Cottbus 23. 12. 1830): De varicocele. Berolini (1853). (29 S.) 8°
Berlin, Med. Diss. v. 6. Aug. 1853

Klamroth, K: Geschichte und Entwicklung der deutschen Dünger-Industrie. Vortrag. Berlin 1905

Klamroth, Karl, Kammergerichts-Ref.: Die **Geschäfte** der Schleppschiffahrts-Unternehmer. (§ 1 Ziffer 5 d. neuen Handelsgesetzbuchs.) *Berlin 1903: F. A. Günther & Sohn.* (48 S.) 8°
Rostock, Jur. Diss. v. [26. Jan.] 1903

Klamroth, L(udov.) Aemil. (geb. Kremmen 11. 2. 1829): De veneficio saturnino. Berolini (1850). (26 S.) 8°
Berlin, Med. Diss. v. 15. Aug. 1850

Klamroth, **Mart.** Der Auszug aus den Evangelien bei dem arabischen Historiker Ja'qûbî. S. 115—128. **Progr.** Wi. G. **Hamburg* 1885.

Klamroth, Martin, s. Bar Ebhraya, Gregorii Abulfaragii, in actus apostolorum adnotationes.

Klamroth, M., auf Bergpfaden in Deutsch-Ostafrika. (Jesaia 52, 7.) Bilder aus den Anfängen evangel. Missionsarbeit unter den Pangwa am Nyassa. (76 S.) 8. Berlin 904. Buchh. der Berliner ev. Missionsgesellschaft. n. — 75

Klamroth, Mart., auf Bergpfaden in Deutsch-Ostafrika. (Jesaia 52, 7.) Bilder aus den Anfängen evangel. Missionsarbeit unter den Pangwa am Nyassa. 2. ergänzte Aufl. (91 S. m. Abbildgn.) 8. Berlin 907. Buchh. der Berliner ev. Missionsgesellschaft. — 75

— Ein Christ. Wie e. ostafrikan. Negerknabe zum Sklaven wurde, u. wie er die rechte Freiheit gewann. Nach seinen eigenen Aufzeichngn. erzählt. Mit e. Vorwort v. K. Axenfeld. (32 S. m. Abbildgn.) 8. Ebd. 910. — 30

Klamroth, M., die 50 ältesten Suren d. Korans in gereimter deutscher Uebersetzung. Mit e. Anh. üb. die übrigen mekkan. Suren. gr. 8. (V, 128 S.) Hamburg 890. Herold's Verl. n. 2. 80

Klamroth, Otto [aus Braunschweig]: Ueber die Einwirkung einiger aromatischer Hydrazine auf ungesättigte zweibasische Säuren der aliphatischen Reihe ... Rostock, C. Boldt'sche Hof-Buchdr., 1895; 63 S. 8.
Rostock, Phil. Fak., Inaug.-Diss. v. [26. Okt.] 1894

Klamroth, Walter, Referendar in Halle a. S.: Die Bedeutung der Kenntnis und Benachrichtigung des Schuldners für die Verfügung über Forderungsrechte nach dem B.G.B. Borna-Leipzig 1907: R. Noske. (VII, 43 S.) 8° [J.]
Leipzig, Jur. Fak., Diss. v. 6. Juni 1907
[Geb. 13. Jan. 81 Gernrode; Wohnort: Halle a. S.; Staatsangeh.: Anhalt u. Preußen; Vorbildung: Gymn. Quedlinburg Reife O. 00; Studium: München 1, Berlin 1, Kiel 1, Halle 3 S.; Rig. 29. Sept. 03.]

Klamt, Ernst *Sigismund Adolf* [aus Saarau '(Schles.)']: (I.) Methanhydrazomethan. (II.) Einwirkung von Rhodanessigsäure auf Phenylhydrazin. '(Phenylamidopyrithiazon.)' ... Berlin, Buchdr. v. G. Schade, *1895;* 39 S., 1 Bl. 8.
Berlin, Phil. Fak., Inaug.-Diss. v. 1. Aug. 1895

Klander, Albr., Rätselbüchlein f. Jung u. Alt. 200 der schönsten Rätsel, hrsg. v. Christian Völkel. (III, 76 S.) kl. 8. Stuttgart (906). W. Seifert. Kart. n. 1. 60

Klander, Christian Albrecht

KLANDER, C[HR.] A[LBRECHT], De choro Sophocleo. Kiliæ. 1840. 4. Univ.-Progr. (i samme Progr. findes: C. N. Grauer, De re municipali Romanorum particula).

Constructionsaufgaben über das Antiparallelogramm, v. Christian Albrecht **Klander.** Ploen. 1861 4° Gymn.-Progr.

Klander, Christian Albrecht: Kieler Münzkatalog, s. Handelmann, Heinrich

Klander, C. A., Disputatio quo loco Sophocles chorum ejusque cantus habuerit. Gekr. Pr. 1840. 27 S 4° 1.20

Klander, Verzeichniß der Münzsammlung des Museums vaterländ. Alterthümer, s. Bericht, 24., der Schleswig-Holstein-Lauenburg. Gesellschaft ꝛc.

—— und Handelmann, Verzeichniß der Münzsammlung des Museums vaterländ. Alterthümer in Kiel, s. Handelmann.

Rede, gehalten bei der Gedächtnissfeier für Professor Dr. Christian August **Klander** v. Albert Müller (nebst Mitteilungen) Aus den letztwilligen Verfügungen des Professor Dr. Klander. Ploen. 1875. 4°. Gymn.-Progr.

Klänfoth, H., Herr v. Kackabu aus Schermeissel zum Krönungsfeste in Königsberg. 8. (16 S.) Berlin 861, Klänfoth.

—— die Riff-Piraten, s. Novellen-Sammlung.

— Lederström's Selbstbefreiung aus der Haft, ohne Caution. Humoristische Episode. Ebend. 861. 8. (16 S.) 2½ ngr.

Klaenfoth, Heinrich: Die Odontoplastik, nach den neusten pathologischen und technischen Principien dargestellt für angehende und praktische Zahnärzte. 102 S., gbd.

Berlin: Förstner 1844

JB 4.386

—— die künstlichen u. natürlichen Zähne. Wie man erstere, sowie Gebisse u. Ersatzstücke, mit Nutzen trägt, u. sie in jedem Alter erhält. Nebst einer tabell. Zeitangabe üb. das Hervorbrechen der Zähne bei Kindern etc. 8. (6 B.) Weimar 845. Voigt.

Klang, Dominik, Theatergeschichten. Erlebt u. erzählt. 12. (49 S.) Graz 897. H. Wagner. n. 1. —

Klang, Hermann: Über eine besondere Gattung hydrodynamischer Probleme. I. Teil. Königsberg i. Pr., Hartungsche Buchdr. (1890); 16 S. 4°
Lötzen, st. PG, OP 1890 (12)

Klang, Hermann: Über eine besondere Gattung hydrodynamischer Probleme. II. Tl. (Forts. d. P-Beil. 1890.) Königsberg in Pr., Druck v. A. Hausbrand's Nachf., 1895; 1 Bl., 14 S. 4.
Lötzen, st. PG, OP 1895 (11)

Klang, James, die Arbeiter-Versicherung und die oesterreichische Regierungsvorlage eines „Gesetzes, betr. die Unfall-Versicherung der Arbeiter". gr. 8. (III, 84 S.) Wien 884, Sallmayer'sche Buchh. *

Klang, James, das ungarische Handelsgesetz [37. Gesetzartikel vom J. 1875] u. das Versicherungswesen. Ein krit. Versuch. 1. Lfg. Die wechselseit. Versicherungs-Gesellschaft. gr. 8. (IV, 89 S.) Wien 876. Graeser. n. 1. 60

Klang, J., über Invaliden- und Altersversorgung. Vortrag, gehalten im Vereine reisender Kaufleute in Wien. gr. 8. (32 S.) Wien 888, Sallmayer'sche Buchh. *

General-Katalog. Antiquarische und neu-gebundene Bücher, Pracht- und Kunstwerke aus allen Wissenschaften und verschiedenen Sprachen, welche bei Ignaz Klang, Buchhändler in Wien zu beigesetzten, größtentheils außerordentlich herabgesetzten Preisen zu haben sind. A. G. (416 S. 8.) 1856.

Klang, Ignaz, Neuester Original-Hausbriefsteller. 3. Aufl. (284 S.) Wien, Albert A. Wenedict. 80 kr., cart. 1 fl. 1883.

Klang, Ignaz, Neuester Original-Hausbriefsteller. Enthaltend die ausgewählte reichste Mustersammlung von Dank-, Trost-, Mahn-, Glückwunschschreiben etc. und allen anderen Arten von Briefen, Eingaben, Gesuchen, Bittschriften etc. 5. Aufl. 8°. (284 S.) Wien, Wenedikt. fl. —.80; cart. fl. 1.—. 1883.

Klang, R., zur Arbeiter-Versicherungs-Frage in Österreich. 2. verb. Aufl. gr. 8. (72 S.) Leipzig 884, Duncker und Humblot. *
1. Aufl. war nicht im Handel.

Klang-Egger, Felix: Die genetische Entwicklung der Immobiliar-Feuerversicherung in Bayern von Beginn des 18. Jahrhunderts bis auf die neueste Zeit. München, *E. Mühlthaler, Kgl. Hof-Buch- u. Kunstdr.,* 1896; 91 S. 8.
München, Staatswirtsch. Fak., Inaug.-Diss. v. 1896

Klang-Egger, Fel., die genet. Entwicklg. d. Immobiliar-Feuerversicherung in Bayern von Beginn d. 18. Jahrh. bis auf d. neueste Zeit. Lex.-8. (91 S.) München 898. J. Schweitzer Verl. n. 3. —

Klang-Egger, R., Director des „Janus" in Wien. Ein Wort über den Stand der Kriegsversicherungs-Frage in Oesterreich. Als Manuscript gedruckt. 8. Wien 1889.

Klänge der Andacht, bestimmt für eine den Völkern Oesterreichs bevorstehende Feier. Preßburg. 1855. Vorm. Schmid'sche Buchdruckerei. (16 S. 8.)

Klänge, deutsche. Langensalza 870. Klinghammer. 32. (16 S.) 3 ngr.

Klänge der Erinnerung an das 50jähr. Jubiläum d. Wirkens der Ehrwürd. Schulschwestern d. N. D. in Amberg vom 25. Novbr. 1839 bis 25. Novbr. 1889. 8. Amberg 889, (Pustet). * — 40
1. Festbericht. — 2. Festpredigt v. Silvester Dusmann. — 3. Dramatisches Festspiel v. ebendemselben. (32 S.)

Klänge aus den Hallen des Archimedes zu den drei Reissbrettern . . . 1. Lieferung. Altenb. 1822. H: *Brümmer, Carl Hnr.* (Kl)

Eisenberg: **Klänge** aus den Hallen der Fr. Mr. im O. Eisenberg am [!] Schw. □ den 26sten July 5824. [Eisenberg 1824.] 2 Bl. 8° [Umschlagtit.]
2 Lieder der Brr G. u. B. ohne Noten: 1. „Beym Beginne —", 2. „Beym Schlusse der Arbeit"

Klänge, heilige — der Andacht. Ein katholisches Gebet- und Erbauungsbuch für fromme Christen. Mit bischöflicher Gutheißung. Linz, 1857. Dr. und Verlag von Josef Wimmer. (368 S. 8.)

Klänge des Herzens; Gedichte. Berlin 1873. V: *Plahn, Carl Frdr.* (Zuwachsverz. d. Bibliotheken in Zürich 1898 ff.)

—— des Herzens. Gedichte aus dem Tagebuche eines alten Wanderers. 8. (VIII, 133 S.) Berlin 873, Ebeling und Plahn. [Potsdam, Rentel.] (M. 2.) *

Klänge des Herzens an v. Rotteck's Grabe. Ihm „dem treuen Lehrer und unerschrocknen Anwalt der edelsten Rechte des Menschen u. Staatsbürgers," Ihm, „dem die Nachwelt den Kranz der Unsterblichkeit nicht schuldig bleiben wird," geweiht von einem seiner wärmsten Verehrer in Sachsen. gr. 8. Dresden 840, Grimmer'sche Buchh. 1/6 rf

Klänge d. Herzens an v. Rotteck's Grabe. Geweiht von ein. seiner wärmsten Verehrer in Sachsen. gr. 8. (1 B.) Dresden 840, [R. u. W. Kori.]

Klänge vom „Lindenhof". Gedichte von *F. Rohrer & F.* In-16°, 112 S. Zürich, Meyer & Zeller (Reimmannsche Buchhandlg.) 1888. Gebd. 2 —

Klänge von Nah und Fern, s. a. Esch und Levinstein.

Klänge von Nah und Fern. Stenographen-Lieder. Hrsg. von J. Esch und G. Levinstein. 32. (VIII und 120 S.) Berlin 860. (Sagan, Crüsemann.) *

Klänge aus dem Norden. Von Theophile Gräfin . . . . . g. 16. (4 B.) Dresden 843. (Arnoldische Buchh.) *

Klänge aus dem Osten, s. a. Dudumi.

— aus Osten, enthaltend neun Makamen des Hamadani, zwei kleinere Episoden aus dem Schahname des Firdausi, Gedichte, Sentenzen, Sprüchwörter, aus dem Arab. u. Persischen übersetzt von Ed. Amthor. gr. 12. Leipzig 841, Engelmann. 1¼ rf

— patriotische, von 1859. Ein Liederkranz gewunden dem deutschen Volke. Frankfurt a. M. 859. Keller. 16. (131 S.) n. 10 ngr

Klänge, Poetische, aus einem jungen Christenherzen. Halle 1873. V: *Rabe, Carl.* (Russell VII, 2, 771)

—— poetische, aus einem jungen Christenherzen. 8. (VIII, 63 S.) Halle [London] 873, Erlecke. *

—— poetische, aus dem Lehrerleben. Hrsg. v. E. Langenberg u. M. Uvermann. gr. 8. (15 B.) Siegen 844, Friedrich'sche Vrlgsbuchh.

—— poetische, aus dem Lehrerleben. Hrsg. von E. Langenberg und M. Uvermann. 2. (Titel-)Ausg. 8. (VIII und 232 S.) Wiesbaden 856, Friedrich's Vrlgsb.

Klänge aus Rudolstadt, s. Bilder und Klänge.

— von der Thur. Dichterische Versuche eines Wylerbürgers. St. Gallen 865. Scheitlin & Zollikofer. gr. 8. (92 S.) n. 12 ngr

Klänge u. Sänge, vaterländische, zum Bismarck-Tage. gr. 8. (23 S.) Hamburg 898. G. A. Rudolph. n. — 50

—— der Vergangenheit u. ein Blick in die Gegenwart. 8. Paris 844. ? ?

— der Vorzeit, enthaltend romantische Erzählungen u. Sagen. Von F. S.** 12. Znaim 842. (Wien, Jasper'sche B.) n. 1/3 rf

—— der Zeit. Hervorgerufen durch d. neuesten polit. Ereignisse u. zunächst durch das Becker'sche Rheinlied. Gesamm. u. hrsg. v. J. Funck. 2., unveränd. Aufl. 8. (7¼ B.) Erlangen 841, Palm'sche Vrlsb.

Klanicza, M., Fata Aug. conf. ecclesiarum etc., s. Monumenta evangelicarum Aug. conf. in Hungaria historica.

Klank, W., die braunschweigische Thronfolgefrage von ihren ersten Anfängen bis zu ihrem vorläufigen Abschlusse. e. staats- u. völkerrechtl. Studie. (X, 102 S.) gr. 8. Wolfenbüttel 910. J. Zwissler. 2. —

Klank, Wilhelm: Die Entwicklung des Grundsatzes der Unteilbarkeit und Primogenitur im Kurfürstentum Brandenburg. Borna-Leipzig 1908: Noske. VIII, 34 S. 8°
Erlangen, Jur. Diss. v. 2. Okt. 1908, Ref. Rieker
[Geb. 6. Nov. 81 Lehe i. Hannover; Wohnort: Celle; Staatsangeh.: Preußen; Vorbildung: Gymn. Bremerhaven Reife O. 01; Studium: Tübingen 3, Göttingen 3 S.; Rig. 20. Juli 08.] [U 09. 705

Klanke. On the beauties in Shakespeare's Othello. Landsberg a. W., H. T. 1858. Progr.

Klanke, Ehrenrettung Shakespeare's. gr. 8. (16 S.) Duisburg 883, Ewich. *

Klanke u. Richter. Geschichte der bergischen Unterherrschaft Broich, sowie der Stadt Mülheim a. d. Ruhr, nach den Quellen bearb. gr. 8. (IX, 390 S. m. 4 Portr., 2 Ansichten u. 1 alten Stadtplan.) Mülh. a. d. R. 891, Baedeker. * 4 —; geb. * 6 —

Klann, s. Adreßbuch der Oberbürgermeisterei Düsseldorf.

Kleine Geschichten vom Lande. Dem Leben nacherzählt von Ida Klann-Frost. (Königsberg i. Pr. 1907: E. Masuhr.) (57 S.) 8° [J.] [07. 1938 10

Klannin [Schlagwort]

Klannin, s.: Geologische Karten (Preussen).

Klanzhnik, S., s. Mildherzigkeit gegen Thiere.

KLANZHNIK, Simon: De inspiratione. — (1839) 40 S. 8° (Handschr.)
Diss. Wien, Univ. Diss. 15

Klapálek, Fr., Beiträge zur Kenntniss d. böhmischen Hydroptiliden. [Aus: „Sitzungsber. d. böhm. Gesellsch. d. Wiss."] gr. 8. (10 S. m. 1 Taf.) Prag 894. (F. Řivnáč.) n. — 50

Klapálek, Frz., Beiträge z. Kenntniss der Trichopteren- u. Neuropterenfauna v. Bosnien u. der Hercegovina, s.a. Mitteilungen, wissensch., aus Bosnien u. der Hercegovina. VII.

KLAPÁLEK, Franz
Beiträge zur Kenntniss der Trichopteren- und Neuropterenfauna von Bosnien und der Hercegovina. Von Franz Klapálek. (Mit 1 Tafel.) (Separat-Abdruck aus „Wissenschaftliche Mittheilungen aus Bosnien und der Hercegovina", VII. Bd. 1900.) Wien. 1900. In Comm. Gerold's Sohn. Lex.-8°. 12 S.
K —.50

Klapálek, Fr., K. Grünberg, Ephemerida, Plecoptera, Lepidoptera, s.: Süsswasserfauna, die, Deutschlands.

— Ergebnisse der mit Subvention aus der Erbschaft Treitl unternommenen zoologischen Forschungsreise Dr. Franz Werners nach dem ägyptischen Sudan und Nord-Uganda. 17. Neuropteren. S 121. I. 1[illegible] . . . . —30
Separatabdruck

— üb. d. Geschlechtstheile d. Plecopteren, m. bes. Rücksicht auf d. Morphologie d. Genitalanhänge. [Aus: „Sitzungsber. d. k. Akad. d. Wiss."] gr. 8. (56 S. m. 5 Taf.) Wien 896. (C. Gerold's Sohn.) n. 2. 80

Klapálek, Fr., die Hummeln Böhmens, s.a. Archiv f. die naturwissenschaftliche Landesdurchforschung v. Böhmen. XII, 3.

Die Hummeln Böhmens. Von Prof. Fr[antišek] Klapálek. Mit 10 Textfig. Prag: F. Řivnáč in Komm. 1905. (57 S.) 4°(8°)
— Archiv f. d. naturwiss. Landesdurchforschung von Böhmen. Bd 12, No 3. [05. 14296

Klapálek, Fr., die Metamorphose-Stadien der Oxyethira costalis, Curt. [Langenopsyche Fr. M.] [Aus: „Sitzungsber. d. k. böhm. Gesellsch. d. Wiss."] gr. 8. (S. 204—208 m. 1 Taf.) Prag 891. (Řivnáč.) n. — 40

— über drei wenig bekannte Microsema-Arten u. e. neue Oecetis. (8 S. m. 6 Fig.) gr. 8. Prag 903. (F. Řivnáč.) n. — 18
Sonderabdr. aus: „Sitzungsber. d. böhm. Gesellsch. d. Wiss."

— Nemura subtilis n. sp. E. neue südeurop. Perlide. [Aus: „Sitzungsber. d. k. böhm. Gesellsch. d. Wiss."] gr. 8. (3 S. m. 2 Abb.) Prag 895. (F. Řivnáč.) n.n. — 10

Pelzflügler und Netzflügler (Trichoptera et Neuroptera). Von Prof. Franz Klapálek. *Prag: Physiokrat. Gesellsch. 1895.* (VI, 20 S.) 8°(4°)
— Catalogus insectorum faunae bohemicae. 4. [08. 10986

— Plecopteren, s. a. Ergebnisse der Hamburger Magalhaensischen Sammelreise, 7. Lfg.

Plecopteren bearb. von Prof. Fr[antišek] Klapálek (Prag-Karolinenthal). Mit 10 Fig. Hamburg: L. Friederichsen & Co. 1904. (13 S.) 4°(8°)
— Ergebnisse d. Hamburger Magalhaens. Sammelreise. Lfg 7, 5. [05. 79

— Plecopteren u. Ephemeriden aus Java, gesammelt v. Prof. K. Kraepelin 1904. (S. 101—107 m. 1 Abbildg.) Lex.-8. Hamburg 905. (L. Gräfe & Sillem.) n. — 50
Sonderabdruck aus: „Mitteilgn. a. d. naturhistor. Museum in Hamburg".

— Untersuchungen üb. die Fauna der Gewässer Böhmens. I. Metamorphose der Trichopteren, s.: Archiv der naturwissenschaftlichen Landesdurchforschung v. Böhmen.

Klapdor, Karl, die kameralistische Buchführung. Leitfaden zum Verständnis der Kassenabschlüsse nach der kameralist. Buchführg. sowie deren Verwendg. f. die behördl. wirtschaftl. Betriebe. (61 S.) 8. Düsseldorf (910). L. Schwann. Geb. in Halbleinw. 1. 50

Klapheck, Richard: Carls des Grossen Pfalzkapelle zu Aachen. Die Genesis ihrer Grundrissdisposition. Bonn 1909: Eisele. 62 S. 8° ¶ (Ersch. vollst. u. d. T.: Carls d. Gr. Pfalzkap. zu Aachen. Die Genesis d. Karolingischen Oktogones.)
Bonn, Phil. Diss. v. 30. Jan. 1909, Ref. Clemen
[Geb. 15. Mai 83 Essen a. R.; Wohnort: Bonn; Staatsangeh.: Preußen; Vorbildung: Oberrealsch. Essen Reife O. 02; Studium: Bonn 2, München 1, Berlin 2, Bonn 9 S.; Rig. 13. Mai 08.] [U 09. 404

Klapka, Ant., die landwirthschaftliche doppelte Buchführung auf dem Pachtgute Sassen in Ungarn. Lex.-8. (34 S.) Skalitz 868. (Prag. Calve'sche Universitäts-Buchh.) **

Klapka, Ant., die landwirthschaftliche doppelte Buchführung. 2. Aufl. 8. (66 S.) Wien 878, Faesy und Frick. *

Klapka, Georg, aus meinen Erinnerungen. Aus dem Ungarischen übers. vom Verfasser. 8° Budapest, Singer & Wolfner. fl. 5.—.
[1886]

Klapka, Georg. Aus meinen Erinnerungen. Aus dem Ungarischen übersetzt vom Verfasser. ([Mit Porträt-Tafel und] Anhang: Graf Ladislaus Teleky's Briefe an General Klapka. 1849–1854.) 8. Zürich, Budapest und Wien 1887.

Klapka, Geo., aus meinen Erinnerungen. gr. 8. (XII, 474 S.) Zürich 887. Wien, J. Eisenstein & Co. n. 6. 50; ermäß. Pr. n. 2. —

Klapka, Geo., aus meinen Erinnerungen. Aus dem Ungar. übersetzt vom Verf. gr. 8. (XII, 474 S. mit Lichtdr.-Bild.) Zürich 887, Verlags-Magazin. * 6 50

Klapka, Geo., der Krieg im Orient in den Jahren 1853 und 1854 bis Ende Juli 1855. Eine historisch-kritische Skizze der Feldzüge an der Donau, in Asien und in der Krim, mit einem Blick auf die mögliche Wendung der künftigen Kriegsereignisse. Deutsche Original-Ausg. Genf 855. Lauffer u. Co. gr. 8. (VI, 153 S.) n. 24 ngr.

Klapka, Geo., Memoiren. April bis Octbr. 1849. (Mit einer Einleitung, einem Anhange, die histor. Actenstücke enthaltend.) Orig.-Ausg. Lex.-8. (XXXIV und 424 S. mit K's. Portr., 1 Karte von Ungarn und dem Plane des Kriegsschauplatzes um Komorn.) Leipzig 850, O. Wigand. **

—— der Nationalkrieg in Ungarn und Siebenbürgen in den J. 1848 und 1849. 2 Bde. gr. 8. (VIII und 708 S. mit einer in Kpfr. gest. und ill. Karte von Ungarn in gr. Fol.) Leipzig 851, O. Wigand. *

Klapmeyer, Fr. Jh., († d. 8. April 1805.) vom Kleebau u. d. Verbindung derselben mit dem Getreidebau, mit Rücksicht auf die Landwirthschaft in Kur- u. Liefland. 2 Thle. gr. 8. Mitau 794. Riga 797. (Meinshausen). 1 ₰ 8 ℊ Schrbp. 1 ₰ 12 ℊ

Klapmeyer, Ulr. Wlh., († d. 1. July 1819.) Geschichte u. Verfassung d. Prediger-Wittwen- u. Waisenstiftung der Goldingschen Präpositur. Zur Nachricht d. Institutsgesellschaft u. auf Verlangen derselben im J. 1793. aufgesetzt. 4. Königb. 794.

Klapötke, Arthur, a. Hannover: Das Verhältnis von Aliscans zur Chanson de Guillaume. Halle a. S. 1907: C. A. Kaemmerer & Co. (50 S.) 8°

Halle, Phil. Fak., Ref. Suchier, Diss. v. 6. Juni 1907

[Geb. 11. Aug. 79 Hainholz b. Hannover; Wohnort: Halle a. S.; Staatsangeh.: Preußen; Vorbildung: Leibnizsch. (Realgymn.) Hannover Reife O. 99; Studium: T.H. Hannover 7, Univ. Göttingen 2, Münster 1, Halle 6 S.; Rig. 8. Jan. 07.]

Klapp, Frau A., s. a. Osten, A. v. der.

Klapp, A., ut Dörp un Stadt. Plattdütsche Geschichten. I. Hans Lütting. 8. (227 S.) Bremen 882. Roussell. n. 3. —; geb. n. 4. —

Klapp, Alb. L'avare l'ancien et moderne tel qu'il a été peint dans la littérature. 19 S. Progr. *Parchim* 1877

Klapp, Alb., das Ethische im Nibelungenliede. 8. (80 S.) Parchim 874. Wehdemann. n. 1. —

Klapp, Alb., Uebungsbeispiele zu B. Schmitz, französisches Elementarbuch 2. Tl., nebst einigen Zusätzen. gr. 8. (II, 52 S.) Parchim 885, Wehdemann's Buchh. * — 60

Klapp, Frau Anna Sophie Charlotte, geb. Oesten [in Feldberg, Mecklenburg] == Von der Osten, A. [Autorname].

Vertauschtes Glück. Erzählung f. junge Mädchen von A. v. d. Osten [d. i. Anna Klapp]. Mit 1 Titelb. *Berlin: H. J. Meidinger [1900].* (176 S.) 8° [F.]

Unsere jungen **Mädchen** und ihre Aufgaben in der Gegenwart. Ein Buch f. Eltern u. Töchter. Hrsg. v. A[nna Sophie Charlotte] Klapp. — Berlin: Oehmigke 1892. 144 S. 8°

— dasselbe. 2. (Titel-)Aufl, gr. 8. (144 S.) Ebd. 896. n. — 80; geb. in Leinw. n. 1. 40

[F.] Mädchen-Ideale. Erzählg f. junge Mädchen v. A. v. d. Osten [d. i.: A. Klapp]. M. 1 Heliogr. nach e. Aquar. v. G. Schöbel. *Berlin: H. J. Meidinger [1895].* (1 Bl., 208 S., 1 Taf.) 1 Bd 8.

Klapp, H.

Klapp: Bemerkungen über die Hephthemimeres des lateinischen Hexameters. 19 S.–Posen Fr.W., Progr. 1868. 4°

Klapp, H., Quaestiones de Anthologiae latinae carminibus nonnullis. Pr. 1875. 20 S. 4°.

Klapp, H. A. W., Commentatio sistens indagationem naturae morbi ejusque definitionis, principiis philosophiae Kantianae superstructam. Marburg (typ. nov. typogr. acad.) 1792. 30 S. (3.—) 18160

Klapp, Hermannus (geb. am 20 März 1840 in Sachsenberg Waldeck): De Vitarum Plutarchearum auctoribus Romanis Part. I [un.] ... Bonnae, form. Carthausianis (1862). 1 Bl., 35 S., 1 Bl. 8. ¶ Erschien zugleich selbständig bei Cohen & Sohn in Bonn.

Bonn, Phil. Fak., Diss. v. 4 Aug. 1862

Klapp, Herm., de vitarum Plutarchearum auctoribus romanis part. 1. gr. 8. (35 S.) Bonn 862, Cohen und Sohn.

Klapp, Hermann [Dr., Dir.]: Matthias Claudius-Feier. Wandsbek, Druck v. F. Puvogel, 1891; S. 20—33; 4°

Wandsbek, Matthias Claudius-G m. RPG, OP 1891 (281)

Klapp, Hermann [Dir. Dr.]: Das neue Schulgebäude. Wandsbeck, Druck v. Fr. Puvogel, 1889; S. I—XVIII, 1 Taf. 4°

Wandsbeck, G mit RPG, OP 1889 (276)

Klapp, Hermann [Dr., Dir.]: *Verzeichniss der mit dem Bestehen der Anstalt den Jahresberichten beigegebenen Abhandlungen.* Wandsbek, Druck v. F. Puvogel, 1893; 1 S. 4.

Wandsbek, Matthias Claudius-G m. R u. VS, OP 1893 (290)

Klapp, Ludw., Antritts-Predigt über 2. Cor. 4, 5—7, geh. bei seiner Einführung in das Pastorat zu St. Catharinen in Hamburg am 27. Apr. 1882. gr. 8. (20 S.) Hamburg 882. Jenichen. n. — 30

—— die Bedeutung des deutschen Protestanten-Vereins. Ein Appell an das Gewissen der evangel. Gemeinde. Vortrag, gehalten auf dem Protestantentage in Kiel am 5. Juni 1884. 1. und 2. Aufl. gr. 8. (29 S.) Hamburg 884, Seippel.

Klapp, Ludw., das Evangelium Jesu. Vortrag. gr. 8. (18 S.) Hamburg 898. Hoffmann & Campe's Sort. n. — 50

Klapp, Ludw., die persönliche Fortdauer nach dem Tode, m. Bezugnahme auf den materialistisch-pantheist. Gegensatz. Vortrag. gr. 8. (20 S.) Hamburg 900. H. Seippel. n. — 50

Klapp, Ludw., das apostolische Glaubensbekenntniß. Ein Versuch der Erklärg. des Widerstandes gegen den durch die obligator. Einführg. des Apostolicums droh. Gewissenszwang. Vortrag im Protestantenverein zu Osnabrück, geh. am 8. Febr. 1894. gr. 8. (16 S.) Osnabrück 894. Rackhorst. n. — 40

Klapp, Ludw., ein hannoversches Glaubensgericht, nach eigenem Erlebniß nebst Erläuterungen des Protokolls. gr. 8. (29 S.) Hildesheim 875, Gerstenberg'sche Buchh.

Klapp, Ludw., s.: Glaubenslehren, christliche im Lichte d. liberalen Theologie.

—— die Jesuiten im Spiegel ihrer Geschichte und Moral, s. Katholicismus, der römische, beleuchtet in Vorträgen.

— Jesus als Führer moderner Menschen. Vortrag, im Hamburg Protestantenverein geh. (24 S.) 8. Hamburg 905. H. Seippel. n. — 50

— sieben Predigten. (54 S.) gr. 8. Ebd. 903. n. 1. 50

Maurerische Reden von Ludw. **Klapp** als Festgabe zu seinem siebzigsten Geburtstage, dem 27. Okt. 1905, dargebracht von der Grossen Loge von Hamburg und ihren sechs Hamburger Tochterlogen. Absalom zu den 3 Nesseln, Emanuel zu Maienblume, Ferdinand zum Felsen, St. Georg zur grünenden Fichte. Ferdinande Caroline, Gudrun. **Hamburg 1905: [Laue]. 99 S. 8⁰**
cf. Bbl. 10 (1905) S. 751 (G. Diercks); DrL. 36 (1905—1906) S. 256—257 (A. Denecke).

Klapp, Ludw. Religion u. Unsterblichkeit. Vortrag, im Hamburger Protestantenverein geh. gr. 8. (17 S.) Hamb. 889, Seippel. * — 50

— über Religion u. ihre Wirkungen. Worte v. K., gesammelt v. L. Martens. (IV, 110 S. m. Bildnis.) 8. Hamburg 904. [Grefe & Tiedemann.] J. Kriebel. n. 1.50; geb. in Leinw. n. 3.—

—— Luther's reformatorische That. Vortrag, auf Veranlassung des Comités für die Hamburger Volks-Lutherfeier gehalten am 6. Juli 1883. gr. 8. (17 S.) Hamburg 883, Seelig und Ohmann.

Maur[erische] Thätigkeit. Rede, am 3. Rhein.-Westfäl. Logen-Verbandsfeste gehalten im Or. Eos zu Crefeld 19. Oct. 1879 von Ludw. **Klapp**. Als Ms. gedr. Osnabrück 1880: Kisling. 12 S. 8⁰ [Umschlagtit.]
Abgedr. in: HL. 13 (1880) S. 993—997; Bh. 26 (1883) S. 105—108; Klapp, L.: Mrische Reden. 1905 S. 5—13.
Grund u. Gegenstand der mrischen Arbeit.

— die Ursachen d. Rückgangs d. Religion in uns. Volk. Vortrag. gr. 8. (20 S.) Ebd. 897. n. — 60

— was ist Religion? Vortrag im Hamburger Protestantenverein. (24 S.) 8. Ebd. 906. n. — 40

Klapp, Mich., die Bankgrafen. Roman aus der Schwindelzeit in 2 Bdn. 8. (339 u. 399 S.) Bern 877. Berlin, Vorstell & Reimarus. n. 9. —

Klapp, M., die Bankgrafen. Roman aus der Schwindelzeit. 2 Bde. 8. Bern, Frobeen. 11. 25
1877.

—— Bilder vom Marsfelde. Blätter der Erinnerung allen Besuchern der Industrie-Ausstellung zu Paris im J. 1867 gewidmet. 8. (VII und 392 S.) Troppau 868, Kolck. *

—— Wiener Bilder und Büsten. 8. (239 S.) Troppau 867, Kolck.

Klapp, Mich., komische Geschichten aus dem jüdischen Volksleben. br. 8. (III und 99 S.) Berlin 859, Hofmann und Comp.

Klapp, Mich., zweierlei Juden, s. Lese-Cabinet.

Klapp, Michael
Zweierlei Juden. Erzählungen.
Wien, Pest. Leipzig: Hartleben 1870. 226 S. 8°

—— in London und unter den Feniern. Englische und irische Bildchen. 8. (VIII, 203 S.) Troppau 869, Kolck. *

—— Mario, s. Eisenbahn-Unterhaltungen.

Tannhäuser d. ältere (d. i. *Michael Klapp*), Pilgerfahrt. Ein Spottgedicht in 18 Kapiteln. Zürich 1876. 8⁰. (Mk. 1,50.) (3 Mk., Hfz., Bernh. Liebisch, Lpz., 1911.)

—— Revolutionsbilder aus Spanien. gr. 8. (III, 287 S.) Hannover 869, Rümpler. (M 3.) *

Klapp, Mich., Rosenkranz und Güldenstern. Lustspiel in 4 Aufzügen. gr. 8. (III, 59 S.) Wien 885, (Braumüller.) * 3 —
geb. * 4 —

—— aus der Stadt des Concils. Bilder ohne Heiligenschein. 16. (III, 282 S.) Berlin 870, Langmann und Comp. [Vereinsbuchh. für Volkslitteratur.] *

—— vom grünen Tisch. Bilder, Figuren und Geschichten aus den deutschen Spielbädern. gr. 16. (136 S.) Berlin 865, Behrend. *

Klapp, Mich., aus dem befreiten Venedig, s. Eisenbahn-Unterhaltungen.

Klapp, *Paul Albert Victor* [app. Arzt aus Vandsburg (Westpr.)]: Beitrag zu den Untersuchungen über die Innervation der Thränendrüse ... Greifswald, Druck v. J. Abel, 1897; 31 S. 8.
Greifswald, Med. Fak., Inaug.-Diss. v. 13. Febr. 1897

Klapp, Rud., s.: Aufgaben, die wichtigsten, f. die erste Behandlung der versicherten Verletzten.

Funktionelle Behandlung der Skoliose. Von Prof. Dr. [Rudolf] **Klapp**. Bonn. Mit 44 Abb. Jena: G. Fischer 1907. (95 S.) 8° 07. 7995

— Funktionelle Behandlg. der Skoliose nebst e. Beitrag zur Kenntnis einiger orthogenetisch-degenerativer Krankheiten. 2. umgearb. Aufl. (VII, 149 S. m. 116 Abbildgn.) gr. 8. Jena 910. G. Fischer. 4.50; geb. 5. 50
1. Aufl. (95 S. m. 44 Abb.) 907. 3.—

Klapp, R., die Saugbehandlung, s. a. Klinik, Berliner.

Die Saugbehandlung. Von Privatd. Dr. R[udolf] **Klapp**, Bonn. Mit 12 Abb. Berlin: Fischer 1906. (18 S.) 8°
= **Klinik**, Berliner. II. 212. 06. 1904

Klapp, Rudolf: Ueber osteoplastische **Unterschenkelamputationen.** *Kiel 1898: P. Peters.* (22 S.) 8°
Kiel. Med. Diss. v. [20. Juni] 1898

Klapp, Werner, aus Parchim: Sheridan Knowles 'Virginius' und sein angebliches französisches Gegenstück. *Rostock 1904: H. Winterberg.* (VIII, 122 S.) 8°
Rostock, Phil. Diss. v. [28. Nov.] 1903

Klappbilderbücher. 1. und 2. Bdchn. 16. Berlin 867, Kastner. cart. à Bdchn. $7\frac{1}{2}$ Ngr.
Inhalt:
Bdchn. 1. Vom Jäger Frühauf. (10 ill. Stnt. mit Text.)
„ 2. Was Johann der kluge Mann Alles dir erzählen kann rc. (10 ill. Stnt. mit Text.)

Klappenbach, Brief, s. Abdruck.

Klappenbach, (G B.,) üb. Gefangene u. deren Aufbewahrung. 8. Hildburgh. 825, Kesselring.

Klapper: Zur Geschichte Burtscheid's. 8 S. – Aachen, Progr. 1864. 4⁰

Klapper, Aug., Unterrichtsstoff e. Vorbereitungskursus für die theoret. Meisterprüfung, s.: Schroeder, Alb.

Klapper, C. (Red.), s. Wochenschrift für deutsche Bahnmeister.

Klapper, C. G. Theodorici, magni Ostgothorum regis, contra calumniatorum insimulationes defensio. 10 S.
Aachen, Progr. 1858

Klapper, C. G. Ueber den Einfluß der Schule auf die Gesinnung, namentlich auf die Vaterlandsliebe der Bürger. 16 S.
Progr. Aachen 1829

Klapper, C. J. Über die Besitznahme Italiens durch die Ostgothen. 15 S.
Aachen, Progr. 1850

Klapper, C. J. De verbi Hebraici formis, quas tempora plerumque vocant. 9 S.
Aachen, Progr. 1835

Klapper, C. J. Über die Griechische Sprache als Gegenstand des Gymnasialunterrichtes. 15 S. 4⁰
Aachen, Progr. 1843

Klapper, Edm., s.: Agrarzeitung, deutsche.

Klapper, Edm., die wirtschaftliche Buchführung des Landwirts. Vorschläge aus der Praxis. Bevorwortet von Benno Martiny, W. Fleischmann, Petersen. 2. Aufl. gr. 8. (XI, 135 S.) Oranienburg 888, Freyhoff. * 4 —

Klapper, Edmund: Die Entwicklung der deutschen Automobil-Industrie. Eine wirtschaftl. Monographie unter Berücksichtigung des Einflusses der Technik. Berlin: Boll & Pickardt 1910. V, 111 S. 8° ¶(Ersch. auch als Buch ebd.)
Würzburg, Jur. Diss. v. 21. Febr. 1910, Ref. G. v. Schanz
[Geb. 3. März 87 Arklitten; Wohnort: Charlottenburg; Staatsangeh.: Preußen; Vorbildung: Gymn. Rastenburg Reife O. 05; Studium: Berlin 7 S.; Rig. 27. Juli 09.] [U 10. 4306

— s.: Fühling's landwirthschaftl. Zeitung.

— an den deutschen Kaiser. Ein Wort üb. Bauernnoth u. Fürstenpflicht. gr. 8. (64 S.) Berlin 895. O. Häring. n. 1. 20

— Kornhaus u. Kanitz. Antwort an Hrn. v. Graß-Klanin. Auf Veranlassung des Bundes der Landwirthe. [Aus: „Fühling's landwirthschaftl. Zeitg."] gr. 8. (24 S.) Leipzig 895. H. Voigt. n. — 80

— Kornhäuser u. Kleinbahnen, s. a. Stimmen aus d. agrarischen Lager.

I. Kornhäuser und Kleinbahnen von Edmund Klapper. II. Zur Umgestaltg d. dtsch. Schlachtvieh-Marktverkehrs ... *Berlin: W. Isleib 1896.* (1 Bl., 41 S., 3 Tab.) 1 Bd 8.
= Stimmen a. d. agrarischen Lager. H. IV. [96. 8941

— Leitgedanken aus Prof. Dr. G. Ruhland's System der politischen Oekonomie. (47 S.) gr. 8. Berlin 908. Puttkammer & Mühlbrecht. — 30

— zur Reform d. Getreidehandels. Mit 2 graph. Darstellungen der Roggen- u. Brotpreise. [Zum Tl. aus: „Fühling's landwirtschaftl. Zeitg."] gr. 8. (40 S.) Leipzig 896. H. Voigt. n. 1. 80

— zur Umgestaltg. (Neugestaltg.) d. Schlachtvieh-Marktverkehrs, s.: Stimmen aus d. agrar. Lager.

— war d. Börse reformbedürftig? Ausführliche Darstellg. d. Bedinggn. e. wirksamen Produktenbörsenreform. Mit 4 graph. Darstellungen. [Aus: „Fühling's landwirtsch. Zeitg."] gr. 8. (39 S.) Leipzig 897. H. Voigt. n. 1. 20

Klapper, Emil, Der Telephonograph. Der Schnelltelegraph System Pollak u. Virág, s.: Miniatur-Bibliothek.

Klapper, Fritz (geb. Angermünde 20. 1. 1843): Angina membranacea. Berolini (1868). (31 S.) 8°
Berlin, Med. Diss. v. 23. Juli 1868

Klapper, J. H., Predigt bei der feierl. Einsegnung d. wiederhergestellten Kirche des kathol. Gymnasiums in Neisse. gr. 8. Bresl. 820. Max u. Co. 2 gl

Klapper, Jos., das St. Galler Spiel v. der Kindheit Jesu, s. a. Abhandlungen, germanistische. 21. Hft.

Das St. Galler Spiel von der Kindheit Jesu (Hie vint man die propheten vnd die propheten sprüch von der geburd ihesu xpi). Untersuchungen u. Text von Joseph Klapper. *Breslau: M. & H. Marcus 1904.* (VIII, 129 S.) 8°
= Abhandlungen, Germanistische. H. 21. [04. 4066

Klapper, Joseph: Untersuchungen zu dem St. Galler Spiele von der Kindheit Jesu. *Breslau: M. & H. Marcus 1903.* (37 S.) 8° ¶ [Erschien vollst. u. d. T.: Das St. Galler Spiel von der Kindheit Jesu als Germanist. Abhandl., H. 21.]
Breslau, Phil. Diss. v. 13. Okt. 1903

Klapper, Karl Gust.

Klapper, C. G., s. Monatschrift, allgem., für Erzieh. u. Unterricht ꝛc. v. Rossel.

Klapper, C. G., Monatschrift für Erziehung ꝛc., s. Rossel, J. P.

KLAPPERADATSCH (so!), Müller und Schulze auf dem Carneval zu Leipzig. 1870.
Weller, Lex. Ps. p. 297.

Klapperbein, Jh. Fr. Wlh., Lieder u. Gedichte für Kirche, Schule u. Haus. gr. 8. Frankfurt a/O. 846. (Harnecker u. Comp.) n. 1/3 ₰

Klapperbein, Theodor, approb. Arzt aus Straßburg i. E.: Zwei Fälle von Schwangerschaft, kompliziert durch vitium cordis und Genitaltumor. *Straßburg i. E. 1903: C. Müh & Co.* (51 S.) 8°
Straßburg, Med. Diss. v. 1903

Klapperich, J., Greater Britain, s.: Schulbibliothek französ. u. engl. Prosaschriften. II. 37

Greater Britain. India – Canada – Australia – Africa – The West Indies. Ausgew. u. f. d. Schulgebr. erkl. von Dr. J[osef] Klapperich, Oberl. zu Elberfeld. Rechtmäss. Ausg. Mit 1 Karte u. 4 Kartenskizzen. [Nebst] Wörterbuch. *Berlin: R. Gaertner 1900.* 2 Bde 8°
= Schulbibliothek französ. u. engl. Prosaschriften aus d. neueren Zeit. Abt. 2, Bdch. 37. [00. 10664

— picturesque and industrial England. Für d. Schulgebrauch ausgewählt u. hrsg. I. Tl.: Einleitung u. Text. II. Tl.: Anmerkungen u. Wörterverzeichnis. 8. (VII, 216 S. m. 27 Abbildgn. u. 2 Karten.) Leipzig 900. G. Freytag. Geb. in Leinw. u. geb. n. 2. —

— Picturesque and industrial England. Für den Schulgebrauch ausgewählt u. hrsg. 1. Aufl. 2. Abdr. (VI, 147 S. m. 27 Abbild. u. 2 Karten.) 8. Leipzig 908. G. Freytag. — Wien, F. Tempsky. Geb. 1.50; Wörterbuch (68 S.). Kart. — 70

Picturesque and industrial England. Herausgegeben von Dr. J. Klapperich. [Freytags Sammlung französischer und englischer Schriftsteller.] 8°. (ill. 147 S. mit 2 Karten) geb. K 1.80
Wien: Tempsky 1908. Hierzu Wörterbuch K —.80

Klapperich, J(oseph) ⟨geb. am 2 Mai 1854 in Wershofen Rgbz. Koblenz⟩: Historische Entwickelung der syntaktischen Verhältnisse der Bedingungssätze im Altfranzösischen. Th. 1 . . . Altenburg, Pierer'sche Hofbuchdr. 1882. 30 S., 1 Bl. 8. ¶ Erschien vollständig in dems. J. als 4 Heft d. III Bdes der Franz. Studien.
Bonn, Phil. Fak., Diss. v. 11 März 1882

Klapperich, J., historische Entwickelung der syntaktischen Verhältnisse der Bedingungssätze im Altfranzösischen, s. a. Studien, französische.

Historische Entwickelung der syntaktischen Verhältnisse der Bedingungssätze im Altfranzösischen. Von Joseph **Klapperich**. Heilbronn: Gebr. Henninger 1882. (65 S.) 8°
= **Studien**, Französische. Bd 3, H. 4. [06. 6040

Klapperich, J., Heroes of Britain, s. a. Schriftsteller, englische u. französische, der neueren Zeit.

Heroes of Britain. Hist. biographies of Drake [u. a.] ... Ausgewählt u. mit Anm. versehen von Prof. Dr. J[osef] **Klapperich**. Mit mehreren Abb u. Kärtchen. (Ausg. A.) [Text u.] Wörterbuch. Glogau: C. Flemming [1906]. 2 Bde 8°
Wörterbuch. Bearb. von Dr. O[tto] Glöde.
= **Schriftsteller**, Englische u. franz., d. neueren Zeit. Bdch. 39. [07. 4658

Englisches Lese- und Realienbuch für die Mittel- und Oberstufe. Von Dr. J[osef] **Klapperich**, Prof., Elberfeld. Mit 1 Karte, 1 Pl. u. 61 Abb. *Bielefeld & Leipzig: Velhagen & Klasing 1904.* (VIII, 330 S.) 8° [04. 3400

Englisches Lese- und Realienbuch für die Mittel- und Oberstufe. Von Dr. J[osef] **Klapperich**, Prof., Elberfeld. [Nebst] Wörterverz. Bielefeld & Leipzig: Velhagen & Klasing 1904–06. 2 Bde 8°
Lesebuch. Mit 1 Karte, 1 Pl. u. 61 Abb. 1904. Wörterverz. 1906. [06. 3637

— Englisches Lese- u. Realienbuch f. die Mittel- u. Oberstufe. Mit 1 Karte v. England, 2 Plänen v. London u. 69 in den Text gedr. Abbildgn. 2. Aufl. (VIII, 343 S.) 8. Bielefeld 907. Velhagen & Klasing. Geb. 3. —

— London old and new, s. a. Schriftsteller, englische u. französische, der neueren Zeit. 18. Bdchn.

London old and new. History – Monuments – Trade – Government. Ausgew. u. mit erl. Anm. hrsg. von Prof. Dr. J[osef] **Klapperich**. Mit 11 Abb. u. 1 Pl. von London. *Glogau: C. Flemming 1902.* (VI, 112 S.) 8°
= **Schriftsteller**, Englische u. französische, d. neueren Zeit. Bdch. 18. Ausg. A. [03. 12718

London old and new. History, monuments, trade, government. Ed., with explan. notes by Prof. Dr. J[osef] **Klapperich**. [Nebst] Wörterbuch. Glogau: C. Flemming 1904. 2 Bde 8°
= **Schriftsteller**, Englische u. franz., d. neueren Zeit. Bdch. 18. Ausg. B. [05. 7310

— Outline of the history of the English language and literature. For the use of schools ed. (52 S.) gr. 8. Berlin 904. Weidmann. Kart. n. — 80

Parliament and orators of Britain. With speeches from Lord Chatham [u. a.] ... Ed., with explanat. notes by Prof. Dr. J[osef] **Klapperich**. (Ausg. B.) [Text.] Glogau: C. Flemming [1905]. 8°
= **Schriftsteller**, Englische u. franz., d. neueren Zeit. Bdch. 33. [06. 6401

— Parliament and orators of Britain, Wörterbuch, s.: Schriftsteller, englische u. französische, der neueren Zeit.

— s.: Peril and heroism.

— Roundabout England, Scotland, and Irland, s. a. Schriftsteller, englische u. französische, der neueren Zeit. 31. Bdchn.

Round about England, Scotland, and Ireland. Ausgewählt u. erl. von Prof. Dr. J[osef] **Klapperich**. (Ausg. A.) [Text u.] Wörterbuch. Glogau: C. Flemming 1904[–06]. 2 Bde 8°
[Text.] 1904. Wörterbuch. Bearb. von Dr. O[skar] Voigt. [1906.]
= **Schriftsteller**, Englische u. franz., d. neueren Zeit. Bdch. 31. [07. 4657

Englische und französische **Schriftsteller** der neueren Zeit. Für Schule u. Haus hrsg. von J[osef] Klapperich. Bdch. 1. *Glogau: C. Flemming (1901).* 8° [02. 3086

Klapperich, *Josef* [Dr.]: Zur Sprache des Lustspieldichters Richard Brinsley Sheridan. Elberfeld, gedr. bei S. Lucas, *1892:* 24 S. 4.
Elberfeld, R. P 1892 (p. 80)

Klapperich. Zur Sprache d. Lustspieldichters R. Br. Sheridan. Progr. gr. 4. (24 S.) Elberf. 892. (Lpz., Fock.) * 1 —

— Stories for the young by various authors, s. a. Schriftsteller, engl. u. französ., der neueren Zeit. 1. Bdchn.

Stories for the young by various authors. Ausgew. u. bearb. von J[osef] **Klapperich**. *Glogau: C. Flemming 1901.* (VI, 89 S.) 8°
= **Schriftsteller**, Englische u. französische, d. neuer. Zeit. Bdch. 1. [02. 3087

Stories for the young by various authors. Ausgew. u. bearb. von J[osef] **Klapperich**. [Nebst] Wörterbuch. *Glogau: C. Flemming 1901–02.* 2 Bde 8°
= **Schriftsteller**, Englische u. französische, d. neuer. Zeit. Bdch. 1. [04. 11480

Tales of the sea by W. H. G. Kingston, T. B. Reed ... Ausgewählt u. erkl. von Prof. Dr. J[osef] **Klapperich**. [Text. Wörterbuch.] Glogau: C. Flemming 1903[–05]. 2 Bde 8°
[Text.] Mit 4 Abb. 1903. [Wörterbuch.] Bearb. v. Dr. Fritz Meyer. [1905.]
= **Schriftsteller**, Englische u. französische, d. neueren Zeit. Ausg. A. Bdch. 24. [07. 8384

— s.: Tales and stories from modern writers.

— tales and stories from modern writers, s.: Schulbibliothek, französische u. englische.

— Recent travel and adventure, s: Schulbibliothek, französ. u. engl. A. 120.

— s. a. Writers, popular, of our time.

Popular writers of our time. Being selections from Mark Twain, L. T. Meade ... Ausgewählt u. erkl. von Prof. Dr. J[osef] **Klapperich**. Ser. 1. *Glogau: C. Flemming 1903.* 8°
= **Schriftsteller**, Englische u. französische, d. neueren Zeit. Ausg. A. Bdch. 20. [04 11986

Popular writers of our time. Being selection from Mark Twain, L. T. Meade ... Ausgewählt u. erl. von Prof. J[osef] **Klapperich**. (Ausg. A.) 2., verb. Aufl. Ser. 1. [Text.] Glogau: C. Flemming [1907]. 8°
= **Schriftsteller**, Englische u. franz., d. neueren Zeit. Bdch. 20. [08. 4377

KLAPPERMUND, Jocundus, Byrsopolias. Ein Cyclus humoristischer Gedichte. Aus dem Tagebuche eines Gesellen. Basel 1874. 8°. 109 S. (2 Mk. Südd. Antiqu., München, 1908.)

Klapperschlange, die, ein Wochenblatt. 2 Quartale. 8. Götting. 789. (Vandenhöck u. R.) 16 gr

KLAPPERSTORCH-GESPRÄCHE in der Kinderstube. (190*.) (1 Mk. R. Klinger, Berlin, c. 1905.)

Klappert, Erich, aus Cassel: Über **Ketochloride und Ketobromide** aus p- und m- Oxydiphenylamin. *Marburg 1901: R. Friedrich.* (53 S.) 8°
Marburg, Phil. Diss. v. [2. Apr.] 1901

Klappert, Ludwig, Apotheker v. Haus Paelings b. Aldekerk: Über 1-Ortho und Paratolyl-3-Methyl-5-Aminopyrazol und die entsprechenden Iminopyrine. Rostock 1906: Adlers Erben. (47 S.) 8°

Rostock, Phil. Fak., Ref. Michaelis, Diss. v. 14. Juli 1906

[Geb. 1. Dez. 74 Haus Paelings, Eyll b. Aldekerk; Wohnort: Rostock; Staatsangeh.: Preußen; Vorbildung: Gymn. Crefeld Obersekunda-Reife O. 94; Studium: Freiburg i. B. 1, Bonn 3, Rostock 5 S.; Rig. 9. Juli 06.]

(Klappfibel, mit Schweizer-Ansichten. 24 ill. Bilder mit Text. 16. Berlin 839, Ende.) Thlr. *

(—— dies. mit 23 ill. kom. Figuren in Buchstaben-Formen. 16. Berlin 839, Ende.) *

Klapphornstrophen, 99 neue, von Hans Spottvogel. 8. (30 S.) Brandenburg 885, Müller. * — 60

Klapproth, A. C. F., Huldigung der Mode! Taschenbuch f. Herrnkleidermacher. 8. (50 Blät. ohne Pag.) Leipzig 845, Hunger.

Klapproth, Emil, das Ganze der Schnell-Essig-Fabrikation im Großen wie im Kleinen. Nach den neuesten Erfahrungen der größten Essig-Fabrikanten Deutschlands u. Frankreichs dargestellt. 12. Nordhausen 841, Fürst. 1/2 ℛ

Klapproth, Ferd., der Kurrendejunge, s.: Suhle, Alb.

— u. Alb. **Suhle,** Kaiser Heinrichs Weihnacht. Schauspiel in 3 Aufzügen. (45 S.) kl. 8. Leipzig 910. F. Jania. — 50

Klapproth, W.

— u. Herm. **Lie,** die gewerbl. Buchführung f. Maschinenbauer, s.: Lehrhefte f. d. Einzelunterricht an Gewerbe- u. Handwerkerschulen. VI. 6.

— u. Herm. Lie, Geschäftsgänge f. den Unterricht in der gewerblichen Buchführung f. Maschinenbauer, s.: Lehrhefte f. den Einzelunterricht an Gewerbe- u. Handwerkerschulen. VI. 6.

Klapproth, W., Maschinenelemente, s.: Lehrhefte f. d. Einzelunterricht an Gewerbe- u. Handwerkerschulen.

— Masszeichnen nach Modellen, s.: Lehrhefte f. d. Einzelunterricht an Gewerbe- u. Handwerkerschulen. II.

Klapproth, W., Masszeichnen nach Modellen für Bauschlosser, s.: Lehrhefte für den Einzelunterricht an Gewerbe- u. Handwerkerschulen. II. 3

— dasselbe, f. Maschinenbauer, s.: Lehrhefte f. d. Einzelunterricht an Gewerbe- u. Handwerkerschulen. II. 2.

— dasselbe, Maschinenelemente, s.: Lehrhefte f. den Einzelunterricht an Gewerbe- u. Handwerkerschulen. II 2. 10.

Klapproth W, Masszeichnen nach Modellen. Maschinen-Elemente. I. (Lachner, Lehrhefte für den Einzelunterricht II, 10) 4° Leipzig 1900

Klapproth, W[ilhelm]: Die Fällung des Zinns aus seinen Sulfosalzen und seine Trennung vom Antimon durch Elektrolyse. (1901.) 42 S. 8° ¶ Vgl. Zeitschrift f. angewandte Chemie. Jg. 14.

Hannover, Dr.-Ing.-Diss. v. 28. 6. 1901

Klapprott, Ludwig [aus Osterode a. H.]: Das End-e in W. Langland's Buch von Peter dem Pflüger, Text B.... Göttingen, Druck v. L. Hofer, 1890; 1 Bl., 48 S., 1 Bl 8°

Göttingen, Phil. Fak., Inaug.-Diss. v. [21. Febr.] 1890

Klapprott, Ludw., das End-e in W. Langland's Buch v. Peter dem Pflüger, Text B. Diss. gr. 4. (48 S.) Göttingen 890. (Vandenhoeck & Ruprecht.) n. 1.—

Klaprose, Exmagister Elias, eine Geschichte ... Berlin 1785. V: *Sintenis, Christian Frdr.* (Ky) (EE)

Klaprose, Elias, Exmagister. Eine Geschichte, in welcher beyzu viel heilsame Wahrheit gesagt wird. Berlin 1785. V: *Sintenis, Christian Frdr.* (RHMBF I, 55)

Klaprose, Elias, Exmagister, (von Chr. Fr. Sintenis). 8. Berl. 786. Maurers B. 1 ℛ 8 ℊ

Klaproth, Räuberhauptmann Heinrich (genannt der wilde Heinz), od.: Ilse, die Fürstenbraut. (In 100 Heften.) 1.—82. Hft. (1. Bd. S. 1.—768 m. je 1 Vollbild.) gr. 8. Neusalza (906). H. Oeser. à — 10

Klaproth, Räuberhauptmann Heinrich, 33.—100. Heft, s.: Fels, Guido v.

Klaproth

— s. a. **Claproth.**

— Bestandtheile mehrerer meteorischer Stein- und Metallmassen, nach der chemischen Analyse. 1803.

Klaproth, Ueber meteorische Stein- und Metallmassen.

Klaproth, Alb(ert.) Henr. Otto (geb. Berlin 1830): De luxatione humeri cum fractura colli complicata. Berolini (1853). (40 S.) 8°

Berlin, Med. Diss. v. 25. Aug. 1853

Klaproth. Chr. Aug. Ludw. u. **Cosmar.** Carl Wilh.: Der Königl. Preußische und Churfürstl. Brandenburgische Wirklich Geheime Staats-Rath an Seinem zweihundertjährigen Stiftungstage den 5. Jan. 1805. Berlin 1805.

1. **Klaproth:** Kurtze Geschichte der Königl. Preuß. Churfürstl. Brandenburg. Regenten.
2. **Cosmar:** Versuch einer Geschichte des gedachten Wirklich Geh. Staatsraths.
3. **Klaproth:** Verzeichniß der Wirkl. Geh. Staats-Minister u. der Geh. Staats-Secretarien seit der Errichtung des Geh. Raths-Collegii den 24. 12. 1604 a. St.

Klaproth, C. A. L.: „Der königlich preussische und churfürstlich brandenburgische wirkliche geheime Staatsrath. I. Kurtze Geschichte der preussischen Regenten. II. Versuch einer Geschichte des gedachten wirklichen geheimen Staatsrathes (von C. W. Cosmar). III. Verzeichniss der wirklichen geheimen Staatsminister und der geheimen Staatssecretarien", Berlin 1805. — Vorh.: Preuß. Staatsbibliothek Berlin.

Klaproth, C. A. L., u. L. W. Cosmar, d. Kön. Preuß. und Brandenb. wirkl. geh. Staatsrath an s. 200jähr. Stiftungstage. gr. 8. Berl. Hitzig. 805.

Klaproth, Fr., Polizeykunde f. d. Kön. Preuß. Staaten, nebst Anzeigen auswärt. interess. Polizeyanstalten und Verfügungen, 1s–5s Stck. 8. Erf. Hennings. 804. (à 12 gr.)

Klaproth, Georg Frid. Heinr. (Gotha), De scirrho ventriculi. Diss. med. Bln. (Brüschck) 9. II. 1827. 38 S. mit 2 Abb. (L. Steffen lith.) u. Biogr. (6.—) 18161

Oppon.: E. Gabler, L. Nisle, E. Hartung. — Gew.: Chr. G Hufeland. — Krankengeschichte d. August Blessz.

Klaproth, Hnr. Jul. v., s. K l a p r o t h , Jul. Heinr.

K l a p r o t h , Joh. F., Versuch einer Entwickelung d. Grenzen zwischen d. kirchl. u. bürgerl. Macht. gr. 8. Mühlh. Danner. 796.

KLAPROTH, J. F.: Versuch e. system. Entwickel. d. Gränzen zwischen d. kirchl. u. bürgerl. Macht überh., u. besond. in Deutschl. *Mühlhausen*, Danner. 796. 8. (8 Gr.)

Klaproth, Jul. Heinr.

– s.a. L a u t e r b a c h , W.

v. Klaproth, Hnr. Jul., Abhandl. über d. Sprache u. Schrift d. Uiguren. Nebst e. Wortverzeichnisse u. andere uigur. Sprachproben, aus d. kais. Uebersetzungshofe zu Peking. gr. Fol. Paris 820. (Leipz., Barth). 11 ß 6 gr

K l a p r o t h , Jul. v., A r c h i v f. asiat. Literatur, Geschichte u. Sprachkunde, 1r Bd. m. K. gr. 4. Petersburg. (Hartmann, Riga) 810.

— Archiv für Asiat. Literatur, Geschichte u. Sprachkunde. 1r Bd. Mit Kpf. gr. 4. Petersb. 820. (Hartmann in Riga). 2 ß

K l a p r o t h, Henr. Jul., Asia polyglotta. 2. Ausg. (v. 1823). gr. 4. (51 B. u, 1 Tab, qu. Fol. Mit d. Anh.: Leben d., Budda. Nach Mongolischen Nachricht. 8 B. Pag. 121—144. Schrbp.) — Nebst 1 Sprachatlas gr. Fol. (7¾ B. Drckp. u. 1 ill. Karte.) Paris 831, Heideloff u. Campe.

Klaproth, Heinrich Julius: Beleuchtung und Widerlegung der Forschungen über die Geschichte der Mittel-Asiatischen Völker des Herrn J.-J.-Schmidt in St. Petersburg. Mit einer Charte und zwei Schrifttafeln. Paris 1824. 115 S.
an: Montucci: Remarques philologiques sur les voyages en Chine de M. de Guignes. Berlin 1809. 8°.

— Beleuchtung u. Widerlegung der „Forschungen über d. Geschichte d. Mittelasiat. Völker" des Hrn. J. J. Schmidt in St. Petersburg. Mit e. Karte u. 2 Schrifttaf. gr. 8. Paris 825. (Leipz., Barth). 1 ß 4 gr

— geograph.-histor. Beschreibung d. östl. Kaukasus, s. Bibliothek d. Reisebeschreibb. 50r Bd.

Klaproth, Jul., Beschreibung der russischen Provinzen zwischen dem kaspischen u. schwarzen Meere. A. u. d. T.: Rußlands Vergrößerungen im Süden. 8. Berlin 814. jetzt Heymann. 1 ß

— Specimen Characterum Sinicorum jussu Alexandri I. ligno exclsorum. fol. St. Petersb. 811.

— examen critique des travaux de feu M. Champollion sur les Hiéroglyphes. Ouvrage orné de 3 Planches. (gr. in 4.) gr. in 8. Paris 832. (Heideloff u. Campe). 1 ß 8 gr

— s. J. A. G ü l d e n s t ä d t , Beschreibung der Kaukasischen Länder.

– s. H a g e r , Jos.: Über d. . . . Babylon. Inschriften.

— Leichenstein auf dem Grabe d. J. Hager ꝛc., s. Leichenstein.

— asiatisches M a g a z i n , s. Magazin.

— mémoires relatifs à l'Asie, cont. des recherches historiques, géographiques et philosophiques, sur les peuples de l'Orient. Vol. I. II. Avec 1 Carte et III Pl. 8. Paris 824—26.

— Notice sur l'Archipel de J. Potocki, situé dans la partie septentrionale de la Merjaune. Avec 1 Carte. 4. Paris 821.

— origin of paper money. 8. Paris 823.

— recherches sur le port de Gampou et de Zelthoum, décrits par Marco-Polo; suivies de l'annonce d'une nouvelle édition du voyage de M. Polo. 8. Paris 824.

von Klaproth, Julius Heinrich: Reise in den Kaukasus und nach Georgien, unternommen in den Jahren 1807 und 1808, auf Veranstaltung der Kaiserlichen Akademie der Wissenschaften zu St. Petersburg, enthaltend eine vollständige Beschreibung der Kaukasischen Länder und ihrer Bewohner. Bd. 1. 2. Halle u. Berlin 1812 u. 1814. 2 Bde. XVI, 740; XVIII, 626 S. 8°.

— Reise in d. Kaukasus u. nach Georgien, in d. J. 1807 u. 1808, auf Veranstaltung d. kaiserl. Akademie d. Wissenschaften zu St. Petersburg. 2 Bde. Mit 3 Karten u. 2 Kpf. gr. 8. Halle u. Berl. 814. Waisenhaus B. 7 ß 12 gr Hbg. Pr. 4 ß Schrbp. 10 ß 12 gr

— R e i s e durch Rußland u. Sibirien nach d. Mongolischen Tatarei. 8. Tübing. Cotta. 815.

K l a p r o t h ' s , Jul., Schreiben an Alexander v. Humboldt über die Erfindung des Kompasses. Aus dem französ. Original im Auszuge mitgetheilt von Armin Wittstein. gr. 8. (XII, 49 S.) Leipzig 885, T. O. Weigel Nachf. * 2 —

– s. S c h r e i b e n an Herrn Sinologus Berolinensis.

— Tableau historique de l'Asie depuis la monarchie de Cyrus jusqu'à nos jours. Avec un atlas in fol. Livr. I.—VII. gr. 4. Paris 814—26. (Leipz., Barth). Livr. I.—III. 13 ß 12 gr

K l a p r o t h , (Jul.,) Tableau historique, geographique, etnogr. et politique du Caucase et des provinces Hemitrophes entre la Russie et la Perse. gr. 8. Paris et Leipz. 827, Ponthieu. Rthlr.

— Uebersetz. u. Erklärung der ältesten Chinesischen Inschriften d. Kaisers Yü. 4. Halle 811. Waisenhaus B. 1 ß

K l a p r o t h , Heinr. Jul., W. Schott's vorgebl. Uebersetz. d. Werke d. Confucius, s. † L a u t e r b a c h .

Klaproth, Julius v. R u s s l a n d s V e r g r ö s s e r u n g e n unter Alexander dem Ersten, durch den neulich mit Persien abgeschlossenen Friedens-Tractat. 8. Berlin 1814.

— Rußlands Vergrößerungen im Süden, durch den mit Persien abgeschlossenen Friedenstraktat. Nebst 1 Karte. 8. Berl. 814. Maurers B. 1 ß (A. u. d. T.: Beschreib. d. russ. Provinzen zwischen d. kasp. u. schwarzen Meere.)

— Verzeichniß d. Chinesischen u. Manschuischen Bücher u. Handschriften d. Kön. Bibliothek zu Berlin. Herausg. auf Befehl Sr. Maj. d. Königs v. Preußen. Mit 1 Kpftaf. u. 1 Vign. gr. Fol. Paris 822. (Berl., Dümmler.)

— Verzeichniß d. Chinesischen u. Manschuischen Bücher u. Handschriften d. Königl. Bibliothek zu Berlin. Herausg. auf Befehl Sr. Maj. d. Königs v. Preußen. Mit 1 Kpfr. u. 1 Vign. gr. Fol. Paris 823. (Berl., Dümmler). 16 ß 12 gr

— Voyage au mont Caucase et en Géorgie. Avec 1 Carte. II Vols. 8. Paris 823.

Klaproth, Just., s. Claproth.

Klaproth, Martin Heinrich

— Chemische Abhandlungen gemischten Inhalts. Auch unter dem Titel: Beiträge zur chemischen Kenntniss der Mineralkörper. 6. Vol. Berlin und Stettin. 1815. 8.

Klaproth, Mart. Hch., Beyträge zur chem. Kenntniß der Mineralkörper. 5 Bde. m. Register. gr. 8. Berl. Rottmann. 793—810. (à 2 Thlr.)
Fein Papier (à 3 Thlr.)

[Teils.] Beiträge zur chemischen Kenntnise der Mineralkorper. Von Martin Heinrich Klaproth. Bd 1-5. Posen: Decker; Berlin: Rottmann 1795-1810. 8°

Bd 1: 1795.
Bd 2: 1797.
Bd 3: 1802.
Bd 4: 1807.
Bd 5: Nebst Reg. 1810.

Klaproth, Ritter Mart. Hnr., († d. 1. Jan. 1817.) Beitrr. zur chemischen Kenntniß der Mineralkörper. 5 Bde. mit Register. gr. 8. Berl. 795—810. Rottmann. 10 ℛ 8 ℊ Fein Pap. 16 ℛ 6r Bd. A. u. d. T.: Samml. chem. Abhandlungen gemischten Inhalts. gr. 8. Berl. 815. Nicolai. 2 ℛ 8 ℊ

Klaproth, M. H., üb. antique Glasmosaik, siehe Minutoli.

– s. Gren, Friedrich Albert Karl: Systemat. Handbuch der gesammten Chemie.

– s. Journal, Neues, für Chemie und Physik.

— Sammlung chem. Abhandlungen gemischten Inhalts. gr. 8. Berl. Nicolai. 815.
Auch unt. d. Titel:
Beiträge z. chem. Kenntniß d. Mineralkörper. 6r Bd.

— Chemische Untersuchung des schlackigen Augits von Guiliana in Sicilien.

Klaproth, Martin Heinrich, Chemische Untersuchung des Dolomits.

— Chemische Untersuchung des Kupfer-Wismuth-Erzes von Wittichen.

– s.a. Untersuchung, Chemische, der Mineralquellen zu Karlsbad.

Klaproth (M. H.), Chemische Untersuchung der Mineralquellen zu Carlsbad. Berlin 1790. 8.

— Chemische Untersuchung des Muriacits.

— Chemische Untersuchung des Ochroits.

– s. Vauquelin: Handbuch der Polirkunst.

— Versuche über die Herstellung der Metalle aus alkalischen Auflosungen. 1804.

Chemisches Wörterbuch. Von Martin Heinrich Klaproth und Friedrich Wolff [1765/66-1845]. Bd 1-5. Berlin: Voss 1807-1810.

Bd 1: A-D. 1807.
Bd 2: E-J. 1807.
Bd 3: K-O. 1808.
Bd 4: P-Schw. 1809.
Bd 5: Se-Z. 1910.

Klaproth, M. H. und Wolff, F.: „Chemisches Wörterbuch", fünf Bände, Berlin 1807—1810; 4 Bände Supplem. ebenda 1816—1819. — Vorh.: Com. Bibl. Hamburg.

— u. Fr. Wolff, Supplemente zu dem chem. Wörterbuche. 4 Bde. Mit 1 Karte u. 1 Generalregister. gr. 8. Berl. 815. Voß. 14 ℛ 20 ℊ Preis aller 9 Bde. nur 22 ℛ

Klaproth, M. H. und Fr. Wolf. Supplemente zu dem chemischen Wörterbuche. 3r 4r Bd. Mit Kupfert. gr. 8. Berlin, Voß. 817 — 19. (3r Bd. 3 Rthlr. 8 Gr. 4r Bd. 4 Rthlr. 12 Gr.)
(Alle 4 Bände 14 Rthlr. 20 Gr.)

Klaps, Jakob — Einfache Buchhaltung und das Wichtigste von der Wechselkunde, für Realschulen theoretisch und praktisch dargestellt von ——. Wien, 1857 Gedruckt bei Karl Ueberreuter. Wilhelm Braumüller. (178 S. 8)

Klapschke, der religiöse Memorierstoff f. die evang. Volksschule, nebst e. Auswahl v. 18 Psalmen. Nach Maßgabe der Verfügg. der königl. Regiergn. der Prov. Schlesien vom März 1893. Für die Hand der Schüler zusammengestellt. gr. 16. (80 S.) Schmiedeberg i/Riesengeb. 893. C. Sommer. n. — 15

— Memorierstoff f. den schulplanmäßigen u. pfarramtlichen evangelischen Religionsunterricht in den Volksschulen des Reg.-Bez. Breslau. Nebst e. Anh. v. tägl. Gebeten, Lebensbeschreibgn. der Dichter der Kirchenlieder u. Bibelkunde. Nach Maßgabe der Verfügg. der königl. Regierg. zu Breslau vom Oktbr. 1893. Für die Hand der Schüler zusammengestellt. 2. Aufl. (3. bis 7. Tausd.) 8. (55 S.) Schmiedeberg i/Riesengeb. 894. C. Sommer. n.n. — 15; kart. n.n. — 20

Klapschke, Memorierstoff f. den schulplanmäßigen u. pfarramtlichen evangel. Religionsunterricht in d. Volksschulen der Prov. Schlesien. Nebst Inhaltsangabe d. Kirchenlieder, sowie e. Anh. v. tägl. Gebeten, Lebensbeschreibgn. der Dichter, Bibelkunde u. e. alphabet. Spruchverzeichnis. Nach Maßgabe der Verfügg. der königl. Regiergn. vom J. 1893. Für die Hand der Schüler zusammengestellt. 9. verm. u. verb. Aufl. 8. (56 S.) Schmiedeberg (900). W. Kriebel. n. — 20

Memorierstoff für den schulplanmässigen und pfarramtlichen evangelischen Religionsunterricht in den Volkschulen der Provinz Schlesien. Nebst Inhaltsangabe d. Kirchenlieder sowie e. Anh. von tägl. Gebeten ... Nach Massgabe d. Verfüg. d. Kgl. Regierung v. J. 1893. Für d. Hand d. Schüler zsgest. von Klapschke, Rektor. 10. verm. u. verb. Aufl. *Schmiedeberg im Riesengeb.: W. Kriebel 1901.* (58 S.) 8° [...]

Klapsia, Jh., († d. 2. Dec. 1805.) Lesebuch für Kinder, zur Beförder. guter Gesinnungen 2c. 8. Brünn 788.

— s. Lesebuch für Kinder in d. Oesterreich. Erbländern.

Klapsia, Jh., sieben Predigten zur Beförderung des Reichs Christi. 8. Wien 786.

Klapsias, J.

— neue Predigten, als die Erstlinge meiner jugendl. Aussaat 2c. 8. Troppau 786. (Gutsch). 12 ℊ

Klaptocz, Bruno, Ergebnisse der etc. zoolog. Forschungsreise Dr. Frz. Werner's in d. ägypt. Sudan, s.a. Ergebnisse e. zoolog. Forschungsreise v. Dr. Frz. Werner.

Klaptocz Bruno, Dr.: Ergebnisse der mit Subvention aus der Erbschaft Treitl unternommenen zoologischen Forschungsreise Dr. Franz Werners in den ägyptischen Sudan und nach Nord-Uganda. Cestoden aus Fischen, aus *Varanus* und *Hyrax* (mit 1 Taf.). S. 115—121 . . . . . . — 75
Separatabdruck

Klaptocz, B., Ergebnisse der mit Subvention aus der Erbschaft Treitl unternommenen zoologischen Forschungsreise Dr. Franz Werners in den ägyptischen Sudan und nach Nord-Uganda. Cestoden aus Numida ptilorhyncha Lebt. [Aus: Sitzungsber. d. k. Akad. d. Wiss., mathem.-naturw. Klasse.] Gr.-8°. (12 S. mit 1 Tafel.) † Wien: Hölder 1906. K —.60

Klaptocz, B., Ergebnisse der mit Subvention aus der Erbschaft Treitl unternommenen zoologischen Forschungsreise Dr. Franz Werners in den ägyptischen Sudan und nach Nord-Uganda. XIII. Vogelcestoden. [Aus: Sitzungsber. d. kais. Akad. d. Wiss., math.-naturw. Klasse. Bd. CXVII. Abt. I.] Gr.-8°. (II. 40 S. mit 2 Tafeln) † Wien: Hölder 1908. K 1.75

— Vogelcestoden, s. Ergebnisse der m. Subvention aus der Erbschaft Treitl unternommenen zoologischen Forschungsreise Dr. Franz Werner's in den ägyptischen Sudan u. nach Nord-Uganda. XIII.

Klaptocz, Bruno, Cestoden aus Numida ptilorhyncha Lebt, s. Ergebnisse der m. Subvention aus der Erbschaft Treitl unternommenen zoologischen Forschungsreise Dr. Franz Werners in den ägyptischen Sudan u. nach Nord-Uganda. VI.

Klar zum Gefecht. Berühmte Seeleute, Entdecker u. Eroberer. 1.—20. Bd. (à 32 S.) 8. Berlin (909. 10). Verlagshaus f. Volksliteratur u. Kunst. à — 10

— dasselbe. Berühmte Helden zu Wasser u. zu Lande. Neue Folge. 1.—4. (21.—24.) Bd. (à 32 S.) 8. Ebd. (910). à — 10

Klar und Thiele's Hülfs- und Schreibkalender für Landwirthschaft und Gartenbau auf die J. 1876—1879. 1.—4. Jahrg. gr. 16. (à ca. 360 S.) Berlin, Thiele und Comp. à Jahrg. * Nicht weiter erschienen.

Klar u. Thiele's Hülfs- u. Schreibkalender f. Landwirthschaft u. Gartenbau auf das Jahr 1877. 2. Jahrg. gr. 16. (104 u. 261 S.) Leipzig 877. H. Voigt in Comm. geb. n. 1. 60

Klar, Alfred, Joseph II. Festrede, gesprochen auf dem Kaiser Joseph-Commers in Prag, am 29. November 1880. 8. (30 S.) geh. In Comm. 36 kr. Prag: H. Dominicus 1881.

Klar, Alfr., die fahrenden Komödianten. Scherzspiel in 1 Aufzuge. 8. (54 S.) Prag 876, [Verlag der Bohemia.] Haase. *

— Joseph Victor Scheffel u. seine Stellung in der deutschen Literatur. Eine Studie. Dem Dichter Jos. Vikt. Scheffel zum 50. Geburtstage gewidmet v. der deutschen Studentenschaft in Prag. gr. 8. (35 S.) Prag 876. (Kosmack & Neugebauer.) n. — 60

Klar, Aloys, Die hl. Apostel Jesu Christi, oder die göttliche Kraft und Wirksamkeit des Christentums zum Segen der Völker wie des einzelnen Menschen bis auf uns herab und die noch künftigen Zeiten. Prag, Selbstverlag des Verf., 1813, 643 S. Katholik 1825. Bd. 17 S. 84—7.

Klar, A., die heil. Apostel Jesu Christi, od. die göttliche Kraft u. Wirkung d. Christenthums. gr. 8. Prag. (Wien, Kupfer u. W.) 814.

— Auswahl v. Gedichten f. deklamator. Uebungen. gr. 8. Prag 822. Krauß.

Klar, Aloys, Auswahl v. Gedichten zu declamator. Uibungen. Nebst d. Hergange d. declamator. Uibungen an d. Karl-Ferdinands Universität zu Prag. Lex.-8. (26¼ B.) Prag 829, [Haase Söhne.]

Klar, (Al.,) üb. Declamation u. Declamatorübungen. gr. 8. Prag 822, Kraus.

— über Declamation u. declamatorische Uebungen, ein Vorwort bei Eröffnung d. akad. deklamator. Uebungen am 7n Mai 1820. 1e u. 2e Aufl. gr. 8. Prag 820. Krauß. 6 ℋ (a. Cnobloch in Leipz.) 8 ℋ

—— Denkwürdigkeiten d. Prager Privat-Institutes f. arme blinde Kinder u. Augenkranke. Nebst Ideen zu e. Versorgungs- u. Beschäftigungs-Anstalt f. Blinde. 2. Aufl. gr. 8. (6 B.) Prag 831, (Enders.)

— s. a. Du sollst, betrachtet als Grundlage einer beseligenden Selbstständigkeit.

— — du sollst, betrachtet als Grundlage einer beseligenden Selbstständigkeit und wahrhaft weisen Erziehung. gr. 8. Ebend. 820.

—— Statuten d. Versorgungs- u. Beschäftigungsanstalt f. erwachsene Blinde in Böhmen. gr. 8. (3½ B. u. Titvign.) Prag 833, (Enders.)

Klar's, A., Wichtigkeit der griechischen Sprache für Bildung und Gelehrsamkeit, mit einem Blicke auf das alte klassische Studium. Prag 807. 8. 6 gr.

— Wichtigkeit der griech. Sprache, für Bildung u. Gelehrsamkeit in unseren Tagen rc. Eine Rede. 8. Prag 808. Widtmann. 6 ℋ

Klar, Ch. Die Befestigungen an der franz.-deutschen Grenze. (Mit) Atl. Wien 1892. 8° u. 2°. (Aus: Mitteilungen über Gegenstände des Artillerie- und Geniewesens.)

Klar, E., s.: Volkskalender, evangelischer.

Klar, (Emil), die Geheimnisse des Leidens. Ein Buch f. Gebeugte. (109 S.) 8. Hamburg 907. G. Schloeßmann. 2. —

— An der Grenze zweier Welten, s.: Lehr u. Wehr für's dtsche. Volk.

Klar, Emil, Kirche u. Trinkerrettung. Grundsätzliche Ausführgn. Eine Gabe an den IX. internationalen Kongreß gegen den Alkoholismus u. an die Brüder im Amte. (16 S.) gr. 8. Belgard 903. (Hannover [Kestnerstr. 48], Zentralversandstelle d. deutschen Bundes ev.-kirchl. Blau-Kreuz-Verbände.) n. — 50

— Seelenpflege, die Seele der „Frauenhülfe", s. a. Schriften der Frauenhülfe. 3.

Seelenpflege die Seele der 'Frauenhülfe'. Von E[mil] Klar, Superint. Potsdam: Stiftungsverl. [1907]. 15 S. 8° [Umschlagt.] (Schriften d. Frauenhülfe. 3.) [10. 1:973

— Deine Sonntage. Eine Gabe u. Bitte an Konfirmanden u. Konfirmierte, an Eltern u. Herren. Zur Verbreitg. bei Kirchenvisitationen. 1. u. 2. Aufl. (16 S.) 8. Diesdorf b. Gäbersdorf, Kr. Striegau (908. 09). Buchdruckerei der Schreiberhau-Diesdorfer Rettungsanstalten. (Nur direkt.) n — 20

Klar, Emil, das Sterben. (Für welk. Blumen — ewiges Wort.) (107 S.) 8. Potsdam 904. Stiftungsverlag. Geb. in Leinw. n. 2. —

— Wachsen! Für solche, die vorwärts wollen. (270 S.) 8. Hamburg 907. G. Schloeßmann. Geb. in Leinw. 4. —

— Große Wahrheiten, hergeleitet aus kleinen Geschichten. Erlebtes, auf e. Familienabend erzählt. [Aus: „Schäfer's Monatsschr. f. innere Mission".] 4. Aufl. (8 S.) 8. Diesdorf bei Gäbersdorf, Kr. Striegau (909). Buchdruckerei der Schreiberhau-Diesdorfer Rettungsanstalten. (Nur direkt.) p nnn — 10

Für Eltern. Gedanken über christl. Kinderzucht. Zur Verbreitung bei Kirchenvisitationen. Im Auftr. d. Kreissynode Belgard hrsg. von [Emil Otto] Klar, Superint. *Belgard: Pomm. Trinkerrettungshaus (1902).* (16 S.) 8° [F.] 02. 14525 0

Die Grundsätze der evang.-kirchlichen Blau-Kreuz-Vereine von Superint. [Emil Otto] Klar in Belgard. *Hannover: Deutsch. Bund ev.-kirchl. Blau-Kreuz-Verbände (1902).* (16 S.) 8° [Umschlagt. F.] 02. 14526 0

Kirche und Trinkerrettung. Grundsätzl. Ausführungen von [Emil Otto] **Klar**, Superint. in Belgard. Eine Gabe an d. IX. intern. Kongress gegen d. Alkoholismus u. an d. Brüder im Amte. *Belgard: Johannishaus in Komm. [1903].* (15 S.) 8° [Kopft. F.] 03. 3776 7

Klar, Franziska, deutsches Lesebuch für höhere katholische Töchterschulen sowie zur Privatbelehrung. In einer stufenmäßigen Auswahl wahrhaft bildender Lesestücke bearb. 2. (Titel-)Ausg. gr. 8. (VIII und 328 S.) Augsburg (855)59, Schmid'sche Verlagsbuchh.

Klar, J. B., die Jugendgenossen. Eine lehrreiche Erzählung für christl. Jugend u. christl. Volk. Mit 1 Stahlst. 8. (134 S.) Straubing 879. Volks- u. Jugendschriften-Verl. cart. 1. —

— die Klause im Norden. Eine Erzählung f. die christl. Jugend u. Erwachsene. 2., verb. Aufl. Mit 1 Stahlst. 8. (143 S.) Ebend. 879. cart. 1. —

— Schicksale eines Waisenmädchens. Der Jungfernsprung bei Dahn. 2 Erzählungen für die reifere Jugend besonders f. christl. Familien. 2., verb. Aufl. Mit einem Stahlstich. 8. (114 S.) Ebend. 878. cart. 1. —

Klar, J. B., die Schule d. Lebens od. Fall u. Erhebung. Eine Erzählg. f. christl. Jugend u. christl. Volk. 3. verb. Aufl. Mit 1 Stahlst. 8. (115 S.) Ebend. 876. 1. —

— eine Tochter oder Reue versöhnt. Eine moralische Erzählung f. die reifere christl. Jugend u. f. das christl. Volk. Mit einem Stahlst. 8. (168 S.) Ebend. 880. cart. 1. 20

Klar, Jh. Bapt., die Alpenhütte. Eine Erzählung für Kinder und Kinderfreunde. Mit 1 Steindr. 12. Würzburg 834. Stahel. 1/6 ℛ — 2e Aufl. — Die heilige Filomena. Eine Legende. Erzählt von Konr. Samhaber. Mit Titelkpfr. 8. Ebd. 839. 1/4 ℛ

Klar, Joh. Bapt., die Alpenhütte. Erzähl. f. Kinder u. Kinderfreunde. 2. Aufl. — Die heil. Filomena. Eine Legende. Erzählt v. Konrad Samhaber. 8. (9 1/2 B. u. Ttlkpfr.) Würzburg 839, Stahel'sche Buchh.

Klar, J. B., die Alpenhütte. Verirrung und Umkehr. Zwei Erzählungen, der reiferen Jugend und der edlen Lesewelt gewidmet. 3. verb. Aufl. 8. (64; 104 S., mit 2 lithogr. und color. Titelkpfrn.) Regensburg 875, Volks- und Jugendschriften-Verlag. cart.

—— die Burg-Ruine. Eine Erzähl. f. Kinder u. Kinderfreunde. 12. (3 1/2 B.) Augsburg 832. [Regensburg, Manz.]

Klar, Jh. Bapt., der Dorfpfarrer. Eine lehrreiche Erzählung für die reifere christl. Jugend. Mit Titelkpfr. 12. Augsburg 835. M. Riegers Buchh. (Himmer.) 1/4 ℛ

—— der Findling im Spessart. Eine Erzähl. aus d. Zeiten d. 30jähr. Krieges. Mit Ttlkpfr. 12. (4 B.) Augsburg 833, M. Rieger's Vrls.-Buchh.

—— Fluch u. Segen, od. Gott züchtigt d. Sünder u. schützt die Seinen. Eine lehrr. Erzähl. f. Alle, vorzügl. f. d. christl. Jugend. 12. (2 3/4 B.) Augsburg 833, Kollmann.

Klar, J. B., Fluch u. Segen, od. Gott züchtigt den Sünder u. schützt die Seinen. Eine lehrreiche Erzählung f. Alle, vorzügl. f. d. christl. Jugend. (2. Aufl.) 12. (2 3/4 B.) Augsburg 846, Kollmann'sche Buchh.

—— das Kreuz u. die Taube. Eine Erzähl. f. d. christl. Jugend. 8. (4 1/2 B. u. Ttlkpfr.) Augsburg 838, Kollmann'sche Bh.

—— das Marienbild, od. denkwürd. Schicksale e. in d. Sclaverei gerath. christl. Familie. Eine größtentheils auf histor. Urkunden gegründ. Erzähl., f. d. reif. christl. Jugend. 12. (3 1/6 B.) Augsburg 834, Kollmann.

—— das Merzenveilchen. Eine Erzähl. f. Alle, besond. aber f. d. christl. Jugend. 12. (4 B.) Augsburg 832, M. Rieger's Vrls.-Buchh.

Klar, Johs., Fachzeichnen f. Tapezierer u. Dekorateure, s.: Lehrhefte f. das Fachzeichnen an gewerbl. Schulen (Freter, Jul.).

Klar, Jos., vaterländische Fest- u. Gedenktage. (1 Taf.) 64,5×43,5 cm. Breslau (909). (A. Kothe.) — 60

Klar, K. Die Befestigungen an der französisch-deutschen Grenze. Mit 1 Krtbd. Wien 1892. 70 S.

Klar, Karl, Ritter Edulf v. Quarzfels, das Kind der todten Mutter, oder die Erlösung aus den Ketten der Verdammten. Erzählung aus dem Mittelalter. 8 Lfgn. 8. (250 S. m. 8 col. Lith.) Löbau 851, Breyer. (à 1/12 ℛ) 2/3 ℛ

Klar, Carl, Ritter Edulf v. Quarzfels, das Kind der todten Mutter, oder: die Erlösung aus den Ketten der Verdammten. Erzählung aus dem Mittelalter. 2. Aufl. 8. (308 S. mit 10 ill. Stnt.) Dresden 860, Breyer.

—— die helle Sagenzelle, oder buntfarbenes Gewand verödeten Trümmergesteins. Eine Reihe bisher ungedruckter Volkssagen. Frei bearb. und hrsg. 12. (III und 138 S.) Löbau 851, Breyer.

Klar, Max, s.: Erdkunde, die.

Klar, M., Technologie der Holzverkohlung u. der Fabrikation v. Essigsäure, Aceton, Methylalkohol u. sonstiger Holzdestillate. (IX, 246 S. m. 27 Abbildgn.) gr. 8. Berlin 903. J. Springer. n. 7. —

Klar, M., Technologie der Holzverkohlung unter besond. Berücksicht. der Herstellung v. sämtlichen Halb- u. Ganzfabrikaten aus den Erstlingsdestillaten. 2., verm. u. verb. Aufl. (XXIII, 429 S. m. 49 Fig.) gr. 8. Berlin 910. J. Springer. 10.—; geb. in Leinw. n 11. —

Klar, Max M., approb. Arzt aus Weimar: Über Jodipin. *Freiburg i. B.: Speyer & Kaerner 1900.* (26 S.) 8°
Freiburg i. B., Med. Diss. v. 1900

Klar Maximilian: Die Klarballspiele. Unter Zugrundelegung der Hohlballbewegung zusammengestellt und erprobt. 14. Wiener-Neustadt R. 00. **Progr.**

Klar, M.: „Die Klarballspiele". Unter Zugrundelegung der Hohlballbewegung. Wiener-Neustadt 1900. 17 S. Wien, Landes-Oberrealschule P 1900.

Klar, Max. Perlen deutscher Redezeichenkunst. Angeregt u. geordnet v. M. K. Hrsg. v. Verein deutscher Redezeichner in Sternberg [Mähren]. 8. (IX, 105 z. Thl. autogr. S. m. Abbildgn.) Sternberg i. Mähr. 890, Hitschfeld. geb. m. Goldschn. ** 5 —

Klar, Max., Perlen deutscher Redezeichenkunst. Denkworte v. Meistern u. Gönnern der Gabelsberger-Schule. Angeregt, red. u. illustr. v. M. K. Hrsg. v. M. K. u. Frz. Hübler. 2., verm. u. verb. Aufl. 8. (XVIII, 128 S.) Reichenberg 893. J. Fritsche. Geb. in Leinw. m. Goldschn. n. 6. 40

— das geographische Relief als Lehrbehelf, s. a. Lehrer-Bibliothek, kleine.

Klar, Professor Maximilian, Das geographische Relief als Lehrbehelf. Ein Vortrag. Mit einer Figurentafel. Gr.-8. (31 S.) —.40
Znaim: Fournier & Haberler 1893.

Klar, Paul Aloys, Böhmens großer Grundbesitz, wie dieser in der königl. Landtafel inneliegt. Aus dem Jahrbuche „Libussa 1856“ abgedr. Leipzig 856. Hübner. 16. (99 S.) n. 10 ngr

Klar, Paul Aloys, s. Libussa. Jahrbuch.

Klar, Paul Aloys, k. k. Kreisrath, etc. Das Regimentsgebäude der k. k. Gendarmerie in der Kleinseite Prag's. Denkschrift zur Feier der ersten Besitznahme dieses Gebäudes. (Mit 4 Karten u. 14 Abbildungen.) 8. Prag 1857.

Klar. Das Regimentsgebäude der k. k. Gendarmerie in der Kleinseite Prags. (68) 4 M. 18 Taf. Prag und Leipzig 1857.

Klar, Rud. Maria, statistische Tabelle üb. die in Böhmen sich aufhaltenden Blinden, nach dem Geschlechte, dem Alter, der genossenen Erziehg., der Art ihrer Beschäftigg. u. der Ursache ihrer Erblindg. gr. 4. (6 S. m. 2 Tab. in qu. Fol.) Prag 876. (Kytka.) n.n. — 40

Klar-Willberg, an der Grenzscheide des 19. Jahrh., e. sociales Schattenbild. gr. 8. (16 S.) Hamburg 894. (A. Scheibenhuber.) n. — 50

Klär, Th., Lehrbuch der französischen Sprache, s.: Enkel, H.

Klara, s. Clara.

Klara, oder die Gefahren der Unschuld. Eine Geschichte, dem blühenden Alter gewidmet von dem Verfasser der Ostereier. Mit 1 Stahlstich. 8. Augsburg 842, Wolff'sche B.; Matth. Rieger'sche B. (Regensb., Manz.) 1/4 ℳ

— oder Gott führt die Seinen auf verschied. Wegen zum Ziele. Eine Erzählung, dem reifern Alter der mehr gebild. Jugend gewidmet rc. 8. Reutling. 843, Fleischhauer u. Spohn. 6 1/4 ngr

Klara oder Gott führt die Seinen auf verschiedenen Wegen zum Ziele. Eine Erzählung dem reifern Alter der mehr gebildeten Jugend der höhern und bürgerlichen Stände. Vom Verf. der Ruine von Löwenstein. 2. Aufl. Reutlingen 854. Fleischhauer u. Spohn. 8. (100 S. u. 1 Lithogr.) 6 ngr

Klara. Dramat. Spiel in 5 Akten f. Mädchen. 2. Aufl. Bonn: P. Hauptmann [1904]. (72 S.) 8° [Umschlagt. F.]
(Dramatische Spiele f. Mädchen.) [04. 1140

Klara. Dramatisches Spiel in 5 Akten f. Mädchen. (Umschlag: 2. Aufl.) (72 S.) 12. Bonn (904). P. Hauptmann. —40; erh. Pr. — 50

Klara Gräfin v. Löwenmark od. der Legitimirte. Novelle v. d. Verfn. d. „Bertha v. Ehrenkron.“ 2 Bde. 8. Gera 841, Heinsius'sche Vrlsbuchh.

Klara, (Friederike Adelung), Emma, od. Liebe u. Täuschung. 8. Bresl. 810. W. G. Korn. 1 ℳ

Klärchen

— siehe auch Clärchen.

Klärchens u. Laurens Liebesgeständnisse, od. Leben u. Abenteuer zweyer Buhlerinnen nach der Mode. 8. Leipz. Köhler. 798.

— — dasselbe, s. auch Leben u. sonderbare Schicksale zweyer Goldtochter nach d. Mode.

Klare, A., kleine deutsche Sprachlehre, s.: Bohm, H.

Klare, Ernst, approb. Arzt aus Leipzig: Ueber **Sehnenplastik** und Sehnentransplantation. *Leipzig 1900: B. Georgi.* (56 S.) 8°
Leipzig, Med. Diss. v. (16. Okt.) 1900

Klare, Hermann, Arzt: Aus d. Kgl. Universitäts-Augenklinik zu Königsberg i. Pr. Ueber **Linsenentfernung** bei excessiver Myopie. *Königsberg i. Pr. 1902: H. Jaeger.* (40 S.) 8°
Königsberg, Med. Diss. v. 19. Juli 1902

Klare, K. G. A., Schulreden moral. u. relig. Inhalts, in d. Gymnasien d. Franckischen Stiftungen gehalten. 8. (8 B.) Halle 829, Ruff.

Klare, K. G. A., Schulreden moralischen u. religiösen Inhalts. 8. Halle 829. jetzt Lippert. 1/2 ℳ

Klare, Philipp, approb. Arzt aus Warburg: Ein **Fall** von **Tumor** des linken Unterhornes. *Warburg 1903: F. Quick.* (39 S.) 8°
Gießen, Med. Diss. v. 1903

Kläre's herbstlicher Garten. Gedichte. (164 S.) 8. Freiburg i/B. 908. J. Bielefeld. 3.—; geb. 4.—

Klarenaar, Joh. Franz, Lieder- u. Mährchenschatz, od. Blumen aus Deutschlands Dichtern f. d. zartere Kindesalter. Für sinnige Mütter, Kinder u. Kinderfreunde. Lex.-8. (15 1/2 B. u. 25 Stahlst.) Emmerich 842, Romen'sche Buchh. (Leipzig, Hermann.) *

Klarenaar, Joh. Frz., der Lusthain, eine Jugendschrift mit Bildern zur Unterhaltung und Belehrung für Schule und Haus. br. 8. (IV und 279 S. mit 11 Stnt.) Emmerich 847, Romen. *
Mit ill. Stnt. *

Klarenbach, Georg Bach von, s. Bach von Klarenbach

Klarenbrunn, s. Bosio v. Klarenbrunn.

Klarenfeld, Nectarine von, eine Geschichte aus dem ersten Jahrzehend unsers Jahrhunderts, von Wilhelmine v. Gersdorf. 8. Chemnitz, Starke. 818.

Klarent, B., Burg Adlerstein, s.: Möller's Bibliothek f. Gesundheitspflege.

Klarent B, das Buch vom häuslichen Glück. (162 S) Stuttgart

— Edelgarde, s.: Möller's, Wilh., Bibliothek f. Gesundheitspflege.

Klarent, B., die tüchtige junge Hausfrau. Durch langjähr. Erfahrg. erprobte Ratschläge. E. Gabe f. Bräute u. junge Hausfrauen. 8. (XXIV, 390 S.) Stuttgart 898. Muth. Geb. in Damast m. Goldschn. n. 5.—

Klarent, B., die tüchtige junge Hausfrau. Durch langjähr. Erfahrg. erprobte Ratschläge. Eine Gabe f. Bräute u. junge Hausfrauen. 2. Aufl. (XXIV, 390 S.) 8. Stuttgart (904). Muth. Geb. in Leinw. n. 5.—

Klarent, B., Hausfrauen-Brevier. Allen Hausfrauen und denen, die es werden wollen, aus eigenem erprobten Erfahrungsschatz dargeboten. 12. (VIII, 204 S.) Straßburg 887, Straßburger Druckerei und Verlagsanstalt, vorm. Schultz und Comp. Verlag. geb. * 3 —

— f. d. häuslichen Herd. Plaudereien, Skizzen, Briefe u. Lebensbilder f. d. Frauenwelt. 8. (III, 146 S.) Ebd. 896. n. 1.50; geb. n. 2.50

Klarenz, Adelheid v., s. Adelheid.

Klarer, Johs. Der Unfehlbare nach Johannes Schriften. gr. 8. (III, 227 S.) Lpz. 890, (Fr. Richter). * 4 —

Klarer, U. D., Familienleben der ärmeren Volksklassen. 4. Aufl. (32 S. m. Titelbild.) kl. 8. St. Gallen 903. Lachen-Vonwil (bei St. Gallen, Schweiz), Selbstverlag. n. —40

— Statistik, s. Arbeiterversicherung.

Klarfeld Heinrich: Die Einwirkung von Wasser auf Hexylenbromid (aus Mannit). S. 113 IIb. 1023 . . . . vgr.
Separatabdruck

Klarheit! Ein Wort an Se. Durchlaucht den Hrn. Reichskanzler Fürst v. Bismarck, sowie an die Mitglieder der deutsch-conservativen Fraction und des Centrums, mit einem Nachwort an die deutschen Wähler. Von Leonis. 8. (46 S.) Osnabrück 885, Wehberg. — 50

Klarheit, über d. innere, der christl. Religion. Aus d. Engl. von Vollborth. 8. Götting. 776. Vandenhöck u. R. 5 gr

Klarheit, endlich völlige, üb. den Tod des König Ludwig II. v. Bayern. Aus den nachgelass. Papieren e. Eingeweihten. 8. (60 S.) Leipzig 900. O. Seiler. —80

Klarheit und Wahrheit. Replik auf die Entgegnung des Hrn. Dr. Fabri in Betreff seines Verfahrens gegenüber den Reformirten und Unirten in der Rhein. Mission. gr. 8. (32 S.) Langenberg 881, Joost. *
Aus: Reformirte Kirchenzeitung, besonders abgedruckt.

Kläri, Aug., kleine Gedichte zu Familien-Festen f. Kinder. 8. (5½ B.) Karlsruhe 841, Macklot.

Klarić, Ivan, u. Ant. Elias Carić, Verlobungs- u. Hochzeitsbräuche in Bosnien u. Dalmatien, s. a. Mitteilungen, wissensch., aus Bosnien u. der Hercegovina. VI.

Verlobungs- und Hochzeitsbräuche in Bosnien und Dalmatien. Von Ivan Klarić und Anton Elias Carić. (Separat-Abdruck aus „Wissenschaftliche Mittheilungen aus Bosnien und der Hercegovina". VI. Bd. 1899.) Wien. 1899. In Comm. Gerold's Sohn. Lex.-8°. 16 S. fl. —.10

Klärich, Fr. W., Vom medicinischen Gebrauch des Magnets im V. Jahrh. s. l. 766. 8.

Klariden. Die K. Njbl. s. a. [Ulrich, Melchior].

Klariden, Die. [Zürich 1860.] V: *Ulrich, Melchior.* (Cat. der Stadtbibl. Zürich. Zürich 1864—97.)

Klarin, Elisabeth

Klärin, E.: „Die wohlunterrichtete und sich selbst belehrende Hausfrau und Haushälterin, oder die Kunst, in der kürzesten Zeit alle weiblichen Beschäftigungen zu erlernen und sich viele andre und wirthschaftlich nöthige Kenntnisse zu verschaffen", Hanau 1828 (Edler; Leipzig Hinrichs in Kom.); 2. verm. und verb. Auflage ebenda 1835; 3. verm. und verb. Auflage ebenda 1837.

Klarin, Elisabeth, die wohlunterrichtete u. sich selbst lehr. Hausfrau u. Haushälterin, od. d. Kunst, in d. kürzesten Zeit alle weibl. Beschäftigungen zu erlernen. 2., viel verm. Aufl. 12. (18½ B. u. Titlbild.) Hanau 837, Edler'sche Buchh.

Klarin, Elisabetha, die wohlunterrichtete und sich selbst lehrende Hausfrau und Haushälterin oder die Kunst, in der kürzesten Zeit alle weibl. Beschäftigungen, so wie das Verhalten in allen Angelegenheiten des häusl. Lebens zu erlernen. 4., verb. und verm. Aufl. gr. 16. (VIII und 439 S. mit Titlkpfr.) Hanau 851, Edler'sche Buchh.

Klarin, Elisabeth, die wohlunterr. u. sich selbst lehr. Haushälterin, od. d. Kunst, in d. kürzesten Zeit alle weibl. Beschäftigungen zu erlernen, u. sich viele and., zur Wirthschaft höchst nothwend. Kenntnisse zu verschaffen. Nach vieljähr. Erfahr. bearb. M. 1 Stndr. 12. (17 B.) Hanau 828, Edler. Thlr.

Klarin, (Elisabeth,) d. wohlunterrichtete u. sich selbst lehrende Köchin, od. d. Kunst, in d. kürzesten Zeit ohne alle Vorkenntnisse auf d. vortheilhafteste Art billig u. schmackhaft kochen zu lernen. Ein unentbehrl. Handbuch f. Hausfrauen u. Köchinnen, nach vieljähr. Erfahrungen bearb. 16. Hanau 826, Edler.

Klarin, Elisabeth, die wohlunterr. u. sich selbst lehrende Köchin, od. d. Kunst, in d. kürzesten Zeit ohne alle Vorkenntnisse auf d. vortheilhafteste Art billig u. schmackhaft kochen zu lernen. Nach vieljähr. Erfahr. bearb. 2. u. 3., verb. u. verm. Aufl. (18 u. 19 B. u. 1 Stndr.) 828, 31., 4., neu durchges. u. mit e. Anh. üb. homöopath. Kochkunst verm. A. (19¼ B. u. Titlkpfr.) 12. Hanau 835, Edler. à 12 Gr., fein P.

—— die wohlunterrichtete u. sich selbst lehr. Köchin rc. 5. u. 6. Aufl. Neu durchgeseh. u. mit e. Anh. üb. homöopath. Kochkunst rc. vermehrt. 12. (à 19¼ B., Titlkpfr. u. 2 lith. Bl.) Hanau 836, 40, Edler'sche Buchh. à

Klarin, Elisabetha, die wohlunterrichtete u. sich selbst lehrende Köchin. Nebst ein. Anhange: Vorschriften über das Serviren u. Tranchiren, sowie homöopathische Kochkunst. 8., verb. u. verm. Aufl. 8. (29 B., Titlkpfr. u. 2 Tab.) Hanau 845, Edler'sche Buchh.

—— die wohlunterrichtete und sich selbst lehrende Köchin oder die Kunst, in der kürzesten Zeit, ohne alle Vorkenntnisse, auf die vortheilhafteste Art billig und schmackhaft kochen zu lernen. Ein unentbehrl. Handbuch für Hausfrauen und Köchinnen. Mit 800 Speisezubereitungen rc. nebst einem Anhange: Vorschriften über das Serviren und Tranchiren sowie homöopath. Kochkunst. Nach vieljähr. Erfahrungen bearb. 9., unveränd. Aufl. gr. 16. (XXIV und 360 S. mit Titlkpfr. und 2 lithogr. Tab.) Hanau 851, Edler'sche Buchh.

—— die neue, schnelle u. billige Wäscherin. 8. (1 B. u. 1 Stnt.) Hanau 840, Edler'sche Buchh.

Klarke, C. C., s. Clarke.

Klarke, C. C., die hundert Wunder der Welt und der drey Naturreiche. Nach der 8ten Aufl. der engl. Urschrift v. Ch. H. Haumann. Mit 40 Kupfert. Sondershausen, Voigt. 821. Rthlr.

(Klarke, M. J.,) Geschichtskunde v. d. Regier. Friederichs d. Gr. rc., s. a. Geschichtskunde rc.
[Der Verf. kann a. a. Orte beigefügt werden.]
Vgl. Clarke.

Klarke, (M. J.,) Geschichtskunde v. d. Regier. Friedrich d. Großen bis auf unsere Zeit, od. v. J. 1740—1820. 16—96 Hft. 8. Frankfurt 827, Jäger. à 3½ gr.

Klarke, M. J., (Karl Keim) Geschichtskunde von der Regierung Friedrichs des Großen bis auf unsere Zeit, oder von dem Jahre 1740 bis zum Jahr 1830. 1r bis 8r Bd. 16—46 Hft. (oder 16—306 Hft.) Mit Steindr. 16. Frankf. 827—31. Jäger. (à 3½ gr) 4 ₰ 9 gr

Klarke, Rob., die Christiade, metrisch übers. von Aloys Kassian Walthierer. gr. 8. (XXII und 410 S.) Ingolstadt 853, Attenkover's Wwe. *

Klarmann, G., vaterländische Geschichte, s.: Froning, R.

Klarmann, J. Offiziers-Stammliste des bayer. Ingenieur-Korps. 1744—1894. Mit Abb. München 1896. 328 S.

Klarmann, Joh. Ludw., Geschichte der Familie v. Kalb auf Kalbsrieth. Mit besond. Rücksicht auf Charlotte v. Kalb u. ihre nächsten Angehörigen. Nach den Quellen bearb. gr. 8. (XII, 576 S. m. 15 Bildern u. Karten.) Erlangen 902. (F. Junge.) n. 10.—

Klarmann, J. L., der Steigerwald in der Vergangenheit, s.a. Sattler, Hans, Führer durch den Steigerwald.

Klarmann, Joh. Ludw., der Steigerwald in der Vergangenheit. Ein Beitrag zur fränk. Landeskunde. 2. verm. u. verb. Aufl. Mit 1 Titelbild, 12 Abbildgn. im Text u. 1 Karte. (XI, 229 S.) gr. 8. Gerolzhofen 909. Teutsch & Vollmuth. (Nur direkt.) Geb. in Leinw. 3. —

Klarmann, Ulr. Pastoraltheologie, s. Benger, Michael.

Klarner, Jos., das Volk steht auf: Es ruft: Heraus das gleiche Wahlrecht, s.: Lichtstrahlen. Nr. 11.

Klaerner, Christoph (Bernstadt/Schles.), De Galla Placidia Augusta. Disp. posterior. Präs. David Ruhnken. Wittbg. (Ephraim Gottlob Eichsfeld) Dez. 1743. 16 S. (4.50) 18156

Klärner, G. F., s. Bibliothek für Lehrer in Bürger- u. Landschulen, u. setze hinzu: (v. G. F. Klärner). 3 Bde.

Klärner, K., die Simultanschule des ehem. Herzogt. Nassau. Entstehung, Einrichtg., Vorteile u. Nachteile. (24 S.) 8. Wiesbaden (905). R. Bechtold & Co. n. — 50

Klärner, Curt, 80 Fensterchen. Lebensvolle Diktate f. das 6.—8. Schulj. (76 S.) kl. 8. Dresden 910. A. Huhle. — 90

— 100 Fensterchen. Lebensvolle Diktate f. das 1.—5. Schulj. 2. erweit. Aufl. (64 S.) 8. Ebd. 908. — 80

Klärung der Begriffe von Hajnalpír 1900. Budapest. In Comm. Nagel. Gr.-8°. 61 S. K 2.—

Fortschreitende **Klärung** in Sachen des Konzils u. seiner Gegner. Dai. 1871, gr. 8°. 102 S., 90 Pf. (Heft 12.)

Zur **Klärung** in der Weiterberatung über die Frage der Ausgestaltung des Deutschen Grosslogentages zu einem Allgemeinen deutschen Maurertag. Rundschreiben [der Loge zu den drei Bergen in Freiberg] zur Quartalsversammlung der Gr. Landesloge von Sachsen den 10. April 1892. 2 Bl. 4°. [Kopftit.]

Klarus, üb. künstliche Unfruchtbarkeit. Volkstümlich geschrieben. gr. 8. (8 S.) Mittweida 893. A. Leipner. n. — 40

Klarus, O. K. Ein Enterbter. Erzählg. 16. (40 S.) Stuttg. 891, Buchh. der Evangel. Gesellschaft. cart. * — 30

Klarus, O. K., ein hartes Herz, } s.: Immergrün.

— Herzen v. Stein. Ein Bild aus dem Sklavenhandel in Ostafrika. 12. (32 S. m. 2 Bildern) Ebd. 894. n. — 20

— In der Höhle d. Löwen, s. Immergrün.

— Wenn die Not am größten, s. Immergrün.

— wo liegt das Glück? Eine Erzählg. 12. (82 S.) Basel 894. Jaeger & Kober. n. — 40; geb. in Leinw. n. — 80

Clári Saga (**Klárússaga**), hrsg. von Gustaf Cederschiöld. Halle a. S.: M. Niemeyer 1907. (XXXVIII, 74 S.) 8°
— Saga-Bibliothek, Altnordische. II. 12. [07. 9886 3

Klarwasser, Kunz, Schauspiele. (Enthalt.: Das Mädchen von Andros. 12 Kr — Die Amazonen auf Lemnos. 12 Kr) 8. Fulda 823, 24. Müller. 1 Rth

Klarwasser, (C.,) Schauspiele. Enthalt.: das Mädchen v. Andros u. die Amazonen auf Lemnos. 8. Fulda 824, Müller.

Klary, oder die belohnte Rückkehr zur Tugend. 8. Leipz. ... Barth. 7 Kr

Klary oder die belohnte Rückkehr zur Tugend, eine Uebersetzung aus dem Franz. des Arnaud von F. L**r v. T***g. 8. 783. 8gl.

Klas, Meister, und sein Sohn Traugott Schester, eine Geschichte, die sich am Ende des vorigen Jahrhunderts zugetragen hat. Leipzig 1780. V: *Stutz, Johann Ernst.* (Ky) (ML) (GGr)

Klas, Meister, u. sein Sohn Traugott Schester; e. Gesch. aus d. vorigen Jahrhund. 2 Thle. 8. Lpz. Crusius. (W. Vogel.) 780.

Klas, Adf., die Dreiteilung u. Fünfteilung des Winkels auf dem Wege der elementaren Geometrie, allein m. Lineal u. Zirkel gelöst u. dargelegt. hoch 4. (14 S. m. 8 Taf.) Wiesbaden 900. H. Ferger. n. 1. 20

Klaes, Franciscus (geb. am 19 Nov. 1810 in Bonn): De hydrope lienis morbis producto ... Bonnae, typ. C. & F. Krüger (1842). 2 Bl., 42 S., 2 Bl. 8.
Bonn, Med. Fak., Diss. v. 15 Sept. 1842

Klaschka, Franz: Die Ideen Platos und die praktischen Ideen Herbarts. (Eine Parallele.) 8 (26 S.). (Schlufs.) (Umschlagtitel: Fortsetzung und Schlufs.) 8 (28 S.).
Progr. K. k. Staats-(Ober-)G. *Mies* 1897. 1898.

Klaschka, Franz: Katalog der Lehrerbibliothek des k. k. Staatsgymnasiums in Mies. Zusammengestellt von F. Kl. 8 (24 S.). Progr. K. k. Staats-Ober-G. *Mies* 1899.

Klaschka, Franz, u. Georg Schmidt: Katalog der Lehrerbibliothek des k. k. Staatsgymnasiums in Mies. T. [1—4]. Mies 1899—02. Mies, Staats-Ober-G., P. 1899—1902.

— Schülerkommentar zu Ciceros Cato Maior de senectute. 8. (86 S.) n. — 70; geb. in Leinw. n. 1. 10
Leipzig: Freytag 1900.

KLASCHKA, Franz
(F) Schülercommentar zu Ciceros Cato Maior de senectute. Von Dr. Franz Klaschka. Wien und Prag. 1900. Tempsky. 8°. 86 S. K —.80

Klaschka, Frz., Schüler-Kommentar zu C. Julii Caesaris commentarii de bello civili. 2 Hfte. 8. Leipzig 900. G. Freytag. à n. 1. —; geb. in Leinw. à n. 1. 40
1. I. u. II. Buch. (185 S. m. 2 Abb.) — 2. III. Buch. (156 S.)

KLASCHKA, Franz
(F) Schüler-Commentar zu C. Julii Caesaris commentarii de bello civili. Von Dr. Franz Klaschka. 1. Heft: 1. und 2. Buch. Mit 2 Abbildungen. 2. Heft: 3. Buch. Wien und Prag. 1900. Tempsky. 8°. 185 S. à K 1.20, geb. K 1.60

— Schülerkommentar zu Ciceros Laelius de amicitia. 8. (96 S.) n. —70; geb. in Leinw. n. 1. 10
Leipzig: Freytag 1900.

KLASCHKA, Franz
(F) Schülercommentar zu Ciceros Laelius de amicitia. Von Dr. Franz Klaschka. Wien und Prag. 1900. Tempsky. 8°. 96 S. K —.80

Klaschka Franz: Symbolae ad Platonis Convivium. II. 1895 PN 893 Diss. Wien, Univ 1527

Klasen, Frz., die Adventkapelle. Kanzelvorträge f. die Adventsonntage, Weihnachten u. Neujahr, geh. bei St. Ludwig in München. gr. 8. (III, 64 S.) Kempten 894. J. Kösel. n. 1. —

Klasen, Frz., die innere Entwicklung des Pelagianismus. Beitrag zur Dogmengeschichte. 8. (IV, 303 S.) Freiburg i/Br. 882. Herder. n. 4. 50

Klasen, Frz., Mariens Erdenglück. Maivorträge, geh. bei St. Ludwig in München. gr. 16. (IV, 88 S.) Regensburg 897. Nationale Verlagsanstalt. n. — 80

— Mariens Erdenglück. Maivorträge, geh. bei St. Ludwig in München. 2., verb. Aufl. gr. 16. (V, 88 S.) Regensburg 902. Verlagsanstalt vorm. G. J. Manz. n. — 40

Klasen, Frz., Friedrich der Freidige. Geschichtl. Drama in 5 Aufzügen. gr. 8. (VIII, 126 S.) München 900. J. J. Lentner. n. 1. 80

Klasen, Frz., der heilige Geist im Priestertume. Primiz-Predigt, geh. am 13. Juli 1890 bei St. Peter in München. gr. 8. (15 S.) München 890. Literar. Institut v. Dr. M. Huttler. n. — 30

— Gelegenheitsreden, s.: Kollner, A. E.

Klasen, Frz., s.: Jahrhundert, das zwanzigste.

—— Kanzelvorträge, geh. bei St. Ludwig zu München. 8. (III, 210 S.) Augsb. 890, Literar. Institut v. Huttler. * 3 —

—— Kanzelvorträge f. die Sonntage, geh. bei St. Ludwig in München. Neue Folge. 1. Heft: Von Ostern bis Pfingsten. gr. 8. (70 S.) Ebd. 891. * 1 20

— s.: Lichtstrahlen aus Dr. Franz Klasens Werken.

— Heinrich Raspe. Drama in 4 Aufzügen. 8. (VII, 102 S.) München 894. J. J. Lentner. n. 1. —

— Heinrich Raspe. Drama in 4 Aufzügen. 2., neu bearb. Aufl. 8. (VII, 111 S.) München 896. J. J. Lentner. n. 1. 50

— Heinrich Raspe. Drama in 4 Aufzügen. 3., neu bearb. Aufl. (Bühnenausg.) 8. (VII, 114 S.) München 900. J. J. Lentner. n. 1. 50

— der Sonntag. Predigten auf alle Sonntage des Kirchenjahres, nebst Jubiläums- u. Abschiedspredigt, geh. bei St. Ludwig in München. gr. 8. (VIII, 436 S.) Regensburg 901. Verlagsanstalt vorm. G. J. Manz. n. 6. 80

— der Sonntag. Predigten auf alle Sonntage des Kirchenjahres, nebst Jubiläums- u. Abschiedspredigt, geh. bei St. Ludwig in München. 2. Aufl. (VIII, 408 S.) gr. 8. Regensburg 907. Verlagsanstalt vorm. G. J. Manz. n. 6. 80

Klasen, Franz. Die alttestamentliche Weisheit und der Logos der jüdisch-alexandrinischen Philosophie auf historischer Grundlage in Vergleich gesetzt. Beitrag zur Christologie. Freiburg, Herder, 1878, gr. 8°, VIII, 87 S., 1,80 Mk.

— vier heilige Zeiten. Kanzelvorträge f. Advent, Fasten u. Osterzeit, Pfingsten u. Kirchweih), geh. bei St. Ludwig in München. gr. 8. (IV, 22[illegible] S.) Kempten 896. J. Kösel. 2. —; geb. in Halbfr. n.n. 3. 50

Klasen, Joh. Quam rationem Terentius in contaminatis quae dicuntur fabulis componendis secutus esse videatur. Pars I quae Adelphos complectitur. 21 S. Progr. Rheine 1881.

Klasen, Ioa., de Aeschyli et Sophoclis enuntiatorum relativorum usu. (Capita selecta.) Diss. gr. 8. (30 S.) Tubingae 895. (Leipzig, Buchhdlg. G. Fock.) n. 1. —

Klasen, Ludw., die Arbeiter-Wohnhäuser in ihrer baulichen Anlage u. Ausführung, sowie die Anlage v. Arbeiter-Kolonien, s.: Taschenbibliothek, deutsche bautechnische.

Klasen L., die Arbeiterwohnhäuser in ihrer baulichen Anlage u Ausführung, sowie die Anlage von Arbeiterkolonien. Leipzig 1879

Klasen, Ludw., Bau der Fabrikschornsteine u. statische Berechnung ihrer Stabilität nach den in Österreich u. Deutschland gegebenen Ministerialerlässen. Berechnung der Mündungsweite u. Höhe f. Fabrikschornsteine. (VIII, 32 S. m. 51 Abbildgn.) gr. 4. Wien 903. (Lehmann & Wentzel.) n. 3. —

Klasen L.: Bierbrauereien, Spiritusbrennereien, Stärke-, Dextrin, Traubenzucker- u. Sago-Fabriken. Handbuch f. Baubehörden . . . Leipz. U. A. (174) S. Fig. 4 Tvl. 4°.
(Grundriss-Vorbilder v. Gebäuden aller Art. Abth. XV Theil I).

Klasen, L.: Bierbrauereien, Spiritusbrennereien, Stärke-, Dextrin-, Traubenzucker- und Sago-Fabriken. Leipzig 1896

— die Blitzableiter in ihrer Construction u. Anlage. Zum Gebrauche für Baubehörden, Bauherren, Architekten etc. Mit 33 in den Text gedr. (Holzschn.-) Abbildungen. gr. 8. (IV, 75 S.) Leipzig 879. Baumgärtner. n. 2. —

Klasen, Ludw., d. Blitzableiter in ihrer Konstruktion u. Anlage. Zum Gebrauche f. Baubehörden, Feuerversicherungsanstalten, Bauherren, Architekten, Ingenieure, Baumeister, Bauunternehmer, Bauhandwerker, Schlosser, Kupferschmiede u. techn. Lehranst. M. 66 Fig. 2., verb. u. verm. Aufl. gr. 8. (V, 108 S.) Dresden 895. G. Kühtmann. n. 2. 80

Klasen, Ludw., die Entwässerungs-Anlagen in ihren Grundzügen dargestellt. gr. 8. (30 S. mit 15 eingedr. Holzschn.) Halle 874, Knapp's Verlag. *
Aus: Haarmann's Zeitschrift für Bauhandwerker, besonders abgedruckt.

Klasen, L., die Entwässerungs-Anlagen in ihren Grundzügen dargestellt. gr. 8. Halle 874. Leipzig, Spohr.

Klasen, Ludw., die Entwicklung der Elektrotechnik zu ihrer gegenwärt. Ausgestaltung. Für angeh. Elektrotechniker u. Jedermann, der sich e. klaren Einblick in die gegenwärt. Gestaltung der Starkstrom-Elektrotechnik verschaffen will. gr. 8. (V, 107 S. m. 62 Abb.) Wien 901. Spielhagen & Schurich. n 1.60

— graphische Ermittelung der Spannungen in den Hochbau- u. Brückenbau-Constructionen. Zum Gebrauche für Architekten u. Ingenieure, für Bau- u. Gewerbeschulen, f. Maurer- u. Zimmermeister, wie auch zum Selbstunterricht f. Bauhandwerker. Mit 199 (eingedr.) Holzschn. u. 6 lith. Taf. Lex.-8. (IV, 112 S.) Leipzig 878. Felix. n. 10. —

—— die Federvieh-Ställe in ihrer baulichen Anlage und inneren Einrichtung, s.a. Taschenbibliothek, deutsche bautechnische.

—— dass. — s.a. Taschenbibliothek, deutsche landwirthschaftliche.

Klasen, L.: Die Federvieh-Ställe in ihrer baulichen Anlage und inneren Einrichtung, sowie die vortheilhafteste Federvieh- oder Geflügelzucht. Leipzig 1880

— Grundriss-Vorbilder von Gebäuden aller Art. Handbuch für Baubehörden, Bauherren, Architekten, Ingenieure, Baumeister, Bauunternehmer, Bauhandwerker u. techn. Lehranstalten. Mit ca. 100 Taf. in Photolith. u. vielen in den Text gedr. Abbildungen. (In ca. 25 Lfgn.) 1—20. Lfg. gr. 4. (368 S. m. 70 Photolith.) Leipzig 879—82. Baumgärtner. à n. 3. —

Klasen, Ludw., Grundriss-Vorbilder v. Gebäuden aller Art. Handbuch f. Baubehörden, Bauherren, Architekten, Ingenieure, Baumeister, Bauunternehmer, Bauhandwerker u. techn. Lehranstalten. Mit üb. 100 Taf. in Photolith. u. vielen in den Text gedr. Abbildungen. 21—42. Lfg. gr. 4. (S. 367—944 m. 60 Photolith.) Leipzig 883—86. Baumgärtner. à n. 3. —

— dasselbe. 1—9. Abth. gr. 4. Ebend. 884—86. geb. n. 119. —

1. Wohn- u. Geschäftshäuser. Mit 109 Textfig. u. 32 Taf. in Photolith. (III, 128 S.) n. 24. —
2. Gasthäuser, Hôtels u. Restaurants. Mit 34 Textfig. u. 7 Taf. in Photolith. (S. 129—160.) n. 6. —
3. Schulgebäude. Mit 108 Textfig. u. 21 Taf. in Photolith. (S. 161—272.) n. 18. —
4. Gebäude f. Gesundheitspflege u. Heilanstalten. Mit 139 Textfig. u. 16 Taf. in Photolith. (S. 273—408.) n. 16. —
5. Viehmärkte, Schlachthöfe u. Markthallen. Mit 120 Textfiguren u. 9 Taf. in Photolith. (S. 409—492.) n. 10. —
6. Gebäude f. Handelszwecke. Mit 183 Textfig. u. 16 Taf. in Photolith. (S. 493—620.) n. 16. —
7. Gebäude f. Vereine, f. Concerte u. Vergnügungen. Mit 92 Textfig. u. 11 Taf. in Photolith. (S. 621—696.) n. 10. —
8. Wohlthätigkeitsanstalten. Mit 25 Textfig. u. 4 Taf. in Photolith. (S. 697—720.) n. 4. —
9. Gebäude f. Verwaltungszwecke. Mit 156 Textfig. u. 12 Taf. in Photolith. (S. 721—884.) n. 15. —

Klasen, L., Grundriss-Vorbilder v. Gebäuden aller Art. Handbuch für Baubehörden, Bauherren, Architekten, Ingenieure, Baumeister, Bauunternehmer, Bauhandwerker u. techn. Lehranstalten. Mit über 100 Taf. in Photolith. u. vielen Abbildgn.. 43.—65. Lfg. gr. 4. (S. 945—1800.) Leipzig 887—890. Baumgärtner. à Lfg. n. 3. —

— dasselbe. [Ausg. in Abthlgn.] 10.—13. Abthlg. gr. 4. Ebd. geb. n. 73. — (1—13.: n. 192.—)

10. Gebäude f. Kunst u. Wissenschaft. Mit 395 Textfig. u. 16 Taf. in Photolith. (S. 885—1144.) 887. n. 24. —
11. Gebäude f. kirchliche Zwecke. Mit 748 Textfig. u. 10 Taf. in Photolith. (S. 1145—1536.) 889. n. 28. —
12. Gebäude f. militärische Zwecke. Mit 213 Textfig. u. 6 Taf. in Photolith. (S. 1537—1632.) 889. n. 9. —
13. Gebäude f. Justizzwecke. Mit 261 Textfig. u. 4 Taf. in Photolith. (III u. S. 1633—1800.) 890. n. 12. —

Klasen, Ludw., Grundriss-Vorbilder v. Gebäuden aller Art. Handbuch f. Baubehörden, Bauherren, Architekten, Ingenieure, Baumeister, Bauunternehmer, Bauhandwerker u. techn. Lehranstalten. Mit üb. 100 Taf. in Photolith. u. mehreren Tausenden v. Fig. 66.—78. Lfg. gr. 4. (S. 1801—2376.) Leipzig 891-894. Baumgärtner. à n. 3. —

— dasselbe. 14. Abth. gr. 4. Ebd. 891. Geb. n. 18. — (1—14.: n. 210. —)

Gebäude f. die Zwecke der Land-, Garten- u. Forstwirthschaft. (III u. S. 1801—2048 m. 724 Textfig.)

— Grundriss-Vorbilder v. Gebäuden aller Art. Handbuch f. Baubehörden, Bauherren, Architekten, Ingenieure, Baumeister, Bauunternehmer, Bauhandwerker u. techn. Lehranst. M. üb. 100 Taf. in Photolith. u. mehr. Tausenden v. Fig. 79.—82. (Schluss-) Lfg. gr. 4. (S. 2377—2566.) Leipzig 895. Baumgärtner. à Lfg. n. 3. —

— dasselbe. 15. Abth. Industrielle Anlagen. 7 Thle. gr. 4. Ebd. 896. Geb. in Leinw. n. 36. — (kplt. geb.: n. 246. —)

1. Bierbrauereien, Spiritusbrennereien, Stärke-, Dextrin-, Traubenzucker- u. Sago-Fabriken. (III u. S. 2049—2122 m. 124 Fig. u. 4 Taf.) n. 5. —
2. Zucker-Fabriken, Zuckerwaaren-, Chocoladen- u. Cichorien-Fabriken. (III u. S. 2122—2154 m. 61 Fig. u. 2 Taf.) n. 3. —
3. Mühlen, Brot- u. Gebäck-Fabriken. (III u. S. 2154—2255 m. 270 Fig.) n. 6. —
4. Fabriken f. d. Metall-Industrie u. f. Maschinenbau. (III u. S. 2255—2368 m. 209 Fig. u. 2 Taf.) n. 8. —
5. Fabriken f. d. Thon-, Porcellan-, Kalk-, Cement- u. Glas-Industrie. (III u. S. 2368—2476 m. 192 Fig.) n. 6. —
6. Fabriken f. d. Textil-Industrie. (III u. S. 2477—2556 m. 152 Fig.) n. 5. —
7. Fabriken f. d. chem. Industrie. (III u. S. 2557—2596 m. 72 Fig.) n. 3. —

—— Handbuch der Fundirungs-Methoden im Hochbau, Brückenbau und Wasserbau. Zum Gebrauche für Architekten, Ingenieure, Baumeister etc. Lex.-8. (V, 176 S. mit 166 eingedr. Holzschn. und 6 lithogr. Taf.) Leipzig 879, Baumgärtner's Buchh. *

— Handbuch der Fundirungs-Methoden im Hochbau Brückenbau u. Wasserbau. Zum Gebrauche f. Baubehörden, Architekten, Ingenieure, Baumeister, Bauunternehmer u. techn. Lehranstalten. 2., stark verm. Aufl. Lex.-8. (VI, 326 S. m. 580 Abbildgn.) Ebd 896. n. 15. —

—— Handbuch der Hochbau-Constructionen in Eisen und anderen Metallen für Architekten, Ingenieure, Constructeure, Bau-Handwerker und techn. Lehranstalten. 1. und 2. Lfg. hoch 4. Leipzig 875, Engelmann. [1. Lfg. (VIII, S. 1—152 mit 315 eingedr. Holzschn. und 2 lithogr. Taf. in qu. Fol.) *ℳ 9.; 2. Lfg. (IV, S. 153—328 mit 345 eingedr. Holzschn. und 10 lithogr. Taf. in qu. Fol.) *ℳ 12.] *

—— Handbuch der Hochbau-Constructionen in Eisen und anderen Metallen. Für Architekten, Ingenieure, Constructeure, Bau-Handwerker und technische Lehranstalten. 3. (Schluss-)Lfg. gr. 4. (XII, S. 329—528 mit 334 eingedr. Holzschn. und 8 lithogr. Taf. in qu. Fol.) Leipzig 876, Engelmann. *

compl. cart. *

1. und 2. Lfg. Ebendas. 1875. *ℳ 21.

—— Handbuch der Holz- und Holzeisen-Constructionen des Hochbaues. Zum Gebrauche für Architekten und Ingenieure, für Bau- und Gewerbeschulen, für Zimmermeister, wie auch zum Selbstunterricht für Bauhandwerker. Lex.-8. (VI, 192 S. mit 322 eingedr. Holzschn. und 8 lithogr. Taf.) Leipzig 877, Felix. *

Klasen, Ludw., Landhäuser im Schweizerstil u. in ähnlichen Stilarten. Eine Sammlg. billig zu erbauender Familienhäuser f. e. od. zwei Familien. Zum Gebrauche f. Architekten, Baugewerksmeister, Bauunternehmer u. Bauschüler. 25 Taf. m. erläut. Text. gr. 4. (VIII S.) Leipzig 899. B. F. Voigt. In Mappe 7.50

—— der Schweinestall, s.a. Taschenbibliothek, deutsche bautechnische.

—— der Schweine-Stall in seiner baulichen Anlage und innern Einrichtung, s.a. Taschenbibliothek, deutsche landwirthschaftliche.

Klasen, L: Der Schweine-Stall in seiner baulichen Anlage und inneren Einrichtung, sowie die vortheilhafteste Schweinezucht und Schweinemastung. Leipzig 1879

Kläsi, Conrad, ehemal. Militärarzt in Niederl.-Indien (von Niederurnen, Kt. Glarus]: Anatomische Untersuchungen über das Entstehen des vesiculären Lungenemphysems. Mit einer Tafel. (S. A. aus: Virchow's Archiv f. pathol. Anatomie u. Physiologie, Bd 104 [S. 353–381]). Berl. (G. Reimer) 1886. 1 Bl., 29 S., Tafel IX.
Zürich. Med. Diss. [v. 16. Mai 1886].

Klasing, s.: Velhagen & Klasing.

Klasing, A., Naturgeschichte der deutschen Vögel. Mit besond. Berücksichtigung ihrer Haltung u. Wartung. Mit Bild. Bielefeld 1873. 8.

Klasing, August, bacc. iur. a. Bielefeld: Die rechtliche Stellung des Urhebers, der einen Verlagsvertrag abschließt. Leipzig: O. Wigand 1907. (89 S.) 8°
Leipzig, Jur. Fak., Diss. v. 30. Juli 1907
[Geb. 15. Juni 81 Bielefeld; Wohnort: Bielefeld; Staatsangeh.: Preußen; Vorbildung: Gymn. Bielefeld Reife Aug. 01; Studium: Straßburg 4, Leipzig 4 S.; Rig. 16. Mai 05.]

Klasing, C. L., s.: Grandauer's Gedenkbuch d. hamburgischen Amtes Ritzebüttel.

Klasing, H., welche Kirchenzucht ist schriftgemäß u. bindend für unsre Zeit? Eine exegetisch-philosoph. Frage, beantwortet. gr. 8. (2 B.) Bielefeld 844, Velhagen u. Klasing.

Klasing, Otto, das Buch der Sammlungen. Praktische Anleitg. zum Anlegen, Ordnen u. Erhalten aller Arten v. Sammlgn. [Schmetterlings-, Käfer-, Raupen-, Pflanzen-, Hölzer-, Schädel- u. Mineraliensammlgn., d. Aquariums, Terrariums. u. Insektariums,] überhaupt zur Unterstützg. naturwissenschaftl. Liebhabereien. Unter Mitwirkg. v. W. Cramer, C. Kloß u. A. f. die deutsche Jugend hrsg. gr. 8. (VIII, 179 S. m. eingedr. Holzschn. u. e. Holzschntaf.) Bielefeld 873. Velhagen & Klasing. geb. n. 3. —

— dasselbe. 2., wesentlich verm. u. verb. Aufl. gr. 8. (VIII, 448 S. m. e. Holzschntaf. u. eingedr. Holzschn.) Ebend. 875. geb. n. 5. —

Klasing, Otto, das Buch der Sammlungen. Praktische Anleitung zum Anlegen, Ordnen und Erhalten aller Arten von Sammlungen, überhaupt zur Unterstützung naturwissenschaftl. und geschichtswissenschaftl. Liebhabereien. Unter Mitwirkung bewährter Fachmänner für die deutsche Jugend hrsg. 3. durchgeseh. Aufl. gr. 8. (X, 387 S.) Bielefeld 878, Velhagen und Klasing. geb. *

Klasing, Otto, das Buch der Sammlungen. Praktische Anleitung zum Anlegen, Ordnen u. Erhalten aller Arten von Sammlungen, überhaupt zur Unterstützung naturwissenschaftlicher u. geschichtswissenschaftlicher Liebhabereien. Unter Mitwirkung bewährter Fachmänner für die deutsche Jugend hrsg. 4., unveränd. Aufl. gr. 8. (X, 406 S. mit eingedr. Holzschn. u. 1 Holzschntaf.) Bielefeld 883. Velhagen & Klasing. geb. n. 5. —

Klasing, O., das Buch der Sammlungen. Praktische Anleitg. zum Anlegen, Ordnen u. Erhalten aller Arten v. Sammlungen, überhaupt zur Unterstützung naturwissenschaftl. u. geschichtswissenschaftl. Liebhabereien. Unter Mitwirkg. bewährter Fachmänner f. die deutsche Jugend hrsg. 5., verm. Aufl. gr. 8. (X, 458 S. m. Abbildgn.) Bielefeld 890. Velhagen & Klasing. geb. n. 5. —

Klasing, Otto, das Buch der Sammlungen. Praktische Anleitg. zum Anlegen, Ordnen u. Erhalten aller Art v. naturwissenschaftl. u. geschichtswissenschaftl. Sammlgn. Unter Mitwirkg. v. Fachmännern hrsg. 6., völlig neubearb. Aufl. v. M. Kirmis. (XIV, 422 S. m. Abbildgn.) 8. Bielefeld 906. Velhagen & Klasing.
Geb. in Leinw. n. 6. —

— Naturgeschichte der deutschen Vögel. Mit besond. Berücksicht. ihrer Haltg. u. Wartg. Für junge und alte Freunde der Vogelwelt. Mit zahlreichen Abbildgn. (in eingedr. Holzschn u. e. Holzschntaf.) gr. 8. (IV, 253 S.) Ebend. 873. geb. n. 3. —

Klasmer, Samuel

Klasmer, Denkschrift üb. den gegenwärt. Stand des technischen Hochschulwesens in Preußen u. die damit zusammenhängenden Fragen, insbesondere üb. die technische Hochschule in Breslau. (70 S.) 4. Breslau 906. (Trewendt & Granier.) n. 2. —

Klason, Pet., Beiträge zur Konstitution der Platinbasen. (S. 185–199.) 8. Stockholm 904. Berlin, R. Friedländer & Sohn. n. — 70

— u. Tor Carlson, über die volumetrische Bestimmung v. organischen Sulfhydraten u. Thiosäuren. (6 S.) 8. Uppsala 906. (Berlin, R. Friedländer & Sohn.) n.n. — 60

— zur Darstellung v. Kaliumplatinchlorür. (S. 201 u. 202.) gr. 8. Ebd. 904. n. — 40

– u. Tor Carlson

— — Zur Kenntnis der organischen Nitrate. (5 S.) 8. Ebd. (907). nn — 60
2 Sonderabdr. a.: „Arkiv f. kemi, mineralogi och geologi."

— — zur Kenntnis der Thiolykolsäure. (9 S.) 8. Ebd. 906. n.n. — 60
4 Sonderabdr. a.: „Arkiv f. kemi, mineralogi och geologi".

Ueber die Constitution der Platinammoniakverbindungen von Peter **Klason.** *Stockholm 1903: P. A. Norstedt & söner.* (42 S.) 8°
— Handlingar, K. Svenska Vetenskaps-Akademiens. Bihang. Bd 28, Afd. 2, No 6. [03. 13736

BLOMSTRAND, C. W.
KLASON, P. Nekrolog auf C. W. B. Ber. d. chem. Ges., XXX, 3227. (1897.)

Über gemischte Platophosphinamminverbindungen von Peter **Klason** und J. Wanselin. *Stockholm 1903: P. A. Norstedt & söner.* (6 S.) 8°
— Handlingar, K. Svenska Vetenskaps-Akademiens. Bihang. Bd 28, Afd. 2, No 7. [03. 13737

Klason, Pet., n. **Tor Carlson,** über die alkalische Verseifung v. Alkylnitraten; e. Beitrag zur Konstitution der Salpetersäure. (11 S.) 8. Uppsala 908. (Berlin, R. Friedländer & Sohn.) nn — 60

Anleitung für die allgemeine Anweisung und die besondere Unterweisung der Doppelposten. Von [Felix] v. **Klaß,** weil. Major. Fortges. von [Maximilian] v. Loefen, Hauptm. 4. verb. u. verm. Aufl. *Berlin: Liebel 1903.* (23 S.) 8° [F.] [03. 6549

Anleitung für die allgemeine Anweisung und die besondere Unterweisung der Doppelposten. Von [Felix] v. **Klaß,** weil. Major. Fortges. von [Maximilian] v. Loefen, Hauptm. 5., verb. u. verm. Auflage. Berlin: Liebel 1906. (23 S.) 8° [F.] [07. 1483

Anleitung zur Ausbildung der Patrouillenführer der Infanterie. Von [Felix] v. **K[lass],** Hauptm. *Berlin: Liebel 1893.* (20 S.) 8° [F.] [01. 10263

Anleitung zur Ausbildung der Patrouillenführer der Infanterie. Von [Felix] v. **K[lass],** Hauptm. 2., verb. u. verm. Aufl. *Berlin: Liebel 1895.* (31 S.) 8° [F.] [01. 10264

Anleitung zur Ausbildung der Patrouillenführer der Infanterie. Von F[elix] v. **K[lass],** Major. 3., verb. u. verm. Aufl. *Berlin: Liebel 1898.* (35 S.) 8° [F.] [01. 10265

Anleitung zur Ausbildung der Patrouillenführer der Infanterie. Von [Felix] v. Klass, Major im Inf.Reg. No 24. 5., nach d. Felddienst-Ordn. von 1900 verb. u. verm. Aufl. *Berlin: Liebel 1901.* (34 S.) 8° [F.] [01. 8465

— Anleitung zur Ausbildung der Patrouillenführer der Infanterie. Fortgesetzt von v. Loesen. 6., verb. u. verm. Aufl. gr. 16. (34 S.) Ebd. 902. n. — 30

— Anleitung zur Ausbildung der Patrouillenführer der Infanterie. Fortgesetzt von v. Loesen. 7., verb. u. verm. Aufl. (35 S. m. 1 Fig.) kl. 8. Ebd. 906. n. — 30

Anleitung zur praktischen Instruktion der Doppelposten. Von [Felix] v. K[lass], Hauptm. *Berlin: Liebel 1891.* (23 S.) 8° [F.] [91. 10262

Anleitung fur die allgemeine und die besondere Unterweisung der Doppelposten. Von [Felix] v. Klass, Major im Inf.Reg. No 24. 3., nach d. Felddienst-Ordnung von 1900 verb. u. verm. Aufl. *Berlin: Liebel 1901.* (22 S.) 8° [F.] [01. 8460

Das Gewehr 98 und seine Munition, Behandlung und Reinigung. Für den Unterricht der Mannschaften. Ausgabe A, ohne Abb. Zugleich als Anhang zu 'Der gute Kamerad'. Ein Lern- u. Lesebuch f. d. Dienstunterricht des deutschen Infanteristen von v. Klass, Major. *Berlin: Liebel 1901.* (31 S.) 8° [F.] [01. 7387

Das Gewehr 98 und seine Munition, Behandlung und Reinigung. Für d. Unterricht d. Mannschaften. Mit 31 Abb. Zugleich als Anh. zu 'Der gute Kamerad' ... von [Felix] v. Klaß, weil. Major. *Berlin: Liebel 1902.* (40 S.) 8° [F.] [03. 13793

Klaß, v. Der gute Kamerad. Ein Lern- u. Lesebuch für den Dienstunterricht des deutschen Infanteristen. Mit Abb. 2. Aufl. Berlin 1896. 211 S.

— — 10. Aufl. <Ausgabe für Bayern, bearb. v. J. Kirchgeßner.> 1905.

[F.] Der gute Kamerad. E. Lern- u. Lesebuch f. d. Dienstunterricht d. deutschen Infant. v. v. Klass, Hauptm. ... M. zahlr. z. Th. farb. Abb. ... *Berlin: Liebel 1896.* (VIII, 200 S., 8 Taf.) 1 Bd 8. [95. 3 12

[F.] Der gute Kamerad. E. Lern- u. Lesebuch f. d. Dienstunterricht d. deutschen Infant. v. v. Klass, Major. M. zahlr. z. Th. farb. Abb. 2. verb. Aufl. ... *Berlin: Liebel 1897.* (VIII, 211 S., 8 Taf.) 1 Bd 8. [97. 5211

[F.] Der gute Kamerad. E. Lern- u. Lesebuch f. d. Dienstunterricht d. deutschen Infant. v. v. Klass, Major. M. zahlr. Abb. 2. verb. Aufl. Sonder-Ausg. f. Bayern ... *Berlin: Liebel 1897.* (VIII, 196 S.) 1 Bd 8. [97. 5212

[F.] Der gute Kamerad. E. Lern- u. Leseb. f. d. Dienstunterr. des deutschen Infanteristen v. v. Klass, Major. M. 4 farb. Taf. u. zahlr. Abb. 3. verb. Aufl. Ausg. f. Bayern ... (Nebst: Nachtrag ... D. Reinigg d. Gewehrs 88 auf Grund d. neuen Bestimmgn v. Sept. 1897.) *Berlin: Liebel 1898.* (VIII, 194, 77—87 S., 4 Taf.) 1 Bd 8. [98. 3448

[F.] Der gute Kamerad. E. Lern- u. Leseb. f. d. Dienstunterr. des deutschen Infanteristen v. v. Klass, Major. M. 8 farb. Taf. u. zahlr. Abb. 3. verb. Aufl. [Ausg. f. Preussen.] ... (M. Nachtrag: D. Reinigg d. Gewehrs 88 auf Grund d. neuen Bestimmgn v. Sept. 1897.) *Berlin: Liebel 1898.* (VIII, 214, 77 - 87 S., 8 Taf.) 1 Bd 8. [98. 3447

[F.] Der gute Kamerad. E. Lern- u. Leseb. f. d. Dienstunterr. des deutschen Infanteristen v. v. Klass, Major. M. 8 farb. Taf. u. zahlr. Abb. 3. verb. Aufl. Neudr. M. d. Aendergn z. Reinigg d. Gewehrs 88 v. Sept. 1897. Ausg. f. Sachsen ... *Berlin: Liebel 1898.* (VIII, 201, 8 S., 8 Taf.) 1 Bd 8. [98. 3449

— dasselbe. Ausg. f. Sachsen, bearb. v. Stegemann. 8. (VIII, 220 S. m. Abb. u. 8 farb. Taf.) Ebd. 898. n.n. — 60; geb. n.n. — 70

[F.] Der gute Kamerad. E. Lern- u. Leseb. f. d. Dienstunterr. des deutschen Infanteristen v. v. Klass, Major. M. 8 farb. Taf. u. zahlr. Abb. 3. verb. Aufl. (M. d. Aendergn z. Reinigg d. Gewehrs 88 v. Sept. 1897.) Ausg. f. Württemberg ... *Berlin: Liebel 1898.* (VIII, 221, 77—87 S., 1 Tab., 8 Taf.) 1 Bd 8. [98. 3450

Klaß, v., der gute Kamerad. Ein Lern- u. Lesebuch f. d. Dienstunterricht d. deutschen Infanteristen. M. 8 farb. Taf. u. zahlr. Abb. 4., verb. Aufl. 8. (VIII, 214 S.) Berlin 899. Liebel. n.n. — 50; geb. n.n. — 60
Ausg. f. Bayern (VIII, 194 S.) u. f. Württemberg (VIII, 221 S.) zu gleichen Preisen.

[F.] Der gute Kamerad. E. Lern- u. Leseb. f. d. Dienstunterr. des deutschen Infanteristen v. v. Klass, Major. M. 8 farb. Taf. u. zahlr. Abb. 4. (a. d. Umschl.: 5.) verb. Aufl. [Ausg. f. Preussen.] ... *Berlin: Liebel 1899.* (VIII, 216 S., 8 Taf.) 1 Bd 8. [99. 6664

[F.] Der gute Kamerad. E. Lern- u. Leseb. f. d. Dienstunterr. d. deutschen Infanteristen v. v. Klass, Major. M. 8 farb. Taf. u. zahlr. Abb. 4. verb. Aufl. Ausg. f. Sachsen, bearb. v. [Otto Christian Ludwig Viktor] Stegemann, Hauptm. ... im 12. Inf.-Reg. Nr. 177 ... *Berlin: Liebel 1899.* (VIII, 220 S., 8 Taf.) 1 Bd 8. [99. 6665

Der gute Kamerad. Ein Lern- u. Lesebuch f. d. Dienstunterr. d. deutschen Infanteristen von v. Klass, Major. Mit 4 farb. Taf. u. zahlr. Abb. 5. verb. Aufl. Ausg. f. Bayern bearb. von e. Kgl. Bayer. Kompagniechef. *Berlin: Liebel 1900.* (VIII, 204 S.) 8° [F.] [00. 11904

Der gute Kamerad. Ein Lern- u. Lesebuch f. d. Dienstunterr. d. deutschen Infanteristen von v. Klass, Major. Mit 8 farb. Taf. u. zahlr. Abb. [Ausg. f. Preussen.] 5. verb. Aufl. *Berlin: Liebel 1900.* (VIII, 216 S.) 8° [F.] [00. 11921

Der gute Kamerad. Ein Lern- u. Lesebuch f. d. Dienstunterr. d. deutschen Infanteristen von v. Klass, Major. Mit 8 farb. Taf. u. zahlr. Abb. 5. verb. Aufl. Ausg. f. Sachsen bearb. von Stegemann, vorm. Hauptm. im Inf.-Reg. Nr. 177. Weitergeführt von v. Zanthier, Leutn. im näml. Reg. *Berlin: Liebel 1900.* (VIII, 220 S.) 8° [F.] [00. 11925

Der gute Kamerad. Ein Lern- u. Lesebuch f. d. Dienstunterr. d. deutschen Infanteristen von v. Klass, Major ... Mit 8 farb. Taf. u. vielen Abb. 5. verb. Aufl. Ausg. f. Württemberg bearb. von Hummel, Hauptm. im Inf.-Reg. Nr. 121. *Berlin: Liebel 1900.* (VIII, 225 S.) 8° [F.] [00. 11926

Der gute Kamerad. Ein Lern- u. Leseb. f. d. Dienstunterr. d. deutschen Infanteristen von [Felix] v. Klass, Major im Inf.Reg. No 24. Mit Taf. u. Abb. 6. vollst. umgearb. Aufl. Ausg. f. Bayern bearb. von Kirchgessner, Hauptm. im Bayr. 7. Inf.Reg. *Berlin: Liebel 1901.* (VIII, 202 S.) 8° [F.] [01. 8465

Der gute Kamerad. Ein Lern- u. Leseb. f. d. Dienstunterr. d. deutschen Infanteristen von [Felix] v. Klass, Major im Inf.Reg. No 24. Mit Taf. u. Abb. 6. vollst. umgearb. Aufl. Ausg. f. Preussen. *Berlin: Liebel 1901.* (VIII, 212 S.) 8° [F.] [01. 8464

Der gute Kamerad. Ein Lern- u. Leseb. f. d. Dienstunterr. d. deutschen Infanteristen von [Felix] v. Klass, Major im Inf.Reg. No 24. Mit Taf. u. Abb. 6. vollst. umgearb. Aufl. Ausg. f. Sachsen, bearb. von [Otto Christian Ludwig Viktor] Stegemann, vorm. Hauptm. im Inf.Reg. No 177, weitergef. von v. Zanthier, Lt. im näml. Reg. *Berlin: Liebel 1901.* (VIII, 214 S.) 8° [F.] [01. 8466

Der gute Kamerad. Ein Lern- u. Leseb. f. d. Dienstunterr. d. deutschen Infanteristen von [Felix] v. Klass, Major im Inf.Reg. No 24. Mit Taf. u. Abb. 6. vollständ. umgearb. Aufl. Ausg. f. Württemberg bearb. von Hummel, Hauptm. im Inf.Reg. No 121. *Berlin: Liebel 1901.* (VIII, 220 S.) 8° [F.] [01. 8467

Der gute Kamerad. Ein Lern- u. Lesebuch f. d. Dienstunterr. d. deutschen Infanteristen von [Felix] v. Klass, weil. Major. Mit 6 Taf. u. zahlr. Abb. 7. vollst. umgearb. Aufl. Ausg. f. Bayern bearb. von Kirchgessner, Hauptm. *Berlin: Liebel 1902.* (VIII, 202 S.) 8° [F.] [illegible]

Der gute Kamerad. Ein Lern- u. Lesebuch f. d. Dienstunterr. d. deutschen Infanteristen von [Felix] v. Klass, weil. Major. Fortges. von [Maximilian] v. Loefen, Hauptm. Mit 10 Taf. u. zahlr. Abb. 7. vollst. umgearb. Aufl. Ausg. f. Preussen. *Berlin: Liebel 1902.* (VIII, 214 S.) 8° [F.] [illegible]

Der gute Kamerad. Ein Lern- u. Lesebuch f. d. Dienstunterr. d. deutschen Infanteristen von [Felix] v. Klass, weil. Major. Mit 10 Taf. u. zahlr. Abb. 7. vollst. umgearb. Aufl. Ausg. f. Sachsen, bearb. von [Otto Christian Ludwig Viktor] Stegemann, vorm. Hauptm. Weitergeführt von v. Zanthier, Leutn. *Berlin: Liebel 1902.* (VIII, 214 S.) 8° [F.] [illegible]

Der gute Kamerad. Ein Lern- u. Lesebuch f. d. Dienstunterr. d. deutschen Infanteristen von [Felix] v. Klass, weil. Major. Mit 10 Taf. u. zahlr. Abb. 7. vollst. umgearb. Aufl. Ausg. f. Württemberg, bearb. von Hummel, Hauptm. *Berlin: Liebel 1902.* (VIII, 223 S.) 8° [F.] [illegible]

Der gute Kamerad. Ein Lern- u. Lesebuch f. d. Dienstunterr. d. Pioniers d. Deutschen Heeres. Nach dem von Major [Felix] v. **Klaß** verf. 'Dienstunterr. d. deutschen Infanteristen' auf Veranlassung e. Pionier-Bat. bearb. Mit Taf. u. zahlr. Abb. Auf Grund d. neuen 'Gewehrreinigung 1902'... nebst d. 'Kriegsartikeln 1902'. Berlin: Liebel 1903. (Getr. Pag.) 8° [F.] [03. 3859

Der gute Kamerad. Ein Lern- und Lesebuch f. d. Dienstunter. d. deutschen Infanteristen von [Felix] v. **Klaß**, weil. Major. Umgearb. f. d. Marine-Infanterie von Reinhard, Oberlt. im II. Seebataillon. Mit Taf. u. zahlr. Abb. *Berlin: Liebel 1903.* (VIII, 323 S.) 8° [F.] [illegible]

Klaß, v., der gute Kamerad. Ein Lern- u. Lesebuch f. den Dienstunterricht des deutschen Infanteristen. 8. vollst. umgearb. Aufl. Auf Grund der neuen „Gewehrreinigg. 1902" u. der „Garnisondienstvorschrift 1902". Ausg. f. Bayern, bearb. v. Kirchgeßner. 8. (XV, 212 u. 7 S. m. Abbildgn. u. 5 farb. Taf.) Berlin 903. Liebel. Kart. n.n. — 65

Der gute Kamerad. Ein Lern- u. Lesebuch f. d. Dienstunterr. d. deutschen Infanteristen von [Felix] v. **Klaß**, weil. Major. Fortges. von [Maximilian] v. Loefen, Hauptm. Mit Taf. u. zahlr. Abb. 8. vollst. umgearb. Aufl. Auf Grund d. neuen 'Gewehrreinigung 1902' u. d. 'Garnisondienstvorschrift 1902'. Ausg. f. Preußen. *Berlin: Liebel 1903.* (VIII, 225 S.) 8° [F.] [illegible]

Der gute Kamerad. Ein Lern- u. Leseb. f. d. Dienstunterr. d. deutschen Infanteristen von [Felix] v. **Klaß**, weil. Major. Fortges. von [Maximilian] v. Loefen, Hauptm. Mit Taf. u. Abb. 9. vollst. umgearb. Aufl. Ausg. mit Gewehr 98. Auf Grund d. neuen 'Kriegsartikel 1902' — Ausg. f. Preußen. *Berlin: Liebel 1903.* (V, 225 S.) 8° [F.] [illegible]

Der gute Kamerad. Ein Lern- u. Lesebuch f. d. Dienstunterr. d. deutschen Infanteristen von [Felix] v. **Klaß**, weil. Major. Mit Taf. u. zahlr. Abb. 8. vollst. umgearb. Aufl. Auf Grund d. neuen 'Gewehrreinigung 1902' u. d. 'Garnisondienstvorschrift 1902'. Ausg. f. Sachsen, bearb. von [Otto Christian Ludwig Viktor] Stegemann, Hauptm. Weitergeführt von v. Zanthier, Oberlt. *Berlin: Liebel 1903.* (VIII, 227 S.) 8° [F.] [03. 6314

Der gute Kamerad. Ein Lern- u. Lesebuch f. d. Dienstunterr. d. deutschen Infanteristen von [Felix] v. **Klaß**, weil. Major. Mit Taf. u. zahlr. Abb. 8. vollst. umgearb. Aufl. Auf Grund d. neuen 'Gewehrreinigung 1902' u. d. 'Garnisondienstvorschrift 1902'. Ausg. f. Württemberg, bearb. von Nick, Hauptm. *Berlin: Liebel 1903.* (VIII, 235 S.) 8° [F.] [03. 6315

— dasselbe. Ausg. f. Württemberg, bearb. v. Nick. 8. (VIII, 235 S. m. Abb. u. 8 farb. Taf.) Ebd. 903. Kart. n.n. — 65
Die früh. Ausg. sind v. Hummel bearb.

Der gute Kamerad. Ein Lern- u. Lesebuch f. d. Dienstunterr. d. Pioniers d. Deutschen Heeres. Nach dem von Major [Felix] v. **Klaß** verf. 'Dienstunterricht d. deutschen Infanteristen' bearb. auf Veranl. d. 2. Lothring. Pionier-Bat. Nr. 20. Mit Taf. u. zahlr. Abb. Berlin: Liebel 1904. (XV, 228, XII S.) 8° [F.] [05. 818

Der gute Kamerad. Ein Lern- u. Lesebuch f. d. Dienstunterr. d. deutschen Infanteristen von [Felix] v. **Klaß**, Major. Umgearb. f. d. Marine-Inf. von Reinhard, Oberlt. im 2. Seebataillon. 2. verb. Aufl. Mit Taf. u. zahlr. Abb. Berlin: Liebel 1904. (V, 323 S.) 8° [F.] [05. 815

Der gute Kamerad. Ein Lern- u. Lesebuch f. d. Dienstunterr. d. deutschen Infanteristen von [Felix] v. **Klaß**, weil. Major. Mit Taf. u. zahlr. Abb. 9. vollst. umgearb. Aufl. Ausg. mit Gewehr 98. Ausg. f. Sachsen. Bearb. von [Otto Christian Ludwig Viktor] Stegemann, weitergeführt von [Hans Chrstf. Heinr. Lätare] v. Zanthier, Oberlt. Berlin: Liebel 1904. (XV, 229 S.) 8° [F.] [05. 816

Der gute Kamerad. Ein Lern- u. Lesebuch f. d. Dienstunterr. d. deutschen Infanteristen von [Felix] v. **Klaß**, weil. Major. Mit Taf. u. zahlr. Abb. 9. verb. Aufl. Ausg. f. Württemberg bearb. von Nick, Hauptm. im Inf. Rgt Nr. 121. Berlin: Liebel 1904. (XV, 235 S.) 8° [F.] [05. 817

Der gute Kamerad. Ein Lern- u. Lesebuch f. d. Dienstunterr. d. Pioniers d. Deutschen Heeres. Nach dem von Major [Felix] v. **Klaß** verf. 'Dienstunterricht d. deutschen Infanteristen' bearb. auf Veranlassung d. 2. Lothring. Pionier-Bat. Nr. 20. 4. verb. Aufl. Mit Taf. u. zahlr. Abb. Berlin: Liebel 1906. (Getr. Pag.) 8° [F.] [07. 1489

Der gute Kamerad. Ein Lern- u. Lesebuch f. d. Dienstunterr. d. deutschen Infanteristen von [Felix] v. **Klaß**, weil. Major. Fortges. von [Maximilian] v. Loefen, Hauptm. Mit Taf. u. zahlr. Abb. 11. verb. Aufl. (Mit Anh.: Das Gewehr 88.) Berlin: Liebel 1906. (XVI, 168, 38 S.) 8° [F.] [06. 6004

Der gute Kamerad. Ein Lern- u. Lesebuch f. d. Dienstunterr. d. deutschen Infanteristen von [Felix] v. **Klaß**, weil. Major. Fortges. von [Maximilian] v. Loefen, Hauptm. Mit Taf. u. zahlr. Abb. 11. verb. Aufl. (Mit Anh.: Das Gewehr 98.) Berlin: Liebel 1906. (XVI, 168, 38 S.) 8° [F.] [06. 6005

Der gute Kamerad. Ein Lern- u. Lesebuch f. d. Dienstunterr. d. deutschen Infanteristen von [Felix] v. **Klaß**, weil. Major. Mit Taf. u. zahlr. Abb. 11. verb. Aufl. Ausg. f. Bayern, bearb. von Brunner, Hauptm. im Bayr. 7. Inf.Rgt. (Mit Anh.: Das Gewehr 98.) Berlin: Liebel 1906. (XVI, 160, 38 S.) 8° [F.] [06. 6006

Der gute Kamerad. Ein Lern- u. Lesebuch f. d. Dienstunterr. d. deutschen Infanteristen von [Felix] v. **Klaß**, weil. Major. Mit Taf. u. zahlr. Abb. 11. verb. Aufl. Ausg. f. Sachsen. Bearb. von [Otto Christian Ludwig Viktor] Stegemann, vorm. Hauptm. Weitergeführt von [Hans Chrstf. Heinr. Lätare] v. Zanthier, Oberlt. (Mit Anh.: Das Gewehr 98.) Berlin: Liebel 1906. (XVI, 167, 38 S.) 8° [F.] [06. 6007

Der gute Kamerad. Ein Lern- u. Lesebuch f. d. Dienstunterr. d. deutschen Infanteristen von [Felix] v. **Klaß**, weil. Major. Mit Taf. u. zahlr. Abb. 11. verb. Aufl. Ausg. f. Württemberg bearb. von Nick, Hauptm. im Inf.Rgt Nr. 121. (Mit Anh.: Das Gewehr 88.) Berlin: Liebel 1906. (XVI, 176, 38 S.) 8° [F.] [06. 6008

— der gute Kamerad. Ein Lern- u. Lesebuch f. den Dienstunterricht des deutschen Infanteristen. Fortgesetzt von v. Loefen. Mit farb. Taf. u. zahlreichen Abbildgn. 12. verb. Aufl. (XVI, 232 S.) 8. Ebd. 907. n.n. — 55; kart. n.n. — 66

Klaß, v., der gute Kamerad. Ein Lern- u. Lesebuch f. den Dienstunterricht des deutschen Infanteristen. Fortgesetzt von v. Loefen. Mit farb. Taf. u. zahlreichen Abbildgn. 12. verb. Aufl. Ausg. f. Bayern, bearb. v. Brunner. (XVI, 217 S.) 8. Berlin 907. Liebel. Kart. n.n. — 70

Der gute Kamerad. Ein Lern- u. Lesebuch f. d. Dienstunterr. d. deutschen Infant. von [Felix] v. **Klaß**, weil. Major. Mit Taf. u. zahlr. Abb. 12. verb. Aufl. Ausg. f. Sachsen. Bearb. von [Otto Christian Ludwig Viktor] Stegemann, vormals Hauptm. Weitergeführt von [Hans Christ. Heinrich Lätare] v. Zanthier, Oberlt. Berlin: Liebel 1907. (XV, 224 S.) 8° [F.] [07. 1487

Der gute Kamerad. Ein Lern- u. Lesebuch f. d. Dienstunterr. d. deutschen Infant. von [Felix] v. **Klaß**, weil. Major. Mit Taf. u. zahlr. Abb. 12. verb. Aufl. Ausg. f. Württemberg, bearb. von [K.] Nick, Hauptm. in Stuttgart. Berlin: Liebel 1907. (XVI, 232 S.) 8° [F.] [07. 1488

— dasselbe f. den Dienstunterricht des Pioniers des deutschen Heeres. Nach dem „Dienstunterricht des deutschen Infanteristen" bearb. auf Veranlassg. des 2. lothring. Pionier-Bataillons Nr. 20. 5. verb. Aufl. Mit farb. Taf. u. zahlreichen Abbildgn. (XV, 232 u. XV S.) 8. Ebd. 907. Kart. n.n. — 65

Klaß, v., der gute Kamerad. Ein Lern- u. Lesebuch f. den Dienstunterricht des deutschen Infanteristen. Fortgesetzt von v. Loefen. Mit farb. Taf. u. zahlreichen Abbildgn. 13. verb. Aufl. (XVI, 232 S.) 8. Berlin 908. Liebel. — 60; kart. n — 70

— dasselbe. 13. verb. Aufl. Ausg. f. Bayern, bearb. v. Brunner. (XVI, 216 S.) 8. Ebd. 908. Kart. nn — 70

— dasselbe. 13. verb. Aufl. Ausg. f. Württemberg, bearb. v. Nick. (XVI, 232 u. VIII S.) 8. Ebd. 908. Kart. nn — 70

— dasselbe. Umgearb. f. die Marineinfanterie v. Reinhard. Fortgeführt von v. Sierakowski. 4. verb. u. verm. Aufl. (XVI, 310 S. m. eingedr. Kartenskizzen.) 8. Ebd. 908. Kart. nn 1. —

dasselbe f. den Dienstunterricht des Pioniers des deutschen Heeres. Nach dem „Dienstunterricht des deutschen Infanteristen“ bearb. auf Veranlassg. des 2. lothring. Pionier-Bataillons Nr. 20. 6. verb. Aufl. Mit farb. Taf. u. zahlr. Abbildgn. (XVI, 232 u. XII S.) 8. Ebd. 908. Kart. nn —.70

— dasselbe. 15. verb. Aufl. Ausg. f. Sachsen. Bearb. v. Stegemann. Weitergeführt von Eckhardt. (XVI, 224 S.) 8. Ebd. 910. Kart. p nn — 70

[F.] Wie lernt man instruiren? E. Anleitg f. d. Betrieb des Dienstunterr. F. Offiziere u. Unteroffiziere vf. v. v. **Klass**, Major. Zugl. als Schlüssel f. d. Lehrer zu: D. gute Kamerad. E. Lern- u. Leseb. f. d. Dienstunterr. d. deutschen Infanteristen. *Berlin: Liebel 1896.* (VIII, 188 S.) 1 Bd 8. [illegible]

— **wie lernt man instruiren?** Eine Anleitg. f. den Betrieb des Dienstunterrichts. Für Offiziere u. Unteroffiziere verf. 2. vollst. umgearb. Aufl. Zugleich als Schlüssel f. den Lehrer zu: Der gute Kamerad, e. Lern- u. Lesebuch f. den Dienstunterricht. 12. (VII, 86 S.) Ebd. 900. n. 1.—

(Klaß, Frz. Xaver,) die Elemente der deutschen Sprache, s. Elemente.

(——) Leitfaden z. Unterrichte in der Geographie in d. deutschen Schulen. 6. Aufl. gr. 8. (2 B.) München 843. (Finsterlin.)*

Klaß, Frz. Xav., Leitfaden zum Unterrichte in der Geographie für deutsche Schulen. 22., verb. Aufl. gr. 8. (67 S.) München 867, Weiß. *

(——) erstes Lesebüchlein. I. Abthl. Leseunterricht z. Gebr. der I. Vorbereitungs-Abtheilung in d. Schulen von München. 8. (2 B. u. 2 Zahlen-Tabellen.) München 844. (Finsterlin.)*

Klaß, Frz. Xaver, Sammlung zwei u. dreistimmiger Lieder nebst einer kurzen Uebersicht der wichtigsten musikal. Zeichen u. Tonverbindungen zum Gebrauche bei dem Gesangunterrichte in den deutschen Schulen. 5. verm. Aufl. gr. 8. München 844. (Finsterlin.) n. 1/4 ₰

Klaß, Frz. Xaver, Sammlung zwei- und dreistimmiger Schul-Lieder nach den verschied. Tonarten geordnet mit dem Nothwendigsten aus der Theorie der Singkunst. Zum Gebrauche bei dem Gesangunterrichte in den deutschen Schulen. 8., verm. Aufl. gr. 8. (96 S.) München 851, (Finsterlin.) *

(——) Sprachbüchlein f. die zweite Vorbereitungs-Abtheilung. gr. 8. (1 B.) München 843. (Finsterlin.)

—— deutsche Sprachlehre, z. Gebrauch in den deutschen Schulen. 4., verb. Aufl. gr. 8. (8 B.) München 843. (Finsterlin.)*

Klaß, [Heinrich] von, Regierungsrefer.: Begründen Staatsverträge über die Herstellung von Eisenbahnverbindungen völkerrechtliche Servituten? Greifswald 1909: Abel. 56 S. 8°
Greifswald, Jur. Diss. v. 26. Okt. 1909, Ref. Hubrich
[Geb. 23. April 85 Ols; Wohnort: Oppeln; Staatsangeh.: Preußen; Vorbildung: Gymn. Potsdam Reife M. 03; Studium: Lausanne 2, Berlin 1, Greifswald 4 S.; Rig. 19. Juli 07.] [illegible]

Klassen, die gefährlichen, Wiens. Darstellung ihres Entstehens, ihrer Verbindungen, ihrer Taktik, ihrer Sitten und Gewohnheiten und ihrer Sprache. Mit belehrenden Winken über Gaunerkniffe und einem Wörterbuche der Gaunersprache (von Rud. Fröhlich.) 8. (VIII und 216 S.) Wien 851, Wenedikt.

Klassen (Die gefährlichen) Wiens. Mit einem Wörterbuch der Gaunersprache. 8°. Wien 1857.

Klassen L, Handbuch der Fundierungsmethoden. 2. Auflage. (326 S) Leipzig 1895

Klassenbuch u. Leitfaden f. den Sonntagsschullehrer. Gesammelt aus d. besten Werken üb. d. Sonntagsschul-Unterricht. 2. Aufl. 8. (19 S.) Hamburg 895. Cassel, Verlagshaus d. deutsch. Baptisten, J. G. Oncken Nachf. n.n. — 15

Klassen-Eintheilung d. deutschen Exportmusterlagers zu Berlin, s. a. Jannasch, R., das deutsche Exportmusterlager zu Berlin 8.

Klassen-Eintheilung des Deutschen Exportmusterlagers zu Berlin S. Dresdenerstr. 34/35 Luisenhof. *Berlin: Komm.-Verl. H. Walter: Gedr. bei Pass & Garleb 1897.* (XXXI S., 1 Taf.) 1 Bd 8. [illegible]

Klasseneintheilung der Orte. [Ausg. durch Gesetz vom 28. Mai 1887, Reichsgesetzblatt Nr. 15.] 8. (49 S.) Berlin 887, Mittler und Sohn. ** — 30

Klassenkampf. (Fragen, Soziale 1) Bremen 1878

Klassenkampf (Aus dem). Soziale Gedichte. Hrsg. von Eduard Fuchs, Karl Kaiser, Ernst Klaar. 8°. München, M. Ernst, 1894.

Klassenkampf, der, des Proletariats. Von Parvus. 6 Hefte. 8. Berlin, Buchh. Vorwärts. 1.40; bessere Ausg. in 1 Bde. 3.—; geb. n 3.50

1. Der gewerkschaftliche Kampf. (20 S.) 908. — 15
2. Die kapitalistische Produktion u. das Proletariat. (46 S.) 908. — 30
3. Die Sozialdemokratie u. der Parlamentarismus. (39 S.) 908. — 25
4. Der Sozialismus u. die soziale Revolution. (39 S.) 910. — 25
5. Die Arbeiterschaft u. das Unternehmertum. Tatsachen u. Zahlen zum proletar. Klassenkampf. (40 S.) 910. — 25
6. Der Ideenkampf gegen den Sozialismus. (27 S.) 910. — 20

Der **Klassenkampf** im Ruhrrevier: Kapitalisten und Arbeiter. – Der Streik, die Parteien und die Regierung. Berlin, 1905. 47 S.

Klassenkampf, der, im Ruhrrevier, s. a. Agitations-Bibliothek, sozialdemokratische. Nr. III.

Der **Klassenkampf** im Ruhrrevier. Berlin: Vorwärts 1905. (48 S.) 8° [F.]
= **Agitations-Bibliothek**, Sozialdemokratische. 3. [illegible]

[F.] **Klassenlektüre.** Sammlung v. Erzählgn u. Schildergn a. d. Gesch., Geographie, Naturkunde etc. Ausgew. f. e. planmässige Massenlektüre. Bd 1. 2. *Breslau: F. Goerlich [1896].* 8. [illegible]

Klassensteuergesetz, d. Preuß., nebst d. hinzugekomm. Ergänzungen, Declarationen, Instructionen 2c. 8. (2¼ B. u. 2 B. Tab.) Quedlinburg 829, Basse.

Klassenverlesung, Die öffentliche feierliche — am Schlusse des Schuljahres 1854—1855 an der k. k. Landstraßer Ober-Realschule in Wien. Wien. Gedr. bei A. Schweiger. (14 S. 8.)

Klassenverzeichnis der niederländischen Fabrik- und Handelsmarken. 's Gravenhage 1893

Klassert, Adam, d. Amazonas, s.: Schütz-Holzhausen, Damian Frhr. v.

Klassert, Adam: Mitteilungen über die Michelstädter Kirchenbibliothek. 20 S. 4. 12 S. 4.
Progr. Großh. Realschule *Michelstadt* 1902 (724). 1905 (781).
1902: [Rückblick auf die Geschichte der Bibl., Zusammenstellung der Handschriften, Erstlingsdrucke u. einiger anderer interessanten Werke.] 1905: I. Vom Zutrinken. Ein Beitrag zur Mäßigkeitsbewegung im 16. Jahrhundert. II. Nachträge zu den 1902 veröffentlichten Mitteilungen über die Michelstädter Kirchenbibliothek.

Klassert, Adam: **Mitteilungen über die Michelstädter Kirchenbibliothek.** *(Michelstadt 1902: G. D. Trautner.)* (20 S.) 4° [Kopft.] [F.]
Michelstadt, großh. R, OP 1902 (724)

Klassert, Adam: Mitteilungen aus der Michelstädter Kirchenbibliothek. (Beerfelden 1905: S. Reis.) (12 S.) 4° [F.]
Michelstadt, großh. R OP 1905 (781)

Klassert, *Jakob:* **Die Musik als Erziehungsmittel u. ihre ethische Wirkg überhaupt. (Th. 1.) Mainz, Druck v. H. Prickarts,** 1896; 28 S. 4.
Mainz, grossh. G, P 1896 (648)

Klassert, M., s.: Bericht üb. die Nahrungsmittelkontrolle in Hamburg.

Klassert, Martin, aus Bensheim, Grh. Hessen, 1. Assist. an d. Agrikulturchem. Versuchsstation zu Köslin: **Kritische Studien über die Bestimmung der Phosphorsäure als Magnesiumpyrophosphat bezw. Magnesiumammoniumphosphat.** *Marburg [1903]: C. G. Hendeß, Köslin.* (41 S.) 8°
Marburg, Phil. Diss. v. [21. Apr.] 1903

Klassifikation, die, der Gläubiger im Konkurse, nach den Peuß. Gesetzen dargest. in alphabet. Ordnung. Zum Handgebrauch für Richter, Sachwalter u. alle Diejenigen, welche Forderungen bei Konkursen geltend zu machen haben. gr. 8. Glogau 834. Flemming. 1/3 ₰

Klassifikation der Schüler an der k. k. Unterreal- und Kreishauptschule zu Tarnow am Ende des zweiten Semesters 1855. Tarnow. k. k. priv. Buchdruckerei des A. Rusinowsky. (4 Bl. 4)

Klassiker, s. a.: Classiker.

Klassiker des Altertums. I. Reihe. Ausgewählt u. hrsg. v. Heinr. Conrad. 1. u. 2. Bd. 8. München, G. Müller. Subskr.-Pr. à 4.—; geb. in Halbleinw. à 6.—; Luxusausg. à 16.—; Einzelpr. à 5.—; geb. à 7.50
Plutarch, vermischte Schriften. Mit Anmerkgn. Nach der Übersetzg. v. Kaltwasser vollständig hrsg. 1. Bd. Tischgespräche. (XII, 374 S.) 911. (Bd. 1.)
– dasselbe. 2. Bd. Über die Liebe, Schwatzhaftigkeit; das Gastmahl der sieben Weisen. (V, 358 S.) 911. (Bd. 2.)

— die ausländischen, erläutert u. gewürdigt f. höhere Lehranstalten sowie zum Selbststudium v. Peter Hau, Heinr. Wolf u. einigen Mitarbeitern. 1.—5. Bdchn. 8. Leipzig, H. Bredt. à n. 1.—; geb. à n.n. 1.30
1. Shakespeares Macbeth. Von. Pet. Hau. (120 S.) 903.
2. Homers Odyssee. Von Heinr. Wolf. (118 S.) 904.
3. Homers Ilias. Von Heinr. Wolf. (154 S.) 905.
4. Shakespeares König Richard III. Von Ernst Wasserzieher. (86 S.) 904.
5. Shakespeares Hamlet. Von Adf. Genius. (141 S.) 904.

— die ausländischen, erläutert u. gewürdigt f. höh Lehranstalten sowie zum Selbststudium v. Pet. Hau, Heinr. Wolf u. einigen Mitarbeitern. 1. u. 6.—10. Bdchn. 8. Leipzig, H. Bredt. 9.25; geb. n 11.35
Aeschylos' Prometheus-Trilogie, übers. v. Donner. Neu bearb. u. m. Erläutergn. versehen v. Heinr. Wolf. (112 S. m. 2 Fig.) 907. (7. Bdchn.) 1.25; geb. n 1.55
Euripides' Medea, übers. v. Donner. Neu bearb. u. m. Erläutergn. versehen v. Heinr. Wolf. (109 S.) 907. (8. Bdchn.) 1.25; geb. n 1.55
Hau, Pet., Shakespeares Julius Cäsar, erläutert u. gewürdigt f. höhere Lehranstalten u. zum Selbststudium. (IX, 105 S.) 907. (6. Bdchn.) 1.—; geb. n 1.30
Wasserzieher, Ernst, Shakespeares Coriolan. (120 S.) 907. (9. Bdchn.) 1.25; geb. n 1.55
Wolf, Ödipus u. sein Geschlecht. 5 Tragödien v. Äschylos, Sophokles u. Euripides, übers. v. Donner. 1. Tl. Text. (VIII, 334 S. m. 1 Karte.) 907. (1. Bdchn.) 3.—; geb. 3.60
— dasselbe. 2. Tl.: Erläuterungen. (112 S.) 908. (10. Bdchn.) 1.50; geb. n 1.80

Klassiker, d. deutschen, erläut. u. gewürd. f. höh. Lehranst., sow. z. Selbststudium v. E. Kuenen, M. Evers u. einig. Mitarbeitern. 2., 3. u. 11.—16. Bdchn. 8. Leipzig, H. Bredt. n. 8.40
2. Schillers Jungfrau v. Orleans v. Ed. Kuenen. 3., verb. Aufl. (92 S.) 896. n. 1.—
3. Lessings Minna v. Barnhelm. Von Ed. Kuenen. 3. Aufl. (87 S.) 897. n. 1.—; geb. n.n. 1.30
11. Goethe's Egmont v. Frdr. Vollmer. (114 S.) 895. n. 1.—
12. Gustav Freytags Fabier, erläutert u. gewürdigt v. R. Foß. (VI, 130 S.) 896. n. 1.40
13. Schillers Wallenstein. Von M. Evers. 3. Hft. (VIII, 91 S.) 897. n. 1.—; geb. n.n. 1.30
14. Goethes Götz v. Berlichingen. Von Fr. Vollmer. (VII, 123 S.) 897. n. 1.—; geb. n.n. 1.30
15. Goethes Torquato Tasso. Von Frdr. Vollmer. (VII, 104 S.) 899. n. 1.—; geb. n.n. 1.30
16. Uhlands Ernst, Herzog v. Schwaben. Von E. Henniges. (V, 122 S.) 899. n. 1.—; geb. n.n. 1.30

Klassiker, die deutschen, erläutert u. gewürdigt f. höhere Lehranstalten, sowie zum Selbststudium v. E. Kuenen, M. Evers u. einigen Mitarbeitern. 1., 2., 4.—10., 17.—20. u. 22. Bdchn. 8. Leipzig, H. Bredt. n. 16.45
1. Schillers Wilhelm Tell. Von Eduard Kuenen. 6. Aufl. Mit e. Karte der Örtlichkeit. (122 S.) 902. n. 1.—; geb. n.n. 1.30
2. Schillers Jungfrau v. Orleans. Von Ed. Kuenen. 4. Aufl. (95 S.) 901. n. 1.—
4. Goethes Hermann u. Dorothea. Von Ed. Kuenen. 4. verb. Aufl. (VII, 123 S.) 899. n. 1.—; geb. n.n. 1.30
5. Goethes Iphigenie auf Tauris. Von M. Evers. 2., verb. u. bereicherte Aufl. (X, 226 S.) 899. n. 1.40; geb. n.n. 1.90
6. Schillers Maria Stuart. Von Ed. Kuenen. 2. verb. Aufl. (125 S.) 900. n. 1.—
7. Schillers Wallenstein. Von M. Evers. 1. Hft. 2., verb. u. bereicherte Aufl. (240 S.) 900. n. 1.50
8. Dasselbe. 2. Hft. 2. verb. u. durch fortlauf. Sacherklärg. verm. Aufl. (196 S. m. Fig.) 899. n. 1.25; geb. n.n. 1.60
9. Schiller's „Glocke". Neue Textausg. m. veranschaulich. Erklärg., eingeh. Erläuterg. u. umfass. Würdigg. v. M. Evers. 2. verb. Aufl. (240 S.) 902. n. 1.50; geb. n. 1.90
10. Das Nibelungenlied. Von Frdr. Vollmer. 2., neu bearb. u. erweit. Aufl. v. Hans Vollmer. (153 S.) 902. n. 1.25; geb. n.n. 1.55
17. Lessings Nathan der Weise. Von Rud. Peters. (VII, 130 S.) (900). n. 1.—
18. Lessings Emilia Galotti. Von L. Volkmann. (VII, 60 S.) 901. n. —75
19. Körner's Zriny. Von E. Henniges. (VIII, 140 S.) 901. n. 1.10; m. Körner's Zriny in 1 Bd. (95 u. VIII, 140 S. m. 2 Karten.) n. 1.50
20. Vaterländische Gedichte aus der Zeit der Befreiungskriege. Von Rich. Jahnke. 2. Tl.: Erläuterungen. (VI, 228 S.) 902. n. 1.50
22. Schillers Braut v. Messina. Von Rud. Peters. (155 S.) 902. n. 1.20

— die deutschen, erläutert u. gewürdigt f. höhere Lehranstalten, sowie zum Selbststudium v. E. Kuenen, M. Evers u. einigen Mitarbeitern. 1. 2. 4—11. 13. 14. 21. u. 23—28. Bdchn. 8. Ebd. n. 23.50; geb. in Leinw. n.n. 29.90
Evers, M., Goethes Iphigenie auf Tauris. 3. Aufl. (X, 236 S.) 906. (5. Bdchn.) n. 1.40; geb. n. 1.80
— Schillers Wallenstein. 1. Heft. 3., verb. u. bereicherte Aufl. Mit 1 Kärtchen. (197 S.) 906. (7. Bdchn.) n. 1.40; geb. n. 1.80
— dasselbe, 2. Heft. 3., verb. m. fortlauf. Sacherklärung verseh. Aufl. (204 S.) 904. (8. Bdchn.) n. 1.40; geb. n. 1.80
— dasselbe. 3. Heft. 2. (verb. u. verm.) Aufl. (120 S.) 905. (13. Bdchn.) n. 1.—; geb. n.n. 1.30
— dasselbe. IV. Tl., 1. Hälfte: Dramatischer Aufbau, Einheit, Ort u. Zeit. Entstehung, Geschichte, Bedeutung des Stücks. Ideengehalt, Schicksalsfrage, Tragik, verwandte Stoffe u. dgl. Mit 1 Kärtchen. (199 S.) 905. (23. Bdchn.) n. 1.40; geb. n. 1.80
— dasselbe. IV. Tl. 2. Hälfte: Die Charaktere. Zur Kunstform. Mit 1 Kärtchen. (VI u. S. 207—434.) 905. (28. Bdchn.) n. 1.60; geb. n. 2.—
Bereke, P., Heyses Kolberg. (92 S. m. 1 Karte.) 903. (24. Bdchn.) n. 1.20; geb. n.n. 1.60
— Heinrich v. Kleists Hermannsschlacht. (130 S.) 905. (27. Bdchn.) n. 1.20; geb. n.n. 1.60
Jahnke, Rich., Hebbels Nibelungen. (XI, 162 S.) 903. (25. Bdchn.) n. 1.50; geb. n. 1.80
Kuenen, Eduard, Goethes Hermann u. Dorothea. 5. Aufl. (138 S.) 903. (4. Bdchn.) n. 1.—; geb. n.n. 1.30
— Heinrich v. Kleists Prinz Friedrich v. Homburg. Mit e. Karte der Heeresaufstellg. u. des Schlachtplanes nebst e. Karte des histor. Kriegsschauplatzes der Schlacht bei Fehrbellin. (119 S.) 903. (21. Bdchn.) n. 1.20; geb. n.n. 1.60
— Schillers Jungfrau v. Orleans. 5. Aufl. (96 S.) 901. (2. Bdchn.) n. 1.—; geb. n. 1.30
— Schillers Maria Stuart. 3. verb. Aufl., besorgt v. M. Mertens. (124 S.) 906. (6. Bdchn.) n. 1.—; geb. n. 1.30
— Schillers Wilhelm Tell. 7. Aufl. Mit e. Karte der Oertlichkeit. (122 S.) 905. (1. Bdchn.) n. 1.—; geb. n.n. 1.30

Peters, Rud., Gudrun, erläutert u. gewürdigt f. höhere Lehranstalten u. zum Selbststudium. (123 S.) 906. (26. Bdchn.) n. 1. 20; geb. n.n. 1. 60
Schiller's „Glocke". Neue Textausg. m. veranschaulich. Erklärg., eingehend. Erläuterg. u. umfass. Würdigg. v. M. Evers. 3. verb. Aufl. (244 S. m. 3 Fig.) 906. (9. Bdchn.) n. 1. 60; geb. n.n. 2. —
Vollmer, Frdr., Goethes Egmont. 2. Aufl. (119 S.) 903. (11. Bdchn.) n. 1. —; geb. n.n. 1. 30
— Goethes Götz v. Berlichingen. 2. Aufl. (135 S.) 904. (14. Bdchn.) n. 1. —; geb. n.n. 1. 30
Vollmer, Hans, das Nibelungenlied, erläutert u. gewürdigt m. e. Ueberblick über die Sage u. die neuere Nibelungendichtung. 3., neu bearb. u. erweit. Aufl. (VIII, 204 S.) 906. (10. Bdchn.) n. 1. 40; geb. n. 1. 80

Klassiker, die deutschen, erläutert u. gewürdigt f. höh. Lehranstalten sowie z. Selbststudium v. E. Kuenen, M. Evers u. einigen Mitarbeitern. 1. 4. 14.—16. 19. 24. 25. u. 29.—32. Bdchn. 8. Leipzig, H. Bredt. 15. 75
Boelitz, O., Schillers Gedichte. I. Tl. (philosophische Gedichte). (194 S.) 910. (31. Bdchn.) 1. 50
- dasselbe. II. Tl. (Balladen). (116 S.) 910. (32. Bdchn.) 1. 25
Genniges, E., Körners Zriny. (2. Tl. Erläuterungen.) 2. Aufl. (VIII, 140 S.) 906. (19. Bdchn.) 1.10; geb n 1. 40
— Uhlands Ernst, Herzog v. Schwaben. 2. Aufl. (128 S.) 909. (16. Bdchn.) 1.25; geb. n 1. 55
Gercke, P., Heyses Kolberg. 2. Aufl. (95 S. m. 1 Karte.) 909. (24. Bdchn.) 1.40; geb. n 1. 70
Jahnke, Rich., Grillparzers Sappho. (VII, 107 S.) 907. (29. Bdchn.) 1.20; geb. n 1. 50
— Hebbels Nibelungen, erläutert u. gewürdigt f. höhere Lehranstalten wie f. den Selbstunterricht. 2. Aufl. (X, 186 S.) 909. (25. Bdchn.) 1.80; geb. 2. 20
Kuenen, Eduard, Goethes Hermann u. Dorothea. 6., verb. Aufl., besorgt v. M. Mertens. (133 S.) 907. (4. Bdchn.) 1.—; geb. n 1. 30
Schillers Wilhelm Tell. 8., verb. Aufl., besorgt v. M. Mertens. Mit e. Karte der Örtlichkeit. (122 S.) 908. (1. Bdchn.) 1.25; geb. n 1. 55
Volkmann, L., Lessings hamburgische Dramaturgie erläutert u. gewürdigt f. höhere Lehranstalten sowie zum Selbststudium. (IV, IV, 119 S.) 908. (30. Bdchn.) 1.50; geb. n 1. 80
Vollmer, Fr., Goethes Götz v. Berlichingen. 3. Aufl. (135 S.) 909. (14. Bdchn.) 1.25; geb. n 1. 55
Goethes Torquato Tasso. 2., durchgeseh. Aufl. (128 S.) 909. (15. Bdchn.) 1.25; geb. n 1. 55

Klassiker, deutse. Hrsg. fon dom foroin für foroinfahto deutse rohtsreibung. Mit orklär. förvort fon F. V. Frikko. 1. Bd. 16. Bremen 882. Kühtmann & Co. n. 1. —
Rübozahl. Ein märchen fon Ernst fon Houwald. (VIII, 120 S.)

— englische, mit deutschen Anmerkungen. Herausgegeben von Imman. Schmidt. 1. u. 2. Heft. Größere Ausg. 8. Berlin 876—80. Haude & Spener. n. 4. 60; Schulausg. n. 3. 25
1. A christmas carol in proso. Being a ghost story of christmas by Charles Dickens. Größere Ausgabe mit Einleitg. u. erläut. Anmerkgn. von Imman. Schmidt. (X, 177 S.) n. 1. 60; Schul-Ausg. mit erläut. Anmerkungen. (136 S.) n. 1. 25
2. Warren Hastings by Lord Macaulay. Größere Ausg. mit Zusätzen u. Exkursen von Imman. Schmidt. Mit einer (lith. u.) kolor. Karte. (XXXVI, 271 S.) n. 3. —; Schulausg. mit erläut. Anmerkgn. (XXIV, 239 S. mit einer lith. u. kolor. Karte.) n. 2. —

Friedrich) Frommanns Klassiker der Philosophie hrsg. v. Richard Falckenberg, ... Prof. ... an d. Univ. Erlangen. [No] I—III. (Stuttgart: F. Frommann 1896.) 8. [96. 5842

Gustav Theodor Fechner. Von Kurd Lasswitz. Stuttgart: F. Frommann 1896. (VIII, 207 S.) 1 Bd 8.
= Klassiker, Frommanns, d. Philosophie. [No] I. [96. 5842

Hobbes Leben und Lehre. Von Ferdinand Tönnies. Stuttgart: F. Frommann 1896. (XIII, 232 S.) 1 Bd 8.
= Klassiker, Frommanns, d. Philosophie. [No] II. [96. 5842

Sören Kierkegaard als Philosoph v. Harald Höffding, Prof. ... an d. Univ. Kopenhagen. M. e. Vorw. v. Christoph Schrempf, Lic. theol. Stuttgart: F. Frommann 1896. (2 Bl., X, 170 S.) 1 Bd 8.
= Klassiker, Frommanns, d. Philosophie. [No] III. [96. 5842

Frommanns Klassiker der Philosophie hrsg. v. R. Falckenberg. Stuttgart.
5. Gaupp, O.: H. Spencer. 1897.
7. Paulsen, F.: I. Kant. 1898.
9. Windelband, W.: Platon. 1901.
12. Falckenberg, R.: Hermann Lotze. 1901.

— der Gartenkunst. I. 1.—5. Lfg. gr. 8. Carlshorst-Berlin, H. Friedrich. à n. — 50
I. Andeutungen üb. Landschaftsgärtnerei, verbunden mit der Beschreibg. ihrer prakt. Anwendg. in Muskau. Von Fürst v. Pückler-Muskau. Mit 44 Ansichten u. 6 Grundplänen. 1.—5. Lfg. (S. 1—128.) (903. 904.)

Klassiker der Gartenkunst. 1. Berlin-Carlshorst: H. Friedrich [1904]. 8° [07. 761

Programm des k. k. Staats-Gymnasiums in Bochnia veröffentlicht durch den pr. Gymnasial-Direktor Joseph Czajkowski am Schlusse des Schuljahres 1853. 8. (32 S.) Bochnia, gedr. bei Lorenz Pisch 1853.
Inhalt: Die heidnischen Klassiker als Bildungsmittel der jetzigen Gymnasial-Jugend. — Schulnachrichten.

Klassiker des deutschen Humors. In Auswahl hrsg. von Jul. Riffert. I—IV. [Neue (Titel-)Ausg. v. „Deutsche Humoristen".] 12. Leipzig 890. Fock. à n. — 50; geb. à n. 1. —
I. Humoristische Schriften von Frz. v. Gaudy. Mit kurzer Biographie. Mit e. Einleitg.: Was ist Humor? (184 S.) (881.)
II. Humoristische Schriften v. Matth. Claudius. Mit Einleitg.: Matthias Claudius als Volksschriftsteller. (159 S. m. Portr.) (882.)
III. Humoristische Schriften v. C. Weisflog. Mit e. Biographie. (192 S.) (882.)
IV. Humoristische Schriften v. L. Boerne. Mit e. litterar. Einleitg. (VIII, 167 S.) (883.)

Klassiker der Kunst in Gesamtausgaben. 1.—9. Bd. Lex.-8. Stuttgart, Deutsche Verlags-Anstalt. Geb. in Leinw. n. 78. —; Luxusausg. in Ldr. n. 280. —
Dürer. Des Meisters Gemälde, Kupferstiche u. Holzschnitte in 447 Abb. Mit e. biograph. Einleitg. v. Valent. Scherer. (XXX, 396 S.) 904. (Bd. 4.) n. 10. —; Luxusausg. n. 32. —
Michelangelo. Des Meisters Werke in 166 Abbildgn. Mit e. biograph. Einleitg. v. Fritz Knapp. (XLIV, 181 S.) 906. (Bd. 7.) Geb. in Leinw. n. 6. —; Luxusausg. in Ldr. n. 27. —
Raffael. Des Meisters Gemälde in 203 Abbildgn. Mit e. biograph. Einleitung von Adf. Rosenberg. 2. u. 3. Aufl. (à XXXVI, 163 S.) 905. 9 6. (Bd. 1) Geb. in Leinw. n. 5. —; Luxusausg. in Ldr. n. 25. —
1. Aufl. in 202 Abbildgn. (XXXVI, 159 S.) 904.
Rembrandt. Des Meisters Gemälde in 565 Abbildgn. Mit e. biograph. Einleitg. v. Adf. Rosenberg. 2. Aufl. (XXXVII, 440 S.) 906. (Bd. 2.) Geb. in Leinw. n. 10. —; Luxusausg. in Ldr. n. 30. —
1. Aufl. in 405 Abb. (XXXVIII, 278 S.) 904. n. 8. —; in Ldr. n. 30. —.
— Des Meisters Radiergn. in 402 Abbildgn. Hrsg. v. Hans Wolfg. Singer. (XXIV, 285 S.) 906. (Bd. 8.) Geb. in Leinw. n. 8. —; Luxusausg. in Ldr. n. 30. —
Rubens, P. P. Des Meisters Gemälde in 551 Abbildgn. Mit e. biograph. Einleitg. v. Adf. Rosenberg. (XLIV, 518 S.) 905. (Bd. 5.) n. 12. —; Luxusausg. n. 40. —
Schwind. Des Meisters Werke in 1265 Abbildgn. Hrsg. v. Otto Weigmann. (XLVIII, 600 S.) 906. (Bd. 9.) Geb. in Leinw. n. 15. —; Luxusausg. in Ldr. n. 48. —
Tizian. Des Meisters Gemälde in 260 Abbildgn. Mit e biograph. Einleitg. v. Osk. Fischel. 2. Aufl. (XXXVIII, 247 S.) 906. (Bd. 3.) n. 6. —; Luxusausg. n. 27. —
1. Aufl. in 230 Abbildgn. (XXX, 212 S.) 904.
Velazquez. Des Meisters Gemälde in 146 Abbildgn. Mit e. biograph. Einleitg. v. Walth. Gensel. (XXIX, 160 S.) 905. (Bd. 6.) Geb. in Leinw. n. 6. —; Luxusausg. in Ldr. n. 27. —

— der Kunst in Gesamtausgaben. 3. 6. 7. u. 10.—17. Bd. Lex. 8. Stuttgart, Deutsche Verlags-Anstalt. Geb. in Leinw. 99. —
Correggio. Des Meisters Gemälde in 196 Abbildgn. Hrsg. v. Geo. Gronau. (XLVI, 175 S.) 907. (Bd. 10.) Geb. in Leinw. 7.—; Luxusausg. in Ldr. 27. —
Donatello. Des Meisters Gemälde in 277 Abbildgn. Hrsg. v. Paul Schubring. (LIV, 219 S.) 907. (Bd. 11.) Geb. in Leinw. 8.—; Luxusausg. in Ldr. 30. —
Dyck, van. Des Meisters Gemälde in 537 Abbildgn. Hrsg. v. Emil Schaeffer. (XXXVIII, 559 S.) 909. (Bd. 13.) Geb. in Leinw. 15.—; Luxusausg. in Ldr. 48. —
Mantegna, Andrea. Des Meisters Gemälde u. Kupferstiche in 200 Abbildgn. Hrsg. v. Fritz Knapp. (LV, 189 S.) 910. (Bd. 16.) Geb. in Leinw. 8.—; Studienausg. in Mappe 15.—; Luxus-Ausg. in Ldr. 30. —
Memling. Des Meisters Gemälde in 197 Abbildgn. Hrsg. v. Karl Voll. (XLIV, 188 S.) 909. (Bd. 14.) Geb. in Leinw. 7.—; Luxusausg. in Ldr. 27. —
Michelangelo. Des Meisters Werke in 169 Abbildgn. Hrsg. v. Fritz Knapp. 3. Aufl. (LII, 189 S.) 910. (Bd. 7.) Geb. in Leinw. 6.—; in Ldr. 27. —
Rethel, Alfr. Des Meisters Werke in 300 Abbildgn. Hrsg. v. Jos. Ponten. (LXXVI, 202 S. m. Bildnis.) 911. (Bd. 17.) Geb. in Leinw. 9. —

Thoma, Hans. Des Meisters Gemälde in 874 Abbildgn. Hrsg. v. Henry Thode. (LXVIII, 550 S.) 909. (Bd. 15.) Geb. in Leinw. 15.—; Luxusausg. in Ldr. 48. —
Tizian. Des Meisters Gemälde in 274 Abbildgn. Hrsg. v. Osk. Fischel. 3. Aufl. (XXXVII, 263 S.) 907. (Bd. 3.) Geb. in Leinw. 7.—; Luxusausg., geb. in Ldr. 27. —
Uhde, Fritz v. Des Meisters Gemälde in 285 Abbildgn. Hrsg. v. Hans Rosenhagen. (XII, 290 S.) 908. (Bd. 12.) Geb. in Leinw. 10.—; Luxusausg. in Ldr. 32. —
Velazquez. Des Meisters Gemälde in 172 Abbildgn. Hrsg. v. Walt. Gensel. 2. Aufl. (XXXII, 195 S.) 908. (Bd 6.) Geb. in Leinw. 7.

Klassiker, die, der Malerei. 1. Serie. Italienische Renaissance. Eine Sammlung ihrer berühmtesten Werke m. erläut. Texte f. Künstler, Freunde der Kunst u. Lehrer der Kunstgeschichte. Hrsg. v. P. F. Krell, unter Mitwirkg. v. O. Eisenmann. In unveränderl. Photogr.-Druck ausgeführt v. Mart. Rommel. (In ca. 30 Lfgn.) 1—16. Lfg. gr. Fol. (à 2 Phototypien m. Text. gr. 4. S. 1—36.) Stuttgart 875. 76. Neff. à n. 2. 50

— dio, dor Maloroi. 1. Sorie. Italienische Renaissance. Eino Sammlung ihrer borühmtosten Werko mit erläut. Toxto für Künstlor, Froundo dor Kunst u. Lohrer dor Kunstgeschichto. Hrsg. von P. F. Kroll, unter Mitwirkg. von Eisenmann. In unvoränderl. Photogr.-Druck ausgoführt von Mart. Rommol. 17—34. (Schluss-)Lfg. gr. Fol. (à 2 Bl.) Mit Toxt. hoch 4. (S. 37—209.) Stuttgart 877. Neff. à n. 2. 50

Klassiker, die, der Malerei. 1. Serie: Italienische Renaissance. Eine Sammlung ihrer berühmtesten Werke mit erläuterndem Texte für Künstler, Freunde der Kunst und Lehrer der Kunstgeschichte. Hrsg. von P. F. Krell, unter Mitwirkung von Eisenmann. In unveränderl. Photogr.-Druck ausgeführt von Mart. Rommel. 34 Lfgn. gr. Fol. (68 Bl.) Mit Text. hoch 4. (140 S.) Stuttgart 876,77, Neff.
à Lfg. * M. 2,50., * M. 35.; geb. 1

—— dass. — 2. Serie: Niederländer und Spanier. 33 Lfgn. gr. Fol. (66 Bl.) Mit erläut. Texte von Alfr. v. Wurzbach. hoch 4. (III, 128 S.) Ebendas. 877,78.
à Lfg. * M. 2,50., * M. 82,50.; geb. 1
Vgl.: Classics, the, of Painting — Classiques, les, de la peinture.

— maurerische, s. a. Bücherei f. Freimaurer.

Maurerische Klassiker. [Bd] 1—5. Berlin: Wunder [1907—1909]. 8⁰
1. Reitzenstein, A. Frh. v.: Fichte. 131 S. [1907].
2. Reitzenstein, A. Frh. v.: Lessing. VI, 135 S. [1907].
3. Reitzenstein, A. Frh. v.: Herder. 118 S. [1909].
4. Reitzenstein, A. Frh. v.: Wieland. 79 S. [1909].
5. Fensch, L: Fessler. 142 S. [1909].
(Bücherei f. Frmr. 7—10, 16, 17, 20—22.)
1. 2 in 25; 3. 5 in 23; 4 in 25a.

— der Medizin, hrsg. v. Karl Sudhoff. 1.—9. Bd. 8. Leipzig, J. A. Barth. Geb. in Leinw. 20. 60
Fracastoro, Hieron, drei Bücher v. den Kontagien, d. kontagiösen Krankhtn. u. deren Behandlg. (1516.) Übers. u. eingel. v. Vikt. Fossel. (128 S.) 910. (5. Bd.) Geb. 2.80
Harvey, William, die Bewegung d. Herzens u. d. Blutes. 1628. Übers. u. erläut. v. R. Ritter v. Töply. (120 S. m. 4 Abb.) 910. (1. Bd.) Geb. 3.20
Helmholtz, H. v., Beschreibung e. Augenspiegels zur Untersuchung d. Netzhaut im lebenden Auge (1851). eingel. v. Hub. Sattler. (36 S. m. 3 Abb.) 910. (4. Bd.) Geb. 1.20

Henle, Jak., v. d. Miasmen u. Kontagien u. v. d. miasmatisch-kontagiösen Krankhtn. (1840.) Einleitung v. Fel. Marchand. (88 S.) 910. (3. Bd.) Geb. 2.40
Koch, Rob., die Ätiologie d. Milzbrand-Krankheit, begr. auf d. Entwicklungsgesch. d. Bacillus anthracis (1876). Eingel. v. M. Ficker. (47 S. m. 1 farb. Taf.) 910. (9. Bd.) Geb. 1.80
Reil, Joh. Christ., v. d. Lebenskraft (1795), eingel. vom Hrsg. (VIII, 94 S.) 910. (2. Bd.) Geb. 2.80
Sydenham, Thom., Abhandlg. üb. d. Gicht (1681). Eingeleit. u. übers. v. Jul. Leop. Pagel. (53 S.) 910. (6. Bd.) Geb. 1.80
Virchow, Rud., Thrombose u. Embolie (1846—1856). Eingel. v. Rud. Beneke. (237 S.) 910. (7. 8. Bd.) Geb. 4.60

—— militärische, des In- und Auslandes. Mit Einleitungen und Erläuterungen von W. v. Scherff, v. Boguslawski, v. Taysen, Frhr. v. d. Goltz u. A., hrsg. von G. v. Marées. 16 Hefte oder 5 Bde. gr. 8. [Berlin, Schneider und Comp.] Dresden, Höckner Sep.-Cto. à Heft
geb.
Inhalt:
Bd. 1. [Heft 2—5.] Clausewitz, Carl v., die Lehre vom Kriege. Erläut. und mit Anmerkungen versehen durch W. v. Scherff. (XVI, XII, 610 S.) 880. geb. * M 7,50.
» 2. [Heft 6. 9. 11.] Napoleon I., militärische Schriften. Erläut. und mit Anmerkungen versehen durch Boie. (III, 184 S.) — Scharnhorst, militärische Schriften. Erläut und mit Anmerkungen versehen durch Frhr. v. d. Goltz. (XXV, VII, 340 S.) 881. geb. * M 6.
» 3. [Heft 7. 10. 13.] Jomini, Abriss der Kriegskunst. Erläut. und mit Anmerkungen versehen durch v. Boguslawski. (XX, VIII, 308 S.) 881. geb. * M 6.
» 4. [Heft 14. 15.] Karl, Erzherzog, militärische Schriften. Mit Einleitung und Anmerkungen versehen durch Frhr. v. Waldstätten. (X, 238 S.) 882. geb. * M 4,50.
» 5. [Heft 1. 8. 12. 16.] Friedrich der Grosse, militärische Schriften. Erläut. und mit Anmerkungen versehen durch v. Taysen. (VII, XVI, 718 S.) 882. geb. * M 7,50.

— militärischo, dos In- u. Auslandes. Mit Einloitgn. u. Erläutorgn. von W. v. Schorff, v. Boguslawski, v. Tayson, Frhr. v. d. Goltz u. A., hrsg. von G. v. Maróes. (In ca. 15 Hftn.) 1—10. Hft. gr. 8. Borlin 880. 81. Schneider & Co. à n. 1. 50
1. Friedrich dor Grosso; „die General-Principia vom Kriego" u. Anderes, erläutort u. m. Anmerkgn. versehen durch Maj. v. Tayson. (VII, 158 S.)
2—5. Carl v. Clausowitz: „dio Lehre vom Kriego", erläutert u. mit Anmorkgn. versehen durch Oberst W. v. Scherff. 2. Aufl. (XXVIII, 610 S.)
6. 9. Napoloon I.: Militärische Schriften, orläutert u. m. Anmerkgn. versohon durch Maj. Boio. (III, 184 S.) — Scharnhorst, militärische Schriften I. Erläutort u. m. Anmorkgn. vorsehen durch Maj. Frhr. v. d. Goltz. (XXV, 124 S.)
7. 10. Jomini: „Abriss der Kriegskunst", orläutert u. m. Anmorkgn. versehon von Oberstlieut. v. Boguslawski. (XX, 269 S.)
8. Friodrich dor Grosso, militärische Schriften II., orläutort u. m. Anmorkgn. vorsohen durch Maj. v. Tayson. (S. 159—316.)

Klassiker, militärische, d. In- u. Auslandes. Mit Einleitgn. u. Erläutorgn. von W. v. Scherff, v. Boguslawski, v. Taysen, Frhr. v. d Goltz u. A. hrsg. von G. v. Marées. (Neue Ausg.) 11—16. (Schluss-)Hft. gr. 8. Dresden, Höckner. à n. 1. 50
(cplt. 5 Bde. geb.: n. 31. 50)
11. Scharnhorst, militärische Schriften. Erläutert u. m. Anmorkgn. versehen durch Frhr. v. d. Goltz. 2. (Schluss-) Hft. (VII u. S. 125—340.) 881.
12. 16. Friedrich der Grosse, militärische Schriften, erläutert u. m. Anmerkgn. versehen durch v. Taysen. 3. u. 4. (Schluss-)Hft. (XVI u. S. 317—718.) 882.
13. Jomini, Abriss der Kriegskunst, übers., erläutert u. m. Anmerkgn. versehen durch v. Boguslawski. 3. (Schluss-) Hft. (VIII u. S. 271—398.) 881.
14. 15. Erzherzog Karl, militärische Schriften. Mit Einleitg. u. Anmerkgn. versehen durch Frhr. v. Waldstätten. 2 Hfte. (X, 238 S.) 882.

— militärische, des In- u. Auslandes. Mit Einleitgn u. Erläutergn. von v. Scherff, Frhr. v. Waldstätten v. Boguslawski, v. Taysen, Boie, Frhr. v. d. Goltz hrsg von v. Marées. 5. (Titel-) Aufl. 16 Hfte. gr. 8 (164 ³/₄ Bog. m. Skizzen u. 1 Karte.) Dresden 893 C. Höckner's Sep.-Cto. à n. 1. —

Klassiker, militärische, d. In- u. Auslandes. Mit Einleitgn. u. Erläutergn. v. W. v. Scherff, Frh. v. Waldstätten, v. Boguslawski. v. Taysen, Boie, Frh. v. d. Goltz. Hrsg. v. G. v. Marées. 5 Bde. (Neue [Titel-]Ausg.) 8. Dresden [893] 901. C. Höckner's Buchh. Nachf. Geb. in Leinw. 31.50; erm. Pr. 26. —

Clausewitz, Carl v., vom Kriege. Hinterlassenes Werk. Erläutert v. General W. v. Scherff. (X, XVI, 610 S.) (Bd. 2.) 7.50; erm. Pr. 6. —
Friedrich der Grosse, militär. Schriften, erläutert u. m. Anmerkgn. versehen durch Gen.-Leutn. v. Taysen. (XVI, VII. 718 S. m. Skizzen.) (Bd. 1.) 7.50; erm. Pr. 6. —
Jomini, Abriss d. Kriegskunst. Uebers., erläutert u. m. Anmerkgn. versehen von v. Boguslawski. (VIII, XX, 398 S. m. 1 Karte.) (Bd. 4.) 6. —; erm. Pr. 5. —
Karl, Erzherzog. ausgew. militär. Schriften, erläutert u. m. e. Einleitg. versehen durch Frhr. v. Waldstätten. (VI, X, 238 S.) (Bd. 5.) 4.50; erm. Pr. 4. —
Napoleon I., militär. Schriften. Erläutert durch Boie.
Scharnhorst, militär. Schriften. Erläut. durch Frhr. v. d. Goltz. (VII, 184 u. XXV, 340 S.) (Bd. 3.) 6. —; erm. Pr. 5. —

Klassiker, moderne. Deutsche Literaturgeschichte der neueren Zeit in Biographien, Kritiken und Proben. Mit Portr. in Stahlst. Bd. 1—3., 5., 8., 10—12., und Bd. 16—60. 16. Cassel 852—54, Balde. * 14

Inhalt:
Bd. 1. Nicolaus Lenau. (XV und 64 S.) * 2½ Ngr.
• 2. Gottfried Kinkel. (80 S.) * 2½ Ngr.
• 3. Ludwig Börne. (80 S.) * 2½ Ngr.
• 5. Ludw. Aug. Frankl. (80 S.) * 2½ Ngr.
• 8. Friedrich v. Sallet. (220 S.) * 7½ Ngr.
• 10. Adelbert v. Chamisso. (155 S.) * 7½ Ngr.
• 11. Johann Gabriel Seidl. (93 S.) * 5 Ngr.
• 12. Heinrich Heine. (181 S.) * 7½ Ngr.
• 16. Eduard v. Bauernfeld. (112 S.) * 5 Ngr.
• 17. August Graf v. Platen. (315 S.) * 15 Ngr.
• 18. Friedrich Rückert. (112 S.) * 5 Ngr.
• 19. Johann Nepomuk Vogl. (100 S.) * 5 Ngr.
• 20. Heinrich Zschokke. Eine Biographie hrsg. von W. Neumann. (288 S.) * 12½ Ngr.
• 21. Franz Freiherr v. Gaudy. (148 S.) * 7½ Ngr.
• 22. Friedrich Hölderlin. (200 S.) * 10 Ngr.
• 23. Roderich Benedix. Von W. Neumann. (108 S.) * 5 Ngr.
• 24. Jean Paul Friedr. Richter. Eine Biographie von W. Neumann. (444 S.) * 20 Ngr.
• 25., 26. Johann Wolfgang Goethe. Eine Biographie von W. Neumann. 2 Thle. (684 S.) * 1 Thlr.
• 27. Ignaz Franz Castelli. (111 S.) * 5 Ngr.
• 28. Wilhelm Hauff. (110 S.) * 5 Ngr.
• 29., 30. Friedrich Schiller. Eine Biographie von W. Neumann. 2 Thle. (560 S.) * 1 Thlr.
• 31. Eduard Duller. Eine Biographie von W. Neumann. (350 S.) * 15 Ngr.
• 32. Eduard Moritz Arndt. Eine Biographie von W. Neumann. (211 S.) * 10 Ngr.
• 33. Moritz Hartmann. Eine Biographie von W. Neumann. (147 S.) * 7½ Ngr.
• 34. Ludwig Uhland. (95 S.) * 5 Ngr.
• 35. Ludwig Tieck. (187 S.) * 7½ Ngr.
• 36. Julius Mosen. (104 S.) * 5 Ngr.
• 37. Anastasius Grün. (111 S.) * 5 Ngr.
• 38. Carl Immermann. (224 S.) * 10 Ngr.
• 39. Adalbert Stifter. (100 S.) * 5 Ngr.
• 40. Justinus Kerner. (120 S.) * 5 Ngr.
• 41. Johann Gottfried Herder. Eine Biographie von W. Neumann. (319 S.) * 15 Ngr.
• 42. Franz Dingelstedt. (231 S.) * 10 Ngr.
• 43. Carl Gutzkow. Eine Biographie von W. Neumann. (318 S.) * 15 Ngr.
• 44. Robert Eduard Prutz. (285 S.) * 12½ Ngr.
• 45. Heinrich König. (201 S.) * 10 Ngr.
• 46. Theodor Mügge. (206 S.) * 10 Ngr.
• 47. Gotthold Ephraim Lessing. (391 S.) * 20 Ngr.
Bd. 48. F. C. Schlosser. (118 S.) * 5 Ngr.
• 49. Carl Vogt. (96 S.) * 5 Ngr.
• 50. Joseph Freiherr v. Eichendorff. (112 S.) * 5 Ngr.
• 51. Friedrich Hebbel. (88 S.) * 5 Ngr.
• 52. Eduard Mörike. (96 S.) * 5 Ngr.
• 53. Luise v. Plönnies. (91 S.) * 5 Ngr.
• 54. Alfred Meißner. (208 S.) * 12½ Ngr.
• 55—57. Ernst Schulze. Wilhelm Müller. J. Chr. v. Zedlitz. (116 S.) * 7½ Ngr.
• 58. Friedr. Chr. Dahlmann. (112 S.) * 7½ Ngr.
• 59. Friedrich Bodenstedt. (128 S.) * 7½ Ngr.
• 60. Hoffmann von Fallersleben. (63 S.) * 5 Ngr.
Bd. 9. und 13. s. Humboldt, Alex. und Wilh. v.

—— dass. — 1. Bd.: Nicolaus Lenau. 4., neu bearb. Aufl. 1. Heft. 16. (S. 1—64.) Cassel 854, Balde. Thlr. *

Klassiker, moderne. Deutsche Literaturgeschichte der neueren Zeit in Biographien, Kritiken und Proben. Mit Portraits (in Stahlst.). Cassel 852—54. Balde. 16.
1. 6. 7. Bd.: Nicolaus Lenau. Mit Portr. 4. neu bearb. Aufl. (XV, 170 S.) n. 7½ ngr.
4. 9. Bd.: Emanuel Geibel. Mit Portr. (109 S.) n. 5 ngr.
5. Bd.: Ludw. Aug. Frankl. Mit Portr. (80 S.) n. 2½ ngr.
8. Bd.: Friedrich von Sallet. Mit Portr. (2 Bl., 220 S.) n. 10 ngr.
10. Bd.: Adelbert von Chamisso. Mit Portr. (155 S.) n. 7½ ngr.
11. Bd.: Johann Gabriel Seidl. Mit Portr. (93 S.) n. 5 ngr.
12. Bd.: Heinrich Heine. Mit Portr. (181 S.) n. 7½ ngr.
16. Bd.: Eduard von Bauernfeld. Mit Portr. (112 S.) n. 5 ngr.
17. Bd.: August Graf von Platen. Mit Portr. (315 S.) n. 15 ngr.
18. Bd.: Friedrich Rückert. Mit Portr. (112 S.) n. 5 ngr.
19. Bd.: Johann Nepomuk Vogl. Mit Portr. (100 S.) n. 5 ngr.
20. Bd.: Heinrich Zschokke. Eine Biographie herausg. von W. Neumann. Mit Portr. (288 S.) n. 12½ ngr.
21. Bd.: Franz Freiherr Gaudy. Mit Portr. (148 S.) n. 7½ ngr.
22. Bd.: Friedrich Hölderlin. Mit Portr. (200 S.) n. 10 ngr.
23. Bd.: Roderich Benedix. Von W. Neumann. Mit Portr. (108 S.) n. 5 ngr.
24. Bd.: Jean Paul Friedr. Richter. Eine Biographie herausg. von W. Neumann. Mit Portr. (444 S.) n. 20 ngr.
25. 26. Bd.: Johann Wolfgang Goethe. Eine Biographie von W. Neumann. 2 Thle. Mit Portr. (352, 334 S.) n. 1 rthl.
27. Bd.: Ignaz Franz Castelli. Mit Portr. (111 S.) n. 5 ngr.
28. Bd.: Wilhelm Hauff. Mit Portr. (110 S.) n. 5 ngr.
29. 30. Bd.: Friedrich Schiller. Eine Biographie von W. Neumann. 2 Thle. Mit Portr. (288; 272 S.) n. 1 rthl.
31. Bd.: Eduard Duller. Eine Biographie von W. Neumann. Mit Portr. (350 S.) n. 15 ngr.
32. Bd.: Ernst Moritz Arndt. Eine Biographie von W. Neumann. Mit Portr. (211 S.) n. 10 ngr.
33. Bd.: Moritz Hartmann. Eine Biographie von W. Neumann. Mit Portr. (147 S.) n. 7½ ngr.
34. Bd.: Ludwig Uhland. Mit Portr. (95 S.) n. 5 ngr.
35. Bd.: Ludwig Tieck. Mit Portr. (187 S.) n. 7½ ngr.
36. Bd.: Julius Mosen. Mit Portr. (104 S.) n. 5 ngr.
37. Bd.: Anastasius Grün. Mit Portr. (111 S.) n. 5 ngr.
38. Bd.: Carl Immermann. Mit Portr. (224 S.) n. 10 ngr.
39. Bd.: Adalbert Stifter. Mit Portr. (100 S.) n. 5 ngr.
40. Bd.: Justinus Kerner. Mit Portr. (120 S.) n. 5 ngr.
41. Bd.: Johann Gottfried Herder. Eine Biographie von W. Neumann. Mit Portr. (319 S.) n. 15 ngr.
42. Bd.: Franz Dingelstedt. Mit Portr. (231 S.) n. 10 ngr.
43. Bd.: Carl Gutzkow. Eine Biographie von W. Neumann. Mit Portr. (318 S.) n. 15 ngr.
44. Bd.: Robert Eduard Prutz. Mit Portr. (285 S.) n. 12½ ngr.
45. Bd.: Heinrich König. Mit Portr. (201 S.) n. 10 ngr.
46. Bd.: Theodor Mügge. Mit Portr. (206 S.) n. 10 ngr.
47. Bd.: Gotthold Ephraim Lessing. Mit Portr. (391 S.) n. 20 ngr.
48. Bd.: F. C. Schlosser. Mit Portr. (118 S.) n. 5 ngr.
49. Bd.: Karl Vogt. Mit Portr. (96 S.) n. 5 ngr.
50. Bd.: Joseph Frhr. v. Eichendorff. Mit Portr. (112 S.) n. 5 ngr.
51. Bd.: Friedrich Hebbel. Mit Portr. (88 S.) n. 5 ngr.
52. Bd.: Eduard Mörike. Mit Portr. (96 S.) n. 5 ngr.
53. Bd.: Luise v. Plönnies. Mit Portr. (91 S.) n. 5 ngr.
54. Bd.: Alfred Meißner. Mit Portr. (208 S.) n. 12½ ngr.
55—57. Bd.: Ernst Schulze. Mit Portr. (39 S.) — Wilhelm Müller. Mit Portr. (39 S.) — J. Chr. v. Zedlitz. Mit Portr. (38 S.) n. 7½ ngr.
58. Bd.: Friedrich Christ. Dahlmann. Mit Portr. (112 S.) n. 7½ ngr.
59. Bd.: Friedrich Bodenstedt. Mit Portr. (128 S.) n. 7½ ngr.
60. Bd.: Hoffmann v. Fallersleben. Mit Portr. (63 S.) n. 5 ngr.

Klassiker, moderne. Deutsche Literaturgeschichte der neueren Zeit in Biographien, Kritiken und Proben. Mit 58 Portraits in Stahlst. Leipzig 859. (Altona) Verlag der modernen Klassiker. 16. Jede Liefg. 2½ ngr.
1. Bd.: Nikolaus Lenau. Mit Portrait. 5., neu bearb. Aufl. 1. Liefg. (S. 1—64.)
2. Bd.: Ludwig Börne. Mit Portrait. 5., neu bearb. Aufl. 1. Liefg. (S. 1—80.)
3. Bd.: Gottfried Kinkel. Mit Portrait. 5., neu bearb. Aufl. 1. Liefg. (S. 1—80.)

Klassiker, moderne. Deutsche Literaturgeschichte der neueren Zeit in Biographien, Kritiken und Proben. Mit 58 Portr. in Stahlst. 5., neu bearb. Aufl. 60 Bde. oder 200 Hefte. (à Heft von 3—5 Bog.) Leipzig 859—60. [Hamburg,] Verlag der modernen Klassiker. à Heft 2 1/3 Ngr.

Inhalt in alphabetischer Folge:

Arndt, Ernst Moritz. 4 Hefte.
Bauernfeld, Ed. v. 2 Hefte.
Benedix, Rod. 2 Hefte.
Bodenstedt, Friedr. 3 Hefte.
Boerne, Ludwig. 3 Hefte.
Castelli, Ign. Franz. 2 Hefte.
Chamisso, Adelb. v. 3 Hefte.
Dahlmann, Friedr. Christoph. 3 Hefte.
Dingelstedt, Franz. 5 Hefte.
Duller, Eduard. 6 Hefte.
Eichendorf, Joseph Frhr. v. 3 Hefte.
Frankl, Ludw. Aug. 1 Heft.
Freiligrath, Ferd. 2 Hefte.
Gaudy, Franz (Bernh. Heinr. Wilh.) Frhr. v. 3 Hefte.
Geibel, Eman. 2 Hefte.
Goethe, Joh. Wolfg. v. 12 Hefte.
Grün, Anastasius. 2 Hefte.
Gutzkow, Carl. 6 Hefte.
Halm, Friedr. 2 Hefte.
Hartmann, Moritz. 3 Hefte.
Hauff, Wilh. 2 Hefte.
Hebbel, Friedr. 2 Hefte.
Heine, Heinr. 3 Hefte.
Herder, Joh. Gottfr. v. 6 Hefte.
Hoffmann v. Fallersleben, Aug. Heinr. 2 Hefte.
Hölderlin. 4 Hefte.
Humboldt, Alex. v. 4 Hefte.
Humboldt, Wilh. v. 4 Hefte.
Jean Paul. (Friedr. Richter.) 8 Hefte.
Immermann, Carl Leberecht. 4 Hefte.
Kerner, Andr. Justinus. 2 Hefte.
Kinkel, Gottfried. 4 Hefte.
König, Heinr. 4 Hefte.
Körner, Theodor. 2 Hefte.
Lenau, Nicolaus. 3 Hefte.
Lessing, Gotth. Ephraim. 10 Hefte.
Meißner, Alfred. 5 Hefte.
Mörike, Eduard. 2 Hefte.
Mosen, Julius. 2 Hefte.
Mügge, Theodor. 4 Hefte.
Müller, Wilh. 1 Heft.
Platen-Hallermünde, Aug. Graf v. 6 Hefte.
Plönnies, Luise v. 2 Hefte.
Prutz, Robert. 5 Hefte.
Rückert, Friedrich. 2 Hefte.
Sallet, Friedrich v. 4 Hefte.
Schiller, Friedrich v. 12 Hefte.
Schlosser, Friedr. Christoph. 2 Hefte.
Schulze, Ernst. 1 Heft.
Schwab, Gustav. 2 Hefte.
Seidl, Joh. Gabriel. 2 Hefte.
Stifter, Adalb. 2 Hefte.
Tieck, Ludwig. 3 Hefte.
Uhland, Ludwig. 2 Hefte.
Vogl, Joh. Nepomuk. 2 Hefte.
Vogt, Carl. 2 Hefte.
Zedlitz, Joh. Christian Frhr. v. 1 Heft.
Zschokke, Heinrich. 5 Hefte.

— **der Naturwissenschaften**, hrsg. v. Loth. Brieger-Wasservogel. 1.—6. Bd. gr. 8. Leipzig, Th. Thomas. n. 18.90; Einbde. à n. 1.—

1. Julius Robert Mayer. Von S. Friedlaender. (VI, 210 S. m. 1 Bildnis.) (905.) n. 3.—
2. Charles Darwin. Eine Apologie u. e. Kritik. Von Sam. Lublinski. (112 S. m. 1 Bildnis.) (905.) n. 2.40
3. Karl Ernst v. Baer. Von Wilh. Haacke. (VII, 175 S. m. 1 Bildnis.) (905.) n. 3.—
4. Varenius. Von S. Günther. (VIII, 218 S.) (905.) n. 3.50
5. Plato u. Aristoteles. Von Loth. Brieger-Wasservogel. (X, 184 S. m. 1 Bildnis.) (905.) n. 3.50
6. Hermann v. Helmholtz. Von Jul. Reiner. (204 S. m. 1 Bildnis.) (905.) n. 3.50

Klassiker, Ostwald's ..., s.a. K l a s s i k e r der exakten Wissenschaften.

Klassiker, Ostwald's der exakten Wissenschaften. Nr. 1—75. Leipzig 1889—96.

OSTWALD'S KLASSIKER DER EXAKTEN WISSENSCHAFTEN. Leipzig, 1889.
No. 3. Die Grundlagen der Atomtheorie. Abhandlungen von J. Dalton und W. H. Wollaston. (1803-1808.)
No. 4. Untersuchungen über das Jod von Gay Lussac. (1814).

OSTWALD, WILHELM [Editor].
KLASSIKER (DIE) DER EXAKTEN WISSENSCHAFTEN. Leipzig.
No. 8. AVOGADRO, A. und AMPÈRE. Abhandlungen zur Molekular-Theorie (1811 und 1814). Ill.
No. 9. HESS, H. Thermochemische Untersuchungen (1839-1842).
No. 15. SAUSSURE, THEODORE DE. Chemische Untersuchungen über die Vegetation (1804). Uebersetzt von A. Wieler. 2 parts.
No. 22. WÖHLER und LIEBIG. Untersuchungen über das Radikal der Benzoesäure (1832). Herausgegeben von Hermann Kopp.
No. 26. LIEBIG, JUSTUS. Ueber die Constitution der organischen Säuren (1838). Herausgegeben von Hermann Kopp.
No. 27. BUNSEN, ROBERT. Untersuchungen über die Kakodylreihe (1837-43). Herausgegeben von Adolf von Baeyer.
No. 28. PASTEUR, L. Ueber die Asymmetrie bei natürlich vorkommenden organischen Verbindungen (1860). Uebersetzt und herausgegeben von M. und A. Ladenburg.
No. 29. WILHELMY, LUDWIG. Ueber das Gesetz nach welchem die Einwirkung der Säuren auf den Rohrzucker stattfindet.
No. 30. CANNIZZARO, S. Abriss eines Lehrganges der theoretischen Chemie vorgetragen am der Königlichen Universität Genua (1858). Uebersetzt von Arthur Miolati aus Mantua. Herausgegeben von Lothar Meyer.
No. 34. BUNSEN, ROBERT, und H. E. ROSCOE. Photochemische Untersuchungen (1855-59). Ill. 2 parts. (No. 38.)
No. 35. BERZELIUS, JACOB. Versuch die bestimmten und einfachen Verhältnisse aufzufinden nach welchen die Bestandtheile der unorganischen Natur mit einander verbunden sind (1811-1812).
No. 39. PASTEUR, L. Die in der Atmosphäre vorhandenen organisirten Körperchen. Prüfung der Lehre von der Urzeugung (1862). Uebersetzt von A. Wieler. Ill.
No. 40. LAVOISIER, A. L., und P. S. DE LAPLACE. Zwei Abhandlungen über die Wärme. (Aus den Jahren 1780 und 1784.) Herausgegeben von J. Rosenthal. Ill.
No. 42. HUMBOLDT, A. VON, und J. F. GAY LUSSAC. Das Volumgesetz gasförmiger Verbindungen (1805-08).
No. 44. GAY LUSSAC, DALTON, DULONG, PETIT, RUDBERG, MAGNUS und REGNAULT. Abhandlungen über das Ausdehnungsgesetz der Gase. Herausgegeben von W. Ostwald. Ill.
No. 45. DAVY, H. Elektrochemische Untersuchungen. Herausgegeben von W. Ostwald.
No. 56. BLAGDEN, C. Gesetze (Die) der Ueberhaltung und Gefrierpunkterniedrigung (1788). Herausgegeben von A. J. von Oettingen.
No. 57. FAHRENHEIT, RÉAUMUR und CELSIUS. Abhandlungen über Thermometrie (1724, 1730-33, 1742). Herausgegeben von A. J. von Oettingen. Ill.
No. 58. SCHEELE, C. W. Chemische Abhandlungen von der Luft und dem Feuer (1777). Herausgegeben von W. Ostwald. Ill.

Klassiker, die, der Pädagogik. Einleitung in dieselben, s.a. Vogel, A., die philosophischen Grundlagen der wissenschaftl. Systeme der Pädagogik.

—— die, der Pädagogik. Unter Mitwirkung von Schumann, Pappenheim, Gideon Vogt 2c. Hrsg. von Gust. Fröhlich. 1.—6. Bd. 8. Langensalza, Schulbuchhandlung. * 18 90
geb. * 23 25

Inhalt:

Bd. 1. Wagner, Ernst, vollständige Darstellung der Lehre Herbarts. [Psychologie, Ethik und Pädagogik.] Aus sämmtl. Werken und nach eigenen Worten des großen Denkers übersichtl. und systemat. geordnet und zusammengestellt. Zum Studium für Lehrer und Freunde der Pädagogik. 1. und 2. Aufl. (VIII, 248 S. mit dem Bildnis Herbarts.) 1887. *M 2.—.; geb. *M 2.75. und 3. verb. und sehr stark verm. Aufl. (VIII, 398 S.) 888. *M 4.—.; geb. *M 4.75.
" 2. —— Luther als Pädagog. Vollständ. Darstellung der pädagog. Gedanken des großen Reformators in übersichtl. und systemat. Ordnung. Für alle Erzieher, Lehrer, Leiter und Freunde der Schule. Mit einer biograph. Einleitung. (VIII, 184 S. mit dem Bildnisse Luthers.) 887. M 1.80.; geb. *M 2.50.
" 3. Salzmann's, Chr. Gotth., pädagogische Schriften. Für Lehrer und Erzieher hrsg. von Ernst Wagner. 1. Thl. (VIII, 223 S. mit dem Bildnisse Salzmann's.) 887. M 1.80.; geb. *M 2.50.
" 4. —— dass. — 2. Thl. (IV, 294 S. mit 1 Ansicht Schnepfenthals.) 887. M 2.30.; geb. *M 3.—.
" 5. Niemeyers, Aug. Herm., ausgewählte pädagogische Schriften. Hrsg. von Johs. Meyer. 1. Tl.: Einführung in Niemeyers Leben und Lehre. Niemeyers „Grundsätze der Erziehung und des Unterrichts". 1. Tl. (XVI, 320 S.) 888. *M 5.—.; geb. *M 5.75.
" 6. —— dass. — 2. Thl. (XII, 328 S.) 888. *M 4.—.; geb. *M 4.75.

— die, der Pädagogik. 1.—11. Bd. 8. Langensalza, Schulbuchhandlg. n. 36. —; geb. n. 43. 90

1. Vollständige Darstellung der Lehre Herbart's. [Psychologie, Ethik u. Pädagogik.] Aus sämtl. Werken u. nach eigenen Worten des großen Denkers übersichtlich u. systematisch geordnet u. zusammengestellt. Zum Studium für Lehrer u. Freunde d. Pädagogik hrsg. v. E. Wagner. Mit dem Bildnis Herbart's. 1. u. 2. Aufl. (VIII, 248 S.) 887. n. 2. —; geb. n. 2. 75. — 3.—5., verm. Aufl. (VIII, 398 S.) 888—890. n. 4. —; geb. n. 4. 70
2. Luther als Pädagog. Vollständ. Darstellg. der pädagog. Gedanken des großen Reformators in übersichtl. u. systemat. Ordnung. Mit e. biograph. Einleitung von E. Wagner. (VIII, 184 S. mit dem Bildnisse Luther's.) 887. n. 1. 80; geb. n. 2. 50
3. Chr. Gotth. Salzmann's pädagog. Schriften. Für Lehrer u. Erzieher hrsg. v. Ernst Wagner. 1. Tl. I. Salzmann's Leben. — II. Ameisenbüchlein, od. Anweisg. zu e. vernünft. Erziehg. der Erzieher. — III. Noch etwas über Erziehg. nebst Ankündigg. e. Erziehungsanstalt. — IV. Über die wirksamsten Mittel, Kindern Religion beizubringen. Mit dem Bildnisse Salzmann's. 2. Aufl. (VIII, 223 S.) 890. n. 1. 80; geb. n. 2. 50
4. — dasselbe. 2. Tl. V. Krebsbüchlein, od. Anweisg. zu einer unvernünft. Erziehg. der Kinder. — VI. Konrad Kiefer, od. Anweisg. zu e. vernünft. Erziehg. der Kinder. Mit e. Ansicht Schnepfenthals. 2. Aufl. (IV, 294 S.) 890. n. 2. 30; geb. n. 3. —
5. Aug. Herm. Niemeyer's ausgewählte pädagog. Schriften. Hrsg. v. J. Meyer. 1. Tl. Einführg. in Niemeyer's Leben u. Lehre. Niemeyer's „Grundsätze d. Erziehg. u. d. Unterrichts", 1. Tl. (XVI, 320 S.) n. 5. —; geb. n. 5. 75
6. — dasselbe. 2. Tl. Niemeyer's „Grundsätze der Erziehg u. d. Unterrichts", 2. Tl. (XII, 328 S.) 888. n. 4. —; geb. n. 4. 75
7. Joachim Heinrich Campe. Bearb. v. C. Cassau. Mit dem Bildnisse Campe's. 1. Tl. (V, 370 S.) 889. n. 4. —; geb. n. 4. 70
8. — dasselbe. 2. Tl. (259 S.) 889. n. 2. 75; geb. n. 3. 50
9. Jean Paul. Bearb. v. C. Fischer. 1. Tl. Leben u. Lehren Jean Paul's. Levana, 1. Abtlg. (316 S.) 889. n. 3. 30; geb. n. 4. —
10. — dasselbe. 2. Tl. Levana, 2. Abtlg. u. Anhang: pädagog. Goldkörner aus andern Schriften Jean Paul's. (VI, 251 S.) 889. n. 2. 75; geb. n. 3. 50
11. Immanuel Kant. Bearb. v. G. Fröhlich u. Frdr. Koerner. (XVI, 402 S. m. Bildnis.) 890. n. 4. 30; geb. n. 5. —

— die, der Pädagogik. Unter Mitwirkg. v. Böckler Schumann, Pappenheim u. v. a. Hrsg. v. G. Fröhlich 1.—5., 9., 12.—17. Bd. 8. Langensalza, Schulbuchhandlg n. 38. 60; geb. in Leinw. n. 47. —

1. Vollständige Darstellung der Lehre Herbart's. [Psychologie Ethik u. Pädagogik.] Aus sämtl. Werken u. m. eigenen Worten d. großen Denkers übersichtlich u. systematisch geordnet u. zusammengestellt. Zum Studium f. Lehrer u. Freunde der Pädagogik hrsg. v. Ernst Wagner. Mit dem Bildnisse Herbart's. 6. u. 7. Aufl. (VIII, 398 S.) 891. 894. n. 4. —; geb. n. 4. 70
2. Luther als Pädagog. Vollständige Darstellg. der pädagog. Gedanken d. großen Reformators in übersichtl. u. systemat. Ordng. Für alle Erzieher, Lehrer, Leiter u. Freunde der Schule hrsg. v. Ernst Wagner. Mit e. biograph. Einleitg. u. dem Bildnisse Luthers. 2. Aufl. (VIII, 184 S.) 892. n. 1. 80; geb. n. 2. 50
3. Chr. Gotth. Salzmanns pädagogische Schriften. Für Lehrer u. Erzieher hrsg. v. Ernst Wagner. 1. Tl.: I. Salzmanns Leben. II. Ameisenbüchlein, od. Anweisg. zu e. vernünft. Erziehg. der Erzieher. III. Noch etwas üb. Erziehg., nebst Ankündigg. e. Erziehungsanstalt. IV. Über die wirksamsten Mittel, Kindern Religion beizubringen. 3. Aufl. (VIII, 223 S. m. Bildnis.) 891. n. 1. 80; geb. n. 2. 50
4. — dasselbe. 2. Tl.: V. Krebsbüchlein, od. Anweisg. zu e. unvernünft. Erziehg. der Kinder. VI. Konrad Kiefer, od. Anweisg. zu e. vernünft. Erziehg. der Kinder. Mit e. Ansicht Schnepfenthals. 3. Aufl. (IV, 294 S.) 894. n. 2. 30; geb. 3. —
5. Aug. Herm. Niemeyer's ausgewählte pädag. Schriften. Hrsg. v. J. Meyer. 1. Tl. Einführung in Niemeyers Leben u. Lehre. N.'s „Grundsätze der Erziehg. u. des Unterrichts", 1. Tl. 2. Aufl. (XVI, 320 S. m. Bildnis.) 894. 4. —; geb. n. 4. 70
9. Jean Paul. Bearb. v. Konr. Fischer. 1. Tl. Leben u. Lehren Jean Pauls. Levana, 1. Abtlg. 2. Aufl. (316 S.) 894. n. 3. 30; geb. n. 4. —
12. Joh. Gtlieb. Fichte. Bearb. v. Frdr. Färber. (VII, 318 S. m. Bild.) 891. n. 3. 30; geb. n. 4. —
13. Joh. Bapt. Graser. Bearb. v. Heinr. Wieck. 1. Tl. Leben u. Lehre G.'s, Beurteilg. seiner Pädagogik; Divinität [Erziehungs- u. Unterrichtslehre]. (XII, 328 S.) 891. n. 4. —; geb. n. 4. 70
14. — dasselbe. 2. Tl. G.'s Elementarschule fürs Leben; Grundlage, Steigerung u. Vollendg. derselben. (VIII, 290 S.) 891. n. 3. 30; geb. n. 4. —
15. Johann Amos Comenius. Bearb. u. zu dessen 300. Geburtstage [28. März 1892] hrsg. v. Eug. Pappenheim. 1. Tl. Lebensabriß, ferner die „Große Lehrkunst", aus dem Lat. übers. 1. u. 2. Aufl. (VIII, 316 S.) 892. n. 3. 50; geb. n. 4. 20
16. Joh. Mich. Sailer. Bearb. v. Wilh. Glabbach. (XII, 360 S.) 893. n. 4. —; geb. n. 4. 70
17. Wolfgang Ratichius, der Vorgänger des Amos Comenius. Bearb. v. Gideon Vogt. (VI, 298 S.) 894. n. 3. 30; geb. n. 4. —

Klassiker, die, d. Pädagogik. 1., 10. u. 18. Bd. 8. Langensalza, Schulbuchh. n. 10. 75; geb. in Leinw. n.n. 12. 90 (1.—18.: n. 60. 40; geb. n.n. 73. —)

1. Vollst. Darstellg. d. Lehre Herbarts. (Psychologie, Ethik u. Pädagogik.) Aus sämtl. Werken u. m. eig. Worten des großen Denkers übersichtl. u. systemat. geordnet u. zusammengest. Zum Studium f. Lehrer u. Freunde d. Pädagogik hrsg. v. Ernst Wagner. 8. Aufl. (VIII, 398 S. m. Bildnis.) 896. n. 4. —; geb. n.n. 4. 70
10. Jean Paul. Bearb. v. Konr. Fischer. 2. Tl. Levana, 2. Abtlg. u. Anh.: pädagog. Goldkörner aus and. Schriften Jean Pauls. 2. Aufl. (VI, 251 S.) 896. n. 2. 75; geb. n.n. 3. 50 (kplt.: n. 6. 05; geb. n.n. 7. 50)
18. Comenius, Joh. Amos. Bearb. u. zu dessen 300. Geburtstage (28. III. 1892) hrsg. von Eug. Pappenheim. II. Tl. Lehrkunst (Didactica), zur Didaktik, Sittenregeln, Gesetze, konzentr. Lehrgang, Informatorium d. Mutter Schul, Volksschule, Orbis pictus. (V, 361 S.) 898. n. 4. —; geb. n.n. 4. 70 (1. u. 2.: n. 7. 50)

— die, der Pädagogik. Unter Mitwirkung v. Böckler, Schumann, Pappenheim u. a. m. Hrsg. v. G. Fröhlich. 1., 3., 4., 11., 19. u. 20. Bd. 8. Langensalza, Schulbuchh. n. 20. 40; Einbde. in Leinw. à n.n. — 70

1. Vollständige Darstellung der Lehre Herbarts. (Psychologie, Ethik u. Pädagogik.) Aus sämtl. Werken u. m. eigenen Worten des großen Denkers übersichtlich u. systematisch geordnet u. zusammengestellt. Zum Studium f. Lehrer u. Freunde der Pädagogik hrsg. Von Ernst Wagner. 9. Aufl. (VIII, 398 S. m. Bildnis.) 899. 4. —
3. Pädagogische Schriften. Von Chr. Gotth. Salzmann. 1. Tl.: I. Salzmanns Leben. — II. Ameisenbüchlein, od. Anweisg. zu e. vernünft. Erziehg. der Erzieher. — III. Noch etwas üb. Erziehg. nebst Ankündigg. e. Erziehungsanstalt. — IV. Über die wirksamsten Mittel, Kindern Religion beizubringen. Für Lehrer u. Erzieher hrsg. v. Ernst Wagner. 4. Aufl. Mit dem Bildnisse Salzmanns. (VIII, 223 S.) 899. 1. 80
4. Dasselbe. 2. Tl.: V. Krebsbüchlein, od. Anweisg. zu e. unvernünft. Erziehg. der Kinder. — VI. Konrad Kiefer, od. Anweisg. zu e. vernünft. Erziehg. der Kinder. Für Lehrer u. Erzieher hrsg. v. Ernst Wagner. Mit e. Ansicht Schnepfenthals. 4. Aufl. (IV, 294 S.) 900. 2. 30
11. Kant, Imman. Bearb. v. G. Fröhlich u. Frdr. Koerner. 2. Aufl. (XVI, 402 S. m. 1 Bildnis.) 899. 4. 30
19. Diesterweg, Adolf. Bearb. v. Konr. Fischer. Mit e. Bildnisse Diesterwegs. (VIII, 360 S.) 899. n. 4. —
20. Rousseau, Jean Jacques. Hrsg. v. Fröhlich, Glabbach u. G. Weber. 1. Tl. Leben u. Lehre Rousseaus v. Fröhlich. 2. Tl. Rousseaus Emil, bearb. v. G. Weber u. Glabbach. Mit e. Bildnisse Rousseaus. (VIII, 356 S.) 900. n. 4. —

Fortsetzung s.: Greßler's Klassiker d. Pädagogik.

Klassiker, Pädagogische, s. Fichte J. u. Frobel Friedr.

— pädagogische. Auswahl der besten pädagog. Schriftsteller aller Zeiten u. Völker. Mit krit. Erläutergn. versehen. Hrsg. unter der Red. v. Gust. Adf. Lindner. 1. u. 2. Bd. gr. 8. Wien 876 Pichler's Wwe. & Sohn. à 3. —

1. Joh. Amos Comenius, große Unterrichtslehre, m. e. Einleitg.: J. Comenius, sein Leben u. Wirken. Einleitung, Uebersetzg. u. Commentar v. Gust. Adf. Lindner. (LXXXIX, 311 S.)
2. C. A. Helvetius, vom Menschen, seinen Geisteskräften u. seiner Erziehung. Mit e. Einleitg.: Claude Adrien Helvetius 1715—1771. Ein Zeit- u. Lebensbild Einleitung, Uebersetzg. u. Commentar v. Gust. Adf. Lindner. (LII, 287 S.)

— pädagogische. Auswahl der besten pädagog. Schriftsteller aller Zeiten u. Völker. Mit krit. Erläutergn. versehen. Hrsg. unter der Red. von Gust. Adf. Lindner. 3—9. Bd. gr. 8. Wien 877—81. Pichler's Wwe. & Sohn. 19. — (1—9.: 25. —)

3. Joh. Heinr. Pestalozzi, wie Gertrud ihre Kinder lehrt. Mit einer Einleitg.: Joh. Heinr. Pestalozzi's Leben, Werke u. Grundsätze. Einleitung u. Commentar von Carl Riedel. (VIII, CII, 199 S.) 2. —
4. Aug. Herm. Niemeyer, Grundsätze der Erziehung u. d. Unterrichtes. Mit einer Einleitung: Aug. Herm. Niemeyer, sein Leben u. Wirken. Geordnet u. mit Einleitung u. Commentar versehen von G. A. Lindner. 1. Bd. Erziehungslehre. (IV, XXIV, VIII, 210 S.) 2. —
5. Aug. Herm. Niemeyer. Grundsätze der Erziehung u. d. Unterrichtes. Mit einer Einleitung: Aug. Herm. Niemeyer, sein Leben u. Wirken. Geordnet u. m. Einleitung u. Commentar versehen von G. A. Lindner. 2. Bd. Unterrichtslehre. (XXII, 337 S.) 3. —
6. F. A. W. Diesterweg, Rheinische Blätter. Mit einer Einleitung: F. A. W. Diesterweg. Ausgewählt u. mit Einleitung versehen von A. Chr. Jessen. (XXXIX, 293 S.) 2. 50

7. G. A. Dinter's Leben, von ihm selbst beschrieben. Nebst einem Anhang: I. Schulconferenzen, II. Belehrungsblätter. Mit Erläuterungen u. Commentar versehen von Rob. Niedergesäß. (VII, 474 S.) n. 4. —
8. Marcus Fabius Quintilianus. Rednerische Unterweisungen. Bearb. von Gust. Lindner. Plutarch's Abhandlung über die Erziehung der Kinder. Uebersetzung. Einleitung u. Commentar von Prof. Heinr. Deinhardt. (XXXVI, 241 u. 65 S.) 3. 50
9. Roger Ascham's Schulmeister, mit einer Einleitg.: R. Ascham's Leben u. Wirken. Einleitg., Uebersſtzg. u. Commentar v. Jos. Holzamer. (XXII, 171 S.) 2. —

Klassiker, pädagogische. Auswahl der besten pädagog. Schriftsteller aller Zeiten u. Völker. Mit krit. Erläutergn. versehen. Hrsg. unter der Red. v. Gust. Adf. Lindner. 10—16. Bd. gr. 8. Wien, Pichler's Wwe. & Sohn. 31. 50

10. Jos. Jacotot's Universal-Unterricht. Eine Auswahl aus dessen pädagog. Schriften, nebst den bedeutendsten Berichten seiner Zeitgenossen, in rev. Übersetzg. hrsg. u. m. e. Darstellg. d. Lebens u. der Lehre Jacotot's versehen v. Hugo Göring. (CLXXIX, 364 S.) 883. 7. —
11. Frdr. Fröbel's pädagogische Schriften. Hrsg. v. Frdr. Seidel. 1. Bd. Menschenerziehung, Erziehungs-, Unterrichts- u. Lehrkunst. (XXXII, 332 S.) 883. 4. —
12. Dasselbe. 2. Bd. Kindergartenwesen. (VIII, 463 S.) 883. 5. —
13. J. G. Fichte's pädagogische Schriften u. Ideen, m. biograph. Einleitg. u. gedrängter Darstellg. v. Fichte's Pädagogik. Von H. Keferstein. (V, XCIV, 239 S.) 3. 50
14. Joh. Ludw. Vives' ausgewählte Schriften. Aus dem Lat. übers. u. m. e. einleit. Abhandlg. üb. Vives' Leben u. Werke hrsg. v. Jac. Wychgram. (VIII, LXXXIV, VII, 343 S. m. Holzschn.-Portr.) 883. n. 4. 50; geb. n. 5. —
15. Dr. Martin Luther's pädagogische Schriften. Mit e. Einleitg. üb. Luthers Leben u. Werke, m. erläut. Anmerkgn. hrsg. v. Joh. Christ. Glob. Schumann. (VII, 356 S.) 884. n. 3. —; in Lnwbd. n. 4. —
16. Chr. Gotth. Salzmann's pädagogische Schriften. Mit e. Einführg. üb. Salzmann's Leben u. Pädagogik, sowie m. Einleitgn. u. Anmerkgn. hrsg. v. Rich. Bosse u. Johs. Meyer. 1. Thl.: Salzmann's Leben u. Pädagogik. Noch etwas üb. die Erziehung. Krebsbüchlein. Conrad Kiefer. Ameisenbüchlein. (XIX, 592 S.) 886. 4. 50

— dasselbe. 1. Bd. gr. 8. Ebend. 886. 3. —; Einbd. n.n. — 50

Joh. Amos Comenius, große Unterrichtslehre, m. e. Einleitg.: J. Comenius, sein Leben u. Wirken. Einleitung, Übersetzg. u. Commentar v. Gust. Adf. Lindner. 2. Aufl. (VIII, LXXXIX, 311 S.)

— dasselbe. 17. u. 18. Bd. [Neue Serie 7. u. 8. Bd.] gr. 8. Ebd. 888. à Bd. n. 3. —; geb. n. 3. 50

17. Chr. G. Salzmann's pädagogische Schriften. Mit e. Einführg. über Salzmann's Leben u. Pädagogik, sowie mit Einleitgn. u. Anmerkgn. hrsg. v. R. Bosse u. J. Meyer. 2. Thl.: Kleinere pädagog. Schriften. (VI, 362 S.) (1. u. 2.: 7. 50.)
18. Joh. H. Pestalozzi, Lienhard u. Gertrud. Mit Einleitg. u. Anmerkgn. hrsg. v. J. Wychgram. (XXV, 213 S.)

— pädagogische. Auswahl der besten pädagog. Schriftsteller aller Zeiten u. Völker. Mit kritischen Erläutergn. versehen. Hrsg. unter der Red. v. Gust. Adf. Lindner. 8. Bd. gr. 8. Wien 890. Pichler's Wwe. & Sohn. 2. —; geb. n. 2. 50

Joh. Heinr. Pestalozzi, wie Gertrud ihre Kinder lehrt. Mit e. Einleitg.: Joh. Heinr. Pestalozzi's Leben, Werke u. Grundsätze. Einleitg. u. Commentar v. K. Riedel. 2. Aufl. (VIII, CII, 199 S.)

— pädagogische. Auswahl d. besten pädagog. Schriftsteller aller Zeiten u. Völker. Hrsg. unt. d. Red. v. Gust. Adf. Lindner. 1. Bd. gr. 8. Wien 897. A. Pichler's Wwe. & Sohn. Geb. in Leinw. n. 2. —

Große Unterrichtslehre. Von Joh. Amos Comenius. Mit e. Einleitg.: J. Comenius, s. Leben u. Wirken. Einleitg., Uebersetzg. u. Commentar v. Gust. Adf. Lindner. 4. Aufl. (VI, LXXXIX, 311 S. m. 1 Bildn.)

— pädagogische. Auswahl d. besten pädagog. Schriftsteller aller Zeiten u. Völker. Mit krit. Erläutergn. vers. Hrsg. unter d. Red. Gust. Adf. Lindner. 1. u. 3. Bd. 8. Wien, A. Pichler's Wc. & Sohn. Geb. in Leinw. 4. —

Comenius, Joh. Amos, große Unterrichtslehre m. e. Einleitg.: J. Comenius, sein Leben u. Wirken. Einleitung, Übersetzg. u. Kommentar v. Gust. Adf. Lindner. 5. Aufl. (Nach der neuen Rechtschreibg. bearb.) (X, LXXXIX, 311 S. m. Bildnis.) 907. (Bd. 1.) Geb. 2. —
Pestalozzi, Joh. Heinr., wie Gertrud ihre Kinder lehrt. Mit e. Einleitg.: Johann Heinr. Pestalozzis Leben, Werke u. Grundsätze. Einleitg. u. Kommentar v. Karl Riedel. 3. Aufl. (VIII, CII, 199 S.) 911. (Bd. 3.) Geb. 2. —

— die pädagogischen. Zur Einführg. in ihr Leben u. in ihre Schriften. In Verbindg. m. prakt. Schulmännern hrsg. v. E. Friedrich u. Herm. Gehrig. 1.—5. Bd., 6. Bd. 2 Tle., 7. u. 8. Bd. 8. Halle, H. Schroedel. Kart. n. 10. 30

1. Jean Jacques Rousseau. Sein Leben u. seine Schriften. Von Herm. Gehrig. 1. Bd. Rousseaus Leben u. seine „Bekenntnisse". (V, 92 S.) Neuwied 900. n. 1. —
2. Dasselbe. 2. Bd. Rousseaus polit. Schriften. (V, 88 S.) Neuwied 900. n. 1. —
3. Jean Jacques Rousseau. Sein Leben u. seine Schriften. Von Herm. Gehrig. 3. Bd. Rousseaus pädagog. Schriften. „Emil". (V, 142 S.) 901. n.n. 1. 60
4. Bernhard Overberg. Sein Leben u. seine Schriften. Von Heinr. Herold. (V, 104 S.) 901. n.n. 1. 25
5. Friedrich Wilhelm Dörpfeld. Sein Leben u. seine Schriften. Von Frdr. Wienstein. (V, 80 S.) 902. n. 1. —
6. I. Ignaz v. Felbiger u. Ferdinand Kindermann. Von Adelb. Schiel. 1. Tl. Ihr Leben u. ihre Schriften. (VIII, 64 S.) 902. n. — 80
II. Dasselbe. 2. Tl. Felbigers Hauptwerk: „Eigenschaften, Wissenschaften u. Bezeigen rechtschaffener Schulleute". (VIII, 64 S.) 902. n. — 80
7. Die Volksschulpädagogik Friedrichs des Großen u. der preuß. Unterrichtsverwaltung seiner Zeit. Von Eduard Clausnitzer. (VIII, 168 S.) 902. n. 1. 60
8. Friedrich Fröbel. Sein Leben u. seine Schriften. Von E. Müller. (V, 96 S.) 902. n.n. 1. 25

— die pädagogischen. Zur Einführg. in ihr Leben u. ihre Schriften. In Verbindg. m. prakt. Schulmännern hrsg. von E. Friedrich u. Herm. Gehrig. 3. u. 9.—22. Bd. 8. Halle, H. Schroedel. Kart. n.n. 18. 90

Gehrig, Herm., Jean Jaques Rousseau. Sein Leben u. seine Schriften. 2. Aufl. (V, 146 S.) 905. (Bd. 3.) Kart. n.n. 1. 60
Heubaum, Alfr., die Nationalerziehung in ihren Vertretern Zöllner u. Stephani. (V, 122 S.) 904. (Bd. 14.) n. 1. 50
Kerrl, Th., Johann Amos Comenius. Sein Leben, seine pädagog. Schriften u. s. Bedeutg. I. Tl.: Das Leben des Comenius u. die Entstehg. seiner wichtigsten Schriften. (VIII, 99 S. m. 1 graph. Taf.) 904. (Bd. 17.) n.n. 1. 35
— dasselbe. II. Tl.: Die wichtigsten pädagog. Schriften des Comenius. 1. Abtlg.: Philosophische, pansoph. u. speziell didakt. Schriften. (V, 88 S.) 905. (Bd. 20.) n.n. 1. 25
— dasselbe. III. Tl.: Die wichtigsten pädagog. Schriften des Comenius. Allgemeine didakt. Schriften: Große Unterrichtslehre, Mutterschule, Schullabyrinth. (VI, 99 S.) 905. (Bd. 21.) n.n. 1. 35
— dasselbe. IV. Tl.: Die Bedeutg. des Comenius. Wissenschaftliche Darstellg. u. Beurteilg. seiner Pädagogik. (X, 103 S.) 906. (Bd. 22.) n.n. 1. 35
Knöppel, Al., Fénelon u. seine Abhandlung üb. die Erziehg. der Mädchen. (VIII, 62 S.) 903. (Bd. 11.) n. — 80
Merz, Heinr., Joh. Heinrich Pestalozzi. Sein Leben u. seine wichtigsten Schriften. 1. Bd. Pestalozzis Leben. Abendstunde eines Einsiedlers. Lienhard u. Gertrud. (VIII, 69 S.) 903. (Bd. 13.) n. 1. —
Niessen, Jos., Johann Michael Sailer. Sein Leben u. seine Schriften. (IV, 100 S.) 904. (Bd. 15.) n.n. 1. 25
Oppermann, Edm., Aug. Hermann Niemeyer. Sein Leben u. seine pädagog. Werke. (V, 75 S.) 904. (Bd. 16.) n. 1. —
Otto, Aug., Aug. Hermann Francke. 1. Tl.: Sein Leben u. seine Schriften. (V, 115 S.) 902. (Bd. 9.) n. 1. 50
— dasselbe. II. Tl.: Beurteilung u. Bedeutung der Franckeschen Pädagogik. (V, 91 S.) 904. (Bd. 10.) n.n. 1. 25
Schulz, Adf., Esaias Tegnér. Sein Leben u. seine Schulreden. (V, 108 S.) 905. (Bd. 18.) n.n. 1. 25
Strzyzewski, Stanislaw, Jean Paul Friedrich Richter. Sein Leben u. seine pädagog. Werke. Die „Levana", vom Standpunkte moderner Pädagogik betrachtet. (VI, 103 S.) 905. (Bd. 19.) Kart. n.n. 1. 35
Tesch, P., Joh. Friedrich Herbart. Sein Leben, seine Philosophie u. seine pädagog. Schriften. 1. Tl.: Herbarts Lebens- u. Werdegang u. seine Metaphysik. (V, 70 S.) 903. (Bd. 12.) n. 1. —

— die pädagogischen. Zur Einführg. in ihr Leben u. ihre Schriften. Hrsg. v. prakt. Schulmännern. Gegründet v. E. Friedrich u. Herm. Gehrig. 5. u. 23.—25. Bd. 8. Halle, H. Schroedel. Kart. nn 5. 60

Richter, Paul, D. Martin Luthers pädagog. Schriften u. reformator. Verdienste um Schule u. Unterricht. Mit bes. Rücks. auf d. Volksschule dargest. (VIII, 87 S.) 907. (Bd. 23.) Kart. nn 1. 25
Schreck, Ernst, Friedr. Eberhard v. Rochow. Sein Leben u. seine pädagog. Schriften. (VIII, 123 S.) 908. (Bd. 24.) Kart. nn 1. 50
Schulz, Adf., Gustav Friedr. Dinter. Sein Leben u. s. Schriften. (II, 131 S.) 908. (Bd. 25.) Kart. nn 1. 60
Wienstein, Frdr., Friedrich Wilhelm Dörpfeld. Sein Leben u. seine Schriften. 2., verb. Aufl. (IV, 123 S.) 907. (Bd. 5.) Kart. nn 1. 25

— d. Philosophie, s.: Frommann.

d. Philosophie, s. Klassiker, Frommanns, der Philosophie.

Klassiker, die, der Römer u. Griechen. Strenge Auswahl mit Stahlstichen. 1—12. Bd. 16. Stuttgart, [Scheible, Rieger u. Sattler.]

A. u. d. Ttln.:

Bd. 1—8. Titus Livius römische Geschichte. Uebers. v. (E. F. Chr.) Oertel. 8 Bde. 1—3. Aufl. (202⅝ B. u. 9 Stahlst.) 840—41. 3 Thlr., hrbgs. Pr. 1 Thlr. 12 Gr.

" 9—11. Des Quintus Horatius Flakkus Oden, Satiren u. Briefe. Uebers. v. Ernesti. 3 Bde. (40 B. u. 3 Stahlst.) 841. 1 Thlr. 5 Gr.

" 12. Cajus Sallustius Crispus Werke. Uebers. v. Heinr. Ruckgaber. (Verschwörung d. Catilina.) (15⅝ B. u. 1 Stahlst.) 841. 9 Gr.

— d. religiösen Weltanschauung. Hrsg. v. E. Dennert. 2 Bde. 8. Hamburg, Agentur d. Rauhen Hauses.
Geb. in Leinw. à 4.50

1. Immanuel Kant. Sören Kierkegaard. Charles Kingsley. (142, 153 u. 140 S. m. 3 Bildn.) 909.
2. Johannes Tauler. August Tholuck. Geiler v. Kaysersberg. (141, 144 u. 126 S. m. 3 Bildn.) 909.

Klassiker der exakten Wissenschaften, s.a. Klassiker, Ostwald's, der exakten Wissenschaften.

Klassiker der exakten Wissenschaften, s.a. Ostwald, W.

—— der exakten Wissenschaften, hrsg. v. Wilh. Ostwald. Nr. 1—37. 8. Lpz., W. Engelmann. geb. * —55 75

1. Helmholtz, H. Über die Erhaltung der Kraft [1847]. (60 S.) 889. geb. * — 80.
2. Gauss, Carl Friedr. Allgemeine Lehrsätze in Beziehung auf die im verkehrten Verhältnisse d. Quadrats der Entfernung wirkenden Anziehungs- u. Abstossungs-Kräfte [1840]. Hrsg. v. A. Wangerin. (60 S.) 889. geb. * — 80.
3. Dalton, J. u. W. H. Wollaston. Die Grundlagen der Atomtheorie. Abhandlgn [1803—1808]. Hrsg. v. W. Ostwald. (30 S. m. 1 Steintaf.) 889. geb. * — 70.
4. Gay-Lussac. Untersuchungen üb. das Jod [1814]. Hrsg. v. W. Ostwald. (52 S.) 889. geb. * — 80.
5. Gauss, Carl Friedr. Allgemeine Flächentheorie (Disquisitiones generales circa superficies curvas) [1827]. Deutsch hrsg. v. A. Wangerin. (62 S.) 889. geb. * — 80.
6. Weber, E. H. Ueber die Anwendung der Wellenlehre auf die Lehre vom Kreislaufe des Blutes u. insbesondere auf die Pulslehre. Hrsg. v. M. v. Frey. (46 S. m. 1 Taf.) 889. geb. * 1. —.
7. Bessel, F. W. Untersuchungen üb. die Länge d. einfachen Secundenpendels. Hrsg. v. H. Bruns. (171 S. m. 2 Taf.) 889. geb. * 3 —.
8. I. Avogadro, A. Versuch e. Methode, die Massen der Elementarmolekeln der Stoffe u. die Verhältnisse, nach welchen sie in Verbindgn. eintreten, zu bestimmen. — II. Brief d. Hrn. Ampère an den Hrn. Grafen Berthollet, üb. die Bestimmg. der Verhältnisse, in welchen sich die Stoffe nach der Zahl u. der wechselseitigen Anordg. der Molekeln, aus denen ihre integrirenden Partikeln zusammengesetzt sind, verbinden. Hrsg. v. W. Ostwald. (50 S. m. 3 Taf.) 889. geb. * 1 20.
9. Hess, G. H. Thermochemische Untersuchungen [1839—1842]. Hrsg. v. W. Ostwald. (102 S.) 890. geb. * 1 60.
10. Neumann, Frz. Die mathematischen Gesetze der inducirten elektrischen Ströme [1845]. Hrsg. v. C. Neumann. (96 S.) 890. geb. * 1 50.
11. Galilei, Galileo. Unterredungen u. mathematische Demonstrationen üb. zwei neue Wissenszweige, die Mechanik u. die Fallgesetze betr.; Arcetri, 6. März 1638. 1. Tag m. 13 u. 2. Tag m. 26 Holzschn. Aus dem Italien. übers. u. hrsg. v. Arth. v. Oettingen. (142 S.) 890. geb. * 3 —.
12. Kant, Immau. Allgemeine Naturgeschichte u. Theorie d. Himmels, od. Versuch v. der Verfassg. u. dem mechan. Ursprunge d. ganzen Weltgebäudes, nach Newtonischen Grundsätzen abgehandelt [1755]. Hrsg. v. H. Ebert. (101 S.) 890. geb. * 1 50.
13. Coulomb. Vier Abhandlungen üb. die Elektricität u. den Magnetismus. Uebers. u. hrsg. v. Walter König. (88 S. m. 14 Fig.) 890. geb. * 1 80.
14. Die 4 Gauss'schen Beweise f. die Zerlegg. ganzer algebraischer Functionen in reelle Factoren 1. od. 2. Grades [1799—1849]. Hrsg. v. E. Netto. (81 S.) 890. geb. * 1 50.
15. 16. Saussure, Théod. de. Chemische Untersuchungen üb. die Vegetation [1804]. Uebers. v. A. Wieler. 2 Hälften. (96; 114 S.) 890. à Hälfte * 1 80.
17. Bravais', A., Abhandlungen üb. symmetrische Polyeder [1849]. Uebers. u. in Gemeinschaft m. P. Groth hrsg. v. C. u. E. Blasius. (50 S. m. 1 Taf.) 890. geb. * 1 —.
18. Ludwig, C., E. Becher u. Conr. Rahn. Abhandlungen über den Speichel [1851]. Hrsg. v. M. v. Frey. (44 S. m. 6 Fig. im Text.) 890. geb. * — 75.
19. Ueber die Anziehung homogener Ellipsoide. Abhandlungen von Laplace [1782], Ivory [1809], Gauss [1813], Chasles [1838] u. Dirichlet [1839]. Hrsg. v. A. Wangerin. (118 S.) 890. geb. * 2 —.
20. Huyghens v. Zuilichem, Chr. Abhandlung üb. das Licht. Worin die Ursachen der Vorgänge bei seiner Zurückwerfg. u. Brechg. u. besonders bei der eigenthüml. Brechg. d. isländ. Spathes dargelegt sind [1678]. Hrsg. v. E. Lommel. (115 S. m. 57 Fig. im Text.) 890. geb. * 2 40.
21. Wittorf, W. Ueber die Wanderungen der Ionen während der Elektrolyse. Abhandlgn. [1853—1859]. Hrsg. v. W. Ostwald. 1. Tl. (87 S. m. 1 Taf.) 891. geb. * 1 60.
23. —— dass. — 2. Tl. (142 S. m. 1 Taf.) 891. geb. * 1 50.
22. Woehler u. Liebig. Untersuchungen üb. das Radikal der Benzoesäure [1832]. Hrsg. v. Herm. Kopp. (43 S. m. 1 Taf.) 891. geb. * 1 —.
24. Galilei, Galileo. Unterredungen u. mathematische Demonstrationen üb. zwei neue Wissenszweige, die Mechanik u. die Fallgesetze betr., Arcetri, 6. März 1638. 3. u. 4. Tag m. 90 Fig. im Text. Aus dem Italien. u. Latein. übers. u. hrsg. v. Arth. v. Oettingen. (141 S.) 891. geb. * 2 —.
25. —— dass. — Anh. zum 3. u. 4. Tag, 5. u. 6. Tag m. 23 Fig. im Text. Aus dem Italien. u. Latein. übers. u. hrsg. v. Arth. v. Oettingen. Mit Inhaltsverzeichnis zum 3. bis 6. Tag. (66 S.) 891. geb. * 1 20.
26. Liebig, Justus. Abhandlung üb. die Constitution der organischen Säuren [1838]. Hrsg. v. Herm. Kopp. (86 S.) 891. geb. * 1 40.
27. Bunsen, Rob. Untersuchungen üb. die Kakodylreihe [1837—1843]. Hrsg. v. Adf. v. Baeyer. (148 S. m. 3 Fig.) 891. geb. * 1 80.
28. Pasteur, L. Über die Asymmetrie bei natürlich vorkomm. organ. Verbindungen. 2 Vorträge, geh. am 20. Jan. u. 3. Febr. 1860 in der Société chimique zu Paris, übers. u. hrsg. v. M. u. A. Ladenburg. (36 S.) 891. geb. * — 60.
29. Wilhelmy, Ludw. Ueber das Gesetz, nach welchem die Einwirkung der Säuren auf den Rohrzucker stattfindet [1850]. Hrsg. v. W. Ostwald. (47 S.) 891. geb. * — 80.
30. Cannizzaro, H. Abriss e. Lehrganges der theoretischen Chemie, vorgetragen an der k. Universität Genua [1858]. Uebers. v. Arth. Miolati. Hrsg. v. Loth. Meyer. (61 S.) 891. geb. * 1 —.
31. Lambert's Photometrie. (Photometria sive de mensura et gradibus luminis, colorum et umbrae.) [1760.] Deutsch hrsg. v. E. Anding. 1. Heft: I. u. II. Thl. (135 S. m. 35 Fig.) 892. geb. * 2 —.
32. —— dass. — 2. Heft: III.—V. Thl. (112 S. m. 32 Fig.) 892. geb. * 1 60.
33. —— dass. — 3. Heft: VI. u. VII. Thl. Anmerkgn. (172 S. m. 8 Fig.) 892. geb. * 2 50.
34. Bunsen, R. u. H. E. Roscoe. Photochemische Untersuchungen [1855—1859]. 1. Hälfte. Hrsg. v. W. Ostwald. (96 S. m. 13 Fig.) 892. geb. * 1 50.
35. Berzelius, Jac. Versuch, die bestimmten u. einfachen Verhältnisse aufzufinden, nach welchen die Bestandtheile der unorganischen Natur m. einander verbunden sind [1811—1812]. Hrsg. v. W. Ostwald. (218 S.) 892. geb. * 3 —.
36. Neumann, Frz. Ueber e. allgemeines Princip der mathematischen Theorie inducirter elektrischer Ströme [1847]. Hrsg. v. C. Neumann. (96 S. m. 10 Fig.) 892. geb. * 1 50.
37. Carnot, S. Betrachtungen üb. die bewegende Kraft d. Feuers u. die zur Entwickelung dieser Kraft geeigneten Maschinen [1824]. Uebers. u. hrsg. v. W. Ostwald. (72 S. m. 5 Fig.) 892. geb. * 1 20.

Klassiker-Ausgabe, stenografische, s. Blätter, österreich., für Stenografie.

Klassiker-Ausgaben, illustr., Minerva. Meisterwerke aus d. Literaturschätzen aller Nationen. Wochenausg. in Lfgn. 1.—114. Lfg. gr. 8. Leipzig, Verlag d. Literaturwerke „Minerva". à Lfg. —15

Inhaltsübersicht in alphabet. Ordnung:

Chamisso, Adb. v., Gedichte. Mit e. Einleitg. u. zahlr. Illustr. namhafter Künstler. (240 S.) 898. (Lfg. 90—104.)
Goethe, Wolfg. v., Faust I. Thl. Mit Illustr. v. Brüning. (160 S.) 898. (Lfg. 105—114.)
— Gedichte. Mit e. Einleitg. u. zahlreich. Illustr. namhafter deutsch. Künstler. (384 S.) 897. 98. (Lfg. 66—89.)
— Götz v. Berlichingen m. d. eisern. Hand. Ein Schauspiel in 5 Akten. (54 S.) 896. (Lfg. 9—11 u. ½12.)
— Hermann u. Dorothea. (60 S.) 896. (Lfg. 13—16.)
Kleist, H. v., Käthchen v. Heilbronn od. d. Feuerprobe. Groß. histor. Ritterschauspiel in 5 Akten. (46 S.) 896. (Lfg. 1—3.)
— der zerbrochene Krug. Ein Lustspiel. (32 S.) 896. (Lfg. 4. 5.)
Schiller, Fr. v., die Braut v. Messina. (48 S.) 897. (Lfg. 42—44.)
— Gedichte. Mit Einleitg. (VIII, 164 S.) 896. (Lfg. 20—30.)
— die Jungfrau v. Orleans. Ein Trauerspiel. (60 S.) 896. (Lfg. 34—37.)
— Wilhelm Tell. Schauspiel in 5 Aufzügen. (54 S.) 896. (Lfg. 6—8 u. ½12.)
Shakespeare, Will., Hamlet. Ein Trauerspiel. (64 S.) 896. 897. (Lfg. 38—41.)
— König Lear. Ein Trauerspiel. (63 S.) 897. (Lfg. 62—65.)
— der Kaufmann v. Venedig. Ein Schauspiel. (46 S.) 896. (Lfg. 31—33.)
— Romeo u. Julia. Ein Trauerspiel. (48 S.) 896. (Lfg. 17—19.)
Tegnér's Esaias, Frithjofs-Sage. — Die Abendmahlskinder. Aus d. Schwed. v. Gottl. Mohnike. Mit Illustr. v. A. Malmström. (96 S.) 897. (Lfg. 45—50.)
Uhland's Ludw., Gedichte. Mit e. Einleitg. (XII, 160 S.) 897. (Lfg. 51—61.)

— dasselbe. Heft 1—80 (Lfg. 115—274). Ebd. 896—898. à Hft. — 30

1—59. Schiller's sämmtl. Werke. (Kplt. in 8 Leinw.-Bdn. 25. —; in 6 Leinw.-Bdn. 28. —)
60—63. Rückert, Frdr., Liebesfrühling. Illustr. Ausg. 4 Hfte. (128 S.)
64. 65. Kleist, Heinr. v., die Hermannschlacht. Ein Drama. 2 Hfte. (56 S.)
65—67. — Prinz Friedrich v. Homburg. Schauspiel. 3 Hfte. (42 S.)
67. 68. Tennyson, Alfr., Enoch Arden. Übers. v. Max Mendheim. Illustr. v. Walth. Kupfer. 2 Hfte. (48 S.)
69—73. Heine, Heinr., Buch d. Lieder. 5 Hfte. (144 S. m. Bildn.)
73—75. Shakespeare, Will., Othello. 3 Hfte. (64 S.)
75—79. Goethe, Wolfg. v., Faust. Eine Tragödie. II. Tl. 5 Hfte. (125 S.)
79. 80. Eichendorff, Joh. Frhr. v., aus d. Leben e. Taugenichts. Novelle. Hft. 1 u. 2. (S. 1—48.)

Früher u. d. T.: „Litteraturwerke.

Klassiker-Ausgaben, illustrierte, „Minerva". Meisterwerke aus den Literaturschätzen aller Nationen. 81.—144. Hft. od. 275.—414. Lfg. gr. 8. Leipzig 899—901. Verlag der Literaturwerke „Minerva". à Hft. — 30

Inhaltsübersicht in alphabetischer Ordnung:

Eichendorff, Jos. Frhr. v., aus dem Leben e. Taugenichts. Novelle. 3. Hft. (S. 49—78.)
Goethe, Joh. Wolfg. v., Clavigo. Ein Trauerspiel. (37 S.)
— Egmont. Trauerspiel. (54 S.)
— Iphigenie auf Tauris. Ein Schauspiel. (41 S.)
— aus meinem Leben. Wahrheit u. Dichtg. (1. Bd. 284 S. u. 2. Bd. S. 1—154.)
— die Leiden des jungen Werther. (73 S.)

— Reineke Fuchs. Episches Gedicht in 12 Gesängen. (149 S.)
— Stella. Trauerspiel. Die Geschwister. Schauspiel in 1 Akt. (52 S.)
— Torquato Tasso. Ein Schauspiel. (59 S.)
— die natürliche Tochter. Trauerspiel. (54 S.)
— die Wahlverwandtschaften. Ein Roman. (142 S.)
Hauff, Wilh., Lichtenstein. Eine romant. Sage. (284 S.)
Immermann, Karl, der Oberhof. [Aus: I., „Münchhausen".] (277 S.)
Lessing's, G. E., dramatische Meisterwerke. Minna v. Barnhelm — Emilia Galotti (123 S.) — Nathan der Weise. (76 S.)
Shakespeare, William, Julius Caesar. Ein Trauerspiel. (49 S.)
— Macbeth. Ein Trauerspiel. (46 S.)
— König Richard III. Ein Schauspiel. (64 S.)
— ein Sommernachtstraum. Ein Drama. (41 S.)
— die lustigen Weiber v. Windsor. Ein Lustspiel. (54 S.)
— der Widerspenstigen Zähmung. Ein Lustspiel. (50 S.)

— d. griech. Philosophie. I—III. 8. Halle, Buchh. d. Waisenhauses. n. 4. 30
I. Sokrates. E. Sammlg. apologet. Schriften Xenophons u. Platons. M. e. Einleitg. f. d. Gymnasialprima hrsg. v. Karl Lincke. (XV, 159 S.) 896. n. 1. 20
II. Platons Phaedon. M. Einleitg. u. Kommentar f. d. Gymnasialprima hrsg. v. J. Stender. (X, 182 S.) 897. n. 1. 60
III. Auswahl aus Platons Politeia. M. Einleitg. u. Anmerkgn. hrsg. v. Carl Nohle. (XIV, 198 S.) 898. n. 1. 60

— der griechischen Philosophie. IV. 8. Halle, Buchh. des Waisenhauses. n. 1. 60
Platon's Gorgias. Mit Einleitung u. Kommentar f. die Gymnasialprima hrsg. v. J. Stender. (XIII, 194 S.) 900.
I—III. Ebd. 896—898. n. 4. 30.

Klassiker-Ausgaben d. griech. Philosophie. V. 8. Halle 909. Buchh. d. Waisenhauses. 1. 80
Platon's Protagoras. Mit Einleitg. u. Kommentar f. die Gymnasialprima hrsg. v. W. Olsen. (166 S.)

Klassiker-Bibel, goldene. Die heil. Schrift des Alten u. Neuen Testaments, nach der deutschen Uebersetzg. Mart. Luthers. Im Auftrage der evangel. Kirchenkonferenz durchgeseh. Ausg. Pracht-Ausstattung. Mit 127 Chromo-Vollbildern nach klass. Gemälden alter u. neuer Meister der deutschen, italien., span., holländ. u. französ. Schule u. Entwürfen der Wandsbeker Kunstanstalt. Haus- u. Familien-Chronik nach Konkurrenz-Entwürfen deutscher Ornamentiker u. Kalligraphen. 1.—38. Lfg. Fol. (A. T. Sp. 1—1216 u. Familien-Chronik S. 1—16, 19—24 u. 27—30 m. 74 Farbendr.) Wien 893. 894. M. Herzig. à 2. —; billige Ausstattg. Mit 31 Chromo- u. 61 Tondr.-Vollbildern. (A. T. Sp. 1—1216 u. Familien-Chronik S. 1—16, 19—24 u. 27—30 m. 18 Taf. in Farbendr. u. 41 in Tondr.) à 1. —

— dasselbe. Aus der Vulgata übers. v. Jos. Frz. v. Allioli. Pracht-Ausstattg. 1.—38. Lfg. Fol. (Einleitg. 76 S., A. T. Sp. 1—1136 u. Familien-Chronik S. 1—16, 19—24 u. 27—30 m. 74 Farbendr.) Ebd. 893. 894. à 2. —; billige Ausstattg. (Einleitg. 76 S., A. T. Sp. 1—1104 u. Familien-Chronik S. 1—16, 19—24 u. 27—30 m. 18 Taf. in Farbendr. u. 41 in Tondr.) à 1. —

Klassiker-Bibel, goldene. D. heil. Schrift d. Alten u. Neuen Testaments, nach d. deutschen Uebersetzg. Mart. Luthers. Im Auftr. d. evang. Kirchenkonferenz durchgeseh. Ausg. Pracht-Ausstattung. M. 127 Chromo-Vollbild. nach klass. Gemälden alter u. neuer Meister d. deutschen, italien., span., holländ. u. französ. Schule u. Entwürfen d. Wandsbeker Kunstanstalt. Haus- u. Familienchronik nach Konkurrenz-Entwürfen deutscher Ornamentiker u. Kalligraphen. 39.—75. (Schluß-)Lfg. Fol. (A. T. VII S. u. Sp. 1217—1842; N. T. Sp. 1—634 u. Familien-Chronik S. 25, 26 u. 31—52 m. 51 Farbendr. u. 1 Widmungsblatt.) Wien 895—896. M. Herzig & Co. à 2. —; bill. Ausstattg. M. 31 Chromo- u. 61 Tondr.-Vollbild. (A. T. VII S. u. Sp. 1217—1580; N. T. Sp. 1—634 u. Familienchronik S. 25, 26 u. 31—52 m. 12 Taf. in Farbendr., 22 in Tondr. u. 1 Widmungsblatt.) à 1. —

Klassiker-Bibel, goldene. Aus d. Vulgata übers. von Jos. Frz. v. Allioli. Pracht-Ausstattg. 39.—75. (Schluß-)Lfg. Fol. (A. T. VII S. u. Sp. 1137—2328, N. T. 708 Sp. u. Familienchronik S. 25, 26 u. 31—52 m. 51 Farbendr.) Ebd. 895—896. à 2. —; bill. Ausstattg. (A. T. VII S. u. Sp. 1137—2328; N. T. 708 Sp. u. Familienchronik S. 25, 26 u. 31—52 m. 12 Taf. in Farbendr. u. 16 in Tondr.) à 1. —
Kplt. geb. in 2 Bdn., Prachtausstattg.: In Maroquinldr. m. Goldschn. n. 220. —; m. vergold. Beschlägen, eingesetzten Malachitsteinen u. vergold. Schloß. n. 250. —; m. echten Silberbeschlägen u. Schloß n. 350. —; bill. Ausstattg.: In Doppelstoff-Leinw. m. Maroquin-Ldrrücken m. Goldschn. n. 110. —; in Maroquin-Ldr. n. 125. —.

Klassiker-Bibliothek, deutsche. Hrsg. von Rud. v. Gottschall. Auswahl in 24 Bdn. Mit 8 Portraits. 8. (793; II, 848; 875; II, 806; 589; 785 u. 1063 S.) Berlin 891. Verlagsanstalt Urania. Geb. in 6 Leinw.-Bde. n. 12. —
Goethe's Werke. — Schiller's Werke. — Lessing's Werke. — Körner's Werke. — Heinr. v. Kleist's Werke. — Hauff's Werke. — Lenau's Werke. — Heine's Werke.

Klassiker-Bibliothek, deutsch-österreichische. 1.—21. Bd. 16. Teschen, K. Prochaska. Subskr.-Pr. à — 85; Einzelpr. à 1. —
Bäuerle, Adj., ausgew. Werke. 1. Bd. Die Bürger in Wien. Aline od. Wien in e. andern Weltteile. (XX, 165 S.) (909.) (Bd. 14.)
Gleich, Jos. Alois, ausgewählte Werke. 1. Bd. Die Musikanten am Hohen Markt. Ydor, d. Wanderer aus d. Wasserreich. Die weißen Hüte. (XXIX, 167 S.) (910.) (Bd. 16.)
Grillparzer, Frz., ausgew. Werke. Hrsg. u. m. Einleitg. versehen v. Otto Rommel. I. Bd. Novellen u. dramat. Fragmente. (XVI, 195 S.) (908.) (Bd. 3.)
— dasselbe. II. Bd. Die Ahnfrau. Der Traum, e. Leben. (XII, 218 S.) (908.) (Bd. 6.)
— dasselbe. III. Bd. Selbstbiographie. (236 S.) (910.) (Bd. 15.)
— dasselbe. IV. Bd. Sappho. — Des Meeres u. d. Liebe Wellen. (IV, 182 S.) (910.) (Bd. 20.)
Grün, Anastas., ausgew. Werke. Hrsg. u. m. Einleitg. vers. v. Otto Rommel. I. Bd. Der letzte Ritter. (XIX, 188 S.) (909.) (Bd. 8.)
Halm, Frdr., ausgew. Werke. Hrsg. u. m. Einleitg. versehen v. Otto Rommel. I. Bd. Novellen. (XII, 207 S.) (908.) (Bd. 1.)
— dasselbe. II. Bd. Griseldis. Der Sohn d. Wildnis. (IV, 198 S.) (909). (Bd. 12.)
Hartmann, Mor., ausgew. Werke. Hrsg. u. m. Einleitg. vers. v. Otto Rommel. 1. Bd. Der Krieg um d. Wald. (XXII, 218 S.) (910.) (Bd. 19.)
Lenau, Nikol., ausgew. Werke. Hrsg. u. m. Einleitg. versehen v. Otto Rommel. I. Bd. (XVI, 191 S.) (908.) (Bd. 2.)
Meisl, Karl, ausgew. Werke. Hrsg. u. m. Einleitg. versehen v. Otto Rommel. 1. Bd. Das Gespenst auf d. Bastei. Das Gespenst im Prater. Die Geschichte e. echten Schals in Wien. (XXII, 174 S.) (909.) (Bd. 10.)
Nestroy, Joh., ausgew. Werke. Hrsg. u. m. Einleitg. versehen v. Otto Rommel. 1. Bd. Der Unbedeutende. Freiheit in Krähwinkel. (XXVI, 176 S.) (910.) (Bd. 18.)
Raimund, Ferd., ausgew. Werke. Hrsg. u. m. Einleitg. verseh. v. Otto Rommel. I. Bd. Das Mädchen aus d. Feenwelt od. Der Bauer als Millionär. Der Verschwender. (XX, 196 S.) (908.) (Bd. 4.)
Schreyvogel, Jos., ausgew. Werke. Hrsg. u. m. Einleitg. vers. v. Ernst Baum. 1. Bd. Samuel Brinks letzte Liebesgesch. War er e. Geisterseher? (XXI, 140 S.) (910.) (Bd. 21.)
Sealsfield, Charles, ausgew. Werke. I. Bd. Lebensbilder aus d. westl. Hemisphäre. I. (Die Kreolen. Nathan, d. Squatter-Regulator.) (XX, 190 S.) (909.) (Bd. 13.)
— dasselbe. II. Bd. Lebensbilder aus d. westl. Hemisphäre. II. Nathan d. Squatter Regulator. (251 S.) (910.) (Bd. 17.)
Seidl, Joh. Gabr., ausgew. Werke. Hrsg. u. m. Einleitg. vers. v. Otto Rommel. I. Bd. Alt-Wiener Novellen. (XV, 206 S.) (908.) (Bd. 5.)
Stifter, Adalb., ausgew. Werke. Hrsg. u. m. Einleitg. verseh. v. Otto Rommel. 1. Bd. Das Heidedorf. Der Hochwald. (XVII, 176 S.) (908.) (Bd. 7.)
— dasselbe. II. Bd. Der Hagestolz. Der beschriebene Tännling. (IV, 228 S.) (909.) (Bd. 11.)
Zedlitz, Jos. Christian Frhr. v., ausgew. Werke. Hrsg. u. m. Einleitg. versehen v. Otto Rommel. I. Bd. Totenkränze. — Waldfräulein. (XX, 171 S.) (909.) (Bd. 9.)

Klassiker-Bibliothek, französisch-englische. Hrsg. v. J. Bauer u. Th. Link. 28.—42. Bdchn. 8. München, J. Lindauer. n. 13. 30; kart. n. 16. 30
28. Les époques principales de la littérature française. Extrait de l'histoire de la littérature française. Par L. Petit de Julleville. Auswahl m. Anh., Anmerkgn. u. Wörterverzeichnis, hrsg. v. Rich. Ackermann. (IV, 159 S.) 900. n. 1. 30; kart. n. 1. 50
29. Le drame français moderne. Scènes des oeuvres de Augier, Dumas fils, Pailleron, Sardou. Im Auszuge u. zum Schulgebrauch hrsg. Von Ernst Dannheisser. Mit e. Wörterverzeichnis. (V, 96 S.) 900. n. — 80; kart. n. 1. —
30. Les contes de ma mère l'oie. Par Charles Perrault. Zum Schulgebrauch hrsg. v. Ludw. Appel. Mit e. Wörterverzeichnis. (VII, 72 S.) 900. n. — 70; kart. n. — 90

31. The three cutters. By Capt. Marryat. Zum Schul- u. Privatgebrauche hrsg. v. Geo. Buchner. Mit e. Wörterverzeichnis. (VI, 89 S.) 900. n. —80; kart. n. 1.—
32. Trois contes des fées. Par Mme. la Comtesse d'Aulnoy. Zum Schulgebrauch hrsg. v. Ludw. Appel. Mit e. Wörterverzeichnis. (VII, 104 S.) 900 n. —80; kart. n. 1.—
33. With Clive in India. By G. A. Henty. Für den Schulgebrauch hrsg. v. Geo. Wolpert. Mit e. Wörterverzeichnis. (IV, 152 S.) 900. n. 1.30; n. 1.50
34. Sous la tonnelle. Par Émile Souvestre. Zum Schul- u. Privatgebrauch hrsg. v. Gg. Buchner. Mit Wörterverzeichnis. (7, 104 S.) 901. n. —80; geb. n. 1.—
35. History of the conquest of Mexico. By William H. Prescott. Zum Schul- u. Privatgebrauch hrsg. v. Gust. Adf. Stoll. (4, 89 S.) 901. n. —80. kart. n. 1.—
36. Les origines de la France contemporaine. Par Hippolyte Taine. Zum Schul- u. Privatgebrauch hrsg. v. H. Gaßner. Mit Wörterverzeichnis. (VIII, 109 S.) 901. n. 1.—; kart. n. 1.20
37. Historie d'un conscrit de 1813. Par Erckmann-Chatrian. Im Auszug u. zum Schulgebrauch hrsg. v. Karl Wimmer. Mit Wörterverzeichnis u. 3 Karten. (VII, 87 S.) 902. n. —80; kart. n. 1.—
38. Les femmes savantes. Comédie en 5 actes. Par Molière. Zum Schul- u. Privatgebrauch hrsg. v. Thdr. Link. (XVI, 141 S.) 902. n. 1.—; kart. n. 1.20
39. Le Cid. Tragédie. Par Pierre Corneille. Für den Schulgebrauch hrsg. u. erläutert v. Ernst Dannheißer. Mit metr. Erläuterg. u. Wörterverzeichnis. (101 S.) 902. n. —80; kart. n. 1.—
40. Auswahl französischer Gedichte. Mit Wörterbuch u. Anmerkgn. zum Schul- u. Privatgebrauch hrsg. Von Ludw. Appel. (VIII. 91 S.) 902. n. —60; kart. n. —80
41. Kenilworth. By Sir Walt. Scott. Zum Schul- u. Hausgebrauch hrsg. v. Heinr. Gaßner. Mit Anmerkgn. u. e. Wörterbuch. (IV, 148 S.) 902. n. 1.—; kart. n. 1.20
42. Une famille pendant la guerre 1870—1871. Ouvrage couronné par l'académie française. Par Mme. B. Boissonnas. Im Auszug zum Schulgebrauch hrsg. v. H. Scherer. (92 S.) 902. n. —80; kart. n. 1.—

Die Bdchn. 1—27 erschienen ohne Sammeltitel.

Klassiker-Bibliothek, französisch-englische. Hrsg. v. J. Bauer u. Th. Link. 43.—51. Bdchn. 8. München, J. Lindauer. n. 8.30; kart. n. 10.10

Boniface, Jos. Xav., genannt Saintine, Picciola. Mit Wörterbuch u. Erläutergn. in gekürzter Fassg. hrsg. v. Ludw. Appel. (IV, 119 S.) 906. (50. Bdchn.) n. —80; geb. n. 1.—
Burnett, Frances Hodgson, Little Lord Fauntleroy. Für den Schulgebrauch hrsg. v. Geo. Steinmüller. Mit e. Wörterverzeichnis. (VII, 148 S.) 904. (46. Bdchn.) n. 1.—; kart. n. 1.20
Contes romantiques. Für den Schulgebrauch hrsg. v. Ernst Dannheißer. Mit e. Wörterverzeichnis. (IV, 102 S.) 904. (47. Bdchn.) n. —80; kart. n. 1.—
Daudet, Alphonse, Contes choisis. Zum Schul- u. Privatgebrauch hrsg. von Heinr. Gaßner. Mit Wörterverzeichnis. (VII, 76 S.) 904. (48. Bdchn.) n. 1.—; kart. n. 1.20
Laurie, Mémoires d'un collégien. Im Auszug zum Schulgebrauch m. Wörterverzeichnis hrsg. v. A. Villelan. [Autoris. Ausg.] (IV, 137 S.) 903. (44. Bdchn.) n. 1.30; kart. n. 1.50
Marryat, Capt. The children of the new forest. Im Auszuge zum Schul- u. Privatgebrauche hrsg. v. Gg. Buchner. Mit e. Wörterverzeichnis. (IV, 117 S.) 903. (43. Bdchn.) n. 1—; geb. n. 1.20
Molière, Le bourgeois gentil-homme. Comédie. Mit Anmerkgn. zum Schulgebrauche hrsg. von M. Waldmann. Mit einem Wörterverzeichnis. (VIII, 105 S.) 906. (49. Bdchn.) n. —80; geb. n. 1.—
Scribe, A. E., Mon étoile. Comédie en un acte. Zum Schul- u. Privatgebrauch hrsg. v. Gg. Buchner. Mit e. Wörterverzeichnis. (96 S.) 904. (45. Bdchn.) n. —80; kart. n. 1.—
Vigny, A. de, La veillée de Vincennes et Laurette ou le cachet rouge. Zum Schul- u. Privatgebrauch hrsg. von Geo. Buchner. Mit Anmerkgn. u. Wörterverzeichnis. (IV, 94 S.) 906. (51. Bdchn.) n. —80; kart. n. 1.—

Klassiker-Bibliothek, französisch-englische. Hrsg. v. J. Bauer u. Th. Link. Nr. 4. 27 u. 52—58. kl. 8. München, J. Lindauer. 8.10; kart. 9.90

Dickens, Ch., a christmas carol. Zum Schulgebrauch hrsg. v. Heinr. Gaßner. Mit Anmerkgn. u. Wörterverzeichnis. (V, 98 S.) 908. (Nr. 56.) 1.—; kart. 1.20
Farrar, Frederic W., St. Winifred's or the world of school. Im Auszuge f. den Schulgebrauch hrsg. v. Rich. Ackermann. Mit Anmerkgn. u. Wörterverzeichnis. (XII, 109 u. 30 S.) 907. (Nr. 52.) 1.—; kart. 1.20
La Fontaine, Fables. (Les trois premiers livres.) Hrsg. v. Ludw. Appel. (VIII, 58 u. 42 S.) 907. (Nr. 54.) —80; kart. 1.—
Lanfrey, Pierre, Napoléon en Bavière 1805 et 1809. Extrait de l'histoire de Napoléon Ier. Hrsg. v. Rich. Ackermann. Mit Anmerkgn. u. Wörterverzeichnis. (VIII, 85 u. 40 S. m. 3 eingedr. Kartenskizzen.) 910. (Nr. 57.) 1.—; kart. u. geh. 1.20
Mérimée, Prosper, Colomba. 2. Aufl. Im Auszug zum Schulgebrauch hrsg. v. Gg. Buchner. Mit Anmerkgn. u. e. Wörterverzeichnis. (IV, 83 u. 22 S.) 910. (Nr. 27.) —80; kart. u. geh. 1.—
Sand, George, la mare au diable. Zum Schulgebrauch hrsg. v. A. Mühlan. Mit Anmerkgn. u. Wörterverzeichnis. (VIII, 58 u. 29 S.) 907. (Nr. 53.) —80; kart. 1.—
Ségur, Moscou. Im Auszuge aus Histoire de Napoléon et de la Grande Armée. Hrsg. v. Carl Stöhsel. Mit Anmerkgn. u. e. Wörterverzeichnis. (63 u. 29 S. m. 1 Karte.) 910. (Nr. 58.) —70; kart. u. geh. —90
Shakespeare, William. the tragedy of Macbeth. Hrsg. v. H. Thom. (XX, 79 u. 47 S.) 907. (Nr. 55.) 1.—; kart. 1.20
Souvestre, Émile, au coin du feu. Zum Schul- u. Privatgebrauch hrsg. v. J. Bauer u. Th. Link. 2. Aufl. Mit Anmerkgn., Wörterverzeichnis u. Karte. (IV, 56 u. 50 S.) 910. (Nr. 4.) 1.—; kart. u. geh. 1.20

— goldene. Hempels Klassiker-Ausgaben in neuer Bearbeitg. 8. Berlin, Deutsches Verlagshaus Bong & Co.

Arnim's Werke. Auswahl in 4 Tln. Hrsg., m. Einleitgn. u. Anmerkgn. (u. m. e. Lebensbild) versehen v. Monty Jacobs. (LXX, 148; 511, 326 u. 383 S. m. Bildnis u. Fksm.) (908.) In 2 Bde. geb., Leinw. 4.—; Halbfrz. 6.—; Prachtausg. auf stärk. Pap., Goldleinw. 6.—; Luxushalbfrz. 8.—
Bürger's Gedichte in 2 Tln. Hrsg., m. Einltg. u. Anmerkgn. (u. m. e. Lebensbilde) versehen v. Ernst Consentius. (CXXXII, 248 u. 367 S. m. Bildnis u. 1 Faksm.) (909.) In 1 Bd. geb., Leinw. 2.—; Halbfrz. 3.—; Prachtausg. auf stärk. Pap., Goldleinw. 3.—; Luxushalbfrz. 4.—
Chamisso's Werke in 3 Tln. Auf Grund der Hempelschen Ausg. neu hrsg., m. Einleitgn. u. Anmerkgn. (u. m. e. Lebensbild) versehen v. Max Sydow. (CLX, 231, 218 u. 277 S. m. Bildnis u. 7 S. in Fksm.) (908.) In 1 Bd. geb., Leinw. 1.75; Halbfrz. 2.75; Pracht-Ausg. auf stärk. Pap., Goldleinw. 2.75; Luxushalbfrz. 3.50
— dasselbe in 5 Tln. Hrsg., m. Einleitg. u. Anmerkgn. (u. m. e. Lebensbild) versehen v. Max Sydow. (CLX, 229, 231, 223, 265 u. 349 S. m. 2 Bildnissen u. 2 Fksms.) (909.) In 2 Bde. geb., Leinw. 3.50; Halbfrz. 5.50; Prachtausg. auf stärk. Pap., Goldleinw. 5.50; Luxushalbfrz. 7.—
Eichendorff's Werke in 4 Tln. Hrsg., m. Einleitgn. u. Anmerkgn. (u. m. e. Lebensbild) versehen v. Ludw. Krähe. (XLVI, 394; 279, 238 u. 427 S. m. Bildnis u. 2 S. in Fksm.) (908.) In 2 Bde. geb., Leinw. 3.50; Halbfrz. 5.50; Prachtausg. auf stärk. Pap., Goldleinw. 5.50; Luxushalbfrz. 7.—
Fouque's Werke. Auswahl in 3 Tln. Hrsg., m. Einleitgn. u. Anmerkgn. (u. m. e. Lebensbild) versehen v. Walth. Ziesemer. (XXVIII, 269; 265 u. 379 S. m. Bildnis u. Fksm.) (908.) In 1 Bd. geb., Leinw. 2.50; Halbfrz. 3.50; Prachtausg. auf stärk. Pap., in 2 Bde. geb., Goldleinw. 5.50; Luxushalbfrz. 7.—
Freiligrath's Werke in 6 Tln. Hrsg., m. Einleitg. u. Anmerkgn. (u. m. e. Lebensbild) versehen v. Jul. Schwering. (CXX, 216, 169, 216, 136, 586 u. 175 S. m. Bildnis u. Fksm.) (909.) In 2 Bde. geb., Leinw. 4.—; Halbfrz. 6.—; Prachtausg. auf stärk. Pap., Goldleinw. 6.—; Luxushalbfrz. 8.—
Gellert's Werke. Auswahl in 2 Tln. Hrsg., m. Einleitg. u. Anmerkgn. (u. m. e. Lebensbild) versehen v. Fritz Behrend. (XXIII, 416 u. 261 S. m. Bildnis u. 1 Fksm.) (910.) In 1 Bd. geb., Leinw. 2.—; Halbfrz. 3.—; Prachtausg. auf stärk. Pap., in Goldleinen 3.—; Liebh.-Halbfrz. 4.—
Goethe's Werke. Vollständ. Ausg. in 40 Tln. Auf Grund der Hempelschen Ausg. neu hrsg., m. Einleitgn. u. Anmerkgn. sowie e. Gesamtregister versehen v. Karl Alt in Verbindg. m. Emil Ermatinger, S. Kalischer, Wilh. Niemeyer u. a. 5.—10., 27. u. 28. Tl. (3 Bde.) (XXX, 267; XXI, 224; XXVII, 156; XXIX, 143; XV, 110 u. LXVI, 396 S. m. 1 Bildnis u. 1 Taf. u. LIX, 314 u. XX, 348 S. m. 1 Taf. u. 1 Karte.) (910.) à Bd. 1.50; geb. in Bibliotheksbd. 2.—; in Halbfrz. 3.—; in Liebhaberhalbfrz. 4.—
— dasselbe in 10 Tln. Auf Grund der Hempelschen Ausg. v. Heinr. Düntzer, Gust. v. Loeper, Frdr. Strehlke neu hrsg., m. Einleitgn. u. Anmerkgn. (u. m. e. Lebensbild) versehen v. Carl Alt in Verbindg. m. Rob. Riemann u. Eduard Scheidemantel. (LXIII, 567; XVI, 193; XVI, 167; XVI, 143; XXXII, 328; XV, 103; XVI, 513; XVI, 209; XVI, 380, 294 u. 168 S. m. 2 Bildnissen, 1 Fksm. u. 1 Taf.) (908.) In 4 Bde. geb., Leinw. 6.—; Halbfrz. 10.—; Prachtausg. auf stärk. Pap. in 6 Bde. geb. Goldleinw. 14.—; Luxushalbfrz. 20.—
— dasselbe. Auswahl in 20 Tln. Auf Grund der Hempelschen Ausg. von W. Frhr. v. Biedermann, Heinr. Düntzer, Gust. v. Loeper, Frdr. Strehlke neu hrsg., m. Einleitgn. u. Anmerkgn. (u. m. e. Lebensbild) versehen v. Karl Alt in Verbindg. m. Edm. Hildebrandt, Rud. Pechel, Rob. Riemann, Eduard Scheidemantel u. Christian Waas. (LXIII, 567; XXII, 250; XXVIII, 267; XXI, 224; XXI, 149; XVI, 143; XV, 110; XXXII, 328; XLVII, 91; XV, 103, XVI, 513; XVI, 209; XX, 364; XXI, 169; XVI, 193; XVI, 380; 294; IX, 481; XXVIII, 185; XII, 190 u. 372 S. m. 3 Bildnissen u. 2 Taf.) (908.) In 8 Bde. geb., Leinw. 14.—; Halbfrz. 22.—; Prachtausg. auf stärk. Pap., in 10 Bde. geb., Goldleinw. 26.—; Luxushalbfrz. 36.—
— Faust. In sämtl. Fassgn., m. den Bruchstücken u. Entwürfen des Nachlasses. Hrsg., m. Einleitg. u. Anmerkgn. versehen v. Karl Alt. (LXVI, 606 S. m. 1 Taf.) (909.) 2.50; in Bibliotheksbd. 3.—; geb. in Halbfrz. 4.—

Grün's, Anastasius, Werke in 6 Tln. Hrsg., m. Einleitgn. u. Anmerkgn. (u. m. e. Lebensbilde) versehen v. Eduard Castle unter Mitwirkg. v. Iwan Prijatelj.) (CLXI, 277, 237, 253, 253, 310 u. 392 S. m. 1 Bildnis u. 1 Fksm.) (909.) In 3 Bde. geb., Leinw. 6.—; Halbfrz. 6. —

Gutzkow's Werke. Auswahl in 12 Tln. Hrsg., m. Einleitgn. u. Anmerkgn. (u. m. e. Lebensbild) versehen v. Rhold. Gensel. (XLIII, 155, 230, 239; 184, 339, 195; 209, 166, 320 u. 173, 299 u. 360 S. m. 2 Bildnissen, 1 Taf. u. 1 Fksm.) (910.) In 4 Bde. geb., Leinw. 8.—; Halbfrz. 12.—; Prachtausg. auf stärk. Pap., Leinw. 12.—; Luxushalbfrz. 16. —

Halm's, Frdr., Werke. Auswahl in 4 Tln. Hrsg., m. Einleitg. u. Anmerkgn. (u. m. e. Lebensbild) versehen v. Rud. Fürst. (LXXXI, 280, 228 u. 258, 249 S. m. Bildnis u. 1 Fksm.) (910.) In 2 Bde. geb., Leinw. 4.—; Halbfrz. 6.—; Prachtausg. auf stärk. Papier, Leinw. 6.—; Halbfrz. 8. —

Hauff's Werke in 6 Tln. Auf Grund der Hempelschen Ausg. neu hrsg., m. Einleitgn. u. Anmerkgn. (u. m. e. Lebensbild) versehen v. Max Drescher. (LII, 376; 263, 243, 337, 381 u. 201 S. m. Bildnis u. 1 Fksm.) (908.) In 2 Bde. geb., Leinw. 3.50; Halbfrz. 5.50; Pracht-Ausg. auf stärk. Pap. in 3 Bde. geb., Goldleinw. 7.—; Luxushalbfrz. 10. —

Hebbel's Werke in 10 Tln. Hrsg., m. Einleitgn. u. Anmerkgn. (u. m. e. Lebensbild) versehen v. Thdr. Poppe. (XXXII, 334; 301, 345, 162, 329, 131, 285, 483, 499 u. 450 S. m. 2 Bildnissen u. 1 Fksm.) (908.) In 5 Bde. geb., Leinw. 7.50; Halbfrz. 12.50; Prachtausg. auf stärk. Pap., in 6 Bde. geb., Goldleinw. 15.—; Luxushalbfrz. 20. —

Heine's Werke in 15 Tln. Hrsg., m. Einleitgn. u. Anmerkgn. versehen v. Herm. Friedemann, Helene Herrmann, Erwin Kalischer, Raimund Pissin u. Veit Valentin. Mit e. Lebensbild v. Erwin Kalischer. (LXXIX, 248; 270, 228, 165, 146, 173, 171, 312, 278, 202, 287, 260, 330, 196 u. 338 S. m. 1 Bildnis u. 1 Fksm.) (908.) In 4 Bde. geb., Leinw. 6.—; Halbfrz. 10.—; Prachtausg. auf stärk. Pap., in 5 Bde. geb., Goldleinw. 12.50; Luxushalbfrz. 17. 50

Herder's Werke. Auswahl in 8 Tln. Auf Grund der Hempelschen Ausg. neu hrsg., m. Einleitgn. u. Anmerkgn. (u. m. e. Lebensbild) versehen v. Ernst Naumann. (CXXXI, 318; 249, 204, 182, 206, 188, 331 u. 285 S. m. Bildnis u. Fksm.) (908.) In 3 Bde. geb., Leinw. 6.—; Halbfrz. 9.—; Prachtausg. auf stärk. Pap., Goldleinw. 9.—; Luxushalbfrz. 12. —

Herwegh's Werke in 3 Tln. Hrsg., m. Einleitgn. u. Anmerkgn. (u. m. e. Lebensbild) versehen v. Herm. Tardel. (CIV, 152, 219 u. 211 S. m. Bildnis u. Fksm.) (909.) In 1 Bd. geb., Leinw. 2.—; Halbfrz. 3.—; Prachtausg. auf stärk. Pap., Goldleinw. 3.—; Luxushalbfrz. 4. —

Hölderlin's Werke in 4 Tln. Hrsg., m. Einleitgn. u. Anmerkgn. (u. m. e. Lebensbild) versehen v. Marie Joachimi-Dege. (LXXXIII, 308; 225, 115 u. 195 S. m. Bildnis u. Fksm.) (908.) In 1 Bd. geb., Leinw. 2.50; Halbfrz. 3.60; Prachtausg. auf stärk. Pap., Goldleinw. 3.50; Luxushalbfrz. 4. 50

Jean Paul's Werke. Auswahl in 8 Tln. Auf Grund der Hempel'schen Ausg. neu hrsg., m. Einleitgn. u. Anmerkgn. (u. m. e. Lebensbild) versehen v. Karl Freye in Verbindg. m. Eduard Berend. (XXXIII, 77, 446; 739; 437, 194, 186; 462 u. 589 S. m. Bildnis u. 1 Fksm.) (910.) In 5 Bde. geb., Leinw. 10.—; Halbfrz. 15.—; Prachtausg. auf stärk. Pap., Leinw. 15.—; Halbfrz. 20. —

— dasselbe. Auswahl in 6 Tln. Auf Grund der Hempelschen Ausg. neu hrsg., m. Einleitgn. u. Anmerkgn. (u. m. e. Lebensbild) versehen v. Karl Freye. (XXXIII, 77; 446, 739, 437, 194 u. 255 S. m. Bildnis u. Fksm.) (908.) In 3 Bde. geb., Leinw. 6.—; Halbfrz. 9.—; Prachtausg. auf stärk. Pap., Goldleinw. 9.—; Luxushalbfrz. 12. —

Immermann, Karl, Münchhausen, in 2 Tln. Auf Grund der Hempelschen Ausg. neu hrsg., m. Einleitgn. u. Anmerkgn. (u. m. e. Lebensbild) versehen v. Wern. Deetjen. (LXXXVII, 363 u. 390 S. m. Bildnis u. Fksm.) (908.) In 1 Bd. geb., Leinw. 2.—; Halbfrz. 3.—; Prachtausg. auf stärk. Pap., Goldleinw. 3.—; Luxushalbfrz. 4. —

Kleist's, Heinr. v., Werke in 6 Tln. Auf Grund d. Hempelschen Ausg. neu hrsg., m. Einleitgn. u. Anmerkgn. versehen v. Herm. Gilow, Willy Manthey, Wilh. Waetzoldt. Mit e. biograph. Einleitg. v. Adf. Wilbrandt. (110, 371, 295, 209, 135 u. 283 S.) (908.) In 2 Bde. geb., Leinw. 3.50; Halbfrz. 5.50; Prachtausg. auf stärk. Pap., Goldleinw. 5.50; Luxushalbfrz. 7. —

Körner's Werke in 2 Tln. Auf Grund der Hempelschen Ausg. neu hrsg., m. Einleitgn. u. Anmerkgn. (u. m. e. Lebensbild) versehen v. Augusta Steinberg. (XL, 242 u. 531 S. m. Bildnis u. 3 S. in Fksm.) (908.) In 1 Bd. geb., Leinw. 1.75; Halbfrz. 2.75; Prachtausg. auf stärk. Pap., Goldleinw. 2.75; Luxushalbfrz. 3. 50

Lenau's Werke in 2 Tln. Auf Grund der Hempelschen Ausg. neu hrsg., m. Einleitgn. u. Anmerkgn. (u. m. e. Lebensbild) versehen von Carl Aug. v. Bloedau. (LXXXII, 355 u. 432 S. m. Bildnis u. 1 Fksm.) (908.) In 1 Bd. geb., Leinw. 2.—; Halbfrz. 3.—; Prachtausg. auf stärk. Pap. in 2 Bde. geb., Goldleinw. 5.—; Luxushalbfrz. 6. 50

Lessing's Werke. Auf Grund der Hempelschen Ausg. v. R. Boxberger, Chr. Groß, E. Große, R. Pilger, C. Chr. Redlich, A. Schöne, Th. Batke, G. Zimmermann neu hrsg., m. Einleitgn. u. Anmerkgn. versehen v. Jul. Petersen in Verbindg. m. F. Budde, W. Oehlke, W. Olshausen, W. Riezler u. E. Stemplinger. Mit Lebensbild v. Jul. Petersen. 6 Tle. (LII, 328, 314, 344, 511, 131, 68 u. 309 S. m. 2 Bildnissen u. 1 Fksm.) (908.) In 3 Bde. geb., Leinw. 5.—; Halbfrz. 7.50; Prachtausg. auf stärk. Pap., Goldleinw. 7.—; Luxushalbfrz. 10. —

Ludwig's Werke in 4 Tln. Hrsg. u. m. Einleitgn. (u. m. e. Lebensbild) versehen v. Arth. Eloesser. (CII, 312; 370, 306 u. 385 S. m. Bildnis.) (908.) In 2 Bde. geb., Leinw. 3.50; Halbfrz. 5.50; Prachtausg. auf stärk. Pap., Goldleinw. 5.50; Luxushalbfrz. 7. —

Mörike's Werke in 4 Tln. Hrsg., m. Einleitgn. u. Anmerkgn. (u. m. e. Lebensbild) versehen v. Aug. Leffson. (XLIV, 302; 315, 209 u. 285 S. m. 2 Bildnissen u. 1 Fksm.) (908.) In 2 Bde. geb., Leinw. 4.—; Halbfrz. 6.—; Prachtausg. auf stärk. Pap., Goldleinw. 6.—; Luxushalbfrz. 8. —

Nestroy's Werke. Auswahl in 2 Tln. Hrsg., m. Einleitgn. u. Anmerkgn. (u. m. e. Lebensbild) versehen v. Otto Rommel. (XCI, 440 u. 375 S. m. Bildnis u. Fksm.) (908.) In 1 Bd. geb., Leinw. 2.50; Halbfrz. 3.50; Prachtausg. auf stärk. Pap., Goldleinw. 3.50; Luxushalbfrz. 4. 50

Novalis' Werke in 4 Tln. Hrsg., m. Einleitgn. u. Anmerkgn. (u. m. e. Lebensbild) versehen v. Herm. Friedemann. (XLV, 137, 207, 247 u. 213 S. m. Bildnis u. Fksm.) (908.) In 1 Bd. geb., Leinw. 2.—; Halbfrz. 3.—; Prachtausg. auf stärk. Pap., Goldleinw. 3.—; Luxushalbfrz. 4. —

Raimund's Werke in 3 Tln. Hrsg., m. Einleitg. u. Anmerkgn. (u. m. e. Lebensbild) versehen v. Rud. Fürst. (XCVI, 162; 176 u. 287 S. m. Bildnis u. 1 Fksm.) (908.) In 1 Bd. geb., Leinw. 1.75; Halbfrz. 2.75; Prachtausg. auf stärk. Pap., Goldleinw. 2.75; Luxushalbfrz. 3. 50

Reuter's Werke in 12 Tln. Hrsg., m. Einleitgn. u. Anmerkgn. (u. m. e. Lebensbild) versehen v. Hans B. Grube. (LXXVI, 317; 170, 112, 180, 176, 196, 190, 185, 216, 209, 289, 512 u. plattdeutsches Wörterbuch 59 S. m. 2 Bildnissen, 1 Taf. u. 1 Fksm.) (908.) In 4 Bde. geb., Leinw. 6.—; Halbfrz. 10.—; Prachtsausg. auf stärk. Pap., in 5 Bde. geb., Goldleinw. 12.50; Luxushalbfrz. 17. 50

Rückert's Werke. Auswahl in 8 Tln. Hrsg. u. m. Einleitgn. versehen v. Edg. Groß u. Elsa Hertzer. (Mit e. Lebensbild versehen v. Edg. Groß.) (LXV, 141, 246, 267; 247, 141, 237 u. 154, 487 S. m. Bildnis u. 1 Fksm.) (910.) In 3 Bde. geb., Leinw. 6.—; Halbfrz. 9.—; Prachtausg. auf stärk. Pap., Leinw. 9.—; Halbfrz. 12. —

Schiller's Werke. Vollständ. Ausg. in 15 Tln. Auf Grund der Hempelschen Ausg. neu hrsg., m. Einleitgn. u. Anmerkgn. (u. m. e. Lebensbilde) versehen v. Arth. Kutscher. (CXCVII, 448, 248; 295, 254, 330; 377, 464; 191, 271, 357; 502; 565, 146; 601; 191 u. 242 S. m. 5 Bildnissen, 1 Taf. u. 1 Fksm.) (909.) In 8 Bde. geb., Leinw. 14.—; Halbfrz. 22.—; Prachtausg. auf stärk. Pap., in 10 Bde. geb., Goldleinw. 26.—; Luxushalbfrz. 36. —

— dasselbe. Auf Grund der Hempelschen Ausg. v. R. Boxberger u. W. v. Maltzahn neu hrsg., m. Kutscher u. Hans Heinr. Zisseler. (XXXIII, 448; 248, 295, 251, 330, 377, 464, 191, 271, 357 u. 126 S. m. 2 Bildnissen, 2 Fksms. u. 1 Taf.) (908.) In 4 Bde. geb., Leinw. 6.—; Halbfrz. 10.—; Prachtausg. auf stärk. Pap., in 5 Bde. geb., Goldleinw. 12.50; Luxushalbfrz. 17. 50

Shakespeare's Werke in 12 Tln. Übers. von A. W. v. Schlegel u. L. Tieck. Mit e. biograph. Einleitg. v. Rud. Genée. (XXIV, 220; 248, 261, 227, 200, 249, 216, 211, 227, 238, 266 u. 258 S. m. Bildnis u. 1 Taf.) (908.) In 4 Bde. geb., Leinw. 6.—; Halbfrz. 10.—; Prachtausg. auf stärk. Pap., in 5 Bde. geb., Goldleinw. 12.50; Luxushalbfrz. 17. 50

Stifter's Werke. Auswahl in 6 Tln. Hrsg., m. Einleitg. u. Anmerkgn. (u. m. e. Lebensbild) versehen v. Gust. Wilhelm. (LXXXII, 360; 406, 361, 300, 428 u. 315 S. m. Bildnis, 1 Fksm. u. Titelbild.) (910.) In 3 Bde. geb., Leinw. 5.—; Halbfrz. 7.50; Prachtausg. auf stärk. Pap., Leinw. 7.50; Halbfrz. 10. —

Tieck's Werke. Auswahl in 6 Tln. Hrsg., m. Einleitgn. u. Anmerkgn. (u. m. e. Lebensbild) versehen v. Eduard Berend. (LXXVIII, 280; 151, 279, 246, 284 u. 280 S. m. Bildnis u. Fksm.) (908.) In 2 Bde. geb., Leinw. 4.50; Halbfrz. 6.50; Prachtausg. auf stärk. Pap., Goldleinw. 6.50; Luxushalbfrz. 8. —

Uhland's Werke in 3 Tln. Hrsg., m. Einleitgn. u. Anmerkgn. (u. m. e. Lebensbild) versehen v. Adalb. Silbermann. (XCVI, 495; 289 u. 723 S. m. Bildnis u. 4 S. in Fksm.) (908.) In 2 Bde. geb., Leinw. 3.50; Halbfrz. 5.—; Pracht-Ausg. auf stärk. Pap., Goldleinw. 5.—; Luxushalbfrz. 7. —

Wieland's Werke. Auswahl in 10 Tln. Auf Grund der Hempelschen Ausg. neu hrsg., m. Einleitgn. u. Anmerkgn. (u. m. e. Lebensbild) versehen von Bernh. v. Jacobi. (CIL, 167, 160, 213; 210, 267, 210 u. 75, 306, 124, 254 S. m. Bildnis, 1 Taf. u. 1 Fksm.) (910.) In 3 Bde. geb., Leinw. 6.—; Halbfrz. 9.—; Prachtausg. auf stärk. Papier, Leinw. 12.—; Luxushalbfrz. 16. —

Zschokke's Werke in 12 Tln. Auswahl aus den Erzählgn. Hrsg., m. Einleitgn. u. Anmerkgn. (u. Namenregister) versehen v. Hans Bodmer. (LXXXVIII, 325, 288, 182; 289, 299, 257; 295, 193, 317 u. 217, 307, 342 S. m. 2 Bildnissen, 1 Taf. u. 1 Fksm.) 910. In 4 Bde. geb., Leinw. 8.—; Halbfrz. 12.—; Prachtausg. auf stärk. Papier, Leinw. 15.—; Luxushalbfrz. 20. —

— illustrirte. 1.—7. Bd. gr. 8. Berlin, Deutsches Verlagshaus Bong & Co. Geb. in Leinw. n. 26. 50
1. Buch der Lieder v. Heinr. Heine. Neue rev. Textausg., m. 200 Illustr. v. Frdr. Stahl. (VIII, 437 S.) 890. n. 4. —
2. Faust. Eine Tragödie v. Goethe. 1. Thl. Mit Illustr. v. Frdr. Stahl u. Hans Looschen. (244 S.) 891. n. 4. —
3. Hermann u. Dorothea v. Goethe. Mit 45 Illustr. v. Hans Looschen. (123 S.) 891. n. 2. 50
4. Leyer u. Schwert v. Thdr. Körner. Mit Illustr. v. R. Eichstätt. — Knospen. Illustrirt v. A. Ferraguti. (96 u. 95 S.) 892. n. 4. —
5. Kabale u. Liebe. Ein bürgerl. Trauerspiel v. Frdr. v. Schiller. Illustrirt v. Carl Larsson. (224 S.) 892. n. 4. —
6. Der zerbrochene Krug. Lustspiel von Heinr. v. Kleist. Mit Illustr. v. Karl Weiter. (175 S.) 892. n. 4. —
7. Uhland's Gedichte u. Dramen. 1. Bd. Illustr. v. O. Herrfurth u. Carl Storch. (260 S.) 894. n. 4. —

Klassiker-Bibliothek, illustr. VIII.—XIV. Bd. gr. 8. Berlin, Deutsches Verlagshaus Bong & Co. Geb. in Leinw. n. 23. 50 (I.—XIV.: n. 50. —)
VIII. Uhland's Gedichte u. Dramen. 2. Bd. Illustr. v. O. Herrfurth u. Carl Storch. (416 S.) 895. n. 4. — (2 Thle. in 1 Bd. geb. n. 7. —)
IX. Gedichte v. Adb. v. Chamisso. Illustr. v. Carl Storch, Otto Herrfurth, Geo. Graf u. A. (415 S.) 895. n. 4. —
X. Gedichte v. Jos. Frhrn. v. Eichendorff. Illustr. v. Hans Looschen. (447 S.) 896. n. 4. —
XI. Romeo u. Julia. Von Will. Shakespeare. Trauerspiel in 5 Akten übers. v. Aug. Wilh. v. Schlegel. (156 S.) 897. n. 2. 50
XII. D. Kaufmann v. Venedig. Lustspiel. Von Will. Shakespeare. Uebers. v. Aug. Wilh. v. Schlegel. M. Illustr. v. F. Müller-Münster. (142 S.) 897. n. 2. 50
XIII. E. Sommernachtstraum. Von Will. Shakespeare. Uebers. v. Aug. Wilh. v. Schlegel. M. Illustr. v. F. Müller-Münster. (141 S.) 897. n. 2. 50
XIV. D. letzten Tage v. Pompeji. Roman. Von E. L. Bulwer. Deutsch bearb. v. Heinr. Vollrat Schumacher. Illustr. v. A. Rothaug. (446 S.) 898. n. 4. —

Klassiker-Bibliothek, illustrirte. XV. u. XVI. Bd. gr. 8. Berlin, Deutsches Verlagshaus Bong & Co. Geb. in Leinw. à n. 4. —
XV. Meister-Novellen des XIX. Jahrh. 1. Bd. (444 S. m. Abbildgn. u. 5 Bildnissen.) (899.)
XVI. Dasselbe. 2. Bd. (428 S. m. Abbildgn. u. 5 Bildnissen.) (900.)

Klassiker-Bibliothek, italienische. Hrsg. v. Br. Herlet u. Th. Link. Nr. 1—7. kl. 8. München, J. Lindauer. 7.80; geb. 9. 20
d'Azeglio, Massimo, Ettore Fieramosca ossia la disfida di Barletta. Im Auszug nebst Einleitg., erklär. Anmerkgn. u. Wörterverzeichnis hrsg. v. Bruno Herlet. (V, 68 u. 47 S.) 908. (Nr. 3.) 1.20; kart. u. geh. 1. 40
Balbo, Cesare, Novelle. In Auswahl nebst Einleitg., erklär. Anmerkgn. u. Wörterverzeichnis hrsg. v. Bruno Herlet. (IV, 112 S.) 910. (Nr. 6.) 1.—; geb. 1. 20
Dante Alighieri, la divina commedia. Inferno. Hrsg. v. Konrekt. Thdr. Link. (83 u. 65 S. m. 2 eingedr. Plänen.) 909. (Nr. 4.) 1.30; kart. u. geh. 1. 50
Goldoni, Carlo, il ventaglio. Nebst Einleitg., erläut. Anmerkgn. u. Wörterverzeichnis hrsg. v. Bruno Herlet. (VIII, 80 u. 27 S.) 909. (Nr. 5.) 1.—; kart. 1. 20
Manzoni, Alessandro, I promessi sposi. Storia milanese del secolo XVII. Hrsg. v. Thdr. Link. (V, 127 u. 52 S.) 908. (Nr. 1.) 1.30; kart. 1. 50
Pellico, Silvio, le mie prigioni. Memorie. In Auswahl nebst Einleitg. u. erklär. Anmerkgn. u. Wörterverzeichnis hrsg. v. Bruno Herlet. (IV, 73 u. 38 S.) 910. (Nr. 7.) 1.—; geb. u. geh. 1. 20
Tasso, Torquato, la Gerusalemme liberata. Auswahl, nebst erklär. Anmerkgn. u. Wörterverzeichnis, sowie e. Lebensbeschreibg., des Dichters hrsg. v. Bruno Herlet. (X, 80 u. 45 S.) 908. (Nr. 2.) 1.—; kart. 1. 20

Klassiker-Bibliothek der bildenden Künste, bearb. von J. E. Wessely und Ad. Rosenberg. 1.—117. Heft. 8. Leipzig 880—84, Lemme. Subscr.-Pr. à Heft * 60 Pf. *
Inhalt:
Galland, Geo., Klassiker der Baukunst: Italienische Renaissance. 1.—7. Heft. (S. 1—224 mit 56 Lichtdr.)
Gurlitt, Corn., Klassiker der Baukunst: Baukunst des Mittelalters. 1. Bd. 10 Hefte. (VII, 288 S. mit 80 Lichtdr.) * ℳ 10.; geb. * ℳ 12.
Müller, H. A., Klassiker der Malerei: Französ. Maler des 18. und 19. Jahrh. 16 Hefte. (VIII, 498 S. mit 124 Lichtdr.) * ℳ 15. geb. * ℳ 18.
Rosenberg, Ad., Klassiker der Architektur: Sansovino. 1. Heft. (S. 1—32 mit 8 Lichtdr.)
Seemann, Th., Kunst des Orients. 1.—8. Heft. (S. 1—256 mit 64 Lichtdr.)
—— moderne Plastiker. 11 Hefte. (VIII, 326 S. mit 80 Lichtdr.) * ℳ 10. geb. * ℳ 12.
Wessely, J. E., Klassiker der Malerei: Deutsche Schule. 1. Bd. 11 Hefte. (VIII, 327 S. mit 80 Lichtdr.) * ℳ 10.; geb. * ℳ 12
—— dass. — Holländ. Schule. 1.—4. Heft. (S. 1—128 mit 32 Lichtdr.)
—— dass. — Venezianische Schule. 1. Bd. 11 Hefte. (IX, 336 S. mit 86 Lichtdr.) * ℳ 10.; geb. * ℳ 12.
—— dass. — Vlämische Schule. 11 Hefte. (VIII, 344 S. mit 80 Lichtdr.) * ℳ 10.; geb. * ℳ 12.
—— antike Plastik. 11 Hefte. (232 S. mit 84 Lichtdr.) * ℳ 10.; geb. * ℳ 12.
—— Rafael Santi. 16 Hefte. (VIII, 457 S. mit 100 Lichtdr.) * ℳ 15. geb. * ℳ 18.

Klassiker-Bibliothek der bildenden Künste. 118.—227. Heft. 8. (Mit eingedr. Lichtdr. und Zinkogr.) Leipzig 887, Lemme. à Heft * 60 Pf. * 65 40
Inhalt:
Galland, Geo., Klassiker der Baukunst: Italienische Renaissance, begonnen von G. G., fortgesetzt von Geo. Rosenkranz. 8.—13. Heft. (VIII, S. 225—480.)
Moser, Hans, Klassiker der Malerei: Englische und amerikanische Maler. 15 Lfgn. (VIII, 456 S.)
—— dass. — Spanische Schule. 9 Lfgn. (VIII, 258 S.)
Nüsser, M., Klassiker der Malerei: Deutsche Schule. 2. Bd. 14 Lfgn. (VII, 328 S.)
Rosenberg, A., Klassiker der Baukunst: Sansovino 2c. Begonnen von A. R., fortgesetzt von H. Moser. 10 Lfgn. (VII, 205 S.)
Schmidt, H., Klassiker der Baukunst des Mittelalters. II. 1.—13. Lfg. (VIII, S. 1—381.)
Schütte, Rob., Klassiker der Malerei: Holländische Schule. 5.—17. (Schluß-)Lfg. (VIII, 508 S.)
—— dass. — Vlämische Schule. II. 13 Lfgn. (VIII, 387 S.)
Seemann, Th., Kunst des Orients, fortgesetzt von Rob. Schütte. 9.—15. (Schluß-)Heft. (VIII, S. 257—459.)
Siloti, C. Xav., Klassiker der Malerei: Venezianische Schule. II. 11 Hefte. (VIII, 319 S.)
1.—117. Heft. Ebendas. 1880—84. à * 60 Pf.
Die Rest-Vorräthe übernahm die Centralbuchhandlung in Leipzig.

Klassiker-Bibliothek der bildenden Künste, bearb. von J. E. Wessely u. Ad. Rosenberg. 1—14. Hft. 8. Leipzig 881. 82. Lemme. à n. — 60
1. 6. 7. 10. 11. 13. 14. Klassiker der Malerei von J. E. Wessely. Venezianische Schule I—VII. (224 S. mit 56 eingedr. Lichtdr.)
2. Dasselbe. Deutsche Schule. I. (32 S. mit 8 eingedr. Lichtdr.)
5. Dasselbe. Vlämische Schule. I. (32 S.)
3. Klassiker der Architektur von Ad. Rosenberg. Sansovino I. (32 S. mit 8 eingedr. Lichtdr.)
4. 8. 9. 12. Klassiker der Plastik von J. E. Wessely. Antike Plastik 1—4. (128 S. mit 48 eingedr. Lichtdr.)

Klassiker-Bibliothek der bildenden Künste, hrsg. v. J. E. Wessely. 17—197. Hft. gr. 8. (Mit eingedr. Lichtdr.) Leipzig 883—86. Lemme. à n. — 60
Klassiker der Malerei. Venetianische Schule. 1. Bd. Bearb. v. J. E. Wessely. 9—11. Hft. (IX u. 257—336.)
— dasselbe. 2. Bd. Von C. X. Siloti. 11 Hfte. (VIII, 319 S.)
— dasselbe. Deutsche Schule. 1. Bd. Bearb. v. J. E. Wessely. 2—11. Hft. (VIII u. S. 33—327.)
— dasselbe. 2. Bd. v. M. Nüsser. 14 Hfte. (VIII, 323 S.)
— dasselbe. Französische Schule. Maler d. 18. u. 19. Jahrh. v. H. A. Müller. 16 Hfte. (VIII, 498 S.)
— dasselbe. Vlämische Schule. 1. Bd. v. J. E. Wessely. 2—11. Hft. (VIII u. S. 161—344.)
— dasselbe. 2. Bd. v. Rob. Schütte. 13 Hfte. (VIII, 387 S.)
— dasselbe. Holländische Schule v. J. E. Wessely. 1—5. Hft. (S. 1—125.)
— dasselbe. Raphael Santi v. J. E. Wessely. 15 Hfte. (VIII, 457 S.)
— dasselbe. Spanische Schule v. Hans Moser. 9 Hfte. (VIII, 258 S.)
— der Plastik. Antike Plastik v. J. E. Wessely. 6—11. Hft. (S. 161—332.)
— dasselbe. Moderne Plastiker v. Th. Seemann. 11 Hfte. (VIII, 326 S.)
Klassiker der Baukunst. Baukunst d. Mittelalters. 1. Bd. v. Cornelius Gurlitt. 10 Hfte. (VII, 288 S.)
— dasselbe. 2. Bd. v. Herm. Schmidt. 13 Hfte. (VIII, 381 S.)
— dasselbe. Italienische Renaissance. Von Geo. Galland, fortgesetzt v. Geo. Rosenkranz. 13 Hfte. (VIII, 480 S.)
— dasselbe. Sansovino, begonnen v. A. Rosenberg, fortgesetzt v. H. Mosler. 2—10. (Schluß-)Hft. (VIII u. S. 33—205)
Kunst d. Orients v. Th. Seemann u. Rob. Schütte. 1—13. Hft. (S. 1—416.)

Klassiker-Bibliothek d. bildenden Künste. 198.—227. (Schluß-)Hft. 8. (Mit eingedr. Illustrationen.) Leipzig 887. 888. Lemme. à n. — 60
198. 199. Kunst d. Orients v. R. Schütte. 14. u. 15. (Schluß-)Hft. (VIII u. S. 417—459.)
200—214. Klassiker der Malerei. Englische u. amerikanische Maler v. H. Moser. 15 Hfte. (VIII, 456 S.)
215—227. Holländische Schule v. R. Schütte. 5.—17. (Schluß-)Hft. (VIII u. S. 129—508.)
Ging an die Centralbuchhandlung in Leipzig über.

Klassikertexte, Berliner. Hrsg. v. der Generalverwaltg. der kgl. Museen zu Berlin. 1.—4. Heft. Lex.-8. Berlin, Weidmann. n. 25. —
1. Didymos' Kommentar zu Demosthenes. (Papyrus 9780.) Nebst Wörterbuch zu Demosthenes' Aristocratea. (Papyrus 5008.) Bearb. von H. Diels u. W. Schubart. Mit 2 Lichtdr.-Taf. (LIII, 95 S.) 904. n. 9. —
2. Kommentar, anonymer, zu Platons Theaetet (Papyrus 9782), nebst drei Bruchstücken philosophischen Inhalts (Pap. N. 8; P. 9766. 9569.) Unter Mitwirkg. v. J. L. Heiberg bearb. v. H. Diels u. W. Schubart Mit 2 Lichtdr.-Taf. (XXXVII, 62 S.) 905. n. 5. —
3. Papyri, griechische, medizinischen u. naturwissenschaftlichen Inhalts. Bearb. v. K. Kalbfleisch u. H. Schöne. Mit 9 Lichtdr.-Taf. (40 S.) 905. n. 6. —
4. Hierokles' ethische Elementarlehre (Papyrus 9780) nebst den bei Stobäus erhaltenen ethischen Exzerpten aus Hierokles. Unter Mitwirkg. von W. Schubart bearb. von H. v. Arnim. Mit 1 Lichtdr.-Taf. (XXXVI, 76 S.) 906. n. 6. —

Klassikertexte, Berliner. Hrsg. v. der Generalverwaltg. der königl. Museen zu Berlin. V. Heft 2 Hälften u. VI. Heft. Lex. 8. Berlin, Weidmann. 29. —
V. 1. Dichterfragmente, griechische. 1. Hälfte. Epische u. eleg. Fragmente. Bearb. v. W. Schubart u. U. v. Wilamowitz-Moellendorff. Mit e. Beitrage v. F. Buecheler. Mit 2 Lichtdr.-Taf. (VIII, 136 S.) 907. 8. —
V. 2. Dasselbe. 2. Hälfte. Lyrische u. dramat. Fragmente. Bearb. v. W. Schubart u. U. v. Wilamowitz-Moellendorff. Mit 6 Lichtdr.-Taf. (II, 160 S.) 907. 11. —
VI. Texte, altchristl. Bearb. v. C. Schmidt u. W. Schubart. (VII, 140 S. m. 2 Lichtdr.-Taf.) 910. 10. —
1.—4. Heft. Ebd. 904—06. 25. —

Klassizismus oder Materialismus? Von einem Unbefangenen. gr. 8. (49 S.) Leipzig 886, Reissner. * 1 —

Klaske, Waldemar, appr. Arzt a. Waldenburg (Schlesien): Die innerhalb einer Hausepidemie an zwei „toxischen" Scharlachfällen beobachtete Wirkung des Aronsonschen Antistreptococcenserums, beurteilt aufgrund einer kritischen Durcharbeitung der Litteratur. Berlin 1906: M. Silberberg. (47 S.) 8°
Leipzig, Med. Fak., Ref. Hoffmann, Diss. v. 8. Mai 1906
[Geb. 30. Nov. 80 Waldenburg; Wohnort: Tempelhof; Staatsangeh.: Preußen; Vorbildung: Gymn. Waldenburg Reife O. 99; Studium: Berlin 9 S.; Coll. 8. Mai 06; Approb. 9. Juni 04.]

Klassohn, Eduard, Ueber das fünffach Schwefelantimon und seine Verbindung mit Schwefelnatrium. Mag. Diss. Dorpat. 8°. 34 pp. 1855.

Klassohn, Ren. Hnr., Benno, oder Liebe u. Pflicht, in Elegien. 8. Mitau 816.

Klasson, Anna, contribution à l'étude des faux polypes de l'utérus [polypes obstétricaux]. Diss. inaug. gr. 8. (42 S.) Paris 889. (Bern, Huber & Co.) n. — 80

Klasson, Anna. Contribution à l'étude des faux polypes de l'utérus [polypes obstétricaux]. Diss. gr. 8. (42 S.) Par. 889. (Bern, Körber.) * — 80

Klate, Johannes, eine apokryphe Pattâvalî der Jainas, s. Festgruss an Otto v. Böhtlingk.

Klatecki, J., Entwurf e. czechischen Stenographie nach d. Roller'schen Systeme. (In czech. Sprache.) gr. 8. (II, 6 autogr. S.) Berlin 887. (Leipzig, J. H. Robolsky.) n. — 50

Klatovský, Karl: Dreiundzwanzigster Rechenschafts-Bericht des Unterstützungs-Vereines Schülerlade an d. k. k. Oberrealschule zu Teschen für das Schuljahr 1895/96 nebst Verzeichnis der Mitglieder und Wohlthäter desselben. 8 (S. 50 - 62). ... Vierundzwanzigster ... für das Vereinsjahr 1896/97 ... 8 (S. 105 - 118). ... Fünfundzwanzigster Jahres- und Rechenschafts-Bericht ... 1897/98 ... 8 (S. 136—160). ... Sechsundzwanzigster ... 1898/99 ... 8 (S. 43 - 51). ... Siebenundzwanzigster ... 1899/1900 ... 8 (S. 47 - 64). (Umschlagtitel: ... Jahresbericht des Unterstützungsvereines „Schülerlade".) K. k. Staats-Oberrsch. *Teschen* 1896 - 1900.
Progr.

Klatovský, Karl: Rueckblick auf die ersten 25 Jahre der k. k. Staatsrealschule in Teschen. 8 (S. 19 - 116).
Progr. K. k. Staats-Oberrsch. *Teschen* 1898.

Klatschbase. Die Klatschbase. Organ für Solche, die es werden wollen. Redigirt, illustrirt und gedruckt von Verschiedenen Resuah ... in Chirüz. Jahrg. 20, 1901. [4 S.] fol. [Zürich.] fr. —. 50

Klatschbase. Die Klatschbase. Organ für Solche, die es werden wollen. Jahrg. 21, 1902. Redigirt, illustrirt und gedruckt von Verschiedenen: Resuah ... in Heirüz. [4 S.] fol. [Zürich.] fr. —. 50

Klatschbase. Die Klatschbase. Organ für Solche, die es werden wollen. Jahrg. 22, 1903. Redigirt, illustrirt und gedruckt von Verschiedenen: Resuah ... in Chirüz. [4 S.] fol. [Zürich.] fr. —. 50

Klatschbase. Die K'. Organ für Solche, die es werden wollen. (Sechseläuten[-Blatt].) Jahrg. 23, 1904. Redigirt, illustrirt und gedruckt von Verschiedenen: Stivocsob ... in Chirüz. [4 S.] fol. ([Zürich,] Verlag des «Nebelspalter».) fr. —. 50

Klatschbase. Die K'. Organ für Solche, die es werden wollen. (Sechseläuten[-Blatt].) Jahrg. 24, 1905. Redigiert, illustriert und gedruckt von Verschiedenen: Stivocsob ... in Chirüz. [4 S.] fol. (Zürich, Verlag des «Nebelspalter».) fr. —. 50

Klatschbase. Die K'. Organ für Solche, die es werden wollen. (Sechseläuten [-Blatt].) Jahrg. 25, 1906. Redigiert, illustriert und gedruckt von Verschiedenen: Stivocsob ... in Chirüz ... . [4 S.] fol. (Zürich, Verlag des «Nebelspalter».) fr. —. 50

Klatschbase. Die K'. Organ für Solche, die es werden wollen. (Sechseläuten[-Blatt].) Jahrg. 26, 1907. Redigiert, illustriert und gedruckt von Verschiedenen: Stivocsob ... in Chirüz ... . [4 S.] fol. (Zürich, Verlag des «Nebelspalter».) fr. —. 50

† **KLATSCHER,** Der. Humoristische Montags-Zeitung. Herausgeg. von Dr. Wohlgemuth. Jahrg. 1 No. 1—43 [1877 März 1 — Dez. 24). Jahrg. 2—4 [1878—80]. Redakteur und Verleger, Jahrg. 1: F. W. Fischer, dann G. F. Fischer. 4°.

Klatschgeschichte, Eine, a. d. Engl. Leipzig 1795. V: *Merkel, Garlieb Helwig.* (Ky) (EE)

Klatschgeschichte, eine; aus d. Engl. (v. G. Merkel). 8. Leipz. 795. Hartknoch. 1 ∦ Holl. P. 1 ∦ 8 gl

KLATSCHGESCHICHTE, Eine, von der Verfasserin des Werks: Die Vortheile der Erziehung. Leipzig 1798. 8°. 6 Bll. u. 330 S. (R. Zinke's Dresdener Novbr.-Auct. 1905, no. 1924: „Selten u. pikant".)

Klatschgeschichte, eine, a. d. Engl. v. G. Merkel. 8. Lpz. Hartknoch. 798.
Holländpap.

KLATSCHGESCHICHTEN. Leipzig 1798. 8°. (1 fl. 12 xr. Scheible. vor 1870.) Rar!

Klatschko, Eliasar, aus Dwinsk (Russland): Die Zangengeburten an der Basler Universitäts-Frauenklinik vom 1. April 1896 bis 10. April 1906. Basel 1906. 24 S. 8°.
Basel. Med. Diss. 1905/1906.

Klatschrosen, eine Quartalschrift. Jena 1797. H: *Forberg, Franz Carl.* (Ky) (MGT)

KLATSCH-ROSEN, eine Quartalschrift (hrsg. von Franz Carl Forberg). 2 Stücke. Jena, Voigt, 1797. 8°. Rar!
Korn's, Buchh. in Breslau, Geschichts- u. Romanen-Lit. (Cat.) 1798; Anon.-Lex. II. p. 363 (nach Kayser u. Meusel).

Klatschrosen u. Stechpalmen rc., s. Wohlgemuth.

KLATSCHROSEN und Stechpalmen. Rechts und links gefunden oder gestohlen. Für Lacher und lustige Leute. Hrsg. von Gottlieb Wohlgemuth. 8 Bdchn. Mit illum. Kpfrn. Leipzig, Magaz. f. Kunst u. Lit., 1827—31. Kl. 8°. (2⅔ Rthl.)
Weller, Lex. Ps. p. 614 hat „Gottlob" als Vornamen.
Selten cplt.! (1—8, etwas geles., 4 Mk. A. Buchholz, München, 1906.)
Neben Pikantem auch ziemlich harmlose Parodieen von Gedichten Schiller's, Körner's etc., zum Theil im Berliner Dialekt.

Klatschrosen u. Stechpalmen. Rechts u. links gefunden od. gestohlen. Für Lacher u. lustige Leute gesammelt u. hrsg. v. Otto. Wohlgemuth. 2—8. Hft. 16. Leipzig 828—31, Magazin f. Industr. [2. (6½ B.), 3. (7 B. u. 3 ill. Kpfr.), 4. (6½ B. u. 1 ill. Kpfr.), 5—8. (à 6 B. u. 1 ill. Kpfr.) à 8 Gr.]
1. Hft. Ebendas. 1827. 8 Gr.

Klatt, B., englisch-deutsches Wörterbuch, s.: Murot-Sanders, encyklopäd. englisch-deutsches u. deutsch-englisches Wörterbuch, Hand- u. Schul-Ausg.

Klatt, B., u. Edm. **Klatt**, encyklopädisches englisch-deutsches u. deutsch-englisches Wörterbuch, s.: Muret, Ed., u. Dan. Sanders.

Klatt, Berthold

Klatt, B., Fairy and other tales, s. a. Authors, English.

Fairy and other tales. Für d. Anfangsklassen d. Engl. ausgew. u. mit Anm. z. Schulgebr. hrsg. von B[erthold] Klatt, Oberl. in Berlin. *Bielefeld & Leipzig: Velhagen & Klasing 1900.* (140 S.) 8°
= Sammlung, Velhagen & Klasings, franz. u. engl. Schulausgaben. Engl. authors. Lfg 76 A. [01. 16,1

Fairy and other tales. Für d. Anfangsklassen d. Englischen ausgewählt u. mit Anm. z. Schulgebr. hrsg. von B[erthold] Klatt. Oberl. in Berlin. [Nebst] Anmerkungen u. Wörterbuch. *Bielefeld & Leipzig: Velhagen & Klasing 1900.* 3 Bde 8°
= Sammlung, Velhagen & Klasings, franz. u. engl. Schulausgaben. English authors. Lfg 76 B. [00. 6.]

Klatt, Berthold, a. Berlin: Die Trichterwarzen der Lipariden-larven. (Kap. 2 bis 5.) (Berlin-Wilmersdorf: C. Arnold 1908.) (30 S.) 8° ¶ (Soll vollst. mit d. Text- u. Tafelzeichnungen in e. wissenschaftl. Zeitschrift erscheinen.)
Berlin, Phil. Fak., Ref. F. E. Schulze, Diss. v. 16. Mai 1908
[Geb. 4. April 85 Berlin; Wohnort: Berlin; Staatsangeh.: Preußen; Vorbildung: Sophien-Gymn. Berlin Reife O. 04; Studium: Berlin 7 S.; Rig. 27 Febr. 08.]

Klatt, Chr. Heinrich: De medelis quibusdam, quae parantur apoplexiae, suspectis et noxis, partim sanantibus, s. Westphal, Andr. [Praes.]

Klatt, Detloff, cand. pro lic. conc. a. Schlochau, Westpreussen: David Chytraeus als Geschichtslehrer und Geschichtschreiber. Rostock 1908: Adlers Erben. (VI, 102 S.) 8°
Rostock, Phil. Fak., Ref. Bloch, Diss. v. 31. Jan. 1907
[Geb. 28. Mai 82 Schlochau; Wohnort: Berlin-Gr.-Lichterfelde; Staatsangeh.: Preußen; Vorbildung: Gymn. Konitz Reife O. 01; Studium: Tübingen 1, Berlin 1, Greifswald 3, Königsberg 2, Rostock 4 S.; Rig. 24. Jan. 07.]

Klatt, Eug., Förster's Töchterlein, od.: In d. Tyroler Bergen, s.: Danner's, G., Theater-Abend.

Klatt, Frz., u. Max **Linnich**, Rechenbuch f. höhere Mädchenschulen. 1.—6. Heft. 8. Leipzig 910. G. Freytag. Geb. 5. —

1. Klasse X. (41 S.)	Geb.	— 60
2. Klasse IX. (44 S.)	Geb.	— 60
3. Klasse VIII. (50 S.)	Geb.	— 60
4. Klasse VII. (62 S.)	Geb.	— 80
5. Klasse VI. (70 S.)	Geb.	1. —
6. Klasse V. (98 S.)	Geb.	1. 40

Klatt, Friedrich Wilhelm

Klatt, F. Wilh., norddeutsche Anlagen-Flora, oder Anleitung zur schnellen Bestimmung der in den öffentl. Anlagen, sowie in den gewöhnl. Lustgärten vorkomm. Zierbäume und Ziersträucher. gr. 8. (XII und 84 S. mit 30 Stnt. nach Zeichnungen des Verf.) Hamburg 865, Jowien. *

Klatt, F. W., s.: Botanik v. Ost-Afrika.

Klatt, Dr. F. W., Compositae Hildebrandtianae et Humboltianae in Madagascaria et insulos Comoras collectae. Compositae Endresianae, leg. Costa-Rica. (Sep.-Abdr. aus Bd. VII, Heft 4, der Annalen des k. k. naturhistor. Hofmuseums.) Lex.-8. (7 S.) —.30
Wien 892. A. Hölder.

Klatt, Dr. F. W., Compositae Mechowianae. (Sep.-Abdr. a. d. Annalen des k. k. naturhistorischen Hofmuseums.) Lex.-8. (6 S.) In Comm —.30
Ebd. 892.

Klatt, F. W., Compositae novae Costaricenses. [Botan. Beiblatt z. Leopoldina. 1895.] Imp.-4. (8 S.) Halle 895. (Leipzig, W. Engelmann.) n. — 50

— die Compositae d. Herbarium Schlagintweit aus Hochasien u. südlichen indischen Gebieten. Bestimmt u. bearb. Mit einleit. Angaben über das Auftreten, sowie über topogr. u. klimat. Verhältnisse, nebst 1 (lith.) Karte der Reisewege, von Herm. v. Schlagintweit-Sakünlünski. Mit 3 (lith.) Taf. gr. 4. (75 S.) Halle 880. Leipzig, Engelmann in Comm. n. 8. —

— Flora des Herzogth. Lauenburg oder Aufzählung und Beschreibung aller im Herzogth. Lauenburg wildwachs. Pflanzen. 8. (III und 224 S.) Hamburg 865, Jowien. *

— neue afrikanische Compositen. [Botan. Beiblatt z. Leopoldina. 1895.] Imp.-4. (2 S.) Ebd. 895. n. — 50

— neue Compositen, in dem Herbar d. Hrn. Francaville entdeckt u. beschrieben. [Aus: „Abhandlgn. d. naturforsch. Gesellsch. zu Halle".] gr. 4. (13 S.) Halle 881. Niemeyer. n. — 80

— neue Compositen aus d. Wiener Herbarium. [Aus: „Annalen d. k. k. naturhistor. Hofmuseums".] Lex.-8. (14 S.) Wien 894. A. Hölder. n. 1. —

— Cryptogamenflora von Hamburg. 1. Thl.: Schafthalme, Farrn, Bärlappgewächse, Wurzelfrüchtler und Laubmoose. 8. (IV und 219 S.) Hamburg 868, O. Meissner. *

— die Gattung „Lysimachia" L., s. Abhandlungen aus dem Gebiete der Naturwissenschaften.

Klatt, Georg Theobald, aus Posen: Über den Bastard von Stieglitz und Kanarienvogel. *Leipzig: W. Engelmann 1901.* (61 S.) 8° ¶ (Erschien vollst. in: Archiv f. Entwickelungsmechanik d. Organismen, Bd 12, H. 3 u. 4.)
Göttingen, Phil. Diss. v. [28. Okt.] 1901

Klatt, Hans, über Aetiologie u. Therapie des akuten Gelenkrheumatismus, s.: Abhandlungen, Würzburger, aus dem Gesamtgebiet der praktischen Medizin. VI. 10.

— über den Bau u. die Funktionen des menschlichen Körpers im allgemeinen. (Schumann's medizin. Volksbücher.) (106 S.) kl. 8. Leipzig 903. [W. Schumann Nachf.] Ulm, J. Ebner. Geb. in Leinw. 1. 50

— Befruchtung u. Schwangerschaft. (Medizinische Frauenbücher.) (48 S.) 8. Berlin (904). [Verlag der Frauen-Rundschau.] R. Singer & Co. n. — 60

— über die ätiologische Diagnose u. Therapie des Abdominal-Typhus. (65 S.) 8. Leipzig 906. B. Konegen. n. 1. —

— über die traumat. Entstehung innerer Krankheiten, s.: Abhandlungen, Würzburger, aus dem Gesamtgebiet der prakt. Medizin. VI. 1.

— die Krankheiten der Nase u. des Rachens. (Schumann's medizin. Volksbücher.) (80 S.) kl. 8. Leipzig 903. [W. Schumann Nachf.] Ulm, J. Ebner. Geb. in Leinw. 1. 50

Klatt, Hans, die Krankheiten des Ohres, s.: Schumann's medizin. Volksbücher.

— Pubertät u. Menstruation. (Medizinische Frauenbücher.) (40 S.) 8. Leipzig (903). [Verlag der Frauen-Rundschau.] Berlin, R. Singer & Co. n. — 60

Pubertät und Menstruation von Dr. med. Hans Klatt. 2. Aufl. Leipzig & Berlin: Frauen-Rundschau [1904]. (40 S.) 8° [F.]
(Medizinische Frauenbücher.) [03. 3644

— über die Senkung der Baucheingeweide, s.a. Klinik, Berliner.

Über die Senkung der Baucheingeweide. Von Dr. Hans Klatt, Marienwerder. Berlin: Fischer 1905. (37 S.) (8°)
— Klinik, Berliner. H. 210. [06. 840

Klatt, Hilmar [aus Elbing, Westpr.]: Ueber Trimethyl- und Triäthylarsenbenzbetaïn und deren Abkömmlinge ... Rostock, C. Boldt'sche Hof-Buchdr., 1893; 43 S. 8.
Rostock, Phil. Fak., Inaug.-Diss. v. [27. Nov.] 1893

Klatt, Hugo F.: Kondensation von Glukose durch Schmelzen mit Chlorammonium. 1903. 23 S. 8° ¶ Auch in: J. Liebig's Annalen d. Chemie. Bd 329.
Hannover, Dr.-Ing.-Diss. v. 18. 7. 1901

Klatt, J., Die Handschriften-Verzeichnisse der Königlichen Bibliothek zu Berlin. A. aus dem Centralblatt für Bibliothekswesen. VII. Jahrg. 5. Heft. [Leipzig] 1890.

Klatt, J., Indien. [SA. aus dem Jahresbericht der Geschichtswissenschaft III. Jahrgang; für 1880.]

Klatt, J., Islam. [SA. aus dem Jahresbericht der Geschichtswissenschaft III. Jahrgang; für 1880.]

Klatt, Jo. Erdmann (Danzig), Dissertatio de palmariis quibusdam philosophorum argumentis quibus immortalitas animae demonstrari solet. Präs. M. Heinrich Valentin Becker. Rostock (Rösen) 23. IV. 1757. 40 S. (6.50) 18162

Klatt, Johannes [aus Posen]: Über einen Fall von Hemicephalus mit weiteren hochgradigen Missbildungen des Gesichts und innerer Organe. Ein Beitr. z. Lehre v. d. Missbildgn v. Standpunkte d. Entwicklungsgesch. ... Leipzig, G. Fock, 1892; 37 S. 8.
Erlangen, Med. Fak., Inaug.-Diss. v. 18. Juli 1892

Klatt, Johannes: De trecentis Cāṇakyae poetae Indici sententiis. Halis Saxonum (1873): (Schade in Berlin). VI, 72 S., 1 Taf. 8°
Halle-Wittenberg, Phil. Diss. v. 15. Febr. 1873
Geb. Filehne 31. 10. 1852. V.

Klatt, Joh., de trecentis Cânakkyae poetae indici sententiis, in quibus centum adhuc ignotae nunc primum foras datae. gr. 8. (72 S. m. 1 Steintaf.) Berlin 874. Dümmler's Verl. n. 2. —

Klatt, Joh., specimen of a literary-bibliographical Jainaonomasticon. Lex.-8. (IV, 55 S.) Leipzig 892. O. Harrassowitz. n. 3. —

Klatt, Kurt, das Heergewäte, s.a. Beiträge, deutschrechtliche. II, 2.

Das Heergewäte. Von Dr. iur. Kurt Klatt. Heidelberg: C. Winter 1908. (108 S.) 8°
Ein T. erschien als Inaug.-Diss. Göttingen 1908.
— Beiträge, Deutschrechtliche. Bd 2, H. 2. [08. 16784

Klatt, Kurt, Referendar in Dirschau ⟨W.-Pr.⟩: Die geschichtlichen Wurzeln des deutschen Heergewätes. Heidelberg: C. Winter 1908. (34 S.) 8° ¶ (Erscheint vollst. u. d. T.: „Das Heergewäte" in: „Deutschrechtliche Beiträge" Bd 2, 1908.)
Göttingen, Jur. Fak., Ref. Beyerle, Diss. v. 3. Aug. 1908
[Geb. 19. Aug. 85 Grunau, Kr. Marienburg (Westpr.); Wohnort: Dirschau; Staatsangeh.: Preußen; Vorbildung: Oberrealsch. Elbing Reife O. 04; Studium: Berlin 2, München 1, Berlin 1, Göttingen 3 S.; Rig. 20. Dez. 07.]

Klatt, L. Zur Syntax des Altfranzösischen: Die Wiederholung und Auslassung gewisser Form- oder Bestimmungswörter in der französischen Prosa des XIII. Jahrhunderts. Diss. Kiel, und Oldenburg, O. R., 1878. 18 S. 4.

Kaiser Friedrich und sein Erzieher. Rede 1904 zu Eberswalde geh. von L[eberecht] Klatt, Prof. Eberswalde: H. Langewiesche 1904. (20 S.) 8° [F.] [05. 14087

Klatt, Ludw. Die Wiederholung und Auslassung gewisser Form- oder Bestimmungswörter in der französ. Prosa des XIII. Jahrh. 18 S. Progr. OR. *Oldenburg* 1878.

Klatt, M., chronologische Beiträge zur Geschichte des achäischen Bundes. gr. 4. (42 S.) Berlin 883, Gaertner's Verlag. *

Klatt, Max, die Altersverhältnisse der preuß. Oberlehrer seit dem J. 1892. (11 S.) Lex. 8. Dresden 908. C. A. Koch. — 50
Sonderabdr. aus: „Korrespondenzbl. f. d. akad. gebild. Lehrerstand".

Klatt, Max, die Alters- u. Sterblichkeitsverhältnisse der Direktoren u. Oberlehrer in Preußen, s.: Böckh, Rich.

Die Alters- und Sterblichkeitsverhältnisse der Preußischen Richter und Staatsanwälte. Von Prof. Dr. Max Klatt, Prov.-Schulrat, Berlin. Mit mehreren graph. Taf. Berlin: O. Liebmann 1904. (VII, 86 S.) 8° [05. 7811

— Althoff u. das höhere Schulwesen. Vortrag, geh. am 19. XII. 1908 im Berliner Gymnasiallehrer-Verein. (42 S.) 8. Berlin, Weidmann 909. — 60

Klatt, Max, Kritische Bemerkungen zu der im Königlichen statistischen Bureau bearbeiteten Denkschrift über die Alters- und Sterblichkeitsverhältnisse der Lehrer an den höheren Unterrichtsanstalten. Vortr. Berlin 1900. 8°.

Klatt, Max, Forschungen zur Geschichte des Achäischen Bundes. 1. Thl.: Quellen und Chronologie des Kleomenischen Krieges. gr. 8. (VI, 134 S.) Berlin 877, Haack. *

Klatt, Max. Studien zur Geschichte des Kleomenischen Krieges. (58) 8. Berlin 1877.

Untersuchungen über das Dienstalter der Richter. Von Max Klatt, (Prof. zu Berlin). 4 Tab. *Berlin: C. Heymann 1903.* (29 S.) 4° [03. 1190

— Untersuchungen üb. das Dienstalter der Richter. 4 Tabellen. (37 S.) 4. Berlin 903. C. Heymann. n. 1. —

Klatt, Otto

Klatt, O., die Körpermessung der Verbrecher nach Bertillon u. die Photographie als die wichtigsten Hilfsmittel der gerichtlichen Polizei, sowie Anleitg. zur Aufnahme v. Fusspuren jeder Art. gr. 8. (IV, 82 S. m. Abbildgn. u. 21 Taf.) Berlin 902. [J. J. Heine.] J. Guttentag. n. 2. 80

Klatt, W., Rechnen-Aufgaben für das Kopfrechnen, zum Gebrauche in Knaben- und Mädchenschulen, nebst einer kurzen Anleitung. gr. 12. (114 und XVI S.) Hamburg 850, Schuberth und Comp.

Klatt, Wilhelm, s. Klatt, Friedrich Wilhelm

Klatt, Willibald, Oberl.: Molières Beziehungen zum Hirtendrama. Mit e. Vorstudie: Haupttypen der Hirtendichtung vor Molière. Göttingen [1908]: Dieterich. IV, 107—139 S. 8° ¶ (Ersch. vollst. als Buch b. Mayer & Müller, Berlin.)
Rostock, Phil. Diss. v. 21. März 1908, Ref. Zenker
[Geb. 28. Mai 69 Posen; Wohnort: Steglitz; Staatsangeh.: Preußen; Vorbildung: Realgymn. Posen Reife M. 87; Erg.Prüf. Marien-Gymn. Posen M. 88; Studium: Halle 8 S.; Rig. 19. März 08.] [U 09. 3753

Klatt, Willib., Molières Beziehungen zum Hirtendrama. Mit e. Vorstudie: Haupttypen der Hirtendichtg. vor Molière. (IV; 214 S.) gr. 8. Berlin 908. Mayer & Müller. 4. 50

Klatte, Hülfsbuch zur Ertheilung einer praktischen Instruktion über den Cavallerie-Karabiner M/71 für Unteroffiziere. Mit Zugrundelegung der vom Königl. Kriegs-Ministerium gegebenen Instruktion bearb. u. durch 16 Zeichnungen der Schloßtheile (in Holzschn.) erläutert. gr. 8. (32 S.) Berlin 878. Liebel. n. — 50

Klatte, Alfr., nach zwanzig Jahren. Ein Gedenkblatt zur Geschichte der kaiserl. Universitäts- u. Landesbibliothek in Straßburg. [Aus: „Straßburger Post".] gr. 8. (20 S.) Straßburg i/E. 890. (W. Heinrich.) n. — 40

Klatte, Alfr., um Strassburg herum. Beschreibung der Umgebg. Strassburgs einschliesslich der Strassenbahnen Strassburg-Markolsheim u. Strassburg-Truchtersheim. Ein Beitrag zur Heimatskunde. Mit 6 Bildern u. 1 (farb.) Umgebungskärtchen. 12. (67 S.) Strassburg i/E. 892. (W. Heinrich.) n. 1. —

Klatte, Alfr., durch Strassburg. E Führer f. Fremde u. Einheimische m. Beschreibg. d. Stadt Strassburg u. deren Umgebg., sow. e. kleinen Führer in d. Vogesen u. in d. Schwarzwald. M. 10 Bild. in Lichtdr. u. 1 Stadtplan. 2., verb. Aufl. 12. (62 S.) Strassburg 897. W. Heinrich. n. — 75

— Streifzüge durch d. Ortenau. E. illustr. Führer in d. mittl. Schwarzwald. Beschreibg. d. Lokalbahnen Strassburg-Kehl-Ottenheim, Altenheim-Offenburg, Altenheim-Lahr-Seelbach u. kurzer Führer durch Strassburg. 8. (IV, 71 S. m. 12 Lichtdr. u. 2 Karten.) Ebd. 898. n. 1. —

— **Wanderungen durch das Hanauer Land u. Beschreibung der Strassenbahn Kehl-Lichtenau-Bühl.** Ein Handbuch m. 7 Lichtdr.-Bildern, verschiedenen Illustr. u. 1 Plan. 12. (68 S.) Ebd. 892. n. 1. —

Klatte, Christoph (Hrsg.), s.a. Almanach, Berliner für Reiter, Gestütsbesitzer und Pferdeliebhaber.

Klatte, (Chrstph.), Berliner Almanach f. Reiter, Gestütsbesitzer u. Pferdeliebhaber. M. 10 Kpfrt. 8. (16½ B.) Berlin 828, Hayn.

— Almanach f. Freunde der Pferde u. d. Reitkunst. 12. Wien 814.

— Aphorismen über die Pferdezucht, nebst einer Abhandl. über d. natürl. Bestimmung u. Vervollkommnung der ungarischen Racen. 12. Pesth 814. (C. Haas in Wien). 12 K

Klatte, [C.]: Die Bearbeitung des Pferdes an der Hand und mit dem von mir erfundenen Spanischen Reiter. E. Handbuch für d. Kavallerie ... Mit 12 Kupfertaf. Berlin 1825. 225 S.

— d. Bearbeit. des Pferdes an der Hand u. mit dem von mir erfundenen spanischen Reiter. Mit 12 Kpft. 8. Berl. 825. Herbig. 1 ß 8 K

— — über die Bearbeitung und Zähmung des Soldatenpferdes. gr. 8. Berlin. 804. Jetzt Reimer.

Klatte, (Premier-Lieutenant), Beleuchtungen u. Bemerkungen über die von dem K. K. österreichischen Rittmeister Konstantin Balassa erfundene neue psychologische Methode, böse Pferde in einer Stunde zum Hufbeschlage ohne Zwang abzurichten. 828. gr. 8. Halle, Colditz'sche B. ½ ß

—— Beleuchtungen u. Bemerkungen üb. d. v. Balassa erfund. neue psycholog. Methode, böse Pferde in e. Stunde z. Hufbeschlage ohne Zwang abzurichten. gr. 8. (4½ B.) Berlin 828, Krause.

Klatte, C. (Hrsg.), s.a. Castor u. Erichthon.

— Castor u. Erichton. Zeitschr. für Reiter, Oekonomen u. Pferdeliebhaber. 4 Hfte. 8. Bresl. 803. Buchheister. 3 ß

— Grundsätze der rationellen Reitkunst für Privat- u. Cavallerie-Officiere. 8. Wien 812. v. Mösle. 6 K

— der Hauspferdearzt. Ein Handbuch für Pferdebesitzer. 8. Berl. 818. Amelang. 16 K

— — Heniastik, oder die Kunst difficile Pferde zu zäumen. 798.

Klatte, C[ristoph]. Heniastik oder die Kunst dificile Pferde zu zäumen und den Vortheil einer angenehmen Führung zu erhalten. Eine neue Erfindung von C. Klatte. Breslau gedruckt ... bei ... Grasses Erben & Barth 1802.
Tit., 3 Bl., 48 S., 1 Taf. in Kupferst. 8°.

— Heniastik, oder d. Kunst, difficile Pferde u. d. Vortheil e. angenehmen Führung zu erhalten u. zu zäumen. Mit 1 Kpf. 8. Bresl. 802. (Holläufer). 18 K

Klatte, [C.]: Katechismus der Pferde-Erhaltungs-Kunde oder Unterricht z. Wartung u. Pflege d. orientalischen, englischen, nordischen u. deutschen Pferde-Racen ... Leipzig 1826. VIII, 93 S.

— Katechismus d. Pferde-Erhaltungskunde, od. Unterr. zur Wartung u. Pflege d. oriental., engl., nord- u. süddeutschen Pferderaçen, f. Deutschland u. seine Nachbarstaaten bearb. 8. Leipz. 826, Baumgärtner.

— systemat. Lehrbuch d. Campagne-Reitkunst u. d. rationellen Bearbeit. d. Campagne-Pferdes. Mit 47 Kpfrn. gr. 8. Berl. 822, Maurersche Buchh.

Klatte, K. Systematisches Lehrbuch der Kampagnen-Reitkunst u. der rationellen Bearbeitung des Kampagnen-Pferdes. Mit Kpf. Berlin 1823. 199 S.

Klatte, [C.]: Die von mir erfundene Pferde-Dressur-Maschine (Spanischer Reiter) und ihre Anwendung ... in Bildern aus d. Erfahrung dargest. Mit e. nach d. Maassstabe angefertigten Zeichnung. Berlin 1827. VIII, 188 S.

— die von mir erfundene Pferdedressurmaschine (Spanischer Reiter) u. ihre Anwendung ꝛc. (Ist d. 2e Thl. der „Bearb. d. Pferdes an der Hand ꝛc.“) 8. Berl. 827. Kobike. 1 Thlr

— der Rathgeber für Reisende, ihre Pferde gehörig zu satteln, zu zäumen ꝛc. u. von den ersten gewöhnlichen Krankheitsanfällen selbst zu heilen, ein Taschenbuch für Pferdebesitzer. kl. 8. Berl. 815. Dunker u. H. 16 Gr

Klatte: Reiter-Katechismus od. theoret. Reit-Unterricht f. alle Stände ... Leipz. 1826. 134 S.

— Reiter-Katechismus, od. theoret. Reitunterricht f. alle Stände. Nach d. reinen u. wahren Regeln d. Kunst bearb. 8. Leipz. 826, Baumgärtner.

—— Reiter-Katechismus, od. theoret. Reit-Unterr. f. alle Stände. Nach d. reinen u. wahren Regeln d. Kunst bearb. 2., sehr verb. u. mit e. Anh. verm. Aufl. gr. 12. (4½ B.) Leipzig 834, Baumgärtner.

Klatte C.: Sammlung d. vorzüglichsten Schriften üb. höhere Reitkunst u. Pferdekunde. Bresl. 1817. 420 S. 2 Tvl.

Klatte, [C.]: Die Schnell-Dressur des Remonte Pferdes nach psychologischen und taktischen Grundsätzen ohne Zerstörung des Materials für den Kriegszustand ... Berlin 1829. XVI, 169 S.

—— die Schnell-Dressur d. Remonte-Pferdes, nach psycholog. u. takt. Grundsätzen ohne Zerstörung d. Materials f. d. Kriegszustand eingerichtet u. als e. Vermächtniß an d. Reiterei dargest. 8. (12 B.) Berlin 829, (Hayn.)

— gesammelte Schriften von d. Pferdewissenschaft. Mit Kpf. 8. Bresl. 815. J. F. Korn. 1 Thlr 12 Gr Hbg. Pr. 18 Gr

— Taschenbuch für Freunde der Reitkunst. Mit Kpf. (A. u. d. T.: Castor u. Erichthon.) 16. Bresl. 807. Buchheister. 1 Thlr 12 Thlr Hbg. Pr. 16 Gr

— neues Wiener Taschenbuch für Freunde d. Pferde ꝛc. Mit Kpf. Taschenformat. Wien 810. Gerold. 3 Thlr 8 Gr Hbg. Pr. 1 Thlr 16 Gr

Klatte, Cph. (C. F. K. Cph.), patriot. Versuch über d. Pferdezucht in Schlesien u. ihre Verbesserung. 8. Züllichau 805. (Hinrichs in Leipz.) 8 Gr Hbg. Pr. 6 Gr

— Vorlesung. üb. d. Bearbeitung u. Zähmung d. Soldatenpferdes. gr. 8. Berl. Himburg. 804.

— theoret.-systemat. Vorlesungen über die Bearbeitung u. Zähmung d. Soldatenpferdes, nach organograph. u. psychischen Grundsätzen. gr. 8. Berl. 804. (Reimer). 10 Gr

Klatte, [Christoph]. Vorschule der Soldaten-Reiterei oder wahres Reiter-Exercitium zu Fuß ... Mit den Abbildungen der Lectionen. Berlin 1825. Gedruckt auf Kosten des Verfassers. 60 S., 2 Bl.; 17 Taf. in Lithogr. 8°.

— Vorschule der Soldatenreiterei, oder wahres Reiterexercitium zu Fuß. Mit 27 Abbildd. d. Lectionen. gr. 8. Berl. 825. Nauck. (Hayn das.) 1 Thlr 4 Gr Hbg. Pr. 16 Gr

— Die Zäumungskunde ... Berl. 1819. 198 S. 5 Tvl.

— die Zäumungskunde, ein Handbuch für Cavallerie-Offiziere, Bereiter u. Pferdeliebhaber. Mit 5 Kpf. 8. Berl. 819. Rücker. 1 Thlr 8 Gr

—— drei neue Zäumungs-Maschinen f. Pferde, welche bei d. Bearbeit. mit d. Trense die Zunge üb. d. Gebiß legen, f. andere, welche d. Kopf zu niedrig tragen, u. endlich f. solche, welche e. zu empfindl. Kinnketten-Grube haben, u. deren Maulspalte zum Durchfallen d. Stange geneigt ist. Mit d. Abbild. dieser Maschinen. gr. 8. (1½ B.) Berlin 831, Lüderitz.

— d. Zäumungsmesser oder d. Variationsstange, eine neuerfundene Hülfsmaschine. Nebst 5 Steinabdr. gr. 4. Berl. 822. Maurers B. 10 Gr

Klatte, Fritz, a. Diepholz: **Über den Benzoylacetonoxalester.** Würzburg 1907: C. J. Becker. (53 S.) 8°

Tübingen, Naturw. Fak., Ref. Wislicenus, Diss. v. 27. April 1907

[Geb. 28. März 80 Diepholz, Prov. Hannover; Wohnort: Tübingen; Staatsangeh.: Preußen; Vorbildung: Realgymn. Osnabrück Obersekunda, Pharmaz. Staatsprüfung; Vorbildung: Berlin 5, Tübingen 3 S.; Coll. 27. Apr. 07.]

Klatte, K., s. Klatte, Christoph

Klatte, Carl v. Geschichte d. Thüringischen Ulanen-Regiments Nr. 6, s. Bothe, Heinr.

Anton Dvořák. Fünfte Symphonie, E-moll 'Aus der neuen Welt'. op. 95 Erl. von Wilhelm **Klatte** *Leipzig: H. Seemann Nachf. [1901].* (19 S.) 8°
— Musikführer. No 183.

Klatte, Wilh., zur Geschichte der Programm-Musik, s. a. Musik, die.

Zur Geschichte der Programm-Musik von Wilhelm **Klatte**. Mit 1 Vierfarbdr., 1 Lichtdr., 10 Vollbild. in Tonätzung u. 4 Facs. (Berlin): Bard, Marquardt & Co. [1005]. (66 S.) 8°
— **Musik**, Die. Bd 7. [05. 7837

Klatte, Wilh., s.: Musikführer, der.

Klatte, Wilh., Franz Schubert, s. a. Musik, die.

Franz Schubert von Wilhelm **Klatte**. Mit 15 Vollbild. u. 20 Faks. (Berlin): Marquardt & Co. (1907). (113 S.) 8° [F.]
— **Musik**, Die. Bd 22. 23. [07. 6191

Richard Strauss, Ein Heldenleben. ⟨Op. 40.⟩ Erl. von Wilhelm **Klatte**. *Stuttgart: J. Schmitt [1899].* (15 S.) 8°
— **Musikführer**. 154.

Richard Strauss. Symphonie in F moll. Op. 12. Erl. von Wilhelm **Klatte** *Leipzig: H. Seemann Nachf. [1901].* (18 S.) 8°
— Musikführer. No 179.

— s. **Strauss, Richard, Symphonien u. Tondichtungen.**

— **Phil. Wolfrum's e. Weihnachts-Mysterium, s. a. Musikführer, der.**

Philipp Wolfrum. Ein Weihnachts-Mysterium. Op. 31. Erl. von Wilhelm **Klatte**. *Leipzig: H. Seemann Nachf. [1904].* (18 S.) 8° [F.]
— **Musikführer**, Der. No 278. [04. 11,943

Klatten, Eduard.) Armin. Alexand. (geb. Wraclaweck jetzt Wloclawek in Polen 30. 3. 1800): De Louvrieri hydrargyrum adhibendi methodo. Berolini (1821). (36 S.) 8°

Berlin, Med. Diss. v. 12. Okt. 1821

Klatten, Franz Camillus Ottomar (Neustettin/Pommern), Nonnulla de typhi abdominalis symptomatologia. Diss. med. Bln. (Nietack) 6. VIII. 1833. 36 S. mit Biogr. (M.: Leopold.) (6.—) 18163
Oppon.: L. v. Naurath, Em. Wagner, Jos. Beckers. — Gew.: Friedr. Reuter, Ed. Klatten (Bruder). — Krankengeschichte d. Wilhelmine Boehlert, Friederike Müller, Carl Gericke.

— **Robert Gustav Adalbert** (Wraclawecc/Preuss.), De febre puerperali. Diss. med. Bln. (Johann Friedrich Starck) 24. X. 1825. 31 S. mit Biogr. (M.: Leopold.) (6.—) 18164
Oppon.: G. Wernher, C. Bahn, C. Berndt. — Gew.: Frid. Wilh. Klatten (Vater).

Klattenhoff, Ernst: Welchen Einfluss äussert auf den Ersatzanspruch aus der freiwilligen Geschäftsführung die Vereitelung des Erfolgs? ... Erlangen, k. b. Hofbuchdr. v. A. Vollrath, 1892; 32 S. 8.
Erlangen, Jur. Fak., Inaug.-Diss. v. 1892

Klattenhoff, *Christian* Friedrich [aus Calbe a. d. Saale]: Die Gotteslehre des Malebranche in ihrem Verhältnis zur Gotteslehre des Descartes ... Leipzig, Plötz'sche Buchdr., Halle a. S., 1894; 126 S., 1 Bl. 8.
Leipzig, Phil. Fak., Inaug.-Diss. v. [5. Okt.] 1894

Klatzer, M. F., Kärntner Geschäfts-Adressenbuch 1864. I. Ausg. gr. 8. (VI und 227 S.) Klagenfurt, (Leon's Buchh.) * *

Klatzer, M. F. — Handels-Adressen-Buch von Kärnten. Zusammengestellt und herausgegeben von — — 1857. Villach, Druck von F. F. Hofmann. (216 S. 8.)

***Klatzer**, M. F. Curort Krapina-Töplitz. Klgft., ?. 1866.

Klatzko, Juda, דודאים, Violae. Sylloge hebraicorum carminum atque narrationum. 8. (5¼ B.) Lipsiae 842, C. L. Fritzsche. *

Klatzo, Georg. Ueber die Constitution der Beryllerde. Mag. Diss. Dorpat. 8°. 65 pp. 1868.

Klau, Regeln f. den Unterricht im Rechnen, in der Arithmetik u. Algebra. 2. Aufl. (24 S.) 8. Limburg 908. H. A. Herz. — 30

Klau, Hugo (geb. Cottbus 18. 9. 1855): Ueber die Therapie bei Extrauterinschwangerschaften. Berlin (1881). (30 S.) 8°
Berlin, Med. Diss. v. 1. Aug. 1881

Klau, J., das Leben o. Welt. Vortrag, geh. in d. Generalversammlg. d. nass. Vereins f. Naturkunde am 15. Decbr. 1895. [Aus: „Jahrbb. d. nass. Ver. f. Naturkunde".] gr. 8. (16 S.) Wiesbaden 896. J. F. Bergmann. n. — 60

Klau, J., kurzer Leitfaden f. d. ersten Unterricht in d. anorgan. Chemie. gr. 8. (VIII, 88 S. m. 34 Abb.) St. Petersburg 896. (K. L. Ricker.) n. 1. 80

Klau, Joseph: Über die Behandlung der Himmelskunde am Gymnasium. Wiesbaden, L. Schellenberg'sche Hof-Buchdr., 1890; S. 3–20; 4°
Wiesbaden, k. G, OP 1890

Klau, [Josef]: Die Einweihungsfeier des neuen Gymnasiums. (Umschlagtitel: Bericht über die Einweihungsfeier.) S. 8—17. 4.
Progr. Gymn. u. Realprogymn. *Limburg a. d. Lahn* 1906 (490).

KLAU, T.
Kurzer Leitfaden für den ersten Unterricht in der anorganischen Chemie. St. Petersburg, 1895. 8vo. Ill.

Klaua, Rob., Lieder e. Landmanns. Gedichte. (VII, 120 S.) 8. Dresden 904. E. Pierson. n. 1. 50; geb. n. 2. 50

Klaubart, Christian Wilh. (Elsterberg/Vogtl.), De decreto distributionis in concursibus creditorum nonnullibi recepto. Diss. jur. Präs. Ernst Tenzel. Erfurt (Grosch) 21. III. 1729. 38 S. (6.50) 18165
Gew.: Georg Friedrich Spitzner, Gottfried Wilhelm Irmisch.

— **Johann Gottlieb** (Elsterberg/Vogtl.), De homicidio propter defensionem bonorum commisso impuni. Rector Tob. Jac. Reinharth. Erfurt (Joh. Christoph Hering) 17. VIII. 1733. 30 S. (6.20) 18166

Klaubartus, Wilh. (Penicensis Misnicus), auctor (praeside Em. Friderico *Schroeter*), dissertatio inaug. jurid. de jure *repraesentationis*, oder: von der *Tretung der Kinder an ihrer Eltern Stelle*. Jenae, recus. litteris Hellerianis, 1760. 4°. Cart.
48 S. Einiges deutsch. — Ed. I. ibid. 1669.

Klauber, Alfred

— Uber die Eigenschaften des α-Metaxylylhydrazins und seine Einwirkung auf Acetessigester S. 100. IIb. 241 . . . . vgr.
Separatabdruck

Klauber Alfred Über ein Xylylhydrazin S. 93 IIb. 308 . . . . vgr.
Separatabdruck

Klauber, Ernst: Assyrisches Beamtentum nach Briefen aus der Sargonidenzeit. Leipzig 1910: Pries. 115 S. 8° ¶(Ersch. vollst. als: Leipziger Semitist. Studien. Bd 5, H. 3.)
Leipzig, Phil. Diss. v. 8. Juli 1910, Ref. Zimmern, Fischer
[Geb. 3. April 87 Wien; Wohnort: Leipzig; Staatsangeh.: Österreich; Vorbildung: Schotten-Gymn. Wien Reife Sommer 05; Studium: Wien 2, Leipzig 4 S.; Rig. 25. Jan. 10.] [U 10. 3170

Klauber, Ernst, assyrisches Beamtentum nach Briefen aus der Sargonidenzeit, s.a. Studien, Leipziger semitistische. V. Bd. 3. Heft.

Assyrisches Beamtentum nach Briefen aus der Sargonidenzeit. Von Dr. Ernst **Klauber**. Leipzig: Hinrichs 1910. VI, 128 S. 8°
(Leipziger semitistische Studien. Bd 5, H. 3.) [10. 12493

— **Keilschriftbriefe. Staat u. Gesellschaft in der babylon.-assyr. Briefliteratur**, s.a. Orient, der alte. XII, 12

Keilschriftbriefe. Staat u. Gesellschaft in d. babylonisch-assyrischen Briefliteratur. Von Dr. Ernst **Klauber**. Mit 1 Abb. Leipzig: Hinrichs 1911. 32 S. 8°
(Der Alte Orient. Jg. 12, H. 2.) [10. 18303

Klauber, Hans. Todtentanz der Stadt Basel. In Holzschnitten nach den Frescogemälden der ehemaligen Kirchhofsmauer der Predigerkirche. Basel. 8°.

Klauber, Johan Rudolff. Nachtigall, Das ist: Ein schöne Historische Beschreibung, von den sechs Straffen, mit welchen der Herr vnser Gott, die herrliche ... Statt Basel: als mit Auffruhr, Krieg, Thewrung, Sterbendt, Fewrs: vnd Wassers noth auch erschrokkenlichen Erdbidmen, von fünffhundert Jahren hero, heimgesucht hat. Hergegen: Was er derselbigen auch widerumb für Gutthaten erzeiget hat ... von neuem wiederumb auffgelegt. Basel, J. R. Pistorius, 1751. Kl.8°. 158 S. 1 (leeres) Bl. Alte, etwas abgenutzte Buntpapierbroschur, Rücken lädiert.
Barth II, 19733. Haller IV. 756. Die erste Auflage war 1617 erschienen.

Klauber, Osk., die retrograde Inkarzeration, s.a. Sammlung klinischer Vorträge.

Die retrograde Inkarzeration. Von Dr. Oskar **Klauber**. Leipzig: Barth 1910. 32 S. 8° [Umschlagt.]
(Sammlung Klinischer Vorträge. N. F. Nr 574.) [10 5958

Klauber, Oskar (Bearb.), s. P r a g und Umgebung.

Klauber, O., Prag u. Umgebungen, s. Grieben's Reisebücher.

Klauber, Wilhelm: Die Geschichte und Entwicklung der Agada zum Hohenliede in den Midraschim Talmudus und Targumin. Prag, Phil. Diss., 1896/97

Klauber, Wilh., über Rechte u. Pflichten des Hausbesitzers in Mietvertrags-, Kündigungs- u. Hauszinssteuersachen sowie bei Bergbaustreitigkeiten, mit Formularien f. Gerichtseingaben u. Mietverträge. (50 S.) kl. 8. Teplitz 910. E. Pörzler. — 85

Klaubold, K. A., d. Bild eines vollkommenen Richters. 8. Gießen, Heyer. 798.

– Dass., s.a. K l a u h o l d

Klaucke, A., s.a. K l a u k e

Klaucke, A., Grundsätze d. Schullehrer-Bildung in Seminarien; mit besond. Beziehung auf Hamburg. Ein philosoph. Versuch. gr. 8. (22½ B.) Hamburg 829, Herold.

—— Wahlpredigt z. Pastoratstelle am Waisenhause, u. Einführungs- u. Antritts-Predigt f. dieselbe. gr. 8. (3 B.) Hamburg 830, Herold.

Klaucke, M. F., Prospectus eines Planes, Vancouver Island und das Festland von British Columbia dem Bedürfnisse gemäss mit geeigneten englischen und deutschen Ackerbauern zu versehen. 1867.

(Klaucke, M. F.): Prospectus eines Planes, Vancouver Island und das Festland von British Columbia dem Bedurfnisse gemass mit geeigneten englischen und deutschen Ackerbauern zu versehen. Leipzig 1868. 27 S. 8°.

Klaucke, Paul

Klaucke, P., Aufgaben zum Übersetzen aus dem Deutschen ins Griechische f. obere Klassen. In genauem Anschluß an Lektüre u. Grammatik. gr. 8. (VIII, 180 S.) Berlin 887. W. Weber. n. 2. 40

Klaucke, Paul, Aufgaben zum Uebersetzen aus dem Deutschen ins Lateinische für Secunda in genauem Anschluß an die Grammatik von Ellendt-Seyffert und an die latein. Lectüre. gr. 8. (VII, 242 S.) Berlin 875, Weber. * 2 80

Klaucke, Paul, Aufgaben zum Uebersetzen aus dem Deutschen ins Lateinische für obere Klassen. 2. Aufl. gr. 8. (VIII, 276 S.) Berlin 876, Weber. *

Klaucke, Paul, Aufgaben zum Übersetzen aus dem Deutschen ins Lateinische für obere Klassen in genauem Anschluß an Grammatik und Lektüre. 3. Aufl. gr. 8. (VI, 274 S.) Berlin 881, Weber. *

— **Aufgaben zum Übersetzen aus dem Deutschen ins Lateinische f. obere Klassen.** In genauem Anschluß an Grammatik u. Lektüre. 4., sehr veränd. Aufl. gr. 8. (VIII, 290 S.) Ebd. 887. n. 2. 80

Klaucke, Paul, Aufgaben zum Uebersetzen aus dem Deutschen ins Lateinische f. obere Klassen. Im genauen Anschluß an Grammatik u. Lektüre. 5., durchgeseh. Aufl. gr. 8. (X, 290 S.) Berlin 892. W. Weber. n. 2. 80

Klaucke, Paul, Aufgaben zum Übersetzen aus dem Deutschen ins Lateinische f. obere Klassen. In genauem Anschluß an Grammatik u. Lektüre. 6., unveränd. Aufl. gr. 8. (X, 290 S.) Berlin 900. W. Weber. n. 2. 80; geb. in Halbleinw. n. 3. 30

Klaucke, P.: Der deutsche A u f s a t z in den oberen Gymnasialklassen. – Landsberg a.d.W., Progr. 1871.

—— der deutsche Aufsatz in den oberen Gymnasialklassen. 4. (32 S.) Landsberg 871, (Schaeffer und Comp.) * 1 —

— deutsche Aufsätze u. Dispositionen, deren Stoff Lessing, Schiller, Goethe entnommen ist. Für die obersten Klassen höherer Lehranstalten. gr. 8. (VIII, 340 S.) Berlin 881. W. Weber. n. 5. —

— deutsche Aufsätze u. Dispositionen, deren Stoff Lessing, Schiller, Goethe entnommen ist. Für die obersten Klassen höh. Lehranstalten. 2. Aufl., hrsg. v. Rud. Lehmann. gr. 8. (XII, 342 S.) Ebd. 900. n. 5. —; Geb. in Leinw. n. 6. —

Klaucke, Paul Deutsche Aufsätze für Prima. 32 S. **Progr.** *Landsberg a. W.* 1879.
Vgl. des Verf. Deutsche Aufsätze u. Dispositionen, deren Stoff Lessing, Schiller, Goethe entnommen ist Für die obersten Klassen höherer Lehranstalten. (VIII, 340 SS) 8. Berlin 1881, Weber. 5 Mk.

—— deutsche Aufsätze für Prima. 4. (32 S.) Landsberg a. W. 879, (Schaeffer und Comp.) *

—— **ausgewählte Briefe Ciceros. Ein Anhang zu den Aufgaben zum Übersetzen ins Lateinische für obere Klassen. In genauem Anschluß an Grammatik und Lektüre.** gr. 8. (VI, 103 S.) Ebendas. 883. *

—— zur Erklärung deutscher Dramen in den oberen Klassen höherer Lehranstalten. 8. (IV, 59 S.) Ebendas. 886. * 1 —

— Erläuterungen ausgewählter Werke Goethes. Für die obersten Klassen höherer Lehranstalten, sowie zum Selbstunterricht. 1. u. 2. Hft. 8. Ebend. 886. n. 5. 60
1. Götz v. Berlichingen. (V, 193 S.) n. 2. 60. — 2. Egmont. (V, 232 S.) n. 3. —

— Erläuterungen ausgewählter Werke Goethe's. Für die obersten Klassen höherer Lehranstalten, sowie zum Selbstunterricht. 3. Hft. Iphigenie auf Tauris. 8. (VII, 224 S.) Ebd. 888. n. 2. 80 (1—3.: n. 8. 40)

—— stilistische und synonymische Regeln für Tertia. gr. 8. (15 S.) Ebendas. 887. *

—— **die wichtigsten Regeln der lateinischen Stilistik und Synonymik für obere Gymnasialklassen.** gr. 8. (VIII, 112 S.) Ebendas. 884. *

— die wichtigsten Regeln der lateinischen Stilistik u. Synonymik f. obere Gymnasialklassen. 2. Aufl. gr. 8. (VIII, 112 S.) Ebd. 894. n. 1. 25; kart. n. 1. 40

—— **Übungsbuch zum Übersetzen aus dem Deutschen ins Lateinische für Tertia in genauem Anschluß an Grammatik und Lektüre. gr. 8. (VIII, 184 S.) Ebendas. 882.** *

—— **Übungsbuch zum Übersetzen aus dem Deutschen ins Lateinische für Tertia. In genauem Anschluß an Lektüre und Grammatik. 2. mit einem stilistisch-synonym. Anhang verseh. Ausg. gr. 8. (VIII, 205 S.) Ebendas. 887.** *
Anmerkungen zur 1. Ausg. (24 S.) allein *

Klaucke, Paul, Uebungsbuch zum Uebersetzen aus dem Deutschen ins Lateinische für Untersekunda. gr. 8. (VII, 170 S.) Berlin 877. W. Weber. n. 2. —

— Übungsbuch zum Übersetzen aus dem Deutschen ins Lateinische. In genauem Anschluß an Lektüre u. Grammatik. Für Untersekunda. 2., sehr veränd. Aufl. gr. 8. (X, 257 S.) Ebend. 884. n. 2. 60

Klaucke, Paul, Übungsbuch zum Übersetzen ins Lateinische für Untersekunda. In genauem Anschluß an Grammatik und Lektüre. Anhang. gr. 8. (VI, 66 S.) Berlin 883, Weber. *

— Übungsbuch zum Übersetzen ins Lateinische f. Untersekunda. In genauem Anschluß an Grammatik u. Lektüre. Anhang. gr. 8. (VI, 66 S.) Ebend. 885. n. -- 80

Klaucke, Richard: Der Beginn der Anspruchsverjährung. Borna-Leipzig 1910: Noske. IX, 67 S. 8°
Jena, Jur. Diss. v. 2. Aug. 1910, Ref. Thon
[Geb. 22. Sept. 87 Spremberg; Wohnort: Kottbus; Staatsangeh.: Preußen; Vorbildung: Realgymn. Goslar Reife O. 06; Studium: Breslau 2, Marburg 2, Jena 2 S.; Rig. 21. Juli 10.] [U 10. 2150

KLAUCZ, Georgius: De iure ecclesiae catholicae in educationem et institutionem iuventutis. — (1888) 178 S. 4° (Handschr.) Diss. 424
Diss. Wien, Univ.

Klauder, Adolf [aus Westhofen (Rheinhessen)]: Ein Fall von Abscedirung der Thymusdrüse nach der Tracheotomie wegen Larynxdiphtherie .... Würzburg, Paul Scheiner's Buchdr., 1887; 40 S. 8°
Würzburg, Med. Fak., Inaug.-Diss. v. 1887

Klaudine, od. d. treue Gattin; keine wahre Gesch. 8. Weißenfels, Böse. 802.

Klaudine, od. die treue Gattin. 8. Weißenf. 802. (Weygand in Leipz.) 12 ℳ

Klaudine. Eine schweizerische Familiengeschichte für die weibliche Jugend. Aus dem Englischen übersetzt von Luise Engel. Herausgegeben von Ernst Hold. Mit 6 [hand]colorirten Kupfern. Leipzig, Carl Cnobloch, 1831. IV, 194 S. Kl.-8°. Hlwd. mit aufgezog. hellbraunem Or.-Umschlag. 44.—
Eine im Wallis spielende Geschichte mit besonders hübschen Illustrationen mit reizenden unkolor. Rahmen (Alphornbläser, Berglandschaften etc.) und sorgfältig kolor. Mittelstücken mit Familienszenen u. hübschen Kostümen. — Teilw. etwas fleckig, Bibliotheksstempel der Prinzessin Maria zu Anhalt a. d. Titel.

Klaudis, P. J. A. — Gedanken über den Verkehr zwischen Haus und Schule. 8. (16 pag.) Prag. Druck von Friedrich Rohlíček. 1854.

Klaudy Josef und Fink Isidor: Über einen neuen aromatischen Kohlenwasserstoff $C_{14}H_{18}$ aus Elemi. S. 108. IIb. 788 . . . . vgr.
Separatabdruck

Klaue, Max, aus zwei Welten. Gedichte nebst einigen Skizzen. (VI, 169 S.) 12. Dresden 903. E. Pierson.
n. 2. 50; geb. n. 3. 50

Klauer, Ritter Hans v., od. Entführung durch Pfaffenlist v. Natolis 8. Erfurt, Müller 810.

Klauenberg, Otto, aus Hannover: **Getränke** und **Trinken** in altfranzösischer Zeit, nach poetischen Quellen dargestellt. *Hannover 1904: W. Harzig.* (VI, 161 S.) 8°
Göttingen, Phil. Diss. v. [2. Juni] 1904

Klauenberg, Otto, Getränke u. Trinken in altfranzösischer Zeit nach poet. Quellen dargestellt. Diss. (VI, 161 S.) 8. Hannover 904. (Göttingen, Vandenhoeck & Ruprecht.) n. 3. —

Klauer, David (Frankfurt a. M.), De eo, quod justum est circa vectigalia. Disp. jur. Erfurt (Joh. Heinr. Grosch) 2. VI. 1702. 44 S. (6.50) 18170

Klauer, F. G., dreistimmige Festgesänge für Kirche und Schule. Eine Sammlung leicht ausführbarer Motetten, Hymnen und geistl. Gesänge für alle kirchl. Feste und Schulfeierlichkeiten. 1. und 2. Heft. 8. (95 S.) Eisleben 853, Kuhnt'sche Buchh. à Heft 3¾ Ngr.

Klauer, F. G., dreistimmige Festgesänge für Kirche und Schule. Eine Sammlung leicht ausführbarer Motetten, Hymnen und geistlicher Gesänge für alle kirchlichen Feste und Schulfeierlichkeiten herausg. 2. Aufl., besorgt von einem seiner Freunde. Eisleben 864. Kuhnt. 8. (95 S.) 6 ngr.

—— Jugend-Klänge. Sammlung ein- und mehrstimm. Lieder und Gesänge für die Jugend mit leichter Clavierbegleitung. Mit Orig.-Compositionen und nach den schönsten Volksweisen bearb. und hrsg. 1—4. Heft. qu. gr. 8. (128 S.) Eisleben 852, Kuhnt'sche Buchh. à Heft 5 Ngr.

Klauer, F. G., Siona, s. Siona.

—— Tempelklänge. Eine Sammlung von leicht ausführbaren Motetten, Hymnen, Cantaten u. a. geistl. Gesängen zu sämmtl. hohen Festtagen rc. für gemischten Chor. Zum Gebrauche für kirchl. Sängerchöre, Singvereine, Schulanstalten rc. 1. Heft. Partitur (40 S.) und 4 Stimmen (à 16 S.) qu. 4. Eisleben 852, Kuhnt'sche Buch.
Die Partitur allein
Jede Stimme

—— dass. — 2. Heft. Partitur (40 S.) und 4 Stimmen (à 16 S.) qu. 4. Ebds. 852.
Die Partitur allein
Jede Stimme

—— Volkslieder-Album mit leicht ausführbarer Clavierbegleitung bearb. und hrsg. 1. und 2. Lfg. 4. (S. 1—64.) Eisleben 853, Kuhnt'sche Buch. à Lfg. 6 Ngr.

Klauer, F. G., Volkslieder-Album mit leicht ausführbarer Clavierbegleitung bearb. und hrsg. 3. und 4. (Schluß-)Lfg. 4. (S. 65—128.) Eisleben 859, Kuhnt. à Lfg. 6 Ngr. Thlr.
1. und 2. Lfg. Ebendas. 1853. 12 Ngr.

—— deutsche Volksliedertafel. Eine Sammlung von Liedern und Gesängen für Männerchöre hrsg. 1. Bd. (5 Hefte) und 2. Bd. 1. und 2. Heft. qu. 8. (à Heft 32 S.) Eisleben 850—52, Kuhnt. à Heft 3¾ Ngr.

— Deutsche Volksliedertafel. Eine Sammlung von Liedern u. Gesängen für Männerchöre hrsg. 1—6. Hft. oder 1. Bd. 4 Hfte. u. 2. Bd. 1 u. 2. Hft. qu. 8. (1. Bd. 128 S. 2. Bd. S. 1—64.) Ebd. 850—52. (à Hft. ⅛ ℳ) ¾ ℳ

—— praktische Vorschule für das Orgelspiel. Eine Sammlung stufenweise fortschreitender Manual- und Pedalübungen. Op. 15. qu. gr. 4. (25 lithogr. S.) Eisleben 854, Reichardt.

— practische Vorschule für das Orgelspiel. Eine Sammlung stufenweise fortschreitender Manual- und Pedalübungen. Eisleben (855.) Reichardt. gr. 4. (1 Bl., 25 lith. S.) 15 ngr.

Klauer, Franz [aus Osterwieck]: Ueber das Vorkommen von Sarcomen im kindlichen Lebensalter .... Berlin, Buchdr. v. Gustav Schade (Otto Francke) (1887); 30 S. + 1 Bl. 8°.
Berlin, Med. Fak., Inaug.-Diss. v. 6. Aug. 1887.

Klauer, Franz, über das Vorkommen von Sarkomen im kindlichen Lebensalter. Diss. Berlin 1887, Mayer & Müller. 8°. 30 S.

Klauer, Jos. Andr. „Das erste Vierteljahrhundert (1874—1899) der Kgl. Realschule Eichstätt". pg. 41-59. 8°. Ph. Brönner (A. Hornik).
Eichstätt, Progr. 1898/99

Klauer, Ricardus, Offenbacensis: De Aristophanis trimetrorum compositione artificiosiore. Marpurgi Cattorum 1905: J. A. Koch. (81 S.) 8°
Marburg, Phil. Fak., Ref. Birt, Diss. v. 10. Juni 1905
[Geb. 17. Febr. 83 Offenbach; Wohnort: Offenbach; Staatsangeh.: Hessen; Vorbildung: Gymn. Offenbach Reife O. 01; Studium: Marburg seit M. 01; Rig. 22. Febr. 05.]

Klauer, Wlh.

— comprehensive Grammar of the german Language, on a new Plan, condensed in two synoptical tables. Hamb., (Erie). 1 rℓ 12 ngr

***Klauer,* Wlh., deutsches Handbuch. The german manuel for self tuition. 2 Vols. A. u. d. T.: Le manuel de la langue allemande, pour l'apprendre sans le secours d'un maître. 2 Tom. gr. in 12. Paris et London 831. Black, Young et Young. 7 rℓ**

Klauer-Klattowski, Wilh., prakt. englisches Handbuch, zum Uebersetzen aus d. Deutschen ins Englische, zur Uebung in d. Umgangssprache d. Engländer. 2 Thle. Text (: Der Khalif Harun Er-Raschid u. d. Fürstinn Sobeideh. Eine abenteuerl. Erzähl. aus d. 9. Jahrh.) — Vokabular. gr. 12. (16½ B. u. 1 Vign.) Leipzig 841, Brockhaus. *

—— dass. — Schlüssel hierzu, f. Solche, die bei hinlängl. Vorkenntnissen ihre engl. Uebersetzungen ohne Hülfe ein. Lehrers verbess. wollen. (Haroon Er-Rashid and Zobeideh. A tale of the ninth century.) gr. 12. (8 B.) Ebds. 841. *

—— prakt. französisches Handbuch, zum Uebersetzen aus d. Deutschen ins Französische, z. Uebung in d. Umgangssprache d. Franzosen. 2 Thle. Text. — Vokabular. (Wie bei d. engl. Handb.) gr. 12. (16½ B.) Leipzig 841, Brockhaus. *

—— dass. — Schlüssel hierzu. (Haroun Er-Rachid et Zobéidéh. Conte du neuvième siècle.) gr. 12. (8 B.) Ebds. 841. *

—— prakt. italienisches Handbuch, z. Uebersetzen aus d. Deutschen ins Italienische, z. Uebung in d. Umgangssprache d. Italiener. 2 Thle. Text. — Vokabular. (Wie bei d. engl. Handb.) gr. 12. (16⅙ B.) Leipzig 841, Brockhaus. *

—— dass. — Schlüssel hierzu. (Aronne Er-Rascid e Sobéidéh. Novelletta del secolo nono.) gr. 12. (7⅓ B.) Ebds. 841. *

Klauhammer, Max, approb. Arzt: Zur **Statistik** der Carcinome und deren Aetiologie. *Greifswald 1901: J. Abel.* (25 S.) 8°
Greifswald, Med. Diss. v. 18. März 1901

Klauhold, A.

—— und C. v. Stemann, ein Vorschlag zur Umgestaltung der Strafrechtspflege in Hamburg. gr. 8. (59 S.) Hamburg 867, O. Meißner. *

Klauhold, Alfr.: Frei Schiff unter Feindes Flagge,
s. Aegidi, Ludw. Karl

Klauhold, Alfr., kurhessisches Rechtsbuch. Unter Mitwirkung Mehrerer bearb. und hrsg. 3 Lfgn. gr. 8. (1. und 2. Lfg. S. 1—192.) Cassel 854, Bertram. *

Klauhold, Alfr., kurhessisches Rechtsbuch. Unter Mitwirkung Mehrerer bearb. u. herausg. Cassel 855. Bertram. gr. 8. (2 Bl., 329 S.) n. 1 rℓ. 10 ngr.

A. Klauhold, Kurhessisches Rechtsbuch.
Kassel; 1866. (Darin auch über das Steuerwesen in Kurhessen).

Klauhold, Alfr., s. Staatsarchiv, das.

Klauhold, Karl Aug.

Klauhold, K. A.: Das Bild eines vollkommnen Richters, od. Vorschläge zu einer vernünftigen Verwaltung des Richteramtes, den Zeitbedürfnissen gemäss dargestellt. *Giessen*, Heyer, Vater. 798. 8. (14 Gr.)

– Dass., s.a. Klaubold

Klauke, A., s.a. Klaucke

Klauke, A., Grundsätze d. Schullehrerbildung in Seminarien, mit besond. Beziehung auf Hamburg. Ein philosophischer Versuch. gr. 8. Hamb. 829. Perold jun. 1 rℓ 8 gr

— Wahlpredigt zur Pastoralstelle am Waisenhause, u. Einführungs- u. Antrittspredigt für dieselbe. gr. 8. Hamb. 830. Perold. 6 gr

Klauke, Paul, **Gesundheitslehre** f. Schulen. Leitfaden f. den Unterricht üb. Bau, Leben u. Gesundheit d. menschlichen Körpers. Nebst e. Anh. üb. die erste Hilfe bei plötzl. Unglücksfällen. gr. 8. (VIII, 96 S.) Düsseldorf 891. L. Schwann. n.n. 1. 80

Klauke, P., Gesundheitslehre f. Schulen. Leitfaden f. den Unterricht üb. Bau, Leben u. Gesundheit des menschl. Körpers. Nebst e. Anh. üb. die erste Hilfe bei plötzl. Unglücksfällen. 2. Aufl. (VIII, 96 S. m. 44 Abbildgn.) 8. Düsseldorf 908. L. Schwann. Kart. 1. —

Klauke, P[eter]

— u. J. **Klein,** Anleitung zur Erteilung des Rechen- u. Raumlehre-Unterrichtes in Volksschulen. Zugleich Handbuch f. die Methodik des Rechen- u. Raumlehre-Unterrichtes in Seminaren. gr. 8. (XI, 416 S.) Ebd. 903. n. 4. 20; geb. n. 5. —

— u. J. **Klein,** Anleitung zur Erteilung des Rechen- u. Raumlehre-Unterrichts in Volksschulen. Zugleich Handbuch f. die Methodik des Rechen- u. Raumlehre-Unterrichts in Seminaren. 2. Aufl. (XI, 418 S.) gr. 8. Düsseldorf 905. L. Schwann. n. 4. 20; geb. in Halbldr. n. 5. —

Klauke, P., **Diktate aus d. Sprachlehre.** Für d. Volksschulen d. Reg.-Bezirke Trier u. Koblenz zusammengest. 8. (40 S.) Prüm 895. P. Plaum Nachf. n. — 40

Diktate aus der Sprachlehre. Für d. Volksschulen der Reg.-Bez. Trier u. Koblenz zsgest. von P. **Klauke,** Kreisschulinsp. 3. verm. u. verb. Aufl. *Prüm: M. J. Goergen 1898.* (40 S.) 8° [F.] [00. 2691 B

Klauke, P., **Diktate aus der Sprachlehre,** nebst e. Plan f. den Unterricht in der Sprachlehre. Für die Volksschulen der Reg.-Bezz. Trier u. Koblenz zusammengestellt. 4. verm. u. verb. Aufl. 8. (52 S.) Prüm 902. P. Plaum Nachf. n.n. — 60

— u. J. **Sassenfeld,** Lehrbuch der Mathematik, f. a. Weiterbildung, die. des Lehrers im Amte. VIII.

Lehrbuch der Mathematik. Zum Selbststudium ... bearb. von P[eter] **Klauke** u. J[osef] Sassenfeld. Düsseldorf: Schwann 1909. XII, 333 S. 8°
(Die Weiterbildung d. Lehrers im Amte. Bd 8.) [10. 7290 B

— Lehrbuch der Raumlehre f. Lehrerbildungs-Anstalten. Nach den neuesten Lehrplänen bearb. I. Für Präparandenschulen. gr. 8. (VIII, 146 S. m. Fig.) Düsseldorf 902. L. Schwann. n. 1. 50; geb. n.n. 1. 80

Lehrbuch der Raumlehre für Lehrerbildungs-Anstalten. Nach d. neuesten Lehrplänen bearb. von P[eter] **Klauke,** Kreisschulinsp. 2. Aufl. T. 1. *Düsseldorf: L. Schwann 1902.* 8° [F.] [04. 1891

Klauke, P., Lehrbuch der Raumlehre f. Lehrerbildungs-Anstalten. Nach den neuesten Lehrplänen bearb. 2 Tle. 8. Düsseldorf, L. Schwann. n. 3. 50; geb. n. 4. 20
I. Für Präparandenschulen. 3. Aufl. (VIII, 146 S. m. Fig.) 903. n. 1. 50; geb. n. 1. 80
II. Für Seminare. Planimetrie (Fortsetzg.). Stereometrie, Trigonometrie, Methodik. (VIII, 197 S. m. Fig.) 904. n. 2. —; geb. n. 2. 40

— Lehrbuch der Raumlehre für Lehrerbildungs-Anstalten. Nach den neuesten Lehrplänen bearb. I. Tl.: Für Präparandenschulen. 4. Aufl. (VIII, 149 S. m. Fig.) 8. Ebd. 909. 1.50; geb. n 1.80; Antworten. (36 S.) — 80

— dasselbe. II. Tl.: Für Seminare. Antworten u. Lösgn. (56 S.) 8. Ebd. 909. 1. 20

Lehrplan für den naturkundlichen Unterricht (insbesond. ein- u. zweiklass. Schulen). Von P[eter] Klauke, Kreisschulinsp. Trier: Disteldorf [1904]. 8 S. 4° [10. 1303

— Lehrplan f. den naturkundlichen Unterricht (insbesondere ein- u. zweiklassiger Schulen). (8 S.) Lex.-8. Trier (904). Loewenberg. n. — 30

— Plan für den Unterricht in der Sprachlehre u. Rechtschreiblehre d. Volksschulen, insbesondere f. die Bezz. Trier u. Koblenz. 8. (20 S.) Prüm 900. P. Plaum Nachf. n.n. — 25

Klauke, P. u. J. Klein

— — Rechenbuch f. Lehrerbildungs-Anstalten. 2 Tle. gr. 8. Ebd. 902. n. 4. 10; geb. n.n. 5. —
1. Für Präparandenschulen. 2. Aufl. (XII, 338 S.) n. 2. 50; geb. n.n. 3. —; Antworten. (63 S.) n. — 60
2. Für Seminare. (V, 195 S.) n. 1. 60; geb. n.n. 2. —

Rechenbuch für Lehrerbildungsanstalten von P[eter] Klauke, Kreisschulinsp., u. Schulrat J. Klein. T. 1. 2. *Düsseldorf: L. Schwann 1902–03.* 2 Bde 8° [F.]
1. Für Präparandenschulen. 2. Aufl. 1903. 2. Für Seminare. 1902. [03. 9394 B

— — Rechenbuch f. Lehrerbildungsanstalten. I. Tl.: Für Präparandenschulen. Antwortenheft. 4. Aufl. (63 S.) 8. Ebd. 906. n. — 80

Rechenbuch für Lehrerbildungsanstalten von P[eter] Klauke u. Schulrat J. Klein. 7. Aufl. T. 1. Düsseldorf: L. Schwann 1907. 8° [F.] [08. 5032

— u. J. Klein, Rechenbuch f. Lehrerbildungsanstalten. I. Tl.: Für Präparandenschulen. 8. Aufl. (XII, 338 S.) 8. Ebd. 910. 2.50; geb. n 3.—; Antwortenheft. 5. Aufl. (63 S.) 909. — 80

— Rechenbuch f. Seminaristen u. Lehrer, f.: Hoffmann, F.

— u. J. Klein, Rechenbuch f. Volksschulen. Ausg. f. d. Prov. Hessen-Nassau. 4 Hfte. u. Hft. 3 B. 8. Düsseldorf 897. L. Schwann. n.n. 2. 10
1. 2. (Für ein- u. mehrklass. Schulen.) (65 u. 83 S.) à n.n. — 40
3. (Für mehrklass. Schulen.) (76 S. m. 1 Fig. u. 1 Taf.) n.n. — 40
3 B. (Für einf. Schulverhältnisse.) (119 S. m. 3 Fig. u. 1 Taf.) n.n. — 50
4. (Für mehrklass. Schulen.) (82 S. m. 2 Fig. u. 1 Taf.) n.n. — 40

[F.] Rechenbuch für Volksschulen. Von P. Klauke, Kgl. Kreisschulinsp., u. Schulr. J. Klein ... Ausg. f. d. Provinz Hessen-Nassau. H. 1—3, 3 B, 4. *Düsseldorf: L. Schwann 1898.* 5 Bde 8.
1. '(Für ein- u. mehrklass. Schulen)'. Übgn i. d. Zahlenreihe v. 1—100. (64 S.)
2. ... Übgn ... bis über 100,000. (80 S.)
3. '(Für mehrklass. Schulen)'. Bruchrechng. Bürgerl. Rechngsarten. Raumlehre. (76 S., 1 Taf.)
3 B. '(Für einklass. Schulverhältnisse)'. (119 S., 1 Taf.)
4. '(Für mehrklass. Schulen)'. Erweiterg. d. bürgerl. Rechngsarten u. d. Raumlehre. (82 S., 1 Taf.) [98. 11316 Bo

[F.] Rechenbuch für Volksschulen. Von P. Klauke, Kgl. Kreisschulinsp., u. Schulr. J. Klein ... Ausg. f. d. Rheinprov. H. 1—3, 3 B, 4. *Düsseldorf: L. Schwann 1898.* 5 Bde 8.
1. '(Für ein- u. mehrklass. Schulen)'. Übgn i. d. Zahlenreihe v. 1—100. (64 S.)
2. ... Übgn ... bis über 100,000. (80 S.)
3. '(Für mehrklass. Schulen)'. Bruchrechng. Bürgerl. Rechngsarten. Raumlehre. (76 S., 1 Taf.)
3 B. '(Für einklass. Schulverhältnisse)'. (119 S., 1 Taf.)
4. '(Für mehrklass. Schulen)'. Erweiterg d. bürgerl. Rechngsarten u. d. Raumlehre. (82 S., 1 Taf.) [98. 11315 Bo

Klauke, P., u. J. Klein, Rechenbuch f. Volksschulen. Antworten zu Hft. 2, 3, 3 B u. 4, 8. (15, 18, 24 u. 21 S.) Düsseldorf 899. L. Schwann. à n. — 40

— dasselbe. Ausg. f. Mädchenklassen. 4. Hft. 8. Ebd. n.n. — 40 (Für mehrklassige Schulen.) Erweiterung der bürgerl. Rechnungsarten u. der Raumlehre. 3. Aufl. (78 S.) 899.

— — dasselbe f. Volksschulen. Hft. 1—3, 3 B u. 4. 8. Ebd. n.n. 2. 10; Kartonnagen à n.n. — 10
1. (Für ein- u. mehrklassige Schulen.) Übungen in der Zahlenreihe von 1—100. 11.—16. Aufl. (à 64 S. m. Abbildgn.) 901. 902. n.n. — 40
2. (Für ein- u. mehrklassige Schulen.) Übungen in der Zahlenreihe bis üb. 1000000. 13.—21. Aufl. (à 80 S.) 901. 902. n.n. — 40
3. (Für mehrklassige Schulen.) Bruchrechnung. Bürgerliche Rechnungsarten. Raumlehre. 5.—7. Aufl. (78 S. m. Fig.) 899. 901. n.n. — 40
3. B. (Für einfache Schulverhältnisse.) Bruchrechnung. Bürgerliche Rechnungsarten. Raumlehre. 6.—11. Aufl. (à 118 S. m. Fig. u. 1 Taf.) 900. 902. n.n. — 50
4. (Für mehrklassische Schulen.) Erweiterung der bürgerl. Rechnungsarten u. der Raumlehre. 4. u. 5. Aufl. (à 78 S. mit Fig. u. 1 Taf.) 901. n.n. — 40

— dasselbe f. Volksschulen. Heft 1—3, 3 B u. 4. 8. Ebd. n.n. 2. 10; kart. n.n. 2. 60
1. (Für ein- u. mehrklassige Schulen.) Uebungen in der Zahlenreihe von 1—100. 52. Aufl. (64 S. m. Fig.) 907. n.n. — 40; kart. n.n. — 50
2. (Für ein- u. mehrklassige Schulen.) Uebungen in der Zahlenreihe bis üb. 1000000. 60. Aufl. (80 S.) 907. n.n. — 40; kart. n.n. — 50
3. (Für mehrklassige Schulen.) Bruchrechnung. Bürgerliche Rechnungsarten. Raumlehre. 19. Aufl. (78 S. m. Fig. u. 1 Taf.) 906. n.n. — 40; kart. n.n. — 50
3 B. (Für einfache Schulverhältnisse.) Bruchrechnung. Bürgerliche Rechnungsarten. Raumlehre. 21. Aufl. (118 S. m. Fig. u. 1 Taf.) 906. n.n. — 50; kart. n.n. — 60
4. (Für mehrklassige Schulen.) Erweiterung der bürgerl. Rechnungsarten u. der Raumlehre. 13. Aufl. (78 S. m. Fig. u. 1 Taf.) 906. n.n. — 40; kart. n.n. — 50

— — dasselbe. Antworten zu Heft 2, 3, 3 B u. 4. (15, 18, 24 u. 21 S.) 8. Ebd. 904. à n. — 40

— — Rechenbuch f. Volksschulen. Heft I—III, III B. u. IV. 8. Ebd. Geb. nn 2. 60
I. (Für ein- u. mehrklassige Schulen.) Übungen in der Zahlenreihe v. 1—100. 70. Aufl. (64 S. m. Fig.) 910. Geb. nn — 50
II. (Für ein- u. mehrklassige Schulen.) Übgn. in der Zahlenreihe bis üb. 1000000. 84. Aufl. (80 S.) 910. Geb. nn — 50
III. (Für mehrklassige Schulen.) Bruchrechnung. Bürgerliche Rechnungsarten. Raumlehre. 34. Aufl. (78 S. m. Fig.) 910. Geb. nn — 50
III B. (Für einfache Schulverhältnisse.) Bruchrechnung. Bürgerliche Rechnungsarten. Raumlehre. 34. Aufl. (118 S. m. Fig. u. 1 Taf.) 909. nn — 50; kart. nn — 60
IV. (Für mehrklassige Schulen.) Erweiterung der bürgerl. Rechnungsarten u. der Raumlehre. 21. Aufl. (79 S. m. 1 Fig.) 910. Geb. nn — 50

Das Rechnen mit Teilen der Eins. Ein Beitrag z. Methodik d. Bruchrechnung von P[eter] Klauke, Kreisschulinsp. *Düsseldorf: L. Schwann 1901.* (45 S.) 8° [F.] [03. 9395 B

Klauke, W., was wir wollen! Predigt üb. die Aufgabe der Kirche in unserer Zeit, in der evangelisch-reformirten Gemeinde zu Hamburg. gr. 8. (16 S.) Hamburg 894. H. Seippel. n. — 40

Klaunck, Ritter Hans v., od. Entführung durch Waffenlist, dramat. Rittergeschichte v. Alex. Vitalis. 8. Erfurt, Müller. 811.

Klaunig, eine Mischehe. Erzählung. Hrsg. vom Evangel. Preßverein in Schlesien. 12. (36 S.) Breslau 884, (Dülfer's Verlag.) *

Klaunig. Das Pfarrrelittengesetz u. die milden Stiftungen. gr. 8. (25 S.) Wittenb. 890, Herrosé. * — 50

Klaunig, das preußische Volksschulwesen, im Geltungsbereich des allgemeinen Landrechts, in seinen äußeren Beziehungen. Eine Zusammenstellung der geltenden Gesetze u. Bestimmungen. gr. 8. (XI, 477 S.) Wittenberg 882. Herrosé Verl. n. 7. 50

— das preußische Volksschulwesen, im Geltungsbereich d. Allgemeinen Landrechts, in seinen äußeren Beziehungen. Nachträge u. Ergänzgn., nebst ausführl. alphabet. Sachregister. gr. 8. (VIII, 107 S.) Wittenberg 885. Herrosé Verl. n. 2. — (Hauptwerk u. Nachträge: n. 9. 50)

Klaunig, das landeskirchliche Witwen- u. Waisenversorgungs-Gesetz. Ratschläge, betr. die Stellungnahme der zur Zeit im Amte befindl. Geistlichen zu diesem Gesetz. gr. 8. (51 S.) Wittenberg 889. R. Herrosé n. — 50

Klaunig, A., die Alterszulagekasse f. die evangel. Geistlichen Preußens. Mathemat. Betrachtgn. üb. Leistg. u. Gegenleistg. (44 S.) gr. 8. Halle 903. E. Strien. n. — 90

Die Alterszulagen für die evangelischen Geistlichen Preußens. Mathemat. Betrachtungen über Leistung u. Gegenleistung von A[lexander] Klaunig, Pfarrer, Großgöhren. *Halle a. S.: E. Strien 1903.* (44 S.) 8° [F.] [03. 13394 3

Klaunig, C., Leben u. Thaten Friedrich's d. Großen, Königs v. Preußen, s. a. Volksbücher, neue.

Klaunig, C., Leben u. Thaten Friedrichs des Großen, Königs von Preußen. Mit einer Auswahl der besten Anekdoten aus dessen Leben. Ster.-Ausg. 8. (64 S.) Reutlingen 882. Enßlin & Laiblin. — 25

Klaunig, Friedrich Moritz Hermann (Wellerswalde), De cardialgia. Diss. med. Lpz. (Friedrich Rückmann) 26. VIII. 1842. 18 S. (4.50) 18172

Klaunig, F. M. H., Compendium der Augenheilkunde. Zum Gebrauche für klin. Praktikanten und junge Aerzte. 8. (VI, 304 S.) Leipzig 871, Abel. 5 —

Klaunig, God., Nosocomium charitatis s. historiarum medicarum in nosocomio Trinitat. sacro observatarum. Vratisl. 1718. 8°.
Haller, Bibl. med. pr. IV, 275.

Gottfried Klaunig

Godofredi Klaunigii [Klaunig] Nosocomium charitatis sive Historiarum medicarum in Nosocomio S.S.Trinitati Sacro observatarum specimen 1. Vratislaviae: Hubert 1718. 8°

Specimen 1: 1718.

Klauning, Gf. H. V., hist. med. in nosocomio observat. c. fig. 4. Bresl. Meyer. 718.

Klaunig, Karl

— und H. J. Schneider, Ernst der Fromme, Herzog von Gotha, nach seinem Leben und Wirken dargestellt in Wort u. Bild. Leipzig 857. R. Weigel. 4. (IX, 102 S. u. 32 Holzschn.) n. 3 ₰.; Prachtausg. n. 6 ₰.

Klaunig, Carl, über deutsche Rechtschreibung vom wissenschaftlich praktischen Standpunkte, das Ergebnis der Einigung zwischen den Lehrern der allgem. Bürger- und städtischen Realschule zu Leipzig. Auf Veranlassung des Hrn. Dir. Dr. Vogel und unter Mitwirkung einer zur Prüfung ernannten Kommission bearb. gr. 8. (V und 146 S.) Leipzig 857, Schlicke. *

Klaunig, K., über deutsche Rechtschreibung vom wissenschaftlich praktischen Standpunkte. 2. Aufl., mit Berücksichtigung der, an die 11. und 12. allgemeine deutsche Lehrerversammlung eingesandten, Gutachten bearb. von M. Berndt. gr. 8. (XIX und 163 S.) Leipzig 867, Schlicke. *

Klaunig, K., über deutsche Rechtschreibung vom wissenschaftlich praktischen Standpunkte. 3. Aufl. Hrsg. von M. Berndt. gr. 8. (XVI, 175 S.) Leipzig 877. Roßberg. n. 3. —

Klaunig, Mor., das künstliche Auge. Mit e. (lith.) Taf. Abbildgn. gr. 8. (VI, 58 S.) Leipzig 883. O. Wigand. n. 1. —

Klauning, s. Klaunig

Klauprecht, Emil: Deutsche Chronik in der Geschichte des Ohio Thales und seiner Hauptstadt Cincinnati in's Besondere, *umfassend eine ausführliche Darstellung der Abentheuer, Ansiedlungen und des allgemeinen Wirkens der Deutschen im Flußgebiete von der Entdeckung des Mississippi-Thales an bis auf unsere Tage. Zusammengestellt nach authentischen Quellen. Cincinnati, O.: Druck und Verlag von G. Hof & M. A. Jacobi 1864. 198 S.*

Klauprecht, Emil. Cincinnati, oder Geheimnisse des Westens. Cincinnati, 1854. UC

Klauprecht, Emil. Cinci; oder, Geheimnisse d Westens. 3v in 1. Cincinnati, 1854-55.

Klauprecht, Johann Ludwig

Klauprecht, J. L., Beiträge zur Forstwissenschaft, s. Hundeshagen.

Klauprecht, J. L., Encyklopädie d. Forstwissenschaft, } s. Hundeshagen, J. Chr.
—— Encyklopädie d. Landwirthschaft, }

KLAUPRECHT, Johann Ludwig: Die Holzmeßkunst. - Karlsruhe 1842. 96 S. - 2. verb. u. verm. Aufl. ebd. 1846. 160 S.

—— die Holzmeßkunst. 2., verb. u. verm. Aufl. mit Tab. u. eingedr. Holzschn. gr. 8. (10½ B.) Karlsruhe 846, Bielefeld.

— s. Hundeshagen, J. Ch., Encyclopädie d. Forstwissenschaft. — dess. Beiträge zur gesammt. Forstwissenschaft.

Klauprecht. J. L., die Lehre vom Klima, s. a. J. Chr. Hundeshagen, Lehrbuch.

Klauprecht, J. L.: Die Lehre vom Klima in land- und forstwirthschaftlicher Beziehung. Karlsruhe 1840.

Klauprecht, J. L., forstliche Statistik des Spessart. gr. 8. Aschaffenburg 825. Knode. 2 ₰ 12 Kr (Kupferberg in Mainz.) 1 ₰ 20 Kr

KLAUPRECHT, Johann Ludwig: Forstliche Statistik des Spessarts. - Aschaffenburg 1826. - Dass. Mainz 1827. 347 S., 1 Tab.

– s. Sylvaneion.

KLAUPRECHT, Johann Ludwig: Die ebene Trigonometrie mit den hiezu nöthigen logarithmischen, trigonometrischen und anderen Tafeln. Für Forstmänner. - Aschaffenburg 1823. 131 S., 1 Taf.

— die ebene Trigonometrie u. die hierbei nöthig logarithm. trigonometr. u. anderen Tafeln. Für Forstmänner. Mit 1 Steindr. gr. 12. Aschaffenburg 823. Knode. 1 ℔ 6 gr.

Klaus von der Flue, Bruder, od. Geisterstimme an die Tagherren zu Bern, im Frühjahr 1841. 8. (1 B.) Zürich 841, Schultheß. Thlr.

Klaus, Mutter, u. ihre Lieblinge. Ausgestanzt. gr. qu. 8. (16 S. m. z. Tl. farb. Illustr.) München 892. Nürnberg, Th. Stroefer. n. — 40

Klaus

— s. a. **Claus, Clauss.**

Zwischen Volksschule und Kaserne. Ein Mahnwort u. Wegweiser f. Geistliche, Lehrer u. Jugendfreunde von **Klaus** von der Saar. Paderborn: F. Schöningh 1907. (IV, 90 S.) 8° [J.] [07. 11341]

Klaus, das psychologische Moment in der Sprache. Vortrag in der Lehrerversammlung des Jagstkreises am 10. Juli 1883. gr. 8. (14 S.) Tübingen 883, Fues. *
Aus: Correspondenzblatt für die Gelehrten- und Realschulen Württembergs, besonders abgedruckt.

Klaus, Studien und Materialien zur Geschichte und Statistik der ausländ. Kolonisation in Russland, übers. v. **Töws**. Odessa 887.

Klaus, A[lexander]: Unsere Kolonien. Studien und Materialien zur Geschichte und Statistik der ausländischen Kolonisation in Rußland. [Naši kolonii. opyty i materialy po istorii i statistike inostrannoj kolonizacii v Rossii.) Aus dem Russischen übers. von J. Töws. — Odessa: Verl. der „Odessaer Zeitung" 1887. VIII, 163 S.

Klaus, A., unsere Kolonien. Studien und Materialien zur Geschichte und Statistik der ausländ. Kolonisation in Rußland. Mit Genehmigung des Verf. aus dem Russ. übersetzt von J. Töws. gr. 8. (VIII, 336 und Beilagen 163 S.) Odessa 887, (Stabelmeyer.) *

Klaus, Alfred, a. Berlin: Über die Entwickelung der kinetischen Gastheorie und ihre Bedeutung für die moderne Physik. Freiburg i. B. 1904: K. Henn. (91 S.) 8°
Freiburg i. B., Phil. Fak., Ref. Himstedt, Diss. v. 10. Okt. 1904
[Geb. 16. Febr. 80 Berlin; Wohnort: Freiburg; Staatsangeh.: Preußen; Vorbildung: Luisenstädt.-Realgymn. Berlin Reife O. 99; Studium: Berlin 6, Freiburg 2 S.; Rig. 22. Juli 04.]

Klaus, B., zur Geschichte der kirchlichen Verhältnisse der ehemaligen Reichsstadt Schwäbisch Gmünd u. des v. ihr abhängigen Gebiets. Urkundliche Mitteilgn. (92 S.) gr. 8. Stuttgart 904. W. Kohlhammer. n. 1.20
Sonderabdruck aus: „Württ. Vierteljahrshefte f. Landesgesch."

Klaus, [Bruno]: Die Einweihung des neuen Realgymnasiums. (Umschlagtitel: Beschreibung der Einweihung des Neubaues.) S. 3—14. 4. **Progr.** Kgl. Realgymn. *Gmünd* 1905 (717a).

[Umschlagt.:] **Klaus**, *Bruno* [Rektor Dr.]: Geschichte der höheren Lehranstalt in Schwäb. Gmünd. Gmünd, Buchdr. v. Scharpf & Kraus, 1897; 1—30 S. 4.
Gmünd, k. RG, P 1897 (620)

Klaus, [Bruno]: Studien zur Geschichte des christlichen Unterrichtswesens. 23 S. 4. **Progr.** Kgl. Realgymn. *Gmünd* 1907 (750).
Einleitung. Die Ansicht Tertullians. Die Ansicht des Clemens von Alexandrien. Die Ansicht des Origenes. Die Ansicht Basilius des Großen. Die Ansicht Gregors von Nazianz. Die Ansicht des Johannes Chrysostomus. Die Ansicht des Hieronymus. Die Ansicht Augustins. Entwicklung des christl. Unterrichtswesens im allgemeinen. Das christliche Unterrichtswesen in Gallien vom 4. bis zum 7. Jahrhundert.

Klaus, [**Bruno**]: Studien zur Geschichte des christlichen Unterrichtswesens. Gmünd (1907): Kraus. 23 S. 4° [Verspätet geliefert.]
Gmünd, k. RG P 1907 (750) [S 08. 230

Klaus, Emil, von Uerkheim (Aargau): Die Frage der Volksinitiative in der Bundesgesetzgebung. Affoltern a. A. 1906. X + 120 S. 8°. [9. VI. 06.]
Zürich. Jur. Diss. 1905/1906.

Klaus, Emil, die Frage der Volksinitiative in der Bundesgesetzgebung. (IX, 119 S.) gr. 8. Zürich 906. A. Müllers Verl. n. 2.50

Klaus, F. C.

— prakt. Handbuch der Chaussee- u. Eisenbahn-Baukunst, vorzüglich in Rücksicht auf die Anlage und Bau-Ausführung, nebst Angabe der speciellen Kosten der gewöhnlichen Chausseen, ferner auf die Anlage u. vorzügl. Construction, nebst Angabe der speciellen Kosten der Eisenschienen-Wege rc. Neu bearbeitet. 2 Bde. 8. Erfurt 838. (Hilsenberg.) n. 2 ℔

Klaus, F. C., prakt. Handbuch d. Chaussee- u. Eisenbahn-Baukunst, vorzügl. in Rücksicht auf d. Anlage u. Bau-Ausführung, nebst Angabe d. speciellen Kosten d. gewöhnl. Chausseen, ferner auf d. Anlage u. vorzügl. Construction, nebst Angabe d. speciellen Kosten d. Eisenschienen-Wege, u. endlich auf d. Bedingungen, unt. welchen d. Ertrag d. Eisenbahnen d. Maximum erreichen kann. Neu bearb. 2 Bde. 8. (40¼ B. u. 20 Stnt.) Erfurt 838, (Müller'sche Buchh.) *

Klaus, F. C., Militair-Atlas des Preuß. Staats, zur genauen Uebersicht sämmtl. Standquartiere der verschied. Truppengattungen. 8 ill. Bl. gr. Fol. Eisleben 838. Reichardt. n. 2⅔ ℔

Klaus, Frz. Xav., s. Cheminais, Predigten.

Klaus, Georg [app. Arzt aus Bronnen]: Der kindliche **Oesophagus** seine Anatomie, sein Wachstum und seine klinische Bedeutung mit Berücksichtigung der Wachstumsverhältnisse und der klinischen Bedeutung des Dickdarms. ... München. akad. Buchdr. v. **F. Straub**, 1889; 33 S. 8°
München, Med. Fak., Inaug.-Diss. v. 1889

Klaus, Heinrich (Mehr / Niederrhein), Infectionskrankheiten, welche von Thieren auf Menschen übertragen werden. (Rotz, Hundswuth, Milzbrand). Diss. med.-chir. Halle (Wilhelm Plötz) 13. I. 1870. 44 S. mit Biogr. (M.: J. van Empel.) (6.—) 18173
Oppon.: G. Fraenkel, M. Füller.

Klaus, Jens, s. a. Indianer- u. Volksbibliothek.

Vom Sturm verschlagen. Eine Erzählung aus d. Seemannsleben von Jens Klaus. *Berlin: A. Weichert [1899].* (30 S.) 8° [J.]
— Indianer- u. Volksbibliothek. 351. [03. 14198

KLAUS, JOHANNES MICHAEL: Sacramentum non scrutandum. Das keines Weegs nachzuforschende Geheimbnuss. Das ist: Jährlich Allerhöchst verpflichte Lob- und Ehren-Rede von der Allerheiligsten, unermessenen und unergründlichen Dreyeinigen Gottheit, durch welche das grundlose Geheimbnuss der unzertheilten und Allerheiligsten Dreyfaltigkeit, theils aus dem Englischen Hochgeweyhten Scapulier, theils aus dem Englischen Rosen-Krantz entworffen, und solche Am hohen Titular Fest Barfüsser Ordens Der Allerheiligsten Dreyfaltigkeit, eigener Closter-Kirchen zu Preßburg abgeredet. Preßburg 1733: Gedr. bey. Johann Paul Royer. 7 f. - kl. 8°

Klaus, Jos. Ignaz, Aehrenlese katholischer Predigten, s. Aehrenlese.

— **Predigten über die Buße und die heiligen Sakramente. Aus dem Latein. bearb. von einem Vereine katholischer Priester. (Ausg. von Klausens Magazin für Prediger. 3. Jahrg.) Ebend. 863. gr. 8. (XII, 766 S.) 1 ℔ 15 ngr.**

Klaus, Jos. Ign., Predigten über die Buße und die heiligen Sakramente. Aus dem Latein. bearb. von einem Vereine kathol. Priester. (Ausg. von Klausens Magazin für Prediger. 3. Jahrg.) gr. 8. (XII und 766 S.) Freiburg im Br. 864, Herder'sche Verlagsh.

— Predigten über die christliche Gerechtigkeit und die vier letzten Dinge. Aus dem Latein. bearb. von einem Vereine katholischer Priester. (Ausg. von Klausens Magazin für Prediger. 4. Jahrg.) Ebend. 863. gr. 8. (XIII, 851 S.) 1 ₰ 15 ngr.

—— Predigten über die christliche Gerechtigkeit und die vier letzten Dinge. Aus dem Latein. bearb. von einem Vereine kathol. Priester. (Ausg. von Klausens Magazin für Prediger. 4. Jahrg.) gr. 8. (XIII und 851 S.) Freiburg im Br. 864, Herder'sche Verlagsh.

Klaus, Jos. Ign., Predigten auf alle Sonn- und Festtage des Kirchenjahres über die Hauptwahrheiten der christkatholischen Religion. Aus dem Latein. bearb. von einem Vereine kathol. Priester. (In 4 Jahrg.) 1—8. Jahrg. à 3 Hefte. gr. 8. Freiburg im Br., Herder'sche Verlagsh. [1. Jahrg. (XIII und 815 S.) 858,59, 2. (XIII und 778 S.) 859,60, 3. (XII und 766 S.) 861.] à Heft 12 Ngr.

—— Predigten auf alle Sonn- und Festtage des Kirchenjahres über die Hauptwahrheiten der christkatholischen Religion. Aus dem Latein. bearb. von einem Vereine kathol. Priester. 4. Jahrg. 3 Hefte. (Der ganzen Reihe 10.—12. Heft.) Predigten auf Sonntage. gr. 8. (XIII und 862 S.) Freiburg im Br. 862, Herder'sche Verlagsh. à Heft 15 Ngr.
12 Hefte complet

Klaus, Jos. Ign., volkstümliche Predigten f. alle Sonn- u. Festtage des Kirchenjahres u. die Fastenzeit. Ausgewählt u. aus dem Lat. neu bearb. v. Frz. Schmid. (In 4 Bdn. od. 32 Lfgn.) 1.—11. Lfg. gr. 8. (1. Bd. Sonntagspredigten, 1. Hälfte. XII, 557 S. u. 2. Hälfte S. 1—240.) Freiburg i/B. 901. 902. Herder. à n. —80; (1. Hälfte kplt. n. 6.40; geb in Halbfrz. n. 8.40)

Klaus, Jos. Ign., volkstümliche Predigten f. alle Sonn- u. Festtage des Kirchenjahres u. die Fastenzeit. Ausgewählt u. aus dem Lat. neu bearb. v. Frz. Schmid. 12.—32. (Schluß-)Lfg. Mit e. Sachregister zu allen 4 Bdn. gr. 8. Freiburg i/B. 903—905. Herder. à n. —80
(Kplt. n. 25.60; Einbde. in Halbfrz. à n. 2.—)
II. Bd. Sonntagspredigten, 2. Hälfte. (VIII u. S. 241—654.) (II. Bd. kplt. n. 7.20)
III. Bd. Festtagspredigten. (VIII, 664 S.) n. 8.—
IV. Bd. Fastenpredigten. (VI, 355 S.) n. 4.—

— dasselbe. 1.—3. Bd. 2., durchgeseh. Aufl. gr. 8. Ebd. 904. n. 21.60; geb. in Halbfrz. n. 27.60
1. Sonntagspredigten. 1. Hälfte. (XIV, 557 S.) n. 6.40; geb. n. 8.40
2. Dasselbe. 2. Hälfte. (VIII, 654 S.) n. 7.20; geb. n. 9.20
3. Festtagspredigten. (VIII, 664 S.) n. 8.—; geb. n. 10.—

KLAUS, JOSEPH PAUL: Der Zerstöhrte und wiederum erbaute Tempel Des Dreyeinigen Gottes in einer jährlich schuldigsten geringen Ehren-Rede an dem Hohen Titular-Fest des Barfüsser-Ordens der Allerheiligsten Dreyfaltigkeit Von Erlösung deren Gefangenen in dessen Closter Kirchen zu Pressburg vorgestellet. Pressburg 1744. Gedr. in d. Royerischen Buchdruck. 10 f. - 4°

Klaus, Karl Fr., Färbebuch für deutsche Haushaltungen. Nebst Belehrungen, Juwelen, Geschmeide, Tressen, Fransen, Borden rc. zu reinigen u. zu waschen, sowie Flecken aus Zeugen zu bringen. 8. Quedlinburg 834. Basse. 1/3 ₰ — 2e Aufl. 8. Ebd. 837. 1/3 ₰

Klaus, *Karl Paul:* Lehrplan und Methode des botanischen Unterrichts an Realschulen. Reichenbach i. V., Buchdr. v. J. G. Koch, 1893; 39 S. 4.
Reichenbach i. V., R m. PG, P 1893 (576)

Klaus, K. P., Lehrplan u. Methode des botanischen Unterrichts an Realschulen. Progr. gr. 4. (39 S.) Reichenbach i/V. 893. (E. Müller.) n.n. 1.50

Klaus, Ludw., d. Schatten im Glück, s.a. Weichert's Wochen-Bibliothek.

[F.] Der Schatten im Glück. Hochgebirgs-Roman v. Ludwig Klaus. *Berlin: A. Weichert [1897].* (100 S., 3 Taf.) 1 Bd 8.
— Wochen-Bibliothek, Weichert's. Bd 2. [97. 3159

Klaus, Matthias

— Zur Hygiene der Internate. 10. ibd. 04.
Progr.

Klaus Dr. Matthias: Die Wasserversorgung St. Pöltens. 17. St. Pölten Lehr. Sem. 00.
Progr.

Klaus, Michael

— Introductio in philosophiam. 8. Wien, Prag u. Tergestae 757.

— philosophia naturalis s. physica. II Tomi. Cum fig. 8. Wien 756. Trattner. 1 ₰

Klaus, Mich., († ...) prima ac generalis philosophia, s. metaphysica. 8. Wien 755. Trattner. 9 ℋ

Klaus, Otto

Klaus, O., die Post auf dem Weltmeer, s. a. Meereskunde. II, 9.

Die Post auf dem Weltmeer. Von O[tto] Klaus, Postrat. Berlin Mittler 1908. 30 S. 8° [Umschlagt.]
(Meereskunde Jg 2, H. 9) [illegible]

Klaus, Paul [app. Arzt aus Allstedt]: Das gonalgische schräg-verengte Becken, nebst einer Zusammenstellung der bisher veröffentlichten Fälle von schräg-verengten Becken. . . . Heidelberg, Univ.-Buchdr. v. J. Hörning, 1890; 65 S., 6 Taf. 8°
Heidelberg, Med. Fak., Inaug.-Diss. v. [21. Dez.] 1888

Klaus, Paul (Hrsg.), s. Mittheilungen des Vereins für Naturkunde in Reichenbach.

Klaus, R. Die denkwürd. Begebenheiten in der Gegend von Teplitz u. Kulm von 722—1838. (56) 8. M. 2 Pl. Prag 1838.

Klaus, Raimund, Erinnerungen an d. denkwürd. Ereignisse in d. Gegend v. Teplitz u. Kulm. (Vom J. 722 angefangen, bis z. J. 1813.) Eine Gelegenheitsschrift z. 25jähr. Feier d. Erinnerung an d. Schlacht v. 29. u. 30. August 1813. 8. (2½ B., Abbild. d. 3 Monumente u. 1 Plan d. Schlacht b. Kulm.) Teplitz, (Prag u. Leitmeritz) 838, Medau.

—— Heimathbilder. Eine Samml. v. Sagen u. Erzähln. aus d. Kanitzthale. gr. 12. (9 B.) Teplitz, (Prag u. Leitmeritz) 839, Medau.

—— Münz-Tabellen, zunächst f. Reisende in d. Ausland u. f. fremde Curgäste in Oesterreich. 16. (2½ B., 1 Münz-Tafel u. 16 Bl. weiß. Pap.) Teplitz, (Prag u. Leitmeritz) 838, Medau.

—— Narben. Eine Samml. Erzähln. 2 Bdchn. 8. (21⅛ B. u. 2 Titlbild.) Teplitz, (Prag u. Leitmeritz) 839, Medau.

Klaus, Reinh.: Bau-Polizei-Ordnung für den Stadtkreis Berlin vom 15. Jan. 1887, zugleich Nachtr. zur Sammlung der . . . Polizei-Verordnungen, welche von den Haus- u. Grundbesitzern in Berlin zu beachten sind. Berlin 1887.

Klaus, Rhard., Sammlung derjenigen neuesten Polizei-Verordnungen, welche von den Haus- und Grundbesitzern in Berlin zu beachten sind. Mit einem Anhang, enthaltend: Das Gesetz vom 2. Juli 1875 betr. die Anlegung und Veränderung von Straßen, Plätzen rc. mit den für Berlin erlassenen Ortsstatuten rc.; das Gesetz über die Enteignung von Grund-Eigenthum vom 11. Juni 1875; den Tarif und das Regulativ der Städtischen Wasserwerke rc. Aus amtl. Quellen zusammengestellt. gr. 8. (IV, 144 S.) Berlin 883, Plahn'sche Buchh. *

Klaus, Reinhold, appr. Arzt a. Schwäb. Gmünd.: **Aus dem städtischen Hospital in Schwäb. Gmünd. Die Knochenbrüche aus den Jahren 1896—1903. Mit besonderer Berücksichtigung der Rentenverhältnisse.** Tübingen 1904: H. Laupp jr. (75 S.) 8° ¶ Aus: Beiträge zur klinischen Chirurgie. Bd 43, H. 2.)
Tübingen, Med. Fak., Ref. v. Bruns, Diss. v. 28. Aug. 1904
[Geb. 30. März 80 Schwäb. Gmünd; Wohnort: Gmünd; Staatsangeh.: Württemberg; Vorbildung: Realgymn. Gmünd Reife M. 98; Studium: Tübingen 8, München 1 S.; Coll. 2. März 03; Approb. 27. Juni 03.]

Klausa, Carl, Berg und Gironde. Tragödie in 5 Aufzügen. (Den Bühnen gegenüber Mscr.) gr. 16. (186 S.) Breslau 862, Morgenstern. *

Klausa, Karl, approb. Arzt aus Loslau: **Aus d. pathol. Institute zu Kiel. Ueber die Entstehung des Magencarcinoms aus chronischem Magengeschwüre.** ⟨Ein Beitrag zur Statistik solcher Fälle in d. Jahren 1891—1900.⟩ *Kiel 1900: F. Hierowski.* (23 S.) 8°
Kiel, Med. Diss. v. [8. März] 1900

Klausa, Siegbert, aus Breslau: **Einflüsse der preußischen Steuerreform auf den ländlichen Grundbesitz der Provinz Schlesien.** *Merseburg 1902: F. Stollberg.* (49 S.) 8°
Heidelberg, Phil. Diss. v. 1902

Klausa, Walter, Regierungsassessor in Vohwinkel: **Darstellung und kritische Würdigung der in Deutschland zum Schutze des Handwerks seit Inkrafttreten der Gewerbeordnung von 1869 erlassenen gesetzlichen Bestimmungen.** Neiße 1906: F. Bär. (54 S.) 8° [F.]
Breslau, Jur. Fak., Ref. Brie-Leonhard, Diss. v. 5. Okt. 1906
[Geb. 17. Juli 74 Tarnowitz; Wohnort: Vohwinkel; Staatsangeh.: Preußen; Vorbildung: Gymn. Patschkau Reife O. 96; Studium: Breslau 6, Freiburg i. B. 1 S.; Rig. 21. Dez. 99.]

Klausberg, Amalie v., Still und bewegt. Ein Lebensbild. 8, (346 S.) Jena 866, Fr. Mauke.

Klausberg, E., Formen zusammengestellt aus geraden und gebogenen Linien für den ersten Unterricht im Freizeichnen. 4 Hefte (à 16 lith. Bl.). Hannover (855.) C. Hornemann.
1. u. 2.: à n. 10 ngr.; 3. u. 4.: à n. 15 ngr.

Klausberg, E., Formen zusammengestellt aus geraden und gebogenen Linien für den ersten Unterricht im Freihandzeichnen. 1—4. Heft. (à 16 Stnt.) qu. 4. und qu. Fol. Hannover 856, Hornemann'sche Hof-Kunsth. [1. und 2. Heft à * 10 Ngr., 3. und. 4. Heft à * 15 Ngr.] *

Klausberger, Joh., Lehr- u. Lesebuch f. Schüler an gewerbl. Vorbereitungs- u. Fortbildungsschulen, s.: Holczabek, Joh. W.

— deutsches Lesebuch, s.: Holczabek, Joh. W.

Klausberger, Joh., erstes Lesebuch f. gewerbliche Vorbereitungsschulen. s.: Holczabek, Joh. W.

Klausberger, Joh., s.: Lieder f. die österreichische Jugend.

Klausberger, M. L., s. Frauen-Rundschau.

Klausch, Paul, die Bildung des Stils. Vorschläge zur Umgestaltung des Stilunterrichts in der Volksschule u. in den Unterklassen höh. Lehranstalten. (48 S.) gr. 8. Leipzig 905. F. Hirt & Sohn. n. — 50

Klausch, Paul, Hilfsbuch f. den Unterricht in der deutschen Literaturgeschichte an neun- u. zehnstufigen Mädchenschulen. (158 S.) gr. 8. Leipzig 908. F. Hirt & Sohn. Geb. 1. 80

Klausch, Paul. Kurzes Lehrbuch der allgemeinen Zoologie in gemeinfaßlicher Darstellg. Nach den Grundsätzen der vergleich. Zoologie f. höhere Lehranstalten, sowie zum Selbstunterricht bearb. gr. 8. (81 S. m. 13 Abbildgn.) Bresl. 891, F. Hirt. * 1 25

Klausch, Paul: Über die Morphologie und Anatomie der Blätter von Bupleurum mit Berücksichtigung des Einflusses von Klima und Standort .... Leipzig, *Druck v. Bockwitz & Webel*, 1887; 29 + 1 S. + 1 Bl. 8°
Leipzig, Phil. Fak., Inaug.-Diss. v. 17. Sept. 1887

Klausch, Paul, über die Morphologie und Anatomie der Blätter von Bupleurum mit Berücksichtigung des Einflusses von Klima und Standort. Diss. Leipzig 1887, Gustav Fock. 8°. 29 S.

Klause, die, im Norden. Eine Erzähl. f. d. reif. christl. Jugend. Vom Verf. „der Mathilde, Gräfin v. Oldenburg." 8. ($12\frac{1}{2}$ B. u. Titlkpfr.) Würzburg 840, Stahel'sche Buchh. *

(F) **Klause**, M., Es lebe der 1. Mai. [Christliche Schul- und Vereinsbühne. Bd. 113.] 8°. (32 S.) K —.40
Linz: Kath. Presseverein 1909.

Klausel, die,. Lustsp. v. J. V. Tilly. 8. Berlin, Felisch. 798.

Klausel, über die, des 4ten Ryswicker Friedens. 8. Bamb. 796. (Frankf. a. M., Wesché). 9 𝒳

Klausen

— s. a. **Claussen.**

Dem Grafen und der Gräfinn von Blücher-Altona bei der Feier ihrer goldenen Hochzeit am 1. Mai 1844 v. Etatsrath Dr. **Klausen**. Altona. (1844.) 8°, geb. in 4°

Anrede an den Herrn Conferenzrath [Caspar Friedrich] **Gähler** ... bei der an seinem Jubelfeste nach 50jähr. Amtsführung am 2. Sept. 1818 veranstalteten musikalischen Feier ... des Gymnasii gehalten von Gottlieb Ernst Klausen. — Altona: Hammerich 1818. 15 S. 8°

Klausen, Gli. Er., Anreden an den Conf. Rath Gähler bei seiner 50jähr. Amtsjubelfeier. gr. 8. Altona 818. Hammerich. 3 𝒳

Klausen, Gtli. Ernst, Beharrlichkeit durch Kraft von oben. Rede in Jamben. Bei d. Feier d. Kgl. Geburtsfestes am 28. Jan. 1828 gehalten. gr. 8. ($1\frac{1}{2}$ B.) Altona 829, [Aue.]

— Blicke in die Vergangenheit. Poet. Rede. gr. 4. Altona 790. Hammerich. 8 𝒳

— s. Calpurnius Siculus, Titus: 11 auserlesene Idyllen.

Feier des ersten Jahresfestes Seiner Königlichen Majestät Frederik des Sechsten im Christianeo zu Altona v. Gottlieb Ernst **Klausen**. Altona. 1809. 8°

— Feier des ersten Jahresfestes Sr. Maj. Friedrich VI. gr. 8. Altona 809. Hammerich. 8 𝒳

Gesammelte Gedichte und Vorträge in gebundener und ungebundener Rede v. Gottlieb Ernst **Klausen**. Bd. 1: Gedichte. (Mit dem Portrait des Verfassers.) Bd. 2: Reden. Altona. 1835. 8°.

Klausen, Gli. Er., gesammelte Gedichte und Vorträge in gebundener u. ungebundener Rede. 2 Bde. Mit d. Portrait d. Verf. gr. 8. Altona 835. Hammerich. 4 1/2 ℛ

— lyrische Gedichte, verfaßt u. für d. Gesang bei Pianoforte u. Harfe in Musik gesetzt. qu. 4. Hamb. 823. Hammerich. 2 ℊ

— Gesang der dänischen Landesvertheidiger. Altona 801. Hammerich. 2 ℊ

— Harpetoner, nordiske, nordische Harfentöne, oder gnomische Blumen aus dänischen Dichtern gewählt, harmonisch geordnet u. mit Literaturnotizen begleitet. gr. 8. Altona 817. Hammerich. 1 ℛ 12 ℊ Weiß Pap. 1 ℛ 20 ℊ

— Jugendbildung, ein Gedicht. gr. 4. Ebend. 792.

— Jugendbildung, ein Gedicht. gr. 4. Altona 798. Hammerich. 8 ℊ

— die Liebe zum Geschäfte. Rede in Jamben. gr. 8. Altona 802. Hammerich. 8 ℊ

— die Macht d. Beispiels. Rede in Jamben. gr. 8. Altona 818. Hammerich. (a. Aue). 6 ℊ

— Mordbrandraub d. Dänenflotte. Ein histor. Gedicht. 8. Alt. 808. Hammerich. 12 ℊ

Klausen, Gottlieb Ernst, Des Decimus Magnus Ausonius Mosella, im Versmass und grossentheils im Rhythmus der nach kritisch genauer Durchsicht zur Seite gestellten Urschrift verdeutscht, — wodurch zu der öffentl. Prüfung aller Klassen d. Kgl. Christianeums, so wie zu den feierlichen Abschiedsreden d. z. Universität entlass. Selectaner einladet Dr. J. H. C. Eggers. Altona (Hammerich u. Lesser) 1832. 51 S. mit Jahresbericht (Namen). (6.—) 18174

— Ode am 2. April 1801. Alt., Hammerich. 2 ℊ

—— Ode bei d. Feier d. hoh. Vermählungsfestes Ihrer Kgl. Hohheiten d. Prinzen Frederik Carl Christian u. d. Prinzessin Wilhelmine Marie, am 1. Nov. 1828. (½ B.) Altona 829, [Aue.]

— Ode am Königstage, d. 28. Jan. 1810. Alt., Hammerich. 3 ℊ

— Rede bei der Feier des Königl. Geburts-Festes, im 25. Jahre nach der Thronbesteigung, am 28. Januar 1833. gr. 8. Altona 833. Aue. 1/3 ℛ

— Rede über den Gemeingeist. gr. 4. Altona 798. Hammerich. 8 ℊ

KLAUSEN, GOTTL. ERNST, Rede nach Altona's Rettung und dem hergestellten Frieden im J. 1814 bei der Feier des kgl. Geburtsfestes am 28. Jan. 1815 auf dem grösseren Hörsaale des Gymnasii in Altona gehalten. Altona. 1815. P.

— Rede nach Altonas Rettung u. d. hergestellten Frieden im J. 1814, gehalten d. 28. Jan. 1815. 8. Alt. 815. Hammerich. 8 ℊ

– s. Schack Staffeldt: Die Vergeltung.

— Snotra, e. prosaische Samml. von Denksprüchen, Grundsätzen u. Lebensregeln in dän. Sprache, zur Beförderung der Weisheit, Tugend u. Sittlichkeit bei d. heranwachsenden Geschlechte, gewählt u. geordnet zum Gebrauch in Schulen. 8. Altona 822. (Hammerich.)

— innere Stille bei äußerem Sturme. Rede in Jamben bei d. Feier d. Königl. Geburtstagsfestes 1825. gr. 8. Alt., 825. Hammerich. 6 ℊ

– s. Tegner, Esaias: Die Konfirmanden ...

Klausen, H. G. Die neuesten Religionsbegebenheiten fodern uns auf das nachdrücklichste auf zu bedenken, wie glücklich wir durch unser vernünftiges Christenthum sind; a. d. Dän. übersetzt. Kiel 1806. Ü: *Eckermann, Carl Theodor.* (I.S)

Klausen, Henr. Nik., Hermeneutik d. neu. Testaments. A. d. Dän. übers. v. C. O. Schmidt-Phiseldek. gr. 8. (30½ B.) Leipzig 841, Köhler.

Klausen, J. C. H. Theologumena Pindari Lyrici. 13 S. Elberfeld, Progr. 1854

Klausen, R., der Maschinenbauer für Gewerbe und Landwirthschaft, s.a Schauplatz, neuer, der Künste und Handwerke. 143. Bd.

Klausen, R., der Maschinenbauer f. Gewerbe u. Landwirtschaft. Zum Gebrauche f. Fachschulen u. den Selbstunterricht. 4. vollständig neubearb. Aufl. v. Le Blanc's Maschinenbauer. Mit e Atlas v. 43 (lith.) Foliotaf. (m. 4 S. Text.). gr. 8. (XVI, 382 S.) Weimar 884. B. F. Voigt. 15. —

Klausen, R., der Maschinenbauer f. Gewerbe u. Landwirtschaft. Zum Gebrauche f. Fachschulen u. den Selbstunterricht. 5. (Titel-)Aufl. Mit e. Atlas, enth. 48 Foliotaf gr. 8. (XVI, 382 S.) Weimar 892. B. F. Voigt. 10. —

Klausen, R., d. Maschinenbauer f. Gewerbe u. Landwirtschaft, 6. Aufl., s.: Boltz, Ernst.

Klausen, Rud. Heinr., die Abenteuer d. Odysseus, aus Hesiodus erklärt. M. 1 Karte. gr. 8. (6¼ B.) Bonn 834, Marcus.

—— Achilleus auf Skyros. Ein Trauersp. 8. (6½ B.) Hamburg 831, Perthes u. Besser.

Klausen, Rud. Heinr., Aeneas u. d. Penaten. Die italischen Volksreligionen unt. d. Einfluß d. griech. dargestellt. 1. u. 2. Bd. gr. 8. Hamburg u. Gotha, Fr. u. Andr. Perthes. [1. (38 B. u. 2 Stnt.) 839. * 3⅚ Thlr., 2. (45 B. u. 2 Stnt.) 840. * 3⅓ Thlr.] *

— s. Aeschylus quae supersunt. — Dess. Agamemnon.

Klausen, R. H., De carmine fratrum arvalium liber. Diss. 1836. 90 S.

—— de carmine fratrum Arvalium liber. 8maj. (6¾ B.) Bonnae 836, [König.] *

— de carmine fratrum Arvalium liber. 8maj. Leyden 836. König et van Borcharen. 7/12 ℛ

Klausen, R. H., Ueber Hesiodus Gedicht auf die Musen u. den innern Zusammenhang d. Theogonie u. der Tagewerke. S.-A. s. a. 81 S. 1.20

— s. Hecataei daei Milesii fragmenta.

Klausen, Rudolfus Henricus (geb. am 24 Apr. 1807 in Altona): Theologumena Aeschyli tragici. Pars prior . . . [Bonnae], (typ. C. F. Thormanni 1829). 2 Bl., 64 S., 2 Bl. 8. ¶ Erschien in dems. J. vollständig bei G. Reimer in Berlin.

Bonn, Phil. Fak., Diss. v. 3 Juni 1829

—— Theologumena Aeschyli tragici. 8 maj. (12 B.) Berolini 829, Reimer.

Klausenburg [Sachliches OW]

Klausenburg (Kolozsvár) 41° 47°. [Neue Generalkarte von Mittel-Europa 1 . 200.000. Wien.] 1898. Milit.-geographisches Institut. [In Comm. R Lechner (Wilh. Müller).] 1 Bl. 56·5 × 39 cm. fl. — 60

Klausenburg [Schlagwort]

Klausenburg, s.: Europa, Generalkarte.

Klausener, C., bete in Liebe! Gebetbuch zu Ehren der allerseligsten Mutter Maria. (IV, 255 S. m. Titelbild.) 16. Freiburg i/B. 906. Herder. — 60; geb. in Leinw. 1. —

Klausener, Karl

Klausener, Carl, aus Basel: Die Blutseen der Hochalpen. Eine biologische Studie auf hydrographischer Grundlage. Leipzig 1908. II + 67 S. 8°. S.-A. aus der Internationalen Revue der gesamten Hydrobiologie und Hydrographie. Heft 3, 1908. [2. III. 08.]

Basel, Phil. Diss. 1908/09.

Klausener, Carl. Die Blutseen der Hochalpen. Eine biologische Studie auf hydrographischer Grundlage. Diss. Phil. Basel. (Mit 2 Kurven und 5 Figuren im Text.) Sonderabdruck aus der internationalen Revue der gesamten Hydrobiologie und Hydrographie. (Bd. 1,) Heft 3, 1908. II + 67 S. 8. Leipzig, Julius Klinkhardt, 1908.

Klausener, C[arl]. Jahreszyklus der Fauna eines hochgelegenen Alpensees. Von C. K' ⟨Basel⟩. (Mit einer Karte. Aus der zoologischen Anstalt der Universität Basel.) Sonderdruck [aus:] Internationale Revue der gesamten Hydrobiologie und Hydrographie.... (Band 1, Heft 1 u. 2.) II S. + S. 142—152. 8. Leipzig, Dr. Werner Klinkhardt, 1908.

Klausen-Zeitung

① Billigstes Wochenblatt für Gemeinnützigkeit, Nachrichten und Anzeigen, berechnet für Geschäftsleute wie für kleinere Familien (bis Nr. 49, 1862) ② Bruder-Klausen-Zeitung (ab Nr. 21, 1862) ⑤ 28. 12. 1861 (Probeblatt)— 17. 6. 1863 ⑥ 2° ⑦ Wochenblatt ⑧ Luzern: Andreas Bolzern ⑨ Plakat-Anzeiger (Nr. 1—20, 1862) als zweite und dritte Seite der »Klausen-Zeitung« ⑩ Andreas Bolzern ⑪ Andreas Bolzern und Balthasar Estermann, der Gründer der »Katholischen Schweizer-Blätter für Wissenschaft und Kunst« ⑫ katholisch-konservativ ⑬ BGSZ: 1028, 1512 ⑭ Lu: Z ⑮ Über die Beilage »Plakat-Anzeiger« v. das Stichwort »Plakat-Anzeiger der Vier-Waldstätte«.

Klauser A.: Über die Bildung von Mortalitätstafeln u. deren Giltigkeitsgrenzen. 17. Czernowitz R. 77. **Progr.**

Klauser, Ad. H.

Klauser, A., aritmetica industriale, s.a. Libri de testo per le scuole industriali di perfezionamento austriachi.

Klauser, Ad. H., Aritmetica industriale. Guida nell' istruzione dell' aritmetica alle scuole industriali di perfezionamento o alle scuole per artieri, e del pari. Manuale d'aritmetica per il piccolo industriante. Riveduta ed ampliata dai Rusch e Menegazzi. Versione italiana; fatta sulla 5. ed. originale tedesca, del Enrico Menegazzi. (180 S. m. 24 Abbildgn.) 8. Wien 906. F. Deuticke. Kart. n. 1. —

Klauser's, A. H., Lehrbuch d. Vermessungskunde. F. d. Gebrauch an Gewerbeschulen, zugl. als Hülfsbuch f. Bau- u. Maschinen-Techniker etc. Bearb. u. hrsg. v. Gust. Lahn. 2., vollständig umgearb. Aufl. gr. 8. (8, 123 S. m. 110 Fig. u. 1 Taf.) Reichenberg 895. Wien, F. Deuticke. n. 4. —

Klauser, Lehrbuch der Vermessungskunde. 2. Aufl. brosch. K 4.
Wien: Deuticke 1904.

Klauser, Ad. H., u. Lahn, Lehrbuch der Vermessungskunde. Für den Gebrauch an Gewerbeschulen zugleich als Hilfsbuch f. Bau- u. Maschinen-Techniker etc. bearb. u. hrsg. v. Alfons Cappilleri. 3. Aufl. (VI, 138 S. m. 109 Fig. u. 1 Taf.) gr. 8. Wien 906. F. Deuticke. n. 3. —

Klauser, Adolf H., Das gewerbl. Rechnen. Ein Leitfaden f. den Unterricht, zugleich Handbuch f. Gewerbetreibende. (Lehrtexte f. österr. gewerbl. Fortbildungsschulen II) 8. (144 S. mit 24 eingedruckten Holzschn.) Wien, Carl Graeser. Cart. 36 kr. 1885.

Klauser, Adolf H., Das gewerbliche Rechnen. Ein Leitfaden für den Unterricht an gewerblichen Fortbildungsschulen, zugleich Hilfsbuch für Gewerbetreibende. Auf Veranlassung und mit Unterstützung des k. k. Ministeriums für Cultus und Unterricht herausgegeben. 3. umgearbeitete Auflage, besorgt von M. Rusch. Wien 1896. Carl Graeser. (Min.-Erl. v. 21. Oct. 1896, Z. 25025.) Cartonnirt —.32

Klauser, Adolf H., Das gewerbliche Rechnen. Ein Leitfaden für den Unterricht an gewerblichen Fortbildungsschulen, zugleich Hilfsbuch für Gewerbetreibende. Auf Veranlassung und mit Unterstützung des Ministeriums für Cultus und Unterricht herausgegeben. 4., unveränderte Auflage. Wien 1898. Karl Graeser. Cart. —.40

Klauser, Adolf, H., Das gewerbliche Rechnen. Ein Leitfaden für den Unterricht an gewerblichen Fortbildungsschulen und allgemeinen Handwerkerschulen, zugleich Hilfsbuch für Gewerbetreibende. Umgearbeitet von M. Rusch. 4. Auflage. Mit 24 in den Text gedruckten Holzschnitten. (Lehr-Texte für die österreichischen gewerblichen Fortbildungsschulen II.) Gr.-8. (156 S.) Cart. * —.40
Wien: Graeser 1898.

Klauser, Adolf H., Das gewerbliche Rechnen. Ein Leitfaden für den Unterricht an gewerblichen Fortbildungsschulen und allgemeinen Handwerkerschulen, zugleich Hilfsbuch für Gewerbetreibende. 5., verbesserte Auflage, umgearbeitet von M. Rusch. Wien 1903. Karl Graeser & Kie. Preis, kartoniert 90 h.

(F) **Klauser, A. H.,** Das gewerbliche Rechnen. Ein Leitfaden an gewerblichen Fortbildungsschulen etc. 5. Aufl. [Lehrtexte für die österr. gewerblichen Fortbildungsschulen. II.] Gr.-8°. (ill. 165 S.) Wien: Graeser 1904. K —.90

(F) **Klauser-Rusch,** Das gewerbliche Rechnen. 6. Aufl. Gr.-8°. (ill. 211 S.) Wien: Deuticke 1908. kart: K 1.20

Klauser u. **Rusch**, das gewerbl. Rechnen. 7. Aufl. v. **Karl** Wallantschek, i. a. Lehrtexte f. die österreich. gewerbl. Fortbildungsschulen. II.

(F) **Klauser-Rusch,** Das gewerbliche Rechnen. 7. Aufl. [Lehrtexte für die österr. gewerblichen Fortbildungsschulen. II.] 8°. (ill. 211 S.) Wien: Deuticke 1910. kart. K 1.20

Klauser, Adf. H., die Vermessungskunde. [Praktische Geometrie.] Anleitung zum Feldmessen, Höhenmessen und Nivelliren für Gewerbeschulen und ähnl. Lehranstalten, Bau- und Maschienentechniker etc. gr. 8. (V, 113 S. mit 122 eingedr. Holzschn.) Reichenberg 882, Schöpfer'sche Buchh. *

Klauser, E., Beyträge zur Würdigung d. Streitsache zwischen d. Gotteshaus u. d. Waldstatt Einsiedeln. 4. (6½ B.) Zürich 829, Orell, Füßli u. Comp.

Klauser, Gebh., die Naturheilmethode als einzig richtige Methode zur Heilung schwerer Leiden. gr. 8. (16 S.) Leipzig (900). (K. F. Pfau.) n. —50

Klauser, Heinrich: *Der langjährige Director der Lehranstalt Schulrat Stephan Wolf, gestorben am 27. Febr. 1898.* 8 (S. 71—72) **Progr.** K. k. Ober-G. *Czernowitz* 1898.

Klauser, Heinrich: Die Erziehung im Alterthum, besonders bei den Hellenen, und in der Neuzeit. 8 (S. 3—23). **Progr.** K. k. Ober-G. *Czernowitz* 1899.

Klauser, Heinrich, Die Erziehung im Altertum, besonders bei d. Hellenen, und in der Neuzeit, Czernowitz 1899, 278 S., 4°.

Klauser Hermann: Quaestiones Nicandreae.
D: Diss. phil. Vindobonensis, VI. Bd., 1898.
1895 PN 931 **Diss.** Wien, Univ. 1530

Klauser, H., De dicendi genere in Nicandri Theriacis et Alexipharmacis quaest. selectae. S.-A. 1898. 92 S. 2.25

Klauser, Rudolf, appr. Arzt aus Kitzingen: Ein Fall von Invagination mit Gangrän des Invaginans. Nürnberg 1904: R. Stich. (27 S.) 8°
Erlangen, Med. Fak., Ref. Hauser, Diss. v. 31 Okt. 1904
[Geb. Kitzingen; Staatsangeh.: Bayern.]

Klauser, Salomon

— Antrittspredigt in d. Waisenhauskirche. 8. Zürich 795.

Klauser, Sal., († d. 14. April 1796.) Auswahl von Predigten üb. auserles. Texte der evangel. Geschichte., Nach seinem Tode herausgeg. u. mit e. Vorrede begl. von A. H. Niemeyer. gr. 8. Lpz. 798. Schmidt. 1 ₰ 4 Kr 2e Aufl. gr. 8. Frankf. am M. 819. Sauerländer. 1 ₰ 12 Kr (Gundelach in Kitzingen). 1 ₰ 16 Kr

Klauser, Salomon s. (Bullinger, Heinrich B'....) Njbl. [Zürich] — (Judä, Leo J'....) Njbl. [Zürich].

— **Predigt, gehalten am außerordentl. Bettag den 16. März. 8. Zürich 794.**

— **drei Predigten bei Veranlassung e. öffentl. Kirchensteuer f. die brandbeschädigte Stadt Frauenfeld. 8. Zürich 788.**

— **zwei Predigten bei e. ähnl. Anlaß in Offenbach. 8. Zürich 790.**

KLAUSERWITZ, N., Seria mixta jocis seu Libri tres Epigrammatum, quibus Vienna Austriæ metropolis continetur. Viennæ, 1737. 8°.
Karajan's Bibl. II. no. 4544. — Liber perrarus.

(Kunstwart. Rundschau über Dichtung, Theater etc. Herausgeber: Ferdinand Avenarius. Jg. 12, H. 14, 2. Aprilheft 1899.)
Klaus-Groth-Heft. München. 1899. 8°.

Klausing, A. E.

Klausing, A. F., s. Pilgrimm, der.

PILGRIM, Der, oder ein Gemälde des Lebens (von *A. E. Klausing*). Leipzig 1775. 8°.
Goedeke IV, 214, 34 m (nach Raßmann 283 ff.).

Klausing, A. E., s. Samml. d. neuesten u. besten Schauspiele.

Klausing, Anton Ernst

— — **Controversiae recentissimae inter pontificem Romanum et rempublicam Genuensem super legato in Corsicam misso historiam orat. adit. Lpz. (Langenheim) 12. X. 1765. 15 S. (4.—)** 18177

Klausing, Ant. Ernst (Herford/Westf.), **De crimine libellaticorum non levi putando commentatio, ad virum clar. Paul Jacob Foertsch** (Hayn. ss. theol. cult.) **summos philosophiae honores ad 16. II. 1747 in acad. Lipsiensi capessentem. Lpz. (Stopffel). 12 S. (4.50)** 18175

— — u. **Frid. Volgang Reiz** (Vinsemius), De Syncellis. Disp. philos. Lpz. (Langenheim) 3. V. 1755. 28 S. (6.—) 18176
Gew.: Carl August Graf v. Rex (Kayna, Frisnitz, Struth). — Widm. v.: Günther Bünau.

Klausing, Ant. Er., († d. 6. Juli 1803.) Versuch einer mythol. Daktyliothek f. Schulen. Mit Kpf. 8. Leipz. 781. Rost. 15 ₰

— **Vorlesungen f. Personen rc. s. Vorlesungen.**

Klausing, *Friedrich* [Dir. Dr.]: Einweihung des neuen Realschulgebäudes am 12. und 13. Oktober 1892. M.Gladbach, Druck v. W. Hütter, *1893;* 8—19 S. 4.
M.Gladbach, st. R, P 1893 (400)

Klausing, [Friedrich], Dir. Dr.: Das **Ergebnis** der letzten Schulreform-Konferenz. *M. Gladbach (1901): W. Hütter.* (S. 10—12.) 4°
M. Gladbach, st. OR, P 1901 (538)

Klausing, Fr[iedrich], Dr., Dir: **Lehrplan** für den französischen Unterricht in Sexta, Quinta, Quarta im Anschluss an Plattners Lehrgang. *M.Gladbach (1899): E. Schellmann.* (V, 43 S.) 8°
M.Gladbach, st. OR, OP 1899 (524)

Klausing, Fritz [Gymnasiallehrer in Barmen]: **Zur Syntax des französischen Infinitivs im XVI. Jahrhundert . . . . Barmen, Steinborn & Co.,** (1887); 1 Bl. + 28 S. + 2 Bl. 8°.
Giessen, Phil. Fak., Inaug.-Diss. v. 1887.

Klausing, Fritz, zur Syntax des französischen Infinitivs. im XVI. Jahrhundert. Diss. Giessen 1887, J. Rickersche Buchh. 8°. 28 S.

Klausing, Gustav, aus Dümpten (Rhld.): **Die lautliche Entwicklung der lateinischen Proparoxytona im Französischen.** *Kiel 1900: P. Peters.* (76 S.) 8°
Kiel, Phil. Diss. v. [12. Jan.] 1901

Klausing, Gust., die Schicksale der latein. Proparoxytona im Französischen. Eine sprachgeschichtl. Untersuchg. gr. 8. (90 S.) Kiel 900. (R. Cordes.) n. 2. —

Klausing, Heinrich

— — Ad panegyrin academicam solenni trium ss. theologiae licentiatorum renuntiationi . . . invitat. Lpz. (Langenheim) 26. VIII. 1739. 24 S. (5.50) 18179
Biographien von: Christian Weise (Leipzig; M.: C. R. Bohn), M. Romanus Teller (Leipzig; M.: S. M. Kromeier), Carl Gottlob Hofmann (Schneeberg; M.: V. E. Richter).

Klausing, H. (auct. C. Eylcke) de animabus bis mortuorum inter coelites commorantibus in prima separatione. Lips. 724. 4.

Klausing, Heinrich [Praes.], s. B e u m e l b u r g , Johann Valentin: De nuptiis propinquorum ...

Klausing, Heinrich [Praes.], s. B o d e n b u r g , Johann Daniel: Sententiam Henrici Mori Agli de summo bono.

Klausing, Heinrich [Praes.], s. B o r d a n , Gottfried: Μετενσωματωσις veterum gentilium ac hodiernorum quorundam philosophorum confutata ad doctrinam de resurrectione carnis.

K l a u s i n g , H., de conceptione Christi. Lips. 1741. 4.

Klausing, H. Eclipsis lunaris A. 1718. Wittemb. 1719. 4.

K l a u s i n g , H., (Viteb. 1716. 4.) R ö s c h e l , B., (Viteb. 1692. 4.) de forma anni patriarcharum.

Klausing, Heinrich [Praes.], s. F r i e d r i c h , Jo. Christian: De imputatione consequentiarum theologicarum.

K l a u s i n g , H., de haereticis, misera morte extinctis. 4. Frcf. Langenheim. 757.

Klausing, Heinrich [Praes.], s. H e r i n g , Johann Gottfried: De animae et corporis vinculo.

Klausing, Heinrich [Praes.], s. H ö l t i c h , Heinrich Anton: De naturae admirandis in luce.

Klausing, Heinrich [Praes.], s. K a z a u e r , Christoph Stephan: Ex philosophia sobria in controversiis recentioribus, disputatio III (Quid sentiendum sit de philosophia Cabbalistica, quatenus distingui pura ab impura solet?)

Klausing, Heinrich [Praes.], s. K o e c h l y , Ephraim Gotthelf: De nuptiis propinquorum ...

Klausing, Heinrich [Praes.], s. K u n t s c h k e , Jo. Georg: Prodromus philosophiae sobriae in controversiis recentioribus ...

Klausing, Heinrich [Praes.], s. L e u c h t e r , Johann: Vindiciarum s. codicis a ταυτολογιας criminatione.

Klausing, Diss. de mentis humanae morbis gravissimis. Witeb. 4°. 1703

* Prima de motu corporum naturalium diſputatio, quam praeſide M. *Henrico Klauſing* Herford. Weſtph. publice defendet reſpondens *Henricus Labin* Oſnabrug. Weſtphal. Wittebergae Saxon. hora locoque conſuetis die IX Jun. An. MDCC. Wittenbergae, typis Chriſtiani Schroedteri. Acad. typ. 4. 4 Bog.
1700.

K l a u s i n g , H., de nuptiis propinquorum jure divino prohibitis. Lips. 1726. 4.

Klausing, Heinrich [Praes.], s. P i l a r i k , Johann Stephan: De affectibus in genere, et in specie de affectu invidiae.

Klausing, Heinrich [Praes.], s. R e c h e n b e r g , Johann: Prognostica politicorum . . .

Klausing, Heinrich [Praes.], s. R i c h t e r , Heinrich Gottlieb: De agitatione copiarum caelestium ...

Klausing, Heinrich [Praes.], s. S c h u l t z e , Johann Georg: Ex philosophia practica de iuramentis dolo vel errore elicitis.

Klausing, Heinrich [Praes.], s. S i l l i g , Johann Ehrenfried: Dysnoeta librorum ecclesiae Lutheranae symbolicorum excussa.

— **Heinrich** u. **M. Bernhard Christoph Klausing** (Brüder), De Timotheo *ΜΑΡΤΥΡΟΥΜΕΝΩ* ex Act. XVI. 2, et studio bonae famae, theologo necessario. Wittbg. (Christian Gerdes) 14. II. 1713. 16 Bl. (6.80) 18178

Klausing, Heinrich [Praes.], s. V o i g t , Reinhold Dietrich: De haereticis misera morte extinctis.

Klausing, Heinrich [Praes.], s. W o l f , Jo. Georg: De mentis humanae morbis gravissimis.

Klausing, Hermann, aus Dümpten: Die Spezifikationslehre des römischen resp. gemeinen und des heutigen Rechts. Berlin 1905: W. Pilz. (129 S.) 8°
Erlangen, Jur. Fak., Diss. v. 12. Dez. 1904
[Geb. Dümpten; Staatsangeh.: Preußen; Rig. 12. Dez. 04.

Klausmann, A., Central-Anlagen der Krafterzeugung f. das Kleingewerbe. Beschreibung der zur Zeit bekannten Gattgn. u. krit. Beleuchtg. derselben in techn. u. wirthschaftl. Beziehg. Preis-Aufgabe d. Vereins deutscher Maschinen-Ingenieure. [Aus: Glaser's Annalen f. Gewerbe u. Bauwesen".] Fol. (V, 47 S. m. 3 Taf. u. 1 graph. Taf.) Berlin 893. G. Siemens n. 5. —

Klausmeyer, J., der Bienenfreund. Theoretisch-prakt. Anleitung zum Betriebe der Bienenzucht, nach neuesten bewährten Grundsätzen. gr. 8. (104 S. und 1 lithogr. Taf. Abbild.) Warburg 880, Schilp. *

—— Grundriß der rationellen Bienenzucht nach dem heutigen Stande der Bienenwirtschaft. Mit vielen (eingedr.) Abbild. und den Portr. von Dr. Dzierzon und Baron v. Berlepsch. gr. 8. (55 S.) Danzig 884, Axt. cart. *

KLAUSNER, D e r , oder d e r v e r k a p p t e E d e l m a n n , eine (dramatisirte) Geschichte der Vorzeit (in 21 Auftritten). Leipzig, Heyn, 1796. 8°. Tit. u. 98 S. (incl. Anhang von G e d i c h t e n). Zahm.

Klausner, oder der verkappte Edelmann. 8. Berl. 796. Hayn. 6 gr.

Klausner, Der, oder die geraubte Tochter. Erzählung . . . 4. Aufl. Elberfeld [1895]. V: *Brockhaus, Wilh.* (Berl)

Klausner. – Der Klausner oder die geraubte Tochter, s.a. B r o c k h a u s , Wilhelm

Klausner, der, od. die geraubte Tochter, s.a. Saat u Ernte.

Der Klausner auf den Pyrenäen. Erzählung des 11. Jh. Der reifern Jugend der gebildeten bürgerlichen und höhern Stände geweiht von einem ihrer Freunde, dem Verf. der Ruine von Löwenstein.
Reutlingen: Fleischhauer 1842. 263 S. 8°

Klausner, der, im Schwarzwalde. Ritterroman aus d. 11. Jahrh. von C. Hildebrandt. 2 Theile. 8. Quedlinburg, Basse. 821. Rthlr.

Klausner, der, bei der Stein-Kapelle, oder die Gründung des Klosters Schönthal. Eine Sage der Vorzeit. Von d. Verf. des Wilhelm Tell. Mit 1 Lithogr. 12. Reutlingen 843, Fleischhauer u. Spohn. 1/8 ℛ𝓉

Klausner, der, bei der Stein-Kapelle oder die Gründung des Klosters Schönthal. Eine Sage der Vorzeit. Von dem Verf. des Wilhelm Tell. 2. Aufl. 8. (76 S. mit 1 Stnt.) Reutlingen 854, Fleischhauer und Spohn.

—— der, an der Stein-Kapelle oder die Gründung des Klosters Schönthal. Eine Sage der Vorzeit. Von dem Verf. des Wilh. Tell. 8. (59 S.) Reutlingen 863, Fleischhauer und Spohn.

Klausner, Chr., Mondrosen. Novellen, Zeitbilder u. Humoresken. 8. (11⅝ B.) Königsberg 846, Theile.

Klausner, G. A., das Deutsche Reich in Vergangenheit, Gegenwart, Zukunft. Nationalpolitische Betrachtgn. aus Süddeutschland. gr. 8. (40 S.) Leipzig 890. E. H. Mayer. n. 1. —

Klausner, Gertrud, a. Berlin: Die Drei Diamanten des Lope de Vega und die Magelonen-Sage. (Dessau 1907: Buchdr. Gutenberg.) (178 S.) 8°
Berlin, Phil. Fak., Ref. Tobler, Diss. v. 23. Nov. 1907
[Geb. 13. Mai 77 Berlin; Wohnort: Berlin; Staatsangeh.: Preußen; Vorbildung: Friedrichs-Realgymn. Berlin Reife M. 01; Studium: Berlin 9 S.; Rig. 13. Juni 07.]

Klausner, Gertrud: Die drei Diamanten des Lope de Vega und Die schöne Magelone.
Berlin: Felber 1909. 178 S. 8°
[Erschien auch als Inaug.-Diss. Berlin 1907.]
(Literarhistorische Forschungen. H. 39.)

Klausner, Joseph: Die Messianischen **Vorstellungen** des jüdischen Volkes im Zeitalter der Tannaiten, kritisch untersucht und im Rahmen der Zeitgeschichte dargestellt. *Krakau: Verl. d. Verf. 1903.* (V, 119 S.) 8°
Heidelberg, Phil. Diss. v. 1903

Die Messianischen Vorstellungen des jüdischen Volkes im Zeitalter der Tannaiten, krit. untersucht u. im Rahmen d. Zeitgeschichte dargest. von Dr. Joseph **Klausner**. Berlin: M. Poppelauer 1904. (V, 119 S.) 8° [04. 5311

Klausner, Irma, approb. Aerztin aus Berlin: Ein **Beitrag** zur Aetiologie der multiplen Sklerose. *Berlin 1901: L. Schumacher.* (32 S.) 8° ¶ [Aus: Arch. f. Psych. u. Nervenkrankh., Bd 34.]
Halle, Med. Diss. v. 9. Juli 1901

Klausner, Ludwig, s. Klausner-Dawoc, Ludwig.

Hie Babel – Hie Bibel! Anmerkungen zu des Prof. Delitzsch zweitem Vortrag über Babel u. Bibel. Von M. A. **Klausner**. *Berlin: S. Calvary & Co. 1903.* (29 S.) 8° [F.] [03. 13795 11

Hie Babel – Hie Bibel! Anmerkungen zu des Prof. Delitzsch zweitem Vortrage über Babel u. Bibel. Von M. A. **Klausner**. 3., mit e. Nachw. vers. Aufl. *Berlin: S. Calvary & Co. 1903.* (40 S.) 8° [F.] [03. 5077

Professor Delitzsch. Eine Erwiderung von M. A. **Klausner**. Berlin: A. Schulem 1904. (24 S.) 8° [F.] [07. 1491 2

Klausner, M. A., die Gedichte der Bibel. In deutscher Sprache. Mit Buchschmuck v. Judith Klausner. gr. 8. (V, 408 S.) Berlin 902. (S. Calvary & Co.) Geb. in Leinw. n. 6. —

— die Gedichte der Bibel in deutscher Sprache. Mit Buchschmuck v. Judith Klausner (Bund). 3 Tle. 2. u. 3. Aufl. (V, 219, 306 u. 225 S.) 8. Ebd. 904. Kart. n. 4. —; geb. in Leinw. n. 8. —; Luxusausg. (VII, 754 S.) gr. 8. Geb. in Ldr. m. Goldschn. n. 12. —

Zu Lehr und Wehr! Jüdische Zeitfragen von M. A. **Klausner**. *Berlin: S. Calvary & Co. 1903.* (125 S.) 8° [F.] [03. 14977

Klausner, Mart., Zeit u. Ewigkeit, s.: Eckartshausen, Karl v., Ur Lamechs v. Strap der Sündflut entrissene Gesänge.

Klausner, Ph., Erinnerungsblätter an die Schreckenstage der Hochfluth von 1882—1883 in Baden, Bayern, dem Hessenlande, Preussen, Württemberg u. Elsass-Lothringen. Genaue Schilderungen aller durch die Hochfluth verursachten Schäden, Schreckensscenen u. Unglücksstellen etc. mit (12) nach der Natur aufgenommenen wahrheitsgetreuen u. prächtigen Illustr. Aufl. 1—3. Mannheim 1883. gr. 8.

Klausner, Ph., Erinnerungsblätter an die Schreckenstage der Hochfluth von 1882—1883 in Baden, Bayern, dem Hessenlande, Preußen, Württemberg u. Elsaß-Lothringen. (Genaue Schildergn. aller durch die Hochfluth verursachten Schäden, Schreckensscenen u. Unglücksstellen ꝛc., m. (12) nach der Natur aufgenommenen wahrheitsgetreuen u. prächt Illustr. 3. Aufl. gr. 8. (16 S.) Mannheim 883. (Wiesbaden, Moritz & Münzel.) n.n. — 40

Klausner, Veit, (psdn.) Reliquien des Alterthums. 1r Bd. 8. Leipz. 795.

Klausner-Dawoc, Ludwig

Klausner, Ludw. (Klausner-Dawoc), Adam u. Eva. Ein Sittenbild. 1.—3. Aufl. 8. (à 151 S.) Dresden (900). H. Minden. n. 1. —

Ludwig Klausner-Dawoc. Die Geschichte einer Ungebildeten. *Berlin: D. Dreyer & Co. [1903].* (182 S.) 8° [F.]
= Bibliothek, Dreyer's, moderner Schriftsteller. Jg. [1], Bd 12. [04. 3364

Klausner-Dawoc, Ludw., Jacob. Bibl. Charakterdrama in 5 Akten. 8. (XV, 164 S.) Berlin 897. S. Cronbach. n. 2. —; geb. n. 3. —

— die Macht der Frau. Roman. 8. (VI, 257 S.) Ebd. (901). n. 3. —; geb. n.n. 4. —

— moderne Propheten. Roman. 2 Bde. 8. (248 u. 320 S.) Ebd. 900. n. 6. —; geb. n. 8. —

[F.] Franz Romberg. Schausp. in 3 Akten v. Ludwig Klausner-Dawoc. *Berlin: Vossische Buchh. 1896.* (1 Bl., 62 S., 1 Bl.) 1 Bd 8. [96. 9135

— Sternenwärts. Schausp. in 5 Acten. Nebst e. Vorwort: Ein Theater auf d. Papier. gr. 8. (IV, 59 S.) Ebd. 895. — 50

— zwei Welten. Lustsp. in 4 Acten. Nebst e. Vorwort: Unsere Theater. — Dramat. Arbeiten. — Buchdramen. — Ein Vorschlag — Ein Theater auf d. Papier. gr. 8. (XVI, 45 S.) Ebd. 895. — 50

Klausnerin, die, vom Karrenberge. Eine Erzählung aus den Zeiten der Kreuzzüge. Der gesammten edleren Lesewelt, besonders aber der reiferen Jugend dargereicht von dem Verf. der Beatushöhle. 6. Aufl. Mit 1 Stahlst. nach Orig.-Zeichnung von J. Leudner. 8. (190 S.) Regensburg 876, Manz.
Die früheren Aufl. erschienen u. d. T.: Die Hexe vom Karrenberge.

Klausnerin, Die, vom Karrenberge. Eine Erzählung aus den Zeiten der Kreuzzüge. Der gesammten edleren Lesewelt, besonders der reiferen Jugend dargereicht vom Verfasser der Beatushöhle. 7. Aufl. Regensburg 1879. V: *Bauberger, Wilhelm.* (Russell IX, 576)

Klausnerin, die, vom Karrenberge. Eine Erzählung aus den Zeiten der Kreuzzüge. Der gesammten edleren Lesewelt, besonders der reiferen Jugend dargereicht vom Verf. der Beatushöhle (W. Bauberger.) 8. Aufl. 8. (191 S. mit 1 Stahlst.) Regensburg 887, Verlags-Anstalt. ℳ 1.15.; cart.

Klausners, des am Taunus, (Fr. Edw. Rhode,) poetische Wanderung an der Bergstraße. Nebst e. Anhange kleiner poet. Versuche. 8. Frankf. a. M. 817. (Sauerländer). 1 ₰

Klausners, des am Taunus, poetische Wanderung an der Bergstraße. Nebst e. Anhange kleiner poet. Versuche. 8. Frankfurt a. M., Sauerländer in Comm. 818.

Klauß, C. F., Darstellung ein. neuen erprobten Verfahrens, in Folge dess. aus ein. Scheffel Kartoffeln 580% bis 600% Tralles Alkohol, u. aus fünf Pfund Getreideschroot 80% Tralles Alkohol gewonnen werden, u. das Anbrennen u. Uebergähren d. Maische verhindert wird. Ein verkl. Couv. 16. Berlin 840, Bade.

Klauß, C. F., Darstellung eines neuen erprobten Verfahrens, in Folge dessen aus einem Scheffel Kartoffeln 580% bis 600% Tralles Alkohol gewonnen werden, u. das Anbrennen u. Uebergähren d. Maische verhindert wird. 3. Aufl. Quedlinburg 846, Ernst. verklebt. 1/3 ₰

KLAUSS, FRANZ XAVER: Jubelrede, als die Gesellschaft der Heiligen Ursula, den 7. Heumonats 1776. nach verlaufenen hundert Jahren des Andenken ihrer Ankunft und Stiftung in Preßburg feyerlich begieng, gehalten in der Ordenskirche von Franz Xaveri Klauß der collegiat Pfarrkirche bey St. Martin zu Preßburg Sonntagsprediger. Preßburg (1776). Gedr. bey Franz Augustin Patzko. 27 S. - 4°

KLAUSS, FRANZ XAVER: Controverspredigt über den Ablaß, vorgetragen von Franz Xaveri Klauß der collegiat Pfarrkirche bey St. Martin zu Preßburg Sonntagsprediger, am zweyten Sonntag in der Fasten, 1776. Preßburg 1776. Gedr. bey Franz Augustin Patzko. 23 S. - 220 mm

KLAUSS, FRANZ XAVERI: Controverspredigt über die Anrufung der Heiligen, vorgetragen von Franz Xaveri Klauß der collegiat Pfarrkirche bey St. Martin zu Preßburg Sonntagsprediger, am siebzehnten Sonntag nach Pfingsten, 1776. Preßburg 1777. Gedr. bey Franz Augustin Patzko. 26 S. - 220 mm

KLAUSS, FRANZ XAVER: Controverspredigt / über das / Ansehen der römischkatholischen Kirche, / vorgetragen von / Franz Xaveri Klauß / der collegiat Pfarrkirche bey St. Martin zu Preßburg / Sonntagsprediger, / am sechzehnten Sonntag nach Pfingsten, / 1775. Preßburg 1775. Gedruckt bey Franz Augustin Patzko. 23 S. - 220 mm

KLAUSS, FRANZ XAVER: Controverspredigt über die Beobachtung der göttlichen Gebothe, vorgetragen von Franz Xaver Klauß der collegiat Pfarrkirche bey St. Martin zu Preßburg Sonntagsprediger, am ersten Sonntag nach Pfingsten, 1774. Preßburg 1775. Gedruckt bey Franz Augustin Patzko. 18 S. - 220 mm

KLAUSS, FRANZ XAVER: Controverspredigt über den Beruf der lutherischevangelischen Herren Prediger, vorgetragen von Franz Xaveri Klauß der collegiat Pfarrkirche bey St. Martin zu Preßburg Sonntagsprediger, am achtzehnten Sonntag nach Pfingsten, 1774. Preßburg 1775. Gedruckt bey Franz Augustin Patzko. 18 S. - 220 mm

KLAUSS, FRANZ XAVERI: Controverspredigt über das in der römischkatholischen Kirche gebothene Fasten und Enthalten von Fleischspeisen, vorgetragen von Franz Xaveri Klauß der collegiat Pfarrkirche bey St. Martin zu Preßburg Sonntagsprediger, am zweyten Sonntag in der Fasten, 1779. Preßburg 1779. Gedr. bey Franz Augustin Patzko. 16 S. 220 mm

KLAUSS, FRANZ XAVERI: Controverspredigt über das Fegfeuer, vorgetragen von Franz Xaveri Klauß der collegiat Pfarrkirche bey St. Martin zu Preßburg Sonntagprediger, am ersten Sonntag nach Pfingsten, 1776. Preßburg 1777. Gedr. bey Franz Augustin Patzko. 27 S. - 220 mm

KLAUSS, FRANZ XAVERI: Controverspredigt über die Gewalt der römischkatholischen Bischöfe, vorgetragen von Franz Xaveri Klauß der collegiat Pfarrkirche bey St. Martin zu Preßburg Sonntagsprediger, am vierten Sonntag im Advent, 1779. Preßburg 1779. Gedr. bey Franz Augustin Patzko. 22 S. - 220 mm

KLAUSS, FRANZ XAVERI: Controverspredigt über die Gewißheit des Heils in der lutherischevangelischen Kirche, vorgetragen von Franz Xaveri Klauß der collegiat Pfarrkirche bey St. Martin zu Preßburg Sontagsprediger, am zweyten Sonntag in der Fasten, 1778. Preßburg 1778. Gedr. bey Franz Augustin Patzko. 24 S. - 220 mm

KLAUSS, FRANZ XAVERI: Controverspredigt über den zuversichtlichen Glauben, vorgetragen von Franz Xaverii Klauß der collegiat Pfarrkirche bey St. Martin zu Preßburg Sonntagsprediger, am zweyten Sonntag in der Fasten, 1774. Preßburg 1775. Gedruckt bey Franz Augustin Patzko. 18 S. - 220 mm
- Dass. Ebd. 1778: F. A. Patzko. 24 S.

KLAUSS, FRANZ XAVER: Controverspredigt / über die Glaubwürdigkeit / der lutherischevangelischen Kirche, / vorgetragen von / Franz Xaveri Klauß / der collegiat Pfarrkirche bey St. Martin zu Preßburg / Sonntagsprediger, / am vierten Sonntag im Advent 1775. Preßburg 1775. Gedruckt bey Franz Augustin Patzko. 22 S. - 220 mm

KLAUSS, FRANZ XAVERI: Controverspredigt über das Klosterleben, vorgetragen von Franz Xaverii Klauß der collegiat Pfarrkirche bey St. Martin zu Preßburg Sonntagsprediger, am vierten Sonntag im Advent, 1777. Preßburg 1778. Gedr. bey Franz Augustin Patzko. 24 S. - 220 mm

KLAUSS, FRANZ XAVER: Controverspredigt über die Ohrenbeicht, vorgetragen von Franz Xaverii Klauß der Collegiat Pfarrkirche by St. Martin zu Preßburg Sonntagsprediger am vierten Sonntag im Advent, 1773. Preßburg 1775. Gedruckt bey Franz Aug. Patzko. 18 S. - 4°

KLAUSS, FRANZ XAVERI: Controverspredigt über den Primat des heiligen Petrus, vorgetragen von Franz Xaveri Klauß der collegiat Pfarrkirche bey St. Martin zu Preßburg, am ersten Sonntag nach Pfingsten, 1778. Preßburg 1778. Gedr. bey Franz Augustin Patzko. 22 S. - 220 mm

KLAUSS, FRANZ XAVER: Controverspredigt / über die / heilige Schrift, / vorgetragen von / Franz Xaveri Klauß / der collegiat Pfarrkirche bey St. Martin zu Preßburg / Sonntagsprediger, / am zweyten Sonntag in der Fasten, / 1775. Preßburg 1775. Gedruckt bey Franz Augustin Patzko. 16 S. - 220 mm

KLAUSS, FRANZ XAVERI: Controverspredigt über den ehelosen Stand der römischkatholischen Priester, vorgetragen von Franz Xaveri Klauß der collegiat Pfarrkirche bey St. Martin zu Preßburg Sonntagsprediger, am achtzehnten Sonntag nach Pfingsten, 1777. Preßburg 1778. Gedr. bey Franz Augustin Patzko. 24 S. - 220 mm

KLAUSS, FRANZ XAVERI: Controverspredigt über die Stuhlerben des heiligen Petrus, vorgetragen von Franz Xaveri Klauß der collegiat Pfarrkirche bey St. Martin zu Preßburg, am fünfzehnten Sonntag nach Pfingsten, 1778. Preßburg 1778. Gedr. bey Franz Augustin Patzko. 23 S. - 220 mm

KLAUSS, FRANZ XAVER: Controverspredigt / über / die Tradition, / vorgetragen von / Franz Xaveri Klauß / der collegiat Pfarrkirche bey St. Martin zu Preßburg / Sonntagsprediger, / am ersten Sonntag nach Pfingsten, / 1775. Preßburg 1775. Gedruckt bey Franz Augustin Patzko. 22 S. - 220 mm

KLAUSS, FRANZ XAVER: Controverspredigt über den Verdienst der guten Werke, vorgetragen von Franz Xaveri Klauß der collegiat Pfarrkirche bey St. Martin zu Preßburg Sonntagsprediger, am vierten Sonntag im Advent, 1774. Preßburg 1775. Gedruckt bey Franz Augustin Patzko. 19 S. - 220 mm

KLAUSS, FRANZ XAVERI: Controverspredigt über die Verehrung der Bilder, vorgetragen von Franz Xaveri Klauß der collegiat Pfarrkirche bey St. Martin zu Preßburg, am vierten Sonntag im Advent, 1776. Preßburg 1777. Gedr. bey Franz Augustin Patzko. 24 S. - 220 mm

KLAUSS, FRANZ XAVERI: Controverspredigt über den freyen Willen des Menschen, vorgetragen von Franz Xaveri Klauß der collegiat Pfarrkirche bey St. Martin zu Preßburg Sonntagsprediger, am ersten Sonntag nach Pfingsten, 1777. Preßburg 1778. Gedr. bey Franz Augustin Patzko. 23 S. - 220 mm

KLAUSS, FRANZ XAVERI: Controverspredigt über die geringe Zahl der eifrigen Katholiken, vorgetragen von Franz Xaveri Klauß der collegiat Pfarrkirche bes St. Martin zu Preßburg Sonntagsprediger, am zweyten Sonntag in der Fasten, 1777. Preßburg 1778. Gedr. bey Franz Augustin Patzko. 24 S. - 220 mm

KLAUSS, FRANZ XAVER: Lobrede auf die heilige Elisabeth . . . gehalten den 19. Wintermonats 1794 von Franz Xaver Klauß. Ofen 1794. Gedr. mit Landerischen Schriften. 20 S. 12°

KLAUSS, FRANZ XAVERI: Predigt, welche bey Gelegenheit des feyerlichen Bittgangs wider den Krieg am 26-sten Heumonats 1778 in der collegiat Pfarrkirche bey St. Martin zu Preßburg gehalten wurde. Preßburg 1778. Gedr. bey Franz Augustin Patzko. 20 S. - 4°

KLAUSS, FRANZ XAVER: Rede / bey dem / Beschluß / des / Jubelfestes, / welche / nach geendigtem letztem Bittgang / in der Ofner Stadtpfarrkirche zu Mariahimmelfahrt / gehalten hat Franz Xaver Klauß k. k. Feldsuperior und Generalvikar in Hungaren. / Domherr von St. Pölten den 6. Juni 1795. Ofen 1795. Gedr. mit königl. Universitäts-Schriften. 19 S. - 8°

KLAUSS, FRANZ XAVER: Rede / bey / Eröffnung / des / Jubelfestes, / welches / nach geendigtem ersten Bittgang / in der / Ofner Stadtpfarrkirche zu Mariahimmelfahrt gehalten hat Franz Xaver Klauß den 26. April 1795. Ofen 1795. Gedr. mit königl. Universitäts-Schriften. 19 S. - 166 mm

KLAUSS, FRANZ XAVER: Rede, welche er nach der Hinrichtung der Staatsverbrecher gehalten hat . . . in Ofen den 3-ten Juny 1795. Ofen 1795. Gedr. mit königl Schriften. 2 f. - 8°

Klauss, Gust. Friedr., das Christentum oder pädagogisch-, politisch- und religiös-philosophische Betrachtung, geeignet zu grundlegendem Selbstunterrichte auf den Gebieten der Pädagogik, Politik und Religion. In 2 Tln. gr. 8. (VIII, 404 S.) Löbau, Westpr. 888, Skrzeczek. *

Klauß, Hermann, Referendar: Die am 15. Juni 1742 von Christian VI., König von Dänemark, für Holstein erlassene Verordnung 'wegen der Erbfolge unter den Eheleuten, die dem Sächsischen Recht unterwürfig sind'. Borna-Leipzig 1910: Noske. VIII, 44 S. 8°

Rostock, Jur. Diss. v. 31. Jan. 1910, Ref. Lehmann

[Geb. 25. Dez. 83 Kiel; Wohnort: Flensburg; Staatsangeh.: Preußen; Vorbildung: Gymn. Kiel Reife M. 04; Studium: Freiburg i. B. 3, München 1, Kiel 2 S.; Rig. 14. Dez. 09.] [U 10. 3853

Klauß, L., O Mensch! bekehre dich zu Gott! Zehn Predigten über die Bekehrung der einzelnen Seele zu Gott und einige damit nahe zusammenhängende Gegenstände. gr. 8. (94 S.) Bernburg 855, (Gröning'sche Buchh.) *

Klauss, Paul, das gonalgische schräg-verengte Becken nebst e. Zusammenstellg. der bisher veröffentlichten Fälle vom schräg-verengten Becken. Diss. gr. 8. (66 S m. 6 lith. Taf.) Heidelberg 891. (Hörning.) n. 3. —

Klauß, Wilhelm: Die öffentlichen S a m m l u n g e n nach bürgerlichem Recht unter Berücksichtigung des gemeinen Rechts. Greifswald 1907: H. Adler. 59 S. 8°

Greifswald, Jur. Fak., Ref. Pescatore, Diss. v. 15. Aug. 1907

Klaußmann, Ant. Osk., s. a.: Wildenstein, Kurt.

Klaußmann, A. Osk., Abenteuer der Luft in Ballon u. Flugmaschine. Mit zahlr. Illustr. (Taf.) u. Orig.-Umschlag-Zeichng. v. Hans R. Schulze. (IV, 236 S.) 8. Kattowitz (909). Phönix-Verlag. 3.—; geb. 4. —

Arsenik. Eine Familiengeschichte nach d. Wirklichkeit von A[nton] Oskar **Klaußmann**. Mülheim a. d. Ruhr: J. Bagel [1904]. (118 S.) 8° [F.] [06. 4777

— dasselbe. — Lilla, Fel.: Klippen des Glücks u. andere Kriminal-Novellen. (118 u. 96 S.) 8. Ebd. (904). — 60

— betrogene Betrüger, s.: Eckstein's Reise-Bibliothek.

Betrogene Betrüger. Kriminalgeschichten von A[nton] Oskar **Klaußmann**. Berlin: A. Weichert [1904]. (142 S.) 8° [F.]
— **Sammlung** interessanter Criminal- u. Detectiv-Romane. Bd 10. [05. 4838

— die reiche Braut. Ein oberschles. Bergwerks-Roman. 2 Bde. 8. (222 u. 260 S.) Jena (899). Berlin, H. Costenoble. n. 7. —; in 1 Bd. geb. n. 8. 20

Klaußmann, A. Osk., Eingezogen. Erlebnisse e. Landwehrmannes. 8. (107 S) Berlin 894. Leipzig, P. List. n. 1. —

Klaußmann, A. Oskar, Elly. Humoreske aus dem Breslauer Studenten-Leben. gr. 16. (110 S.) Leipzig 876, Fest. *

— Die Entdeckung d. Nordpols. Bilder v. Rich. Flockenhaus. (209 S.) 8. Berlin 909. Brandus. Geb. in Leinw. 3. —

Deutschlands Entwicklung in der Neuzeit. Ein kulturgeschichtl. Rückblick von A[nton] Oscar **Klaußmann**. (Mit 2 Bild. in Farbendr., 231 Vollbild. u. Textill. sowie 6 Initialen. *Berlin: Bruer & Co. [1902].* (IV, 404 S.) 4°(8°) [F.]
— **Bornhak, Friederike**: Zweitausend Jahre Geschichte unseres Vaterlandes. Bd 3. [03. 13621

Klaußmann, A. Oskar, Göthe's Faust vom militairischen Standpunkt aus betrachtet. 16. (21 S.) Kattowitz 878. Siwinna. n. — 50

Klaußmann, A. Osk., Berliner Gauner. Kriminalist. Skizzen. 1. und 2. Aufl. 8. (VII, 216 S.) Berlin 888, Schorer. *

Klaußmann, A. Osc. Berliner Gauner. Criminalist. Skizzen. 3. Aufl. 8. (VII, 214 S.) Berl. 889, Schorer. * 1 50

— Berliner Gauner. Aus dem Tagebuch e. Berliner Kriminalbeamten. 2. Aufl. (220 S.) 8. Leipzig (910). P. List. 1.50; geb. 2. —

Klaußmann, A. Osk.,
— d. polnische Gräfin u. and. Militär-humoresken, } s.: Eckstein's Reise-Bibliothek.

— im Granatfeuer am Yalu. Erzählg. aus dem russisch-japan. Kriege f. die Jugend. 1. u. 2. Aufl. (III, 156 S. m. 4 Farbdr.) 8. Stuttgart (904. 905). Loewe. Geb. in Leinw. 3. —

Der falsche Hauptmann von Cöpenick. Ein Gaunerstreich sondergleichen von d. Entstehung im Zuchthause bis z. heutigen Tage ausführl. geschildert u. mit zeitgemäßen Betrachtungen versehen von A[nton] Oskar **Klaussmann**. Berlin: Verlagshaus f. Volksliteratur & Kunst [1906]. (48 S.) 8° [F.]
— **Bibliothek**, Aktuelle. Bd 1. [07. 15743

— der Hauslehrer. Humoreske aus dem Studentenleben. Mit 14 (eingedr. Holzschn.-)Illustr. von E. Heue. gr. 16. (61 S.) Leipzig 877. Fest. n. — 75

— heil Euch im Silberkranz. Ein Gedenkbuch f. d. deutsche Volk zur Silberhochzeit unseres Kaiserpaares. (175 S. m. Abbildgn u. 8 Taf.) 8. Kattowitz 906. C. Siwinna. Geb. in Leinw. n. 2. 50; Volks-Ausg. (ohne Taf.) geh. n. — 75

Klaußmann, Anton Oskar: H e i ß . Flagge und Wimpel. Mit Ill. Farbenbild u. Titelzeichn. von Willy Stöwer, Marinemaler. Kattowitz & Leipzig: K. Siwinna [1903]. VI, 318 S. 8°
= Phönix-Bibliothek. Bd 3.

—— Der Humor im deutschen Heere. Ein kulturgeschichtl. patriot. Versuch. 4. Aufl. 8. (XII, 409 S.) Ebd. 889. * 3 —

[F.] Der Humor im deutschen Heere. E. kulturgeschichtl.-patriot. Versuch v. A[nton] Oskar **Klaussmann**. (Tl 1.) II. . . . *Berlin & Leipzig: P. List ([1890]—94).* 2 Bde 8.
(I.) (A. d. Umschl.: 4. Aufl.) [1890.] (XII, 409 S.)
II. (1894.) (VIII, 388 S.) [98. 4807

— der Humor im deutschen Heere. Ein kulturgeschichtlich-patriot. Versuch. 1. u. 2. Bd. 8. Ebd. 894. à n. 4. —; geb. à 5. 60
1. 11. Aufl. (XII, 409 S.) — 2. (VIII, 388 S.)

—— Humoresken. 8. (III, 358 S.) Ebd. 890. * 2 —

— s.: Kaiserreden.

— der Kampf zwischen Bur u. Brite, s.a.de Wet, Chr. R.

General Ch[ristian] R. de Wet. Der Kampf zwischen Bur und Brite ⟨Der dreijährige Krieg⟩ f. d. Jugend frei bearb. von A. Oskar Klaußmann. Mit Karten u. Ill. *Kattowitz & Leipzig: K. Siwinna [1903?].* (XII, 292 S.) 8° [F.] [03. 9344 2

[F.] Das Leben im Deutschen Kaiserhause. Von A[nton] Oskar Klaussmann. M. zahlr. Abb. v. Prof. Doepler d. J., R. Knötel, H. Lüders, Fritz Bergen u. A. u. 6 besonders ausgeführten Illustrationsbeil. *Minden i. W.: W. Köhler 1896.* (2 Bl., 149 S., 6 Taf.) 1 Bd 8. [96. 7924

— Lohengrin u. andere Sagen. Für die Jugend neu erzählt. (III, 144 S. m. 8 Farbdr.) 8. Stuttgart (904). Loewe. Geb. 2. —

—— Memoiren e. Kellners, s. Eckstein's Reisebibliothek.

— — Memoiren e. Offizierburschen. 8. (189 S.) Berl. 889, Schorer. * 1 20

— Memoiren e. Offizierburschen. 8. (189 S.) Berlin 890. Schorer. n. 1. 20

Klaußmann, A. Osk., Militär-Humoresken. — Aus der Mappe e. amerikanischen Offiziers. Von Max Lortzing. 12. (64 u. 63 S.) Leipzig 886. Werther. n. — 75

—— dass. — s. Was Ihr wollt-Bibliothek.

Mit Büchse, Spaten und Ochsenstrick in Südwest-Afrika. Für d. reifere Jugend von A. Oskar Klaußmann. Mit Kartenskizze u. Ill. Titelzeichn. u. Farbenbild von A. Dressel. *Kattowitz & Leipzig: K. Siwinna [1903].* (VIII, 300 S.) 8° [F.]
= Phönix-Bibliothek. Bd 2. [04. 8,41

— die Nibelungen. Für die Jugend neu erzählt. (III, 112 S. m. 8 Farbdr.) 8. Ebd. (904). Geb. 2. —

— Den Nordpol erreicht. Schilderungen aus dem arkt. Leben f. die reifere Jugend. Mit prächt. Illustr. (6 [1 farb.] Taf.) v. Rich. Knötel. (VIII, 155 S.) 8. Kattowitz (907). Phönix-Verl. Geb. in Leinw. 3. —

— Pique-As. Kriminalroman. 8. (285 S.) Stuttgart 892. Deutsche Verlags-Anstalt. n. 3. —

— Pique-As. Kriminalroman (Neue [Titel-] Ausg.) 8. (285 S.) Stuttgart (892) 897. Deutsche Verlags-Anstalt. n. 1. —; geb. n. 1. 25

Vor und in Port Arthur. Zwei Weihnachten in d. belagerten Festung. Erzählung aus d. russ.-japan. Kriege f. d. Jugend von A[nton] Oskar Klaußmann. Mit 4 Dreifarbendruckbild. von Richard Knötel. Leipzig & Kattowitz: C. Siwinna 1906. (170 S.) 8° [F.] [06. 6930

Klaussmann, A.(E.) O., der Pump. 8. (43 S.) Kattowitz 874. Siwinna. n. — 75

— aus dem deutschen Sagenschatz. Die Nibelungen. Lohengrin. König Rother. Gudrun. Wolfdietrich. Für die Jugend neu erzählt. (V, 112 u. 144 S. m. 6 Farbdr.) 8. Stuttgart (904). Loewe. Geb. in Leinw. 4. —

— Aus dem deutschen Sagenschatz. Die Nibelungen. Lohengrin. König Rother. Gudrun. Wolfdietrich. Für die Jugend neu erzählt. 4. Aufl. (V, 112 u. 144 S. m. 6 Farbdr.) 8. Stuttgart (910). Loewe. Geb. in Leinw. 4. —

Auf den Schlachtfeldern der Mandschurei. Erlebnisse e. jungen Deutschen während d. russ.-japan. Krieges von A[nton] Oscar Klaußmann. Mit 4 Dreifarbendruckill. u. 1 Umschlagbild von Richard Knötel. Leipzig & Kattowitz: C. Siwinna 1906. (156 S.) 8° [F.] [06. 6931

Sonst und Jetzt. Rückblick auf Deutschlands Entwicklung in d. Neuzeit. Ein kulturgeschichtl. Abriß von A[nton] Oscar Klaußmann. Mit 2 Bild. in Farbendr., 251 Vollbild. u. Text-Ill. sowie 6 Initialen. Berlin: Bruer & Co. 1902. (IV, 404 S.) 4°(8°) [F.] [06. 3638 II

—— das Tagebuch eines Einjährig-Freiwilligen, s. Eckstein's humoristische Bibliothek.

— aus d. Tagebuche e. Kriegshundes u. and. Humoresken, s.a. Eckstein's humorist. Bibliothek.

[F.] Aus dem Tagebuche eines Kriegshundes u. andere Humoresken v. A[nton] Oskar Klaussmann. *Berlin: R. Eckstein Nachf. [1896].* (133 S., 1 Bl.) 1 Bd 8.
= Bibliothek, Eckstein's Humoristische. No 80. [97. 4858

—— Ultramontan. Novelle aus Oberschlesiens Gegenwart. gr. 16. (51 S.) Ebendas. 876. *

— u. Weisen, Verbrechen u. Verbrecher. Mitteilungen zum Schutze d. Publikums. Aus der Praxis f. die Praxis. 8. (224 u. XXXII S.) Berlin 891. F. Fontane & Co. n. 2. —

— das Vermächtnis des Oheims od. der Schatz in Neu-Guinea. Eine Erzählg. aus Kaiser Wilhelmsland f. die reifere Jugend. gr. 8. (214 S. m. 3 Abbildgn. u. 3 Farbdr.) Berlin (901). U. Meyer. n. 2. 40; geb. n. 3. —

(B) — Das Vermächtnis d. Oheims. 901. Jetzt: Leipzig, F. Hirt & Sohn. Erm. Pr. geb. 1. 20

Vesuvius, der Feuerberg. Szenen von d. letzten Vesuv-Katastrophe f. d. reifere Jugend erzählt von A[nton] Oskar Klaußmann. Mit 4 Dreifarbendruckbild. u. 1 Umschlagbild von Prof. Richard Knötel. Leipzig & Kattowitz: C. Siwinna 1907. (V, 142 S.) 8° [F.] [07. 8585

— vom Stift bis zum Chef. Aus den Erinnergn. eines Kaufmannes. 1.—4. Aufl. 8. (VI, 104 S.) Ebd. 888. 889. n. — 80

—— Vom Stift bis zum Chef. Aus den Erinnergn. e. Kaufmanns. 2.—4. Aufl. 8. (VI, 104 S.) Berl. 889, Schorer. * — 80
Aus: Schorer's Familienblatt, besonders abgedruckt.

— Matte Wetter, s.a. Meyer's, Ulr., Bücherei. Nr. 3.

Matte Wetter. Eine Bergmannsgeschichte. Von A[nton] Oskar Klaußmann. *Berlin: U. Meyer [1903].* (79 S.) 8° [F.]
= Bücherei, Ulrich Meyer's. 3. [04. 11134

'Schlagende Wetter'. Episoden aus d. Leben e. jungen Bergmanns f. d. reifere Jugend erzählt von A[nton] Oskar Klaußmann. Mit 4 Dreifarbendruckbild. von Prof. Richard Knötel. Leipzig & Kattowitz: C. Siwinna 1907. (VII, 147 S.) 8° [F.] [07. 8586

— Kaiser Wilhelm d. Große. E. Lebensbild d. großen Kaisers in ernsten u. heit. Episoden. Ein Buch f. das deutsche Volk. M. ca. 100 Abb. im Text, 4 farb. Illustr.-Taf auf Karton u. 1 Kunstbeilage: Kaiser Wilhelm I. am histor. Eckfenster s. Arbeitszimmers. gr. 8. (VIII, 116 S.) Minden 897. W. Köhler. n. — 75

Provinzial-Grossloge von Hamburg i. O. Berlin. [Lied zum] Johannisfest 1903. [Unterz.:] Oskar Klaussmann. (Berlin 1903: Unger.) 2 Bl. 4°.
„Weil wir das Fest der Rosen feiern . . .“ 358a.

KLAUSSNER, C., Wilhelm Rode, wie er war, nicht wie er seyn sollte, von seinem Freunde —. Braunschweig, Meyer, 1788. 8°. Rar!

Klaussner, Ferdinand

Klaussner, Ferd., Arbeiten aus der chirurgischen Poliklinik, s.: Abhandlungen, Münchener medicinische.

Klaussner, Ferd., Mohrfachbildungen bei Wirbelthieren. Eine teratolog. Studie. gr. 4. (III, 71 S. m. 12 Taf. in Crayondr.) München 890. Rieger. n. 12. —

Klaussner, Ferd., üb. Missbildungen der menschlichen Gliedmassen u. ihre Entstehungsweise. gr. 8. (VII, 151 S. m. Abbildgn.) Wiesbaden 900. J. F. Bergmann. n. 8. —

Klaussner, F., über Missbildungen der menschl. Gliedmassen. (Neue Folge.) (III, 41 S. m. 32 Abbildgn.) Lex.-8. Wiesbaden 905. J. F. Bergmann. n. 2. —

Klaussner, Ferd., das Rückenmark des Proteus anguineus. Eine histolog. Studie. gr. 4. (34 S. mit 2 lithogr. Taf.) München 883, (Franz'sche Buchh.) **
Aus: Abhandlungen der k. bayr. Akademie der Wissenschaften, besonders abgedruckt.

Klaussner, F., Studie über das allgemeine traumatische Emphysem. gr. 8. (IV, 84 S. mit 1 Taf.) München 886, Rieger'sche Universitäts-Buchh. *

KLAUSSNER, Ferdinand (München): Studien über die Muskel-Anordnung am Pylorus der Vertebraten. Mit 12 Taf.- Stuttgart: Cotta 1880. 26 S.,1 Bl.,Taf.
31.12.1880 - Urk (Titel: De musculorum pylori animalium vertebratorum ordine atque compositione.); Chr 1880/81,14
Diss.Ingolst.-Landsh.-Mchn.

— Verbandlehre f. Studirende u. Ärzte. gr. 8. (VIII, 198 S. m. 123 Abbildgn.) München 892. M. Rieger. Geb. in Leinw. n. 5. —

— Verbandlehre f. Studirende u. Ärzte. 2., umgearb. u. verm. Aufl. gr. 8. (VIII, 296 S. m. 250 Abb.) München 896. M. Rieger. Geb. in Leinw. n. 6. —

Klaussner, Ferd., Verbandlehre. 3., gänzlich umgearb. Aufl. (VIII, 205 S. m. 162 Abb.) kl. 8. München 909. M. Rieger. Geb. in Leinw. 5. —

— üb. das psychische Verhalten des Arztes u. Patienten vor, bei u. nach der Operation. (33 S.) Lex.-8. Ebd. 905. n. 1. —

Klaußner, Ignaz

Vortrag des rechtskundigen Magistratsraths Ign. Klaussner am 8/10 1860 über die vom k. b. Handelsministerium gestellten Fragen: „die Gewerbeordnung betr." München 1860.

Klaußner, Ign., Vortrag über Industrie, Erwerb- und Gewerbwesen im Allgemeinen; dann über das Gewerbswesen in der k. Haupt- und Residenzstadt München, erstattet in öffentl. Magistrats-Sitzung am 9. Novbr. 1848. gr. 8. (IV und 64 S. mit 2 Tab. in qu. gr. 4.) München 848, (Kaiser.) Thlr. *

Klausthal [Schlagwort]

— s. a.: Harz. Reliefkarte.

Klausthal. Langer, Osc., Karte v. Klausthal-Zellerfeld u. Umgebung. Hrsg. v. Harzkl.-Z.-V. Klausthal. 4. Aufl. 1:25,000. 52,5×56,5 cm. Farbdr. (Mit Text. 2 S.) 8. Klausthal (906). (H. Uppenborn.) nn 1. —

Klaute, J. B., Grundgesetze d. vornehmsten Friedensschlüsse des Reichs. 4. Cassel. 701.

Klaute, Nicolaus Wilhelm (Kassel), De Augustissimi Imperatoris reservatis. Diss. jur. publ. Präs. Gabriel Schweder. Tübing. (Joh. Conrad Reis) Mai 1713. 56 S. (7.—) 18180

Klautsch, Alexander

Klautsch, A., Mutter u. Kind. Ein hygien. Ratgeber f. Schwangerschaft, Geburt, Wochenbett u. erste Kindespflege. (XI, 252 S. m. Titelbild.) 8. Leipzig 906. M. Gelsdorf. Geb. in Leinw. n. 3. —

— zur Therapie der akuten Magen-Darmerkrankungen im Säuglingsalter. (8 S. m. 6 Fig.) gr. 8. Leipzig 906. B. Konegen. n. 1. —
Sonderabdruck aus: „Der Kinder-Arzt".

Klautsch, A., üb. d. Verwendbarkeit der Eutrophia-Tabletten im Kindesalter. [Aus: „Kinderarzt".] gr. 8. (8 S.) Leipzig 898. Verlag des „Reichs-Medicinal-Anzeigers" B. Konegen. n. 1. —

Klautsch, A., üb. den prakt. Wert v. Dr. Theinhardt's Hygiama im Kindesalter. gr. 8. (2 S.) Leipzig 900. B. Konegen. n. 1. —
Sonderabdruck aus: „Reichs-Medizinal-Anzeiger".

Klautsch, (Karl) Alexander: Über ungleich entwickelte Zwillinge ... Halle a. S., Heynemann'sche Buchdr., 1892; 28 S., 2 Bl., 1 Taf. 8°
Halle, Med. Fak., Inaug.-Diss. v. 5. Aug. 1892

Klautschke, Robert: Rabe vom Zobten [d. i. Robert Klautschke] Der Dorfpfarrer. [Gedichtsammlung.]
Breslau: Goerlich & Coch in Komm. 1908. 204 S. 8°

Klautzsch: Das Samland. Brandenburg 1864. 4°. 11p.
Schul-/Univ.-Schrift

Klautzsch, Adolf [aus Coburg]: Die Gesteine der ecuatorianischen West-Cordillere vom Rio Hatuncama bis zur Cordillera de Llangagua ... (Erscheint in: W. Reiss u. A. Stübel, Reisen in S.-Amer.) Berlin, Druck v. J. Kerskes, 1893; 1 Bl., 45 S., 3 Bl., 1 Taf. 4.
Berlin, Phil. Fak., Inaug.-Diss. v. 12. Aug. 1893

Klauwell, Adolf

— u. Br. Em. Martin. Erstes Lesebuch. 1. Tl. v. A. K., 2. Tl. v. B. E. M. Nach den Beschlüssen e. aus Leipziger Direktoren u. Elementarlehrern bestehenden Kommission. 8. (112 S. m. Abbildgn.) Ebd. 892. * — 60; geb. ** — 70

Klauwell, Adf., u. Br. Em. Martin, erstes Lesebuch. 1. Tl. v. K. 2. Tl. v. M. u. d. Beschlüssen e. aus Leipziger Directoren u. Elementarlehrern besteh. Kommission. 5. Aufl. 8. (112 S. m. Abb.) Leipzig 896. F. Brandstetter. n. — 60

— u. Br. Em. Martin, erstes Lesebuch. 1. Tl. v. K. 2. Tl. v. M. nach den Beschlüssen e. aus Leipziger Direktoren u. Elementarlehrern besteh. Kommission. 12. Aufl. 8. (112 S. m. Abbildgn.) Ebd. 903. Geb. n.n. — 70

Klauwell, Adf., u. Br. Em. Martin, erstes Lesebuch. 1. Tl. v. K., 2. Tl. v. M., nach den Beschlüssen e. aus Leipziger Direktoren u. Elementarlehrern besteh. Kommission. 18. Aufl. (112 S.) 8. Leipzig 909. F. Brandstetter. — 60; geb. n — 70

Klauwell, Adf., Liederlust. Gesänge für die Jugend mit leichter Pianofortebegleitung. Illustr. mit Originalholzschn. 4. (IV und 30 S.) Leipzig 852, Merseburger.

—— Liederlust. Ein- und mehrstimmige Lieder für Knaben und Mädchenschulen componirt. 16. (32 S.) Leipzig 855, Merseburger.

Klauwell, Adf., Liederlust. Ein- und mehrstimmige Lieder für Knaben- und Mädchenschulen. 2. Ster.-Aufl. 16. (32 S.) Leipzig 860, Merseburger.

Klauwell, Adf., 76 zweistimmige Melodien zu den Liedern in „Lebensbildern III", s. Schaab, H. R.

Klauwell, Adf., das erste Schulbuch. Leipzig 869. (Kahnt.) 8. (40 S. mit eingedr. Holzschn.) geb n. 4 ngr.

— — 2. Aufl. Ebend. 869. 8. (42 S. mit eingedr. Holzschn.) geb. n.n. 4½ ngr.

— das erste Schulbuch. 10. Aufl. gr. 8. (48 S. m. eingedr. Holzschn.) Leipzig 875. (Roßberg.) n. — 40; geb. n.n. — 50

—— das erste Schulbuch. 12. und 13. Aufl. 8. (48 S. mit eingedr. Holzschn.) Leipzig 876,77, (Roßberg'sche Buchh.) * geb. **

Klauwell, Adf., erstes Schulbuch. 14.—21. verm. und verb. Aufl. 8. (48 S. mit eingedr. Holzschn.) Leipzig 880—82, (Roßberg'sche Buchh.) *
—— dass. — 22. verm. und verb. Aufl. 8. (48 S. mit eingedr. Holzschn.) Leipzig 883, Brandstetter. *

Klauwell, Adf., erstes Schulbuch. 23.—26. Aufl. 8. (48 S. mit Abbild.) Leipzig 884—887, Brandstetter. *

Klauwell, Adf., erstes Schulbuch. 29. Aufl. 8. (48 S. m. Bildern.) Leipzig 893. Fr. Brandstetter. n. — 40; geb. n.n. — 50

Klauwell, Adf., 1. Schulbuch. 30. Aufl. 8. (48 S.) Leipzig 899. F. Brandstetter. n. — 40; Einbd. n.n.n. — 10

—— das zweite Schulbuch. 1.—9. Aufl. gr. 8. (104 S.) Ebendas. 869—74. * 50 Pf.; geb. ** — 60

—— das zweite Schulbuch. Mit (eingedr.) Holzschn. nach Orig.-Zeichnungen von H. Leutemann. 10.—13. Aufl. 8. (112 S.) (Ebendas.) 875—77. * 50 Pf.; geb. **

—— zweites Schulbuch. Mit (eingedr.) Holzschn. nach Orig.-Zeichnungen von H. Leutemann. 14.—18. Aufl. 8. (112 S.) Leipzig 880,81, (Roßberg'sche Buchh.) *
—— dass. — 19. Aufl. 8. (112 S.) Leipzig 882, Brandstetter. *

—— zweites Schulbuch. 20.—24. Aufl. 8. (112 S. mit Holzschn. nach Orig.-Zeichnungen von H. Leutemann.) Ebendas. 884—87. *

— zweites Schulbuch. Mit Holzschn. nach Orig.-Zeichngn. v. H. Leutemann. 26. Aufl. 8. (112 S.) Ebd. 890. n. — 50; geb. n. — 62

— zweites Schulbuch. Mit Holzschn. nach Orig.-Zeichngn. v. H. Leutemann. 27. Aufl. gr. 8. (112 S.) Ebd. 892. n. — 50; geb. n.n. — 60

— 2. Schulbuch. Mit Holzschn. nach Orig.-Zeichngn. v. H. Leutemann. 28. Aufl. 8. (112 S.) Ebd. 897. n. — 50; Einbd. n.n.n. — 12

— das erste Schuljahr. Prakt. Anleitung für den ersten Unterricht im Anschauen, Sprechen, Zeichnen 2c. Leipzig 866. Klinkhardt. 8. (X, 182 S.) 15 ngr.

— — 2., verm. u. verb. Aufl. Ebend. 869. gr. 8. (XII. 180 S.) n. 16 ngr.

— das erste Schuljahr. Praktische Anleitg f. den ersten Unterricht im Anschauen, Sprechen, Zeichnen 2c. 3. verm. u. verb. Aufl. gr. 8. (XII, 192 S.) Leipzig 872. Klinkhardt. n. 1. 60

— dasselbe. 4., verm. u. verb. Aufl. gr. 8. (VIII, 200 S.) Ebend. 875. n. 2. —

—— das erste Schuljahr. Praktische Anleitung für den ersten Unterricht im Anschauen, Sprechen, Zeichnen, Schreiben, Lesen, Memoriren, Singen und Rechnen. 5. verm. und verb. Aufl. gr. 8. (XII, 219 S.) Leipzig 877, Klinkhardt. *

—— das erste Schuljahr. Praktische Anleitung für den ersten Unterricht im Anschauen, Sprechen, Zeichnen, Schreiben, Lesen, Memoriren, Singen und Rechnen. Den Elementarlehrern gewidmet. 6. Aufl. gr. 8. (XII, 219 S.) Leipzig 883, Klinkhardt. *

Klauwell, Adf. Das erste Schuljahr. Praktische Anleitg. f. den ersten Unterricht im Anschauen, Sprechen, Zeichnen, Schreiben, Lesen, Memorieren, Singen u. Rechnen. 7. Aufl. gr. 8. (XII, 219 S.) Lpz. 889, Klinkhardt. * 2 —

— das erste Schuljahr. Praktische Anleitg. f. den ersten Unterricht im Anschauen, Sprechen, Zeichnen, Schreiben, Lesen, Memorieren, Singen u. Rechnen. Den Elementarlehrern gewidmet. 8. Aufl. Preisgekrönt auf d. Weltausstellgn. zu Paris 1867 u. Wien 1873. gr. 8. (XII, 219 S.) Ebd. 899. n. 2. —; geb. n.n. 2. 60

—— Taschen-Choralbuch. 162 vierstimm. Choräle für häusl. Erbauung, sowie zum Studium für angehende Prediger bestimmt. Op. 35. qu. gr. 8. (VI und 250 S.) Leipzig 860, Kahnt. *

— Taschen-Choralbuch. 162 vierstimm. Choräle f. häusl. Erbaug., sowie zum Studium f angeh. Prediger u. Lehrer bestimmt. Op. 35. 2. Aufl. qu. gr. 8. (VIII, 240 S.) Leipzig 875. Kahnt. n. 2. —

Ludwig van Beethoven und die Variationenform. Von Prof. Dr. Otto Klauwell in Köln. *Langensalza: H. Beyer & Söhne 1901.* (31 S.) 8°
— Magazin, Musikalisches. H. 3. (o.j. u.n.)

Klauwell, Otto, musikalische Bekenntnisse. Aphoristische Bemerkungen zur Tonkunst. 2., durchgeseh. Aufl. der „Musikal. Gesichtspunkte". 12. (129 S.) Leipzig 892. R. Gerhard. n. 1. 60

Klauwell, Otto. Der Canon in seiner geschichtlichen Entwickelung. Leipzig (1875).

Klauwell, Otto, der Canon in seiner geschichtlichen Entwickelung. Ein Beitrag zur Geschichte der Musik. 8. (89 S.) Leipzig 876, Kahnt.

Klauwell, Otto, der Fingersatz d. Klavierspiels. Systematisch dargestellt. Mit vielen in den Text gedr. Notenbeispielen. 8. (IV, 183 S.) Leipzig 885. Merseburger. 2. 40

— die Formen der Instrumentalmusik, s. a. Universal-Bibliothek f. Musiklitteratur.

Klauwell, Otto. Die Formen der Instrumentalmusik. (Universal-Bibliothek für Musik-Litteratur. No. 9—10.) Zürich-Leipzig (1894).

Klauwell, Otto, Geschichte d. Programmusik v. ihren Anfängen bis z. Gegenwart. (VIII, 426 S.) 8. Leipzig 910. Breitkopf & Härtel. 6.—; geb. in Leinw. n 7.—; in Ldr. n 8. 50

— Geschichte der Sonate, s.: Universal-Bibliothek f. Musiklitteratur. Nr. 18/20.

Klauwell, Otto, musikalische Gesichtspunkte. Aphoristische Bemerkungen zur Tonkunst. 8. (123 S.) Leipzig 882, Gerhard. *

Theodor Gouvy. Sein Leben u. s. Werke. Von Otto **Klauwell**, Berlin: Harmonie 1902. 158 S. 8° [10. 14962

— Theodor Kirchner, s. a. **Magazin**, musikalisches.

Theodor Kirchner. Ein Großmeister musikal. Kleinkunst. Von Prof. Dr. Otto **Klauwell**. Langensalza: Beyer 1909. 37 S 8°
(Musikalisches Magazin. H. 29.) [11. 113..

Komponist und Dichter. Von Prof. Dr. Otto **Klauwell**. *Langensalza: H. Beyer & Söhne 1903.* (30 S.) 8°
= **Magazin**, Musikalisches. H. 7. [04 12330

Das Konservatorium der Musik in Köln. Festschrift z. Feier seines 50 jähr. Bestehens. Im Auftr. d. Vorst. verf. von Dr. Otto **Klauwell**. Nebst e. Verz. sämtl. Schüler u. Schülerinnen. *Köln 1900: M. Dumont-Schauberg.* (141 S.) 8° [00. 10370

Die heimlichen Richter. Lustspieloper in 1 Akt von Hugo Friedrich. Musik von Otto **Klauwell**. [Text.] *Berlin, Köln, Leipzig: A. Ahn [1901].* (28 S.) 8° [F.]
= **Operntext-Bibliothek**, Ahns. No 85. [03. 16443

Studien und Erinnerungen. Gesammelte Aufsätze über Musik von Otto **Klauwell**. Langensalza: H. Beyer & Söhne 1906. (254 S.) 8° [07. 3913 3

—— der Vortrag in der Musik. Versuch einer systemat. Begründung desselben zunächst rücksichtl. des Klavierspiels. Mit zahlreichen in den Text gedr. Notenbeispielen. 8. (VII, 127 S.) Berlin 883, [Guttentag.] Brachvogel und Boas. + geb. +

Klauzál's, Gabriel, Minister des Ackerbaues, der Industrie und des Handels, modificirende Verordnung der Zunft-Vorschriften. kl. 8. (32 S.) Pest, Lampel. 1861 10 kr.

Klavehn, Ernst [aus Dedeleben]: Zur Casuistik des Nabelschnurbruches. . . . Halle a. S., Hofbuchdr. v. C. A. Kaemmerer & Co., 1890; 19 + 1 S. + 1 Bl. 8°
Halle, Med. Fak., Inaug.-Diss. v. 14. Mai 1890

Klavehn, Paul [aus Erfurt]: Zur Definition des γ-Bromcarbostyrils und seiner Derivate . . . Erfurt, Druck v. F. Kirchner, 1893; 62 S., 1 Bl. 8.
Freiburg i. B., Phil. Fak., Inaug.-Diss. v. 1893

Klävemann, XII deutsche Volkslieder f. 4 Männerstimmen gesetzt. 1. Hft. Partitur u. Stimmen. qu. gr. 8. (5 B.) Oldenburg 846, Müller. 20 Ngr. — einzelne Stimmen à -

Klaveness, Johannes. Studien über die Natal- und die Ugandaaloë. Diss. Phil. Bern. 47 S. 8. Bern, Büchler & Co., 1901.

Klaveneß, Tho., 20 Predigten. Autoris. deutsche Uebersetzg. v. J. A. Selter. Mit e. Vorwort v. O. Baumgarten. (XI, 143 S.) 8. Tübingen 905. J. C. B. Mohr. n. 2. 20; geb. n. 3. —

Klaveneß, Th., die Rechte des Herrn behält den Sieg. 6 Osterpredigten u. 6 Pfingstpredigten. Berechtigte Übersetzg. v. J. A. Selter. (84 S.) gr. 8. Leipzig 910. F. Jansa. 1.25; geb. 2. —

Klavier-Lehrer, der. Musik-pädagog. Zeitschrift, unter Mitwirkung von Thdr. Kullak, Rich. Wüerst, A. Haupt u. A. hrsg. v. Emil Breslaur. 1—5. Jahrg. 1878—1882. à 24 Nrn. (B.) Lex.-8. Berlin, W. Peiser's Verl. à Jahrg. n. 6. —

Klavier-Lehrer, der. Musik.-pädagog. Zeitschrift, unter Mitwirkg. v. A. Haupt, Louis Köhler, Ferd. v. Hiller u. A. hrsg. v. Emil Breslaur. Organ d. Vereins der Musik-Lehrer u. Lehrerinnen. 6—9. Jahrg. 1883—1886. à 24 Nrn. (à 3/4—1 B.) Lex.-8. Berlin, W. Peiser's Verl. à Jahrg. n. 6. —

Klavier-Lehrer, der. Musik-pädagog. Zeitschrift. Hrsg. von E. Breslaur. Organ d. Verbandes deutscher Musiklehrer-Vereine etc. 10.—13. Jahrg. 1887—1890. à 24 Nrn. (à 3/4—1 B.) Lex.-8. Berlin, W. Peiser's Verl. à Jahrg. n. 6. —

Klavier-Lehrer, der. Musik-paedagogische Zeitschrift. Organ der deutschen Musiklehrer-Vereine etc. Hrsg. v. Emil Breslaur. 14.—17. Jahrg. 1891—1894. à 24 Nrn. (à 3/4—1 Bog.) Lex.-8. Berlin, W. Peiser Verl. à Jahrg. n. 6. —

Klavier-Lehrer, der. Musik-paedagog. Zeitschrift. Organ d. deutschen Musiklehrer-Vereine etc. Hrsg. v. Emil Breslaur. 18.—21. Jahrg. 1895—1898. à 24 Nrn. (Bog.) Lex.-8. Berlin, W. Peiser Verl à Jahrg. n. 6. —
Kann auch vierteljährlich bezogen werden.

Klavier-Lehrer, der. Musik-paedagog. Zeitschrift f. alle Gebiete der Tonkunst. Organ der deutschen Musiklehrer-Vereine usw. Begründet 1878 v. Emil Breslaur. Red.: Anna Morsch. 22.—25. Jahrg. 1899—1902. à 24 Nrn. Lex.-8. (à ca. 16 S.) Berlin, Verlag „Der Klavierlehrer". à Jahrg. n. 6. —

Klavier-Lehrer, der. Musik-pädagog. Zeitschrift f. alle Gebiete der Tonkunst. Organ der deutschen Musiklehrer-Vereine usw. Begründet 1878 v. Emil Breslaur. Red.: Anna Morsch. 26.—29. Jahrg. 1903—1906. à 24 Nrn. (VI, 408; V, 412; V, 388 u. V, 404 S.) Lex.-8. Berlin, Verlag „Der Klavierlehrer". à Jhrg. n. 6. —

Klavier-Lehrer, der. Musikpädagog. Zeitschrift f. alle Gebiete der Tonkunst. Organ der Musiklehrer- u. Tonkünstler-Vereine zu Köln, Dresden, Hamburg, Leipzig, Stuttgart u. des musikpädagog. Verbandes. Begründet 1878 v. Emil Breslaur. Red.: Anna Morsch.

30.—33. Jahrg. 1907—1910. à 24 Nrn. (V, 392; V, 400; V, 384 u. V, 384 S.) Lex. 8. Mit Beilage: Gesangspädagog. Blätter. Organ der Kunstgesangs-Kommission des musikpädagog. Verbandes. Schriftleitung: Cornelie v. Zanten, Anna Morsch. 1.—4. Jahrg. à 12 Hefte. (III, 178; III, 136; III, 132 u. III, 134 S.) gr. 8. Berlin, Verlag „Der Klavierlehrer". à Jahrg. 6. —

Klavier-Musik, die, s. a. **Musik-Woche,** die.

— Hrsg. v. Ludw. Hamann. Teilausg. der Musikwelt. Oktbr.—Dezbr. 1905. 13 Hefte. (à ca. 8 S. m. 1 Bildnis u. Musikbeilage 8 S.) 4. Berlin, Verlag der Musikwelt. n. 1. 75
Erscheint nicht mehr.

Klavierschule, s. Clavierschule.

Klavierschule, kleine, ein Handb. f. Anfänger u. Auszug aus d. grössern Klavierschule v. Pleyel u. Dussek. Neue, verb. Aufl. qu. Fol. (4 B.) Berlin (834), Schlesinger.

—— kleine theoret.-prakt., f. d. ersten Unterr. Ein Handb. f. Anfänger, u. Auszug a. d. grossen Klavierschule v. Pleyel, Dussek u. Cramer. 17., sehr verb. Ausg. kl. Fol. (7 B. u. Tflvign.) Wien 833, Haslinger.

—— kleine, f. d. ersten Unterricht. Ein Handb. f. Anfaenger u. Auszug a. d. grossen Clavierschule v. J. Pleyel u. Dussek. Neue Ausg. Fol. (3 B. incl. 1 Abbild.) Bonn (834), Simrock.

Beethoven's Klavier-Sonaten. Bemerkungen eines Unpartheiischen. Berlin 1863.

Klavier-Unterrichts-Briefe, s. Hennes, Aloys.

Wiener **Klavier-** und Orgel**werke** aus der zweiten Hälfte des 17. Jahrhunderts: Alessandro Poglietti, Ferdinand Tobias Richter, Georg Reutter der Ältere. Bearb. von Hugo Botstiber. Wien: Artaria & Co. 1906. (XXI, 104 S.) 2°
= **Publikationen** d. Gesellschaft z. Herausgabe d. Denkmäler d. Tonkunst in Österreich. Jg. 13, T. 2. [06. 7140

Klawieter, Gustav, Referendar: Der Kreditauftrag. Nach gemeinem Rechte und dem Rechte des Bürgerlichen Gesetzbuchs für das Deutsche Reich. Greifswald 1905: J. Abel. (43 S.) 8°
Greifswald, Jur. Fak., Ref. Pescatore, Diss. v. 28. Juli 1905
[Geb. 21. Mai 70 Ostroy Kr. Ratibor; Wohnort: Greifswald; Staatsangeh.: Preußen; Vorbildung: Gymn. Anklam Reife O. 98; Studium: Greifswald 6, Berlin 3 S.; Rig. 4. Okt. 04.]

Klawitter, Erich, Tierarzt in Leipzig: Aus d. Veterinärinstitut d. Univ. Leipzig. Über Nebennierengeschwülste der landwirtschaftlichen Haussäugetiere. Mit 2 Taf. Leipzig 1907: Gebr. Gerhardt. (66 S.) 8°
Leipzig, Phil. Fak., Ref. Eber-Kirchner, Diss. v. 28. Dez. 1907
[Geb. 6. Mai 81 Hasenberg (Westpreußen); Wohnort: Leipzig; Staatsangeh.: Preußen; Studium: Tierärztl. Hochsch. Dresden 8, Univ. Leipzig 5 S.]

J. W. **Klawitter,** (Schiffs-Werft und Maschinen-Fabrik.) Danzig. (Festschr. anläßl. der Fertigstellung ihres Neubaues No 300.) [Mit Abb.] (Berlin [1907]: Eckstein.) 147 gez. Bl. quer-4° [Umschlagt.]

Zur Alkoholfrage. Von Carl **Klawitter**-Bremen. 2. Aufl. Berlin: Deutscher Arbeiter-Abstinenten-Bund [1905]. (20 S.) 8° [F.]
= **Arbeiter-Abstinenten-Bund,** Deutscher. No 6. [05. 1351

Zur Alkoholfrage. Von Carl **Klawitter**-Bremen. 3. verb. u. verm. Aufl. Berlin: Deutscher Arbeiter-Abstinenten-Bund [1908]. (24 S.) 8° [F.]
= **Arbeiter-Abstinenten-Bund,** Deutscher. No 6. [05. 13433

Klawitter, Willy: Der erste Schlesische Provinziallandtag im Jahre 1825. Breslau: Fleischmann 1909. 106 S. 8°
Breslau, Phil. Diss. v. 6. Okt. 1909, Ref. Kaufmann
[Geb. 20. Febr. 87 Zembowitz; Wohnort: Breslau; Staatsangeh.: Preußen; Vorbildung: Maria-Magdalena-Gymn. Breslau Reife O. 06; Studium: Breslau 7 S.; Rig. 28. Juli 09.] [U 10. 614

Klawki, Karl, aus Braunsberg, Ostpreussen: **Der Ersatzanspruch** aus der auftraglosen Führung fremder Geschäfte mit besonderer Berücksichtigung des Verbots des Geschäftsherrn nach gemeinem Recht und neueren Gesetzgebungen. *Braunsberg 1898: Heyne.* (49 S.) 8°
Erlangen, Jur. Diss. v. 6. Dez. 1898

Klawonn, K., Jubelschrift des 8. ostpreuß. Infanterie-Regiments Nr. 45. 4. VII. 1860—4. VII. 1910. (120 S. m. Abb.) 31,5×23,5 cm. Berlin (N. 89, Chausseestr. 94) 910. Zentralstelle f. Kunst u. Literatur in Heer & Marine. 4.—; geb. in Leinw. 7.50; Vorzugspreis f. Militär nn 3.—; geb. nn 5. —

Die Gartenlaube. Von P(aul) **Klawunn.** Mit 14 Abb. *Berlin: K. Siegismund 1900.* (87 S.) 8° [F.]
= **Gartenbau-Bibliothek.** Bd 22. [00. 8696

Klaz, Leonard., Orationes pro singulis anni Dominicis. 4. Augsb. Wolf. 742.

Kleanth, s. *Cleanthes.*

Kleanth, Gesang auf d. höchsten Gott, griechisch u. deutsch, v. Claudius. gr. 8. Gött. Dieterich. 785.

Κλεάνϑης, Κ., s: *Πινδάρου τὰ σωζόμενα κτλ.*

Kleb Max: Das Wr. Neustädter Steinfeld. Untersuchung des prädiluvialen Reliefs mit Hilfe der Grundwasserverhältnisse.
1907 PN 2242 Diss. Wien. Univ.

Klebahn, H., s.: **Acker,** der.

Klebahn, H., über die Botrytiskrankheit u. die Sklerotienkrankheit der Tulpen, die Botrytiskrankheit der Maiblumen u. einige andere Botrytiskrankheiten. (22 S. m. 6 Abbildgn.) Lex.-8. Hamburg 905. (L. Gräfe & Sillem.) n. 1.—
Sonderabdruck aus: „Jahrb. d. Hambg. wiss. Anstalten".

— **Düngungsversuche** m. Phosphaten. (S. 279—291 m. 2 Taf.) Lex. 8. Hamburg 908. (L. Gräfe & Sillem.) 1.—
Sonderabdr. a.: „Jahrb. d. hamburg. wiss. Anstalten".

— **Krankheiten** des Flieders. (V, 75 S. m. 45 Abb.) Lex. 8. Berlin 909. Gebr. Borntraeger. 4.20

— **Kulturversuche** m. Rostpilzen. XI. Bericht (1902). (56 S. m. 1 Abbildg.) Lex.-8. Ebd. 903. n. 2.—
Sonderabdruck aus: „Arbeiten d. botan. Staatsinstitute in Hamburg".

— üb. e. merkwürdige **Missbildung** eines Hutpilzes. (S. 28—30 m. 1 Taf.) Lex.-8. Ebd. 905. n. 1.—
Sonderabdruck aus: „Jahrb. d. Hambg. wiss. Anstalten".

Klebahn H.: Zwei vermuthlich durch Nematoden erzeugte Pflanzenkrankheiten. 1891. [Rostr. Saml.]

KLEBAHN, H.: Die Rindenporen. Ein Beitrag zur Kenntnis des Baues und der Funktion der Lenticellen und der analogen Rindenbildungen. - Jena 1884. - Diss. Phil. Fak. - (Jenaische Z. Bd. 17, N. F. 10)

— die **wirtswechselnden** Rostpilze. Versuch e. Gesamtdarstellg. ihrer biolog. Verhältnisse. (XXXVII, 447 S.) Lex.-8. Berlin 904. Gebr. Borntraeger. n. 20. —

— Weitere **Untersuchungen** üb. die Sklerotienkrankheiten der Zwiebelpflanzen. (53 S. m. 11 Abb.) Lex. 8. Hamburg 907. (L. Gräfe & Sillem.) nn 1.60
Sonderabdr. aus: „Jahrb. d. hamburg. wiss. Anstalten. 3. Beiheft".

Klebahn H.: Ueber Wurzelanlagen unter Lenticellen bei *Herminiera elaphroxylon* u. *Solanum dulcamara.* 1891. [Rostr. Saml.].

Klebba, Ernst: Die Anthropologie des hl. Irenaeus. E. dogmengeschichtl. Studie. (Erscheint vollst. als Heft III d. II. Bds von: Kirchengesch. Studien hrsg. v. Knöpfler, Schrörs, Sdralek.) Leipzig, Druck v. A. Pries, 1894; 1 Bl., 44 S., 2 Bl. 8.
Münster, Kath.-theol. Fak., Inaug.-Diss. v. [4. Aug.] 1894

Klebba, Ernst, die Anthropologie des hl. Irenaeus, s. a. **Studien,** kirchengeschichtl.

Klebba, Ernst (Bearb.), s. Coloma, Luis: Die gekrönte Märtyrerin.

Klebba, Ernst, s.: Leben, das, Jesu Christi in Betrachtgn.

Klebe, Friedrich Albrecht (Albert)

— s. Anleit. zur Behandl. Pocken.

Klebe, A., dies Haus ist zu verkaufen., Lstspl. in 1 A. 8. Frankf. 802. Simon.

Klebe, Fr. Albr., Erzählungen. 2 Thle. 8. Magdeb. 797, 99. Heinrichshofen. 1 ₰ 22 gr (1r Thl. A. u. d. T.: Julie Kanowska u. Alexander Wielenki. 1 ₰ — 2r Thl. A. u. d. T.: Constanze. 22 gr)

Klebe, Albert, Erzählungen, 1r Theil, Scenen aus der Polnischen Revolution, 8. Magdeburg, 797. Keil. 1 Rthl.
Auch unter dem Titel:
Kanowska, Julie, und Alexander Wielenki.

— Gotha u. die umliegende Gegend. Mit Kpf. 8. Gotha 796. Ettinger. 1 ₰ 12 gr

Klebe, A. F. Charte zur geographischen Darstellung der Eintheilung der Churpfalz-Bayerisch-Fränkischen Fürstenthümer Würzburg und Bamberg in Landgerichts- und Rentamtsbezirke. Offenbach 4 Bl. c. 1.

KLEBE, (Dr.) Albert, Constanze. (Erzählungen, Bd. 2, für sich selbständig.) Magdeburg, 1799. Bey Geo. Chrn. Keil. 8°.
Tit., 1 Bl. Vorr., 298 S. — Verfängliche Liebeshändel.

— histor.-statist. Nachrichten von der berühmten Residenzstadt Weimar. 8. Leipz. 801. Rein. 16 gr

Klebe, A., Rede bei Eröffnung seiner Vorlesungen üb. die Staatenkunde. gr. 8. Münch. ... Jaquet. 2 gr

— Reise auf d. Rhein durch die vier neuen franzöſ. Departemente. 2 Thle. Mit 4 Kpf. 8. Frkf. a. M. 800. 2e Aufl. 808. (Schäfer). 3 ₰ (1r Thl. Auch u. dem T.: Reise auf d. Rhein durch d. deutschen Staaten ꝛc.)

— Reise a. d. Rhein durch die 4 neuen franz. Departemente. 2 Thle. m. K. 8. Frkf. Eßlinger. 801.

(Klebe, A.) Skizze von München im Jahre 1810. Mit TKpf. (Michaelskirche u. Akad.). Im Verlage d. Comtoirs d. Kgl.-priv. Baier. Nationalzeitung daselbst. 8°. Blau Hsrsb.
TK., gestoch Tit. VIII S. (incl. 2 Bll Zuschr. an d. Minister Grafen v. Montgelas), 220 S. — Mehr als dieses 1. Heft erschien nicht.

Klebe, K. W. H., Anleitung zur Verfertigung der Grund-Anschläge v. Ertraggebenden Grundstücken u. ganzen Landgütern, basirt auf die natürl. Ertragsfähigkeit der Bodenarten. Ausgearb. nach Provinzial-Abtheill. f. die Königl. Preuß. Staaten, mit Abschätzungstabb. u. Probe-Anschlägen, auch mit 1 Haupttabelle, zur Anwendung in den Sächs. u. Mecklenburg. Ländern, nach deren Feld-, Getreide-Maße u. Gelde versehen. gr. 8. Leipz. 828. Baumgärtner. 2 ₰ 12 gr

Klebe, K. W. H., Grundsätze der Gemeinheitstheilung etc. 2 Abth. Mit Kpf. und Karten. gr. 4°. Berlin, Maurer's B., 1821. (A. Heinemann in Stolpen.)

KLEBE, C. W. H.: Grundsätze der Gemeinheits-Theilung (Acker-, Wald- und Angerweide, Sonderung vermengt liegender Aecker, daher nöthiger Schätzung des Ertrages und Werthes, nebst den Principien zur Ablösung und Aufhebung aller auf dem Landbau haftenden Belastungen und Dienstbarkeits-Rechte) zum Zweck der ... Theilungen und Regulirungen in sämmtlichen k. Preuss. Staaten nach eigenen Erfahrungen bearbeitet. - Berlin 1822 u. 1835. 2 Abt. 280 S. u. 421 S., 3 Pläne

— Hülfsbuch zum Gebrauch bei Gemeinheitstheilungen. Zur Erleichterung der Geschäfte der Commissionen und zur Belehrung der Interessenten. gr. 8°. Leipzig, Baumgärtner, 1831.

Klebe C. W. H.: Hülfs-Handbuch z. Gebrauch bei Gemeinheits-Theilungen ... Leipz. 1831. 125 S. 11 Tab.

— üb. die Mittel, den Preuß. Wollhandel zu heben, u. den Ertrag der Schäfereien zu mehren, mit Anmerkk. von A. Thaer. 8. Berl. 816.

—— Oekonomie, s. Koppe, J. G.

— s. Wollmagazinirungs- u. Sortirungs-Anstalt in Paris.

Klebel Aurel: Arithmetische Aufgaben, hauptsächlich aus der Heimatskunde. (39). Czernowitz R 95.
Progr.

Klebelsberg, Hieronymus v., k. k. Ober-Landesgerichtsrath ... Innsbruck 1868. V: *Wildauer, Tobias.* (EB)

Klebelsberg, Hieronymus v., k. k. Ob.-Landes-Ger.-R. und Landeshauptmann in Tirol. 8. (42 S.) Innsbruck 869, Wagner'sche Universitäts-Buchh. — 50

Katalog der auserlesenen Münzen- u. Medaillen-Sammlung Sr. Ex. d. Herrn Grafen Franz von Klebelsberg, weiland Sr. k. k. apost. Maj. Franz I. wirkl. geh. Rath, Kämmerer und Hofkammerpräsident ꝛc., deren Versteigerung in Wien durch Herrn Georg Krans, beeideter Schätzmeister des k. k. Oberhofmarschallamtes, des k. k. Landes- und Bezirksgerichtes Landstraße, Hauptstraße Nr. 70, stattfinden wird. (VI u. 135 S.) Mit 2 Tafeln Abbildg. Wien. Bermann. 1867 70 kr

Klebelsberg, Hans v. Eine Probe aus der Dichtung des neugriechischen Dichters Aristoteles Valaoritis im Original und mit metrischer Übersetzung. 19 S. 8. Progr. G. *Klagenfurt* 1885.

Klebelsberg, J. v.: Ueber die Reihenfolge der olynthischen Reden. 23 S. 8°–Triest, Progr. 1868

Kleber, Alexius Anselm

KLEBER, Alx. Ans.: Rechtl. Abh. üb. d. Frage: Ist d. Gerichtsbark. d. Kais. u. d. R. K. G. bei Absonderungsklagen d. Lehns v. Erbe unter Reichsunmittelbaren quoad possessorium ordinarium in erster Instanz gegründet; und stehen Austräge sowohl, als d. 21. Art. 1. §. d. Wahlvertrags nicht im Wege? *Hadamar*, n. Gel. B. 801. 8. (8 Gr.)

— s. 1) Freiheit, vertheidigte, d. Pfarrer. 2) Untersuchung d. Fr.: Sind die Landesherren ꝛc.

KLEBER, A. A.: Untersuch. d. Frage: sind d. Landesherren zur Abwend. der ihren Ländern droh. feindl. Gefahr berechtigt, ihre Unterthanen z. allg. Landsturm aufzufordern? *Wetzlar*, 800. 8.

Kleber, Alexius Anselm, s. Wink. – Ein Wink an Deutschlands Regenten.

Kleber, J., der Ackerpflug. Eine kulturgeschichtl. Abhandlg. m. Abbildgn. bis zur Neuzeit. gr. 8. (14 S.) Strehla (900). (Leipzig, Fritzsche & Schmidt). n. — 40

Kleber, Jh. Bapt., († d. 4. od. 10. Apr. 1788.) animadverss. ad vindicias judicii philos. theol. Friburgensis de incarnat. verbi etc. 8. Manh. 782 Löffler. 3 ℊ.

Kleber, J. Bapt., gerochen von Fürchtegott Gutmann. gr. 8. Offenb. 782. Brede. 4 ℊ.

— Diss. de notione et certitudine evidentiae. 8. Heidelb. 778.

— Positiones ex Logica, Metaphysica et Ethica. 8. Heidelb. 177..

— Rechtfertigung der beiden theolog. Gutachten v. Heidelberg üb. Lehrsätze aus d. prakt. Philosophie. 8. Manh. 782. Löffler. 5 ℊ.

(Kleber, Josef Martin Ritter von:) Laudemial - Mißbräuche in Bayern, oder Mittel, dem durch Krieg erarmten Landmann nach und nach wieder aufzuhelfen. Leipzig 1801.

v. Kleber, Ritter Jos. Mt., († 1816.) s. Laudemialmißbräuche.

Kleber, Jul., Chronik der Stadt Strehla u. Umgegend. (VI. 401 S.) gr. 8. Borna 909. (R. Noske.) 7. —

Kleber, Clemens [aus Ober-Cunnersdorf]: Über die Produkte der Einwirkung von Monochlormethyläther auf Natriummalonsäureester. . . . Leipzig, Druck v. Hesse & Becker, 1887; 29 + 1 S. 8°. Leipzig, Phil. Fak., Inaug.-Diss. v. 16. Jul. 1887.

Kleber, Clem., über die Produkte der Einwirkung von Monochlormethyläther auf Natriummalonsäureester. gr. 8. (29 S.) Leipzig 887, Fock. *

Kleber, P: Die Kalksandziegel und der Kalksand-Pisébau sowie die damit im Zusammenhang stehenden Ausführungspatente und Verfahren bis auf die Gegenwart. Mainz 1898

Kleber, Paul: Die Behandlung des lutherischen Katechismus in den höheren Schulen mit besonderer Berücksichtigung der neuesten Reformvorschläge. 4 (S. 3–33).
Progr. Rsch. *Löwenberg i. Schl.* 1899 (225).
Bereits auf der 8. Versammlung ev. Religionslehrer an den höb. Schulen Schlesiens Ostern 1898 in Breslau vorgetragen

Kleber, Paul, Dr.: Beiträge zur Erklärung der ersten sieben Kapitel des Evangeliums Matthaei. *Löwenberg i. Schl. 1902: P. Müller.* (S. 3—36.) 4° ¶(Soll fortgesetzt werden.)
Löwenberg i. Schl., R, OP 1902 (254)

Kleber, Paulus [Pomoranus]: De genere dicendi Herodoteo quaestiones selectae. . . . (. Progr. d. Realprogymn. zu Löwenberg i. Schl. v. 1890.) Leopoli Silesiorum, typ. P. Muelleri, 1890; 26 S. 4°
Erlangen, Phil. Fak., Inaug.-Diss. v. 1890

Kleber, Paul: De genere dicendi Herodoteo quaestiones selectae. Löwenberg i. Schl., Druck v. P. Müller, 1890; S. 8-25; 4°
Löwenberg i. Schl., RPG, OP 1890

Kleber, Paul: Die Rhetorik bei Herodot. (Umschl.-Tit.: I. Teil.) Löwenberg i. Schl., Druck v. P. Müller, 1889; S. 3—27; 4°
Löwenberg i. Schl., RPG, OP 1889 (215)

Wie bekämpfen wir die uns durch die Elektrizität bedrohenden Gefahren und Gesundheitsstörungen? Ein ernstes Mahnwort ... von Dir. a. D. [Peter] Kleber. Berlin 1905: (S. Scholem). (46 S.) 8°

Kleber, Thdr., ~~im Läger~~, s.. Bibliothek turner. Unterhaltungen.

Kleberg, Bernh. G., ein Fall von primärer partieller Osteomalacie. gr. 8. (40 S. mit 1 Stnt. in gr. 4.) Dorpat 864, (Gläser's Verlag.) *

Kleberg, Johann Hertw.

— — Prüfung der über seinen entdeckten Samuel, von J. J. Schröern angestellten Untersuchung und dessen gegenseitige Erweiß-Gründe, daß Samuel, 1 B. Sam. XXVIII. der leibhafte Teufel sey. Brem. 756. 8.

Klebergs, Joh. Hertw., entdeckter Samuel, d. i. ein Engel in der Gestalt Samuelis, bey der Geschichte des Sauls, mit der Wittwe zu Endor. Brem. 754. 8.

Kleberg, Werner [aus Riga]: Über kohlenstoffreichere Zuckerarten aus d-Glucose. . . . Stuttgart, Druck v. Chr. Scheufele, 1891; 19 S. 8°
Würzburg, Phil. Fak., Inaug.-Diss. v. 1891

Kleberger, W[ilhelm]: Beitrag zur Beantwortung der Frage: 'Welcher Zusammenhang besteht beim Rinde zwischen der Milchergiebigkeit und den durch Masse feststellbaren Formen des Tierkörpers?' *Jena 1902: A. Kämpfe.* (79 S.) 8°
Iena, Phil. Diss. v. (26. Apr.) 1902

Kleberger W.: Die Entwicklung d. landwirtschaftlichen Betriebes unter dem Einflusse d. Feldbereinigung (untersucht in einigen Orten d. Kreises Friedberg). Habilitationsschr. Giessen 1905 [5: 1906]. 72. 15 S. Tab.

Kleberger, Wilhelm, Dr. phil., Assistent am landwirtschaftl. Institut d. Universität: Die Entwicklung des landwirtschaftlichen Betriebes unter dem Einflusse der Feldbereinigung (untersucht in einigen Orten des Kreises Friedberg). Gießen 1906: Heppeler u. Meyer. (72 S.) 8°
Gießen, Phil. Fak., Hab.-Schr. v. 1906

Klebs, A. Über ödematöse Veränderungen des vorderen Hornhaut-Epithels. Mit 1 Tf. In-8° 30 S. Basel. These. 1895.

Klebs, Edwin, Arbeiten üb. Infektionskrankheiten, s.: Virchow's, Rud., Archiv f. patholog. Anatomie u. Physiologie. Beiheft.

Klebs, Arbeiten aus dem Berner pathologischen Institut 1871—1872. gr. 8. (175 S. mit 3 lithogr. Taf. in qu. 4.) Würzburg 873, Stahel'sche Buchh. * 4 —

Klebs, Edwin, über die Aufgaben u. die Bedeutung der experimentellen Pathologie. Antrittsvorlesung, geh. den 22. Juli 1882 in der Aula der Universität Zürich. gr. 8. (31 S.) Leipzig 882. F. C. W. Vogel. n. — 80

Klebs, Edwin, zwei populär-medizinische Aufsätze. I. Ueber die Entwicklung und den gegenwärtigen Standpunkt der Heilkunde. II. Die Medizinalreform. gr. 8. (IV, 56 S.) Bern 875, Daly'sche Buchh. * — 50

Klebs, Edwin, die kausale Behandlung der Diphtherie. [Aus: „Wiener med. Wochenschr."] gr. 8. (27 S.) Wien 893. M. Perles. n. — 80

— die causale Behandlung der Tuberculose. Experimentelle u. klin. Studien. Mit 1 Photograv., 7 Farben- u. 19 Kurventaf., 4 Fig. im Text u. e. statist. Beilage. gr. 8. (XVI, 629 S. m. 1 Tab.) Ebd. 894. Geb. n. 30. —

— die Behandlung der Tuberkulose m. Tuberkulocidin. Vorläufige Mitteilg. 1.—8. Aufl. gr. 8. (39 S.) Hamburg 892. L. Voss. n. 1. —

Klebs, Edwin, Beitrag z. Lehre v. d. thrombischen Prozessen. [Aus: „Festschrift f. R. Virchow".] gr. 4. (44 S. m. 2 Taf.) Berlin 891. G. Reimer. n. 3. 60

—— ein Beitrag zur Pathologie des Riesenwuchses, s. Fritsche.

—— s. Beiträge zur patholog. Anatomie.

—— chirurgische und pathologisch-anatomische Beiträge zur Kriegsheilkunde, s. Socin, A.

— Beiträge zur Geschwulstlehre. 1. Hft. Mit 1 chromolith. u. 1 lith. Taf. [Aus: „Prager Vierteljahrsschr. f. prakt. Heilkde."] gr. 8. (100 S.) Leipzig 877. Hirschfeld. n. 3. —

— zur Bekämpfung der Rinderpest. [Aus: „Allg. Wiener med. Ztg."] gr. 8. (11 S.) Wien 881. (Sallmayer'sche Buchh.) n.n. — 80

Klebs, Edwin, über Cellularpathologie u. Infectionskrankheiten. Vortrag geh. am 14. Septbr. 1878 in der 2. allgem. Sitzung der 51. Versammlung deutscher Naturforscher u. Aerzte zu Cassel. Lex.-8. (21 S.) Prag 878. Dominicus. n. — 60

Klebs [Edwin], über Cholera asiatica. Nach Beobachtungen in Genua. gr. 8. (18 S.) Basel 885, Schwabe. *
Aus: Correspondenz-Blatt für Schweizer Aerzte, besonders abgedruckt.

— zur Erinnerung an Carl v. Heine, weil. Professor der Chirurgie in Prag. Worte, gesprochen bei der Enthüllungs-Feier von Heine's Marmor-Bildniss im Operations-Saal der II. chirurg. Klinik in Prag am 17. März 1878. 4. (16 S.) Ebend. 878. n. — 48

—— Handbuch der pathologischen Anatomie. 1.—4. Lfg. 8. Berlin, Hirschwald. * 20 —
Inhalt:
Lfg. 1. Haut, Gesichtshöhlen, Speiseröhre, Magen. (XII, S. 1—202.) 868. *M. 4.
» 2. Darmkanal, Leber. (VI, S. 203—528 mit 54 eingedr. Holzschn.) 869. *M. 6.
» 3. Pancreas, Nebennieren, Harnapparat. (IV, S. 529—717 mit 30 eingedr. Holzschn.) 870. *M. 4.
» 4. Geschlechtsorgane I. (VI, S. 718—950 mit 115 eingedr. Holzschn.) 873. *M. 6.

—— Handbuch der pathologischen Anatomie. 5. und 6. Lfg. gr. 8. Berlin, Hirschwald. *
Inhalt:
Lfg. 5. Geschlechts-Organe. II. (XXVII, S. 951—1254 mit eingedr. Holzschn.) 876. *M. 8.
» 6. Pathologische Anatomie des Ohres. Bearb. von Schwartze. (IV, 132 S.) 878. *M. 4.
1.—4. Lfg. Ebendas. 1868—73. *M. 20.

—— Handbuch der pathologischen Anatomie. 7. Lfg. [2. Bd. 1. Abthl. 1. Lfg.]: Pathologische Anatomie des Larynx und der Trachea. Bearb. von Hans Eppinger. gr. 8. (VI, S. 1—302 mit 24 eingedr. Holzschn.) Berlin 880, Hirschwald. *
1.—6. Lfg. Ebendas. 1868—78. *M. 32.

— üb. die Heilung der Tuberkulose u. die Biologie d. Tuberkelbacillus. [Aus: „Verhandlgn. d. XI. Congresses f. innere Medicin zu Leipzig".] gr. 8. (19 S.) Wiesbaden 892. J. F. Bergmann. n. — 80

— Prager Kranken- u. Heilanstalten. [Aus: „Prager med. Wochenschr."] gr. 8. (35 S.) Prag 879. Dominicus. n. — 48

Klebs, Edwin: De mutationibus, quae in intestino inveniuntur, tuberculosis. Berolini 1857. 44 S. 8°
Berlin, Med. Diss. v. 12. Juni 1857

—— die allgemeine Pathologie oder die Lehre von den Ursachen und dem Wesen der Krankheitsprocesse. Ein Handbuch für Studierende und Aerzte. [3 Thle.] 1. Thl.: Die Krankheitsursachen. Allgemeine patholog. Aetiologie. gr. 8. (XIV, 514 S. mit 66 theilweise farb. Abbild. im Text und 8 Farbentaf.) Jena 887. Fischer. *

—— Die allgemeine Pathologie od. die Lehre v. den Ursachen u. dem Wesen der Krankheitsprocesse. Ein Handbuch f. Studierende u. Aerzte. [3 Thle.] 2. Thl.: Störungen des Baues u. der Zusammensetzg. [Allgemeine patholog. Morphologie.] Mit 79 farb. Abbildgn. im Text u. 47 Farbentaf. Lex.-8. (XX, 836 S.) Jena 889, Fischer. * 30 —
1. Thl. Ebd. 1887. * 14 —

— Studien über die Verbreitung des Cretinismus in Oesterreich, sowie über die Ursache der Kropfbildung. gr. 8. (55 S.) Ebend. 877. n. 1. 20

Klebs, Edwin, s.: Therapie, die kausale.

—— die Trinkwasserversorgung der Stadt Zürich und ihrer Ausgemeinden. Vortrag in einer Versammlung von Gemeinderäthen der Ausgemeinden Zürichs. gr. 8. (40 S.) Aussersihl 885. (Zürich, Jacques Meyer.) *

— die Trinkwasserversorgung der Stadt Zürich u. ihrer Ausgemeinden. Vortrag. gr. 8. (40 S.) Aussersihl 885. (Zürich, Rudolphi & Klemm.) n. — 60

— s.: Tuberkulosestudien.

— über die Umgestaltung der medicinischen Anschauungen in den letzten drei Jahrzehnten. Vortrag, geh. in der 2. öffentlichen Sitzung der 50. Versammlung deutscher Naturforscher u. Aerzte zu München am 18. Septbr. 1877, nebst einem Vorwort, enth. die Entgegnung auf Virchow's Rede über „die Freiheit der Wissenschaft im modernen Staat". gr. 8. (58 S.) Leipzig 878. F. C. W. Vogel. n. 1. 20

Klebs E.: Die pathologischen Veränderungen bei der Rinderpest. [187*]. (18) S. 2 Tvl. (Sertr.). P.

— s.: Zeitschrift f. kausale Therapie.

Klebs, Elimar, die Erzählung v. Apollonius aus Tyrus. Eine geschichtl. Untersuchg. üb. ihre latein. Urform u. ihre späteren Bearbeitgn. gr. 8. (XII, 532 S.) Berlin 899. G. Reimer. n. 10. —

Klebs, Elimar., s.: Prosopographia imperii romani.

Klebs, E., De scriptoribus aetatis Sullanae. Diss. 1876. 64 S. 1,50

Klebs, Elimar, de scriptoribus aetatis Sullanae. gr. 8. (64 S.) Berlin 876. Haack. n. 2. —

Klebs, Ernst [aus Wehlau i. Ost-Pr.]: Über Diamidopropionsäure ... Strassburg, K. J. Trübner, 1894; 2 Bl., 38 S., 1 Bl. 8.
Tübingen, Naturw. Fak., Inaug.-Diss. v. 1894

Die Bedingungen der Fortpflanzung bei einigen Algen und Pilzen. Von Dr. Georg Klebs, Prof. in Basel. M. 3 Taf. u. 15 Textfig. Jena: G. Fischer 1896. (XVIII, 543 S., 3 Taf. m. je 1 Erl.-Bl.) 1 Bd 8.
= Klebs, G.: Ueber d. Fortpflanzungs-Physiologie der niederen Organismen. der Protobionten. Th. (I.) 96. (91)

Klebs, Georg: Beiträge zur Physiologie der Pflanzenzelle, s. Untersuchungen aus dem botanischen Institut zu Tübingen.

Willkürliche Entwickelungsänderungen bei Pflanzen. Ein Beitrag z. Physiol. d. Entwickelung von Georg Klebs in Halle. Mit 28 Abb. im Text. Jena: G. Fischer 1903. (IV, 166 S.) 8° [03. 6516

Klebs, Geo., über die Formen einiger Gattungen der Desmidiaceen Ostpreussens. [Aus: „Schriften der k. physikalisch-ökonom. Gesellschaft zu Königsberg".] gr. 4. (42 S. m. 3 Steintaf. u. 3 Bl. Tafelerklärungen.) Königsberg 879. (Koch. — Berlin, Friedländer & Sohn.) n. 2. 50

Klebs, Geo., üb. d. Fortpflanzungs-Physiologie d. nied Organismen, der Protobionten. Specieller Thl. Die Bedinggn. d. Fortpflanzg. bei ein. Algen u. Pilzen. gr. 8. (XVIII, 543 S. m. 15 Fig., 3 Taf. u. 3 Bl. Erklärgn.) Jena 896. G. Fischer. n. 18. —

KLEBS (G.). Gattungen der Desmidiaceen Ostpreussens. Koenigsberg, 1879. 4°.

Klebs, Geo., über künstl. Metamorphosen. (162 S. m. 21 Fig. u. 12 Taf.) Lex. 8. Stuttgart 906. E. Schweizerbart 10. —
Sonderabdr. a.: „Abhandlgn. d. naturforsch. Gesellsch. zu Halle".

— Über die Nachkommen künstlich veränderter Blüten v. Sempervivum, s.: Sitzungsberichte der Heidelberger Akad. d. Wiss. Mathem.-naturw. Kl. 1909. V.

Über die Nachkommen künstlich veränderter Blüten von Sempervivum. Von Georg **Klebs** in Heidelberg. Mit 1 Taf. Heidelberg: Winter 1909. 32 S. 8°
(Sitzungsberichte d. Heidelberger Akad. d. Wiss. Math.-naturw. Kl. Jg. 1909, Abh. 5.) [10. 2496

– Über die Organisation der Gallerte bei einigen Algen und Flagellaten,
s. Untersuchungen aus dem botanischen Institut zu Tübingen.

— üb. einige Probleme d. Physiologie d. Fortpflanzg. gr. 8. (26 S.) Ebd. 895. n. — 75

Klebs, Geo., üb. das Verhältniss des männlichen u. weiblichen Geschlechts in der Natur. gr. 8. (30 S.) Jena 894. G. Fischer. n. — 80

Klebs, J., die Landeskultur-Gesetzgebung, deren Ausführung und Erfolge im Großherzogth. Posen. Ein Beitrag zur Kulturgeschichte dieser Provinz. gr. 8. (XX und 388 S.) Berlin 856, Moeser. Thlr. *

Klebs, J., die Landeskultur-Gesetzgebung, deren Ausführung und Erfolge im Großherzogthum Posen. Ein Beitrag zur Kulturgeschichte dieser Provinz. 2. mit einem Nachtrag verm. Aufl. Berlin 860. Springer'sche Buchhdlg. gr. 8. (XX, 426 S.) n. 1 Thlr 10 ngr.;
der Nachtrag allein (38 S.) n. 5 ngr.

[Klebs, J.]: Über Ursprung und Verbreitung des Dtm im Großherzogtum Posen. — Bln: Mittler 1849. 62 S.

Klebs, Über Ursprung und Verbreitung des Deutschtums im Großherzogtum Warschau. — Berlin 1849

Klebs, Rich., der Bernstein. Seine Gewinnung, Geschichte u. geologische Bedeutung. Erläuterung u. Catalog der Bernstein-Sammlung der Firma Stantien & Becker. gr. 8. (32 S.) Königsberg 880. (Berlin, Stuhr.) n.n. — 50

— der Bernsteinschmuck der Steinzeit, s.: Beiträge zur Naturkunde Preussens.

— über Brauneisensteingeoden. Mit besonderer Berücksichtigung der in Ost- u. Westpreussen vorkommenden. [Aus: „Schriften der physikal.-ökonom. Gesellsch. zu Königsberg".] gr. 4. (16 S.) Königsberg 879. (Koch.) n. — 60

— die Braunkohlenformation um Heiligenbeil. [Aus: „Schriften d. physikal.-ökonom. Gesellsch. zu Königsberg".] gr. 4. (40 S. m. eingedr. Holzschn.) Königsberg 880. (Berlin, Friedländer & Sohn.) n. 1. 50

Klebs, [Rich.], über die Farbe und Imitation des Bernsteins. Vortrag gehalten in der Sitzung der Physikalisch-ökonom. Gesellschaft zu Königsberg i. Pr. am 2. Juni 1887. gr. 4. (6 S.) Königsberg 887. (Berlin, Friedländer und Sohn.) **
Aus: Schriften der physikalisch-ökonomischen Gesellschaft zu Königsberg, besonders abgedruckt.

Klebs, Rich., die Flora des Bernsteins u. anderer fossiler Harze des ostpreuss. Tertiärs, s.: Abhandlungen d. kgl. preuss. geolog. Landesanstalt. N. F. 4. Heft. (Caspari, R.)

—— Gastropoden im Bernstein. Lex.-8. (30 S. mit 1 Stnt.) Berlin 886. (Königsberg, Hübner und Matz.) *
Aus: Jahrbuch der k. preussischen geologischen Landesanstalt, besonders abgedruckt.

—— der dritte internationale Geologen-Congress zu Berlin 1885. gr. 4. (24 S.) Halle 886. (Leipzig, Engelmann.) *
Aus: Leopoldina, besonders abgedruckt.

—— Gewinnung und Verarbeitung des Bernsteins. gr. 8. (37 S. mit 22 Lichtdr.-Bildern, 1 Lithogr. und 3 eingedr. Holzschn.) Königsberg 883, (Hübner und Matz.) geb. *

—— die Handelssorten des Bernsteins. Lex.-8. (32 S.) Berlin 883. (Königsberg, Hübner und Matz.) *
Aus: Jahrbuch der k. preuss. geologischen Landesanstalt, besonders abgedruckt.

Klebs, Richard: Welt-Ausstellung in Paris 1900. Champ de Mars. Galerie des machines. Gruppe 11. Klasse 63. Sammelausstellung d. Bernsteinindustrie ... Geschäftsleitung: Prof. Dr. Richard Klebs. Führer. (Königsberg i. Pr. 1900: Leupold.) 54 S. 8°

Das Sumpferz '(Raseneisenstein)' unt. bes. Berücks. des in Masuren vorkommenden. Nach e. Vortr. v. Dr. Richard **Klebs**, Geologe ... zu Berlin. *Königsberg in Pr.: Gräfe & Unzer 1896.* (19 S.) 1 Bd 8. [97. 4443

—— das Tertiär von Heilsberg in Ostpreussen. Lex.-8. (47 S. mit 5 Taf.) Berlin 885. (Königsberg, Hübner und Matz.) *
Aus: Jahrbuch der k. preussischen geologischen Landesanstalt für 1884, besonders abgedruckt.

Klebs, Rich., üb. d. Vorkommen nutzbarer Gesteins- u. Erdarten im Gebiet des masur. Schifffahrtskanals. Im Auftr. d. Hrn. Landeshauptmanns d. Prov. Ostpreussen, m. Genehmigg. d. Direktion d. kgl. geolog. Landesanst. u. Bergakademie zu Berlin bearb. Lex.-8. (88 S.) Königsberg 895. Gräfe & Unzer's Sort. n.n. 1. —

Klecha, Wilh., Dünn u. Dick, die beiden Rennfahrer, s.: Bilder, lebende, f. Radfahrer. Nr. 2.

— die 4 Elemente od. die Entstehung des Fahrrades, s.: Bilder, lebende, f. Radfahrer. Nr. 1.

Klečka Klemens: Emanuel Bozděchs Leben und Dramen.
II. 1907 PN 2394 Diss. Wien, Univ.

Kleckl, Carl, experimentelle Untersuchungen üb. die Zellbrücken in der Darmmuskulatur der Raubthiere. Diss. gr. 8. (71 S. m. 1 Taf.) Jurjew (Dorpat) 891. (E. J. Karow.) n. 1. 50

Kleckl, Valerian v., analytische Chemie d. Vanadins. gr. 8. (53 S.) Hamburg 894. L. Voss. n. 1. 50

v. Klecki, Valerian [Kand. d. Chemie d. K. Univ. Dorpat]: Untersuchungen über das Ranzigwerden und die Säurezahl der Butter ... Leipzig, Druck v. Pöschel & Trepte, 1894; 66 S., 1 Bl. 8.
Leipzig, Phil. Fak., Inaug.-Diss. v. [8. Febr.] 1894

— **Untersuchungen üb. das Ranzigwerden u. die Säurezahl der Butter. gr. 8. (66 S.) Leipzig 894. Th. Stauffer.** n. 1. 20

Kleckl, Fr., Festpredigt über 5. Mose 32, 7 am 15. Febr. 1863 zum 100jähr. Andenken an den Frieden zu Hubertsburg und 50jähr. Andenken an Preußen's Erhebung zum Freiheitskampfe gehalten vor der Militair-Gemeinde in Erfurt und den versammelten Veteranen von 1813—15. gr. 8. (8 S.) Erfurt 863, Keyser'sche Buchh. *

Kleckl, Predigt, am 15. Octbr. 1849, als am Geburtstage Sr. Maj. des Königs, vor der Militair-Gemeinde zu Erfurt gehalten. gr. 8. (8 S.) Erfurt 849, Körner.

Kleckow, Wolfram, Referendar: Die entgeltliche Veräußerung ungeschützter materieller wirtschaftlicher Güter mit besonderer Berücksichtigung der entgeltlichen Veräußerung einer Anwalts- und Ärzte-Praxis. Grünberg i. Schl. 1910: Löbner. 70 S. 8°
Breslau, Jur. Diss. v. 11. Juli 1910, Ref. Schott, Meyer
[Geb. 22. Mai 87 Grünberg i. Schl.; Wohnort: Glogau; Staatsangeh.: Preußen; Vorbildung: Realgymn. Grünberg Reife O. 05; Studium: Heidelberg 3, Berlin 3 S.; Rig. 18. Febr. 10.] [U 10. 505

Kleczewski, Adressenbuch d. Stadt Lemberg mit polnisch-deutschen Benennungen. 8. (101 S.) Lemberg. T. H. Richter. 1 fl. 20 kr. 1883

Kleczinski, J., Chopin's grössere Werke. Praeludien, Balladen, Nocturnes, Polonaisen, Mazurkas. Wie sie verstanden werden sollen. Einschliesslich Chopin's Notizen zu d. „Méthode des méthodes". Ins Deutsche übertr. v. A. C. H......... Hrsg. v. Natalie Janotha. M. 3 Portr. u. 1 Fcsm. gr. 8. (VIII, 72 S) Leipzig 898. Breitkopf & Härtel. n 2. 50

Chopin's grössere Werke. Praeludien, Balladen, Nocturnes, Polonaisen, Mazurkas. Wie sie verstanden werden sollen. Von J. **Kleczynski.** Einschliessl. Chopin's Notizen zu der: 'Méthode des Méthodes'. Ins Deutsche übertr. v. A. C. H........ Hrsg. v. Natalie Janotha, Kgl. preuss. Hofpianistin. M. 3 Portr. u. 1 Facs. *Leipzig: Breitkopf & Härtel 1898.* (VIII, 72 S., 3 Portr., 1 Facs.) 1 Bd 8. [98. 10109

Klee, vierblätteriger, voll Witz u. Scherz, aus 400 Anekdoten bestehend. 4. Aufl. qu. gr. 4. (4 Bl. auf farb. Pap.) Wien 832, Mausberger. (Leipzig, Hunger.)

Klee, Abschiedspredigt, nebst Abendstunde von U. Böttcher gehalten in Pinne am 22. Sonnt. n. Trin. den 3. Nov. 1844. 8. (1 B.) Berlin. (J. A. Wohlgemuth, Berl.) *

Klee Historisch-geographische Uebersicht von dem Ländergebiet des Preußisch-Brandenburgischen Staats. 12 S. . . . .
Stendal, Progr. 1841

Klee, G. Knak, und Büchsel, Worte des Dankes und der Liebe am Sarge und am Grabe unseres unvergeßlichen Vater Goßner gesprochen. Sabbath-Abend vor Ostern 1858. gr. 8. (39 S.) Berlin 858, [Akademische Buchh.] *

Klee, G. Knak und **Büchsel,** Worte des Dankes und der Liebe am Sarge und am Grabe unseres unvergeßlichen Vater Goßner gesprochen. Sabbath-Abend vor Ostern 1858. Berlin 858. Evangelische Buchhdlg. gr. 8. (39 S.) n. 5 ngr.

Klee, Adolph: Handbuch für den Gebrauch der deutschen Logen ..., s. Vehslage, Henry.

Klee, Alfred, Kammergerichtsref.: Die **Landarbeiter** in Mittel- und Niederschlesien nach den Erhebungen des Evangelisch-sozialen Kongresses. T. 1: Der Regierungsbezirk Liegnitz. T. 2: Der Regierungsbezirk Breslau. *Tübingen 1902: H. Laupp jr.* (94 S.) 8° ¶ [Erschien vollst. 1902 als: Die Landarbeiter in d. ev. Gebieten Norddeutschl., H. 3.]
Heidelberg, Phil. Diss. v. 1902

Klee, Alfred: Die Landarbeiter in Nieder- u. Mittelschlesien und der Südhälfte der Mark Brandenburg. Mit vielen Tab. Tübingen: H. Laupp 1902. VIII, 167 S. 8°
= Landarbeiter in d. evangel. Gebieten Norddeutschlands. H. 3.

Klee, Carl, s. Klee, Karl.

Klee, Chr. Karl Ludwig

— Cours élémentaire de la langue française à l'usage de la jeunesse. 8. Moskau 813 f

— Handbuch der Rechenkunst f. das gemeine Leben, zunächst f. die deutschen Lehranstalten d. Russ. Reichs. 2 Bde. gr. 8. Reval. (Leipz.) 803 — 5. Rein. 1 ₰ 16 gr

— erstes Lesebuch f. sorgfältig unterrichtete Kinder. 8. Berl. 823.

Klee, C. C. L., Pilgerschaft durch Land und Leben. Eine biogr. Skizze. 8. Riga, Hartmann, 1820.

— Pilgerschaft durch Land u. Leben. Eine biograph. Skizze. 8. Riga (821). Hartmann. 1 ₰ 12 gr

Klee, Chr. Karl Ldw., prakt. Versuch e Elementarunterrichts f. Töchter aus d. gebild. Ständen. Auch u. dem T.: Der hohe Beruf d. Mutter, od. die Elemente des Denkens u. Redens, Zeichnens, d. Tonkunst 2c. gr. 8. Berl. 823. Maurers B. (Heinemann in Stolpen). 1 ₰ 8 gr

Klee, E., durchs Bild zum Leben u. andere Erzählungen. Neue Ausg. (64 S.) kl. 8. Konstanz (904). C. Hirsch. Geb. n. — 25

Klee, Elisabeth, „Durch". Eine wahre Geschichte. 8. (116 S.) Itzehoe 880. Nusser. n. 1. 20

—— die Heimath im Hochland. Mit Vorwort von Loeber. 8. (IV, 318 S.) Breslau 880, Dülfer's Verlag. *

—— Lehrjahre des Lebens. Geschichte eines jungen Mädchens. 8. (262 S.) [Leipzig 881.] Berlin, Eckstein Nachf. *
geb. *

— Mignon-Maria. Historische Erzählung aus dem Leben Jean Pauls. 8. (211 S.) Stuttgart 877. Richter & Kappler. n. 4. —

Klee, Elis., Sein und Schein. Erzählung aus dem jüd. und christl. Leben der Gegenwart. 8. (356 S.) Bremen 885, Müller's Verlag. *ℳ 4.80.; geb. *

—— der verlorene Sohn, s. Meinhold's Volks- und Jugend-Bibliothek.

— Ueberwunden, s. Familien-Bibliothek.

Klee, Elisabeth, ein Vermächtniß. Orig.-Erzählung. 8. (280 S.) Leipzig 880, Dörffling und Franke.

— ein Bierblatt. Erzählung f. junge Mädchen. 8. (VIII, 341 S.) Berlin 886. Eckstein Nachf. n. 4. 50;
geb. n. n. 5. 50

— George Washington u. Benjamin Franklin, die Begründer der Vereinigten Staaten, s. a. Geschichtsbilder für Jugend u. Volk.

Klee, E., George Washington u. Benjamin Franklin, die Begründer der „Vereinigten Staaten". 2. Aufl. (100 S. m. 3 Vollbildern.) kl. 8. Gütersloh (910). C. Bertelsmann. — 60; geb. — 70; in Bibliotheksbd. — 80; in Leinw. — 90

Klee, Emil Wilhelm

Klee, E. Wilh., über den Abfall des Staats vom Christenthum, zugleich ein Erweis der Nicht-Befugniß des religionslosen Staats zur Einsetzung einer constituir. Versammlung für die evangel. Kirche. (Mit Bezug auf Richter's Vortrag über die Berufung einer evangel. Landes-Synode und die Verfassungs-Urkunde.) gr. 8. (36 S.) Berlin 849, Schneider und Comp. *

Klee, E. W., das geistliche Amt im Conflict mit d. Landesgesetze od.: Darf die Weigerung der Geistlichen, gewisse nach d. Landesgesetzen erlaubte Ehen einzusegnen, geduldet werden? gr. 8. (3 1/2 B.) Posen 845, Gebr. Scherk. *

Klee, E. W., über die Bedeutung d. Synoden in der evangel. Kirche u. das Gesetz ihrer Organisation. gr. 8. (3 1/4 B.) Posen 843, Gebr. Scherck. Thlr. *

Klee, Aemilius Guilielmus: Dies interpellat pro homine. [Im Diplom aber: De morae initio.]
Halle-Wittenberg. Jur. Diss. v. 18. Dez. 1828
Geb. [Bromberg 25. 7. 1806]
Ms. fehlt. Druck bzw. ein Exemplar nicht nachweisbar.

—— der Dombau zu Köln und die deutsche Einheit. Eine Weissagung. gr. 8. (IV und 32 S.) Berlin 849, Enslin. *

—— die Ehescheidungsfrage. Eine wissenschaftl. Kritik des protestant. Ehescheidungs-Princips mit Bezug auf den preuß. Gesetz-Entwurf. gr. 8. (6 1/8 B.) Berlin 844, Duncker u. Humblot. *

—— über die Emancipation der Juden. Zugleich eine Kritik der Behandlung dieser Frage auf dem vereinigten Landtage in Preußen. gr. 8. (58 S.) Magdeburg 847, Heinrichshofen'sche Buchh.

—— die allgemeine christliche Kirche oder das Princip der Reformation zur Feststellung des Begriffs der evangel. Kirche und ihrer Beziehung zu Staat und Wissenschaft. gr. 8. (XXII und 441 S.) Berlin 847, G. Reimer.

—— Papstthum od. Christenthum zur Feststellung der christl. Freiheit od. der wahren Katholicität m. Bezug auf die bei Kupferberg in Mainz erschienene Betrachtung eines rechtsgelehrten Staatsmannes über die neuesten kirchl. Ereignisse aus dem Standpunkt des Rechts u. der Politik. gr. 8. (7 5/8 B.) Posen 845, Cohn.

—— das Patronatrecht und die landesherrliche Kirchengewalt. Eine kirchenrechtl. Abhandlung mit Bezug auf die preuß. Verfassungs-Urkunde und Dr. Hellmar's Schrift: „Der Patronat." gr. 8. (31 S.) Berlin 851, J. A. Wohlgemuth. *

Klee, E. W., das Recht der Einen allgemein. Kirche Jesu Christi aus dem in der heil. Schrift gegebenen Begriff entwickelt. 1r Bd. gr. 8. Magdeburg 839. Heinrichshofen. n. 2 1/4 ℳ

Klee, Ernst Jacob (Bremen), De Lutherana communione sub una sive de sententiis D. Lutheri et aliorum theologorum nostratium, quae communionem sub una approbare videntur, P. Seedorffio aliisque Romanae ecclesiae recentioris doctoribus opposita. Diss. histor.-theol. Präs. Jacob Wilhelm Feuerlin. Götting. (Jo. Christ. Ludolph Schulz) 10. XI. 1751. 44 S. (6.—) 18183
Gew.: Daniel Christoph Klee (Vater). — Widm. v. Präs.

Klee, Felix: Über Echinococcus hepatis.
Berlin 1872. 35 S. 8°. Berlin, Med. Diss. v. 3. Aug. 1872

Klee, Franz, Lehrbuch der Anthropologie und Diätetik für Schulen und zum Selbstunterricht. Mainz, Kirchheim, 1841, gr. 8°, 1,25 Mk.
Recens. Katholik Bd. 80 (1841), S. 271.

—— Prüfung d. Lehre v. Drucke d. Luft, nebst ein. neuen Theorie üb. d. Verdunstung u. Bildung d. Niederschläge in d. Atmosphäre. gr. 8. (17 B.) Mainz 837, Kirchheim, Schott u. Thielmann.

Klee, Frz., unser Sonnensystem, od. die Rotation der Sonne u. die Bewegungen der Planeten, Monde u. Kometen im Zusammenhang m. ihren Ursachen. Nebst e. Hypothese üb. die Entstehg. dieser Weltkörper. 2. Aufl., m. 1 Abbildg. gr. 8. (VIII, 54 S.) Mainz 884. Frey. 1. 50

Klee, Frz., unser Sonnensystem, oder die Rotation der Sonne und die Bewegungen der Planeten, Monde und Kometen im Zusammenhang mit ihren Ursachen. Nebst einer Hypothese über die Entstehung dieser Weltkörper. 2. sehr verb., mit einem Nachtrage verseh. Aufl. gr. 8. (VIII, 54 S. mit 1 Abbild.) Mainz 885, Frey. *
Nachtrag allein (S. 55—77.) *

—— dass. — oder das Feuer und die Rotation der Sonne, der Ursprung und die Bewegungen der Kometen, Meteoriten, Planeten und Monde im Zusammenhang mit ihren Ursachen. 3. umgearb. und sehr verb. Aufl. gr. 8. (XII, 80 S. mit 1 Abbild. des Sonnensystems.) Ebendas. 886. *

—— das Weltsystem, od. d. Entstehung u. Bewegung d. Sonne, d. Planeten, Monde u. Kometen. gr. 8. (9 3/4 B. u. 1 Tab., kl. Fol.) Mainz 836, Kirchheim, Schott u. Thielmann.

Klee, Frederik: Dänemark. Ein historisch-statistisches Erinnerungsblatt für Jedermann. A. d. Dän.
Altona. 1839. 1 Bl. Imp.-Fol., 72/52 cm (beschn.) 4°

Klee, Fr., s. Dänemark.

Klee, Frdr., Er Danmark i Fare? Skrevet den 7. April 1848. gr. 8. (15 S.) Kjøbenhavn 848, Gyldendal in Comm. n. 3 1/2 ngl

Klee, Frederik, der Urzustand der Erde u. die Hypothese von einer stattgehabten Aenderung der Pole, erklärt durch Uebereinstimmung mit Sagen u. Nachrichten aus ältester Zeit. Eine geolog.-histor. Untersuchung üb. die sogen. Sündfluthkatastrophe. Nach der dän. Handschr. d. Verf. v. G. F. v. Jenssen-Tusch. gr. 8. (18 5/8 B.) Stuttgart 843, Schweizerbart'sche Bh.

Klee, Friedrich, a. Aue: Die Geschichte der Physik an der Universität Altdorf bis zum Jahre 1650. Erlangen 1908: Junge & Sohn. (VI, 61 S.) 8° ¶ (Erscheint vollst. b. M. Mencke, Erlangen.)
Erlangen, Phil. Fak., Ref. Wiedemann, Diss. v. 15. Febr. 1908
[Geb. 11. Febr. 82 Aue, Bez. Hilpoltstein; Wohnort: Erlangen; Staatsangeh.: Bayern; Vorbildung: Gymn. Erlangen Reife M. 00; Studium: Erlangen 6, München 2 S.; Rig. 22. Jan. 08.]

Klee, Frdr., die Geschichte d. Physik a. d. Universität Altdorf bis zum J. 1650. (VIII, 180 S. m. 21 Abbild.) gr. 8. Erlangen 908. M. Mencke. 2. —

Klee, F[riedrich]: •Indoles Montanistarum ita explicita ut simul Christianae ecclesiae posterioris ratio habeatur. 17 Bl. 4° (2°)
Halle-Wittenberg, Phil. Diss v. 22. Juli 1837
Geb. [Stendal 21. 4. 1813]

KLEE, Friedrich (Höchstädt; Freising): Die Wiedereinsetzung in den vorigen Stand gegen rechtskräftige Urtheile nach bayerischem Prozessrechte.- München: Lindauer 1863. 59 S.
15.3.1863 - Urk (Titel: De in integrum restitutione contra sententiam processus civilis Bavarici.): F 49
Diss. Ingolst.-Landsh.-Mchn.

Klee, Fritz, die Maske. (25 Taf.) Fol. Leipzig (904). C. Scholtze. In Mappe n. 10. —

Klee, Gotthold

Klee, Ghold., Abenteuer u. Taten Joachim Nettelbecks, des Bürgers v. Kolberg, s.: Jugend- u. Volksbibliothek, deutsche.

Klee, G., Bilder aus der älteren deutschen Geschichte. 1. u. 2. Reihe. 8. Gütersloh 890. 891. Bertelsmann. geb. n. 7. —
1. Die Urzeit bis zum Beginn der Völkerwanderung. (XII, 284 S.) 2. 25; geb. 3. —
2. Die Zeit der Völkerwanderung. (XII, 400 S.) geb. 4. —

Klee, Ghold., Bilder aus der älteren deutschen Geschichte. 3. Reihe: Geschichtsbilder aus den Reichen der Langobarden u. merowingischen Franken. 8. (XII, 411 S.) Gütersloh 892. C. Bertelsmann. 3. —; geb. n. 4. — (1—3.: 8. 25; geb. n. 11. —)

Klee, Ghold., Fürst Blücher, s.: Jugend- u. Volksbibliothek, deutsche.

— das Buch der Abenteuer. 25 Geschichten, den deutschen Volksbüchern nacherzählt. 8. (VII, 592 S. m. 16 Abbildgn.) Ebd. 894. 3. 60; geb. 4. 50

Klee, Gotth., sieben Bücher deutscher Volkssagen. Eine Auswahl f. jung u. alt. 2 Tle. Mit 8 (Holzschn.-)Bildern. 8. (XII, 301 u. VIII, 339 S.) Gütersloh 886. Bertelsmann. cart. n. 7. —

Sieben Bücher Deutscher Volkssagen. Eine Auswahl f. jung u. alt von Gotthold **Klee**. 2., verm. u. verb. Aufl. Mit 8 Bild. Gütersloh: C. Bertelsmann 1906. (XVI, 814 S.) 8° [F.] [06. 148

Klee, Ghold, Die alten Deutschen während der Urzeit u. Völkerwanderung. Schilderungen u. Geschichten zur Stärkung vaterländischen Sinnes, der Jugend u. dem Volke dargebracht. Mit 1 Titelbild. Gütersloh 1892. 8.

— die alten Deutschen während der Urzeit u. Völkerwanderung. Schilderungen u. Geschichten, zur Stärkung vaterländ. Sinnes der Jugend u. dem Volke dargebracht. 8. (VIII, 330 S. m. 1 Titelbild.) Ebd. 893. n. 2. 40; geb. in Leinw. n. 3. —

— die alten Deutschen während der Urzeit u. Völkerwanderung. Schilderungen u. Geschichten, zur Stärkg. vaterländ. Sinnes der Jugend u. dem Volke dargebracht. 2., durchgeseh. Aufl. 8. (VIII, 330 S. m. Titelbild.) Gütersloh 903. C. Bertelsmann. n. 2. 40; geb. n. 3. —

Die alten Deutschen während der Urzeit und Völkerwanderung. Schilderungen u. Geschichten, z. Stärkung vaterländ. Sinnes d. Jugend u. dem Volke dargebr. von Gotthold **Klee**. 3. Aufl. Gütersloh: C. Bertelsmann 1905. (VIII, 330 S.) 8° [F.] [06. 6807 6

— Die alten Deutschen während der Urzeit u. Völkerwanderung. Schilderungen u. Geschichten, zur Stärkg. vaterländ. Sinnes der Jugend u. d. Volke dargebracht. 4. Aufl. (VIII, 330 S. m. Titelbild.) 8. Gütersloh 908. C. Bertelsmann. Geb. in Leinw. 3. —

— Diener d. Kreuzes unter unsern heidn. Vorfahren, s.a. Jugend- u. Volsbibliothek, deutsche.

Klee, Gotthold. Diener des Kreuzes unter unsern heidnischen Vorfahren: Lebensbilder aus der deutschen Frühzeit. [Mit 1 Tafel und illustriertem Umschlag.] 8. Stuttgart 1900.
(Deutsche Jugend- und Volksbibliothek. Bändchen 176.)

— Ästhet. u. histor. Einleitg. nebst fortlauf. Erläuterg. zu Goethes Hermann u. Dorothea, s.: Cholevius, L.

— drei Erzählungen aus dem deutschen Mittelalter, s.: Jugend- u. Volksbibliothek, deutsche.

— fünf Erzählgn., s.: Jugend- u. Volksbibliothek, deutsche.

— Friedrich der Große. Die Geschichte seines Lebens, erzählt f. Jugend u. Volk. Ein vaterländ. Gedenkbuch. gr. 8. (VIII, 478 S. m. 102 Abbildgn.) Leipzig 903. O. Spamer. n. 6. —; geb. in Leinw. n. 7. 50

— Friedrich der Große. Die Geschichte seines Lebens. Erzählt f. Jugend u. Volk. Ein vaterländ. Gedenkbuch. 2. [Titel-]Aufl. (VIII, 478 S. m. 102 Abbildgn.) gr. 8. Leipzig [903] (909). O. Spamer. 6. —; geb. in Leinw. 7. 50

— Grundzüge d. deutschen Litteraturgeschichte. Für höh. Schulen u. z. Selbstunterricht. 3., verb. Aufl. gr. 8. (VIII, 176 S.) Berlin 898. G. Bondi. n. 1. 60; geb. n. 2. —

— Grundzüge der deutschen Litteraturgeschichte. Für höh. Schulen u. zum Selbstunterricht. 4. verb. Aufl. 11.—13. Tausd. gr. 8. (VIII, 188 S.) Berlin 901. G. Bondi. n. 1. 60; geb. n. 2. —

Grundzüge der deutschen Literaturgeschichte. Für höh. Schulen u. z. Selbstunterr. von Dr. Gotthold **Klee**, Prof. zu Bautzen. 5. verb. Aufl. *Berlin: G. Bondi 1903.* (VIII, 192 S.) 8° [F.] [03. 5417

Klee, Ghold., Grundzüge der deutschen Literaturgeschichte f. höhere Schulen u. zum Selbstunterricht. 8. verb. Aufl. 26. bis 32. Taus. (VIII, 188 S.) 8. Berlin 906. G. Bondi. Geb. n. 2. —

Grundzüge der deutschen Literaturgeschichte f. höh. Schulen u. z. Selbstunterr. von Dr. Gotthold **Klee**, Prof. 9. verb. Aufl. Berlin: G. Bondi 1907. (VIII, 194 S.) 8° [F.] [07. 9438

— Grundzüge der deutschen Literaturgeschichte f. höh. Schulen u. zum Selbstunterricht. 13., m. der 11. u. 12. gleichlaut. Aufl. 56.—65. Taus. (VIII, 190 S.) 8. Berlin 910. G. Bondi. Geb. in Leinw. 2. —

—— Hausmärchen aus Altgriechenland. Deutschen Kindern wiedererzählt. 8. (VIII, 344 S. mit 6 Holzschntaf.) Ebendas. 888. geb. *

— die deutsche Heldensage, s.a. Velhagen & Klasing's Sammlung deutscher Schulausgaben. 75. Lfg.

[F.] Die deutsche Heldensage. F. d. Bedürfnisse d. Schule dargest. v. Dr. Gotthold **Klee**, Prof. . . . zu Bautzen. *Bielefeld & Leipzig: Velhagen & Klasing 1897.* (XIV, 126 S.) 1 Bd 8.
= Sammlung, Velhagen & Klasings, Deutscher Schulausgaben. Lfg 75.
[97. 3807

— die deutschen Heldensagen, f. Jung u. Alt wiedererzählt. Mit 5 (Holzschn.-)Bildern v. F. A. Joerdens u. Jul. Schnorr. gr. 8. (VIII, 494 S.) Gütersloh 883. Bertelsmann. 3. 60; geb. 4. 50

—— Die deutschen Heldensagen, f. jung u. alt erzählt. 3. durchgeseh. Aufl. 8. (VIII, 495 S. m. 8 Bildern v. F. A. Joerdens u. a.) Ebd. 889. 3 60; geb. 4 50

— die deutschen Heldensagen, für jung u. alt erzählt. Mit 8 Bildern von F. A. Joerdens u. a. 6. Aufl. 8. (VIII, 496 S.) Gütersloh (900). C. Bertelsmann.
Geb. in Leinw. 4. 50

— dasselbe. Geschmückt m. 12 Vollbildern u. 27 Kopfleisten u. Initialen, v. A. C. Baworowski gezeichnet. 7., sorgfältig durchgeseh. Aufl. gr. 8. (VII, 594 S.) Ebd. 902.
Geb. in Leinw. 6. —

— die deutschen Heldensagen f. jung u. alt erzählt. Mit 8 Bildern v. F. A. Joerdens u. a. 8. Aufl. (VIII, 469 S.) 8. Gütersloh (905). C. Bertelsmann.
Geb. in Leinw. n. 4. 50; Prachtausg. n. 6. —

Die Deutschen Heldensagen, für jung und alt erzählt von Gotthold [Ludwig] Klee. Mit 8 Bild. von F. A. Joerdens u. a. 9. Aufl. Gütersloh: C. Bertelsmann [1907]. (VI, 469 S.) 8° [F.] [06. 4190]

— Deutsche Heldensagen. Nach den Quellen erzählt. (Volksausg.) (VII, 431 S.) 8. Ebd. (910).
Geb. in Leinw. 3. —

Klee, Ghold(Ludw.) Zur Hildesage. Leipzig 1873. 8. . . . . [illegible]

—— s. Jugend- u. Volksbibliothek, deutsche.

— der Knabe des Tell, s.: Gotthelf, Jerem.

— Tieck's Leben u. Werke, s.: Meyer's Volksbücher.

Lehrbuch der Geschichte, s.: Schultz, Ferd.

—— Ausgeführter Lehrplan f. den deutschen Unterricht an den Unter- u. Mittelklassen e. sächs. Gymnasiums. gr. 8. (VIII, 105 S.) Lpz. 891, Teubner. * 1 60

— Deutsches Lesebuch, s.: Lehmann, Rud.

— deutsche Litteraturgeschichte, s.: Möbius, Paul.

Klee, Gotth. Der arme Mann im Tockenburg. Eine wahre Geschichte a. d. Schweizerland (Deutsche Jugend- u. Volksbibl., Nr. 102). In-12°. Cart. mit Titelbild (J. F. Steinkopf in Stuttg.) 1885.

—— alte deutsche Märlein und Schwänke, } s. Jugend- und Volksbibliothek, deutsche.

— deutsche Mythologie, s. a. Velhagen & Klasing's Sammlung deutscher Schulausgaben. 74. Lfg.

[F.] Deutsche Mythologie. F. d. Bedürfnisse d. Schule dargest. v. Dr. Gotthold Kleo, Prof. . . . zu Bautzen. *Bielefeld & Leipzig: Velhagen & Klasing 1897*. (X, 100 S.) 1 Bd 8.
= Sammlung, Velhagen & Klasings, Deutscher Schulausgaben. Lfg 74. [97. 1808]

Rittergeschichten für das deutsche Volk und die reifere Jugend bearb. von Gotthold Klee. Mit 4 Bild. Gütersloh: C. Bertelsmann 1906. (V, 666 S.) 8° [F.] [06. 147]

— König Rother. Ein deutsches Heldengedicht, nach der mittelalterlichen Ueberlieferung neu bearb. 16. (128 S.) Ebend. 880. 1. 50

Klee, Gotthold: Eines deutschen Volkes Ruhm u. Untergang, s. Jugend- u. Volks bibliothek, Deutsche.

—– langobardische Sagen und Geschichten, s. Jugend- und Volks-Bibliothek, deutsche.

— die schönsten Sagen des klassischen Altertums, s.: Schwab, Gust.

Sagen der griechischen Vorzeit. Deutschen Kindern erzählt von Gotthold [Ludwig] Klee. 2. Aufl. d. 'Hausmärchen aus Altgriechenland'. Mit 8 Bild. Gütersloh: C. Bertelsmann 1906. (VIII, 344 S.) 8° [F.] [07. 17687 6]

— wunderliche Schicksale d. armen Simpler. } s.: Jugend- u. Volksbibliothek, deutsche.

Klee, Gotthold [Prof. Dr.]: Zu Ludwig Tiecks germanistischen Studien. Bautzen, Druck v. E. M. Monse, *1895*; 31 S. 4.
Bautzen, G, OP 1895 (543)

Klee, Ghold. (Ludw.) Alpharts Tod. Ein deutsches Heldenlied, neu bearb. 16. (109 S.) Gütersloh 880. Bertelsmann. n. 1. 20

— die deutschen Volksbücher, s.: Schwab, Gust.

Klee, Gotthold: Zwanzig Deutsche Volksbücher für jung und alt wiedererzählt. Mit 8 Holzschn. 2. Aufl. Gütersloh: C. Bertelsmann 1900. VII, 520 S. 8°
= Schwab, Gust.: Die Deutschen Volksbücher. N. F.

— Vom Hirtenbüblein zum Professor (Thomas Platter), s.. Jugend- u. Volksbibliothek, deutsche.

Klee, Gotthold s. Platter, Thomas Z. Vom Hirtenbüblein zum Professor. Stuttgart 1898.

Klee, Gustav, a. Schwoika, Referendar am kgl. Landgericht zu Gleiwitz: Der Drohungsbegriff nach Civilrecht. ⟨§ 123 Abs. 1 B.G.B.⟩ Berlin 1907: C. Bartels. (60 S.) 8° [F.]
Erlangen, Jur. Fak., Ref. Siber, Diss. v. 3. Juli 1907
[Geb. 8. Sept. 81 Schwoika, Kr. Oblau; Wohnort: Gleiwitz; Staatsangeh.: Preußen; Vorbildung: Gymn. Oblau Reife O. 00; Studium: Heidelberg 2, Breslau 4 S.; Rig. 28. Juli 06.]

Stephansthurm, der, in Wien mit seiner Gerüstumkleidung. Am Tage der Vollendung d. Gerüstes, welches behufs Abtragung dieses Thurmes aufgestellt wurde, aufgenommen v. H. Klee. Grösse d. Photographie 14" h. 11" br. 1860 2 fl.

Klee, Hans [aus Stettin]: Ueber Pigmentmäler. . . . Erlangen, Druck d. Univ.-Buchdr. v. E. Th. Jacob, 1890; 80 S. 8°
Erlangen, Med. Fak., Inaug.-Diss. v. 14. Mai 1890

Kleo, H., der gebildete Sänger. Eine gedrängte theoretisch-practische Treff-, Takt- und Stimmschule. 8. (61 S.) Bern 885, Schmid, Franke und Comp. * 1 —

Klee, H. Der gebildete Sänger. Eine theoretisch-praktische Treff-, Takt- und Stimmschule. Zum Gebrauch beim Klassengesangunterricht, namentlich an Lehrerseminarien, sowie zum Selbstunterricht. Kl. in-8°, 61 S. Bern, Schmid Francke & Cie. 1885. 1 20

Klee, Hans, Theorie der Musik. Ein Lehrbuch zur Begründg., Ordnung u. Vertiefung musikal. Wissens. 8. (124 S.) Bern (901). Obstberg bei Bern. Selbstverl.
Kart. n. 1. 60

Klee, Heinr., Auslegung des Briefes an die Hebräer. Mainz, Kupferberg, 1833, gr. 8°. 20 Bg., 4 Mk.
Recens. Katholik 1834, Bd. 52, S. 103—172.

—— die Beichte, e. histor.-krit. Untersuchung. gr. 8. (23¼ B.) Frankfurt a. M. 827, (Hermann.)

Klee, Hnr., die Beichte, e. histor.-krit. Untersuchung. Lexicon-8. Frankf. a. M. 828. Hermann. 1 ℔ 8 gℊ

Klee, Heinr., kathol. Dogmatik. 3 Bde. gr. 8. Mainz, Kirchheim, Schott u. Thielmann Thlr.
A. u. d. Ttln.:
Bd. 1. Generaldogmatik. 1. Aufl. (21½ B.) 835., 2. verb. u. verm. A. (25½ B.) 839. à 1 Thlr. 16 Gr.
„ 2. u. 3. Specielle Dogmatik. 2 Bde. [1. 1. Aufl. (31 B.) 835, 2., verb. u. verm. A. (32½ B.) 840, 2. 1. Aufl. (29½ B.) 835, 2., verb. u. verm. A. (32½ B.) 841. à 2 Thlr.] 4 Thlr.

Klee, Hnr., kathol. Dogmatik. 3 Bde. 3. unveränd. Aufl. gr. 8. Mainz 844, Kirchheim, Schott u. Th. geb. 5¼ ℔

Klee, Heinr., katholische Dogmatik. 4. Aufl. gr. 8. (XLIV und 847 S.) Mainz 861, Kirchheim. *

— die Ehe, eine dogmatisch-archäologische Abhandlung. gr. 8. Mainz 833. Rauch. ⅞ ℔ — 2e wohlf. Ausg. gr. 8. Ebd. 835. Kupferberg. 7/12 ℔

Klee, Heinr., Encyklopädie der Theologie. Mainz, Kupferberg, 1832. gr. 8°. 5¼ Bogen, 1,20 Mk.

—— Grundriß der kathol. Moral. Nach dessen Tod hrsg. v. Heinr. Himioben. 1. u. 2. Aufl. gr. 8. (à 11½ B.) Mainz 843, 47, Kirchheim, Schott u. Thielmann. à

Klee, Heinr., Grundriß der kathol. Moral. Nach dessen Tode hrsg. v. Heinr. Himioben. 2. Aufl. gr. 8. (VIII u. 176 S.) Mainz 847, Kirchheim & Schott. 26 ngℊ

—— Commentar üb. d. Evangelium nach Johannes. gr. 8. (32 B.) Mainz 829, Kupferberg.

Klee, Heinr., Kommentar über des Apostels Paulus Sendschreiben an die Römer. Mainz, Kupferberg, 1829, gr. 8°, 34 Bg., 6 Mk.

—— Lehrbuch d. Dogmengeschichte. 2 Bde. gr. 8. (24 B.) Mainz, Kirchheim, Schott u. Thielmann. [1. (21½ B.) 837. 1½ Thlr., 2. (24 B.) 838. 1½ Thlr.]

— **Heinrich** De secundis nuptiis commentatio. Bonn (C. F. Thormann) 13. III. 1830. 20 S. (4.—) 18181

Klee, Heinr. u. Hans Chr. Meurer, d. Sandsteinziegel-Industrie in ihrer histor., techn. u. wirtschaftl. Bedeutung. Hrsg. v. der Gesellschaft f. Sandsteinziegel-Industrie Becker & Klee, Köln. 2. Aufl. 8. (VIII, 141 S.) Köln 899. (Leipzig, O. Gracklauer.) n.n. 1.50

Die Sandsteinziegel-Industrie in ihrer historischen, technischen und wirtschaftlichen Bedeutung. Dargest. von Heinrich **Klee** u. Hans Chr. Meurer. Hrsg. v. d. Ges. f. Sandsteinziegel-Industr. Becker & Klee, Köln. 3. Aufl. *Berlin 1900: W. J. Rother Nachf.* (VIII, 136 S.) 8°

—— System d. kathol. Dogmatik. gr. 8. (30 B.) Bonn 831, Marcus.

Klee, Hermann: Beiträge zur Flora von Euskirchen. Euskirchen (1910): Doepgen. 40 S. 8°
Euskirchen, Kaiserin-Auguste-Viktoria-G P 1910 (608) [S 10. 221

Klee, Hermann, Tierarzt a. Karlsruhe i. B.: Aus d. physiolog. Institut zu Gießen. Beziehungen der Hämolyse zur Gallensekretion. Mit 1 Taf. Gießen 1908: v. Münchow. (30 S.) 8°
Gießen, Veterinär-Med. Koll., Ref. Frank, Diss. v. 18. März 1908
[Geb. 16. März 81 Karlsruhe; Wohnort: Karlsruhe; Staatsangeh.: Baden; Vorbildung: Realgymn. Karlsruhe Reife M. 99; Studium: Tierärztl. Hochsch. Stuttgart 4, Univ. Gießen 2, Tierärztl. Hochsch. Berlin 1, Stuttgart 1, Hannover 2, Univ. Gießen 2 S.; Rig. 8. Nov. 07.]

Klee, Herm., Fürst Bismarck u. unsere Zeit. gr. 8. (IX, 171 S.) Berlin 879. C. Duncker. n. 3. —

Klee, Hermannus [cand. phil. et hist.]: **De exitu Valentiniani II.** Augusti et de Eugenii imperii initiis ... Monasterii Guestf., typ. I. Krickii, 1892; 1 Bl., 32 S., 2 Bl. 8.
Münster, Phil. Fak., Inaug.-Diss. v. [13. Juli] 1892

Klee, Herm., Grundzüge e. Aesthetik nach Schopenhauer. gr. 8. (60 S.) Berlin 875. C. Duncker. n. 1. 50

Klee, Herm., das preußische Königthum und Kaiser Wilhelm I. Eine historisch-polit. Studie. gr. 8. (XIII, 168 S.) Berlin 888, Moeser. ** 3 —

Klee, Hermann Qua de causa factum sit, ut Cicero a nonnullis aequalibus suis „Γραικὸς καὶ σχολαστικός" nominaretur. 27 S.
Progr. *Ostrowo* 1877

Klee, I. M., acta sanctor. compendiata, select. sententiis sanct. patr. illustr. etc. 8. Augsb. Rieger. 779.

Klee, Julius Ludwig, gen. Beserich [Pseud.], s. d. Karajan, Th. G. von

Klee, Jul. Ldw., s. Musäus, J. K. A., Volksmährchen d. Deutschen.

Klee, J. L, Zur Orientirung auf dem Gebiete der alten Numismatik. Pr. 1860. 10 S.

Klee, Julius Ludwig: De Anselmi Cant. proslogio et monologio, s. Billroth, Joh. Gust. Friedr.

— **Julius Ludwig** (Dresden) u. **Friedrich Obst,** De magistratu consulari Romanorum quaestiones historicae duae. Lpz. (Brockhaus) 24. X. 1832. 41 S. (5.50) 18188

KLEE, Jul. Ludwig, genannt Beserich (d. i. *Th. G. v. Karajan*), Kleine Schriften. 1. (einz.) Bd. (Vom Schlagen.) Leipzig, 14. VIII. 1853. Druck und Verlag von Härtel, Haupt, Hirzel, Jahn, Reimer und Wigand. in-24°. (4 Mk. Völcker, 1909.)
Sehr seltener Privatdruck. Nur in kleiner Auflage gedruckt u. nicht in d. Handel gekommen. — Karajan's Bibl. Lpz. 1875. Nr. 4474.

Der dolus indirectus als Grundform der vorsätzlichen Schuld. Von K. **Klee,** Landrichter in Oppeln. Berlin: R. v. Decker 1906. (51 S.) 8°
— **Beiträge,** Berliner Juristische, z. Zivilrecht, Handelsrecht, Strafrecht. H. 10. [06. 6808 6

Klee, K., Gesamt-Ausgabe der am 1. I. 1900 in Kraft getretenen Reichsgesetze, s: Hentig, Otto.

Kloo, Karl [Kammergerichtsref.]: Zur Lehre vom strafrechtlichen Vorsatz ... Breslau, Schletter'sche Buchh., 1897; 2 Bl., 82 S., 1 Bl. 8.
Berlin, Jur. Fak., Inaug.-Diss. v. 22. Apr. 1897

Klee, Karl: Zur Lehre vom strafrechtlichen Vorsatz. Breslau: Schletter 1897. 82 S. 8°
= Abhandlungen, Strafrechtliche. H. 10

Klee, Carl, kurzer Lehrg. der vereinfachten deutschen Stenographie (System Stolze-Schrey). Für Schul-, Vereins- u. Selbstunterricht, speziell f. Schnellkurse. (16 S.) gr. 8. Cöln 909. J. Müller. — 50
Firma erloschen.

Klee, Karl: Wille und Erfolg in der Versuchslehre. (Vorr.: Joseph Kohler.) Breslau: Schletter 1898. 65 S. 8°
= Abhandlungen, Strafrechtliche. H. 14

[Klee, Carolus Arminius]: • De Jobo eiusque Theodicea. 28 S. 4° (2°)
Halle-Wittenberg, Phil. Diss. v. 24. Sept. 1831
Geb. [Stendal 14. 5. 1809]
Verf. erhielt zum goldenen Dr.-Jubiläum 1881 als Pastor in Danzig ein Glückwunschschreiben

Klee, Ludwig. Die Ornamentik der klassischen Klavier-Musik. Leipzig (1878.

Klee, P., s. J. Milner, Briefe an einen Pfründner ꝛc.

Klee, Pt., s. Th. Moore's Geschichte v. Irland.

Klee, Philipp, appr. Arzt: Aus d. Med. Univ.-Poliklinik. Ueber die Ausscheidung von Kochsalz durch die Haut bei salzreicher Ernährung. Marburg 1909: Koch. 27 S. 8°
Marburg, Med. Diss. v. 17. Juli 1909, Ref. Schwenkenbecher, Brauer
[Geb. 26. Nov. 84 Marbach, Kr. Marburg; Wohnort: Marburg; Staatsangeh.: Preußen; Vorbildung: Gymn. Marburg Reife O. 03; Studium: Marburg 5, München 2, Berlin 1, Marburg 2 S.; Coll. 16. Jan. 09.] [U 09. 3139

Klee, Reinhold

— Predigt, bei dem am 2. Septbr. 1878 in der evangelischen Kirche zu Schwiebus für die Genesung Sr. Maj. unsers Kaisers Wilhelm gefeierten Dank-Gottesdienste geh. gr. 8. (8 S.) Ebend. 878. n. — 20

Klee, Rhold., Predigt, bei dem am 4. Juni 1878 in der evangelischen Kirche Schwiebus nach dem schmachvollen Attentat auf Se. Maj. unsern Kaiser Wilhelm gefeierten Gebets-Gottesdienste geh. gr. 8. (8 S.) Halle 878. Fricke's Verl. n. — 20

Klee, Robert: Bau und Entwicklung der Feder .... Halle a. S., Gebauer-Schwetschke'sche Buchdr., 1886; 3 Bl. + 47 S. + 1 Bl. u. 1 Taf. 8°.
Leipzig, Phil. Fak., Inaug.-Diss. v. 2. März 1887.

Klee, Rob., Bau und Entwicklung der Feder. Inaugural-Dissertation. gr. 8. (V, 47 S. mit 1 Taf.) Halle 886, Tausch und Grosse. * 1 —
Aus: Zeitschrift für Naturwissenschaften, besonders abgedruckt.

Klee, Rob., Bau und Entwicklung der Feder. In.-Diss. d. Univ. Leipzig. Halle 86. (Leipzig, H. Seemann N.) M. 2.—

Klee, Rob., Bibliotheca veterinaria od. Verzeichnis sämtl. bis zur Gegenwart im deutschen Buchhandel erschienenen Bücher u. Zeitschriften auf dem Gebiete der Veterinärwissenschaften. Nebst e. Verzeichnis der Stichworte. 8. (III, 247 S.) Leipzig 901. H. Seemann Nachf. Geb. in Leinw. n. 5. —

Klee, Rob., d. hauptsächlichsten Geflügelkrankheiten, nebst Angabe v. Heilmitteln u. Vorbeugemaßregeln. gr. 8. (68 S. m. 8 Abb.) Leipzig 896. Exped. d. Geflügel-Börse. — 75

Klee, [Robert]: Die hauptsächlichsten Geflügel-Krankheiten. Mit 44 Abb. 3. Aufl. Leipzig 1905. 95 S.

— s.: Tierfreund, deutscher.

Klee, Rudolf: Die Regula Monachorum Isidors von Sevilla und ihr Verhältnis zu den übrigen abendländischen Mönchsregeln jener Zeit. Marburg 1909: Friedrich. S. 3—26. 4°
Marburg, k. G Philippinum P 1909 (540) [S 09. 246

Klee, Rudolf, a. Rinteln a. d. Weser: Das mittelhochdeutsche Spiel vom jüngsten Tage. Marburg 1906: R. Friedrich. (124 S.) 8°
Marburg, Phil. Fak., Ref. Vogt, Diss. v. 20. Dez. 1906
[Geb. 16. Mai 80 Rinteln a. d. Weser; Wohnort: Marburg; Staatsangeh.: Preußen; Vorbildung: Gymn. Rinteln Reife O. 99; Studium: Marburg 8, Berlin 1 S.; Rig. 24. Jan. 06.]

Klee, Susanna, Weihnachten im Walde. Märchen. (16 S.) 8. Zwickau (908). J. Herrmann. — 10

Klee, Wilh., neue Berliner Bauten 1890—91. Villen, Wohn- u. Geschäftshäuser. 40 Taf. Fassaden, 6 Taf. Grundrisse. Mit güt. Unterstützg. namhafter Architekten zusammengestellt. gr. 4. (1 Bl. Text.) Berlin 891. E. Hokenholz. n.n. 6. —

Kleebank, Albert, appr. Arzt a. Neuss a. Rh.: Kasuistischer Beitrag zur pathologischen Anatomie der Dünndarmsarkome. München 1904: C. Wolf & Sohn. (20 S.) 8°
München, Med. Fak., Ref. v. Bollinger, Diss. v. 3. Sept. 1904
[Geb. 16. März 75 Neuss a. Rh.; Wohnort: Neuss; Staatsangeh.: Preußen; Vorbildung: Gymn. Neuss Reife O. 97; Studium: Bonn 2, München 12 S.; Coll. 10. Okt. 04; Approb. 15. Juli 04.]

Kleebau macht glücklich! Eine Anweisung zum Kleebau für den Bauer und Landmann. 8. (84 S.) Nürnberg 855, Bauer und Raspe.

Kleebauer, der aufrichtige u. wohlerfahrne, od. Anweis., dieses nützl. Futterkraut auf die beste Art zu säen, einzusammeln und aufzubewahren ꝛc., v. einem schwäb. Landwirth. 8. Basel 827. Neukirch. 2 ℛ

Der Auszug aus Aegypten. Schausp. in 4 Aufz. von K. Kleebeck. *Duisburg: J. Hoffmann 1895.* (60 S.) 8° [F.]
= Vereins-Theater, Katholisches. Bdch. 44. [illegible]

— Glückwunsch-Büchlein f. Schul- u. Familienfeste. 16. (68 S.) Münster (900). Alphonsus-Buchh. — 25; geb. n. — 50

Glückwunsch-Büchlein für Schul- und Familienfeste. Von K. Kleebeck. *Münster i. W.: Alphonsus-Buchh. [1901].* (63 S.) 8° [F.] [illegible]

Kleebeck, K., die beiden Kobolde od. Der schöne Reis. Scherz in 1 Akt (für Mädchen). 12. (24 S.) Münster 902. Alphonsus-Buchh. n. — 25

— neue Mädchenspiele. Müttern, Lehrerinnen u. Erzieherinnen gewidmet. 12. (36 S.) Dülmen 899. A. Laumann. n. — 20

Ruth, die gute Schwiegertochter. Schauspiel mit Gesang ⟨f. junge Mädchen⟩ in 4 Akten. Von K. Kleebeck. *Münster i. W.: Alphonsus-Buchh. [1902].* (40 S.) 8° [F.] [illegible]

Schulze und Müller oder: Der neue Schlafrock. Schwank in 1 Akt von K. Kleebeck. *Duisburg: J. Hoffmann 1896.* (16 S.) 8° [F.]
= Vereins-Theater, Katholisches. [Bdch. 47]. [illegible]

Kräutlein Werdgesund. Dramatisiertes Märchen ⟨für Mädchen⟩ von K. Kleebeck. *Münster i. W.: Alphonsus-Buchh. 1902.* (23 S.) 8° [F.] [illegible]

Widukind, der Sachsenführer. Schausp. mit Gesang in 5 Aufz. von K. Kleebeck. (2. Aufl.) *Duisburg: J. Hoffmann 1896.* (67 S.) 8° [F.]
= Vereins-Theater, Katholisches. Bdch. 40. [illegible]

Zerstörung Jerusalems. Schausp. in 5 Aufz. von K. Kleebeck. *Duisburg: J. Hoffmann 1891.* (84 S.) 8° [F.]
= Vereins-Theater, Katholisches. Bdch. 42. [illegible]

Kleeberg [Sachliches Ordnungswort]

Kleeberg, Gottlieb u. Henriette Mangold; e. Geschichte zweier Liebenden auf d. Lande, (v. Jh. Aug. Eph. v. Einem). gr. 8. Stendal 798. Franzen u. Gr. 8 gl

Kleeberg [Schlagwort]

Kleeberg, s.: Preussen. Messtischblätter.

Kleeberg [Verfasser]

Kleeberg, über den Klimawechsel als Heilmittel, s. Unterhaltungen, königsberger naturwissenschaftliche.

Kleeberg, Dr. ..., über die Lebensverhältnisse der Cacteen, s. Unterhaltungen, Königsberger, naturwissensch., 2. Hft.

Kleeberg, Rittmeister. K. und k. Dragoner-Regiment Feldmarschall Johannes Josef Fürst von Liechtenstein Nr. 10. 1640–1890. Eine Skizze der Regimentsgeschichte nach Manuscripten bearbeitet. 2. Auflage. kl. 8. Tarnopol 1895.

Kleeberg, Ascan Wilhelm (Königsberg), De cautelis nonnullis circa curationem febrium gastricarum observandis. Diss. med. Frankfurt a. O. (Apitz) 31. III. 1797. 20 S. (4.50) 18189
Gew.: Graf v. Hoym.

Kleeberg, Augustus Guil. (geb. Marggrabowo in Ostpr. 27. 10. 1821): De vitio cordis quodam ex ruptura lienis oriundo. Berolini (1848). (30 S.) 8°
Berlin, Med. Diss. v. 21. Dez. 1848

KLEEBERG, Ch. August: Die Markstrahlen der Coniferen. - Leipzig 1885. 22 S., 1 Taf. - Diss. Phil. Fak. - (Bot. Ztg. Jg. 43)

Kleeberg, Ch. Aug., die Markstrahlen der Coniferen. Diss. Leipzig 1885, Gustav Fock. 8°. 22 S. mit einer Taf.

Kleeberg, Erich, Referendar: § 75 Einleitung z. A. L. R. und die Rechtsprechung des Reichsgerichts. Dessau 1909: Art'l. 156 S. 8°
Leipzig, Jur. Diss. v. 6. Juli 1909
[Geb. 26. Juni 84 Ragalt; Wohnort: Berlin; Staatsangeh.: Preußen; Vorbildung: Gymn. Dessau Reife O. 02; Studium: Grenoble 1, Berlin 1, Kiel 1, Berlin 1, Halle 2 S.; Rig. 13. Nov. 05.] [U 09. 2567

Kleeberg, Erich: Stadtschreiber und Stadtbücher in Mühlhausen i. Th. vom 14.–16. Jahrhundert nebst einer Übersicht über die Editionen mittelalterlicher Stadtbücher. Kap. 1. Die Anfänge d. Stadtschreiberamtes u. d. Entwicklung d. Kanzlei bis z. Mitte d. 15. Jhs. Göttingen (Leipzig: Veit) 1909. 44 S. 8° ¶ (Ersch. vollst. in: Archiv f. Urkundenforschung. Bd 2, H. 3.)
Göttingen, Phil. Diss. v. 5. Okt. 1909, Ref. Brandi
[Geb. 3. Febr 87 Mühlhausen; Wohnort: Mühlhausen; Staatsangeh.: Preußen; Vorbildung: Gymn. Mühlhausen Reife O. 05; Studium: Heidelberg 2, München 1, Berlin 1, Göttingen 1 S.; Rig. 9. Juni 09.] [U 10. 1429

Kleeberg H. ein Beitrag zur Lösung der Arbeiterversicherungsfrage. Berlin 1880

Kleeberg, Ein Beitrag zur praktischen Lösung der Arbeiterversicherungsfrage. gr. 8°. Berlin 1880.

Kleeberg, Hans [pr. Arzt in Berlin]: Ein Beitrag zur Lehre der Leukämie ... Leipzig, Druck v. A. Edelmann, Univ.-Buchdr., *1895*; 24 S., 2 Bl., 1 Taf. 8.
Leipzig, Med. Fak., Inaug.-Diss. v. 9. Dez. 1895

— **Joh. Aug. Wilh.** (Kutnanus/Polen), Molluscorum Borussicorum synopsis. Diss. zoolog. Königsberg (Hartung) 4. X. 1828. 47 S. mit Biogr. (M.: Ueberson.) (6.20) 18190
Oppon.: Gustav Dinter (Goernitz), Jacob Jacobson (Königsberg). — Gew.: Carl Ernst v. Baer, Ernst Meyer.

Kleeberg, L., „die religiöse Erziehung unserer Kinder." Confirmationsrede, gehalten am Schebuothfeste, d. i. am 10. Juni 1864 in der Synagoge zu Elberfeld. gr. 8. (18 S.) Elberfeld 864, (Reinhardt.) *

Kleeberg, Minna, Gedichte. 16. (IV, 160 S.) New-York 877. (Leipzig, Brockhaus' Sort.) geb. m. Goldschn. n. 5.—

Kleeberg, Minna. Gedichte. 2 Aufl. Louisville: Knoefel, 1877. GSP, UC

Kleeberg, Moritz: De idiosyncrasia haemorrhagica. Berolini 1848. 29 S. 8°. Berlin, Med. Diss. v. 3. Juni 1848

Kleeberger, C., Sendelborn od. der Münchhof bei Hochspeyer. Zugleich e. Beitrag z. pfälz. Mennonitenbesiedelg. (26 S. m. Abb.) gr. 8. Kaiserslautern 908. H. Kayser. — 40
Sonderabdruck aus: „Pfälz. Museum".

Volkskundliches aus Fischbach i. d. Pfalz nach d. Sammlungen von C. **Kleeberger**, Lehrer. *Kaiserslautern 1903: H. Kayser.* (VII, 130 S.) 8° [.̄.]
— Sammlungen d. Vereins f. bayer. Volkskunde u. Mundartforschung. H. 1.

Kleeberger, Ferd., der Kanarienvogel. Ein prakt. Handbüchlein, enthaltend das Wissenswerteste über Einkauf, Zucht, Pflege, Gesang und Behandlung im gesunden und kranken Zustande, mit besond. Berücksicht. der verschiedenen Rassen. (XII, 84 S.) 1880; 2. umgearb. Aufl. 8. (91 S.) Köln 883, Püttmann. *

Kleeberger, Ferd., der Kanarienvogel. Ein prakt. Handbüchlein, enthaltend das Wissenswerteste über Einkauf, Zucht, Pflege, Gesang und Behandlung im gesunden und kranken Zustande, mit besond. Berücksicht. der verschiedenen Rassen. 3. Aufl. 8. (91 S.) Köln 887, Püttmann. * 1 —

Kleeberger, F., der Kanarienvogel. Ein prakt. Handbüchlein, enth. das Wissenswerteste üb. Einkauf, Zucht, Pflege, Gesang u. Behandlg. im gesunden u. kranken Zustande, m. besond. Berücksicht. der verschiedenen Rassen. 4. Aufl. 8. (92 S.) Köln 890. Püttmann. n. 1.—

Kleeberger, Ferd., der Kanarienvogel. Ein prakt. Handbüchlein, enth. das Wissenswerteste üb. Zucht, Pflege, Gesang, Einkauf u. Behandlg. im gesunden u. kranken Zustande, m. besond. Berücksicht. der verschiedenen Rassen. 6. Aufl. 8. (92 S.) Köln 898. J. Püttmann. n. 1.—

[F.] Der Kanarienvogel. E. prakt. Handbüchl., enth. das Wissenswerteste üb. Zucht, Pflege, Gesang, Einkauf u. Behandlg im gesunden u. kranken Zustande, m. bes. Berücks. d. verschiedenen Rassen. Von Ferdinand **Kleeberger**. 6. Aufl. *Köln a. Rh.: J. Püttmann [o. J.]* (87 S., 2 Bl.) 1 Bd 8. [98. 9807 Bo

Kleeberger, Ferd., der Kanarienvogel. E. prakt. Handbüchl., enth. d. Wissenswerteste üb. Zucht, Pflege, Gesang, Einkauf u. Behandlg. im gesunden u. kranken Zustande, m. bes. Berücksicht. der verschied. Rassen. 6. Aufl. 8. (91 S.) Köln 898. J. Püttmann. — 75

Kleeblatt, das, od. Ecksteiniana, Brandiana u. Andresiana. Mit zwei Freunden herausgeg. von Dr. Eckstein (Chr. Fr. Sander). 8. Meldorf u. Leipz. 787.

Kleeblatt, d., 3 Thle. (enth. 1r d. Kavalier, v. Fr. Laun (Fr. A. Schulz.) 2r d. Entführung, v. Verf. der Fündlinge. 3r Gott lebet noch, von G. Schilling.) 8. Dresden, Arnold. 808.

Kleeblatt, das. 3 Thle, s. G. Schilling.

KLEEBLATT! G'schichten wie man sie in der Vorstadt erzählt. Wien 1848. 8⁰. Selten! (In Wien, Stadtbibl.)

Kleeblatt, Das. Eine Erzählung . . . Stuttg. 1857. V: *Barth, Chn Glob.* (Ky)

Kleeblatt, das. Eine Erzählung für Christenkinder von dem Verf. des „Armen Heinrich." (Von C. G. Barth.) Stuttgart 857. J. F. Steinkopf. 16. (113 S.) n. 5 ngr.

Kleeblatt, ein. Lustige Geschichten aus dem Kinderleben. 2 Sorten. 4. (6 farb. Taf.) Wesel 889. Düms. cart. à — 25

— dasselbe. 4. (12 Farbendr. m. eingedr. Text auf Lederpappe.) Ebd. 890. cart. — 75

Das Kleeblatt : 1889?–1905?
Weekly. Democratic, 1892–1900; Independent, 1901–05. Circulation: 1895, *1000*; 1900, *1000*. Edited & published by Carl A. Jettinger, 1889–1905.
Delphos, OH

Kleeblatt, das böhmische, von *.** (F. C. Fr. v. Münster.) Mit 4 lithogr. Ansichten. gr. 12. Leipzig 838. Drobisch. 1/4 ₰

Deutsches Kleeblatt : 1883?–1884?
Weekly. Edited by William Stelzer, & published by Schmitt & Gebele, 1883–84.
Celina, OH

Kleeblatt, das dreiblätt'rige, od. die größten Uebel führen oft zum größten Glück. Ein Geschenk f. Alle. 8. (62 S.) Löbau 819. Breyer. 4 ggr.

KLEE-BLADT, Das dreyfache anmuthige, bestehet 1) In des Pater Schwartzens zu Prag 1737 gehaltene Fasten-Predigt. 2) Die Historie von einem alten Mann mit seinem jungen Weibe in Franckreich. 3) Der Reise-Paß eines durstigen Bruders. 4) Einige (vier) besondere (so!) merckwürdige Grabschriften. Gedruckt in diesem Jahr (c. 1740). 8⁰. (In Berlin: Yy 4351.) Sehr selten!
8 bedruckte Bll. 1—3 Burleske Satyren in Prosa, ziemlich harmloser Art.

Kleeblatt, ein, braunschweigischer Fürsten, dem deutschen Volke dargeboten zur 50jähr. Jubelfeier der Thronbesteigung Sr. Hoh. des Herzogs Wilhelm von Braunschweig am 25. April 1881. [Mit dem (Holzschn.-)Bilde des hohen Jubilars.] gr. 8. (XI, 127 S.) Hannover 881, (Schulbuchhandlung.)

— geistliches, wie ein Christ recht glauben, christl. leben u. selig sterben soll, v. d. Gräfin v. L***. 4. Nrnb. Michaelis. 709.

Kleeblatt, das heilige. Schspl. nach Veit Weber, (von Jh. Wlh. Döring). 8. Cassel 793. Leipz. 796. Sommer. (Rauck). 6 gr.

Kleeblatt, d. heilige,. Schsp. nach V. Weber. 8. Lpz. Sommer. 799.

Kleeblatt, das Corsische, Theodor, Paoli u. Bonaparte, nach e. Schilderung d. Sitten d. Corsen, (von Feydel). 8. Zeig 803. Webel. 16 gr.

das corsische Kleeblatt: Theodor, Paoli und Bonaparte. 8. Zerbst 1803.

— **das nordwestdeutsche.** Humoristischer Führer durch die Gewerbe-, Industrie-, Marine-, Handels- u. Kunst-Ausstellung in Bremen. gr. 8. (64 S. m. 1 Plan.) Bremen 890. Werner. n. — 50

Kleeblatt, das vielblättrige, od. die Gegner Königs. Beleucht. v. Verf. dies. Schrift. 8. (8½ B.) Leipzig 845. [Brandstetter.]

— das weibliche, eine Geschichte in Briefen. 2 Thle. 8. Gera 791. Haller. 2 ₰

KLEEBLATT, Das weibliche, eine (ziemlich zahme) Geschichte in Briefen. 2 Theile. Gera, Rothe, 1791. 8⁰.

Kleeblatt, Das, der Wissenschaft, Schleiermacher, Marheineke und de Wette . . . Basel 1844. V: *Valenti, Ernst Jos. Gust. de.* (Ky)

—— das, der Wissenschaft, Schleiermacher, Marheineke u. de Wette. Nebst ein. Anh. üb. Ullmann's Büchlein von der Sündlosigkeit Jesu. (Von de Valenti.) gr. 8. (3¾ B.) Basel 844, Bahnmaier's Buchh. *

Kleeblatt, D. [appr. Arzt aus Seligenstadt a/M. in Hessen]: Über den Temperaturverlauf sowie das Vorkommen von Nasenbluten bei Diphtherie . . . . Erlangen, Druck v. E. Th. Jacob, 1886: 42 S. 8⁰.
Erlangen, Med. Fak., Inaug.-Diss. v. 1886.

Kleeblatt, D., über den Temperaturverlauf sowie das Vorkommen von Nasenbluten bei Diphtherie. Diss. Erlangen 1886, Th. Blaesing. 8⁰. 42 S.

Kleeblatt, J. F., neue Herausgabe einiger sehr rar gewordenen Traktatlein. 8. Frankf. u. Leipz. 768. (Wesché). 6 gr.

Kleeblätter, Erzählungen v. W. Willmar, A. Clarus u. H. Steinau. 3 Bde. 8. Chemnitz 816—18. Starke. 2 ₰ 16 gr.

Kleeblätter, oder: Die Vogelwiese bei Dresden. Ein Strauss Stanzen mit eingeflochtenem Chor. Dresden 1818. 8⁰. 24 S. (3 Mk. Rich. Härtel, Dresden, 1909.)

— — Dasselbe. Ebd. 1820. 8⁰. (2 Mk. Paul Neubner, Cöln. 1891.)

Kleeblätter. Lieder dreier Geschwisterte Freunden zum neuen Jahre 1839. München 1839. H: *Zuccarini, Jos. Gerh.* (GGr) (Mitth. A. Rosenbaum.)

Kleeblätter, dramatische, enthält: Liebe und Glaube; — Band und Halstuch; — der todte Mann; — die beyden Vettern, von C. Thienemann. 12. Nürnberg, Steln. 816.

Kleebus, J. C., Ehescheu im Fegefeuer, } s. Jahrbuch deutscher Bühnenspiele.

Kleebus, J. C., die Ritterprobe, s. Jahrbuch deutscher Bühnenspiele.

Kleebus, J. C.,
— Selbsthilfe, } s. Jahrbuch deutscher Bühnenspiele.

Kleebus, J. C., Großes Unglück, s. Jahrbuch deutscher Bühnenspiele.

Friede auf Erden. Erzählung von A. **Kloodehn**. *Dessau: Ev. Vereinsh. [Berlin: Sonntagsschulbuchh. 1897].* (12 S.) 8⁰ [F.]
= Sonntags-Palmen. II. 8, 1.

Kleedehn, A., die Geschwister v. Neuffen. Roman aus der Hohenstaufenzeit. gr. 8. (240 S.) Dessau 899. A. Haarth. Geb. in Leinw. n. 3. 60

Kleedehn, A., aus Gottwalts Lehrjahren. Erzählg. 8. (179 S.) Leipzig 896. E. Ungleich. n. 2. —; geb. n.n. 2. 90

— der Zauber d. Südens. Histor. Roman. 8. (247 S.) Cöthen 897. Dessau, Buchh. d. Vereinshauses. Geb. in Leinw. n.n. 3. 60

Kleedehn, H. D., uns ist bange, aber wir verzagen nicht, s. Jaspis.

Kleeditz, David Heinrich

Kleeditz, D. H., de singulari dignitate sacerdotum apud veteres. Viteb. 1742. 4.

— — Eclogae antiquitatum Corsicarum. Präs. Jo. Wilhelm v. Berger. Wittbg. (Ephraim Gottlob Eichsfeld) 1743. 34 S. (6.20) 18192

Kleeditz, David Heinrich (Kreuscha/Misnicus), De eruditione Saxonis Carolini. Tl. II. Präs. Jo. Wilhelm v. Berger. Wittbg. (Ephraim Gottlob Eichsfeld) Mai 1741. 70 S. (6.80) 18191
Tl. I s. Hiller, J. F. (Nr. 15162.)

— — u. (Bruder) **Gottfried Heinrich Kleeditz,** De L. Cornelii Sullae Monarchico Imperio ad locum Ciceronis pro Sex. Roscio Amerino C. XLVIII disputatio. Wittbg. (Jo. Friedr. Schlomach) Febr. 1744. 16 S. (5.—) 18193

— **Ehrgott Heinrich** (Görlitz), De periculoso assectandi studio in jurisprudentia. Specim. cont. caput juris controv. Präs. D. Christian Heinr. Breuning. Lpz (Wwe. Langenheim) 1. XI. 1766. 12 S. (4.50) 18194

— **Gottfried Heinrich** (Kreuscha/Misnicus), De pravilegiis (!). Präs. Augustin v. Leyser (Nudersdorff). Wittbg. (Ephraim Gottlob Eichsfeld) 18. II. 1751. 23 S., z. gr. Tl. dtsch. (6.—) 18195

Kleediz, Karl Rudolf Heinrich

— die Bleidächer, oder d. Staats-Inquisition in Venedig. Schspl. in 4 A. 8. Görlitz 803.

Kleediz, Karl Rud. Hnr., († d. 17. Nov. 1812.) die beiden Veroneser. Schspl. in 3 A. nach Shakspeare's Schauspiel gleiches Namens bearbeitet. 8. Schneeberg (Leipz.) 802. Centr.-Compt. 12 gr.

— Dass. 8. Manh., Schwan u. G. 9 gr.

Kleefeld, Dr., Bericht über meine Reise nach Venedig. 1857.

Kleefeld, der Diamant, s. a. Sammlung gemeinverständl. wissenschaftl. Vorträge.

Kleefeld, der Diamant. (Sammlung wissenschaftlicher Vorträge 241) Berlin 1876

Kleefeld, die Edelsteine. (Sammlung wissenschaftl. Vorträge 277) Berlin 1877

Kleefeld, die Edelsteine, — die Halbedelsteine, } s. a. Sammlung gemeinverständl. wissenschaftl. Vorträge.

— Die Halbedelsteine. (Sammlung wissenschaftlicher Vorträge 334) Berlin 1879

v. Kleefeld, Edler, s. J. C. S. Schubart.

Kleefeld, G., s. Frauen-Machsor. — Gebete, die, der Israeliten. — Stützen des Judenthums.

Kleefeld, Johann Gottfried

— Meteorologische Beobachtungen, angestellt zu Danzig in den Jahren 1807 bis 1838. Vollständig herausgeg. von der Naturf. Ges. zu Danzig. (Mit lithogr. Taf. u. Tab.) (Neueste Schriften der Naturf. Ges. in Danzig. B. II, H. 3 u. 4, B. III, H. 3.) Halle 1831. Danzig 1840.

Kleefeld, meteorolog. Beobachtungen ꝛc., s. a. Schriften d. Danziger naturforsch. Gesellschaft, II. Bd., 3. u. 4. Hft.

Kleefeld, Regierungsrath Dr., meteorolog. Beobachtungen, s. a. Schriften d. Naturforsch. Gesellschaft in Danzig. 3r Bd. 3s Heft.

Meteorologische Betrachtungen und Beobachtungen in den Jahren 1807–1824 zu Danzig. Angestellt von Kleefeld. Halle: Renger 1826. 4°
(= Neueste Schriften der naturforschenden Gesellschaft in Danzig. Bd 2, H. 1.)

Kleefeld, Dr., meteorolog. Betracht. ꝛc., s. a. Schriften d. naturforschenden Gesellschaft in Danzig. 2r Bd., 1s Hft.

Kleefeld, Johann Gottfried (Danzig), De rebus pathematum in specie gaudii in corpus humanum efficaciam moderantibus. Diss. med. Jena (Mauk) 25. II. 1792. 30 S. (6.—) 18196

Kleefeld, Kurt, Gerichtsref. aus Berlin: **Der Begriff** des Tierhalters sowie Grundlage und Umfang der Haftung aus § 833 B.G.B. Beiträge zur Auslegung d. § 833 B.G.B. *Berlin 1904: W. Pilz.* (x, 80 S.) 8°
Freiburg i. B., Rechts- u. staatswiss. Diss. v. 1904

Der Begriff des Tierhalters, sowie Grundlage u. Umfang d. Haftung aus § 833 B.G.B. Beiträge z. Auslegung d. § 833 B.G.B. Von Dr. iur. Kurt **Kleefeld,** Gerichtsref. Berlin: Struppe & Winckler 1904. (x, 80 S.) 8°
[Erschien als Inaug.-Diss. Freiburg 1904.] [05. 3055

Die Theaterzensur in Preußen. Von Dr. iur. Kurt **Kleefeld.** Berlin: Struppe & Winckler 1905. (VIII, 72 S.) 8° [07. 3310

Kleefeld, Moritz [pr. Arzt aus Altbreisach]: Ueber die bei Punktion, Operation und Section der Gallenblase constatirten pathologischen Veränderungen des Inhalts derselben und die daraus resultirenden diagnostischen Momente ... Strassburg i. E., Buchdr. C. Goeller, 1894; 85 S. 8.
Strassburg, Med. Fak., Inaug.-Diss. v. 1894

Der Barbier von Sevilla. Komische Oper in 3 Akten von Gioachino Rossini. Hist.-krit. Studie von Dr. W[ilhelm] **Kleefeld.** *Leipzig: H. Seemann Nachf. [1901].* (39 S.) 8° [F.]
— Opernführer. No 63. [03. 5478

Kleefeld, Wilh., Landgraf Ernst Ludwig v. Hessen-Darmstadt u. die deutsche Oper. Eine musikhistor. Studie üb. die alte Darmstädter Hofbühne. (67 S. m. 7 Taf.) gr. 8. Berlin 904. E. Hofmann & Co. n. 3. —

Louise. Musikroman in 4 Akten u. 5 Bild. Dichtung u. Musik von Gustave Charpentier. Ins Deutsche übertr. von Otto Neitzel. Einführung in Handlung u. Musik von Dr. W[ilhelm] **Kleefeld.** *Leipzig: H. Seemann Nachf. [1902].* (62 S.) 8° [F.]
— Opernführer. No 75. [03. 5163

Kleefeld, Wilh., s.: Opern, neue.

— s.: Opernführer.

— s.: Opern-Renaissance.

Kleefeld, Wilhelm: Das **Orchester der ersten deutschen** Oper Hamburg 1678—1738. *Berlin 1898: R. Boll.* (34 S.) 8° ¶ (Erscheint vollständig u. d. T.: **Zur Kenntniss der ersten Deutschen Oper, Hamburg 1678—1738.**)
Berlin, Phil. Diss. v. 19. Jan. 1898

Don Pasquale von Gaetano Donizetti. Krit.-ästhet. Studie von Dr. Wilhelm **Kleefeld**. *Leipzig: H. Seemann Nachf. [1901].* (28 S.) 8° [F.]
— **Opernführer.** No 81. [03. 6017

Kleefeld, (Johann) Wilhelm: De arteriarum coronariarum cordis p u l s u . Berolini 1849. 23 S. 8°
Berlin, Med. Diss. v. 20. März 1849

– Clara Schumann. s. Frauenleben. XIV.

Clara Schumann. Von Wilhelm **Kleefeld**. Mit 5 Kunstdrucken. Bielefeld & Leipzig: Velhagen & Klasing 1910. 135 S. 8°
(Frauenleben. 14.) [10. 10556

Tosca. Musikdrama in 3 Akten von Illica und Giacosa. Musik von Giacomo Puccini. Erl. von Wilhelm **Kleefeld**. Berlin: Schlesinger [1907]. (22 S.) 8° [F.]
= **Opernführer.** No 110.
(Schlesinger'sche Musik-Bibliothek.) [08. 10308

— s.: **Zum 18. Januar 1701.**

Kleefisch, J. H., die Stadt New-York und Umgebung. gr. 16. (56 S.) New-York 858. (Philadelphia, Schäfer und Koradi.) •

Kleefisch, Constantin, appr. Arzt. a. Niederembt: **Aus dem pathologischen Institut zu Greifswald. Fälle von primärer Tuberkulose des Verdauungstraktus.** Greifswald 1906: H. Adler. (40 S.) 8°
Greifswald, Med. Fak., Ref. Grawitz, Diss. v. 1. April 1906
[Geb. 10. Mai 78 Niederembt, Regbz. Cöln; Wohnort: Niederembt; Staatsangeh.: Preußen; Vorbildung: Ritterakad. Bedburg Reife O. 00; Studium: Bonn 6, Greifswald 6 S.; Coll. 21. Febr. 06; Approb. 6. Febr. 06.]

Kleehaas, Thdr, junges Blut. Bilder v. Th. K. Dichtungen v. Wilh. Herbert. gr. 4. (V, 45 S. m. 12 Photograv.) München 893. Verlagsanstalt f. Kunst u. Wissenschaft. Geb. in Leinw. m. Goldschn. n. 15. —

Der Aus- und Umbau der Arbeiter-Versicherung vom Standpunkt des Versicherten. Von Friedrich **Kleeis**. Berlin: Vorwärts 1907. (80 S.) 8° [F.] [07. 11568

— Das deutsche Knappschaftskrankenwesen u. seine Reform. (14 S.) Lex. 8. Groß-Lichterfelde 910. Verl. der Arbeiter-Versorgg., A. Troschel. — 60
Sonderabdr. a.: „Arbeiter-Versorgg."

Kleeis, Frdr., die Unfallversicherung, s.: Bibliothek des praktischen Wissens. Nr. 12.

Kleekamm, Bonif. Bernhard (Ellrich), De partu arte praematuro. Diss. med. Halle (Ploetz) 4. X. 1849. 31 S. mit Biogr. (M.: M. Peter.) (5.50) 18197
Oppon.: C. Kleinknecht, H. Boettger. — Gew.: Franz Eugen Kleekamm (Vater), Conrad Gustav Veit.

Kleekamm, Joh. Die Aufgaben d. Religionsunterrichts m. Rücksicht auf die sociale Frage. gr. 8. (24 S.) Bresl. 892, Goerlich. — 50

Kleekamm, J., Die menschliche Seele, ihre Geistigkeit und Unsterblichkeit. Heiligenstadt, Cordier, 1897, gr. 8°, 21 S., 50 Pf.
Recens. Schanz, Philos. Jahrb. d. Görresges. Bd. 10 (1897), S. 328.

Kleemann, ..., Abhandl. üb. die Ordnung des Heils, od. üb. die Verbindung zwischen Gnade u. Pflicht. 8. Lingen 776. Bauer. 10 K

Kleemann: Cicero's Leistungen in der Philosophie und seine Verdienste um dieselbe. 12 S.–Pisek, Progr. 1851

Kleemann, die Linien (Linien-Verschanzungen) in Mittel-Europa im 17. u. 18. Jahrh. [Aus: „Allg. Militär-Zeitg."] gr. 8. (IV, 92 S.) Darmstadt 894. E. Zernin. n. 1. 80

Kleemann, Alb., s. Kleemann, Jh. Ldw., Unterricht für Gold- u. Silberarbeiter.

Kleemann, Andreas: Untersuchungen über Malzdiastase. 1905. 42 S. 8° ¶ Aus: Die landw. Versuchs-Stationen. Bd 63. 1906.
München, Dr.-Ing.-Diss. v. 21. 6. 1905

Kleemann August Ritter von: De Platonis idearum doctrina.
H. 1900 PN 1313 **Diss.** Wien. Univ.

von **Kleemann**, August Ritter: Das Problem des platonischen Symposion. S. 3—23. 8. Progr. K. k. Sophiengymn. *Wien* 1906.

Kleemann, Aug. Ritter v., Schülerkommentar zu Euripides' Hippolytos. (44 S.) kl. 8. Wien 910. F. Tempsky. — Leipzig, G. Freytag. Geb. — 50

— dasselbe, zu Euripides' Iphigeneia auf Tauris. (49 S.) kl. 8. Ebd. 910. Geb. — 50

— dasselbe, zu Euripides' Medea. (43 S.) kl. 8. Ebd. 910. Geb. — 50

Kleemann, Aug., Stefan, der Kesselflicker. Eine Dorfgeschichte. 8. (21 B.) Berlin 846, Springer.

—: Die Stellung des Euthyphron im Corpus Platonicum. S. 3 bis 19. 8. Progr. K. k. Akademisches Gymn. *Wien* 1908.

Kleemann, C., Anleitung f. den thüring. Landmann z. Verbesser. d. Betriebes d. Landwirthschaft. Auf Veranlassung d. landwirthschaftl. Abtheil. d. erfurter Gewerbvereins verfaßt. — Nebst e. Anh. üb. d. Vortheile u. Fehler beim Kartoffelbau, zusammengest. v. Ed. Graf v. Keller. 8. (8 B.) Sondershausen 840, Eupel.

Kleemann, C., die Behandlung des Mistes im Hofe und Felde. Ein Vortrag im Verein zur Beförderung der Landwirthschaft zu Sondershausen. gr. 8. (32 S.) Sondershausen 859, Eupel's Verlag.

—— die landwirthschaftl. doppelte Buchhaltung. Eine krit. Prüfung d. verschied., bei dieser Rechnungsform befolgten Grundsätze, nebst Mittheil. ein. einfachen Methode z. Führung ein. genau. landwirthschaftl. doppelten Buchführung. gr. 8. (7¾ B.) Sondershausen 840, Eupel.

Kleemann, C., Encyklopädie landwirthschaftl. Verhältnisse u. Berechnungen. Ein Hand- u. Hülfsbuch zu landwirthschaftl. Werthsermittelungen f. Landwirthe, Cameralisten u. Oeconomie-Commissäre. gr. 8. (26 B.) Sondershausen 844, Eupel.

Kleemann, G., die Statik des Landbaues in ihrer Anwendung auf die Wasserthalebner Länderei. Sondershausen 856. Eupel. gr. 8. (VIII, 124 S.) 21 ngr.

Kleemann, C. A., kurze u. gründl. Anweisung zur Kultur d. beliebtesten Zwiebelgewächse, zum Zimmer- u. Gartenflor f. angeh. Blumenfreunde. 8. (5½ B.) Glogau 828, [Flemming.]

Kleemann, C. H., allgemeines Handbuch des Gartenbaues, od. kurze praktische Anweisung zum Gemüsebau, sowohl im Lande, als auf Mistbeeten, des Hopfenbaues, der Obstbaum- u. Blumenzucht, des Weinbaues, der Topforangerie u. der Bereitung des Obstweins u. Obstessigs. 1r Bd. 1s—4s Hft. 2r Bd. 1s—10s Hft. gr. 8. Glogau 836, 37. Flemming. à 5 gl

Kleemann, C. H., allgem. Handbuch d. Gartenbaues, od. kurze prakt. Anweis. z. Gemüsebau, sowohl im Lande, als auf Mistbeeten, d. Hopfenbaues, d. Obstbaum- u. Blumenzucht, d. Weinbaues, d. Topforangerie, u. d. Bereitung d. Obstweins u. Obstessigs f. jed. Gartenbesitzer. 2 Bde. (od. 24 Hfte.) gr. 8. (56 B.) Glogau 837, Flemming. à H. 5 Gr.

Kleemann's, C. H., allgemeines Handbuch des Gartenbaues oder kurze prakt. Anleitung zum Gemüsebau (sowol im Lande als auf Mistbeeten), des Obst- und Weinbaues, der Obstorangerie und der Blumenzucht im Freien, in Gewächshäusern und in Zimmern. Nebst einem Anhang über die bei der Gärtnerei schädlichen und nützlichen Thiere und einem allgemeinen Gartenkalender. Neu bearb. von R. E. Clemen. gr. 8. (III und 617 S.) Glogau 853, Flemming's Verlag.

Kleemann's, C. H., allgemeines Handbuch des Gartenbaues oder kurze praktische Anleitung zum Gemüsebau (sowohl im Lande als auf Mistbeeten), des Obst- und Weinbaues, der Obstorangerie u. der Blumenzucht im Freien, in Gewächshäusern und in Zimmern. Nebst e. Anhange über die bei der Gärtnerei schädlichen u. nützlichen Thiere u. e. allgem. Gartenkalender. 2. durchaus umgearb. Aufl., von R. E. Clemen. Glogau 854. Flemming. 8. (2 Bl., 617 S.) 1 ℛ. 12 ngr.

Kleemann, C(hristian) F(riedrich) K(arl): Beiträge zur Natur- oder Insecten-Geschichte. Th.1. Nürnberg: 1761

s.: Rösel von Rosenhof, August Johann: Insekten-Belustigung. Nürnberg: (1746) - 1830

Christian Friedrich Carl Kleemanns [Kleemann] Beyträge [Beiträge] zur Natur-und Insecten-Geschichte. Th.1.2. Nürnberg: Raspe 1792-93. 2 Bde 8°
(=Roesel von Rosenhof, August Johann: Der monatlich herausgegebenen Insecten-Belustigung...Theil. Anh.
Th.1: Worinnen verschiedenen Papilions mit ihrem Ursprunge...abgebildet worden. 1792.
Th.2: Fortges. von Christian Schwarz [1743] 1793.

[Th.1 enthalt: Kurzer Vorbericht zu der Natur- u. Insekten-Geschichte...]

Kleemann, C. F. C., Beyträge z. Rösels Natur- u. Insektengeschichte. 2 Theile. m. K. 4. Nürnberg, Raspe. 793. 94. (I. 10 Thlr. II. 1r 2 Thlr. 2r 2 Thlr. 8 gr.) 1
Schreibp. (I. 11 Thlr. 16 gr. II. 1r 2 Thlr. 12 gr. 2r 3 Thlr.) 1

— s. Jh. Mader, Raupenkalender.

Kleemann, Christian Friedrich Carl. Nomenclatur über die in den Röselischen Insecten-Belustigungen ... abgebildeten und beschriebenen Insekten und Würmer ... Nürnberg 1793. H: *Schwarz, Christian.* (will)

Kleemann, C(hristian) F(riedrich) K(arl) (Hrsg.):

s.: Rösel von Rosenhof, August Johann: Insekten-Belustigung. Th.1 - 4. Nürnberg: (1746) - 1761

Kleemann, C., Königr. Württemberg, s.: Landes- u. Provinzialgeschichte. 18. Hft.

Kleemann, Frz., das neue Disziplinar-Strafrecht. (IV, 149 u. XIV S.) 8. Wr.-Neustadt 904. (Wien, L. W. Seidel & Sohn.) n. 3. —

Genesis und Thatbestand der Militär-Delicte. Von Franz Kleemann. Wien. 1902. [In Comm.] Seidel & Sohn. Gr.-8°. VII, 213 S. K 4 —

Kleemann, Frz., System d. militär. Disciplinar-Strafrechtes. gr. 8. (IV, 204 S.) Budweis 898. (Wien, L. W. Seidel & Sohn.) n. 4. 40

Kleemann, G., der Feldfruchtbau. Prakt. Anleitung, wie der Landwirt seine Feldfrüchte bauen soll; nebst einer Einleitung über Leben und Wachstum der Pflanze, wie ihre Beziehungen zu Boden und Nahrung. gr. 8. (IV, 243 S.) Langensalza 881, Beyer und Söhne. *

—— Schutz gegen Milzbrand und Blutseuche, deren Wesen und Beseitigung, wie sichere Heilung durch das hierin mitgetheilte erprobte unfehlbare Heilmittel, nebst Anweisung zu dessen richtigem Gebrauch für Landwirthe und Viehbesitzer, die sich gegen Verluste durch diese mörderische Krankheit schützen wollen. 8. (IV, 9 S.) Weimar 884, (Kühn.) *

Kleemann, G., der praktische Zuckerrübenbau. Anleitung zur Ausführung aller zum erfolgreichen Anbau der Zuckerrübe erforderlichen Arbeiten u. die dabei zu beobachtenden Vortheile. Für Alle, die sich mit Rübenbau befassen oder befassen wollen. 8. (III, 35 S.) Leipzig 881. H. Voigt. n. — 80

— der prakt. Zuckerrübenbau. Anleitung zur Ausführg. aller zum erfolgreichen Anbau der Zuckerrübe erforderl. Arbeiten u. die dabei zu beobacht. Vortheile. Für Alle, die sich m. Rübenbau befassen od. befassen wollen. 2. Aufl. gr. 8. (38 S.) Leipzig 884. H. Voigt. n. — 80

Kleemann, G. Der praktische Zuckerrübenbau. Anleitung zur Ausführg. aller zum erfolgreichen Anbau der Zuckerrübe erforderl. Arbeiten, nebst Angabe der dabei zu beobachtenden Vortheile. 3. verm. Aufl. 8. (38 S.) Lpz. 889, H. Voigt. * 1 —

Kleemann, Georg Carl Aug. (Berlin), De ossium necrosi. Diss. med. Bln. (Brueschck) 27. VII. 1821. 43 S. mit Biogr. (6.—) 18198
Oppon.: Fr. Sturm, Ed. Schumann, J. Gabler. — Gew.: C. Asm. Rudolphi.

Kleemann, J. D., die Schweineseuchen, (Fleckenfieber, Bräune rc.) deren leichte Verhütung und Heilung rc. 8. Aarau 873, Christen. * — 50

Kleemann, Johann

— Allgemeines Deutsches Rechenbuch, worinnen alle, sowohl in der Kaufmannschaft, als auch in der Oekonomie und im bürgerlichen Leben vorkommenden Rechnungsarten, nach den besten Vortheilen der welschen Practic richtig gezeigt und aus ihrem wahren Grund und Ursachen auf eine leichte und deutliche Methode hergeleitet und demonstrirt werden, vormals mit einer kurzen doch gründlichen Einleitung zur Algebra ans Licht gestellt, nunmehro aber mit einigen Aufgaben aus der Algebra vermehrt, nebst einer Vorrede Hrn. D. *Baiers*. Nürnb. 4. 2 Alph. 21 u. e. halb. Bog. (18 gr.) 1739.

Joh. Kleemann's Nürnbergisches Rechenbuch, worinnen die im bürgerl. Leben vorkommende und zur Curiosität dienenden Rechnungs-Arten mit denen besten Vortheilen der welschen Practica richtig angezeigt etc.: mit Kupf. und Tabellen nebst einer kurzen Vorrede, und einer gründlichen Einleitung zur Algebra Hrn. D. *J. W. Bayers*. Altdorf. Köhler. 1715.

Kleemann, Johann Ludwig

Kleemann, J. L., Unterricht für Gold- und Silberarbeiter bey Bearbeitung der edeln Metalle in chemischer und metallurg. Hinsicht, nebst der Beschreibung derjenigen Materialien und Ingredienzien, deren sie sich dabey zu bedienen haben ꝛc. Mit 1 Abbild. 8. Ulm, Stettinische Buchhandlung. 818.

Kleemann, J. L., († d. 3. Juli 1821.) Unterricht für Gold- und Silberarbeiter bei Bearbeitung der edeln Metalle in chemischer u. metallurg. Hinsicht, nebst der Beschreibung derjenigen Materialien u. Ingredienzien, deren sie sich dabei zu bedienen haben ꝛc. Mit 1 Abbild. 8. Ulm 819. Stettin. 18 K

Kleemann, Jh. Ldw., Unterricht für Gold- u. Silberarbeiter bei Bearbeitung der edlen Metalle, in chemischer u. metallurgischer Hinsicht. Mit e. Anhange von vielen dem Gold- u. Silberarbeiter höchst wichtigen Angaben u. Recepten, nebst den nöthigen Vorsichts-Maßregeln. 2e verm. u. verb. Aufl. von Albr. Kleemann. Mit 1 Abbildd. 8. Ulm 841. Stettin. 1½ ₰

Kleemann, Joh. Ludw., Unterricht f. Gold- u. Silberarbeiter bei Bearbeitung der edlen Metalle, in chem. u. metallurgischer Hinsicht. Der 2., verm. u. verb. Aufl. v. Albr. Kleemann, 2. Abdruck, m. Anweisung zur galvan. Vergoldung u. Versilberung. gr. 8. (13⅝ B. u. 1 Stnt.) Ulm 844, Stettin'sche Vrlgsbuchh.

Kleemann, Jos., unser tägliches Brot oder auf welche Weise ist ein Brot zu erzielen, welches neben der möglichsten Billigkeit und Schmackhaftigkeit als Beförderungsmittel leichter Verdauung, vollständiger Ernährung und dadurch guter Gesundheit und langen Lebens dient. gr. 8. (21 S.) Dresden 861, am Ende.

Kleemann, Julius, Gerichtsassessor aus Berlin: Die **Pflegschaft** für ein Sammelvermögen. ⟨§ 1914 B.G.B.⟩ *Berlin-Rixdorf 1902: Rixdorfer Tageblatt.* (96 S.) 8°
Erlangen, Jur. Diss. v. 31. Okt. 1901

Kleemann, Luise: Die Waschereidörfer Ziegelhausen und Petersthal. Heidelberg 1905: K. Rössler. (57 S.) 8°
Heidelberg, Phil. Fak., Ref. Rathgen, Diss. v. 1. März 1905
[Geb. 27. Apr. 64 Wormeln, Prov. Westphalen; Staatsangeh.: Preußen; Vorbildung: Lessinggymn. Frankfurt a. M. Reife M. 97; Studium: Leipzig 1, Berlin 1, München 1, Heidelberg 5 S.; Rig. 29. Juli 04.]

Kleemann, M., Programm zur Neubearb. d. Landeskunde d. Herzogt. S.-Meiningen, s.: Schriften d. Vereins f. meining. Geschichte u. Landeskunde.

Kleemann, *Gustav* Max Die Grundlagen der Aesthetik des Aristoteles. 4 (S. 43 – 60).
In: Festschrift z. Feier d. 50j. Amtsjubil. d. Geh. Hofrat E. Rittweger. Herz. G. Georgianum *Hildburghausen* 1894.
Nicht im Tauschverkehr.
Progr.

Kleemann, Gustavus Maximilianus: De universa Creticae dialecti indole adiecta glossarum Creticarum collectione. Halis Saxonum (1872): Hendel. 44 S. 8°
Halle-Wittenberg, Phil. Diss. v. 27. März 1872
Geb. Halle a. d. S. 3. 10. 1848. V.
Vervollständigter Teil einer Hallischen gekrönten philos. Preisarbeit v. 1871. Im Buchhandel u. d. T.: Reliquiarum dialecti Creticae p. prior. Glossae Creticae cum commentariolo de universa Creticae dialecti indole. Halle: Lippert 1872. Auch in: Dissertationes philologicae Halenses. Vol. 1. Halae 1873. S. 1—44.

Kleemann, M., s. Sophokles. In modernen Versmaßen.

Kleemann, M., e. Tag im alten Athen, s.a. Gymnasial-Bibliothek.

Kleemann, M., Ein Tag im alten Athen. 1894. 62 S. u. 5 Abb.

Kleemann, Max. Vocabula homerica in dialectis graecis et in cotidiano vulgi sermone servata. 36 S. Progr. *Colmar* 1876.

KLEEMANN Nikolaus Ernst. Briefe über d. Schiffahrt u. Handlung in Ungarn. A. d. Italien. Prag 1783.

Kleemann, Nikolaus Ernst (Übers.), s.a. Briefe üb. d. Schiffahrt ... in Ungarn ...

Kleemann, Nikolaus Ernst. Reisen von Wien über Belgrad bis Kilianova, durch die Butschiak-Tartarey, in die Krim, dann von Kaffa nach Constantinopel, nach Smyrna und durch den Archipelagum nach Triest und Wien in den Jahren 1768, 1769 und 1770. 8. Wien 1771.

Kleemann, Nik. Er., Reisen von Wien üb. Belgrad bis Kilianova, durch d. Tartarei in die Krimm ꝛc., in d. J. 1768, 69 u. 70. gr. 8. Wien 771. verm. Aufl. 773. 3e A. gr. 8. Dessau 783. ... 20 K

— Reisen von Wien durch die Tartarey in der Krimm. gr. 8. Wien, Ghelen. 773.

— — dieselben m. K. 8. Wien, Krauß. 773.

Kleemann, N. E.: Tagbuch der Reisen von Wien auf der Donau bis an das schwarze Meer .... in den Jahren 1768, 1769 und 1770. Nebst einem Anhange von den besondern Merkwürdigkeiten der krimmischen Tartarey, und erprobten Entwürfen über die Handlung in die Levante und krimmische Tartarey; nebst den daraus entspringenden Vortheilen für die kaiserlich-königliche Erbländer. Mit einer zuverlässigen Karte von der Krimm und vielen Kupfern. 3 vermehrte Auflage. Prag 1783. VI, 388 S. 8°.

Kleemann, N. E., Tagebuch d. Reise durch d. Krimm. 8. Prag, Widtmann. 784.

Kleemann, Otto

Kleemann, O. Die beständige Befestigung u. der Festungskrieg. T. 1–4. München 1865–1869.

— — Die Befestigungen Alt-Münchens. Mit 1 Bl.-Skz. v. O. 1891. 16 S.

Der Festungskrieg. Als Grundlage für die Vorträge an der k. b. Art.- u. Genie-Schule bearb. (Von O. Kleemann.) Abt. 1. 2. (Autogr.) Mit Taf. ꝛc. München 1868.

Kleemann, O. Über die Geschichte Ingolstadts. Mit 1 Bl. v. O. 1881. 30 S.

Kleemann, Otto, Geschichte der Festung Ingolstadt bis zum J. 1815. Mit 5 (photolith. u. autogr.) Taf. u. 6 (lith.) Bl. Ansichten. gr. 8. (XVI, 192 S.) München 883. Literar.-artist. Anstalt. n. 8.—

Kleemann, O. Die Grenzbefestigungen im Kurfürstentume Bayern zur Zeit des spanischen Erbfolgekrieges. München 1885. 51 S. 4°

Kleemann, Paul, Gedichte. 8. (VII, 164 S.) Dresden 900. E. Pierson. n. 2.—; geb. n. 3.—

Kleemann, *Johannes Eduard August* Paul [pr. Arzt aus Mauderode]: Ueber Ventrofixation des Uterus bei fixierter Retroflexio ... Greifswald, Druck v. J. Abel, 1891; 29 S. 8.
Greifswald, Med. Fak., Inaug.-Diss. v. 15. Aug. 1891

Kleemann, R., Invaliditäts- u. Altersversicherung. Wie viel Marken müssen geklebt werden od. sein? Ein Nachschlageheft f. Arbeitgeber u. Arbeitnehmer, um obige Frage f. jede belieb. Dienstdauer innerhalb 1891—1900, allein aus dem Datum d. Anfangs u. d. Endes der Dienstleistg. sofort zu beantworten. [Zugleich e. Kalendarium.] 8. (24 S.) Halle a/S. 892. C. A. Kaemmerer & Co. n. —25

Kleemann, Rhold., Beiträge zur Kenntnis des Klimas von Halle. [1851—1885.] gr. 8. (23 S. mit 1 Taf.) Halle 887, Tausch und Grosse. * 1 —

Kleemann, Reinhold, Bildliche Darstellung der Mittel und Extreme der Temperatur in Halle a. S. für alle Beobachtungszeiten des Jahres. Aus den Beobachtungen der Jahre 1851—77 berechnet und gezeichnet. (Handschriftl.) Halle a. S. 1878. gr. Fol. in plano.

— Das Klima von Halle. I. Theil. Wärme. — Windverhältnisse. — Niederschläge. Halle 1879.

Kleemann, (Albertus) Reinholdus: Das Klima von Halle. Accedunt 16 tabulae. Halis Saxonum 1879: Gebauer-Schwetschke. 35 S., 1 Taf. 8°
Halle-Wittenberg, Phil. Diss. v. 28. März 1879
Geb. Halle a. d. S. 3. 5. 1854. V.
Gekürzte Bearb.: Beiträge zur Kenntnis des Klimas von Halle. In: Mitteilungen des Vereins für Erdkunde zu Halle a. S. Halle 1879. S. 1—41.

Kleemann, R., Die Deutsche Seewarte. Stuttgart 1883.

KLEEMANN, SAMUEL. Ueber zwei Synthesen der Methylaethylalphaamidoessigsäure. (Erlangen) München, 1883.

Kleemann, Selmar Beiträge zu einem nordthüringischen Idiotikon gesammelt von K. 26 S. Progr. *Quedlinburg* 1882.

Kleemann, Selmar, de libri III. carminibus quae Tibulli nomine circumferuntur. (Dissertatio inauguralis.) gr. 8. (68 S.) Strassburg 876, Trübner. *

Kleemann, Selmar, die Familiennamen Quedlinburgs u. der Umgegend. gr. 8. (XI, 264 S.) Quedlinburg 891. Huch. n. 5. —

[F.] *Kleemann, Selmar [Dr.]:* Festbericht über die 350jährige Jubelfeier des Königl. Gymnasiums zu Quedlinburg vom 24. bis 26. Juni 1890. Quedlinburg, C. Voges, 1890; 71 S. 8°
Quedlinburg, k. G, Festschr. 1890 • •

Führer durch Quedlinburg und Umgegend mit 50 Abb., 1 Stadtpl. u. 1 Eisenbahnkarte d. Harzes. Im Auftr. d. Verschönerungsvereins hrsg. von S[elmar] Kleemann. 5. Aufl. Quedlinburg: H. C. Huch in Komm. 1905. (141, 48 S.) 8°

Kleemann, S., Verzeichniss der Stadt-Bibliothek zu Quedlinburg, s.: Huch, H. C.

Kleemeier, Frdr. Joh., Handbuch der Bibliographie. Kurze Anleitg. zur Bücherkunde u. zum Katalogisieren m. Literaturangaben, Übersicht d. latein. u. deutschen Namen alter Druckstätten, sowie m. alphabet. Verzeichnis von Abkürzgn., Worterklärgn. u. m. Register. 8. (VII, 299 S.) Wien 903. A. Hartleben. Geb. in Leinw. n. 6. —

Kleemeier, Frdr. Joh., Vademecum des Buchhändlers u. Bücherfreundes, s.: Othmer.

Kleemeyer, Herm., die Ausbildung u. Fortbildung der Organisten. Vortrag, geh. auf dem 7. Jahresfeste des niedersächs. Kirchenchor-Verbandes am 11. X. 1905 im Juleum zu Helmstedt. (60 S.) 8. Hannover 906. C. Meyer. n. —75

Kleemeyer, Herm., uns. Familienabende. Eine Sammlung geistl. u. weltl. Lieder f. 3stimm. u. gemischt. Chor, zum Gebrauch bei Familien- u. Liederabenden unserer Kirchenchöre bearb. Hrsg. v. niedersächs. Kirchenverbande (XIV, 288 S.) 11. 8. Hannover (908). Braunschweig, H. Wollermann. Geb. in Leinw. 1.50

— Halleluja. Eine Sammlg. 3stimm. geistl. Gesänge (Introiten, liturg. Chöre, Choräle, Motetten u. Lieder), zum Gebrauche in Kirche u. Schule bearb. Hrsg. vom niedersächs. Kirchenchor-Verbande. (VIII, 144 S.) Lex.-8. Hildburghausen (900). (Braunschweig, H. Wollermann.) Geb. in Leinw. n.n. 2. —

— Halleluja. Eine Sammlg. dreistimm. geistl. Gesänge (Introiten, liturg. Chöre, Choräle, Motetten u. Lieder), zum Gebrauche in Kirche u. Schule bearb. 2., verb. u. verm. Aufl. Hrsg. v. niedersächs. Kirchenchor-Verbande. (VIII, 288 S.) 8. Ebd. 909. Geb. in Leinw. 2. —

— unsere Lieder. II. Folge. Eine Sammlg. geistl. Gesänge f. gemischten Chor. Nach dem Kirchenjahre angeordnet u. bearb. Hrsg. vom niedersächs. Kirchenchor-Verbande. (IV, 20, 16, 18 u. 56 S.) Lex.-8. Ebd. (906). Geb. in Leinw. n.n. 2. —

Der unabhängige Orden der Gut Templer (The Independent Order of Good Templars) von J. Kleemeyer und J. Nobel. Hrsg. von Deutschlands Grossloge. Flensburg 1889: Meyer. 23 S. 8°. 430.

Kleemeyer, J., der Gut-Templer-Orden (gegen Trunksucht). 2., vollständig umgearb. Aufl. gr. 8. (16 S.) Flensburg 894. (Leipzig, Th. G. Tienken.) n. — 25

Kleemeyer, J., der Gut-Templer-Orden. The Independent Order of Good Templars. 4. umgearb. Aufl. (20 S.) 8. Flensburg 900. Deutschlands Großloge II. n.n. — 15

Kleen, Emil, Handbuch der Massage. Autoris. Uebersetzg. [aus dem Schwed.] von Gust. Schütz. gr. 8. (VII, 311 S.) Berlin 890. G. Winckelmann. n. 5. 50

Kleen, Emil, Handbuch d. Massage. Autor. Uebersetzg. (a. d. Schwed.) v. Gust. Schütz. 2., verm. Aufl. gr. 8. (VII, 332 S.) Leipzig 895. G. Thieme. n. 6. —

Kleen, Gerh., u. Br. Zschiesche, Zeittafel f. die Volksschule. 126×95,5 cm. Halle (902). H. Schroedel. n. 1.—

Kleeraube, Joh. [Pseud.], s. Uebelacker, Franz

Kleeraubo, Jh. (Frz. Uebelacker,) der von seinem Ursprunge an bis auf diese Stunde in sr. Blöße dargestellte Mensch; oder Fr.: Was sind die Prälaten? Antwort: Sie scheinen was sie nicht sind, u. sind was sie nicht scheinen ꝛc. 8. Wien 784.

Klees, Jh. Geo., Bemerkk. üb. die weibl. Brüste. 8. Frkf. a. M. 795. 2e Aufl. 798. 3e Aufl. 806. Andreä. 16 ℊ

Klees, Johann Georg: Ueber die weiblichen Brüste. 2.verm.Aufl. 75 S., gbd., Abb.

Frankfurt am Main: Andreä 1798

— Bemerkk. üb. eine neue Geburtszange. Mit 1 Kpft. 8. Frkf. a. M. 794. Andreä. 4 ℊ

Klees, Johann Michael (Frankfurt/M.)
Ueber Pädagogik.
[lt. Dekanatsbuch nur handschriftlich eingereicht.]
Dr. phil. Giessen 16.7.1807.

Kleesattel, Heinrich: Beiträge zur Pharmakognosie der Muira Puama ... Ulm, Druck d. Th. G. Sellmer'schen Buchdr., 1892; 46 S., 2 Taf. 8°
Erlangen, Phil. Fak., Inaug.-Diss. v. 1892

Kleesattel, Jos., Alt-Düsseldorf im Bild. Eine Sammlg. v. niederrhein. Heimatkunst. (107 Taf. u. 16 S. Text.) 8. Düsseldorf 909. Schmitz & Olbertz. 6.—; geb. 7.—

Kleesattel, J., Leitfaden für das Zirkelzeichnen an gewerblichen Fortbildungsschulen, s. Stiller, H.

Kleese, Aug., Hochzeits-Reden. 12. (IV, 108 S.) M.-Gladbach 883. Schellmann. — 75

Kleese, Aug., Reden eines Lehrers bei festlichen Gelegenheiten. 1. Aufl. (110 S.) 1878; 2. verm. Aufl. 8. (148 S.) M. Gladbach 879, Schellmann's Verlag.

Kleese, Aug., Reden eines Lehrers bei festlichen Gelegenheiten. 3. verm. und verb. Aufl. gr. 8. (172 S.) M. Gladbach 888, Schellmann. 1 50

Kleese, Aug., Reden e. Lehrers bei festlichen Gelegenheiten. 4., verm. Aufl. gr. 8. (172 S.) Breslau 894. F. Hirt. n. 1.50

[J.] Reden eines Lehrers bei festlichen Gelegenheiten v. August Kleese, Hauptlehrer . . . a. D. 5., verm. u. verb. Aufl. *Breslau: F. Hirt 1896.* (190 S.) 1 Bd 8. [96. 1430

Kleese, Aug., Reden e. Lehrers bei festlichen Gelegenheiten. 6. Aufl. gr. 8. (190 S.) Breslau 899. F. Hirt. n. 1.50

Kleese, Aug., Reden e. Lehrers bei festlichen Gelegenheiten. 7. Aufl. (190 S.) 8. Breslau 905. F. Hirt. n. 1.50; geb. n. 2.—

Kleese, August: Reden eines Lehrers bei festlichen Gelegenheiten. 8. Aufl. Breslau: Hirt 1909. 190 S. 8°

Kleese, Aug., des Festes Weihe! Eine Sammlung von Gelegenheitsreden, Ansprachen u. Toasten für alle häuslichen, bürgerlichen, beruflichen u. gesellschaftlichen Verhältnisse des Lebens. 8. (III, 167 S.) M. Gladbach 881. Schellmann's Verl. 1. 50

Kleespies, Max: Die pädagogischen Grundgedanken Herders in ihrem Zusammenhange mit seiner Gesamtanschauung und der geistigen Bewegung seiner Zeit dargestellt und gewürdigt. Zwickau 1905: R. Zückler. (41 S.) 4°
Zwickau, RG m. R OP 1905 (669)

Klefecker, s. Klefeker.

Klefeker, Bernhard

— Abriß d. bibl. u. Religionsgeschichte, zum Gebrauch beim Unterricht d. Katechumenen. 8. Osnabrück 791.

Klefecker, a. Klefeker, Bhrd., († d. 10. Juni 1825.) Auszüge aus seinen Vormittagspredigten. 8 Samml. 8. Hamb. 802—9. Gundermann. 7 ℛ 20 ℊ 9e—13e Samml. 8. Hamb. 811—815. (Bohn). (à 1 ℛ) 5 ℛ

— Die lichtvolle Behandlung der Religionswahrheiten im Kanzelvortrage nach ihrer Nothwendigkeit und ihren Erfordernissen dargestellt. Versuch eines Beitrages zur Homiletik. Altona. 1822. — 2. verb. und verm. Aufl. Sm. St. 1824.

— die lichtvolle Behandlung d. Religionswahrheiten im Kanzelvortrage, nach ihrer Nothwendigkeit u. ihren Erfordernissen dargestellt. 2e verbess. u. mit einigen Zusätzen verm. Ausg. gr. 8. Altona 824. Hammerich.

— Beiträge zur Beförderung vernünftigen Nachdenkens u. heilsamer Entschließungen bei d. Confirmationshandlung. (Neue A. des Buchs: für Confirmanden.) 8. Altona 825. Hammerich. 14 ℊ Schrbp. 18 ℊ

Des christlichen Predigers, als Auslegers der heiligen Schriften, Beruf und Befugniss. Eine wohlgemeinte Erinnerung an sehr bekannte, aber zu unsrer Zeit leider oft verkannte Wahrheiten v. Bernhard **Klefeker**. Altona. 1818. 8°. Hammerich.

Kurze Ehrenrettung der Altonaer Bibel gegen die in dem Sendschreiben des Herrn Pastor Dieck dagegen aufgestellten Beschuldigungen, von einem außerhalb Schleswig und Holstein lebenden Geistlichen [d. i. Bernhard **Klefeker**]. Hamburg. 1816. 8°

— ausführl. Entwürfe zu prakt. Betrachtt. üb. die Leidensgeschichte. 1e Abtheil. 8. Hamb. 801. Gundermann. 5 ℊ

— etwas an die Primaner d. Hamburger Johanneums. 8. Hamburg 779.

— Gethsemane f. Freunde e. vernünftig-religiösen Unterhaltung. 8. Hamb. 797. Gundermann.

Klefeker, B., Gethsemane. 2te Ausg. gr. 8. Altona. Hammerich.

— Ideen u. Entwürfe üb. einige für die 3te Jubelfeier der Reformation in Vorschlag gebrachte Bibelstellen. gr. 8. Altona 817. Hammerich. 8 ℊ

— s. Homiletisches Ideenmagazin. 1803 ff.

— homilet. Ideenmagazin. 1r—3r Bd. gr. 8. Hamb. 809—12. (Campe). 5 ℛ 8 ℊ 4r—8r Bd., à 2 Stcke. gr. 8. Ebd. 814—19. Hammerich. 8 ℛ 8 ℊ (Auch u. dem T.: Materialien zu Kanzel- u. Amtsvorträgen, 1r—5r Bd.) Alle 8 Bde. Ebd. 13 ℛ 14 ℊ 2e abgekürzte Ausg. 1r—5r Bd. gr. 8. Altona 824. Hammerich. 5 ℛ 6 ℊ

— homilet. Ideen-Magazin. 1r 2r Bd. od. 6 Hefte. gr. 8. Hamburg, Hoffmann. 808—10. (I. 1s 12 gr. I. 2s 14 gr. I. 3s 16 gr. II. 1s 2s 1 Thlr. 10 gr. II. 3s 14 gr.)

— homiletisches Ideenmagazin. 3r Bd. 1ste und 2te Hälfte. gr. 8. Hamb. Hoffmann u. Campe. 811 u. 12. (1ste 18 gr. 2te 20 gr.)

— — dass. 4r u. 5r Bd. jeder in 2 Hälften. u. 6n Bds 1ste Hälfte. gr. 8. Altona, Hammerich. 814—16. (jede Hälfte à 20 gr.)
Hat auch d. Titel:
Materialien zu Kanzel- u. Amtsvorträgen.

— Ideen-Magazin, homiletisches, 6r Bd. 2te Hälfte und 7r 8r Bd. Jeder Band von 2 Stücken.
Auch unter dem Titel:
Materialien zu Kanzel- und Amtsvorträgen. 3r 4r 5r Bd. gr. 8. Ebend. 817 — 19. Jedes Stück 20 Gr.

— für Confirmanden. 8. Hamb. 794. Gundermann. 8 Gr.

— s. M. Luther's kleiner Katechismus.

— Materialien zu Kanzelvorträgen, s. oben: homilet. Ideen-Magazin.

— Predigt: Daß ihr daran gedenket! gr. 8. Hamb. 814. (A. Campe). 2 Gr.

— Dieselbe: Wo d. Geist d. Herrn ist, da ist Freiheit! gr. 8. Ebd. 814. (Ebd.) 4 Gr.

— Predigt am Sonntage Judica 1804, als am Tage d. Hinrichtung Rüsau's. 2e Aufl. gr. 8. Hannov. 804. Hahn. 2 Gr.

Klefecker, a. Klefeker, Bhrd., Predigten z. Beförderung d. Werthschätzung des Christenthums. gr. 8. Hamb. 806. Gunderman. (Aue in Altona). 1 Rthl.

— Predigten bei besondern Veranlassungen u. mit Rücksicht auf merkwürdige Zeitverhältnisse, im J. 1814 gehalten. gr. 8. Altona 816. Hammerich. 1 Rthl. 8 Gr.

— ausführlichere Predigt-Entwürfe üb. die in den Jahren 1815 bis 1824 gehalt. Vormittagspredigten. gr. 8. Altona, Hammerich. (à Jahrg. 1 Rthl. 16 Gr.) 16 Rthl. 16 Gr. Dies. für d. J. 1825, nach d. Tode d. Verf. herausg. v. L. H. Kunhardt. gr. 8. Hamb. 825. (Hammerich in Altona). 20 Gr. 2e abgekürzte Ausg. 1r—6r Bd. Die Entwürfe von 1814—819 enthaltend. gr. 8. Alt. 823—25. Hammerich. (à 1 Rthl. 8 Gr.) 6 Rthl. 16 Gr.

— ausführlichere Predigt-Entwürfe über die in den Jahren 1815 bis 1818 gehalt. Vormittagspredigten. gr. 8. Ebend. Jeder Jahrg. 1 Rthlr. 16 Gr.

— für die Jahre 1819 und 1820. gr. 8. Ebend. 819.

— ausführl. Predigt-Entwürfe d. in d. J. 1821—24. gehalt. gr. 8. Hamb. Altona 822, Hammerich. à 1 Rthl. 16 gr.

— Predigtentwürfe für d. Nachmittags-Gottesdienst. 1s Quartal. 8. Hamb. 801. Gundermann. 8 Gr.

— Predigtentwürfe für den Nachmittags-Gottesdienst. 1s Quart. 8. Ebend. 802.

— Religionsvorträge üb. wichtige Lehren u. Grundsätze des Christenthums. gr. 8. Hamb. 794. Gundermann. 20 Gr.

— prakt. Vorlesungen üb. das N. Testament f. nichtgelehrte aber denkende Leser. 3 Bde., jeder von 2 Heften. gr. 8. Hamb. 811 u. 12. (Hammerich in Altona). (à 1 Rthl. 16 Gr.) 5 Rthl. Dass. 1r u. 2r Bd., oder 8 Hefte. (A. Campe in Hamb.) 6 Rthl. 16 Gr.

— der Werth einer gemeinschaftl. Thätigkeit. Ein Versuch. gr. 8. Leipz. 781.

— ein Wort zum Andenken Chr. L. Gerling's. Seinen Hinterbliebenen, fr. Gemeinde u. sn. Freunden gewidmet. 8. Hamb. 801.

— Zuschrift an Confirmanden. gr. 8. Hamb. 810. Gundermann. 5 Gr.

Klefeker, Franz Johann: De bronchiectasi. Berolini 1851. 27 S. 8°. Berlin, Med. Diss. v. 22. Sept. 1851

Klefeker, Franz Matthias

Klefeker, Fr. Mth.. „Von der Havareygroße oder extraordinaire, besonders nach den Gesetzen und Gewohnheiten der Reichsstadt Hamburg", Göttingen 1798 (Dieterich). — Vorh.: Bibl. des Kammergerichts Berlin — Fg. 2670 — und der Industrie- und Handelskammer Leipzig.

Klefeker, Fr. M., v. d. Havereigroſſa. 8. Gött. Dieterich. 798.

(**Klefeker, Friedr.,**) für d. Ausbreitung d. deutschen Zollvereins ꝛc., s. a. Für.

(Klefeker, F.): „Für die Ausbreitung des deutschen Zollvereins bis zur Seegrenze und die Einführung von Navigationsgesetzen. Von einem Hamburger", Hamburg 1838. — Vorh.: Com. Bibl. Hamburg.

(——) der Handel Hamburgs ꝛc., s. a. Handel.

(Klefeker, F.): „Der Handel Hamburgs, durch dessen Anschluss an den Zollverein gefördert. Nebst einigen allgemeinen Bemerkungen", Hamburg 1841. — Vorh.: Com. Bibl. Hamburg.

Klefeker, Friedr., die Politik des deutschen Zollvereins in Bezug auf Schifffahrt, Handel u. Fischerei, u. die Hansestädte. gr. 8. ($1\frac{1}{2}$ B.) Hamburg 843, Perthes-Besser u. Mauke.

K(lefeker), F.: „Vertheidigung des für den Zollverein in Vorschlag gebrachten Differentialzollgesetzes", abgedruckt aus dem „Janus", Berlin 1848. — Vorh.: Com. Bibl. Hamburg.

—— der Zollverein u. die Küstenstaaten Norddeutschlands. (Eine Schrift, veranlaßt durch den Abbruch der Verhandlungen über den Anschluß des hannover-oldenburgschen Steuervereins an den Zollverein.) M. d. Umschlags-Titl.: Deutscher Zollverein. IV. gr. 8. ($4\frac{7}{8}$ B.) Hamburg 841, Perthes-Besser u. Mauke.

Klefeker, Johann

Klefecker, Joh.: Anmerkk. üb. die hamburg. Handels-, Schiffs- u. Seerechte. *Hamb.* 769. II Thle. 8.

Klefecker, J., Bibliotheca eruditorum praecocium. Hamb. 717. 8. 8 gr.

Klefeker, Johann (Hamburg), De neglectis quoad acquirendi modos fisci commodis, juxta jus civile Romanum et mores maxime hodiernos, cum juribus Hamburgensium collatos. Specim. jurid. Präs. Michael Grass. Tübing. (Franck) 29. IV. 1720. 92 S. (7.—) 18199
Widm. v.: Präs., C. J. Gremp v. Freudenstein, Theod. v. Holtze (dtsch.), F. G. Finckler (dtsch.), J. D. Evers, Jo. And. Strodt, H. Schillhorn, Martin Michael Klefeker.

Klefecker, Jh., (Vater), († d. 2. oder 25. Nov. 1775.) curae geographicae; edidit et de incrementis Geographiae recent. praefat. est Jh. G. Büsch. 8 maj. Hamb. 769.

— — De effectu privilegiorum ab imperatore concessorum quoad jus collectandi statuum, speciatim quoad jus detractus statuum in genere et inprimis liberae civitatis imperialis Hamburgensis. Diss. jur. Götting. (Jo. Christoph Ludolph Schultz) (3.) V. 1755. 54 S. (7.—) 18200
Handschr.: Possessor est Heinricus Carolus Elis Schultz.

— — De Hansa Teutonica secundum principia juris publici inprimis considerata. Diss. jur. Göttingen (Johann Christian Dieterich) (15.) XI. 1783. 69 S. (6.50) 18201

Klefecker, Jh., (Sohn,) Diss. inaug. jur., de hansa Teutonica secundum principia juris publici imprimis considerata. 4. Götting. 784. Dieterich. 2 ℛ

Einige Nachrichten zur Erläuterung der fürnehmsten zw. der Cron Dännemarck u. d. Stadt Hamburg obschwebenden Mißhelligkeiten . . . [Verf.: Johann Klefeker.] — Hamburg 1734: C. König. 50 S. 8° (4°)

. Samml. d. v. e. Hochedl. Rathe d. St. Hamburg u. s. w. v. Anf. d. 17. Jahrh. bis auf jetz. Zeiten ausgegang. Mandate, bestimmt. Befehle u. Bescheide u. s. w. (v. Joh. Klefeker.) Nebst Einleit., e. Reg. u. Betr. üb. d. Inh. d. ganzen Werks v. Gf. Schütze. 16 Thle. *Hamb.*, Herold. 765—74. 8. (22 Thl.)

(Klefeker, Joh.:) Sammlung der Hamburgischen Gesetze und Verfassungen in Bürger- u. Kirchlichen, auch Cammer-Handlungs- und übrigen Policey-Angelegenheiten u. Geschäften samt histor. Einl. Th. 1—12. [Nebst] Reg. Hamburg 1765—74. 13 Bde

— s. Samml. Hamburg. Gesetze.

Klefeker, Jh. Matth., († 1782.) freie Beurtheilung d. Stark. Schauspieler. 8. Hamb. 768.

— Jenaische Dramaturgie. 8. Hamb. 768.

— Rede vom Einfluß d. schönen Wissenschaften in die Gottesgelahrtheit. 4. Hamb. 769.

— an die Starkische Schauspielergesellschaft. 8. Jena 768.

— das würdige Verhalten des Christen, dem der Herr seine Freude in Traurigkeit verkehrt hat; e. Predigt. 8. Hamb. 775.

Kleff, B., jeder m. eigener Feder, s.: Kamp, K.

Kleffel, Hans [Adolf Viktor Felix], zu Straßburg i. Els.: Rupturierte Extrauteringravidität mit freiem Bluterguß in die Bauchhöhle. 24 Fälle operiert in d. Zeit v. 1. April 1901 bis 30. April 1907 in d. Univ.-Frauenklinik zu Straßburg i. E. Straßburg i. E. 1908: J. Singer. (66 S.) 8°
Straßburg, Med. Fak., Ref. Fehling, Diss. v. 22. Febr. 1908
[Geb. 3. Sept. 78 Straßburg i. E.; Wohnort: Straßburg; Staatsangeh.: Elsaß-Lothringen: Vorbildung: Bischöfl. Gymn. Straßburg, Lyzeum Reife O. 01; Studium: Straßburg 10 S.; Coll. 1. Aug. 07; Approb. 10. Dez. 06.]

Kleffel, Joh. Cph., Abhandlung von den Verehrungen der alten nordischen Völcker gegen ihre Könige. Tönning. 1749. 4. (Progr.).

(1.) Abhandlung von den Vorzügen der alten nordischen Seekunst vor den Römern und Griechen, womit zur Anhörung einer Redeübung in unserer Schule (Tönning) einladet Johann Christoph **Kleffel.** Kiel. 1753. 4° k.

Zweyte Abhandlung von den Vorzügen der alten nordischen Seekunst etc. womit zu dem Geburtsfeste unseres Kronprinzen (Christian) einladet Johann Christoph **Kleffel.** Kiel. 1754. 4° k.

Kleffel, Johann Christoph: Kurze Betrachtung des Alterthums unserer Marschländer, nach Anleitung der alten Weltbeschreiber, womit zu Anhörung einer Teutschen Rede, welche am morgenden Tage als am 1sten Maji in unserer Schulen zu halten ist, alle Liebhaber guter Künste und Wissenschaften einladet Johann Christoph Kleffel. Tönningen 1742. 4°

Kleffel, L. G., Handbuch der practischen Photographie. Vollständiges Lehrbuch zur Ausübung dieser Kunst, unter besonderer Berücksichtigung der neuesten Erfahrungen und Verbesserungen. Nebst einer ausführlichen Abhandlung über Stereoscopie. Sowohl für Photographen von Fach, wie für Dilettanten leicht fasslich dargestellt. 859. (VIII, 295 S.) — 2., völlig umgearb. u. verm. Aufl. Mit zahlreichen Holzschnitten. Berlin 860. Krampe. gr. 8. (X, 372 S.) 2 ℛ 15 ngr.

— — Nebst einer ausführlichen Abhandlung über Stereoskopie und Panotypie. 3. völlig umgearb. u. verm. Aufl. Mit zahlreichen Holzschn. Braunschweig 861. Neuhoff & Co. gr. 8. (VIII, 399 S.) 2 ℛ 15 ngr.

— — 4. Aufl. 862. (VIII, 456 S.) — 5., verb. u. verm. Aufl. m. Portr. des Verf. (in Stahlst.) Leipzig 864. Amelang. gr. 8. (XII, 478 S.) 2 ℛ 15 ngr.

Kleffel, L. G., Handbuch der practischen Photographie. Vollständiges Lehrbuch zur Ausübung dieser Kunst, unter besond. Berücksichtigung der neuesten Erfahrungen und Verbesserungen. Nebst einer ausführlichen Abhandlung über Stereoskopie und Panotypie. Sowohl für Photographen von Fach, wie besonders zum Selbstunterricht leicht fasslich dargestellt. 4.—6., verb. und gänzlich umgearb. Aufl. gr. 8. (X und 430 S. mit eingedr. Holzschn.) Leipzig 862—68, Amelang's Verlag. 2 Thlr. 15 Ngr.; geb.

Kleffel, L. G., Handbuch der practischen Photographie. Vollständiges Lehrbuch zur Ausübg. dieser Kunst, unter besond. Berücksicht. der neuesten Erfahrgn. u. Verbessergn. Sowohl f. Photographen v. Fach, wie besonders zum Selbstunterricht leicht fasslich dargestellt. 7. gänzlich umgearb. u. verm. Aufl. gr. 8. (XII, 484 S.) Leipzig 873. Amelang. 9. —; geb. 10. 50

Kleffel, L. G., Handbuch der praktischen Photographie. Vollständiges Lehrbuch zur Ausübung dieser Wissenschaft, unter besonderer Berücksichtigung der neuesten Erfahrungen u. Verbesserungen. Sowohl für Photographen von Fach, als auch zum Selbstunterricht, leicht fasslich dargestellt. 8., gänzlich umgearb. u. verm. Aufl. gr. 8. (XV, 468 S. m. eingedr. Holzschn.) Leipzig 880. Amelang. n. 10. —; geb. n. 12. —

— das Neueste auf dem Gebiete der Photographie leicht fasslich dargestellt. Ebend. 870. gr. 8. (VII, 132 S. mit eingedr. Holzschn.) 1 ℛ

Kleffel, Rich. (geb. Ragnit in Ostpr. 25. 9. 1850): Ueber die Veränderungen und Wirkungen des Projektils beim Schiessen. Berlin (1874). (35 S.) 8°
Berlin, Med. Diss. v. 8. Aug. 1874

Kleffel, U. L. Gust. S. s. Cid, der.

v. Kleffel, U. L. Gust. S., s. Louise Witfeld.

WILFELD, Luise. (Zahmer Roman von *U. Gustav S. Kleffel.*) 2 Thle. Rostock und Leipzig, bei Karl Christoph Stiller. 8°. 278 fortl. gez. S.
Anon.-Lex. IV. p. 402 (nach Kayser); p. 405 unrichtig „Witfeld".

— l. Rekar's Charakteristik.

Kleffel, U. L. Gustav S., s. Siegfrieds-Kirche, Die.

Kleffel, U. L. Gust. S., († d. 17. Apr. 1807.) Zusätze u. Verbesserr. zu Swediaurs Werk v. der Lustseuche, s. Swediaur.

Kleffel, Gust., Zusätze u. Verbesser. z. Swediauers Werk v. d. Lustseuche. gr. 8. Berl. Himburg. 803.

Kleffmann, Albert (geb. Heinsberg in Westf. 6. 4. 1834): Analecta ad dignitatem partus praematuri artificialis diiudicandam. Berolini (1857). (32 S.) 8°
Berlin, Med. Diss. v. 20. Aug. 1857

Kleffmann, Louis [aus Dortmund]: Aus d. chirurg. Klinik. Ueber das Mal perforant du pied .... Bonn, Druck v. J. F. Carthaus (1888); 37+1 S. +1 Bl. 8°
Bonn, Med. Fak., Inaug.-Diss. v. 1. Aug. 1888

Kleffner, Anton (Hrsg.), s. Lysias: Ausgewählte Reden.

Kleffner, Anton (Hrsg.), s. Schiller, Friedrich von: Die Braut von Messina. 1902.

Kleffner, Ant. Ign., u. Fr. Wilh. Woker, der Bonifatius-Verein. Seine Geschichte, seine Arbeit u. sein Arbeitsfeld 1849–1899. Festschrift z. 50jähr. Jubiläum d. Vereins. Mit den Bildnissen der beiden ersten Präsidenten des Bonifatius-Vereins. gr. 4. (IV, 334 S.) Paderborn 899. Bonifatius-Druckerei n. 7. 60

Der Briefwechsel zwischen dem jüngeren Plinius und Kaiser Trajan, die Christen betr. Wert u. Bedeutung desselben f. d. älteste Kirchengeschichte. Von Dr. theol. Ant[on] Ign[az] Kleffner, Prof. Paderborn: Bonifacius-Dr. 1907. (78 S.) 8° [07. 17883

Kleffner, A. J., Die Gotteslehre Plotins. Paderborn, Junfermann, 1892, 4°, Progr. d. phil.-theol. Lehranst.

Porphyrius der Neuplatoniker und Christenfeind. E. Beitr. z. Gesch. d. literar. Bekämpfg d. Christenthums in alter Zeit. Von Anton Ignaz Kleffner, .. Prof. d. Theol. *Paderborn: Bonifacius-Dr. 1896.* (IV, 97 S.) 1 Bd 4. [97. 1469

Kleffner, Eberhard [aus Udorf in Westf.]: Über Kohlenoxyd-Ermittelung im Blute ... Greifswald, Druck v. C. Sell, 1895; 28 S., 1 Bl. 8.
Greifswald, Med. Fak., Inaug.-Diss. v. 28. März 1895

[F. u. Ant.] Wie erreicht jede Frau ein naturgemässes, d. h. leichtes und möglichst schmerzloses Wochenbett? Gestützt auf Erfahrg u. Wissenschaft geschrieben in deutscher u. dänischer Sprache v. Dr. med. [Theodor] Kleffner, Arzt in Kiel ... *(Garding: Dr. v. H. Lühr & Dircks [1895].)* (16 S.) 1 Bd 8. [96. 881

[F.] Wie kann die Frau ein mehr natürliches, leichteres und möglichst schmerzloses Wochenbett erreichen? Gestützt auf Erfahrg u. Wissensch. geschr. v. Dr. [Theod.] Kleffner, Arzt in Kiel. 2. bed. verm. u. verb. Aufl. ... *Kiel: (Dr. v. H. Lühr & Dircks, Garding) 1896.* (56 S.) 1 Bd 8. [97. 1913

Kleffner, Wilh., praktische Enten- u. Gänsezucht unter besond. Berücksicht. des wirtschaftlichen Wertes. (83 S. m. 32 Abbildgn.) gr. 8. Leipzig (907). [Dr. F. Poppe.] Chemnitz, Verlag d. Geflügel-Welt. nn 2. —

Kleffner, W., s.: Geflügelzüchter-Kalender, Leipziger.

— Taschenbuch der Rassegeflügelzucht, s.: Kramer.

— Die Trut- u. Perlhühner. Praktische Zuchtanleitg., unter Berücksicht. des Nutzwertes. (34 S. m. 9 Abbild.) 8. Leipzig (907). [Dr. F. Poppe.] Chemnitz, Verlag d. Geflügel-Welt. — 80

Klefisch, Josef, bacc. iur., Gerichtsref. in Cöln: Die Dienstkündigung, ihre rechtlichen Voraussetzungen und Wirkungen. *Borna-Leipzig 1903: R. Noske.* (x, 68 S.) 8°
Leipzig, Jur. Diss. v. 1903

Klegin, Wilh., die Verhütung der Dampferkollisionen als Gegenstand e. Preis-Aufgabe v. 100,000 Francs. (IV, 59 S.) gr. 8. Kiel 905. Lipsius & Tischer. n. 1.20

Klehe, Thdr., der Drehrohrofen in der Zementindustrie. Fortsetzung der früheren Arbeiten v. Max Fiebelkorn. 4. Tl. (74 S. m. Abbild.) 31,5×23,5 cm. Freiburg i/B. 907. J. Bielefeld. 6. —
Sonderabdruck aus: „Baumaterialienkunde".

Klehmet und v. dem Knesebeck, die Meliorationen der Niederungen der Notte und ihrer Zuflüsse, s. Knesebeck, v. dem.

Klehmet, Fritz (Dammen b. Stolp i. P.), Ueber multiple cartilaginöse Exostosen. Diss. med.-chir. Bln. (Gustav Schade [Otto Francke]) 16. VII. 1892. 39 S. mit Literatur u. Biogr. (4.—) 18202
Oppon.: Hermann Hasenknopf, Louis Melot de Beauregard, Fritz Momburg. — Krankengesch. d. Fritz Zimmermann, Willi Schöttler.

Klehmet, Gerh., Grundriss der deutschen Arbeiterversicherung, s.: Laas, Ludw.

Klehmet, Jul., die Macht der Sünde und die Allmacht der Gnade. (Römer V. 20 — VI. 2.) Ein Beitrag zu Burcks evangel. Pastoraltheologie in Beispielen. Thl. II. Abschn. IV. Cap. 19., betreffend: die Seelsorge bei Maleficanten. Vortrag, in der Pastoral-Conferenz der Synoden Potsdam I. und II. am 23. Juni 1857 gehalten. gr. 8. (44 S.) Potsdam 858, [Döring.] *

Klehmet, Jul., die Macht der Sünde u. die Allmacht der Gnade. (Römer V. 20—VI. 2.) Ein Beitrag zu Burck's evangel. Pastoral-Theologie in Beispielen Thl. II. Abschn. IV. Cap. 19, betr.: die Seelsorge bei Maleficanten. Vortrag, in der Pastoral-Conferenz der Synoden Potsdam I. u. II. am 23. Juni 1857 gehalten. Potsdam 858. Horvath. gr. 8. (44 S.) n. 7½ ngr.

Kleibel Ant.: Über Bilanzierungen in Cridafällen. 6. Wien H.-A. 86. Progr.

Kleibel, Ant., s.: Denkschrift über die Entwicklung des österr. Handelsschulwesen.

Kleibel, Ant., Lehrbuch der Handels-Correspondenz. gr. 8. (VII, 384 S. mit 1 Formular.) Wien 886, Pichler's Wwe. und Sohn. * 5 60

Kleibel, Anton, Lehrbuch der Handels-Correspondenz für höhere Handels-Lehranstalten. II. Auflage. Mit 2 lithographirten Beilagen. Gr.-8. (IV, 396 S.) In Leinwand gebunden Wien: Pichler 1896. 2.60

— Lehrbuch der Handels-Korrespondenz f. höhere Handelslehranstalten. 3. Aufl. Mit 2 lith. Beilagen. gr. 8. (IV, 401 S.) Wien 903. A. Pichler's Wwe. & Sohn. Geb. in Leinw. n. 5. 20

Kleibel, Ant., Lehrbuch der Handels-Korrespondenz f. höhere Handels-Lehranstalten. Mit 2 lith. Beilagen. 4. Aufl. (V, 401 S.) gr. 8. Wien 905. A. Pichler's Wwe. & Sohn. Geb. n. 5. 20

Kleibel, Ant., Lehrbuch der Handels-Korrespondenz f. höb. Handels-Lehranstalten. Mit 2 lith. Beilagen. 5. Aufl. (V, 398 S.) gr. 8. Wien 910. A. Pichler's Wwe. & Sohn. Geb. in Leinw. 5. 20

Kleibel, Ant., Leitfaden der Handels-Correspondenz. 2. Aufl. gr. 8. (IX, 258 S. m. 2 Beilagen.) Wien 890. Pichler's Wwe. & Sohn. geb. n. 3. —

— — Supplement zur 3. Auflage dieses Leitfadens (Briefe über Valuten-, Devisen- und Effecten-Geschäfte). Wien und Leipzig 1891. A. Pichler's Witwe und Sohn —.15

Kleibel, Anton, Leitfaden der Handels-Correspondenz für zweiclassige Handelsschulen. 4. vollkommen unveränderte Auflage. 8. (VI, 282 S.) Geb. Wien: Pichler 1897. 1.40

Kleibel, Anton. Leitfaden der Handelskorrespondenz für zweiklassige Handelsschulen. 5. Auflage. Wien und Leipzig 1901. A. Pichlers Witwe und Sohn. Preis 2 K 80 h.

— — Supplement zur 5. Auflage des Leitfadens der Handelskorrespondenz für zweiklassige Handelsschulen. Wien und Leipzig 1901. A. Pichlers Witwe und Sohn. Preis 30 h.

— **Leitfaden der Handels-Korrespondenz f. 2 klassige Handelsschulen. 6. Aufl. Mit 2 lith. Beilagen. Nach d. neuen Rechtschreibg. bericht., sonst im wesentlichen unveränd. Abdr. der 5. Aufl. gr. 8. (288 S.) Ebd. 902.** Kart. n. 2. 80

Kleibel, Ant., Leitfaden der Handels-Korrespondenz für 2 klassige Handelsschulen. Suppl. zur 6. Aufl. (Briefe üb. Valuten-, Devisen- u. Effekten-Geschäfte.) Nach der neuen Rechtschreibg. bericht., sonst unveränd. Abdr. des Suppl. zur 5. Aufl. (III, 28 S.) gr. 8. Wien 903. A. Pichler's Wwe. & Sohn. n. — 30

— **Leitfaden der Handels-Korrespondenz f. 2 klassige Handelsschulen. 7. Aufl. Mit 2 lith. Beilagen. Unveränd. Abdr. der 6. Aufl. (288 S.) 8. Ebd. 906. Kart. n. 2. 80**

Kleiber. Heinrich K'.... Ein Lebensbild. Basel 1890 s. H[äfely], F[ritz].

Kleiber, A., Facta loquuntur, s.: Botel, Frz.

Kleiber. Albert [aus Biel (Baselland)]: Versuche zur Bestimmung des Gehalts einiger Pflanzen und Pflanzenteile an Zellwandbestandteilen, Hemicellulosen und an Cellulose. Merseburg 1900. 57 S. 8°.
Zürich. Phil. Diss. II. S. 1899/1900.

Kleiber, Alexander [aus Leobschütz]: Über Exstirpation der Gallenblase ... Greifswald, Druck v. J. Abel, 1892; 34 S. 8.
Greifswald, Med. Fak., Inaug.-Diss. v. 8. Aug. 1892

Kleiber, Anton, von Benken (Kanton Baselland): Aus dem hygieinischen Institute der Universität Zürich. Qualitative und quantitative bacteriologische Untersuchungen des Zürichseewassers. Zür. J. Bollmann Dr. 1894. 57 S., 1 Bl., 1 Taf. 8°.
Zürich, Phil. Diss. [v. 1. Mai 1894].

Kleiber, Ant., qualitative u. quantitative bacteriologische Untersuchungen des Zürichseewassers. gr. 8. (57 S. m. 1 Abbildg. u. 1 Taf.) Zürich 894. (E. Speidel.) n. 2. 50

Kleiber, H., s.: Schreibschule, Stein'sche.

Kleiber, Heinr., die merkwürdigsten Begebenheiten aus der Geschichte der Stadt Leobschütz während der J. 1805—1813. Unter Zugrundelegung einer von dem nachmal. Bürgermeister J. H. Richter und dem Kammerer H. Schmeer im J. 1818 verfaßten Denkschrift dargestellt. 4. (9 S.) Leobschütz 872, (Kothe.) * — 20

Kleiber: Geschichte der Stadt Leobschütz. Zs. 54 S. – Leobschütz, Progr. 1864, 1866.

Kleiber, Heinrich Über den Unterricht in der Beredsamkeit bei den Alten. Erster Teil. X S. **Progr.** *Leobschütz* 1882.

Kleiber, Hugo Ableitung eines Systems von Formeln für die elliptischen Funktionen und ihr Zusammenhang mit der sphärischen Trigonometrie. 37 S. **Progr.** Kneiph. G. *Königsberg* 1880. 1881.

Kleiber, Joh., zur Einrichtung der physikalischen Schülerübungen auf der Unterstufe. Erfahrungen, gesammelt u. zum Besten der Schulen mitgeteilt. (49 S. m. 12 Abbildgn. u. 1 Bildnis.) gr. 8. München 909. R. Oldenbourg. 1. —

— u. Paul **Siepert,** Elementar-Physik m. Chemie f. höhere Mädchenschulen. Unter besond. Berücksicht. der Lehrpläne vom 12. XII. 1908 bearb. 3 Tle. 8. Ebd. 909. Kart. à 1. —
I. Für die III. Klasse. Mit 82 Fig. im Text. (VI, 94 S.)
II. Für die II. Klasse. Mit 86 Fig. im Text. (IV, 92 S.)
III. Für die I. Klasse. Mit 94 Fig. im Text. (IV, 90 S.)

— **dasselbe m. Chemie f. die Unterstufe wissenschaftlicher Anstalten. Unter besond. Berücksicht. der norddeutschen Lehrpläne im Verein m. Hugo Scheffler bearb. Mit mehr als 300 Fig. (VII, 227 S.) 8. Ebd. 904.** Geb. in Leinw. n.n. 2. 50

— — dasselbe m. Chemie f. die Unterstufe wissenschaftlicher Anstalten. Unter besond. Berücksicht. der norddeutschen Lehrpläne bearb. 4. Aufl. Mit mehr als 300 Fig. (VIII, 180 u. 32 S.) 8. Ebd. 908. Geb. 2. 50

— — dasselbe. Ausg. f. Gymnasien. Mit mehr als 250 Fig. (VII, 136 u. 32 S.) 8. Ebd. 907. Geb. 2. —

Kleiber, Joh., Elementar-Physik zum Gebrauche f. die Unterstufe wissenschaftlicher Anstalten. Unter besond. Berücksicht. der norddeutschen Lehrpläne bearb. 2. Aufl. Mit mehr als 300 Fig. u. e. Spektraltaf. (VIII, 180 S.) 8. München 904. R. Oldenbourg. Geb. n.n. 2. —

— u. Hugo **Scheffler,** Elementar-Physik zum Gebrauche f. die Unterstufe wissenschaftlicher Anstalten. Unter besond. Berücksicht. der norddeutschen Lehrpläne bearb. 4. Aufl. Mit mehr als 300 Fig. (VIII, 180 S.) 8. Ebd. 908. Geb. 2. —

— Experimental-Physik u. Chemie f. die Oberstufe der höheren Mädchenbildungsanstalten (Gymnasien, Realgymnasien, Oberrealschulen u. Lyzeen). Unter besond. Berücksicht. der Lehrpläne vom 12. XII. 1908 bearb. (IX, 440 S. m. 421 Fig. u. 1 Taf.) 8. Ebd. 910. Geb. in Leinw. 4. 25

— Experimental-Physik f. die Unterstufe. Zum Gebrauch an Realschulen nach dem neuen kgl. bayer. ministeriellen Lehrplane bearb. Mit 341 Fig., 4 Spektralbildern, zahlr. Schülerübgn. u. Musterbeispielen. (VII, 216 S.) 8. Ebd. 908. Geb. 2. 50

— Gedichte. 8. Bregenz 792. (?) Brentano. 10 kr.

Kleiber, Jh., († ...) Hymnus zu Gott nach e. gesegneten Erndte, oder auf jedes vollkomm. Erndtejahr. 8. Tübing. 791.

Kleiber, Joh., Lehrbuch der Physik. Zum Gebrauch an realist. Mittelschulen bearb. Mit zahlreichen Fig. u. Übungsaufgaben. 3., durchgeseh. Aufl. gr. 8. (VIII, 384 S.) München 902. R. Oldenbourg. Geb. in Leinw. n.n. 4. —; Lösgn. zu d. Aufgaben (24 S.) n.n. — 75

— **Lehrbuch der Physik.** Zum Gebrauch an realist. Mittelschulen bearb. Mit 500 Fig., 4 Spektralbildern, vielen durchgerechneten Musterbeispielen u. zahlreichen Aufgaben samt Lösgn. 5. Aufl. (VIII, 388 S.) 8. Ebd. 906. Geb. n.n. 4. —

— Lehrbuch der Physik. Zum Gebrauch an realist. Mittelschulen bearb. Mit 500 Fig., 4 Spektralbildern, vielen durchgerechneten Musterbeispielen u. zahlr. Aufgaben samt Lösgn. 7. Aufl. (VIII, 388 S.) 8. Ebd. 910. Geb. in Leinw. 4. —

— dasselbe f. humanistische Gymnasien. Nach dem ministeriellen Lehrplane bearb. Mit zahlr. Fig. u. Übungsaufgaben. gr. 8. (VIII, 270 S.) Ebd. 901. Geb. in Leinw. n.n. 3. —

— dasselbe f. humanist. Gymnasien. Nach dem minister. Lehrplane bearb. 3. Aufl., m. 392 Fig., 6 farb. Spektralbildern, zahlr. durchgerechn. Musterbeispielen u. Uebungsaufgaben samt Lösgn. (XII, 319 S.) 8. Ebd. 904. Geb. n.n. 3. —

— dasselbe, f. humanistische Gymnasien u. höh. Mittelschulen. Nach dem ministeriellen Lehrplane bearb. 5. Aufl., m. 462 Fig., 8 farb. Spektralbildern, zahlr. durchgerechnet. Musterbeispielen u. Übungsaufgaben samt Lösgn. (XII, 298 S.) 8. Ebd. 910. Geb. in Leinw. 3. —

— dasselbe. Zum besond. Gebrauche f. techn. Lehranstalten sowie zum Selbststudium. Im Vereine m. B. Karsten bearb. Mit zahlr. Fig., durchgerechneten Musterbeispielen u. Übungsaufgaben samt Lösgn. gr. 8. (VIII, 352 S.) Ebd. 902. Geb. in Leinw. n. 4. —

— u. **B. Karsten,** Lehrbuch der Physik. Zum besond. Gebrauche f. techn. Lehranstalten, sowie zum Selbststudium. Mit zahlr. Fig., durchgerechn. Musterbeispielen u. Uebungsaufgaben samt Lösgn. 3. Aufl. (VIII, 366 S.) 8. Ebd. 906. Geb. n.n. 4. —

— u. B. **Karsten,** Lehrbuch der Physik. Zum besond. Gebrauche f. techn. Lehranstalten, sowie zum Selbststudium. M. zahlr. Fig., durchgerechneten Musterbeispielen u. Übungsaufgaben samt Lösgn. 5. Aufl. (VIII, 366 S.) 8. München 910. R. Oldenbourg. Geb. in Leinw. 4. —

— Physik f. die Oberstufe, s. Nath, Max.

— **Physik** f. die Oberstufe. Unter besond. Berücksicht. der norddeutschen Lehrpläne bearb. Mit zahlr. Fig. u. Uebungsaufgaben. (X, 434 S.) 8. Ebd. 905. Geb. in Leinw. n.n. 4. 40

— dasselbe (m. mathem. Geographie). (X, 450 S.) 8. Ebd. 905. Geb. in Leinw. n.n. 4. 60

— dasselbe (m. math. Geographie u. Chemie). Unter besond. Berücksicht. der norddeutschen Lehrpläne im Vereine m. Hugo Scheffler bearb. Mit zahlreichen Fig. u. Uebungsaufgaben. Ungeteilte Ausg. (X, 490 S.) 8. Ebd. 905. Geb. in Leinw. n.n. 4. 80

— dasselbe. Geteilte Ausg. 2 Tle. (VIII, S. 1—256 u. IV, S. 253—490.) 8. Ebd. 905. Geb. in Leinw. à n.n. 2. 60

— Physik f. die Oberstufe. Zum Gebrauch f. die Oberklassen höh. Lehranstalten. Unter besond. Berücksicht. der norddeutschen Lehrpläne bearb. 3. Aufl. m. mehr als 660 Fig., zahlr. durchgerechneten Musterbeispielen u. Aufgaben samt Lösgn. (VII, 450 S.) 8. Ebd. 909. Geb. 4. 45

Kleiber, Johann Jakob, pract. Arzt aus Benken (Ct. Basellandschaft) in Laufen (Ct. Bern): Aus der medicinischen Klinik des Herrn Prof. Dr. Eichhorst in Zürich. Über das Verhältniss der Embolie zur Hämorrhagie von Gehirngefässen bei Herzklappenfehlern nach Erfahrungen auf der medicinischen Klinik in Zürich. Basel Kreis Dr. 1894. 60 S. m. 1 Tab. 8°.
Zürich, Med. Diss. [v. 28. Mai 1894].

Mittheilungen aus der Geschichte der unter Constitution der Gr. National-Mutter-Loge Zu den drei Weltkugeln arbeitenden St. Johannis-Loge zum flammenden Stern. Festgabe zur Säcular-Feier der Loge am 5. März 1870. [Hrsg. von Karl Christian Ludw. **Kleiber.**] Berlin 1870: Ihring & Haberlandt. 40 S. 8°.
cf. Bh. 13 (1870) S. 160.
Tt. 536. Nach einem aus den Archiven der Grloge von v. Schweinichen zsgest. Werke bearb.; enth. ausser der kurzgefassten Gesch. ein Verzeichn. sämtl. Mitgl. seit Gründung der Loge u. biogr. Notizen üb. 11 M. v. St.

Kleiber, C. C. L., de Raimundi, quem vocant de Sabunde, vita et scriptis commentatus est. 4maj. (17 S.) Berolini 856, libr. Gebauer. *

Kleiber, L. Zur Geschichte des Baues der Dorotheenstädtischen Realschule. Rede des Direktors bei der Einweihung der neuen Aula. Beschreibung des neuen Schulgebäudes, der Turnhalle und der Wohnung des Direktors. 12 S., 1 Ansicht. Dor. Rg. *Berlin* 1876.
Progr.

Kleiber, L. Jahres-Bericht über die Dorotheenstädtische Realschule. Berlin 1867. 4°.

Kleiber, L.: Der Nachmittags-Unterricht und das Schul-Local. Berlin 1867.
Schul-/Univ.-Schrift

Kleiber, L., Regensburger „Turnerbund Jahn"-Marsch, m. Benutzung e. Turnermarschliedes v. A. Schönzinger komp., Ausg. f. Pianoforte m. Texteinlage, Regensburg, 4 S., 4°.

Kleiber, Ludwig, Dr.: **Beiträge zur** Charakteristik von Goethes Egmont. *Berlin 1903: A. W. Hayn's Erben.* (S. 3—27.) 4°
Berlin, k. Friedrich-Wilhelms-G, OP 1903 (60)

Kleiber, Ludovicus: Quid Tacitus in dialogo prioribus scriptoribus debeat. Halis Saxonum 1883: Pormetter in Berlin. 90 S 8°
Halle-Wittenberg, Phil. Diss. v. 27. Jan. 1883
Geb. Berlin 1. 11. 1857. V.
Im Buchhandel Halis Saxonum (Berlin: Mayer & Müller) 1883.

Kleiber, Ludwig [Dr.]: Die handschriftliche Überlieferung der Lieder Ulrichs von Singenberg. Ein Beitrag zur Kritik der mittelhochdeutschen Liederhandschriften und zur Kenntnis Walthers von der Vogelweide. Berlin, Druck v. A. W. Hayns Erben. (C. Hayn, Hof-Buchdr.) (1889); S. 3—24; 4°
Berlin, k. Friedrich-Wilhelms-G u. k. VS, OP 1889 (66)

Kleiber, Max, abseits der Touristen-Straße. Reisebilder aus Dalmatien. 8. (VIII, 145 S.) München 899. J. Lindauer. n. 1.35

— Katechismus der angew. Perspektive, s. a. Weber's illustr. Katechismen. 137.

Kleiber, Max, Katechismus der angewandten Perspektive. Nebst e. Anh. üb. Schattenkonstruktion u. Spiegelbilder. 12. (VIII, 185 S. m. 129 Abbildgn.) Leipzig 892. J. J. Weber. Geb. in Leinw. n. 2.50

Kleiber, Max, Katechismus d. angew. Perspektive. Nebst Erläutergn. über Schattenkonstruktion u. Spiegelbilder. 2., verm. u. verb. Aufl. 12. (VIII, 213 S. m. 145 Abb. u. 7 Taf.) Leipzig 896. J. J. Weber. Geb. in Leinw. n. 3.—

Kleiber, Max, das projective Zeichnen. Nebst den für das Zeichnen wichtigsten Aufgaben aus der ebenen Geometrie. 50 lithogr. Vorlage-Blätter mit begleitendem Text. Für den Gebrauch an gewerbl. Fortbildungs-Schulen, Kunstgewerbe- und Industrie-Schulen, sowie zum Selbst-Unterricht. gr. 4. (VIII, 94 S. mit eingedr. Fig.) [München 886, Heinr. Arnold's Kunst-Institut.] Stuttgart, F. Loewe. In Mappe * 12 —

—— dass. — [Neue Ausg.] Im Auftrage der Königl. Kunstgewerbeschule zu München hrsg. 50 Vorlageblätter mit begleitendem Text. Für gewerbl. Fortbildungs-Schulen, Realschulen, Kunstgewerbe-, Baugewerk- und Industrie-Schulen, sowie zum Selbstunterricht. Fol. (VIII, 94 S. mit eingedr. Fig.) Stuttgart 888, F. Loewe. In Mappe * 12 —

— das projektive Zeichnen nebst d. f. d. Zeichnen wichtigsten Aufgaben aus d. ebenen Geometrie. Im Auftr. d. kgl. Kunstgewerbeschule zu München hrsg. 50 (z. Tl. farb.) Vorlage-Blätter m. begleit. Text. Für gewerbl. Fortbildungs-Schulen, Realschulen, Kunstgewerbe-, Baugewerk- u. Industrie-Schulen, sow. z. Selbstunterricht. 2., rev. Aufl. Fol. (VIII, 92 S. m. 77 Fig.) Stuttgart 897. W. Effenberger. In Mappe n. 12.—

— Plato. 8. (17 S.) München (901). (J. Lindauer). n. —40

Kleiber, Otto. Lateinisch-deutsches u. deutsch-lateinisches Wörter-Verzeichnis zu Steiner-Scheindler's lateinischem Lese- u. Übungsbuche f. die II. Classe der österr. Gymnasien. gr. 8. (III, 107 S.) Prag 891, Tempsky. — Lpz., Freytag. * 1 —; geb. ** 1 40

Kleibert, Georg Christoph (Schweinfurt), De interpretatione contra eum facienda qui clarius loqui debuit. Diss. jur. Präs. Jo. Justin Schierschmid. Erlangen (Wolfgang Walther) April 1766. 54 S. (6.50) 18203
Widm. v.: I. C. Wittmann (Kitzingen), P. E. Segniz (dtsch.).

Kleibert, Joh. Heinrich (Schweinfurt) [Autor]
Dissertatio inauguralis juridica de primariis communionis bonorum conjugalis effectibus secundum statuta Svinfurtensia.
Giessae [22.] Mai 1733: Eb. Henr. Lammers. 52 S. 4°
pro summis in utroque jure honoribus et privilegiis doctoralibus more majorum rite consequendis.

Kleibl, Jos.: Quaestiones Colutheae. 24 S. – Wien, Th., Progr. 1862.

Kleibömer, G., die Armen-Gesetzgebung in ihrer neuesten Gestalt, sowie die Bestimmgn. üb. Erwerb u. Verlust der Reichs- u. Staats-Angehörigkeit u. üb. Freizügigkeit. Ein Handbuch zum prakt. Gebrauche f. alle Verwaltungs-Behörden, Staats- u. Communal-Beamten, Armen-Vorstände u. Deputationen rc. gr. 8. (VI, 130 S.) Rheinberg 876. (Ruhrort, Andreae & Co.) n. 2. —

Kleibömer, G., die Armen-Gesetzgebung in ihrer neuesten Gestalt, sowie die Bestimmungen über Erwerb u. Verlust der Reichs- u. Staats-Angehörigkeit u. über Freizügigkeit. Handbuch zum praktischen Gebrauch für alle Verwaltungs-Behörden, Staats- u. Communal-Beamten, Armen-Vorstände u. Deputationen rc. 2. Aufl. gr. 8. (VI, 130 S.) Leipzig 879. Grieben. n. 2. —

—— die preußische Fabrikgesetzgebung. Ein Handbuch zum prakt. Gebrauche für Fabrikanten, Fabrikbeamte, Techniker rc., überhaupt für jeden Arbeitgeber und Arbeitnehmer auf gewerbl. Gebiete. Mit Formularen. 8. (VIII, 226 S.) Mülheim 879, Bagel's Verlag.

—— die preußischen direkten Steuern und die Gemeinde-Steuern. Ein Hülfs- und Nachschlagebuch für alle Gewerbe- und Handelstreibenden, Haus- und Grundbesitzer, Etablissements, so wie für jeden Steuerzahler. Mit einer Reihe von Formularen zu den verschiedensten Steuer-Reclamationen. 8. (IV, 268 S.) Ebendas. 878.

—— dass. — Ein Hülfs- und Nachschlagebuch für alle Gewerbe- und Handelstreibenden, Haus- und Grundbesitzer, Verwaltungs- und Steuerbehörden, Steuer-Einschätzungskommissionen, Etablissements, so wie für jeden Steuerzahler. Mit einer Reihe von Formularen zu den verschiedensten Steuer-Reklamationen rc. 2. verb. und mit vielen Formularen verm. Aufl. 8. (IV, 288 S.) Ebendas. 879.

Kleibömer, G., der praktische Steuer-Reklamant. Ein Helfer und Ratgeber gegen Ueberbürdung mit direkten Staats- und Gemeinde-Steuern für jeden Steuerzahler. 3. veränd. und verb. Aufl. 8. (216 S.) Mülheim 881, Bagel's Verlagsh.
1. und 2. Aufl. u. d. T.: Die preußischen direkten Steuern.

Kleibömer, Geo., Emanuel Geibel. Sein Leben u. Schaffen, volkstümlich dargestellt. (VII, 85 S. m. 1 Bildnis u. 5 Abbildgn.) 8. Gotha 910. F. A. Perthes. 1.60; geb. in Leinw. 2.25

Kleibömer, G., Klostermauern. Drama in 5 Aufzügen. (III, 60 S.) 8. Dresden (906). E. Pierson. n. 1.50

Kleibömer, Carl, aus Straßburg i. E.: Beiträge zur Lehre von der Extrauteringravidität. *Straßburg i. E. 1904: C. Müh & Co.* (61 S.) 8°
Straßburg, Med. Diss. v. 1904

KLEICKMANN, Peter (Wadersloh): Zur Casuistik der Hirntuberkel.- München: Kifling 1895. 35 S.
24.2.1893 - Chr 1892/93,16; Jv 1892/93,207
Diss. Ingolst.-Landsh.-Mchn.

Das Kleid der eigenen Gerechtigkeit. 'Wo bist du?' Elberfeld: R. Brockhaus [1905]. (15 S.) 8° [F.]
= [Schriften z. Erbauung d. Gläubigen.] No 131. [illegible]

Kleid, d., aus Lyon. Lstsp. v. Jünger. 8. Lpz. Dyk. 787.

Kleid, das, macht nicht den Mann. Posse in 1 Akt, nach d. Französ. d. Gersin, frei bearb. von J. B—r, Verf. d. „Verwandlungen." 8. Wien 807. (Armbruster).

Kleid, das, macht nicht den Mann, Posse. 8. Wien, Degen. 807. (Armbruster.)

Kleid, das, d. Unschuld unter d. Sinnbilde d. Skapuliers. Eine Predigt, gehalten in d. Pfarrkirche zu Wettstetten (v. Forster). 8. (1 B.) Ingolstadt 832. (Regensburg, Manz.)

Kleiden, F. W., Vorschläge zu einer vernünftigen Wahl. 8. Stendal. 796.

Kleider, die, der Herzogin. Roman v. Marie Madeleine. (130 S.) 8. Berlin (906). Verlag Continent. n. 2. —; geb. n. 3. —

Kleider, Otto, prakt. Arzt in Döbeln: Über Zahncysten. *Saalfeld (Saale) 1902: Wiedemann.* (31 S.) 8°
Jena, Med. Diss. v. (23. Aug.) 1902

Kleiderfärberei, die moderne. M. d. neuesten Recepten. V. e. prakt. Fachmann. Dazu e. Musterkarte, nach d. Vorschriften übersichtlich geordnet. gr. 8. (27 S.) München 896. G. D. W. Callwey. n. 3. —; Musterkarte dazu. schmal Fol. (10 Taf. m. 60 farb. Stoffmustern.) Auf Leinw. in Leinw.-Decke 6. —

Berner Kleiderhaus z. Bären, Bern.... [Illustriert.] II + 20 S. 8. Bern, Ott & Bolliger, [1901].

Kleiderkassen-Institut, das, der großherzogl. bad. Staats-Eisenbahnen. Verhandlung am 20. März 1883 gegen die Redakt. Ph. Gerber [Badischer Beobachter] und Ab. Jahn [Neue Bad. Landes-Zeitung] vor dem Schwurgericht in Karlsruhe. Stenograph. Bericht. gr. 8. (83 S.) Mannheim 883, (Bensheimer's Verlag.)

Kleidermacher, der. Unentbehrliches Unterhaltungs- und Geselligkeits-Taschenbuch für den Kleidermacher. 16. (VIII und 240 S.) Burg 856, Hopfer.

Kleidermacher, der frohe. Ein Liedercyclus nach bekannten Volksmelodien. gr. 16. (16 S.) Barmen 864, Bornefeld'sche Steindruckerei.

Kleidermacher, der, f. Herren. Organ f. internationale Herrenmoden, die gesammte Bekleidungs-Industrie u. alle Nebenbranchen. Mit Unterhaltungsblatt. Red.: G. H. Wolff. [Aus: „Mode, allg. Schneider-Ztg."] 1. Jahrg. 1890. 12 Nrn. (1 1/2 B. m. 1 Modenbilde u. 2 Schnitttaf.) gr. 4. Berlin, Harrwitz Nachfolger. n. 6. —

Kleidermacher, der, f. Herren. Organ f. internationale Herrenmoden, die gesammte Bekleidungs-Industrie u. alle Nebenbranchen. Mit Unterhaltungsblatt. Red.: G. H. Wolff. [Aus: „Mode, allg. Schneider-Zeitg."] 2. Jahrg. 1891. 12 Nrn. (1 1/2 Bog. m. 1 Modenbilde u. 2 Schnitttaf.) gr. 4. Berlin, Harrwitz Nachfolger. n. 6. —
Nicht weiter erschienen.

Kleidermacher, der moderne. 1. u. 2. Jahrg. 1875 u. 1876 à 6 Hfte. (B. m. eingedr. Schnittmustern.) Mit 2 grossen Moden-Tableaux f. Frühjahr u. Sommer, Herbst u. Winter m. je 20 Fig. in Stahlst., fein color., sowie m. 8 fein lith. Moden-Tableaux in prachtvollstem Tondr., den entsprech. Schnittmustern u. erklär. Text. gr. 4. Dresden, Exped. der Europ. Modenzeitg. à Jahrg. n. 20. —

Kleidermacher, der moderne. 3—6. Jahrg. 1877—1880. à 6 Hfte. (B. m. eingedr. Schnittmustern.) Mit 2 großen Moden-Tableaux für Frühjahr u. Sommer, Herbst u. Winter mit je 20 Fig. in Stahlst., fein color., sowie mit 8 fein lith. Moden-Tableaux in prachtvollstem Tondruck, den entsprechenden Schnittmustern u. erklärendem Texte. gr. 4. Dresden, Exped. der Europäischen Modenzeitung. à Jahrg. n. 20. —; Pracht-Ausg. m. vermehrten Modentableaux-Beilagen auf extrafeinem Kpfrdr.-Pap. n. 40. —

— dasselbe. 7. u. 8. Jahrg. 1881 u. 1882. à 6 Hfte. (B. m. eingedr. Schnittmustern.) Mit 2 großen Moden-Tableaux für Frühjahr u. Sommer, Herbst u. Winter in color. Stahlst., sowie mit 6 kleineren fein lith. Moden-Tableaux in Tondr., den entsprechenden Schnittmustern u. erklärendem Text. gr. 4. Dresden, Expedition der Europ. Modenzeitung. à Jahrg. n. 20. —; einzelne Hfte. à n. 6. —

Kleidermacher, der moderne. 9—12. Jahrg. 1883—1886. à 6 Hfte. (B. m. eingedr. Schnittmustern.) Mit 2 großen Moden-Tableaux f. Frühjahr u. Sommer, Herbst u. Winter in color. Stahlst., sowie m. 6 kleineren fein lith. Moden-Tableaux in Tondr., den entsprech. Schnittmustern u. erklär. Text. Fol. 4. Dresden, Exped. der Europ. Modenzeitg. à Jahrg. n. 20. —; einzelne Hfte. à n. 6. —

— der moderne. 13.—16. Jahrg. 1887—1890. à 6 Hfte. (B. m. eingedr. Schnittmustern.) Mit 2 großen Moden-Tableaux f. Frühjahr u. Sommer, Herbst u. Winter, sowie m. 6 kleineren fein lith. Moden-Tableaux, den entsprech. Schnittmustern u. erklär. Text. Fol. Dresden, Exped. der Europ. Modenzeitg. à Jahrg. n. 20. —

— der moderne. 17.—20. Jahrg. 1891—1894. à 6 Hfte. (Bog. m. eingedr. Schnittmustern.) à Jahrg. m. 2 großen Moden-Tableaux f. Frühjahr u. Sommer, Herbst u. Winter, sowie m. 6 kleineren fein lith. Moden-Tableaux, den entsprech. Schnittmustern u. erklär. Text. Fol. Dresden, Exped. der Europ. Modenzeitg. à Jahrg. n. 20. —

Kleidermacher, d. moderne. 22.—25. Jahrg. 1896—1899. à 6 Hfte. (à ca. 8 u. 24 S. in gr. Fol. m farb. Modenbild, Schnitttaf. u. Reduktionsschema.) Dresden, Exped. d. Europ. Modenzeitung. à Jahrg. n. 20. —
Kann auch halbjährlich bezogen werden.

Kleidermacher, der moderne. Red.: Rud. Tiesler. 26.—29. Jahrg. 1900—1903. à 6 Hfte. gr. 4. (à ca. 16 S. u. 16 S. in gr. 8. m. Abbildgn., Modenbildern, Schnittbogen u. Reduktionsschemata.) Dresden, Expedition der europ. Modenzeitung. à Jahrg. n. 20. —

Kleidermacher, der moderne. Red.: Rud. Tiesler. 30. Jahrg. 1904. 6 Hefte. (à ca. 8 u. 16 S. in gr. 8 m. Abbildgn., Modenbildern u. 1 Reduktionsschema.) gr. 4. Dresden, Expedition der europ. Modenzeitg. n. 20. —

— dasselbe. 31. u. 32. Jahrg. 1905 u. 1906. à 12 Hefte. (à ca. 8 u. 12 S. m. Abbildgn., Modebildern, Schnittmuster u. Reduktionsschema.) gr. 4. Ebd. n. 25. —; m. farb. Tableau n. 30. —

Kleidermacher, der moderne. Red.: Rud. Tiesler. 36. Jahrg. 1910. 12 Hefte. (à ca. 8 u. 12 S. m. Abbildgn., 2 farb. Modebildern, Reduktionsschema u. Schnittmuster.) 39×27 cm. Nebst: Die Mode des Tages. Technische Modellsammlg. f. Herrenbekleidg. (4 Nrn.) (Jan. 1910. 16 S. m. Abb.) Lex. 8. Dresden, Expedition der europ. Modenzeitg. 25. —; m. farb. Tableau 30. —

Kleidermachers (sonst klassisch „Schneider" genannt) melirte Gedichte. Reutlingen 857. Bardtenschlager. 16. (IV, 83 S.) 6 ngr.

Kleidermachers melirte Gedichte. 16. (IV und 83 S.) Reutlingen 857, Bardtenschlager. (Enßlin und Laiblin.)

Allgemeine **Kleiderordnung.** o. O. 1802.
26 S. 8°.

Fürstlich Fuldische Kleider-Ordnung, de Anno 1766. Fulda, gedruckt bey Johann Christoph Dempler . . . . O. J. Fol. (Bibl. Lipperheide no. 3328.)
12 S. mit 1 eingedr. Wappen in Holzschnitt.

Kleiderordnung, I. Kgl. Majest. in Pohlen als Chur-Fürsten zu Sachsen etc. Dresden, 21. II. 1750. 6 Bl. in Folio. (4 Mk., Expl. mit handschriftl. Notiz, Adolf Weigel, 1909:)

Neue Franckfurter Jüdische Kleider-Ordnung, Deßgleichen wie es bey ihren Verlöbnüssen, Hochzeiten, Beschneidungen, Gevatterschafften und anderen Vorfällen hinführo soll gehalten werden .... Aus dem Hebräischen ins Hochteutsche übersetzet, und mit nöthigen Anmerkungen versehen Von Johann Jacob Schudt ... Franckfurt am Mayn, Gedruckt und zu finden bey Matthias Andreä, Anno 1716. Kl. 8°. (Bibl. Lipperheide no. 3343.)
Titelkupfer, 62 S. (S. 15. 16 in der Zählung ausgelassen.)

Auf Landes-fürstlichen Gnädigsten Befehl E. E. Rahts der Stadt Braunschweig publicirte Kleider-Ordnung. Braunschweig / Gedruckt durch Christoph-Friederich Zilligers sehl. nachgel. Wittib und Erben / 1705. 4°. (l. c. no. 3341:)
Tit. u. Wappen in Holzschn., 5 Bl.

Eines Ehrenvesten Rahts der Stadt Stralesund Renovirte Kleider-Ordnung / Wornach sich derselben gesampte Bürgere / Inwohnere und Angehörige nach Unterscheid der Stände zu verhalten. Nach dem Ao. 1685. gedruckten Exemplar, abermahl wieder auffgeleget und verfertiget Durch Seeligen Michael Meders nachgelassenen Erben ... [Stralsund.] 1702. Kl. 4°. (l. c. no. 3380:)
8 Bl. m. 1 eingedr. Holzschn.

Eines Hoch-Edl. Rahts der Stadt Stralsund Renovirte Kleider-Ordnung / Wornach sich derselben gesamte Bürgere, und Angehörige nach Unterscheid der Stände zu verhalten. Anno 1729. STRALSUND / Druckts Georg Christ. Schindler ... Kl. 4°. 4 Bll. (l. c. no. 3382.)

Kleider Reglement [der Stadt Alten Stettin vom 22. März 1708. O. O. u. J.] Kl. 4°. (l. c. no. 3376:)
Tit., 5 Bl.

Kleiderschrank, d., oder d. versöhnten Rivale. Comödie. 8. Hamb. Gleditsch. 779.

Kleiderschrank, der, oder d. verhöhnten Rivale. Hamb. 779. Gleditsch.

Augspurgische Kleider Tracht, daselbst verlegt von Philipp David Danner [um 1720].
M. d. Tit. 20 Taf. in kol. Kupferst. 8°.
Titelblatt bez.: J. D Nessenthaler fecit

Breßlau- oder Schlesische Kleider-Tracht. La manière de s'habiller en Silésie, ou à Breslau. M. Rößler sculpsit, Max Engelbrecht excud. A. V. (Augsburg, Engelbrecht, ca. 1734.) 6 Bll. Qu.-Fol.
So citirt von Prof. Friedr. Pfeiffer zu Thomas, J. G., Handbuch d. Literaturgesch. v. Schlesien. Hirschberg 1824. Gr. 8°. — Rariss.

* UEBER die Kleidertracht der katholischen Ordensgeistlichen. Gewidmet allen jenen Orden, die ausgehen
in aner, als:
Franciskaner, Paulaner, Dominikaner, Salesianer etc.
in iten:
Karmeliten, Minoriten, Serviten, Barnabiten, Johanniten etc.
in iner:
Benediktiner, Pauliner, Augustiner, Wilhelminer, Kapuziner etc.
in enser:
Premonstratenser, Cistercienser, Kamaldulenser etc.
in r:
Dorotheer, Weißspanier, Nazareer etc.
Frankfurt u. Leipzig (o. Adresse). 1782. 8°.
Derbes Pamphlet der Josephinischen Periode, sehr selten! 22 S. (incl. Tit.), 1 leeres Bl.

Kleidertrachten

— u. Prospekte von Nürnberg. Mit ill. Kpf. 8. Nürnb. 778. Monath u. K. 1 ₰

Kleidertrachten, über die Verschiedenheit der. 8. Leipz. 775. Compt. f. Litt. 4 K

Kleiderwaschen, das chemische, f. den Hausgebrauch u. als Frauenverdienst. Prakt. Lehrheft zum Waschen, Bügeln u. Ausrüsten von Herren- u. Frauenkleidern, Tisch- u. Bettdecken, Halstüchern, Shawls, gestrickten Kopfwärmern, Glacéhandschuhen u. s. w. in Halb- u. Ganz-Wolle, Seide, Samt u. Flanell, nebst e. Anh. über Fleckenreinigung. 12. (32 S.) Reutlingen (902). Enßlin & Laiblin. — 50

Kleidke, J. G., Handbuch der Feldmeßkunst f. Oekonomen. Mit 9 Kpf. gr. 8. Berl. 798. (Reimer). 1 ₰

Kleidorffer, Joan., († ...) clypeus pastoralis, pro utroque foro, maxime ad defensionem jurium ecclesiast. elaboratus. II Part. 4. Augsb. 754. Rieger. 2 ₰ 8 K
Vgl. Kleindorf, Joh.

Kleidung, die, der christlichen Frau. Nach der 4. Aufl. des Engl. übers. von einer Frau. 16. (32 S.) Berlin 855, J. A. Wohlgemuth.

Kleidungs Arten in der Stadt Augspurg. Allda in Verlag zu finden bey Joh. Georg Mertz ... Modes de la Ville d'Augsbourg ... [um 1725].
Kupfertit.; 36 Taf. in Kupferst. 8°.

—. Kolorierte Ausgabe des vorigen Werkes.
8°.

—. Facsimile-Neudruck des selben Werkes, unkoloriert (Berlin 1924).
36 Taf. 8°.
(Jahresgabe des Freundeskreises der Bibliothek des Kunstgewerbe-Museums Berlin 1924.)

Kleidungs Arten in der Stadt Augspurg. Allda in Verlag zu finden bey M. G. Crophius ... Modes de la Ville d'Augsbourg ... o. J.
Kupfertit.; 36 Taf. in Kupferst. 8°.
Nur durch den Namen des Verlegers unterschiedene Titelauflage des vorigen Werkes

Kleidungs-Arten in der Stadt Augspurg. Augspurg ca. 1750. V: *Mertz, Joh. Georg.* (EB)

Kleienmayrn, s.a. Kleinmayern.

Kleienmayrn, Franz Thaddäus von

(v. Kleienmayrn, F. T.) Nachricht von d. Zustande der Gegend u. Stadt Juvavia vor, währ. u. nach der Beherrschung durch die Römer. fol. Salzburg 1784. 13,50. — Universal-Repertorium dazu [von A. J. Emmert]. 8. ib. 1805 2,00.

Kleienmayrn, Franz Thaddä von: Allgemeine Verordnung (die Totenbeschau betreffend) von F.Th.von Kleienmayrn und Joachim von Hermes. 3 S., gbd.

Salzburg: 1792

Kleifeld, Peter: Die Unterhaltspflicht des Vaters gegenüber seinen minderjährigen ehelichen Kindern, mit besonderer Rücksicht auf den Fall, daß dem Vater die Sorge für die Person des Kindes entzogen ist.
Rostock 1903: C. Hinstorff. 120 S. 8°
Rostock, Jur. Diss. v. [8. Apr.] 1903

Kleiss, Dn. Herm., († d. 14. Mai 1794.) Aruga Ketana etc. Kleines Beet, in dem sich 240 Saamengattungen, d. heil. Religionsvorschriften befinden. (Hebräisch.) 4. Hamb. 787.

Kleikamp, Alex., Beleuchtung der „Antwort" des Herrn Pastors Mallet auf die „Entgegnung" des Herrn Pastors Probst [kath. Pfarrers zu Bremen] als Würdigung der Schrift: Über den Heiligen- u. Bilderdienst in d. röm. Kirche. Oldenburg, Schulze, 1842, gr. 8°, 75 Pf.

Kleikamp, Alex., Bemerkungen zum 5. Abschn. des Verfassungsentwurfs: „Von der Religionsübung, den Kirchen und milden Stiftungen." 8. (18 S.) Oldenburg 848, Schmidt.

—— die Sympathie für die Czerskianer in Schneidemühl. Eine Besprechung der königsberg-oldenburgischen Adressen an dieselben. gr. 8. (3/4 B.) Oldenburg 845, Sonnenberg'sche Buchh.

Kleikamp, Fritz: Die Entstehung und Bedeutung des Imperialismus in England. Gartz a. O.: K. Fiebelkorn. (30 S.) 8°
Gartz a. O., G OP 1906 (171)

Kleikamp, Gustav (Heinrich Eduard): Zur C a s u i s t i k der Perforationsperitonitis ...
Greifswald. Druck v. J. Abel; 24 S. 8°
Greifswald, Med. Fak., Inaug.-Diss. v. 20. Juni 1894

Kleikamp, *Friedrich* Karl [pr. Arzt aus Braunschweig]: Aus d. Greifswalder med. Klinik. Ein Fall von Akromegalie ... Greifswald, Druck v. J. Abel, 1893; 25 S. 8.
Greifswald, Med. Fak., Inaug.-Diss. v. 10. Febr. 1893

Kleile, J. G., praktische Elementargrammatik der lateinischen Sprache mit Expositions- und Compositions-Beispielen, einer entsprech. Chrestomathie, einfachen Exercitien und einem nach den Paragraphen der Elementargrammatik geordneten Vokabelnbuche, als Präparation für den Schüler. I. Cursus. gr. 8. (XIV und 292 S.) Stuttgart 848, Schweizerbart'sche Vrlsbh.

—— dass. — 2. Cursus. gr. 8. (S. XV—XVIII und 293—465.) Ebds. 848.

—— Vokabelbuch hierzu. Geordnet nach Paragraphen der Elementargrammatik und der angehängten latein. Chrestomathie. gr. 8. (295 S.) Ebds. 848.

Kleim, A. E., die Malkunst. Anweisgn. u. Ratschläge, diese Kunst auf billigstem Wege gründlich zu erlernen. 8. (32 S.) Leipzig 896. G. Wimmer. n. — 60

Kleim, Carl: Ein F a l l von Dissection der Harnblase.
Berlin 1880. 30 S. 8°
Berlin, Med. Diss. v. 6. März 1880

Kleimann, Paul, s. a. Alexander, Paul.

Kleimann, Paul Alex., prakt. Anleitung zum Erlernen d. stummen Spiels auf der Bühne. Für Lehrer u. Schüler der Schauspielkunst. gr. 8. (VII, 82 S.) München 900. F. Bassermann. n. — 60

Kleimann, Paul Alex., Uebungsstoff f. den Unterricht in dialektfreier Aussprache des Deutschen. (III, 35 S.) 8. Hamburg 906. C. Boysen. n. — 60

Beiträge zur Synonymik der hebräischen Sprache über Gegenstände theologischen, psycholog., naturhistor. u. archäolog. Inhalts. Von H. **Kleimenhagen.** *Frankfurt a. M.: J. Kauffmann 1896.* (VIII, 96 S., 1 Bl.) 1 Bd 8. [96. 9317

Kleimenhagen, H., die Natur des Geistes nach der mosaischen Lehre. gr. 8. (55 S.) Leipzig 878. Baumgärtner in Comm. n. 1. —

— Rathgeber für Eltern u. Lehrer in praktischen Erziehungsfragen. gr. 8. (IX, 102 S.) Braunschweig 880. Vieweg & Sohn. n. 2. 40

Kleimenhagen, H., Rathgeber f. Eltern u. Lehrer in praktischen Erziehungsfragen. 2., verm. Ausg. gr. 8. (VII, 125 S.) Braunschweig 894. F. Vieweg & Sohn. n. 2. 40

Kleiminger, Franz, Arzt: Über die Bedeutung der Tonsillen für das Zustandekommen der sogenannten „kryptogenetischen" Erkrankungen. Teterow 1905: Kohlert. (25 S.) 8°
Rostock, Med. Fak., Ref. Martius, Diss. v. 5. Aug. 1905
[Geb. 28. Dez. 81 Neustadt i. Meckl.; Wohnort: Teterow; Staatsangeh.: Preußen; Vorbildung: Gymn. Doberan Reife O. 00; Studium: Tübingen 2, Rostock 1, Tübingen 2, Rostock 4 S.; Coll. 23. Febr. 05; Approb. 1. Febr. 05.]

Kleiminger, Joh. Heinr., das ästhet. Princip d. Begründung d. Christenthums, mit Bezieh. auf d. verew. Tzschirners Darstellung u. Beurtheil. desselben; geprüft. gr. 8. (3 B.) Rostock 829, (Stiller.)

Kleiminger, (Joh. Heinr.,) Wie das Andenken an d. durch Luther wieder hergestellte Evangelium Jesu am Jubelfeste d. evangel. Kirche zu feiern sey. Eine Predigt. 8. Güstrow 817, Ebert.

Kleiminger, Rudolf, a. Teterow: Über die innere Energie des Isopentans. Rostock 1907: Adlers Erben. (60 S.) 8°
Rostock, Phil. Fak., Ref. Dieterici, Diss. v. 31. Dez. 1906
[Geb. 19. Nov. 84 Neustadt i. M.; Wohnort: Rostock; Staatsangeh.: Mecklenburg; Vorbildung: Gymn. Doberan Reife O. 03; Studium: Tübingen 3, Halle 2, Rostock 2 S.; Rig. 21. Dez. 06.]

Kleimon, Heinr., Rheinfahrt der Lorelei. Ein launiges und ernst patriot. Heldengedicht. 16. (VIII, 76 S.) Königsberg 876, Braun und Weber.
geb. mit Goldschn. *

Klein, Joseph, Generalvikar des Erzbisthums München-Freysingen . . . Landshut 1825. V: *Werner, Petrus.* (Lindner)

Klein, Karl, Bischof v. Limburg. Eine Lebensskizze. s. Hilpisch, G.

Klein, Dr. Karl, Bischof v. Limburg. Festschrift, zu Hochdessen Inthronisation am 6. Decbr. 1886 verf. v. e. Priester der Diöcese. 16. (46 S.) Frankfurt a/M. 886. Foesser Nachf. n. — 30

Klein u. niedlich. Leporello-Album. qu. 16. (20 Farbendr.-Bilder m. Text auf Pappe.) Stuttgart 889. Loewe. — 70

Klein u. niedlich. 16. (25 farb S. m. Text auf Pappe.) Stuttgart 898. F. Loewe. In Leporelloform n. 1. —

Klein und weise. 32. (19 S.) Barmen 870, (Buchh. der evangelischen Gesellschaft.) — 15

Klein Über Göthe's Achilleis. 19 S.
Emmerich, Progr. 1850

Klein, der Anteil der inneren Mission an der apologetischen Aufgabe der Gegenwart. (16 S.) 8. Witten (910). Verlag des ev. Preßbüros. nn — 15
Sonderabdruck aus: „Die innere Mission im ev. Deutschl."

Das Asthma und seine Heilung. Gemeinverständl. dargest. von Dr. **Klein.** Berlin: C. M. L. Seeger [1906]. (22 S.) 8° [07. 3301

Klein. Beschreibung aller wohlthätigen Stiftungen im Königreich Würtemberg. *Tübingen.* 1790

Zwei Vorträge I. Ueber die Beweise für die Unsterblichkeit des Menschen. II. Ueber die Stellung der Evang. Kirche zur socialen Frage. Gehalten am 13. und 14. Juni, auf der Hauptversammlung des badischen Predigervereins, von KLEIN und BROMBACHER. Pforzheim (1871). Druck von Heinrich Müller. 8°.

Bruderwort des Br. Klein, Namens seiner Mit-Deputirten der Br. Michalowsky, Suffert und Klokow, gesprochen bei der 50jährigen Jubelfeier am 23sten Febr. 1826 in der Loge Memphis. Memel [1826]: Horch. 2 Bl. 8⁰ [Umschlagtit.]
Gedicht: „Viel Brüder wanderten in diesen Tagen . . .“ 157.

Klein, d. Buch v. d. Biene, s.: Wißgall, J.

Westerholt, Alexander Graf von: [Gedicht] Dem vorsizenden [!] Meister vom Stuhl Br. Alexander Grafen von Westerhold zur Feier seines Namensfestes am 3. des V. 5804 gewidmet von **Klein** 5804. [Regensburg 1804.] 6 Bl. 8⁰. [Umschlagtit.]
„Erhabner, sich bei deines Festes Weihe“ .. 21

Klein, Gefühlsprüfung am weiblichen Genitale in krimineller Beziehung. (10 S.) 8. Berlin 905. J. Goldschmidt. n. 1.—
Sonderabdruck aus: „Deut. medizin. Presse“.

Klein: Die Geschichte des Gymnasiums zu Emmerich. 3. Abtheilung (von 1624-1811). S. 63-112. – Emmerich, Progr. 1853.

Klein, Handbuch der vornehmsten historischen Wissenschaften. Altenb. 821. Bd. 1. 8.

Klein, ..., (Jos. M. Frz. Frhr. v. Liechtenstern,) Handbuch d. historisch. Wissenschaften, nach Hederichs Plane neu bearb. gr. 8. Leipz. 823. Brockhaus. 1 ℛ 12 gr

Klein, Inventar- u. Kassenbuch f. den Landwirt. 4. (23 S.) Boppard 890. Richter. n.n. —15

Klein, : Innere Communication der Vereinigten Staaten von Nordamerika. s. Gerstner

Klein, s.: Kunst, die, 20—25 Prozent an den Ausgaben f. den Haushalt zu sparen.

Klein. De partibus formisque quibus tragoediam constare voluerit Aristoteles. Bonn, G., 1856. 13 S. 4. **Progr.**

Die Stuhlverstopfung und ihre Folgen. Von Dr. **Klein.** Berlin: C. M. L. Seeger [1906]. (3 Bl.) 8° [07. 2340

Klein, (Dr.,) die Vorschule d. mathemat. Geographie. gr. 8. Chemnitz 821, Kretschmar.

Maurerische Vorträge vom Redner der Loge Louise zum aufrichtigen Herzen in Tilse [d. i. **Klein**]. Tilse 1818: Post. X, 130 S. 8⁰
Kl. 1206. 23.

Klein, A., Abänderung der am 1. IV. 1903 erlassenen Polizei-Verordnung üb. die Bauten in den Städten des Reg.-Bez. Oppeln vom 29. V. 1910. Ergänzung zur Baupolizei f. die Städte des Reg.-Bez. Oppeln. (15 S.) kl. 8. Groß-Strehlitz 910. A. Wilpert. —50

— Baupolizei f. das platte Land des Reg.-Bez. Breslau. Baupolizei-Verordnung f. das platte Land vom 1. VII./1. VIII. 1910 nebst den sie ergänz. gesetzl. Bestimmgn. Mit ausführl. Sachregister. (V, 132 S.) 8. Ebd. 910. Geb. in Leinw. 2. 40

Klein, A., 22 rhythmische Choräle f. den Männerchor. gr. 8. (19 S.) Kassel (901). E. Röttger. n. —50

Klein, A., Glückwunsch-Büchlein f. Kinder, enth. Gedichte u. Glückwünsche zu Neujahrs-, Weihnachts- u. Geburtstags-Feierlichkeiten. gr. 8. (IV, 79 S.) Schweidnitz (899). G. Brieger. —30

Klein, A., Glückwunsch-Büchlein f. Kinder, enth. Gedichte u. Glückwünsche zu Neujahrs-, Weihnachts- u. Geburtstags-Feierlichkeiten. 2. Aufl. (IV, 79 S.) gr. 8. Schweidnitz (903). G. Brieger. —30

Klein, A., Handbuch f. d. Ortsbehörden d. Landgem. u. kleineren Städte, sowie die Einkommensteuer-Voreinschätzungs-Kommissionen, enth. die v. denselben bei der Staatssteuer-Veranlagg. zu beobacht. Bestimmgn. gr. 8. (119 S.) Limburg 896. Glaeser. n. 2.—

Klein, A., u. Reinh. **Gerling,** der Heilmagnetismus. (Vitalelektrizität.) Wie lerne ich magnetisieren? Eine volksverständl. Anleitung f. Eltern u. Erzieher. gr. 8. (91 S. m. 16 Abb.) Oranienburg (902). Orania-Verlag. n. 1.20

Klein, A., u. Reinh. Gerling, der Heilmagnetismus. (Vital-Elektrizität.) Wie lerne ich magnetisieren? Eine volksverständl. Anleitg. f. jedermann. Erweitert u. nach den neuesten wissenschaftl. Forschgn. bearb. v. Magnetopath Jacques Groll. (118 S. m. 16 Abbildgn.) 8. Oranienburg 909. [Orania-Verlag.] F. Koslowsky. 1. 50

25 Jahre freiwilliger Fortbildungspflege durch den Verband für Ost- und Westpreußen der Gesellschaft für Verbreitung von Volksbildung. Jubiläumsschrift z. 25j. Bestehen d. Verbandes u. z. 28. Jahresversamml. d. Hauptgesellsch. in Danzig 1898. Namens d. Verb.-Ausschusses hrsg. v. Verbandsvorst. A. **Klein.** Danzig 1898: A. W. Kafemann. (22 S.) 8° [J.]
— Gesellschaft f. Verbreitung von Volksbildung. Verband f. Ost- u. Westpr. **Jahresbericht.** 25.

Klein, A., Karfreitags-Liturgie f. evang. Kirchenchöre. gr. 8. (11 S.) Kassel 898. E. Röttger. n. —25

Klein, A., Lobsinget dem Herrn! Kurzer Inbegriff der nothwendigsten Gebete und Gesänge eines kathol. Christen. Nebst den gebräuchlichsten Bruderschafts- und sonst. Andachten. gr. 16. (272 S.) Speyer 876, Kleeberger'sche Buchh. *
geb. *

Klein, A., Tabellen zur Berechnung d. Höhenunterschiede aus gleichzeitig beobachteten Barometerständen, nebst e. Vorschlage z. Verbesser. d. Barometer. gr. 4. (1 B. u. 2 Tab. qu. gr. Fol.) München 831, Fleischmann.

Klein, Adf., Bautischler-Arbeiten. Bearb. f. Bautischler u. Bautechniker. Fol. (42 S. m. 20 Bl. Zeichngn.) Strelitz 891. M. Hittenkofer. In Mappe. n. 7.—

Klein, Adolf [aus Schönlanke]: Beitrag zur Ätiologie des Krebses . . . Würzburg, A. Boegler'sche Buchdr., 1893; 20 S. 8.
Würzburg, Med. Fak., Inaug.-Diss. v. 1893

Dachbinder-Motive, s. Hittenkofer.

Klein, A., Studien üb. den gerichtlich-chemischen Nachweis v. Blut. Inaug.-Diss. gr. 8. (57 S.) Dorpat 889. (Karow.) n. 1.—

— hölzerne Treppen. Bearb. f. Zimmerer, Tischler u. Bautechniker. Fol. (24 S. m. 6 Bl. Zeichngn.) Strelitz 891. M. Hittenkofer. In Mappe. n. 3. 60

Klein, *Adolf* [Dr.]: Über den Turnunterricht an sechsklassigen höheren Lehranstalten. Dirschau, Buchdr. Kriesel & Monath, 1894; 3—30 S. 4.
Dirschau, RPG, OP 1894 (40)

Klein, Adolfus *(geb. [Lampersdorf in Mittelschles.] 29. 12. 1850)*: De adjectivi assimulati apud Ciceronem usu. Vratislaviae 1879. (44 S.) 8° *[Im Buchhandel 1879 bei Köhler in Breslau.]*
Breslau, Phil. Diss. v. 16. Aug. 1879

Klein, Alb., Deutschland vor 100 Jahren, s. Aufwärts! Nr. 7.

Klein, A., Deutschland vor hundert Jahren, Geschichtliche Bilder, Frankfurt a. M., 39 S., 8°.

Klein, Albert, Dr.: Entstehung und Komposition des Marienburger Tresslerbuches. Ein Beitrag zur Kritik mittelalterlicher Rechnungsbücher. Offenbach a. M. 1905: C. Forger. (55 S.) 8°
Offenbach a. M., großh. OR P 1905 (782)

Klein, Albert: Die zentrale Finanzverwaltung im Deutschordensstaate Preußen am Anfang des XV. Jahrhunderts. Abschn. 1 u. 2. Leipzig: (Duncker & Humblot) 1904. 74 S. 8°
[Erscheint vollst. als: Staats- u. sozialwiss. Forschungen, H. 23,2 (107.)]
Gießen, Phil. Diss. v. 1904

Die zentrale **Finanzverwaltung** im Deutschordensstaate Preußen am Anfang des 15. Jahrhunderts. Nach d. Marienburger Treßlerbuch. Von Dr. phil. Albert **Klein**, Lehramtsassessor in Gießen. *Leipzig: Duncker & Humblot 1904.* (VIII, 214 S.) 8°
[Ein T. erschien als Inaug.-Diss. Gießen 1904.]
= **Forschungen**, Staats- u. sozialwissenschaftl. Bd 23, H. 2. 04. 15691

— Friedrich der Große, s. Hillger's, Herm., illustr. Volksbücher.

Friedrich der Große von Dr. Albert **Klein**. Mit 27 Ill. Berlin, Leipzig: H. Hillger [1907]. (94 S.) 8° [F.]
= **Volksbücher**, Hillgers illustrierte. Bd 79. 07. 16130

Klein, Albert: Über die Combination von Dermoidcysten mit andern Geschwulstformen des Ovariums ... Emmendingen, Buchdr. A. Dölter, 1893. 22 S. 1 Bl. 8°
Freiburg i. Br., Med. Fak., Inaug.-Diss. v. 1893

— Deutsche Kulturgeschichte, s.: Hillger's, Herm., illustr. Volksbücher.

Die evangelische und die katholische Mission in China. Ein kurzes Wort z. Orientierung von Albert **Klein**, Marinepfarrer. Gütersloh: C. Bertelsmann 1905. (25 S.) 8° [F.] 05. 6978

Klein, Albert [app. Arzt aus Nastäften[!] '(Nassau)']: Aus d. Universitätskinderklinik zu München. Eine Pemphigusepidemie bei Kindern ... München, kgl. Hof- u. Univ.-Buchdr. v. Dr. C. Wolf & Sohn, 1894; 36 S. 8.
München, Med. Fak., Inaug.-Diss. v. 1894

Klein, Albert: Die Zeit- und Breitenbestimmung durch Beobachtung gleicher Zenitdistanzen mit Hilfe des kleinen Nonienuniversales. Mit 2 Diagr. u. 15 Tab. 1908. 132 S., 9 Taf. 8°
Stuttgart, Dr.-Ing.-Diss. v. 3. 6. 1908

Klein, Alex [app. Arzt aus Recklinghausen]: Aus d. medizin. Klinik in Kiel. Ostitis typhosa ... Kiel, Druck v. P. Peters, 1896; 23 S., 2 Bl. 8.
Kiel, Med. Fak., Inaug.-Diss. v. [21. Aug.] 1896

Die Vorschriften über Verwaltung und Strafvollzug in den Preußischen Justizgefängnissen. Gesammelt u. erl. von Alexander **Klein**, Dir. d. Strafgefängn. in Tegel. Berlin: F. Vahlen 1905. (IX, 535 S.) 8° [F.] 05. 8606

Klein, Alex., die Vorschriften üb. Verwaltung u. Strafvollzug in den preuß. Justizgefängnissen. Gesammelt u. erläutert. 2. Aufl. (X, 626 S.) Lex. 8. Berlin 910. F. Vahlen. 16.—; geb. n 18. 50

Klein, Alf., die deutsch-orthographischen u. grammatischen Übungen in engem Anschlusse an das Lesebuch u. an die Sprechübungen. Für einfache Schulverhältnisse unter besond. Berücksicht. der zweisprach. Schulen zusammengestellt. 1. Tl. gr. 8. (IV, 56 S.) Forbach 894. R. Hupfer. n. — 40

Klein, Alf., die zweisprachige Volksschule Lothringens nach ihrer heut. Aufgabe u. bisher. Dienstleistg. m. Rücksicht auf Kirche, Staat u. Volk. Zugl. e. Erwiderg auf die Angriffe 2c. uns. Gegner. gr. 8. (104 S.) Metz 896. (P. Even.) n. — 90

Klein, Alfons, Wiederholungsheft zur Geographie u. Geschichte der engeren Heimat. Den Schulen des Stadt- u. Landkreises Metz gewidmet. (60 S.) 8. Gebweiler (910). J. Boltze. nn — 50

Klein, Alfred, Referendar in Düsseldorf: Das gemeine Dotalrecht nach Bürgerlichem Gesetzbuch. Borna-Leipzig 1906: R. Noske. (VI, 46 S.) 8°
Heidelberg, Jur. Fak., Ref. Bekker, Diss. v. 28. Mai 1906
[Geb. 31. Jan. 82 Düsseldorf; Wohnort: Düsseldorf; Staatsangeh.: Preußen; Vorbildung: Gymn. Düsseldorf Reife O. 02; Studium: Straßburg 1, München 1, Kiel 1, Berlin 1, Bonn 2 S.; Rig. April 06.]

Klein, Frau Anna, geb. Striedinger, neues bayerisches Koch- u. Haushaltungsbuch. Zum tägl. Gebrauche eingerichtet, m. Speisezetteln f. einfache u. feine Küche, selbsterprobten Orig. Recepten, Küchen-Kalender, Nützliches u. Praktisches, f. das Gesammt-Hauswesen 2c. u. e. Einleitg. gr. 8. (XII, 626 S.) Nürnberg 894. L. Groß. Geb. in Leinw. n. 5. —

v. **Klein**, Ritter, Edler Ant., († d. 5. Dec. 1810.) Appellation an die gesunde Vernunft wider d. k. k. Hoftheaterausschuß, gegen e. schriftl. satyr. Erklärung desselben 2c. gr. 8. Wien 787.

Klein, Anton von, s. Athenor: Eine Geschichte ...

— s. Christenthum.

— Denkmal d. Ehre Karl Theodors u. d. Liebe sr. Unterthanen. 4. Manh. 775. Löffler. 6 gr.

— Denkmal d. Ehre Theodors u. d. Liebe seiner Unterthan. 4. Mannh. Leffler. 776.

— vom Edlen u. Niedrigen im Ausdruck; e. Vorlesung. 4. Manh. 781. (Dessau, Gelehrten B.) 5 gr.

v. **Klein**, Ritter Edler Ant., Entwurf seiner Vorlesungen üb. d. schönen Wissenschaften. 4. Manh. 774.

— Etwas zur Aufmunterung des guten Geschmacks in d. Pfalz. 4. Manh. 775. Schwan u. Göz. 8 gr.

Klein, Ant., Etwas z. Aufmunter. d. guten Geschmacks in d. Pfalz. 4. Mannh. Schwan u. G. 776.

— Gedichte, mit Musik. 8. Manh. 793. Prän.-Spt. 1 Thlr 4 gr Velinp. 1 Thlr 12 gr

Klein, A. v., neueste Gedichte. gr. 8. Mannh. Schwan 815.

Klein, Ant., Geschichte des Christenthums in Oesterreich und Steiermark seit der ersten Einführung desselben in diese Länder bis auf gegenwärtige Zeit. 1.—7. Bd. 8. Wien 840, 41, Mechitaristen-Congregat.-Buchh. 5 Thlr (1. u. 2. Bd. 1 5/6 Thlr 3.—7. Bd. 3 1/6 Thlr)

Klein, Ant., Geschichte d. Christenthums in Oesterreich u. Steiermark seit der ersten Einführung desselben in diese Länder bis auf gegenwärt. Zeit. 3—7. Bd. 8. (127⅛ B. u. 1 Tab.) Wien 841, 42, Mechitaristen-Congreg.-Buchh.
1. u. 2. Bd. Ebendas. 1840. 1 Thlr. 25 Ngr.

– s. Günther v. Schwarzburg.

Klein, Ant., Historia ecclesiae christianae, a nativitate salvatoris, usque ad obitum Pii VII. Pont. max. II Ti. (3 Pts.) 8maj. (126¼ B.) Graecii 827, Penz. (Lipsiae, Mittler.)

– s. Jakob, Der jüngste.

– s. Leben u. Bildnisse großer Deutschen.

— Leben u. Bildnisse d. großen Deutschen. 4 Bde. m. Kupf. gr. Fol. Ebend. 786—92. (à 10 Thlr.)

— Leben d. großen Deutschen. 4 Bde. gr. 8. Ebend. 786-92. (à 1 Thlr. 4 gr.)

— — dies. kl. 8. 5 Bde. Ebend. (à 18 gr.)

– s. Leben, Literar., Ant. v. Klein's.

Klein, Anton, Militär-Karte von Deutschland in 25 Bll. Mit Benutzung der zuverlässigsten Hülfsmittel auf dem topographischen Bureau des königl. Bayerischen Generalstabs entworfen. M. 1:500000. Ausgearbeitet von Alois Hauser, L. v. Goetz; gestochen von Schleich u. Söhnen, Gebr. Seitz und Friedr. Kappel. München 1822

Klein, Ant., Militair-Karte von Deutschland in 25 Blättern, auf dem topograph. Bureau des königl. Bayer. Generalstabs entworfen und daselbst ausgearb. von Alois Hanser, L. v. Götz und d. topograph. Kupferstechern Insp. Schleich u. Söhnen, Gebr. Seitz, Friedr. Kappel rc. No. I—VIII. XI. XIV—XXV. Roy.-Fol. München, (Stuttgart u. Tübingen) 822—38. Cotta'sche Buchh. à Bl. n. 1 1/6 Thlr

– s. Museum, Pfälzisches.

Klein, A. v., Provinzialwörterbuch, s. a. Versuch eines Provinzialw.

Klein, Anton Edler von. Deutsches Provinzialwörterbuch. Th. 1. 2. Frankfurt u. Leipzig 1792. 8.
A. u. d. T.: Schriften d. kurf. deut. Ges. in Mannheim. Bd. 6–7. . . . . (P.)

Klein, Ant., Reise-Karte des Königr. Bayern nach seiner neuesten Eintheilung mit Angabe des Ludwigs-Canal, der Ludwigs-Nord- u. Sudbahn. gr. Fol. Kpfrst. u. color. Augsburg 850, •Walch. n. 24 gr; auf Leinw. n. 1 Thlr 2 gr

v. Klein, Ant., Kaiser Rudolph v. Habsburg. Trspl. gr. 8. Manh. 787. 2e A. 789. Loeffler. 12 gr (Leipz., Nauck). 18 gr

— Samml. zur Aufmunterung des guten Geschmacks in d. Pfalz, nebst Gedanken üb. den Einfluß des guten Geschmacks auf den Staat rc. 8. Manh. 776.

– s. Samml. moral. schöner Handlungen.

– s. Schaubühne d. Ausländer.

— dramaturgische Schriften: Enth.: 1) üb. Lessings Meinung vom heroischen Trauerspiel; 2) üb. Agnes Bernauerin; 3) d. heroische Trauerspiel u. Emilie Galotti; 4) Schilderungen trefflicher Schauspieler: [a) Schröder. b) Toscani. c) Beil.] 5) Wie nahe ist die deutsche Bühne ihrem Zweck rc. 8. (Frankf. a. M.) 781—87. Körner. 18 gr

Klein, Anton von: Der Sieg der Tugend u. der Liebe, oder d. schöne Nürnbergerin. Schauspiel. Nürnberg: Zeh 1794. 8°

— Tod d. Dido, s. P. Metastasio.

– s. Wahrheiten in Ernst u. Scherz.

Wahrheiten
— — im Ernste und Scherze (von *Anton von Klein*). Wien und Berlin (Salzburg, Mayr) 1787.
Anon.-Lex. IV. p. 367 (nach Adelung, Meusel, Weller, Kayser).

Klein, Arnold, (von Sternberg, Mähren): Über Dichlorotetramminkobaltderivate (Praseoverbindungen.). Olmütz (1896). 43 S., 1 Tab. 8°.
Zürich, Phil. Diss. v. Mai 1895 [10. Juni 1896].

Klein, Arnold: Die modernen Theorien über das allgemeine Verhältnis von Leib und Seele. Würzburg 1906: J. M. Richter. (VI, 98 S.) 8° ¶ (Umarb. e. Bresl. Preisarbeit.)
Breslau, Phil. Fak., Ref. Ebbinghaus, Diss. v. 23. Aug. 1906
[Geb. 17. Sept. 75 Dunaföldvár, Kom. Tolna, Ungarn; Wohnort: Würzburg; Staatsangeh.: Ungarn; Vorbildung: Gymn. Neustadt O.-S. Reife O. 05; Studium: Breslau 9 S.; Rig. 13. Dez. 05.]

Klein, Arnold, die modernen Theorien üb. das allgemeine Verhältnis von Leib u. Seele. Nach e. v. der philosoph. Fakultät zu Breslau preisgekr. Arbeit. (VI, 97 S.) gr. 8. Breslau 906. Koebner. n. 2. —

Klein, Arth., Ursachen der Tuberculinwirkung, s.: Beiträge zur klinischen Medicin u. Chirurgie.

Klein, Aug., das heutige Eherecht im Herzogthum Sachsen-Altenburg. Eine Studie. 8. (XII, 157 S.) Straßburg 881. Heinrich. n. 3. —

— das Eheverlöbniss nach gemeinem, sowie nach dem Rechte, wie es auf Grund der Reichsgesetzgebung im Königreich Sachsen u. in den zu dem Bezirke des gemeinschaftlichen Thüringischen Oberlandesgerichtes zu Jena gehörigen rechtsverwandten Staaten heute gilt. gr. 8. (VIII, 179 S.) Ebend. 881. n. 5. —

Klein, August, aus Freudenberg, Ostpr.: **Ueber Sulfosäuren** und Oxyderivate des Phenanthrens. *Berlin 1902: A. W. Schade.* (28 S.) 8°
Berlin, Phil. Diss. v. 29. Jan. 1902

Klein, August (Giessen)
Untersuchungen über die localen Eigenthümlichkeiten des vesiculären Athmens an den verschiedenen Brustregionen.
Giessen: Brühl 1858. 23 S.
Diss. med. 12.6.1858. vorh. 26. 7.

Klein, August: Aus d. Kgl. pharmakolog. Institut zu Greifswald. Über die narkotische Wirkung des Schwefelwasserstoffs ... Greifswald: Druck v. J. Abel 1892. 38 S. 8°
Greifswald, Med. Fak., Inaug.-Diss. v. 1. Juli 1892

Klein, (Heinrich) August: Aus d. medizin. Poliklinik. Über die pyogene Wirkung des Eberthschen Bacillus bei Typhuskomplikationen ...
Bonn: Univ.-Buchdr. v. C. Georgi 1896. 28 S. 8⁰
Bonn, Med. Fak., Inaug.-Diss. v. [7. März] 1896

Klein, Aug., die Zucker-Strontian-Patente, dargestellt aus dem Gesichtspunkte einer Abänderung der deutschen Patent-Gesetzgebung, nebst Gesetzentwurf mit Begründung. gr. 8. (XVI, 197 S.) Jena 887, Neuenhahn. * 4 50

Klein, B., in's Mayer's Lade (à la bonne ménagère). Schwank in 1 Aufzuge. (58 S.) 8. Straßburg (903). J. Singer. n. 1. —

Klein, Benno, über die geradlinige Fläche dritter Ordnung und deren Abbildung auf einer Ebene. Inaugural-Dissertation. gr. 8. (61 S.) Berlin 876, (Mayer und Müller.) *

— Theorie der trilinear-symmetrischen Elementargebilde. Mit 4 lith. Taf. gr. 8. (IV, 78 S.) Marburg 881. Elwert's Verl. n. 1. 80

Klein, Bernh., Englisch. — Französisch, s.: Neufeld's Sprachführer f. Haus u. Reise.

Französisch-Deutsch und Deutsch-Französisch. Für d. Privat-, Kontor- u. Schulgebr. Von Dr. Bernhard Klein. 10. Aufl. *Berlin: Neufeld & Henius 1899.* (600, 612 Sp.) 8° [F.]
(Neufeld's Neue fremdsprachl. Taschenwörterbücher.) [99. 3320]

Französisch-Deutsch und Deutsch-Französisch. Von Dr. Bernhard Klein. 15. Aufl. *Berlin: Neufeld & Henius [1903].* (506, 612 Sp.) 8° [F.]
(Neufeld's Neue fremdsprachliche Taschenwörterbücher.) [04. 11615 II

Klein, Bernh., religiöse Gesänge für Männerstimmen. Zunächst für Seminarien und die oberen Klassen der Gymnasien und Realschulen, wie auch für Singvereine neu herausg. von Ludw. Erk und Ernst Ebeling. 1. Heft. Berlin 861. Trautwein. qu. 8. (IV, 16 S.) n. 4 ngr.

Klein, Bernh., Italienisch, s.: Neufeld's Sprachführer f. Haus u. Reise.

Italienisch-Deutsch und Deutsch-Italienisch. Für d. Privat-, Kontor- u. Schulgebr. Von Dr. Bernhard Klein. 8. Aufl. T. 1. 2 [in 1 Bd]. Berlin: Neufeld & Henius 1900. 2 Bde 8° [F.]
1. Ital.-Deutsch. 2. Deutsch.-Ital.
(Neufeld's Neue fremdsprachl. Taschenwörterbücher.) [08. 10814 II

Italienisch-Deutsch und Deutsch-Italienisch. Für d. Privat-, Kontor- u. Schulgebr. Von Dr. Bernhard Klein. 10. Aufl. T. 1. 2 (in 1 Bd). Berlin: Neufeld & Henius [1908]. 2 Bde 8° [F.]
1. Ital.-Deutsch. 2. Deutsch-Ital.
(Neufelds fremdsprachl. Taschenwörterbücher.) [08. 12866

Italienisch-Deutsch u. Deutsch-Italienisch. Mit Bezeichn. d. Aussprache. Für d. Privat-, Kontor- u. Schulgebrauch von Dr. Bernhard Klein in vollständig neuer Bearb. von Pietro Stoppani. 11. Aufl. T. 1. 2 (in 1 Bd). Berlin: Neufeld & Henius [1909]. 8°
[Nebent.:] Italiano-Tedesco e Tedesco-Italiano ... del Dr. Bernhard Klein ...
(Neufelds neue fremdsprachl. Taschenwörterbücher. [Bd 3.]) [10. 5581

— s. Neufeld's Sprachführer f. Haus u. Reise. — Neufeld's neue fremdsprachliche Taschenwörterbücher.

— Spanisch-Deutsch u. Deutsch-Spanisch, s. a. Neufeld's neue fremdsprachliche Taschenwörterbücher.

Spanisch-Deutsch und Deutsch-Spanisch. Für d. Privat-, Kontor- u. Schulgebr. Von Dr. Bernhard Klein. 2. Aufl. T. 1. 2 [in 1 Bd]. Berlin: Neufeld & Henius [1905]. 2 Bde 8° [F.]
[Nebent.:] Nuevo diccionario portatil. Españ.-alem. y alem.-españ. ... Klein.
1. Span.-Deutsch. 2. Deutsch-Span.
(Neufeld's Neue fremdsprachl. Taschenwörterbücher.) [03. 10815 II

— der Taschen-Heyse. Ein neues Fremdwörterbuch in neuer Rechtschreibg., m. Berücksicht. der offiziell eingef. Verdeutschgn. 16. (XIV, 287 S.) Berlin 889. Neufeld & Henius. geb. 1. 20

— der Taschen-Heyse. Ein neues Fremdwörterbuch in neuer Rechtschreibg. m. Berücksicht. der offiziell eingeführten Verdeutschgn. u. m. Aussprache-Bezeichng. 2. u. 3., verm. u. verb. Aufl. 16. (XIV, 270 S.) Berlin 891. 894. Neufeld & Henius. Geb. in Leinw. n. 1. 20

Klein, Bernh., d. Taschen-Heyse. Ein neues Fremdwörterbuch in neuer Rechtschreibg. m. Berücksicht. d. offiz. eingef. Verdeutschgn. u. m. Aussprache-Bezeichng. 4., verm. u. verb. Aufl. gr. 16. (XIV, 270 S.) Berlin 896. Neufeld & Henius. Geb. in Leinw. n. 1. 20

Klein, B., der Taschen-Heyse, neue Aufl., s.: Fischer, A.

Klein, Bernh., englisch-deutsches u. deutsch-englisches Taschenwörterbuch, s. a. Glans, G.

— englisch-deutsches u. deutsch-englisches Taschenwörterbuch. Mit Bezeichng. der Aussprache in beiden Tln. 2 Tle. 16. (IV, 684 u. 660 Sp.) Ebd. 889. geb. 2. 40; in 1 Bd. geb. n. 2. —

— englisches Taschenwörterbuch,
— französ. Taschenwörterbuch,
— italien. Taschenwörterbuch,
} s.: Neufeld's neue fremdsprachl. Taschenwörterbücher.

— spanisch-deutsches u. deutsch-spanisches Taschenwörterbuch, s.: Neufeld's neue fremdsprachl. Taschenwörterbücher.

Klein, Berthold, Geschichte der Prostitution aller Völker, s. a. Harriet, Wm.

* KLEIN, B., Geschichte der Prostitution aller Völker. Eine ausführliche Abhandlung der Sittenverderbnis und ihrer Opfer. Von den ältesten Zeiten bis zur Gegenwart. Berlin, o. J. Gr. 8⁰. (Mk. 6—.) (3 Mk. Edm. Meyer, Berlin, 1907; 4 Kr. 80 H. Gilhofer & Ranschburg, Wien, 1909.)

Klein, Berth., Meran in Süd-Tyrol als Aufenthaltsort für Leidende. 8. (24 S.) Breslau 851, Trewendt und Granier.

Klein, Bertholdus *(geb. Frankenstein in Schles. 22. 1. 1826)*: De morbis saturninis. Vratislaviae (1847). (32 S.) 8°
Breslau, Med. Diss. v. 16. [vielmehr 18.] Jan. 1847

Das Preußische Gesinderecht. Ein alphab. geordnetes Nachschlagebuch f. Behörden, Beamte u. Dienstherrschaften. Von Br[uno] Klein, Polizei-Major. Berlin: Deutscher Städteverlag 1908. (106 S.) 8° [F.] [08. 9033

Klein, C., Revision d. Grundsätze üb. d. Verbrechen d. Diebstahls 2c. gr. 8. Nordhausen, Nitzsche. 806.

Klein, C. F.

— u. Fr. Kutschera, das Buch vom Einmachen der Früchte u. Gemüse. 8. (IV, 25 S.) Ebend. 881. cart. n. — 60

Klein, C. F., u. Frz. Kutschera, d. Buch v. Einmachen d. Früchte, Fische, Fleisch u. Gemüse, sow. d. kalten u. warmen Getränke. 2. Aufl. 8. (IV, 28 S.) Leipzig 889. A. Lesimple. n. — 45

Klein, C. F., das Buch der Mehlspeisen u. Backwerke. gr. 8. (VII, 120 S.) Leipzig 881. Lesimple. cart. n. 1. 20

Klein, C. F., das Buch der Mehlspeisen u. Backwerke. 2., verb. Aufl. 8. (126 S.) Leipzig 889. Lesimple. n. 1.—

— u. Frz. Kutschera, das Buch der Mehlspeisen u. Backwerke. 2. Aufl. (IV, 112 S.) 8. Ebd. 908. Geb. 1.—

Klein, C. F., das Buch der Ragouts u. feinen Saucen,
— das Buch der Suppen, } s. u. Kutschera, Fr.

—— das Buch der Suppen. 8. (32 S.) [Mainz 880.] Leipzig, Lesimple's Verlag. cart. *

Klein, C. F., die Küche. Vollständiges prakt. Handbuch der Kochkunst. Enthaltend: 2095 der neuesten, besten Kochvorschriften, auf deutsche, französ. und engl. Art, in 68 Abschnitten, mit Einleitung über die zweckmäßigste Einrichtung der Küche und Speisekammer ꝛc. gr. 8. (LXXII und 499 S.) Mainz 850, Wirth Sohn.

Klein, C. F., die Küche. Vollständiges praktisches Handbuch der Kochkunst. Enthaltend 2095 der neuesten besten Kochvorschriften, auf deutsche, französ. u. engl. Art, in 68 Abschnitten, mit Einleitung über die zweckmäßigste Einrichtung der Küche u. Speisekammer; genauer Angabe des Spickens, Dressiren des Geflügels, Tranchiren, Einfassen der Schüsseln, das Serviren ꝛc. 2. (Titel-)Ausg. Mainz (850.) 856. Wirth. gr. 8. (LXX, 499 S. u. 1 lith. Taf.) 1 ℛℳ. 6 ngr.

Klein, C. F., die Küche. Vollständiges prakt. Handbuch der Kochkunst für die feinere und gewöhnl. Küche. Enth.: 2114 der neuesten und besten Kochrecepte in 68 Abschnitten auf deutsche, franz. und engl. Art. Mit einer Einleitung über die zweckmäßigste Einrichtung der Küche und Speisekammer, genauer Angabe des Spickens, Dressiren des Geflügels ꝛc. mit besond. Berücksicht. der in Blechbüchsen aufbewahrten Gemüse und Fleischspeisen. 3., verm. und verb. Aufl. gr. 8. (LXXVI, 508 S.) Mainz 870, Euler. ℳ 3.; geb. * 3 75

Klein, C. F., die Küche. Vollständiges prakt. Handbuch der Kochkunst für die feine und bürgerl. Küche. Enthaltend: 2211 der neuesten und besten Kochrecepte auf deutsche, französ. und engl. Art. Mit Anweisung über die zweckmäßigste Einrichtung der Küche und Speisekammer; Angabe des Spickens, Dressiren des Geflügels, Tranchiren ꝛc., mit besond. Berücksicht. des Einmachens von Gemüse, Fleischspeisen und Früchten. 4. mit den neuesten Recepten verm. Aufl. 8. (L, 432 S.) Leipzig 882, Lesimple's Verlag. * cart. * ℳ 3,25.; geb. *

— die Küche. Vollständiges prakt. Handbuch der Kochkunst f. die feine u. bürgerl. Küche. Enth.: 2236 der neuesten u. besten Kochrecepte auf deutsche, französ. u. engl. Art. Mit Anweisg. üb. die zweckmäßigste Einrichtg. der Küche u. Speisekammer. 5., m. den neuesten Recepten verm. Aufl. u. e. Einleitg. v. Kreglinger. 8. (LVI, 431 S.) Ebd. 889. n. 3.—; cart. n. 3.25; geb. n. 4.—

Klein, C. F., die Küche. Vollständiges prakt. Handbuch der Kochkunst f. die feine u. bürgerl. Küche. Enth.: die neuesten u. besten Kochrezepte auf deutsche, französ. u. engl. Art. Nebst Musterspeisezettel; Unterweisg. in Herstellg. von Backereien, Torten, Getränken ꝛc., sowie: das Einmachen v. Gemüse, Fleisch, Fischen u. Früchten. 6. Aufl. m. e. Einleitg. v. Kreglinger üb. den Nahrungswert u. Anwendg. der Speisen. (LII, 368 S.) 8. Leipzig 908. A. Lesimple. Geb. in Halbleinw. 2.75; in Leinw. 3.50

— das Königl. Steinsalzwerk Wilhelmsglück beschrieben u. besungen. 12. (24 S.) Schw. Hall 848, Haspel. 3 ngr

Klein, C. F. L. Grundriss von der See- und Handelsstadt Memel. 1 : 2 880. Königsberg i. Pr. 1856 und 1857. 3 Bl. L.

Klein, Carl, s. K l e i n , Karl.

Klein, Catharina, s. K l e i n , Katharina.

Klein, Chr. F., katechet. Unterricht f. Kinder, welche zum würdigen Genuß d. heil. Abendmahls zubereitet werden. gr. 12. Halle 762. Gebauer. 3 gl

Klein, Christian von, 1772–1825, Arzt, s. K l e i n , Karl Christian von.

Klein, Chrn., e. Wort an Gesunde u. Kranke. Das Baden in den öffentl. Badeanstalten. 8. (31 S.) Düsseldorf 894. (Hagen, G. Butz.) —30

Klein, Chrn., das Baden. E. Wort an Gesunde u. Kranke. 2. Aufl. 8. (32 S.) Düsseldorf 895. C. Schaffnit. n. —25

Klein, Clemens, s. K l e i n , Klemens.

Klein, Curt Ulrich, s. K l e i n , Kurt Ulrich.

Klein, D., Gewichtstabellen u. Ueberpreise von Walzeisen, Blech, Eisen- u. Bleirohr, nebst e. Preisverzeichnis von Rohrverbindungsstücken. Zum Gebrauche in Metallarbeiterklassen an gewerbl. Fortbildungsschulen u. Fachschulen zusammengestellt. (23 S.) Lex.-8. Wiesbaden (906). R. Bechtold & Co. n. —60

Klein, Daniel, die amerikan. Buchführung f. Handwerker u. Kleingewerbetreibende nebst e. Anleitung zur gewerbl. Kalkulation. Ein Hilfsbuch f. die Meisterkurse u. zum Gebrauch in gewerbl. Fortbildungsschulen u. Fachschulen. (56 S.) gr. 8. Wiesbaden 907. P. Plaum. 1.—

KLEIN, DESIDERIUS: Kirchliches Gesangbuch zum Lobe Gottes und zur Erhebung der Andacht. Zum frommen Gebrauch der röm. kath. Pfarrgemeinde in Német Boly (Deutsch-Boly). Fünfkirchen 1887: Joseph Taizs. 104 S. - 8°
- Dass. Fünfkirchen 1888.

Klein, E., Grundzüge der Histologie. Deutsche autoris. Ausg., nach der 4. engl. Aufl. bearb. von A. Kollmann. 12. (XVII, 418 S. mit 181 in den Text gedr. Abbild.) Leipzig 886, Arnoldische Buchh. * 6 —

Klein, E., Grundzüge der Histologie. Deutsche autoris. Ausg., bearb. v. A. Kollmann. 2. Aufl. Vom Verf. nach der neuen engl. erweiterten Aufl. revidirt. 12. (XVI, 414 S. m. 194 eingedr. Abbildgn.) Leipzig 890. Arnold. geb. n. 6.—

Klein, E., Grundzüge der Histologie. Deutsche autoris. Ausg., bearb. v. A. Kollmann. 3. Aufl. Nach der neuesten engl. erweit. Aufl. rev. 12. (XVI, 410 S. m. 194 Abbildgn.) Leipzig 895. E. Haberland. Geb. in Leinw. n. 6.—

Klein, E., Handbuch der Natur-Wissenschaften für höhere Bürgerschulen, Töchterschulen u. ähnliche Lehranstalten. 1. Aufl. (292 S.) 866. u. 2. Aufl. Soest 869. Nasse's Verlag. 8. (296 S.) n. 12 ngr

Klein, E., Handbuch der Naturwissenschaften für höhere Bürgerschulen, Töchterschulen und ähnliche Lehranstalten. 2. Aufl. 1869, und 3. mehrfach verb. Aufl. 8. (296 S.) Soest [Münster] 873, Nasse'sche Verlagsh. (* ℳ 1,20.) * 1 60

Klein, E., Handbuch der Natur-Wissenschaften für höhere Bürgerschulen, Töchterschulen u. ähnliche Lehranstalten. 4., mehrf. verb. Aufl. 8. (295 S.) Münster 878. Nasse. n. 1. 60

Klein, E., Hilfstafeln zur Berechnung der usw. Erbschaftssteuern, s.: Siber, Imman.

Klein, E.: Die ersten Jahre d. Institutes f. experim. Pathologie. *Leipzig & Wien 1898.*
in: **Jahre**, 30, experim. Pathologie ... S. Stricker ... gewidm. 1898. 1804

Klein E, Kunstblätter aus der Geschichte der Stadt Ravensburg für den projektierten historischen Festzug 1902 zur Feier der 1000jährigen Entstehung der Stadt. (30 T) qufol Mit Text (22 S) 4° in Mappe Ravensburg 1902

Klein, E.: Die Otterjagd mit Hunden, s. Vogler, H.

Klein, E., das Paradies der Socialdemokratie, so wie es wirklich sein wird. Nach socialdemokrat. Schriften f. alle besonnenen Arbeiter dargestellt. 1.—4. Aufl. 8. (24 S.) Freiburg i/B. 891. Herder. n. — 10

Klein, E., das Paradies der Socialdemokratie, neue Aufl., s.: Käser, Engelb.

Klein, E., Phrases ex Langian. Colloq. lat. 8. Poson. 774. (C. F. Wigand in Pressb. u. Oedenb.) 8 *K*

— das Reichsgesetz zur Bekämpfung des unlauteren Wettbewerbs vom 27. V. 1896. Erläutert nach den Gesetzesmotiven u. der neuesten Litteratur. 8. (16 S.) Ebd. 896. n. — 20

Klein, E. (II.). Der Socialdemokrat hat d. Wort! Die Socialdemokratie, beleuchtet durch mehrere hundert Zeugnisse v. Parteigenossen. gr. 8. (VIII, 198 S.) Freib. i. Br. 892, Herder. 1 50

Klein, Eberh., der hl. Benno, Bischof v. Meißen. Sein Leben u. seine Zeit. (184 u. XV S. m. 1 Taf.) gr. 8. München 904. J. J. Lentner. n. 2. —; geb. n. 3. —

Klein, Eberh., Carola, Königin-Witwe v. Sachsen. Ein kurzes Lebensbild. (36 S. m. Abbildgn.) 8. Freiburg i/B. 908. Caritas-Verlag. — 45

Klein, Edmond Joseph: Die Blattläuse. 1 S. 8°
Separatabdruck aus „Luxemburger Obstbaumfreund" 1 (1895), Nr. 6, S. 103–104.

Klein, Edmond Joseph: Der Blatt-, der Gitter- und der Quittenrost. 1 S. 8°
Separatabdruck aus „Luxemburger Obstbaumfreund" 1 (1895), Nr. 3, S. 33–34.

Klein, Edmond Joseph: Vier biologische Excursionen zum Studium der Auffassungserscheinungen in der heimatlichen Pflanzenwelt. Luxemburg: Pet. Worré-Mertens 1900. 45 S. 8°

Klein, Edmond Joseph: Die Flora der Heimat sowie die hauptsächlichsten bei uns kultivierten fremden Pflanzenarten biologisch betrachtet. Eine Anleitung zur selbständigen Beobachtung der Lebens- und Anpassungserscheinungen in der Pflanzenwelt. S. I – IV u. 1 – 170. Diekirch, Gymn., Progr. 1896–97

- Dass. Diekirch: Just. Schroell 1897. XII,552 S. 8°

Klein, Edmond Joseph: Wandernde Fortpflanzungsstoffe in der Pflanze. 12 S. 8°
Separatabdruck aus „Fauna" 9 (1898), S. 132–133, 172–175, 184 187 u. 212–215.

Klein, Edmond Joseph: Der Honigtau und seine Herkunft. 5 S. 8°
Separatabdruck aus „Fauna" 4 (1895), S. 15–19.

Klein, Edmond Joseph: Das Licht und die Pflanzen. Eine biologische Studie. 5 S. 8°
Separatabdruck aus „Fauna" 9 (1898), S. 27–30 u. 45–46.

Klein, Edmond Joseph: Ueber Mimikry, Schutzäffung und Schutzfärbung in der heimischen Tierwelt. Vortrag, gehalten in der II. Wanderversammlung in Mondorf, am 16. September 1894. 9 S. 8°
Separatabdruck aus „Fauna" 5 (1895), S. 21–24, 42–44 u. 51–53.

Klein, Edmond Joseph: Die Nesselblättrigkeit als mimetische Schutzeinrichtung der Pflanzen. Vorläufige Mitteilung. 6 S. 8°
Separatabdruck aus „Recueil des Mémoires et travaux publiés par la Société botanique du Grand-Duché de Luxembourg" 14 (1897–99), S. 419–424.

Klein, Edmond Joseph: Pflanzt Hecken um eure Ostgärten. Ein Aufruf an alle Obstzüchter. 1 S. 8°
Separatabdruck aus „Luxemburger Obstbaumfreund" 1 (1895), Nr. 3, S. 46–47.

Klein, Edmond Joseph: Regeneration, Transplantation und Autotomie im Tierreich. Altes und Neues quellenmässig zusammengestellt. 22 S. 8°
Separatabdruck aus „Fauna" 7 (1897), S. 168–171, 177–182, 200–205 u. 216–225.

Klein, Edmond Joseph: Die Rosenblattbiene (Megachile centuncularis). 11 S. 8°
Separatabdruck aus „Fauna" 9 (1898), S. 76–85.

Klein, Edmond Joseph: Die Schädlinge und Krankheiten unserer Obstbäume und Beerenkräuter. Praktische Anleitung zur Verhütung und Bekämpfung derselben in 12 Monatsplaudereien. 54 S. 8°
Separatabdruck aus „Luxemburger Obstbaumfreund" 2 (1896), Nr. 1–12.

Klein, Edmond Joseph: Die Schädlinge des Ostbaues, die jetzt bekämpft werden müssen. 2 S. 8°
Separatabdruck aus „Luxemburger Obstbaumfreund" 1 (1895), Nr. 2, S. 29–30.

Klein, Edmond Joseph: Die Schildläuse. 1 S. 8°
Separatabdruck aus „Luxemburger Obstbaumfreund" 1 (1895), Nr. 4, S. 60–61.

Klein, Edmond Joseph: Der Schöpfer als Baumeister oder Die vollkommene Uebereinstimmung der Mittel mit dem Zweck im Bau der Organismen. Vortrag, gehalten in der Lesegesellschaft zu Luxemburg, am 22. März 1899. 8 S. 4°
Separatabdruck aus „Luxemburger Schulfreund" 28 (1899), Nr. 9–11.

Klein, Edmond Joseph: Sociales aus der Natur. Vortrag, gehalten am 24. November 1895 im Vereinslokale. 4 S. 8°
Separatabdruck aus „Fauna" 5 (1895), S. 101–105.

Klein, Edmond Joseph: Echter und falscher Tierschutz. Vortrag, gehalten in der Wanderversammlung zu Ettelbrück, am 25. Mai 1895. 6 S. 8°
Separatabdruck aus „Fauna" 6 (1896), S. 85–88, 104–106 u. 126–128.

Klein, Edmond Joseph: Die geographische Verbreitung der Pflanzen in moderner Beleuchtung. Vortrag, gehalten in der Lesegesellschaft zu Luxemburg. 7 S. 4°
Separatabdruck aus „Luxemburger Schulfreund" 28 (1899), Nr. 6 u. 7.

Klein, Edmond Joseph: Verfärbungskrankheiten, welche die Blätter ganzer Aeste oder Bäume in unserm Obstgarten befallen. 2 S. 8°
Separatabdruck aus „Luxemburger Obstbaumfreund" 1 (1895), Nr. 7, S. 112–114.

Klein, Edmond Joseph: Was kann der Obstzüchter jetzt thun zur Erhaltung der Gesundheit seiner Pflanzungen? 3 S. 8⁰
Separatabdruck aus „Luxemburger Obstbaumfreund" 1(1895), Nr. 2, S. 23–25.

Klein, Edm. J.: Wesen und Bekämpfung der Reblaus (Phylloxera vastatrix). Vortrag. Luxemburg 1908: Worré-Mertens. 29 S. -- Bibliothèque Nationale de Luxembourg*

Fränkel (jetzt: **Klein**), **Elieser**: Abstrakta und Abstraktion. Fulda 1911: Actiendr. 42 S. 8° ¶ (Teilw. aus: Philos. Jahrbuch d. Görres-Gesellsch. Bd 25, H. 1.)
München, Phil. Diss. v. 23. Juli 1910, Ref. v. Hertling, Pfänder
[Geb. 27. Juni 84 Tuchow, Galizien; Wohnort: Tarnow; Staatsangeb.: Österreich; Vorbildung: Luitpold-Gymn. München Reife Juli 05; Studium: Berlin 3, Heidelberg 3, Berlin 3 S.; Rig. 23. Juli 10.] [U 12. 3838

Klein, Elise, Epheuranken. Gespräche, den Vereinen u. Familien gewidmet. 1. Bdchn. 8. (184 S.) Langnau 898. (Bonn, A. Falkenroth.) n. — 80; geb. n. 1. 20

— gib uns Frieden. Eine Erzählg. für's Volk. 8. (III, 172 S.) Ebd. (900). n. 1. —; geb. n. 1. 30

Klein, Elise, am Segensstrome. Erlauschtes u. Gesungenes. (182 S.) 8. Geisweid (910). Verlagshaus der deutschen Zeltmission. Geb. in Leinw. 2. —

Klein, Elsa v., Max v. Schenkendorf. Eine literarhistor. Studie. (62 S.) gr. 8. Wien 908. (Gerold & Co.) 1. 80

Klein, Eman., und Enrico Verson, über die Bedeutung des Kochsalzes für den menschlichen Organismus. Lex.-8. (15 S.) Wien 867, (Gerold's Sohn.) *
Aus: Sitzungsberichte der k. Akademie der Wissenschaften, besonders abgedruckt.

Klein, Dr. E., Beiträge zur Kenntniss der Nerven des Froschlarvenschwanzes. Mit 1 Tafel. (Sonder-Abdr. a. d. Sitzungsber. d. k. Akad. d. Wiss.) gr. 8. (6 S.) Wien, Gerold in Comm. 1870. 20 kr.

Klein, Eman., über das Epithel der Schleimhaut u. die Ausführungsgänge der Drüsen des weichen Gaumens u. der Uvula des Menschen. [Aus d. Sitzungsber. der k. Akad. d. Wiss.] Wien 868. (Gerold's Sohn.) Lex.-8. (3 S.) 1½ ngr.

Klein, E., das mittlere Keimblatt in seinen Beziehgn. zur Entwicklung der ersten Blutgefässe u. Blutkörperchen im Hühnerembryo. [Mit 6 (lith.) Taf. (in qu. 4.)] [Aus „Sitzungsber. der k. Akad. d. Wiss"] Lex.-8. (53 S.) Wien 871. (Gerold's Sohn.) n. 4. —

— zur Kenntniss des Baues der Mundlippen des neugebornen Kindes. Mit 1 (lith.) Taf. (in qu. gr. 4.) [Aus d. Sitzungsber. der k. Akad. d. Wiss.] Ebend. 869. Lex.-8. (10 S.) n. 5 ngr.

— über die Vertheilung der Muskeln des Oesophagus beim Menschen u. Hunde. Mit 1 (lith.) Taf. (in 4.) [Aus d. Sitzungsber. der k. Akad. d. Wiss.] Ebend. 868. Lex.-8. (11 S.) n. 6 ngr.

Klein, Emil

Klein, E., A-B-C-Büchlein des modernen Arbeiterrechts, enth.: Allgemeines üb. Recht u. Gericht, die Bestimmgn. über die Gewerbegerichte u. das Verfahren vor denselben. Sonntagsruhe, Arbeitsbücher u. Abgangszeugnisse, Lohnauszahlg. u. Lohnbeschlagnahme, Rechtsverhältnisse d. Gesellen u. Gehilfen (auch Fabrikarbeiter), d. Betriebsbeamten, Werkmeister u. Techniker, Lehrlingsverhältnisse, Fabrikordngn., Frauen- u. Kinderarbeit. 2. erweit. Aufl. 8. (32 S.) Eßlingen 894. (F. Gutzmann). — 25

Klein, Emil, Arbeiterschutz u. Gewerbeaufsicht, die gesetzl. Bestimmungen darüber u. ihre Ausführung. Ein Handbuch aus der Praxis. Mit einem Anh., betr. den spez. Arbeiterschutz in der Kleider- u. Wäsche-Konfektion, den Werkstätten m. Motorbetrieb, Walz- u. Hammerwerken, Hechelräumen, Spinnereien, Steinkohlenbergwerken, Molkereien, Konservenfabriken, Ziegeleien, Cichorien-, Gummiwaren-, Zündhölzer-, Bleifarben- u. Bleizucker-, Cigarren-, Akkumulatorenfabriken, Buchdruckereien, Schriftgiessereien, Rosshaarspinnereien, Haar- und Borstenzurichtereien, Bürsten- u. Pinselmachereien, Zinkhütten, Gerbereien, Bäckereien u. Konditoreien, Getreidemühlen, Steinhauereien, Baugewerbe, Gast- u. Schankwirtschaften. (XII, 235 S.) gr. 8. Stuttgart (902). W. Kohlhammer. n. 2. 50; geb. n. 3. —

Klein, E., Arbeiterschutz und Gewerbe-Aufsicht. gr. 8⁰. Stuttgart 1903.

Klein, Emil: Der moderne Bau- und Möbelschreiner .... Mit 247 Abb. u. 2 Taf. Hannover: Jänecke 1908. 256 S. 8⁰
(Bibliothek d. gesamten Technik. Bd. 94.)

— des deutschen Kriegers Christgeschenk. Szenen aus dem Siebziger Krieg. 3. Aufl. (19 S.) 8. Ebd. (905). n. — 30

(B) **Klein**, Emil, des deutschen Kriegers Christgeschenk. — Jetzt: Stuttgart, Holland & Josenhans.

Klein, Emil, die Entscheidung. Ein dramat. Gedicht. 12. (14 S.) Stuttgart 898. M. Holland. n. — 20

Klein, Emil, Eßzelingen. Ein Sang vom Neckarthal. Mit einem Vorwort von Nic. 8. (26 S.) Eßlingen 888, (Weismann.) * — 40

Klein, E., kleiner Führer durch Esslingen f. Fremde u. Einheimische. 8. (XIX S.) Ebd. (897). — 25; m. Plan — 50; Plan allein — 30

Klein, Emil: Die neue Gemeindeordnung im Lichte positiver Sozial-Politik. Stuttgart: Kohlhammer 1903. (50 S.)

Klein, Emil, nach Golgatha. Schauspiel aus der Zeit Christi in 5 Aufzügen. (VIII, 127 S.) 8. Eßlingen (903). W. Langguth. n. 1. —; geb. n. 1. 50

— vom Heimatherd. Lieder u. Balladen. Mit e. Geleitswort v. Gehring. (XXXII, 180 S.) kl. 8. Stuttgart (905). M. Kielmann. Geb. in Leinw. m. Goldschn. n. 3. —

— Kriegers Heimkehr. Dramatisches Gedicht in 1 Aufzug. 3. Aufl. (21 S.) 8. Ebd. (905). n. — 30
Jetzt: Stuttg.: Holland & Josenhans.

Klein, Emil, Rechtsprakt.: Der Ladeschein. Heidelberg 1909: Hörning. 52 S. 8°
Heidelberg, Jur. Diss. v. 13. Aug. 1909, Ref. Schröder
[Geb. 15. Okt. 81 Mutterstadt; Wohnort: München; Staatsangeb.: Bayern; Vorbildung: Gymn. Speier Reife 00; Studium: München 3, Erlangen 1, Berlin 1, Marburg 3 S.; Rig. 18. Nov. 08.] [U 10. 1908

Klein, Emil [aus Würzburg]: Über das elektrische Leitungsvermögen von Doppelsalzen .... Würzburg, Becker's Univ.-Buchdr., 1885; 43 S. u. 1 Tab. 8°.
Würzburg, Phil. Fak., Inaug.-Diss. v. 1885.

Klein, Emil, über das elektrische Leitungsvermögen von Doppelsalzen. Diss. Würzburg 1885, Stahelsche Univ.-Buchh. 8°. 43 S. mit einer Tabelle.

— Sammlung praktisch wichtiger Rechtsbestimmgn. Neue Folge: Die Sonntagsruhe in Industrie u. Handwerk, wie sie am 1. IV. 1895 völlig in Kraft getreten ist. Die kgl. Verordng. v. 27. V. 1895, betr. die bürgerl. Feier d. Sonn-, Fest- u. Feiertage. Das am 1. VII. 1896 in Kraft getretene Reichsgesetz vom 27. V. 1896 zur Bekämpfg. des unlaut. Wettbewerbs. Das am 1. I. 1897 in Kraft tret. Reichsgesetz vom 6. VIII. 1896 betr. die Abänderg. der Gewerbe-Ordng. Erläutert nach d. Gesetzesmotiven u. d. neuesten Litteratur. 8. (IV, 60 S.) Ebd. 896. — 25

Klein, E., Sammlung praktisch wichtiger Rechtsbestimmungen. Neue Folge: Praktische Fragen aus dem neuen Recht. I. Die Zuständigkeit der Behörden u. Beamten der freiwill. Gerichtsbarkeit zur Beurkundg. v. Rechtsgeschäften üb. Grundstücke u. zur Beglaubigg. v. Rechtsakten, welche Grundstücke betreffen. II. Die rechtl. Bedeutg. der Eintragg. der öffentl. Wege u. Gewässer in das Grundbuch. 12. (26 S.) Stuttgart '01, W. Kohlhammer. —. 30.

— Die verschiedenen Techniken zur Bearbeitung v. Gold u. Silber, s. **Bibliothek der gesamten Technik.**

Die verschiedenen Techniken zur Bearbeitung von Gold und Silber als Handarbeit und Fabrikation ... Von Emil **Klein**. Mit 126 Abb. Hannover: Jänecke [1910]. XII, 223 S. 8°
(Bibliothek d. gesamten Technik. Bd 136.)

Klein, Emil. Tells Tod. Drama in einem Akt.... 8. Esslingen, Wilh. Langguth, [1903].
Ausg. A: ... von E' K'. IV + 16 S. [M. —.20]
Ausg. B: ..., mit Prolog zu lebenden Bildern aus «Wilhelm Tell», von E' K'. II + X + 16 S. [M. —.40]

Klein, Emil, Assistent a. d. Kgl. Auslandsfleischbeschaustelle in Bentheim: Arbeiten a. d. Hygien. Institut d. Kgl. Tierärztl. Hochschule zu Berlin. Leiter: Prof. Dr. med. Ostertag Nr. 10. Über das Vorkommen von Schweineseuchebakterien und diesen ähnlichen Bakterien in der Nasenhöhle des Schweines. Berlin: R. Schoetz 1906. (32 S.) 8°
Gießen, Med. Fak., Ref. Olt, Diss. v. 30. Mai 1906

Klein, Emil, über das Vorkommen v. Schweineseuchebakterien u. diesen ähnlichen Bakterien in der Nasenhöhle des Schweines, s. a. **Arbeiten** aus dem hygienischen Institut der kgl. tierärztlichen Hochschule zu Berlin. Nr. 10.

Was jeder Arbeiter und jede Arbeiterin von der Fabrik-Inspektion und dem Arbeiterschutz wissen muss. Ein Handbuch aus d. Praxis von E. **Klein**, Bezirksnotar. Mit e. Anh. betr. d. spez. Arbeiterschutz ... *Berlin, Stuttgart, Leipzig: W. Kohlhammer (1902).* (XII, 235 S.) 8° [03. 548

Klein, Emil, das Weib u. ich. Skizzen. 8. (144 S.) Berlin 900. Concordia. n. 2. —

Klein, Emil, Kriegers Weihnachten. E. Cyclus dramat. Gedichte. Hrsg. z. 25jähr. Erinnerg. an d. deutsch-französ. Krieg 1870/71. I.—III. 12. Eßlingen 895. Stuttgart, A. Weismann. n. — 85
I. Weihnachten vor Paris. (20 S.) n. — 30
II. Weihnachten zu Hause. (19 S.) n. — 30
III. Feindesliebe im Feindeslande. (16 S.) n. — 25

— Weihnachten vor Paris. Dramat. Gedicht. 2. Aufl. 12. (23 S.) Stuttgart 898. M. Holland. n. — 30

— Weihnachten vor Paris. Dramat. Gedicht. 3. Aufl. (23 S.) 8. Stuttgart (903). Holland & Josenhans. n. — 30

— Weihnachten vor Paris. Dramatisches Gedicht. 4. u. 5. Aufl. (23 S.) kl. 8. Stuttgart (907. 10). Holland & Josenhans. — 30

Klein, Emmo, a. Berlin: Fletchers 'The Spanish Curate' und seine Quelle. Halle a. S. 1905: H. John. (63 S.) 8°
Halle, Phil. Fak., Ref. Wagner, Diss. v. 29. Nov. 1905
[Geb. 17. Juli 80 Berlin; Wohnort: Halle a. S.; Staatsangeh.: Preußen; Vorbildung: Gymn. Altona Reife O. 00; Studium: Berlin 5, Halle 6 S.; Rig. 24. Juli 05.]

Klein, Er., s. v. Fain, Manuscript v. 1812.

Klein, Er., (Buchhändler,) s. 1) J. G. Hesse, königl. preuß. Zolltarif. 2) Verzeichniß aller in d. preuß. Monarchie mit Ein- u. Ausgangs-Abgaben belegten Gegenstände.

Klein, Erich: Preußen und der Utrechter Frieden. Danzig 1910: Kafemann. 116 S. 8°
Königsberg, Phil. Diss. v. 25. Mai 1910, Ref. Krauske.
[Geb. 27. April 84 Dirschau; Wohnort: Dirschau; Staatsangeh.: Preußen; Vorbildung: Realgymn. Danzig Reife O. 03; Studium: Breslau 4, Königsberg 6 S.; Rig. 26. Jan 10.] [U 10. 2609

Klein, Ernst, akademische Erinnerungen, kulturgeschichtl. Beiträge u. Erörtergn. gr. 8. (V, 66 S.) Marburg i/H. 890. Ehrhardt. n. 1. —

Klein, Ernst, s. Fessler, J. A., Geschichte von Ungarn.

Wider die Gesunddenker, die fälschlich Gesundbeter heißen. Von Pfarrer Ernst **Klein**. Mit e. Vorw. d. Gen.Superint. [Wilhelm] Faber. *Kassel: E. Röttger (1902).* (62 S.) 8° [F.]
[Umschlagt.:] Wider d. Gesunddenken, (Christian Science.) [03. 7686 4

Klein, Ernst, junge Lust u. junges Leid. (80 S.) 8. Strassburg 910. J. Singer. 2. —

— — Sadistische Novellen. Ca. 1909.

— — Orgien der Liebe. Ca. 1909.

Klein, E., aus d. Schatzkammer hl. Väter. 1. u. 2. Hft. 8. Berlin 898. Buchh. d. Berliner Stadtmission. à n. — 30
1. Der Brief an d. Diognet. Uebers. (32 S.)
2. Märtyreraкten I. Uebers. (25 S.)

— aus der Schatzkammer hl. Väter. 3.—7. Hft. 8. Berlin, Vaterländ. Verlags- u. Kunstanstalt. à n. — 30
3. Ignatiusbriefe. I. Uebers. (24 S.) 899.
4. Die Lehre der zwölf Apostel. Uebers. (20 S.) 899.
5. Märtyrerakten. II. Uebers. (25 S.) 899.
6. Dasselbe III: Perpetua u. Felicitas. Uebers. (33 S.) (902.)
7. Ignatiusbriefe II: (An die Smyrnäer, Magnesier, Philadelphier.) Uebers. (33 S.) (902.)

Klein, Ernst, aus der Schatzkammer hl. Väter. 8.—12. Heft. 8. Berlin, Vaterländ. Verlags- u. Kunstanstalt. à n. — 30
8. Ignatiusbriefe III.: An die Traller u. an den Polykarp. Der Brief des Polykarp an die Philipper. Uebers. (42 S.) (904.)
9. Märtyrerakten IV: 1. Das Leiden des Karpus, Papylus u. der Agathonike. 2. Justin der Märtyrer. Uebers. (28 S.) (904.)
10. Dasselbe, V: 1. Die sicilitan. Blutzeugen. 2. Apollonius, der Bekenner vor dem röm. Senat. Uebers. (28 S.) (904.)
11. Dasselbe, VI: Martyrium des Pionius u. seiner Genossen. Uebers. (56 S.) (906.)
12. Dasselbe, VII: 1. Die Akten der Gerichtsverhandlg. wider Achatius, den Heiligen. 2. Das Martyrium des hl. Konon. Uebers. (37 S.) (906.) (I—VII in 1 Bde.: n. 2. 50.)

— Suleika. Ein Liebesleben in Gedichten. (86 S.) 8. Leipzig-Gohlis 909. B. Volger. 1. —

ESSÉE, Fedor (= Ernst Klein). Das Tagebuch einer Masseuse. Von Clara M. Budapest, Gustav Grimm (ca. 1909). [E. II, 289.]

Das Urchristentum und unsere jetzigen Gemeinden. Ein ernster Vergleich. Von Ernst **Klein**, Pfarrer in Lichtenrade. Stuttgart: Ch. Belser 1907. (45 S.) 8° [F.]
— **Zeitfragen** d. christlichen Volkslebens. Bd 32, H. 7. 07. 17688

— Verzeichnis v. zur Aufführung u. zum Vortrag in evangel. Arbeiter-, Männer- u. Jünglingsvereinen geeigneten dramat. Stücken u. Deklamationen, nebst prakt. Ratschlägen f. die Veranstaltg. von Vereins- u. öffentl. Aufführgn. 12. (31 S.) Stuttgart(899). Holland & Josenhans. n. — 30; erm. Pr. n. — 20

Klein, Ernst Ferdinand

Klein, Ritter Er. Fd., († d. 18. März 1810.) drei Abhandll. über den Geist d. Gesetze u. Rechtsverwaltung in d. preuß. Monarchie. 8. Berl. 802. Nicolai. 3 gl

— vermischte Abhandll. üb. Gegenstände d. Gesetzgebung u. Rechtsgelehrsamkeit. 3 Stücke, oder 1r Bd. gr. 8. Leipz. 779, 80. Schwickert. 18 gl

Klein, Ernst Ferdinand: „Annalen der Gesetzgebung und Rechtsgelehrsamkeit in den preußischen Staaten", Bd. 1—21, Berlin und Stettin 1788—1800. — Vorh.: Preuß. Oberbergamt Dortmund. — Signatur: K o.1.

KLEIN, Er. Frd: Annalen d. Gesetzgeb. u. Rechtsgelehrsamkeit in den preuss. Staaten. 26 Bde. (26r Bd. N. Aufl. 819.) *Berlin*, Nicolai. 788—809. Nebst Register v. Bd. 19—24. gr. 8. (30 Thl. 8 Gr.)

Klein, E. F., Annalen der Gesetzgebung und Rechtsgelehrsamkeit, in den preuß. Staaten. 26r Bd. Neue Aufl. gr. 8. Berlin Nicolai. 819.

— Kleinschrod und Konopak, Archiv des Criminalrechts, s. Archiv.

E. Fd. **Klein's** kurze Aufsätze üb. verschied. Gegenstände. *Halle*, Waisenh.-B. 797. 8° 12 gl

KLEIN, E. Fd.: Auszug a. d. allgem. Gesetzgeb. f. d. preuss. Staaten: ein zu Vorless. bestimmtes Handb. 2 Thle. *Halle*, Waisenh.-B. 792—93. 8. (2 Thl. 6 Gr.) N. A. System d. preuss. Civilrechts. *Ebend.* (801.) gr. 8. (1 Thl. 12 Gr.)

Klein, E. F.: „Ueber die gesetzliche und richterliche Begünstigung des Bauernstandes. Mit einigen Zusätzen in Beziehung auf das Edict vom 9. October 1807", Berlin 1808 (Nicolai). — Vorh.: Preuß. Staatsbibliothek Berlin.

Klein, Ernst Ferd.: Ernst Ferd. Klein's Bildniss und Selbstbiographie. Hrsg. von M. S. Löwe. Berlin: Starcke, Leipzig: Mittler 1806. 93 S. 8° [Umschlagtit.] 25.

— Selbstbiographie; herausg. v. M. L. Löwe. Mit Klein's Bildniß. 8. Berl. 810.

Klein, Ernst Ferdinand, s. Denkmal Herzog Leopolds.

Klein, Ernst Ferdinand: Diss. sur l'autorite paternelle, … s. Villaume, Pt.

Empfindungen eines getreuen Unterthanen bey dem Geburtsfeste seines geliebten Königs Friedrich Wilhelms II. Eine Rede, welche in der feierlichen Versammlung der ehrw. Freimaurer-Loge La Royale York de l'amitié in Berlin den 25. Sept. 1786 gehalten worden von Ernst. Ferd. **Klein.** Berlin u. Stettin: Nicolai 1786. 14 S. 8°
Selten. Verkündet das Lob des Königs. 3.

— Erkenntniß u. Gutachten d. Juristenfakultät zu Halle, vorläufig z. Notiz für Hrn. Hofr. Hurlebusch. Herausg. von H. P. K. Henke. gr. 8. Helmst. 797.

Klein, Ritter Er. Fd., Freiheit und Eigenthum, abgehandelt in acht Gesprächen über die Beschlüsse der Nationalversammlung. 8°. Berlin, Nicolai, 1790.

— Gedanken von der öffentl. Verhandl. der Rechtshändel u. dem Gebrauche d. Beredsamkeit in den Gerichtshöfen. Aufs neue z. Druck befördert u. mit Anmerkk. begleitet, v. G. W. Böhmer. gr. 8. Gött. 825, Vandenhöck u. R.

— Grundsätze d. gemeinen deutschen u. preuß. peinl. Rechts. gr. 8. Halle 795. 2e Aufl. 799. Schwetschke u. Sohn. 1 Rthlr 12 gl

KLEIN, E. Fd.: Grundsätze d. gem. deutsch. u. preuss. peinl. Rechts. *Halle*, Hemmerde u. Schwetschke. (796.) 799. gr. 8. (1 Thl. 12 Gr.)

E. Fd. **Klein's** Grundsätze d. natürl. Rechtswiss., nebst e. Gesch. ders. *Halle*, Hemmerde u. Schwetschke. 797. 8° 1 Rthlr

— Grundsätze d. preuß. Civilrechts. gr. 8. Halle, Waisenhaus. 801.

Klein, Ernst Ferdinand (Hrsg.), s. Hommel, K. Fd.: Deutscher Flavius.

— occasione edicti regii de ICtis doctius instituendis et examinandis auditores alloquitur et ad praelectiones aestivas anno 1797 habendas invitat. 4. Halle 797.

Klein, Ernst Ferdinand [Praes.], s. Koelle, Heinrich Christ. Ernst: Praedes periculi maritimi apud Romanos.

– s. Quistorp, J. C. v.: Grundsätze d. peinl. Rechts.

Klein, Ritter Er. Fd., Rechte des Hausstandes. gr. 8. Halle 792. Waisenh.-B. 7 gl (Aus d. 1sten Thle. des obigen Gesetzbuchs besond. abgedruckt.)

KLEIN, Er. Fed.: Merkwürd. Rechtssprüche der Juristen-Facultät zu Halle. *Berlin*, Nicolai. 5 Bde. 796 — 802. gr. 8. (5 Thl. 20 Gr.)

Klein, Ernst Ferd., russische Reisetage, s. a. Hefte zum Christlichen Orient. I, 4.

Russische Reisetage. Von Ernst Ferdinand **Klein**, Pfarrer. Potsdam: Deutsche Orient-Mission 1909. 44 S. 8° [Umschlagt.]
(Hefte z. christl. Orient. Ser. 1, H. 4.) 10. 1780

E. Fd. Klein's Schreiben an — Garve, üb. d. Zwangs- u. Gewissenspflichten u. d. wesentl. Unterschied d. Wohlwollens u. d. Gerechtigkeit, bes. b. Regierung d. Staaten. *Berl.*, Nicolai. 789. 8° 6 gl

Klein, Ernst Ferdinand: Schreiben der drei altpreußischen Grosslogen ..., s. G u i o n n e a u , Ludwig August von

— üb. außerordentl. Strafen wegen unvollständ. Beweisen u. über Sicherheitsanstalten. gr. 8. Berl. 805. Nicolai. 3 gl

Klein, Ernst Ferd.: System des Preussischen Civilrechts. Halle 1801.
— [Dasselbe.] Unter Benutzung der neuesten Rechtsquellen u. mit Hinweisung auf das gemeine Recht neu bearb. von [Friedr. Ludw.] v. Rönne. Bd 1. 2. 1830.
— 2. Ausg. Neu bearb. von Fr. v. Rönne u. L. v. Rönne. Bd 1. 2. 1835. 38

Klein, E. F., System d. Preuß. Civilrechts, unter Benutzung d. neuesten Rechtsquellen u. mit Hinweis. auf d. gem. Recht neu bearb. v. Fr. v. Roenne. 2 Bde. gr. 8. (69½ B. u. 1 Tab. z. Gesch. d. Preuß. Gesetzgebung, gr. Fol.) Halle 830, Buchh. d. Waisenhauses. Thlr.
Die Tabelle einzeln, 3 Gr.

Klein, Ernst Ferd., System d. preuß. Civilrechts, unt. Benutz. d. neusten Rechtsquellen u. mit Hinweis. auf d. gemeine Recht neu bearb. v. Fr. v. Rönne u. L. v. Rönne. 2 Bde. 2., verm. Ausg. gr. 8. (60½ B.) Halle 835, Buchh. d. Waisenhauses.

— zwei Vorlesungen, gehalt. zu Berlin. 8. Königsb. 808. (Kummer in Leipz.) 5 gl

— zwey V o r l e s u n g e n. 8. Königsb. Nicolovius. 808.

Klein, Ernst Friedrich.

Discours prononcé à Berlin le 25 Sept. 1786 . . . Berlin 1786. Ü: *Mayet, Stephan.* (MGT)

Klein, Ernst Phpp., rettet d. deutschen Volkes Gemüt! Das Gefühlsleben u. seine Pflege in der Volksschule. 8. (72 S.) Osnabrück 892. B. Wehberg. n. — 60

Klein Erwin: Die Form der Satire bei Christ. Ludwig Liscow und Gottlieb Wilhelm Rabener.
1907 PN 2236 Diss. Wien, Univ.

Klein, Eug. Der Weinbau, s. Landmanns, d., Winterabende.

Klein, Eugen: Der Weinbau. Mit 31 in den Text gedruckten Holzschnitten. Stuttgart: Ulmer 1890. IV, 115 S. (Des Landmanns Winterabende. Bdch. 43.) -- 16°. Gei 1*
--- Dass. 2. Aufl. Ebd. 1905. IV, 146 S. (Des Landmanns Winterabende. Bdch. 43.) -- 107°. LKRhld. *

Klein, F., G u l l i v e r s Reisen ins Land der Zwerge u. Riesen u. auf die schwebende Insel. Erzählung, nach dem Engl. f. die Jugend bearb., m. 4 Farbdr.-Bildern u. vielen Textillustr. v. Willy Planck. (VI, 194 S.) 8. Stuttgart (907). G. Weise. Geb. in Leinw. 3. —

— Baron v. M ü n c h h a u s e n s Reisen u. Abenteuer, neu bearb., m. 4 Farbdr.-Bildern u. vielen Textillustr. v. Willy Planck. (VIII, 189 S.) 8. Ebd. (907). Geb. in Leinw. 3. —

Klein, F. H., nach den Schlagwörtern [Titeln] alphabetisiertes Verzeichnis von Hauptwerken der deutschen und fremden Litteraturen, s. A u b, L., Abriß der deutschen Litteraturgeschichte zum praktischen Gebrauche für Buchhändler.

K l e i n, F. I., Historiae piscium naturalis promovendae Missus I. c. fig. 4. Lips. Gleditsch. 805.

Klein, Fel., s.: A b h a n d l u n g e n üb. den mathematischen Unterricht in Deutschland.

Klein, Fel., d. Anfordergn. d. Ingenieure u. d. Ausbildg. d. mathemat. Lehramtskandidaten. Vortrag, geh. im hannov. mathemat. Verein am 20. Apr. 1896. [Aus: „Ztschr. f. mathemat. u. naturw. Unterr."] gr. 8. (7 S.) Leipzig 896. B. G. Teubner. — 30

— s.: A n n a l e n, mathematische.

— **Anwendung der Differential- u. Integralrechnung auf Geometrie, e. Revision der Principien. Vorlesg., geh. während des Sommersem. 1901. Ausgearb. von Conr. Müller. 4. (VIII S. u. 468 autogr. S. m. Fig.) Leipzig 902. (B. G. Teubner.) n. 10. —**

Anwendung der Differential- und Integralrechnung auf Geometrie. Eine Revision d. Prinzipien. Vorlesung geh. während d. Sommersem. 1901 von F[elix] **Klein**, (Prof., Göttingen). Ausgearb. von Conrad (H.) M ü l l e r, [Prof., Hannover]. Neuer Abdr. Leipzig: Teubner in Komm. 1907. 484 S. 8° [Text autogr.]
(Klein: Autographierte Vorlesungshefte. H. 6.) [illegible] 10

Klein, Felix: Über die **Aufgaben** und die **Zukunft** der philosophischen Fakultät. *Göttingen (1904): Dieterich.* (13 S.) 8°
Göttingen, Rede am Geburtstage des Kaisers 1904

— **über die Aufgaben u. die Zukunft der philosophischen Fakultät. Rede zur Feier des Geburtstages Sr. Maj. des Kaisers u. Königs am 27. I. 1904, im Namen der Georg-August-Universität geh. (13 S.) gr. 8. Göttingen 904. Vandenhoeck & Ruprecht. n. — 40**

Klein, F. (Hrsg.), s. B e i t r ä g e , Neue, zur Frage des mathematischen und physikalischen Unterrichts an den höheren Schulen.

Klein, Dr. Fel., Vergleichende Betrachtungen über neuere geometrische Forschungen. (Progamm zum Eintritt in die philos. Facultät u. d. Senat der Erlanger Universität.) Erlangen 1872. 8°.

Klein, Felix, vergleichende Betrachtungen üb. neuere geometrische Forschungen. gr. 8. (48 S.) Erlangen 872. Deichert. n. 1. —

— üb. d. Beziehungen d. neueren Mathematik zu d. Anwendgn. Antrittsrede, geh. am 25. Oktbr. 1880 bei Übernahme d. damals an d. Universität Leipzig neuerrichteten Professur f. Geometrie. [Aus: „Zeitschr. f. mathematisch-naturwissenschaftl. Unterricht."] gr. 8. (12 S.) Leipzig 895. B. G. Teubner. n. — 60

— **über lineare Differentialgleichungen d. zweiten Ordnung. Vorlesg., geh. im Sommersemester 1894. Ausgearb. v. E. Ritter. 4. (V, 524 autogr. S. m. Fig.) Göttingen 894. Ebd. n.n. 8. 50**

Über lineare Differentialgleichungen der zweiten Ordnung. Vorlesung, geh. im S.S. 1894 von F[elix] **Klein**. Ausgearb. von E. Ritter. Göttingen 1894. Neuer, unveränd. Abdr. Leipzig: B.G. Teubner in Komm. 1906. (524 S.) 8° [autogr.] [06. 9300 6

— Einleitg. in d. höhere Geometrie. 2 Hfte. Vorlesgn., geh. im Wintersemester 1892/93 u. im Sommersemester 1893. Ausgearb. v. Fr. Schilling. 4. (566 u. VI, 388 autogr. S. m. Fig.) Leipzig 893. B. G. Teubner. n.n. 15. —

Einleitung in die höhere Geometrie. Vorlesungen, geh. im Wintersem. 1892–93 u. Sommersem. 1893 von F[elix] **Klein**. Ausgearb. von Fr[iedrich] Schilling. 2. unveränd. Abdr. (1. 2.) Leipzig: B. G. Teubner in Komm. 1907. 2 Bde 8° [Text autogr.] [07. 14038 11

— Elementarmathematik vom höheren Standpunkte aus. I. u. II. Tl. gr. 8. Leipzig, (B.G. Teubner). à nn 7. 50

I. Arithmetik, Algebra, Analysis. Vorlesung, geh. im Wintersem. 1907—08. Ausgearb. v. E. Hellinger. (VIII S. u. 590 autogr. S. m. Fig.) 908.

II. Geometrie. Vorlesung, geh. im Sommersem. 1908. Ausgearb. v. E. Hellinger. (VIII S. u. 515 autogr. S. m. Fig.) 909.

— s.: Encyklopädie der mathem. Wissenschaften.

— Riemann'sche Flächen I. u. II. Vorlesg., geh. währ. d. Sommersemesters 1891—92, resp. d. Sommersemesters 1892. 2. Abdr. 2 Thle. in 1 Bd. 4. (V, 301 u. V, 287 autogr. S. m. Fig.) Goettingen 894. Ebd. n.n. 12. —

Riemannsche Flächen. Vorlesung, geh. während d. Wintersem. 1891–92 (2: Sommersem. 1892) von F[elix] **Klein**. Göttingen 1892 (2: 1893). Neuer unveränd. Abdr. 1. 2. Leipzig: B. G. Teubner in Komm. 1906. 2 Bde 8° [Text autogr.] [07. 14039 11

— üb. d. hypergeometrische Function. Vorlesg., geh. im Wintersemester 1893/94. Ausgearb. v. E. Ritter. 4. (V, 571 autogr. S. m. Fig.) Ebd. 894. n.n. 9. —

Über die hypergeometrische Funktion. Vorlesung, geh. im Wintersemester 1893–94 von F[elix] **Klein**. Ausgearb. von E. Ritter. Neuer unveränd. Abdr. Leipzig: B. G. Teubner in Komm. 1906. (568 S.) 8° [Text autogr.] [07. 8987 9

— Nicht-Euklidische Geometrie. I. u. II. Vorlesg., geh. währ. d. Wintersemesters 1889—90, resp. währ. d. Sommersemesters 1890. Ausgearb. v. Fr. Schilling. 2. Abdr. 2 Thle. in 1 Bd. 4. (VI, 365 u. IV, 238 autogr. S. m. Fig.) Ebd. 893. n.n. 14. —

— u. A. **Höfler**, Grenzfragen der Mathematik u. Philosophie, s.: Beilage, wissenschaftliche, zum 10. Jahresbericht der philosophischen Gesellschaft an der Universität zu Wien.

— ausgew. Kapitel d. Zahlentheorie I. u. II. Vorlesg. 4. Ebd. n.n. 14. 50

I. Geh. im Wintersemester 1895/96. Ausgearb. v. A. Sommerfeld. (V, 391 autogr. S. m. Fig.) 896.

II. Geh. im Sommersemester 1896. Ausgearb. v. A. Sommerfeld u. Ph. Furtwängler. (V, 354 autogr. S.)

Klein, Felix: Ausgewählte K a p i t e l der Zahlentheorie. Vorlesung, geh. im W. S. 1895/96 u. S. S. 1899. Ausgearb. von Arnold Sommerfeld u. Philipp Furtwängler. 2., unveränd. Abdr. Leipzig: Teubner in Komm. 1907. 354 S. 8°

Klein, Felix, Kardinal Lavigerie und sein afrikanisches Werk. Nach der 3. Aufl. des französ. Originals bearbeitet und mit einem Vorworte nebst Nachtrag versehen von Karl Muth. Straßburg, F. X. Le Roux, 1893, 12°, XII, 405 S. mit Bildnis, 2,50 Mk.

— u. C. H. **Müller**, Mechanik, s.: Encyklopädie der mathematischen Wissenschaften. IV, 2, II.

Über die Neueinrichtungen für Electrotechnik und allgemeine technische Physik an der Universität Göttingen. Mit e. Antwort auf die von Prof. Slaby in d. Sitzung d. preuss. Herrenhauses vom 30. März 1900 gehalt. Rede von F[elix] **Klein** in Göttingen. *Leipzig: B. G. Teubner 1900.* (23 S.) 8° [00. 3085

Klein, F., über die elliptischen Normalcurven der n^{ten} Ordnung und zugehörige Modulfunctionen der n^{ten} Stufe. Lex.-8. (64 S.) Leipzig 885, Hirzel. * 1 80

Aus: Abhandlungen der k. sächs. Gesellschaft der Wissenschaften, besonders abgedruckt.

— über den Plan e. physikalisch-technischen Instituts an d. Universität Göttingen. (Vortrag, geh. am 6. Decbr. 1895 im hannov. Bezirks-Verein des Vereins deutscher Ingenieure.) gr. 8. (9 S.) Ebd. 896. — 30

Klein, Felix (Hrsg.), s. P l ü c k e r , Julius: Neue Geometrie des Raumes, ... Abt. 2 u. 3.

Klein, Fel., neue Strömungen in Religion u. Literatur. Deutsch v. Valent. Holzer. (VIII, 295 S. m. Bildn.) gr. 8. München 903. G. Schuh & Co. n. 3. 60; geb. n. 4. 80

— u. A. **Sommerfeld**, üb. d. Theorie d. Kreisels. 1. u. 2. Hft. gr. 8. Ebd. n. 15. 60

1. D. kinemat. u. kinet. Grundlagen d. Theorie. (196 S.) 897. n. 5. 60

2. Durchführg. d. Theorie im Falle d. schweren symmetr. Kreisels. (IV u. S. 197—512 m. Fig.) 898. n. 10. —

— u. A. **Sommerfeld**, über die Theorie des Kreisels. III. Heft. Die stör. Einflüsse. Astronomische u. geophysikal. Anwendungen. (IV u. S. 513—759 m. Fig.) gr. 8. Ebd. 903. n. 9. —

Hft. I. u. II. Ebd. 897. 898. n. 15. 60.

— u. A. **Sommerfeld**, über die Theorie des Kreisels. IV. (Schluss-) Heft. Die techn. Anwendgn. der Kreiseltheorie. Für den Druck bearb. u. ergänzt v. Fritz Noether. (IV u. S. 761—966 m. Fig.) gr. 8. Leipzig 910. B. G. Teubner. 8.—; geb. in Leinw. 9.—; (1.—4. Heft in 1 Halbfrz.-Bd. 36.—)

I.—III. Heft. Ebd. 897—903. 24.60.

Klein, Fel., über Riemann's Theorie der algebraischen Functionen u. ihrer Integrale. Eine Ergänzung der gewöhnlichen Darstellungen. gr. 8. (VIII, 82 S. m. eingedr. Holzschn.) Leipzig 882. Teubner. n. 2. 40

Klein, Felix (geb. am 25 Apr. 1849 in Düsseldorf): Ueber die Transformation der allgemeinen Gleichung des zweiten Grades zwischen Linien-Coordinaten auf eine canonische Form ... Bonn, Druck v. C. Georgi (1868). 2 Bl., 53 S., 1 Bl. 8. ¶ Wieder abgedr. in d. Math. Annalen XXIII 1884 S. 539 ff.

Bonn, Phil. Fak., Diss. v. 12 Dez. 1868

— s.: Über angewandte Mathematik u. Physik in ihrer Bedeutg. f. den Unterricht an höh. Schulen.

Über eine zeitgemässe Umgestaltung des mathematischen Unterrichts an den höheren Schulen. Vorträge geh. bei Gelegenheit d. Ferienkurses f. Oberl. d. Math. u. Physik, Göttingen, 1904, von F[elix] **Klein**. Mit e. Abdr. verschiedener einschläg. Aufsätze von E[duard] Götting u. F. Klein. Leipzig & Berlin: B. G. Teubner 1904. (82 S.) 8°
Ist T. 1, H. 1 von: Neue Beiträge z. Frage d. math. u. physik. Unterr. an d. höh. Schulen ... hrsg. von F. Klein u. E. Riecke. [07. 766]

— P. **Wendland**, Al. **Brandl**, Ad. **Harnack**, Universität u. Schule. Vorträge, auf der Versammlg. deutscher Philologen u. Schulmänner am 25. IX. 1907 zu Basel geh. Mit e. Anh.: Vorschläge der Unterrichtskommission der Gesellschaft deutscher Naturforscher u. Ärzte, betr. die wissenschaftl. Ausbildg. der Lehramtskandidaten der Mathematik u. Naturwissenschaften. (88 S.) gr. 8. Ebd. 907. 1.50; geb. in Leinw. 2.—

Zur ersten Verteilung des Lobatschewsky-Preises (3. November 1897). Gutachten, betr. d. dritten Bd d. Theorie d. Transformationsgruppen v. S. Lie erstattet durch **Felix Klein**. [Russ.:] *Kazan': Tipo-lit. Imp. Universiteta 1897.* (1 Bl., 27 S.) 1 Bd 8. [98. 8116]

—— **Vorlesungen über das Ikosaeder und die Auflösung der Gleichungen vom fünften Grade. gr. 8. (VIII, 260 S. mit 1 lithogr. Taf.) Ebendas. 884.** *

— Vorlesungen üb. die Theorie der automorphen Functionen, s.: **Fricke**, Rob.

Klein, Fel., Vorlesungen üb. die Theorie der elliptischen Modulfunctionen, ausgearb. u. vervollständigt von Rob. **Fricke**. I. Bd. Grundlegung der Theorie. Mit zahlreichen in den Text gedr. Fig. Lex.-8. (XIX, 764 S.) Leipzig 890. Teubner. n. 24.—

Klein, Fel., Vorlesungen üb. die Theorie der elliptischen Modulfunctionen, ausgearb. u. vervollständigt v. Rob. **Fricke**. 2. Bd. Fortbildung u. Anwendg. der Theorie. Lex.-8. (XV, 712 S. m. Fig.) Leipzig 892. B. G. Teubner. n. 24.— (1. 2.: n. 48.—)

— **Vorträge üb. ausgew. Fragen d. Elementargeometrie. Ausgearb. v. F. Tägert. E. Festschrift z. d. Pfingsten 1895 in Göttingen stattfind. 3. Versammlg. d. Vereins z. Förderg. d. mathemat. u. naturwissenschaftl. Unterrichts. gr. 8. (V, 66 S. m. 10 Fig. u. 2 Taf.) Leipzig 895. B. G. Teubner. n. 2.—**

F[elix] **Klein**. Vorträge über den mathematischen Unterricht an den höheren Schulen. Bearb. von Rud. Schimmack. T. 1. Leipzig: B. G. Teubner 1907. 8°
= **Vorlesungen**, Mathematische, an d. Univ. Göttingen. 1, 1. [07. 10644]

Klein, F: Vorträge über den mathematischen Unterricht an den höheren Schulen. **Bearb. von Rud. Schimmack. Leipzig**
T. 1. Von der Organisation des mathematischen Unterrichts. 1907
(Mathem. Vorles. an d. Universit. Göttingen. 1, 1)

Wissenschaft und Technik. Fest-Vortrag geh. in München 1908 von Geh. Reg.R. Prof. Dr. Dr. ing. F[elix] **Klein**. (München 1908: Bruckmann.) 7 S. 8° [Umschlagt.]
(Deutsches Museum. Vorträge u. Berichte. H. 4.) [11. 13174]

Klein, Ferdinand [pr. Arzt aus Puttgarten (Rügen)]: Casuistische Beiträge zu den im Gefolge von Gelenkrheumatismus vorkommenden Psychosen. ... Berlin, Buchdr. v. Gustav Schade (Otto Francke) (1890); 29 + 1 S. + 1 Bl. 8°
Berlin, Med. Fak., Inaug.-Diss. v. 20. Jun. 1890

Klein, Ferd., **Beiträge** z. physikal.-technolog. Kenntniß d. Holzes, rücksichtl. d. Schwindens u. Gewichtsverlustes durch Lufttrocknung u. Verkohlung so wie rücksichtl. d. spezif. Schwere als Holz u. Kohle, abgeleitet aus ein. mit 44 einheim. Holzarten ausgeführten Versuche. gr. 8. (6 B. incl. 1 Tab.) Erfurt 838, (Hennings u. Hopf.)

KLEIN, Ferdinand: Beiträge zur physikalisch-technologischen Kenntniß des Holzes rücksichtlich des Schwindens und Gewichtsverlustes durch Lufttrocknung und Verkohlung ... - Erfurt 1838. 86 S.

Klein, Ferd., **Burschen heraus!** Ein Wort zur Aufklärg. üb. kathol. Jünglings- oder Burschenvereine. (15 S.) kl. 8. Wien 906. H. Kirsch. n. —10

Klein, Fd., die Formeln zu den Cotta'schen Waldwerthberechnungs-Tafeln, nebst einigen Bemerkk. üb. letztere. gr. 8. Landshut 823. Weber in München. 6 gl.

KLEIN, Ferdinand: Die Formeln zu den Cotta'schen Waldwerthberechnungs-Tafeln nebst einigen Bemerkungen über letztere. - Landshut 1823. 56 S. - 2. Aufl. München 1836. 56 S.

—— die Formeln zu den Cotta'schen Waldwerthberechnungs-Tafeln, nebst einigen Bemerkn. üb. letztere. 2. Ausg. gr. 8. (3½ B.) München 836, [Königl. Hofbuchh. v. Bayer.] (Leipzig, Müller.)

Klein, Fd., die Formeln zu den Cotta'schen Waldwerth-Berechnungs-Tafeln, nebst einigen Bemerkungen über Letztere. 2e Ausg. gr. 8. München 836. Webers Buchh. (Bayer.) ½ rf

KLEIN, Ferdinand (München): Ueber Gallertcarcinome.- München: Ernst 1895. 32 S.
20.7.1894 - Chr 1894/95,19; Jv 1894/95,203 (Prom.-Datum: 1895)
Diss. Ingolst.-Landsh.-Mchn.

— kathol. **Jünglingsvereine** auf dem Lande, e. Sühne für das göttl. Erlöserherz. (36 S.) kl. 8. Ebd. 905. n. —20

Klein, Ferd., u. Frz. **Warschatka**, d. **Militär-Versorgung**, sow. sonst. Unterstützungs- u. Stiftungs-Beneficien, dann Bestimmgn. f. im nichtactiven Verhältnisse befindl., im Gagebezuge steh. Personen d. k. k. Heeres u. deren Familien, nach Zusammenstellg. v. W. gr. 8. (200 S.) Temesvár 895. Intendanz d. k. u. k. 34. Infanterie-Truppen-Division. n. 3. 20

Klein, Ferd., die Militärversorgung sowie sonstige Unterstützungs- u. Stiftungsbenefizien, dann Bestimmungen f. im nichtaktiven Verhältnisse befindl., im Gagebezuge steh. Personen des k. u. k. Heeres u. deren Familien, hrsg. nach Zusammenstellg. v. Frz. Warschatka. 2., erneuerte u. erweit. Aufl. (IV, 242 S.) gr. 8. Wien 907. (L. W. Seidel & Sohn.) 4.—

—— über **Verkohlung** d. Holzes in stehenden Meilern. 8. (15½ B. incl. Tab. u. 2 lith. Taf.) Gotha 836, Hennings u. Hopf.
Aus: Zeitschrift für Forst- u. Jagdwissenschaft, besond. abgedruckt.

Klein, Filipp, **Dienstes-Vorschriften** f. Wasserwehren in den Sudetentälern. (III, 40 S. m. Titelbild u. 5 Taf.) 8. Freiwaldau (905). (A. Blazek.) Geb. in Leinw. n. 2. 60

Klein, Fpp., u. Adf. **Kettner**, **Wegweiser** f. Touristen im Vereinsgebiete des mähr.-schles. Sudetengebirges. Unt. Mitwirkg. d. Sectionsleitgn. in Freudenthal, Friedeberg, Grulich x. zusammengest. gr. 16. (71 S.) Freiwaldau 895. Mähr.-schles. Sudetengebirgs-Verein. n. —50

Klein, F., A. **Kettner**, W. **Gallien**, **Wegweiser** im Vereinsgebiete des mähr.-schles. Sudetengebirges. Unter Mitwirkg. der Zweigvereine zusammengestellt. Mit e. Wegekarte 1:150000. (62 S. m. 1 Kärtchen.) 12. Freiwaldau 904. (Neisse, J. Graveur's Verl.) n.n. —45

Wegweiser im Vereinsgebiete des mähr.-schles. Sudetengebirges. Unter Mitw. d. Zweigvereine zsgest. von d. Vorstandsmitgl. F. **Klein**, A[dolf] **Kettner**, W. **Gallien**. Mit 1 Wegekarte. Freiwaldau: Mähr.-schles. Sudeten-Gebirgs-Ver. 1904. (62 S.) 8° [F.] [06. 5179]

Klein, François Thomas: Neue Methode der Bienenzucht oder Leitfaden des Bienenzüchters der Neuzeit durch F. Menuisier. Frei ins Deutsche übertragen und mit Anmerkungen vermehrt von einem praktischen Bienenzüchter.
Luxemburg u. Diekirch: Gebr. Heintzé 1863. 4,90 S. 12°

Klein, Franz: Über die Alliteration bei den lateinischen Schulautoren und deren Übersetzung. 8 (12 S.)
Progr. K. k. zweites deutsches Oberg. *Brünn* 1896.

Klein, Franz: Bemerkungen zur Wortbildungslehre im Lateinunterricht. 8 (19 S.). Progr. K. k. vereinigt. Staats-G. *Teschen* 1894.

Klein, F[ranz]: Fb. Konsistorialrat Josef Biolek †. S. 35. 8.
Progr. K. k. Staats-Gymn. *Bielitz* 1906.

Klein, Frz., das Brachy-Teleskop der k. k. Marine-Sternwarte zu Pola, nebst einer Geschichte des Spiegel-Teleskops. Mit 17 (eingedr.) Holzschn. [Aus: „Central-zeitg. f. Optik u. Mechanik".] gr. 4. (58 S.) Wien 882. Seidel & Sohn in Comm. n. 2. 40

Klein, Frz., zur Einführung der Staatsprüfungen an den technischen Hochschulen Oesterreichs. Ein Beitrag zur Lösung der Frage der socialen Stellung des Technikers. gr. 8. (V, 82 S.) Wien 879, Lehmann und Wentzel. *

— zur Einführung der Staatsprüfungen an den technischen Hochschulen Oesterreichs. Ein Beitrag zur Lösung der Frage der socialen Stellung des Technikers. gr. 8. (V, 82 S.) Wien 879. Spielhagen & Schurich. n. 2. —

Klein, Franz, Geschichtliche Entwicklung, Wert und Bedeutung des Schwimmens, Aachen 1906, 21 S., 8°.

Klein, Frz., die neueren Entwicklungen in Verfassung u. Recht der Aktiengesellschaft. (64 S.) gr. 8. Wien 904. Manz. n. 1. 20

Klein, Frz., pro futuro. Betrachtungen üb. Probleme der Civilproceßreform in Oesterreich. [Aus: „Jurist. Blätter".] gr. 8. (117 S.) Wien 891. F. Deuticke. n. 2. 60

— die allgemeine Gerichtsordnung,
— die Gesetze u. Verordnungen üb. die Civilgerichtsverfassung. Die Concursordnung. Die Advocatenordnung sammt allen darauf bezüglichen Verordnungen,
} s.: Gesetze, die österreichischen.

Klein Franz: Die Grundzüge in dem Schiller'schen Gedichte „Die Künstler". 14 Smichow 95.
Progr.

Liederbuch d. dtschn. Schwimmerschaft, J. A. d. Schwimmerschaftsvorst. hrsg. v. Franz Klein, Aachen, 143 S., 16°.

— Mündlichkeitstypen. Materialien zur Beurtheilg. des österreich. Civilprozeßordnungs-Entwurfes vom J. 1893. [Aus: „Allg. österr. Gerichtszeitg."] gr. 8. (81 S.) Wien 894. Manz. n. 1. 80

Klein, Frz., die schuldhafte Parteihandlung. Eine Untersuchung aus dem Civilprocessrechte. gr. 8. (VII, 226 S.) Wien 885, Deuticke. * 7 —

Klein, Frz., die Rechtsformen der Gebrauchsleihe im deutschen bürgerlichen Gesetzbuche. gr. 8. (38 S.) Wien 902. Manz. n. — 70

Klein, Frz., Sachbesitz u. Ersitzung. Forschungen im Gebiete d. röm. Sachenrechtes u. Civilprocesses. Ein Beitrag zur Geschichte jener beiden Institute. gr. 8. (VIII, 489 S.) Berlin 891. C. Heymann's Verl. n. 12. —

— u. Heinr. Lammasch, die Verbesserung des Ehrenschutzes. Berichte, erstattet der konstituier. Generalversammlg. der allgem. Anti-Duell-Liga für Oesterreich. Mit e. Anh.: Bericht üb. d. konstituier. Generalversammlg. u. Statut f. den Ehrenrat. (110 S.) gr. 8. Wien 903. Manz. n. 1. 60

(F) Vorlesungen über die Praxis des Civilprocesses. Von Dr. Franz Klein. Wien. 1900. Manz. Gr.-8°. VI, 297 S.
K 5.40

— Was wir dem Rechte zu danken haben, s. Vorträge, volksthümliche, d. allg. n.-ö. Volksbildungsvereins.

Zeit- und Geistesströmungen im Prozesse. Vortrag, geh. in d. Gehe-Stiftung zu Dresden 1901 von Dr. Franz Klein, Sektionschef im k. k. öst. Justizmin. *Dresden: v. Zahn & Jaensch 1901.* (36 S.) 8° [F.]
= Jahrbuch d. Gehe-Stiftung zu Dresden. Bd 8, H. 2. [62. 39.]

Klein, Frz., Zweck und Aufgabe der europäischen Gradmessung. Vortrag, gehalten im wissenschaftl. Club in Wien am 27. März 1882. Lex.-8. (42 S.) Ebendas. 882. *
Aus: Monatsblätter des wissenschaftlichen Club, besonders abgedruckt.

Klein, Franc. Bern., etymologiae Homericae specimen. Dissertatio philologica. gr. 8. (47 S.) Münster 863, (Coppenrath'sche Buchh.) *

Klein, Franz Nikolaus

— s. 1) Cicero de republica. 2) J. N. Klein, üb. die altröm. Confluentes. 3) Ovidii Nas. Tristium lib. V. 4) M. H. Servius, grammatici.

Klein, F. N. Additamentor. ad Dion. Lambini emendationes Tullianas nuper editas part. I. 8 S. . . . .
Coblenz, Progr. 1831

— Progr. krit. Anmerkk. zu e. Stellen der Verwandlungen des Ovid. 8. Coblenz 821.

Klein, Franz Nicl. Zur Bibliographie aus den Schätzen der hiesigen Gymnasiums- und vereinigten städtischen Bibliothek. 1. 8 S. 2. 7 S. 3. 6 S.
Coblenz, Progr. 1848, 1848, 1849

Klein, F. N. Boethii commentarior. in Topica Ciceronis denuo edendor. specim., libri III. continens particulam de definitionibus, Topicor. c. 6. § 29. illustrantem. 11 S. . . . .
Coblenz, Progr. 1829

Klein, F. N. Fragment aus der Metropolis ecclesiae Trevericae (Mscr.), zur Geschichte des vormaligen Collegii Patrum Soc. J. Confluentini. 9 S. . . . .
Coblenz, Progr. 1835

Ders. Zur Geschichte des Marienklosters in der Leer binnen Coblenz. (1242.) 13 S. . . . .
Coblenz, Progr. 1838

Klein, Fr. Nik., Progr. Aus Handschriften des Sulph. Severus. 8. Coblenz 820.

Klein, F. N. Lucretii Lambiniani denuo edendi specim., de rer. nat. libri VI. fragmentum commentariis D. Lambini illustratum. 20 S. . . . .
Coblenz, Progr. 1830

— **Franz Nic.** (Director), Programm zur Herbst= Schulprüfung u. zu den öffentlichen Rede= und Gesangübungen im Königl. Gymnasium zu Coblenz. — Inhalt: 1) De C. Julii Caesaris in Gallia militia. Partic. I. Scripsit Bernardus Henrich. 2) Schulnachrichten, n. F. 2., v. 5. u. 6. X. 1845 bis zum 29. VIII. 1846. Coblenz (Philipp Werle) 27. u. 28. VIII. 1846. 31 S. mit Namen. (4.20) 18206

Ders. Disput. de Rigodulo ad Rhenum prope Confluentes oppido, e J. Ph. Reiffenbergii antiquit. Saynensibus primum ed. 6 S. . . . .
Coblenz, Progr. 1827

Klein, Fr. Nicl. Urkundliches zur Geschichte des Marienklosters in der Leer binnen Coblenz von seiner Erhebung im Leerhofe bis zur Übersiedelung nach der Insel. (1242—1580.) 67 S.
Coblenz, Progr. 1847

Klein, Frdr., s. u. **Berg**, Fritz vom.

Klein, Friedrich *Wilhelm Ferdinand:* Die Auffassung der Kunsttheorethiker [!] vom tragischen Chore in alter und neuer Zeit ... [Erschien vollst. u. d. T.: Der Chor in den wichtigsten Tragödien d. französ. Renaissance, als Heft XII von: Münchener Beitr. z. roman. u. engl. Philol. hrsg. v. Breymann u. Koeppel.] Naumburg a S., Druck v. Lippert & C., 1897; XVIII, 39 S. 8.
München, Phil. Fak., Inaug.-Diss. v. 1897

Klein, Fr., einige an Eiweisskörpern der Leber u. anderer Organe gemachte Beobachtungen. Diss. gr. 8. (16 S.) Kiel 891. (Gnevkow & v. Gellhorn.) n. 1.—

Klein's, Frdr., amerikanische Buchführung. Lehrbuch, bearb. unter Anwendg. e. leichtfaßl. Methode zum Selbstunterricht, sowie f. den Unterricht in Handelsschulen, m. neuem prakt. Bücherabschlusse. gr. 8. (63 S.) Leipzig 886. Gloeckner. cart. n. 1.50

Klein's, Friedr., amerikanische Buchführung. Lehrbuch, bearb. unter Anwendg. e. leichtfaßl. Methode zum Selbstunterricht, sowie f. den Unterricht in Handelsschulen, m. neuem prakt. Bücherabschlusse. 2. Aufl. gr. 8. (63 S.) Lpz. 890, Gloeckner. cart. * 1 50

Klein's, Frdr., amerikanische Buchführung. Lehrbuch, bearb. unter Anwendg. e. leichtfaßl. Methode zum Selbstunterricht, sowie f. den Unterricht in Handelsschulen, m. neuem prakt. Bücherabschlusse. 3. Aufl. gr. 8. (63 S.) Leipzig 895. G. A. Gloeckner. Kart. n. 1.50

Klein's Frdr., amerikanische Buchführung. Lehrbuch, bearb. unt. Anwendg. e. leichtfaßl. Methode z. Selbstunterricht, sow. f. d. Unterricht in Handelsschulen. M. neuem prakt. Bücherabschlusse. 4. Aufl. gr. 8. (63 S.) Leipzig 897. G. A. Gloeckner. Kart. n. 1.50

Klein's, Frdr., amerikanische Buchführg. Lehrbuch, bearb. unter Anwendg. e. leichtfaßl. Methode z. Selbstunterricht, sowie f. den Unterricht in Handelsschulen. Mit neuem prakt. Bücherabschlusse. 5. u. 6. Aufl. gr. 8. (à 63 S.) Leipzig 899. 902. G. A. Gloeckner. Kart. n. 1.50

Klein's, Frdr., amerikanische Buchführung. Zugleich e. Suppl. zu Rothschilds Taschenbuch f. Kaufleute. Lehrbuch, bearb. unter Anwendg. e. leichtfaßl. Methode zum Selbstunterricht, sowie f. den Unterricht in Handelsschulen. Mit neuem prakt. Bücherabschlusse. 7. Aufl. (63 S.) 8. Leipzig. 905. G. A. Gloeckner Kart. n. 1.50

Klein's, Frdr., amerikanische Buchführung. Zugleich e. Suppl. zu Rothschilds Taschenbuch f. Kaufleute. Lehrbuch, bearb. unter Anwendg. e. leichtfaßl. Methode zum Selbstunterricht, sowie f. den Unterricht in Handelsschulen. Mit neuem prakt. Bücherabschlusse. 9. Aufl. (63 S.) 8. Leipzig 910. G. A. Gloeckner. Geb. 1.50

Klein, Friedr. (Wilh. Carl): Über Butylchloralcyanhydrat und über Imidoäther.
Berlin (1878). 57 S. 8°
Berlin, Phil. Diss. v. 4. Mai 1878

Der Chor in den wichtigsten Tragödien der französischen Renaissance. Von Dr. Friedrich **Klein.** *Erlangen & Leipzig: A. Deichert 1897.* (XX, 144 S.) 1 Bd 8.
— **Beiträge,** Münchener, z. roman. u. engl. Philologie. H. 12. [97. 3579

Klein, Frid. (geb. Schwelm 15. 1. 1835): De echinococcis. Berolini (1858). (30 S.) 8°
Berlin, Med. Diss. v. 12. Apr. 1858

Klein, Friedrich, Dipl.-Ing.: Entwickelungs-, Arbeiter- und Marktverhältnisse des Tiefbaugewerbes. Berlin: Krayn 1910. 88 S. 8° ¶ (Ersch. auch als: Schriften d. Ver. dtsch. Diplom-Ingen. 4.)
Heidelberg, Phil. Diss. v. 20. Juni 1910, Ref. Gothein
[Geb. 23. Juli 82 Walldorf; Wohnort: Osnabrück; Staatsangeh.: Baden; Vorbildung: Gymn. Karlsruhe Reife M. 02; Studium: Karlsruhe Techn. Hochsch. 8, Heidelberg 4 S.; Rig. 5. Juli 09.] [U 10. 2143

Entwickelungs-, Arbeiter- und Marktverhältnisse des Tiefbaugewerbes. Von Dipl.-Ing. Dr. phil. Friedrich **Klein**. Berlin: Krayn 1910. 88 S. 8°
(Schriften d. Verbandes Deutscher Dipl.-Ing. 4.) [10. 13336

Klein, Friedrich, Oberarzt b. Inf.-Reg. Nr. 64: Geistesstörungen nach Schädelverletzungen. Berlin 1910: Ebering. 38 S. 8°
Leipzig, Med. Diss. v. 6. Mai 1910, Ref. Flechsig
[Geb. 15. Aug. 83 Wernigerode; Wohnort: Prenzlau; Staatsangeh.: Preußen; Vorbildung: Gymn. Wernigerode Reife O. 02; Studium: Berlin K. W. A. 10 S.; Coll. 13. Mai 10; Approb. 4. Juli 08.] [U 10. 3004

Klein, [Friedrich]: Das Gerichtsverfahren gegen Heinrich den Löwen. *Swinemünde (1903): W. Fritzsche.* (S. 1—35.) 4° [F.]
Swinemünde, st. RP, P 1903 (180)

Klein, F., *k. k. Badearzt.* Die Herculesbäder nächst Mehadia. Monographischer Versuch. *Wien* 1858. In Comm. *L. W. Seidel.* Druck v. *A. Schweiger.* VIII, 199 S., 8°. 1 fl. 20 kr.

KLEIN, Friedrich (Fleisbach): Ueber Hypopyon-Keratitis.- München: Höfling 1891. 25 S.
6.5.1891 - Chr 1890/91,20; Jv 1890/91,231
Diss. Ingolst.-Landsh.-Mchn.

Klein, Frdr., Nordamerika u. Ostasien. Reiseerinnergn. m. besond. Berücksicht. der österreich. Interessen. Lex. 8. Leipzig, K. W. Hiersemann. à 8.—
1. Mit 40 Textabbildgn., 8 kolor. u. 4 einfarb. Lichtdr.-Taf. (285 S.) 907.
2. (China.) Mit 40 Textabbildgn. nach photograph. Aufnahmen des Verf. (VII, 219 S.) 910.

Klein, Rev. Friedr. D St Augustinus Gmde in Kelso, Mo. StL, 1907.

Friedrich Klein

De Sinu cutaneo ungularum ovis et capreae. Berolini (1830:) Unger. 29 S. 8
Berlin, Med. Diss. v. 3. Nov. 1830

Klein, Fr. Kurzer Unterricht in den für den Feldjäger nöthigen Wissenschaften im kleinen Kriege, oder der kleine Krieg in der Kürze auf eine fassliche und deutliche Art beschrieben. 4. Breslau 1796.

Klein, Fr., Unterricht in den für einen Feldjäger nöth. Wissenschaften im kl. Krieg. gr. 4. Bresl. 796. J. F. Korn. 6 gr

Klein, Friedrich *Wilhelm Karl* [Dr. phil. et med.]: Ueber das Verhältniss zwischen Druck und Füllung bei Hohlorganen (Lungen und Herz)' und dessen Ableitung aus der Längsdehnung ... München, Druck v. R. Oldenbourg, 1896; 47 S. 8.
Kiel, Med. Fak., Hab.-Schr. v. [7. Febr.] 1896

Versuch

in Zärtlichen Gedichten von *F*** (d. i. *Friedr. Klein* aus Danzig). Rostock, aus Koppischem Verlag, 1746. — *A. E.:* Leipzig, gedr. bey Joh. Imman. Breitkopf. 8°. Zahm. (In Berlin: Yk 8761.) (3 Mk. Gust. Fock, Lpz., 1907.)
Tit. m. Vign. (Schleuen fec.), 5 Bll. Vorr. u. 115 SS. nebst 1 Bl. Inh. der 22 Nrn.; die letzte S. 90—115: Progne, Philomele u. Tereus werden in Vögel verwandelt. Uebersetzung eines Gedichtes des *Ovidius*. Aus d. VI. Buche die 7., 8. u. 9. Fabel. (Mit d. lat. Text rechts.)
Anon.-Lex. IV. p. 306 (nach Goedeke); Waniek, Gottsched. Lpz. 1897. S. 591).

Klein, Friedr., Volksschulpädagogik und Mittelschulbildung. gr. 8. (44 S.) Bistritz 885, Brucker. * — 60

Klein, Friedrich: **Welche Ansprüche entstehen aus dem Betruge bei dem Vertragsschlusse? ⟨Nach gemeinem Rechte.⟩** *Kiel 1898: H. Fiencke.* (31 S.) 8°
Erlangen, Jur. Diss. v. 11. Mai 1898

Klein, Friedrich August

— Andeutungen zur Verbesserung des evangel. Kirchen- u. Schulwesens, mit besond. Rücksicht auf das Großherzogth. Weimar, u. die neuesten Landtagsverhandlungen daselbst. 8. Jena 820. Mauke. 12 gr

Aufruf an alle Freimaurer im protestantischen Deutschland, ihrem Ruhme in der gegenwärtigen Zeit ein bleibendes Denkmahl [!] zu setzen. Von einem protestantischen Geistlichen [d. i. Friedr. Aug. Klein.] Jena: Mauke 1819. 95 S. 8°
Kl. 602 gibt eine Ausg. 1814 an, wohl Druckfehler. Verf. bittet die Frmr, für Sonntagsheiligung, fleissige Teilnahme an öffentlicher Gottesverehrung u. Feier des Abendmahles, Heilighaltung des Eides, strenge Zucht u. Sitte u. religiöse Bildung der Jugend einzutreten.

Klein D. F. A. die Beredsamkeit des Geistlichen als eine Nachfolge Christi, in einer Reihe von Vorlesungen, zur Bericht. einiger homilet. Grundirrthümer, und zur Beförderung eines christlich-religiösen Sinnes unter denen, welche Geistliche seyn und werden wollen, dargestellt. 8. Leipzig, Kollmann. 818.

— vertr. Briefe über Christenthum u. Protestantismus. 8. Jena 817. Mauke. 1 ₰ 8 gr Hbq. Pr. 16 gr

Klein, Friedrich August, s. Darf und wird sich je aus der jetzt herrschenden Kirche eine neue aussondern.

Klein, (F. A.) Darstell. des dogmat. Systems d. evangel.-protestant. Kirche. Nebst histor. u. krit. Bemerkk. 8. Jena 822, Mauke.

Klein, Friedr. Aug., Darstellung d. dogmat. Systems d. evangel.-protestant. Kirche. 2. Ausg., völlig umgearb. v. Lobegott Lange. — A. u. d. T.: Die Glaubenslehren d. evangel.-protestant. Kirche, auf d. Grund d. reinen Schriftlehre entwickelt, u. mit ein. kurzen Gesch. d. wichtigsten Dogmen, sowie d. Darstell. d. kirchl.-theolog. Lehrbegriffs, begleitet. Ein Hülfsb., vorzügl. f. Studirende z. Repetiren d. Dogmatik u. z. Vorbereit. auf d. Examen. (32 B.) 835. 1½ Thlr., 3. Bearbeitung, mit besond. Rücksicht auf d. reine Schriftlehre u. ein. kurzen Gesch. d. wichtigsten Dogmen, als Hülfsb. f. Studirende, verm. u. verb. v. Lbegt. Lange. 8. (31¾ B.) Jena 840, Mauke. Thlr.

— s. Erasmus, Des. ecclesiast.

— s. Für Christenthum u. Gottesgelehrtheit.

— de loquendi formula γλώσσαις λαλεῖν quae est in 1 Ep. ad Corinthios et in Act. Apost., novae sententiae periculum. 8 maj. Jena 816. Mauke. 8 gr

F. A. Klein's Grundlinien d. Religiosismus; Vers. e. neuen Systems z. Auflös. d. gewöhnlichen Rationalismus u. Supernat. *Lpz.*, **Kollmann. 819. 8° 12 gr**

— zwölf heilige Reden in der Stadtkirche zu Jena gehalten. gr. 8. Leipz. 818. Kollmann. 1 ₰ Schrbp. 1 ₰ 8 gr

— s. Welche theolog. Parthei ...

Klein, Friedrich Hermann, Rechtsprakt.: **Das Anwendungsgebiet des § 313 BGB.** Borna-Leipzig 1909: Noske. VIII. 34 S. 8°
Heidelberg, Jur. Diss. v. 27. Dez. 1909, Ref. Endemann
[Geb. 3. Juni 84 Mannheim; Wohnort: Mannheim; Staatsangeh.: Baden; Vorbildung: Gymn. Mannheim Reife Juli 02; Studium: München 1, Lausanne 1, Berlin 1, Straßburg 2, Heidelberg 3 S.; Rig. 16. Juni 09.] [U 10. 1909

Klein, Friedrich Clemens, appr. Arzt: Ein Fall von syphilitischer Rectumstenose. München 1908: Bonsels. 32 S. 8°
München, Med. Diss. v. 20. Nov. 1908, Ref. v. Bollinger
Geb. 16. Juli 79 Salem, Amt Überlingen; Wohnort: Freiburg i. B.; Staatsangeh.: Baden; Vorbildung: Gymn. Lörrach Reife Juli 99; Studium: Freiburg i. B. 4, München 1, Freiburg i. B. 5 S.; Coll. 20. Nov. 08; Approb. Freiburg i. B. Juli 04.] [U 09. 3350

Klein, Friedrich Richard (Gau-Bickelheim)
Ueber die äusseren Brüche des Processus vermiformis Doeci.
Giessen: W. Keller 1868. 41 S. u. 1 Taf.
Diss. med. 25.7.1868. vorh. 26. 7.

Hoch und Platt, Ernstes und Heiteres von Fritz Klein, Königswinter. *Königswinter a. Rh.: Selbstverl. [1903].* (171 S.) 8° [04. 9327 5

Klein, Fritz, Hoch u. Platt, Ernstes u. Heiteres. (171 S. m. Bildnis.) kl. 8. Königswinter a/Rh. (Westfäl. Hof) (904). Selbstverlag. Kart. n. 1. 20

Klein, Fritz: Westfälischer Hof - Walzer, s. Frenzel, Christian

Klein, Fritz, westfölisch Platt un süs noch wat. Errappeln un Gemeis dlüöriüngekuakt van Kleins Fritz ut Castrop 12. (68 S.) Künnigswinter 894. (Witten, B. Koeppold & Co.) n. — 50

[F.] Westfölisch Platt un süs noch wat. Errappeln un Gemeis düöräingekuakt v. **Kleins** Fritz ut Castrop (2: Humor un Witz v. Klein's Fritz. Westfölisch Platt ...) Bändken [1.] 2. ... *Künningswinter: Selbstv.; (Commv. v. B. Koetzold & C. in Witten); (2: Hagen i. W.: Comm.-V. v. G. Butz) 1894—[96].* 2 Bde 8.
[1.] 2. Aufl. 1894. (68 S.) 2. [1896]. (64 S., 2 Bl.) (97. 6941

[Kopft.:] [F.] Versöhnt! [Plattdeutsches Ged. v.] Fritz **Klein**. *Castrop: Ph. Culbert 1894.* 1 Bl. 2. (97. 6940

Klein, G., s.: Handbuch f. den deutschen Braunkohlenbergbau.

Klein, G. [aus Windsbach (Bayern), Assistenzarzt am städt. Krankenhaus zu Nürnberg]: Zur Casuistik der Spina bifida. Mittheilung aus der Chirurgischen Abtheilung des städtischen Krankenhauses zu Nürnberg .... Nürnberg, Buchdr. J. L. Stich, 1885; 19 S. 8°.
Würzburg, Med. Fak., Inaug.-Diss. v. 1885.

Klein, G., zur Casuistik der Spina bifida. Mittheilung aus der Chirurgischen Abtheilung des städtischen Krankenhauses zu Nürnberg. Diss. Würzburg 1885, Stahelsche Univ.-Buchh. 8°. 19 S.

Klein, G., Religionsbuch, s.: Dobrick, E.

Klein, G.: Der unfreie Stoss vollkommen elastischer Körper, angewendet auf eine Theorie des Einrammens der Pfähle. 1871. 4°
Diss. Tübingen.

Klein, Geo., über Appendicitis in ihren Beziehungen zu den weiblichen Geschlechtsorganen. Diss. gr. 8. (56 S.) Strassburg 901. J. Singer. n. 1.20

KLEIN, Georg (Oggersheim): Zur Aetiologie des Abdominaltyphus.- München: Wolf 1878. 19 S. 12.5.1878 - Urk (Titel: De typhi abdominalis aetiologia.); Chr 1877/78,10
Diss. Ingolst.-Landsh.-Mchn.

Klein, Georg, a. Mülhausen: Neue Fälle von Xeroderma pigmentosum. Straßburg i. E. 1906: C. Müh. (22 S.) 8°
Straßburg, Med. Fak., Ref. Madelung, Diss. v. 24. Jan. 1906
[Geb. 28. Juni 74 Mülhausen i. E.; Wohnort: Straßburg; Staatsangeh.: Elsaß-Lothringen; Vorbildung: Gymn. Mülhausen Reife S. 95; Studium: Berlin 1, München 1, Straßburg 7 S.; Coll. 31. Juli 05; Approb. 6. Mai 06.]

Klein, Geo., die Maße u. Gewichte des metrischen Systemes. Als Leitfaden beim Unterricht des metr. Maßsystemes, sowie für den prakt. Gebrauch, nach dem Französ. von Saigey bearb. Mit (eingedr.) Holzschn. München 870. Oldenbourg. 8. (VII, 119 S. mit 1 Steintaf. in 4.) cart. n. 7 *ngr.*

Klein, Geo., die Maße und Gewichte des metrischen Systemes. Als Leitfaden beim Unterricht des metr. Maßsystemes, sowie für den prakt. Gebrauch, nach dem Französ. von Saigey bearb. 1.—6. nach dem Reichsgesetz vom 26. Novbr. 1871 umgearb. Aufl. 8. (160 S. mit eingedr. Holzschn.) München 869—72, Oldenbourg. cart. *

Klein, Georg: Untersuchung und Kritik von Hochdruckmessern. 1909. VI, 78 S. 4° ¶ Ausz. in: Zeitschrift d. Vereines deutscher Ingenieure. Bd 54. 1910, Halbj. 2.
Berlin, Dr.-Ing.-Diss. v. 16. 7. 1909

Klein, Georg Michael

Klein, G. M., Anschauungs- und Denklehre, zum Gebrauche bey seinen Vorlesungen. gr. 8. Bamberg, Göbhardt. 817.

Klein, Geo. Mch., († d. 19. März 1820.) Anschauungs- u. Denklehre. Ein Handbuch zu Vorlesungen. gr. 8. Bamb. 818. 2e Aufl. Ebd. 824. (Wesche in Frankf.) 1 *rℬ*

G. Mch. **Klein's** Beitrr. z. Stud. d. Philosophie als Wissensch. des All; nebst e. vollständ. u. fassl. Darstell. ihrer Hauptmomente. *Würzb.*, Baumgärtner. 806. 2 Thle. gr 8° 1 *rℬ* 8 *gl*

— Beiträge zum Studium d. Philosophie als Wissenschaft d. All. gr. 8. Würzb. 806. N. Aufl. 812. Baumgärtner. (Wienbrack in Leipz.) 1 *rℬ* 8 *gl*

— Beiträge zum Studium d. Philosophie als Wissenschaft. Neue Aufl. gr. 8. Bamb. Göbhardt. 812.

— Darstellung der philosoph. Religions- u. Sittenlehre. gr. 8. Bamb. 817. (Wesche in Frankf.) 1 *rℬ* 16 *gl*

G. Mch. **Klein's** Darstell. d. philos. Religions- u. Sittenlehre. *Bamb.* u. *Würzb.*, Göbhardt. 818. 8° 1 *rℬ* 16 *gl*

— s. Sporer u. Marcus, A. F. Marcus Leben.

— die Verstandeslehre. gr. 8. Bamb. 809. (Wesche in Frkf.) 20 *gl*

G. Mch. **Klein**: die Verstandeslehre. *Bamb.*, Göbhardt. 810. gr 8° 20 *gl*

G. Mch. **Klein's** Versuch, d. Ethik als Wissenschaft zu begründen; nebst e. kurzen Einleit. in d. Studium d. Philosophie überh. *Rudolst.*, Klüger. 811. gr 8° 18 *gl*

— Versuch, die Ethik als Wissenschaft zu begründen. gr. 8. Rudolstadt 811. Klüger. (Hildebrandt in Arnst.) 18 *gl*

Klein, Gottlieb

Klein, G., es ist e. Gott! Juden u. Christen zugeeignet. gr. 8. (24 S.) Berlin 895. Bibliograph. Bureau. n. — 50

Klein, Glieb., s.: Geiger, Abraham.

Ist Jesus eine historische Persönlichkeit? Von Prof. Dr. Gottlieb **Klein**, Rabbiner. Tübingen: Mohr 1910. VII, 46 S. 8° (10. 1602

Klein, Glieb., zur „Judenfrage". Unsere Anforderungen an das Christenthum des Hrn. Stöcker. gr. 8. (23 S.) Zürich 880, Verlags-Magazin. *

— Der älteste christliche Katechismus u. die jüdische Propaganda-Literatur. (XI, 273 S.) gr. 8. Berlin 909. G. Reimer. 6. —

Klein, Gust., zur Anatomie d. schwangeren Eileiters. [Aus: „Sitzungsber. d. Würzb. phys.-med. Gesellsch."] gr. 8. (4 S.) Würzburg 890. Stahel. n. — 30

Klein, Gust., Entstehung des Hymen. [Aus: „Festschrift der Gesellsch. f. Geburtshülfe u. Gynäkol.“ gr. 8. (18 S. m. 2 Holzschn. u. 1 Taf.) Wien 894 A. Hölder. n. 1. 20

— Epithel, Endothel u. Carcinom. [Aus: „Festschrift der Gesellsch. f. Geburtshilfe u. Gynäkol.“] gr. 8. (6 S.) Ebd. 894. n. — 50

Klein, Gust., klinische u. Gesamt-Ergebnisse der Operation des Gebärmutterkrebses. (7 S.) gr. 8. Leipzig 909. B. Konegen. 1. —
Sonderabdruck aus: „Der Frauenarzt“.

Die Gonorrhoe des Weibes. F. d. Praxis dargest. v. Dr Gustav **Klein**, Privatdoc. f. Gynaekol. an d. Univ. München. *Berlin: S. Karger 1896.* (2 Bl., 60 S.) 1 Bd 8. [96. 5843

— s.: Gynaekologie, alte u. neue.

— **Gustav** (Deutsch-Neukirch/Schles.), Ueber Magenerweiterung. Diss. med.-chir. Berlin 26. VII. 1870. Breslau (Grass, Barth u. Comp.) [W. Friedrich]) Jan. 1879. 32 S. mit Biogr. (5.—) 18207
Gew.: Gustav Schneider (Deutsch-Neukirch).

Klein, Gustav [Dr. Assist. d. kgl. Univ.-Frauen-Klinik zu Würzburg]: Zur Mechanik des Ileosacral-Gelenkes ... M. 10 Textb. u. 1 Taf. (Aus: Zeitschr. f. Geburtsh. u. Gynäk. XXI. Bd.) Würzburg, Druck d. k. Universitätsdr. v. H. Stürtz, 1892; 46 S., 1 Taf. 8.
Würzburg, Med. Fak., Hab.-Schr. v. 1892

— s.: Meister, alte, der Medizin u. Naturkunde.

— Präparate v. secundärem Adenom d. Peritoneums. [Aus: „Sitzungsber. d. Würzb. phys.-med. Gesellsch.“] gr. 8. (2 S.) Ebd. 890. n. — 30

Klein, Gustav Adolf

Klein, G. A., s.: Arbeiterversicherung, die deutsche, als soziale Einrichtung.

Klein, G[ust.] A[dolf]. Atlas und Statistik der Arbeiterversicherung des Deutschen Reichs. Hrsg. vom Kais. Statist. Amt, Abt. f. Arbeiterstatist. Im Auftr. d. Reichs-Versicherungsamts f. d. Weltausstell. in St Louis 1904 bearb. Berlin 1904. 1°
(Reichs-Arbeitsblatt 1904, Beih.)

Klein, Gustav Adolf (Mitarb.), s. Aufgaben, Die wichtigsten, für die erste Behandlung der versicherten Verletzten.

Die Leistungen der Arbeiterversicherung des Deutschen Reichs. Merkblatt. (Für d. Weltausstellung zu Paris im amtl. Auftr. bearb. von Dr. jur. G[ustav] A[dolf] **Klein**, Kais. Reg.R. *Berlin: A. Asher & Co. 1900.*) (20 S.) 8° [Umschlagt. F.] [00. 5345

— Leitfaden zur Arbeiterversicherung des Deutschen Reichs, s.: Sacher.

Les Résultats de l'Assurance Ouvrière de l'Empire Allemand. Mémoire. (Publ. pour l'Exposition Univ. de Paris 1900 par ordre de l'Office Imp. des Assurances Sociales par G[ustav] A[dolf] **Klein**, Dr en dr., Cons. Imp.) *(Berlin: A. Asher & Cie 1900.)* (20 S.) 8° [Umschlagt.] [00. 6410

The Results of the Workmen's Insurance of the German Empire. Memorial. (Compiled for the Paris Internat. Exhibition 1900 at the request of the Imp. Insurance Off. by G[ustav] A[dolf] **Klein**.) *(Berlin: A. Asher & Co. 1900.)* (19 S.) 8° [Umschlagt.] [00. 6695

Statistik der Arbeiterversicherung. Bearb. von Dr. iur. G[ustav] A[dolf] **Klein**, Reg.R. *(Berlin: Ascher & Co. 1904.)* (36 S.) 8°
= Arbeiterversicherung, Die deutsche, als soziale Einrichtung. H. 2. [04. 8570

Statistik der Arbeiterversicherung des Deutschen Reichs für die Jahre 1885–1904. Im Auftr. d. Reichs-Versicherungsamts f. d. internat. Kongresse f. Versicherungswiss. u. Versicherungsmedizin in Berlin 1906 bearb. von Dr. jur. G[ustav] A[dolf] **Klein**, Reg.R. Berlin: C. Heymann 1906. (37 S.) 4°(2°) [F.]
Aus: Reichs-Arbeitsblatt. 1906, H. 7. 8. [07. 765 S

— Statistik der Arbeiterversicherung des Deutschen Reichs f. die J. 1885—1906 m. e. Anh.: Vorläufige Mitteilgn. aus der Gewerbe-Unfallstatistik f. d. J. 1907. Im Auftrage des Reichs-Versicherungsamts f. den VIII. internationalen Arbeiterversicherungs-Kongreß in Rom 1908 bearb. (48 S.) 30,5×21,5 cm. Berlin 908. Behrend & Co. 1. 50

KLEIN, Gustav Adolph (Altötting): De syphilitide et perisyphilitide. (Titel nach der Urkunde)
31.10.1863 - Urk; F 70
Diss. Ingolst.-Landsh.-Mchn.

Welche Rechte gewährt die reichsgesetzliche Unfallversicherung den arbeitenden Klassen? Von Dr. iur. G[ustav] A[dolf] **Klein**, Reg.R. *Berlin: Vogel & Kreienbrink 1902.* (19 S.) 8° [F.]
= Volksschriften, Hygienische. No 9. [04. 3899

KLEIN, Gustav Adolf (Salzburg): Zur Wirkungs- und Anwendungsweise des Antipyrin.- Würzburg: Stürtz (1885). 22 S.
4.2.1885 - Urk (Titel: De antipyrino.); Chr 1884/85,20
Diss. Ingolst.-Landsh.-Mchn.

KLEIN, Gustav Adolf: Zur Wirkungs- und Anwendungsweise des Antipyrin.- Würzburg: Stürtz 1892. 21 S.
1892 - Jv 1891/92,204
Diss. Ingolst.-Landsh.-Mchn.

Klein, H., Tabelle zur Ermittlg. d. Bretterzahl, ihrer Breite u. Quadratinhalte in Metern, geschnitten aus Rundholz. (In deutscher u. französ. Sprache.) gr. Fol. Zürich 896. C. Schmidt. n. — 80

Klein, H. Chr. L., Tartüffe Junior, oder Martin Geldermann und seine Erben. Lustspiel in 5 Aufzügen. Neuwied 864. Heuser. 16. (IV, 144 S.) n. 20 ngr.

Klein, H. W. Fr., s. 1) Homers Batrachomyomachia. 2) *Tacitus* Agricola u. dessen üb. Lage u. Sitten. 3) Thucydides, Geschichte.

— H. W. F., Animadversiones criticae in Taciti Agricolam. Gel. 1813. 30 S.

Klein, Hans

—: Ausführung und Erläuterung von P. G. Lejeune-Dirichlet's Abhandlung über die Reduktion der positiven quadratischen Formen mit drei unbestimmten Zahlen. 58 S. 8.
Ev. Gymn. A. B. u. verb. Realschule *Nagyszeben* (*Hermannstadt*) 1908.
Progr.

Klein, H[ans]: Die Dreiersysteme von 13 Elementen. S. 59—82. 8.
In: Festschrift zum 70. Geburtstag des Direktors Carl Albrich sen.
Ev. Gymn. A. B. u. verb. Realschule *Nagyszeben* (*Hermannstadt*) 1906.
Progr.

Klein, *Heinrich* [Dr. iur. Referendar]: Ueber die Abweichungen des Frachtrechts der Eisenbahnen vom sonstigen Frachtrechte hinsichtlich der Haftpflicht ... Colmar i. Els., Buchdr. Waldmeyer & Schöffel, 1897; 118 S. 8.
Freiburg i. B., Rechts- u. staatswiss. Fak., Inaug.-Diss. v. 1897

Klein, Heinr., Aufsatz-Aufgaben mit Dispositionen und ausgeführten Beispielen. Für Volksschulen, Mittel- und Bürgerschulen gesammelt und verarbeitet. gr. 8. (288 S.) Mannheim, 882, Nemnich. *

Klein, Heinrich, Rechtspraktikant in Hainfeld: Inland im Sinne des Strafgesetzbuches. Borna-Leipzig 1908: R. Noske. (VIII, 77 S.) 8° [F.]
Heidelberg, Jur. Fak., Ref. v. Lilienthal, Diss. v. 1908
[Geb. 17. März 82 Hainfeld (Rheinpfalz); Wohnort: Hainfeld; Staatsangeh.: Bayern; Vorbildung: Gymn. Kaiserslautern Reife Juli 01; Studium: Würzburg 7, Berlin 1 S.; Rig. 17. Jan. 08.]

Klein, Henricus (geb. am 28 Aug. 1816 in Bonn): Partus memorabiles in clinico obstetricio Bonnensi nuper observati et annotationibus epicriticis illustrati ... Cum tab. II lapidi incisis. Bonnae, typ. C. & F. Krüger 1842. 3 Bl., 23 S., 1 Bl., 2 Taf. 4.
Bonn, Med. Fak., Diss. v. 5 Jun. 1842

Klein, Heinrich [cand. med.]: Aus d. chirurg. Klinik zu Bonn. Ueber acute Prostatitis .... Bonn, Jos. Bach Wwe., Buch- u. Steindr., 1888; 34 S. + 1 Bl. 8°
Bonn, Med. Fak., Inaug.-Diss. v. 21. März 1888

Klein, Heinrich, aus München-Gladbach: **Pathologisch-histologische Studie über eine seltene Combination von Sarkom und Carcinom der Nasenhöhle.** *Würzburg 1898: A. Borgler.* (33 S.) 8°
Würzburg, Med. Diss. v. 1898

Klein, Heinrich, Arzt: Aus der Bonner Univ.-Frauenklinik. Zur Therapie der Uterusruptur. Bonn 1904: C. Georgi. (63 S.) 8°
Bonn, Med. Fak., Ref. Fritsch, Diss. v. 7. Nov. 1904
[Geb. 3. Jan. 78 Mülheim a. Rh.; Heimatsort: Mülheim; Staatsangeh.: Preußen; Vorbildung: Aposteln-Gymn. Cöln Reife O. 98; Studium: Bonn 1, Berlin 1, Bonn 2, München 1, Berlin 2, Bonn 2 S.; Coll. 7. Nov. 04; Approb. 11. März 03.]

Klein, Heinr., Weingarten und seine Umgebung während der Kriegsereignisse von 1796 bis 1806. Geschildert in einer handschriftl. Chronik. 8. (68 S.) Ravensburg 878, Dorn'sche Buchh. *

Klein Helene: De doctrinis principalibus in philosophia Anaxagorae.
H. 1909 PN 2760 **Diss.** Wien, Univ.

Klein, Hermann, approb. Arzt aus Göttingen: **Beitrag zur Statistik der Klappenfehler des linken Herzens.** *Göttingen 1901: L. Hofer.* (34 S.) 8°
Göttingen, Med. Diss. v. [20. Juni] 1901

Klein, Herm., Beitrag zur Statistik der Klappenfehler des linken Herzens. Diss. gr. 8. (36 S.) Göttingen 901. (Vandenhoeck & Ruprecht.) n. — 80

Klein, Hermann, approb. Arzt aus Boppard (Rheinprov.): **Aus d. Universitäts-Augenklinik zu Gießen. Über Cysten und cystenartige Bildungen der Konjunktiva.** Mit 4 Abb. *Gießen 1903: v. Münchow.* (31 S.) 8°
Gießen, Med. Diss. v. 1903

Klein Hermann: Darstellung von Acetalen mit Anwendung von entwässertem Kupfervitriol als Condensationsmittel. 18. Dornbirn R. 99.
Progr.

Klein, Hermann [Oberl. Prof. Dr.]: Deduktion des Prinzips der Erhaltung der Energie. Dresden, Druck v. B. G. Teubner, 1889; S. 3—47; 4°
Dresden, Vitzthumsches G, OP 1889 (508)

— Einwirkung von concentrierter Schwefelsäure auf Isobutyraldehyd oder Methylpropanal. 12. ibd. 00.
Progr.

Klein, Herm., Elemente der analytischen Geometrie u. höheren Analysis m. besond. Berücksicht. physikal. Aufgaben. Zum Gebrauch an höheren Lehranstalten. Mit 1 (lith.) Figurentaf. (in 4.) gr. 8. (VIII, 98 S.) Dresden 873. H. C. Naumann. n. 1. 50

Klein, Herm., s. v. Eotvös, Jos. Frhr., die Emancipation der Juden. — dessen, der Karthäuser.

Klein, Hermann: Aus d. chir. Klinik in Gießen. **Ein Fall von traumatischer, subkutaner Ruptur des Musculus biceps.** Giessen 1910: v. Münchow. 28 S. 8°
Gießen, Med. Diss. v. 25. Juli 1910, Ref. Poppert
[Geb. 5. April 82 Elmshausen, Kr. Biedenkopf; Wohnort: Darmstadt; Staatsangeh.: Hessen; Vorbildung: Gymn. Gießen Reife O. 03; Studium: Gießen 6, Marburg 1, Gießen 4 S.; Coll. 10. Juli 09; Approb. 7. Mai 09.] [U 10. 1144

Klein, Herm., Festigkeit kreisförmig gebogener Körper. (Progr. d. Vitzthum'schen Gymn. in Dresden.) 1865. 8°.

Klein, Hermann. Individual- und Sozialethik in ihren gegenseitigen Beziehungen. IV + 80 S. 8. Bern, Scheitlin Spring & Cie., 1904.
Ausg. A: Diss. Phil. Bern... von cand. phil. Hermann K'....
Ausg. B: Von Dr. Herrmann K'.... — Berner Studien zur Philosophie und ihrer Geschichte. Hrg. von Dr. Ludwig Stein.... Band 37. (fr. 1. 50)

Klein, Herm., s. **Jósika's** sämmtl. Werke.

Klein, **Herm., Leitfaden zu den Elementen der Geometrie. 1. Heft. 2., verb. Aufl. gr. 8. (III und 88 S. mit 2 lithogr. Fig.-Taf.) Meissen 865, Mosche.** *

—— **Leitfaden zu den Elementen der Geometrie. 2. Heft. 8. (82 S. mit 2 Fig.-Taf.) Ebendas. 873.** *
1. Heft. [Ebendas.] 1865. (*M 1,50.) *M 1,20.

Klein, Herm., Leitfaden und Repetitorium der Physik mit Einschluss der einfachen Lehren der Chemie und mathemat. Geographie. gr. 8. (VI, 112 S. mit in den Text gedr. Fig.) Leipzig 886, Teubner. cart. * 1 60

KLEIN, HERMANN. Ueber Pikryl-, o-p-Dinitrophenyl-as-m-Xylyl-Hydrazin und Derivate derselben; sowie über Reduction des p-Tolyl-Azimido-Nitrobenzols. (Bern) Freiburg i. B., 1896.

—— die Principien der Mechanik historisch und kritisch dargestellt. Eine von der philosoph. Honoren-Facultät zu Göttingen gekrönte Preisschrift. gr. 8. (VII, 120 S.) Leipzig 872, Teubner.

Klein, Hermann, s. Széchenyi: Einiges über Ungarn.

Klein, Herm., Theorie der Elasticität, Akustik u. Optik. Zugleich als Suppl. zu dem Lehrbuch der Physik von Paul Reis. Mit 104 Holzschn. im Text. Lex.-8. (XII, 524 S.) Leipzig 877. Quandt & Händel. n. 14. —

Klein, Hermann (Hrsg.), s. Ungar, Der.

Klein, Hermann Josef

Klein, Herm. J., astronomische Abende, s. a. Verein, allgemeiner, für deutsche Literatur.

Klein, Herm. J., astronomische Abende. Allgemein verständl. Unterhaltungen über Geschichte und Resultate der Himmels-Erforschung. 2. Aufl. 8. (X, 379 S.) Berlin 886, Allgem. Verein für deutsche Litteratur. *M 5.—.; geb. * 6 —

Klein, Herm. J. Astronomische Abende. Allgemein verständl. Unterhaltgn. üb. Geschichte u. Ergebnisse der Himmels-Erforschg. 3. vielfach umgearb. u. verm. Aufl. gr. 8. (IV, 392 S.) Lpz. 890, Mayer. * 5 —; geb. * 6 —

Astronomische **Abende**. Allgemein verständl. Unterhaltungen über Gesch. u. Ergebnisse d. Himmels-Erforschung. Von **Hermann J[osef] Klein.** 4., völlig umgearb. Aufl. Mit 5 Taf. *Leipzig: E. H. Mayer (1897).* (XII, 372 S.) 8° [J.] [97. 314 9

Klein, Herm. J., astronomische Abende. Allgemein verständliche Unterhaltgn. üb. Geschichte u. Ergebnisse der Himmels-Erforschung. 5., verb. u. verm. Aufl. gr. 8. (XII, 372 S. m. 6 Taf.) Leipzig (902). E. H. Mayer. n. 5. 50; geb. n. 6. 50

Klein, Herm. J., Astronomische Abende. Allgemein verständl. Unterhaltungen über Geschichte u. Ergebnisse der Himmels-Erforschg., 6., völlig umgearb. u. sehr verm. Aufl. Mit 13 Taf., in Schwarz- u. Buntdr. (XII, 407 S.) 8. Leipzig 905. E. H. Mayer. n. 5. 50; geb. n. 6. 50

—— Anleitung zur Durchmusterung des Himmels. Astronomische Objecte für gewöhnl. Teleskope. Ein Hand- und Hülfsbuch für alle Freunde der Himmelskunde, besonders für die Besitzer von Fernrohren. 1. und 2. verb. Aufl. gr. 8. (XVIII, 592 S. mit 75 in den Text eingedr. Holzst., 5 Taf., zum Theil in Farbendr., 4 lithogr. Sternkarten und 1 chromolithogr. Titelbilde.) Braunschweig 880,82, Vieweg und Sohn. *

—— praktische Anleitung zur Vorausbestimmung des Wetters für Landwirthe, Forstleute, Touristen und überhaupt für Jeden, der sich für die Vorausbestimmung der Witterung interessirt. Allgemein verständl. auf Grund der heut. meteorolog. Wissenschaft und eigener Erfahrungen dargestellt. 8. (IV, 60 S.) Prag 885, Tempsky. — Leipzig, Freytag. * — 75

Klein, Herm. J., Ansichten aus Natur und Wissenschaft. Für Gebildete. 8. (VIII, 296 S.) Graz 875, Verlag Leykam-Josefsthal. *

—— naturwissenschaftliche Bilder und Skizzen. Für Gebildete. 8. (VIII, 295 S.) Ebendas. 874. *

—— kosmologische Briefe über die Vergangenheit, Gegenwart und Zukunft des Weltbaues. Für Gebildete. 8. (VIII, 284 S.) Ebendas. 873. *

— kosmologische Briefe über die Vergangenheit, Gegenwart u. Zukunft des Weltbaues. Für Gebildete. 2., verb. u. beträchtlich verm. Aufl. Mit dem (lith.) Bildnisse d. Verf. gr. 8. (VII, 308 S.) Graz 877. Verl. Leykam-Josefsthal. n. 6. —

Klein, Herm. J., kosmologische Briefe üb. die Vergangenheit, Gegenwart u. Zukunft d. Weltbaues. Für Gebildete. 3., gänzlich umgearb. u. sehr verm. Aufl. gr. 8. (X, 308 S. m. 8 Lichtdr.- u. 8 Ton-Taf.) Leipzig 891. E. H. Mayer. n. 5. —; geb. n. 6. —

Klein, Hermann J. Entwicklungsgeschichte des Kosmos. Nach dem gegenwärtigen Standpunkte der gesammten Naturwissenschaften. Mit wissenschaftlichen Anmerkungen. 8. Braunschweig 1870.

—— Entwickelungsgeschichte des Kosmos nach dem gegenwärtigen Standpunkte der gesammten Naturwissenschaften mit wissenschaftl. Anmerkungen. gr. 8. (X, 169 S.) Braunschweig 871, Vieweg und Sohn. *

—— populäre astronomische Encyklopädie. Astronomisches Handwörterbuch für Freunde der Himmelskunde. Allgemein verständl. bearb. 10 Lfgn. gr. 8. (432 S. mit eingedr. Holzschn.) Berlin 871, Grieben. [Heilbronn, Gebr. Henninger.] à Lfg. * 80 Pf. * geb. *

———— Populäre astronomische Encyclopädie. Astronomisches Handwörterbuch. Heilbronn 1874. 8.

Klein, H. J., und Thomé, die Erde und ihr organisches Leben. Ein geograph. Hausbuch. (In ca. 50 Lfgn.) 1.—4. Lfg. gr. 8. (S. 1—104.) Stuttgart 879, Spemann. à Lfg. * 50 Pf. *

—— und Thomé, die Erde und ihr organisches Leben. Ein geograph. Hausbuch. Seitenstück zu v. Hellwald's Erde und ihre Völker. 5.—57. (Schluß-)Lfg. gr. 8. (1. Bd. VII, S. 105—559; 2. Bd. VIII, 652 S. mit 2 chromolithogr. Karten und eingedr. Holzschn. und Holzschntaf.) Stuttgart 880,81, Spemann. à Lfg. * compl. * ℳ 28.; geb. *

1.—4. Lfg. Ebendas. 1879. à * 50 Pf.

—— einige Ergebnisse aus den systematischen Beobachtungen der Cirruswolken im westlichen Deutschland in dem Zeitraume vom 1. Oktbr. 1882 bis 30. Septbr. 1883. gr. 8. (16 S.) Halle 887, Schmidt's Verlag. * — 40

—— Ergebnisse rationeller Prüfungen von Wetterprognosen und deren Bedeutung für die Praxis. gr. 8. (23 S.) Ebendas. 885. * — 50

Klein, Hermann J., Die Fortschritte auf dem Gebiete der Astronomie. Jahrg. 1876—1888. Köln und Leipzig 1877—1889.

Klein, Hermann J., Die Fortschritte auf dem Gebiete der Meteorologie 1872, 73, 74—75, 76, 77—79, 80, 81, 82, 83, 84, 85, 86, 87.
No. 1, 2, 3, 4, 5 (mit Sachregister über No. 1—5, 1872—79). No. 6, 7, 8 (mit Sachregister über No. 6—8, 1880—82). No. 9, 10, 11 (mit Sachregister über No. 9—11, 1883—1885). No. 12. (Separat-Ausgabe aus der Revue der Naturwissensch. herausgegeben von demselben Verfasser). Köln u. Leipzig 1874, 76, 77, 79, 81, 82, 83, 86, 87, 88.

Klein, Hermann J., Die Fortschritte der Meteorologie. No. 14, 1888. Leipzig 1889.

Klein, Hermann J., Die Fortschritte der Physik. No. 4 (1879—80)
" 5 (1880—81)
" 7 (1882—83)
(Separ.-Ausg. aus der Revue der Naturw. Köln und Leipzig 1881, 82, 84.)

— Führer am Sternenhimmel f. Freunde astronomischer Beobachtungen. gr. 8. (IV, 431 S. m. Abbildgn. u. 7 Taf. in Lichtdr., Lithogr. u. Chromogr.) Ebd. 892. * 8 —; geb. * 9 —

— Führer am Sternenhimmel f. Freunde astronomischer Beobachtungen. Mit 7 Taf. in Lichtdr., Lith. u. Chromodr., sowie zahlreichen Abbildgn. im Text. 2., verb. Aufl. (IV, 431 S.) gr. 8. Ebd. (903). n. 8. —; geb. n. 9. —

Klein, Herm. J., s.: Gaea.

—— das Gewitter und die dasselbe begleitenden Erscheinungen, ihre Eigenthümlichkeiten und Wirkungen, sowie die Mittel sich vor Verheerungen des Blitzes zu schützen. gr. 8. (X, 150 S. mit 1 Holzschntaf.) Graz 871, Verlag Leykam-Josefsthal. *

Klein, Herm. J., Grundzüge der höheren Analysis der Differential- u. Integralrechnung. Für das Selbststudium bearb. Erlangen 867. Enke's Verlag. gr. 8. (94 S. mit 1 Steintaf. in Fol.) n. 16 ngr.

Handbuch der allgemeinen Himmelsbeschreibung vom Standpunkte der kosmischen Weltanschauung dargestellt. A. u. d. T.: Das Sonnensystem nach dem gegenwärt. Zustande der Wissenschaft. Mit 3 (lith.) Taff. Abbildgn. (in gr. 8. u. gr. 4.) Braunschweig 869. Vieweg & Sohn. gr. 8. (XII, 357 S.) n. 2 ℛℓ

— Handbuch der allgemeinen Himmelsbeschreibung vom Standpunkte der kosmischen Weltanschauung dargestellt. 1. Thl. Das Sonnensystem nach dem gegenwärtigen Zustande der Wissenschaft. Mit 3 (lith.) Taf. Abbildungen (in gr. 8. u. gr. 4.) 2. verb. Aufl. gr. 8. (XII, 352 S.) Braunschweig 871. Vieweg & Sohn. n. 6. —

— dasselbe. 2. Thl. Der Fixsternhimmel nach d. gegenwärt. Zustande der Wissenschaft dargestellt. Mit in d. Text eingedr. Holzst. u. e. farb. Spectraltaf. (in qu. 4.) gr. 8. (X, 373 S.) Ebend. 872. n. 7. —

Handbuch der Allgemeinen Himmelsbeschreibung nach d. Standpunkte d. astronom. Wissenschaft am Schlusse d. 19. Jhs. 3. völlig umgearb. u. verm. Aufl. d. 'Anleitung z. Durchmusterung d. Himmels' von Dr. Hermann J. Klein. Mit zahlr. Abb. u. Taf. *Braunschweig: F. Vieweg & Sohn 1901.* (XIV, 610 S.) 8° [F.] (oL 888

— Allgemeine Himmelskunde. Eine populäre astronom. Encyklopädie od. lexikographisch geordnete Erklärg. der in der Himmelskunde vorkommenden Begriffe u. Ausdrücke. Mit zahlreichen Holzschn. 2. verm. Aufl. 8. (370 S.) Stuttg. 888, Weisert. * 5 — geb. ** 6 —
1. Aufl. [Berl. 1871, Grieben.] Heilbr., Henninger. * 8 —; geb. * 8 85 u. d. T.: Klein, Herm. J. Populäre astronom. Encyklopädie.

— s.: Jahrbuch der Astronomie u. Geophysik.

— Katechismus der Astronomie, s.a. Weber's illustr. Katechismen.

— Katechismus der Astronomie. Belehrungen üb. den gestirnten Himmel, die Erde u. den Kalender. 8., vielfach verb. Aufl. 12. (XII, 820 S. m. 163 Abbildgn. u. e. Sternkarte.) Leipzig 893. J. J. Weber. Geb. in Leinw. n. 3. —
Bis zur 7. Aufl. bearb. v. Adph. Drechsler.

— Katechismus der mathematischen Geographie. 2. Aufl., umgearb. u. verb. v. H. J. K. 12. (VIII, 272 S. m. 114 Abbildgn.) Ebd. 894. Geb. in Leinw. n. 2. 50
Die 1. Aufl. war bearb. v. Adph. Drechsler.

—— Lehrbuch der Erdkunde für Gymnasien, Realschulen und ähnliche höhere Lehranstalten. gr. 8. (XII, 343 S. mit 55 in den Text eingedr. Karten und 86 landschaftl., ethnograph. und astronom. Illustr.) Ebendas. 880. *

—— Lehrbuch der Erdkunde für höhere Lehranstalten. 2. und 3. verb. und verm. Aufl. gr. 8. (XII, 363 S. mit 55 Karten, sowie mit 102 landschaftl., ethnogr. und astronom. Illustr.) Braunschweig 885,86, Vieweg und Sohn. * M 2.80.; geb. * 3 30

— Lehrbuch der Erdkunde f. höhere Lehranstalten, 4., gänzl. umgearb. Aufl. v. Aug. Blind. M. 57 Karten, sow. m. 101 landschaftl., ethnograph. u. astronom Abb. gr. 8. (XIV, 372 S.) Braunschweig 897. F. Vieweg & Sohn. n. 2. 80; geb. n. 3. 20

Klein H. J.: Lehrbuch der Erdkunde für höhere Lehranstalten. 4. gänzlich umgearbeitete Auflage von ... August Blind. Mit 57 Karten, sowie mit 101 landschaftlichen, ethnographischen und astronomischen Abbildungen. Braunschweig 1898. XIV, 372 S. 8°.

—— Leitfaden der Erdkunde für die unteren Klassen der Gymnasien, Realschulen und ähnlicher höheren Lehranstalten. gr. 8. (VIII, 178 S. mit 75 in den Text eingedr. Karten, landschaftl. und ethnograph. Illustr.) Ebendas. 880. *

— Neubildungen auf dem Monde. Darlegung u. Kritik der bisher. Beobachtungsergebnisse. (24 S. m. 5 Fig.) gr. 8. Leipzig 906. E. H. Mayer. n. 1. —

—— an den Nordpol. Schilderung der arktischen Gegenden und der Nordpolfahrten von den ältesten Zeiten bis zur Gegenwart. gr. 8. (IV, 140 S. mit Illustr. in eingedr. Holzschn. und auf 5 Holzschntaf.) Kreuznach 870, Voigtländer. *

Klein, Hermann Joseph (Cöln)
Ueber Periodicität der Cirruswolken.
[In: Wiener Ztschr. für Meteorologie, Bd 7 (1872).]
Dr. phil. Giessen 13.6.1872.

Klein, Hermann Josef (Hrsg.), s. Revue der Fortschritte der Naturwissenschaften.

— s.: Sirius.

Klein, Hermann Josef: Die Sonnen- und Mondfinsternisse. Kreuznach 1870.

—— die Sonnen- und Mondfinsternisse, mit vorzugsweiser Berücksicht. der Ergebnisse der totalen Sonnenfinsterniss vom 18. Aug. 1868 und der sich hieran anknüpf. ferneren Untersuchungen. Allgemein verständl. dargestellt. gr. 8. (III, 69 S. mit 2 Fig. in eingedr. Holzschn.) Kreuznach 873, Voigtländer. *

— Stern-Atlas f. Freunde der Himmelsbeobachtung. Enth.: Sämmtliche Sterne 1.—6,5. Grösse zwischen dem Nordpol u. 34. Grad südlicher Deklination, alle Nebelflecken u. Sternhaufen, welche in Ferngläsern mittlerer Grösse sichtbar sind, sowie Specialkarten besonders interessanter Stern-Objecte. Mit ausführl. erläut. Text. 18 Karten u. 10 Bog. Text. (In 10 Lfgn.) 1. Lfg. Fol. (3 Karten m. 16 S. Text.) Leipzig 887. E. H. Mayer. n. 1. 20

Klein, Herm. J., naturwissenschaftliche Studien und Kritiken für Gebildete. 8. (VII, 360 S.) Graz 875. Verl. Leykam-Josefsthal. n. 6. —

—— ueber einige neuere Veränderungen auf der Mondoberfläche, s. Neison, Edm., der Mond.

Klein, Hermann Jos. (Hrsg.), s. Vierteljahrs-Revue der Fortschritte der Naturwissenschaften....

Klein, Herm. J., die Vorübergänge der Venus vor der Sonnenscheibe und ihre Bedeutung für die Astronomie mit besond. Berücksicht. des Durchganges von 1874. gr. 8. (36 S. mit in den Text gedr. Abbild. in Holzschn.) Leipzig 874, Mayer. *

— kosmischer u. irdischer Vulkanismus. Vergleichende Untersuchgn. üb. das vulkan. Problem. (21 S. m. 5 Abbildgn. u. 1 Taf.) gr. 8. Leipzig 904. E. H Mayer. n. — 75
Sonderabdruck aus: „Gaea".

- Die Welt der Sterne, s.: Wegweiser, naturwissenschaftliche. N. 1.

—— über den praktischen Wert der auf den synoptischen Karten beruhenden allgemeinen Wetterprognosen. Eine Antwort an Hrn. Dr. C. Lang in München. gr. 8. (16 S.) Halle 886, Schmidt's Verlag. * — 50

Klein, Hermann J.: Wetterprognosen auf mehrere Tage und die täglichen Wetterkarten. (S.-A.) Zeitschrift Gaea. 1900. Heft 5.) Leipzig 1900. 11 S., 2 Tf. 8°.

-- die Wetterpropheten u. die Wetterprophezeiungen oder: Ist die Kunst, das Wetter vorherzubestimmen, entdeckt oder nicht? Zur Verständigung für Jeden, der sich über diesen Punkt ein selbstständ. Urtheil verschaffen will. Neuwied 865. Heuser's Verlag. 16. (61 S.) 5 ngr.

— Wettervorhersage f. jedermann. Allgemeinverständliche Anleitg. 1.—6. Taus. (VII, 164 S. m. 26 Abbildgn. u. 2 Taf.) 8. Stuttgart 907. Strecker & Schröder. 1.50; geb. 2. 30

— Wie viele Jahre besteht unser Erdball? Eine Lösung des Problems das Alter der Erde zu bestimmen. [Aus der „Gaea."] Leipzig 868. E. H. Mayer. 8. (IV, 36 S.) 7½ ngr.

— wie viele Jahre besteht unser Erdball? Eine Lösung d. Problems das Alter der Erde zu bestimmen. 5. unveränd. Abdr. 8. (80 S.) Leipzig 873. Mayer. — 75

— wie viele Jahre besteht unser Erdball? Eine Lösung des Problems, das Alter der Erde zu bestimmen. [Aus: „Gaea".] 7., unveränd. Abdr. 16. (IV, 36 S.) Köln 878. Mayer. — 75

—— allgemeine Witterungskunde, s. a. Wissen, das, der Gegenwart.

Klein, Hermann J.: Allgemeine Witterungskunde nach dem gegenwärtigen Standpunkte der meteorologischen Wissenschaft für das Verständnis weiterer Kreise bearbeitet. Mit 6 Karten, 2 Vollbildern und 31 Abbildungen in Holzstich. Leipzig 1882. (II), 260 S. 8°.

Klein, Dr Hermann, J., Allgemeine Witterungskunde nach dem gegenwärtigen Standpunkte der meteorologischen Wissenschaft. Für das Verständniss weiterer Kreise bearbeitet. 22. Tausend. (Wissen der Gegenwart. Deutsche Univ.-Bibliothek. II. Band.) 8. (260 S. mit 6 Karten, 2 Vollbild. u. 31 Abbild. in Holzstichen.) Prag, F. Tempsky. Geb. 60 kr. 1883

Klein H J, allgemeine Witterungskunde. (Wissen der Gegenwart 3) Leipzig 1887

Klein, H. J., Allgemeine Witterungskunde mit besonderer Berücksichtigung der Wettervoraussage. 2. Aufl. [Das Wissen der Gegenwart. 2. Bd.] 8°. (ill. 247 S. mit 34 Karten und 2 Karten in Farbendruck.) geb. K 4.80
Wien: Tempsky 1905.

— die Wunder des Erdballs. Allgem. verständl. Unterhaltgn. üb. Entwicklg. u. Ergebnisse der physikal. Erdkunde. gr. 8. (XI, 423 S. m. 1 Fig.) Leipzig 898 E. H. Mayer. n. 6.—; geb. in Leinw. n. 7.—

——— (Hermann J.), Die Wunder des Erdballes. Leipzig 1899. 8.

— die Wunder des Erdballs. Allgemein verständl. Unterhaltgn. üb. Entwicklg. u. Ergebnisse der physikal. Erdkunde. 2., verb. Aufl. gr. 8. (XII, 423 S. m. 8 Taf.) Leipzig (902). E. H. Mayer. n. 6.—; geb. n. 7.—

— Die Wunder der Sternenwelt, s.: Ule, Otto.

Klein, Hugo, über die Frauenkleidung vom Standpunkte der Hygiene, s. a. Volksschriften der österr Gesellschaft f. Gesundheitspflege, Nr. 16.

Klein, H., Über die Frauenkleidung vom Standpunkte der Hygiene. Separatabdr. a. d. Monatschrift für Gesundheitspflege. [Volksschriften der österr. Gesellschaft für Gesundheitspflege. Nr. 16.] 8°. (40 S.) † K —.20
Wien: Perles 1904.

Klein, Hugo, blinde Liebe. Roman. 8. (278 S.) Stuttgart 887, Deutsche Verlags-Anstalt. *ℳ 4.—; geb. * 5 —

—— im Pußtenlande. Novellen. 8. (230 S.) Berlin 885, Eckstein Nachf. *ℳ 2.—; geb. * 3 —

Klein, Hugo (geb. am 27 Juli 1853 in Büttinghausen Rgbz. Köln): Sage, Metrik und Grammatik des altfranzösischen Epos Amis et Amiles ... Bonn, Druck v. C. Georgi 1875. 50 S., 1 Bl. 8.
Bonn, Phil. Fak., Diss. v. 24 März 1875

Klein, H., Zauberkünste. Novellen. 8. (341 S.) Leipzig 890. Elischer Nachf. n. 4.50; geb. n. 5.50

Klein, J., Anleitung zur Erteilung des Rechen- u. Raumlehre-Unterrichtes, s.: Klauke, B.

Klein, I.: Anregungen zur Nacherziehung unserer gewerblichen Jugend. 18 S.– Hermannstadt ev. Progr. 1867.

Klein, J., Bilder aus der vaterländischen Geschichte für die Jugend. 1.—3. Bdchn. gr. 8. (118; 162; 149 S.) Köln und Neuß 873, Schwann'sche Verlagsh. à Bdchn.
In 1 Bd.

— dasselbe, für die Jugend. Mit Illustr. (Holzschntaf.). 2. Aufl. 8. (VII, 420 S.) Ebend. 877. 3. 75; geb. n. 5. — u. 5. 25

—— dass. — für die Elementarschule. Mit Illustrationen. Auszug aus des Verf. „Bilder aus der vaterländ. Geschichte für die Jugend". 8. (124 S. mit eingedr. Holzschn.) Ebendas. 874. *

—— Bilder aus der vaterländischen Geschichte für die Elementarschule. Auszug aus des Verf.: „Bilder aus der vaterländ. Geschichte für die Jugend". 3.—6. Aufl. 8. (125 S. mit eingedr. Holzschn.-Illustr.) [Köln und Neuß 876—79.] Düsseldorf, Schwann. *

Klein, J., Bilder aus der vaterländischen Geschichte für die Elementarschule. Auszug aus des Verf. „Bilder aus der vaterländischen Geschichte für die Jugend". 7.—11. Aufl. 8. (125 S. mit eingedr. Holzschn.-Illustr.) Düsseldorf 880—84, Schwann'sche Verlagsh. *

Klein, J. (I.), Bilder aus der vaterländischen Geschichte für die Elementarschule. Auszug aus des Verf. „Bilder aus der vaterländischen Geschichte für die Jugend". 12.—16. Aufl. 8. (124 S. mit Illustr.) Düsseldorf 885—88, Schwann. * — 50

Klein, J., Bilder aus der vaterländischen Geschichte f. die Elementarschule. Auszug aus d. Verf. „Bilder aus der vaterländ. Geschichte f. die Jugend". Mit Illustr. 8. (128 S.) Düsseldorf 890. Schwann. n. — 50

Klein, J. (I.). Bilder aus der vaterländischen Geschichte f. die Elementarschule. Auszug aus d. Verf. „Bilder aus der vaterländ. Geschichte f. die Jugend". Mit Illustr. 23. Aufl. 8. (128 S.) Düsseld. 892. Schwann. * — 50

Klein, J., Bilder aus der vaterländischen Geschichte f. die Elementarschule. Nach den ministeriellen Bestimmgn. vom 18. Oktbr. 1890 umgearb. [Aus: „K., Bilder aus der vaterländischen Geschichte f. die Jugend".] Mit e. (farb.) Geschichtskarte u. 17 Abbildgn. 25., verb. Aufl. 8. (124 S.) Düsseldorf 892. L. Schwann. n. — 50

— Bilder aus der vaterländischen Geschichte f. die Volksschule. Nach den neuesten Anforderga. umgearb. Mit zahlr. Abbildgn. u. e. Geschichtskarte. 32., verb. u. verm. Aufl. (127 S.) 8. Düsseldorf 904. L. Schwann. n. — 50

— Bilder aus der vaterländischen Geschichte f. die Volksschule. Ausg. f. Mädchenklassen. Unter Mitwirkung v. Pauline Herber. Mit zahlr. Abbildgn. u. e. Geschichtskarte. 8. (132 S.) Düsseldorf 902. L. Schwann. n. — 50

— dasselbe. Ausg. f. Mädchenklassen. Unter Mitwirkg. v. Pauline Herber. Mit zahlr. Abbildgn. u. e. Geschichtskarte. 2. Aufl. (132 S.) 8. Ebd. 905. Kart. n.n. — 60

Klein, J., Die kleineren inschriftlichen Denkmäler des Bonner Provinzialmuseums. S.-A. 1890. 59 S. 4°. 1.—

Klein, I., dissertationes iurid. 4. Norimb. Monath. 716.

Klein, Geschichte v. Boppard. (VIII, 351 S. m. 18 Abb.) 8. Boppard 909. Dr. Keil. Geb. in Leinw. nn 3. —

Klein, J., Zu d. Glossen d. Philoxenus. S. A. s. a. 14 S. —.90

— J., Die röm. Inschriften des Herzogtums Nassau. S.-A. 1859. 8 S.

Klein, J., Katechismus der sozialdemokrat. Religion u. Revolution. Systematisch geordnete Fragen, beantwortet v. der sozialdemokrat. Partei, v. Parteiorganen u. einzelnen Genossen der Sozialdemokratie. 2. Aufl. (45 S.) 12. Berlin 903. F. Schlosser. n. — 30

Klein, J: Ueber Condensationsanlagen. Vortrag. Magdeburg 1891

Klein, J., die moderne Königinnenzucht. Ausführliche Anleitg. zu e. den neuzeitl. Erkenntnissen u. Erfindgn. entsprech. Weiselzucht u. Rassenveredelg. f. einfache u. große bienenwirtschaftl. Betriebe. (VI, 104 S. m. 42 Abb.) 8. Berlin (909). F. Pfenningstorff. b 1. —

Klein, J., Ueb. die Legionen, welche neben u. nacheinander in Germania inferior standen, u. üb. deren Denkmäler selbst. S.-A. 1857. 27 S. —.90

Klein, J., Matronensteine von Berkum. Gel. 1879. 18 S. m. 2 Taf. 4°.

— Die römischen Meilensteine in d. Rheingegenden. S.-A. 1860. 18 S.

Klein, J., erfolgreiche Milchwirtschaft. Anleitung zum rationellen Betriebe. gr. 8. (VIII, 858 S. m. 95 Abb.) Berlin 902. P. Parey. Geb. in Leinw. n. 6. 60

Die praktische Milchwirtschafterin. Für d. Selbstunterr. u. z. Gebr. an Meierinnenschulen bearb. von Dr. J. Klein. Vorst. zu Proskau. Mit 34 Textabb. *Berlin: P. Parey 1903.* (VI, 113 S.) 8° [F.] [03. 24603]

Klein: De varia discrepantium in carminibus Horatii scripturarum origine et emendatione. 22 S.–Köln Ap., Progr. 1862

Klein, J., Predigt bei der Einweihung der neu erbauten Synagoge der israelit. Gemeinde in Haldenburg am 2. Marcheschvan 5603 (6. October 1842) gehalten. gr. 8. (1½ B.) Stolp 812, Fritsch.

Klein, J., Rechenbuch f. Lehrerbildungsanstalten, s.: Klaute, B.

—— Rechenbuch für Seminaristen und Lehrer, s. Hoffmann, J.

— Rechenbuch f. Volksschulen, s.: Klaute, B.

Klein, J., Spezialisierung im Maschinenbau. Vortrag, gehalten am 20. Februar 1907 im Mannheimer Bezirksverein Deutscher Ingenieure. Düsseldorf, 1907. 36 S. mit 29 Abb. u. 2 Taf.

Klein, J., Stempel römischer Augenärzte. S.-A. 1874. 47 S. 4°. 1.25

—— und J. Blied, 16 Wandtafeln [57 Cm. hoch, 74 Cm. breit] mit geradlinigen Figuren für den Zeichenunterricht in Elementarschulen. Lithogr. Imp.-Fol. Ebendas. 873. *

— u. J. Blied, 16 Wandtafeln [57 Cm. hoch, 74 Cm. breit] m. gradlinigen Figuren für den Zeichenunterricht in Elementarschulen. 2. Aufl. Lith. Imp.-Fol. Düsseldorf 878. Schwann. n. 7. —

—— —— Zeichen-Heft mit Netzen und Stigmen zu den „Wandtafeln für den Zeichenunterricht in Elementarschulen". qu. 4. (24 S.) Ebendas. 873. *

—— —— der Zeichenunterricht in der Elementarschule nebst Anleitung zum Gebrauche der Wandtafeln beim Zeichnen. Nebst 1 (lithogr.) Blatt Zeichen-Vorlagen als Muster (in gr. Fol.). gr. 8. (31 S.) Ebendas. 873. *

Klein, J. A., Eleonora, Königin v. Hungarn. 8. Wien 783. Hörling. (Coppenrath in Münster). 4 gr
Vgl. Klein, J. L.

'Veritas liberabit vos'. 'Die Wahrheit wird euch frei machen'. Zeitgemäß dargest. von J. B. Klein, kath. Pfarrer a. D., f. alle Freunde d. Wahrheit. Aachen: A. Jacobi & Cie 1904. (VIII, 129 S.) 8° [Ant. u. F.] [04. 190

Klein J. E.: Dissertatio inaug. sistens adnotationes ad historiam naturalem et anatomiam *Bovis bubali*. Tubing. [1820]. 21 S. P.

Klein, J. F. v., Fremden-Führer durch Doberan und seine Umgebung. 16. (37 S.) Rostock 884, (Stiller'sche Hofbuchh.) *

Klein, J. F. v., Fremden-Führer durch Doberan und seine Umgebung. 2. verm. und verb. Aufl. 12. (50 S. mit 1 lithogr. Grundriss.) Rostock 886, (Stiller'sche Hof- und Universitäts-Buchh.) — 75

Klein, J. F., s. Mondkönigs Tochter.

Klein, J. G., v. Edeln u. Niedern im Ausdruck. 8. Dess. Gel. Hdl. 782.

— Einleitung in die Bibel, s. Einleitung.

Klein, J. G., Einleitung in die Bibel. gr. 8. Strasburg. (Leipzig, Kummer in Comm.) 820.

Klein, ..., Lebensgemälde 50 merkwürd. Böhmen. gr. 8. Prag 800. Barth. (Taubert in Leipz.) 1 ₰ 4 gr

Klein, (J. G.,) die Schöpfung der Welten, in 10 Steinabdrücken vorgestellt u. erklärt. br. gr. 8. Straßburg 824, (Leipz., Kummer.)

— Taufe u. Abendmahl, nach dem Sinne Jesu Christi erklärt. gr. 8. Straßb. 816. (Kummer in Leipz.) 6 gr

— Taufe und Abendmahl, nach dem Sinne Jesu Christi erklärt. gr. 8. (Ebend. in Comm.) 820.

Klein, J. G., die Theilung der Sünde in uns, in Predigten. Strasb. Silbermann.

— Warnung vor falschen Propheten, nebst einer Erklärung der 70 Wochen Daniels. gr. 8. Straßb. 820. (Kummer in Leipz.) 5 gr

— Warnung an das Publikum vor der unvernünftigen Philosophie und der gotteslästerl. Theologie der gegenwärt. Zeit. gr. 8. (Ebend. in Comm.) 820.

— s. Warnung an das Publikum vor der unvernünftigen Philosophie u. der gotteslästerl. Theologie.

Klein, J. Gottlieb

— Erinnerung an K. D. Kircheisen, Königl. Preuß. Geh. Kriegsrath in Berlin. gr. 8. Berl. 821. Mittler. 8 gr

Klein, J., Erinnerungen an Chr. Benjam. Wadtenröder. 8. Berl. Dieterici. 809.

Klein, J. Gli., (Stadtrath,) Erinnerungen an Chr. Benj. Wadtenröder. 8. Berl. 809. Mittler. 6 gr

Klein. Die St. Marienkirche zu Berlin. Berlin 1819. 8°.

Klein, J. H., der Stern v. Sedan. Festgedichte v. Jos. Steinbach, als begleit. Text zu d. leb. Bildern f. d. Bühne bearb. u. hrsg. 12. (13 S.) Wald-Solingen 895. Bossen. n. 1. —

KLEIN, J. J.: Forst-Handbuch für practische Forstmänner und die, welche es werden wollen. - Frankfurt a. M. 1826. 2 Bd. m. zahlr. Kt., Steinabdr. u. Tab. - Bd. 1: Den künstlichen Anbau der Wälder enthaltend. XXIV, 312 S. - Bd. 2: Die natürliche Fortpflanzung der Wälder, die künftige Behandlung der, sowohl künstlich als natürlich erzogenen Waldungen so wie die Berechnung der Ertragbarkeit derselben enthaltend. 304 S.

Klein, (J. J.,) Forst-Handbuch f. prakt. Forstmänner u. die, welche es werden wollen. 2 Bde. gr. 8. 8 B. Tabel. in gr. qu. 4., 2 Steint. u. 1 Charte. Frankf. 826, Hermann.

Klein, J. L., Babiana. gr. 16. (164 S.) Berlin 863, A. Jonas. * 20 Ngr.; geb. mit Goldschn. *

Klein, J. L., Eleonore, Königinn von Hungarn. Eine Geschichte. (Zahmer Roman aus der Zeit des 7. Kreuzzuges.) Mit 2 Vignetten. Wien, gedruckt und verlegt in der Sonnleithnerischen Buchhandlung. 1783. Kl. 8°. 96 S.
Rarl
Vgl. Klein, J.A.

Klein, J. O., de ἀρχείοις s. tabulariis sacris vett. Christianorum. Altorf. 1722. 4.

Klein, J. Ph., s.: Adreßbuch von Hanau am Main mit Kesselstadt.

Klein, J. W., Fred. Will. Faber, der Begründer des Londoner Oratoriums, s.: Sammlung historischer Bildnisse.

Klein, Jac., die architektonische Formenlehre als Leitfaden zum Studium und Unterricht der Renaissance-Formen. gr. 8. (IV, 87 S. mit 200 Fig. auf 24 Taf.) Czernowitz 883, (Pardini.) *

Klein, Jac., architektonische Formenlehre. Leitfaden zum Studium und Unterricht der Renaissance-Formen. 2. Aufl. gr. 8. (IV, 87 S. mit 200 Fig. auf 24 Taf.) Wien 885, (Spielhagen und Schurich.) *

Klein, J., die architektonische Formenlehre. Handbuch z. Studium u. Unterricht d. Renaissance-Formen f. Meister u. Gehilfen d. Baugewerbe, Prüfungs-Candidaten, angeh. Architekten u. Gewerbeschüler. Insbes. auch als Behelf f. Ingenieure, Maschinenbauer u. Techniker b. Entwerfen u. Ausführen v. Hochbauten. 3., verm. u. verb. Aufl. 1. u. 2. Hft. gr. 8. Wien 898. Spielhagen & Schurich. à n. 2.—
1. D. Horizontalgliedergn. (Gesimse) d. Renaissance-Façade. M. 79 Textfig. u. e. 60/92 cm grossen Taf. (48 S.)
2. D. Verticalgliedergn. (Säulen- u. Bogenordngn. etc.). M. 70 Textfig. u. e. 60/92 cm grossen Taf. (59 S.)

Klein, J., die architekton. Formenlehre. Handbuch zum Studium u. Unterricht der Renaissance-Formen f. Meister u. Gehilfen der Baugewerbe, Prüfungs-Candidaten, angeh. Architekten u. Gewerbeschüler. Insbesondere auch als Notbehelf f. Ingenieure, Maschinenbauer u. Techniker beim Entwerfen u. Ausführen v. Hochbauten. 3. verm. u. verb. Aufl. 3. (Schluss-)Hft. Die Maueröffngn. (Fensterbildgn.) etc. Mit 70 Textfig. u. e. 60/92 cm grossen Taf. gr. 8. (48 S.) Wien 899. Spielhagen & Schurich. n. 2.—

Klein, J. (Hrsg.), s.a. Formenlehre, Die architektonische.

Klein, Jacob: Das Gesetz über das gerichtliche Beweisverfahren nach mosaisch-thalmudischem Rechte. Halle a. S. 1885; Plötz. 31 S. 8°
Halle-Wittenberg, Phil. Diss. v. [26. Febr.] 1885
Geb. Beregszász (Komitat Bereg; Ungarn) 18. 12. 1853 [im Reifezeugnis: 1858]. V.

Klein, Jac., I. Ueber Oxydationsproducte v. Sulfurethanen. II. Ueber Reductionsproducte v. Azophenoläthern. Diss. gr. 8. (46 S.) Heidelberg 892. (J. Hörning.) 1. 20

KLEIN, Jakob (München): Ad physiologiam salivae. (Titel nach der Urkunde)
5.8.1867 - Urk; P 71; Chr 1867/68,13
Diss. Ingolst.-Landsh.-Mchn.

Klein's, Jak., (von Obernborf bei Welzheim,) Reise nach Siebenbürgen im Mai 1840, u. was er dort gesehen und erlebt. Zur Belehrung für seine Landsleute. gr. 8. Stuttgart 840, Becher. 1½ ℛ

Klein, Jakob —. Der Schulfreund, ein Sprach- und Lesebuch für israel. Volksschulen, bearbeitet von — —. I. Heft. 8. (40 S.) Szarvas. Schnellpressendruck des Leop. Réthy. 1854.

Klein, Jak., sind wir kampfbereit? Wie müssen wir gerüstet sein? Mein System der automat. Wirtschaftsordng., d. i. die automat. Regelg. u. Kontrolle d. ganzen Wirtschaftsverkehrs u. dadurch Verminderg. der Schreiberei, Ersparg. v. Arbeit, Zeit u. Kosten, Sicherg. d. Fortschritts u. unserer wirtschaftl. u. national. Ueberlegenheit. (VII, 120 S.) gr. 8. Augsburg 909. M. Rieger. 3.—

Klein, Jac. Hub. (geb. Cöln a. Rh. 10. 5. 1839): De veneficiis propriis eorumque symptomatibus et curatione. Berolini (1862). (32 S.) 8°
Berlin, Med. Diss. v. 23. Juli 1862

— **Jacob Theodor** (R. P.), De antipathia gentium, ex historia concinnata. Diss. I. Präs. M. Christian Masecov (Königsberg/Pr.) Königsberg (Friedrich Reusner) Nov. 1702. 22 S. (5.50) 18208

— Beschr. u. Abbild. der in der Danzig. Geg. befindl. Versteinerungen. mit illum. Kupf. Fol. Nürnberg, Campe. 771.

Klein. J. Th. Descriptiones Tubulorum marinorum censum relati lapides caudae cancri Gesneri et his similes Belemnitae eorumque alveoli secundum dispositionem Musei Kleiniani. Addita est dissertatio de Pilis marinis. Gedani et Lipsiae. 1773. 4.

— descriptiones tubulorum marinorum quorum censum relati lapides Caudae Cancri Gesneri et his similes Belemnitae. 4 maj. Dantisci 731. Ed. nova. Cum X tabb. aen. 4 maj. Gedani et Lips. 773. (Brockhaus). 20 gr

— descriptiones tubulorum marinor. c. icon. 4. maj. Lips. Gleditsch. 773.

— naturalis dispositio echinodermatum. Accessit lucubratiuncula de aculeis echinorum, cum spicilegio de Belemnitis. Cum XXXVI tabb. aen. 4 maj. Gedani 734. Ed. II. descriptionibus novisque inventis ac synonymis auctorum aucta a Nath. Gf. Leskio. Cum LIV tabb. aen. 4 maj. Gedani et Lips. 773. (Brockhaus). 8 ℛ color. 24 ℛ (Zusätze apart, s. N. G. *Leske*, additamenta.)

— natural. dispositio echinodermatum et lucubr. de aculeis echinorum marinor. ed. Leske. c. fig. 4. Gedani, (Gleditsch in Lps.) 778.
c. fig. color.

Klein J. Th.: Quadrupedum dispositio brevisque historia naturalis. Lips. 1751. 127 S. 5 Tvl. 4°.

— quadrupedum dispositio brevisque historia naturalis. Cum VI tabb. aen. 4 maj. Leipz. (Gött.) 751. Schmidt. 1 ℛ 8 gr Zwei deutsche Uebersetzungen, s. unten: 1) verbess. Historie d. vierfüß. Thiere. 2) Classification d. vierfüß. Thiere.

— dubia circa plantarum marinarum fabricam vermiculosam. Cum III tabb. aen. 4. St. Petersb. 758 Acad. B. 6 gr

— historia piscium naturalis VI. missi c. LIII tabb. aen. 4 maj. Leipz. 740—50. Gleditsch. 11 ℛ 12 gr

— verbess. u. vollst. Historie der vierfüß. Thiere. gr. 4. Danzig, Schuster. 760.

Klein J. Th.: Verbesserte u. vollständigere Historie d. Vögel. Herausg. v. G. Reyger. Danzig 1760. (18) 234 S. 4°.

Jacob Theodor Klein. [Historiae avium prodromus. Deutsch:] Verbesserte und vollstandigere Historie der Vögel. Hrsg. von Gottfried Reyger. Danzig: Schuster 1760. 234 S. 4°

— verbeſſ. u. vollſtänd. Hiſtorie der Vögel. Aus d. Latein. u. mit Zuſätzen verm. von F. D. Bahn. Mit Kpf. gr. 4. Danzig 760. (Voß in Berl.) 1 ℛ

— Ichtyologia enodata, s. index rerum ad historiam piscium naturalem, synonymis recentissimorum systematicorum explicatus ab Jh. Jul. Walbaum. 4. Leipz. 793. (Brockhaus). 1 ℛ 8 gl

— ichtyologia enodata s. index ad V miss. hist. piscium natural. recent. ab I. I. Walbaum. 4. Lips. Gleditsch. 793.

Klein, Jakob Theodor: C l a s s i f i c a t i o n u. kurze Geschichte der vierfüßigen Thiere. Aus d. Latein. u. mit Zusätzen verm. von F. D. Behn. Mit Kpf. Lübeck: (Niemann u. R.) 1760. 8°

— de lapidibus Microcosmi proprie talibus. 4. ibidem. 758.

— lucubratiuncula subterranea prior de lapidibus macrocosmi proprie talibus. 4. St. Petersb. 758. Acad. B. 6 gl

— lucubratio subterranea de terris et mineralibus acced. lucubr. subterr. de lapidibus idiomorphis etc. 4. Lips. Hartknoch. 758.

— lucubratiuncula subterranea posterior de terris, mineralibus lapidibusque idiomorphis. 4. St. Petersb. 760. Acad B. 9 gl

Klein, Jakon Theodor: Natürliche O r d n u n g u. verbesserte Historie der vierfüßigen Theire. Aus d. Latein. (v. Klein selbst); herausg. v. Gf. Rehger. Danzig: (Voß in Berl.) 1769. 4°

— oryctographia Gedanensis, od. Beſchreib. u. Abbildung der in der Danziger u. umliegenden Gegend befindl. Verſteinerungen. Mit 24 ill. Kpf. kl. Fol. Nürnb. 770. (Campe). 5 ℛ Holländ. Pap. 6 ℛ 16 gl

— oryptographia Gedanensis, oder Beſchr. der Verſteinerungen um Danzig, mit Kupf. Nürnberg, Seligmann. 770.
Holl. Pap.

— ova avium plurimarum ad naturalem magnitud. delineata et genuinis coloribus picta, od. Samml. unterſchiedener Vogeleier in natürl. Größe. Latein. u. deutſch herausg. von G. Renger. Mit 21 Kpft. gr. 4. Königsb. u. Mitau 760. (Hartknoch in Leipz.) 4 ℛ
Samml. verſchied. Vogeleyer in natürl. Größe, lat. und deutſch. 4. Leipz. Hartknoch. 766.

— Ova avium plurimar. ad natural. magnitud. del. et genuinis colorib. picta. 4. maj. Königsberg, Kanter. 765.

Jacobi Theodori Klein Historiae avium prodromus. Cum praef. De Ordine animalium in genere. Acc. Historia muris alpini et Vetus Vocabularium animalium msc. Lubecae: J. Schmidt 1750. 238 S. 4°

— historiae avium prodromus, c. praefat. de ordine animalium in genere. Cum VIII tabb. aen. 4. Lübeck 751. Schmidt. 1 ℛ 8 gl Zwei deutſche Ueberſetzungen davon, ſ. unten: 1) Vorbereitung zu e. Vogelhiſtorie. 2) Verbeſſ. Hiſtorie d. Vögel.

— sciagraphia lithologica curiosa etc. c. fig. 4. maj. Lips. Gleditsch.

Klein, Jacob Theodor. Specimen descriptionis petrefactorum Gedanensium oder Beschreibung . . . Nürnb. 1770. H: *Zorn Freih. v. Plobsheim, Frdr. Aug.* (ML)

Klein, J. T. Stemmata Avium . . . Geschlechtstafeln der Vögel. Lipsiae 1759. H: *Titius, Johann Daniel.* (Ky) (BrMm)

Klein, Jak. Thdr., († d. 27. Febr. 1759.) stemmata avium quadraginta tabulis aeneis ornata. (Geſchlechtstafeln der Vögel. Mit 40 Kpfr. (Latein. u. deutſch; herausg. von Prof. Titius.) gr. 4. Leipz. 759. (Breitkopf). 3 ℛ 8 gl

Klein, I. Theod., Stemmata avium, 40 tab. aen. illustr. Geſchlechtstafeln der Vögel. gr. 4. Leipzig, Gleditſch. 759.

Jac[obus] Theod[orus] Klein. Stemmata avium... Acc. Nomenclatores Polono-Latinus et Latino-Polonus. Geschlechtstafeln der Vögel...([Hrsg.:] Jo[hannes] Daniel Titius [Tietz]). Lipsiae:Bolle 1759. 48 S.,40 Taf. 4°
[Text lat.u.deutsch.]

— summa dubiorum circa classes Quadrupedum et Amphibiorum in Linn. System. Natur. etc. c. fig. 4. ibid.

Klein, Jak. Thdr., tentamen herpetologiae; cum perpetuo commentario. Cum II tabb. aen. 4. Leyd. u. Gött. 754. Schmidt. 20 gl

Tentamen herpetologiae. Autore Jacobo Theodoro Klein. Cum perpetuo comm. Acc. J[ohann] A[ugust] Unseri[Unser] Observatio de taeniis. Leidae & Gottingae: Luzac 1755. 72 S. 4°

— tentamen methodi ostracologicae, sive Dispositio naturalis cochlidum et concharum in suas classes, genera et species, iconibus singulorum generum aeri incisis illustrata. Cum XII tabb. aen. 4 maj. Leyd 753.

— Tithymaloides fructescens etc. cum fig. 4. ibidem.

— Vorbereit zu e. vollſtänd. Vogelhiſtorie; nebſt Vorrede von d. Ordnung d. Thiere überhaupt, it. von d. Hiſtorie des Murmelthieres u. e. alten Wörterbuche überſ. durch D. H. B. Mit 8 Kpfr. gr. 8. Leipz. u. Lübeck 760. (Niemann.) 1 ℛ

Klein, Ida [Pseud.],
s.a. N o w o t n y , Isabella [wirkl. Name].

Klein, Ida, Jusjurandum. Roman. 8. (606 S.) Prag 887. Mercy. n. 7.20

Klein, Ida (Frau Iſabeth Nowotny), Licht u. Schatten. Geſammelte Studien, Skizzen u. Novelletten. 8. (VII, 218 S.) Prag 896. H. Dominicus. n. 3.--

Klein, Ida, Novellen. 2 Bde. Prag 869. Linnekogel & Funk. 8. (III, 420 u. III, 339 S.) n. 2 ₰ 20 ngr.

Klein, Ida, Novellen. 2 Bde. 8. (III, 420; III, 339 S.) Prag 869, Mercy. *

Klein, Ida, neue Novellen. 3. Bd. 8. (VII, 369 S.) Prag 886. Mercy. n. 4. —

Klein, Ida, winzige Sächelchen. 8. (III, 373 S.) Prag 882. Mercy. n. 6. —

—— psychologische Skizzen eines weiblichen Herzens. 8. (292 S.) Ebendas. 870. *

— Ida, Ein zweiter Sokrates. Roman. 8. (515 S.) Prag Haigrich Mercy 3 fl 50 kr. 1833

Klein, Ida, Studien. 8. (VII und 292 S.) Prag 863, Storch. *

— kritische Studien über berühmte Persönlichkeiten. 8. (236 S.) Ebend. 882. n. 4. —

Klein, Ida. Hermann Thom. Ein litterar. Essay. 12. (56 S.) Lpz. 890, Claußner. * 1 —

Klein, Jean: Der geistliche Führer zu den heiligsten Herzen Jesu und Mariä. Von einem Prister der Diözese Luxemburg. Zweite Auflage. Mit Erlaubniss der geistlichen Obrigkeit. Luxemburg: V. Bück. 12°

Klein, Jean: Leben des heiligen Schetzelo, Einsiedlers im Grünenwalde. Mit Gutheissung der geistlichen Obrigkeit. Luxemburg: V. Bück 1860. 40 S. 12°

Klein, Jean-Baptiste (Hrsg.), s. Hauskalender, Luxemburger. 1877 ff.

Klein, Jean-Baptiste, u. Jean Langer: Leben und Leiden der heiligen Martyrer Quirinus, Firminus, Ferreolus und der heiligen drei Jungfrauen, welche in der St. Quirinus-Kapelle bei Luxemburg verehrt werden. Nebst einem Anhang über den Gebrauch des St. Quirinus-Wassers und einer Quirinus-Messe. Mit Erlaubniss der geistlichen Obrigkeit. Luxemburg: Gebrüder Heintzé 1867. 96 S. 16°

Klein, Jean-Baptiste: Verehrung der Heiligen Quirinus, Firminus und Ferreolus und der hl. drei Jungfrauen, nebst einem vollständigen Gebetbuch für's katholische Volk. Mit Erlaubniss der geistlichen Obrigkeit.
Luxemburg: Gebrüder Heintzé 1868. 602 S. 16°

Klein, Ign., Grundsätze für Dienende. Mit e. Vorr. (von K. v. Eckartshausen). 8. München 787. Lentner. 5 K
Vgl. Klein, Josef.

Klein, Ignaz, s. Horatius: Drei Gesänge.

Ignatius Klein. Theses ex physica et ethica quas propugnandas suscipiet ornatus ac eruditus Bartholomaeus Weber, Bruchsaliensis, physices et ethices auditor. Oppugnabunt Ignatius Klein, aa. ll. et philosophiae magister, professor rhetorices, nec non ornati ac eruditi Georgius Herrmann, Bruchsaliensis, Joannes Duttenhoffer, Ettlinganus, physices et ethices auditores.
Badenae in principali Athenaeo die XXI. Januarii anno MDCCLXVII. Horis ante et post meridiem consuetis.
Rastadii typis C. A. Schell, typogr. aul. 4 S.
Rastatt, P 1767

Klein, Johann

— annot. ad Schoepfferi synops. iuris priv. 4. Rost. 708.

Klein, J.: Die kirchlichen Baudenkmale des Mittelalters im Markte Mödling, siehe Koch.

Klein, J., Baupolizei d. Reg.-Bez. Breslau. Systematisch geordnete Sammlg. der im Reg.-Bez. Breslau gelt. auf Bauten sich bezieh. gesetzl. Bestimmgn., Polizeiverordngn., Ministerialrescripte u. gerichtl. Entscheidgn. letzter Instanz. gr. 8 (VI, 318 S.) Gr.-Strehlitz 891. A. Wilpert. Geb. n. 4. —

Klein, J., Baupolizei d. Stadt Breslau. Ergänzung zur Baupolizei des Reg.-Bez. Breslau, hrsg. v. K. 2., verm. Aufl. gr. 8. (63 S.) Groß-Strehlitz 901. A. Wilpert. n. 1. —

Baupolizei der Stadt Breslau. Ergänzung z. Baupolizei d. Regierungsbezirks Breslau, hrsg. von J[ohann] **Klein**. 2., verm. Aufl. [Nebst Nachtrag.] Gr.-Strehlitz: A. Wilpert 1901–04. 2 Bde 8° [F.]
[Nachtrag u. d. T.:] Nachtrag z. Baupolizeiordnung v. 5. Dez. 1892 d. Kgl. Haupt- u. Residenzstadt Breslau. 1904. [07. 7996

Klein, J., Baupolizei d. Stadt Breslau, Nachtrag, s. a. Baupolizeiordnung.

Klein, J., Baupolizei d. Reg.-Bez. Liegnitz. Systematisch geordnete Sammlg. der im Reg.-Bez. Liegnitz gelt., auf Bauten sich bezieh. gesetzl. Bestimmgn., Polizeiverordngn., Ministerialrescripte u. gerichtl. Entscheidgn. letzter Instanz. gr. 8. (VI, 324 S.) Gr.-Strehlitz 890. Wilpert. geb. n. 4. —

Klein, J. (II.), die Bau-Polizei des Reg.-Bez. Oppeln. Systemat. geordnete Sammlung aller auf dieselbe Bezug habenden gesetzl. Bestimmungen, Polizeiverordnungen und Ministerial-Rescripte nebst Zusammenstellung der wichtigsten Oberverwaltungsgerichts-Entscheidungen in Bausachen und unter Berücksichtigung der Gesetze über die Competenz der Verwaltungsbehörden vom 30. Juli und 1. Aug. 1883, zusammengestellt und bearb. zum Handgebrauch für Kreisausschüsse, städt. und ländl. Ortspolizeibehörden, Baumeister, Bauhandwerker und Hauseigenthümer. gr. 8. (V, 166 S.) Ratibor 886, (Lindner.) * 2 —

—— dass. — Systemat. geordnete Sammlung aller auf Bauten sich beziehenden gesetzl. Bestimmungen, Polizeiverordnungen und Ministerialrescripte, welche im Reg.-Bez. Oppeln Geltung haben, nebst Zusammenstellung der wichtigsten Oberverwaltungsgerichts-Entscheidungen in Bausachen, unter Berücksichtigung der Gesetze über die Competenz der Verwaltungsbehörden vom 30. Juli und 1. Aug. 1883 hrsg. für Kreisausschüsse, städt. und ländl. Ortspolizeibehörden, Baumeister, Bauhandwerker, Haus-, Guts- und Fabrikbesitzer. 2. Aufl. 8. (V, 163 S.) Groß-Strehlitz 887, Wilpert. cart. * 2 50

— Baupolizei des Reg.-Bez. Oppeln. Systematisch geordnete Sammlg. der im Reg.-Bez. Oppeln gelt., auf Bauten sich bezieh. gesetzl. Bestimmgn., Polizeiverordngn. Ministerialrescripte u. gerichtl. Entscheidgn. letzter Instanz. 3., umgearb. u. verm. Aufl. gr. 8. (VII, 377 S.) Ebd. 894. Geb. in Leinw. n.n. 4. 50

— Baupolizei f. Schlesien. Nachtrag. Polizeiverordnung, betr. die baul. Anlage u. die innere Einrichtg. v. Theatern, Circusgebäuden u. öffentl. Versammlungsräumen. 8. (11 S.) Ebd. 891. n. — 20

— Baupolizei-Ordnung f. die Stadt Breslau vom 5. Dezbr. 1892. Ergänzung zur Baupolizei d. Reg.-Bez. Breslau. gr. 8. (41 S.) Ebd. 893. n. — 80

— Baupolizei-Verordnung f. das platte Land d. Reg.-Bez. Oppeln nebst Polizeiverordnung, betr. die bauliche Anlage v. Theatern, Circusgebäuden u. öffentl. Versammlungsräumen. Ergänzung zur Baupolizei d. Reg.-Bez. Oppeln. gr. 8. (63 S.) Ebd. 890. n. 1. —

— dasselbe, für das platte Land des Reg.-Bez. Oppeln. Ergänzung zur Baupolizei d. Reg.-Bez. Oppeln. (78 S.) 8. Ebd. 903. Geb. in Leinw. n. 1.20

— Baupolizei-Verordnung für die Städte des Reg.-Bez. Oppeln. Ergänzung zur Baupolizei d. Reg.-Bez. Oppeln. (104 S.) 8. Groß-Strehlitz 903. A. Wilpert. Geb. in Leinw. n. 1.60

KLEIN, Johannes (Ludwigshafen): Die Bedeutung des Gewebswassers für die Fiebervorgänge.- München: Straub 1886. 22 S.
14.5.1886 - Chr 1885/86,18; Jv 1885/86,165
Diss. Ingolst.-Landsh.-München.

Klein, Johannes, die Bedeutung des Gewebswassers für die Fiebervorgänge. Diss. München 1886, A. Buchholz. 8⁰. 22 S.

Klein, Johs., aus der Belagerung von Neiffe 1807 und dem Leben des Marquis de Bombelles. gr. 8. (III und 40 S.) Neiffe 865, Graveur.

Klein, Joh., und Fr. Max Schmalzl, biblia pauperum. Bilder für Künstler und Kunstfreunde. qu. 4. (36 Holzschntaf. mit 8 S. Text.) Regensburg 885, Pustet. *

— ein kleines Bild aus einem großen Krieg, gezeichnet u. zunächst seiner Gemeinde zum bleibenden Andenken gewidmet, dann auch als Zeichen der Zeit für Jedermann aufgestellt. Ebend. 866. 8. (81 S.) n. 6 ngr.

Klein, Johann [Praes.], s. Damm, Georg Wolhard: De praesumta donatione.

Klein, Johs., ausgewählte Dichtungen des Presbyter Johannes. Neue Ausg. 16. (192 S.) Breslau 881, (Goerlich's Verlag.)

Klein, Johann [Praes.], s. Dorne, Hermann Hinrich von: De inobedientia impuni.

Klein, Johs., das Empirische in der Nikomachischen Ethik des Aristoteles. gr. 4. (28 S.) Brandenburg 875, Müller. *

Klein, J., resp. N. P. Strals, Examen juridicum judicialis lamiarum confessionis: se ex nefando cum satana coitu prolem suscepisse humanum, was von der Hexen Bekänntniß zu halten, daß sie aus schändlichem Beischlaff mit dem Teufel Kinder gezeuget? Güstrow 698. 705. 731. 741. 4.

Klein, Johann [Praes.], s. Fecht, August Magnus: De favore matrimonii in mitigandis poenis.

Klein, Johann [Praes.], s. Frantzke, Konrad Georg: De testatore cauto.

Klein, Joh., vermischte Gedichte. 8. (104 S.) Striegau 847, Hoffmann. *

— **Johann** (Rostock), De gemmis. Disp. jur. Präs. Tobias Reimers. Frankfurt a. O. (Friedrich Eichorn) Okt. 1679. 87 S. (7.50) 18209

— — Dasselbe. Güstrow (Joh. Michael Rudiger) 1705. 72 S. (7.—) 18210

Klein, Johann [Praes.], s. Gloxin, David: De praeferentia matrimonii in concursu duorum.

Klein, Johann [Praes.], s. Groening, Joachim Heinrich: De judice suspecto.

Klein, Johs., über eine Handschrift des Nicolaus von Cues nebst ungedr. Fragmenten Ciceronischer Reden. Berlin 866. Weidmann'sche Buchh. gr. 8. (VIII, 158 S.) n. 1 ₰

Klein, Joh., Nach Helgoland. 8. (101 S.) Landeshut 870. (Breslau, Goerlich und Coch.) *

Klein, Jh., s. Ph. W. Keneke, Briefe.

Klein, Johann [Praes.], s. Hildebrand, Joachim Christ.: De foro illustris filii delinquentis.

Klein, Johann [Praes.], s. Hiltebrand, Joachim Christ.: De in- et exculpatione vulnerati moribundi.

Klein, Joa., icones novi et veteris testamenti desumptae ex missali romano novissimae editionis Ratisbonnensis XII. in folio majori. Per textus biblicos in diversis linguis ex ss. patrum sensu explanatae. (Holzschn. von H. Knöfler in Wien.) qu. gr. 4. (23 Holzschntaf. m. 23 Bl. Text.) Regensburg 876. Pustet. In Mappe. n. 6. --

Klein, Johann [Praes.], s. Jellinghausen, Bernhard Heinrich: De executione in cadavere delinquentis.

— — De inculpatione et exculpatione vulnerati moribundi. Von der Beschuldigung und Entschuldigung eines Sterbenden Verwundeten. Comment. jur. Jena (Schill) 1742. 84 S. (5.50) 18221

— — Programma ad dissertationem inaug. viri Benedict Peter Winkler (Lübeck) de inhibitionib. judicialib. in causis appellationum, von Obergerichtlichen Verboth in Appellations-Sachen. 19. (7.) XI. 1696. 4 Bl. mit genealog. Biogr. W.'s. (M.: A. Isernhagen.) (6.—) 18213

— — Dasselbe. Druck: Joh. Michael Rudiger 1705. (S. 609—16.) (6.—) 18214

— — Programma ad dissertationem jurid. domini Herman Hinrich v. Dorne (Lübeck) de inobedientia impuni, vom unstraffbarem Ungehorsam. Rostock 7. (26.) X. 1700. Güstrow (Joh. Michael Rudiger) 1705. (S. 1265—1272) mit genealog. Biogr. D.'s. (M.: G. D. Wedemhoven.) (6.50) 18219

— — Programma ad dissertationem inaug. viri Heinrich Makens (Hamburg) de jure circa margaritas vulgò Von dem Perlen Recht. Rostock (Joh. Weppling) 1. X. (19. IX.) 1700. 4 Bl. mit Biogr. M.'s. (M.: A. Wehling.) (6.—) 18218

Klein, Johann [Praes.], s. Knobloch, Christoph: De invito nullo praevio facto obligatorio contractus vel delicti.

Klein, Johann [Praes.], s. Kretzschmar, Friedrich: De diebus criticis seu decretoriis.

—— Aus dem Kriege. 8. (84 S.) Neiffe 872, Graveur. *

Klein, Johann [Praes.], s. Krohn, Johann Adolph: De innoxia mulierum juris ignorantia.

Klein, Johann [Praes.], s. Krohn, Johann Adolph: De probatione, quae fit per libros mercatorum.

Klein, Joh., kirchliche Kunst. Cartons für Glasmosaik und Tafelmalerei ꝛc. Einleitung und erläut. Text von Carl Lind. 1. und 2. Folge. (à Folge 10 Lichtdrtaf. mit 2 Bl. Text.) Wien 880,81, (Perles.) In Mappe à Folge *ℳ 20. *

Klein, Joh., kirchliche Kunst. Cartons für Glasmosaik u. Tafelmalerei ꝛc. Einleitung u. erläut. Text von Carl Lind. 1. u. 2. Folge. Fol. (à 10 Lichtdr.-Taf. m. 2 Bl. Text.) Wien 881. 82. (Perles.) In Mappe. à n. 20. —

KLEIN, Johann
Kirchliche Kunst. Cartons für Glasmosaik und Tafelmalerei etc. von J. Klein. Lichtdruck von M. Jaffe. [Einleitung und erläutender Text von Dr. Karl Lind.] Wien. [1901.] Perles. Fol. I., II. u. III. Folge à 10 Tafeln in Cartonmappe à K 20.—

Klein, Joh., kirchliche Kunst. Cartons f. Glasmosaik u. Tafelmalerei etc. Lichtdr. v. M. Jaffé. III. u. IV. Folge. gr. Fol. (à 10 Taf. m. IV u. III S. Text.) Wien (884. 901). (M. Perles.) In Mappe à n. 20. —

Kleinius, Joh.: Commentatio iur. de mitigatione poenarum favore matrimonii contracti. Von gelinder Bestraffung zu Ehren dem heiligen Ehestand. Jenae 1743.

Klein, Johannes Die Mythopöie des Sophokles in seinen Thebanischen Tragödien (Umschlagtitel: . . . Tragödien. I. Teil: König Oedipus.) 4 (35 S.) Wilhelms-G. Eberswalde 1890 (73) Progr.

Klein, Johs., die Mythopöie des Sophokles in seinen Thebanischen Tragödien. gr. 4. (35 S.) Eberswalde 890. (Rust's Nachf.) n. 1.—

Klein, Johannes [Dir. Dr.]: Die Mythopöie des Sophokles in seinen Thebanischen Tragödien. II. Oedipus auf Kolonos. [1: P-Beil. 1890.] Eberswalde, C. Müllers Buchdr., 1893; 1—33 S. 4. Eberswalde, Wilhelms-G. P 1893 (73)

Klein, Johann [Praes.], s. Nimsgart, Daniel Gottfried: Convenientiae juris Culmensis et Gedanensis ...

— — De officio jurisconsultorum sacerdotali, ex 1. 1. §. 1. ff. de Just. & Jur. Diss. jur. Präs. Georg Radov. Güstrov (Joh. Michael Rudiger) 9. V. 1705. (S. 73—78.) (3.—) 18220

—— de Jansenismi origine, doctrina, historia. Pars I. gr. 8. (III und 143 S.) Neisse 863, Graveur. *-

KLEIN, J., De praeferentia matrimonii in concursu duorum. Wer von Beyden in Rechten den Vorzug habe, da sein Ehegatte sich an zween zugleich verheyrathet hat? Jenae 1742. 4°.
1 Mk. Ludolph St. Goar 43. p. 735.

— — De praeferentia matrimonii in concursu duorum. Wer von beyden in Rechten den Vorzug habe, da sein Ehegatte sich an zween zugleich verheyrathet hat? Comment. jur. Jena (Schill) 1743. 68 S. (6.50) 18222

Kleinius, Joh.: Commentatio iur. de praerogativis principum S. R. I. o. O. 1743.

— de praerogativis principum S. R. I. 4. Lips. 746.

— — De praerogativis principum S. R. I. in quo tam de praerogativis principum in genere quam inter se ipsos fusius agitur. Comment. jur. Jena (Schill) 1756. 104 S., tlws. dtsch. (7.—) 18224

— — (Dasselbe.) De praerogativis principum S. R. I. Von den Vorrechten der Teutschen Fürsten des Heiligen Römischen Reichs. Jena (Schill) 1756. 104 S. (7.—) 18225

Klein, Iohannes: * Ethices Aristoteleae principia explicantur et examinantur. 71 S. 4° (2*)
Halle-Wittenberg, Phil. Diss. v. 17. März 1870
Geb. [Anklam 6.4.1846]
Die zugleich eingereichte deutsche Bearbeitung fehlt.
Vom Verf. ersch. deutsch: Das Empirische in der Nikomachischen Ethik des Aristoteles. Brandenburg a. d. Havel (1875): Matthes. 28 S. 4° Ritter-akad., Progr.

Kleinius, Jo.: „Libellus de probatione quae fit per libros mercatorum", o. O. 1746. — Vorh.: Bibl. des Kammergerichts Berlin — Fc. 826.

— libell. de probatione, q. fit per libros mercatorum. 4. Lps. 746.

—— eine Reise. gr. 8. (64 S.) Breslau 868, Goerlich und Coch. *

— — De resignatione judiciali, von der gerichtlichen Auflassung. Comment. jur. Jena (Jo. Friedr. Schill) 1750. 62 S. (5.—) 18223

—— der Rosenkranz in Bildern. 16. (39 S. mit eingedr. Holzschn.) Würzburg 882, Woerl. *

—— der Rosenkranz in 20 Bildern, geschnitten und in Farben ausgeführt von Heinr. Knöfler. Begleitet mit einem erklär. und anreg. Text. 16. (19 S.) Wien 883, (Würzburg, Woerl.) *

Klein, Johs, d. Rosenkranz in Bild. M. erklär. Texten. 16. (40 S. m. 19 Abb.) Wien 896. „St. Norbertus". n. — 24

Klein, Johs. (II.). Der hl. Rosenkranz. 15 Kunstblätter (in Farbendr. m. Text auf der Rückseite). 16. Wien 892, Verlag „St. Norbertus". * — 80

— specim. annotat. ad Lauterbachii compendium. 8. Rost. 707.

Klein, Joh.: Volumen dissertationum juridicarum de selectis utriusque juris materiis . . . in academia Rostochiensi . . . publicae ventilationi expositarum. Gustraviae 1706.

—— Zusammenstellung der Bedingungen üb. die gewerblichen Anlagen, welche sowohl zur Errichtg. als auch zur Veränderg. e. besonderen polizeil. Genehmigg. bedürfen. gr. 8. (S. 93—155.) Ebd. 890. * 1 —
Aus: Klein, A. Baugesetze u. Verordngn. f. Preußen ꝛc., besonders abgedruckt.

Klein, Johann Adam

Klein, Johann Ad. 10 charakteristische Fuhrwerke, nach der Natur gezeichnet & geäzt, von Johann Ad. Klein in Wien 1813. [Nürnberg 1813.]
10 Taf. in Rad. 2°.

— 6 Blätter Hunde. qu. 16. Nürnb. 832. (Göschen in Leipz.) 1 ℳ 8 ₰

Klein, Johann Adam: Pferdestudien, s. a. Adam, Albrecht

Klein, J. Ad., Pferdestudien. 2 Lieferr. in 12 Bl. Med. = Fol. München ... Zeller. 1 ℛ 8 𝒦

Klein J A, Radierungen. (Tierbilder). 1815-46. (93 T) 4° Nürnberg

Klein, Joh. Ad., Radirungen. Mit deutsch., franz. u. engl. Text. 1—24. Hft. u. 25—27. Hft. (od. 1—3. Supplem.-Hft.) gr. Imp.-4. (à 3 Bl.) Nürnberg 844—47. [Lotzbeck.] à 11¼ Ngr. Thlr.

Klein, Joh. Adam, Radirungen. Mit deutschem, französ. und engl. Text. 28—31. (oder 3—6. Suppl.-) Heft. (Schluss.) Imp.-4. (13 Kpfrt. und 4 S. Text.) Nürnberg 848, Lotzbeck. à Heft * 11¼ Ngr. *

1—27. Heft. Ebendas. 1844—47. * 10 Thlr. 3¾ Ngr.

Verzeichniss der von Johann Adam Klein, Maler und Kupferstecher, gezeichneten und radirten Blätter. (Vom Jahre 1805—1846.) Stuttgart 1853. 8°.

Klein, Johann August

Klein, J. A. Ueber d. altröm. Confluentes und ihre nächste Umgebung am Rheine u. a. d. Mosel. —, Dess. zweite Abth. Mit Hinsicht auf Valentinians Vertheidigungslinie am Rhein. 10 u. 10 S.
Coblenz, P 1825. 1826

Klein, Joh. Aug., Denkblätter f. meine Freunde. Poetischer Nachlaß. 8. (18½ B.) Koblenz 832, (Hölscher.)

—— Koblenz. Histor.-topograph. mit Benutzung urkundl. Nachrichten dargest. Auszug aus d. (dess.) „Rheinreise" mit Nachträgen u. 2 Ansichten in Umrissen. gr. 12. ... Koblenz 829, Bädeker.

—— le même. Traduit p. J. Lendroy. Extrait du voyage du Rhin av. supplém. et 2 vues en contours. gr. in-12. ... le même 829.

— histor.-topograph. Darstellung von Coblenz ꝛc. (Coblence, sous ses rapports historiques et topographiques, d'après les documents y relatifs. Trad. par Lendroy. Extrait du Voyage du Rhin avec Supplement et 2 Vues en contours.) 12. Coblenz 829. Röhling.

Klein, Joh. Aug., das Moselthal zwischen Koblenz u. Konz, 2. Thl., s. Stramberg, Chr. v.

—— das Moselthal zwischen Koblenz u. Zell mit Städten, Ortschaften, Ritterburgen. Histor., topograph., malerisch. gr. 8. (21¼ B. u. Ttlvign.) Koblenz 831, (Hölscher.)

— Rheinreise von Mainz bis Köln. Historisch, topograph. u. malerisch bearb., mit 12 lith. Ansichten merkwürd. Burgen ꝛc. in Umrissen. 12. Coblenz 828. Röhling. 1 ℛ 12 𝒦 Dass. ins Französ. übers. v. J. Lendroy: Voyage du Rhin de Mayence à Cologne. Avec 12 vues lith. en cont. gr. in 12. Ebd. 829. 2 ℛ 6 𝒦

—— le même. Trad. p. J. Lendroy. Avec 12 vues lith. et av. 1 carte. gr. in-12. (19½ B.) Coblence 829, [Bädeker.] 2 Thlr. 6 Gr.. hrbgs. Pr.

—— dass. (u. d. T.:) Rheinreise v. Straßburg bis Rotterdam. 2., erweit. u. verb. Aufl. ꝛc., sammt Ausflügen an d. Nahe, d. Mosel, d. Ahr, in d. Bäder d. Taunus, nach Aachen u. Spa, u. den wichtigsten holländ. Städten. Mit architekton.-histor. Bemerkungen üb. d. Bauwerke am Rhein, v. Lassaulx. Nebst 12 Ansichten u. 2 Karten. (qu. ½ gr. Fol.). gr. 12. (22 B.) Koblenz 835, Bädeker.

Klein, Jh. Bapt. Aug., Rheinreise von Straßburg bis Rotterdam. 2e erweiterte u. verb. Aufl., s. Rheinreise.

—— Rheinreise v. Straßburg bis Düsseldorf, mit Ausflügen nach Baden, Heidelberg u. Frankfurt, an die Bergstraße, durch d. Rheinpfalz, d. Taunusbäder, das Nahe- u. Ahrthal. 3., umgearb. Aufl. 16. (26½ B., 12 Ansichten u. 1 Karte, Fol.) Koblenz 839, Bädeker. *

Rheinreise von Basel bis Düsseldorf mit Ausflügen in das Elsass u. die Rheinpfalz, das Murg- u. Neckarthal, an die Bergstrasse in den Odenwald u. Taunus, in das Nahe-, Lahn-, Ahr- u. Wupperthal u. nach Aachen. 4. Aufl. Koblenz 1843. 8.

——, —— 5. umgearb. Aufl. der Rheinreise von J. A. Klein. (Mit Ansichten, Karten u. Plänen.) Koblenz 1846. 8.

—— 6., verb. u. verm. Aufl. der Klein'schen Rheinreise bearb. v. K. Bädeker. (Mit 15 lithogr. Ans., 2 lithogr. Karten u. 9 lithogr. Plänen.) Koblenz 1849. gr. 16.

— s. Rheinreise von Basel bis Düsseldorf.

— Rheinreise, siehe Bädeker, K., Rheinreise.

—— le Rhin de Bâle à Dusseldorf avec des excursions dans l'Alsace, le Palatinat-rhénan, les vallées de la Murg et du Neckar, la Bergstrasse, l'Odenwald, etc. Manuel du voyag. traduit de l'Allemand d'après la 5e édition. 8. (21⅜ B., 1 Charte u. 8 Pläne.) Coblenz 846, Bädeker. *

Klein, J. A. Antiquar. Untersuchung über die in der Bibliothek des Gymn. befindliche Steinschrift von Boppard. 7 S. . . . . .
Coblenz, Progr. 1827

Klein, Jh. Bapt., Taschenbuch f. Deutschlands Söhne u. Töchter, auf d. J. 1797. 8. Wien 796. (Beck). 1 ℛ

Klein, J. B., Taschenb. für Deutschl. Söhne und Töchter a. 1797. m. K. 12. Wien, Wappler. Ditblr.

Klein, Johann Georg (vgl. Kleine, Johann Georg)

— **Etrennes ou miscellanies aux amies de la vertu etc. 8, Lps. Voss. 792.**

— **Grammaire pratique franç. 8. Lemgo, Meyer. 775.**

— **Introduct. compl. à la nouv. Gramm. pratiq. 8. ibid. 777.**

— **Magazin à l'usage de deux Nations etc. 8. Lemgo, Meyer. 777.**

— **Théatre amus. et moral. III Tom. 8. Dessau, chez les Savans. 781.**

Klein, Jh. Geo. Fr., († ...) gründl. Anweis. zum Medaillen- u. Münz-Copiren, in welcher mancherlei Methoden, ohne sonderliche Kosten, ein Münzkabinet anzulegen, gezeiget werden. 8. Berl. 754. Realschulbuchhandl. 3 𝒦

— ausführl. Beschreib. der Metallothe u. Löthungen. Mit Kpf. Berl. 759. Realschulbuchhandl. 8 𝒦

Klein, Joh. Glieb., die Kohlenkrisis im Königr. Polen u. d. Einfluß derselben auf d. Kohlenhandel u. d. Industrie. Ergebnisse e. Studienreise. 12. (42 S.) Kattowitz 898. Gierth & Co. n. 1. —

[F.] Die Kohlenkrisis im Königreich Polen und der Einfluss derselben auf den Kohlenhandel und die Industrie. Ergebnisse e. Studienreise v. Johann Gottlieb **Klein**. (2. Aufl.) *Kattowitz: Gierth & C. 1898.* (42 S.) 1 Bd 8. [98. 20738

Klein, Joh[ann] Heinrich, appr. Tierarzt: Aus d. physiol. Inst. d. Tierärztl. Hochsch. zu Hannover. Leiter: Tereg. Über Vorkommen und Herkunft des Inosit im Tierkörper. Hildesheim 1909: Lax. 53 S. 8°
Gießen, Veterinär-Med. Diss. v. 11. Okt. 1909, Ref. Garten
[Geb. 20. März 84 Geich; Wohnort: Hannover; Staatsangeh.: Preußen; Vorbildung: Gymn. Euskirchen Reife O. 05; Studium: Tierärztl. Hochschulen Hannover 4, München 1, Hannover 2 S.; Rig. 30. Juli 09.] [U 10. 1216

Klein, Johann Jakob

Klein, Jos. Jac. (geb. Mülheim a. Rh. [illegible] intermittente. Berolini (1842). (37 S.) 8°
Berlin, Med. Diss. v. 15. Okt. 1842

Klein, Johann Josef

Klein, Jh. Jos., neues vollständ. Choralbuch, zum Gebrauch beim öffentl. Gottesdienst, nebst e. kurzen Vorbericht von d. Choralmusik. qu. 4. Leipz. 785. (Breitkopf). 2 ℛ

Klein, Ioannes Iosephus (geb. am 30 Mai 1817 in Urbach bei Köln): Dissertatio de fontibus Topicorum Ciceronis ... Bonnae, form. C. et F. Krueger 1844. 1 Bl., 62 S. 8.
Bonn, Phil. Fak., Diss. v. 2 März 1844

— Lehrb. der prakt. Musik. m. K. gr. 8. Leipz. Kummer. 785.

— Versuch e. Lehrbuchs d. prakt. Musik, in systemat. Ordnung. gr. 8. Leipz. 783. Kummer. 17 gl

Klein, J. J., Lehrb. der theoret. Musik in systemat. Ordn. m. K. 4. Gera, Heinsius. 801.

— Versuch e. Lehrbuchs d. theoret. Musik in systemat. Ordnung. 4. Gera 801. Heinsius. 1 ℛ 12 gl

Klein, Joh. Karl, Festrede, den 22. Mai 1837, bei d. 50jähr. Pfarramts-Jubelfeier d. Hrn. Ernst Gtlo. Berndt, k. Superintendenten u. Pfarrers zu Oberau rc., geh. u. mit e. kurzen Nachricht v. dem Leben d. Jubilars u. der Feier d. Festes begleitet. 8. (1¼ B.) Liegnitz 839, Kuhlmey.

KLEIN, Joannes Conradus: Disputatio de Iunipero. - Altorf 1719. 3 Bg.

Klein, Johann Michael

Unterricht (Prakt.), die Landessteuern auf einem Grundstücke, in arithmetischer, geometrischer, ökonomischer und politischer Gleichheit zwischen einem Lande anzuschlagen etc. (von J. M. Klein). Mit 1 Kupf. u. Tab. gr. 8°. Salzburg, Duyle, 1790.

Klein, Jh. Mch., s. Unterricht, die Landessteuern rc.

Klein, Johann Samuel

— s. 1) Aesopi fabulae Phrygii. 2) Leond. Bartfal.

Klein, Jh. Sam., Beleuchtung einiger Hindernisse, die d. allgem. Ausbreitung d. Wissenschaften entgegenstehen. 4. Rinteln 771.

— e. deutsche Betrachtung von d. Liebe u. von d. Freundschaft. 4. Preßb. 767.

— **Johann Samuel** (Bartfa/Ungarn), Carmina quaedam apostolica quibus evidentissime demonstratur servatorem nostrum Jesum Christum esse verum deum et verum hominem dissertatio prima. Präs. D. Johann Salomon Semler. Halle (Johann Christian Hendel) 12. V. 1772. 38 Seiten. (6.—) 18229

— Katechismus. 8. Kaschau 795.

— erster Katechismusgrund f. die verwahrlosete Jugend, besond. des weibl. Geschlechts. 8. Ebd. 785.

Klein, J. S., Nachrichten von den Lebensumständen und Schriften evangelischer Prediger in allen Gemeinen des Königr. Ungarn, s. Monumenta evangelicorum Aug. conf. in Hungaria historica.

— Nachricht von d. Lebensumständen u. Schriften evangel. Prediger in Ungarn. 2 Bde. gr. 8. Leipz. u. Ofen 789. Lindauer in München. (Al. Doll in Wien). 2 ℛ 16 gl Hbg. Pr. 1 ℛ 8 gl

— praecepta peradologica in us. juvent. classis suae. 8. Epperies 781.

— der Sohn bei d. Grabe seines Vaters rc. 8. Epperies 782.

Klein, Jh. Val., einige Ansichten üb. Religion u. Kirche. 8. Gießen 808.

Klein, Johann Valentin
De arte musica, inprimis de Cantu. Prolusio scholastica qua ad solemnia Paedagog. Acad. Examina ... invitat Io. Val. Klein.
Gissae: Schroeder 181?.
Diss. [?] phil. 30.1.1811. vorh. 12.

Klein, Joh. Val., die Kirche zu Grossen-Linden, bei Giessen, in Oberhessen. Versuch einer historisch-symbol. Ausdeutung ihrer Bauformen und ihrer Portal-Reliefs. Oder: Vergleichende, durch alt-kirchlich-hieroglyph. Sculptur veranlasste, Beiträge zur Kunde u. zum Verständnisse der Vorzeit, zunächst der vaterländischen. Giessen 857. Ricker in Comm. gr. 4. (3 Bl., 332 Sp. u. 6 lith. Taf.) n. 4 ℛ

— De Paedagogiis academicis. 4. Giessen 822.

— über Schulgeist u. einiges damit Verwandte. 4. Gießen 817.

Klein, Johann Wilhelm

Klein, W., Abriß der neuesten politischen Geographie, mit einer kurzen Einleit. zur mathem. und physischen Erdkunde und e. vollst. alphabet. Register. gr. 8. Wien, Beck'sche Buchhandl. 817.

Klein, Joh. Wilh., Anleitung, blinden Kindern ohne sie in einem Blinden-Institute unterzubringen, die nöthige Bildung zu verschaffen rc. M. ein. fühlbaren Alphabet. 8. (4¼ B.) Wien 844. (Leipzig, Liebeskind.)

Klein, Joh. Wilhelm. Anleitung blinden Kindern die nöthige Bildung in den Schulen ihres Wohnortes und in dem Kreise ihrer Familien zu verschaffen. Von — —. 8. (50 S. 1 Bl. mit einem fühlbaren Alphabet, und mit Leseübungen.) Wien. Gedruckt bei Leopold Grund. 1846. Vlg.d. Schulbücher-Verschleiß-Administr.

— das Arbeits- u. Besserungshaus. 8. Wien 804. Geistinger. 3 gl

— Vide: Armuth (Ueber), Abstellung des Betteln etc.

Klein, J. W. Ueber Armuth, Abstellung der Betteley und Versorgung der Armen, in besonderer Hinsicht auf mein Vaterland. 8. *Nördlingen, Beck.* 1792

— Beschreib. einiger gelung. Versuche an e. blinden Knaben ꝛc. 8. Wien 804. Geistinger. 6 K

Klein, J. Beschreibg eines gelungenen Versuchs, blinde Kinder z. bürgerl. Brauchbarkeit z. bilden. 3. Aufl. Wien 1811.

Klein, Johann Wilhelm: Geschichte des Blinden-Unterrichtes und der den Blinden gewidmeten Anstalten in Deutschland sammt Nachrichten von Blinden-Anstalten in andern Ländern. 208 S., gbd.

Wien: Pichler 1837

Klein, Joh. Wilh., Geschichte d. Blinden-Unterrichtes u. der d. Blinden gewid. Anstalten in Deutschland, sammt Nachrichten v. Blinden-Anstalten in and. Ländern. gr. 8. (13½ B.) Wien 837, Pichler's sel. Wwe. (Braumüller u. Seidel.)

Klein, J. W., Ideen über Armenhülfe ꝛc. 8. Wien, Geistinger. Rthlr.

Klein, Johann Wilhelm: Lehrbuch zum Unterrichte der Blinden, um Ihnen Ihren Zustand zu erleichtern, sie nützlich zu beschäftigen und sie zur bürgerlichen Brauchbarkeit zu bilden. 455 S., gbd., 6 Taf.

Wien: Schaumburg 1819

Klein, Johann Wilhelm, s. Magazin, Österreich., f. Armenhülfe, ...

Klein, J. W., österr. Magazin für Armenhülfe, Industrieanstalt. und Dienstbotenwesen. 1s—3s Heft. 8. Wien, Geistinger. 804—5.

Klein, Wilh., Nachricht von d. k. k. Blinden-Institute u. von d. Versorgungs- u. Beschäftigungs-Anstalt f. erwachs. Blinde in Wien. Nebst 2 Reden. 8. (6 B.) Wien 830, (Gerold.)

Klein, J. W. Nachricht von dem kaiserlich-königlichen Institute für arme blinde Kinder in Wien. 2 Th. *Wien, bei Ant. Doll.* 1815

Klein, J. W. Nachrichten von dem neuesten Zustande der Volksmenge, des *Armenstandes* und der vorzüglichsten Wohlthätigkeits-Anstalten zu Wien. *Wien, A. Doll.* 1810.

Klein, Jh. Wilh., Nachrichten von dem neuesten Zustande der Volksmenge und den Wohlthätigkeitsanstalten in Wien. 2 Hefte. 8°. Wien, Ant. Doll, 1814.

Klein, W., Nachrichten von d. neuesten Zustande d. Volksmenge u. d. Wohlthätigkeitsanstalten in Wien. 1s u. 2s Heft. gr. 8. Wien, Ant. Doll, 815.

——, über d. Verhältniß d. Blinden zu d. ihn umgebenden Welt. Eine Rede. 8. (1 B.) Wien 830, (Gerold.)

Klein, J. W. Zweck und Einrichtung des Arbeits- und Besserungshauses in Wien und der Correctionsanstalt für junge Leute. 8. *Wien, Geistinger.* 1806

Klein, Johannes, s. Klein, Johann.

Klein, Joseph, Dr.: U(e)ber die Anwendbarkeit des dithiokarbaminsauren Ammons in der Analyse. Hamburg: Voss 1887. 22 S. 8° ¶ Aus: Repertorium d. analyt. Chemie. Jg. 7.
Darmstadt Te. H., Hab.-Schr. v. 10. 12. 1887

Klein, Joseph: Die Baumwollindustrie im Breuschtal. Straßburg i. E. 1905: B. Herder. (VIII, 104 S.) 8°
Straßburg, Rechts- u. staatsw. Fak., Ref. Knapp, Diss. v. 1904
[Geb. 24. Febr. 73 Oberhaslach, Unter-Elsaß; Wohnort: Schlettstadt i. Els.; Staatsangeh.: Elsaß-Lothringen; Vorbildung: Straßburg Priesterseminar 1896—1901; Studium: Straßburg 5 S.; Rig. 19. Nov. 04.]

Klein, Joseph [aus Boppard]: Ueber die Behandlung der typischen Radiusfractur .... Bonn, Univ.-Buchdr. v. Carl Georgi, 1887; 46 S. + 1 Bl. 8°.
Bonn, Med. Fak., Inaug.-Diss. v. 9. Jul. 1887.

Klein, Joseph, über die Behandlung der typischen Radiusfraktur. Diss. Bonn 1887, Emil Strauss. 8°. 46 S.

Klein, Joseph, über die quantitative Bestimmung der Ameisensäure und über die Schultze-Trommsdorf'sche Bestimmung der organischen Substanz im Wasser, s. Festschrift zu der Jubelfeier des 50jährigen Bestehens der Grossh. Hochschule zu Darmstadt.

Klein, Jos., Chemie, s. a. Sammlung Göschen.

KLEIN, JOSEPH.
Chemie, organischer Theil. Stuttgart, 1895. 16mo.

KLEIN, JOSEPH.
Chemie. Organischer Theil. Zweite Auflage. Leipzig. 1898. 12mo. Ill.

Chemie. Dritte Auflage. Anorganischer Theil. Leipzig. 1901. 12mo.

Klein J, Chemie. Anorgan. Teil. (175 S) (Samml. Gösch. 37) 16° Leipzig 1904

Chemie. Von Dr. Jos. **Klein,** Mannheim. [1. 2.] Leipzig: Göschen 1907–08. 8°
[1.] Anorgan. T. 4., verb. Aufl. Neudr. 1907.
[2.] Organ. T. 3., verb. Aufl. Neudr. 1908.
(Sammlung Göschen. 37. 38.) [11. 14576 11

Klein, Jos.: Chemie in Küche u. Haus, s. Abel, Gustav

— Chemie in Küche u. Haus, s.: Aus Natur u. Geisteswelt (Abel, Gust.).

Klein, Josef *(geb. Oberglogau 3. 6. 1852)*: Ueber die Desoxalsäure. Namslau (1879). (30 S.) 8° *[Im Buchhandel 1879 bei Koebner in Breslau.]*
Breslau, Phil. Diss. v. 4. Juli 1879

Klein, Jos., Elemente der forensisch-chemischen Analyse. Ein Hilfsbuch f. Studierende u. kurzes Nachschlagebuch. 8. (X, 98 S. m. 9 Abbildgn.) Hamburg 890. Voss. geb. n. 2.—

KLEIN, JOSEPH.
Elemente der forensisch-chemischen Analyse. Ein Hilfsbuch für Studirende und kurzes Nachschlagebuch. Hamburg, 1891.

— Elemente der forensisch-chemischen Ausmittelung der Gifte. Ein Hilfsbuch für Studierende u. kurzes Nachschlagebuch. 2. verb. Aufl. gr. 8. (VII, 124 S. m. 10 Abbildgn.) Hamburg 902. L. Voss. Geb. n. 2. 50

—— über das Erythema multiforme oder exsudativum. Inaugural-Dissertation. gr. 8. (41 S.) Königsberg 878, (Hartung'sche Verlagsdr.)

Klein, Joseph [aus Parscheid]: Aus d. med. Poliklinik zu Bonn. Ueber einige Fälle von Phthisis pulmonum, welche durch das Koch'sche Tuberculin geheilt oder wesentlich gebessert wurden.... Bonn, Hauptmann'sche Buchdr., 1891; 31 S. 8°
Bonn, Med. Fak., Inaug.-Diss. v. [30.] Mai 1891

Klein, Jos., fasti consulares inde a Caesaris nece usque ad imperium Diocletiani gr. 8. (VIII, 130 S.) Leipzig 881. Teubner. cart. n. 4. —

Klein, Jos., Grundf. für Dienende. 8. München, Lentner. 787.
Vgl. Klein, Ignaz.

Über einen Mangel in der Ausbildung der Mediziner, Vortrag d. Augenarztes Dr. Josef Klein, Neisse, geh. 1901 in Neisse. *Neisse (1901): F. Bär.* (12 S.) 8° [01. 13008 2

— über e. Mangel in der Ausbildung der Mediciner. Vortrag, geh. in der Versammlung des oberschles. u. Neisser Ärztevereins am 15. X. 1901. gr. 8. (12 S.) Neisse (901). (F. Huch.) — 25

Klein, Jos., die Obstbaumzucht, s. a. Hillger's illustr. Volksbücher.

Die Obstbaumzucht von Joseph Klein, Hauptlehrer. Mit 25 Ill. Berlin, Leipzig: H. Hillger [1906]. (91 S.) 8° [F.]
— Volksbücher, Hillgers illustrierte. Bd 56. [07. 16107

Klein, Jos., a. Wissen a. d. Sieg: Der sibirische Pelzhandel und seine Bedeutung für die Eroberung Sibiriens. Bonn 1906: S. Foppen. (206 S.) 8°
Bonn, Phil. Fak., Ref. Rein, Diss. v. 11. Aug. 1906
[Geb. 5. Nov. 79 Katzwinkel, Kr. Altenkirchen; Wohnort: Bonn; Staatsangeh.: Preußen; Vorbildung: Gymn. Siegburg Reife O. 01; Studium: Bonn 10 S.; Rig. 25. Juli 06.]

Klein Josef: Die Pronomina personalia und possessiva bei den französischen Schriftstellern des 16. Jahrh. 32. Leitmeritz R. 99.
Progr.

Klein, Iosephvs ⟨geb. am 8 Apr. 1838 in Bonn⟩: Qvaestiones Nigidianae ... Bonnae, form. H. B. Koenig (1861). 27 S. 8.
Bonn, Phil. Fak., Diss. v. 19 März 1861

Klein, Jos., die wichtigsten Regeln der griechischen Syntax. Zur Repetition für Prima und Secunda. gr. 8. (48 S.) Bonn 861, [Cohen und Sohn.]

Klein, Jos., die wichtigsten Regeln der griechischen Syntax. 2. umgearb. Aufl. gr. 8. (116 S.) Bonn 872, Cohen und Sohn. *

Klein Josef: Fremdsprachliche Rezitationen als Mittel zur Förderung des neusprachlichen Unterrichtes. 11. Leitmeritz R. 02.
Progr.

KLEIN, JOSEPH. Ueber das Tetraphenylaethan und über die Einwirkung des Chloraluminiums auf phenylhaltige Derivate chlorirter oder bromirter Aethane. Freiburg i. B., 1884.

— die Verwaltungsbeamten der Provinzen d. römischen Reiches bis auf Diocletian. 1. Bd. 1. Abtheilung. A. u. d. T.: Die Verwaltungsbeamten von Sicilien u. Sardinien. gr. 8. (VIII, 292 S.) Bonn 878. Strauss. n. 8. —

Klein, Jul., ein Beitrag zur Funktion der Leberzellen. Inaug.-Diss. gr. 8. (29 S.) Dorpat 890. (Karow.) n. 1. —

Klein, Julius [approb. Arzt aus Strassburg i. E.]: Diätetik der dritten Geburtsperiode auf der Grundlage der physiologischen Abwickelung derselben .... Strassburg, Univ.-Buchdr. v. J. H. Ed. Heitz (Heitz & Mündel Nachf.), 1885; 35 S. 8°.
Strassburg. Med. Fak., Inaug.-Diss. v. 1885.

Klein, Julius, Diätetik der dritten Geburtsperiode auf der Grundlage der physiologischen Abwickelung derselben. Diss. Strassburg i. Els. 1885, Trübners Sort. 8°. 35 S.

Klein, Jul., Lekutim auf dem Felde der Homiletik. Kleine Predigtensammlung. gr. 8. (97 S.) Fünfkirchen 876. (Wien, Löwy.) *

Klein, Julius, appr. Arzt a. Hüsten i. Westf.: Aus der Universitäts-Frauenklinik zu Gießen. Über Pseudoeklampsie. Gießen 1908: O. Kindt. (30 S.) 8°
Gießen, Med. Fak., Ref. v. Franqué, Diss. v. 6. Juni 1908
[Geb. 9. Dez. 79 Neheim (Westfalen); Wohnort: Gießen; Staatsangeh.: Preußen; Vorbildung: Gymn. Brilon i. W. Reife O. 00; Studium: Würzburg 2, Kiel 3, Leipzig 2, Gießen 3 S.; Coll. 13. Febr. 08; Approb. 12. Mai 05.]

Klein, Julius (Hrsg.), s. Zeitung, Straßburger medizinische.

Klein, Julius Leopold

Klein, J. L., baltische Blätter, s. Blätter.

— Geschichte des Drama's. I. Geschichte des griechischen und römischen Drama's. 1. Bd. Einleitung. Griechische Tragödie. Leipzig 865. T. O. Weigel. gr. 8. (IX, 520 S.) n. 3 ß

Klein, J. L., Geschichte des Drama's. II—VII. (Thl.) Leipzig, T. O. Weigel. gr. 8. n. 28 ß 24 ngr.
II. Thl. Geschichte des griechischen u. römischen Drama's. 2. Bd.: Die griechische Komödie u. das Drama der Römer. (III, 706 S.) 865. n. 4 ß
III. Thl. Geschichte des aussereuropäischen Drama's u. der lateinischen Schauspiele nach Christus bis Ende des 10. Jahrh. (IX, 765 S.) 866. n. 4 ß
IV. Thl. Geschichte des italienischen Drama's. 1. Bd. (IV, 926 S.) 866. n. 4 ß 24 ngr.
V. Thl. — 2. Bd. (V, 761 S.) 867. n. 4 ß
VI. Thl. 1. — 3. Bd. 1. Abth. (XXXI, 778 S.) 868. n. 4 ß 10 ngr.
VI. Thl. 2. — 3. Bd. 2. Abthl. (V, 627 S.) 869. n. 3 ß 20 ngr.
VII. Thl. — 4. Bd. (VII, 747 S.) 869. n. 4 ß

— Geschichte d. Dramas. VIII—XIII. gr. 8. Ebend. 871—76. n. 98. 80 (I—XIII.: n 174. 20.)
8—11. Geschichte d. spanischen Drama's. 4 Bde. (III, 980; VI, 644; X. 783 u. 1288 S.) n. 65. 80
12. 13. Geschichte d. englischen Drama's. 1. u. 2. Bd. (754 u. 851 S.) n. 33. —

Klein, J. L., Geschichte d. Drama's. Register-Bd. zu Bd. I—XIII. Bearb. v. Thdr. Ebner. gr. 8. (VII, 128 S.) Leipzig 886. T. O. Weigel. n. 5. — (I—XIII u. Registerbd.: n. 199. 20)

— Heliodora. Trauerspiel in 5 Aufzügen. Berlin 867. Haude & Spener'sche Buchh. 8. (V, 109 S.) n. 20 ngr.

Klein, J. L., Heliodora. Trauerspiel in 5 Aufzügen. Für die Bühne bearb. von A. Frhr. v. Loen. 8. (VI, 97 S.) Leipzig 877. T. O. Weigel. n. 1. 20

Klein, J. L., die Herzogin. Lustspiel in 5 Akten. 8. (IV und 212 S.) Berlin 848, Veit und Comp. Thlr.

—— Kavalier und Arbeiter. Soziale Tragödie in 5 Akten. 8. (III und 234 S.) Berlin 850, Hofmann und Comp.

— Maria. Trauerspiel in 5 Acten. Berlin 860. Asher & Co. 8. (VI, 234 S.) n. 1 ℳ

—— Maria v. Medici. Trauersp. (I.) 8. (24 B.) Berlin 841, Klemann.

——, Maria v. Medici. Trauersp. (II.) — X. u. d. T.: Luines. Trauersp. 8. (17 B.) Ebds. 842.

— **Julius (Stephan) Leopold** (Miskolcini / Ungarn), De pertussi. Diss. med.-chir. Bln. (Nietack) 15. X. 1834. 40 S. mit Biogr. (M.: B. E. Reszowski.) (6.—) 18230
Oppon.: Boeckh, Ketteler, Reichenau. — Gew.: Friedrich Graf v. Lusi, Heinrich Stieglitz.

Klein, J. L., ein Schützling. Lustspiel in drei Akten. 8. (IV u. 115 S.) Berlin 850, Bessers Verlag. (Frz. Duncker.) ³/₄ ℳ

—— Strafford. Trauerspiel in 5 Akten. br. 8. (220 S.) Berlin 862, F. Duncker.

—— Voltaire. Lustspiel in 5 Akten. 8. (III und 142 S.) Berlin (861)62, Guttentag.

—— dramatische Werke. 7 Bde. 8. Ebendas. 871,72. à Bd. ℳ 3.
Inhalt:
Bd. 1. Maria v. Medici. — Luines. (III, 454 S.)
„ 2. Zenobia. — Die Herzogin. (VI, 435 S.)
„ 3. Strafford. — Cavalier und Arbeiter. (III, 485 S.)
„ 4. Maria. — Alceste. (III, 508 S.)
„ 5. König Albrecht. — Ein Schützling. — Moreto. (479 S.)
„ 6. Heliodora. — Voltaire. (VII, 280 S.)
„ 7. Richelieu. (V, 394 S.)

— Zenobia. Trauerspiel in 5 Aufzügen. In freier Bearbeitg. f. die Bühne v. Wilh. Buchholz. Mit der zur Handlg. gehör. Musik v. Carl Reinecke. gr. 8. (III, 102 S.) Ebend. 884. n. 2. —

Die bayrische Donau, deren Zukunft als Grossschiffahrtsweg. Referat, erstattet im Auftrage d. ungar. Schiffahrtsver. v. Julius S. Klein ... *Budapest: Dr. v. V. Hornyánszky 1897.* (39 S.) 1 Bd 8.
— Mittheilungen üb. d. derzeitige u. angestrebte Schiffbarkeit d. Hauptströme u. ihrer Nebenflüsse. H. 5.
— Deutsch-Oesterreichisch-Ungarischer Verband für Binnenschiffahrt. Verbands-Schriften. No 26. (98. 4601

Klein, K., Jahrbuch d. Nützlichen u. Unterhaltenden f. Israeliten, s. Jahrbuch.

Klein, K., s. Museum für Belehrung f. Israeliten.

Klein, C., Volkskalender und Jahrbuch für Israeliten, s. Volkskalender.

—— ק"פל ת"ה ירחמשנת לוח. Volks-Kalender f. Israeliten auf d. Jahr 5602—7. (1842—47.) 1—6. Jahrg. M. d. Anh.: Jahrbuch d. Nützlichen u. Unterhaltenden f. Israeliten. 12. à 7—12 B. u. 1 Kunstbeilage. (Jahrg. 1—5. Breslau, Kern. Jahrg. 6. Scholz.) à J. * -

Klein, K., לוח משנת תרג לפק Volks-Kalender für Israeliten auf das Jahr 5603. (1843.) 2. Jahrg. Mit dem Anhange: Jahrbuch des Nützlichen und Unterhaltenden für Israeliten, u. 1 Kunstbeilage nach Van Dyk, darstellend: „Die Vertreibung der Hagar". 8. Breslau 842, Kern. ⁵/₁₂ ℳ — Ders. 3. J. auf d. J. 5604. (1844.) 8. Ebend. 843. n. ⁵/₁₂ ℳ — 5605 u. 5606. (1845 u. 1846.) 4. u. 5. J. 12. Ebend. 844, 45. à n. ⁵/₁₂ ℳ

—— kalligraphische Vorlegeblätter f. d. Unterricht in der jüdischen Currentschrift. Zum Gebr. f. Schulen u. z. Selbstunterricht. qu. schmal gr. 8. (40 lith. Blätter.) Breslau 842, Kern.

Klein, K, Ernst, Beschr. d. vornehmst. üb. Kön. Karl XI. u. XII. u. d. Kön. Eleonora gepr. Ehrenmedaillen. m. Kupf. 4. Stockh. 746.

Klein, Karl

Klein, K., analecta poet. T. I. 8. Vien. Trattner. 755.

— analecta poet. prov. Austriae. III Pts. cum fig. 8. ibid. 756.

Klein, Karl I., analecta poetica provinciae Austriae interpretatione et notis illustrata, analectorum epigrammatorum Prs. I. II. 8. Wien 757. Trattner. 14 K

Klein, Karl, Referendar, Straßburg: Der Annahmeverzug nach heutigem bürgerlichen Rechte. Straßburg u. Leipzig 1907: J. Singer. (4 Bl., 65 S.) 8°
Heidelberg, Jur. Fak., Ref. Bekker, Diss. v. 1. Mai 1907
[Geb. 21. Dez. 77 Metz; Wohnort: Straßburg i. E.; Staatsangeh.: Preußen; Vorbildung: Gymn. Diedenhofen Reife Juli 99; Studium: München 1, Freiburg i. B. 1, Berlin 8 S.; Rig. 31. Mai 06.]

Klein, C., die optischen Anomalien d. Granats u. neuere Versuche, sie zu erklären. [Aus: „Sitzungsber. d. preuss. Akad. d. Wiss."] gr. 8. (17 S.) Berlin 898. (G. Reimer.) n. 1. —

— die Anwendg. d. Methode d. Totalreflexion in d. Petrographie. [Aus: „Sitzungsber. d. k. preuss. Akad. d. Wiss."] gr. 8. (15 S. m. 2 Fig.) Ebd. 898. n. — 50

Klein, Carl, die Bedeutung der Humanitätsstudien für den Fortschritt. Eine Rede. gr. 8. (14 S.) Mainz 858, Le Roux'sche Hofbuchh. *

Klein, C., über den Brushit von der Insel Mona (zwischen Haïti u. Portorico.) gr. 8. (6 S. m. 1 Fig.) Berlin 901. (G. Reimer). n. — 60

Klein, Karl (II.), Fröschweiler Chronik. Kriegs- und Friedensbilder aus dem J. 1870. 1. und 2. Aufl. (VI, 241 S.) 1877; 3. und 4. Aufl. gr. 8. (VI, 242 S.) Nördlingen 878, Beck'sche Buchh. * ℳ 2,25.; geb. *

Klein, K. Fröschweiler Chronik. Kriegs- u. Friedensbilder a. d. J. 1870. (VI. 241) 8. Nördlingen 1877. 4. A. 1880. 2 25.

Klein, Karl, Fröschweiler Chronik. Kriegs- und Friedensbilder aus dem J. 1870. 5. Aufl. 8. (VI, 242 S. mit chromolithogr. Kärtchen.) Nördlingen 882, Beck'sche Buchh. cart.

Klein, Karl, Fröschweiler Chronik. Kriegs- u. Friedensbilder aus dem J. 1870. 6. Aufl. [Mit Kärtchen.] 8. (VI, 242 S.) Nördlingen 885. Beck. n. 2.25; geb. n. 2.80

Klein, K., Fröschweiler Chronik. Kriegs- u. Friedensbilder aus dem J. 1870. 7. u. 8. Aufl. 8. (VI, 242 S. m. 1 Kärtchen.) München 888. 890. Beck. n. 2. 25; cart. n. 2. 80

Klein, Karl, Fröschweiler Chronik. Kriegs- u. Friedensbilder aus dem J. 1870. 10.—12. Aufl. 8. (IV, 242 S. m. Kärtchen.) München 892—894. C. H. Beck. n. 2. 25; kart. n. 2. 80

Klein, Karl
Fröschweiler Chronik. Kriegs- und Friedensbilder aus dem Jahr 1870. 11. Aufl.
München: Beck 1893. VI.242 S. 8°

— Dass. mit Abb. Jubelausg. Mit Krt.
München 1896. 276 S. 4°

Klein, Karl, Fröschweiler Chronik. Kriegs- u. Friedensbilder aus d. J. 1870. 14. Aufl. 8. (VI, 242 S. m. 1 Karte.) München 897. C. H. Beck. n. 2. 25; kart. n. 2. 80

[Bildert.:] [J.] Fröschweiler Chronik. Kriegs- & Friedensbilder aus dem Jahre 1870—71 v. Karl Klein, ehedem Pfarrer in Fröschweiler. Ill. v. Ernst Zimmer. (Ill. Jubelausgabe.) *München: C. H. Beck (1897).* (XII, 276 S., 1 Bl., 10 Taf., 1 Kt.) 1 Bd 4.(8.) (97. 1792

Klein, Karl, Fröschweiler Chronik. Kriegs- u. Friedensbilder aus dem J. 1870. 20. Aufl. m. Bildnis d. Verf. u. e. Geleitwort v. Johs. Haußleiter. Mit (farb.) Kärtchen d. Schlachtfeldes v. Wörth. (XII, 242 S.) 8. München 903. C. H. Beck. n. 2. 25; kart. n. 2. 80

Klein, Karl, Fröschweiler Chronik. Kriegs- u. Friedensbilder a. d. J. 1870. Illustriert v. Ernst Zimmer. (Illustr. Jubelausg. 12. bis 16. Taus.) (VIII, 277 S. m. 2 farb. Kart.) Lex. 8. München (908). C. H. Beck. Geb. in Leinw. 10. —

Fröschweiler Chronik. Kriegs- u. Friedensbilder aus d. J. 1870 von Karl Klein, ehedem Pfarrer zu Fröschweiler. Mit Bildn. d. Verf. u. e. Kärtchen d. Schlachtfeldes von Wörth. 25. Aufl. (Vorr.: Tim Klein.) München: C. H. Beck 1910. XV, 267 S. 8° (10. 1616, 11

— die römischen **Denkmäler** in und bei Mainz, welche ausserhalb des städtischen Museums an öffentlichen Orten sich befinden. gr. 8. (18 S.) Mainz 861, (v. Zabern.) *

Klein-Hamburg, Karl, Dichtertraum. Gedichte u. Dramen. gr. 8. (XXIV, 237 S.) Hamburg 879. Selbstverlag, Grimm 8. n. 4. —

Klein, Carl, Einleitung in die Krystallberechnung. Mit 126 (eingedr.) Holzschn. u. 6 (lith.) Taf. (in qu. gr. 4.) gr. 8. (VI, 393 S.) Stuttgart 875. Schweizerbart. n. 12. —

Klein, C. und A. Bauer, über die Einwirkung von Zinnchlorid auf Amylalkohol, s. Bauer, A.

Klein, Karl: Die operativen Erfolge bei Peritonealtuberkulose. Breslau 1910: Breslauer Genossensch.-Buchdr. 35 S. 8°
Breslau, Med. Diss. v. 30. Juli 1910. Ref. Küttner

Klein, C., zur Erinnerung an Karl v. Seebach. [Aus: „Abhandlgn. d. k. Gesellsch. d. Wiss. zu Göttingen".] gr. 4. (11 S.) Göttingen 880. Dieterich's Verl. n. — 60

Klein, Carl, a. Waldmohr, früher Volontär-Assistent an der dermatol. Poliklinik des Herrn Prof. Jesionek zu Gießen: Aus der dermatologischen Poliklinik des Herrn Prof. Dr. Jesionek zu Gießen. Ein Fall von Pseudofurunkulosis pyaemica (Finger). Prag 1907: A. Haase. (18 S.) 8°
Gießen, Med. Fak., Ref. Bostroem, Diss. v. 14. Aug. 1907
[Geb. 7. Febr. 82 Waldmohr (Bayern); Wohnort: Gießen; Staatsangeh.: Hessen; Vorbildung: Gymn. Laubach Reife O. 01; Studium: Gießen 4, München 1, Gießen 4 S.; Coll. 4. Jan. 07; Approb. 19. Jan. 06.]

Klein, Karl, Festrede im Namen der Georg-Augusts-Universität zur akademischen Preisvertheilung am IV. Juni 1886 gehalten. Göttingen 1886, Dieterichsche Univ.-Buchh. 4°. 63 S.

Klein, Carl, Georg Forster in Mainz 1788 bis 1793. Nebst Nachträgen zu seinen Werken. gr. 8. (XII und 488 S.) Gotha 863, F. A. Perthes. *

Klein, Carl [aus Buchsweiler U.-Els.]: Die Freiheitslehre des Origenes in ihren ethisch-theologischen Voraussetzungen und Folgerungen im Zusammenhang mit der altgriechischen Ethik ... Strassburg, Buchdr. Ch. Müh & C., 1894; 75 S. 8.
Leipzig, Phil. Fak., Inaug.-Diss. v. [16. Apr.] 1894

— Geschichte von Mainz während der ersten französischen Occupation im J. 1792—93 mit sämmtl. Aktenstücken. 6 Hefte. gr. 8. (VI und 602 S.) Mainz 861, v. Zabern. *

Klein, K., Grabstein des Blussus, siehe: Abbildungen von Alterthümern des Mainzer Museums, 1. Hft.

Klein, Carl, d. gesammte Handels-Correspondenz, s.: Miniatur-Bibliothek.

— G. Forster's letzte Handlungen in Mainz oder die Beschlüsse des in Mainz tagenden Nationalkonvents März 1793. hoch 4. (8 S.) Mainz 863, (Le Roux'sche Hofbuchh.) **

Klein, Carl (I.), die Heilmittel von Franzensbad. Mit besond. Berücksicht. ihrer Wirksamkeit in chron. Frauenkrankheiten. [Bade-Bibliothek Nr. 60.] gr. 8. (94 S.) Wien 874, Braumüller. * 1 20

Klein, Carl, das Großherzogthum Hessen historisch u. geographisch für Schule u. Haus dargestellt. Mainz 866. J. Wirth. gr. 8. (VIII, 114 S.) 7½ ngr.

Klein, Carl (II.), das Großherzogthum Hessen historisch und geographisch für Schule und Haus dargestellt. 2. verb. Ausg. gr. 8. (VIII, 135 S.) Mainz 870, (Le Roux'sche Hofbuchh.) * 1 —

— vor dreißig Jahren. Eine alte Geschichte für unsere neue Zeit, unserm Volk zu Nutz erzählt. 8. (VI, 205 S.) Ebendas. 880. *ℳ 2.; geb. *

— **Inscriptiones** latinae provinciarum Hassiae transrhenanarum. 4. (VI und 22 S.) Mainz 858, (v. Zabern.) *

(CAR. KLEINIUS et JAC. BECKERUS), Inscriptiones Latinae in terris Nassoviensibus repertae et auctoritate societatis antiquariorum Nassoviensis editae. Aquis Mattiacis. 1855. Prostat apud Guil. Roth. 8°.***)

— das Jubelfest des hochwürdigen Herrn Pfarrers Johann Peter Merz zu St. Stephan in Mainz. 8. (16 S.) Mainz 866, (Frommann.) *

— Karten-Künste, s. Miniatur-Bibliothek.

— der **Kaufmannsstand** sonst u. jetzt. Eine Skizze. 12. (14 S.) Leipzig 898. Verlag f. Kunst u. Wissenschaft A. O. Paul. Unentgeltlich.

— vollst. Kochbuch f. d. bürgerl. Tisch, } s.: Miniatur-Bibliothek.

— das **Krystallpolymeter**, e. Instrument f. krystallograph.-optische Untersuchungen. gr. 8. (10 S.) Ebd. 900. n. — 50

Klein, Carl, die Curmittel v. Franzensbad m. Berücksicht. d. Wirksamkeit d. Moorbades f. Frauenkrankheiten. 8. (40 S.) Franzensbad 890. J. Saemann. n. 1. 20

Klein, Carl, über die Legionen, welche in Obergermanien standen. (Abgedr. aus dem Programm des grossherzogl. hess. Gymnasiums zu Mainz.) gr. 4. (24 S.) Mainz 853, v. Zabern. *

Klein, K. Über die Legionen, welche nebeneinander in Germania inferior standen. 8. Mainz 1856.

— üb. Leucit u. Analcim u. ihre gegenseit. Beziehgn. [Aus: „Sitzungsber. d. Akad. d. Wiss. zu Berlin".] gr. 8. (65 S. m. 28 Fig.) Ebd. 897. n. 2. —

— Liebes-Grüße, s. Miniatur-Bibliothek.

—— die hessische Ludwigsbahn oder Worms, Oppenheim und die andern an der Bahn liegenden Orte. Topographisch und histor. dargestellt nebst einer übersichtlichen Beschreibung von Mainz. gr. 12. (VI und 144 S.) Mainz 856, (Le Roux'sche Hofbuchh.) *

—— das römische Mainz. 1. Abthl. gr. 4. (36 S.) Mainz 869, (v. Zabern.) 1 —

Klein, Carl, Mainz und seine Umgebungen. gr. 16. (VIII und 183 S.) Mainz 857, Le Roux'sche Hofbuchh. Thlr. *

— Mainz u. seine Umgebungen. 2. verb. mit e. Beschreibung von Alzei, Bingen, Nieder- u. Ober-Ingelheim, Oppenheim verm. Aufl. Mainz 868. Le Roux. gr. 16. (VIII, 229 S. n. 16 ngr.

Klein, Carl, der Wallfahrtsort Marienthal. Histor. Skizze. 8. (36 S.) Straßburg 883, Hagemann. *

Klein, Karl, klinisches u. morpholog. Material zur Ätiologie der Syphilis, s.: Mitteilungen aus den hamburgischen Staatskrankenanstalten. VIII. 15.

Klein, Karl, Melodieen zum Gesangbuche v. Rud. Deutgen. 16. (146 S.) Münster 876. Nasse. n. — 50

——— Ueber die Meteoriten oder die meteorischen Stein- und Eisenmassen. Leipzig 1863. 8.

Klein (C.), Die Meteoriten-Sammlung der Königl. Friedrich-Wilhelms-Universität zu Berlin am 15. October 1889. Berlin 1889. 8.

Klein, C., die Meteoritensammlung der königl. Friedrich-Wilhelms-Universität zu Berlin am 5. II. 1903. (84 S.) gr. 8. Berlin 903. (G. Reimer.) n. 2. —

Die Meteoritensammlung der Königlichen Friedrich-Wilhelms-Universität zu Berlin am 21. Januar 1904. Von C[arl] **Klein**. *Berlin: Acad. d. Wiss. 1904.* (40 S.) 8°
Aus: Sitzungsberichte d. Kgl. Preuß. Akad. d. Wiss. phys.-math. Cl. 1904, No 4.
[04. 4951 7

— Mitteilungen üb. Meteoriten. (6 S.) Lex.-8. Ebd. 904. n. — 50
3 Sonderabdr. aus: „Sitzungsber. d. preuss. Akad. d. Wiss."

Klein, C. Oratio in laudem comitis Leopoldi Daun. 8. Vindobonae 1758. Trattner.

Klein, Carl, Orgelbegleitung zum Gesangbuche v. Rud. Deutgen. qu. Fol. (112 S.) Münster 875. Nasse. n.n. 12. —

Klein, Karl H., († ...) sämmtl. Predigten (enth. die Sonn- u. Festtagspredigten, besondere Fastenpredigten, Lobreden auf die allerseligste Jungfrau u. einige Heilige, u. Schulreden). 2 Bde. Mainz 828. Müller u. Comp. 2 ß 12 K 3r Bd. A. u. d. T.: Sonntags- u. Fasten-Predigten. Enthalten einen beinahe vollständ. Jahrg. gr. 8. Ebd. 829. 1 ß 6 K 4r Bd. A. u. d. T.: Vermischte Predigten. Enthält einige Sonntagspredigten; Predigten auf die Festtage des Herrn; neun Kirchweihpredigten; acht üb. das heil. Meßopfer. gr. 8. Ebd. 829. 1 ß 6 K 5r u. 6r Bd. Auch u. dem T.: Predigten auf die Festtage der Heiligen. — Vermischte Predigten. gr. 8. Ebd. 830. 2 ß 12 K (Alle 6 Bde. compl. 7 ß 12 K)

Klein, Karl, sämmtl. Predigten. 1. u. 2. Bd. — A. u. d. T.: Predigten auf alle Sonn- u. Festtage d. Jahres, besond. die d. Fasten. 2 Jahrge. 1. Aufl. 828., 2., verb. A. gr. 8. Mainz 833, 34, [Kirchheim, Schott u. Thielmann.] [1. (à 30½ B.) à 1 Thlr. 6 Gr., 2. (à 29 B.) à 1 Thlr. 6 Gr.]

—— 3. Bd. — A. u. d. T.: Sonntags- u. Fastenpredigten. Enthalten e. beinahe vollständ. Jahrg. gr. 8. (28½ B.) Ebds. 829.

—— 4. Bd. — A. u. d. T.: Vermischte Predigten. gr. 8. (24 B.) Ebds. 829.

—— 5. u. 6. Bd. — A. u. d. Ttln.: Predigten auf d. Festtage d. Heiligen. — Vermischte Predigten. gr. 8. (50½ B.) Ebds. 830.

—— Rechenbuch nach dem Bedürfnisse unserer Zeit und nach den Grundsätzen des Denkrechnens in Verbindung mit dem Schnellrechnen. Bearb. für Nord- und Süddeutschland und Frankreich. gr. 8. (VII und 176 S.) Frankfurt a. M. 853, Auffarth. *

—— Rede auf Schiller bei dem Bankett nach der Enthüllung des Schiller-Denkmals in Mainz am 18. Oktbr. 1862. gr. 8. Mainz 863, (Le Roux'sche Hofbuchh.) *

Klein, Karl, s. Sambuga, J. A.: Briefe u. Predigten.

— Schulreden. 1r Bd., enth. Schulreden. 1r Jahrg. (Nach sm. Tode herausg.) gr. 8. Mainz 830. Müller. 18 K

—— Schulreden. 1. Bd. gr. 8. (11¼ B.) Mainz 830, [Kirchheim, Schott u. Thielmann.]

Klein, Karl: Stammbuchverse, s. Miniatur-Bibliothek.

— die Kirche St. Stephan in Mainz. 8. (36 S.) Mainz 866, (Frommann.) *

Klein, Carl: Über die Struktur der sympathischen Ganglienzellen der Säugetiere. Cassel [1903]: F. Scheel. 44 S. 8°
Rostock, Phil. Diss. v. [23. Jan.] 1903

Studien über Meteoriten, vorgenommen auf Grund des Materials der Sammlung der Universität Berlin. Von C[arl] **Klein**. Mit 3 Taf. Berlin: Akad. d. Wiss. 1906. (141 S.) 4°
Aus: Abhandlungen d. Kgl. Preuß. Akad. d. Wiss. v. J. 1906. [06. 5938

— optische Studien. I u. II. gr. 8. Ebd. n. 1. 50
I. (19 S.) 899. n. 1. —. — II. (16 S. m. Fig.) 902. n. — 50.
Sonderabdruck a.: „Sitzungsber. d. preuss. Akad. d. Wiss."

— Aus den Tagen der Schlacht v. Wörth am 6. VIII. 1870, i.: Gümbel, Thdr., Erinnerungen e. freiwill. Krankenpflegers vom Kriegsschauplatz 1870.

Klein, Karl M., (Pfarrer,) Taschenbüchlein f. Kinder, zur Beförder. d. christl. Frömmigkeit in kathol. Schulen. 8. Heidelb. 810.

— über Theodolithgoniometer. (8 S.) Lex.-8. Ebd. 905. n. — 50

Klein, Carolus: De verbis separandi apud Tacitum. Halis Saxonum 1878: Karras. 36 S. 8°

Halle-Wittenberg, Phil. Diss. v. 6. Juli 1878

Geb. Langenweddingen (Kr. Wanzleben) 8. 8. 1854. V.

Wie der Vetter Hansjockel in Jeisle's Wollsack hineinkommt. Eine wahre Geschichte von Karl Klein, Pastor in Fröschweiler. *Barmen: H. Klein [1903].* (31 S.) 8° [*S.*]
= Dämmerstunde. Für die. Reihe 4, [2.]

Klein, K., wie der Vetter Hansjockel in Jeisle's Wollsack hineinkommt u. was ein Paar silberne Schuhschnallen kosten, s.: Familien-Bibliothek für's deutsche Volk.

— dasselbe, s.: Groschen-Bibliothek für's deutsche Volk.

Klein, Karl: W i e soll ich mich benehmen?, s. M i n i a t u r - B i b l i o t h e k .

—— Zurückweisung der Tischrede Moleschott's insofern sie den G. Forster betrifft. gr. 8. (12 S.) Mainz 862, (Le Roux'sche Hofbuchh.) *

— über e. Zusammenhang zwischen optischen Eigenschaften u. chemischer Zusammensetzung beim Vesuvian. (6 S.) gr. 8. Ebd. 904. n. — 50
Sonderabdr. aus: „Sitzungsber. d. preuss. Akad. d. Wiss."

KLEIN, Carl Adolf (Neustadt/Pf.): De symphyseo cystotomia. (Titel nach der Urkunde)
3.7.1841 – Urk; P 65
Diss.Ingolst.-Landsh.-Mchn.

Klein, Carl Alfons, die Allmacht Gottes. (III, 116 S.) 8. Prag 902. (Wien [IV, Johann Straussgasse 9], Verlagsanstalt Neuer Literatur u. Kunst.) n. 1. 50

Klein, Carl Aug., s.: Blätter f. die Kunst.

Klein, Karl Aug. Frhr. v., die Chorographimetrie, od. Verbindung d. Geometrie mit d. Landschaftmalerei, als 2. verm. Aufl. d. Schrift: „Neue höchst einfache Methode, Berge, Gebäude u. a. Gegenstände zu messen." Allen Freunden d. Natur u. Architektur, sie seien bloß Reisende od. wirkl. Zeichner, gewidmet. gr. 8. (2⅛ B. u. 4 Stnt.) Mainz 837, Wirth.

Klein, Karl Aug. v., die Chorographimetrie, das ist: Vereinigung der Zeichenkunst mit der Geometrie, so wie auch populaire Geometrie. 4. Aufl. Neu bearb. u. mit Naturansichten nebst ein. Tabelle vervollständigt. gr. 8. (3½ B. u. 4 Kpfrt.) Mainz 842, Halenza.

Klein, Carl Aug. v., musikalischer Katechismus, s. K a t e c h i s m u s.

—— neue, höchst einfache M e t h o d e Berge, Gebäude u. and. Gegenstände zu messen. Allen Reisenden, welche Freunde d. Natur u. Architektur sind, namentl. aber allen Zeichnern, welche Naturgegenden aufnehmen, gewidmet. gr. 8. (1 B. u. 1 Stnt.) Mainz 836, Wirth.
2., verm. Aufl., s. dess., Chorographimetrie.

v. Klein, Frhr. Karl Aug., Versuch einer besonderen Verfahrungsart bei Colorirung der Rheingegenden, mit 1 Farbentab. 8. Mainz 835. Kunze. 7 gr.

Klein, Karl Christian von (Hrsg.), s. A b h a n d l u n g e n und Versuche über die Ratanhia.

— Abhandll. u. Versuche üb. die Ratanhia, mit Beiträgen v. Dr. v. Renard, Juch ꝛc. Mit Abbildd. 8. Stuttg. 819. Löflund. 1 Rthlr ohne Abbildd. 16 gr.

Practische Ansichten der bedeutendsten chirurgischen Operationen, auf eigene Erfahrungen gegr. von C[hristian von] Klein. H. 1 - 3. Stuttgart 1816: Hasselbrink; Tübingen: Osiander in Comm.; (3: Stuttgart: Metzler 1819.) 1 Bd 8°

H. 1: Klein: Resultate der in den kaiserl. russ. Hospitalern im Württembergischen gemachten Ausschälungen aus d. Schultergelenk u. d. Mittelfuss so wie anderen ungewöhnlichen Amputationen. 1816.

H.2.3: Klein: Resultate seiner verrichteten Blasenschnitte, nebst Beschreibung der merkwürdigsten derselben. Abth. 1.2. 1816 - 19.

v. Klein, Ritter Karl Chr., († d. 9. Febr. 1825.) Beitr. zu der gerichtl. Arzneiwissenschaft. Mit 1 Steindr. gr. 8. Tübing. 823. Osiander. 18 gr.

Beiträge zu der gerichtlichen Arzneywissenschaft. Von [Christian] v[on] Klein. Tübingen: Osiander 1825. 144 S. 8°

Chirurgische Bemerkungen. Von Christian [von] Klein. Stuttgart: Loeflund 1801. X,276 S. 8°

Klein, K(arl) C(hristian von): Bemerkungen über die bisher angenommenen Folgen des Sturzes der Kinder auf den Boden bey schnellen Geburten. 224 S., gbd.

Stuttgart: Metzler 1817

— kurze Beschreib. einiger seltener Wasserköpfe. Mit 2 Kpf. 4. Stuttg. 819. Metzler. 16 gr.

Klein, Karl Christian von, s. G a l l e r i e , Griech., weibl. Schönheiten.

G a l l e r i e

— — Griechischer weiblicher Schönheiten in ihren reitzendsten (!) Attitüden . . . . (von *Carl Christian Klein*). Tübingen 1811. Sehr rar!
Anon.-Lex. II. p. 136 (nach Kayser u. Meusel).

– s. P r o b e von der Charakteristik menschl. Leidenschaften.

Klein, Karl Christian von: Resultate der in den Kaiserl(ich) Russischen Hospitälern im Württembergischen gemachten Ausschälungen aus dem Schultergelenk und dem Mittelfuss so wie anderen ungewöhnlichen Amputationen. 70 S., gbd., Abb.

s.: Klein, K.C.von: Practische Ansichten der bedeutendsten chirurgischen Operationen, auf eigene Erfahrungen gegründet. Heft 1. Stuttgart u.Tübingen: 1816

Klein, Karl Christian von: Resultate meiner verrichteten Blasenschnitte, nebst Beschreibung der merkwürdigsten derselben. Abth.1-2, gbd., Abb.

s.: Klein, K.C.von: Practische Ansichten der bedeutendsten chirurgischen Operationen, auf eigene Erfahrungen gegründet. Heft 2-3. Stuttgart: 1816, Stuttgart u.Tübingen: 1819

Klein, Karl Ernst (Übers.), s. Browall, Joh.: Untersuchung d. Verminderung d. Wassers ...

Klein, Karl Gottlieb

— Anweis. z. d. Unterricht in d. Religion. 8. Ebend. 789.

— tägl. Gebetbuch f. Landleute. 2 Thle. 8. Bresl. 787, 88. (Gosohorsky.) (à 4 gr) 8 gr (2r Thl. Auch u. d. T.: Beicht- u. Communionbuch für Landleute.)

Klein, Karl Gottlieb, s. Gebete u. Lieder für Kinder.

Klein, Karl Gli., († d. 11. März 1819.) Communionbuch, s. unten Gebetbuch, 2r Thl.

— Versuch e. vollständ. Anweis. zu d. katechet. Unterricht in d. Religion. 8. Bresl. 784. (Gosohorsky). 12 gr

Klein, Karl Gottlob

— das Ganze der Pfefferkuchenbäckerei. .. Grimma ... Verlags-Comptoir. 1/8 ₰

Klein, Karl Glob., vollständiger, auf vieljähr. Erfahrung gegründeter, prakt. Unterricht im Fastenpretzelbacken, nebst Anweisung gute Schaumpretzeln zu backen. gr. 12. Grimma 839. Verlags-Comptoir. 3/8 ₰

Klein, Karl Robert: Ueber die Depolarisation von Quecksilber- und Platin-Elektroden. M. 1 Taf. *Leipzig: J. A. Barth 1897.* (26 S. mit Taf.) 8°
Freiburg i. B., Phil. Diss. v. 1897

Klein, Carl Sebald (Pegau), Quaestio juris controversi quid intersit in fundum et usumfructum fundi in dotem datum. Präs. D. Christian Heinr. Breuning. Lpz. (Langenheim) 28. IX. 1774. 16 S. (4.20) 18205

Klein, Catharina, Apfelblüten, Heckenrosen, Mohn u. Kornblumen, s.: Universal-Malvorlagen.

Klein, Catharina, lose Blätter u. Blüthen. 1. u. 2. Hft. schmal Fol. (à 12 [farb.] Studienblätter.) Leipzig 893. 894. E. Baldamus, Sept.-Cto. à n. 10. —; einzelne Blätter n. 1. —

Klein, Cath., Blumen. (Malvorlagen.) (4 farbige u. 4 schwarze Bl.) 4. Mainz (904). J. Scholz. Kart. n. 1. —

Klein, Catharina, Blumen. (Malvorlagen.) (8 [4 farb.] Bl.) 30,5×22,5 cm. Mainz (907). J. Scholz. 1. —

Klein, Cath., allerlei Blumen u. Blüten. 4 Blatt nach Aquarellen. Farbdr. gr. Fol. Berlin 899. W. Schultz-Engelhard. 5. —

— Blumen u. Blüten. Malbuch. (12 [6 farb.] Bl.) Lex. 8. Ebd. (908). 1. 20

— Duftige Blumen. Malbuch. (12 [6 farb.] Bl.) Lex. 8. Nürnberg (908). Th. Stroefer. 1. 20

— Blumen u. Früchte. schmal. Imp.-Fol. (3 Farbdr.) Ebd. 899. 12. —

— Blumen u. Früchte. (8 farb. u. 8 schwarze Bl.) 4. Ebd. (905). Kart. n. 2. —

— Blumen u. Früchte. Ein Postkarten-Malbuch. (8 [4 farb.] perforierte Bl.) 18×29 cm. Ebd. (910). — 75

— u. A. **Weczerzik**, Blumen u. Vögel. schmal gr. Fol. (4 farb. Bl.) Ebd. (900). 6. —

— Blumenflor. Ein Malbuch. (12 [6 farb.] Bl.) Lex. 8. Ebd. (907). 1. 20

— Aus unserem Blumengarten. 6 Malblätter. (12 [6 farb.] Bl.) 18×29 cm. Ebd. (910). 1. 30

— kleine Blumensträusse. 8. (4 Farbdr.) Berlin 898. W. Schultz-Engelhard. n. 1. 50

— vier Blumensträusse. gr. Fol. (4 farb. Bl.) Ebd. (900). 8. —

— Blumen-Studien. schmal Fol. (4 farb. Bl.) Teplitz 894. Willner & Pick. n. 8. —; einzelne Blätter 3. —; Prachtausg. n. 10. —; einzelne Blätter n. 3. 50

— Blumen-Studien. Album zum Bemalen. (12 [6 farb.] Bl.) 18×27,5 cm. Ebd. (907). 1. 20

— kleine Blumenstudien. klein 4. (4 Farbdr.) Ebd. 899. 1. 50

— u. Willy **Stöver**, Blumen-Studien m. Delfter Landschaften. qu. gr. 8. (6 farb. Bl.) Ebd. 897. n. 6. —

— vier Blumen-Studien, s.: Universal-Malvorlagen.

— Aus der Blumenwelt. Blumen-Malbuch. (12 [6 farb.] Bl.) 18×29 cm. Ebd. (910). 1. 30

— Blüten u. Schmetterlinge, s.: Universal-Malvorlagen.

— Blüten in Wasserschalen. 4 (farb.) Blumenvorlagen. qu. hoch 4. Berlin 898. W. Schultz-Engelhard. n. 1. 25

Klein, Katharina, Fröschweiler Erinnerungen. Ergänzungsblätter z. Pfarrer Klein's Fröschweiler Chronik. 8. (VI, 87 S.) Ebd. 896. n. — 80; kart. n. 1. 25

Klein, Katharina, Fröschweiler Erinnergn. Ergänzungsblätter zu Pfarrer Klein's Fröschweiler Chronik. 2. verm. Aufl. 8. (VI, 101 S.) München 899. C. H. Beck. n. — 80; kart. n. 1. 25

Klein, Katharina, Fröschweiler Erinnerungen. Ergänzungsblätter zu Pfarrer Klein's Fröschweiler Chronik. 3. Aufl. (VI, 92 S.) 8. Ebd. 905. n. — 80; kart. n. 1. 25

Klein, Katharina, Fröschweiler Erinnergn. Ergänzungsblätter zu Pfarrer Klein's Fröschweiler Chronik. 4. Aufl. (VI, 92 S.) 8. München 908. C. H. Beck. Kart. 1. 25

— Etudes de fleurs. schmal Fol. (8 farb. Bl.) Ebd. (900). 4. 50

— Etudes de fruits. gr. Fol. (4 Farbdr.) Berlin 898. W. Schultz-Engelhard. n. 6.—

— Feldblumen. gr. 4. (4 Farbendr.) Ebd. 892. n. 2. 50; einzelne Blätter — 90

— Feld- u. Gartenblumen. gr. Fol. (4 farb. Bl.) Ebd. (902). n. 3.—

— unsere Feld- u. Gartenblumen. 4 neue Studien. gr. Fol. (4 Farbdr.) Ebd. 899. 6.—

Klein, Katharina u. Willy Stöver
— — Fleurs et paysages. qu. schmal Fol. (4 Farbdr.) Ebd. 898. n. 2.—

— Flora. Blumen-Malbuch. (24 S.) 18×27,5 cm. Ebd. (907). 2.—

— gemischte Flora. 4 Blatt nach Aquarellen. Farbdr. gr. Fol. Ebd. 899. 5.—

— Früchte. (Malvorlagen.) (4 farb. u. 4 schwarze Bl.) 4. Ebd. (905). Kart. n. 1.—

— Früchte. (Malvorlagen.) (8 [4 farb.] Bl.) 30,5× 22,5 cm. Mainz (907). J. Scholz. 1.—

— unsere Gartenblumen. 4 neue Studien. Farbdr. qu. gr. Fol. Ebd. 898. 6.—

— Herbstsegen. Ein Früchte-Malbuch. (12 [6 farb.] Bl.) 17×26 cm. Nürnberg (908). Th. Stroefer. 1. 20

— Jahresblüten. Vorlagen f. Blumenmalerei. (24 [12 farb.] Bl.) Lex. 8. Ebd. (908). 2.—

— Kinder der Flora. schmal Fol. (10 farb. Bl.) Ebd. 901. n. 4. 50

— unsere Lieblinge aus Flur u. Garten. 6 (farb.) Blumenstudien. 2. Hft. Fol. Leipzig (896). Wezel & Naumann. n. 7. 50

— Lieblingsblumen. 12 Studien. schmal gr. 8. (12 Farbendr.) Ebd. (899). 7. 50

— 4 panel studies of growing Geraniums. Farbdr. 105×26 cm. Ebd. (896). n. 11. 25

— 12 planches-fleurs. schmal hoch 4. (12 farb. Bl.) Ebd. (900). 7. 20

— Rosen. gr. Fol. (3 farb. Bl.) Berlin 896. W. Schultz-Engelhard. 9.—

— drei Paneele Rosen. Farbdr. gr. Fol. Ebd. (899). 4. 50

Klein, Catharina, Rosenpracht. Blumen-Malbuch. (12 [6 farb.] Bl.) 18×28 cm. Nürnberg (907). Th. Stroefer. 1. 20

— Rosen-Ranken. gr. Fol. (4 Farbdr.) Ebd. 898. n. 4 —

— Rosen-Studien. Fol. (4 Farbendr.) Ebd. 892. n. 4. 50; einzelne Blätter 1. 50

— neue Rosen-Studien. schmal gr. Fol. (4 farb. Bl.) Ebd. (900). 6.—

— Roses. qu. gr. 4. (6 Farbdr.) Ebd. 898. n. 6.—

— Roses. hoch 4. (4 Farbdr.) Ebd. 900. 3.—

— dasselbe. schmal gr. Fol. (3 farb. Bl.) Ebd. (900). 3.—

— Stillleben. Vier (farb.) Studien nach der Natur. Imp.-Fol. Ebd. 898. n. 10.—

— 4 studies of blooms and leaves. Farbdr. hoch 4. Ebd. 899. 3.—

— 6 studies of growing Geraniums. Farbdr. schmal gr. Fol. Ebd. (896). n. 11. 25

— 6 studies of floral sprays. Farbdr. Fol. Ebd. (895). n. 7. 50

— Vorlagen f. Aquarell-Malerei. (24 [12 farb.] Bl.) 18×29 cm. Ebd. (910). 2.—

— Zierden des Gartens. (4 farb. Bl.) schmal Fol. Berlin (903). W. Schultz-Engelhard Nachf. n. 2. 40

Klein, Clem., Raimund v. Aguilers. Quellenstudie zur Geschichte d. 1. Kreuzzuges. gr. 8. (146 S.) Berlin 892. E. S. Mittler & Sohn. n. 2. 75

von Klein, Curt Ulrich *E. F. J. A. A. O.* [app. Arzt aus Ober-Gerlachsheim]: Aus d. Klinik d. Hrn Geheimr. Schweigger. Zur Statistik und Casuistik der Augenverletzungen unter bes. Berücks. d. Berufsarten ... Berlin, gedr. in d. Raths- u. Univ.-Buchdr. v. Adler's Erben in Rostock, 1895; 32 S. 8.
Berlin, Med. Fak., Inaug.-Diss. v. 15. Aug. 1895

Klein, L., s.: Arbeiten aus dem bacteriolog. Institut der technischen Hochschule zu Karlsruhe.

Klein L.: Botanische Bakterienstudien. 1—2. 1889. [Rostr. Saml.].

Klein, L., Eisenbahn-Zeitung, s. Eisenbahn-Zeitung.

Klein, L. (II.), das galvanische Filter und die rationelle Nutzbarmachung der Kanalisationsjauche für die Landwirthschaft, ein Beitrag zur Städtereinigungsfrage mit einem Anhang: Kritische Beleuchtung der verschiedenen Städtereinigungssysteme vom Standpunkte der Landwirthschaft und der Hygiene. gr. 8. (28 S. mit 1 lithogr. Taf. Abbild.) Berlin 884. (Giessen, Fehsenfeld.) *

Klein, L., Rechenfibel. Ein Uebungsbüchlein für die Elementarschüler. 1. und 2. Thl.: Erstes Schuljahr. 1. und 2. Cursus. 8. Wien 871, Pichler's Wwe. und Sohn. — 80
Inhalt:
Cursus 1. Uebungsstoff im Zahlenraume 1—10. (32 S.) 30 Pf.
„ 2. Uebungsstoff im Zahlenraume 11—20. (54 S.) 50 Pf.

—— dass. — Uebungsstoff im Zahlenraume 1—20. 2. Ausg. 8. (54 S.) Ebendas. 874. * — 40

Klein, L., hebräisches Sprachbuch f. die israel. Schuljugend beiderlei Geschlechtes. 1. Stufe. Praktischer Lehrgang. gr. 8. (32 S.) Pilsen 890. Steinhauser. n. — 50; cart. n. — 60

Klein, L., hebräisches Sprachbuch f. israel. Schuljugend beiderlei Geschlechtes. 2. Stufe. Praktischer Lehrgang. gr. 8. (47 S.) Pilsen 890. W. Steinhauser. n. — 60; kart. n. — 70 (1 u. 2.: n. 1. 10; kart. n. 1. 30)

Klein, L., hebräische Sprach- u. Lese-Fibel mit Anschauungsbildern (eingedr. Holzschn.). gr. 8. (44 S.) Pilsen 881. Maasch. cart. n. — 50

Klein, L., hebräische Sprach- u. Lese-Fibel m. Anschauungsbildern z. Versinnlichg. einz. Wortbegriffe. Nach d. Schreiblesemethode bearb. 4., verb. Aufl. gr. 8. (48 S.) Pilsen 898. C. Maasch's Buchh. Kart. n. — 60

Klein, L., hebräische Sprach- u. Lese-Fibel m. Anschauungsbildern zur Versinnlichung einzelner Wortbegriffe. Nach der Schreiblesemethode bearb. 5. Aufl. Unveränd. Abdr. d. Textes d. 4. Aufl. unter Berücksicht. der neuen Rechtschreibg. im deutschen Texte. (48 S. m. Abbildgn.) gr. 8. Pilsen 903. C. Maasch. Kart. n. — 60

Klein, L., Uebersicht der Beteiligung an der Reichstagswahl 1898 in der Prov. Hannover. Zeichnerische Darstellung auf Grund der vom kaiserl. statist. Amt hrsg. Statistik des Deutschen Reiches. Hrsg. vom nationalen Reichswahlverein (Bez. Hannover.) (1 farb. Bl.) 48×31 cm. Hannover 903. Göhmann'sche Buchdr. n. — 60

Klein, Leop., das zerstreute Gefecht auf Grund der bestehenden Reglementsvorschriften für den theoret. und prakt. Gebrauch systematisch geordnet und ergänzt. gr. 16. (VI, 56 S.) Prag 873, Mourek. * — 80

Klein, Leop., das 2.—6 Schuljahr, s.: Szirmai, Jos.

Klein, Leopold: Über Trapezfeldwicklungen und deren Anwendung in der Elektrotechnik. – 1908. 70, 40, 16, 11 S., 11 Taf.
Diss. Wien, TH

KLEIN, LOUIS. Ueber β-Brombuttersäure aus Crotonsäure und Isocrotonsäure. Leipzig, 1889. (18 S.)
Diss.v.12.Juni 1889.

Klein, Louis: Praktische Winke bezüglich der Anwendung des chemischen Düngers. Luxemburg: Ch. Praum-Valentini 1893. 60 S. 8°

Klein, Ludw., Bau u. Verzweigung einiger dorsiventral gebauter Polypodiaceen. [Aus: „Nova Acta der ksl. Leop.-Carol. deutschen Akad. d. Naturf."] gr. 4. (64 S. mit 4 z. Thl. farb. Steintaf.) Halle 882. Leipzig, Engelmann in Comm. n. 8. —

Klein, Ludw., bemerkenswerte Bäume im Grossherzogt. Baden (forstbotanisches Merkbuch). Mit 214 Abbild. nach photograph. Naturaufnahmen. Hrsg. m. Unterstützung des grossherzogl. Ministeriums der Justiz, des Kultus u. Unterrichts. (XXVIII, 372 S.) 8. Heidelberg 908. C. Winter Verl. Geb. in Leinw. 4. —

Klein, Edw., Blumen. 8. Altenb. 799. Mit neuem Titel 809. (Hinrichs in Leipz.) 6 gr.

KLEIN, Ludwig: Charakterbilder mitteleuropäischer Waldbäume. - Jena 1904. 29 Taf., 28 S. - (Vegetationsbilder)

— dasselbe, s.: Vegetationsbilder. II, 5—7.

Klein, Ludw., Charakterbilder mitteleuropäischer Waldbäume. I. (30 Taf. m. 28 S. Text.) 4. Jena 905. G. Fischer. n. 10. —
Sonderabdruck aus: „Vegetationsbilder".

Klein, Ludw., Exkursionsflora f. das Grossherzogth. Baden, s.: Seubert, M.

— die botanischen Naturdenkmäler des Grossherzogt. Baden u. ihre Erhaltung. Festrede bei dem feierl. Akte des Rektorats-Wechsels an der grossherzogl. techn. Hochschule Fridericiana zu Karlsruhe am 25. XI. 1903 geh. Mit 45 Abbildgn. nach Orig.-Aufnahmen des Verf. (80 S.) Lex.-8. Karlsruhe 904. (W. Jahraus.) n.n. 1. 50

Klein, Ludwig: Die botanischen Naturdenkmäler des Grossherzogtums Baden und ihre Erhaltung. 1904. [Rede 1903.] 80 S. 4° ¶ Erw. u. d. T.: Bemerkenswerte Bäume im Großherzogtum Baden. Heidelberg: Winter 1908.

— Nutzpflanzen der Landwirtschaft u. des Gartenbaues, s.: Sammlung naturwissenschaftl. Taschenbücher. III.

Die Physiognomie der mitteleuropäischen Waldbäume. Festrede zur Einweihungsfeier des neuen Botanischen Instituts der Technischen Hochschule zu Karlsruhe am 18. Mai 1899 geh. von Prof. Dr. **L[udwig] Klein.** Mit 10 Taf. in Lichtdr. nach 35 Originalaufnahmen des Verf. Karlsruhe: Jahraus (übergeklebt: Gutsch) 1899. 26 S., 10 Taf. 8° — [Titelaufl.] Karlsruhe: Jahraus 1900.

Klein, L. v., Sammlung eiserner Brückenconstructionen ausgeführt bei den Bahnen des Ver. deutscher Eisenbahn-Verw. 1. Sammlung. Stuttgart 1873. Text Fol. Atlas von 39 Tfln. Fol. 2. Sammlung. Neue Folge. Stuttgart 1874. Text Fol. Atlas von 73 Tfln. Fol.

Klein, Ludw. v., Sammlung eiserner Brücken-Constructionen, ausgeführt bei den Bahnen des Vereins deutscher Eisenbahn-Verwaltungen. Neue Folge. 1.—6. Lfg. gr. Fol. (39 Stnt. in Imp.-Fol. und Text S. 1—42.) Stuttgart 863—68, Geographisch-artistisches Institut. à Lfg. * 1 Thlr. 15 Ngr. *
Vgl. Sammlung.

Klein, Ludw. v., Sammlung eiserner Brücken-Constructionen, ausgeführt bei den Bahnen des Vereins deutscher Eisenbahn-Verwaltungen. Neue Folge. 7.—10. Lfg. gr. Fol. (S. 43 —73 mit 24 Stnt.) Stuttgart 874, Nitzschke. à Lfg. * M 6. * 24 —
1.—6. Lfg. Ebendas. 1863—68. * M 27.

Klein, Ludw., der Trompeter v. Säkkingen. Romant. Schausp. m. Gesang in 3 Akten u. e. Vorsp. (m. theilweiser Benützg. d. V. v. Scheffel'schen Rheinlandsanges). Musik v. Ludw. Klein. gr. 8. (92 S.) Freiburg i/B. 886. (München, Rubinverlag.) n. 1. —

Klein, Ludw. Vergleichende Untersuchungen üb. Morphologie u. Biologie der Fortpflanzung bei der Gattung Volvox. [Volvoxstudien III. Thl.] gr. 8. (92 S. m. 5 Taf.) Freib. i. Br. 890, J. C. B. Mohr. * 4 40
I. u. II. Thl. sind in den Jahrbüchern f. wissenschaftl. Botanik, hrsg. v. Pringsheim, u. in d. Berichten d. deutschen botan. Gesellsch. erschienen. Aus: Berichte d. naturforsch. Gesellsch. zu Freiburg i. Br., bes. abgedruckt.

Klein, Dr. Ludwig [aus Wertheim]: Vergleichende Untersuchungen über Organbildung und Wachsthum am Vegetationspunkt dorsiventraler Farne .... *Leipzig, Druck v. Breitkopf & Härtel* (1884), 1885; 26 S. u. 1 Doppeltaf. 4°.
Freiburg i. B., Phil. Fak., Hab.-Schr. v. 1885.

Klein, Ludwig, vergleichende Untersuchungen über Organbildung und Wachsthum am Vegetationspunkt dorsiventraler Farne. Hab.-Schr. Freiburg i. B. 1885, Fr. Wagnersche Univ.-Buchh. 4°. 25 S. mit einer Doppeltaf.

— Unsere Waldblume, Sträucher u. Zwergholzgewächse, s.a. Sammlung naturwissenschaftl. Taschenbücher. IV.

KLEIN, Ludwig: Unsere Waldblume, Sträucher und Zwergholzgewächse. - Heidelberg 1910. 108 S., 100 Taf., 34 Abb. - 3. Aufl. ebd. 1938. - 4. Aufl. ebd. 1951. 159 S., 96 Taf., 38 Abb. neubearb. v. F. Bender u. H. H. Fickler. - 5. Aufl. ebd. 1955. 259 S., 96 Taf., 38 Abb. neubearb. v. K. E. Haller u. H. H. Fickler

Klein, Ludwig Gottfried: De aere, aquis et locis agri Erbacensis atque Breubergensis, largi Odenwaldi tractus, tentamen physico-medicum.
Frankfurt: Fleischer 1754. 8°

— interpres clinicus, s. de morbor. indole, exitu in sanitatem, c. praef. L. B. Alb. de Haller. 8. Frankf. a. M. 753.

Klein, L. Gttf., Interpres clinicus, sive de morborum indole, exitu in sanitatem, metaschematismo, successionibus eventu funesto dijudicationes, praesagitiones medicae, comitatur opusculum praefatio A. de *Haller*. 33 pp. Frcf. et Lps. 1759. 1771. Edit. J. *Double*. Par. 1809.

Klein, Lud(wig) Gottfr(ied): Interpres clinicus. 334 S., gbd.

Francofurti et Lipsiae: Fleischer 1771

Klein, Lud(wig) Gottfr(ied): Interpres clinicus sive de morborum indole, exitu in sanitatem, metaschematismo, successionibus, eventu funesto, dijudicationes, prae sagitationes medicae, pagellae in memoriae subsidium medicis junioribus ad infirmos ingressuris fideliter communicatae. Editio nova. 302 S., gbd.

Lipsiae: Fleischer 1826

— selectus rationalis medicaminum, quorum vera vis est ad felicem praxin clinicam etc. 8. Frkf. a. M. 750, auch 785. Fr. Fleischer in Leipz. 8 K

Klein, Ludwig Gottfried: Selectus rationalis medicaminum, quorum vera vis est ad felicem praxin clinicam praetermissis inertibus titularibus superstitiosis intutis... 320 S., gbd.

Francofurti et Lipsiae: Fleischer 1756

Selectus rationalis medicaminum, quorum vera vis est ad felicem praxin clinicam praetermissis inertibus titularibus superstitiosis intutis digestus studio Ludov[ici] Gottfredi Kleinii [Klein]. Francofurti & Lipsiae: Fleischer 1760. 320 S. 8°

— selectus rational. medicaminum etc. 8. ibid. 782.

Klein, L. G., Wegweiser am Krankenbette. A. d. Latein. übers., u. mit neuer Erfahrung bereichert. 3 Bde. Neue, wohlf. Ausg. 8. (23½ B.) Gotha 830, Hennings.
Vgl. Handbibliothek, med., 11. Bd.

Klein, M., Adreßbuch der Stadt Trier, s. Adreßbuch.

Klein, Magnus

Klein, notitia Austriae antiquae et mediae s. tam nonnisi vet. quam pagi et Marche etc. II Tom. 4. maj. Teegernsee. 1751.

Klein, Margaretha, die praktische Küche der bürgerlichen und höheren Stände. Anleitung zur selbstständ. Anfertigung der meist vorkommenden Speisen und Gerichten, enth. ungefähr 1600 sorgfältig geprüfte Recepte für: Suppen, Klöße, Saucen, Fleischspeisen, Gemüse, Mehl- und Eierspeisen, allerlei Backwerk rc. Mit besond. Berücksicht. der bürgerl. Haushaltung. 8. (XXXII, 426 S.) Köln und Neuß 872, Schwann's Verlag. * 3 —

Klein, Margaretha, die praktische Küche der bürgerlichen u. höhern Stände. Anleitung zur selbstständigen Anfertigg. der meist vorkommenden Speisen u. Gerichte, enth. ungefähr 1800 sorgfältig geprüfte Recepte f. Suppen, Klöße, Saucen rc. Mit besonderer Berücksichtigung der bürgerl. Haushaltung. 2., bedeutend vermehrte u. verb. Aufl. 8. (XXXIX, 552 S.) Aachen 881. Jacobi & Co. 3. —; geb. n. 4. —

Klein, Marie, die Transchirkunst. Kurze Anweisung zur Erlernung des Transchirens. Mit vielen (eingedr.) Abbildgn. 12. (23 S.) Neu-Ulm 882. Stahl's Verl. n. — 50

Klein, Marie, die Transchirkunst. Kurze Anweisg. zur Erlerng. d. Transchirens. Mit vielen Abbildgn. 2. Aufl. 8. (23 S.) Hildburghausen 886. Verlags-Bureau. n. — 50

Klein, Marie, die Tranchierkunst. Kurze Anweisg. zur Erlerng. des Tranchierens. 3. Aufl. 8. (24 S. m. Abb.) Hildburghausen (899). F. W. Gadow & Sohn. n. — 50

Klein, M., Die Wäsche. E. Anl. üb. d. verschied. Arten d. Waschens, Trocknens, Rollens, Stärkens, Plättens, sowie Angabe d. Waschfarben, Waschmittel u. ein. Anl. über Seide, Sammet, Damast, Gaze, Kattun, Mousselin, Perlmutterstickerei, Gold- u. Silbertressen, Borden, Stickerei, Strohhut- u. Handschuhwäscherei etc. (36 S.) Regensb. 1883. Vorl.-Bür.

— die Wäsche. Eine Anleitung üb. die verschiedenen Arten d. Waschens, d. Trocknens, d. Rollens, d. Stärkens, d. Plättens, sowie Angabe der Waschfarben, Waschmittel u. e. Anleitg. üb. Seide, Sammet, Damast, Gaze, Kattun, Mousselin, Perlmutterstickerei, Gold- u. Silbertressen, Borden, Stickerei, Strohhut- u. Handschuh-Wäscherei rc., sowie auch Bereitg. der Seifen. 2. Aufl. 8 (36 S.) Ebend. 883. n. — 50

Klein, Martin, Dr.: Die Anschauung der Heiligen Schrift vom Leben. Rawitsch 1905: R. F. Frank. (35 S.) 4° [F.]
Rawitsch, k. G OP 1905 (198)

Klein, Martin *(geb. Bunzlau 6. 10. 1853)*: Die Genesis der Kategorien im Processe des Selbstbewusstwerdens. Ein Beitrag zur Systematisirung der günther'schen Philosophie. Breslau 1881. (75 S.) 8° *[Buchausg. 1881 bei Gosohorsky in Breslau.]*
Breslau, Phil. Diss. v. 26. Aug. 1881

Klein, Mart., die Genesis der Kategorien im Processe des Selbstbewusstwerdens. Ein Beitrag zur Systematisirung der günther'schen Philosophie. gr. 8. (V, 75 S.) Breslau 881. Gosohorsky. n. 1. —

Klein, Martin: Das Mondorfer Mineralwasser. [Luxemburg 1888]. 4 S. 4°

Klein, Martin: Bad-Mondorf. Luxemburg: St. Paul.-Gesellsch. o. J. [1888]. 4 S. 4°

Klein, Martin, Referendar: Das Recht der Giebelmauer nach rheinisch-französischem Recht und nach dem Bürgerlichen Gesetzbuch. Leipzig 1910: Hahn. 66 S. 8°
Jena, Jur. Diss. v. 23. Febr. 1910, Ref. Thon
[Geb. 30. Nov. 85 Barmen; Wohnort: Barmen; Staatsangeh.: Preußen; Vorbildung: Gymn. Barmen Reife O. 04; Studium: Tübingen 1, Rom 1, Tübingen 1, Leipzig 1, Bonn 2 S.; Rig. 18. Jan. 10.] [U 10. 2251

Klein, Mart., Schul-Ansprachen zur Kaisersgeburtstags- u. Sedan-Feier. (44 S.) 8. Lissa (908). O. Eulitz. — 60

Klein, Mart., Wreschener Schulansprachen. (44 S.) 8. Lissa 903. F. Ebbecke. n. — 80

Klein, Martin: Thermal-Bad und Kaltwasser-Heilanstalt in Mondorf. Luxemburg: Th. Schröll o. J. [1887]. 4 S. 8°

Klein, Maurus, aus Györ, Ungarn: Ueber die Verwendung des Quadrantelektrometers zur Messung elektrischer Effekte. Zürich 1905. 62 S. 8°. [27. IV. 05.]
Zürich. Phil. Diss. II. S. 1904/1905.

Klein, Maurus. Über die Verwendung des Quadrantelektrometers zur Messung elektrischer Effekte. Diss. Phil. [II.] Univ. Zürich. [Mit Figuren.] 62 S. 8. Zürich, Müller, Werder & Cie., 1905.

Klein, Max, das bayer. Ausführungsgesetz zum bürgerl. Gesetzbuch, s.: Böhm, Ferd.

— das Erfordernis der verbürgten Gegenseitigkeit bei Vollstreckung ausländischer Urteile in Deutschland. gr. 8. (39 S.) Leipzig 899. Duncker & Humblot. n. 1. — Sonderabdr. aus: „Zeitschr. f. internat. Privat- u. Strafrecht".

Klein, Maximilian (Ludwig Gustav), (von Belgard, Pommern): Lotzes ontologische Ansichten in ihrem Verhältnis zur Lehre Herbarts. Berl. M. Breitkreuz [1889]. 93 S. 8°.
Zürich. Phil. Diss. I. S. [v. 3. Aug. 1889].

MAXIMILIAN KLEIN, Die harmonische Lebensweise (Vegetarismus). Die Grundbedingung zur Erlangung von Gesundheit, Wohlstand und moralisch-ästhetischer Erlösung. Nach seinen in Berlin, Wien, Zürich, München etc. gehaltenen Vorträgen. Berlin. Paul Breitkreuz. 1885. (Leipzig, L. Fernau). 8°.

Klein, Max., die harmonische Lebensweise [Vegetarismus]. Die Grundbedingung von Gesundheit, Wohlstand und moralisch-ästhet. Erlösung. Nach seinen in Berlin, Wien, Zürich, München etc. gehaltenen Vorträgen. 1. und 2. Aufl. gr. 8. (40 S.) Berlin 886, Breitkreuz. * 50 Pf.; geb. *

— die harmonische Lebensweise [Vegetarismus]. Die Grundbedingg. zur Erlangg. von Gesundheit, Wohlstand u. moralisch-ästhet. Gemütsanlage. 3., verb. Aufl. gr. 8. (42 S.) Ebd. 889. n. — 60; geb. n. 1. 20

—— Lotze's Lehre vom Sein u. Geschehen in ihrem Verhältnis zur Lehre Herbart's. gr. 8. (93 S.) Ebd. 890. * 1 20

Klein, Max.(Red.), s. Rundschau, Vegetarische.

Flugschrift des »Deutschen Vereins für harmonische Lebensweise (Vegetarier-Vereins)«. — Wie lebt man als Vegetarier? Diätregeln für Freunde harmonischer Lebensweise. Von MAXIMILIAN KLEIN. Berlin 1884. Selbstverlag des »Deutschen Vereins f. harmon. Lebensw. (Vegetarier-Vereins)«. Kommissionsverlag von Julius Bohne. 8°.

Klein, Max., Wie lebt man als Vegetarier? Diätregeln für Freunde harmon. Lebensweise. 8. (16 S.) Berlin 884, (Bohne.) **

—— Wie lebt man als Vegetarier? Lebensregeln f. Freunde vernunftgemäßer Lebensweise. 3. verb. u. verm. Aufl. 21.–30. Tausend. 8. (32 S.) Ebd. 890. ** -- 10

Klein, Maximil. Joseph. (geb. Lanz a. Rh. 7. 1. 1817): De blepharoplastice. Berolini (1842). (47 S.) 8°
Berlin, Med. Diss. v. 26. Apr. 1842

Klein, Mich., († d. 18. März 1782.) neu eingericht. ABC-Buch. 8. Preßb. 763.

— katechetische Heilsordnung, als eine Grundlehre f. Kinder. 12. Bresl 752.

— ein in der Mühseligkeit des menschl. Lebens gesammelter Liederschatz. Mit 5 Kpf. 8. Preßb. 756.

— süße Milch. 8. Preßb. 763.

— Rechnungstabellen. 8. Preßb. 751.

— Samml. merkwürd. Naturseltenheiten d. Königreichs Ungarns. 8. Preßb. 774. (C. F. Wigand). 9 K

Klein, Mor., der Marmor, s.: Weber, M.

Klein, Moritz: Ueber Strikturen der Urethra. Berlin 1909: Ebering. 30 S. 8°
Berlin, Med. Diss. v. 7. Juli 1909, Ref. Hildebrand
[Geb. 16. Apr. 83 Mitau; Wohnort: Berlin; Staatsangeh.: Rußland; Vorbildung: Gymn. Mitau Reife M. 02; Studium: Berlin 10 S.; Rig. 1. Juli 09.] [U 09. 63

Die Unkostenberechnung und die Kalkulation in der Steinindustrie. Von Moritz **Klein.** München: Pohl 1907. 40 S. 8° [10. 7701

Klein, Oskar, vgl. Klein-Hattingen, Oskar.

Klein, Osc., unsere Einzige, s.: Album f. Liebhaber-Bühnen.

—— Sein erster Fall, s. Liebhaber-Bühne.

Klein, Oskar: Mutter Fine, od.: Richtige Berliner, s. Album für Liebhaber-Bühnen.

Klein, Oskar: Der Frack als Ehestifter, s. Album für Liebhaber-Bühnen.

Klein, Osc., „Hecht m. Klöße Humoresken aus d. jüd. Volksleben. 8. (153 S.) Berlin 895. C. Duncker. n. 2.—

— Humoresken aus d. jüdischen Leben. 2. [Titel-]Aufl. (v. „K., Hecht m. Klöße"). 8. (V, 153 S.) Ebd. 898. n. 1. —

Klein, Osc., Humoresken aus dem jüdischen Leben. 3. verm. Aufl. (III, 264 S.) kl. 8. Berlin (904). C. Duncker. n. 2. —

Humoresken aus dem jüdischen Leben. Von Oskar **Klein.** Berlin: C. Duncker [1906]. 8° [F.] [08. 4398

Klein, Osc., Dahn's Kampf um Rom. Eine Kritik. 8. (V, 71 S.) Hagen 886, Risel und Comp. *

Klein, Osc., unsere Käthe, s.: Album f. Liebhaber-Bühnen.

'Bei Kempinski' und Anderes. Von Oskar **Klein.** Berlin: C. Duncker [1906]. (139 S.) 8° [F.]
= **Klein:** Humoresken aus d. jüdischen Leben. [1.] [08. 4399

Klein, Osc., ein anonymer Liebesbrief, s.: Gaben, humoristische, f. Vergnügungs-Vereine.

– Die Loreley, s. Album für Liebhaber-Bühnen.

– Medea, s. Album für Liebhaber-Bühnen.

— Nimm mich mit, s.: Album f. Liebhaber-Bühnen.

— Am Nordseestrand, s.: Album f. Liebhaber-Bühnen.

Klein, Osk. Humoristische Original-Vorträge u. Couplets, vorgetragen im Verein Tyll Eulenspiegel. [1.] u. 2. Sammlg. 8. (IX, 186 S.; VIII, 199 S.) Berl. 890, Steinitz Verlag.
à Sammlg. * 3 —; geb. * 4 —

— humoristische Orig.-Vorträge u. Couplets. Vorgetragen im Verein Tyll Eulenspiegel. 1.—3. Sammlg. 8. Berlin, H. Steinitz' Verl. à n. 3. —; geb. à n.n. 4. —
1. 3. u. 4. Taus. (IX, 186 S.) 893. — 2. (VIII, 199 S.) 891. — 3. Mit Beiträgen v. Mitgliedern des Berliner, deutschen, Adolph-Ernst-, Lessing-, Residenz-, Victoria-, Wallner-Theater u. Mitgliedern des Vereins Tyll Eulenspiegel. (IV, 145 u. Musikbeilage 20 S.) 893.

— dasselbe. 4. Sammlg. 2 Hälften. Mit Beiträgen v. Mitgliedern des Berliner, deutschen, Central-, Adolph-Ernst-, Lessing-, Residenz-, Wallner-Theater, des Vereins Tyll Eulenspiegel u. a. 8. Ebd. 894. à n. 1. 50
(4. Sammlg. kplt.: n. 3. —; geb. n.n. 4. —)
1. (96 S.) — 2. (55 u. Musikbeilage 4 S.)

— humoristische Original-Vorträge u. Couplets. Vorgetragen im Verein „Tyll Eulenspiegel". 5.—7. Sammlg. 8. Berlin, H. Steinitz. à n. 1. 50; geb. à n. 2. 50
(1—7: n. 16. 50)
5. M. Beiträgen v. Mitgliedern d. Berliner, Deutschen, Central-, Adolph-Ernst-, Lessing-, Residenz-, Schiller-Theaters u. des Vereins Tyll Eulenspiegel u. A. (80 S.) 896.
6. Saison 1896/97. (79 S.) 896.
7. M. Beiträgen v. Mitgliedern d. Berliner, Central-, Deutschen, Thalia-, Lessing-, Residenz-, Schiller-Theaters u. d. Vereins Tyll Eulenspiegel u. A. (80 S.) 897.

— humoristische Original-Vorträge u. Couplets. Vorgetragen im Verein „Tyll Eulenspiegel". 8.—11. Sammlg. 8. (80, 81, 96 u. 80 S.) Berlin (899—902.) H. Steinitz.
à n. 1. 50

— Humorist. Original-Vorträge u. Couplets. Vorgetrag. im Verein „Tyll Eulenspiegel" 12. Sammlg. (80 S.) 8. Berlin (904). H. Steinitz. 1. 50

— neueste humoristische Orig.-Vorträge aus dem Verein „Tyll Eulenspiegel". 1.—3. Aufl. 8. (55 S. m. 4 S. Musikbeilage.) Berlin 898. A. Loewy. n. 1. —

Original-Vorträge für Polterabende und Hochzeiten. Toaste, Kranz- u. Schleiergedichte, Soloscenen, kleine u. größere Festspiele u. s. w. von Oscar Klein, Vorsitzender d. Vereins Tyll Eulenspiegel. *Neu-Weißensee bei Berlin: E. Bartels [1902].* (110 S.) 8° [F.] [03. 11837

— für Polterabend u. Hochzeit. Kranzgedichte, Toaste, Carmina, Festspiele, Singspiele 2c. 8. (174 S.) Ebd. 895. n. 1. —

— für Polterabend u. Hochzeit. Kranzgedichte, Toaste, Carmina, Festspiele, Singspiele 2c. (4. u. 5. Taus.) 8. (174 S.) Berlin (899). H. Steinitz. n. 1. —

[F.] Ratgeber für Festveranstaltungen aller Art. E. Handbuch f. Vereinsvorstände, Vergnüggs-Ausschüsse u. Familienfest-Ordner n. Litteratur-Nachweisen v. Oskar Klein, Vors. d. humorist. Ver. 'Tyll Eulenspiegel' in Berlin ... *Berlin: E. Bloch [1894].* (144 S.) 1 Bd 8. [96. 508

— Ratgeber f. Festveranstaltgn, aller Art. Ein Handb. f. Vereinsvorst., Vergnügungs-Ausschüsse u. Familienfest-Ordner, nebst Litteratur-Nachweisen. 8. (144 S.) Berlin 895. E. Bloch. n. 3. —

– Pastor R i e k e , s. A l b u m für Liebhaber-Bühnen.

– Das S k e l e t t im Hause, s. A l b u m für Liebhaber-Bühnen.

— Prinz Wendelin od. Pechmieze, s.: Album f. Liebhaber-Bühnen.

— schmerzliche Wonnen. Roman. 12. (135 S.) Elberfeld 891. (Leipzig, Literar. Anstalt A. Schulze.) n. 2. —;
geb. in Leinw. n. 3. —

Im 'Zo' und Anderes. Von Oskar Klein. Berlin: C. Duncker [1906]. (264 S.) 8° [F.]
— Klein: Humoresken aus d. jüdischen Leben. [2.] [06. 4600

— im „Zo" u. Anderes. Humoresken aus dem jüd. Leben. (S. 140—264.) kl. 8. Ebd. (906). n. 1. —
Bildet die Fortsetzg. v.: „Bei Kempinski".

— sein Zwilling, s.: Album f. Liebhaber-Bühnen.

Klein, Otto, Abgründe. Erzählung. (167 S.) gr. 8. Strassburg 904. J. Singer. n. 2. —

Klein, Otto: Der A b h o l u n g s a n s p r u c h aus § 867 und § 1005 des Bürgerlichen Gesetzbuchs.
Borna-Leipzig 1903: R. Noske. X, 34 S. 8°
Leipzig, Jur. Diss. v. 1903

Klein, Otto [aus Breslau]: Aus d. chem. Institut d. Univ. Breslau. Über α-Picolylfurylalkin und α-Pipecolylfurylalkin. . . . Breslau, Druck v. Brehmer & Minuth, 1890; 30 S., 1 Bl. 8°
Breslau, Phil. Fak., Inaug.-Diss. v. 29. Okt. 1890

Klein, Otto. Ueber α-Picolylfurylalkin u. α-Pipecolylfurylalkin. Diss. gr. 8. (30 S.) Bresl. 890, (Köhler). * 1 —

Klein, Otto [aus Berlin]: Beiträge zur Anatomie der Inflorescenzaxen .... Berlin, Gebr. Borntraeger (Ed. Eggers), 1886; 1 Bl. + 81 + 1 S. 8°.
Berlin, Phil. Fak., Inaug.-Diss. v. 3. Nov. [handschr.] 1886.

Klein, Otto [Rechtspraktikant in Erlangen]: Beiträge zur Lehre von der morganatischen Ehe ... Erlangen, k. b. Hof- u. Univ.-Buchdr. v. F. Junge, 1897; 37 S. 8.
Erlangen, Jur. Fak., Inaug.-Diss. v. 1897

Klein, Otto Der Troubadour Blacassetz. 4 (24 S.).
Progr. Rsch. *Wiesbaden* 1887 (386).

Klein, O. Die Dichtungen des Mönchs von Montaudon. Diss. Marburg 1882. 43 S.

Klein, Otto, die Dichtungen des Mönchs von Montaudon, s. Ausgaben und Abhandlungen aus dem Gebiete der romanischen Philologie.

Klein, Otto, Dies u. Das. (104 S.) 8. Leipzig-Gohlis 908. B. Volger. 1. 20

Klein, Otto, allerlei Ernstes u. Heiteres. 8. (VII, 138 S.) Braunschweig 901. R. Sattler. n. 2. —; geb. n. 3. —

Goethes Kleine Freundin und Frau. Von Dr. Otto Klein. *Straßburg: J. Singer 1904.* (185 S.) 8° [F.]

Alma von Goethe, des Dichters Enkelin. Hrsg. von Dr. Otto Klein. Mit 3 Portr. Leipzig-Gohlis: Volger 1910. 47 S. 8° [10. 9334

— laßt Euch erzählen. Geschichten. 8. (V, 242 S.) Dresden 902. E. Pierson. n. 2. 50; geb. n. 3. 50

Klein, Otto: Goethes Euphrosyne Christiane N e u m a n n - Becker. Eine biogr. Skizze. Leipzig-Gohlis: Volger 1909. VIII, 55 S. 8°

Klein, Otto. Ueber einige neue substituirte Präcipitate. Tübingen, 1879.

KLEIN, Otto (Rabenstein): Ueber Schambeinnekrosen.- München: Kastner & Callwey 1905. 31 S.
9.3.1905 - Chr 1904/05,151 Jv 1904/05,446 (Prom.-Datum: 31.3.1905)
Diss.Ingolst.-Landsh.-Mchn.

— kleine Teufeleien u. Anderes. 8. (VIII, 200 S.) Ebd. 902. n. 2. 50; geb. n. 3. 50

Klein, Otto, Referendar in Freiberg i. S.: Die Vollmacht des Prokuristen und die Gesamtvertretung der §§ 125 Abs. 3, 232 Abs. 2 H.G.Bs. Leipzig: O. Wigand 1907. (96 S.) 8°
Leipzig, Jur. Fak., Diss. v. 11. Nov. 1907
[Geb. 30. Aug. 80 Freiberg i. S.; Wohnort: Freiberg; Staatsangeh.: Sachsen; Vorbildung: Gymn. Albertinum Freiberg Reife O. 00; Studium: Leipzig 2, Tübingen 1, Leipzig 4 S.; Rig. 16. Juli 04.]

Klein, Otto B. R., über Klugheit u. Weisheit, die Richtschnur des menschlichen Lebens. Eine Sammlg. v. auserlesenen Kernsprüchen großer Dichter u. Philosophen in Poesie u. Prosa. 12. (52 S.) Braunschweig (901). R. Sattler. n. — 60

Klein, P., die sprache der Luxemburger. (Aus dem 10. jahresheft des vereins f. vaterländ. geschichts- u. alterthumskunde.) Luxemburg 855. Bück. gr. 8. (96 S.) 12 ngr.

Klein, P. D., Fest-Rede z. zweiten feierl. Einweihung d. St. Clemens Kirche in Trechtingshausen, geh. am 2. Aug. 1835. gr. 8. (1 B.) Trier 836, Gall.

Klein, P. J., der Mais, das gesundeste u. billigste Pferdefutter. Nach eigenen Beobachtgn. bewiesen u. dargestellt. gr. 8. (17 S.) Berlin 876. Wiegandt, Hempel & Parey in Comm. n.n. — 75

Klein, Paul. Vide: Arbeiter-Versicherung im Deutschen Reiche.

Klein, Paul [aus Berlin]: Ueber die Behandlung der Steisslage m. bes. Berücks. d. Umwandlg in e. Fusslage ... Berlin, C. Vogts Buchdr., 1895; 41 S., 1 Bl. 8.
Berlin, Med. Fak., Inaug.-Diss. v. 1. Aug. 1895

— s.: Kette u. Schwert.

Klein, Paul, Los v. Rom-Predigten aus der evangel. Bewegung in Oesterreich. (157 S.) 8. München (905). J. F. Lehmann's Verlag. n. 2. —; geb. n. 3. —

Klein, Paul, Luther als Persönlichkeit. (16 S.) 8. Mannheim (907). Ch. Sillib Nachf. — 25

Klein, Paul, die evangel. Gemeinde Turn bei Töplitz in Böhmen, s. Festschriften f. Gustav-Adolf-Vereine. 5.

Klein, Paul: Die evangelische Gemeinde *Turn* bei Töplitz in Böhmen. Lpz. o. J. 16 S. (Festschr. f. Gust.-Adolf-Ver. 5.)

Klein, Pauline, geb. Gerlach, Aus der Blumenwelt. 2. Aufl. 16. (III und 142 S.) Leipzig 855(56,) Brandstetter.

Klein, geb. Gerlach, Pauline, Parabeln u. Gemälde aus d. Reiche d. Blumen. gr. 12. (6 B.) Essen 841, Bädeker.

Klein, Pet., vertragliche Aenderung des Inhalts e. Schuldverhältnisses. (III, 70 S.) gr. 8. Wien 907. M. Perles. n. 1. 60
Sonderabdruck aus: „Oest. Zentralbl. f. d. jurist. Praxis".

Anzeigepflicht im Schuldrecht. Von Dr. jur. Peter **Klein,** (Bonn). Berlin: J. Guttentag 1908. (137 S.) 8° [S.]

Klein, Peter, aus Boppard a. Rh.: Über Contractur der Plantarfascie mit metaplastischer Bildung von Knorpel- und Knochengewebe. *Würzburg 1898: P. Scheiner.* (22 S.) 8°
Würzburg, Med. Diss. v. 1898

Klein, Peter, Referendar beim Kgl. Landgericht Bonn: Die Natur der causa solvendi. (Ein Beitrag zur Causa- u. Kondiktionen-Lehre.) *Bonn 1903: C. Georgi.* (VII, 67 S.) 8°
Bonn, Jur. Diss. v. 28. Febr. 1903

Die Natur der causa solvendi. Ein Beitrag z. Causa- u. Kondiktionen-Lehre. (Bonner Diss.) Von Dr. jur. Peter **Klein**. *Bonn: H. Behrendt 1903.* (VII, 65 S.) 8°
Erschien zuerst als Inaug.-Diss. Bonn 1903. [03. 7517 5

— Untergang der Obligation durch Zweckerreichung. Eine Untersuchung auf dem Gebiete des deutschen bürgerl. Rechts. (VII, 152 S.) gr. 8. Berlin 905. J. Guttentag. n. 4. —

Klein, Ph. M., der Wanderer durch Köln. Eine geschichtl. Beschreibung der Stadt und sämmtl. Merkwürdigkeiten. Nach den zuverlässigsten Quellen und mit Benutzung des mannigfaltigsten Stoffes zusammengestellt und hrsg. 8. (VII und 338 S. mit 1 lithogr. Plan in qu. Fol. und 50 in den Text gedr. Orig.-Holzschn.) Köln 863, F. Greven. geb.

Klein, Phpp., s. Klein, Fpp.

Klein, Philipp: Variation und Konzentration im Neposunterrichte. Würzburg 1907: J. M. Richter. (30 S.) 8°
Lohr, k. G P 1907*

— **Phil. Jac. Joh. Leo** (Berlin), Quaedam de sudoris differentia in morbis. Diss. pathol.-semiol. Bln. (Nietack) 11. IX. 1837. 40 S. mit Biogr. (M.: C. Serre.) (6.—) 18232
Oppon.: E. Hildebrandt, H. Sachs, G. Werth. — Gew.: Ed. Ad. Graefe, Joh. Ant. Frid. Serre (Maxen).

Klein, Pierre: Zum Andenken an unsere Moselfahrt (9. Juni 1853). Luxemburg: V. Bück 1853. 18 S. 8°

Klein, Pierre: Nach Diekirch. Ausfahrt der Schüler des Athenäums am 22. Mai 1854. Luxemburg: Hugo Florian [1854]. 8 S. 8°

Klein, Pierre: Gedichte aus dem Nachlasse von Peter Klein. Luxemburg: V. Bück 1856. 175,1 S. 8°

Klein, Pierre: Marienblüthen. Sieben Marienlieder von P. Klein. Für vierstimmigen Chor componirt von A. Zinnen. Op. 22. Luxemburg: Gebr. Heintzé 1864. 16 S. 8°

Klein, Pierre: Marienlieder zur Feier der Muttergottesoctave. Von P. K. Hugo Florian. [Luxemburg 1855.] 6 S. 8°

Klein, Pierre: Die Sprache der Luxemburger. Besonderer Abdruck aus dem zehnten Jahrheft des vereins für vaterl. geschichtsund alterhumskunde. Luxemburg: V. Bück 1855. 95, 1 S. 8°

Klein, Pierre: Turnerlied. (Gedichtet 1853; unserm Turnverein 1854 zur 5. Stiftungsfeier gewidmet). Luxemburg: V. Bück [1854]. 1 S. 8°

Klein, Richard: Über das gleichzeitige Auftreten zweier acuter Exantheme an demselben Individuum. Berlin 1877. 30 S. 8°
Berlin, Med. Diss. v. 16. März 1877

Klein, Rob., über den täglichen Gang der meteorolog. Elemente bei Nordföhn. Zum Jubiläum der k. k. Centralanstalt f. Meteorologie u. Erdmagnetismus in Wien. gr. 4. (13 S. m. 2 Taf.) Wien 901. (C. Gerold's Sohn.) n. 2. —
Sonderabdruck aus: „Denkschr. d. k. Akad. d. Wiss."

Klein, Rob., Klimatographie v. Steiermark, s.a. Klimatographie v. Österreich. III.

Klimatographie von Steiermark. Von Robert **Klein**. Hrsg. von d. K. k. Zentralanstalt f. Meteorologie u. Geodynamik. Wien: Braumüller in Komm. 1909. 194 S. 4°
(Klimatographie von Oesterreich. 3.) [09. 10970 7

Klein, Rud., s.: Arbeits-Statistik der deutschen Gewerkvereine.

Aubrey Beardsley. Von Rudolf **Klein**. *Berlin: J. Bard [1902].* (51 S.) 8°
— **Kunst**, Die. Bd 5.

Klein, Rud., Aubrey Beardsley. 2 Aufl. Berlin [1903]. 8°.
(D. Kunst, hrsg. von Rich. Muther. Bd 5)

Klein Rudolf: Beiträge zur Geschichte des bestimmten Artikels im Altprovenzialischen.
II. 1906 PN 2032 **Diss.** Wien, Univ.

— Arnold Böcklin, s.a. Essays, moderne, zur Kunst u. Litteratur. Hft. 7.

Klein, Rudolf. Arnold Böcklin. [Mit Porträt.] 48 S. 8. Berlin, Gose & Tetzlaff, 1901. [M. —. 50]
(Moderne Essays zur Kunst und Litteratur. Herausgeber: Dr. Hans Landsberg. Heft 7.)

Klein, Rudolf: Arnold Böcklin. 3. u. 4. Taus. Berlin: Gose & Tetzlaff [1906]. 57 S. 8°
(Moderne Essays. H. 7.)

Klein, Rud., Fritz Boehle, s.a. Kunst der Gegenwart. I, 5.

Fritz Boehle von Rudolf **Klein**. Mit 13 Mattkunstdruckbild., 40 Reprod. in Tondr. u. 2 Grav. Berlin: Verlagsanst. f. Lit. u. Kunst [1910]. 59 S. 2°
(Kunst d. Gegenwart. Samml. moderner Künstlermonographien. [9.]) [11. 1317

Lovis Corinth von Rudolf **Klein**. Mit 2 Vierfarbentaf., 2 Mattdruckkunstbild., 42 Tondruckbild., 1 Grav. u. 29 Handzeichn. Berlin: Verlagsanst. f. Lit. u. Kunst [1908]. (59 S.) 2°
— **Kunst** d. Gegenwart. Jg. 1, Bd 1. [08. 12604

Lovis Corinth von Rudolf **Klein**. Mit 2 Vierfarbentaf., 2 Mattkunstdruckbild., 42 Tondruckbild., 1 Grav. u. 29 Handzeichn. Berlin: Verlagsanst. f. Lit. u. Kunst [1910]. 59 S. 2°
(Kunst d. Gegenwart. Samml. moderner Künstlermonographien. [5.]) [11. 1313

Klein, Rudolf, Referendar: Die Gehöferschaften im Regierungsbezirk Trier. Borna-Leipzig 1910: Noske. 133 S. 8°
Leipzig, Jur. Diss. v. 27. Juli 1910
[Geb. 20. März 83 St.-Johann a. S.; Wohnort: Saarbrücken; Staatsangeh.: Preußen; Vorbildung: Gymn. Trarbach Reife Juli 02; Studium: Genf 1, Leipzig 3, Bonn 4 S.; Rig. 4. Aug. 06.] [U 10. 2700

Klein, Rud., das Glück im Verbrechen. Novellen. 8. (III, 168 S.) Dresden 899. E. Pierson. n. 2. 50

Klein, Rudolf. Ferdinand Hodler und die Schweizer. Mit dreissig Mattkunstdruckbildern, neunundzwanzig Reproduktionen in Tondruck und einer Gravure [Tafel, sowie illustriertem Umschlag]. 60 S. fol. Berlin, Internationale Verlagsanstalt für Kunst und Literatur, [1909]. (geb. M. 5.— u. 6.50, Luxusausg. 20.—)
(Kunst der Gegenwart. Sammlung moderner Künstlermonographien. Serie III. [Band 1.])

Ferdinand Hodler und die Schweizer von Rudolf **Klein**. Mit 30 Mattkunstdruckbild., 29 Reprod. in Tondr. u. 1 Grav. Berlin: Internat. Verlagsanst. f. Kunst u. Lit. [1910]. 59 S. 2°
(Kunst d. Gegenwart. Samml. moderner Künstlermonographien. [11.]) [11. 1319

Ein Jahrhundert Deutscher Malerei von Rudolf **Klein**. Berlin: Pan-Verl. 1906. (127 S.) 8° [F.]
— **Geister**, Moderne. No 1. [06. 10576

Max Klinger. Von Rudolf **Klein**. *Berlin: Gose & Tetzlaff 1903.* (30 S.) 8° [F.]
— **Essays**, Moderne. H. 27. [04. 4874

— **Internat. Kunstausstellung Düsseldorf 1904, s.: Schäfer, Wilh.**

Max Liebermann von Rudolf **Klein**. Mit 5 Heliograv. u. 30 Vollbild. Berlin: Bard, Marquardt & Co. (1906). (136 S.) 8°
— **Kunst**, Die. Bd 55. 56. [07. 1499

Menzel von Rudolf **Klein**. Berlin: Gose & Tetzlaff 1904. (35 S.) 8° [F.]
— **Essays**, Moderne. H. 44. [04. 4646

A. Oberländer von Rudolf **Klein**. Mit 16 Mattkunstdruckbild., 9 Reprod. in Tondr. u. 1 Grav. Berlin: Internat. Verlagsanst. f. Kunst u. Lit. [1910]. 32, 31 S. 2°
[Sondert.:] Moritz v. Schwind von Rudolf Klein.
(Kunst d. Gegenwart. Samml. moderner Künstlermonographien. [14.]) [11. 1322

— Félicien Rops, I. Bd., s.: Kahn, Gust.

— **Félicien Rops.** (Neue Folge.) Mit 5 Vierfarbentaf. u. 48 Tondr.-Bildern. (64 S.) 36,5×29 cm. Paris (909). (Berlin-Halensee, Internationaler Buch- u. Kunstverlag.) 6. —

— Moritz v. Schwind, s.: Kunst d. Gegenwart.

Die Sezession von Rudolf **Klein**. Berlin: Pan-Verl. [1905]. (41 S.) 8° [F.]
— **Zeitfragen**, Moderne. No 9. [06. 1184, 11

Die Sezession von Rudolf Klein. 2. Taus. Berlin: Pan-Verl. [1905]. (41 S.) 8° [F.]
— **Zeitfragen**, Moderne. No 9. [05. 13711

Klein, Rud., neueste Universal-Zuschneide-Lehre, s.: Jaudas, J.

Klein, S., das Auge u. seine Diätetik im gesunden u. kranken Zustande. Allgemein faßlich für das gebildete nichtärztl. Publikum beiderlei Geschlechts dargestellt. Mit eingedr. Holzschn.-Abbildgn. 8. (VIII, 182 S.) Wiesbaden 888. Bergmann. n. 2. 25; geb. n. 2. 80

Klein, S. (I.), der Augenspiegel und seine Anwendung, s.a. Klinik, Wiener.

— **der Augenspiegel u. seine Anwendung in der praktischen Medizin.** [Aus: „Wiener Klinik".] gr. 8. (72 S. mit eingedr. Holzschn.) Wien 876. Urban & Schwarzenberg. n. 2. —

Klein, S. (II.), der Augenspiegel und seine Anwendung in der praktischen Medizin. gr. 8. (72 S. mit eingedr. Holzschn.) Wien 877, Urban und Schwarzenberg.
Aus: Wiener Klinik, besonders abgedruckt.

Klein, S., Charakterbilder aus d. Weltgeschichte. (1. Bd.) Das Alterthum. gr. 8. (VIII, 537 S.) Freiburg i/Br. 876. Herder. 4. 80

Klein, S., Charakterbilder aus der Weltgeschichte. 2. u. 3. Bd. gr. 8. Freiburg i/Br. 877. 79. Herder. à 6. — (cplt.: 16. 80)
2. Das Mittelalter. (V, 758 S.)
3. Die Neuzeit. (V, 795 S.)

Klein, S. (I.), Ernst und Scherz. Eine belletrist. Aehrenlese. 8. (VII, 128 S.) Ratibor 874, Wichura und Comp. * 1 60

Klein, S. (III.), Führer durch die livländische Schweiz. 8. (94 S. mit 1 Orientirungs-Plane von Segewold-Cremon-Treyden, und Adressbuch der Güter, Pastorate, Kirchspiele, Telegraphen- und neuen Eisenbahn-Stationen Livlands.) Riga 888. (Moskau, A. Deubner.) *

Klein, S., Führer durch die livländische Schweiz m. e. Orientirungs-Plane v. Segewold, Cremon, Treyden u. Wenden in russ. u. deutscher Ausg., zugleich ein nützl. Handbuch Livlands. 8. (47 S.) Riga 888. (St. Petersburg, Hoenniger.) n. 2.40

—— Deutschlands Geschichte dem deutschen Volke erzählt. gr. 8. (VIII, 469 S.) Ebendas. 878. ℳ 3.; geb. in Leinw. *

Klein, S. (II.), Grundriss der Augenheilkunde für praktische Aerzte und Studirende. gr. 8. (XII, 460 S. mit 43 in den Text gedr. Holzschn.) Wien 886, Urban und Schwarzenberg. *ℳ 8.—.; geb. *

—— erster und zweiter Jahresbericht aus der Augenklinik zu Neisse, Breslauerstrasse 57. gr. 8. (à 12 S.) Neisse 884,85. (Wiesbaden, Bergmann.) à Bericht **

—— 6. Jahresbericht aus Dr. K.'s Augenheilanstalt zu Neisse. Vom 1. Febr. 1888 bis 31. Jan. 1889. gr. 8. (8 S.) Neisse 889. Wiesbaden, Bergmann. **

Klein, s.u. Jahresbericht aus Dr. K.'s Augenheilanstalt zu Neisse.

Klein, S. de Szad, diss. de jejuniis graecae orientalis ecclesiae. 8. Wien 781. (Heubner). 5 K

— Lehrbuch der Augenheilkunde für prakt. Aerzte u. Studirende. Mit 45 in den Text gedr. Holzschn. gr. 8. (XII, 780 S.) Wien 879. Urban & Schwarzenberg. n. 12. —

— dasselbe. Mit 45 in den Text gedr. Holzschn. Neue Ausg. gr. 8. (XII, 780 S.) Ebend. 881. n. 10. —

Klein, S. (II.), Lehrbuch der Weltgeschichte für Schulen. 2. durchaus umgearb. und verm. Aufl. des „Leitfadens für den Unterricht in der Weltgeschichte". gr. 8. (VIII, 352 S.) Freiburg i. Br. 869, Herder'sche Verlagsh. 2 25

—— dass. — 3. Aufl. (VIII, 428 S.) 1872, und 4. verb. und verm. Aufl. gr. 8. (VIII, 436 S.) Ebendas. 875. 3 —

—— Lehrbuch der Weltgeschichte für Schulen. 5. verb. Aufl. 8. (VIII, 448 S.) Ebendas. 879. *ℳ 3.; geb. *

Klein, S. (II.), Lehrbuch der Weltgeschichte für Schulen. 6. verb. Aufl. gr. 8. (VIII, 455 S.) Freiburg i. Br. 882, Herder'sche Verlagsh. *

Klein, S., Lehrbuch der Weltgeschichte f. Schulen. 7., neu durchgeseh. Aufl. gr. 8. (VII, 427 S.) Freiburg i/Br. 887. Herder. n. 3. —; geb. n.n. 3.50

Klein, S., Lehrbuch der Weltgeschichte f. Schulen. 8., verb. Aufl. gr. 8. (VII, 440 S.) Freiburg i/B. 893. Herder. n. 3. —; geb. in Halbldr. n.n. 4.40

Klein, S., Lehrbuch d. Weltgeschichte f. Schulen. 9., verb. Aufl. gr. 8. (VII, 440 S.) Freiburg i/B. 898. Herder. n. 3. —; Einbd. n.n.n. — 40

Klein, S., Lehrbuch der Weltgeschichte f. höh. Schulen. 10. Aufl. Neu bearb. u. hrsg. v. Max Schermann. (XIV, 474 S.) gr. 8. Freiburg i/B. 906. Herder. n. 3.40; geb. n. 4. —

Klein, S., Leitfaden für den Unterricht in der Weltgeschichte. gr. 8. (VII und 191 S.) Freiburg im Br. 860, Herder'sche Verlagsh. *

— diss. canonica de matrimonio juxta disciplinam graecae orient. ecclesiae. 8. Wien 781. (Heubner). 6 K

Klein, S., Situs viscerum, s. Rosenthal.

—— Sixtus V., s. Sammlung historischer Bildnisse.

Klein, Samuel: Die Barajta der vierundzwanzig Priesterabteilungen. Beiträge z. Geogr. u. Geschichte Galilaeas. Berlin (übergekl.: Kirchhain: Schmersow) 1909. 112 S. 8° ¶(Ersch. auch als Buch b. Haupt, Leipzig, u. d. T.: Beiträge z. Geogr. u. Gesch. Galiläas.)

Heidelberg, Phil. Diss. v. 1. Okt. 1909, Ref. Bezold

[Geb. 17. Nov. 80 Szilasbalhás; Wohnort: Berlin; Staatsangeh.: Ungarn; Vorbildung: Josefstädt. Gymn. Budapest Reife M. 05; Studium: Berlin 6 S.; Rig. 16. Juni 09.] [U 10. 2144

Klein, Sam., Beiträge zur Geographie u. Geschichte Galiläas. Mit 1 Karte u. 3 Beilagen. (VIII, 112 S.) gr. 8. Leipzig 909. R. Haupt. 4. —

Klein, Sam., Familienbuch, od. gemeinnütz. Darstellung alles dessen, was e. Hausvater, e. Hausmutter u. jedes Glied e. Familie zu wissen u. zu beobachten hat, um in allen Zweigen d. Haus- u. Landwirthschaft, bei d. mancherlei Berufsgeschäften, bei d. phys. u. geistigen Erzieh. d. Kinder, in Krankheiten u. Gefahren, kurz in allen Fällen u. Verhältnissen d. bürgerl. u. häusl. Lebens, Belehrung, Rath, Aufschluß u. Trost zu finden. Ein treuer Wegweiser u. e. Noth- u. Hülfsbuch f. alle, denen d. allseit. Glück ihres Lebens theuer ist. gr. 8. (44 B.) Leipzig 834, G. Wigand.

—— Handbuch d. Geschichte v. Ungern u. seiner Verfassung. Pragmat. bearb. gr. 8. (34¾ B.) Leipzig 833, G. Wigand.

Klein, (S.) A. L. Munvay u. M. J. Rumann, Haus- u. Andachtsbuch z. Beförderung wahrer häusl. Gottesverehrung, enthaltend e. vollständ. Jahrgg. Predigten aus den gewöhnl. Sonn- u. Festtags-Evangelien. Zur ersten Begründung e. Pensions-Anstalt f. evangel. Prediger-Wittwen in Ungarn. 2 Bde. gr. 8. Kaschau 826, Wigand.

Klein, Sam., zur Jubel-Feier der großen Völkerschlacht bei Leipzig. Zur 50jähr. Wiederkehr des ruhmvollsten Tages der deutschen Geschichte. Zum 18. Octbr. 1863. Lex.-8. (16 S.) Goldberg 864, Gertz.

—— zum Körner-Album. Zu seinem 50. Todesjahrtage. 4. (8 S.) Goldberg 863, Gertz.

——, A. L. Munvay u. M. J. Rumann, Predigten f. Stadt u. Land üb. d. gewöhnl. Sonn- u. Festtags-Evangelien d. ganzen Jahres. 2 Bde. 2., mit e. Register verseh. Aufl. gr. 8. (80 B.) Halberstadt 830. (Pesth, Heckenast.)

Klein, Sam., Tentamen jur. ecclesiast. evangelicor. Augustanae confessioni addictor. in Hungaria crit. concinnatum. 8maj. (19 B.) Lipsiae 840, Weber. *

—— drei Verheißungen Gottes. Eine Predigt. gr. 8. (16 S.) Goldberg 863, Gertz.

Klein, Siegfried: Tod und Begräbnis in Palästina zur Zeit der Tannaiten. Berlin 1908: Itzkowski. 102 S. 8°

Freiburg i. B., Phil. Diss. v. 1909, Reckendorf

[Geb. 31 Dez. 82 Rheydt; Wohnort: Rheydt; Staatsangeh.: Preußen; Vorbildung: Gymn. München-Gladbach Reife O. 02; Studium: Berlin 6, Freiburg i. B. 1 S.; Rig. 6. Nov. 07.] [U 09. 1017

— Tod u. Begräbnis in Palästina zur Zeit der Tannaiden. (101 S.) 8. Berlin 908. (L. Lamm.) 3. —

Klein, Siegfried: Über den Verfall der Konventionalstrafe nach gemeinem Recht, unter Berücksichtigung der modernen Gesetzgebung. Danzig 1899: J. Sauer. 82 S. 8°
Erlangen, Jur. Diss. v. 16. Okt. 1898

Klein, Siegm., Architektur im Bild, s.: Hessling, Bruno.

Klein, Siegmund: Der mittelbare Besitz des Bürgerlichen Gesetzbuches. Bonn 1899: K. Drobnig. 78 S. 8⁰
Bonn, Jur. Diss. v. 27. Febr. 1899

Klein, Siegm., Erode u. Maxina. Epische Sage in 6 Gesängen. 8. (104 S.) Dresden 900. E. Pierson. n. 1.60; geb. n. 2.60

— Innenarchitektur u. Möbel der Neuzeit, s.: Hessling, Bruno.

Klein, Sigismundus *(geb Neiße [30. 1.] 1822)*: De Avicenna medico. Vratislaviae (1845). (27 S.) 8° *(Verf. erlebte die Diplomerneuerung 1895 als Sanitätsrat in Ratibor.)*
Breslau, Med. Diss. v. 10. Dez. 1845

Klein, S., noch ein Wort zum Frommen des ärztlichen Standes, nebst einer Revision der Königl. Preuß. Medicinal-Taxe vom 21. Juni 1815. Ratibor 853. Wichura. 8. (2 Bl., 129 S.) 15 *ngr.*

—— zur Vaccinationsfrage und dem § 17 des Impfgesetzes vom 8. April 1874. gr. 8. (29 S.) Ratibor 875, Schmeer und Söhne. — 75

Klein, S., Wie ist der gewerblichen Mißstellung der Aerzte in Preußen am entsprechendsten abzuhelfen? Ein Versuch zur Lösung dieser Frage. gr. 8. (IV und 103 S.) Ratibor 864, Thiele. *

—— einige Worte über die Volksschule und deren Einfluß auf das physische Volkswohl, nebst einer kurzen Darstellung der Schulverhältnisse im Landkreise Ratibor. 8. (16 S.) Ratibor 872, (Wichura und Comp.) — 30

Klein, Sigmund: Ueber die elektrolytische Oxydation von Anilin und einigen aromatischen Diaminen in alkalischer Lösung. 1902. 51 S., 1 Tab. 8⁰
München, Dr.-Ing.-Diss. v. 8. 3. 1902

KLEIN, Simon Adolph (Furth): De topicis nervorum affectionibus.- Monachii: Boessenbacher 1831. 12 S. 21.8.1829 - Urk (Titel: De hydropis saccati ortu.); F 59
Diss. Ingolst.-Landsh.-Mchn.

Klein, Stanisl., die diagnostische Verwerthung der Leukocytose, s.: Sammlung klinischer Vorträge.

Klein, Th., Biblische Geschichte f. die Mittel- u. Oberstufe. Mit 73 Bildern von Schnorr v. Carolsfeld, einer Sammlg. v. Gebeten u. e. Anh.: Bibelkunde, Kirchenjahr, Geographie des hl. Landes nebst Ortsansichten u. 4 Karten. gr. 8. (XII, 292 S.) Gießen 902. E. Roth. n. 1.60; geb. in Halbldr. n. 2.—

— Biblische Geschichte f. die Mittel- u. Oberstufe. 3. durchgeseh. Aufl. Mit 73 Bildern v. Schnorr v. Carolsfeld, e. Sammlg. v. Gebeten u. e. Anh.: Bibelkunde, Kirchenjahr, Geographie des hl. Landes nebst Ortsansichten, der kleine Katechismus Dr. M. Luthers, Zeittafel, die Stiftshütte u. die hl. Geräte, sowie 4 (farb.) Karten. (XII, 300 S.) 8. Ebd. 910. 1.60; geb. n 2.—

Klein, Th., Biblische Geschichte f. d. ersten Schuljahre. M. 42 bildl. Darstellgn. v. Schnorr v. Carolsfeld u. e. Anh.: Gebete u. Lieder. 2. Aufl. gr. 8. (VIII, 87 S.) Gießen 898. E. Roth. n. — 60; geb. in Schulbd. n.n. — 60; feine Ausg. auf bess. Papier n. — 75; geb. in Leinw. n. 1.—

— Biblische Geschichte f. die ersten Schuljahre. Mit 42 bildl. Darstellgn. von Schnorr v. Carolsfeld u. e. Anh.: Gebete u. Lieder. 3. Aufl. gr. 8. (IV, 87 S.) Ebd. 902. n. — 60; geb. n.n. — 60

Klein, Th., biblische Geschichte f. d. ersten Schuljahre. Mit 42 bildl. Darstellgn. von Schnorr v. Carolsfeld u. e. Anh.: Gebete, Lieder, die 10 Gebote u. die 3 Artikel des christl. Glaubens. 6. Aufl. (VIII, 88 S.) 8. Gießen 908. E. Roth. Geb. nu — 60

Klein, Th., die 7 Hauptsünden. 7 Fastenpredigten. [Aus: „St. Hedwigsblatt".] gr. 8. (91 S.) Breslau 878. Goerlich. 1.20

Klein, Th. H., englische Diktir-Uebungen. Für den Gebrauch in Schulen und beim Privatunterrichte. gr. 8. (II, 135 S.) Zürich 876, Orell, Füßli und Comp. cart.

Klein, Theodor

Klein, Th. Das Städtchen Buchsweiler u. d. Bergveste Lützelstein. (71) 16. Mühlhausen i./E. 1858.

Klein, Theod., Cacalia nec Cacaliastrum, c. fig. 4. Gedani. 730.

Klein, Theodor [aus Nidda in Hessen]: **Ueber Entwicklungs- und Kreislaufverhältnisse kleinzelliger Rundzellensarkome der Muskeln ....** Burg, Druck v. August Hopfer, 1886; 23 S. 8°.
Würzburg, Med. Fak., Inaug.-Diss. v. 1886.

Klein, Theodor, über Einwicklungs- und Kreislaufverhältnisse kleinzelliger Rundzellensarkome der Muskeln. Diss. Würzburg 1886. Stahelsche Univ.-Buchh. 8⁰. 23 S.

Klein, Theodor [aus Heidelberg]: Eine Geburt bei Spaltbecken ... Leipzig, Druck v. A. Th. Engelhardt, 1893; 17 S. 8.
Heidelberg, Med. Fak., Inaug.-Diss. v. [22. Juli] 1892.

Klein, Thdr., Gedichte. 16. (VIII und 270 S.) St. Gallen 856(57.) Scheitlin und Zollikofer.

Klein, Theodor [cand. med. aus Köln a. Rh.]: **Aus d. chirurg. Klinik in Bonn. Ueber Gelenkresectionen bei Arthritis deformans ...** Siegburg, Druck v. W. Reckinger, 1897; 30 S. 8.
Bonn, Med. Fak., Inaug.-Diss. v. [1. Mai] 1897

Klein, Theod., Lieder. 12. (7½ B. m. Titvign.) Mühlhausen 846. (Straßburg, Schmidt u. Grucker.) *

Klein, Theod., Lieder. 8. (178 S.) Mülhausen 847. (Straßburg, Schmidt u. Grucker.) n. ⅓ ₰

Klein, Theod., Pfeffel-Album, s. Pfeffel-Album.

Klein, Théodore: Humor und Ernst in Wort und Bild. Luxemburg: St. Paul.-Ges. 1897. 38 S. 8⁰

Klein, Théodore: Die Nichte aus Amerika. Erzählung aus dem Französischen. Frei übersetzt. Luxemburg: St. Paul.-Ges. 1893. 301 S. 8⁰

Klein, Théodore: Ihrer Königlichen Hoheit der Frau Grossherzogin von Luxemburg in tiefster Ehrfurcht und Ergebenheit gewidmet, Valse de Salon. Leipzig o. J. [1897]. Luxemburg: Verlag G. Stomps. 7 S. 4⁰

Klein, Tim., er u. wir. Eine Rhapsodie. (68 S.) 8. Augsburg 904. (Lampart & Co.) n. — 75

Klein, Tim., es werde Licht! Ein neues Lied vom Luther. gr. 8. (78 S.) Schertlinhaus, Burtenbach bei Augsburg 901. Selbstverlag. — 90

— es will tagen, s.: Wallpach, Arth. v.

Klein, Timotheus: W i e l a n d und Rousseau. Berlin: A. Duncker 1903. 57 S. 8°
München, Phil. Diss. v. 1902

Klein, Ulr. (K. Karlshoff), Variationen üb. das Thema „Laura am Klavier". In Nachdichtgn. 2., verm. Aufl. 12. (32 S.) Charlottenburg 891. A. Michow. n. — 80

Giebt es Geheimnisse in der Freimaurerey? und welche? Maurerische Zeichnung, vorgetragen in der g.·. u. v.·. St. Joh. □.·. Ludewig zur Treue, im Or. von Giessen, am Stiftungsfeste (7. Nov. 5823) von [Valentin] K[lei]n. Giessen 1824: Schröder. 16 S. 8°
Abgedr. in: Razen, F. J.: Mrischer Blüthenkranz. 3 (1830) S. 223—235; 2. Aufl. 1841 S. 223—235.
Tt. 2086. 193.

(Klein, Val.,) Reden gehalten in der St. Joh. Loge Ludewig zur Treue in Giessen. von dem zweiten Vorsteher Br. V. K—n. 1822. 8. 24 S.

Welche Pflichten hat die □.·. gegen BBr.·., die gedeckt haben? Rede, gehalten in der g.·. u. v.·. St.·. Joh.·. □.·. Ludewig zur Treue, im Or.·. v. Giessen, am Tage der Oblig. □.·. des 10ten Mon. 5821, von V[alentin] **K[lein]**. Auf Beschluss der □.·. als Ms.·. f. BBr.·. zum Druck gegeben. [Giessen 1822.] 12 S. 8° [Kopftit.]
[Beigedr.:] **Klein, V.: Warum es Noth thut, Obligations-□.·. zu halten, und sie unter Umständen fleissig zu besuchen? [1822.]**
Abgedr. in: Razen, F. J.: Mrischer Blüthenkranz. 3 (1830) S. 235—255; 2. Aufl. 1841; Bh. 45 (1902) S. 219—221, 245—247.
Kl. 1225, Tt. 2085.

Klein, Victor, approb. Arzt aus M.-Gladbach: Aus d. Königl. Universitäts-Frauen-Klinik zu Marburg. Ueber intrauterine Alcohol-Ausspülungen post partum. *Marburg 1900: J. Hamel.* (36 S.) 8°
Marburg, Med. Diss. v. 29. Jan. 1900

Klein, W., Handbuch d. bibl. Geschichte, f. Volksschullehrer bearbeitet. 8. (55½ B.) Halle 835, Buchh. d. Waisenhauses.

Die linksrheinische Kirchhofsfrage. Von W. **Klein**, Pfarrer (in Garzweiler). *Köln: J. P. Bachem 1902.* (56 S.) 8° [F.]
Erschien zuerst u. d. T.: Ein Urteil in d. Kirchhofsfrage in d. ehemals franz. linksrhein. Departements, in: Archiv f. kath. Kirchenrecht. Bd 81. 1901.

Klein, W. Über den Unterricht in der deutschen Grammatik. 17 S. **Progr.** Rg. Pet. *Danzig* 1883.

Klein, W. C.: Die G e o l o g i e der Aachener Steinkohlenbecken . . . , s. D a n n e n b e r g , Arthur

Klein, Walter, prakt. Arzt: Aus dem Zoologischen Museum in Königsberg i. Pr.: Neue Distomen aus Rana hexadactyla. M. 1 Taf. Jena: G. Fischer 1905. (22 S.) 8° ¶(Aus: Zoolog. Jahrbücher. Bd 22. Abt. f. Systematik, 1905.)
Königsberg, Med. Fak., Ref. Stieda, Diss. v. 9. Juni 1905
[Geb. 14. Nov. 78 Braunsberg O.-Pr.; Wohnort: Berlin; Staatsangeh.: Preußen; Vorbildung: Gymn. Braunsberg Reife O. 99; Studium: Königsberg 4, München 1, Berlin 2, Königsberg 3 S.; Coll. 9. Juni 05; Approb. 18. Febr. 04.]

Klein, Walther Friedrich, Leutnant im Ulanen-Reg. Graf Haeseler (2. Brandenb.) No 11: Das negative Vertragsinteresse im gemeinen Rechte und in dem Bürgerlichen Gesetzbuche. *Heidelberg 1903: J. Hörning.* (69 S.) 8°
Heidelberg, Jur. Diss. v. 1903

Klein, Wassa, Dr. phil.: Aus d. anat. Inst. d. Univ. Giessen. Beitrag zur Kenntnis der Mycetesplacenta. Mit 1 Abb. im Text. Wiesbaden: Bergmann 1910. 32 S. 8° ¶(Aus: Anatom. Hefte. Abt. 1. Bd 41, H. 3.)
Gießen, Med. Diss. v. 26. März 1910, Ref. Strahl
[Geb. 21. Mai 79 Alsfeld; Wohnort: Gießen; Staatsangeh.: Hessen; Vorbildung: Realgymn. Gießen Reife O. 97; Studium: Gießen 10 S.; Coll. 20. Dez. 09; Approb. 7. März 10.] [U 10. 1145

Klein, Wassa, a. Alsfeld: m-Dichlor-p-dioxydiphenyl-trichloraethan und seine Abkömmlinge. Gießen 1906: v. Münchow. (38 S.) 8°
Gießen, Phil. Fak., Ref. Elbs, Diss. v. 29. Okt. 1906
[Geb. 21. Mai 79 Alsfeld (Hessen); Wohnort: Gießen; Staatsangeh.: Hessen; Vorbildung: Realgymn. Gießen Reife O. 97; Studium: Gießen 9 S.; Rig. 1. Aug. 06.]

Klein, Werner (geb. am 6 Apr. 1849 in Niederzündorf Kr. Mülheim a. Rh.): Ueber Hysterie ... Bonn, Druck v. C. Georgi 1872. 2 Bl., 36 S. 8.
Bonn, Med. Fak., Diss. v. 14 Sept. 1872

Klein, Wilhelm, s.a. K l e i n , Johann Wilhelm.

KLEIN, Wilhelm
(F) Anleitung, dem Priester bei der Privatmesse am Altare zu dienen. Verfasst von P. Wilhelm Klein. Mit Genehmigung des fürstbischöflichen Generalvicariates in Teschen. Teschen. 1900. Feitzinger. 8°. 14 S. fl. — 08

Klein, Wilh., geistl. Ansprachen an seine Schüler. (214 S.) 8. Wien 909. (H. Kirsch.) 2.80

Klein, Wilh., 76 Ausflüge in die nähere u. weitere Umgebung von Essen, in das Gebiet der Ruhr u. Lenne, Emscher u. Lippe, an den Rhein u. ins Bergische Land. Mit e. Uebersichtskarte u. zahlreichen Abbildgn. Hrsg. in Verbindg. m. R. Kemper, E. Stans u. A. 8. (IV, 180 S.) Essen 902. O. Radke's Nachf. n. 1.—

Klein, Wilh., 100 Ausflüge in die nähere u. weitere Umgebung v. Essen, in das Gebiet der Ruhr u. Lenne, Emscher u. Lippe, an den Rhein, ins Bergische Land u. in das Sauerland. (2. Aufl.) (IV, 260 S. m. Abbildgn.) kl. 8. Essen 906. O. Radke's Nachf. n. 1.—; m. 2 Karten n. 1.20

100 Ausflüge in die nähere und weitere Umgebung von Essen in das Gebiet d. Ruhr u. Lenne, Emscher u. Lippe, an d. Rhein, ins Bergische Land u. in d. Sauerland. Mit zahlr. Abb. Hrsg. von Wilh. **Klein**. (2. Aufl.) Essen-Ruhr: O. Ratke's Nachf. 1907. (260 S.) 8° [F.] 103. 1334

Klein, Wilhelm (geb. am 4 Juni 1856 in Neunkirchen im Siegkr.): Beiträge zur Kenntniss der optischen Aenderungen in Krystallen unter dem Einflusse der Erwärmung ... Bonn, Univ.-Buchdr. v. C. Georgi 1884. 2 Bl., 35 S., 1 Bl. 8.
Bonn, Phil. Fak., Diss. v. 21 Mai 1884

Klein, Wilh., s.: Berg- u. Hütten-Kalender, österreich.-ungar.

Klein, Wilh., Euphronios. Eine Studie zur Geschichte der griechischen Malerei. [Aus: „Denkschr. d. k. Akad. d. Wiss."] Imp.-4. (119 S.) Wien 879. Gerold's Sohn in Comm. n. 5.—

Klein, Wilh. (I.), Euphronios. Eine Studie zur Geschichte der griech. Malerei. 2. umgearb. Aufl. gr. 8. (VII, 323 S. mit 60 Abbild. im Text.) Wien 886, Gerold's Sohn. *

Klein, Wilh. (II.), Führer durch die Stadt Rothenburg ob der Tauber, ihre Architekturdenkmale und Kunstschätze. 2. Aufl. 8. (48 S. mit 1 histor. Plane und 14 Bildern.) Rothenburg o. d. T. 888, Trenkle. *

Klein, W., Führer durch die Stadt Rothenburg. 4. Aufl., s.: Weigel, Mart.

Klein's, W., Führer durch d. Stadt Rothenburg ob d. Tauber. Neu bearb. v. Mart. Weigel. M. 14 Ansichten u. 2 Plänen. 8. (48 S.) Rothenburg o/T. 897. C. H. Trenkle. n. — 60

Klein, Wilhelm (Hrsg.), s. Gebetbuch und Gesangbuch, Kathol.

— u. Wenzel Babuschek, kathol. Gebet- u. Gesangbuch f. die studierende Jugend. Gesänge bearb. von Wilib. Th. Dobesch. 12. (VI, 256 S. m. Titelbild.) Teschen 899. Meyer & Raschka. Geb. in Leinw. n.n. 1.50

— Katholisches Gebet- u. Gesangbuch f. die studierende Jugend. Gesänge, bearb. v. Ferd. Habel. (252 S.) kl. 8. Wien 906. (J. Abheiter.) Geb. in Leinw. nn 1. 60

Klein, Wilh., Geschichte der griechischen Kunst. (In 3 Bdn.) 1. u. 2. Bd. Lex.-8. Leipzig, Veit & Co. n. 24. —; geb. in Halbfrz. n. 30. —
1. Die griech. Kunst bis Myron. (V, 478 S.) 904. n.. 13. —; geb. n. 16. —
2. Die griech. Kunst von Myron bis Lysipp. (V, 407 S.) 905. n. 11. —; geb. n. 14. —

Klein, Wilh., Geschichte d. griech. Kunst. 3. (Schluss-) Bd. Die Kunst der Diadochenzeit. (V, 432 S.) Lex. 8. Leipzig 907. Veit & Co. 12.—; geb. in Halbfrz. 15.—
Bd. 1 u. 2. Ebd. 904.05. 24.—; geb. 30.—.

Klein, Wilhelm: Professor Raimund Kostial †. S. 33—34. 8.
Progr. K. k. Staatsrealschule im II. Bezirke *Wien* 1902.

— u. Max Hehemann, Friedrich Alfred Krupp. Eine Gedächtnisschrift. 1. Tl.: Krupps Tod. (152 S. m. Abbildgn.) 8. Ebd. 903. n. — 80

Friedrich Alfred Krupp. Eine Gedächtnisschrift hrsg. von Wilh. Klein u. Max Hehemann. 2. Aufl. *Essen-Ruhr: Thaden & Schmemann 1903.* (170 S.) 8° [03. 8937 5

Klein, Wilh. (I.), zur Kypsele der Kypseliden in Olympia. Lex.-8. (35 S. mit 5 eingedr. Abbild.) Wien 885, (Tempsky.) **
Aus: Sitzungsberichte der k. Akademie der Wissenschaften, besonders abgedruckt.

Klein, Wilh. (I.), die gegenwärtige wirthschaftliche Lage Deutschlands. gr. 8. (VI, 180 S.) Stuttgart 876, Cotta'sche Buchh. *

—— Lehr-Vertrag, Lehr-Zeugnisse rc., nebst den Bestimmungen der deutschen Gewerbe-Ordnung über das Verhältniß zwischen Lehrherren und Lehrlingen, mit Berücksicht. der Beschlüsse des zweiten Verbandstages bayer. Gewerbe-Vereine hrsg. und für den prakt. Gebrauch eingerichtet. Fol. (4 S.) Rothenburg a. d. T. 877, Beck'sche Buchh.

Klein, Wilhelm. Ob Frieden oder Krieg? Sechs Antworten auf sechs Briefe des Herrn Daniel Schenkel. 8. Basel 1847.

Klein, Wilhelm, Arzt: Aus der Klinik und Poliklinik für Hals-, Nasen- und Ohrenkranke des Herrn Prof. Dr. Gerber-Königsberg i. Pr. Die Operationsmethoden der Stirnhöhlenentzündungen nebst Mitteilung von 13 nach Killian operierten Fällen. Königsberg i. Pr. 1905: Karg & Manneck. (65 S.) 8°
Königsberg, Med. Fak., Ref. Garrè, Diss. v. 7. Aug. 1905
[Geb. 26. Febr. 81 Zempelburg W.-Pr.; Wohnort: Schneidemühl; Staatsangeh.: Preußen; Vorbildung: Gymn. Schneidemühl Reife O. 00; Studium: Berlin 7, Königsberg 2 S.; Coll. 3. Aug. 05; Approb. 10. März 05.]

Praxiteles. Von Wilhelm Klein. M. zahlr. Abb. *Leipzig: Veit & C. 1898.* (VIII, 448 S.) 1 Bd 4.(8.) [97. 7311

Klein, Wilh. (I.), Rothenburg ob der Tauber. Ein Kleinod aus deutscher Vergangenheit. 8. (VII, 288 S. mit 10 Illustr. [Holzschntaf.] und 1 histor. [lithogr.] Plane.) Rothenburg o. T. 881, Klein's Verlag. cart. *
Feine Ausg. geb. *

Klein, Wilh., praxitelische Studien. Mit 1 Titelbild u. 16 Abb. gr. 8. (62 S.) Leipzig 899. Veit & Co. n. 3 50

— die griechischen Vasen mit Lieblingsinschriften. [Sonderdr.] Imp.-4. (IV, 96 S. m. 1 Titelbilde u. 37 Textabbildgn.) Leipzig 890. Freytag. n. 7. —

Klein, Wilh., die griechischen Vasen m. Lieblingsinschriften. [Aus: „Denkschr. der k. Akad. d. Wiss."] Imp.-4. (VIII, 96 S. m. 1 Titelbild u. 37 Abbildgn. im Text.) Wien 890. (F. Tempsky.) n. 7. —

Die griechischen Vasen mit Lieblingsinschriften v. Wilhelm Klein. 2., verb. u. verm. Aufl. M. zahlr. Abb. im Texte. *Leipzig: Veit & C. 1898.* (VII S., 1 Bl., 178 S.) 1 Bd 8. [98. 10130

Klein, Wilh. (II.), die griechischen Vasen mit Meistersignaturen. Imp.-4. (88 S.) Wien 883, (Gerold's Sohn.) *
Aus: Denkschriften der k. Akademie der Wissenschaften, besonders abgedruckt.

—— die griechischen Vasen mit Meistersignaturen. 2. verm. und verb. Aufl. gr. 8. (XI, 261 S.) Wien 887, Gerold's Sohn. *

Klein, Wimarus Bertramus (geb. 1809 auf Frankenforst bei Bonn): De funiculi umbilicalis procidentia ... Bonnae, typ. C. Georgii (1837). 2 Bl., 50 S., 1 Bl. 8.
Bonn, Med. Fak., Diss. v. 9 Sept. 1837

Klein-Hattingen, Oskar, vgl. Klein, Oskar.

Klein-Hattingen, Osk., Bismarck u. seine Welt. Grundlegung e. psycholog. Biographie. (In 2 Bdn.) 1. Bd.: Von 1815—1871. gr. 8. (VIII, 709 S.) Berlin 902. F. Dümmler's Verl. n. 8.—; geb. in Leinw. n. 9.—

Klein-Hattingen, Osk., Bismarck u. seine Welt. Grundlegung e. psycholog. Biographie. II. Bd.: Von 1871—1898. 2 Tle. gr. 8. Berlin, F. Dümmler's Verl. n. 12. —; geb. in Leinw. n. 14. —; (kplt. n. 20. —; geb. n. 23. —)
1. Von 1871—1888. (V, 651 S.) 903. n. 8. —; geb. n. 9. —
2. Von 1888—1898. (V, 206 S.) 904. n. 4. —; geb. n. 5. —

Klein-Hattingen, Osk., Geschichte des deutsch. Liberalismus. (2 Bde.) 1. Bd.: Bis 1871. (XVI, 511 S. m. 16 Bildnissen.) 8. Berlin-Schöneberg 911. Buchverlag der „Hilfe". 6. 50

Das Liebesleben Hölderlins, Lenaus, Heines. Von Oskar Klein-Hattingen. *Berlin: F. Dümmler 1901.* (326 S.) 8° [F.] [00. 8429

— Napoleon I. Eine Schilderg. des Mannes u. seiner Welt. (In 6—7 Tln.) 1. Tl. (S. 1—160 m. 1 Bildnis.) Lex.-8. Ebd. 906. n. 3. —

— Napoleon I. Eine Schilderung des Mannes u. seiner Welt. 2 Bde. Lex. 8. Berlin, F. Dümmler's Verl. 25.—; geb. in Halbfrz. n 31. —
1. Von 1769—1808. (VIII, 647 S.) 906—08. 12.—; geb. n 15. —
2. Von 1808—1821. (VIII, 794 S. m. 1 Bildnis.) 909. 13.—; geb. n 16. —

Klein-Hattingen, Osk., Napoleon der Erste. E. Schilderung des Mannes u. seiner Welt. Bd 1. 2. Berlin 1906]—1910. 4°.
1: Von 1763—1808. [1908]—1908.
2: Von 1806—1821. 1910.

Die Seereise besonders als Erholungsreise und die großen Personendampfer. Ein Leitfaden mit 30 erl. Bildern. Von Dr. J. **Klein-Kauffmann.** Hamburg: Seitz 1898. IV, 76 S. 8° [11. 1790 11

Klein v. d. March, Alfr. Jos. (Nielkaj), Röntgen-Strahlen f. Roulette u. Trente et Quarante-Spieler. Der Winter an der Riviera auf Kosten der Bank v. Monte Carlo. Eine absolut neue Spiel- u. Progressions-Methode, begründet auf Basis 17jähr. Erfahrg., Beobachtg. u. Berechng. 12 erprobte u. bewährte Spiele, auf ein- u. mehrfache Chancen, m. kleinem Kapital u. denkbar geringstem Risiko durchführbar. 2. verm. Aufl. 6. Taus. (36 S.) 22,5×13 cm. Nizza (Villa Emilie, Impasse Avenue Villermont) (907). Internat. Fremden-Verkehrsbureau. 6. —

Klein, Schanzlin & Becker, Maschinen- und Armatur-Fabrik: Auszug aus den großen Preis-Courants. Frankenthal 1888

Klein, Schanzlin & Becker, Maschinen- und Armatur-Fabrik: Jll. Beschreibungen der wichtigsten Fabrikations-Artikel. Magdeburg (1891)

Klein, Schanzlin u. Becker, Maschinen- und Armatur-Fabrik: Condensations- und Rückkühlanlagen. Frankenthal (Rhnpf.) 1898

Klein, Schanzlin u. Becker, Maschinen- und Armaturfabrik: Preis-Verzeichniß über Armaturen nebst einem Anhange der wichtigsten Fabrikations-Artikel. Berlin. 1893

Klein, Schanzlin u. Becker, Maschinen- und Armaturfabrik: Preis-Verzeichniß über Armaturen. Frankenthal (Rhnpf.) 1897

Klein, Schanzlin u. Becker, Maschinen- und Armaturfabrik: Preis-Verzeichniß über Filterpressen. Frankenthal (Rhnpf.) 1898

Klein, Schanzlin u. Becker, Maschinen- und Armatur-Fabrik: Preisverzeichniß über Pumpen und Zubehör. Frankenthal (Rhnpf.) 1900

Klein, Schanzlin u. Becker, Maschinen- und Armaturfabrik: Preisverzeichnis über Wasserstandszeiger usw. Dürkheim (1892?)

Kleinasien [Schlagwort]

Kleinasien, s. u. Asien.

Kleinasien, s.: Asien, Friedrich, E. — Europa, Baur, C. F. — Handels- u. Produktenkarte. — Hand- u. Reisekarte 52.

Kleinasien, s. a.: Geologische Karten. Philippson. — Geschichtskarten. Kiepert.

Kleinasien. Kiepert, Rich., Karte v. Kleinasien in 24 Blatt. 1:400,000. Blatt A. III. Zafaranboli. — IV. Sinob. (2. Aufl.) — B. II. Brussa. — III. Angora. — D. IV. Adana. (2. Aufl.) à 48,5×63 cm. Farbdr. Berlin (907—10). D. Reimer. Subskr.-Pr. à Blatt 5.—; Einzelpr. 6. —

— Philippson, Alfr., topographische Karte des westlichen Kleinasien. Nach eigenen Aufnahmen auf Reisen, die m. Mitteln des kais. deutschen archäolog. Instituts im J. 1900, der Hermann u. Elise geb. Heckmann Wentzel-Stiftg. in den J. 1901, 1902 u. 1904 ausgeführt sind, entworfen. Hrsg. m. Unterstützg. der Hermann u. Elise geb. Heckmann Wentzel-Stiftg. 1:300,000. (In 3 Lfgn.) 1. Lfg. (2 Bl.) à ca. 59×70 cm. Farbdr. Gotha 910. J. Perthes. 8.—; einz. Bl. 5. —

Kleinasien — P. v. Tschinatscheff's Reiserouten und Uebersicht seiner Höhenmessungen in —. 5,500,000. G. M. 1860.

Kleinau, Gustav Ludwig (Tangermünde/Altmark), De encephalitide. Diss. med.-chir. Bln. (Nietack) 7. III. 1834. 39 S. mit Biogr. (M.: Jakob.) (6.—) 18233
Oppon.: A. Roepke, W. Puhlschneider, F. Schuerrings. — Gew.: C. A. Schirlitz (Nordhausen), I. Hoffbauer (Nordhausen).

Kleinau, Hedw., von Frauenhand f. Frauenhand! 8. (VIII, 135 S.) Dresden 903. E. Pierson. n. 2.—; geb. n 3.—

Kleinau, Johannes: Die offene Handelsgesellschaft im Prozess. (Halle a. S. 1898: C. A. Kaemmerer & Co.) 63 S. 8°
Erlangen, Jur. Diss. v. 5. Mai 1898

Die wichtigsten Organe des Deutschen Reiches, des Preußischen Staates und der inneren Verwaltung in Preußen. Zsgest. von J[osef] **Kleinau,** unter Mitw. d. Mitglieder d. Ver. d. Supernumerare ... b. Magistr. zu Berlin. (Groß-Lichterfelde [1905]: J. Unverdorben.) (61 S.) 8° [c6. 149

Allgemeine **Kleinbahn-Zeitung.** Fachorgan f. d. gesamte Klein- u. Straßenbahnwesen. Chefred.: Theodor Särnblom. Jg. [1]. 1900. Berlin: Allgem. Kleinbahn-Zeitung 1900. 4° [o8. 5034

Kleinbauten, moderne. Kleinere Wohn- u. Geschäftshäuser, Villen, Schulen, Gasthäuser, Feuerwehr-Spritzen-Depots, Automobil-Garagen, Rathäuser etc. etc. Entwürfe u. Naturaufnahmen v. ausgeführten Bauten. (68 Taf. u. III S. Text.) 41,5×32 cm. Wien 909. A. Schroll & Co. In Mappe 40. —

Kleinberg, Alph., Todesursachen bei plötzlichem Tode. Gerichtsärztliche Studien auf Grundlage v. 277 Beobachtgn. aus Dorpat u. Riga. Diss. gr. 8. (41 S. m. 1 Tab.) Mitau 892. (Jurjow [Dorpat], E. J. Karow.) n. 1.20

Kleinberg Alfred: Die Ode des Horaz „Donec gratus eram tibi" und ihre deutschen Uebersetzungen.
H. 1904 PN 1744 Diss. Wien, Univ.

Kleinberg, Alfr., Mihi et Mundo. Gedichte (40 S.) 8. Wien 903. Verlagsanstalt Neuer Literatur u. Kunst. n. 1. —

Kleinberger, Karl: Das Recht des unehelichen Kindes und seiner Mutter nach dem Bürgerlichen Gesetzbuche. München 1899: M. Ernst. 118 S. 8°
Würzburg, Jur. Diss. v. 1899

Klein-Berssen, s.: Preussen. Messtischblätter.

Kleinbruckner Michael: Die Reimtechnik Konrads von Würzburg in den drei Legenden Silvester, Alexius und Pantaleon.
H. 1907 PN 2399 Diss. Wien, Univ.

Staatsrechnungswesen (Ueber) nach den Forderungen der neuesten Zeit und über das, was zur möglichsten Verbesserung desselben dringend nöthig ist. (Von Kleindienst.) gr. 8°. München, Lentner, 1823.

Kleindienst, Frdr., Modellier-Netze zu e. transparenten Himmels-Globus, s.: Höfler, A.

Kleindienst, Nathalie, üb. Pental als Anaesthoticum. Diss. gr. 8. (22 S.) Leipzig 892. (Bern, H. Körber.) n. — 45

Kleindorf, Ioan., Clypeus pastoralis etc. II Pts. 4. Augs. M. Rieger. 754.
Vgl. Kleidorffer, Joh.

Kleindrucker, H., Der Buchdruckertarif. 2 Aufsätze der Deutschen Volkswirtschaftlichen Korrespondenz. Berlin, 1906. 20 S.

Kleine. Die Lippe. Die beste Wasserverbindung des Dortmund-Emshäfen-Kanals mit dem Rheine. Vortrag. Hamm i. W. 1894.

Kleine: De genitivi usu Liviano. Comm. grammatica. 27 S. –Cleve, Progr. 1865

Kleine, A., der Hampelmannhändler v. Mozambique, s.: Dietrich's Bibliothek f. die reifere Jugend. 1. Bd.

Kleine, Adolphus: •De elocutione Varroniana. 34 S. 4° (2°)
Halle-Wittenberg, Phil. Diss. v. 9. Juli 1857
Geb. [Herford 14. 8. 1835]

Kleine, Ad. Die Feier der Einweihung des neuen Gymnasialgebäudes. 14 S. **Progr.** *Wesel* 1883.

Kleine, Ad., Geschichte d. Weseler Gymnasiums von den ältesten Zeiten bis zur Gegenwart. gr. 8. (III, 179 u. Anh. 52 S. m. 2 lith. Plänen.) Wesel 882. (Kühler.) n. 2. 40

Kleine, Ad. Grundlehrplan des Gymnasiums, der höheren Bürgerschule und Vorschule zu Wesel. S. 1—49. **Progr.** *Wesel* 1876.

Kleine, Ad[olf], Dir. Dr.: Die **Realschule zu Wesel**. Voraus geht eine kurze Übersicht über d. Entwicklung d. städt. Schulwesens bis zur Gegenwart. *Wesel 1900: C. Kühler.* (S. 3—26.) 4°
Wesel, k. G nebst R i. E., P 1900 (506)

Kleine, Albert: Über die Oberflächenspannung verdünnter Salzlösungen. Münster i. W. 1908: **Krebber.** 36 S. 8°
Münster, Phil. Diss. v. 11. Sept. 1908, Ref. Heydweiller
[Geb. 29. Aug. 83 Bega; Wohnort: Münster i. W.; Staatsangeh.: Preußen; Vorbildung: Gymn. Lemgo Reife O. 03; Studium: Göttingen 3, Berlin 1, Münster 5 S.; Rig. 13. März 08.] [U 09. 3595

Kleine, Alfr., s.: Liederbuch, deutsches.

Kleine, Alfr., s. Schul-Liederbuch, Leipziger, Ausg. B.

— einfache Tonübungen f. Schul- u. Kirchenchöre. 2. Aufl. gr. 8. (8 S.) Leipzig 896. Dürr'sche Buchh. n. — 10

Kleine, Anton, Gerichtsreferendar a. Lippstadt: **Besteht eine** Zeitgrenze für die verfassungsmäßige Zustimmung des Bundesrats zu den vom Reichstage beschlossenen Gesetzentwürfen? Berlin 1905: G. Schade. (64 S.) 8°
Leipzig, Jur. Fak., Diss. v. 20. Febr. 1905
[Geb. 5. Juni 78 Lippstadt; Wohnort: Lippstadt; Staatsangeh.: Preußen; Vorbildung: Gymn. Paderborn Reife O. 98; Studium: Freiburg i. B. 1, München 2, Bonn 3 S.; Rig. 22. Juli 01.]

Kleine, Anton Friedrich

— neues nützl. Allerlei, aus d. Gebiete d. Wissenschaften u. schönen Künste etc., s. Allerlei,

– s. Eli, oder wie dürfen Kinder ...

Kleine, Anton Friedrich, s. Geschichte zweier ehelust. Mädchen.

Geschichte

— — zweier ehelustigen Mädchen. (Zahmer Roman von *Anton Friedr. Kleine.*) Leipzig, bey Franz Platvoet. 1798. 8°.
Gestoch. Titel mit Vignette u. 214 S. (incl. Nebentitel: „Geschichte von zwei ehelustigen Mädchen, oder Folgen übereilter Verlobung").

– s. Geschichte einer Volksschulen-Reform.

— Lehrbuch zur Bildung des Verstandes u. Herzens, in d. untern Klassen d. Gymnasien u. Bürgerschulen. 8. Münst. 798. Coppenrath. (W. Rauck in Leipz.) 10 gr.

— Lehrbuch z. Bild. d. Verst. u. Herz. 8. Münster, Coppenrath. (Sommer, Lpz.) 798.

Kleine, Ant. Fr., († d. 17. März 1801.) Nachricht von d. neuen Erziehungsbibliothek zu Soest. 8. Leipz. 800 Barth. 6 gr.

– s. Schicksale u. Thaten merkwürd. Menschen.

— Universitätsjahre u. Vorbereit. zum Predigerstande. 8. Lemgo, Meyer. 792.

– s. Vallmonts: Ruhestunden.

– s. Versuch üb. die Kunst, freudig zu sterben.

Kleine, E., Die Aufbesserung der Lage des niederrheinisch-westfälischen Steinkohlenbergbaues. Essen, 1885. 11 S.

Kleine. E., Zur Frage der Einführung des staatlichen Schleppmonopols auf den preußischen Wasserstraßen. Vortrag, gehalten in der Sitzung des Großen Ausschusses des „Zentral-Vereins für Hebung der deutschen Fluß- und Kanalschiffahrt" in Berlin am 14. Dezember 1904. Berlin, 1906. 19 S.

Kleine, E., Die Gestaltung des Schleppmonopolgesetzes für die neuen westlichen Wasserstraßen im Königreich Preußen bezw. die Ausdehnung des Schleppmonopolbetriebes auf den Dortmund-Ems-Kanal. Vortrag. Berlin, 1910. 7 S.

Kleine, E., Über Selbstkosten und Preise der westfälischen Kohlen. Essen, 1891. 7 S.

Kleine, F., Bericht üb. die Tätigkeit d. z. Erforschung der Schlafkrankheit im J. 1906/07 nach Ostafrika entsandten Kommission, s.: Koch, Rob.

Kleine, F. H., neue Hoffnung f. Kranke! Der Lebensmagnetismus als Heilkraft. Ein Wegweiser zur Erlangg. der Gesundheit. Mit e. Anzahl Heilberichten üb. meist langjähr. schwere Krankheiten. (71 S.) 8. Leipzig (Pfaffendorferstr. 11), Heilmagnetiseur Kleine. nn 1. —

Kleine, Felix, Gedichte. gr. 16. (36 S.) Hildesheim 870, Nolte und Schneidler. — 30

Kleine, Fl., Studiosus devotus seu Libellus precum et hymnorum idiomatis latini et germanici. In usum studiosae juventutis inprimis caes. reg. gymnasii Cibiniensis concinnatus. Hermannstadt 864. Steinhaussen's Buchh. 16. (VIII, 193 S.) geb. n. 15 ngr.

Kleine, Fr., das Gesindarecht im Geltungsbereiche des Allgemeinen Landrechts. Mit einem Anhang, enth. die auf das Gesindewesen sich beziehenden Gesetze, Gesetzes-Bestimmungen und Verordnungen. Erläutert und mit den ergangenen ministeriellen und gerichtl. Entscheidungen versehen. gr. 8. (39 S.) Arnsberg 888, Becker. cart. *

Kleine, Fr. Ad., kurze Abhandl. d. Lehre zur Geburtshülfe bei d. natürl. Geburten, f. Hebammen. 8. Hannov. 775.

Kleine, Friedrich Karl [aus Stralsund]: Über die Beeinflussung der Stoffwechselwirkungen des Chloralhydrats durch kohlensaures Natrium ... Halle a. S., Druck v. Wischan & Wettengel, 1895; 1 Bl., 5–52 S., 2 Bl. 8.
Halle, Med. Fak., Inaug.-Diss. v. 5. Jan. 1895

Kleine, Fritz: Der Wertzuwachs an Grundstücken und seine Besteuerung, insbesondere in Preussen. Strassburg i. E. 1909: Els.-Lothr. Dr. u. Lithogr.-Anst. 132 S. 8°
Straßburg, Rechts- u. staatswiss. Diss. v. 27. Febr. 1909, Ref. Sartorius Frh. v. Waltershausen
[Geb. 8. Juni 83 Hohensalza; Wohnort: Charlottenburg; Staatsangeh.: Preußen; Vorbildung: Gymn. Hohensalza Reife O. 01; Studium: Heidelberg 1, Leipzig 1, Rostock 1, Berlin 1, Breslau 2 S.] [U 10. 4019

Kleine, Geo., die italienische Biene u. ihre Zucht. Berlin 865. Schotte & Comp. 8. (100 S. mit 8 Abbild. in eingedr. Holzschn.) n. 12 ngr.

Kleine G.: Die Biene u. ihre Zucht. Nienburg 1862. 344 S.

Kleine, Georg, s. B i e n e n z e i t u n g , Die. 1861/62.

—— die Bienenzucht, f. Bibliothek der Viehzucht.

Kleine, Geo., die Bienenzucht nach der Dzierzon'schen Methode. 2., umgearb. Aufl. gr. 8. (VII, 182 S. mit 41 eingedr. Abbild. in Holzschn.) Berlin 869, Schotte und Comp. [Leipzig, H. Voigt.] * 2 25

Kleine, Geo., der Bienenzuchtsbetrieb mit beweglichen Waben. Abdr. aus: „Huber, Beobachtungen an den Bienen von G. Kleine." Einbeck (856.) Ehlers. 8. (1 Bl., 79 S.) n. 10 ngr.

GESCHICHTE des Cölibats (von *Georg Kleine*). Göttingen 1845.
Anon.-Lex. II. p. 195 (nach Zuchold).

Kleine, Geo., die Päpstinn Johanna, keine Fabel. gr. 8. (IV und 31 S.) Einbeck 855, Ehlers. Thlr. *

— s. Keratry, Friedrich Styndall.

Kleine, Geo., Lectures choisies de la littérat. franç. la plus nouvelle, cont. Trop Tard, par Mme Tastu, Le fils du Millionaire, par Mme Thierry, Laurette, par A. de Vigny. Mit Hinweisn. auf d. Grammatiken v. Sanguin u. Hirzel, mit kurzen Sacherklärn. u. ein. Wörterbuche versehen. 8. (25 B.) Holzminden 838, Erdmann u. Müller.

—— und A. Schmid, Leitfaden für den Unterricht in Theorie und Praxis einer rationellen Bienenzucht, f. Schmid, A.

—— neue Lesefrüchte, gesamm. auf d. Felde d. jüngsten Lit. Frankreichs, f. Lesefrüchte.

Kleine, Georg, s. Q u i n e t , Ed.: Über das Leben Jesu.

Kleine, *Gustav* [aus Dachtmissen (Hannover)]: Ueber Einwirkung von Aethylenbromid, Propylenbromid, Isobutylenbromid, Pseudobutylenbromid und Amylenbromid auf Trimethylamin ... Marburg, 1893; 2 Bl., 72 S., 1 Bl. 8.
Marburg, Phil. Fak., Inaug.-Diss. v. [15. Aug.] 1893

Kleine, H., s.: Komm! Wen dürstet, der komme.

Kleine, H., der Verfall der Adelsgeschlechter, statistisch nachgewiesen. Ein Mahnruf an den deutschen, österreichisch-ungar. und balt. Adel im Interesse seiner Selbsterhaltung. 8. (IV, 68 S.) Leipzig 879, Friedrich. *

Kleine, H., der Verfall der deutschen Adelsgeschlechter statistisch nachgewiesen. Ein Mahnruf an den deutschen, oesterreichisch-ungar. und balt. Adel im Interesse seiner Selbsterhaltung. 2. Aufl. 8. (VIII, 68 S.) Leipzig 880, Friedrich. *

—— der Verfall der Adelsgeschlechter. Ein Mahnruf an den deutschen, österreichisch-ungar. und balt. Adel im Interesse seiner Selbsterhaltung. 3. Aufl. 8. (IV, 68 S.) Ebendas. 882. *

Kleine, Heinr. (geb. Paderborn 15. 10. 1852): Ueber Haematurie. Berlin (1874). (30 S.) 8°
Berlin, Med. Diss. v. 11. Aug. 1874

Kleine, Hermann *Heinrich Wilhelm* [app. Arzt in Halle a. S.]: Beitrag zur Behandlung der Schussverletzungen des Abdomens. ... Halle a. S., Hofbuchdr. v. C. A. Kaemmerer & Co., 1891: 26 S., 1 Bl. 8°
Halle, Med. Fak., Inaug.-Diss. v. 28. Jul. 1891

— **Johann Friedrich** (Rietberg / Westf.), De urethrae stricturis. Diss. chir. Bln. (Gebr. Unger) 8. XI. 1830. 32 S. mit Literatur u. Biogr. (M.: E. Trapphof.) (6.—) 18237
Oppon.: E. Schmidt, E. Lange, B. Erbkam. — Gew.: Carl Tenge, Frid. Kleine (Vater).

Kleine, Johann Georg, s.a. K l e i n , Johann Georg.

***Kleine*, Jh. Geo.**, (†...) etrennes ou miscellanies aux amies de la vertu etc. 8. Braunschw. 792. (Voss in Leipz.) 1 ₰

— nouv. grammaire pratique franç. 8. Lemgo 775. Meyer. 8 gl

— introduction complette à la nouv. Grammaire pratique. 8. Lemgo 777. Meyer. 6 gl

— Magazin à l'usage de deux Nations etc. 8. Lemgo 777. Meyer. 6 gl

— tabelles grammaticales. Fol. Braunschw. 792. ...

— theatre amusant et moral. III Tom. 8. Braunschw. 780. ... 1 ₰ 12 gl

Kleine, Karl: Die Entwicklung des Halleschen Bankgewerbes. Halle (Saale) 1910. VI, 69 S. 8° (Ersch. vollst. als: Sammlung nationalökon. u. statist. Abhandlungen d. staatswiss. Sem. zu Halle. Bd 62.)
Halle, Phil. Diss. v. 9. Mai 1910, Ref. Conrad
[Geb. 7. April 85 Weißenfels; Wohnort: Halle a. S.; Staatsangeh.: Preußen; Vorbildung: Gymn. Schleusingen Reife O. 04; Studium: Würzburg 2, Halle 7 S.; Rig. 28. Febr. 10.] [U 10. 1759

Die Entwicklung des halleschen Bankgewerbes. Von Dr. Karl **Kleine.** Jena: Fischer 1910. X, 200 S. 8°
(Sammlung nationalökon. u. statist. Abhandlungen d. Staatswiss. Seminars zu Halle a. S. Bd 62.) [10. 8340

Kleine, Lucian (geb. Wreschen 19. 10. 1861): Genügt Affektions-Interesse bei Geltendmachung eines Forderungsrechts? Berlin (1883). (72 S.) 8°
Berlin, Jur. Diss. v. 15. Jan. 1884

Kleine, Lucian, Genügt Affektions-Interesse bei Geltendmachung eines Forderungsrechts? Inaugural-Dissertation. gr. 8. (68 S.) Berlin 884, (Puttkammer und Mühlbrecht.) *

Kleine, Max, Westfalens Ende. Drama in 5 Aufzügen. (III, 80 S.) 8. Dresden 904. E. Pierson. n. 1. 50

Kleine, Otto [cand. med. aus Seesen a. H.]: Ueber Blindsackbildung am Magen im Anschl. an drei Fälle v. Blindsackbildg bei chron. Magengeschwüren ... Göttingen, Druck d. Dieterich'schen Univ.-Buchdr., 1895; 32 S. 8.
Göttingen, Med. Fak., Inaug.-Diss. v. [19. Juni] 1895

Kleine, Otto, üb. Blindsackbildung am Magen im Anschluss an 3 Fälle v. Blindsackbildg. bei chron. Magenschwüren. Diss gr. 8. (32 S.) Göttingen 895. (Vandenhoeck & Ruprecht.) n. — 80

Kleine, Ottomar Fr.

Kleine: Adnotationes in Ciceronis Cat. mai. et Laelium. 10 S.–Wetzlar, Progr. 1855

Kleine, O. F. Carmen gratulatorium. Zum Jubil. des Pfarrers Mohn, 18 Okt. 4 S. . . . .
Duisburg, Progr. 1834

Kleine, O. F. Diplomata Duisburgensia historica, ex autographis codd. nunc primum accurate edita. 38 S. 8.
Duisburg, Progr. 1839

Ders. Eorund. Fasc. II. cont. diplomata potiora ab initiio dominii domus Cliviensis usque ad comitum de Marca principatum. 35 S. 8.
Duisburg, Progr. 1840

Kleine, O. F. Gedächtniß-Rede zu Ehren des hochsel. Königs Friedr. Wilhelm III. 3. Aug. 13 S. 8. . . . .
Duisburg, Progr. 1840

Kleine, O. F., Notae criticae in libros aliquot Livii annalium. Pr. 1849. 26 S. 4°.

Kleine, O. F. Quaestiones quaed. de Solonis vita et fragmentis. 20 S. . . . .
Duisburg, Progr. 1832

Kleine, O. Fr., s. *Stesichori.*

Kleine, R., Bildung macht frei, s. Lehrer-Prüfungs- und Informations-Arbeiten.

Kleine, R., examples to English grammar. gr. 8. (16 S.) Berlin 893. R. Gaertner. n. — 25

Kleine, R., Examples to English grammar. 2. ed. gr. 8. (24 S.) Berlin 899. [R. Gaertner.] Weidmann. n. — 40

Erstes Kameruner Gauturnfest ... Große humorist. turner. Aufführung von Robert Kleine. *Mühlhausen i. Th.: G. Danner [1904].* (26 S.) 8° [F.]
— Aufführungen, Reigen u. Tänze. 5.

Kleine, Wilhelm Ebert, Notar: Die Vereitelung oder Gefährdung der Eintreibung der Schuld vom Hauptschuldner durch den Gläubiger in ihrer Wirkung auf die Haftung des Bürgen. Borna-Leipzig 1909: Noske. IX, 44 S. 8°
Rostock, Jur. Diss. v. 10. Aug. 1909, Ref. Bernhöft
[Geb. 9. Aug. 74 Lingen a. E.; Wohnort: Hannover; Staatsangeh.: Preußen; Vorbildung: Gymn. Emden Reife O. 93; Studium: Straßburg 1, Genf 1, Berlin 5 S.; Rig. 13. Juli 09.] [U 09. 3667

Kleineberg, Christoph: Über die Ätiologie des Typhus . . . . Heiligenstadt, F. W. Cordier's Buchdr. (1886); 17 S. 8°.
Göttingen. Med. Fak., Inaug.-Diss. v. 1886.

Kleineberg, Christoph, über die Aetiologie des Typhus. Diss. Göttingen 1886, Dieterichsche Univ.-Buchh. 8°. 17 S.

Kleineberg, Julius, a. Gr.-Dornberg ⟨Preußen⟩, Referendar, z. Z. in der Anwaltsstation: Die Drohung als Mittel zur Begehung strafbarer Handlungen. Borna-Leipzig 1907: R. Noske. (39 S.) 8° [F.]
Erlangen, Jur. Fak., Ref. Allfeld, Diss. v. 10. Dez. 1907
[Geb. 25. März 78 Groß-Dornberg b. Bielefeld; Wohnort: Bielefeld; Staatsangeh.: Preußen; Vorbildung: Gymn. Gütersloh, Bielefeld Reife O. 00; Studium: Erlangen 1, Marburg 2, Berlin 1, Bonn 2 S.; Rig. 10. Juni 07.]

Kleineberg, W., s.: Lesebuch nebst fachkundlichen Anhängen für Fortbildungs- usw. Schulen.

Schelmenlieder eines fahrenden Komödianten. Humorist. Dichtungen von Georg **Kleinecke**. Hamburg: A. Goldschmidt 1893. (VIII, 120 S.) 8° [F.] [07. 8726

Kleinecke, Geo., Schelmenlieder e. fahrenden Komödianten. Humoristische Dichtgn. 2., durchgeseh. Aufl. 8. (VIII, 120 S.) Hamburg 893. A. Goldschmidt. n. 2. —; geb. n. 3. —

Kleinecke, Geo., Schelmenlieder e. fahrend. Komödianten. Humoristische Dichtgn. 4. Aufl. 8. (VIII, 120 S.) Hamburg 901. M. Glogau jr. Geb. in Leinw. m. Goldschn. n. 3. —

— neue Schelmenlieder u. Anderes. 8. (85 S. m. Bildnis.) Ebd. 901. Geb. in Leinw. m. Goldschn. n. 3. —

Kleinecke, Gustav, Referendar in Charlottenburg: Schuldübernahme, Erfüllungsübernahme und Vertrag auf Leistung an den Drittgläubiger in ihrem Verhältnis. Borna-Leipzig 1907: R. Noske. (IX, 31 S.) 8°
Leipzig, Jur. Fak., Diss. v. 20. Juni 1907
[Geb. 10. Febr. 83 Berlin; Wohnort: Berlin; Staatsangeh.: Preußen; Vorbildung: Falk-Realgymn. Berlin Reife O. 02; Studium: Heidelberg 1, Göttingen 2, Berlin 2, Göttingen 1 S.; Rig. 1. Juli 07.]

Kleinecke, Paul, Namen- u. Sachregister z. deutschen Ausg. v. Gobineaus Versuch üb. die Ungleichheit d. Menschenracen. (1.—3. Aufl.) (VII, 118 S.) 8. Stuttgart 908. F. Frommann. 2. —

Kleinecke, Paulus: De penthemimere et hephthemimere caesuris a Virgilio usurpatis. Halis Saxonum 1882: Karras. 55 S. 8°
Halle-Wittenberg, Phil. Diss. v. 21. Okt. 1882
Geb. Berlin 1. 6. 1858. V.

Kleinecke, Paul, Dr.: Gobineau's **Rassenphilosophie**. ⟨Essai sur l'inégalité des races humaines.⟩ Dargestellt. [T. 1.] *Berlin 1902: A. Haack.* (23 S.) 4° ¶ [Erschien vollst. 1902 bei H. Walther in Berlin.]
Berlin, Collège royal français, P 1902 (54)

Kleinecke, Paul, Gobineau's Rassenphilosophie. (Essai sur l'inégalité des races humaines.) gr. 8. (84 S.) Berlin 902. Herm. Walther. n. 1. 50

Kleinecke, Rud., Bergbauern u. Stadtleut', s.: Universal-Bibliothek.

Kleinecke, Rud., ohne Liebe leben . . ., s. a. Kürschner's Bücherschatz.

Ohne Liebe leben. 3 Novellen von Rudolf **Kleinecke**. Mit Ill. von W. Roegge. Berlin, Leipzig: H. Hillger [1906]. (106 S.) 8° [F.]
— **Bücherschatz**, Kürschners. No 532. [07. 14349

Kleinecke, Rudolf, Humoristisches Radfahrer-Brevier. Ein lustig Lehr- und Lesebuch für Bi-, Trie-, Mono-, Moto- und alle sonstigen Cyclisten und Cyclistinnen. 8. (103 S
Budapest: Grimm 1897.

— die Regulatoren in Arkansas, s.a. Gerstäcker, Frdr.

Die Regulatoren in Arkansas. Eine Erzählung aus d. Waldleben Amerikas. Nach Friedrich Gerstäcker f. d. reifere Jugend frei bearb. von Rudolf **Kleinecke**. Mit 6 Abb. von H. Grobel. Stuttgart, Berlin, Leipzig: Union [1904]. (171 S.) 8° [F.]
(Universal-Bibliothek f. d. Jugend. 401–403.) [25. 11535

Kleinecke, Rud., s.: Sport-Humor.

Kleinecke, Rud., Johann Strauss, s.a. Universal-Bibliothek f. Musiklitteratur.

Kleinecke, Rudolf. Johann Strauss. (Erinnerung zum 14. März.) Ein Lebensbild. (Univ.-Bibliothek f. Musik-Litteratur.) Köln a/Rh.-Leipzig (o. J.).

— **Touristen-Brevier.** Ein lustig Lehr- u. Lesebuch für Alpinisten u. solche, die es werden wollen. Mit Illustr. v. R. Geiger u. M. Petrovic. gr. 8. (III, 115 S.) Berlin 894. Karafiat & Sohn. n. 2. —

Kleineidam: Ueber Zusammenstellung der Vokabeln in einem Memorirbuche für untere Gymnasialklassen nebst einer Probe eines griechischen Vokabulars. 24 S. – Neiße, Progr. 1859.

Kleineidam, [August] *(geb. Hohen-Giersdorf in Schles. 28. 1. 1854)*: Zur Anatomie der chronischen Metritis. Breslau 1878. (26 S.) 8° *[Im Buchhandel 1878 bei Koebner in Breslau.]*
Breslau, Med. Diss. v. 31. Jan. 1878

Kleineidam, Feodor, Beiträge zur Kenntnis der lex Poetelia, s.: Festgabe f. Felix Dahn.

Kleineidam, Feodor [Referendar am Kgl. Amtsger. zu Patschkau]: Die Haftung des Geschäftsherrn mit der actio institoria und exercitoria nach römischem Recht ... Breslau, Schletter'sche Buchh., 1895; 3 Bl., 76 S., 1 Bl. 8.
Breslau, Jur. Fak., Inaug.-Diss. v. 31. Juli 1895

— die Personalexekution der Zwölftafeln. (IV, 285 S.) gr. 8. Breslau 904. M. & H. Marcus. n. 8. —

Kleineidam, Feodor: Unmöglichkeit und Unvermögen nach dem Bürgerlichen Gesetzbuch für das Deutsche Reich. Jena: G. Fischer 1900. 49 S. 8°
(Erscheint vollst in: Abhandlungen zum Privatrecht u. Civilprozess d. Deutschen Reiches.) Breslau, Jur. Hab.-Schr. v. 25. Juli 1900

Unmöglichkeit und Unvermögen nach dem Bürgerlichen Gesetzbuche für das Deutsche Reich. Von Dr. **Feodor Kleineidam**, Privatd., Breslau. *Jena: G. Fischer 1900.* (IV, 167 S.) 8° [F.]
— Abhandlungen z. Privatrecht u. Civilprozess d. Dt. R. Bd 7, H. 1.
[illegible]

Kleineidam, Josef [Oberl.]: Neustadt O.-Schl. bis zum dreissigjährigen Kriege. Neustadt Ob.-Schl., Druck v. H. Raupuch's Nachf., *1891;* S. 8—10; 4°
Neustadt Ob.-Schl., k. G, OP 1891 (194)

Kleinek, Klara, Die Arbeitszeit in den Kontoren. Zusammenstellungen und Kritik der Erhebungen sowie der Verhandlungen der Kommission und der Beiräte für Arbeiterstatistik. 8°. Berlin 1908. (Schriften des Kaufmänn. Verb. f. weibl. Angestellte, Nr. 7.)

Für die Kleinen: 1895?–1926?
Juvenile monthly. Organ of Die Deutsche Evangelisch-Lutherische Synode von Missouri, Ohio u. a. Staaten. Edited by Theo. Färber.
St. Louis, MO

Kleinen, die „lieben", m. Versen von Geo. Böttcher, s.: Schreiber's humoristische Bibliothek. Nr. 1.

Kleinen, den lieben. 3 Sorten. 8. (8 Chromolith. m. eingedr. u. 8 S Text.) Wesel 886. Düms. cart. à — 25

Kleinen, den lieben. 12. (8 farb. Taf. auf Pappe.) Wesel 891. W. Düms. Geb. — 25

(F) **Für die lieben Kleinen** oder der Kindergartendichter. [Fest- und Gelegenheitsgedichte. 17 Bd.] 8°. (111 S.) K 1.20
Linz: Preßverein 1908.

Kleinen, den lieben, zu Weihnachten 1887 v. Ueber Land u. Meer. Lex.-8. (48 S. m. eingedr. farb. Illustr. u. 1 Chromolith.) Stuttgart 888. Deutsche Verlags-Anstalt. n. — 50

—— dass. — zu Weihnachten 1888 von Ueber Land und Meer. Lex.-8. (54 S. mit Illustr.) Ebendas. 888. *

— dasselbe, zu Weihnachten 1888. Lex.-8. (54 S. m. eingedr. farb. Holzschn. u. farb. Titelbild.) Ebd. 889. n. — 75

Kleinen, der, Lust und Freude, in lehrreichen Liedern und Erzählungen. 3. Aufl. gr. 4. (16 S. mit 6 lithogr. und color. Bildern.) [Stuttgart 876, Neugebauer und Votteler.] Nürnberg, Neugebauer's Verlagsh. cart.

Kleinen, der, Lust und Spiel. Schilderungen und Scenen aus dem Jugendleben. In 12 (lithogr. und ill.) Bildern. Mit Versen. gr. 4. (1 Bl. Text.) Stuttgart 855, Schreiber und Schill.

Kleinen, der, Lust und Spiel. Schilderungen und Scenen aus dem Jugendleben. In 12 (lithogr. und ill.) Bildern (in Tondr.) Mit Versen. gr. 4. Stuttgart 862, Schreiber und Schill. cart.

Unsere Kleinen: 1887–1913?
Juvenile paper. Illustrated. Organ of Deutsche Baptisten-Gemeinde von Nord-Amerika. Followed by Der Kleine Anfänger.
Cleveland, OH

— **unsre,** ? Einladungsschrift zur Feier d. 38. Leipziger Klin. Vogelschießens am 3. Aug. 1889. 8. (48 S.) Leipzig 889. Garte. — 75

Für unsere Kleinen. Verschen und Gedichte gesammelt von mehreren Jugendfreunden. Mit Illustr. von *L. Richter*, *O. Pletsch*, *Bürkner* u. a. In-8°. Bern, W. Kaiser. 1892. 1 60; geb. 2 40

Unsere Kleinen: 1899–1928.
Organ of Deutsche Evangelische Synode von Nord-Amerika. Published by Eden Publishing House.
St.Louis, MO

—— **unsere,** wie sie lachen und weinen. kl. qu. 4. (6 Bl. in Farbendr. mit Versen.) Stuttgart 886, G. Weise. *

—— dass. — Auf Leinw. Ebendas. 886. *

— **unsre,** wie sie lachen u. weinen. Unzerreißbares Bilderbuch. 4. (6 Chromolith. auf Carton.) Stuttgart 887. G. Weise. geb. n. — 50

—— dass. — 4. (24 Chromolithogr. auf Pappe mit untergedr. Text.) Ebendas. 888. cart.

Kleinen, unsern. Beilage zum Quickborn. Red.: P. Ch. Martens. 1. Jahrg. Oktbr. 1881—Septbr. 1882. 12 Nrn. (¹/₂ B.) 8. Hannover. Leipzig, Heitmann in Comm. n. 1. —

Die Freimaurerei nach dem schottischen Ritus. Ihre Entwicklung, Ausbreitung, Ziele und Mittel. Nebst einem Anh., enthaltend alle geheimen Zeichen, Worte etc. eines jeden der 33 Grade. Auf Grund neuerer französischer Quellen bearb. von Jul. **Kleinen.** Trier: Paulinus-Dr. 1887. IV, 123 S. 8⁰
cf. O. 1887 S. 47.
Eine von katholischer Seite ausgegangene Schmähschrift, die sich auf die französischen Werke: „Maçonnerie pratique", Paris 1885, und Taxil, Leo: „Les Frères trois-points" stützt.

Kleinen, Wilhelm Die Einführung des Christentums in Köln und Umgegend. Teil I. 4 (S. 3—18). Teil II. 4 (S. 3—16).
Progr. Ober-Rsch. *Köln* 1888 (444). 1889 (446).

Kleinenberg [Schlagwort]

Kleinenberg, s.: Geologische Karten. Preussen 70.

Kleinenberg [Verfasser]

Kleinenberg, Nic., die Entstehung des Annelids aus der Larve von Lopadorhynchus. Nebst Bemerkungen über die Entwicklung anderer Polychaeten. gr. 8. (III, 227 S. mit 16 Taf.) Leipzig 886, Engelmann. *
Aus: Zeitschrift für wissenschaftliche Zoologie, besonders abgedruckt.

Kleinenberg, Nicol., Hydra. Eine anatomisch-entwickelungsgeschichtl. Untersuchung. gr. 4. (VI, 90 S. mit 4 lithogr. Taf.) Leipzig 872, Engelmann. * 9 —

Kleiner Belt, s.: Seekarten.

Kleiner, Feldwebel A., Geschäfts-Instruktion für wirkliche und angehende Feldwebel der Infanterie. Aus amtl. Quellen zusammengestellt. gr. 8. (XI, 143 S.) Berlin 873, Mittler und Sohn. * 2 50

Kleiner, A., Geschäfts-Instruktion für wirkliche u. angehende Feldwebel der Infanterie. Aus amtlichen Quellen zusammengestellt. 2., verb. u. verm. Aufl. gr. 8. (X, 139 S.) Berlin 876. Mittler & Sohn. n. 2. 50

Kleiner, A[lfred]. Über Elektrometer von hoher Empfindlichkeit. [Mit 1 Figur.] Sonderabdruck aus Jahrg. 51, 1906 [der] Vierteljahrsschrift der Naturforschenden Gesellschaft in Zürich. II S. + S. 226—228. gr.-8. Zürich, Zürcher & Furrer.

Kleiner, Alfr., Repetitorium d. Zoologie f. Mediciner zum Gebrauche f. d. Tentamen physicum. 8. (VII, 166 S.) Berlin 895. M. Günther. n. 2. 50

Kleiner, Alfred, von Maschwanden, [Kt.] Zürich: Zur Theorie der intermittirenden Netzhautreizung. [S. A. aus: Vierteljahrsschrift der Naturforsch. Ges. in Zür., Bd 19, S. 105—143]. Zür. Zürcher u. Furrer Dr. 1874. 43 S., 2 Taf. 8⁰.
Zürich, Phil. Diss. [v. 1. Aug. 1874].

Kleiner, C. Ed., über a Disulfhydrat u. Dirhodanat des Naphtalins. Inaugural-Dissertation. gr. 8. (15 S.) Bern 877. (Jonni.) n. — 75

Kleiner, Chr. Jak., f. Gabe, üb. die, d. Sprache.

Kleiner, Erich G[ünther]: Kritische Untersuchungen über die Härtebestimmung im Wasser und zur Frage der Kesselspeisewasserreinigung. 1906. 131 S. 8⁰ ¶ Ausz. in: Journal f. Gasbeleuchtung. Jg. 50. 1907.
Karlsruhe, Dr.-Ing.-Diss. v. 18. 6. 1906

Kleiner, Ernst: Frauengestalten bei W. M. Thackeray. Halle a. S. 1908: (Hoffmann & Reiber, Görlitz). 88 S. 8⁰
Halle, Phil. Diss. v. 15. Sept. 1908, Ref. Wagner
[Geb. 27. Jan. 85 Görlitz; Wohnort: Halle a. S.; Staatsangeh.: Preußen; Vorbildung: Gymn. Görlitz Reife O. 04; Studium: Berlin 2, Freiburg i. B. 1, Berlin 1, Halle 5 S.; Rig. 8. Juli 08.] [U 09. 1671

Kleiner, Ernst *Richard* [Referendar bei d. Kgl. Amtsger. zu Falkenberg OS.]: Die rechtliche Natur des pignus nominis ... Breslau, W. Koebner, 1895; 3 Bl., 78 S., 1 Bl. 8.
Breslau, Jur. Fak., Inaug.-Diss. v. 30. Mai 1895

Antonia. Drama in 3 Akten von F(riedrich) B(ernhard) **Kleiner**. Berlin-Leipzig: C. Wigand 1907. (85 S.) 8⁰ [08. 3466

Kleiner, Gottfried, Gottfried Kleiners // Garten=Lust // im Winter, // angestellt // durch kurtze und christliche // Betrachtung // unterschiedener // Garten=Sprüche // heiliger Schrifft; // Welchen beygefüget sind // II. Blumen=Lust. III. Zufällige Gedancken. // IV. Kinder=Lust und Denckmahl. V. Bibel= //Lust. VI. Die mit Christo reisende Seele. // VII. Unterschiedenes, bey Freud und Leid // entworffen. // Auf Verlangen Christl. Freunde // dem Druck zum vierdten mahl überlassen // und vermehrt. // Hirschberg, gedruckt bey Dietrich Krahnen, 1732. - 144 S. - Das Titelkupfer fehlt (?)

Kleiner, Gf., poet. Gartenlust im Winter, durch Betr. untersch. Gartensprüche der heil. Schrift. 4. Breslau, Seidel. 749.

— kl. Himmelsweg. 18. Hirschb. 743.

— evang. u. epist. Predig. u. Hirten=Stimme. 2 Thlr. Fol. Ebend. 733.

Kleiner, G., die unter so vielen kräftigen Buß=Stimmen in Schwachheit mitrufende evangel. Prediger= u. Hirtenstimme: Das ist: erbaul. u. gottsel. Betrachtt. üb. d. Evangelia auf alle Sonn=, Fest= u. Feiertage d. ganzen Jahres rc. 2 Thle. 23e A. 819. 1 ℛ 16 ℊ 24e Ausg. Fol. Hirschb. 826. Krahn. 2 ℛ 6 ℊ

Kleiner, Gottfr., die unter so vielen kräftigen Buß=Stimmen in Schwachheit mitrufende evangel. Prediger= u. Hirten=Stimme, d. i.: erbaul. und gottsel. Betrachtungen über die Evangelien auf alle Sonn=, Fest= u. Feiertage des ganzen Jahres rc.; nebst eilf Passions=Betrachtungen über das 26e u. 27e Kapitel Matthäi, wie auch einer Kirchweih= und Christnachts=Erbauung. 25e Ausg. (2 Thle.) Mit 1 Steindr. Fol. Hirschberg 833. Krahn. 2¹/₃ ℛ

Kleiner, Gtfr., die unter so vielen kräftigen Buß=Stimmen in Schwachheit mitrufende Evangel. Prediger= u. Hirtenstimme: Das ist: erbaul. u. gottsel. Betrachtungen üb. d. Evangelia auf alle Sonn=, Fest= u. Feier=Tage d. ganzen Jahres zu Mittheil. heils. Lehre, kräft. Ermahnung u. erquick. Trostes, in öffentl. Gemeinde vorgetragen; nachgehends aber auf Begehren u. Suchen gottsel. Herzen, nebst Eilf Passions=Betrachtungen üb. d. 26. u. 27. Cap. Matthäi, wie auch e. Kirchweih= u. Christnachts=Erbauung rc. 25. Ausg. (2 Thle.) Fol. (162 B. u. 1 Stndr.) Hirschberg 834, Krahn. Thlr.

Kleiner, Gottfr., die unter so vielen kräftigen Buß=Stimmen in Schwachheit mitrufende evang. Prediger= u. Hirten=Stimme, d. i. erbauliche u. gottsel. Betrachtungen über die Evangelia auf alle Sonn=, Fest= u. Feiertage des ganzen Jahres rc.; 27. Ausg. Fol. (162 B. u. 1 Stnt.) Hirschberg 845, Krahn. (Leipzig, Hunger.) *

Kleiner, Gfr., die unter so vielen kräftigen Buß-Stimmen in Schwachheit mitrufende Evangelische Prediger- u. Hirten-Stimme: Das ist: erbauliche u. gottselige Betrachtungen über die Evangelia auf alle Sonn-, Fest- u. Feier-Tage des ganzen Jahres rc.; nebst eilf Passions-Betrachtungen über das 26. u. 27. Cap. Matthäi, wie auch einer Kirchweih- u. Christnachts-Erbauung rc. (2 Thle.) 30. Ausg. Hirschberg 854. (Leipzig, Hunger.) Fol. (8 Bl., 547; 84 S. u. 1 Lithogr.) 2 ♃. 15 ngr.

Kleiner, Gfried., die unter so vielen kräftigen Buß-Stimmen in Schwachheit mit rufende evangelische Prediger- und Hirten-Stimme, das ist erbauliche und gottselige Betrachtungen über die Evangelien auf alle Sonn-, Fest- und Feier-Tage des ganzen Jahres; zu Mittheilung heilsamer Lehre, kräftiger Ermahnung und erquickenden Trostes in öffentlicher Gemeine vorgetragen; nebst 11 Passions-Betrachtungen über das 26. und 27. Cap. Matthäi wie auch eine Kirchweih- u. Christnacht-Erbauung. 32. Ausg. 861. — 33. Ausg. Hirschberg 864. (Leipzig, Hunger.) Fol. (X, 631 S. u. 1 Lithogr.) n. 2 ♃ 7½ ngr.

Kleiner, Gfr., die unter so vielen kräftigen Buß-Stimmen in Schwachheit mitrufende evangel. Prediger- u. Hirtenstimme: d. i. erbaul. u. gottsel. Betrachtgn. üb. d. Evangelia auf alle Sonn-, Fest- u. Feiertage d. ganz. Jahres; zu Mittheilg. heilsamer Lehre, kräft. Ermahng. u. erquick. Trostes in öffentl. Gemeinde vorgetragen; nachgehends aber auf Begehren u. Suchen gottſ. Herzen nebst 11 Passions-Betrachtgn. üb. das 26. u. 27. Cap. Matthäi, wie auch e. Kirchweih- u. Christnachts-Erbaug. im Vertrauen auf göttl. Güte dem Druck überlassen. 35. Ausg. Fol. (XVI, 645 S. m. 1 Steintaf.) Hirschberg 874. Actien-Gesellsch. „Bote aus dem Riesengebirge": 7. 50

Kleiner, Gfr., die unter so vielen kräftigen Buß-Stimmen in Schwachheit mitrufende evangelische Prediger- u. Hirten-Stimme: Das ist: erbauliche u. gottsel. Betrachtungen über die Evangelia auf alle Sonn-, Fest- u. Feiertage des ganzen Jahres; zu Mittheilung heilsamer Lehre, kräft. Ermahnung u. erquick. Trostes in öffentlicher Gemeinde vorgetragen; nachgehends aber auf Begehren u. Suchen gottsel. Herzen nebst 11 Passions-Betrachtungen über das 26. u. 27. Capitel Matthäi, wie auch einer Kirchweih- u. Christnachts-Erbauung, in Vertrauen auf göttliche Güte dem Druck überlassen. 36. Ausg. Fol. (XVI, 547 u. 100 S. mit lith. Titel.) Hirschberg 881. Actiengesellschaft „Bote aus dem Riesengebirge". 7. 50

[G.] Die unter so vielen kräftigen Buss-Stimmen in Schwachheit mitrufende Evangelische Prediger- und Hirten-Stimme: Das ist erbauliche u. gottselige Betrachtgn üb. d. Evangelia auf alle Sonn-, Fest- u. Feiertage des ganzen Jahres; zu Mittheilg heilsamer Lehre ... vorgetragen; ... nebst Eilf Passions-Betrachtgn üb. d. 26. u. 27. Capitel Matthäi, wie auch einer Kirchweih- u. Christnachts-Erbauung ... dem Druck überlassen v. Gottfried **Kleiner**, ... Pastor zu Freyburg unter Fürstenstein. 38. Ausg. *Hirschberg: Act.-Ges. 'Bote aus d. Riesengebirge' 1896.* (8 Bl., 547, 100 S., 1 Bildert.) 1 Bd 2. (97. 3031

— evang. Zionsstimme am Sabbath, durch Liederandachten rc. 12. Ebend. (a. Siegert in Liegnitz) 739.

Kleiner, Gtl. Vertraug., Betracht. üb. Politik d. Vorsehung. 8. Lemgo, Meyer. 761.

Kleiner, Gottl., Garten- u. Blumenlust, als e. Buch f. d. Landmann. 8. Hirschb., 1785. Gutsch. — 20

Kleiner, Gtl., Garten- u. Blumenlust, e. Buch f. den Landmann. 8. Hirschb. 786. Gutsch. 10 gr.

— üb. d. Verbindlichk. d. Vollkommenh. Gottes nachzuahmen. 2 Thle. 4. Ebend. 758.

Kleiner, Hedwig, aus Zürich: Über das Verhalten jonen-armer Flüssigkeiten als Kondensatorbelegungen. [Mit 3 Tafeln.] Zürich 1904. 38 S. 8°. [9. XII. 04.]
Zürich. Phil. Diss. II. S. 1904/1905.

Kleiner, Hedwig. Über das Verhalten Jonen-armer Flüssigkeiten als Kondensatorbelegungen. Diss. Phil. [II.] Univ. Zürich. [Mit Figuren und 3 Tafeln.] 38 S. 8. Zürich, Zürcher & Furrer, 1904.

Kleiner, Herbert, Referendar: Die juristische Natur des sogen. Vinkulationsgeschäftes. Borna-Leipzig 1910: **Noske.** VIII, 63 S. 8°
Erlangen, Jur. Diss. v. 22. Juli 1910, Ref. Siber
[Geb. 14. Juni 87 Hermsdorf b. Waldenburg; Wohnort: Friedeberg a. Qu.; Staatsangeh.: Preußen; Vorbildung: Gymn. Schweidnitz Reife O. 06; Studium: Leipzig 1, Bonn 1, Breslau 2, Königsberg 1, Breslau 1 S.; Rig. 16. Juni 10.] [U 10. 716

Führer durch das Zobten-Gebirge. Im Auftr. d. Zobten-Gebirgs-Vereins neu bearb. von Hermann **Kleiner**, Zobten, nebst Beiträgen von Vereinsmitgliedern. 4. verm. u. verb. Aufl. Breslau: Trewendt & Granier 1904. (93 S.) 8° [G.]
[Umschlagt.:] Das Zobten-Gebirge. Mit ill. Führer u. Wegekarte. (05. 4088

[**Kleiner, Jean.**] Nach de erste sechs Woche. Lustspiel in einem Akt von Naej Renielk. 248. 8. Aarau, H. R. Sauerländer & Co., 1903. [fr. —. 50]

Kleiner, Joannes, Schoenenbergo-Turicensis: De medicamentis usitatis contra ascarides praecipue de semine cynae ejusque praeparatis. Tur. (ex offic. Zürch. et Furr.) 1843. 24 S., 2 Bl. 8°.
Zürich, Med. Diss. v. 11. Nov. 1843.

Kleiner, M. Joseph, S. J., An calendarii Gregoriani introductio in postremis Anglorum comitiis ab utraque Curia sapienter decreta sit? (Fasti Gregoriani, perperam ab orbe acatholico pridem rejecti, sapienter ab orbe Anglicano novissime recepti, quando pater P. Michael Froehling S. J. . . . . quaestionem inaug.: „Quibus de causis acatholici calendarium Gregorianum aversentur?" resolvebat.) Mainz (Haeffner's Erb. / Elias Peter Bayer) 10. IX. 1751. 6 Bl., 16 S. (4.—) 18238

Kleiner, Ios., An Liberius Summus Pontifex condemnationi s. Athanasii subscripserit? Expositio critica. Heidelberg, 1765, 4°. 35 S. (mit Disputiersätzen).

—— Antithesis parallela ad Iustini Febronii librum de unione so. dissidentium in religione christiana. Das. 1764, 4°.
Vgl. Backer, a. a. O. V, 373 (1. Aufl.). Dagegen schrieb Ioannes Clericus (Hontheim) „Reflexiones".

Kleiner, Jos., Canon N. et V. Testamenti, duplici antehac dissertatione stabilitus, modo ab adversantium argumentis vindicatus. Dissertatio III. dogmatico-polemica. Heidelberg, 1780, 4°, 42 S.

Dissertatio de canone christianorum. Ebendaselbst, 1772, 4°.

Kleiner, Jos., Dissertatio de canone Hebraeorum. Heidelberg, 1772, 4°.

Kleiner, Ios., Observationes summariae ad Febronii librum singularem. Heidelberg 1764, 4°. Auch deutsch.

Kleiner, J., I—II. de origine et antiquitate, de muniis et praerogativis cardinalium. Heidelb. 1767—68. 4.

Kleiner, Karl, Aphorismen. Was in dem Büchel steht? U. a.: Das Todesurteil d. Philister. (61 S.) kl. 8. Leipzig 908. Verl. f. Literatur, Kunst u. Musik. 2.—; geb. n 3.—

Kleiner, Otto, über die Bescheinigung im deutschen und bayerischen Civil-Prozesse. gr. 8. (131 S.) Regensburg 855, Manz.

Kleiner, Otto, Kommentar zur Civilprozeßordnung für das Deutsche Reich. Nach den Quellen bearb. mit besonderer Berücksichtigung der Gesetzgebung in Bayern, Sachsen u. Württemberg. 1—16. Lfg. gr. 8. (1. u. 2. Bd. 708 u. V, 760 S. u. 3. Bd. S. 1—466.) Würzburg 878—82. Stuber's Verl. n. 39. 20

— die außerordentlichen Civilprozeß-Arten in Bayern diesseits des Rheins. 1. Thl. gr. 8. (XII und 433 S.) Regensburg 855(56,) Manz.

Kleiner, Paul, Entwürfe f. die religiöse Unterweisung der Jünglinge in den kathol. Fortbildungsschulen, nebst Unterweisgn. f. die Jungfrauen in den Sonntagsschulen 12. (XVI, 282 S.) Ravensburg 900. Dorn. n. 2. 25

Kleiner, Rudolf), Med. Prakt.: Aus d. Hyg. Inst. d. Univ. Würzburg. Über die quantitative Bestimmung der Benzolabsorption durch das Tier bei längerer Einatmung. Würzburg 1910: Stürtz. 29 S 8°
Würzburg, Med. Diss. v. 20. März 1910, Ref. Lehmann
[Geb. 2. Juli 82 Dresden; Wohnort: Dessau; Staatsangeh.: Sachsen; Vorbildung: Realgymn. Dresden Reife O. 04; Studium: Leipzig 5, Freiburg i. B. 1, Würzburg 4 S.; Coll. 30. Juni 09; Approb. 27. April 09.] [U 10. 4350

Kleiner's, Salomon, florirendes Frankfurt am Main. Nach den im Besitze des Herrn Th. Voelcker in Frankfurt a/M. sich befindenden Originalzeichnungen des Künstlers vom Jahre 1728 neu hrsg. In natürlicher Größe der Orig.-Zeichnungen. Mit geschichtlicher Einleitung von G. E. Steitz. Photogr. Aufnahme u. Lichtdr. von Gebr. Weisbrod. 3. Aufl. gr. Fol. (8 S. mit 9 Bl. in Lichtdr.) Frankfurt a/M. 878. Keller. 12. —

Kleiner, Salomon. Representation naturelle et exacte de la Favorite de Son Altesse Electorale de Mayence ... Wahrhaffte und eigentliche Abbildung Der ... Chur Fürstlich Mayntzischen Favorita ... nach denen vom ... Salomon Kleiner ... verfertigten Zeichnungen, in Kupfer gestochen und heraus gegeben Auff Kösten und Verlag Ieremiæ Wolffens seel. Erben in Augspurg ... MDCCXXVI [1726].
Tit., 3 Bl. u. 14 Taf. in Kupferst., gest. von J. M. Steidlin, J. A. Delsenbach u. J. A. Corvinus. 4°

Zur Geschichte des Schlosses Feldkirch (Schattenburg) in der Zeit von 1778–1825. Von Viktor **Kleiner**. (Bregenz): Selbstverl. d. Ver. [F. Unterberger in Feldkirch in Komm.] 1906. (35 S.) 8°
— **Veröffentlichungen** d. Vereines f. christl. Kunst u. Wissenschaft in Vorarlberg. II. 1. [08. 10417

(Kleiner, V., Landesarchivar in Bregenz.) Die Kriegsflotte auf dem Bodensee in den Jahren 1799 und 1800. (Aus:) „Katholischer Volkskalender für 1904 Für das Land Vorarlberg.“ 10. Jahrgang. 8. Feldkirch (1904).

Kleinermanns, Jos., die Heiligen auf d. bischöfl. bezw. erzbischöfl. Stuhle v. Köln, nach den Quellen dargest. 1. u. 2. Thl. I. gr. 8. Köln (J. P. Bachem.) n. 4. —
1. D. Heiligen im 1. Jahrtausend. [Größtentheils aus „Kölner Pastoralbl.] (VIII, 184 S.) 896. n. 2. 50
2. I. D. h. Heribertus. [Theilweise Sonderabdr. aus: „Kölner Pastoralbl.“.] (IV, 84 S. m. 1 Siegelabb.) 898. n. 1. 50

Die biblischen Heiligtümer (das Schürztuch, Grabtuch und Schweisstuch unseres Herrn Jesu Christi) in der früheren reichsabteilichen Benedictinerkirche, nunmehrigen Pfarrkirche zu Cornelimünster. Von Dr. theol. Jos. **Kleinermanns**, Pfarrer. Aachen [1907]: Kaatzer. 50 S. 8°
Aus: Aus Aachens Vorzeit. [11. 5870 5

Kleinermanns, Jos., der selige Heinrich, Stifter d. Dominicanerklosters in Köln. Ein Beitrag zur Ordensgeschichte Rheinlands u. Westfalens. gr. 8. (16 S.) Köln (900). K. A. Stauff & Co. — 30

Die h. Irmgardis von Aspel und ihre Beziehungen zu Rees, Süchteln und Köln. Ein Beitrag z. Rhein. Heiligengesch. von Pfarrer Dr. Joseph **Kleinermanns**. *Köln: K. A. Stauff 1900.* (38 S.) 8° [Ä.] [01. 1773 6

Kleinermanns, Jos., der dritte Orden von der Buße des heil. Dominicus. Quellenmäßige Darstellung der Geschichte desselben von der Entstehung bis zur Bestätigung durch die Päpste Innocenz VII. und Eugen IV., nebst einer ausführl. Erklärung der Regel. Zugleich ein Handbüchlein für die Mitglieder des Ordens. 8. (XIV, 450 S.) Dülmen 885, Laumann'sche Verlagsh.
geb. in Leinw. *M 1.75.; in Leder *

KLEINERMANNS, Joseph (Viersen): Der heil. Petrus Damiani, Mönch, Bischof, Cardinal, Kirchenlehrer. In seinem Leben und Wirken nach den Quellen dargestellt.- Steyl: Missionsdruckerei 1882. XXI S.,1 Bl.,258 S.
10.3.1877 - Urk (Titel: De vita S. Petri Damiani.): Chr 1876/77,9
Diss. Ingolst.-Landsh.-Mchn.

Kleinert, Adolf Friedrich

Kleinert, Ad. Fr., über d. Echtheit sämmtl. in d. Buche Jesaia enthalt. Weissagungen. Ein krit. Versuch. 1. Thl. gr. 8. (38¼ B.) Berlin 829, Reimer.

Kleinert, Adolph. Frid.: Theses theologicae. Berolini (1829). (2 Bl.) 4°
Berlin, Theol. Thes. v. 4. Apr. 1829

Kleinert, Arthur: Ein Beitrag zur biologischen Untersuchung von Fleisch- und Wurstwaren. Düsseldorf 1910. 41 S.
Giessen, Vet.-med. Diss. v. 1910.

Kleinert, Chr. W., Ordnung christlicher Lehre. 8. Bremen 763. Cramer. 3 K

Kleinert, Eduard Beitrag zur Kenntnis des Gypsstocks in Wapno. 9 S. Progr. Rg. *Bromberg* 1878.

Kleinert, Eduardus (August Robertus) *(geb. Neiße 18. 1. 1825)*: De J. B. Richteri doctrina. Vratislaviae (1851). (32 S.) 8°
Breslau, Phil. Diss. v. 1. [vielmehr 5.] Nov. 1851

Kleinert, G. O., homöopathische Arzneimittellehre, s. Possart, A.

—— Bibliotheca homoeopathica, s. Bibliotheca, homoeopathica.

Kleinert, G. O., die Diätetik des Kaufmanns. Populäre Darstellung der Gesundheitslehre für das Geschäftsleben. Mit Berücksichtigung des Aufenthaltes in überseeischen Ländern. Ein Rathgeber für Haus u. Geschäft u. ein bequemer Reisebegleiter. Gera 867. Amthor. gr. 8. (IV, 82 S.) n. 15 ngr.

Kleinert, G. O. (II.), Geschichte der Homöopathie. 1—7. Lfg. 8. (S. 1—441 mit 1 Stnt.) Leipzig 861. 62, E. Schäfer. à Lfg. * 10 Ngr. *

—— Katechismus der Homöopathie in Fragen und Antworten. Zur Belehrung für Anhänger der Homöopathie und Allöopathie. 16. (58 S.) Nordhausen 864, Büchting. *

Kleinert, G. O. (I.), der Mönch von Almaraz, s. Ruhl's Miniaturbibliothek.

—— Quellen-Nachweis der physiologischen Arzneiprüfungen. 8. (VII und 144 S.) Leipzig 863, [Dr. Schwabe.]

Kleinert, Gustav: Ueber Stickstoffoxydul als Anaestheticum. Halle 1873: Lipke. 31 S. 8°
Halle-Wittenberg, Med. Diss. v. 12. Aug. 1873
Geb. Chocieszewice (Posen, Kr. Gostyn) 28. 10. 1850. V.

Kleinert, Gustav: Ueber den Streit zwischen Leib und Seele. Ein Beitrag zur Entwicklungsgeschichte der Visio Fulberti. Halle a. S. 1880: Bädeker in Iserlohn. 76 S. 8°
Halle-Wittenberg, Phil. Diss. v. [16. Febr.] 1880
Geb. Iserlohn 27. 12. 1854. V.

Kleinert, J., Gedenkbuch des Krieges von 1870—71. Ein übersichtl. Bild der großen Zeit und ihrer Ereignisse. 16. (IV, 216 S.) Görlitz [Liegnitz] 871, Wollmann's Verlag. 1 —
cart. 1 50

Kleinert, J. Gedenkbuch des Krieges v. 1870—1871. (216) 16. Görlitz 1872. 1.50.

Kleinert, Jul., der Choral von heute und der von ehemals. Ein Votum in Sachen der Choralreform. Mit 1 Noten-Beilage (in gr. 4.) 8. (16 S.) Leipzig 860, Kahnt. *

Kleinert, K. Aufgaben f. das schriftliche Rechnen, s.: Menzel, J.

Kleinert, K., Historien. Bilder interessanter Personen und Ereignisse vergangener Jahrhunderte. Für Jung u. Alt erzählt. Leipzig 856. Falcke u. Rößler. 16. (V, 202 S.) 15 ngr.

Kleinert, Carl, Wolfgang Dietrich von Raitenau, Erzbischof zu Salzburg, im Kampfe mit dem Jesuitismus der röm. Kirche. Eine deutsche Geschichte am Schluß des 16. und bei Beginn des 17. Jahrh. 2 Thle. 1. Aufl. 1870. ℳ 4., und 2. (Titel-) Ausg. 8. (VI, 159; 158 S.) Leipzig 874, Matthes. 2 —

Kleinert, Carl, Wolfgang Dietrich von Raitenau, Erzbischof zu Salzburg, im Kampfe mit dem Jesuitismus der röm. Kirche. 2. Ausg. 8. Leipzig 874, Licht und Meyer.

Kleinert, Karl Erasm. Robert Hamerling, s. Sammlung gemeinverständlicher wissenschaftlicher Vorträge.

Kleinert KE, Rob. Hamerling. (S. wiss. Vortr. NF 89) Hamburg 1889

Kleinert, Karl Ferdinand

— — De arsenico. Diss. med. Lpz. (B. G. Teubner) 10. V. 1825. 47 S. (5.—) 18240

Kleinert, Carl Ferdinand (Glogau/Schles.) u. **Friedr. Julius Siebenhaar** (Goerbsdorf/Laus.), De arsenico atque reagentium in id usu. Diss. physico-chemica. Lpz. (B. G. Teubner) 14. IV. 1824. 37 S. (5.50) 18239
Gew.: Friedrich Gottl. Baerwinkel (Leipzig).
Gew.: Ludwig Herrmann, Carl u. Wilhelm Thieme.

Kleinert, C. F., Cholera, s. Cholera orientalis.

Kleinert, Carl Ferd., allgem. Repertorium d. gesammt. deutsch. med.-chirurg. Journalistik, s. Repertorium, auch Journalistik.

— — De arsenici virtutibus chemicis, medicis et id investigandi methodis. Jena (I. G. Voigt) 1825. 81 S. (6.50) 18241
Enthält den Text der Nummern 18239/40.

Kleinert, L. A., Uebersicht d. Durchmesser u. Verhältnisse d. weibl. Beckens, d. Kindes, so wie d. regelmäss. u. regelwidrigen Kindeslagen. 1 Tab. in Imp.-Fol. Berlin 837, A. Hirschwald. *

Kleinert, Max *Albrecht* [aus Berlin]: Vier bisher ungedruckte Pastorelen des Troubadours Serveri von Gerona. . . . Halle a. S., *Hofbuchdr. R. Kuhn, Berlin*, 1890; 31 S. 8°
Halle, Phil. Fak., Inaug.-Diss. v. [9. Sept.] 1890

Kleinert, Max: Die Spermatogenese von Helix ⟨Tachea⟩ nemoralis und hortensis. Mit 22 Fig. im Text. Jena: Fischer 1909. V, 55 S. 8° ¶ (Aus: Jenaische Zeitschrift f. Naturwiss. Bd 45. N. F. 38, H. 2.)
Jena, Phil. Diss. v. 22. Dez. 1909, Ref. Ziegler
[Geb. 20. Jan. 80 Breslau; Wohnort: Erfurt; Staatsangeh.: Preußen; Vorbildung: Realgymn. am Zwinger Breslau bis O. 98; Studium: Berlin 4, Leipzig 1, Jena 4 S.; Rig. 22. Juli 09.] [U 10. 2349

Kleinert, Moritz (Red.), s. Lehrerzeitung, Allgem. dt.

Kleinert, Mor., die Reform der deutschen Schreibung. Vortrag, auf der 22. Allgemeinen deutschen Lehrerversammlung in Fürth am 23. Mai 1877 gehalten. Zugleich ein Wort der Verständigung an das deutsche Volk über die Bestrebungen des „Allgemeinen Vereins zur Einführung einer einfachen deutschen Orthographie" [Vorort Wiesbaden, Schriftführer F. W. Fricke. Organ Reform (Bremen, Kühtmann)]. 8. (28 S.) Leipzig 877. Klinkhardt. n.n. — 25

Kleinert, Paul, Abriss der Einleitung zum alten Testament in Tabellenform. An Stelle der 3. Aufl. v. Hertwig's Einleitungstab. neu bearb. 4. (115 S.) Berlin 878. G. W. F. Müller. n. 7. —

Kleinert, Paul, der preußische Agendenentwurf. Darlegung u. Erörtergn. [Aus: „Theol. Studien u. Kritiken".] gr. 8. (111 S.) Gotha 894. F. A. Perthes. n. — 80

Kleinert, Paul, vom Antheil der Universität an der Vorbildung für's öffentliche Leben. Rede bei Antritt des Rectorats gehalten in der Aula der Königlichen Friedrich-Wilhelms-Universität zu Berlin am 15. Oct. 1885. Berlin 1885, Buchdr. d. k. Akad. d. Wiss. 4°. 27 S.

Kleinert, P, Augustin u. Goethe's Faust. Vortrag gehalten im evangel. Verein zu Berlin. Berlin 866. Wiegandt & Grieben. gr. 16. (45 S.) n. 6 ngr.

— Schiller's religiöse Bedeutung. Ein Vortrag. Berlin 867. Wiegandt & Grieben. gr. 16. (46 S.) n. 6 ngr.

Kleinert, Paul [z. Z. Rektor der Universität]: Beziehungen Friedrichs des Grossen zur Stiftung der Universität Berlin. Rede zur Feier des 3. Aug. 1886 in der Aula der Friedrich-Wilhelms-Universität gehalten. Berlin, Buchdr. d. K. Akad. d. Wiss. (G. Vogt) (1886): 20 S. 4°.

Kleinert, Paul, Das Deuteronomium und der Deuteronomiker. Untersuchungen zur alttestamentlichen Rechts- und Literaturgeschichte. [= Untersuchungen zur alttestamentlichen Rechts- und Literaturgeschichte. 1. Theil.] Bielefeld und Leipzig 1872.

Kleinert, P., zum Gedächtniß Isaak August Dorner's † den 8. Juli 1884. Rede, bei der Gedenkfeier der theol. Fakultät zu Berlin am 26. Juli 1884 gehalten. gr. 8. (22 S.) Berlin 884, Dobberke und Schleiermacher. *

—— Gedächtnißworte am Sarge von Friedrich Adolf Trendelenburg gesprochen am 27. Jan. 1872. gr. 8. (12 S.) Berlin 872, Weber. * — 40

Kleinert, Paul, s. Hertwig's, O. R., Tabellen.

Kleinert, Paul, Homiletik. (VI, 240 S.) gr. 8. Leipzig 907. J. C. Hinrichs' Verl. 3.—; geb. in Leinw. 3. 80

— Jesus in Verhältniß zu den Parteien seiner Zeit u. zu Johannes dem Täufer. Apologetischer Vortrag. Ebend. 865. 16. (48 S.) n. 6 ngr.

Kleinert, Paul. Zur christlichen Kultus- u. Kulturgeschichte. Abhandlungen u. Vorträge. gr. 8. (III, 329 S.) Berl. 889, Reuther u. Reichard. * 4 50

Zur christlichen Kultus- und Kulturgeschichte. Abhandlungen u. Vorträge von D. Paul **Kleinert**. (2. wohlf. Ausg.) Leipzig: J. C. Hinrichs (1908). (329 S.) 8° [F.] 08. 9035 5

Luther im Verhältniss zur Wissenschaft und ihrer Lehre. Rede bei der Feier der Königl. Friedrich-Wilhelms-Universität zu Berlin zum vierhundertjährigen Gedächtniss der Geburt Dr. Martin Luther's am 9. Nov. 1883 gehalten von Paul **Kleinert**. Berlin 1883. (35 S.) 4° * Am Schluss Verkündigung der Ehrenpromotionen von v. Gossler, Sydow, Frommel, Grell, Pfannenschmidt, Lommatzsch.

Kleinert, P., die revidierte Lutherbibel, s. Sammlung von Vorträgen.

Musik und Religion. Gottesdienst u. Volksfeier. Rückschau u. Ausblick. Von Paul Kleinert. Leipzig: J. C. Hinrichs 1908. (106 S.) 8° [J] [08. 9697

Kleinert, H[ugo] G[uilelmus] Paulus: •De natura notioneque et usu modorum verbi quum omnium Semiticarum dialectorum tum vero verbi Hebraici. 60 S. 4° (2°)
Halle-Wittenberg, Phil. Diss. v. 28. Nov. 1857
Geb. [Vielguth (Kr. Oels) 25. 9. 1837]
Verf. hatte außerdem eingereicht eine Preisschrift: De ratione et ritu sacrificiorum Hebraïcorum etc. — Verf. erlebte die Diplomerneuerung 1907 als D. theol., Oberkonsistorialrat, ordentlicher Professor der Theologie in Berlin.

— die Propheten Obadjah, Jona, Micha, Nahum, Habakuk, Zephanja, s.: Bibelwerk, theologisch-homiletisches.

Die Propheten Israels in sozialer Beziehung. Von D. Paul Kleinert, Prof., Berlin. Leipzig: J. C. Hinrichs 1905. (V, 108 S.) 8° [05. 5554

— der bleibende Ruf Jesu zum Reiche Gottes. Abschiedspredigt, gehalt. in der St. Gertraud-Kirche zu Berlin am 24. Septbr. [15. p. Tr.] 1876. gr. 8. (14 S.) Berlin 876. G. W. F. Müller. n. — 30

Kleinert: Der Prediger Salomo. Uebersetzung, sprachliche Bemerkungen und Erörterungen zum Verständnis.
39 S. – Berlin Fr. W., Progr. 1864.

Kleinert, Paul, Selbstgespräche am Kranken- u. Sterbelager. Hrsg. vom evang. Trostbunde. 8. (96 S. m. Titelbild.) Berlin 896. Verl. d. christl. Zeitschriftenvereins. Geb. in Leinw. n. 2. —; m. Goldschn. n. 2. 50

Kleinert, H[ugo] G[uil.] Paulus (geb. Vielguth bei Oels 25. 9. 1837): XXIII theses theologicae . . . ad licentiati in theologia honores rite obtinendos. Vratislaviae (1860). (2 Bl.) 4°
Breslau, Ev.-theol. Liz.-Thesen v. 15. Mai 1860

—— Untersuchungen zur alttestamentlichen Rechts- und Literaturgeschichte. 1. Thl.: Das Deuteronomium und der Deuteronomiker. gr. 8. (VIII, 268 S.) Bielefeld 872, Velhagen und Klasing. * 3 60

—— Was bleibt? Abschiedspredigt, am 11. Octbr. 1863 in der evangel. Kirche zu Oppeln gehalten. gr. 8. (16 S.) Oppeln 864, Clar's Buchh. *

Kleinert, R.., s. Volkswohlfahrt

Kleinert, Sophie, s.: Khuenberg, Sophie v.

KLEINERTS, A. B., Besen und Mistgrube. I. Abhandlung: Ein Glas Liqueur von Frau Simma und die Geheimnisse der Heiratsanträge. Aus dem Papierkorbe des Peter Kron. Selbstverlag. Druck v. J. C. Fischer & C. in Wien. Lief. 1.
Verboten v. L.-G. Wien 1878. §§ 63, 65, a, b, 300, 305.

Kleinertz, Ferd., die Behandlung der weiblichen Gonorrhoe. (14 S.) gr. 8. Leipzig 904. Verlag der Monatsschrift f. Harnkrankh. n. — 80
Sonderabdruck aus: „Monatsschrift f. Harnkrankh. etc."

Kleinertz, (Karl) Ferdinand (Eduard Arnold Heinrich):
Über einen Fall von rechtsseitiger Wanderniere in Verbindung mit Magenerweiterung und intermittirender Hydronephrose, Würzburg: A. Boegler'sche Buchdr. 1891. 31 S., 1 Taf. 8°
Würzburg, Med. Fak., Inaug.-Diss. v. 1891

Kleinertz, Henricvs (geb. am 2. Dez. 1840 in Köln): De acvto rhevmatismo articvlorvm . . . Bonnae, form. F. Krvgeri (1866). 21 S., 1 Bl. 8.
Bonn, Med. Fak., Diss. v. 2 Juni 1866

Kleinertz, Ludw., unsere Nahrungs- u. Genußmittel, s. Hillger's, Herm., illustr. Volksbücher.

Kleinertz L., unsere Nahrungs- und Genussmittel. (76 S.) (Hillgers Volksbücher 83) Berlin (1907)

Kleinertz, Richard, approb. Arzt aus Euskirchen b. Köln: Aus d. pathol. Institute zu Kiel. Zwei primäre Krebse der Gallenwege. *Kiel 1901: L. Handorff.* (17 S.) 8°
Kiel, Med. Diss. v. [1. Juli] 1901

Kleinfeld, Chr. Ern., De natura curaque ischuriae. Duisb. 4°. 1716

Kleinfeldt, Ernst, a. Metz: Studien am Eisenglanz von Dognacska. Stuttgart: E. Schweizerbart 1907. (325—389 S.) 8° ¶ (Aus: Neues Jahrbuch für Mineralogie Beil.-Bd 24.)
Straßburg, Math.-naturw. Fak., Ref. Bücking, Diss. v. 8. Jan. 1906
[Geb. 12. Dez. 79 Metz; Wohnort: Magdeburg; Staatsangeh.: Preußen; Vorbildung: Oberrealsch. Metz Reife M. 98; Studium: Straßburg 8 S.]

Kleinfeller, A. „Die Definitionen der Ebene und der geraden Linie". pg. 3—7. 4°. Theodor Burger.
Bayreuth, Progr. 1851/52

Kleinfeller, Geo., Amtsrechte, Amts- u. Dienstpflichten, Privilegien, s. a. Darstellung, vergleich., des deutschen u. ausländ. Strafrechts. I.

Kleinfeller, Georg, Amtsrechte, Amts- und Dienstpflichten. Privilegien. Berlin 1908. 6°.
(Vergl. Darstellung d. deutschen u. ausländ. Strafrechts, hrsg. von Karl v. *Birkmeyer* [u. a.] Allg. Tl. Bd 1.)

Kleinfeller, Geo., Beiträge zur Reform d. Zivilprozesses, s.: Festgabe der Kieler Juristen-Fakultät, Albert Hänel dargebracht.

Kleinfeller, Geo., die geschichtliche Entwicklung d. Thatsacheneides in Deutschland. Ein Beitrag zur Geschichte d. deutschen Civilprozessrechtes u. zur Erläutorg. d. § 410 der deutschen Civilprozessordng. gr. 8. (XIV, 320 S.) Berlin 891. C. Heymanns Verl. n. 6. —

Kleinfeller, Geo., die Functionen des Vorsitzenden und sein Verhältnis zum Gericht, dargestellt nach den Justizgesetzen für das Deutsche Reich mit Berücksicht. des französ., italien. und österreich. Rechts. gr. 8. (XVII, 315 S.) München 885, Rieger'sche Universitäts-Buchh. *

KLEINFELLER, Georg (München): Der Gerichtsstand der Widerklage in seiner geschichtlichen Entwicklung und Geltung nach der Civilprocessordnung für das Deutsche Reich.- München: Rieger 1882. 2 Bl., 92 S., 1 Bl.
23.2.1882 - Urk (Titel: De foro reconventionis.); Chr 1881/82,6
Diss.Ingolst.-Landsh.-Mchn.

—— Konkursordnung für das Deutsche Reich etc., für den prakt. Gebrauch erläutert, s. Petersen, J.

Kleinfeller, Geo., Lehrbuch des deutschen Zivilprozeßrechts. Für das akadem Studium. (XVI, 747 S.) gr. 8. Berlin 905. F. Vahlen. n. 12. —; geb. n.n. 13. —

Lehrbuch des Deutschen Zivilprozeßrechts. Für d. akad. Studium. Von Dr. Georg Kleinfeller, Prof. 2. völlig umgearb. Aufl. Berlin: Vahlen 1910. XV, 795 S. 8° [10. 16151 8

—— die bayerische Litteratur über den Vollzug der Freiheitsstrafe im Anschlusse an die gleichzeitige Gesetzgebung. gr. 8. (VI, 80 S.) München 885, Rieger'sche Universitäts-Buchh. *

Die Litteratur des Deutschen Prozessrechts 1884 bis 1894 v. Georg Kleinfeller, Prof. in Kiel. *Leipzig: J. C. Hinrichs 1896.* (52 S.) 8.
= Litteraturbericht, Juristischer, 1884—1894. H. 5.
= Centralblatt f. Rechtswissenschaft. Ergänzgsbd. [96. 8405

—— Die strafrechtlichen Nebengesetze d. Deutschen Reiches, s. Stenglein, M.

—— deutsche Partikulargesetzgebung über Civilprozess seit Rezeption der fremden Rechte und bis zum Ausgang des 18. Jahrhunderts, s. Festgabe zum Doktor-Jubiläum von J. J. W. v. Planck.

— Reform d. Schwurgerichts, s.a. Beiträge z. Reform d. Strafprozesses. I, 4.

Kleinfeller, Georg, Reform des Schwurgerichts. Bericht der Unterkommission. Berlin 1908. 8°.
(Beiträge z. Reform d. Strafprozesses, hrsg. von Franz Adickes, Paul Felix Aschrott u. a. Bd 1, H. 4.)

— das Reichsgesetz betr. die unter Ausschluß der Oeffentlichkeit stattfindenden Gerichtsverhandlungen erläutert, s.a. Gesetzgebung, die, des Deutschen Reiches mit Erläuterungen.

Kleinfeller G. Reichsgesetz betr. die unter Ausschluss d. Offentlichkeit stattfindenden Gerichtsverhandlungen v. 5.4.88 m. Erläut. (Gesetzgeb. d. D. R. III, 5) Erlangen 1888

Kleinfeller, G, Schwurgerichtsvorsitzende, s. Schwurgerichte u. Schöffengerichte.

— s.: Verbrechen u. Vergehen wider die öffentl. Ordnung.

— Das schwurgerichtl. Verfahren u. d. Entwurf e. Strafprozessordnung, s.a. Beiträge z. Reform d. Strafprozesses. I, 6.

Kleinfeller, Georg: Das schwurgerichtliche Verfahren und der Entwurf einer Strafprozessordnung.
Berlin: Guttentag 1909. 80 S. 8°
(Beiträge z. Reform d. Strafprozesses. Bd. 1, H. 6.)

Kleingemälde aus dem menschl. Leben, von Fr. v. Kloß. 8. Meißen, Gödsche. 818.

Klein-Gewehrfeuer, poet., Epigramme, Reimsprüche ꝛc. v. Teutonius Acerbus, Jan Pol, Giovanni Puteolano, K. G. Korte u. W. Jemand. 16. (3½ B.) Iserlohn 833, Langewiesche.

Kleingewerbe, das. Mittheilgn. d. mähr. Gewerbe-Vereines in Brünn f. d. Genossenschaften u. deren Mitglieder. M. d. Beiblättern: „Mährisches Gewerbeblatt“ (12 Nrn.) u. „Mittheilgn. d. mähr. Gewerbemuseums“ (12 Nrn.). Schriftleiter: Alois Naske. 10. Jahrg. 1895. 24 Nrn. (Bog.) gr. 4. Brünn, Verl. d. mähr. Gewerbevereines. n.n. 3. —

— dasselbe. Mittheilgn. des Verbandes mähr. Gewerbe-Vereine u. vieler Gewerbegenossenschaften z. Vertretg. d. Interessen d. Handwerkes u. Kleinhandels, hrsg. v. mähr. Gewerbevereine in Brünn. M. d. Beiblättern: „Mähr. Gewerbeblatt“ (12 Nrn.) u. „Mittheilgn. d. mähr Gewerbemuseums“ (12 Nrn.). Schriftleiter: Alois Naske. 11. u. 12. Jahrg. 1896—1897. à 24 Nrn. (Bog.) gr. 4. Ebd. à Jahrg. n.n. 2. —

— dasselbe. Organ d. Verbandes mähr. Gewerbe-Vereine u. vieler Gewerbegenossenschaften ꝛc. Schriftleiter: Alois Naske. 13. Jahrg. 1898. 24 Nrn. (Bog.) gr. 4. Ebd. n.n.n. 4. —; ohne Beiblätter n.n.n. 2. —

Textkritische und exegetische Beiträge zum astrologischen Lehrgedicht des sogenannten Manilius. Von Dr. Hermann Kleingünther. Leipzig: G. Fock in Komm. 1907. (50 S.) 8° [08. 1700

Kleinguenther, Hermannus, Arnstadiensis: Quaestiones ad astronomicon libros qui sub Manilii nomine feruntur pertinentes. Lipsiae 1905: G. Fock. (59 S.) 8°
Jena, Phil. Fak., Ref. Goetz, Diss. v. 9. März 1906
[Geb. 3. Sept. 65 Arnstadt; Wohnort: Berlin; Staatsangeh.: Preußen; Vorbildung: Gymn. Arnstadt Reife M. 84; Studium: Berlin 4, Jena 7 S.; Rig. 2. Dez. 05.]

Kleinhandel, der. Fachblatt sämmtl. Bedarfsartikel f. d. Klein- u. Hausirhandel. Offiz. Publications-Organ „d. Vereins selbstständ. Händler“ zu Berlin, d. Vereins „Handelsfreund“ zu Wittenberge u. d. „Vereins selbständ. Gewerbetreibender, Markt- u. Messreisender. Sitz Hildesheim“. Red.: A. Brode. 1. Jahrg. Mai 1897—April 1898. 24 Nrn. (à ca. 8 S.) Fol. Berlin, Verl. d. Kleinhandel E. Löwe. n. 3. —
Kann auch vierteljährlich bezogen werden.

Kleinhans, A. (vgl. Kleinhans, Ludwig)

—— Erfahrungen aus dem Gebiete der Hautkrankheiten. gr. 8. (V und 70 S.) Coblenz 862, (Hölscher's Verlag.) *

Kleinhans, A., Haut, Haare und Nägel. Ihre Pflege und Erhaltung, ihre Krankheiten und deren Heilung. Nebst einem Anh. über Kosmetik. 8. (XVI, 164 S. mit 27 in den Text eingedr. Abbild.) Leipzig 871, Weber. * 2 —

Kleinhans A, Haut, Haare u Nägel. (Gesundheitsbücher, Illustr. 6) Leipzig 1871

Kleinhans: Die parasitären Hautaffectionen ..., s.a. Bazin, Ernest

—— die parasitären Hautaffectionen. Nach Bazin's Leçons théoriques et cliniques sur les affections parasitaires bearb. und mit erweit. Zusätzen versehen. Einzig autoris. Ausg. Lex.-8. (IV und 192 S. mit 5 Kpfrt.) Erlangen 864, Enke's Verlag. *

Kleinhans, A., Compendium der Hautkrankheiten. gr. 8. (III und 290 S.) Erlangen 866, Enke's Verlag. *

Kleinhans, Albert (geb. Düsseldorf 16. 5. 1834): De osteotomia subcutanea. Berolini (1855). (30 S.) 8°
Berlin, Med. Diss. v. 15. Aug. 1855

Kleinhans, F., u. J. Veit, die Erkrankungen der Tube, s.: Handbuch der Gynäkologie.

Kleinhans, F. R. Henri (in d. Vita: Heinrich) [app. Arzt aus Bern]: Die allgemeinen Principien der Wundbehandlung nach Heinrich von Mondeville ... Berlin, Buchdr. v. G. Schade, 1895; 30 S. 8.
Berlin, Med. Fak., Inaug.-Diss. v. 6. Dez. 1895

Kleinhans, Ludwig, s.a. Kleinhans, A.

Kleinhans, Ludw., Erfahrungen aus dem Gebiete der Hautkrankheiten. Coblenz 862. Holscher in Comm. gr. 8. (V, 70 S.) n. 10 ngr.

Kleinhans, L., Die parasitären Hautaffektionen. Nach „Bazins leçons théoriques et cliniques sur les affections parasitaires“ bearb. u. m. erw. Zusätzen versehen. Einz. autor. Ausg. Mit 5 Taf. Stuttg. 64. Enke. M. 4. —

— das Kaiser-Franz-Josefs-Bad bei Markt Tüffer in Steiermark. Eine Skizze. Leipzig 860. Hübner. (Werl.) gr. 8. (46 S.) n. 10 ngr.

Kleinhardt, S., praktische Skizzen f. Decorationsmaler. 1. Serie. Fol. (6 farb. Taf.) München (Lindwurmstr. 7) (901). Selbstverlag. n. 8. —

Kleinhart, Jh., Zeichenbuch f. Liebhaber d. freien Handzeichnung. qu. Fol. Prag 783. J. F. Korn in Bresl. 3 ℳ 16 ₰

Kleinhart, J., Zeichenbuch, enth. Landschaftszeichnungen, gestochen v. J. Balzer. m. K. Querfol. Breslau, Korn d. ä. 783.

Kleinhäusler, ein, an die Großgrundbesitzer. gr. 8. (26 S.) Wien 861, Förster's artistische Anstalt.

Kleinheidt: Die Wunder und ihre Beweiskraft. 15 S. --Neuss, Progr. 1862.

Kleinheidt, Ludger, sancti Gregorii episcopi Nysseni doctrina de angelis. gr. 8. (VII und 52 S.) Freiburg im Br. 860, Herder'sche Verlagsh.

Kleinhempel, Christian Gottlieb (Dresden), De duellis secundum mores Germanorum antiquos eorumque jura novissima dissertatio. Präs. D. Georg Stephan Wiesand. Wittbg. (Carl Christian Dürr) 23. XI. 1781. 16 S. (4.—) 18242

— **Christian Theophil** (Dresden), De stabulis, cauponis tabernis et hospitiis mercenariis. Von Gasthöfen, Erb= und Gemeinde=Schencken, Stadt=Kellern, Jahr=Küchen etc. etc. Diss. jur. Präs. Christian Specht. Wittbg. (Ephraim Gottlob Eichsfeld) April 1739. 26 S., tlws. dtsch. (6.—) 18243
Gew.: Georg Christoph Kleinhempel (Vater).

Kleinhempel, E., Anleitung zur Aufstellung v. Monats-Bilanzen m. Nachweis v. Gewinn u. Verlust ohne Inventuraufnahme. (Umschlag: Monatliche Bilanz. Nachweis v. Gewinn u. Verlust ohne Inventuraufnahme. Praktische Anleitung f. alle Fabrik- u. Geschäftsbetriebe, in denen amerikan. Buchhaltung eingeführt ist.) (5 S.) 8. München 904. Seitz & Schauer. n. 1.—

⑧ **Kleinhempel, E.,** Anleitung z. Aufstellung v. Monatsbilanzen. 904. Jetzt: München, Verl.d.ärztl.Rundsch.

Kleinicke, Alfr., modern. Studententum, s.: Ruben, Martha.

Kleinig, J. F., Anleit. zum Landschaftszeichnen. Qu. Fol. Dresd. Beger.

Kleinigkeiten. Frankfurt u. Leipzig [Stuttg.] 1751. V: *Lessing, Gotthold Ephraim.* (EE) (Ky) (Mn)

—(v. Gtthld. Ephr. Lessing). (Die erste Samml. fr. Gedichte.) 8. Stuttg. 750. N. Aufl. 779. Metzler. 6 ℊ

Kleinigkeiten. Berlin 1765. V: *Reckert, Carl Christian.* (Ky) (ML)

Kleinigkeiten. 8. Berlin, Winter. 765.

Kleinigkeiten. O. O. 1768. V: *Campe, Joachim Heinrich.* (StAt) (MGT)

Kleinigkeiten. Helmstädt u. Magdeburg 1768. V: *Rasche, Johann Chph.* (Adel) (Mn) (MGT) (Ky)

Kleinigkeiten, v. Fr. Laun. 16 Bdchen. 8. Leipz. Hartknoch. 814.
Auch unter dem Titel:
Die schwarzen Augen.

— — dass. 26 Bdchen. 8. Ebend. 815.
Auch unter dem Titel:
Die erste Liebe.

Kleinigkeiten, von Fr. Laun. 3 Bdchn. (Auch u. d. Titel: die Reise zur Hinrichtung rc.) 8. Leipz. Hartknoch. 817.

Kleinigkeiten. Aus dem Engl. nach der 11. Aufl. des Orig. 1. Aufl. (VIII und 78 S.) 852, 2. Aufl. 854. und 3. Aufl. gr. 16. (VIII und 80 S.) Bremen 856, Heyse's Verlag.

Kleinigkeiten. Nach dem Englischen. 4. Aufl. Bremen 860. Heyse. 16. (87 S.) 7½ ngr.

Kleinigkeiten. Nach dem Engl. 5. Aufl. 16. (88 S.) Bremen 866, Heyse's Verlag. geb. *
Vgl.: Dinge, kleine.

Kleinigkeiten. 6. und 7. [Ster.-]Aufl. 16. (88 S.) Bremen 870,78, Heyse.] geb. mit Goldschn. *

Kleinigkeiten. Nach dem Engl. 8. (Ster.-)Aufl. 16. (88 S.) Bremen 894. G. A. v. Halem. Geb. in Leinw. m. Goldschn. n. 1.—

Kleinigkeiten. (Gedichtchen. Liedchen. Recitatiönchen.) Von Rideamus. Illustr. v. Paul Krämer. 1.—5. Taus. (79 S. m. 8 Taf.) kl. 8. Berlin (907). Harmonie. 2.50; geb. 3.50

— allerlei, f. fleißige Hände. Eine Anleitg. zu nützl. u. interessanter Beschäftigg. f. Mädchen von 10 bis 14 Jahren. gr. 8. (62 S. m. Abbildgn.) Braunschweig 893. Appelhans & Pfenningstorff. n. — 75

—— allerlei, für kleine Kinder. Bunte Bilder und lustige Reime. 4. (12 S. und 12 ill. Stnt.) Stuttgart 853, Thienemann's Verlag.

—— allerlei, für kleine Kinder. Bunte Bilder und lustige Reime. Neue Ausg. br. 8. (12 ill. Stnt. mit 12 S. Text.) Stuttgart 863, Thienemann. cart.

Kleinigkeiten aus der Brieftasche Peter Roberts, ehedem Geistersehers und Mitglieds des Bundes der schwarzen Brüder, 8. Erfurt, 795. Vollmer, 23 ggl.

— — aus der Brieftasche Peter Roberts, ehedem Geisterseher und Mitglied des Bundes der schwarzen Brüder, nebst Beyträgen zur Empfindsamen Reise nach Schilda. Mit TVign. Thorn 1795. 8⁰. Selten!

Kleinigkeiten aus d. Brieftäsche Peter Roberts, Geistersehers u. Er-Oberen d. schwarzen Brüder, v. Nebmann. 8. Hamb. Vollmer. 796. Rthlr.

Kleinigkeiten im Christenleben. Nach dem Engl. (64 S.) kl. 8. Eisenach (906). B. Eisert & E. Scheibe. n. — 40

— —, Deutsche (Gedichte), von einem ungelehrten Ausländer. Lübeck 1773. 8⁰. (6 gr.)
Chr. Gli. Hertel, Lpz. O. M. Cat. 1773.

— deutsche, von einem Ausländer. 8. Lübeck 783. Iversen. 6 ℊ

— dichterische. 8. Eisenach 792. Wittekind. 6 ℊ

Kleinigkeiten, dramat., s. a. Kästner, A. Th.

Kleinigkeiten, Dramatische. Leipzig 1783. V: *Wall, Anton (= Chn Lebrecht Heyne).* (GGr) (Ky)

Kleinigkeiten, Dramatische, nach dem Französischen frei bearbeitet. Leipzig 1804. V: *Franke (Francke), Chn Wilhelm.* (MGT) (Ky) (GGr)

Kleinigkeiten, dramatische, aus dem Frz. 8. Lpz. Kühn. 804.

Kleinigkeiten, Dramatische, oder drey Lustspiele für Liebhabertheater. Schleiz [1805]. V: *Wagner, Johann Jacob.* H: *Falkenstein, Friedrich Aug. von.* (MGT) (Ky) (GGr)

— dramatische, oder 3 kleine Lustspiele für Liebhabertheater, (von Jh. Jak. Wagner III), herausg. (von F. A. v. Falkenstein). (Die Jagd zu Schönthal. — Wilhelmsruh, oder d. gute Sohn. — Die Ueberraschung). 8. Schleiz 805. (Leipz., Rein). 1 ß

Kleinigkeiten, dramatische, und Gelegenheitsgedichte, v. A. Klingemann, gr. 8. Braunschw. Meyer. 817. -

Kleinigkeiten, Geanders von der Ober-Elbe poetische. Dressden u. Leipzig 1729. 2. Aufl. 1753. V: *Müldener, J. Chr.* (GGr)

— grammatikalische. 8. Berl. 801. Braun. 2 ℋ

— historische. Enthalt.: von den Ordalien, von dem Todaustreiben, von dem Vehmgerichte, von dem Recht der alten Junggesellen. Einfalt der Sitten. Geschichte der Spruchsprecher. Ursprung des Johannesfeuers. Strafgesetze wider den Ehebruch. Sonderbare Fastnachtsgebräuche. 8. Prag 797. Herrl. (Joachim in Leipz.) 12 ℋ

— histor., od. Darstellung verschiedener Sitten u. Gebräuche der Alten. Mit 1 Kpf. 8. Prag 827. (Central-Exp. in Lpz.) 14 ℋ

— histor., od. Gemälde der Vorzeit. Mit 1 Kpf. Prag 828. v. Mayregg. 12 ℋ

Kleinigkeiten, Kameralistische, von H***. Frankfurt 1768 [1769]. V: *Hofmann, Gottlieb Benedict von.* (Ky) (MGT)

— kameralistische, v. H*** (G. B. v. Hofmann.) 1r Thl. 8. Frkf. 769. Zimmermann. 4 ℋ

Kleinigkeiten für unsere Kinder. Neue Ausg. Leipzig 1829. V: *Löhr. Joh. Andr. Chn.* (Ky)

— für unsere Kinder, (v. J. A. C. Löhr). Neue Ausg. Mit 12 Kpf. br. 8. Leipz. 829. Leo. 2 ß

— von u. üb. unsre Leut'. Mit 2 ill. Kpf. 8. Berl. ... Buchheister. 10 ℋ

— lyrische. Von **** 1. u. 2. Aufl. Oppeln 854. Clar. 16. (40 S.) n. 5 ngr.

— medicinische, s. a. Krebs, F. Chr.

Kleinigkeiten, Medicinische. Leipzig 1781. V: *Krebs, Friedrich Christian Carl.* (Call) (ML)

— moralische; aus d. Französ. 8. Lpz. 755. Breitkopf u. H. 5 ℋ

Kleinigkeiten, Moralische, aus dem Schoosse der alleinseligmachenden Kirche. Zürich 1879. V: *Voss, Richard.* (Cat. d. Stadtbibl. Zürich. Zürich 1864—97.)

Kleinigkeiten, moralische, aus d. Schooße d. alleinseligmachenden Kirche. Den wackeren Männern erzählt, so da lieber wissen, statt glauben. In-8°, 111 S. Zürich, Verlagsmagazin. 1879. 1 50

Kleinigkeiten, Neue politische. Frankfurt a. M. 1767. V: *Creutz, Friedrich Casimir Carl Freih. v.* (Ky) (ML)

— neue politische, (v. F. K. K. v. Creuz). 8. Frankf. a. M. 767. Varrentrapp. 1 ß

— — poetische. Aus verschiedenen Literaturen gesammelt und übertragen von Friedr. Ruperti. 8. (127 S.) Bremen 853, Hampe. *

— poetische, s. a. Ruperti.

— —, Prosaische und Poetische. (Vorber. unterz. S.) Danzig, 1762. Bey Dan. Ludw. Wedeln, Buchhändlern. 8°. 3 Bll., 198 S. (In Berlin: an Yl 6981; Yz 5031, mit Beibd.; auch in Danzig, Stadtbibl.)

— prosaische u. poet. 8. Danzig 762. (Jacobäer in Leipz.) 10 ℋ

Kleinigkeiten, Siebenbürgische. Koburg 1757. V: *Seivert, Joh.* (ML) (Trausch) (WBL)

— einige theatralische, nebst mehr. Beyl. z. angen. Lektüre. 8. Frankf. Herrmann. (Gräff, Lpz.) 779.

Kleinigkeiten, Einige theatralische. Leipzig 1779: (Wienbrack). 8°

Kleinigkeiten, Troppauer, eine Wochenschrift (hrsg. von dem berüchtigten Johann Friedel). Troppau 1777. Sehr selten!
Anon.-Lex. II. p. 364 (nach Meusel).

— v. großem Werthe, s. a. Antwort eines alten Pfarrers.

Kleinigkeiten von grossem Werthe. Sammlung religiöser Aufsätze. Landshut u. Regensb. 1834—42. H: *Blum, Georg.* (Th) »1831—34« (Schmal)

Kleinigkeiten von großem Werthe. Eine Samml. religiöser Aufsätze, welche auf d. jetzige Zeit passend, u. von großem Nutzen sind ꝛc. 1. u. 2. Bdchn. — A. u. d. T.: Antwort e. alten Pfarrers, auf d. Frage e. jungen Geistlichen, wie er sich bei jetzigen Zeiten zu verhalten habe. Ein Amulet f. junge Seelsorger, die sich vor schädl. Ansteckung fürchten. Aus d. Vergessenheit hervorgezogen u. mit neuen Zusätzen vermehrt. 1. u. 2. Bdchn. 8. Landshut. [Regensburg, Manz.] [1. (4¼ B.) 831., 2. (5½ B.) 833. à 6 Gr.]

Kleinigkeiten von großem Werthe. Eine Sammlung religiöser Aufsätze rc. Herausg. von dem Verfasser der „Schritte zur vollkomm. Liebe Gottes" rc. 1s u. 2s Bdchn. A. u. d. T.: Antwort eines alten Pfarrers auf die Frage eines jungen Geistlichen, wie er sich bei den jetzigen Zeiten zu verhalten habe. Ein Amulet für junge Seelsorger, die sich vor schädl. Ansteckung fürchten. (1s Bdchn. 2e verb. u. verm. Aufl.) 8. Regensburg u. Landshut 836 u. 833. Manz. (à 1/4 ℛ) 1/2 ℛ — 3s Bdchn. A. u. d. T.: Schreiben eines alten Pfarrers an einen jungen Theologen über die Pflichten eines Seelsorgers. Mit neuen Zusätzen aus mehreren hieher passenden Schriften verm. von demselben Verfasser. 3s Bdchn. gr. 12. Ebd. 834. 1/4 ℛ — 4s Bdchn. A. u. d. T.: Antwort rc. auf d. Frage: „Soll ich ein Mönch werden?" 2e Ausg. 8. Ebd. 837. 1/4 ℛ — 5s Bdchn. A. u. d. T.: Einige Worte über die Frage: Sollte man nicht in unserer aufgeklärten Zeit die heilige Messe in deutscher Sprache lesen? Aus einer ältern Schrift auf's Neue beantwortet, mit einigen Zusätzen verm. herausg. von dem Verf. rc. 8. Ebd. 837. 1/4 ℛ (1—5: 1 1/4 ℛ)

Kleinigkeiten von großem Werthe. Eine Samml. religiöser Aufsätze rc. Hrsg. v. d. Verf. d. „Schritte z. vollkomm. Liebe Gottes." 1., 2., 4. u. 5. Bdchn. 8. Regensburg, Manz. à 1/4 Thlr. Thlr.

A. u. d. Titln.:

Bdchn. 1., 2. Antwort ein. alten Pfarrers auf d. Frage ein. jung. Geistlichen, wie er sich bei jetzigen Zeiten zu verhalten habe. Ein Amulet f. junge Seelsorger, die sich vor schädl. Ansteckung fürchten. 1. u. 2. Bdchn. 2., verb. u. verm. Aufl. (4 1/2 u. 5 1/2 B.) 836, 41.

Kleinigkeiten aus dem Gebiete d. Witzes, der Laune u. Satyre. 8. Leipz. ... Central-Compt. 3 ℛ

— aus dem Gebiete des Witzes, der Laune u. der Satyre. 2 Bde. 8. Leipz. Joachim. 815.

Kleininger, Andreas, gepr. Rechtspraktikant a. Augsburg: Gewerkschaft und Vereinsrecht. Augsburg [1908]: Th. Lampart. (X, 105 S.) 8° [F.]

Würzburg, Jur. Fak., Ref. Piloty, Diss. v. 21. Juli 1908

[Geb. 11. Jan. 81 Augsburg; Wohnort: Augsburg; Staatsangeh.: Bayern; Vorbildung: Gymn. Augsburg Reife Juli 00; Studium: München 8 S.; Rig. 27. Mai 08.]

Kleinjogg. [Zürich] 18??. V: *Gujer, Jac.* (Cat. d. Stadtbibl. Zürich. Zürich 1864—97.)

Kleinjung, G., Geometrie für gehobene Volksschulen, Mittelschulen, höhere Töchterschulen, Präparanden-Anstalten u. Lehrerinnen-Seminare. Ausg. für Lehrer. 8. (79 S. m. eingedr. Abbildgn.) Köln 878. Leipzig, Reißner. n. — 80; Ausg. für Schüler. (40 S. mit eingedr. Abbildgn.) n. — 35

Kleinjung, Gust., Festklänge f. vaterländische Gedenktage. I. Der große Kurfürst. Volksschauspiel in 5 Bildern. II. Gedichte. 8. (90 S.) Leipzig 891. J. Baedeker. n. 1. 50

Festlied zum 30. Jan. 1892. [Unterz.:] [Gust.] **Kleinjung.** [Köln 1892: Breuer.] 1 Bl. 8⁰ [Kopftit.]

Ohne Noten: „Brüder ihr im trauten Kreise, . . ." 430.

Hoch Minerva-Rhenana! [Unterz.:] [Gust.] **Kleinjung.** [Köln] o. J. 1 Bl. 8⁰ [Kopftit.]

Ohne Noten: „Aus Zeus, des Göttervaters, Haupt mit blankem Schwert und Schild . . ." 140.

Hoch Minerva-Rhenana! Weihelied. [Unterz.: Gust.] **Kleinjung.** [Köln] o. J. 1 Bl. 8⁰ [Kopftit.]

Ohne Noten: „Seid gegrüsst in heit'rer Runde, . . ." 140.

Hoch Minerva Rhenana! [Unterz.:] **Kleinjung.** [Köln o. J.: Du Mont-Schauberg.] 1 Bl. 8⁰. [Kopftit.]

„Seid gegrüsst in heitrer Runde . . ." 21.

Zum Johannisfest. [Unterz.:] [Gust.] **Kleinjung.** [Köln] o. J.: [Breuer]. 1 Bl. 8⁰ [Kopftit.]

[Dasselbe.] Cöln o. J.: Breuer. 1 Bl. 8⁰

Ohne Noten: „Wie traulich klingt der Brudergruss . . ." 430.

—— Konradin, der letzte Hohenstaufe, oder Liebe u. Rache. Trauerspiel in 5 Aufzügen. Gedichte. 8. (112 S.) Ebd. 892. * 1 50

Konradin der letzte Hohenstaufe oder Liebe u. Rache. Trauerspiel in 5 Aufz. (Gedichte.) Von Gustav **Kleinjung.** Leipzig: Baedeker 1893. 102 S. 8° [10. 5370

Unsere Losung zum 27. Jan. 1895. [Unterz.:] [Gust.] **Kleinjung.** [Köln 1895.] 1 Bl. 8⁰ [Kopftit.]

„Hie alter und hie neuer Kurs! so tönt es her und hin." 3.

Ein Maurer-Symbol. [Unterz.:] [Gust.] **Kleinjung.** [Cöln 1892: Breuer.] 1 Bl. 8⁰ [Kopftit.]

Gedicht: „Die Säule trägt und schmückt das Haus, das unsre Kunst erbaut." 140

Dem l. Br.·. Mertke zum 25-jährigen Jubelfeste am 4. Okt. 1894. [Unterz.:] [Gust.] **Kleinjung.** [Köln 1894.] 1 Bl. 8⁰ [Kopftit.]

Ohne Noten: „Zog daher aus fernem Lande . . ." 430.

Zur Mozartfeier der □ Minerva-Rhenana in Köln am 5. Dec. 1891. [Unterz.: Gust.] **Kleinjung.** Köln [1891]: Fuhrmann. 1 Bl. 8⁰ [Kopftit.]

Ohne Noten: „Herbei, herbei zu trautem Bruderkreis!" 430.

Drei vaterländische Schauspiele von Gustav **Kleinjung.** 1. Friedrich Wilhelm I. u. d. Thorschreiber. 2. Die Rache d. Edlen. 3. Das goldne Haar. Leipzig: J. Baedeker 1892. (106 S.) 8° [F.]

Dem lieben Br. Osmar Schulz zum Abschiede. [Unterz.: Gust.] **Kleinjung.** [Köln] o. J.: [Breuer]. 1 Bl. 8⁰ [Kopftit.]

Ohne Noten: „Was soll die grosse Bowle dort?" 140.

Goldne Zeit. [Unterz.:] [Gust.] Kleinjung. [Köln] o. J.: [Du Mont-Schauberg]. 1 Bl. 8⁰ [Kopftit.]
Lied ohne Noten: „Deutsche Maurer grüssen wieder . . .“ 140.

Kleinkemm, Hugo: Die Insel Texel. Mit 1 Karte u. 3 Kurventaf. Giessen 1910: v. Münchow. 102 S. 8⁰
Gießen, Phil. Diss. v. 21. Jan. 1910, Ref. Sievers

KLEINKINDER IN DER GROSZSTADT. Zur Neubelebung eines alten Wohlfahrtszweiges. Deutsche Zentrale für Jugendfürsorge. E. V. (Berlin. Druck: Buchdruckerei Gutenberg (Fr. Zillessen).) kl. 8°.

Kleinkinder in der Großstadt. Z. Neubeleb. e. alten Wohlfahrtszweiges. (Berlin 1910.) 8°

Klein-Kinder-Bilderbuch. –

—— Ein buntes Allerlei für die ersten Kinderjahre. Nach Zeichnungen von Leonh. Diefenbach. gr. 4. (12 Chromolithogr.) Stuttgart 872, Thienemann. geb. 3 —

—— la petite galerie d'images. — Der kleine prentenzaal. — The little Picture Gallery. hoch 4. (12 color. Stnt. auf Carton.) Ebendas. 873. geb. (M 1,40.) 1 60

Klein-Kinder-Bilderbuch. 8. (8 S. mit 4 color. Stnt.) Stuttgart 873, Risch. [Eger und Distler.] cart. — 15

Kleinkinderbücher, neue, Nr. 1—3. 8. Bielefeld 839, Velhagen u. Klasing. à ⅙ Thlr.
Nr. 1. Großmutter Spitzkinn u. ihr Hündchen. 8. (1 B. u. viele ill. Bilder.)
» 2. Frau Großnase u. ihr Kätzchen. (1 B. u. viele ill. Bilder.)
» 3. Der Schmetterlinge Schützenfest. (1 B. u. viele ill. Bilder.)

Klein-Kinderfreund. 36 (lith. u. color.) Taf. aus Bohny's Bilderbuch auf Cartonpapier. gr. 4. Eßlingen 875. Schreiber. n. 6. —

Kleinkinderfreund. 18 Bildertaf. in Farbendr. auf Kartonpap. m. Abbildgn. verschiedenart. Gegenstände. Fol. Eßlingen (899). J. F. Schreiber. Geb. n. 4. —

Kleinkindergarten. Nr. 1—40. gr. 16. (à ca. 16 S. m. 1 Farbdr.) Berlin, Schriftenvertriebsanstalt. à —05

Inhaltsübersicht in alphabetischer Ordnung:

Baltin, E., d. hl. Christ. Eine Weihnachtsgeschichte. 896. (Nr. 21.)
— Christbäumchen. E. Weihnachtsgeschichte. 896. (Nr. 20.)
— vor Weihnachten. Eine Weihnachtsgeschichte. 896. (Nr. 19.)
Christen, A., der Kanarienvogel. Erzählg. 897. (Nr. 26.)
— d. Nelkenbeet. Erzählg. 897. (Nr. 27.)
Dahnow, M., Engelhut. Drei Bilder aus e. Kinderleben. 899. (Nr. 40.)
— Marthas erster Erwerb. 898. (Nr. 32.)
Frank, G., d. goldene Hochzeit. Erzählg. 897. (Nr. 29.)
Frohmut, M., unter der Linde. Eine Waldgeschichte. 897. (Nr. 34.)
Grube, Erik, auf d. Dorfstraße. 897. (Nr. 23.)
— die Christrose. Eine Weihnachtsgeschichte. 895. (Nr. 11.)
— Nina, das Negerkind. Eine Kindergeschichte. 896. (Nr. 16.)
— Osterblumen. Ein Ostermärchen. 895. (Nr. 6.)
— Passionsblumen. 897. (Nr. 25.)
Grube, Erik, eine Spatzengeschichte. 897. (Nr. 24.)
Hagen, M., ein Unglückstag. Mit Erlaubnis der Society for Promoting Christian Knowledge d. Engl. nacherzählt. 896. (Nr. 17.)
Haldy, Hans, d. Fahrt wider Willen. 896. (Nr. 18.)
Himmelmann, Luise, Sonnenstrahlen. 899. (Nr. 38.)
— Ules Geheimnis. 899. (Nr. 37.)
Holz, Lina vom, das schönste Weihnachtsgeschenk. (14 S.) 899. (Nr. 36.)
Manteuffel, E., Prinzessin Ilse. Erzählg. 896. (Nr. 14.)
— Trudchens Sommerfrische. Erzählg. 896. (Nr. 12.)
— die Zigeuner. Erzähl. 895. (Nr. 13.)
Mayer-Bergwald, Anna, Bergfahrten. 897. (Nr. 28.)
— das Wald-Liserl. Erzählg. 896. (Nr. 22.)
Roos, Mathilde, Vater unser! Autor. Uebersetz. aus d. Schwed. 897. (Nr. 30.)
Rothschütz, Th., Friedel. Erzählg. 895. (Nr. 5.)
— die roten Nelken. Erzählg. 895. (Nr. 10.)
— der Sohn d. Teichwärters. Erzählg. 895. (Nr. 9.)
Sitwell, A., das kleine Haus. Erzählg. 896. (Nr. 15.)
Svala, Ellen, d. Weihnachtsstern. 897. (Nr. 33.)
Wiebcke, S., Walter, der kleine Hitzkopf. 897. (Nr. 31.)
Witt, J. de, Käthchens erstes Schulfest. (16 S.) 899. (Nr. 35.)
Wolfgang, Emilie, der blinde Anton. Erzählg. 895. (Nr. 1.)
— Gerettet. 899. (Nr. 39.)
— das verirrte Kind. Erzählg. 895. (Nr. 3.)
— Kriegers Abschied u. Heimkehr. Erzählg. 895. (Nr. 7.)
— der Lebensretter. Erzählg. 895. (Nr. 2.)
— der verlorene Ring. Erzählg. 895. (Nr. 4.)
— der schwarze Siegfried. Erzählg. 895. (Nr. 8.)

Kleinkindergarten. Nr. 41—58. gr. 16. (Mit je 1 Farbdr.) Berlin, Schriftenvertriebsanstalt. à — 05

41. Wie der Weihnachtsbaum in die Welt kam. Erzählung. Von Karl W. Gawalowski. (16 S.) 900.
42. Im Schnee. Erzählung. Von G. Frank. (16 S.) 900.
43. Fifi. Erzählung. Von Luise Himmelmann. (16 S.) 900.
44. Wie e. Büblein das Lesen lernte. Erzählung. Von Luise Himmelmann. (16 S.) 900.
45. Ehre Vater u. Mutter. Erzählung. Von Luise Himmelmann. (15 S.) 900.
46. Mariannes Traum. Erzählung. Von Luise Himmelmann. (16 S.) 900.
47. Evchens letzte Puppe. Erzählg. Von A. Christen. (16 S.) 901.
48. Auf d. Eisbrecher. Erzählung. Von A. Christen. (16 S.) 901.
49. Die alte Gemüsefrau. Erzählung. Von Erica Grupe-Lörcher. (16 S.) 901.
50. Tante Majas Erzählung. Erzählung. Von Mathilde Roos. (Autoris. Uebersetzg. aus dem Schwed.) (16 S.) 901.
51. Ein erfüllter Wunsch. Erzählung. Von Mathilde Roos. (Autoris. Uebersetzg. aus dem Schwed.) (16 S.) 901.
52. Das Bärble vom Schwarzenberg. Erzählung. Von E. Wolfgang. (15 S.) 901.
53. Treu um Treue. Erzählung. Von E. Wolfgang. (16 S.) 901.
54. Ein seliges Weihnachtsfest. Erzählung. Von E. Wolfgang. (16 S.) 901.
55. Hänschen Tierquäler. Von E. Grupe-Lörcher. (16 S.) 901.
56. Himmelsschlüssel. Von Erica Grupe-Lörcher. (16 S.) 901.
57. Maidis Weihnachtsgeschenk. Von Erica Grupe-Lörcher. (16 S.) 901.
58. Klein Viks Abenteuer am Weihnachtsabend. Von Vict. Rydberg. (16 S.) 901.

Kleinkindergarten, Fortsetzg., s. Kindergarten.

Klein-Kinder-Gottes-Märchen, ein, allen frommen Kindern und denen, die es werden wollen, mitgetheilt von Einer, die es wußte, und mit 5 anmuth. Bildern geziert von ihrer Schwester. gr. 8. (57 S.) Augsburg 886, Literar. Institut von Dr. M. Huttler. * 1 20

Klein-Kinder-Liederbuch. 150 Gedichte und Lieder, Gebete, Verschen, Glückwünsche 2c. 16. (VIII und 106 S.) Dresden 867, Bock's Verlag.

Kleinkinderpflege, d. christl. Monatsschrift f. Kleinkinderlehrerinnen u. Freunde d. christl. Kleinkinderschule, sow. f. d. Erziehg. im christl. Haus. Red.: Johs. Hübener. 4. Jahrg. 1896. 12 Nrn. (à ca. 6 S. m. Abb.) gr. 8. Dresden (Niederlage z. Verbreitg. christl. Schriften). n.n. 1. 50

— dasselbe, s. a.: Kleinkinderschul-Blatt, sächsisches.

— dasselbe. 5. u. 6. Jahrg. 1897—1898. à 12 Nrn. (à ca. 6 S. m. Abb.) gr. 8. Ebd. à Jahrg n. 2. —

Kleinkinderpflege, die christliche. Monatsschrift für Kleinkinderlehrerinnen u. Freunde der christl. Kleinkinderschule, sowie für die Erziehg. im christl. Haus. Red.: Johs. Hübener u. i. V.: J. Gehring. 7.—10. Jahrg. 1899—1902. à 12 Nrn. gr. 8. (à ca. 8 S.) Dresden, Bleyl & Kaemmerer. à Jahrg. n. 1. 50

Kleinkinderpflege, die christliche. Monatsschrift f. Kleinkinder-Lehrerinnen, sowie f. die Erziehg. im christl. Haus, hrsg. unter Mitwirkg. v. Boeckh, Anna Borchers, Karl Fliedner u. a., v. Joh. Gehring. 11.—14. Jahrg. 1903—1906. à 12 Nrn. (IV, 104; IV, 104; IV, 132 u. IV, 160 S.) gr. 8. Dresden, Bleyl & Kaemmerer. à Jhrg. n. 1. 80

Kleinkinderpflege, die christliche. Monatsschrift f. Kleinkinderlehrerinnen, sowie f. die Erziehg. im christl. Haus. Unter Mitwirkg. v. Boeckh, Anna Borchers, Karl Fliedner u. a. Hrsg. v. Joh. Gehring. 15.—18. Jahrg. 1907—1910. à 12 Nrn. (IV, 184; IV, 168; IV, 148, u. IV, 152 S.) gr. 8. Dresden, Bleyl & Kaemmerer.
1907—09 à Jahrg. 2.40; 1910 2. 45

Kleinkinderschul-Blatt, sächsisches. Zeitschrift f. Kleinkinderlehrerinnen u. Freunde der christl. Kleinkinderpflege. Red.: Johs. Hübener. 1. u. 2. Jahrg. 1893. 1894. à 6 Nrn. (à ca. ½ Bog.) gr. 8. Dresden, (Niederlage zur Verbreitg. christl. Schriften). à Jahrg. n. 1. —

Kleinkinderschul-Blatt, sächsisches. Zeitschr. f. Kleinkinderlehrerinnen u. Freunde d. christl. Kleinkinderpflege. Red.: Johs. Hübener. 3. Jahrg. 1895. 6 Nrn. (à ca. 6 S. m. Abb.) gr. 8. Dresden (Niederlage zur Verbreitg. christl. Schriften.) n. 1. —

— dasselbe, Fortsetzg., s.: Kleinkinderpflege. d. christl.

Kleinkinderschulbote. (Die christl. Kleinkinderschule.) Red.: Th. Hoppe 4.—7. Jahrg. 1895—1898. à 6 Nrn. (à ca. 8 S.) gr. 8. Nowawes, Verlag d. Oberlinblattes. à Jahrg. 1. —

Kleinkinderschule, Die christliche. Herausg.: J. Boegehold. Jhg. 1. 1870. — Red.: Engelbach, Gräve u. A. Jhg. 2—6. 1871—75.

—, — — Zeitschrift für christliche Kleinkinderpflege und Erziehung in Schule und Haus. Red.: F. Ranke u. Röhricht. Jhg. 7—11. 1876—80. — Red.: T. Hoppe. Jhg. 12—14. 1881—83. Forst-Leipzig. 8.

Später: Oberlin-Blatt.

Kleinkinderschule, die christliche. Zeitschrift für christl. Kleinkinderpflege u. Erziehung für Schule u. Haus. Herdg.: Johs. Boegehold. 1. Jahrg. 1870. Leipzig, 870. (Bredt.) 4. n.n. 25 ngr

Kleinkinderschule, die christliche. Zeitschrift f. christl. Kleinkinderpflege u. Erziehg. f. Schule u. Haus. Red.: Engelbach, Gräve u. Weikert. 2—7. Jahrg. 1871—1876. à 12 Nrn. (1½ B.) 4. Leipzig, Bredt in Comm. à Jahrg. n. 2. —

Kleinkinderschule, die christliche. Zeitschrift für Erziehung in Haus u. Kleinkinderschule u. für Gemeinde-Diakonie. Red.: Fr. Ranke u. Röhricht. 8—11. Jahrg. 1877—1880. à 12 Nrn. (1½ B.) hoch 4. Forst. Leipzig, Bredt in Comm. à Jahrg. n. 2. —

— dasselbe. Red.: Th. Hoppe. 12. u. 13. Jahrg. 1881 u. 1882. à 12 Nrn. (1½ B.) hoch 4. Nowawes. Ebend. à Jahrg. n. 2. —

Kleinkinderschule, die christliche. Zeitschrift f. Erziehg. in Haus u. Kleinkinderschule u. f. Gemeinde-Diakonie. Red.: Th. Hoppe. 14. Jahrg. 1883. 12 Nrn. (1½ B.) hoch 4. Nowawes. (Leipzig, Bredt.) n. 2. —

Kleinkinderschule, die, zu Heidelberg. 8. Heidelberg 839, K. Winter.

Kleinkinder-Schulen, für, und Kinderstuben (von K. Gratz). 12. Karlsruhe 837. Groos. ⅙ ₰

Kleinknecht, A., Gedanken von den Kirchweihen. Ulm 1731. 8.

Kleinknecht, [Albert]: Philosophische Propädeutik und Faustlektüre. 17 S., 1 S. ungez. 4.

Kgl. Realgymn., Kgl. Oberrealschule u. Elementarschule Progr. Göppingen 1910 (826).

I. Die philosophischen Systeme, die Goethes Weltanschauung beeinflußten. II. Die eigene Weltanschauung Goethes, wie sie besonders im Faust sich darstellt.

Kleinknecht, [Albert]: Philosophische Propädeutik und Faustlektüre. Göppingen (1910): Müller. S. 1—17. 4°

Göppingen, k. RG, OR u. Elementar-S P 1910 (826) [S 10. 222

Kleinknecht, Alfred [pr. Arzt aus Markirch (Ob.-Els.)]: Beitrag zur Frage der Mischinfection bei Puerperalerkrankungen. Aus d. Frauenklinik u. aus d. bakteriolog. Abtheilg d. Laboratoriums d. medicin. Klinik d. Univ. ... Strassburg i. E., Buchdr. C. Goeller, 1895; 64 S. 8.

Strassburg, Med. Fak., Inaug.-Diss. v. 1895

Kleinknecht, Fr. Er. Wilhelm Georg

Kleinknecht, F. E. W., Anweisung z. perspektivisch. Zeichnen, oder Lehre von d. Konstruktionen fur Kunstschulen und Kunstfreunde. 4. Ansbach, Gassert. 819.

Kleinknecht, Fr. Er. Wilh. Geo., († 1824.) Anweisung zur perspektivisch. Zeichnung, oder Lehre von der Construction für Kunstschulen u. Kunstfreunde. Mit 23 Kpf. 4. Ansb. 820. Gassert. 1 ₰ 8 K

Kleinknecht, Hilmar, über idiopathische Herzhypertrophie. Inaugural Dissertation. gr. 8. (28 S.) Jena 882, (Neuenhahn.)

Kleinknecht, Carl Friedrich Adolf (Schildau), De raro quodam peritonitidis eventu. Diss. med. Halle (Ploetz) 12. X. 1849. 32 S. mit Biogr. (M.: J. Ch. Pabst.) (3.—) 18244

Oppon.: H. Boettger, Fr. Meier. — Gew.: Gustav Hertzberg. — Krankengesch. d. Friedrich Koch (Paderborn).

Kleinknecht, Konrad Daniel

Kleinknecht, Conr. Dan., evang. luther. Bibelfreude. 8. Ulm, Bartholomäi. 735.

Kleinknecht, Konr. Dn., († d. 11. Juli 1753.) immerquellender Brunnen täglicher heil. Andachten. Mit Kpf. 12. Ulm 3e A. 735. 4e A. 751. Bartholomäi. 6 K

— gute Exempel f. die Jugend rc. 8. Augsburg, Klett. 743.

— des himmlischen Salomons erquickliches Liebesmahl, od. Vorbereitung zum Tisch des Herrn. 12. Ulm 728. 732. 737. 740. 778. Neueste Ausgabe 791. Wohler. 6 K

Kleinknecht, Conrad Daniel. Des Himmlischen Salomons Erquickliches Liebes-Mahl, Oder Heilige Vorbereitung zum Tische des Herrn: Ulm, D. Bartholomäi & Sohn, 1733. 12° (Hochformat), *Titelkupfer*. 17 Bl. 399 S. 4 Bl. und *5 vorzügliche Kupfer: J. A. F. fec.* Schwarzer Ldbd. d. Z. mit schönen bunten Vorsätzen und Goldschnitt in etwas abgenutzten bunten Brokatpappschuber, dessen oberer Deckstreifen fehlt.

Sehr hübsches Erbauungsbuch mit zahlreichen schönen geistlichen Gedichten. Der Verf. war Pfarrer in Leipheim in Schwaben. Die schönen Kupfer stammen höchstwahrscheinlich von dem Nürnberg-Augsburger Stecher JACOB ANDREAS FRIDRICH (1684—1751).

— Nachr. von den neubekehrt. malabar. Christen. 8. Ebend. 738.

— Nachr. von der schwarz. Schaaf- und Lämmerheerde, oder der malabar. Mission rc. 8. Augsb. Lotter. 749.

— der in der heil. Schr. unterwies. Timotheus. 8. Ulm. 729.

— nützl. Unterricht für Hebammen. 8. Ulm 732. 741 u. 762. Wohler. 2 K

Kleinknecht, L. V., Album der Haupt- u. Residenzstädte Europas, s. Album. —

—— Atlas der merkwürd. Städte u. Orte der Erde nach den besten u. neuesten Materialien entworfen. 1. Lief. Wien, Berlin, Athen u. Helgoland. qu. Roy.-4. (3 Stahlst., 3 Pläne u. 1¼ B. Text.) Schweinfurt 844, Kleinknecht u. Comp. *

— Berlin, s. Bechstein, Ldw.

— die östliche u. westliche Halbkugel der Erde. Col. gr. Fol. Schweinfurt 844, Kleinknecht u. Schäfer. n. ¼ ₰

Kleinknecht, L. V.: Allgemeiner Taschenatlas der europäischen Eisenbahnen. Schweinfurt 1844—45. 6 Lief. 12°

Dass. s.a. Taschenatlas, Allgemeiner.

Kleinknecht, W., Bischof W. Taylor, e. Pionier der Mission, s.: Lebensbeschreibung, kurze, hervorragender Christen. XI.

Klein-Leipisch, s.: Preussen. Messtischblätter.

Klein-Lieschen oder 25 Geschichten aus dem Leben eines kleinen Mädchens. Für Kinder von 5—7 Jahren erzählt von der Großmutter. Mit einem Vorwort von H. Kletke. br. 8. (IV und 124 S. nebst 6 ill. lithogr. Zeichnungen von L. Bartsch in Tondr.) Berlin 860, Springer's Verlag.

Kleinloff, R., die Reichs-Stempelgesetze vom 10. Juni 1869 u. 27. April 1894, betr.: Wechsel (Billots à Ordre, Assignationen); Aktien, Renten- u. Schuldverschreibgn., Genußscheine, Kauf- u. sonst. Anschaffungsgeschäfte, Lotterieloose 2c. Nebst e. Anh.: die Reichsstempelgebühr v. Inhaberpapieren m. Prämien. Mit Erläutergn. hrsg. 8. (XV, 422 S.) Berlin 894. H. W. Müller. Kart. n. 3. 50

Kleinlogel, Adolf

Kleinlogel, A., Eisenbeton u. umschnürter Beton (Beton fretté) in d. einfacheren Anwendungsformen. Kurze prakt. Anleitg. m. 88 Abb. u. mehreren Tab. (VII, 191 S.) Lex. 8. Leipzig (910). C. Scholtze. Geb. 5. —

Untersuchungen über die Dehnungsfähigkeit nichtarmierten und armierten Betons bei Biegungsbeanspruchung. Von Adolf **Kleinlogel**, Reg.Bauführer. Hierzu 1 Taf. Wien: 'Beton & Eisen' 1904. (18 S.) 4° = Forscherarbeiten aus d. Geb. d. Eisenbetons. H. 1.

Kleinlogel, Adolf: Über das Wesen und die wahre Größe des Verbundes zwischen Eisen und Beton. Berlin: Springer 1911. 56 S., 6 Taf. 4° Auch als Buch.
Dresden, Dr.-Ing.-Diss. v. 14. 12. 1910

Kleinmann, Adf., Anarchismus und Antisemitismus. gr. 8. (23 S.) Wien 888, (Lippe.) * — 40

Kleinmann, Anna, aus Odessa: Ueber die Ursachen der Kindersterblichkeit speziell im Kanton Zürich. Zür. Orell Füssli Cie Dr. 1873. 1 Bl., 70 S., 1 Bl., 1 Bl. Thesen. 8°.
Zürich, Med. Diss. [v. 8. Jan. 1874].

Kleinmann, Ernst (Herm. Ehregott): Über die Verletzungen der Gebärmutter und der Scheide durch instrumentell provocirten Abort.
Berlin 1881. 32 S. 8°
Berlin, Med. Diss. v. 6. Aug. 1881

Kleinmann, F., die Nothwendigkeit durchgreifender Justiz-Reform, unsere dermaligen Aussichten auf solche, und was hiebei den öffentl. Rechtsanwälten zu thun bleibt? Ein Vortrag für die Versammlung der württemberg. Advocaten zu Heilbronn im Sept. 1844. gr. 8. Rottweil 844, Setzer. 1/12 ß

Kleinmann, F., die Nothwendigkeit durchgreifender Justiz-Reform, unsere dermaligen Aussichten auf solche, u. was hiebei den öffentl. Rechtsanwälten zu thun bleibt? Ein Vortrag f. d. Versammlung der württemberg. Advocaten zu Heilbronn im Septbr. 1844. gr. 8. (1 B.) Rottweil 845, Setzer'sche Buchh.

Kleinmann, Friedrich

Kleinmann, Fr., die Phosphornekrose, monographisch f. prakt. Aerzte u. Zahnärzte bearb. Mit 6 (eingedr.) Holzschn. u. 1 lith. (u. color.) Taf. gr. 8. (III, 80 S.) Leipzig 883. Felix. n. 3. 60

Kleinmann, Friedr., Recept-Taschenbuch für Zahnärzte. Pathologisch geordnet und bearb. gr. 16. (XXXV, 376 S.) Leipzig 874, Felix. geb. * 8 —

Kleinmann, Fr., Recept-Taschenbuch für Zahnärzte. 2., vorb., gänzlich umgearb. Aufl. gr. 8. (XXXVIII, 388 S.) Leipzig 882. Felix. geb. n. 8. —

Kleinmann, Frdr., Recept-Taschenbuch f. Zahnärzte. 3., vorb., gänzlich umgearb. Aufl. 8. (XLVII, 478 S.) Leipzig 891. A. Felix. Geb. in Leinw. n. 10. —

Kleinmann, Frdr., Recept-Taschenbuch f. Zahnärzte. 4. verb., gänzlich umgearb. Aufl. (XLII, 283 S.) gr. 8. Leipzig 904. A. Felix. n. 9. —

—— der Zahnarzt als Hausfreund. 8. (20 S.) Flensburg 869, (Herzbruch.) [Westphalen.] * — 40

Kleinmann, Hugo: Über einen Fall von Pneumonienephritis mit Pneumococcenbefund im Urin. *Berlin (1898): G. Schade.* (28 S.) 8°
Berlin, Med. Diss. v. 5. Aug. 1898

Kleinmann, Maria Ursula, gewes. Klosterfrau in der Au bei Einsiedeln, Anreden unsers Herrn Jesu Christi und seiner göttl. Mutter an eine gottliebende Seele; nebst e. kurzen Lebensgeschichte der Gottseligen von Jodoc Egli. 8. Einsiedeln 844, Gebr. Benziger.

(**Kleinmann.**) Anreden unsers Herrn Jesu Christi und seiner göttlichen Mutter an eine gottliebende Seele. Gezogen aus den Mittheilungen der gottsel. Maria Ursula Kleinmann, gewesene Klosterfrau in der Au bei Einsiedeln. Eingetheilt auf alle Tage des Monats 2c. Von Jodoc Egli. Mit 3 (lith.) Bildern. Einsiedeln 856. Benziger. 12. (284 S.) 9⅓ ngr.

Kleinmann, M. U., Anrede unsers Herrn Jesu Christi 2c. an eine gottliebende Seele, s. Egli.

Kleinmanns, Johannes, approb. Arzt aus Issum (Rheinl.): Psychiatr. u. Nervenklinik zu Kiel. **Beitrag** zur Lehre von den nach Kopftrauma auftretenden Geistesstörungen. *Kiel 1902: H. Fiencke.* (23 S.) 8°
Kiel, Med. Diss. v. [27. Apr.] 1902

Kleinmayer, Ignaz Alois. Ein hundert fünfzig gesammelte Wahrheiten für alle Stände der Menschen. Klgft., Kleinmayer, 1782. 53 S.

Kleinmayern, s.a. Kleienmayrn.

v. Kleinmayern, Frz. Thadd., s. 1) Abhandl. von d. Staate. 2) Beitrr. z. Geschichte u. Prüfung d. Vorzugs d. Erzbischöfe. 3) Nachrr. v. Juvavia. 4) Prüfung d. Schr.: Beweis, daß d. Vorrang d. Kurfürsten gebühre. 5) G. *Zallwein*, principia.

Kleinmayern (Kleienmayern), Joh. Damasc.

— vetus et nova disciplina de proprie ordinandorum episcopo. ... 763. ...

—— **Joann. Damasc.**, Systema de perficiendo studio theologico in studio communi congregationis Benedictino - Bavaricae. Tegernsee, 1765, 4°.

Kleinmayern, oder Kleienmayern, J. Damasc., († d. 25. Nov. 1810.) Trauerrede auf d. Tod d. Abts Beda. Fol. Salzb. 786. Mayr. 3 K

Kleinmayr, v.: Der Mongoleneinfall, insoweit er sich auf die Karpathen und Sudettenländer erstreckt. 41 S. 8° — Görz, OR., Progr. 1870.

Kleinmayr, Ferd. v., s. Haus- und Geschäfts-Adreß-Kalender, Klagenfurter.

Kleinmayr's, Ferd. v., Klagenfurter Haus- u. Geschäfts-Adreß-Kalender f. d. J. 1890—1893. Ein Jahrbuch f. alle Bewohner Kärntens. Neue Folge. 43.—46. Jahrg. 4. (134; 134; 144; 152 S. m. Bildern.) Klagenf., F. v. Kleinmayr. cart. à Jahrg. ** — 84

Kleinmayr's, Ferd. v., Illustrirtes Klagenfurter Haus- und Geschäfts-Adreßbuch für das Gemeinjahr 1894. Ein Jahrbuch für alle Bewohner Kärntens. Neue Folge. 47. Jahrg. 4. (180 S.) Geb. Ebda. —.42

Kleinmayr's, Ferd. v., illustr. Klagenfurter Haus- u. Geschäfts-Adreß-Kalender f. d. J. 1896. Ein Jahrbuch f. alle Bewohner Kärntens. Neue Folge. 48. Jahrg. 4. (170 S.) Klagenfurt, F. v. Kleinmayr. Kart. n.n. — 84

Kleinmayr, Ferd. von, Illustrirter Klagenfurter Haus- und Geschäfts-Adreß-Kalender für das Jahr 1896. Ein Jahrbuch für alle Bewohner Kärntens. Jahrg. 49. 4. (178 S.) Cart. —.42
Klagenfurt: F.v.Kleinmayr.

Kleinmayr, Ferd. von, Illustrirter Klagenfurter Haus- und Geschäfts-Adreß-Kalender für das Jahr 1897. Ein Jahrbuch für alle Bewohner Kärntens. Jahrg. 50. 4. (184 S.) Cart
Klagenfurt: F.v.Kleinmayr.

Kleinmayr's, Ferd. v., illustr. Klagenfurter Haus- u. Geschäfts-Adreß-Kalender f. d. J. 1898. E. Jahrbuch f. alle Bewohner Kärntens. Neue Folge. 51. Jahrg. 4. (IV, 184 S.) Klagenfurt, F. v. Kleinmayr. Kart. n. 1. —

Kleinmayr's, Ferd. v., Klagenfurter Haus- und Geschäfts-Adreß-Kalender für das Gemeinjahr 1899. Ein Jahrbuch für alle Bewohner Kärntens. 52. Jahrgang. 4. (191 S.) Cart. Ebda. —.50

(F) Ferd. v. Kleinmayr's Illustrirter Klagenfurter Haus- und Geschäfts-Adress-Kalender für das Gemein-Jahr 1902. Ein Jahrbuch für alle Bewohner Kärntens. Neue Folge. LV. Jahrgang. Klagenfurt. Kleinmayr. Gr.-8°. III, 212 S. mit 1 Tafel K 1.—

Kleinmayr's, Ferd. v., illustr. Klagenfurter Haus- u. Geschäfts-Adreß-Kalender f. d. J. 1903. Ein Jahrbuch f. alle Bewohner Kärntens. Neue Folge. 56. Jahrg. 4. (IV, 220 S.) Klagenfurt, F. v. Kleinmayr. Kart. n. 1. —

Kleinmayr's, Ferd. v., illustr. Klagenfurter Haus- u. Geschäfts-Adreß-Kalender f. d. J. 1904. Ein Jahrbuch f. alle Bewohner Kärntens. Neue Folge. 57. Jahrg. (IV, 246 S.) 4. Klagenfurt, F. v. Kleinmayr. Kart. n. 1. —
Fortsetzg., s.: Amts- u. Adreß-Kalender, Kärntner.

Kleinmayr Hugo von: „Ion" ein Schauspiel von A. W Schlegel.
H. 1904 PN 1703 Diss. Wien, Univ.

Kleinmayr, Hugo v., zur Theorie d. Tragödie. (IV, 100 S.) 8. Wien 907. C. Konegen. 1.50

Kleinmayr, Johann von (Hrsg.), s. Zeitung, Laibacher.

Kleinmayr, Julij pl. Pripomoček k zgodovini slovenskega slovstva. 1550 do 1800. V Celovcu, St. Hermagoras-Druck., 1879. 30 S.

Kleinmayr, Julij pl. Zgodovina slovenskega slovstva. V Celovcu, St. Hermagoras-Druck., 1881. 228 S.

Die Kleinmeister, e. Ausw. aus d. Werk d. deutschen Kupferstecher nach Dürer (1. Hälfte d. 16. Jhs.) Hrsg. v. Jugendschriften-Ausschuß d. allg. Lehrervereins Düsseldorf. ([Mit e. Einl. von] Severin Ruttgers.) Berlin: Fischer & Franke [1908]. (4 Bl., 34 Taf.) 8° [J.]
= Hausschatz deutscher Kunst d. Vergangenheit. H. 10.

Kleinmichel, J., Lieschens kleine Einfälle. Hänschens Reise durch die Stube. Mariele und die sieben Puppen. Wie es Fritzchen auf seiner Schwester Hochzeit erging. Vier Erzählgn. v. Emma Biller. Mit 9 farb. Illustr. u. Vignetten. 4. (63 S.) München 882. Stroefer. geb. n. 3. —

— u. B. Blüthgen, im Flügelkleide. Bilder u. Reime aus der Kinderwelt. 4. (37 Chromolith. mit eingedr. Text.) Berlin 881. Hofmann & Co. cart. n. 5. —

Kleinmichel, J., s.: Fridolin's, Prince, courtship. —

Kleinmichel, J., Kinderhort in Bild u. Wort. Mit Reimen von Helene Binder. 4. (36 Chromozinkogr. m. eingedr. Text.) München 882. Stroefer. geb. n. 5. —

Kleinmichel, J., Kinderhort in Bild u. Wort. Componirt v. K. Mit Reimen v. Helene Binder. 2. Aufl. (32 S. m. farb. Abb.) gr. 8. Nürnberg (910). Th. Stroefer. Kart. 2. 50

— (Mal-Vorlagen in Friesen. — Prinzenreise, e.

Kleinmichel, J., die Welt vom Fenster aus, s.: Trojan, Joh.

Kleinmichel, Wilhelm: Maxima und Minima vom Standpunkte des Gymnasiums. Posen, Merzbach'sche Buchdr., 1896; 28 S., 2 Bl. Taf. 4.
Posen, k. Friedrich-Wilhelms-G, OP 1896 (165)

Kleinmond, Ign., über den Kropf. gr. 8. (24 S.) Prag 848. (Cracau, Wildt.) *

Kleinmüthige, der — Ein Lustspiel in einem Aufzuge nach dem Französischen des Herrn Bayard. Alphonse und Regnault. Wien, 1856. Aus J. B. Wallishausser's k. k. Hoftheater = Druckerei. (26 S. 8.)

Kleinnicolai, Gо.., d. ernstl. Verl. Gottes, a. n. d. größest. Sündenbekehr. in dem Leben e. gew. edl. Pers. in Engl. rc. 8. Nordh. Groß. 739.

Kleinod [Sachliches Ordnungswort]

ALLERHÖCHSTE (DAS), edelste, kunstreicheste Kleinod und der urälteste verborgene Schatz der Weisen in welchem die allgemeine Materia Prima, derselben nothwendige Präparation und überaus reiche Frucht des philosophischen Steins augenscheinlich gezeiget und klärlich dargethan wird. Frankfurt und Leipzig, 1755. pp. [xvi]-209, 12mo. Frontispiece and plates

Kleinod, d. allerhöchste, u. d. urälteste Schatz d. Weisen. Mit Kpf. 8. Nürnb. 755. Monath u. K. 6 ℊ

Kleinod, biblisches, für christliche Wittwen. 8. Berlin 835. Wohlgemuth. 1½ ℛ

Kleinod, biblisches, f. christl. Wittwen. 1—3. Aufl. 8. (à 1 B.) Grünberg 845, 46, Weiß. ù

Kleinod, biblisches, für christliche Wittwen. 4. Aufl. 8. (16 S.) Grünberg 850, Weiß.

Kleinod, biblisches, für christliche Wittwen. Schreiberhau 855. (Breslau, Dülfer.) 12. (21 S.) 1½ ngr

Kleinod des großen Gnadenschatzes im Gotteshauss zu Wolfsberg. Klgft., Kleinmayr. 1780.

—— ein güldenes, s. Enchiridion.

Kleinod, güldenes, z. himmlisch. Hochzeit in drey Trakt. v. Vorbereit. zum heil. Abendmahl. 12. Hamb. 732.

Kleinod, Güldenes, der Kinder Gottes... Nürnberg 1738. V: *Schwindel, Georg Jacob.* (will) (MI.)

Kleinod, goldenes, der Kinder Gottes oder der wahre Weg zum Christenthum. Nach der Ausg. von 1681 neu hrsg. gr. 8. (IV, 475 S.) Stuttgart 871, Rupfer. 1 50

— güldenes, in geistlichen Liederperlen. Ein Ziehkästlein für Kinder Gottes. Berlin (855.) Wohlgemuth. 64. (108 Bl.) 6 ngr.; feine Ausg. 7½ ngr.

Kleinod, Ein, christlicher Kunst, das in Basel aufgefundene Christusbild. St. Gallen 1881. V: *Egli, Emil.* (Cat. d. Stadtbibl. Zürich. Zürich 1864—97.)

Kleinod, Lomerisches, von Versicherung der Seeligkeit; gespräch weiß auf die Prob gestellet. Augspurg 1724. V: *Pfyffer, Franz Xaver.* (Cat. d. Stadtbibl. Zürich. Zürich 1864—97.)

Kleinod [Verfasser]

Kleinod, Elise, allgem. Stimmbildungslehre f. Gesang u. Rede. Nach den grundleg. Erkenntnissen des Hrn. Professor Gottfried Weiß allgemeinverständlich dargestellt. (31 S. m. Abbildgn.) 8. Leipzig (904). Berlin, H. Seemann Nachf. n. — 60

Kleinod, Frdr., Gastpredigt u. Antrittspredigt, geh. in der Kirche zu Unserer Lieben Frauen zu Liegnitz am 14. XII. 1902 (3. Adv.) bezw. am 26. IV. 1903 (Miserio. domini). (23 S.) gr. 8. Liegnitz 903. Th. Kaulfuß. n. — 40

Die Kleinodien und Alterthümer der Berliner Schützengilde. Norddeutsche Allgemeine Zeitung 1890 Nr. 28 Sonntagsbeilage.

Kleinodien der Andacht. Vollständiges Gebetbuch bestehend aus Stellen der Kirchenbücher (Missale, Vesperale, Breviere) und der Schriften der Heiligen der alleinseligmachenden römisch-kathol. Kirche. 32. (384 S. mit 1 Stahlst. und chromolithogr. Titel.) Münster 863, Aschendorff'sche Buchh.

Kleinodien, Mittelalterliche, des hohenlohischen Gesammthauses. Öhringen 1869. V: *Hohenlohe-Waldenburg, Frdr. Carl Fürst zu.* (Zuwachsverz. d. Bibliothek in Zürich 1898 ff.)

Kleinodien, paramentale, Collect. Spitzer. Fol. (3 Farbdr.) St. Gallen 897. (A. & J. Köppel.) 2. 50

Kleinodien aus d. Schriften d. Heiligen. Zu Andachtsübungen u. z. Erbauung gewählt u. übers. v. A. A. Waibel. 2 Sammln. 2., verb. Aufl. 8. (42½ B.) Augsburg 830. [Regensburg, Manz.]

—— aus Scriver's Seelenschatz. 16. (8¼ B.) Stralsund 831, Löffler.

Kleinoscheg, Rich., die Vorschule u. Schiessausbildung des einzelnen Mannes. Zusammengestellt u. bearb. auf Grund der Schiessinstruktion f. die Infanterie- u. Jägertruppe vom J. 1905. (176 S. m. 1 Fig.) kl. 8. Laibach 905. (I. v. Kleinmayr & F. Bamberg.) Kart. n.n. 2. 80

Kleinoschegg, M. (Red.), s. Radfahr-Humor.

Kleinoschek, J., s.: Commentar zu den Schloßbergbauten in Graz.

Klein-Paris. Leipziger Verkehrs-Handbuch f. die Besucher der sächsisch-thüring. Industrie- u. Gewerbe-Ausstellg. 1897. 16. (156 S. m. Abb.) Leipzig-R., P. Thom. — 30

Kleinpaul: Der Religionsunterricht auf Realschulen. Annaberg 1864. 51 S. 4°
Schul-/Univ.-Schrift

Kleinpaul, B., die gegenwärtigen Aufgaben des geistlichen Amts dem heranwachsenden Geschlecht gegenüber. Eine Studie zur Einführung in die v. Zezschwitz'sche Theologie. gr. 8. (27 S.) Dresden 888, (J. Naumann.) * — 60

Kleinpaul, Bernh., allgemeine Erdkunde. Zur leichtern Uebersicht in Tabellen-Form für Seminare und höhere Schulanstalten bearb. hoch 4. (99 S.) Dresden 873, Meinhold und Söhne. cart. * 2 —

Kleinpaul, Bernh., allgemeine Erdkunde. Zur leichtern Uebersicht in Tabellen-Form bearb. 2., verm. u. verb. Aufl. 4. (104 S.) Dresden 880. Meinhold & Söhne. n. 2. —

Kleinpaul, Br., d. Mission in d. Bibel. gr. 8. (VIII, 178 S.) Leipzig 901. H. G. Wallmann. n. 2. — ; geb. n. 3. —

Kleinpaul, Daniel Armin Heinrich (Groß-Graben), Quantum valeant pinguia alimenta ad sanandam pulmonum tuberculosin, quaeritur. Diss. physiol.-chemica. Lpz. (F. Rueckmann) 25. VIII. 1856. 16 S. mit Biogr. (M.: E. A. Ch. Doering.) (5.—) 18245
Gew.: Christian Gottlob Leberecht Grossmann.

Kleinpaul, Ernst

—— Anweisung z. prakt. Rechnen. Für d. Gebrauch in Real-, Handels-, Gewerb- u. Bürgerschulen, so wie z. Selbstunterr. f. Lehrer, Handlungslehrlinge, Commis u. selbstständige Geschäftsleute. gr. 8. (25¼ B.) Barmen 844, Langewiesche *

Kleinpaul, Ernst, Anweisung zum praktischen Rechnen. Für den Gebrauch in Real-, Handels-, Gewerb- und Bürgerschulen, sowie zum Selbstunterricht für Lehrer, Handlungslehrlinge, Commis und selbstständige Geschäftsleute bearb. 2., durchaus verb. und verm. Aufl. gr. 8. (VIII und 410 S.) Barmen 856, Langewiesche. *

Kleinpaul, Ernst, Anweisung zum praktischen Rechnen. Für den Gebrauch in Real-, Handels-, Gewerb- und Bürgerschulen, sowie namentlich zum Selbstunterricht für Lehrer, Handlungs-Lehrlinge, Commis und selbstständige Geschäftsleute bearb. 3., durchaus verb. Aufl. gr. 8. (VIII und 424 S.) Barmen 865, Langewiesche's Verlag.

Kleinpaul, Ernst, Anweisung zum praktischen Rechnen. Für den Gebrauch in Real-, Handels-, Gewerb- und Bürgerschulen, sowie namentlich zum Selbstunterricht für Lehrer, Handlungs-Lehrlinge, Commis und selbstständ. Geschäftleute. 4. umgearb. und erweit. Aufl. gr. 8. (XI, 324 S.) Leipzig 876, Langewiesche's Verlagsh.

Kleinpaul's, Ernst, Anweisung zum praktischen Rechnen. Ein method. Handbuch für den Unterricht und Selbstunterricht im Rechnen. 3 Hefte. 5. umgearb. und erweit. Aufl. von F. Mertens. gr. 8. Bremen 886,87, Heinsius Nachf. * 7 20

Inhalt:

Heft 1. Ausführliche Anleitung zur Erteilung des ersten Rechenunterrichtes für Lehrer und Erzieherinnen. (IV, 104 S.) *ℳ 1.50.
" 2. Ausführliche Anleitung zur Behandlung der 4 Grundrechnungen in ganzen und gebrochenen Zahlen. (VII, 163 S.) *ℳ 2.—.
" 3. Ausführliche Anleitung zur Behandlung der bürgerlichen Rechnungsarten und des kaufmännischen Rechnens. (IV, 280 S.) *ℳ 3.70.

—— Aufgaben z. prakt. Rechnen. Für Real-, Handels-, Gewerb- u. Bürgerschulen. gr. 8. (10½ B.) Barmen 845, Langewiesche. * —

Kleinpaul, Ernst, Antworten f. die Aufgaben z. praktischen Rechnen. gr. 8. (4 B.) Barmen 845, Langewiesche. *

Kleinpaul, Ernst (Fr. E.), Aufgaben zum praktischen Rechnen. Für Real-, Handels-, Gewerb- und Bürgerschulen. 2., verb. und namentlich durch einen Anhang (die Brüche) verm. Aufl. Mit diesen Aufgaben stehen in Verbindung des Verf. Anweisung zum prakt. Rechnen und einem Antwortenheft. gr. 8. (XIV und 227 S.) Barmen 851, Langewiesche. *

Kleinpaul, Ernst, Aufgaben zum praktischen Rechnen. Für Real-, Handels-, Gewerb- und Bürgerschulen. 3., besonders auch mit Rücksicht auf die neuesten Münz- und Gewichts-Verhältnisse verb. und verm. Aufl. gr. 8. (IV und 160 S.) Barmen 858, Langewiesche's Verlag. * —

— Aufgaben zum praktischen Rechnen. Für Real-, Handels-, Gewerb- u. Bürgerschulen. 3., besonders auch mit Rücksicht auf die neuesten Münz- u. Gewichts-Verhältnisse verb. u. verm. Aufl. Barmen 858. Langewiesche. gr. 8. (2 Bl., 153 S.) n. 12½ ngr.

— — Antworten dazu. 3., bericht. ꝛc. Aufl. Ebend. 858. gr. 8. (VIII, 61 S.) n. 7½ ngr.

—— Rechenbuch für Realschulen, sowie für Handels-, Gewerb- und Bürgerschulen. 2. Thl., für die mittlern und obern Klassen. A. u. d. T.: Aufgaben zum praktischen Rechnen. 4. Aufl. gr. 8. (150 S.) Barmen 862, Langewiesche's Verlag. * —

—— Antworten dazu. gr. 8. (VIII und 62 S.) Ebendas. 862. *

Kleinpaul, Ernst, Aufgaben zum prakt. Rechnen. Für Real-, Handels-, Gewerbs- u. Bürgerschulen. 5. verb. Aufl. Barmen 865. Langewiesche's Verlag. gr. 8. (154 S.) n. 12½ ngr.; Antworten dazu. (VII, 61 S.) n. 7½ ngr.

— — 6., durch Hinzufügen der Grundrechnungsarten erweit., u. nach der neuen norddeutschen Maaß- u. Gewichtsordnung umgearb. Aufl. Ebend. 870. gr. 8. (IV, 204 S.) n. 18 ngr.; Antworten dazu. (VI, 94 S.) n. 12 ngr.

Kleinpaul, Ernst, Antworten für die Aufgaben zum praktischen Rechnen. 6.—9. Aufl. gr. 8. (VI, 94; 100; 90; IV, 74 S.) Ebendas. 870—75. *

— Aufgaben zum praktischen Rechnen. Für Real-, Handels-, Gewerb- u. Bürgerschulen. 9. verb. Aufl. gr. 8. (IV, 190 S.) Ebend. 875. n. 1. 80

- dasselbe. Antworten. 9. m. Rücksicht auf das neue Münzgesetz umgearb. Aufl. gr. 8. (74 S.) Ebend. 875. n. 1. 20

Kleinpaul, Ernst, Aufgaben zum praktischen Rechnen. Für Real-, Handels-, Gewerb- und Bürgerschulen. 10. verb. Aufl. gr. 8. (200 S.) Leipzig 877, Langewiesche's Verlagsh. *

— Aufgaben zum praktischen Rechnen. 11. Aufl. 2 Hfte. gr. 8. Ebend. 883. n. 1. 40
1. (38 S.) n. — 65. — 2. (42 S.) n. — 75

— dasselbe. Für Realgymnasien, Pro-Realgymnasien, Real-, Handels- u. Bürgerschulen. 11. Aufl. 2 Hfte. gr. 8. Ebend. 883. n. 1. 75
1. (VIII, 86 S.) n. — 75. — 2. (III, 118 S.) n. 1. —

— dasselbe. Für Gymnasien, Realgymnasien, sowie f. mehrstuf. Bürger- u. Töchterschulen. 1—3. Hft. 12., gänzlich neu bearb. Aufl. v. F. Mertens. gr. 8. Ebend. 886. n. 2. 15
1. (VIII, 95 S.) n. — 60. — 2. (VIII, 76 S.) n. — 55. — 3. (IV, 144 S.) n. 1. —

— dasselbe. Antworten zur Vorstufe u. zum 1—3. Hft. Von F. Mertens. gr. 8. Ebend. 886. n.n. 2. 25
Vorstufe. (16 S.) n.n. — 30. — 1. (36 S.) n.n. — 75. — 2. (23 S.) n.n. — 45. — 3. (35 S.) n.n. — 75

Kleinpaul's, Ernst, Aufgaben zum praktischen Rechnen. Für Gymnasien, Realgymnasien, sowie f. mehrstuf. Bürger- u. Töchterschulen. 3. Hft. 13., m. der 12. übereinstimm. Aufl. v. F. Mertens. gr. 8. (IV, 144 S.) Bremen 892. M. Heinsius Nachf. n. 1. —; kart. n. 1. 20

Kleinpaul's, Ernst, Aufgaben z. prakt. Rechnen. Für Gymnasien, Realgymnasien, sow. f. mehrstuf. Bürger- u. Töchterschulen. 2. Hft. 13., m. d. 12. übereinstimm. Aufl. v. F. Mertens. gr. 8. (VIII, 76 S.) Bremen 897. Leipzig, M. Heinsius Nachf. n. — 55; kart. n. — 70

Kleinpaul's, Ernst, Aufgaben zum prakt. Rechnen. Für Gymnasien, Realgymnasien, sowie f. mehrstuf. Bürger- u. Töchterschulen. 3. Hft. 14., m. der 12. u. 13. übereinstimm. Aufl. v. F. Mertens. gr. 8. (IV, 144 S.) Leipzig 899. M. Heinsius Nachf. n. 1. —; kart. n. 1. 20

Kleinpaul's, Ernst, Aufgaben zum praktischen Rechnen. Für Gymnasien u. Realschulen. 1.—3. Heft. Im engen Anschluß an die Lehrpläne u. Lehraufgaben f. die höh. Schulen in Preußen umgearbeitet v. F. Mertens. gr. 8. Leipzig 904. M. Heinsius Nachf. Kart. n. 2. 40
I. 13. Aufl. (IV, 48 S.) n. — 60. — II. 14. Aufl. (VI, 50 S.) n. — 60. — III. 15. Aufl. (III, 132 S.) Kart. n. 1. 20

Kleinpaul's, Ernst, Aufgaben z. prakt. Rechnen. Für Gymnasien u. Realschulen. 3. Heft. Im engen Anschl. an die Lehrpläne u. Lehraufgaben f. d. höh. Schulen in Preußen umgearb. Aufl. v. F. Mertens. 16. Aufl. (Unveränd. Abdr. der 15. Aufl.) (III, 132 S.) 8. Leipzig 907. M. Heinsius Nachf. Kart. 1. 20

—— Geschichte der letzten 200 Jahre (von 1648 bis auf die Gegenwart.) 1—3. Lfg. gr. 8. (320 S.) Barmen 848, Sartorius.

—— die Lehre von den Formen u. Gattungen der deutschen Dichtkunst. Für höhere Lehranstalten, so wie z. Selbstunterr. bearb. u. m. Hinweisungen auf die Gedichtsammlungen von Echtermeyer, Kurz, Schwab, Wackernagel u. Wolff versehen. 8. (13½ B.) Barmen 843, Langewiesche.

—— die Lehre von den Formen und Gattungen der deutschen Dichtkunst. Für höhere Lehranstalten, sowie zum Selbstunterricht bearb. 2., verb. und verm. Aufl. 8. (X und 211 S.) Barmen 850, Langewiesche.

— die Lehre von den Formen und Gattungen der deutschen Dichtkunst. Für höhere Lehranstalten, sowie zum Selbstunterricht bearb. 3., verb. ꝛc. Aufl. Barmen 856. Langewiesche. 16. (XV, 304 S.) n. 16 ngr.

—— Lehre vom Versbau und Reim. 16. (IV und 94 S.) Barmen 860, Langewiesche's Verlag.
Aus des Verf. „Lehre von der deutschen Dichtkunst" besonders abgedruckt.

— Poetik. Die Lehre von den Formen und Gattungen der deutschen Dichtkunst. Für höhere Lehranstalten und zum Selbstunterricht bearb. 4., von Freundeshand verb. u. verm. Aufl. Ebend. 861. 8. (XVIII, 298 S.) 24 ngr.

—— Poetik. Die Lehre von den Formen und Gattungen der deutschen Dichtkunst. Für höhere Lehranstalten und zum Selbstunterricht. 2 Thle. 5., verb. und verm. Aufl. 8. Barmen 864, Langewiesche's Verlag. *

Inhalt:

Thl. 1. Die Dichtungsformen. (XIV und 191 S.) 864. * 16 Ngr.

„ 2. Die Dichtungsarten. (VI und 147 S.) 865. * 14 Ngr.

Kleinpaul, Ernst, Poetik. Die Lehre von den Formen und Gattungen der deutschen Dichtkunst. Für höhere Lehranstalten und zum Selbstunterricht. 6., verb. und verm. Aufl. 2 Thle. in 4 Lfgn. 8. (XVI und 216 S., 194 S.) Barmen 868, Langewiesche's Verlag. à Lfg. 7½ Ngr.

—— Poetik. Die Lehre von den Formen und Gattungen der deutschen Dichtkunst. 7. von Freundeshand verb. und verm. Aufl. 1. und 2. Thl.: Die Dichtungsformen. 8. (XV, 240; IV, 219 S.) Ebendas. 873. à Thl. (M 2,10.) M 2,25.

Kleinpaul, Ernst, Poetik. Die Lehre von der deutschen Dichtkunst. Ausgeführt für Dichter u. alle Freunde der Poesie. 8., umgearb. u. verm. Aufl. 1—3. Thl. 8. Leipzig 879. 80. Langewiesche. 6. 75

1. Die Dichtungsformen. (XX, 280 S.) 2. 70

2. Die Dichtungssprache. (IV, 121 S.) 1. 50

3. Die Dichtungsarten. (VII, 206 S.) 2. 55

— Poetik. Die Lehre v. der deutschen Dichtkunst. Entworfen v. E. K. Ausgeführt f. Dichter u. alle Freunde der Poesie v. Wilh. Langewiesche. 9., umgearb. u. verm. Aufl. 3 Tle. in 1 Bde. 8. (XII, 648 S.) Ebd. 892. n. 7. —; geb. in Leinw. n. 8. 50

—— Ergänzung dazu, s. Leimbach, Karl. Zur Einführung in das deutsche Volkslied.

Kleinpaul, Ernst Gotth. Salomo

Kleinpaul, Er. Gotth. Salomo, der Gott-Mensch im Reflex des 19. Jahrhunderts. gr. 8. Berlin 846, Springer. n. 1 ⁄ß

Kleinpaul, Ernst Gotth. Salomo, der Gott-Mensch im Reflex des 19. Jahrhunderts. gr. 8. (VI und 175 S.) Berlin 847, Springer. *

Kleinpaul, Heinr., die Sonne u. das Leben. 1. u. 2., vielfach verb. Aufl. gr. 8. (19 S.) Rochlitz 880. Bode. n. 1. 20

Kleinpaul, Johs., Ferdinand Cortez u. die Eroberung v. Mexiko. Für Jugend u. Volk geschildert. (VI, 249 S. m. 48 Abbildgn.) gr. 8. Leipzig 904. O. Spamer. n. 4. 50; geb. in Leinw. n. 5. 50

Kleinpaul, Johs., Ferdinand Cortez u. die Eroberung v. Mexiko. Für Jugend u. Volk geschildert. 2. [Titel-]Aufl. (VI, 249 S. m. 48 Abb.) gr. 8. Leipzig [904] (910). O. Spamer. 3.—; geb. in Leinw. 4. —

Offizieller Katalog der Sächsisch-thüringischen Industrie- und Gewerbe-Ausstellung zu Leipzig 1897. Im Auftr. d. geschäftsführ. Ausschusses bearb. von Dr. Johannes Kleinpaul. [Nebst] Nachtrag. Leipzig: Daube (1897). 8° [11. 4028

Kleinpaul, Johs., s. Katalog, offizieller, d. sächsisch-thüring. Industrie- u. Gewerbe-Ausstellung.

Kleinpaul, Johannes: Das Typische in der Personenschilderung der deutschen Historiker des X. Jahrhunderts. E. Beitr. zu e. Charakteristik d. Personenschilderg dieses Jhs überhaupt ... Leipzig, Druck v. E. Eichhorn, 1897; 63 S. 8. Leipzig, Phil. Fak., Inaug.-Diss. v. [22. Apr.] 1897

— Wanderungen in Ostfriesland. (240 S.) gr. 8. Berlin 909. F. Fontane & Co. 3. 50

Kleinpaul, Carl, Elementarbuch der dänischen Sprache. 8. (96 S.) Altona 856, Verlags-Bureau. *

Kleinpaul, Karl, die Hebung des Gemeinsinns durch den Unterricht, ein Wort an Alle, die den Fortschritt der Moralität wünschen. Nebst ein. Anh., betreff. die außerhalb der Pädagogik liegenden Bedingungen des Gemeinsinns rc. gr. 8. (5½ B.) Leipzig 843, Otto Wigand. Thlr.

—— Katechismus des Rechts u. der Moral, ein Leitfaden f. Lehrer u. Schüler. gr. 8. (3 B.) Leipzig 844, Otto Wigand.

Kleinpaul, Carl, über den Mißbrauch des Namens Christenthum, offener Brief an alle Deutschkatholiken und freie Protestanten. 8. (8 S.) Hamburg 847, Bödecker.

Kleinpaul, zur Religionsfreiheit. 8. (46 S.) Altenburg 847, Helbig.

Kleinpaul, Rudolf

Kleinpaul, R. A. R., Der Begriff der Erkenntnis in Plato's Theaetet. Diss. 1867. 44 S. 1.—

Kleinpaul, Rud., die Dahabîye. Reiseskizzen aus Aegypten. 8. (XV, 243 S.) Stuttgart 879, Cotta'sche Buchh. *

Kleinpaul, Rud., Florenz in Wort u. Bild. Geschichte—Kulturgeschichte—Kunstgeschichte. (In 20—24 Lfgn.) 1—12. Lfg. Fol. (S. 1—144 m. eingedr. Holzschn. u. Holzschntaf.) Leipzig 886. Schmidt & Günther. à n. 1. —

Kleinpaul, R., Florenz in Wort u. Bild. Geschichte — Kulturgeschichte — Kunstgeschichte. Mit 140 Illustr. 13.—19. (Schluss-)Lfg. Fol. (VIII u. S. 145—224.) Leipzig 887. Schmidt & Günther à Lfg. n. 1. — (cplt.: n. 19. —; geb. n. 30. —)

Kleinpaul, Rud., das Fremdwort im Deutschen, s. a. Sammlung Göschen.

Das Fremdwort im Deutschen. Von Dr. Rudolf Kleinpaul. 3. verb. Aufl. Neudr. Leipzig: Göschen 1910. 152 S. 8°
(Sammlung Göschen. 55.) [11. 14579 11

— deutsches Fremdwörterbuch, s. Sammlung Göschen.

Kleinpaul, R: Deutsches Fremdwörterbuch. Leipzig 1905

— modernes Hexenwesen. Spiritistische u. antispiritist. Plaudereien. gr. 8. (VIII, 238 S.) Leipzig 900. C. G. Naumann. n. 2. 50; geb. n. 3. 50

Kleinpaul, Rud., die Jagd im Mittelalter. [Aus: „K., das Mittelalter".] gr. Lex.-8. (49 S. m. ca. 40 Illustr. u. 1 Farbendr.) Leipzig 893. H. Schmidt & C. Günther. n. 1. 50

— kreuziget ihn! Welsche Reiseabenteuer, nach den Papieren eines Verstorbenen hrsg. 8. (VIII, 411 S.) Leipzig 881. Friedrich. n. 6. —; geb. n. 7. 50

— dasselbe. 2., verm. Aufl. 8. (XIV, 428 S.) Ebend. 882. n. 4. —

— Länder- u. Völkernamen, s. a. Sammlung Göschen.

Länder- und Völkernamen von Dr. Rudolf **Kleinpaul**. Leipzig: Göschen 1910. 139 S. 8°
(Sammlung Göschen. 478.) A 14. 1130 II

[Das Leben der Sprache und ihre Weltstellung.] Von Rudolf **Kleinpaul**. [1–3.] Leipzig: W. Friedrich 1888–92. 3 Bde 8°
[1] = Sprache ohne Worte. 1888. [2] = Das Stromgebiet d. Sprache. 1892. [3] = Die Rätsel d. Sprache. 1890. [08. 4601

— das Leben der Sprache u. ihre Weltstellung. 3 Bde. (Titel-Ausg.) gr. 8. Leipzig 893. W. Friedrich. n. 24. —; geb. in Halbfrz. n.n. 30. —
1. Sprache ohne Worte. Idee e. allgemeinen Wissenschaft der Sprache. (XXVIII, 456 S.)
2. Das Stromgebiet der Sprache. Ursprung, Entwickelg. u. Physiologie. (XIX—XXXIX u. 527 S.)
3. Die Rätsel der Sprache. Grundlinien der Wortdeutg. (XIII—XXXIII u. 498 S.)

— die Lebendigen u. d. Toten in Volksglauben, Religion u. Sage. gr. 8. (VI, 293 S.) Leipzig 898. Berlin, B. Behr's Verl. n. 6. —

Die Lebendigen und die Toten in Volksglauben, Religion und Sage. Von Rudolf Kleinpaul ... *Leipzig: G. J. Göschen 1898.* (VI, 293 S.) 1 Bd 8. [97. 6942

— gastronomische Märchen. 8. (X, 230 S.) Ebd. 893. n. 4. —; geb. n.n. 5. —

— Mediterranea. Lebens- u. Landschaftsbilder v. den Küsten des Mittelmeers. 8. (X, 382 S.) Leipzig 881. Brockhaus. n. 6. —; geb. n. 7. 20

— Menschen- u. Völkernamen. Etymologische Streifzüge auf dem Gebiete der Eigennamen. gr. 8. (XX, 419 S. m. 1 Tab.) Leipzig 885. Reissner. n. 8. —

— Menschenopfer u. Ritualmorde. gr. 8. (III, 80 S.) Leipzig 892. H. Schmidt & C. Günther. n. 1. 50

— das Mittelalter. Bilder aus dem Leben u. Treiben aller Stände in Europa. Mit ca. 500 Illustr. u. verschiedenen Farbendr. (In ca. 25 Lfgn.) 1.—18. Lfg. gr. Lex.-8. (IX, u. S. 1—576 m. 18 Taf.) Leipzig 893. 894. H. Schmidt & C. Günther. à n. 1. — (1. Bd. kplt. = IX u. S. 1—412 m. 13 Taf.: n. 13. 50; geb. n.n. 16. —)

— das Mittelalter. Bilder aus dem Leben u. Treiben aller Stände in Europa. Unt. Zugrundelegg. d. Werke v. Paul Lacroix hrsg. Mit ca. 500 Illustr. u. verschied. Farbendr. 19.—23. (Schluss-)Lfg. gr. Lex.-8. (VIII u. S. 577—723 m. 1 Farbendr.) Leipzig 895. H. Schmidt & C. Günther. à n. 1 — (2. Bd. kplt.: n. 9. 50; 2 Bde. kplt.: n. 22. 50; Einbde. à n.n. 3. —)

Der Mord von Konitz und der Blutaberglaube des Mittelalters. Von Dr. Rudolf Kleinpaul. Mit 14 Ill. *Leipzig: H. Schmidt & C. Günther 1900.* (32 S.) 8° [F.] [00. 7222

—. La bella Napoli. Stuttgart, Berlin & Leipzig, Union Deutsche Verlagsgesellschaft (1893). VIII + 213 S. m. zahlr. Illustr.; 12 Taf. 2°.

— Neapel u. seine Umgebung, geschildert. Mit ca. 150 (Holzschn.-)Illustr. 15 Hfte. Fol. (VIII, 183 S.) Leipzig 883. 84. Schmidt & Günther. à n. 1. —; cplt. geb. n. 25. —

— Die deutschen Personennamen, s. a. Sammlung Göschen.

Die deutschen Personennamen. Ihre Entstehung u. Bedeutung. Von Dr. Rudolf **Kleinpaul**, Leipzig. Neudr. Leipzig: Göschen 1909. 132 S. 8°
(Sammlung Göschen. 422.)

Kleinpaul, Rud., die Peterskirche in Wort u. Bild. Päpstliche Zeremonien in Sanct Peter — Hauskapellen der Päpste im Vatikan — die Sixtinische Kapelle. Mit 69 Illustr. Lex.-8. (IV, 136 S.) Leipzig 891. H. Schmidt & C. Günther. n. 3. —

— der Prinzenraub. Vaterländisches Drama in 5 Akten. 8. (III, 144 S.) Ebend. 884. n. 2. 40

Die Rätsel der Sprache. Grundlinien d. Wortdeutung. Von Dr. Rudolf **Kleinpaul**. Leipzig: W. Friedrich 1890. (XXXIII, 498 S.) 8°
= [**Kleinpaul**: Das Leben d. Sprache u. ihre Weltstellung. 3.] [08. 4604

Die Rätsel der Sprache. Grundlinien d. Wortdeutung. Von Dr. Rudolf **Kleinpaul**. Leipzig: W. Friedrich 1893. (XXXIII, 498 S.) 8°
= **Kleinpaul**: Das Leben d. Sprache u. ihre Weltstellung. Bd 3. [08. 1103 II

Kleinpaul, Rud., **Rom in Wort und Bild.** Eine Schilderung der ewigen Stadt und der Campagna. Mit 368 Holzschn.-Illustr. und lithogr. Plan von Rom. 46 Lfgn. oder 2 Bde. Fol. (X, 552 S.) Leipzig 881—83, Schmidt und Günther. à Lfg. *ℳ 1. * geb. mit Goldschn. *

Kleinpaul, Rudolf. Rom in Wort und Bild. Eine Schilderung der ewigen Stadt und der Campagna ... Leipzig, Heinrich Schmidt & Carl Günther 1882—1883.
2 Bde. 2°.
I 1882: Vortit., Tit., VIII + 248 S. m. 128 Holzschn.; 40 Taf. in Holzschn.
II 1883: X S. S. 249—552 (453—456 ausgelassen) m. 198 Holzschn.; 53 Taf. in Holzschn.; 1 Plan der Stadt in Lithogr. nach H. Kiepert.

—— Roma Capitale. Römische Lebens- und Landschaftsbilder. 8. (XI, 888 S.) Leipzig 880, Brockhaus. *ℳ 6.; geb. *

Sprache ohne Worte. Idee e. allgem. Wissenschaft d. Sprache von Rudolf **Kleinpaul**. Leipzig: W. Friedrich 1888. (XXVIII, 456 S.) 8°
= [**Kleinpaul**: Das Leben d. Sprache u. ihre Weltstellung. 1.] [08. 4602

— italienischer Sprachführer. Konversations-Wörterbuch für Reisende. 32. (VIII, 431 S.) Leipzig 882. Bibliograph. Institut. geb. in Leinw. n. 2. 50; in Ldr. n. 4. —

— italienischer Sprachführer. Konversations-Wörterbuch f. Reisende. 2., verb. u. verm. Aufl. 32. (VIII, 404 S.) Leipzig 884. Bibliograph. Institut. geb. in Ldr. n. 2. 50; in Saffian m. Klappe n. 4. —

— italienischer Sprachführer. Konversations-Wörterbuch. 3. Aufl., neubearb. v. Berth. Wiese. (Meyers Sprachführer.) 16. (VI, 575 S.) Leipzig (901). Bibliograph. Institut. Geb. in Leinw. n. 2. 50

Das Stromgebiet der Sprache. Ursprung, Entwickelung u. Physiologie. Von Dr. Rudolf **Kleinpaul**. Leipzig: W. Friedrich 1892. (XXXIX, 527 S.) 8°
= [**Kleinpaul**: Das Leben d. Sprache u. ihre Weltstellung. 2.] [08. 4603

Das Stromgebiet der Sprache. Ursprung, Entwickelung u. Physiologie. Von Dr. Rudolf **Kleinpaul**. [Neue Ausg.] Leipzig: W. Friedrich 1893. (XXXIX, 527 S.) 8°
= **Kleinpaul**: Das Leben d. Sprache u. ihre Weltstellung. Bd 2. [08. 1103 II

[F.] Das Trinkgeld in Italien sprachlich, touristisch, volkswirthschaftlich v. Dr. Rudolf **Kleinpaul** ... *Leipzig: C. G. Naumann 1898.* (IX S., 1 Bl., 203 S.) 1 Bd 8.
= **Kennst du d. Land?** Bd XII. [98. 5083

— wie heißt der Hund? Internationales Hundenamenbuch. 8. (VII, 88 S.) Leipzig 899. H. Schmidt & C. Günther. n. 1. —

— italienisch-deutsches u. deutsch-italienisches Wörterbuch, s.: Köhler, Frdr.

Kleinpeter, F. X., allgemeine Betrachtungen über das Molkereiwesen in Deutschland im Vergleiche zu andern Ländern. 8. 23 S.) Bremen 879, Heinsius. *

Kleinpeter, Frz., s.: Beleuchtungswesen, d. moderne.

Kleinpeter Dr. Hans: Zur Einführung in die Physik auf der Oberstufe. 18. Gmunden 03.
Progr.

Kleinpeter Dr. Hans: Erkenntnislehre und Naturwissenschaft in ihrer Wechselwirkung. 40. Proßnitz R. 00.
Progr.

Die Erkenntnistheorie der Naturforschung der Gegenwart. Unter Zugrundelegung d. Anschauungen von Mach, Stallo, Clifford, Kirchhoff, Hertz, Pearson u. Ostwald dargest. von Dr. H[ans] Kleinpeter. Leipzig: J. A. Barth 1905. (XII, 156 S.) 8° [07. 1118 9

Kleinpeter, Hans, W. K. Cliffords Leben u. Wirken, s.: Clifford, W. K., v. der Natur der Dinge an sich.

Mittelschule und Gegenwart. Entwurf e. neuen Organisation d. mittleren Unterrichtes auf zeitgemäßer Grundlage von Dr. Hans Kleinpeter. Wien & Leipzig: C. Fromme 1906. (VI, 100 S.) 8° [06. 2510

Kleinpeter, Hans, auf d. Wege zur Schulreform. Ein Nachtrag zu „Mittelschule u. Gegenwart", enth. die Geschichte d. Bewegg. u. e. Plan zur Verwirklichg. des angestrebten Zieles. (VII, 44 S.) gr. 8. Wien 908. C. Fromme. — 85

Kreditbetrug. Ist d. bisherige gesetzl. Schutz gegen Kreditbetrug ausreichend? Zugleich e. Vorschlag f. d. neue Strafgesetzbuch von O[tto] Kleinrath. Hannover: Helwing 1910. 27 S. 8° [10. 8496

Klein-Rhüden, s.: Braunschweig. Landeskarte.

Kleinrodt, A., die beiden Nachbarschlösser, s. u. Bachem's Jugend-Erzählungen. 16. Bd.

Die beiden Nachbarschlösser. Erzählung f. d. Jugend. Von A. Kleinrodt. Mit 4 Bild. von A. Baworowski. *Köln: J. P. Bachem [1901].* (141 S.) 8° [F.]
= Jugend-Erzählungen, Bachem's. Bd 16. [01. 3118 5

Kleins, Frz., u. Alfons Merkt, der Aufsatz in der Volksschule. (152 S.) 8. Stuttgart 905. Muth. n. 1. 80; geb. in Leinw. n.n. 2. 30

Kleinsassen, s.: Preussen. Messtischblätter.

Kleinschmid, Eph. Ldw., († d. 18. April 1774.), s. Samml. (Gesetze) Hessischer Landesordnungen.

Kleinschmid, Nicolaus Wilhelm, Argumentum universum testamenti O. Augusti a Tacito I. Ann. VIII. relatum, notis ac observationibus juridicis atque politicis illustratum. Specim. jur. Marburg (Philipp Casimir Müller) 24. VIII. 1719. 39 S. (6.50) 18246
Widm. v.: Johann Wilhelm Waldschmiedt.

[F.] Franz Heinrich Kleinschmidt. E. Missionarsleben aus Süd-Afrika. 3. Aufl. *Barmen: Missionshaus 1897.* (68 S.) 1 Bd 8.
— Missions-Schriften, Rheinische. No 81. [97. 6384

Kleinschmidt, General-Register zu den ersten fünf Jahrgängen des Bundes- bezügl. Reichs-Gesetzblattes 1867 bis mit 1871 unter Beigabe der zu einzelnen Gesetzen erschienenen Commentare und sonst. wissenschaftl. Elaborate. 1.—3. Aufl. hoch 4. (III, 58 S.) Leipzig 872, Serbe'sche Verlagsh. geb.

Kleinschmidt, Leitfaden f. d. Unterr. in d. Krankenpflege, s.: Eichhoff, P. J.

Kleinschmidt, (Red.), s. Pastoral-Correspondenz, Hannoversche.

Kleinschmidt, A., u. H. Limbrock, S. V. D., die Gesteine des Profils durch das südl. Musart-Tal im zentr. Tian-Schan, s.: Aus den wissensch. Ergebnissen der Merzbacher'schen Tian-Schan-Expedition.

—— über Jugendschriften. Eine pädagog. Monographie. gr. 8. (V, 40 S.) Ohrdruff 869, Stadermann jun. *

Kleinschmidt, A., Deutsche Reichs- und Preußische Staatsgesetze betr. das Staatskirchenrecht. 4. Aufl. 8. (103 S.) Berlin 887, Moeser. * 1 25

Kleinschmidt, A. (II.), Uebersicht über die Geschäftsthätigkeit des Preußischen Hauses der Abgeordneten in der III. Session der 11. Legislatur-Periode vom 12. Novbr. 1872 bis 20. Mai 1873. Auf Grund der stenograph. Berichte und Drucksachen des Hauses der Abgeordneten angefertigt. Hierzu gehören: 1) Die Uebersicht über die Verhandlungen im Hause der Abgeordneten in Bezug auf den Staatshaushalts-Etat für das J. 1873. 2) Rednerliste des Hauses der Abgeordneten. [Vom 12. Novbr. 1872 bis zum 20. Mai 1873.] gr. 4. (835 S., Uebersicht 100 S., Rednerliste 57 S.) Berlin 873, Moeser. *

Kleinschmidt, A., s. a. Uebersicht üb. d. Geschäftsthätigkeit d. preuß. Hauses d. Abgeordneten.

Kleinschmidt. Zusammenstellung der wichtigsten Prozeßbestimmungen aus d. Reichsjustizgesetzen, nach Materien geordnet. gr. 8. (VII, 74 S.) Berl. 889, Moeser. 1 50

Kleinschmidt, Albert

Kleinschmidt, Alb., d. Anschauungsunterricht, s.: Kehr, C.

— deutsche Aufsätze zur Belebung u. Vertiefung des Gesamtunterrichtes. Für Oberklassen der Volks- u. Bürgerschulen, sowie f. die Mittelklassen höh. Lehranstalten bearb. 2 Bde. gr. 8. Leipzig 899. F. Brandstetter. à n. 3.—
1. Aufsätze zum Unterricht in Religion, Litteratur, Geschichte u. Geographie. (IV, 253 S.)
2. Aufsätze 1. üb. Menschenleben u. Menschenarbeit, 2. aus dem Gebiete des Unterrichts in Hauswirtschafts- u. Gesundheitslehre, Naturgeschichte u. Naturlehre, 3. üb. Jahreszeiten u. Witterg. (237 S.)

Kleinschmidt, Alb., die Befreiung Germaniens vom Römerjoche. Drei Erzählungen für die Jugend. Mit einem Titelbilde [Heliogravüre]: Heimkehr der Deutschen aus der Schlacht im Teutoburger Walde, nach Paul Thumann. gr. 8. (III, 296 S.) Leipzig 888, Brandstetter. geb. * 3 50

Kleinschmidt, A., die Befreiung Germaniens vom Römerjoche. Drei Erzählgn. f. die Jugend. Mit e. Titelbilde [Heliogravüre]: Heimkehr der Deutschen aus der Schlacht im Teutoburger Walde, nach Paul Thumann. gr. 8. (III, 296 S.) Leipzig 889. Brandstetter. geb. n. 3. 50

— die Befreiung Germaniens vom Römerjoche. 3 Erzählgn. f. die Jugend. Mit 1 Titelbilde (Heliograv.): Heimkehr der Deutschen aus der Schlacht im Teutoburger Walde, nach Paul Thumann. 2. Aufl. gr. 8. (III, 296 S.) Ebd. 901. n. 2.80; geb. in Leinw. n. 3.50

— Die Befreiung Germaniens v. Römerjoche. Drei Erzählgn. f. Jugend u. Volk. Mit e. Titelbilde (Heliograv.): Heimkehr d. Deutschen aus d. Schlacht im Teutoburger Walde, nach Paul Thumann. 3. Aufl. (IV, 296 S.) 8. Leipzig 909. F. Brandstetter. 2.80; geb. in Leinw. 3.50

— Bilder f. den Anschauungsunterricht aus den Hey-Speckterschen Fabeln, s.: Pfeiffer, Wilh.

Kleinschmidt, Alb., bunte Blätter. Dichtungen aus Heimath und Fremde. 8. (IV, 112 S.) Bensheim 884, Lehrmittelanstalt Erhard und Comp. *ℳ 1,40.; geb. *

Der Brief als Unterrichtsgegenstand in der Volks- und Fortbildungsschule. Eine Sammlung von 118 Briefen mit vielen angeknüpften Aufgaben von A[lbert] Kleinschmidt, Kreisschulinsp. in Erbach. *Leipzig: F. Brandstetter 1901.* (VIII, 87 S.) 8° [J.] [01. 974]

— Briefe aus d. Kinderleben. E. Sammlg. kurzgehalt Briefe m. Antworten. Für den Schulgebrauch bearb. gr. 8. (48 S.) Leipzig 897. F. Brandstetter. n. — 60

Kleinschmidt, Alb., Brinno, der Chattenfürst. Eine Erzählg. f. Jugend u. Volk aus der Zeit der Varusschlacht. 8. (142 S.) Michelstadt 899. [F. Ramann.] Gießen, E. Roth. Geb. in Leinw. n. 1. 25

—— Deutsch, s. Vorbereitungen und Entwürfe aus dem gesamten Unterrichtsgebiete der deutschen Volksschule.

— orthographische Diktierstoffe in Aufsatzform. Stufenmäßig geordnetes Material f. den Unterricht in der deutschen Rechtschreibg. gr. 8. (XV, 253 S.) Leipzig 887. Brandstetter. n. 3. 20

Kleinschmidt, Alb. Orthographische Diktierstoffe in Aufsatzform. Stufenmäßig geordnetes Material f. den Unterricht in der deutschen Rechtschreibg. 2. verb. u. verm. Aufl. gr. 8. (XV, 269 S.) Lpz. 891, F. Brandstetter. * 3 20

— orthographische Diktierstoffe in Aufsatzform. Stufenmäßig geordnetes Material f. den Unterricht in der deutschen Rechtschreibg. 3., verb. Aufl. gr. 8. (XV, 270 S.) Leipzig 898. Leipzig 898. F. Brandstetter. n. 3. 20

— orthographische Diktierstoffe in Aufsatzform. Stufenmäßig geordnetes Material f. den Unterricht in der deutschen Rechtschreibg. 4., verb. Aufl. in amtl. Rechtschreibg. (XV, 270 S.) gr. 8. Leipzig 903. F. Brandstetter. n. 3. 20; geb. in Leinw. n.n. 3. 75

— Orthographische Diktierstoffe in Aufsatzform. Stufenmäßig geordnetes Material f. d. Unterricht in d. deutsch. Rechtschreibg. 5. Aufl. Mit e. Anleitg. z. Gebrauche des Buches sowie m. e. Stoffverteilungsplan. (XXXI, 270 S.) 8. Leipzig 908. F. Brandstetter. 3.20; geb. in Leinw. n 3.75

—— Entwickelungsstoff aus K.'s deutscher Sprachlehre auf Grundlage von Sprachstücken in Aufsatzform. Für die Hand der Schüler. gr. 8. (IV, 51 S.) Ebd. 889. cart. * — 50

— Entwicklungsstoff aus s. deutschen Sprachlehre auf Grundlage v. Sprachstücken in Aufsatzform. Für die Hand d. Schüler. 2. Aufl. gr. 8. (IV, 51 S.) Ebd. 896. n. — 50

— im Forsthause Falkenhorst. Erzählgn. u. Schildergn aus dem Leben im Bergforsthause u. im Bergwalde. Der deutschen Knabenwelt gewidmet. Mit 4 Farbendr.-Bildern u. zahlreichen Textillustr. (Roth's Jugendbibliothek) gr. 8. (VII, 224 S.) Gießen 901. E. Roth. n. 3. —; geb. in Leinw. n. 4. —

— dasselbe. Neue Folge. Mit 4 Farbendr.-Bildern u. zahlr. Textillustr. (Roth's Jugendbibliothek, 2. Bd.) gr. 8. (IV, 252 S.) Ebd. 903. n. 3. —; geb. in Leinw. n. 4. —

Kleinschmidt, Alb., im Forsthause Falkenhorst. Erzählgn. u. Schildergn. aus dem Leben im Bergforsthause u. im Bergwalde. Der deutschen Knabenwelt gewidmet. 3. Jahrg. Mit 4 Farbendr.-Bildern u. zahlreichen Textillustr. (Roth's Jugendbibliothek, 3. Bd.) (IV, 200 S.) gr. 8. Gießen 904. E. Roth. n. 3. —; geb. in Leinw. n. 4. —

— Im Forsthause Falkenhorst. Erzählung. u. Schildergn. aus d. Leben im Bergforsthause u. im Bergwalde. Der deutsch. Knabenwelt gewidmet. 4. Jahrg. Mit 4 Farbendr.-Bildern u. zahlr. Textillustr. (Roth's Jugendbiblioth., 4. Bd.) (III, 222 S.) gr. 8. Gießen (908). E. Roth. 3.—; geb. in Leinw. 4. —

— welscher Frevel, deutscher Zorn. 4 Erzählgn. aus d. Zeit d. deutschen Erniedrigg. u. Wiedererhebg. (1688—1871) f. Jugend u. Volk. Mit 1 Titelbilde (Heliograv.): „Zu Versailles am 18. Jan. 1871" nach A. v. Werner. gr. 8. (III, 319 S.) Ebd. 897. n. 2. 80; geb. in Leinw. n. 3. 50

— Gedichte. 8. (VII, 272 S.) Leipzig 902. F. Brandstetter. Geb. in Leinw. n. 3. —

Kleinschmidt, Alb., die geographischen Grundbegriffe. Eine Anleitg. zur unterrichtl. Behandlg. zu Siedlers Relief. Mit 1 Dreifarbendr.-Taf. (VIII, 73 S.) gr. 8. Gießen (907). E. Roth. 1. 80

—— Heil dem Kaiser! Gesänge u. Deklamationen zur Feier d. Geburtstages Sr. Maj. d. deutschen Kaisers Wilhelm II. Für Schulen u. Vereine verf. 8. (30 S.) Ebd. 890. — 25

—— Germanisches Heldenschicksal in Sieg u. Untergang. 4 Erzählgn. aus der Zeit der Völkerwanderg. f. Jugend u. Volk. gr. 8. (III, 379 S. m. Titelbild in Heliograv. nach W. Lindenschmit.) Ebd. 890. * 3 20; geb. * 4 —

— der erste Hochflug d. Zollernaars. Drei Erzählgn. aus Friedrich d. Großen Tagen f. Jugend u. Volk. M. e. Titelbilde (Heliograv.): „Am Abend vor d. Schlacht bei Zorndorf", nach Grotjohann. gr. 8. (III, 340 S.) Ebd. 896. n. 2. 80

[J.] Karl Kehr. Von A[lbert] Kleinschmidt. M. 1 Bildn. *Leipzig: R. Voigtländer 1898.* (112 S., 1 Portr.) 1 Bd 8.
= Erzieher, Grosse. Bd 3. [98. 6347]

Kleinschmidt, Alb., Kreuzfahrt u. Römerzug. 4 Erzählgn. aus dem Zeitalter der Kreuzzüge u. der Hohenstaufen f. Jugend u. Volk. Mit e. Titelbilde (Heliograv.) nach Ph. Foltz. gr. 8. (III, 389 S.) Leipzig 893. F. Brandstetter. n. 3. 20; geb. in Leinw. n. 4. –

[J.] Im Lande der Freiheit und des Dollars. Erzählgn f. Jung u. Alt v. Albert Kleinschmidt. M. 5 Bild. nach Orig. v. C. Becker. *Berlin: H. J. Meidinger [1895].* (2 Bl., 206 S., 5 Taf.) 1 Bd 8. [97. 481]

— im Land d. Freiheit u. d. Dollars. Erzählgn. für jung u. alt. M. 5 Bildern nach Originalen v. Carl Becker. gr. 8. (III, 206 S.) Berlin 896. H. J. Meidinger. Geb. in Leinw. n. 3. —; erhöht. Pr. 3. 50

— Lebensbilder aus der Länder- u. Völkerkunde f. Haus u. Schule. Einheitliche u. abgerundete Darstellgn. zur Erweckg. des Interesses f. das Studium der Erdkunde u. zur Belebg. des geograph. Unterrichtes. Auf Grundlage der besten Quellenwerke bearb. 1. gr. 8. Weinheim 894. F. Ackermann's Verl. n. 4. 50; geb. n. 5. 60; m. Goldschn. n. 6. —
Bilder aus Amerika. (VII, 432 S.)

Kleinschmidt, Alb., Lubang. Ein Lebensbild von der Insel Java für Jugend u. Volk. Mit 8 Bildern in Farbendr. gr. 8. (183 S.) Stuttgart 877. Schmidt & Spring. cart. 4. 50

—— Materialien zur Einübung der neuen Rechtschreibung. Mit vielen Fragen und Aufgaben und einem Wörterverzeichnis. gr. 8. (72 S.) Ebendas. 882. cart. *

— Materialien zu Rechtschreibübungen. Mit besond. Berücksicht. der Neuorthographie, namentlich der Schreibg. m. großen u. kleinen Anfangsbuchstaben, bearb. 2., durchgeseh. u. völlig umgearb. Aufl. gr. 8. (VIII, 178 S.) Bensheim 894. Lehrmittelanstalt Ehrhard & Co. Kart. n. 2.—

— Mustersätze m. gleich u. ähnlich lautenden Wörtern. Orthographische Diktierstoffe, zusammengestellt im Anschlusse an das von demselben Verf. hrsg. Werkchen: „1740 gleich u. ähnlich lautende Wörter". gr. 8. (28 S.) Ebend. 883. n. — 30

— Naturwissenschaft im Haushalte. Ein Lehr- u. Lesebuch f. jedermann, besonders aber f. Schülerinnen der höheren Mädchenschulen, der Haushaltungsschulen u. verwandter Anstalten. gr. 8. (IV, 380 S.) Leipzig 893. F. Brandstetter. n. 4. —; geb. n. n. 4. 75

— unter dem Sachsenbanner. Vier Erzählgn. aus den Tagen der Sachsenkaiser f. Jugend u. Volk. Mit e. Titelbild [Heliograv.]: „Ottos d. Großen Sieg üb. die Ungarn auf dem Lechfelde", nach Ant. Dietrich. gr. 8. (III, 362 S.) Ebd. 892. Geb. in Leinw. n. 4. —

— Sprachlehre ꝛc., s.: Genau, A.

—— Deutsche Sprachlehre auf Grundlage v. Sprachstücken in Aufsatzform. gr. 8. (IV, 275 S.) Ebd. 889. * 3 20

Kleinschmidt, Alb., deutsche Stilübungen. Ein Wegweiser zu einem method. und erfolgreichen Verfahren beim Stilunterricht. 3 Tle. gr. 8. Ebendas. 886. * 12 50

Inhalt:

Tl. 1. [3.—6. Schuljahr.] (X, 350 S.) * M 4.—.
" 2. [7. und 8. Schuljahr.] (IV, 386 S.) * M 4.50.
" 3. [9.—11. Schuljahr.] (IV, 345 S.) * M 4.—.

— deutsche Stilübungen. Ein Wegweiser zu e. method. u. erfolgreichen Verfahren beim Stilunterrichte. 1. Tl.

[3.—6. Schulj.] 2., verb. u. erweit. Aufl. gr. 8. (VIII, 415 S.) Leipzig 890. Brandstetter. n. 4. —

— deutsche Stilübungen. Ein Wegweiser zu e. method. u. erfolgreichen Verfahren beim Stilunterrichte. 2. u. 3. Tl. gr. 8. Ebd. n. 8. 50

2. (7. u. 8. Schulj.) 2., verb. u. erweit. Aufl. (IV, 420 S.) 892. n. 4. 50
3. (9.—11. Schulj.) 2., durchgeseh. u. verb. Aufl. (XII, 336 S.) 894. n. 4. —

— deutsche Stilübungen. Ein Wegweiser zu e. method. u. erfolgreichen Verfahren beim Stilunterrichte. 1. Tl. (3.—6. Schulj.) 3., verb. u. erweit. Aufl. gr. 8. (VIII, 418 S.) Leipzig 903. F. Brandstetter. n. 4. —; geb. n. 4. 50

— im Sturm u. Drang bewegter Zeit. Vier Erzählgn. aus der Zeit von 1252—1525 f. Jugend u. Volk. Mit e. Titelbilde (Heliograv.): „Luther in Worms", nach Delpórée. gr. 8. (III, 438 S.) Ebd. 894. n. 3. 20; geb. in Leinw. n. 4. —

— im sonnigen Süden. Eine Erzählg. aus Chile f. Jugend u. Volk. Mit 3 Vollbild. nach Zeichgn. v. E. M. Sohn. 8 (III, 203 S.) Gotha 896. F. A. Perthes. Geb. in Leinw. n. 3. —

— 20 Thiergeschichten für Kinder. Mit 8 color. Bildertaf. v. H. Leutemann. qu. Fol. (23 S.) Leipzig 879. Berndt. cart. 3. —

— die Uebung im Unterrichte. Betrachtungen u. Vorschläge. (X, 426 S.) 8. Leipzig 906. F. Brandstetter. n. 6. —; geb. in Leinw. n. 6. 50

— Übungsheft z. deutschen Sprachlehre. E. Hilfsmittel beim grammat. Unterrichte in Volksschulen. 2. Aufl. gr. 8. (II, 45 S.) Leipzig 897. F. Brandstetter. n. — 40

Kleinschmidt, A. (I.), aus Deutschlands Vergangenheit. Der deutschen Jugend erzählt. br. 8. (266 S. mit 4 lithogr. Bildern in Farbendr.) Stuttgart 870, Schmidt und Spring. cart.

— aus deutscher Vorzeit. Erzählungen f. Jugend u. Volk. II. Wehe den Besiegten! Erzählung aus den J. 15 u. 16 nach Christo. 2. Aufl. (VI, 135 S. m. Titelbild.) 8. Gießen (906). E. Roth. n. 1. —; geb. n. 1. 25

— aus Hessens Vorzeit. Erzählungen f. Jugend u. Volk. I—III. 8. Gießen, E. Roth. à n. 1. —; geb. in Leinw. à n. 1. 25

I. Brinno, der Chattenfürst. Aus der Zeit der Varusschlacht. (VI, 142 S. m. Titelbild.) 900.
II. Wehe den Besiegten! Erzählung aus den J. 15 u. 16 nach Christo. (VI, 135 S. m. Titelbild.) (900.)
III. Lindmuth. Aus der Zeit des Bonifacius (724 nach Christo). (VI, 150 S.) (901.)
Auch u. d. T.: „Aus deutscher Vorzeit".

— aus Hessens Vorzeit. Erzählungen f. Jugend u. Volk. I. u. IV. 8. Ebd. à 1. —; geb. in Leinw. 1. 25

I. Brinno, der Chattenfürst. Aus der Zeit der Varusschlacht. 2. Aufl. (VI, 142 S. m. Titelbild.) (905).
IV. Gundakar. Aus der Zeit Karls des Großen (779—785 n. Ch.). (132 S. m. Titelbild.) (903).
Auch u. d. T.: Aus deutscher Vorzeit.

— Aus Hessens Vorzeit. Erzählgn. f. Jugend u. Volk. III. Lindmuth. Aus d. Zeit d. Bonifacius (724 n. Christo). 2. Aufl. (VIII, 150 S. m. 1 Vollbild.) 8. Ebd. (910). 1.—; geb. in Leinw. 1. 25

— Wandertage im Odenwalde. Ein Gedenkbuch f. Freunde des Gebirges. Mit 60 Bildern nach Orig.-Aufnahmen v. Neeb. gr. 8. (VIII, 66 S.) Stuttgart (900). Hobbing & Büchle. In Leinw.-Mappe n. 4.—

— 1740 gleich u. ähnlich lautende Wörter. Für den Schulgebrauch zusammengestellt u. erläutert, sowie mit Andeutungen über ihre method. Verwerthung im grammat. u. orthograph. Unterrichte versehen. gr. 8. (47 S.) Ebend. 883. n. — 30

Kleinschmidt, A., im Zeichen d. Kreuzes. Vier Erzählgn. aus Karl's d. Großen Tagen f. Jugend u. Volk. Mit e. Titelbilde [Heliograv.]: „Fränkische Königsknaben beim Waffenspiel", nach Alma Tadema. gr. 8. (III, 413 S.) Leipzig 891. Brandstetter. n. 3. 20; geb. n. 4. —

— aus der Zeit der Thränen u. Wunder. 3 Erzählgn. aus den unsel. Tagen des 30jähr. Krieges f. Jugend u. Volk. Mit 1 Titelbilde (Heliograv.): „Gebet Gustav Adolfs in der Schlacht bei Lützen", nach L. Braun. gr. 8. (III, 286 S.) Ebd. 895. n. 2. 80; geb. in Leinw. n. 3. 50

—— stürmische Zeiten, s. Scipio, R.

Amalie von Oranien, geborene Gräfin zu Solms-Braunfels. Ein Lebensbild von Dr. Arthur **Kleinschmidt**, Universitätsprof. Mit 8 Vollbild. u. 1 Doppelbild. Berlin: J. Räde (1905). (XI, 271 S.) 8° [07. 7041

Ⓑ **Kleinschmidt,** Arth., Amalie v. Oranien. 905. Jetzt: Darmstadt, J. Waitz. Ladenpr. aufgeh.

Kleinschmidt, Arth., Augsburg, Nürnberg u. ihre Handelsfürsten im 15. u. 16. Jahrh. gr. 8. (IX, 218 S.) Kassel 881. Kay. n. 3. —

Kleinschmidt, Arth., Bayern u. Hessen 1799—1816. 2. erweit. Aufl. m. 2 Registern. gr. 8. (XXIV, 359 S.) Berlin 902. J. Räde. n. 6. —; geb. n. 7. —

1. Aufl. (III, 344 S.) Ebd. 900. n. 6. —; geb. n. 7. —.

— zum 80jährigen Bestehen des Vereins f. anhaltische Geschichte u. Altertumskunde. Festschrift. (15 S.) gr. 8. Dessau 905. C. Dünnhaupt. n. — 60

Kleinschmidt, Arth. Charakterbilder aus der französischen Revolution. Mit 8 Porträts. gr. 8. (V, 168 S.) Wien 889, Hartleben. * 3 —

— die Eltern u. Geschwister Napoleon's I. gr. 8. (IV, 340 S.) Berlin 878. Schleiermacher. n. 7. —

Kleinschmidt, Arth., die Eltern und Geschwister Napoleon's I. 2. Aufl. 10 Lfgn. gr. 8. (IV, 340 S.) [Berlin 886, Schleiermacher.] Prenzlau, Biller. à Lfg. * 50 Pf. * 5 —

— die Eltern u. Geschwister Napoleon's I. 2. (Titel-) Aufl. gr. 8. (IV, 340 S.) Prenzlau 886. [Biller.] Leipzig, Oesterwitz Nachf. n. 5. —

— Russlands Geschichte u. Politik dargestellt in der Geschichte des russischen hohen Adels. gr. 8. (XVI, 560 S.) Kassel 877. Kay. n. 9. —

— Geschichte d. Königr. Westfalen, s. a. Geschichte der europäischen Staaten.

Kleinschmidt, Dr. Arthur, Prof. der Geschichte an der Universität Heidelberg. Geschichte des Königreichs Westfalen. 8. Gotha 1893.

Kleinschmidt, Arth., drei Jahrhunderte russischer Geschichte. Ueberblick d. russ. Geschichte seit d. Thronbesteigg. d. Romanow bis heute (1598—1898.) M. 2 genealog. Taf., e. Porträttaf. u. e. Karte. gr. 8. (VI, 505 S.) Berlin 898. J. Räde. n. 9. —; geb. n. 10. 50

—— Jacob III., Markgraf zu Baden und Hochberg, der erste regier. Convertit in Deutschland. gr. 8. (V, 167 S.) Frankfurt a. M. 875, Winter. *

—— die Irrfahrten Gustav's IV. Adolf von Schweden, s. a. Taschenbuch, historisches.

Kleinschmidt, Arthur. Die Irrfahrten Gustav's IV. Adolf von Schweden. [A.] 8. (Leipzig 1888.)

— Karl Friedrich von Baden. Zum 150. Geburtstage. Mit einem (Holzschn.-)Bildniß Karl Friedrich's nach A. Demarle. gr. 8. (VIII, 239 S.) Heidelberg 878. C. Winter. n. 6. —

Katalog der Anhaltina der Herzoglichen Hofbibliothek zu Dessau. Von Dr. Arthur Kleinschmidt, Hofbibliothekar. Dessau 1906: Gutenberg. (205 S.) 8°

Kleinschmidt, Arthur: Katalog der Herzoglichen Hofbibliothek zu Dessau. Geschichte des Mittelalters und der Neuzeit. Hrsg. u. mit Sach- u. Namensverzeichnis vers. von Prof. Dr. Emil Weyhe, Bibliothekar. Dessau 1910: Gutenberg. 413 S. 8°

Katalog der Historischen Hilfswissenschaften, der Allgemeinen und der Alten Geschichte der Herzoglichen Hofbibliothek zu Dessau. Von Dr. Arthur Kleinschmidt. Dessau 1908: Anhalt. Buchdr. Gutenberg. (115 S.) 8° [08. 16763]

Katalog der Kulturgeschichte und Allgemeinen Religionswissenschaft der Herzoglichen Hofbibliothek zu Dessau. Von Dr. Arthur Kleinschmidt. Dessau 1908: Anhalt. Buchdr. Gutenberg. (115 S.) 8° [08. 7750

Katalog der Schönen Künste der Herzoglichen Hofbibliothek zu Dessau. Von Dr. Arthur Kleinschmidt, Hofbiblioth. Dessau 1906: Gutenberg. (158 S.) 8° [07. 1189

Katalog der Pädagogik der Herzoglichen Hofbibliothek zu Dessau. Von Dr. Arthur Kleinschmidt. Dessau 1908: Gutenberg. (XV, 198 S.) 8° [08. 3036

Katalog der Philosophie der Herzoglichen Hofbibliothek zu Dessau. Von Dr. Arthur Kleinschmidt, Hofbibliothekar. Dessau 1907: Anhalt. Buchdr. Gutenberg. (X, 113 S.) 8° [07. 14040

Katalog der Theologie der Herzoglichen Hofbibliothek zu Dessau. Von Dr. Arthur Kleinschmidt, Hofbiblioth. Dessau 1907: Gutenberg. (XI, 177 S.) 8° [07. 4368

Katalog der Thiliana. Mit Biographie Thile's. Von Dr. Arthur Kleinschmidt, anhalt. Hofbiblioth. Dessau 1901: Wettiger & Co. (VIII, 110 S.) 8° [01. 498]

— Katharina II. als Civilisatorin, s. a. Zeit- u. Streit-Fragen, deutsche. NF 80.

Kleinschmidt, A., Katharina II. als Civilisatorin. (60 S.) Hamburg 1891. Verl.-Anst. u. Druckerei.

—— Fürst Alexander Danilowitsch Menschikow, s. Taschenbuch, historisches.

Kleinschmidt, Arthur, Napoleon I. (Biogr., in: Der Neue Plutarch. Biographien hervorragender Charaktere d. Geschichte, Literatur u. Kunst. Hrsg. v. *Rudolf v. Gottschall*. Th. 7. Leipzig, Brockhaus, 1880: S. 1—258.) 8°. Eleg. Hsaffianb.

Kleinschmidt, Arthur: Graf F. W. Rostoptschin, s. Taschenbuch, Histor.

Kleinschmidt, A., die Säcularisation von 1803, s. a. Zeit- und Streit-Fragen, deutsche.

Kleinschmidt A. d. Säkularisation v. 1803. (Zt- u Strtfr. 107) Berlin 1878

Moskauer Skizzen von Dr. Arthur Kleinschmidt, Hofbibliothekar. Berlin: *J. Räde 1903*. (75 S.) 8° [04. 6374

—— die drei Stände in Frankreich vor der Revolution, s. Sammlung gemeinnütz. populär-wissenschaftl. Vorträge.

Kleinschmidt, Arthur. Der Vertrag von Gatschina. (Zwischen Bayern und Russland am 1. October 1799.) — Siehe: „Forschungen zur Geschichte Bayerns." VI. Bd., 3. Heft. Regensburg 1898.

— s.: Weltgeschichte.

Kleinschmidt, Augustus (geb. Kierspe in Westf. 5. 4. 1818): De catheterismo tubae Eustachii. Berolini (1842). (27 S.) 8°
Berlin, Med. Diss. v. 3. Sept. 1842

Kleinschmidt, August Friedrich

Kleinschmidt, A. F. Quaestionum de attractione quam dicunt particula prima. 15 S. . . . . .
Torgau, Progr. 1847

Kleinschmidt, A. F. Der Unterricht im Griechischen kann bei wöchentlich acht Stunden in Untertertia mit Anabasis und Odyssee begonnen werden.
Torgau, Progr. 1855

Kleinschmidt, Aug. Frdr., Ueber den sogenannten Vandalismus. Torgau 1875. 4.
Prog. Gymn. Torgau. . . . . (D.)

Kleinschmidt, Beda, O.F.M., die seligen Kreszentia Höß, s.: Zeiler, Ign.

— Lehrb. d. christl. Kunstgesch., s. a. Handbibliothek, wissenschaftl. III, 7.

Lehrbuch der christlichen Kunstgeschichte. Von Beda Kleinschmidt O. F. M. Mit Titelbild u. 308 Abb. Paderborn: Schöningh 1910. XXXII, 640 S. 8°
(Wissenschaftliche Handbibliothek. Reihe 3, 7.) [10. 13710

Kleinschmidt, Eduard, Referendar: Grenzbestimmung zwischen Kauf- und Werkvertrag nach gemeinem Recht und nach dem Rechte des Bürgerlichen Gesetzbuches, verbunden mit einer Interpretation des § 651 dieses Letzteren. *Rostock 1903: H. Winterberg*. (83 S.) 8° [J. u. Ant.]
Rostock, Jur. Diss. v. [12. Jan.] 1904

Kleinschmidt, E[duard]: Die puerperale Pyämie und ihr Verhalten gegenüber der chirurgischen. Halle 1874: Lipke. 31 S. 8°
Halle-Wittenberg, Med. Diss. v. 13. Aug. 1874
Geb. Lüttringhausen (Rheinprov.) 17. 6. 1852. V.
Verf. erlebte die Diplomerneuerung 1924 und das 60jährige Dr.-Jubiläum 1934 als Geheimer Sanitätsrat in Elberfeld.

Kleinschmidt, Emil [(Dr. med.), pr. Arzt aus Oberwallmenach]: Ein Beitrag zur Casuistik der Fremdkörper der weiblichen Blase und die Methoden ihrer Entfernung ... München, Druck v. F. Bickel, 1896; 28 S., 1 Bl. 8.
Würzburg, Med. Fak., Inaug.-Diss. v. 1896

Kleinschmidt, Emmerich, geometrische Anschauungslehre f. die ersten vier Klassen an Mädchen-Lyzeen. (In neuer Rechtschreibg.) (IV, 103 S. m. 259 Fig.) gr. 8. Wien 903. A. Hölder. Geb. in Leinw. n. 1. 65

Kleinschmidt Em.: Die wichtigsten Kartenprojectionen. 27. Wien R. II 83. Progr.

Kleinschmidt, Emerich, Leitfaden der Geometrie und des geometrischen Zeichnens für Knaben-Bürgerschulen. Mit 345 in den Text gedruckten Abbildungen, 6 Figurentafeln und über 600 Uebungsaufgaben. Gr.-8. (II, 218 S.) Geb. 1.32
Wien: Hölder 1896.

Kleinschmidt, Emerich, Leitfaden der Geometrie u. d. geometrischen Zeichnens f. Mädchen-Bürgerschulen. 1.—3. Thl. gr. 8. Wien, A. Hölder. n. 2. 12
1. [I. Classe.] Mit 94 in den Text gedr. Abbildgn. u. 2 Fig.-Taf. (III, 67 S.) 891. n. — 72
2. [II. Classe.] Mit 60 in den Text gedr. Abbildgn. u. 2 Fig.-Taf. (III, 60 S.) 891. n. — 60
3. [III. Classe.] Mit 55 in den Text gedr. Abbildgn. u. 2 Fig.-Taf. (III, 55 S.) 892. n. — 80

— dasselbe, f. Mädchen-Bürgerschulen. 1. u. 2. Thl. 2., im wesentl. unveränd. Aufl. gr. 8. Wien, A. Hölder. Geb. n. 1. 96
1. (1. Classe.) (III, 67 S. m. 94 Abb. u. 2 Taf.) 894. n. 1. 04
2. (2. Classe.) (III, 60 S. m. 60 Abb. u. 2 Taf.) 897. n. — 92

KLEINSCHMIDT, Emerich
(F) Leitfaden der Geometrie und des geometrischen Zeichnens für Mädchen-Bürgerschulen. Von Emerich Kleinschmidt. 3. Theil (III. Classe.) Mit 55 in den Text gedruckten Abbildungen und 2 Figurentafeln. 2., im wesentlichen unveränderte Auflage. Wien. 1899. Hölder. Gr.-8°. 56 S. Geb. fl. —.42

Kleinschmidt, Emerich, Leitfaden der Geometrie u. des geometrischen Zeichnens f. Mädchen-Bürgerschulen. 1. Tl. gr. 8. Wien, A. Hölder. Geb. n. 1.94
1. (I. Klasse.) Mit 94 in den Text gedr. Abbildgn. u. 2 Fig.-Taf. 3. Aufl. Inhaltlich unveränd., nach der neuen Rechtschreibg. hergestellter Abdr. der 2. Aufl. (III, 67 S.) 902. n. 1.10

— Leitfaden der Geometrie u. des geometr. Zeichnens f. Mädchen-Bürgerschulen. 2. Tl. (II. Klasse.) Mit 60 in den Text gedr. Abbildgn. u. 2 Fig.-Taf. 3. Aufl. Inhaltlich unveränd., nach der neuen Rechtschreibg. hergestellter Abdr. der 2. Aufl. (III, 60 S.) gr. 8. Ebd. 904. Geb. n. — 80

(F) **Kleinschmidt, E.,** Leitfaden der Geometrie und des geometrischen Zeichnens für Mädchenbürgerschulen. 1. Teil, (I. Klasse.) 4. Aufl. 8°. (67 S.) geb. K 1.10
Wien: Hölder 1907.

Kleinschmidt, Emmerich, Leitfaden d. **Geometrie** u. des geometr. Zeichnens f. Mädchenbürgerschulen. 1. Tl. (I. Kl.) 5., nach d. neuen Lehrplane umgearb. Aufl. Mit 86 in d. Text gedr. Abb. u. 4 Fig.-Taf. (III, 48 S.) 8. Wien 908. A. Hölder. Geb. — 75

Kleinschmidt Emmerich, Leitfaden der Geometrie und des geometrischen Zeichnens für Mädchenbürgerschulen. II. Teil. (II Klasse.) 4., nach dem neuen Lehrplan umgearbeitete Auflage. Mit 56 in den Wortlaut gedruckten Abbildungen und 6 Figurentafeln. Wien 1909. Alfred Hölder. Geb. K —.80.

Kleinschmidt Emmerich, Leitfaden der Geometrie und des geometrischen Zeichnens für Mädchenbürgerschulen. III. Teil (III. Klasse). Mit 47 in den Wortlaut gedruckten Abbildungen und 6 Tafeln. 4., nach dem neuen Lehrplane umgearbeitete Auflage. Wien 1910. Alfred Hölder. Geb. K —.70.

KLEINSCHMIDT, Emerich
(F) Kurzer Leitfaden der Geometrie und des geometrischen Zeichnens für Mädchen-Bürgerschulen. Von Emerich Kleinschmidt. Mit 196 in den Text gedruckten Abbildungen und 6 Figurentafeln. Wien. 1900. Hölder. Gr.-8°. IV, 103 S. mit 6 Tafeln. Geb. K 1.28

— Rechtschreibübungen f. einfache Schulverhältnisse. Sprachganze in stufenmäß. Aufeinanderfolge, bearb. im Anschlusse an d. Gesamtunterricht. (XVI, 240 S.) 8. Leipzig 908. F. Brandstetter. 2.60; geb. in Leinw. 3. —

Kleinschmidt, Erich, Teutoburg. Erzählung aus d. Jahre der Befreiungsschlacht im Teutoburger Walde (9 n. Chr.). (213 S. m. Titelbild.) gr. 8. Darmstadt 909. H. L. Schlapp. Geb. 2.—; in Leinw. 2.50; eleg. geb. 3. —

Kleinschmidt, Erich, politische Wanderbriefe. (36 S.) gr. 8. Berlin 903. Gose & Tetzlaff. n. 1. —

Kleinschmidt, Ernst

Kleinschmidt, E., üb. Darmsyphilis m. Ausschluss der Mastdarmerkrankungen. Diss. gr. 8. (39 S.) Göttingen 895. (Vandenhoeck & Ruprecht.) n. 1. —

Kleinschmidt, Ernst, a. Wiesbaden: Untersuchungen über einige Fragen, die mit der drahtlosen Telegraphie in Zusammenhang stehen. Straßburg 1904: J. H. E. Heitz. (30 S.) 8°
Straßburg, Math.-naturwiss. Fak., Ref. Braun, Diss. v. 1904
[Geb. 5. Sept. 77 Wiesbaden; Wohnort: Straßburg i. E.; Staatsangeh.: Preußen; Vorbildung: Gymn. Wiesbaden Reife O. 98; Studium: Kiel 1 Werlt 1, Göttingen 1, Bonn 1, Berlin 1, Straßburg 6 S.; Rig. 7. Juni 04.]

Kleinschmidt, F., kurze katechet. Darstell. des Christenth. 8. **Dortm. Mallinkrodt.** 864.

Kleinschmidt, Friedrich, appr. Arzt aus Göttingen: **Der Einfluss** der Witterung auf das Auftreten des akuten Gelenkrheumatismus (Göttinger Klinik 1877—1898). *Göttingen 1901: Dieterich.* (36 S.) 8°
Göttingen, Med. Diss. v. [28. Jan.] 1902

Kleinschmidt, Frdr., der Einfluss der Witterung auf das Auftreten des akuten Gelenkrheumatismus (Göttinger Klinik 1877—1898). Diss. gr. 8. (37 S. m. 4 Taf.) Göttingen 901. (Vandenhoeck & Ruprecht.) n. 1.20

Kleinschmidt, Friedr., Naturandachten. Sechs religiöse Naturbetrachtungen. 8. (84 S.) Hannover 873, Meyer.

Kleinschmidt, Frdr., die typologischen Citate der vier Evangelien erklärt. Halle 861. Petersen. gr. 8. (55 S.) n. 8 ngr

Kleinschmidt, Friedrich Emmanuel

Kleinschmidt, F. E., der Brief an die Römer, erläutert. 8. (IV, 190 S.) Gütersloh 888, Bertelsmann. * 2 —
geb. * 2 80

Kleinschmidt, Frdr. Emman., Predigten [50] aus der Brüdergemeine, im Laufe von 50 Jahren geh. 2., verm. Aufl. gr. 8. (VIII, 471 S.) Breslau 882. Dülfer. n. 4. 50; geb. n. 5. 70

Kleinschmidt, Friedrich Conrad: Ueber Leucämie. Halle (1869): Plötz. 30 S. 8°
Halle-Wittenberg, Med. Diss. v. 17. Juli 1869
Geb. Gotenburg (Schweden) 22. 12. 1844. V.

Kleinschmidt, Fritz. Ueber Isoindol. Tübingen, 1879.

Kleinschmidt, G., Zwei lemnische Inschriften. S.-A. 1893. 19 S.

Kleinschmidt, Georg [aus Berlin]: Ueber Paraplegieen in der Gravidität . . . . Strassburg, Buchdr. v. G. Fischbach, 1885; 29 S. 8°.
Strassburg, Med. Fak., Inaug.-Diss. v. 1885.

Kleinschmidt, Georg, über Paraplegieen in der Gravidität. Diss. Strassburg i. Els. 1885, Trübners Buchh. u. Antiqu. (E. d'Oleire.) 8°. 29 S.

Kleinschmidt, Georg: Über die Wertheimische Prolapsoperation. Leipzig 1903: B. Georgi. 39 S. 8°
Leipzig, Med. Diss. v. 16. Dez. 1903

Kleinschmidt, Geo., Vadeomecum f. den Geburtshelfer. 12. (VII, 118 S.) München 893. J. Lindauer. Geb. in Leinw. n. 2. 60

Kleinschmidt, Geo., Vademecum f. den Geburtshelfer. 2. Aufl. 8. (VIII, 159 S. m. Fig.) München 899. J. Lindauer. Geb. in Leinw. n. 4.—

Kleinschmidt, Geo., Vademecum f. den Geburtshelfer. 3. Aufl. (VIII, 182 S. m. Abbildgn.) 8. München 906. J. Lindauer. n. 3. 80; geb. in Leinw. n. 4. 50

Kleinschmidt, Gustav (geb. am 1 Juni 1852 in Berlin): Ueber Keratitis bullosa ... Mit 1 Taf. ... Bonn, Druck v. J. F. Carthaus (1876). 29 S., 1 Bl., 1 Taf. 8.
Bonn, Med. Fak., Diss. v. 29 Juli 1876

Kleinschmidt, H., der künftige deutsche Gerichtsvollzieher, sein Wirkungskreis u. seine dienstliche Stellung. Ein Handbuch für den praktischen Gebrauch, nebst Anh., betr. die besonderen Dienst- u. Geschäftsverhältnisse des Gerichtsvollziehers in Preußen. Aus den Reichsjustiz-Gesetzen unter Benutzung von amtl. Motiven u. Commissionsberichten des Reichstages zusammengestellt u. erläutert. 8. (118 S.) Wiesbaden 878. Limbarth. cart. n. 1. 80

— dasselbe. 2. Bdchn. I. Die allgemeine deutsche Wechselordnung, wie dieselbe vom 1. Oktbr. 1879 ab m. den dieselbe ergänz. u. abänd. Bestimmungen der Einführungsgesetze der Bundesstaaten u. der deutschen Reichsgesetze Geltung hat, nebst Entscheidungen der obersten Gerichtshöfe u. Erklärungen der im Wechselverkehr vorkomm. Wechselarten, Personen, Handlungen u. Ausdrücke, sowie einer eingeh. Anleitung zur Aufnahme von Wechselprotesten, nebst Mustern zu Wechseln u. Protesten. II. Das deutsche Wechselstempelsteuergesetz in der vom 1. Juli 1879 gelt. Fassung, nebst einem Wechselstempelsteuer-Tarif. gr. 8. (VIII, 132 S.) Ebend. 879. cart. (à) n. 1. 80

— geographisch-statistisches Orts-Lexikon der Justizverwaltungen im Deutschen Reiche. Für Gerichts-, Verwaltungs-, Polizeibehörden ꝛc. nach amtl. Quellen bearb. 8. (VII, 118 S.) Ebend. 879. n. 1. 60; cart. n. 2. —

—— das Reichs-Oberhandelsgericht zu Leipzig. Eine Darstellung seiner Verfassung und Zuständigkeit, seines Geschäftsganges, Beamten- und Advokaten-Personals und der seit 1869 über diesen Gerichtshof erschienenen Gesetze, Verordnungen und Literatur, nach officiellen Quellen. 8. (24 S.) Ebendas. 873. *
Aus: Deutscher Juristenkalender, besonders abgedruckt.

Kleinschmidt, H., die allgemeine deutsche Wechselordnung und das deutsche Wechselsteuergesetz nach dem gegenwärt. Stande der Gesetzgebung mit besond. Berücksicht. der Wechselproteste. Ein Handbuch zum prakt. Gebrauch für Bankiers, Kaufleute, Rechtsanwälte ꝛc. 2. revid. und verm. Aufl. gr. 8. (VIII, 136 S.) Wiesbaden 888, Limbarth. cart. * 2 —

Kleinschmidt, Hans, appr. Arzt: Aus d. pathol. Inst. zu Bonn. Ein Beitrag zur Kenntnis von den Leberveränderungen bei der puerperalen Eklampsie. Bonn 1908: Eisele. 55 S. 8°
Bonn, Med. Diss. v. 6. Juni 1909, Ref. Ribbert
[Geb. 18. Juni 85 Elberfeld; Wohnort: Eppendorf (Hamburg); Staatsangeh.: Preußen; Vorbildung: Gymn. Elberfeld Reife O. 03; Studium: Freiburg i. B. 3, Kiel 2, München 2, Bonn 3 S.; Coll. 23. Okt. 08; Approb. 1. Mai 09.] [U 09. 344

Chronik von Herzberg, Sieber und Lonau, von Hermann **Kleinschmidt,** Pastor zu Herzberg. *Herzberg a. H.: G. F. Preiss 1894.* (81 S.) 8° [J.]

Kleinschmidt, Herm., im Licht. Gedichte. 12. (III, 66 S.) Halle 897. R. Mühlmann's Verl. n. 1. —

Kleinschmidt, J. G. F.

Kleinschmidt, (Dr.) über d. Gültigkeit d. Braunschweig. u. Calenberg. Landesgesetze im s. g. Stifte Hildesheim. Historisch u. rechtlich entwickelt. gr. 8. Lüneburg 827, Herold u. W. Rthlr.

Kleinschmidt, J. G. F.: Ueber d. Gültigk. der Braunschw. u. Lüneb. Landes-Gesetze im s. g. grossen Stifte Hildesheim. Histor. u. rechtl. entwickelt. *Lüneburg,* Herold u. Wahlstab. 827. gr. 8. (3 Gr.)

Kleinschmidt, J. G. F., Sammlung v. Landtags-Abschieden, Reversen, Versicherungen, Bestätigungen u. sonstigen d. staats- u. privatrechtl. Verhältnisse d. Fürstenthümer Calenberg, Grubenhagen u. Göttingen betreff. Urkunden; allen Vaterlands-Freunden ehrerbietigst gewidmet. 1. Thl. 4. (43¼ B.) Hannover 832, (Hahn.)

Kleinschmidt, J. G. F.: Sammlung von Landtags-Abschieden, Reversen, Versicherungen, Bestätigungen und sonstigen die staats- und privatrechtlichen Verhältnisse der Fürstenthümer Calenberg, Grubenhagen und Göttingen betr Urkunden. Th 1. 2. Hannover 1832.

Kleinschmidt, Johann: Erinnerungen zur Vorbereitung auf die Confirmation.
Duisburg 1794. 8°

— Predigt am Sonntage nach d. Anwesenheit d. Königs gehalten. 8. Altena (in d. Grafsch. Mark) 788.

Kleinschmidt, Jh., was soll ich thun, daß ich selig werde? gr. 8. Altenb. 793. Brenner in Frankf. 4 gl.

Kleinschmidt, Joh. Friedr. (Resp.): Diss. theol. exhibens paedobaptismi Demonstrationem...,
s. Baumgarten, Siegm. Jakob

Kleinschmidt, Johann Jacob. Reglement und Exercitium der Infanterie, wie solches in allen Tempo mit der Flinte und Bajonet auf jezige Curieuse art vorgestellt und gezeichnet von Johann Elias Ridinger, in (87) Kupffer gebracht und verlegt von . . . . . 4. Augspurg (1715).

Kleinschmidt, Car. (Godofr.) (geb. Mühlhausen in Thür. 26. 1. 1818): De anginae membranaceae diagnosi. Berolini (1841). (27 S.) 8°
Berlin, Med. Diss. v. 29. Juli 1841

Kleinschmidt, Karl, Medizinalprakt.: Aus d. gynäkol. Poliklinik München. (Vorst.: Klein.) Ueber Lumbal-Anaesthesie bei gynäkologischen Operationen. München 1910: Wolf. 28 S. 8°
München, Med. Diss. v. 12. Juli 1910, Ref. Döderlein
[Geb. 6. Febr. 85 Wiesbaden; Wohnort: Wiesbaden; Staatsangeh.: Preußen; Vorbildung: Gymn. Dillenburg Reife O. 04; Studium: Freiburg i. B. 2, München 1, Freiburg i. B. 2, Berlin 1, Kiel 1, München 3 S.; Coll. 12. Juli 10; Approb. 26. Mai 10.] [U 10. 3526

Kleinschmidt, Carolus (geb. am 3 Juni 1821 in Neuendorf Sachsen): De natura et vi existimationis in iure Germanico medii aevi praesertim in iure feudali conspicua ... Bonnae, typ. Krügerianis 1844. 1 Bl., 42 S., 2 Bl. 8.
Bonn, Jur. Fak., Diss. v. 5 Aug. 1844

Kleinschmidt, Karl, s. Voltaires Henriade.

Kleinschmidt, Curt, approb. Arzt aus Gotha: **Aus d. chirurg.** Klinik d. Universität Freiburg. Über einen **Fall** von centralem verknöcherten Enchondrom der Tibia. *Gotha 1902: Engelhard-Reyher.* (32 S.) 8°
Freiburg i. B., Med. Diss. v. 1903

Kleinschmidt, M., wozu ist d. Leid in d. Welt? s.: Lehr u. Wehr für's deutsche Volk.

Kleinschmidt, Max, elementarer Beweis d. Fermatschen Satzes. (6 S.) Lex. 8. Rostock 909. C. Boldt'sche Hofbuchdr. 1. 50

Kleinschmidt, M., De Lucili saturarum scriptoris genere dicendi. Diss. 1882. 78 S.

Kleinschmidt, Max., de Lucili Saturarum scriptoris genere dicendi. Commentatio ab ordine philosophorum Marpurgensium praemio ornata. gr. 8. (VIII, 135 S.) Marburg 883, Elwert'sche Verlagsh. *

Kurzgefaßte Grammatik der englischen Sprache von Max **Kleinschmidt,** Oberl. Leipzig & Berlin: B. G. Teubner 1907. (VI, 28 S.) 8° [07. 4212

— Grammatik u. Wissenschaft. Eine psychiatr. Stud. (72 S.) 8. Hannover 908. Dr. M. Jänecke. 1. 50

— Wissenschaftl. **Lehrgang d.** engl. Sprache. (XVI, 72; VI, 75; VIII, 118 u. 93 S.) Nebst Vorwort u. Einleitg. f. Lehrer u. Autodidakten. (XXXIII S.) gr. 8. Hannover 910. Dr. M. Jänecke. Geb. in Leinw. u. geh. 4.80

Kleinschmidt, Max, kritische Untersuchungen zur Geschichte v. Sybaris. Progr. 4 (26 S.) Hamburg 894. (Herold's Verl.) n.n. 2. 50
Vgl. Kleinschmit, Max.

Kleinschmidt, Otto

Anfang und Ende. Von O. **Kleinschmidt,** [Volkmaritz]. Halle a. S.: Gebauer-Schwetschke 1908. (8 S.) 4°
(Berajah 1908.)

Kleinschmidt, Otto, s.: Berajah.

Kleinschmidt, Otto: Corvus nucifraga. Eine Monographie d. Tannenhehers mit Beiträgen von Victor Rr v. Tschusi zu Schmidhoffen. F. Menzel u. anderen Ornithologen veröffentl. von O. Kleinschmidt. [1.]
Halle a. S.: Gebauer-Schwetschke in Komm. 1909. 4°
(Berajah. 1909.)

Erithacus Arboreus. Von O. **Kleinschmidt,** [Volkmaritz]. Leipzig: E. Nägele in Komm. 1908. (12 S.) 4°
— **Berajah,** Zoographia infinita. [Lfg 3.]

Erithacus Domesticus. Von O. **Kleinschmidt,** [Volkmaritz]. Leipzig: E. Nägele in Komm. 1907/08. (12 S.) 4°
— **Berajah,** Zoographia infinita. [Lfg 2.]

Kleinschmidt, Otto: Erithacus Sialia. [1.]
Halle a. S.: Gebauer-Schwetschke in Komm. 1909/10. 4°
(Berajah, Zoographia infinita. 1909/10.)

Die fremden Formenkreise des Subgenus Phoenicurus. Von O[tto] **Kleinschmidt.** Halle: Gebauer-Schwetschke 1908. Getr. Pag. 4°
(Berajah, Zoographia infinita. Rotes H. [1.]) [09. 7488 3

Kleinschmidt, O., die Raubvögel Mitteleuropas. Nach den Originalen zu Naumanns Naturgeschichte der Vögel Mitteleuropas gezeichnet. Taf. I u. II. Farbdr. Braunschweig, F. Vieweg & Sohn. n. 9.50; auf Leinw. m. Stäben n.n. 12. —
I. Geier, Eulen, Falken. 81 × 110 cm. Mit Text v. William Marshall. gr. 8. (64 S.) Gera-Untermhaus. (901.) n. 4. 50; auf Leinw. m. Stäben n.n. 6. —
II. Weihen, Habichte, Milane, Bussarde, Adler. 80 × 111 cm. Mit Text v. William Marshall. (66 S.) 902. n. 5. —; auf Leinw. m. Stäben n.n. 6. —

Saxicola Borealis. Von O. **Kleinschmidt.** Halle a. S.: W. Schlüter 1905. (22 S., 9 Taf.) 4°
— **Berajah,** Zoographia infinita. Lfg 1. [06. 365

Kleinschmidt, Otto: Strix Athene. Leipzig: Nägele in Komm. 1906 (1907). 6 S., 3 Taf. 4°
(Berajah, Zoographia infinita.)

Kleinschmidt, Otto: Strix Flammea. Leipzig: Nägele in Komm. 1906. 20 S., 10 Taf. 4°
(Berajah, Zoographia infinita.)

— Unsere Vögel, s.: Natur, die deutsche, in Monatsbildern.

— s.: Vogelkalender.

Kleinschmidt, Otto: Ueber das Vorkommen und die Entstehung von Divertikeln besonders des Dickdarmes. Leipzig 1908: B. Georgi. (31 S., 2 Taf.) 8°
Leipzig, Med. Fak., Ref. Marchand, Diss. v. 28. Juli 1908
[Geb. 31. Juli 08 Darmstadt; Wohnort: Berlin-Charlottenburg; Staatsangeh.: Hessen; Vorbildung: Neues Gymn. Darmstadt Reife O. 02; Studium: Freiburg i. B. 1, München 5, Heidelberg 1, Berlin 3 S.; Coll. 4. Aug. 08; Approb. S.-S. 07.]

— **Paul** (Berlin), Ueber Gangrän incarcerirter Hernien. Diss. med.-chir. Bln. (W. Moeser) 30. VII. 1892. 38 S. mit Biogr. (4.80) 18248
Oppon.: Aderhold Fröse, Hermann Berger, Max Rauschke.

Kleinschmidt. [R.]: Die rechts- und staatswissenschaftliche Literatur vom 1 April bis 31. Dec. 1872. Leipzig 1873.
[Sondertit.:] Leipziger **Monatsblatt** f. die neueste rechts- und staatswissenschaftliche Literatur des deutschen Buchhandels. Jg. 1. Nr 1 - 6.

Kleinschmidt, S., Grammatik der grönländischen sprache mit theilweisem einschluss des Labradordialects. gr. 8. (X und 182 S.) Berlin 851, G. Reimer.

Kleinschmidt, Theodor, approb. Arzt aus Wiesbaden: **Zur Kenntnis** der **Mediastinaltumoren.** *München 1901: C. Wolf & Sohn.* (46 S.) 8°
München, Med. Diss. v. 1901

Kleinschmidt, Theodor August Fr. W.

Kleinschmidt, Th. A. F. W., über die Einführung der Reformation in Hessen. Marburg 867. Elwert'sche Univ.-Buchh. gr. 8. (19 S.) 2 ngr

Kleinschmidt, Theod. Aug. Fr. W., Erklärung der 10 Gebote Gottes. 12. (4 1/2 B.) Marburg 843, Elwert'sche Universit.-Bh.

— wichtige, segensreiche Folgen, welche Dr. Ernst's Predigt über die unzertrennl. Verbindung der Vernunft u. des Christenthums für die protestantische Kirche Kurhessens bei einer gehörigen Beachtung u. unpartheiischen Prüfung haben kann. gr. 8. Cassel 835. Bohné. 1/12 ß

Kleinschmidt, Thdr. A. Fr. W., zum Gedächtniß Ihrer Königlichen Hoheit der Kurfürstin von Hessen Friederike Christiane Auguste. 2. Aufl. gr. 8. Marburg 841, Elwert's Universitäts-Buchh. 1/12 Rthlr

— Glaube, Liebe, Hoffnung. Ein Communion- u. Andachtsbuch. gr. 12. Ebend. 841. 5/12 Rthlr

Kleinschmidt, Thdr. A. Fr. W., Ein Herr, Ein Glaube, Eine Taufe! Predigt zur Erinnerung an den am 25. Septbr. 1555 geschlossenen Augsburger Religionsfrieden. Marburg 855. Elwert. gr. 8. (13 S.) 2 ngr

— Predigt über 2. Corinther 7, 16. Antrittspredigt, gehalten am 18. Nov. 1838. 8. Marburg, Garthe. 1/12 Rthlr

Kleinschmidt, Thdr. A. Fr. W., das Princip der Bewegung in der protestant. Kirche. Vertheidigt. Auch ein Beitrag zur Beurtheilung der Bickel'schen Schrift: „Ueber d. Verpflichtung der evangel. Geistlichen auf die symbolischen Bücher." gr. 8. Marburg 839. Garthe. 1/4 Rthlr — 2s Heftchen, welches die neueren Widersprüche berücksichtiget. gr. 8. Ebd. 839. 1/6 Rthlr

— u. Sabel, aus den letzten 3 Tagen der Verbrecherin Christina Beckenbach aus Wilhelmsfeld. 3. Abdruck. 8. (1 B.) Heidelberg 841, Karl Winter. *

— Wie sollen Christen den Sinn der Wohlthätigkeit beweisen? Predigt über Apostelgeschichte 14, 8—10. 8, Cassel 833, Bohné. 1 1/6 Rthlr

— Worte d. Ermunterung u. Beruhigung bei d. Schwankungen d. Zeit, nach Röm. 8, 12—17. gr. 8. Marburg 839, Garthe.

— Zuruf der Kirche an die Confirmanden, od. Sammlung v. Bibel- u. Liederversen, nach verschied. Rubriken geordnet f. Religions- u. Schullehrer ꝛc. gr. 8. (4 B.) Marburg 844, Elwert'sche Universit.-Buchh.

Kleinschmidt, Wilhelm: Das Verhältnis des 'Bauduin de Sebourc' zu dem 'Chevalier au Cygne', 'Marco Polo', 'Brandan', 'Barlaam et Josaphat' und den Fabliaux. Göttingen 1908: Hofer. 46 S. 8°

Göttingen, Phil. Diss. v. 7. Okt. 1908, Ref. Stimming

[Geb. 17. Juli 85 Osnabrück; Wohnort: Göttingen; Staatsangeh.: Preußen; Vorbildung: Gymn. Göttingen Reife O. 04; Studium: Göttingen 6 S., Rig. 3. Juni 08.] [U 09. 1370

Kleinschmied, Othmar, Kaiserin Elisabeth. Lebensbild für Volk u. Jugend. (76 S. m. Abbildgn.) 8. Linz 906. Preßverein. Kart. n. — 90

Kleinschmied, Othmar (Othmar Kovařik), das einsame Haus. Drama in 4 Akten. 2. Aufl. 8. (68 S.) Leipzig 901. (O. Maier.) n. 1. 60

Kleinschmit, Max (vgl. Kleinschmidt, Max)

Kleinschmit, M., Übungsstücke zum Übersetzen im Anschluß an Livius' 31. Buch, s.: Übungsstücke aus dem Deutschen ins Lateinische. 9. Hft.

Kleinschmit, Max *Ernst Bernhard* [Dr.]: Kritische Untersuchungen zur Geschichte von Sybaris. Hamburg, gedr. bei Lütcke & Wulff, 1894; 1 Bl., 26 S. 4.

Hamburg, Wilhelm-G, OP 1894 (735)

Kleinschmitt, Albert, a. Schwetzingen: Hydrolyse des Hordeins. Schwetzingen 1907: A. Moch. (33 S.) 8°

Heidelberg, Naturw.-math. Fak., Ref. Curtius, Diss. v. 12. Nov. 1907

[Geb. 2. Juni 83 Schwetzingen; Wohnort: München; Staatsangeh.: Baden; Vorbildung: Realgymn. Mannheim Reife M. 02; Studium: München 6, Heidelberg 3 S.; Rig. 13. Juni 07.]

Kleinschneider, die Fänsweibchen vom Mullwitzberge oder Aberglaube und Glaube. Eine Sage aus der Zeit vor und zu Anfange des 30jährigen Krieges. Langensalza 860. Greßler. 8. (116 S.) 9 ngr

Kleinschrod, Prof. Dr., s. Chr. Roß, Anleitung für Criminal-, Stadt- u. Landrichter.

Kleinschrod, C. Theodor von

v. Kleinschrod, C. Th., die neue Armengesetzgebung Englands u. Irlands in ihrem zehnjährigen Vollzuge, als Fortsetzung des „Pauperism in England 1845" nebst allgemeinen Betrachtungen über die Arbeiterfrage u. Massenverarmung. Mit Tab. u. 2 lith. Abbildungen (in Fol.). gr. 8. (138 S.) Augsburg 849, Rieger. 3/4 Rthlr

-- Ueber die Beförderungsmittel der Agricultur und des Gewerbewesens in Frankreich. Eine staatswirthschaftliche Betrachtung. gr. 8°. München, v. Cotta, 1829.

Kleinschrod, C. Th.: „Ueber die Beförderungsmittel der Agricultur und des Gewerbswesens in Frankreich. Eine staatswissenschaftliche Betrachtung", München 1834 (Lit. artist. Anstalt).

— Beiträge zu einer deutschen Gewerbeordnung, mit Rücksicht auf die bayerische Gewerbsgesetzgebung. gr. 8°. Augsburg, Kollmann, 1840.

Kleinschrod, C. Theodor von, s. Beudant: Mineralog. Reise.

– s. Brongniart: Die Gebirgsformation.

Kleinschrod, C. Th. v., Entwurf einer Gewerbe-Ordnung für das Königreich Bayern diesseits des Rheins. Mit Erläuterungen u. Motiven. Würzburg 859. Stahel. Lex.-8. (VIII, 192 S.) n. 24 ngr

— Großbritanniens Gesetzgebung üb. Gewerbe, Handel u. innere Communicationsmittel, statist. u. staatswirthschaftl. erläutert. gr. 8. (33 B. incl. 2 1/4 B. Tab.) Stuttgart u. Tübingen 836, Cotta'sche Buchh.

Kleinschrod, C. Th. v., die Grundprinzipien der politischen Oekonomie in kurzem Ueberblicke dargestellt. gr. 8. (VI und 110 S.) Wien 866, Braumüller. *

— die Kanal-Verbindung d. Rheins mit d. Donau. Unter Benützung amtl. Quellen beleuchtet. Mit e. lith. Plane (Roy.-Fol.) gr. 8. (5 B.) München 834, (Franz.)

Kleinschrod, C. Th. v., die internationale Patentgesetzgebung nach ihren Principien nebst Vorschlägen für ein künftiges gemeines deutsches Patentrecht. Erlangen 855. Enke. gr. 8. (VI, 198 S.) n. 1 Rthlr.

Kleinschrod, C. Th., der Pauperism in England in legislativen, administrativen und statist. Beziehungen. Mit einer Uebersicht der Hauptergebnisse der jüngsten Bevölkerungs-Aufnahme in Großbritannien u. Irland nach amtl. Quellen bearb. Mit 2 lith. Abbild. u. (4) Tab. gr. 8. Regensburg 845, Manz. 1 2/3 Rthlr

— der Pauperism in England. Zweite Fortsetzung mit mehreren Tabellen u. einem Anhange: „Ueber die Wohnungen der Armen- u. Arbeiterklassen in ihrem Einflusse auf die physischen, socialen u. sittlichen Zustände derselben." Augsburg 853. Rieger. gr. 8. (XIII, 130 S. u. 2 Tab. in 4.) 27 ngr

— über Production ꝛc. der edlen Metalle, s. W. Jacob.

Kleinschrod's, C. Th., Skizze der deutschen Literatur üb. d. Halurgie. gr. 8. (München, Lindauer in Comm.) 816.

Kleinschrod, E., über die prozessualische Consumtion und die Rechtskraft des Civilurtheils. Erörterungen. gr. 8. (X, 256 S.) Leipzig 875, Veit und Comp. *

—— über die Klagänderung nach gemeinem Prozess, neusten Prozessordnungen und dem Code de procédure civile. gr. 8. (VIII, 111 S.) Erlangen 879, Deichert. *

Kleinschrod, E. F. G., Erörterungen über die Einführung des Tabak-Monopols im Deutschen Reiche. gr. 8. (32 S.) Leipzig 882. Abel. n. — 50

Kleinschrod, E. F. G., Oesterreich und die italienischen Verträge. Eine Rechtsbetrachtung. gr. 8. (67 S.) Frankfurt a. M. 859, Sauerländer's Verlag.

—— die preußische Politik und der italienische Krieg von 1859. gr. 8. (146 S.) Frankfurt a. M. 859, Sauerländer's Verlag.

Kleinschrod, E. F. G., die preußischen Projekte einer Reform des deutschen Bundes. 8. (16 S.) Innsbruck 862, Wagner'sche Universitäts-Buchh. *
Aus: Tiroler Bothe, besonders abgedruckt.

Kleinschrod, E. F. G., zum Verständniss des Berliner Reichs-Eisenbahn-Projekts. gr. 8. (VII, 39 S.) Leipzig 879, O. Wigand.

KLEINSCHROD, Emil (Nürnberg): Ueber die Bestrafung der generellen Beihülfe zu Verbrechen.- München: Pössenbacher 1848. 69 S.
8.7.1848 - Urk (Titel: De punitione socii generalis.); F 49
Diss. Ingolst.-Landsh.-Mchn.

Kleinschrod, (G. F.) Emil, über die Bestrafung der generellen Beihülfe zu Verbrechen. Inaug.-Abhandlung. gr. 8. (69 S.) München 848, (Kaiser.) *

—— über L. 27. Dig. de rebus creditis mit besond. Beziehung auf Darlehen an Gemeinden nach römischem Recht. Eine Habilitationsschrift. gr. 8. (IV und 84 S.) Heidelberg 851, Groos.

— zur Lehre v. der Conkurrenz der Klagen. Eine Habilitationsschrift. gr. 8. (47 S.) Nördlingen 849, Beck. 6 ngl

KLEINSCHROD, Franz (Ochsenfurt): Ueber die Behandlung des Brustkrebses durch die Umkreisung mit dem Ferrum candens und über die histiologischen Veränderungen des Gewebes.- München, Kaufbeuren: Dorn 1887. 16 S.
23.5.1887 - Chr 1886/87,13; Jv 1888/89,214
Diss. Ingolst.-Landsh.-Mchn.

Kleinschrod, Frz., die Eigengesetzlichkeit des Lebens. Eine neue Lehre vom Leben u. der Krankheit. (Ausgearb. nach e. Vortrag, geh. im Berliner Ärzteverein f. physikalisch-diätet. Therapie, am 8. XII. 1907.) (III, 108 S.) Lex. 8. Nebst: Die Lösg. d. Lebensproblems. (4 S.) gr. 8. Langensalza (908). (Berlin, O. Salle.) 3. —

— Die Erhaltung der Lebenskraft. Eine neue Lehre vom gesunden u. kranken Leben, zugleich e. Lösungsversuch des Problems vom Leben. (XI, 306 S.) gr. 8. Berlin 909. O. Salle. 4. —; geb. 4. 75

— Über e. neuentdecktes Gesetz des Lebens. (20 S.) 8. Wörishofen 909. Buchdr. u. Verlags-Anstalt Wörishofen. — 60

— Die Gesetze der Naturheilung. Vortrag. 1. u. 2. Aufl. (20 S.) 8. Ebd. 909. — 60

KLEINSCHROD, Dr. med. Franz
Die Gesetze der Naturheilung. Vortrag. 1909. Wörishofen. 2. Aufl. 1910. Buchdruckerei und Verlagsanstalt, Wörishofen.

Kleinschrod, über die Grundlagen einer naturgemäßen Heilweise, ausgearb. nach e. Vortrage, geh. im Verein für naturgemäße Heil- u. Lebensweise in München im Febr. 1900. 8. (61 S.) München (900). (A. Hagn.) n. — 40

KLEINSCHROD, Dr. med. Franz
Das Kneipp'sche Heilverfahren begründet durch die Gesetze der Naturheilung. 1910. Buchdruckerei und Verlagsanstalt, Wörishofen.

— Die Heilwirkung der Heublumen. Seit 20 Jahren in zahlreichen Krankheiten erprobt. (114 S.) kl. 8. Donauwörth 910. L. Auer. 1. 50

— Der Materialismus in der Medizin. (46 S.) gr. 8. Berlin 908. Verlag Lebenskunst — Heilkunst. — 60

Kleinschrod, Frz., die Naturheillehre u. die Krankheitslehre der Schule der heutigen Medizin. Wissenschaftliche u. krit. Studie, ausgearb. u. im Auftrage der Vereinigg. süddeutscher Aerzte f. physikalisch-diätet. Therapie (Naturheilverfahren) hrsg. Mit e. Geleitwort v. Sexauer. (144 S.) gr. 8. Lorch 908. (K. Rohm.) n. 1, 50

Kleinschrod, Gallus Alois von

Kleinschrod, G. A., Abhandlung üb. die Lehre von der peinl. Gerichtsbarkeit u. dem peinl. Gerichtsstande, mit Rücksicht auf die rhein. Bundesakte. gr. 8. Frankf. Andreä. 811.

v. Kleinschrod, Gall. Aloys K.: Abhandl. üb. Suggestivfragen des Richters. Ein Beitr. z. peinl. Processe. *Würzburg*, Riemer. (Wesché in *Frankf.*) 787. gr. 8. (3 Gr.)

— — über Suggestiv-Fragen des Richters rc. gr. 8. Würzburg. 787. Jetzt Göbhardt in Bamb.

v. Kleinschrod, Gall. Aloys K.: Abhandl. von dem Wilddiebstahl, dessen Geschichte, Strafe u. Gerichtsstand. *Erlangen*. Palm. 790. gr. (8 Gr.)

KLEINSCHROD, G. A.: Abhandlung von dem Wilddiebstahle, dessen Geschichte und Gerichtsstande. - Erlangen 1790. 132 S.

Kleinschrod, Gall. Alo. K.: Abh. üb. d. Wirkk. e. unvollk. Beweises in peinl. Sachen. *Würzb.*, Nitribit. 786. 4. (2 Gr.)

Kleinschrod, Gallus Aloys: Abhandlungen aus dem peinlichen Rechte u. peinlichen Processe. Th. 1. 2. Erlangen 1797. 98.
[Inhalt:]
Th. 1. 1. Ueber die Wirkungen eines unvollkommenen Beweises in peinl. Sachen.
2. Ueber Suggestionen i. peinl. Processe.
3. Ueber die Nothwendigkeit, den Gebrauch der Confrontationen im peinl. Processe einzuschränken
4. Ueber die Lossprechung von der Instanz im peinl. Processe.
5. Ueber die Strafe der offentl. Arbeiten.
6. Ueber die Fähigkeit eines Angebers oder Denuntianten zu einem Zeugnisse in peinl. Fällen.
Th. 2. 7. Ueber die Aufzeichnung der Güter eines Verdächtigen oder Verbrechers.
8. Ueber den Begriff, das Wesen u. die Bestrafung des Diebstals.
9. Versuch einer vollständigen Theorie der Lehre vom sichern Geleite.
10. Beyträge zur Lehre vom Ehebruche.
11. Ueber die Natur u. Erfodernisse der Steckbriefe in peinl. u. andern Fällen.
12. Noch etwas über das Verbrechen des Wilddiebstals.

v. Kleinschrod, Gallus Aloys K., († d. 17. Nov. 1824.) Abhandl. aus d. peinl. Rechte u. peinl. Processe. 1r, 2r Bd. u. 3n Bds. 1e u. 2e Abtheil. gr. 8. Erl. 797—806. Palm u. E. 3 ₰ 16 gr (3r Bd. 1e Abthl. A. u. d. T.: Revision d. Kritiken rc.)

KLEINSCHROD, Gall. Alo.: Abhandll. a. d. peinl. Rechte u. peinl. Processe. *Eb.* 1 — 3r Th. 798 — 806. 8. (3 Thl. 16 Gr.)

Kleinschrod, G. A., neues Archiv d. Criminalrechts rc. s. Archiv, neues.

Kleinschrod, Gallus Aloys [Praes.], s. A r n o l d , Melchior Philipp: De absolutione ab instantia in processu inquisitorio.

Kleinschrod, Gallus Aloys: Systematische Entwickelung der Grundbegriffe u. Grundwahrheiten des peinlichen Rechts nach der Natur der Sache u. der positiven Gesetzgebung. Erlangen.

Th. 1. von Verbrechen überhaupt u. derselben Zurechnung. 1794.
„ 2. von Strafe überhaupt u. derselben Anwendung. 1794.
„ 3. von Strafen insbes. 1796.
Zusätze u. Verbesserungen. 1799.

KLEINSCHROD, Gall. Alo.: Systemat. Entwick. d. Grundbegriffe u. Grundwahrhh. d. peinl. Rechts nach d. Natur d. Sache u. d. posit. Gesetzgeb. *Erlangen*, Palm. (794 — 96. 2. A. 799.) 3. A. 805. 3 Thle. gr. 8. (3 Thl.)

— — die Zusätze u. Verbesserungen f. d. Besitzer der ersten Ausgabe. gr. 8. Ebendas. 799.

v. KLEINSCHROD, Gall. Aloys K.: Entwurf eines peinl. Gesetzbuchs f. d. churpfalzbaier. Staat. *München*, Fleischmann. 802. gr. 8. (2 Thl.)

Kleinschrod, Gallus Aloys [Praes.], s. G e s s e r t , Franz Anton: Observationes ad legem Juliam de adulteriis coercendis ejusque usum hodiernum.

Kleinschrod, Gallus Aloys [Praes.], s. H e r z , Franz Ignaz Philipp: De annotatione bonorum delinquentis.

Kleinschrod, Gallus Aloys [Praes.], s. K e l l e r , Philipp Januar: De delatorum in causa criminali testimonio.

Kleinschrod, Gallus Aloys [Praes.], s. K l e i n s c h r o d , Michael Joseph: De restringendo confrontationum in causis criminalibus usu.

KLEINSCHROD, Gall. Alo.: Progr. observatt. ad leg. Jul. de adulteriis coercendis ejusque usum hodiernum. *Würzb.* 795. 4. (4 Gr.)

Kleinschrod, Gallus Aloys [Praes.], s. O e h n i n g e r , Johann Adam: De litteris, quae fugitivi cuiusdam persecutionem petunt ac remissionem, patentibus.

KLEINSCHROD, Gall. Alo.: Revision d. Kritiken üb. sn. Entwurf d. peinl. Gesetzb. f. d. kurpfalzbaier. St.; d. Abhandll. a. d. peinl. R. u. d. peinl. Proc. 3n Thl. 1o Abthl. *Erl.*, Palm. 805. 8. (1 Thl.)

— über die Strafe d. öffentl. Arbeiten d. Verbrecher. gr. 8. Würzb. Rienner. 789.

Kleinschrod, Carl Joseph (Seßlach), De suspensa jurisdictione ecclesiastica ad illustrandos §. VII. pac. relig. & §. XVI. (48. 49.) art. V. pac. Osnabrug. Diss. jur. Präs. D. Jo. Jac. Joseph Sündermahler. Würzburg (Johann Jacob Christoph Kleyer) 12. VII. 1753. 78 S. (7.—) 18249

— **Michael Joseph** (Würzburg), De restringendo confrontationum in causis criminalibus usu. Diss. jur. Präs. D. Gallus Aloys Kleinschrod. Würzburg (Franz Ernst Nitribitt) 25. II. 1788. 34 S. (6.—) 18250

Kleinschrod, Ottilie, s. a. Malybrok-Stieler, O.

Kleinschrod, Ottilie: M i n n e . E. Cyklus v. Liedern u. kleinen Dichtgn. .. v. O. Malybrok-Stieler [d. i. Ottilie Kleinschrod] . . . .
Berlin: C. Regenhardt 1898. 2 Bl., 136 S. 1 Bd. 8°

Klein-Schußbarthel's Abenteuer. Ein Buch für Knaben bis zu 10 Jahren von F. L. Lex.-8. (46 S. mit 10 ill. Stnt.) Dresden 866, Meinhold und Söhne.

[KLEINSORG, Raphael] 1747 -
Abriß der Geographie, zum Gebrauche in und ausser Schulen, nebst der besondern Geographie des Erzstifts Salzburg, und einem Unterricht vom Weltgebäude und vom Gebrauche der Globen.
Salzburg: Waisenhaus. 1782. 8, 720, 33 S. 8°.
Stadtbibliothek Mainz
Vermutlich identisch mit Lesebuch der Geographie, Salzburg 1782 [Kayser, III, 356]; konnte nicht gefunden werden.

Frankfurt-Leipziger Meßkatalog, Ostermesse 1782, S. 254.

KLEINSORG, Raphael 1747 -
P. Raphael Kleinsorgs ... Abriß der Geographie, zum Gebrauche in und ausser Schulen, nebst der besondern Geographie des Erzstifts Salzburg, und einem Unterricht vom Weltgebäude, und vom Gebrauche der Globen.
Zweyte verbesserte, und mit einem allgemeinen Register versehene Auflage.
Salzburg: Waisenhaus. 1787. 8, 728, 54, 32, 159 S. 8°.
Bayerische Staatsbibliothek München
1. Aufl. 1782, 3. Aufl. 1797
Frankfurt-Leipziger Meßkatalog, Ostermesse 1788, S. 67.

KLEINSORG, Raphael 1747 -
Raphael Kleinsorg's ... Abriß der Geographie, zum Gebrauche in und außer Schulen.
Erster [- Zweyter] Band.
Dritte, durchaus verbesserte, ansehnlich vermehrte, und mit einem allgemeinen Register versehene Auflage.
Salzburg: Duyle. 1797. 8°.
John Carter Brown Library Providence, R. I.
1. Aufl. 1782, 2. Aufl. 1787.

Kleinsorg, Raph., Abriß d. Geschichte u. Geographie des Erzstifts u. Fürstenth. Salzburg; nebst e. Anleit. zur Welt- u. Globuskunde. (Ein Auszug d. vorstehenden.) gr. 8. Salzb. 797. Duyle. 5 gr

— s. Calmet, Kirchengeschichte.

Kleinsorge, Alfred, Referendar: Der Irrtum im englischen Kontraktsrecht. Münster i. W. 1910: Althoff. 83 S. 8°
Erlangen, Jur. Diss. v. 15. Febr. 1910, Ref. Sehling
[Geb. 18. Dez. 80 Bocholt; Wohnort: Münster i. W.; Staatsangeh.: Preußen; Vorbildung: Realgymn. Osnabrück Reife O. 02; Studium: Freiburg i. B. 1, Berlin 1, Münster 4 S.; Rig. 19. Nov. 09.] [U 10. 717

Kleinsorge, Franz (Hrsg.), s. L u d w i g , Otto: Der Erbförster.

Kleinsorge, John Arnold: **Beiträge zur Geschichte der Lehre vom Parallelismus der Individual- und der Gesamtentwicklung.** *Jena 1900: B. Engau.* (IV, 42 S.) 8°
Jena, Phil. Diss. v. (2. Aug.) 1899

Kleinsorge, Josef, aus Sundern i. W.: **Geschichte und Förderungsmassnahmen der landwirtschaftlichen Tierzucht Westfalens. Mit 2 Kartensk.** *Weilburg 1902: A. Cramer.* (48 S.) 8° [F.]
Jena, Phil. Diss. v. (1. März) 1902

Kleinsorge, Josephus [Guestphalus]: **De civitatum Graecarum in Ponti Euxini ora occidentali sitarum rebus . . . . Halis Saxonum,** form. descrips. E. Karras, 1888; 49 + 1 S. 8°
Halle, Phil. Fak., Inaug.-Diss. v. [5. März] 1888

Kleinsorge, Josephus, de civitatum Graecorum in Ponti Euxini ora occidentali sitarum rebus. Diss. Halle 1888. Lippertsche Buchh. 8°. 49 S.

Kleinsorge, W. Versuch einer Grundlage für die Vergleichung des deutschen Bestandtheils der englischen Sprache mit der deutschen Sprache. Stettin, Fr. Wilh.-Schule, 1852. 38 S. 4. Progr.

Die Hygiene der Zähne v. Dr. med. [Fritz] **Kleinsorgen,** Zahnarzt in Elberfeld. *Elberfeld: R. Hoerkner [1897].* (50 S.) 1 Bd 8. [97. 5369

Kleinsorgen, Fritz, Immunität der Zähne gegen Karies u. Begründung e. natürlichen u. e. künstlichen Immunisierungstherapie. Ein Beitrag zur Bekämpfg. der Zahnverderbnis. (19 S.) 8. Berlin (907). Berlinische Verlagsanstalt. 1. 50

Kleinsorgen, Fritz [Zahnarzt aus Gelsenkirchen]: **Ueber Neubildungen der Zahnpulpa . . . Bonn, Druck v. E. Heydorn,** *1894;* 45 S. 8.
Bonn, Med. Fak., Inaug.-Diss. v. [10.] Febr. 1894

v. Kleinsorgen, Gerh., Kirchengeschichte von Westphalen u. angrenzenden Orten, mit chronolog. Anmerkk., (v. F. T. Bender). 3 Thle. Köln ... (Aschendorff in Münst.) 1 Rthl.

Kleinsorgen, Gerhard von.
Kirchengeschichte von Westphalen und angränzenden Örtern . . . Münster 1779—80.
H: *Bender, Telesphorus.* (BrMm) (Ky) (MGT)

Kleinsorgen, Carl v., **die kirchenpolitischen Gesetze Preußens und des Deutschen Reichs in ihrer gegenwärtigen Gestaltung, nebst den wichtigsten Ministerialerlassen und einem Anhang: Das Einspruchsrecht nach der Novelle vom 29. April 1887.** 1. und 2. Aufl. 8. (VI, 144 S.) Berlin 887, C. Heymanns Verlag. cart. * 1 50

Kleinstadtbilder. Aus Schleswig-Holstein. Hrsg. vom Flensburger Kunstgewerbe-Museum. [1.] Flensburg: Schmidt 1909. quer-8° [11. 9443 8

Kleinstadtbilder aus Schleswig-Holstein. Hrgg. vom Flensburger Kunstgewerbe-Museum (H. 2 v. Ernst Sauermann). Quer-8°
[H. 1:] Apenrade. Flensburg. 1909.
H. 2 [u. d. T.:] Aus Flensburgs alten Tagen. Altona-Ottensen. 1910.

Kleinstädter, d., od. Miscellen z. Sittengeschichte kleiner Städte, u. Provinzialcharakterzüge 2c.

KLEINSTÄDTER, Der, oder Miscellanien und Sittengeschichte kleiner Städte in Teutschland. Dessau u. Leipzig, auf Kosten einer Gesellschaft zu finden in allen Buchhandl. 1793. 8°. Selten!
Tit., 1 Bl. Widm., 4 Bll. Vorr. (H. unterz.) u. 168 SS. Enth. ziemlich zahme satyr. Aufsätze, Dialoge u. Gedichte. (2 Mk. Lehmann u. Lutz, Frankf. a. M., c. 1883; jetzt theurer!)

Kleinstädter, d., oder Miscell. z. Sittengesch. kl. Städte. 8. Lpz. Barth. 794.

Kleinstädter, d., e. komischer Roman, v. Siever, in 2 Bdn. 8. Lpz. Weigel. 809.

Kleinstädter, d. deutschen, Lstsp. in 4 A. v. A. v. Kotzebue. 8. Lpz. Kummer. 803.

— d. französischen, Lstsp. in 4 A. v. A. v. Kotzebue. 8. Ebend. 803.

Kleinstädter, der, n. der Fremdling, v. A. F. C. Langbein. 8. Berl. Schüppel 814.
Auch unter dem Titel:
Kleine Romane u. Erzählungen. 2r Bd.

Kleinstädtereien, von Fr. Laun. 2 Theile. 8. Erfurt, Keyser. 818.

Kleinstäuber, Christian Heinrich

Kleinstäuber, Chr. Heinr., **Aphorismen über die Gymnasien, besonders die humanistischen, hauptsächlich im Königr. Bayern.** gr. 8. (60 S.) Regensburg 873, Manz. *

— **ausführliche Geschichte der Studien-Anstalten in Regensburg. 1538—1880. 1. Thl. Geschichte des evangel. reichsstädt. Gymnasii poetici. [Von 1538—1811.]** [Mit 2 (lith.) Ansichten des Gymnasialgebäudes.] [Aus: „Verhandlungen des hist. Vereins v. Oberpfalz u. Regensburg".] gr. 8. (VIII, 293 S.) Ebend. 881. n. 2. 40

Kleinstäuber, Chr. Heinr., **Geschichte u. Beschreibung der altberühmten steinernen Brücke zu Regensburg.** Mit einer Abbildung der Stadt u. Brücke vor 1633 (Holzschntaf.) u. mehrerer Brückenzeichen u. Statuen (2 Steintaf.). [Aus: „Verhandlungen des hist. Vereins v. Oberpfalz u. Regensburg".] gr. 8. (58 S.) Stadtamhof 878. (Regensburg, Coppenrath.) n. 1. —

Geschichte des protestantischen Gymnasiums zu Regensburg, Gymnasium poeticum genannt, von Christian Kleinstäuber, G. P. — 1846. Ebend. — S. 3 - 8.
Progr. Regensburg.

Kleinstäuber, Chrn., Lehrbuch der Geschichte Bayerns und der Rheinpfalz, zunächst für die vaterländ. Gymnasien bearb. Mit einem Anhang: Kurze Geschichte von Franken, Schwaben u. den wichtigsten ehemal. Reichs- u. bischöfl. Städten. Regensburg 855. Manz. 8. (VIII, 168 S.) 12 *ngr.*

Kleinstäuber, C. H., Leitfaden zu dem ersten Unterrichte in der Geographie, zunächst für latein. Schulen bearb. 8. Regensburg 837, 2e verm. Aufl. 839. Reitmayr. 1/3 Rthl.

— Leitfaden zu dem Unterrichte in der Geographie für lateinische Schulen bearb. 5. Aufl. Nach den Bestimmungen der revid. Schulordnung umgearb. u. mit kurzen Bemerkungen versehen. Ebend. 855. 8. (VIII, 332 S.) 19½ *ngr.*

Kleinstäuber, Chrn., Leitfaden zu dem Unterrichte in der Geographie für lateinische Schulen bearb. 6., verb. Aufl. Nach den Bestimmungen der revid. Schulordnung umgearb. und mit kurzen histor. Bemerkungen versehen. 8. (XII und 347 S.) Regensburg 859, Manz.

Kleinstäuber, Chrn., Leitfaden zu dem Unterrichte in der Geographie. Für latein. Schulen bearb. 7., verb. Aufl. Nach den Bestimmungen der revid. Schulordnung umgearb. und mit kurzen histor. Bemerkungen versehen. 8. (XIV und 357 S.) Regensburg 864, Manz.

Biographisches Verzeichniß der Lehrer, welche an dem protestantischen Gymnasium zu Regensburg, Gymnasium poeticum genannt, von 1538—1811 gewirkt haben, von Christian Kleinstäuber, G. P. — 1864. Ebend. — S. 3 - 14. [S. Nr. 855.]
Progr. Regensburg.

Kleinsteuber, Herm., der Badewirth von Gonten. Historischer Roman. 3 Bde. gr. 8. (287; 288; 275 S.) Berlin 871, Hausfreund-Expedition. [Posen, Merzbach.]

—— die Brautfahrt. Humoristische Erzählung. gr. 16. (72 S. mit Illustr.) Berlin 871, Langmann und Comp. [Posen, Jolowicz.] (* 50 Pf.)

Kleinsteuber, Herm., ein deutsches Frauenherz, s. Volksbücher, preußische.

—— das Geheimniß der Schatulle. Roman. 2 Bde. 8. (415 S.) Jena 868, Costenoble.

—— Gräfin und Tänzerin. Humoristische Erzählung. gr. 16. (55 S. mit Illustr.) Berlin 871, Langmann und Comp. [Deutsches Verlags-Institut.] *

—— Deutsche Helden des Krieges von 1870. Eine Kriegsschilderung. 1.—5. Aufl. gr. 4. (34 S. mit 16 Portr. in Stahlst.) Leipzig 870,71, Dürr'sche Buchh. In Carton *
Ausg. mit 25 Portr. in Stahlst. *
Velinp. geb. *

—— dass. — 6. verm. Aufl. hoch 4. (43 S.) Ebendas. 871. In Carton *
Ausg. mit 26 Portr. in Stahlst. und in Carton Velinp. geb. mit Goldschn. *

— Humoristica, s. Bergson's Eisenbahnbücher.

—— ein nordischer Richelieu. Histor. Orig.-Roman. 2 Bde. 8. (428 S.) Jena 867, Costenoble.

—— der Ring. Humoristische Erzählung. gr. 16. (59 S. mit Illustr.) Berlin 871, Langmann und Comp. [Deutsches Verlags-Institut.] *

—— Schach dem König. Histor. Roman. 2 Bde. 8. (535 S.) Jena 867, Costenoble.

Kleinsteuber, Herm., das Schloß am Meere. Historischer Roman. 2 Bde. 8. (218; 239 S.) Leipzig 869, Dürr'sche Buchh.

—— die Stumme von Potsdam. Humoristische Erzählung. gr. 16. (42 S. mit Illustr.) Berlin 871, Langmann und Comp. [Posen, Jolowicz.] (* 50 Pf.)

—— der Waldhof. Eine Dorfgeschichte. 2 Bde. 8. (223; 234 S.) Leipzig 870, Rötschke. [Zander.] (*M* 6.)

Kleinsteuber, H., wahres und falsches Wohlthun. Eine Erzählung für die reifere Jugend. (Abgedr. aus der Jugend-Bibliothek von Gust. Nieritz.) Leipzig 860. Voigt & Günther. (Wesel, Bagel.) 8. (104 S.) 10 ngr.

Kleinstüber, Arthur

Kleinstüber, A., die Entwickelung der Eisenindustrie u. des Maschinenbaues im 19. Jahrh., s. Volksbücher der Naturkunde u. Technik. 2. Bd.

Kleinstüber, A., Die Entwicklung der Eisenindustrie und des Maschinenbaues im 19. Jahrhundert. Stuttgart, 1901. 180 S.

Kleinstüber, Arthur Technologische Reiseskizzen. Gesammelt auf einer Fahrt nach dem rheinisch-westfälischen Industrie-Bezirk. 4 (XXXV S., 10 Figuren-Taf.).
Progr. Ober-Rsch. u. techn. Fachsch. *Breslau* 1888 (202).

Kleinstück, G., Bibliotheken u. Kataloge. Literarische Plaudereien e. Bücherliebhabers. [Aus: „Bücherfreund".] 4. (11 S.) Leipzig 890. Moltke. — 30

Kleinstück, Martin, a. Zwätzen bei Jena: Über Kondensationsprodukte aus Aldehyden und Dinitrilen. Borna-Leipzig 1905: R. Noske. (42 S.) 8°
Erlangen, Phil. Fak., Ref. Fischer, Diss. v. 21. Nov. 1905
[Geb. 17. Mai 80 Zwätzen; Staatsangeh.: Sachsen-Weimar; Vorbildung: Annensch. Dresden Reife O. 01; Studium: Dresden T.H. 7, Erlangen 2 S.; Rig. 29. Juli 05.]

Kleinstück, O., Zeitgleichungs-Zifferblatt. 1 Steintaf m. Text. gr. 4. Jena 891. F. Mauke. Auf Pappe m. 2 Zeigern. n. 1. 60

Kleint, Friedrich, a. Potsdam: Beiträge zur Kenntnis der inneren Reibung von Gemischen zwischen Sauerstoff, Wasserstoff und Stickstoff. Halle a. S. 1904: C. A. Kaemmerer & Co. (52 S.) 8°
Halle, Phil. Fak., Ref. Dorn, Diss. v. 21. Jan. 1905
[Geb. 11. Okt. 81 Potsdam; Wohnort: Halle; Staatsangeh.: Preußen; Vorbildung: Realgymn. Frankfurt a. O. Reife O. 00; Studium: Halle 10 S.; Rig. 29. Nov. 04.]

Kleint, J., zehn Briefe an Nervenleidende. Eigene Erfahrgn. u. prakt. Winke. (Der Kampf um die Gesundheit.) (62 S.) gr. 8. Leipzig (909). O. Borggold. 1. 20

Kleinteich, H., Kranichfeld u. seine Umgebung. Historisch, topographisch u. naturgeschichtlich dargestellt. Denkschrift zur 250jähr. Jubelfeier der Erhebung des Ortes zur Stadt, am 21. IX. 1901. Zugleich Führer u. Wegweiser durch den Ort u. die Umgegend. 1. Hft. Geschichte u. Topographie. Mit 1 topogr. Kärtchen u. 3 nach des Verf. Handzeichngn. ausgeführte Autotyp. gr. 8. (150 S.) Kranichfeld a. Ilm 901. G. Hahn. (Nur direkt.) n. 1. 50; kart. n. 1. 75

Kleinteufel, oder der schöne Bereuter, s. Frankfurt und Leipzig, (Weißenfels) 793. (Severin) 23 gl.

Kleinteufel, od. der schöne Bereuter. 1r Thl. 8. Leipz. 798. Weygand. 18 gr

Kleinthierzüchter, der. Zeitschrift f. d. Gesammtinteressen d. Kleinthierzucht. Vereinsorgan d. 1. österreichisch-ungar. Geflügelzucht-Vereins in Wien, d. Wiener Kaninchenzucht-Vereines. Hrsg.: O. Frank. Red.: Ant. Berger. 1. Jahrg. 1898. 24 Nrn. (à ca. 24 S. m. Abb.) Lex.-8. Wien (II, k. k. Prater, Kleine Zufahrtsstr. 25), Administration. Postfrei n. 6. —
Kann auch vierteljährlich bezogen werden.

Kleinthierzüchter, der. Zeitschrift f. die Gesammtinteressen der Kleinthierzucht. Vereinsorgan des 1. österreichisch-ungar. Geflügelzucht-Vereines in Wien usw. Hrsg.: 1. österr.-ungar. Geflügelzucht-Verein. Red.: Fritz Biberhofer. 2.—5. Jahrg. 1899—1902. à 12 Nrn. Lex.-8. (à ca. 24 S. m. Abbildgn.) Wien (II/2, Prater, große Zufahrtsstraße 25), Administration. à Jahrg. n. 4.—

Kleintierzüchter, der. Zeitschrift f. die Gesamtinteressen der Kleintierzucht. Organ des Verbandes österreich. Geflügelzuchtvereine. Vereinsorgan des 1. österreichisch-ungar. Geflügelzucht-Vereines in Wien usw. Hrsg.: 1. österr.-ungar. Geflügelzucht-Verein. Red.: Fritz Biberhofer. 6.—9. Jahrg. 1903—1906. à 12 Nrn. (256, 242, 286 u. 220 S. m. Abbildgn.) gr. 8. Wien (II/2, Prater, große Zufahrtsstraße 25), Verwaltung. Postfrei à Jhrg. n. 4.—

KLEINTJES, Leonardus L. ('s Gravenhage): Über einen Fall von Epithelioma adenoides cysticum (Brooke).- München: Wolf 1904. 19 S.
25.7.1904 - Chr 1904/05,12; Jv 1904/05,446 (Prom.-Datum: 28.9.1904)
Diss. Ingolst.-Landsh.-Mchn.

Kleintjes, L. L., Hygiene in den Bergen. (21 S.) gr. 8. München 906. Verlag der ärztl. Rundschau. n. — 50

Die Küstenbewohner der Gazellehalbinsel (Neupommern-deutsche Südsee), ihre Sitten u. Gebräuche unter Benutzung d. Monatshefte dargest. von P[ater] A. **Kleintitschen,** Missionar. Mit vielen Abb. u. 2 Karten. Hiltrup: Herz-Jesu-Missionshaus [1907]. (VIII, 360 S.) 8° [07. 4980 6

Kleintrebnitz, s.: Sachsen. Karte. Messtischblätter.

Kleinverkauf von Spiritus. Spiritusglühlicht. Berlin (1896)

Kleinviehzucht, die, (Schweine-, Ziegen- u. Schafzucht) m. spezieller Berücksicht. der bernischen Betriebsverhältnisse. „Aus der Praxis u. f. die Praxis" verf. v. der Kommission f. Kleinviehzucht. Hrsg. v. der ökonom. u. gemeinnütz. Gesellschaft d. Kts. Bern. 8. (116 S. m. 8 Illustr.) Bern 899. K. J. Wyß. Kart. n. — 60

Kleinwächter, Athanas., Missions-Predigten u. Exercitien-Betrachtgn., s.: Staude, Augustin, Athanasius Kleinwächter.

Kleinwaechter, Emil [aus Oels]: Der Metzer Reformationsversuch 1542—1543. Tl 1 ... Marburg, 1894; 3 Bl., 67 S., 1 Bl. 8.
Marburg. Phil. Fak., Inaug.-Diss. v. [4. Okt.] 1894

Kleinwächter, Friedrich: Die Czernowitzer Ausstellung von 1886. Mit besonderer Berücksichtigung der wirtschaftlichen Verhältnisse der Bukowina. In: ÖUR, NF. 2/1886, Nr. 9, S. 5–18. Sonderdruck: Wien: Hölder 1886.

Kleinwächter, Friedrich: Das Berg- und Hüttenwesen in der Bukowina. Czernowitz: Pardini 1895.

— Die auf die Lösung der socialen Frage abzielenden Bestrebungen der Gegenwart. 8°. Czernowitz 1893.

Das Einkommen und seine Verteilung. Von Dr. Friedrich **Kleinwächter,** ... Prof. an d. Univ. Czernowitz. *Leipzig: C. L. Hirschfeld 1896.* (IX, 352 S.) 1 Bd 8.
— Hand- u. Lehrbuch d. Staatswissenschaften. Abt. I. Bd 5. [96. 3100

— die Entwickelg. d. Gold- u. Währungswesens in Oesterreich-Ungarn unt. d. Regierung d. Kaisers Franz Joseph I. Rede, geh. am 4. X. 1896 in der Aula d. Universität Czernowitz zur Feier d Namenstages d. Kaisers u. d. Stiftungstages d. Franz-Josephs-Universität Czernowitz. gr. 8. (58 S.) Czernowitz 896. (H. Pardini.) n. 1. —

Kleinwächter, Frdr., die rechts- u. staatswissenschaftlichen Facultäten in Oesterreich. gr. 8. (IV, 102 S.) Wien 876. Manz. n. 1. 60

(F) Zur Frage der Reform des österreichischen Actienrechtes. Von Hofrath Dr. Fr. Kleinwächter. Separatabdruck aus „Juristische Blätter" vom Jahre 1899. Czernowitz. 1899. Pardini. Gr.-8°. 48 S. fl. —.50

Kleinwächter, Frdr., zur Frage des naturwissenschaftlichen Unterrichtes, s. a. Zeit- u. Streit-Fragen, deutsche.

Kleinwächter F, zur Frage des naturwissenschaftlichen Unterrichts. (Zeit- und Streitfragen. Deutsche 118) Berlin 1879

— zur Geschichte der englischen Arbeiterbewegung im J. 1872. [Aus: „Hildebrand's Jahrb. f. Nat.-Oek. u. Stat."] gr. 8. (104 S.) Jena 875. Mauke. n. 1. 60

—— dass. — in den J. 1873 und 1874, s. a. Jahrbücher für Nationalökonomie und Statistik.

— zur Geschichte der englischen Arbeiterbewegung in den Jahren 1873 u. 1874. gr. 8. (IV, 149 S.) Jena 878. Fischer. n. 4. —

Kleinwächter, Friedr., die Grundlagen und Ziele des sogenannten wissenschaftlichen Sozialismus. gr. 8. (III, 234 S.) Innsbruck 885, Wagner'sche Universitäts-Buchh. * 4 80

(F) Sociale Gruppe und Strafrecht. Vortrag gehalten am 14. Februar 1900 in der juristisch-staatswissenschaftlichen Gesellschaft in Czernowitz von Dr. jur. Friedr. Kleinwächter. Separatabdruck aus der „Allgemeinen österreichischen Gerichts-Zeitung". Wien. 1900. Manz. Gr.-8°. 47 S. K 1.—

Kleinwächter, Frdr., s.: Gutachten, wissenschaftliche, üb die Währungsfrage.

— die Holzweberei in Alt-Ehrenberg bei Rumburg in Böhmen. [Aus: „Mittheilg. d. Ver. f. Gesch. der Deutschen in Böhmen".] Lex.-8. (16 S.) Prag 873. Leipzig 876. Brockhaus' Sort. in Comm. n. — 60

Kleinwächter, Frdr., die Kartelle. Ein Beitrag zur Frage der Organisation der Volkswirthschaft. gr. 8. (VIII, 246 S.) Innsbruck 883. Wagner. n. 5. 20

Kleinwächter, Friedr., die Creditnoth des Grundbesitzers. gr. 8. (34 S.) Prag 869, (Calve'sche Universitäts-Buchh.) *
Aus: Centralblatt für die gesammte Landeskultur, besonders abgedruckt.

— **Lehrbuch** der Nationalökonomie. gr. 8. (XIV, 477 S.) Leipzig 902. C. L. Hirschfeld. n. 8. 40; geb. n. 10.—

Kleinwächter, Frdr., Lehrbuch der Nationalökonomie. 2. umgearb. Aufl. (XVI, 483 S.) gr. 8. Leipzig 909. C. L. Hirschfeld. 8.—: geb. 10. —

Lehrbuch der Nationalökonomie. Von Dr. Friedrich v. **Kleinwächter,** Prof. T. [1.] 2. Leipzig: Hirschfeld 1909–11. 8°
[1.] 2. umgearb. Aufl. 1909.
2. Lehrbuch d. Volkswirtschaftspolitik. 1911.

— die National-Oekonomie als Wissenschaft u. ihre Stellung zu den übrigen Disziplinen, s. a. Sammlung gemeinverständlicher wissenschaftlicher Vorträge.

Kleinwächter F, die Nationalökonomie als Wissenschaft und ihre Stellung zu den übrigen Disziplinen. (Samml. gemeinverständl. wissenschaftl. Vortr. 408) Berlin 1883

— zur Philosophie der Mode, s. a. Zeit- u. Streit-Fragen, deutsche.

KLEINWACHTER, Friedr., Zur Philosophie der Mode. Berlin .... 1880. Verlag von Carl Habel .... 8°. 44 S. (60 Pfg. B. Seligsberg, 1911.)
Deutsche Zeit- und Streitfragen. Herausgegeben von Franz von Holtzendorff. Heft 129.

— zur Reform der Handwerks-Verfassung, s. a. Zeit- u. Streit-Fragen, deutsche. 53

Kleinwächter, F., Zur Reform der Handwerks-Verfassung. Berlin, 1875. 43 S.

Kleinwächter, Dr. Friedrich, Die Schuhmacher, Wagenbauer und Böttcher in Czernowitz (Bukowina). Schriften des Vereins f. Socialpolitik, Bd. 71. gr. 8°. Leipzig 1896.

— die Staatsromane. Ein Beitrag zur Lehre vom Communismus u. Socialismus. gr. 8. (152 S.) Wien 891. Breitenstein. n. 3. —

Kleinwächter, H. H., über d. Wichtigkeit u. d. wohlthät. Folgen des Edikts, in Betreff d. Einschmelzung u. Umprägung d. Scheidemünze. 8. Berl. 817. Schöne. 2 K

Kleinwächter, Heinr., die Inschrift e. Posener Messingtaufschüssel. [Aus: „Ztschr. d. histor. Gesellsch. f. d. Prov. Posen".] gr. 8. (16 S. m. 1 Taf.) Posen 897. (J. Jolowicz.) n. 1. —

Kleinwächter, H., von der sogenannten Selbstcommunion. Ein Conferenzvortrag. 8. (24 S.) Posen 878. (Breslau, Dülfer's Verlag.) *

Kleinwächter, Ludwig

Kleinwächter, L., die Georg Engelmann'sche trockene gynaekologische Behandlung, s.: Klinik, Wiener.

Kleinwächter, Ludw., die Behandlung der Querlagen bei Unmöglichkeit der Wendungs-Vornahme; die Perforation u. Extraktion des perforirten Fruchtschädels, s.: Klinik, Wiener, 1876.

— compendio di ostetricia ad uso delle levatrici. gr. 8. (XI, 230 S. m. 12 Steintaf.) Innsbruck 881. Wagner. n. 6. —

Kleinwächter, L., über Dysmenorrhoea membranacea, s.: Klinik, Wiener.

Über die im Verlaufe der letzten Jahre zu verzeichnenden Fortschritte in der Lehre vom Puerperalfieber. Von weil. Prof. Ludwig **Kleinwächter**. Berlin, Wien: Urban & Schwarzenberg 1906. (S. 343–398.) 8°
= Klinik, Wiener. 1906, H. 12.

Kleinwächter, Ludwig: Zur Frage des Studiums der Medizin des Weibes. — Berlin, Leipzig, Neuwied: Heuser 1896. 42 S. 8°

Kleinwächter, Ludw., zur Frage d. Studiums d. Medizin d. Weibes. gr. 8. (42 S.) Neuwied 896. Leipzig, M. Spohr. n. 1. —

— Zur Frage d. Studiums d. Medizin des Weibes. (42 S.) Leipzig 1901. E. Fiedler.

Kleinwächter, Ludw., s.: Frauenarzt, der.

— die Grundlinien der Gynäko-Elektrotherapie, s. a. Klinik, Wiener.

Kleinwächter, Ludw. Die Grundlinien der Gynäko-Elektrotherapie. gr. 8. (III, 66 S.) Wien 892, Urban u. Schwarzenberg. * 2 50
Aus: Klinik, Wiener (s. d.), besonders abgedruckt.

Kleinwächter, Ludw., Grundriss der Geburtshülfe für praktische Aerzte und Studirende. gr. 8. (XII, 434 S.) Wien 877, Urban und Schwarzenberg. * ℳ. 10.; geb. *

— Grundriss der Geburtshülfe für praktische Aerzte u. Studirende. 2., verm. u. verb. Aufl. Mit 109 (eingedr.) Holzschn. gr. 8. (VIII, 616 S.) Wien 881. Urban & Schwarzenberg. n. 10. —

Wichtige gynäkologische Heilfactoren. Von Prof. Dr. Ludwig **Kleinwächter**. *Wien: Urban & Schwarzenberg 1898.* (42 S.) 8.
= Klinik, Wiener. Jg. 24. H. 1. [98. 2681

— Lehrbuch der Hebammenkunst. gr. 8. (XI, 331 S. mit 38 lithogr. Abbild. auf 12 Taf.) Innsbruck 879, Wagner'sche Universitäts-Buchh. *

Kleinwächter, Ludw., die Lehre von den Zwillingen. gr. 8. (VII, 246 S.) Prag 871, Haerpfer. *

— geburtshülfliche Phantome, darstellend ausgetragene Früchte, geboren in der Hinterhauptslage, Gesichtslage, Scheitellage [Vorderscheitellage] u. Stirnlage mit den entsprechenden Configurationen des Schädels zu klinischen Unterrichtszwecken. qu. Fol. (4 Cartonblätter nebst 1 Bl. Text.) Ebend. 878. n. 4. —

— über Placenta praevia, s.: Klinik, Wiener, 1875.

— über die Technik der Einleitung des Abortes. gr. 8. (7 S.) Leipzig 899. B. Konegen. n. 1. —
Sonderabdruck aus: „Der Frauen-Arzt".

— die Therapie des spontanen u. artificiellen Abortus. (III, 53 S.) 8. Leipzig 906. B. Konegen. n. 1. —

— die künstliche Unterbrechung der Schwangerschaft. [Aus: „Wiener Klinik".] gr. 8. (47 S.) Wien 879. Urban & Schwarzenberg. n. 2. —

— dasselbe. s.: Klinik, Wiener, 1878.

— Die künstliche Unterbrechung der Schwangerschaft. 2. gänzlich umgearb. Aufl. gr. 8. (III, 62 S.) Ebd. 890. * 2 50

Die künstliche Unterbrechung der Schwangerschaft. Von Prof. Dr. Ludwig Kleinwächter. 3., verbesserte und vermehrte Auflage. Wien. Berlin. 1902. Urban & Schwarzenberg. Gr.-8°. VIII, 136 S. K 4.80

Uterusverlagerungen, operative Uterusfixationen und die aus letzteren resultirenden Geburtsstörungen von Prof. Dr. Ludwig Kleinwächter. Mit 10 Holzschnitten. Separat-Abdruck aus der „Wiener Klinik" 1899 2. und 3. Heft. Berlin. Wien. 1899. Urban & Schwarzenberg. Gr.-8°. 80 S. fl. —.90

Kleinwaechter, Paul, appr. Arzt: Über subcutane Darmrupturen nach Einwirkung stumpfer Gewalt unter besonderer Berücksichtigung von 4 Fällen aus der chirurgischen Klinik zu Halle. Halle a. S. 1908: Hohmann. 38 S. 8°
Halle, Med. Diss. v. 29. Sept. 1908, Ref. v. Bramann
[Geb. 17. Okt. 82 Haina b. Gießen; Wohnort: Fodelist; Staatsangeh.: Preußen; Vorbildung: Gymn. Dillenburg Reife O. 04; Studium: Marburg 5, Halle 5 S.; Coll. 18. Sept. 08; Approb. 16. Juli 08.] [U 09. 1610

Kleinwächter, W., die Amputationen und Exarticulationen im Augusta-Hospital in den J. 1871—1885. Ein Bild der Entwickelung der Wundbehandlungsmethoden. Mit Vorwort von E. Küster. gr. 8. (VII, 104 S.) Leipzig 887, G. Thieme. * 3 —

Kleinwächter, W., Ueber Erfolge der agrarischen Gesetzgebung. 8°. Oels 1868.

Kleinwächter, W., die Kartoffel, die Vorsichtsmaaßregeln bei deren Anbau (mit Rücksicht auf die krankhaften Zustände derselben) so wie das Verfahren bei dem Gebrauch von ausgebohrten Keimaugen. 8. (32 S.) Oels 851. (Breslau, Mar und Comp.) *
Aus: Arbeiten des landwirthschaftl. Vereins im Kreise Oels, besonders abgedruckt.

Kleinwächter, Wilhelm [prakt. Arzt]: Zur Casuistik des circulären Irreseins (folie circulaire) .... Breslau, Druck d. Bresl. Genossenschafts-Buchdr. (1886); 6 + 45 S. 8°.
Breslau, Med. Fak., Inaug.-Diss. v. 16. Jan. 1886.

Kleinwächter, Wilh., zur Casuistik des circulären Irreseins [folie circulaire]. Inaugural-Dissertation. gr. 8. (43 S.) Breslau 886, (Köhler.) * 1 —

Klein-Walhalla. (16 Gedichte.) München, Druck von Gg. Franz, 1854. 8°. Cart.[a])

48 S. (incl. Tit. u. 1 Bl. Inh.) 1. Die deutsche Botschaft vor Alexander dem Grossen. 2. Kadbod. 3. Kaiser Heinrich II. zu Verdun. 4. Bischof Benno. 5. Otto von Wittelsbach. 6. Heinrich von Braunschweig und Agnes von der Pfalz. 7. Das Kaisermahl — Wilhelm von Holland und Albertus Magnus. 8. Rudolph von Habsburg. 9. Heinrich von Meissen, genannt Frauenlob. 10. Ludwig der Bayer. 11. Der Deutsche vor Calais. 12. Herzog Christoph von Bayern. 13. Der Philosoph im Kittel. 14. Kaiser Karl V. zu Chiavenna. 15. Graf von Büren. 16. Albrecht V. von Bayern.

Klein-Walli, Puffel u. Alt. (Von Therese Schefer.) Ausgestanzt. schmal Fol. (16 S. m. z. Tl. farb. Illustr.) München 893. Nürnberg, Th. Stroefer. n. — 75

Kleinwelt, die. Zeitschrift zur Verbreitg. wissenschaftl. Bildg., hrsg. v. der deutschen mikrolog. Gesellschaft, unter der Red. v. R. H. Francé. 1. u. 2. Jahrg. April 1909—März 1911. à 12 Hefte u. 1 Sondergabe. (IV, 202 u. IV, 192 S. m. Abbildgn.) Lex. 8. Bamberg, C. C. Buchner's Verl. à Jahrg. 4. -

Vom 1. April 1911 an: Diessen, J. C. Huber, Verl.

Klein-Wohnhaus, das, u. sein innerer Ausbau. Hrsg. vom hess. Zentral-Verein f. Errichtg. bill. Wohngn., Darmstadt. (Umschlag: Zahlreiche preisgekrönte u. besonders hervorrag. Entwürfe zu Häusern m. kleinen Wohngn., m. den dazu gehör. Detail-Ansichten, Perspektiven u. photograph. Naturaufnahmen sowie ausführl. Kostenberechngn. usw. Insgesamt gegen 400 Abbildgn.) 2. verb. u. wesentlich verm. Ausg. (83 S. m. Abbildgn. u. Grundrissen u. 19 S. Text.) Lex. 8. Darmstadt (910). Verlagsanstalt A. Koch. 6. —

Kleinwohnungen, ländliche, f. den Landkreis Bonn. Entwürfe v. Bloemers, Bopp, Brantzky, Klotzbach, Kreis, Metzendorf. Hrsg. vom Kreisausschuss. (18 S. m. Abbildgn. u. 20 Taf.) 32×24,5 cm. Düsseldorf 909. L. Schwann. 3. -

Kleinwohnungs-Kolonie, die, auf der hessischen Landes-Ausstellung f. freie u. angewandte Kunst 1908 in Darmstadt, s.: Wohnungsfürsorge, praktische, in Hessen.

Kleinwort, S., kurzgefaßte Geschichte des Herzogth. Lauenburg nebst einem Anh.: Das Bisthum Ratzeburg nach v. Kobbe. gr. 8. (65 S.) Mölln 874, (Hinstorff.) *

Klein-Zaches, genannt Zinnober, ein Mährchen, von E. T. A. Hoffmann. 8. Berlin, Dümmler. 819.

Kleinzehentrecht, Das, in Bayern. Mit besonderer Berücksichtigung der Kleingruberischen Auseinandersetzung der gesetzlichen Theorie über den kleinen Zehent in Bayern. Regensburg 1827. V: *Jäger, Dr.* (Russell IX, 577)

Anonym: „Das Kleinzehendtrecht in Bayern, mit besonderer Berücksichtigung der Steingruberschen Auseinandersetzung der gesetzlichen Theorie des Kleinzehendt in Bayern", Landshut 1828 (Krüll).

Kleinzehentrecht, das, in Bayern, mit besond. Berücksichtigung d. Reingruberischen Auseinandersetzung d. gesetzl. Theorie üb. d. kl. Zehent in Bayern, so wie d. Aufsatzes in d. Eos 5 St. 1827 üb. d. kl. u. Repszehent in Bayern. 8. (4 B.) Landshut 829. (Regensburg, Manz.)

Κλειώ. Σύγγραμμα περιοδικὸν μετὰ εἰκόνων. 'Εκδότης: Π. Γεωργιάδης Ζυγούρης. Ἔτος Α'. 1885. 24 ἀριθμοί. (à Nr. 2 Bog. mit Holzschn.) gr. 4. Leipzig, (C. A. Koch.) * 16 —
—— dass. — 'Εκδότης: Π. Δ. Ζυγούρης. Ἔτος Β'—Δ'. 1886—1888. à Jahrg. 24 ἀριθμοί. (à Nr. 2 Bog. mit Holzschn.) gr. 4. (Ebendas.) à Jahrg. * 16 —

Κλειώ. Σύγγραμμα περιοδικὸν μετὰ εἰκόνων. 'Εκδότης: Π. Δ. Ζυγούρης. Ἔτος Ε'—Η'. 1889—1892. à Jahrg. 24 ἀριθμοί. (à Nr. 2 Bog. m. Holzschn.) gr. 4. Lpz., C. A. Koch.
Jahrg. 1889 * 16 —; Jahrg. 1890—1892 à * 20 —

Κλειώ. *Σύγγραμμα περιοδικὸν μετὰ εἰκόνων. 'Εκδότης: Π. Δ.* Ζυγούρης. *Ἔτος Ζ'.* April 1891—März 1892. 24 *ἀριθμοί.* (2 Bog. m. Holzschn.) gr. 4. Leipzig, (C. A. Koch). n. 20. —

Kleis, Jean Aloys: Die katholische Kirche in Norwegen. Vortrag. Luxemburg: St. Paul.-Ges. 1890. 39 S. 16°
Separat-Abdruck aus dem „Lux. Wort".

Kleis, Jean Aloys: Lad os tröste den lidende Jesu helligste hyerte, af P. Nonoll, S. J. Oversat af Pastor J. A. K. Kristiania 1892. 31 S. 16°

Kleis, Jean Aloys: Luthers „heiliges" Leben und „heiliger" Tod von J. A. Kleis, norwegischer Missionspriester. Antwort an Professor Dr. Friedrich Nielsen. Aus dem Norwegischen übersetzt von J. Olaf. Mainz 1896. VIII,248 S. 8°

Kleis, J. A., Luthers „heiliges" Leben u. „heiliger" Tod. Aus d. Norweg. übers. v. J. Olaf. gr. 8. (VIII, 248 S.) Mainz 896. F. Kirchheim. n. 3. —

KLEISER, K. v.: Erwiderung dem anonymen Verfasser der Broschüre "Die Badische Forstorganisation von 1849 und ihre Gegner". - Donaueschingen 1852. 47 S.

KLEISER, K. v.: Die Forstorganisation in Baden vom Jahr 1849 verglichen mit jener des Jahres 1834. - Engen 1851. 50 S.

Kleisinger, Emil: Synthesen mittels Kaliumäthylat. Frankfurt a. M. 1909: Voigt & Gleiber. 28 S. 8°
Tübingen, Naturw. Diss. v. 13. Jan. 1909, Ref. Wislicenus
[Geb. 17. Aug. 84 Frankfurt a. M.; Wohnort: Offenbach a. M.; Staatsangeh.: Preußen; Vorbildung: Klinger-Oberrealsch. Frankfurt Reife O. 02; Studium: Heidelberg 2, Tübingen 11 S.; Coll. 13. Jan. 09.] [U 09. 4006

Kleissl, K.: Odovakar in seinen Bez. zum byzant. Kaiser Zeno und zum Ostgothen-Könige Theoderich. 27 S. – Görz, R., Progr. 1883.

Kleissl K.: Theoderich der Große in seinen Beziehungen zum byzantinischen Reiche. 28. Görz R. 81. Progr.

Kleissner, Otto, die Fortbildungsschule in Essen. 16. (38 S.) Berlin 878. Gesellschaft für Verbreitung von Volksbildung. n. — 25

Kleissner, Otto, die Quellen zur Sempacher Schlacht und die Winkelriedsage. gr. 8. (VI, 68 S.) Göttingen 873, Dieterich's Verlag.

(KLEISSNER, SEBASTIAN:) Zum Andenken an die Reparatur der alten Kirche zu St Stephan in Nádasd. Ofen 1854. Gedr. mit M. Bagó'schen Schriften. 16 S. - 8°

KLEISSNER, SEBASTIAN: Gelegenheits-Rede zur Installation des Hochwürdigen Herrn Peter Hartmann, Pfarrers in Bozsok. Gehalten von Sebastian Kleissner, Pfarrer in Nádasd. Fünfkirchen 1850: Lyceum-Buchdruckerei. 15 S. - 190 mm

KLEISSNER, SEBASTIAN, Pfarrer: Die Mission in Nádasd. In: Der kath. Christ. Jg. 4. 1851 Nr. 39 v. 25. IX. 1851. Nr. 42 v. 16. X. 1851, S. 337. Nr. 47 v. 21. XI. 1851, S. 369-371.

KLEISSNER, SEBASTIAN: Rede gehalten am Sonntag Sexagesimä 1846, als die edle Frau Elisabeth von Pásztory, Witwe des unlängst verblichenen Joseph von Szikszay ref. Predigers zu Váralja in den Schooss der katholischen Kirche zurückkehrte von Sebastian Kleissner, Pfarrer zu Nádas. Fünfkirchen 1846. 15 S. - 204 mm

Kleist, Ewald von. [Leipzig 1792.] V: *Manso, Johann Caspar Frdr.* (MGT)

Kleist: Abhandlung über verschiedene für die Technik wichtigen Oele und Fette. Vortrag. Berlin 1869

Kleist, v., die Gefechtstage v. le Mans vom 6. bis 12. Jan. 1871. gr. 8. (254 S.) Hannover 880. Helwing's Verl. n. 4. —

Kleist, v. Die Militair-Costume und Uniformsammlung des [illegible] Oberst z. D. v. Kleist. Versteigerung [illegible] den 25. Mai 1863 M. Sachse's Kunstauction. Berlin 1863. 66 S. 8°

Kleist, v., die Oberfeuerwerker-Schule. Eine Festschrift zur Feier d. 60jähr. Bestehens der Anstalt. Auf Befehl der Direction bearb. gr. 8. (IV, 39 S. m. 1 Lichtdr.) Berlin 890. Mittler & Sohn. n. 1. —

(Kleist, von.) Der Royalismus des preußischen Offizierkorps in seiner politischen und historischen Bedeutung. Von einem Standesgenossen. Berlin, Mittler 1852. 54 S. 8.

Kleist. Schlacht von Amiens. (Berlin 1873.) 8°. (Bh. z. M. W. B.)

v. Kleist. Versuch wie die Soldaten, sowie ehemals bei den Roemern, jetzo in Friedenszeiten zu gemeinnützigen Arbeiten zu gebrauchen stunden. 4. Göttingen 1789.

Kleist, A. F.

— Karlsee's Erholungsstunden am Abend seines Lebens; e. Familienstück aus d. jetzigen Zeit. 8. Halberst. 802.

Kleist, A. F., französ. Lesebuch, oder Uebung im Sprechen u. Uebersetzen ꝛc. gr. 8. Bresl. 805. (Siegert in Liegn.) 16 gr

Kleist, A., franz. Lesebuch od. Uebung im Sprech. u. Uebers. gr. 8. Breslau, Buchheister. (Hamberger.) 805.

Kleist, Arthur, Kammergerichtsrefer.: Kann eine von einem Gastwirt zugunsten seiner Gäste verpflichtete Feuerversicherungsgesellschaft im Falle eines Brandschadens Regress gegen eine andere Versicherungsgesellschaft nehmen, bei der ein geschädigter Gast sich seinerseits gegen Feuerschaden versichert hat, und umgekehrt? Berlin 1908: Pilz. VIII, 77 S. 8°
Heidelberg, Jur. Diss. v. 1908, Ref. Endemann
[Geb. 1. Okt. 84 Berlin; Wohnort: Oranienburg; Staatsangeh.: Preußen; Vorbildung: Joachimsth. Gymn. Berlin Reife O. 03; Studium: Freiburg i. B. 1, München 2, Berlin 5 S.; Rig. 29. Mai 08.] [U 09. 1825

Erste Hülfeleistung auf dem Lande, organisirt vom 'Rothen Kreuz' in Verbindung mit d. deutschen Arbeiterversicherung. Premier secours à la campagne organisé de la 'Croix-Rouge' liée avec 'l'Assurance-Ouvrière' en Allemagne. (Verf.: Berthold Kleist, Hauptm. a. D.) *(Paris 1900: E. Rautenberg in Königsberg i. Pr.)* (32 S.) 8° [J. u. Ant.] [illegible]

Kleist, B., wie muß der Landwirth seine Buchführung einrichten, um dem neuen Einkommensteuer-Gesetz vom 24. Juni 1891 entsprechend sein Einkommen ermitteln u. einwandfrei darlegen zu können? Preis-Arbeit. 1. u. 2. Aufl. gr. 8. (44 S.) Königsberg i/Pr. 892. F. Beyer. n. 1. 50

Kleist, Bogislav v. Die Generale d. preußischen Armee von 1840—1890, im Anschluß an „Die Generale d. churbrandenburg. u. königl. preuß. Armee von 1640—1840. Eine histor. Uebersicht sammt vielen eingewebten urkundl. Notizen, als Jubelschrift dem vaterländ. Kriegsheere geweiht von Kurt Wolfg. v. Schöning. Suum cuique. Berl. 1840. Verlag v. C. G. Lüderitz" zusammengestellt. Lex.-8. (XVIII, 1106 S.) Hannov. 891, Helwing. * 20 —

Kleist, Bogislav v., die Generale der preußischen Armee von 1840—1890, im Anschluß an: Die Generale der churbrandenburg. u. königl. preuß. Armee von 1640—1840. Eine histor. Uebersicht sammt vielen eingewebten urkundl. Notizen, als Jubelschrift dem vaterländ. Kriegsheere geweiht von Kurt Wolfg. v. Schöning. Suum cuique. Berlin 1840. Verlag v. C. G. Lüderitz. 2 Hälften, nebst 1. u. 2. Folge. Lex.-8. Hannover. Leipzig, Zuckschwerdt & Möschke. n. 11. 50; geb. n. 17. 50

Hauptwerk. 2. (Titel-)Ausg. (XVIII, 1106 S.) 895. (Ursprünglich 20. —) n. 5. —; geb. n. 8. —
1. Folge u. Nachträge f. d. J. 1891 u. 1892. 1. u. 2. (Titel-)Ausg. (V, 92 S.) 893. 895. n. 3. —; geb. n. 4. 50
2. Folge u. Nachträge f. d. J. 1893 u. 1894. (V, 101 S.) 895. n. 3. 60; geb. n. 5. —

Kleist, C. K., Sammlung von Oden, Gedichten und Grabschriften. gr. 8. Wien, Tendler. 796. Rthlr.

Kleist, C. K., Samml. von Oden, Gedichten u. Grabschriften. gr. 8. Wien 796. Trattner. 5 gr

Kleist, Detlef v., der Hereroseldzug 1904/06 unter besond. Berücksicht. der 6. Kompanie Feld-Regiments I. Mit 2 Karten. (60 S.) gr. 8. Flensburg 908. Huwald. 1. 50

Kleist, Emil, Credo. Geistliche Lieder. 8. (133 S.) Leipzig 884. Reißner. n. 2. —; geb. n. 3. —

Kleist, Emil, Elim. Evangelien-Lieder aufs Kirchenjahr. Eine Confirmationsgabe für christl. Jungfrauen u. Jünglinge. 8. (VII, 148 S.) Leipzig 882. Schloemp. n. 2. —; geb. n. 3. —; feine Ausg. n. 3. —; geb. m. Goldschn. n. 4. —

—— Luther-Lieder. Ein Beitrag zur Feier des 400jähr. Geburtstages Dr. Martin Luthers und zum evang. Kirchenbau zu Bischoffstein im Ermlande. 8. (83 S.) Leipzig 883, Reißner. **ℳ* 1,20.; geb. Schulausg. * 80 Pf.; cart.

Kleist, Erich, appr. Arzt: Aus der medizinischen Poliklinik zu Rostock ⟨Direktor: Professor Dr. Martius⟩. Ueber Polymastie. Rostock 1904: C. Hinstorff. (37 S.) 8°
Rostock, Med. Fak., Ref. Martius, Diss. v. 1. Okt. 1904
[Geb. 22. Sept. 78 Berlin; Wohnort: Berlin; Staatsangeh.: Preußen; Vorbildung: Friedrich-Wilhelms-Gymn. Berlin Reife O. 97; Studium: Berlin 3, Würzburg 1, Berlin 2, Rostock 3 S.; Coll. 31. März 04; Approb. 26. März 04.]

Kleist, Ew. Frhr. v., s.: Monatsblätter f. den kathol. Religionsunterricht an höheren Lehranstalten.

Kleist, Ewald Christian von

Anthologie aus Ewald Christian von Kleist's sämmtlichen Werken. Gedichte.
Hildburghausen: Bibliogr. Inst. 1817. 124 S. 8°
(Miniatur-Bibliothek der Deutschen Classiker. Lfg. 6.)
s. Schulze, Ernst: Anthologie ...

Kleist, Ewald v., Briefe. Gedichte. Seneca. Prosaische Schriften, s.: Hempel's Klassiker-Bibliothek.

—— Briefe. Hrsg. von Aug. Sauer. 2 Thle. 12. Berlin 884, Hempel. *ℳ 3.; geb.
Inhalt:
Thl. 1. Briefe von Kleist. (VI, 576 S.)
" 2. Briefe an Kleist. (VII, 383 S.)

→ Cissides u. Paches. kl. 8. Berl. 759.

Kleist, Ewald Chr. v., Erzählungen. 8. Berl. Realschulbuchh. 810.

— d. Frühling, ein Gedicht. 4. Berl. 749. (anonym). N. Ausg., herausg. v. H. d. j. (Hirzel d. Jüng.) 4. Zürich 750. N. Ausg., mit e. Anh. 4. Berl. 751. N. verb. Aufl. 4. Frankf. a. d. O. 752. N. Aufl. 8. Frkf. a. d. O. 756. N. A. 761 u. 64. (Sander in Berl.) 8 gr

— der Frühling, ein Gedicht. 8. Frankf. Akadem. Buchh. 761.

— der Frühling. gr. 8. Frankfurt a. d. O. 761. Jetzt Flittner.

Kleist, Ewald Christian von. Frühling. Kritisch bearbeitet. Berlin 1804. V: *Finkenstein, Frdr. Ldw. Carl Graf von.* (Ky) (Mn) (GGr)

— d. Frühling, metrisch bearb. (v. Graf. F. L. K. v. Finckenstein). gr. 8. Berl. 804. (Sosmar u. K.) 12 Gr. Velinp. 1 Thlr.

— d. Frühling, krit. bearb. gr. 8. Berlin, Unger. 804.

— d. Frühling. N. Aufl. gr. 8. Berl. 821, Flittner.

Kleist, Ewald Christian von, s. G e d i c h t e vom Verfasser d. Frühlings.

— Gedichte. Seneca. — Prosaische Schriften. Hrsg. von Aug. Sauer. 12. (CIV, 384 S.) Ebendas. 884. * geb. *

— dass. — s. National-Bibliothek sämmtlicher deutschen Classiker.

— le Printems, trad. p. Beguelin. gr. 8. Berl. Rottmann. 781.

— Ver, e germ. lat a G. L. Spalding. 8maj. Berl. 783. 3 Gr.

— Werke, 2 Bände. 8. Bern, Typogr. Soc. in Commiss.

Kleist, E. C. v. Werke. Bern 1765. H: *Walthard, Beat. Ludw.* (Ky)

— Werke, (herausg. von B. L. Walthard). kl. 8. Bern 765. Typograph. Soc. 20 Gr.

Kleist's, E. v., Werke, s.: National-Bibliothek sämmtlicher deutschen Classiker.

Kleist's, Ewald v., Werke. 3 Thle. Hrsg. und mit Anmerkungen begleitet von Aug. Sauer. 12. Berlin 883, Hempel. geb. *

Inhalt:
Thl. 1. Gedichte. — Seneca. — Prosaische Schriften. (CIV, 384 S.)
" 2. Briefe von Kleist. (VI, 576 S.)
" 3. Briefe an Kleist. (XXIV, 383 S.)

Kleist's, Ewald Chrn. v., sämmtliche Werke, s. Universal-Bibliothek.

v. Kleist, Ewald Chr., († d. 24. Aug. 1759.) sämmtl. Werke, (herausg. von Ramler). 2 Thle. gr. 8. Berl. 756. 2e A. 760. 3e A. 771. 4e A. 782. Voß. 10 Gr.

— — dies. m. Vign. und Kupf. gr. 8. Ebend. 778.

Kleist, Christian Ewald von. Sämtliche Werke. Erster Theil. Zweyter Theil [in 1 Bde.] Berlin, Chr. F. Voß, 1760. 8°. Titelkupfer, 8 Bl. 192 S.; Titelbl. 92 S. *Mit zahlreichen Kupfervignetten von J. W. Meil auf den Titeln und im Text.* Ld. d. Z. mit Rv., Rücken oben beschädigt.

G. IV, I, 60, 8a. Meil 27—52. Erste Gesamtausgabe, herausgegeben (und gelegentlich bearbeitet) von K. W. Ramler.

Kleist, Ewald Christian von: Sämmtliche W e r k e. Berlin 1761. 2 Thle.

Kleist, E. C. v. Sämmtliche Werke. Berlin 1766. II: *Ramler, Carl Wilhelm.* (GGr) (Mn)

— Sämtliche Werke des Herrn Ewald Christian von Kleist. 2 Teile in 1 Bde. [Bern, Walthard, 1769]. Kl. 8°. 162 S. 2 Bl.; 130 S. 1 Bl. und 10 Kupfer *(jedes in 2 Abzügen) von J. R. Holzhalb nach S. H. Grimm (2. Kupfer von J. A. Fridrich gestochen).*

— sämmtl. Werke, nebst des Dichters Leben u. seinen Briefen an Gleim, herausg. v. W. Körte. 2 Thle. 8. u. gr. 8. Berl. 803. (Herbig). 1 Thlr. 12 Gr. Schweiz. P. 6 Thlr. Hbg. Pr. 3 Thlr. Velinp. 7 Thlr.

Kleist, E. von, sämmtl. Werke. v. W. Körte. 2 Bde. gr. 8. Berlin. 803. Jetzt Schade.

v. Kleist, (Ew. Chr.,) sämmtl. Werke, herausgeg. mit des Dichters Leben, von W. Körte. 2 Thle. Mit Kleist's Bildn. Neue Originalausg. 16. Berlin 825, Herbig.

Kleist, Ehwald Chrstn. v., sämmtl. Werke, hrsg. mit d. Dichters Leben v. W. Körte. 2 Thle. Neue Orig.-Ausg. M. 2 Ttlkpfr. 16. (26 B.) Berlin 830, Herbig.

Kleist, Ewald Chrstn. v., sämmtl. Werke, hrsg. mit d. Dichters Leben v. Wilh. Körte. 2 Thle. Neue Orig.-Ausg. 16. (17¾ B. u. 1 Ttlkpfr.) Berlin 840, Herbig. *

v. Kleist's, Ewald Chrn., sämmtliche Werke. Hrsg. mit des Dichters Leben v. W i l h. K ö r t e. 4. Orig.-Ausg. 16. (IV u. 281 S.) Berlin 849, Herbig. ⅚ Thlr.; in Engl. Einb. mit Goldschn. 1¼ Thlr.

Kleist's, Ewald Chrn. v., sämmtliche Werke. Hrsg. mit des Dichters Leben von Wilh. Körte. 5., wohlf. Ausg. 16. (IV und 281 S.) Berlin 853, Herbig.

Kleist, F. W., Betrachtungen über die schädlichen Wirkungen arsenikhaltiger Farben auf den menschlichen Organismus und in sanitätspolizeilicher Beziehung überhaupt. gr. 8 (32 S.) Berlin 851, Brigl und Lobeck. *

Kleist, Frz. v., s. Ackermann, Paul. — Schwering, Jul.

KLEIST, Franz (Alex.) v. (geb. 24. Dezbr. 1769 in Potsdam, † 8. Aug. 1797 zu Ringenwalde bei Neudamm in der Neumark). H o h e A u s s i c h t e n d e r L i e b e. An Minona. (Gedicht in 42 Strophen.) Berlin, o. J. (1789). Lex.-8°. (1 Mk. Baer & Co., 1894; 5 Mk. C. Kirsten, Hamburg, 1906.)

— — Dasselbe. Mit TVign. Expl. in Quarto auf Velinp. Ibid. s. a. 4°. 31 S. (1 Mk. 50 Pfg. Kühl, Berlin, c. 1883; jetzt theurer!)

— — Dasselbe. 2. verbess. Aufl. Mit schöner Titelvign., nach C i p r i a n i gestoch. von B o l t. Ebd., o. J. (1790). Gr. 8°. (6 Mk., ohne Einband, Adolf Weigel, 1906.)

v. Kleist, Frz. (Alex.), († d. 8. Aug. 1797.) hohe Aussichten d. Liebe; an Minona. gr. 8. Berl. (789.) 2e A. 791. Vieweg in Braunschw. 12 Gr.

— — Dasselbe. (Nachdruck.) 2. verbess. Aufl. Reutlingen 1800. 8°. 32 S. (8 Mk. 50 Pfg. [so!] Hugo Streisand, Berlin, 1908; 60 Pfg. [so!], „29 S.", M. Hauptvogel, Gotha, 1907.)

— — Das Glück der Ehe. Mit Titelkpf. (K l e i s t's F a m i l i e, das Gustav Koennecke, Bilderatlas zur Geschichte d. dtsch. Nationallitt. Marburg 1887. S. 234 irrig als S c h i l l e r's (!) Familienbild bezeichnet) u. Titelvign. (W. J u r y del.) Berlin 1796. Gr. 8°. (1 Mk. Scheible, 1872; jetzt viel theurer!)
In V e r s e n.

— — Dasselbe. (Nachdruck.) 2. Aufl. Reutlingen 1800. 8°. 32 S. (8 Mk. 50 Pfg. [so!] H. Streisand, 1908; 60 Pfg. [so!], „24 S.", M. Hauptvogel, Gotha, 1907.)

— — Das Glück der Liebe. Mit reizender Titelvignette von Bolt. Berlin 1793. Bei F. Vieweg, dem älteren. Gr. 8°. (1 Mk. Baer & Co., 1894; 5 Mk. Auction Runze-Zolling, Lpz. 1904, no. 1112.)
In Versen.

— — Dasselbe. (Nachdruck.) Reutlingen 1800. 8°. 24 S. (9 Mk. [so!] H. Streisand; 60 Pfg. [so!] M. Hauptvogel, 1907.)

— — Liebe und Ehe. In drei Gesängen. Mit 4 hübschen Kpfrn. von Ramberg u. A. nach Angelika Kaufmann u. A. Berlin, Vieweg (1797). Kl. 8°. 72 S. (3 Mk., hübsches Expl., Baer & Co., 1894; jetzt theurer!)

— Liebe u. Ehe, in 3 Gesängen. 8. Berl. 799. Vieweg in Braunschw. 1 Rthlr 12 gr

— — Dasselbe. Mit gestoch. Tit., Titelkpf. u. Titelvign. von J. Blaschke. Ebd., Hagel, 1800. Kl. 8°. (2 Mk. die vorige Firma, 1894; 5 Mk. Auction Runze-Zolling, no. 1113; 4 Kr. A. L. Huber, Salzburg, c. 1905.)
Typographisch sehr hübsch ausgestattetes Werkchen.

— Graf Peter d. Däne, e. histor. Gemälde. 8. Berl. 792. Vieweg in Braunschw. 1 Rthlr

Kleist, Franz von, s. Phantasien auf e. Reise nach Prag.

Fantasien auf einer Reise nach Prag (von *Franz Alexander v. Kleist*). Dresden u. Leipzig 1792. 8°. Selten! 139 S.
Anon.-Lex. III. p. 269 (nach Kayser, Meusel, Jördens, Engelmann). Goedeke V, 459, 16, 11.

— Sappho, ein dramat. Gedicht, mit Kpf. 8. Berl. 793. Voß. 1 Rthlr 8 gr

— — Gesammelte kleine Schriften. (Nachdruck.) Reutlingen 1800. 8°.
Das Glück der Ehe. — Das Glück der Liebe. — Hohe Aussichten der Liebe.

— — Vermischte Schriften. Mit Titel- u. Schlussvign. gestoch. v. Fr. Bolt u. d. kleinen Portr. des Ministers v. Herzberg, gestoch. v. J. F. Krethlow. (Mit einer Einleitung vom Verleger.) Berlin, Fr. Maurer, 1797. VIII u. 334 S. 8°. (3 Mk. 50 Pfg., etw. wasserfl., Adolf Weigel, 1906; 4 Mk. E. Frensdorff, 1906; 10 Mk., unbeschn., L. Rosenthal, 1910.)
Inhalt s. bei Goedeke V, 459, 16, 16.

v. Kleist, Fr., vermischte Schriften. 1r Thl. Mit Vignetten. 8. Berlin 797, jetzt Heymann. 1 Rthlr

— über d. eigenthüml. Vollkommenheiten d. preuß. Heeres. 8. Berl. 791. Vieweg in Braunschw. 6 gr

— — Zamori (und Midora), oder die Philosophie der Liebe in 10 Gesängen. Mit Titelkpf. (Dan. Chodowiecki del., Cl. Kohl sc. Viennae). Berlin, Vieweg, 1793. Gr. 8°. (1¼ Rthl., bessere Ausg. 1 7/12 Rthl.) XIV, 2 u. 304 S. (3 Mk., ohne Angabe des Kupfers, E. Frensdorff, 1906; 12 Mk., ebenfalls so, H. Streisand, 1908; 3 Mk., mit dem Titelkpf., Adolf Weigel, 1906; 8 Mk. 50 Pfg., mit dem Kpfr., F. Waldau, 1909.)
Ersch II. 2. 1840. Sp. 211. no. 1676.
Der dritte Gesang in: Deutsche Monatsschrift 1792 Bd. 3. S. 149—162.

Kleist, Friedrich Wilhelm von

(Kleist, F. W. v.) Geheime Instruction Sr. Maj. des Königs in Preußen an die Officiere seiner Armee, hauptsächlich von der Cavallerie. 2. Aufl. Prag 1780. 8°. (1. Aufl. 1778.)

Regeln u. Anmerkungen für Officiers überhaupt, u. Husarenofficiers insbesondere, über den Dienst im Felde. (Von F. W. v. Kleist). Franckfurt 1780. 146 S.

(v. Kleist, Fr. W.) Tagebuch des Preuss. Feldzugs in Holland 1787. 8. s. l. 1789.

(Kleist, F. W. v.) Tagebuch von dem preuß. Feldzug in Holland 1787. o. O. (1789.) 8°.

v. Kleist, Fr. Wlh., s. Tagebuch d. preuß. Feldzugs.

Kleist, Fritz, Lehrgang für das Freihandzeichnen in Volks- und Bürgerschulen. Ausführl. Lektionen nebst Uebungsaufgaben. Hrsg. von dem Verein zur Förderung des Zeichenunterrichts in der Prov. Sachsen und den angrenzenden Landesteilen. Im Auftrage des Ausschusses bearb. 2. Tl.: Die krummen Linien und ebene von krummen Linien begrenzte Figuren, nebst einem kurzen Abriß der Farbenlehre und ihrer method. Behandlung. gr. 8. (77 S. mit 12 Taf. und 20 eingedr. Fig.) Magdeburg 888, Rathke. * 2 —
1. Tl., s. Lehrgang für das Freihandzeichnen.

Kleist, F., Lehrgang f. das Freihandzeichnen in Volks- u. Bürgerschulen. Ausführliche Lektionen nebst Übungsaufgaben. Hrsg. v. dem Verein zur Förderg. d. Zeichenunterrichtes in der Prov. Sachsen u. den angrenz. Landesteilen. Im Auftrage d. Ausschusses bearb. 3 Tle. gr. 8. Magdeburg 889. 890. Rathke. n. 4. 75
1. Die gerade Linie u. ebene v. geraden Linien begrenzte Figuren. Mit 6 lith. Taf. (26 S.) n. — 75
2. Die krumme Linie u. ebene v. krummen Linien begrenzte Figuren, nebst e. kurzen Abriß der Farbenlehre u. ihrer method. Behandlg. Mit 12 lith. Taf. u. 20 in den Text gedr. Fig. (77 S.) n. 2. —
3. Das Körperzeichnen. (72 S. m. 41 Fig. u. 6 Taf.) n. 2. —

Kleist, G., sicher bei Damen, s.: Bloch's, E., Dilettanten-Bühne.

[F.] Manöver-Instruktionen für den Kavalleristen. Zsgest. v. G[eorg] v. Kleist, Oberst. 4. Aufl. *Berlin: E. S. Mittler & Sohn 1897.* (47 S.) 1 Bd 8. [98. 3451

[Georg] v. Kleist's Manöver-Instruktion für den Kavalleristen. Bearb. von O[tto] v. Preinitzer, Rittmeister. 5. Aufl. Berlin: E. S. Mittler & Sohn 1906. (45 S.) 8° [F.]

Kleist, Geo. v., die Offizier-Patrouille und die strategische Aufgabe der Kavallerie. gr. 8. (V, 61 S.) Berlin 887, Mittler und Sohn. * 1 20

Kleist, Geo. v., die Offizierpatrouille im Rahmen der strategischen Aufgabe der Kavallerie. 2. Aufl. gr. 8. (V, 68 S.) Berlin 891. E. S. Mittler & Sohn. n. 1. 20

Kleist, Georg v., Oberstlieut. im Generalstabe. Die Offizier-Patrouille im Rahmen der strategischen Aufgabe der Kavallerie. 3. umgearb. Auflage. 8. Berlin 1895.

[F.] Die Offizier-Patrouille im Rahmen der strategischen Aufgabe der Kavallerie v. Georg v. Kleist, Oberst im Generalstabe. 4. Aufl. *Berlin: E. S. Mittler & Sohn 1898.* (VI S., 1 Bl., 81 S.) 1 Bd 8. [98. 3451

Kleist, Geo. v., die Offizier-Patrouille im Rahmen der strateg. Aufgabe der Kavallerie. 5. Aufl. gr. 8. (VII, 81 S.) Berlin 902. E. S. Mittler & Sohn. n. 1. 60

Kleist, (G.) v., die Offizier-Patrouille im Rahmen der strategischen Aufgabe der Kavallerie. Entsprechend den Bestimmgn. der Feldbienst-Ordng. v. 22. III. 08 neubearb. durch G. v. Nuffer. 6. Aufl. Mit 1 Karte in Steindr. u. 1 Skizze. (VII, 130 S.) gr. 8. Berlin 908. E. S. Mittler & Sohn. 2. 75

Kleist, Geo. v. Von Dresden nach Nollendorf, Aug. 1813, s. Beiheft zum Militär-Wochenblatt. 3.

Kleist, Georg v. Von Dresden nach Nollendorf. August 1813. Vortrag, gehalten in der Militärischen Gesellschaft am 6. Februar 1889 von ....., Major im Grossen Generalstabe. Beihft. z. „Milit.-Wochenblatt". — Berlin 1889.

v. Kleist, H. Die Schlacht bei Amiens am 27. Nov. 1870. 8. M. 1 Krte. Berlin 1877.

Kleist, Hans, aus Berlin: Beiträge zur Kenntnis des pharmakologischen und physiologisch-chemischen Verhaltens einiger flüchtiger Stoffe. *Rostock 1903: H. Winterberg.* (34 S.) 8°
Rostock, Med. Diss. v. [25. Aug.] 1903

Kleist, Heinrich v., s. Brahm, Otto.

Kleist, Heinrich von, s. Weissenfels, Richard.

v. Kleist's, Heinr., Leben u. Briefe. Mit e. Anh. hrsg. v. Ed. v. Bülow. 8. (XIV u. 286 S.) Berlin 848, Bessers Verlag. (Frz. Duncker.) n. 1 1/2 ℳ

Kleist, Heinrich von: Amphitryon, s. Hempel's Klassiker-Bibliothek.

—— Amphitryon, s. Museum.

Kleist, Heinr. v., Amphitryon, umgearb. von Wilh. Henzen, s.: Universal-Bibliothek.

Kleist, Heinrich von: Amphitrion. Lustpiel nach Moliere. Herausg. v. Adm. H. Müller. N. A. Dresden: Arnold 1818. 8°

— Amphitryon. Ein Lustspiel nach Molière. gr. 16. (70 S.) Ebend. 879. geb. n. — 60

Kleist, Heinr. Über den Bau und die Technik der thukydideischen Reden. 23 S. Progr. *Dramburg* 1876.
Vgl. Kleist, Hermann.

— an seine Braut, s.: Liebesbriefe berühmter Männer u. Frauen.

—— Briefe an seine Braut. Zum ersten Male vollständig nach den Orig.-Handschriften hrsg. von Karl Biedermann. Mit den (Holzschn.-)Bildnissen Kleist's und seiner Braut. 8. (XXVI, 250 S.) Breslau 884, Schottländer. ℳ 4.; geb.

Kleist, Heinr. v., Briefe an seine Schwester Ulrike. Herausg. von A. Koberstein. Berlin 860. Schroeder. gr. 8. (XXVII, 146 S. u. 1 lith. Facsim. in 4.) n. 1 ℳ

Kleist, Heinrich von: Briefe an seine Schwester Ulrike. Mit Einl., Anm. Photogrammen u. e. Anh.: Aus d. Tagebuche Ludwig v. Brocke's (Hrsg.: Sigismund Rahmer.) Berlin: B. Behr 1905. (XI, 228 S. 8°
= Kleist-Bibliothek. Bd. 1.

— Briefe an seine Schwester Ulrike. Mit Einleitg., Anmerkgn., Photogrammen u. e. Anh.: Aus dem Tagebuche Ludwig v. Brocke's. Hrsg. v. S. Rahmer. 2. [Titel-]Aufl. (XI, 228 S.) 8. Berlin [905] (908). Zehlendorf, B. Behr's Verl. 2.—; geb. 3. —

— ausgewählte Dramen, s.: Bibliothek der deutschen Nationalliteratur des 18. u. 19. Jahrh.

— das Erdbeben in Chili, s.: Bücherei, deutsche. 41.

—— das Erdbeben von Chili, s. Novellenschatz, neuer deutscher.

— Erzählungen, s. Hempel's Klassiker-Bibliothek.

—— Erzählungen, s. Meyer's Volksbücher.

—— Erzählungen, s. Museum.

v. Kleist, Hnr., Erzählungen. 2 Thle. 8. Berl. 810, 11. Reimer. 3 ℳ

Kleist, Heinr. v., Erzählungen. 2r Thl. 8. Berl. Realschulbuchh. 811.
Velinp.

—— Erzählungen. gr. 16. (240 S.) Berlin 879, Hempel. geb.

Inhalt:
Michael Kohlhaas. Die Marquise von O. Das Erdbeben in Chili. Die Verlobung in St. Domingo. Das Bettelweib von Locarno. Der Findling. Die heilige Cäcilie. Der Zweikampf.

— dasselbe. Eingeleitet v. Erich Schmidt. (XXII, 290 S.) 8. Leipzig 908. Insel-Verlag. In Pappbd. 2. —; geb. in Ldr. 4. —

— Erzählungen. 3 Bde. (221, 221 u. 220 S.) kl. 8. Berlin 910. B. Cassirer. Geb. in Halbldr. 12. —; in Ganzldr. 20. —

— ausgew. Erzählungen, s.: Bücherei, allgem. Nr. 21.

—— der Findling, s. Universal-Bibliothek.

Kleist, Heinr. v., Prinz Friedrich v. Homburg. Ein Schauspiel, s.: Meyer's Volksbücher.

— dasselbe, s.: Bibliothek der Gesamt-Litteratur d. In- u. Auslandes.

— dasselbe, hrsg. v. A. Lichtenheld, s.: Graeser's Schulausgaben klassischer Werke. 37. Hft.

— dasselbe, s.: Hempel's Klassiker-Bibliothek.

— Prinz Friedrich v. Homburg, s.: Klassiker-Ausgaben, illustr., Minerva.

— dasselbe. Einleitg. u. Erläutergn. v. Rud. Schrepfer, s.: Koch's deutsche Klassikerausgaben.

— dasselbe, s.: Meisterwerke, die, der deutschen Bühne. Nr. 7.

— dasselbe. s.: Museum. — Repertoir des herzogl. Meiningen'schen Hof-Theaters.

— dasselbe, s.: Quellen, 20. Bd.

— dasselbe, hrsg. v. Rich. Jonas, s.: Sammlung, Jaeger'sche, deutscher Schulausgaben f. höhere Lehranstalten.

—— dass. — s. Schulausgaben ausgewählter klassischer Werke mit vollständigen Kommentaren.

— dasselbe, s.: Teubner's Sammlung deutscher Dicht- u. Schriftwerke f. höhere Töchterschulen.

—— Prinz Friedrich von Homburg, s. Theater-Bibliothek, classische, aller Nationen. — Universal-Bibliothek.

— dasselbe, hrsg. v. H. Windel, s.: Velhagen & Klasing's Sammlung deutscher Schulausgaben. 41. Lfg.

—— dass. — s. Volksbibliothek des Lahrer Hinkenden Boten.

—— dass. — Erläuterung, s. Böhme, Walth.

— dasselbe. Der zerbrochene Krug, s.: Hausbibliothek, hamburgische.

— Prinz Friedrich v. Homburg. Ein Schauspiel. gr. 16. (72 S.) Berlin 879. Hempel. geb. n. — 60

— Prinz Friedrich v. Homburg. Ein Schauspiel. Schulausg. m. Einleitg. u. Anmerkgn. v. Heinr. Weismann. 8. (CXXVIII, 116 S.) Stuttgart 883. Cotta. cart. n. 1.20

— Prinz Friedrich v. Homburg. Ein Schauspiel. 8. (62 S.) Leipzig 888. Siegismund & Volkening. n. — 25; geb. n. — 35

— Prinz Friedrich von Homburg. Ein Schauspiel. Für den Schulgebrauch herausgegeben von Dr. Anton Benedikt. Mit einem Plane der Schlacht bei Fehrbellin. 8 (109 S.) Cart. —.25
Prag: Tempsky 1893.

Prinz Friedrich von Homburg. Ein Schauspiel von Heinrich v. Kleist. Für d. Schulgebr. hrsg. von Dr. Eduard Arens, Oberl. *Münster i. W.: Aschendorff 1901.* (155 S.) 8° [F.]
= Ausgaben. Aschendorffs, f. d. deutschen Unterricht. [7.] [01. 10713]

Prinz Friedrich von Homburg. Ein Schauspiel von Heinrich v. Kleist. Mit Einl. u. Anm. Hrsg. im Auftr. d. Literar. Vereinigung d. Berliner Lehrerver. von Alexander Troll. Berlin: A. Anton & Co. [1903]. (XV, 88 S.) 8° [F.]
= Bücherei, Weises Deutsche. 6. [04. 8083]

— dasselbe, hrsg. v. Alex. Troll, s.a. Weise's deutsche Bücherei.

— dasselbe. Ein Schauspiel. Für den Schulgebrauch hrsg. v. Ant. Benedict. Mit 1 Plane der Schlacht bei Fehrbellin. 2. Aufl. (112 S.) kl. 8. Leipzig 903. G. Freytag. Geb. n. — 60

— Prinz Friedrich v. Homburg, s.a. Freytag's Schulausgaben klassischer Werke.

Prinz Friedrich von Homburg. Ein Schauspiel von Heinrich v. Kleist. *Paderborn: F. Schöningh [1903].* (80 S.) 8° [F.]
— Textausgaben, Schöninghs, alter u. neuer Schriftsteller. [18.] [04. 6340]

— dasselbe, s.a. Schöningh's Textausgaben alter u. neuer Schriftsteller. Nr. 18.

Prinz Friedrich von Homburg. Ein Schauspiel von Heinrich v. Kleist. Mit ausführl. Erl. f. d. Schulgebr. u. d. Privatstudium von Dr. J[osef] Heuwes, Oberl. zu Warendorf. 3. Aufl. Mit e. Bildn. d. Dichters u. 1 Text-Ill. *Paderborn: F. Schöningh 1903.* (179 S.) 8° [F.]
= Ausgaben, Schöninghs, deutscher Klassiker. Bd 17. [04. 3877]

— dasselbe, hrsg. v. J. Heuwes, s.a. Schöningh's Ausgaben deutscher Klassiker. 17. Bd.

Prinz Friedrich von Homburg. Ein Schauspiel von Heinrich v. Kleist. *Stuttgart & Berlin: J. G. Cotta Nachf. [1903].* (88 S.) 8° [F.]
= Handbibliothek. Cotta'sche. No 55. [03. 14174]

— Prinz Friedrich v. Homburg. Ein Schauspiel. Für den Schulgebrauch hrsg. v. Ed. Arens. 2. Aufl. (156 S.) kl. 8. Münster 904. Aschendorff. Geb. — 90

Prinz Friedrich von Homburg. Ein Schauspiel von Heinrich v. Kleist. Mit ausführl. Erl. f. d. Schulgebr. ... von Dr. J[osef] Heuwes, Gymn.-Dir. 4. Aufl. Mit 1 Bildn. d. Dichters u. 1 Text-Ill. Paderborn: F. Schöningh 1906. (179 S.) 8° [F.]
— Ausgaben, Schöninghs, deutscher Klassiker. Bd 17.

— dasselbe. Für den Schulgebrauch hrsg. v. Ant. Benedict. Mit e. Plane der Schlacht bei Fehrbellin. 3. Aufl. (112 S.) kl. 8. Leipzig 907. G. Freytag. — Wien, F. Tempsky. Geb. — 60

Prinz Friedrich von Homburg. Ein Schauspiel von Heinrich v. Kleist. Für Schulgebr. u. Selbstunterr. hrsg. von Dr. H[ugo] Gaudig. Leipzig & Berlin: B. G. Teubner 1908. (VI, 127 S.) 8° [F.]
(Deutsche Schulausgaben hrsg. von H. Gaudig u. G. Frick.) [08. 10116]

— dasselbe, s.a. Schulausgaben, deutsche.

— Gedichte s.: Museum.

— Germania an ihre Töchter. 4. Berl. 813. Dümmler. 1 K

Die Familie Ghonorez. Authent. Fassung d. Familie Schroffenstein von Heinrich v. Kleist. Nach d. Hs. krit. hrsg. u. eingel. von Eugen Wolff. Mit d. Bilde d. Dichters. *Halle a. S.: O. Hendel (1903).* (116 S.) 8° [F.]
(Bibliothek d. Gesamtlitteratur d. In- u. Auslandes. No 1634.) [03. 10034]

— die Familie Ghonorez, s.a. Bibliothek der Gesamtlitteratur.

—— Robert Guiskard, s. Museum.

—— Die Hermannschlacht, s. Bibliothek der Gesamt-Litteratur.

— die Hermannsschlacht, s.: Freytag's Schulausgaben klassischer Werke.

— die Hermannsschlacht, s.: Hempel's Klassiker-Biblioth.

— die Hermannschlacht, s.: Klassiker-Ausgaben, illustrierte, Minerva.

—— dass. — s. Meyer's Volksbücher.

— dasselbe. s.: Museum. — Repertoir des herzogl. Meiningen'schen Hof-Theaters.

— Die Hermannsschlacht, hrsg. v. H. Barckhausen, s.: Schulausgaben, deutsche.

— die Hermannsschlacht, s.: Schulausgaben classischer Werke.

—— dass. — s. Theater-Bibliothek, classische, aller Nationen. — Universal-Bibliothek.

— dasselbe, hrsg. v. H. Windel, s.: Velhagen & Klasing's Sammlung deutscher Schulausgaben.

— dasselbe, s.: Von Buch zu Buch.

—— die Herrmannsschlacht. Drama in 5 Akten. Neue Bearbeitung nebst Einleitung von Rud. Genée. 16. (184 S. mit dem Bildnisse Heinr. v. Kleist's in Stahlst.) Berlin 871, Lipperheide. *M 2,50.; geb. *

— die Herrmannsschlacht. Ein Drama. gr. 16. (88 S.) Berlin 879. Hempel. geb. n. — 60

Kleist, Heinrich v., Die Hermannschlacht. Ein Drama in 5 Aufz. M. Einleitg. u. Anmerkungen v. Dr. Adolf Lichtenheld. (Graeser's Schulausgabe class. Werke. Heft XVII.) 8. (XIII u. 95 S.) Wien, Carl Graeser. 32 kr. 1885.

— die Hermannsschlacht. hrsg. v. Adf. Lichtenheld, s.a. Graeser's Schulausgaben klassischer Werke.

— Hermannsschlacht. Ein Drama. Für Schule u. Haus erklärt v. L. Zürn. 8. (VIII, 172 S.) Leipzig 888. Wartig's Verl. n. 2. —

Kleist, Heinrich von, Die Hermannsschlacht. Ein Drama. Mit einer Karte, einer Einleitung und Anmerkungen versehen von Edmund Kamprath. (Hölder's Classiker-Ausgaben. Heft 24.) 8. (97 S.) —.25
Wien: Hölder 1890.

— dasselbe. s.a. Hölder's Classiker-Ausgaben.

Kleist, Heinrich von. Die Hermannschlacht. Ein Trauerspiel. Für den Schulgebrauch herausgegeben von Dr. Ferdinand Khull. 8. (130 S.) Cart. —.30
Prag: Tempsky 1893.

(Heinrich v.) Kleist's Hermannsschlacht. E. Gedicht auf Österreich. Anlässl. d. Aufführgn im Kaiserjubiläums-Stadttheater erläut. u. eingerichtet v. Adam Müller-Guttenbrunn. *Wien: C. Graeser 1898.* (86 S.) 1 Bd 8. [98. 10131

— dasselbe, s.: Müller-Guttenbrunn, Adam.

Scenen aus der Hermannsschlacht von H[einrich] v. Kleist, mit e. Epilog von P. Kirchhoff u. d. Chor 'Arminʼ, gedichtet von O. Weber, komp. von Fr. Kriegskotten. Zur Aufführung an vaterländ. Festtagen f. höh. Schulen eingericht. von Prof. Dr. [Joh.] Froitzheim. *Quedlinburg: C. F. Vieweg [1901].* (22 S.) 8° [F.] [01. 11915

— dasselbe, Scenen daraus, s.a. Froitzheim.

Die Hermannsschlacht. Ein Schauspiel in 5 Aufz. von Heinrich v. Kleist. Paderborn: F. Schöningh [1905]. (100 S.) 8° [F.]
= Textausgaben, Schöninghs, alter u. neuer Schriftsteller. 35. [06. 1847

— dasselbe. s.a. Schöningh's Textausgaben alter u. neuer Schriftsteller. Nr. 35.

Die Hermannsschlacht. Ein Schauspiel von Heinrich v. Kleist. Mit ausführl. Erl. f. d. Schulgebr. u. d. Privatstudium von Dr. W[ilhelm] Gerstenberg, Oberl. Paderborn: F. Schöningh 1905. (165 S.) 8° [F.]
— Ausgaben, Schöninghs, deutscher Klassiker. Bd 34. [06. 1319

— dasselbe, hrsg. v. W. Gerstenberg, s.a. Schöningh's Ausgaben deutscher Klassiker. 34. Bd.

Die Hermannsschlacht. Ein Drama in 5 Aufz. von Heinrich v. Kleist. Mit Einl. u. Anm. versehen von Dr. Adolf Lichtenheld, Prof. 5.–7. Taus. Leipzig: B. G. Teubner [1906]. (X, 79 S.) 8° [F.]
(Graesers Schulausgaben klassischer Werke.) [07. 10879

[F.] Kleist, Heinrich [Dir. Prof. Dr.]: Jubiläumsfeier des Gymnasiums und des Direktors Prof. Dr. *Gustav* Queck. (Umschlagt.: Bericht über d. Feier d. fünfundzwanzigjährigen Bestehens.) Dramburg, Druck v. W. Schade & C., 1893; 17 24 S. 4.
Dramburg, k. G, P 1893

[F.] Zwei Jugend-Lustspiele v. Heinrich v. Kleist. Hrsg. v. Eugen Wolff. *Oldenburg: Schulze (1898).* (XXXVIII, 127 S.) 1 Bd 8. [98. 6348

—— das Käthchen von Heilbronn, s. Bibliothek der Gesamt-Litteratur des In- und Auslandes.

— dasselbe, s.: Hempel's Klassiker-Bibliothek.

v. Kleist, Hnr., das Käthchen von Heilbronn, s. F. v. Holbein, neuestes Theater No. 2.

— s. Käthchen v. Heilbronn.

— Käthchen v. Heilbronn od. d. Feuerprobe, s.: Klassiker-Ausgaben, illustr., Minerva.

— dasselbe, s.: Litteraturwerke d. Vereins „Minerva".

— dasselbe od. Die Feuerprobe, s.: Meisterwerke, die, d. deutsch. Bühne.

—— dass. — s. Meyer's Volksbücher.

— dasselbe. s.: Museum. — Repertoir des herzogl. Meiningen'schen Hof-Theaters.

Kleist, Heinr. v., das Käthchen von Heilbronn, s. Theater-Bibliothek, classische. —

— dasselbe, s.: Unterhaltungs-Bibliothek, Gabelsberger stenographische.

— dasselbe, s.: Volksbibliothek des Lahrer hinkenden Boten.

— dasselbe, Bühnenausg. v. Karl Siegen, s.: Universal-Bibliothek.

— das Käthchen v. Heilbronn oder die Feuerprobe. Ein großes histor. Ritterschauspiel. gr. 16. (93 S.) Berlin 879. Hempel. geb. n. — 60

— das Käthchen v. Heilbronn od. die Feuerprobe. Ein großes histor. Ritterschauspiel. Illustr. v. Alex. Zick. gr. 4. (V, 90 S. m. Text-Abbildgn. u. 8 Lichtdr.) Berlin 890. Alb. Goldschmidt. geb. m. Goldschn. n. 20. —

— dasselbe. Dramatisches Märchen in 5 Akten. Zum 1. Male auf Grund d. ursprüngl. Plans neu f. Bühne u. Haus bearb. v. Karl Siegen. 8. (V, 79 S.) Leipzig 890. P. Beyer. n. 1. —

— das Käthchen v. Heilbronn od. die Feuerprobe. Romantisches Ritterschauspiel in 5 Akten. gr. 8. (46 S. m. 10 Illustr.) Berlin 894. Litteratur-Verein Minerva. n. — 50; geb. in Leinw. n. 1. —

Kleist, Heinr. v., das Käthchen v. Heilbronn. Großes histor. Schauspiel m. Gesang in 5 Akten. Nach K. f. die schweiz. Volksbühne bearb. 12. (87 S.) Aarau 899. H. R. Sauerländer & Co. n. 1. —

Kleist, Heinrich von: Das Käthchen von Heilbronn. Histor. Schausp. in 5 Akten. Nach Kleists Urtext f. d. Bühnengebr. eingerichtet von Demetrius Schrutz. Halle a. d. S.: O. Hendel (1899). 69 S. 8°
= Bibliothek d. Gesamtlitteratur d. In- u. Auslandes. No. 1252.

— dasselbe, Bühnenbearbeitg., s.a. Schrutz, Demetr.

Das Käthchen von Heilbronn von Heinrich v. Kleist. Mit 8 Bild. von Karl Walser. (Textrev. u. Einl. von Arthur Eloesser.) Berlin: S. Fischer [1905]. (X, 174 S.) 8°
(Pantheon-Ausg.)

— dasselbe od.: Die Feuerprobe. Großes histor. Ritterschauspiel. Mit Einleitg. u. Anmerkgn. versehen v. A. Lichtenheld. (Graesers Schulausgaben klass. Werke.) 4.—6. Taus. (X, 80 S.) 8. Leipzig (905). B. G. Teubner. n. —50

— dasselbe, s.a. Graeser's Schulausgaben klassischer Werke. 40. Heft.

— Das Käthchen v. Heilbronn od. Die Feuerprobe. Ein großes histor. Ritterschauspiel. Für den Schulgebrauch hrsg. v. Jos. Gaismaier. (121 S.) kl. 8. Leipzig 910. G. Freytag. — Wien, F. Tempsky. Geb. — 60

[Heinrich v. **Kleist**:] Kleist-Brevier. Von Wilhelm Herzog. Berlin & Leipzig: Schuster & Loeffler 1905. (VIII S., S. 17–165.) 8° [F.] [illegible]

—— Michael Kohlhaas, s. Bibliothek interessanter Erzählungen.

—— Michael Kohlhaas, s. Bibliothek der Gesamt-Litteratur des In- und Auslandes.

— dasselbe, s.: Bücher, bunte.

—— dass. — s. Graeser's Jugendbibliothek.

— dasselbe, s.: Jugendschriften. Hrsg. vom Lehrerhausvereine f. Oberösterreich.

—— dass. — s. Meisterwerke unserer Dichter.

— Michael Kohlhaas, s.: Meyer's Volksbücher.

Kleist, Heinrich von: Michael Kohlhaas, s. Museum.

—— dass. — s. Schatz deutscher Volkserzählungen.

— dasselbe, s.: Schatzgräber, der.

—— Michael Kohlhaas, s. Universal-Bibliothek.

— dasselbe, hrsg. v. J. Wychgram, s.: Velhagen & Klasing's Sammlung deutscher Schulausgaben. 10. Lfg.

— dasselbe, s.: Verein f. Verbreitg. guter Schriften, Bern.

— dasselbe, s.: Volks-Bibliothek, allgemeine.

— dasselbe, s.: Volksbibliothek des Lahrer Hinkenden Boten.

—— dass. — s. Volksbücher, deutsche.

— dasselbe, s.: Volksbücher, Wiesbadener, Nr. 86.

— dasselbe, s.: Volksbücherei. 20. 21.

— dasselbe, s.: Volksschriften.

— dasselbe, s.: Vom Jahrmarkt d. Lebens.

— dasselbe, s.: Von Buch zu Buch.

—— dass. — [Als Trauerspiel], s. John, A.

— dasselbe, f. die reifere Jugend hrsg. v. J. Batz, s.: Schaffstein's Volksbücher f. die Jugend.

—— Michael Kohlhaas. Historische Erzählung. Mit Zeichnungen von Paul Thumann, in Holz geschn. von H. Günther. 8. (95 S.) Berlin 870, Grote'sche Verlagsh. geb. (*M 1,60.) * geb. mit Goldschn. (*M 2.) *

— Michael Kohlhaas. Historische Erzählg. Mit Zeichngn. v. Paul Thumann, in Holz geschn. v. H. Günther. 8. (95 S.) Berlin 873. Grote. n. — 90; geb. n. 1. 60; geb. m. Goldschn. n. 2. —

Kleist, H. v., Michael Kohlhaas. Für die Jugend bearb. v. Hans Erdmann. 8. (128 S. m. 1 Bild.) Leipzig 892. R. Werther. Kart. n. — 75

— **Michael Kohlhaas.** Aus e. alten Chronik. (Pantheon-Ausg. Textrevison v. Otto Pniower, Einleitg. v. Erich Schmidt.) gr. 16. (XVI, 180 S. m. Bildnis.) Berlin 902. S. Fischer, Verl. Geb. in Ldr. m. Goldschn. n. 2.—; erhöht. Preis n. 2. 50

Heinrich v. **Kleists** Michael Kohlhaas. In freier u. zeitgemäßer Bearb. von Chr[istian] Hamann. Mit Ill. von Carl Röhling u. Paul Thumann. *Berlin: G. Grote 1902.* (VIII, 132 S.) 8° [F.] [illegible]

Michael Kohlhaas. Nach e. alten Chronik von Heinrich v. **Kleist**. Mit e. Bildn. Kleists, Vollbild. von E. Liebermann u. Einl. von Dr. Ernst Schultze. *Hamburg-Großborstel: Deutsche Dichter-Gedächtnis-Stiftung 1903.* (169 S.) 8° [F.]
= **Hausbücherei** d. Deutschen Dichter-Gedächtnis-Stiftung. Bd 1. [illegible]

Michael Kohlhaas. Erzählung von Heinrich v. **Kleist**. *Stuttgart & Berlin: J. G. Cotta Nachf. [1903].* (95 S.) 8° [F.]
= **Handbibliothek**, Cotta'sche. No 53. [illegible]

Michael Kohlhaas. Erzählung von Heinrich v. **Kleist**. Berlin: Scherl [1909]. 294 S. 8°
(Bibliothek August Scherl. Bd 530.) [illegible]

— Michael Kohlhaas. Für den Schulgebrauch hrsg. v. Rich. Findeis. (189 S.) kl. 8. Leipzig 910. G. Freytag. — Wien, F. Tempsky. Geb. — 75

— dasselbe. Aus e. alten Chronik. Historische Erzählung. Für Schule u. Haus hrsg. v. C. Müller. (143 S.) kl. 8. Münster 910. Aschendorff. Geb. — 95

— Der Kopten u. andere Erzählungen, s.: Wilda, Johs.

— der zerbrochene Krug, s.: Bibliothek der Gesamt-Litteratur des In- u. Auslandes.

— dasselbe, s.: Hempel's Klassiker-Bibliothek.

— dasselbe, s.: Klassiker-Ausgaben, illustr., Minerva.

— dasselbe, s.: Klassiker-Bibliothek, illustrirte.

— dasselbe, s.: Litteraturwerke d. Vereins „Minerva".

—— der zerbrochene Krug, s. Meyer's Volksbücher.

— dasselbe. s.: Museum.

—— dass. — s. Schmidt, Friedr. Ludw.

—— der zerbrochene Krug, s. Theater-Bibliothek, classische.

—— dass. — s. Universal-Bibliothek Nr. 2304.

—— dass. — s. Volksbibliothek des Lahrer Hinkenden Boten.

— dasselbe. Einführg. u. Erläutergn. v. Karl Frauenfelder, s.: Koch's deutsche Klassikerausgaben.

— der zerbrochene Krug. Lstspl. gr. 8. Berl. 811. Reimer. 21 ℛ

— der zerbrochene Krug. Lustspiel in 1 Aufzuge. Festschrift zu d. Dichters Säkularfeier. Neu f. die Bühne bearb., m. Einleitg. u. Anmerkgn. versehen von Karl Siegen. 8. (XXXVIII, 67 S.) Leipzig 876. Theile. n.n. 1. 20

Kleist, Heinr. v., der zerbrochene Krug. Ein Lustspiel. gr. 16. (65 S.) Berlin 879. Hempel. geb. n. — 60

— der zerbrochene Krug. Ein Lustspiel. Mit 7 Illustr. nach A. Menzel. gr. 8. (32 S.) Berlin 894. Literatur-Verein Minerva. n. — 40; geb. in Leinw. n. — 90

— der zerbrochene Krug. Mit d. Illustr. v. Adph. Menzel. 3. Aufl. Vorwort v. Max Jordan. hoch 4. (XVIII, 132 S.) Stuttgart 898. J. G. Cotta Nachf. Geb. in Leinw. m. Goldschn. 12. —

— der zerbrochene Krug. Mit den Illustr. von Adph. Menzel. 4. Aufl. Vorwort v. Max Jordan. hoch 4. (XVIII, 132 S.) Stuttgart 898. J. G. Cotta Nachf. Geb. in Leinw. m. Goldschn. 12. —

Der zerbrochene Krug. Ein Lustpiel von Heinrich v. Kleist. *Stuttgart & Berlin: J. G. Cotta Nachf. [1903].* (114 S.) 8° [F.]
— Handbibliothek, Cotta'sche. No 54. [03. 14373]

Kleist, Heinrich von. Der zerbrochne Krug. Ein Lustspiel. Mit Einleitung und Anmerkungen von Dr. Oskar [Franz] Walzel, Professor ... [in] Bern. XX + 76 S. 8. Leipzig, Max Hesse, (1905). (M. —. 30, geb. —. 50)

(Die Meisterwerke der deutschen Bühne. Hrg. von Prof. Dr. Georg Witkowski. [Nr.] 32.)

— der zerbrochene Krug. Ein Lustspiel. Für die Bühne eingerichtet v. Karl Zeiß. Bühnen-Ausg. des kgl. Schauspielhauses zu Dresden. (51 S.) 8. Dresden (906). C. C. Meinhold & Söhne. n. — 50

(Zur Erinnerung an d. 3. Stiftungsfest d. Vereinigung Ehemaliger Buchhändler-Schüler zu Leipzig am 30 Mai 1908.) Der zerbrochene Krug. Ein Lustspiel von Heinrich v. Kleist. Leipzig: Reclam (1908). 69 S. 8° [II. 16330]

— Der zerbrochene Krug. Ein Lustspiel. Für den Schulgebrauch hrsg. v. Jos. Gaismaier. (94 S.) kl. 8. Leipzig 910. G. Freytag. — Wien, F. Tempsky. Geb. — 60

— s. Lebensspiegel.

—— die Marquise v. O... und andere Erzählungen, s. Universal-Bibliothek Nr. 1957.

— Die Marquise v. O.... u. andere Erzählungen, s.: Volksbibliothek des Lahrer hinkenden Boten.

— G. E. Lessing, L. Uhland, Meisterdramen. Mit Einleitgn. u. Anmerkgn. v. Osk. Walzel, Rud. Schlösser, A. Ettlinger, Arn. Zehme, Gust. Kettner, Rich. M. Meyer, Herm. Fischer. 8 Tle. in 1 Bde. (XX, 75; XVI, 64; XVI, 84; XVIII, 78; XVI, 67; XXII, 119; XVI, 54 u. XV, 56 S.) kl. 8. Leipzig (909). Hesse & Becker Verl. Geb. in Leinw. 2. —

— Meisterwerke m. Erläuterungen v. Eug. Wolff. I. D. zerbrochene Krug. Krit. Ausg. nach d. Handschrift. 8. (150 S.) Minden 898. J. C. C. Bruns. n. 1. 20; kart. n. 1. 30

— Meisterwerke m. Erläuterungen v. Eug. Wolff. II. u. III. 8. Minden J. C. C. Bruns. à n. 1. 20; kart. à n. 1. 30

II. Prinz Friedrich v. Homburg. Kritische Ausg. nach d. Handschrift. (133 S.) 899.
III. Michael Kohlhaas. Krit. Ausg. (150 S.) (902.)

— Meisterwerke m. Erläuterungen v. Eug. Wolff. IV. Die Hermannsschlacht. Kritische Ausg. (164 S.) 8. Minden (903). J. C. C. Bruns. n. 1. 20; kart. n. 1. 30

— dramatische Meisterwerke. Illustr. Ausg. gr. 8. (IV, 32, 46, 56 u. 42 S. m. Bildnis.) Leipzig 898. Verlag d. Literaturwerke „Minerva“. Geb. in Leinw. 3. —

Novellen von Heinrich v. Kleist. Ill. von Hugo Steiner-Prag. Berlin-Leipzig: Buchverl. fürs Deutsche Haus 1908. (298 S.) 8° [F.]
— Bücher, Die, d. Deutschen Hauses. Reihe 2, Bd 20.

— s.: Novellen, klassische.

Kleist, Heinrich von: Penthesilea, s. Hempel's Klassiker-Bibliothek.

—— Penthesilea, s. Meyer's Volksbücher.

—— Penthesilea, s. Museum.
—— dass. — s. Universal-Bibliothek Nr. 1305.

— Penthesilea. Trspl. gr. 8. Tübing. 808. v. Cotta.

— Penthesilea. Ein Trauerspiel. gr. 16. (99 S.) Berlin 879. Hempel. geb. n. — 60

— Penthesilea, e. Trauerspiel, m. Aquarellen v. Kurt Tuch. (189 S.) gr. 8. Berlin (910). J. Bard. Geb. in Halbperg. 15. —; in Ldr. 20. —; Luxusausg. 30. —

Kleist, Heinr., Phöbus, s. Phöbus.

Kleist, Heinr., die Phraseologie des Nepos und Cäsar, nach Verben geordnet für Schüler der oberen Gymnasialklassen. [Vollständige Umarbeitung von G. Wichert, das Wichtigste aus der Phraseologie bei Nepos und Cäsar ꝛc.] gr. 8. (VIII, 284 S.) Berlin 884, Weidmann'sche Buchh.

Kleist, Heinr. v., ausgewählte Schriften. Hrsg. v. Ludw. Tieck. 4 Bde. 8. (53⅜ B.) Berlin 846, G. Reimer. à 15 Ngr.

Inhalt:

Bd. 1. Das Käthchen von Heilbronn.
" 2. Der zerbrochene Krug. Prinz Friedrich von Homburg.
" 3., 4. Erzählungen. 2 Bde.

— ausgewählte Schriften. Hrsg. v. Ludw. Tieck. 4 Bde. 8. 1. Bd. Das Käthchen v. Heilbronn. (XLVI u. 173 S.) 2. Bd. Der zerbrochene Krug. Prinz Friedrich v. Homburg. (250 S.) 3. Bd. Erzählungen. 1. Thl.: Michael Kohlhaas. Die Marquise v. O... Das Erdbeben in Chili. (223 S.) 4. Bd. Erzählungen. 2. Thl.: Die Verlobung in St. Domingo. Das Bettelweib v. Locarno. Der Findling. Die heil. Cäcilie, oder die Gewalt d. Musik. Der Zweikampf (152 S.). Berlin 847, G. Reimer. (à ½ ℛ) 2 ℛ

v. Kleist, (H.,) gesammelte Schriften. Herausg. v. L. Tieck. 3 Thle. gr. 8. Berlin 826, Reimer. 3 Rthl. Weiß Pap. 3 Rthl. 16 gr. Vel. Pap.

—— gesammelte Schriften. Hrsg. von Ludw. Tieck, revid., ergänzt und mit einer biograph. Einleitung versehen von Julian Schmidt. 3 Bde. gr. 16. (CXXIII und 1379 S.) Berlin 859, G. Reimer. *

– gesammelte Schriften. Herausg. von Ludw. Tieck, revidirt, ergänzt und mit einer biographischen Einleitung versehen von Julian Schmidt. 3 Bde. 859. — 2. Ausg. Berlin 863. G. Reimer. 16. (CXLIV, 1373 S.) n. 1 ₰ 10 ngr.

Kleist, Heinr. v., gesammelte Schriften. Hrsg. von Ludw. Tieck, revid., ergänzt und mit einer biograph. Einleitung versehen von Julian Schmidt. Ster.-Ausg. 3 Thle. gr. 16. Berlin 874, G. Reimer. *

Inhalt:

Thl. 1. Biographische Einleitung von Julian Schmidt. Familie Schroffenstein. Penthesilea. Amphitryon.
» 2. Der zerbrochene Krug. Das Käthchen von Heilbronn. Prinz Friedrich von Homburg. Die Hermannsschlacht.
» 3. Erzählungen. Gedichte. Fragmente. Varianten und Anmerkungen.

— gesammelte Schriften. Hrsg. v. Ludw. Tieck, rev., ergänzt u. m. e. biograph. Einleitg. versehen von Jul. Schmidt. Neue Ster.-Ausg. in 2 Bdn. gr. 8. (CXVI, 433 u. 644 S.) Berlin 891. G. Reimer. n. 3. —; geb. in Leinw. n. 4. 50

—hinterlassene Schriften; hrsgg. von Ldw. Tieck. gr. 8. Berl. 821. Reimer. 1 ₰ 20 ℛ

— politische Schriften und andere Nachträge zu seinen Werken. Mit einer Einleitung zum ersten Male herausg. von Rud. Köpke. Berlin 862. Lüderitz' Verlhdlg. gr. 8. (XIII, 168 S.) n. 1 ₰

– Vermischte Schriften, s. Hempel's Klassiker-Bibliothek.

Kleist, Heinrich von, s. Schroffenstein, Die Familie.

– Die Familie Schroffenstein, s. Hempel's Klassiker-Bibliothek.

Kleist, Heinrich von: Die Familie Schroffenstein, s. Meyer's Volksbücher.

— die Familie Schroffenstein, s. Museum.
---- dass. — s. Universal-Bibliothek Nr. 1768.

— die Familie Schroffenstein. Ein Trauerspiel in 5 Aufzügen. gr. 16. (98 S.) Berlin 879. Hempel. geb. n. — 60

Kleist, Henr., de Philoxeni grammatici Alexandrini studiis etymologicis. Dissertatio inauguralis philologica. gr. 8. (56 S.) Greifswald 865. (Leipzig, Teubner.) *

— die Verlobung in St. Domingo, s.: Bücherei, deutsche. 86. Bd.

—— die Verlobung in St. Domingo, s. Universal-Bibliothek.

— Die Verlobung in St. Domingo. Das Erdbeben in Chili. Der Zweikampf, s.: Volksbücher der deutschen Dichter Gedächtnis-Stiftung.

[F.] Kleist, Heinrich [Prof. Dr., Dir.]: Verzeichnis der seit dem Michaelis-Termine 1872 mit dem Reife-Zeugnis entlassenen Abiturienten des Gymnasiums zu Dramburg. Dramburg, Druck v. W. Schade & C., 1893; 24–25 S. 4.
Dramburg, K. G. P. 1893

Kleist's, H. v., Werke, s. Bibliothek der deutschen Nationalliteratur. — National-Bibliothek sämmtlicher deutschen Classiker.

Kleist's, Heinr. v., Werke, s. Klassiker-Bibliothek, deutsche.

—— Werke, s. National-Litteratur, deutsche.

– s. Universal-Bibliothek.

— dasselbe, s.: Volksbibliothek, Cotta'sche.

— Werke. Nebst der Biographie des Dichters v. Adf. Wilbrandt. 5 Thle. gr. 16. (LXIV, 268, 160, 169, 240 u. 116 S.) Berlin 879. Hempel. In 2 Bde. geb. n. 3. 50

—– Werke. 2 Bde. 8. Elberfeld 883, Loll's Nachf. geb.

Inhalt:

Bd. 1. Familie Schroffenstein. — Penthesilea. — Amphitryon. — Hermannsschlacht. — Prinz von Homburg. (95; 94; 70; 86; 66 S.)
2. Der zerbrochene Krug. — Käthchen von Heilbronn. — Michael Kohlhaas. — Erzählungen. — Gedichte. — Robert Guiskard. (64; 88; 85; 142; 33; 20 S.)

– Werke. 2 Bde. (Neue Ausg.) 8. (94, 160, 86, 64 u. 64, 88, 88, 144, 33, 18 S.) Berlin 898. Gütersloh, C. Bertelsmann's Sept.-Cto. Geb. in Leinw. n. 3. 50

H[einrich] v. Kleists Werke. Im Verein mit Georg Minde-Pouet u. Reinhold Steig hrsg. von Erich Schmidt. Kritisch durchges. u. erl. Gesamtausg. Bd 1–5. Leipzig & Wien: Bibliogr. Inst. [1904–05]. 5 Bde 8° [F.]

1–3. Beab. von E. Schmidt. 1. 2. [1904.] 3. [1905.]
4. Kleinere Gedichte: hrsg. von E. Schmidt. Kleinere Schriften: hrsg. von R. Steig. [1905.]
5. Briefe: Beab. von G. Minde-Pouet. [1905.]

(Meyers Klassiker-Ausgaben.) 106. 3380

Kleist's, Heinr. v., Werke. Im Verein m. Geo. Minde-Pouet u. Rhold. Steig hrsg. v. Erich Schmidt. Kritisch durchgeseh. u. erläuterte Gesamtausg. 1.—5. Bd. 8. Leipzig (904. 905). Bibliograph. Institut.
Geb. in Leinw. à n. 2. —; in Saff. à n. 3. —

1. (46 u. 461 S. m. Bildnis u. 1 Fksm.)
2. (467 S.) — 3. (442 S.)
4. Kleinere Gedichte, hrsg. v. E. Schmidt, kleinere Schriften: hrsg. v. R. Steig. (411 S.)
5. Briefe, bearb. v. Geo. Müller-Pouet. (509 S.)

Heinrich v. Kleists Werke in 6 Tln. T. 1–6 (in 2 Bden). Auf Grund d. Hempelschen Ausg. neu hrsg., mit Einl. u. Anm. versehen von Hermann Gilow, Willy Manthey, Wilhelm Waetzoldt. Berlin, Leipzig, Wien, Stuttgart: Bong & Co. [1908]. 6 Bde 8° [F.]

1. Gedichte. Hrsg. von Waetzoldt. Mit e. biogr. Einl. von Adolph Wilbrandt.
2. Die Familie Schroffenstein. Robert Guiskard. Amphitryon. Der zerbrochene Krug. Penthesilea. Hrsg. von Manthey.
3. Das Käthchen von Heilbronn. Die Hermannsschlacht. Prinz Friedrich von Homburg. Hrsg. von Gilow u. Manthey.
4. Erzählungen. Hrsg. von Waetzoldt.
5. Vermischte Aufsätze. Hrsg. von Waetzoldt.
6. Briefe. Hrsg. von Waetzoldt.

(Goldene Klassiker-Bibliothek.) 108. 13929

— Werke, s.: Klassiker-Bibliothek, goldene.

Kleist's, Heinr. v., sämtliche Werke, s.: Bibliothek, Cotta'sche, der Weltlitteratur.

— sämmtliche Werke in 2 Bdn. Hrsg. v. Ed. Grisebach. 12. (385 u. 459 S.) Leipzig 884. Ph. Reclam jun. 1. 25; in 1 Bd. geb. n. 1. 75; Liebhaber-Ausg. auf Büttenp. gr. 8. n.n. 12. 50

Kleist's, Heinr. v., sämtliche Werke. Mit einer biograph. Einleitung von Rud. Genée. 2 Bde. 8. (III, LX, 407; IV, 419 S.) Berlin 888, Warschauer. geb. 2 50
geb. in 1 Bd. 1 75

[F.] H(einr.) von **Kleists** sämtliche Werke. Neu durchges. u. erg. Ausg. in 4 Bdn. M. Einl. v. Franz Muncker. Bd 1—4. *Stuttgart: J. G. Cotta [1893].* 4 Bde 8.
1. Inh.: Gedichte. Die Familie Schroffenstein. D. zerbroch. Krug. (312 S.)
2. Inh.: Amphitryon. Penthesilea. D. Käthchen v. Heilbronn. (347 S.)
3. Inh.: D. Hermannsschlacht. Prinz Friedrich v. Homburg. Robert Guiscard. (218 S.)
4. Inh.: Erzählgn. Polit. Aufsätze. Kleine verm. Schriften. Briefe. (332 S.) [96.7536

— dasselbe in 4 Bdn. 12. (195, 232, 228 u. 228 S. m. Bildnis.) Ebd. 898. In 2 Leinwbdn. n. 2. —

Kleist's, Heinr. v., sämtl. Werke in 4 Bdn. M. e. biograph. Einleitg. v. Karl Siegen. 8. (216, 204, 239 u. 192 S. m. Bildn.) Leipzig 895. Gustav Fock, Verlag. In 1 Leinw.-Bd. 1. 75; in 1 Halbfrzbd. 2 50

— dasselbe. 2 Bde. 8. (III, 434 u. III, 379 S.) Leipzig 898. Th. Knaur. Geb. 3. 60; 3. 90; 4. 80; 5. 40; 7. 20; in 1 Bd. 2. 20; 2. 40; 2. 60; 3. —; 3. 60; 4. 20 u. 5. 40

Kleist's, Heinr., v., sämtliche Werke in 4 Bdn. Hrsg. v. Karl Siegen. Mit des Dichters Biographie u. Portr., e. Abbildg. seiner Grabstätte u. e. Briefe in Fksm. 12. (XCVI, 177; 220, 296 u. 192 S) Leipzig (900). M. Hesse. 1 25; in Leinw.-Bd. n. 1. 75; in 1 Halbfrzbd. n. 2.50; in 1 Liebhaber-Halbfrz.-Bd n. 3. 50

— sämtliche Werke, m. e. Biographie v. Bruno Jagow u. dem Bildnis des Dichters. 2 Bde. (XII, 518 u. 574 S.) 8. Leipzig 903. C. Grumbach. Geb. in Leinw. 5. —; in Halbfrz. 7. 50; in Halbkalbldr. (Luxusausg.) 11. 50; erm. Pr. 4. —; bzw. 6. — u. 11. —

Heinrich v. **Kleists** Sämtliche Werke. Mit e. biogr.-literar. Einl. von Fritz Baader u. d. Bildn. d. Dichters. Stuttgart & Leipzig: Deutsche Verl.-Anst. [1907]. (XLIV, 401 S.) 8° [F.] [07. 16380

Kleist's, Heinr. v., sämtliche Werke. (Hrsg.: Arth. Eloesser.) 5 Bde. 8. Leipzig, Tempel-Verlag. Geb. in Leinw. à 3. —; in Halbldr. à 3. 75; Vorzugsausg. à 12. —
1. Gedichte. Die Familie Schroffenstein. Amphitryon. (328 S.) (909.)
2. Robert Guiskard. Der zerbrochene Krug. Penthesilea. (324 S.) (909.)
3. Das Käthchen v. Heilbronn. Die Hermannsschlacht. Prinz Friedrich v. Homburg. (402 S.) (909.)
4. Die Erzählungen u. kleinere Schriften. (435 S.) (909.)
5. Leben, Werke u. Briefe v. Arth. Eloesser. (3?? S.) (910.)

— Sämtliche Werke u. Briefe in 6 Bdn. Hrsg. v. Wilh. Herzog. 1.—3. Bd. 8. Leipzig, Insel-Verlag. à 4. 50; geb. in Halbperg. à 6. —; in Perg. à 14. —
1. Die Familie Schroffenstein. Die Familie Ghonorez. Robert Guiskard. (XXIII, 439 S. m. 1 farb. eingeklebten Bildnis.) 909.
2. Amphitryon. Der zerbrochene Krug. Penthesilea. (505 S.) 909.
3. Das Käthchen v. Heilbronn. Die Hermannsschlacht. Prinz Heinrich v. Homburg. (521 S.) 910.

Kleist, Hermann Über den Bau der Thukydideischen Reden. II. Die Argumentation. 4 (S. 3—19). G. *Dramburg* 1887 (122).
Progr.
Vgl. Kleist, Heinrich.

Kleist, Herm. Baron, das Verbrechen der Kindestödtung. Abhandlung. gr. 8. (VIII und 93 S.) Dorpat 862, (Gläser's Verlag.) *

Kleist, Hermine, Verfasserin des: Andachtsbuch f. Landsleute; siehe dies.

Beispiele zu der Lehre von den Satzarten im Griechischen, für die Wiederholung in der Prima zsgest. von H[ugo] v. **Kleist**. *Essen: G. D. Baedeker 1902.* (19 S.) 8° [F.]
— Spieß, Friedr.: Übungsbuch z. Übers. aus d. Griech. in d. Deutsche. 17. Aufl. Ausg. B. Anh.

Kleist, Hugo, Bilder aus Japan. Schilderung d. japan. Volkslebens. Mit 30 Abbildgn. nach Orig.-Photographien. gr. 8. (XXV, 275 S.) Leipzig 890. Friedrich. n. 6. —; geb. n. 8. —

Kleist, [Hugo] v.: Die Einweihung des neuen Gymnasialgebäudes. Aurich 1909: Dunkmann. S. 3—10. 4°
Aurich, k. G Ulricianum OP 1909 (403) [S 09. 247

v. Kleist, [Hugo]: Zur Gedankenentwickelung und Beweisführung in einigen platonischen Dialogen. S. 93—116. 8.
In: Festschrift zu der ... Einweihung des neuen Schulgebäudes ... Kgl. Gymn. (Ulricianum) *Aurich* 1908.
Gorgias. Protagoras. Erstes Buch des „Staates".
Progr.

Kleist, Hugo von Der Gedankengang in Plotins erster Abhandlung über die Allgegenwart der intelligiblen in der wahrnehmbaren Welt. Enn. VI lib. IV. 28 S. **Progr.** *Flensburg* 1881.

Kleist, Hugo de, de L. Apuleji Madaurensis libro, qui inscribitur de philosophia morali. Dissertatio inauguralis. gr. 8. (43 S.) Flensburgi 874. (Göttingen, Vandenhoeck & Ruprecht's Verl.) n. — 80

Kleist, (Hugo) v.: Kleine Mitteilungen zur Geschichte des Gymnasiums. (Aurich 1908: Dunkmann.) S. 1—36. 8°
Aurich, k. G, in Festschr. zu d. Einweihung d. neuen Schulgebäudes, P 1908** [S 08. 231

v. Kleist, [Hugo]: Kleine Mitteilungen zur Geschichte des Gymnasiums. S. 1—36. 8. **Progr.**
Das Schulhaus vor neunzig Jahren. Grundsteinlegung zu einem neuen Klassengebäude im Jahre 1820. Die Unterkunft der Klassen von Ostern 1820 bis Ostern 1821. Die Einweihung des neuen Schulhauses am 22. April 1822. Klasseneinteilung und Schülerbestand bis zur Gegenwart. Die Lehrer des Gymnasiums von 1864 bis zur Gegenwart. Die amtlichen Benennungen der höheren Schule zu A. von ihrer Gründung bis zur Gegenwart. Die Grundsteinlegung zu dem neuen Schulgebäude am 31. Mai 1906.

Kleist, Hugo von Zu Plotinos. Enn. IV, 3 und 4. 4 (S. 3—20). **Progr.** Rg. u. G. *Leer* 1888 (311).

v. Kleist, [Hugo]: Rede zur Entlassung der Abiturienten gehalten am 23. März 1907. S. 87—91. 8.
In: Festschrift zu der ... Einweihung des neuen Schulgebäudes ...
Progr. Kgl. Gymn. (Ulricianum) *Aurich* 1908.

Kleist, Hugo v.: Rede zur Entlassung der Abiturienten gehalten am 23. März 1907. (Aurich 1908: Dunkmann.) S. 87—110. 8°
Aurich, k. G, in Festschr. zu d. Einweihung d. neuen Schulgebäudes, P 1908** [S 08. 232

Kleist, Hugo v., Plotinische Studien. 1. Heft: Studien zur IV. Enneade [IV, 1; 2; 3, 1—17 incl.; 4, 14; 4, 18—29 incl.; 5; 6.] 8. (IX, 152 S.) Heidelberg 883, Weiss' Verlag. *

— u. A. Frhr. v. **Schrenck** v. Notzing, Tunis u. seine Umgebung. Ethnographische Skizzen. gr. 8. (253 S.) Ebd. 888. n. 5. —

Kleist, H. v., Übungsbuch zum Übersetzen aus dem Griechischen in das Deutsche u. aus dem Deutschen in das Griechische, s.: Spieß, F.

Kleist, J. L., s. a. Kleyst, J. L.

Kleist, J. L., die Krankheit Kaiser Friedrich III. und der Kampf gegen Mackenzie. Eine Betrachtung. gr. 8. (46 S.) Charlottenburg 888, Isaac. *

— **Johann Vincenz** (Varm. [= Ermeland]), De delictis maritimis. Diss. jur. Präs. Samuel Friedrich Willenberg. Danzig (Joh. Dan. Stoll's Wwe./Thom. Joh. Schreiber) 7. IX. 1724. 36 S. (6.50) 18252
Gew.: Gabriel v. Bömeln, Nathan. Friedr. Schröder, Christian Daberhudt, Gottfried Reyger. — Widm. v.: Präs., Gottl. Schelwig, Johann Ernst Schimmelfennig (Danzig), G. Reyger, D. A. Rauffseysen (Danz.).

Kleist, Karl: Untersuchungen zur Kenntnis der psychomotorischen Bewegungsstörungen bei Geisteskranken. Keipzig: Klinkhardt 1908. VII, 171 S. 8°
(Bibliothek medizinischer Monographien. Bd. 3.)

Kleist, Karl, Dr., 1. Assistenzarzt d. psychiatr. Klinik zu Erlangen: Weitere Untersuchungen an Geisteskranken mit psychomotorischen Störungen. Die hyperkinetischen Erscheinungen. Die Denkstörungen, hypochondrischen und affektiven Störungen bei akinetischen und hyperkinetischen Kranken. Leipzig 1909: Brandstetter. VII, 309 S. 8°
¶ (Ersch. zugleich b. Klinkhardt, Leipzig.)
Erlangen, Med. Hab. Schr. v. 24. Juli 1909 [U 09. 877

Weitere Untersuchungen an Geisteskranken mit psychomotorischen Störungen. Die hyperkinet. Erscheinungen. Die Denkstörungen hypochondr. u. affektiven Störungen bei akinet. u. hyperkinet. Kranken. Von Privatd. Dr. Karl **Kleist**. Leipzig: Klinkhardt 1909. XI, 309 S. 8°
(Bibliothek medizinischer Monographien. Bd 8.) [09. 1351

KLEIST, Karl (Mühlhausen): Die Veränderungen der Spinalganglienzellen nach der Durchschneidung des peripherischen Nerven und der hinteren Wurzel.- Berlin: Reimer 1903. 22 S.- S.-Abdr.aus: Virchows Archiv für pathologische Anatomie. Bd.173.H.3.
19.12.1902 - Chr 1902/03,24; Jv 1903/04,526 (Prom.-Datum: 1903)
Diss. Ingolst.-Landsh.-Mchn.

Kleist, Carl Julius Hugo (Heilsberg/Preuss.), De gangraena nosocomiali. Diss. med. Halle (Waisenhaus) 12. II. 1866. 40 S. mit Biogr. (6.—) 18251
Oppon.: A. Koenneke, H. Frasch. — Krankengesch. v.: Theophil Bette, August Schade, Carl Gerike, Sophia Meinecke.

Kleist, L. v., Leitfaden für angehende Landwehr-Unteroffiziere der Infanterie. 8. (IV und 48 S. mit 21 eingedr. Holzschn.) Berlin 851(52,) Grobe. *

Kleist, L., der Apostel Stöcker, seine Jünger und der deutsche Bürgerkrieg. Ein Beitrag zur Entwickelungsgeschichte der antisemit. Bewegung. gr. 8. (26 S.) Berlin 881, Stuhr'sche Buchh. *

Kleist, Leoni v., geb. Gräfin Kospoth, o lieb, so lang du lieben kannst. Eine Weihnachtsgabe f. die Jugend. Mit 4 Illustr. in Holzschn. 8. (XI, 112 S.) Karlsruhe 887. Gebr. Vollmann. geb. 3. —

— **Stephan Nicolaus von** (Pommern'scher Adel), De fallacibus criminum indiciis. Diss. jur. Präs. Heinrich Coccej. Frankfurt a. O. (Christoph Zeitler) 24. I. 1691. 44 S. (6.80) 18253
Gew.: Lorenz Georg v. Krockow (Peest, Polzin, Zachan), Johann Albert v. Mellin (Rottenow), Nicolaus Albert v. Lettow (Großen Rätze, Farbelow, Rochow).

— — Dasselbe. Ohne Widm. (6.50) 18254

— — Dasselbe. Frankfurt a. O. (Christoph Zeitler) 1716. 44 S. ohne Widm. (6.50) 18255

Kleist, Ulr., Ernst u. Scherz. Gedichte. 12. (125 S.) Dresden 895. A. Aschuppe. n. 2. 20; geb. n. 3. —

Kleist, Ulrich [aus Falkenburg]: Die saechsischen Staedtebuende zwischen Weser und Elbe im XIII. und XIV. Jahrhundert ... (Aus: Zeitschr. d. Harzver., XXV.) Halle a. S., Druck v. B. Angerstein, Wernigerode, 1892; 3 Bl., 101 S., 2 Bl. 8.
Halle, Phil. Fak., Inaug.-Diss. v. 12. Nov. 1892

Kleist, Walter: Der Grundsatz der Inkompatibilität im System der kommunalen Verwaltungs-Körper Preussens. Dramburg 1902: W. Schade & Co. 58 S. 8°
Greifswald, Jur. Diss. v. [23. Mai] 1902

Kleist, Wilh. Graf, die Petroleum-Industrie in Oelheim. gr.8. (80 S. m. 1 Tab. u. 1 Steintaf.) Dresden 882. Morchel. n. — 75

Kleist-Retzow, H. H. v., der Adel und die Kirche. Ein Vortrag. gr. 8. (38 S.) Berlin 866, Hertz. *

—— und Graf v. Arnim, Reden, s. Arnim, v.

Kleist-Retzow, H. H. v., welche Aufgaben entstehen der evangelischen Kirche aus dem Friedensschlusse des preußischen Staates in Rom? Vortrag, gehalten bei der luther. Pastoral-Conferenz zu Cammin am 8. Septbr. 1886. gr. 8. (24 S.) Greifswald 886, Abel.
Aus: Evangelische Kirchenzeitung, besonders abgedruckt.

Kleist-Bibliothek, hrsg. v. S. Rahmer. 1. Bd. 8. Berlin 906. B. Behr's Verl. n. 2. 50; geb. n. 3. 50
Briefe an seine Schwester Ulrike. Von Heinr. v. Kleist. Mit Einleitg., Anmerkgn., Photogrammen, u. e. Anh.: Aus dem Tagebuche Ludwig v. Brocke's (!). (XI, 228 S.)

Klekler, Karl, die Elemente der darstellenden Geometrie, auf Grund neuerer Anschauungsweisen für höhere Schulen bearb. 1. Thl. A. u. d. T.: Die Methoden der darstellenden Geometrie zur Darstellung der geometr. Elemente und Grundgebilde. gr. 8. (X, 151 S. mit 13 lithogr. Taf.) Leipzig 877, Teubner. *

Klekler: Grundzüge der mechanischen Wärmelehre. 18 S.– Panesova, Progr. 1869.

Klekler Karl: Die stereographische Projection als Hilfsmittel der ebenen Darstellung sphärischer Constructionen. (Mit 3 Tafeln). 18. Wien VII. R. 92.
Progr.

Klekler: Die Transformation der Projectionsebenen und ihre Anwendung in der darstellenden Geometrie. 9 S.– Pancowa OR., Progr. 1867.

Klekler Pauline: Über Geotropismus. 9. Brünn Mädchenlyz. 08
Progr.

Kleks, L. S. J. M., Die Dathanen, jetzt Grafen von Dattenborg, das erweislich drittälteste Geschlecht der Erde. Als Manuscript gedruckt. Mit Abildgn. Prag 1867. 8.

Kléié, J., Hagenau zur Zeit der Revolution 1787—1799 [18. brumaire VIII]. gr. 8. (III, 326 S.) Strassburg 885, Schmidt's Universitäts-Buchh. **

Klélé, J., Hexenwahn u. Hexenprozesse in der ehemaligen Reichsstadt u. Landvogtei Hagenau. gr. 8. (VIII, 177 S.) Hagenau 893. F. Ruckstuhl. n. 3. 25

Klemann

— s. a. Cleemann, Kleemann.

Klemann, Invaliditäts- u. Altersversicherung. Wie viel Marken müssen geklebt werden oder sein? Halle a/S. 892.

Klemann, Carl, s. K l e m a n n , Karl

Klemann, Christian Heinrich (Schneeberg), An in processu executivo per remedium ex. L. si contendat exceptiones tempore non periturae in judicium deduci possint? Quaestio juris controversi. Präs. D. Christian Heinr. Breuning. Lpz. (Langenheim) 19. IV. 1776. 15 S. (4.50) 18256
Gew.: Carl Traugott Glück (Schneeberg), Carl Heinrich Andreae (Schneeberg).

Klemann, Emil, a. Breslau: Zur Kenntnis der am Stickstoffatom heterocyklischer Verbindungen hängenden Amidogruppe. Würzburg 1907: C. J. Becker. (42 S.) 8°
Tübingen, Naturw. Fak., Ref. Wislicenus, Diss. v. 17. Juli 1907
[Geb. 6. Jan. 81 Zabrze (Schlesien); Wohnort: Tübingen; Staatsangeh.: Preußen; Vorbildung: Realgymn. Breslau Obersekunda, Pharmaz. Staatsprüfung; Studium: Breslau 5, Tübingen 5 S.; Coll. 17. Juli 07.]

Klemann, Gustav, Kammerger.-Referendar: Begründung und Wirkungen eines Pfandrechts an einem Geschäftsanteil in einer Gesellschaft mit beschränkter Haftung. Berlin 1908: Büttner. 91 S. 8°
Erlangen, Jur. Diss. v. 14. Nov. 1908, Ref. Sehling
[Geb. 11. Nov. 82 Barkenfelde; Wohnort: Berlin; Staatsangeh.: Preußen; Vorbildung: Köllnisches Gymn. Berlin Reife O. 02; Studium: Berlin 6 S.; Rig. 20. Juli 08.] [U 09. 706

Klemann, Karl

Klemann, Carl, Hand-Lexikon aller bisher ergangenen Verwaltungs-Gesetze, s.: Hacker, E.

Klemann, Carl, Ortschafts-Verzeichniß nebst Entfernungs-Tabelle des Reg.-Bez. Arnsberg. Im Auftrage des Hrn. Regierungs-Präsidenten nach amtl. Material bearb. u. hrsg. gr. 4. (IV, 51 S., 251 Doppels. u. S. 252—283.) Arnsberg 898. F. W. Becker. n. 6.—

— Ortschafts-Verzeichnis nebst Entfernungs-Tabelle des Reg.-Bez. Arnsberg. Im Auftrage des Herrn Regierungs-Präsidenten nach amtl. Material bearb. u. hrsg. Verm. u. verb. Aufl. (IV, 52 S., 238 Doppels. u. S. 238a bis 270.) Lex.-8. Arnsberg (903). F. W. Becker.
Geb. in Leinw. n. 9.75

Klemann, L., die Zinkgewinnung in Oberschlesien. Beiträge über die Versuche zur Hebung derselben. gr. 8. (VIII und 43 S. mit 3 lithogr. Blatt Zeichnungen in qu. Imp.-Fol.) Breslau 860, (Kern.) *

Klembowsky, W. N., die Militär-Spionage im Frieden u. im Kriege. Aus dem Russ. übers. v. Frhr. v. Tettau. 8. (79 S.) Hannover. Leipzig 894. Gudschwerdt & Möschke. n. 1.20

Klemck, Carl, Referendar: Die civilrechtlichen Wirkungen der Rechtshängigkeit nach gemeinem Rechte und dem B.G.B. *Greifswald 1901: J. Abel.* (49 S.) 8° [J.]
Greifswald, Jur. Diss. v. [20. Apr.] 1901

Klemcke's, Chr. Friedr., Lebensgeschichte, s. Lebensgeschichte.

Klemcke, Chr. Fr., des polnischen Trompeters Lebensgeschichte. Von ihm selbst erzählt. kl. 8. Herrnstadt 844. (Berlin, Enslin'sche Buchh.) n. 1/2 ₰

Klemen, Otto, Marmorgruppen. Eine Sammlg. v. Vorlagen zum Stellen v. Marmorgruppen, nebst Anleitg. (23 Taf. m. 2 S. Text.) 8. Leipzig (909). G. Richter. 2.50

Klemenc, Alfons

— Über Derivate des 5-Nitroeugenols und nitrierte Methoxybenzoesäuren. S. 121. IIb. 81 . . . . vgr.
Separatabdruck

Klemenc Alfons, Dr.: Über 3, 4, 5 Trinitroveratrol. S. 120. IIb. 779 . . . . vgr.
Separatabdruck

— Über den Einfluß der Azetylierung der Phenolgruppe auf die Nitrierungsgeschwindigkeit und Messung derselben bei Phenolen in Äther. 1. Abhandlung (mit 3 Textfiguren). S. 122. IIb. 135 . . . . vgr.
Separatabdruck

— Methoxyl- und Äthoxylbestimmung durch Maßanalyse (mit 1 Textfigur). S. 122. IIb. 287 . . . . vgr.
Separatabdruck

— Über die Nitrierung des Guajakols. S. 121. IIb. 351 . . . . vgr.
Separatabdruck

— Über Nitrogentisinsäuren. S. 121. IIb. 869 . . . . vgr.
Separatabdruck

Klemenčič, Ign., Beitrag zur Kenntniss der inneren Reibung im Eisen. [Aus: „Sitzungsber. d. k. Akad. d. Wiss."] Lex.-8. (8 S.) Wien 878. (Gerold's Sohn.)
n. — 20

Klemenčič, Ign., Beiträge zur Kenntniss der Absorption u. Verzweigung elektrischer Schwingungen in Drähten. [Aus: „Sitzungsber. d. k. Akad. d. Wiss."] Lex.-8. (23 S. m. 3 Fig.) Wien 893. (F. Tempsky.) n. — 60

— einige Bemerkungen über Normalwiderstände. [Aus: „Sitzungsber. d. k. Akad. d. Wiss."] Lex.-8. (10 S. m. 1 Textfig.) Ebd. 890. n. 80. —

— Beobachtungen über die Dämpfung der Torsionsschwingungen durch die innere Reibung. Mit 3 (eingedr.) Holzschn. [Aus: „Sitzungsber. d. k. Akad. d. Wiss."] Lex.-8. (19 S.) Ebend. 880. n. — 40

Klemenčič, Ign., Beobachtungen üb. gleichzeitige Magnetisirung in circularer u. axialer Richtung. [Aus: „Sitzungsber. d. k. Akad. d. Wiss."] Lex.-8. (15 S. m. 2 Taf.) Wien 895. (C. Gerold's Sohn.) n. — 70

Klemenčič, Ignaz, Beobachtungen über gleichzeitige Magnetisirung in circularer und axialer Richtung. Mit 2 Tafeln. Gr.-8. (15 S.) —.35
Wien: Tempsky 1895.

— Beobachtungen über die elastische Nachwirkung am Glase. [Mit 1 (lith.) Taf.] [Aus: „Sitzungsber. d. k. Akad. d. Wiss."] Lex.-8. (19 S.) Ebend. 878. n. n. — 50

— zur Bestimmung des Verhältnisses zwischen der elektromagnetischen u. mechanischen Einheit der Stromintensität. Mit 1 (eingedr.) Holzschn. [Aus: „Sitzungsber. d. k. Akad. d. Wiss."] Lex.-8. (15 S.) Ebend. 881. n. n. — 30

KLEMENČIČ, Ignaz
Ueber die Beziehung zwischen Permeabilität und magnetischer Nachwirkung von Ignaz Klemenčič. (Aus den Sitzungsberichten der kaiserl. Akademie der Wissenschaften. Mathem.-naturw. Classe; Bd. CX. Abth. IIa. April 1901.) Wien. 1901. In Comm. Gerold's Sohn. Gr.-8°. 12 S. K —.30

— über die Dämpfung der Schwingungen fester Körper in Flüssigkeiten. [Aus: „Sitzungsber. d. k. Akad. d. Wiss."] Lex.-8. (22 S.) Ebend. 881. n. — 40

— über den Einfluss der Härtungsnachwirkungen auf die Abnahme des magnetischen Momentes. gr. 8. (6 S.) Ebd. 901. n. — 20
Sonderabdruck aus: „Sitzungsber. d. k. Akad. d. Wiss."

— die Elektricitätswerke in Tirol u. Vorarlberg, nebst e. kurzen Geschichte der Elektrotechnik. Vortrag, geh. im naturw.-med. Vereine am 22. Nov. d. J. 12. (32 S.) Innsbruck 898. Wagner. n. — 40

— üb. d. Energieverbrauch bei d. Magnetisirung durch oscillator. Condensatorentladgn. [Aus: „Sitzungsber. d. k. Akad. d. Wiss.“] Lex.-8. (23 S. m. 1 Fig) Ebd. 895. n. — 60

Klemenčič, Dr. Ignaz, Experimentaluntersuchung üb. d. Dielektricitätsconstante einiger Gase u. Dämpfe. Mit 1 Tafel. S.-A. gr. 8. (48 S.) Wien. *Carl Gerold's Sohn. 60 kr. 1885

Klemenčič, Ign., Experimentaluntersuchung über die Dielektricitätsconstante einiger Gase und Dämpfe. Lex.-8. (48 S. mit 1 lithogr. Taf.) Wien 885, (Tempsky.) *

Klemencic, Dr. Ign., über den Glimmer als Dielektricum. [Mit 2 Holzschn.] [Aus dem physikal. Institute der k. k. Universität in Graz.] [Aus: „Sitzungsberichte d. k. Akademie der Wissenschaften".] Lex. 8°. (24 S.) Wien, Gerold's Sohn. fl. —.25.
1887

Klemenčič, I., über den Glimmer als Dielektricum. [Mit 2 Holzschn.] [Aus dem physikal. Institute der k. k. Universität in Graz.] [Aus: „Sitzungsber. der k. Akad. d. Wiss.“] Lex.-8. (24 S.) Wien 887. (Tempsky.) n.n. — 50

Klemenčič, Ig., üb. die Capacität e. Plattencondensators. Lex.-8. (11 S.) Wien 882. (Gerold's Sohn.) n.n. — 25

Klemenčič, Ign., üb. permanente Magnete aus steirischem Wolframstahl. [Aus: „Sitzungsber. d. k. Akad. d. Wiss.“] gr. 8. (11 S.) Wien 896. (C. Gerold's Sohn.) n. — 30

— üb. die Magnetisirung von Eisen- u. Nickeldraht durch schnelle elektrische Schwingungen. [Aus: „Sitzungsber. d. k. Akad. d. Wiss.“] Lex.-8. (18 S.) Ebd. 894. n. — 40

— üb. die circulare Magnetisirung v. Eisendrähten. [Aus: „Sitzungsber. d. k. Akad. d. Wiss.“] Lex.-8. (84 S. m. 6 Fig.) Ebd. 894. n. — 70

— üb. e. Methode zur Bestimmung der elektromagnetischen Strahlung. [Aus: „Sitzungsber. d. k. Akad. d. Wiss.“] Lex.-8. (9 S. m. 1 Textfig.) Ebd. 892. n. — 30

— üb. magnet. Nachwirkung. [Aus: „Sitzungsber. d. k. Akad. d. Wiss.“] gr. 8. (18 S. m. 1 Fig.) Ebd. 897. n. — 40

— dasselbe bei verschiedenen Feldstärken. [Aus: „Sitzungsber. d. k. Akad. d. Wiss.“] gr. 8. (9 S.) Ebd. 897. n. — 20

— üb. die Reflexion von Strahlen elektrischer Kraft an Schwefel u. Metallplatten. [Aus: „Sitzungsber. d. k. Akad. d. Wiss.“] Lex.-8. (18 S. m. 3 Textfig.) Ebd. 891. n. — 50

— über die Untersuchung elektrischer Schwingungen m. Thermoelementen. [Aus: „Sitzungsber. d. k. Akad. d. Wiss.“] Lex.-8. (9 S. m. 3 Textfig.) Ebd. 890. n. — 30

— Untersuchungen über die Eignung d. Platin-Iridiumdrahtes u. einiger anderer Legirungen zur Anfertigung v. Normal-Widerstandseinheiten, üb. Auftrag d. k. k. Ministeriums f. Cultus u. Unterricht ausgeführt im physikal. Institute der Universität Graz. [Mit 1 Taf. u. 7 Textfig.] [Aus: „Sitzungsber. d. k. Akad. d. Wiss.“] Lex.-8. (79 S.) Ebd. 888. n. 2. —

— Untersuchungen üb. permanente Magnete. I.—IV. gr. 8. Wien 899. (C. Gerold's Sohn.) n. 1. 60
I. Über die Abhängigkeit des Temperaturcoëfficienten vom Dimensionsverhältniss. (20 S. m. 2 Fig.) 899. n. — 40
II. Über die Abhängigkeit des Inductionscoëfficienten vom Dimensionsverhältniss. (12 S.) 899. n. — 30
III. Studien üb. die Constanz permanenter Magnete. (34 S. m. 2 Fig.) 900. n. — 70
IV. Bemerkungen üb. die Abnahme des Momentes. (10 S.) 900. n. — 20

—— Untersuchungen über das Verhältniss zwischen dem elektrostatischen und elektromagnetischen Masssystem. I. Lex.-8. (31 S. mit 1 lithogr. Taf.) (Ebendas.) 884. *
Vorstehende Schrift aus: Sitzungsberichte der k. Akademie der Wissenschaften, besonders abgedruckt.

—— Untersuchungen über das Verhältniss zwischen dem elektrostatischen und elektromagnetischen Masssystem. II. [Aus dem physikal. Institute der Universität Graz.] Lex.-8. (23 S.) (Ebendas.) 886. **
I. Ebendas. 1884. * 80 Pf.

— weit. Untersuchungen üb. d. Energieverbrauch bei d. Magnetisirg. durch oscillator. Condensatorentladgn. [Aus: „Sitzungsber. d. k. Akad. d. Wiss.“] gr. 8. (31 S.) Ebd. 898. n. — 60

— üb. das Verhalten d. Eisens gegen elektrische Schwingungen. [Aus: „Sitzungsber. d. k. Akad. d. Wiss.“] Lex.-8. (5 S. m. 1 Fig.) Ebd. 892. n. — 20

—— u. Paul Czermak. Versuche über die Interferenz elektrischer Wellen in d. Luft. Lex.-8. (19 S. m. 1 Taf. u. 1 Textfig.) (Ebd.) 892. * 1 10
Vorstehende Schrift aus: Sitzungsber. d. k. Akad. d. Wissensch., besonders abgedruckt.

KLEMENČIČ, Ignaz
Über die Wärmeentwicklung durch Foucault'sche Ströme bei sehr schnellen Schwingungen von Ignaz Klemenčič. (Mit 1 Textfigur.) Aus den Sitzungsberichten der kaiserl. Akademie der Wissenschaften in Wien. Mathem.-naturw. Classe; Bd. CVIII. Abth. II. a. Mai. 1899. [Wien. 1899. In Comm. Gerold's Sohn.] Gr.-8°. 9 S. fl. —.10

Klemenčić, Raf.

Klemenčić: War Oesterreich nach dem Tode des letzten Babenbergers ein Erbgut seiner Verwandten oder ein erledigtes Reichslehen? 12 S.–Rudolfswert. Progr. 1859

Klemenczicz: Welchen historischen Wert hat die livianische Erzählung von der Vertreibung der Gallier aus Rom und der Wegnahme des Lösegeldes durch den Dictator M. Furius Camillus, 365 a. u. c.? 9 S.–Rudolfswert. Progr. 1863

Klemens. Hrsg. v. Prälat Kruschinsky. Katholisches Wochenblatt. (Gegr. 1897 in Saratow.) Erschien daselbst als selbständige Zeitschrift (Red. Jos. Kruchinsky). Verl. u. Druck H. Ch. Schellhorn u. Cobis 1916, dann nach Odessa überführt und als Beilage zur „Dt. Rundschau“ bis 1914 herausgegeben IfA

Klemens Alexandrinus, s.a. C l e m e n s

Κλήμεντος Ἀλεξάνδρεως λόγος τίς ὁ σωζόμενος πλούσιος. Clementis Alexandrini libellum quis dives salvetur, in us. scholar. cur. H. Olshausen. 8. (4¼ B.) Regiomonti 831. Bon.

Klemens Wenzeslaus, Erzbischof u. Churfürst von Trier ꝛc., Beweise der wahren Kirche. In 2 Thln. Nach einer engl. Umarbeitung. 8. Regensburg 843, Manz. 3/4 ℛ

Klemens, Beitrag zur griech Grammatik. Der Optativ des Perfects im Bedingungsatze. Pr. 1862. 16 S. 4°. —.75

Klemens: Beitrag zur griechischen Grammatik: Ueber den Modus in Objectsätzen und über deren Form bei Thukydides und Xenophon. 42 S. –Berlin Werd., Progr. 1865

— Kleine Beiträge zur griechischen Grammatik. Pr. 1874. 28 S. 4°.

Klemens, Grundr. d. Staatsrechte d. habsburg. österr. lotharing. Erb-Monarchie. gr. 8. Wien, Hörling. 782.

Klemens, Albert: Ueber die Bildung und den Gebrauch der Tempora im Magyarischen. 1 (S. 3—40).
Ev. Oberg. A. B. u. verbund. Knabenelementarsch. u. Mädchensch. A. B. *Bistritz (Siebenbürg.)* 1899.
Progr.

Klemens, Ludovicus *(geb. Glatz 13. 8. 1830)*: De futuri optativo. Vratislaviae (1855). (48 S.) 8°
Breslau, Phil. Diss. v. 30. Mai 1855

Klemensiewicz, Rudolf

Klemensiewicz, R., experimentelle Beiträge zur Kenntniss d. normalen u. pathologischen Blutstromes. Mit 1 Taf. u. 38 Holzschn. [Aus: „Sitzungsber. d. k. Akad. d. Wiss."] Lex.-8. (197 S.) Wien 886. (Tempsky.) n. 4. —

Klemensiewicz, Rud., Beiträge zur Kenntniss des Farbenwechsels der Cephalopoden. [Mit 2 lith. Taf. u. 4 (eingedr.) Holzschn.] [Aus: „Sitzungsber. d. k. Akad. d. Wiss."] Lex.-8. (44 S.) Wien 878. (Gerold's Sohn.) n. 1. 80

— Beiträge zur Lehre v. der Entzündung, s.: Glax, J.

— über den Einfluss der Athembewegungen auf die Form der Pulscurven beim Menschen. [Mit 2 (lith.) Taf. u. 55 (eingedr.) Holzschn.] [Aus: „Sitzungsber. d. k. Akad. d. Wiss."] Lex.-8. (76 S.) Wien 877. Gerold's Sohn. n. 2. —

— über den Einfluss der Körperstellung auf das Verhalten d. Blutstromes u. der Gefässe. [Mit 1 Taf.] [Aus: „Sitzungsber. d. k. Akad. d. Wiss."] Lex.-8. (23 S.) Ebd. 887. n. — 60

Klemensiewicz, Rud., die Entzündung. Eine monograph. Skizze aus dem Gebiet der patholog. Physiologie. Festschrift der k. k. Karl-Franzens-Universität in Graz aus Anlass der Jahresfeier am 15. XI. 1905. (XII, 120 S.) Lex. 8. Jena 908. G. Fischer. 3. —

Klemensiewicz, Rud., üb. Entzündung u. Eiterung. Histologische Untersuchgn. an der Amphibienhornhaut. [Aus: „Festschr. f. A. Rollett".] Imp.-4. (61 S. m. 4 lith. Taf.) Jena 894. G. Fischer. n. 6. 50

Klemensiewicz, Rud., Fundamental-Versuche üb. Transsudation. Ein Beitrag zur Pathologie d. Blut- u. Lymphstromes. Mit 8 in den Text eingedr. Abbildgn. u. 6 lith. Taf. Lex.-8. (75 S.) Graz 883. Leuschner & Lubensky. n. 4. —

– (Red.), s. Mitteilungen des Vereines der Ärzte in Steiermark.

Klemensiewicz, Rud., üb. den Soccus pyloricus. [Mit 1 (lith.) Taf.] [Aus: „Sitzungsber. d. k. Akad. d. Wiss."] Lex.-8. (48 S.) Wien 875. (Gerold's Sohn.) n. 1. —

— über lacunäre Usur der quergestreiften Muskelfasern. Lex.-8. (15 S. mit 1 lithogr. Taf.) (Ebendas.) 879. *
Vorstehende Schrift aus: Sitzungsberichte der k. Akademie der Wissenschaften, besonders abgedruckt.

— über die Wirkung der Blutung auf das mikroskopische Bild des Kreislaufes. Lex.-8. (18 S. mit 2 Taf.) (Ebendas.) 887. *
Vorstehende Schrift aus: Sitzungsberichte der k. Akademie der Wissenschaften, besonders abgedruckt.

Hand-Karte der europäischen Türkei, Bulgarien u. Ost-Rumelien. Entw. u. gez. von A. Klement. Maßst. = 1:1,200,000. *Wien: E. Hölzel [1904].* (1 Kartenbl. 73×48 cm.) 8° [kol.]
— General-, Hand- u. Reisekarten, Hölzels. No 17. 4.50

Klement Anton: Friedrich Alexander Bran und die Prager Monatsschrift Kronos.
H. 1908 PN 2426 Diss. Wien. Univ. 249

Klement, Gerh., internationales Adressbuch v. bildenden Künstlern. Jahrg. 1907. (VI, 446 S.) 8. Wien (IV/2), (Leipzig, E. A. Seemann). Geb. in Leinw. u. durchsch. 25.—; erm. Pr. 20. —

Klement, Karl: Arion. Mythologische Untersuchungen von Dr. Karl Klement, Gymn.- Prof. Wien: Hölder 1898. 63 S. 8°
Aus: Jahresbericht des K. k. Staatsgymn. im XIX. Bezirke Wiens.

*Klement, Karl: Die Art der Ausübung des Bräuregales in der königl. Stadt Mähr.-Neustadt in den früheren Zeiten bis zum Jahre 1836. S. 3—37. 8.
Landes-Unter- und Kommunal-Obergymn. *Mährisch-Neustadt* 1903.
Progr.

Klement, Karl, Bemerkungen zum Unterrichte in der deutschen Grammatik. gr. 8. (29 S.) Wien 890. Graeser. n. — 60

— Kaufmännische Buchführung, s. Weber's, J. J., illustr. Katechismen Nr. 57.

Klement, Karl, Elementarbuch der griechischen Sprache. Auf Grund des griech. Übungsbuches V. Hintners bearb. (IV, 199 S.) gr. 8. Wien 910. A. Hölder. Geb. in Leinw. 2. 60

— Elementargrammatik der griechischen Sprache. Auf Grund der griech. Schulgrammatik v. Hintner-Klement hrsg. (IV, 100 S.) gr. 8. Ebd. 908. Geb. 1. 60

Klement, Karl, zur Geschichte des Bilderbuches u. der Schülerspiele. Progr. (28 S.) gr. 8. Leipzig 903. Buchh. G. Fock. n. 1. —

Klement Karl: Einige Notizen über den Magistrat der königl. Stadt Mähr. Neustadt im 17, bes. im 18. Jahrh. bis zu seiner gänzlichen Umgestaltung durch das Hofdecret vom 24. Februar 1786. 90. Mähr. Neustadt 90.
Progr.

— Weitere Notizen zur Geschichte der königl. Stadt Mähr. Neustadt im 17. und 18. Jahrh. 20. ibd. 93.
Progr. Mähr.-Neustadt

Klement, Karl: Das sechzigjährige Regierungsjubiläum Sr. k. u. k. Apostolischen Majestät. S. 41—43. 8.
Progr. K. k. Franz Joseph-Realgymn. *Wien* 1909.

— Schulgrammatik der griechischen Sprache. Auf Grund v. V. Hintners griech. Schulgrammatik bearb. (IV, 192 S.) gr. 8. Ebd. 908. Geb. 2. 60

Klement, K.: Einige Winke über Rechtschreibung. 7 S. 8° – M. Neustadt RG., Progr. 1872.

Klemont, Leo Edler von, aus Brunn (Mähren): **Mond und Gewitter.** Ein Beitrag zur Kenntnis dieser Beziehung auf Grund 50jähriger Beobachtungen (1853--1902) der meteorol. Station Schwerin. *Rostock 1901: Adlers Erben.* (57 S.) 8°
Rostock, Phil. Diss. v. [13. Juni] 1901

KLEMENT, Michael: De venatione morbifica. Von der kranckmachenden Jägerey. - Halae Magdeburgicae 1739. 40 S. - Diss.

Klementine, oder das Testament; saTh. P. v. Gebler.

Klementine; od. d. Testament. Drama v. Gebler. 8. Dresden, Walther. 774. –

KLEMENTINE oder das Mädchen wie es seyn sollte. Prag 1800. 8°. Selten! (1 fl. 20 xr. Gilhofer & Ranschburg, Wien, c. 1888.)

Klementine, die neue, oder Briefe von Henriette von Berville, aus dem Franz. 8. Weimar, 782. Hoffmann. 5 sal.

KLEMENTINE, Die neue, oder Briefe von Henriette v. Berville; aus d. Französ. (übers. von Amalie Henriette Sophie Froriep). Weimar 1782. 8°. (1 Mk. 60 Pfg. Scheible, mit 1 Beibd.)
Anon.-Lex. I. p. 330 hat „Beoville" (nach Kayser u. Meusel).

Der Anteil der Grafschaft Glatz an der deutschen Literatur. Von Prof. Dr. Paul **Klemenz.** Glatz [1911]: Arnestus-Dr. 131 S. 8° [illegible]

Klemenz, Paul *(geb. Tarnau bei Frankenstein in Schles. 23.5.1859)*: Der syntactische Gebrauch des Participium Praesentis und des Gerundiums im Altfranzösischen. Breslau (1884). (46 S.) 8°
[Im Buchhandel 1884 bei Köhler in Breslau.]
Breslau, Phil. Diss. v. 25. Sept. 1884

Klemenz, Paul, der systematische Gebrauch des Participium Praesentis und des Gerundiums im Altfranzösischen. Inaugural-Dissertation. gr. 8. (46 S.) Breslau 884, (Köhler.) *

Klemenz, Paul [Dr.]: Les Petites Poésies de Pierre Corneille. Partie première. Kattowitz, Buchdr. v. G. Siwinna, 1894; 16 S. 4.
Kattowitz, st. G, OP 1894 (1940)

* Klemer, Seb., Vorbildung aller ausländ. Thiere, so in dem Thier-Garten Sr. Hochfürstl. Durchlaucht Eugenii Francisci, Herzog von Savoyen u. Piemont ꝛc. vor der Stadt Wien aufbehalten werden. gr. 4. Augsb. Wolff. 734.

Klemer, Wilhelm

Klemer [Hilfsl.]: **Der Krieg Heinrichs IV. gegen Rudolf den Gegenkönig** (1077—1080). Cüstrin, C. Nigmann's Buch- u. Steindr. (F. Koenig), 1880; S. 1–28; 4°
Cüstrin, Rats- u. Friedrichs-G, OP 1880 (70)

Klemich, Eugenie (Red.), s. Klemich, Oskar: Blätter f. geistigen Fortschritt.

[illegible], L., die norwegische Kirche zu Brückeberg in Schlesien. Görlitz. [illegible] 1 Blatt. 1 Thlr.

Klemich, Oskar, Aristoteles, ein Grundpfeiler der modernen Religionsformen, als Stütze der Tyrannei, der Pfaffheit, der socialen Despotie. Nach einem Essai des A. Wolowsky. 2. Aufl. 8°. Dresden 1878.

— s. Autodidaxis.

Klemich's, [Osk.], Blätter für geistigen Fortschritt. 1. und 2. Bd. Nr. 1—30. (à 1 Bog.) Juli 1874 — Decbr. 1875. gr. 4. Dresden, Klemich. 1. Bd. * ℳ 3.; 2. Bd. *

— dass. — 3. und 4. Bd. Nr. 31—78. (à 1 Bog.) Jahrg. 1876 und 1877. gr. 4. Ebendas. 3. Bd. * ℳ 3.; 4. Bd. *

— dass. — 5. Bd. Nr. 79—90. (à 1 Bog.) Jan. — Juni 1878. gr. 4. Ebendas. *
Nicht weiter erschienen.

— die einfache Buchführung zum Selbstunterrichte, sowie für Handels-, Gewerbe-, Sonntags- und sonstige Fortbildungsschulen. Eine klare, leichtverständliche Lehre der Buchführung, ganz populär und mit Beobachtung heutiger Usancen. 4. verm. und durchgeseh. Aufl. 8. (VI, 156 S.) Leipzig 878, A. Krüger. *
Die 3. Aufl. erschien nicht als besonderes Werk, sondern in: Lehrbuch der ganzen Handels-Wissenschaft.

Klemich, Osc., die einfache und doppelte [italienische] Buchführung. 2 Thle. gr. 8. Leipzig, Poenicke's Schulbuchh. cart.

Inhalt:
Thl. 1. Die einfache Buchführung zum Selbstunterrichte, sowie für Handels-, Gewerbe-, Sonntags- und sonst. Fortbildungsschulen. Eine klare, leichtverständl. Lehre der Buchführung, ganz populär und mit Beobachtung heut. Usancen verfasst. 1. Aufl. gr. 16. (VI, 162 S.) 1873. ℳ 1,50., und 2. Aufl. (X, 154 S.) 874. ℳ 1,80.
» 2. Die doppelte oder italienische Buchführung. Ein Lehrbuch für Kaufleute und Fabrikanten zum Selbstunterrichte und als Leitfaden für Lehrer. 1. Aufl. (84 S.) 1873. ℳ 1., und 2. Aufl. (100 S.) 874. ℳ 1,20.

Klemich, Osk., die einfache und doppelte [italienische] Buchführung. 2. Tl. A. u. d. T.: Die doppelte [italien.] Buchführung zum Selbstunterricht für Kaufleute und Fabrikanten, sowie als Lehrmittel für Handels- und Fortbildungs-Schulen. 6. Aufl., erstmalig mit rotfarbig eingedr. Folien-Hinweisen in den Vorlage-Büchern. gr. 8. (IX, 118 S. mit Portr. in Lichtdr.) Dresden 884, Klemich. geb. *

Klemich, O., die einfache u. doppelte [italienische] Buchführung. 2 Tle. gr. 8. Weimar 889. Würzburg-Schenkenschloss, K. W. Krüger's Verl. à n. 3.—; geb. à n. 4.—
1. Die einfache [kaufmännische] Buchführung zum Selbstunterricht, sowie für Handels-, Gewerbe-, Sonntags- u. sonst. Fortbildungs-Schulen. Eine klare, leichtverständl. Lehre der Buchführg., in volkstüml. Sprache, sodass auch der Ungeübteste dieselbe in kürzester Zeit ohne weitere Anleitg. zu erlernen vermag. 7. Aufl. (203 S.)
2. Die doppelte [ital.] Buchführung zum Selbstunterricht f. Kaufleute u. Fabrikanten, sowie als Lehrmittel f. Handels- u. Fortbildungs-Schulen. 6. Aufl., erstmalig m. rotfarbig eingedr. Folien-Hinweisen in den Vorlage-Büchern. (VII, 120 S.)

— Kaufmännische Buchführung. 2. u 3. Auflage. (Weber's Kat. 58) Leipzig 1876. 83

— kaufmännische Buchführung. 3. Aufl. Mit 7 in den Text gedr. Abbildgn. u. 8 Wechselformularen. 8. (X, 244 S.) Leipzig 883. Weber. geb. n. 1. 50

— kaufmännische Buchführung. 4., verm. Aufl. 8. (X, 257 S. m. 7 Abbildgn. u. 3 Wechselformularen.) Leipzig 889. J. J. Weber. geb. n. 2. 50

Klemich, Osk., kaufmänn. Buchführung. 5., durchgeseh. Aufl. M. 7 in d. Text gedr. Abb. u. 3 Wechselformularien. 12. (VIII, 264 S.) Leipzig 895. J. J. Weber. Geb. in Leinw. n. 2. 50

Klemich, Osk., kaufmännische (einfache u. doppelte) Buchführung, s. Weber's illustr. Katechismen.

Klemich, O. Kaufmännische einfache und doppelte Buchführung. 6. Auflage. Leipzig 1902.

Klemich, Oskar, die *Entwickelung des Menschengeistes.* Vortrag, gehalten in Chemnitz im Dezbr. 1876. (Sep.-Abdr. aus „*Klemich*'s Blätter f. geistigen Fortschritt“.) In neuer Ortografie (!). 2. Aufl. Dresden, Klemich's Selbstverlag, 1877. 8⁰. Cart.
31 S. — Verboten von der k. sächs. Kreisbgtmsch. Dresden, d. 4. Novbr. 1878.

— kleine deutsche Grammatik. Ein Lehrbuch in populärer, leichtfaßl. Weise dargestellt zum Selbstunterricht u. als Leitfaden für Gewerbe-, Sonntags- u. ähnl. Fortbildungs-Schulen, überhaupt für den Unterricht an Erwachsene. Anleitungen zum Richtigsprechen u. Richtigschreiben in neuer Schulorthographie. 2., völlig umgestalt. Aufl. gr.8. (242 S.) Ebend. 882. n. 2. —

Klemich, Osc., die ganze Handels-Korrespondenz in Teorie und Praxis für Kaufleute und Industrielle aller Branchen zum Selbstunterricht für Anfänger und Weitervorgeschrittene und als Leitfaden für Handels-, Gewerbe-, Sonntags- und sonst. Fortbildungsschulen. gr. 8. (VIII, 328 S.) Leipzig 875, Poenicke's Schulbuchh. 4 —

—— Homöophona. Ein naiv-heiteres Lehrgedicht. Orthographische Spielerei in vierfüß. Jamben. Sammlung ähnlich lautender Wörter von verschiedenem Sinn in luft. aber korrekte Reime gebracht zum Zwecke leichtester Erlernung orthograph. Schwierigkeiten. 12. (20 S.) Ebendas. 884. *

— Katechismus der Stilistik. Lehr- u. Hilfsbuch zum Gebrauch für Jederman, zum Selbstunterricht, sowie als Leitfaden für Lehrer besonders erwachsener Schüler m. Berücksicht. u. prakt. Durchführung der durch die ortograf. Konferenz gefaßten Beschlüsse einer reformirten Reichsortografie. Belehrungen über Stilistik, Wortbeugung, Satzbau [richt. Anwendung der Fälle], Rechtschreibung, Periodenbau, Interpunctions- u. Verslehre. 8. (IV, 288 S.) Quedlinburg 878. Ernst. 2. 50

— Lehrbuch der ganzen Handels-Wissenschaft zum Selbstunterricht, sowie f. Lehranstalten in leichtfasslicher Diktion u. e. f. jedermann verständl. Darstellg. (In ca. 30 Lfg.) 1—9. Lfg. 8. (S. 1—912.) Ebend. 876. à — 50

Klemich, Osk., Lehrbuch der ganzen Handels-Wissenschaft zum Selbstunterricht, sowie für Lehranstalten, in leichtfasslichster Diktion u. einer für jederman verständl. Darstellung. 20—39. [Schluss-]Lfg. gr. 8. (S. 913—1866.) Leipzig 877. Pönicke. à n. — 50

—— Lehrbuch der Kalligraphie oder Schönschreibekunst, nebst Musterschriften zur Übung nach kaufmänn. Duktus. Für Erwachsene zum Selbstunterricht, sowie für Lehrer und Schüler. 3. ganz neu bearb. und vervollständ. Aufl. gr. 8. (IV, 83 S., wovon 4 lithogr.) Ebendas. 880. geb. *

—— Lehrbuch der Korrespondenz und Briefsteller. Belehrungen über den Stil, Beschaffenheit und Form der Briefe im Innern und Äussern, Titelwesen, Kunst- und Fremdwörter u. s. w., sowie Vorlagen für Briefe aller Gattungen, Eingaben, Gesuche, Verträge etc. zum Selbstunterricht sowie für Handels-, Gewerbe-, Sonntags- und sonstige Fortbildungsschulen. 2 Tle. 4. Aufl. gr. 8. (80; 462 S.) Ebendas. 888. geb. *

—— Lehrbuch der allgemeinen deutschen Orthographie und Interpunktion. Eine vollständ. Lehre der Gesetze der gegenwärtig gebräuchl. Schreibrichtigkeit und ihrer Schwankungen, dazu eine Gegenüberstellung der neueren partikularstaatl. Schulorthographien, namentl. der preuß., bayer. und sächs. In einer für leichte Übersichtlichkeit und Allgemeinverständlichkeit ganz neu geplanten Darstellung zur Selbst-Belehrung für Erwachsene und auch für Schüler, besonders als bequem zu handhabendes Nachschlagebuch, sowie als Leitfaden für Lehranstalten, namentl. für Handels-, Gewerbe-, Sonntags- und sonst. Fortbildungs-Schulen. Mit einem umfängl. Wörter-Verzeichnis, enth. alle irgendwie bedeutl. Wörter in korrekter wie auch übl. aber unzuläss. Schreibung, in älterer wie neuerer Form. 3. nur wenig veränd. Aufl. gr. 8. (446 S. mit Portr. in Lichtdr.) Ebendas. 882. geb. *

— Lehrbuch der Rechen-Kunst für Handel u. Gewerbe. Eine kurzgefasste, leichtverständl. Rechenlehre etc. Hauptsächlich zum Selbstunterrichte für Geschäftsleute aller Art, aber auch für Lehrer u. Schüler. 2. Aufl. 8. (X, 266 S. m. 3 Tab.) Ebend. 877. 2. 25

—— die Lehre vom Wechsel. Eine ausführl. Unterweisung für Alle, die mit dem Wechsel in eingeh. oder auch nur oberflächl. Berührung kommen, praktisch und populär auch für die schwächsten Begriffe leichtfaßlich dargestellt zum Selbstunterrichte und für Lehrer und Schüler sowie: die deutsche Wechselordnung mit Kommentar und das Wechselstempelgesetz mit Scala. Erläuterungen auf Grund der von Gerichtshöfen ausgesprochenen Grundsätze. 8. (VIII, 250 S.) Ebendas. 873. geb. 2 75

— die Lehre vom Wechsel. Eine ausführl. Unterweisung für Alle, die mit dem Wechsel in eingehen oder auch nur oberflächliche Berührung kommen, praktisch und populär auch für die schwächsten Begriffe leichtfaßlich dargestellt zum Selbstunterrichte und für Lehrer und Schüler, sowie: Die deutsche Wechselordnung mit Kommentar und das Wechselstempelgesetz mit Skala. Erläuterungen auf Grund der von Gerichtshöfen ausgesprochenen Grundsätze. 2. Aufl. 8. (VIII, 250 S.) Ebendas. 877.

— die neue deutsche Ortografie u. die Interpunktion. Eine vollständ. Lehre der neueren, vereinfachten Gesetze der Schreibrichtigkeit durch kurze, leichtfaßl. Regeln dargestellt f. den Handgebrauch in Lehranstalten, als Nachschlagebuch u. zum Selbstunterrichte, sowie e. kurze, aber leichtverständlich abgefaßte Lehre der Zeichensetzg. f. Erwachsene u. Schüler wie auch f. Schriftsetzer. 8. (IV, 65 S.) Ebend. 873. 90

—— die neue deutsche Ortografie und die Interpunktion. Eine vollständ. Lehre der neueren, vereinfachten Gesetze der Schreibrichtigkeit durch kurze, leichtfaßl. Regeln dargestellt für den Handgebrauch in Lehranstalten, als Nachschlagebuch und zum Selbstunterrichte, sowie eine kurze, aber leichtverständlich abgefaßte Lehre der Zeichensetzung für Erwachsene und Schüler wie auch für Schriftsetzer. 8. (IV, 65 S.) Ebendas. 874. — 90

—— und Emil Looss, geometrisches Rechnen. Lehrbuch der Rechenkunst für Handels-, Gewerbe- und Fortbildungs-Schulen, sowie zum Selbstunterrichte. 4. Aufl. gr. 8. (32 S. mit Fig.) Ebendas. 885. * 1 —

—— —— kaufmännisches Rechnen. Lehrbuch für Handels-, Gewerbe- und Fortbildungsschulen, sowie zum Selbstunterrichte. (4. Aufl.) gr. 8. (167 S.) Ebendas. 883. geb. * 3 50
Fazit-Buch (12 S.) * 1 —

—— das Schach-, Kriegs- oder Königs-Spiel in einigen Stunden zu erlernen. Eine erklär. Abhandlung über dieses geistreiche Spiel, nebst einigen Probepartieen für Anfänger. gr. 16. (IV, 61 S.) Ebendas. 873. 1 —

—— die „deutsche Sprache“. Ein Lehrbuch in höchst populärer, leichtfaßl. und leichtverständl. Weise abgefaßt für das Volk zum Selbstunterrichte und als Leitfaden für Fortbildungs-, Gewerbe- und Sonntagsschulen, Arbeiterbildungs- und ähnliche Vereine, überhaupt für den Unterricht an Erwachsene. Anleitungen zum Richtigsprechen und Richtigschreiben. Auf Grund eigener Erfahrungen als Lehrer erwachsener Schüler verfaßt. gr. 16. (X, 148 S.) Ebendas. 873. cart. 1 20

—— Wechselkunde. 4. neu bearb. Aufl. 2 Tle. gr. 8. (420 S.) Ebendas. 887. geb. *

Inhalt:

Tl. 1. Die Lehre vom Wechsel zum Selbstunterricht sowie für Handels-, Gewerbe- und sonstige Fortbildungsschulen. Eine ausführl. Unterweisung zur Einführung in die Wechselkunde für Anfänger und Schüler, überhaupt für solche, welche Kenntnis vom Wechsel noch nicht besitzen.

» 2. Das Wechsel-Recht. — Die deutsche Wechsel-Ordnung nebst Kommentar. — Erklärungen der einzelnen Vorschriften des Wechselgesetzes wesentlich nach Richtersprüchen, insbesondere derjenigen des Reichsgerichts, des vormal. Reichsoberhandelsgerichts und vormal. preuss. Obertribunals. Dazu die wichtigeren Bestimmungen der Einführungsgesetze und Verordnungen des deutschen Reichs, der deutschen Einzelstaaten und Österreichs. Zum Studium und als Nachschlagebuch für Juristen und Kaufleute, sowie als Lehrbuch für die oberen Abteilungen in Handelsschulen.

— Wie du sein sollst. Epigrammatische Lebensregeln. Ein elegisches Spott- u. Stachelgedicht in 122 Distichen. 8°. Dresden, Th. Grahl, s. a.

Klemich, Osk., Wörterbuch, Fremdwörter, Kunstwörter, Schriftkürzungen und fremdsprachliche Redensarten, wie sie vorkommen im Handels- und Geschäfts-Verkehr oder sonst in der tägl. Umgangssprache, in Zeitungen, im polit. Leben, in der Rechtsprechung, in Vorträgen und populär-wissenschaftl. Schriften, unter besond. Berücksicht. aller Namen für industrielle Neuschöpfungen. Gesammelt und alphabet. nach der Aussprache geordnet. 3. Aufl. gr. 8. (340 S.) Dresden 880, Klemich. geb. * 5 —

—— und C. Looß, deutsch-fremdsprachliches Zitaten-Lexikon. Sammlung gangbarer fremdsprachl. Sentenzen, Phrasen, Sprichwörter rc. in deutsch-alphabet. Anordnung nach den Hauptbegriffen oder Stichwörtern. Handbuch zur schnellen Auffindung des Wortlautes fremdsprachl. Lehrsätze, Beweisstellen, Redensarten rc. 12. (VII, 270 S.) Ebendas. 883.

Klemm, der Kampf und sein Ziel, | s. Bildungsblätter für unser Volk.
—— Kirche und Staat in der Gegenwart, |

Klemm u. Beckmann, 100 Prüfungs-Aufgaben zur Reserveoffizieraspiranten- usw. Prüfung, neue Ausgabe, s. A. Spohn, Prüfungsaufgaben.

Klemm u. Beckmann, 100 Prüfungs-Aufgaben zur Reserveoffizieraspiranten- u. Reserveoffizierprüfung, bearb. f. Einjährig-Freiwillige u. Reserveoffizieraspiranten der Infanterie. 1. u. 2. Tl. kl. 8. Leipzig, F. Engelmann. Geb. in Leinw. à n. 3. —

1. 3. verb. Aufl. (7.—10. Tauf.) (XIV, 267 S.) Stuttgart (904.)
2. Vorbereitung zur prakt. u. mündl. Reserveoffizieraspiranten- u. Reserveoffizierprüfg. 2. verm. u. verb. Aufl. (4.—6. Tauf.) (IV, VI, 148 S.) 905.

Klemm, ..., (Pastor), s. Rede bei d. feierl. Aufstellung d. Denkmals d. Schlacht an d. Katzbach.

Klemm, Reichsgesetz betr. d. unter Ausschluss der Oeffentlichkeit stattfindenden Gerichtsverhandlungen. V. 5. Apr. 1888. Erläutert. Lpz. 888.

Klemm, A., der Stadt Backnang Brand u. Wiedererbaug. in den J. 1693—1717. Zum 25. Juli 1893. Vortrag am 16. Juli 1893. gr. 8. (38 S. m. 2 Abbildgn.) Backnang 893. (J. Ruth.) n.u. 1. —

[K.] Der Stadt Backnang Brand und Wiedererbauung in d. Jahren 1693—1717. Z. 25. Juli 1893. Vortr. am 16. Juli 1893 v. A. Klemm, Dekan in Backnang. *Backnang: Dr. v. F. Stroh 1893.* (38 S., 2 Taf.) 1 Bd 8. [57. 33]

Klemm, A., die Stadtkirche zu Sulz am Neckar. Geschichte u. Beschreibg. derselben. Nebst Beiträgen zu e. Geschichte d. Stadt. [Aus: „Württ. Jahrbb. f. Statistik u. Landeskde."] Lex.-8. (48 S. m. 1 Abb.) Stuttgart 897. (W. Kohlhammer.) — 75

Geschichte der Berggemeinde der Festung Königstein. Von Albert Klemm. Mit 14 Taf. Abb. u. 2 Kartenskizzen. Leipzig: A. Strauch [1905]. (188 S.) 8°

— Kirchengalerie, Neue Sächsische. Bd Pirna, Suppl. [05. 1-833

Klemm, Alb., der Königstein in alter u. neuer Zeit. Mit 14 Taf. Abbildgn. u. 2 Karten. (188 S.) gr. 8. Leipzig 905. A. Strauch. n. 2. 50; geb. in Leinw. n. 3. 50

Klemm, Alex., oriental. Blumensprache. 2., verb. u. verm. Aufl. 1/2 12. (2 1/2 B.) Arnsberg 837, Ritter.

Württembergische Baumeister und Bildhauer bis ums Jahr 1750. Von Alfred Klemm. [Stuttgart: Kohlhammer 1882]. 223 S. 8° [Kopftit.] (Württemberg. Vierteljahrshefte f. Landesgeschichte. 5, 1–3.)
Tt. 708. Enth. auch eine eingehende Besprechung der Steinmetzzeichen.

Klemm, A., Geschichte der Grafen von Württemberg. Illustrirte Geschichte von Württemberg. Stuttgart 1886.

Klemm, Alfred, approb. Arzt aus Leipzig-Plagwitz: Ueber die verschiedenen Methoden der Hände-Desinfection. *Leipzig 1900: B. Georgi.* (68 S.) 8°
Leipzig, Med. Diss. v. (6. Nov.) 1900

Klemm, Andreas Adam (Steusslingen), Dynastia Justingensis a serenissimo Wirtembergiae duce Carolo noviter acquisita et dynastiae Steusslingensi juncta. Disp. histor.-jur. Präs. Johann Friedrich Helfferich. Tübing. (Schramm) Nov. 1751. 14 S. (6.—) 18257

Klemm, Arno: Zur Kenntnis des 'Caryophyllens' aus Nelkenstielöl. Weida i. Th. 1909: Thomas & Hubert. 85 S. 8°
Leipzig, Phil. Diss. v. 7. Sept. 1909, Ref. Beckmann, Hantzsch
[Geb. 20. Nov. 84 Markneukirchen; Wohnort: Markneukirchen; Staatsangeh.: Sachsen; Vorbildung: Realgymn. Plauen i. V. Reife O. 03; Studium: Techn. Hochschulen Dresden 3, Braunschweig 1, Univ. München 2, Erlangen 1, Leipzig 6 S.; Rig. 19. Juli 09.] [U 10. 3171

Klemm, Aug., die Glaubenskämpfe der alt-christlichen Kirche. Schilderungen zur Erbauung und Befestigung im Bekenntniß. [2. (Titel-)Aufl.] 8. (255 S.) Stuttgart (854)63, Schober.

Klemm, B., s.: Bürger's, W., Kunstkritik.

Klemm, Bernh., Handbuch der Tanzkunst. Ein Leitfaden f. Lehrer u. Lernende nebst e. Anh. üb. Choreographie. 8., verm. u. verb. Aufl. v. Gust. Engelhardt. Mit 93 Abb. u. zahlreichen Notenbeispielen. (IX, 215 S.) kl. 8. Leipzig 910. J. J. Weber. Geb. in Leinw. 3. 50

Klemm, Bernh., Katechismus der Tanzkunst, s. Weber's, J. J., illustrirte Katechismen.

Klemm, Bernh., Katechismus der Tanzkunst. Ein Leitfaden für Lehrer und Lernende. (Weber's illustrirte Katechismen. Nr. 25.) 8. (XVI und 160 S. mit 55 in den Text gedr. Abbild. in Holzschn. und den erforderlichen rhythmisch musikal. Bezeichnungen.) Leipzig 855, Weber. *

Klemm, Bernhard, Katechismus d. Tanzkunst, 3. verb. u. verm. Aufl., m. Abb., Leipzig 1876, 231 S., 8°.

Klemm, Bernh., Katechismus der Tanzkunst. Ein Leitfaden für Lehrer u. Lernende. 4., verb. u. verm. Aufl. Mit 82 in den Text gedr. Fig. u. 67 rhythmisch-musikalischen Bezeichnungen, nebst Anhang: Die Choreographie u. alphabetisch geordnetes Verzeichniß aller im Druck erschienenen Werke u. wichtigsten Abhandlungen über Tanzkunst. 8. (XVII, 236 S.) Leipzig 882. Weber. geb. n. 2. 50

Klemm, B., Katechismus der Tanzkunst. Nebst e. Anh. über Choreographie. 5., verb. Aufl. Mit 82 in den Text gedr. Fig. u. 67 rhythmisch-musikal. Bezeichnungen. 8. (XVII, 222 S.) Leipzig 887. J. J. Weber. geb. n. 2. 50

Klemm, Bernh., Katechismus der Tanzkunst. Ein Leitfaden f. Lehrer u. Lernende. Nebst e. Anh. üb. Choreographie. 6., verm. Aufl. 12. (IX, 252 S. m. 82 Fig. u. 75 rhythmisch-musikal. Beispielen.) Leipzig 894. J. J. Weber. Geb. in Leinw. n. 2. 50

Klemm, C. M., s. K l e m m , Konrad Max.

Klemm, Carl ..., s. K l e m m , Karl ...

Klemm, Chr. Gottlob

— s. Allerlei, Wiener.

Klemm, Chr. Glo., Beiträge zu d. Theater. 1r Thl. gr. 12. Wien 767. Trattner. 21 K

— s. B r i e f e über österr. Literatur.

Klemm, Chr. Glo., († ...) Dramaturgie, Literatur u. Sitten. 4 Quartale. 8. Wien 769. Gamesina. 20 K

HEURATH, Die, wider die Mode. Ein Luſtſpiel von drey Aufzügen. [Zierſtück.] Wienn, gedruckt bey Joh. Thomas Edl. von Trattnern, K. K. Hofbuchdruckern und Buchhändlern, 1767. 103 S.
— — Daſſelbe unter dem Titel: Die Heurath wider die Mode. Ein Luſtſpiel von drey Aufzügen. [Zierſtück.] 1768. 95 S.
Verfaſſer: Chriſtian Gottlob Klemm; vgl. Tulla in Z. f. B., 11. Jahrgang, 1919/20, S. 252: »Ein Luſtſpiel, welches die Sitten, beſonders die Kinderzucht, allhier einiger verdorbener Häuſer vor Augen ſtellet ....«

— s. H u t , Der, auf d. Parnaß.

Klemm, Ch. G., der auf den Parnass versetzte grüne Hut, s. Neudrucke, Wiener.

— die Kunst auf Kosten andrer Leute zu leben. Lstspl. in 5 A. 8. Wien 776.

— vermischte Schriften. 8. Wien 776. Gamesina. 8 K

— s. S c h u s t e r , Der, ein Goldmacher.

— s. S e e l e n g e o g r a p h i e .

— s. W o h l t h a t e n , Die, unter den Anverwandten.

Klemm, E., in Dresden-A.
Elektrische Transportbahnen.

Klemm, Edmund, approb. Arzt aus Pfullingen: **Aus d. Prosektur d. Krankenhauses München r. d. I. Pfortaderthrombose bei Lebersyphilis mit tödlicher Magen- und Darmblutung.** *München 1902 (auf d. Umschlag 1903): C. Wolf & Sohn.* (32 S.) 8°
München, Med. Diss. v. 1902

Klemm, F.: Vergleichende U e b e r s i c h t der Sinnesorgane. 13 S.. - Iserlohn, R., Progr. 1869.

Klemm, F. Zur Würdigung Leonardo da Vinci's als Naturforscher. 18 S. Progr. Hptsch. *Bremen* 1877.

Klemm, Ferdinand

Klemm, F., die Gesetze üb. die direkten Steuern im Königr. Bayern (Einkommen-, Kapitalrenten- u. Gewerbsteuer) v. 9. VI. 1899. Mit Einleitg., Anmerkgn., Vollzugsvorschriften u. Sachregister hrsg. 2 Bde. 8. München 900. C. H. Beck. Geb. in Leinw. n. 9. 50
1. enth. das Einkommensteuergesetz u. das Kapitalrentensteuergesetz. (XXX, 321 S.) n. 4. —
2. enth. das Gewerbsteuergesetz. (XII, 539 S.) n. 5. 50

Klemm, F., die Gesetze üb. die direkten Steuern im Königr. Bayern (Einkommen-, Kapitalrenten- u. Gewerbesteuer) vom 9. VI. 1899. 2 Bde. 8. München, C. H. Beck. Geb. in Leinw. n. 12. —
1. Enth. das Einkommensteuergesetz u. das Kapitalrentensteuergesetz. 2. neubearb. Aufl. (XXXIX, 390 S.) 904. Geb. n. 5. —
2. Enth. das Gewerbsteuergesetz. 2. neubearb. Aufl. (XIV, 600 S.) 8. 905. Geb. n. 7. —

KLEMM, Fr. X.: Vers. e. Geschichte d. baier. Gesetzgeb. v. Entsteh. d. baier. Staats bis zu Ende d. 16ten Jahrh. ***Münch.*, Lentner. 801. 8. (5 Gr.)**

Klemm, Franz, Volontärarzt an d. psychiatr. Klinik zu Marburg: Aus d. psychiatr. Klinik zu Marburg.) **Psychosen in** ätiologischem Zusammenhang mit Influenza. *Marburg 1901: H. Bauer.* (46 S.) 8°
Marburg, Med. Diss. v. 20. März 1901

Klemm, Friedrich Gustav, s. K l e m m , Gustav

Klemm, Friedrich Wilhelm: • Die Muskeln der Raben. 23 Bl. 4° (2°)
Halle-Wittenberg, Phil. Diss v. 29. Febr. 1864
Geb. [Artern (Kr. Sangerhausen) 11. 4. 1839]
Ersch. u. d. T.: Zur Muskulatur der Raben. In: Zeitschrift f. d. ges. Naturwissenschaften. Bd 23. Berlin 1864. S. 107—127.

Klemm, G., Bericht üb. Untersuchungen an den sogenannten „Gneissen" u. den metamorphen Schiefergesteinen der Tessiner Alpen. (20 S. m. 4 Fig.) gr. 8. Berlin 904. (G. Reimer.) n. 1. —

— dasselbe. (II.) (12 S. m. 2 Fig.) Lex.-8. Ebd. 905. n. — 50

— dasselbe. (III.) (12 S. m 3 Fig.) Lex.-8. Ebd. 906. n. — 50
3 Sonderabdr. aus: „Sitzungsber. d. preuss. Akad. d. Wiss."

Klemm, Gustav

Klemm, G. F. Attila nach der Geschichte, Sage und Legende dargestellt. 8. Leipzig 1827.

Klemm, (G. F.) Attila u. (Walther v. Aquitanien) nach d. Geschichte, Sage u. Legende dargestellt. gr. 8. Leipzig, Weidmanns.

Klemm, G., Beiträge zur Kenntniss d. krystallinen Grundgebirges im Spessart, s.: A b h a n d l u n g e n d. grossherzogl. hess. geolog. Landesanstalt zu Darmstadt.

Klemm, (Gust.), Bericht üb. Untersuchungen an den sogenannten „Gneissen" u. den metamorphen Schiefern der Tessiner Alpen. (IV.) (14 S.) Lex. 8. Berlin 907. G. Reimer. — 50
Sonderabdr. aus: „Sitzungsber. d. preuss. Akad. d. Wiss."

Gst. Klemm's freundschaftl. Briefe. *Lpz.*, Teubner. 847. 8° 1 ₰ 12 gl Dem Hauptinhalte nach zu vergleichen mit *Eb.* allgem. Culturgesch. d. Menschheit. 1-6r Bd. *Eb.* 843 -47. gr8° m. vielen xylogr. Abbildd. 15 ₰ 18 gl

Klemm, Guſt., freundſchaftliche Briefe. 1. Aufl. (379 S.) 1847. und 2., verm. Aufl. 8. (XIX und 429 S.) Leipzig 850, Teubner.

— Chronik der Stadt Dresden und ihrer Bürger, von den älteſten bis auf unſere Zeiten. Mit dem Anhange: Der Sammler für Geſchichte u. Alterthum, für Kunſt u. Natur im Elbthale. Unter Mitwirkung mehrerer Gelehrten und Geſchichtsfreunde herausg. von Paul Glo. Hilſcher. 16—47s Hft. (à 2 Bog. u. 2 Kpfr.) gr. 8. Dresden 833—837. (Grimmer.) Subſcr.-Pr. à Heft 1/6 ₰ — 3r Bd. (48s—53s Heft), u. d. T.: Chronik, ausführl., der Königl. Sächſ. Reſidenzſtadt Dresden ſeit dem Regierungsantritt des Königs Anton. Herausg. v. P. G. Hilſcher. Geſchichte Dresdens von 1827, 1s—6s Hft. Mit Kpfr. gr. 8. Ebd. 837, 38. à n. 1/6 ₰

— ſ. Engelhardt, K. A., Vaterlandskunde.

—— Ferienreiſe nach Linz, Salzburg, Kloſter Göttweig und Wien. 8. (VIII und 188 S. mit 1 Stnt.) Dresden 853, Arnoldiſche Buchh. Thlr.

§ * KLEMM (Frdr.) Gustav (1802—67), Die Frauen. Culturgeschichtliche Schilderungen des Zustandes und Einflusses der Frauen in den verschiedenen Zonen und Zeitaltern. 6 Bde. Dresden 1854—59. Kl. 8°. (14 Rthl.) (26 Mk. Hugo Streisand. 1906; 20 Kr. Halm & Goldmann, 1904:)
Enth. u. a.: Die Frauen von Europa. Gestalt und Schönheit. Schmuck u. Kleidung. Brautstand u. Hochzeit. Die Wittwe. Die alte Jungfer. Frauendienst. Frauenverbrechen. Die Frauen im öffentlichen Leben. Die Frauen in der Kirche. Die Frauen in der Kunst. Die Frauen in der Literatur.

— die Frauen. Culturgeſchichtliche Schilderungen des Zuſtandes u. Einfluſſes der Frauen in den verſchiedenen Zonen u. Zeitaltern. 1—6. Bd. Dresden 854—58. Arnold. 8. (1. Bd.: VI, 411 S.; 2. Bd.: 2 Bl., 361 S.; 3 Bd.: 2 Bl., 264 S.; 4. Bd.: 2 Bl., 344 S.; 5. Bd.: 2 Bl., 308 S.; 6. Bd.: 2 Bl., 401 S.) Jeder Bd. n. 2 ₰.

— Führer bei geologischen Exkursionen im Odenwald, s. a. Sammlung geologischer Führer. XV.

(Führer bei geologischen Exkursionen im Odenwald. Von Prof. Dr. G[ustav] Klemm. Mit 40 Textabb. Berlin: Borntraeger 1910. VII, 248 S. 8°
(Sammlung geologischer Führer. 15.) [10. 14301 4

— Führer durch das Museum des Königlich Sächsischen Vereins ..., s. Schulz, Heinrich Wilhelm

— d. Geſchichte Baierns. 3 Bdchen. 8. Dresd. 820. Hilſcher. 1 ₰

Klemm, Gust., zur Geschichte d. Sammln. f. Wissenschaft u. Kunst in Deutschland. 1. Aufl. (21 B.) 837., 1⅓ Thlr., 2., mit e. ausführl. Inhaltsverzeichniss verm. Ausg. gr. 8. (22 B.) Zerbst 838, [Kummer'sche Buchh.] Thlr.

— Geſchichte des Sächſiſchen Vaterlandes, ſ. K. A. Engelhardt, Vaterlandskunde 2e Abthl.

Klemm, Gustav, Dr.: Gletscherspuren im Spessart und östlichen Odenwald. 1894. 12 S., 1 Taf. 8° ¶ Aus: Notizblatt d. Vereins f. Erdkunde u. d. grossh. geolog. Landesanstalt zu Darmstadt. Folge 4, H. 14.
Darmstadt Te. H., Hab.-Schr. v. 23. 2. 1894

— Grundideen zu einer allgemeinen Cultur-Wissenschaft. [Aus dem Juli-Hft. 1851 der Sitzungsberichte der philos.-histor. Cl. der k. Akad. der Wissensch. abgedr.] gr. 8. (26 S.) (Wien 851, Braumüller.) n. 4 ngl

—— Handbuch d. german. Alterthumskunde. gr. 8. (30 B. u. 23 Stnt.) Dresden 835. [Leipzig, Brandstetter.]

Klemm, Guſt., Handbuch der german. Alterthumskunde. Mit 23 Taf. in Steindr. gr. 8. Dresden 835. (Leipzig, Einhorn.) Pränum.-Pr. 3½ ₰

—— Herfest. Sechs Gesänge. 8. (12¼ B.) Zerbst 829, (Kummer.)

— die Hölzer und Geſchiebe als die Ahnen der menſchlichen Ur-Werkzeuge. Mit 2 (lith.) Taf. Abbildgn. (in Fol.) Separat-Abdr. aus den „Illuſtrirten Monatheften für Familienglück" ꝛc. Dresden 854. Klemm. gr. 4. (11 S.) 7½ ngr

Klemm, Guſt., vor 50 Jahren. Culturgeſchichtliche Briefe. 2 Bde. 8. (XI und 578 S.) Stuttgart 865, Schweizerbart.

—— Italica 1. Thl. Bericht üb. e. im Jahre 1838 im Gefolge Sr. Kgl. Hoheit d. Prinzen Johann, Herzogs zu Sachsen unternomm. Reise nach Italica. — A. u. d. T.: Reise durch Italien. gr. 8. (33 B.) Dresden u. Leipzig 839, Arnoldische Buchh.

Klemm, Guſt., allgemeine Cultur-Geſchichte der Menſchheit. Nach den beſten Quellen bearb. u. m. xylograph. Abbildgn. verſehen. 1—6. Bd. gr. 8. Leipzig, Teubner. 15
A. u. d. Ttln.:
Bd. 1. Die Einleitung u. die Urzuſtände der Menſchheit. (23¾ B. u. 8 Taf. Abbild.) 843. 2 Thlr.
" 2. Die Jäger- u. Fiſchervölker der paſſiven Menſchheit. (23 B. u. 31 Taf. Abbild.) 844. 3 Thlr.
" 3. Die Hirtenvölker der paſſiven Menſchheit. Mit verſchied. in den Text eingedr. Abbild. (25¾ B. u. 7 Taf. Abbild.) 844. 2 Thlr. 15 Ngr.
" 4. Die Urzuſtände der Berg- u. Wüſtenvölker der activen Menſchheit u. deren Verbreitung über die Erde. (26½ B. u. 8 Taf. Abbild.) 845. 2 Thlr. 15 Ngr.
" 5. Die Staaten von Anahuac u. das alte Aegypten. (30 B. u. 8 Taf. Abbild.) 846. 2 Thlr. 22½ Ngr.
" 6. China u. Japan. A. u. d. Ttl.: China, das Reich der Mitte. (33¼ B. u. 8 Taf. Abbild.) 847. 3 Thlr.

—— allgemeine Culturgeſchichte der Menſchheit. Nach den beſten Quellen bearb. mit xylograph. Abbildungen verſehen. 7—10. (letzter) Bd. gr. 8. Leipzig, Teubner.
Auch unter den Titeln:
Bd. 7. Das Morgenland. (VI und 526 S. mit 6 Holzſchnt.) 849. 3 Thlr.
" 8. Das alte vorchriſtliche Europa. (X und 645 S. mit 6 Holzſchnt.) 850. 3 Thlr.
" 9., 10. Culturgeſchichte des chriſtlichen Europa. 2 Bde. Weſteuropa. — Oſteuropa. [9. (VI und 582 S. mit 6 Holzſchnt.) 851. 3 Thlr., 10. (XVI und 396 S. mit 4 Holzſchnt.) 852. 2 Thlr. 15 Ngr.] 5 Thlr. 15 Ngr.
1—6. Bd. Ebendaſ. 1843—47. 15 Thlr. 22½ Ngr.

Klemm G. Kulturgeschichte des christlichen Europa. 2 Bde Leipzig 1851. 52

Klemm, Guſt., allgemeine Culturwiſſenſchaft. (1. und 2. Bd.) ꝛc.
Inhalt:
Bd. 1. Werkzeuge und Waffen. (VII und 393 S. mit eingedr. Holzſchn.) 854. 2 Thlr., Prachtausg. * 3 Thlr.
" 2. Das Feuer. Die Nahrung. Getränke. Narkotica. (VII und 399 S. mit eingedr. Holzſchn. und 1 Holzſchnt.) 855. 1 Thlr. 7½ Ngr., Prachtausg. * 1 Thlr. 22½ Ngr.

Klemm, Gust., die Kgl. Sächs. Porzellan-Sammlung. Eine Uebersicht ihrer vorzügl. Schätze, nebst Nachweisn. üb. d. Geschichte d. Gefässbildnerei in Thon u. Porzellan. gr. 12. (6⅔ B. u. 3 Stnt.) Dresden 834, Walther. Thlr.

Klemm, Gustav: Geologisch-agronomische Untersuchung des Gutes Weilerhof/Wolfskehlen bei Darmstadt. Von –. Nebst e. Anh. über d. Bewirthschaftung d. verschiedenen Bodenarten d. Gutes vom Besitzer G. Dehlinger. Mit 1 Karte in Farbendr. Darmstadt: A. Bergsträsser in Comm. 1897. 52 S. 4°(8°)
= Abhandlungen d. grossh. hessischen geol. Landesanstalt zu Darmstadt. Bd. 3, H. 1.

– dass., s.a. Abhandlungen der grossherzogl. hess. geolog. Landesanstalt zu Darmstadt.

Klemm, Gust., die Verbreitung der aktiven Menschenrasse üb. den Erdball. Andeutungen. Neue Ausg. (30 S.) Lex.-8. Leipzig 906. Thüring. Verlagsanstalt. n. — 75

Klemm, C. Die Werkzeuge und Waffen, ihre Entstehung und Ausbildung. 8. M. 342 Hlzschn. Sondershausen 1850.

Klemm, G.: Werkzeuge und Waffen. Leipzig 1854. 393 S. (Allgemeine Kulturwissenschaft.)

Klemm, Gustav. Die Werkzeuge und Waffen, ihre Entstehung und Ausbildung. Sondershausen, G. Neuse 1858.
393 S. m. 342 Abb. 8°.

Klemm, (H.,) über die Wirksamkeit d. Mütter bei d. Erziehung d. Söhne. 4. Neubrandenburg, L. Dümmler.

Klemm, Heinrich

KLEMM, H., Aesthetik der Damen- und Herren-Toilette. Vollst. Regeln der wahren Schönheit, des feineren Geschmacks und der Farbenharmonie in Kleidung, Putz u. Schmuck. Dresden, o. J. (c. 1850). Kl. 8°. (2 fr. 50 cts., unbeschn., Georg & Co., Basel, 1908.)

Klemm, H. Aesthetik der Damen- und Herren-Toilette. Vollständige Regeln der wahren Schönheit, des feineren Geschmacks und der Farbenharmonie in Kleidung, Putz und Schmuck. Dresden, H. Klemm's lit.-art. Anstalt und Verlagshandlung [1860].
VIII + 181 S. 8°.

Klemm jun., H., vollständige Belehrung über Zuschnitt u. Anfertigung der geschmackvollsten Knaben-Anzüge für jede Altersklasse. Mit 135 fein lith. Abbildgn. (auf 1 Taf.) u. 1 (lith.) Centimeter-Reductionsschema (in Fol.). Zugleich als Supplem. zu des Verf. „Handbuch der Bekleidungskunst ꝛc." Dresden (858.) Klemm. Lex.-8. (2 Bl., 20 S.) n. 20 ngr.

Klemm jun., Heinr., Belehrung über Zuschnitt und Anfertigung der geschmackvollsten Knaben-Anzüge für jede Altersklasse. Mit über 150 in Planotypie ausgeführten Fig. auf 18 Taf. (in gr. 8. und Imp.-Fol.), auch 1 Centimeter-Reductionsschema (auf 1 Stnt. in Fol.). 3. verm. Aufl. gr. 8. (48 S.) Dresden 870, Klemm's Verlag. 2 25

— das Buch der Livreen. Eine übersichtliche Zusammenstellung der schönsten und gebräuchlichsten herrschaftlichen Livreen jeden Grades und jeder Gattung im deutschen, französischen und englischen Genre, mit Rücksicht auf geschmackvolle Wahl und Harmonie der Farben, Decorationen und Abzeichen zur Auswahl für Herrschaften wie zur Belehrung für Kleidermacher herausg. Mit 33 vollständigen Abbildgn. und 133 planimetr. Schnittmustern (auf 3 lith. Taf. in Imp.-Fol.) Ebend. 860. Lex.-8. (III, 64 S. u. lith. Centimeter-Reductionsschema in gr. Fol.) 1 ℛ

Klemm, Heinr., das Buch der Livreen. Eine übersichtliche Zusammenstellung der schönsten u. gebräuchlichsten herrschaftlichen Livreen jeden Grades u. jeder Gattung im deutschen, französischen u. englischen Genre, mit Rücksicht auf geschmackvolle Wahl u. Harmonie der Farben, Decorationen u. Abzeichen. Zur Auswahl für Herrschaften, sowie zur Belehrung für Kleidermacher. 3. Aufl. Mit 33 Abbildungen von Livreen u. 133 Schnittfig. gr. 8. (64 S.) Dresden 877. H. Klemm. n. 2. 50

Klemm, Heinr., das Buch der Livreen. Eine übersichtl. Zusammenstellung der gebräuchlichsten herrschaftl. Livreen jeder Gattung mit Rücksicht auf geschmackvolle Wahl und Harmonie der Farben, Decorationen und Abzeichen. Zur Auswahl für Herrschaften, sowie zur Belehrung für Kleidermacher hrsg. 5. Aufl. Lex.-8. (48 S. mit zahlreichen Skizzen, planimetr. Schnitt-Mustern und 1 Reductionsschema.) Dresden 886, H. Klemm's Verlag. * 2 25

— Buch der Livreen. E. übersichtl. Zusammenstellg. d. gebräuchl. herrschaftl. Livreen jeder Gattg. m. Rücksicht auf geschmackvolle Wahl u. Harmonie d. Farben, Dekorationen u. Abzeichen. Zur Auswahl f. Herrschaften, sow. z. Gebrauch f. Kleidermacher in jedem vorkomm. Falle. Neu hrsg. u. bedeut. verm. 6. Aufl. M. erläut. Texte u. 161 d. verschied. Schnittmuster u. 1 Reduktionsschema. Lex.-8. (55 S.) Ebd. 895. n. 3. —

— Johann Gutenbergs erste Buchdruck-Presse vom J. 1441. Wieder aufgefunden bei einem Neubau im ehemal. Gutenbergschen Druckhause zu Mainz am 22. März 1856. 8. (15 S. mit lithogr. Abbild.) Ebendas. 884. *
Aus: Beschreibender Catalog des bibliographischen Museums, besonders abgedruckt.

— die praktische Chemie des Kleidermachers sowie des Fleckenreinigers u. Kunstwäschers in mehr als 100 werthvollen chemisch-technischen Vortheilen und ausführlichen Anweisungen über Kenntniß und Prüfung der Farben, Stoffe und Gewebe bezüglich ihrer Aechtheit oder Verfälschung ꝛc.; die gesammte Fleckenreinigungskunst ꝛc. ebenso die Kunstwäscherei ꝛc. Unter Mitwirkung von Fachmännern herausg. Ebend. 859. Lex.-8. (X, 99 S.) 22½ ngr.

Klemm, H: Die praktische Chemie des Kleidermachers. Dresden. (Um 1878)

— ganz Dresden und Umgebungen für 12 Ngr. Illustrirtes und alphabetisch geordnetes historisch-topographisch-statistisches Handbuch mit Begleiter durch alle königl. Sammlungen und Sehenswürdigkeiten. 16. (X und 200 S. mit eingedr. Holzschn. und 1 lithogr. Plane der Stadt in gr. 4.) Dresden 859, Klemm's Verlag. *

— ganz Dresden mit Umgebungen und die sächsisch-böhmische Schweiz für 15 Ngr. Illustrirtes historisch-topographisch-statistisches Handbuch für Fremde und Einheimische, mit Begleiter durch alle königl. Sammlungen und Sehenswürdigkeiten, vollständigem (lithogr.) Plane der Stadt und Karte der sächs.-böhm. Schweiz (in gr. 4. und Fol.) 16. (XIV und 249 S. mit eingedr. Holzschn.) Dresden 859, Klemm's Verlag. *

Klemm, H(einr.), specielle Erörterungen und Vorschläge zu einer durchgreifenden Reform des Gewerbwesens und der Arbeiterverhältnisse im Allgemeinen. gr. 8. (29 S.) Leipzig 848, (Joachim's Separat-Conto.)

Klemm, H., Specielle Erörterungen und Vorschläge zu einer durchgreifenden Reform des Gewerbewesens und der Arbeiterverhältnisse im Allgemeinen. gr. 8°. Leipzig 1848. (Dresden, Klemm's Selbstverlag.)

Klemm, Heinr., Fragmente zur Geschichte des deutschen Schützenwesens, mit specieller Bezugnahme auf die sächs. Lande und das weitberühmte große Vogelschießen der Dresdener Bogenschützen. 2., verm. Aufl. 8. (48 S.) Dresden 862, Klemm's Verlag.

— vollständiger illustrirter Fremdenführer durch die Sächsisch-Böhmische Schweiz. Eine alphabet. geordnete topograph.-histor. Uebersicht aller irgend sehenswerthen u. interessanten Parthieen, Ortschaften u. Gegenstände, mit genauer Angabe der Entfernung u. Eintheilung in beliebige kleinere u. größere Parthieen von ½ bis zu 4 Tagen. Mit 1 (lith.) Spezial-Karte des sächsisch-böhm. Hochlandes ꝛc. (in Fol.). Ebend. 858. 16. (VI, 49 S. mit Holzschn. im Text.) n. 7½ ngr.

— illustrirter Fremdenführer durch die Sächsisch-Böhmische Schweiz. Eine alphabetisch geordnete topographisch-historische Übersicht aller sehenswerthen und interessanten Parthieen, Ortschaften und Gegenstände, mit genauer Angabe der Entfernung und Eintheilung in beliebige kleinere und größere Parthieen von ½ bis zu 4 Tagen. Mit 1 (lith.) Special-Karte (in Fol.) des Sächsisch-Böhmischen Hochlandes von Dresden bis Aussig u. Teplitz mit Hohen-Leipa rc. Ebend. 859. 16. (VI, 49 S. m. Holzschn.) 6 ngr.

—— vollständigster illustrirter Fremdenführer durch ganz Dresden und seine Umgebungen für 15 Ngr. Ein alphabetisch geordnetes historisch-topographisch-statistisches Handbuch mit Begleiter durch alle königl. Sammlungen und Sehenswürdigkeiten. 16. (X und 200 S. mit eingedr. Holzschn. und 1 lithogr. Plane der Stadt in gr. 4.) Dresden 858, Klemm's Verlag. *

—— vollständigster illustrirter Führer durch ganz Dresden, seine Umgebungen und die sächsisch-böhmische Schweiz. Ein historisch-topographisch-statistisches Handbuch für Fremde und Einheimische, mit Begleiter durch alle königl. Sammlungen und Sehenswürdigkeiten, vollständigem bis auf die neueste Zeit berichtigtem (lithogr.) Plane der Stadt und Karte der sächs.-böhm. Schweiz (in gr. 4. und Fol.) 16. (XIV und 249 S.) Dresden 858, Klemm's Verlag. *

Klemm's Führer durch ganz Dresden und dessen Umgebung. Nebst Begleiter durch alle Museen und Kunstsammlungen. 16. (VIII, 189 S. mit lithogr. Plan der Stadt in gr. 4. und vielen eingedr. Illustr.) Dresden 871, Schrag's Verlag. [Kaufmann's Buchh.] 1 —

Klemm's, H., unentbehrlicher Geschäftsfreund f. Jedermann, speciell aber f. Kleidermacher. Der beste Rathgeber in allen täglich vorkomm. geschäftl. u. privaten Angelegenheiten. Ein prakt. Geschäftsbriefsteller nebst allerlei Formularen zu verschiedenen Dokumenten. Von den Titulaturen. Vom Wechsel u. Auszug aus der Wechselordng., sowie techn. Wörterbuch u. den werthvollen Anhängen: Einkommensteuer, Post, Telegramme, Münzen-, Maß- u. Gewichtstabellen, Entschädigg. der Arbeiter bei Verletzgn., Invaliditäts- u. Altersversicherg., Gesetz Sonntagsruhe betr., Mittel zur Entferng. v. Flecken, Mittel gegen Ungeziefer. — Und der Hausarzt. Rathgeber bei plötzl. Erkrankgn. u. Unglücksfällen. gr. 8. (IV, 74 S.) Dresden 894. H. Klemm's Verl. n. 1. 50

— Geschichte der altehrwürdigen u. wohlangesehenen Dresdner Schneider-Innung von ihren ersten Spuren bis auf die Neuzeit. Eine Denkschrift zur Feier des 400jähr. Jubiläums der Bestätigung des ältesten Innungs-Statuts nach archiv. Quellen bearb. Lex.-8. (43 S.) Ebend. 881. n.n. — 50

— die geistlichen Gewänder katholischer u. evangelischer Confession in mathematisch genauen Schnitt-Zeichnungen dargestellt. Mit 88 Schnittfig. u. Scizzen, auch einem Reductionsschema mit sämmtlichen Maßstäben zur Ausführung der Schnittmuster. hoch 4. (III, 29 S.) Ebend. 881. 1. 50

—— die geistlichen Gewänder katholischer und evangelischer Confession in mathematisch genauen Schnitt-Zeichnungen dargestellt. Mit 88 Schnittfig. und Scizzen, auch einem Reductionsschema mit sämmtl. Maßstäben zur Ausführung der Schnittmuster. hoch 4. (III, 29 S.) Ebendas. 881.

Klemm, Heinr. Die geistlichen Gewänder katholischer u. evangelischer Konfession, in mathematisch genauen Schnittzeichngn. dargest. 2. Aufl. Mit 80 Schnittfig. u. Skizzen, auch e. Reduktionsschema m. sämmtl. Maßstäben zur Ausführg. der Schnittmuster. Lex.-8. (28 S.) Dresd. 890, H. Klemm. * 1 50

Klemm's, H., Handbuch der Bekleidungskunst f. Herren. Zum leichtfaßl. Selbstunterricht. Oberkleider, Ueberkleider, Westen usw. nach Schemaaufstellg. mittelst zweier Maßstäbe, vollständig neu bearb., nebst e. großen Auswahl v. geschmackvollen Zeichenvorlagen zu allen Arten moderner Röcke, Jacketts, Sackos, Paletots usw. v. Rud. Tiesler. Beinkleider nach leichter u. sicherer Maßaufstellg. unter Berücksicht. aller Bein- u. Modeformen, nebst Gamaschen u. Stulpen v. A. Riediger. 54. Aufl. (380 S. m. 2 Taf.) 32×24,5 cm. Dresden (910). H. Klemm. 12.—; geb. in Leinw. 14. —

— Handbuch der Bekleidungskunst für Civil und Militär. Nach den Anforderungen des höhern Standpunktes der mathematischen Zuschneidekunst zur Selbstbelehrung bearb. 10. durchaus neu bearb. Aufl. 856. — 11. Aufl., vollständig in 1 Bde. mit 575 Zeichnungen u. einem verb. Centimeter-Reductionsschema. 2 Thle. Ebend. 856. Lex.-8. (2 Bl., 239 S. u. 9 lith. Taf. in gr. Fol.) n. 2 ℛ︀ 20 ngr.; das Reductionsschema einzeln n. 10 ngr.

— Illustriertes Handbuch der höheren Bekleidungskunst für Zivil, Militär und Livree. 14. 33. und 39. Auflage. Dresden 1859. 76. 81

—— illustrirtes Handbuch der höhern Bekleidungskunst für Civil, Militär und Livree. Nach den Anforderungen des neuesten Standpunktes der mathemat. Zuschneidekunst, sowie der verschiedenen Geschmacksrichtungen in der modernen Kleidung zum gründl. Selbstunterrichte bearb. 33. und 34. verm. Aufl. Mit Centimeter-Reductionsschema und über 1400 planotypisch ausgeführten Schnittfig. und Modeskizzen, umfassend alle Arten der männl. Bekleidung, auch die Uniformen für Militär und für Civil-Beamte, die Berg- und Jagdkostüme, die Livreen aller Gattungen, die Priesterkleider, die Kinder-Anzüge und die gesammte Herren-Leibwäsche in durchgehends neuer Bearbeitung. hoch 4. (VIII, 507 S.) Ebendas. 876,77. ℳ 12.; geb.

— — illustrirtes Handbuch der höhern Bekleidungskunst für Herren. Mit Centimeter-Reductionsschema und über 1200 planotypisch ausgeführten Schnitt-Fig. und Modeskizzen, umfassend alle Arten der modernen Bekleidung, mit Einschluß der gesammten Kinder-Garderobe. 35.—40. neu bearb. Aufl. (VI, 427 S.) 1878—82; 41. und 42. Aufl. Lex.-8. (VI, 394 S.) Ebendas. 882,84. *ℳ 12.; geb. *

—— illustrirtes Handbuch der höheren Bekleidungskunst für Herren, zum Selbstunterrichte hrsg. 43. und 44. neu bearb. Aufl. (VIII, 424 S.) 885,86; 45. Aufl. (VIII, 422 S.) 887 und 46. Aufl. Lex.-8. (VIII, 104, 127, 70, 127 S. mit Centimeter-Reductionsschema und über 1300 planotypisch ausgeführten Schnitt-Fig. und Modeskizzen, umfassend alle Arten der modernen Bekleidung mit Einschluß der gesammten Kinder-Garderobe.) Dresden 888, H. Klemm's Verlag. * 12 — geb. * 14 —

—— dass. — zum leichtfaßl. Selbstunterrichte hrsg. 47. neu bearb. und mit neuen Holzschn. verseh. Aufl. 12 Hefte. Lex.-8. (VI, 104, 127, 70, 126 S. mit Centimeter-Reductionsschema und über 1300 planotypisch ausgeführten Schnitt-Fig. und Modeskizzen, umfassend alle Arten der modernen Bekleidung, mit Einschluß der gesammten Kinder-Garderobe und 2 großen Taf.) Ebendas. 888. à Heft *ℳ 1.—. * 12 — geb. * 14 —

— dasselbe. 48., neu bearb. u. m. neuen Holzschn. verseh. Aufl. Lex.-8. (VI, 98, 127, 70 u. 127 S.) Ebd. 890. n. 12. —; geb. n. 14. —

Klemm's, H., illustrirtes Handbuch der höheren Bekleidungskunst f. Herren, bearb. zum leichtfaßl. Selbstunterrichte u. den höchsten Anfordergn. d. Zeitgeschmacks Rechnung tragend. Neu hrsg. v. Alb. Thiel. 49., m. H. Klemms Bildniß verseh. Aufl. Mit Centimeter-Reduktionsschema u. üb. 1300 planotypisch u. zinkographisch ausgeführten Schnitt-Fig. u. Modeskizzen, umfassend alle Arten der modernen Bekleidg., m. Einschluß der gesammten Kinder-Garderobe. Lex.-8. (X, 110, 128, 80 u. 132 S.) Dresden 891. 892. H. Klemm's Verl. n. 12. —; geb. n. 14. —; auch in 12 Lfgn. à n. 1. —; m. korporismetr. Gürtel, Centimeter u. elegantem Maßbuche n. 18. —; geb. n. 20. —

— dasselbe. 50. Jubiläums-Aufl. Lex.-8. (X, 110, 131, 80 u. 132 S.) Ebd. 892. n. 12. —; geb. n. 14. —; auch in 12 Lfgn. à n. 1. —; m. korporismetr. Gürtel, Centimeter u. elegantem Maßbuche n. 18. — ; geb. n. 20. —

— dasselbe. 51. Aufl. Lex.-8. (X, 110, 131, 80 u. 132 S.) Ebd. 894. n. 12. —; geb. n. 14. —; auch in 12 Lfgn. à n. 1. —; m. korporismetr. Gürtel, Centimeter u. elegantem Maßbuche n. 18. —; geb. n. 20. —

— illustr. Handbuch d. höh. Bekleidungskunst f. Herrenkleidermacher, bearb. z. leichtfaßl. Selbstunterr. u. den höchsten Anfordergn. d. Zeitgeschmackes Rechng. tragend. 52. Aufl. M. Centimeter-Reduktionsschema u. üb. 1300 planotypisch u. zinkograph. ausgef. Schnitt-Fig. u. Modeskizzen, umfass. alle Arten d. modernen Bekleidung, m. Einschluß d. ges. Kinder-Garderobe. Lex.-8. (X, 110, 131, 80 u. 132 S. m. Bildn.) Ebd. 895. n. 12. —; geb. n. 14. —; m. korporismetr. Gürtel, Centimeter u. elegantem neuesten Maßbuche n. 18. —; Handbuch hierbei geb. n. 20. —
Erschien auch in 12 Lfgn. à n. 1. —.

Klemm's, H., neuestes illustr. Handbuch der höhern Bekleidungskunst f. Herren. Bearb. z. leichtfaßl. Selbstunterrichte u. den höchsten Anfordergn. des Zeitgeschmackes Rechnung tragend. 58. Aufl. Mit Centimeter-Reductionsschema u. üb. 1800 z. Thl. ganz neu gezeichn. planotypisch u. zinkogr. ausgeführten Schnitt-Fig. u. Modeskizzen, umfassend alle Arten der mod. Bekleidg., m. Einschluß der ges. Kinder-Garderobe. Lex.-8. (VIII, 112, 131 u. 132 S. m. Bildnis.) Dresden (901). H. Klemm. n. 12. —; geb. in Leinw. n. 14. —; auch in 12 Lfgn. à n. 1. —

— vollständiges Handbuch der höheren Bekleidungskunst für Civil, Militair und Livree. Nach den Anforderungen des neuesten Standpunktes der mathemat. Zuschneidekunst, sowie der verschiedenen Geschmacksrichtungen in der modernen Kleidung zum Selbstunterrichte bearb. 25. ganz neu bearb. und sehr verm. Aufl., mit Centimeter-Reductionsschema und weit über 1000 fein ausgeführten (lithogr.) Zeichnenvorlagen, umfassend alle Arten der männl. Bekleidung, auch die sämmtl. Militär- und Civil-Uniformen, die Kinderanzüge, die Livreen aller Gattungen, die verschiedenen Priesterkleidungen ꝛc. in ganz neuer Aufstellung auf 20 großen planotyp. ausgeführten Taf., in 6 Heften, und 26.—28. Aufl. Lex.-8. (VIII, 348 S. mit 7 Stnt. in Imp.-Fol.) Ebendas. 869—71. à Lfg. *M 1,50. * 9 —

— dass. — 29. sorgfältig revid. und 30. Aufl. mit Centimeter-Reductionsschema und 24 großen planotyp. ausgeführten Taf. mit gegen 1200 einzelnen Fig. (in gr. Fol.) umfassend alle Arten der männl. Bekleidung auch die Militair- und Civil-Uniformen, die Berg- und Jagdkostüme ꝛc. in ganz neuer Aufstellung. Lex.-8. (271 S.) Ebendas. 872,73. * 9 —

— dass. — 31. ganz neu bearb. Aufl. in 12 Heften, und 32. verm. Aufl. hoch 4. (VII, 487 S. mit eingedr. Holzschn. und Stnt. in Fol.) Ebendas. 874. à Lfg. *M 1. * 12 —

— vollständiges Handbuch der Bekleidungskunst für Civil, Militär und Livree. Nach den Anforderungen des neuesten Standpunktes der mathemat. Zuschneidekunst, sowie der verschiedenen Geschmacksrichtungen in der modernen Kleidung zum Selbstunterrichte bearb. 14—16. Aufl. 1859—61. und 17., ganz neu bearb. und sehr verm. Aufl., mit gegen 1000 lithogr. Zeichnungen und einem verb. Centimeter-Reductionsschema. Lex.-8. (304 S. mit 15 Stnt. in Imp.-Fol.) Dresden (861)62, Klemm's Verlag. *

Klemm, Heinr., Catalog der Ausstellung seltener kirchenhistorischer Manuscripte und Druckwerke. [31. Octbr. bis 11. Novbr. 1883.] Zum Besten des Carola-Hauses veranstaltet vom Verein Dresdner Buchhändler. Im Auftrage bearb. gr. 8. (54 S.) Dresden 883, (Klemm's Verlag.) **

— beschreibender Catalog d. bibliographischen Museums v. H. K. 1. u. 2. Abth.: Manuscripte u. Druckwerke d. 15. u. 16. Jahrh. aus den 18 frühesten bis 1470 bekannt gewordenen Druckstädten, zusammen üb. 1000 Gegenstände umfassend. 8. (VIII, 509 S. m. 1 color. Steintaf.) Ebend 884. n. 6. —; antik geb. in Deckel v. 2000jähr. Holz aus den Fundamenten der ehemal. Mainzer Römerbrücke. n. 12. —

— beschreibender Catalog des Bibliographischen Museums von H. K. 3. (Schluss-)Abthl.: Alphabetisches Verzeichniss von 510 Druckorten vom J. 1471 bis ins 18. Jahrh., deren frühe und grossentheils erste typograph. Erzeugnisse die 3. Abthl. des Bibliograph. Museums bilden. gr. 8. (9 S.) [Dresden 886, H. Klemm's Verlag.] Leipzig, Buchgewerbe-Museum. * 1 —
1. und 2. Abthl. Ebendas. 1884. *M 6.—.

— die gesammte Kinder-Garderobe. Eine vollständige Belehrung über Zuschnitt und Anfertigung der geschmackvollsten Knaben- und Mädchen-Anzüge für jede Altersklasse. Mit über 400 in feinster Planotypie ausgeführten und in den Text gedr. Fig., auch einem verb. Centimeter-Reductionsschema zum Uebertragen der verjüngten Schnittmuster in die natürl. Größe. [Zugleich die 5. Aufl. des Lehrbuchs der Knabenbekleidung.] hoch 4. (IV, 92 S.) Ebendas. 876. *

— die gesammte Kinder-Garderobe. Eine vollständ. Belehrung über Zuschnitt und Anfertigung der geschmackvollsten Knaben- und Mädchen-Anzüge für jede Altersklasse. Mit 365 in Planotypie ausgeführten und in den Text gedr. Fig., auch einem verbesserten Centimeter-Reductionsschema zum Uebertragen der verjüngten Schnittmuster in die natürl. Größe. 6.—8. Aufl. hoch. 4. (95 S.) Ebendas. 878—81. *

— die gesammte Kinder-Garderobe. Eine vollständ. Belehrg. üb. Zuschnitt u. Anfertigg. der geschmackvollsten Knaben- u. Mädchen-Anzüge für jede Altersklasse. Mit 269 in Planotypie ausgeführten u. in den Text gedr. Fig., auch e. verbesserten Centimeter-Reductionsschema zum Uebertragen der verjüngten Schnittmuster in die natürl. Größe. 10. Aufl. Lex.-8. (VII, 64 S.) Ebend. 885. n. 3 —

— die gesammte Kinder-Garderobe. Eine vollständ. Belehrung über Zuschnitt u. Anfertigg. der geschmackvollsten Knaben- u. Mädchen-Anzüge f. jede Altersklasse. Mit 255 in Planotypie ausgeführten u. in den Text gedr. Fig., auch e. verbesserten Centimeter-Reductionsschema zum Uebertragen der verjüngten Schnittmuster in die natürl. Größe. 11. Aufl. Lex.-8. (VII, 70 S.) Ebd. 887. n. 3. —

— dasselbe. Neu hrsg. v. A. Thiel. Mit 812 in Zinkogr. fein ausgeführten u. in den Text gedr. Fig. u. Bildern, auch e. verbesserten Centimeter-Reductionsschema zum Uebertragen der verjüngten Schnittmuster in die natürl. Größe. 12., verb. Aufl. Lex.-8. (7, VIII, 35 u. 45 S.) Ebd. 891. n. 3. —

— gesammte Kindergarderobe. E. ausführl. Leitfaden üb. Zuschnitt u. Anfertigg. d. neuesten u. geschmackvollsten Knaben- u. Mädchenbekleidg. f. jedes Alter. Z. leichtesten Selbstbelehrg. bearb. Zeitgem. v. R. Tiesler u. A. Riediger u. v. Frl. E. Ditmarsch umgearb. u. nach neuester Mode gezeichnet. 13. Aufl. M. üb. 300 Fig. u. Bild., auch e. Reductionsschema m. d. Maßstäben sämmtl. Körpergrößen. Lex.-8. (51 u. 39 S.) Ebd. 898. n. 3. —

— die menschliche Kleidung vom Standpunkte der Gesundheitspflege und Aesthetik. Wichtige Mahnungen und Aufschlüsse über bisher wenig erkannte Thatsachen und Erscheinungen. gr. 16. (III und 256 S.) Dresden 860, Klemm's Verlag. –

— gesammte Knaben=Bekleidung. E. ausführl. Leitfaden üb. Zuschnitt u. Anfertigg. d. neuesten u. geschmackvollsten Knabengarderobe f. jedes Alter. Zur leichtesten Selbstbelehrung bearb. Zeitgemäß v. R. Tiesler u. A. Riediger u. v. Frl. E. Ditmarsch umgearb. u. n. neuester Mode gezeichnet. 13. Aufl. Mit ca. 160 Fig. u. Bild., auch e. Reductionsschema m. d. Maßstäben sämmtl. Körpergrößen. Lex.=8. (51 S.) Ebd. 898. n. 2. –

Klemm jun., Heinr., Lehrbuch der Bekleidungskunst für Damen, s. Kawisch, E.

—— Lehrbuch der gesammten Kunstwäscherei, s. Haus=Bücher, gemeinnützliche.

Klemm, H: Lehrbuch der gesammten Kunstwäscherei und Kleinigkeitsfärberei. Dresden. (Um 1878)

Klemm, H: Lehrbuch der gesammten Kunstwäscherei und Kleinigkeitsfärberei. 5. Aufl. Dresden. (Um 1893)

— leichtfaßl. Lehrbuch im Zuschnitt sämmtl. Leibwäsche f. Damen, Herren u. Kinder z. Selbstbelehrg. E. Leitfaden f. weibl. Unterrichts=Anst. u. Pensionate, sow. z. Selbstübg. 4., bedeut. verm. u. verb. Aufl. M. 304 planotypisch ausgef., z. Theil nach neuester Methode gezeichn. geometr. Schnittfig. u. Skizzen, auch Reduktions=Schema m. d. Maßstäben sämmtl. Körpergrößen. [Aus: „K., Schule der Damenschneiderin".] Neu bearb. v. Rud. Tiesler. Lex.=8. (IV, 67 S.) Ebd. 896. n. 3. —

Klemm's, H., Lehrbuch f. Uniformschneider zur Selbstbelehrung. 2 Thle. Bearb. v. Alb. Thiel: Neu durchges. u. verb. v. R. Tiesler. Lex.=8. Dresden 896. H. Klemm. n. 5. —; einzeln à n. 3. —

1. Die deutschen Hof=, Staats= u. Beamten=Uniformen nach d. allerhöchsten Bestimmgn. m. Einschluß d. Uniformen d. Berg= u. Hüttenwesens. 2., verb. Aufl. Mit ca. 200 Modellen, auch e. Reduktionsschema m. d. sämmtl. Maßstäben z. Vergrößern d. verjüngten Modelle. (IV, 41 u. 36 S.)
2. D. Uniformen d. deutschen Reichs=Heeres u. d. kaiserl. Marine, nebst ausführl. offiz. Uniformenvorschriften f. d. Offiziere u. Mannschaften d. kgl. preuß. Heeres. 2., bedeut. verm. Aufl. M. ca. 200 Schnittfig. u. Skizzen, auch e. Reduktionsschema m. d. Maaßstäben sämmtl. Körpergrößen. (IV, 123 S.)

— vollständ. Lehrbuch der höheren Bekleidungskunst f. Civil u. Militär. Mit spezieller Berücksichtigung der sämmtl. Größen u. unregelmäßigen Bauarten des Körpers. Nach dem neuesten wissenschaftl. Lehr=System des Zuschnittes zum gründl. Selbstunterrichte bearb. 5. ganz neu bearb. u. sehr verm. Aufl. Mit e. Centimeter=Reductionsschema u. 300 fein lith. Zeichngn., darunter die anatom. Abbildgn. aller unregelmäßigen Körperconformationen. 2 Thle. gr. 8. (VI u. 229 S. m. 4 lith. Taf. in gr. Fol.) Leipzig 850, H. Klemm's Selbstverlag. n. 1 1/3 ℛ — Gestützt auf das trigonometr. Ausmessen des Körpers. Mit specieller Berücksichtigung des unregelmäßigen Wuchses zum gründl. Selbstunterrichte bearb. 6. Aufl. m. 300 lith. Abbild. der sämmtl. unregelmäßigen Körper=Bauarten, der neuesten Modekleiderschnitte, sowie der Uniformen aller deutschen Staaten; nebst e. eleganten Centimeter=Reductionsschema rc. gr. 8. (VI u. 229 S. mit 7 lith. Tafeln in gr. Fol.) Dresden 851, Klemm's Selbstverlag. n. 2 ℛ — 7. Aufl. 4 Hfte. Lex. 8. (VIII u. 166 S. m. 7 lith. Taf. in gr. Fol.) Ebd. 852. (à Hft. n. 1/2 ℛ) n. 2 ℛ

— vollständiges Lehrbuch der höhern Bekleidungskunst für Civil u. Militär, gestützt auf das trigonometrische Ausmessen des Körpers und mit spezieller Berücksichtigung des unregelmäßigen Wuchses zum gründlichen Selbstunterrichte bearb. 8. Aufl. 853. — 9. Aufl. mit 356 Abbildgn. der sämmtl. unregelmäßigen Körpergestaltungen, sowie der neuesten Modekleiderschnitte u. Uniformen aller deutschen Staaten, nebst einem eleganten Centimeter=Reductions=Schema zum bequemen Nachzeichnen der geometr. Figuren. Ebend. 854. Lex.=8. (178 S. u. 8 lith. Taf. in gr. Fol.) n. 2 ℛ.

— u. E. Kawisch, vollständiges Lehrbuch der modernen Bekleidungskunst f. Damen, s.: Kawisch, E.

—— vollständiges Lehrbuch der praktischen Damen=Bekleidungskunst, s. Kurz, P.

Klemm, jun., vollständiges Lehrbuch der gesammten Kunstwäscherei u. Fleckenreinigungskunst rc. s. Haus=Bücher, gemeinnützliche.

Klemm jun., H., vollständiges Lehrbuch der gesammten Kunstwäscherei und Fleckenreinigungskunst sowie der häuslichen Kleinigkeitsfärberei und Appretur nebst allen damit in Verbindung stehenden technischen Vortheilen, Recepten und Geheimnissen der berühmtesten Fachleute, Lehrer und Lehrerinnen dieser Branchen. Gesammelt und in 270 Capiteln mitgetheilt. gr. 8. (XII und 164 S.) Dresden 860, Klemm's Verlag. Thlr.

—— und S. Löwinsohn, Lehrbuch der nothwendigsten kaufmännischen Wissenschaften des Handwerkers, s. Lehrbuch.

— gesammte Mädchen=Bekleidung. E. ausführl. Leitfaden üb. Zuschnitt u. Anfertigg. d. neuesten u. geschmackvollsten Mädchengarderobe f. jedes Alter. Z. leichtesten Selbstbelehrung bearb. Zeitgemäß v. R. Tiesler u. A. Riediger u. v. Frl. E. Ditmarsch umgearb. u. n. neuester Mode gezeichnet. 13. Aufl. Mit ca. 160 Fig. u. Bild., auch e. Reductionsschema m. d. Maßstäben sämmtl. Körpergrößen. Lex.=8. (39 S.) Ebd. 898. n. 2. —

—— instructives Maßbuch für Herrenkleidermacher. Enthaltend die Grundlehre einer neuen zuverlässigeren Körpermessung, im Zusammenhange mit des Verf. neuerfundenen wissenschaftl. Regeln über die genaue Construction sämmtl. Kleiderschnitte für alle vorhandenen Körperformationen. Mit 70 Abbildungen verschiedenartig gewachsener Personen und ihrer jedesmaligen Kleiderschnitte, nebst einer Anzahl zweckmäßig geordneter Tabellen zum Aufzeichnen der Maße und sonstiger beim Maßnehmen erforderl. Notizen. 12. (119 S. und 2 Stnt. in Fol.) Leipzig 849. [Dresden,] Klemm's Verlag. *

— Mass- und Notizbuch für Herrenkleidermacher. 17. Auflage. Dresden

— neues Maß=Notizbuch für Damenkleidermacher, mit Rubriken für alle beim Maßnehmen vorkommenden Bemerkungen. Bearb. zu d. Verf. vollständ. „Schule der Damenschneiderei". 6. Aufl. 16. (IV, 168 S.) Ebend. 877. geb. n. 2. —

— neuestes praktisches Massnotizbuch f. Herrenschneiderei. Tabellar. geordnet u. m. prakt. Rubriken f. alle Vorkommnisse u. nöth. Bemerkgn. beim Massnehmen. Spec. zu H. Klemm's neuestem „Handbuch d. Bekleidungskunst f. Herren" zur Selbstbelehrg. bearb. u. zu allen and. Körpermasssystemen zu benützen. 21. Aufl. qu. gr. 16. (95 S.) Ebd. 898. Kart. n. 1. —

— neuestes verb. Maß=Notizbuch f. Damenschneiderei m. Rubriken f. alle b. Maßnehmen vorkomm. Bemerkgn.; auch üb. Schnitt u. Façon d. bestellten Gegenstände, üb. etwaige Eigenthümlichkeiten in d. Haltg. d. Körpers u. dergl. Spez. zu H. Klemm's „neuester Schule d. Damenschneiderei" sowie zu jedem andern System zu benutzen. 13. Aufl. Große Ausg. 12. (IV, 192 S.) Ebd. 895. Geb. in Leinw. n. 2. —

— dasselbe. Kleine Ausg. gr. 16. (100 S.) Ebd. 898. Kart. n. 1. —

Klemm jun., H., verbessertes Maßnotizbuch für Herren=Kleidermacher, bequem in Tabellen geordnet, mit den nöthigen Rubriken für alle beim Maßnehmen erforderlichen Bemerkungen über Qualität, Farbe u. Preis der zu verwendenden Stoffe u. andern Zubehör, über Schnitt u. Façon der verschiedenen Kleidungsstücke rc. 5. Aufl. Dresden (855.) Klemm. 8. (8, 119 S.) 22½ ngr.

—— verbessertes Maßnotizbuch für Herrenkleidermacher; in bequeme Tabellen geordnet, mit den nöthigen Rubriken für alle beim Maßnehmen erforderlichen Bemerkungen über Stoffe und Zubehör, Schnitt und Façon der Kleidungsstücke, etwa verabredete Arbeitslöhne, Ablieferungszeit u. dgl. 10. Aufl. 16. (175 S.) Dresden 865, Klemm's Verlag. geb. -

— die gesammten k. k. österreichisch-ungarischen Militär- u. Marine-Uniformen, dargestellt in mathematisch genauen Schnittmustern u. Scizzen, sowie mit leichtfaßlichen Erläuterungen versehen. Mit 165 planotypisch ausgeführten Schnittfig. u. bildlichen Darstellungen, auch einem Reductions-Schema mit sämmtlichen Maßstäben zum Uebertragen der verjüngten Modelle in die natürl. Größen. Lex.-8. (43 S.) Ebend. 881. n. 2. —

— die Militär-Uniformen des Deutschen Reiches mit Einschluß der kaiserlichen Marine, in correcten u. vorschriftmäßigen Schnitt-Zeichnungen nach dem verbesserten Proportional-System bearb. u. hrsg. Mit 154 Schnittfig. u. Scizzen, auch einem Centimeter-Reductionsschema mit den Maßstäben sämmtlicher Körpergrößen. hoch 4. (IV, 48 S.) Ebend. 881. n. 2. —

— neue Modell-Sammlung für Herren-Bekleidungs-Geschäfte. Eine reiche Auswahl geschmackvoller und correcter Zeichnen-Vorlagen zu allen Arten moderner Fantasie-Kleidungsstücke. Mit Berücksicht. der Kleider-Aesthetik und der Farben-Harmonie hrsg. Mit über 500 in feinster Planotypie ausgeführter Fig. und einem Centimeter-Reductions-Schema zum Uebertragen der verjüngten Schnittmuster in die natürl. Größe. Zugleich 12. durchgehends neu gezeichnete Aufl. der „Sammlung der neuesten Zeichnen-Vorlagen für Herren-Kleidermacher". hoch 4. (IV, 137 S.) Dresden 876, H. Klemm's Verlag. * M 4,50.; geb. *

— neue Modell-Sammlung für Herren-Bekleidungs-Geschäfte. Eine reiche Auswahl von über 100 geschmackvollen u. correkten Zeichen-Vorlagen zu allen Arten moderner Fantasie-Kleidungsstücke. 3., ganz neu bearb. Aufl. mit einem Centimeter-Reductionsschema zum Uebertragen der verjüngten Schnittmuster in die natürl. Größe. hoch 4. (VIII, 119 S.) Ebend. 881. n. 4. —

— neueste Modell-Sammlung f. Herrenkleidermacher u. Herren-Confectionsgeschäfte. Eine reiche Auswahl der beliebtesten modernen Fantasie- u. Ueberkleider aller Art, sowohl f. normale wie f. corpulente Herren bis zu 66 Centimeter halbe Oberweite hrsg. 14., neu gezeichn. Aufl. [Aus: „Handbuch der Bekleidungskunst".] Lex.-8. (IV, 127 S. m. Illustr. u. 1 Reductionsschema.) Dresden 889. H. Klemm's Verl. n. 4. —

— neueste Modell-Sammlung f. Herren-Kleidermacher u. Herren-Confektions-Geschäfte. Eine reiche Auswahl der beliebtesten, modernen Fantasie- u. Unterkleider aller Art, sowohl f. normale, wie f. korpulente Herren bis zu 66 Centimeter halbe Oberweite hrsg. Neu hrsg. durch Alb. Thiel. 14., neu gezeichnete Aufl. Neue Ausg. [Aus: „Handbuch der Bekleidungskunst".] Lex.-8. (132 S. m. Illustr. u. 1 Reduktionsschema.) Ebd. 891. n. 4. —

—— vollständige Mustersammlung für Damenkleidermacher zu eleganten Verschnürungen auf alle Arten Kleidungsstücke. 4., mittelst Holzsch. gedr. Aufl. (5 Bog. in Fol.) Dresden 851, Klemm's Verlag.

Klemm, Heinr., neue Normal-Modelle des Taillen-Schnittes, einschließlich der Schoßtaille. Bequeme Zeichenvorlagen. [Sonderdr.] Lex.-8. (17 Bl. m. 5 S. Text.) Dresden 890. H. Klemm's Verl. — 75

— neueste Normal-Modelle des Taillenschnittes, einschließlich der Schoßtaillen, progressiv aufsteigend aufgestellt f. alle Körpergrößen u. Weiten vom kleinsten Mädchen bis zur stärksten Dame. 16 Vorlagen. Neu konstruirt, f. das Klemm'sche Schemaverfahren eingerichtet, verjüngt gezeichnet u. z. Thl. m. neuem Text versehen v. Alb. Thiel. Lex.-8. (17 Taf. m. 5 S. Text.) Ebd. 893. n. — 75

— neueste Normal-Modelle des Taillenschnittes, einschließl. d. Schoßtaillen, progressiv aufsteig. aufgest. f. alle Körpergrößen u. -Weiten v. kleinsten Mädchen bis z. stärksten Dame. 20 Vorlagen (in Lex.-8.). Ganz genau konstruirt, f. d. Klemm'sche Schemaverfahren eingerichtet, verjüngt gezeichnet u. m. neuem Text vers. v. Rud. Tiesler u. A. Rüdiger. (6 S. Text.) Ebd. 896. n. — 75

— neueste Normal-Modelle des Taillen-Schnittes, einschließlich der Schoßtaillen, progressiv aufsteigend aufgestellt für alle Körpergrößen u. -Weiten, vom kleinsten Mädchen bis zur stärksten Dame. Praktische Zeichenvorlagen beim Unterricht auf Lehrinstituten. Neu konstruirt, f. das Klemm'sche Schemaverfahren eingerichtet, verjüngt gezeichnet u. m. neuem Text versehen. 20 Vorlagen in Lith. ausgeführt nebst Erläutergn. (Neue Ausg.) Lex.-8. (20 u. 5 S.) Ebd. (901). — 75

Klemm, H., s.: Reductions-Schema, verbess. f. Kleidermacher.

Klemm's, H., 75 Pfg.-Bibliothek f. Kleidermacher. 1. u. 2. Bd. gr. 8. Dresden, H. Klemm. n. — 75

1. D. vollständige Fleckenreinigungskunst u. Kunstwäscherei f. Kleider, Handschuhe u. Möbelstoffe jeder Art. Nebst Anleitg. z. billigsten Bereitg. d. hierzu erforderl. Seifen u. Waschwasser. Eine prakt. Anleitg. f. Jedermann. Nach vieljähr. prakt. Erfahrgn. bearb. v. Karl Andler. 3., vielfach verb. u. verm. Aufl. (38 S.) 897.
2. Farben-Harmonie-Lehre. E. Leitfaden f. Damen- u. Herren-Kleidermacher sow. verw. Geschäftszweige, zur geschmackvollen Farbenzusammenstellg. Nebst e. Farbenring z. Darstellung d. Farben nach ihren Gattgn. Von H. Klemm. 2., verb. Aufl. (36 S.) 898.

— Reductions-Schema zur mathematisch-geometr. Zuschnitt-Lehre. 1 lith. Bog. in gr. Fol. Leipzig 849, (Dresden) Klemms Selbstverlag. $^1/_3$ Thlr.; auf Pappe gezogen $^2/_3$ Thlr.; auf Leinw. u. in Futteral 1 Thlr.

—— vollständige Sammlung der schönsten und elegantesten Muster zum Verschnüren aller Arten Herrenkleidungsstücke, in ganz neuer, vereinfachter Manier. (5 Bog. in Holzschn.) Fol. Leipzig 849. [Dresden,] Klemm's Verlag. -

— die neueste praktische Schnell-Zuschneidekunst, nach fert. Grundmodellen in natürl. Größe vom Knaben bis zum stärksten Manne u. sowohl f. Röcke u. Fräcke, wie f. alle Arten v. Rock-Jackets, Sack-Jackets, Paletots, Mäntel, Joppen u. dergl., ebenso f. Westen u. Beinkleider dargestellt im neuesten Geschmack auf großen lith. Plano-Taf. mit reich illustr. erklär. Texte. Neu hrsg. u. zeitgemäß bearb. v. Alb. Thiel. Lex.-8. (VIII, 175 S.) Ebd. 891. Mit Kopirrad u. gutem Centimeter in Karton. n. 15. —; m. korporismetr. Gürtel u. elegantem Maßnotizbuch n. 20. —

— die praktische Schnell-Zuschneide-Kunst nach fertigen Grund-Modellen in natürlicher Größe vom Knaben bis zum stärksten Manne u. sowohl für Röcke u. Fracks, wie für alle Arten von Jackets, Twinen, Paletots, Ueberröcken, Sacco's, Mänteln, Joppen u. dgl.; ebenso für Gilet u. Pantalon in jeder Modeform dargestellt auf 9 großen lith. Plano-Taf. mit reich illustr. erklär. Texte. Nebst ächt Pariser Centimeter-Maß u. Copirrad. Lex.-8. (IV, 148 S.) Ebend. 877. In Kapsel. n. 15. —

—— Neueste vollständ. Schule d. Damenschneiderei, zum gründl. Selbstunterrichte, sowie als Leitfaden f. Lehr-Institute hrsg. Umgearb. von Alb. Thiel. 16. Aufl. Mit über 700 Schnittfig. u. Modeskizzen. Lex.-8. (99, 71, 35, 45, 60 S.) Ebd. 891. * 8 —; geb. * 10 —
Mit korporismetr. Gürtel oder Meßapparat, Pariser Centimeter in Metalletui u. Maßnotizbuch * 14 —; geb. * 16 —.

— neue vollst. Schule d. Damenschneiderei z. gründl. Selbstunterrichte, sowie als Leitfaden f. Lehr-Institute. Zeitgem. umgearb. u. zum Thl. m. neuen Zeichngn. vers. v. Marie Sonnet. 17., m. H. Klemm's Bildnis vers., ganz neu bearb. u. nach neuester Mode gezeichn. Aufl. Mit üb. 700 fein ausgef. Schnittfig. u. Modeskizzen m. Einschluß d. ges. neuesten Kinder-Garderobe, sow. d. Leibwäsche f. Herren u. Damen, auch e. Reduktionsschema m. d. Maßstäben sämmtl. Körpergrößen. Lex.-8. (103, 56, 82 u. 60 S.) Ebd. 895. n. 8. —; geb. in Leinw. n. 10. —; m. korporismetr. Gürtel, Centimeter u. Maßnotizbuch n. 14. —; geb. n. 16. —
Erschien auch in 8 Lfgn. à n. 1. —.

— neueste vollständige Schule der Damenschneiderei zum gründlichen Selbstunterrichte, sowie als Leitfaden f. Lehr-Institute, ursprünglich hrsg. v. K. Zeitgemäß umgearb. u. zum Thl. m. neuen Zeichngn. versehen von Marie Sonnet. 18., m. H. Klemm's Bildniß verseh. ganz neu bearb. u. nach neuester Mode gezeichnete Aufl. Mit üb. 700 fein ausgeführten Schnittfig. u. Modeskizzen m. Einschluß der gesammten neuesten Kinder-Garderobe, sowie der Leibwäsche f. Herren u. Damen, auch e. Reduktionsschema m. den Maßstäben sämmtl. Körpergrößen. Lex.-8. (107, 77, 51, 39 u. 67 S.) Ebd. (902). n. 8. —; geb. in Leinw. n. 10. —; m. „korporismetr. Gürtel" od. Meßapparat, Centimeter in Etui u. Maßnotizbuch n. 14. —; geb. n. 16. —

—— vollständige Schule der Damenschneiderei, zum gründl. Selbstunterrichte, sowie als prakt. Leitfaden für Lehr-Institute unter Mitwirkung renomirter Fachleute bearb. 1.—3. Aufl. 1871—74, und 4. ganz neu bearb. und sehr verm. Aufl. Mit mehrern 100 planotyp. ausgeführten Zeichnungen in verjüngter und natürl. Größe, auch ein verb. Centimeter-Reductionsschema mit den Maßstäben für alle Körpergrößen vom Kinde bis zur stärksten Dame. 8 Hefte. hoch 4. (252 S.) Dresden 875, Klemm's Verlag. à Heft * ℳ 1.; geb. * 10 —

–– Vollständige Schule der Damenschneiderei. 4. und 5. Auflage. Dresden 1875. 76

—— vollständige Schule der Damenschneiderei zum gründlichen Selbstunterrichte, sowie als prakt. Leitfaden für Lehr-Institute. Mit über 600 planotypisch fein ausgeführten Zeichnungen in verjüngter und natürl. Größe, mit Einschluß sämmtl. Kinder-Garderobe, sowie der Herren- und Damen-Wäsche, auch ein Reductions-Schema mit den Maßstäben sämmtl. Körpergrößen. 5. verm. Aufl. 8 Hefte. hoch 4. (267 S.) Ebendas. 876. à Heft ℳ 1.; compl. geb.

Klemm, Heinr., vollständige Schule der Damenschneiderei zum gründl. Selbstunterricht, sowie als Leitfaden für Lehr-Institute, unter Mitwirkung prakt. Fachleute bearb. und hrsg. Mit über 700 planotypisch fein ausgeführten Schnittfig. und Modescizzen, mit Einschluß der gesammten Kinder-Garderobe, sowie der Leibwäsche für Herren und Damen, auch einem Reductionsschema mit den Maßstäben sämmtl. Körpergrößen. 6. und 7. ganz neu bearb. Aufl. (258 S.) 1878,80; 10. verm. Aufl. (307 S.) 1882; 11. und 12. verm. Aufl. (323 S.) 1883,84; 13. verm. Aufl. Lex.-8. (315 S.) Ebendas. 884. cart. *
geb. *

— vollständige Schule der Damenschneiderei, zum gründl. Selbstunterrichte, sowie als Leitfaden f. Lehr-Institute unter Mitwirkg. prakt Fachleute bearb. u. hrsg. 14. Aufl. Mit üb. 700 planotypisch fein ausgeführten Schnittfig. u. Modeskizzen m. Einschluß der gesammten Kinder-Garderobe, sowie der Leibwäsche f. Herren u. Damen, auch e. Reductionsschema mit den Maaßstäben sämmtl. Körpergrößen, im Anh. noch besonders die Normal-Modelle d. Taillenschnittes m. doppelten Seitentheilen in den neuesten Formen ausgeführt. Lex.-8. (330 S.) Ebend. 886. n. 8. —; geb. n. 10. —

— vollständige Schule der Damenschneiderei, zum gründl. Selbstunterrichte, sowie als Leitfaden f. Lehr-Institute unter Mitwirkung prakt. Fachleute bearb. u. hrsg. 15., mehrfach neu bearb. Aufl. Mit über 700 planotypisch fein ausgeführten Schnittfig. u. Modeskizzen m. Einschluß der gesammten Kinder-Garderobe, sowie der Leibwäsche f. Herren u. Damen, auch e. Reductionsschema m. den Maßstäben sämmtl. Körpergrößen, im Anh. noch besonders die Normal-Modelle d. Taillenschnittes m. doppelten Seitentheilen in den neuesten Formen ausgeführt. Lex.-8. (331 S.) Ebd. 887. n. 8. —; geb. n. 10. —

— dasselbe. Zeitgemäß umgearb. v. seinem langjähr. Mitarbeiter **A. Thiel**. 16., ganz neu bearb. u. nach neuester Mode gezeichnete Aufl. Mit über 700 fein ausgeführten Schnittfig. u. Modeskizzen. Lex.-8. (99, 71, 35, 45 u. 60 S.) Ebd. 891. n. 8. —; geb. n. 10. —; m. „corporismetr. Gürtel" oder Meßapparat, Pariser Centimeter in ff. Metalletui u. Maßnotizbuch n. 14. —; geb. n. 16. —

Klemm, Hnr., Die Staats- und Civil-Uniformen aller Verwaltungs-Branchen im Deutschen Reiche mit Einschluss des Berg- und Hüttenwesens, sowie des Sicherheits-Dienstes. Mit über 150 Schnittfiguren ... Dresden o. J. 4. . . . . (D.)

— die Staats- u. Civil-Uniformen aller Verwaltungs-Branchen im Deutschen Reiche mit Einschluß des Berg- u. Hüttenwesens, sowie des Sicherheits-Dienstes. Mit über 150 Schnittfig. u. Scizzen, auch einem Reductions-Schema mit den sämmtlichen Maßstäben zum Vergrößern der verjüngten Modelle. hoch 4. (IV, 47 S.) Ebend. 881. n. 2. —

—— der vorschriftsmäßige Talar der Justiz-Beamten im Königr. Bayern, mit den Abweichungen für Richter, Staatsanwälte, Rechtsanwälte und Gerichtsschreiber, in Bild und Schnitt dargestellt. Mit einem Reductions-Schema, enthaltend sämmtl. Maßstäbe zum Uebertragen der verjüngten Schnittmuster in die natürl. Größe. Lex.-8. (4 S. mit eingedr. Fig.) Ebendas. 881. *

Klemm, Heinr., der vorschriftmäßige Talar der Justiz-Beamten im Königreich Preußen, mit den Abweichungen für Richter, Staatsanwälte, Rechtsanwälte u. Gerichtsschreiber, in Bild u. Schnitt dargestellt. Mit einem Reductions-Schema, enthaltend sämmtliche Maßstäbe zum Uebertragen der verjüngten Schnittmuster in die natürliche Größe. Lex.-8. (4 S. mit eingedr. Fig.) Dresden 881. H. Klemm. n. 1. 50

Klemm, traité pratique de l'habillement enseignant la préparation et l'exécution de tous les patrons concernant la toilette des dames et des enfants. Avec plans, gravures et planches. Publié par la Mode illustrée. hoch 4. (II, 193 S.) Paris 878. Didot & Co. n. 9. 60

—— die österreichisch-ungarischen Uniformen für den k. k. Hof- und Staatsdienst, unter Beifügung der Kostüme für die Ritter des Malteser- und des deutschen Ordens. In mathematisch genauen Schnittzeichnungen und Scizzen dargestellt. Mit über 100 Schnittfig. und Abbild., auch einem Reductionsschema mit sämmtl. Maßstäben zum Uebertragen der Modelle in jede gewünschte natürl. Größe. Lex.-8. (41 S.) Ebendas. 883. *

—— Unterricht im Arrangement der Damen-Toiletten vom Standpunkte der Kleider-Aesthetik und der Farben-Harmonie. In Bild und Schnitt leicht faßlich dargestellt an einer Auswahl der geschmackvollsten Modelle von Kleid-Taillen, Aermeln, Krägen 2c. Mit 260 planotypisch ausgeführten Abbild. und Schnittfiguren, auch einem Reductionsschema zum Uebertragen der verjüngten Modelle in jede gewünschte natürl. Größe (in Imp.-Fol.). Zugleich ein Suppl. zu allen bisherigen Auflagen von des Verf. „Schule der Damenschneiderei". hoch 4. (IV, 114 S.) Ebendas. 876. * ℳ 4.; geb. *

Klemm, H., u. S. Löwinsohn

—— —— Unterricht in der Buchführung, s. Löwinsohn, S.

— leichtfaßlicher Unterricht im Zuschnitt sämmtlicher Leibwäsche für Damen, Herren u. Kinder. Ein Leitfaden für weibliche Unterrichts-Anstalten u. Pensionate, sowie zur Selbstübung. Unter Mitwirkung von Fachlehrerinnen der Gewerbeschule des Lette-Vereins in Berlin bearb. u. hrsg. Mit 266 planotypisch ausgeführten geometrischen Schnittfig. u. Scizzen, auch einem Reductions-Schema mit den Maßstäben sämmtlicher Körpergrößen. hoch 4. (IV, 59 S.) Ebend. 879. n. 2. 25

—— leichtfaßlicher Unterricht im Zuschnitt sämmtlicher Leibwäsche für Damen, Herren und Kinder. Ein Leitfaden für weibl. Unterrichts-Anstalten und Pensionate, sowie zur Selbstübung. Unter Mitwirkung von Fachlehrerinnen der Gewerbeschule des Lette-Vereins in Berlin bearb. und hrsg. Mit 266 planotypisch ausgeführten geometr. Schnittfig. und Scizzen, auch einem Reductions-Schema mit den Maßstäben sämmtl. Körpergrößen. hoch 4. (IV, 59 S.) Ebendas. 881—84. *

Klemm, Heinr., leichtfaßlicher Unterricht im Zuschnitt sämmtlicher Leibwäsche für Damen, Herren und Kinder. Ein Leitfaden für weibl. Unterrichts-Anstalten und Pensionate, sowie zur Selbstübung. Unter Mitwirkung von Fachlehrerinnen der Gewerbeschule des Lette-Vereins in Berlin, bearb. und hrsg. 2. verm. und verb. Aufl. Lex.-8. (IV, 60 S. mit 266 planotyp. ausgeführten geometr. Schnittfig. und Skizzen, auch 1 Reductions-Schema mit den Maßstäben sämmtl. Körpergrößen.) Ebendas. 887. * 2 25
Aus: Schule der Damenschneiderei, besonders abgedruckt.

— leichtfaßlicher Unterricht im Zuschnitt sämmtlicher Leibwäsche f. Damen, Herren u. Kinder. Ein Leitfaden f. weibl. Unterrichts-Anstalten u. Pensionate, sowie zur Selbstübg. 3., verm. Aufl. Mit 266 planotypisch ausgeführten, nach neuester Methode gezeichneten geometr. Schnittfig. u. Skizzen, auch e. Reductions-Schema mit den Maßstäben sämmtl. Körpergrößen. [Aus: „K., Schule der Damenschneiderin".] Lex.-8. (IV, 60 S.) Ebd. 894. n. 2. 25

—— Versuch einer Urgeschichte des Kostüms in Beziehung auf das allgemeine Culturleben der ältesten Völker der Erde. Mit Abbildungen nach Denkmälern der Vorzeit. 16. (VII und 136 S. mit 6 Stnt. und 2 Holzschnt.) Dresden 860, Klemm's Verlag. -

— u. O. Heckenholz, stigmographische Vorlagen zum freien Handzeichnen f. Fachschulen d. Bekleidungs-Gewerbes. 1—3. Hft. 4. (à 12 Steintaf.) Ebend. 873. à 1 —

—— die neuesten Zeichnenvorlagen für Herrenkleidermacher. Mit 65 Zeichnungen auf 2 (lithogr.) Imp.-Fol.-Taf. und 1 verb. (lithogr.) Centimeter-Reductionsschema (in Imp.-Fol.) Bildet zugleich ein Suppl. zur 7. bis 18. Aufl. des vollständ. „Handbuchs der Bekleidungskunst für Civil und Militär." Lex.-8. (III und 16 S.) Dresden 859, Klemm's Verlag. -

Klemm's, H., verbessertes Centimeter-Reductions-Schema für Herren- u. Damen-Kleidermacher zum Nachzeichnen von geometrisch aufgestellten Kleider-Modellen für alle Grössen von 24 bis 66 cm halbe Oberweite. (Neue Ausg.) qu. gr. Fol. (1 Bl.) Dresden (901). H. Klemm. n. 1. —; auf Pappe mit Stoffzwischenlage n. 2. 25; auf Wachsleinw. m. steifer Zwischenlage n. 3. —

— die sämmtlichen neuen Zivil-Uniformen aller Verwaltungs-Beamten d. öffentlichen Dienstes, sowie der uniformirten Vereine u. s. w. in den k. u. k. Oesterreichischen Staaten. In mathematisch genauen Schnittzeichngn., Skizzen u. Bildern dargestellt. Nach neuester ministerieller Verordng. hrsg. v. O. Heckenholz. Mit über 138 Schnittfig., Skizzen u. Bildern, auch e. Reduktionsschema m. sämmtl. Masstäben. 2. Aufl. Lex.-8. (10 S. m. 30 Taf.) Ebd. 890. n. 2. —

— die Civil-Uniformen aller Verwaltungs-Branchen des öffentlichen Dienstes, sowie der uniformirten Vereine in den k. k. österreichischen Staaten. In mathematisch genauen Schnittzeichnungen u. Scizzen dargestellt. Mit über 150 Schnittfig. u. Scizzen, auch ein Reductions-Schema mit sämmtlichen Maßstäben. Lex.-8. (41 S.) Ebend. 882. n. 2. —

—— das trigonometrische Zuschnitt-System für Herren-Bekleidung, s. Schmidt, F. A.

Klemm, Heinrich Arnim: Meditationum ad jus ..., s. Höpfner, Ludwig [Präs.]

Klemm, Heinr. Herm., Codex saxonicus, s. Codex.

Klemm, H. H., Reichsgesetz betr. die unter Ausschluß der Oeffentlichkeit stattfindenden Gerichtsverhandlungen. Vom 5. April 1888. Erläutert. 8. (III, 54 S.) Leipzig 888, Roßberg'sche Buchh. * 1 20

Klemm, H(einr.) H(erm.), über die stillschweigend übernommene Verbindlichkeit zu Bezahlung des Kaufpreises unbestellt empfangener Waaren. Nach gemeinem Civilrecht. gr. 8. (IV und 70 S.) Leipzig 854, Breitkopf und Härtel.

Klemm, Hermann, Referendar in Berlin: Das Delikt der Gefangenenbefreiung. Greifswald 1904: H. Adler. (VII, 63 S.) 8° [J.]
Greifswald, Jur. Fak., Ref. Weismann, Diss. v. 19. Okt. 1904
[Geb. 22. März 82 Berlin; Wohnort: Berlin; Staatsangeh.: Preußen; Vorbildung: Friedrichs-Gymn. Berlin Reife M. 00; Studium: Berlin 3, Freiburg i. B. 1, Greifswald 2 S.; Rig. 16. Dez. 03.]

Klemm, Herm., s.: Reinhardt, Geo.

Klemm, Herm. Geo., Untersuchungen üb. die Haare der Geisteskranken. Inaugural-Dissertation. gr. 8. (57 S.) Jena 876. (Deistung.) n. 1. —

Klemm, J., orientalische Blumensprache. 32. Arnsberg 836. (Ritter.) 1/6 ℛ

Klemm, J. C., Kurzer Begriff der Klemm'schen Voreltern in aufsteigender und absteigender Linie. Tübingen 1775.

— Geneal. Nachrichten von seiner eigenen und vielen anderen mit ihr verbundenen Familien (Hauber, Hochstetter, Hopfer, Oettinger, Schmid). Tübingen 1782. — 1792. — 1794.

Klemm, J. D., Pastoral-Regeln für Schulmeister. Nach Analogie der Pastoraltheologie in Reden aufgestellt. Kaiserslautern 854. Tascher. 8. (1 Bl., 120 S.) 12 ngr

Klemm, J. D., Pastoral-Regeln für Schullehrer. Nach Analogie der Pastoraltheologie in Reden aufgestellt. 2. Abschnitt: Der Schullehrer als Kirchendiener. gr. 8. (V und 188 S. mit 1 Tab. in Fol.) Kaiserslautern 858, Tascher.
1. Abschn. Ebendas. 1854. 12 Ngr.

Klemm, J. D., die rechte Sonntagsfeier, als das wirksamste Mittel zur Beseitigung der Nothstände der Gegenwart. Ein Wort an alles Volk deutscher Zunge. gr. 8. (IV u. 55 S.) Hof 850, Grau. — 2. Abthlg., enth.: die Sonntagsfeier u. die Kirche. gr. 8. (60 S.) Ebd. 851. (à 6 ngr) 12 ngr

Klemm, J. E., die magyarische Sprache u. d. etymolog. Sprachvergleichung. Lex.-8. (5½ B.) Pesth 843. (Geibel.) *

Klemm, J. H. G.

Klemm, J. K. G., die Hufbeschlagskunst, s. a. Hufbeschlagskunst.

Klemm, J. H. G. Die Hufbeschlagkunst nach den neuesten Grundsätzen. Mit Taf. Dresden 1857. 44 S.

Klemm, J. H. G., der kleine Stallmeister. Theoretisch-praktische Regeln der Reitkunst, nebst allen beim Umgange mit Pferden erforderl. Wissenschaften. Mit 24 lith. Zeichnungen. gr. 16. (160 S.) Leipzig 847, Schrey. n. 5/6 ₰ — Zur Erleichterung des Unterrichts in öffentl. Reitbahnen, sowie zur Selbstübung bearb. 2. Aufl. Mit 24 v. Straßberger entworfenen Abbildgn. (auf 14 lith. Taf.) sämmtlicher Positionen u. Gangarten, sowie der Kennzeichen des Pferdealters. gr. 16. (VIII u. 160 S.) Leipzig 850, Schrey in Comm. 3/4 ₰

—— der kleine Stallmeister. Theoretisch-praktische Regeln der Reitkunst, nebst allen beim Umgange mit Pferden erforderlichen Wissenschaften. Zur Erleichterung des Unterrichts in öffentlichen Reitbahnen, sowie zur Selbstübung bearb. 6., verm. Aufl. Mit 19 (Stn.-)Taf. (in 8. und qu. 4.) nach der Natur aufgenommener Abbildungen der Zäumung, sowie der sämmtl. Positionen und Gangarten, der Anatomie des Pferdes rc. gr. 16. (X und 211 S.) Dresden 860, Klemm's Verlag.

Klemm, Jak. Fr., († d. 24. Juni 1793.) neuer Atlas für d. Jugend, von 21 ill. Landkarten, mit e. Anleit. zum Gebrauch. 8. Tübing. 782. 2e A. 789. (Osiander). 2 ₰

Klemm, Jac. F., neuer Atlas f. die Jugend v. 21 illum. Landchart. u. Anleit. 8. Tüb. Heerbrand. 790.

— hebräisches Elementarbuch. 8. Tübing. 784. (Osiander). 20 kr Schrbp. 1 ₰ 8 kr

— Elementarbuch für d. herzogl. Würtemberg. niedern latein. Schulen. 1r Thl. 785. 6 kr 2r Thl., welcher nur zunächst zur Bekanntschaft mit latein. Schriftstellern selbst leiten soll. 787. 9 kr 8. Stuttg., Mezler. 15 kr

— Exempelbibel zur Bildung des Herzens junger Leute u. Kinder. 8. Tübing. 765.

— **Jeremias Friedrich** (Balingen), Enumerationem et diagnosin herniarum tam genuinarum quam spuriarum. Diss. med. Präs. Wilh. Gottfried Ploucquet. Tübing. (Fues) Sept. 1789. 80 S. mit Widm. v. Präs. (6.80) 18259

Klemm, Imm., etwas Allgemeinfaßliches über d. Weltgebäude u. besonders d. System unserer Sonne. 2e verm. Aufl. 8. Tüb. 817. Osiander. 8 kr

— **Johann Christian** (Präs.), Anti-Christianismus maxime Judaicus. Tübing. (Schramm) (2. u. 3.) IV. 1754. 50 S. (6.—) 18260
Respondenten: M. Johann Friedrich Dizinger (Nyffensis), M. Georg Ernst Enslin (Ludovicopolitanus [= Ludwigsburg]), M. Johann Jacob Schmid (Jesingen), M. Christoph Alexander Weiss (Alto-Twielensis [= Hohentwiel]).

– s. B i b l i a , Tübinger.

Klemm, I. C., Critica sacra Vet. Test. 8. Tübing. Cotta. 739.

Klemm, Johann Christian [Praes.], s. C u h o r s t , Christian Friedrich: Concilii a Benedicto XIII. ... habiti perbreve examen.

Klemm, Jh. Chr. II., († d. 7. Juli 1808.) Denkmal d. Liebe bei d. Grabe M. J. C. F. Enslins, Pfarrers zu Bempflingen. 8. Tübing. 796.

Klemmii, Genesis literarum graecar. e Phoenice derivanda. Diss. Tubing. 720. 4.

Klemm, Johann Christian [Praes.], s. L a n d b e c k , Joh. Fr.: Sacrarum litterarum asserta.

— Lexicon hebraico-germ.-lat. 8. ibid. 745.

Klemm, Johann Christian [Praes.], s. M a l s c h , Friedrich Christ.: Disp. theol. dogm. seu judaismus christianismo sublatus.

— Morgen-, Mittag- u. Abendgebete auf alle Tage in d. Woche. 8. Tübing. 796.

— Opuscula, in quib. consens. Protestantium etc. ostenditur. 4. Frcf. 727.

Klemm, Johann Christian [Praes.], s. R a d a v e r , Johann Karl: Disp. exeget.-dogm. sive fundamina theologiae ...

Klemm, Johann Christian [Praes.], s. S e e g e r , Georg Michael: Orbis hic secundum qualitates et secundum praesentem substantiam est interiturus, nec tamen annihilandus.

— allgem. Würtemberg. Stiftungs-Lexikon u. Wohlthatendenkmal. 1r Thl. 8. Tübing. 790.

Klemm, Jh. Chr. I., († d. 1. Oct. 1754.) theologia christiana, maxime polemica. II Prts. 4. Ulm 751, 52. Wohler. 1 ₰ 8 kr

— theologia christ. max. polemica. II pts. 4. Ulm, Wohler. 753.

Klemm, Johann Christian [Praes.], s. W i n t e r , Johann Karl: Vaticinium vaticiniorum V. T. de Messia in Jesu Nazareno impletum.

— irenisch. Zeugn. in einigen Unionsschriften. 4. Frkf. 724.

Klemm, Johann Nep(omuk): Der Sauerbrunn und die Schlackenbäder in Carlsbrunn, vormahls Hinnewieder, bey Freudenthal im österreichischen Antheile von Schlesien. 100 S., gbd.

Wien: Strauß 1826

JB 2.797

Klemm, Jh. Nep., d. Sauerbrunnen u. d. Schlackenbäder in Karlsbrunn, vormals Hinnewieder, bei Freudenthal in österr. Schlesien. 12. Wien 827. Ant. Strauß.

Renate Cornelius. Erzählung von Johanna Klemm (Hanna Clemens). *Stuttgart: Greiner & Pfeiffer [1899].* (64 S.) [Umschlagt. F.]
= Türmer-Bücher. Jg. 1, H. 11. 12.

Klemm, Johanna, „eines schickt sich nicht f. alle", s. a. Danner's, G., deutsche Jugendbühne. Nr. 22.

'Eines schickt sich nicht für alle.' Ein Jugendspiel in 2 Aufz. von Johanna Klemm. *Mühlhausen i. Th.: G. Danner [1903].* (32 S.) 8° [F.]
— Jugendbühne, G. Danner's Deutsche. No 22. [04. 2227

Klemm, Johanna (Hanna Clemens), das kleine Klosterfräulein. Erzählg. f. junge Mädchen u. solche, d. m. der Jugend fortleben. 8. (308 S.) Berlin 898. J. Gnadenfeld & Co. Geb. in Leinw. n. 4. —

— das kleine Klosterfräulein. Erzählung für junge Mädchen u. solche, die m. der Jugend fortleben. 2. Aufl. 8. (308 S.) Berlin 898. W. Süsserott. Geb. in Leinw. n. 4. —

— Eva König. Roman. (197 S.) 8. Stuttgart (906). Union. n. 3. —; geb. in Leinw. n. 4. —

Klemm, Johanna (Hanna Clemens), Hero's Lampe u. andere Novellen. 8. (383 S.) Leipzig (902). E. Keil's Nachf. 3. —; geb. in Leinw. n. 4. —

— Muttersprache u. andere Novellen. (III, 344 S.) 8. Braunschweig 906. G. Westermann. n. 3. 60; geb. n. 4. 60

— Nina, s. a. Danner's, G., Damen-Bühne. Nr. 20.

Nina. Genrebild in 1 Aufzug von Johanna Klemm. *Mühlhausen i. Th.: G. Danner [1903].* (24 S.) 8° [F.]
— Damen-Bühne, G. Danner's. No 20. [04. 2124

— Nelly's Notizbuch, s. a. Thalia. Nr. 105.

Nelly's Notizbuch. Schwank in 1 Aufzug von Johanna Klemm. *Mühlhausen i. Th.: G. Danner [1903].* (24 S.) 8° [F.]
— Thalia. 105. [04. 2397

Klemm, Johanna, ein moderner Paris, s.: Jugendbühne.

— Die beiden Schwarzbraunen. Eine Erzählg. f. junge Mädchen. Mit 25 Abbildgn. v. H. Koberstein. (III, 285 S.) 8. Stuttgart (909). Union. Geb. in Leinw. 4. 50

— Seine kleine Schwester. Eine Erzählg. f. junge Mädchen. Mit 25 Abbildgn. v. A. Mandlick. (III, 259 S.) 8. Ebd. (910). Geb. in Leinw. 4. 50

— Kloster Ulfingen. Erzählung f. junge Mädchen. 8. (IV, 308 S.) Ebd. 899. Geb. in Leinw. n. 4. —

Klemm, Joannes [Lipsiensis]: De fabulae quae est de Herus et Leandri amoribus fonte et auctore ... Lipsiae, typ. Max Hoffmanni, 1889. 61 S. 1 Bl. 8°
Leipzig, Phil. Fak., Inaug.-Diss. v. 15. Mai 1889

Klemm, Josef (Hrsg.), s. Monatsschrift für Theater und Musik.

– (Hrsg.), s. Salon, Der.

Klemm, Jul., kurzgefaßte Geschichte der Stadt Czarnikau, zusammengestellt u. der Zeitfolge nach geordnet. 8. (112 S.) Czarnikau 893. J. Deuß. n. 1. —

Klemm, K., die ärztliche Massage und das Heilturnen. 2. Aufl. der ärztl. Massage, verm. durch das Heilturnen. gr. 8. (XII, 153 S. mit Abbild. im Texte.) Riga 885, Kymmel's Sortiment. * 3 —

Klemm, K., die ärztliche Massage, ihre Wissenschaft, Technik und praktische Anwendung. gr. 8. (XII, 72 S. mit Abbild. im Texte.) Riga 883, (Kymmel's Buchh.) *

Klemm, C., die Muskelklopfung, eine activ-passive Zimmergymnastik für Kranke u. Gesunde. Mit (Holzschn.-)Abbildungen im Texte. gr. 8. (53 S.) Riga 877. (Kymmel.) n. 1. 80

— dasselbe. 2., verm. Aufl. gr. 8. (65 S.) Wien 878. Toeplitz & Deuticke. n. 1. 20

Klemm, C.: Die Muskelklopfung eine activ-passive Zimmergymnastik für Kranke u. Gesunde. 2. Aufl. Riga 1878. 65 S. m. Abb.
— — 3. Aufl. 1880.

Klemm, C., die Muskelklopfung, eine activ-passive Zimmergymnastik für Kranke und Gesunde. 3. verm. Aufl. gr. 8. (66 S. mit Holzschn.-Abbild. im Texte.) [Berlin 880.] Leipzig, Grieben's Verlag. *

Klemm, C. Die Schönheitspflege im Wuchse des Kindes. Der Richtgürtel als Erziehungs-Requisit f. Schule u. Haus zur Verhütung von Mißwuchs u. Kurzsichtigkeit. 2. Aufl. gr. 8. (25 S. m. Abbildgn.) Riga 892, Kymmel's Sort. * — 50

KLEMM, Karl (München): De morbo fragmentum.- Straubingae: Lorn 1834. 16 S.
21.6.1833 - Urk; P 61
Diss. Ingolst.-Landsh.-München.

Klemm, Carl u. Heinr., vollständiges Lehrbuch der modernen Zuschneidekunst u. Bearbeitung sämmtlich. Herrenkleider f. alle vorhandenen Größen u. Bauarten. M. ein. Anh. nützl. Belehrungen, einem Reductionsschema natürl. Größe (in Fol.) u. über 100 eingebundenen Zeichnungen. gr. 8. (7 3/8 B.) Leipzig 846. (Prächtel.) *

Klemm, Carl, und Heinr. Klemm, vollständiges Lehrbuch der prakt. Zuschneidekunst und zeitgemäßen Bearbeitung sämmtlicher Herrenkleider. Für alle Größen und Bauarten des Körpers zum gründl. Selbstunterrichte bearb. 3. Aufl. (142 S.) 1847. und 4., verm. Aufl. Mit einem Centimetre-Reductionsschema und 150 geometr. Zeichnungen (auf 7 Stnt. in Fol.) gr. 8. Leipzig 848, (O. Klemm.) *

Klemm, Karl Jul.

—— „Bleibe an der Güte Gottes!" Zuruf an seine liebe Kirchgemeinde am Tage der Kirchenvisitation den 19. Sonntag nach Trinitatis 1858. Predigt in der Hauptkirche zu St. Johannis in Zittau über Römer 11, 22. gr. 8. (14 S.) Oschatz 858, Oldecop's Erben. *

— Daß wir auch Denen eine liebevolle Theilnahme schuldig sind, die ihr Unglück selbst verschuldet haben. Predigt. Lex.-8. Zittau 836. (Schöps.) 1/12 ₰

— durch den Segen der Frommen wird eine Stadt erhoben. Predigt zur 600jähr. Gedächtnißfeier der Begründung der Stadt Zittau am 11. Sonnt. nach Trin. 1855 über Sprüchw. Sal. 11, 11. gehalten und mit dem nach der Predigt gesprochenen Gebete herausgegeben. Zittau 855. Pahl. 8. (20 S.) 3 ngr.

—— Durch den Segen der Frommen wird eine Stadt erhoben. Predigt zur 600jährigen Gedächtnißfeier der Begründung der Stadt Zittau am 11. Sonntag nach Trin. 1855 über Sprüchw. Sal. 11, 11. gehalten und mit dem nach der Predigt gesprochenen Gebete hrsg. gr. 8. (20 S.) Zittau 856, Pahl'sche Buchh.

Klemm, Karl Jul., Erinnerungen an heilige Stunden im Gotteshause. Predigten. Mit Titelkpfr. gr. 8. Zittau 835. (Schöps.) 1 ₰

Klemm, Carl Jul., fürchtet euch nicht! Predigt am Neujahrstage 1849 über Lucä 12, v. 4—9 in Zittau gehalten, mit dem nach der Predigt gesproch. Gebete. gr. 8. (15 S.) Zittau 849, Pahl. Thlr. *

—— unser Glaubensbekenntniß am Weihnachtsfeste: Jesus Christus gestern und heute, und derselbe auch in Ewigkeit. Predigt am zweiten heil. Weihnachtstage 1857 gehalten. gr. 8. (16 S.) Zittau 858, [Pahl'sche Buchh.]

— das Gotteshaus — ein Bethaus. Predigt. gr. 8. Zittau 837. Birr. n. $^1/_{12}$ ß

—— unsere Lebensaufgabe im Lichte der heilsamen Gottesgnade. Predigt am ersten heil. Weihnachtsfeiertage 1857 gehalten. gr. 8. (16 S.) Zittau 858, (Pahl'sche Buchh.)

— das große Loos des Christen. Predigt am 3. S. nach Trin. 1854 über die Epistel 1. Tim. 6, 6—10 in Zittau gehalten. Zittau 854. Pahl. gr. 8. (15 S.) $2^1/_2$ ngr.

— **Carl Julius** (Zittau), De necessitudine Jesu Christo cum consanguineis intercedente. Diss. theol. Lpz. (C. P. Melzer) 1846. 23 S. (5.50) 18258

—— der Neujahrsgedanke: Wir sind Kinder d. Zeit! im erhebenden Lichte d. Glaubens: Wir sind alle Gottes Kinder! Pred. am Neujahrstage 1835. gr. 8. ($1^1/_4$ B.) Zittau, [Birr.]

—— Ordinationsfeier in der Kirche zu St. Johannis in Zittau am Sonnt. Invocavit den 29. Febr. 1852. Mit den dabei gesprochenen Gebeten und Reden sowie der Antrittspredigt des Hrn. Ottokar Edm. Peschek. gr. 8. (30 S.) Zittau 852, (Schöpsische Buchh.) *

Klemm, Carl Jul., das sächsische Perikopenbuch. Eine Sammlung von mehr als 1700 Predigtentwürfen über sämmtl. in demselben enthalt. Texte. Seiner Gemeinde zur Erinnerung an die in den letzten Jahrzehnten in ihrer Mitte gehalt. Vorträge und jüngeren Amtsgenossen als Repertorium zur Auffindung fruchtbarer Hauptgedanken hrsg. Lex.-8. (X und 390 S.) Leipzig 867, Matthes.

—— Rede am Begräbnißtage Hrn. Karl Wilh. Burdachs, Directors der Stadtschule rc. in Zittau, den 7. Nov. 1842. gr. 8. ($1^1/_4$ B.) Zittau 843, Schöpsische Buchh.; Birr. *

Klemm, Carl Jul., des Christen Stellung zu unserer Zeit im Lichte der evangelischen Wahrheit. Predigten in Zittau gehalten. gr. 8. (IV und 143 S.) Zittau 854, (Schöpsische Buchh.) **

— Stimmen aus d. Gotteshause als Haus- u. Andachtsbuch. Predigten auf alle Sonn- u. Festtage d. Kirchenjahres über die im Königreiche Sachsen neu verordneten biblischen Abschnitte. 1r Jahrg., in 14 Lfrgg. Lex.-8. Zittau 840. Birr. (à n. $^1/_6$ ß) n. $2^1/_3$ ß, Ladenpreis 3 ß

— Stimmen aus dem Gotteshause, als Haus- u. Andachtsbuch. Predigten auf alle Sonn- u. Festtage des Kirchenjahres über die im Königreiche Sachsen neuverordneten biblischen Abschnitte. 3.—15. (Schluß-) Liefg. Lex.-8. Zittau 840—42, Birr. (à n. $^1/_6$ ß) 2 Bde. $3^1/_4$ ß

— warum Viele so wenig Segen vom Hören des göttlichen Wortes haben? Predigt am 2. Sonntage nach Trinit. 1854 über die Epistel Jak. 1, 21—25. in Zittau gehalten. Ebend. 854. gr. 8. (16 S.) $2^1/_2$ ngr.

Klemm, Carl Jul., was den letzten Abschied schwer und was ihn leicht macht. Predigt am 21. Sonnt. nach Trinit. 1859 und Halt' an! — Halt' ein! — Halt' aus! Predigt am Neujahrstage 1860. gr. 8. (24 S.) Oschatz 860, Oldecop's Erben.

Klemm, Carl Jul., welch einen entschiedenen Kampf die Gründer der evangel. Kirche gegen das Heuchelwesen in der Religion geführt. Predigt. gr. 8. (1 B.) Dresden u. Leipzig 845, Arnoldische Buchh. *

Klemm, Konrad Max.

Klemm, C. M., Predigt über d. Wunder Mosis u. Christi rc. gr. 8. Tübingen, Heerbrand. 800.

Klemm, Konr. Max., († d. ... Juni 1804.) Predigten über d. Wunder Mosis u. Christi rc. gr. 8. Tübing. 800. (Osiander). 16 Kr

— s. Versuch über d. Schriftstelle Gal. III.

Klemm, *Robert* Kurt [aus Bautzen]: Das Ṣaḍviṃçabrāhmaṇa m. Proben aus Sayaṇas Kommentar nebst e. Übs. Prapaṭhaka 1 ... Gütersloh, Druck v. C. Bertelsmann, 1894; 2 Bl., 94 S., 1 Bl. 8.
Leipzig, Phil. Fak., Inaug.-Diss. v. [15. Jan.] 1894

Klemm (L. W.), Die trigonometrische Aufnahme eines Landes. Stuttgart 1842. 8. (Bildet die 1. Abtheilung von dessen Landesvermessung etc.).

— s. a. Blätter, staatswirthschaftliche.

Klemm, L. W.: „Staatswirthschaftliche Blätter", Heft 1 bis 3, Stuttgart 1842. — Vorh.: Com. Bibl. Hamburg.

Klemm, L. W., die Eisenbahnen, nach Anlage, Bau u. Betrieb, wirthschaftlich und technisch dargestellt. Mit einer Beschreibung der Eisenbahn von Wien bis Gloggnitz und 1 Steindrucktaf. Abdruck aus den „Staatswirthschaftl. Blättern." 5. Hft. gr. 8. Stuttgart 844, J. F. Steinkopf. $^1/_2$ ß

Klemm, L. W. Kataster von Frankreich. — Kommunalbesteuerung. 8°. Stuttgart 1842.

— die Landes-Vermessung u. die in ihrem Gefolge befindlichen Arbeiten, erläutert durch die im Königreich Württemberg zur Ausführung gekomm. Vermessung. 1. Heft. 1. Abtheil. — A. u. d. T.: Die trigonometrische Aufnahme eines Landes. 1. Abthl. Mit 1 Steintaf. gr. 8. Ebend. 842. $^7/_{12}$ ß — 2. Hft. 1. Hälfte. Trigonometrischer Theil. 2. Abtheil. — A. u. d. T.: Die trigonometr. Aufnahme eines Landes. 2. Abtheil. Mit 1 Steintaf. gr. 8. Ebend. 842. n. $^1/_3$ ß — 3. Hft. — A. u. d. T.: Die geometrische Detail-Aufnahme eines Landes, oder Darstellung der dabei vorkomm. einzelnen Arbeiten. Mit 6 Steintaf. gr. 8. Ebend. 841. n. $^5/_{12}$ ß

— dass. 4. Heft. — A. u. d. T.: Ueber die Anfertigung der Meß-, Güter- u. Steuer-Bücher, die Fortsetzung dieser Documente u. der Flurkarten, und über das Grenzrecht. gr. 8. (Mit Tab.) Ebend. 841. n. $^1/_4$ ß

Klemm, L. W., süddeutscher Volkskalender, s. Volkskalender.

Klemm, Louis Richard. Ein alter Dt-Amerikaner. N. p., 1845.

--Lese- und Sprachbuch f dt-anische Schüler ... NY. Bost, 1876.

--Warum kann die anische Volksschule nicht leisten was die Deutsche leistet? Von einem alten Dt-Amerikaner. Minden i W., 1905.

Klemm, Ludw., Erinnerungen aus meinem Amtsleben in der Diaspora. (VII, 40 S.) 8. Dresden (907). C. L. Ungelenk. — 60

Klemm, Ludw., Jesus Christus das wahrhaftige Licht, welches alle Menschen erleuchtet, die in diese Welt kommen. Predigt üb. Joh. 1, 9, geh. am Missionsfeste zu Nürnberg in der Kirche zu St. Lorenzen den 14. Juni 1892. gr. 8. (12 S.) Nürnberg 892. Joh. Ph. Raw. n. — 20

Klemm, L., die öffentliche Unsittlichkeit und ihre Bekämpfung, s. a. Bibliothek, kleine, für innere Mission.

KLEMM, Ludw., Die öffentliche Unsittlichkeit und ihre Bekämpfung. Dresden 1888. 8°. (In Dresden, Bibl. d. Gehe-Stiftg.)

Klemm, Ludw[ig]: Die öffentliche Unsittlichkeit und ihre Bekämpfung. Vortrag in d. Generalvers. d. Landesvereins f. innere Mission im Königreich Sachsen. — Dresden: Reichel 1888. 40 S. 8°

Klemm, L., Die öffentliche Unsittlichkeit und ihre Bekämpfung. (40 S.) Leipzig 1888. Buchh. d. Vereinshauses.

Klemm, L., was mir Freudigkeit giebt beim Eintritt in mein neues Amt, s.: Meier, E. J., wir predigen den gekreuzigten Christus.

Klemme M, die volkswirtschaftlichen Anschauungen D Hume's. (100 S) (Slg nationalökonomischer und statistischer Abhandlungen 25) Jena 1900

Klemm, M. G., Contretanz-Touren, s. John, J. F. W.

Klemm, Max, Wolff Friedrich Lindenspür, ält. Bürgermeister zu Stuttgart. Ein Lebens- u. Sittenbild aus Stuttgarts Stadtgeschichte. gr. 8. (48 S. m. 1 Lichtdr.) Stuttgart 895. G. Wildt. n. 1. —

Klemm, Mor., Michael Neander und seine Stellung im Unterrichtswesen des 16. Jahrh. Inauguraldissertation. gr. 8. (48 S.) Großenhain 884. (Leipzig, Fock.) *

Klemm, Otto

Klemm, O., über den Fuselgehalt der Trinkbranntweine, m. besond. Berücksicht. in Dorpat verkäuflicher Sorten. Inaug.-Diss. gr. 8. (37 S.) Dorpat 890. (Karow.) n. 1. —

Klemm, Otto, Dr. phil.: Lokalisation von Sinneseindrücken bei disparaten Nebenreizen. Mit 2 Fig. im Text. Leipzig: W. Engelmann 1909. 93 S. 8° ¶(Aus: Psychol. Studien hrsg. v. W. Wundt. Bd 5, H. 1/2.)
Leipzig, Phil. Hab.-Schr. v. 20. Mai 1909 [U 09. 3097

Klemm, Otto, a. Leipzig: G. B. Vico als Geschichtsphilosoph und Völkerpsycholog. Leipzig: W. Engelmann 1906. (141 S.) 8° ¶[Erschien vollst. im gleichen Verlage.]
Leipzig, Phil. Fak., Ref. Wundt, Heinze, Diss. v. 15. Mai 1906
[Geb. 8. März 84 Leipzig; Wohnort: Leipzig; Staatsangeh.: Sachsen; Vorbildung: Thomas-Gymn. Leipzig Reife O. 03; Studium: München 3, Leipzig 3 S.; Rig. 1. März 06.]

– (Hrsg.), s. Vold, Jahn Mourley: Über den Traum.

Klemm, Otto, s.: Zeitschrift f. Religionspsychologie.

Klemm, Paul: Ueber den Bau der beblätterten Zweige der Cupressineen .... (Sep.-Abdr. aus Pringsheim's Jahrbüchern f. wiss. Botanik. Bd. XVII. Hft. 3.) Berlin, Druck v. G. Bernstein, 1886; 46 S. u. 4 Taf. 8°.
Leipzig, Phil. Fak., Inaug.-Diss. v. 4. Nov. 1886.

Klemm, Paul, zur Behandlung der Colonbrüche, s.: Sammlung klinischer Vorträge.

– Farbe und Papier im Druckgewerbe, s. Rübencamp, R.

Klemm, Paul, zur Frage der chirurgischen Allgemeininfektionen (Sephthämie, Pyämie) speziell üb. die sich an akute Osteomyelitis schliessenden Blutinfektionen u. ihre Behandlung, s. a. Sammlung klinischer Vorträge.

Zur Frage der chirurgischen Allgemeininfektionen (Sephthämie, Pyämie) speziell über die sich an akute Osteomyelitis schliessenden Blutinfektionen und ihre Behandlung. Von Paul **Klemm**, Riga. Leipzig: Breitkopf & Härtel 1907. (41 S.) 8° [Umschlagt.]
— **Sammlung** Klinischer Vorträge. N. F. No 456/457. [07. 12433

Zur Frage der Osteomyelitis, speciell über d. centrale gummöse (syphilit.) Osteomyelitis der langen Röhrenknochen von Paul Klemm, (Riga). *Leipzig: Breitkopf & Härtel 1900.* (24 S.) 8°
— **Sammlung** Klinischer Vorträge. N. F. No 273. [00. 5693

Klemm, Paul, Handbuch der Papierkunde. Zum Nachschlagen u. zum Unterricht üb. Verwendg., Herstellg., Prüfg. u. Vertrieb v. Papier. (VII, 352 S. m. 104 Abbildgn. u. 3 farb. Taf.) gr. 8. Leipzig 904. Th. Grieben. n. 7. 50; geb. n. 9. —

Klemm, Paul, Handbuch der Papierkunde. Zum Nachschlagen u. zum Unterricht üb. Verwendg., Herstellg., Prüfg. u. Vertrieb v. Papier. 2. erweit. Aufl. (VIII, 400 S. m. 130 Abb. u. 3 farb. Taf.) Lex. 8. Leipzig 910. Th. Grieben. 9. —; geb. n 10. 50

Klemm, Paul, Heimatkunde v. Karlsbad. 3., verm. u. verb. Aufl. Mit 10 Kunstbeilagen v. Walt. Klemm u. Karl Tiemann u. 5 alten Stichen. (128 S. m. 1 farb. Plan.) kl. 8. Karlsbad 907. R. Hengstenberg. Kart. 2. 50

Klemm, Paul: Papier. Braunschweig 1897—1898. (Aus: Muspratt's theoretische, praktische und analytische Chemie.)

Klemm, Paul, Papier im Druckgewerbe, s.: Klimsch's graphische Bibliothek. 3. Bd.

— s.: Papier-Industrie-Kalender.

— Papier-Warenzeichen. Die seit Inkrafttreten des Gesetzes zum Schutze der Warenbezeichngn. vom 1. X. 1894 bis Ende 1902 f. Klasse 27 umfassend Papier, Pappe, Karton, Papier- u. Pappwaren, Roh- u. Halbstoffe zur Papierfabrikation eingetragenen Wort- u. Bildzeichen. (XVIII, 244 S.) 12. Leipzig (903). Eisenschmidt & Schulze. Geb. in Leinw. n. 4. 50

Klemm, Paul, zur Pathologie u. Therapie d. Schussverletzungen d. Magens u. Darmes, s. a. Sammlung klin. Vorträge.

Zur Pathologie und Therapie der Schussverletzungen des Magens und Darmes v. Paul **Klemm**, (Riga). *Leipzig: Breitkopf & Härtel 1896.* (44 S.) 8.
— **Sammlung** Klinischer Vorträge. N. F. No 142. [96. 88;

Klemm, Paul, s.: Sammlung klin. Vorträge.

Über Streptomykose der Knochen. Osteomyelitis streptomycotica v. Paul Klemm, (Riga). *Leipzig: Breitkopf & Härtel 1899.* (20 S.) 8.
— Sammlung Klinischer Vorträge. N. F. No 234. [99. 1365

Klemm, Paul. Studien über die pathologisch-anatomischen Veränderungen am Darm in Folge v. Brucheinklemmung u. ihre Bedeutung für die Herniotomie. Diss. gr. 8. (96 S.) Dorpat 889. (Karow). * 1 50

Klemm, Richard, aus Glauchau: **Beitrag zur Maladie des Tics impulsifs.** *Leipzig 1901: B. Georgi.* (55 S.) 8°
Leipzig, Med. Diss. v. (21. Dez.) 1901

Klemm, Richard [pract. Arzt]: Ueber neuritis migrans. Strassburg, Buchdruckerei von R. Schultz u. Comp., Berger-Levrault's Nachfolger, 1874. 8. 66 S. u. 1 Taf.

Klemm, Rob., Instruktion zur praktischen Handhabung der den Forst- und Jagdschutz betr. Gesetze und Verordnungen mit besond. Berücksicht. der in der Prov. Sachsen geltenden Bestimmungen. Hrsg. als Preisschrift vom Allgemeinen Deutschen Jagdschutzverein, Section Prov. Sachsen. 12. (155 S.) Halle 887, Pfeffer. cart. * 1 20

Klemm, Thdr., Gedanken u. Erfahrungen f. besinnliche Leute. (II, 215 S.) kl. 8. Freudenstadt (910). (Schlaetz.) 1.20; geb. in Leinw. n 1.50

Klemm, W., Versuch e. Gesch. d. Bayersch. Gesetzgeb. von Entsteh. der Staaten bis Ende des 16ten Jahrh. gr. 8. München, Lentner. 802.

Klemm, Walther, prakt. Arzt a. Stettin, Oberarzt beim 3. Garde-Feldartillerie-Reg.: Ueber die Complication von Schwangerschaft, Geburt und Wochenbett mit Carcinoma Uteri. Leipzig 1907: B. Georgi. (25 S.) 8°
Leipzig, Med. Fak., Ref. Zweifel, Diss. v. 14. Mai 1907
[Geb. 1. Apr. 79 Stettin; Wohnort: Beeskow; Staatsangeh.: Preußen; Vorbildung: Gymn. Stettin Reife O. 98; Studium: Berlin K. W. A. 9 S.; Coll. 17. Mai 07; Approb. 30. März 04.]

Klemm, Walter, baccalaureus juris, Referendar in Erfurt: Das Recht des Handlungsreisenden. Leipzig 1905: W Wigand. (88 S.) 8°
Leipzig, Jur. Fak., Diss. v. 17. Jan. 1905
[Geb. 12. Nov. 78 Erfurt; Wohnort: Erfurt; Staatsangeh.: Preußen; Vorbildung: Gymn. Erfurt Reife M. 99; Studium: Halle 1, Freiburg i. B. 3, Halle 2 S.; Rig. 17. Jan. 03.]

Klemm, Walther, Referendar: **Die Übernahme des von einer offenen Handelsgesellschaft betriebenen Geschäfts durch einen der beiden Gesellschafter im Falle des § 142 HGB.** Borna-Leipzig 1909: Noske. IX, 83 S. 8°
Leipzig, Jur. Diss. v. 31. Aug. 1909
[Geb. 7. Dez. 79 Dresden; Wohnort: Stuttgart; Staatsangeh.: Sachsen; Vorbildung: Kgl. Gymn. Dresden-N. Reife O. 00; Studium: Tübingen 1, Leipzig 7 S.; Rig. 23 Juli 04.] [U 10. 2761

Klemm, Wilhelm, aus Riga: **Über das α-Pyridylmercaptan.** *Berlin (1900): G. Schade.* (34 S.) 8°
Berlin, Phil. Diss. v. 3. März 1900

Klemm, Wilhelm, a. Leipzig: Über ein primäres Endotheliom der Lunge. Leipzig: O. Klemm 1905. (21 S.) 8°
München, Med. Fak., Ref. v. Bollinger, Diss. v. 2. Juli 1906
[Geb. 15. Mai 81 Leipzig; Wohnort: Leipzig; Staatsangeh.: Sachsen; Vorbildung: Thomas-Gymn. Leipzig Reife O. 00; Studium: Leipzig 2, München 1, Leipzig 1, Erlangen 1, Leipzig 1, Kiel 1, Leipzig 1, München 2 S.; Coll. 2. Juli 06; Approb. 20. Mai 06.]

Klemm, Wilhelm, approb. Arzt: **Menstruatio praecox.** *Coburg 1902: A. Rossteutscher.* (29 S.) 8°
Jena, Med. Diss. v. (25. Juni) 1902

Klemm, Wilhelm, Referendar in Düsseldorf: **Über die Stellung der Eisenbahnen im deutschen Strafgesetzbuch.** Borna-Leipzig 1908: R. Noske. (VIII, 62 S.) 8° [J.]
Leipzig, Jur. Fak., Diss. v. 10. Febr. 1908
[Geb. 4. April 83 Offenbach a. M.; Wohnort: Düsseldorf; Staatsangeh.: Preußen; Vorbildung: Lessing-Gymn. Frankfurt a. M. Reife O. 02; Studium: Gießen 2, Heidelberg 2, Marburg 2 S.; Rig. 26. Juli 05.]

Klemm, With., verbannt, s.: Zinnow, Karl.

Klemme, A., die Behandlung des Alten Testaments im evangelischen Religionsunterricht der höh. Schulen. Den Herren Fachgenossen zur Prüfg. vorgelegt. gr. 8. (39 S.) Wiesbaden 900. H. Heuß. n. — 60

Klemme, Friedrich

—— die Entstehung des Heidelberger Katechismus und der Gebrauch desselben in Kurhessen. gr. 8. (31 S.) Kassel 862, Scheel. *

Klemme, Friedr., die Augsburgische Confession, s. Confession.

—— das Leben Johann Calvin's. gr. 8. (50 S.) Kassel 864, Scheel.

—— das gute Recht der evangelisch-reformirten Kirche in Hessen. Ein Beitrag zu einer gerechten Beurtheilung derselben. Mit einem Vorworte von Wilh. Scheffer. gr. 8. (XII und 56 S.) Marburg 867, Elwert'sche Universitäts-Buchh. *

Klemme, Max, die volkswirtsch. Anschauungen David Hume's, s. a. Sammlung nationalökonom. u. statist. Abhandlungen. 25. Bd.

Klemme, Max, aus Magdeburg: **Die volkswirtschaftlichen Anschauungen** David Humes. *Halle a. S. 1900: (Lippert & Co., Naumburg a. S.).* (41 S.) 8° ¶ [Erschien vollst. 1900 als Bd 25 d. Sammlung nationalökon. u. statist. Abhandlungen d. staatswiss. Seminars zu Halle a. S.]
Halle, Phil. Diss. v. 1900

Klemme, Max: Die volkswirtschaftlichen Anschauungen David Hume's. Ein Beitrag z. Gesch. d. Volkswirtschaftslehre von Dr. phil. –. Jena: G. Fischer 1900. 100 S. 8°
= Sammlung nationalökon. u. statist. Abhandlungen d. staatswiss. Seminars zu Halle. Bd. 25.

Klemme, Otto, General Lawton's Tod. Eine Episode v. den Philipinen. Von Einem, der dabei gewesen. Nach eigenen Erlebnissen erzählt. (22 S.) kl. 8, Leipzig 907. Verlag f. Literatur, Kunst u. Musik. — 60

Klemmer, Car. Aug., de Iridoncosi. Commentatio ophthalmologica. 8maj. (5 B. u. 1 Kpfrt.) Dresdae 836, libr. Walther.

Klemmer, R. Fortschritt in d. künstlichen Kinderernährg. Skizze. Pankreatin als Milchzusatz v. Thdr. Timpe. gr. 8. (16 S. m. Textabbildgn.) Magdeb. 889, [Wennhacke u. Zincke] Niemann. * — 50

Klemmer, R., Fortschritt in der künstlichen Kinderernährung. [Pankreatinzucker m. u. ohne Sterilisirg. der Kuhmilch]. Skizze. [Aus: „Aerztl. Central-Anzeiger".] Zusätze zur sterilisirten u. gewöhnlichen Milch u. Sterilisirapparate, v. Thdr. Timpe. gr. 8. (16 S. m. Abbildgn.) Magdeburg 891. Wennhacke & Zincke. — 50

Klemmert, Hugo

— u. K. Weickert, Bilder aus der deutschen u. bayerischen Geschichte in drei sich erweiternden Kreisen. Hilfsbuch f. den ersten geschichtl. Unterricht. gr. 8. (III, 84 S.) Ebd. 890. cart. n. — 50

— u. K. Weickert, Bilder aus der deutschen u. bayerischen Geschichte. Mit e. Anh.: Die Verfassgn. des Deutschen Reichs u. Bayerns. Hilfsbuch f. den ersten geschichtl. Unterricht. 2., völlig umgearb. Aufl. gr. 8. (III, 74 S.) Ebd. 895. Kart. n. — 50

— u. K. **Weickert,** Bilder aus d. deutschen u. bayer. Geschichte. M. e. Anh.: Verfassg. d. Deutschen Reiches u. d. Königr. Bayern. Hilfsbuch f. d. ersten geschichtl. Unterricht. 3. Aufl., neu bearb. v. K. Weickert. gr. 8. (94 S. m. 1 Bildn.) Ebd. 898. Kart. n. — 50

— u. K. **Weickert,** Bilder aus der deutschen u. bayerischen Geschichte. Mit e. Anh.: Verfassung des Deutschen Reiches u. des Königr. Bayern. Hilfsbuch f. den ersten geschichtl. Unterr. 6. Aufl., neu durchgeseh. u. erweitert v. Kasp. Weickert. (III, 115 S. m. 1 Bildnis.) 8. Ebd. 910. Geb. — 50

Klemmert, H., duftige Blüten. Eine poet. Festgabe für junge Mädchen. Mit vielen Illustr. 1.—3. Aufl. 8. (VII, 136 S.) Stuttgart 887. 888. Greiner & Pfeiffer. geb. m. Goldschn. n. 3. —

— dasselbe. 4. Aufl. 8. (VII, 136 S. m. Textillustr. u. 8 Farbendr.) Ebd. 889. geb. m. Goldschn. n. 3. —

Klemmert, Hugo, duftige Blüten. Eine poet. Festgabe f. junge Mädchen. 5.—7. Aufl. 8. (V, 136 S. m. Illustr. u. 1 Farbendr.) Stuttgart 892—894. Greiner & Pfeiffer. Geb. in Leinw. m. Goldschn. n. 3.—

Klemmert, Hugo, duftige Blüten. E. poet. Festgabe f. junge Mädchen. 10. Aufl. 8. (VII, 136 S. m. Abb. u. 8 Farbendr.) Stuttgart 895. Greiner & Pfeiffer. Geb. in Leinw. m. Goldschn. n. 3. —

Klemmert, Hugo, 33 kurze Geschichtsbilder zum Gebrauche in den bayerischen Volksschulen. 14. Aufl. Bearb. v. Eberh. Scheiner. (18 S.) 8. Würzburg 910. C. Kabitzsch. nn — 10

Klemmert, Hugo, 30 kurze Geschichtsbilder zum Gebrauche in den bayerischen Volksschulen. 9., unveränd. Aufl. Bearb. v. Eberh. Scheiner. 8. (16 S.) Würzburg 903. A. Stuber's Verl. n. — 10

Klemmert, Hugo, 26 kurze Geschichtsbilder zum Gebrauche in den bayerischen Volksschulen. 8. (16 S.) **Würzburg 884, Stuber's Verlagsh.** *

—— 26 kurze Geschichtsbilder zum Gebrauche in den bayerischen Volksschulen. 2. und 3. verb. Aufl. 8. (16 S.) Würzburg 885, Stuber's Verlag. * — 10

— 26 kurze Geschichtsbilder zum Gebrauche in bayerischen Volksschulen. 4. Aufl. 8. (16 S.) Würzburg 889. Stuber's Verl. n. — 10

— 26 kurze Geschichtsbilder zum Gebrauche in den bayerischen Volksschulen. 5. Aufl. 8. (16 S.) Würzburg 893. A. Stuber's Verl. n.n. — 10

Klemmert, Hugo, 26 kurze Geschichtsbilder zum Gebr. in d. bayer. Volksschulen. 6. Aufl. 8. (16 S.) Würzburg 896. A. Stuber's Verl. n.n. — 10

Klemp, *Amandus* [pr. Arzt, in Schöneberg '(Weichsel.)']: Über das Adenom des Hodens ... Würzburg, Druck v. F. Fromme-Etlingers Nachf., 1890; 13 S. 8.
Würzburg, Med. Fak., Inaug.-Diss. v. 1890

Klemp, Friedrich. Denken und Freidenken: Vortrag. n. p., 1889. UC

Klemp, (Bernard. Ludov. Theod.) Gustav. (geb. Drevenack im Rheinl. 22. 3. 1830): De hepatis inflammatione suppurativa et abscessu. Berolini (1855). (31 S.) 8°
Berlin, Med. Diss. v. 13. Jan. 1855

KLEMPA, SIMON: Predigt, bei der durch Se. Eminenz Kardinal Fürsten Primas und Erzbischof von Gran Johann Bapt. Scitovszky am 8. September 1856 vollzogenen feierlichen Einweihung der Herminenkapelle im Stadtwäldchen bei Pesth. Pesth 1856. Druck v. Johann Herz. 8 S. - 8°

Klempau, Friedrich, a. Hamburg: Über Pfeilerbewegungen auf der Berliner Sternwarte. Hamburg 1907: Grefe & Tiedemann. (63 S.) 8°
Berlin, Phil. Fak., Ref. Foerster, Diss. v. 21. Dez. 1907
[Geb. 24. Juli 82 Hamburg; Wohnort: Zehlendorf; Staatsangeh.: Hamburg; Vorbildung: Oberrealsch. Hamburg Reife O. 01; Studium: Berlin Landw. Hochsch. 4, Univ. 3 S.; Rig. 14. Nov. 07.]

Klemperer, Christian Thomasius, ein Vorkämpfer der Volksaufklärung. Vortrag, gehalten im Vereins-Verband für öffentliche Vorträge zu Landsberg a. W. am 15. Febr. 1877. gr. 8. (III, 43 S.) Landsberg a/W. 877. (Schaeffer & Co.) n. — 80

Klemperer, Fel., s.a. Fortschritte der deutschen Klinik.

Klemperer, F.: Fortschritte der deutschen Klinik. In akademischen Vorlesungen. I. Bd. 8° (ill. IV, 780 S. mit 10 Tafeln) K 28.50, geb. K. 32.10
Wien: Urban & Schwarzenberg 1910.

Klemperer, Fel., Grundriss d. klin. Bakteriologie, s. a. Levy, Ernst.

Klemperer, Fel., u. Ernst Levy, Grundriss der klinischen Bakteriologie f. Ärzte u. Studierende. gr. 8. (VIII, 340 S.) Berlin 894. A. Hirschwald. n. 8. —

Klemperer, Fel., s.: Klinik, die deutsche, am Eingange des 20. Jahrh.

— Lehrbuch d. klin. Untersuchungsmethoden, s.: Guttmann, Paul.

– Die deutsche Klinik, s. Leyden, E. v.

— s.: Lexikon, diagnostisch-therapeutisches.

Klemperer, Felix [aus Landsberg a. W.]: Traumatische Tabes. . . . Berlin, gedr. bei L. Schumacher, 1889; 33 [1 S. 1 1 Bl. 8°
Berlin, Med. Fak., Inaug.-Diss. v. 19. Febr. 1889

Klemperer, Geo., die Behandlung der Nierenstein-Krankheit. Vorträge, geh. im Fortbildungskursus f. prakt. Aerzte. (81 S.) 8. Wien 904. Urban & Schwarzenberg. n. 1. 20
Sonderabdruck aus: „Therapie d. Gegenwart".

Klemperer, G., Grundriss der klinischen Diagnostik. 8. (VIII, 206 S. m. 56 Abbildgn.) Berlin 890. Hirschwald. geb. n. 4. —

— dasselbe. 2., verm. Aufl. 8. (VIII, 216 S. m. 54 Abbildgn.) Ebd. 890. geb. n. 4. —

Klemperer, G., Grundriss der klinischen Diagnostik. 3., verm. Aufl. 8. (VIII, 226 S. m. 59 Abbildgn.) Berlin 892. A. Hirschwald. Geb. in Leinw. n. 4. —

— dasselbe. 4., verb. u. verm. Aufl. 8. (X, 228 S. m. 59 Abbildgn.) Ebd. 893. Geb. in Leinw. n. 4. —

— dasselbe. 5., verb. u. verm. Aufl. 8. (X, 240 S. m. 63 Abbildgn.) Ebd. 894. Geb. in Leinw. n. 4. —

Grundriss der klinischen Diagnostik v. Prof. Dr. G[eorg] Klemperer. 7. verb. u. verm. Aufl. M. 63 Abb. *Berlin: A. Hirschwald 1897.* (X, 258 S.) 1 Bd 8. [97. 4608

Grundriss der klinischen Diagnostik v. Prof. Dr. G[eorg] Klemperer. 8. verb. u. verm. Aufl. M. 64 Abb. *Berlin: A. Hirschwald 1899.* (X, 250 S.) 1 Bd 8.
[oo. 1366

Grundriss der klinischen Diagnostik von Prof. Dr. G[eorg] Klemperer. 9. verb. u. verm. Aufl. Mit 64 Abb. *Berlin: A. Hirschwald 1900.* (X, 259 S.) 8°
[oo. 9701

Klemperer, G., Grundriss der klinischen Diagnostik. 10., neubearb. Aufl. 8. (X, 260 S. m. 64 Abbildgn.) Berlin 902. A. Hirschwald. Geb. in Leinw. n. 4.—

— Grundriss der klinischen Diagnostik. 12. u. 13., neubearb. Aufl. (à VIII, 276 S. m. 64 Abbildgn.) 8. Berlin 905. 907. A. Hirschwald. Geb. in Leinw. n. 4. —
11. Aufl. (VIII, 264 S. m. 64 Abb.) 903. Geb. n. 4. —.

Klemperer, Geo., Grundriss der klinischen Diagnostik. 16., neubearb. Aufl. (VIII, 296 S. m. 53 Abbildgn. u. 2 farb. Taf.) 8. Berlin 910. A. Hirschwald. Geb. in Leinw. 4. —
14. Aufl. (VIII, 278 S. m. 61 Abb.) 908. — 15. Aufl. (VIII, 292 S. m. 53 Abb. u. 2 Taf.) 909. Geb. à 4. —

— s.: Handbuch der Ernährungstherapie u. Diätetik.

— Lehrbuch der inneren Medizin f. Aerzte u. Studierende. (In 3 Bdn.) 1. Bd. (XII, 582 S.) Lex.-8. Berlin 905. A. Hirschwald. n. 15. —

— Justus v. Liebig u. die Medicin. Vortrag, geh. am 22. IX. 1899 vor der 71. Versammlg. deutscher Naturforscher u. Aerzte zu München. gr. 8. (32 S.) Ebd. 900. n. — 60

Klemperer, Georg [aus Landsberg a. W.]: Ueber den Soorpilz .... Berlin, Buchdr. v. Gustav Schade (Otto Francke) (1886); 30+2 S. 8°.
Berlin, Med. Fak., Inaug.-Diss. v. 28. Jan. 1886.

Klemperer, Georg, über den Soorpilz. Diss. Berlin 1886, Maver & Müller. 8°. 30 S.

— allgem. Therapie d. Stoffwechselstörungen, s.: Rosenheim, Th., allgem. Therapie d. Krankheiten der Verdauungsorgane.

— s.: Therapie, die, der Gegenwart.

— s.: Untersuchungen üb. Gicht u. harnsaure Nierensteine.

— Untersuchungen üb. Infection u. Immunität bei der asiatischen Cholera. [Aus: „Zeitschr. f. klin. Med."] gr. 8. (III, 133 S. m. 2 farb. Taf.) Ebd. 894. n. 4. —

— s.: Zeitschrift f. klinische Medicin.

Klemperer, Gutmann, חיי יהונתן Rabbi Jonathan Eibenschütz. Eine biograph. Skizze. Herausg. von Wolf Pascheles. Prag 858. — (Leipzig, C. L. Fritzsche.) Lex.-8. (1 Bl., 154 S. u. lith. Portrait.) n. 20 ngr.

Klemperer, Herbert: Versuche über den ökonomischen Einfluß der Kompression bei Dampfmaschinen. ⟨Mitteilung aus dem Maschinenlaboratorium B der Technischen Hochschule zu Dresden.⟩ 1904. 46 S. 4°
¶ Auch in: Mitteilungen über Forschungsarbeiten auf d. Gebiete d. Ingenieurwesens. H. 24. 1905; gekürzt in: Zeitschrift d. Vereines deutscher Ingenieure. Bd 49. 1905, Halbj. 1.
Dresden, Dr.-Ing.-Diss. v. 2. 12. 1903
¶ Auch in: Mitteilungen über Forschungsarbeiten auf d. Gebiete d. Ingenieurwesens. H. 13. 1904; Ausz. in: Zeitschrift d. Vereines deutscher Ingenieure. Bd 47, Halbj. 2.
Dresden, Dr.-Ing.-Diss. v. 2. 12. 1903

Klemperer, L.: Die Grundlagen der Krankenpflege, s. Toll, H.

Klemperer, Ralph L[eopold]: Über quantitative Spektralanalyse. 1910. 75 S. 8°
¶ Kurzer Ausz. in: Zeitschrift f. angewandte Chemie. Jg. 23, 2. S. 1756—59.
Dresden, Dr.-Ing.-Diss. v. 21. 12. 1909

Klemperer, Vict., Berliner Gelehrtenköpfe. (72 S. m. 1 eingedr. Bildnis.) 8. Potsdam 910. A. Stein. 1. —

— Glück. Eine Erzählg. (192 S.) kl. 8. Berlin 906. [H. Krüger.] Zehlendorf, R. Eckstein Nachf. 2.—; geb. n 3. —

Glück. Eine Erzählung von Victor **Klemperer**. Berlin: H. Krüger [1907]. (191 S.) 8° [F.]
[08. 3468

Klemperer, Vict., Paul Heyse, s.a. Geister, moderne. N. 4.

Paul Heyse von Viktor **Klemperer**. Berlin: Pan-Verl. 1907. (101 S.) 8° [F.]
= **Geister**, Moderne. No. 4.
[08. 5933

Victor **Klemperer**. Paul Lindau. (Eine Monographie.) Berlin: Concordia (1909). 130 S. 8°
[09. 13170

— Paul Lindau. 2. Aufl. (139 S.) 8. Berlin (909). Concordia. 1.—; geb. 1. 60

Klemperer, Victor, aus Dresden: Die rechtliche **Natur** der Genussscheine. *Halle a. S. 1898: C. A. Kaemmerer & Co.* (VI, 107 S.) 8°
Halle, Jur. Diss. v. 14. Sept. 1898

— Prinz Emil v. Schönaich-Carolath, s.a. Persönlichkeiten.

Prinz Emil von Schönaich-Carolath von Victor **Klemperer**. Charlottenburg: Virgil Verl. (1908). 33 S. 8°
(Persönlichkeiten. H. 23.)
[09. 10121

— Schwesterchen. Ein Bilderbuch. (208 S.) 8. Berlin 906. [H. Krüger.] Zehlendorf, R. Eckstein Nachf. 2.—; geb. n 3. —

— Aus härtern u. weichern Tagen, s.a. Kürschner's Bücherschatz.

Aus härtern und weichern Tagen. Geschichten u. Phantasien von Victor **Klemperer**. Berlin, Leipzig: Hillger [1910]. 112 S. 8°
(Kürschners Bücherschatz. Nr 728.)
[11. 14670

Klemperer, Vict., Talmud-Sprüche. Eine Kulturskizze. (70 S.) kl. 8. Großenhain (906). Baumert & Ronge. n. 1. —; geb. n. 1. 50

— Adolf Wilbrandt. Eine Studie üb. seine Werke. (200 S.) 8. Stuttgart 907. J. G. Cotta Nachf. 2.50; geb. in Leinw. 3. 50

— Deutsche Zeitdichtung von den Freiheitskriegen bis zur Reichsgründg., s. a. Bücher des Wissens.

Deutsche Zeitdichtung von den Freiheitskriegen bis zur Reichsgründung von Victor Klemperer. T. 1. 2. Berlin & Leipzig: Hillger [1910]. 8°

1. Literaturgeschichtl. Überblick. Mit 9 Abb. 2. Gedichtsammlung. (Bücher d. Wissens. Bd 142. 143.) [10. 17227

Klemperer, Wilh., Fest- und Gelegenheits-Predigten. 1. Bd. gr. 8. (V und 216 S.) Breslau 866, Schletter'sche Buchh.

—— Predigt, gehalten am ersten Tage des Wochenfestes 5625 (31. Mai 1865) in der Synagoge zu Landsberg a. d. W. 8. (13 S.) Landsberg a. d. W. 865, (Schäffer und Comp.) *

Klemperer, Wilh., Voltaire u. die Juden. Vortrag. Durch Zusätze u. Anmerkgn. erweitert. gr. 8. (35 S.) Berlin 894. Bibliograph. Bureau. n. — 50

Klempin, Car. Rob. (geb. Swinemünde 19. 11. 1816): De criteriis ad scripta historica Islandorum examinanda. Pars prior. Berolini (1845). (54 S.) 8°

Berlin, Phil. Diss. v. 26. März 1845
[Verf. wurde laut Diplom am 9. April promoviert]

Klempin, Paul, pr. Tierarzt a. Bromberg, Unterveter. im 2. Garde-Feldart.-Reg.: Aus d. Physiol. Inst. d. Tierärztl. Hochsch. zu Berlin. Proteolytische und amylolytische Fermente in pflanzlichen Nahrungsmitteln, speziell im Hafer. Berlin 1909: G. Schade. 42 S. 8°

Leipzig, Veterinär-Med. Diss. v. 24. Okt. 1909, Ref. Ellenberger

[Geb. 1. Dez. 85 Schleusenau; Wohnort: Berlin; Staatsangeh.: Preußen; Vorbildung: Oberrealsch. Graudenz Reife O. 04; Studium: Berlin Tierärztl. Hochsch. 7 S.; Coll. 27. Nov. 09; Approb. 7. Aug. 09.] [U 10. 3005

Klempin, Rob., diplomatische Beiträge zur Geschichte Pommerns, s. Beiträge.

Klempin, Rob., die Exemption des Bisthums Camin. Ein Wort der Abwehr gegen G. A. v. Mülverstedt: „Das Bisthum Cammin im Suffragan-Verhältnisse zum Erzstift Magdeburg." Stettin 870. v. der Nahmer. gr. 8. (81 S.) n. 12½ ngr.

—— und Wigger, das Hundekorn. Gutachten über die Natur der unter diesem Namen in Vorpommern vorkommenden Abgabe. Nebst einer Einleitung und einem Anhang von Kühne. gr. 8. (145 S.) Stettin 879, Dannenberg. *

Aus: Baltische Studien, besonders abgedruckt.

Klempin, Rob., und Gust. Kratz, Matrikeln und Verzeichnisse der pommerschen Ritterschaft vom 14. bis in das 19. Jahrh. gr. 8. (X und 748 S.) Berlin 863, (Mittler's Sortiment.) *

Klempin, Rob., Stammtafeln des pommersch-rügischen Fürstenhauses und seiner Nebenlinien. Aus dem Nachlaß zum Druck gegeben von G. v. Bülow. gr. 4. (19 S.) Stettin 876, v. d. Nahmer. *

— pommersches Urkundenbuch, s. Urkundenbuch, pommersches.

Klempin, Wilhelm, appr. Arzt a. Hohensaathen ⟨Brandenburg⟩: Zur operativen Behandlung der veralteten Ellbogenverrenkungen mit besonderer Berücksichtigung der temporären Resektion des Olekranons. Borna-Leipzig 1908: R. Noske. (30 S.) 8°

Leipzig, Med. Fak., Ref. Trendelenburg, Diss. v. 29. Dez. 1907

[Geb. 4. Sept. 73 Hohensaathen; Wohnort: Leipzig; Staatsangeh.: Preußen; Vorbildung: Königstädt. Gymn. Berlin Reife O. 95; Studium: Berlin 2, Freiburg i. B. 3, Greifswald 5, Rostock 1, Halle 5, Leipzig 6 S.; Coll. 30. Jan. 08; Approb. 21. Nov. 07.]

Klempin, Wilh., s.: Erläuterungen zu sämtlichen Lesestücken in F. Hirts deutschem Lesebuch.

Klempner, E., Untersuchungen üb. den feineren Bau des Centralnervensystems der Affen, s.: Krause, Rud.

Klempner-Kalender pro 1886. Hrsg. v. Carl Pataky etc. Mit vielfach verm. Text. Reich illustrirt. gr. 16. (VIII, 112 u. 155 S.) Berlin 885. Pataky. geb. in Leinw. n 2. —: in Ldr. n. 2. 50

Klempner-Kalender pro 1886—1889. Hrsg. von Carl Pataky etc. Mit vielfach verm. Text. Reich illustrirt. gr. 16. (à Jahrg. ca. 250 S.) Berlin, Pataky. geb. in Leinw. à Jahrg. * ℳ 2.—.; in Leder * 2 50

Klempner-Kalender f. 1891. Hrsg. v. Carl Pataky unter Mitwirkg. v. E. Dalchow, Foehr, G. Langbein u. vieler anderer Praktiker. 11. Jahrg. gr. 16. (XVII, 104, 272 u. VII S. m. Abbildgn.) Berlin 890. Pataky. geb. n. 2. —

Klempner-Kalender für 1893. Hrsg. v. Carl Pataky unter Mitwirkg. v. E. Dalchow, Foehr, G. Langbein u. a. 13. Jahrg. 2 Thle. gr. 16. (XV, 128, 159; III, 122 S. m. Abbildgn.) Berl., Pataky. geb. u. geh. * 2 —

Erscheint alljährlich.

Klempner-Kalender für 1894. Herausgegeben von Carl Pataky. Reich illustrirt. XIV. Jahrg. 16. (176 S., mit Notizblättern.) In Lnwd. gebunden 1.30
Wien: Perles.

Klempner-Kalender f. 1895. Hrsg. v. Carl Pataky, unter Mitwirkg. vieler Fachleute. 15. Jahrg. 2 Thle. gr. 16. (XV, 128, 160 u. 120 S. m. Abbildgn.) Berlin, C. Pataky. Geb. in Leinw. u. geh. n. 2. —

Klempner-Kalender f. 1899. Hrsg. v. Carl Pataky unt. Mitwirkung vieler Fachleute. 19. Jahrg. 2 Tle. 12. (XV, 128, 192 u. 116 S. m. Fig. u. 1 Taf.) Berlin, C. Pataky. Geb. in Leinw. u. geh. n. 2. —

— dasselbe, Ausg. f. Oesterreich-Ungarn, s.: Spengler-Kalender.

Klempner-Kalender f. 1903. Hrsg. von Carl Pataky unter Mitwirkg. vieler Fachleute. 23. Jahrg. 12. (XV, 128 u. 192 S. m. Fig. u. 1 Taf.) Berlin, C. Pataky. Geb. in Leinw. n. 2. —

Klempner-Kalender f. 1906. Hrsg. v. Carl Pataky unter Mitwirkg. vieler Fachleute. 26. Jahrg. (XV, 128 u. 200 S. m. Fig. u. 1 Taf.) kl. 8. Berlin, C. Pataky. Geb. in Leinw. n. 2. —

Klempner-Kalender f. 1911. Hrsg. v. Carl Pataky unter Mitwirkg. vieler Fachleute. 31. Jahrg. (XV, 128 u. 210 S. m. Fig.) kl. 8. Berlin, C. Pataky. Geb. in Leinw. 2. —

Klempner-Zeitung, Berliner. Fachzeitschrift für die gesammten Interessen der Klempnerei, Rohrleger, Drücker, Metall- u. Blechindustrie sowie verwandter Gewerbe. Alleiniges Publikations-Organ der Klempner-Innung zu Berlin. Juni 1901—Juni 1902. 24 Nrn. hoch 4. (à ca. 16 S. m. Abbildgn.) Berlin, C. Gasedow. 4. —

— dasselbe. 2. Jahrg. 1902. 24 Nrn. hoch 4. (à ca. 16 S. m. Abbildgn.) Ebd. 4. —

Klempner-Zeitung, Berliner. Fachzeitschrift f. die gesamten Interessen der Klempnerei, Installateure, Rohrleger, Drücker, Metall- u. Blechindustrie, Beleuchtungsbranche, sowie verwandter Gewerbe. Alleiniges Publikations-Organ der Klempner-Innung zu Berlin. 3.—6. Jahrg. 1903—1906. à 52 Nrn. Mit illustr. Unterhaltungsblatt: Neue Gartenlaube. 12 Nrn. (788, 900, 1280 u. 1372 S. m. Abb.) 4. Berlin (S. 42). C. Gasedow. à Jhrg. n.n. 4. —

Klempner-Zeitung, deutsche. Central-Organ für die gesammte Blechindustrie. Eigenthümer und Hrsgbr.: Carl Pataky. 1. und 2. Jahrg. Mai 1883—April 1885. à Jahrg. 24 Nrn. (Bog.) gr. 4. Berlin, Pataky. à Jahrg. *
Früher u. d. T.: der Blecharbeiter.

Klempner-Zeitung, deutsche. Central-Organ f. die gesammte Blech-Industrie. Hrsg.: Carl Pataky. 5. u. 6. Jahrg. 1885 u. 1886. à 24 Nrn. (B.) gr. 4. Berlin, Pataky. à Jahrg. n. 3. —

Klempner-Zeitung, deutsche. Central-Organ f. die gesammte Blech-Industrie. Hrsg.: C. Pataky. 7. Jahrg. 1887. 24 Nrn. (B. m. Illustr.) gr. 4. Berlin, Pataky. n. 3. —

— dasselbe. 8.—10. Jahrg. 1888—1890. à 52 Nrn. (1½ B. m. Illustr.) gr. 4. Ebd. à Jahrg. n. 4. 50

Klempner-Zeitung, deutsche. Central-Organ f. die gesammte Blech-Industrie. Hrsg.: Carl Pataky. 11.—14. Jahrg. 1891—1894. à 52 Nrn. (à ca. 1 Bog. m. Abbildgn.) gr. 4. Berlin, C. Pataky. à Jahrg. n. 4. 50

Klempner-Zeitung, deutsche. Central-Organ f. d. ges. Blech-Industrie. Hrsg.: Carl Pataky. 15.—18. Jahrg. 1895—1898. à 52 Nrn. (Bog. m. Abb.) gr. 4. Berlin, C. Pataky. à Jahrg. n. 4. 50

— deutsche. Central-Organ f. die gesammte Blechindustrie. Hrsg.: Carl Pataky. Red.: Walth. Häntzschel. 19.—22. Jahrg. 1899—1902. à 52 Nrn. gr. 4. (à ca. 8 S. m. Abbildgn.) Berlin, C. Pataky. à Jahrg. n. 4. 50

Klempner-Zeitung, deutsche. Central-Organ f. d. gesammte Blechindustrie u. das Installationswesen. Hrsg.: Carl Pataky. Red.: Walth. Häntzschel. 23.—26. Jahrg. 1903—1906. à 52 Nrn. (à ca. 8 S. m. Abbildgn.) 4. Berlin, C. Pataky. à Jhrg. n. 4. 50

Klempner-Zeitung, deutsche. Central-Organ f. die gesammte Blechindustrie u. das Installationswesen. Hrsg.: Carl Pataky. Red.: Waldem. Petit. 27.—30. Jahrg. 1907—1910. à 52 Nrn. (VI, 424; IV, 440; VI, 432 u. VI, 436 S. m. Abbildgn.) 32,5×24,5 cm. Ebd. à Jahrg. 4. 50

Klempt, wie sind die Leistungen der Volksschule zu heben u. zu befestigen?, s. a. Magazin, pädagogisches.

Wie sind die Leistungen der Volksschule zu heben und zu befestigen? ⟨Ein erw. Vortrag.⟩ Von Rektor **Klempt**, Eving b. Dortmund. Langensalza: Beyer 1910. 44 S. 8°
(Pädagogisches Magazin. H. 395.) [11. 9332

Klempt, Diedr. Aug., Lehrbuch zur Einführung in die moderne Algebra. Mit einigen hundert Beispielen. gr. 8. (XII, 260 S.) Leipzig 880, Teubner. *

Klemptner, Isidor, über die Wirkung des destillirten Wassers und des Coffeins auf die Muskeln und über die Ursache der Muskelstarre. Inaugural-Dissertation. gr. 8. (43 S.) Dorpat 888, (Schnakenburg's Verlag.)

Klemptner, Louis

Klemptner, L., üb. die Stickstoff- u. Harnsäureausscheidung bei Zufuhr von kohlensaurem resp. citronensaurem Natron. Inaug.-Diss. gr. 8. (34 S.) Dorpat 889. (Karow.) n. 1. —

Klemptner, Max, zur Wirkung d. Kupfers auf den thierischen Organismus. Diss. gr. 8. (51 S.) Jurjew (Dorpat) 894. (E. J. Karow.) n. 1. 20

Gemeinnützige Gedanken, dem echten Bergmannsgeist im Maurer-Orden gewidmet und nach zwei im Freyberger Kalender 1791 enthaltenen Liedern, deren Hauptinhalt hier grösstentheils buchstäblich mit eingeschmolzen ist, bearb. von X. Y. Z. — weiland W. Klems. o. O. 1812. 7 S. 8°
Gedicht: „Wer weih't mit Kraft den Keil dem Staate, . . .“

Klemsch, Joh.: Abhandlung über deutsche Orthographie. 18 S.– Sambor, Progr. 1854.

Klemsch, Joh. Kap. — Epithalamion oder Huldigung Galiziens zur Feier des Allerhöchsten Beilagers Sr. k. k. Apost. Majestät Franz Joseph I. unsers allergnädigsten Kaisers mit Elisabeth Amalia Eugenia königl. Prinzessin von Baiern in tiefster Verehrung dargebracht am 24. April 1854, von der immer getreuen Stadt Sambor in Galizien. Die Huldigung der Völker ein dramatisches Gedicht mit Chören in drei Akten, verfaßt von — —. 8. (32 S.) Lemberg. Druck von P. Piller und Sohn. 1854.

Klemt, Agathon, Gabriel Max und seine Werke. Fol. (24 S. mit zahlreichen Illustr. und Kunstbeilagen.) Wien 886, Gesellschaft für vervielfältigende Kunst. * 15 —
geb. * 23 —
Aus: Die graphischen Künste, besonders abgedruckt.

Klemt, Agath., zur Orientirung auf dem Gebiete der bildenden Kunst. Ein Vortrag. gr. 8. (III, 35 S.) Prag 870, Ehrlich's Buchh. * — 80

Klemt, Franz, a. Berlin: Über den Bau und die Entwicklung einiger Solanaceenfrüchte. (Berlin 1907: A. W. Schade.) (35 S.) 8°
Berlin, Phil. Fak., Ref. Schwendener, Diss. v. 21. Dez. 1907
[Geb. 23. Sept. 83 Berlin; Wohnort: Berlin; Staatsangeh.: Preußen; Vorbildung: Sophien-Realgymn. Berlin Reife O. 03; Studium: Berlin 9 S.; Rig. 14. Nov. 07.]

Rudolf KLEMT Das Vaudeville
Prag, Phil. Diss. 1905/1906.

Klenau, J. C., die Jahreszeiten. Lyrisches Gedicht in vier Gesängen. Lex.-8. (VIII und 167 S.) Berlin 861, Hayn.

Klenau, J. C., Luther. Episches Gedicht in 14 Gesängen. gr. 8. (62 S.) Potsdam 883. Rentel's Verl. n. — 80

Klenck, Georg Ludwig von (Hannover'scher Adel, Larvam detrahens JCtorum opinionibus invidiae plenis. Exercit. acad. Präs. Friedrich Ulrich Pestel. Rinteln (Johann Gottfried Enax) März 1723. 52 S. (6.80) 18262

Klenck, Willy von

Klenck, W. v., 1870—1871. **Kriegs=Tagebuch d. 1. Eskadron d. kgl. sächs. Garde=Reiter=Regts., geführt durch v. K.** gr. 8. (IV, 103 S. m. 1 Lichtdr. u. 2 Karten.) Dresden 895. W. Baensch. n. 4.—; geb. n. 5.—

(Willy v. **Klenck**:) Geschichte der Familie von Klenck auf Wellingsbüttel im Lande Hadeln, Hannover. Als Ms. f. d. Mitglieder d. Familie gedr. Dresden 1898: Meinhold. 93 S. 8° A 11.7952 7

Klencke. Gebr., Eisengießerei- und Maschinenfabrik: Einfall-Lichte. Katalog. Hemelingen bei Bremen 1896

Klencke, Gebr., Fabrik und Lager landwirthschaftl. Maschinen aller Art: Katalog. Hemelingen (1897 ?)

Klencke, Alexander Heinr. (Wesel/Cleve), De rationibus decidendi, partibus a judice communicandis, vel non communicandis, occasione Regiae ordinat. supremi appellat. tribunalis Berolinensis, tit. XLVIII. §. IV. Präs. Johann Wilhelm Waldschmidt. Marburg (Philipp Casimir Müller) 16. I. 1723. 30 S. (6.—) 18263

— — Dasselbe. Wetzlar (Nicolaus Ludwig Winckler) 1729. 28 S. (6.—) 18264

Klencke, Caroline Louise v., s. Klencke, Karoline Louise v.

Graf (Friedrich Leopold zu) Stolberg. Historischer Roman v. [Friedrich Hermann] **Klencke.** Bd. 1. 2. Breslau. 1855. 8°

Klencke, Hermann

Klencke, Ph. Fr. Herm., **Abhandlungen aus d. Gebiete der Physiologie u. Pathologie f. Aerzte u. Naturforscher.** Neue wohlf. Ausgabe. Mit 27 mikroskop. Figuren. gr. 8. (20½ B. u. 4 Stnt.) Leipzig 845, C. F. Schmidt.

—— neue physiolog. **Abhandlungen auf selbständige Beobachtungen gegründet; f. Aerzte u. Naturforscher.** Mit 26 mikroskop. Figuren. gr. 8. (20½ B. u. 4 Stnt.) Leipzig 843, [Schmidt.] * 1 Thlr. 20 Ngr. Hrbges. Pr.

Der Adept zu Helmstedt. Histor. Roman von [Herm.] Klencke. Bd 1—4. Leipzig: Wienbrack 1851. 8°
1. 302 S.; 2. 290 S.; 3. 282 S.; 4. 226 S.
TB. 315.

— s. Album der Nationen.

— **über die Ansteckung u. Verbreitung der Scrophelkrankheit bei Menschen, durch d. Genuß d. Kuhmilch.** 8. Leipzig 846, Kollmann. 12 ngr

Klencke, Herm., Aschenliesel oder des Weibes Beruf. Roman. 3 Bde. 8. (231; 250; 264 S.) Leipzig 869, Grunow. 12 —

Die Bauleute zu Köln oder Deutsche Kunst und Zunft. Roman von Herm. Klencke. Bd 1. 2. Leipzig: Kollmann 1863. 8°
1. 309 S.; 2. 298 S.
Recens: FZ. 17 (1863) S. 335—336; Bh. 6 (1863) S. 100.
cf. L. 23 (1864) S. 82—83.
Tt. 2657; TB. Nr 348.

Klencke, Herm., mikroskopische Bilder. Naturansichten aus dem kleinsten Raume. Ein Gemälde des Mikrokosmus in seinen Gestalten und Gesetzen. In Briefen an Gebildete. Mit 430 in den Text gedr. mikroskop. Figuren (in Holzschn.). Leipzig 853. Weber. 8. (XVI, 432 S.) n. 2 Thlr. 15 ngr.

Klencke, Herm., Blumenknospen. Sammlung neuerer Gedichte. gr. 12. (6 B.) Hannover 834, (Helwing.)

—— **freimüthige Briefe über die Gebrechen, Mißbräuche und Sünden im deutschen Medicinalwesen.** Neue Ausg. in 1 Bd. gr. 8. (V und 410 S.) Cassel 851, Hotop.

—— dass. — 2. Abthl., enth.: die Sonntagsfeier und die Kirche. gr. 8. (60 S.) Ebds. 851.

—— pathologische Briefe. gr. 8. (138 S.) Osterode 847, Sorge. *

Klencke, Herm. (I.), das Buch vom Tode. Entwurf e. Lehre v. Sterben in d. Natur u. v. Tode d. Menschen in's Besondere. Für Naturforscher, Aerzte u. denk. Freunde d. Wissenschaft dargestellt. gr. 8. (12 B.) Halle 840, Schwetschke u. Sohn.

—— Diätetik der Seele. 2. neu durchgearb. und verm. Aufl. des Buches: „Die menschlichen Leidenschaften". 8. (IX, 586 S.) Leipzig 873, Kummer. M 5,40.; geb. 6 60

—— **Entwurf eines neuen naturphilosoph. Systems d. rationellen Heilkunde. gr. 8. (10 B.) Braunschweig 840, Oehme u. Müller.**

— **Entwurf eines durchaus neuen genetischen Systems d. Histologie, zugleich als Grundriß e. philosoph. Anatomie, Versuch einer Lehre von der Qualität des menschl. Organismus im Sinne e. neuen Physiologie. gr. 8. Leipzig 840. Weber. 1 1/3**

—— **Entwurf ein. neu. genet. Systems d. Histologie, zugleich als Grundriss e. philosoph. Anatomie. Versuch e. Lehre v. d. Qualitaet d. menschl. Organismus, im Sinne e. neueren Physiologie. Für Naturforscher, Aerzte u. denk. Freunde d. Wissenschaft entworfen. 8. (15½ B.) Leipzig 841, [Lorck.]**

— Entwurf eines neuen genetischen Systems der Histologie, zugleich als Grundriß einer philosophischen Anatomie. Versuch einer Lehre von der Qualität des menschlichen Organismus, im Sinne einer neueren Physiologie. Für Naturforscher, Aerzte und denkende Freunde der Wissenschaft entworfen. 8. Leipzig 841, Weber. 1½ Thlr.

—— eine deutsche Familie oder Weltkämpfe im Stillleben. Ein moderner Familien-Roman. 3 Bde. 8. (1030 S.) Leipzig 849, Kollmann. à Bd. 1 Thlr. 10 Ngr.

— die Fehler der menschl. Stimme u. Sprache. Eine wissenschaftl. Darstellg. ihrer Ursachen u. ihrer rationellen Heilung. Durchaus nach selbstständ. Erfahrungen f. Aerzte, Erzieher u. Lehrer hrsg. 2. verm. Aufl. (Titel-Ausg. von: Die Störungen d. menschlichen Stimm- u. Sprachorgans.) gr. 8. (VIII u. 148 S.) Cassel (848) 851, Hotop. ⅓ Thlr.

—— Fleisch- oder Pflanzenkost? Eine populäre Antwort der Wissenschaft auf die Streitfrage: Soll der Mensch natur- und gesundheitsgemäß auch Fleisch genießen, oder sich nur von Vegetabilien ernähren? 1. und 2. Ausg. 8. (53 S.) Leipzig 869,70, Minde. * — 75

—— der Frauenarzt. Lehrbuch für das weibl. Geschlecht über dessen Gesundheits- und Heilpflege. Zur Selbstkenntniß der weibl. Anlagen und Gelegenheiten zu Erkrankungen, wie zur rationellen Selbstbetheiligung an der Verhütung und Bekämpfung kranker Zustände. Nebst Unterricht in der weibl. Krankenpflege und den nöth. Heilleistungen von Frauenhand an sich selbst und Anderen ihres Geschlechts. gr. 8. (VIII, 429 S.) Leipzig 874, Kummer. 4 50
geb. 5 70

Klencke, Herm., der Frauenarzt. Lehrbuch für das weibl. Geschlecht über dessen Gesundheits- und Heilpflege. Zur Selbstkenntniß der weibl. Anlagen und Gelegenheiten zu Erkrankungen, wie zur rationellen Selbstbetheiligung an der Verhütung und Bekämpfung kranker Zustände. Nebst Unterricht in der weibl. Krankenpflege und den nöthigsten Heilleistungen von Frauenhand an sich selbst und Anderen ihres Geschlechts. 3. neu verm. und verb. Aufl. 8. (X, 423 S.) Leipzig 886, Kummer. ℳ 4.50.; geb. * 5 70

Klencke, Herm., der Frauenarzt. Lehrbuch f. das weibl. Geschlecht üb. dessen Gesundheits- u. Heilpflege. Nebst Unterricht in der weibl. Krankenpflege u. den nöthigsten Heilleistgn. v. Frauenhand an sich selbst u. Anderen ihres Geschlechts. 5., neu verm. u. verb. Aufl., bearb. v. R. Klencke. 8. (X, 423 S.) Leipzig 892. E. Kummer. 4. 50; geb. 5. 70

Klencke, Herm., der Frauenarzt. Lehrbuch f. d. weibl. Geschlecht üb. dessen Gesundheits- u. Heilpflege. Zur Selbstkenntniß d. weibl. Anlagen u. Gelegenheiten zu Erkrankgn., wie zur ration. Selbstbetheiligg. an d. Verhütg. u. Bekämpfg. kranker Zustände. Nebst Unterr. in d. weibl. Krankenpflege u. d. nöthigsten Heilleistgn. v. Frauenhand an sich selbst u. Anderen ihres Geschlechts. 6., neu verm. u. verb. Aufl., bearb. v. R. Klencke. 8. (X, 426 S.) Leipzig 896. E. Kummer. 4. 50; geb. in Leinw. 5. 70

Klencke, Herm., der Frauenarzt. Lehrbuch der Gesundheitspflege f. das weibl. Geschlecht. Zur selbständ. Erkenntnis u. Beseitigg. der weibl. Krankheitsanlagen u. Erkrankungsgelegenheiten. Nebst Unterricht in der weibl. Krankenpflege u. in den nötigsten Hilfeleistgn. v. Frauenhand an sich selbst u. anderen ihres Geschlechts. 7. neu verm. u. verb. Aufl. (XI, 425 S. m. Abb.) 8. Leipzig 907. E. Kummer. 4.50; geb. 5. 70

—— gesammelte Gedichte. 8. (178 S. mit K's. lithogr. Bildn. und Facsim.) Leipzig 847, Wienbrack.

Die Gegenwart und Zukunft der Freimaurerei in Deutschland. Offner Brief zur Warnung und Rettung von einem Staatsmanne und ehemaligen Logenbeamten [d. i. Herm. Klencke]. Leipzig: Kollmann 1854. 134 S. 8⁰

Auszug in: T. 1 (1855—1856) S. 29—30, 67—68. cf. "Blätter f. literar. Unterhaltung. 19 1854 (F. S. Lucius), abgedr. in: FZ. 8 (1854) S. 190—192 u. in Lucius, F. S.: Alte u. neue Bundesgrüsse. 1855 S. 100—105. Holländ. Übers. in: Acacia. (Utrecht) 3 (1854) S. 185 bis 192. Vgl. ferner: FZ. 8 (1854) S. 145—152, 161—167, 169—174, 177—184, 279—280, 350 bis 352, 372—374 (W. Keller); Ebendas. S. 287, 353; 9 (1855) S. 107—110; T. 1 (1855 bis 1856) S. 97—99 (E. Schueller); L. 14 (1858) S. 61—67; Bh. 2 (1859) S. 93—94 (J. G. Findel).

Tt. 1640. Verf. erklärt, dass der Frmrbund nur zu retten sei, wenn er seine Wirksamkeit auf praktische Liebeswerke beschränken wolle. Nach KB. ist Baron v. Reden (Statistiker) Verf., Kayser u. Heinsius haben die Schrift anonym.

Klencke, (Herm.), (†Worosdar), das deutsche Gespenst. 3 Bde. 8. (51 B.) Leipzig 840, Wienbrack.

—— Gleim. Historischer Roman in drei Büchern (Bdn.) 8. (932 S.) Cöthen 855, Schettler.

Inhalt:

Bd. 1. Die Freunde.
„ 2. Der preußische Husar.
„ 3. Der Hüttner zu Halberstadt.

—— Grundriss d. Anthropologie. Leitende Ideen zu ein. physiolog. Gesch. des Menschheitlebens. Als Leitfaden bei anthropolog. Vorlesn. u. zugleich z. Gebr. f. Naturforscher, Philosophen, Aerzte u. denk. Freunde d. Wissenschaft. 8. (12 B.) Leipzig 841, [Lorck.]

— Grundriß der Anthropologie. Leitende Ideen zu einer physiologischen Geschichte des Menschheitlebens. Als Leitfaden bei anthropolog. Vorlesungen und zugleich zum Gebrauche für Naturforscher, Philosophen, Aerzte u. denkende Freunde der Wissenschaft. 8. Leipzig 841, Weber. 1 ß

— Gutta Percha, ein neuer Stoff für die Industrie, in seiner naturhistor. u. technischen Bedeutung dargestellt. 8. (37 S.) Kassel 848, Hotop. n. 1/6 ß

Harmonien für Geist, Herz und Sinn von Herm. Klencke. Hannover 1833: Gebr. Jänecke. VIII, 116 S. 8⁰

Enth. auch frmrische Gedichte.

Klencke, Herm., die Hausfrau. Praktisches Lehrbuch für deutsche Mädchen u. Frauen über die Kenntnisse u. Verwaltungsregeln des wirthschaftl. bürgerl. Hauswesens auf Grundlage der neueren Realwissenschaften, der Gesundheitslehre, Waarenkunde, Oekonomie u. guten Sitte. 3., gänzl. umgearb. u. bedeutend erweit. Aufl. 8. (VI, 770 S.) Leipzig 880. Kummer. 6. 60; geb. 7. 80

— die gebildete Hausfrau als wirthschaftliche Einkäuferin u. Verwalterin nach Grundsätzen der Naturkunde, Gesundheitslehre, Oekonomie u. guten Sitte. 2. gänzlich umgearb. u. bedeutend erweit. Aufl. des „deutschen Marktbuches." (In ca. 9 Liefgn.) 1—8. Liefg. Leipzig 870. Kummer. 8. Jede Liefg. 6 ngr.

— die gebildete Hausfrau als wirthschaftliche Einkäuferin u. Verwalterin nach Grundsätzen der Naturkunde, Gesundheitslehre, Oekonomie u. guten Sitte. 2. gänzlich umgearb. u. bedeutend erweit. Aufl. d. „deutschen Marktbuchs." 9. u. 10. (Schluß-)Lfg. 8. (VIII, u. S. 573—753.) Ebend. 870. à — 60

—— Hauslexikon der Gesundheitslehre für Leib und Seele. Ein Familienbuch. Neue (Titel-)Ausg. 2 Bde. 15 Lfgn. gr. 8. (IV, 560; 510 S. und Suppl. nebst Register 100 S.) Ebendas. (865)70. à Lfg. 75 Pf. 11 25

—— dass. — 3. neu durchgearb. und verm. Aufl. 2 Bde. in 20 Lfgn. gr. 8. (716; 640 S.) Ebendas. 871—73. à Lfg. 75 Pf. 15 —

Klencke, Herm., Hauslexikon der Gesundheitslehre für Leib und Seele. Ein Familienbuch. 7. neu durchgearb. und sehr verm. Aufl. 25 Lfgn. oder 2 Bde. gr. 8. (VI, 787 S. mit Portr. in Stahlst.; 1052 S.) Ebendas. 880. à Lfg. 50 Pf. * geb. *

— Hauslexikon der Gesundheitslehre f. Leib u. Seele. Ein Familienbuch. 8., neu durchgearb. u. sehr verm. Aufl. Nach dem Tode d. Verf. bearb. u. hrsg. v. e. prakt. Arzt. 28 Lfgn. gr. 8. (1. Bd. IV, 771 S.; 2. Bd. 1032 S.) Ebd. 892. à n. — 50 (2 Bde. kplt.: 14. —; geb. 16. 50)

Klencke, Herm. (L.), die äußere Haut u. ihr Verhältniß z. Organismus. Versuch die Prießnitz'sche Methode d. Wasser-Heilkunst physiolog. zu beleuchten. Eine Flugschr. f. Aerzte u. Nichtärzte. 8. (5¾ B. u. 1 Stnt.) Leipzig 839, Kollmann. Thlr.

Klencke, Herm., die Heilung des Stotterns nach meiner rationellen, didactisch-medicinischen Methode. Neue Erfahrungen und Resultate während des 15jähr. Bestehens meiner Pensionsanstalt für Stotternde. Für Aerzte, Erzieher, Lehrer und erwachsene Stotternde. 8. (160 S.) Leipzig 860, Kollmann. *

—— die Heilung des Stotterns nach meiner rationellen, didactisch-medicinischen Methode. Neue Erfahrungen und Resultate während des 15jähr. Bestehens meiner Pensionsanstalt für Stotternde. Für Aerzte, Erzieher, Lehrer und erwachsene Stotternde. 2. Aufl. 8. (160 S.) Leipzig 862, Kollmann. *

— Herder. Roman. 4 Bde. 8. (290. 318. 303 u. 360 S.) Leipzig 852, Kollmann. 6 ₰

Klencke-Mannhart, Herm., hilf dir selbst. Ein Rathgeber f. Gesunde u. Kranke unter Berücksicht. e. vernünft. Lebensweise u. des Naturheilverfahrens. 1.—6. Aufl. 8. (VIII, 216 S.) Dresden 891—894. Verl. d. Universum. n. 3. —

Klencke-Mannhart, H., Hilf Dir selbst! Ein Rathgeber f. Gesunde u. Kranke unter Berücksicht. e. vernünft. Lebensweise u. der natürl. Heilfaktoren. 7. Aufl. 8. (VIII, 232 u. 7 S. m. 8 Taf.) Dresden (901). Dr. Klencke-Mannhart's Selbstverlag. n. 3. —

— Alexander v. Humboldt. Ein biograph. Denkmal. Mit dem Portr. A. v. Humboldt's (in Stahlst.) u. e. (lith.) Karte des Orinoco-Stromes. gr. 8. (XII u. 252 S.) Leipzig 851, Spamer. n. 1⅓ ₰; in Engl. Einb. n. 2 ₰ (— 2. Aufl. s.: Ehrentempel des 19. Jahrhunderts.)

Klencke, H. Alexander von Humboldt. 2. A. Leipzig 1852.

— Alexander von Humboldt. Ein biographisches Denkmal. 3. gänzlich umgearb. Aufl. Mit dem Portr. Alex. v. Humboldt's in Stahlst. von Weger. [Volksbibliothek der deutschen Classiker. Supplement.] Leipzig 859. Spamer. 16. (X, 414 S.) n. 20 ngr.

— — 4. verm. Aufl. Mit dem Portr. Alex. v. Humboldt's (in Stahlst.) u. 1 (lith.) Karte des Orinoco-Stromes. Ebend. 859. gr. 8. (VII, 282 S.) n. 1 ₰ 10 ngr.

Klencke-Mannhart, Herm., Jesus Christus u. d. christlich-german. Gesinng. [Aus: „K., Vernunft u. Dogma".] gr. 8. (19 S.) Dresden 896. (C. Weiske.) — 30

— der Jesus Christus uns Zeit. gr. 8. (19 S.) Dresden 897. Selbstverlag. n. — 40

—— die patentirte electro-electrische Inductionsmaschine von Danckwerth und Sohn in Hannover, ihre physiolog. und therapeut. Wirkungen, sowie ihre Nutzanwendung in der prakt. Medicin. Nach eigenen Versuchen und den vergleichenden Resultaten mitexperimentirender Aerzte dargestellt. Mit einer Abbildung des Apparates (in eingedr. Holzschn.) 8. (III und 52 S.) Leipzig 853, Kollmann. Thlr.

— Anna Louise Karschin. Geschichtlicher Roman in 3 Büchern (Bänden). Cöthen 853. Schettler. 8. (253; 283; 319 S.) 4 ₰.
Inhalt: 1. Buch: Das Dorfmädchen. — 2. Buch: Die poetische Schneiderfrau. — 3. Buch: Die deutsche Sappho.

Klencke, Herm., Katechismus der Makrobiotik, s. Weber's, J. J., illustrirte Katechismen.

—— Katechismus der Makrobiotik oder der Lehre, gesund und lange zu leben. 8. (XIV und 138 S. mit 18 in den Text gedr. Abbild. in Holzschn.) Leipzig 854, Weber. *

— Katechismus der Makrobiotik oder der Lehre, gesund u. lange zu leben. 3., durchgearb. u. verm. Aufl. Mit 63 in den Text gedr. (Holzschn.-)Abbildungen. 8. (XII, 253 S.) Leipzig 878. Weber. n. 2 —

—— Catharina. Erinnerungen aus meinem Tagebuche. 2 Bde. 8. (508 S.) Leipzig 854, Kollmann.

—— das kranke Kind. Populäre Belehrung in der richt. und frühzeit. Erkennung kindl. Krankheitsanlagen und Erkrankungen und in der zweckmäß. häusl. Behandlung derselben bis zur Hülfe des Arztes. Ein Buch für gebildete Eltern. gr. 8. (VII, 366 S.) Leipzig 871, Kummer. ℳ 3.; geb. 3 90

—— das kranke Kind. Populäre Belehrung in der richtigen und frühzeitigen Erkennung kindl. Krankheitsanlagen und Erkrankungen und in der zweckmäßigen häusl. Behandlung derselben bis zur Hülfe des Arztes. Ein Buch für gebildete Eltern. 2. Aufl. (VII, 366 S.) 1871; 3. neu durchges. Aufl. 8. (IX, 390 S.) Leipzig 881, Kummer. geb.

— das kranke Kind. Populäre Belehrg. in der richt. u. frühzeit. Erkenng. kindl. Krankheitsanlagen u. Erkrankgn. u. in der zweckmäß. häusl. Behandlg. derselben bis zur Hülfe d. Arztes. 5. Aufl. Neu bearb. u. verm. v. e. prakt. Arzt. 8. (VII, 396 S.) Ebd. 891. 4. —; geb. in Leinw. 5. —

—— der Kindermord, d. Tödtung Erwachsener, d. Selbstmord u. d. Todesstrafen vom neuen Standpunkte e. höh. Physiologie aus beleuchtet. Für Gesetzgeber, Rechtsgelehrte, Naturforscher u. denk. Gebildete dargest. 8. (8 B.) Leipzig 840, Kollmann.

—— chemisches Koch- und Wirthschaftsbuch. Gemeinfaßliche Belehrung über die wichtigsten chemischen Vorgänge in Küche und Hauswirthschaft, um nach naturgesetzl. Grundsätzen Speisen zu bereiten und zu conserviren und dadurch zu sparen ohne zu entbehren, und zu genießen ohne zu verschwenden. Nebst einem Anhang: Die Krankenküche. Ein Lehrbuch für nachdenkende Hausfrauen. 8. (XXIV und 496 S.) Leipzig 857, Kummer. *

Klencke, Herm., chemisches Koch- und Wirthschaftsbuch oder die Naturwissenschaft im weiblichen Berufe. Ein Lehrbuch für denkende Frauen und zum Gebrauche in weibl. Erziehungsanstalten. 2., neu durchgearb. und verm. Aufl. 5 Lfgn. gr. 8. (XVI und 502 S.) Leipzig 866,67, Kummer. à Lfg. 7½ Ngr.

—— über die Contagiosität der Eingeweidewürmer nach Versuchen u. üb. d. physiolog. u. patholog. Leben der mikroskopischen Zellen nach empirischen Thatsachen. Zwei medic.-physiolog. Abhandlungen. gr. 8. (20⅝ B.) Jena 844, Mauke.

— Kosmetik, oder menschliche Verschönerungskunst auf Grundlage rationeller Gesundheitslehre. Eine Volksschrift. Ebend. 868. gr. 8. (XV, 537 S.) n. 1 ℛ 18 ngr.; geb. 1 ℛ 27 ngr.

—— Kosmetik oder menschliche Verschönerungskunst auf Grundlage rationeller Gesundheitslehre. Eine Volksschrift. gr. 8. (XV, 537 S.) Ebendas. 869. ℳ 4,80.; geb. 5 70

Klencke, Herm., diätetische Kosmetik oder Gesundheits- und Schönheitspflege der äußeren Erscheinung des Menschen. Eine Volksschrift. 2., neu durchgearb. und verm. Aufl. gr. 8. (XVI, 687 S.) Leipzig 875, Kummer. ℳ 6.; geb.

—— diätetische Kosmetik oder Schönheits- und Gesundheitspflege zur Erhaltung der äußeren Erscheinung des Menschen auf Grundlage rationeller Gesundheitslehre. 4. Aufl. Neu durchgearb. und verm. von R. Klencke. 8. (XVII, 679 S.) Ebendas. 888. ℳ 6.—.; geb. 7 20

—— die schlechte Kuhmilch, ihre Eigenschaften, Ursachen und Erkennungszeichen und ihre Gefährlichkeit als Nahrungsmittel. Ein populärer Vortrag gehalten vor einer philantrop. Gesellschaft. 8. (81 S.) Braunschweig 847, Meyer sen.

—— die Cultur des Maulbeerbaumes und die Zucht der Seidenraupe als Erwerbsmittel in Norddeutschland. Ein Rathgeber für Regierungen und Privatpersonen, welche sich für den Seidenbau, als norddeutschen Erwerbszweig, interessiren. Nach naturwissenschaftl. Grundsätzen und prakt. Erfahrungen bearb. und auf äußere Veranlassung hrsg. gr. 12. (35 S.) Nordhausen 849, Büchting.

Klencke, Herm., erfolgreiche Kuren bei Hirn-, Rückenmark-, Nerven- u. Rheumatismuskranken. Ein ergänz. Anh. zu des Verf. Broschüre „der Nervenarzt". gr. 8. (28 S.) Dresden 889. Verl. d. Universum. n. — 60

— Alex. v. Humboldt's Leben, s. Buch, das neue, der Reisen.

—— Alexander v. Humboldt's Leben und Wirken, Reisen und Wissen. Ein biograph. Denkmal. Fortgesetzt, vielfach erweitert und theilweise umgearb. von Th. Kühn und Ed. Hintze. 7. Aufl. 2. verb. Abdr. Mit 130 Text-Abbild., 7 (eingedr.) Karten und 5 Tonbildern, nebst 1 Portr. A. v. Humboldt's in Stahlst. gr. 8. (VIII, 494 S.) Leipzig 882, Spamer. * geb. *

—— die physische Lebenskunst oder praktische Anwendung der Naturwissenschaften auf Förderung des persönlichen Daseins. Ein Familienbuch. 5 Lfgn. 8. (VII und 452 S.) Leipzig 864, Kummer. à Lfg. 9 Ngr.

— der Leberthran als Heilmittel, auf Grundlage vielfacher Thatsachen und Versuche an Thieren, vom physiologisch-pathologischen Standpunkte dargestellt. gr. 8. Leipzig 842, Bösenberg. $2/3$ ℛ

—— der Leberthran als Heilmittel, auf Grundlage vielfacher Thatsachen u. Versuche an Thieren, vom physiolog.-patholog. Standpunkte dargestellt. gr. 8. ($8^1/_2$ B.) Leipzig 842. [Verlags-Magazin.]

—— die menschlichen Leidenschaften. Betrachtungen. 8. (VIII und 345 S.) Leipzig 862, Kummer.

— Lessing. Roman. 5 Bde. 8. (388. 381. 364. 384 u. 508 S.) Leipzig 850, Kollmann. (1—4: à $1^1/_3$ ℛ 5: 2 ℛ) 8 ℛ

Klencke, H. Illustrirtes Lexikon der Verfälschungen der Nahrungsmittel und Getränke. Leipzig, 1878.

—— illustrirtes Lexikon der Verfälschungen der Nahrungsmittel und Getränke, der Colonialwaaren und Manufacte, der Droguen, gewerblichen und landwirthschaftlichen Producte, Documente und Werthzeichen und die Erkennungsmittel ihrer Echtheit und Fälschung. 2. verm. und umgearb. Aufl. 9 Lfgn. gr. 8. (XV, 750 S. mit 424 in den Text gedr. Holzschn.-Abbild.) Leipzig 878, Weber. à Lfg. * ℳ 1.; geb. in Leinw. *

— An Se. Maj. den König v. Preußen. Eine öffentl. Stimme des christl. u. wissenschaftl. Bewußtseins über Lebensrecht u. Volksfreiheit im Staate. 8. (66 S.) Leipzig 819, Kollmann. $1/3$ ℛ

— Makrobiotik oder die Lehre gesund und lange zu leben. (Weber's illustrierte Katechismen 18) 3. Auflage. Leipzig 1878

— deutsches Marktbuch. Gemeinfaßliche Anweisung für Hausfrauen, um für Küche und Haus mit Einsicht und Vortheil einzukaufen und Waaren zu beurtheilen. Ein Supplement zum chemischen Koch- u. Wirthschaftsbuche. Ebend. 859. 8. (XII, 272 S.) n. 28 ngr.

—— der Mensch in seinem körperl., seelischen u. geistigen Erdenleben, gemeinfaßl. u. method. dargest., mit erklär. Uebersicht d. Störungen, welche d. Menschenleben gefährden können. — Ein Lehrbuch f. Schule u. Haus. 8. (44 B. u. 4 col. Kpfrt.) Leipzig 839, Kollmann.

—— die Mutter als Erzieherin ihrer Töchter und Söhne zur physischen und sittlichen Gesundheit vom ersten Kindesalter bis zur Reife. Ein prakt. Buch für deutsche Frauen. In 9 Lfgn. gr. 8. (XI, 620 S.) Leipzig 870, Kummer. à Lfg. 60 Pf. geb.

—— dass. — 2. neu durchgearb. Aufl. gr. 8. (XVI, 685 S.) Ebendas. 875. ℳ 6.; geb.

—— die Mutter als Erzieherin ihrer Töchter und Söhne zur physischen und sittlichen Gesundheit vom ersten Kindesalter bis zur Reife. Ein prakt. Buch für deutsche Frauen. 3. Aufl. (XVI, 685 S.) 1875; 4. neu durchgearb. Aufl. 8. (XVI, 623 S.) Ebendas. 881. ℳ 6.; geb.

— die Mutter als Erzieherin ihrer Töchter u. Söhne zur physischen u. sittlichen Gesundheit vom ersten Kindesalter bis zur Reife. 6. Aufl. 8. (XVI, 623 S.) Ebend. 885. 6. —; geb. n. 7. 20

—— Die Mutter als Erzieherin ihrer Töchter u. Söhne zur physischen u. sittlichen Gesundheit vom ersten Kindesalter bis zur Reife. 7. Aufl. (641 S.) 891; 8. Aufl. (647 S.) 892; 9. verm. u. verb. Aufl. Neu bearb. von R. Klencke. 8. (XX, 647 S.) Ebd. 892. 6 —; geb. 7 20

Klencke, Herm., die Mutter als Erzieherin ihrer Töchter u. Söhne zur physischen u. sittlichen Gesundheit vom ersten Kindesalter bis zur Reife. Ein prakt. Buch f. deutsche Frauen. 9. u. 10., verm. u. verb. Aufl. Neu bearb. v. R. Klencke. 8. (XX, 647 S.) Leipzig 892. 894. E. Kummer. 6. —; geb. in Leinw. 7. 20

Klencke, Herm., die Mutter als Erzieherin ihrer Töchter u. Söhne zur physischen u. sittlichen Gesundheit v. ersten Kindesalter bis zur Reife. Ein prakt. Buch f. deutsche Frauen. 11. verm. u. verb. Aufl. Neubearb. v. R. Klencke. 8. (XX, 684 S.) Leipzig 899. E. Kummer. 6. —; geb. in Leinw. 7. 20

— Die Mutter als Erzieherin ihrer Töchter u. Söhne zur physischen u. sittlichen Gesundheit vom ersten Kindesalter bis zur Reife. Ein prakt. Buch f. deutsche Frauen. 12., durchgeseh. u. verm. Aufl. Hrsg. v. M. Seiffert. (XX, 682 S.) 8. Ebd. 907. 6.—; geb. 7. 20

— — die Nahrungsmittelfrage in Deutschland oder: Welches sind die Naturanforderungen menschlicher Ernährung, wie müssen sie durch die deutsche Küche erfüllt und wie kann dem Unbemittelten eine billige und kräftige Nahrung geboten werden? Vom Standpunkte der prakt. Naturwissenschaft beantwortet. (1. Thl.) 8. (168 S.) Leipzig 855, Kummer. *

— — dass. — 2. Thl., enthaltend: Weitere Untersuchungen über den Nährstoffgehalt verschiedener Speisen und Getränke, sowie Nachträge und Berichtigungen über die richtige Wahl und Zusammensetzung der Nahrungsmittel, mit prakt. Berücksichtigung öffentlicher Speiseanstalten für Unbemittelte. 8. (VIII und 175 S.) Ebds. 856. *

— Naturbilder aus dem Leben der Menschheit. In Briefen an Alex. v. Humboldt. 8. (XII u. 288 S.) Leipzig 847, Weber. n. 1½ ℳ

— — Naturbilder aus dem Leben der Menschheit. In Briefen an Alex. v. Humboldt. 8. (XI und 288 S.) Leipzig 850, Weber. *

— das Naturleben des Weibes. Dargestellt in Briefen an Gebildete. gr. 8. (VIII u. 140 S.) Cassel 847, Hotop. — 2. (Titel-)Aufl. gr. 8. Ebd. 851. ⅓ ℳ

Klencke H, die Naturwissenschaft im weiblichen Berufe. Ein chemisch-physikalisches Koch- und Wirtschaftsbuch. 2. und 3. Auflage. Leipzig 1867. 76

— die Naturwissenschaft im weiblichen Berufe. Ein chemisch-physikal. Koch- u. Wirthschaftsbuch f. denk. Frauen u. Töchter u. f. weibl. Erziehungsanstalten zum Unterricht in der hauswirthschaftl. Chemie u. Physik. 3., neu durchgearb. u. verm. Aufl. gr. 8. (XX, 572 S.) Ebend. 876. 4. 50; geb. 6. 60

— — die Naturwissenschaft im weibl. Berufe. Ein chemisch-physikal. Koch- und Wirthschaftsbuch für denkende Frauen und Töchter und für weibl. Erziehungsanstalten zum Unterrichte in der hauswirthschaftl. Chemie und Physik. 4. Aufl. (XX, 572 S.) 1876; 5. neu durchges. Aufl. 8. (XX, 547 S.) Ebendas. 881. geb.

— — die Naturwissenschaften der letzten funfzig Jahre und ihr Einfluß auf das Menschenleben. In Briefen an Gebildete aller Stände. gr. 8. (VIII und 323 S.) Leipzig 854, Kummer. *

— der Nervenarzt u. die Elektricität im Dienste der Heilkunde. Bemerkungen zu den Prinzipien der Heilkunde. gr. 8. (36 S.) Ebd. 888. n. 1. —

— — gesammelte Novellen. 1—4. Bd. 8. Leipzig, Kollmann. [1. (IV und 449 S.) 1 Thlr. 15 Ngr., 2. (332 S.) 3. (III und 371 S.) 849., 4. (332 S.) 850. à Bd. 1 Thlr. 7½ Ngr.]

— der Parnaß zu Braunschweig. Historischer Roman in 3 Büchern. (Bdn.) Cöthen 854. Schettler. 8. (393; 230; 219 S.) 4 ℳ.
Inhalt: 1. Buch: Die Arkadier an der Oker. — 2. Buch: Die Titanen. — 3. Buch: Der Abzug der Götter.

— — vom phantastischen Pessimismus zum freudigen Realismus: Schopenhauer und Spinoza. gr. 8. (45, 55 S.) Leipzig 882, Roßberg'sche Buchh. *

— — Pessimismus und Schopenhauer, mit Bezug auf Spinoza als Heilmittel des Pessimismus. gr. 8. (45 S.) Ebendas. 882. *

— die deutschen Pharisäer. 3 Bde. 8. (384. 351 u. 323 S.) Leipzig 847, Wienbrack. 5 ℳ

— — Physiologie der Entzündung u. Regeneration in den organischen Geweben. Nach eigenen Versuchen u. Beobachtungen dargestellt. 8. (15½ B.) Leipzig 842. [Lorck.]

— Physiologie der Entzündung u. Regeneration in den organischen Geweben. Nach eigenen Versuchen und Beobachtungen dargestellt. 8. Leipzig 842, Weber. 1¼ ℳ

Klencke, Herm., Reagentien-Tabelle. Alphabetisch tabellarische Zusammenstellung der auf einander wirkenden chemischen Körper und ihrer Reactionserscheinungen. gr. 8. (VIII und 70 S.) Leipzig 858. Weber. *

— — Alexander v. Humboldt's Reisen, Leben und Wissen. 7. umgearb., reich illustr. und erweit. Aufl. 10 Lfgn. gr. 8. (VIII, 494 S. mit eingedr. Holzschn. und Holzschntaf.) Leipzig 875, Spamer. à Lfg. * 75 Pf. 6 —
geb. * 8 —
Vgl.: Buch, das neue, der Reisen.

— — die Schöpfungstage. Ein Naturgemälde. 8. (XVI und 207 S. mit 4 urweltl. Landschaftsbildern, 1 Profildurchschnitte der Erdrinde in Holzschn., Tondr. und qu. 4. und 1 Holzschn. in Tondr.) Leipzig 854, Weber. *

— — Schul-Diätetik. Praktische Gesundheitspflege in Schulen und Gesundheitslehre für Knaben und Mädchen in der Schulzeit. Ein Buch für Unterrichtsbehörden, Schulvorstände, Lehrer und Eltern. gr. 8. (VII, 235 S.) Ebendas. 871.

— — das Scrophelgift, der schleichende Tod der gegenwärtigen und künftigen Generation der Menschheit. Eine Rede an das Publikum zur Belehrung und Warnung. 8. (68 S.) Braunschweig 847, Meyer sen.

— organische Seelenkunde auf dem Standpunkte der Physiologie. Neue (Titel-)Ausg. gr. 8. (XVIII u. 304 S.) Leipzig (841) 851, Fest. 1½ ℳ

— — Sonntagsbriefe eines Naturforschers an seine religiöse Freundin. Eine populäre Beleuchtung des zunehmenden Conflictes zwischen der religiös-sittlichen Welt und der modernen Anschauungsweise der heutigen Naturwissenschaft. 8. (318 S.) Leipzig 855, Kummer. *

— — Spinoza, mit Rücksicht auf Kant, Schopenhauer, Göthe und die moderne Naturwissenschaft. gr. 8. (55 S.) Ebendas. 882.

Die freien Steinmetzen oder Architektur und Moral. Maurerischer Roman von K. L. Hencke [d. i. Herm. Klencke]. Leipzig: Weber 1840. 228 S. 8°
°[Dasselbe.] Ebendas. 1841. 228 S. 8°
°[Dasselbe.] Ebendas. 1842. 228 S. 8°
cf. L. 23 (1864) S. 31—32.
Kl. 4010, Tt. 2656, TB. 285.

— — der Sterbende u. seine Zukunft. Blicke in d. letzte Erdenstunde u. d. Jenseits des Menschen. Physiolog. Gabe an freidenk. Gebildete. 8. (7⅛ B.) Leipzig 840, Kollmann.

— — über d. grosse Sterblichkeit in stehenden Heeren u. deren Ursachen. gr. 12. (2⅓ B.) Quedlinburg 839, Basse.

— — Graf Stolberg. Historischer Roman. 2 Bde. 8. (706 S.) Breslau 855, Kern.

Klencke, (Philipp Friedrich) H(ermann): Die Störungen des menschlichen Stimm- und Sprachorgans und deren rationelle Heilung. Zugleich als Kritik der neuen Modeoperationen gegen Stammeln und Stottern. Für Aerzte und Pädagogen. 148 S., gbd.

Cassel: Hotop 1844

JB 4.338

—— **Swammerdam** oder die Offenbarung der Natur. Ein kulturhistorischer Roman. 8 Bde. 8. (XI und 866 S.) Leipzig 860, Costenoble.

—— Swammerdam oder die Offenbarung der Natur. Ein kulturhistor. Roman. 3 Bde. 2. (Titel=)Aufl. 8. (866 S.) Jena (860)64, Costenoble.

— System der organischen Psychologie, als nothwendige Grundwissenschaft zum richtigen Verständniß der leiblich=psychischen Zustände in Seelenkrankheiten, Affekten u. Verstimmungen. — Entwurf einer wissenschaftl. Symbolik der Organe, f. Psychologen, Physiologen, Aerzte, Naturforscher u. Philosophen dargestellt. gr. 8. Leipzig 842, Fest'sche Verlagsbuchh. 1½ ℛ︁

—— Taschenbuch für Badereisende und Kurgäste. Aerztlicher Rathgeber und Führer durch die namhaftesten Kurplätze Deutschlands, Oesterreichs, der Schweiz, Frankreichs, Englands, Italiens und anderer europ. und außereurop. Länder. 8. (VIII, 693 S.) Ebendas. 874. ℳ 6.; geb.

Klencke, P. F. Herm., Taschenlexicon der Therapie für practische Aerzte. Zur raschen Auffindg. u. Vergleichg. der bewährtesten Kurmethoden u. neuesten Arzneimittelerfolge in allen Krankheiten. 2, mit e. Nachtrage verm. Ausg. gr. 16. (IV u. 498 S.) Leipzig 851, Kollmann. — 3. neu durchges. u. verm. Aufl. gr. 16. (XII u. 483 S.) Ebd. 852. 1½ ℛ︁

—— zootomisches Taschenlexicon, od. alphabet. Nachschlagebuch zur raschen Orientirung u. Auffindung der individuellen Merkwürdigkeiten bei der prakt. Zergliederung der Thiere. Für Anatomen, Thierärzte, Museenverwalter etc. gr. 16. (28 B.) Leipzig 844, Kollmann.

—— lexikalisch-therapeutisches Taschenwörterbuch f. d. Arzt am Krankenbette. Zur raschen Orientirung bei d. Wahl des Kurplans u. d. bewährtesten Heilmittel in allen Krankheitsfällen. Vom Standpunkte d. Wissenschaft u. Erfahrung. 16. (30 B.) Leipzig 846, Kollmann.

Klencke, (Herm.,) der politische Teufel in Deutschland. Eine alte Geschichte aus neuer Zeit in lustige Verse gebracht. 2. Aufl. 16. (III und 132 S.) Leipzig 849, Wienbrack. Thlr. *

—— die Trichinen im Fleische des Schlachtviehs und die Trichinenkrankheit des Menschen nach dem Genusse von Fleischspeisen. Eine populair=wissenschaftl. Mittheilung aus 20jähr. Erfahrung. 8. (IV und 30 S. mit mikroscop. Abbild. in eingedr. Holzschn.) Leipzig 864, Kollmann.

—— Untersuchungen u. Erfahrungen im Gebiete der Anatomie, Physiologie, Mikrologie u. wissenschaftl. Medicin. 2 Bde. (Mit eingedr. schemat. Zeichn.) gr. 8. (22 B.) Leipzig 843, Festsche Vrlgsh.

—— neue anatom. u. physiolog. Untersuchungen üb. d. Primitivnervenfasern u. d. Wesen d. Innervation. Beiträge z. Ausfüllung obwalt. Lücken u. z. Aufklär. mehrfacher Zweifel in d. Nervenlehre. gr. 8. (11⅓ B. u. 1 Stnt.) Göttingen 841, Vandenhoeck u. Ruprecht.

—— Untersuchungen über die Wirkungen des Branntwein=Genusses auf den lebenden Organismus. Eine wissenschaftl. Antwort auf die Enthaltsamkeitsfrage und das Nationalgutachten deutscher Aerzte. 8. (132 S.) Braunschweig 848, Meyer sen.

—— die Verderbniss der Zähne. Gekrönte Preisschrift. gr. 8. (V und 99 S. mit 20 in den Text gedr. mikroskop. Abbildungen in Holzschn.) Leipzig 850, Weber. *

—— die Verfälschung der Nahrungsmittel und Getränke, der Kolonialwaaren, Droguen und Manufakte, der gewerblichen und landwirthschaftlichen Produkte. Nach Arth. Hill Hassal und A. Chevallier und nach eigenen Untersuchungen. Mit vielen in den Text gedr. Abbildungen (in Holzschn.) (In ca. 12 Lfgn.) 1—6. Lfg. gr. 8. (VIII und S. 1—384.) Leipzig 856, Weber. à Lfg. * 6 Ngr. *

—— die **Verfälschung** der Nahrungsmittel und Getränke, der Kolonialwaaren, Droguen und Manufakte, der gewerblichen und landwirthschaftlichen Produkte. Nach Arth. Hill Hassall und A. Chevallier und nach eigenen Untersuchungen. Mit vielen in den Text gedr. Abbild. (in Holzschn.) 7—17. (Schluß=)Lfg. gr. 8. (XX und S. 385—1099.) Leipzig 857. 58, Weber. à Lfg. * 6 Ngr. *

1—6. Lfg. Ebendas. 1856. * 1 Thlr. 6 Ngr.

— Vernunft u. Dogma. [Am Webstuhl der Zeit.] Brennende Zeit= u. Streitfragen auf allen Gebieten u. Gedanken zur geist. Wiedergeburt Deutschlands. Neue (Titel=)Ausg. 2 Thle. in 1 Bde. gr. 8. (VIII, 224 u. 240 S.) Ebd. 891. n. 6. —

—— Versuche u. Beobachtungen üb. den Verkörperungsprozeß der Krankheiten im Blute u. Gewebe, u. üb. die Bedingungen u. Heilzwecke bei einigen Arten des gewaltsam erzeugten Scheintodes. Zwei Abhandlgn. gr. 8. (16½ B.) Leipzig 845, Kummer.

—— am Webstuhl der Zeit. Beiträge zu einer gesunden, vernünft. und freud. Lebensauffassung. 1. Thl. gr. 8. (VII, 224 S.) Dresden 887, Verlag des „Universum". *

—— Am Webstuhl der Zeit. 2. Thl. Unser Christenthum, unsere Literatur, unsere Bildung, unsere Medicin. gr. 8. (IV, 240 S.) Ebd. 888. * 4 —

1. Thl. Ebd. 1887. * 4 —.

—— das Weib als Gattin. Lehrbuch über die phys., seel. und sittl. Pflichten, Rechte und Gesundheitsregeln der deutschen Frau im Eheleben; zur Begründung der leibl. und sittl. Wohlfahrt ihrer selbst und ihrer Familie. Eine Körper= und Seelendiätetik des Weibes in der Liebe und Ehe. 1. Aufl. (X, 482 S.) 1872. ℳ 3,90., und 2. neu durchgeseh. und verm. Aufl. gr. 8. (XVI, 526 S.) Ebendas. 875. ℳ 5.; geb. *

Klencke, Herm., das Weib als Gattin. Lehrbuch über die phys., seel. und sittl. Pflichten, Rechte und Gesundheitsregeln der deutschen Frau im Eheleben zur Begründung der leibl. und sittl. Wohlfahrt ihrer selbst und ihrer Familie. Eine Körper= und Seelendiätetik des Weibes in der Liebe und Ehe. 3. neu durchgeseh. und verm. Aufl. 8. (XVI, 504 S.) Ebendas. 879. *

geb. *

—— das Weib als Gattin. Lehrbuch über die phys., seel. und sittl. Pflichten, Rechte und Gesundheitsregeln der deutschen Frau im Eheleben zur Begründung der leibl. und sittl. Wohlfahrt ihrer selbst und ihrer Familie. Eine Körper= und Seelendiätetik des Weibes in der Liebe und Ehe. 4. Aufl. (XVI, 504 S.) 1879; 5. und 6. neu durchges. Aufl. 8. (XVI, 506 S.) Leipzig 881,84, Kummer.

geb. *

—— das Weib als Gattin. Lehrbuch über die phys., seel. und sittl. Pflichten, Rechte und Gesundheitsregeln der deutschen Frau im Eheleben zur Begründung der leibl. und sittl. Wohlfahrt ihrer selbst und ihrer Familie. Eine Körper= und Seelendiätetik des Weibes in der Liebe und Ehe. 7.—9. Aufl. 8. (XVI, 506 S.) Leipzig 885—88, Kummer.

geb. *

— das Weib als Gattin. Lehrbuch üb. die phyf., feel. u. fittl. Pflichten, Rechte u. Gesundheitsregeln der deutschen Frau im Eheleben zur Begründg. der leibl. u. fittl. Wohlfahrt ihrer selbst u. ihrer Familie. Eine Körper- u. Seelendiätetik d. Weibes in der Liebe u. Ehe. 9. u. 10. Aufl. Neu durchgearb. v. R. Klencke. 8. (XVI, 506 S.) Leipzig 888—889. Kummer. 5. —; geb. n. 6. —

— das Weib als Gattin. Lehrbuch üb. die phyf., feel. u. fittl. Pflichten, Rechte u. Gesundheitsregeln der deutschen Frau im Eheleben zur Begründg. der leibl. u. fittl. Wohlfahrt ihrer selbst u. ihrer Familie. Eine Körper- u. Seelendiätetik d. Weibes in der Liebe u. Ehe. 11. u. 12. Aufl. Neu bearb. v. R. Klencke. 8. (XVI, 504 S.) Ebd. 891. 893. 5. —; geb. n. 6. —

Klencke, Hermann: Das Weib als Gattin. Lehrbuch üb. die physischen, seelischen u. sittl. Pflichten, Rechte u. Gesundheitsregeln der dt. Frau i. Eheleben ... Eine Körper- und Seelendiätetik des Weibes i. d. Liebe u. Ehe. 13. Aufl. Neu bearb. v. R. Klencke. — Leipzig: Kummer 1895. XIII, 504 S. 8°

— das Weib als Gattin. Lehrbuch üb. d. phyf., feel. u. fittl. Pflichten, Rechte u. Gesundheitsregeln d. deutschen Frau im Eheleben z. Begründg. d. leibl. u. fittl. Wohlfahrt ihrer selbst u. ihrer Familie. E. Körper- u. Seelendiätetik d. Weibes in d. Liebe u. Ehe. 14. Aufl. Neu bearb. v. R. Klencke. 8. (XV, 504 S.) Ebd. 897. 5. —; geb. in Leinw. n. 6. —

— das Weib als Gattin. Lehrbuch üb. die phyf., feel. u. fittl. Pflichten, Rechte u. Gesundheitsregeln der deutschen Frau im Eheleben zur Begründg. der leibl. u. sittlichen Wohlfahrt ihrer selbst u. ihrer Familie. Eine Körper- u. Seelendiätetik des Weibes in der Liebe u. Ehe. 15. u. 16. Aufl. Neubearb. v. R. Klencke. 8. (à XV, 504 S.) Ebd. 899. 903. n. 5. —; geb. in Leinw. n. 6. —

Klencke, Herm., das Weib als Gattin. Lehrbuch üb. die phyf., feel. u. fittl. Pflichten, Rechte u. Gesundheitsregeln der deutschen Frau im Eheleben. Eine Körper- u. Seelendiätetik des Weibes in der Liebe u. Ehe. 17. Aufl. Neubearb. v. R. Klencke. (XVI, 504 S.) 8. Leipzig 906. E. Kummer. n. 5. —; geb. n. 6. —

— Das Weib als Gattin. Lehrbuch üb. die phyf., feel. u. fittl. Pflichten, Rechte u. Gesundheitsregeln der deutschen Frau im Eheleben. Eine Körper- u. Seelendiätetik des Weibes in der Liebe u. Ehe. 17. Aufl. 2. unveränd. Abdr. Neubearb. v. R. Klencke. (XVI, 504 S.) 8. Ebd. 910. 5. —; geb. in Leinw. 6. —

—— das Weib als Jungfrau. Eine Körper- und Seelendiätetik zur Selbsterziehung und Selbstpflege im jungfräul. Leben, nach Grundsätzen der Natur, guter Sitte und Gesellschaft für Beruf, Lebensglück, Familien- und Volkswohl. 6 Lfgn. 8. (VIII, 382 S.) Ebendas. 877. à Lfg. 60 Pf., ℳ 3,60.; geb. *

—— das Weib als Jungfrau. Eine Körper- und Seelendiätetik zur Selbsterziehung und Selbstpflege im jungfräul. Leben, nach Grundsätzen der Natur, guten Sitte und Gesellschaft für Beruf, Lebensglück, Familien- und Volkswohl. 3. Aufl. Neu durchgearb. und verm. von R. Klencke. 8. (VIII, 383 S.) Ebendas. 887. ℳ 3.60.; geb.

— das Weib als Jungfrau. E. Körper- u. Seelendiätetik z. Selbsterziehg. u. Selbstpflege im jungfräul. Leben, nach Grundsätzen d. Natur, guten Sitte u. Gesellschaft f. Beruf, Lebensglück, Familien- u. Volkswohl. 5. Aufl. Neu durchgearb. u. verm. v. R. Klencke. 8. (VIII, 383 S.) Ebd. 897. 3. 60; geb. 4. 80

—— wie müssen Dämonenglauben, Besessensein u. Kerner-Eschenmayer'sche Gespenstererscheinungen nach d. heut. Standpunkte d. Physiologie u. Psychologie erklärt werden? Für Gebildete aus allen Ständen. Gemeinfaßl. beantwortet. 8. (7¹/₄ B.) Leipzig 840, Kollmann.

Klencke, Herm. (II.), s.a.† Worosdar.

—— die Zähne, ihre Natur, Pflege, Erhaltung, Krankheit und Heilung. Nebst einem Anh. über Kosmetik und künstl. Zähne. 8. (XVI, 156 S. mit 38 in den Text gedr. Abbild. in Holzschn.) Leipzig 869, Weber.

—— die Zähne, ihre Natur, Pflege, Erhaltung, Krankheit und Heilung. Nebst einem Anhang über Kosmetik und künstl. Zähne. 2. durchgeseh. und verm. Aufl. 8. (XVIII, 157 S. mit 39 in den Text gedr. Holzschn.-Abbild.) Leipzig 879, Weber. * geb. *

Klencke, Philipp Friedrich Herm(ann) (Hrsg.):

s.: Zeitung, Allgemeine, für Militair-Aerzte zur Förderung und Ausbildung... Jg. 1843-48. Braunschweig: 1843-48.

JB 6.107

— s. Zeitung f. Militair-Aerzte.

— **Johann** (Brem.), De ablegminibus sacrificiorum deo in altari offerri solitis. Diss. theol.-philol. Präs. Conrad Iken. Bremen (Herm. Christ. Jani's Wwe.) 31. V. 1743. 38 S. (6.—) 18265

Gew.: Heinrich u. Diedrich Meier, Daniel v. Büren, Caspar v. Rheden, Heinrich Gerhard Schumacher.

Klencke, Joh. Heinr., Bootaussetzvorrichtungen, „Luvboote nach Lee" u. durch diese die Rettg. v. Passagieren u. Mannschaft bei Seeunfällen. (Mit 20 Abb.) gr. 8. (19 S.) Bremen 898. Rühle & Schlenker. n. 1.—

Klencke, Karoline Louise v.

WAHRSAGEBÜCHLEIN, Sittliches, in 100 Mottos, für junge Frauenzimmer .... (von *Caroline Louise v. Klencke*, geb. *Karsch*). Berlin 1790.
Anon.-Lex. IV. p. 368 (nach Meusel, Schröder, Kayser).

Klencke, Philipp Friedrich Hermann,
s. Klencke, Hermann

Klencke-Hämelschenburg, Herr v., u. der Zwischenfall auf der Synode v. Groß-Berkel. gr. 8. (32 S.) Hannover-Linden 890. Manz. n. — 50

Klencke-Mannhart, Herm., s. Klencke

ROBINSON, Nieder-Sächsischer, Oder Joh. Friedrich von Klencken, Eines Nieder-Sächsischen Edelmanns gethane Reisen, Unglückliche Gefangenschafft, Und Wunderbarliche Befreyung etc. Zu Lehrreicher Belustigung Curioser Liebhaber Von Ihm selbsten auffgesetzt und beschrieben. Franckfurt Anno 1724. Kl. 8°. (In Weimar, laut Kippenberg.)
64 bez. S. Ohne Vorrede.

— — Dasselbe. Leipzig 1736. 8°. (In Dresden und Stuttgart.)

— — Dasselbe. . . . . 1738. 8°.
Citirt ohne Ortsangabe Kippenberg (nach Gr. und H.). — Sämmtlich recht selten!

Klene, Heinr., S. J., Regel- u. Gebetbüchlein f. die Mitglieder der marianischen Jungfrauen-Sodalität, s.: Ehrensberger, Andr.

— Vade mecum, s.: **Ehrensberger, Andr.**

Klener, Verfassungsgeschichte der Provence seit der Ostgothenherrschaft bis zur Errichtung der Konsulate. (510—1200.) Leipzig 899.

Klener, G. A. Chr., Anleitung zum Ausstopfen u. Aufbewahren der Vögel und Säugethiere, zum Selbstunterricht aus eigener Erfahrung geschrieben. 8. Göttingen 832. (Deuerlich.) 1/2 ℛ︀

Klener, Rudolph Ernst

— s. Libri symbolici eccles. catholicae.

Klener, Rud. Ern., Recentiores de authentia Evangelii Matthaei quaestiones recensentur et dijudicantur; simulque exponitur ratio earum quaestionum apologetica. Commentat. crit. theolog. praemio reg. ornata. 4maj. (11½ B.) Gottingae 832, Deuerlich.

Klener, Rudolph Ernst, Symbolae literariae ad Theodorum Antiochenum Mopsuestiae episcopum pertinentes. Diss. theol. Götting. (Dieterich) 1. VIII. 1836. 41 S. (5.50) 18267

Klener, Rud. Ern., **Symbolae literariae ad Theodorum Antiochenum Mopsuestiae Episcopum pertinentes.** Dissert. inaug. 8maj. (2¾ B.) Gottingae 836, (Vandenhoeck et Ruprecht.)

Klenert, ..., Gedichte. 16. Karlsruhe 846, Groos. 1 ℛ︀ 3 ngl

Klengel, Ernst, appr. Arzt: Ein Beitrag zur Lehre vom normalen und pathologischen Fußsohlenreflex. Leipzig 1905: B. Georgi. (37 S.) 8°
Leipzig, Med. Fak., Ref. Curschmann, Diss. v. 22. Juni 1905
[Geb. 15. Nov. 74 Radeburg; Wohnort: Dresden; Staatsangeh.: Sachsen; Vorbildung: Dreikönigschule (Realgymn.) Dresden Reife O. 96; Erg.-Prüf., Leipzig, Thomasgymn. O. 97; Studium: München 1, Leipzig 12 S.; Coll. 30. Juni 03; Approb. 17. Juli 03.]

Klengel, Friedrich: Die historische Entwickelung des Begriffs der Schneegrenze von Bouguer bis auf A. v. Humboldt, 1736—1820. . . . (Aus: Mitth. d. Vereins f. Erdk. zu Leipzig, Jahrg. 1888.) Leipzig, *Druck v. Alexander Wiede.* 1889; 86 S. + 1 Bl. 8°
Leipzig, Phil. Fak., Inaug.-Diss. v. 2. Febr. 1889

Klengel, Frdr., die Niederschlagsverhältnisse v. Deutsch-Südwestafrika. In 3 Abschnitten. Mit 15 Fig. u. 16 Tab. im Text sowie 1 Kartenskizze. (V, 72 S.) gr. 8. Leipzig 908. Röder & Schunke. 2.—
Sonderabdruck aus: „Das Wetter".

Klengel, Frdr., üb. die aperiodischen Schwankungen der Temperatur im Gebiet des Pic du Midi u. Puy de Dôme, sowie üb. die Ableitg. 30jähr. Normalmittel f. beide Gipfelstationen. [Aus: „Sitzungsber. d. k. böhm. Gesellsch. d. Wiss."] gr. 8. (67 S.) Prag 894. (F. Řivnáč.) n. 1.20

— Gottfried Sigismund (Rector), De adolescentium, inprimis eorum, qui literis student, exitiosa fabulas, seu libros Romanenses legendi libidine coërcenda. Diss. paedagog. qua ad orationes in schola Annaea invitat. Dresden (Gerlach) 25. IV. 1817. 12 S. (4.50) 18270
Maximilian Leopold Loewe (Dresd.), Heinrich Traugott Hoehne (Dresd.), Johann Carl Theophil Hiller (Dresd.).

Klengel, Johann Christian. Anleitung zum Landschaftszeichnen. Dresden 1802. Fol.

Klengel, Otto, Assistenzarzt am Kreiskrankenhaus Dessau: Ueber den **Einfluß** der Tamponadebehandlung des Abortus und der Placenta praevia auf die Morbidität und Mortalität. *Leipzig 1904: B. Georgi.* (45 S.) 8°
Leipzig, Med. Diss. v. 15. März 1904

Klengel, Paul: Asrael. Symphonie von Josef Suk. Op. 27. Kleiner Konzertführer von —. Leipzig: Breitkopf & Härtel 1908. 23 S. 8°
(Breitkopf & Härtels Musikbücher. Abt. 2. Nr. 620,21.)

Von ewiger Sehnsucht. Tondichtung f. großes Orchester von Vitězslav Novák. Op. 33. Kleiner Konzertführer von Paul **Klengel**. Leipzig: Breitkopf & Härtel [1898]. (16 S.) 8° [J.]
— Musikbücher, Breitkopf & Härtels. Abt. 2 No 607.

Klengel, Paul, von ewiger Sehnsucht. Tondichtg. f. großes Orchester v. Vitězslav Novák. Op. 33. Kleiner Konzertführer. (16 S.) kl. 8. Leipzig (907). Breitkopf & Härtel. —20

Klening, J., u. E. Wüthrich, die Bekämpfung der Kartoffel-Krankheit durch Bespritzung der Stauden m. Kupfersalzlösungen. Im Auftrage der ökonom. u. gemeinnütz. Gesellschaft d. Kantons Bern hrsg. 8. (62 S. m. 15 Illustr.) Bern 891. K. J. Wyß. n.n. — 70

Klening, J., siehe: *Milch-Industrie.*

Klenitz-Gerloff, F: Bakterien und Hefen, insbesondere in ihren Beziehungen zur Haus- und Landwirtschaft, zu den Gewerben, sowie zur Gesundheitspflege. Berlin 1904

(Klenk): „Bemerkungen, Philosophische, über die Republiken überhaupt und über die kaiserlichen freien Reichsstädte insbesondere", aus dem französischen handschriftlichen Original des Herrn Sérleux le Sonnant wörtlich übersetzt . . . . .", Amsterdam 1787. — Vorh.: StB Nürnberg.

Klenk, A., militairisches Tagebuch meiner Reise durch Frankreich, des Feldzugs in Spanien, und Rückreise durch Frankreich nach Deutschland; mit dem Subsidien-Bataillon der Großherzogl. Frankfurtischen Truppen, in den Jahren 1806, 9 u. 10. 8. Frankf. a. M., Körner in Comm. 816.

Ueber den Tod des Königs. An den Herzog Ferdinand zu Braunschweig und Lüneburg. Von C. v. Klenk, geb. Karschin. Berlin 1786. 8.

v. Klenk, Er., († ...) polit. literar. Blätter. 8. Frankf. a. M. 791. Pech. 16 gl

— wohlgemeinte Erörterungen über d. Richtung d. Chausseen in Ansbach. 8. Ansb. 787. Gassert. 2 gl

— über d. jetzige Lage d. Wissenschaften in Deutschland; nebst e. Anhängen. 8. ... 782.

— v. d. Stadt Langenzenn und ders. Geleitsstraße. 4. Ebd. 787.

— Mahommeds Reise ins Paradies; e. Bruchstück. 8. Frankf. u. Leipz. (Nürnb.) 785.

— v. Richt. der Chausseen in Ansp. 8. Anspach, Gassert. 787.

— Beantwort. d. Preisfr.: Welche sind d. Mängel d. Regierungen d. deutschen geistl. Wahlstaaten, u. wie sind sie zu heben? gr. 8. Frankf. u. Leipz. 787. (Palm in Erlang.) 8 gr

Klenk, F. v., Wahrsagebüchl. f. j. Frauenzimmer von einer Mutter. 8. Berl. Rellstab. 792.

Klenk, Georg

Klenk, G. Untersuchungen über die bei Einwirkung von concentrirter Schwefelsäure auf Citronensäure resultirenden Produkte. In-8°. 32 S. Bern, Diss. 1894

v. Klenk, Helmine, s. Helmine v. Hastfer. — Helm. v. Chezy.

Klenk, J. G., deutsche Aufsätze f. Ober- u. Mittelklassen der Volks- u. Mittelschule, im Anschluß an das Alltagsleben u. den Lehrstoff der Schule bearb. u. hrsg. (XII, 202 S.) 8. Stuttgart 905. A. Bonz & Co. n. 2. 80; geb. n. 3. 60

Klenk, J. G., Geographie d. 5 Erdteile, nebst Grundriß d. mathemat. Geographie. Für ein- u. mehrklass. Volksschulen nach neueren Grundsätzen bearb. 8. (72 S.) Stuttgart 898. A. Bonz & Co. n.n. — 25

— Geographie der fünf Erdteile, nebst Grundriß der mathematischen Geographie. Für Volks-, Mittel-, Real- u. Lateinschulen. 2. verb. Aufl. (77 S.) kl 8. Ebd. 904. n.n. — 25

Klenk, J. G., Geschichte v. Württemberg in kurzen, leichtfaßl. Lebensbild. m. Berücksicht. d. Kulturgeschichte u. Sage f. Volks-, Mittel- u. Realschulen. gr. 8. (51 S.) Stuttgart 898. (W. Kohlhammer.) n. — 25

Klenk, J. G., Geschichte v. Württemberg in kurzen, leichtfaßlichen Zeit- u. Lebensbildern m. Berücksicht. der Kulturgeschichte u. Sage f. Volks-, Mittel- u. Realschulen. 3. Aufl. gr. 8. (52 S.) Stuttgart 900. (W. Kohlhammer). n. — 25

— Geschichte v. Württemberg in kurzen, leichtfaßlichen Zeit- u. Lebensbildern m. Berücksicht. der Kulturgeschichte u. Sage f. Volks-, Mittel- u. Realschulen. 9. Aufl. (52 S.) 8. Stuttgart 907. (W. Kohlhammer.) n. — 25

— pädagogisches Immergrün f. Schule u. Haus. Eine Blütenlese aus der pädagog. u. klassisch. Litteratur. 8. (VIII, 272 S.) Stuttgart 901. A. Bonz & Co. n. 3. —; geb. in Leinw. n. 4. 20

— das deutsche Vaterland, s. Kolonien- u. Auswanderungsgebiete. E. geograph. Hilfsbuch f. Fortbildungs-, Mittel- u. Volksschulen. gr. 8. (VII, 116 S.) Stuttgart 896. A. Bonz & Co. n. 1. 50

— dasselbe. Schüler-Ausg. 8. (64 S.) Ebd. 897. n.n. — 25

— das deutsche Vaterland, seine Kolonien u. Auswanderungsgebiete. Für Volks-, Mittel-, Real- u. Fortbildungsschulen. Schüler-Ausg. 2. Aufl. 8. (64 S.) Ebd. 901. n.n. — 25

— Württemberg, das Land u. seine Bewohner. Geographie f. Volks-, Mittel- u. Realschulen. 5. Tausend. (40 S.) 8. Ebd. (906). n. — 25

— Zeit- u. Lebensbilder aus d. neueren u. neuesten deutschen u. württemberg. Geschichte. Ein Handbüchlein f. d. Hand d. Lehrers an d. allgem. Fortbildungsschule in Wüttemberg. gr. 8. (100 S.) Ebd. 896. n. 1. —

Klenk, Jakobine, die heilige Monika. Eine autor. Skizze nach Bougaud's größerem Werke. Regensburg 870. Pustet. 8. (VIII, 229 S.) 12 ngr

Klenk, Jakobine, Johann Baptist Maria Vianney, Pfarrer v. Ars, gestorben in Frankreich im Jahre 1859 im Rufe der Heiligkeit. Ein Auszug aus dem größeren Werke d. Missionspriesters Alfred Monin. 8. (304 S.) Regensburg 872. Pustet. 1. 40

Klenk, Karl, aus Ilshofen (Württ.): Untersuchungen über Bromderivate des Safrols. *Heidelberg 1901: K. Rössler.* (46 S.) 8°
Heidelberg, Naturw.-math. Diss. v. 1901

Klenk, Karoline Louise v.

– s. Beobachtungen, Einer Mutter.

v. Klenk, Karol. Louise, geb. Karsch, († d. 21. Sept. 1802.) Gedichte. 8. Berl. 788.

Klenk, Karol. Louise, s. Grazien, Die.

– s. Karsch, A. L.: Gedichte.

– s. Schweizer, Der ehrliche.

– s. Wahrsagebüchelchen.

Klenk, Phpp., Tierquälerei u. Sittlichkeit. gr. 8. (IV, 56 S.) Langensalza 902. H. Beyer & Söhne. n. — 50

Tierschutz in Schule und Gemeinde. Von Philipp Klenk, Lehrer in Mainz. Preisschrift d. Berl. Tierschutz-Vereins. *Berlin: Deutscher Lehrer-Tierschutzver. 1895.* (64 S.) 8° [F.]
— [Tierschutz-Verein, Berliner.] 156. [vi. 890

— Tierschutz in Schule u. Gemeinde. Die entsittlichende Wirkg. der Tierquälerei, ihr schädl. Einfluß auf das Zusammenleben der Menschen u. ihre Bekämpfg. durch die Schule im Anschlusse an d. besteh. Lehrplan, sowie durch Einwirkg. des Lehrers auch auf die Erwachsenen in der Gemeinde. Preisschrift des Berliner Tierschutz-Vereins (zur Bekämpfg. der Tierquälerei). (Neue Ausg.) 8. (64 S.) Berlin 900. (Berolina-Versand-Buchh.) — 30

Klenke, C. A. C., s. Klenze, Klemens August Karl

Klenke C. L. v., Beobacht. s. Beobachtungen.

Klenke, Hermann
s.a. Maltitz, Hermann von [Pseud.]

(Klenke, Herm.) Die freien Steinmetzen. Maur. Roman aus den Zeiten des Kölner Dombaues. Leipzig. Weber. 1842. 8. IV. 228 S.

Klenker, J.F. (Hrsg.), s. Abhandlungen über die Geschichte u. Alterthümer, Künste, Wissenschaften u. Litt. Asiens.

Klenker, Otto, Neustadt (Baden): Studien über Antimonpentasulfid. *Leipzig: J. A. Barth 1899.* (47 S.) 8° (Forts. erschien im Journal f. prakt. Chemie, 2, Bd 59.)
Erlangen, Phil. Diss. v. 29. Okt. 1897

Klenkler, Matthäus, hinterlass. Schriften. A. d. handschriftl. Nachlasse desselb. hrsg. v. mehr. Freunden. 1. Bd. — A. u. d. T.: Predigten. gr. 8. (22½ B.) Freiburg 837, Herder'sche Buchh.

Klenkow, J., Gesänge zur Christnacht für Jung und Alt in 3- und 4stimmigem Satz bearb. 8. (37 S.) Berlin 864, Koenig.

Klenner, de plattdütsche, up de J. 1866—70, unner Byhulp van Jan van Buten, Kassen, Dulbal, Swerenoth ꝛc. herutgewen van Karl Fribert B—n. Jever, Mettcker & Söhne. 8. Jeder Jahrg. (XVI, 92—104 S.) n. 6 ngr.

— up dat J. 1871, unner Byhulp van Jan v. Buten, Kassen Dulbal, Swerenoth ꝛc. herutgewen van Karl Fribert B—n. Ebend. 8. (XVI, 101 S.) 7½ ngr.

Klenner, Franz Wilhelm

— Handbuch zur topographischen Handels-General Post und Strassenkarte des österreichischen Kaiserstaates, mit einer Ueberschreitung der Monarchie-Gränze. 8. Wien 1840

Klenner, Franz, Wilhelm, Oekonom etc Topographische Handels-General-Post und Strassenkarte des österreichischen Kaiserstaates. (4 Blätter in 1 Schuber) Fol. Wien 1840.

Klenner, Frz. Wilh., topograph. Handelskarte d. österreichischen Kaiserstaates. 4 Bl. in Kpfrst., Imp.-Fol. Mit d. Texte: Handbuch ꝛc., mit e. Ueberschreitung d. Monarchie-Gränze. gr. 8. (28¼ B., 4½ B. Tab. gr. 4. u. 1 Karte d. Oder-, Elbe-, Rhein- u. Schelde-Mündungen, qu. gr. Fol.) Wien 833. (Leipzig, Anstalt f. Kunst ꝛc.)

Klenner, (F. W.,) allgem. Zolltarif f. d. österr. Kaiserstaat. gr. 8. Wien 823, (Heubner.)

Klenner, Frz. W., allgem. Zolltarif für den österr. Kaiserstaat. Mit 2 Nachträgen u. 1 Uebersichtskarte. gr. 8. Wien 825. (Mörschner u. J.) 2 ₰ 16 gr. 3s Nachtrags-Verzeichniß zu den im Aug. 1822 erschien. Zolltarif für Oesterreich. 4. Wien 825. Ebd. 8 gr.

— Dass., vollständ. Aufl., mit 1 Uebersichtskarte ꝛc. gr. 4. Wien 826. (Mörschner u. J.) 4 ₰ 8 gr.

Klenner, Frz. W., allgem. Zolltarif für den österr. Kaiserstaat; mit Genehmigung d. k. k. allgem. Hofkammer herausg. 3e, richtig befund. Aufl., nebst e. Uebersicht d. österr. Zoll- u. Dreißigst-Verordnungen ꝛc. Mit 1 Uebersichtskarte sämmtl. Zoll- u. Dreißigstämter u. d. Commerzialstraßen. (Nebst Nachtragsverzeichniß bis zum 20. März 1829.) Mit 1 großen Tabelle. gr. 4. Wien 829. (Gerold). 4 ₰ 20 gr. Ohne Karte 3 ₰ 22 gr.

— allgemeiner Zoll-Tarif für den österreich. Kaiserstaat. Neu bearb. u. mit Zusätzen verm. von Karl Joh. Zeller, mit Genehmigung der hohen kaiserlich-königl. allgem. Hofkammer, und herausg. von F. W. Klenner's Wittwe. 4e Aufl. 2 Thle. gr. 4. Wien 835, 36. (Gerold.) n. 3⅓ ₰

Klenner, Sam., († ...), s. Gerbergeselle, d. reisende, u. setze hinzu: (v. S. Klenner).

GERBERGESELLE, Der reisende, oder Reisebeschreibung eines .... Weissgerbergesellens .... (von *Samuel Klenner*). Mit Titelkpfr. Leipzig 1751. 8⁰. Selten! Anon.-Lex. II. p. 178 (nach Kayser u. Meusel).

Klenning, P. J. J., d. Buch für alle Menschen, s. J. H. Belder.

Klenota, B., O etymologickych hrickách reckych básniku tragickych. Pr. 1891. 16 S.

Klenter, Adolf, Referendar aus Elberfeld: Die **Schuldenhaftung** bei der Errungenschaftsgemeinschaft nach deutschem bürgerlichem Recht. *Bonn 1901: J. Bach Wwe.* (107 S.) 8°
Freiburg i. B., Rechts- u. staatswiss. Diss. v. 1901

Klentschi, Johann

Klentschi, J., u. E. Zeller, das Deutschordenshaus Beuggen einst u. jetzt. 1246—1894. gr. 8. (110 S.) Basel 894. (Jaeger & Kober.) n. 1. 60

Klentzan, H., s.: Entscheidungen des Reichsgerichts f. Industrie, Handel u. Gewerbe in Rechtssätzen.

Klentzan, H., s. Reichs-Gesetzbuch, deutsches, f. Industrie etc.

Klenz, Heinr., Dörchläuchting (Serenissimus). Lustspiel in 5 Aufzügen nach Fritz Reuters Roman „Dörchläuchting". (76 S.) 8. Leipzig 906. A. Cavael. n. 2. 50; kart. n. 3. —

Klenz, Heinr., die deutsche Druckersprache. gr. 8. (XXV, 128 S.) Straßburg 900. K. J. Trübner. n. 2. 50; geb. in Leinw. n. 3. 50

— Erläuterungen zu Fritz Reuters Werken. I u. II. Zu „Ut mine Stromtid". Tl. I—III. (VI, 124 u. VIII, 102 S.) 11. 8. Leipzig (906). H. Beyer. à n. — 80

— dasselbe, s. a. König's, Wilh., Erläuterungen.

Klenz, Heinr., s.: Kürschner's deutscher Literatur-Kalender.

Klenz, Heinrich (Hrsg.), s. Literatur-Kalender, Kürschners Deutscher.

Klenz, Heinrich, aus Kröpelin i. Meckl.-Schw.: Die **Quellen von** Joachim Rachel's erster Satire: 'Das poetische Frauenzimmer oder Böse Sieben'. *Freiburg i. B. 1899: H. M. Poppen & Sohn.* (61 S.) 8°
Freiburg i. B., Phil. Diss. v. 1899

— die Quellen v. Joachim Rachel's erster Satire: „Das poetische Frauenzimmer od. böse Sieben". Diss. gr. 8. (61 S.) Freiburg i/B. (Goethestr. 13) 899. Selbstverlag. n. 1. 50

— Schelten-Wörterbuch. Die Berufs-, besonders Handwerkerschelten u. Verwandtes. (V, 159 S.) 8. Straßburg 910. K. J. Trübner. 4.—; geb. in Leinw. 5. —

— Register, s.: Diözesan-Archiv, Freiburger.

— s.: Schiller's, Frdr. v., Demetrius.

Verlags-Katalog der G. J. Göschen'schen Verlagshandlung in Leipzig. 1785 1901. (Verf.: Dr. Heinrich Klenz.) (*Leipzig: G. J. Göschen 1902.*) (94 S.) 8° [F.] 1902. 5554 10

— Verzeichn. d. Namen etc., s.: Schau-in's-Land.

— Wörterbuch der neuen deutschen Rechtschreibung, s. a. Sammlung Göschen. 200. Bdchn.

Wörterbuch nach der neuen deutschen Rechtschreibung. Von Dr. Heinrich **Klenz**. Leipzig: Göschen 1904. 208 S. 8°
(Sammlung Göschen. 200.) A 12. 11701 1

Klenz, Wilhelm Heinrich

—— Der Kirchenväter Ansichten u. Lehren über die Juden. Den Christen in Erinnerung gebracht. Daf. 1894, 8°, II, 50 S., 90 Pf.

Klenz, Wilh. Heinr., die deutschen Bischöfe der Gegenwart. Ihr Leben u. Wirken. Für die kathol. Jugend bearb. 8. (247 S. m. 37 Bildnissen.) Münster 895. A. Russell. n. 3. —; geb. n. 4. —

Jüdische Eindringlinge im Wörter- und Citatenschatz der deutschen Sprache. Allen Sprachreinigern gewidm. v. H. K. Lenz [d. i. Wilhelm Heinrich Klenz]. *Münster: A. Russel 1895.* (28 S.) 8° [F.] 100 7884

Der Jude im Handel und Wandel. In der Beleuchtung e. vielgenannten kathol. Publizisten vorgeführt v. H. K. Lenz [d. i. Wilhelm Heinrich Klenz]. *Münster i. W.: A. Russel 1891.* (52 S.) 8° [F.]
= [Flugschriften, Billige, üb. d. Judenthum. Bdch. 2.] 100 7885

Judenliteratur und Literaturjuden. Aus Sebastian Brunner's Werken dargest. v. H. K. Lenz [d. i. Wilhelm Heinrich Klenz]. *Münster i. W.: A. Russel 1893.* (67 S.) 8° [F.] 109 7886

Klenz, H. K. (H. K. Lenz), Alban Stolz u. die Juden. Ein zeitgemäßer Beitrag zur Judenfrage für das deutsche Volk. Münster, Russell, 1893, 8°, 80 S., 60 Pf.

von Klenze, Camillo [aus Chicago]: Die **komischen Romanzen der Deutschen im 18. Jahrhundert ... Marburg,** Univ.-Buchdr. '(C. L. Pfeil)', 1891; 46 S., 1 Bl. 8.
Marburg, Phil. Fak., Inaug.-Diss. v. [30. Nov.] 1891

Klenze, Carl Friedrich Hermann,
s. Klenze, Karl Friedrich Hermann

Klenze, H., Tier- u. Pflanzenkunde. Eine illustr. Naturgeschichte der Lebewesen. Nach dem heut. Stande der Wissenschaft u. unter Benutzg. der besten Quellen dargestellt. Mit nahezu 600 Abb. u. 8 Taf. in Farbendr. (XXXII, 704 S.) Lex.-8. Berlin 902. [Deutsche Volksbibliothek.] Leipzig, G. Fock Verl. Geb. n. 4. —; erh. Pr. n. 14. — u. n. 15. —

Klenze, Hans, zeitgemäße Betrachtungen. Christentum u. Buddhismus. Über sozialdemokrat. Ziele. gr. 8. (30 S.) Berlin 893. Bibliograph. Bureau. n. — 60

Klenze, Hippolyt Ludw. v., die Alpenwirthschaft im Fürstenthum Liechtenstein, ihre Anfänge, Entwicklung u. gegenwärtiger Zustand. Eine Skizze landwirthschaftlichen Musterbetriebes. gr. 8. (IV, 124 S.) Stuttgart 879. Ulmer. n. 2. 80

— die deutsche Grenzsperre gegen Oesterreich u. die bayerische Landwirthschaft. gr. 8. (32 S.) Ebend. 880. n. — 60

Klenze, v. Handbuch d. Käserei-Technik, Volksausg., s. Eugling, W. Kleines Handb. f. die praktische Käserei.

—— Handbuch der Käserei-Technik. gr. 8. (XVI, 643 S. mit 194 Holzschn. und 33 autotyp. Taf.) Bremen 884, Heinsius. *

Klenze, v., der praktische Milchwirt. 8. (VI, 221 S. mit 115 Abbild. und vielen Tab.) Stuttgart 886, Ulmer. cart. *

Klenze's, v., praktischer Milchwirt, 4. Aufl. v. Rob. Häcker, s.: Landmann's, des, Winterabende.

— die Milchwirthschaft, s. Landmann's, des, Winterabende.

Klenze v.: Die Milchwirthschaft ... Stuttg. 1879. 152 S. Fig.
(D. Landmann's Winterabende. Bdch. 13).

– (Hrsg.), s. Reichs - Zeitung, Landwirtschaftliche.

Klenze v.: Reisenotizen üb. einige Molkereien Mecklenburgs, Schleswig-Holsteins, Dänemarks u. d. Schweiz. (1877). 15 S. (Særtr.). P.

— Untersuchungen über die kapillare Wasserleitung im Boden u. die kapillare Sättigungskapazität desselben für Wasser. Inaugural-Dissertation. gr. 8. (51 S.) Berlin 876. (Göttingen, Vandenhoeck & Ruprecht.) n. 1. 20

— dasselbe. s. a. Mittheilungen aus dem agrikultur-physikalischen Laboratorium u. Versuchsfelde der polytechn. Hochschule in München.

Klenze, J. O.: „Die Ablösung der gutsherrlichen Lasten und das dabei eintretende Verfahren nach den Bestimmungen der hannövrischen Gesetzgebung. Ein praktisches Handbuch für Betheiligte und Ablösungscommissarien . . . . .", Hannover 1834 (Hahn).

Klenze, Karl Friedrich Hermann

Klenze, die letzten Gründe zwischen den Dänen u. Schleswig-Holsteinern, od. staatsrechtl. Beweis der Staatseinheit Schleswig-Holsteins. gr. 8. (9½ B.) Itzehoe 843. Hamburg, Perthes-Besser u. Mauke. *

Klenze, der Kampf zwischen Recht und Macht, s. a. Kampf, der.

Der Kampf zwischen Recht und Macht und das Suum Cuique in der Schleswig-Holsteinischen Sache. (Von [Karl Friedrich Hermann] Klenze.) Hamburg. 1865. 8°.

— **Prüfung der Eisenbahn-Projecte Schleswig-Holsteins. Resultat: Kiel—Glückstadt—Hamburg—Altona. Itzehoe. 1840.**

Ueber die Staatseinheit Holsteins. Eine staatswissenschaftliche Betrachtung über die erste Adresse der Holsteinischen Volksvertreter. Von [Karl Friedrich Hermann] **Klenze.** Hamburg. 1835. 8°.

Klenze, die Staatseinheit Holsteins. Eine staatswissenschaftl. Betracht. üb. d. erste Adresse d. holsteinschen Volksvertreter. gr. 8. (4½ B. u. 1 ill. Karte.) Hamburg 836, [Perthes-Besser u. Mauke.]

Klenze, über d. Staatseinheit d. Dänischen Staats, e. wissenschaftl. Skizze aus d. Gesichtspunkte d. histor. Rechts. Der stillen Jubilar-Feier d. 14. Aprils 1784 gewidmet. gr. 8. (8½ B.) Altona 834, Aue.

—— über d. Verfassungswerk v. Schleswig-Holstein, e. Beleuchtung d. Schrift d. Hrn. rc. U. J. Lornsen über dens. Gegenstand. gr. 8. (2¼ B.) Altona 830, Aue.

Klenze: Versuch üb. d. Bedeutung d. Provinzialstände, mit besond. Beziehung auf den Dänisch. Staat. I. Von den Preuss. Provinzialständen. ***Altona,*** **Aue. 822. gr. 8. (1 Thl. 12 Gr.)**

Versuch über die Bedeutung der Provinzialstände, mit besonderer Beziehung auf den Dänischen Staat. Vom Syndikus [Karl Friedrich Hermann] **Klenze.**
I. Von den Preussischen Provinzialständen. Altona. 1832. (Nicht mehr erschienen.)

Klenze, (Syndikus), historisch-politischer Versuch, das Bewußtsein der Gegenwart zu ergründen. Des Versuchs über die Bedeutung der Provinzialstände allgem. oder 1r Thl. gr. 8. Hamburg 836. Perthes, Besser u. Mauke. 1½ ₰ (1r Thl. 1½ ₰ Vergl. Thl. III. S. 357.) — 2e Abthl. A. u. d. T.: Historisch-politischer Versuch, die Lehre von dem Organismus d. Staatsbaues u. den Staatsformen u. Reformen zu begründen. 1r Thl. gr. 8. Ebd. 837. 2⅓ ₰

Klenze, Versuch eines Plans der neuen Districtseintheilung Schleswig-Holsteins, s. a. Versuch.

Versuch eines Plans der neuen Districtseintheilung Schleswig-Holsteins, als Grundlage der in Gemässheit des Staatsgrundgesetzes zu erlassenden organischen Gesetze. (Von [Karl Friedrich Hermann Klenze.) Mit 1 Charte. Schleswig. 1849. 8°.

Klenze, Klemens August Karl

Klenze, Clem. Aug. Carl, philolog. Abhandlungen. Hrsg. v. Karl Lachmann. gr. 8. (13 B. u. 3 Stnt.) Berlin 839, Nicolaische Buchh.

Klenze, Clem. Aug. Carl, das Familienrecht d. Cognaten u. Affinen nach Röm. u. verwandten Rechten. Ein Versuch rein histor. Vergleichung im Rechte. gr. 8. (13 B.) Berlin 828, Nicolai.
Aus Savigny „Zeitschr. f. geschichtl. Rechtswissenschaft," 6. Bd., besonders abgedruckt.

Klenze, (C. A. C.,) Fragmenta legis serviliae repetundarum et tabulis aeneis primum conjunxit, restituit, illustr. 4mai. Berol. 825, Dümmler.

— s. Gaji et Justini institutiones.

— Grundriß zu Vorlesungen über d. Geschichte d. röm. Rechts bis Justinian. gr. 8. Berl. 827. Dümmler. 10 gr

—— Institutio Gregoriani aus d. Pithouschen jetzt berliner Handschr. z. erstenmale hrsg. gr. 8. (4½ B. u. 1 Tab.) Berlin 838, Nicolaische Buchh.

—— Lehrbuch d. Geschichte d. röm. Rechts, e. Grundriss a. d. Quellen. 2., umgearb. Ausg. gr. 8. (14½ B.) Berlin 835, Dümmler.

Klenze, Clem. Aug. Carl: Lehrbuch des gemeinen Strafrechts, e. Grundriss aus den Quellen des Röm., canon. u. Germanischen Rechts, mit Rücksicht auf d. deutsche Praxis, u. d. Preuss., Oesterreich., Baier. u. Französische Strafgesetzgebung. *Berlin*, Dümmler. 833. gr. 8. (1 Thl. 4 Gr.).

—— Lehrbuch d. Strafverfahrens. Ein Grundr. aus d. Quellen d. röm., canon. u. german. Rechts, sowie aus d. Schriftstellern d. ält. u. neu. Praxis, mit Rücksicht auf d. neu. Gesetzbücher v. Preussen, Oesterr., Baiern u. Frankreich. gr. 8. (12 B.) Berlin 836, Dümmler.

—— krit. Phantasieen e. pract. Staatsmannes. Ein Bericht üb. C. L. F. Schultz's „Grundlegung zu e. geschichtl. Staatswissenschaft d. Römer." gr. 8. (6¼ B.) Berlin 834, Mylius.

Klenze, Clem. Aug. Car. (Hildesheim), Querelae inofficiosi testamenti natura ex principiis juris Romani Antejustianei eruta. Comment. histor. crit. specim. Bln. (Reimer) 27. V. 1820. 19 S. (4.50) 18271
Oppon.: Heinrich Abegg, Eduard Regenbrecht, Frid. Wilh. Roestell.

Klenke, C. A. C., querelae inofficiosi testamenti natura. Ex principiis juris romani antejustin. eruta. Comment. histor. criticae specimen. 4mai. Berolini, Reimer. 821.

— s. Zeitschrift für Rechtswissenschaft.

Klenze, Leo v.

Klenze, L. v., Anweisung zur *Architectur des christl. Cultus.* Nebst 39 Taf. (incl. Frontisp.), nach *Klenze* von *Unger* gestoch. München, literar.-artist. Anstalt, 1834. Gr. Fol. Ppb.
IV—40 S. Text u. 39 Taf.

Klenze, Leo v., Anweisung z. Architectur d. christl. Cultus. Roy.-Fol. (11 B. u. 39 Kpfrt.) München 835, Literar.-artist. Anstalt.

Klenze, L. v.: Anweisung zur Architektur des christlichen Kultus. München. 1837. Fol.

—— aphorist. Bemerkungen, gesammelt auf sein. Reise nach Griechenland. gr. 8. (47¼ B. u. 6 Stnt., Roy.- u. Imp.-Fol.) Berlin 838, Reimer.

—— und Ludw. Schorn, Beschreib. d. Glyptothek, s. Beschreibung etc.

— Beschreib. d. Glyptothek Sr. Maj. Ludwig I., Königs v. Baiern. Architekton. Thl. Verzeichniß d. Bildwerke u. Gemälde v. Ldw. Schorn. gr. 12. Münch. 830. v. Cotta. 20 gr

von Klenze, Leo, und Schorn, Ludwig. Beschreibung der Glyptothek Sr. Majestät des Königs Ludwig I von Bayern. 2 Bde. München 1830 und 1837. 8°.

Klenze, Leo v., die Decorationen d. Königshauses in München, s. Decorationen.

— s. Decoration, die, der innern Räume des Königsbaues zu München.

Klenze, L. v., Die Decoration der inneren Räume des Königsbaues. Mit Kpfrn. Wien 1842. Fol.

v. Klenze, Leo, Entwurf zu e. Denkmale für Dr. Mart. Luther. Mit 3 Kpft. gr. 8. Braunschw. 805. Vieweg. 1 rthl

Klenze, L. v., architektonische Entwürfe. für die Ausführung bestimmt oder wirklich ausgeführt. 8 Lieferungen. München. 1831—1842. Folio. à Lief. 2½ Thlr. 20 Thlr.
Enthalten: die Glyptothek. die Pynakothek in München; das Constitutionsmonument zu Gaybach in Franken; den Bazar in München; den Pallast Sr. Hoheit des Herzogs Maximilian von Baiern-Birkenfeld; das neue Kriegsministerium; innere Decoration der Pynakothek; Pantechneion für Athen; die Walhalla bei Regensburg.

— —. Neue Ausgabe. 1847—1850. 17½ Thlr.
1s. Heft. Glyptothek in München. 3½ Thlr.
2s. Heft. Pynakothek in München. 3½ Thlr.
3s. Heft. Pallast des Herzog Max, Bazar in München und Entwurf des Pantechneion in Athen. 13½ Thlr.
4s. Heft. Walhalla in artistischer und technischer Beziehung. München. 1842. Folio. 3½ Thlr.
5s. Heft. Kaiserliches Museum der schönen Künste in Petersburg. 1850.

Klenze, Leo v., antike Fragmente, in 3 (phototyp.) Bildern zusammengestellt. gr. Fol. (1 Bl. Text.) München 885, Verlagsanstalt für Kunst und Wissenschaft.

— über d. Hinwegführen plastischer Kunstwerke aus dem jetzigen Griechenland u. d. neuesten Unternehmungen dieser Art. gr. 4. Münch. 821. Finsterlin. 6 gr Franz das. 5 gr

Klenze, L., über das Hinwegführen plastischer Kunstwerke aus dem jetzigen Griechenland und die neuesten Unternehmungen dieser Art. gr. 4. München, Thienemann. 821.

von Klenze, L. Das Kaiserl. Museum der schönen Künste in St. Petersburg. München 1850. Fol.

— — Die Pinakothek in München. 1 Blatt Text und 6 Blatt Zeichnungen. München (Cotta). Fol.

Klenze, Leo v., Sammlung architekton. Entwürfe, f. d. Ausführung bestimmt od. wirklich ausgeführt. 1—4. Lfg. Roy.-Fol. München, Literar.-Artist. Anstalt. à
Lfg. 1. Die Glyptothek in München. (M. 6 Kpfr.- u. Stnt. u. 3 B. Text.) 831.
- 2. Die Pinakothek in München. — Das Constitutions-Monument zu Gaybach in Franken. (6 Stnt. u. 1 B. Text.) 831.
- 3. Die Glyptothek. — Der Bazar in München. (6 Stnt. u. 2 B. Text.) 832.
- 4. Der Palast Sr. Hoheit d. Hrzgs. Maximilian v. Bayern-Birkenfeld. — Das neue Kriegsministerium. (6 Stnt. u. ½ B. Text.) 835.

Klenze, Leo v., Sammlung architecton. Entwürfe, welche ausgeführt, od. für d. Ausführung entworfen wurden. 5—8. Lfg. Imp.-Fol. München, Literar.-artist. Anstalt. à Thlr. *
Lfg. 5. Innere Decoration d. Pinakothek in München. (6 v. J. Oberwetter grav. Bl. u. 1 Bl. Text.) 838.
- 6. Pantechnion, für Athen entworfen. (6 Bl. u. Bl. Text.) 840.
- 7. u. 8. Die Walhalla bei Regensburg. (12 Bl. u. 4 Bl. Text.) 842.
1—4. Hft. Ebendas. 1831—35. à * 2 Thlr. 12 Gr.

Klenze, Leo v., Sammlung architectonischer Entwürfe für die Ausführung bestimmt oder wirklich ausgeführt. 1. Ausg. 9. und 10. Heft. Enthaltend: Das kaiserliche Museum der schönen Künste in St. Petersburg. gr. Fol. (2 Bl. Text und 12 Kpfr.- und Stnt.) München 850, Literarisch-artistische Anstalt. *
1—8. Heft. Ebendas. 1831—42. à Heft * 2 Thlr. 15 Ngr.

v. Klenze, Leo, Sammlg. architecton. Entwürfe f. die Ausführung bestimmt od. wirklich ausgeführt. 2. Ausg. 1—5. Hft. gr. Fol. 1. Hft. Die Glyptothek in München. Mit 10 Kpfr.- u. lith. Taf. (4 Bl. Text.) — 2. Hft. Enth. die Pinakothek zu München. Mit 11 Kpfr.- u. lith. Taf. (2 Bl. Text.) — 3 u. 4. Hft. Enth. den Pallast d. Herzogs Max v. Bayern-Birkenfeld, den Entwurf eines Pantechnions für Athen, das Kriegsministerium, den Bazar in München etc. — Die Walhalla in Regensburg. Mit 27 Kpfr.- u. lith. Taf. (9 Bl. Text.) — 5 Hft. a. u. d. T. 1. Ausg. 9 u. 10. Hft. Enth.: Das Kaiserl. Museum der schönen Künste in St. Petersburg. Mit 12 Kpfr.- u. lith. Taf. (2 Bl. Text.) München 847—50, Literar.-artist. Anstalt. (1—4. à n. 3⅓ ℛ 5. n. 4½ ℛ) n. 17⅚ ℛ

Klenze, L[eo v.]. Souvenir du Bal Masqué chez S. A. R. Madame l'Electrice. [München] 1844
5 Taf. in Lithogr. 2°.
Entw. von L. v. Klenze, lith. von L. Otting

— d. Tempel d. Olymp. Jupiters zu Agrigent. gr. 4. Stuttg., v. Cotta. 1 ℛ 8 gr Schrbp. 1 ℛ 12 gr

Klenze, L. Der Tempel des olympischen Jupiter zu Agrigent. Stuttgart und Tübingen 1821. 4°.

Klenze. L. v., die schönsten Ueberbleibsel griechischer Ornamente der Glyptik, Plastik und Malerei. 2 Hefte. München. 1823.

Klenze, L. v., die schönsten Überreste griechischer Ornamente der Glyptik, Plastik und Malerei. 4 Hefte. 2. Ausg. Imp.-Fol. (24 Kpfrt., wovon 4 ill.) München 866, Literarisch-artistische Anstalt. *

Klenze, Leo. Versuch einer Wiederherstellung des toskanischen Tempels nach seinen historischen und technischen Analogien. München 1821. 4°.

— Versuch e. Wiederherstellung des toscan. Tempels, nach seinen histor. u. techn. Analogien. Mit 2 lithogr. Taf. gr. 4. Münch. 822. (Finsterlin). 3 ℛ Franz bas. 1 ℛ 4 gr

Klenze, Wolfg., Schwarzenberg. Historisches Schauspiel in 5 Aufzügen. (Den Bühnen gegenüber Mscr.) 1. und 2. Aufl. gr. 16. (III und 270 S.) Breslau 861, Maruschke und Berendt. *
geb. **

Klenze, Wolfg., Schwarzenberg. Histor. Schauspiel in 5 Aufzügen. (Den Bühnen gegenüber als Mscr. gedr.) 16. (III und 270 S.) Breslau 865, Maruschke und Berendt. *
geb. mit Goldschn. *

Κλεομήδους κυκλικῆς θεωρίας μετεώρων βιβλία δύο. Ex recens. Iani Bakii cum potiori scripturae discrepantia et annotatione edid. Car. Chr. Theoph. Schmidt. 8 maj. (9 B.) Lipsiae 832, Hartmann. 18 Gr., Vlnp.

Kleomenes, oder kurzes Gemählde der Leidenschaften . . . a. d. Franz. Leipzig 1786. Ü: *Stockmann, August Cornelius.* (MGT)

Kleomenes, od. kurzes Gemälde der Leidenschaft. 8. Leipz. 786. Böhme. (Knobloch). 7 gr

Kleomenes von Lafontaine, 8. Leipzig, 791. Göschen. 20 sgl.

— König von Sparta, in Dialogen. 8. Leipz. 791. Göschen. 20 gr

Kleon d. letzte Grieche, od. d. Bund d. Mainotten; ein neugriechischer Roman, v. F. G. Wezel. 8. Zwickau, Schumann. 802.

KLEONDAS. Das Lob des Papegeyes. Aus dem Frantzösischen übersetzet von Kleondas. Franckfurth und Leipzig. 1746. Kl. 8°. 32 S. — Angebunden [vom gleichen Übersetzer und ebenda erschienen:] Das Lob der Ameise . . . 1743. 24 S. — Das Lob der Spinne . . . 1743. 29 S. — Das Lob des Spiegels . . . 1746. 29 S. — 4 Schriften in 1 (etwas gelockerten) alten Pbd. 65.—
Humoristisch-satirisch-galante Plaudereien. H.-G. IV. 223 zitiert ein „Lob des Flohes", 1743, vom gleichen Übersetzer, ohne nähere Angaben über dessen Pseudonym u. die Herkunft der Satiren machen zu können. Nicht bei Fromm; möglicherweise handelt es sich um deutsche Originalschriften.

Kleopatra. Ein musicalisches Trauerspiel. Hamburg 1704. V: *Feustking, Friedrich Christian.* (Schr)

Kleopatra. Trsp. v. Dryden. 8. Frkft. u. Lpz. Schwickert. 769. -

— Melodrama v. Neumann. gr. 8. Mannh. Schwan. 780. -

— Trsp. v. Soden. 8. Berl. Maurer. 793. -

Kleopatra u. Antonius. Trspl. in 4 A. 8. Wien 808. Wallishausser. 8 gr

— — — Trsp. gr. 8. Wien, Schaumburg. 801. -

— — dasselbe in 4 Akt. 8. Wien, Pichler. 803. -

— u. Antonius. Ein Trspl. in 4 Aufz., dem Hrn. Hofr. Wieland gewidmet. 8. Braunschw. 813. (Vieweg). 16 gr

— s. auch v. Ayrenhoff.

Kleopatra u. Antonius. Ein Trauerspiel in 4 Aufz. von v. Ayrenhoff. Neue Aufl. gr. 8. Wien. (Leipz. Dyk.) 813.

Kleopatra, Königin v. Aegypten, s. a. Th. Fr. Er. Albrecht.

Kleopatra, Königin v. Egypten; dramat.-bearb. (v. J. F. E. Albrecht.) 3 Thle. 8. Prag, Albrecht. (Neureutter.) (Bauer in Lpz.) 793—95. (à 1 Rthlr.)

Kleopatra, Königin von Aegypten, dramatisch bearbeitet von D. Albrecht, 2 Theile, 8. Prag, 793:95. Neureutter. 2 Rthl.
Desselben Buches, 3r Theil. 8. Leipzig, 796. Kleefeld. 1 Rthl.

KLEOPHAS, Ferd. (ps.), Novelletten. Leipzig, W. A. Künzel, 1838. 8°.
IV—149 SS. — Inh. (wie auch auf d. Titel steht): Die Kindesmörderin. — Wie ich Schauspieler ward. — Die letzten Tage meiner Liebe.

Kleophas, Ferd., Schauer-Novellen. 2 Bde. 8. (25⅛ B.) Leipzig 843. [Kößling'sche Buchh.]
Vergl. Bibliothek wohlf. Romane.

— — Schauer-Novellen. 2 Bde. Leipzig, Verlag von Franz Peter. 1843. 8°.
197 u. 195 SS. (excl. Tit. u. 1 Bl. Inh. bei jedem Bde.). I: Die Schachpartie mit dem Teufel. — Der Teufelsvertrag, 1554. — Die Dame mit den kalten Küssen. — Simon der Verfluchte. — Ritter und Nonne, oder Liebe und Verbrechen im Kloster. — Die Geister der Gemordeten. — Der Bierfiedler auf dem Sabbath. — Der musicirende Satan. II: Der Verrath. — Das Leichenhaus. — Die Seele des Fegfeuers. — Das erlösende Gebet. — Der weibliche Dämon. — Der Märtyrer. — Der Wahnsinnige. — Die neue Griseldis.

Klepe, Carl Friedrich Moritz, De natura et indole possessionis ad interdicta uti possidetis et utrubi reddenda necessariae. Disp. jur. Lpz. (Klaubarth) 23. XII. 1794. 44 S. (6.—) 18272
Gew.: Johann Hilmar Adolph Graf v. Schoenfeld (Loebnitz, Stoermthal, Liebertwolkwitz). — Name d. Verf. auch Kleepe!? (s. Nr. 1334).

Kleperlik Wendelin: Beiträge zur Gesundheitspflege an unseren Mittelschulen. 19. Landskron 01.
Progr.

Klepetář, A., Rathgeber für den Laien in Zeiten einer Cholera-Epidemie. 8. (13 S.) Wottic in B. 866, Selbstverlag. *

KLEPL, ARTHUR. Ueber die Producte der trockenen Destillation von Paraoxybenzoësäure. Leipzig, 1883.

Klepl, Georg Reinhold, Oberl. am Freih. v. Fletcherschen Seminar in Dresden: Die **'Monologen'** Fr. Schleiermachers und Fr. Nietzsches 'Jenseits von Gut und Böse'. **Eine Studie zur** Geschichte d. individualist. Ethik. *Niederlößnitz 1901: A. Adam.* (94 S.) 8°
Leipzig, Phil. Diss. v. [24. Juli] 1901

Klepl, Geo., die „Monologen" Fr. Schleiermachers u. Fr. Nietzsches „Jenseits v. Gut u. Böse". Eine Studie zur Geschichte der individualist. Ethik. gr. 8. (95 S.) Dresden 901. H. Morchel. n. 1. —

Klepl, Geo., zur Umbildung des religiösen Denkens. Mit Berücksicht. der religiösen Unterweisg. 5 Vorträge. (IV, 92 S.) gr. 8. Leipzig 908. J. Klinkhardt. 1. 20

Klepl, Johannes Max: Die Entwickelung der englischen Landwirtschaft nach Aufhebung der Kornzölle und ihre Bedeutung für landwirtschaftliche Betriebslehre und Agrarpolitik. . . . Bautzen, E. M. Monses Buchdr., 1888; 59 + 1 S. 8°
Leipzig, Phil. Fak., Inaug.-Diss. v. 16. Okt. 1888

Klepp, Hans, kleines Lehrbuch d. Photographie m. Berücksicht. d. Praxis, s.: Universal-Bibliothek.

Kleppe, H., katechet. Unterweis. in d. kathol. Glaub. u. Sittenlehre. 8. Augsb. Rieger. 789.

Klepper, Herm., katechet. Unterweis. in d. kathol. Glaubens- u. Sittenlehre. 8. Augsb. 789. Rieger. 1 ₰

Klepperbein, Bernhard

— — (Guben/Laus.), De cautelis circa quantitatem rei controversae in processu civili observandis. Disp. jur. Präs. Jo. Samuel Stryk. Halle (Jo. Gruner) 10. XII. 1710. 50 S. (6.30) 18274
Gew.: Johann Friedrich v. Hoernig (Zingst).

Klepperbein, Bernhard, De compensatione cessionarii posterioris cum priori. Disp. jur. theoret.-pract. Präs. Christoph Schreiter. Lpz. (Immanuel Titius) 13. XI. 1710. 32 S. (6.20) 18273

— — Vernünfftige Einigkeit des Natürlichen und Bürgerlichen Rechts in Processen / zur Uberlegung der Vernunfft= und Recht=liebenden Welt, absonderlich aber derer, so sich zu einer vernünfftig=rechtlichen Advocaten= und Richter=Praxi geschickt machen wollen, aus etlichen wahrhafften Casibus auch denen Principiis des Römischen Rechts selbst angemercket. Leipzig (Friedrich Groschuff) 1714. 32 S. (6.—) 18275

Klepperbein, Bernh., examen et repertor. compendii iuris Lauterbach. 8. Lps. 705.

Repertor. comp. LAUT. auct. eod. *Ib.* 705.

— M. Florianus (Jever. Zerbst), De peccato sub spe veniae commisso, ad Rom. VI. Disp. theol. Präs. Jo. Georg Neumann. Wittbg. (Kreusig) 29. VI. 1702. 32 S. (6.20) 18276

— — Dasselbe. Wittbg. (Meyer) 1703. 32 S. (6.—) 18277

— — Dasselbe. Wittbg. (Jo. Gottfr. Meyer) 1709. 32 S. (6.—) 18278

— — Dasselbe. Wittbg. (Meyer) 1714. 32 Seiten. (6.—) 18279

Kleppis, Heinrich Gottf.: Brevis commentatio de matrimonii quadam promissione jurejurando firmata ..., s. Hertel, Johann Michael.

Kleprlík, Wend[elin]: Beiträge zur Gesundheitspflege an unseren Mittelschulen. S. 11—29. 8.
Progr. K. k. Staats-Obergymn. *Landskron i. Bö.* 1901.
I. Hygiene im Anschluß an den Unterricht. II. Hygienische Messungen. I. Licht, Luft und Raum in unserem Anstaltsgebäude. II. Schulbank. III. Augen. IV. Gehör. V. Rückgrat. VI. Gesamtkonstitution.

Klepsch, Adf., das österreichische Tabularrecht. Lex.-8. (VIII und 229 S.) Prag 862, Credner. *

Klepsch, Gust., die Elemente der Chemie u. Mineralogie, s.: Bork, H.

Klepsch, Th., der Fluß-Schiffsbau u. seine Ausführung in Eisen, Holz u. Komposit-Material. Nach prakt. Erfahrgn. zusammengestellt u. m. Tabellen versehen. Mit 9 Foliotaf. gr. 4. (VI, 51 S.) Weimar 889. B. F. Voigt. 5. —

Klepsch, Thdr., der Fluß-Schiffsbau u. seine Ausführung in Eisen, Holz u. Komposit-Metall. Ein Wegweiser f. Schiffsbauer, Ingenieure, Rhedereien u. Schiffsbauunternehmer, nach prakt. Erfahrgn. zusammengestellt u. m. Tabellen versehen. 2. (Titel-)Aufl. gr. 4. (VI, 51 S. m. 9 Taf.) Weimar 893. B. F. Voigt. 3. —

Klepzig [Schlagwort]

Klepzig, s.: Geologische Karten. Karte (Preussen).

Klepzig, s.: Preussen, Messtischblätter.

Klepzig, Friedrich

Klepzig, F. E., privilegirte Geheimnisse, od. die Kunst, schnell erhärtende Seife in sehr kurzer Zeit auf ein Wasser ohne Ausscheidung der Lauge, so wie eine eigenthümliche, höchst billige Knochen- u. Griesenseife darzustellen. 3. Aufl. 8. (2½ B.) Leipzig 845, J. H. Nagel. Thlr

Klepzig, Friedr., die Palmölbleiche durch Kohlenstoff. Zur prakt. Ausführung für Seifensieder leicht faßlich und deutlich beschrieben so wie theoretisch beleuchtet. Leipzig 857. Ackermann u. Glaser. 8. (16 S.) 1 ₰. 15 ngr.

Klepzig-Giebmans, Georg: Die materiellrechtlichen Wirkungen des Prozessbeginns. *Bonn 1897: C. Georgi.* (87 S.) 8°
Erlangen, Jur. Diss. v. 17. Sept. 1897

Klerck, A. W. v., De L. Munatio Planco disquisitio historico-literaria. Diss. 1856. 87 S. 1.—

Klerck, Otto (Blekingus), De aemulatione illaudabili. Diss. philos. Präs. Nicolaus Alin. Lund (Carl Gustav Berling) (11.) III. 1749. 34 Seiten. (6.—) 18282
Gew.: Carl Friedrich Piper, Carl Gust. Boberg (Eustad), Matth. Rönbeck (Eustad, Öja, Hedeskoga).

af Klercker, John Echard Fredrik [aus Stockholm]: Studien über die Gerbstoffvakuolen . . . (Aus: K. Svenska vet.-akad. handlingar Bd. 13.) Stockholm, Kongl. Boktr. P. A. Norstedt & Söner, 1888; 1 Bl., 63 S. u. 1 Taf. 8°
Tübingen, Naturw. Fak., Inaug.-Diss. v. 1888

KLERCKER, [Rutger] Kj[ell] Otto [Göran] af
Studien über die Pentosurie. Stockholm 1904. 8:o. (96 s.) (Ur: Nordiskt medicinskt arkiv, 1905, Afd. 2.)
Diss. Lund. med.

Klert, U., Berliner Kirchhöfe. Berlin 869. Nicolai's Verl. 8. (XVI, 116 S.) n. 15 ngr.

Klerikalismus, römischer. Von Renatus. (45 S.) 8. Leipzig (907). Kleinzschachwitz, „Deutscher Kampf"-Verlag. — 60

Klerisei: Die Klerisei im Sonnenlicht
(1) Belehrende Zeitschrift (5) 1. 12. 1872—Nr. 5. 1873 (6) 8° (7) unregelmäßig
(8) Bern: J. Allemann (1. 12. 1872—28. 2. 1873), Heer & Schmidt (Nr. 5. 1873)
(11) Dr. Franz Huber (12) antiklerikal (14) Be: L.

Kleritj, Ljubomir, zur Theorie u. Praxis der Compensation. Pendel mit compensirtem Schwerpunkte. gr. 8. (30 S. mit einer Steintaf.) Belgrad 881. (Freiberg, Craz & Gerlach.) n. 1. 20

Kleritj, Ljubomir J., Abhandlung über genauere Berechnung u. Construction einiger Träger von gleichem Widerstande. Freiberg 869. (Craz & Gerlach.) gr. 8. (16 S. mit 1 Steintaf. in 4.) 6 ngr.

Klerk, J., De oratione pro M. Caelio. Diss. 1825. 100 S. 4°.

de Klerk, Jean, de Brabantsche Yeesten, of rymkronyk van Braband, s. **Collection** de chroniques Belges Vol. IV.

Klerk de Reus, G. C.: Geschichtlicher Ueberblick der administrativen, rechtlichen und finanziellen Entwicklung der Niederländisch-Ostindischen Compagnie. (Batavia 1894.) XLVI, 323, XVII, IX, II S., 15 Tf.
in: Verhandelingen van het Bataviaasch Genootschap van Kunsten en Wetenschappen. Deel 47. Stuk 3. 8°.

Klerk de Reus, G. C., geschichtl. Ueberblick d. administrat., rechtl. u. finanziell. Entwicklg. d. niederländ.-ostind. Compagnie. [Aus: „Verhandelingen van het Bataviaasch genootschap van kunsten en wetenschappen."] Lex.-8. (VIII, XLVI, 323, XVII, XII u. 2 S. m. 15 Tab.) Batavia 894. (Haag, M. Nijhoff.) n.n. 10. 20

Klerlein, Marie, frühe Gefährten. Erzählungen. (197 S.) 8. Jauer (906). O. Hellmann. n. 2. 50; geb. n. 3. 50

Klerlein, Marie, im Tal der Jugend. Roman. (169 S.) 8. Jauer (907). Glogau, Hellmann. 2.—; geb. 3. —

Klermondt

— s. a. **Clermont.**

Klermondt, Christoph Friedrich (Sech./Magdeburg), De differentiis symptomatum. Diss. med. Präs. Johann Juncker. Halle (Johann Christian Hilliger) Sept. 1743. 32 S. (6.—) 18283
Widm. v.: Präs., Caspar Fischer (dtsch.), P. A. Seelbach (aus dem Naßau=Siegnischen; dtsch.), F. A. Schwartz.

Kleroth, Dilettanten-Theater. I—III. 8. Prag 870, Calve'sche Universitäts-Buchh. à Bdchn. *
Inhalt:
I. Weiß und Schwarz. Ein Haus-Theater in Pensylvanien. (48 S.)
II. Ein Uriasbrief. Die Erfindung. (60 S.)
III. Der Friedensbruch. Die erste Fußreise. (40 S.)

Kleroth, Die Honorarbedingung. Lustspiel in einem Akt von — —. Prag, 1856. Druck von Fr. Rohlicek. (22 S. 8.)

Kleroth, Theater. 1. und 2. Bdchn. (Den Bühnen gegenüber als Mscr. gedr.) gr. 12. (268 S.) Prag 857, (Credner's Verlags-Conto.) à Bdchn. * 16 Ngr. *

Kleroth. Theater von — — 2tes Bändchen. Den Bühnen gegenüber als Manuskript gedruckt. Prag, 1857. Druck von Friedrich Rohlicek. (131 S. 8.)
Inhalt: Ein Gesellschaftsball. Lustspiel in 3 3 Akten. — Studentenstreiche. Schwank in einem Akt.

—— Theater. III und IV. 8. Ebendas. à Bdchn. *
Inhalt:
III. Aus dem Pensionate. (68 S.) 865.
IV. Der Flüchtling. Ein seltenes Gericht. (43 S.) 869.
I. und II. Ebendas. 1857. à *ℳ 1,60.

(F) **Kleruber**, W., Über Rechte und Pflichten des Hausbesitzers. 8°. (50 S.) K 1.—
Teplitz: Porzler 1910.

Klerus, s. a.: **Clerus.**

Klerus, der deutsche, und die Wissenschaft. 1. Aufl. 5 Ngr. und 2., verm. Aufl. (12. (78 S.) Freiburg im Br. 864, Herder'sche Verlagsh.

Klerus, der katholische, u. e. moderne Frage. Von Johannes. (40 S.) 8. Ravensburg (906). F. Alber. n. — 50

Klerus, der, aus dem Bisthum Konstanz an den im Jahr 1808 an ihn sendschreibenden Laien rc. 8. Freyburg, Herder. 819.

Klerus, der niedere u. das Cölibat. [Artikel der Kemptner Zeitung.] Vor dem Schwurgerichtshofe in Schwaben u. Neuburg. [Verhandlung gegen den Redakteur der Kemptner Zeitung. — Dienstag den 22. März 1870 — wegen dreier Preßvergehen.] Kempten 870. Dannheimer. gr. 8. n. 2 ngr.

— der niedere, u. das Cölibat" (Artikel der Kemptner Zeitg.) vor dem Schwurgerichtshofe v. Schwaben u. Neuburg. (Verhandlungen gegen den Redakteur der „Kemptner Zeitg." — Dienstag den 22. III. 1870 — wegen dreier Preßvergehen). Im Auftrage von Wilh. Joos. Wieder-Abdr. der bei Tob. Dannheimer im J. 1870 zu Kempten erschien. Broschüre. gr. 8. (35 S.) Schaffhausen 899. (C. Schoch.) — 25

Klerus, der, und die Wahlen. gr. 8. (15 S.) Wien 861, (Gerold's Sohn.) *

Klerx, B., einzig sicheres System d. Hosen-Zuschnitts nach den Körpermaassen für alle Körperformen. Mit den nöth. Zeichnungen versehen u. zum Selbstunterricht bearb. 2 Thle. gr. 4. (12 S. m. 14 Steintafeln.) Giessen 882. (Roth.) n. 3. —

Kles, Felix, Anleitung zur Behandlung und Heilung aller Krankheiten durch die diätetische Heilmethode. Im Interesse der leib. Menschheit verf. und hrsg. gr. 8. (18 S.) Dresden 884, Verlag der diätet. Heilanstalt.

Kles, F. (Red.), s. Arzt, Der diätetische.

—— die diätetische Heilmethode auf Grund eigener ärztlich-praktischer Erfahrung populär-wissenschaftlich dargestellt. 2. Aufl. gr. 8. (XIV, 260 S.) Dresden 875, Verlag der diätetischen Heilanstalt. *

—— die diätetische Heilmethode, auf Grund eigener ärztlich-prakt. Erfahrung populär-wissenschaftlich dargestellt. 3. völlig umgearb. Aufl. gr. 8. (VIII, 376 S.) Ebendas. 880. *

Kles, Felix, die Schrothisch-diätetische Heilmethode auf Grund eigener ärztlich-praktischer Erfahrung populär-wissenschaftl. dargestellt. gr. 8. (XV, 260 S.) Dresden 871, L. Wolf's Buchh. *

Kles, Felix, Herzkrankheiten u. ihre Behandlung durch d. diätet. Heilmethode. Populär-wissenschaftl. dargest. 8. (96 S.) Dresden 895. Verl. d. Diätet. Heilanstalt. n. 1. 50

Kles, Felix, diätetische Kuren. Nebst Erörterungen über Arzneibehandlung, Schroth'sche Kur und diätet. Heilkunst. 1. und 2. Aufl. gr. 8. (IV, 124 S.) Dresden 879, Verlag der Diätetischen Heilanstalt. *

—— diätetische Kuren. Nebst Erörterungen über Arzneibehandlung, Schroth'sche Kur und diätet. Heilkunst. 3. Aufl. gr. 8. (VI, 139 S.) Ebendas. 883. *

Kles, Fel., diätetische Kuren. Nebst Erörterungen über Arzneibehandlung, Schroth'sche Kur und diätet. Heilkunst. 4. verm., 5. und 6. unveränd. Aufl. gr. 8. (VIII, 116 S.) Dresden 885—88, Verlag der diätet. Heilanstalt.

Kles, Fel. Diätetische Kuren. Nebst Erörtergn. über Arzneibehandlg., Schroth'sche Kur u. diätet. Heilkunst. 7. verb. u. 8. Aufl. gr. 8. (VIII, 116 S.) Dresd. 889,91, Verlag d. diätet. Heilanstalt. * 2 —

— diätetische Kuren. Nebst Erörtergn. üb. Arzneibehandlg., Schroth'sche Kur u. diätet. Heilkunst. 9. Aufl. 8. (IV, 155 S.) Ebd. 895. n. 2. —

Kles, (Carolus Henricus Josephus) Raphael Felix (*geb. Breslau 30. 6. 1832*): De hysteria. Vratislaviae (1857). (30 S.) 8°
Breslau, Med. Diss. v. 28. Nov. 1857

Kleschke, Grundzüge z. zweckmäss. Einrichtg. d. Staats-, Kassen- u. Rechnungswesens u. seine Controlle. Berl. 821.

Kleszynski, Eduard — Geschichtliche Notizen über den Bergbau und die Stadt Přibram von den ältesten Zeiten bis zum Jahre 1750. Chronologisch zusammengestellt von — —. Prag, 1855. Druck der k. k. Hofbuchdruckerei von Gottlieb Haase Söhne. (72 S. 8. Mit einer „Uebersicht der Produktion und der Geldgebahrung des Přibramer Hauptwerkes vom Jahre 1724—1750.")

Klesel, Christian Heinrich (Zittau), *ΠΕΡΙ ΑΠΟΚΗΡΥΞΕΩΣ* seu de abdicatione ad leg. VI. cod. de patr. potestat. Diss. jur. civil. Präs. D. Christian Heinrich Breuning. Lpz. (Langenheim) 13. III. 1753. 24 S. (5.50) 18285

Kleser, Hans, Bismarck-Prometheus. Wie war's einst, u. wie ist's heute in Deutschland. Eine Bismarckrede, geh. am Bismarcksgeburtstage 1892 in der Gesellschaft Erholg. zu Köln. gr. 8. (32 S.) Köln 892. P. Neubner. — 60

Kleser, Hans, Geld und Währung. Eine Kritik bimetallist. Anschauungen. gr. 8. (VI, 85 S.) Berlin 881, Puttkammer und Mühlbrecht. *

Kleser, Hans, hat sich d. deutsche Reichsbank bewährt u. kann sie bei Errichtg. e. schweizer. Bundesbank zum Vorbilde genommen werden? Zeitgem. Erörtergn. über Geld- u. Bankwesen. gr. 8. (34 S.) Zürich 895. A. Müller. n. — 60

Kleser, Hans, Preisrückgang und Goldwährung. Beiträge zum Verständnis der wirtschaftl. Lage und der Währungsfrage unter besond. Berücksicht. von Industrie und Landwirthschaft. gr. 8. (VIII, 82 S.) Köln 885, DuMont-Schauberg'sche Buchh. *

Kleser, Preisrückgang und Goldwährung. Beiträge zum Verständniss der wirthschaftl. Lage. Köln 886.

Kleser, Hans (geb. am 26 Febr. 1850 in Weiskirchen Rgbz. Trier): Ueber inneren Sinn ... Bonn, Druck v. C. Georgi 1873. 51 S. 8.
Bonn, Phil. Fak., Diss. v. 9 Aug. 1873

—— die deutsche Währung und ihre Gegner. Kritische Erörterungen über Währungsfragen. gr. 8. (VI, 90 S.) Köln 883, DuMont-Schauberg'sche Buchh. *

— Währungs- u. Wirtschaftspolitik. Kritische Untersuchgn. üb. den Währungsstreit. gr. 8. (87 S.) Ebend. 885. n. 1. 50

Klesheim, Anton v., s. Alpenblumen, Steyer'sche, gepflückt auf der Alpe des Humors...

Klesheim, Ant. Bar. v., steyer'sche Alpenblumen, gepflückt auf d. Alpe d. Humors, u. anspruchslos dargebr. allen Freundinnen ein. heit. Lectüre. 12 Lfgn. gr. 8. Grätz 837, Ludewig. *

Klesheim, Ant. v., Frau'n-Kaeferl. Gedichte in österreichischer Mundart. 854. — 2. Aufl. Dresden 858. R. Schäfer. (Prag, Kober u. Markgraf.) 16. (VIII, 151 S.) n. 1 ₰.

Klesheim, Ant. Frhr. v., Frau'n-Kaeferl. Gedichte in österreich. Mundart. 2. Aufl. gr. 16. (VIII und 151 S.) Dresden 858. [Hamburg, J. F. Richter.] *

—— der Fremdenführer in Grätz. Wegweiser in d. Stadt Grätz u. ihren Umgebn., nebst ein. Anh. d. f. Fremde nöth. Adressen. Aus d. besten Quellen zusammengest. 16. (7 B. u. 1 Ansicht v. Grätz v. d. Südseite.) Grätz 838, Ludewig.

Klesheim, Ant. Frhr. v., in der Cantin'. Soldatenlieder u. Geschichten. Wien 865. Geitler. gr. 16. (116 S.) n. 20 ngr.

— das Mailüfterl. Gedichte in der Wiener Mundart. Mit 5 Illustr. (Lithogr.) 853. — 2. Aufl. Ebend. 858. (Ebend.) 16. (XIII, 143 S.) n. 1 ℛ. 15 ngr.

Klesheim, Anton Baron, der Musikant u. sei' Liab, s.: Volkstheater, Wiener.

— nimm mich mit. Humorist. Gedichte aus dem Badeleben zu Kissingen, Karlsbad, Marienbad. Ebend. 865. gr. 16. (VII, 216 S.) n. 1 ℛ 2 ngr.

— Schwarzblatl auf Wanderschaft. Ergebnisse u. Erlebnisse auf einer Reise durch Deutschland 2c. In Liedern u. Prosa erzählt. Mit (5) Illustr. v. Herm. Soltau (in Holzschn.) gr. 16. (VI u. 375 S.) Hamburg 852, Berendsohn. n. 1 ℛ 18 ngr.

Klesheim, Ant. v., s' Schwarzblatl aus'n Weanerwald. Gedichte in d. österr. Volksmundart. 2., verm. Aufl. 8. (11 B. u. 1 lith. Ttl.) Wien 846, Kaulfuß Wwe., Prandel u. Comp.

Klesheim, Ant. v., 's Schwarzblätl aus'n Weanerwald. Gedichte in der österreich. Volksmundart. I. Bd. 3., verm. Aufl. 16. (VIII und 174 S.) Wien 849, Gerold, Verlag.

—— dass. — 2. Thl. A. u. d. T.: Bildln in Holzrähmln. Gedichte in der österreich. Volksmundart. I. Aufl. (151 S. und 3 Stnt.) 1847. und 2. Aufl. 16. (VIII und 158 S.) Ebds. 851.

—— dass. — 3. Thl. 16. (VIII und 171 S.) Ebds. 850.

—— **'s Schwarzblátl aus'n Weanerwald. Gedichte in der oesterreich. Volksmundart. 1. Bd. 4., verm. Aufl. gr. 16. (VIII und 174 S.) Wien 858, Gerold's Sohn.**

—— 's Schwarzblattl aus'n Weanerwald. 2. Thl.: Bildln in Holzrahmln. Gedichte in der österreich. Volksmundart. 8. (VIII und 158 S.) Wien 866, Gerold's Sohn.

—— dass. — Gedichte in der österreich. Volksmundart. 3. Thl. 2., verm. Aufl. 8. (VIII und 176 S.) Ebendas. 864.

—— dass. — Gedichte in der österreich. Volksmundart. 4. Thl. 8. (159 S.) Ebendas. 866.
1. Thl. Ebendas. 1858. 1 Thlr.

Klesheim, Ant. Frhr. v., 's Schwarzblatl aus'n Weanerwald. Gedichte in der österreich. Volksmundart. 1. Bd. 5. verm. Aufl. 16. (185 S.) Wien 873, Gerold's Sohn. *
2. Bd. 3. Aufl. 1866; 3. Bd. 2. Aufl. 1864; 4. Bd. Ebendas. 1866. à Bd. *ℳ 3.

Klesheim, Ant. Frhr. v., 's Schwarzblattl aus'n Weanerwald. Gedichte in der österreich. Volksmundart. 2. Bd. 4., verm. Aufl. 12. (VI, 163 S.) Wien 881. Gerold's Sohn. n. 3. 20

— dasselbe. 3. Bd. 3., verm. Aufl. gr. 16. (IV, 176 S.) Ebend. 880. n. 3. 20

— dasselbe. 5. Bd. 8. (172 S.) Ebend. 881. n. 3. 20
(1—5.: n. 16. 20)

Klesheim, Ant. Frhr. v., 's Schwarzblattl aus'n Weanerwald. Gedichte in österreich. Volksmundart. 1. u. 4. Bd. 12. Wien 885. Gerold's Sohn. n 6. 80
1. 6. Aufl. (V, 188 S.) n. 3. 60. — 4. 2. Aufl. (IV, 170 S.) n. 3. 20

—— Von der Wartburg. Eine Taubenpost in Liedern. 16. (VIII und 136 S.) Berlin 855, Schindler. *

Klesins, Abhandl. üb. die Kuhpocken. 8. Th. Ehrenbreitst. Gehra. 807.

Klesius, Jh. Jak., ist identisch mit Jak. Clesius.

KLESIUS, Johann Jakob: Anleitung bestäubte Insekten zu sammeln, für diejenigen, welche erst zu sammeln anfangen, in drey Theilen. - Koblenz 1784. 4 1/2 Bog., 12 halbe Bog., Kupf.

Klesius, J. Jac.; Anl. bestäubte Insekt. zu sammeln. 3 Thle. m. K. 8. Frkf. Garbe, 788.

Klesl's Briefe an K. Rudolfs II. Obersthofmeister Adam Freiherrn v. Dietrichstein (1583—1589). Ein Beitrag zur Geschichte Klesl's u. der Gegenreformation in Niederösterreich. Von Vict. Bibl. gr. 8. (108 S.) Wien 900. (C. Gerold's Sohn.) n. 2. 40
Sonderabdruck aus: „Archiv f. österreichische Geschichte".

Kless, Friedrich, aus Dillingen: Über einige Anhydroverbindungen aus Aldehyden und primären Aminen (Schiff'sche Basen). *Erlangen 1903: Junge & Sohn.* (72 S.) 8°
Erlangen, Phil. Diss. v. 15. Juni 1903

Kletz, R. H., d. Nutzbarmachg. d. Fennmoore, Brücher, Seeen u. Teiche. E. Beitrag z. Lösg. d. Gefangenen-Arbeitsfrage. Lex.-8. (31 S.) Elberfeld 895. (Baedeker.) n. 1. 50

Kleise, J., Worte, ger. zu s. Zeit. 8. Jena. 713.

Karte von der Stadt **Kiel** mit der umliegenden Gegend, gez. im Jahre 1793 v. **C. H. B. Klessel.** Hamburg. Kupferstich. 1 Bl. 4°, 19·24,1 cm.

[F.] Denkmal f. Kaiser Wilhelm d. Grossen in Liedern z. 100jähr. Geburtstage d. Kaisers ... v. **Julius Klessen.** *Zicher i. d. Neumark: Selbstv. (Dr. v. C. Adler's Buchdr., Cüstrin) 1897.* (62 S., 2 Bl.) 1 Bd 8. 97. 1067

[F.] Trostpsalter v. **Julius Klessen.** *Zicher i. d. Neumark: Selbstv.; ([Dr. v.] Vogel & Neuber, Frankfurt, O.) 1898.* (264 S., 4 Bl.) 1 Bd 8. 98. 4476

Klesser, August [approb. Arzt aus Aerzen bei Hannover]: Ein Fall von Hepatitis suppurativa .... Würzburg, Köhl & Hecker's Buchdr., 1887; 30 S. 8°.
Würzburg, Med. Fak., Inaug. Diss. v. 1887.

v. **Klessing,** Jos., s. A. v. Bucher, sämmtl. Werke.

Klessing, Klemens

Klessing, Clem., Beiträge zur Geschichte der Eigenbehörigkeit im Hochstifte Münster während des 18. Jahrh., s. a. Beiträge f. die Geschichte Niedersachsens u. Westfalens. 8.

Klessing, Klemens, a. Warendorf: Beiträge zur Geschichte der Eigenbehörigkeit im Hochstifte Münster während des 18. Jahrhunderts. T. 1. Hildesheim 1906: A. Lax. (64 S.) 8° [F.] ¶ (Erscheint vollst. als: „Beiträge für die Geschichte Niedersachsens und Westfalens" H. 8 im gleichen Verlage.)
Münster, Phil. Fak., Ref. Erler, Diss. v. 21. Dez. 1906
[Geb. 8. Jan. 82 Langenhorst; Wohnort: Münster i. W.; Staatsangeh.: Preußen; Vorbildung: Gymn. Warendorf Reife O. 02; Studium: München 2, Münster 1, Paris 1, Münster 4 S.; Rig. 6. Juli 06.]

Beiträge zur Geschichte der Eigenbehörigkeit im Hochstifte Münster während des 18. Jahrhunderts. Von Dr. Clemens **Klessing.** Hildesheim: A. Lax 1907. (113 S.) 8° [F.]
= **Beiträge** f. d. Geschichte Niedersachsens u. Westfalens. H. 8. 07. 9147

Klestadt, Walter, Medizinalpraktikant a. Bernburg: Aus der Prosektur des Krankenhauses r. d. I. zu München. Ueber cystische Tumoren im Bereiche des Infundibulum cerebri. (Mit e. Abb.) München 1906: Kastner & Callwey. (36 S.) 8°

München, Med. Fak., Ref. v. Bollinger, Diss. v. 17. Juli 1907

[Geb. 26. Febr. 83 Bernburg; Wohnort: Bernburg; Staatsangeh.: Anhalt; Vorbildung: Karls-Gymn. Bernburg Reife O. 01; Studium: Heidelberg 1, Freiburg i. B. 1, Berlin 1, München 7 S.; Coll. 17. Juli 07; Approb. 30. Juni 07.]

Kleszky, Otto, feldmässiges Schiessen auf automatische Scheiben. gr. 8. (40 S. m. 7 Beilagen.) Budapest 902. C. Grill. n. 1. —

Kletke, Caesar Albanus *(geb. Brieg 28. 11. 1805)*: De polygonorum regularium aequationibus. P. 1 qua aequatio generalis, qua latus omnesque diagonales polygoni cujuslibet regularis n laterum exhibentur, via tantummodo geometrica indagata est. Vratislaviae (1833). (IV, 34 S., 1 Taf.) 4° *[P. 2 ist Breslauer phil. Hab.-Schr. v. 18. 6. 1833, vgl. Nr 1791; vollst. Buchausg. 1833 bei Graß, Barth & Ko. in Breslau. — Verf. erlebte die Diplomerneuerung 1883 als Gymn.-Dir. a. D. in Breslau, vgl. Anh. Nr 313.]*

Breslau, Phil. Diss. v. 27. März 1833

Kletke, Caesar Albanus: De polygonorum regularium aequationibus. P. 2: Aequatio generalis polygoni reg. n laterum ad formam simplicissimam reducta, aequationes polyg. reg. 3, 4, 5, 7, 9, 11, 13, 15, 17 et plur. laterum algebraicae ope analyseos solutae; atque omnium aequationis cubicae cujusvis radicum e Cardani formula amplificata algebraice accurata inveniendarum nova methodus. Vratislaviae (1833). (IV S., S. 35—74) 4° *[P. 1 ist Breslauer phil. Diss. v. 27. 3. 1833, vgl. Nr 1840; vollst. Buchausg. 1833 bei Graß, Barth & Ko. in Breslau.]*

Breslau, Phil. Fak., Hab.-Schr. v. 18. Juni 1833

Kletke, C. A., de Polygonorum regularium aequationibus libros II., quibus contin. aequatio generalis, qua latus omnesque diagonales Polygoni reg. n. laterum exhib., geometrica via indagata; aequationes Polyg. reg. III, IV, V, VII, IX, XI, XIII, XV, XVII et plur. laterum algebraicae ope analyseos solutae; atque omnium aequationis cubicae cujusvis radicum et cardani formula amplificata algebraice accurate inveniendarum nova methodus. Cum Tab. lith. 4maj. (10½ B.) Vratislaviae 833, Grass, Barth et Soc. Thlr.

Kletke, C. A., zur Beurtheilung und Würdigung des deutschen Realschulwesens. gr. 12. (66 S.) Breslau 857, Kern.

Kletke, C. A., Entwickelung des Keplerschen Problems: Aus d. mittleren Anomalie eines in einer elliptischen Bahn bewegten Weltkörpers die wahre Anomalie desselben zu finden. 4. (36 S. mit 1 lith. Taf.) Breslau 852, Graß, Barth & Co. Sort. in Comm. n. ½ ₰

Kletke, C. A. Fortentwickelung der Realschule am Zwinger zu Breslau seit und infolge der „Unterrichts- und Prüfungsordnung vom 6. Oktober 1859". 8 S. Progr. Zw. Rg. *Breslau* 1876.

Kletke, C. A., Stimmen aus Nord- und Süddeutschland über den Werth des Lateins für die Realschule, gesammelt im Jahre 1859. Breslau 859. Hirt. 4. (38 S.) n. 10 ngr

— Unterrichtsordnung der Realschulen. Ebd. 1860. Progr.

Kletke, C. A. Zweck der höheren Bürgerschule. Breslau, H. B., 1838. Progr.

Kletke, Carl, s. Kletke, Karl

Kletke, G., Hülfsmittel für Benutzung der Bilder für den Anschauungs- und Sprachunterricht bei der französischen Conversation. 8. (IV, 80 S.) Berlin 873, Winckelmann und Söhne.

Kletke, G., der Aufstand zu Kairo. Histor. Erzählungen aus dem Feldzuge Bonapartes in Aegypten im J. 1798. Für die Jugend bearb. Neu-Ruppin 865. (Leipzig, Oehmigke.) 8. (164 S.) 12½ ngr.

—— Erzählungen für die reifere Jugend. 2 Bde. br. 8. Berlin 864, Thiele. geb.

Inhalt:

Bd. 1. Wahrheit und Dichtung. (III und 228 S. mit 4 lithogr. Farbendruckbildern.) cart. Einzeln 25 Ngr.

„ 2. Nachtseiten der menschlichen Gesellschaft. (III und 221 S. mit 4 lithogr. Farbendruckbildern.) cart. Einzeln 52 Ngr.

Kletke, G., Jagdskizzen aus beiden Hemisphären. Zum naturhistor. Studium für Schule und Haus. Mit einem Vorwort von A. Niederhoeffer. 2 Bde. br. 8. (VI und 346, IV und 340 S. mit je 5 lithogr. und ill. Abbild.) Berlin 863, Thiele. geb. à Bd. 1 Thlr. 7½ Ngr.

—— die drei Könige von Jerusalem. Histor. Gemälde aus den Zeiten der Kreuzzüge. Für die Jugend bearb. 8. (180 S.) Neu-Ruppin 866, Oehmigke. -

— die drei Könige von Jerusalem. Histor. Gemälde aus den Zeiten der Kreuzzüge. Für die Jugend bearb. Neu-Ruppin 868. (Leipzig, Oehmigke.) 8. (180 S.) 12½ ngr.

—— Kreuz und Halbmond. Histor. Erzählung aus den griech. Befreiungskriegen 1825—26. Für die Jugend bearb. 8. (192 S.) Neu-Ruppin 866, Oehmigke. -

Kletke, G., Kreuz u. Halbmond. Histor. Erzählung aus den griech. Befreiungskriegen 1825—26. Für die Jugend bearb. Ebend. 868. 8. (192 S.) 12½ ngr.

—— Original-Novellen, s. Germania.

Kletke, G. M.

— u. C. **Berendt,** siehe Album, Schlesisches.

—— und Carl Berendt, schlesisches Album, aus Beiträgen von W. Alexis; J. Altmann; L. Bechstein; J. v. Düringsfeld; Fr. Förster; E. Geibel; K. v. Holtei; G. Kinkel; A. Kopisch; L. Mühlbach; L. Schefer; J. G. Seidl u. A. gr. 16. Berlin 848, Mylius'sche Vrlgsh. **

Kletke, G. M., gewerbliche Anlagen. Gesetzgebung über deren Anlage, Konzessionirung u. Betrieb nach dem Gesetze vom 1. Juli 1861 u. der Gewerbe-Ordnung für den norddeutschen Bund sowohl im Allgemeinen, als im Speziellen, desgl. über Triebwerke, Mühlen, Dampfkessel u. Dampfmaschinen, insbesond. bei dem Betriebe der Landwirthschaft, sowie des Gewerbe-, Fabriken-, Bau- u. Bergwesens. Potsdam 869. Gropius. gr. 8. (IV, 256 S.) n. 1 ₰ 10 ngr.

— die Ausführungs-Verordnungen sämmtlicher Staaten des norddeutschen Bundes excl. Preußen zur Gewerbe-Ordnung vom 21. Juni 1869. Aus amtlichen Quellen zusammengestellt. Unentbehrlicher Supplementbd. zu sämmtl. Ausg. der Gewerbe-Ordnung. Berlin 870. allgemeine deutsche Verlags-Anstalt. gr. 8. (VI, 319 S.) 1 ₰

—— preußische Bau-Gesetze. I. Allgemeines Baurecht. Grundgerechtigkeiten, Einschränkungen des Eigenthums, Errichtung gewerbl. Anlagen, baul. Strafgesetze; II. Baubehörden und Bestimmungen über die Ausbildung und Prüfung der Baugewerksmeister, Bauführer und Baumeister. 3. Aufl. 16. (118 S.) Brandenburg 871, Müller. *

Kletke, d. preuss. Baupolizei-Gesetzgbg. Berlin 874.

Kletke, G. M., Beiträge zur Kritik d. Strafgesetz-Entwurfes f. die Preuß. Staaten. gr. 8. (51 S.) Berlin 848, L. Schlesinger. n. 1/3 Thlr

Kletke, G. M. Kritische Bemerkungen über den Entwurf eines Gesetzes zur Errichtung der Bürgerwehr für den preußischen Staat. Berlin 1848. 15 S. 4.

Kletke, G. M. Die Preußische Bergwerksgesetzgebung, enthaltend das allgemeine am 1. Oktober 1865 in Kraft tretende Bergwerksgesetz nebst den noch in Kraft verbleibenden älteren Gesetzen und Verordnungen. Elberfeld, 1865. 120 S. Nebst 3 anonymen Ausgaben des allgemeinen Preußischen Berggesetzes von 1865.

— das norddeutsche Bundes-Indigenat in seinen rechtlichen Konsequenzen: Freizügigkeit (persönl., gewerbl., militär.), Erwerb u. Verlust der Bundes- u. Staatsangehörigkeit, Unterstützungs-Wohnsitz u. Gewährung der Rechtshilfe. Nach amtl. Materialien, den Berichten der Reichstags-Kommissionen u. den Reichstags-Verhandlungen zusammengestellt u. erläutert. Berlin 871. Deutsches Verlags-Institut. gr. 8. (IV, 171 S.) n. 20 ngr

—— die Dampfmaschinen, deren Anlage und Gebrauch. Eine Zusammenstellung aller darüber bis auf die neuesten Zeiten ergang. gesetzl. Bestimmungen und Vorschriften. gr. 8. (35 S.) Frankfurt a. O. 848. [Berlin, Danz.]

Kletke, G. M., ausführliche Darstellung des Verfahrens beim Wechselprozeß in Preußen. Nebst den betreffenden Entscheidungen der höchsten Gerichtshöfe und sonstigen Erläuterungen und Ergänzungen. Ein Handbuch für Richter, Rechtsanwalte, Banquiers etc. Mit einem alphabet. Register zur Erklärung der vorkommenden jurist. Ausdrücke. 8. (52 S.) Berlin 854, Rauh.

Kletke, G. M., Darstellung des Wechsel- und Merkantil-Prozesses in den 7 Kreisen des Königreichs Bayern, diesseits des Rheins. Nach der neuen Gerichts-Organisation vom J. 1857. Bamberg 858. Buchner. gr. 8. (XI, 392 S.) n. 1 Thlr 28 ngr

Kletke, G. M., Darstellung des Wechsel- und Merkantil-Prozesses in den sieben Kreisen des Königreichs Bayern, diesseits des Rheins. Nach der neuen Gerichts-Organisation vom Jahre 1857. 1. Supplem. Bamberg 860. Buchner. gr. 8. (XX, 252 S.) n. 1 Thlr 18 ngr

Kletke, G. M.: Das Deichwesen des Preußischen Staates. Berlin 1867.

—— das Deichwesen des preußischen Staates. gr. 8. (IV, 156 S.) Berlin 868, Seidel. *

—— militairisches Dichter-Album, s. Dichter-Album.

Kletke, G. M., militärisches Dichter-Album. 853. n. 2 Thlr. — Wohlf. Ausg. Berlin 853. Brandis. (Falckenberg.) 16. (XXIV, 616 S.) nn. 10 ngr

Kletke, über deutsche Dichtungen in heidnischer Zeit, in[illegible] ein im Jahre 1858 entdecktes althochdeutsches Schlummerlied. Breslau. 21 p. 1867
Schul-/Univ.-Schrift

— die Disciplinar-Bestrafung der Dienstvergehen in der Königl. Preuß. Armee, der Kriegs-Marine, der Militair-, Justiz- u. Administrations-Beamten, sowie der evangel. Militair-Geistlichen, nebst den desfallsigen Erläuterungen. Berlin 855. Allgem. Deutsche Verlagsanstalt. gr. 8. (XX, 135 S.) n. 20 ngr; Schreibp. n. 25 ngr

— die Disciplinar-Bestrafung der Dienstvergehen in der königl. preußischen Armee der Militär-, Justiz- u. Administrations-Beamten, sowie der evangel. Militair-Geistlichen vom 21. Octbr. 1841, 10. April 1849, 7. Mai 1851 etc., nebst den desfallsigen Erläuterungen u. einem Anh., enthltd.: die Allerhöchsten Verordnungen über die Ehrengerichte im preuß. Heere u. über die Bestrafung der Officiere wegen Zweikampfes etc. 2., verm. u. verb. Aufl. Berlin 867. Allgemeine deutsche Verlags-Anstalt. 8. (XX, 223 S.) n. 1 Thlr

—— die Disziplinar-Gesetzgebung des preußischen Staates, betr. die Dienstvergehen der Richter und der nicht richterlichen Beamten und die unfreiwillige Versetzung derselben auf eine andere Stelle oder in den Ruhestand. Nach den Gesetzen vom 7. Mai 1851 und 21. Juli 1852. Nebst den desfallsigen Ministerial-Rescripten und allen darauf Bezug hab. Ergänzungen und Erläuterungen. gr. 8. (VII und 183 S.) Berlin 864, Wegener.

Kletke, preuss. Disciplinargesetzgebung. Berlin 864. M. Ergänzungen 879.

—— die preußischen Domainen in staatsrechtl., jurist. und administrativer Beziehung. Ein Handbuch über das Verwaltungs-, Rechts- und Hypothekenwesen der Domainen im preuß. Staate. I. Thl. gr. 8. (VI und 360 S.) Berlin 818, Mylius'sche Vrlgsb.

—— das preußische Eherecht nebst dem Gesetz über die Beurkundung des Personenstandes und Einführung der Personenstandes-Register. Für den prakt. Gebrauch aus den amtl. Quellen, Ministerial-Reskripten und Ober-Tribunals-Entscheidungen erläut. und ergänzt. 2. sehr veränd. Aufl. gr. 16. (264 S.) Brandenburg 875, Müller.

Kletke, G. M., über Eisenbahn-Actien, deren Verkehr u. das Gesetz vom 24. Mai 1844, so wie Einiges üb. G. Ferd. Oppert's flüchtige Betrachtungen über den sogenannten Actien-Schwindel. gr. 8. (1 1/8 B. u. 1 Tab.) Berlin 844, Stuhr'sche Buchh.

—— die preußischen Eisenbahnen. Eine systemat. geordnete Sammlung aller auf die Etablirung von Eisenbahnen in preuß. Staaten Bezug habenden gesetzl. Verordnungen, so wie sämmtl. Statute der bereits allerhöchst bestätigten Eisenbahn-Gesellschaften. I. u. 2. Abthl. gr. 8. Berlin, Mylius'sche Vrlgsb.

A. u. d. Ttln.:

Abthl. 1. Die Eisenbahn-Gesetzgebung. 1. u. 2. Hft. [1. (9 B.) 844. 22 1/2 Ngr., 2. (16 B.) 46. 1 Thlr. 10 Ngr.] 2 Thlr. 2 1/2 Ngr.
2. Die Eisenbahn-Statuten. 1—3. Hft. (39 1/4 B.) 845, 46. 3 Thlr. 5 Ngr.

—— Encyclopädie des gesammten europäischen Wechselrechts in alphabetischer Ordnung. 11 Lfgn. gr. 8. Leipzig 861. 62, Fr. Fleischer. [1. Bd. (XX und 888 S.) 2. Bd. (XVI und 681 S. und Anhang IV und 225 S.)] à Lfg. 18 Ngr.

— Entwurf zu einem Verfassungsgesetz auf den breitesten Grundlagen f. d. Preuß. Staat. Einer Hohen constituirenden National-Versammlung f. Preußen vorgelegt. gr. 8. (24 S.) Berlin 848, Gurh 1/12 Thlr

Kletke, G. M., das Erbschaftssteuergesetz vom 30. Mai 1873 nebst dem Tarif, nach welchem die Erbschaftssteuer zu erheben ist u. der Tabelle zur Festsetzg. der zu entricht. Erbschaftssteuer. Eingeleitet durch die Motive, durch die Allegate ergänzt u. m. vollständ. Sachregister versehen. 8. (32 S.) Berlin 873. Grosser. n. — 50

—— die Erbschaftssteuer-Gesetzgebung des preußischen Staates. Aus dem amtl. Material für den prakt. Gebrauch zusammengestellt und mit vollständ. Sachregister versehen. 2. verm. Aufl. 8. (64 S.) Ebendas. 875. *

—— Erläuterungen zu den Kriegs-Artikeln für das preußische Heer. Vom 9. Decbr. 1852. gr. 8. (XX und 171 S.) Berlin 855, Allgemeine deutsche Verlagsanstalt. *
Schrbp. *

— Erläuterungen zu den Kriegs-Artikeln für das preuß. Heer. Vom 9. Decbr. 1852. 2. (Titel-)Aufl. Ebend. (855) 867. 8. (XX, 171 S.) n. 20 ngr.

— das Expropriationsrecht d. preußischen Staates auf Grund d. neuesten Gesetzes üb. die Enteignung d. Grundeigenthums vom 11. Juni 1874 u. der besond. Gesetze üb. Entziehg. od. Beschränkg. d. Grundeigenthums im Interesse der Landeskultur, d. Bergbaues u. der Landes-Triangulation sowie d. Reichs-Festungs-Rayon-Gesetzes aus dem amtl. Material ausführlich dargestellt u. erläutert. gr. 8. (IV, 238 S.) Berlin 874. C. Pfeiffer. n. 4. —

—— preußisches Familien- und Erbrecht nebst dem Gesetz über die Erbschaftssteuer. Für den prakt. Gebrauch aus den amtl. Quellen, Ministerial-Reskripten und Ober-Tribunals-Entscheidungen erläut. und ergänzt. 2. sehr veränd. Aufl. gr. 16. (222 S.) Brandenburg 875, Müller.

Kletke, G. M., Feldpolizei-Ordnung vom 1. Novbr. 1847 und 13. April 1856 und Jagdpolizei-Gesetze vom 7. März 1850 und 26. Febr. 1870, nebst den Ausführungs-Instructionen und Abänderungen und den einschlag. land- und strafrechtl. Bestimmungen über Pfändungen, Ausübung der Jagd und Schonung des Wildes. 4. Aufl. gr. 16. (126 S.) Brandenburg 875, Müller. 1 —

— die Fischerei-Gesetzgebung im preuß. Staate. Eine Sammlung der auf die Fischerei, Bernstein-Fischerei u. das Strandrecht bezügl. Gesetze u. Verordnungen u. Entscheidungen der obersten Gerichtshöfe. Mit besond. Berücksichtigung aller in der preuß. Monarchie, incl. der neu erworb. Landestheile besteh. Provinzialrechte. Berlin 868. Liebrecht. gr. 8. (VIII, 216 S.) n. 27 ngr.

Kletke, G. M., die Fischerei-Gesetzgebung des preuß. Staates. Auf Grund des Gesetzes vom 30. Mai 1874 f. den prakt. Gebrauch zusammengestellt, erläutert rc. 2. Hft. 8. (S. 65—120.) Berlin 878. Grosser. — 60

— dasselbe. 3. Hft. Normal-Statuten für Fischerei-Genossenschaften. Cirkularverfügung vom 29. Oktober 1879. 8. (S. 121—134.) Ebend. 881. n. — 50 (1—3: n. 2. 10)

— die Geldkrisis u. der Pauperismus, verbunden mit der Bankfrage u. Bankreform im Preuß. Staate. (Abdr. aus d. Janus. Hft. 14—20. pro 1847.) gr. 8. (80 S.) Berlin 847, Mylius in Comm. n. 1/3 ℳ

—— Geschichte der Entwickelung der ständischen Verfassung Preußens. gr. 8. (38 S.) Frankfurt a. O. 848. [Berlin, Danz.]

— Geschichte der Entwickelung der ständischen Verfassung Preußens. gr. 8. (38 S.) Frankfurt a. d. O. 848, Trowitzsch & Sohn. 1/4 ℳ

—— Gesetz über die Beurkundung des Personenstandes und die Form der Eheschließung im deutschen Reiche nebst dem Gesetz, betr. die Eheschließung und die Beurkundung des Personenstandes von Bundesangehörigen im Auslande, vom 4. Mai 1870. Für den prakt. Gebrauch ausführl. erläut. und hrsg. 1. und 2. Aufl. (62 S.) 1874. ℳ 1., und 3. Aufl. gr. 8. (91 S.) Berlin 875, C. Pfeiffer. * 1 20

—— Gesetz vom 2. Juni 1852, den Diebstahl an Holz und anderen Waldprodukten betreffend, nebst den Motiven und allen dasselbe ergänzenden anderweiten Verordnungen und Gesetzen. 1. Aufl. (VI und 93 S.) 1852. und 2., verm. und verb. Aufl. gr. 8. (VIII und 142 S.) Berlin 855, Hayn.

—— Gesetz den Diebstahl an Holz und anderen Waldproducten betr. Vom 2. Juni 1852. Nebst den nachträgl. darauf bezügl. Gesetzen und Verordnungen. 2. verm. Aufl. gr. 16. (112 S.) Brandenburg 874, Müller. — 90

G. M. Kletke, Gesetz über die Klassensteuer u. die klassifizirte Einkommensteuer. Vom 1. Mai 1851. Nebst den Ministerial-Instructionen u. s. w. (66 S.). (Nr. 8 von Kletke's Kleiner Gesetzsamml. f. den preuß. Staatsbürger. Brandenburg, Müller. 1864).

—— Gesetz über die Organisation der allgemeinen Landes-Verwaltung. Mit Kommentar in Anmerkungen. Aus den amtl. Materialien für den prakt. Gebrauch erläutert, sowie mit systemat. Einleitung, neun, die wichtigsten der einschläg. Gesetzesbestimmungen enth. Anlagen und ausführl. Sachregister versehen von Herm. Leyserson. 1.—4. Aufl. 8. (164 S.) Ebendas. 880,81.

— Gesetz über die juristischen Prüfungen u. die Vorbereitung zum höheren Justizdienste im preuß. Staate vom 6. Mai 1869. Nebst Justiz-Ministerial-Regulativ vom 29. Decbr. 1869. Nach amtl. Quellen. Berlin 870. Buchholz. gr. 8. (20 S.) 2 1/2 ngr.

G. M. Kletke, Gesetze über Gewerbesteuer, Mahl- u. Schlachtsteuer, Hausirgewerbe, Kleinhandel m. Getränken auf dem Lande, den Betrieb der Gast- u. Schankwirthschaft u. s. w. (102 S.). Brandenburg, Müller. 1864. (Nr. 7 von Kletke's Kleiner Gesetzsamml. f. den preuß. Staatsbürger.)

—— Gesetze über Gewerbesteuer, Hausir-Gewerbe, Kleinhandel mit Getränken auf dem Lande, den Betrieb der Gast- und Schankwirthschaft, sowie über die Verjährungsfristen bei öffentl. Abgaben und die executiv. Beitreibung der direkten und indirekten Steuern rc. 16. (100 S.) Brandenburg 873, Müller. — 75

G. M. Kletke, Gesetze über Grund- und Gebäudesteuer (120 S.). Nr. 5 von Kletke's Kleine Gesetzsamml. für den preuß. Staatsbürger. Brandenburg, Müller. 1864. (120 S.)

Kletke, Gesetze üb. Grund- u. Gebäudesteuer. Brandenburg 867.

—— Gesetze über die Klassen-Steuer und klassifizirte Einkommen-Steuer vom 1. Mai 1851 und 25. Mai 1873, sowie über Aufhebung der Mahl- und Schlacht-Steuer vom 25. Mai 1873. 16. (26 S.) Ebendas. 873. * — 50

—— Gesetzgebung des Königr. Bayern über den Schutz des Eigenthums an Erzeugnissen der Literatur und Kunst gegen Veröffentlichung, Nachbildung und Nachdruck, sowie musikalische und dramatische Werke gegen unbefugte Aufführung; ferner über die Freiheit der Presse und des Buchhandels, und Bestrafung des Mißbrauchs der Presse. gr. 8. (108 S.) Regensburg 860, Pustet.

—— die preußische Gesetzgebung über Zwangs-Abtretung des privativen Eigenthums zum Wohl des gemeinen Wesens so wie über Aufhebung der Privilegien und der Zwangs- und Bannrechte oder das Expropriations-Recht im preuß. Staate. Nach dem allgem. Landrecht, dem französ.-rheinischen und dem gemeinen deutschen Recht, systematisch dargestellt und erläutert. gr. 8. (X und 675 S.) Berlin 847, (Mylius'sche Vrlgsh.)

—— kleine Gesetzsammlung für den preußischen Staatsbürger. Nr. 1, 3, 5—11, 13—24b. 8. Brandenburg 864—68, Müller.

Inhalt:

Nr. 1. Die Verfassungs-Urkunde für den preußischen Staat vom 31. Jan. 1850, mit Einschaltung der bisher gesetzlichen Abänderungen und den Verordnungen über Bildung des Herrenhauses und des Hauses der Abgeordneten. (72 S.) 5 Ngr.
" 3. Städte-Ordnung für die Provinzen Preußen, Brandenburg, Pommern, Schlesien, Sachsen und Posen. Vom 30. Mai 1853. Nebst der Instruktion zur Ausführung derselben und den weiter ergang. Verordnungen. (71 S.) 5 Ngr.
" 5. Gesetze über Grund- und Gebäudesteuer. (120 S.) 10 Ngr.
" 6. Gesetz über die Klassensteuer und klassifizirte Einkommen-Steuer. Vom 1. Mai 1851. Nebst den Ministerial-Instruktionen rc. (66 S.) 5 Ngr.
" 7. Gesetze über Gewerbesteuer, Mahl- und Schlachtsteuer, Hausir-Gewerbe, Kleinhandel mit Getränken auf dem Lande, den Betrieb der Gast- und Schankwirthschaft rc. (102 S.) 7 1/2 Ngr.
" 8. Die preußischen Stempelsteuer-Gesetze. 1. Gesetz vom 7. März 1822. 2. Verordnungen über Spielkartenstempel, Kalenderstempel, Wechselstempel rc. 3. Gesetze über den Rechtsweg in Stempelsachen, Verjährung von Stempelsteuerstrafen, Fälschung von Stempeln rc. (131 S.) 12 1/2 Ngr.
" 9. Die preußischen Gewerbe-Gesetze. (80 S.) 6 Ngr.
" 10. Gesetze über das Maaß-, Gewichts- und Münzwesen des preuß. Staates, vom 6. Mai 1816, 17. Mai 1856 und 4. Mai 1857, nebst allen Nachträgen dieser Gesetze. (72 S.) 5 Ngr.

- 11. Allgemeine deutsche Wechselordnung mit dem Einführungsgesetz vom 15. Febr. 1850 und dem Gesetz vom 27. Mai 1863. Nebst den nöth. Anmerkungen und den bezügl. Stempelgesetzen. Neuer Abdr. (48 S.) 5 Ngr.
- 13. Preußisches Ehe- und Familienrecht. (120 S.) 7½ Ngr.
- 14. Vormundschafts-Ordnung und Erbrecht. Auszug aus den Bestimmungen des preuß. Landrechts. (IV und 104 S.) 7½ Ngr.
- 15. Strafgesetzbuch für die preußischen Staaten vom 14. April 1851. Nebst allen nachträgl. Gesetzen, den Entscheidungen des Ober-Tribunals 2c. (190 S.) 15 Ngr.

Nr. 16. Gesetz den Diebstahl an Holz und anderen Waldproducten betr. Vom 2. Juni 1852. (79 S. mit 1 Tab. in qu. 8.) 7½ Ngr.

- 17. Feldpolizei-Ordnung vom 1. Novbr. 1847 mit den Abänderungen vom 13. April 1856, der Ministerial-Instruction vom 1. Juli 1856 und den landrechtl. Bestimmungen über Pfändungen, und Jagdpolizei-Gesetz vom 7. März 1850 nebst der Ausführungs-Instruction vom 14. März 1850 und den einschlag. land- und strafrechtl. Bestimmungen über Ausübung der Jagd und Schonung des Wildes. (64 S.) 6 Ngr.
- 18. Das preußische Wasserrecht, enth. die Landrechts-Bestimmungen und Gesetze über Vorfluth, Ent- und Bewässerungen, Benutzung der öffentl. und Privatflüsse und über das Deichwesen. (116 S.) 10 Ngr.
- 19. Allgemeine Gesinde-Ordnung für die preußischen Staaten mit den Ergänzungen bis auf die neueste Zeit. (44 S.) 5 Ngr.
- 20. Gesetze über die Verhältnisse der Arbeiter in Fabriken, bei Eisenbahnen, in den Bergwerken 2c. (60 S.) 5 Ngr.
- 21. Mieths- und Pachtrecht. Nach den Bestimmungen des preuß. Landrechts Th. 1. Tit. 21. §§. 258—625. (72 S.) 6 Ngr.
- 22. Gesetze über das Postwesen. (128 S.) 10 Ngr. Neue Aufl. 6 Ngr.
- 23. Gesetze über das preußische Baurecht, über die Baubehörden und die Ausbildung für das Baufach. (120 S.) 10 Ngr.
- 24. Gesetz, betr. die privatrechtliche Stellung der Erwerbs- und Wirthschafts-Genossenschaften. Vom 27. März 1867. (22 S.) 3 Ngr.
- 24b. —— dass. — mit Instructionen. 6 Ngr.

Nr. 2 (Staatsbürgerrecht), 4 (Landgemeindeordnung) und 12 (Armeegesetze) erscheinen später.

—— allgemeine Gesinde-Ordnung für die preußischen Staaten mit Ergänzungen bis auf die neueste Zeit. Neuer Abdr. 32. (68 S.) Ebendas. 873. cart. — 60

— allgemeine Gesinde-Ordnung für die Preußischen Staaten vom 8. Novbr. 1810. Ueberarb. u. bis auf die neueste Zeit vervollständigt von H. Lange. 8. Aufl. 16. (84 S.) Berlin 882. Eisenschmidt. cart. — 60

—— das preuß. Gesinde-Recht, Handb. f. Polizei- u. Justiz-Behörden, Verwaltungs-Beamte, Dienstherrschaften 2c. 8. (21¼ B.) Berlin 841, Herbig.

—— Gewerbe-Ordnung für den norddeutschen Bund [Allgemeine deutsche Gewerbe-Ordnung] vom 21. Juni 1869. Aus amtl. Quellen zusammengestellt und hrsg. 1.—4. Bd. gr. 8. Berlin, C. Pfeiffer. * 11 50

Inhalt:

Bd. 1. Gewerbe-Ordnung für den norddeutschen Bund vom 21. Juni 1869. Nebst dem Entwurf dieses Gesetzes und dessen Motiven, so wie den später erlassenen ergänzenden Bekanntmachungen 2c. des Bundes-Kanzler-Amtes, so wie den Ausführungs-Anweisungen 2c. der königl. preußischen Ministerien. Nach amtl. Quellen zusammengestellt und hrsg. 1. und 2. Aufl. (VIII, 316 S.) 870. ℳ 3.

- 2. Die Ausführungs-Verordnungen sämmtlicher Staaten des norddeutschen Bundes excl. Preußen zur Gewerbe-Ordnung vom 21. Juni 1869. Aus amtl. Quellen zusammengestellt. Unentbehrlicher Supplementbd. zu sämmtl. Ausg. der Gewerbe-Ordnung. (VI, 319 S.) 870. ℳ 3.
- 3. Zugleich unentbehrliches Supplement zu allen Ausg. der deutschen Gewerbe-Ordnung. (V, 277 S.) 873. *ℳ 4.
- 4. Zugleich unentbehrliches Supplement zu allen Ausg. der deutschen Gewerbe-Ordnung. (IV, 84 S.) 875. ℳ 1,50.

—— Gewerbe-Ordnung für den Norddeutschen Bund [Deutsche Reichs-Gewerbe-Ordnung] vom 21. Juli 1869. Aus amtl. Quellen zusammengestellt und hrsg. 5. Bd. Fortgeführt bis Ende des J. 1876 durch M. v. Oesfeld. Zugleich unentbehrl. Supplement zu allen Ausgaben der deutschen Gewerbe-Ordnung. gr. 8. (IV, 100 S.) Berlin 877, [C. Pfeiffer.] Bruer und Comp.

—— dass. — 6. und 7. Bd. Fortgeführt durch M. v. Oesfeld. Zugleich unentbehrl. Supplement zu allen Ausgaben der deutschen Gewerbe-Ordnung, enth.: alle seit Emanation der Gewerbe-Ordnung erlassenen, auf dieselbe bezügl. Gesetze, Verordnungen des Bundesrathes, Bekanntmachungen des Reichskanzlers 2c. in systemat. Ordnung. gr. 8. Berlin, Bruer und Comp.

Inhalt:

Bd. 6. Bis zum 1. Oktbr. 1877. (IV, 80 S.) 878. ℳ 2.
- 7. Bis zum 1. Oktbr. 1878. (V, 129 S.) 879. ℳ 3.

1. und 2. Bd. Berlin 1870, C. Heymann's Verlag. *ℳ 6.; 3. und 4. Bd. Berlin 1873,75, Bruer und Comp. ℳ 5,50.

Kletke GM, die Gewerbesteuergesetzgebung im preuss. Staate. Berlin 1873

—— die Gewerbesteuer-Gesetzgebung im preußischen Staate, betr. die Gewerbesteuer vom Handel, dem stehenden Gewerbe und dem Gewerbe im Umherziehen. Nach den amtl. Quellen und der neuesten Gesetzgebung bearb. und dargestellt. gr. 8. (IV, 299 S.) Ebendas. 875. 4 —

—— Handbuch des Bergwerks-, Hütten- und Salinen-Wesens im Preußischen Staate, den Fürstenthümern Waldeck-Pyrmont und dem Herzogth. Lauenburg in administrativer und rechtl. Beziehung. Nach amtl. Quellen bearb. und hrsg. gr. 8. (XX, 646 S.) Berlin 873, Denicke's Verlag. * 13 —

—— dass. — im preußischen Staate, den Fürstenthümern Waldeck-Pyrmont und dem Herzogth. Lauenburg in administrativer und rechtl. Beziehung. Nach amtl. Quellen bearb. und hrsg. 2. durch einen Nachtrag bis 1875 vervollständ. Ausg. gr. 8. (XX, 712 S.) Berlin 875, Prager. * 15 —

Nachtrag apart (VI, S. 631—712.) 2 —

Kletke, G. M., Handbuch des Bergwerks-, Hütten- und Salinen-Wesens im Preußischen Staate, den Fürstenthümern Waldeck-Pyrmont und dem Herzogthum Lauenburg. 8. Berlin 876. Brandenburg, Müller. *

—— und O. Gottschick, deutscher Haus- und Geschäfts-Sekretär. Ein Hand- und Nachschlagebuch für alle Fälle des gewerbl. und Familienlebens. Ausg. für Preußen. 30 Lfgn. gr. 8. (à Lfg. 3—5 Bog.) Berlin 875, C. Pfeiffer. à Lfg. 40 Pf. 12 —

—— —— dass. — Supplement. gr. 8. (136 S.) Ebendas. 875. 1 20

—— —— der preußische Haus- und Geschäfts-Sekretär. Ein Hand- und Nachschlagebuch für das gewerbl. Leben, sowie ein Rathgeber in Rechtsfragen. 2. Aufl. 18 Lfgn. gr. 8. (à Lfg. 5 Bog.) Ebendas. 875,76. à Lfg. 75 Pf. 13 50

KLETKE, G. M.: Das preussische Holzdiebstahlgesetz vom 7. Juni 1821. Für Forstrichter ... neu bearbeitet und mit Commentar, Ergänzungen und Beilagen versehen. - Berlin 1846. 330 S.

— die Jagd-Polizei-Gesetze des Preußischen Staates vom 31. Oktbr. 1848 u. 7. März 1850 mit Ergänzungen u. Erläuterungen u. einem Anhange enthltd. den Entwurf eines Gesetzes vom 15. Jan. 1855, betr. Abänderungen des Jagd-Polizei-Gesetzes vom 7. März 1850 2c., nebst den Regierungs-Vorlagen, den Motiven, den Vorschlägen der Kommission u. den Beschlüssen der II. Kammer. Berlin 855. Hayn. 12. (VI, 154 S.) 7½ ngr.

G. M. Kletke, Das Judenwesen im Großherzogthum Posen. Berlin, 1840.

Kletke, G. M., Jurisdictions-Gesetzgebung und Verträge des norddeutschen Bundes nebst Kommentar und einer Einleitung. gr. 8. (80 S.) Berlin 871, Langmann und Comp. [Deutsches Verlags-Institut. * 1 —

—— Jurisdictions-Gesetzgebung für das deutsche Reich enth. die Gesetze, Verfügungen und Verträge betr. die Gewährung der Rechtshülfe. Nebst Commentar und Einleitung. gr. 8. (168 S.) Berlin 872, Deutsches Verlags-Institut. * 1 —

—— Katechismus des gesammten preußischen Strafrechts. Handbuch für Justiz-, Administrations- und Steuerbehörden, Magisträte, Geistliche 2c., so wie überhaupt zum Gebrauch und zur Belehrung für jeden preuß. Staatsbürger. Alphabetisch geordnet. gr. 8. (VIII und 182 S.) Berlin 854, Falckenberg und Comp. *

Schrbp. *

— Katechismus des gesammten preußischen Strafrechts. Handbuch für Justiz-, Administrations- u. Steuerbehörden, Staats- u. Polizei-Anwälte, Magisträte 2c., so wie überhaupt zum Gebrauch u. zur Belehrung für jeden preuß. Staatsbürger. In alphabet. Ordnung hersg. 2. revid. u. verm. Aufl. Berlin 866. Huber. 8. (292 S.) 1 ₰

—— das evangelische Kirchen=, Pfarr= und Schulrecht des preußischen Staates. Für Geistliche, Kirchenpatrone, Kirchen= und Schul=Inspektoren, Justiz= und Verwaltungs=Behörden ꝛc. Mit einem Vorwort von Hoffmann. 3 Thle. gr. 8. Berlin 868, Seidel. * 15 —

Inhalt:

Thl. 1. Das evangelische Kirchenrecht. (XXXII, 546 S.)
„ 2. Das evangelische Pfarr=Recht. (XXXII, 486 S.)
„ 3. Das evangelische Schul=Recht. (XXXII, 238 S.)

— die Klassen= u. klassifizirte Einkommensteuer im preußischen Staate nach dem Gesetz vom 1. Mai 1851 u. allen darauf bezügl. erläut. u. ergänz. Ministerial=Rescripten u. Instructionen, sowie dem Gesetz vom 18. Juni 1840 über die Verjährung der öffentlichen Abgaben u. den Verordnungen über die exekutive Beitreibung der direkten u. indirekten Steuern vom 24. Novbr. 1843, 30. Juni 1845, 30. Juli 1853 u. 1. Febr. 1858. Berlin 865. Grote'sche Verlagsh. gr. 8. (III, 330 S.) n. 1 ℛ 6 ngr.

—— die Klassen= und klassifizirte Einkommensteuer im preußischen Staate nach dem Gesetz vom 1. Mai 1851. Nachtragsheft enth.: Einführung desselben in die mit der preußischen Monarchie vereinigten Provinz Hannover, Hessen=Nassau und Schleswig=Holstein, vom 28. April, 11. Mai, 4. Juni und 24. Juni 1867, sowie die Gesetzgebung zur Beseitigung der Doppelbesteuerungen im deutschen Reiche vom 13. Mai 1870 nebst allen darauf bezügl. erläut. und ergänz. Ministerial=Reskripten und Instruktionen, vom J. 1865—1871. gr. 8. (VI, 178 S.) Berlin 872, Bahlen. * 2 40

Hauptwerk. Ebendas. 1865. * ℳ 3,60.

Kletke, G. M. Die preussische Klassensteuer erläutert. gr. 8°. Berlin 1877.

—— das Klassensteuer=Gesetz vom 1. Mai 1851, nebst dem Abänderungs=Gesetz vom 25. Mai 1873, dem Gesetz über die Aufhebung der Mahl= und Schlachtsteuer und dem Gesetz wegen Beseitigung der Doppelbesteuerungen. Für den prakt. Gebrauch eingeleitet durch die Motive, ergänzt durch die bezogenen Gesetzesstellen und erläut. durch die Ministerial=Instruktion sowie mit ausführl. Sachregister versehen. 1.—3. Heft. 8. (S. 1—124.) Berlin 873—76, Grosser. * 2 —

—— das Klassensteuer=Gesetz vom 1. Mai 1851, nebst dem Abänderungs=Gesetz vom 25. Mai 1873, dem Gesetz über die Aufhebung der Mahl= und Schlachtsteuer und dem Gesetz wegen Beseitigung der Doppelbesteuerungen. Für den prakt. Gebrauch. 4. Heft. 8. (S. 125—154.) Berlin 877, Grosser. *

1.—3. Heft. Ebendas. 1873—76. * ℳ 2.

Kletke GM, Kreisordnung für die Provinzen Preussen, Brandenburg, Pommern, Posen, Schlesien und Sachsen. 4. Auflage. Berlin 1873

— Kreis=Ordnung f. die Prov. Preußen, Brandenburg, Pommern, Posen, Schlesien u. Sachsen. Für den pract. Gebrauch ausführlich ergänzt u. erläutert durch das amtl. Material unter Wiedergabe sämmtl. bezogenen anderweit. Gesetzes=Paragraphen, sowie m. 5 einschläg. Gesetzes=Anlagen u. e. histor. Einleitg. versehen. 5. Aufl. 8. (XXIV, 150 S.) Ebend. 873. n. 1. 50

— dasselbe. 7. rev. u. stark verm. Aufl. 1. Thl. 8. (256 S.) Ebend. 875. n. 3. —

— dasselbe. 2. Thl. enth. die im J. 1873 zur Kreisordng. ergangenen Gesetze, Instructionen, Verfüggn. ꝛc., sowie m. Concordanz=, chronolog. u. Sachregister versehen. 8. (243 S.) Ebend. 874. n. 3. —

— dasselbe. 3. Thl. enth. die im J. 1874 zur Kreisordng. ergangenen Gesetze, Instructionen, Verfüggn. ꝛc., m. Concordanz=, chronolog. u. Sachregister versehen. 8. (268 S.) Ebend. 875. n. 3. —

— dasselbe. 4. Thl., enth. die im J. 1875 zur Kreis= u. Provinzial=Ordng. ergangenen Gesetze, Instructionen, Verfüggn. ꝛc., chronologisch aus dem amtl. Material geordnet, sowie m. Concordanz=, chronolog. u. Sachregister versehen. 8. (302 S.) Ebend. 876. n. 3. —

— dasselbe. Nach K's Tode fortges. v. D. A. Zimmermann. 5. Thl. 1. Abth. enth.: Competenz=Gesetz. Die Zuständigkeit der Verwaltungsbehörden u. der Verwaltungs=Gerichtsbehörden im Geltungsbereiche der Provinzialordng., vom 26. Juli 1876. 8. (VI, 134 S.) Ebend. 876. 2. —

— dasselbe. Supplemente zu allen Ausgaben der Kreis=Ordnung. Für den prakt. Gebrauch aus den amtl. Quellen zusammengestellt. 1—14. Hft. 8. (2. Thl. 243, 3. Thl. 268 u. 4. Thl. 302, 5. Thl. 1. Abth. 134 S. u. 2. Abth. S. 1—80.) Ebend. 873—76. n. 14. 50

— Kreis= u. Provinzial=Ordnung für die Provinzen Preußen, Brandenburg, Pommern, Posen, Schlesien u. Sachsen. Für den praktischen Gebrauch ausführlich ergänzt u. erläutert. Nach dessen Tode fortgesetzt von D. A. Zimmermann. 5. Thl., enthaltend die im Jahre 1876 zur Kreis= u. Provinzial=Ordnung ergangenen Gesetze, Instructionen, Verfügungen ꝛc., chronologisch aus dem amtlichen Material geordnet, sowie mit Concordanz=, chronologischem u. Sachregister versehen. 3 Abthlgn. 8. (680 S.) Ebend. 877. 78. n. 9. —

— dasselbe. 6. Thl. Die zur Kreis= u. Provinzial=Ordnung ergangenen Gesetze, Instructionen, Entscheidungen u. Verfügungen des Jahres 1877. Aus dem amtlichen Material geordnet, sowie mit chronologischem u. Sachregister versehen. 2 Abthlgn. (263 u. 560 S.) 8. Ebend. 878. n. 9. —

— dasselbe. 7. Thl. Die preußische Verwaltungsgesetzgebung des Jahres 1878. Sammlung der im Jahre 1878 ergangenen Gesetze, Instructionen, Regulative u. Verfügungen, sowie der Entscheidungen des königlichen Oberverwaltungs=Gerichtes, des obersten Gerichtshofes zur Entscheidung der Competenzconflikte u. des Bundesamts für das Heimathwesen. Aus dem amtlichen Material geordnet, sowie mit chronologischem u. Sachregister versehen. 8. (960 S.) Ebend. 879. n. 8. —

— dasselbe. 8. Thl. Die preußische Verwaltungsgesetzgebung des Jahres 1879. Sammlung der im Jahre 1879 ergangenen Gesetze, Instructionen, Regulative u. Verfügungen, sowie der Entscheidungen des königlichen Oberverwaltungs=Gerichtes, des obersten Gerichtshofes zur Entscheidung der Competenzconflikte, des Bundesamts für das Heimathwesen ꝛc. Aus dem amtlichen Material geordnet, sowie mit chronologischem u. Sachregister versehen. 8. (924 S.) Ebend. 880. n. 8. —

— dasselbe. 9. Thl. 1. Abth. Gesetz über die Organisation der allgemeinen Landes=Verwaltung. Mit Kommentar in Anmerkungen. Aus den amtlichen Materialien für den praktischen Gebrauch erläutert, sowie mit systematischer Einleitung, neun, die wichtigsten der einschlägigen Gesetzesbestimmungen enthaltenden Anlagen u. ausführlichem Sachregister versehen von Herm. Leyserson. 1—3. Aufl. 8. (164 S.) Ebend. 880. 1. 80

— dasselbe. 9. Thl. 2. Abth. Die preußische Verwaltungsgesetzgebung des Jahres 1880. Sammlung der im Jahre 1880 ergangenen Gesetze, Instructionen, Regulative u. Verfügungen, sowie der Entscheidungen des königlichen Oberverwaltungs=Gerichtes, des obersten Gerichtshofes zur Entscheidung der Kompetenzkonflikte des Bundesamts für das Heimathwesen ꝛc. Aus dem amtlichen Material geordnet, sowie mit chronologischem u. Sachregister versehen. 8. (724 S.) Ebend. 881. n. 8. —

Kletke, G. M., Kreis- u. Provinzial-Ordnung für die Provinzen Preußen, Brandenburg, Pommern, Posen, Schlesien u. Sachsen. Für den praktischen Gebrauch ausführlich ergänzt u. erläutert. Nach dessen Tode fortgesetzt von D. A. Zimmermann. 10. Thl. Die preußische Verwaltungsgesetzgebung des Jahres 1881. Sammlung der im Jahre 1881 ergangenen Gesetze, Instructionen, Regulative u. Verfügungen, sowie Entscheidungen der höchsten Gerichtshöfe. Aus dem amtlichen Material geordnet, sowie mit chronologischem u. Sachregister versehen. 8. (525 S.) Berlin 882. Grosser. n. 8.

—— Supplemente zu allen Ausgaben der Kreis- und Provinzial-Ordnung. Für den prakt. Gebrauch aus den amtl. Quellen zusammengestellt. 41.—67. (Schluß-)Heft. 8. (7. Bd. S. 865—960; 8. Bd. 924 S.; 9. Bd. 724 S.; 10. Bd. 525 S.) Ebendas. 880—82. à Heft *ℳ 1. *
1.—40. Heft. Ebendas. 1873—79. *ℳ 40,50.

Kletke, J. M. Literatur des Eisenbahnwesens. Berlin 1844.

— Maß- u. Gewichts-Ordnung für den norddeutschen Bund vom 17. Aug. 1868, nebst der Eich-Ordnung vom 16. Juli 1869. Mit sämmtl. diese Gesetze ergänz. u. erläut. Bestimmungen, Ausführungs-Verordnungen u. s. w. insbesond. nach der Zusammenstellung der Verhältnißzahlen für die Umrechnung der bisher. Maße u. Gewichte für die sämmtl. Staaten des norddeutschen Bundes. Aus den amtl. Materialien des Bundeskanzler-Amts, des Finanzministeriums, des Ministeriums für Handel u. Gewerbe u. der Normal-Eichungs-Kommission bearb. u. hrsg. Berlin 870. Hempel. gr. 8. (VIII, 216 S.) n. 1 ℳ

– Maaß- u. Gewichts-Ordnung vom 17. Aug. 1868 nebst der Eich-Ordnung vom 16. Juli 1869. Mit sämmtl. bis incl. Juli 1871 ergang., diese Gesetze ergänz. u. erläut. Bestimmgn., Ausführungs-Verordngn. ꝛc., insbesondere auch der Zusammenstellg. der Verhältnißzahlen f. die Umrechng. der bisher. Maaße u. Gewichte f. die Staaten d. deutschen Reichs. Aus den amtl. Materialien d. Reichskanzler-Amts, d. Finanz-Ministeriums f. Handel u. Gewerbe u. der Normal-Eichungs-Kommission bearb. u. hrsg 2. Thl. Enth.: die seit März 1870 bis Juli 1871 ergang Bestimmgn. gr. 8. (112 S.) Berlin 871. Hempel. n. 2. —
(1. u. 2.: n. 5. —

— dasselbe. 2. verm. Aufl. (VIII, 823 S.) Ebend. 871. n. 5.--

—— preußische Maaß- u. Gewichts-Ordnung mit Inbegriff sämmtl. seit d. 16. Mai 1816—1842 incl. erschienenen Erläuterungen, Ergänzungen u. Zusätze. gr. 8. (10 B.) Berlin 844, Heymann.

Kletke, G. M.: Die Maaßregeln gegen die Rinderpest im Deutschen Reiche. Die hierüber ergangenen Gesetze, Verordnungen u. Instruktionen aus d. amtl. Material zsgest., durch die Allegate erl. u. mit ausf. Sachreg. vers. Berlin 1874.

— die Maßregeln gegen die Rinderpest im Deutschen Reiche u. die Abwehr u. Unterdrückg. v. Viehseuchen in Preußen. Mit alphabet. Sachregister. 2. Aufl. 8. (54 S.) Berlin 876. Grosser. n. — 50

—dasselbe. 3. verm. Aufl. 8. (116 S.) Ebend. 877. n. 1. -

Kletke, G. M., die Medicinal-Gesetzgebung des preussischen Staates. Aus dem amtl. Material für den prakt. Gebrauch zusammengestellt, sowie durch die bezügl. und allegirten Gesetze ergänzt. 1.—18. Heft. gr. 8. Berlin 874, Grosser. à Heft *ℳ 1. *

Inhalt:

Heft 1—10. 1. Bd. Der praktische Arzt. (727 S.)
» 11. 2. Bd. Zahnärzte, Hebammen und aerztl. Hülfspersonal. (88 S.)
» 12—18. 3. Bd. Die Medicinalbehörden und beamteten Medicinalpersonen. (427 S.)

—— dass. — des deutschen Reiches und seiner Einzelstaaten. Aus dem amtl. Material für den prakt. Gebrauch zusammengestellt. 1. Bd.: Gesetze und Verordnungen des J. 1875. 1.—4. Heft. [Med.-Gesetzgebung des preuss. Staates (4. Bd.) 19.—22. Heft.] 8. (S. 1—240.) Ebendas. 875. à Heft *ℳ 1. *

— die Medicinal-Gesetzgebung des Deutschen Reichs u. seiner Einzelstaaten. Mit möglichster Berücksichtigung auch der Medicinalgesetzgebung ausserdeutscher Staaten aus dem amtlichen Material für den praktischen Gebrauch zusammengestellt, sowie mit chronologischem u. alphabetischem Sachregister versehen. 7—17. [der ganzen Folge 25—35.] Hft. 8. (2. Bd. [1876] S. 161—334. 3. Bd. [1877] 384 u. 4. Bd. 378 S.) Ebend. 877—79. à n. 1. —
cf.: Medicinal-Gesetzgebung.

—— die ansteckenden Menschenkrankheiten und Massregeln gegen deren Verbreitung. Die sämmtl. darüber erlassenen Gesetze, Verordnungen und Instructionen für den pract. Gebrauch der Behörden, Sanitätscommissionen und Medicinalpersonen zusammengestellt, sowie mit ausführl. chronolog. und Sachregister versehen. 8. (204 S.) Ebendas. 874. *

—— Miethe- und Pachtrecht. Nach den Bestimmungen des Preuß. Land-Rechts Thl. 1. Tit. 21. §.§. 258—625 mit allen später ergangenen Gesetzen und Veränderungen und den hauptsächl. Entscheidungen. 2. sehr verm. Aufl. gr. 16. (93 S.) Brandenburg 874, Müller.

---- das königl. preußische Militär-Pensions-Reglement, s. a. Militair-Bibliothek, allgemeine preuß.

Kletke, Dr. G. M. Das kgl. preuß. Militär-Pensions-Reglement vom 13. 6. 1825 u. resp. 4. 6. 1851 u. Versorgung der altgedienten Militärs u. der Militär-Invaliden in Zivil-Diensten. Berlin 1854. 288 S.

—— die Münz-Gesetzgebung des deutschen Reiches. Für den prakt. Gebrauch aus dem amtl. Material zusammengestellt, sowie mit histor. Einleitung versehen. 1. Aufl. (48 S.) 1873. * 75 Pf., und 2. stark verm. Aufl. 8. (102 S.) Berlin 875, Grosser. *

—— Organisation des Juden-Wesens, s. Organisation.

—— Provinzialordnung für die Provinzen Preußen, Brandenburg, Pommern, Schlesien und Sachsen. Für den prakt. Gebrauch ausführlich ergänzt und erläutert durch das amtl. Material unter Wiedergabe sämmtl. bezogenen anderweiten Gesetzesstellen. 1.—3. Aufl. 8. (VII, 192 S.) Ebendas. 875. *

—— dass. — Nebst dem Dotationsgesetz und dem Gesetz über die Verwaltungsgerichte und das Verwaltungsstreitverfahren. 4. verm. und verb. Aufl. 8. (168 S.) Ebendas. 875. *

Kletke, G. M., Rechtssätze aus Erkenntnissen und Verordnungen der obersten Justiz- und Spruchbehörden des Königr. Sachsen in Wechselrechtsstreitsachen. 8. (IV und 54 S.) Dresden 858, Meinhold und Söhne. Thlr.

—— Rechtssätze aus Erkenntnissen der oberen und obersten Gerichtshöfe Deutschlands in Wechselrechtssachen pro 1857—1859. Gesammelt und hrsg. gr. 8. (XXXVI und 310 S.) Bamberg 861, Buchner'sche Buchh.

—— die Rechts-Verhältnisse der Familien in Preußen. [I. Das preuß. Eherecht. II. Das Familien- und Erbrecht. III. Die Vormundschaftsgesetze.] Für den prakt. Gebrauch aus amtl. Quellen, Ministerialrescripten und Obertribunals-Entscheidungen erläutert und ergänzt. gr. 16. (264; 223; 68 S.) [Brandenburg 878, Müller.] Berlin, Eisenschmidt.

— Rechtsverhältnisse bei Kirchen-, Pfarr-, Küster- u. Schulhaus-Bauten in den Provinzen des preuß. Staates, in welchen das allgemeine Landrecht Gesetzeskraft hat. Nach den Gesetzes-Vorschriften des allgemeinen Landrechts, sowie unter Berücksichtigung der abweich. Bestimmungen der einzelnen Provinzialrechte, rechtsgült. Observanzen, Gewohnheitsrechte rc. Neu-Ruppin 865. (Leipzig, Oehmigke.) gr. 8. (XLVI, 338 S.) n. 1 ℛ 10 ngr.

— die Rechtsverhältnisse der Landes-Kultur-Genossenschaften in Preußen. Nach den Entscheidungen u. Verordnungen der höchsten Spruch- u. Verwaltungs-Behörden bearb. u. hrsg. Berlin 870. Wiegandt & Hempel. gr. 8. (IV, 234 S.) n. 1 ℛ

—— die Rechtsverhältnisse der Prokuristen, Handlungsbevollmächtigten, Handlungsgehülfen und Lehrlinge unter sich, zu Dritten und zum Principal. Nach den Bestimmungen des Allgemeinen Handelsgesetzbuches für das deutsche Reich und den Entscheidungen der obersten Gerichtshöfe dargestellt, erläutert und mit alphabet. Sachregister versehen. 1. Aufl. 1873, und 2. Aufl. 8. (55 S.) Berlin 874, Grosser. *

Kletke, G. M.: Die Rechtsverhältnisse der Prokuristen, Handlungsbevollmächtigten, Handlungsgehülfen u. Lehrlinge unter sich, zu Dritten u. zum Principal. Nach den Bestimmungen des Allg. HGB. erl. 2. Aufl. Berlin 1875.
(Grossers Gesetz-Sammlung. Nr 7.)

— die Rechtsverhältnisse der Reichsbeamten. Das Gesetz vom 31. März 1873. Für den prakt. Gebrauch ausführlich ergänzt u. erläut. durch das amtl. Material unter Wiedergabe sämmtl. bezogenen anderweiten Gesetzesstellen, sowie m. Einleitg., ausführl. Sachregister u. e. Pensions-Berechnungstabelle versehen. 8. (74 S.) Ebend. 873. n. 1. —

Kletke, G. M., die Rechtsverhältnisse der Reichsbeamten. Auf Grund des Gesetzes vom 31. März 1873, für den prakt. Gebrauch durch das amtl. Material, unter Wiedergabe sämmtl. bezogenen Gesetzesstellen, erläutert. 2. verm. Aufl. 8. (156 S.) Ebendas. 876. *

— Rechts-Verhältnisse zwischen Verpächtern u. Pächtern insbesond. bei der Pacht von Landgütern. Nach den Bestimmungen des allgem. Landrechts, der allgem. Gerichts-Ordnung u. den Entscheidungen des königl. Ober-Tribunals, sowie den Rescripten der königl. Ministerien dargestellt. Berlin 866. Liebrecht. gr. 8. (192 S.) n. 27 ngr.

—— Reglement für die königl. preußische Militär-Wittwen-Kasse de dato Berlin den 3. März 1792, nebst den späteren ergänz. und abänd. Verordnungen, erläut. Anmerkungen, sowie den bezügl. Tarifen und Formularen. gr. 16. (VI und 120 S.) Berlin 866, (Huber.) *

—— Regulativ über Reisekosten und Tagegelder bei Dienstreisen und Versetzungen für die preußische Armee vom 28. Dezbr. 1848 nebst allen bisher darüber erschienenen Ergänzungen, Erläuterungen und Instruktionen, und den Verordnungen über Gewährung der Umzugskosten rc., Beförderung von Briefen und Estafetten, Portofreiheiten rc. Zur Benutzung bei Anfertigung und Prüfung der Liquidationen über Tagegelder, Reise-, Vorspann- und Transportkosten ad Tit. XXV. des Militair-Etats. gr. 8. (XV und 172 S.) Berlin 852, Jonas' Verlag. *

— Regulativ über Reisekosten und Tagegelder bei Dienstreisen und Versetzungen für die preuß. Armee vom 28. Dezbr. 1848. Zur Benutzung bei Anfertigung u. Prüfung der Liquidationen über Tagegelder, Reise-, Vorspann- u. Transportkosten. Zusammengestellt rc. 2., mit den Nachträgen bis auf die neueste Zeit verm. Aufl. Berlin 855. Allgem. Deutsche Verlagsanstalt. gr. 8. (XV, 172 S. u. Nachträge rc., enthltd. die seit dem J. 1852 darüber erschienenen Ergänzungen rc. 1 Bl., 43 S.) n. 28 ngr.; Nachträge allein n. $7\frac{1}{2}$ ngr.

— Regulativ über Reisekosten und Tagegelder bei Dienstreisen und Versetzungen der Staats-Beamten vom 10. Juni 1848, 29. Juni 1850 u. 9. bis 12. Mai 1851. Zur Benutzung bei Anfertigung u. Prüfung der Diäten-, Fuhr- u. Umzugskosten-Liquidationen. Zusammengestellt rc. 2., mit den Nachträgen bis auf die neueste Zeit verm. Aufl. Ebend. 855. gr. 8. (VIII, 180 S. u. Nachträge rc., enthltd. die seit dem J. 1852 erschienenen Ergänzungen rc. 1 Bl., 42 S.) n. 20 ngr.; Nachträge allein n. $7\frac{1}{2}$ ngr.

—— dass. — Zur Benutzung bei Anfertigung und Prüfung der Liquidationen über Tagegelder, Reise-, Vorspann- und Transportkosten. 2., mit den Nachträgen bis auf die neueste Zeit verm. Aufl. gr. 8. (XV und 215 S.) Berlin 855, Allgemeine deutsche Verlagsanstalt. *

—— Regulativ über Reisekosten und Tagegelder bei Dienstreisen und Versetzungen der Staats-Beamten, vom 10. Juni 1848, 29. Juni 1850 und 9. bis 12. Mai 1851. Zur Benutzung bei Anfertigung und Prüfung der Diäten-, Fuhr- und Umzugskosten-Liquidationen. 2., mit den Nachträgen bis auf die neueste Zeit verm. Aufl. gr. 8. (222 S.) Berlin 855, Allgemeine deutsche Verlagsanstalt. *

—— Nachträge dazu, enthaltend die seit dem J. 1852 darüber erschienenen Ergänzungen, Erläuterungen, Instructionen rc. gr. 8. (42 S.) Berlin 855, Allgemeine deutsche Verlagsanstalt. *

—— Nachträge dazu, enthaltend die seit dem Jahre 1852 darüber erschienenen Ergänzungen, Erläuterungen, Instructionen rc. gr. 8. (43 S.) Berlin 855, Allgemeine deutsche Verlagsanstalt. *

Kletke, G. M., Regulativ über Reisekosten u. Tagegelder bei Dienstreisen u. Versetzungen für die preußische Armee, nebst den Vorschriften über Vorspann-Gestellung u. Beförderung von Truppen u. Militär-Effekten auf Eisenbahnen rc. Zur Benutzung bei Anfertigung u. Prüfung der Liquidation über Tagegelder, Reise-, Vorspann-Kosten rc. 3., völlig umgearb. u. verm. Aufl. Berlin 867. Allgem. deutsche Verlags-Anstalt. gr. 8. (XVI, 333 S. mit 14 Tabb. in qu. u. gr. Fol.) n. 1 ℛ 10 ngr.

– s. Regulativ über Reisekosten u. Tagegelder der Staats-Beamten.

—— deutsches Reichsgesetz über die Presse nebst einem Anhang enth. das Reichsgesetz betr. das Urheberrecht an Schriftwerken, Abbildungen, musikal. Kompositionen und dramat. Werken vom 11. Juni 1870. Für den prakt. Gebrauch ausführlich erläutert durch das amtl. Material und durch die Motive, unter Wiedergabe sämmtl. bezogenen anderweiten Gesetzesstellen. 1.—3. Aufl. gr. 8. (83 S.) Berlin 874, C. Pfeiffer. *

—— deutsche Reichs-Gesetze betr. die persönl., gewerbl. und militair. Freizügigkeit, den Erwerb und Verlust der Staatsangehörigkeit, Unterstützungswohnsitz und Gewährung der Rechtshülfe. Nach den amtl. Materialien, den Berichten der Reichstags-Commissionen und den Reichstags-Verhandlungen zusammengestellt und erläutert, sowie mit einem alphabet. Sach-Register versehen. gr. 8. (IV, 171 S.) Berlin 872, Deutsches Verlags-Institut. *

—— das Reichs-Militairgesetz vom 2. Mai 1874. Erläutert durch die Motive und durch die bezogenen anderweiten Gesetzesstellen, sowie mit Sachregister versehen. 8. (96 S.) Berlin 874, Grosser. *

—— Repertorium d. Amtsblätter des kgl. Regierungs-Departements Frankfurt a/O. v. Jahre 1810 bis incl. 1844. gr. 4. (38 B.) Frankfurt a/O. 846, Trowitzsch u. Sohn. (Berlin, Mylius'sche Vrlgsb.) *

—— Repertorium der Bau-Polizei-Gesetzgebung im preußischen Staate. Nach amtl. Quellen und der neuesten Gesetzgebung in lexikal. Form bearb. gr. 8. (IV, 383 S.) Berlin 873, C. Pfeiffer. *

—— Repertorium d. Gesetz-Sammlung f. d. kgl. preuß. Staaten vom Jahre 1806 bis incl. 1845. gr. 4. (40 B.) Berlin 846. (Mylius'sche Vrlgsh.) *

—— Repertorium der Gesetz-Sammlung für die k. preuß. Staaten vom Jahre 1806 bis incl. 1845. gr. 4. (XII und 308 S.) Berlin 847, (Mylius'sche Vrlgsh.) *
Schrbp. *

—— dass. — 1. Suppl. für die J. 1846 bis incl. 1849. gr. 4. (X und 62 S.) Berlin 850, C. Heymann. *
Schrbp. *

Kletke, G. M., Repertorium der Gesetz-Sammlung für die königl. preuß. Staaten vom J. 1806 bis incl. 1845. 2. Suppl. für die J. 1850 bis incl. 1852. gr. 4. (VI und 58 S.) Berlin 853, Nauck'sche Buchh. Thlr. *
Schrbp. *

— systematisch chronologisches Repertorium und alphabetisches Sachregister zu dem Königl. Preuß. Militair-Wochenblatt für die Jahre 1848 bis incl. 1852. Berlin 853. Hasselberg. 4. (VIII, 80 S.) n. 20 *ngr*; Schreibp. n. 27 *ngr*

— alphabet. Sachregister zur chronologisch geordneten Sammlung aller Gesetze, s. Sammlung.

—— Sammlung von Präjudizien der obersten Gerichtshöfe Deutschlands in Handels-, See- und Wechselrechts-Streitsachen, s. Sammlung von Präjudizien.

— Sammlung von Präjudizien der obersten Gerichtshöfe Deutschlands in Handels-, See- und Wechselrechts-Streitsachen bis zu Ende des J. 1856. Erlangen 857. Enke. gr. 8. (XXXV, 291 S.) n. 1 *Thlr*. 10 *ngr*

— — 1. Fortsetzung. Ebend. 857. gr. 8. (XVI, 160 S.) n. 21 *ngr*

— — 2. Fortsetzung. Ebend. 858. gr. 8. (XXVII, 288 S.) n. 1 *Thlr*. 16 *ngr*

—— Sammlung der Verordnungen über das Heirathen der Militairpersonen und Beamten der königl. preuß. Armee, s. Militair-Bibliothek, allgemeine preuß.

— — Sammlung der Verordnungen über das Heiraten der Militärpersonen u. Beamten der kgl. preuß. Armee, Versorgung deren Witwen etc. Berlin 1855. 126 S.

Kletke, G. M., die See-Gesetzgebung d. Deutschen Reichs. Sammlg. sämmtl. auf das Seewesen Bezug hab. Gesetze, Verordngn. u. Tarife, sowohl d. Deutschen Reichs, als seiner Einzelstaaten, m. Berücksicht. auch der außerdeutschen Gesetzgebg., f. den prakt. Gebrauch der Seebehörden, Consuln, Rheder, Schiffsführer etc. hrsg. u. m. Sachregister, sowie chronolog. Inhalts-Verzeichniß versehen. 1—3. Thl. 8. Berlin 873—76. C. Pfeiffer. n. 7. —

1. Die Seemanns-Ordnung u. das Gesetz, betr. die Verpflichtg. deutscher Kauffahrteischiffe zur Mitnahme hülfsbedürft. Seeleute vom 27. Dezbr. 1872. (174 S.) n. 3. —
2. Gesetze, Verordnungen u. Tarife der Jahre 1873—75. (XVI, 223 S.) n. 3. —
3. Die Strandungsordnung vom 17. Mai 1874. 2., um das Verzeichniß der Strandbehörden u. die Instruktion vom 24. Novbr. 1875 verm. Aufl. (XXX, 72 S.) n. 1. —

—— die Seemanns-Ordnung und das Gesetz, betr. die Verpflichtung deutscher Kauffahrteischiffe zur Mitnahme hülfsbedürft. Seeleute vom 27. Dezbr. 1872. Für den prakt. Gebrauch ausführlich ergänzt und erläutert durch das amtl. Material und durch die Motive, unter Wiedergabe sämmtl. bezogener anderweiter Gesetzes-Paragraphen, sowie mit den einschläg. Gesetzes-Anlagen, vollständ. Sachregister und Einleitung versehen. 8. (174 S.) Ebendas. 873. *

—— die Staats-Verträge des Königr. Bayern in Bezug auf Justiz-, Polizei-, Administrations-, Landeshoheits-, Territorial- und Grenz- etc. Angelegenheiten. Von 1806 bis einschließlich 1858 systematisch und chronologisch zusammengestellt und hrsg. 1—5. Lfg. gr. 8. (XVI und 1240 S.) Regensburg 859. 60, Pustet. [1. Lfg. 15 Ngr., 2. Lfg. 24 Ngr., 3. und 4. Lfg. 1 Thlr. 15 Ngr., 5. Lfg. 1 Thlr. 6 Ngr.]

Kletke, G. M.: Städte-Ordnung für die Provinzen Preußen, Brandenburg, Pommern, Schlesien, Sachsen u. Posen. Vom 30. Mai 1853. Nebst der Instruktion zur Ausführung derselben u. den weiter ergangenen Verordnungen. Brandenburg 1866.

Kletke, d. preuss. Stempelsteuergesetze. Berlin 867.

—— die preußischen Steuergesetze. Neue Gesammt-(Titel-) Ausg. gr. 16. (419 S.) Brandenburg 868, Müller.

— das Strafgesetzbuch für den norddeutschen Bund mit ausführl. Kommentar aus den amtl. Vorlagen, den Motiven, Commissions-Berichten u. Berathungs-Protokollen, nebst einem Anh., enthltd. alle neben dem Strafgesetzbuch in Kraft best. Bundesstrafgesetze, einem Strafableau u. vollständ. Sachregister. 1. u. 2. Aufl. Berlin 871. Deutsches Verlags-Institut. gr. 8. (IV, 343 S.) n. 1 *Thlr*

—— das Strafgesetzbuch für das deutsche Reich mit ausführl. Commentar aus den amtl. Vorlagen, den Motiven, Commissions-Berichten und Berathungsprotokollen, nebst einem Anhang, enth. alle neben dem Strafgesetzbuch in Kraft bestehenden Bundesstrafgesetze, einem Strafableau und vollständigstes Sachregister. 1.—4. verm. und verb. Aufl. gr. 8. (XVI, 342 S.) Berlin 870.71, Langmann und Comp. [Deutsches Verlags-Institut.] *

—— die Strandungsordnung vom 17. Mai 1874. Für den prakt. Gebrauch ausführlich erläutert durch das amtl. Material, die Motive, Kommissionsverhandlungen und Debatten unter Wiedergabe sämmtl. bezogenen anderweiten Gesetzesstellen, sowie mit Einleitung und ausführl. Sachregister versehen. 8. (71 S.) Berlin 874, Grosser. *

Kletke, G. M., Supplement-Band zu den Kgl. Preuß. Militair-Wochenblättern etc., s. Militair-Wochenblatt.

— Supplemente zu allen Ausgaben der Kreis- u. Provinzial-Ordnung. Für den praktischen Gebrauch aus amtlichen Quellen zusammengestellt. 15—67. Hft. 8. (5. Bd. 1. Abth. S. 81—224 u. 3. Abth. S. 1—307, 6. Bd. 1. Abth. S. 1—263 u. 2. Abth. 510 S., 7. Bd. 960 S., 8. Bd. 924 S., 9. Bd. 724 S. u. 10. Bd. 525 S.) Berlin 877—82. Grosser. à n. 1. —

—— literar. Uebersicht von Schriften, welche über das Eisenbahnwesen in seiner Gesammtheit sowohl als in Bezug auf einzelne Bahnen u. Technologie in Deutschland u. den benachbarten Staaten d. Auslandes bis jetzt erschienen sind. gr. 8. (2 B.) Berlin 845, Eyssenhardt'sche Buchh? *
Aus: Der Dampfer, od. Zeitung f. Eisenbahn- etc. Kunde besond. abgedruckt.

—— Umzugskosten, Tagegelder und Reisekosten, sowie Wohnungsgeldzuschüsse der preuß. Civil-Staatsbeamten vom 26. März 1855, 24. März 1873 und 12. Mai 1873. Nebst den Servisklassen-Eintheilungen der preuß. Städte und Flecken. Nach amtl. Quellen und der neuesten Gesetzgebung dargestellt. 1. Aufl. (96 S.), und 2. stark verm. Aufl. gr. 8. (IX, 190 S.) Berlin 874, C. Pfeiffer. *

—— die Verfassung der Verwaltungsgerichte und das Verwaltungs-Streitverfahren. Das Gesetz vom 3. Juli 1875 für den prakt. Gebrauch aus dem amtl. Material erläutert und durch die bezogenen anderweiten Gesetzesstellen ergänzt. 8. (48 S.) Berlin 876, Grosser. *

— die Verfassungs-Urkunde für den preuß. Staat vom 31. Janr. 1850, mit Einschaltung der bisher. gesetzl. Abänderungen u. den Verordnungen über Bildung des Herrenhauses u. des Hauses der Abgeordneten. Brandenburg 868. Müller. 8. (72 S.) n. 5 ngr.

– die Verfassungs-Urkunde f. den preußischen Staat vom 31. Jan. 1850 m. Einschaltg. der bisher gesetzl. Abändergn. u. der Verordngn. üb. Bildg. d. Herrenhauses u. d. Hauses der Abgeordneten. Neue Aufl. 16. (66 S.) Brandenburg 873. Müller. n. — 50

Kletke, G. M., preußisches Verjährungs-Recht. Ein Handbuch für jeden Staatsbürger, insbesond. für Kapitalisten, Kaufleute und andere Geschäftsmänner. gr. 8. (VI und 126 S.) Berlin 848, [Grobe.] Thlr. -

– s.a. V e r o r d n u n g , Die, vom 3. Jan. 1849.

Kletke, G. M.: Die Verordnung vom 3. Jan. 1849 über die Einführung des mündlichen und öffentlichen Verfahrens mit Geschworenen in Untersuchungssachen nebst den Motiven [usw.]. Mit erl. u. krit. Bem. Berlin 1850.

—— Verordnungen über den Ansatz der Gerichtskosten rc. f. Verordnungen.

Kletke, G. M., das Verwaltungsgerichtsgesetz. Vom 2. Aug. 1880. Das Gesetz vom 3. Juli 1875, betr. die Verfassung der Verwaltungsgerichte und das Verwaltungsstreitverfahren, in der durch das Gesetz vom 2. Aug. 1880 abgeänderten Fassung, für den prakt. Gebrauch aus den amtl. Materialien erläutert, durch die bezogenen anderweiten Gesetzesstellen ergänzt und mit ausführl. Sachregister versehen. 2. Aufl. der Ausg. des Gesetzes vom 3. Juli 1875. 8. (52 S.) Berlin 880, Grosser.

—— die Wechselgesetzgebung Preußens, s.a. Wechselgesetzgebung.

— die Wechselgesetzgebung Preußens. Enthaltend: Die allgemeine deutsche Wechselordnung nebst den Einführungsgesetzen, den bezüglichen Verordnungen über den Wechselprozeß, den Entscheidungen der höchsten Gerichtshöfe und sonstigen Erläuterungen rc. mit einem Sachregister u. alphabetischer Erklärung der vorkommenden juristischen Ausdrücke systematisch dargestellt. Berlin 854. Nauh. 8. (1 Bl., IX, 96 S. u.: Ausführliche Darstellung des Verfahrens beim Wechselprozeß in Preußen rc. Ein Handbuch für Richter, Rechtsanwalte rc. 52 S.) n. 20 ngr.

—— die Wechselgesetzgebung sämmtlicher deutschen Staaten, s. Wechselgesetzgebung.

G. M. Kletke, Allg. deutsche Wechselordnung m. d. Einführungsges. v. 15. Febr. 1850 u. dem Ges. v. 27. Mai 1863. Nebst den bezügl. Stempelgesetzen. Neuer Abdr. ([illegible] S.) Brandenburg, Müller. (1864.) 2. Ausg. 1867. (Nr. 11 von Kletke's Gesetzsamml. für d. preuß. Staatsbürger).

—— allgemeine deutsche Wechselordnung und Wechselstempelsteuergesetz mit den Einführungsgesetzen und den Ergänzungen und Erläuterungen bis zum J. 1872. 3. Aufl. 16. (30 S.) Brandenburg 872, Müller. * — 50

—— dass. — mit den noch in Kraft besteh. Landesgesetzen der einzelnen deutschen Staaten und den Ergänzungen und Erläuterungen bis zum J. 1875. 4. Aufl. gr. 16. (91 S.) Ebendas. 875. — 75

—— das allgemeine Wechsel- und Handelsrecht des deutschen Reiches. Enth.: Die allgemeine deutsche Wechsel-Ordnung, die Nürnberger Novellen, das Wechselstempelsteuer-Gesetz, das Gesetz über Errichtung des obersten Handels-Gerichtshofes, das Handelsgesetzbuch, das Genossenschafts-, sowie das Konsulats-Gesetz und das norddeutsche Eisenbahn-Betriebs-Reglement mit allen hierher bezügl. noch in Kraft gebliebenen Landesgesetzl. Bestimmungen sämmtl. Staaten des deutschen Reiches, sowie den später ergangenen Ergänzungen, Deklarationen und Erläuterungen bis auf die neueste Zeit. 1. Aufl. 1872. *ℳ 6., und 2. (Titel-) Ausg. Lex.-8. (X, 501 S.) Berlin 873, Simion. [Gera, Köhler.] (*ℳ 3.) 1 50

– (Hrsg.), s. Z e i t s c h r i f t für Handelsgesetzgebung und ...

Kletke, Heinrich, s. K l e t k e , Hermann

Kletke, Hermann

—— der Großmutter Abenderzählungen. Mährchen f. d. Jugend, d. Französ. nacherzählt. 16. (8 B. u. 8 ill. Bild.) Berlin 841, Hasselberg.

—— der Großmutter Abend-Erzählungen. Märchen für die Jugend, dem Französ. nacherzählt. 2. Aufl. gr. 16. (V und 121 S. mit 6 ill. Kpfrn.) Berlin 853, Hasselberg'sche Vrlgsb.

Kletke, Herm., Afrika, s. Volksbibliothek, deutsche.

Kletke, Herm., Album deutscher Dichter, s.a. Album.

Kletke, Heinr., Album deutscher Dichter. 1. Aufl. (20½ B.) 843 u. 2. Aufl. 8. (32½ B. u. 1 Stahlst.) Berlin 846, Schroeder's Verl. à

Kletke, Herm., Album deutscher Dichter. 6. Aufl. 853. (XVI, 557 S.) — 7. Aufl. 856. (XVI, 583 S.) — 8. Aufl. Berlin 858. Schroeder. 16. (XVI, 584 S.) 2 Thlr.

— Album deutscher Dichter. 8. Aufl. 859. — 9. Aufl. Berlin 862. Schröder. 16. (XVI, 584 S.) 2 Thlr.

Kletke, Herm., Album deutscher Dichter. 10. Aufl. 16. Berlin 868, Gebr. Paetel. geb. mit Goldschn. *

Kletke, Herm., Album deutscher Dichter. 10. Aufl. Berlin 868. Schroeder. 16. (XIX, 595 S.) In engl. Einb. mit Goldschn. 2 Thlr.

Kletke, Herm., Album deutscher Dichter. Mit Portr. Goethe's in Stahlst. 11. Aufl. gr. 8. (XVI, 414 S.) Berlin 882, Gebr. Paetel. geb. *

—— Album der Liebe u. Freundschaft. Blätter zur Erinnerung; aus deutschen Dichtern u. Prosaisten gesammelt. 8. (16⅝ B. u. 1 Kpfr.) Berlin 844, Amelang, Verl.

Kletke, H., Almanach deutscher Volksmährchen. Mit (8) Zeichnungen von Hosemann. 16. Berlin 839, Morin. 1½ Thlr.

Kletke, H., Almanach deutscher Volksmährchen. 16. (19 B. u. 8 lith. Federzeichn. v. Hosemann.) Berlin 840. [Leipzig, Brauns.]

—— Almanach deutscher Volks- u. Kindermährchen. 16. (20 B. u. 6 lith. Federzeichn. v. Hosemann.) Berlin 841. [Leipzig, Brauns.]

— Almanach deutscher Volks- und Kindermährchen. Mit Zeichnungen von Hosemann. 16. (Mit 6 Lithogr. auf farb. Papier.) Berlin 841, Morin. geb. 1⅓ ß

Kletke, Hermann (Hrsg.), s. a. A l t e r t h u m , Das, in seinen Hauptmomenten dargestellt.

Kletke, H., das Alterthum in seinen Hauptmomenten dargestellt. Eine Reihe histor. Aufsätze v. Boeckh, Dahlmann, Droysen rc. gr. 8. (XII u. 631 S.) Breslau 852, Trewendt & Granier. 2¼ ß

—— deutsche Aufsätze; nebst Anmerkungen u. Aufgaben. Für die oberen Classen höherer Bildungsanstalten, wie auch zum Selbststudium. gr. 8. (42½ B.) Berlin 844, Amelang, Verl.

—— Auswahl epischer Gedichte f. Schule u. Haus. 8. (8½ B.) Berlin 842, Simion. 7½ Ngr. Mit 4 Zeichnungen.

—— historische Bilder. Zur Belehrung und Unterhaltung für die reifere Jugend. Mit 6 ill. Zeichnungen von L. Pietsch. br. 8. (III und 323 S. mit 6 Stnt. und lithogr. Titel.) Berlin 858, Springer's Verlag.

—— neue historische Bilder. Zur Belehrung und Unterhaltung für die reifere Jugend gesammelt und hrsg. Mit 6 Zeichnungen in Farbendr. br. 8. (VII und 336 S. mit 6 Stnt.) Berlin 860, Springer's Verlag.

— Bilder und Skizzen aus der Geschichte. Zur Belehrung und Unterhaltung für die reifere Jugend. Mit 5 (lith. u.) color. Zeichnungen von L. Pietsch. Berlin (856.) J. Springer. 8. (VI, 319 S. u. lith. Titel.) 1 ß. 10 ngr.

— Bilder aus dem Weltall in Aufsätzen von H. Buff, B. Cotta, D. F. Eschricht, A. v. Humboldt, F. v. Kobell, Fr. Korner rc. Für Lehrer und Freunde der Naturkunde herausgegeben. 1. u. 2. Abdr. Berlin 853, 54. Schroeder. gr. 8. (XII, 375 S.) n. 1 ß. 10 ngr.

— Bilder aus dem Weltall in Aufsätzen von H. Buff, B. Cotta, D. F. Eschricht, A. v. Humboldt, F. v. Kobell rc. Für Lehrer und Freunde der Naturkunde hrsg. 1. Abdr. 1855. und 2. Abdr. gr. 8. (XII und 375 S.) Berlin 854, Schroeder's Verlag. *

—— geistl. Blumenlese aus deutschen Dichtern v. Novalis bis auf d. Gegenwart. Mit e. Anh. biograph. Nachrichten. 8. (24 B. u. 1 Stahlst.) Berlin 841, Amelang.

—— auserwählte Briefe deutscher Männer und Frauen, s. Briefe.

—— das Buch der Betrachtung. Mit Illustr. von Ludw. Burger. 16. (V und 894 S. mit 4 Stnt. in Tondr.) Berlin 860, Hollstein. geb.

— das goldne Buch. Ein Kranz v. Mährchen, Sagen u. Erzählungen f. das Alter v. 6 bis 9 Jahren, aus den Werken der vorzüglichsten deutschen Jugendschriftsteller gesammelt u. hrsg. 2 Bdchn. 16. (XII u. 312 S. m. 1 Holzschn.) Breslau 849, Schletter. 24 ngr

—— neues Buch der Reisen. Bunte Bilder aus der Natur und dem Menschenleben zur Belehrung und Unterhaltung für die reifere Jugend. br. 8. (IV und 331 S. mit 6 ill. Stnt. Zeichnungen von Thdr. Hosemann und lithogr. Titel.) Berlin 853, [Springer's Verlag.]

—— das Buch der Reisen. Bunte Bilder aus der Natur und dem Menschenleben. Zur Belehrung und Unterhaltung für die reifere Jugend gesammelt und hrsg. br. 8. (VIII und 333 S. mit 6 ill. Stnt. Zeichnungen von Thdr. Hosemann.) Berlin 852, [Springer's Verlag.]

— das Buch vom Rübezahl. Des Berggeistes Fahrten und Schwänke neu erzählt. 16. (IV u. 75 S.) Breslau 852, Trewendt & Granier. ⅓ ß

—— die Bürgerverschwörung zu Breslau. — Die Royalisten in der Vendee. Novellen. 8. (11 B.) Berlin 840, Vereins-Buchhandlung.

Kletschke, Herm., Charakterzüge aus dem Leben Arthur Schopenhauers. Vortrag, geh. im evangel. Vereine zu Zeitz. gr. 8. (24 S.) Zeitz 881. Huch. — 30

—— Dichtergarten für die deutsche Jugend. I. Abthl.: Für das kindliche Alter. 8. (VIII und 96 S.) Berlin 850, Schröder's Verlag.

—— dass. — 2. Abthl.: Für das jugendl. Alter. 8. (VIII und 152 S.) Ebds. 851.

—— Deutschlands Dichterinnen, s. a. Deutschlands Dichterinnen.

— Deutschlands Dichterinnen. 853. (XIX, 386 S.) — 2. verm. Aufl. 855. (XIX, 393 S.) — 3. verm. Aufl. Berlin (857.) Hollstein. 16. (XIX, 408 S. u. 1 lith. Bl.) 1 ß. 15 ngr.

—— und Adf. Müller, Preußens Ehrenspiegel, s. Preußens Ehrenspiegel.

—— Erlebnisse des Sir Thomas auf der Goldküste. Eine Erzählung für die Jugend. Nach dem Engl. (der Mrs. R. Lee.) br. 8. (IV und 130 S. mit 5 lithogr. und ill. Zeichnungen.) Berlin 858, Springer's Verlag. —

—— deutsche Fabeln d. XVIII. u. XIX. Jahrh. Schulausg. 16. (20 B.) Berlin 841, Klemann.

—— dass. mit (5) Bildern v. Otto Speckter u. Heinr. Asmus. 16. Ebds. 841.

KLETKE, H. *Deutsche Fabeln* des XVIII. und XIX. Jahrhunderts. Herausgegeben von H. Kletke. Mit 4 Stahlstichen von O. SPECKTER. Berlin, Carl Heinrich Schultze. [c. 1843]. XXIII, 388 SS. Kl.-8°. Einfacher Halbleinenbd. d. Z. mit verblaßter Rv. 48.—
Sammlung von Fabeln v. Hagedorn, Haller, Gellert, Gleim, Lessing, Fröhlich, Hey u. v. a., mit kurzen Biographien der Verf. und höchst reizvollen Tierbildern v. Speckter. Teilw. leicht fleckig.

— s. F o u q u é , Fr. de la Motte, Gedichte.

—— Friedrich der Große. Ein Fürstenbild im Spiegel deutscher Dichtung. gr. 16. (VIII und 255 S.) Berlin 861, Springer's Verlag. *

—— Gedichte. gr. 8. (9⅓ B.) Breslau 836, (Berlin, Richtersche Buchh.)

— Gedichte. 16. (VIII u. 159 S.) Berlin 852, Schroeder. In Engl. Einb. m. Goldschn. 1 ß

—— Gedichte. Vermischte Gesammt-Ausg. 1. Aufl. 1873, und 2. verb. Aufl. gr. 16. (VIII, 244 S. mit Portr. in Photogr.) Ebendas. 875. geb. mit Goldschn. 3 —

—— Gedichte. 3. reich verm., mit dem (photogr.) Bildniß des Dichters verseh. Gesammt-Ausg. 8. (XX, 468 S.) Berlin 881, Habel. *
geb. mit Goldschn. *

—— deutsche Geschichte in Liedern, Romanzen, Balladen u. Erzählungen deutscher Dichter, gesammelt u. m. Anmerk. begleitet. Für Schule u. Haus. Lex.-8. (35 B.) Berlin 846, Adolf u. Comp. *

—— deutsche Geschichte in Liedern, Romanzen, Balladen und Erzählungen deutscher Dichter, gesammelt und mit Anmerkungen begleitet. Für Schule und Haus. 2., wohlf. (Titel-) Ausg. gr. 8. (XVI und 543 S.) Berlin 854, Adolf und Comp.

—— und F. Schmidt, ernste und heitere Geschichten, s. Bibliothek für das deutsche Volk.

—— s. Guten Morgen Vielliebchen.

—— Handbuch z. Geschichte d. neueren deutschen Literatur. Biographien, Charakteristiken u. Proben. Zum Gebr. f. Lehrer u. Lehrerinnen in den obern Klassen höherer Töchterschulen, wie auch zum Selbststudium. 2 Bde. gr. 8. Berlin 845, Amelang, Verl.

Bd. 1. Von Haller u. Hagedorn bis Herder. (35 B.) 2 Thlr.
" 2. Von Goethe bis auf die Gegenwart. (41 B.) 2 Thlr. 7½ Ngr.

KLETKE. *Jakob und sein Vetter.* Ein Schattenspiel für große und kleine Kinder von Hermann Kletke. Mit [25] Silhouetten von KARL FRÖHLICH. Illustrierte Ausgabe. Berlin, E. H. Schroeder, 1857. 52 SS. mit den reizenden Schattenrissen in Holzschnitt. 4°. Illustr. Or.-Karton mit Leinenrücken. 40.—
R. 417. ★ Erstabdruck der sehr reizvollen Bilder. Fröhlich war der unbestrittene Meister der lustigen Silhouette. — Einige unbed. Fleckchen.

—— Jala-Jala, die Colonie auf den Philippinen. Abenteuer eines bretonischen Edelmanns. Für die reifere Jugend hrsg. br. 8. (VI und 320 S. mit 6 in Farbendr. ausgeführten Stnt.) Berlin 857, Springer's Verlag.

—— der gestiefelte Kater, s.a. Kater.

KLETKE, H. *Der gestiefelte Kater.* Ein Kinder-Märchen. Mit 17 Bildern [= handkolor. Holzschnitte nach HOSEMANN]. Nach dem Französischen von H. KLETKE. Berlin, Winckelmann & Söhne [1866]. 24 S. Kl.-8°. Biegs. Or.-Karton mit lithogr. Deckelbild v. Hosemann. Hobr. 329 a. Schönes Ex. 18.—

—— der neue Kinderfreund, s. Kinderfreund.

— der Kinderkreuzzug. Eine Volks- und Jugend-Erzählung. Besonders abgedruckt aus der Jugend-Bibliothek von G. Nieritz. 8. Berlin 844, Simion. ⅓ Thlr.

— der Kinderkreuzzug. Aus der Jugendbibliothek von Nieritz. 2. Aufl. 8. (108 S.) Berlin 847, Simion. ⅓ Thlr.

— der Kinder-Kreuzzug. 3. Aufl. gr. 16. (95 S.) Düsseldorf 879. A. Bagel. cart — 60

Kletke, Heinr., Kinderlieder. Ein Festgeschenk f. frohe u. fromme Kinder. 8. (8 B.) Berlin 846, C. H. Schultze. Thlr.

—— Kinder-Lieder. Bekannten Volksmelodieen untergelegt von L. Erk. Klavierbegleitung von Flodoard Geyer. 2. Ausg. qu. 4. (22 S.) Berlin 857, Gaertner.

—— Kinder-Lieder. Gesammt-Ausg. mit dem Bildnis des Dichters. 4. (XI, 80 S.) Ebendas. 882. cart. *

—— Kinder-Lieder nach bekannten Volksweisen mit Klavierbegleitung hrsg. von L. Erk. qu. 4. (22 S.) Berlin 848, Plahnsche Buchh. *

—— deutsche Kinder-Märchen in Reime gebracht. 8. (IV und 148 S. mit 2 ill. Stnt.) Berlin 849, Adolf und Comp. –

— deutscher Kinderschatz in alten und neuen Liedern. gr. 12. Berlin 839. Morin. [illegible]

— die Kinderwelt. In Märchen u. Liedern. Mit (eingedr.) Holzschn. nach Orig.-Zeichnungen deutscher Künstler. gr. 8. (IV, 108 S.) Leipzig 881. A. Dürr. cart. n. 3. —

—— Deutschlands Krieges- und Siegesjahre 1809—1815, s.a. Deutschlands Krieges- und Siegesjahre.

– Deutschlands Krieges- und Siegesjahre 1809—1815 im Liede deutscher Dichter. Berlin 859. J. Springer. 8. (XV, 216 S.) n. 17½ ngr.

Kletke, Herm., Länder und Völker. Reisebilder und Skizzen aus der Natur und dem Menschenleben. Zur Belehrung und Unterhaltung für die reifere Jugend. br. 8. (IV und 340 S. mit lithogr. Titel und 7 lithogr. Farbendr.-Bildern von Haun.) Berlin 860, Springer's Verlag. Thlr.

— buntes Leben. Gesammelte Erzählungen für die Jugend. Illustrirt von R. Meinhardt. 8. (V, 272 S.) Berlin 878, Plahn'sche Buchh. cart.

—— buntes Leben. Gesammelte Erzählungen für die Jugend. Illustrirt von R. Meinhardt. 2.—4. Aufl. 8. (V, 272 S. mit 5 color. Stnt.) Berlin 881—84, Plahn'sche Buchh. geb.

Kletke, H., u. H. Sebald, Lesebuch f. höhere Mädchenschulen m. Berücksicht. des Unterrichts in der Litteraturgeschichte von Haller bis auf die Gegenwart. 8. Aufl., besorgt v. L. H. Fischer. gr. 8. (XXII, 594 S.) Altenburg 894. H. A. Pierer. n. 4. —

—— u. H. Sebald, Lesebuch f. höhere Töchterschulen, m. Berücksichtig. d. Unterrichts in d. Literaturgeschichte von Haller bis auf die Gegenwart. gr. 8. (38 B.) Berlin 843, Duncker u. Humblot. *

—— und H. Sebald, Lesebuch für höhere Töchterschulen mit Berücksicht. des Unterrichts in der Literaturgeschichte von Haller bis auf die Gegenwart. 2., verm. und verb. Aufl. gr. 8. (XXIII und 647 S.) Berlin 851, Duncker und Humblot. *

— und H. Sebald, Lesebuch für höhere Töchterschulen mit Berücksichtigung des Unterrichts in der Literaturgeschichte von Haller bis auf die Gegenwart. 3. verm. rc. Aufl. Berlin 858. Duncker u. Humblot. Lex.-8. (VII, 647 S.) n. 1 Thlr. 15 ngr.

—— und H. Sebald, Lesebuch für höhere Töchterschulen mit Berücksichtigung des Unterrichts in der Literaturgeschichte von Haller bis auf die Gegenwart. 4., verm. und verb. Aufl. gr. 8. (XX und 664 S.) Berlin [Leipzig] 864, Duncker und Humblot. *

—— und H. Sebald, Lesebuch für höhere Töchterschulen mit Berücksicht. des Unterrichts in der Literaturgeschichte von Haller bis auf die Gegenwart. 5. Aufl. 1869, und 6. verm. und verb. Aufl. gr. 8. (XVI, 608 S.) Altenburg 873, Pierer. * 4 50

— und H. Sebald, Lesebuch für höhere Töchterschulen mit Berücksicht. des Unterrichts in der Literaturgeschichte von Haller bis auf die Gegenwart. 6. verm. und verb. Aufl. 2. Ausg. gr. 8. (XVI, 547 S.) Altenburg 879, Pierer. *

— u. H. Sebald, Lesebuch f. höhere Töchterschulen m. Berücksicht. d. Unterrichts in der Litteraturgeschichte von Haller bis auf die Gegenwart. 7. Aufl. gr. 8. (XV, 546 S.) Altenburg 885. Pierer. n. 4. 50

—— Lied und Spruch. Neue Gedichte. 16. (VIII und 101 S.) Berlin 856(57,) Schroeder's Verlag.

—— Lied und Spruch. Neue Gedichte. 2., verm. Aufl. 16. (VIII und 120 S.) Berlin 863, Schroeder's Verlag. cart.

— alte und neue Lieder für die Kinderstube. (2. Aufl. Mit verziert. lith. Titel.) gr. 12. Berlin 841, Morin. ⅓ Thlr.

—— Lieder u. Bilder aus d. Kinderleben. gr. 12. (13 lith. u. col. Blätter.) Berlin 842, Hasselberg.

—— und C. E. Pax, deutscher Liederfreund für Schule und Haus. Eine Sammlung mehrstimmiger Lieder von Graun, Gürlich, Haydn ꝛc. nebst Originalweisen von H. Dorn, L. Erk, W. Gährich ꝛc. 1. und 2. Heft: zweistimmige Lieder. 8. (VIII und 100 S.) Berlin 850, G. Reimer. à Heft * 5 Ngr. *

—— Lieder-Märchen. Mit 50 Abbild. gr. 12. (4 B. Text.) Berlin 843, Hasselberg's Verl. 1 Thlr. Ill.

—— deutscher Liederschatz in alten u. neuen Liedern. 1. Aufl. (5 B.) 839. $^5/_{12}$ Thlr., 2. Aufl. u. d. T.: Alte u. neue Lieder f. d. Kinderstube. gr. 12. ($4^3/_4$ B.) Berlin 841. [Leipzig, Brauns.]

—— Märchen meiner Großmutter. 8. (III und 172 S. mit 4 ill. Stnt.) Berlin 851. [Leipzig, Simion's Verlag.]

—— Märchen am Kamin. gr. 16. (316 S. mit 8 Chromolithogr.) Berlin 873, Plahn'sche Buchh. geb. * 3 —

—— ein Märchen-Buch. gr. 16. (V und 308 S. mit 8 ill. Stnt.) Berlin 867, Plahn'sche Buchh. cart.

— ein neues Märchen-Buch. Ebend. 869. gr. 16. (V, 302 S. mit 8 Chromolith.) 1 Thlr.

—— ein Märchen-Buch. 2.—5. Aufl. Mit 8 Illustr. (Chromolithogr.) von Louise Thalheim. gr. 16. (320 S.) Ebendas. 869—75. geb. 3 —

—— Märchensaal, s. Märchensaal.

—— Musterbuch deutscher Aufsätze von Abt, Ancillon, K. W. Böttiger, L. v. Buch, Claudius, Delbrück ꝛc. ꝛc., nebst Aufgaben. Ein Handb. f. Lehrer u. Lehrerinnen z. Gebr. in den oberen Klassen höherer Töchterschulen. gr. 8. (31 B.) Berlin 841, Amelang, Verl.

—— Natur- und Sittenbilder. Reiseschilderungen aus allen Erdtheilen. Zur Belehrung und Unterhaltung für die reifere Jugend gesammelt und hrsg. br. 8. (VII und 328 S. mit 6 lithogr. Zeichnungen in Farbendr. von Haun.) Berlin 861, Springer's Verlag.

—— Panorama. Reisebilder und Skizzen aus der Natur und dem Menschenleben. Zur Belehrung und Unterhaltung für die reifere Jugend gesammelt und hrsg. br. 8. (VI und 332 S. mit 7 lithogr. und ill. Zeichnungen von L. Pietsch.) Berlin 857, Springer's Verlag.

—— neues Panorama. Reisebilder und Skizzen aus der Natur und dem Menschenleben. Zur Belehrung und Unterhaltung für die reifere Jugend gesammelt und hrsg. br. 8. (IV und 324 S. mit 7 lithogr. und ill. Zeichnungen von L. Pietsch.) Berlin 858, Springer's Verlag.

— Phantasus. Ein Kinderbuch. I—IV. Mit 4 Federzeichnungen von Hosemann, (illum.) 16. Berlin 841, Klemann. à $^1/_3$ Thlr — Das Ganze in eleg. Umschlag geb. $1^1/_3$ Thlr

— u. Adf. Müller, s.: Preußens Ehrenspiegel.

—— Reise des Prinzen Adalbert von Preußen, königl. Hoh. nach Brasilien im J. 1842. 1—7. Lfg. gr. 8. (S. 1—448 mit 1 lithogr. Portr.) Berlin 856, Hasselberg'sche Vrlgsb. à Lfg. * 5 Ngr. *

—— Reise Sr. königl. Hoh. des Prinzen Adalbert von Preußen nach Brasilien. Nach dem Tagebuche Sr. königl. Hoh. mit höchster Genehmigung auszügl. bearb. und hrsg. 8—12. (Schluß-) Lfg. gr. 8. (III und S. 449—749.) Berlin 857. 58, Hasselberg'sche Verlagsbuchh. à Lfg. * 5 Ngr.
1—7. Lfg. Ebendas. 1856. * 1 Thlr. 5 Ngr.

—— dass. — Feine Ausg. Lex.-8. (751 S. mit 1 lithogr. Portr.) Ebendas. 858. *
Vlnp. * *

—— Reisebilder. Skizzen aus der Natur und dem Menschenleben. Zur Belehrung und Unterhaltung für die reifere Jugend gesammelt und hrsg. br. 8. (IV und 316 S. mit 6 lithogr. und ill. Zeichnungen von Thdr. Hosemann.) Berlin 854, [Springer's Verlag.]

—— neue Reisebilder. Skizzen aus der Natur und dem Menschenleben. Zur Belehrung und Unterhaltung für die reifere Jugend gesammelt und hrsg. br. 8. (IV und 332 S. mit 8 lithogr. und ill. Zeichnungen von Thdr. Hosemann.) Berlin 855, [Springer's Verlag.]

—— A. v. Humboldt's Reisen, s. a. Bibliothek der Länder- und Völkerkunde.

—— Alexander v. Humboldt's Reisen in Amerika und Asien. (24 Lfgn.) 4 Bde. gr. 8. Berlin 855, Hasselberg'sche Vrlgsb. à Lfg. * 5 Ngr. *
Inhalt:
Bd. 1., 2. Humboldt's, Alexander v., Reisen in die Aequinoctial-Gegenden Amerika's. 2 Bde. [1. (VIII und 367 S.) 854., 2. (VIII und 368 S.)] 855.
" 3., 4. —— Reisen im europ. und asiat. Rußland. 1. und 2. Bd. [1. (VI und 358 S.) 2. (VI und 361 S.)] 855—56.

Kletke, Herm., Alexander v. Humboldt's Reisen in Amerika und Asien. 2. Aufl. (24 Lfgn.) 4 Bde. gr. 8. Berlin 855—56, Hasselberg'sche Vrlgsb. à Lfg. * 5 Ngr. Thlr. *

—— Alex. v. Humboldt's Reisen in Amerika und Asien. Eine Darstellung seiner wichtigsten Forschungen. 4. Aufl. 24 Lfgn. gr. 16. Berlin 859—61, Hasselberg'sche Verlagsbuchh. [1. Bd. (V und 682 S.) 2. (656 S.) 3. (XLIII und 639 S.) 4. (XLV und 650 S.)] à Lfg. * 4 Ngr.

—— Alexander v. Humboldt's Reisen in die Aequinoctial-Gegenden Amerika's. 2 Bde. 3. Aufl. gr. 8. (XVI und 735 S.) Berlin 857. 58, Hasselberg'sche Verlagsbuchh. *

— Alexander v. Humboldt's Reisen im europäischen u. asiatischen Rußland. 3. Aufl. 2 Bde. Berlin 861. Hasselberg. gr. 8. (VI, 358 S.; VI, 361 S.) n. 2 Thlr

—— David Livingstone's Reisen, s. Bibliothek der Länder- und Völkerkunde.

— die Savoyardenkinder. Eine Jugend-Erzählung. (Mit Titelbild. — Aus der Jugend-Bibliothek von Nieritz.) kl. 8. Berlin 841, Simion. $^1/_4$ Thlr

—— die Savoyardenkinder. Eine Jugend-Erzählung. (Abgedr. aus der Jugend-Bibliothek von G. Nieritz.) 4. Aufl. 8. (57 S.) Leipzig 856, Voigt und Günther.

Kletke, H., die Savoyardenkinder. Ein Erzählg. f. die Jugend. 4. Aufl. 12. (95 S.) Gütersloh 899. C. Bertelsmann, Sep.-Cto. n. — 60; kart. n. — 70; in Bibliotheksbd. n. — 80; in Leinw.-Bd. n. — 90

Kletke, H., Skizzenbuch, s. a. Spiegelbilder aus dem Leben u. der Geschichte der Völker.

—— Skizzenbuch. Bunte Bilder aus der Natur und dem Menschenleben. Zur Belehrung und Unterhaltung, für die reifere Jugend. br. 8. (VI und 337 S. mit 7 Farbendruckbildern. Nach Zeichnungen von L. Pietsch.) Berlin 856, [Springer's Verlag.]

—— neues Skizzenbuch. Bunte Bilder aus der Natur und dem Menschenleben. Zur Belehrung und Unterhaltung für die reifere Jugend gesammelt und hrsg. br. 8. (VI und 342 S. mit 6 lithogr. Farbendruckbildern von Ludw. Pietsch.) Berlin 859, Springer's Verlag.

—— Spinnstube. Märchen. gr. 12. (8 B. u. 8 Bild.) Berlin 842, Hasselberg's Verl. 1 Thlr. Eck.

– s. Taschenbuch, Berliner.

—— Prinzeß Tausendschön. Ein Märchen für Kinder von 7 bis 12 Jahren. Mit 25 Silhouetten von Carl Fröhlich. 4. (48 S. mit eingedr. Holzschn.) Berlin 858, Wagner.

— die Thierwelt ꝛc., s. a. Jugend-Bibliothek, von Nieritz.

—— die Thierwelt in Jagdscenen und Charakterbildern. Für die reifere Jugend gesammelt und hrsg. 8. (VI und 239 S. mit 6 lithogr. und ill. Zeichnungen von Thdr. Hosemann.) Berlin 853, Simion.

—— Walhalla. Deutsche Schriftsteller des 18. und 19. Jahrhunderts. In Biographien und charakterist. Proben. 1—5. Lfg. Ler.-8. (1. Bd. Die deutsche Prosa des 18. Jahrh. in Biographien und charakterist. Proben. (XIII und 354 S.; Schluß.) Berlin 853—54, Hollstein. à Lfg. * 7 Ngr. *

Kletke, J. M., s. Kletke, G. M.

Kletke, Karl, Allgemeine Bücherkunde des Brandenburgisch-Preussischen Staates. Bearbeitet in der Reduction des deutschen Reichs-Anzeigers und Königlich Preussischen Staats-Anzeigers. Berlin 1871. Druck und Verlag der Königlichen Geheimen Ober-Hofbuchdruckerei. (R. v. Decker.)

Kletke, Carl, Literatur über das Finanzwesen des Deutschen Reichs und der deutschen Bundesstaaten. 2. Abthl.: Literatur über das Finanzwesen des preuß. Staats. 3. vielfach verm. und verb. Aufl. gr. 8. (XXIII, 360 S.) Berlin 876, C. Heymann's Verlag.
Die 1. Abthl. ist nicht erschienen.

—— die Maßregeln gegen die Rinderpest im Deutschen Reiche und die Abwehr und Unterdrückung von Viehseuchen in Preußen. Mit alphabet. Sachregister. 1. und 2. Aufl. 8. (54 S.) Ebendas. 873,76. *

—— dass. — Die darüber ergangenen Gesetze, Instruktionen und Verordnungen zusammengestellt. 3. verm. Aufl. 8. (116 S.) Ebendas. 877. *

Kletke, Karl, Quellenkunde der Geschichte des Preußischen Staats. 1. Abth. A. u. d. T.: Die Quellenschriftsteller zur Geschichte des Preußischen Staats, nach ihrem Inhalt u. Werth dargestellt. Berlin 858. Schroeder. gr. 8. (IV, 614 S.) n. 4 ₰.

Kletke, Karl, Quellenkunde der Geschichte des Preußischen Staats. 2. Bd. A. u. d. T.: Urkunden-Repertorium für die Geschichte des Preußischen Staats. Berlin 861. Schröder. gr. 8. (XII, 704 S.) n. 4 ₰ 20 ngr.

(Karl Kletke). Die Verhandlungen über die dem Könige Georg im Vertrag v. 29. Septbr. 1867 gewährte Ausgleichungssumme von 16 Mill. Thalern u. s. w. Berlin 1868.

Kletke, M. G. Politisch-constitutionelles Glaubensbekenntniß mit bes. Bezug auf die bevorstehenden Wahlen. Berlin, Schneider. 1848. 8 S. 8.

Kletke, Therese, Recepten-Album für Hausfrauen. 8. (XXIV und 267 S.) Leipzig (861)62, Matthes.

Kletsch, Friedrich August (Bischofswerda), De marasmo senili. Diss. med. Lpz. (Breitkopf-Haertel) 23. VII. 1833. 33 S. (4.50) 18290

Michel Kletschii de utilitate methodi mathematicae in docenda juventute. Altdorfii. 4. 1735

Kletschke, Carl Wilh. Alb. Gustav, s. Kletschke, Karl Wilh. Alb. Gustav.

— David Gottfried (Züllichau/Schles.), De superstitione medica. Diss. med. Präs. D. Michael Alberti. Halle (Johann Christian Hendel) Okt. 1720. 40 S. (6.—) 18292

Kletschke, Herm., Charakterzüge aus dem Leben Arthur Schopenhauers. Vortrag, gehalten im evangel. Vereine zu Zeitz. gr. 8. (24 S.) Zeitz 881, Huch.

Kletschke, Jh. Gf., s. Samml. geistl. Lieder für Soldaten.

Kletschke, Karl Wilhelm Albert Gustav

Kletschke, Carl Wilh. Alb. Gustav (Königswusterhausen/Brandenburg), De purpura. Diss. med. Halle (Hendel) 28. VIII. 1847. 25 S. mit Biogr. (M.: Reichenbach.) (4.—) 18291
Oppon.: Wilh. Kayser, Bernh. Rütenik. — Gew.: Friedr. Wilh. Reichenbach.

Kletzinsky, Vincenz

Kletzinsky, V. — k. k. Landesgerichts-Chemiker. Commentar zur neuen österreichischen Pharmacopoe. Von — —. Zweite Lieferung: Spezieller Commentar. Enthaltend: Die offizinellen Säuren und die Tabellen der Pharmacopoe Wien. 1855. Druck von J. Stöckholzer v. Hirschfeld. Wilh. Braumüller. (152, LII S. gr. 8.) geh.

Kletzinsky, V. — Kommentar zur neuen österreichischen Pharmakope. Von — —. III. Lieferung: Enthaltend die belangreichen Artikel: Aether (Agaricus), Aloë, Alaun (Gummi-Ammoniacum,) und die Ammoniakpräparate, eine polizeilich-chemische Skizze von 40 Analysen von Geheimmitteln und die neue Arzneitaxe. Wien, 1855. Gedruckt bei Josef Stöckholzer v. Hirschfeld. (S. 153—221. Arzneitaxe XCVIII.)

Kletzinsky, Vincenz. Kompendium der Pharmakologie, als kurze Erläuterung der neuen österreichischen Pharmakopöe und der darin enthaltenen Arzneimittel. Nach dem gegenwärtigen Stande der darauf Bezug habenden Wissenschaften für Aerzte und Pharmaceuten von — —. Wien, 1857. Druck von Josef Stöckholzer v. Hirschfeld. 4. u. 5. Lieferung. (Schluß.) (XCVIII. S. 223—669. 8.)

Kletzinsky, Vincenz, Populäre Vorträge über Gesundheitspflege. In II. Abtheilungen. Nach stenographischen Aufnahmen in Druck gelegt. Herausgegeben und im Selbstverlage von Andreas Fatschinsky. (156 S.) Wien, Teufen. 1870 1 fl. 50 kr.

Klett, Gaul bück dich od. d. Flügelpferd, ein Ged. in Suhler Mundart. gr. 8. Leipz. J. G. H. Richter. 810.

Klett, die Kragträgerbrücken [Konsol- od. Gelenkträgerbrücken, Gerber-Träger] in Deutschland. [Aus: „Zeitschrift d. Ver. deutsch. Ingenieure".] gr. 4. (7 S. m. 20 Fig. u. 8 Taf.) Berlin 891. Polytechn. Buchh. n. 1.—

Rede am Grabe des Dr. Heinrich Friedrich Otto Abel, gehalten zu Leonberg den 31. Oktober 1854 von Haug und Klett. Leonberg. 1854. 8°.

Klett, Adolf: Lexikographische Beiträge zu Rabelais' Gargantua.... Bühl, Druck d. Aktienges. Konkordia, 1890; 75 + 1 S. 8°
Heidelberg, Phil. Fak., Inaug.-Diss. v [26. Febr.] 1890

Klett, Adolf *Gustav Anton Friedrich Wilhelm* [aus Ludwigsburg]: Die Frage der Flussverunreinigung ... Berlin, C. Vogt's Buchdr., *1893:* 27 S., 2 Bl. 8.
Berlin, Med. Fak., Inaug.-Diss. v. 4. Aug. 1893

Klett, Alfr., das Auge, s.: Hillger's, Herm., illustr. Volksbücher.

Klett, Alfred, a. Breslau: Untersuchungen über die Verwendbarkeit von wässerigen Extrakten aus Hühnereiweiss und Eigelb als Bakteriennährboden. Leipzig 1907: B. Georgi. (36 S.) 8°
Leipzig, Med. Fak., Ref. Hofmann, Diss. v. 12. Juni 1907
[Geb. 7. Apr. 82 Breslau; Wohnort: Berlin; Staatsangeh.: Preußen; Vorbildung: Friedrich-Wilhelms-Gymn. Posen Reife O. 01; Studium: Heidelberg 3, Berlin 1, Freiburg i. B. 1, Berlin 5 S.; Coll. 22. Juni 07; Approb. 18. Febr. 07.]

Klett, C., der Lehrer ohne Stock. Gegen die körperliche Strafe in der Schule. Stuttgart 869. Aue. gr. 8. (42 S.) n. 8 *ngr.*

Klett, (C. A.,) Beitrag z. Volksnote, od. Beschreib. e. weniger bekannten Musikschrift, mit Hinsicht auf ihre pädagog. Brauchbarkeit. gr. 8. Stuttg. 827, Sonnewald.

Klett, Friedrich: Zu Xenophons **Leben.** *Schwerin i. M. 1900: H. Adler in Greifswald.* (36 S.) 4°
Schwerin (i. M.), grossh. G Fridericianum, OP 1900 (704)

Klett, G., aus d. letzten Amtsjahren. Predigten u. Ansprachen. Uns. lieben Gemeinde Unterbarmen zu — Gott gebe — gesegneter Erinnerg. gr. 8. (134 S.) Barmen 894. Comptoir d. Missionshauses. n. 1. —; geb. n. 1. 50

— d. Wirken d. h. Geistes in d. Gläubigen uns. Tage im Vergleich z. seiner Wirksamkeit in d. Gemeinden d. Apostel. Vortrag, geh. im Vereinshause z. Barmen am 28. Febr. 1895. gr. 8. (32 S.) Barmen 895. Wupperthaler Traktat-Gesellschaft. n. — 40

Klett, Georg

Klett, G., was lehrt das alte Testament vom hl. Geist? Biblische Studien. 8. (88 S.) Barmen 901. Wupperthaler Traktat-Gesellschaft. n. 1. 20

Klett, Gertr. Ingeborg, s.: Frauenherzen.

Klett, Gertr. Ingeborg, aus jungen Tagen. (144 S.) 8. München 906. A. Langen. n. 2. —; geb. n. 3. —

Klett, Gustav Theodor

Klett, G. Th., u. H. Eberh. Friedr. Richter, Flora d. phanerogam. Gewächse d. Umgegend v. Leipzig. Mit e. Vorw. v. H. L. Reichenbach. 2 Thle. gr. 12. (35 B., 1 Karte u. lith. Tab.) Leipzig 830, Hofmeister. 2 Thlr. 16 Gr., Vlnp.

Klett, J., Beitrag zur Volksnote, oder Beschreib. einer weniger bekannten Musikschrift, mit Hinsicht auf ihre pädagog. Brauchbarkeit. gr. 8. Stuttg. 827. Sonnewald. 15 *K*

Klett, J.S.: De principio vitali, s. Apinus, Johannes Ludovicus (Präs.)

Klett, Johann Christian (Uracensis), Tentamen evolvendi notionem de sanitate hominis. Diss. philos. - med. Präs. D. Carl Caspar Siebold. Würzburg (F. E. Nitribitt) Mai 1794. 46 Seiten. (5.50) 18293

Klett, Johann Friedrich [Praes.], s. Frenzel, Ferdinand Heinrich: Num ad plura simul attendere possimus?

Klett, Johann Friedrich [Praes.], s. Troeltsch, Johann Friedrich: De enunciationibus identicis.

Klett, Johann Friedrich [Praes.], s. Wirth, Adam Johann Martin: De iis, quae non possunt aut non debent definiri.

Klett, Jh. Gf., s. Annalen d. Gewerbskunde.

Klett, Jh. Gf., († 1820.) Beschreib. u. Abbild. e. neuern Vorrichtung, mit mögl. Holzsparniß in vier hölzernen Gefäßen z. gleicher Zeit Wasser zu sieden. gr. 8. Leipz. 805. Joachim. 6 *K* (Auch in Jöcher's Vorrichtt.)

– s. Cadet de Vaux: D. vortheilhafte Benutzung d. Früchte.

– s. Machet, J. J.: Kunst des französ. Liqueurfabrikanten.

Johann Tobias Klett

De Τριχιασι [Trichiasi] sive Mictu pilari. ([Altdorf] 1703:) H. Meyer. 28 S. 8°
Altdorf, Med.Diss.v. 23. Juni 1703

Klett, Joseph, pract. Arzt aus Frankfurt a. M.: **Aus d. städt.** Krankenhaus zu Frankfurt a. M. (**Innere Abt., Oberarzt** Prof. Dr. v. Noorden). Über **Vagusneurosen.** *Marburg i. H. 1902: Köster & Schell.* (51 S.) 8°
Würzburg, Med. Diss. v. 1902

Klett, Karl. Der Brenzische Katechismus in 150 Katechesen, der Gemeinde u. besonders d. konfirmierten Jugend erklärt. 8. (X, 535 S.) Stuttg. 889, J. F. Steinkopf. * 5 —

Klett, M., über Pflichten d. Seels. s. Pflichten.

Klott, Max [aus Stuttgart]: Beiträge zur Kenntnis der Cinnolinderivate ... Stuttgart, Druck v. Ch. Scheufele, *1892;* 30 S., 1 Bl. 8.
Erlangen, Phil. Fak., Inaug.-Diss. v. 1892

Klett O, Bericht über die Schiffahrtsverhältnisse und Einführung der Kettenschifffahrt auf der Neckarstrecke Heilbronn-Cannstatt. Cannstatt 1880

Klett, Osc[ar], aus Rothenburg ob d. Tauber, Bayern: Ueber den Einfluss sehr kurz dauernder elektrischer Vagusreizungen auf die Herzcontractionen. Zür. Schw. Vereinsbuchdr. Dr. 1878. 61 S., 1 Bl., 1 Bl. Thesen. 8°.
Zürich, Med. Diss. [v. 10. Aug. 1878].

Klett's, Ph., Schachprobleme. Mit einer Einführung in die Theorie des Schachproblems. gr. 8. (VI, 227 S. m. eingedr. Diagrammen.) Leipzig 878. Veit & Co. **n. 5. —**

Klett, Richard [pr. Tierarzt aus Stuttgart]: **Beiträge zur** Morphologie des Milzbrandbacillus ... Karlsruhe, **Druck v.** F. Gutsch, 1894; 46 S., 1 Bl., 2 Taf. 8.
Giessen, Med. Fak., Inaug.-Diss. v. 1894

Klett, Rich., u. Ludw. Hollhof, unsere Haustiere. Eine volkstüml. Darstellg. der Zucht u. Pflege der Haustiere, ihrer Krankheiten sowie ihres mannigfachen Nutzens f. den Menschen. Unter Mitwirkg. hervorrag. Fachmänner u. Tierfreunde hrsg. Mit 12 farb. Taf. u. 653 Abbildgn. nach dem Leben. (Die Erde in Einzeldarstellgn. II. Abtlg. Ergänzungsbd.) (XVI, 399 S.) Lex.-8. Stuttgart (905). Deutsche Verlags-Anstalt. n. 12.—; geb. in Leinw. n. 14.—
Erschien auch in 20 Lfgn. à n. —60.

Klett, Theodor

Klett, Th., Handbuch d. Weltgeschichte, s.: Dürr, J.

— s.: Korrespondenz-Blatt, neues, f. die Gelehrten- u. Realschulen Württembergs.

— Lehrbuch d. Weltgeschichte, s.: Dürr, J.

Klett, Thdr., zu der Lehre des Sokrates über Unrechtthun und Unrechtleiden. gr. 8. (4 S.) Tübingen 880, Fues. *
Aus: Correspondenzblatt für die Gelehrten- und Realschulen Württembergs, besonders abgedruckt.

— Präparation zu Homers Ilias. 1. Hft.: Buch I u. II. gr. 8. (28 S.) Leipzig 900. B. G. Teubner. n. —40

— Präparation zu Homers Ilias. 2. Heft: Buch III—V. (28 S.) gr. 8. Leipzig 903. B. G. Teubner. n. —50

Klett, Thdr., das megarische Psophisma. [Aus: „Korrespondenzbl. f. d. Gelehrten- u. Realschulen Württembergs".] gr. 8. (24 S.) Tübingen 892. F. Fues. n. —50

Klott, Theodor [Prof. Dr.]: Sokrates nach den Xenophontischen Memorabilien. Cannstatt, Druck d. G. Rapp'schen Buchdr., 1863; 55 S. 4.
Cannstatt. K. G. P. 186[illegible]

— Sokrates nach den Xenophontischen Memorabilien. Progr. gr. 4. (55 S.) Cannstatt 893. Leipzig, G. Fock. n. 1. 20

Klett, Theod. Das Verhältnis d. Isokrates z. Sophistik. 16 S. G. *Ulm* 1880.

Klette: Die Bedeutung öffentlicher Spiel- und Sportplätze für die Volksgesundheit, s. Schmidt, F. A.

Klette, Lieder eines Maigefangenen, s. Lieder.

Klette. Die Sterbekasse für das deutsche Forstpersonal. Forstwissensch. Centralblatt. Berlin 1889.

Klette, Andreas Georg (Grosna/Schlesien), De motibus naturae cynosura medici. Diss. med. Präs. Michael Alberti. Halle (Christian Henckel) Okt. 1716. 48 S. (6.50) 18295
Widm. v.: Präs., J. G. u. J. D. Klette (Brüd.).

Klette, Anton

— Beiträge s. Kritik d. Terenz in Anschl. an: P. Terenti comoediae. rec. A. Fleckeisen. S.-A. 1857. 10 S. —.75

Natalicia ... Friderici Gvilelmi IIII vniversitatis Fridericiae Gvilelmiae Rhenanae conservatoris ... ab eadem vniversitate d. XV m. Oct. a. 1858 ... concelebranda ... indicit Fridericvs Ritschelivs, eloq. Prof. P. O. — Praecedit Catalogi chirographorvm in bibliotheca acad. Bonnensi servatorvm Part. I ad scriptores Graecos et Latinos spectans: stvdio et opera Antonii **Klette**, Ph. D. eivsdemqve bibliothecae cvstodis. [Cum Friderici Ritschelii praefatiuncula.] Bonnae, litt. C. Georgii (1858). IV S., 1 Bl., 42 S., 1 Bl. 4. ¶ Ritschls Vorrede ist wieder abgedr. in s. Opusc. philol. I 1866 S. 760 f. — Fasc. II—VI P. I in den Königsgeb.-Progr. 1859, 60, 62, 63, 65; VI P. II studio et opera Josephi Staender im Ind. schol. 1875—76. Erschienen zusammengefasst u. vermehrt um eine Widmung an Friedrich Ritschl, Nachträge u. Indices (= Fasc. VI P. III) selbständig *u. d. T.*: Chirographorvm in bibl. acad. Bonn. servatorvm Catalogvs. Vol. II qvo libri descripti svnt praeter orientales relicvi. Compos. Antonivs Klette et Iosephvs Staender. Bonnae, E. Weber 1858—1876. — Für Fasc. VII—XIII s. d. Königsgeb.-Progr. 1864.

Natalicia ... Friderici Gvilelmi IIII vniversitatis Fridericiae Gvilelmiae Rhenanae conservatoris ... ab eadem vniversitate d. XV m. Oct. a. 1859 ... concelebranda ... indicit Fridericvs Ritschelivs, eloq. Prof. P. O. — Praecedit Catalogi chirographorvm in bibliotheca acad. Bonnensi servatorvm Fasc. II (litterarvm philol. P. II, theol. P. I complectens. Stvdio et opera Antonii **Klette**, Phil. D. eivsdemqve bibliothecae cvstodis). [Commendavit catalogum Fridericus Ritschelius Godofredi Hermanni ad Ferdinandum Nackium de illius 'Schedis criticis' epistula primum integra typ. expressa.] Bonnae, litt. C. Georgii (1859). VI S., 1 Bl., S. 43—76, 1 Bl. 4. ¶ Ritschls Einl. ist wieder abgedr. in s. Opusc. philol. I 1866 S. 760 ff. — Für d. übrigen Fasc. s. die Königsgeb.-Progr. 1858 u. 1864.

Natalicia ... Friderici Gvilelmi IIII vniversitatis Fridericiae Gvilelmiae Rhenanae conservatoris ... ab eadem vniversitate d. XV m. Oct. a. 1860 ... concelebranda ... indicit Fridericvs Ritschelivs, eloq. Prof. P. O. — Praecedit Catalogi chirographorvm in bibliotheca acad. Bonnensi servatorvm Fasc. III (litterarvm theol. P. II complectens stvdio et opera Antonii **Klette**, Phil. D. eivsdemqve bibliothecae cvstodis). Bonnae, litt. C. Georgii (1860). 2 Bl., S. 77—100, 1 Bl. 4. ¶ Für d. übrigen Fasc. s. die Königsgeb.-Progr. 1858 u. 1864.

Natalicia ... Gvilelmi vniversitatis Fridericiae Gvilelmiae Rhenanae conservatoris ... ab eadem vniversitate d. XXII m. Mart. a. 1862 ... concelebranda ... indicit Fridericvs Ritschl, eloq. Prof. P. O. — Praecedit Catalogi chirographorvm in bibliotheca acad. Bonnensi servatorvm Fasc. IIII (litterarvm theol. P. III, hist. P. I complectens. [Studio et opera Antonii **Klette**.]) Bonnae, litt. C. Georgi (1862). 2 Bl., S. 101—120, 1 Bl. 4. ¶ Für d. übrigen Fasc. s. die Königsgeb.-Progr. 1858 u. 1864.

Natalicia ... Gvilelmi vniversitatis Fridericiae Gvilelmiae Rhenanae conservatoris ... ab eadem vniversitate d. XXII m. Mart. a. 1863 ... concelebranda ... indicit Fridericvs Ritschl ... eloq. P. P. O. — Praecedit Catalogi chirographorvm in bibliotheca acad. Bonnensi servatorvm Fasc. V (litterarvm hist. P. II et litteras ivridicas complectens. Stvdio et opera Antonii **Klette**, Phil. D. eivsdemqve bibliothecae cvstodis). Bonnae, litt. C. Georgi (1863). 2 Bl., S. 121—142, 1 Bl. 4. ¶ Für die übrigen Fasc. s. die Königsgeb.-Progr. 1858 u. 1864.

Natalicia ... Gvilelmi vniversitatis Fridericiae Gvilelmiae Rhenanae conservatoris ... ab eadem vniversitate d. XXII m. Mart. a. 1865 ... concelebranda ... indicit Fridericvs Ritschl ... eloq. P. P. O. — Praecedit Catalogi chirographorvm in bibliotheca acad. Bonnensi servatorvm Fasc. VI Pars I (litteras med., hist.-nat., math. et lingvas recentiores complectens. Stvdio et opera Antonii **Klette**, Phil. D. eivsdemqve bibliothecae cvstodis). Bonnae, litt. C. Georgi (1865). 2 Bl., S. 143—150, 1 Bl. 4. ¶ Für d. übrigen Fasc. s. die Königsgeb.-Progr. 1858 u. 1864.

Klette, A., s.: Chirographorum in bibliotheca academica Bonnensi servatorum catalogus.

— Adelphoe Terentianae emendationes. S.-A. 1867. 6 S.

Klette, Ant. Zur Erinnerung an Kaiser Friedrich III. Mit d. Proklamationen vom 12. März 1888 u. e. Ausz. d. Tagebuches v. 1870/71. gr. 8. (VIII, 47 S.) Lpz. 890, Findel. * — 80

Klette, Antonivs (geb. am 24 Febr. 1834 in Mariendorf bei Berlin): Exercitationes Terentianae ... Bonnae, typ. C. Georgii 1855. 2 Bl., 23 S., 1 Bl. 8. ¶ Erschien zugleich selbständig bei Habicht in Bonn.
Bonn, Phil. Fak., Diss v. 28 Juli 1855

Klette, Ant., Exercitationes Terentianae. 8maj. (III und 23 S.) Bonnae 855, Habicht. *

Klette, Ant., zwischen zwei deutschen Reichstagen. Lose Blätter zur Zeitgeschichte, zugleich ein Hülfsbüchlein für freisinn. Wahlagitation. gr. 8. (79 S.) Insterburg 887, (Robbewig.) *
Aus: Ostdeutsche Volkszeitung, besonders abgedruckt.

Die Selbstaendigkeit des bibliothekarischen Berufes in Deutschland als Grundlage einer allgemeinen Bibliotheks-Reform. Von Anton **Klette.** Jubil.-Ausg. *Marburg: N. G. Elwert 1897.* (VIII, 79 S.) 1 Bd 8. [97. 7799

Klette, Ant., Verzeichniss der von A. W. v. Schlegel nachgelassenen Briefsammlung. Nebst Mittheilung ausgewählter Proben des Briefwechsels mit den Gebr. von Humboldt, F. Schleiermacher, B. G. Niebuhr u. J. Grimm. Bonn 868. Cohen & Sohn. gr. 4. (XII, 28 S.) n. 18 ngr.

Klette, B., Handbuch für Kürschner, s. Hanicke, Heinr.

Klette, E. Theodor, Dr., Pfarrer in Etzdorf (Sachsen): **Die** Christenkatastrophe unter Nero. Tübingen 1907: **H.** Laupp jr. (67 S.) 8° ¶ (Erschien vollst. b. Mohr, Tübingen 1907.)
Gießen, Theol. Fak., Ref. Krüger, Diss. v. 7. Aug. 1908
[Geb. 13. Sept. 55 Großenhain (Kgr. Sachsen); Wohnort: Etzdorf (Kgr. Sachsen); Staatsangeh.: Sachsen; Vorbildung: Gymn. Grimma Reife O. 76; Studium: Leipzig 8, Göttingen 1, Berlin 1 S.; Rig. 12. Jan. 07.]

Klette, Fritz, Referendar: Der Abschluß des Handelslehrvertrages nach heutigem Rechte. Borna-Leipzig 1910: Noske. VII, 52 S. 8°
Leipzig, Jur. Diss. v. 30. Juli 1910
[Geb. 4. Okt. 78 Eisenberg b. Moritzburg; Wohnort: Zwickau i. S.; Staatsangeh.: Sachsen; Vorbildung: Gymn. Eisenberg S.-A. Reife O. 01; Studium: Jena 1, Leipzig 7 S.; Rig. 16. Juli 06.] [U 10. 2702

Klette, G. William Wycherley's Leben und dramatische Werke. Diss. Münster 1883. 74 S.

– Dass., s.a. Klette, Johannes

Klette, Georg Ernst [Praes.], s. Blankmeister, Gotthold Immanuel: De vaccinatione.

Klette, Georg Ernst [Praes.], s. Brandt, Johann Christian Karl: De malo hypochondriaco ...

Klette, Georg Ernst [Präs.], s. Dix, Christian Gottlieb: De motu et exercitatione corporis, eximio sanitatis praesidio.

Klette, Georg Ernst [Praes.], s. Meinhöfer, Karl Friedrich Gottlob: De mictu cruento.

Klette, Georg Ernst [Praes.], s. Raschig, Friedrich Gotthelf: De morbo scrofuloso.

Klette, Georg Ernst [Praes.], s. Reinhard, Jakob: De febre nervosa ...

— **Jo. Christoph** (Radeberg/Misn.), De juribus vicariorum imperii, illis in primis, quae perperam a nonnullis in dubium vocantur. Präs. D. Mich. Heinr. Gribner. Wittbg. (Gerdes) Mai 1711. 70 S. (6.50) 18297
s. a. Griebner, M. H. (Nr. 11652).

— **Heinrich Gotthelff** (Dresden), De justo praescriptionis tempore in paterna hereditate petenda liberis definito. Präs. August Friedrich Schott. Lpz. (Langenheim) 31. I. 1769. 20 S. mit Widm. v. Präs. (4.50) 18296

— — Observationes forenses ex materia de pactis dotalibus aliisque juris capitibus. Diss. jur. Präs. Jo. Balthasar Wernher. Wittbg. (Wwe. Gerdes) 29. XI. 1723. 32 S. (6.—) 18298

Klette, Johs., William Wycherley's Leben und dramatische Werke. Mit besond. Berücksicht. von Wycherley als Plagiator Molière's. Ein Beitrag zur Literaturgeschichte des XVII. Jahrh. gr. 8. (75 S.) Münster 883, (Coppenrath'sche Buchh.) *

– Dass., s.a. Klette, G.

— **Konrad** (Dresden), Die Bedeutung der Hämoglobin-Messungen. Diss. med.-chir. Bln. (Gustav Schade [Otto Francke]) 13. X. 1888. 32 S. mit Biogr. (M.: E. Wenzel.) (4.50) 18299
Oppon.: G. Bein, M. Groebe, O. Zeller.

Klette. Leopold

Klette, ..., Erzählungen. 8. Grätz, Ferstl. 15 xr

Klette, Leop., Erzählungen für das Herz der Kinder, nach J. A. C. Löhr. 2e Aufl. 8. Grätz 817. Kienreich. 1/2 rf

Klette, Leopold, Sammlung nützlicher und angenehmer Jugendspiele zur Beförderung körperlicher Stärke u. Geschicklichkeit im Sommer, u. z. Unterhaltung an Winterabenden, Grätz 1804, 68 S., 8°.

— Sammlung nützl. und angenehmer Jugendspiele zur Beförderung körperl. Stärke u. Geschicklichkeit. 4e Aufl. 8, Grätz 827. Kienreich. 1/6 rf

Klette, M., nützl. rc. Briefe rc., s. G. K. Claudius, nützl. Briefe.

Klette, Osc., die Darlegung einfacher Grundsätze f. den Privatwaldbetrieb in Sachsen unter besond. Berücksicht. d. Kleinbesitzes. Vortrag, geh. in der ökonom. Gesellschaft im Königr. Sachsen, Dresden, am 21. März 1890. [Aus: „Mittheilgn. d. ökonom. Gesellsch."] gr. 8. (80 S.) Dresden 890. G. Schönfeld's Verl. n. — 60

Klette, Osc., die Stellung der in land- und forstwirthschaftlichen Betrieben beschäftigten Personen zu der reichsgesetzlichen Versicherung. Vortrag, gehalten vor der Oekonom. Gesellschaft im Königr. Sachsen zu Dresden, am 12. März 1886. gr. 8. (34 S.) Dresden 886, Schönfeld. *

Klette, Osk., welche von den Mitteln zur Förderung der Privatforstwirtschaft empfehlen sich f. sächsische Verhältnisse? Vortrag, geh. in der Oekonom. Gesellschaft im Königr. Sachsen zu Dresden am 12. I. 1906. (29 S.) gr. 8. Leipzig 906. Berlin, R. C. Schmidt & Co. n. — 60

Klette, Osk., welche von d. Mitteln etc. Jetzt: Leipzig, Fritzsche & Schmidt.

Klette, Paulus Frid. Alfred. (geb. Lagow in d. Mark 13. 2. 1834): De delirio tremente. Berolini (1856). (28 S.) 8°
Berlin, Med. Diss. v. 27. Nov. 1856

Klette, R., Abortsanlagen. 11 Bl. Zeichnungen mit erläut. Text. Lex.-8. (40 S.) [Leipzig 881, Knapp.] Karlsruhe, J. Bielefeld's Verlag. *

Klette, R., populäre Anleitung zum perspektivischen Zeichnen in 9 Vorlegeblättern mit erläut. Texte. Für den Unterricht in Schulen und zur Selbstbelehrung im Auftrage der herzogl. Baugewerkschule zu Holzminden hrsg. hoch 4. (IV, 8 S. mit 8 Stnt.) Braunschweig 873, Bruhn. * 2 —

—— über Arbeiterhäuser. Eine Abhandlung. gr. 8. (26 S. mit 18 eingedr. Holzschn.) Halle 874, Knapp's Verlag. * 1 20
Aus: Haarmann's Zeitschrift für Bauhandwerker, besonders abgedruckt.

Klette, R., die Architectur der Treppen und Treppenhäuser. gr. 8. (VI, 163 S. mit 150 eingedr. Holzschn. und 2 lithogr. Taf. in qu. gr. 4.) Halle 874, Knapp's Verlag. * 6 —
Aus: Haarmann's Zeitschrift für Bauhandwerker, besonders abgedruckt.

— die Architectur der Treppen u. Treppenhäuser. Mit 150 (eingedr.) Holzschn. u. 2 (lith.) Taf. 2. (Titel-) Aufl. gr. 8. (VII, 163 S.) Ebend. (1874) 881. n. 4. —

Klette, R., der Bau u. die Einrichtung der Schulgebäude. Mit 52 Abbildgn. gr. 8. (III, 123 S.) Karlsruhe 886. Bielefeld's Verl. n. 2. 90

Klette, R., der Bau u. die Einrichtung der Schulgebäude. (Neue [Titel-]Ausg.) gr. 8. (III, 123 S. m. 52 Abbildgn.) Fulda 893. J. J. Arnd. n. 2. 90

Klette, R., das angewandte Bauzeichnen. Rat u. Anleitg. f. angeh. u. ausüb. Fachgenossen, insbesondere d. bürgerl. Bauwesens. gr. 8. (III, 70 S. m. 27 Abbildgn.) Halle a/S. 890. Knapp. n. 2. —

Klette, R., die Entwicklungsgeschichte der Architektur. Mit 200 in den Text gedr. Abbildungen. gr. 8. (IV, 269 S.) Leipzig 881. Knapp. n. 4. —

— die Entwickelungsgeschichte der Architektur. Neue (Titel-)Ausg. gr. 8. (IV, 269 S. m. 200 Abbildgn.) Ebd. 893. n. 4. —

— das deutsche Familienhaus. Sammlung ausgeführter Wohngebäude. Fol. (26 S. m. 12 Steintaf.) Leipzig 878. Spohr. n. 16. —

— die Farbe in der Architektur. Vorbilder f. die farbige Ausstattg. u. Darstellg. architekton. Entwürfe im Haustein- u. Ziegelrohbau. 1. Sammlg. 12 (chromolith.) Taf. gr. 4. Ebd. 888. n. 4. —

— architektonische Formen- u. Verhältnisslehre. Mit einem Atlas (8 Steintaf. in gr. Fol.). gr. 8. (47 S.) Leipzig 877. Knapp. n. 6. —

—— architektonische Formen- und Verhältnisslehre. 2. (Titel-)Aufl. gr. 8. (47 S. mit 8 lithogr. Taf.) Ebendas. 881. *

— die Garten-Anlagen. [Aus: „Haarmann's Zeitschr. f. Bauhandwerker".] gr. 8. (51 S. m. eingedr. Holzschn.) Ebend. 879. n. 1. 50

— Grabdenkmale, s.: Details, architectonische.

— der Kalkziegel- u. der Betonhochbau. Ein Wink für unsere deutschen Baugewerksmeister. gr. 8. (31 S. m. 8 eingedr. Holzschn.) Leipzig 880. Knapp. n. — 60

— der Kalkziegel u. der Betonhochbau. Ein Wink f. unsere deutschen Baugewerksmeister. Neue (Titel-)Ausg. gr. 8. (31 S. m. Abbildgn.) Ebd. 893. n. — 60

—— die periodische Literatur der Bautechnik des letzten Jahrzehntes 1862 bis 1872 excl. Repertorium und prakt. Wegweiser beim Nachschlagen in techn. Zeitschriften für Architekten und Ingenieure, Baubeamte und Baugewerken, Lehrer und Schriftsteller der Bautechnik etc. im Auftrage der herzogl. Baugewerkschule zu Holzminden bearb. Mit jährlichen Fortsetzungen. gr. 8. (48 S.) Ebendas. 873. * 1 —

—— 80 Blatt Motive zur Entwicklung der Ziegelarchitektur. Autogr. Fol. (1 Bl. Text.) Holzminden 881, Müller'sche Buchh. In Mappe *

—— die Schule der Architektur. Anleitung zur Entwickelung der Kunstform im Hochbau der Gegenwart. (In ca. 10 Heften.) 1. Heft: Die Architektur der Wandungen. Imp.-4. (12 S. mit 4 Farbendr.-Taf. und 67 Holzschn.) Halle 884, Knapp. *

—— die Schule der Architektur. Anleitung zur Entwickelung der Kunstform im Hochbau der Gegenwart. 2. und 3. Heft. gr. 4. Halle, Knapp. *
Inhalt:
Heft 2. Die Bestandteile der Wandungen. (S. 13—35 mit 2 Farbendr.-Taf. und 112 Holzschn.) 885. *M 3.—.
» 3. Die Wandöffnungen und ihre Ueberdeckungen. (S. 37—63 mit 4 Farbendr.-Taf. und 120 Holzschn.) 886. *M 5.—.
1. Heft. Ebendas. 1884. *M 4.—.
Nicht weiter in Heftform erschienen. — Der Inhalt der vorstehenden Hefte, Text und Tafeln getrennt, ist in den nachstehenden beiden Werken mit enthalten:

— die Schule der Architektur. Anleitung zur Entwickelung der Kunstform im Hochbau der Gegenwart. I. Der Massivbau. gr. 4. (III, 120 S. mit 595 Holzschn.) Ebendas. 888. *

— der Trockenbau. Anleitg. zur Ausübg. desselben im bürgerl. Hochbau. gr. 8. (46 S. m. 14 Abbildgn.) Ebd. 889. n. 1. 20

— wohnen heisst leben. Sammlung v. Erfahrgn. u. Entwürfen f. den Bau u. die Einrichtg. bill. u. zweckmäss. Familienhäuser. gr. 8. (63 S. m. Abbildgn.) Ebd. 891. n. 1. 20

Klette, R., Die Wohnungsfrage vom Standpunkt der Technik aus. 8°. s. l. s. a.

Klette, R., das perspektivische Zeichnen. Prakt. Anleitung zum Selbstunterricht u. zum Gebrauche für Architekten, Maler, Kupferstecher etc., sowie für Freunde u. Freundinnen der zeichn. Kunst überhaupt. Braunschweig 868. Bruhn. gr. 8. (39 S. mit 38 eingedr. Holzschn.) n. 12½ ngr.

—— das perspektivische Zeichnen. Praktische Anleitung zum Selbstunterricht und zum Gebrauche für Architekten, Maler, Kupferstecher etc., sowie für die Freunde und Freundinnen der zeichnenden Kunst überhaupt dargestellt. 2. Aufl. gr. 8. (VIII, 39 S. mit 38 eingedr. Holzschn.) Braunschweig 870, Bruhn. — 75

—— das perspektivische Zeichnen. Prakt. Anleitung für den Unterricht in Schulen und zur Selbstbelehrung. 3. Aufl. gr. 8. (VIII, 42 S. mit 38 Abbild.) Braunschweig 887, Bruhn's Verlag. *

— der angewandte Zementbau u. seine Bedeutung f. den bürgerlichen Hochbau der Gegenwart. Mit 46 in den Text gedr. Abbildgn. gr. 8. (IV, 93 S.) Halle 889. Knapp. n. 2. 40

Klette, T., Quid de iterata Medea Euripideae editione sit iudicandum. Diss. 1875. 44 S. 2.—

Klette, T. F. A., s. Klette, Paul Friedrich Alfred

Klette, Th., Beiträge zur Geschichte u. Litteratur der italienischen Gelehrtenrenaissance. I—III. gr. 8. Greifswald, Abel. n. 9.60

I. Johannes Conversanus u. Johannes Malpaghini v. Ravenna. Nebst Exkursen zu Manuel Chrysoloras u. den öffentl. Dante-Lektoren zu Florenz. (V, 59 S.) 888. n. 1.60

II. Leonardi Aretini ad Petrum Paulum Istrum dialogus. Zum ersten Male vollständig hrsg. Mit Einleitg. u. Auszügen aus Leonardi Aretini Laudatio Florentinae urbis u. deren Gegenschrift Petri Candidi Decembrii De laudibus Mediolanensium urbis panegyricus. (V, 110 S.) 889. n. 3.—

III. Die griechischen Briefe d. Franciskus Philelphus. Nach den Handschriften zu Mailand (Trivulziana) u. Wolfenbüttel. Mit ergänz. Notizen zur Biographie Philelph's u. der Gräcisten seiner Zeit. (VI, 180 S.) 890. „ n. 5.—

Johannes Herrgot und Johannes Marius Philelphus in Turin 1454. 1455. E. Beitrag z. Gesch. d. Univ. Turin im 15. Jahrh. '(Mit 10 bisher unedirten Dokumenten)'. Von Dr. Theodor **Klette**, Oberbibliothekar. *Bonn: Röhrscheid & Ebbecke 1898.* (VIII, 72 S.) 1 Bd 8. [98. 3364

Klette, E*mil* Theodor [Pfarrer]: Der Process und die Akten des Apollonius christlichen Philosophen und Märtyrers in Rom unter Commodus. E. kirchenhistor. Untersuchg zu Euseb. h. e. V; 21 ... [Erschien vollst. als Heft 2 d. XV. Bds von: Texte u. Unters. z. Gesch. d. altchristl. Lit. hrsg. v. O. v. Gebhardt u. A. Harnack.] Leipzig, Druck v. A. Pries, 1897; IV, 90 S. 8.

Leipzig, Phil. Fak., Inaug.-Diss. v. [10. März] 1897

Klette, E. Thdr., d. Process u. d. Acta S. Apollonii, s.a. Texte u. Untersuchungen z. Geschichte d. altchristl. Literatur.

Der Process und die Acta S. Apollonii von E. Theodor **Klette.** *Leipzig: J. C. Hinrichs 1897.* (2 Bl., 136 S.) 8.
= **Texte** u. Untersuchgn z. Geschichte d. altchristl. Literatur. Bd 15. H. 2. [97. 3415

Klette, W. F., der Wahlgesetzentwurf zur Berufung einer Landessynode f. die evangel. Kirche in Preußen kritisch beleuchtet. [Mit Abdr. des Wahlgesetzentwurfs.] 8. (27 S.) Crossen 818, Range. n. 4 ngl

Erziehung nervöser und nervös beanlagter Kinder. Von Dr. W[illiam] Klette, Arzt in Berlin. *Berlin: Deutscher Verl. [1902].* (32 S.) 8° [F.] [03. 1781

— die Fettsucht (Korpulenz), ihre Entstehung, Verhütg. u. Behandlung gemeinverständlich dargestellt. 8. (52 S.) Ebd. (902). —90

Die Fettsucht ⟨Korpulenz⟩, ihre Entstehung, Verhütung u. Behandlung, gemeinverständl. dargest. von Dr. W[illiam] **Klette**, prakt. Arzt in Berlin. *Berlin: Deutscher Verl. [1903].* (52 S.) 8° [F.] [04. 1478

— die Herzkrankheiten, ihre Entstehung, Verhütung, Behandlung u. Heilung, gemeinverständlich dargestellt. gr. 8. (63 S.) Ebd. (902). 1.—

— Sehstörungen bei Kindern. Eine Anleitg. f. Eltern, Kurz- u. Weitsichtigkeit bez. deren Verschlimmerung zu verhüten, nebst Anleitg. zur Wahl v. Brillen f. Kinder. gr. 8. (12 S.) Berlin 900. Berlin. Verlagsanst. n. 1.50

Klette, William, das Studium der Medizin. Ratgeber f. Studenten u. angeh. Ärzte. (3. unveränd. Aufl. von Vademecum f. den Mediziner.) (VI, 221 S.) 8. Leipzig 904. B. Konegen. n. 4.—; geb. n. 4.80

— Stuhlverstopfung, Hämorrhoiden u. sogen. Hämorrhoidalleiden, ihre Entstehung, Verhütung, Behandlung u. Heilung gemeinverständlich dargestellt. 8. (48 S.) Berlin (902). Deutscher Verlag. —90

Stuhlverstopfung, Hämorrhoiden und sogen. Hämorrhoidalleiden, ihre Entstehung, Verhütung, Behandlung u. Heilung, gemeinverständl. dargest. von Dr. W[illiam] **Klette**, prakt. Arzt in Berlin. *Berlin: Deutscher Verl. [1903].* (48 S.) 8° [F.] [04. 1479

Klette, William, Vademecum f. d. Mediciner. 2 Tle. gr. 8. Leipzig 898. Verlag d. „Reichs-Medicinal-Anzeigers" B. Konegen. n. 8.—; Einzelpr. n. 3.50
1. E. Führer in u. durch d. Studium d. Medicin. (VII, 92 S.) n. 2.—
2. Einführg. in d. Praxis. (VII, 70 S.) n. 1.50

Klette, Vademecum f. den Mediziner. 2., umgearb. Aufl. gr. 8. (VI, 205 S.) Leipzig 902. B. Konegen. n. 4.—; geb. in Leinw. n. 4.80

Klette, William Emil Reinhold: Ein **Fall** von Verrenkung des 3. Lendenwirbels nach vorn ohne Nervenerscheinungen. *Berlin (1897): C. Budwell.* (34 S.) 8°
Leipzig, Med. Diss. v. 5. Nov. 1897

Kletten, Georg Ernst von

— — Ad memoriam nativitatis Christi in acad. Viteberg. invitat. — Inest auctarium observationum in Suidam et Hesychium et alios Lexicographos Graecos, ratione maxime habita glossarum sacrarum. Pars I. Wittbg. (Christian Heinrich Graessler) 1809. 24 S., 2 Bl. (3.50) 18310

v. Kletten, Geo. Er., († d. 22. Oct. 1827.) Beitrr. zur Kritik d. neuesten Meinungen u. Schriften in d. Medicin. 3 Stücke. 8. Rostock 801—4. Stiller. 2 Rthlr 12 gGr

Kletten, George Ernst (Bearb.u.Übers.):

s.: Blankaart, Steven: Arzneiwissenschaftliches Wörterbuch. (Lexicon medicum Graecolatinum. Dt.) Hrsg.von (Jakob Friedrich) Isenflamm. Wien: 1788

JB 503

Kletten, Georg Ernst, De constitutione morborum atrabilaria, seri autumni propria. Comment. med.-pract. Wittbg. (S. G. Zimmermann/Christian Heinrich Graessler). 1806. 50 S. (6.—) 18309

— de constitutione morborum atrabiliaria etc. comment. medico-practica. 8. Vitteb. Zimmermann. 807.

— — De constitutione morborum nervosa. Comment. I. (Disputat. inaug. a viro Christian Ludwig Pistorius [Zerbst/Anh.]). Wittbg. 30. XII. 1811. 16 S. mit Biogr. P.'s. (M.: Ch. M. Kretzschmar.) (5.—) 18317

— — Dasselbe. II. (Solemnia inaug. candidati Carl Gottlob Friedrich Schultze [Annaburg]). Wittbg. 24. I. 1812. 16 S. mit Biogr. S.'s. (M.: J. S. Meth.) (5.—) 18318

— — Dasselbe. III. (Solemnia inaug. candidati Johann Christoph Heinrich Allihn [Jessnitz/Anhalt]). Wittbg. 13. V. 1812. 16 S. mit Biogr. A.'s. (M.: H. E. Steinhäuser.) (5.—) 18319

— — Dasselbe. IV. (Summos in medicina et chirurgia honores viro Christian Samuel Krüger [Spremberg]). Wittbg. 9. VI. 1813. 16 S. mit Biogr. Kr.'s. (M.: Ch. L. Zimpel.) (5.—) 18320

— — Dasselbe. V. (Summos in medicina et chirurgia honores viro Friedrich August Bormann [Elster/Wittenberg]). Wittbg. 16. VI. 1813. 16 S. mit Biogr. B.'s. (M.: S. L. Uschmann.) (5.—) 18321

— — Dasselbe. VI. (Summos in medicina et chirurgia honores viro Heinrich Ferdinand Friedrich Leonhardi [Dresden]). Wittbg. 31. VII. 1813. 14 S. mit Biogr. L.'s. (M.: Ch. W. Zerener.) (5.—) 18322

— — Dasselbe. VII. (Summos in medicina et chirurgia honores viro Christian Gottfried Müller [Merseburg]). Wittbg. 13. XII. 1814. 16 S. mit Biogr. M.'s. (M.: Ch. Ch. Knauth.) (5.—) 18323

— — Dasselbe. VIII. (Summos in medicina ac chirurgia honores viro Carl August Roeßler [Würgenblott b. Guben/Laus.]). Wittbg. 14. I. 1815. 16 S. mit Biogr. R.'s. (M.: A. E. Klützke.) (5.—) 18324

— — Dasselbe. IX. (Summos in medicina et chirurgia honores viro Johann Friedrich Meinhöfer [Großenhain]). Wittbg. 11. III. 1815. 16 S. mit Biogr. M.'s. (M.: Ch. Weinlig.) (4.50) 18325

— — Dasselbe. XI. (Summos in medicina ac chirurgia honores viro Carl August Graef [Weissenfels]). Wittbg. 13. V. 1815. 15 S. mit Biogr. G.'s. (M.: D. H. Beuerlein.) (5.50) 18326

— — Dasselbe. XII. (Summos in medicina et chirurgia honores viro Georg Christian Langguth [Wittenberg]). Wittbg. Nov. 1815 (1814?). 20 S. mit Biogr. L.'s. (M.: Ch. Ch. E. Clausevitz.) (6.—) 18327

KL(ETTEN) George Ernst. Dank an Stoll von George Ernst KL**
(-) einem seiner wiedergenesenen Schüler. Weimar, Wien 1787.
1 vol. 16 S.

— — Summos in medicina et chirurgia honores viro Johann Gottfried Zoellner (Muehlau/Misn.) — De inepta remediorum debilitantium denominatione disserit. Wittbg. 29. VIII. 1807. 14 S. mit Biogr. Z.'s. (M.: M. S. Mueller.) (5.—) 18303

— — De haemorrhagia narium in morbis acutis critica et salutari prolusio II. (Disputat. inaug. a viro Johann Gottfried Ferdinand Larius [Muskau/Laus.]). Wittbg. 2. V. 1809. 16 S. mit Biogr. L.'s. (M.: Ch. S. Heptner.) (5.—) 18304

— — Dasselbe. III. (Dissertat. inaug. candidati Friedrich Gotthelf Raschig [Finsterwalde]). Wittenbg. (Friedrich Immanuel Seibt) 9. VI. 1810. 13 S. mit Biogr. R.'s. (M.: Ch. D. Müller.) (5.—) 18305

v. Kletten, Geo. Er., krit. Ideen über den zweckmäß. Vortrag d. ausübenden Heilkunde rc. 8. Rostock 798. Stiller. 14 gl.

— Oratio de ingenio medici. 4. Greifsw. 797.

– (Hrsg.), s. Monatschrift, Wiener medizinische.

Georg Ernst von Kletten

De Motu et exercitatione corporis, eximio sanitatis praesidio. [Resp.:] Christianus Gottlieb Dix. Vitebergae (1811:) Grässler. 20 S. 8°

Wittenberg, Med. Diss. v. 25. Nov. 1811

— — Summos in medicina et chirurgia honores viro Johann Bernhard Sagehorn (Tecklenburg/Westf.). — De perversa in rebus medicis inquirendis et explicandis philosophandi ratione pauca praefatus. Wittbg. (Friedrich Immanuel Seibt) 25. VII. 1807. 14 S. mit Biogr. S.'. (M.: C. M. Krummacher.) (5.—) 18302

— — Summos in medicina et chirurgia honores viro Friedrich August Holzmüller (Allerstadt/Thür.). — De signis in peripneumonia quam maxime funestis et letalibus pauca praefatus. Wittbg. 16. V. 1807. 12 S. mit Biogr. H.'s. (M.: E. Kann.) (5.—) 18301

— — Orationem quam Carl Traugott Kretzschmar (Dobrilugk/Laus.) beneficii Cornfayliani lege habiturus est. — Disceptata quaestio: quibus modis militibus in pugna vulneratis succurrerint Romani. Comment. VIIII. Wittbg. 28. X. 1809. 4 Blatt. (1.50) 18306
Tl. 7/8 s. Klien, C. (Nr. 18340/41).

— — De varia malignitatis ratione in febre scarlatinosa observationibus illustrata. Comment. I. (Dissertat. inaug. candidati Sigismund Rosenberg [Czernovitz/Buckowina]). Wittbg. Christian Heinrich Grässler) 4. VII. 1810. 12 S. mit Biogr. R.'s. (4.50) 18311

— — Dasselbe. II. (Dissertat. inaug. candidati Carl Wilhelm Peissel [Bautzen/Laus.]). Wittenbg. (Friedrich Immanuel Seibt) 31.VII. 1810. 15 S. mit Biogr. P.'s. (M.: M. E. Compass.) (5.—) 18312

— — Dasselbe. III. (Summos in medicina et chirurgia honores viro Georg Friedrich Kummer [Ortrand]). Wittbg. (Christian Heinrich Grässler) 30. VII. 1810. 16 S. mit Biogr. K.'s. (M.: F. E. Müller.) (5.—) 18313

— — Dasselbe. IV. (Disputat. inaug. candidati Friedrich Behrens [Torgau]). Wittbg. (Christian Heinrich Graessler) 14. VIII. 1810. 15 S. mit Biogr. B.'s. (M.: A. E. Toepfer.) (5.—) 18314

— — Dasselbe. V. (Disputat. inaug. candidati Carl Friedrich Gottlob Meinhöfer [Großenhain]). Wittenbg. (Christian Heinrich Grässler) 9. X. 1810. 16 S. mit Biogr. M.'s. (M.: Ch. Weinlig.) (5.—) 18315

— — Dasselbe. VI. (Disputat. inaug. candidati Carl August Roemisch [Baerenfels]). Wittenbg. (Christian Heinrich Grässler) 13. X. 1810. 16 S. mit Biogr. R.'s. (M.: M. E. Meier.) (5.—) 18316

Kletten, G. E., de varia malignitatis ratione in febre scarlatinosa, obs. illustr. 8. Lips. Breitkopf et Härt. 811.

— — De militum Romanorum in proelio occisorum sepultura. Comment. I. (Orationem quam Ernst Gustav Weber (Wittenberg) beneficii Weyrauchiani lege habiturus est.) Wittbg. (Christian Heinrich Graessler) 31. X. 1809. 4 Bl. (1.50) 18307

— — Dasselbe. II. (Orationem quam Friedrich Christoph Foerster (Gucullo/Thüring.) beneficii Mareschalliani lege habiturus est.) Wittbg. (Christian Heinrich Grässler) 1809. 4 Bl. (1.50) 18308

— — Dasselbe. III. (Orationem quam Carl Friedrich Puscher (Cottbus/Laus.) beneficii Sigismundiani lege habiturus est.) Wittbg. (Christian Heinrich Graessler) 18. IV. 1810. 4 Bl. (1.50) 18309

Georg Ernst von Kletten

Georgius Ernestus [von] Kletten: De eximia nosocomiorum Utilitate ad promovendam scientiam medicam. [Resp.] Henricus Augustus Vieweg. Vitebergae 1810: Seibt. 18 S. 8°

Wittenberg, Med.Diss. v. 16. Apr. 1810

KLETTEN, Dr. Geo. Ernst, Versuch einer Geschichte des Verschönerungstriebes im weiblichen Geschlechte; nebst einer Anweisung die Schönheit ohne Schminke zu erhöhen. 2 Thle. Mit 1 Titel- (Signet-) Vignette. Gotha, bei Carl Wilh. Ettinger. 1792. — *A. E.*: Erfurt, gedruckt bey Joh. Phil. Chr. Reuß. 8⁰. Ziemlich selten! I: Titel, 3 Bll. Zuschr. („an die Frau v. P. in Wien", dat. Stockholm 1792), 252 S. II: 237 S. — Gesuchtes Hauptwerk über diesen Gegenstand.

Klettenacker, J. v., Betrachtungen üb. die Mängel des Advokatenstandes, u. Vorschläge zur Vervollkommung desselben. 8. Freiburg, Herder. 811.

[Klettenberg, Johann Hector von]. Alchymia denudata revisa et aucta, Oder: Daß biß anhero nie recht geglaubte, durch die Experienz nunmehro aber würcklich beglaubte ... in vielen besser erklärte Wunder der Natur, Nebst angehängter Ausführlichen Beschreibung der unweit Zwickau in Meissen ... und anderer umliegenden Orten gefundenen Goldischen Sande, Vorstellend, Welchergestalt aus unterschiedenen Materien, wie auch auf unterschiedene Art .. eine Universal-Medicin auf menschlichen Leib und zur Verbesserung der Metallen, zu bereiten ... Von J. N. v. E. I. Römischen Rittern und Comite Palat. 2 Teile in 1 Bd. Leipzig u. Wismar, S. G. Lochmann, 1723. 8°. 15 Bl. 202 S.; 10 Bl. 348 S. Etwas benutztes HLd. d. Z. (kl. Wurmschäden).

Selten. Aus der Vorrede zum ersten Teil geht hervor, daß es sich um eine neue Auflage dieses alchemistisch-medizinisch-kuriosen Werkes handelt, das wegen mannigfacher Verflechtungen mit dem kulturellen, politischen und gesellschaftlichen Leben nicht ohne literarisches und zeitgeschichtliches Interesse ist.

Neue Lieder von Fräulein (Susanna Katharina v.) **Klettenberg**. 1756. (Neudr. d. Ausg. von 1809, als Hs. gedr. Hrsg.: Anton Kippenberg. Leipzig 1907: Drugulin.) 23 S. 8° (10. 40) 7

Klettenberg, Susanna Catharina v., Reliquien nebst Erläuterungen zu den Bekenntnissen einer schönen Seele, von J. M. Lappenberg. 12. (X und 312 S. mit 1 Tab. in qu. Fol.) Hamburg 849, Agentur des Rauhen Hauses.

Kletterberge, Münchener. 1. Kampenwand. 2. Plankenstein. 3. Ruchenköpfe. (Hrsg. v. der Alpenvereinssektion Hochland (e. V.) in München als Beilage zum 7. Jahresbericht 1909.) (40 S. m. 3 Fig., 16 Taf. u. 3 Kartenskizzen.) 8. München (910). (J. Lindauer.) 1.60

Kletterführer der deutschen Alpenzeitung. 1. Bd. kl. 8. München 910. Verlag der deutschen Alpenzeitung. Geb. in Leinw. 2. —
Kletterführer durch die bayrischen Voralpen. Von Walt. Schmidkunz. (VIII, 148 S. m. Abbildgn. u. 1 Taf.)

Klettgauer: Der Klettgauer
④ Schaffhauser Bote ⑤ 18. 12. 1857—28. 9. 1873 ⑥ 4° ⑦ wöchentlich 2× ⑧ Neunkirch: Wilhelm Waldvogel (18. 12. 1857—13. 5. 1865), R. Theodor Kunz (17. 5. 1865—3. 8. 1867), Wilhelm Waldvogel (7. 8. 1867—18. 12. 1869); Hallau: Wilhelm Waldvogel (18. 12. 1869—27. 7. 1872); Neunkirch: Wilhelm Waldvogel (27. 7. 1872—2. 10. 1872), W. Bührer (5. 10. 1872—7. 12. 1872), S. Obrecht (11. 12. 1872—5. 2. 1873), Wolfer & Bührer (9. 2. 1873—28. 9. 1873) ⑩ die Drucker ⑪ Kantonsrat Uehliger ⑬ Klettgauer Zeitung. Jubiläumsnummer v. 10. 6. 1913 ⑭ Sh: St ⑮ Gegründet zur Wahrung der Interessen der Landbevölkerung im Klettgau, vor allem im Anschluß an den Eisenbahnstreit. Am 28. 9. 1873 wurde der »Klettgauer« mit dem »Schleitheimer Boten« zum »Schaffhauser Boten« vereinigt.

Klettwitz [Schlagwort]

Klettwitz, s. Geologische Karten. Karte (Preussen).

Klettwitz, s.: Preussen. Messtischblätter.

Kletzin, Carl *Friedrich* [aus Pommern]: Über die Arzneiwirkung des Creosotals ... Greifswald, Druck v. J. Abel, 1896; 27 S. 8.
Greifswald, Med. Fak., Inaug.-Diss. v. 24. Jan. 1896

Kletzinsky, Vinc., kurzer Abriß der chemischen Analyse, als Leitfaden bei prakt. Arbeiten im Laboratorium. Wien 867. Sallmayer & Co. 8. (IV, 208 S.) n. 24 *ngr.*

Kletzinsky: Ein Beitrag z. Chemie d. Thaliums u. Rubidiums. 5 S. – Wien OR.W., Progr. 1864.

Graphischen (Die) Formeln der chemischen Verbindungen. Wien, 1865.

Kletzinsky, Vinc., die chemischen Grundstoffe oder Elemente. Eine atomist. Skizze. gr. 8. (VIII, 315 S.) Wien 875, Hölder. 4 —

Kletzinsky, V., Commentar zur neuen österreichischen Pharmakopoe. 1. und 2. Lfg. gr. 8. (IV, 280 und LII S. mit 23 Tab. in gr. 8., 4. und Fol.) Wien 855, Braumüller. à Lfg. 1 Thlr. 6 Ngr.

—— dass. — 3. Lfg. gr. 8. (70 S. und Arzneitaxe XCVIII S.) Ebds. 855.

Kletzinsky, Vinc., Commentar zur neuen oesterreichischen Pharmakopoe. 4. und 5. Lfg. (Schluss.) gr. 8. (S. 351—669.) Wien 857, Braumüller's Verlags-Conto.
Vollständig a. u. d. T.: Compendium der Pharmakologie als kurze Erläuterung der neuen österreich. Pharmakopoe etc.
1—3. Lfg. Ebendas. 1855. 3 Thlr. 18 Ngr.

—— Compendium der Biochemie. In 2 Abthlgn. Lex.-8. (XXIX und 307 S. mit 11 Tab. in qu. gr. 4. und qu. gr. Fol.) Wien 858, Braumüller's Verlags-Conto. — *

Kletzinsky, Vinc., Compendium der Pharmakologie, als kurze Erläuterung der neuen österreich. Pharmacopoe u. der darin enth. Arzneimittel. Nach dem gegenwärt. Stande der darauf Bezug habenden Wissenschaften für Aerzte und Pharmaceuten. Wien 857. Braumüller. (XI, 669 S., Tabellen zur österr. Pharmacopoe LII S., u. 23 Tab. in gr. 8., 4. u. Fol.) 5 *ℛ*. 18 *ngr.*

—— die österreichische Landes-Pharmakopöe. 5., im J. 1855 erschienene Ausg. Nach dem gegenwärt. Stande der bezügl. Wissenschaften für Aerzte und Pharmaceuten erläutert. 2 Bde. Neue (Titel-) Ausg. gr. 8. (CXII und 669 S. mit 23 Tab. in gr. 8., 4. und Fol.) Wien (855, 57), Braumüller's Verlags-Conto. *

Kletzinsky, Vinc., die österreichische Landes-Pharmakopöe. 5., im Jahre 1855 erschienene Ausgabe. Nach dem gegenwärtigen Stande der bezüglichen Wissenschaften für Aerzte u. Pharmaceuten erläutert. 2 Bde. Neue Ausg. Wien 860. Braumüller. gr. 8. (CXII, 669 S. u. 23 Tab. in 8., 4. u. Fol.) n. 3 *ℛ* 10 *ngr.*

— Lehrbuch der Biochemie. Wien 858. Braumüller. gr. 8. (XIII, 223; 1 Bl., XVI, 84 S. u. 10 S. Tab., wovon 1 lith., in qu. Fol.) n. 2 *ℛ*. 10 *ngr.*

—— Leitfaden der allgemeinen chemischen Waarenkunde, zum Gebrauche für Handels- und Gewerbeschulen, sowie zum Selbstunterrichte. gr. 8. (XII, 461 S.) Ebendas. 875. * 6 —

—— Mittheilungen etc., s. Mittheilungen.

– Mittheilungen a. d. Gebiete d. reinen u. angewandten Chemie als Jahresber. d. Laboratoriums für 1864–1865, veröffentlicht v. V. Kletzinsky 1865.

Kletzinsky V.: Mittheilungen aus dem chem. Laboratorium. (1. Über neue Desinfectionsmittel, 2. Agrochemie, 3. Bauchemie, 4. Metallurgische Chemie, 5. Varia.) 12⁰. Wien R. IV. 75. **Progr.**

Kletzinsky, v.: Mittheilungen aus dem chemischen Laboratorium. Zs., 22 S.– Wien OR.W. 1859 - 61 u.64.

Kletzinsky: Über Ozon. 16 S.– Wien OR.W., Progr. 1856.

— die Schminke. 8. (33 S.) Ebendas. 874. *
Aus: Populäre Vorträge über hygienische Kosmetik, besonders abgedruckt.

Kletzinsky, weil. Prof. Vinc., Offenes Sendschreiben an Hrn. Joh. Heinr. Steudel, Bürgermeister-Stellvertreter. gr. 8. (15 S.) Wien. *A. Amonesta. 10 kr. 1885

—— populäre Vorträge über Gesundheitspflege. In 2 Abtheilungen. Nach stenograph. Aufnahmen in Druck gelegt und hrsg. von A. Faschinsky. 8. (134; 156 S. mit 1 Holzschntaf.) Wien 871, (Teufen.) * 3 —

—— populäre Vorträge über hygienische Kosmetik [äußerliche Gesundheitspflege]. Nach stenograph. Aufnahmen in Druck gelegt und hrsg. von A. Faschinsky. (In 12 Lfgn.) 1. und 2. Lfg. 8. (S. 1—76 mit 1 Holzschntaf.) Ebendas. 871. à Lfg. * 40 Pf. — 80

Kletzinsky, Vinc., populäre Vorträge über hygienische Kosmetik [äußerliche Gesundheitspflege]. Nach stenograph. Aufnahmen in Druck gelegt und hrsg. von A. Faschinsky. 11 Lfgn. 8. (444 S.) Wien 871, Teufen. à Lfg. * 40 Pf. *

—— chemische Waarenkunde, s. Handels-Bibliothek, Wiener.

Kletzkin-Romanowsky. Tamara. aus Wilna (Russland): Ueber den Einfluss einiger organischer Salze auf den Ruhestrom und die Erregbarkeit vom Froschschenkel. (Aus dem physiologischen Institut Zürich.) [Mit 29 Figuren im Text.] Zürich 1909. 22 S. 8⁰. [18. XII. 09.]
Zurich. Univ. Med. Diss. 1909/10.

Kleucke, D. H., wie müssen Dämonglaube, Besessensein und Kerner-Eschenmayersche Gespenstererscheinungen nach dem heutigen Standpunkte der Physiologie und Psychologie erläutert werden. Leipz. 840. 8.

Kleudgen, Hugo Franciscus (geb. 1796 in Münster-Mayfeld): Phthiseos ventriculi pathologia . . . Bonnae, typ. Kupferbergianis (1820). 1 Bl., 34 S. 4. ¶ Am Schluss eine kurze Ansprache d. Präses u. Promotors Chrn Friedr. Harless. — Erschien zugleich selbständig bei Marcus in Bonn. Bonn, Med. Fak., Diss. v. 5 Aug. 1820

Kleudgen, H. F., phthiseos ventriculi pathologia, dissertatio inaug. medica. gr. 4. Bonn, Marcus. 820.

Kleudgen, Peter, die deutsche Kolonie Santa Cruz, Provinz Rio Grande do Sul, Süd-Brasilien. 12. (48 S.) Hamburg 852, (Kittler.) *

—— die deutsche Kolonie Santa Cruz in der Provinz Rio Grande do Sul in Süd-Brasilien, nach den neuesten Nachrichten dargestellt. gr. 16. (40 S. mit 1 lithogr. und ill. Karte in gr. Fol.) Hamburg 853, Kittler. *

v. Kleudgen, Wlh., Frhr., Dichtungen. 1 weltliche Abtheil. fl. 8. Eisenach 845, Kühn. n. 2/3 Rthlr. geb. m. Goldschn. n. 1 Rthlr.

v. Kleudgen, Wilh. Frhr., Dichtungen. 2., geistl. Abth. gr. 16. (X u. 101 S.) Eisenach 847, Kühn. n. 6 ggr. (Die Abnehmer des 1. Bdchns. erhalten das 2. Bdchn. gratis.)

Kleudgen, Wilh. Frhr. v., das heilige Jahr. (Gedichte.) gr. 12. (5²/₃ B.) Frankfurt a. M. 839, Boselli. *

Kleukens, F. W., Trari-Trara! Bilder f. die Kleinen, mit Reimen v. Emil Milan. (14 Bl. auf Karton m. farb. Abbildgn.) qu. Lex.-8. Steglitz-Berlin (905). Steglitzer Werkstatt f. Druck u. Verlag. Geb. n. 4.50

Johann Friedrich **Kleuker** und Briefe seiner Freunde. Hrsg. v. Henning Ratjen. Göttingen. 1842. 8⁰.

Kleuker, Fr., über endoskeletale Bildungen bei Insekten. Inaugural-Dissertation. gr. 8. (53 S.) Göttingen 883, (Vandenhoeck und Ruprecht's Verlag.) *

Kleuker, Johann Friedrich, Anhang zum Zend-Avesta. Band I. 1. 2. Band II, 1. 3. 3 voll. Leipzig und Riga 1781 – 1783. 4⁰.

⊙ Nöthige Anzeige. Kiel, im Dec. 1817. Unterzeichnet: [Johann Friedrich] **Kleuker.** 1 Bl. 8⁰.

Kleuker, Jh. Fr., († d. 3. Mai 1827.) über d. Apokryphen d. N. Testam., sammt Untersuchung d. Gründe für d. Aechtheit rc. d. Urkunden.

Kleuker, J. F., üb. d. Apokryphen d. N. Testam. 8. Hamb. Perthes. 798.

Kleuker, J. F., Belehrungen üb. Toleranz, Vernunft, Offenbar. rc. 8. Frankf. Eichenberg. 778 Rthlr.

— Bemerkk. über d. Begriff e. theolog. Encyklopädie. 8. Kiel 799. (Kaven in Altona). 3 ggr.

— über d. neue Altonaer Bibelausgabe u. damit theils verwandte, theils andere wichtige Gegenstände. gr. 8. (Kiel) 818. Schleswig, Koch. 20 ggr. Hbg. Pr. 16 ggr.

— Briefe an e. christl. Freundin über d. Herdersche Schrift von Gottes Sohn rc. 8. Münst. 802. Theissing). 22 ggr.

— Briefe über d. Wunderkräfte. 8. Leipz. 781.

— Chrestomathia italiana, oder italien. Lesebuch in 2 Thlen, nebst Wörterbuch. 8. (Münst.) 787. Theissing. 1 Rthlr. 6 ggr. Das Wörterbuch apart 6 ggr.

— Salomon. Denkwürdigkeiten, als Anhang des Buchs d. Weisheit. 8. Riga 786. Hartknoch in Leipz. 12 ggr.

— — de Jesu Christi, servatoris hominum, ecclesia et ecclesiis. Dissertatio quam in memoriam Sacrorum ante tria Saecula duce M. Luthero divinitus restauratorum etc. 4. Kiel, akadem. Buchh. (in Comm.) 817.

— — De Jesu Christi, Servatoris hominum, ecclesia et ecclesiis. Dissertatio in memoriam sacrorum ante tria saecula duce M. Luthero divinitus restauratorum. Kiel (Christian Friedrich Mohr) 31. X. 1817. 43 S. (6.—) 18329

— Grundriß e. Encyklopädie d. Theologie. 1r u. 2r Thl. 8. Hamb. 800, 801. Fr. Perthes. 3 Rthlr. 8 ggr.

– s. Holwell, Histor. Nachrichten.

— — über das Ja und Nein, der biblisch-christlichen und der reinen Vernunft-Theologie. gr. 8. Hamb., Hoffmann u. Campe. 819.

— Johannes, Petrus u. Paulus als Christologen betrachtet. 8. Riga 785. Hartknoch in Leipz. 12 ggr.

Kleuker, Johann Friedrich (gymnasii evangelici rector), De libertate morali ex ratione Kantiana. — Qua dijudicata ad actum oratorium per septem bonarum artium studiosos, bonae spei adolescentes, in gymnasio nostro . . . Osnabrück (Kisling) 23. III. 1789. 20 S. (5.50) 18328
Joh. H. B. Fortlage, I. Dan. Drop, Fr. Chr. Lud. Meesmann (Badberga), Joh. Diet. Schieferdecker (Quackenbrück), G. S. u. F. A. Gruner, Christ. Wilhelm Iden.

– s.a. Magikon.

Μαγικόν oder Das geheime System einer Gesellschaft unbekannter Philosophen, unter einzelne Artikel geordnet, durch Anmerk. und Zusätze erl. und beurtheilt, und dessen Verwandtschaft mit ältern und neuern Mysteriologien gezeigt. Von einem Unbekannten des Quadratscheins, der weder Zeichendeuter noch Epopt ist [d. i. Joh. Friedr. Kleucker]. Frankfurt u. Leipzig [Hannover: Helwing] 1784. XX, 364 S. 8°
cf. D. **neuesten Religionsbegebenheiten.** 8 (1785) S. 323—334.
Kl. 8902 gibt an: „Kleuker". L. C. de Saint-Martin's Schriften „Des erreurs et de la vérité" u. „Tableau naturel" entnommen.

— über d. Natur u. den Ursprung d. Emancipationslehre bei den Cabbalisten. 8. Riga 786. Hartknoch in Leipz. 4 gr

— de nexu, qualis constet inter utrumq. divinae constit. foedus prophet. 8. maj. Helmst. Fleckeisen, 792.

– s. Pascal: Gedanken mit Anmerkungen.

– s. Plato's Werke.

— über den alten u. neuen Protestantismus in naher Beziehung auf Etwas, woran kurz vor der im J. 1817 begang. dritten Secularfeier d. Reformation d. damal. Zeit mahnen sollte. Neue Ausg. gr. 8. Bremen 823. Kaiser. 20 gr (Stand zuerst in d. „Kieler Blättern.")

— neue Prüfung u. Erklärung d. Beweise für d. Wahrheit d. Christenthums. 3 Thle. 8. Riga 787–94. Hartknoch in Leipz. 4 rthl 16 gr

— d. Brahmanische Religionssystem, s. Abhandl. d. Geschichte d. Alterthümer.

— das Brahmanische Religionssystem rc. s. W. Jones Abhandl. rc. 4r Thl.

— saggi dello studio italiano, oder ital. Lesebuch f. Studirende m. e. italien. Chrestom. 8. Münster, Thelsing. 787.

– s. Salomo's Schriften.

— biblische Sympathien, oder erläuternde Bemerkungen u. Betrachtungen über d. Berichte d. Evangelisten von Jesu Lehren u. Thaten. 8. Schleswig 820. (Leipz., Enobloch). 2 rthl 8 gr

— — biblische Sympathien, oder erläuternde Bemerkungen und Betrachtungen über die Berichte der Evangelisten von Jesu Lehren u. Thaten. 8. Schleswig. (Leipzig, Tauchnitz.) 820.

– s. Tertullianus, Quintus Septimius Florens: Verteidigung der christlichen Sache gegen die Heiden.

— ausführl. Untersuchung d. Gründe für d. Aechtheit u. Glaubwürdigkeit d. schriftl. Urkunden des Christenthums. 5 Bde. 8. Leipz. u. Hamb. 793–800. Fr. Perthes. 5 rthl 20 gr (1r Bd. Von d. innern Merkmalen. 1 rthl 4 gr 2r Bd. Evangelien u. Apostelgeschichte. 20 gr 3r Bd. Ueber den Ursprung u. Zweck d. Apostol. Briefe. 1 rthl 4 gr 4r Bd. A. u. d. T.: über den Ursprung u. Zweck d. Offenbarung rc. 800. 1 rthl 4 gr 5r Bd. A. u. d. T.: über d. Apokryphen d. N. Test. 798. 1 rthl 12 gr)

— üb. d. Urspr. u. Zweck d. Apostol. Briefe. 8. Ebendas. 799.

— menschl. Versuch über den Sohn Gottes. 8. Bremen 776. (Lpz., Rabenhorst). 10 gr Ulm 795. Wohler. 16 gr

– s. Wizenmann: Gesch. Jesu.

– s. Zend-Avesta.

Johann Friedrich Kleuker

Welten, wie viel waren, sind und seyn werden. Aus d. Hieroglyphen e. alten persischen Handschrift ins Deutsche übers. Von Kleucker d. jüngeren [Johann Friedrich Kleuker.] Cöthen: Glandenberg 1790. 15 S. 8°

[Namensform nicht sicher.]

Ein Beitrag zur Geschichte des Pfarrbezirks Salzgitter, Gitter und Kniestedt von Superint. (Karl Heinrich Christoph) Kleuker. *Salzgitter: C. Witt 1902.* (86 S.) 8° [F.] [illegible] 7

Kleuker, Robert: Dr. Samuel Johnsons Verhältnis zur französischen Literatur. Straßburg i. E. 1907: M. DuMont Schauberg. (XI, 167 S.) 8° [F.]
Straßburg, Phil. Fak., Ref. Koeppel-Martin-Gröber, Diss. v. 8. Dez. 1906
[Geb. 3. Juli 81 Straßburg i. E.; Wohnort: Neudorf b. Straßburg; Staatsangeb.: Elsaß-Lothringen; Vorbildung: Oberrealsch. Straßburg Reife M. 01; Studium: Straßburg 3, Genf 1, Straßburg 4 S.]

Kleutgen, Jos., die Andacht zum Herzen Jesu. Ein vollständ. Gebet- und Erbauungsbuch. 2., umgearb. und verm. Aufl. gr. 16. (291 S. und 1 Stahlst.) Münster 848, Theissing'sche Buchh. —
Fein Pap. —

—— Ars dicendi priscorum potissimum praeceptis et exemplis illustrata. In usum scholarum. 8maj. (VIII und 379 S.) Romae 847. (Monasterii Guestphal., libr. Theissing.) *

Kleutgen, Jos., Ars dicendi priscorum potissimum praeceptis et exemplis illustrata. Editio IV. gr. 8. (XVI und 404 S.) Silvae-Ducis 1865. (Luxemburg, Heintze's Verlag.) *

— Beilagen zu den Werken über die Theologie und Philosophie der Vorzeit. 1. und 2. Heft. gr. 8. Münster 868, Theissing'sche Buchh. *
Inhalt:
Heft 1. Ueber die Verurtheilung des Ontologismus durch den h. Stuhl. (77 S.) * 8 Ngr.
" 2. Zu meiner Rechtfertigung. (135 S.) * 16 Ngr.

— Beilagen zu den Werken üb. die Theologie u. Philosophie der Vorzeit. 3. Hft. I. Vom intellectus agens u. den angebornen Ideen. II. Zur Lehre vom Glauben. gr. 8. (208 S.) Münster 875. Theissing. n. 2. 40.
(1—3.: n. 4. 80)

– Übe die **B e u r t e i l u n g** des Ontologismus dura den hl. Stuhl.

—— Dasselbe als 1. Heft der „Beilagen zu den Werken über die Th:logie u. Philosophie der Vorzeit". Münster, Theissing, 1868, gr. 8°, 78 S., 80 Pf. (Vgl. auch Heft 3: Vom intellectus agens u. den angebornen Ideen. Ebendas. 1875.)

Kleutge, Jos., das **Evangelium** des heil. Matthäus nach einem innern Zusammenhang, auch für gebildete Laien zur andächtigen Betrachtung des Lebens unseres Heilandes, in Kürze erklärt. Nebst einer Abhandlung über das Wunderbare. gr. 8. (V, 286 S.) Freiburg i/Br. 882. Herder. n. 2. 80

— die **Ideale**, s. **Broschüren**, zeitgemäße.

Kleuten, Jos., **Institutiones** theologicae in usum scholarum. Vol. I. praeter introductionem continens partem I., quae est de ipso Deo. gr. 8. (XVI, 751 S.) Regensburg 881, Pustet. *

Kleut.en, Jos., Leben einer Heiligen Gottes aus der neueren Zeit. Nebst einer Einleitung über die Selig- und Heiligsprechung und einer beigefügten Lebensbeschreibung des sel. Johannes de Brito und Andreas Bobola. gr. 8. (XVIII und 180 S.) Münster 854, Theissingsche Buchh. –

Aus Münsterisches Sonntags-Blatt, besonders abgedruckt.

—— Die oberste Lehrgewalt des römischen Bischofs. Von einem römischen Thologen. Autorisierte Übersetzung mit Vorwort, Anmerkungen u. Anang des Übersetzers. Trier, Groppe, 1870, 8°, VII, 170 S., 1,0 Mk.

—— **Opuscula** inedita, s. **Schneemann**, Gerardus, Controversirum de divinae gratiae liberique arbitrii concordia initiis et progressus.

Kleuten, Jos., die **Philosophie** der Vorzeit vertheidigt. (Zugabe zur „Theologie der Vorzeit.") 2 Abthlgn. gr. 8. (910 S.) Münster 860, Theissing'sche Buchh. [1. Abthl. * 1 Thlr., 2. * 1 Thlr. 15 Ngr.] *

—— die **Philosophie** der Vorzeit vertheidigt. (Zugabe zur „Thelogie der Vorzeit.") 2. Bd. 2 Abthlgn. gr. 8. (1. Abthl. S. 1–364, 2. Abthl. VI und S. 365—967.) Münster 863, Theising'sche Buchh. à Abthl. * 1 Thlr. 10 Ngr. *

(1. B.) 2 Abthlgn. Ebendas. 1860. * 2 Thlr. 15 Ngr.

Kleutge, Jos., die **Philosophie** der Vorzeit vertheidigt. 2. verb. Aufl. 1 Hefte. gr. 8. (920 S.) Innsbruck 878, F. Rauch's Buchh. à Heft ℳ 1,50.

—— **Predigten**. 1. Abthl. 2. verb. Aufl. 8. (VIII, 407 S.) Regensburg 880, Pustet.

—— Über das Streben des **Liberalismus** nach Völkerglück. Ein Vetrag, gehalten im kathol. Verein zu Görz am 16. Juni 1872. Münster, Theissing, 1872, gr. 8°, 12 S., 20 Pf.

—— die **Theologie** der Vorzeit vertheidigt. 1. und 2. Bd. gr. 8. Münster 854, Theissingsche Buchh. [1. (440 S.) 853. * 1 Thlr. 10 Ngr., 2. (702 S.) 854. * 2 Thlr.] *

— die **Theologie** der Vorzeit vertheidigt. Letzter (3.) Bd. 1. Hft. Ebend. 860. gr. 8. (218 S.) n. 20 ngr.

– die **Theologie** der Vorzeit vertheidigt. Letzter (4.) Bd. 2. u. 3. Heft. Münster 865. Theissing'sche Buchh. gr 8. (S. 19—1052.) [2. Heft n. 25 ngr., 3. Heft n. 1 Thlr. 15 ngr.] n. 2 Thlr. 10 ngr.

Der 3. Bd. erscheint später.

Kleutgen, Jos., die **Theologie** der Vorzeit vertheidigt. 2. verb. u. sehr verm. Aufl. 1. Bd. Münster 867. Theissing'sche Buchh. gr. 8. (697 S.) n. 2 Thlr.

—— die **Theologie** der Vorzeit vertheidigt. 3. Bd. 3 Hefte. gr. 8. Münster, Theissing'sche Buchh. [1. Heft. (IV, S. 1—211.) 870. * ℳ 2.; 2. Heft. (S. 213—333.) 871. * ℳ 1,20.; 3. Heft. (S. 334—542.) 871. * ℳ 2.] * 5 20

1., 2. und 4. Bd. Ebendas. 1853—65. * ℳ 19.

Der im XIV. Bd. 1. Abthl. S. 679 als 3. (letzter) Bd. bezeichnete ist der 4. Bd.

— die **Theologie** der Vorzeit vertheidigt. 2., 4. und 5. (Schluß-)Bd. 2. verb. Aufl. Münster, Theissing'sche Buchh. [2. Bd. (736 S.) 872. * ℳ 7.; 4. Bd. (538 S.) 873. * ℳ 4,50.; 5. Bd. (596 S.) 874. * ℳ 4,50.] *

1. und 3. Bd. Ebendas. 1867, 73. * ℳ 11,20.

—— über die **Verfolgung** der Kirche. Drei Reden, gehalten zu Rom am Feste und in der Octav der Erscheinung des Herrn. 8. (IV und 90 S.) Münster 851, Coppenrathsche Buchh.

—— über die **Verfolgung** der Kirche in unseren Tagen. 3 Reden, gehalten zu Rom. 12. (128 S.) Freiburg im Br. 866, Herder'sche Verlagsh.

—— kleinere **Werke**. 1.—5. Bd. 8. Münster, Theissing'sche Buchh. 12 65

Inhalt:

Bd. 1. Leben frommer Diener und Dienerinnen Gottes. 2. sehr verm. Aufl. (316 S.) 869. ℳ 2,25.
" 2. Briefe aus Rom. (400 S.) 872. ℳ 3.
" 3. Ueber die alten und neuen Schulen. 2. Aufl. (242 S.) 872. ℳ 2.
" 4. Predigten. 1. Abthl. (VIII, 400 S.) 872. ℳ 2,70.
" 5. Predigten. 2. Abthl. (368 S.) 874. ℳ 2,70.

Kleve [Schlagwort]

Kleve, s.: Cleve.

Kleve [Verf.]

Kleve, Jakob Ben Jissakar Bär

— ספר במת יחיד. h. e. Altaria unius s. Expositiones in loca selecta V. T. Altona. 1762. 4.

KLEVE, JAKOB BEN JISSAKAR BÄR: Sefer Šemen ha-Kīk. Altona ([5]522 i Kronogr. (ɔ: 1762).) [Anmærkninger til Talmud og det gl. Test.] (Hebr.) 4°.

Kleven, K., die **Kunst alt zu werden u. jung zu bleiben**. (95 S.) 8. Berlin 909. H. Steinitz. 1.50

Hamburg-Nord. Gest. von **C. Klever**. 1 : 50000. — Hamburg: Vermessungsbureau d. Bau-Deputation 1909—21. 42×39 cm [Kupferdr.] [Kopft.]
(Hamburg und Umgebung. [2.])

Klever, Helmut, a. Köln a. Rh.: Ueber Dimethylketen. Straßburg i. E. 1907: C. u. J. Goeller. (54 S., 1 Taf.) 8°
Straßburg, Math.-naturwiss. Fak., Ref. Thiele, Diss. v. 22. Juli 1907
[Geb. 24. März 81 Cöln; Wohnort: Cöln; Staatsangeh.: Preußen; Vorbildung: Friedrich-Wilhelms-Gymn. Cöln Reife O. 01; Studium: Bonn 6, Straßburg 7 S.]

Klever, J. W., pharmaceutische Technik. Ein Repetitorium für junge Pharmaceuten und Handbuch für Veterinaire, Landwirthe und Viehzüchter. gr. 8. (VI und 98 S.) Dorpat 864, Gläser's Verlag. *

Klever, J. W., pharmaceutische Technik. Ein Handbuch für Veterinaire, Landwirthe u. Viehzüchter. 2., durchgesehene u. verm. Aufl. gr. 8. (VII, 133 S. m. 1 Tab.) Dorpat 879. Schnakenburg. n. 3. —

—— Veterinair-Pharmacopoe oder die in der Veterinairmedicin Anwendung findenden Arzneimittel nach ihrem Vorkommen, ihrer Gewinnung, Darstellung, ihren Eigenschaften, ihrer Prüfung und Gabe. Ein Handbuch für Veterinaire, Landwirthe und Viehzüchter. gr. 8. (VIII und 397 S.) Dorpat 862, (Hoppe.) *

Klever, Julius. Der Phosphor und seine Verbindungen. Mag. Diss. Dorpat. 8°. 54 pp.
1848

Klevesahl, Christoph Friedr. (Wismar) [Auctor]
Dissertatio inauguralis medica de defluxionibus sanguineis.
Giessae 3. Juli 1780: Joh. Jac. Braun. 48 S. 4°
pro gradu doctoris ... in arte salutari legitime obtinendis.

Klevesahl, Erich Chr.

– s. Arnoldi, J. L. F.: Anweisung.

Klevesahl, Erich Chr., Gedichte u. Abhandl. 8. Hamb. 772. Perthes u. B. 6 gr.

– s. Gebauer, G. Chr.: Nova juris.

— von den verschied. Gesinnungen u. Entschließ. d. Menschen bei d. Unbegreiflichkeit Gottes. 8. Basel 776.

— kleiner Katechismus Lutheri, mit Auslegung. 8. Worms 782.

— neueste u. beste Methode, d. Naturrecht zu behandeln. 4. Gießen 771.

— Predigten üb. d. Evangel., als e. Erbauungsb. f. Privatl. 2 Thle. 4. Basel, Pfähler. 790. 91.

— kurze Predigten über d. evangel. Texte; e. Erbauungsbuch für Privatleute. 2 Thle. 4. Türkheim 790, 91. (Löffler in Manh.) 1 rß 20 gr.

Klevesahl, Erich Chr., Unterricht in d. christl. Religion, mit e. Anh. 8. Gießen 783. Krieger. 3 gr.

— d. Wahrheit d. evangel.-luther. Lehre vom heil. Abendmahle. 8. Gießen 767.

— evangel. Wahrheiten in Katechismus- u. andern Predigten. 2 Thle. gr. 8. Basel 777. Typogr. Soc. in Bern. 16 gr. (1794 unt. d. n. T.: Katechismuspredigten 2c.)

— d. Weisheit Gottes bei dem frühen Tode des Gerechten. 8. Gießen 768.

Klevesahl, E. C., die Weisheit Gottes 2c., ist Verlag von Krieger u. d. Pr. 1/6 rß (s. Thl. IV. S. 358.)

Klevesahl, Th. v., die gymnastische Behandlung der habituellen Verstopfung und der Hämorrhoiden für den häusl. Gebrauch. 8. (34 S. mit eingedr. Holzschn. und 3 Holzschntaf. in qu. Fol.) Leipzig 867, Fr. Fleischer. cart. *

Klevesahl, Theodor Christian (St. Petersburg), De hysteria quaedam. Diss. med.-pract. Bln. (Nietack) 16. VII. 1836. 31 S. mit Biogr. (M.: Ch. Frank.) (6.—) 18330
Oppon.: B. Humelet, F. L. F. Busch, H. Molkow. — Gew.: J. L. Truestedt.

Klevinghaus, Theod. Herm. (geb. Weitmar in Westf. 10. 3. 1845): Ueber mehrfache Geburten. Berlin (1869). (32 S.) 8°
Berlin, Med. Diss. v. 24. Juli 1869

Klewe, A., Leitfaden für den Geschichtsunterricht in utraquistischen Volksschulen. Den Lehrern seines Aufsichtskreises dargeboten. 1. u. 2. Jahreskurs. gr. 8. Gnesen 877. 78. Lange in Comm. à n. — 40
1. Einführung in den Geschichtsunterricht u. die alte u. mittlere deutsche Geschichte. 2., verb. Aufl. (IV, 56 S.)
2. Die neuere deutsche u. brandenburgisch-preußische Geschichte. (VII, 60 S.)

— dasselbe. Schülerausgabe. 8. (III, 36 S.) Ebend. 878. n. — 20

Klewe, Alfred [aus Samter (Prov. Posen)]: Die traumatischen Neurosen. ... Berlin. Buchdr. v. M. Niethe (1889): 30 S. 8°
Berlin, Med. Fak., Inaug.-Diss. v. 16. März 1889

Klewe, Arth., die sprachliche Behandlung des ersten Übungsstoffes der Fibel. Eine prakt. Anleitung mit method. Erläuterungen für die Bedürfnisse zweisprachiger Schulen. Zugleich ein Begleitwort zu der Fibel des Hirt'schen Lesebuchs für Landschulen. 8. (64 S.) Breslau 887, Hirt.

Klewe, Johannes *Gerhard* [aus Wutzig, Kr. Dramburg]: Ueber die Lawson-Tait'sche Methode der Perineoplastik ... Greifswald, Druck v. J. Abel, 1892; 28 S. 8.
Greifswald, Med. Fak., Inaug.-Diss. v. 11. Aug. 1892

Klewer, J. W., s. Klever

Arnstadts Vorzeit. Eine Festschrift zu der General-Versammlung des Thüringerwald-Vereins zu Arnstadt am 16. August 1885. Gewidmet von KLEWITZ. Arnstadt. Buchdruckerei von Emil Frotscher. 8°.

Klewitz, Adf., die Entschädigungsansprüche aus rechtswidrigen Amtshandlungen unter Berücksicht. d. Entwurfs e. deutschen bürgerlichen Gesetzbuches. gr. 8. (III, 140 S.) Berlin 891. Puttkammer & Mühlbrecht. n. 2. —

Klewitz, Adolf [Gerichtsass. beim K. Amtsgericht zu Frankfurt a. M.]: Die Verpflichtung zur Rechnungsstellung. ... Strassburg, J. H. Ed. Heitz (Heitz & Mündel), 1889; 3 Bl. + 69 S. 8°
Strassburg. Rechts- u. Staatsw. Fak., Inaug.-Diss. v. 1889

—— Die Verpflichtung zur Rechnungsstellung. gr. 8. (V, 69 S.) Ebd. 890. * 1 60

Klewitz, Alfred, Apotheker: Ueber die Einwirkung von Säurechloriden auf einige aromatische Säuren und deren Ester. Rostock 1908: Hinstorff. 58 S. 8°
Rostock, Phil. Diss. v. 30. Juli 1908, Ref. Kunckell
[Geb. 13. Mai 76 Gießen; Wohnort: Rostock: Staatsangeh.: Hessen; Vorbildung: Gymn. Gießen bis O. 92; Studium: Gießen 4, Berlin 1, Rostock 5 S.; Rig. 27. Juli 08.] [U 09. 3754

Klewitz, Anton Wilhelm v.

— Denkmal d. Preußen auf d. Königin Louise durch Erziehungsanstalten. 8. Halberst. 814. Vogler in Potsd. 5 gr.
— über d. Fortdauer u. Präexistenz. gr. 8. Magdeb. 789. Creutz. 5 gr.

— Geschichte u. Darstellung d. Südpreuß. Schulwesens. 8. Berl. 805. Nicolai. 3 gr. (Aus d. Berl. Monatsschrift 1805. 96 H. abgedruckt.)

– s. Grüson, J. Ph.: Beschreib. u. Gebrauch e. Rechenmaschine.

v. Klewitz, Ritter Ant. Wlh., an d. poln. Nation, über d. preuß. Verwaltung von Polen. Deutsch u. Poln. 8. Berl. 812. (Sander). 12 gr.

Klewitz, W. A. von, an die poln. Nation, üb. die preuß. Verwaltung v. Polen, Teutsch u. Poln. 8. Berl. Sander. 813. Rthlr.

Klewitz, W. v., das Provinzial-Recht d. Hrzgth. Magdeburg u. d. Grafschaft Mansfeld altpreuß. Antheils. Im Auftrage d. k. Justiz-Ministeriums f. d. Gesetz-Revision nach amtl. Quellen bearb. 2 Thle. gr. 8. (25 B.) Magdeburg 837, Heinrichshofen.

– s.a. Steuerverfassung d. preuß. Monarchie.

Allgemeine Steuer-Verfassung in der preussischen Monarchie und besondere Grundsteuer-Verfassung der preussischen Provinz Sachsen. [Von v. Klewitz.] Magdeburg. 1828. 8°.

— Steuerverfassung im Herzogth. Magdeburg. 2 Thle. gr. 8. Berl. 797. Nottmann. 1 Thlr 16 gr

(Klevitz,) Steuer-Verfassung in Preußen, s. Steuer-Verfassung.

K[lewiz]. W. v.: Einige Worte über die im Preußischen Allgemeinen Landrecht ausgesprochenen staatsrechtlichen Grundsätze. Berlin u. Stettin 1828.

Klewitz, Carl, s. Klewitz, Karl

Klewitz, Ernst, s.: Matrikel, die, d. Universität Gießen.

Klevitz, Ern. Alexand. Ludov. Jobst (geb. Kolberg 29. 1. 1841): De methodi haemorrhagias sedandi. Berolini (1864). (32 S.) 8°
Berlin, Med. Diss. v. 19. März 1864

Klewitz, F., Adreß- u. Geschäfts-Handbuch für die Stadt Aschersleben, s. Adreß- u. Geschäfts-Handbuch.

Klevitz, Fritz [aus Gersdorf (Prov. Brandenburg)]: Über die Berechtigung des Conservativen Kaiserschnitts bei absoluter und bei relativer Indication . . . . Berlin, Buchdr. v. Gustav Schade (Otto Francke) (1887); 31 + 1 S. 8°.
Berlin, Med. Fak., Inaug.-Diss. v. 13. Aug. 1887.

Freymåurerlieder der Magdeburgischen Loge zur Glůckseeligkeit gewidmet von [Joh. Friedr.] K[lewitz]. Im Oct. 1778. Magdeburg: Creutz 1778. 8 S. 8° [Umschlagtit.]
Kl. 1543, Tt. 2268. 4 Lieder ohne Noten.
[Andere Ausg. u. d. Tit.:]
Freimaurer - Lieder von [Joh. Friedr.] K[lewitz]. Zweiter Versuch. Magdeburg: Creutz [1778]. 8 S. 8°
Kl. 1543, Tt. 2260. 4 Lieder ohne Noten.

Stockhausen, Karl Aug.: Gedåchtnisrede auf den wohlseeligen [!] Carl Aug. Stockhausen gehalten in der Loge Ferdinand zur Glůckseeligkeit [!] zu Magdeburg den 20sten Febr. 1784 von K[lewitz]. [Magdeburg 1784.] 16 S. 8° [Umschlagtit.]
Kl. 1357.

Gesang fůr die Loge Ferdinand zur Glůckseligkeit zu Magdeburg am zwölften Jan. 1792 als dem hohen Geburtsfeste Ihres Hochw. Durchlauchtigsten Stifters und Protectors etc. Herrn Herzogs Ferdinand von Braunschweig und Lůneburg etc. etc. und bei Einweihung des neuerbaueten Logensaals. [Unterz.:] Joh. Friedr. **Klewitz.** [Magdeburg 1792]: Gůnther. 2 Bl. 4° [Umschlagtit.]
Kl. 1711. Ohne Noten: „Im Jubel der hier verbundenen Brůder . . ."

[Lied.] Am 12ten Jan. 1779 vom Br. [Joh. Friedr.]]K[lewitz]. Magdeburg 1779: Faber. 2 Bl. 8° [Umschlagtit.]
Ohne Noten: „Dunkel lag und Nebels Nacht . . ."

[Lied.] Dem 12ten Jan. 1780 als dem hohen Geburtsfeste Sr. Durchl. des Herrn Herzog Ferdinands von Braunschweig-Lůneburg etc. etc. Hochw. Gross-Meisters aller vereinigten Logen in Deutschland gewidmet von dem Frmr-Br. [Joh. Friedr.] K[lewitz?]. Magdeburg [1780]: Faber. 2 Bl. 8°
Kl. 1024. Ohne Noten: „Dreimahl heilig sey uns dieses Fest! —"

[Lied.] Am Silvester Abend 1790. Magdeburg, den 31ten Dez. 1790. [Unterz.:] J[oh.] F[riedr.] **Klewitz.** [Magdeburg 1790]: Günther. 2 Bl. 8°
Ohne Noten: „Da schwindet's hin zur Ewigkeit, . . ."

[Lied.] An Sr. Hochw. Durchlauchten des Herrn Herzogs Ferdinand von Braunschweig-Lůneburg etc. etc. Geburts-Feste, in der Loge Ferdinand zur Glůckseeligkeit [!] vorgetragen und abgesungen. [Unterz.:] J[oh.] Fr[iedr.] **Klewitz.** Magdeburg, den 12ten Jan. 1791. 2 Bl. 8° [Umschlagtit.]
Ohne Noten: „Der Guelphen siebzigjåhrger Greiss. . . ."

[Lied.] Am Silvester Abend 1791. [Unterz.:] Joh. Friedr. **Klewitz.** o. O. [1791]. 1 Bl. 8° [Kopftit.]
Ohne Noten: „Ein Růckblick auf's vergangne Jahr . . ."

[Lied.] Am Silvester-Abend 1793. [Unterz.:] Joh. Friedr. Klewitz. [Magdeburg 1793]: Günther. 2 Bl. 8⁰ [Umschlagtit.]
Ohne Noten: „Flüchtig schwindet unser Leben . . .“

[Lied.] Am Silvester-Abend des Jahrs 1798. [Unterz.:] Joh. Friedr. Klewitz. [Magdeburg 1798]: Günther & Hänel. 2 Bl. 8⁰ [Umschlagtit.]
Ohne Noten: „Schon wieder sinkt ein Jahr der Zeit . . .“

[Lied.] Bey der Einweihung des neuen Speisesaals im Logenhause Ferdinand zur Glückseligkeit im Or. von Magdeburg am Johannisfeste 5803. [Unterz.:] J[oh.] F[riedr.] Klewitz. [Magdeburg 1803.] 1 Bl. 8⁰ [Kopftit.]
Ohne Noten: „Jetzt, nach der Arbeit weihen wir . . .“

Klewitz, Karl

Klewitz, Carl, Noah's Fluch und Segen über seine Söhne. Eine Missionspredigt zu Hirschfeld am 17. Septbr. 1851 gehalten. gr. 8. (12 S.) Schreiberhau 851. (Breslau, Dülfer und Geiser.) Thlr.

Klewitz, Karl, approb. Arzt aus Giessen: Aus d. pathol. Institut zu Giessen. Zur Casuistik der primären Fibromyome des Beckenbindegewebes. *Giessen 1899: v. Münchow.* (38 S.) 8⁰
Giessen, Med. Diss. v. 1899

Karl Ernst Benjamin Klewitz

De nonnullis nympharum Varietatibus et degenerationibus insignioribus et inprimis de notabili quadam illarum degeneratione luxuriante. Berolini (1825:) Brüschcke. 21 S. 8⁰
Berlin, Med. Diss. v. 7. Apr. 1825

Klewitz, W. A. v., s. K l e w i t z , Anton Wilhelm v.

Klewiz, W. A., s. K l e w i t z , Anton Wilhelm v.

Kley, d. Behandlg. d. Sprachlehre im deutschen Sprachunterrichte d. Volksschule, s. a. F ü r d. Schule aus d. Schule.

[F.] Die Behandlung der Sprachlehre im deutschen Sprachunterrichte d. Volksschule. Von d. Kgl. Kreisschulinsp. Dr. Kley, Regiergs- u. Schulr. *Neuwied [&] Leipzig: Heuser 1897.* (11 S.) 1 Bd 8.
— Schule, Aus der, für die S c h u l e. H. 69. [98. 4371

Kley, Carl, s. K l e y , Karl

Kley, Ed., Blätter der Erinnerung. Letzte Kanzelvorträge im neuen israelit. Tempel. gr. 8. (13⅓ B.) Hamburg 844, Berendsohn. *

— geschichtl. Darstellung der Israelitischen Freischule zu Hamburg; bei Gelegenheit der Feier ihres 25jähr. Bestehens (am 31. Oct. 1841) mitgetheilt. gr. 4. Hamburg 841. (Geber.) ⅔ Thlr

Kley, Ed. E. S., Günsburg, Erbauungen xc., s. E r b a u u n g e n.

— die Feste des Herrn. Israelitische Predigten für alle Festtage des Jahres. gr. 8. Berlin 824. Jetzt Heymann. 2 Thlr

Kley, Ed., d. Feste des Herrn, israel. Predigten für alle Festtage d. Jahrs, gehalten in dem neuen Tempel zu Hamburg. gr. 8. Berl. 824. Maurers B. 2 Thlr

(Kley, E.,) Hamburger Israelit. Gesangbuch, s. G e s a n g b u c h xc.

(——) israelitisches G e s a n g b u c h, s. G e s a n g b u c h.

— Katechismus aus d. mosaischen Religion. 8. Berl. 814. Maurers B. 8 Ngr.

Kley, Em., עדות יהודה Catechismus d. mosa. Religionslehre. 3., völlig umgearb. Aufl. gr. 12. (8½ B.) Leipzig 839, [Voigt u. Fernau.]

Kley, Ed., עדות יהודה Katechismus der mosaischen Religionslehre. 3., umgearb. Aufl. 12. (XIV und 190 S.) Leipzig 850, Voigt. *

— s. L i e d e r u. Gesänge für Israeliten.

— M e l o d i e n zu dem Israelit. Gesangbuche. Einstimmige Ausgabe für den Schulgebrauch. 8. Hamburg 846, Berendsohn. n. ¼ Thlr

—— die erste M o r g e n g a b e zur Lehre u. Bildung. Gesammelt m. besond. Rücksicht f. d. israelit. Schule. (7 B.) Grünberg 843, Levysohn. *.

— Predigten bei dem israelit. Gottesdienst in dem neuen Tempel zu Hamburg gehalten. 1e u. 2e Samml. gr. 8. Hamb. 819, 20. A. Campe. 2 Thlr

KLEY, E., Predigten in dem neuen israelitischen Tempel zu Hamburg. 1—2. Samml. Hamburg. 1819—20.

—— P r e d i g t - S k i z z e n. 8 Hfte. gr. 8. (30 B.) Grünberg 844, Levysohn. * 1

Kley, Ed., Predigt-Skizzen; Beiträge zu einer künftigen Homiletik. 2. Bd. Das zweite Buch Mosis. gr. 8. (VIII und 351 S.) Leipzig 850, C. L. Fritzsche.
1. Bd. Grünberg 844, Levysohn.

— Quellen des Sieges und des Heiles oder das neue Pessach. Predigt am 18. Okt. 1820 in dem neuen Isr. Tempel zu Hamburg. Altona. 1820. P.

— u. G., Salomo, Sammlung d. neuesten Predigten, gehalten in dem neuen israelit. Tempel zu Hamburg. 1r Jahrg. 1e u. 2e Hälfte in 4 Heften u. 2r Jahrg. 1e Hälfte. gr. 8. Hamb. 826—27. (Herold). 3 Thlr 16 Ngr.

— — 2te Sammlung. gr. 8. Ebend. 820.

— Das höhere Sorgen. Eine Erinnerung des neuen Jahres, vorgetragen in dem neuen Isr. Tempel zu Hamburg d. 9. Sept. 1820. Altona. 1820. P.

— (u. G. C. Günzburg), d. deutsche Synagoge, oder Ordnung d. Gottesdienstes für d. Sabbath- u. Festtage des ganzen Jahres; zum Gebrauche d. Gemeinden, die sich d. deutschen Gebete bedienen. 2 Thle. gr. 8. Berl. 817, 18. Maurers B. 2 ℛ︁ℳ︁

— und Günsburg, die deutsche Synagoge, oder: Ordnung des Gottesdienstes für die Sabbath- u. Festtage des ganzen Jahres zum Gebrauch der Gemeinden, die sich der deutschen Gebete bedienen. Nebst 3 Anhängen von Liedern u. Predigten. 2 Thle. gr. 8. Berlin ... Jetzt Heymann. 2 ℛ︁ℳ︁

Kley, Ernst H., s.: **Magazin f. volkstümliche Apologetik.**

Kley, Florentinus Arnold (Brackwede/Westf.), Descriptiones anatomicas sceletorum nonnullorum rhachitide de scoliosi laborantium. Diss. med. Präs. Johann Friedrich Meckel. Halle (Baentsch) 23. X. 1832. 27 S. mit Biogr. (M.: C. Conradi.) (2.50) 18333
Gew.: Ern. G. Huettemann. — Widm. v. Präs.

Kley, Friedrich [aus Rahden]: **Die Reime der Vida St. Honorat von Raymon Feraut, eine sprachliche Untersuchung** .... **Marburg,** Univ.-Buchdr. (R. Friedrich), **1887**; 1 Bl. + 44 S. 8°.
Marburg, Phil. Fak., Inaug.-Diss. v. [1. Apr.] 1887.

Kley, Fr(iedrich). Singen am Hohentwiel und seine Umgebung. Mit den Text begleitenden Original-Zeichnungen und einer Orientirungs-Karte. Ausgearb. von Fr. K'... mit Verwerthung verschiedenen Materials von A. Fischer. [Umschlag illustriert.] 8. Freiburg i. Br. 1895.

Kley, Frid. August. Guisbert. (geb. Enger in Westf. 6. 3. 1837): De uteri carcinomate. Berolini (1861). (32 S.) 8°
Berlin, Med. Diss. v. 22. Juli 1861

Kley, Frid. Guil. (geb. Brackwede 1815): De spondylarthrocace. Berolini (1839). (30 S.) 8°
Berlin, Med. Diss. v. 6. März 1839

Kley, H., neue Vorlagen f. Holzbrandtechnik (Brandmalerei). 1.—3. Lfg. gr. Fol. Heidelberg, E. von König. à 5. —
1. u. 2. (Je 10 Taf. u. 10 Pausen.) 895. Einz. Taf. m. Pause. — 75; Doppeltaf 1. 50
3. Deutsche Burgen u. Schlösser. (7 Taf.) 896. Einzelne Taf. 1 —

Kley, Heinr., kurzer Abriß der Geschichte der preußischen Unterrichtsgesetzgebung. 8. (34 S.) Fulda 886, Nehrkorn. *

[**Kley, Heinrich.**] Festzug. Jubiläum der Universität Heidelberg 1386—1886. Verlag von Bangel & Schmitt ... und Edmund von König ... in Heidelberg [1886]. [Umschlagtit.] 1 Taf. (Leporello-Album). 8°

Kley, Heinr., Skizzenbuch. 100 Federzeichngn. (64 S.) 32×24,5 cm. München (909). A. Langen. Geb. in Leinw. 5. —

— dasselbe. II. 100 Federzeichngn. (64 S.) 32×24,5 cm. Ebd. (910.) Geb. in Leinw. 6. —

Kley, Jacob, Rechtspraktikant aus Mannheim: **Ueber den Beginn der Verjährung der Strafverfolgung.** *Mannheim 1899: A. K. Schwab.* (62 S.) 8°
Erlangen, Jur. Diss. v. 12. Nov. 1898

Kley, Joachim Andreas

— — De privilegiis militum. Disp. jur. Präs. Johann Heinrich Meier. Erfurt (Joh. Heinr. Grosch) 4. V. 1700. 20 S. (6.—) 18335
Gew.: Joachim Schäffer. — Widm. v.: Präs., Hieronymus Ludolff, M. Hiob Fidejustus Häuser, Adam Heinrich (Trefurth), Joachim Andreas u. Franz Georg Meier, J. C. Apfelstadt, C. Jungk.

Kley, Jos., die Pentateuchfrage. Ihre Geschichte u. ihre Systeme. (Von der hohen kathol.-theol. Fakultät zu Tübingen gekrönte Preisschrift.) (XI, 239 S.) gr. 8. Münster 903. Alphonsus-Buchh. n. 4. 50

Kley, Joseph: **Welche Eingriffe können mit der actio negatoria abgewehrt werden?** *Köln 1897: Ph. Gehly.* (46 S.) 8°
Erlangen, Jur. Diss. v. 19. Okt. 1897

Kley, Karl

Kley, Carl, die einfach- u. direktwirkenden Woolf'schen Wasserhaltungsmaschinen der Grube Altenberg bei Aachen. Beschreibung, Berechnung u. Resultate derselben, mit Notizen über verwandte Maschinensysteme u. einer Abhandlung über die Anwendung der Expansion bei Maschinen ohne continuirlich drehende Bewegung. Stuttgart 865. Hoffmann'sche Verlagsh. gr. 4. (XII, 96 S. mit 9 in den Text gedr. Holzschn. u. 3 lith. Texttaff. in qu. Fol., nebst 1 Atlas von 12 Steintaff. in Imp.-Fol.) 5 ℛ︁ℳ︁

Kley, M., Präparation zu Livius. Buch XXI. 2. Aufl. (65 S.) 8. Leipzig 910. B. G. Teubner. — 60

Kley, Marie, Gedichte. 8. (VI, 176 S.) Dresden 899. E. Pierson. n. 2. 50; geb. n. 3. 50

Kley, Max

— Präparation zu Livius. Buch XXI. gr. 8. (66 S.) Ebd. 901. n. — 60

Kley, Max, Präparation zu Livius XXII. (26 S.) 8. Leipzig 905. B. G. Teubner. n. — 50

Kley, Max, Präparationen zu Ciceros Rede f. Milo. gr. 8. (18 S.) Leipzig 902. B. G. Teubner. n. — 40

[F.] **Kley,** *Maximilian* [Referendar]: **Das Wesen des redlichen Besitzes nach römischem und preussischem Recht** ... Lüneburg, Druck d. von Stern'schen Buchdr., 1891; 2 Bl., 29 S. 8.
Göttingen, Jur. Fak., Inaug.-Diss. v. [23. Dez.] 1891

Kley, das Wesen d. redlichen Besitzes nach römischem u. preußischem Recht. Diss. gr. 8. (29 S.) Lüneburg 891. (Göttingen, Vandenhoeck & Ruprecht.) n. — 80

[F.] Gesetzeskunde und Buchführung für Baubeflissene, insbes. z. Gebr. in d. königl. preuss. Baugewerkschulen, bearb. v. Dr. W. **Kley.** *Wittenberg: R. Herrosé 1898.* (IV, 116 S.) 1 Bd 8. [98. 11318 Ha

Kley, (Wilh.), die Arbeit. Lesebuch f. gewerbl. Fortbildungs- u. Fachschulen nebst Sonderanhängen f. elementare techn. Gewerbekunde sowie berufl. Gesetzes- u. Bürgerkunde. (XVI, 493 S.) gr. 8. Hannover 907. C. Meyer. Geb. 2. 60

— dasselbe. Anh. I. gr. 8. Ebd. Kart. 2.—; geb. in Leinw. n 2. 25
Anh. I. Der Bäcker. Anleitung zur Gesellen- u. Meisterprüfg. sowie Handreichg. zur Bäckerpraxis, in Verbindg. m. Praktikern bearb. (XVI, 230 S.) 907.

— dasselbe. Lehr- u. Lernbuch f. gewerbl. Fortbildungsschulen m. vorwiegend handwerkerl. Lehrlingen. Kleine Ausg. B. (VIII, 271 S.) 8. Ebd. 908. Geb. 1. 50

— Die schriftlichen Arbeiten des Bäckers sowie die Berufskunde in 80 Klassenaufsätzen. Zum Unterrichtsgebrauche in den Bäckerfachklassen der gewerbl. Fortbildungsschulen, zur Vorbereitg. auf die Gesellen- u. Meisterprüfg. sowie zum Selbstunterrichte. Ausg. A. f. die Hand der Lehrer u. Meister. (167 S.) 8. Ebd. 908. Kart. 2. 50

— dasselbe sowie die technische Gewerbekunde u. berufliche Gesetzes- u. Bürgerkunde in 80 Klassenaufsätzen. Zum Unterrichtsgebrauche in den Bäckerfachklassen der gewerbl. Fortbildungsschulen, zur Vorbereitg. auf die Gesellen- u. Meisterprüfg. sowie zum Selbstunterrichte. Ausg. B. f. die Hand der Schüler. (68 S.) 8. Ebd. 908. Kart. — 60

— Die schriftl. Arbeiten in Fleischerfachklassen. I. Tl.: Die techn. Gewerbekunde sowie die berufl. Gesetzes- u. Bürgerkunde in 100 Klassenaufsätzen. II. Tl.: Die eigentl. schriftl. Geschäftsarbeiten im modernen Fleischergeschäft. Zum Unterrichtsgebrauche in den Fleischerfachklassen der gewerbl. Fortbildungsschulen, zur Vorbereitg. auf die Gesellen- u. Meisterprüfg. sowie zum Selbstunterrichte. Ausg. f. die Hand der Lehrer u. Meister. (206 S.) 8. Ebd. 909. Kart. 2. 80

— dasselbe. Ausg. B. f. die Hand der Lehrer u. Meister. (6 u. 80 S.) 8. Ebd. 909. Kart. — 80

— s.: Arbeitsschule, die deutsche.

Kley, Wilh., der Auf- u. Ausbau der deutschen Gewerbe- u. Fortbildungsschule. Vortrag, geh. in der 24. Haupt-Versammlg. des Verbandes Thüringer Gewerbevereine am 3. VIII. 1902 in Suhl i. Thür. (36 S.) 8. Harburg 902. (Hannover, C. Meyer.) n. — 60

— die Ausbildung unserer Töchter nach der Entlassung aus der Schule. Eine Denkschrift. (69 S.) gr. 8. Hannover 904. C. Meyer. n. 1. 50

Kley W, der Bäcker. Anleit. z. Gesellen- u Meisterprüfg. (239 S) Hannover-List 1907

— Die Bäckergesellen- u. Meisterprüfung in 1367 Fragen u. Antworten. In Verbindg. m. Praktikern bearb. Ergänzungsheft I zu W. Kley, der Bäcker. (152 S.) 8. Hannover 908. C. Meyer. Geb. 1. 60

Kley, Wilhelm [aus Steinbach, Kreis Meiningen]: Die Berufskrankheiten und ihre Stellung in der staatlichen Arbeiterversicherung in nationalökonomischer Beleuchtung. Mit 3 graphischen Tafeln und 25 Tabellen. Cassel 1897. XII—179 S. 8°.
Basel. Phil. Diss. 1896/97.

Kley, Wilh., d. Berufskrankheiten u. ihre Stellg. in d. staatl. Arbeiterversicherg. in national-ökonom. Beleuchtg. M. 3 graph. Taf. u. 25 Tab. gr. 8. (XII, 179 S.) Cassel 897. L. Döll. n. 3. —

Deutsches Berufs-Liederbuch. Kleine Ausg. f. Fortbildungs- u. Fachschulen. Hrsg. von Dr. W[ilhelm] Kley. Hannover-List & Berlin: C. Meyer 1908. (51 S.) 8° [S.] [08. 16787]

— Deutsches Berufs-Liederbuch. Ausg. A. m. evang. Anh. Für Fortbildungs- u. Fachschulen, Lehrlingsheime usw. 3.—6., gleichlaut. Aufl. (VIII, 107 S.) 16. Ebd. 909. Kart. nn — 25; geb. in Leinw. — 50

— Buchführung f. Bäcker u. Konditoren. Für die Hand der Schüler in Bäcker- u. Konditorfachklassen sowie die Teilnehmer an Bäcker- u. Konditor-Fachkursen. (IV, 12 S.) 8. Ebd. 909. — 15

— Der Fleischer. Handbuch f. die Fleischerpraxis, Anleitg. zur Gesellen- u. Meisterprüfg., sowie Lehrbuch f. die Fleischerklassen gewerbl. Fortbildungsschulen, in Verbindg. m. Praktikern bearb. (XXIV, 394 S. m. 134 z. Tl. farb. Abbildgn.) 8. Hannover 908. C. Meyer. Kart. 3.50; geb. in Leinw. 4. 50

Kley, (Wilh.), die Fleischergesellen- u. -Meisterprüfung in 1600 Fragen u. Antworten. Ergänzungsheft I zu W. Kley, der Fleischer. (156 S.) 8. Hannover 908. C. Meyer. Kart. 1.50; geb. in Leinw. 2. —

— die gewerbliche Fortbildungsschule in Industrieorten, e. Beitrag zur Organisations- u. Lehrplanfrage, unter Zugrundelegung der Harburger Verhältnisse. (26 S. m. 1 Tab.) 8. Ebd. 904. n. — 60

[Gedichte] Zur frohen Stunde. Von Wilh. Kley.] o. O. u. J. 76 S. 8°.
Der Loge Carl zur Eintracht in Mannheim gewidmet. Enthält auch einige freim. Gedichte

— der Genossenschaftsgedanke u. die stete Umbildung im Handwerk. Vortrag anläßlich der 4. Vollversammlg. der Handwerkskammer zu Cassel. (16 S.) gr. 8. Ebd. 904. n. — 30

— Geschäfts- u. Lebensklugheit des modernen Geschäftsmannes. Vortrag, geh. am 14. XI. 1902 in dem in Gemeinschaft m. dem Innungsausschusse veranstalteten Vortragscyklus f. Handwerker u. Kleingewerbetreibende. (23 S.) 8. Ebd. 904. n. — 50

— über das Innungs- u. Gildewesen der Stadt Harburg vor Einführung der Gewerbefreiheit im J. 1869. Vortrag, geh. in der Hauptversammlg. des Museumsvereins am 15. III. 1902. (29 S.) 8. Harburg 902. (Hannover, C. Meyer.) n. — 50
Sonderabdruck aus: „Harburger Anzeigen u. Nachrichten".

— Praktische Kalkulationen f. Bäcker u. Konditoren. Für die Hand der Schüler in Bäcker- u. Konditorfachklassen sowie der Teilnehmer an Bäcker- u. Konditor-Fachkursen. (IV, 31 S.) 8. Ebd. 909. — 40

— dasselbe im Fleischergewerbe. Zum Gebrauche in Fleischerfachklassen wie zum Selbstunterrichte. [Aus: „Rechnen, Kalkulation u. Buchführg. f. Fleischer".] (IV, 21 S.) gr. 8. Ebd. 909. — 50

— Kaufmannsberuf, kaufmännische Lehre u. kaufmännische Fortbildungsschule bezw. einjährige Handelsschule. Eine Denkschrift an Magistrat, Handelskammer u. Kaufmannschaft zu Harburg a. E. (33 S.) gr. 8. Hannover 906. C. Meyer. n. 1. —

Kley, W., bei Krupp. Eine socialpolit. Reiseskizze unter besond. Berücksicht. der Arbeiter-Wohnungsfürsorge. Mit vielen Skizzen, graph. Taf. u. Tab. gr. 8. (X, 165 S. m. 3 Taf.) Leipzig 899. Duncker & Humblot. n. 3. 60

— Das allgemeine od. vorbereitende Rechnen in der gewerblichen Fortbildungs- u. Fachschule. (64 S.) 8. Ebd. 909. — 50

— Das berufliche Rechnen f. Bäcker, Konditoren u. Müller. Zum Gebrauche in gewerbl. Fortbildungsschulen, Bäcker-, Konditor- u. Müller-Fachklassen u. -Fachschulen, sowie Gesellen- u. Meisterkursen. (VIII, 171 S.) gr. 8. Ebd. 909. Kart. 2. —

— dasselbe in Fleischer-Fachklassen. Zum Gebrauche in gewerbl. Fach- u. Fortbildungsschulen sowie in Gesellen- u. Meisterkursen f. das Fleischergewerbe. (VIII, 192 S.) gr. 8. Ebd. 910. Kart. 2. —

— Rechnen, Kalkulation u. Buchführung f. Bäcker u. Konditoren, m. besond. Berücksicht. auch des Rechnens in der Müllerei. Zum Gebrauche in gewerbl. Fach- u. Fortbildungsschulen sowie in Gesellen- u. Meisterkursen. (VII, 280 S.) 8. Ebd. 909. Geb. 2. 80

— Rechnen u. Kalkulation in Fleischerfachklassen, m. Berücksicht. der Buchführung. Zum Gebrauche in gewerbl. Fach- u. Fortbildungsschulen sowie in Gesellen- u. Meisterkursen f. das Fleischergewerbe. 3 Tle. 8. Ebd. 910. 3. —; in 1 Leinw.-Bd. 2. 80

1. Allgemeines od. vorbereitendes Rechnen. (VIII u. S. 1–64 m. Fig.) — 50
2. Das Rechnen in Fleischerfachklassen. (S. 65–256 m. Abbildgn.) 2. –
3. Die Kalkulation im Fleischergewerbe. (S. 257–277.) — 50

— d. Schwindsucht im Lichte d. Statistik u. Socialpolitik, m. besond. Berücksicht. d. staatl. u. privaten Versicherg. Eine Arbeit aus d. kgl. Versicherungsseminar d. Universität Göttingen. Mit 3 graph. Taf. gr. 8. (VIII, 87 S.) Leipzig 898. Duncker & Humblot. n. 2. 40

— die Stenographie als Erziehungs- u. Bildungsmittel sowie als unentbehrliches Rüstzeug des modernen Geschäftsmannes. Vortrag, geh. am 22. VIII. 1903 in der Jahresversammlung des Stenographenbundes Unterelbe (Stolze-Schrey) zu Harburg a. d. Elbe. (16 S.) gr. 8. Ebd. 904. n. — 50

— Volksbildung u. Volkswirtschaft. Festrede zum 29. Stiftungsfest des Harburger Bildungsvereins am 21. XI. 1903. (8 S.) 8. Ebd. 904. n. — 30

— Volksschule u. Fortbildungsschule. Ein Beitrag zu e. zeitgemäßen schlichtbürgerl. Erziehg. unserer Gewerbetreitenden. (VIII, 198 S.) gr. 8. Ebd. 906. n. 2. 80

Warum sollen und müssen sich die Handwerker zu Innungen und Genossenschaften zusammenschließen? Vortrag, geh. in d. Handwerkerversammlung zu Hofgeismar 1900 von Dr. W[ilhelm] **Kley**. Hannover [&] Berlin: C. Meyer (1900). (8 S.) 8° [Umschlagt. F.] [o8. 17950

Was lehren uns die Weltausstellungen der letzten 10 Jahre (Chigago [!] u. Paris)? Volkswirtschaftl. Plaudervortrag von Dr. W[ilhelm] **Kley**. Hannover [&] Berlin: C. Meyer 1904. (10 S.) 8° [F.] [o8. 17951

Kleyboldt, Chrph., Leben u. Leiden unseres Herrn Jesu Christi, s.: Cochem, Mart. v.

— Sammlung kirchlicher Erlasse, Verordngn. u. Bekanntmachgn. f. die Diözese Münster. gr. 8. (XV, 690 S.) Münster 898. Westfäl. Vereinsdruckerei. n. 8. —; geb. in Halbfrz. n.n. 9. 60

Kleyboldt, Chr., Sammlung kirchlicher Erlasse, Verordngn. u. Bekanntmachungen f. die Diözese Münster. Neue Folge. (XII, 431 S.) gr. 8. Münster i/W. 909. Westfäl. Vereinsdruckerei. (Nur direkt.) nn 6. —; geb. nn 7. 50
1. Sammlung. Ebd. 898. 8. —; geb. nn 9. 60.

— s.: Schematismus der Diözese Münster.

— kathol. Unterrichts- u. Erbauungsbuch, s.: Goffine, Leonh.

Jagderlebnisse und Reisebilder aus Somaliland, Tunesien, Eritrea (Afrika), Sardinien u. d. Sudan von W[ilhelm] Frh. v. **Kleydorff**. Mit 16 Taf. u. 124 Abb. Berlin: Voss 1910. 217 S. 4°(8°) [10.13191

Kleye, F. (Red.), s. Aue, die goldene.

Kleye, K., unser jetziges direktes Steuersystem, s.: Lambrecht, A.

Kleyensteuber, Wilhelm, prakt. Arzt zu Frankfurt a. M.: **Histologie und Ätiologie der Stimmbandknötchen.** *Leipzig: G. Fock 1899.* (24 S.) 8°
Leipzig. Med. Diss. v. 4. Juli 1899
(Nur in beschränkter Zahl für den Austausch)

Kleyer, Adf., vollständig gelöste Aufgaben-Sammlung — nebst Anhängen ungelöster Aufgaben, für den Schul- u. Selbstgebrauch — mit Angabe der benutzten Sätze, Formeln, Regeln, erläutert durch viele Zinkogr., Holzschn. u. lith. Taf., aus allen Zweigen der Rechenkunst, der niederen u. höheren Mathematik, aus allen Zweigen der Physik, Mechanik, Graphostatik etc. für Schüler, Studirende, Kandidaten etc. zum einzig richtigen u. erfolgreichen Studium, zur Forthülfe bei Schularbeiten u. zur rationellen Verwertung der exacten Wissenschaften. 1—60. Hft. gr. 8. (à 16 S.) Stuttgart 881. 82. Maier. à n. — 25

Kleyer, Adph., vollständig gelöste Aufgaben-Sammlung — nebst Anhängen ungelösster Aufgaben, f. den Schul- u. Selbstgebrauch — m. Angabe u. Entwicklg. der benutzten Sätze, Formeln, Regeln, in Fragen und Antworten, erläutert durch viele Holzschn. u. lithogr. Taf. aus allen Zweigen der Rechenkunst, der niederen u. höheren Mathematik, aus allen Zweigen der Physik, Mechanik, Graphostatik etc. 57—283. Hft. gr. 8. (à 16 S.) Stuttgart 883—86. Maier. à n. — 25

— dasselbe. 2. Abdr. 1—4. Hft. gr. 8. (à 16 S.) Ebend. 883. à n. — 25

Kleyer, Adph., vollständig gelöste Aufgaben-Sammlung — nebst Anhängen ungelöster Aufgaben, f. den Schul- und Selbstunterricht — m. Angabe u. Entwickelg. der benutzten Sätze, Formeln, Regeln in Fragen u. Antworten, erläutert durch viele Holzschn. u. lithogr. Taf., aus allen Zweigen der Rechenkunst, der niedern u. höhern Mathematik, aus allen Zweigen der Physik, Mechanik, Graphostatik etc., f. Schüler, Studierende, Kandidaten etc. zum einzig richt. u. erfolgreichen Studium, zur Forthülfe bei Schularbeiten und zur rationellen Verwertg. der exakten Wissenschaften, unter Mitwirkg. der bewährtesten Kräfte. 284.—817. Hft. gr. 8. (à 16 S.) Stuttgart 887—890. J. Maier. à n. — 25

Kleyer, Adph., vollständig gelöste Aufgaben-Sammlung — nebst Anhängen ungelöster Aufgaben, f. den Schul- u. Selbstunterricht — m. Angabe u. Entwickelg. der benutzten Sätze, Formeln, Regeln in Fragen u. Antworten, erläut. durch viele Holzschn. u. lithogr. Taf., aus allen Zweigen der Rechenkunst, der niederen u. höheren Mathematik, aus allen Zweigen der Physik, Mechanik, Graphostatik etc., f. Schüler, Studierende, Kandidaten etc. zum einzig richt. u. erfolgreichen Studium, zur Forthülfe bei Schularbeiten u. zur rationellen Verwertg. der exakten Wissenschaften, hrsg. unter Mitwirkg. der bewährtesten Kräfte. 818.—1337. Hft. gr. 8. (à 1 Bog.) Stuttgart 891—894. J. Maier. à n. — 25

Kleyer, Adph., vollst. gelöste Aufgaben-Sammlung — nebst Anhängen ungelöster Aufgaben, f. d. Schul- u. Selbstunterricht — m. Angabe u. Entwicklg. d. benutzten Sätze, Formeln, Regeln in Fragen u. Antworten, erläut. durch viele Holzschn. u. lithograph. Taf., aus allen Zweigen der Rechenkunst. d. nied. u. höh. Mathematik, aus allen Zweigen d. Physik, Mechanik, Graphostatik etc., für Schüler, Studierende, Kandidaten etc. z. einzig richt. u. erfolgr. Studium, z. Forthülfe b. Schularbeiten u. z. ration. Verwertg. d. exakten Wissenschaften, hrsg. unter Mitwirkg. der bewährtesten Kräfte. 1338.—1386. Hft. gr. 8. (à 1 Bog.) Stuttgart 895—897. J. Maier. à n. — 25

Kleyer, Adph., vollst. gelöste Aufgaben-Sammlung — nebst Anhängen ungelöster Aufgaben, f. d. Schul- u. Selbstunterricht — m. Angabe u. Entwicklg. der benutzten Sätze, Formeln, Regeln in Fragen u. Antworten, erläutert durch viele Holzschn. u. lithograph. Taf., aus allen Zweigen d. Rechenkunst, der niederen u. höh. Mathematik; aus allen Zweigen der Physik, Mechanik, Graphostatik etc. etc., f. Schüler, Studierende, Kandidaten etc. zum einzig richt. u. erfolgreichen Studium, zur Forthilfe bei Schularbeiten u. zur rationellen Verwertg. d. exakten Wissenschaften, hrsg. unter Mitwirkg. d. bewährtesten Kräfte. 1387.—1453. Hft. gr. 8. (à 1 Bog.) Stuttgart 899—902. [J. Maier.] Bremerhaven, L. v. Vangerow. à n. — 25

Kleyer, Adph., vollständig gelöste Aufgaben-Sammlung — nebst Anhängen ungelöster Aufgaben, f. den Schul- u. Selbstunterricht — m. Angabe u. Entwicklg. der benutzten Sätze, Formeln, Regeln in Fragen u. Antworten, erläutert durch viele Holzschn. & lithograph. Taf., aus allen Zweigen der Rechenkunst, der niederen (Algebra, Planimetrie, Stereometrie, ebenen u. sphär. Trigonometrie, synthet. Geometrie etc.) u. höh. Mathematik (höh. Analysis, Differential- u. Integral-Rechng., analyt. Geometrie d. Ebene u. d. Raumes etc.); aus allen Zweigen der Physik, Mechanik, Graphostatik etc. etc., f. Schüler, Studierende, Kandidaten usw. zum einzig richt. u. erfolgr. Studium, zur Forthilfe bei Schularbeiten u. zur ration. Verwertg. der exakten Wissenschaften, hrsg. unter Mitwirkg. der bewährt. Kräfte. 1454.—1537. Heft. (Je 1 Bog.) gr. 8. Bremerhaven (903—906). L. v. Vangerow. à n. — 25

Kleyer, Adph., vollständig gelöste Aufgaben-Sammlung — nebst Anhängen ungelöster Aufgaben, f. den Schul- u. Selbstunterricht — m. Angabe u. Entwicklg. der benutzten Sätze, Formeln, Regeln in Fragen u. Antworten, erläutert durch viele Holzschn. & lithograph. Taf., aus allen Zweigen der Rechenkunst, der niederen (Algebra, Planimetrie, Stereometrie, ebenen u. sphär. Trigonometrie, synthet. Geometrie etc.) u. höheren Mathematik (höhere Analysis, Differential- u. Integral-Rechng., analyt. Geometrie der Ebene u. des Raumes etc.); aus allen Zweigen der Physik, Mechanik, Graphostatik etc. etc., f. Schüler, Studierende, Kandidaten usw. zum einzig richt. u. erfolgreichen Studium, zur Forthilfe bei Schularbeiten u. zur rationellen Verwertg. d. exakten Wissenschaften, hrsg. unter Mitwirkg. der bewährtesten Kräfte. 1538.—1637. Heft. (à 16 S.) gr. 8. Bremerhaven (907—10). L. v. Vangerow. à Heft. — 25

— die Chemie in ihrer Gesammtheit bis zur Gegenwart u. die chemische Technologie der Neuzeit. Bearb. nach eigenem System unter Mitwirkg. der bewährtesten Kräfte. Mit zahlreichen Illustr. 1—9. Hft. gr. 8. (S. 1—144.) Ebend. 886. à n. — 25

— die Chemie in ihrer Gesamtheit bis zur Gegenwart u. die chemische Technologie der Neuzeit. Bearb. nach eigenem System unter Mitwirkg. der bewährtesten Kräfte. Mit zahlreichen Illustr. 10.—63. Hft. gr. 8. (1. Bd. XVI, 816 S. u. 2. Bd. S. 1—176.) Ebd. 887—890. à Hft. n. — 25

— die Chemie in ihrer Gesamtheit bis zur Gegenwart u. die chemische Technologie der Neuzeit. Bearb. nach eigenem System unter Mitwirkg. der bewährtesten Kräfte. 64.—92. Hft. gr. 8. (2. Bd. S. 177—588 u. Registerhefte XV, XX u. XII S.) Ebd. 891—893. à n. — 25

— Encyklopädie der gesamten mathematischen, technischen u. exakten Natur-Wissenschaften. Besondere Ausg. v. Kleyer's vollständig gelöster Aufgabensammlg. 1.—38. Lfg. gr. 8. (à 4 B. m. Fig.) Ebd. 887—890. à n. 1. —

— die elektrischen Erscheinungen u. Wirkungen in Theorie u. Praxis. Nebst Anhängen v. gelössten Aufgaben u. Berechngn. Gemeinfassliche Erklärg. u. Darstellg. der Elektricitätslehren u. Elektrotechnik. Mit vielen Holzschn. u. Taf. 1—59. Hft. gr. 8. (1. Bd. X, 296; 2. Bd. X, 360 S. u. 3. Bd. S. 1—256.) Ebend. 884—86. à n. — 25

— die elektrischen Erscheinungen u. Wirkungen in Theorie u. Praxis. Nebst Anhängen v. gelösten Aufgaben u. Berechngn. Gemeinfassliche Erklärgn. und Darstellg. der Elektricitätslehren u. Elektrotechnik. Mit vielen Holzschn. u. Taf. Hrsg. unter Mitwirkg. der bewährtesten Kräfte. 60.—146. Hft. gr. 8. (à 1 B.) Stuttgart 887—890. J. Maier. à n. — 25

— die elektrischen Erscheinungen u. Wirkungen in Theorie u. Praxis. Nebst Anhängen v. gelösten Aufgaben u. Berechngn. Gemeinfassliche Erklärg. u. Darstellg. der Elektricitätslehren u. Elektrotechnik. Mit vielen Holzschn. u. Taf. Hrsg. unter Mitwirkg. der bewährtesten Kräfte. 147.—168. Hft. (à 1 Bog.) gr. 8. Ebd. 891. 892. à n. — 25

KLEYER, AD.
Anorganische Experimental-Chemie. Stuttgart (?), 1889–93. 2 vols.
Vol. I: Metalloïde, von Steffen. 1889.
Vol. II: Metalle, von Steffen. 1893.

— Gesundheitspflege im Zusammenhang mit Canalbau u. Wasserversorgung, nebst einer Erläuterung über den Zweck u. die Einrichtung der Hausentwässerungen, m. 7 lith. Taf. 8. (III, 132 S.) Halberstadt (1874) 882. Bange. n. 2. —

— Lehrbuch der Differentialrechnung, s. a. Haas, Aug.

—— Lehrbuch der Differentialrechnung. 1. Tl.: Die einfache und wiederholte Differentiation explizierter Funktionen von einer unabhäng. Variablen. Nebst einer Sammlung gelöster Aufgaben. Für den Schulunterricht und das Selbststudium bearb. nach eigenem System und ohne Anwendung der Grenzen- und der Nullen-Theorie und ohne Vernachlässigung von Grössen. 2. Aufl. gr. 8. (XVIII, 234 S.) Ebendas. 888. *

Kleyer, Ad. Lehrbuch der Differentialrechnung. Theil I, II. Stuttgart, 1888 und 1893.

—— Lehrbuch der ebenen Elementar-Geometrie [Planimetrie]. 1. Tl.: Die gerade Linie, der Strahl, die Strecke, die Ebene und die Kreislinie im allgemeinen. Nebst einer Sammlung gelöster Aufgaben. Mit 234 Erklärungen und 109 in den Text gedr. Fig. Für den Schulunterricht und das Selbststudium bearb. nach eigenem System und in Rücksicht auf die Grundbegriffe der Infinitesimalrechnung. gr. 8. (VII, 92 S..) Ebendas. 888. *

Kleyer, Adph., Lehrbuch der Gleichungen des 1. Grades mit einer Unbekannten. Sammlung von 2381 Zahlen-, Buchstaben- und Textaufgaben, grösstenteils in vollständig gelöster Form, erläutert durch 230 Erklärungen und 26 in den Text gedr. Fig. Zum Gebrauch an niederen und höheren Schulen, sowie zum rationellen Selbststudium bearb. nach eigenem System. gr. 8. (X, 460 S.) Ebendas. 886. * 8 —
geb. ** 9 —

— Lehrbuch der Goniometrie [Winkelmessungslehre], m. 307 Erklärgn. u. 52 in den Text gedr. Fig., nebst e. Sammlg. v. 513 gelösten u. ungelösten analogen Aufgaben. Zum Gebrauch an niederen u. höheren Schulen, wie zum rationellen Selbststudium bearb. nach eigenem System. gr. 8. (IX, 364 S.) Ebend. 886. n. 7. —

— Lehrbuch der Integralrechnung. Integralrechnung I: Die Integration v. Differentialfunktionen von der allgemeinen Form f (x) . dx. 1. Thl. Mit e. Sammlg. v. 592 gelösten Aufgaben. Für das Selbststudium, zum Gebrauch an Lehranstalten, sowie zum Nachschlagen v. Integrations-Formeln und Regeln bearb. nach eigenem System u. im Anschluss an das Lehrbuch der Differentialrechng. gr. 8. (XIV, 518 S.) Ebd. 889. n. 10. —

— Lehrbuch d. Integralrechng., 2. Bd., s.: Haas, Aug.

—— Lehrbuch der Körperberechnungen. Zum Gebrauch an niederen und höheren Schulen, sowie zum rationellen Selbststudium bearb. nach eigenem System. 1. und 2. Buch. gr. 8. Ebendas. 886. [1. Buch mit vielen gelösten und analogen ungelösten Aufgaben, nebst 184 in den Text gedr. Fig. 2. Aufl. (VIII, 232 S.) *ℳ 4.—; geb. **ℳ 5.—; 2. Buch mit 772 vollständig gelösten und analogen ungelösten Aufgaben, nebst 742 Erklärungen und 256 in den Text gedr. Holzschn. (VIII, 527 S.) *ℳ 9.—; geb. **ℳ 10.—.] *ℳ 13.—; geb. ** 15 —

—— Lehrbuch der Logarithmen, nebst einer Sammlung von 1996 gelösten und ungelösten Beispielen, zum Gebrauch an niederen und höheren Schulen, sowie zum rationellen Selbststudium bearb. gr. 8. (VIII, 216 S.) Stuttgart 884, Maier. *

— Lehrbuch der Logarithmen, nebst e. Sammlg. v. 1996 gelösten u. ungelösten Beispielen, zum Gebrauch an niederen u. höheren Schulen, sowie zum rationellen Selbststudium bearb. 2. Aufl. (Kleyers Encyklopädie der gesamten mathem., techn. u. exakten Natur-Wissenschaften.) (VIII, 216 S.) gr. 8. Ebd. 908. 4.—; geb. in Leinw. n 5. —

—— Lehrbuch des Magnetismus und des Erdmagnetismus. Nebst einer Sammlung von gelösten und ungelösten Aufgaben, erläutert durch 189 in den Text gedr. Fig. und 10 Karten, zum Gebrauch an niederen und höheren Schulen, sowie zum rationellen Selbststudium bearb. gr. 8. (X, 296 S.) Ebendas. 885. * 6 —

—— Lehrbuch der Potenzen und Wurzeln, nebst einer Sammlung von 3296 gelösten und ungelösten Beispielen, zum Gebrauch an niederen und höheren Schulen, sowie zum rationellen Selbststudium bearb. gr. 8. (X, 372 S.) Ebendas. 884. *

—— Lehrbuch der arithmetischen und geometrischen Progressionen der zusammengesetzten, harmonischen, Ketten- und Teilbruchreihen. Nebst einer Sammlung von über 400 gelösten und ungelösten Aufgaben, erläutert durch 13 in den Text gedr. Fig., zum Gebrauch an niederen und höheren Schulen, sowie zum rationellen Selbststudium bearb. gr. 8. (IV, 205 S.) Ebendas. 884. *

—— Lehrbuch der Reibungselektricität [Friktionselektricität, statischen oder ruhigen Elektricität], erläutert durch 860 Erklärungen, 273 in den Text gedr. Fig., nebst einer Sammlung von gelösten und ungelösten Aufgaben. Zum Gebrauch an niederen und höheren Schulen, sowie zum rationellen Selbststudium bearb. nach eigenem System. gr. 8. (X, 376 S.) Ebendas. 886. *ℳ 7.—; geb. ** 8 —

—— Lehrbuch der ebenen Trigonometrie. Eine Sammlung von 1049 gelösten, oder mit Andeutungen versehenen, trigonometr. Aufgaben aus der angewandten Mathematik mit 797 Erklärungen, 563 in den Text gedr. Fig. und 65 Anmerkungen, nebst einem ausführl. Formelnverzeichnis von über 500 Formeln, zum Gebrauch an niederen und höheren Schulen, sowie zum Selbststudium und Nachschlagen bearb. nach eigenem System. gr. 8. (XXII, 960 S.) Ebendas. 888. * 18 —

—— Lehrbuch der Zinseszins- und Rentenrechnung, nebst einer Sammlung von 525 gelösten und ungelösten Aufgaben aus allen Zweigen des Berufslebens, zum Gebrauch an niederen und höheren Schulen, zum rationellen Selbststudium, sowie zum prakt. Gebrauch bearb. gr. 8. (X, 316 S.) Ebendas. 885. * 6 —

— fünfstellige korrekte logarithmische Tafeln, nebst e. trigonometr. Tafel u. e. Anzahl von anderen Tabellen, deren Benutzg. gewisse numerische Berechngn. erleichtern, besonders bearb. f. den Schulgebrauch u. die allgemeine Praxis. Ster.-Dr. gr. 8. (112 S.) Ebend. 883. cart. n. 2. 50

Kleyer, Geo., die Rechenstunde. Ein praktisch-anschaul. Führer f. die junge Lehrerwelt. In Lektionen üb. die wichtigsten Gebiete des Volksschulrechnens dargestellt. 1. u. 2. Tl. (in 1 Bde.). Nebst: Zur method. Behandlg. des Einmaleins m. der Einmaleinsveranschaulichg. D. R. G. M. No. 294572. (VI, 80, 133 u. 8 S. m. Abbildgn.) gr. 8. München (910). C. A. Seyfried & Co. Geb. in Leinw. 2. 50

Kleyer, H: Jllustrirte »Adler«-Fahrrad-Kataloge der Adler-Fahrradwerke zu Frankfurt a. Main vorm. Heinrich Kleyer. Frankfurt a. M. 1896

Kleyer, H: Jllustrirte »Adler«-Fahrrad-Kataloge der Adler-Fahrradwerke zu Frankfurt a. Main vorm. Heinrich Kleyer. 2. Aufl. Frankfurt a. M. 1899

Kleyer, H: Auszug aus dem ill. »Adler«-Fahrrad-Katalog der Adler-Fahrradwerke vorm. Heinrich Kleyer. Frankfurt a. Main 1896

Kleyer, H: Preis-Liste über Fahrrad-Ausstattungs- und -Ersatzstücke. Frankfurt a. Main (1897)

Kleyer, H: Jll. Preis-Liste der »Adler«-Fahrräder. Frankfurt a. M. 1894

Kleykamp, Anweisung zur Kassen- und Buchführung für die den Haupt-Zoll- und Haupt-Steuerämtern untergeordneten Hebestellen, nach amtl. Quellen neu bearb. gr. 8. (78 S.) Minden 878, Hufeland. *

Kleyle, F. J., Rückerinnerungen an eine Reise in Oesterreich u. Steyermark im J. 1810. 8. Wien 814. Beck. 1 rß 16 K Hbg. Pr. 1 rß Schrbp. 2 rß

Kleyle, Hofrath Joachim Ritter v., (Senior). Reform des österreichischen Kriegswesens durch Erzherzog Carl im Jahre 1801 f. f. (Vorgetragen vom kais. Rathe Bergmann.) (Aus dem April-Hefte des Jahrganges 1849 der „Sitzungsberichte der kaiserl. Akademie der Wissenschaften“ besonders abgedruckt.) (Donation Liechtenstein.) 8. Wien 1849.

Kleyle, Karl v.

Kleyle, Carl v., Anleitung zur systemat. Landgüter-Einrichtung. gr. 8. (22 B.) Wien 844, Braumüller u. Seidel.

Kleyle, Carl v., kurze Beschreibung der 1851 vom k. k. Ministerium für Landeskultur und Bergwesen in England angekauften Acker-Geräthe sammt den Berichten über: a. engl. Ackergeräthe und b. Drainage. gr. 8. (59 S. mit 1 lithogr. Beilage in gr. Fol.) Wien 852, Gerold's Sohn. Thlr. *

Kleyle, Carl v., der Pflug, der Anhäufler und der Wühler. Neue unveränd. Ausg. gr. 8. (IV und 112 S. mit 3 lithogr. Zeichn. in Fol. und eingedr. Holzschn.) Wien 851, Braumüller. *

Kleyn, H. A., De L. et T. Munatiis Plancis disp. hist.-liter. Diss. 1856. 158 S.

Kleijn, H. A., Disputatio historico-literaria de L. et T. Munatiis Plancis. gr. 8. (VIII und 147 S.) Leyden 857, Brill. * *

Kleyn, H. A., Observationes criticae in Ciceronis epistolas ad familiares. gr. 8. (57 S.) Leiden 860, Brill. Thlr. * * -

Kleyn, Rich. [pr. Arzt aus Düsseldorf a. Rh.]: Pathologisch-histologische Studie über Epidermis-Transplantation auf das Ulcus rodens ... Würzburg, Buchdr. d. „Neuen Bayer. Landesztg“, 1895; 40 S., 1 Bl. 8.
Würzburg, Med. Fak., Inaug.-Diss. v. 1895

Kleyr, Jean Michel: Au benefice des pauvres. De Prenz Carnaval an de Prenz Faaschtdaag. (E Bild no der Natur, a 4 Akten.) Letzeburg: J. Lamort [1852]. 12 S. 8°

Kleyr, Jean Michel: Dies iræ und Miserere mei Deus. Neue metrische Uebersetzung. Luxemburg: V. Bück 1864. 4 S. 4°

Kleyst, J. L., Kaiser Friedrich, der edle Dulder, seine Aerzte und das Buch Mackenzie's. gr. 8. (84 S.) Berlin 888, Marschner und Stephan. 1 —
Vgl.: Kloist, J. C.

— die Krankheit Kaiser Friedrich III. u. der Kampf gegen Mackenzie. Eine Betrachtg. gr. 8. (46 S.) Charlottenburg 888. Isaac. n. — 75

KLEZMAYER Ignaz. Ode an Joseph bei Vertheilung der gewöhnlichen Schulpreise. Von –. Salzer, Wien 1784. vol. 8 Bl.

Klibanski, Hermann O.

Klibanski, H., u. P. v. Mertschinski, russischer Dolmetscher. Praktische Anleitg. zur raschen u. leichten Erlerng. der russ. Sprache. 16. (VII, 128 S.) Breslau 891. Kern's Verl. cart. 2. —

Klibanski, H. O., das Handelsrecht, Wechselrecht, Konkursrecht u. Seerecht Finnlands, s. a. Handelsgesetze, die, des Erdballs.

[Russ. u. Ant.] Finljandskoe torgovoe, vekselnoé, konkursnoe i morskoe pravo. Sostavil i perevel na nêmeckij jazyk G. O. Klibanskij ... Das Handelsrecht, Wechselrecht, Konkursrecht und Seerecht Finnlands zsgest. u. ins Deutsche übertr. von H[ermann] O. **Klibanski**, Rechtsanw., Berlin. (1.) Berlin: R. v. Decker 1906. 4°(8°)
— **Handelsgesetze**, Die, d. Erdballs. Ausg. D. Finnland 1. [07. 13987]

[Russ. u. Ant.] Finljandskoe torgovoe, vekselnoe, konkursnoe i morskoe pravo. Sostavil i perevel na nêmeckij jazyk G. O. Klibanskij ... Das Handelsrecht, Wechselrecht, Konkursrecht und Seerecht Finnlands zsgest. u. ins Deutsche übertr. von H[ermann] O. **Klibanski**, Rechtsanw., Berlin. Berlin: R. v. Decker 1906[–08]. (206 S.) 4°(8°)
— **Handelsgesetze**, Die, d. Erdballs. Ausg. D. Bd 9, [2.] [08. 8506]

— dasselbe Russlands, m. Einleitg. v. A. W. Zavadskij u. e. Umriss des Zivilrechts v. J. J. Pergament, s. a. Handelsgesetze, die, des Erdballs.

[Russ. u. Ant.] Russkoe torgovoe, vekselnoe, konkursnoe i morskoe pravo. S vvedeniem A[leksandra] V[ladimiroviča] Zavadskago i očerkom graždanskago prava O[sipa] Ja[kovleviča] Pergamenta perevod s ... priměčanijami G. O. Klibanskago ... Das Handelsrecht, Wechselrecht, Konkurs- und Seerecht Rußlands. Mit Einl. von d. Privatd. an d. Univ. Kasan A. W. Zavadskij u. e. Umriß d. Zivilrechts von J. J. Pergament, Rechtsanw. in Odessa. Übers. u. erl. von H[ermann] O. **Klibanski**, Rechtsanw. in Berlin. Mit amtl. Unterstützung d. Kais. Russ. Minist. f. Handel u. Gewerbe. (1.) Berlin: R. v. Decker 1906. 4°(8°)
— **Handelsgesetze**, Die, d. Erdballs. Ausg. D. Rußland. 1. [06. 15190]

[Russ. u. Ant.] Russkoe torgovoe, vekselnoe, konkursnoe i morskoe pravo. S vvedeniem A[leksandra] V[ladimiroviča] Zavadskago i očerkom graždanskago prava O[sipa] Ja[kovleviča]-Pergamenta perevod s ... priměčanijami G. O. Klibanskago ... Das Handelsrecht, Wechselrecht, Konkurs- und Seerecht Rußlands. Mit Einl. von d. Privatd. an d. Univ. Kasan A. W. Zavadskij u. e. Umriß d. Zivilrechts von J. J. Pergament, Rechtsanw. in Odessa. Übers. u. erl. von H[ermann] O. **Klibanski**, Rechtsanw. in Berlin. Mit amtl. Unterstützung d. Kais. Russ. Minist. f. Handel u. Gewerbe. Berlin: R. v. Decker 1906[–08]. (LI, LI, 370, 370 S.) 4°(8°)
— **Handelsgesetze**, Die, d. Erdballs. Ausg. D. Bd 9, [1.] [08. 8505]

Klibanski, Codex des Civilrechts (russisches Civilgesetzbuch), aus dem Russ. übertr. u. m. Einleitung versehen. gr. 8. (XX, 304 S.) Berlin 902. F. Gottheiner. n. 10. —

— die neue russische Wechselordnung nebst Einführungsbestimmungen u. amtl. Erläuterungen sowie das russ. Civilprozessrecht unt. Hervorhebung d. Wechselprozesses. (VII, 116 S) gr. 8. Berlin 903. R. v. Decker. n. 3. 60; geb. in Leinw. n. 4. 50

Klibansky, P., Sammlung von Recitativen, eingeführt in Frankfurter Synagogen, nach dem Gehör aufgezeichnet u. veröffentlicht. I. Abendgottesdienst f. Sabbath u. Scholausch Regolim. gr. 4. (VI, 20 S.) Frankfurt a/M. 894. J. Kauffmann. n. 2. 40

Klić, K., humoristische Blätter. 1. Jahrg. 1873. 12 Hefte. Imp.-Fol. (1. Heft 37 S. mit eingedr. Holzschn. und 4 chromolithogr. Taf.) Wien, Klić und Spitzer. à Heft 75 Pf. 9 —
—— dass. — 2. Jahrg. 1874. 52 Nrn. (à 2 Bog. mit eingedr. Holzschn.) Fol. Ebendas. 18 —

Kliche, F., auf die Mensur, s. Eckstein's humoristische Bibliothek.

Kliche, Franz

Für Arbeit und Stille! Gedanken, Bilder u. Dispositionen z. d. Neuen 'Eisenacher Evangelien' von Fr. **Kliche**. H. 1. Kassel: E. Röttger (1900). 8° [J.] [07. 6191 4]

Kliche, Fr., für Arbeit u. Stille! Gedanken, Bilder u. Dispositionen zu den neuen „Eisenacher Evangelien“. (888 S.) gr. 8. Kassel (907). E. Röttger. 10.—; geb. n 12.—; auch in 10 Heften à 1. —

Kliche, F., Bausteine zu den Evangelien des Kirchenjahres. Tropfen aus dem Meer! Gedanken, Bilder, Erzählgn. 2 Hälften. gr. 8. Kassel (900). E. Röttger. à n. 6.—; geb. à n.n. 7. 50
1. Hälfte von Advent bis Pfingsten. (V, 526 S.)
2. Hälfte von Trinitatis bis Totenfest. (604 S.)

— Jesus Uebermensch od. Gottmensch!? Vortrag. (14 S.) 8. Lemgo (910). D. Mai. — 25

Religion und Kunst. Von Fr. Kliche. Kassel: Röttger [1909]. 69 S. 8° [10. 3316 4]

— Religion u. Kunst. (69 S.) kl. 8. Kassel (910). E. Röttger. Geb. — 80

Kliche, Fr., Segen u. Pflicht! Predigten. (V, 223 S.) gr. 8. Lemgo 904. D. Mai. Geb. in Leinw. n. 3. —

Kliche, F., sind wir noch Christen? Eine ernste Frage an Christen. gr. 8. (32 S.) Berlin 890. Wiegandt & Schotte. n. — 60

Kliche, Theodor [Apotheker aus Pakosch (Prov. Posen)]: Über angebliche Oxysulfurete des Kupfers ... Berlin, Druck d. Norddeutsch. Buchdr. u. Verlagsanst., 1890; 47 + 1 S. 8°
Erlangen, Phil. Fak., Inaug.-Diss. v. 1890

Kliche, Walther, a. Pakosch (Prof. Posen): Die Schiffahrt auf der Ruhr und Lippe im achtzehnten Jahrhundert. Elberfeld 1904: Baedeker. (179 S.) 8° [J.]

Göttingen, Phil. Fak., Ref. M. Lehmann, Diss. v. 28. Sept. 1904

[Geb. 21. Juni 80 Pakosch; Wohnort: Quedlinburg; Staatsangeh.: Preußen; Vorbildung: Gymn. Quedlinburg Reife O. 99; Studium: Erlangen 1, Berlin 2, Leipzig 1, Göttingen 7 S.; Rig. 26. Nov. 03.]

Klickermann, Friedrich Wilhelm (Dessau), De oculorum morbos examinandi via et ratione. Diss. med. Jena (Schlotter) 15. X. 1827. 23 S. (5.50) 18336

Klickermann, Hans, Referendar in Dresden: Das Güterrechtsregister in seiner materiellrechtlichen Bedeutung. Borna-Leipzig 1908: R. Noske. (VIII, 54 S.) 8° [J.]

Leipzig, Jur. Fak., Diss. v. 27. Febr. 1908

[Geb. 28. Nov. 79 Dresden; Wohnort: Dresden; Staatsangeh.: Sachsen; Vorbildung: Wettiner Gymn. Dresden Reife O. 99; Studium: Straßburg 2, Leipzig 6 S.; Rig. 18. Febr. 03.]

Klieman, Ladisl., s. Acta, Clementis VI.

Kliemann, L., Acta Clementis VI. pontificis romani. 1342—1352. [Monumenta Vaticana res gestas bohemicas illustrantia. I.] Gr.-8°. (XVI, 953 S.) † Prag: Řivnáč 1904. K 12.—

Kliepera, V. K., spisy, s. Spisy.

Klie, Anna (Frau Anna Schultz), der erste Flug ins Leben. Ein Buch f. junge Mädchen. Mit 6 Vollbildern v. Karl Schmauk. (296 S.) 8. Stuttgart (910). Levy & Müller. Geb. in Leinw. 4. 50

— Goldene Flügel. Märchen u. Skizzen. (VII, 123 S. m. Bildnis.) kl. 8. Wolfenbüttel (909). Heckner. 1.50; geb. n 1. 80

Klie, Anna, Gedichte. 12. (108 S.) Leipzig 895. G. Wigand. Geb. in Leinw. n. 3. —

— Murtchen Hauptvogel u. seine Gespielen. 8 Kindergeschichten. (V, 192 S. m. 6 Farbdr.) 8. Stuttgart (907). Levy & Müller. Geb. in Leinw. 3. —

— Schwester Idaly. Eine Erzählg. f. junge Mädchen. (196 S. m. 4 Vollbildern.) 8. Ebd. (908). Geb. in Leinw. 3.

Klie, Anna, f. Kinderherzen. Geschichten, Märchen u. Lieder. Mit vielen Bildern v. F. Flinzer. Lex.-8. (VII, 99 S.) Leipzig 894. G. Wigand. Geb. in Leinw. n. 4. —

— das blonde Schneiderchen. Eine Erzählg. f. junge Mädchen. Mit 4 Vollbildern u. zahlreichen Textillustr. v. Osk. Herrfurth. 2. Aufl. (252 S.) 8. Ebd. (904). Geb. in Leinw. n. 4. 50

— Lustige Siebensachen. 7 Kindergeschichten. 1. u. 2. Aufl. (217 S. m. 7 farb. Vollbildern.) 8. Ebd. (909. 10). Geb. in Leinw. 3. 50

— Aus der Uhlentwete. Heiteres u. Ernstes. (III, 242 S.) 8. Braunschweig 909. E. Appelhans & Co. 2.50; geb. n 3. —

Klie, Anna, Viktoria Erika. Eine Erzählung f. die junge Mädchenwelt. Mit 4 farb. Illustr. von Carl Boß. 4. (164 S.) Nürnberg (899). Th. Stroefer. Geb. in Leinw. m. Goldschn. 3. —

Klie, Anna (Frau Anna Schultz), wenn der Flieder blüht. Eine Erzählg. f. junge Mädchen. (295 S. m. 4 Vollbildern.) 8. Stuttgart (905). Levy & Müller. Geb. n. 4. 50

Klie, Ernst [aus Adelebsen, Prov. Hannover]: Ueber einige neue Derivate der Sebacinsäure .... Freiburg i. B., Univ.-Buchdr. v. Chr. Lehmann, 1887; 44 S. + 1 Bl. 8°

Freiburg i. B., Phil. Fak., Inaug.-Diss. v. 1887

Klie, Herm., A. B. C. od. alphabetischer Eisenbahn-Frachten-Tarif f. Berlin 1910—1911. Nach amtl. Quellen bearb. u. hrsg. f. Fabrikanten, Kaufleute u. Spediteure. (III, 201, 32 u. XXXII S.) gr. 8. Oberkotzau b. Hof, Herm. Klie. 5. 50

Klie, Herm., A. B. C. od. alphabetischer Eisenbahn-Frachten-Tarif für **Hamburg,** Bremen, Lübeck u. Stettin. Nach amtl. Quellen bearb. u. hrsg. f. Fabrikanten, Kaufleute u. Spediteure. 5., vorm. u. verb. Aufl. (III, 178, 32 u. XXXI S.) gr. 8. Oberkotzau b. Hof i/B. (905). Selbstverlag. n.n. 6. —

— dasselbe f. **Leipzig** u. Vororte. Nach amtl. Quellen bearb. u. hrsg. f. Fabrikanten, Kaufleute u. Spediteure. (III, 169, 32 u. XXXVIII S.) gr. 8. Ebd. 907. 5. —

— dasselbe f. **Mannheim,** Frankfurt a. Main, Mainz u. Cöln a. Rh. 1904—1905. 7., vorm. u. verb. Aufl. (III, 182, 32 u. XXXI S.) gr. 8. Ebd. (904). n.n. 6. —

Klie, Herm., A. B. C. od. alphabet. Eisenbahn-Frachten-Tarif f. Mannheim, Frankfurt a. Main, Mainz u. Ludwigshafen a. Rh. Nach amtl. Quellen bearb. u. hrsg. f. Fabrikanten, Kaufleute u. Spediteure. 6. verm. u. verb. Aufl. gr. 8. (III, 180, 32 u. XXXII S.) Oberkotzau bei Hof a/S. (902). Selbstverlag. n.n. 5. 50

— dasselbe f. Mannheim, Mainz, Ludwigshafen a. Rh. u. Worms. 1910—1911. (III, 240; 32 u. XXXII S.) gr. 8. Ebd. nn 6. 50

Klie, Herm., alphabetischer Eisenbahn-Frachten-Tarif f. Aachen, Crefeld u. Köln m. Anstosstaxen f. Düren, Ehrenfeld, Eschweiler, Eupen, Kalk, Kempen, München-Gladbach, Nippes u. Stolberg. Enth. allgemeine Bestimmgn. f. den Güterverkehr, sowie die Frachtsätze f. ca. 6600 Stationen ab Station Aachen, Crefeld u. Köln. Nach amtl. Quellen bearb. u. hrsg. f. Fabrikanten, Kaufleute u. Spediteure. gr. 8. (122, 32, XXIV u. Anh. 8 S.) Nürnberg 891. Hof, Herm. Klie. n.n. 4. 50

Klie, Herm., alphabetischer Güter-Frachten-Tarif für Mannheim. Verbunden mit Angabe der Postzonen, allgemeinen Bestimmungen für den Güterverkehr, Classificationen der Waaren etc. Nach amtl. Quellen bearb. für Fabrikanten, Kaufleute, Spediteure und Beamte. gr. 8. (IV, 125 S.) Mannheim 885, (Löffler.) cart. * * 4 —

Klie, Herm., alphabetischer Güter-Frachten-Tarif und Porto-Taxe für Köln a. Rh. mit besond. Berücksicht. der II. Stückgutklasse. 2. vollständig umgearb. und verm. Aufl. gr. 8. (IV, 140 S., Nachtrag XXXII S.) Mannheim 888, Löffler. * 3 50

—— alphabetischer Güter-Frachten-Tarif und Porto-Taxe für Mannheim. Nach amtl. Quellen bearb. und hrsg. für Fabrikanten, Kaufleute und Spediteure. 3. vollständig umgearb. und verm. Aufl. gr. 8. (VI, 156 S.) Ebendas. 888. * * 3 50

Klie, *Wilhelm Emil* Johannes [aus Bevensen '(Hannover)']: (I.) Zusammenstellung der Litteratur zur Differentialdiagnose zwischen Bact. typhi abdominal. und Bact. coli comm. (II.) Untersuchungen des Wachstums beider Bakterien in Nährböden mit verschiedenem Prozentgehalt an Gelatine bei verschiedenen Temperaturen ... Erlangen, k. b. Hofbuchdr. v. A. Vollrath, 1896; 67 S., 2 Taf. 8.
Erlangen, Phil. Fak., Inaug.-Diss. v. 29. Jan. 1896

Kliebenstein, Heinrich „Victor Hugo et ses œuvres". Portrait littéraire. pg. 3—39. 8°. Mit V. Hugos Portrait. H. Stürtz.
Würzburg, Progr. 1897/98

Klieber, Karl — Die Fürsten-Gruft des allerdurchlauchtigsten Kaiserhauses Habsburg und Habsburg-Lothringen. Gegründet bei der Stiftung des Kapuziner-Klosters in Wien am neuen Markte im Jahre 1618 durch Kaiser Mathias und seine Gemalin Anna. Mit einer Bilder-Beilage, und zwei in den Text eingedruckten Stamm-Tafeln der hier beigesetzten Familienglieder, entworfen von — —. Wien, 1856. Druck von M. Auer. (5 Bl. 8.)

Kliebert, Hans, Rechtspraktikant a. Würzburg: Die Auflage. Eine dogmatische Studie aus dem bürgerlichen Recht. Würzburg 1907: A. Bögler. (119 S.) 8°
Würzburg, Jur. Fak., Ref. Mayer, Diss. v. 10. Juli 1907
[Geb. 23. Sept. 82 Würzburg; Wohnort: Würzburg; Staatsangeh.: Bayern; Vorbildung: Gymn. Würzburg Reife Juli 00; Studium: München 8 S.; Rig. 16. Jan. 07.]

Kliebert, Karl

Kliebert, die kgl. Musikschule Würzburg, ihre Gründg., Entwicklg. u. Neugestaltg. Denkschrift, aus Anlass 100jähr. Bestehens d. Anstalt 1804—1904 verf. (175 S. m. 9 Taf.) gr. 8. Würzburg 904. (Stahel's Verl.) n. 2.—

Klieber, der Prophet d. neuesten Ereignisse. In e. Kloster gefunden. Nebst Gedank. u. Vorhersagungen üb. Napoleon. 8. Leipz. Joachim. 813.

Klieeisen, Josef [diplom. techn. Chemiker aus Wartha (Schles.)']: Ueber Schwefelderivate substituirter aromatischer Hydrazine ... Rostock, C. Boldt'sche Hof-Buchdr., 1894; 43 S. 8.
Rostock, Phil. Fak., Inaug.-Diss. v. [28. Juni] 1894

Kliefoth, s.: Gebetbuch, allgemeines.

Kliefoth, C. H., meine Erfahrgn. üb. Obstbau in Mecklenburg. Mit e. Vorwort von F. v. Pentz. 8. (81 S.) Güstrow 901. Opitz & Co. n. 1.—

Kliefoth, Th., christliche Eschatologie. 4. (IV, 351 S.) Leipzig 886, Dörffling und Franke. * 11 —

Kliefoth, Th., christl. Eschatologie, Auszug, s.: Witte, Traug., Lehre v. d. letzten Dingen.

Kliefoth, Th., Krautgarten f. d. kranken Seelen, s.: Bock, Mich.

Kliefoth, Theodor

—— u. Krabbe, Abhandlungen u. Kritiken, s. Abhandlungen.

Kliefoth, Thdr., liturgische Abhandlungen. Schwerin 854—58. Stiller. gr. 8.
1. Bd. I. Die Einsegnung der Ehe. II. Vom Begräbniß. III. Von der Ordination und Introduction. 854. (2 Bl., IV, 501 S.) n. 2 ℛ. 15 ngr.
2. Bd. Die Beichte u. Absolution. 856. (512 S.) n. 2 ℛ. 15 ngr.
3. Bd. 1. Abth. Die Confirmation. 856. (218 S.) n. 1 ℛ. 5 ngr.
4. Bd. Die ursprüngliche Gottesdienst-Ordnung in den deutschen Kirchen lutherischen Bekenntnisses, ihre Destruction u. Reformation. 1. Bd. 2. beträchtlich erweiterte Aufl. 858. (2 Bl., III, 478 S.) n. 2 ℛ. 15 ngr.
3. Bds. 2. Abth. ist noch nicht erschienen.

Kliefoth, Th., liturgische Abhandlungen. Schwerin 859—61. Stiller. gr. 8.
5—8. Bd.: Die ursprüngliche Gottesdienst-Ordnung in den deutschen Kirchen lutherischen Bekenntnisses, ihre Destruction u. Reformation. 2—5. Bd. 2. beträchtlich erweiterte Aufl. (XXII, 1826 S.) n. 9 ℛ 25 ngr.
5. u. 6. Bd. à n. 2 ℛ 15 ngr; 7. u. 8. Bd. n. 4 ℛ 25 ngr.

Kliefoth, Th., liturgische Abhandlungen. 2. verm. Aufl. 1. Bd. 1. u. 2. Abthl. Halle 869. Schwabe. gr. 8. Jede Abthl. n. 1 ℛ
1. Die Einsegnung der Ehe. (VIII, 210 S.)
2. Vom Begräbniß. (203 S.)

Kliefoth, Theod., Antrittspredigt, am 24. Sonntage n. Trin. im Dom zu Schwerin gehalten. gr. 8. (1 B.) Schwerin 844, Oertzen u. Schlöpke. *

—— liturgische Blätter, s. Blätter.

—— s. Buch Daniel.

— das Buch Daniels, s. Daniel.

—— das Buch Ezechiels. Uebers. und erklärt. 1. Abthl. gr. 8. (398 S.) Rostock 864. Wismar, Hinstorff'sche Hofbuchh. *

—— dass. — 2. Abthl. A. u. d. T.: Das Tempelgesicht Ezechiels. gr. 8. (390 S. mit 3 Stnt. und 1 Tab. in Fol.) Ebendas. 865. *

—— acht Bücher von der Kirche. 1. Bd. gr. 8. (VII und 510 S.) Schwerin 854, Stiller'sche Hofbuchh. *

Kliefoth, Theod., Einleitung in d. Dogmengeschichte. gr. 8. (25 B.) Parchim 839, Hinstorff'sche Hofbuchh.

— Erwiederung auf die Erklärung der Erlanger Professoren Thomasius, Delitzsch, Harnack, Schmid u. Frank vom 1. März 1865. Schwerin 865. (Halle, Schwabe.) gr. 8. (31 S.) 6 ngr.

—— die göttinger theologische Facultät und die lutherische „Partei". Zwei Aufsätze aus der „Kirchlichen Zeitschrift" abgedr. gr. 8. (155 S.) Schwerin 855, Stiller'sche Hofbuchh.

—— zur Geschichte der Litanei. gr. 8. (45 S.) Güstrow 861, Opitz und Comp. *
Aus: Neues mecklenburg. Kirchenblatt, besonders abgedruckt.

Kliefoth, Theod., die ursprüngliche Gottesdienstordnung in den deutschen Kirchen luther. Bekenntnisses, ihre Destruction und Reformation. gr. 8. (256 S.) Rostock 847, Stiller'sche Hofbuchh. *

—— mecklenburg. Kirchenblatt, s. Kirchenblatt.

— Lesestücke aus dem Alten und Neuen Testament, auf alle Tage des Jahres nach Maaßgabe des Kirchenjahres geordnet. 2., unveränd. Abdr. qu. 16. (70 S.) Schwerin 860, Stiller'sche Hofbuchh. *

— Lesestücke aus dem Alten u. Neuen Testament, auf alle Tage des Jahres nach Maßgabe des Kirchenjahres geordnet. 3. unveränd. Aufl. m. e. Vorwort v. Bard. (72 S.) 10×15 cm. Schwerin 909. Stiller. Kart. — 80

— die Offenbarung des Johannes. 3 Abthlgn. gr. 8. Leipzig 874, Dörffling und Franke. [1. Abthl. (272 S.) *ℳ 5.; 2. Abthl. (221 S.) *ℳ 4.; 3. Abthl. (IV, 354 S.) *ℳ 6.] * 15 —

— Predigt, am Buß- und Bettage in der Passionszeit 1862 über Luc. 9, 51—57 in der Schloßkirche zu Schwerin. Ebend. 862. gr. 8. (16 S.) n. 2½ ngr

— Predigt bei der Einweihung der St. Paulskirche in Schwerin, s. Karsten, H.

— Predigt über Evangelium Johannis 16, 16—23 am Sonntage Jubilate 1865 im Dom zu Schwerin gehalten. Schwerin 865. (Halle, Schwabe.) gr. 8. (16 S.) n. 2½ ngr

— Predigt, im Gottesdienste der mecklenburg. Missions- und Pastoralconferenz zu Malchin am 9. Septbr. 1851 gehalten. gr. 8. (24 S.) Schwerin 851, Stiller'sche Hofbuchh. **

— Predigt am 600jähr. Jubelfeste der Domkirche zu Schwerin. gr. 8. (15 S.) Schwerin 848, Stiller'sche Hofbuchh.

— Predigt am 600jähr. Jubelfeste der Domkirche zu Schwerin. gr. 8. (15 S.) Schwerin 849, Stiller. 1/12 ß

— Predigt am 600jähr. Jubelfeste d. Domkirche zu Schwerin, in derselben geh. Neu hrsg. z. 15. VI. 1898, als d. 650. Jahrestage d. Weihg. d. Domes. gr. 8. (16 S. m. 2 Abb.) Schwerin 898. Stiller. n. — 25

— Predigt, zum Missionsfeste am 7. Septbr. 1852 in Wismar gehalten. gr. 8. (24 S.) Wismar 853, Hinstorff'sche Hofbuchh.

— Predigt, am Neujahrstage 1849 in Schwerin gehalten. gr. 8. (14 S.) Schwerin 849, Stiller'sche Hofbuchh. *

— Predigt am Neujahrstage 1871 im Dom zu Schwerin gehalten. gr. 8. (15 S.) Schwerin 871, Stiller'sche Hofbuchh. — 38

— Predigt am 18. Oct. 1846 zu Schwerin gehalten. gr. 8. Rostock 846, Stiller. 3 ngl

— Predigt am 18. Octbr. 1846 gehalten. gr. 8. (1 B.) Schwerin. (Stiller'sche Hofbuchh.)

— Predigt am Sonntage Reminiscere 1866 über Matth. 15, 21—28 im Dom zu Schwerin gehalten. Ebend. 866. gr. 8. (16 S.) 3 ngr

— Predigt am 19. Septbr. 1865 auf der mecklenburgischen Pastoralconferenz in der St. Marienkirche zu Wismar gehalten. Ebend. 865. gr. 8. (16 S.) n. 3¾ ngr

— Predigt, am 12. Sonntage nach Trin. 1859 während der Heimsuchung des Landes durch die Cholera gehalten. gr. 8. (16 S.) Schwerin 859, Stiller'sche Hofbuchh. **

— Predigt, am Tage der Legung des Grundsteins zu der Paulskirche in Schwerin am 29. Juni 1863 im Dom zu Schwerin gehalten. gr. 8. (16 S.) Schwerin 863. [Halle, Schwabe.] *

Kliefoth, Th., Predigt am 1. Weihnachtstage 1874 in der Domkirche zu Schwerin gehalten. gr. 8. (15 S.) Schwerin 874, Stiller'sche Hofbuchh.

— Predigten in der Domkirche zu Schwerin gehalten. 4. Sammlung. 1. Abthl. 2. Aufl. 2. (Titel-)Ausg. gr. 8. (VIII, 437 S.) Halle (859)69, Schwabe. *

— dass. — 4. Sammlung. 2. Abthl. 2. Aufl. gr. 8. (VI, 472 S.) Ebendas. 869. *

— dass. — 4. Sammlung. 3. Abthl. 2. (Titel-)Ausg. gr. 8. (IV, 514 S.) Ebendas. (857)69. *

— dass. — 5. Sammlung. 2 Abthlgn. gr. 8. Wismar 858. 59, Hinstorff'sche Hofbuchh. [1. Abthl. (VIII und 433 S.) * 1 Thlr. 10 Ngr., 2. (VI und 323 S.) * 1 Thlr.] *
Vgl. 13. Bd. 1. Abthl. S. 533.

— Predigten in der Gemeinde zu Ludwigslust gehalten. 2. u. 3. Samml. gr. 8. Ebend. 843, 46. 2. Samml. 1 1/6 ß 3. S. n. 1 1/3 ß (1.—3. S. n. 3 1/3 ß)

— Predigten, in der Gemeine zu Ludwigslust gehalten. 2. Samml. 2. Aufl. gr. 8. (X und 390 S.) Parchim 847. [Wismar,] Hinstorff'sche Hofbuchh. *

— Predigten, in der Gemeine zu Ludwigslust gehalten. 3. Sammlung. 2. Aufl. gr. 8. (VIII und 522 S.) Wismar 853, Hinstorff'sche Hofbuchh. *

— zwei Predigten vom christlichen Hausstande, am Sonnt. nach Weihnacht 1851 und am 2. Sonnt. nach Epiphanias 1852 zu Schwerin gehalten. gr. 8. (34 S.) Schwerin 852, Stiller'sche Hofbuchh. *

— zwei Predigten von Tod u. Sterben, gehalten am 1. u. 16. Sonntage nach Trinitatis 1867. Schwerin 868. (Halle, Schwabe.) gr. 8. (28 S.) n. 2½ ngr

— Rede in der Domkirche zu Güstrow, s. Polstorff.

— wider Rom! Ein Zeugniß in Predigten. gr. 8. (X und 104 S.) Schwerin 851(52,) Stiller'sche Hofbuchh. *

— der Prophet Sacharjah, übersetzt und ausgelegt. gr. 8. (III und 287 S.) Schwerin 862. [Halle, Schwabe.] *

— der Schriftbeweis des Dr. J. Chr. C. v. Hofmann. 1—6. Artikel. gr. 8. (560 S.) Schwerin 859. 60, Stiller'sche Hofbuchh. [1. und 2. Art. * 20 Ngr., 3. * 20 Ngr., 4—6. * 1 Thlr. 10 Ngr.] *
Aus: Kirchliche Zeitschrift, besonders abgedruckt.

— zwei politische Theologen. Dr. Dan. Schenkel in Heidelberg und Dr. J. Chr. K. v. Hofmann in Erlangen. gr. 8. (128 S.) Schwerin 865. [Halle, Schwabe.]
Aus: Theologische Zeitschrift, besonders abgedruckt.

— Theorie des Kultus der evang. Kirche. gr. 8. (16½ B.) Parchim 844, Hinstorff'sche Hofbuchh. *

— s. Vereinskalender.

— über das Verhältniß der Landesherren als Inhaber der Kirchengewalt zu ihren Kirchenbehörden. (Ein in der Sitzung der eisenacher Kirchenconferenz vom 4. Juli 1861 gehaltener Vortrag.) gr. 8. (61 S.) Schwerin 861, Stiller'sche Hofbuchh. *
Aus: Theologische Zeitschrift, besonders abgedruckt.

—— der Weg des Glaubens. Eine Predigt. gr. 8. (1 B.) Parchim 842, Hinstorff'sche Hofbuchh.

—— die Wiederkunft des Herrn. Predigt, am 2. Sonntage des Advent 1863 im Dom zu Schwerin gehalten. gr. 8. (14 S.) Wismar 864, Hinstorff'sche Hofbuchh. * *

—— ein Wort der Kirche an ihres Bischofs Grabe, zur Gedächtnißfeier des höchstsel. Großherz. Paul Friederich. gr. 8. (1 B.) Parchim 842, Hinstorff'sche Hofbuchh.

—— ein Wort vom Tode. Predigt am 16. Sonnt. nach Trinit. 1845 gehalt. gr. 8. (1 B.) Rostock 846, Stiller'sche Hofbh.

—— eine Zeitpredigt am 25. Sonnt. nach Trinit. gr. 8. (1 B.) Rostock 846, Stiller'sche Hofbuchh.

—— das Zeugniß d. Seele. Zwanzig Predigten, in d. Gemeinde zu Ludwigslust gehalten. gr. 8. (19⅛ B.) Parchim 841, Hinstorff'sche Hofbuchh. *

—— das Zeugniß der Seele. 20 Predigten, in der Gemeine zu Ludwigslust gehalten. 2., durchges. Aufl. gr. 8. (19⅛ B.) Parchim 845, Hinstorff'sche Hofbuchh. *

—— das Zeugniß der Seele. Zwanzig Predigten, in der Gemeine zu Ludwigslust gehalten. 3., durchgeseh. Aufl. gr. 8. (XI und 294 S.) Wismar 853, Hinstorff'sche Hofbuchh. *

Kliegenhöfer, Jh. Eph., prakt. Anleit. zum Selbstunterricht in d. Buchhaltung; e. faßliches Lehrbuch für Kaufleute rc. 4. Gießen 808. Heyer. 20 gr.

Kliegl, Alfred, Dr. phil., a. München: Zur Kenntnis aromatischer Nitroverbindungen. Tübingen 1909: Laupp. 71 S. 8°
Tübingen, Naturwiss. Hab.-Schr. v. 1909 [U 10. 4304
(Nur in beschränkter Anzahl für den Austausch)

Kliegl, Alfred, aus München: **Phenylfluoren.** Mit einem Anhang: Über die Kondensation von Benzaldehyd und Toluol mittels konzentrierter Schwefelsäure. *München 1903: V. Höfling.* (50 S.) 8°
München, Phil. Diss. v. 1903

Kliegl, J o s e f. Unterrichts-Briefe für das moderne Zeichnen. Klgft., Leon, 1909. Quart. Nr. 1—3.

Kliegl, Theodor: Der Gründler. Eine Entdeckungsreise in das Ländchen der Mántáken. — [aufgest.:] Kesmark: Schmidt [1894]. 189 S., mehr. Taf.

Kliem, Fritz: Über Örter von Treffgeraden entsprechender Strahlen in eindeutig und linear verwandten Strahlengebilden erster bis vierter Stufe. Borna-Leipzig 1909: Noske. 52 S. 8°
Breslau, Phil. Diss. v. 11. März 1909, Ref. Sturm
[Geb. 15. Mai 87 Ober-Heiduk, Kr. Beuthen; Wohnort: Breslau; Staatsangeh.: Preußen; Vorbildung: Johannes-Gymn. Breslau Reife O. 05; Studium: München 1, Breslau 7 S.; Rig. 13. Jan. 09.] [U 09. 605

Kliem, Paul, aus Wiegleben: **Beiträge zur Widerstandsfähigkeit einiger vegetativer Regenerationsorgane gegen Trockenheit unter Berücksichtigung der Anatomie derselben.** *Erlangen 1900: A. Vollrath.* (55 S.) 8°
Erlangen, Phil. Diss. v. 20. Juni 1900

Kliem, Paul, Dr. phil., appr. Arzt u. Apotheker: Über die Mitbeteiligung anderer Nerven als des Ischiadicus bei der Ischias. Halle a. S. 1909: Kaemmerer. 35 S. 8°
Halle, Med. Diss. v. 31. Dez. 1909. Ref. Schmidt
[Geb. 22. Okt. 72 Wiegleben; Wohnort: Schkeuditz; Staatsangeh.: Preußen; Vorbildung: Königstädt. Gymn. Berlin Reife M. 03; Studium: Halle 10 S.; Coll. 27. Mai 09; Approb. 24. Dez. 09.] [U 10. 1693

Kliem, Paul, a. Crawinkel: Die Vegetationsformationen Deutsch-Ostafrikas, ihre klimatischen Bedingungen und geographische Verbreitung. Langensalza 1907: H. Beyer & Söhne. (86 S.) 8°
Jena, Phil. Fak., Ref. Dove, Diss. v. 11. März 1907
[Geb. 29. Juli 79 Crawinkel; Wohnort: Crawinkel; Staatsangeh.: Sachsen-Coburg-Gotha; Vorbildung: Realgymn. Gotha Reife O. 00; Studium: Jena 9 S.; Rig. 26. Juli 06.]

Kliem, Willy: Über Penispapillome bei Rind und Pferd. Mit 3 Abb. Dresden 1910. 55 S.
Leipzig, Vet.-med. Diss. v. 1910.

Kliemann, R., d. Berufung geg. d. Personaleinkommensteuer. E. leichtfaßl. Anleitg. z. Abfassg. v. Berufgn. gegen Personaleinkommensteuer-Zahlungsaufträge. Nach prakt. Beispielen. 8. (28 S.) Wien 898. A. Hölder. n. — 36

Kliemann, R., Repetitorium der Kontokorrent-Lehre. Eine vergleich. Uebersicht u. zugleich Anleitg. zur Berechng. der am meisten vorkomm. Methoden des Kontokorrent-Rechnens. Zum Gebrauch an kaufm. u. gewerbl. Fortbildungsschulen, f. Gewerbetreibende u. zum Selbststudium. (12 S.) gr. 4. Calw 903. (Stuttgart, Holland & Josenhans.) n. — 40

Kliemann, R., das Scheckgesetz vom 10. III. 1908 in Fragen u. Antworten, nebst Anh.: Die neuen Bestimmgn. üb. den Wechselprotest. Bearb. f. Handelsschulen u. zur Selbstbelehrung f. Handels- u. Gewerbetreibende. (VII, 23 S.) 8. Ulm 908. Verlag der Ulmer Zeitg. — 80

Kliemann R, wie beschwere ich mich mit Erfolg gegen zu hohe Einkommensteuer? (40 S) Stuttgart 1905

Kliemke, Ernst, die staatsrechtliche Natur u. Stellung des Bundesrathes. gr. 8. (56 S.) Berlin 894. J. Springer. n. 1. 20

Kliemt, Karl, Materialien zu Vorlegeblättern bei d. Schreibunterricht. Auch zu Dictirübungen u. als Leseb. f. Kinder anwendbar. Begleitet mit e. Vorw. v. Gb. Jacobi. 8. (4¼ B.) Dresden u. Leipzig 838, Arnold'sche Buchh.

Klien, zur Feyer des 100jähr. Stiftungstags der Lausitzer Predigergesellschaft in Leipzig. Einladungsschrift von M. Goldhorn, Prof. Wendt rc. gr. 8. (Leipzig, Kummer in Comm.) 818.

Klien, Alfred Rudolph [aus Dewsbury (England)]: Über die Bindefestigkeit der negativen Reste in den Kobalt-, Chrom- und Platinammoniaken. Über eine neue Nitritorhodanatotetraminkobalt-Reihe. Zürich 1899. 98 S. 8°.
Zürich. Phil. Diss. II. S. 1900/1901.

Klien, Carl, s. K l i e n , Karl

Klien, Erich, Referendar in Leipzig: Die Haftung der Betriebsunternehmer und Betriebsbeamten nach § 135 des Gewerbe-Unfallversicherungsgesetzes. Leipzig: Veit & Co. 1907. (XIV, 124 S.) 8°
Leipzig, Jur. Fak., Diss. v. 18. Juli 1907
[Geb. 22. Apr. 81 Berlin; Wohnort: Plauen i. V.; Staatsangeh.: Sachsen; Vorbildung: Nikolai-Gymn. Leipzig Reife O. 00; Studium: Leipzig 8 S.; Rig. 16. Jan. 04.]

Klien, Erich, die Haftung der Betriebsunternehmer u. Betriebsbeamten nach § 135 des Gewerbe-Unfallversicherungsgesetzes. (XIV, 124 S.) gr. 8. Leipzig 907. Veit & Co. 3. 50

Klien, Ernst: Minimallohn und Arbeiterbeamtentum. T. 1 u. 2, 1. *Jena 1901: B. Vopelius.* (59 S.) 8° ¶ [Erschien vollst. 1902 als: Abhandl. d. staatswiss. Seminars zu Jena, Bd 1, H. 2.]
Jena, Phil. Diss. v. (10. Juni) 1901

Klien, Ernst, Minimallohn u. Arbeiterbeamtentum. s. a. **Abhandlungen d. staatswiss. Seminars zu Jena. I. 2.**

Minimallohn und Arbeiterbeamtentum. Von Dr. Ernst Klien. *Jena: G. Fischer 1902.* (232 S.) 8°
= Abhandlungen d. staatswiss. Seminars zu Jena. Bd 1, H. 2.

Klien, Friedrich Adolph

Klien, Friedr. Ad., s. Goldhorn, Johann David: Gedächtnißfeier zu Budissin . . .

— **Friedrich Adolph** (Bautzen), In Augustissimi Borussorum regis Friderici Vilielmi III patris patriae ante hos 65 annos nati natalitiis universitati litterarum Fridericianae. Halle (Scharr) 3. VIII. 1835. 4 Bl. (3.50) 18364

Klien, Fridericus Adolphus: Quatenus ex insidiis vitae conjugis structis recte de divortio agatur? Quaestio juris, quam denuo recensuit caussaque peculiari illustrare studuit. Budissae: Weller 1832. 98 S. 8°
[Halle-Wittenberg, Jur. Diss. v. 23. Okt. 1832]
Geb. [Baruth (Oberlausitz) 23. 10. 1792]
Verf. wurde ohne Examen abwesend promoviert.

—— über d. Zustand d. budissiner Gymnasiums zu Anfange dies. Jahrh. u. d. Standpunkt auf welchen sich dass. gegenwärtig erhoben. Vortrag bei Gelegenheit d. Dr. Mättigschen Gedächtnißfeier, womit d. Einweih. d. neuen Prüfungsaales verbunden wurde, geh. am Sonnt. Oculi 1839. gr. 8. (3 B.) Budissin, (Weller.) Thlr. *

Klien, G.

Klien, Bericht üb. die wissenschaftlich-praktischen Forschungen in der Versuchswirtschaft Waldgarten, s. a. Arbeiten der Landwirtschaftskammer f. die Prov. Ostpreußen.

Bericht über die Wissenschaftlich-praktischen Forschungen in der Versuchswirtschaft Waldgarten der Landwirtschaftskammer für die Provinz Ostpreußen für die Zeit von 1901 bis 1905 erstattet von Prof. Dr. [G.] **Klien.** Königsberg i. Pr.: Ostpr. Dr. u. Verlagsanst. 1907. (75 S.) 8° [ℨ.]
—**Arbeitend.**Landwirtschaftskammer f. d. Prov. Ostpreußen. No 17.

Klien, Gli. Ad., († d. 1. April 1828.) Erinnerungen an einige in unsern Tagen sehr beherzigungswerthe Aussprüche d. Propheten Daniels. 8. Görl. 810.

Klien, Heinrich, aus Chemnitz: (Aus d. anat. Anstalt zu Leipzig.) Über anatomische Befunde bei Encephalocele nasoethmoidalis. *Leipzig: Veit & Co. 1900.* (13 S.) 8° ¶ (Aus: Archiv f. Anatomie u. Physiologie, 1900, Anat. Abth.)
Leipzig, Med. Diss. v. 17. Jan. 1900

Klien, James L. [aus Dewsbury, England. Assistent am chem. Universitäts-Laboratorium in Zürich]: Ueber Tetraquodiammin- und Diacidodiaquodiammin-Chromsalze. Zürich 1902. 52 S. 8°.
Zürich. Phil. Diss. II. S. 1902/1903.

Klien, James L. . Ueber Tetraquodiammin- und Diacidodiaquodiammin-Chromsalze. Diss. Phil. [II.] Univ. Zürich. 52 S. 8. Zürich, Müller, Werder & Cie., 1902.

Klien, Karl

— — Solemnia inauguralia viri Carl August Imman. Peschkau (Loebau/Laus.). — Inest commentatio: de arbitrio judicis in sententia criminali ferenda justo, aequo et bono. Lpz. (Staritz) 27. VI. 1822. 35 S., meist dtsch., mit Biogr. P.'s. (M.: S. R. Stoy.) (6.—) 18344

Klien, C.: Comment. de auctoritate sententiae criminalis absolutoriae inviolabili. P. I—IV. *Lips.*, Cnobloch. 827. 29. 4. (18 Gr.)

Klien, Car., Commentat.: De auctoritate sententiae criminalis absolutoriae inviolabili. IV Pts. 4. (13¼ B.) Lipsiae 827, 29, (Goethe.)

— — De auctoritate sententiae criminalis absolutoriae inviolabili. Pars I. (Solemnia inauguralia candidati Heinrich Julius Mannfeld [Dresden]). Lpz. 22. III. 1827. 24 S., z. gr. Tl. dtsch., mit Biogr. M.'s. (M.: C. E. F. Kaden.) (5.—) 18348

— — Dasselbe. Neudruck (1829) ohne Biogr. (2.50) 18349

— — Dasselbe. II. (Solemnia inauguralia viri Moritz Baumann [Leipzig]). Lpz. 3. V. 1827. 32 S. mit Biogr. B.'s. (M.: C. E. Du-Vigneau.) (4.50) 18350

— — Dasselbe. III. (Solemnia inauguralia viri Julius Weiske [Erlbach]). Lpz. 21. V. 1829. 24 S. mit Biogr. W.'s. (M.: C. Hecker.) (4.50) 18351
Im Umschlagpapier Wappensiegeldruck: Eduard Morgenstern, Koen. Saechs. Notar.

— — Dasselbe. IV. (Solemnia inauguralia candidati Conrad Sickel [Leipzig]). Lpz. 4. VI. 1829. 24 S. mit Biogr. S.'s. (M.: A. Ch. S. Kanne.) (4.50) 18352

Klien, Karl [Praes.], s. Baumann, Adolf: Theses juris controversi.

— — Cives academicos ad festum Michaelis Archangeli invitat. — De fide sub oeconomia religionis didactica. Wittbg. 1809. 24 S., 2 Bl. (2.—) 18339

Klien, Karl [Praes.], s. Gaudlitz, Edward: Theses juris controversi.

—— Commentat.: De lege Saxonica contra tumultum et seditionem d. d. XVIII. Jan. MDCCLXXXXI. denuo confirmata per legem recentissimam d. d. VI. Octob. MDCCCXXX. II Pts. 4. (5¼ B.) Lipsiae 831, 32, (Goethe.)

— — De lege Saxonica contra tumultum et seditionem d. d. 18. I. 1791 denuo confirmata per legem recentissimam d. d. 6. X. 1830. Pars I. (Solemnia inauguralia viri Carl Moritz Kriegel [Dresden]). Lpz. 28. VII. 1831. 18 S., meist dtsch., mit Biogr. Kr.'s. (M.: H. Boeringer.) (5.—) 18359

— — Dasselbe. II. (Solemnia inauguralia viri Friedrich Moritz Flemming [Dresden]). Lpz. 6. IX. 1832. 28 S., meist dtsch., mit Biogr. F.'s. (M.: C. W. Leonhardi.) (5.—) 18360

— — Solemnia inauguralia viri Hermann Mayer (Leipzig). — Inest commentatio: De matrimoniis mixtis. Pars I. Lpz. 30. VIII. 1838. 30 S. mit Biogr. M.'s. (M.: Ch. E. Frege.) (5.50) 18363

— — Solemnia inauguralia viri Reinhold Sigismund Jaspis (Delitzsch). — Inest commentatio: De negotiis simulatis. Lpz. (Staritz) 20. IX. 1821. 24 S. mit Biogr. J.'s. (M.: E. C. Segnitz.) (5.—) 18343

— — Solemnia inauguralia viri Oswald v. Teubern (Dresden). — Inest commentatio: de subditorum patrimonialium obligatione onera jurisdictionis criminalis domini loco ferendi. Lpz. (Wilhelm Haack) 24. III. 1836. 16 S., tlws. dtsch., mit Biogr. T.'s. (M.: A. L. v. Oebschelwitz.) (4.50) 18361

— — Solemnia inauguralia candidati Carl Eduard Otto (Dresden). — Inest commentatio: De pignore absque re judicata per executionem constituto. Lpz. (Staritz) 17. VIII. 1820. 32 S. mit Biogr. O.'s. (M.: V. Bocheux.) (6.—) 18342

— — De poena sacrilegii varia jure Saxonico electorali novissimo decernenda. Comment. I. Wittenbg. (Tzschiedrich) 18. XI. 1803. 16 Seiten. (4.—) 18338

Klien, Carl, De pretio rerum furto ablatarum rite constituendo. Diss. jur. Wittbg. (Tzschiedrich) 26. XI. 1798. 28 S. (5.50) 18337
Gew.: Carl Gottlieb Kuehn, Philipp August Klien (Neustadt).

Klien, Car., Comment.: Qua, nonnullis de ratione studiorum etc., s.a. Brox, C. Th. A.

— — Solemnia inauguralia viri Carl Theophil August Brox (Zuckelhausen/Leipzig). — Inest commentatio: Qua, nonnullis de ratione studiorum nostrorum expositis, principia de condictione sine causa exemplo singulari illustrantur. Lpz. 11. IV. 1837. 22 S., tlws. dtsch., mit Biogr. B.'s. (M.: J. M. Fleck.) (4.50) 18362

— — Disceptata quaestio: quibus modis militibus in pugna vulneratis succurrerint Romani. Comment. VII. (Orationem quam Gottlob Wilhelm Gerlach [Osterfeld/Thüring.] beneficii Wolframsdorfiani lege habiturus est.) Wittbg. (Christian Heinrich Graessler) 1809. 4 Bl. (2.—) 18340

— — Dasselbe. VIII. (Orationem quam Carl Gottlob Friedrich Schultius [Annaburg/Wittbg.] beneficii Thielemanniani lege habiturus est.) Wittenbg. (Christian Heinrich Graessler). 4 Blatt. (2.—) 18341
Tl. 9 s. Kletten, G. E. (Nr. 18306).

—— Commentat.: De ratione jurisprudentiae formulariae generali, atque variarum formularum in jure dicundo receptar. usu et abusu hodierno. VI Pts. 4. (16½ B.) Lipsiae 829—35, (Goethe.)

— — De ratione jurisprudentiae formulariae generali, atque variarum formularum in jure dicundo receptarum usu et abusu hodierno. Pars I. Lpz. 28. IX. 1829. 15 S. (2.—) 18353
Friedrich Ferdinand Frh. v. Beust.

— — Dasselbe. II. Lpz. 30. IX. 1829. 19 Seiten. (2.—) 18354
Carl Franz Albert Chemnitz (Leipzig).

— — Dasselbe. III. (Solemnia inauguralia viri Gustav Albert Siebdrat [Leipzig]). Lpz. 3. XII. 1829. 20 S. mit Biogr. S.'s. (M.: Ch. H. Lang.) (4.50) 18355

— — Dasselbe. IV. (Solemnia inauguralia viri Carl Bruno Stuebel [Wittenberg]). Lpz. 16. IX. 1830. 20 S. mit Biogr. St.'s. (M.: J. C. Tittmann.) (5.—) 18356

— — Dasselbe. V. (Solemnia inauguralia viri Emil Herrmann [Dresden]). Lpz. 27. II. 1834. 23 S. mit Biogr. H.'s. (5.—) 18357

— — Dasselbe. VI. (Solemnia inauguralia viri Paul Hermann [Dresden]). Lpz. 2. IV. 1835. 32 Seiten mit Biogr. H.'s. (M.: Ch. W. Kuhn.) (6.—) 18358

— Revision der Grundsätze über das Verbrechen des Diebstahls, das bei dessen Untersuchung zu beobachtende Verfahren u. dessen Bestrafung, nach gemeinem in Deutschland geltendem, insonderheit kursächs. Rechte. 1r Thl. 8. Nordhausen 806. Nitzsche. 1 ₰ 20 K

— — De nimia in jure severitate, per inconstantiam et jureconsultorum et legum introducta, nunc quidem per majorem judicum novique codicis constantiam tollenda. Part. I. (Solemnia inauguralia viri Carl Wilhelm Ernst Heimbach [Merseburg]). Lpz. 8. III. 1825. 24 S. mit Biogr. H.'s. (M.: H. Prass.) (5.—) 18345

— — Dasselbe. III. (Solemnia inauguralia candidati Carl Heinrich Heydenreich [Dresden]). Lpz. 24. X. 1826. 30 S. mit Biogr. H.'s. (M.: Ch. F. Müller.) (5.—) 18346

— — Dasselbe. IV. (Solemnia inauguralia viri Woldemar Frege [Leipzig]). Lpz. 10. V. 1836. 64 S., tlws. deutsch, mit Biogr. F.'s. (M.: S. H. Stoll.) (5.50) 18347

Klien, R., üb. mehreiige Graaf'sche Follikel beim Menschen, s.: Abhandlungen, Münchener medicinische.

Klien, Rud., d. geburtshilfliche Bedeutg. d. Verengergn. d. Beckenausganges, insbes. d. Trichterbeckens, s.a. Sammlung klin. Vorträge.

Die geburtshilfliche Bedeutung der Verengerungen des Beckenausgangs, insbes. d. Trichterbeckens. Von Rudolph **Klien**, (München). *Leipzig: Breitkopf & Härtel 1896.* (43 S.) 8.
— Sammlung Klinischer Vorträge. N. F. No 169. [96. 9318

Mit Genehmigung der med. Fak. der Albertus-Universität wird Mittwoch den 7. März 1906 ... Herr Dr. med. Carl **Klieneberger**, Assistent an der med. Klinik der Universität ... seine öffentliche Antrittsvorlesung „Ueber die Behandlung des Abdominaltyphus" halten. Zu diesem Akte ladet ein der Dekan der med. Fak. H[ermann] Kuhnt. Königsberg i. Pr. (1906). O. Kümmel. (1 Bl.) 4°

Klieneberger, Karl, approb. Arzt aus Frankfurt a. M.: Aus d. patholog. Institute zu Kiel. Ueber die Urogenitaltuberkulose des Weibes. *Kiel 1898: P. Peters.* (25 S.) 8°
Kiel, Med. Diss. v. [10. Mai] 1898

Klieneberger, Otto Ludwig, approb. Arzt aus Frankfurt a. M.: Der **Murphyknopf** mit Berücksichtigung seiner Brauchbarkeit. *München 1904: C. Wolf & Sohn.* (47 S.) 8°
München, Med. Diss. v. 1904

Klien's, Niclas, höchst merkwürdige Reisen und Abentheuer in einer ganz neuen Welt. 2e verb. Aufl. 8. Nürnberg 834. Fr. Campe. 1½ ß

– vgl. K l i m s . . .

Klier, Adreßbuch d. Provinz Westfalen, s. Adreßbuch.

Klier, Frz. August., († d. 7. Nov. 1816.) Diarische Geschichte des Französ.-Baier. Krieges in Deutschland gegen Oesterreich in den letzten Monaten d. J. 1805. 8. Münch. 806.

— Oesterreichs letzter Krieg im J. 1809, gegen Frankreich, Baiern u. d. rhein. Bundesstaaten. Mit Anmerkk., nebst Beschreib. d. Aufstandes in Tyrol rc. 8. Münch. 810. Lentner. 9 ℋ

— Wetterschild, oder Andachtsübungen zu dem heil. Märtyrer Donatus, allgemeinen Schuzpatron, wider die schädlichen Ungewitter rc. 8. Wien 793.

Klier, Hans, moderne Keramik. Entwürfe f. d. Praxis. qu. Fol. (15 Taf.) Plauen (901). Ch. Stoll. n. 12.—; farb. Ausg. n. 15.—

Klier, Jac., Anleit. z. Cultur d. Pelargonien. Ein Beitrag z. Gewächs- u. Zimmergärtnerei. 16. Wien, 1826. (Schaumburg.) — 10

Klier, (J.,) Anleitung zur Cultur d. Pelargonien. Ein Beitrag zur Gewächs- u. Zimmergärtnerei. 16. Wien 826, (Tendler u. v. M.)

Klier, Jac., Anleitung zur Cultur u. Vermehrung der Rosa Reclinata (Pyramidal-Rose), welche als Spalier- od. Hecken-Rose verwendet wird, nebst Beifügung einig. Worte, das Befestigen der Pflanzen an Stäbe, Pfähle etc. betreff., ein Beitrag zur Cultur der Rosen. 8. (3⅞ B.) Wien 843, Schaumburg u. Comp. *

—— die Kultur d. Päonien, ihre Vermehrung u. Vervielfältigung durch Saamenbau u. Theilung ihrer Knollwurzeln. gr. 8. (7½ B.) Wien 845, Schaumburg u. Comp.

Klier, Philipp

Klier, Ph., Raupen-Kalender. Anleitung, die deutschen Schmetterlingsraupen auf eine leichte Art aufzusuchen. Mainz 869. Kunze's Nachf. 16. (VIII, 32 S.) n. 7 ngr.

Klier, Ph., Raupen-Kalender. 16. Mainz 869. Hamburg, Rudolphi.

Klier, Phpp., Raupen-Kalender. Anleitung zur Aufsuchung und Bestimmung der deutschen Raupen. Praktischer Rathgeber auf Excursionen. 2. verb. Aufl. Mit 10 Abbild. auf 2 Taf. in naturgetreuem Farbendr. ausgeführt, nach Originalen vom Verf. 16. (VIII, 31 S.) Leipzig 880, Oehmigke's Verlag. cart. *

Klier, Philipp, Raupen-Kalender. Anleitung zur Aufsuchg. u. Bestimmg. der deutschen Raupen. Praktischer Ratgeber auf Exkursionen. 3., verb. Aufl. Mit 10 Abbildgn., auf 2 Taf. in naturgetreuem Farbendr. ausgeführt, nach Originalen vom Verf. (56 S.) 8. Leipzig (904). Einbeck, A. Oehmigke. Kart. n. 1.—

Fortsetzung der Chronik der Stadt Landeshut vom 1. April 1879 ab mit vorhergehender Aufführung der Hauptmomente aus der früheren Geschichte der Stadt. (Verf.: **Kliesch**, Oberglöckner an d. Gnadenkirche.) Landeshut i. Schl.: Werner (1909). 91 S. 8°
[Umschlagt.:] Chronik d. Stadt Landeshut. [10. 5330 2

Kliesch, C., Gesänge f. Schulfeiern an simultanen Lehranstalten. 2. Aufl. 8. (IV, 25 S.) Konitz 896. W. Dupont. n. — 40

Klietsch, Adf., die Besitzer v. Steineck, s.: Köhler's ill. Jugend- u. Volksbibliothek; Volkserzählungen.

Klietsch, A., die Hagenmühle, s.: Köhler's illustr. Jugend- u. Volksbibliothek.

— in der Köhlerhütte, s.: Köhler's illustr. Jugendbibliothek.

Klietsch, Adf., Märchen, s.: Kinder-Bibliothek, kathol.

— s.: Neues aus der Märchenwelt.

— das Rechnen f. Militäranwärter u. Beamte. Vorbereitung f. die Rechen-Prüfg. durch Selbstunterricht m. schnellstem u. sicherstem Erfolge nach eigener durch 20-jähr. Thätigkeit als Zivillehrer der Kapitulantenschule u. im Privatunterricht m. Militäranwärtern erprobter Methode. 1. u. 2. Tl. gr. 8. Berlin, P. Moeser. à n. 2. 25
1. (IV, 160 S.) 892. — 2. (IV, 83 S.) 894.

— auf dem Riedbauerhofe, s.: Köhler's ill. Jugend- u. Volksbibliothek.

— deutscher Unterricht f. Rekruten, die nur der polnischen Sprache mächtig sind. Einfacher Lehrgang im Sprechen, Lesen u. Schreiben, v. jedem hochdeutsch sprech. Unteroffizier zu leiten ohne Dolmetscher; durchführbar in 60 Unterrichts-Stunden in der Zeit der Rekruten-Ausbildungs-Periode. 6., auf dienstl. Veranlassg. neu bearb. u. erweit. Aufl. gr. 8. (IV, 62 S. m. Abbildgn.) Berlin 892. E. S. Mittler & Sohn. n. 1.—

Klietsch, Ewald, approb. Arzt aus Barmen: **Über die Verwendung des Suprarenins in der Augenheilkunde.** *Halle a. S. 1900: C. A. Kaemmerer & Co.* (47 S.) 8°
Halle, Med. Diss. v. 28. Juli 1900

Klietsch, H., u. J. H. Siebell's, vollständ. allgemein. Bamberger Kochbuch f. Jedermann. gr. 8. Bamb. Göbhardt.

Klietsch, H., u. J. H. Siebell's, vollständ. u. allgemeines Bamberger Kochbuch für Jedermann. 2 Thle. gr. 8. Bamb. ... 2e A. 811. (3e A.) Neue wohlfeilere Ausgabe. gr. 8. Ebd. 817 (Frankf. a. M., Wesche). 1 ß 8 ℋ Hbg. Pr. 1 ß

Klietsch, H., und J. H. Siebell, vollständiges und allgemein nützliches bamberger Kochbuch zum Gebrauche für alle Stände. Nebst besond. Anhang von dem Wichtigsten und Nützlichsten der Conditorei und einem Wörterbuche über die Kochkunstausdrücke. 2 Abthlgn. (in 1 Bd.) Neue wohlfeilere Ausg. gr. 8. (XL und 514 S.) Bamberg 854, 55, (Züberlein.) *

Klietsch, Otto [approb. Arzt aus Zwingenberg]: Ueber das Verhalten der Magensaftsecretion bei toxischer Gastritis. Ein Beitrag zur Lehre von der Schwefelsäurevergiftung ... Giessen, Druck v. C. v. Munchow, 1886: 23 S. 8°
Giessen, Med. Fak., Inaug.-Diss. v. 21. Jun. 1886.

Klietsch, Otto, über das Verhalten der Magensaftsecretion bei toxischer Gastritis. Ein Beitrag zur Lehre von der Schwefelsäurevergiftung. Diss. Giessen 1886, J. Rickersche Buchh. 8°. 23 S.

Kliewer, F. W.

— s.: Bremicker, E., Karte von den Hauptstrassen.

— Eisenbahnen- u. Haupt-Poststrassen-Karte v. Mittel-Europa. Nach authent. Quellen gezeichnet. Fol. Kpfrst. Berlin 850, Herbig. baar 1/4 ℛ

Kliewer, F. W., Eisenbahnkarte von Deutschland u. Theilen der angrenz. Länder. Fol. Kpfrst. u. color. Berlin 852, D. Reimer. n. 1/3 ℛ

Kliewer, F. W., Eisenbahn-Karte von Deutschland und Theilen der angrenzenden Länder. 2. nicht kol. Aufl. Kupferstich. Berlin, D. Reimer, 1853. Fol. (6 ngr.)
—, — 3. Aufl. Ebenda 1854. Fol.
—, — 5. Aufl. Kupferst. Ebenda 1857. Fol.
—, — 6. Aufl. Desgl. Ebenda 1858.

— Karte der Eisenbahn-, Post- u. Dampfschiff-Verbindungen in Deutschland etc. Revidirt im Cours-Bureau d. Königl. General-Post-Amts in Berlin. Fol. Lith. Berlin 851, David. n. 3 ngl; lithochrom. n. 6 ngl

— Karte der Eisenbahn-, Post- und Dampfschiff-Verbindungen in Deutschland etc. Revidirt in dem Cours-Bureau des Königl. General-Post-Amtes in Berlin. 4. Ausg. Ergänzt bis Mai 1854. Berlin. David's Verl., 1854. Fol. Lithochrom. (6 ngr.)

Kliewer, F. W., Karte von den Hauptstrassen im Deutschen Zollverein ... gez. u. gest. ... 1848. . . . . (Br. Mus.)

Kliewer, F. W., Neueste Post- und Reise-Karte von Deutschland und den angränzenden Ländern. Unter besonderer Berücksichtigung der Eisenbahnen. Nach den besten Hülfsmitteln gezeichnet. — Auch u. d. Titel: Neueste Post- und Reise-Karte der wichtigsten und besuchtesten Theile Europas, enthaltend: Deutschland, Holland, Belgien, die Schweiz, Ober-Italien, Toscana, den Kirchenstaat nebst einem grossen Theil der Nachbarländer. Berlin, C. Heymann, 1845. Imp.-Fol. Kolor. (1 1/3 ℛ) (Br. Mus.)
—, — Mit den Eisenbahnen bis auf die Gegenwart vervollständigt. Berlin 1846.

Kliewer, F. W., neueste Post- u. Reise-Karte der wichtigsten u. besuchtesten Theile Europa's, enth. Deutschland, Holland, Belgien, die Schweiz, Oberitalien, Toscana, den Kirchenstaat nebst einem großen Theil der Nachbarländer. Mit den Eisenbahnen bis auf d. Gegenwart vervollständigt. In Kupf. gestochen u. illum. gr. Fol. (Nebst Text. Der Führer auf Deutschlands Eisenbahnen von L. v. Malinowsky I.) Berlin 845, Heymann. In Etui. n. 1 1/3 ℛ

Kliewer, F. W., Post- und Reise-Karte von Mittel-Europa mit Angabe der Eisenbahnen gez. u. gestochen. Berlin 1858. . . . . (Br. Mus.)
—, — Neue bericht. Ausg. Berlin, D. Reimer, 1867. Kupferst. gr. Fol. (Br. Mus.)

Kliewer, F. W., Postkarte von dem Preussischen Staate ... gestochen. ... 1859. (Br. Mus.)

Kliewer, Fr. Gust., der zuverlässige Rechenknecht nach dem Decimalsystem der neuen Maß- und Gewichtsordnung von 1868. 8. (VII, 444 S.) Danzig 872, Bertling. *

Kliewer, H., sieh: H. H. Gotthold, Deutschland u. der grösste Theil der umliegenden Staaten. Berlin [1831?] . . . . (Br. Mus.)

Kliffmüller, (Red.), s. Lehrerzeitung für Westfalen und die Rheinprovinz.

Klifford, Albert, u. der alte Wilhelm. Beispiele jugendl. Liebe u. Dienstfertigkeit gegen das Alter. Cincinnati 861. (Philadelphia, Schäfer & Koradi.) 16. (212 S. mit 4 Holzschntaff.) geb. n. 16 ngr.

Klihm, Otto (Paul Karl) (geb. Muskau 19. 10. 1857): 91 Schussverletzungen, beobachtet in den Jahren 1872-1881 in der chirurg. Klinik der Charité. Bunzlau (1883). (44 S.) 8°
Berlin, Med. Diss. v. 27. Jan. 1883 [vielmehr 12. Febr. 1883]

Klika, B., u. **H. Simroth**, Beiträge zur Kenntniss der kaukasisch-armenischen Molluskenfauna. [Aus: „Sitzungsber. d. k. böhm. Gesellsch. d. Wiss."] gr. 8. (23 S. m. 1 farb. Taf.) Prag 893. (F. Řivnáč.) n. — 80

Klika, Glieb., die tertiären Land- u. Süsswasser-Conchylien d. nordwestlichen Böhmen, s. a. Archiv der naturwissenschaftlichen Landesdurchforschung von Böhmen.

Klika (Gottlieb), Die tertiaeren Land- u. Süsswasser-Conchylien des nordwestl. Böhmen. 1891. *s. Zeit- u. Gesellsch.-Schriften: Archiv f. d. naturwiss. Landesdurchforsch. von Böhmen. Bd 7, No 4.*

Klika, Jos., schematische Darstellung des menschlichen Körpers. Für Bürger-, Volks- und Mädchenschulen entworfen und gezeichnet. 4 Taf. in Farbendr. gr. Fol. Mit Text. gr. 8. (11 S.) Dresden 888, Meinhold und Söhne. * 5 —

Klika, Jos., schemat. Darstellg. d. menschlichen Körpers. Für Bürger-, Volks- u. Mädchenschulen entworfen u. gezeichnet. 2., umgearb. Aufl. 4 farb. Taf. à 85 × 60 cm. M. Text. gr. 8. (14 S.) Dresden 897. C. C. Meinhold & Söhne. n. 5. —

Klim, (des weltberühmten Niclas,) höchst merkwürd. Reisen u. Abenteuer in einer ganz neuen Welt. (von v. Holberg.) Zur Unterhalt. d. Jugend, neu bearb. Mit ill. Kpfrn. 8. Nürnb. 825, Campe.

– vgl. Klims ....

Klim, Dr. Adolf: Wird durch die konfessionellen Gesetze das Christenthum vernichtet? Ein Vortrag, gehalten am 16. Juni 1868 im „konstitutionellen Volksverein" in Ried, vom Obmann dieses Vereines. Ried: Kränzl 1868. 16 S. 8°

Programm und Jahresbericht des k. k. Obergymnasiums in Görz 1857. Görz, gedruckt bei Paternolli. (50 S. 8.)
Enthält: Das Klima von Görz.

Klima und Meteorologie. Druckblätter. 8. u. 4., in Mappe.

München's Klima. u. diätetische Verhaltungsmassregeln f. Einheimische u. Fremde, von einem praktischen Arzte. München, Chr. Kaiser (gedr. Augsb.), o. J. (c. 1850?). 12°. 48 S. Cart.

Das Klima des Königreiches Sachsen. H. 1–7. Chemnitz: Kgl. Sächs. Meteorolog. Inst.; Brunner in Komm. 1892–1903. 4°
1. Schreiber, Paul, Dir., Prof.: Die Niederschlagsverhältnisse d. Jahre 1864–1890 ... 1892.
2. Schreiber. Fünf- u. mehrjähr. Mittel aus d. Monats- u. Jahresergebnissen d. Beobachtungen 1864–1890. Th. 1. [Mehr nicht ersch.] 1893.
3. Schreiber: Monats- u. Jahresmittel d. wichtigsten klimat. Elemente f. d. Zeitraum 1864–1890. Ergebnisse d. Verdunstungsbeobachtungen f. d. Zeitraum 1883–1893. Ergebnisse d. Beobachtungen auf Thürmen f. d. Zeitraum 1888–1893. 1895.
4. Schreiber: Die klimatograph. Arbeiten d. Kgl. Sächs. Meteorolog. Inst. bei d. Sächsisch-Thüring. Industrie- u. Gewerbe-Ausstellung Leipzig 1897. Mit 6 Anh. 1897.
5. Baudenbacher, J.: Zusammenstellung d. Hochwasser d. Weissen Elster u. Mulde im Bereich d. Königr. Sachsen während d. Jahre 1868 bis 1893 in Verbindung mit d. Landesdurchschnitten d. Niederschlages u. Temperaturbeobachtungen in Chemnitz. 1898.
6. Grohmann, [Edmund]: Die phänolog. Beobachtungen d. Jahre 1864 bis 1897 u. d. Ernteerträge im Königr. Sachsen in ihrer Abhängigkeit von d. Witterungsverhältnissen. 1901.
7. Schreiber: Klimat. Grundwerte f. d. Königr. Sachsen (1864–1900). Die Schwankungen d. jährl. Niederschlagshöhen u. deren Beziehungen zu den Relativzahlen f. d. Sonnenflecken. Mit 12 Taf. 1903. 10. 1268

— dasselbe, s. a.: Schreiber, Paul.

Klima, das, d. Königr. Sachsen. V. Hft. gr. 4. Chemnitz 898. (M. Bülz.) n. 1. 80 (I.—V.: n. 17. 80)
V. Zusammenstellg. d. Hochwasser d. weissen Elster u. Mulde im Bereiche d. Königr. Sachsen während d. J. 1868 bis 1893 in Verbindg. m. d. Landesdurchschnitten d. Niederschlages u. Temperaturbeobachtgn. in Chemnitz. Von J. Baudenbacher. Amtl. Publikation d. kgl. sächs. meteorolog. Institutes durch Paul Schreiber. (26 S. m. 2 Fig.) n. 1. 80

Klima, das, des Königr. Sachsen. VI. Hft. gr. 4. Chemnitz (M. Bülz). n. 3. 60; (I—VI. n. 21. 40)
Die phänologischen Beobachtungen d. J. 1864 bis 1897 u. die Ernteerträge im Königr. Sachsen in ihrer Abhängigkeit von den Witterungsverhältnissen. Von Grohmann. Amtl. Publikation des königl. sächs. meteorolog. Institutes durch dessen Dir. Paul Schreiber. (III, 88 S.) 901.

Klima, das, des Königr. Sachsen. VII. Heft. gr. 4. Chemnitz (C. Brunner). n. 1. 50
Klimatische Grundwerte f. das Königr. Sachsen (1864—1900). Von Paul Schreiber. — Die Schwankungen der jährlichen Niederschlagshöhen u. deren Beziehungen zu den Relativzahlen f. die Sonnenflecken. Mit 12 autogr. Taf. Amtliche Publikationen des königl. sächs. meteorolog. Institutes. (IV, 36 S.) 903.

Klima, Anton

—— 800 Aufgaben z. 1. Thle. d. größ. deutschen Schul-Sprach-Lehre (Richtig-Sprech-Lehre, od. Wortforschung u. Wortfügung.) Nach d. Paragraph-Zahlen geord. Mit besond. Rücksicht auf d. Uebergang aus d. deutschen in d. latein. Schulen ꝛc. 3., umgearb. u. verb. Aufl. 8. Grätz 841, Ferstl'sche Buchh.

— 500 Aufgaben zur kleinern Deutschen Schul-Sprach-Lehre, (Richtig-Sprech- u. Schreib-Lehre.) Nach d. Paragraph-Zahlen geordnet. Nebst 2 Anhängen: 1) Gleich u. ähnlich lautende, aber verschieden bedeutende Wörter, als Dictando-Sätze bearbeitet; 2) Beispiele von schriftl. Aufsätzen. 2e, gänzl. umgearb. u. sehr viel verm. Aufl. kl 8. Grätz 835. Ferstl. $^{1}/_{4}$ Thlr.

— 560 Aufgaben zum ersten Theile der größern Deutschen Schul-Sprachlehre. (Richtig-Sprech-Lehre.) Nach den Paragraph-Zahlen geordnet. 1r u. 2r Abschnitt. Mit besond. Rücksicht auf den Uebergang aus den deutschen in die lateinischen Schulen u. zur Sprach-Erlernungs-Beförderung bey den Studien der latein. (oder der französ. u. italien.) Sprache bearbeitet. A. u. d. T.: 320 Aufgaben ꝛc. I. Allgem. Vorkenntnisse von d. Wörtern. II. Von den Wörtern als Redetheilen u. ihren Veränderungen ꝛc. 2e, ganz umgearb., verb. u. ansehnl. verm. Aufl. 8. Grätz 836. Ferstl. $^{5}/_{12}$ Thlr. — 3r Abschnitt u. Anhang. A. u. d. T.: 240 Aufgaben ꝛc. III. Von der Wortfügung. Anhang: Von dem Befragen der Sätze. 2e, ganz umgearb. verb. u. ansehnlich verm. Aufl. 8. Ebd. 836. $^{1}/_{3}$ Thlr.

Klima, Ant., Aufgaben über die im bürgerl. Leben am häufigsten vorkomm. Rechnungsarten, mit beigefügten Berechnungs-Ergebnissen. 1r u. 2r Thl. A. u. d. T.: Das Kopfrechnen, theoretisch durch Regeln u. praktisch dargestellt durch acht (800) hundert Uebungsbeyspiele u. Aufgaben. 2 Hfte. 8. Grätz 838. Ferstl. $^{5}/_{6}$ Thlr.

— dess. 3r Thl. A. u. d. T.: Acht hundert Aufgaben zum 2n Thle. der Anleitung zur Rechenkunst für die Oesterreichisch-deutschen Schulen. 8. Ebd. 839. $^{5}/_{12}$ Thlr.

— 650 Aufgaben z. zweiten Theile der größeren Deutschen Schul-Sprach-Lehre. (Richtig-Schreibe-Lehre.) Nach d. Paragraphen-Zahlen geordnet ꝛc. 2e, ganz umgearb., verb. u. ansehnl. verm. Aufl. 1e u. 2e Abthl. A. u. d. T.: 250 Aufgaben ꝛc. I. Ueber jede Regel der in den k. k. oesterreich. deutschen Staaten vorschriftmäßig eingeführt. Rechtschreibelehre. (Orthographie.) II. Ueber die Unterscheidungszeichenlehre. (Interpunction. In 1280 Sätzen.) Auch größtentheils anwendbar zu Dictando-Sätzen. 8. Grätz 836. Ferstl. $^{1}/_{3}$ Thlr. — 3e u. 4e Abthl. A. u. d. T.: 400 Aufgaben ꝛc. III. Ueber die Rechtschreibung ähnlicher u. gleich lautender, theils deutscher, theils fremder Wörter. IV. Ueber die Rechtschreibung latein. Wörter u. Sätze mit deutschen Uebersetzungen. (In 1725 Sätzen.) 8. Ebd. 836. $^{1}/_{3}$ Thlr.

Klima, Ant., 1000 Aufgaben u. Ausarbeitn. z. Uebung u. als Muster in schriftl. Aufsätzen überh. u. im Brief- u. Geschäfts-Style insbesond. Nach d. in d. k. k. österreich.-deutschen Schulen vorschriftsmäß. eingeführten „Anleitung zu schriftl. Aufsätzen üb. alle Gegenstände d. bürgerl. Lebens," sowohl f. d. Jugend beiderlei Geschlechtes, als auch f. Lehramts-Candidaten eingerichtet, u. mit alphabet. Stämpeltariffs- u. Schriftabkürzungs-Verzeichnissen versehen. 8. (19½ B.) Grätz 838, Ferstl'sche Buchh.

—— 1000 Aufgaben zu beiden Theilen d. kleinern deutsch. Schul-Sprach-Lehre (Richtig-Sprech- u. Schreibe-Lehre.) Nach d. Paragraph-Zahlen geordnet. Nebst drei Anhn. ꝛc. 2 Thle. 3., umgearb. ꝛc. Aufl. 8. Grätz 841, Ferstl'sche Buchh.

Klima, Ant., 1000 Aufgaben zu beiden Theilen der kleinern deutschen Schul-Sprach-Lehre. Nebst 3 Anhängen. 2 Thle. 3. gänzlich umgearb. u. sehr viel verm. Aufl. 8. Grätz 841, Ferstl. $^{2}/_{3}$ Thlr. — Einzeln: 1. Thl. 600 Aufg. zur Richtig-Sprech-Lehre. $^{5}/_{12}$ Thlr. — 2. Thl. 400 Aufg. zur Richtig-Schreib-Lehre. 8 ngr 8 ₰.

Klima, Ant., 1600 Aufgaben zu beiden Theilen der größern deutschen Schul-Sprach-Lehre. (Richtig-Sprech- u. Schreibe-Lehre.) Nach den Paragraph-Zahlen geordnet. A. u. d. T.: 800 Aufgaben z. 2. Theile der größern deutschen Schul-Sprach-Lehre. (Richtig-Schreibe-Lehre.) 3., verb. Aufl. gr. 8. (17 B.) Grätz 844, Ferstl'sche Buchh. Thlr.

Klima, Ant., Handbuch zum Unterricht im deutschen Stil. In 3 Abthlgn. Für Schüler an Unterrealschulen, höhern Töchterschulen, Lehramts-Kandidaten u. Erwachsene. Wien 857. Seidel. gr. 8. n. 1 Thlr. 20 ngr.
1. Thl.: Die allgemeine Stilistik u. der histor. Stil. Mit zahlreichen Beispielen u. Uebungsaufgaben. (VI, 128 S.) n. 12 ngr.
2. Thl.: Der Briefstil oder Anleitung zur Abfassung aller in freundschaftlichen Verhältnissen vorkommenden briefl. Aufsätze mit zahlreichen Uebungsaufgaben u. Musterbriefen. (3 Bl., 230 S.) n. 18 ngr.
3. Thl.: Der Geschäftsstil oder Anleitung zur Selbstverfassung der in Rechtsgeschäften ꝛc. vorkommenden schriftl. Aufsätze ꝛc. (VI, 196 S.) n. 20 ngr.

Die Käfer (Coleoptera). Von JUDr. Anton Klima. Prag: Gesellsch. f. Physiokratie 1902. (VII, 120 S.) 8°
— Catalogus insectorum faunae bohemicae. 6. (03. 1103)

Klima, Ant., Lehre d. deutschen Rechtschreibung, mit besond. Rücksicht auf d. gebräuchl. fremden Wörter; nebst e. Wörterbuche gleichlaut. deutscher u. häufig im Gebrauche vorkomm. fremder Wörter, u. e. alphab. Verzeichnisse d. in d. Schrift u. im Drucke übl. Abkürzungen. N. d. in d. deutschen Schulen d. Oesterreich. Monarchie vorgeschrieb. Rechtschreibelehre bearb. 8. (6½ B.) Grätz 829, Ferstl.

—— allgem. deutsche Rechtschreibelehre (Orthographik), nebst ein. besond. Schrift-Unterscheidungszeichen-Lehre (Interpunctation). Mit beständ. Rücksichtsnahme auf die in d. k. k. österr. deutsch. Schulen vorschriftmäß. eingeführte Schreibart, wie auch auf alle ältern, neuern u. neuesten, als richtig angenommenen u. gebräuchl. Schreibweisen ꝛc. 8. Grätz 838, Ferstl'sche Buchh.

—— deutsche Sprachlehre mit zahlreichen, zu jeder Sprachlehre brauchbaren Aufgaben, für Schüler an Haupt- und Unterrealschulen. (Zugleich 4. Aufl. der Sprachlehraufgaben zur größern deutschen Schulsprachlehre desselben Verf.) gr. 8. (VII und 150 S.) Gratz 855(56,) Ferstl'sche Buchh.

Klima, Anton —. Deutsche Sprachlehre mit zahlreichen, zu jeder Sprachlehre brauchbaren Aufgaben, für Schüler an Haupt- und Unterrealschulen. (Zugleich 4. Auflage der Sprachlehraufgaben zur größern deutschen Schulsprachlehre desselben Verfassers.) Bearbeitet von — —. Gratz, 1856. Verlag der F. Ferstl'schen Buchhandlung. (Tendler & Wendelin.) (3 Bl. 50 S. 8.)

Klima, F. A., Kapitals-Anlage und Börsen-Speculation. gr. 8. (16 S.) Prag 881, (Rziwnatz.) *

Klima, Max, Tannenreis aus dem Böhmerwalde. Erzählungen. (170 S.) 8. Straßburg 910. J. Singer. 3. —

Klima Sebast. Die Rinderpest heilbar. 8. (20 S.) Pesth, Landerer und Heckenast, 1852.

Klimakus, Jh., die Leiter zum Paradiese, s. Leitsterne auf der Bahn des Heils 7r Bd.

Klimaszewski, W., Gesundheitspflege u. neuere Heilmethoden. (76 S.) 8. München (906). (Leipzig, Krüger & Co.) n. 1. —

— dasselbe. 2., verm. Aufl. (83 S.) kl. 8. Leipzig (906). Krüger & Co. n. 1. —

Klimaszewski, W., Gesundheitspflege. 3. gänzlich umgearb. Aufl. (128 S.) kl. 8. München (910). Leipzig, Krüger & Co. 1. —

— Dauernde Heilung der Syphilis mittels ungiftiger Kräuterpräparate. (IV, 120 S.) 8. Berlin (909). H. Bermühler. 2. —

— meine Kräuterkur. (305 S. m. 12 Taf.) gr. 8. Heidelberg 903. Heidelberger Verlagsanstalt u. Druckerei. n. 3. —; geb. n. 4. —

Klimaszewski, W., meine Kräuterkur bei Lungenschwindsucht. gr. 8. (24 S.) Heidelberg 902. Heidelberger Verlagsanstalt u. Druckerei. n. 1. —

Klimaszewski, Wladislaw, appr. Arzt a. Wiensowno (Prov. Posen): Ueber Spondylitis typhosa. Leipzig (1906): A. Edelmann. (27 S.) 8°
Leipzig, Med. Fak., Ref. Curschmann, Diss. v. 17. Dez. 1906
[Geb. 10. Mai 66 Wiensowno b. Crone; Wohnort: München; Staatsangeh.: Preußen; Vorbildung: Gymn. Culm Reife O. 88; Studium: Breslau 1, Greifswald 5, Berlin 1, Leipzig 2 S.; Coll. 21. Dez. 06; Approb. 13. Mai 93.]

Klimatafel von Aachen. Nach den Beobachtungen der Meteorologischen Station. Aachen [1900]. V: *Polis, Peter.* (Berl)

Klimatographie v. Oesterreich. Hrsg. v. d. Direktion der k. k. Zentralanstalt f. Meteorologie u. Geodynamik. I. Lex.-8. Wien (W. Braumüller). n.n. 2. 50
Klimatographie von Niederösterreich. Von J. Hann. (II, 104 S. m. 1 farb. Karte.) 904.

Klimatographie v. Osterreich. Hrsg. v. der Direktion der k. k. Zentralanstalt f. Meteorologie u. Geodynamik. II.—IV. Lex. 8. Wien, (Gerold & Co.). 20. 40
Ficker, H. v., Klimatographie v. Tirol u. Vorarlberg. Mit zoo- u. phytobiolog. Beiträgen v. K. W. v. Dalla Torre. (162 S. m. 1 farb. Karte.) 909. (IV.) 6. —
Klein, Rob., Klimatographie v. Steiermark. (V, 194 S. m. 1 farb. Karte.) 909. (III.) 11. —
Mazelle, Eduard, Klimatographie des österreichischen Küstenlandes. A. Triest. (71 S.) 908. (II.) 3. 40
I. Ebd. 904. nn 2. 50.

Zur **Klimatologie** von Mecklenburg. 1. Das Klima von Schwerin von Prof. Dr. Ludwig Matthiessen. 2. Der Temperaturkalender von Wustrow von cand. phys. Adolf ter Cock-Amsterdam. Mit 5 Abb. u. 1 Wettertaf. Rostock 1904: C. Boldt. (47 S.) 4°
— **Publikationen** d. astronom.-meteoronom. Observatoriums zu Rostock. Jg. 2. (08. 3038

Berlin, Preussisches Meteorologisches Institut, Klimatologie von Norddeutschland nach den Beobachtungen des Preuss. Meteorolog. Instituts von 1848 bis incl. 67. I. Abtheil.: Luftwärme. Mit 1 lithogr. Tafel. Veröffentlicht von H. W. Dove. (A. m. d. T.: Preussische Statistik. Amtliches Quellenwerk. Herausg. in zwanglosen Heften vom Königl. Stat. Bur. in Berlin. XV.) Berlin 1868. Fol.
— Dasselbe Werk für Deutschland. 1848—72. XXXII. Berlin 1874. Fol.

Klimbim. Eine Sammlg. schnurr. Aufführgn. Komische Vorträge, Intermezzos, ulk. Schaustellgn. u. burleske Szenen f. e. u. mehrere Personen. (186 S.) 8. Mühlhausen i/Th. (906). G. Danner. 1. 50

Klimbim. Eine Sammlg. schnurr. Aufführgn. Komische Vorträge, Intermezzos, ulk. Schaustellgn. u. burleske Scenen f. e. u. mehrere Personen. 2. verm. Aufl. (160 S.) 8. Mühlhausen i/Th. (910). G. Danner. 1. 50

Klimburg, Rob. Frhr. v., uns. Wehrmacht z. See, s. Lengnick, Art.

Klimburg, Rud. Frhr. v., d. Entwicklg. d. gewerbl. Unterrichtswes. i. Oesterreich, s. a. Studien, Wiener staatswiss.

Klimburg, Rud. Frhr. v., Die Entwicklung des gewerblichen Unterrichtswesens in Oesterreich. gr. 8⁰. Tübingen, J. C. B. Mohr, 1900. (Wiener staatswissensch. Studien, Bd. 2, Heft 1.)

Der deutsche Materialismusstreit im neunzehnten Jahrhundert (u. s. Bedeutung f. d. Philosophie d. Gegenwart). Von Friedrich **Klimcke**, S. J. (Hamm i. W.: Breer & Thiemann 1907.) (37 S.) 8° [Umschlagt. J.]
— **Broschüren**, Frankfurter Zeitgemässe. Bd 26, H. 9. (07. 9430

– dass., s.a. Klimke

Klimek, Paul [Dr.]: Kritische Bemerkungen zum Texte der prosaischen Schriften des Synesius. Breslau, Druck v. O. Gutsmann, *1891*; S. 3 -18; 4°
Breslau, k. König-Wilhelms-G, P 1891 (175)

Klimek, Paulus *(geb. Königlich-Neuhof bei Oppeln 9. 1. 1859)*: Conjectanea in Julianum et Cyrilli Alexandrini contra illum libros. Vratislaviae 1883. (42 S.) 8° *[Im Buchhandel 1883 bei Köhler in Breslau.]*
Breslau, Phil. Diss. v 20. Juni 1883

Klimek, Paul, Conjectanea in Julianum et Cyrilli Alexandrini contra illum libros. Dissertatio inauguralis philologica. gr. 8. (42 S.) Breslau 883, (Köhler.) *

Klimek, Paul, Dr.: Über den Plan der Rede Adherbals bei Sallust. *Breslau 1902: R. Nischkowsky.* (S. I—VIII.) 4°
Breslau, k. kath. St. Matthias-G, OP 1902 (197)

– (Hrsg.), s. Sallustius Crispus, C.: Catilina u. Auswahl aus d. Jugurtha.

Klimek, Paul, Prof. Dr.: Kritische Studien zu Xenophons Memorabilien. Breslau 1907: R. Nischkowsky. (XIV S.) 4°
Breslau, k. kath. St. Matthias-G OP 1907 (224)

Klimek, Paul Zur Würdigung der Handschriften und zur Textkritik Julians. 4 (8 S.). Kath. G. *Leobschütz* 1888 (182).
Progr.

Kliment, J., O vlivu veřejného života římského na vyvin a rás římského řečnictví. Pr. 1887. 25 S.

Kliment, Josef, Wandtafeln für den Zeichenunterricht an Fortbildungs- und Gewerbeschulen. Druck und Verlag der k. u. k. Hofbuchdruckerei von Ignaz Fuchs in Prag. (Min.-Erl. vom 28. Juni 1895, Z. 13121.) Alle 24 Tafeln: aufgesp. 4.—

Das Rechnungs- und Kontrollwesen des ungarischen Staates. Auf Grund d. gesetzl. Bestimmungen u. d. tatsächl. Verfahrens verf. u. hrsg. von Julius **Klimes**. Budapest: Selbstverl. [übergeklebt: Berlin: Puttkammer & Mühlbrecht 1910]. XVI, 367 S. 8° (10. 13338

Klimes, Václav: Ueber die Aussprache im Griechischen. Phil. Diss., Prag 1894/95.

Klimesch, *Johann* Matthäus: Zur Geschichte des Laibacher Gymnasiums. 8 (31 S.).
Progr. K. k. Staats-Oberg. *Laibach* 1896.

Klimesch, J. Matthäus, die Ortsnamen im südlichen u. südwestlichen Böhmen. I. (177 S.) gr. 8. Prag 909. J. G. Calve. nn 2. —
Sonderabdr. a.: „Mittlgn. d. Ver. f. Gesch. d. Dtschn. in Böhmen".

Urkunden und Regesten zur Geschichte des Gutes Poreschin im 14. und 15. Jahrhunderte. Von Joh. Matth. Klimesch. — Prag: Kgl. böhm. Ges. d. Wiss. 1889. XVIII, 131 S. 4°
(Abhandlungen d. Classe f. Philos., Gesch. u. Philologie d. Kgl. böhm. Ges. d. Wiss. v. d. Jahren 1889—1890. Folge 7, Bd. 3, 3.)

Klimesch, J. M., Urkunden u. Regesten zur Geschichte d. Gutes Poreschin im 14. u. 15. Jahrh. [Aus: „Abhandlgn. d. k. böhm. Gesellsch. d. Wiss."] gr. 4. (XVIII, 131 S. m. 1 Karte.) Prag 889. (Calve.) n. 4. 20

Klimesch, Joh. Matthäus, s.a. Urkunden- u. Regestenbuch des ehemal. Klarissinnen-Klosters in Krummau.

Klimesch, J. M., Urkunden- und Regestenbuch des ehemaligen Klarissinnenklosters in Krummau. Gr.-8°. (XX, 527 S.) † Prag: Calve 1904. K 8.--

Klimesch, Matthäus, s.: Heermann's, Norb., Rosenberg'sche Chronik.

Klimesch, Philipp, Pater: Bandhauers deutsches Tagebuch der Zerstörung Magdeburgs 1631. Mit dem Korollarium desselben und Belegstücken aus dem größeren lateinischen Werke dieses Augenzeugen. Ar. 16. 239
Separatabdruck

Stift Tepl. Uebersicht der merkwürdigsten, in den Annalen des Prämonstratenser-Stiftes Tepl verzeichneten Ereignisse in und ausser dem genannten Stifte seit dessen Gründung, im Auftrage seiner Vorsteher ausgezogen und zusammengestellt von P. Philipp Klimesch, Bibliothekar, mit einem Schlussworte des Uebersetzers. (Mit 1 Ansicht, 1 Plan und 2 Blättern Beilagen.) 8. Prag 1869.

Klimii, Nic., iter. subterran. u. Reisen, s.a. L. v. *Holberg*.

– vgl. Klimm ...

Klimii (Nicolai) iter subterraneum, novam telluris theoriam ac historiam quintae Monarchiae exhibens (a L. Holberg.) 8°. Havn. et Lips. 1741. edit. 3. 8°. Havn. 1754.

Klimii, Nicolai, iter subterraneum novam telluris theoriam ac historiam quintae monarchiae adhuc nobis incognitae exhibens. 8. (17½ B.) Northusae 814. [Büchting.]

Klimii, Nicolai, iter subterraneum novam telluris theoriam ac historiam quintae monarchiae adhuc nobis incognitae exhibens. 8. Northusae 844, Schmidt. ½ ℛ

Klimitsch: Ueber ein Verfahren, Locomotiven schnell und ökonomisch anzuheizen. Berlin 1881

Klimke, Aug., s.a. Klincke

Klinke, Aug., Anleitung zum Malen auf Porzellan und Glas für Dilettanten. 3. verm. Aufl. 8. (114 S. mit 62 Holzschn.) Leipzig 888, G. Wolf. ** 1 75

Klimke, A., Anleitung zum Malen auf Porzellan u. Glas f. Dilettanten. 4. Aufl. m. 62 Holzschn. 8. (118 S.) Dresden 890. (Leipzig, G. Wolf i. H.: G. Levien.) n.n. 1.75

Klimke, Aug. Anleitung zum Malen auf Porzellan u. Glas f. Dilettanten. 4. Aufl. m. 62 Holzschn. (118 S.) 890; 5. verm. Aufl. 8. (121 S. m. 72 Holzschn.) Dresd. 892. (Lpz., Wolf.) ** 1 75

Klimke, Aug., Anleitung zum Malen auf Porzellan u. Glas f. Dilettanten. 6. Aufl. (98 S. m. Abbildgn.) gr. 8. Dresden (903). (Leipzig, Th. Thomas.) Geb. n.n. 1. 75

Klimke, C., s. Klimke, Karl

Klimke, Frdr., S. J., die Hauptprobleme der Weltanschauung, s.: Sammlung Kösel.

— Der deutsche Materialismusstreit im 19. Jahrh., s.a. Broschüren, Frankfurter zeitgemäße.

Klimke, Friedrich, Der deutsche Materialismusstreit im 19. Jahrhundert u. seine Bedeutung für die Philosophie der Gegenwart. 8°. Hamm i. W., Breer u. Thiemann, 1907. (Frankfurter zeitgemässe Broschüren, Bd. 26, Heft 9.)

– dass., s.a. Klimcke

Der Mensch. Darstellung u. Kritik d. anthropolog. Problems in d. Philosophie Wilhelm Wundts von Friedrich Klimke S. J. Graz & Wien: Styria 1908. (VIII, 274 S.) 8° [Cf. 15040

Klimke, Karl [Oberl. Dr.]: Beiträge zur Geschichte der Gracchen. Tl 1. Die Überlieferg d. Gesetze im Ausz. d. Livius m. bes. Berücks. d. Gesetzgebg d. Gracchen. Sagan, Druck v. P. Mertsching, 1892; 3—16 S. 4.
Sagan, k. kath. G, OP 1892 (203)

Klimke, Karl Diodorus Siculus und die römische Annalistik. I. II. 19, 32 SS. Progr. *Königshütte* 1880. 1881.

Klimke, Diodorus Siculus u. die römische Annalistik. 4. (40 S.) Königshütte 881. Lowack. n. 2. —

Klimke, Karl, aus Neisse: Das volkstümliche Paradiesspiel und seine mittelalterlichen Grundlagen. *Breslau: M. & H. Marcus 1902.* (37 S.) 8° ¶ [Erschien vollst. als: Germanist. Abhandl., H. 19.]
Breslau, Phil. Diss. v. 26. Apr. 1902

Klimke, Carl, d. volkstüml. Paradiesspiel u. seine mittelalterl. Grundlagen, s.a. Abhandlungen, german. XIX.

Das volkstümliche Paradiesspiel und seine mittelalterlichen Grundlagen von Carl Klimke. *Breslau: M. & H. Marcus 1902.* (VIII, 96 S.) 8°
= Abhandlungen, Germanistische. H. 19 [Cf. 1113

Klimke, *Karl* Die ältesten Quellen zur Geschichte der Gracchen. 4 (23 S.). Progr G. *Königshütte O.-S.* 1886 (176).

Klimke, Carl (*geb. Glogau 7. 5. 1849*): Die Quellen zur Geschichte des vierten Kreuzzuges. Th. 1. Breslau (1875). (42 S.) 8° [*Vollst. 1875 bei Aderholz in Breslau.*]
Breslau, Phil. Diss. v. 7. Juni 1875

Klimke, C., die Quellen zur Geschichte des vierten Kreuzzuges. gr. 8. (105 S.) Breslau 875, Aderholz' Buchh. *

— der 2. Samniterkrieg. 4. (18 S.) Ebend. 882. n. 1. —

Klimke, Max, Landger. Refer. a. D.: Grunderwerb durch Ausländer insbesondere durch ausländische Versicherungsgesellschaften. Strassburg i. E. 1909: Müh. XII, 76 S. 8°
Straßburg, Rechts- u. staatswiss. Diss. v. 28. Juli 1909, Ref. Kisch
[Geb. 10. Dez 80 Liegnitz; Wohnort: Liegnitz; Staatsangeh.: Preußen; Vorbildung: Ev. Gymn. Glogau Reife M. 02; Studium: Breslau 6 S.] [U 10. 4020

Klimke, Max, Kalokagathia. Gedichte. (VII, 144 S. m. Bildnis.) 8. Dresden 904. E. Pierson. n. 2.50; geb. n. 3.50

Klimkiewicz, F. X. [aus Inowrazlaw (Prov. Posen)]: Ein Fall von secundärem Spindelzellensarkom der Leber mit spezieller Berucksichtigung der Histologie und Histogenese der Bindegewebsneubildung . . . Wurzburg, Paul Scheiner's Buchdr., 1890; 32 S. 8°
Wurzburg, Med. Fak., Inaug.-Diss. v. 1890

Klimkiewicz, R.: Der Wucher und seine Folgen. Zur Beleuchtung der Vorgänge in dem Falle S. Horowitz aus Lemberg gegen Dr. R. Klimkiewicz aus Petroutz. Czernowitz: Selbstverl. 1891

Klimm, Nic., iter subterraneum, novam telluris theoriam exhibens. 8. Hafn. Pelt. (Gräff in Lpz.) 754.

– vgl. Klimii ...

— unterirdische Reise, v. Holberg edirt. 8. Ebend. 765.

– vgl. Klims ...

— — Reise, m. K. 8. Lpz. Gleditsch.

Klimm, N., unterirdische Reise, übersetzt von Mylius. 8. Berlin, Himburg. 788. (Reimer.)

Klimm, Niels Reisen rc., s. **v. Holberg.**

Klimm's (Niels) unterirdische Reisen. Neuverteutscht von W. C. S. Mylius (von Holberg). 8°. Berlin 1788.

— — Reisen, neu verdeutscht v. Mylius. 8. Berlin, Himburg. 788.

— voyage dans le monde sonterrain etc. trad. du latin par de Mauvillon. av. fig. 8. (Gräff à Lpz.)

Klimm, Christoph Albert (Meißen), De secretionis in corpore humano natura et causis. Leipzig (Langenheim) 18. IX. 1767. 39 S. (6.—) 18365
Gew.: Johann Albert Klimm (Vater).

Klimm, *Friedrich* Wilhelm *Carl* [aus Ohlau in Schles.]: Aus d. patholog. Institut d. Univ. Greifswald. Ein Fall von Thoracopagus tetrabrachius ... Greifswald, Druck v. J. Abel, 1895; 28 S. 8.
Greifswald, Med. Fak., Inaug.-Diss. v. 28. März 1895

Klimmer, Konrad: Über die Farbstoffe der Capriblau- und Phenocyaningruppe, ein Beitrag zur Kenntnis der Oxazinfarbstoffe. 1901. 6, 69 S. 8° ¶ Vgl. Zeitschrift f. Farben- u. Textil-Chemie. Jg. 1. 1902.
Dresden, Dr.-Ing.-Diss. v. 14. 3. 1901

Klimmer, Martin [approb. Tierarzt aus Dippoldiswalde, Kgr. Sachsen]: Ist Zucker ein normaler Bestandteil des Harnes unserer Haussäugetiere? und Zwei neue klinische Methoden der quantitativen Zuckerbestimmung im Harn. Jena 1898. 25 S. 8°.
Bern. Phil. Diss. 1897/98.

Klimmer, (Mart.), die Rindertuberkulose u. ihre Bekämpfung. Vortrag, geh. in der ökonom. Gesellschaft im Königr. Sachsen zu Dresden am 12. XI. 1909. (24 S.) gr. 8. Leipzig 910. Fritzsche & Schmidt. —80

— Veterinärhygiene. Grundriss der Gesundheitspflege der landwirtschaftl. Haustiere m. besond. Berücksicht. der Fütterungslehre. (X, 439 S. m. 81 Abb.) gr. 8. Berlin 908. P. Parey. Geb. in Leinw. 12. —

Klimmer, Otto, die bayer. Ausführungsvorschriften zum Gesetze üb. die Zwangsversteigerung, s.: Pfordten, Thdr. v. der.

Klimmer, Otto, k. III. Staatsanwalt in Traunstein: Zur Haftung des Grundstücks für Hypotheken. Borna-Leipzig 1906: R. Noske. (46 S.) 8° [J.]
Tübingen, Jur. Fak., Ref. v. Rümelin, Diss. v. 26. März 1906
[Geb. 10. März 78 Miltenberg; Wohnort: Traunstein; Staatsangeh.: Bayern; Vorbildung: Gymn. Aschaffenburg; Studium: München 10 S.; Coll. 14. Dez. 05.]

Klimmer, Otto, aus Nacht u. Tag. Gedichte. 8. (V, 137 S.) München 902. C. Haushalter. n. 2. —; geb. in Leinw. n. 3. —

Klimmer, Otto, Särge u. Bräute. Neue Gedichte. (82 S.) 8. Stuttgart 904. A. Junder. n. 2. —; geb. n. 3. —

Klimmer, Wilhelm, a. Weinheim a. d. Bergstraße: Die Entwickelung des landwirtschaftlichen Genossenschaftswesens im Grossherzogtum Baden. Düsseldorf 1906: Haas & Wittke. (194 S.) 8°
Heidelberg, Phil. Fak., Ref. Gothein, Diss. v. 9. Juni 1906
[Geb. 14. Aug. 81 Friedrichsfeld, Baden; Wohnort: Weinheim a. d. B.; Staatsangeh.: Baden; Vorbildung: Gymn. Bensheim Reife M. 01; Studium: Heidelberg 2, Berlin 1, Kiel 1, Heidelberg 4 S.; Rig. 27. Nov. 05.]

Klimoff. Système militaire en Europe. (En russe.) In-16°, 16 p. Genève et Bâle, H. Georg. 1882. — 30

Klimont, J., Rudolf Benedikt. (Gestorb. am 6. Febr. 1896 zu Wien.) [Aus: „Chem. Revue üb. d. Fett- u. Harz-Industrie".] 4. (8 S.) Wien 896. (Leipzig, E. Baldamus.) n. — 60

Klimont, J.

— Über die Bestandteile tierischer Fette. S. 121. IIb. 151 . . . . vgr.
Separatabdruck

Klimont, J. u. E. Meisels

— — Über die Bestandteile tierischer Fette. Das Fett von *Cervus elaphus*. S. 122. IIb. 745 . . . . vgr.
Separatabdruck

— — und Mayer K.: Über die Bestandteile tierischer Fette. Über das Fett von *Caballus equus*. S. 123. IIb. 611 . . . . vgr.
Separatabdruck

Klimont, J., allgem. u. physiolog. Chemie der Fette, s.: Ulzer, F.

— s.: Revue, chemische, üb. die Fett- u. Harz-Industrie.

— und Meisels E., Dr.: Über das Vorkommen gemischter Glyceride in natürlichen Fetten. S. 118. IIb. 115 . . . . vgr.
Separatabdruck

— Über die Zusammensetzung des Fettes aus den Früchten der *Dipterocarpus*-Arten. S. 113. IIb. 557 . . . . vgr.
Separatabdruck

Klimont J., Dr.: Über die Zusammensetzung von *Oleum cacao*. S. 110. IIb. 1071 . . vgr.
Separatabdruck

— Über die Zusammensetzung von *Oleum stillingiae*. S. 112. IIb. 337 . . . . . vgr.
Separatabdruck

— Über die Zusammensetzung fester Pflanzenfette. S. 114. IIb. 161 . . . . vgr.
Separatabdruck

Klimont, J. M., die synthetischen u. isolirten Aromatica. gr. 8. (XII, 206 S.) Leipzig 899. [E. Baldamus.] G. Schlemminger. n. 6. —; geb. n. 7. —

Klimont, Isidor: I. Zur Kenntniss der Oxyanthrachinone. II. Ueber Condensationsproducte des m-Chlorbenzaldehydes ... Wien, Druck v. L. Schönberger, 1891; 40 S., 1 Taf. 8.
Heidelberg, Naturw.-math. Fak., Inaug.-Diss. v. [23. Juni] 1891

Klimont, Jul., römisch-rechtl. Bilderbogen. Obligationenrecht d. Institutionen. 12. (32 S.) Wien 895. Manz. n. 1.—

Klimowicz, der Personal-Schuldarrest u. dessen Aufhebung. Ein Vortrag, gehalten in der Versammlung des kaufmänn. Vereins zu Königsberg am 6. Febr. 1868. Königsberg 868. Hübner & Matz. gr. 8. (16 S.) n. 4 ngr.

Klimowsky, Gabriel [aus Kasatschie '(Ost-Sibir.)']: Aus d. pharmacol. Institut d. Univ. Würzburg. Über die Giftigkeit der Strontium-Verbindungen ... Würzburg, P. Scheiner's Buchdr., 1896; 31 S. 8.
Würzburg, Med. Fak., Inaug.-Diss. v. 1896

Klimpel, Christian Gottlob, De juramento cedentis. Diss. jur. Rector Tobias Jac. Reinharth. Erfurt (Joh. Christoph Hering) 19. I. 1732. 32 S. (6.20) 18366

Klimpel, Erich, appr. Arzt a. Salzungen i. Th.: Aus der Marburger Geburtshilflichen Universitäts-Klinik. Lassen sich die Imbibitionserscheinungen an den brechenden Medien mazerierter Kinder zur Bestimmung der Zeit des intrauterinen Todes verwenden? Marburg 1906: A. Unger, Berlin. (46 S.) 8°
Marburg, Med. Fak., Ref. Ahlfeld, Diss. v. 20. Juli 1906
[Geb. 14. Sept. 78 Salzungen i. Th.; Wohnort: Schöneberg b. Berlin; Staatsangeh.: Preußen; Vorbildung: Gymn. Wittstock Reife O. 02; Studium: Berlin Zahnheilkunde 4, Berlin 7, Marburg 1 S.; Coll. 29. Juni 06; Approb. 21. Mai 06.]

Klimpel, Curt: Eigentumserwerb am Wildrergut. Reichenbach i. Schl. 1909: Töbing. VIII, 62 S. 8°
Leipzig, Jur. Diss. v. 10. Aug. 1909
[Geb. 10. Sept. 80 Salzungen; Wohnort: Schöneberg b. Berlin; Staatsangeh.: Preußen; Vorbildung: Gymn. Wittstock Reife O. 03; Studium: Berlin 6 S.; Rig. 26. Juni 09.] [U 10. 2763

Klimper, Christian Heinrich (Chemn. Misn.), De usu exceptionis non ad impleti contractus hodierno, praecipue Saxonico, occas. §. IV. appendicis ord. proc. Sax. noviss. Disp. jur. Präs. D. Friedr. Alexand. Künhold. Lpz. (Schniebes) 15. III. 1726. 27 S. mit Widm. v. Präs. (6.—) 18367

Klimpert, Richard

Klimpert, R., Entstehung u. Entladung der Gewitter, sowie ihre Zerstreuung durch den „Blitzkamm" (Fulgura frango). Eine meteorolog. Betrachtg. 8. (VIII, 203 S.) Bremerhaven 902. L. v. Vangerow. Geb. in Leinw. n. 2.—

Klimpert, R., Geschichte der Geometrie, f. Freunde der Mathematik gemeinverständlich dargestellt. Mit 100 in den Text gedr. Fig. [Aus: „Kleyer's Encyklopädie".] gr. 8. (VIII, 160 S.) Stuttgart 888. J. Maier. n. 3.—

Klimpert, Rich., kurzgefaßte Geschichte der Arithmetik und Algebra. Eine Ergänzung zu jedem Lehrbuche der Arithmetik und Algebra. gr. 8. (70 S. mit 5 in den Text eingedr. Fig.) Hannover 885, Meyer. * — 90

Klimpert, Rich., kurzgefaßtes Handbuch der Arithmetik u. Algebra für Schüler höherer Lehranstalten, insbesondere für Seminaristen, sowie zum Selbstunterricht. Mit 1800 gelösten Aufgaben. gr. 8. (VI, 223 S.) Düsseldorf 882. Schwann. n. 3.—

Klimpert, Rich. Keine Gewitter mehr! od. wie man sich m. einfachen Mitteln vor allen Blitz- u. Gewitterschäden schützen kann. Eine meteorolog. Studie. gr. 8. (11 S. m. 15 Fig.) Magdeb. 891. (Berl., Friedländer u. Sohn.) * — 60
Aus: Prakt. Physik. besonders abgedruckt.

Klimpert, Rich., Lehrbuch der Akustik. Für das Selbststudium u. zum Gebrauche an Lehranstalten bearb. nach System Kleyer. III. Bd. 1. u. 2. Tl. gr. 8. Bremerhaven (907). L. v. Vangerow. 11. 50
III, 1. Die Fortpflanzungserscheinungen des Schalles, nebst den Erscheingn. zusammengesetzter Schwingungsbeweggn. Mit 393 Erklärgn. u. 235 in den Text gedr. Fig., nebst e. Sammlg. v. 66 gelösten u. analogen ungelösten Aufgaben, nebst den Resultaten der letzteren. Für das Selbststudium u. zum Gebrauche an Lehranstalten bearb. nach System Kleyer. (XVI, 424 S.) 8. —
2. Praktische Akustik, d. i. die Akustik in grossen begrenzten Räumen, in Konzert- u. Hörsälen, in Kirchen u. Theatern. Mit 138 Erklärgn. u. 85 in den Text gedr. Fig. (VIII, 143 S.) 3. 50
Bd. I. u. II. Ebd. 904. 906. 14.50; geb. 16. 50.

— Lehrbuch der Bewegung flüssiger Körper (Hydrodynamik). 1. Bd. u. 2. Bd. 1. u. 2. Hälfte. Für das Selbststudium u. zum Gebrauche an Lehranstalten bearb. nach System Kleyer. gr. 8. Stuttgart, J. Maier. n. 16. 50
I. Die Bewegungserscheingn. flüss. Körper, welche aus den Boden- u. Seitenwänden v. Gefässen, sowie durch Röhren u. Röhrenleitgn. bei konstanter sowie veränderl. Druckhöhe fliessen. Mit 434 Erklärgn., mehr als 300 in den Text gedr. Fig. u. e. Formelverzeichnis, nebst e. Sammlg v. 220 gelösten u. ungelösten Aufgaben, nebst den Resultaten der letzteren. (VIII, 364 S.) 892. n. 8. —
II, 1. Die Bewegungserscheingn. d. Wassers in Kanälen u Flüssen, sowie der dabei ausgeübte Stoss u. Widerstand Mit 282 Erklärgn., mehr als 150 in den Text gedr. Fig u. e. Formelverzeichnis, nebst e. Sammlg. v. 184 gelöster u. analogen ungelösten Aufgaben, nebst den Resultaten der letzteren. (VIII, 228 S.) 893. n. 5. —
II, 2. Von der Anwendung der lebendigen Kraft d. bewegten Wassers als Motor od. Beweger. Mit 205 Erklärgn., mehr als 88 in den Text gedr. Fig. u. e. Formelverzeichnis, nebst e. Sammlg. v. 30 gelösten u. analogen ungelösten Aufgaben, m. den Resultaten der letzteren. (VIII, 136 S.) 894. n. 3. 50

Klimpert, R., Lehrbuch der Dynamik fester Körper (Geodynamik), m. 694 Erklärgn., 400 in den Text gedr. Fig. u. e. ausführl. Formelnverzeichniss, nebst e. Sammlung v. 500 gelösten u. ungelösten analogen Aufgaben, m. den Resultaten der ungelösten Aufgaben. Für das Selbststudium u. zum Gebrauch an Lehranstalten, sowie zum Nachschlagen f. Fachleute bearb. nach System Kleyer. gr. 8. (XIV, 704 S.) Stuttgart 889. J. Maier. n. 13. 50

—— Lehrbuch der Elasticität und Festigkeit, mit 212 Erklärungen, 186 in den Text gedr. Fig. und einem ausführl. Formelnverzeichnis, nebst einer Sammlung von 167 gelösten und ungelösten analogen Aufgaben. Zum Gebrauch an niederen und höheren Schulen, sowie zum Selbststudium und Nachschlagen für Bau- und Maschinentechniker, bearb. nach System Kleyer. gr. 8. (VIII, 299 S.) Ebendas. 888. * 5 50

— Lehrbuch über das specifische Gewicht fester, flüssiger u. gasförmiger Körper. Mit 55 gelösten u. analogen ungelösten Aufgaben, nebst den Resultaten der letzteren u. 28 in den Text gedr. Fig. Für das Selbststudium u. zum Gebrauche an Lehr-Anstalten, sowie zum Nachschlagen bearb. nach System Kleyer. gr. 8. (IV, 68 S.) Ebd. 891. n. 2. —

Klimpert, R. Kurzgefasstes Lehrbuch der Arithmetik und Algebra. Düsseldorf, 1882.

— Lehrbuch üb. die Percussion od. den Stoss fester Körper. Für das Selbststudium u. zum Gebrauch an Lehranstalten, sowie zum Nachschlagen f. Fachleute bearb. nach System Kleyer. [Aus: „Lehrbuch der Dynamik".] gr. 8. (IV, 111 S. m. Fig.) Ebd. 889. n. 3. —

— Lehrbuch der allgemeinen Physik [die Grundbegriffe u. Grundsätze der Physik]. Mit 549 Erklärgn., 84 in den Text gedr. Fig. u. e. Formelnverzeichnis, nebst e. Sammlg. v. 120 gelösten u. ungelösten analogen Aufgaben, mit den Resultaten der ungelösten Aufgaben. Für das Selbststudium u. zum Gebrauch an Lehranstalten, bearb. nach System Kleyer. gr. 8. (XI, 372 S.) Ebd. 889. n. 8. —

—— Lehrbuch der Statik fester Körper [Geostatik], mit 291 Erklärungen, 380 in den Text gedr. Fig., und einem ausführl. Formelnverzeichnis, nebst einer Sammlung von 359 gelösten und ungelösten analogen Aufgaben. Zum Gebrauch an niederen und höheren Schulen, sowie zum Selbststudium und Nachschlagen bearb. nach System Kleyer. gr. 8. (XII, 460 S.) Ebendas. 888. * 9 —

Vorstehende drei Schriften sind aus: Kleyer's Encyklopädie der gesamten mathematischen, technischen und exakten Natur-Wissenschaften, besonders abgedruckt.

— Lehrbuch der Statik flüssiger Körper [Hydrostatik] m. 418 Erklärungen, 300 in den Text gedr. Fig. u. e. Formelnverzeichnis, nebst e. Sammlg. v. 208 gelösten u. analogen ungelösten Aufgaben nebst den Resultaten der letzteren. Für das Selbststudium u. zum Gebrauch an Lehranstalten bearb. gr. 8. (VIII, 351 S.) Ebd. 891. n. 8. —

—— Lexikon der Münzen, Maße und Gewichte, Zählarten und Zeitgrößen aller Länder der Erde. 8. (IV, 360 S.) Berlin 885, Regenhardt. geb. * 4 —

Lexikon der Munzen, Masse, Gewichte, Zählarten und Zeitgrössen aller Länder der Erde. Bearb. u. hrsg. von Richard **Klimpert**. 2. vielf. verb. u. verm. Aufl. *Berlin: C. Regenhardt 1896.* (VI, 429 S.) 8° [F.] (ω.33•2

Klimpert, Rich., Nutzen u. Geschichte d. Volksbades, s. a. Studien, kleine

Klimpert R. Nutzen und Geschichte des Volksbades. (58 S) Leipzig 1895

—— Tabelle der Münzen, Masse und Gewichte sämtlicher Länder der Erde. Nach den neuesten Quellen zusammengestellt. 1.—3. Aufl. Imp.-Fol. [Bremen 886, Wiegand.] Berlin, Meidinger. — 75

— Wiederholungs- u. Uebungsbuch zum Studium der allgemeinen Physik u. elementaren Mechanik. Eine Sammlg. v. 3000 Prüfungsfragen u. Aufgaben, nebst Antworten u. Lösgn. Für Lehrer u. Studierende an mittleren u. höheren Unterrichtsanstalten. Lex.-8. (VIII, 336 S. m. 244 Fig.) Dresden 894. G. Kühtmann. n. 8. —; geb. n. 9. —

Klimpsch, Ch., neuestes und bestes Viehbüchlein, welches lehret, wie ein schlichter Landmann die Krankheiten an seinem Viehe: den Rindern, Schafen, Ziegen und Schweinen erkennen und mit Hausmitteln leicht und schnell kuriren kann. 8. (48 S.) Frankfurt a. O. 854, Hammerschmidt. *.

Klimpsch, Ch., neuestes und bestes Viehbüchlein, welches lehret, wie ein schlichter Landmann die Krankheiten an seinem Viehe: den Rindern, Schafen, Ziegen und Schweinen erkennen und mit Hausmitteln leicht und schnell kuriren kann. 8. (48 S.) Grossen 861, (Ehrlich und Comp.)

Klimrath, Henri, Mémoire sur les Olim et sur le Parlement, second mémoire sur les monuments inédits de l'histoire du droit français au moyen âge, présenté à M. Guizot. gr. in-8. Paris et Strasbourg 837. Levrault. n. ²/₃ ℛ

Klimrath, Henri, travaux sur l'histoire du droit français. Recuelllis, mis en ordre et précédés d'une préface par M. L. A. Warnkoenig. Avec 1 carte de la France coutumière. Tome I. et II. gr. in-8. (65¼ B.) Paris 843. Strasbourg, libr. Levrault.

Klim's unterirdische Reise, worinnen eine ganz neue Erdbeschreibung, wie auch eine umständliche Nachricht von der 5. Monarchie enthalten ist (von L. Holberg). 8⁰. Kopenhagen, Preuss, 1741. 8⁰. Kopenhagen u. Leipz. 1762. 8⁰. Ebd. 1780.

– vgl. Kliens ..., Klim ... u. Klimm ...

Klim's und Gulliver's wunderbare Reisen, im Auszuge, s. Lappe, Karl.

. Klimsch: Etiquetten. N. F. Frankfurt 1908. 20 gez. Bl. -- 121

Reproductions-Verfahren, Die Praxis der modernen. Von E. Klimsch. Frankfurt a. M. 1898

Klimsch, Edgar, Gottes Walten in der Schöpfung. Spaziergänge e. Naturfreundes. Hrsg. v. der St. Josef-Bücherbruderschaft. (304 S. m. Abbildgn. u. 4 farb. Taf.) 8. Klagenfurt 908. Buch- u. Kunsth. des St. Josef-Vereines. 1.20

Klimsch, Eug., das artige Kind in Haus und Schule. Ein Jugend-Album mit Reimen von J. Trojan. gr. 4. (17 Chromolithogr. mit eingedr. Text.) Stuttgart 882, Thienemann's Verlag. geb. *

—— s. a. Märchen, deutsche, in Bildern.

Klimsch, Eug., deutsche Märchen in Bildern. Eine Sammlung von Colorirübungen für die Jugend. 1.—12. Heft. gr. 4. (à Heft 12 zum Theil color. Stnt.) [Frankfurt a. M. 879, May Söhne.] Wiesbaden, Nicol. cart. à Heft * ℳ 1. *

Inhalt:
1. Goldener. — 2. Schneeweißchen. — 3. Dornröschen. — 4. Aschenbrödel. — 5. Rothkäppchen. — 6. Das tapfere Schneiderlein oder Sieben auf einen Streich. — 7. Die Zauberprinzessin. — 8. Schneeweißchen und Rosenroth. — 9. Die sieben Schwaben. — 10. Tischlein deck' dich, Esel streck' dich, Knüppel aus dem Sack. — 11. Die sieben Schwaben. — 12. Siebenschöne.

— deutsche Märchen in Bildern. Eine Sammlung v. Colorirübungen für die Jugend. 1—12. Hft. gr. 4. (à 12 zum Thl. color. Steintaf.) Frankfurt a/M. 880. Wiesbaden, Nicol. cart. à n. 1. —
1. Goldener. — 2. Schneeweißchen. — 3. Dornröschen. — 4. Aschenbrödel. — 5. Rothkäppchen. — 6. Das tapfere Schneiderlein oder Sieben auf einen Streich. — 7. Die Zauberprinzessin. — 8. Schneeweißchen u. Rosenroth. — 9. Die sieben Schwaben. — 10. Tischlein deck' dich, Esel streck' dich, Knüppel aus dem Sack. — 11. Die sieben Schwaben. — 12. Siebenschön.

Klimsch, Eug., deutsche Minne in Bild u. Lied. Nach Orig.-Zeichnungen. Frankfurt a. M. 869. Sauerländer. Fol. (9 Chromolith. mit Text.) In Mappe n. 4 ℛ

Klimsch, Eug., im Reigen d. Lebens. D. vier Lebensalter. M. e. Gedicht v. Frz. Woenig. gr. Fol. (4 farb. Taf. m. 1 Bl. Text.) Leipzig 895. Grimme & Hempel. In Leinw.-Mappe 60. —; klein. Ausg. 30. —

Klimsch F C, Baumschlag. Vorlag. z. Unterr. i. Landschaftszeichnen. I. fol Frankfurt a. M.

Klimsch, F. C., Devisen, Vignetten und Allegorien für Decorationsmaler, Graveure, Lithographen etc. entworfen und gez. 1.—6. Heft. gr. 4. (à 6 Stnt.) Frankfurt a. M. 864, Klimsch und Böhler. à Heft * 20 Ngr. *

Klimsch, F. C., der Festzug zur 100jährigen Geburtsfeier Friedrich v. Schillers zu Frankfurt a. M. den 10. Novbr. 1859. Lithogr. 133" lang und 4" hoch. Frankfurt a. M. 859, Keller. * *
ill. * *

—— Zier-Schriften. 1.—6. Heft. gr. 4. (à 6 Stnt.) Frankfurt a. M. 866, Klimsch und Böhler. à Heft * 10 Ngr. *

Klimsch, F[erdinand] C[arl]. Gedenk-Buch zu Friedrich von Schiller's hundertjähriger Geburtsfeier begangen in Frankfurt a. Main den 10. November 1859. Eine Festgabe ... Mit ... Tafeln ... gezeichnet von F. C. Klimsch. Frankfurt a. M., Heinrich Keller 1860. XXIV + 76 S.; 18 Taf. in kol. Lithogr. 4°.

Klimsch, Fritz, Meistersculpturen. (9 Blatt.) 24,5×19,5 cm. Berlin (908). Neue photograph. Gesellschaft. 9. —

Klimsch, Karl, Adressbuch der Buch- und Steindruckereien und der damit verwandten Geschäftszweige in Deutschland, Oesterreich und der Schweiz. 1876. Lex.-8. (V, 397 und 90 S.) Frankfurt a. M., Klimsch und Comp. *
geb. *

Klimsch, Karl. Adressbuch der Buch- u. Steindruckereien u. der damit verwandten Geschäftszweige in Deutschland, Österreich-Ungarn, Holland-Luxemburg u. der Schweiz. 1886. gr. 8. (XLVII, 378; 325 S.) Frankf. a. M. 890, Klimsch u. Comp. * 15 —
geb. * 17 —

—— desgl. — der Buch- u. Steindruckereien u. der damit verwandten Geschäftszweige d. deutschen Reichs 1890. Lex.-8. (VIII, 86; 226; 267 S.) Ebd. 890. * 15 —; geb. * 17 —

Klimsch, Robert

— Die Herrlichkeiten des allerheiligsten Sakramentes. Mit Verwertg. besonders guter Bücher üb. das heiligste Sakrament hrsg. (448 S. m. Titelbild.) 16. Klagenfurt 907. Buch- u. Kunsth. des St. Josef-Vereines.
Geb. in Leinw. 1. —

Aus fernen Ländern. Schilderungen u. Bilder aus dem Leben katholischer Missionäre. Zusammengestellt u. gesammelt. Klgft., St. Josefs-Druck., 1899. 256 S. (Verf.: Rob. Klimsch?)

Klimsch, Rob., Lourdes u. seine Wunder in Vorträgen f. Freund u. Feind. Mit e. Novene, Reisevorschlägen u. Erwäggn. 12. (IV, 132 S.) Graz 892. U. Moser.
n. — 80

Maria Luschari. Verfaßt von einem Verehrer Mariens. Klgft., St. Hermagoras-Druck., 1910. 96 S. (Verf.: Rob. Klimsch?)

Mater dolorosa. Die schmerzhafte Mutter Gottes Maria. Ein Gebet- u. Betrachtungsbüchlein. Klgft., St. Josefs-Druck., 1895. 282 S. (Verf.: Rob. Klimsch?)

Klimsch, Robert. Merkwürdiges aus den Heidenländern. Klgft., St. Josefs-Druck., 1896. 264 S.

Klimsch, Rob., rette deine Seele! Ein Betrachtungs- u. Gebetbuch, entnommen den Werken des hl. Alfons v. Liguori u. anderer kath. Geisteslehrer u. Heiligen. Hrsg. v. der St. Josef-Bücher-Bruderschaft in Klagenfurt. 2. Aufl. (VIII, 416 S. m. Abbildgn. u. Titelbild.) gr. 16. Klagenfurt 898. Buch- u. Kunsth. des St. Josef-Vereines.
Geb. in Leinw. n. 1. —

Klimsch, R., rette deine Seele! E. Betrachtungs- u. Gebetbuch, entnommen d. Werken d. hl. Alfons v. Liguori u. and. kath. Geisteslehrer u. Heiligen. Hrsg. v. d. St. Josef-Bücher-Bruderschaft in Klagenfurt 12. (VIII, 416 S. m. Abb. u. Titelbild.) Klagenfurt 898. (A. Maurecker.) n.n. — 40

Klimsch, Rob., vom ewigen Eis bis zum ewigen Sommer. Hauptsächlich nach den Berichten kathol. Missionäre. (271 S. m. 108 Abb.) 8. Klagenfurt 910. (Buch- u. Kunsth. des St. Josef-Vereines.) 1.20; geb. 1. 80

Klimsch, Rob., s. a. Waffen gegen Feinde der Wahrheit.

Waffen gegen Feinde der Wahrheit. Klgft., St. Josefs-Druck., 1902. 319 S. — 2. Aufl. 1907. 319 S. (Verf.: Robert Klimsch.)

— Wanderungen durch Rom. Skizzen, Bilder u. Schilderngn. aus der ewigen Stadt. 8. (VI, 311 S.) Ebd. 894. n. 3. —; geb. n. 4. —

— Wanderungen durch Rom. Bilder, Skizzen u. Schilderungen aus der ewigen Stadt. 2., verm. Aufl. (IV, 364 S. m. Abbildgn.) 8. Graz 909. U. Moser. 3. —;
geb. in Leinw. 4. —

— Wege zur Kirche. Was hat viele wahrheitsuch. Seelen zum Eintritt in die kathol. Kirche bewogen? Mit Orig.-Beiträgen v. Geo. Evers u. a. Aus glaubwürd. Schriften zusammengestellt f. die Mitglieder der St. Josef-Bücherbruderschaft. (320 S. m. Abbildgn.) 8. Klagenfurt 900. Buch- u. Kunsth. des St. Josef-Vereines. n. — 84

— Wege zur Kirche. Was hat viele wahrheitsuch. Seelen z. Eintritt in die kathol. Kirche bewogen? Aus glaubwürd. Schriften zusammengestellt. 2. Aufl. (332 S. m. Abb.) 8. Klagenfurt 908. Buch- u. Kunsthandlg. des St. Josefvereines. 1.—; geb. 1. 50

Klimscha, P.

Klimscha: Beiträge zur Erklärung und Kritik von Sallust's Catilina und Jugurtha. 20 S. 8°–Salzburg, Progr. 1866

Klimscha, Ph. Sallustianische Miscellen. 29 S. 8. G. *Kremsier* 1882. Progr.

Klimsch's Adressbuch der Druckereien d. Deutsch. Reiches. Buch-, Stein-, Licht- u. Kupferdruckereien, photomechan. Anstalten, Privat-Lithographien, Maler u. Zeichner. Nebst e. Anh.: Liste der Sonder-Erzeugnisse f. Druckereien u. Verzeichnis v. Bezugsquellen f. das graph. Gewerbe. 1908. (VII, 656 S. u. 6 Bl.) Lex. 8. Frankfurt a/M., Klimsch & Co. 9. 50;
geb. in Leinw. 10. 50

Klimsch's graphische Bibliothek. E. Sammlg. v. Lehrbüchern aus allen Gebieten d. graph. Künste. 1. Bd. D. Praxis d. mod. Reproductions-Verfahrens. [Aus: „Allg. Anzeiger f. Druckereien".] Mitarbeiter: Jul. Allgeyer, C. Fleck, Geo. Fritz u. A. Neu bearb. v. E. Klimsch. M. 3 Kunstbeilagen u. 32 Illustr im Text. gr. 8. (VIII, 162 S.) Frankfurt a/M. 898. Klimsch & Co. Geb. in Leinw. n. 3. —

Klimsch's graphische Bibliothek. Eine Sammlung von Lehrbüchern aus allen Gebieten der graph. Künste. 2.—7. Bd. gr. 8. Frankfurt a/M. Klimsch & Co.
Geb. in Leinw. n. 15. 50

2. Recept-Sammlung aus dem photomechan. Betriebe der technischen Lehr- u. Versuchsanstalt von Klimsch & Co., Frankfurt a. M. Von Wilh. Urban. (VIII S., 31 Bl. u. S. 32—38.) (898). n. 2. —
3. Farbe u. Papier im Druckgewerbe. Von R. Rübencamp u. Paul Klemm. 1. Thl. Farbe. Bearb. von R. — 2. Thl. Papier. Bearb. von K. (IX, 258 S. m. Fig.) 900. n. 3. —
4. Der lithographische Umdruck. Nach dem heut. Stande dieser Technik bearb. Von Jos. Haynié. Mit 22 Textillustr. (X, 145 S.) 900. n. 3. —
5. Gutenberg u. seine berühmtesten Nachfolger im ersten Jahrhundert der Typographie, nach ihrem Leben u. Wirken dargestellt. Von Alfr. Börkel. Mit 51 Abbildgn. (XII, 211 S.) 900. n. 3. —
6. Der Satz u. die Behandlung fremder Sprachen. Ein Hilfsbuch f. Schriftsetzer u. Correctoren. Unter Mitwirkung tücht. Fachgenossen bearb. Von Wilh. Hellwig. 2., verm. Aufl. (XI, 224 S.) 901. n. 3. —
7. Anfangsgründe f. Schriftsetzerlehrlinge. Von L. Poplel. 3. Aufl., neubearb. von C. Otto Pester. (IV, 77 S. m. Abbildgn.) (902). n. 1. 50

— **Jahrbuch.** Eine Übersicht üb. die Fortschritte auf graph. Gebiet. 1. Bd. 1900. Lex.-8. (XII, 228 S. m. Abbildgn. u. 29 Taf.) Ebd. Geb. in Leinw. n.n. 5. —

— dasselbe. 2. Bd. 1901. Lex.-8. (III, 228 S. m. Abb. u. 26 Taf.) Ebd. Geb. in Leinw. n.n. 5. —

Klimsch's Jahrbuch. Eine Uebersicht üb. die Fortschritte auf graph. Gebiet. 3. Bd. 1902. (V, 237 S. m. Abbildgn. u. 26 Taf) Lex.-8. Frankfurt a/M., Klimsch & Co. Geb. in Leinw. n.n. 5. —

— dasselbe. Technische Abhandlgn. u. Berichte üb. Neuheiten aus dem Gesamtgebiet der graph. Künste. 4.—7. Bd. 1903—1906. Lex.-8. Ebd. Geb. in Halbleinw. n.n. 23. —

1903. (V, 243 S. m. Abbildgn. u. 24 Taf.) n.n. 5. —
1904. (V, 291 S. m. Abbildgn. u. 26 Taf.) n.n. 6. —
1905. (V, 324 S. m. Abbildgn. u. 23 Taf.) n.n. 6. —
1906. (V, 283 S. m. Abbildgn. u. 27 Taf.) n.n. 6. —

— Jahrbuch. Technische Abhandlgn. u. Berichte üb. Neuheiten auf dem Gesamtgebiete der graph. Künste. X. Bd. 1910. (VII, 358 S. m. Abbildgn. u. 44 Beilagen.) Lex. 8. Ebd. 910. Geb. in Leinw. nn 6. —

Klimt, Gebr., die malerische Ausschmückung des neuen Stadttheaters in Carlsbad, s. Matsch, Frz.

Klimt, Ernst, u. Gust. Klimt, die Deckengemälde in d. grossen Stiegenhäusern d. k. k. Hofburgtheaters in Wien, s.: Matsch, Frz.

Klimt, Ernst, Gust. Klimt u. Frz. Matsch, Zwickelbilder im Stiegenhause des k. k. kunsthistorischen Hof-Museums zu Wien. Erläuternder Text v. Alb. Ilg. 17 Blatt Lichtdr. v. J. Löwy in Wien. gr. Fol. (6 S.) Wien 893. (A. Schroll & Co.) In Mappe. n. 30. —

Klinck, F., der eiserne Abbé oder von Metz nach Orleans. Roman. gr. 16. (204 S.) Leipzig 872, Kollmann.

—— der Dämon des Hofes, s. Unterhaltungs-Bibliothek.

—— die Franzosen nach Berlin. Komisches Heldengedicht zur Erinnerung an das J. 1870. gr. 16. (48 S.) Hamburg 870. (Celle, Schulze'sche Buchh.) *

—— Unter dem letzten Welfenkönig. Roman aus der jüngsten Vergangenheit. 2 Bde. 8. (VII, 286; V, 296 S.) Jena 870, Costenoble.

Wilster. Nach d. Natur gez. v. H. Klinck. Hamburg. o. J. [vor 1850]. 1 Bl. 4° Lithogr.

Klinck, Hans E., Auswanderer. (VIII, 292 S.) 8. Jena 906. H. Costenoble. n. 5. —; geb. n.n. 6. —

Klinck-Lütetsburg, Fanny, auf abschüssiger Bahn. Roman. (307 S.) 8. Bremerhaven (906). L. v. Vangerow. n. 4. —; geb. n. 5. —

Klinck-Lütetsburg, F., leichtfertig Blut. Roman. 8. (275 S.) Berlin (899). J. Gnadenfeld & Co. 4. —

— die Brandstifterin. (Neue [Titel-]Ausg. v.: Foelke Meinhardi.) Roman. 8. (822 S.) Ebd. (898). n. 4. —

Klinck-Lütetsburg, Fanny, die Dennhardtsbrüder, s. a. Kürschner's Bücherschatz.

[F.] Die Dennhardtsbrüder. Roman v. F(anny) Klinck-Lütetsburg. M. 25 Ill. v. M. Ränike. *Berlin, Eisenach, Leipzig: H. Hillger [1897].* (127 S.) 1 Bd 8.
= Bücherschatz, Kürschners. No 49. [97. 6099

— die Erbin von Abbot-Castle, s. a. Kürschner's, Jos., Bücherschatz.

Die Erbin von Abbot-Castle. Roman von F(anny) Klinck-Lütetsburg. Mit Ill. von Martin Ränike. Berlin, Eisenach, Leipzig: H. Hillger [1899]. 128 S. 8°
= Bücherschatz, Kürschners. No. 145.

— die Erbtochter v. Geroldseck. Roman. (377 S.) 8. Ebd. 903. n. 5. —; geb. in Leinw. n. 6. —

— fest im Sturm, s. a. Kürschner's, Jos., Bücherschatz.

Fest im Sturm. Erzählung vom Nordseestrand von Fanny Klinck-Lütetsburg. Mit Ill. von W. Roegge. *Berlin, Eisenach, Leipzig: H. Hillger [1903].* (108 S.) 8° [F.]
= Bücherschatz, Kürschner's. No 348. [04. 573

— seine „dumme" kleine Frau. Moderner Kriminal-Roman. 8. (319 S.) Leipzig (897). L. Hamann. n. 5. —

— alte u. neue Geschichten. Novellen. 2 Bde. 8. (151 u. 171 S.) Höchst 898. Stuttgart, K. Daser. n. 3. —; in 1 Bd. geb. n. 4. —

— alte u. neue Geschichten. Novellen. 2 Bde. 8. (151 u. 171 S.) Höchst 898. W. Graf. à n. 2. —; in 1 Bd. geb. n. 5. —

— Freda Halgren. Roman. (279 S.) 8. Bremerhaven (905). L. v. Vangerow. n. 4. —

[F.] Die Herren von Dammin. Roman v. F[anny] Klinck-Lütetsburg ... *Berlin: O. Janke (1896).* (2 Bl., 332 S.) 1 Bd 8. [96. 4671

Klinck-Lütetsburg, F., am Hexenweg, s. a. Hillger's, Herm., Sammlung illustr. Kriminalromane. 4. Bd.

Am Hexenweg. Roman von F[anny] Klinck-Lütetsburg. Mit Ill. von H. Binde. Berlin & Leipzig: H. Hillger 1907. (156 S.) 8° [F.]
= Sammlung, Hillgers, illustrierter Kriminalromane. Bd 4. [07. 15631

— aus dem Künstlernest. Roman. (Neue [Titel-]Ausg.) 8. (334 S.) Stuttgart [895.] 900. Deutsche Verlags-Anstalt. n. 1. —; kart. n. 1. 25

— Foelke Meinhardi. Roman aus d. Emsgau. 8. (822 S.) Berlin 898. J. Gnadenfeld & Co. n. 4. —; geb. n. 5. —

[F.] Foelke Meinhardi. Roman aus d. Emsgau v. F[anny] Klinck-Lütetsburg. *Berlin [&] Leipzig: W. Süsserott 1898.* (1 Bl., 322 S.) 1 Bd 8. 98 1828

Opfer der Narrheit. Roman aus d. Petersburger Gesellschaft von F[anny] Klinck-Lütetsburg. *Berlin: A. Schall [1902].* (312 S.) 8° [F.]
= Verein d. Bücherfreunde. [Jg. 11, 8.] [03. 10147

Klinck, Fanny

Am unrechten Platz. Erzählung. Von A. Lütetsburg [d.i. Fanny Klinck]. Berlin 1880.

In: Roman-Zeitung, Deutsche. Bd 4.

— Adam Eggens Schuld. Roman. (331 S.) 8. Ebd. (904). n. 5. —; geb. n. 6. —

— die Sonnentochter, s. a. Kürschner's Bücherschatz.

[F.] Die Sonnentochter. Roman v. Fanny Klinck-Lütetsburg. M. 25 Ill. v. O. Herrfurth. *Berlin, Eisenach, Leipzig: H. Hillger [1897].* (127 S.) 1 Bd 8.
= Bücherschatz, Kürschners. No 29. [97. 6299

— Reimers Sorgenkind. Roman. 8. (210 S.) Höchst (901). [W. Graf.] Stuttgart, K. Daser. n. 2. —; geb. n. 3. —

— Christian De Wet, der Held von Transvaal. Erzählg. aus dem Befreiungskampf der Buren. Mit 4 Aquarellbildern nach Originalen von M. Raenike. gr. 8. (III, 280 S.) Berlin (901). H. J. Meidinger. Geb. in Leinw. n. 4. —

— dasselbe. Mit Porträts des Staatspräsidenten Paul Krüger, des Generals Christian De Wet u. 4 Aquarellbildern nach Originalen von M. Raenike. 2. Aufl. (4. u. 6. Tauf.) gr. 8. (III, 280 S.) Ebd. (901). Geb. in Leinw. n. 4. —

Klincke, Aug., Anleitung zum Malen auf Porzellan für Dilettanten. (64 S. und 8 S. mit Bildern.) 1879. *M 1,50.; 2. verm. Aufl. 8. (91 S. mit 50 eingedr. Holzschn.) Leipzig 883, Kößling'sche Buchh.

– dass., 3.Aufl. ..., s. K l i m k e

Jo. Rudolf Klincke

Jo. Rudolph[us] Klincke: De Diplopia. Goettingae (1774:) Dieterich. 60 S. 8°

Göttingen, Med. Diss. v. 6. Apr. 1774

Klinckert, Wilh., das Licht, s. Ursprung u. seine Funktion als Wärme, Elektrizität, Magnetismus, Schwere u. Gravitation. gr. 8. (104 S.) Leipzig 898. W. Friedrich. n. 2. —

Klinckert, Wilh., der Weltsauerstoff. Kosmische Betrachtgn. (V, 73 S. m. Fig.) 8. Dresden 904. E. Pierson. n. 2. —; geb. n. 3. —

Klinckhard, Theodor: Über den β-Naphtaldehyd und seine Kondensation mit Pyroweinsäure. 1910. 44 S. 8° ¶ Vgl. J. Liebig's Annalen d. Chemie. Bd 379. 1911. Hannover, Dr.-Ing.-Diss. v. 5. 12. 1910

Klinckhardt

— s. auch Klingbardt.

— s. a. Klinkhardt.

Klinckhardt, C. G., Reise nach Nordamerika, s. Temper, C. G.

Klinckhardt, Christian Gottfried, Super parabola Jesu Christi de homine divite et Lazaro in ev. Lucae XVI, 19—31. Comment. exeget. - pract. Lpz. (Dav. Sturm) 1831. 40 S. (5.—) 18369

Klinckhardt, Chr. Godofr., Super parabola Iesu Christi de homine divite et Lazaro in ev. Lucae XVI, 19—31. consignata Commentat. exeget.-pract. 4 maj. (5½ B.) Lipsiae 831, Reclam.
Vgl. Klinkhardt.

Klincklcht, Georg Gabriel (Chemnitz), De pseudo-clericis hodiernis. Diss. jur. eccles. Präs. Carl Friedrich Triller. Wittbg. (Carl Christian Dürr) 23. XII. 1794. 48 S. (6.—) 18370
Gew.: D. Ernst Gottfried Christian Kluegel, Johann Daniel Titius.

Klinckmüller. Statistik der Anstellungs- u. Gehaltsverhältnisse der deutschen Gemeindebeamten im J. 1892. Nach amtl. Angaben bearb. Außerordentliche Beilage zur deutschen Gemeinde-Zeitg. Imp.-4. (IV, 72 S.) Berl. 892, Stankiewicz. * 4 —

Klinckmüller, H., s.: Archiv f. Verwaltungsrecht.

— s.: Export-Hand-Adressbuch v. Deutschland.

— Ortsgesetze rc., s.: Stolp, H.

Klinckmüller, H., die amtliche Statistik Preussens im vorigen Jahrhundert, s. a. Sammlung nationalökonomischer und statistischer Abhandlungen des staatswissenschaftlichen Seminares zu Halle a. S.

Klinckmüller, amtl. Statistik Preussens im vor. Jahrh. Jena 880.

Klinckowström, s.a. K l i n k o w s t r ö m

Diebe. Roman von A[gnes Gräfin] v. Klinckowstroem. Bd 1. 2. Dresden & Leipzig: C. Reißner 1895. 2 Bde 8° [J.] [07. 3311]

— Diebe. Roman. 2 Bde. 8. (240 u. 216 S.) Dresden 895. C. Reißner. n. 6. —; geb. in 1 Bd. n. 7. —

Klinckowstroem, Agnes Gräfin v., das kleine Ding. Roman. (327 S.) 8. Dresden 910. M. Seyfert. 4.—; geb. 5. —

Klinckowström, A. v., der Doktor. Roman. 8. (368 S.) Stuttgart 889. Deutsche Verlags-Anstalt. n. 4. —

— der Doktor. Roman. (Neue Titel-Ausg.) 8. (368 S.) Ebd. 889. n. 1. 50; geb. n. 1. 75

— aus der stillen Ecke, s. a. Eckstein's Reisebibliothek.

Klinckowstroem, Agnes Gräfin, aus der stillen Ecke. Erzählungen. (111 S.) 8. Berlin (903). Globus Verlag. n. — 30

— zweierlei Ehre. Roman. 1. u. 2. Aufl. (Je 310 S.) 8. Stuttgart (904). Union. n. 3. 50; geb. in Leinw. n. 4. 50

Klinckowström, A. v., die Eidechse. Roman. 1. u. 2. Aufl. 8. (à 386 S.) Stuttgart 900. Deutsche Verlags-Anstalt. n. 3. —; geb. in Leinw. n.n. 4. —

— der lange Erzengel. Roman. 1. u. 2. Aufl. 8. (à 345 S.) Ebd. 900. n. 3. —; geb. in Leinw. n.n. 4. —

— Der Fetisch. Roman. (326 S.) 8. Ebd. 909. 4.—; geb. 5. —

—— Die Fremde. Roman. 8. (352 S.) Ebd. 890. * 4 —; geb. * 5 —

— die Fremde. Roman. (Wohlf. [Titel-]Ausg. 8. (352 S.) Stuttgart (891). Deutsche Verlags-Anstalt. n. 1. 50; geb. n. 1. 75

— Freundschaft. Roman. (Neue [Titel-]Ausg.) 8. (415 S.) Ebd [894.] 900. n. 1. 50; kart. n. 1. 75

— die vier Glocken des Herrn v. Perna. Roman. gr. 8. (368 S.) Dresden 902. C. Reißner. n. 5. —; geb. n. 6. —

— Das Hohelied d. Lebens, s.: Engelhorn's allgem. Roman-Bibliothek.

— die Insel des Friedens. Roman. 2 Bde. 8. (199 u. 239 S.) Dresden 901. E. Pierson. n. 6. —; geb. n. 8. —

Ⓑ — Die Insel des Friedens. 901. (KBL 81.) Jetzt: Berlin, Verlag Berlin-Wien.

— Jugendzauber. Roman. (254 S.) 8. Berlin 909. A. Schall. 3.—; geb. 4. —

Jugendzauber. Roman von Agnes Gräfin Klinckowstroem. Berlin: Ver. d. Bücherfreunde [1909]. 254 S. 8°
(Verein d. Bücherfreunde. Jg. 18, 7.)

— sonderbare Leute, s.: Eckstein's Reisebibliothek.

— Sonderbare Leute, s.: Weichert's Wochen-Bibliothek.

— die Leutringens. Roman. 2 Bde. 8. (263 u. 240 S.) Ebd. 888. n. 6.—

— dasselbe. 2 Tle. in 1 Bd. (Billige Ausg.) 8. (263 u. 244 S.) Ebd. 890. n. 1.50; geb. n.n. 1.75

Verlorene Liebesmüh'. Roman von A[gnese] v. Klinckowström. Stuttgart & Leipzig: Deutsche Verl.-Anst. 1898. 359 S. 8° [M. 3316

Klinckowström, A. v., Florus Brüggemanns Nachlaß. Roman. (Wohlf. [Titel-]Ausg.) 8. (375 S.) Stuttgart (891). Deutsche Verlags-Anstalt. n. 1.50; geb. n. 1.75

[J.] Schuldner. Roman v. A[gnese Gräfin] v. Klinckowstroem. Bd 1. 2. *Dresden & Leipzig: C. Reissner 1896.* 2 Bde 8.
1. (2 Bl., 188 S.) 2. (2 Bl., 182 S., 1 Bl.) [97. 7310

Klinckowstroem, Gräfin Agnes, ihr einziger Sohn. Roman. 2 Bde. 8. (282; 243 S.) Berlin 884, Janke.

— Das Tor des Lebens. Roman. (328 S.) 8. Dresden 907. M. Seyfert. 4.—; geb. 5.—

Die grüne Thür. Roman von A[gnese] v. Klinckowstroem. Dresden & Leipzig: Reißner 1897. 300 S. 8° [M. 3317

— zum andern Ufer. Roman. (328 S.) 8. Leipzig (908). Ph. Reclam jun. n. 3.—; geb. n. 4.—

— Weltkinder. Roman. (Neue [Titel-]Ausg.) 8. (407 S.) Stuttgart [896.] (901). Deutsche Verlags-Anstalt. n. 1.50; kart. n. 1.75

— durch Zufall, s.: Eckstein's 50 Pfg.-Bibliothek.

— der Zugvogel. Roman. 8. (394 S.) Dresden 900. E. Pierson. n. 5.—; geb. n. 6.—

(B) — Der Zugvogel. 900. (KBB 31.) Jetzt: Berlin, Verlag Berlin-Wien.

von Klinckowström, Axel Frh.: Zur Anatomie der Edentaten ... (Aus: Zool. Jahrb., Bd. 8. Abth. f. Morphol.) Jena, G. Fischer, 1895; 43 S., 4 Taf. 8.
Würzburg, Phil. Fak., Inaug.-Diss. v. 1895

Klinckowström, Gust. v., s. Klinkowström

v. Klinckowström, Henriette Eleon., s. Concordie, ein Roman.

Klinckowström, Baron R. de, le comte de Fersen et la cour de France. Extraits de papiers au Grand-Maréchal de Suède, Comte Jean Axel de Fersen. 2 tomes. 8. (LXXVII, 321 u. 440 S.) Paris 878. Didot & Co. n. 16.—

[K.] Dr. Buchenbergers Agrar-Politik und die Forderungen der Landwirtschaft unter besond. Berücks. d. östl. Landesteile Preussens. Von [Clemens] Graf Klinckowstroem-Korklack, Mitgl. d. Herrenhauses. *Berlin: P. Parey 1898.* (32 S.) 1 Bd 8. [98. 3818

Klincks, Jo. Rudolph, s. Klincke

Klincksieck, Dr. Pauli's Apotheker-Ordnung, abgefertigt. 8. (3 B.) Erlangen 839, F. Encke.

Klincksieck, Friedrich

Klincksieck, Fr., Anthologie d. französischen Literatur des 18. Jahrh. (X, 313 S.) 8. Leipzig 910. Renger. Geb. 3.50

Klincksieck, Friedrich [aus Paris]: Beiträge zu einer Entwickelungsgeschichte des Realismus im französischen Roman des 19. Jahrhunderts. . . . Marburg, Univ.-Buchdr. (R. Friedrich), 1890; 2 Bl., 56 S., 1 Bl. 8°
Marburg, Phil. Fak., Inaug.-Diss. v. [20. Sept.] 1890

Klincksieck, Fr., Chrestomathie der französischen Literatur des 17. Jahrh. (m. Ausschluss der dramatischen). Mit e. Farbendr. „Carte de tendre" aus „Clélie" v. Madeleine de Scudéry. (X, 293 S.) 8. Leipzig 906. Renger. Geb. in Leinw. n. 4.—

— dasselbe des 19. Jahrh. (m. Ausschluss der dramatischen.) (X, 404 S.) 8. Ebd. 905. Geb. in Leinw. n. 3.50

Klincksieck, Fr., zur Entwickelungsgeschichte d. Realismus im französischen Roman d. 19. Jahrh. Ein litterarhistor. Versuch. gr. 8. (V, 56 S.) Marburg i/H. 891. Elwert's Verl. n. 1.20

— französisches Lesebuch f. die oberen Klassen höh. Lehranstalten. (236 S.) 8. Ebd. 903. Geb. in Leinw. n. 2.25

— dasselbe. Anmerkungen, nebst e. Auswahl metr. Uebersetzungen. (6, 71 S.) 8. Ebd. 904. n. —60

— Deutsche Lyrik des 19. Jahrh., s.: Consbruch, M.

Dreisprachiges Auslands-Worterbuch. Ein deutsch-engl.-franz. Handbuch f. d. Verkehr mit d. Auslande. Unter besond. Berücks von See- u. Heerwesen, Schiffs- u. Maschinentechnik ... Von Oskar Klincksieck. Bd 1. 2., [Nebst] Anh. Berlin: Boll & Pickardt 19(06–)09. 8°
1. 19(06–)09. 2. 19(08–)09
Anh. Engl. u. franz. alphab. Worter-Verzeichnis. 1909
[Umschlagt.:] Technisches u. tägl. Lexikon ... von Klincksieck. [09. 14372

Klincksieck, Osk., dreisprachiges Auslands-Wörterbuch. (Technisches u. tägliches Lexikon.) Ein deutsch-englisch-französ. Handbuch f. den Verkehr m. dem Auslande. Unter besond. Berücksicht. v. See- u. Heerwesen, Schiffs- u. Maschinentechnik, Handel, Industrie u. Verkehrswesen, Korrespondenz u. Konversation. 9.—26. (Schluß-)Lfg. (S. 385—1220 u. 9 S.) Lex. 8. Berlin (906—09). Boll & Pickardt. à 2.—; (Kplt. in 2 Leinw.-Bdn.: 45.—)

Klincksieck, Osc., technisches u. tägliches Lexikon. Ein Handbuch f. den Verkehr m. dem Auslande (im besonderen f. Offiziere u. Beamte der Kriegs- u. Handels-Marine u. des Landheeres, f. Staats-Beamte u. Techniker, f. Staats- u. Handels-Beamte im Inlands- u. Auslands-Dienst, in deutscher, engl. u. französ. Sprache, nebst e. alphabet. Wortverzeichnis.) (In ca. 17 Lfgn.) 1.—8. Lfg. (S. 1—384.) Lex.-8. Berlin 906. Boll & Pickardt. à n. 2.—

Klindt, Ernst, appr. Arzt a. Bublitz i. Pommern: Hypospadie in Kombination mit hochgradiger Phimose. Halle a. S. 1906: C. A. Kaemmerer. (30 S.) 8°
Halle, Med. Fak., Ref. v. Bramann, Diss. v. 15. März 1906
[Geb. 19. Sept. 75 Bublitz, Pommern; Wohnort: Halle a. S.; Staatsangeh.: Preußen; Vorbildung: Fürstin-Hedwig-Gymn. Neustettin Reife O. 94; Studium: Theol. Berlin 3, Greifswald 3; Med. Halle 5, München 2, Halle 5 S.; Coll. 9. März 06; Approb. 24. Juni 05.]

Klindt, Joachim

Klindt, J., 100 Aufgaben fürs Denkrechnen. 2. Aufl. 8. (52 S.) Ahrensburg 882, Ziese.

— Aufgaben für die ersten Uebungen im Tafelrechnen. 3. Aufl. Oldesloe. 1840. P.

Klindt, Joa., Aufgaben zu den ersten Uebungen im Tafelrechnen. 3. Aufl. 8. Oldenburg 841, Fränckel. 1/8 ℛ︀

— Freimüthige Bemerkungen über Gegenstände des Volksschulwesens, s. Feddersen, Fedder. 1831.

— s. Bemerkk. über d. Volksschulwesen.

Klindt, J., Bemerkungen über das Volksschulwesen, s. Feddersen, Friedr.

—— Einleitung in d. Lehre von d. Satzverbindung. gr. 8. (11½ B.) Altona 832, (Hammerich.)

Klindt, Joa., Lesebuch, besonders mit Rücksicht auf Sprach- u. Denkübungen, für nicht gewöhnl. Lehrschulen. Nebst Anweisung zum Gebrauch desselben. 8. Hamb. 822. Hoffmann u. Campe. 9 ℊℊ

Klintt, (J.,) Lesebuch, besonders mit Rücksicht auf Sprach- u. Denkübungen, f. nicht gewöhnl. Lehrschulen. Nebst Anweisung zum Gebrauch desselben. 8. Hamb. 825, Herold.

— Materialien für den Schulunterricht nebst Stoff für den schriftlichen Gedankenausdruck für die Selbstbeschäftigung. 4. verm. und verb. Aufl. 1. Abth. Die einfache Satz- und Wortlehre. Oldenburg in Holstein. 1840. 2. Abth. Die Satzverbindung. Sm. St. o. A.

— Materialien für d. Sprachunterricht. 8. Hamb. 2e A. 827. Hoffmann u. C. (a. Aue in Altona). 5 ℊℊ

Klindt, J., Materialien f. den Sprachunterricht, nebst Stoff f. d. Uebung im schriftl. Gedankenausdruck in Aufgaben f. d. Selbstbeschäftigung. 3., sehr verm. u. verb. Aufl. gr. 12. (8 B.) Hamburg 836, Hoffmann u. Campe.

—— dass. — 2 Abthln., 4., verm. u. verb. Aufl. 8. Oldenburg in Holstein 840, Fränckel.
Abthl. 1. Die einfache Satz- u. Wortlehre. (3½ B.) * 3 Gr.
" 2. Die Satzverbindung. (5 B.) * 4 Gr.

— das Nothwendigste für den Unterricht in d. deutschen Sprache, nebst Stoff f. Uebung im schriftl. Gedankenausdruck. 8. Hamb. 825. Hoffmann u. C. (a. Aue in Altona). 14 ℊℊ

— Rechenbuch für Landschulen im südlichen Holstein. 8. Hamb. 826. (Hoffmann u. Campe.) 8 ℊℊ

— Rechenbuch für Volksschulen. 1—3. Abth. Hamburg. 1839. (2. Abth. med Aarstallet 1838).

—— Rechenbuch f. Volksschulen. 3 Abthln. gr. 12. Altona 839. (Dessau, Aue.) *

— Rechenbuch für Volksschulen. 3 Thle. 8. Ebd. 841. 2/3 ℛ︀

Klindt, J., Auflösungen zu der 2. u. 3. Abthl. des Rechenbuchs f. Volksschulen. gr. 12. (7 B.) Oldenburg 842, Fränkel.

— Schullieder. (Mit Melodieen in Ziffern.) 2 Hfte. gr. 12. Ebd. 842. 1/8 ℛ︀ — 3. Hft. 8. Ebd. 844. 2 ngℊ (1—3: 1/6 ℛ︀)

—— der Sprachunterricht in d. Elementarschule. Ein Leitfaden beim Gebr. d. Materialien f. d. Sprachunterricht. 8. (7 B.) Altona 828, [Aue.]

— Uebungen fürs erste Tafelrechnen. .. Hamb. (Aue in Alt.) 3 ℊℊ

—— Volkslieder. (1. Hft. Mit Melodieen in Ziffern.) gr. 12. (1/3 B.) Oldenburg 842, Ebds.

Klindworth, J., die Lehrstellung der Jowa-Synode, dargestellt u. beleuchtet. 8. (40 S.) Galena, Ill. 879. (Dresden, H. J. Naumann.) n. 1. —

Klindworth, J., die traurigen Zustände in der Synode v. Jowa. Eine Beleuchtg. der neuesten Vorgänge u. d. Synodal-Berichts. 8. (88 S.) St. Louis. Mo. 875. (Dresden, H. J. Naumann.) n. 1. —

Klindworth, Jh. Geo. Hnr., Specimen editionis artis poëticae, s. a. Q. *Horatius* Flaccus.

Klindworth, Jo. Georg Heinrich, Specimen editionis artis poeticae Q. Horatii Flacci versus XXIII ejusdem epistolae varietate lectionis et perpetuo commentario. Götting. (Dieterich) 1816. XIV, 33 S. (5.—) 18371

— s. J. v. Schmidt-Phiseldeck u. d. öffentl. Meinung.

— s. Tibullus: Elegia

— s. Würdigung, Gehörige, und aktenmäßige Abfertigung.

Elementar-Klavierschule von Karl Klindworth. (Th. 1. 2.) *London: Schott & Co.; Mainz: B. Schott's Söhne [1904].* 2 Bde 4° [04. 6373

(Klindworth, Phil.,) gehörige Würdigung u. aktenmäß. Abfertigung &c., s. Würdigung &c.

Klindworth's Führer u. Plan v. Hannover. 56. Ausg. Kleine Ausg. 12. (8 S. m. farb. Plan.) Hannover 894. Klindworth. Kart. n. — 50

Klinenberger, Ludw., nach Island u. zum Nordkap. (73 S.) 8. Wien 906. Manz. 1. 30

— Leo Slezak. Ein Beitrag zur Geschichte der dramat. Gesangskunst. (23 S.) 8. Wien 910. P. Knepler. 1. —

Kling Klang Gloria. Deutsche Volks- und Kinderlieder. In Musik gesetzt von W Labler, illustriert von H Lefler und J Urban. (64 S) qu 4° Wien 1907

Kling! Klang! Klung! Betrachtgn. üb. d. Klingersche Bild „Christus im Olymp". V. e. Kunstverständigen. gr. 8. (15 S.) Leipzig 897. (Brückner & Niemann.) n. — 20

Kling. Aufnahmen auf seinen Reisen zwischen Bismarckburg und Do Kofti (1888/89) sowie auf den in Verbindung mit Dr. Wolf und Hauptmann v. François eingeschlagenen Routen. Berlin 1900. 1 Bl. c. L. Sch.

Kling. Forschungsreisen in dem Gebiete nordwestlich von der Station Bismarckburg. (Togo-Gebiet). 1889/90. 1 : 525000. Berlin 1 Bl. c. L. Sch.

Kling. Planskizze der Station Bismarckburg mit anliegenden Feldern. 1 : 6850. 1 Bl. L. Ff.

Kling. Skizze des südwestlichen Theils von Adeli. 1 : 135000. (Berlin 1890). 1 Bl. L. Sch.

Kling, Verhandlungen der wittenberger Versammlung, s. Verhandlungen.

Kling, C., Geschichte der Bekleidung, Bewaffnung u. Ausrüstung des königl. preuß. Heeres. Auf Allerhöchsten Befehl Sr. Maj. des Kaisers u. Königs hrsg. v. dem königl. Kriegsministerium. 2 Tle. 4. Weimar. (Berlin, E. S. Mittler & Sohn. n.n. 120. —
1. Die Infanterie-Regimenter im J. 1806. Allgemeine Bemerkgn. (III, 278 S. m. farb. Abbildgn.) 902. n.n. 30. —
2. Die Kürassier- u. Dragoner-Regimenter seit Anfang des 18. Jahrh. bis zur Reorganisation der Armee 1808. (X, 502 S. m. farb. Abb. u. 4. Tl. farb. Taf.) 906. n.n. 90.—

Kling, Christian Friedrich

Kling, Chr. Fr., s. E. G. F. Baumann, Auswahl.

Kling, Chrstn. Friedr., die Bergpredigt Christi nach Matthäus. Für nachdenk. Christen erklärt. gr. 8. (4½ B.) Marburg 841, Elwert'sche Univ.-Buchh.

– s. Berthold: Deutsche Predigten.

Sacram memoriam ... Friderici Guilelmi III ... natali eius III Non. Aug. ... ab litt. universitate Fridericia Guilelmia Rhenana ... celebrandam indicit D. Christianus Fridericus Kling, ord. theol. ev. h. t. decanus. — Inest descriptio Summae theologicae [!] Thomae Aquinatis succincta. Bonnae, litt. Georgianis 1846. 1 Bl., 20 S. 4.

Ad audiendam orationem de consensu et nexu mutuo inter catholicos et evangelicos et obtinente et augendo atque confirmando pro aditu muneris prof. ord. in facult. theol. evang. d. XII Ian. ... habendam ... invitat Christianus Fridericus Kling ... — Inest dissertatio de historiae ecclesiasticae dispositione chronologica e natura ecclesiae derivanda. Bonnae, typ. C. Georgii 1843. 1 Bl, 12 S. 4.

– s. Flatt, J. Fr. v.: Vorlesungen ...

Kling, Christian Frdr., u. Karl Braune, die Korinther-Briefe, 4. Aufl. v. Arnold Braune, s.: Bibelwerk, theolog.-homilet. 7. Tl.

—— Predigten, gehalt. am ersten u. zweiten Pfingsttage. 2. Aufl. gr. 8. (1 B.) Marburg 830, Elwert'sche Univ.-Buchh.

Kling, Chrstn. Fried., Predigten üb. verschied. Texte. gr. 8. (6¼ B.) Stuttgart 833, [Beck u. Fränkel.]

Kling, Christ. Frid., Qualem theologiae dogmaticae formam et ecclesiae evangelicae principia et nostrae aetatis rationes requirant? Marburg (Elwert) 1834. 26 S. (4.50) 18372

— Rede u. Gebete ꝛc., s. Jahresbericht, vierter, des evangel. Missions-Vereins in Kurhessen.

— s. Symbolstreit, der Hessische.

— s. Verhandlungen der Rhein. Provinzialsynode.

—— Vorlesungen üb. d. Briefe Pauli an d. Galater u. Epheser, s. Flatt, J. Fr. v.

—— Vorlesn. üb. d. Briefe Pauli an d. Philipper ꝛc., s. Flatt, J. Fr. v.

—— Vorlesn. üb. d. Briefe Pauli an Timotheus ꝛc., s. Flatt, J. Fr. v.

Kling, F. Über eingebildete Krankheiten. gr. 8. (64 S.) Berl. 891, [Fried u. Comp.]. Steinitz Verlag. * 2 —

Kling, Gustav, a. Weimar: Die Schlacht bei Nikopolis im Jahre 1396. (Berlin: G. Nauck 1906.) (111 S.) 8°
Berlin, Phil. Fak., Ref. Delbrück, Diss. v. 4. Aug. 1906
[Geb. 22. Juli 82 Weimar; Wohnort: Weimar; Staatsangeh.: Sachsen-Weimar; Vorbildung: Gymn. Eisenach Reife O. 02; Studium: Heidelberg 2. Kiel 1. Berlin 6 S.; Rig. 12. Juli 06.]

Kling, Gust., die Schlacht bei Nikopolis im J. 1396. Diss. (III, 112 S.) gr. 8. Berlin (906). G. Nauck. n. 2. —

Kling, H. Recueil de chants pour la jeunesse à deux, trois et quatre voix égales. 3e édition augmentée. In-12°. VI, 205 p. Genève et Bâle, Georg & Co. 1900. 2 —

Kling, H[einrich]

Kling, H., praktische Anleitung zum Dirigiren, nebst beachtenswerthen Rathschlägen für Orchester- und Gesangvereins-Dirigenten, aus der Praxis hervorgegangen und bearb. Lex.-8. (8 S.) Hannover 886, Oertel. * — 60

—— praktische Anleitung zum Transponieren für Gesangstimmen, Streich-, Holz- und Blechinstrumente, sowie speziell für Klarinette, Kornett, Trompete, Waldhorn u. s. w. mit vielen Notenbeispielen erläutert und bearbeitet. Lex.-8. (IV, 44 S.) Ebendas. 885. * 1 25

Kling, H. Praktische Anweisung zum Transponieren f. Gesangsstimmen, Streich-, Holz- u. Blech-Instrumente, sowie speziell f. Klarinette, Kornett, Trompete, Waldhorn, Pianoforte etc., m. vielen Notenbeispielen erläutert. 2. Aufl. Lex.-8. (IV, 42 S.) Hannov. 890, Oertel. * 1 25

Kling, H., Elementar-Prinzipien der Musik, nebst populärer Harmonielehre u. Abriss der Musikgeschichte nach leichtfasslichstem System. 16. (216 S.) Hannover 890. Oertel. cart. n. 1. —

Kling, H., General-Tabelle sämmtl. Sing-Stimmen u. Musik-Instrumente, welche im modernen Orchester (Theater, Civil u. Militär) angewandt werden, deren Normalumfang, Klanghöhe (zueinander) u. Schreibart. 80,5×56 cm. Hannover 896. L. Oertel. n. — 50

Kling, H., populäre Instrumentationslehre, mit genauer Beschreibung der Eigenthümlichkeiten jeden Instrumentes, bearb. und durch viele Notenbeispiele erläutert. Lex.-8. (X, 92 S.; Noten- und Partiturbeispiele 132 S.) Hannover 883, Oertel. geb. *

—— populäre Instrumentationslehre oder „Die Kunst des Instrumentierens" mit genauer Beschreibung aller Instrumente und zahlreichen Partitur- und Notenbeispielen aus den Werken der berühmtesten Tonkünstler, nebst einer Anleitung zum Dirigieren. 3. Aufl. Lex.-8. (X, 256 S. mit 140 Notentaf.) Ebendas. 888. *ℳ 4.50.; geb. * 5 50

— populäre Instrumentationslehre od. die Kunst d. Instrumentierens m. genauer Beschreibg. d. Eigentümlichkeiten aller Instrumente, nebst e. Anleitg. zum Dirigieren bearb. u. durch zahlreiche Partitur- u. Notenbeispiele aus den Werken der berühmtesten Tonkünstler erläutert. 3., verm. Aufl. Lex.-8. (VIII, 148 u. Noten- u. Partiturbeispiele 147 S.) Ebd. 888. n. 4. 50; geb. n. 5. —; fein geb. n. 5. 50

Populäre Kompositions-Lehre. Zum Schulgebr. wie z. Selbststudium angehender Komponisten verf. von Prof. H[einrich] Kling. *Hannover: L. Oertel (1894).* (480 S.) 4°
= Musikbibliothek, Louis Oertel's. Bd 16. [04. 7331 7

— populäre Kompositionslehre. Zum Schulgebrauch, wie z. Selbststudium angeh. Komponisten verf. Lex.-8. (IV, 480 S.) Ebd. 895. n.n. 5. —; geb. n.n. 6. —

— der vollkommene **Musik-Dirigent**. Gründliche Abhandlg. üb. alles, was ein Musik-Dirigent [f. Oper, Symphonie-, Konzert-Orchester, Militärmusik od. Gesangchöre] in theoret. u. prakt. Hinsicht wissen muss, um e. ehrende Stellg. einzunehmen u. sich die Achtg. seiner Kollegen, seiner Untergebenen u. des Publikums zu verschaffen. Lex.-8. (IV, 390 S.) Ebd. 890. n. 5. —

Kling, Hermannus: De Hilario Pictaviensi artis rhetoricae ipsiusque ut fertur institutionis oratoriae Quintilianeae studioso. Freiburg i. B. 1909: Preßverein. 57 S. 8°
Heidelberg, Phil. Diss. v. 28. Dez. 1909, Ref. Schöll
[Geb. 9. Sept. 84 Dörlinbach; Wohnort: Freiburg i. B.; Staatsangeh.: Baden; Vorbildung: Gymn. Freiburg Reife M. 04; Studium: Freiburg i. B. 4, Heidelberg 5 S.; Rig. 25. Febr. 09.] [U 10. 2145

KLING, Johann Peter: Vorschriftmäsige Behandlung der Domainen-Waldungen in der Churpfalz, eine Vorlesung am höchsten Namensfeste des Durchlauchtigsten Churfürsten Carl Theodors. Mannheim 1791. 54 S., 1 Forstkt., 2 Tab.

v. Kling, Jh. Pet., († d. ... Febr. 1809.) vorschriftmäßige Behandl. d. Domainenwaldungen in d. Churpfalz. Mit 1 Forstkarte. gr. 4. Manh. 791. Löffler. 9 K

Kling, J. Pet., vorschriftmäß. Behandl. d. Domainenwaldungen in der Churpfalz. gr. 4. Mannh. Schwan. 791.

— Beitr. zur Geschichte der Mooskulturen, s. Beitr., u. setze hinzu: (v. J. P. Kling).

Kling, J. P. (Direktor bei d. kgl. Landes-Direktion von Baiern), Beschreibung eines *Kulturversuches im Donaumoos*. Nebst Nachricht von einigen angelegten Kolonien im Donaumoos, dann im *Kolbermoos bei Rosenheim*. Auf allerhöchsten Befehl . . . . zum Drucke befördert. München, Jos. Lindauer, 1806. — *A. E.*: Gedr. mit Zängl'schen Schriften. 8⁰. Ppb.*), schönes Expl.
Tit. u. 129 S. Mit 1 gefalt. Tabelle.

– s. Diezer, Johann Jakob: Forstwirthschafts-Tabellen . . .

— Schreiben an d. baier. Landleute, deren Felder durch d. Wasser u. den Frost beschädigt worden. 8. Manh. 784.

KLING, J. P.: Vermischte Schriften meist physikalischen und ökonomischen Inhalts. - Mannheim 1789. 260 S.

— verm. **Schriften**, meist physik. und ökonom. Inhalts. 8. Mannh. Akad. 789.

— d. Tabaksbau, dem Landmann in d. Pfalz gewidmet. 8. Manh. 778. Löffler. 2 K

— drei Tabellen, 1) v. Theilung u. von d. Brüchen. 2) von den richt. u. verkehrten Regeln. 3) Erdkugellehre. gr. Fol. Manh. 776. Löffler. 9 K

— freundschaftliche Unterredung mit d. Landmann in Kurpfalz. Nebst Anleitung Mergel zu machen. Manh. 779. Löffler. 4 K

— wohlmeinende Unterredung mit d. Baierischen Landmann, nebst Anleit. zum Mohn- oder Mohnensaamen-, Oelrettig-, Raps-, Tabaks-, Krapp- u. Burgunder-Rübenbau. 8. Manh. 808. J. Lindauer. 8 K

— **Unterricht** f. d. kurpfälzischen Landmann ist dessen W.: freundschaftl. Unterredung.

– s. Unterricht für den kurpfälz. Landmann zur Vervollkommnung des Tabaksbaues.

Kling, Joseph Otto, a. Frankfurt a. M.: Nichtakademische Syntax bei Voltaire. Marburg 1905: H. Bauer. (79 S.) 8°
Marburg, Phil. Fak., Ref. Wechssler, Diss. v. 11. Apr. 1905
[Geb. 6. Febr. 81 Frankfurt a. M.; Wohnort: Frankfurt; Staatsangeh.: Preußen; Vorbildung: Friedrichs-Gymn. Frankfurt a. M. Reife O. 00; Studium: Marburg 2, Straßburg 1, Berlin 1, Lausanne 1, Marburg 4 S.; Rig. 14. Dez. 04.]

Kling, K.: Vincere aut mori, s. Pretzell, G.

Kling, Constantin. Uniformierung und Bewaffnung der Königlich Preussischen Kürassier- und Dragoner-Regimenter seit Anfang des 18. Jahrh. bis zur Reorganisation der Armee 1808 . . . hrsg. von Constantin Kling. Weimar 1897, Putze & Hölzer.
Tit., 351 S.; 21 meist farb. Taf. 4°.
Erschien 1906 als T. 2 der: Geschichte der Bekleidung, Bewaffnung und Ausrüstung des Königl. Preuss. Heeres. Weimar.

Die hauptsächlichen Veränderungen der Uniformierung des Husaren-Regiments Fürst Blücher v. Wahlstatt (Pomm.) Nr 5 seit 1758 von Constantin **Kling**. Weimar 1909: Putze & Hölzer. 90 S. 4°(8°)
(Pretzell, Gerhard: Vincere aut mori! Geschichte des Blücherhusaren-Regiments. Anh.) [10. 7066

Kling, M., theoret.-prakt. Horn-, Posthorn u. Trompeten-Schule, od. d. Kunst, in ganz kurzer Zeit, mit Leichtigkeit vorsteh. Instrumente auf e. bisher noch unbekannte Art erlernen zu können. 4. (3 lith. B.) Regensburg 829, (Reitmayr.)

Kling, M., die Kalkdüngung der Weinberge unter Berücksicht. des Kalkgehaltes der verschiedenen Weinbergböden. (Mitteilung der landwirtschaftl. Kreisversuchsstation Speyer.) (16 S. m. 1 Tab.) 8. Neustadt a. d. H. (904). D. Meininger. n. — 50
Sonderabdruck aus: „Weinblatt"

Bericht über das II. Decennium des Akademischen Naturwissenschaftlichen Vereins zu Breslau. (Vf.: Max **Kling**.) *Breslau: Dr. v. A. Schreiber 1894.* (13 S.) 1 Bd 8. [98. 2363 14

Kling, Max: Aus dem chemischen Institut der Universität Breslau. Ueber alkylierte Imide der Bernsteinsäure und Pyroweinsäure sowie über einige Condensationen von Alkyl-Tartrimiden mit Säurechloriden. *Breslau 1898: Dr. R. Galle.* (43 S.) 8°
Breslau, Phil. Diss. v. 3. März 1898

Kling, Max, über alkylierte Imide d. Bernsteinsäure u. Pyroweinsäure, sowie üb. ein. Condensationen v. Alkyl-Tartrimiden m. Säurechloriden. Diss. gr. 8. (43 S.) Breslau 898. (Schletter.) n. — 80

o. N. (P. Kling), Anleitung zum Kartoffel- oder Erdäpfelbau. München 1800
„Dem b. Landmanne gewidmet von einem Freunde der Landwirthschaft".

Kling, Paul: Wohlmeinende Unterredung ..., s. Kling, Johann Peter

Kling, Robert, aus Frankfurt a. M.: Aus d. Universitäts-Augenklinik zu Giessen. Statistisch-kasuistischer Beitrag zur Lehre von den Augenmuskellähmungen. *Giessen 1901: v. Münchow.* (48 S.) 8°
Giessen, Med. Diss. v. 1901

Kling, Wilh., Münster u. l. F. zu Villingen im Schwarzwald. Illustr. Führer. (48 S.) 8. Villingen 910. F. K. Wiebelt. — 75

Kling, Wlh. J. F., s. Eckstein, Jh. A., prakt. Rechenbuch.

Klingan, Heinr., die Maul- und Klauenseuche, ihr Entstehen und ihre Behandlung. Ein Handbüchlein für Viehbesitzer, Aerzte, Beamte. 1. und 2. unveränd. Abdr. gr. 8. (34 S.) Graz 873, Verlag Leykam-Josefsthal.

—— der Pferderotz und die Mittel, sich und seine Hausthiere dagegen zu schützen. Ein Handbüchlein für Pferdebesitzer, Aerzte, Beamte. gr. 8. (32 S.) Ebendas. 873.

—— der Rinderarzt. Eine gemeinverständl. Belehrung über die am häufigsten vorkomm. Rinderkrankheiten und ihre Heilung nebst einem Anhang über Seuchen. 8. (113 S.) Graz 873, Leuschner und Lubensky. *

Klingatsch, A., die graphische Ausgleichung bei der trigonometrischen Punktbestimmung durch Einschneiden. gr. 8. (47 S. m. 26 Fig. u. 4 Taf.) Wien 894. C. Gerold's Sohn. Kart. 3. —

Klingatsch, Adolf

— Über eine ebene Abbildung der Kugel (mit 1 Taf. und 2 Textfiguren). S. 121. IIa. 2407 . . . . „ —.75
Separatabdruck

Klingatsch, Adf., über photographische Azimutbestimmung. (24 S. m. 2 Fig.) gr. 8. Wien 906. (A. Hölder.) n. — 80

— Über ein astronomisches Diagramm (mit 1 Taf. und 1 Textfigur). S. 123. IIa. 745 „ —.50
Separatabdruck

Klingatsch, Adf., die Fehlerflächen topograph. Aufnahmen. (88 S. m. 1 Fig.) gr. 8. Wien 907. A. Hölder. 1. 15

— die Fehlerkurven der photographischen Punktbestimmung. (22 S. m. 2 Fig.) gr. 8. Ebd. 906. n. — 60
2 Sonderabdrucke aus: „Sitzungsber. d. k. Akad. d. Wiss."

— Die günstigste Lage der durch geometrische Örter bestimmten Punkte eines Dreieckes bei der Triangulierung (mit 2 Textfiguren). S. 119. IIa. 1651 . . . . „ —.85
Separatabdruck

— Die geodätische Orientierung zweier Punktfelder (mit 3 Textfiguren). S. 120. IIa. 865 . . . . „ —.65
Separatabdruck

— Zur photographischen Ortsbestimmung. (25 S. m. 1 Fig.) gr. 8. Ebd. 909. — 80

— Ein Zweihöhenproblem in d. Photogrammetrie. (19 S. m. 1 Fig.) gr. 8. Ebd. 909. — 65
3 Sonderabdr. aus: „Sitzungsber. d. k. Akad. d. Wiss."

Klingbeil, [Albert]: Bericht über die Einweihungsfeier [des neuen Schulgebäudes]. S. 10—12 der Schuln. 4.
Progr. Kgl. Realprogymn. *Briesen Westpr.* 1907 (47).

Klingbeil, Albert [Hilfsl.]: Die Temperamente in ihrer Abhängigkeit vom Körper mit einigen Folgerungen daraus für Erziehung Danzig, Druck v. E. Groening, 1890; 28 S. 8°
Jenkau bei Danzig, RPG (v. Conradisches Prov.-Schul- u. Erz.-Inst.), OP 1890

Klingbeil, Julius

Klingbeil, J., Enthüllungen über die Bernhard Förster'sche Ansiedelung Neu-Germanien in Paraguay. Ein Beitrag zur Geschichte unserer gegenwärt. colonialen Bestrebgn. gr. 8. (VIII, 216 S.) Leipzig 889. (Baldamus.) n. 1. 60

Klingbeil, Wilhelm, a. Schippenbeil: Der poetische Wert der beiden ersten Quartos von Shakespeare's „Romeo and Juliet" und die Art ihrer Entstehung. Königsberg i. Pr. 1907: Hartung. (127 S.) 8°
Königsberg, Phil. Fak., Ref. Kaluza-Baumgart, Diss. v. 17. Mai 1907
[Geb. 5. März 84 Schippenbeil; Wohnort: Königsberg i. Pr.; Staatsangeh.: Preußen; Vorbildung: Gymn. Bartenstein Reife O. 03; Studium: Königsberg 2, Straßburg 1, Königsberg 5 S.; Rig. 27. Febr. 07.]

Klingberg: Ueber das Kaufgelder-Surplus-Reservat. (Anh. § 79 zu § 648, Tit. 1, Th. 2 Allg. Landr.) Vortrag.

Klingberg, Adolf

Klingberg, A., über den physikalisch-optischen Bau des Auges der Hauskatze. gr. 8. (14 S.) Güstrow 888, (Opitz und Comp.) *
Aus: Archiv der Freunde der Naturgeschichte in Mecklenburg, besonders abgedruckt.

Klingberg, *Adolf Heinrich Leonhard* Beiträge zur Dioptrik der Augen einiger Haustiere. Erster Theil. 4 (22 S.). Zweiter Teil. 4 (20 S.). **Progr.** Domsch. *Güstrow* 1888 (609). 1889 (612).

Klingberg: Beiträge zur Dioptrik der Augen einiger Haustiere. (Zweiter Teil.) Güstrow, Druck d. C. Waltenberg'schen Ratsbuchdr., 1889; 1 Bl., 20 S. 4°
Güstrow, Dom-S (G), OP 1889 (612)

Klingberg, *Adolf Heinrich Leonhard:* Beiträge zur Dioptrik der Augen einiger Hausthiere. Th. 3. [Forts. d. P-Beil. 1888. 89.] Güstrow, Druck d. Rathsbuchdr., 1892; 18 S. 4.
Güstrow, Dom-S, P 1892 (646)

—: [Professor Dr. Wilhelm Bergholter † am 30. März 1904. — Prof. Dr. Georg Erzgraeber † am 14. Januar 1905.] S. 9—10. 4.
Progr. Realgymn. u. Realschule *Güstrow* 1905 (794).

Klingberg, A[dolf], (Dir.): [Bericht über die] Grundsteinlegung des neuen Schulhauses. *Güstrow 1903: C. Michaal.* (S. 9—12.) 4°
Güstrow, RG u. R, OP 1903 (753)

Klingberg, A[dolf]: Die Einweihung des neuen Hauses. S. 7 bis 9. 4. **Progr.** Realgymn. u. Realschule *Güstrow* 1907 (827).

Klingberg, A., die Oerter d. Kardinalpunkte d. Hasenauges. [Aus: „Archiv d. Ver. d. Freunde d. Naturgesch. in Mecklbg."] gr. 8. (6 S.) Güstrow 898. (Opitz & Co.) n. — 20

Betrachtungen und Erinnerungen eines alten Bergknappen. (Verf.: Andreas **Klingberg**.) Lissa i. P.: F. Ebbecke 1906. (38 S.) 8° [J.] 07. 493

Klingberg, J. G., J. G. Ellger und K. Ansorge, erstes Lesebuch. Gemeinschaftlich bearb. 2. Aufl. (137 S.) 1847. *5 Ngr. und 3., mit einem Anhange verseh. Aufl. 8. (143 S.) Glogau 851, Wagner.

Klingberg, J. G., und J. G. Ellger, erstes Lesebuch. 4. Aufl. 8. (143 S.) Glogau 854, Wagner.

Klingberg, J. G., und J. G. Ellger, erstes Lesebuch. 5., verb. Aufl. 8. (188 S.) Glogau 861, Flemming's Verlag.

Klingberg, J. G., und J. G. Ellger, erstes Lesebuch. 6., verb. Aufl. 8. (183 S.) Glogau 866, Flemming.

Klingberg, J. G., und J. G. Ellger, erstes Lesebuch. 7. Aufl. 8. (136 S.) Glogau 874, Flemming. *

Klingberg, J. G., s. Lesebuch, erstes, für Kinder.

Klingberg, Petrus Jac(obus) Laur(itius): Dissertatio ... sistens varias methodos quibus typhus hoc saeculo in nosocomio regio Fridericiano Hafniensi curatus est. Halae (1829): Gebauer. 46 S. 8°
Halle-Wittenberg, Med. Diss. v. 25. Dez. 1829
[Beigedr.:] Dzondi, Carolus Henricus: Ergo polypi narium nequaquam extrahendi! (1829)
Geb. Kopenhagen 10. 8. 1803. [V. in Dzondi's Progr., vgl. Nr. 746]
Verf. wurde ohne Rigorosum in absentia promoviert.

Klinge, A., acht Capitel über das Pfaffenthum, s. Capitel.

Klinge, Alb., d. gewerbl. Buchführung. Übungsheft z. Gebrauche in gewerbl. Fortbildungsschulen. 4. (32 S.) Wittenberg 896. R. Herrosé. n. — 25

Klinge, Alb., die gewerbliche Buchführung. Übungsheft zum Gebrauche in gewerbl. Fortbildungsschulen. 2. umgearb. Aufl. (4. bis 6. Taus.) 4. (47 S.) Wittenberg 901. R. Herrosé. n. — 60

Klinge, Alb., die gewerbl. Buchführung. Uebungsheft zum Gebrauche in gewerbl. Fortbildungsschulen, Meisterkursen, sowie beim Selbstunterrichte. Ausg. A. 3. umgearb. Aufl. (7.—9. Taus.) (47 S.) 4. Wittenberg 904. R. Herrosé. n. — 60

— dasselbe. Ausg. B. (39 S.) 4. Ebd. 904. n. — 60

Die gewerbliche Buchführung. Übungsheft z. Gebrauche in gewerbl. Fortbildungsschulen ... Bearb. von Alb. **Klinge,** Oberlehrer. Ausg. A. 4. umgearb. Aufl. Wittenberg: R. Herrosé 1907. (47 S.) 4° [Umschlagt. F.] [07. 15037 S

Klinge, Alb., die gewerbliche Buchführung. Übungsheft zum Gebrauche in gewerbl. Fortbildungsschulen, in Meisterkursen, sowie beim Selbstunterrichte. Ausg. A. 5. Aufl. (48 S.) 33,5×21 cm. Wittenberg 911. R. Herrosé. — 60

— 44 Interpunktions-Diktate. Zusammenhängende Übungsstücke u. einz. Musterbeispiele. gr. 8. (44 S.) Gera 897. Th. Hofmann. n. — 40

— 44 Interpunktions-Diktate. Zusammenhängende Übungsstücke u. einzelne Musterbeispiele. 2., verb. Aufl. gr. 8. (46 S.) Leipzig 901. Th. Hofmann. n. — 60

— 44 Interpunktions-Diktate. Zusammenhängende Uebungsstücke u. einzelne Musterbeispiele. Bearb. u. zusammengestellt. 3. verb. Aufl. (46 S.) 8. Leipzig 905. B. G. Teubner. n. — 60

Klinge, E[mil], prakt. Tierarzt aus Delitzsch (Provinz Sachsen): Die inneren Irisschichten der Haussäugetere. (Aus dem veterinär-anatomischen Institut der Universität Zürich. Prof. Zietzschmann.) Mit 24 Figuren im Texte. Wiesbaden 1908. II + 110 S. 8°. S.-A. aus den Anatomischen Heften. [23. X. 08.]

Zürich Vet.-med. Diss. 1907/08.

Klinge, Ernst, kurische Volks-Geschichten. 8. (285 S.) Riga 883, Kymmel's Verlag.

—— Saul Waldung. Erzählung für Kinder und Eltern. 8. (367 S.) Halle 883, Fricke's Verlag.

geb. **

Klinge, Fritz: Aus d. psychiatrischen u. Nervenklinik d. Univ. Kiel. Über einen Fall von Tumor des Kleinhirnbrückenwinkels. Berlin 1907: G. Schade. (23 S.) 8°

Kiel, Med. Fak., Ref. Siemerling, Diss. v. 13. Mai 1907

[Geb. 16. Nov. 79 Exten, Grafschaft Schaumburg; Wohnort: Exten; Staatsangeh.: Preußen; Vorbildung: Friedrich-Wilhelms-Gymn. Berlin Reife O. 00; Studium: Freiburg i. B. 1, Berlin 5, München 1, Berlin 2, Kiel 3 S.; Coll. 29. März 06; Approb. 1. Mai 07.]

Klinge, Herbert Eduard, a. Danzig: Aus d. Frauenklinik d. Univ. Heidelberg (Direktor: Geh. Hofrat Prof. Dr. von Rosthorn). Über das Chorioepitheliom nebst Mitteilung eines neuen Falles. Mit 1 Taf. Berlin: S. Karger 1906. (30 S.) 8° ¶ (Aus: Monatsschrift f. Geburtshülfe u. Gynäkologie Bd 25.)

Heidelberg, Med. Fak., Ref. v. Rosthorn, Diss. v. 1906

[Geb. 29. Nov. 81 Mielenz, Kr. Marienburg; Wohnort: Danzig; Staatsangeh.: Preußen; Vorbildung: Kgl. Gymn. Danzig Reife O. 01; Studium: München 5, Berlin 1, Heidelberg 5 S.; Coll. 30. Juli 06; Approb. 7. Sept. 07.]

Klinge, Johann, s. Klinge, Johannes

Johann Heinrich Wilhelm Klinge

Etwas über den Keichhusten, als ein Beitrag zur Geschichte der Epidemieen des Jahrs 1790. Von Johann Heinrich Wilhelm Klinge. Göttingen: Boßiegel 1792. 63 S. 8°

— Etwas über den Keichhusten, als e. Beitr. zur Geschichte d. Epidemie des Jahres 1790. 8. Götting. 792. Vandenhöck u. R. 2 gr

Klinge, J. H. W., Fragmente aus d. Tagebuche e. Arztes auf dem Oberharz. 8. Stendal, Franzen u. Gr. 812.

Klinge, Jh. Hnr. Wlh., prakt. Handbuch f. Apotheker. 8. Hannov. 796. Hahn. 1 rß

Johann Heinrich Wilhelm Klinge

Ioan[nes] Henricus Wilhelmus Klinge: De Procidentia uteri. Goettingae (1787:) Grape. 96 S. 8°

Göttingen, Med. Diss. v. 31. Dez. 1787

— de procidentia uteri. c. fig. 8. Gött. Dieterich. 787.

— Comment. chirurg. med. de uteri procidentia usuque pessar. in hoc morbo. c. tab. an. 8. Gött. Vandenh. 789.

Johann Heinrich Wilhelm Klinge

(De Procidentia uteri. [Deutsch:]) Ueber den Vorfall der Gebärmutter, und den Gebrauch der Mutterkränze in dieser Krankheit. Von Johann Heinrich Wilhelm Klinge. Hannover 1790: Lamminger. 78 S. 8°

— über d. Vorfall d. Gebärmutter u. den Gebrauch d. Mutterkränze in dieser Krankheit. Mit 2 Kpf. gr. 8. Hannov 791. (Hahn). 12 gr

— üb. d. Vorfall d. Gebärmutter ꝛc. m. K. gr. 8. Brem. Müller. (auch Hahn in Hannov.) 802.

Klinge, J. H. W., über den Vorfall der Gebärmutter ꝛc. Mit 2 Kupfert. 8. Bremen. 802. Jetzt Petersen in Altenburg.

Klinge, Johs., Flora v. Est-, Liv- u. Curland. Aufzählung u. Beschreibung der bisher wildwachsend u. verwildert beobachteten u. der cultivirten Gewächse, m. besond. Berücksicht. der Holzgewächse. 1. Abth. Gefässpflanzen: Gefässkryptogamen u. Phanerogamen. Zum Gebrauche auf Schulen, auf Excursionen u. zum Selbststudium nach der analyt. Methode bearb. Mit vielen in den Text gelegten Holzschn. 2 Thle. in 1 Bd. gr. 8. (XVI, 214 u. 664 S.) Reval 882. Kluge. n. 12. —

Die homo- und polyphyletischen Formenkreise der Dactylorchis-Arten. Mit 2 Taf. Von Dr. J[ohannes] **Klinge.** St. Petersburg 1899: (Tip.-Lit. 'Gerol'da'). (S. 69–145.) 8°
— **Acta** Horti Petropolitani. T. 17, Fasc. 2, [2.] [06. 1090

KLINGE (J.). Unters. der Gramineen- und Cyperaceen-Wurzeln. St. Petersb. 1879. 4°.

KLINGE, Johannes: Die Holzgewächse von Est-, Liv- und Kurland. - Dorpat 1883. VIII, 290 S. - (Abh. zur Flora von Est-, Liv- u. Curland)

K. Fr. Meinshausen († 20. Nov. 1899). Ein Nachruf von Dr. J[ohannes] **Klinge** in St. Petersburg. (St. Peterburg 1900: Tip.-Lit. 'Gerol'da'.) (10 S.) 8°
— **Acta** Horti Petropolitani. T. 18, Fasc. 2, No 2.

Klinge, Johannes, Referendar: Die juristische **Natur** der Incasso-Cession. *Greifswald 1900: J. Abel.* (25 S.) 8° [F.]
Greifswald, Jur. Diss. v. 1900

Zwei neue bigenere Orchideen-Hybride: Gymnadenia conopea R. Br. + Orchis Russowii m. u. Coeloglossum viride Hartm. + Orchis turcestanica m. von Dr. Johannes **Klinge**. Mit 2 Taf. (S.-Peterburg) 1899: (Tip.-Lit. 'Gerol'da'). (S. 205–221.) 8°
— **Acta** Horti Petropolitani. T. 17, Fasc. 1, 4.

Zur Orientierung der Orchis-Bastarte und zur Polymorphie der Dactylorchis-Arten von Dr. J[ohannes] **Klinge**. St. Petersburg 1899: (Tip.-Lit. 'Gerol'da'). (65 S.) 8°
— **Acta** Horti Petropolitani. T. 17, Fasc. 2, [1.]

Klinge, Johs., Revision der Orchis cordigera Fries u. Orchis angustifolia Rchb. [Aus: „Archiv f. d. Naturkunde Liv-, Ehst- u. Kurlands".] gr. 8. (103 S.) Jurjew 893. (Leipzig, K. F. Köhler's Sort.) n. 2. —

—— die Schachtelhalme, Equisetaceae L. C. Rich., von Est-, Liv- und Curland. Monographieen zur „Flora von Est-, Liv- und Curland". Fasc. 1. gr. 8. (99 S.) Dorpat 882. (Leipzig, K. F. Köhler.) *
Aus: Archiv für die Naturkunde Liv-, Est- und Kurlands, besonders abgedruckt.

— der **Unterricht** der Naturwissenschaften in den classischen Gymnasien der Ostseeprovinzen. gr. 8. (39 S.) Dorpat 879. Karow. n. 1. —

— vergleichend histiologische **Untersuchung** der Gramineen- u. Cyperaceen-Wurzeln, insbesondere der Wurzel-Leitbündel, s.: Mémoires de l'académie impériale des sciences de St.-Pétersbourg.

Zur geographischen Verbreitung und Entstehung der Dactylorchis-Arten. Mit 1 Karte. Von Dr. J[ohannes] **Klinge**. St. Petersburg 1899: (Tip.-Lit. 'Gerol'da'). (S. 149–267.) 8°
— **Acta** Horti Petropolitani. T. 17, Fasc. 2, [3.]

Klinge, Constantin: Ueber ein symmetrisches Triphenylpyridin. 1890. 33 S. 8°
Karlsruhe, Dipl.-Diss. v. 26. 11. 1889

Klinge, Ludw., praktische **Bodenkunde.** Eine Anleitg. f. den balt. Landwirt. (64 S.) Lex. 8. Riga 910. Jonck & Poliewsky. 1. 60

Klingebeil, C. F., **Uebungsstücke** zum Uebersetzen aus d. Deutschen ins Lateinische. gr. 8. Potsd. 825. Horvath. 8 ℊℊ

Klingebeil, Eduardus Ferdinand: De vita Augustini ejusque disciplina.
Halle-Wittenberg, Phil. Diss. v. 10. März 1821
Geb. [Brandenburg 5. 7. 1798]
Ms. fehlt. Promot.-Datum nach den Acta. — Der ohne Examen abwesend promovierte Kandidat wünschte ein Examen, das er am 5. Mai bestand (Acta).

Klingebeil, Herm., die **Dogmatiker** der Naturwissenschaft oder Materie contra Geist. (56 S.) gr. 8. Berlin 906. C. Skopnik. n. — 60
Sonderabdruck aus: „Höchste Güter".

Höchste Güter. Streifzüge e. Wahrheitsuchers von Hermann **Klingebeil**. Berlin: C. Skopnik 1906. (375 S.) 8° [F.]

— **Idealisten** u. **Ideologen.** (68 S.) gr. 8. Ebd. (906.) n. — 70

Klingebeil, Herm., ein bestechender **Irrtum** u. sein Opfer! Des zum Katholizismus übergetretenen Universitätsprofessors v. Ruville Buch: „Zurück zur hl. Kirche", m. e. heiteren u. e. trän. Auge betrachtet. (79 S.) 8. Asch 910. C. Schneider. 1. —

— **Luther** u. der Protestantismus. (82 S.) gr. 8. Ebd. 906. n. — 40

— zur **Psychologie** des modernen Katholizismus. (76 S.) gr. 8. Ebd. 906. n. — 80

– (Hrsg.), s. Selbsterlebtes 1870/71.

— **Sozialismus — Anarchismus.** (54 S.) gr. 8. Ebd. 906. — 50
4 Sonderabdrucke aus: „Höchste Güter".

— Illustriertes deutsches **Volks-Kolonialbuch.** Mit Urteilen u. Aussprüchen v. Männern der Wissenschaft, Fachleuten u. Forschungsreisenden. Mit vielen Abbildgn. nach photogr. Aufn. u. Orig.-Zeichngn. v. Rich. Knötel. Farbige Umschlagzeichng. v. Rose du Bois-Reymond. (107 S.) 8. Kattowitz 907. Phönix-Verlag. — 90

Illustriertes deutsches Volks-Kolonialbuch. Mit Urteilen u. Aussprüchen von Männern d. Wissensch. ... von Hermann **Klingebeil**. Mit vielen Abb. ... Kattowitz & Leipzig: C. Siwinna 1907. (112 S.) 8° [F.]

Klingebiel, Iacobus: De resectione cubiti. Halae (1839): Grunert. 24 S. 8° (4°)
Halle-Wittenberg, Med. Diss. v. 15. Juni 1839
Geb. Besekendorf (Eichsfeld) 27. 10. 1818 [vielmehr: 1813]. V.

Klingebiel, Josef

Klingebiel, Jos., das **Abschlußprüfungs-Zeugnis** (Reife f. Ober-Sekunda) m. f. Berechtiggn. Wegweiser bei d. Berufswahl. (Enth.: D. Wissenswerteste aus d. Vorschriften üb. Studium, Annahme, Ausbildg., Prüfg. u. Anstellg. f. d. einschläg. Laufbahnen. Auf Grund amtl. Materials zusammengest. u. ergänzt. 8. (80 S.) Crefeld 896. (J. B. Klein.) n. 1. —

Klingel, Julius, [von Heidelberg]: Ueber Paraamidoacetophenon, o-Amido-m-acetyltoluol und einige Derivate dieser Körper. Zür. Zürcher u. Furrer Dr. 1885. 43 S. 8°.
Zürich, Phil. Diss. [v. 13. Juli 1885].

Klingel, K. [app. Arzt in Wiesloch]: Beiträge zur Chirurgie der Gallenblase. . . . (Aus: Beiträge z. klin. Chirurgie. V. Bd.) Tübingen, Verl. d. H. Laupp'schen Buchh., 1889; 1 Bl. + 28 S. 8°
Heidelberg, Med. Fak., Inaug.-Diss. v. [12. Nov.] 1888

Klingel, Philipp Johannes [aus Nürnberg]: Ueber die Bedeutung der Hautbedeckung für die Kohlensäureausscheidung des Tierkörpers. '(Nach Versuchen am Kaninchen u. am Hunde.)' ... Nürnberg, Druck v. G. Heydolph, 1892; 45 S., 1 Taf. 8.
Erlangen, Med. Fak., Inaug.-Diss. v. 23. Juli 1892

(**Klingole,** Alfred.) Sind die Grundsätze der grossherzogl. Regierung bei Vergebung der Wasserkräfte am Oberrhein im beiläufigen Werte von 50 Millionen Mark an auswärtige Spekulanten die richtigen? Gewissensschrei eines Vaterlandsfreunds. 32 S. 8. Säckingen, G. Mehr, (1904). M. —. 20

Klingele, Alfred. Sind die Grundsätze der grossherzogl. Regierung bei Vergebung der Wasserkräfte am Oberrhein im beiläufigen Werte von 50 Millionen Mark an auswärtige Spekulanten die richtigen? [Neuer Abdruck.] 32 S. 8. Säckingen, G. Mehr, (1904). M. —. 20

Klingele, Otto, Der Bürstenhausierhandel der Bewohner der ehemaligen Thalvogtei Todtnau im badischen Schwarzwalde. Schriften d. Vereins f. Sozialpol., Bd. 81. gr. 8⁰. Leipzig 1899.

Klingelfuss, Fr[iedrich]. Untersuchungen an Induktorien an Hand der Bestimmungsstücke derselben. [Mit Figuren.] Separatabdruck aus den Verhandlungen der Naturforschenden Gesellschaft in Basel. Band 13, Heft 2. II S. + S. 227—270. 8. [Basel, Georg & Co., 1901.]
Mit 1 Beigabe: Photographie einer ... Entladung aus 4 kleinen Leydener Flaschen....

Klingelfuß, F: Untersuchungen an Induktorien an Hand der Funkenentladungen bis zu 100 cm Funkenlänge in Luft von Atmosphärendruck. 2. Mitteilung. Basel 1903

Klingelhöfer, Adolf [app. Arzt aus Kirchhain]: Ein Fall von Struma sarkomatosa substernalis ... München, *Marburg, Univ.-Buchdr. '(R. Friedrich)'*, 1891; 20 S., 1 Bl. 8.
München, Med. Fak., Inaug.-Diss. v. [28. Juli] 1891

KLINGELHÖFER, M.: Jagdbares Wild im Regierungsbezirk Kassel. Tabellarisch und mit Angabe der Schonzeit zusammengestellt und erläutert. - Kassel 1894. 24 S. - (Kurhess. Mitt. 3)

– dass., s.a. Klingelhöffer

O. K(LINGELHÖFER), Ueber Gold- und Silber-Währung. Eine Vorlesung gehalten in dem Verein für Geographie und Statistik zu Frankfurt a/M. (Mit 1 Tafel.) Frankfurt am Main 1855. B. Auffarth. 8⁰.

O. Klingelhöfer, Die Course der Staatspapiere von Frankreich, England, Preußen, Oesterreich u. Rußland in den Jahren 1854 u. 55. Aus dem Minerva abgedruckt (20 S.), Frankfurt a. M., 1856. Mit 2 lith. Tafeln.

Klingelhoefer, Reinhard [app. Arzt aus Kirchhain. Regbez. Cassel]: Der Kaiserschnitt bei Uteruscarcinom. . . . Marburg, Univ.-Buchdr. (R. Friedrich), 1888; 2 Bl. + 50 S. + 1 Bl. 8⁰
Marburg, Med. Fak., Inaug.-Diss. v. [22. Nov.] 1888

Klingelhöfer, W., s.: Neuland, Wilh.

Klingelhöfer, Wilh., s.: Aufgabe, e., f. d. europäische Presse.

— s.: Sturz, der, d. Sozialdemokratie.

Arnoldi, Joh. Conr. [Präs.] u. Joh. Klingelhoffer (Michelbach) Decas vigesima de philosophia Theologiae naturalis. Giessae 1728. 4⁰

Klingelhöffer, Hauptm. und Adjutant beim Gouvernement Metz etc. Geschichte des 2. grossherzoglich hessischen Inft.-Reg. (Grossherzog) Nr. 116. (1790—1888.) Mit 1 Uebersichtskarte und 2 Skizzen in Steindruck. (Auf 1 Blatt.) 8. Berlin 1888.

Klingelhoeffer, Jagdordnung u. jagdpolizeil. Vorschriften im Gebiete d. vormal. Kurfürstenth. Hessen, nebst e. Anh., enth. d. vollständ. Text d. wichtigsten Jagdgesetze, dargest. u. erläut. 8. (XI, 142 S.) Cassel 896. M. Brunnemann. Kart. n. 2.—

Klingelhoeffer, jagdbares Wild im Reg.-Bez. Cassel, auf Veranlassg. d. Vorstandes d. Landesvereins Prov. Hessen-Nassau Allgemeinen Deutschen Jagdschutzvereins tabellarisch u. m. Angabe der Schonzeiten zusammengestellt u. erläutert. [Aus: „Kurhess. Mittheilgn."] Lex.-8. (24 S.) Kassel 894. M. Brunnemann. n. — 60

– dass., s.a. Klingelhöfer, M.

Klingelhöffer, H., Leitfaden der Physik. Mit 334 Fig. (VI, 187 S.) gr. 8. Gießen 908. E. Roth. 1.60; geb. n 2. —

— dasselbe u. Volckmar, E., Lehrgang der Chemie auf methodischer Grundlage. Mit 33 Abb. (VI, 187 u. IV, 55 S.) gr. 8. Ebd. 908. Geb. 2. 40

Klingelhöffer, Otto, unsere Lage nach Erlaß der landesherrlichen Verkündigung vom 21. Juni 1862. Ein Beitrag zur Wiederherstellung der kurhess. Verfassung. gr. 8. (40 S.) Kassel 862, Scheel. *

Paradoxa, Historisch-Politische. Der deutschen Burschenschaft gewidmet von Otto Klingelhöffer. Als Ms. gedr. *Giessen 1900: v. Münchow.* (48 S.) 8⁰ [F.] [oo. 7688]

Klingelhöffer, Otto, das Reichs-Wahlgesetz. Wie ist es entstanden? Was soll daraus werden? gr. 8. (64 S.) Darmstadt 896. Stuttgart, A. Bergsträßer. n. 1. —

Klingelhöffer, R., der Fermat'sche Satz. (28 S. m. 2 Taf. gr. 8. Frankfurt a/M. 910. Gebr. Knauer. 2. —

Klingelhöffer, Thdr., Geschichte der Familie Klingelhöffer. Mit 4 Porträts u. 2 Abbbildgn. in Lichtdr., 1 Wappen in Farbendr. u. 3 Stammtaf., sowie e. Anh.: „Erinnrgn. des Kirchenrats Joh. Georg Ludwig Klingelhöffer in Kirchberg, verf. 1844. (244 S.) 8. Frankfurt a/M. 909. (Gebr. Knauer.) Geb. in Leinw. 15. —

Geschichte der Familie Klingelhöffer. Mit 4 Portr. u. 2 Abb., 1 Wappen u. 3 Stammtaf., sowie e. Anh. 'Erinnerungen d. Kirchenrats Joh. Georg Ludwig Klingelhöffer in Kirchberg', verf. 1844. Hrsg. von Theodor Klingelhöffer, Dipl.Ing. Frankfurt a. M.: Selbstverl. d. Geh. Med.R. Dr. Klingelhöffer 1909. 243 S. 8⁰ [09. 11629]

Klingelhöffer, W., das menschliche Auge u. seine wichtigsten Erkrankungen, s.a. Veröffentlichungen des deutschen Vereins f. Volks-Hygiene. 19. Heft.

Das menschliche Auge und seine wichtigsten Erkrankungen. Von Dr. W[ilhelm] Klingelhöffer, Augenarzt, Offenburg. München & Berlin: R. Oldenbourg 1910. 54 S. 8⁰
(Veröffentlichungen d. Deutschen Vereins f. Volks-Hygiene. H. 19.) [10. 6336]

Klingelhöffer, Wilhelm (Gladenbach)
Beitrag zur Lehre der Necrose.
Giessen: Brühl 1862. 24 S. u. 2 Bl. Thesen.
Diss. med. 15.11.1862. vorh. 7.

Klingelhöffer, W. (Hrsg.), s. Figuier, Louis: Scenes et tableaux de la nature.

Klingelhöffer, *Wilhelm Karl August* [aus Gladenbach, Assist.]: Aus d. Augenklinik v. Prof. Dr. L. Weiss. Ueber eine durch temporäre Resection der äusseren Orbitalwand nach Krönlein exstirpirte Orbitalcyste ... Marburg, *Druck v. C. Ritter in Wiesbaden, 1897;* 35 S. 8.
Marburg, Med. Fak., Inaug.-Diss. v. 5. Mai 1897

Klingelhöffer, Wilhelm (Darmstadt)
Plaute imité par Molière et Shakespeare.
Darmstadt 1873. 32 S.
(Programm des Gymnasiums Darmstadt 1873.)
Dr. phil. Giessen 28.10.1872.

Klingelhöffer, W., Plaute imité par Molière et Shakespeare. 4. (32 S.) Darmstadt 874. (Berlin, Calvary und Comp.) *

— Die Süsswasserschildkröten u. ihre Pflege, s.: Bibliothek f. Aquarien- u. Terrarienkunde. 13.

Einige Mittheilungen über die Wirksamkeit des Koch'schen Mittels im klinischen Hospitale zu Freiburg im Breisgau v. Alfred Klingeln. Freiburg i. Baden. 1891. Bei: Die Koch'sche Heilung der Schwindsucht v. Emil Gött. 8°

Klingemann, A., s. Klingemann, Ernst Aug. Frdr.

Klingemann, August: Die rechtliche Stellung des Vermittlungsagenten einer Versicherungsgesellschaft insbesondere seine Vollmacht. Essen-Ruhr 1909: Fredebeul & Koenen. 53 S. 8°
Gießen, Jur. Diss. v. 7. Nov. 1909, Ref. Leist
[Geb. 18. Mai 85 Bremerhaven; Wohnort: Hannover; Staatsangeh.: Preußen; Vorbildung: Realgymn. Hannover Reife O. 05; Studium: Berlin 3, Göttingen 4 S.; Rig. 19. Juli 09.] [U 10. 1117

Klingemann, Ernst Aug. Frdr.

Klingemann, (A.) Ahasver. Trauersp. in 5 Akten. gr. 8. Braunschw. 827, Meyer.

– s. Albano, der Lautenspieler.

Klingemann, Aug. (Er. Fr.), Arnold an der Halden. 2 Bde. 8. Leipz., Joachim. 1 ₰ 12 gr

– die Asseburg, histor.-romant. Gemälde. 2 Bde. Mit Kpf. 8. Leipz. 796 u. 97. N. A. 8. Leipz. 819. Lauffer. 2 ₰

– Beitr. z. deutschen Schaubühne, s. a. Beiträge.

– Beiträge zur deutschen Schaubühne. (Neuer Titel zu dess. Theater-Almanach 1822.) (Mit 2 Bildn.) 8. Braunschw. 824. Meyer. 21 gr

– s.a. Eckard, Wildgraf, von der Wölpe.

–, Wildgraf Eckart von der Wölpe. Eine Sage aus d. 14. Jahrh. 2., verb. Aufl. 8. (17 B.) Leipzig 830, Lauffer.

– s. Einsamen, Die, im Schwarzwalde.

Klingemann, Aug. Faust, s. a. Universal-Bibliothek Nr. 2609.

– Faust. Ein Trspl. in 5 Aufz. 8. Leipz. 815. Brockhaus. 18 gr

– die Grube zur Dorothea. Schspl. in 5 A. gr. 8. Helmst. 817. Fleckeisen. 18 gr

– Hamlet. Trspl. in 6 Aufz. v. Shakespeare. Nach Göthes Andeutungen in Wlh. Meister u. Aug. Wlh. Schlegels Uebersetzung für die Bühnebearb. 8. Leipz. 815. Brockhaus. 18 gr

– Heinrich von Wolfenschießen. Vorspl. in 5 A. gr. 8. Leipz. ... 2e A. 815. Central-Compt. 18 gr

– über Schillers Jungfrau von Orleans. 8. Leipz. 802. Rein. 6 gr

– Kunst und Natur; Blätter aus meinem Reise-Tagebuche. 1r u. 2r Bd. gr. 8. Braunschweig, Meyer. 819 u. 820. à 2 Thlr. 16 Gr.

Klingemann, (A.) Kunst u. Natur. Blätter, aus meinem Reisetagebuche. Neue Aufl. 1r u. 2r Bd. gr. 8. Braunschw. 823—26, Meyer. Rthlr.

Klingemann, (Ernst) A(ug.). (Frdr.), Kunst u. Natur. Blätter aus meinem Reisetagebuche. 3. Bd. — A. u. d. T.: Erinnerungsblätter. Mit P. A. Wolff's Portr. gr. 8. (25½ B.) Braunschweig 827, G. C. E. Meyer. Thlr.
1. u. 2. Bd. Ebendas. 1823. 3 Thlr.

– d. Lazarone, oder der Bettler von Neapel. Schspl. in 5 A. 8. Hamb. 814. (Herold jun.) 16 gr

– s. Maske, Die.

—— Melpomene. gr. 8. (14 B. u. 1 Stndr.) Braunschweig 830, G. C. E. Meyer.
Inh.: Die Braut vom Kynast, Schausp. in 4 Acten, Blanca di Sevoltero, Trauersp. in 5 Acten.

– Memnon, e. Zeitschrift. 1n Bds. 1s Stck. gr. 8. Leipz. 800. Rein. 18 gr

– Moses. Ein dramat. Gedicht in 5 A. Mit einem Prologe. Mit 1 Vign. 8. Helmstädt 812. 2e A. 825. Fleckeisen. 1 ₰ 4 gr

– Don Quixote u. Sancho Pansa, od. die Hochzeit des Camacho. Dramat. Spiel mit Gesang in 5 Aufz. 8. Leipz. 815, Brockhaus. 18 gr

– s. Romano.

– s.a. Ruinen, Die, im Schwarzwalde.

Klingemann, Aug., die Ruinen im Schwarzwalde. Eine Arabeske. 2 Thle. 2., verb. Aufl. 8. (25 B., 2 Kpfr. u. 1 Titvign.) Leipzig 830, Lauffer.

– Schill, od. d. Deklamatorium zu Krähwinkel, s. Schill.

– der Schweizerbund. 2 Thle. 8. Leipz. 805. Joachim. 1 ₰ 12 gr

– s. Selbstgefühl.

– s. Shakespeare, William: Hamlet.

– der Sturz der Voigte. 2 Bde. 8. Leipz. 805. Joachim. 1 ₰ 12 gr

– Theater. 1r Bd. (enth. Heinrich d. Löwe, Trsp. u. Luther, Schsp.) gr. 8. Tübing. Cotta. 808.

– Theater. 2r Bd. (enth. Leisewitz Todtenopfer. Cromwell. Die Entdeck. d. neuen Welt. Columbus.) gr. 8. Tübing. u. Stuttg. Cotta. 812.

Klingemann, Ernst Aug. Fr., Theater. 3 Bde. (1r Bd. Heinrich d. Löwe. — Martin Luther. 2r Bd. Leisewitz Todtenopfer. — Cromwell. — Die Entdeckung d. neuen Welt. — Columbus. 3r Bd. Alfonso d. Große. — Das Vehmgericht. — Oedipus u. Jokosta.) gr. 8. Tübing. 809, 11, 20. Stuttg., v. Cotta. 4 ₰ 16 gr

– über d. Braunschweiger Theater u. dessen jetzige Verhältnisse. 8. Braunschw. 817. Lucius. 3 gr

– allgem. deutscher Theater-Almanach f. d. J. 1822. Mit 2 Kpf. Braunschw., Meyer. 1 ₰ 16 gr. N. Ausg. s. Klingemann: Beiträge.

– deutsche Treue. Histor. Schspl. in 5 A. gr. 8. Helmst. 816. Fleckeisen. 20 gr

– s. Vampyr, Der.

— was f. Grundsätze müssen eine Theaterdirektion bei d. Auswahl d. aufzuführenden Stücke leiten? 8. Leipz. 802. Rein. 4 gGr

— dramat. Werke. 2 Bde. (1r Bd. Rodrigo u. Gimene. 16 gGr — Die Wittwe v. Epheusis. 8 gGr — Heinrich d. Finkler. 6 gGr — Dramat. Kleinigkeiten u. Gelegenheitsgedichte. 8 gGr 2r Bd. Das Kreuz im Norden. 18 gGr — Ferdinand Cortez. 18 gGr) gr. 8. Braunschw. 817, 18. Meyer. 2 Rthlr 18 gGr

Klingemann, Felix: Beiträge zur Kenntnis der Aconitsäure .... Bonn, Univ.-Buchdr. v. Carl Georgi, 1887; 42 S. + 1 Bl. 8°.
Bonn, Phil. Fak., Inaug.-Diss. v. 1. März 1887.

Klingemann, Felix, Beiträge zur Kenntniss der Aconitsäure. Diss. Bonn 1887, Emil Strauss. 8°. 42 S.

Klingemann, Friedr., das natürliche und künstliche Asphalt und der Asphaltmastix. Oder: Ueber das Vorkommen und die Eigenschaften des natürl. und die Darstellung des künstl. Asphalts. Für Ingenieurs, Bautechniker rc. 8. (56 S.) Quedlinburg 848, Basse.

Klingemann, Frau Hel., Jahreskochkalender. Ein Speisenfolgebuch m. anschließ. Rezepten, Vorwort u. erforderl. Theorie f. Hausfrauen u. solche, die es werden wollen. (406 S.) 8. Hildesheim (910). F. Borgmeyer. Geb. in Leinw. 4. 50

Klingemann, H(enry): Qualques mois en France. Hildesheim 1904: Gebr. Gerstenberg. (34 S.) 8°
Hildesheim, k. Andreas-RG u. R OP 1904 (381)

Klingemann, Justus, Referendar in Charlottenburg: Inhalt, rechtliche Natur und Anwendungsgebiet des Beneficium competentiae im römischen und gemeinen Recht, sowie Aufnahme desselben in das B.G.B. Borna-Leipzig 1904: R. Noske. (V, 80 S.) 8° [F. u. Ant.]
Rostock, Jur. Fak., Ref. Bernhöft, Diss. v. 1. Okt. 1904
[Geb. 9. Febr. 80 Meschede; Wohnort: Charlottenburg; Staatsangeh.: Preußen; Vorbildung: Luisengymn. Berlin Reife M. 97; Studium: Genf, Heidelberg, Berlin; Rig. 6. Juni 04.]

Klingemann, Karl, das neue Ägypten, s. a. Zeitfragen des christl. Volkslebens.

Das neue Ägypten. Von Karl Klingemann, Superint. Stuttgart: Ch. Belser 1907. (32 S.) 8° [F.]
= Zeitfragen d. christl. Volkslebens. Bd 32, H. 4. 108, 381

Klingemann, Karl. Felix Mendelssohn-Bartholdys Briefwechsel mit Legationsrat Karl Klingemann in London. Essen 1909.

Klingemann, Karl, Buddhismus, Pessimismus u. mod. Weltanschauung. gr. 8. (58 S.) Essen 898. G. D. Baedeker. n. — 80

Klingemann, Karl, Buddhismus, Pessimismus u. moderne Weltanschauung. 2. Aufl. gr. 8. (58 S.) Essen 901. G. D. Baedeker. n. — 80

Klingemann, C[arl]: Grenzen alldeutscher Arbeit. Mainz '10. 87 S. (Flugschr. d. Alldt. Verb. 28.)

Klingemann, Karl, s.: Mendelssohn-Bartholdy's, Fel., Briefwechsel m. Legationsrat Karl Klingemann.

Klingemann, Karl, Pilatus. Ein Passionsspiel in 2 Aufzügen. (III, 44 S.) 8. Essen 904. G. D. Baedeker. n. — 60

Klingemann, O., Hilfsbuch f. den Rechenunterricht an Präparandenanstalten in 3 Tln. 1. Tl. (152 S.) gr. 8. Hannover 903. C. Meyer. n. 1. 20

Klingemann, O., Lehrerheft zum Rechenbuch f. Präparandenanstalten v. K. H. L. Magnus. 1. Tl. gr. 8. (IV, 204 S.) Hannover 902. C. Meyer. n.n. 2. 70; geb. n.n. 3. —

Klingen, Hans, ein Abend bei der Seherin. gr. 8. (78 S.) Leipzig 901. O. Mutze. n. 1. 50

v. Klingen, Thdr., Russische Zustände. gr. 8. Königsberg 842, Theile. ½ Rthlr

Klingenberg, E., Danzig, s. Renaissance, deutsche.

Klingenberg, Ernst, architectonische Entwürfe, theils ausgeführt, theils für die Ausführung entworfen. 3 Lfgn. gr. Fol. (à 6 Stnt.) Glogau 863—65, Flemming. à Lfg. 1 Thlr.

Klingenberg's, F. A., Lehrbuch der darstellenden Geometrie, s. Marx, W.

Klingenberg, G., elektromechanische Konstruktionselemente. Skizzen. (In 10 Lfgn.) 1.—3. u. 6. Lfg. schmal Fol. (à 10 Bl. m. 4 S. Text.) Berlin 902. J. Springer. à n. 2. 40
1.—3. Apparate. — 6. Maschinen.

Klingenberg, G., elektromechan. Konstruktionselemente. Skizzen. 4. u. 7. Lfg. 4. Berlin, J. Springer. à n. 2. 40
4. Apparate. (10 Bl. m. 4 S. Text.) 904.
7. Maschinen. (10 Bl. m. V S. Text.) 905.
Lfg. 5 ist noch nicht erschienen.

Klingenberg, G., elektromechanische Konstruktionselemente. Skizzen. 5. Lfg. Apparate. (10 Bl. m. VI S. Text.) 33,5×21,5 cm. Berlin 909. J. Springer. 2. 40
Lfg. 1—4. 6 u. 7. Ebd. 902—05. 14. 40

Klingenberg, Georg [Ingen. aus Berlin]: Längenänderung und Magnetisirung von Eisen und Stahl ... Berlin, Druck v. L. Simion, 1897; 34 S., 2 Taf. 4.
Rostock, Phil. Fak., Inaug.-Diss. v. [11. März] 1897

Klingenberg, J. J., ein Vierteljahrhundert kathol. sozialer Regierungstätigkeit. Festgabe zum silbernen Jubiläum der kathol. belg. Regierg. (1884—1909.) Zugleich als Beitrag zum Kapitel der sog. Inferiorität der kathol. Nationen. (88 S.) gr. 8. Berlin 909. Verlag „Der Arbeiter". — 60

Klingenberg, Jean-Baptiste: Zwei Tantum ergo für 4stimmigen Männerchor und gemischten Chor. Luxemburg: L. Schamburger [1877].

Klingenberg. Karl [aus Marlow]: Studien über Oxydationen aromatischer Substanzen im thierischen Organismus. . . . Rostock, C. Boldt'sche Hof-Buchdr., 1891: 48 S. 8°
Rostock, Phil. Fak., Inaug.-Diss. v. [31. Jan.] 1891

Klingenberg, L., s.: Wisbyfahrt, hansische.

Klingenberg, Ludw., die ornamentale Baukunst des Mittelalters. Nach eigenen Aufnahmen bearb. u. hrsg. 1. Lfg. Lüttich 870. Claesen. gr. Fol. (6 Steintaff.) n. 16 ngr.

Klingenberg, Ludw., die ornamentale Baukunst d. Mittelalters. Nach eigenen Aufnahmen bearb. u. hrsg. 2—20. (Schluß-)Lfg. gr. Fol. (à 6 Steintaf.) Lüttich 871. 72. Claesen. à n. 1. 60

Klingenberg, Ludw., die ornamentale Baukunst des Mittelalters. Nach eigenen Aufnahmen bearb. 20 Lfgn. gr. Fol. (à Lfg. 6 Stnt.) Lüttich 874, Claesen. à Lfg. *ℳ 1,60. *

Klingenberg, W[alter]: Burgundische Stadt- und Landkirchen. Berlin: Ernst 1910. 98 S. 4⁰ ¶ Aus: Zeitschrift f. Bauwesen. Jg. 60.
Dresden, Dr.-Ing.-Diss. v. 21. 6. 1909

Klingenberg, Wilhelm [cand. med. aus Bremen]: Ueber die klinische Bedeutung des Digitalinum verum ... Strassburg i. E., Buchdr. C. Goeller, 1893; 110 S., 18 Taf. 8.
Strassburg, Med. Fak., Inaug.-Diss. v. 1893

Klingenberg, Wilhelm [app. Arzt aus Hildesheim]: Aus d. chirurg. Klinik zu Kiel. Ein Beitrag zur Behandlung traumatischer Gehirnabscesse. . . . Kiel, Druck v. Schmidt & Klaunig, 1890; 16 S. + 2 Bl. 8⁰
Kiel, Med. Fak., Inaug.-Diss. v. 24. Jul. 1890

Klingenberger, Heinr., Kaiserin Elisabeth v. Oesterreich. Uns. Kaiserin Leben, Wirken u. Tod. Mit zahlr. Orig.-Illustr., zum Thl. nach eig. Aufnahmen in Genf u. Wien. 1. u. 2. Aufl. gr. 8. (à 64 S.) Neutitschein 898. R. Hosch. n. — 50

Klingenbiel: Welche wirtschaftliche u. soziale Bedeutung hat der genossenschaftliche Zusammenschluss unserer Landwirtschaft treibenden Bevölkerung namentlich in der Raiffeisenorganisation f. die erstere u. weiterhin f. das Volk. Vortr. Erfurt u. A. 16 S. P.

Klingenbiel, Albert [aus Vogelsang]: Untersuchungen über Muskelstarre am quergestreiften Muskel .... Halle a. S., Hof-Buchdr. v. C. A. Kaemmerer & Co., 1887; 21 + 1 S. + 1 Bl. u. 2 Taf. 8⁰.
Halle, Med. Fak., Inaug.-Diss. v. 28. Jul. 1887.

Klingenbiel, Albert, Untersuchungen über Muskelstarre am quergestreiften Muskel. Diss. Halle 1887, Lippertsche Buchh. 8⁰. 21 S. mit 2 Taf.

Klingender, Albert

Klingender, A., Ansprachen üb. die beiden Timotheusbriefe. (VIII, 199 S.) 8. Kassel (902). E. Röttger. Geb. n. 3. —

— Blätter der Erinnerung an usw. D. Wilhelm Lohr, s. : Wittelindt, Ernst.

Klingender, A. (Hrsg.), s. Blätter aus dem Prediger-Seminar zu Hofgeismar.

Kann die Eingemeindung von Vororten in die Stadt Cassel den Bestand ihrer Kirchengemeinden verändern? Gutachten von D. theol. [Albert] **Klingender**, Studiendir. in Hofgeismar, u. Dr. jur. [Otto] Brandt, Oberl.Ger.R. in Kiel. Cassel: F. Lometsch 1906. (10 S.) 4⁰ [F.] 08. 1708

— die Lieder im Gottesdienste. (20 S.) gr. 8. Cassel 906. F. Lometsch. n. — 50

— Passionsbüchlein. Ordnung f. Passionsgottesdienste, nach den vier Evangelien zusammengest. I—IV. 8. Ebd. 905. à — 12; in 1 Heft (IV, 16, 16, 16 u. 15 S.) — 50
I. Ordnung nach Matthäus. (16 S.) — II. Ordnung nach Markus. (16 S.) — III. Ordnung nach Lukas. (16 S.) — IV. Ordnung nach Johannes. (15 S.)

Klingender, J. F., nouveau Vocabulaire français allemand. Die wesentlichsten Bestandtheile d. französ. Sprache. 8. Cassel 816. 4e A. 823. Verf. (Luckhardt). 4 gr

— deutsch-französ. Wörterbuch. 4e Aufl. 8. Marb. 817. Krieger. 6 gr

Klingender, Karl, die Geschichte der evangel. Gemeinde Paderborn von 1803 bis 1903. Festschrift zum 24. u. 25. III. 1903. (45 S. m. Abbildgn.) gr. 8. Gütersloh 903. (C. Bertelsmann.) n.n. — 50

Fruchtbare Gegensätze. Gedanken e. Malers über Kunst u. Kultur. Von L. H. W. **Klingender.** *Goslar: Selbstverl.; F. A. Lattmann in Komm. 1904.* (244 S.) 8⁰
[Umschlagt.:] Befruchtung oder Zersetzung? Gedanken e. Malers über d. fruchtbaren Gegensätze in d. Kunst u. Kultur. 04. 19617

Klingender, W.: Abier, Aethiopen und Hyperboreer. 15 S. – Gütersloh ev. G., Progr. 1872.

— De aureae aetatis fabula. Pr. 1856. 89 S. 4⁰.

Klingenfeld, Emma (Übers.), s. Chabrier, Emanuel: Die Braut von Korinth.

Klingenfeld, Fr. Aug. „Einige rein geometrische Beweise für bekannte Eigenschaften der Linien zweiter Ordnung". pg. 3—8. 4⁰. Mit einer Tafel. Campe'sche Officin.
Nürnberg, Progr. 1845/46

Klingenfeld, Friedr. Aug. (k. Professor) „Die Konstruktion der Radzähne überhaupt und insbesondere der Evolventenzähne". pg. 3—19. 4⁰. Mit einer Tafel. Fr. Campe & Sohn.
Nürnberg, Progr. 1854/55

Klingenfeld, Friedr. Aug., Lehrbuch der darstellenden Geometrie. 1. Bd. gr. 8. (XII, 140 S. mit 5 lithogr. Taf. in qu. 4.) Nürnberg 871, (Bauer und Raspe.) Korn'sche Buchh. *

Klingenfeld, F. A., Lehrbuch der darstellenden Geometrie. 2. Bd. Mit 7 (lith.) Taf. (in qu. gr. 4.). gr. 8. (XIV, 261 S.) Nürnberg 874. Korn. n. 5. —
(1—3.: n. 10. 80)

—— dass. — 2. und 3. Bd. gr. 8. Nürnberg, Korn'sche Buchh. [2. Bd. (XIV, 261 S. mit 7 lithogr. Taf. in qu. 4.) 874. *M 5.; 3. Bd. (VIII, 96 S. mit 4 lithogr. Taf. in qu. gr. 4.) 875. *M 3.] *

Klingenfeld, F. A.: Lehrbuch der darstellenden Geometrie. 3. A. von W. Marx. Nürnberg 1885.

Klingenfeld, Friedr. Aug., Lehrbuch der darstellenden Geometrie für Gewerbsschulen. gr. 8. (X und 117 S. mit 3 Kpfrt. in qu. gr. 4.) Nürnberg 851, Schrag, Vrlgsh.

Klingenfeld, Friedr. Aug., Lehrbuch der darstellenden Geometrie für polytechnische Schulen. gr. 8. (XVI und 164 S. mit 7 Kpfrt. in qu. Fol.) Nürnberg 854, Bauer und Raspe.

Klingenfeld, Friedr. Augustin „Ueber englisch-amerikanische Mahlmühlen". pg. 1—10. 4⁰. Mit einer Tafel. M. J. Wailandt's W.
Aschaffenburg, Progr. 1841/42

Klingenhain [Schlagwort]

Klingenhain, s.: Preussen. Messtischblätter.

Klingenhain, s.: Sachsen. Karte. Messtischblätter.

Klingenspor, Franz: Montaigne und Shaftesbury in ihrer praktischen Philosophie. Eine vergleichende Darstellung u. ihr Ergebnis. Braunschweig 1908: Bosse. 43 S. 8⁰
Erlangen, Phil. Diss. v. 25. Sept. 1908, Ref. Falckenberg
[Geb. 5. Febr. 82 Gr. Lafferde; Wohnort: Braunschweig; Staatsangeh.: Braunschweig; Vorbildung: Gymn. Blankenburg a. H. Reife O. 03; Studium: Theol. Erlangen 2, Bonn 1, Berlin 1, Göttingen 3, Phil. Göttingen 3 S.; Rig. 11. Mai 08.] [U 09. 837

Klingenstein Ueber die Bildung der Nichtstudirenden auf Gymn. und höheren Bürgerschulen. 17 S.
Progr. Brandenburg G. 1835

Klingenstein, Edmund [Privatassist. bei Hrn Geh.-Rat Prof. Dr. Ladenburg]: Aus d. chem. Institut d. Univ. Breslau. Über Äthyl- und Propylglyoxalidin ... Breslau, Druck v. Dr. R. Galle, *1895;* 34 S., 1 Bl. 8.
Breslau, Phil. Fak., Inaug.-Diss. v. 14. Aug. 1895

Klingenstein, Edm., üb. Äthyl- u. Propylglyoxalidin. Diss. gr. 8. (34 S.) Breslau 895. (Schletter.) n. — 60

Klingenstein, J., erstes Lese- und Uebersetzungsbuch im Hebräischen. Nach method. Grundsätzen bearb. 8. (50 S.) Oppenheim a. R. 864, Kern. geb

Klingenstein, J., der Unterricht im Hebräischen. Methodische Anleitung für israelit. Lehrer und die es werden wollen. gr. 12. (IV und 91 S.) Oppenheim a. R. 861, Kern. Thlr.

Klingenstein, Johann Christian (Wittenberg), De poenis inficiationum in specie occasione nov. proc. Sax. elect. ord. tit. XVI. §. 3. Diss. jur. posterior. Präs. Johann Friedrich Wernher. Wittbg. (Christian Zimmermann) Aug. 1726. 46 Seiten. (6.20) 18374

— — (Gommern), De reassumtione litis. Diss. jur. Präs. Joh. Friedr. Wernher. Wittbg. (Wwe. Koberstein) 21. XI. 1732. 32 S. (6.—) 18375
Widm. v.: Präs., Casp. Frid. Schroeer, Joh. Christoph Pesler, Gottfr. Lud. u. Leonh. Lud. Mencken (Lpz.).

K(lingenstein), M(oriz) v. Betrachtungen über die französische Armee mit besonderer Berücksichtigung des moralischen Elementes. gr. 8. Wien 1868.

(Klingenstein, Moriz v., k. k. Oberlieut. im 13. Hussaren-Reg.) Meine Eindrücke aus dem bayer.-preuss. Feldzuge im Jahre 1866. Von einem Augenzeugen. 38 S. 8. Wien 1867.

* *Sam. Klingenſtierna* Tentamen de definiendis et corrigendis aberrationibus radiorum luminis in lentibus ſphaericis refracti et de perficiendo teleſcopio dioptrico. Diſſ. ab Imperial. Acad. Scient. Potropol. praemio affectae. Petropoli. 4maj. 102 Seit. 1 Kupft.
1762.

Klinger, Heinrich. Zur Feier seines 70. Geburtstages 1. Oktober 1902. [Wien 1902.] V: *Lemberger, Paul.* (EB)

Klinger. –

— Fritz Lebenswanderung. 8. Wien 783. Gerold. 10 ℔

Klinger, Fritz, Lebenswanderungen, m. K. 8. Wien, Gerold. 783.

Klinger, Adf., Bilder f. den Unterricht in der Heimatkunde. (80 S. m. Abbildgn.) gr. 8. Reichenberg 909. P. Sollors' Nachf. — 50

— s.: Jahrbuch des deutschen Gebirgsvereines f. das Jeschken- u. Isergebirge.

Klinger, Albert, Referendar a. Straßburg i. E.: Auslobung und Wette, ihr Begriff und ihre Unterschiede. Schiltigheim i. E. 1907: Bartl & Reimann. (98 S.) 8°
Heidelberg, Jur. Fak., Ref. Endemann, Diss. v. 1907
[Geb. 21. März 81 Straßburg; Wohnort: Straßburg; Staatsangeh.: Elsaß-Lothringen; Vorbildung: Gymn. Straßburg Reife O. 02; Studium: Straßburg 8 S.; Rig. 22. Febr. 07.]

Klinger, Aug., s.: Bericht üb. d. Thätigkeit d. chem. Laboratoriums u Untersuchungsamtes d. kgl. Residenzstadt Stuttgart.

Klinger, August (Crailsheim)
Ueber die Säuren des diabetischen Harns.
[In: Liebigs Annalen Bd 106 (1858), S. 18-23.]
Dr. phil. Giessen 27.11.1858.

Klinger, C., die Blatternepidemie des J. 1871 und die Impfung in Bayern, nach amtl. Quellen zusammengestellt. gr. 8. (54 S.) Nürnberg 873, Korn'sche Buchh. *

— ein Kaffeekränzchen, s.: Gaben, humoristische, f. Vergnügungs-Vereine. Nr. 26.

— veni, vidi, vici! od. Musikalisch, s.: Vereinstheater.

— über das Vorkommen der entzündlichen Lungenkrankheiten in Bayern, s.: Mittheilungen u. Auszüge aus dem aerztl. Intelligenzblatt.

Klinger, C. A: Katalog über die neuesten Patent-Glattstroh-Pressen Original-System »Klinger«. Altstadt-Stolpen (Sachsen) 1906

Klinger, Christian Friedrich (Leutersdorf/Laus.), De anthrakokali ejusque usu medico collectanea et observationes. Diss. med. Lpz. (Staritz) 20. XII. 1839. 36 S. (4.80) 18376
Gew.: Johann Christian August Clarus.

Klinger, Ernst, das Bad Steben, seine Umgebung und seine Heilmittel, mit diätet. Anleitungen zum Gebrauch für Curgäste bearb. 2. umgearb. Aufl. 8. (VIII, 213 S.) Hof 875, Büching. *
Die 1. Aufl. erschien 1866.

Klinger, Felix, appr. Arzt a. Stuttgart: Aus der Königlichen Universitäts-Frauenklinik zu Berlin. Direktor: Geh. Med.-Rat Prof. Dr. Olshausen. Die vorzeitige Lösung der Placenta. Berlin (1907): G. Schade. (33 S.) 8°
Berlin, Med. Fak., Ref. Olshausen, Diss. v. 3. Jan. 1907
[Geb. 10. März 80 Stuttgart; Wohnort: Berlin; Staatsangeh.: Württemberg; Vorbildung: Gymn. Stuttgart Reife M. 09; Studium: Tübingen 1, München 4, Berlin 5 S.; Coll. 1. März 06; Approb. 20. Dez. 05.]

REICHENBERG. — Klinger, Ferd., Gedichte in Reichenberger Mundart, Erinnerungen an die Gesellschaft „Feile". Lokal-Strophen-*Anhang:* Ein viel bewegtes Leben. Selbstverlag, Reichenberg. Gedruckt bei E. Böhme in Gablonz (1891).
In Oesterreich verboten. Stern I. p. 75.

— **Florentin Johann** (Wunsiedel), De jurisprudentia Piiniana in libr. I. II. et III. cp. observationes. Präs. M. Christoph Lang. Wunsiedel Okt. 1772. Curiae Regnitianae [= Stadtamhof] (Hetschel). 8 S. mit Widm. v. Präs. (4.50) 18377

Klinger, Friedrich Maximilian von

— s. Arria, die neue.

Klinger, F. Max., Ausw. a. s. dramat. Werken. 2 Thle. gr. 8. Leipz. Jacobäer. 794.

— Auswahl aus s. dramat. Werken. 2 Thle. gr. 8. Leipz. 797. (Aue in Alt.) 2 ℛ 8 ℊ

— s. Bambino's ... Geschichte.

— s. Betracht. u. Gedanken über verschied. Gegenstände.

Klinger, F. M., Betrachtungen u. Gedanken üb. verschied. Gegenstände d. Welt u. d Litteratur, in Auswahl hrsg. von Rud. v. Gottschall, s.: Universal-Bibliothek.

— Damacles; Tragédie trad. de l'allem. gr. 8. Leipz. 796. Schmidt. 10 ℊ

— s. Derwisch, Der.

— Elfriede; Trspl. 8. Basel 783. Thurneisen. 5 ℊ

(—) du Docteur Faust, les Aventures et sa descente aux enfers. 8. Leipz. 798. (Aue in Altona). 1 ℛ 16 ℊ

Klinger, Frdr. Max, s.: Faust's Leben, Thaten u. Höllenfahrt.

v. Klinger, Ritter Fr. Max., Faust der Morgenländer. 8. Bagdad 798. (Hartknoch in Leipz.) 1 ℛ 4 ℊ

FORMOSOS, Prinz, Fiedelbogen und der Prinzessin Sanaclara Geige, oder Geschichte des grossen Königs. Vom Verfasser des Orpheus *(Friedr. Max. Klinger)*. 2 Thle. Genf, bey J. H. Legrand (Basel, Serini). 1780. 8°. Selten! 200 + 172 S. u. 1 weisses Bl. (41 Mk., leicht stockfl., sonst schönes Expl., anscheinend auf besserem Papier, Max Perl's Berliner Oct.-Auct. 1907, Nr. 537; 105 Mk. Auct. Deneke. Frf. a. M., Oct. 1909, Nr. 649.)

PRINZ Formoso's (so!) Fidelbogen und der Prinzessin Sanaclara Geige, oder des großen Königs Geschichte. (Vf.: *Friedr. Maxim. Klinger.*) 2 Thle. Genf (Serini in Basel) 1780. 8°. (1 Rthl.) Rar!
Nicht in den Werken. — Anon.-Lex. II. p. 99 (nach Goedeke, Hayn, W. v. Maltzahn, Weller, Engelmann, Kayser).

— das Geniewesen. 8. Basel 781.

Klinger, Friedr. Maxim.: Bambinos sentimental-politische, comisch-tragische Geschichte. Korrekte, umgearbeitete und vollendete Ausgabe. T. 1—4. St. Petersburg u. Leipzig: Kriell. Jacobäer in Komm. 1791. 8°.
1. 248 S.; 2. 248 S.; 3. 256 S.; 4. 263 S.
Zit. in Aukt.-Katal. der Bibliothek Ernst Magnus von der Firma Jos. Bär & Co., Frankfurt a. M.
Umarbeitung des „Orpheus" von demselben Verfasser. Hinzugekommen sind satirische Abschnitte über das Treiben der geh. Gesellschaften Freimaurer, Rosenkreuzer, Illuminaten usw.

— s. Geschichte eines Deutschen der neuesten Zeit.

— s. Geschichte Giafars des Barmaciden ...

Klinger, F. M., Geschichte Raphaels de Aquillas, s.: Universal-Bibliothek

— d. verkannte Göttersohn, erste Unterhaltung. 8. Gotha 776. Ettinger. 2 ℊ

— s. Grisaldo, Simone.

— Medea in Corinth und Medea auf d. Caucasus. 2 Trspie. 8. St. Petersb. 791. (Aue in Alt.) 1 ℛ

— Natur- u. Seelengemälde, s. a. Geist d. deutschen Classiker. 76 Bdchn.

Klinger, J. Max. von, Natur- und Seelengemälde. Aus dessen Schriften gezogen. 12. Ebend. 819.

— s. Oriandes.

(—) Orpheus; eine tragikom. Geschichte. 7 Thle. 8. Basel 799 u. 800. Haas. 4 ℛ

Klinger, F. M., Otto, s. Litteraturdenkmale, deutsche, des 18. Jahrh.

— s.a. Plimplamplasko.

(Klinger, Friedr. Max., Sarasin, Jakob. u. Lavater, Joh. Caspar): Plimplamplasko, der hohe Geist (heut Genie). Eine Hs. aus den Zeiten Knipperdollings u. Dr. Martin Luthers. 1780. *Zurich 1899.*
in: Langmesser, August: Jakob Sarasin.

— s. Prinz Formoso's Fidelbogen ...

(—) Raphael de Aquillas. Mit 7 Kpf. 8. Leipz. 793. N. A. 798. (Aue in Altona). 1 ℛ 16 ℊ

— s. Reise vor der Sündfluth.

— s. Sahir: Eva's Erstgeborener im Paradiese.

Klinger, Fr. Max., der Schwur gegen die Ehe. Lstspl. gr. 8. Riga 797. Hartknoch in Leipz. 10 ℊ

— s. Seidenwurm, Prinz.

— die falschen Spieler. Lstspl. 8. Berl. 783. Himburg. 8 ℊ

— dass. 8. Wien 782. Kurzböck. 4 ℊ

— s. Stilpo u. seine Kinder.

Klinger, F. M. v., Sturm u. Drang, s. a. Meyer's Volksbibliothek.

Klinger, F. M. v., Sturm und Drang, s. a. Meyer's Volksbücher.

Klinger, F. M., Sturm u. Drang, s. a. Universal-Bibliothek.

KLINGER, Friedrich Maximilian von 1752 - 1831
Sturm und Drang.
Ein Schauspiel von Klinger.
[Berlin: Decker.] 1776 [i.e. 1777]. 115 S. 8°.
Harvard University Library Cambridge, Mass.
Weitere Ausg. 1786,
Ausg. Basel 1777 [Kayser, Schauspiele, S. 52] konnte nicht gefunden werden.
E. Schulte-Strathaus, Bibliographie der Originalausgaben deutscher Dichtungen im Zeitalter Goethes, I, 1 [München-Leipzig 1913], 200. Baginsky 517.

— Sturm u. Drang. Schspl. 8. Basel 777. (Rottmann in Berl.) 10 gr

KLINGER, Friedrich Maximilian 1752 - 1831
F. M. Klinger's Theater.
Erster [- Vierter] Theil.
Riga: Hartknoch. 1786 [- 1787]. 8°.
Lippische Landesbibliothek Detmold
Darin enthalten:
Friedrich Maximilian KLINGER, Sturm und Drang [in Bd. 2 [1786], S. 263-372].
Frühere separate Ausg. 1776 [i.e. 1777].

— Theater. 4 Thle. (1r enth.: a) Konradin, b) Zwillinge, c) d. falschen Spieler; 2r enth.: a) der Schwur; b) d. neue Arria, c) Sturm und Drang, beide Theile 1 Rthlr. 16 gr.; 3r enth.: a) Medea, b) der Derwisch, c) Stilpo; 4r enth.: a) der Günstling, b) Simsone Grisaldo, c) Elfride, beid. Theile 1 Rthlr. 16 gr.) 8. Riga, Hartknoch. 786. 87.

— neues Theater. 1r Thl. Aristodymos, Roderico, Fragment. — 2r Thl. Damocles. — Die zwei Freundinnen. 8. St. Petersb. u. Leipz. 790. (Aue in Alt.) 1 ß 12 gr

— neues Theater. 2 Thle. 8. Leipz. Jacobäer. 791.

— das leidende Weib, s.: Bibliothek der Gesamt-Litteratur d. In- u. Auslandes.

— der Weltmann u. der Dichter. 8. Leipz. 798. Hartknoch. 1 ß 6 gr Velinp. 2 ß 8 gr

Klinger's, F. M., Werke, s. a. Volksbibliothek, deutsche.

— Werke, (1e Liefer. od. 8r gr 11r u. 12r Bd. enth.: a) Geschichte eines Deutschen, b) Weltmann und Dichter, c) Betrachtungen u. Gedanken üb. verschiedene Gegenstände. gr. 8. Königsb. Nicolovius. 809.

Klinger, F. M., Werke. 1r—4r Bd. gr. 8. Königsb. Nicolovius. 815.
Schreibp.

— — dieselb. 5r, 6r, 7r u. 10r Bd. gr. 8. Ebend. 815.
Schreibp.
Velinp.

Klinger, F(riedr.). M(ax.). v., Werke. 12 Bde. Neue, wohlf. Ausg. gr. 8. (265¼ B. u. K's. Bildn.) Leipzig 832, 33, G. Fleischer. (Frohberger.) à 20 Gr., Schrbp. 1 Thlr. 12 Gr.
10 Thlr., Schrbp.

Bd. 1., 2. Theater. 2 Thle. (1. Die Zwillinge. Die falschen Spieler. Elfride. Kanada. Der Schwur gegen d. Ehe. — 2. Der Günstling. Aristodemos. Medea in Korinth. Medea auf d. Kaukasus. Damokles.)
- 3. Faust's Leben, Thaten u. Höllenfahrt.
- 4. Geschichte Raphaels de Aquillas.
- 5. Geschichte Giafars des Barmeciden.
- 6. Reisen vor der Sündfluth.
- 7. Der Faust der Morgenländer.
- 8 Geschichte eines Teutschen d. neuesten Zeit.
- 9. Der Weltmann u. d. Dichter.
- 10. Sahir, Eva's Erstgeborner im Paradiese. Das zu frühe Erwachen des Genius d. Menschheit. Bruchstücke.
- 11., 12. Betrachtungen u. Gedanken über verschied. Gegenstände d. Welt u. Literatur.

Diese Ausg. ist von der ersten (Königsberg 1809—16.) durch nichts als den neuen Titel unterschieden.

Klinger's, F. M., ausgewählte Werke. 8 Bde. 12. (XVIII, 282; 389; VIII, 390; III, 386; III, 305; III, 330; III, 228; III, 225 S. mit Portr. des Verf. in Holzschn.) Stuttgart 878—80, Cotta'sche Buchh. geb. in 4 Bde. *

—— dass. — s. a. Volksbibliothek, deutsche.

Klinger's, F. M., sämmtliche Werke in zwölf Bänden. (Mit d. Bildniß des Verf. in Stahlst.) 16. Stuttgart u. Tübingen 842, Cotta'sche Buchh. n. 4⅔ ß

– s. Zwillinge, Die.

– Die Zwillinge, s. Universal-Bibliothek.

Klinger, Frz. (Red.), s. Zeitschrift des allgemeinen österr. Apotheker-Vereines.

KLINGER, GEORG: Anrede an die christliche Versammlung in der Pfarrkirche zu St. Anna bei Gelegenheit der feyerlichen Grundsteinlegung zum Bürgerhospital und Versorgungshause in der königl. freien Hauptstadt Ofen. Vorgetragen den 31. Oktober 1819. Ofen 1819: Mit kön. hung. Universitäts-Schriften. 20 S. - 8°

KLINGER, GEORG: Katechetische Beiträge zur nähern Anwendung der christkatholischen Glaubens- und Tugendlehre für die dem ersten Religionsunterrichte mit Fortschritten entwachsenen Töchter gebildeter Familien. Nach dem apostolischen Glaubensbekenntnis und Vaterunser geordnet. Pesth 1818. (VI, 7) 159, 1 S. - 190 mm
- Dass. Pesth 1817: Joh. Th. Trattner.
- Dass. 2. Ausg. Pesth 1819: Boy Konrad Adolf Hartleben. 159, 1 S. - 8°

Klinger, Geo., katechet. Beitrr. zur nähern Anwendung d. christkathol. Glaubens- u. Tugendlehre für die dem ersten Religionsunterrichte mit Fortschritten entwachsenen Töchter gebildeter Familien. 8. Pesth 818. Hartleben. 12 gr

Klinger, Geo., de decimi Livii libri fontibus. Dissertatio inauguralis. gr. 8. (70 S.) Leipzig 884, (Fock.)

KLINGER, GEORG: Kanzel-Rede bei der am 14. Sept. 1820 gefeierten Einführung acht Schuldlos verarmter bürgerlicher Personen in das Versorgungshaus in Ofen. Ofen 1820. Gedr. mit kön. hung. Universitäts-Schriften. 31 S. - 8°

KLINGER, GEORG: Christkatholische Lehre in Liedern, nach den fünf Hauptstücken des in k. k. Österreichischen Staaten vorgeschriebenen Katechismus. Grätz 1817: Kienreich. 8, 148 S. - 140 mm

Klinger, Geo., Christkatholische Lehre in Liedern, nach den fünf Hauptstücken des in k. k. österr. Staaten vorgeschriebenen Katechismus. Theils gesammelt, theils bearbeitet. 12. Grätz 817. Kienreich. 5 gr

— prakt. Rathgeber in Militairangelegenheiten u. Judensachen. Versuch e. Hülfsbuchs für Kreisämter, Magistrate etc. 2 Thle. gr. 8. Brünn 826. Traßler. 2 ß 16 gr

Klinger, (G.,) prakt. Rathgeber in Militair-Angelegenheiten u. Judensachen. 2 Thle. gr. 8. Brünn 827, Traßler.

KLINGER, GEORG, Propst von St. Sigismund und Burgpfarrer von Ofen: Rede bei der Einweihung der durch Beiträge der Leopoldstädter Gemeinde in Pest daselbst errichteten Nothkirche vorgetragen . . . den 15. Juni 1817. 2 Ausgaben. Ofen (1817): Mit kön. ung. Universitäts-Schriften. 44 S. - kl. 8°

Klinger, H. J., s.: Kalender f. Heizungs-, Lüftungs- u. Badetechniker.

Klinger, (Heinr.), Lehrbuch der anorganischen Chemie, s.: Richter, V. v.

Klinger, Heinrich Johann

—Die Wohnungs-Warmwasserheizung (Etagenheizung), nebst e. Anh.: Über Rohrweiten bei Gewächshaus-Warmwasserheizung. Angaben f. die einfache Berechng. v. Niederdruck-Warmwasserheizgn. im Allgemeinen u. f. die Ausführg. v. Wohnungs-Warmwasserheizgn. im Besonderen. 2. verb. Aufl. Mit 32 Abb. im Text u. 2 Tab. (68 S.) gr. 8. Halle 909. C. Marhold.
1. 20

1. Aufl. Sonderabdruck aus: „Zeitschrift f. Heizung. Lüftg. u. Beleuchtg. (56 S.) Ebd. 907. 1. 20

Klinger, Heinr. Conr., über die Einwirkung von Phosphorpentachlorid auf Phenyloxaminsäureäthyläther und Paratoluyloxaminsäureäthyläther. Inaugural-Dissertation. gr. 8. (48 S.) Leipzig 875. (Göttingen, Vandenhoeck und Ruprecht's Verlag.) *

Klinger J.: Dissertatio inaug. medica sistens structuram oculi. Viennæ 1777. 50 S. P.

Klinger, J. H., die Badeanstalt. Ein Hilfsbuch zum Entwurfe der techn. Einrichtg. grösserer öffentl. Badeanstalten. gr. 8. (VIII, 86 S. m. 17 Abbildgn.) Wien 891. A. Hartleben. n. 2. 25

Klinger, J. H., s.: Kalender f. Heizungs-, Lüftungs- u. Badetechniker.

— s.: Zeitschrift f. Heizungs-, Lüftungs- u. Wasserleitungstechnik.

Klinger, J. Max. von, s. Klinger, Friedrich Maximilian von

— **Johann Christian Heinrich** (Lobenstein/Reuß), De morborum mentis natura. Diss. psych.-med. Jena (Bran) 7. VII. 1826. 12 S. (3.—) 18380

Klinger, Jh. Siegm.

— Anleit. zur Belehrung d. Jugend, über d. Erhaltung d. Lebens u. Gesundheit; in Socrat. Gesprächen. 8. Hof 797. Grau. 10 gr

Klinger, Jh. Siegm., kleine Briefe zur Unterhalt. u. Uebung im Lesen. 2 Bdchn. 8. Hof 802, 3. Grau. 1 Thlr

— kleines Buch für Kinder zu Erleichterung des Lesenlernens mit u. ohne ABC u. Buchstabiren. gr. 8. Hof 793. Grau. 2 gr

— s. Erzähll., faßliche, für Kinder.

— der wohlunterrichtete Schreib- u. Rechenschüler. 8. Hof 795. Grau. 6 gr

– s. Schule, Nützl. und angenehme, zum ersten Unterricht für Stadt- und Landkinder.

— nützl. Stoff zur Erweckung u. Uebung d. Aufmerksamkeit u. d. Nachdenkens an sinnl. u. moral. Gegenstände. 2 Bde. Mit 1 Kpf. 8. Leipz. ... Centr.-Compt. 1 Thlr 8 gr

— Unterricht für Kinder in den nöthigsten Kenntnissen. N. Aufl. 8. Hof 794 u. 796. Grau. 16 gr (vergl. Unterricht).

— — Fortsetz. od. d. wohlunterr. Schreib- und Rechenschüler. Ebend. 795.

— Verstandesübungen. 5 Thle. 8. Hof 797—800. Grau. 3 Thlr 12 gr (1r Thl. N. A. 811. A. u. d. T.: theoret.-prakt. Handb. zur Erweckung jugendl. Fähigkeiten. 20 gr 2r Thl. A. u. d. T.: der deutsche Schullehrer in sein. Berufe. 803. 3r u. 4r Thl. A. u. d. T.: nützl. Stoff zur Erweckung der Aufmerksamkeit. 5r Theil. A. u. d. T.: geöffnete Schule für das erste Jugendalter).

Klinger, J. S., Verstandesübungen, od. erste Erweckung u. Uebung d. Aufmerks. d. Sprache u. des eigenen Nachdenkens durch Unterricht, mit Beisp. u. kurz. sokrat. Unterredungen ꝛc. 1r. Neue verm. Aufl. 8. Hof, Grau. 811. Auch unt. d. Titel: Theoretisch-prakt. Handbuch z. zweckmäß. Erweckung d. jugendl. Fähigkeiten ꝛc.

KLINGER Johannes. - s. Phil. Med. Doct. & Ocul. Beschreibung der Eigenschaften und Wirkungen des Heiligenstädter Baadwassers. Lienhart, Wien 1784. 1 vol. 23 S.

Klinger, Jos. Hippias minor und Hippias maior. I. Teil 20 S. 8. **Progr.** G. *Wiener-Neustadt* 1881.

Klinger, Jos., d. Rätsel d. Lebens. (D. Rätsel d. Lebens nach Naturwissenschaft u. Okkultismus. D. rätselhafte Erscheing. d. Doppelbewußtseins. D. Okkultismus als Vorstufe d. Theosophie.) 12. (VIII, 206 S.) Braunschweig 896. Berlin, C. A. Schwetschke & Sohn. n. 2.—

(B) **Klinger, Jos.**, das Rätsel d. Lebens. 896. (ABL 29.) Jetzt: Leipzig, M. Altmann.

Klinger, Jul., s. a. Grotesklinie, die, u. ihre Spiegelvariation im modernen Ornament.

Die Grotesklinie und ihre Spiegelvariation im modernen Ornament und in der Dekorationsmalerei. Hrsg. von Julius Klingor u. Hanns Anker. 64 Taf. mit 422 Motiven. *Berlin & Cöln: Kunter & Mohr [1901].* (64 Taf., 1 Klappspiegel.) quer-8°

Klinger, Jul., s. Kunst, die, im Leben des Kindes.

Klinger, Jul., Skizzen f. Lithographen u. Zeichner. 100 Entwürfe im Charakter d. Neuzeit. Plakatmotive, Schlusszeichen, Leisten, Einladungskarten, Flächenfüllgn., Umrahmgn., Menüs, Buchschmuck, Etiquetten u. sonst. Ideen f. lithogr. Zwecke. gr. Fol. (16 Taf.) Berlin 898. B. Hessling. In Mappe n. 8.—

— **das Weib im modernen Ornament. Ein Vorlagenwerk für alle Gebiete des Kunstgewerbes. Entwürfe f. Dekorationsmalereien, Plakate, Dessins, Illustrationen, Vignetten, Papierausstattungen, Tapeten, Keramiken, Metall-, Leder-, Holz-, Glas- und Textil-Arbeiten, Buchausstattgn. 1. Tl. 30 Taf. in reichem Chromodr. m. 140 Sujets, 235 Fig. u. Köpfen u. e. Fülle v. Motiven. 2., um e. Akt-Kostümierungs-Pause verm. Ausg. Imp.-4. (3 S. Text.) Berlin (902). [A. Brinitzer.] Leipzig, Baumgärtner. In Mappe n. 30.—**

v. Klinger, K. L. W., das Kloster am St. Bernhard. Eine romant. Erzählung aus d. Papieren e. Freundes. 8. Meißen 828. Goedsche. 20 gr

Klinger, K. L. W. v., das Kloster am St. Bernhard. Eine romant. Erzähl. aus d. Papieren e. Freundes. 8. (13½ B.) Meißen 828. [Leipzig, Vetter u. Rostosky.]

— s. W. Marsano.

Klinger Karl: Ein Ferienausflug in das Land der Pharaonen. 35. Reichenberg R. 04. **Progr.**

Klinger, Carolus Fridericus Augustus *(geb. Breslau 13.8.1829)*: Longitudo observatorii Vratislaviensis derivata e stellarum fixarum occultationibus, quae ab anno 1837 usque ad annum 1850 in speculis Berolinensi, Altonensi, Regiomontana sunt observatae. Vratislaviae (1861). (20 S.) 4°
Breslau, Phil. Diss. v. 23. März 1861

Klinger, Ludwig, Dr.: Über die **Tragödien** Casimir Delavignes. T. 1. *Waldenburg i. Schl. 1899: P. Schmidt.* (18 S.) 4°
Waldenburg i. Schl., st. ev. G, OP 1899 (219)

Klinger, Ludwig, Dr.: Über die Tragödien Casimir Delavignes. T. 2. *Waldenburg i. Schl. 1900: P. Schmidt.* (16 S.) 4° ¶ [Forts. d. P-Beil. 1899.]
Waldenburg i. Schl., st. ev. G, OP 1900 (223)

Klinger, Ludwig, Dr.: Über die Tragödien Casimir Delavignes. 3. ⟨Schluss-⟩Teil. *Waldenburg i. Schl. 1901: P. Schmidt.* (20 S.) 4° ¶ [Schluss d. P-Beil. 1899. 1900.]
Waldenburg i. Schl., st. ev. G, OP 1901 (226)

Klinger, Ludwig *Carl Ferdinand* [aus Schleiz]: Verteilung und Zunahme der Bevölkerung im Thüringerwald nach Höhenstufen.... (Aus: Mitt. d. Geogr. Ges. (f. Thür.) z. Jena. Bd. IX.) Halle, 1890; 2 Bl., 37 S., 1 Bl., 1 Kart. 8°
Halle, Phil. Fak., Inaug.-Diss. v. 24. Nov. 1890

Klinger, M., Amor und Psyche, s. Apulejus.

Klinger, Martin, Referendar: Die Handlungsvollmacht des Handlungsreisenden. Borna-Leipzig 1909: Noske. VIII, 69 S. 8°
Leipzig, Jur. Diss. v. 20. Jan. 1909
[Geb. 19. April 81 Wahlitz; Wohnort: Radeberg; Staatsangeh.: Sachsen; Vorbildung: Thomassch. Leipzig Reife O. 01; Studium: Leipzig 10 S.; Rig. 22. Febr. 07.] [U 09. 2568

Klinger, Max, Brahms-Phantasie. 41 Stiche, Radirgn. u. Steinzeichngn. zu Compositionen v. Johannes Brahms. Rad.-Op. XII. qu. Fol. (III, 37 S.) Leipzig 894. (Berlin, Amsler & Ruthardt.) Geb. in Ldr. 450. —

Klinger, Max, Epithalamia. Umrahmungen in Federzeichngn. (Eingedruckter) Text v. Elsa Asenijeff. (16 Photograv.) 68×52 cm. Berlin 907. Amsler & Ruthardt. In Leinw.-Mappe nn 250. —

Klinger, Max, die Hauptwerke der Malerei u. Plastik des Künstlers, nebst e. Einführung in seine Kunst. gr. Fol. (10 Taf. m. 12 S. illustr. Text.) Leipzig (902). J. J. Weber. In Mappe n. 6. —

Klinger, Max, Malerei u. Zeichnung. gr. 8. (46 S.) Leipzig 891. (München, Putze.) n. 1. —

— dasselbe. 2. Aufl. gr. 8. (60 S.) Leipzig 895. E. Besold. n. 1. 60

— Malerei u. Zeichnung. 3. Aufl. gr. 8. (60 S.) Leipzig 899. [A. Georgi.] G. Thieme. n. 1.50

Klinger, Max, Malerei u. Zeichnung. 4. Aufl. (60 S.) gr. 8. Leipzig 903. G. Thieme. n. 1.50

— Malerei u. Zeichnung. 5. Aufl. (60 S.) gr. 8. Leipzig 907. G. Thieme. 1.50

Klinger, Max, Radirungen, Zeichngn., Bilder u. Sculpturen d. Künstlers m. d. 8 vollst. Folgen: Zeichnungen üb. d. Thema „Christus", Entwurfe zu e. griechisch-röm. Gedichtsammlg. u. „E. Liebe". Rad.-Op. X in Nachbildgn. durch Heliograv. etc. Text v. Frz Herm. Meissner. gr. Fol. (61 Taf. u. 68 S. Text m. 25 Abb.) München 897. F. Hanfstaengl. In Mappe, Ausg. auf Kpfrdr.-Pap. n. 200. —; auf Japanpap. n. 400. —

Klinger, Max, Sein radiertes Werk. Verzeichnis der graph. Arbeiten v. Max Klinger, ausgestellt zur Feier seines 50. Geburtstages bei Amsler & Ruthardt. (32 S. m. Abbildgn. u. 1 Bildnis.) 8. Berlin (907). Amsler & Ruthardt. 1. —

Klinger, P. Norbert, Reise der österreichischen Pilgerkarawane nach dem heiligen Lande im J. 1870. gr. 8. (II, 169 S.) Wien 871. (Linz, Ebenhöch'sche Buchh.) *

Klinger, Norbert, Reise der österreichischen Pilgerkarawane nach dem hl. Lande im Jahre 1870. Linz, Marienanstalt 1871, 8°, 170 S.

Klinger, Paul [app. Arzt aus Burgstädt i. Sachsen]: Über einen Fall Chondrodystrophia hyperplastica und seine Beziehung zur sogenannten foetalen Rachitis ... Freiburg i. B., Buchdr. E. Kuttruff, 1897; 34 S. 8.
Freiburg i. B., Med. Fak., Inaug.-Diss. v. 1897

Klinger, Paul, Oberarzt beim 3. Unter-Elsäss. Inf.-Reg. No 138, aus Meissen ⟨Kgr. Sachs.⟩: Über neuere Methoden zum Nachweise des Typhusbazillus in den Darmentleerungen. *Straßburg i. E. 1904: C. Müh & Co.* (36 S.) 8°
Straßburg, Med. Diss. v. 1904

Klinger, Rob., volkstümliches Handbuch des Briefstils u. der Geschäftskunde od. die gesamte Privat- u. Handelskorrespondenz u. alle sonst. Schreibereien, welche man im tägl. Leben u. Verkehr zu machen hat, nebst e. verläßl. Wegweiser f. die geschäftl. Praxis. Mit vielen 100 Formularen. Unter Mitwirkung hervorrag. Fachmänner bearb. (In etwa 20 Hftn.) 1.—12. Hft. gr. 8. (S. 1—384.) Wien (902). Wiener Volksbuchh. à n. — 20

Klinger, Rob., volkstümliches Handbuch des Briefstils u. der Geschäftskunde. Unter Mitwirkung hervorrag. Fachmänner bearb. 13.—23. Heft. (XII u. S. 385—719.) gr. 8. Wien 903. Wiener Volksbuchh. à n. — 20; kplt. geb. in Leinw. n. 6. —

Jubiläums-Schrift C. A. Klinger, Altstadt-Stolpen i. S. Spezial-Fabrik für Dampfdreschmaschinen ‚Wettin', Patent-Einriemen-System, Patent-Glattstroh-Pressen, Original-System ‚Klinger'. (Verf.: Rudolf Klinger, Paul Zeissig.) — (Dresden 1904: Laube.) 18 S., 8 Bl. 2° [Umschlagt.:] 1854—1904 C. A. Klinger . . . 38 A.

V. K. Klinger die Lehre von den Brüchen, für Kinder und den gemeinen Mann auf eine faſsliche Art vorgetragen. Prag, Meiſsner. 8. (2 gr.) 1792.

– dass., s.a. Klinger, W. K.

Klinger, W. [wirkl. Name], s.a. Marsano, Wilh. [Pseud.]

* **MARSANO,** Wilh. (d. i. *W. Klinger*), Romantische Dichtungen. Prag 1825. 8°.
Bibl. Tieck. no. 883. — Der Pseud. nicht bei Weller, aber bei Holzmann & Bohatta.

— — Marco Doloroso. — Die Abenteuer einer Nacht. Zwei (romant.) Novellen. Leipzig, 1832. Brüggemann'sche Verlags-Exped. 8°.
Tit. u. 100 S. Einiges ziemlich frei.

Klinger, W. K., die Lehre von den Brüchen, für Kinder u. den gemeinen Mann. 8. Prag 792. Neureutter. (Centr.-Compt. in Leipz.) 2 K

– dass., s.a. Klinger, V. K.

Klingers Faust, s. Pfeiffer, Georg Joseph.

Klinger's illustr. Führer durch Berlin. 8. (128 S. m. 7 Plänen.) Berlin 896. Klinger. 1. —

Klingert, Karl Hnr., († d. 14. Jun. 1827.) Beschreib. e. in allen Flüssen brauchbaren Tauchermaschine. Mit 2 Kpf. gr. 4. Bresl. 797. Graß, Barth u. Co. (a. J. F. Korn). 12 K (a. Barth in Leipz.) 8 K

Klingert, K. H., Beschr. e. Tauchermaschine. m. K. gr. 4. Breslau, Barth. (a. Korn d. ältere.) 800.

— kurzer Nachtrag zu der Geschichte u. Beschreibung e. Tauchmaschine, nebst d. Erklärung e. Laterne oder Lampe, die in jeder verderbten Luft brennt. Mit 1 Kpf. gr. 4. Bresl. 823. Graß, Barth u. C. 8 gr.

Klingfort, v. Kendel. 8. Halle, Hendel. 803.

Klinggraff, Joachim (Cleez./Mark), De veritate convicii, ad L. eum qui nocentem 18. pr. ff. d. injur. Disp. jur. Präs. Joachim Hoppe. Frankfurt a. O. (Johann Coepsel) Mai 1681. 36 S. (6.50) 18386

— — Dasselbe. Frankfurt a. O. (Christoph Andreas Zeitler) 1712. 36 S. (6.20) 18387

Klinggräff, Friedr. v., s. a. Langwerth v. Simmern, Heinr. Aus der Mappe e. verstorbenen Freundes.

Klinggräff, Friedr. von. Ein Lebensbild. Seinen Corpsbrüdern gewidmet von einem Vandalen. Melsungen 1887. V: *Simmern, Langwerth v.* (Fabricius, W., Die dtsch. Corps. Berlin 1898. S. 429.)

Klinggräff, H., Bilder aus der österreichischen Rheinprovinz. 16. (107 S. mit 6 Illustr., Holzschntaf.) Wien 878, Hartleben's Verlag.

Klinggraeff, H. v., die Stellung der Botanik unter den Naturwissenschaften, s. Schriften der naturforschenden Gesellschaft in Danzig.
—— Versuch einer topographischen Flora der Provinz Westpreussen, s. Schriften der naturforschenden Gesellschaft in Danzig.

Klinggraeff (H. von). Versuch einer topographischen Flora des Provinz Westpreussen. Danzig, 1880. 8°.

Klinggräff, Hugo v., die höhern Cryptogamen Preussens. Ein Beitrag zur Flora der Provinz. gr. 8. (XX und 220 S.) Königsberg 858, Koch.

Klinggraeff (H. von). Die hoeheren Cryptogamen Preussens. Koenigsb. 1858–62. 8°.

Klinggraeff, Hugo v., die Leber- u. Laubmoose West- u. Ostpreussens. Hrsg. m. Unterstützg. d. westpreuss. Provinzial-Landtages vom westpreuss. botanisch-zoolog. Verein. 8. (XIII, 817 S.) Danzig 893. (Leipzig, W. Engelmann.) n. 5. —; geb. n.n. 5. 75

v. Klinggräff, Carl Jul., Flora v. Preussen. Die in der Provinz Preussen wildwachs. Phanerogamen nach natürl. Familien geordnet u. beschrieben. 8. (XXXVI u. 560 S.) Marienwerder 848, Baumann in Comm. n. 2 ₰

Klinggräff, Carl Jul. v., Flora von Preussen. Die in der Prov. Preussen wildwachs. Phanerogamen nach natürl. Familien geordnet und beschrieben. 8. (XXXVI und 560 S.) Marienwerder 848, (Jacoby.) *

Klinggräff, C. J. v., Nachtrag zur Flora von Preussen. 8. (IV und 116 S.) Marienwerder 854, (Levysohn.) *
Das Hauptwerk erschien ebendas. 1848 und kostet * 2 Thlr.

Klinggräff, C. J. v., zur Pflanzengeographie des nördlichen und arktischen Europa's. 1. Aufl. (82 S.) 1875. * ℳ 1.; 2. verm. und verb. Aufl. gr. 8. (V, 117 S.) Marienwerder 878, (Levysohn.) *

Klinggräff, C. J. v., die Vegetationsverhältnisse der Provinz Preussen und Verzeichniss der in derselben bisher gefundenen Phanerogamen. 2. Nachtrag zur Flora der Provinz Preussen. 8. (VIII und 173 S.) Marienwerder 866, (Levysohn.) *
Flora und 1. Nachtrag. Ebendas. 1848,54. * 2 Thlr. 10 Ngr.

Klinggräff, Konr. v., Herzog Heinrich der Fromme v. Schlesien od. Die Tartarenschlacht bei Liegnitz. Ein dramat. Stück deutscher Geschichte. (160 S.) 8. Leipzig 908. Modernes Verlagsbureau. 3. —

— Johann v. Wittenborg. Ein dramat. Bild aus Lübecks großer Zeit nach Geschichte u. Sage. (158 S.) 8. Schwerin 910. F. Bahn. 3. —

Klinggräffe, Werner Friedrich

— — **De remissione inventarii. Disp. jur. Präs. Samuel Stryk. Wittbg. (Joh. Mich. Goderitsch) Aug. 1691. 40 S. (6.80)** 18384

— — Dasselbe. Halle (Waisenhaus) 1704. 30 S. (6.50) 18385

Klinghammer, Chr., († ...) vom Dasein des Eisens im Karlsbader Prudelsteine; ein Sendschreiben an Hrn. Hofr. Springsfeld. 8. Dresd. 763.

Christian Klinghammer

Versuch vom Daseyn des Eisens im Karlsbader Prudelsteine; in e. Sendschreiben... ([Verf.:] Christian Klinghammer.) 2. Aufl. Weissenfels (1763:) Jfe. 8 Bl. 8

Klinghammer, J. H., der sehnsuchtvolle Wunsch des Menschengeschlechts, im Tode nicht zu vergehen rc. Eine Predigt. gr. 8. Leipz. 824. Hinrichs. 2 gr.

Klinghammer, K., das Staatsrecht des Fürstenth. Schwarzburg-Rudolstadt, s. Handbuch des öffentlichen Rechts der Gegenwart.

Das Staatsrecht des Fürstenthums Schwarzburg-Rudolstadt. Bearb. v **K. Klinghammer.** Freiburg i. B. und Tübingen. 1884. Siehe in: Handbuch des Oeffentlichen Rechts. Hrgg. v. H. Marquardsen. Bd. 3, Halbbd. 2. Abth. 2. 8°m.

Klinghammer, Wald., eine Reise nach Norwegen u. Spitzbergen auf der „Auguste Victoria". Humor. Schilderg. aus der Kleinstädterperspektive. (VI, 141 S. m. 14 Abb. u. 1 Karte.) 8. Rudolstadt (903). Hofbuchdr. n.n. 1. 50

— dasselbe. 2. Aufl. (VIII, 192 S. m. 1 Karte.) 8. Ebd. 903. Geb. in Leinw. n. 2. —

— mei Rudelschtadt. Gesammelte Dichtgn. in heim. Mundart. (XIII, 112 S.) gr. 8. Ebd. 903. Geb. in Leinw. n.n. 1. 50

Klinghammer, Wold., mei Rudelschtadt. Gesammelte Dichtgn. in heim. Mundart. I.—III. Bd. 8. Rudolstadt, Fürstl. priv. Hofbuchdruckerei. nn 5. 50
I. 2. Aufl. (XVI, 125 S.) 909. nn 1. 50
II. (VIII, 137 S.) 909. — III. (XI, 192 S.) 910. Geb. à 2. —

Mei Rudelschtadt. Gesammelte Dichtungen in heimischer Mundart von Waldemar **Klinghammer**, Rechtsanw. Bd 1–3. Rudolstadt 1909–10: (Mitzlaff). 8°
1. 2. Aufl. 1909. 2. 1909. 3. Mit e. hochdeutschen Anh. 1910. [11. 3744

Klinghammer, Wilh., 110 fingierte Geschäfts-Vorfälle bei Gründung u. während d. Betriebes e. Rüben-Zucker-Fabrik. Zum Gebrauche in der Schule f. Zucker-Industrie aufgestellt. gr. 8. (23 S.) Magdeburg 894. (A. Rathke's Verl.) n. — 80

Klinghammer, Wold., s. Klinghammer, Waldemar

Klinghard, Sam., ewige Herrlichk. d. alt. evang. Lutherth. 8. Soran, Herold. 740.

Klinghardt, s.a. Klinckhardt

Klinghardt, H., die Alten und die Jungen. Ein nachwort zum 2. und ein vorwort zum 3. neuphilologentage. gr. 8. (VI, 22 S.) Marburg 888, Elwert's Verlag. *

— sprachliche ausdrucksformen, s.: Studien, engl. 14. Bd.

Klinghardt, H., französische Phonetik, s.: Beyer, Frz.

—— das höhere Schulwesen Schwedens und dessen Reform im modernen Sinne. gr. 8. (XII, 168 S.) Leipzig 887, Klinkhardt. *

Klinghardt, H. Techmer's u. Sweet's Vorschläge zur Reform des Unterrichts im Englischen. — Australischer Volkscharakter, s. Studien, englische. 10. Bd. 1. Heft u. 11. Bd. 2. Heft.

Artikulations- und Hörübungen. Prakt. Hülfsb. d. Phonetik f. Studierende u. Lehrer von H[ermann] Klinghardt. Mit 7 in d. Text gedr. Abb. *Cöthen: O. Schulze 1897.* (VIII, 255 S.) 8° [on. 1,60] 5

—— ein Jahr erfahrungen mit der neuen methode. Bericht über den unterricht mit einer engl. anfängerklasse im schuljahre 1887/88. Zugleich eine anleitung für jüngere fachgenossen. gr. 8. (IV, 83 S.) Ebendas. 888. *

—— Drei weitere Jahre Erfahrungen m. der imitativen Methode (Obertertia bis Obersecunda). Ein Bericht aus der Praxis d. neusprachl. Unterrichts. gr. 8. (IX, 162 S.) Marb. i. H. 892, Elwert's Verlag. * 2 50

Frühere Publication. Ebd. 1888. * 1 60.

Klinghardt, H., Festrede, geh. am Geburtstage Sr. Maj. Kaiser Wilhelms II. [27. Jan. 1891] in der Aula der König Wilhelms-Schule zu Reichenbach in Schles. gr. 8. (16 S.) Reichenbach i/Schl. 891. (Heege & Güntzel.) n. — 40

Klinghardt, Hermann [Oberl. Dr.]: Realien zur Macaulaylektüre. (Erster Teil.) Reichenbach, Druck v. A. E. Pape (1890); 33 S., 1 Taf. 4°

Reichenbach in Schlesien, König Wilhelms-S (k. RG u. VS), OP 1890 (212)

Klinghardt, *Hermann* [Oberl. Dr.]: Realien zur Macaulaylektüre (Forts. d. P-Beil. 1890). Reichenbach, Druck v. A. E. Pape, *1891;* IV, 21 S. 4°

Reichenbach i. Schl., König Wilhelms-S (k. RG u. VS), OP 1891 (215)

Klinghardt, H., Die relative Satzbildung im Heliand. Eine syntaktische Untersuchung. 26 S. Progr. *Reichenbach Schl.* 1884.

Klinghardt, H[ermann]: * Syntax des gothischen ei. 146 S. 4° (2°)

Halle-Wittenberg, Phil. Diss. v. 13. Nov. 1874

Geb. [Pausitz b. Leipzig 14. 4. 1847]

Ersch. völlig umgearb. in: Zeitschrift f. deutsche Philologie. Bd 8. Halle 1877. S. 127—180 u. 289—329.

Klinghardt, Jul., d. Berücksichtigg. d. bildenden Kunst b. Unterrichte in d. Geschichte u. Erdkunde in d. mittl. Klassen d. Gymnasiums. 2 Tle. Progr. gr. 4. (16 u. 28 S.) Altenburg 896. 97. (Schnuphase.) à n. 1. —

[J.] Klinghardt, Julius [Dr.]: Die Berücksichtigung der bildenden Kunst beim Unterrichte in der Geschichte und Erdkunde in den mittleren Klassen des Gymnasiums. 1. Tl. Altenburg, Druck v. O. Bonde, *1896;* 1 Bl., 1—16 S. 4.

Altenburg, Friedrichs-G, OP 1896 (701)

[J.] Klinghardt, Julius [Dr.]: Die Berücksichtigung der bildenden Kunst beim Unterrichte in der Geschichte und Erdkunde in den mittleren Klassen des Gymnasiums. 2. Tl. (Forts. d. P-Beil. 1896.) Altenburg, Druck v. O. Bonde, *1897;* 1 Bl., 1—28 S. 4.

Altenburg, Friedrichs-G, OP 1897 (713)

Klinghardt, Julius: De genetivi usu Homerico et Hesiodeo. Halis Saxonum 1879: (Klinkhardt in Leipzig). 48 S. 8°

Halle-Wittenberg, Phil. Diss. v. 19. März 1879

Geb. Halbau (Kr. Sagan) 28. 5. 1854. V.

Klinghardt, K. Gf., Grundlinien einer Gesundheitslehre. Ein Leitfaden für Seminarien, Stadt- u. Landschulen, so wie für Jedermann. 8. Bunzlau 832. Appun. 1/8 ℛ

Klinghardt, Carl Gottfr., einzige Hilfe gegen falsche Eide durch die Schule. Eine Andeutung für Lehrer in Stadt- und Land-Schulen, veranlaßt durch eine Verordnung des k. Konsistoriums zu Breslau vom 5. April d. J. gr. 8. (VIII und 21 S.) Görlitz 847, Heinze und Comp.

— Kirchen- u. Gemeindeordnung, oder Regeln e. anständigen christl. Verhaltens d. Gemeinden, in u. außer dem Gotteshause. 8. Görlitz 827. Zobel. 2 gGr.

Klinghardt, Karl Gf., der Knabenlehrer. Ein Leitfaden zu Vorlesungen in Schullehrer-Seminarien, u. zur Wiederholung schon angestellter Lehrer bei Knaben. 8. Glogau 841, Flemming. 1/12 ℛ

—— der schwere Kopf. Aufschluß u. Hilfe f. Prediger, Juristen, Schriftsteller u. Alle, welche bündige Arbeiten verrichten, u. bei Erscheinungen in ihrer Moralität gern verweilen wollen. 8. (1 B.) Glogau 841, Flemming.

Klinghardt, Carl Gttfr., Prediger u. Schullehrer! Helft den gepeinigten Thieren! Bildung des Gefühls u. Verstandes der Schuljugend zum Schutz der Thiere. 8. (2 7/8 B.) Görlitz 843, Heinze u. Comp.

— s. 1) Rath, medicinischer. 2) Schulstube, die gesunde.

Klinghardt, K. Gf., Unterricht für künftige Soldaten. Ein Lehrbuch für Knaben u. Jünglinge, zunächst in den königl. preuß. Landen. 8. Görl. 816. (Anton in Halle). 5 gGr. Schrbp. 6 gGr.

— warum habt ihr den Priesterrock nicht an? Eine Frage des Kaisers Napoleon an Geistliche. Zum muthmaßl. Vortheile der protest. Kirche in Betracht gezogen, u. allen Fürsten, Konsistorien u. Synoden derselben zur Begutachtung vorgelegt. Ein Vortrag in der Synode zu Sagan 1840. 8. Glogau, Flemming. 1/6 ℛ

— wer ist der Prediger? Evangel.-protestant. Geistlichen zur Verbreitung in ihren Gemeinden, um dadurch eine richtige Beurtheilung des Predigerstandes zu bewirken, empfohlen. gr. 8. (2 3/4 B.) Görlitz 844, Heinze u. Comp.

Klinghart, Roderich. Eine Abenteurergeschichte aus den höchsten u. allerhöchsten Bildungskreisen v. ***. 2. (Titel-) Aufl. 8. (288 S.) Leipzig 893. Dresden, E. Reißner. n. 3. —

Die 1. Aufl. erschien unter dem Pseudonym: J. Wasservogel.

Klinghart, (Pater) Jonas, Strafpredigt dem 18. u. 19. Jahrhundert, gehalten am Vorabend des neuen Jahres 1836 vor einer zahlreichen Versammlung theils kluger, theils thörichter Männer u. Frauen aus verschied. Völkern u. Ständen. 8. Landshut 836. Thomannsche Buchh. (Attenkofer.) 1/6 ℛ

Klinghoff, Axel

— u. Ella Rauch, Fortuna u. and. Erzählungen. (112 S.) 12. Hannover 903. Berenberg'sche Buchdr. n. 2. —

Klinghoff, Axel, Gedichte. (64 S.) 8. Leipzig 905. Elysium-Verlag. n. 1. 25; geb. n. 2. 25

— s.: Gedichte, neue, von neuen Dichtern.

Klingholz, die kirchenpolitischen Gesetze des Reiches und Preußens von 1872—1887. Systematisch bearb. Text. 12. (VI, 86 S.) Berlin 887. [Parrisius.] *

Klingholz, Fritz, s.: Hochbau-Entwürfe v. Studierenden der königl. techn. Hochschule zu Aachen.

Klingholz, H., gläubig aufwärts. Tägliche Hausandachten. Unter Mitwirkung hervorrag. Theologen hrsg. 8. (III, 394 S.) Konstanz (901). C. Hirsch. Geb. in Leinw. n. 1.50

Klingholz, H., gläubig aufwärts. Tägliche Hausandachten. In Verbindg. m. Freunden hrsg. 2. Aufl. (IV, 400 S.) 8. Konstanz (910). Christl. Buch- u. Kunstverlag C. Hirsch. Geb. in Leinw. 1. 50

Klinghorn, Emmanuel

Klinghorn, Eman., s. Abbildung u. Beschreib. rc. verb. engl. Drehbänke.

Klinghorn, Eman., Abbildung u. Beschreibung d. in neuester Zeit erfundenen u. verbess. Rettungs-Apparate, f. Menschen in Feuers- u. Wassernoth. Eine Schrift f. Behörden u. jeden Menschenfreund. N. d. neuesten engl., franz. u. deutschen Schriften üb. diesen Gegenstand bearb. u. zusammengetragen. M. 34 Abbild. (auf 1½ B. Stndr.) 8. (4½ B.) Quedlinburg 832, Basse.

—— Anweisung zur Construction d. in neuester Zeit verbess. Appretir- u. Packpressen, so wie Trauben-, hydraul. u. a. Pressen. Mit Abbild. in Stndr. (auf 8 Bl. qu. Fol.) 8. (5¼ B.) Quedlinburg 832, Basse.

Klinghorn, F.: „Beschreibung, Abbildung und Anweisung zur Construction aller Arten von Pressen, besonders der in neuester Zeit sehr verbesserten Appretur-, Pack-, so wie hydraulischer, Trauben- und anderer Pressen. Für Fabrikanten, Maschinenbauer, Kaufleute etc., nach den neuesten Schriften und eigenen Erfahrungen bearbeitet", Quedlinburg 1832 (Basse).

Klinghorn, (Em.,) Beschreib. u. Abbild. d. neuesten, verbesserten Wasser- u. Luftpumpen, u. Preßmaschinen, besonders hydraulischer Pressen rc. Mit 87 Abbildd. 8. Quedl. 827. Basse.

—— Beschreibung u. Abbildung d. neuesten, verbess. Web-, Spinn-, Scher-, Doublir-, Zwirn-, Cattun- u. Calicodruck-, so wie ähnl. Maschinen, zur besten u. vortheilhaft. Bereit. d. verschied. Zeugarten. Nebst Belehrn. üb. verbess. Verfahrungsarten beim Aufziehen u. Schlichten d. Ketten, beim Trocknen, Reinigen, Drucken, Walken, Dekatiren rc. N. d. neuesten engl., franz. u. deutschen Erfindn. u. Verbessn. M. 137 Abbild. 8. (13½ B.) Quedlinburg 828, Basse.

—— die englischen Drehbänke, s. Abbildung rc.

—— die Fabrikation aller Sorten feiner, wohlriech. u. transparenter Toilette-Seifen, so wie d. Fleck- u. Rasirseifen. Für Seifensieder, Haushaltungen rc. 8. (2 B.) Quedlinburg 832, Basse.

—— die in neuester Zeit verbess. Löthrohre, ihre Einricht., Construction u. Anwendung, nebst Anweis., die verschied. Arten v. Metallen zu löthen. Nach eig. Erfahrn. u. d. besten Schriften üb. diesen Gegenstand bearb. M. 9 Abbild. in Stndr. (auf 1 Taf. qu. Fol.) 8. (2½ B.) Quedlinburg 832, Basse.

Kling-Klang. Alte liebe Reime f. Mutter u. Kind. Mit 12 Farbdr.-Bildern nach Aquarellen v. Susanne Weichberger. Textauswahl v. J. Baß. (24 S.) Lex.-8. Stuttgart (905). Loewe. Geb. 3. —

— dasselbe. Volksausg. (12 farb. Bl. m. eingedr. Text.) Lex.-8. Ebd. (905). Geb. 2. —; auf Pappe (12 S.) 3. —

Klingl, P. Joh., o. S. Ben. (Prior u. Pfarr-Vikar von St. Bonifaz), kurze Baugeschichte der St. Benediktuskirche in München. München, im Oktob. 1881. 8º. 11 S. Cart.

Klingl, Joh., Volk, Fürst u. Kirche. Unterhaltungs-Buch f. jedes Haus, f. jeden Stand, f. jeden Jüngling u. Jungfrau, f. Civil u. Militär. gr. 8. (IV, 213 S.) Ockstadt (Hessen) 900. Selbstverlag. n.n. 1. 60

Klingl, Johs., Lehren f. christliche Ehegatten. Ein Andenken f. Brautpersonen u. Ehegatten. Nach den Schriften d. Aegid. Jais. 8. Aufl. 16. (VIII, 70 S. m. Ornamenten u. 1 Holzschn.) Augsburg 885. Literar. Institut v. Dr. M. Huttler. n. — 40

Klingl, Johs. Lehren f. christliche Ehegatten. Ein Andenken f. Brautpersonen u. Ehegatten. Nach den Schriften d. Aegid. Jais. 9.—14. Aufl. 32. (78 S. m. 1 Bild.) Augsb. 889—92, Literar. Institut v. Huttler. * — 25

Klingl, P. Johs., O. S. B., Lehren f. christliche Ehegatten. E. Andenken f. Brautpersonen u. Ehegatten. Nach d. Schriften d. P. Aegid. Jais, O. S. B. 31.—40. Tausend. 32. (78 S. m. Titelbild.) Augsburg 895. Litterar. Institut v. Dr. M. Huttler. n.n. — 25

Klingler, J., prakt. Lautir-Tabellchen. Beim Lese-Unterricht den Kleinen in die Hand zu geben. 12. (8 auf Pappe gezog. Taf.) Ulm 843. Wagner. ⅛ ₰

Klingler, Oskar [aus Gossau, Kt. St. Gallen]: Die Comédie-Italienne in Paris nach der Sammlung von Gherardi. Ein Beitrag zur Litteratur- und Sittengeschichte Frankreichs im siebzehnten Jahrhundert. Mit Illustrationen. Strassburg 1902. 235 S. 8°.
Zürich, Phil. Diss. f. S. 1901/1902.

Klingler, Osk., die Comédie-Italienne in Paris nach der Sammlung v. Gherardi. Ein Beitrag zur Litteratur- u. Sittengeschichte Frankreichs im 17. Jahrh. Diss. gr. 8. (VI, 232 S. m. Abbildgn. u. 1 Taf.) Strassburg 902. K. J. Trübner. n. 4. —

Klingler, Tr.

– u. J. Trinker: Geogn. Uebersichtskarte d. westl. Theiles des Unterinnthaler Kreises, nebst einem Theile von Oberinnthal. (Aus d. Berichten über die General-Versammlungen des geogn.-mont. Vereins für Tirol u. Vorarlberg.) 1844. Fol.

Klinglin, Franz Joseph von (Elsässer Adel), De tutelis. Delibata controvers. ex jure publico, feudali, privato, canonico. Präs. Johann Heinrich Feltz. Strassburg (Josias Staedel) 1. X. 1706. 28 Seiten. (6.50) 18388
Widm. v.: Jerem. Eberhard Linck (Strassb.), Abraham Staedel.

— Philipp von (Colmar), De aetate legitima eligendi regis Romanorum. Diss. jur. Strassburg (Melchior Pauschinger's Wwe.) 30. IV. 1753. 28 Seiten. (6.20) 18389

Klingling, Friedrich Ludwig (Frankfurt a. M.), De beneficio restitutionis contra rem judicatam, quae fit brevi manu. Diss. jur. Präs. Gustav Heinrich Mylius. Lpz. (Langenheim) 16. XII. 1756. 31 S. (5.50) 18390

Klingmüller, Fr., ein Beitrag zur Lösung der Frage: „Wie sind die Veranstaltungen zur Fortbildung angestellter Volksschullehrer am zweckmäßigsten einzurichten?" Eine gekrönte Preisschrift. 8. (VIII und 72 S.) Landsberg a. d. W. 847, Volger und Klein.

Klingmüller, Fritz, Dr. iur., Gerichtsass.: **Ueber den Begriff** des Rechtsgrundes. *Breslau: M. & H. Marcus 1901.* (41 S.) 8° ¶(Erscheint vollst. im gleichen Verl.)
Breslau, Jur. Hab.-Schr. v. 16. Juli 1901

Klingmüller, Fritz, der Begriff d. Rechtsgrundes, s. a. Studien zur Erläuterung des bürgerl. Rechts. 6.

Klingmüller, Fritz: Der Begriff des Rechtsgrundes. Seine Herleitung u. Anwendung. Breslau 1901.
(Studien z. Erl. d. bürgerl. Rechts hrsg. von Leonhard. H. 6.)

Klingmüller, Fritz, Gerichtsass. aus Strehlen i. Schl.: Zur **Deliktsfähigkeit** juristischer Personen. *Breslau: M. & H. Marcus 1900.* (41 S.) 8° ¶(Erscheint vollst. u. d. T.: 'Die Haftung f. d. Vereinsorgane nach § 31 B. G. B.' als H. 3 d. Studien zur Erläuterung d. bürgerl. Rechts, hrsg. v. Leonhard.)
Breslau, Jur. Diss. v. 2. Aug. 1900

— die Haftung f. die Vereinsorgane nach § 31 B.G.B., s. a. Studien zur Erläuterung des bürgerl. Rechts. 3.

Die Haftung für die Vereinsorgane nach § 31 B.G.B. von Dr. Fritz **Klingmüller**, Ger.Ass. *Breslau: M. & H. Marcus 1900.* (56 S.) 8°
— Studien z. Erläuterung d. bürgerl. Rechts. H. 3. [00. 11946

Klingmüller, Fritz, über Klagenverjährung u. deren Wirkung, s. a. Festgabe f. Felix Dahn.

Klingmüller, Fritz: Über Klagenverjährung und deren Wirkung. Breslau 1905.
(in: Festgabe d. Breslauer jur. Fak. f. Dahn. T. 2.)

Die Lehre von den natürlichen Verbindlichkeiten. Eine hist.-dogmat. Untersuchung von Dr. Fritz **Klingmüller**, Privatd. Berlin: J. Guttentag 1905. (273 S.) 8° [05. 10317

— das Schuldversprechen u. Schuldanerkenntnis des bürgerl. Gesetzbuchs f. das Deutsche Reich, s. a. Abhandlungen zum Privatrecht u. Civilprozeß des Deutschen Reiches. IX. 4.

Das Schuldversprechen und Schuldanerkenntnis des Bürgerlichen Gesetzbuchs für das Deutsche Reich. Von Dr. Fritz **Klingmüller**, Privatd., Breslau. *Jena: G. Fischer 1903.* (VIII, 151 S.) 8° [F.]
— Abhandlungen z. Privatrecht u. Zivilprozeß d. Dt. R. Bd 9, H. 4. [03. 9941

Klingmüller, Max [app. Arzt aus Prieborn (Prov. Schlesien)]: Ueber Wanderpneumonie. . . . Halle a. S., Heynemann'sche Buchdr. (F. Beyer), 1890; 2 Bl. + 87 + 1 S. + 2 Bl. 8°
Halle, Med. Fak., Inaug.-Diss. v. 24. Jul. 1890

Klingmüller, Victor *Felix* [aus Woiselwitz, Kr. Strehlen (Schles.)']: Ein Fall von Hysterie mit Ileus . . . Halle a. S., Hofbuchdr. v. C. A. Kaemmerer & C., 1893; 25 S., 1 Bl. 8.
Halle, Med. Fak., Inaug.-Diss. v. 19. Juni 1893

Klingmüller, Viktor, Dr. med., Oberarzt d. Kgl. Dermatol. Univ.-Klinik in Breslau: Aus d. Kgl. Dermatol. Universitäts-Klinik in Breslau. Zur Pathologie der Lepra maculo-anästhetica. *Breslau 1902: Bresl. Genoss.-Buchdr.* (52 S.) 8°
Breslau, Med. Hab.-Schr. v. 23. Juli 1902
(Nicht für den Austausch)

Verzeichnis der in den medizinischen Instituten und Kliniken zu Kiel vorhandenen Zeitschriften und Bücher. [Verf.: Prof. Viktor Klingmüller.] Kiel 1908. 75, 16 S. 8° [08. 2672 8

Klingner, Armin. (Car. Em.) (geb. Techow in d. Priegnitz 28. 11. 1824): Reunio palati mollis per staphyloraphiam, atque reunio palati duri per substantiam osseam. Berolini (1849). (31 S.) 8°
Berlin, Med. Diss. v. 27. Aug. 1849

Klingner, Bernhard

Klingner, *Friedrich* Bernhard [app. Arzt]: **Über Muskelzerreissung** . . . **Leipzig, Druck v. A. Th. Engelhardt, 1897;** 4 Bl., 23 S. 8.
Leipzig, Med. Fak., Inaug.-Diss. v. 13. Febr. 1897

Klingner, C., Bad Elster u. Umgebgn., s. a. Grieben's Reisebücher.

Bad Elster und Umgebungen. Prakt. Führer f. Kurgäste u. Vergnügsreisende. 10. Aufl. neu bearb. v. C. Klingner. M. 1 Kt. d. Umgebg v. Bad Elster. *Berlin: A. Goldschmidt 1899.* (IV, 42 S., 1 Bl., 1 Kt.) 1 Bd 8.
= Reisebücher, Griebens. Bd 49. [99. 6477

Klingner, E., d. Friedensengel, s.: Theaterbibliothek, Zwickauer.

— Heil unserm König!, s.: Festspielsammlung, Zwickauer.

— eine Instruktionsstunde, s.: Gaben, humoristische,
— ein gestörtes Kaffeestündchen, s. Vergnügungs-Vereine,

Klingner, E., die Mondrose. Gedicht. 8. (67 S.) Dresden 891. E. Pierson. n. — 75; geb. m. Goldschn. n. 1. 75

– Die Mumienbinde od. Sein Liebeslied, s. Theaterbibliothek, Zwickauer.

— aus dem Soldatenleben, s.: Sammlung, Zwickauer. lebender Bilder.

— unverheiratet, s.: Theaterbibliothek, Zwickauer.

Klingner, Aemil. Ludov. (geb. Christdorf in d. Priegnitz 18. 9. 1832): De urinae humanae partibus. Berolini (1857). (32 S.) 8°
Berlin, Med. Diss. v. 19. Juni 1857

Klingner, Felix (geb. Bernburg 5. 3. 1853): Ueber die Behandlung der Lymphome am Halse. Berlin (1876). (35 S.) 8°
Berlin, Med. Diss. v. 5. Aug. 1876

Klingner, Friedrich Bernhard, s. Klingner, Bernhard.

Klingner, M. Georg Christian (Leipzig), **De purgatione alvi frequentiore veneno magis quam panacea. Disp. med. Präs. Georg August Langguth. Wittbg. (Ephraim Gottlob Eichsfeld). 22. IX. 1751. 32 S. (6.—)** 18391

Klingner, Heinrich. Die Jonathanier Gallerie interessanter Charakterbilder aus der Neuen Welt. Hartford, Conn.: Selbstverlag. 1873. GSP

Klingner, Johann Gottlob

— s. Federfechter, der juristische, u. setze hinzu: (v. J. G. Klingner).

— Johann Gottlob (Leipzig), Meditationes practicae de pactis cohaeredum divisoriis, Von Erb= Vergleichen. Erfurt (Grosch) 4. IV. 1730. 28 S. (6.20) 18392

— — De probatione sterilitatis a colono suscipienda disserit. Lpz. (Zeidler) 1731. 4 Bl. (4.—) 18393

— — Commentatio de promotionibus studiosorum juris ad iter juridicum pertinentibus, viro Johann Gottfried Richter supremos in jure honores capessenti dicata. Lpz. (Langenheim) 9. IV. 1744. 20 S. (5.—) 18394

Klingner, Johann Gottlob: „Sammlungen zum Dorf- und Bauern-Rechte", Teil 1—4, 4 Bände, Leipzig 1748—1755. — Vorh.: Oberlandesgericht Celle. — Ma 3.

Klingner, Joh. Gottlob: „Sammlungen zum Dorf- und Bauren-Rechte", Teil 1—4, 4 Bände, Leipzig 1749—55. — Vorh.: Bibl. des Kammergerichts Berlin — Ec. 437.

Klingner, Jh. Glo., († d. 30. März 1768.) Samml. z. Dorf- u. Bauernrechte. 3 Theile. 4. Leipz. 749—55. (Graffe). 8 ₰

Klingner, Conrad, städtischer Tierarzt in Berlin: Beitrag zur Anatomie der Rindernieren. (Aus dem Städtischen Schlachthofe in Berlin.) Berlin 1910. II + 38 S. 8°. [21. V. 09.]
Bern. Vet.-med. Diss. 1909/10.

Klingner, L., Ludwig II., König von Baiern, s. Universal-Bibliothek Nr. 2250.

Klingner, Ludw., Ludwig der Zweite, König von Baiern. Lebensbild in 5 Aufz. Leipzig. Phil. Reclam jun., o. J. (1887). (*Reclam's* Universal-Bibl. Nr. 2250.) 12°. Blauer Srsb.*) m. Tit. auf Deckel.
72 S. Zeit: vom März 1864 bis zum 11. Juni 1866. Ort: Hohenschwangau, München, Schloss Linderhof, Neuschwanstein u. Berg. — In Bayern verboten, aber wieder freigegeben.

Bundeslied. Am Feste St. Johannis des Täufers gesungen in der ger.·. u.·. vollk.·. □ zum Tempel der Eintracht im Or. zu Posen. 1835. Text vom Br. W[ilh.] Förster. Musik vom Br. Klingohr. [Posen 1835.] 2 Bl. 4° [Umschlagtit.]
Ohne Noten: „So weit des Geistes milder Strahl . . ."

Klings, C., Liebeswonne. Gedichte. 16. (46 S.) Leipzig 893. R. Claußner. n. 1.—; geb. n. 1. 75

Dideldumdei. Schlesische Gedichte von Carl **Klings**. Mit Bildn. u. Faksimile d. Dichters. Breslau: F. Goerlich [1907]. (VII, 122 S.) 8° [F.] 108. 4292 2

Klings, Carl, bunte Reihe. Gedichte. 12. (88 S.) Dresden 896. E. Pierson. n. 1. 50; geb. n. 2. 50

Carl Klings. Aus'em Rutkatelgebirge. Schlesische Gedichte. Schumburg-Tannwald: Rübezahl 1906. 81 S. 8° A 12 2314 2

Im Zwielicht. Erzählungen u. Skizzen aus Oberschlesien von Karl **Klings**. Breslau: F. Goerlich [1908]. (208 S.) 8° [F.] 108. 13930 2

Klingsberg, die beyden, Lustspiel in 4 Akt. von A. von Kotzebue. N. Aufl. 8. Leipzig, Kummer. 819.

Klingsberg, i due, Comedia in quatro Atti. gr. 8. Salzb. Oberer. 813.

APHORISMEN. (254 meist recht geistreiche, witzige u. pikante, über Weiber u. Mädchen, Liebe, Ehe, Koketterie etc. (vom Grafen *v. Klingsberg* [ps.?, laut poet. Widmung an den Baron von G(oltz?)].)
Δερ Ταγ ιστ νυλλ υνδ νιχτιγ,
δερ ονε Λιεβ εντΦλόν.
Padua, Bei Pietro Tarone, o. J. (Berlin, Himburg, c. 1795). 16°. (5 Rthl. Scheible in einem älteren Cat.)
Höchst seltene Orig.-Ausgabe. 5 Bll., 118 S.

— — Dasselbe. (Neudruck.) Ebd., o. J. (c. 1860). 12°. (5 Mk. 50 Pfg. Kühl, Berlin, ca. 1882.)

Klingsberge, d. beyden,. Lstsp. in 4 A. von A. v. Kotzebue. 8. Lpz. Kummer. 801.

Klingsch, Christoph (Chemn. Misn.), De impedimentis dotis a vidua dotalitii gratia inferendae. Diss. jur. Präs. D. August Flor. Rivinus. Lpz. (Breitkopf) 21. IX. 1728. 36 S. (6.30) 18395

Karte der Glückstadt-Heider Eisenbahn. **E. Klingsey.** o. O. u. J. Lithogr. 1. Bl. Fol., 35,8/22,4 cm.

Aus dem Leben des alten **Klingsiek**. Von ihm selbst erzählt. Hrsg. von G. Sommerfeld, Pastor in Witten. 2. Aufl. *Elberfeld: Luth. Bücherver. [1902].* (28 S.) 8° [F.]
— **Saatkörner** aus d. Evang.-Luth. Kirche. No 8. 12. 3013

Klingsohr. Rede an der neuerrichteten Ara in der Münster-Kirche zu Kloster Heilsbronn, bei der Einweihung des Monuments für den Burggrafen Friedrich III. von Nürnberg. 1824. 4°.

Klingsohr, Chr. F., Berichtigung d. Küttlerschen Beschreibung d. Amalgamation. 4. Freiberg 802. Craz u. G. 2 K

[Klingsohr, Chr. F.] Kurze Geschichte des ehemaligen Klosters Heilsbronn, und Biographien derer sämtlich in der Münsterkirche daselbst beigesetzten Fürsten und Kurfürsten aus dem Burggräflichen Fürsten Hause. Nürnberg Hohen-Zollern ... o. O. Auf Kosten des Verfassers 1806.
Tit., 1 Bl., 99 S., 1 Bl.; 20 Taf. in Kupferst. 8°.
Die Tafeln z. T. Hocker's Hailsbronnischem Antiquitäten-Schatz (Da 37) entnommen oder danach von P. W. Schwarz neu gestochen.

Eduard Klingsohr

Die Überhäutung der Bindehaut. Erlangen 1830: Kunstmann. 36 S. 8°

Erlangen, Med. Diss. v. 1830

Klingspor, Carl Arvid v., baltisches Wappenbuch. Wappen sämmtl., den Ritterschaften von Livland, Estland, Kurland und Oesel zugehör. Adelsgeschlechter. Die Wappen sind gezeichnet von Ad. M. Hildebrandt. Sämmtliche deutsche Wappen wurden collationirt von Max Gritzner. 6 Lfgn. gr. 4. (133 Chromolithogr. und 97 S. Text.) Stockholm 882, (Samson und Wallin.) In Mappe à Lfg. ** ℳ 20. **
geb. **

Klingspor, Paul: Britisch-Ostafrika. Nach seiner Geschichte, Natur und Entwickelung unter englischer Herrschaft. Bonn 1909: Broch & Schwarzinger. 123 S. 8°
Bonn, Phil. Diss. v. 29. Juli 1909, Ref. Rein
[Geb. 6. Juli 82 Siegen i. W.; Wohnort: Siegen; Staatsangeh.: Preußen; Vorbildung: Realgymn. Siegen Reife O. 01; Studium: Bonn 3, Berlin 2, Bonn 13 S.; Rig. 16. Juni 09.] [U 10. 393

Klingsporn, die Familie, ein Gemälde (v. K. G. Kramer). 2 Thle. 8. Riga 798. Meinshausen. 2 ₰ 16 K

Klingsporn, Reinhold (wirkl. Name), s.a. A l b r e c h t, Ulrich (Pseud.)

Klingsporn, Reinhold. Bücher-Verzeichnis der Bibliothek des Grafen Andreas von Bernstorff auf Schloss Wedendorf bei Rehna in Mecklenburg-Schwerin. Berlin u. Zossen 1905. 8°.

v. Klingstädt, Merzahn Tim., († d. .. 1786.), s. Nachrichten v. d. Samojeden.

Klingstein; eine Geschichte, mit Scenen aus dem Spanischen Successions-kriege. Breslau 1790. V: *Kellner, Georg Christoph.* (Ky) (MGT) (Adel)

Klingstein, eine Geschichte mit Scenen, aus dem spanischen Successionskriege, 8. Breslau, 790. Meyer. 10 sgl.

v. Klingurth, Jh. Chr. Karl, († d. 1. April 1829.) Episteln. 1r Hft. 8. Leipz. 782. Kummer. 8 gr

Klinguth, Johann Christian Carl (Lübben/Laus.), De jure et fide dextrae disputatio. Präs. Christian Friedrich Pohl. Lpz. (Sommer) 26. IX. 1781. 22 S. (6.—) 18396
Gew.: Johann Carl Gottlob v. Walther zu Cronegk (Alt-Mehsa), Andreas Wagner, August Wilhelm v. Trosky. — Widm. v. Prüs.

Klinik, Berliner. Sammlung klin. Vorträge. Unter Mitwirkg. hervorrag. Fachmänner hrsg. v. E. Hahn u. P. Fürbringer. 1.—29. Hft. gr. 8. Berlin, Fischer's medicin. Buchh. 1.—16., 18.—29. Hft. Subscr.-Pr. à n. — 50; Einzelpr. à n. — 60; 17. Hft. Subscr.-Pr. n. 1. —; Einzelpr. n. 1. 20

1. Ziele u. Wege ärztlicher Thätigkeit. Ueber Icterus, seine Entstehung u. Behandlung. Von H. Senator. (26 S.) 888.
2. Die Indication der Ovariotomie u. der Myomotomie. Von H. Löhlein. (16 S.) 888.
3. Ueber die traumatischen Neurosen. Von Adf. Strümpell. (29 S.) 888.
4. Ueber die Störungen der Harnentleerung bei Prostata-Hypertrophie. Von P. Güterbock. (29 S.) 888.
5. Ueber die praktische Bedeutung d. Gonococcus. Von F. M. Oberländer. (24 S.) 888.
6. Ueber die Gefahren u. die Leistungsfähigkeit der modernen Wundbehandlung. Von E. Senger. (20 S.) 888.
7. Die symptomatische Bedeutung u. Therapie d. Residualharns. Von L. Casper. (22 S.) 889.
8. Die Therapie des engen Beckens. Von A. Dührssen. (17 S.) 889.
9. Asthma u. Geschlechtskrankheiten. [Asthma sexuale.] Von A. Peyer. (39 S.) 889.
10. Ueber die Behandlung d. Genu valgum u. Genu varum, m. besond. Berücksicht. der Osteotomie. Von E. Hahn. (22 S.) 889.
11. Wandlungen im Werth u. in der Art der Wunddrainage. Von H. Schmid. (17 S.) 889.
12. Die gegenwärtige Radical-Operation der Unterleibsbrüche. Von v. Nussbaum. (18 S.) 889.
13. Ueber therapeutische Strömungen in der inneren Medicin. Von H. Unverricht. (23 S.) 889.
14. Ueber Myxoedem. Von F. Mosler. (27 S.) 889.
15. Ueber die Technik der Laparotomie. Von J. Veit. (24 S.) 889.
16. Ueber die Alkohol-Therapie bei Puerperalfieber. Von A. Martin. (22 S.) 889.
17. Ueber die Diagnose u. Behandlung der Extrauterinschwangerschaft in den ersten Monaten. Von E. Fränkel. (41 S.) 889.
18. Ueber chirurgisch wichtige Syphilome u. deren Differentialdiagnose. Von F. Karewski. (22 S.) 889.
19. Ueber die Ursachen u. Behandlung schwerer, hartnäckiger Fälle v. Enuresis nocturna beim männlichen Geschlecht. Von A. Peyer. (19 S.) 890.
20. Ueber Sauerstoff-Therapie. Von A. Ephraim. (27 S.) 890.
21. Zur Wundbehandlung in der Privatpraxis, nebst Bemerkungen über das trockene Operiren. Von C. Koch. (35 S.) 890.
22. Ueber die Punktionstherapie der serösen Pleuritis u. ihre Indication. Von P. Fürbringer. (15 S.) 890.
23. Die Behandlung der Vorderarm-Fracturen durch Feder-Extension. Von B. Bardenheuer. (29 S. m. 2 Abbildgn.) 890.
24. Die Aufgaben der Desinfection. Von Wolff. (22 S.) 890.
25. Ueber psychische Therapie innerer Krankheiten. Von O. Rosenbach. (33 S.) 890.
26. Anosmie. Eine klin. Analyse. Von H. Zwaardemaker. Uebers. v. C. Reuter. (28 S.) 890.
27. Natur u. Behandlung d. Ekzems. Vortrag, geh. auf der Jahresversammlg. der British med. association in Birmingham am 1. Aug. 1890. Von Unna. (17 S.) 890.
28. Der multilokuläre Echinococcus der Leber. Von H. Vierordt. (16 S.) 890.
29. Die Antisepsis in der geburtshülflichen Poliklinik u. in der Hebammenpraxis. Von W. Freund. (36 S.) 890.

Klinik, Berliner. Sammlung klin. Vorträge. Unter Mitwirkg. hervorrag. Fachmänner, hrsg. v. E. Hahn, P. Fürbringer, Herm. Frank. 30.—78. Hft. gr. 8. Berlin, Fischer's medicin. Buchh. Einzelpr. n. 32. 40; Subskr.-Pr. f. den Jahrg. v. 12 Hftn. n. 6. —

30. Die Prognose der Laparotomieen. Von Paul Ruge. (III, 13 S.) 891. n. — 60
31. Der heutige Stand der Diagnose u. Therapie der tuberculösen Lungenerkrankungen. Von Jul. Schwalbe. (18 S.) 891. n. — 60
32. Ueber operative Behandlung bei Eklampsia gravidarum. Von Otto v. Herff. (16 S.) 891. n. — 60
33. Die Bedeutung der Bakteriologie f. die öffentliche Gesundheitspflege. Vortrag, geh. im Verein f. öffentl. Gesundheitspflege zu Hannover am 8. Dezbr. 1890. Von Mart. Kirchner. (36 S.) 891. n. — 60
34. Ueber habituelle Stuhlverstopfung, deren Ursachen u. Behandlung. Von Thdr. Dunin. (43 S.) 891. n. — 60
35. Ueber die Tubenschwangerschaft in den ersten Monaten. Von Ernst Carsten. (26 S.) 891. n. — 60
36. Beitrag zur Lehre vom Ileus. Von W. Körte. (26 S.) 891. n. — 60
37. Die Aufgaben der internen Therapie bei Erkrankungen der Harnwege. Von C. Posner. (15 S.) 891. n. — 60
38. Die Neurosen der Prostata. Von Alex. Peyer-Zürich. (21 S.) 891. n. — 60
39. Ueber Infection. Von Wolff-Joachimsthal. (20 S.) 891. n. — 60
40. Klinische Beiträge zur halbseitigen Kehlkopflähmung. Von Geo. Avellis. (26 S. m. Fig.) 891. n. — 60
41. Ist die Elektrotherapie e. wissenschaftliche Heilmethode? Von Alb. Moll. (30 S.) 891. n. — 60
42. Ueber Gelenkaffektionen bei Typhus. Von Freyhan. (16 S.) 891. n. — 60
43. Ueber die strafrechtliche Verantwortlichkeit des Arztes bei Anwendung d. Chloroforms u. anderer Inhalations-Anaesthetica. Von A. Kühner. (54 S.) 892. n. 1. 20
44. Ueber Kropfexstirpation. Von Otto Bode. (23 S.) 892. n. — 60
45. Die Indicationen zur Laparotomie bei gynäkologischen Erkrankungen. Von Nic. Flaischlen. (15 S.) 892. n. — 60
46. Impetigo Bockhart, der durch Eiterkokken verursachte Oberhautabscess. Von Unna. (24 S.) 892. n. — 60
47. Ueber die Behandlung d. chronischen Blasenkatarrhs. Von Herm. Wittzack. (19 S.) 892. n. — 60
48. Zur Behandlung der Diphtherie. Von A. Neumann. — Ueber Varicen. Von L. v. Lesser. (24 S.) 892. n. — 60
49. Ueber Bauchdeckenbrüche. Von H. Lindner-Berlin. (39 S.) 892. n. — 60
50. Neuere Behandlungsmethoden v. Hautkrankheiten. Kritische Besprechg. v. Jessner-Königsberg. (26 S.) 892. n. — 60
51. Vom Versehen der Schwangeren. Eine historisch-krit. Studie v. J. Preuss. (50 S.) 892. n. 1. 20
52. Einige Bemerkungen üb. den chronischen Muskelrheumatismus. Von Leop. Ewer. (13 S.) 892. n. — 60
53. Zur Behandlung d. Gebärmutterkatarrhs. Von Karl Abel. (18 S.) 892. n. — 60
54. Zur Technik der modernen Wundbehandlung. Von Ernst Kirchhoff. (23 S. m. 24 Abbildgn.) 892. n. — 60
55. Ueber den Stoffwechsel der Magenkranken u. seine Ansprüche an die Therapie. Von Carl v. Noorden. (19 S.) 893. n. — 60
56. Zur Technik complicirter Laparatomieen v. J. Veit. (20 S.) 893. n. — 60
57. Wachsthumsschmerz u. Wachsthumsfieber u. Über den acuten (idiopathischen) Retropharyngealabscess der Kinder. Von Karewski. (21 S.) 893. n. — 60
58. Die Angst. Von Hans Laehr. (28 S.) 893. n. — 60
59. Ueber Geschwülste der Harnblase, ihre Prognose u. Therapie. Von Kümmell. (49 S.) 893. n. 1. 20
60. Die Behandlung des Diabetes. Von F. Hirschfeld. (28 S.) 893. n. — 60
61. Die Bedeutung der Galvanokaustik f. die Behandlung der Krankheiten der Nase u. d. Schlundes. Von P. Heymann. (20 S.) 893. n. — 60
62. Kann man die Gefahren der Chloroformnarkose so verringern, dass wir den Aether in der Chirurgie nicht brauchen? Von Egbert Braatz. (34 S.) 893. n. — 60
63. Die Grundlagen u. Aussichten der Blutserumtherapie. Von Hans Aronson. (42 S.) 893. n. — 60
64. Ueber Pyurie. Von C. Posner. (19 S.) 893. n. — 60
65. Über das sogenannte Dérangement interne der Gelenke. Von Messner. (13 S.) 893. n. — 60
66. Der seelisch Belastete u. seine ärztliche Ueberwachung v. A. Leppmann. (24 S.) 893. n. — 60
67. Zur Schlaffheit des Gelenkapparates, insbesondere der Gelenke der unteren Extremitäten (Kniegelenk). Von Leser. (32 S.) 894. n. — 60
68. Ein Ueberblick üb. den gegenwärtigen Stand der Weil'schen Krankheit. Von Th. Freyhan. (28 S.) 894. n. — 60
69. Zur Unfruchtbarkeit des Weibes. Von W. Bokelmann. (21 S.) 894. n. — 60
70. Ueber die sogenannte pathologische Netzhautermüdung. Von H. Salomonsohn. (22 S.) 894. n. — 60
71. Ueber einige neuere Behandlungsmethoden chronischer Krankheiten d. Magens u. Darms. Von Th. Rosenheim. (22 S.) 894. n. — 60
72. Ueber traumatische Hydronephrose. Von Paul Wagner. (38 S.) 894. n. — 60

73. Croup u. Diphtherie. Von Jul. Ritter. (24 S.) 894. n. — 60
74. Ueber Verlauf traumatischer Neurosen. Von Alfr. Richter. (28 S.) 894. n. — 60
75. Die Utero-vaginaltamponade m. Jodoformgaze bei Post partum-Blutungen. Von J. Leusser. (42 S.) 894. n. 1. 20
76. Ueber die Behandlung der Blutungen nach der Geburt. Von A. Dührssen. (25 S.) 894. n. 1. 20
77. Zur Pathologie u. Therapie der Zungentonsille. Von E. Kronenberg. (36 S.) 894. n. — 60
78. Neue Erfahrungen auf dem Gebiete der Gallensteinchirurgie. Von Hans Kehr. (26 S.) 894. n. — 60

Klinik, Berliner. Sammlg. klin. Vorträge. Begründet v. E. Hahn u. P. Fürbringer. Hrsg. unt. Mitwirkg. hervorrag. Fachmänner v. E. Stadelmann. 79.—119. Hft. gr. 8. Berlin, Fischer's medicin. Buchh. Einzelpr. n. 29. 40; Subskr.-Pr. f. d. Jahrg. v. 12 Hftn. n. 6. —

Inhaltsübersicht in alphabetischer Ordnung:

Albu, Alb., einige Fragen d. Krankenernährg. (31 S.) 898. (Nr. 115.) n. 1. 20
Alexander, üb. Gefässverändergn. bei syphilit. Augenerkrankgn. (13 S.) 895. (Nr. 90.) n. — 60
Aschoff, A., zur Lehre v. d. Darmeinklemmg. in inneren Bauchfelltaschen. (28 S. m. 2 Taf.) 896. (Nr. 100.) n. 1. 20
Bier, Aug., Behandlg. d. Gelenktuberkulose m. Stauungshyperämie. (39 S.) 895. (Nr. 89.) n. — 60
Blaschko, A., Autointoxication u. Hautkrankheiten. (17 S.) 895. (Nr. 86.) n. — 60
Braatz, Egbert, Allgemeinanästhesie u. Localanästhesie. Antrittsvorlesg., geh. am 17. VI. 1896. (26 S. m. 1 Abb.) 897. (Nr. 103.) n. — 60
— d. Therapie infizierter Wunden. Vortrag, geh. am 23. VIII. in d. chirurg. Sektion d. XII. internat. medizin. Kongresses zu Moskau. (24 S.) 897. (Nr. 112.) n. — 60
Ewald, C. A., üb. d. habituelle Obstipation u. ihre Behandlg. (28 S.) 897. (Nr. 105.) n. — 60
Farabeuf, H., der geburtshülfl. Greif-Messhebel (Préhenseur-Levier-Mensurateur). Vom Verf. autoris. Uebersetzg. v. Gust. Beck. (30 S. m. 22 Fig.) 896. (Nr. 94.) n. — 60
Freyhan, üb. Pneumotomie. (27 S.) 898. (Nr. 117.) n. — 60
Fürst, L., die klinische u. bakterielle Früh-Diagnose bei diphtherieverdächt. Anginen. (30 S.) 895. (Nr. 81.) n. — 60
Gottschalk, Sigm., einige allgem. Bemerkgn. z. intrauterinen Diagnostik u. Therapie. (27 S.) 896. (Nr. 79.) n. — 60
Gottstein, Adf., d. erworb. Immunität bei d. Infektionskrankheiten d. Menschen. (25 S.) 897. (Nr. 111.) n. — 60
Hoffa, Alb., die Endresultate meiner Operation d. angeborenen Hüftgelenksverrenkgn. (32 S.) 895. (Nr. 84.) n. — 60
Hoffmann, Egon, zur Behandlg. der bewegl. Scoliose. (27 S. m. 3 Taf.) 897. (Nr. 106.) n. 1. 20
Jadassohn, üb. Atypien bei Psoriasis vulgaris. (21 S.) 897. (Nr. 113.) n. — 60
Jessner, d. Pathologie d. Lepra. In Kürze dargest. (44 S.) 897. (Nr. 109.) n. 1. 20
Joseph, Max, üb. Haarkrankheiten. (Nach e. Vortrage im Herbstferiencurse f. Aerzte.) Zur Entfernung e. Echinococcus aus d. Milz vermittelst d. Dampfes. Von Wl. Th. Snegirjeff. (20 S. m. 8 Abb.) 895. (Nr. 82.) n. — 60
— d. Krankheiten d. behaarten Kopfes. (Nach e. Vortrage im Osterferien-Curse f. Aerzte.) (23 S.) 897. (Nr. 110.) n. — 60
Körte, W., Beitrag zur chirurg. Behandlg. d. Pankreas-Entzündg., nebst Experimenten üb. Fettgewebs-Necrose. (27 S.) 896. (Nr. 102.) n. — 60
Kossmann, R., üb. d. Abort-Behandlg. (36 S. m. 4 Fig.) 897. (Nr. 107.) n. 1. 20
Kümmell, Herm., die operative Heilung d. Prostata-Hypertrophie. (26 S.) 895. (Nr. 86.) n. — 60
Lindner, H., üb. Gefässnaht. (15 S.) 898. (Nr. 118.) n. — 60
Lorenz, Adf., Behandlg. d. Hüftankylosen. (32 S.) 896. (Nr. 96.) n. — 60
Martius, F., was ist d. Basedow'sche Krankheit? Klinisch untersucht. (19 S.) 896. (Nr. 95.) n. — 60
Niehues, Bernh., üb. Hernien der linea alba. (25 S.) 895. (Nr. 80.) n. — 60
Nussbaum, Heinr., üb. d. Einfluss geist. Funktionen auf krankhafte Processe. (31 S.) 895. (Nr. 83.) n. — 60
Pincus, Ludw., ein prophylakt., Eduard Martin'scher, Handgriff in d. 2. Periode d. Beckenendgeburt u. Weiteres zur Prognose derselben. (19 S.) 896. (Nr. 92.) n. — 60
Posner, C., Infection u. Selbstinfection. (21 S.) 895. (Nr. 85.) n. — 60
Prochownick, L., die Behandlg. d. ectopischen Schwangerschaft m. Morphiumeinspritzgn. nach v. Winckel. (21 S.) 896. (Nr. 88.) n. — 60
Rosenbach, O., der Nervenkreislauf u. d. tonische (oxygene) Energie. (Bemerkgn. z. Dynamik d. Nervensystems.) (42 S.) 896. (Nr. 101.) n. 1. 20
Rubinstein, Arth., üb. primären u. secundären Larynx-Lupus, unt. Mittheilg. v. 4 Fällen. (25 S.) 896. (Nr. 91.) n. — 60
Schlesinger, Eug., d. Tuberkulose d. Tonsillen bei Kindern. (21 S.) 896. (Nr. 99.) n. — 60
Schulz, J., üb. Morbus Basedowii u. seine operative Behandlg. (38 S.) 897. (Nr. 108.) n. 1. 20
Schwabach, üb. Tuberkulose des Mittelohrs. (56 S.) 897. (Nr. 114.) n. 1. 20
Snegirjeff, s.: Joseph.
Spiess, Gust., die Untersuchg. d. Mundes u. d. Rachens. (32 S. m. 8 Fig.) 896. (Nr. 93.) n. — 60
Stadelmann, E., üb. Schwefelkohlenstoffvergiftg. (26 S. m. Abb.) 896. (Nr. 98.) n. — 60
Sterling, S., üb. Eparsalgie. (28 S.) 897. (Nr. 104.) n. — 60
Strassmann, Fritz, d. Tod durch Chloroform in gerichtsärztl. Beziehg. (17 S.) 898. (Nr. 116.) n. — 60
Straub, M., die Behandlg. d. Hornhaut-Entzündg. (26 S.) 896. (Nr. 97.) n. — 60
Weisz, Ed., üb. Hydrops articulorum intermittens. (20 S. m. Kurven.) 898. (Nr. 119.) n. — 60
Hft. 79—97 wurde v. Herm. Frank herausgegeben.

Klinik, Berliner. Sammlung klin. Vorträge. Begründet v. E. Hahn u. P. Fürbringer. Hrsg. unter Mitwirkg. hervorrag. Fachmänner v. E. Stadelmann, bezw. Arth. Kayserling u. v. Hft. 146 an hrsg. v. Rich. Rosen. Jahrg. 1899—1902. 120.—172. Hft. gr. 8. Berlin, Fischer's medicin. Buchh. Einzelpr. n. 45. —; f. d. Jahrg. v. 12 Hftn. n. 6.—

Inhaltsübersicht in alphabetischer Ordnung:

Auerbach, Siegm., zur Behandlung der functionellen Neurosen bei Mitgliedern v. Krankenkassen. (26 S.) 902. (Hft. 170.) n. — 60
Bayer, Carl, der angeborene Leistenbruch. Mit 37 Abbildgn. (35 S.) (900.) (Hft. 146.) n. 1. 20
Bendix, Bernh., Säuglingsernährung. (34 S.) (900.) (Hft. 141.) n. 1. 20
Bloch, Iwan, die geschichtliche Entwickelung der wissenschaftl. Krankenpflege. (30 S.) 899. (Hft. 136.) n. 1. 20
Boas, J., über nervöse Dyspepsie m. besond. Berücksicht. der Diagnose u. Therapie. (22 S.) 901. (Hft. 161.) n. — 60
Brandenburg, Kurt, die Auswahl der Kranken f. die Lungenheilstätten u. die frühzeitige Erkenng. der Lungentuberkulose in d. ärztl. Praxis. (37 S.) 902. (Hft. 169.) n. 1. 20
Brügelmann, W., die verschied. Formen des Asthma u. ihre Behandlung. (28 S.) 902. (Hft. 162.) n. 1. 20
Brühl, Gust., die acute Mittelohrentzündung u. ihre Behandlung. (23 S.) 899. (Hft. 133.) n. — 60
Cohn, Toby, die Verwerthung elektrischer Ströme in der allgem. Praxis. (24 S.) 900. (Hft. 140.) n. — 60
Dorn, Frz., prakt. Erfahrungen über Medikamente bei Herzkrankheiten. — Ekstein, zur Behandlung des Ulcus cruris. (19 S.) 900. (Hft. 144.) n. — 60
Ekstein, z. Behandlg. des Ulcus cruris, s.: Dorn, Frz.
Ewer, Leop., Indicationen u. Technik der Bauchmassage. Mit 17 Fig. (31 S.) 901. (Hft. 154.) n. 1. 20
Félix, Eug., die adenoiden Vegetationen. (19 S.) 901. (Hft. 155.) n. — 60
Finkelstein, H., die durch Geburtstraumen hervorgerufenen Krankheiten des Säuglings. (22 S.) 902. (Hft. 168.) n. — 60
Flatau, Geo., über die nervöse Schlaflosigkeit u. deren Behandlung m. besond. Berücksicht. der Psychotherapie. (19 S.) 901. (Hft. 157.) n. — 60
Flatau, Thdr. S., die Behandlung des chronischen Katarrhs der oberen Luftwege. Ein klin. Vortrag. (21 S.) 900. (Hft. 149.) n. — 60
Fromme, die rechtliche Stellung des Arztes u. seine Pflicht zur Verschwiegenheit im Beruf. Nach e. am 16. XII. 1901 im Aerzteverein zu Magdeburg geh. Vortrag. (34 S.) 902. (Hft. 165.) n. 1. 20
Fuld, Alphons, die Kunstfehler in der Geburtshilfe. (48 S.) 899. (Hft. 129.) n. 1. 20
Gluck, Th., die moderne Chirurgie des Circulationsapparates. (29 S.) 898. (Hft. 120.) n. 1. 20
Guttmann, Emil, die Blutungen des Sehorgans in ihrer semiotischen Bedeutung f. die allgemeine Praxis. (16 S.) 901. (Hft. 156.) n. — 60
Gutzmann, Herm., neueres üb. Taubstummheit u. Taubstummenbildung. Vortrag, geh. in den Fortbildungskursen f. Aerzte. (20 S.) (900.) (Hft. 142.) n. — 60
— die Sprachphysiologie als Grundlage der wissenschaftlichen Sprachheilkunde. Vortrag, geh. in den Fortbildungskursen f. Aerzte. (19 S.) 898. (Hft. 121.) n. — 60
Heller, Jul., die Behandlung der Syphilis m. Sublimatinjectionen. Mit besond. Berücksicht. der mod. Technik der Lewin'schen Kur. (27 S.) 900. (Hft. 150.) n. 1. 20
Hense, Konr., der Stand der Operationen des Gebärmutterkrebses. (16 S.) 902. (Hft. 167.) n. — 60
Herzog, Ludw., diagnostische Schwierigkeiten u. Beziehungen zwischen dem Coma d. Zuckerkranken u. anderen comaartigen Zuständen. (29 S.) 899. (Hft. 132.) n. 1. 20
Hirschberg, M., die Behandlung schwerer Lebererkrankungen durch die Anlegung e. Leber-Gallengangsfistels. (29 S.) 902. (Hft. 172.) n. — 60
Hirschfeld, Fel., über den Nahrungsbedarf bei Fettleibigen. (22 S.) 899. (Hft. 130.) n. — 60
Jacobsohn, L., über den gegenwärt. Stand der Pathogenese u. Therapie der Tabes. (21 S.) 901. (Hft. 152.) n. — 60
Jacoby, Geo. W., die chronische Tabak-Intoxication, speciell in aetiologischer u. neurolog. Hinsicht. (32 S.) 898. (Hft. 126.) n. 1. 20
Joseph, Max, die Krankheiten des behaarten Kopfes. II. Thl. (Fortsetzung v. Nr. 110.) Nach e. Vortrage im Herbstferien-Curse f. Aerzte. (18 S.) 899. (Hft. 128.) n. — 60
Kehr, Hans, über Recidive nach Gallensteinoperationen. (38 S.) 900. (Hft. 148.) n. 1. 20
Küstner, Otto, zur abdominalen Myomotomie. Totalexstirpation od. supravaginale Amputation? (33 S.) 898. (Hft. 125.) n. 1. 20
Kuttner, L., die vegetabilische Diät u. deren Bedeutung als Heilmethode. (29 S.) 902. (Hft. 163.) n. — 60
Landerer, A., der gegenwärtige Stand der Hetol(Zimmtsäure)behandlung der Tuberkulose. (39 S.) 901. (Hft. 153.) n. 1. 20

Ledermann, Rhold., die Behandlung der acuten Gonorrhoe. (22 S.) 899. (Hft. 137.) n. — 60
Lindemann, E., neuere Behandlungsmethoden des chron. Gelenkrheumatismus. (21 S. m. 6 Fig.) (901.) (Hft. 151.) n. — 60
Mackenrodt, A., Diagnose u. Behandlung der Endometritis. Ein Vorschlag f. prakt. Aerzte. 1. Thl.: Störungen der Sekretion. (30 S.) (900.) (Hft. 145.) n. 1. 20
Mendel, Kurt, welchen Schutz bietet unsere Zeit den Geisteskranken? (64 S.) 902. (Hft. 171.) n. 1. 20
Mendelsohn, Mart., über die therapeutische Beeinflussg. der Expectoration durch die Heilmittel der Hypurgie. (19 S.) 899. (Hft. 133.) n. — 60
Menzer, die bakteriologische Frühdiagnose des Abdominaltyphus u. ihre Anwendung in der ärztl. Praxis. (16 S.) 901. (Hft. 160.) n. — 60
Moll, Alfr., Augenleiden bei einigen acuten Infectionskrankheiten. (22 S.) 898. (Hft. 122.) n. — 60
Oppler, Bruno, der chronische Magenkatarrh u. seine Behandlung. (25 S.) 898. (Hft. 123.) n. — 60
Reineboth, H., die physikalische Diagnostik der Lungentuberkulose. (17 S.) 901. (Hft. 159.) n. — 60
Richter, Paul Frdr., die Organotherapie u. ihre praktische Bedeutung. (27 S.) 900. (Hft. 139.) n. — 60
Rohleder, Herm., über medicamentöse Seifen bei Hautkrankheiten. (18 S.) 901. (Hft. 158.) n. — 60
Rosen, Rich., die häusliche Behandlung Lungenkranker. (15 S.) 900. (Hft. 143.) n. — 60
Rosenbach, O., die Bedeutung u. Behandlung der Krisen bei akuten Krankheiten. (38 S.) 899. (Hft. 134.) n. 1. 20
Rosenfeld, Geo., die Bedingungen der Fleischmast. (28 S.) 899. (Hft. 127.) n. 1. 20
Ruhemann, J., neuere Erfahrungen üb. die Influenza. (19 S.) 900. (Hft. 147.) n. — 60
Schuster, Paul, zur neurologischen Untersuchung Unfallkranker. Erfahrungen u. Ratschläge. (32 S.) 899. (Hft. 135.) n. 1. 20
Smith, A., über den heutigen Stand der funktionellen Herzdiagnostik u. Herztherapie. (82 S.) 902. (Hft. 166.) n. 1. 20
Strassmann, Paul, über Uterusblutungen. (23 S.) 898. (Hft. 124.) n. — 60
Strauss, H., einige practisch wichtige Fragen aus dem Kapitel der Gastroptosen. (30 S.) 899. (Hft. 131.) n. 1. 20
Strebel, H., die bisherigen Leistungen der Lichttherapie. (32 S.) 902. (Hft. 164.) n. — 60

Klinik, Berliner. Sammlung klin. Vorträge. Begründet v. E. Hahn u. P. Fürbringer. Hrsg. v. Rich. Rosen. Jahrg. 1902. Heft. 173 u. 174 u. Jahrg. 1903—1906. 175.—218. Heft. gr. 8. Berlin, Fischer's medicin. Buchh. Einzelpr. n. 42.—; für den Jhrg. von 12 Heften n. 6. —

Adolph, F., über primäre bösartige Neubildungen der Milz. (27 S.) 905. (Hft. 202.) n. — 60
Bossi, L. M., über meine Methode der schnellen mechanisch-instrumentellen Erweiterung des Uterushalses in der Geburtshilfe. (20 S. m. Abbildgn.) 905. (Hft. 199.) n. — 60
Braun, H., Cocain u. Adrenalin (Suprarenin.) (23 S.) 904. (Hft. 187.) n. — 60
Brühl, Gust., die Heilbarkeit der chronischen Mittelohreiterung. (16 S.) 906. (Hft. 214.) n. — 60
Buschke, A., Pathologie u. Therapie der hereditären Syphilis. (25 S.) 903. (Hft. 179.) n. 1. 20
Büttner, üb. das Wesen u. die Behandlung der Eklampsie. (28 S.) 905. (Hft. 208.) n. — 60
Fromme, entgeltliche Uebertragung ärztlicher Praxis, welches Rechtsgeschäft? Ist es dem Arzt ehrengerichtlich u. rechtlich erlaubt, seine Praxis e. anderen Arzt gegen Entgelt zu übertragen? Ein am 19. IV. 1906 im Aerzteverein zu Magdeburg geh. Vortrag. (40 S.) 906. (Hft. 215.) n. 1. 20
— die zivilrechtliche Verantwortlichkeit des Arztes f. sich u. seine Hilfspersonen. Ein am 22. XI. 1904 im Aerzteverein zu Magdeburg geh. Vortrag. (51 S.) 905. (Hft. 201.) n. 1. 20
Graessner, die Prinzipien der Bardenheuer'schen Frakturbehandlung. (19 S.) 905. (Hft. 207.) n. — 60
Gräupner, die mechanische Prüfung u. Beurtheilung der Herzleistung. (34 S.) 902. (Hft. 174.) n. 1. 20
Grossmann, J., die Erfolge der hypnotisch-suggestiven Behandlung bei Gelenkerkrankungen, m. besond. Berücksicht. des chron. Gelenkrheumatismus u. der Gicht. (36 S.) 904. (Hft. 193.) n. 1. 20
Heinsius, Fritz, die Heisslufttherapie bei Frauenkrankheiten. (26 S.) 904. (Hft. 194.) n. — 60
Hirschfeld, Hans, über den diagnostischen u. prognostischen Wert von Leukocytenuntersuchungen. (23 S.) 903. (Hft. 183.) n. — 60
Illoway, H., üb. diätetische Vorschriften bei der Behandlung chronischer Herzleiden. (22 S.) 903. (Hft. 184.) n. — 60
Joseph, Max, über Nagelkrankheiten. (Nach e. im ärztl. Fortbildungscursus im Winter 1901/02 geh. Vortrage.) (Mit 3 Abbildgn. im Texte.) (34 S.) 902. (Hft. 173.) n. 1. 20
Klapp, R., die Saugbehandlung. Mit 12 Abbildgn. (18 S.) 906. (Hft. 212.) n. — 60
Klatt, Hans, über Senkung der Baucheingeweide. (37 S.) 905. (Hft. 210.) n. 1. 20
Knapp, Ludw., der gegenwärtige Stand der Behandlung der Uterus-Myome. (21 S.) 904. (Hft. 191.) n. — 60
Kohn, Hans, über die chronischen Pneumonien. (34 S.) 903. (Hft. 185.) n. 1. 20
Kuhn, Frz., Prophylaxe u. operationslose Behandlung des Gallensteinleidens. (36 S.) 903. (Hft. 177.) n. 1. 20
— dasselbe. (Fortsetzung.) (39 S.) 903. (Hft. 180.) n. 1. 20
Kühn, wie schützen wir unsere Kinder vor der tuberkulösen Infektion? (27 S.) 904. (Hft. 195.) n. — 60
Leers, Otto, Zur Lehre von den traumatischen Neurosen. (38 S.) 905. (Hft. 205.) n. 1. 20
Menzer, das Antistreptococcenserum in der ärztlichen Praxis. (36 S.) 906. (Hft. 216.) n. 1. 20
Mohr, Heinr., der Gelenkrheumatismus tuberkulösen Ursprungs. (27 S.) 904. (Hft. 197.) n. — 60
Muskat, Gust., über den Plattfuss. (25 S.) 905. (Hft. 200.) n. — 60
Neter, Eug., u. Hanns Roeder, über die Hautkrankheiten im Säuglingsalter u. ihre Behandlung. (33 S.) 904. (Hft. 189.) n. 1. 20
Petruschky, Joh., Koch's Tuberkulin u. seine Anwendung beim Menschen. (35 S.) 904. (Hft. 188.) n. 1. 20
Pincus, Ludw., die Bedeutung der Atmokausis u. Zestokausis für die allgemeine Praxis. (45 S.) 904. (Hft. 198.) n. 1. 20
Reichmann, Ed., Percussorische Auscultation, Phonendoscopie u. Stäbchenauscultation. Eine krit. Studie. Mit 8 Abbildgn. (25 S.) 903. (Hft. 181.) n. 1. 20
Rosen, R., Prophylaxe der Herzkrankheiten. (30 S.) 903. (Hft. 186.) n. — 60
Rosenbach, O., über regionäre Anämie resp. Hypothermie der Haut als Ausdruck funktioneller Störungen innerer Organe. (17 S.) 903. (Hft. 178.) n. — 60
Rosenberg, Alb., welche Nasenkrankheiten kann man ohne technische Untersuchungsmethoden erkennen? Praktische Fingerzeige für den Arzt. Mit 20 Abbildungen im Texte. (37 S.) 903. (Hft. 175.) n. 1. 20
Salaghi, S., über das Wesen verschiedener Störungen des Herzrhythmus. (38 S. m. 11 Abbildgn.) 904. (Hft. 192.) n. 1. 20
Schilling, F., das peptische Magengeschwür m. Einschluss des peptischen Speiseröhren- u. Duodenalgeschwürs. (71 S.) 905. (Hft. 206.) n. 1. 20
Schmitz, Rob., über den gegenwärtigen Stand der Perityphlitis-Frage, insbesondere über den günstigsten Zeitpunkt des operativen Einschreitens. (50 S.) 905. (Hft. 203.) n. 1. 20
Strasburger, Jul., die Faeces-Untersuchung u. ihre klinische Bedeutung. (20 S.) 904. (Hft. 190.) n. — 60
Tenholt, A., über die Wurmkrankheit der Bergleute (Anchylostomiasis). (22 S.) 906. (Hft. 213.) n. — 60
Tiegel, Max, sollen die Operationen in der Brusthöhle unter Anwendung des Sauerbruch'schen Ueberdruck- od. Unterdruck-Verfahrens ausgeführt werden? (43 S.) 905. (Hft. 209.) n. 1. 20
Treupel, G., über die operative Behandlung gewisser Lungenkrankheiten u. ihre Indikationen. (17 S.) 903. (Hft. 176.) n. — 60
Tuszkai, Ö., über das unstillbare Erbrechen der Schwangeren. (Hyperemesis gravidarum.) (34 S.) 906. (Hft. 218.) n. 1. 20
Wagner, Paul, die Fortschritte der Nierenchirurgie im letzten Dezennium. (33 S.) 905. (Hft. 204.) n. 1. 20
Werther, die verschiedenen Behandlungsmethoden des Lupus vulgaris. (29 S.) 906. (Hft. 211.) n. 1. 20
Wessely, K., Auge u. Immunität. (23 S.) 903. (Hft. 182.) n. — 60
Wolff, Bruno, über die prophylaktische Wendung. (22 S.) 904. (Hft. 196.) n. — 60
Wollenberg, Gust. Alb., die tuberkulöse Wirbelentzündung u. die moderne Behandlung derselben. (18 S.) 906. (Hft. 217.) n. — 60

Klinik, Berliner. Begründet v. E. Hahn u. P. Fürbringer. Hrsg. v. Rich. Rosen. 18. Jahrg. 1906. 219.—222. Heft u. 19.—22. Jahrg. 1907—1910. 223.—266. Heft. gr. 8. Berlin, Fischer's medicin. Buchh. Einzelpr. 37.20; f. den Jahrg. v. 12 Heften 6. —

Barth, über funktionelle Nierendiagnostik. (27 S.) 908. (Heft 245.) — 60
Bäumer, Eduard, ältere u. neuere Methoden der Quecksilberbehandlung. (18 S.) 910. (Heft 264.) — 60
Bial, Manfr., die chronische Pentosurie. (27 S.) 907. (Heft 226.) — 60
Bibergeil, die Behandlung der Kniedeformitäten. (21 S.) 909. (Heft 253.) — 60
Bickel, Adf., über die Pathologie u. Therapie der Sekretionsstörungen des Magens. (26 S.) 907. (Heft 230.) — 60
Böhm, Max, über die Ursachen der jugendlichen Rückgratsverkrümmungen. (Aus der chirurgisch-orthopäd. Anstalt v. M. Böhm, Berlin.) (28 S. m. Abbildgn.) 910. (Heft 260.) 1. 20
Davidsohn, Fel., über den derzeitigen Stand der Frage der Radiumemanation. (22 S.) 910. (Heft 263.) — 60
Dührssen, A., 2 weitere Buddhageburten. (23 S.) 910. (Heft 266.) — 60
Elsner, Hans, die Frühdiagnose des Magenkarzinoms. (22 S.) 908. (Heft 235.) — 60
Eschle, F. C. R., funktionelle Therapie. (52 S.) 910. (Heft 259.) 1. 20
Fellner, Otfr. O., neuere Methoden bei Behandlung des Puerperalfiebers. (24 S.) 909. (Heft 258.) — 60
Fischer, Willy, die neuesten Forschungen üb. den Erreger der Syphilis. (20 S.) 907. (Heft 223.) — 60
Fromme, F., über das Frühaufstehen v. Wöchnerinnen u. Laparotomierten. (Aus der kgl. Univ.-Frauen-Klinik zu Halle a. S., Direktor: J. Veit.) (15 S.) 910. (Heft 262.) — 60
Glücksmann, Geo., die Oesophagoskopie u. ihre praktische Bedeutung. (18 S. m. 1 Taf.) 907. (Heft 233.) — 60
Graff, H., Matthes, u. Hugo Sellheim, die akute allgemeine Peritonitis vom chirurgischen, internen u. gynäkologischen Standpunkte betrachtet. (37 S.) 907. (Heft 231.) 1. 20
Grube, Karl, der Diabetes mellitus. Sein Wesen u. seine Behandlg. auf Grund der neueren Forschgn. u. eigener Beobachtgn. (47 S.) 910. (Heft 261.) 1. 20
Gutmann, Adf., die Tuberkulose des Auges. (14 S.) 909. (Heft 254.) — 60
Hecker, H., die Behandlung der „Varicen" u. „ulcera cruris" m. besond. Berücksicht. des Zinkleimverbandes. (24 S.) 909. (Heft 256.) — 60
Homberger, Ernst, der Aderlass u. die blutentziehenden Mittel bei Herzkrankheiten im Lichte der neuen Kreislaufstheorie. (19 S.) 908. (Heft 243.) — 60
Kantorowicz, Alfr., Kritik der neueren Methoden der Perkussion. (32 S.) 906. (Heft 220.) 1. 20
Kirchner, A., die Frakturen des Mittelfusses. (24 S.) 908. (Heft 236.) — 60

Kotimann, Kurt, über die Fortschritte der Digitalisbehandlung. (38 S.) 908. (Heft 237.) 1. 20

Kuhn, Frz., die Operation der Nasenrachenraumtumoren mittels peroraler Intubation. (26 S.) 906. (Heft 221.) — 60

Kühn, A., Abhärtung u. Erkältung. (Akademischer Vortrag, geh. den 7. XII. 1908 in der Aula der Universität Rostock.) (32 S.) 909. (Heft 248.) — 60

Kühner, A., Störungen der Sexualfunktionen. (42 S.) 907. (Heft 227.) 1. 20

Melchior, Eduard, über den Milzabszess bei Typhus abdominalis u. seine chirurgische Behandlung. (38 S.) 909. (Heft 255.) 1. 20

Mendel, Fel., die Fibrolysinbehandlung u. ihre Erfolge. (31 S.) 907. (Heft 232.) — 60

Meyer, E., die Dementia praecox. (37 S. m. 1 Abbildg.) 910. (Heft 265.) 1. 20

Michaelis, Paul, der Nabelschnurbruch (Hernia funiculi umbilicalis). Ein Beitrag zu seiner operativen Behandlg. (20 S.) 906. (Heft 222.) — 60

Moses, Harry, die chirurgische Behandlung des Morbus Basedowii. (18 S.) 909. (Heft 250.) — 60

Perl, L., die Behandlung m. Stauungs- u. Saugungshyperämie in der allgemeinen Praxis. (17 S.) 907. (Heft 224.) — 60

Riebel, über die chronische ankylosierende Entzündung der Wirbelsäule. Nach e. in der Gesellschaft f. Natur- u. Heilkunde geh. Vortrage. (20 S.) 909. (Heft 251.) — 60

Rohleder, Herm., der Automonosexualismus; e. bisher noch unbeobachtete Form des menschlichen Geschlechtstriebes. (32 S.) 907. (Heft 225.) 1. 20

— Die libidinösen Sexualausflüsse u. der Orgasmus. (31 S.) 909. (Heft 257.) 1. 20

Sadger, J., die Hydriatik des Typhus abdominalis. (33 S.) 908. (Heft 212.) 1. 20

Schilling, F., die Krankheiten des Afters. (25 S.) 908. (Heft 246.) — 60

— Die Krankheiten des Mastdarms. (50 S.) 909. (Heft 249.) 1. 20

Schmidt, H. E., über die bisher vorliegenden Ergebnisse der therapeutischen Anwendung der Röntgenstrahlen. (16 S.) 907. (Heft 229.) — 60

Schüle, über einige Errungenschaften der modernen Magendiagnostik. (22 S.) 907. (Heft 228.) — 60

Senator, Max, die Tracheoskopie u. Bronchoskopie. (17 S. m. Abbildgn.) 907. (Heft 234.) — 60

Sommer, Ernst, Beitrag zur physikalischen Therapie der Unfallfolgen. (17 S.) 908. (Heft 239.) — 60

Sondermann, R., über Technik u. Nutzen der Saugbehandlg. bei Nasenerkrankgn. (26 S.) 908. (Heft. 238.) — 60

Sutkowsky, L., das Gesetz der Entstehung des Geschlechts u. das Mittel, das Geschlecht des Individuums zu beeinflussen. (47 S.) 909. (Heft 252.) 1. 20

Talma, S., Eröffnung collateraler Bahnen f. das Blut der Venae portae. (19 S.) 908. (Heft 241.) — 60

Tugendreich, Gust., die Buttermilch als Säuglingsnahrung. (23 S. m. Fig.) 906. (Heft 219.) — 60

Wagner, Paul, die Fortschritte in der Serumbehandlg. des Tetanus. (32 S.) 906. (Heft 244.) — 60

Weissmann, R., die Hetolbehandlung der (Umschlag: bei) Tuberkulose. (17 S.) 908. (Heft 240.) — 60

Zucker, Karl, die Pyocyanase-Behandlung bei Erkrankungen der Tonsillen, des Pharynx u. des Nasenrachenraums m. besond. Berücksicht. der Diphtherie. (16 S.) 909. (Heft 247.) — 60

Chirurgische Klinik der Tierärztlichen Hochschule Stuttgart (1898—1900 erbaut). [1 Lageplan u. 38 Photographie-Tafeln mit erklär. Text. Stuttgart 1900.] 4°.

Chirurgische Klinik der Tierärztlichen Hochschule Stuttgart. [Nebst] Neuer Anbau. Stuttgart 1900. 1908. qu. 4°.

Klinik, deutsche. Zeitung für Beobachtungen aus deutschen Kliniken und Krankenhäusern. Hrsg. von Alex. Göschen. 1. Jahrg. 17. Novbr. — Decbr. 1849. 7 Nrn. (à 1—1½ Bog.) Imp.-4. Berlin, G. Reimer. *

—— dass. — Hrsg. von Dems. 2—4. Jahrg. 1850—52. à Jahrg. 52 Nr. (à 1—1½ Bog.) Imp.-4. Ebds. à Jahrg. *

Klinik, deutsche. Zeitung für Beobachtungen aus deutschen Kliniken u. Krankenhäusern. Herausg. von Alex. Göschen. 5—10. Jahrg. 1853—58. à 52 Nrn. (à 1—1½ Bgn.) Berlin, G. Reimer. gr. 4. Jeder Jahrg. n. 8 ℛ︎

Klinik, deutsche. Zeitung für Beobachtungen aus deutschen Kliniken u. Krankenhäusern. Herausg. von Alex. Göschen. (11—16.) Jahrg. 1859—64. à 52 Nrn. (à 1—1½ Bgn.) Berlin, G. Reimer. gr. 4. Jeder Jahrg. n. 8 ℛ︎

Klinik, deutsche. Zeitung für Beobachtungen aus deutschen Kliniken u. Krankenhäusern. Hersg. von Alex. Göschen. (17—22.) Jahrg. 1865—70. à Jahrg. 52 Nrn. (à 1—1½ Bgn.) Berlin, G. Reimer. Imp.-4. Jeder Jahrg. n. 8 ℛ︎

Klinik, deutsche. Zeitung f. Beobachtgn. aus deutschen Kliniken u. Krankenhäusern. Hrsg. v. Alex. Göschen. 23—27. Jahrg. 1871—1875 à 52 Nrn. (à 1—2 B.) gr. 4. Stuttgart, Enke. à Jahrg. n. 24. —

Die deutsche Klinik am Eingange des zwanzigsten Jahrhunderts in akad. Vorlesungen hrsg. von Dr. Ernst v. Leyden, Prof., Berlin, u. Dr. Felix Klemperer, Privatd., Berlin. Bd 1—11. (In 181 Lfgen.) Mit Abb. u. Taf. Berlin & Wien: Urban & Schwarzenberg 19(01—)07. 13 Bde 8°

1. Allgem. Pathologie u. Therapie. 19(01—)03.
2. Infectionskrankheiten. 19(01—)03.
3. Constitutionsanomalien u. Blutkrankheiten. 19(01—)03.
4. Erkrankungen d. Athemwege, d. Herzens u. d. Nieren. 19(01—)07.
5. Erkrankungen d. Verdauungsorgane. 19(01—)05.
6, Abth. 1. Nervenkrankheiten. 19(01—)06.
   2. Geisteskrankheiten. 19(01—)06.
7. Kinderkrankheiten. 19(01—)05.
8. Chirurg. Vorlesungen. ⟨Einschliessl. Ophthalmologie u. Otiatrie.⟩ 19(01—)05.
9. Geburtshilfliche u. gynäkolog. Vorlesungen. 19(01—)04.
10, Abth. 1. Blasen- u. Geschlechtskrankheiten. 19(01—)05.
   2. Dermatologie. 19(01—)05.
11. Allgem. Pathologie u. Therapie. ⟨Forts. von Bd 1.⟩ 19(03—)07. [07. 13688

Klinik, die deutsche, am Eingange des 20. Jahrh. in akademischen Vorlesungen. Hrsg. von Ernst v. Leyden u. Fel. Klemperer. I.—V. Bd., VI. Bd. 2 Abthlgn., VII.—IX. Bd. u. X. Bd. 2 Abthlgn. Lex.-8. Wien, Urban & Schwarzenberg. n. 270. 40; geb. in Halbfrz. n 301. 40

I. Allgemeine Pathologie u. Therapie. Mit 77 Abbildgn. im Text u. 2 Taf. (XI, 695 S.) 903. n. 17. 60; geb. n. 20. 10

II. Infectionskrankheiten. Mit 80 Abbildgn. im Text u. 1 farb. Taf. (XI, 910 S.) 903. n. 24. —; geb. n. 26. 50

III. Constitutionsanomalien u. Blutkrankheiten. Mit 19 Abbildgn. im Text u. 1 Taf. (XI, 544 S.) 903. n. 14. 40; geb. n. 16. 90

IV. Erkrankungen der Athemwege, des Herzens u. der Nieren. Mit 124 Abbildgn. im Text u. 4 Taf. (XII, 441, 582 u. 323 S.) 907. n. 35. 20; geb. n. 38. 20

V. Erkrankungen der Verdauungsorgane. Mit 44 z. Tl. mehrfarb. Abbildgn. (XI, 752 S.) 905. n. 20. 80; geb. n.n. 23. 30

VI. 1. Nervenkrankheiten. Mit 194 Abbildgn. im Text u. 5 Taf. (XII, 1400 S.) 906. n. 38. 40; geb. n. 41. 40

2. Geisteskrankheiten. (XI, 563 S.) 906. n. 16. —; geb. n. 18. 50

VII. Kinderkrankheiten. Mit 32 Abbildgn. im Text. (XI, 792 S.) 905. n. 19. 20; geb. n.n. 21. 70

VIII. Chirurgische Vorlesungen (einschliesslich Ophthalmologie u. Otiatrie). Mit 210 Abbildgn. im Text u. 3 Taf. (XI, 1244 S.) 905. n. 32. —; geb. n.n. 34. 50

IX. Vorlesungen, geburtshilfliche u. gynäkologische. Mit 56 Abb. im Text. (XI, 856 S.) 904. n. 22. 40; geb. n.n. 24. 90

X. 1. Blasen- u. Geschlechtskrankheiten. Mit 64 Fig. (XI, 600 S.) 905. n. 16. —; geb. n.n. 18. 50

2. Dermatologie. Mit 56 Fig. (XI, 571 S.) 905. n. 14. 40; geb. n.n. 16. 90

Klinik, die deutsche, am Eingange des 20. Jahrh. in akademischen Vorlesungen. Hrsg. v. Ernst v. Leyden u. Fel. Klemperer. (In ca. 10 Bdn. à ca. 10 Lfgn.) 1.—73. Lfg. gr. 8. (I. Bd. S. 1—552; II. Bd. S. 1—526; III. Bd. S. 1—416; IV. Bd. 1. Abth. S. 1—176, 2. Abth. S. 1—56 u. 3. Abth. S. 1—124, V. Bd. S. 1—384; VI. Bd. 1. Abth. S. 1—448 u. 2. Abth. S. 1—316; VII. Bd. S. 1—340; VIII. Bd. S. 1—312; IX. Bd. S. 1—420; X. Bd. 1. Abth. S. 1—148 u. 2. Abth. S. 1—192 m. Abbildgn. u. 5 Taf.) Wien 901. 902. Urban & Schwarzenberg. à n. 1. 60

Klinik, die deutsche, am Eingange des 20. Jahrh. in akademischen Vorlesungen. Hrsg. von Ernst v. Leyden u. Fel. Klemperer. 74.—178. Lfg. (I. Bd. XI u. S. 553—695; II. Bd. XI u. S. 527—910; III. Bd. XI u. S. 417—544; IV. Bd. 1. Abth. S. 177—441, 2. Abth. S. 121—582, 3. Abth. X u. S. 125—323; V. Bd. XI u. S. 385—752; VI. Bd. 1. Abth. X u. S. 449—1400, 2. Abth. XXIII u. S. 317—563; VII. Bd. XI u. S. 341—792; VIII. Bd. XI. u. S. 313—1244; IX. Bd. XI u. S. 421—856; X. Bd. 1. Abth. S. 149—660, 2. Abth. XI u. S. 193—571 u. XI. Bd. S. 1—580 m. Abbildgn. u. 11 [5 farb.] Taf.) Lex.-8. Wien 903—906. Urban & Schwarzenberg. à n. 1. 60

Klinik, die deutsche, am Eingange des 20. Jahrh. in akademischen Vorlesungen. Hrsg. v. Ernst v. Leyden u. Fel. Klemperer. 179.—201. Lfg. (XI. Bd. S. 581—735 u. XI S. m. Abb. u. 1 Taf.; XII. Bd. 1. Erg.-Bd. X, 780 S. m. Abb. u. XIII. Bd. 2. Eg.-Bd. S. 1—292 m. Abb. u. 6 Taf.) Lex. 8. Wien 907—10. Urban & Schwarzenberg. à Lfg. 1. 60

— dasselbe. XI. Bd. u. I. Ergänzungsbd. Lex. 8. Ebd. 44.80; geb. in Halbfrz. n 50. 80

XI. Allgemeine Pathologie u. Therapie. (Fortsetzung v. Bd. I.) Mit 134 Abbildgn. im Text u. 1 Taf. (XI, 735 S.) 907. 20.80; geb. n 23. 80

Erg.-Bd. I. Fortschritte der deutschen Klinik. In akadem. Vorlesungen. Hrsg. v. Fel. Klemperer. 1. Bd. (X, 780 S. m. 54 Abb. u. 10 Taf.) 910. 24.—; geb. n 27. —

Bd. I—X. Ebd. 903—05. 270.40; geb. 301.40

Geburtshülflich-gynäkologische **Klinik** und Poliklinik. [Bestimmungen für die Studirenden als Auskultanten und Prakticanten.] [Am Ende:] Der Director. Dat. Halle April 1881. 3 S. 4° [Kopft.]

Klinik, gynäkologische, hrsg. v. Wilh. Alex. Freund. 1. Bd. Mit 87 Holzschn. u. e. Atlas v. 38 z. Thl. color. Taf. in gr. 4. gr. 8. (XV, 687 S.) Strassburg 885. Trübner. n. 45. —

Die Königliche Psychiatrische **Klinik** in München. 1. Festrede z. Eröffnung d. Klinik 1904 von Prof. Dr. Emil Kraepelin. 2. Baubeschreibung d. Klinik von Heilmann u. [Max] Littmann. Mit 7 Ansichten u. 5 Pl. Leipzig: J. A. Barth 1905. (71 S.) 8° [05. 8100]

— die königl. psychiatrische, in München. I. Festrede zur Eröffng. der Klinik am 7. XI. 1904 v. Emil Kraepelin. II. Baubeschreibung der Klinik von Heilmann u. Littmann. Mit 7 Ansichten u. 5 Plänen. (71 S.) gr. 8. Leipzig 905. J. A. Barth. n. 2. —

— f. psychische u. nervöse Krankheiten. Hrsg. von Rob. Sommer. I. Bd. (In 8 Heften.) 1.—4. Heft. (S. 1—363 m. Abbildgn., Kurven u. 8 Taf.) gr. 8. Halle 906. C. Marhold. à Heft n. 3. —

Klinik f. psychische u. nervöse Krankheiten. Hrsg. v. Rob. Sommer. II.—V. Bd. à 4 Hefte. gr. 8. Halle, C. Marhold. à Bd. 12. —

II. (IV u. S. 365—781.) 907. — III. (IV, 392 S. m. 26 Abb. u. 2 Taf.) 908. — IV. (IV, 390 S. m. 7 Abb.) 909. — V. (IV, 380 S. m. 7 Abb.) 910.

— medizinische. Wochenschrift für prakt. Aerzte. Hrsg. v. Th. Axenfeld, K. v. Bardeleben, A. Bier u. a. Red. v. Kurt Brandenburg. 1. Jahrg. Dezbr. 1904—Dezbr. 1905. 56 Nrn. u. 12 Ergänzungshefte. (à ca. 24 S. u. Ergänzungshefte à ca. 32 S. in gr. 8.) 4. Berlin, Urban & Schwarzenberg. n. 16. —

— dasselbe. 2. Jahrg. 1906. 52 Nrn. u. 12 Ergänzungshefte. (à ca. 30 S. m. Abbildgn. u. Taf. u. Ergänzungshefte à ca. 30 S. in gr. 8.) 4. Ebd. n. 16. —

— medizinische. Wochenschrift f. prakt. Ärzte. Hrsg. v. E. Abderhalden, Th. Axenfeld, A. Bier u. a. Red. v. Kurt Brandenburg. 3.—6. Jahrg. 1907—1910. à 52 Nrn. u. 12 Ergänzungshefte. Mit Beilage: Allgemeine militärärztl. Zeitg. (1910: 2064 S. m. Abb.) 33.5×25,5 cm. Berlin u. Wien, Urban & Schwarzenberg. à Jahrg. 16. —

— dasselbe. Beihefte. III.—V. Jahrg. 1907—1909. à 12 Hefte u. VI. Jahrg. 1910. 1.—9. Heft. gr. 8. Ebd. Einzelpr. à Heft 1. —

Aschoff, L., über Atherosklerose u. andere Sklerosen des Gefässsystems. (22 S.) 908. (1908 Heft 1.)

Axhausen, Geo., die patholog.-anatomischen Grundlagen der Lehre v. der freien Knochentransplantation beim Menschen u. beim Tiere. (S. 23—59.) 908. (1908 Heft 2.)

Baisch, Karl, Ursache, Verhütung u. Behandlung des Kindbettfiebers. (S. 287—290.) 907. (1907 Heft 10.)

Baur, E., einige Ergebnisse der experimentellen Vererbungslehre. (S. 265—292 m. 12 Abb.) 908. (1908 Heft 10.)

Bernert, Rich., zur Klinik der Pericarditis exsudativa. (Pericarditis exsudativa m. intermittierend-remittier. Verlauf.) (Aus der inneren Abteilg. des O.-St.-A. A. Pick.) (S. 97—128 m. eingedr. Diagr.) 910. (1910 Heft 4.)

Bielschowski, A., die neueren Anschauungen üb. Wesen u. Behandlung des Schielens. (S. 311—342.) 907. (1907 Heft 12.)

Bing, Rob., über das intermittierende Hinken u. verwandte Motilitätsstörgn. (S. 111—142.) 907. (1907 Heft 5.)

Bircher, Eug., zur Pathogenese der kretinischen Degeneration. Aus der chirurg. Klinik, Basel (Wilms). (S. 149—180.) 908. (1908 Heft 6.)

Bloch, Bruno, die Sporotrichose. (S. 179—202 m. Fig. u. 1 farb. Taf.) 909. (1909 Heft 8. 9.)

Dautwitz, über Diagnose u. spezifische Behandlung der latenten endothorakalen Drüsentuberkulose des kindlichen Alters. Aus der Tuberkulose-Klinik der städt. Krankenanstalten zu Cöln. (S. 241—264.) 908. (1908 Heft 9.)

Determann, H., die vegetarische Lebensweise bei Gesunden. (S. 57—80.) 909. (1909 Heft 3.)

Ebner, Ad., aktuelle Fragen aus dem Gebiet der Appendizitislehre. (Aus der chirurg. Klinik zu Königsberg i. Pr. Erich Lexer.) (S. 161—192.) 910. (1910 Heft 6.)

Engel, die Pathologie der Kindertuberkulose. (S. 233—260.) 909. (1909 Heft 11.)

Ewald, Walth., die traumatischen Neurosen u. die Unfallgesetzgebung. (II u. S. 317—346.) 908. (1908 Heft 12.)

Feer, E., die Ernährungsstörungen im Säuglingsalter u. ihre Behandlung. (28 S.) 909. (1909 Heft 1.)

Franke, Fel., über chronische Influenza. (S. 203—232 m. 6 Abbildgn.) 909. (1909 Heft 10.)

Fuchs, Alfr., symptomatische Therapie u. Pflege bei Tabes dorsalis. Mit 1 Karte u. 7 Abb. im Text. (S. 117—148.) 908. (1908 Heft 5.)

Goldstein, Kurt, über Aphasie. (Aus der psychiatr. Klinik zu Königsberg i. Pr. E. Meyer.) (32 S. m. 6 Abb.) 910. (1910 Heft 1.)

Hahn, Otto, der Zerfall der radioaktiven Elemente. (S. 33—64.) 907. (1907 Heft 2.)

Jacobi, Jos., über vergleichende physikal. u. Röntgenuntersuchungen bei Lungentuberkulose, wie auch üb. die Calmette'sche Ophthalmoreaktion im Anschlusse an Röntgenuntersuchgn. (Aus der Abteilg. f. Krankheiten der Brustorgane der Budapester Poliklinik. [Abteilungsvorstand Paul Terray.]) (S. 33—64.) 910. (1910 Heft 2.)

Köhler, F., u. R. Lenzmann, die therapeutische Beeinflussg. der inneren u. äusseren Tuberkulose durch Tuberkulin u. verwandte Mittel. Nach Referaten, erstattet in der gemeinschaftl. Sitzg. der rhein.-westfäl. Gesellschaft f. innere Medizin u. Nervenheilkunde u. der Vereinigg. niederrheinisch-westfäl. Chirurgen am 19. XI. 1908 zu Duisburg. (S. 29—58.) 909. (1909 Heft 2.)

Körting, Geo., aus der Literatur des Militärsanitätswesens. 1907. (S. 59—88.) 908. (1908 Heft 3.)

— Das Sanitätswesen in Deutsch-Südwestafrika während des Aufstandes 1904 bis 1906. (S. 65—88 m. 1 Fig.) 907. (1907 Heft 3.)

Liebermeister, G., die Bekämpfg. der akuten Kreislaufschwäche. (II u. S. 261—290 m. 7 Fig.) 909. (1909 Heft 12.)

— Über intravenöse Strophanthintherapie. Aus der Kölner Akademie f. prakt. Medizin, innere Abteilg. (Hochhaus.) (S. 209—240 m. Fig.) 908. (1908 Heft 8.)

Meinertz, J., die klinische Diagnose des Typhus u. Paratyphus. (Aus der medizin. Universitäts-Klinik in Rostock. Dir.: Martius.) (S. 247—274.) 910. (1910 Heft 9.)

Monti, A., die Ernährg. der Kinder vom ersten Lebensjahr bis zur Pubertät. (S. 291—310.) 907. (1907 Heft 11.)

Most, die Lokalanaesthesie in der Hand des prakt. Arztes. (S. 293—316 m. 9 Abb.) 908. (1908 Heft 11.)

Pinkus, Fel., üb. den jetzigen Stand der Syphilisforschg. (S. 207—236.) 907. (1907 Heft 8.)

Recklinghausen, Heinr. v., praktische Anleitung zu e. Messung des arteriellen Blutdrucks beim Menschen. (Aus dem Laboratorium f. experimentelle Pharmakologie zu Strassburg i. E.) (S. 217—246 m. 8 Fig. u. eingedr. Kurven.) 910. (1910 Heft 8.)

Rumpf, Th., über ärztliche Zeugnisse u. Gutachten. (S. 157—178.) 909. (1909 Heft 7.)

Schäffer, J., die Behandlg. d. Unterschenkelgeschwürs. (S. 129—160.) 910. (1910 Heft 5.)

Schittenhelm, Alfr., Natur u. Wesen der Gicht. (S. 89—110.) 907. (1907 Heft 4.)

Seiffer, W., über die Geschwülste des Kleinhirns u. der hinteren Schädelgrube. (32 S. m. 1 Fig.) 907. (1907 Heft 1.)
Strasser, A., u. R. Blumenkranz, die Wirkung indifferenter u. schweisstreibender Bäder bei Nephritis. (S. 143—174 m. 1 Fig.) 907. (1907 Heft 6.)
Sutter, H., die Psychoneurosen der Frau. (S. 175—206.) 907. (1907 Heft 7.)
Thiemich, aus d. Gebiete d. Kinderheilkunde. (S. 181 bis 208.) 908. (1908 Heft 7.)
Thomsen, R., üb. d. Bedeutung d. progressiven Paralyse f. d. allgem. Praxis. (S. 81—102.) 909. (1909 Heft 4.)
Toeplitz, Fritz, Pathologie u. Therapie der Pertussis. (S. 65—96.) 910. (1910 Heft 3.)
Uhlenhuth, P., üb. d. Entwicklung u. d. jetzigen Stand d. biolog. Blutdifferenzier. (S. 237—266.) 907. (1907 Heft 9.)
Welander, Eduard, zur Frage d. Behandlung d. syphilit. Krankheit. (S. 125—156.) 909. (1909 Heft 6.)
Wieland, E., üb. Krankheitsdisposition. (S. 89—116.) 908. (1908 Heft 4.)
Williger, was muss d. prakt. Arzt v. d. Zahnkrankhtn. wissen? (S. 193—216 m. 17 Abb.) 910. (1910 Heft 7.)
Zangemeister, üb. Kindbettfieber. (S. 103—124.) 909. (1909 Heft 5.)

Klinik, ophthalmologische. Internat. Halbmonatsblatt f. Pathologie u. Therapie d. Augenkrankheiten. Hrsg. v. Königshöfer, Zimmermann, R. Jocqs u. A. Darier. 1. Jahrg. Novbr. 1897—Octbr. 1898. 24 Nrn. (à ca. 24 S.) hoch 4. Stuttgart. Tübingen, J. Pietzcker. n. 8. —

— dasselbe. 2. Jahrg. 1898. 24 Nrn. (à ca. 20 S.) hoch 4. Ebd. n. 8. —; einseit. bedruckte Ausg. n. 10. —
Kann auch vierteljährlich bezogen werden.

Klinik, ophthalmologische. Internat. Halbmonatsblatt f. Pathologie u. Therapie der Augenkrankheiten. Hrsg. v. Königshöfer, Zimmermann, R. Jocqs u. A. Darier. 3. u. 4. Jahrg. 1899 u. 1900. à 24 Nrn. hoch 4. (à VIII, 388 S.) Stuttgart. Tübingen, F. Pietzcker. à Jahrg. n. 8. —; einseitig bedruckte Ausg. n. 10. —

— dasselbe. 5. Jahrg. 1901. 24 Nrn. hoch 4. (VIII, 376 S.) Ebd. n. 10. —; einseitig bedruckte Ausg. n. 12. —

— dasselbe. 6. Jahrg. 1902. 24 Nrn. hoch 4. (VIII, 378 S.) Stuttgart, E. Nägele. n. 10. —; einseitig bedruckte Ausg. n. 12. —

— die ophthalmologische. Internationales Halbmonatsblatt f. Pathologie u. Therapie der Augenkrankheiten. Hrsg. von Königshöfer, Raehlmann, R. Jocqs u. A. Darier. 7.—9. Jahrg. 1903—1905. à 24 Nrn. (1905. VIII, 368 S.) 4. Stuttgart, E. Schweizerbart. à Jhrg. n. 10. —

— dasselbe. 10. Jhrg. 1906. 24 Nrn. (à ca. 32 S.) gr. 8. Ebd. n. 12. —

Klinik, d. ophthalmologische. Internat. Halbmonatsbl. f. Pathologie u. Therapie d. Augenkrankheiten Hrsg. v. Königshöfer, Raehlmann, R. Jocqs u. A. Darier. 11. u. 12. Jahrg. 1907 u. 1908. à 24 Nrn. (à Jahrg. XIV, 768 S. m. Abb.) gr. 8. Stuttgart, E. Schweizerbart. à Jahrg. 12. —
Erscheint nicht mehr.

—— Wiener, s. a. Presse, Wiener medizinische.

Klinik, Wiener. Vorträge aus der gesammten praktischen Heilkunde. Hrsg. u. red. von Joh. Schnitzler. 1. Jahrg. 1875. 12 Hfte. gr. 8. Wien, Urban & Schwarzenberg. à Hft. n. 1. —
1. 2. Ueber Croup im Kindesalter von Alois Monti. (100 S.)
3. 9. Ueber Wesen u. Behandlung des Fiebers von Wilh. Winternitz. 1. u. 2. Hft. (S. 101—126 u. 225—296.)
4. Ueber Gebärmutterblutungen u. deren Behandlung von Carl v. Rokitansky jun. (S. 127—142.)
5. Ueber Harnsteinbildung. Von Rob. Ultzmann. (S. 143—163 m. 1 Steintaf.)
6. Die pneumatische Behandlung der Lungen- u. Herzkrankheiten. Von Joh. Schnitzler. (S. 165—196.)
7. Die psychischen Functionen des Gehirnes im gesunden u. kranken Zustande. Von M. Benedikt. (S. 197—222.)
8. Die mechanische Behandlung der Magen- u. Darmkrankheiten. Von L. Oser. (S. 223—253.)
10. Ueber Placenta praevia. Von Ludw. Kleinwächter. (S. 297—312.)
11. Ueber Luxationen im Allgemeinen. Von Jos. Englisch. (S. 313—334.)
12. Die Bubonen der Leistengegend u. ihre Behandlung. Von Heinr. Auspitz. (S. 335—361.)

— dasselbe. 2. Jahrg. 1876. 12 Hfte. gr. 8. Ebend. à Hft. n. 1. —
1. Ueber den Entwickelungsgang der Pathologie u. Therapie im gegenwärtigen Jahrhundert. Von Alb. Eulenburg. (32 S.)
2. Diagnostik u. Therapie der Hautsyphiliden. Von J. Neumann. (S. 33—64.)
3. 4. Die syphilitischen Augenkrankheiten. Von J. Hock. (S. 65—118 m. 2 Steintaf.)
5. 6. Ueber Hautgeschwüre. Von M. Kaposi. (S. 119—172.) Ueber den flachen Hautkrebs u. die ihn vortäuschenden Krankheits-Prozesse. Von Ed. Lang. (S. 173—185.)
7. Ludw. Kleinwächter: I. Die Behandlung der Querlagen bei Unmöglichkeit der Wendungs-Vornahme. (S. 187—203.) II. Die Perforation u. Extraction des perforirten Fruchtschädels. (S. 204—225.)
8. 9. Pathologie u. Therapie der Coxitis. Von Ed. Albert. (S. 227—289.)
10. Ueber neue Behandlungsweisen der Syphilis. Von Ritter v. Sigmund. (S. 291—326.)
11. 12. Der Augenspiegel u. seine Anwendung. Von S. Klein. (S. 327—398.)

— dasselbe. 3. Jahrg. 1877. 12 Hfte. gr. 8. Ebend. à Hft. n. 1. —
1. Zur Diagnose u. Therapie der Laryngo- u. Tracheostenosen. Von Joh. Schnitzler. (32 S.)
2. 3. Der Harnröhrenspiegel [das Eudoskop], seine diagnostische u. therapeutische Anwendung. Von Jos. Grünfeld. (S. 33—104.)
4. Ueber moralischen Irrsinn [moral insanity], vom Standpunkte des praktischen Arztes. Von Mor. Gauster. (S. 105—122.)
5. Die Behandlung der Pleuritis u. ihrer Produkte. Von M. Heitler. (S. 123—144.)
6. 7. Ueber Ernährung u. Körperwägungen der Neugebornen u. Säuglinge. Von Ludw. Fleischmann. (S. 147—194 m. 6 Steintaf.)
8. Ueber den Ileotyphus im Kindesalter. Von A. v. Hüttenbronner. (S. 195—226.)
9—11. Ueber die modernen Wundbehandlungsmethoden u. deren Technik. Von Fr. Steiner. (S. 227—320.)
12. Die Anwendung der Elektrizität in der praktischen Heilkunde. Von Rud. Lewandowski. (S. 321—376.)

Klinik, Wiener. Vorträge aus der gesammten praktischen Heilkunde. Hrsg. u. red. von Joh. Schnitzler. 4. Jahrg. 1878. 12 Hfte. gr. 8. Wien, Urban & Schwarzenberg. à Hft. n. 1. —
1. 2. Die Diagnostik u. Therapie der Rückenmarks-Krankheiten, nach dem heutigen Standpunkte dargestellt von M. Rosenthal. (68 S.)
3. Ueber Radikalbehandlung der Eingeweidebrüche. Von Jos. Englisch. (S. 69—114.)
4. 5. Ueber Haematurie (Bluthamen]. Von R. Ultzmann. (S. 115—162.)
6. Der gegenwärtige Stand der Lehre vom Glaukom. Von J. Hock. (S. 163—182.)
7. 10. Ueber Laryngoskopie u. Rhinoskopie u. ihre Anwendung in der ärztlichen Praxis. Von Joh. Schnitzler. I. u. II. (S. 183—222 u. 271—294.)
8. 9. Die künstliche Untersuchung der Schwangerschaft. Von Ludw. Kleinwächter. (S. 223—270.)
11. 12. Die Pathologie u. Therapie der hereditären Syphilis nach ihrem gegenwärtigen Standpunkte. Von Ludw. Fürth. (S. 295—376.)

— dasselbe. 5. Jahrg. 1879. 12 Hfte. gr. 8. Ebend. à Hft. n. 1. —
1. 2. Die neueren Arzneimittel in ihrer Anwendung u. Wirkung dargestellt von Wilh. Fr. Loebisch u. Prokop Frhr. v. Rokitansky. (64 S.)
3. Ueber Farbenblindheit. Von A. v. Reuss. (S. 65—100.)
4. Die Behandlung des Abortus. Von M. Konrad. (S. 101—118.)
5. 6. Ueber Neuropathie [Neurosen] d. männlichen Harn- u. Geschlechtsapparates. Von R. Ultzmann. (S. 119—164.)
7. Ueber Blutgeschwülste des weiblichen Beckens, deren Diagnose u. Behandlung. Von L. Bandl. (S. 165—200.)
8. Ueber die chronische eitrige Entzündung der Paukenhöhle u. ihre Bedeutung. Von Vict. Urbantschitsch. (S. 201—240.)
9. Ueber Milztumoren. Von Frz. Chvostek. (S. 241—276.)
10. Hofmokl: Ueber die Pathologie u. Therapie des Furunkels u. des Anthrax. (S. 277—285.) Ueber angeborene u. erworbene ungleichmässige Entwickelung der unteren Extremitäten bei Kindern. (S. 286—294.)
11. 12. Die Massage, ihre Geschichte, ihre Anwendung u. Wirkung. Von Bela Weiss. (S. 295—346.)

— dasselbe. 6. Jahrg. 1880. 12 Hfte. gr. 8. Ebend. à Hft. n. 1. —
1. 2. Die Verletzungen d. Auges u. seiner Annexe, m. besond. Rücksicht auf die Bedürfnisse des Gerichtsarztes. Von Otto Bergmeister. (S. 1—46.) Ueber die Begutachtung des Hörorganes in forensischer Beziehung u. m. Rücksicht auf das Versicherungswesen. Von Vict. Urbantschitsch. (S. 47—52.)
3. Ueber Katalepsie u. Mesmerismus. Von Mor. Benedikt. (S. 73—92.) Ueber Galvano-Hypnotismus, hysterische Lethargie u. Katalepsie. Von A. Eulenburg. (S. 93—102.)
4. Ueber die fungöse Gelenksentzündung u. ihre Beziehung zur Tuberkulose der Knochen. Von Jos. Englisch. (S. 103—134.)
5. Ueber den Einfluss von Nervenkrankheiten auf Zeugung u. Sterilität. Von M. Rosenthal. (S. 135—166.)
6. Ueber Tabes dorsalis. Von N. Weiss. (S. 167—198.)
7. Ueber den gegenwärtigen Stand der Desinfectionsfrage. Von Wernich. (S. 199-200.)
8. 9. Die Krankheiten der Nebennieren. Von Frz. Chvostek. (S. 221—268.)
10. Ueber Heilbarkeit der Lungenschwindsucht u. über Kombination der Tuberkulose m. anderen Krankheiten. Von M. Heitler. (S. 269—286.)
11. 12. Ueber die Methode des Kaiserschnittes nach Porro. Von Fritz Levy. (S. 287—346.)

Klinik, Wiener. Vorträge aus der gesammten praktischen Heilkunde. Hrsg. u. red. von Joh. Schnitzler. 7. Jahrg. 1881. 12 Hfte. gr. 8. Wien, Urban & Schwarzenberg. à Hft. n. 1. —
1. Die Ursachen der Magenerweiterung u. der Werth der mechanischen Behandlung bei derselben. Von L. Ulser. (18 S.)
2. Ueber Psoriasis vulgaris. Von J. Neumann. (S. 19—42.)
3. Ueber Meningitis cerebro-spinalis. Von H. Frölich. (S. 43—78.)
4. Die Aufgaben der Hydrotherapie bei der Lungenphtise. Von Wilh. Winternitz. (S. 79—101.)
5. 6. Suppurative Leberentzündung [Hepatitis vera circumscripta, suppuratoria]. Circumscripte Leberentzündung. Leberabszesse. Von F. Chvostek. (S. 103—150.)
7. Ueber Nervendehnung bei peripheren u. centralen Leiden, insbesondere bei Tabes dorsalis. Von Frz. Müller u. Ludw. Ebner. (S. 151—184.)
8. Allgemeine Diagnostik des Irrseins. Von J. Fritsch. (S. 185—208.)
9. Ueber tuberkulöse Erkrankungen der Zunge. Von M. Nedopil. (S. 209—226.)
10. Zur Diagnostik der Gehirnerkrankungen. Von Jos. V. Drozda. (S. 227—257.)
11. Die kleinen chirurgischen Handgriffe in der Augenheilkunde. Von J. Hock. (S. 259—278.)
12. Joseph Skoda. Eine historische Studie von M. Heitler. (S. 279—294.)

— dasselbe. Jahrg. 1882. (12 Hfte.) 1—11. Hft. gr. 8. Ebend. pro cplt. n. 8. —; Einzelpr. à n. — 75
1. Die Verwendung des Jodoforms in der Chirurgie. Von Joh. Mikulicz. (39 S.)
2. Die Diarrhoe im ersten Kindesalter. Von Max Herz. (26 S.)
3. Klinische Vorträge über die Krankheiten der Pfortader u. der Lebervenen v. Fr. Chvostek. (40 S.)
4. Cholera, Pest u. Gelbfieber vor den jüngsten internationalen Sanitätskonferenzen. Vom klin. Standpunkte aus betrachtet von R. v. Sigmund. (40 S.)
5. 6. Pathologie u. Therapie der Rachitis. Von Ludw. Fürth. (84 S.)
7. Ueber Parametritis u. Perimetritis. Von R. Greulich. (24 S.)
8. 9. Zur Aetiologie der akuten Exantheme. Von Vinc. Podhajský. (92 S.)
10. 11. Ueber das symmetrische Gangrän. [Reynaud's „lokale Asphyxie u. symmetr. Gangrän".] Von M. Weiss. (55 S.)

— Wiener. Vorträge aus der gesammten prakt. Heilkunde. Hrsg. v. Joh. Schnitzler. 8. Jahrg. 1882. 12. Hft. gr. 8. Wien, Urban & Schwarzenberg. n. — 75
Zur Frage der Behandlung der Uteruscarcinome. Von Karl Pawlik. (S. 403-430.)

— dasselbe. 9. Jahrg. 1883. 12 Hfte. gr. 8. Ebend. à n. — 75; pro Jahrg. v. 12 Hftn. n. 8. —
1. 2. Ueber Pyurie [Eiterharnen] u. ihre Behandlung. Von R. Ultzmann. (60 S.)
3. Der chronische Morphinismus. Von H. Obersteiner. (24 S.)
4. Ueber Gelenkresektionen bei Caries. Von E. Albert. (16 S.)
5. 6. Zur Lehre v. der Lokalisation der Gehirnfunktionen. Von Mor. Benedikt. (S. 101—159.)
7. 8. Ueber Dyspepsie in ihren proteusartigen Erscheinungen u. deren Behandlung. Nach den Vorträgen d. J. Milner-Fothergill in London bearb. v. J. Krakauer. (S. 161—207.)
9. Syphilis als ätiologisches Moment bei Erkrankungen d. Nervensystems v. Fr. Veronese. (S. 209—236.)
10. Ueber operative Behandlung der serösen, eiterigen u. blutigen Ergüsse in die Brusthöhle. Von Hofmokl. (S. 237—272.)
11. Der Einfluss d. Alkoholmissbrauches auf psychische Störungen. Von Adb. Tilkowsky. (S. 273—291.)
12. Ueber Harnblasensteine. Von Jos. Kovács. (S. 293—323.)

— dasselbe. Jahrg. 1884. 12 Hfte. gr. 8. Ebend. à n. — 75; pro Jahrg. v. 12 Hftn. n. 8. —
1. Die Anwendung der Glühhitze in der Medizin. Von v. Mosetig-Moorhof. (24 S.)
2. Die Elektrizität in der Medizin. Von Mor. Benedikt. (S. 25—47.)
3. Ueber musikalische Herzgeräusche. Von Ottom. Rosenbach. (S. 49—72.)
4. Ueber Epilepsie u. deren Behandlung. Von J. Weiss. (S. 73—116.)
5. 6. Ueber die operative Orthopädie d. Klumpfusses. Von Adf. Lorenz. (S. 117—179.)
7. Ueber die Bedeutung der Bluttransfusion u. Kochsalzinfusion bei akuter Anämie. Von J. Mikulicz. (S. 181—199.)
8. 9. Ueber Gehirndruck u. Gehirnkompression. Von Alb. Adamkiewicz. (S. 201—252.)
10. Zur Diagnostik der Augenkrankheiten m. Bezug auf Lokalisation v. Cerebrospinalleiden. Von L. Grossmann. (S. 253—286.)
11. 12. Die Erkrankungen d. Nabels bei Neugeborenen. Von Ludw. Fürth. (S. 287—337.)

— dasselbe. Jahrg. 1885. 12 Hfte. gr. 8. Ebend. à n. — 75; pro Jahrg. von 12 Hftn. n. 8. —
1. Ueber Potentia generandi u. Potentia coeundi. Von R. Ultzmann. (32 S.)
2. Ueber Dysmenorrhoea membranacea. Von Ludw. Kleinwächter. (S. 33—60.)
3. Die Lokalbehandlung bei Syphilisformen. Von Jos. Grünfeld. (S. 61—91.)
4. Ueber einige Grundformeln d. neuropathologischen Denkens. Von Mor. Benedikt. (S. 93—116.)
5. 6. Die Neurosen d. Magens u. ihre Behandlung. Von Oser. (S. 117—180.)
7. Ueber Lues hereditaria tarda. Von M. v. Zeissl. (S. 181—216.)
8. 9. Die Elephantiasis Arabum. Von H. v. Hebra. (S. 217—284 m. 11 eingedr. Fig.)
10. Ueber Augenmuskellähmungen. Von L. Königstein. (S. 285—320.)
11. Ueber abnorme Lagerung d. Hodens ausserhalb der Bauchhöhle. Von J. English. (S. 321—348.)
12. Kenntniss der basalen Schädelfissuren. Von M. Rosenthal. Adenoide Vegetationen d. Nasenrachenraumes. Von Michael. (S. 349—375.)

Klinik, Wiener. Vorträge aus der gesammten prakt. Heilkunde. Hrsg. v. Joh. Schnitzler. Jahrg. 1886. 12 Hfte. gr. 8. Wien, Urban & Schwarzenberg. à n. — 75; pro Jahrg. v. 12 Hftn. n. 8. —
1. Die Behandlung der Placentarperiode. Von Folsenreich. Zur Behandlung der skrophulösen Leiden. Von J. Rabl. (32 S.)
2. Die Intoxikationspsychosen. Von Obersteiner. (S. 33—52.)
3. Die Intoxikationsamblyopien. Von Otto Bergmeister. (S. 53—74.)
4. Ueber seitliche Beleuchtung d. Auges, üb. Loupen u. deren Beziehungen zum Auge. Von J. Hock. (S. 75—111.)
5. Ueber die Cholera in ätiologischer, prophylaktischer u. therapeutischer Beziehung. Mit Berücksicht. der neueren Forschungsergebnisse. Von Ferd. Kappor. (S. 113—144.)
6. 7. Die antiseptischen Wundbehandlungs-Methoden im Frieden u. Kriege. Von Joh. Habart. (S. 145—200.)
8. 9. Ueber die Anwendung der Galvanokaustik in der praktischen Heilkunde. Von Rud. Lewandowski. (S. 201—272 m. Illustr.)
10. Zur Syphilis der Orbita. Von Frz. Mraček. Ueber lokale Anästhesirung. Von Ant. Bum. (S. 273—314.)
11. 12. Ueber den Diplococcus Neisser's u. seine Beziehung zum Tripperprozess. Von Max v. Zeissl. (S. 315—366.)

Klinik, Wiener. Vorträge aus der gesammten prakt. Heilkunde. Red. v. Ant. Bum. Jahrg. 1887. 12 Hfte. gr. 8. Wien, Urban & Schwarzenberg. à Hft. n. — 75
1. 2. Ueber die neueren Behandlungsweisen der Fettleibigkeit. Von W. F. Loebisch. (76 S.)
3. Die mechanische Behandlung der Lumbago. Von J. Schreiber. (S. 77—120.)
4. 5. Der Catheterismus. Von J. Englisch. Mit 18 Holzschn. (S. 121—214.)
6. Ueber den gegenwärtigen Standpunkt der Lehre v. der Entstehung d. Geschlechtes beim Menschen. Von E. H. Kisch. (S. 215—246.)
7. Klinische Diagnostik d. Pseudoplasmen. Von A. Szénásy. (S. 247—270.)
8. Praktische Bemerkungen über Herzkrankheiten. Von B. Stiller. (S. 271—312.)
9. Ueber die Temperatur unserer Speisen u. Getränke. Von J. Uffelmann. (S. 313—336.)
10. Die neuesten Fortschritte in der Desinfections-Praxis. Von A. Wernich. (S. 337—358.)
11. 12. Ueber die kriegschirurgischen Hilfeleistungen in der ersten u. zweiten Linie. Von A. Fraenkel. (III u. S. 359—410.)

— dasselbe. Jahrg. 1888. 12 Hfte. gr. 8. Ebd. à Hft. n. — 75
1. Die Massage in der Neuropathologie. Von A. Bum. (30 S.)
2. 3. Ueber den Croup u. seine Stellung zur Diphtheritis. Von F. Minnich. (S. 31—112 m. 2 Taf.)
4. Physiologie u. Pathologie der Pupillarreaction. Wie untersuchen wir die Pupillarreaction u. welche Schlüsse können wir aus derselben ziehen? Von L. Königstein. (S. 113—146.)
5. 6. Die Schutzpockenimpfung u. ihre Ausführung. Von E. Peiper. (S. 147—200.)
7. Die Hörstummheit u. ihre Behandlung. Von R. Coën. Mit 2 Holzschn. (S. 201—230.)
8. 9. Die Leberdyspepsie u. Biliosität, ihre Ursachen u. Behandlg. Nach den Vorträgen v. J. M. Fothergill. Autoris. deutsche Bearbeitg. v. I. Krakauer. (S. 231—278.)
10. Die Georg Engelmann'sche trockene gynäkologische Behandlung. Von L. Kleinwächter. Ueber Elektrolyse. Von Semeleder. (S. 279—310.)
11. Ueber subcutane Nierenlaesionen. Von E. Réczey. (S. 311—346.)
12. Die rationelle Behandlung des Puerperalprocesses mittelst der continuirlichen Desinfection u. Neutralisation der in Aufsaugung begriffenen u. im Blute kreisenden Infectionsstoffe. Von E. Kurz. (S. 347—380.)

— dasselbe. Jahrg. 1889. 12 Hfte. gr. 8. Ebd. à Hft. n. — 75
1. 2. Ueber die idiopathische Entzündung des Zellgewebes d. Cavum Retzii [Pericystitis idiopathica]. Von J. Englisch. (83 S.)
3. Die hygienische Bedeutung d. Sonnenlichts. Von Uffelmann. (S. 85—100.)
4. Ueber Kniescheibenbrüche u. ihre Behandlung. Von V. Wagner. (S. 101—126.)
5. Die Behandlung der tuberculösen Spondylitis. Von A. Lorenz. (S. 128—164.)
6. Gedenkrede auf Ludwig Türck, geh. am 22. März 1889 in der feierl. Jahressitzg. der k. k. Gesellschaft der Aerzte in Wien. Von M. Heitler. (S. 165—192.)
7. Die subjectiven Gehörsempfindungen u. ihre Behandlung. Von A. Eitelberg. (S. 193—226.)
8. 9. Ueber infectiösen Icterus. Von N. P. Wassilieff. (S. 227—274.)
10—12. Pathologie u. Therapie der Rückgratsverkrümmungen. Von L. Seeger. (S. 275—370 m. 90 Fig.)

Klinik, Wiener. Vorträge aus der gesammten prakt. Heilkunde. Red. v. Ant. Bum. Jahrg. 1890. 1.—11. Hft. gr. 8. Wien, Urban & Schwarzenberg. Für 12 Hfte. n. 8. —; Einzelpr. à n. — 75
1. Zur Prognose neuerlicher Schwangerschaft nach conservativem Kaiserschnitte. Von F. Torggler. (31 S.)
2. Trockenes Wundverfahren. Von A. Landerer. (S. 33—44.)
3. 4. Trachealstenosen. Von M. Grossmann. (S. 45—116 m. 4 Holzschn.)
5. Diabetes mellitus. Von B. Hofmeister. (S. 117—160.)
6. Pellagra. Von L. Berger. (S. 161—179 m. 1 Karte.)
7. Ueber den gegenwärtigen Stand der Frage der Vererbung erworbener Eigenschaften u. Krankheiten. Von E. Roth. (S. 181—194.)
8. 9. Klinische Beiträge zur Symptomatologie u. Therapie der eingeklemmten u. zur Radicaloperation der freien Brüche. Von J. Hofmokl. (S. 195—246.)
10. Die menschliche Reproductionskraft. Von V. Goehlert. (S. 247—274.)
11. Zur Behandlung der chirurgischen Nierenerkrankungen. Von P. Wagner. (S. 275—303.)

Klinik, Wiener. Vorträge aus der gesammten prakt. Heilkunde. Red. v. Ant. Bum. 1890. 12. Hft. gr. 8. Wien, Urban & Schwarzenberg. n. — 75
Die Geschosswirkung der Mannlicher-Gewehre [Modell 1888]. Ein kriegschirurg. Beitrag v. Jos. Bogdanik. (S. 309—336 m. Abbildgn.)

— dasselbe. 1891. 12 Hfte. gr. 8. Ebd. Für den Jahrg. v. 12 Hftn. n. 8. —; Einzelpr. à Hft. n. — 75

1. Ueber Narcotica, m. besond. Berücks'cht. d. Bromäthyls. Von Abonyi. (46 S. m. 12 Illustr.)
2. Ueber Diagnostik angeborener Herzfehler bei Kindern, nebst Bemerkgn. üb. Transposition der arteriellen Herzostien. Von Carl Hochsinger. (S. 47—80 m. 11 Illustr.)
3. 4. Ueber partielle Darmatonie u. ihre Beziehung zu Morbus Basedowii u. anderen Krankheiten. Von S. Federn. (S. 81—126.)
5. 6. Ueber die Wirkung d. Tuberculin auf Lupus, Lepra, Syphilis u. Psoriasis vulgaris. Von I. Neumann. (S. 127—178.)
7. Ueber Sparstoffe u. deren Verwendung in der Kost der Gesunden u. Kranken. Von Uffelmann. (S. 179—200.)
8. 9. Die Behandlung der Syphilis. Von Ant. Elsenberg. (S. 201—286.)
10. 11. Die Grundlinien der Gynäko-Elektrotherapie. Von Ludw. Kleinwächter. (S. 287—352.)
12. Zur Elektro-Kystoskopie. Von R. Lewandowski. (III u. S. 353—387 m. 50 Abbildgn.)

— dasselbe. 1892. 12 Hfte. gr. 8. Ebd. Für den Jahrg. v. 12 Hftn. n. 8. —; Einzelpr. à Hft. n. — 75

1. Die Tinctionsbehandlung inoperabler maligner Neoplasmen. Von R. v. Mosetig-Moorhof. (30 S. m. 3 Taf.)
2. Die syphilitischen Erkrankungen d. Auges. Von Leop. Grossmann. (S. 31—68.)
3. Die Reflexlähmung der Nieren. Eine monograph. Skizze v. Rhard. Caspar. (S. 69—94.)
4. 5. Die allgemeine u. locale Behandlung der Tuberculose mittelst Spirotherapie. Von I. Neudörfer. (S. 95—174 m. 9 Illustr.)
6. Die klinischen Untersuchungsmethoden bei Magenkrankheiten. Mit besond. Rücksicht auf die Praxis dargestellt. Von Joh. Cséri. (S. 175—192.)
7. 8. Studien üb. die klinischen Verhältnisse der Stirnfontanelle u. deren Bedeutung f. die Kinderheilkunde. Von Carl Hochsinger. (S. 193—236 m. 14 Illustr.)
9. Ueber die Trepanation der Wirbelsäule m. besond. Berücksicht. der Rückenmarksverletzungen. Von Vict. Wagner. (S. 237—272.)
10. 11. Ueber die mechanische Behandlung der Coxitis u. der fungösen Gelenks-Erkrankungen der unteren Extremität überhaupt. Von Adf. Lorenz. (S. 273—318 m. 20 Illustr.)
12. Studie üb. vorzeitige Kahlheit. Von Ludw. Seeger. (III u. S. 319—345 m. 7 Illustr.)

— dasselbe. 1893. 12 Hfte. gr. 8. Ebd. Für den Jahrg. v. 12 Hftn. n. 8. —; Einzelpr. à Hft. n. — 75

1. Die nervösen Affectionen d. Darmes bei der Neurasthenie d. männlichen Geschlechts (Darmneurasthenie). Von Alex. Peyer. (40 S.)
2. 3. Ueber Rückenmarkssyphilis. Von S. Goldflam. (S. 41—96.)
4. Die Behandlung der Lungentuberculose mittelst subcutaner Creosotölinjectionen. Von Ludw. Frey. (S. 97—116.)
5. Ueber Myoclonie (Paramyoclonus multiplex Friedreich). Von M. Weiss. (S. 117—160 m. 1 Holzschn.)
6. 7. Ueber Osteoklase u. das modellirende intraarticuläre Redressement der Kniegelenks-Contracturen u. des Genu valgum. Von Adf. Lorenz. (Aus der Klinik des Hofr. Ed. Albert.) (S. 161—190 m. 12 Holzschn.)
8—10. Ueber Fremdkörper in den Athmungswegen. Von S. S. Preobraschensky. (S. 191—284.)
11. 12. Die Grundsätze e. sachgemässen Behandlung der acuten eitrigen Paukenentzündung. (Prophylaxe, Therapie, sowie Bemerkgn. üb. e. neue Modification des Trommelfellschnittes.) Nach den in der Münchener Poliklinik gewonnenen Erfahrgn. geschildert v. Rud. Haug. (III u. S. 285—340.)

— dasselbe. 1894. 12 Hfte. gr. 8. Ebd. Für den Jahrg. v. 12 Hftn. n. 8. —; Einzelpr. à Hft. n. — 75

1. Ueber Vorbauung der venerischen Krankheiten. Von Ed. Lang. (14 S.)
2. 3. Ueber die Basedow'sche Krankheit. Historisch-krit. Studie v. Leop. Hirschberg. (S. 15—90.)
4. Ueber Taschen u. Zellen der Harnblase. Von J. Englisch. (S. 91—126.)
5. Second life. Das Seelen-Binnenleben des gesunden u. kranken Menschen. Vortrag f. den internationalen medicin. Congress in Rom (1894). Von Mor. Benedikt. (S. 127—138.)
6. Ueber unilaterale Hallucinationen. Klinischer Vortrag. Von Heinr. Higier. (S. 139—170.)
7. 8. Die eiterige Mittelohrentzündung, deren Aetiologie, Verlauf u. Behandlg. (Bericht üb. 150 dauernd geheilte Fälle.) Von A. Eitelberg. (S. 171—212.)
9. Verdauungsstörungen bei der chronischen Harnretention. Von H. Alapy. (S. 213—228.)
10. 11. Ueber Brillen-Verordnung. Von Paul Stoewer. (S. 229—268 m. 24 Fig.)
12. Zur Wahl des Operationsverfahrens bei Uterusfibromen. Von A. Obalinski. (III u. S. 269—286.)

— Wiener. Vorträge aus der ges. prakt. Heilkunde. Red.: Ant. Bum. 1895. 12 Hfte. gr. 8. Wien, Urban & Schwarzenberg. Subskr.-Pr. f. d. Jahrg. v. 12 Hftn. n. 8. —; Einzelpr. à n. — 75

1. Ueb. mobilisirende Behandlg. v. Knochenbrüchen. Von Ant. Bum. (20 S. m. Fig.)
2. 3. D. Behandlg. d. Gelenkstuberculose. Nach klin. Vorträgen bearb. v. L. Rydygier. (S. 21—84 m. Fig.)
4. D. Verhalten d. Stoffwechsels bei hydriatischer Therapie. Von Alois Strasser. (S. 85—112 m. 4 Holzschn.)
5. D. phys. Rückgang d. Bevölkerg. in d. modernen Culturstaaten m. bes. Rücksicht auf Oesterreich-Ungarn. Von Jul. Donáth. (S. 113—130.)
6. D. Desinfection durch Dampf. Von J. Neufeld. (S. 131—166 m. 16 Holzschn.)
7—9. D. Verletzgn. u. Erkankgn. d. Kopfes. Aus d. American Text-Book of Surgery, hrsg. v. William W. Keen u. J. William White. Mit Autoris. der Hrsg. in's Deutsche übers. v. W. Sachs. (S. 167—258 m. 22 Fig. u. 2 Taf.)
10. D. combinirte Calomelbehandlg. zur Bekämpfg. d. Tuberculosis pulmonum incipiens. Beitrag zur Physiologie, Pathologie u. Therapie d. Leber- u. Lungenkrankheiten. E. klin. Studie v. Sigism. Edelheit. (S. 259—288.)
11. 12. Heilg. d. Klumpfusses durch d. modellir. Redressement. Von Adf. Lorenz. (III u. S. 289—336 m. 24 Abb.)

— dasselbe 1896. 12 Hfte. gr. 8. Ebd. Subskr.-Pr. f. d. Jahrg. v. 12 Hftn. n. 8. —; Einzelpr. à n. — 75

1. Ueb. tuberculöse Infiltration d. Zellgewebes in d. Umgebg. d. Vorsteherdrüse u. Blase. Von J. Englisch. (28 S.)
2. Ueb. Umschläge, ihre Wirkungs- u. Anwendungsweise. Von Alois Strasser. (S. 29—68 m. 10 Holzschn.)
3. Beobachtgn. aus d. Bereiche d. chron. Gelenkrheumatismus. Von Ed. Weisz. (S. 69—92.)
4. 5. Asept. Katheterismus. Von S. Grosglik. (S. 93—164 m. Fig.)
6. 7. Der Puls d. kleinsten Gefässe. Onychograph. Untersuchgn. Von Max Herz. (S. 165—212 m. 43 Holzschn.)
8. 9. Ueb. Antisepsis u. Asepsis in d. Geburtshilfe. Von Osc. Beuttner. (S. 213—264 m. 15 Holzschn.)
10. 11. Aerztl. Erfahrgn. üb. d. „Beriberi", e. Krankheit d. tropischen u. subtrop. Gegenden. Von Carl Weintraub. (S. 265—328.)
12. Ueb. d. Verwendg. d. einfachen Convex-Linse zur subjectiven u. objectiven Bestimmg. d. Refraction. Von K. Laurenty. (III u. S. 329—354 m. Abb.)

Klinik, Wiener. Vorträge aus d. ges. prakt. Heilkunde. Red.: Ant. Bum. 23. Jahrg. 1897. 12 Hfte. gr. 8. Wien, Urban & Schwarzenberg. Subskr.-Pr. f. d. Jahrg. v. 12 Hftn. n. 8. —; Einzelpr. à n. — 75

1. Ueb. Verdauung u. natürl. Ernährg. d. Säuglinge. Von Alois Monti. (24 S.)
2. 3. Dasselbe. II. (S. 25—88 m. Fig.)
4. Zur Behandlg. d. Harnverhaltg. bei Prostatahypertrophie. Von J. Englisch. (S. 89—114 m. 9 Holzschn.)
5. 6. Ueb. d. Arten d. Radicalbehandlg. d. Leistenhernien u. d. Einfluss derselben auf d. Diensttauglichkeit d. Officiere u. Soldaten, sow. auf d. Eigng. z. Militär-Erziehg. Von Joh. Pfahl. (S. 115—156 m. 16 Holzschn.)
7.—9. Ueb. d. Entwöhng. u. Ernährg. d. Kinder bis z. 2. Lebensjahre u. d. künstl. Ernährg. d. Säuglinge. Von Alois Monti. (S. 157—256.)
10. 11. Ueb. epidem. Auftreten motorischer Neurosen u. d. sanitätspolizeil. Mittel z. dessen Verhütg. Von Leop. Hirschberg. (S. 257—324.)
12. Der heut. wissenschaftl. Standpunkt d. Lehre v. Harnblasenkatarrh. Von M. Mislewicz. (III u. S. 325—352.)

— dasselbe. 24. Jahrg. 1898. 12 Hfte. gr. 8. Ebd. Für d. Jahrg. v. 12 Hftn. n. 8. —; Einzelpr. à n. — 75

1. Wichtige gynäkolog. Heilfactoren. Von Ludw. Kleinwächter. (S. 1—42.)
2. Klin. Studien üb. d. Quecksilberbehandlg. d. Hydropsien verschied. Ursprungs. Von Frz. Mahnert. M. 23 Holzschn. (S. 43—84.)
3. Ueb. Kopfschmerzen. Von Mor. Benedikt. (S. 85—104.)
4. 5. D. Vererbg. d. Syphilis. Von E. Finger. (S. 105—188.)
6. 7. D. Krankheiten d. Peritoneums, d. Leber, d. Milz u. d. Pankreas im Kindesalter. Nebst Anh.: Diabetes insipidus u. Diabetes mellitus. Von Alois Monti. (S. 189—240.)
8. 9. D. gerichtsärztl. Beurtheilg. d. Darmverletzgn. Von Herm. Wittzack. (S. 239—286.)
10. D. Wachsthum d. Kindes v. d. Geburt b. einschliessl. d. Pubertät. Von Alois Monti. (S. 287—316 m. Fig.)
11. D. ambulante Behandlg. d. Fracturen d. unt. Extremitäten. Von Jul. Dollinger. (S. 317—340 m. 7 Abb.)
12. Die harnsaure Diathese. Von Frdr. Kölbl. (III u. S. 341—370.)

— Wiener. Vorträge aus der gesammten prakt. Heilkunde. Red. v. Ant. Bum. 25. Jahrg. 1899. 12 Hfte. gr. 8. Wien, Urban & Schwarzenberg. n. 8. —; Einzelpr. à Hft. n. — 75

1. Die orthopädische Behandlung der Spondylitis m. besond. Berücksicht. des Calot'schen Redressements u. der paragibbären Stellungsverbesserung. Von Fritz Lange. (S. 1—28 m. Abbildgn.)
2. 3. Uterusverlagerungen, operative Uterusfixationen u. die aus letzteren resultirenden Geburtsstörungen. Von Ludw. Kleinwächter. (S. 29—108.)
4. 5. Das neue System der maschinellen Heilgymnastik. Von M. Herz u. A. Bum. Mit 45 Holzschn. (S. 109—174.)
6. Hämorrhoidalzustände u. Krankheitsdisposition. Von S. Federn. (S. 175—190.)
7. 8. Tuberculose im Kindesalter. Von Alois Monti. (S. 191—276.)
9. 10. Zur Kenntniss der Geistesstörungen des Greisenalters. Von Heinr. Schlöss. (S. 277—322.)
11. 12. Ueber Bau u. Function des harnableitenden Apparates (Nierenbecken u. Ureter). Von Mart. Mendelsohn. Mit 17 Abbildgn. (S. 323—386.)

— dasselbe. 26. Jahrg. 1900. 12 Hfte. gr. 8. Ebd. n. 8. —; Einzelpr. à Hft. n. — 75

1. Die moderne Therapie der Gonorrhoe. Von Ernest Finger. (Nach dessen Vorlesgn. stenographisch aufgenommen.) (38 S.)
2. 3. Rachitis. Von Alois Monti. (S. 39—108.)
4. Die physikalisch-diätetische Therapie der Fettleibigkeit. Von E. H. Kisch, Alois Strasser u. Ant. Bum. Referate, erstattet in der II. wissenschaftl. Versammlg. des Centralverbandes der Balneologen Oesterreichs zu Ragusa am 31. III. 1900. (S. 109—148.)
5. Zur Behandlung des unvollständigen Abortus, nebst einigen Bemerkgn. üb. Atmokausis, Uterusperforation u. Hysteroskopie. Von Osk. Beuttner. Mit 3 Abbildgn. (S. 149—184.
6. 7. Die Chlorose. (Vegetationsstörung der weibl. Pubertätsperiode.) Von Max Kahane. I. Aetiologie u. Pathogenese. (S. 185—246.)
8. 9. Die Serumtherapie. Von Rich. Landau. Mit 1 Holzschn. (S. 247—298.)
10.—12. Die Chlorose. (Vegetationsstörung der weibl. Pubertätsperiode.) Von Max Kahane. II. Symptomatologie u. Therapie. (III u. S. 299—404.)

— dasselbe. 27. Jahrg. 1901. 12 Hfte. gr. 8. Ebd. n. 8. —; Einzelpr. à Hft. n. 1. —

1. Einige praktisch wichtige Missbildungen. Von Frz. v. Torday. Mit 20 Illustr. (34 S.)
2. 3. Cholera epidemica, Dysenterie, Meningitis cerebrospinalis epidemica. Von Alois Monti. (S. 35—98.)
4. Über Melanine. Von Rud. Kobert. (S. 99—124.)
5. Ueber die Innervation der Blase m. besond. Berücksicht. des Tripperprocesses. Von Max v. Zeissl. (S. 125—160 m. Abbildgn.)
6. Malaria, Wechselfieber, Sumpffieber. Von Alois Monti. (S. 161—200.)
7. Neueste Erfahrungen üb. Sprachstörungen. Von R. Coën. (S. 201—228.)
8. Die physikalisch-diätetische Therapie der wichtigsten Kinderkrankheiten. Von Karl Lewin. (S. 229—264.)
9. Erbgrind (Favus). Von Rob. Bernhardt. (S. 265—294 m. 5 Abbildgn.)
10. 11. Die Arsonvalisation. (Behandlung m. Strömen v. hoher Frequenz u. starker Spanng. — Tesla-Strömen — nach eigenen u. anderen Befunden.) Von Jul. Baedeker. Mit 16 Abbildgn. (S. 295—338.)
12. Die chronischen Erkrankungen der Gelenke u. ihre Behandlung. Von Jos. Winterberg. (S. 339—382.)

— dasselbe. 28. Jahrg. 1902. 12 Hfte. gr. 8. Ebd. n. 8. —; Einzelpr. à Hft. n. 1. —

1. Behandlung des männlichen Harnröhrentrippers. Von Max v. Zeissl. Mit 14 Abbildgn. (40 S.)
2. 3. Errungenschaften u. gegenwärtiger Stand der Organotherapie. Von L. Ritter v. Korczyński. (S. 41—112.)
4. 5. Die Complicationen des männlichen Harnröhrentrippers u. ihre Behandlung. Von Max v. Zeissl. Mit 16 Abbildgn. (S. 113—192.)
6. Die otologisch-diagnostische Verwerthung der Stimmgabel. Von Alb. Bing. (S. 193—216.)
7. 8. Erkrankungen der Circulationsorgane (im Kindesalter). Von Alois Monti. Anh.: Basedow'sche Krankheit. (S. 217—294.)
9. 10. Der chronische Gelenkrheumatismus u. seine Behandlung. Referate, erstattet am III. wissenschaftl. Congresse des Centralverbandes der Balneologen Oesterreichs. Von L. Wick u. Ant. Bum. (S. 295—354.)
11. 12. Erkrankungen der Harn- u. Geschlechtsorgane bei Kindern. Von Alois Monti. I. (III u. S. 355—418.)

— Wiener. Vorträge aus der gesamten prakt. Heilkunde. Red. v. Ant Bum. 29.—32. Jahrg. 1903—1906. à 12 Hefte. Lex.-8. Wien, Urban & Schwarzenberg. à Jhrg. n. 8. —; Einzelpr. à Heft n. 1. —

Axisa, Edg., die Magensekretion bei Morbus Brightii. (S. 269—292.) (1905. Hft. 10.)
Bary, A., über verminderte Zurechnungsfähigkeit. (III u. S. 317—350.) (1905. Hft. 12.)
Biedl, Arth., innere Secretion. Vorlesungen im Sommer-Sem. 1902. Mit 12 Abbildgn. (S. 281—338.) (1903. Hft. 10. 11.)
Bondi, Max., über die Beziehungen der Masern zum Auge. (35 S.) (1903. Hft. 1.)
— Schule u. Auge. Vortrag, geh. auf der 76. Versammlung deutscher Naturforscher u. Aerzte in Breslau. (S. 1—40.) (1905. Hft. 1.)
Bruine Ploos van Amstel, Transfusion u. Infusion. (S. 223—268.) (1904. Hft. 7. 8.)
Durlacher, S., der künstliche Abort. (S. 225—282.) (1906. Hft. 8. 9.)
Edebohls, Georges M., die Heilung der chronischen Nierenentzündung vermittelst der Nieren-Dekapsulation. Autoris. Uebersetzg. v. Osk. Beuttner. (S. 155—182.) (1904. Hft. 5.)
Federn, S., die Bedeutung des Blutdruckes f. die Pathologie. Vortrag, geh. in der Gesellschaft der Aerzte in Wien am 8. V. 1903. (S. 259—280.) (1903. Hft. 9.)
— Ursache, Diagnose u. Behandlung der Arteriosklerose u. ihrer Folgen. Vortrag, geh. im Wiener medizin. Doktorenkollegium am 6. III. 1905. (S. 193—228.) (1905. Hft. 7.)
Fellner, Leop., Beitrag zur mechanischen u. balneotherapeutischen Behandlung der chronischen Herzkrankheiten. Vortrag, geh. am IV. wissenschaftl. Kongress der Balneologen Oesterreichs zu Abbazia am 14. X. 1904. Mit 9 Textfig. (S. 41—76.) (1905. Hft. 2.)
Hauffe, Geo., Beiträge zur Kenntnis der Anwendung u. Wirkung heisser Bäder, insbesondere heisser Teilbäder. Aus dem Kreiskrankenhause Gr.-Lichterfelde W. (Prof. Schweninger). (S. 63—172 m. eingedruckten Kurven. (1906. Hft. 4. 5.)
Hochsinger, Karl, die Beziehungen der hereditären Lues zur Rachitis u. Hydrokephalie. 2 Vorträge, geh. in den Sitzgn. der Gesellschaft f. innere Medizin u. Kinderheilkunde in Wien am 17. III. u. 28. IV. 1904. (S. 183—222.) (1904. Hft. 6.)
Kahane, Max, aus klinischen Grenzgebieten. Die Behandlung der Erkrankgn. der oberen Luftwege. (S. 173—224.) (1906. Hft. 6. 7.)
Kleinwächter, Ludw., über die im Verlaufe der letzten Jahre zu verzeichnenden Fortschritte in der Lehre vom Puerperalfieber. (III u. S. 343—398.) (1904. Hft. 12.)
Kolisch, Rud., die diätetische Behandlg. der Albuminurie. Referat, erstattet am IV. wissenschaftl. Kongress der Balneologen Oesterreichs (Abbazia, am 13. X. 1904). — Strasser, Alois, Albuminurie u. physikalische Therapie. Referat, erstattet am IV. wissenschaftl. Kongress der Balneologen Oesterreichs (Abbazia, am 13. X. 1904). (IV u. S. 349—380.) (1904. Hft. 12.)
Marburg, Otto, die diagnostische Bedeutung der Pupillenreactionen. Vortrag, geh. im medicin. Doctorencollegium im März 1903. (S. 235—258 m. Fig.) (1903. Hft. 8.)
Marcuse, Julian, Heissluftapparate u. Heissluftbehandlg. Mit 6 Textfig. (S. 77—104.) (1905. Hft. 3.)
Marcuse, Max, Hautkrankheiten u. Sexualität. (S. 283—342.) (1906. Hft. 10. 11.)
Monti, Alois, Erkrankungen der Harn- u. Geschlechtsorgane bei Kindern. II. (S. 37—124.) (1903. Hft. 2. 3.)
Nobl, G., über blennorrhoische Synovialmetastasen. (S. 161—186.) (1903. Hft. 5)
Peričić, B., die Echinokokkenkrankheit in Dalmatien. Klinischer u. statist. Bericht nach e. beim 1. Kongress der serb. Aerzte u. Naturforscher in Belgrad, 18.—20. IX. 1904, geh. Vortrag. (S. 249—267.) (1905. Hft. 9.)
Plahl, J., der sanitäre Dienst im Felde, seine histor. Entwicklg., der gegenwärt. Stand in den modernen Staaten, m. besond. Berücksicht. v. Oesterreich-Ungarn. (S. 39—62.) (1906. Hft. 3.)
Ráskai, Desider, die Bakteriurie. Klinische Studie. (S. 229—248.) (1905. Hft. 8.)
Ruhemann, J., die endemische (sporadische) Influenza in epidemiologischer, klinischer u. bakteriologischer Beziehg. (88 S. m. graph. Darstellgn.) (1904. Hft. 1. 2.)
Sarbó, Arth. v., der heutige Stand der Pathologie u. Therapie der Epilepsie. (S. 129—192.) (1905. Hft. 5. 6.)
Schirokauer, Hans, Diarrhöe u. Obstipation. Eine klin. Studie mit besond. Berücksicht. der Fäzesuntersuchung u. Diätetik. (S. 293—316.) (1905. Hft. 11.)
Schütz, Emil, Kenntnis der Hernia lineae albae. (S. 125—160.) (1903. Hft. 4.)
Strasser, Alois, Albuminurie u. physikal. Therapie, s.: Kolisch, R., die diätet. Behandlg. der Albuminurie.
— u. H. Wolf, über Malariarezidive. — Wolf, Heinr., die mechanische Behandlg. des Emphysems. (S. 105—128.) (1905. Hft. 4.)
Suchier, die Behandlg. des Lupus vulgaris mittels statischer Elektrizität. Mit 19 Fig. (S. 269—316.) (1904. Hft. 9. 10.)
Teepfer, Gust., die Oxalurie. (S. 89—124.) (1904. Hft. 3.)
Vulpius, Osc., der heutige Stand der Sehnenplastik. Aus der Vulpius'schen orthopädisch-chirurgischen Heilanstalt in Heidelberg. Mit 9 Abbildgn. (III u. S. 339—364.) (1903. Hft. 12.)
Weinberger, Max, die Entwicklung u. der gegenwärtige Stand der Röntgentechnik u. Röntgendiagnostik innerer Krankheiten. Vortrag, geh. im Wiener medizin. Doktoren-Kollegium. (38 S. m. 6 Taf.) (1906. Hft. 1. 2.)
Weinlechner, über Herzchirurgie. Nach Vorträgen in der k. k. Gesellschaft der Aerzte in Wien.) (S. 125—154. (1904. Hft. 4.)
Wick, Ludw., über die physiologische u. therapeutische Wirksamkeit der wärmesteigernden Bäder. (S. 187—234.) (1903. Hft. 6. 7.)
Zesas, D. G., über die Resultate der chirurgischen Therapie der typhösen Perforationsperitonitis. (S. 317—348.) (1904. Hft. 11.)

— Wiener. Vortr. aus d. ges. prakt. Heilkunde. Red. v. Ant. Bum. 33. Jahrg. 1907. 12 Hefte. Lex. 8. Wien, Urban & Schwarzenberg. à 1. —

Benedikt, Mor., einige Fragen aus d. Physiologie u. Pathologie d. Zirkulation u. ihrer Organe. (S. 291—310.) 907. (Heft 11.)
Bornstein, Karl, diätet. Kuren. Ratschläge f. d. Praxis. (S. 239—290.) 907. (Heft 9. 10.)
Bosse, Bruno, die Lumbalanästhesie. (S. 127—202.) 907. (Heft 5. 6.)
Freudenberg, Alb., die chirurgische Behandlung der Prostatahypertrophie. Rapport, auf Einladg. d. Komitees erstattet f. den XV. internation. medizin. Kongress zu Lissabon, April 1906. (S. 1—48.) 907. (Heft 1.)
Hochsinger, Karl, zur Diagnose d. Persistenz d. Botta-lischen Ganges u. d. Erweiterung d. Lungenarterie. Mit 11 Textfig. (III u. S. 311—348.) 907. (Heft 12.)

Kahane, Max, d. Behandl. d. Erkrankgn. d. ober. Speisewege. Für prakt. Ärzte dargest. (S.203—238.) 907. (Heft 7.8.)
Lossen, J., die biolog. Wirkungen d. Röntgen- u. Becquerelstrahlen. (S. 49—126.) 907. (Heft 2—4.)
Erscheint nicht mehr.

Klinikum, Das medicinische, zu Bonn. Coblenz 1825. V: *Nasse, Chph Frdr.* (Call)

KLINK, AUG., Diss. inaug. sistens Lactucæ virosæ et sativæ, analysin chemicam. Kiliæ. 1820. 4. P.

Klink, Aug., der junge Schlesier in d. Heimat u. im Beruf als angehender Staatsbürger. Ein Lese- u. Hausbuch f. d. schulentlassene männl. Jugend in ländl. Fortbildungsschulen, Jugendheimen u. ähnl. Anstalten. Unter Mitwirkg. e. Teiles der Lehrerschaft des Schulaufsichtsbez. Hultschin u. anderer Freunde d. Jugend hrsg. (VIII, 428 S.) gr. 8. Breslau 910. Priebatsch. Geb. nn 2. 50

Herman **Klink.** Nachtschatten. 1.–3. Taus. Berlin: Harmonie [1905]. (43 S.) 8° [F.] [04. 485]

Klink's, Peter, Wunderfahrten. Eine böhmische Sage für Alt u. Jung, von dem Herausgeber des Leitmeritzer Hausfreundes. Mit 1 lithogr. Abbild. 8. Prag, Leitmeritz u. Teplitz 839. Medau. 1/3 ß

Klink, W.: Zur Geschichte des Genossenschaftswesens. Böckingen-Heilbronn 1910.

Klink, W., der Gewerbetreibende. Führer durch d. Gesetzgebg. u. Ratgeber f. d. Kaufmann, Fabrikanten, Handwerker, Gast- u. Schankwirt. (III, 220 S.) 8. Cüstrin 907. H. Brandt. Geb. in Leinw. 2. —

Klink, W.: Sammlung der im Regierungsbezirk Frankfurt a. O. gültigen Ministerial-, Ober-Präsidial- und Regierungs-Polizei-Verordnungen unt. bes. Berücks. häufig zur Anwendung gelangender Gesetze, der Allerhöchsten Verordnungen [usw.]. Cotthus 1901.

Klink, Wilhelm: Ueber die Folgen des Eindringens von Urin in die Bauchhöhle. *Jena: G. Fischer 1897.* (12 S.) 8°
Strassburg, Med. Diss. v. 1897

Klinke, F., Anleitung zur Aufstellung graphischer Instradirungs-Uebersichten f. den Eisenbahn-Verkehr. Lex.-8. (51 S.) Berlin 886. H. S. Hermann. n.n. 3. 50

Klinke, Georgius: Quaestiones Aeschineae criticae .... Lipsiae, typ. Hesse & Becker (Gustav Fock), 1887; 1 Bl. + 82 S. + 1 Bl. 8°.
Greifswald, Phil. Fak., Inaug.-Diss. v. 16. Apr. 1887.

[F.] Jubiläums-Büchlein zur 900jähr. Gedenkfeier d. Martyriums des heiligen Adalbert. Bearb. v. J. **Klinke,** Vikar in Posen. *Posen: Kathol. Wegweiser 1897.* (72 S.) 1 Bd 8. [98. 8811]

Gedächtnisrede gehalten vom Domherrn Joseph **Klinke** bei der Trauerandacht in d. Franziskanerkirche zu Posen 1906 f. d. verstorb. Erzbischof Dr. Florian v. Stablewski. Posen: Księgarnia św. Wojciecha 1900. (14 S.) 8° [F. u. Ant.] [06. 14140]

Klinke, Otto, E. T. A. Hoffmanns Leben u. Werke. Vom Standpunkte e. Irrenarztes. (XX, 239 S) 8. Braunschweig (903). Leipzig, R. Sattler. n. 2. 25

Klinke, Otto, E. T. A. Hoffmanns Leben u. Werke v. Standpunkte e. Irrenarztes. 2. [Titel-]Aufl. (XX, 239 S.) kl. 8. Halle [903] 908. C. Marhold. 3. —

Klinke, Otto [cand. med. aus Breslau]: Metastase eines Scirrhus mammae im Gehirn .... Würzburg, A. Memminger'sche Buchdr., 1886: 30 S. 8°.
Würzburg, Med. Fak., Inaug.-Diss. v. 1886.

Klinke, Otto, Matastase einer Scirrhus mammae im Gehirn. Diss. Würzburg 1886, Stahelsche Univ.-Buchh. 8°. 30 S.

Klinke, Willibald, aus Zürich: Das Volksschulwesen des Kantons Zürich zur Zeit der Helvetik (1798—1803). VIII + 176 S. und sieben Tabellen. 8°. [23. IX. 07.]
Zürich. Phil. Diss. I. S. 1907,08.

Klinke, W., d. Volksschulwesen d. Kantons Zürich zur Zeit d. Helvetik (1798—1803). (VIII, 175 S. m. 7 Tab.) gr. 8. Zürich 907. Gebr. Leemann & Co. 4. —

Klinke & Benz, Zürich III.... Gräber-Garnituren eigene Fabrikation. Patent-Artikel. [Prospekt.] [II + 3 S. +] 13 *Tafeln.* 8. Zürich, Art. Institut Orell Füssli, [1901].

Klinkenberg, Eduard ⟨geb. am 7 März 1860 in Aachen⟩: Der Raumsinn der Haut und seine Modification durch äussere Reize ... Bonn, Univ.-Buchdr. v. C. Georgi 1883. 44 S., 1 Bl. 8.
Bonn, Med. Fak., Diss. v. 7 Juli 1883

Klinkenberg, Iosephvs ⟨geb. am 23 Febr. 1857 in Aachen⟩: De Evripideorvm prologorvm arte et interpolatione ... Bonnae, typ. C. Georgi 1880. 32 S. 8. ¶ Teil einer grösseren preisgekrönten Arbeit; erschien vollständig 1881 bei Marcus in Bonn.
Bonn, Phil. Fak., Diss. v. 22 Dez. 1880

Klinkenberg, Jos., de Euripideorum prologorum arte et interpolatione. gr. 8. (109 S.) Bonn 881, Marcus. *

Klinkenberg, Jos. Euripidea. I. Ion tractatur. 27 S. G. *Aachen* 1884. **Progr.**

Klinkenberg, Jos., Führer durch d. Kölner Dom. (47 S. m. Abb.) 8. Köln 910. H. Theissing. — 30

Klinkenberg, Joseph [Dr.]: Die römisch-christlichen Grabinschriften Kölns. Köln a. Rh., Druck v. J. P. Bachem, 1891; S. 1–17, 1 Taf. 4°
Köln, k. kath. G an Marzellen, P 1891 (427)

Klinkenberg, Jos., Köln u. seine Kirchen, nebst e. Führer durch die Stadt. (Umschlag: Führer durch Köln f. die Besucher der 50. General-Versammlg. der Katholiken Deutschlands.) (190 S. m. Abbildgn., farb. Titelbild u. 1 Plan.) 8. Köln 903. H. Theissing. n. 1.—

— das römische Köln, s.: Kunstdenkmäler, die, der Rheinprovinz.

[F.] **Klinkenborg,** Melle *Gosman* [aus Grimersum]: Geschichte der ten Broks ... [Erschien vollst. 1895 bei H. Braams in Norden.] *Aurich, Druck v. H. W. H. Tapper & Sohn, 1895;* 2 Bl., 46 S., 1 Bl. 8.
Berlin, Phil. Fak., Inaug.-Diss. v. 2. März 1895

Klinkenborg, M., Geschichte der ten Broks. gr. 8. (59 u. 56 S.) Norden 895. H. Braams. n. 2. —

Klinker, Johannes, Konsistorialrath und Pastor zu Kliplef. O. O. [1824]. V: *Ell, Berend Andresen.* (I.S)

Klinker, H. C., Abhandlung über das Verwerfen der Kühe. Neustadt i. H. 870. Ehlers. 8. (14 S.) 3 ngr.

Klinker, Humphry, s. a. Smollet.

Klinker, Humphrey, the Expedition of, by the Author of Roderik Random. II Vol. 8. Altenb. Richter. (Açadem. Bchhdl. in Jena.) 785.

— —, Reise, v. Verfass. d. Roderich Random, a. d. Engl. (v. J. J. C. Bode.) mit K. 3 Thle. 8. Leipz. Weidmann. 785.

— — Reisen, v. Smollet, übers. v. Bode. 3 Bde. m. K. 8. Wien, Aloys Doll. 803.

Klinker, J. G.

— wahrhafte Aufklärung über d. Frage: Sind d. Gebete Gottes u. d. Lehre Jesu von seinem Evangelium von Juden u. Christen ausführbar? oder nicht? rc. Eine Wochenschrift. 8. Altona 819.

Klinker, J. G., der Hofrath v. Justrick, oder was ist Recht in Hamburg? Ein Versuch. 8. Hamb. 808.

Klinkerfues, Auslegung d. Gleichnisses von d. gottlosen Weingärtnern Cassel. 4. 18 p. 1864.
Schul-/Univ.-Schrift

Klinkerfues, Friedrich [aus Fulda]: Beiträge zur Kenntnis der symmetrischen Dioxybenzoesäure ... Marburg, O. Ehrhardt's Buchdr., 1895; 41 S., 1 Bl. 8.
Marburg, Phil. Fak., Inaug.-Diss. v. [30. Juli] 1895

Klinkerfues, Frdr., ist d. Brot- u. Fleischnotfrage e. lösbares Problem? (54 S.) gr. 8. Ludwigshafen a/Rh. 908. Geo. Biller. (Nur direkt.) 1. —

Klinkerfues, Wilhelm

Klinkerfues, (E. F.) Wilh., die Aberration der Fixsterne nach der Wellentheorie. gr. 8. (IV und 62 S.) Leipzig 867, Quandt und Händel. *

Klinkerfues, W., theoretische Astronomie. 2 Abthlgn. gr. 8. (XII, 473 S. mit eingedr. Holzschn.) Braunschweig 871,72, Vieweg und Sohn. à Abthl. * ℳ 4,50. *

Klinkerfues, W., theoretische Astronomie. 2. neu bearb. u. verm. Aufl. v. H. Buchholz. 4. (XVII, 935 S. m. Abbildgn. u. Bildnis.) Braunschweig 899. F. Vieweg & Sohn. n. 34. —; geb. in Halbfrz. n. 36. —

—— über Bahnbestimmungen von Planeten und Cometen aus verschiedenen Combinationen von Beobachtungen. gr. 4. (44 S.) Göttingen 862, Dieterich'sche Buchh. *

—— über Bestimmung der absoluten Störungen mit Rücksicht auf die Bahnen von grosser Excentricität und Neigung. gr. 4. (34 S.) Göttingen 863, Dieterich'sche Buchh. *

Klinkerfues, W., Ueber Fixstern-Systeme, Parallaxen und Bewegungen. Aus den Nachrichten der Kgl. Ges. der Wissensch. und der G.-A.-Univers. zu Göttingen vom 11. Juni 1873. Göttingen 1878.

— Ueber die Kometen-Erscheinungen von 371 v. Chr., 1668, 1843 I und 1880 I. Göttingen 1880.

—— über Construction von Störungs-Tafeln für die kleinen Planeten. gr. 4. (36 S.) Göttingen 863, Dieterich'sche Buchh. *
Vorstehende drei Schriften des Verf. wurden aus: Abhandlungen der k. Gesellschaft der Wissenschaften zu Göttingen, besonders abgedruckt.

—— s. Mädler's, J. H. v., Wunderbau des Weltalls.

Klinkerfues, W., über eine neue Methode die Bahnen der Doppelsterne zu berechnen. Inaugural-Dissertation. 4. (25 S.) Göttingen 855, (Vandenhoeck und Ruprecht's Vrlgsh.) **

Klinkerfues, W., Fernere Mittheilungen über den Einfluss der Bewegung der Lichtquelle auf die Brechbarkeit eines Strahles. (Aus den Nachr. von der kgl. Ges. der W. und der G. A.-Univers. zu Göttingen.) 1866, No. 4.

Klinkerfues, W., die Principien der Spectral-Analyse und ihre Anwendung in der Astronomie. gr. 8. (42 S. mit eingedr. Holzschn.) [Berlin 879, Bichteler und Comp.] Strassburg, Schultz und Comp.

— Ueber einen grossen Sternschnuppenfall aus dem Jahre 524 n. Chr. und seinen muthmaasslichen Zusammenhang mit dem Cometen von Biela und dem des Jahres 1162. Göttingen 1878.

—— Theorie des Bifilar-Hygrometers mit gleichtheiliger Prozent-Scala. gr. 8. (28 S. mit 1 eingedr. Holzschn.) Göttingen 875, Peppmüller. *

Klinkerfues, W., Theorie des Bifilar-Hygrometers mit gleichtheiliger Procent-Scala. (In den Veröffentlichungen von der Kgl. Sternwarte zu Göttingen.) Göttingen 1878.

Klinkert, Georg: Die Bewegung electromagnetisch erregter Saiten. M. 2 Taf. *Leipzig: J. A. Barth 1898 ([übergeklebt:] Marburg 1898).* (26 S. mit Taf.) 8°
Marburg, Phil. Diss. v. [15. Juli] 1898

Klinkhamer, S. C., s. *Querolus*.

[F.] Inventar- und Kassenbuch in der Schule ... Von Michael Klinkhammer. *Boppard a. Rh.: Keil (1898).* (3 Bl., 63 S., 1 Bl.) 1 Bd 8. [98. 29404]

— d. Schreibunterricht u. d. Schülertagebuch. gr. 8. (VIII, 63 S. m. 4 lith. Taf.) Paderborn 895. F. Schöningh. n. 1. —

Klinkhammer, Mich., wie verbessere ich meine Handschrift?, s. a. Hilf dir selbst!

Wie verbessere ich meine Handschrift? Anleitung z. Erlangung e. schönen Handschrift in deutscher u. latein. Schrift in 12 Unterrichtsstunden. Zum Selbstunterr. von Michael Klinkhammer. *Aachen: C. H. Georgi [1900].* (55 S.) 8°
— Hilf dir selbst! No 22. [00. 8970

Heimatkunde des Kreises Schleiden. Für d. Schulgebr. bearb. von P. Klinkhammer. Schleiden: F. W. Braselmann 1907. (59 S.) 8° [F.] [07. 14356

Klinkhammer, Wilhelm, Gerichtsref. aus Hergarten (Rgbz. Aachen): Unterschied zwischen Leistungsbereitschaft und Leistung nach Voraussetzung und Wirkung. Dargestellt nach gemeinem Recht unter besond. Berücks. d. Bürgerlichen Gesetzbuches. *Trier 1899: Paulinus-Dr.* (56 S.) 8°
Erlangen, Jur. Diss. v. 1. Okt. 1898

Klinkhard, Fr., s. Klinkhardt, Er. Fr. Chr.

Klinkhard, Fried. Ant., s. Klinkhardt

Klinkhard, Jos.

— Beitr. zur Verbesserung d. Oefen u. Beförderung d. Rauchzuges. 8. Heiligenst. 812. ..., Nachträge zu d. Beiträgen d. Oefen. 8. Duderst. 813.

Klinkhard, Jos., von Stubenöfen u. d. Rauchzuge, in Verbindung mit den dazu gehörigen Beiträgen. gr. 8. Helmst. 814. Fleckeisen. 3 gr.

Klinkhardt, Karl Fr., Ideen z. Philosophie d. Gesetzgebung. 8. Karlsr. 792. (Frankf., Körner). 8 gr.

Klinkhardt

— s. a. Klinckhardt.

KLINKHARDT, ARTHUR. Derivate und Zersetzungsprodukte der Schleimsäure und Dehydroschleimsäure. Leipzig, 1881.

Klinkhardt, C. H., Betracht. d. Pflanzenreichs od. Erklär. d. Wachsthums u. d. Ausbildung d. Pflanzen. Nebst e. Anh. üb. d. ursprüngl. Entstehung d. Gewächse. 8. Berlin, 1828. (Gärtner.) 1. 10

Klinkhardt, C. H., Betrachtung d. Pflanzenreichs; od. Erklär. d. Wachsthums u. d. Ausbildung d. Pflanzen. Nebst e. Anh. üb. d. ursprüngl. Entstehung d. Gewächse. 8. (17 B.) Berlin 828, (Plahn.)
Vgl. Klinckhardt.

Klinkhardt, C. H., der Magnet. Eine Erklär. d. merkwürdigsten Erscheinn. d. mineral. Magnetismus. 8. (4½ B.) Leipzig 835 (u. Dresden, Arnoldische Buchh.)

Klinkhardt, E., Leitfaden f. den Unterricht in den Elementen der ebenen Geometrie, Trigonometrie und Polygonometrie. Mit 4 Figurentaf. 8. Lindau 845, Stettner. ⅔ Thlr

Klinkhardt, E., Leitfaden f. den ersten Unterricht in den Elementen der ebenen Geometrie u. in der ebenen Trigonometrie u. Polygonometrie auf Gymnasien u. Gewerbeschulen. Mit 4 (lith.) Fig.-Taf. (in 4. u. qu. Fol.) Neue (Titel-)Ausg. gr. 8. (VI u. 172 S.) Lindau (845) 852, Stettner. ½ Thlr

Klinkhardt, E., Sachregister, s.: Westermarck, Eduard, Ursprung u. Entwickelung d. Moralbegriffe.

Klinkhardt, Er. Fr. Chr., s. Klinkhardt, Friedr.

Klinkhardt, F. A. T., die Kunst, insonderheit die Tonkunst, als Dienerin im Heiligtum. Ein Wort an alle freidenk. evangel. Christen üb. die Notwendigkeit e. Reform der gottesdienstl. Kirchenmusik u. der kirchenmusikal. Zustände. gr. 8. (V, 209 S.) Neudnitz-Leipzig 883. Mühle. 3. —

Klinkhardt, F. Ant.

— Gesch. d. Stadt Einbeck, 8. Einbeck. 182...

Klinkhardt, F. Ant., histor. Nachrichten von d. Schlosse u. Fürstentrume Grubenhagen. Mit 10 Anlagen. 8. Einbeck 818.

Klinkhardt, Fr., die anastatische Druckerei. Od.: Die Kunst, Bücher u. Drucksachen jeder Art, Kupfer- u. Stahlstiche, Lithographien u. Holzschn. abzudrucken u. nach Belieben zu vervielfältigen, so wie Stahl- u. Kupferplatten nach e. Abdrucke der Originalplatte nachzubilden. 8. (3½ B.) Quedlinburg 846, Basse.

Klinkhardt, Friedr.

Klinkhard, Fr., Anleitung zum Obstbau. Ein Versuch. 8. Leipzig, Franz. 816.

Klinkhardt, Friedr. (Er. Fr. Chr.), Anleit. z. Obstbau. Ein Versuch. 8. Altenburg, 1816. (Leipzig, C. L. Fritzsche.) 1. 12½

Klinkhardt, Er. Fr. Chr., († im April 1819.) Anleitung zum Obstbau. Ein Versuch. 8. Leipz. 816. (Taubert). 1 Thlr 10 gr

Klinkhardt, Frdr., prakt. Beiträge z. zoolog. Unterrichte in d. Realschule, s. a. Magazin, pädagog.

Praktische Beitrage zum zoologischen Unterrichte in der Realschule. Von Friedrich Klinkhardt. Langensalza: Beyer 1908. 30 S. 8°
(Pädagogisches Magazin. H. 356.) [illegible]

— Beitrr. zur angenehmen u. lehrreichen Unterhaltung f. Jedermann, s. Gli. Höpfert.

Klinkhardt, d. königl. westfäl. Musikmeisters Friedrich, Feldzugs-Erinnerungen aus d. J. 1812 bis 1815, s. a. Aus d. Zeit d. schwer. Not. V.

Feldzugs-Erinnerungen des Königlich Westfälischen Musikmeisters Friedrich Klinkhardt aus den Jahren 1812 bis 1815. Mit 1 Uniformtaf. Nach hinterlass. Papieren hrsg. von Johannes Klinkhardt. (Neue Aufl.) Braunschweig: W. Scholz 1908. (IV, 109 S.) 8° [F.]
Erschien zuerst u. d. T.: Aus schwerer Zeit, in d. Braunschweig. Landeszeitung.
— Zeit, Aus der, d. schweren Not. 5. [illegible]

Klinkhardt, Er. Fr. Chr., Rede vor einem feierl. Eide gehalten. gr. 8. Zwickau 809. Schumann. 2 gr

— Michel Schubert, ein Wirthschaftsbüchlein für d. erzgebirgischen u. voigtländischen Bauer. 8. Leipz. 818. (Taubert). 6 gr

— Die winterl. Vogelwelt. s. a. Magazin, pädagog.

Die winterliche Vogelwelt. Eine naturkundl. Präparation von Friedrich Klinkhardt. Langensalza: Beyer 1908. 29 S. 8°
(Pädagogisches Magazin. H. 334.) [illegible]

Aus schwerer Zeit. Feldzugs-Erinnergn a. d. Jahren 1800 – 1813. Von Friedrich Klinkhardt, herzogl. Anhalt-Bernb. Hofmusikus. Nach hinterlass. Papieren hrsg. v. J. Klinkhardt. [F.] (1.) 2. *Braunschweig: Dr. v. A. Limbach 1898. 99.* 2 Bde 8.
(1.) 1898. (55 S.) 2. 1899. (23 S.) [illegible]

KLINKHARD, Fried. Ant.: Das Recht der Hildesheimischen kathol. Geistlichkeit, ohne Feierlickeiten gültiger Weise letztwillig verfügen zu können, nebst Bemerkungen über die Testamentifaction der Geistlichen in andern deutschen Diöcesen. Mit 5 Anlagen. gr. 8. *Hildesheim*, Gerstenberg. 838. (12 Gr.)

Klinkhardt, Friedr. Ant., das Recht d. hildesheim. cathol. Geistlichkeit, ohne Feierlichkeiten gültiger Weise letztwillig verfügen zu können, nebst Bemerkn. üb. d. Testamentifaction d. Geistlichen in andern deutschen Staaten. Mit 5 Anlagen. gr. 8. (6¼ B.) Hildesheim 838, Gerstenberg'sche Buchh.

Klinkhardt, Friedrich August (Merseburg), **Rhapsodiae supplementa. Disp. jur. Präs. D. Carl Ferdinand Hommel (Zweynaundorf, Groschepa, Quesiz). Lpz. (Langenheim) 11. VI. 1778. 36 S. (6.—)** 18397
Gew.: Johann Ernst v. Griesheim (Netzschkau). — Enth. Observatio 672, 673, 674, 676, 677, 679, 680, 681, 682.

Klinkhardt, J., v. Breiten u. Tiefen d. Flüsse, a. v. d. Bogenbrücken. 8. Hamb. Vollmer. 802.

Klinkhardt, J. F., († d. 30. Dec. 1803.) Samml. ausgewählter v. ihm gehaltenen Predigten, Beichtreden rc. 8. Rudolst. 806.

Klinkhardt, Jul., Gedichte. Ausg. letzter Hand. 8. (VI, 193 S.) Leipzig 877, Klinkhardt. geb. 4

Klinkhardt, K. H., die Unendlichkeit des Raumes u. des Weltalls. Versuch einer Erklärung dieses Problems, erläutert durch e. Zeichnung. Leipzig 867. Lißner(?). 8. (15 S. mit 1 Steintaf.) 3 ngr

Klinkhardt, Victor, aus Leipzig: **Beiträge zur Morphologie und Morphogenie des männlichen Genitalapparates der Rhopaloceren.** *Leipzig: J. Klinkhardt [1900].* (32 S.) 8°
Erlangen, Phil. Diss. v. 14. Nov. 1899.

Klinkhardt, Werner, a. Leipzig: Beiträge zur Entwickelungsgeschichte der Kopfganglien und Sinneslinien der Selachier. Mit 3 Taf. u. 0 Fig. im Text. Jena: G. Fischer 1905. (05 S.) 8°
Jena, Phil. Fak., Ref. Haeckel, Diss. v. 21. Juli 1905
[Geb. 14. Febr. 82 Leipzig; Wohnort: Leipzig; Staatsangeh.: Sachsen; Vorbildung: Nicolai-Gymn. Leipzig Reife O. 01; Studium: Leipzig 1, Kiel 4, Jena 4 S.; Rig. 29. Okt. 04.]

Klinkhardt's, Wern., Kollegheft e. 1.—6. Heft. gr. 8. Leipzig, Dr. W. Klinkhardt. 19. —
Boruttau, H., Taschenb. der Physiologie. 2 Tle. (IV, 243 S. m. Abb.) 908. (Heft 1. 2.) 6. —
Gierke, Edg., Taschenbuch der patholog. Anatomie. I. Allgem. Tl. (VII, 143 S. m. Abb.) 911. (Heft 5.) 3. —
— dasselbe. II. Spez. Tl. (VII, 207 S. m. Abb.) 911. (Heft 6.) 4. —
Miehe, H., Taschenb. d. Botanik. 2 Tle. (VII, 240 S. m. Abb.) 909. (Heft 3. 4.) 6.

— Monatshefte f. ärztl. Taschen-Buchführung. Juli 1907—Juni 1908. 12 Hefte. (à ca. 80 S.) 8. Ebd. 4. 50

Klinkigt, Geo. Gabr.

— s. Musenalmanach, schweizerischer, f. d. Jahr 1802.

Klinkigt, Geo. Gabr., († d. 28. Jan. 1804.) d. vier Stufen d. weibl. Alters; lyr. Gedichte. Mit Kpf. 8. Pirna u. Dresd. 804. Arnold. 18 gr.

Klinkmüller. De principatu Agathoclis Siciliae tyranni, Justino duce. 17 S. . . . .
Sorau, Progr. 1844

Klinkmüller Ueber Symbole. (Zweckmäßigkeit und Nutzen derselben und wie sie beschaffen sein müssen). 14 S.
Sorau, Progr. 1839

Klinkmueller, Die Umgestaltung des Sorauer Gymnasiums unter preussischer Oberhoheit vom J. 1815—1862. Thl 1. 2. Sorau 1862. 1863. 8° (4°).
Sorau, Gymnas., P 1862. 1863.

Klinkmüller De virtutibus nonnullis, quae causae erant potentiae Romanae. 20 S. . . . .
Sorau, Progr. 1850

Klinkmüller, Aug[ustus]: *Commentationes criticae de nonnullis Pindari carminibus. 26 Bl. 4°
Halle-Wittenberg, Phil. Diss. v. 4. Aug. 1827
Geb. [Luckau (Lausitz) 10. 11. 1804]

Klinkmüller, F. W., Sammlung ein- u. zweistimmiger Choräle u. Lieder zusammengestellt u. gesetzt f. die mittleren Klassen der Volksschule, mit besond. Rücksicht auf die Verfügung des Königl. Schul-Collegiums der Provinz Brandenburg vom 20. Juni 1851. 8. (38 S.) Königsberg i. N. 852, Windolff & Striese. 1/12 Rthlr.

Klinkmüller, Fr., Sammlung d. beliebtesten Schul- u. Volkslieder sow. ein. Kompositionen neuerer Meister u. d. Hrsg. f. d. mittl. u. ob. Klassen d. deutschen Volks-, Mittel-, höh. Knaben- u. Mädchenschulen. Nach ihrem Inhalte geordn. u. ein-, zwei- u. dreistimm. ges. Op. 72. gr. 8. (VII, 113 S.) Königsberg i. d. N. 894. J. G. Striese. Kart. n. — 75

Klinkmüller, Wlh. Aug., s. Demosthenis Philippica prima etc.

KLINKÓ, HADRIAN STEPHAN VON IVÁNKA: Rundschreiben enthaltend die Worte des Heils im Geiste Jesu Christi. Pressburg 1856. Druck v. Alois Schreiber. 17 S. - 8°

Klinkosch, Joseph Thaddäus

— Diss. anatome partus capite monstroso. Cum fig. 4maj. Prag u. (Dresd.) 767. Walther.

— Diss. de arenulis in lotio progr. adparentibus, ut infallibili salutaris morborum eventus signo prognostico. 8. Prag 774.

— Diss. anatomica monstri bicorporei monocephali descriptio. 4. Prag 767. Walther. in Dresd. 16 gr.

Klinkosch, Joseph Thaddäus. Dissertationes medicae, chirurgicae et anatomicae selectae Pragenses. Dresdae 1775—92. H (Bd. 2): *John, Johann Dion.* (EngM)

Klinkosch, Jos. Thadd., († d. 16. April 1778.) dissertationes med. select. Pragens. colleg. et edidit J. D. John. II Voll. Cum fig. 4maj. Dresd. 775—92. Walther. 4 Rthlr. 12 gr.

— Diss. Divisio herniarum, novaque herniae ventralis species. Progr. 4. Prag. 765.

— de divisione herniarum et novae herniae ventralis specie. 4. Prag, Walther. 767.

— Diss. de hydrocephalo foetus rariori ejusque causa. 4. Prag 773.

— Diss. de vera natura auriculae ejusdemque regeneratione. 8. Prag 775.

— Diss. num jam verus usus pulmonis in machina humana notus sit? 4. Prag 771.

Klinkosch, Jos. Thad., Schreiben den thier. Magnetismus u. die sich selbst wieder ersetzende Kraft betreffend. Prag. 8°.
1776

— Theses physiologicae de sensibilitate et irritabilitate ex experimentis factis deductae. 8. Prag 761.

Klinkowski, Ludwig: Zur Casuistik der Fremdkörper der Iris. *Greifswald 1898: J. Abel.* (23 S.) 8°
Greifswald, Med. Diss. v. 5. März 1898

Klinkowstein, Romana: Bericht über 50 von Prof. Dr. O. Haab ausgeführte Myopie-Operationen. Zürich 1899. 65 S. 1 Doppeltab. 8°.
Zürich. Med. Diss. 1898/99.

Klinkowström, A. Frhr. v., s. Oesterreichs Theilnahme an den Befreiungskriegen.

Klinkowström, Alph. v., Friederich August v. Klinkowström und seine Nachkommen. Eine biograph. Skizze von dessen Sohn. [Mit 1 (phototyp.) Selbstportr. des F. A. v. Klinkowström.] gr. 8. (VIII, 439 S.) Wien 877, Braumüller.

Klinkowström, Alfons von (Hrsg.), s. Metternich: Aus nachgelassenen Papieren.

Klinkowström, Geo. v. Geschichte derer v. Klinkowström. 4. (VIII, 130 S.) Kassel 889, (Hühn). * 10 —

Klinkowström, Gust. v., Abh. v. Kirchenmatrikeln, w. solche in Pommern abzufass. sind. 4. Strals. (Lange in Berlin.) 792.

v. Klinkowström, Gust., († d. 27. Mai 1808.) Abhandl. von Kirchenmatrikeln, wie solche in Pommern abzufassen sind. 4. Stralſ. 792. (Reimer in Berl.) 2 ₰ 12 gr.

v. KLINKOWSTRÖM, Gst.: Abhandl. v. Kirchenmatriculn, wie solche nach d. ergang. Vorschr. im Herzogth. Pommern u. Fürstenth. Rügen abzufassen sind; nebst ein. Anh. versch. Landesverordnn. u. s. w. *Stralsund*, Struck. 792. 4. (2 Thl.)

— f. Samml. Pommerisch. u. Rügalscher Landesurkunden.

Klinkowſtröm, P. Jos. —. Predigt von — —. Prieſter aus der Geſellſchaft Jeſu, gehalten zur jährlichen Patronats-Feier des Kranken-Inſtitutes für Handlungs-Kommis, am Pfingſtmontage den 28. Mai 1855 in der Inſtitutskapelle zum heil. Joſef. Wien. 1855. Mechithariſten-Buchdruckerei. (16 S. 8.)

Klinkowſtröm, P. Joſef —, Prieſter aus der Geſellſchaft Jeſu. Predigt von — —, gehalten zur jährlichen Patronatsfeier des Kranken-Inſtituts für Handlungs-Kommis, am Pfingmontage den 28. Mai 1855 in der Inſtituts-Kapelle zum heil. Joſef. Zweite Auflage. Der Ertrag dieſer Predigt iſt dem ſeit dem Jahre 1745 beſtehenden Kranken-Inſtitute für Handlungs-Kommis gewidmet. Wien. 1855. Mechithariſten-Buchdruckerei.

Klinkowström, Karl Fr. von

Klinckowström, Graf v. Berichtigung einiger Angaben, welche in dem vom Generalleutnant Grafen v. Schwerin herausgegebenen Buche „Wahre . . . Darstellung der Veranlassung, auf welche ich . . . aus dem preuß. Militärdienst entlassen worden bin“ enthalten sind. Berlin 1799. 8°.

v. Klinkowſtröm, Graf Karl Fr., Berichtigung einiger Angaben in d. vom Grafen Schwerin herausg. Aktenſtücken ꝛc. gr. 8. Berl. 799. Maurers B. 9 gr Schrbp. 12 gr Daſſelbe in franzöſ. Sprache. gr. 8. Ebd. 799. 8 gr

Klinkowſtröm, Clem. v., aus der alten Regiſtratur der Staatskanzlei. Briefe polit. Inhalts von u. an Frdr. v. Gentz aus den Jahren 1799—1827. Mit geſchichtl. Anmerkungen verſehen u. herausg. Wien 870. W. Braumüller. gr. 8. (VIII, 189 S.) n. 1 ₰ 10 ngr

Klinkowſtröm, Max, Andachtsbuch für den von Sr. Heil. Papſt Leo XIII. verliehenen Jubel-Ablaß. 1.—3. Aufl. 16. (XVIII, 87 S.) Wien 881, Mayer und Comp. *

— Gottes Auge über den Gerechten oder die Stanislai-Capelle in Wien. Predigt bei Gelegenheit der Feier am Anfang des 4. Jahrh. ſeit der Eröffnung derſelben, gehalten in der k. k. Stadtpfarrkirche zu den neun Chören der Engel „am Hof“ in Wien, am 13. Novbr. 1883. Am Schluß einige hiſtor. Notizen. gr. 8. (20 S.) Ebendaſ. 881. **

v. Klinkſporn, Graf, ſ. Geſchichte Preußens.

Klinner, G., gesetzliche Bestimmungen, Verordnungen u. sonst. Vorschriften. — Das Rechnen, Geometrie, Feldmessen u. Nivellieren, sowie Mechanik, s.: Tolkmitt, G., Bauaufsicht u. Bauführung.

— Strassen- u. Wegebau, s.: Tolkmitt, G., Bauaufsicht u. Bauführung.

Klinner, Georg (Bearb.), s. Vorkenntnisse, Allgemeine.

Klinner's, Carl, Musikalien-Katalog. Verzeichnis sämtl. im Bereiche d. deutschen Musikalienhandels erschein. Neuigkeiten. I. Bd. (1892 I.) Ausg. m. Verlegern. gr. 8. (166 S.) Leipzig 893. C. Klinner. n. 4. —

Klinner's, Carl, Musikalien-Katalog. Verzeichnis sämtl. im Bereiche d. deutschen Musikhandels erschein. Neuigkeiten. II. Bd. (1892 II). Ausg. m. Verlegern. gr. 8. (III, 252 S.) Leipzig (893). C. Klinner. n. 4. —
Weiter nicht erschienen.

Klinsky, Joh. Gottfr., s.: Ansichten d. Gartens z. Machern.

— geschmackvolle Darstell. z. Verschönerung d. Gärten u. öffentl. Plätze. Mit 35 Kpf. 4. Leipzig, 1799. Voss. 2. 10

Klinsky, Jo. Gf., († d. 10. Febr. 1828.) geſchmackvolle Darſtellung z. Verſchönerung d. Gärten u. öffentl. Plätze. Mit 35 Kupferpl. breit 4. Leipz. 2e A. 799. Voß. 2 ₰ 8 gr

— Verſuch über die Harmonie der Gebäude zu den Landſchaften. Mit 5 col. Kpf. Fol. Pirna 799. 2e A. 802. (Dresd., Arnold.) 2 ₰

Klinsmann, Ern. Ferd. (geb. Danzig Okt. 1794)

KLINSMANN (E. F.). Clavis Dilleniana ad hortum Elthamensem. Danzig, 1856. 4°.

Klinsmann, Ernst Ferdin. (Danzig), De emetino et cephaëli ipecacuanha, psychotria emetica, Richardsonia Brasiliensi. Diss. med. Bln. (G. Hayn) 22. XII. 1823. 55 S. mit Biogr. (M.: Kayser.) (6.20) 18398
Oppon.: C. Fischer, F. Piltz, E. Gabler. — Gew.: Friedr. Gottl. Hayne.

Klinsmann, Hans, bacc. jur., Referendar in Magdeburg: Der Minderjährige als selbständiger Kaufmann. Borna-Leipzig 1907: R. Noske. (IX, 62 S.) 8° [J.]
Leipzig, Jur. Fak., Diss. v. 30. Nov. 1907
[Geb. 18. Nov. 80 Gr.-Oschersleben; Wohnort: Magdeburg; Staatsangeh.: Preußen; Vorbildung: Domgymn. Magdeburg Reife O. 01; Studium: Jena 4 München 1, Halle 2 S.; Rig. 25. Febr. 05.]

Klinsmann, Henr. Ferd. (geb. Danzig 1. 4. 1838): De septo et raphe scroti. Berolini (1864). (31 S.) 8°
Berlin, Med. Diss. v. 1. Juli 1864

Klint, A., Svensk-Tysk Ordbok. (VII, 973 u. 4 S.) breit 8. Stockholm (906). Beijer's Bokförlags-Aktiebolag. Geb. in Halbfrz. n. 12. —

Klint, G. (Red.), s. Mitteilungen der Vereinigung bildender Künstler Österreichs...

Klint, J., hundert Aufgaben fürs Denkrechnen. 2. Aufl. 8. (52 S.) Segeberg 882, J. F. Meier. * — 50

— Berechnung der hundert Aufgaben. 8. (44 S.) Ebendaſ. 882. * — 40

Klint, Jakob Johann

Klint, Jo. Jac., praes. **Wrisberg,** Comm. anat. de nervis brachii. 66 pp. c. 4 tab. Gott. 4°. *Ludwig*, III, 122—47. A. L. Z. 85, IV, 384. A. D. B. LXXII, 378. Erl. Beitr. 85, II, 22. 1784

Jakob Johann Klint

Iacobi Iohannis Klint Commentatio anatomica de nervis brachii. Goettingae: Vandenhoeck 1784. 67 S. 8°

Klio, s. a. Kalliá

Klio
⑤ Diese von Paul Usteri redigierte »Monatsschrift für die französische Zeitgeschichte« erschien 1795/96 in Leipzig und fällt für die Bibliographie nicht in Betracht. v. auch Jaquel: Les Jacobins allemands en Alsace d'après la revue »Klio« du Zurichois Paul Usteri. (L'Alsace et la Suisse à travers les Siècles. 1952.)

— Monatsschrift für d. französ. Zeitgeschichte. Mit Kpf. 1795. 12 Stücke u. 1796. Jan.—Juni. 8. Leipz., Schmidt. 9 rß

— neue, e. Monatsschrift für d. französ. Zeitgeschichte. Herausg. v. L. F. Huber. 1796 Juli—Dec. u. 1797. 12 Monate (3 Bde.) 8. Leipz., Schmid. 9 rß Ergänzungsheft. Ebd. 798.

Klio. 18 Hft. (oder Gemälde aus d. Belagerung v. Manheim). 8. Manh. 796. (Leipz., Hinrichs). 1 rß Mit 116 Ansichten. 2 rß

Klio. Ein historisches Taschenbuch f. d. wissenschaftl. gebildete Jugend. Hg.: F. P. Wilmsen.
1811. M. 2 Kpf.
Berlin.

Klio, od. Beispiele von menschl. Größe, Kraft u. Klugheit. 18 Bdchen. m. K. Leipz. Rein. 813.

Klio, ein Taschenbuch f. d. neueste Geschichte f. d. J. . . . . . Hg.: J. G. Pahl.
1817. X., 231 S.
Augsburg. Goed. VIII, 61, 69.

Klio. Ein Taschenbuch histor. Aufsätze u. heiterer Dichtungen. Hg.: Joh. C. Unger.
1820—1822.
Wien. Goed. VIII, 101, 221.

Klio. Taschenbuch f. d. J. 1823. Mit Kpf. 12. Wien,

—— Unterhaltungen aus d. alt. Geschichte f. d. Jugend, z. Belebung ihres Eifers f. diese Wissenschaft. gr. 12. (13⅙ B. u. 6 Stnt.) Wesel 838, Bagel.

Klio. Samml. d. interessantesten u. bedeutendsten Darstelln. v. wichtigen Ereignissen, Charakterschilderungen, Sittenbildern, Aufklärungen einzelner weniger bekannter Momente, merkwürd. Züge rc. aus d. Gebiete d. neueren Geschichte. Den Memoiren aller gebild. Nationen entlehnt. Hrsg. v. ein. Gesellschaft v. Gelehrten. 1. u. 2. Bd. à 3 Hfte. gr. 8. (à Bd. 30 B.) Jena 840, Mauke. à Bd. * 1½ Thlr. *

Klio. Unterhaltungen aus d. mittleren Geschichte f. d. Jugend. 12. (14½ B. u. 6 Steinzeichn.) Wesel 840, Bagel. à -

—— Unterhaltungen aus der neueren Geschichte für d. Jugend. 12. (14 B. u. 6 Steinzeichn.) Wesel 843, Bagel. à -

Klio. 1845. – s. Dicke, L.

Klio. Beiträge zur alten Geschichte. In Verbindg. m. Fachgenossen des In- u. Auslandes hrsg. v. C. F. Lehmann-Haupt u. E. Kormann. 6. Bd. 3. Hefte. (IV, 542 S. m. 10 Abbildgn. u. 2 Karten.) Lex.-8. Leipzig 906. Dieterich. n. 20 —; geb. n. 28. —

Klio. Beiträge z. alten Geschichte. In Verbindung mit ... hrsg. von C[arl] F[riedrich] Lehmann-Haupt, Prof., Berlin, u. E[rnst] Kornemann. Erg. Bd 1. Leipzig: Dieterich 1906. 4°(8°)

Klio. Beiträge zur alten Geschichte. In Verbindg. m. Fachgenossen des In- u. Auslandes hrsg. v. C. F. Lehmann-Haupt u. E. Kormann. 6. Beiheft. Lex.-8. Leipzig, Dieterich. n. 5. —; f. Abnehmer d. Beiträge 4. —
(1. Ergänzungsbd. vollständig: 30. 80; bezw. 25. –)
Die Legionen der Prov. Moesia von Augustus bis auf Diokletian. Von Bogdan Filow. Mit 1 Karte. (X, 96 S.) 906.
Frühere Hefte s. u. d. T.: Beiträge zur alten Geschichte.

Klio. Beitr. z. alten Gesch. In Verbindg. m. Fachgen. d. In- u. Auslandes hrsg. v. C. F. Lehmann-Haupt u. E. Kormann. 7.—10. Bd. Lex. 8. Leipzig, Dieterich. 95.—; geb. 107. —
7. (3 Hefte.) (IV, 474 S. m. 15 Abb. u. 6 Taf.) 907. 20.—; geb. 23. —
8. (4 Hefte.) (IV, 338 S. m. 15 Abb. u. 4 Taf.) 908. 25.—; geb. 28.
9. (4 Hefte.) (IV, 508 S. m. 17 Abb., 1 Taf. u. 3 Karten.) 909. 25.—; geb. 28. —
10. (4 Hefte.) (IV, 516 S. m. 28 Abb., 1 Taf. u. 5 Karten.) 910. 25.—; geb. 28. —

— dasselbe. 7. u. 8. Beiheft. Lex. 8. Ebd. Kart. 14.—; f. Abnehmer d. Beitr. 12. 20
Premerstein, Ant. v., d. Attentat d. Konsulare auf Hadrian im J. 118 n. Chr. (V, 88 S.) 908. (8. Beiheft.) Kart. 5.60; f. Abnehmer d. Beitr. 4. 80
Prinz, Hugo, Funde aus Naukratis. Beitr. z. Archäologie u. Wirtschaftsgesch. des VII. u. VI. Jahrh. v. Chr. Geb. Mit 4 Taf. (VIII, 153 S.) 908. (7. Beiheft.) Kart. 8.40; f. Abnehmer d. Beitr. 7. 40

Klio und Euterpe, ein Taschenbuch auf das Jahr ... für ihre Freunde und Freundiñen von G[eorg] A[dam] Neuhofer. ([Mit Kupf. v.] P[aul] J[akob] Laminit, T[heodor] V[inzenz] Poll [u. a.].)
Augsburg: Joh. Georg Rollwagen [1803—1805]. 16°
[Kupfert.]
Anf. s. Taschenbuch für Geschichte und Unterhaltung
1804: (1803.) 10 Bl., 156 S., 1 Titelkupf., 6 Kupfertaf., 1 Kupf.-Falttaf.
1805: [1804.] 2 Bl., 204 S., 1 Titelkupf., 10 Kupfertaf.
1806: [1805.] 1 Bl., VI, 184 S. [*Die Kupfer fehlen.*]

Klio und Euterpe; ein Taschenbuch auf die Jahre 1804[—1809]. Augsburg. H: *Neuhofer, Gerhard Adam.* (Ky)

— u. Euterpe; ein Taschenbuch auf die Jahre 1804 bis 9. (Herausg. v. G. A. Neuhofer). (Fortsetz. des Taschenbuchs für Geschichte.) Mit Kpf. 12. Augsb., Rollwagen.

Klio, Neue, s. Klio

Klipfel, (L. F. E.,) wechselseitige Werthvergleichungs-Tabellen d. neuen preuß. Silber- u. Kupferscheidemünze gegen die gegenwärtig in den Provinzen Brandenburg, Preußen, Posen u. Schlesien umlaufenden ältern preuß. Scheidemünzen. gr. 4. Berlin 822, Stuhr.

Klipp, Jul., raffe dich auf! Ein Appell in neuer Form an Nervöse, Pessimisten, Mutlose etc. (45 S.) 8. Stuttgart (905). Schwabacher. n. — 75

Geschichte der Loge Marc Aurel zum flammenden Stern im Or. Marburg. Festschrift zur Jubelfeier den 4. Okt. 1896. (Bearb. nach den vorhandenen Akten von [Konr.] Klipp.) [Marburg 1896.] 32 S. 1 Taf. 8°
Recens: L. 20 (1896) S. 24.
cf. Bbl. 10 (1896) S. 656.

Klippe, N[ikolaus] H[inrich]: Als der weyland hochwohlgebohrne Herr ... [Trauergedicht auf Friederich Rantzau, Geheimter Rath, † 8. Febr. 1723, beigesetzt am 6. April 1723.] — Kiel (1723): Reuther. 2 Bl. 4°

Klippel, Dr. ..., s. Göttingen u. seine Umgebungen.

Klippel's A., immerwährender Schreibtisch- u. Wandkalender m. einstellbarem Sternenhimmel f. jede Stunde d. Jahres. 4. Frankfurt a/M. 897. Deutsche Lehrmittel-Anstalt. Auf Pappe n. 3. —

Klippel, A., in Dortmund, Der Sternenhimmel zu jeder Stunde des Jahres. Drehbare Sternkarte (Mod. II). 11. Auflage. Verlag der Deutschen Lehrmittelanstalt von Franz Heinrich Klodt in Frankfurt a. M. (Min. Erl. v. 14. Februar 1894, Z. 1215) 1·25 Mark.

Klippel, Ernst, Haschisch. Aegypt. Skizzen. (104 S.) 8. Berlin 910. O. Dreyer. 2. —

Klippel, Georg [aus Sprottau in Schlesien]: Incarnatio unguis. . . . Schweidnitz, Adolf Schreyer's Buchdr. (1889); 23 | 1 S. 8°
Würzburg, Med. Fak., Inaug.-Diss. v. 1889

Klippel, Geo., Leo, der Unheilstifter, s. a. Liebhaber-Theater.

Leo, der Unheilstifter. Schwank in 1 Akt von Georg **Klippel**. *Mülheim a. d. Ruhr: J. Bagel [1898].* (36 S.) 8° [F.]
— Liebhaber-Theater. Bdch. 74. [ou. 11675

Klippel, Geo., im Schrank, s. a. Theater, kleines.

Im Schrank. Schwank in 1 Akte von Georg **Klippel**. *Paderborn: B. Kleine [1901].* (30 S.) 8° [F.]
— Theater, Kleines. H. 294. [o3. 9032

Klippel, Geo. Heinr., prakt. Anleitung z. grammat.-richtigen Uebersetzen aus d. Deutschen in's Lateinische f. d. Schul- u. Privatgebr. 2 Curs. gr. 8. Hannover 839, Hahn'sche Hofbuchh.
Curs. 1. Formenlehre. (10⅛ B.) 839. 12 Gr.
„ 2. Syntax. (16⅛ B.) 840. 20 Gr.

— prakt. Aufgaben z. gründl. Erlernung d. latein. Grammatik u. zum Uebersetzen, aus d. Deutschen ins Lateinische. gr. 8. Nordhausen 827, Landgraf.

Klippel, G. H., prakt. Aufgaben z. gründl. Erlernung d. latein. Grammatik u. zum Uebersetzen aus d. Deutschen ins Lateinische. gr. 8, Nordh. 828. (Dörffling in Leipz.) 16 gr

— s. Fr. Ad. Brohm, Programma.

Klippel, G. H., doctrinae Stoicorum ethicae atque christianae expositio et comparatio. Gotting. 1823. 4.

Klippel, (G. H.,) Commentatio exhibens doctrinae stoicorum ethicae atque christianae expositionem et comparationem. 8maj. Gottingae 824, Vandenhöck et R.

Klippel, Geo. Heinr., histor. Forschungen u. Darstellungen. 1. Bd. A. u. d. T.: Joh. Friedr. Falcke u. das Chronicon Corbejense. Eine histor.-krit. Abhandlung, welcher v. d. histor.-theol. Gesellschaft zu Leipzig am 31. Dec. 1841 der Preis von 20 Friedrichsd'or zuerkannt ist. gr. 8. (18 B.) Bremen 843, Geisler.

—— dass. 2. Bd. A. u. d. T.: Lebensbeschreibung des Erzbischofs Ansgar. gr. 8. (17 B. u. 1 Stnt.) Ebds. 845.

Klippel, Geo. Heinr., das Leben des Generals v. Scharnhorst. Nach größtentheils bisher unbenutzten Quellen dargestellt. 3 Thle. gr. 8. Leipzig, Brockhaus. *
geb. in 2 Bdn. *

Inhalt:
Thl. 1. 1. und 2. Buch. 1755—1793. Mit einem Bildnisse Scharnhorst's (in Stahlst.). (XIV, 245 S.) 869. *M 4,50.
„ 2. 3. und 4. Buch. 1793 bis 1801. (VIII, 388 S.) 871. *M 6.
„ 3. 5. und 6. Buch. 1801—1813. (XVI, 819 S.) 871. *M 12.

Klippel, Geo. Heinr., deutsche Lebens- und Charakterbilder aus den drei letzten Jahrhunderten. 1. Bd. gr. 8. (XI und 314 S.) Bremen 853, Geisler.

Klippel, Geo. Hnr., über das Alexandrinische Museum, drei Bücher. Eine Preisschrift, welcher von der Königl. Preuß. Akademie der Wissenschaften das Accessit ertheilt ist. gr. 8. Göttingen 838. Vandenhoeck u. Ruprecht. 1⅔ Thlr

Klippel, Georg Heinrich (Grossenlengda/Göttingen), De summo in Stoicorum ethice morum principio. Diss. philos. Götting. (Carl Eduard Rosenbusch) 1823. 32 S. (5.50) 18399

Klippel, G. H., de Diogenis Laërtii vita, s. Brohm, Fr. Ad.

Klippel, Max Alwin, s.: Neusalz, Rich. Alw.

Klippel, Theodor [in Nürnberg]: Determinismus und Strafe. . . . Berlin, Druck v. Leonhard Simion, 1890. 44 S. 8°
Straßburg, Rechts- u. Staatsw. Fak., Inaug.-Diss. v. 1890

Die Bürgermeisterwahl. Tragikomödie in 5 Aufz. von Wilhelm **Klippel**. Dresden-A.: Diegmann; [Berlin-Pankow: Linser um 1909]. 70 S. 8°
A 12. 9049

Klippelt, Aug., kleine deutsche Sprachlehre für Stadt- und Landschulen bearb. 8. (III und 32 S.) Striegau 851, Hoffmann.

Klippen und Sandbänke auf der Lebensreise Adolfs und seines Steuermanns Paul. Altona 1800. V: *Heinse, Gottlieb Heinrich.* (Ky) (MGT)

Klippen u. Sandbänke auf d. Lebensreise Adolphs, (v. G. H. Heinse). 2 Bde. 8. Altona 800. (Hammerich). (Wienbrack in Leipz.) 2 Thlr 8 gr

Klippen u. Sandbänke auf d. Lebensreise Adolphs und seines Steuermanns Paul. 2 Bde. 8. Leipz. Sommer, auch Gräff. (Hammerich in Altona.) 800.

Klippenthal, das, in Savoyen. 8. Lpz. 799. (Mittler). 1 Thlr 4 gr

Klippert: W e n n durch einen auf einem gegebenen Kegelschnitte angenommenen Punkte zwei gerade Linien rechtwinklig zu einander so gezogen werden, dass sie die Curve schneiden, so geht die Verbindungslinie ihrer Schnittpunkte durch einen festen Punkt in der Normalen. (Salmon's analyt. Geom. d. Kegelschnitte v. Fiedler, 2. Afl. S. 217.) 18 S. 8° Taf. – Hersfeld, Progr. 1872.

Klippert A. W. C. Ueber involutorische Strahlenbüschel, deren Centrum auf einem Kegelschnitte liegt. (Mit einer Figurentafel.) 1872. 8.
Diss. Marburg

Klippert, Arwed [Oberl. Prof. Dr.]: Zwei Abschnitte aus der ebenen Trigonometrie. Hersfeld, Druck v. E. Hoehl, 1892; 1 Bl., 30 S. 4.
Hersfeld, k. G u. RPG, OP 1892 (383 [vielm. 391])

Klipphausen: Forst-Rechenhelfer, s. Z i e g l e r , v.

Klipp-Klapp! Heitere Verwandlungen zur Ergötzung der Kleinen in Bildern und Reimen. 4. (6 Chromolithogr. mit Verwandlungs-Klappen und 1 Bl. Text.) Eßlingen 884, Schreiber. geb. *

KLIPPKLAPP, Dr., Humoristische Pillen den Weltschmerz zu stillen. 1879.
Weller, Lex. Ps. p. 298.

Klippstein, Aug., s. K l i p s t e i n

Klippstein, G. G., Rath- u. Hülfsbuch für Organisten u. solche, die es werden wollen. Zugleich zum Gebrauch in Seminarien. Enthaltend: 180 (183) eingeführte Choralgesänge, besonders älterer Komponisten, mit 10000 Zwischenspielen nach dem reinen Satze, in Imitationen u. Fugen-Thematen, aus der Melodie selbst geschöpft. N. Ausg. Mit d. Umschlags-Titel: Pfennigs-Choralbuch. qu. Fol. Breslau 834. Max u. Comp. 11/12 ℛ

– Dass., s.a. K l i p s t e i n

Klippstein, Phil. Engel., s. K l i p s t e i n

Klippthal, d., in Savoyen; e. wahre Gesch. a. d. französisch-schweizerischen Kriege. 8. Lpz. Supprian. (Mittler.) 799.

Klipsch, Friedrich (Magdeburg), De difficili morborum chronicorum curatione. Diss. med. Erlangen (A. E. Junge) Okt. 1798. 42 S. (5.50) 18400
Gew.: Johann Christoph Klipsch (Magdeburg; Vater).

— **Johann Michael** (Halle), De jure tigni in concursu creditorum, sive Von dem Rechte der Bau=Materialien bey entstandenen Concurs. Diss. jur. Erfurt (Joh. Heinrich Grosch) 3. IV. 1717. 36 S. (6.50) 18401

— **Julius August Philipp** (Frankenhausen/Schwarzburg), De remissione cautionis usufructuariae. Diss. jur. Lpz. (Langenheim) 5. II. 1756. 27 S. (6.—) 18402

Klipstein; e. wahre Geschichte aus d. span. Successionskriege. 8. Bresl. 790. (Gosohorsky). 8 ℳ

Klipstein; e. wahre Gesch. a. d. spanischen Successionskriege. 8. Breslau, Meyer. 790.

Klipstein, die Entwickelung d. Ingenieur- u. Pionier-Korps, in Hauptzügen graph. dargest., nebst Stammbaum d. Pionier-Bataillone. (4 farb. Taf.) 37×98, 47×98, 49×99 u. 65×56 cm. Berlin 910. R. Eisenschmidt. In Umschlag, gebrochen in 28×34,5 cm. 5.—; Taf. 4 (Stammtafel d. Pionier-Bataillone) allein 1.25

Klipstein, A. Characteristics of the Lake-School-Poets; an essay. Freiburg i. Schl., Rpg., 1876. 12 S. 4. Progr.

Klipstein, A., Wörterbuch, s.: Michaud, histoire de la première croisade.

Klipstein, A. Wörterbuch zu Paganel, hist. de Frédéric le Grand, s. Bibliothek gediegener u. interess. franz. Werke.

Klipstein, Aug. v.

Klipstein, A. v., Beiträge zur Beförderung des Bergbaues, s. Beiträge.

Klipstein (A. v.), Beiträge zur geologischen Kenntniss der östlichen Alpen. Mit geognostischen und petrefactologischen Tafeln. Giessen 1841. 4.
Desgl. Band II, Abth. 1—3. 1871, 1875 u. 1883 (in 1 Band.)

Klipstein, A. v., Beiträge z. geolog. Kenntniss der östl. Alpen. 3 Lfgn. Roy.-4. (41 B. u. 21 Stnt.) Giessen 843—45, Heyer's Verl. à Lfg. *

Klipstein, A. von, Beiträge zur geologischen und topographischen Kenntniss der östlichen Alpen. Bd. 1—2. Giessen 1843—75. 4. . . . . (D.)

Klipstein, A. v., Beiträge zur geologischen und topographischen Kenntniss der östlichen Alpen. 2. Bd. 1. und 2. Abthl. gr. 4. Giessen, Ricker. [1. Abthl. (VIII, 64 S.) 871. *ℳ 8.; 2. Abthl. (X, 83 S. mit 2 Stnt. in qu. Fol.) 875. *ℳ 5.] *
1. Bd. Ebendas. 1843—45. *ℳ 36.

Klipstein, A. v., Beiträge zur geologischen und topographischen Kenntniss der östlichen Alpen. 2. Bd. 3. Abthl. gr. 4. (VIII, 101 S. mit 3 Stnt.) Giessen 883, Ricker. *
1. Bd. und 2. Bd. 1. und 2. Abthl. Ebendas. 1843—75. *ℳ 44.

Klipstein, Aug., geognost. Bemerkungen auf e. Reise durch Sachsen u. Böhmen. Ein Schreiben an Hrn. Geh. R. v. Leonhard. M. 2 col. Taf. gr. 8. (2¼ B.) Darmstadt 830, (Leske.)

Klipstein, A. v.: Geognostische B e o b a c h t u n g e n über die Umgebungen von Marienbad in Böhmen. (Aus dem Jahrbuche der k. k. geolog. Reichsanstalt.) Wien 1851. 4°

Klipstein, (August), Dir. Prof. Dr.: Kurzer Bericht über das fünfundzwanzigjährige Bestehen der Anstalt ⟨Ostern 1874 — Ostern 1899⟩. *Freiburg, Schl. 1899: G. Rieck.* (S. 16—25.) 4°
Freiburg, Schl., st. R, P 1899 (235)

Klipstein, [August], Dir. Prof. Dr.: [Kurzer Bericht über die Feier des 25 jährigen Bestehens der Anstalt.] *Freiburg, Schl. 1900: G. Rieck.* (S. 11—12.) 4°
Freiburg, Schl., st. R, P 1900 (238)

Klipstein, A. v. und **Kaup**, J. J. Beschreibung und Abbildung von dem in Rheinhessen aufgefundenen colossalen Schedel des Dinotherii gigantii, mit geognostischen Mittheilungen über die knochenführenden Bildungen des mittelrheinischen Tertiärbeckens. Darmstadt. 1836. 4. Mit Atlas in Folio.

—— u. J. J. Kaup, Beschreibung u. Abbildungen von dem in Rheinhessen aufgefundenen colossalen Schedel des Dinotherii Gigantei, m. geognost. Mittheilungen üb. die knochenführenden Bildungen des mittelrhein. Tertiärbeckens. gr. 4. (5¾ B. u. 7 Stnt.) Giessen 843. (Heyer's Verl.) *

Klipstein, A. v., s. Blätter zur Förderung des Bergbaues.

— Geognostische Darstellung des Grossherzogthums Hessen und des königl. preuss. Kreises Wetzlar und der angrenzenden Landestheile. Nordwestl. Hauptabtheilung. District zwischen der Dill und der Salzböden. Frankfurt a. M. 1852. 4. Auch unter dem Titel: Topographie, Geologie und Mineralogie der Gegenden zwischen der Dill der Salzböden oder des südlichen Hinterländer-Gebirges.

Klipstein, Aug. v., geognostische Darstellung des Grossherzogthums Hessen, des Königl. Preussischen Kreises Wetzlar und angrenzender Landestheile mit Rücksicht auf Landescultur, insbesondere auf Bergbau. Nordwestliche Hauptabth. District zwischen der Dill und der Salzböden (südl. Hinterländer Gebirge). A. u. d. T.: Topographische Geologie und Mineralogie der Gegenden zwischen der Dill und der Salzböden oder des südlichen Hinterlander Gebirges. Mit dem (lith. u. color.) Sectionsbl. Gladenbach (in gr. Fol.) der geognost. Karte, 4 (lith.) Taf. (in gr. 4. u. Fol.) u. einer Reihe in den Text eingeschalteten Abbildgn. (Holzschn.) Frankfurt a. M. 854. Heyer in Comm. gr. 4. (XIV, 320 S. u. lith. Titel.) n. 9 ℛ.

Klipstein, v.: Geologische F r a g m e n t e aus dem Tagebuche einer Reise durch Baiern nach den östlichen Alpen. (Aus Karsten's und Dechen's Archiv für Mineralogie.) Berlin 1842. 8°

v. **Klipstein**, A. Geognostische Karte des Grossherzogthums Hessen. Darmstadt. 1858.

Klipstein. A. Geognostische Karte von dem Odenwald und einigen angrenzenden Gegenden. 1827. Folio.

—— **Mittheilungen aus d. Gebiete der Geologie u. Palaeontologie. I. Bd. A. u. d. T.: Beiträge z. geolog. Kenntniss d. östl. Alpen. M. (21) geognost. u. petrefactolog. Tafeln. (1843.) Roy.-4. (41¼ B.) Giessen 845, Heyer's Verl.** *

—— **gedrängte Uebersicht d. Ergebnisse e. geognost. Erforschung d. Odenwaldes u. einiger angrenz. Gegenden,** mit besond. Rücksicht auf Andeutung d. Verbreitungsgebiete d. Formationen. Vorles. M. 1 geogn. Karte d. Odenwaldes (gr. Fol.) gr. 4. (3 B.) Darmstadt 829, (Leske.) Thlr.
Ohne die Karte. 8 Gr.

Klipstein, Aug., Uebersicht d. Geologie. Zum Behuf seiner Vorlesn. 8. (3½ B.) Giessen 833, (Heyer, Vater.)

—— Versuch e. geognost. Darstellung d. Kupferschiefer-Gebirges d. Wetterau u. d. Spessarts. M. 1 geogn. Karte u. 1 Profiltaf. gr. 8. (7½ B.) Darmstadt 830, Leske.

Klipstein, Charlotte v., geb. Lotheißen, Erlebtes u. Geschautes. Dichtungen. Hrsg. v. ihren Kindern. gr. 8. (VII, 214 S.) Darmstadt 900. J. Waitz. n. 2. 50; geb. n. 3. 60

Klipstein, Ernst [aus Vöhl]: Ueber die Ätiologie des Wundstarrkrampfs m. bes. Berücks. d. Abhandlg v. Vaillard u. Vincent: Contribution à l'étude de l'étiologie du Tétanos. Aus d. hygien. Institut zu Marburg ... Marburg, Buchdr. v. J. Hamel, 1892; 34 S., 1 Bl. 8.
Marburg, Med. Fak., Inaug.-Diss. v. [13. Dez.] 1892

Klipstein, F. R. L., s. Klipstein, Friedrich Leopold

Klipstein, Friedrich Leopold

Klipstein, F. L. Lehrbuch des Dienstes der leichten Truppen. Mit 1 Taf. Darmstadt 1818. 223 S.

Klipstein, F. L., Lehrbuch des Dienstes der leichten Truppen zur Vertheidigung des Vaterlandes, nebst einem Anhang über die Nothwendigkeit der allgemeinen Bewaffnung. gr. 8. Darmstadt, Heyer. 818.

Klipstein, Friedrich Leopold, hessen-darmstädtischer Major. Versuch einer Theorie des Dienstes der leichten Truppen, besonders in Bezug auf leichte Infanterie. (Mit 1 Bild und 2 Taf.)
8. Darmstadt 1799.

— Versuch e. Theorie des Dienstes d. leichten Truppen. Mit Kpf. 8. Gießen 799. Heyer. 1½ ℛ

Klipstein, (G G.,) Rath- u. Hülfsbuch f. Organisten u. solche, d. es werden wollen. Zugleich z. Gebrauch in Seminarien. Enthalt. 180 eingeführte Choralgesänge, besond. älterer Komponisten, mit 10,000 Zwischenspielen, nach d. reinen Satze rc. gr. 4. Breslau 826, Max u. C.

Klipstein, G. G., Rath- u. Hülfsbuch f. Organisten u. solche, die es werden wollen. Zugleich z. Gebr. in Seminarien. Enthalt.: 130 (133) eingeführte Choralgesänge, besond. ält. Komponisten, m. 10000 Zwischenspielen nach d. reinen Satze, in Imitationen u. Fugen-Thematen, aus d. Melodie selbst geschöpft. Neue Ausg. qu. Fol. (30½ B.) Breslau 834, Max u. Komp.
Auch. m. d. Umschlags-Tit: Pfennig-Choral-Buch.

— Dass., s.a. Klippstein

Klipstein, Hermann (Mönchbruch)
Beiträge zur Geschichte und Kritik des ausführenden Wendungsverfahrens durch innere und äussere Handgriffe.
Giessen: Keller 1862. 56 S. u. 2 Bl. Thesen.
Diss. med. 10.2.1862. vorh. 7.

Kayser, Jo. Friedr. [Präs.] u. Jak. Chrn. Klipstein (Darmstadt) [Resp.]
De autonomia judaeorum, commentatio academica.
Giessae 17. Dez. 1739: Müller. (10), 140, (2) S. 4°
pro exercitio et excitanda industria commilitonum.

— **Jacob Christian** (Darmstadt), De dominio Rheni. Diss. jur. Gießen (Eberh. Heinr. Lammers) (16.) XII. 1740. 45 S. (6.50) 18405

Klipstein, Jakob Christian (Darmstadt)
Dissertatio juridica de dominio Rheni, pars generalis.
Giessae Dez. 1740: Joh. Müller. 45 S. 4°
pro summis in utroque jure honoribus et privilegiis doctoralibus rite consequendis.

— **Johann Christian Gottlob** (Jena), De nectariis plantarum. Diss. botanica. Jena (Fickelscherr's Erb. & Stranckmann) 11. X. 1784. 20 S. (5.50) 18407
Gew.: Georg Thomas Frh. v. Asch. — Widm. v.: Friedrich Ferdinand Bretschneider (Jena).

Klipstein, Konrad Jakob

Klipstein, Conrad Jacob (Gladenbach)
Dissertatio inauguralis juridica de jure venandi.
Giessae 16. Aug. 1714: vidua J.R. Vulpii. (6), 48 S. 4°
pro licentia summisque honoribus ... in utroque jure ... rite ... consequendis

Klipstein, Conrad Jacob (Gladebaco Hassus), De patria potestate. Disp. jur. in tit., IX. Institutionum. Präs. Johann Heinrich Mollenbec. Gießen (Henning Müller) 23. III. 1712. 32 Seiten. (6.80) 18403
Widm. v.: Präs., Matth. Nicol. Kortholt, Joh. Wilhelm Hast, Jo. Georg Blumrodt (Echz. Guetter.), E. F. Welb (Frankfurt a. M.; dtsch.).

— **Ludwig** (Gedern / Oberhessen; Jagdschloss Mönchbrunn b. Darmstadt), Zwei Fälle von congenitaler Herzmissbildung. Diss. med.-chir. Bln. (Gustav Schade [Otto Francke]) 5. VI. 1889. 32 S. mit Biogr. (4.50) 18408
Oppon.: Brecht, Weichel, Kämper.

Klipstein, Phil. Engel von

— mineralog. Beschr. d. Vogelgebirgs in Hessendarmst. 8. Berlin, Nicolai. 790.

— mineralog. Briefwechsel. 2 Bde a 4 Hefte. 8. Marb. 779—83. Krieger. 1 ℛ 8 ℊ

Klipstein (P. E.), Mineralogischer Briefwechsel. Band 1 u. 2. Giessen 1781 bis 1782. 8.

Klipstein, Phil. Engel: „Mineralogischer Briefwechsel", zwei Bände, Gießen 1781 und 1784. — Vorh.: Preuß. Oberbergamt Dortmund — M. 195.

Klipstein, Phil. E.: „Grundsätze der Wissenschaft, Rechnungen vollkommen einzurichten", Leipzig 1778 (Weygand).

Klipstein, Phil. E.: „Lehre von der Auseinandersetzung im Rechnungswesen", Leipzig 1781 (Weygand).

— vom Nutzen u. Schaden d. Monopolien; e. Preisschrift, nebst e. Preisschr. v. Quirl, herausg. u. Fr. Runde. 8. Cassel 778.

– Dass., s.a. Q u i r l , J. S.

Klipstein, Philipp Engel: „Versuch einer Anweisung zur Forst-Betriebs-Regulirung, nach neuen Ansichten bearbeitet", Gießen 1822 (Heyer).

KLIPSTEIN, Philipp Engel v.: Versuch einer Anweisung zur Forstbetriebs-Regulierung nach neuern Ansichten bearbeitet. - Giessen 1823. XXIV, 174 S.

——— (Ph. E.), Versuch einer mineralogischer Beschreibung des Vogelsgebirges in der Landgrafschaft Hessen-Darmstadt. Berlin 1790. 8.

— Versuch e. mineralog. Beschreib. des Vogelgebirgs in Hessendarmstädt. 8. Berl. 790. Nicolai. 6 gr.

Klipstein, Phil. Engel v., der Waldfeldbau mit besond. Rücksicht auf das Großherzogth. Hessen. gr. 8. (XII und 335 S. mit 2 Tab. in qu. 4.) Frankfurt a. M. 850, Heyer's Verlag. Thlr. *

— welches sind d. ausführbaren Mittel, dem Kindermord abzuhelfen, s. a. Preisschriften, drei.

Welches sind die besten und ausführbarsten Mittel, dem Kindermorde abzuhelfen .... (von *Philipp Engel Klipstein*). Mannheim 1784.
Anon.-Lex. IV. p. 387 (nach Callisen) hat: „ausführbaren".

— reine Wirthschaftslehre. gr. 8. Gießen 797. Heyer. 12 gr.

Klipstein, Theodore, Anweis. zur Verfertigung d. Perlenmosaik rc. Mit 1 ill. Kpf. 4. 827. (Heyer in Darmst.) 10 gr.

Klirikoff, Olga [aus Jaroslaw (Russland)]: Eine statistische Studie über Ileus. Lausanne 1900. 34 p., 2 tab. 8°.
Lausanne. Thèse méd. 1899/1900.

Klischee-Katalog der chemigraphischen Anstalt des St. Josef-Vereines in Klgft. Klgft., St. Josefs-Druck., 1908. Folio. 3 Hefte.

Klischee-Markt, der. Organ für Klischee-Handel u. Illustrationswesen. Red.: B. Schönfelder. 14. Jahrg. 1902. gr. 4. (à ca. 4 S. m. Abbildgn.) Leipzig, Schäfer & Schönfelder. n.n. 2. 40
Vergl.: Cliché-Markt, der.

Klischee-Markt, der. Anzeiger f. Klischee-Handel u. Illustrationswesen. Red.: B. Schönfelder. 15. u. 16. Jahrg. 1903 u. 1904. (à Jahrg. 48 S. m. Abbildgn.) gr. 4. Leipzig, Naunhof, Schäfer & Schönfelder. à Jhrg. n. 2. 40
Erscheint nicht mehr.

Klischees-Verzeichnis v. A. Pichlers Witwe & Sohn, Buchhandlung in Wien. I. Tl. (Nachtrag): Naturgeschichte. (42 S. m. Abbildgn.) gr. 4. Wien (904.) A. Pichler's Wwe. & Sohn. n. 2. 80

— dasselbe. II. Tl.: Erdkunde, Geschichte u. Bildnisse. (40 S. m. Abbildgn.) gr. Fol. Ebd. 903. n. 2. 80

Klischee-Verzeichnis von Siegismund und Volkening in Leipzig. 8. (7 S.) Leipzig 886, Siegismund und Volkening. — 10

Klisching, K. F., s. K l i s c h n i g , Karl Friedr.

Freymaurerische Blumenlese. Ein Johannisgeschenk für alle ächte Maurer vom Redner der Loge zum flammenden Stern [in Berlin, d. i. Christian Friedr. Klischnig]. Berlin: Vieweg in Comm. 1799. II, 141 S. 8°
Kl. 1614. Gedichte, Reden, Toaste.

Rapin-Thoyras, Gabr. Phil. v.: [Gedicht.] Der 51jährigen Geburtsfeyer der [Br.] v. Rapin [-Thoyras. Unterz.: Christian Friedr.]Kl[ischnig]. Berlin, den 17. Aug. 1797. [Berlin 1797]: Petsch. 2 Bl. 8° [Umschlagtit.]
„Du hast, verehrungswürd'ger Mann, . . ."

Klischnig, Karl Friedr.

Klischnig, K. F., s. Anton Reiser.

Klischnig, auch Klischnige, Karl Fr., († 1825.) Blumen u. Blüthen. 8. Berl. 794. Felisch. (Wienbrack in Leipz.) 10 gr.

Klisching, K. F., Blumen u. Blüthen. 8. Berl. Felisch. (Gräff, Leipz.) 794.

— Erinnerungen a. d. Leben meines Freund., s. A. Reiser 5r.

– s.a. G e d a n k e n s p ä n e .

GEDANKENSPANE, mitunter manch Paradoxon. Aus der Brieftasche eines von der Spanischen Inquisition Verurtheilten. (Vf.: *Karl Friedr. Klischnig*).
Si quandoque bonus etiam dormitat Homerus, cur non ego? —
Berlin 1795. bei Joh. Geo. Langhoff. 8°.
Tit., 1 Bl. Vorr. (unterz.: „Der Herausgeber"), 116 S. (lat. Lett.). Enth. 126 Nrn. u. „Schlußseufzer". — Zahm. Anon.-Lex. II. p. 158 (nach Kayser u. Meusel).

– s. K a b i n e t engl. Romane.

WANDERERS, Fritz, Lebensreise. (Freier Roman von *Karl Friedr. Klischnig*, geb. 1766, † vor 1825.) Berlin, b. Wilh. Vieweg 1795. 8°. (2½ Mk., Leihbiblexpl., Kühl, Berlin, c. 1882; jetzt theurer!)
Selten! 334 SS. Vorr. unterz.: *K. F. Kl . . . . . . g.* — Fehlt im Anon.-Lex.

– s.a. M i n n e g l ü c k und Weiberlist.

MINNEGLÜCK und Weiberlist oder Etwas für Antiplatoniker. (Roman von *Karl Frdr. Klischnig.*) Mit Titelvignette. Berlin, Vieweg, 1789. Höchst selten! (1⅔ Thlr. H. W. Schmidt, Halle, vor 1875; 10 Kr. Gilhofer & Ranschburg, Wien, 1909.)

– s. M o r i t z , Karl Phil.: Launen u. Philosophien.

Rede bey der Todtenfeyer Friedrich Wilhelms II., Königs von Preussen, am Schlusse des Jahres 1797 in einer Versammlung treuer Brennen gehalten vom [Br.] K[arl] F[riedr.] Klischnig. Berlin: Maurer 1798. 7 Bl. 8⁰ [Umschlagtit.]
Kl. 1406 b. In Versen. Nach dem Mitgl. verzeichn. 1799: Christian Friedr. Klischnig.

Klister, Boris: Beitrag zur Kenntnis der neuropathischen Gelenkaffektionen. Berlin 1909: Ebering. 28 S. 8°
Berlin, Med. Diss. v. 13. Aug. 1909, Ref. Hildebrand
[Geb. 30. Mai 81 Orgejeff; Wohnort: Orgejeff; Staatsangeh.: Rußland; Vorbildung: Gymn. Kalisch Reife M. 03; Studium: Berlin 10 S.; Rig. 9. Aug. 09.]
[U 09. 64

Klitophon und Leucippe eine Liebesgeschichte aus dem Griechischen, 8. Lemgo, 772. Meyers. 10 sgl.

KLITSCH Klatschl (Geschichten von Anwendung der Rute in Schule und Haus), s. *Rut v. Birken* (ps.).

Klitsch, Fr., die Erfahrg. e. Magnetopathen u. seine feste Ueberzeugung, daß das ganze magnetische Heilverfahren Unsinn ist. gr. 8. (32 S.) Köln a/Rh. 902. Selbstverlag. — 30; ermäßigter Preis — 10

Klitsche, A., das wunderbare Bild, s. Bibliothek für die reifere christliche Jugend.

Klitsche, Th. Fr., Geschichte d. Cölibats d. kathol. Geistlichen, von d. Zeiten d. Apostel bis z. Tode Gregor's VII. 8. (11½ B.) Augsburg 830, Wolff. (Kollmann.)

Klitsche, Thdr. Fr., s. 1) Giussano Leben Karl Borromäus. 2) Sforza Pallavicino, Geschichte des Trident. Conciliums.

Klitsche de la Grange, Antonietta

Klitsche de la Grange, Antoinette v., Cäsar Agrippa. Romantische Skizze aus der Zeit des Kaisers Tiberius. Aus dem Italien. vom Eremiten v. Ovinboli. Wien 865. Mechitharisten-Congregations-Buchh. 8. (VII, 146 S.) 12 ngr.

—— Graf Bernard v. Sarriano. Episode aus der Zeit der sicilian. Vesper. Aus dem Italien. 2 Bde. 8. (VIII und 312 S. mit dem Portr. der Verf. in Holzschn.) Wien 864, Mechitharisten-Congregations-Buchh. *

Klitsche de la Grange, Antonie, das Bild von Strakonitz. Historischer Roman. Mit Genehmigung der Verf. frei nach dem Italien. bearb. von M. Lützen. 8. (300 S.) Regensburg 878, Pustet. ℳ 1,80.; geb. *

Klitsche de la Grange, Antonie, das Bild v. Strakonitz. Histor. Roman. Mit Genehmigung der Verf. frei nach dem Ital. bearb. v. M. Lützen. 3. Aufl. (285 S.) kl. 8. Regensburg 905. F. Pustet. n. 1.80; geb. in Leinw. n. 2.30

Klitsche de la Grange, Antonietta, der Fährmann an der Tiber. Historische Erzählung aus dem 4. Jahrh. Mit Genehmigung der Verf. aus dem Italien. übers. von M. Lützen. 8. (267 S.) Regensburg 883, Pustet.

Klitsche de la Grange, Antonietta, der Fährmann an der Tiber. Histor. Erzählg. a. d. 4. Jahrh. Mit Genehmigg. der Verf. a. d. Ital. übers. v. M. Lützen. 2. Aufl. 8. (272 S.) Regensburg 901. F. Pustet. 1.50; geb. in Halbfrz. n. 2.—

—— Pomponius Laetus. Aus dem Italien. 8. (298 S.) Trier 884, Paulinus-Druckerei. *

—— dass. — s. Novellenkranz.

Klitsche de la Grange, Antonietta, die Vestalin. Historischer Roman aus dem 1. Jahrh. Mit Genehmigg. der Verf. frei nach dem Ital. bearb. v. M. Lützen. 8 (V, 304 S.) Regensburg 876. Pustet. 1. 80

— die Vestalin. Historischer Roman aus dem 1. Jahrh. Mit Genehmigg. der Verf. frei nach dem Ital. bearb. 2., verb. Aufl. 12. (367 S.) Ebd. 898. 1. 80; geb. in Halbchagrin n. 2. 30

— die Vestalin. Historischer Roman aus dem 1. Jahrh. Mit Genehmigg. der Verf. frei nach dem Ital. bearb. 3. Aufl. (360 S.) kl. 8. Ebd. 905. n. 1. 80; geb. in Leinw. n. 2. 30

— die Vestalin u. der Gladiator. Ein röm. Sittengemälde zu Ende des ersten Jahrh. Aus dem ital. Mscr. übersetzt vom Einsiedler v. Ovinboli. 2 Bde. Berlin 865. Janke. 8. (XIX, 492 S.) 2 ℛ 15 ngr.

Klitscher's, Liederbuch f. Schulen. 4e Aufl. neu bearb. v. J. B. Engelmann. 8. Frankf. 826, Varrentrapp. 10 gr. Weiß Pap.

Klitscher, J. Vertraugott, († d. 4. Dec. 1809.) Liedersammlung für Schulen. 8. Frankf a. M. 804. Varrentrapp. 14 gr. 2e A. ... 3e Aufl. gr. 12. Ebd. 815. 4e A. unt. d. T.: Liederbuch für Schulen, neu bearb. von J. B. Engelmann. 8. Ebd. 826. Ebd. 10 gr. Weiß P. 14 gr. Die Melodien dazu. 1e Abtheil. qu. 4. Ebd. 7 gr.

Klitscher, G.

— Ninette im Schnee u. and. Geschichten. E. Skizzenbuch. 8. (V, 138 S.) Berlin 896. Deutscher Autoren-Verlag. n. 2.—; geb. n. 3.—

Klitscher, G., o diese Silberhochzeit!, s. a. Bloch's, Ed., Theater-Korrespondenz.

O diese Silberhochzeit. Lustspiel in einem Akt von G. Klitscher. *Berlin: E. Bloch (1898).* (41 S.) 8°
= Theater-Korrespondenz, Eduard Blochs. No 304. 199 8926

Klitscher, G.: Vaterfreuden, s. Hirschberger, Paul

Klitscher, Gust., Apothekerschnaps, s. a. Bloch's, Eduard, Theater-Korrespondenz. Nr. 329.

Apothekerschnaps. Schwank in 1 Akt von Gustav Klitscher. *Berlin: E. Bloch [1903].* (38 S.) 8° [J.]
= Theater-Korrespondenz, Eduard Bloch's. No 329. 103. 11590

— **Aufsichtsrat.** Drama in 3 Akten. (IV, 146 S.) 8. Jena 904. H. Costenoble. n. 2.—

Klitscher, Gustav *Albert* [aus Stettin]: Die Fortsetzung zu Konrads v. Würzburg Trojanerkrieg und ihr Verhältnis zum Original. . . . Breslau, Buchdr. A. Schreiber, 1891; 2 Bl., 70 S., 1 Bl. 8°
Breslau, Phil. Fak., Inaug.-Diss. v. 5. Aug. 1891

Klitscher, Gust., die Fortsetzung zu Konrads v. Würzburg Trojanerkrieg u. ihr Verhältnis zum Original. Diss. gr. 8. (70 S.) Breslau 891. (L. Köhler.) n. 1.—

[F.] Gustav **Klitscher**. Der sittliche Handkoffer. Geschichten. *Berlin: H. Steinitz [1898]*. (181 S.) 1 Bd 8. [98. 6393

— Mensch Heiland. Ein Gegenwartsroman v. Himmel u. Erde. (Romane u. Novellen neuzeitl. Schriftsteller. Ausg. Costenoble.) (V, 348 S.) 8. Berlin 903. Jena, H. Costenoble. n. 4. —; geb. n. 5. —

[F.] Von Weibes Herzen. Zwei Novellen v. Gustav **Klitscher**. *Berlin: Deutsche Schriftsteller-Genossensch. 1896*. (4 Bl., 146 S.) 1 Bd 8. [96. 4934

— von Weibes Herzen. 2. [Titel-] Aufl. 8. (V, 146 S.) Berlin (896) 897. H. Steinitz. n. 1. —

— Von Weibes Herzen, s. a. Kürschner's Bücherschatz.

Von Weibes Herzen. 2 Novellen von Gustav **Klitscher**. Mit Ill. von H. Binde. Berlin, Leipzig: H. Hillger [1907]. (110 S.) 8° [F.]
= **Bücherschatz**, Kürschners. No 545. [07. 53361

Klitscher, Gust., der Herr Hofkapellmeister. Roman. 2 Bde. 8. (VI, 280 u. 240 S.) Leipzig (901). H. Seemann Nachf. n. 5. —

(B) **Klitscher**, Gust., d. Herr Hofkapellmeister. 901. (KVZ31.) Jetzt: Berlin, Harmonie.

— Die Hosen d. Fräulein v. Voellendorf. (176 S.) gr. 8. Berlin (907). Harmonie. 3. —; geb. 4. —

Königsliebchen. Roman von Gustav **Klitscher**. Berlin, Leipzig, Wien, Stuttgart: Bong (1910). 402 S. 8° [11. 4391

Gustav **Klitscher**. Der Mörder der Schönheit. Die Frühlingshasserin. Ein Buch von Kunst u. kranker Liebe. *Berlin: H. Costenoble 1902*. (200 S.) 8° [F.]
(Romane u. Novellen neuzeitl. Schriftsteller. Ausg. Costenoble.) [02. 1989

— Schönheit. Verse. Mit Buchschmuck v. Herm. Hirzel. gr. 8. (III, 88 S.) Berlin (900). Düsseldorf, Fischer & Franke. n. 3. —

— Sie war des andern. Roman. (499 S.) 8. Berlin (910). Deutsch. Verlagshaus Bong & Co. 4. —; geb. in Leinw. 5. —

Im Stöckelschuh. Ein Frühlingsspiel von Gustav **Klitscher**. *Berlin: Fischer & Franke [1901]*. (62 Bl.) 8° [01. 7407 11

— Uber u. unter den Wolken, s. a. Kürschner's Bücherschatz.

Über und unter den Wolken. Eine Liebesgeschichte aus den Bergen. Von Gustav **Klitscher**. Mit Ill. von Erich Gützlaff. Berlin, Leipzig: Hillger [1909]. 111 S. 8°
(Kürschners Bücherschatz. Nr 690.) [10. 7369

Klitschke, (?), Letzte Stunden und Leichenbegängniss Friedrichs des Zweiten Königs von Preussen. (Mit 2 Kupfern.) Nebst Fortsetzung u. Beschluss (zusammen 99 Seiten). Potsdam 1786. 4. 36 S.

Klitschke de la Grange, Antonietta, s. Klitsche de la Grange

Klitten, medicin. Monatsschrift. 12 Stck. gr. 8. Wien, Schaumburg. 789.

Klittke, Max (Hrsg.), s. Litterae, Societatum.

Klitzing, von, Familie, s. Schmidt, Gg.

Klitzing, D., zur See! Aufzeichnungen aus dem Leben eines jungen Seemannes. 8. (IV, 252 S.) Hamburg 881. Agentur d. Rauhen Hauses. n. 1. 80; cart. n. 2. —

Klitzing H.: Ursache u. Bekämpfung einer neuen Blattfleckenkrankheit auf *Vanda coerulea*. 1905. [Rostr. Saml.].

Klitzing, Hans Henning von, Referendar: Über das Recht am eigenen Bilde. Borna-Leipzig 1909: Noske. IX, 80 S. 8°
Breslau, Jur. Diss. v. 19. April 1909, Ref. Dahn-Leonhard
[Geb. 27. März 85 Nieder-Zauche; Wohnort: Bolkenhain; Staatsangeh.: Preußen; Vorbildung: Ritterakad. Liegnitz Reife O. 04; Studium: Heidelberg 3, München 1, Breslau 3 S.; Rig. 3. Dez. 08.] [U 09. 494

Der Apfelbaum, seine Feinde und Krankheiten. Farbig dargest. von Heinrich **Klitzing**. *Frankfurt a. O.: Trowitzsch & Sohn [1903]*. 1 Bl. gr. 2° [04. 14199

Der Arbeitermangel auf dem Lande und seine Abhilfe. Von W[ilhelm] v. **Klitzing**-Kolzig. Mit e. Bauplane. *Berlin: P. Parey 1900*. (40 S.) 8° [F.] [00. 5850

Klitzkowski, Getreide-Reduktions-Tabellen, Anh., s.: Umrechnungs-Tabelle, neueste, d. bisherigen holländischen Gewichts in das metrische Qualitätsgewicht.

Klitzkowski, Edwin, **das neue metrische Mass- und Gewichts-System nebst Reductions- und Preistabellen. 16. (71 S.) Danzig 871, (Saunier'sche Buchh.)** *

—— **neueste Paritätstabellen für den Getreide-Exporthandel nebst englischen und holländischen Frachten-Tabellen. 2. Aufl. 32. (47 S.) Danzig 870, (Anhuth.)**

—— **Preis-Tabelle für das Spiritus-Geschäft berechnet per 10000 Liter Prozent gegen 8000 Quart Prozent [Thaler und Silbergr., Letztere mit einer Decimalstelle.] hoch 4. (1 Bl.) Ebendas. 871.**

—— **Preis-Tabellen für Getreide und Saat per Neuscheffel von 50 Liter und per alten preuss. Scheffel von $54^{96}/_{100}$ Liter. 8. (3 S.) (Ebendas.) 871.**

—— **Reductions-Tabelle zur Einführung der Getreide- und Saat-Rechnung per 2000 Pfund. Februar 1870. 2. Aufl. * 70 Pf., und 3. Aufl. 32. (8 S.) (Ebendas.) 871.** *

—— **dass. — nebst Preis-Tabelle für Getreide-Saat per Neuscheffel von 50 Liter und per alten preuss. Scheffel von $54^{96}/_{100}$ Liter. 16. (12 S.) Danzig 873, Saunier'sche Buchh.** *

Klitzkowski, E., neueste Reductions-Tabellen in Reichsmark zur Einführung der Getreide- und Saat-Rechnung per Tonne von 1000 Ko. 4. Aufl. 16. (8 S.) Graudenz 888, Gaebel's Buchh. * — 50

Klitzkowski, E., neueste Reductions-Tabellen in Reichsmark zur Einführung d. Getreide- u. Saat-Rechnung per Tonne v. 1000 Ko. 5. Aufl. 16. (8 S.) Graudenz 890. Gaebel. n. — 25

Neueste Reductions-Tabellen in Reichsmark zur Einführung der Getreide- und Saat-Rechnung per Tonne von 1000 K° von E. **Klitzkowski**, Kaufmann. 5. Aufl. [Nebst] Anh. Graudenz: J. Gaebel 1890–93. 2 Bde 8° [Umschlagt.]
Anh. u. d. T.: Neueste Umrechnungs-Tabelle des bisherigen Holländischen Gewichts in das Metrische Qualitätsgewicht (von Klitzkowski). 1893. [05. 11500 10

Klitzkowski, Felix [aus Danzig]: Ueber die Integration der m^ten Wurzel aus einer rationalen Function .... Greifswald, Druck v. F. W. Kunike, 1887; 2 Bl. + 56 S. 8°.
Königsberg, Phil. Fak., Inaug.-Diss. v. 21. März 1887.

Klitzkowski, Felix, über die Integration der m^ten Wurzel aus einer rationalen Function. Diss. Königsberg i. Pr. 1887, Graefe & Unzer. 8°. 56 S.

Klitzner Johann: Kardinal Klesels Stellungnahme zur Thronfolge Ferdinands.
H. 1906 PN 2132 Diss.Wien.Univ 950

Klitzpera, S., Dissert. chirurg. med. de illinitionibus mercurialibus. 8maj. Prag 815. Calve. 18%

Klitzpera, S., dissertatio chirurg. med. de illinitionibus mercurialibus. 8maj. Prag, Calve. 816.

Klitzsch, Ernst *Emanuel Wilhelm* [app. Arzt]: Über hysterische monoculäre Polyopie nebst e. Überblick über d. hyster. Augenstörgn ... Leipzig, Druck v. Sellmann & Henne, *1895;* 39 S., 1 Taf. 8.
Leipzig, Med. Fak., Inaug.-Diss. v. 19. Juli 1895

Klitzsch, Gustav: Die geologische Entwicklung der Umgegend von Borna. (Borna 1910: Reiche.) 19 S. 4°
Borna, k. RG OP 1910 (761) [S 10. 223

Klitzsch, *Gustav* Ueber das Vorkommen, die Eigenschaften und die Entstehung des Petroleum. 4 (S. 3—31). Rg. *Borna* 1887 (512). Progr.

Klitzsch, Paul, aus Lommatzsch i. Sachs.: Zur Kenntnis des Chinolins. *Rostock 1899: C. Hinstorff.* (37 S.) 8°
Erlangen, Phil. Diss. v. 15. Febr. 1899

Klitzscher, Liedersammlung f. Schulen. 3te Aufl. gr. 12. Frankf. Varrentrapp. 815.

Ključ, Zlati, za srečne volitve. Na svetlo dal in založil F. Haderlap. V Celovcu, St. Hermagoras-Druck., 1864. 40 S.

Rechtwinklige Coordinaten der Dreiecks- und Polygonpunkte im Bezirke der Königlichen Bergwerksdirektion Saarbrücken. Zsgest. v. K. Oberbergamtsmarkscheider **Kliver** im J. 1886. [Nebst] Nachtrag. Saarbrücken 1887: Gebr. Hofer [Nachtrag:] St. Johann a. d. Saar 1897: G. Schaede. 2 Bde 8° [F.]
Nachtrag [u. d. T.:] Nachtrag z. Coordinatentabelle. [07. 15494

Kliver, M., über einige neue Arthropodenreste aus der Saarbrücker und der Wettin-Löbejüner Steinkohlenformation. 4. (17 S. mit 1 Taf.) Stuttgart 886, Schweizerbart'sche Verlagsh. * 3 —
Aus: Palaeontographica, besonders abgedruckt.

Kliver (M.), Ueber den geognostischen Horizont der in den vier benachbarten, an der Bayerisch-Preussischen Landesgrenze bei Saarbrücken gelegenen Steinkohlengruben Frankenholz, Mittelbexbach, Wellesweiler und Ziehwald bebauten Flötzgruppen. (Sep.-Abdr. Zeitschr. f. B.-, H.- u. Salinen-Wesen, Bd. 37.) 4.

Kliver, P., die elektrischen tragbaren Grubenlampen als Geleucht beim Rettungswesen. (31 S. m. Abbildgn.) 8. Oelsnitz (910). (H. Sigling.) 1.40

Klix u. Klar, s.: Nata u. Marty.

Lateinische Adresse für Geh.-Rat Dr. Klix zur Feier des 70. Geburtstages. 4 (S. 30). Progr. Prg. *Grofs-Lichterfelde* 1893 (78).

Klix Erklärung der mosaischen Schöpfungsgeschichte für den Standpunkt der Schule. 16 S.
Cottbus, Progr. 1850

Klix, Adf., lauttreue deutsche Stenographie. Kurzer Lehrgang in 6 Übgn., also in 6, ohne Wortkürzgn. in 5 Stunden erlernbar. (8 autogr. S.) gr. 8. Reichenbach 908. R. Hoefer. nn — 25

Klix, Anton

Klix, über die Geistesstörungen in der Schwangerschaft u. im Wochenbett, s. a. Sammlung zwangloser Abhandlgn. aus dem Gebiete der Frauenheilkunde. V. 6.

Ueber die Geistesstörungen in der Schwangerschaft und im Wochenbett. Von Dr. [Anton] **Klix**, Arzt in Prechlau. *Halle a. S.: C. Marhold 1904.* (38 S.) 8°
= Sammlung zwangloser Abhandlungen aus d. Geb. d. Frauenheilk. u. Geburtshilfe. Bd 5, H. 6. [04. 6184 8

Klix, Anton [pr. Arzt]: Zur Casuistik und Aetiologie der Spontanamputation .... Königsberg, Druck v. R. Leupold, 1889; 2 Bl. 50 S. + 1 Bl. u. 1 Taf. 8°
Königsberg, Med. Fak., Inaug.-Diss. v. 18. Jun. 1889

Klix, A., zur Casuistik u. Aetiologie d. Spontanamputationen. Inaug.-Diss. gr. 8. (50 S. m. 1 Taf.) Königsberg 889. (W. Koch.) n. 1.20

Klix, F. F., der Forst oder das Forstfest zu Kamenz. Eine Monographie. gr. 8. (24 S.) Kamenz 851, (Krausche.) *

Klix, F. F., Die Familie Haberkorn in Kamenz. Kamenz 1864. 4.

Klix, Gustav Adolf

Klix, G. A. Andeutungen zum Verständniss von Shakspeare's Hamlet. Gross-Glogau, ev. G., 1865. 33 S. 4. Progr.

Klix, G. A. Antrittsrede. 9 S.
Glogau, Progr. 1855

Klix, G. A., die Aufgabe des Gymnasiums. Festrede bei der 150jähr. Stiftungsfeier des königl. evangel. Gymnasiums zu Gross-Glogau gehalten. 8. (21 S.) Glogau 859, (Reissner'sche Buchh.) **

—— christliches Gesangbuch für Gymnasien und höhere Unterrichts-Anstalten. gr. 8. (VI und 154 S.) Glogau 859, Reisner'sche Buchh. *

Klix, G. A., christliches Gesangbuch für Gymnasien und höhere Unterrichts-Anstalten. 2. Aufl. gr. 8. (VIII und 164 S.) Glogau 867, Reisner'sche Buchh. *..

Klix, G. A., christliches Gesangbuch für Gymnasien und höhere Unterrichts-Anstalten. 3.—5. Aufl. gr. 8. (VIII, 165 S.) Gera 871—78, Reisner's Nachf. geb.

Klix, G. A., christliches Gesangbuch für Gymnasien u. höhere Unterrichts-Anstalten. 6. Aufl. gr. 8. (VIII, 165 S.) Glogau 882. Reisner's Nachf. geb. n. 1.60

Klix, G. A., christliches Gesangbuch f. Gymnasien u. höhere Unterrichtsanstalten. 7. Aufl. gr. 8. (VIII, 165 S.) Glogau 884. Reisner's Nachf. geb. n. 1.60

Klix, G. A., christliches Gesangbuch f. Gymnasien u. höhere Unterrichtsanstalten. 8. Aufl. gr. 8. (VIII, 166 S.) Glogau 887. Reisner's Nachf. geb. n. 1.60

Klix, G. A., christl. Gesangbuch f. Gymnasien u. höh. Unterrichtsanst. 10. Aufl. gr. 8. (VIII, 166 S.) Breslau 896. F. Hirt. Geb. in Leinw. n. 1.60

Klix, G. A., christliches Gesangbuch für Gymnasien u. höh. Unterrichtsanstalten. 11. Aufl. gr. 8. (VIII, 166 S.) Breslau 900. F. Hirt. Geb. in Leinw. n. 1.60

Klix, G. A., Christliches Gesangbuch f. höh. Unterrichtsanstalten. 12. Aufl., neu bearb. v. Paul Müllensiefen. (184 S.) 8. Breslau 906. F. Hirt. Geb. n. 1.60

— biblisches Lesebuch, s.: Schulz, Otto.

Klix, G. A. Philipp Melanthon, der praeceptor Germaniae. 26 S.
Glogau, Ev., Progr. 1860

Klix, Gustavus Adolphus: *Quid de virtutum doctrina a Platone proposita censendum sit. 15 Bl. 2°
Halle-Wittenberg, Phil. Diss. v. 6. Apr. 1847
Geb. [Libbenichen b. Frankfurt a. d. O. 5. 10. 1822]

Klix, G[ust.] A[dolf], Rückblicke auf die Geschichte des Gymnasiums [zu Gross-Glogau]. Glogau 1858. 8° (4°).
Gr. Glogau, kgl. evang. Gymnas., P 1858.

Klix, G. A. Rückblicke auf die Geschichte des Gymnasiums. 24 S.
Glogau, Ev., Progr. 1858

Klix, G. A. Thucydides und die Volksreligion. 30 S.
Züllichau, Progr. 1854

Klix, Hans, Frucht-Alter-Bestimmung u. gerichtliche Fragestellung. (6 S.) gr. 8. Leipzig 910. B. Konegen. 1. —
Sonderabdruck aus: „Der Frauenarzt".

[J.] Anleitung zur Normal-Buchführung für grosse und kleine Landwirtschaft, sowie für das kleinere Gewerbe, nebst Anleitg z. Steuererklärg. E. Lehrmittel f. d. Praxis, f. Fachschulen, Fortbildgs- u. Dorfschulen v. Julian Klix, Vorsteher d. Landwirtschaftl. Instituts zu Charlottenburg. [Nebst:] Normalbuchführung. [Formularbuch.] *Berlin: Trowitzsch & Sohn 1897.* 1 Bd 8. 1 Bd 4.
Anleitg. (28 S., 1 Beil.) Normalbuchführg. (30 Bl.) [98. 3433

Klix, J., doppelte landwirtschaftliche Buchführung f. die größten sowie die kleinsten Landwirtschaften. gr. 8. (12 u. Nachtrag 2 S. m. 2 Beilagen.) Stettin 892. (L. Saunier.) n. 1. —

— einfache Buchführung d. Landwirtschaftskammer f. die Prov. Brandenburg. System Klix Nr. I H. Fol. (II, 54 S.) Berlin 899. Trowitzsch & Sohn. n. 2.25; Ausbildungsheft. (12 S.) n. — 60

Klix, Julian, Buchführung f. große u. kleine Landwirthschaften m. Anleitg. z. Abschluß, z. Steuererklärg. u. z. Inventuraufnahme, nebst Journalbeispielen m. Musterbuchung. (2. Aufl.) gr. 8. (VIII, 64 S.) Berlin (N., Chausseestr. 3) 893. H. Krüger. Kart. n. 2. —; Musterbuch dazu. 4. Geb. in Leinw. n. 10. —

Klix, J.: Landwirtschaftliche Buchführung. 4. Aufl. Tl. 1. E. Lehrmittel f. d. Praxis d. kl. u. gr. Landwirtschaft, f. Gewerbe, Fach- u. Fortbildungsschulen. Charlottenburg o. J. 8° [1. Aufl. 1892.]
1.: Anleit. z. Normalbuchführ. A. u. B. d. Brandenburg. Landwirtschaftskammer u. deren Ausdehn. f. gr. Betriebe nebst Schuldbuch u. Einkommensnachweis. f. d. Steuerbehörde. Anh. Musterbuchführ. E. Jg.

Klix, Julian, landwirtschaftliche Buchführung. 1. Tl. Anleitung m. Mustern zur kleinen Normalbuchführg. A, nebst Schuldbuch u. Einkommensnachweisg. Anh., Buchführungsplan. Ein Lehrmittel f. die Praxis der kleinen u. großen Landwirtschaft, f. Gewerbe-, Fach- u. Fortbildungsschulen. Lex.-8. (II, 276 S.) Charlottenburg (4), (902). Landwirtschaftl. Institut v. J. Klix. 2. —

Landwirtschaftliche Buchführung von Julian Klix, Charlottenburg. Ein Lehrmittel f. d. Praxis d. kleinen u. grossen Landwirtschaft ... T. 1. *Charlottenburg: Landw. Inst. f. geschäftl. Betriebslehre [1903].* 8° [J.] [03. 3774

Klix, J., Landwirtschaftliche Buchführung. III. Tl. Verwaltungsrechnung. Anleitung, die Buchg. der Umsätze innerhalb der Wirtschaft einfach, rationell, die Produktion fördernd zu gestalten, unter klarer Rechnungslegg., bei Entlastg. der Landwirte v. jeder unproduktiven Schreibarbeit: 12 Musterblätter m. Buchg. u. 50 Formularköpfe in Farben, Orig.-Größe. (IV, 49 S.) Lex.-8. Charlottenburg (Kantstr. 109) 905. Selbstverlag. Kart. n. 2. —

Landwirtschaftliche Buchführung von J[ulian] Klix. 4. Aufl. T. 1. Charlottenburg: Inst. f. Landwirtsch. u. Gewerbe [1907]. 4°(8°) [J.] [08. 3799

— Normal-Buchführung f. große u. kleine Landwirtschaft. (Ein Jahrgang.) Imp.-4. (60 S.) Berlin 897. Trowitzsch & Sohn. Kart. n. 3.60; Ausg. f. große Güter (96 S.) Kart. n. 7. —

— Normalbuchführung der Landwirtschaftskammer f. die Prov. Brandenburg. Kleine Ausg. Fol. (40 S.) Ebd. 899. n. 1.60; Ausbildungsheft. (12 S.) n. — 60

Klob, Auguste, Frau Dorothee. Novelle. (109 S.) 8. Leipzig 908. Modernes Verlagsbureau. 2.50

Frau Dorothee. Novelle von Auguste Klob. Berlin-Leipzig: C. Wigand 1908. 110 S. 8° [09. 14517

Klob, Auguste, „Ein Jeder lebt's —". Skizzen u. Novellen. 8. (173 S.) Wien 898. Gesellschaft f. graph. Industrie. n. 2. —; geb. n. 3. —

Klob, Auguste, das Mädchen in Haus u. Welt. Ein Rathgeber u. Führer f. Mädchen. schmal gr. 8. (160 S.) Wien (899). Gesellschaft f. graph. Industrie. Geb. 3. —; f. Abonnenten der Wiener Mode n. 2.50

— Der einsame Weg. Ein Wiener Künstler-Roman. (210 S.) 8. Dresden (909). C. Heinrich. 3. —; geb. 4. —

Klob, G. Le terme glorurate saline di Battaglia negli Euganei. In-8°. Zürich, Orell Füssli & Cie. 1884. 1 25

Klob, J., s. Monatrosen. Zeitschrift.

Klob, Jos., Familien-Taschenbuch. Ein Festgeschenk in sechs Gaben. 2., verm. Aufl. 16. (192 S.) Augsburg 852. (München, Finsterlin.) *

Klob, Jos., Familien-Taschenbuch. Ein Festgeschenk in sechs Gaben gespendet. 2. verm. Aufl. Augsburg 853. Jaquet. 16. (192 S.) 9 ngr.

Klob, Julius. Die Kochsalzthermen von Battaglia in den Euganäen. Mit 15 Illustrationen [wovon 6 Tafeln] von L(adisl[aus]) E(ug[en]) Petrovits und J[ohann] Weber. 8. Zürich [1883].

Klob, Jul., die Kochsalzthermen von Battaglia in den Euganäen. Mit 15 Illustr. von L. E. Petrovits und J. Weber. 8. (40 S.) Zürich 883, Orell, Füssli und Comp. *

— le sources salines chlorurés de Battaglia [Monts Euganéens]. Illustrations par L. E. Petrovits et J. Weber. 8. (40 S.) Zürich 883. Orell Füssli & Co. Verl. n. 1. —

— the hot saline Springs of Battaglia near Padua. With 15 illustrations by L. E. Petrovits and J. Weber. 8. (40 S.) Ebendas. 884.

Klob, Jul., le terme clorurate saline di Battaglia negli Euganei. Con 15 illustrazioni die L. E. Petrovits e J. Weber. 8. (40 S.) Zürich 884. Orell Füssli & Co. Verl. n. 1. —

— die euganäischen Thermen zu Battaglia, s. Mautner, Ed.

Klob, Jul. M., pathologische Anatomie der weiblichen Sexualorgane. gr. 8. (XIV und 570 S.) Wien 864, Braumüller. *

— pathologisch-anatomische Studien über das Wesen des Cholera-Processes. gr. 8. (VIII und 83 S. mit 1 Stnt. Abbild. in 4.) Leipzig 867, Duncker und Humblot. *

Klob, Karl Maria, s.: Bahnen, neue.

Beiträge zur Geschichte der deutschen komischen Oper. Von Karl Maria Klob. Mit e. Portr. von A. Lortzing. *Berlin: Harmonie [1903].* (96 S.) 8°

— Beiträge zur Geschichte der deutschen komischen Oper. Mit e. Portr. v. Albert Lortzing. (96 S.) gr. 8. Berlin (906). Harmonie. n. 2. —; geb. n. 3. —

Klob, Karl Maria, Dämmer u. Strahlen. Ernste u. heitere Erzählgn. 8. (V, 130 S.) Dresden 903. E. Pierson. n. 2. —; geb. n. 3. —

Klob, Carl Maria, Drei Einacter. Inhalt: Mozarts Tod. Die Maturitätsprüfung. Justina. 8. (124 S.) Wien: Hassenberger & Glass 1898. 1.50

— Karl Eugen. Schauspiel in 5 Aufzügen. (Mit Benützg. e. Romans v. A. E. Brachvogel.) (88 S.) 8. Wien 905. Neue Bahnen. n. 1.02

— dasselbe. (Bühneneinrichtung von Olmütz.) 2., veränd. Aufl. (VI, 86 S.) 8. München (Feilitzschstr. 1) (906). Verlag „Die Bühne". n. 2. —

Klob, Carl Maria (Hrsg.), s. Flugblätter, Poetische.

Klob, Karl Maria, kritische Gänge. 2 Bde. gr. 8. Ulm 909. H. Kerler. nn 6.20
1. Musik u. Oper. (VIII, 203 S.)
2. Literatur u. Theater. (VII, 245 S.)

— Prinz Habezwirn. Dramat. Märchen in 1 Vorspiel u. 5 Aufzügen. (Nach W. Hauff's Erzählg. „vom falschen Prinzen".) gr. 8. (77 S.) Leipzig 900. O. Mutze. n. 1.50

— im Hexenwahn. Dramatisches Sittengemälde in 3 Aufzügen. 8. (66 S.) Ebd. (900). n. 1.50

Literatur und Theater. Von Karl Maria Klob. Ulm: Kerler 1909. 243 S. 8°
(Klob: Kritische Gänge. 2.)

— s.: Literaturbilder, deutsche, a. alter u. neuer Zeit.

Musik und Oper. Von Karl Maria Klob. Ulm: Kerler 1909. 201 S. 8°
(Klob: Kritische Gänge. 1.)

— die komische Oper nach Lortzing. Mit e. Portr. v. Richard Wagner. (79 S.) gr. 8. Berlin (905.) Harmonie. n. 2. —

— Im Reiche der Töne. Musikalische Erzählgn. u. Anderes. (III, 172 S.) 8. Ebd. 910. 2. —

Die Rothenburger. Hist. Trauerspiel in 5 Aufz. von Karl M[aria] Klob. München: Rubinverl. [1900]. (92 S.) 8° [F.]

— Der Rothenburger. Historisches Trauerspiel in 5 Aufzügen. (92 S.) 8. München (908). Rubinverl. 2. —

— s.: Sachs, Hans, 3 Fastnachtsspiele.

— ernster Sang u. Schellenklang. Gedichte. 12. (IV, 67 S.) Wien 899. [G. Szelinski.] E. Hassenberger. n. 1. —

— dasselbe. 8. (X, 146 S.) Dresden 901. E. Pierson. n. 2. —; geb. n. 3. —

— Schubart. Ein deutsches Dichter- u. Kulturbild. (423 S. m. Abb. u. 1 Bildnis.) 8. Ulm 908. H. Kerler. 4. —

Christian Schubart. Volksschauspiel in 5 Aufz. von Karl Maria Klob. Wien: Selbstverl. [1902]. (112 S.) 8° [F.]

Klob, Carl Maria. Streifzüge durch die Schweiz und München. Wander- und Kunstskizzen. 8. Wien 1899 (*Umschlag*: 1898).

Klob Otto: Ueber die Sprachen der altportugisischen Demanda do Santo Graall.
1900 PN 1298 Diss. Wien, Univ. 2247

Klobása, R.: Die Aeneis des Vergil als Nachahmung der Hom. Ilias u. Odyssee. 13. Freudenthal 1874. Progr.

Klobása, Rud. Die von Aristoteles in der Poetik für die Tragödie aufgestellten Normen und ihre Anwendung auf die Tragödien des Sophokles. 27 S. 8. Deutsch. G. *Olmütz* 1881. Progr.

Klobb, Heinrich Eduard: Abhandlung von den Hauptkrankheiten und Verhalten der Schaafe. [Mit 1 Taf.] Regensburg 1790. 77 S.

Klobb, Heinr. Edler v., (M. G. Blumenschein), Abhandlg. von den Hauptkrankheiten der Schafe u. Verhalten der Schafe. gr. 8. Regensburg 790. Manz. M. —.75

— Abhandl. von den Hauptkrankheiten u. Verhalten d. Schafe. 8. Regensb. 790. Montag u. W. 6 gl

— Erfahrr. u. Beobachtt. aus d. Thierarzneikunde. 1 s Bdchen. 8. Salzb. 791. Mayr. 4 gl

v. Klobb, Hnr. Ed., (Mar. Geo. Blumenschein), Handbüchlein für d. Landvolk. 8. Augsb. 790. v. Jenisch u. St. 3 gl

Klober, über das Turnen, dessen Wichtigkeit und Würde. Eine Rede gehalten bei Eröffnung des Casteler Turnplatzes am 11. Aug. 1861. Mainz, v. Zabern in Comm. gr. 8. (15 S.) 3 ngr.

von Kloeber, August. Die Kunstheroen der Vorzeit, ein Geisterzug, bei der 25. Stiftungsfeier des Berliner Künstlervereins am 18. October 1839 unter Mitwirkung vieler Künstler scenisch vorgeführt von Aug. Kopisch und als Denkmal desselben Festes auf Stein gezeichnet von August von Kloeber. Berlin 1840. 4°.

Klöber, Georg v., Impfpflichtigkeit, s. Impfpflichtigkeit.

—— der Impfzwang, dessen höchst nachtheiliger Einfluß auf Gesundheit und Leben der Menschen. Ein Beitrag zur Geschichte der Naturheilkunde, dieser neuen Aera der Heil-Wissenschaft. Nach einem Vortrage in der Versammlung des hiesigen Vereins zur Förderung des Naturheilverfahrens mittelst Wasser, und allen Müttern jeden Standes gewidmet. gr. 8. (15 S.) München 849, Franz. *

Kloeber, Carl, die Pilzküche. Genaue Anweisung zur Vorbereitung, Zubereitung und Aufbewahrung der in Deutschland wachsenden Speiseschwämme. Dargestellt in 241 bewährten und geprüften Rezepten für die einfache und feine Küche. 12. (IV, 124 S.) Quedlinburg 883, Vieweg's Buchh. geb.

—— der Pilzsammler. Genaue Beschreibung der in Deutschland und den angrenzenden Ländern wachsenden Speiseschwämme, nebst Zubereitung für die Küche, sowie Kulturanweisung der Champignonzucht. Zugleich ein Leitfaden für den Unterricht, sowie zur Orientierung der Marktpolizei. gr. 8. (III, 70 S. mit 9 anatom. und 23 color. Abbild. in natürl. Größe auf 14 lithogr. Taf.) Ebendas. 883. *

Kloeber, Carl, d. Pilzsammler. Genaue Beschreibg. d. in Deutschland u. d. angrenz. Ländern wachs. Speiseschwämme, nebst Zubereitg. f. d. Küche, sow. Kulturanweisg. d. Champignonzucht. Zugl. e. Leitfaden f. den Unterr., sow. z. Orientierg. d. Marktpolizei. M. 9 anatom. u. 39 color. Abb. in natürl. Größe. 2., verm. u. verb. Aufl. schmal 8. (IV, 146 S.) Quedlinburg 896. Ch. F. Vieweg. Geb. in Leinw. n. 2.25

Kloeber, Carl, der Pilzsammler. Genaue Beschreibg. der in Deutschland u. den angrenz. Ländern wachs. Speiseschwämme, nebst Zubereitg. f. die Küche. Zugleich ein Leitfaden f. den Unterricht, sowie zur Orientierg. der Marktpolizei. Mit 9 anatom. u. 39 kolor. Abbildgn. in natürl. Größe. 5., verm. u. verb. [Titel-]Aufl. (III, 146 S.) 18×9 cm. Quedlinburg (907). H. Schwanecke. Geb. in Leinw. 1.50

v. Klöber u. Hellscheborn, Karl Ldw., s. Arnim u. Elvira.

v. Klöber u. Hellscheborn, Karl Ldw, († d. 4. Juni 1795.) Etrennes pour les Dames. 8. Bresl. 768. ... Polnisch. 8. Warschau 769.

— Etrennes pour les Dames, pour l'anné 1773 et 1774. 8. Bresl.

— Etrennes pour les femmes. 8. Bresl. 769.

v. Klöber u. Hellscheborn, Karl Ldw., Etrennes pour les maitresses de famille. 8. Bresl. 769.

— Etrennes pour les mères. 8. Bresl. 769.

— s. Schlesien vor u. nach d. J. 1740.

KLÖBISCH, K. L.: Deutsche Waldbäume und ihre Physiognomie. Für Künstler und Naturfreunde geschildert. - Leipzig 1857. 86 S., 104 Abb.

Klöbisch, R. L., deutsche Waldbäume und ihre Physiognomie. Für Künstler und Naturfreunde geschildert. hoch 4. (XII und 86 S. mit 16 Radirungen und 88 eingedr. Holzschn. nach Originalzeichnungen von W. H. Eberhard.) Leipzig 856 (57,) (Weber.) *

Klobuslczky, Petri, vita de eadem. Archi-Episcopi Colocensis et Bacsiensis. 8. (379 S.) Pest 860, (Lauffer und Stolp.)

Klobučar, Geo., d. Goldverrechnung im Innern d. Unterabtheilg. u. Anleitg. zur richtigen Verfassg. u. Führg. d. Vormerkgn. üb. d. v. Unterabtheilungs-Commandanten zu verwalt. ärar. Gelder. gr. 8. (VIII, 61 S.) Graz 896. H. Wagner. n. 1.40

— Übersicht d. nach d. Tragdauer u. m. Rücksicht auf die Standesziffer d. Unterabtheilg. jährlich als Ersatz f. d. gewöhnl. Abnützg. anzufordernden Montur-, Rüstungs-, Feldgeräthe-, Reitzeugsorten 2c. 2c. gr. 4. (23 S.) Ebd. 896. n. — 80

— Übersicht d. bei d. Disciplinar-Arreststrafen m. Rücksicht auf d. Dauer derselben eintret. Strafverschärfgn. u. Gebürabzüge. Tabelle. 47×60 cm. Ebd. 896. n. — 50

Klobukow, Nik. v. Über die Fixirung v. Tusch mittels Kaliumbichromat u. Glycerin, s. Fischer, Ernst. Vorlegeblätter aus dem Gebiete der Stereotomie.

KLOBUKOW, NIKOLAUS. Ueber zwei neue Verfahren zur Bestimmung der Dampfdichte. (Erlangen) Leipzig, 1885.

KLOBÚKOW, VON.
See Elektrochemische Zeitschrift.

[f.] **Klobukowski,** Stanislaw (geb. am 5 Aug. 1853 in Powiercie Kr. Kolo Gouv. Kalisch): Die Seebeute oder das feindliche Privateigenthum zur See ... Bonn, Univ.-Buchdr. v. C. Georgi 1877. 81 S., 1 Bl. 8.
Bonn, Jur. Fak., Diss. v. 28 März 1877

Klobukowski, Wladislaus Peter, aus (Wonval, Gouv. Warschau.) Polen: Ueber die Constitution der Rufigallussäure und über einige Derivate derselben. — Zur Kenntniss des Azonaphtalins. [Aus: Berichte der deutsch. chem. Ges., Bd VIII, S. 931—33, IX, S. 1256—61. X, S. 880—88; Bd X, S. 290—92, 570—76]. Berl. J. Draeger Dr. 1877. 51 S. 8°.
Zürich, Phil. Diss. [v. 15. Mai 1877].

KLOBUSCHITZKY, P.: Der Sittenlehrer oder der gute Hausfreund für die reifere Jugend. Anweisung, wie man mit Verstand die wahre Zufriedenheit erlangen könne. Pest: M. Trattners Druck. - 8°
1. Thl. 1827. 3 f. X, 117 S.
2. Thl. 1827. 3 f. VIII, 221, 7 S. X, 158 S. 1 f.
- Dass. Pest 1830. Gedr. bei Ludwig Landerer.

KLOBUSCHITZKY, PAUL: Der moralische Arzt für die Cholera. Pesth 1831. o. Dr. Selbstverlag. 72 S. - 170 mm

Klobuschitzky, Paul v., Bildungs-Regeln z. Erziehung d. Kinder, f. Eltern u. Erzieher. Gegründet auf Moral u. Natur-Philosophie z. Besten d. Frauen, Jungfrauen u. aller Erziehungs-Anstalten. 8. (20 B.) Pesth 841. (Leipzig, Kummer.)

—— über d. alexandrin. Museum, drei Bücher. Eine Preisschr., welcher v. d. k. preuß. Akad. d. Wissensch. d. Accessit ertheilt ist. gr. 8. (26¼ B.) Göttingen 838, Vandenhoeck u. Ruprecht.

KLOBUSCHITZKY, PAUL: Das Schmuckkästchen. Für das menschliche Mittelalter über die der Menschheit wichtigsten Gegenstände. 2 Bde. Pest o. J. o. Dr.

KLOBUSCHITZKY, PAUL: Die vornehmsten Wahrheiten der natürlichen Religion. Ansprüche des reinen Herzens und die philosophische Vernunft über die der Menschheit wichtigsten Gegenstände. Pesth 1829: Bei Ludwig von Landerer. - 200 mm
1. Bd. 1829. XX, 500 S.
2. Bd. 1829. XVI, 486 S.
3. Bd. 1829. 452 S.
4. Bd. 1829. 366, 15 S.

Kloch, von

— s. über Erziehung für d. Stand d. Rittergutsbesitzer.

Kloch, F. von (anonym unter F. v. K.): „Ueber die Erziehung für den Stand der Rittergutsbesitzer in Schlesien", Breslau 1834 (W. G. Korn).

(Kloch, Frh. v.,) über Erziehung f. d. Stand d. Rittergutsbesitzer in Schlesien. gr. 8. (2¼ B.) Breslau 834, (Schulz u. Comp.)

Kloch. v.: Ueber Wettrenner, Wettrennen u. Pferdezucht. Bresl. 1835. 103 S.

v. Kloch, Frhr. ..., über Wettrenner, Wettrennen u. Pferdezucht. 8. Breslau 835. Schulz u. Comp. 5/12 ℔

Klock, Amanda, Darum sind wir unsterblich! Ein in novellist. Form abgefaßtes Werk f. alle Stände. (116 S. m. Bildnis auf dem Umschlag.) 8. Leipzig (906). Ficker's Verl. 1.60

— Ludwig Helm od. Schuld u. Sühne. Kriminal-Roman. (208 S.) 8. Neuweißensee (905). E. Bartels. 1.50

(B) Klock, Amanda, Ludwig Helm. 905. (KBL 33.) Nicht mehr im Handel.

Klock, Amanda, Liebe. Roman. (284 S.) 8. Leipzig (906). Ficker's Verl. 3.—; geb. 4.—

Klock, Amanda, Charlotte Oldenstätt, s.: Unterhaltungs-Bibliothek f. Reise u. Haus.

— grausame Pflicht! Kriminalnovelle. (180 S.) 8. Ebd. (906). 1.50; geb. 2.25

— Anatol Wangerin. Ein Roman f. jung u. alt. (554 S.) 8. Leipzig (903). Schmidt & Spring. Geb. in Leinw. n. 3.—

Klock, Casp., consilia jurid. c. supplem. Diethorri. IV Tmi. fol. Nrnb. Stein. 702. 3.

— de contributionibus in rom. germ. imp. et al. regnis usitatis. fol. Col. Agr. 740.

Klock, Max Otto v., s.: Beiträge zur Geschichte der Familien v. Klock.

Klocke, E., landwirtschaftl. Chemie. E. Leitfaden f. landwirtschaftl. Winterschulen u. zweckverw. Lehranst. 8. (V, 80 S.) Leipzig 896. Landwirthschaftl. Schulbuchh. n. 1.—; kart. n. 1.—

Klocke, E., landwirtschaftliche Chemie. Ein Leitfaden f. landwirtschaftl. Winterschulen u. zweckverwandte Lehranstalten. 2., neubearb. Aufl. (V, 107 S. m. 40 Holzst.) 8. Berlin 909. Landwirtschaftl. Schulbuchh. Geb. 1.20

Klocke, Erich, allgemeine Pflanzenkunde, s.a. Lehrbücher, landwirtschaftliche. Nr. 35.

Klocke, E. Allgemeine Pflanzenkunde, s.a. Taschenbibliothek, deutsche landwirtschaftliche.

Klocke, E., allgemeine Pflanzen-Kunde. Ein Leitfaden f. den Unterricht an landwirtschaftl. Lehr-Anstalten. 3., verm. u. verb. Aufl. (VIII, 76 S. m. Abb.) gr. 8. Leipzig 904. Landwirtschaftl. Schulbuchh. Kart. n. 1.20

— Allgemeine Pflanzen-Kunde. Ein Leitfaden f. den Unterricht an landwirtschaftl. Lehranstalten. 4., verm. u. verb. Aufl. (VIII, 76 S. m. 43 Holzschn.) 8. Leipzig 907. Berlin, Landwirtschaftl. Schulbuchh. Kart. 1.20

— spezielle Pflanzenkunde. E. Leitfaden f. landwirthschaftl. Winterschulen u. zweckverw. Lehranst. gr. 8. (IV, 74 S. m. 39 Abb.) Ebd. 896. n. 1.20; kart. n. 1.20

— der Wiesenbau in seinem ganzen Umfange. Ein Leitfaden f. d. Gebrauch an landwirtschaftl. Lehranstalten u. f. den prakt. Landwirt. Mit 38 Abbildgn. u. 1 Karte, betr. Lageplan e. Wiesen-Ent- u. Bewässerungsgenossenschaft. gr. 8. (VI, 81 S.) Leipzig 901. Landwirtschaftl. Schulbuchh. Geb. n. 1.20

Klocke, Fr., s. Berichte über die Verhandlungen der naturforschenden Gesellschaft zu Freiburg i. Br.

Klocke, Friedrich Rudolf Georg Heinrich [aus Gr. Hoschutz in Ober-Schlesien]: Zur Kenntniss der Meta-Xylyl-α-Ketoncarbonsaeure und uber ihr Verhalten gegen Reductionsmittel und gegen Salpetersäure .... Freiburg i. B., Buchdr. v. Chr. Ströcker, 1888; 44 S. + 1 Bl. 8°
Freiburg i. B., Phil. Fak., Inaug.-Diss. v. 1888

Klocke, G., was ist Wahrheit? Zeitgemäße Betrachtgn. (52 S.) 8. Brackwede 909. Dr. W. Breitenbach. —60

Klocke, Carl, Dawlais Works, die Eisen- und Schienen-Walzwerke des Hauses John Guest und Comp. in London. Eine Reise-Erinnerung aus dem J. 1844. 8. (22 S.) Stettin 850. (Sagan, Julien.) *

Katharina Margarete
Klocken

Vertheidigung [Verteidigung] gegen einige Beschuldigungen des Herrn Professors Osiander. Von Catharine Margaretha Klocken. o.O. 1793. 28 S. 8°

F. A. Klockenbring Beweis, dass die Regeln der Ordnung der Mortalität in Rom bereits in den ersten Jahrhunderten der Monarchie bekannt gewesen sind. Vorlesung. Göttingen 1767. 4.

Klockenbring, Fr. Arnold, († d. 12. Juni 1795.) Aufsätze verschied. Inhalts. 2 Bde. 8. Hannov. 787. Hahn. 1 ℔ 8 K

— s. Arth. Young, über Großbrit. Staatswirthschaft.

Klocker, s.a. Kloker

Klocker, J.

Klocker: Ueber Dante's Inferno. I. II. 82 S.–Feldkirch, Progr. 1854, 1855

Klocker, Karl

— Abhandl. von den Barschalken in Baiern. Münch., (Franz). 14 K

Klocker, Karl, († d. 22 Juni 1805.) Diss. de clausula Aschaffenburgensi: in aliis autem etc. decretorum Basileens. salvatoria. 4. Ingolst. 789. Krüll. 11 K

Kløcker, A.

u. Schiønning H.: Ueber Durchwachsungen u. abnorme Konidienbildungen bei *Dematium pullulans De Bary* u. bei anderen Pilzen. 1899. [Rostr. Saml.].

Klöcker, Alb., die Gärungsorganismen in der Theorie u. Praxis der Alkoholgärungsgewerbe. Mit besond. Berücksicht. der Einrichtgn. u. Arbeiten gärungsphysiolog. u. gärungstechn. Laboratorien. Ein Lehrbuch f. Studierende u. Praktiker. gr. 8. (XVI, 318 S. m. 147 Abbildgn.) Stuttgart 900. M. Waag. n. 8.—; geb. n. 9.—

Klöcker, Alb., die Gärungsorganismen in der Theorie u. Praxis der Alkoholgärungsgewerbe. Mit besond. Berücksicht. der Einrichtgn. u. Arbeiten gärungsphysiolog. u. gärungstechn. Laboratorien. 2. neubearb. Aufl. (XVI, 392 S. m. 157 Abbildgn.) gr. 8. Stuttgart 906. M. Waag. n.n. 12.—; geb. n. 13.—

Wärm Aedäppel oder Die Liebe om kromme Bochel. Kölnische Posse in 1 Akt von Nikolaus **Klöcker**. Düsseldorf: J. P. Mischel [1904]. (21 S.) 8° [F.]
= **Dilettantenbühne**, Rheinische. No 12. [05. 14197

Der jecke Botterweck. Kölnische Posse in 1 Akt von Nikolaus **Klöcker**. Düsseldorf: J. P. Mischel [1904]. (15 S.) 8° [F.]
= **Dilettantenbühne**, Rheinische. No 18. [05. 14198

Klöcker, Nik., s.: Dilettantenbühne, rheinische.

Die nervöse Frau oder: E krank Ferke. Kölnische Posse in 1 Akt von Nikolaus **Klöcker**. Düsseldorf: J. P. Mischel [1904]. (15 S.) 8° [F.]
= **Dilettantenbühne**, Rheinische. No 10. [05. 14196

E kölsch Hänsel un Gretel. Kölner Volksstück in 3 Akten von Nikolaus **Klöcker**. Düsseldorf: J. P. Mischel [1904]. (22 S.) 8° [F.]
= **Dilettantenbühne**, Rheinische. No 20. [05. 14199

Die Verlobung en der Wäschköch. Kölnische Posse in 1 Akt von Nikolaus **Klöcker**. Düsseldorf: J. P. Mischel [1904]. (11 S.) 8° [F.]
= **Dilettantenbühne**, Rheinische. No 9. [05. 14195

Klockgeter, G. D., Reductions-Tabelle des Goldes in Courant. Nach den muthmaßl. wechselnden Coursen der Pistole berechnet. gr. 4. (93 S.) Oldenburg 847, Schulze. *

Klockhaus, H., kaufmännisches Handels- u. Gewerbe-Adressbuch des Deutschen Reichs. VII. Bd. Königr. Sachsen u. Thüring. Staaten. 1893. 4. (XVIII, 223 S.) Berlin 893. (Leipzig, E. Bredt.) n. 6. —

Klockhaus' kaufm. Handels- u. Gewerbe-Adressbuch d. Deutschen Reichs. Bd. I, IIa, III, IV, VI—IX u. XII. Lex.-8. Berlin, H. Klockhaus. Kart. n. 31. —
I. Norddeutsche Grossherzog-, Herzog- u. Fürstenthümer, sow. Hamburg. Lübeck u. Bremen. 1895/96. (XII, 160 S.) n. 5. —
IIa. Prov. Brandenburg (m. Berlin). 1895/96. (196 S.) n. 5. —
III. Baden, Elsass-Lothringen u. Hessen-Darmstadt. 3. Aufl. (XII, 120 S.) (894.) n. 3. —
IV. Prov. Hannover. 4. Aufl. 1896. (VIII, 103 S.) n. 3. —
VI. Pommern, Posen, Ost- u. West-Preussen. (S. 273—340.) (893.) n. 3. —
VII. Rheinprovinz u. Hohenzollern. 4. Aufl. (306 u. XIV S.) 897. n. 5. —
VIII/IX. Königr. Sachsen u. Thüringische Staaten. 1894/95. (XVIII, 222 S.) n. 5. —
XII. Prov. Schleswig-Holstein. 4. Aufl. 1896. (II, 84 S.) n. 2. —

— dasselbe. (Neue Ausg.) VIII. u. IX. Bd. Lex.-8. Ebd. Kart. à n. 3. —
VIII. Prov. Hessen-Nassau. 1899. (X, 112 S.)
IX. Prov. Pommern. 1899. (VIII, 84 S.)

Klockhaus' kaufmännisches Handels- u. Gewerbe-Adressbuch des Deutschen Reichs. 1., 4.—6., 11., 15. u. 18. Bd. Lex.-8. Berlin, H. Klockhaus. Kart. n. 20. —
1. Grossherzogth. Oldenburg nebst den Fürstenthümern Birkenfeld u. Lübeck. (IV, 27 S.) 900. n. 2. —
4. Grossherzogth. Baden 1902|1903. (VII, 262 S.) (902.) n. 3. —
5. Grossherzogth. Hessen-Darmstadt. 1901. (VIII, 123 S.) (901.) n. 3. —
6. Elsass-Lothringen. 1902|1903. (VIII, 136 u. 44 S.) (902.) n. 3. —
11. Prov. Ost- u. Westpreussen. (VIII, 124 S.) 900. n. 3. —
15. Prov. Sachsen. 1901|1902. (VIII, 159 S.) (901.) n. 3. —
18. Prov. Westfalen. (X, 184 S.) 899.) n. 3. —

Klockhaus' kaufmännisches Handels- u. Gewerbe-Adressbuch d. Deutschen Reichs. Bd. 11, 12a u. 20. Lex.-8. Berlin, H. Klockhaus. Kart n. 10. —
11. Prov. Ost- u. Westpreussen. (VIII, 84 u. 72 S.) 903. n. 3 —
12a. Fürstenth. Hohenzollern. (IV, 20 S.) 903. n. 2. —
20. Königr. Württemberg. (X, 880 S.) 903. n. 5. —

Klockhaus' kaufmänn. Handels- u. Gewerbe-Adressbuch des Deutschen Reichs. Bd. 16. Lex. 8. Berlin, H. Klockhaus. Geb. 5. —
Prov. Schlesien. 1910. (VIII, 590 S.)

Kloeckhof, Conr. Alb., opuscula medica. 8. Traj. ad Rhen. et Lips. 747.

Klöckhof, Korn. Alb., opuscula medica ed. J. C. T. Schlegel. 8maj. Jena 772. (Dieterich in Götting.) 16 gr

Kloeckhof, Corn(elis) Alb(ert): Sämmtliche Schriften. (Opuscula medica. Dt.) Übers. von J(ohann) K(arl) F(riedrich) Leune. Bd 1-2, gbd.

Leipzig: Schneider 1789 - 1790
beigedr. zu Bd 1: Leune, J.K.F.: Versuch eines Beweises, daß die festen Theile des menschlichen Körpers in einem näheren Zusammenhange mit dem menschlichen Geiste stehen als die flüßigen Theile desselben. 1789

JB 2.272

Klöckl, Ign. Jh. v.

— s. 1) d. Landtag in Baiern 1605. 2) Rhapsodien über d. Taxwesen in Baiern.

v. Klöckl, Ign. Jh., Rosenheim in Baiern, mit seiner Heilquelle u. Umgegend. 16 Bdchen. 8. München 816. (Jos. Lindauer). 1 Rthl 12 gr

Klockmann, F. Der geologische Aufbau des sogen. Magdeburger Uferrandes. Berlin, 1892.

Klockmann, F. Beitrag zur Kenntniss der granitischen Gesteine des Riesengebirges. Dissertation. Berlin, 1882.

Klockmann, F. Beiträge zur Erzlagerstättenkunde des Harzes. I ff. Abdruck. Berlin, 1893 ff. (Setzen fort.)

Klockmann, F., s.: Berg- u. Hüttenwesen, das, d. Oberharzes.

Klockmann, F. (Hrsg.), s. Mittheilungen, Mineralogische.

Klockmann, F. Uebersicht über die Geologie des nordwestlichen Oberharzes. Berlin. 1893.

Klockmann, Friedrich

Der Erzbergbau. Von F[riedrich] **Klockmann** u. F[riedrich] Herbst. Mit 2 Taf. u. 20 Abb. Berlin: (Kgl. Geol. Landesanst.) 1910. 110 S. 4°(8°)
(Der Bergbau auf d. linken Seite d. Niederrheins. T. 2.) [10. 17748 5

Klockmann, F. Lehrbuch d. Mineralogie für Studirende u. zum Selbstunterricht. 2 Hälften. gr. 8. Stuttg., Enke. * 12 —
1. Allgemeiner Thl. m. 257 Textfig. (S. 1—192.) 891. * 4 80.
2. (XII. S. 193—467 m. 173 Fig.) 892. * 7 20.

Klockmann, F., Lehrbuch der Mineralogie. Für Studirende u. zum Selbstunterricht bearb. gr. 8. (XII, 467 S. m. 430 Fig.) Stuttgart 892. F. Enke. n. 12. —

Klockmann, F., Lehrbuch der Mineralogie. Für Studirende u. zum Selbstunterricht bearb. 2. umgearb. Aufl. gr. 8. (XIV, 672 S. m. 498 Fig.) Stuttgart 900. F. Enke. n. 15. —; geb. in Leinw. n. 16. 20

Klockmann, F., Lehrbuch der Mineralogie. 3. verb. u. verm. Aufl. (XII, 588 u. 41 S. m. 522 Fig.) gr. 8. Stuttgart 903. F. Enke. n. 14. —; geb. in Halbfrz. n. 16. —

Klockmann, F., Lehrbuch der Mineralogie. 4. verb. u. verm. Aufl. (XII, 622 u. 41 S. m. 553 Fig.) Lex. 8. Stuttgart 907. F. Enke. 15. —; geb. in Leinw. n 16. 40

Klockmann, Herrmann Friedrich Gottfried, s. Leben, Bildung und merkwürdiges Schicksal eines studierenden von Jena ...

KLOCKNER, Johannes (Halsenbach): Ueber einen Fall von Pseudohypertrophie der Muskeln.- München: Finsterlin 1884. 1 Bl.,23 S.
15.7.1884 - Urk (Titel: De pseudohypertrophiae musculorum casu singulari.); Chr 1884/85,19
Diss. Ingolst.-Landsh.-Mchn.

Klöckner, C. F. F., die Schule f. das freie Orgel-Präludium od. Anleitung f. angehende Orgelspieler u. minder geübte Organisten. Zum Selbstunterr. eingerichtet, zugl. auch ein Lehrmittel in Schullehrer-Seminarien. qu. 4. (8¼ B.) Anclam 846. (Dietze.) Thlr. *

Klöckner, Carlos, neuer kaufm. Briefsteller, s.: Barten, J.

Klockow, Karl

Klockow, das mecklenburg. Steuerwesen u. seine Wirkung auf die Landesverfassung. (40 S.) 8. Güstrow 909. Opitz & Co. — 80

Klöden, C. F., s. Klöden, Karl Friedrich von

Klöden, Erwin, der Racheschwur d. Indianers, s.: Volksbibliothek, deutsche.

Klöden, F. v., s. Klöden, Karl Friedrich v.

Klöden, Gust. Adph. v., Abriß der Geographie zum Gebrauche für Schüler höherer Lehranstalten, insbesondere höherer Bürger-, Real- und Gewerbeschulen. 2., neu bearb. Aufl. des geograph. Hülfsbuches. gr. 8. (XVI und 528 S.) Berlin 854, C. G. Lüderitz'sche Vrlgsh.

Klöden, Gust. Adph. v., Abriß der Geographie zum Gebrauche für Schüler höherer Lehranstalten. 3., neu bearb. Aufl. gr. 8. (XVI und 430 S.) Berlin 861, Lüderitz' Verlagsbuchh. *

Klöden, Gust. Adf. v., das Areal der Hoch- und Tieflandschaften Europas. Einleitung zur 3. Aufl. des 2. Bds. von des Verf. Handbuch der Erdkunde durch Zusätze erweitert. gr. 8. (39 S. mit 2 chromolithogr. Karten in Fol.) Berlin 874, Weidmann'sche Buchh. *

von Klöden, Gustav Adolf: Die untergegangene Atlantis. (Deutsche Revue Jahrg. 2. Bd. 3 S. 299–313.) Berlin 1878 15 S. 8°.

von Klöden, Gustav Adolf: Beiträge zur neuern Geographie von Abissinien. Abhandlung. (Programm der Gewerbeschule vom 29. März 1855.) Berlin 1855. 19 S. 8°.

von Klöden, Gustav Adolf: Bemerkungen über die Monti Pisani. (Archiv für Mineralogie, Geognosie, Bergbau und Hüttenkunde. Jahrg. 1840. S. 505–514.) Berlin 1840. 10 S. 8°.

— s. J. Challis, über d. Zustand d. analyt. Theorien etc.

von Klöden, Gustav Adolf: Die Entdeckungsreisen in Australien während der letzten zwanzig Jahre. (Unsere Zeit. Bd. 7. S. 529–592.) [Leipzig 1863.] 64 S. 8°.

Klöden, Gust. Adf. v., 100 Fragen für eine Prüfung in der astronomischen [mathematischen] Geographie. 8. (16 S.) Wien 881, Hölder. *
Aus: Zeitschrift für Schulgeographie, besonders abgedruckt.

—— Handbuch der Erdkunde. In 3 Bdn. 1—30. Lfg. gr. 8. Berlin 857—62, Weidmann'sche Buchh. à Lfg. * 10 Ngr. *
Inhalt:
Bd. 1. Handbuch der physischen Geographie (XV und 995 S. mit eingedr. Holzschn.)
" 2. Handbuch der politischen Geographie. (XII und 1394 S.)
" 3. Handbuch der Länder- und Staatenkunde von Asien, Australien, Afrika und Amerika. (912 S.)

Klöden, Gust. Adph. v., Handbuch der Erdkunde. 31.—35. (Schluß-)Lfg. gr. 8. (3. Thl.: Handbuch der Länder- und Staatenkunde von Asien, Australien, Afrika und Amerika. XII und S. 577—895.) Berlin 862, Weidmann'sche Buchh. à Lfg. * 10 Ngr. *
1.—30. Lfg. Ebendas. 1857—62. * 10 Thlr.

—— dass. — 2. Aufl. 1. und 2. Bd. und 3. Bd. 1.—5. Lfg. gr. 8. Ebendas. *
Inhalt:
Bd. 1. Handbuch der physischen Geographie. 4 Lfgn. Neue (Titel-)Ausg. (XIV und 995 S. mit eingedr. Holzschn.) 866. * 4 Thlr.
" 2. Politische Geographie. A. u. d. T.: Handbuch der Länder- und Staatenkunde von Europa. 2. Aufl. 6 Lfgn. (XX und 1652 S.) 1.—5. Lfg. à * 1 Thlr., 6. Lfg. gratis. * 5 Thlr.
" 3. —— dass. — A. u. d. T.: Handbuch der Länder- und Staatenkunde von Asien, Australien, Afrika und Amerika. 2. Aufl. 1.—5. Lfg. (S. 1—800.) 868. à Lfg. * 15 Ngr. * 2 Thlr. 15 Ngr.

—— Handbuch der Erdkunde. 2. Aufl. 3. Bd. 6.—9. Lfg. gr. 8. (VIII, S. 801—1411.) Ebendas. 869. *
1., 2. und 3. Bd. 1.—5. Lfg. Ebendas. 1866—68. * M 34,50.

— Handbuch der Erdkunde. 3. Aufl. 1—36. Lfg. gr. 8. (1. Bd. XVI, 1375, 2. Bd. XII, 859 u. 3. Bd. 1040 S. m. eingedr. Holzschn.) Ebend. 872—76. à n. 1. —

— Handbuch der Erdkunde. 37—54. Lfg. gr. 8. (3. Bd. 3. Aufl. XII u. S. 1041—1418 u. 4. Bd. 2. Aufl. S. 1—1411.) Berlin 877. Weidmann. à n. 1. —

—— Handbuch der Erdkunde. 4. Bd. (9 Lfgn.) und 5. (Schluß-)Bd. (10 Lfgn.) 4. Aufl. gr. 8. Berlin, Weidmann'sche Buchh. [4. Bd. (XVI, 879 S.) 881,82. * M 9.; 5. Bd. (XII, 940 S.) 883,84. * M 10.] à Heft * M 1. *
1.—3. Bd. Ebendas. 1873—77. * M 40.

von Klöden, Gustav Adolph: Handbuch der physischen Geographie. Berlin 1859. XIV, 995 S.
= von Klöden: Handbuch der Erdkunde. Th. 1. 8°.

— Handbuch der Länder- und Staatenkunde von Asien, Australien, Afrika und Amerika. 1., 2. Aufl. Berlin 1862, 69.

— Handbuch der Länder- und Staatenkunde von Europa. 2. Aufl. 2 Theile. Berlin 1867.

Klöden, G. A., geograph. Hülfsbuch zum Wiederholen u. Einlernen f. Schüler höherer Lehranst., insbesond. höherer Bürger-, Real- u. Gewerbeschulen. gr. 8. (25¾ B. u. 1 Stnt.) Berlin 843, C. G. Lüderitz'sche Vrlgsh.

Klöden, G. A. v. Ueber Hydraulik, Magnetismus, etc. nach Challis, Christie und Whewell. Berlin 1838.

Klöden, Ueber Hydrostatik von Challis; über Electricität, Magnetismus und Wärme von Whewell und über Erdmagnetismus von Christie. Aus dem Englischen. Berlin 1838. 8.

Kloeden, G. A. v.: Afrikanische Inseln. 54 S.– Berlin, Fr. Werd. Gw., Progr. 1871.

—— afrikanische Inseln. 1. Abthl. gr. 4. (54 S.) Ebendas. 871. (* M 1,50.) * 1 60

Klöden, Gustav Adolf v.: Cantate zur Feier des St. Johannisfestes, 1843, s. Heuser, G.

—— u. Fedor v. Köppen, s. Land u. Volk, unser deutsches.

—— und F. v. Köppen, unser deutsches Land und Volk. Vaterländische Bilder aus Natur, Geschichte, Industrie und Volksleben des neuen Deutschen Reiches. 2. gänzlich umgestaltete Ausg. (In 12 Bdn.) 1. und 2. Bd. Mit über 1200 Text-Illustr., zahlreichen Ton- und Titelbildern, Karten etc. gr. 8. Leipzig, Spamer. * M 8,50.; geb. *
Inhalt:
Bd. 1. Schilderungen aus den deutschen Alpen, dem Alpenvorlande und aus Oberbayern. Unter Mitwirkung von H. v. Barth und A. Regnet bearb., nebst einer Einleitung: Die Entwicklung des deutschen Volksthums von Fedor v. Köppen. (VIII, 374 S. mit 120 Text-Illustr., 1 bunten Titelbilde, 1 Tonbilde und 3 Karten etc.) 878. * M 4.; geb. * M 5,50.
2. Bilder aus der schwäbisch-bayerischen Hochfläche und aus den Main-Neckar-Gegenden. Unter Mitwirkung von O. Fraas, Herm. Fischer, C. Mehlis, J. J. Priem, F. L. Dammert und J. Finger bearb. und hrsg. von Fedor v. Köppen. (VIII, 376 S. mit 110 Text-Illustr., 3 Tonbildern und 2 Karten.) 879. * M 4,50.; geb. * M 6.

—— Lehrbuch der Geographie zum Gebrauche für Schüler höherer Lehranstalten. 4., verb. Aufl. gr. 8. (XVI und 447 S.) Berlin 867, Weidmann'sche Buchh. *

— geographischer Leitfaden für Elementarklassen. Berlin 863. Lüderitz' Verlhdlg. 8. (2 Bl., 95 S.) n. 8 ngr.

Klöden, Gust. Adph. v., geographischer Leitfaden für die Elementarklassen der Gymnasien und Realschulen. 1. Aufl. 1863. * 8 Ngr. und 2., verb. und verm. Aufl. 8. (IV und 108 S.) Berlin 865, Lüderitz' Verlag. [Weidmann'sche Buchh.] *

—— Leitfaden beim Unterrichte in der Geographie. 3., verb. und verm. Aufl. 8. (VIII und 240 S.) Berlin 868, Weidmann'sche Buchh.

—— Leitfaden beim Unterrichte in der Geographie. 4. Aufl. 1870, und 5. bericht. Aufl. gr. 8. (VIII, 244 S.) Ebendas. 872. (*ℳ 1,50.) * 1 60

—— Leitfaden beim Unterrichte in der Geographie. 6. bericht. Aufl. gr. 8. (VIII, 236 S.) Ebendas. 876. *

Klöden, Gust. Adf. v., Leitfaden beim Unterrichte in der Geographie. 7. bericht. Aufl. gr. 8. (X, 232 S.) Berlin 880, Weidmann'sche Buchh. *

Klöden, Gust. Adph. v. Leitfaden beim Unterrichte in der Geographie. 8. verb. Aufl. Bearb. von Friedr. Krüner. 8. (VIII, 232 S.) Berl. 890, Weidmann. * 1 80

Klöden, G. A., s. H. Lloyd, Abriß einer Geschichte rc. d. Optik.

Kloeden, Gust. Adolph. (geb. Berlin Juni 1814): De luce aëre polarisata. Berolini (1837). (33 S.) 8°

Berlin, Phil. Diss. v. 11. Sept. 1837

— Repetitions-Karten. Berlin 867. D. Reimer. qu. Fol. (17 lithogr. Blatt u. 1 Blatt Text.) 24 ngr.
Einzelne Blatt 1½ ngr.

—— kleine Schul-Geographie. Im Auftrage der städtischen Schuldeputation zu Berlin verfaßt. gr. 8. (194 S.) Ebendas. 874. * — 80

von Klöden, Gustav Adolf: Ueber das Sinken der dalmatischen Küsten. (Poggendorff's Annalen der Physik und Chemie. Bd. 43. S. 361—382.) [Berlin 1838.] 22 S. 8°.

—— das Stromsystem des oberen Nil nach den neueren Kenntnissen mit Bezug auf die älteren Nachrichten. gr. 8. (XIV und 380 S. mit 5 lithogr. Karten in gr. 4. und Fol.) Berlin 856, Weidmannsche Buchh. *

von Klöden, Gustav Adolf: Uebersicht der neuern Atlanten. (Schulblatt für die Provinz Brandenburg. Jahrg. 10. Heft 4. S. 411—434.) Berlin 1845. 24 S. 8°.

Klöden, G. A., Uebersicht der neueren Wandkarten und Atlanten. gr. 8. (61 S.) Berlin 847, Schropp und Comp. *

Klöden, G. A., Ueber den gegenwärtigen Zustand der analytischen Theorien der Hydrostatik und Hydronamik von J. Challis; der mathematischen Theorien der Elektricität, des Magnetismus und der Wärme von W. Whewell, und des Erdmagnetismus von H. Christie. (Aus den Reports of the Third and Fifth Meetings of the British Association for the Advancement of Sc., 1833 und 35; übersetzt von —. Berlin 1838.

Klöden, Karl Friedrich von

Klöden, K. Fr., Anleitung zur Sternkenntniss mittelst ein. f. d. Horizont v. Berlin entworfenen Astrognostikons (od. Sternscheibe. — Auf Pappe u. schiebbar, gr. Fol.) gr. 8. (6½ B. Text.) Berlin 832, Schropp u. Comp.

— s. K. Babbage, über Maschinen- u. Fabrikwesen.

Klöden, Karl Frdr., Beiträge zur Geschichte des Oderhandels. Programm der Gewerbeschule. St. 1—8. Berlin [1845]—52. 8. . . . . (D.)

Klöden, Karl Friedrich: Beiträge zur mineralogischen und geognostischen Kenntniss der Mark Brandenburg. Stück 1—10. (Programme zur Prüfung der Zöglinge der Gewerbeschule. Ostern 1828—März 1837.) Berlin 1828—1837. 1 Bd. 8°.

— — Beiträge zur mineralogischen und geognostischen Kenntniß der Mark Brandenburg. 10. u. letztes Stück. — Programm zur Prüfung der Zöglinge der Gewerbeschule am 21sten März 1837. 65 S. (6.—) 18413
Ab S. 51: Fortgesetzte Nachrichten über den Zustand der Gewerbschule.

— s. Beschreibung der Schlachten von Ligny …

(Klöden, K. F.,) die Mark Brandenburg, s. Brandenburg.

(——) die Mark Brandenburg, s. Mark.

(Kloeden, K. Frdr.) Die Mark Brandenburg unter Kaiser Karl IV. und bis zu ihrem ersten hohenzollernschen Regenten, oder die Quitzows und ihre Zeit. 4 Bde. (130¾ B.) 8. Berlin 1846. 12,00.

Klöden, C. F., Das Nordwestliche Deutschland oder Generalblatt zu der von v. Lecoq in 22 Blättern herausg. grossen Karte von Westphalen, bearbeitet. Berlin, Schropp u. Co., 1813. Imp.-Fol. (3 ℛ.) . . . . (Br. Mus.)

Klöden, C. F. Das nordwestliche Deutschland, oder Generalblatt zu der von Le Coq in 22 Blättern herausgegebenen grossen Karte von Westphalen. Berlin 1815. 1 Bl. c. K. v.

Ueber die Entstehung, das Alter, und die früheste Geschichte der Städte Berlin und Kölln. Ein Beitrag zur Geschichte der Germanisirung slavischer Gegenden. Von Karl Friedrich Klöden. Mit Karte und Plänen. Berlin. 1839. 8°.

Klöden, K. Fr., über die Entstehung, das Alter, und die früheste Geschichte der Städte Berlin u. Kölln. Ein Beitrag zur Geschichte der Germanisirung slavischer Gegenden. Mit Karte u. (5) Plänen. gr. 8. Berlin 839. C. G. Lüderitz. 2 ℛ

—— Erwiderung auf die Schrift d. Hrn. E. Fidicin: die Gründung Berlins. gr. 8. (1¾ B. u. 1 Plan.) Berlin 841, G. Gropius. (?)

Zwei Gedächtnissreden gehalten bei der Trauerfeier für Br. Heinr. Friedr. Link am 2. Febr. 1851 in der Grossen Loge von Preussen, gen. Royal-York zur Freundschaft [in Berlin. Von Karl Friedr. v. Klöden, u. Joh. Ferd. Schnakenburg]. Ms. f. Brr. Berlin 1851: Sittenfeld. 35 S. 8° [Umschlagtit.]

Klöden, K. F. u. V(alentin) H(einrich) Schmidt, Die ältere Geschichte des Köllnischen Gymnasiums, bis zu seiner Vereinigung mit dem Berlinischen Gymnasium (Schmidt), nebst einigen Worten über dessen jetzige Bestimmung. — Womit zur öffentlichen Prüfung, welche auf dem Köllnischen Rathhause d. 28sten März veranstaltet werden soll, . . . einladen d. Directoren d. Anstalt. Bln. (Wilh. Dieterici) 1825. 44 S. (5.—) 18410

Klöden, K. F., diplomat. Geschichte des Markgrafen Waldemar v. Brandenburg. Unmittelbar nach d. Quellen dargest. 1. u. 2. Thl. (od. 1. Abthl. A. u. d. T.: Diplomat. Geschichte des Markgrafen Waldemar von Brandenburg v. J. 1295—1323. 2 Thle. Mit Tabellen u. 2 (lith. u. illum.) Karten. gr. 8. Berlin 844, Simion. n. 5⅓ Rthlr. — 3. u. 4. Thl. (Schluß.) A. u. d. T.: Diplomat. Geschichte des für falsch erklärten Markgrafen Waldemar von Brandenburg v. Jahre 1345—1356. 2 Thle. Mit 3 lith. u. illum. Karten. gr. 8. Ebend. 845. n. 5⅔ Rthlr. (1—4: n. 11 ℳ)

— — u. **V(al.) H(einr.) Schmidt,** Die Geschichte des Köllnischen Gymnasiums während seiner Vereinigung mit dem Berlinischen Gymnasium (Schmidt). — Womit zur öffentlichen Prüfung, welche auf dem Köllnischen Rathhause Montag d. 20. März 1826 veranstaltet werden soll, . . . ehrerbietigst einladen d. Directoren d. Anstalt. Bln. (W. Dieterici). 80 S. mit kurzen Biogr. d. Lehrer. (6.—) 18412
Ab S. 60: Geschichtl. Nachdr. d. Anstalt betr. seit ihrer Trennung v. d. Berlinischen Gymnasium (Klöden).

v. **Klöden, K. F.** Geschichte der Altmärkischen Familie v. Klöden. (XX. 310) 8 M. Karte. Berlin 1854 4,00.

Klöden, K. F. v., Geschichte des Geschlechts von Kröcher. 3 Bde. Nebst Urkundenbuch u. Anhang. 2 Bde., zus. 5 Bde. Mit Siegel-, Wappen- u. Stammtfln. Berlin 1864—68. 8.

— zur Geschichte der Marienverehrung, besonders im letzten Jahrhunderte vor der Reformation in der Mark Brandenburg u. Lausitz. gr. 8. Berlin 840. C. G. Lüderitz. ¾ Rthlr.

Klöden, Karl Friedrich: „Ueber die Gestalt und die Urgeschichte der Erde, nebst den davon abhängenden Erscheinungen in astronomischer, geognostischer, geographischer und physikalischer Hinsicht", Berlin 1829. — Vorh.: Preuß. Oberbergamt Dortmund — M. 53.

—— über d. Gestalt u. d. Urgeschichte d. Erde, nebst d. davon abhäng. Erscheinungen in astronom., geognost., geograph. u. physikal. Hinsicht. 2., verm. Aufl. d. „Grundlinien zu e. neuen Theorie d. Erdgestaltung ꝛc." M. 8 ill. u. schw. Kpfr. gr. 8. (26 B.) Berlin 829. (Leipzig, Nauck.)
Der Anhang f. d. Besitzer d. 1. Aufl. 1 Thlr. 18 Gr.

— Gestalt u. Urgeschichte der Erde ꝛc. gr. 8. Berlin 829. jetzt Kleemann. 3⅔ Rthlr. jetzt nur n. 1 Rthlr.

Klöden, (K. F.) Grundlinien zu einer neuen Theorie d. Erdgestaltung in astronom., geognost., geograph. u. physikal. Hinsicht. Mit 7 illum. Kupfert. gr. 8. Berlin 824, Magazin f. Kunst.

— Grund- u. Aufriß vom höchsten Theil d. Riesengebirges in Steindr., mit e. Erklär. über d. ganz neue, bei dieser Karte angewendeten Projektionsmethode von A. Zeune. Berl., Dümmler. 4 Sgr.

—— Haus- u. Taschen-Kalend., s. Haus- u. Taschen-Kalender.

Klöden, Karl Frdr. v., Jugenderinnerungen, s. a. Volksbücher, Wiesbadener.

Klöden, Karl Friedr. v., Jugenderinnerungen. Hrsg. von Max Jähns. gr. 8. Leipzig 874. Gera, Griesbach's Verlag. geb.

Jugenderinnerungen Karl Friedr. **v. Kloeden.** Hrsg. und durch einen Umriss seines Weiterlebens vervollständigt von Max Jähns. Mit dem Bildn. Klödens. Leipzig: Grunow 1874. VIII, 532 S. 1 Taf. 8⁰

– Das oolithische Kalklager in der Nähe von Fritzow, bei Cammin in Pommern. (Aus Karsten's Archiv. Vol. 7 u. 9.) Berlin 1834 u. 1837. 8⁰

Klöden, Karl Friedr. v.: Cantate zur Trauerfeier am 12. Juli 1843, s. Schneider, Joh. Jul.

Klöden, Karl Frdr., Karte von Nord-Deutschland, von der Oder bis zur Maass und vom Thüringer Walde bis zur Schwedischen Küste, nach den vorzüglichsten Hülfsmitteln entworfen und gezeichnet. 4 Blätter in Kupferstich. Berlin, Schropp u. Co., 1817. Imp.-Fol. (8 ℳ)

— Landeskunde von Palästina. Mit 1 Karte. gr. 8. Berl., Rücker. 1 Rthlr. 4 Sgr.

Klöden, C. F., Landeskunde von Palästina. Mit einer Charte. Hildesheim 822. 8. 1 rthl. 4 gr.

— Lebens- u. Regierungsgeschichte Friedrich Wilhelms des Dritten, Königs von Preußen. (Mit 1 Portrait des Hohen Verewigten in Stahlstich.) gr. 8. Berlin 840, Plahn'sche B. (L. Nitze.) compl. ist d. Pr. u. 1⅓ Rthlr.

— Lebens- u. Regierungsgeschichte Friedrich Wilhelm des Dritten, Königs v. Preußen. Mit dessen Portr. 1e Abthl. gr. 8. Berlin 840. Plahnsche Buchh. (Nitze.) à Abthl. ⅓ Rthlr.

Kloeden, K. Frdr. Lebens- und Regierungsgeschichte Friedrich Wilhelms III. 8. Berlin 1842.

Schadow, Joh. Gottfr.: [Lieder.] Zum maurerischen Jubiläum des Brs. Joh. G. Schadow am 24. Mai 1840. [Text und Musik von Karl Friedr. v. **Klöden.**] [Berlin 1840.] 4 Bl. 8⁰ [Umschlagtit.]
Abgedr. in: ArSt. 6 (1909) S. 91—97.
Kantate u. Lied ohne Noten. — Üb. Schadow s. Allgem. Deutsche Biographie Bd 30 1890 S. 498—512 (v. Donop).

– s. Müller, J. L.: Beschreibung des Schuhmacher-Handwerks.

—— Nachrichten zur Geschichte des Geschlechts der Herren v. Kröcher. Aus Urkunden, Archivalien und Familiennachrichten zusammengestellt. Als Mscr. gedr. gr. 8. (XX und 310 S. mit 1 Kpfrt., 4 Tab. in qu. gr. 4. und Fol.) Berlin 852, (Plahn'sche Buchh.) *

Klöden, Karl Friedr., das Planetensystem der Sonne nach den neuesten Entdeckungen bearb. Imp. Fol. Kpfrst. Weimar 849, Landes-Industrie-Comptoir. ½ Rthlr.

Klöden, C. F. Postkarte der Königlich Preussischen Staaten, nach authentischen Quellen bearbeitet. Hrsg. von dem Königlich Preussischen General-Post-Amte. In 6 Theilen nebst Uebersichtskarte. Berlin 1829. 7 Bl. c. 1ℓ.

Klöden, F. v., die Quitzows u. ihre Zeit od. die Mark Brandenburg unter Kaiser Karl IV. bis zu ihrem ersten Hohenzollernschen Regenten. 3. Ausg., bearb. u. hrsg. v. E. Friedel. 3 Bde. gr. 8. (XX, 358; X, 570; VIII, 503 S.) Berlin 889. 890. Weidmann. à n. 4.—; cplt.: n. 12.—; geb. n. 15.—

— — (Direktor), Die vier Rechnungsarten und die Casus der deutschen Sprache, in ihrer gegenseitigen Beziehung, und ihrem Zusammenhange mit einigen andern Verstandesverrichtungen. — Programm zur Prüfung der Zöglinge der Gewerbschule, Ostern 1826. Bln. (Dieterici). 98 Seiten. (6.—) 18111

Klöden, K. F. Rede, bei der Uebergabe des Gymn. (an den folg. Dir.) 4 S.
Berlin, K., Progr. 1827

Klöden, Carl Friedr. v., Andreas Schlüter, s.a. Biographien berühmter Baumeister und Bildhauer.

von **Klöden, K. F.** Andreas Schlüter. Ein Beitrag zur Kunst- und Bau-Geschichte von Berlin. Nach amtlichen Urkunden bearbeitet. Nebst 2 Grundrissen des Königlichen Schlosses. Berlin und Potsdam 1855. 8°.

– s. Sommerville, M.: Überblick der physikal. Wissenschaften.

Klöden, K. F., die große Sonnenfinsterniß am 28. Juli 1851 faßlich dargestellt. gr. 8. (19 S.) Berlin 851, Plahnsche Buchh. *

Klöden, Karl Frdr., Über die Stellung des Kaufmanns während des Mittelalters, bes. im nordöstl. Deutschland. Berlin 1841—44. 8.
Progr. . . . . (D.)

—— der Sternenhimmel. Eine vollständ. populäre Sternenkunde mit besond. Beziehung auf die grosse Sternwandkarte des Landes-Ind.-Comptoirs. gr. 8. (VIII und 575 S.) Weimar 848, Landes-Industrie-Comptoir.

—— die Versteinerungen d. Mark Brandenburg, insonderheit diejen., welche sich in d. Rollsteinen u. Blöcken d. südbaltischen Ebene finden. gr. 8. (24¼ B. u. 10 Stnt.) Berlin 834, Lüderitz. 2 Thlr., mit ill. Taf.

Klodič, A., Grammatica Graeca. Pr. 1870. 64 S. 4°.

Klodić: De Horatii satirarum libri primi temporum ordine commentatio.–Triest Com.G., Progr. 1865

Klodic, A., De Horatii satirarum I. Pr. 1865. 36 S. 4°.

Klodt, Frz. Heinr., s.a. Katalog üb. d. gebräuchlichsten u. bewährtesten Lehr- u. Anschauungsmittel.

[J., T. 2: Ant.] Katalog über die gebräuchlichsten und bewährtesten Lehr- und Anschauungsmittel. Hrsg. v. Franz Heinr. **Klodt**. T. 1.(2.) *Frankfurt a. M.: F. H. Klodt (1897).* 2 Bde 8.
1. (195, 110 S., 2 Bl., 136, 40, IV S.)
(2.) [U. d. T.:] Katalog üb. Spiele, Beschäftiggs-Apparate, Modelle als auch Lehrmittel f. d. prakt. Studium ... Ausg. 1897—1898. (XVI, 128, 36, 9—12, 40, 52, 48, 40 S., 1 Bl.) [97. 8065 Ki

— die Sternbilder des nördlichen Himmels. Ausgeführt zur Vergrösserung m. dem Projektionsapparat Laterna magica. 16. (34 transparente Glasbilder.) Frankfurt a/M. 893. Deutsche Lehrmittel-Anstalt. In Kasten. n. 6. —

Klodt, Johannes [aus Bonn]: Aus d. anat. Institut zu Bonn. Zur vergleichenden Anatomie der Lidmuskulatur.... Bonn, Univ.-Buchdr. v. Carl Georgi, 1890; 22 S. + 1 Bl. 8°
Bonn, Med. Fak., Inaug.-Diss. v. [30.] Jul. 1890

Klodwig, Martha (Pseud.) s.a. Asmus, Martha

Klodwig, Martha, Annette. Tantalus, s.: Kürschner's, Jos., Bücherschatz.

Klofetz, Joh., zur Organisirung des landwirthschaftlichen Credites in Böhmen. gr. 8. (32 S.) Prag 876, (André'sche Sortimentsh.)

Klöffler, H.: Statistische Erhebungen der Bezirksvereine gegen den Mißbrauch geistiger Getränke. 7 S. Hildesheim. 1898.

Klöffler, Hermann, a. Kassel: Über die Tautomerie bei Benzimidazolen. Erlangen 1907: Junge & Sohn. (28 S.) 8°
Erlangen, Phil. Fak., Ref. Fischer, Diss. v. 15. Juli 1907
[Geb. 24. Juli 78 Kassel; Wohnort: Erlangen; Staatsangeh.: Preußen; Vorbildung: Realgymn. Kassel Reife M. 98; Studium: München 5, Marburg 3, Erlangen 5 S.; Rig. 18. Juni 07.]

Kloft, Heinrich, appr. Arzt a. Breitenau: Zwei Fälle von hereditärer Ataxie. Strassburg i. E.: J. Singer 1906. (48 S.) 8°
Gießen, Med. Fak., Ref. Sommer, Diss. v. 11. Juni 1906
[Geb. 25. Juli 80 Breitenau; Wohnort: Breitenau; Staatsangeh.: Preußen; Vorbildung: Gymn. Montabaur Reife O. 01; Studium: Greifswald 1, Gießen 3, Münster 1, Berlin 2, Gießen 3 S.; Coll. 10. März 06; Approb. 8. Jan. 06.]

Klofutar, Leon., Commentarius in epistolam s. apostoli Pauli ad Romanos concinnatus. Laibach, (Wien, Kirsch.) 1880, gr. 8°, 260 S., 4 Mk.
Recens. (Linzer) Theol.-prakt. Quartalschr. 1881, S. 171.

Klofutar, Leon., Commentarius in Evangelia s. Marci et s. Lucae. Laibach und Wien, Kirsch, 1892, gr. 8°, VIII u. 304 S., 4 Mk.

Klofutar, Leon., Commentarius in evangelium s. Joannis. Wien, Mechitaristen, 1862, gr. 8°, XXXII u. 326 S., 4 Mk.
Recens. (Wiener) Allgem. Litt. Ztg. 1873, Nro 14.

Klofutar, Leonard., commentarius in evangelium Sancti Joannis. Ed. II. recognita et aucta. gr. 8. (VII, 380 S.) Labaci 894. (Wien, H. Kirsch.) n. 4. 80

Klofutar, Leonh., Commentarius in evangelium s. Matthaei concinnatus. Wien, Mechitaristen, 1866, gr. 8°, 104 S., 4 Mk.
Recens. (Wiener) Allgem. Litt.-Ztg., Jahrg. XIII, Nro 50.

KLOFUTAR, Leonardus: Historico-dogmatica dispositio Jansenismi. — (1847) 114 S. 4° (Handschr.) Diss. 141
Diss. Wien, Univ.

Klohe, Paulus [Pomeranus]: De Ciceronis librorum de officiis fontibus. . . . Gryphiswaldiae. *Frommannsche Buchdr. (Hermann Pohle) in Jena.* 1889; 2 Bl. + 41 S. + 1 S. 8°
Greifswald, Phil. Fak., Inaug.-Diss. v. 12. Febr. 1889

Klohe, P., de Ciceronis librorum de officiis fontibus. Diss. inaug. gr. 8. (89 S.) Gryphiswaldiae 889. (Leipzig, Fock.) n. 1. —

Klohe, Paul, Dr.: In welchem Verhältnis stehen die olynthischen Reden des Demosthenes zu einander? (Kolberg 1905: C. F. Post.) (S. 3—18.) 4°
Kolberg, k. DomG u. k. RG P 1905 (164)

Klohß, Jh. Edw., († d. 28. Jan. 1825.) medicin. Bemerkk. über Wirkung u. Gebrauch der salzsauren Schwererde. 8. Zerbst 793. Füchsel. (a. W. G. Korn in Bresl.) 4 gr.

Klohss, Karl, aus Wien: **Untersuchungen über Heinrich von Kalden, staufischen Marschall, und die ältesten Pappenheimer.** *Berlin (1901): E. Ebering.* (51 S.) 8°
Berlin, Phil. Diss. v. 14. Dez. 1901

Klohss, Karl, Untersuchungen üb. Heinrich v. Kalden, staufischen Marschall, u. die ältesten Pappenheimer. (Diss.) gr. 8. (51 S.) Berlin 902. E. Ebering. n. 1. 50

Klohß, Karl Ludw., die Euthanasie, od. d. Kunst d. Tod zu erleichtern. gr. 8. (12¾ B.) Berlin 835, Reimer.

Klohss, Karl Ludw., die Gehirnwassersucht d. Kinder. gr. 8. (17¼ B.) Berlin 837, Reimer. Thlr.

Klohss, Carolus Ludovicus: De myelitide. Halis Saxonum (1820): Grunert. 81 S. 8°
Halle-Wittenberg, Med. Diss., nachgeliefert von dem am 17. Juli 1820 auf Thesen promovierten Verf.
Geb. Zerbst 30. 1. 1800. V.

Kloidt, R., Schreiberhau im Riesengebirge. Sommerfrische, klimat. u. Terrain-Kurort. Nebst e. Specialkarte der Umgegend Schreiberhau's u. des westl. Theiles des Riesengebirges, als Terrainkarte nach Oertel'schem System bearb. (1:20,000. 60,5×74,5 cm. Farbendr.). 8. (38 S.) Breslau 893. J. U. Kern's Verl. Geb. in Leinw. n. 2. 50; Karte allein, auf Leinw. n. n. 2. 50

Kloek, B., Specimen medicum inaugurale, exhibens nonnulla de momento diagnostico Albuminuriae. 8maj. Groningae 845. (Leer, Prätorius et Seyde.) n. 1/4 ℛ

Kloker, s.a. Klocker

Kloker, Stadtpfarrer M., Predigt zur 25jähr. Amtsjubelfeier. gr. 8. Stuttgart 839. Brodhag. n. 1/12 ℛ

Kloker, Predigt am Sonntag Judica, (d. 17. März 1839) z. 25jähr. Amtsjubelfeier. gr. 8. (½ B.) Stuttgart, [Scheible, Rieger u. Sattler.] *

Kloker, Geo. Ldw., die deutsche Lehrstunde, oder Sprech-, Denk- u. Rechtschreiblehre, in einer lückenlosen Stufenfolge von Stunde zu Stunde dargestellt. 8. Stuttg. 816. Sattler. (Hofmann). 18 K

— lateinisch-deutsches etymologisches Schulwörterbuch zu d. Prosaikern aus d. goldnen Zeitalter. gr. 8. Heilbronn 830. Claß. 14 K

— streng zusammenhängende deutsche Sprachlehre. Nach den Gesetzen des Denkens f. Schulen u. Liebhaber bearbeitet. 8. Frankf. a. M. 813. Neue veränd. Ausg. 8. Stuttg. 816. (Hofmann.) 14 K

Kloker, J. T., streng zusammenhängende deutsche Sprachlehre. 8. Frankf. Hermann. (in Comm.) 813.

Kloker, M. Geo. Ludw., latein.-deutsches etymolog. Schulwörterbuch zu d. Prosaikern aus d. goldn. Zeitalter. gr. 8. (24 B.) Heilbronn 830, Claß.

Kloekhof, Corn. Alb., s. Kloeckhof

v. Klökl, s. Klöckl.

Klöll, J. v., Rosenheim in Baiern, mit seiner Heilquelle und Umgegend. 16 Bdchen.-8. (München, Lindauer in C.) 816.

Klokow, C., der Hochverraths-Prozeß im J. 1864. Nach stenograph. Aufzeichnungen bearb. gr. 8. (158 S.) Berlin 865, H. Müller.

Klokow, Ernst, Beitrag zur Casuistik über die Wirkung der subcutanen Sublimatinjection bei Syphilis, insonderheit bei Ulcus durum. Inaugural-Dissertation. gr. 8. (35 S.) Königsberg 874. (Leipzig, Keßler.) * 1 —

Klokow, Herm., Rechts- und Dienstverhältnisse der preuss. Eisenbahnbeamten. E. prakt. Nachschlagebuch f. alle mittleren u. unteren Beamten u. Hilfsbeamten d. Staatseisenbahnverwaltung . . . Berlin 1905. 8°.

Klokow, J., die wirtschaftliche Lage der Gegenwart. Ihre Wandlg. durch den Grundbesitz. Ein Beitrag zur Frage der Grundbesitz-Entschuldg. gr. 8. (32 S.) Berlin 902. L. Frobeen. n. — 50

Königin Bertha. Hist. Lustspiel in 3 Akten von I[da] **Klokow.** *Berlin: J. Harrwitz Nachf. (1898).* (36 S.) 8° [F.]

Klokow, Ida, d. Buch denkwürd. Frauen, s.: Düringsfeld, Ida v.

Klokow, Ida, die Frau in der Geschichte. Leben u. Charakter der Frauen aller Zeiten, sowie deren Einfluß auf die Kulturgeschichte des Menschengeschlechts. Mitgabe für Frauen u. Töchter der gebildeten Stände. Mit 75 Text-Abbildungen u. einem Titelbilde (in Holzschn.). gr. 8. (VIII, 310 S.) Leipzig 881. Spamer. n. 4. 50; geb. n. 6. —

Klokow, Ida, die Frau in der Geschichte. Leben u. Charakter der Frauen aller Zeiten, sowie deren Einfluß auf die Kulturgeschichte des Menschengeschlechts. Mitgabe f. Frauen u. Töchter der gebildeten Stände. 2. Aufl. Mit 75 Text-Abbildgn. u. 1 Titelbilde. gr. 8. (VIII, 310 S.) Leipzig 894. O. Spamer. n. 3. —; geb. in Leinw. n. 4 —

König Heinrich und Bertha v. Susa. Ein Lustspiel in 3 Akten von I[da] **Klokow.** Berlin: J. Harrwitz Nachf. 1898. (30 S.) 8° [F.]

Klokow, Robert, prakt. Arzt: **Aus d. Kgl. pathol.-anat. Universitäts-Institut zu Königsberg i. Pr. Ueber Eierstocks-Dermoide** mit Carcinom. *Königsberg i. Pr. 1901: H. Jaeger.* (33 S.) 8°
Königsberg, Med. Diss. v. 14. Mai 1901

Klokow, Theod. Godof. (geb. Schirwindt 1798): De fallaci docimasia pulmonum hydrostatica. Berolini (1821). (35 S.) 8°
Berlin, Med. Diss. v. 28. Nov. 1821

Klomfass, Herman, Dr. d. Staatswiss.: **Die Entwicklung des Staatsbahnsystems in Preussen** ⟨preussische Eisenbahnpolitik⟩; ein Beitrag zur Eisenbahngeschichte Deutschlands. Mit 2 Diagr. *Hamburg 1901: Schröder & Jeve.* (XXII, 152 S.) 8°
Tübingen, Staatswiss. Diss. v. 1901
(Nicht für den Austausch)

Klomp, Ernst *Johannes* [aus Posen]: Die Ovariotomieen in der Greifswalder geburtshülflich-gynäkologischen Klinik vom Jahre 1885—1890. . . . Greifswald, Druck v. J. Abel, 1891; 58 S. 8°
Greifswald, Med. Fak., Inaug.-Diss. v. 17. Febr. 1891

Kloniecki, J., ausführliches Lehrbuch d. Stenographie (System Stolze-Schrey). (45 S.) gr. 8. Wittenberg 907. R. Herrosé. 1. —

Klonimos, Ewen bochan. Ein religiös-wissenschaftl. Hausbuch zur Belehrung in hebr. Sprache. 8. Wien 866, Knöpflmacher und Sohn. *

Kloninger, Walter, approb. Arzt aus Straßburg i. E.: **Zur Aetiologie und Prognose des Nystagmus bei jungen Kindern.** *Leipzig 1903: B. Georgi.* (31 S.) 8°
Leipzig, Med. Diss. v. (23. Juli) 1903

Klonfavius, M., die Wucherfrage. gr. 8. (75 S.) Amberg 878, Habbel.

Klönne, A: Anlagen für Bergbau und Hüttenbedarf. Dortmund 1904

Klonne, A: Der Bau des neuen schwimmenden eisernen Trockendocks IV in Rotterdam. Dortmund (1905)

Klönne, A: Gasapparate- und Gasbehälter-Bauanstalt. Album ausgeführter Konstruktionen und Bauten. Dortmund 1902

Klönne, A: Katalog über Brückenbau. Dortmund 1905

Klönne, A: Kataloge über Hochbassins, Krahne und Bagger, Retorten-Oefen. Dortmund (1897)

Klönne, A: Specialkatalog über den Bau completer Gaswerke. Dortmund 1898

Klönne, A: Specialkatalog über Gasbehälter. Dortmund 1897

Klönne, A: Veröffentlichungen, betreffend Gasbehälter usw. Dortmund 1898/1899

Kloenne, Alexander [aus Magdeburg]: Über einen Fall multipler myelogener Sarkome ... Kassel, Buchdr. v. E. Röttger, 1895; 29 S. 8.
Wurzburg, Med. Fak., Inaug.-Diss. v. 1895

Klonne, Aug.: Katalog über Flüssigkeitsbehälter. Dortmund 1903

Klenne, Aug: Musterbuch über Gaswerksbauten usw. Dortmund 1894

Klönne F. W.: Die periodischen Schwankungen des Wasserspiegels in den inundierten Kohlenschächten von Dux in der Periode vom 8. April bis 15. September 1879 (mit 4 Taf.) S. 81. f. 46 . . . . 2.—
Separatabdruck

Kloenne, Gust. Guil. Albert. (geb. Calcar 19. 7. 1829): De urethrae stricturis. Berolini (1853). (31 S.) 8°
Berlin, Med. Diss. v. 13. Okt. 1853

Klönne, Hulda, Blüten der Freundschaft, gesammelt. 12. (III, 174 S.) [Iserlohn 886.] Leipzig, J. Bädeker.
geb. mit Goldschn. * 4 50

—— aus Kindermund, s. **Bibliothek** der Gesamt-Litteratur des In- und Auslandes.

Klönne, Theodor: Verringerung der Selbstkosten in Adjustagen und Lagern von Stabeisenwalzwerken. Berlin: Springer 1910. 124 S., 2 Taf. 8° ¶ Auch als Buch.
Berlin, Dr.-Ing.-Diss. v. 15. 7. 1910

Klönne, Thdr., Verringerung der Selbstkosten in Adjustagen u. Lagern v. Stabeisenwalzwerken. (VII, 124 S. m. 93 Fig. im Text u. auf 2 Taf.) gr. 8. Berlin 910. J. Springer. 5. --

Klonowicz, Fab. Sebast., s. **Biblioteka Kieszonkowa** Klass. Polskich. Tom. XXII—XXVII.

Klonowicz, Seb., Poezye, s. **Biblioteka,** klassykow polskich, Tom. 22, 23.

Klonowo [Schlagwort]

Klonowo, s.: Geologische Karten. Karte (Preussen).

Klonowski, Sigismund: Über die Manganatschmelze und die Überführung von Kaliummanganat in Kaliumpermanganat auf elektrolytischem Wege. 1910. 128 S. 8° ¶ Vgl. Zeitschrift f. Elektrochemie. Jg. 16.
Karlsruhe, Dr.-Ing.-Diss. v. 25. 1. 1910

Klonowski, Teofil, Pieśni i piosneczki szkolne z melodyjami na 2, 3 i 4, głosy zebrał, ułożył i po większéj części. S. (26 S.) Posen 848, Gebr. Scherk. *

Klönsee und Blegisee. [Bern 1883.] V: *Heim, Alb.* (Cat. d. Stadtbibl. Zürich. Zürich 1864—97.)

Klöntrup, Johann Aegidius

— Abhandl. von den Erbexen u. Gutsherren in Rücksicht auf das Markenrecht. 8. Osnabrück 783.

— Abhandl. d. Rechtslehre vom Zwangsdienste. gr. 8. Osnabr. (Andrä in Leipz.) 3 gGr

Klöntrup, Johann Aegidius: „Abhandlung der Rechtslehre von dem Zwangdienste, den die Kinder einiger Eigenbehörigen ihren Gutsherrn leisten müssen", Osnabrück 1800 (Blothe). — 2. Auflage ebenda 1801. — Beide vorh.: Bibl. des Oberlandesgerichts Celle — Md. 632 und Md. 633.

Klöntrup, J. Aug.: Beytrag z. einer nöth. Revision d. Lehre v. d. Gemeinschaft d. Güter unter Eheleuten, sowohl überh., als besond. n. Osnabrück. Stadtrechte, *Osnabr.*, Kissling u. Sohn. 791. 8. (10 Gr.)

Klöntrupp, Jo. Aegid.: Beitrag zu ein. nöthig. Revision der Lehre v. d. Gemeinschaft d. Güter unter Eheleuten, sowohl überh., als besond. nach Osnabrück. Stadtrechte. *Osnabrück.* (Meyer in *Lemgo.*) 791. 8. (10 Gr.)

Klöntrup, Jh. Aegid., (†...) Bemerkk. zu einer künftigen Theorie von d. Anerbrechte bei reihepflichtigen Bauergütern in Westphalen. 8. Osnabr. 801. Blothe. 10 gGr

Klöntrup, J. A., Vorläufige Bemerkungen zu einer künftigen Theorie von dem Anerbenrechte bey westphäl. reihepflichtigen Bauerngütern. 8°. Osnabrück 1802.

Klöntrup, Johann Aegidius: „Von den Erbexen und Gutsherrn in Rücksicht auf das Markenrecht. Nebst Beylagen", Osnabrück 1783. — Vorh.: Bibl. des Oberlandesger. Celle — (2 an Md. 177).

— alphabet. Handbuch d. besondern Rechte u. Gewohnheiten d. Hochstifts Osnabrück mit Rücksicht auf d. benachbarten Westphäl. Provinzen. 3 Bde. 4. Osnabr. 798—800. Blothe. 9 Rthlr

Klöntrup, J. Ae.: Das Osnabrückische gemeine Marken-Recht, s. Schledehaus, J. F. A.

Klöntrupp, s. Klöntrup

Kloock, H., Tafel für das dritte Glied der Praecession. Kiel 1890.

Kloock, H., die Theorie im Malergewerbe. Ein Leitfaden f. den Unterricht in Innungs-, Fach- u. Fortbildungsschulen, sowie e. Handbuch f. den Lehrling. Unter Berücksicht. der Anforderungn. der Gesellen- u. Meisterprüfg. (VII, 143 S. m. Abbildgn.) 8. Leipzig 908. Jüstel & Göttel. 2. 50

Kloock, Heinr., kritische Grundlegung der Arithmetik. gr. 8. (IV, 64 S.) Bonn 893. Röhrscheid & Ebbecke. n. 2. —

— die Unhaltbarkeit der sogenannten Methode der kleinsten Quadrate u. die Neugestaltung der endgültigen Bahnbestimmungen der Sterne. gr. 8. (23 S.) Ebd. 893. n. 1. —

KLOOKSNUUT, Peter (ps.), Hamburg wie es ist (so!) — und trinkt. Scenen aus dem Hamburger Volksleben. Mit Titelkpfr. Hamburg, Berendsohn, 1834. 3 Bog. Gr. 12⁰.
A. G. Schmidt, Gallerie etc.; Weller, Lex. Ps. p. 298 nennt die Drucke 1834, 35, 43.

Kloocksnuut, Pt. (Psdn.), s. Hamburg wie es ist — trinkt u — schläft.

— — Hamburg wie es — trinkt und schläft. Scenen aus dem Hamburger Volksleben. Mit e. color. (Titel-) Abbildung (Bürgermilitair). Hamburg, 1835. Verlag der Buch- und Kunsthandlung von B. S. Berendsohn. 8⁰. (In Hamburg. Stadtbibl.) (2 Mk. E. Frensdorff, 1907.)
64 S. (incl. Titel). 1. Das Corps der Nachtwache. 2. Eine Stunde auf der Vordiele der Gerichtsstube. 3. Eine Fastnachtsscene. (2—3 Dialogform.)

Kloos, Franz Josef [aus Ingoldingen, approb. Arzt]: Zur Casuistik der Beckenfrakturen .... Tübingen L. Fr. Fues'sche Buchdr. (Fues & Kostenbader), 1886; 23 S. 8⁰.
Tübingen, Med. Fak., Inaug.-Diss. v. 1886.

Kloos, J. H.

Geognostische Beobachtungen am Columbiaflusse. (Mineralog. u. petrogr. Mittheil. I. 1878.) 8.

Kloos (J. H.), Geognostische und geographische Beobachtungen im Staate Minnesota. (Dissertation Göttingen.) (Abdr. a. d. Zeitschr. d. Ges. f. Erdkunde zu Berlin. Bd. XII. 1877.) Berlin 1877. 8.

Kloos, J. H., Entstehung u. Bau der Gebirge, erläutert am geolog. Bau d. Harzes. gr. 8. (VII, 92 S. m. 21 Fig. u. 7 Taf.) Braunschweig 890. Westermann. n. 3. —

Kloos (J. H.), Die vulkanische Eruption und das Seebeben in der Sundastrasse im August 1883. (Ohne Druckort und -Jahr.) 8.

— Über die krystallinischen Gesteine ..., s. Streng, A.

Kloos (J. H.), Gesteine und Mineralien aus Westindien. (Sep.-Abdr. aus Samml. d. Geolog. Reichs-Mus. Leiden. Ser. II. Band 1.) (Ohne Druckjahr.) 8.

Kloos (J. H.), Die Harzer Höhlen, ihre Ausfüllungen und Thierreste. (Harzer Monatshefte.) Braunschweig 1892. 4.

— die Ostsee u. die Insel Bornholm, s. a. Sammlung gemeinverständlicher wissenschaftlicher Vorträge.

Kloos JH, die Ostsee und die Insel Bornholm. (Sammlung gemeinverständlicher wissenschaftlicher Vorträge NF 109) Hamburg 1890

Kloos, J. H., Repertorium der auf die Geologie, Mineralogie u. Paläontologie d. Herzogth. Braunschweig u. der angrenzenden Landestheile bezüglichen Litteratur. gr. 8. (XII, 204 S. m. 1 farb. Karte.) Braunschweig 892. F. Vieweg & Sohn. n. 3. 60

Kloos (J. H.), Die ältesten Sedimente des nördlichen Schwarzwaldes und die in denselben eingelagerten Eruptivgesteine. (Verein f. Naturw. zu Braunschweig, V. Jahresbericht f. 1886/87.) 8.

——— Studien im Granitgebiet des südlichen Schwarzwaldes. (N. Jahrbuch f. Mineralogie etc., Beilageband III.) 8.

Kloos (J. H.), Ueber Uralit und die strukturellen Verschiedenheiten der Hornblende in einigen Gesteinen des Schwarz- und Odenwaldes. (58. Versamml. Deutscher Naturforscher u. Aerzte in Strassburg 1885. Separat-Abdruck aus dem Tageblatt.) 4.

——— Ein Uralitgestein von Ebersteinburg im nördlichen Schwarzwald. (Sep.-Abdruck a. d. N. Jahrb. f. Min. etc. Jahrg. 1885. Band II.) 8.

Kloos, J. H., üb. d. Wasserversorgung d. Städte Braunschweig u. Wolfenbüttel. Vortrag, geh. im Verein f. Naturwissenschaft zu Braunschweig am 10. Jan. 1895. gr. 8. (15 S.) Braunschweig 895. B. Goeritz. n. — 50

Die Hermannshöhle bei Rübeland. Geologisch bearb. von Dr. J[ohann] H[ermann] Kloos, Prof. d. Mineralogie u. Geologie, photogr. aufgenommen von Dr. Max Müller, a. o. Prof. an d. Herzogl. Techn. Hochschule zu Braunschweig. Hrsg. von der Herzoglich Technischen Hochschule zu Braunschweig. I. Text. (76 S.) II. Taf. (20 Photogr. in Mappe.) Weimar: Deutsche Photographen-Zeitung 1889. 4⁰

— u. M. Müller, die Hermannshöhle bei Rübeland. Geologisch bearb. v. K., photographisch aufgenommen v. M. Mit Unterstützg. d. herzogl. Staats-Ministeriums hrsg. von der herzogl. techn. Hochschule zu Braunschweig. Text u. Atlas. gr. 4. (VII, 76 S. m. 2 farb. u. 20 Lichtdr.-Taf. in Mappe.) Weimar 889. Verlag der deutschen Photographen-Zeitung. cart. n. 15. —

Kloos, Josef, a. Sobernheim (Rheinland): Die Entwicklung der direkten Steuern in Elsaß-Lothringen (Ertrags-Objektsteuern). Straßburg i. E. 1908: M. DuMont Schauberg. (192 S.) 8⁰
Straßburg, Rechts- u. staatswiss. Fak., Ref. Sartorius v. Waltershausen, Diss. v. 3. Juni 1908
[Geb. 23. März 81 Sobernheim (Rheinprov.); Wohnort: Straßburg i. E.; Staatsangeh.: Preußen; Vorbildung: Gymn. Höchst a. M. Reife 01; Studium: München 3, Bonn 1, Berlin 1, Straßburg 7 S.]

Kloos, Pet., prakt. Rechenaufgaben f. Waldbauschulen u. ähnl. Lehranst. Gesammelt u. method. geordn. 8. (VI, 227 S.) Kaiserslautern 898. E. Crusius. Geb. in Leinw. n. 2. 50

Votum über die Zulassung der Juden zum Maurerbunde. Abgegeben in der ger. u. vollk. St. Johannis-Loge zur Ceder im Or. von Hannover. [Von Karl Klop.] Hannover 1838: Jänecke. 24 S. 8⁰ [Umschlagtit.]
Kl. 2720. Gegen Aufnahme der Juden.

Klopeiner-See [Schlagwort]

Klopeiner-See, s.: Millstätter-See.

Klöpel, Bernhard

Klöpel, *Johann Franz* Bernhard *Rudolph* [aus Dresden]: Das lumen naturale bei Descartes ... Leipzig, *Th. Hentzschel*, 1896; 1 Bl., 49 S., 2 Bl. 8.
Leipzig. Phil. Fak., Inaug.-Diss. v. [30. Apr.] 1896

Klöpel, (Bernhard): Das Duployésche Stenographiesystem und seine Metagraphie. Pirna 1909: Eberlein. 22 S. 4°
Pirna, R m. RG i. E. OP 1909 (784) [S 09. 248

Klopf' an. Gemeinnütziger schweizer Kalender für 1869. Biel, (Steinheil.) 4. (76 S.) n. 4 *ngr.*

Klopf' an. Gemeinnütziger Schweizerkalender. 1871. 3. Jahrgang. Mit Holzschn. 66 Seiten. 4. Biel. Ernst Schüler. --.35

Klopf' an. Gemeinnütziger Schweizerkalender für 1873. 66 Stn. 4. Biel, E. Schüler. —. 35

Kloepfel, Fritz, erster medicinisch-statistischer Bericht über die Irren-Heil- und Pflege-Anstalt Riga-Rothenberg von 1862 bis 1872. gr. 8. (15 S. mit 4 Tab. in qu. Fol.) Riga 872, Brutzer und Comp. * — 60

Klopfer, A., die Buchführung d. Gewerbetreibenden. Sammlung v. Geschäftsvorfällen f. die gewerbl. Buchführung. 1. Heft. Der Steindrucker u. Lithograph. Für die Hand der Schüler in Fortbildungs- u. Gewerbeschulen hrsg. (15 S.) 8. Leipzig 906. A. Hahn. n. — 20

Klopfer, A., die Buchführung des Gewerbetreibenden, Fortsetzg., s.: Buchführung.

Klopfer, Carl Ed., s. Klopfer, Karl Ed.

Klopfer, Friedrich Gotthilf

***Klopfer*, Fr. Gtthlf., Moretum, quod Virgilio adscribitur, cum versione vernacula et animadvers. paucis. 4. Zwickau 806.**

— — Nachricht von dem Lyceum zu Zwickau, auf d. Schuljahr Ostern 1820 bis dahin 1821. — Als Einladungsschrift zur öffentlichen Schulprüfung d. 10 April u. zum feyerlichen Redeactus d. 27. April. — Angehängt ist die erste Abtheilung einer Geschichte von den Rectoren hiesiger Schule, vom Herrn Diac. M. Hildebrandt. [Ftsg. s. Nr. 18418.] Zwickau (Höfer) 1821. 15, 16 S. mit Namen. (4.—) 18419

Klopfer, Friedrich Gotthilf (lycei rector), Solennia imperii semisaecularis Saxonum regis Friderici Augusti Pii Justi die 20. mens. Sept. celebranda indicit et ad orationes nonnullas postero die audiendas observ. invitat. — Praemissa sunt nonnulla de latine scribendi exercitationibus. Zwickau (Hoefer) o. J. 20 S. mit hdschr. Widm. (4.—) 18415

— — De periculosis et jucundis, quae religiosissimus quisque ludi litterarii moderator experitur. Oratio qua munus directoris in lyceo Cellensi 22. IV. 1823 auspicatus est. o. O. 20 S. (4.—) 18420

— s. P. F. Ritsch, metholog. Wörterbuch.

— Progr. de Cebetis tabula. Sect. I. II. III. 4. Zwickau 810, 20, 22.

— — De Cebetis Tabula. Diss. I. Zwickau (Hoefer) 3. IV. 1818. 28 S. mit Schulnachrichten (Namen). (3.—) 18416
Gew.: Theophil Lorenz, Tobias Hempel.

— — Dasselbe. II. Zwickau (Hoefer) 13. IV. 1820. 19, 7. S. mit Schulnachrichten (Namen). (3.—) 18417

— — Dasselbe. III. — Addita est continuatio historiae rectorum lycei, expositae ab Hildebrandto, ad. aed. St. Mariae concionat. tertio. Zwickau (Hoefer) 19. IV. 1822. 16 S. mit Schulnachrichten (Namen) u. 24 S. dtsch. Text (Fortsetz. d. Zwickauer Schulgeschichte [Tl. I s. Nr. 18419]). (5.50) 18418

Klopfer, Gustav, prakt. Arzt in Untertürkheim (Württ.): **Aus d. Tübinger Universitäts-Augenklinik. Neuritis optica infolge von Heredität und congenitaler Anlage (Leber).** *Tübingen: F. Pietzcker 1898.* (24 S.) 8°
Tübingen, Med. Diss. v. 1898

Klopfer, (Carl) Julius (geb. Gross-Bottwar in Württ. 26. 9. 1860): Ueber Knochensarkome. Berlin (1883). (31 S.) 8°
Berlin, Med. Diss. v. 4. Aug. 1883

Klopfer, Karl Ed., der Börsenkönig, s.: Sammlung interessanter Criminal- u. Detectiv-Romane. 21. Bd.

Klopfer, Carl Ed., zwei Dichter. 8. (144 S.) Leipzig 893. Dresden, C. Reißner. n. 2. —

Klopfer, Carl Ed., Fegfeuer, s.a. Kürschner's Bücherschatz.

Fegfeuer. Roman von Carl Ed. Klopfer. Mit Ill. von E. Ranzenhofer. *Berlin, Eisenach, Leipzig: H. Hillger [1899].* (128 S.) 8° [J.]
= Bücherschatz, Kürschners. No 127.

— Frauenräthsel. Roman. 2 Bde. 8. (362 S.) Mannheim 894. J. Bensheimer's Verl. n. 6. —

— aus fürstlichem Geblüt. Roman in 2 Bdn. 8. (238 u. 224 S.) Mannheim (900). J. Bensheimer's Verl. n. 6. —

— das Geheimniß v. Birkenried. Roman in 2 Bdn. 8. (272 u. 254 S.) Ebd. 899. n. 6. —; geb. n. 8. —

— Glücksspiel am Hofe. Roman. 8. (560 S.) Berlin 896. Deutsches Verlagshaus Bong & Co. n. 6. —; geb. n. 7. 50

— Irrtümer, s. a. Kürschner's Bücherschatz.

[F.] Irrthümer. Roman v. Karl Ed. **Klopfer.** M. 25 Ill. v. R. Mayer. *Berlin, Eisenach, Leipzig: H. Hillger [1897].* (128 S.) 1 Bd 8.
= Bücherschatz, Kürschners. No 20. [97. 6299

Klopfer, Carl Ed. „Zur Judenfrage". Zeitgenöss. Orig.-Aussprüche. Mit e. Vorbemerkg. v. Ernst Hallier. 1.–3. Taus. gr. 8. (64 S.) Münch. 891, Lehmann's Verlag. * 1 —

— unser Kaiser. Ein Gedenkbuch d. 60jähr. Regierg., zugl. e. Lebens- u. Charakterbild Kaiser Franz Josef I. 14 Lfgn gr. 4. (V, 336 S. m. Abb.) Wien 897—98 ... Schirmer. à — 85

Klopfer, Carl Ed., Bruder Roderich. Roman in 2 Bdn. 8. (216 u. 210 S.) Mannheim 895. J. Bensheimer's Verl. n. 5. —

— der Selige, s.a. Kürschner's, Jos., Bücherschatz.

Der Selige. Roman von Carl Ed. Klopfer. Mit Ill. von W. Roegge. *Berlin, Eisenach, Leipzig: H. Hillger [1900].* (125 S.) 8° [F.]
= Bücherschatz, Kürschners. No 214. [02. 14659

— d. Soldatenweib u. and. Humoresken, s.a. Weichert's Wochen-Bibliothek.

Das Soldatenweib und andere Humoresken. Von Carl Ed. **Klopfer.** *Berlin: A. Weichert [1899].* (96 S.) 8° [F.]
= Wochen-Bibliothek. Weichert's. Bd 28. [99. 733

Klopfer, Paul, s. Bauformen, moderne.

Klopfer, Paul, die deutsche Bürgerwohnung. Winke u. Wege f. die, welche noch kein Eigenheim haben, für die, welche sich e. Mietwohng. einrichten, f. die, welche e. deutsches Eigenhaus bauen. (VII, 141 S. m. 13 Taf.) kl. 8. Freiburg i/B. 905. P. Waetzel. n. 1.60

— Die deutsche Bürgerwohnung. Winke u. Wege f. die, welche noch kein Eigenheim haben, f. die, welche sich e. Mietwohng. einrichten, f. die, welche e. deutsches Eigenhaus bauen. 2. verm. u. veränd. Aufl. (4.—6. Taus.) (VII, 141 S. m. 26 Taf.) kl. 8. Freiburg i/B. 907. [P. Waetzel.] Leipzig, E. A. Seemann. 1.80; geb. 2.50

(Moderne Bauformen. Jg. 8, H. 12.)
(**P. Klopfer:**) Die Ortsgruppe Kiel des B. D. A. (Stuttgart. 1909.) 4° [Kopft.]

— Leitfaden zur Einführung in die Geschichte der Baukunst. Neubearb. Textbuch zum Bilderatlas der Geschichte der Baukunst v. Geo. Krahl. (68 S. m. 1 farb. Karte.) 8. Leipzig 908. E. A. Seemann. p — 80

— Christian Traugott Weinlig u. die Anfänge des Klassizismus in Sachsen, s.a. Beiträge zur Bauwissenschaft, 5. Heft.

Dr. ing. Paul **Klopfer.** Christian Traugott Weinlig und die Anfänge des Klassizismus in Sachsen. Von d. Kgl. Techn. Hochschule zu Dresden genehm. Doktordiss. Berlin: E. Wasmuth 1905. (82 S.) 4°(8°)
= **Beiträge** z. Bauwissenschaft. H. 5. [06. 7833

Klopfer, Paul: Weinlig und seine Zeit. Berlin: Wasmuth [1905]. 82 S. 4°
¶ Auch u. d. T.: Christian Traugott Weinlig und die Anfänge des Klassizismus in Sachsen, als: Beiträge zur Bauwissenschaft. H. 5.
Dresden, Dr.-Ing.-Diss. v. 15. 3. 1905

— wie baue ich mein Haus und wie beschaffe ich mir eine gediegene Wohnungseinrichtung? (93 S 37 T) Stuttgart (1910)

Klopfer, Paul: Wie baue ich mein Haus und wie beschaffe ich mir eine gediegene Wohnungseinrichtung? Mit Abbild. Stuttgart: Wilh. Meyer-Ilschen [1910]. 4°.

Klopfer, Theodor: 1. Zur Kenntnis der Schwefelchloride. 2. Versuche zur Aufklärung und Beseitigung von Fehlern bei der ebullioskopischen Molekulargewichtsbestimmung. Weida i. Th. 1908: Thomas & Hubert. 111 S. 8°
Leipzig, Phil. Diss. v. 21. Sept. 1908, Ref. Beckmann, Le Blanc
[Geb. 19. Febr. 79 Lübeck; Wohnort: Bromberg; Staatsangeh.: Preußen; Vorbildung: Gymn. Lübeck Reife O. 98; Studium: Leipzig 10 S.; Rig. 19. Juni 08.] [U 09. 3000

Klopfer, Volkmar, aus Zwickau i. S.: Über die Kondensationen von Chinonen mit sekundären aromatischen Alkoholen. *Dresden 1899: Lehmann.* (45 S.) 8°
Rostock, Phil. Diss. v. [16. Febr.] 1899

Kloepfer, Ernst. Beiträge zur Hebung der Rindviehzucht. gr. 8. (V, 79 S.) Trier 890, Lintz. * 1 —

— u. C. Pflaumer, Beschreibung u. Ertragsberechnung zweier Güter im niederrhein. Industriegebiet. gr. 8. (III, 64 S.) Leipzig 902. H. Voigt. n. 1.50

— d. Ernährg. u. Haltg. d. Ziege als Milchtier d. kleinen Mannes. gr. 8. (62 S.) Essen 896. G. D. Baedeker. n. — 40

Die Ernährung und Haltung der Ziege als Milchtier des kleinen Mannes. Von Dr. E[rnst] **Kloepfer,** Dir., Kettwig (Ruhr). 5. Aufl. *Essen: G. D. Baedeker 1899.* (76 S.) 8° [F.] [99. 6951

Kloepfer, E., die Ernährung u. Haltung der Ziege als Milchtier des kleinen Mannes. 6. Aufl. gr. 8. (85 S.) Essen 902. G. D. Baedeker. n. — 80
5. Aufl. (76 S.) 899. n. — 50.

Kloepfer, E., d. Ernährung d. Menschen u. ihr Einfluß auf Arbeitskraft u. Gesundheit. gr. 8. (27 S.) Cassel 895. E. Hühn. n. — 50

Fest-Schrift zur Feier des 100jähr. Bestehens der früher Grossherzoglich Hessischen, später Königlich Preussischen Landes-Kultur-Gesellschaft für den Regierungsbezirk Arnsberg ... Von E. Kloepfer. — (Hagen: Decker 1909.) 153 S. 8° 1. 6.

— die Schwankungen im Fettgehalt der Milch u. die Milchkontrole. gr. 8. (89 S.) Leipzig 902. M. Heinsius Nachf. n. — 80

[F.] Untersuchungen über die Wirkung des schwefelsauren Ammoniaks und des Chilisalpeters. Beitr. z. Stickstofffrage v. Dr. E. **Kloepfer,** Dir. ... in Kettwig '(Ruhr)'. *Essen: G. D. Baedeker 1898.* (59 S.) 1 Bd 8. [98. 2682

Kloepfer, Ernst Adolf Gotthard: Einfluss der staatlichen und privaten [Vereins-] Massnahmen auf die Hebung der Rindviehzucht des Eifelgebietes. ... Cassel, Druck v. Weber & Weidemeyer, 1891; 4 Bl., 91 S. 8°
Leipzig, Phil. Fak., Inaug.-Diss. v. [6. Aug.] 1891

Kloepfer, Eug., das verhängnisvolle Sofa, s.a. Liebhaber-Theater. 91.

Das verhängnisvolle Sofa. Schwank von Eugen **Kloepfer.** Mülheim a. d. Ruhr: J. Bagel [1902]. (31 S.) 8° [F.]
= **Liebhaber-Theater.** Bdch. 91. [06. 3071

Klöpfer, Hermann, Hubers erste Festrede, Schwank in 2 Aufz., Stuttgart, 19 S., 8°.

Klöpfer, H., die bekehrte Tante. Turner-Schwank in 1 Akt f. 5 Damen. (16 S.) 8. Stuttgart (910). P. Mähler. 1. —

Klöpfer, Hermann, Der pfiffige Zögling od. Die überlistete Meisterin, Turnerschwank in 1 Akt, Stuttgart, 16 S., 8°.

Klopffer, Christian Heinrich Lebrecht (Waldenb. Schoenb.), De mutuo foeminae aliis crediturae dato ad legem XI. et XII. D. ad SCtum Velleianum. Präs. Christoph Ludw. Crell. Wittbg. (Scheffler) Juni 1738. 38 S. (6.—) 18421
Gew.: Christian Heinrich Graf Schoenburg-Glauchau-Waldenburg. — Deutsche Widm. v.: Hannß August v. Carlowitz (Schwarzbach), Johann Rudolph Köhler (Glauchau), August Michael Zscherpe (Gera).

— — Dasselbe. 34 S. ohne Widm. (5.50) 18422

Klopfleisch, Chrstn., über Armuth und Armenpflege. Ein Vortrag vor einer Versammlung von Männern und Frauen in Jena am 17. März 1847 gehalten. gr. 8. (27 S.) Jena 847, Frommann.

Klopfleisch, Chrstn., u. Karl Kürschner, die Biene u. d. Bienenzucht. Nebst e. vorgedr. Abhandl. üb. d. Honigbiene. gr. 8. (27 B. u. 3 Kpfrt.) Jena 836, Schmid.

Klopfleisch, Chr., Festrede am funfzigjährigen Amtsjubiläum, den 25. Novbr. 1874. Ansprache des Superint. und Ob.-Pfrs. G. Graue an den Jubilar. gr. 8. (12 S.) Jena 874, Fr. Frommann. * — 40

—— **Rede am Grabe des Hrn. Dr. Jacob Friedr. Fries, Geh. Hofrathes u. Prof. ec. am 12. Aug. 1843 gehalt. gr. 8. (1/4 B.) Jena, Frommann.**

Klopfleisch, Ch., die Schlacht bei Jena nach den besten Quellen und Schriften für die Besucher der Gegend von Jena und für Freunde geschichtl. Erinnerungen überhaupt erzählt. gr. 8. (VI und 155 S. mit 1 chromolithogr. Karte in Fol.) Jena 862, Deistung. *

—— wer steht würdig im Kampfe dieser Zeit? Predigt am Sonnt. Misericord. Dom. zu Jena gehalten. gr. 8. (10 S.) Jena 848, Frommann.

— **Winke über unser Verhalten bei der Verschiedenheit der Ansichten über Christus in dieser Zeit. Predigt, gehalten in der Stadtkirche zu Jena. 8. Ebend. 842. 1/12 ℔**

— **wovor die durch Rang u. Stand Bevorzugten in unserer Zeit sich vorzugsweise zu hüten haben? Predigt am Michaelisfeste zu Jena gehalten. gr. 8. Ebend. 846. 2 ngl**

Klopfleisch, Friedrich

Klopfleisch, Fr., Ausgrabungsberichte aus Thüringen. I. 8. (28 S.) Weimar 869, Böhlau. * — 60
Aus: Weimarische Zeitung, besonders abgedruckt.

Klopfleisch, Friedr., drei Denkmäler mittelalterlicher Malerei aus den obersächsischen Landen, nebst einem Anhang über zerstörte alte Malereien zu Jena. Ein Beitrag zur Kunst-Archäologie der obersächs. Lande. gr. 8. (IV und 183 S. mit 11 Stnt. in gr. 4., Fol. und qu. gr. Fol. und 66 eingedr. Holzschn.) Jena 860, Deistung. *

Klopfleisch, Friedr., die Grabhügel von Leubingen, Sömmerda und Nienstedt, s. Alterthümer, vorgeschichtliche, der Prov. Sachsen und angrenzender Gebiete.

Die Grabhügel von Leubingen, Sömmerda und Nienstedt. Voraufgehend: Allgem. Einl. Charakteristik u. Zeitfolge d. Keramik Mitteldeutschlands. Bearb. von Dr. Friedrich **Klopfleisch**, Prof., Jena. Mit Abb. u. Taf. (In 2 H.) Halle a. d. S.: O. Hendel 1883–84. (106 S.) 2° [Umschlagt.]
= **Altertümer**, Vorgeschichtl., d. Prov. Sachsen u. angrenz. Gebiete. Abt. 1, H. 1. 2. 106. y659

—— **de duabus vetustissimis picturis vitreis in templo S. Viti in vico Veitsberg prope Weidam sito. Dissertatio archaeologica. gr. 8. (46 S. mit 3 Stnt. in gr. 4.) Jena 859, (Doebereiner.)** *

Klopfleisch, Fried. August (Gotha), De patrimonio principis privato quod Die Chatoul vocant ejusque privilegiis et juribus. Exercit. acad. Präs. Joh. Tobias Hoffmann. Jena (Müller) Okt. 1727. 52 S. (6.20) 18423

Klopfleisch, Johannes: Johann Christian Brandes, ein Angehöriger der deutschen Bühne zur Zeit Lessings. Ein Beitrag zur Geschichte der deutschen Schauspielkunst und des deutschen Theaters aus der zweiten Hälfte des 18. Jahrhunderts. Halle a. S. 1906: Waisenhaus. (100 S.) 8° [J.]
Heidelberg, Phil. Fak., Ref. Braune, Diss. v. 30. Okt. 1906
[Geb. 15. Mai 82 Halle a. S.; Wohnort: Straßburg i. E.; Staatsangeh.: Preußen; Vorbildung: Gymn. Halle Reife M. 01; Studium: Halle 1, Straßburg 1, Berlin 5, Heidelberg 1 S.; Rig. 31. Juli 06.]

Klopmann, F. v., Chronik der Majoratsgüter Postondon und Lub-Essorn, hrsg. v. J. H. Woldemar. Mit Stammbaum u. Gedenktfl. d. Postenden'schen Zweiges der Familie v. Hahn. Mitau 1865. 4.

Klopmann, Friedr. v., kurländische Güter-Chroniken, nach urkundlichen Quellen zusammengestellt und hrsg. I. Bd. gr. 8. (XIII und 309 S.) Mitau 856, (Neyher'sche Vrlgsh.) **

Klopmeyer, Joseph, Sanitätstierarzt und Direktor des städtischen Schlachthofes zu Wattenscheidt in Westf.: Beiträge zur Anatomie der Magenschleimhaut der Säugetiere mit Rücksicht auf deren physiologische Bedeutung. [Mit 17 Abbildungen im Text.] Rostock 1909. 66 S. 8°. [3. VII. 08.]
Bern. Vet.-med. Diss. 1909/10.

Klopmeyer, Joseph. Beiträge zur Anatomie der Magenschleimhaut der Säugetiere, mit Rücksicht auf deren physiologische Bedeutung. Diss. Vet.-Med. Bern. [Mit Figuren.] 66 S. 8. Rostock, Adlers Erben, 1909.

Ką padaro girtuoklystė ir Litanija ant išprašymo blawystės. Lenkiškai parašė kn. Ignacijušas **Kłopotowski's**. Tilžė 1904: J. Schoenke. (16 S.) 8°
[Was d. Trunksucht wirkt nebst Litanei z. Erbetung d. Nüchternheit. Polnisch geschrieben von Pfarrer Ignacy Kłopotowski. Tilsit.] 1-5. 4-90 10

Klopp, Onno, die gothaische Auffassung der deutschen Geschichte und der Nationalverein. Mit Beziehung auf die Schrift des Hrn. Sybel: Die deutsche Nation und das Kaiserthum. Lex.-8. (62 S.) Hannover 862, Klindworth.

Klopp, Onno, offener Brief an den Hrn. Prof. Häusser in Heidelberg, betreffend die Ansichten über den König Friedrich II. von Preußen. Lex.-8. (48 S.) Hannover (861)62, Klindworth.

—— offener Brief an den Hrn. Prof. Häusser in Heidelberg, betr. die Ansichten über den König Friedrich II. von Preußen. 2. Abdr. Mit einem Nachtrage. Lex.-8. (76 S.) Hannover 862, Klindworth.

—— **s. Corrispondenza epistolare tra Leopoldo I., Imperatore, ed il P. Marco d'Aviano, Capuccino.**

Klopp, Onno, Deutschland u. die Habsburger. Aus seinem Nachlasse hrsg. u. bearb. v. Leo König, S. J. (XV, 440 S.) gr. 8. Graz 908. Styria. 10. —

Klopp, Onno, zur Ehrenrettung von Leibniz. Sendschreiben an die königl. Akademie der Wissenschaften zu Berlin. gr. 8. (24 S.) Berlin 878, Germania.

—— der Fall des Hauses Stuart und die Succession des Hauses Hannover in Groß-Britannien und Irland im Zusammenhang der europ. Angelegenheiten von 1660—1714. 1.—4. Bd. gr. 8. (XVII, 421; XX, 511; XIX, 478; XIX, 552 S.) Wien 875, Braumüller. * 31 —

— der Fall des Hauses Stuart u. die Succession des Hauses Hannover in Groß-Britannien u. Irland im Zusammenhange der europäischen Angelegenheiten von 1660—1714. 5—10. Bd. gr. 8. (XVII, 363; XV, 400; XXII, 541; XXIII, 664; XVII, 528 u. XV, 433 S.) Wien 877—81. Braumüller. n. 45. — (1—10.: n. 76. —)

Klopp, Onno, der Fall d. Hauses Stuart u. die Succession d. Hauses Hannover in Groß-Britannien u. Irland im Zusammenhange der europ. Angelegenheiten von 1660—1714. 11. u. 12. Bd. Die Kriegsjahre 1704—1707. gr. 8. (VII, 603 u. XXIV, 573 S.) Wien 885. 86. Braumüller. à n. 15. — (1—12.: n. 106. —)

— der Fall d. Hauses Stuart u. die Succession d. Hauses Hannover in Groß-Britannien u. Irland im Zusammenhange der europäischen Angelegenheiten von 1660—1714. 13. u. 14. [Schluß-]Bd. gr. 8. Wien 887. 888. Braumüller. n. 34. — (cplt.: n. 140. —)
13. Die Kriegsjahre 1708, 1709, 1710. (XXIII, 577 S.) n. 15. —
14. Die Jahre 1711—1714. (XXVII, 726 S.) n. 19. —

—— der König Friedrich II. von Preußen und die deutsche Nation. gr. 8. (XVIII und 503 S.) Schaffhausen 860, Hurter'sche Buchh. *

—— der König Friedrich II. von Preußen und seine Politik. 2., neu gearb. Aufl. gr. 8. (X und 602 S.) Schaffhausen 867, Hurter'sche Buchh. *

Klopp, Onno, König Georg V. gr. 8. (119 S.) Hannover 878, (Brandes.) *

—— und Hotzen, Geschichte und Beschreibung der Stiftskirche St. Materniani zu Bücken. Lex.-8. (23 S. mit 2 Holzschn.) Hannover 860, (Schmorl und v. Seefeld.) *

Klopp, Onno, Geschichte Ostfrieslands bis 1570. (1. Bd.) gr. 8. (VII und 472 S. mit 1 Portr. in Holzschn.) Hannover 854, (Rümpler.) Thlr. *

—— dass. — (2. Bd.:) von 1570—1751. gr. 8. (VI und 636 S.) Ebds. 856. *

—— Geschichte Ostfrieslands unter preußischer Regierung bis zur Abtretung an Hannover. Von 1744—1815. (Geschichte Ostfrieslands 3. Bd.) gr. 8. (VII und 471 S.) Hannover 858, C. Rümpler. *
1. und 2. Bd. Ebendas. 1854—56. * 4 Thlr. 15 Ngr.

—— Geschichten und Charakterzüge der deutschen Kaiserzeit von 843—1125. Nach den Quellen erzählt. 8. (X und 510 S.) Leipzig 852, [Berlin,] Weidmannsche Buchh.

Klopp, O., Geschichten, charakteristische Züge und Sagen der deutschen Volksstämme aus der Zeit der Völkerwanderung bis zum Vertrage von Verdun. Nach den Quellen erzählt. 2 Thle. 8. (XXIV und 798 S.) Leipzig 851, Weidmann'sche Buchh.

Klopp, Onno, Geschichten, charakteristische Züge u. Sagen der deutschen Volksstämme. Nach den Quellen erzählt. Nach dem Tode des Verf. durchges. 2. Aufl. 3 Bde. 8. Osnabrück 906. [B. Wehberg.] Freiburg i/B., F. E. Fehsenfeld. n. 7. —; in 2 Leinw.-Bdn. n. 9. —
1. Aus der Zeit der Völkerwanderung. (VII, 416 S.)
2. Aus der Zeit der Frankenherrschaft. (VI, 362 S.)
3. Die karolingisch-sächsisch-fränk. Kaiserzeit vom Vertrage zu Verdun (843) bis 1125. (525 S.)
Erschien auch in 14 Lfgn. à n. — 50.

—— kleindeutsche Geschichtsbaumeister. gr. 8. (XI und 312 S.) Freiburg im Br. 863, Herder'sche Verlagsh.

—— deutsche Geschichts-Bibliothek, s. Geschichts-Bibliothek, deutsche.

—— die Grundrechte des deutschen Volks, s. a. Grundrechte.

Klopp, Onno. Die Grundrechte des deutschen Volkes mit allgemein faßlichen Erläuterungen nebst der deutschen Reichsverfassung. Osnabrück, Rackhorst 1849. 120 S. 8.

—— Gudrun. Der deutschen Jugend erzählt. 8. (VI und 181 S.) Leipzig 850, Weidmann'sche Buchh.

— die Hannoveraner vor Eisenach am 24. Juni 1866. Offenes Sendschreiben als Antwort an den koburg. Minister Hrn. v. Seebach. Wien 869. Braumüller. gr. 8. (32 S.) n. 8 ngr.

—— das Jahr 1683 und der folgende große Türkenkrieg bis zum Frieden von Carlowitz 1699. Lex.-8. (XIV, 580 S. mit Illustr. und Ornamenten.) Graz 882, Verlagsh. „Styria". *

Klopp, Onno, der dreißigjährige Krieg bis zum Tode Gustav Adolfs 1632. 2. Ausg. d. Werkes: Tilly im dreißigjähr. Kriege. (In 3 Bdn.) 1. u. 2. Bd. gr. 8. Paderborn, F. Schöningh. n. 23. —; geb. n. 28. —
1. (XXIV, 633 S.) 891. n. 10. —; geb. n. 12. 40
2. Vom Beginne 1621 an bis zur Übertragg. des Herzogthums Mecklenburg an Wallenstein 1628. (XXVIII, 668 S.) 893. n. 13. —; geb. n. 15. 60

Klopp, Onno, der 30jährige Krieg bis z. Tode Gustav Adolfs 1632. 2. Ausg. des Werkes: Tilly im 30jähr. Kriege. 3. Bd. 1. u. 2. Thl. gr. 8. Paderborn, F. Schöningh. n. 23. —; (cplt. n. 46. —; geb. n. 56, —)
1. T. J. 1628 bis Ende 1630. (628 S. m. 2 Bildn.) 895. n. 10, —
2. T. J. 1631 bis Ende 1632. Mit 2 Portraits u. Aufriß u. Grundr. v. Magdeburg. (XXXII, 875 S.) 896. n. 13. —; geb. n. 15. 60

Ruiter. — Klopp, Dr. O. Leben und Thaten des (holländischen) Admirals de ..... (1607—1679.) (Mit 1 Portrait.) 8. Hannover 1852.

Leben und Thaten des Admirals [Michiel Adriaanszoon] de Ruiter. Erzählt v. Onno Klopp. (Mit Portrait.) Hannover. 1852. 8°.

—— Leben und Thaten des Admirals de Ruiter. 8. (VI und 335 S. mit 1 Holzschn.) Hannover 852, Rümpler. *

—— Leibniz der Stifter gelehrter Gesellschaften. Vortrag bei der 23. Versammlung deutscher Philologen und Schulmänner zu Hannover gehalten. gr. 8. (24 S.) Leipzig 864, Teubner.

—— s. Leibniz' Werke.

— Philipp Melanchthon 1497—1560. Erweit. Abdr. des gleichnam. Aufsatzes in d. wissenschaftl. Beilage der Germania. gr. 8. (53 S.) Berlin 897. Germania. n. — 60

– **Loibniz' Plan der Gründung e. Societät der Wissenschaften in Wien.** Aus dem handschriftl. Nachlasse von Leibnitz in der königl. Bibliothek zu Hannover dargestellt. [Aus den Archiv für Kunde österreich. Geschichtsquellen.] Wien 868. (Gerold's Sohn.) Lex.-8. (99 S.) n. 16 *ngr.*

—— die preußische Politik des Fridericianismus nach Friedrich II. gr. 8. (XIV und 65 S.) Schaffhausen 867, Hurter'sche Buchh. *

Klopp, Onno. Die Politik der königlich-hannöverischen Regierung in der deutsch-dänischen Frage. [Verf. i. Onno Klopp.] Hannover 1861. 8°.

—— die Reform der Gymnasien in Betreff des Sprachunterrichts. Ein Entwurf. gr. 8. (55 S.) Leipzig 848, [Reichenbach'sche Buchh.]

– **Rückblick auf die preußische Annexion des Königreich Hannover.** 2. Aufl. München 868. Weiß. gr. 8. (132 S.) 24 *ngr.*

—— **Admiral de Ruiter.** 2. (Titel-)Aufl. gr. 8. (VIII und 335 S. mit dem Portr. de Ruiters in Holzschn.) Hannover (852)58, C. Rümpler. *

—— zur zweiten Säcular-Feier des 12. Septbr. 1683. Wiederabdruck der Anlage des Hrn. Bürgermeisters Uhl und der zwei offenen Sendschreiben von Onno Klopp an denselben, mit einem Votum für die Säcularfeier. Lex.-8. (19 S.) Ebendas. 882. *

(Klopp, Onno,) Studien über Katholicismus, Protestantismus u. Gewissensfreiheit in Deutschland. Schaffh., Hurter (jetzt Regensb., Verlagsanst.), 1857, 8°, VII, 472 S., 6 Mk.
Recens. Kath. Littzig 1857, S. 338–9. Über den Verf. s. Litt. Rundschau 1883, S. 65 ff.

– **Tilly, Gustav Adolf u. d. Zerstörg. v. Magdeburg.** s.a. **Flugschriften, katholische, zur Wehr u. Lehr'.**

Tilly, Gustav Adolf und die Zerstörung von Magdeburg. Von Onno Klopp. *Berlin: Germania (1895).* (44 S.) 8° [F.]
– Flugschriften, Kathol., z. Wehr u. Lehr. No 94. (oo. 1319)

—— **Tilly im dreißigjährigen Kriege.** 2 Bde. gr. 8. (XXVII und 1059 S.) Stuttgart 861, Cotta'sche Buchh. *

– **das preußische Verfahren in der Vermögenssache des Königs v. Hannover.** Mit Aktenstücken. Wien 869. Braumüller. gr. 8. (VII, 216 S.) n. 1 *rthl.* 10 *ngr.*

Klopp, Onno, Das Verhältnis von Leibnitz zu den kirchlichen Reunionsversuchen in der 2. Hälfte des 17. Jahrh. Ein Vortrag, geh. in der Generalversammlung des histor. Vereins für Niedersachsen zu Hannover 25. März 1861. Hannover 1861, 8°.
Angezeigt Hist.-p. Blätt. Bd. 48, S. 123–6.

—— Leibniz' Vorschlag einer französischen Expedition nach Aegypten. Uebersichtlich, mit Wiedergabe einiger der hauptsächl. Schriftstücke in deutscher Übersetzung und mit krit. Berücksichtigung früherer Publikationen, dargestellt. gr. 8. (V und 138 S.) Hannover 864, Klindworth. *

(Klopp, Onno,) Wird Deutschland wieder katholisch werden? Von dem Verf. der Studien über Katholicismus, Protestantismus u. Gewissensfreiheit. Schaffh., Hurter (jetzt Regensb., Verlagsanst.), 1859, 8°, 128 S., 1,20 Mk.
Littblätt. der Sion 1859, S. 169–72 (Fußenecker). (Wiener) Kathol. Littztg. 1859, S. 265–6.

Klopp, Theo., Selbstanmeldung von Patenten u. Schutzmarken im In- u. Auslande. Mit 16 in den Text gedr. Fig., 14 Mustertaf. u. 1 Tab. (VI, 160 S.) kl. 8. Leipzig 907. O. Leiner. Geb. in Leinw. 2. 75

Klopp, Wiard, Onno Klopp 1822–1903. Ein Lebenslauf. (181 S. m. 1 Bildnis.) gr. 8. Osnabrück 907. B. Wehberg. 2. —
Sonderabdruck aus: „Jahrb. d. Gesellsch. f. bild. Kunst u. vaterländ. Altertümer zu Emden".

Klopp, Wiard, die socialen Lehren des Freiherrn Karl v. Vogelsang. Grundzüge e. christl. Gesellschafts- u. Volkswirthschaftslehre, aus d. literar. Nachlasse desselben zusammengest. gr. 8. (643 S.) St. Pölten 894. Preßvereinsdruckerei. n. 6. 20

Kloppe: Recherche sur le dialecte de Guace (Wace) trouvère anglo-normand du XII. siècle. I. partie. 24 S. – II. partie 24 S. – Magdeburg Kl., Progr. 1853-54.

Kloppe, F., Anleitg., betr. d. Veranlagg. u. Erhebg. der direkten Gemeindesteuern, welche durch Zuschläge z. Staatseinkommensteuer u. in Prozenten d. staatl. veranl. Realsteuern (Grund-, Gebäude- u. Gewerbesteuer) aufzubringen sind (nebst Anhang enth. entsprech. Beispiele, Anmerkungen u. Formulare). gr. 8. (23 S.) Frankfurt a/O. 895. Trowitzsch & Sohn. n. — 50

Kloppe, G. Dissertatio de augmento Herodoteo. 26 S.
Schleusingen, Progr. 1848

– De genere dicendi Herodoteo. Diss. 1890. 25 S. 4°.

Kloppe, *Gottfried Hermann* Friedrich Heinrich Jacobi und das Christentum. 8 (15 S.).
In: Festschrift z. Erinnerung an d. 50j. Jubil. Rg. *Nordhausen* 1885.
Nicht im Tauschverkehr.
Progr.

Kloppe, G[ottfried] **H[ermannus]:** •(Quaenam differentia inter notionem fidei intercedat, quam Kantius et F. H. Iacobius, philosophi, dicunt, et alteram, quam lex christiana fidei vocabulo designat, inquiritur.) 12 Bl 8° (4°)
Halle-Wittenberg, Phil. Diss. v. 28. Jan. 1869
Geb. [Zeitz 26. 4. 1840]
Hallische gekrönte philosophische Preisarbeit.

Kloppe, Gustavus Adolphus: •De Thucydidis elocutione, quatenus ea pendet ex arte rhetorica. 41 Bl. 4° (2°)
Halle-Wittenberg. Phil. Diss. v. 13. März 1847
Geb. [Zeitz 15. 7. 1820]

Kloppe, Gust. Adph., Wortbildung der französ. Sprache in ihrem Verhältnisse zum Lateinischen. 8. (IV und 100 S.) Magdeburg 850, Baensch. *

Kloppe, Gust. Adph., Wortbildung der französischen Sprache in ihrem Verhältnisse zum Lateinischen. 2. (Titel-)Ausg. Magdeburg (850.) 856. Baensch. (Leipzig, Gräbner.) gr. 8. (IV, 100 S.) n. 10 *ngr.*

Kloppe, [Hermann], Prof. Dr.: Der ursprüngliche **Begriff** des alttestamentlichen Opfers. *Nordhausen 1899: C. Kirchner.* (S. 1–5.) 4°
Nordhausen, k. RG, OP 1899 (279)

Kloppe, Herm., Morgenandachten nach den preußischen Evangelienperikopen für höhere Schulen. gr. 8. (57 S.) Nordhausen 882, Eigendorf's Buchh. *

Kloppe, Herm. Vergleichung des evangelischen Begriffs des Glaubens mit dem des Philosophen Kant. 12 S. Progr. Rg. *Nordhausen* 1876.

Kloppe, Kurt: I. Beiträge zur Kenntnis des Phtalylchlorids und Phtalylglycylchlorids. II. Über Versuche zur Auffindung optisch isomerer N-Alkylaldoxime. Leipzig 1910: Hoffmann. 97 S. 8°
Leipzig, Phil. Diss. v. 2. Aug. 1910, Ref. Beckmann, Hantzsch
[Geb. 22. Nov. 84 Nordhausen a. H.; Wohnort: Nordhausen; Staatsangeh.: Preußen; Vorbildung: Gymn. Nordhausen, pharmaz. Staatsprüf. Leipzig Nov. 08; Studium: Leipzig 7 S.; Rig. 14. Juni 10.] [U 10. 3172

Kloppel: Ueber den Begriff des Urheberrechts. (o. O. 1889) Beigeb.: Die juristische Konstruktion des Urheberrechts. (o. O. 1889)

Klöppel, Chrph., Beiträge zur Lehre von der Poliomyelitis anterior acuta adultorum. Inaugural-Dissertation. gr. 8. (36 S.) Mühlhausen i. Th. 883. (Göttingen, Vandenhoeck und Ruprecht's Verlag.) *

Kloeppel, E: Der Anschluß des Deutschen Reiches an die Internationale Union für gewerblichen Rechtsschutz. Berlin 1903

Kloeppel, E. Der deutsche Juristentag und die Kartellfrage. Vortrag. Berlin, 1905. 21 S.

Kloeppel, E: 7. Internationaler Kongreß für gewerblichen Rechtsschutz. Berlin 1904

Der Gegenstand des Patentschutzes auf dem Gebiete der chemischen Industrie. Von Dr. jur. et phil. E[dmund] Kloeppel. *Berlin 1903: J. Sittenfeld.* (47 S.) 8°
Aus: Gewerbl. Rechtsschutz u. Urheberrecht. Jg. 8, No 6. 1903. [03. 3

Kongreß für gewerblichen Rechtsschutz, Hamburg 1902. Bericht erstattet über die Anträge der Elberfelder Farbenfabriken zur Abhängigkeitsfrage von Dr. jur. et phil. E[dmund] Kloeppel. *Elberfeld 1902: Farbenfabriken.* (16 S.) 4°(8°) [Umschlagt.] [03. 3

Kloeppel, Edmund [Dr. jur. et phil.]: Ausgew. Doktordissertationen d. Leipz. Juristenfakultät. Der Licenzvertrag. E. patentrechtl. Untersuchg. Leipzig, Veit & C., 1896; 45 S. 8.
Leipzig, Jur. Fak., Inaug.-Diss. v. [9. Juni] 1896

Kloeppel, E., Patentrecht u. Gebrauchsmusterrecht. Kurzes Handbuch zur Einführg. in dieses Rechtsgebiet f. jüngere Juristen. (VIII, 144 S.) gr. 8. Berlin 908. C. Heymann. 4.—; geb. 5.—

Kloeppel, Edmund [aus Coblenz]: [I.] Ueber Jodierte und jodosierte p-Toluylsäuren. [II.] Versuche zur Darstellung jodosierter Benzolsulfosäuren ... Leipzig, Druck v. J. B. Hirschfeld, 1893; 40 S., 1 Bl. 8.
Heidelberg, Naturw.-math. Fak., Inaug.-Diss. v. [31. Okt.] 1893

Klöppel, F., neuestes wohlfeilstes Düngmittel das den Guano und alle anderen Düngmittel ersetzt. qu. 8. Weimar 854, Rauschke und Schmidt.

—— unfehlbares Mittel gegen Maulwürfe. qu. 8. Weimar 854, Rauschke und Schmidt.

—— Tod den Hamstern und Feldmäusen. qu. 8. Weimar 854, Rauschke und Schmidt.

Klöppel aus Apolda, des Kammerjägers Fr., vielfach bewährte, durch öffentl. Zeugnisse bestätigte Mittel wider Krankheiten der Menschen u. Thiere, Vertilgung der Insekten rc. 8. Leipzig 837. Drobisch. 1/8 ß

Klöppel, Fr., vielfach bewährte, durch öffentl. Zeugnisse bestät. Mittel wider Krankheiten d. Menschen u. Thiere, Vertilgung d. Insekten rc. Für Jedermann. 8. (1 B.) Leipzig 837, Drobisch.

Klöppel, Frdr., unfehlbares u. wohlfeiles, auf dreijährige Erfahrung gegründetes, Mittel zur Verhütung der Kartoffelkrankheit u. Anweisung, wie man sogar aus krankem Samen gesunde u. haltbare Früchte ziehen u. seine Vorräthe vor dem Verderben sichern kann. 16. (32 S.) Neu-Schönfeld 851, Verlags-Expedition. — 2. Aufl. 16. (32 S.) Ebd. 851. Verklebt. n. 1/6 ß

Klöppel [Johannes], Prof. Dr.: Rübenanbau- und Rübendüngungsversuche mit Kalkstickstoff und Chilisalpeter. Döbeln 1907: A. Thallwitz. (XXVI S.) 4°
Döbeln, k. RG u. h. Landwirtschafts-S OP 1907 (693)

Klöppel, Johannes: Über Secretbehälter bei Büttneriaceen. Mit 3 Holzschnitten. Halle a. S.: Tausch & Grosse 1885. 40 S. 8°
Halle-Wittenberg, Phil. Diss. v. [30. Juni] 1885
Geb. Eisleben 27. 1. 1858. V.
Aus: Zeitschrift f. Naturwissenschaften. Bd 58. Halle 1885. S. 159—196.

Kloeppel, Otto

— Fridericianisches Barock. Fürstliche, kirchl. u. bürgerl. Baukunst vom Ende des 17. bis zum Ausgang des 18. Jahrh. 2. neu durchgeseh. u. verm. Aufl. 88 Naturaufnahmen in Lichtdr. nebst 6 S. einleit. Text. (88 Taf. u. XI S. Text m. 4 Abb.) 37×26 cm. Leipzig (909). Baumgärtner. In Mappe 24.—
1. Aufl. (80 Taf.) 908. In Mappe 30.—

Kloeppel, Otto, s.: Bauweise, heimische, in der Mark Brandenburg.

Klöppel, P., die Einrede der Rechtskraft nach der deutschen Civilprozess-Ordnung. gr. 8. (X, 155 S.) Berlin 882, Puttkammer und Mühlbrecht. *

Klöppel, P., Staat und Gesellschaft. gr. 8. (XV, 450 S.) Gotha 887, F. A. Perthes. * 8 —

Kloeppel, Paul

Kloeppel, P., 30 Jahre deutscher Verfassungsgeschichte 1867—1897. (In 2 Bdn.) 1. Bd. Die Gründg. des Reichs u. die Jahre der Arbeit (1867—1877). gr. 8. (XV, 494 S.) Leipzig 900. Veit & Co. n. 9.—; geb. in Halbfrz. n. 11.—

Kloeppel [Pet.]: Die wirthschaftliche Bedeutung des Entwurfs eines BGB. für das Deutsche Reich. Berlin 1888.
(Deutsches Wochenblatt. Hrsg. von O. Arendt. 1888, Nr 4.)

Kloeppel, P[eter]

Kloeppel, P. Gesetz u. Obrigkeit. Zur Klärung d. Staats- u. Rechtsbegriffs. gr. 8. (VI. 129 S.) Lpz. 891, Hirschfeld. * 2 70

(B) **Klöppel,** P., Gesetz u. Obrigkeit. 891. — Das Reichsprozeßrecht. 894. (KBL 27.) Jetzt: Tübingen, J. C. B. Mohr.

— das Reichspreßrecht. Nach Gesetz u. Rechtsprechg. f. die Bedürfnisse der Rechtsanwendg. wissenschaftlich dargestellt. gr. 8. (XIV, 495 S.) Ebd. 894. n. 11. 50; geb. n. 13. 50

Klöppelspitzen, die. (Bibliothek D.M.C.) 1. Serie. (176 S. m. Abbildgn. u. 36 Taf.) gr. 8. Mülhausen i/E. (910). (Biberach, Dorn.) 2. 20

KLOPPENBURG, E., s. Itzehoensis civitatis privilegia. 1758.

Geschichte der katholischen St. Jakobi-Gemeinde zu Goslar. Festschrift z. Centenarfeier d. Wiedererrichtung d. kath. Gemeinde in Goslar 1805 am 1. Jan. 1905 von H. **Kloppenburg.** Goslar 1904: F. A. Lattmann. (217 S.) 8° [05. 1470

— **Geschichte der kathol. St. Jakobi-Gemeinde zu Goslar. Festschrift zur Centenarfeier der Wiedererrichtung der kathol. Gemeinde in Goslar 1805 am 1. I. 1905. (217 S. m. 1 Taf.) gr. 8. Goslar (Schilderstrasse 12). 904. Lehrer Kloppenburg. n. 3.—**

Geographie des Regierungsbezirks Hildesheim. Bearb. von H[einrich] **Kloppenburg,** Lehrer in Goslar. *Hildesheim: L. Steffen 1903.* (51 S.) 8° [Umschlagt. ß.] [04. 689, 7

Geschichte des Dorfes Ottbergen und der Filiale Farmsen. Aus Urkunden u. Akten zsgest. von H[einrich] Kloppenburg Goslar: Lattmann 1909. 51 S. 8°

Kloppenburg, Jak., Anfrage e. Bibelfreundes an seinen Bruder. 8. Hadersleben 818.

Kloppenburg, Jak., s. a. Geographie f. Jedermann.

Geographie für Jedermann insonderheit für die Jugend (v. Jakob Kloppenburg) Theil 1, Europa. Schleswig. 1785; Th. 2 von Asien Afrika und Amerika. Schleswig. 1786. 8°.

Titelblatt, Vorrede und Subskribentenverzeichnis des 1. Theils sowie einige Blätter des Registers vom 2. Theile fehlen. Das Titelblatt des 1. Theils ist handschriftlich ersetzt.

[KLOPPENBURG, Jakob]
Geographie für Jedermann, insonderheit für die Jugend.
Erster [- Zweyter] Theil ...
Schleswig: Serringhausen. 1785 [- 1786]. 8°.
Schleswig-Holsteinische Landesbibliothek Kiel
Kayser, II, 339: mit Verfasser.

[Autogr.] Fest-Protokoll zur Erinnerung an die Feier der Einweihung der Joh. ☐ Augusta i.·. Or.·. Augsburg am 17. Mai 1874 gewidmet. [Unterz.:] C. Klopper. [Augsburg 1874.] 20 Bl. 4° [Umschlagtit.]
Anderer Bericht in: Bh. 17 (1874) S. 200 bis 202; FZ. 28 (1874) S. 203—205.
Tt. 2018.

Klöpper, Alb., der Brief an die Epheser, erläutert. gr. 8. (IV, 201 S.) Göttingen 891. Vandenhoeck & Ruprecht. n. 4. 40

Klöpper, Alb., der Brief an die Colosser. Kritisch untersucht und in seinem Verhältnisse zum paulin. Lehrbegriff exegetisch und biblisch-theologisch erörtert. gr. 8. (III, 553 S.) Berlin 882, G. Reimer. *

— der Brief des Apostels Paulus an die Philipper. Erläutert v. A. K. gr. 8. (VIII, 256 S.) Gotha 893. F. A. Perthes. n. 4. 60

—— Der 2. Brief an die Thessalonicher, s. Studien u. Skizzen, theologische, aus Ostpreussen.

Klöpper, Alb., Kommentar über das 2. Sendschreiben des Apostel Paulus an die Gemeinde zu Korinth. gr. 8. (554 S.) Berlin 874, G. Reimer. * 8 —

Klöpper, Albert, de origine epistolarum ad Ephesios et Colossenses, a criticis Tubingensibus e gnosi Valentiniana deducta. Smaj. (55 S.) Gryphiae 853, libr. Koch.

Klöpper, A., Paulinische Studien, s. Studien und Skizzen, theologische, aus Ostpreussen.

Klöpper, A., exegetisch-kritische Untersuchungen über den zweiten Brief des Paulus an die Gemeinde zu Korinth. Göttingen 869. Vandenhoeck & Ruprecht's Verl. gr. 8. (IV, 127 S.) n. 20 ngr.

Kloepper, C., s.a. Kloepper, Klemens

Kloopper, C. Traité sur l'emploi du participe français dans la langue ancienne et moderne. Diss. Rostock 1873. 46 S.

Klöpper, Fr. W., über d. wahre u. falsche Freiheit im Protestantismus. Ein Versuch, dargelegt bei Gelegenheit d. 3. Säcularfeier d. Augsburg. Confession. gr. 8. (9½ B.) Greifswald 830, Koch.

Klöpper, Friedr., Barnemor und Glesela, oder Rügen vor 680 Jahren. Ein romantisch-histor. Gemälde. 8 Thle. 8. (929 S.) Stettin 857, Graßmann's Verlag. Thlr. *

Klöpper, Friedr. Wilh., Liturgik od. Theorie d. stehenden Kultusformen in d. evangel. Kirche, nebst prakt. Beilagen. gr. 8. (26 B.) Leipzig 841, Otto Wigand.

Klöpper, Friedr. Wilh., 9 Predigten. gr. 8. (7⅛ B.) Stralsund 843, Bellmann. *

KLOEPPER, HERM. FRIDR., De scorbuto diss. med. inaug. Kiliæ. 1814. 4. P.

Kloepper, K., Grundriß der Pädagogik für Lehrerinnen, Lehrerinnen-Bildungs-Anstalten und für mit Seminarien verbundene höhere Töchterschulen, mit Rücksicht auf die Prüfungs-Ordnung für Lehrerinnen in Preußen, Mecklenburg ꝛc. bearb. Geschichte der Pädagogik von Luther ab. — Erziehungslehre. — Unterrichtslehre. — Jugendliteratur. gr. 8. (VI, 183 S.) Rostock 878, Werther. * ℳ 2,60 ; cart. *

Kloepper, K., Grundriß der Pädagogik für Lehrerinnen, Lehrerinnen-Bildungs-Anstalten, sowie für die Seminarklassen höherer Töchterschulen, mit Rücksicht auf die Prüfungs-Ordnung für Lehrerinnen in Preußen, Mecklenburg ꝛc. bearb. 2. umgearb. und sehr verm. Aufl. gr. 8. (VIII, 288 S.) Rostock 884, Werther's Verlag. *

—— englische Phraseologie für höhere Schulen und Studierende. Zum Gebrauch bei der Anfertigung von Exerzitien und freien Arbeiten. 8. (VIII, 414 S.) Münster 883, Aschendorff'sche Buchh. *

—— Repetitorium der Geschichte der Pädagogik von den ältesten Zeiten bis auf die Gegenwart. Für Kandidaten des höheren Schulamts, zur Vorbereitung auf das Rektorats- und Mittelschullehrerexamen, sowie für Seminare. 2. Aufl. (IV, 116 S.) 1879; 3. sehr verm. Aufl. gr. 8. (VII, 179 S.) Rostock 884, Werther's Verlag. *

Kloepper, K. Repetitorium der Geschichte der Pädagogik von den ältesten Zeiten bis auf d. Gegenwart. 4. Aufl. gr. 8. (VIII, 183 S.) Rostock 891, Werther. * 2 —; geb. * 2 60

Klöpper, Klemens (Hrsg.), s. Abhandlungen, Neusprachliche, a.d. Gebieten d. Phraseologie, Realien, Stilistik u. Synonymik.

Klöpper, Clem., Beiträge zur Kenntnis der französ. Spruchdichtung, s. a. Abhandlungen, neusprachliche. 14. Heft.

Beiträge zur Kenntnis der französischen Spruchdichtung von Dr. Clemens Klöpper. *Dresden & Leipzig: C. A. Koch 1905.* (48 S.) 8°
— Abhandlungen, Neusprachliche. II. 14.

— Beiträge z. französ. Stilistik, s.a. Abhandlungen neusprachliche etc.

Beiträge zur französischen Stilistik. Wiedergabe d. deutschen Hauptworts im Französischen. Stilist. Eigentümlichkeiten aus d. Kasuslehre. Der deutsche bestimmte u. unbest. Artikel dem Französ. gegenüber. Von Dr. Clemens Klöpper. *Dresden & Leipzig: C. A. Koch 1898.* (VI, 47 S.) 8° [F.]
— Abhandlungen, Neusprachliche. II. 4.

— Chapitres choisis de l'histoire des institutions et des moeurs de la France, s.a. Schriftsteller, englische u. französische, der neueren Zeit.

Chapitres choisis de l'histoire des institutions et des mœurs de la France. Ausgewählt u. erl. von Clemens Klöpper. [Text.] Glogau: C. Flemming [1906]. 8°
— Schriftsteller, Englische u. franz., d. neueren Zeit. Bdch. 42. A.

Klöpper, Clem., Folklore in England u. Amerika, s.a. Abhandlungen, neusprachliche. VIII.

Folklore in England und Amerika. Von Dr. Clemens Klöpper. *Dresden & Leipzig: C. A. Koch 1899.* (62 S.) 8°
— Abhandlungen, Neusprachliche. H. 8.

Klöpper, Clemens Heorot-Hall in the Anglo-Saxon Poem of Beowulf. 4 (S. 45—51).
In: Festschrift zum 25jähr. Direktorjub. von K. E. H. Krause.
Gr. Stadtsch. *Rostock* 1890.
Nicht im Tauschverkehr.
Progr.

Klöpper, Clem., einige Kapitel aus der französischen Stilistik, s.a. Abhandlungen, neusprachliche. XI.

Einige Kapitel aus der französischen Stilistik. Wortstellung, Satz u. Periode. Von Dr. Clemens Klöpper. *Dresden & Leipzig: C. A. Koch 1901.* (VI, 78 S.) 8° [F.]
— Abhandlungen, Neusprachliche. H. 11.

— s.: Real-Lexikon, englisches.

— s.: Real-Lexikon, französisches.

Klöpper, Kl. Herders Weimarer Schulreden in ihrer Bedeutung für Erziehung und Unterricht. 46 S. Progr. *Rostock* 1883

— Shakespeare-Realien. Alt-Englands Kulturleben im Spiegel v. Shakespeares Dichtgn. 8. (VI, 182 S.) Dresden 901. G. Kühtmann. n. 4.—; geb. n. 5.—

— u. Herm. Schmidt, französische Stilistik für Deutsche. (VIII, 382 S.) gr. 8. Dresden 905. C. A. Koch. n. 8.—; geb. in Halbfrz. n. 10.—

—— englische Synonymik für höhere Lehranstalten. Mit Hinzufügung der französ. Worte, der Etymologie und einem ausführl. engl., deutschen und französ. Wortverzeichniss. gr. 8. (IV, 112 S.) Ebendas. 878. *

Kloepper, Klem., englische Synonymik für höhere Lehranstalten. Mit Hinzufügung der französ. Worte, der Etymologie u. einem ausführl. englischen, deutschen u. französischen Wortverzeichniß. Für den Gebrauch an höheren Unterrichtsanstalten bearb. 2., umgearb. u. sehr verm. Aufl. gr. 8. (III, 112 S.) Rostock 881. Werther. n. 1. 60

— dasselbe. Größere Ausg. für Lehrer u. Studirende. gr. 8. (VII, 423 S.) Ebend. 880. n. 8.—; Index. (45 S.) 881. n. 1.—

—— dass. — Größere Ausg. für Lehrer und Studirende. 4 Lfgn. gr. 8. (VII, 423 S.) Ebendas. 881. à Lfg. *ℳ 2.; Index (45 S.) *ℳ 1. *

Kloepper, C., englische Synonymik. Kleine Ausg. f. höhere Unterrichtsanstalten. 3. Aufl. gr. 8. (IV, 124 S.) Rostock 891. W. Werther. n. 2.—

— Englische Synonymik u. Stilistik f. höh. Schulen, Studierende u. zum Selbststudium. (VIII, 840 S.) gr. 8. Breslau 907. J. U. Kern. 8.—; geb. in Leinw. 9.—

— französische Synonymik für höhere Schulen u. Studierende, mit besonderer Berücksichtigung synonym. Unterschiede in der Phraseologie. Zum Gebrauch bei der Anfertigung von Exerzitien u. freien Arbeiten. gr. 8. (X, 198 S.) Leipzig 881. C. A. Koch. n. 2. 80

— französische Synonymik f. höh. Schulen u. Studierende, m. bes. Berücksicht. synonym. Unterschiede in d. Phraseologie u. d. Aufsatzes. Zum Gebrauch bei d. Anfertigg. v. Exerzitien u. freien Arbeiten. 3. Aufl. gr. 8. (VIII, 204 S.) Dresden 899. C. A. Koch. n. 3.—

— Französische Synonymik f. höh. Schulen u. Studierende, m. besond. Berücksicht. synonymischer Unterschiede in der Phraseologie u. des Aufsatzes. Zum Gebrauch bei d. Anfertigg. v. Exerzitien u. freien Arbeiten. 4. Aufl. (216 S.) gr. 8. Dresden 908. C. A. Koch. 3.20; geb. 3. 60

— stilistische Verschiedenheiten im Gebrauche der deutschen u. französischen Pronomina, s.a. Abhandlungen, neusprachliche. XII.

Stilistische Verschiedenheiten im Gebrauche der deutschen und französischen Pronomina. Von Dr. Clemens Klöpper. *Dresden & Leipzig: C. A. Koch 1902.* (30 S.) 8° [F.]
— Abhandlungen, Neusprachliche. H. 12.

— Verzeichniß gediegener Unterhaltungs-Literatur. I. Für Mädchen von 6 bis 17 Jahren. Mit einer gedrängten Uebersicht der Jugend-Schriftsteller u. Schriftstellerinnen. 8. (81 S.) Rostock 878. Werther. — 50

—— Vorlagen und Entwürfe zu pädagogisch-didaktischen Aufsätzen und Vorträgen für Lehrerseminarien und Volksschullehrer, wie für den Privatgebrauch. gr. 8. (IV, 256 S.) Breslau 884, Kern's Verlag. *

— Wiedergabe d. deutschen Adjektive, Adverbien, Verben u. Präpositionen im Französischen, s.a. Abhandlungen, neusprachliche, aus den Gebieten d. Phraseologie etc.

Wiedergabe der deutschen Adjektive, Adverbien, Verben und Präpositionen im Französischen. Gramm.-stilist. Studie von Dr. Clemens Klöpper. *Dresden & Leipzig: C. A. Koch 1896.* (VIII, 166 S.) 8° [F.]
— Abhandlungen, Neusprachliche. H. 1.

Klöpper, Clemens Wiedergabe der deutschen Präpositionen im Französischen. Eine stilistische Studie. 4 (S. 25—43).
In: Festschrift zum 25 jähr. Directorjub. von K. E. H. Krause.
Progr. Gr. Stadtsch. *Rostock* 1890.

— Alphabet. Zusammenstellung der französ. Verben, welche mit dem Infinitiv mit de u. à verbunden gebraucht werden, s.: Lorenz, C.

Klöpper, Wilhelm, approb. Arzt aus Niederelsungen, Kr. Wolfhagen: Über die recidivierenden juvenilen Netzhaut- und Glaskörperblutungen. *Leipzig 1902: B. Georgi.* (26 S.) 8°
Leipzig, Med. Diss. v. (26. Juni) 1902

v. Kloppmann, Albertine, geb. Möser, die erfahrene Hausfrau, od. vollständ. Kochbuch f. jede Haushaltung, nebst Anleitung zu einer verständ. Einrichtung u. Führung des damit verbundenen ganzen Hauswesens; so wie auch die nöthigen Vorschriften zur Bereitung der Speisen u. Getränke f. Kranke. gr. 16. (XXXII u. 308 S.) Elberfeld 849, Büschler. ⅔ ₰

Kloppstock, M., 70jährige Erinnerungs-Tabellen, s. Notiz- u. Erinnerungs-Buch.

Kloppstock, M., s. Notiz- u. Erinnerungsbuch für Haus u. Familie.

Klopsch, über orthopädische Apparate. gr. 16. (20 S.) Breslau 874, Leuckart. cart. * — 75

Klopsch, A., Entwurf eines Lehrplans für die einklassigen Elementarschulen der Anklamer Synode. 8. (32 S.) Berlin 873, (Beck.) * — 50

Klopsch, Carl Eman., s. Klopsch, Karl Eman.

Klopsch, Chr. Dav., Anleitung zum Uebersetzen aus d. Deutschen ins Franz. 2. u. 3. Aufl. Neu bearb. u. mit e. synonym. Wörterverzeichnisse versehen v. Carl Ado. Wernh. Kruse. (20½ u. 21 B.) 8. Glogau 829, 35, Flemming. à

— Anleit. zum Uebersetzen aus d. Deutschen ins Französ. 8. Glog. 811. 2e Aufl. umgearb. herausg. u. mit e. Wörterverzeichnisse versehen v. C. Ad. W. Kruse. 8. Glogau u. Lissa 829. N. Günthersche Buchh. 18 gr.

Klopsch, Chr. Dav., das Bild des ächten Preußen. Zur Vorbereitung auf die Gedächtnißfeier der Erstürmung Glogau's durch die Königl. Preuß. Truppen in einer Schulrede dargestellt, nebst einer kurzen Nachricht von dieser Begebenheit. gr. 12. Glogau 841, Flemming. 1/12 Thlr.

Klopsch, C. D., Geschichte der evangelischen Gemeine, Augsburgischen Bekenntnisses zu Groß-Glogau. 4. Glogau, neue Güntbersche Buchh. 817.

Klopsch, C. D. Geschichte des Geschlechtes von Schönaich. I, u. II, 1. 11 S. II, 2. 11 S. II, 2. Fortf. 12 S.
Glogau, Ev., Progr. 1842, 1843, 1844

Klopsch, Chrn. Dav., Geschichte des Geschlechts von Schönaich. 1. Heft: Die Geschichte der Stadt Beuthen und der dazu gehörigen Castellanei bis 1591 enth. gr. 8. (VI und 97 S.) Glogau 847, (Reisner'sche Buchh.) Thlr. *

Klopsch, Chrn. Dav., Geschichte des Geschlechts v. Schönaich. 2—4. Heft. 8. Glogau 850—56, Reisner'sche Buchh. *
Inhalt:
Heft 2. Die Vorzeit und die ausgestorbenen Linien. (III und 172 S. mit 19 Tab. in 4. und qu. Fol.) * 10 Ngr.
„ 3. Die noch lebende carolat-beuthnische Linie. (125 S. mit 1 Tab. in qu. Fol.) * 10 Ngr.
„ 4. Das Leben Johannes des Unglücklichen und Sebastians. (IV und 211 S.) ** 20 Ngr.
1. Heft. Ebendas. 1847. * 10 Ngr.

Klopsch, (C. D.,) deutsch u. lat. Gespräche zur Declamation bei öffentl. Redeübungen auf Gymnasien u. höhern Bürgerschulen. 8. Glogau 823, neue Güntherische Buchh.

— Gymnasium und Kirche, oder der Religions-Unterricht in den evangel. Gymnasien nach dem Bedürfniß der evangel. Kirche. gr. 8. Berlin 842, Veit u. Comp. 1/2 Thlr.

—— Leben Valerius Herbergers. 8. (4⅓ B.) Sorau 840. (Berlin, J. A. Wohlgemuth.) *

— Schulreden, gehalten in dem evangelischen Gymnasio zu Glogau. 8. Glogau 817. N. Güntersche B. 1 Thlr.

Klopsch, C. D. Symbolarum ad Glogoviam literatam part. 1. De vita Joh. Subgii, Senat. Glogov. Part. 2. De vita M. Joach. Spechtii, primi sacror. evangel. ap. Glogov. antistitis. 10 und 14 S. . . . .
Glogau, e., Progr. 1829, 1834

Klopsch, C. D. Symbolarum ad Glogoviam literatam. Part IV. De vita Binneri sacrarum evangelicarum apud Glogovienses nuper antistitis. 9 S. . . .
Glogau, E., Progr. 1850

Klopsch, C. D. De vita M. Valent. Preibisii (1588—1632), quarti Evangelicor. Glogoviensium Pastoris. 11 S. . .
Glogau, e., Progr. 1839

—— die Ueberschriften der bibl. Geschichte alten u. neuen Testaments m. Angabe der Stellen, in welchen sie enthalten sind, u. Mart. Luthers kleiner Katechismus m. angehängten Fragestücken. 2. Aufl. 16. (4 B.) Glogau 844, Reisner'sche Buchh.

— von der Wichtigkeit der häusl. Erziehung für d. Bildung durch d. öffentl. Unterricht. 8. Glogau 812.

Klopsch, C. D. Worte am Grabe des Prälaten J. Gärtner. 5 S. . . . .
Glogau, k., Progr. 1834

Klopsch, E(ginhard) H(ugo) Osmar (geb. Kreuzburg in Schles. 11. 9. 1816): De hydrocele. Berolini (1842). (27 S.) 8°
Berlin, Med. Diss. v. 13. Aug. 1842

Klopsch, Emanuel, s. Klopsch, Karl Emanuel

Klopsch, G., zwei Predigten am 2. Sonnt. nach Trin. 1853 und 1854 gehalten zu Zodel. gr. 8. (18 S.) Breslau 854, Dülfer's Buchh. *.

Klopsch, J. C., Versuch e. humorist. Beschreibung meiner Reise nach d. Insel Rügen u. nach Wien in d. J. 1824 u. 1833. gr. 8. (10¾ B.) Breslau 834, Pelz.

Klopsch, Karl Emanuel

Klopsch, (Carolus) Immanuel *(geb. Glogau 16. 3. 1829)*: De fracturis cartilaginum costalium earumque sanatione. Vratislaviae (1855). (55 S., 1 Taf.) 8°
Breslau, Med. Diss. v. 12. Sept. 1855

Middeldorpf, Hinr.: [Gedicht.] Dem Andenken des in den ewigen Osten eingegangenen Br. Hinr. Middeldorpf zur Trauerfeier am 7. Febr. 1861 gewidmet von [Eman.] **Klopsch.** [Breslau 1861.] 2 Bl. 8° [Umschlagtit.]
„Ich hörte stumm den Grabgesang . . .“

Kaiserlied zur Feier des Geburtstages Seiner Majestät des Kaisers Wilhelm I. in der Pr. Gr. v. Schlesien am 22. März 1875. [Unterz.:] [Karl Emanuel] **Klopsch.** 2 Bl. 8°.
„Vom Fels zum Meer“ . . .

Naturwissenschaft und Freimaurerei. Rede in der zu Ehren der 47. Versammlung deutscher Naturforscher und Aerzte von der Loge Horus i. O. Breslau am 22. Sept. 1874 veranstalteten Festloge gehalten von [Eman.] **Klopsch.** Ms. f. Frmr. Breslau 1874: [Fiedler & Hentschel]. 14 S. 8°
Abgedr. in: FZ. (Wien) 1 (1874) S. 58—61.

Klopsch, Carolus Immanuel: Prolegomena ad historiam physiologiae in schola Boerhaaviana. Vratislaviae: F. E. C. Leuckart (1859). (45 S.) 4° *[Buchausg. ebenda.]*
Breslau, Med. Fak., Hab.-Schr. v. 4. Juni 1859

Klopsch, Carl Eman., Prolegomena ad historiam physiologiae in schola Boerhaaviana. gr. 4. (46 S.) Breslau 859, Leuckart. *

Rede zur Feier des 90. Geburtstages Sr. Majestät des Kaisers am 22. März 1887 in der Provinzial-Gross-Loge von Schlesien gen. Royal-York zur Freundschaft gehalten von [Eman.] **Klopsch.** [Breslau 1887: Grass, Barth & Co.] 7 S. 8° [Kopftit.]

Sylvesterspruch des Meisters am 31. December 1875 den Brüdern u. Schwestern dargebracht von [Carl Emanuel] **Klopsch.** Breslau [1875]: Fiedler & Hentschel. 2 Bl. 8°.
„Tief unten im innersten Herzensschacht" ..

„Sta viator!" Rede zur Trauerfeier der Loge Horus im Or. Breslau den 2. Nov. 1783, gehalten von [Eman.] **Klopsch.** Als Ms. gedruckt. Breslau 1873: Korn. 10 S. 8°

—— **orthopädische Studien und Erfahrungen. Ein Bericht über die Leistungen der orthopäd. Heilanstalt zu Breslau. gr. 8. (111 S. mit 4 Stnt. Abbild.) Breslau 861, Leuckart.**

Klopsch, Lothar

Klopsch, L. Der dilectus in Rom bis zum Beginn der bürgerlichen Unruhen. 24 S. **Progr.** *Itzehoe* 1879.

Klopsch, Reinhard *(geb. Greifenberg in Pomm. 21. 1. 1861)*: Chemische Untersuchungen über die hygienische und landwirthschaftliche Bedeutung der Breslauer Rieselfelder. Berlin 1884. (41 S.) 8° *[Im Buchhandel 1884 bei Köhler in Breslau; aus: Landw. Jahrbücher. Bd 14. 1885]*
Breslau, Phil. Diss. v. 30. Dez. 1884

Klopsch, Rhard., chemische Untersuchungen über die hygienische und landwirthschaftliche Bedeutung der Breslauer Rieselfelder. Inaugural-Dissertation. gr. 8. (41 S.) Berlin 884. (Breslau, Köhler.) * 1 —

Klopsch, Rud., christlicher Familien-Tempel, s.a. Familien-Tempel.

Klopsch, Rud., christlicher Familien-Tempel. Morgen- und Abendandachten auf alle Tage des Jahres. Eine Auswahl des Besten aus den Erbauungsschriften alter u. neuer Zeit. 2. Aufl. Glogau (858.) Flemming. 8. (520; 700 S. u. 1 Lithogr.) 2 Thlr. 4 ngr.

Klopsch, Rud., christlicher Familien-Tempel. Morgen- u. Abendandachten auf alle Tage des Jahres. Eine Auswahl des Besten aus den Erbauungsschriften alter u. neuer Zeit. 3. Aufl. (In 16 Heften.) 1. Heft. Glogau 864. Flemming. gr. 8. (S. 1—80. u. 1 Stahlst.) 4 ngr.

Klopsch, Rud., christlicher Familien-Tempel. Morgen- und Abendbetrachtungen auf alle Tage des Jahres. Eine Auswahl des Besten aus den Erbauungsschriften alter und neuer Zeit. 3. Aufl. 2 Bde. in 16 Heften. gr. 8. (520 S., 700 S., mit 2 Stahlst.) Glogau 865, Flemming. à Heft 4 Ngr.
geb. * 2 Thlr. $27\frac{1}{2}$ Ngr.; geb. mit Goldschn. *

Klopsch, Rud., Repertorium d. Kirchen-Geschichte, s. Köbler, W.

Klopstech, (Friedr. Eduard Ernst) Alexander (geb. Berlin 7. 10. 1845): Cor adiposum. Berlin (1874). (31 S.) 8°
Berlin, Med. Diss. v. 7. Okt. 1874

Klopstock, s.a. Cramer, Carl Friedr. 1777.

Klopstock, s.a. Bauer, Theodor.

Klopstock, ein Gedicht. Leipzig 1778. V: *Oelsel, Carl.* (Mn)

Klopstock. Er und über ihn. Hamburg u. Kiel 1779—92. Dessau u. Leipz. 1781—82. V: *Cramer, Carl Frdr.* (Ky) (MGT)

— Er u. über ihn (v. Karl Fr. Cramer). 5 Thle. gr. 8. Hamb., Dessau u. Leipz., 779—92. (2r Thl. 2e Aufl. 790.) (Feind). 5 Thlr. 12 gr.

Klopstock. Er; und über ihn hrgg. v. C[arl] F[riedrich] Cramer. 8°
Th. 1: 1724—1747. Hamburg. 1780.
Th. 2: 1748—1750. Dessau. 1781.
Th. 3: 1751—1754. ebd. 1782.
Th. 4: 1755. Leipzig u. Altona. 1790.
Th. 5: 1755. ebd. 1792.
Th. 6: 1758. ebd. 1795.

Klopstock. Er., und über ihn, herausgeg. von C[ARL] F[RIED.] CRAMER. 1. Theil. Hamburg. 1780. — 2—3. Th. Dessau. 1781—82. — 4—5. Th. Lpz. und Altona. 1790—92.

— Er u. üb. ihn, herausg. v. Cramer. 5 Thle. gr. 8. Leipz. Feind. 790—92.

Klopstock. Er über ihn ... Hamburg 1803. V: ***Hudtwalker, Johann Mich.*** oder ***Frdr. Lor. Joh. Meyer.***[?] (GGr) (schr)

— Er u. über ihn. 8. Hamb. 803 (A. Campe). 8 gr.

Klopstock, Er üb. ihn. 8. Hamb. Hoffmann. 803.

Klopstock. Ein Denkmahl. Zur Säcularfeier seines Geburtstages ... Quedlinburg 1824. V: *Nicolai, Carl.* (schr)

Klopstock. Ein Denkmal. Zur Secularfeier seines Geburtsfestes am 2. July 1821. Mit Klopstocks Bildn. 8. Quedl. 824, Basse.

— — (Biographie.) Aus dem Magazin der Biographien besonders abgedruckt. Mit Klopstocks Bildnisse. gr. 8. Quedlinburg, Basse. 817.

Klopstock in Fragmenten aus Briefen von Tellow an Elisa. Hamburg 1777—78. V: *Cramer, Carl Friedrich.* (schr) (MGT) (Mn)

— in Fragmenten a. Briefen v. Tellov an Elisa. 2 Thle 8. Hamburg, Hoffmann. 777. 78.

— in Fragmenten; aus Briefen v. Tellov (Karl Fr. Cramer) an Elisa. 2 Thle. 8. Hamb. 777, 78. N. A. 778—80. A. Campe. 2 Thlr.

— u. seine Freunde. Briefwechsel d. Familie Klopstock unter sich u. zwischen dieser Familie, Gleim, Schmidt, Fanny rc. Herausg. v. Klamer Schmidt. 2 Thle. 8. Halberst. 810. (Brüggemann). 2 Thlr. 12 gr. Hbg. Pr. 1 Thlr. 6 gr. Schrbp. 3 Thlr. 8 gr. Hbg. Pr. 1 Thlr. 8 gr.

Klopstock u. seine Freunde. Briefwechsel der Familie Klopstocks unter sich, u. zwischen dieser Familie, Gleim, Schmidt, Fanny, Meta u. anderen Freunden. Aus Gleims brieflichem Nachlasse herausgeg. von Klamer Schmidt. 2 Thle. 8. Leipzig 810. (L. Schreck.) $1\frac{1}{2}$ Thlr.

Klopstock, Friedr. Gottlieb, Geschichte seines Lebens und seiner Schriften, s. Muncker, F.

Klopstock als Mensch und Dichter. Einiges aus der Geschichte seines Lebens ... Naumburg 1824. V: *Schmidt, Carl Christian Gottlieb.* (GGr) (Mn) (Schr)

Klopstock, als Mensch u. als Dichter. Einiges aus der Geschichte seines Lebens u. Wirkens. Zur hundertjährigen Feier seines Geburtsfestes den 12. Juli 1824. Leipzig ... (Melzer.) 1/4 ₰

Klopstock, als Mensch u. als Dichter. Einiges aus d. Geschichte seines Lebens u. Wirkens, zur 100jährigen Feier seines Geburtsfestes den 2. Jul. 1824. 16. Naumburg 824, Bürger. Rthlr.

— als Mensch u. als Dichter. Einiges aus d. Geschichte seines Lebens u. Wirkens, zur 100jährigen Feier seines Geburtsfestes den 2. Juli 1814. 16. Naumb. 824. (Wolbrecht in Leipz.) 4 gl

— — und Schiller, oder kritische Versuche über einige Gedicht. des letztern in poetischer und moral. Hinsicht. gr. 8. Gmünd, Ritter. 821.

Klopstock und die Klopstockische Secte ... Frankfurt a. M. 1752. V: *Börner.* (Waniek, Gottsched. Leipz. 1897. S. 577.)

— u. s. Verdienste, v. J. F. Sachse. gr. 8. Hamb. Perthes. 805.

Klopstock, Felix, a. Berlin: Aus d. patholog. Institut der Univ. München. Ueber die Entstehung der Tuberkulose vom Darme aus. München 1905: C. Wolf. (41 S.) 8° München, Med. Fak., Ref. v. Bollinger, Diss. v. 8. April 1906 [Geb. 13. Aug 81 Berlin: Wohnort: Berlin: Staatsangeh.: Preußen; Vorbildung: Wilh.-Gymn. Berlin Reife O. 00; Studium: Freiburg i. B. 1, Berlin 5, München 3 S.; Coll. 8. April 06; Approb. 16. März 06.]

Klopstock, Friedrich Gottlieb

—— Abschiedsrede über die epische Poesie, s. Freybe, Alb.

Klopstock, Friedrich Gottlieb. Auswahl aus [dessen] nachgelassenem Briefwechsel ... Leipzig 1821. H: *Clodius, Christian Aug. Hnr.* (BrMm) (BrVV) (GGr) (Ky)

— Die Bardiete. Für den Schulgebrauch hrsg. v. Rich. Kunze. (223 S.) kl. 8. Leipzig 910. G. Freytag. — Wien, F. Tempsky. Geb. 1.25

Briefe von und an Klopstock. Ein Beitrag zur Literaturgeschichte seiner Zeit. Mit erläuternden Anmerkungen hrgg. v. Johann Martin Lappenberg. Mit Klopstocks Portrait. Braunschweig. 1867. 8°.

Klopstock, F. G. & Johann Wolfgang von Göthe. Drey Briefe. [Leipzig 1798.] H: *Wolffram und Wolfframitz, Carl Joh. Glieb Freih. von.* (MGT)

Klopstock und Goethe, Briefwechsel, s. Briefwechsel rc.

—— quindecim Carmina latinis metris reddere tentavit, textumque vernaculum adjecit Alb. Knapp. Accessit Adpendicula. 8 maj. (6¼ B.) Tubingae 828, Laupp.

Klopstock, Fr. Gottl., ausgewählte Dichtungen, hrsg. v. K. Heinemann, s.: Velhagen & Klasing's Sammlung deutscher Schulausgaben.

Klopstock, F. G., Dramen, s. a. Hempel's Klassiker-Bibliothek.

— Dramen. Nach den besten Quellen rev. Ausg. Hrsg. u. mit Anmerkungen begleitet von Rob. Boxberger. gr. 16. (575 S.) Berlin 879. Hempel. geb. n. 3. —

— dasselbe, hrsg. v. Karl Fuchs, s. a. Graeser's Schulausgaben classischer Werke. 57/58. Hft.

—— Epigramme. Gesammelt u. erläut. v. C. F. R. Vetterlein. gr. 8. (4½ B.) Leipzig 830, Lehnhold.

— Epigramme, gesammelt u. erläutert von C. F. R. Vetterlein. gr. 8. Ebend. 846. (R. A.) ¼ ₰

— Fragmente üb. Sprache u. Dichtkunst, nebst zwei Fortsetzungen. 8. Hamb. 779—80. (A. Campe.) 1 ₰ 8 gl

— drei Gebete: eines Freigeistes, eines Christen u. eines guten Königs. 4. Hamb. 753. N. A. (v. Thdr. Heinsius). gr. 8. Berl 813. Maurers B. 8 gl

Klopstock, F. G. Drei Gebete: eines Freigeistes, eines Christen und eines guten Königs. Neue Aufl. Berlin 1813. H: *Heinsius, Theodor.* (Ky)

Klopstock, Friedrich Gottlieb. Drei Gebete eines Freigeistes, eines Christen und eines guten Königs. Herausgegeben zum Andenken des Sieges bei Kulm von Theodor Heinsius. Ein Anhang zu Klopstocks Werken. Berlin, Maurer 1813. 40 S. 8.

— die deutsche Gelehrtenrepublik. 1r Thl. 8. Hamb. 774. (Leipz., Gnobloch). 16 gl

Grammatische Gespräche v. (Friedrich Gottlieb) Klopstock. Altona. 1794. 8°.

— grammat. Gespräche. 8. Alt. 794. (Fr. Perthes in Hamb.; a. W. Nauck in Leipz.) 1 ₰

— Herrmann und die Fürsten. 8. Hamb. 784. (Campe). 10 gl

— s. Herrmann's Schlacht.

— s. Marg. Klopstock, Schriften.

— Lieder. 8. Wien ... Trattner. 6 gl

— geistl. Lieder. 2 Thle. 8. Kopenh. u. Zürich 758—60. N. A. 786. Pelt. 1 ₰

— die Königin Luise, eine Ode. gr. 4. Berl. 810. Achenwall. 6 gl

— Goethe, Schiller, Lyrik, hrsg. v. M. Schunck, s.: Koch's deutsche Klassikerausgaben.

— Messiah, a Poem in 20 cantos. Transl. from the German, by G. H. C. Egestorff. 4 Vols. gr. 8. Hamb. 821. 22. N. A. 826. Schubert u. N. 5 ₰ 18 gl

— Messiah, a Poem in 20 cantos. Transl. from the German, by G. H. C. Egestorff. 4 Vol. N. Ausg. gr. 8. Hamburg 826, Lübbers u. Sch.

– Messias

— dasselbe, in ausgewählten Stücken, s.a. Dichtungen, klassische deutsche.

– Messias, s.a. Hempel's Klassiker-Bibliothek.

—— dass. — s.a. Litteraturdenkmale, deutsche, des 18. Jahrh.

— der Messias, s.a. Meisterwerke unserer Dichter.

—— dass. — s.a. Universal-Bibliothek Nr. 721—724.

— Messias. 4 Thle. Ins Englische übersetzt von Egestorf. gr. 8. Hamburg ... Niemeyer. 3 1/3 ₰

— Messias, ein Heldengedicht. 4 Thle. gr. 8. Halle 751. 56. 69 u. 73. Schwetschke u. Sohn. 2 ₰ 14 gr. Dass. 2 Thle. in gr. 4. Kopenh. 755—68. 2 ₰

— Messias. 4 Thle. gr. 8. Halle, Hemmerde und Schw. 760—773. (1r u. 2r à 14 gr. 3r 18 gr. 4r 16 gr.)

— Messias (mit d. neuen Orthographie). Ausg. letzter Hand. 2 Bände. 4. Altona 780. 6 ₰ 12 gr. in gr. 8. 2 Bde. Ebd. 6 ₰

— Messias. 4. Alt. (Hartmann, Riga.) 805.

— — ders. gr. 8. Ebend.

— — ders. m. d. neuen Orthograph. gr. 8. Ebend.

Klopstock, F. G., Messias. 4 Thle. Neue unveränderte Aufl. gr. 8. Leipzig, Göschen. 819.

Klopstock, Friedrich Gottlieb

Der Messias. 4.Aufl. Bd.1.2.4.5.
Carlsruhe: Bureau der dt.Classiker 1825. 8°

—— der Messias. 3 Bde. (Neue Ausg.) 16. (55 B. u. Bildn.) Leipzig 839, Göschen'sche Buchh.

—— der Messias. gr. 16. Stuttgart 870, Göschen'sche Verlagsh. * 2 —
geb. * 2 80

—— dass. — 8. (VI, 628 S.) Ebendas. 875. * 2 60
geb. * 3 90

— der Messias. 8. (VI, 628 S.) Stuttgart 876. Göschen. n. 2. 60; geb. n. 3. 90

—— Messias. Nach den besten Quellen revid. Ausg. Hrsg. und mit Anmerkungen begleitet von Rob. Boxberger. 4 Thle. gr. 16. (196; 130; 196; 152 S.) Berlin 879, Hempel. geb. in 1 Bd. *

—— der Messias. Im Auszuge bearb. von M. Ehrenhauß. 12. (IV, 248 S.) Wittenberg 884, (Wunschmann.) geb. *

—— der Messias. Im Auszug als Schulausg. mit Einleitung und Anmerkungen von O. Frick. gr. 8. (VIII, 242 S.) Gera 886, Th. Hofmann. * 1 40

Klopstock, Friedrich Gottlieb. Der Messias. (Auswahl.) Für den Schulgebrauch herausgegeben von Dr. Th. Forßmann. Kl.-8. (234 S.) Geb. Prag: Tempsky 1897. —.50

— der Messias. (Auswahl.) F. d. Schulgebrauch hrsg. v. Th. Forssmann. 12. (236 S.) Leipzig 898. G. Freytag. Geb. n. 1. —

KLOPSTOCK, Friedrich Gottlieb

(F) Der Messias [Auswahl] von Friedrich Gottlieb Klopstock. Mit Einleitung und Anmerkungen von Dr. Karl Fuchs. Mit einer Karte von Palaestina und dem Plan von Jerusalem. I. Tausend. Wien. [1899.] Graeser. Gr.-8°. XII, 124 S. fl. —.50

— Messias, in kurzem Auszug f. das deutsche Haus bearb. v. L. F. Ranke. (VI, 80 S.) 8. Lübeck 903. Lübcke & Nöhring. n. 1. 20

— Messias u. Oden in Auswahl, s.a. Teubner's Sammlung deutscher Dicht- u. Schriftwerke f. höhere Töchterschulen.

[Friedrich Gottlieb] Klopstocks Messias und Oden ausgew. und erl. von Prof. Dr. Karl Kinzel. *Halle a. S.: Waisenhaus 1901.* (136 S.) 8° [F.]
— Denkmäler d. Älteren deutschen Litteratur f. d. litteraturgesch. Unterr. an höh. Lehranst. 4, 3.

— dasselbe, ausgewählt u. erläutert v. Karl Kinzel, s.a. Denkmäler der älteren deutschen Litteratur. IV. 3.

[Friedrich Gottlieb] Klopstocks Messias und Oden. Für d. Schulgebr. ausgew. u. erkl. von Dr. Paul Verres, Oberl. zu Recklinghausen. *Munster i. W.: Aschendorff 1901.* (216 S.) 8° [F.]
= Ausgaben, Aschendorffs, f. d. deutschen Unterricht. [11.]

[Friedrich Gottlieb] Klopstocks Messias und Oden ausgew. u. erl. von Prof. Dr. Karl Kinzel. 3. Aufl. Halle a. S.: Waisenhaus 1908. (142 S.) 8° [F.]
= Denkmäler d. älteren deutschen Literatur. 4, 3.

— Messias u. Oden. Mit e. Anh. Für Volk u. Schule hrsg. v. Paul Verres. 3. Aufl. (XVI, 228 S. m. Bildnis.) kl. 8. Münster 909. Aschendorff. Geb. 1. 30

[Friedrich Gottlieb] Klopstocks Messias und Oden ausgew. u. erl. von Prof. Dr. Karl Kinzel. 4. u. 5. Aufl. Halle a. d. S.: Waisenhaus 1910. 144 S. 8°
(Denkmäler d. älteren deutschen Literatur 4, 3.)

— le Messie, poeme. IV Vols. 12. Bern 796. Typ. 2 ₰ II Vols. 12. Hamb. 796. Fauche. 3 ₰ III Vols. trad. par de Kurzrock. Hamb., (Herold jun.) 4 ₰

— — III Vol. trad. p. Kurzrock. Hamb. Vollmer.

Klopstock, Fr. Gli., la Mort d'Adam; Tragédie. 8. Berl. 758. Nicolai. 4 gr.

Klopstock, Friedrich Gottlieb. La mort d'Adam. Danzig 1759. Ü: *Casqué* (?). (GGr)

— — Nachlaß, oder: Auswahl aus dessen nachgelassenem Briefwechsel u. übrigen Papieren. Ein Denkmal für seine Verehrer. 2 Theile. 8. Leipzig, Brockhaus. 821. 1r Thl. 1 Thlr. 16 Gr. 2r Thl. 2 Thlr.

—— s. National-Bibliothek sämmtlicher deutschen Classiker.

— Ode an den Zürichsee. Zur Erinnerg. an die berühmte Lustfahrt auf die Au (30. VII. 1750). Mit dem Bildnis des Dichters, einigen Briefen u. 4 Vignetten nach Gessnerschen Radiergn. 8. (39 S.) Zürich 900. Verlag des Lesezirkels Hottingen. n. 1. —

Klopstock, Friedr. Glieb., Oden, s.a. Bibliothek der deutschen Nationalliteratur des 18. und 19. Jahrh.

— dasselbe, s.a. Classiker für den Schulgebrauch.

—— dass. — s.a. Graeser's Schulausgaben classischer Werke.

— dasselbe, s.a. Hölder's Classiker-Ausgaben.

— Oden in Auswahl, s.a. Sammlung Göschen.

— dasselbe, s.a. Schulausgaben classischer Werke.

— Oden. 8. Wien ... Trattner. 6 gl.

— Oden. gr. 8. Hamb. Bohn. 771.

— Oden. Mit Melodien von C. G. Neefe. qu. Fol. Hamb. 771. 2e A. 779. (Hammerich in Alt.) 1 ß

— — 8. Leipz. Göschen. 787.

Klopstock, Friedrich Gottlieb
Oden. Bd. 2.
Carlsruhe: Bureau der dt. Classiker 1818. 247 S. 8°

—— Oden. Mit erläut. Anmerkn. u. e. Biographie d. Dichters v. J. G. Gruber. 2 Bde. gr. 8. (56 B.) Leipzig 831, Göschen. Vgl. Gruber, J. G.

– Dass., s.a. Klopstock: Sämmtl. Werke.

— Oden. Taschen-Ausg. Leipzig 840, Göschen. 1⅓ ß

—— Oden. gr. 16. Ebendas. 870. * 1 40

—— Oden in Auswahl. Schulausgabe mit erklär. Anmerkungen von A. L. Back. gr. 16. (91 S.) Ebendas. 874. cart. * — 80
Vgl.: Grosse, Ed.

—— Oden. Mit erklär. Anmerkungen von A. L. Back. 2 Thle. in 1 Bd. 8. (IV, 264; VIII, 421 S.) Stuttgart 876, Göschen'sche Buchh. 4

—— Oden in Auswahl. Schul-Ausg. mit erklärenden Anmerkungen von A. L. Back. Neudurchges. und mit neuer Orthographie versehene Aufl. 8. (XII, 98 S.) Stuttgart 881, Göschen'sche Verlagsh. cart. *

— Oden in Auswahl. Schul-Ausg. mit erklärenden Anmerkungen von A. L. Back. (Neudurchgesehene u. mit neuer Orthogr. verseh. Aufl.) 8. (XII, 98 S.) Stuttgart 882. Göschen. cart. n. — 80

Klopstock, Frdr. Glieb., Oden. In Auswahl. Schul-Ausg. m. erklär. Anmerkgn. v. A. L. Back. 12. (XII, 98 S.) Stuttgart 886. Göschen. cart. n. — 80

— Oden, erläutert, s.a. Düntzer, H.

—— dass. — erläutert von H. Düntzer, s.a. Erläuterungen zu den deutschen Klassikern.

Klopstock's, Friedr. Glieb., Oden. Auswahl. Mit Einleitung und Anmerkungen hrsg. von Heinr. Düntzer. 3. Aufl. 8. (XXVI, 221 S.) Leipzig 887, Brockhaus. ℳ 1.20.; geb. 2 —

—— Oden. Mit Unterstützg. d. Klopstockvereins zu Quedlinburg hrsg. v. Frz. Muncker u. Jaro Pawel. 2 Bde. gr. 8. (XVIII, 238; VIII, 184 S.) Stuttg. 889, Göschen. à Bd. * 6 —; * 12 —
—— dass. — ausgew. u. erklärt f. die oberen Klassen höherer Schulen v. J. Imelmann. gr. 8. (VI, 144 S.) Berl. 891, Nicolai's Verlag. * 1 20; geb. * 1 50

Klopstock, Friedrich Gottlieb, Oden. Für den Schulgebrauch ausgewählt und erklärt von Rudolf Windel. 8. (112 S.) Geb. —.30
Prag: F. Tempsky 1895.

— Oden. Ausgewählt u. erklärt für den Schulgebrauch. Mit e. Anh.: Einige charakterist. Stellen aus dem Messias, v. Rud. Windel. 2. Aufl. (147 S.) 12. Leipzig 903. G. Freytag. Geb. n. — 75

— Oden. Ausgewählt u. erklärt f. den Schulgebrauch. Mit e. Anh.: Einige charakterist. Stellen aus d. Messias, v. Rud. Windel. 3. Aufl. (147 S.) kl. 8. Leipzig 906. G. Freytag. — Wien, F. Tempsky. Geb. — 75

— — auserlesene Oden mit erklärenden Anmerkungen begleitet rc. 8. Berlin, Sander. 820.
(Das Buch ist bereits 1800 u. d. Titel erschienen: Delbrück, F., lyrische Gedichte. 1r Thl.)

— auserwählte Oden. Zum Schulgebrauche erklärt u. herausg. von Edw. Ettmüller. — Ein Anhang enthält das angelsächsische Lied auf d. Sieg der Westphalen bei Brunanburg im J. 937, nebst alliterirender Uebersetzung desselben. 8. Zürich 836. Orell, Füßli u. Comp. ½ ß

— ausgewählte Oden u. Elegien. Mit erklär. Anmerkungen u. einer Biographie des Dichters herzg. von Bernh. Werneke. Soest 866. Nasse'sche Verlag. gr. 8. (IX, 270 S.) n. 1 ß 10 ngr.; geb. mit Goldschn. n. 1 ß 25 ngr.

—— ausgewählte Oden und Elegieen, nebst einigen Bruchstücken aus dem Messias. Mit erklärenden Anmerkungen und einer Biographie des Dichters hrsg. von Bernh. Werneke. 2. Aufl. 8. (X, 255 S.) Paderborn 888, F. Schöningh. * 1 80

— ausgew. Oden u. Elegieen nebst einigen Bruchstücken aus dem Messias, hrsg. von Bernh. Werneke, s.a. Schöningh's Ausgaben deutscher Klassiker.

[F.] Ausgewählte Oden und Elegieen nebst einigen Bruchstücken a. d. Messias v. F(riedrich) G(ottlieb) Klopstock. M. erkl. Anm. u. e. Biographie d. Dichters hrsg. v. Dr. Bernh. Werneke, Gymnasialdir. 3. Aufl. *Paderborn: F. Schöningh 1897.* (XII, 251 S.) 1 Bd 8.
= Ausgaben, Schöninghs, deutscher Klassiker. Bd 12.

Ausgewählte Oden und Elegieen nebst einigen Bruchstücken aus dem Messias von F(riedrich) G(ottlieb) Klopstock. Mit erkl. Anm. u. e. Biographie d. Dichters hrsg. von Dr. Bernh. Werneke, Gymn.Dir. 4. Aufl. Mit e. Bildn. Klopstocks. *Paderborn: F. Schöningh 1902.* (XII, 251 S.) 8° [F.]
— Ausgaben, Schöninghs, deutscher Klassiker. Bd 12.

Ausgewählte Oden und Elegien nebst einigen Bruchstücken aus dem Messias von F[riedrich] G[ottlieb] Klopstock. Mit erkl. Anm. u. e. Biogr. d. Dichters hrsg. von Dr. Bernh. Werneke, Gymn.Dir. 5. Aufl. Mit 1 Bildn. Klopstocks. Paderborn: F. Schöningh 1905. (XII, 248 S.) 8° [F.]
— Ausgaben, Schöninghs, deutscher Klassiker. Bd 12.

AusgewählteOden und Elegien nebst einigen Bruchstücken aus dem Messias von F[riedrich] G[ottlieb] Klopstock. Paderborn: F. Schöningh [1900]. (130 S.) 8° [F.]
— Textausgaben, Schöninghs, alter u. neuer Schriftsteller. 39.

— dasselbe, s.a. Schöningh's, Ferd., Textausgaben alter u. neuer Schriftsteller.

Klopstock, Fr. Gll., Oden u. Elegien, vierunddreißig Mal gedruckt. 8. Darmst. 771. N. Aufl. A. u. d. T.: neue Oden, von K. G. v. Zangen veranstaltet. 8. Wetzlar 779. Winckler. 4 gl.

— Oden u. Elegien, mit erklär. Anmerk. u. e. Einleitung v. d. Leben u. d. Schriften d. Dichters, v. C. F. Vetterlein. 1r u. 2r Bd. gr. 8. Leipz. 827, Hartmann. à 1 Rthl. 8 gr.

—— Oden u. Elegieen mit erklär. Anmerkn. u. e. Einleit. v. d. Leben u. d. Schriften d. Dichters. Von C. F. R. Vetterlein. 3. (letzt.) Bd. die Oden 116—237. gr. 8. (26 B.) Leipzig 828, [Lehnhold.]
1. u. 2. Bd. Ebendas. 1827. 2 Thlr. 16 Gr.

—— dass. 3 Bde. Unveränd., wohlf. Ausg. gr. 8. (69 B.) Leipzig 833, Lehnhold.

— Oden und Elegien, mit erklärenden Anmerkungen u. einer Einleitung von dem Leben u. Schriften des Dichters. Von C. F. R. Vetterlein. 3 Bde. Unveränd. wohlf. Ausg. 8. Leipzig 846, Wöller. 2 ₰

— Oden u. Epigramme in Auswahl, s.a. Bibliothek der Gesamt-Litteratur d. In- u. Auslandes.

— Oden u. Epigramme, s.a. Hempel's Klassiker-Bibliothek.

—— Oden und Epigramme, s.a. Miniatur-Bibliothek classischer Dichterwerke.

—— dass. — s.a. Universal-Bibliothek Nr. 1391—1393.

Klopstock's, Fr. Gll., Oden und Epigramme. 2 Thle. (Neue Ausg.)-16. Leipzig 839, G. J. Göschen. In gepreßtem Einband $1^{1}/_{6}$ ₰

—— Oden und Epigramme. Nach den besten Quellen revid. Ausg. Mit Einleitung und Anmerkungen von Rob. Borberger. gr. 16. (XXXII, 640 S.) Berlin 879, Hempel. geb. *

— neue Oden. 8. Wetzlar, Winkler. 780.

Klopstock, F. G. Die allerneueste Orthographie des 18. Jahrhunderts erfunden, nachg. Lemgo 1779. V: *Kindleben, Chn Wilh.* (Ky)

— die allerneueste Orthographie d. 18. Jahrh. erfunden, nachgeahmt von d. Dessauischen Erziehungsinstitute, ausgezischt von d. gelehrten Welt u. übergegangen in d. Vergessenheit (v. Chr. W. Kindleben). 8. Lemgo 779.

— von d. heil. Poesie. gr. 8. Halle, Schwetschke u. S. 1 gl.

— üb. d. deutsche Rechtschreib. 8. Leipz. Weygand. 778.

— über d. deutsche Rechtschreibung. 8. Hamb. 779. Weygand in Leipz. 4 gl.

— s.a. Reliquie, Eine.

Klopstock, F. G. Eine Reliquie. Zürich 1810. H: *Füssli, Hans Hnr.* (Mn)

— gelehrte Republik. 1r Thl. 8. Leipz. Böhme. 774.

— Salomo. Trspl. 8. Magdeb. 764. N. A. 771. Hechtl. 8 gl.

—— Hermanns Schlacht, s.a. Bibliothek der deutschen Nationalliteratur des 18. und 19. Jahrh.

Die Hermanns-Schlacht v. [Friederich Gottlieb] Klopstok. Mit allerhöchst-gnädigst kayserlichem Privilegio. Carlsruhe. 1776. 8°

— Herrmann's Schlacht. N. A. gr. 8. Leipz. 804. Göschen. 20 gl.

— kl. poet. u. pros. Schriften. 8. Frankf. u. Leipz. (Metzler in Stuttg.) 771.

— sämmtl. sprachwissenschaftl. ästhetische Schriften, nebst d. übrigen bis jetzt noch ungesammelten Abhandl., Gedichten ec. 6 Bde. A. u. d. T.: sämmtliche Schriften. 13r—18r Thl. herausg. v. A. L. Back u. A. R. C. Spindler. 16. Leipz. 830. Fr. Fleischer. 2 ₰ 16 gl. Velinp. 4 ₰ 1r Supplementband, enthält: H. Döring, Klopstocks Leben. Mit Portrait u. Fac-simile. 16. Weim. 825. Hoffmann. 16 gl.

Klopstock, Frdr. Gliob, Über Sprache und Dichtkunst, Fragment nebst 2 Fortsetzungen. Hamburg 1779—81. 8. . . . . (D.)

— der Tod Adams. Trspl. 8. Kopenh. 757. N. A. 758. u. 767. Pelt. 4 gl. N. A. gr. 8. Leipz. 804. Göschen. 6 gl.

— Herrmann's Tod. 8. Hamb. 787. (Campe). 10 gl.

Klopstock's, Frdr. Glieb., Werke, s.a. Bibliothek deutscher Klassiker.

Klopstock's, F. G., Werke, s.a. National-Bibliothek sämmtlicher deutschen Classiker.

Klopstock's, Frdr. Glieb., Werke, s.a. National-Litteratur, deutsche.

— — Werke. 11r u. 12r Theil. gr. 8. Leipzig, Göschen. 816 u. 817.

Schreibpap.
Velinpap.

(11r Drckp. 1 Thlr. Schrbp. 1 Thlr. 8 Gr. Velinp. 3 Thlr. 8 Gr. 12r Drckp. 1 Thlr. 8 Gr. Schrbp. 1 Thlr. 12 Gr. Velinp. 4 Thlr. 12 Gr.)

Klopstock's, Friedr. Glieb., Werke. Mit einer Biographie Klopstock's und zum Theil mit erklär. Anmerkungen hrsg. von A. L. Back. 1. Abthl.: Poetische Schriften. 6 Bde. 8. (CXIII, 264; VIII, 421; VI, 330; 298; 285; 316 S.) Stuttgart 876, Göschen'sche Buchh. *

—— ausgewählte Werke. 6 Bde. gr. 16. Ebendas. 869. à Bd. * 50 Pf. * S —

Inhalt:
Bd. 1—3. Der Messias. (199; 148; 112 S.)
» 4. 5. Oden, Elegien und Lieder. (IV, 140; IV, 115 S.)
» 6. Hermanns Schlacht. Hermann und die Fürsten. Hermanns Tod. (III, 192 S.)

Klopstock's, Friedr. Glieb., gesammelte Werke, s. Bibliothek, Cotta'sche, der Weltlitteratur.

Klopstock's gesammelte Werke in 4 Bdn. Mit e. Einleitg. v. Frz. Muncker. 8. (272, 312, 228 u. 208 S. m. Bildnis.) Stuttgart 893. J. G. Cotta Nachf. In 2 Leinwdbdn. n. 4.—

Klopstock, F. G. Kleine poetische und prosaische Werke ... Stuttg. 1771. H: *Schubart, Christian Frdr. Dan.* (Ky) (ML)

— kleine poet. u. pros. Werke gesammelt u. herausg. (v. Chr. Fr. Dn. Schubart). 2 Thle. 8. Stuttg. 771. Metzler. 1 ℳ

—— poetische Werke. Nach den besten Quellen revid. Ausg. Hrsg. und mit Anmerkungen begleitet von Rob. Borberger. Mit der Biographie des Dichters. 6 Thle. gr. 16. (LVI, 196; 130; 196; 152; XXXII, 640; 575 S.) Berlin 879, Hempel. geb. in 3 Bde. *

—— dass. — s. a. National-Bibliothek sämmtlicher deutschen Classiker.

Klopstock's sämmtliche Werke, s. a. Classiker, deutsche.

Klopstock, Fr. Gli., († d. 14. März 1803.) sämmtl. Werke. Mit Kpf. 1r—7r Thl. 4. Leipz. 798—810. Göschen. 54 ℳ 16 gℊ

— Dies. 12 Thle. Mit latein. Lettern gr. 8. Ebd. 798—817. 11 ℳ 20 gℊ Schrbp. 14 ℳ 12 gℊ Velinp. mit Kpf. 46 ℳ 8 gℊ (11r Bd. A. u. d. T.: hinterlassene Schriften v. Margarethe Klopstock. 1 ℳ Schrbp. 1 ℳ 8 gℊ Velinp. 3 ℳ 8 gℊ) Daraus apart: Oden 2 Theile. gr. 8. 798. 2 ℳ Schrbp. 2 ℳ 12 gℊ Velinp. mit Kpf. 10 ℳ Prachtausg. in 4. mit Kpf. 20 ℳ Neue Ausg. Mit Anmerkk. von J. G. Gruber. gr. 8. Ebd. 830. 2 ℳ Schrbp. 2 ℳ 12 gℊ N. Ausg. 2 Bde. in gr. 8. Mit deutschen Lettern. Ebd. 831. 3 ℳ 8 gℊ Der Messias. 4 Theile. gr. 8. 799. 3 ℳ 12 gℊ Schrbp. 4 ℳ 4 gℊ Velinp. 15 ℳ Ausg. in 4. Mit Kpf. Velinp. 26 ℳ 16 gℊ

Klopstock, F. G. Sämmtliche Werke. Leipzig 1823—30. H (Bd. 13—18): *Back, Aug. Lorenz* & *A. R. C. Spindler.* (BrMm)

— Dies. mit deutschen Lettern. 12 Bde. 16. Ebd. 823—26. Göschen. 4 ℳ 3 gℊ

Klopstock, (F. G.,) sämmtl. Werke. 12 Bde. 16. Leipz. 824 — 26. Göschen.

— 1r Supplementband, enthält: Döring, (H.,) Klopstocks Leben. Mit Portrait u. fac-simile. 16. Weimar 825, Hoffmann.

Klopstock's (Friedr. Gtli.) sämmtl. Werke. 13—18. (letzt.) Bd. — A. u. d. T.: Klopstock's sämmtl. Sprachwissenschaftl. u. ästhet. Schriften, nebst d. übrigen bis jetzt noch ungesammelten Abhandln., Gedichten, Briefen rc. hrsg. v. A. L. Back u. A. R. C. Spindler. 6 Bde. 16. (112 B.) Leipzig 830, Fr. Fleischer. 1—12. Bd. Leipzig, Göschen. 1823. 4 Thlr. 3 Gr.

Klopstock, Friedr. Gtli., sämmtl. Werke in 1 Bde. (2 Lfgn.) Lex.-8. (51⅛ B. u. K's. Bildn.) Leipzig 839, 40, Göschen'sche Vrlsb.

—— sämmtl. Werke. Stereot.-Ausg. 9 Bde. 16. (182½ B. u. K's. Bildn.) Leipzig 839, Göschen'sche Vrlsb.
A. u. d. Titln.:
Bd. 1—3. Der Messias. 3 Bde.
" 4., 5. Oden. 2 Bde.
" 6., 7. Dramatische Werke. 2 Bde.
" 8. Die deutsche Gelehrtenrepublik.
" 9. Hinterlassene Schriften v. Margareta Klopstock.

—— sämmtl. Werke, ergänzt in 3 Bdn. durch seinen Briefwechsel, lebensgeschichtl. u. and. interessante Beiträge v. Herm. Schmidlin. (6 Thle.) 16. (92 B., Stlkpfr. u. Facsim.) Stuttgart 839, 40, [Scheible, Rieger u. Sattler.]

—— dass. Stereotyp-Ausg. 10 Bde. gr. 16. (232¼ B., 1 Stahlst. u. 1 Facsim.) Leipzig 844, Göschensche Vrlgsb. *
Bd. 1—3. Der Messias. 3 Thle.
" 4., 5. Oden. 2 Thle.
" 6., 7. Dramatische Werke. 1. u. 2. Bd.
" 8. Die deutsche Gelehrtenrepublik.
" 9. Sprachwissenschaftliche Schriften.
" 10. Vermischte Schriften.

Klopstock, Friedr. Gtli., sämmtl. Werke. 10. u. 11. Bd. der Ausg. von 1839. A. u. d. T.: Supplemente rc. 1. u. 2. Bd. 16. (63¼ B. u. 1 Facsim.) Leipzig 845, Göschensche Vrlgsb.*

Klopstock, Friedrich Gottlieb
s. Willkomm, Benedict: Geistes-Blüthen ,,. 1812-16

—— Wingolf. Kritische Ausg., nebst Commentar von Jaro Pawel. gr. 8. (VIII, 156 S.) Wien 882, Gerold's Sohn. *

Klopstock, Hans, a. Berlin: Über basische Derivate von 1-Phenyl-3-methyl-4-azobenzol und 4-azobenzolsulfosäure-5-chlorpyrazol. Rostock 1906: Adlers Erben. (64 S.) 8°
Rostock, Phil. Fak., Ref. Michaelis, Diss. v. 18. Mai 1906
[Geb. 19. März 79 Berlin; Wohnort: Berlin; Staatsangeh.: Preußen; Vorbildung: Kgl. Wilhelms-Gymn. Berlin bis O. 97; Studium: T.H. München 1, Berlin 8, Univ. Rostock 4 S.; Rig. 16. Mai 06.]

Klopstock, Margaretha. Hinterlassne Schriften. Hamburg 1759. H: *Klopstock, Friedrich Gottlieb.* (BrMm)

Klopstock, Margaretha, († 1758.) hinterlassene Schriften, herausg. v. F. G. Klopstock. 8. Hamb. 759. Bohn. (Campe). 10 gℊ (Vergl. auch F. G. Klopstock, sämmtl. Werke. 11r Bd.)

Klopstock, Martin [aus Preuss.-Stargard]: Über Albuminurie bei incarcerierten Hernien. ... Würzburg, Druck d. Ferdinand Röhrl'schen Buchdr., 1889; 45 + 1 S. 8°
Würzburg, Med. Fak., Inaug.-Diss. v. 1889

Klopstock, M., u. A. Kowarsky, Praktikum der klinischen, chemisch-mikroskop. u. bakteriolog. Untersuchungsmethoden. (VIII, 296 S. m. 70 Abbildgn. auf 16 Taf.) 8. Wien 904. Urban & Schwarzenberg. Geb. in Leinw. n. 6.—

Klopstock, M., u. A. Kowarsky, Praktikum der klinischen, chemisch-mikroskopischen u. bakteriologischen Untersuchungsmethoden. 2. Aufl. (VIII, 343 S. m. 43 Abbildgn. u. 16 farb. Taf.) 8. Wien 908. Urban & Schwarzenberg. Geb. in Leinw. 5.—

Klopstock, Max [aus Birnbaum a. W.]: Über Augenleiden im Gefolge von Menstruationsanomalien ... Freiburg i. B., Druck v. H. Epstein, 1893; 59 S. 8.
Freiburg i. B., Med. Fak., Inaug.-Diss. v. 1893

— Denkmal im Brühl bei Quedlinburg. Eingeweihet am 7. Juli 1831. (Nach der Natur gezeichn. u. lithogr.) qu. gr. 4. Quedlinb. 831. Basse. 8 gr

Klopstock's 100jähriges Ehrengedächtniß, gefeiert in seiner Vaterstadt, am 2. Juli 824. Mit 2 Abbildd. gr. 8. Quedl. Basse. 18 gr. Vel. P.

— 100jähr. Geburtstagsfeier ꝛc., s. Dietrich.

— Jahrhundertfeier, veranstaltet von d. Berlin. Gesellschaft für deutsche Sprache, am 2. Juli 1824. (Herausg. v. K. H. L. Giesebrecht.) gr. 8. Berl. 825. Maurers B. 8 gr

Klopstock's Jugendgeschichte u. Klopstock u. der Markgraf Karl Friedrich v. Baden, s.: Strauß, D. F.

— Messias, über, (v. J. H. Brumleu). 8. Stendal 805. Franzen u. Gr. 16 gr

— Todtenfeyer. m. d. Bildn. 4. Hamb. Campe. 804. Fol. Ebend.

Klopstocksfeier in Leipzig am 6. Nov. 1839, als d. 100. Jahrestage d. Aufnahme d. Dichters in Schulpforta durch e. Anzahl ehemal. Zöglinge dieser Anstalt. gr. 12. (4 B.) Leipzig 840, Vogel.

Klopučar, Georg. Militär-Rechnungs-Official. Lexikon der Militär Gebüren. I. u. II. Ergänzungs-Beilage. (3. Bde.)
8. Graz 1900—1903.

Kloer, der türkisch-griechische Krieg im J. 1897. gr. 8. (III, 96 S. m. 5 Karten.) Berlin 897. E. S. Mittler & Sohn. n. 2. —

Kloer, Zusammenstellung derjenigen Bestimmungen, welche auf die Offiziere des Beurlaubtenstandes Bezug haben, nebst einer Anleitung zur Anfertigung der gewöhnlichsten schriftl. Arbeiten. 1. Aufl. (IV, 68 S.) 1877. * 80 Pf.; 2. mit den neuesten Bestimmungen verm. Aufl. gr. 8. (IV, 76 S.) Hannover 878, Helwing'sche Verlagsh. *

Klören, J. B., Methodik d. stenograph. Unterrichtes f. Kursusleiter u. Lehrer d. vereinf. deutschen Stenographie (System Schrey). III., vollst. neu bearb. Aufl. d. Schrift v. Ferd. Schrey: „Zur Methodik d. Unterrichts in d. vereinf. Stenographie" im Anschlusse an d. „kurzen Lehrgang" u. das „Lehrbuch der vereinf. deutschen Stenographie" v. Ferd. Schrey. gr. 8. (II, 33 S.) Berlin 897. F. Schrey. n. — 80

[Umschlagt.:] Methodik des Stenographischen Unterrichtes in der Vereinfachten deutschen Stenographie'(Einigungssystem Stolze-Schrey)', f. Kursusleiter u. Lehrer. 'IV. Aufl., 2. Neubearb. d. Schrift v. Ferd. Schrey: 'Zur Methodik d. Unterrichts in d. Vereinfachten Stenographie' im Anschluss a. d. 'Kurzen Lehrgang d. Vereinf. deutschen Stenographie' v. Ferd. Schrey. Von J. B. Klören, Lehrer in Kirn a. d. Nahe ... *Berlin: F. Schrey; In Komm. bei K. F. Köhler in Leipzig 1897.* (32 S.) 1 Bd 8. [Text lith.]
(98. 5872

Klören, J. B., s.: Taschen-Notiz-Kalender u. Merkbuch f. Einigungs-Stenographen.

Klöres, Carl, aus Rostock: Zur Geschichte der Steiner'schen Konstruktion einer Fläche 2. Ordnung. *Rostock 1903: C. Boldt.* (40 S.) 8°
Rostock, Phil. Diss. v. [1. Juli] 1903

Klöris, Fr., geograph. Gedächtniß-Tafel. Ein Leitfaden zum Gebrauch in Landschulen u. beim Elementar-Unterricht in der Geographie, nach Ungewitter u. anderen neuen Geographen bearb. (IV u. 44 S.) Itzehoe 847, Claussen. 4 ngr

Klöris, Fr., kleines Lehrbuch der Geographie für Landschulen, mit besond. Berücksicht. des Vaterlandes. 2., neubearb. Aufl. 12. (IV und 90 S.) Itzehoe 861, Claussen. *

Kloerß, Sophie, Hamburger Blut, s. a. Kürschner's Bücherschatz.

Hamburger Blut. Erzählung von Sophie Kloerß. Mit Ill. von E. Fiedler. Berlin, Leipzig: Hillger [1909]. 112 S. 8°
(Kürschners Bücherschatz. Nr 679.)
fol. 13912

— Lieder u. Balladen. (Den Buchschmuck zeichnete Hans Mart. Lemme.) (119 S.) 8. Schwerin 909. Stiller. 3.—; geb. 4. 50

— Wilde Zeit — wildes Blut. Novellen. (Den Buchschmuck zeichnete Hans Mart. Lemme.) (373 S.) kl. 8. Ebd. 910. 4.—; geb. in Leinw. 5. —

Klos, H., das Militärschulwesen in Russland. Seine Entwickelg. u. gegenwärt. Organisation. gr. 8. (31 S.) St. Petersburg 892. H. Schmitzdorff. n. 1. 20

— dasselbe in Auswahl, s. a. Sammlung Göschen.

Klos, Josef — Die Riesenmöhre. Eine Anweisung, diese Pflanze vom Samenkorn an bis zum Genuß der Frucht naturgemäß zu behandeln und den Samen selbst zu erziehen. Von — —. Jägerndorf, 1855. Druck und Verlag von Karl Petschner. (16 S. 8.)

Klos, Jos., die Riesenmöhre. Eine Anweisung, die Pflanze vom Samenkorn an bis zum Genuß der Frucht naturgemäß zu behandeln, und den Samen selbst zu erziehen. 8. (20 S.) Jägerndorf 855. (Troppau, Traßler's Verlag.) *

Klos, P., deutsche Beamtenherrschaft in ihrer ganzen Machtentfaltung. Willkür-Regierung, Bürgervergewaltigung. (120 S.) 8. Zürich 909. Schweizer Druck- u. Verlagshaus. 1. 50

Klos, R., Standorte, Einteilg. u. Zusammensetzg. der russischen Armee Mai 1897. Nach offiz. russ. Quellen bearb. gr. 8. (IV, 55 S.) Colberg 897. R. Knobloch. n. 1. —

Kloes, J. A. van der, was wissen wir eigentlich vom Kreosotieren des Holzes? (10 S.) 32,5×23,5 cm. Stuttgart 902. (Freiburg i/B., J. Bielefeld.) 2. 25
Sonderabdruck aus: „Baumaterialienkde."

van der Kloes, Janus Jac., Disput. literaria inaug. de praeceptoribus in rhetorum scholis apud Romanos. 8 maj. Trajecti ad Rhen. 840. (Natan.) 1/2 ℳ

Klosak, Johannes, Referendar in Bütow: Welches sind die persönlichen Eigenschaften und Verhältnisse im Sinne des § 50 St.G.B. Borna-Leipzig 1907: R. Noske. (IX, 37 S.) 8°
Heidelberg, Jur. Fak., Ref. v. Lilienthal, Diss. v. 22. April 1907
[Geb. 8. Juni 81 Bütow; Wohnort: Stolp; Staatsangeh.: Preußen; Vorbildung: Gymn. Konitz Reife O. 00; Studium: Freiburg i. B. 1, Berlin 3, Greifswald 3 S.; Rig. 24. Okt. 06.]

Klose. Hauptbericht über die Knaben-Erziehungsanstalt Klose in Cannstatt für das Jahr 1863.

Klose, deutsches Lesebuch für die Bedürfnisse katholischer Volksschulen. Im Anschlusse an das Lesebuch von Jos. Lepke für Oberklassen gehobener Schulen bearb. Mit 129 erläut. Abbild. aus der Natur-, Erd- und Geschichtskunde. gr. 8. (VIII, 367 S.) Breslau 884, F. Hirt. *ℳ 1,25.; geb. *

Das neue Wasser- und Elektrizitäts-Werk der Stadt Solingen. Denkschrift zur Einweihung der Sengbach-Talsperre. Bearb. von Klose, Beigeordn., unter Mitw. v. Ing. Söhren. — Solingen 1903: Rabitz. 39 S. 8°

Klose, A: Der Geschwindigkeitsmesser für Locomotiven. St. Gallen 1880

Klose, A., System radiallaufender Achsen für Eisenbahnfahrzeuge. Beschreibung und Darstellung der Construction für Wagen mit zwei, drei und mehr Achsen. Prämiirt vom Verein deutscher Eisenbahnverwaltungen. gr. 4. (7 S. mit 6 lithogr. Taf.) Wiesbaden 883, Kreidel's Verlag. *
Aus: Organ für die Fortschritte des Eisenbahnwesens, besonders abgedruckt.

Klose, Ad. F., († d. 27. Jan. 1802.) haben wir nach den Gründen einer vernünft. Astronomie von den, obzwar sehr selten erscheinenden Kometen etwas zu befürchten oder nicht? Können Kometen an unsere Erde anrennen, oder, wenn sie auch nicht anrennen, was haben wir von ihrem Einflusse aus d. Ferne zu befürchten? ꝛc. 8. Brieg 802.

Klose, Alfred: Römische Priesterfasten. T. 1. Breslau 1910: (Maretzke & Märtin, Trebnitz i. Schl.) 63 S. 8° ¶(Ersch. später vollst. als Buch.)
Breslau, Phil. Diss. v. 22. Juli 1910, Ref. Cichorius
[Geb. 13. Juli 87 Greibnig; Wohnort: Pogarell; Staatsangeh.: Preußen; Vorbildung: Gymn. Brieg Reife O. 06; Studium: Freiburg i. B. 1, Breslau 3, Greifswald 1, Breslau 3 S.; Rig. 9. Febr. 10.] [U 10. 615

Klose, Alma, Waldblümlein. Erzählungen für artige Kinder im Alter von 7—12 Jahren. 8. (IV, 195 S. mit 6 color. Stnt.) Berlin 877, Salewski. cart. *

Klose, Alois, eine Sammlung v. Aufgaben aus der astronomischen u. mathematischen Geographie. Ein Behelf f. das Selbststudium, insbesondere zur Ablegg. der Prüfg. f. Bürgerschulen. Zusammengestellt u. bearb. (III, 42 S. m. Fig.) gr. 8. Freiwaldau (910). A. Blažek. Geb. in Leinw. 2. 50

Klose, Bernh., Erziehung zur Schönheit. (46 S.) 8. Magdeburg (905). R. Zacharias. n. — 75

Starke Nerven. Frischer Geist. Überströmende Lebensfreunde durch Willensübungen. Von Bernh. Klose. (Magdeburg: R. Zacharias [1905].) (71 S.) 8° [F.] [08. 9018]

Klose, Bernhard [aus Berlin]: Über das spätere Schicksal der wegen Tuberkulose Amputierten ... Erlangen, kgl. bayer. Hofbuchdr. v. A. Vollrath, 1896; 80 S. 8.
Erlangen, Med. Fak., Inaug.-Diss. v. [17. Dez.] 1895

Klose, C., s.a. K l o s e , Karl Ludwig

Klose, C., und A. Wentzel, die preußische Konkursordnung, s. Wentzel.

Klose, C: Preisverzeichniß der Maschinenfabrik und Eisengießerei. Berbisdorf b. Hirschberg i. Schl. (1897?)

Klose, C. L., s. K l o s e , Karl Ludwig

Klose, C. R. W., s. K l o s e , Karl Rudolf Wilhelm

Klose, Carl, s. K l o s e , Karl

Klose, Christian Gottfried, s. B r i e f e über Sachsen von einem Reisenden.

Klose, Chr. Gf., († d. 27. Nov. 1802.) Handbuch für junge Frauenzimmer v. Stande bei ihrem Eintritt in die Welt. gr. 8. Bresl. 777. (Gosohorsky). 1 ℛ

Klose, C. Gf., Handb. f. junge Frauenz. v. St. b. ihr. Eintr. in d. Welt. gr. 8. Breslau, Meyer. 787.

– s. V e r d i e n s t e , Über die, der Sachsen um Schlesien im Mai des Jahres 1741.

— Vorschläge zum Besten d. Preuß. Staaten, vorzügl. in Rücksicht auf Schlesien. Herausg. v. K. L. Klose. 8. Berl. 180..

Klose, Edmund, Medizinalprakt. am Krankenh. d. Elisabethinerinnen, Breslau: Aus d. Univ.-Frauenklin. zu Breslau. Verspricht die mit scheidenverengenden Operationen kombinierte Totalexstirpation bei Uterusprolaps günstigere Dauerresultate als andere operative Verfahren? Berlin: Trenkel 1909. 36 S. 8°
Breslau, Med. Diss. v. 13. Juli 1909, Ref. Küstner
[Geb. 23. Aug. 81 Breslau; Wohnort: Breslau; Staatsangeh.: Preußen; Vorbildung: Gymn. Guben Reife O. 03; Studium: Breslau 10 S.; Coll. 13. März 09; Approb. 10. Juli 09.] [U 09. 556

Klose, Erich, appr. Arzt: Aus d. Poliklinik f. Nervenkranke d. Prof. Schuster, Berlin. Zur Vaguspathologie. Leipzig 1910: Lehmann. 31 S. 8°
Leipzig, Med. Diss. v. 7. Juli 1910, Ref. Hoffmann
[Geb. 9. Sept. 82 Hirschberg i. Schl.; Wohnort: Greifswald; Staatsangeh.: Preußen; Vorbildung: Gymn. Liegnitz Reife M. 03; Studium: Berlin Phil. 1, Med. 10 S.; Coll. 20. Juli 10; Approb. 19. Juni 10.] [U 10. 3006

Klose, Ernst Gottlob

Klose, Ernst, die Abendmahlsfeyer, e. Erbauungsbuch f. gebild. Christen. gr. 8. Leipzig, Göschen. 810.

Klose, Er. Glo., († d. 17. Dec. 1818.) die Abendmahlsfeier, e. Erbauungsbuch f. gebild. Christen. gr. 8. Leipz. 814. 4e A. Mit 1 Kpf. 820. Göschen. 1 ℛ

Klose, (E.,) d. Abendmahlsfeier. Ein Erbauungsbuch f. gebildete Christen. 4e Aufl. gr. 8. Lpz. 822, Göschen.

Klose, Ernst, die Abendmahlsfeier. Ein Erbauungsbuch f. gebild. Christen. Mit e. Vorr. u. Zugaben v. Chrstph. Friedr. v. Ammon. 5. Ausg. gr. 8. (17 B. u. 1 Stahlst.) Leipzig 840, Göschen'sche Vrlsh.

Klose, E., Neue lateinische Chrestomathie, enth. Anecdoten, Erzählungen, Briefe, Biographieen nnd andere interessante Aufsätze aus neuern Lateinern. Mit Anmerkungen und litterarischen Einleitungen. Leipz. 795. 8.

— neue latein. Chrestomathie, enthaltend Anekdoten, Erzählungen, Briefe, Biographien ꝛc. Mit Anmerkk. u. Einleit. gr. 8. Leipz. 795. Schwickert. 1 ℛ

Klose, E. Glo., emendation. in Nov. Test. a. L. C. Valkenaer propositar. examen. 8. Halae, Ruff. 789.

Klose, (Ern. Gottl.,) Examen Emendationum in novum Testamentum a L. C. Valckenario propositarum etc. 8. 790, ist Verl. v. Kefnecke u. C. in Halle.

Klose, F. W. Geschichte, Verfassung und Gesetze des Breslauischen Hausarmen-Medicinal-Instituts. *Breslau.* 1808

Klose, Franz, aus Woiselsdorf bei Grottkau ⟨Schlesien⟩: Über die Recidive bei Mammacarcinom. *Würzburg 1897: P. Schriner.* (52 S.) 8°
Würzburg, Med. Diss. v. 1897

Klose, Franciscus Josephus *(geb. Zauchwitz bei Leobschütz 16. 7. 1805)*: De membranarum ventriculi emollitione gelatinosa. Vratislaviae (1831). (36 S.) 8°

Breslau, Med. Diss. v. 19. Aug. 1831

Klose, Frdr., das Märlein v. dem Fischer u. seiner Frau, s.: Hoffmann, Hugo.

Klose, Friedrich August

— Encyklopädie u. Methodologie d. Arzneikunde zu Vorles. entworfen. gr. 8. Götting. 823. Vandenhöck u. R. 12 gr

Klose, (Fr. A.,) Encyklopädie u. Methodologie d. Arzneikde zu Vorles. entworfen. gr. 8. Götting. 824, Vandenhöck u. R.

Klose, Friedr. Aug., die Medicin uns. Zeit nach ihrem Stillstehen u. Vorwärtsschreiten, mit besond. Rücksicht auf Homöopathie dargest. gr. 8. (6¼ B.) Leipzig 834, [Geuther.]

Friedr. Aug. Klose die Medicin unserer Zeit nach ihrem Stillstehen und Vorwärtsschreiten mit besonderer Rücksicht auf Homöopathie dargestellt. Leipzig: Hartmann 1835. 8°

— Samml. physiologischer, patholog. u. therapeut. Abhandlungen über die Sinne. 1s Hft. 8. Dresd. 821, Hilscher.

Klose, Fr. A., Samml. physiolog., patholog. u. therapeut. Abhandll. über die Sinne. 1s Hft. 8. Dresd. 821. (Reimann in Leipz.) 16 gr

— Sammlung physiolog., patholog. u. therapeut. Abhandlungen über die Sinne. 1 Hft. 8. Leipzig 821. (Melzer.) ⅔ Rthlr.

Klose, Friedrich August (Hrsg.):

s.: Summarium des Neuesten aus der gesammten Medizin. Jg. 1, Bd 1/1-2, Bd 3, Jg. 2/Bd 1-3, Jg. 3/Bd 1-3, Jg. 4/Bd 1-3. Leipzig: 1828-31.

JB 6.073

— de tactu. 8. Götting. 817. Broser. 3 gr

Friedrich August Klose

De nonnullis visus Vitiis. Gottingae 1822: Baier. 32 S. 8°

Göttingen, Med. Hab.-Schr. v. 25. Okt. 1822

—— Zeitung f. d. gesammte Medicinalwesen, s. Zeitung etc.

Klose, Friedrich Wilhelm [Praes.], s. Effenberger, Ernst Friedrich: Usum physicae in medicina.

— **D. Fridr. Wilhelm** u. (Respond.) **Joh. Christoph Strobach** (Böhmen), De tumore aneurysmatico. Diss. med. Lpz. (Christian Göz) 5. V. 1702. 11 Blatt. (6.—) 18427

Klose, G., erstes Lesebuch, s. Gnerlich, G.

Klose, G., erstes Lesebuch, s. Lesebuch, erstes.

Klose, Georg: Ueber den Einfluss des Einbaues der Strassenbahngleise auf die Pflasterarten der Verkehrsstrassen in Großstädten. Berlin: J. Engelmann 1907. 26 S. 4°
¶ Auch als Buch; aus: Zeitschrift f. Transportwesen u. Straßenbau. Jg. 21.
Berlin, Dr.-Ing.-Diss. v. 8. 3. 1907

Klose, Geo., über den Einfluss des Einbaues d. Strassenbahngleise auf die Pflasterarten der Verkehrsstrassen in Grossstädten. (26 S. m. Abb.) 33×25 cm. Berlin 907. J. Engelmann. 2. 40
Sonderabdruck aus: „Ztschr. f. Transportwesen".

Klose, Georg, Assistent am pharmakologischen Institute der Universität Breslau: Einwirkung von Tetrachlorphtalsäureanhydrid auf einige stickstoffhaltige Basen. Breslau 1905: H. Fleischmann. (46 S.) 8°
Breslau, Phil. Fak., Ref. Gadamer, Diss. v. 18. Sept. 1905
[Geb. 30. Okt. 77 Breslau; Wohnort: Breslau; Staatsangeh.: Preußen; Vorbildung: Realgymn. z. hl. Geist Breslau Reife O. 98; Studium: Breslau 10 S.; Rig. 27. u. 28. Juli 05.]

Klose, Georg [aus Brieg (Schles.)]: Ueber einen Fall von primaeren Leberabscessen bei einem Neugeborenen ... Würzburg, Becker's Univ.-Buchdr., 1893; 34 S., 1 Bl. 8.
Würzburg, Med. Fak., Inaug.-Diss. v. 1893

Klose, Gli., († im Juli 1775.) Katechismusandachten, in 52 über die 6 Hauptstücke u. 14 über die Haustafel gerichteten Liedern. 12. Liegnitz 755. 56. Siegert. 3 gr

— **Gottlob Wilhelm** (Tzschocha/Lausitz), Commentatio de debilitate vera et spuria genuinaque medendi utrique methodo. Disp. med. Präs. D. Johann Gottlob Haase. Lpz. (Klaubarth) 21. XII. 1792. 40 S. (6.—) 18428

Klose, Gregor *(geb. Wartha in Schles. 7. 6. 1853)*: Beitrag zur Kenntniss der tubulösen Darmdrüsen. Breslau 1880. (30 S.) 8° *[Im Buchhandel 1880 bei Köhler in Breslau.]*

Breslau, Med. Diss. v. 12. Juni 1880

Klose, Greg., Beitrag zur Kenntniss der tubulösen Darmdrüsen. Inaugural-Dissertation. gr. 8. (30 S.) Breslau 880, (Köhler.) *

Klose, H. (II.), the Student's Guide to Composition and Conversation German-English. 4th edit. 8. (XVI, 182 S.) Mannheim 875, Schneider. *M. 3.; cart. * 3 25
—— **dass. — English-German. Ebendas. 875.** *M. 3.; cart. * 3 25
—— **dass. — Key. 3d edit. (120 S.) Ebendas. 875.** * 3 —
cart. * 3 25

Klose, H., s.: Handels-Verträge u. Handelsbeziehungen, die, Deutschlands.

Klose, H. (I.), der Portland-Cement und seine Fabrikation. Für Bautechniker, Fabrikanten etc. gr. 8. (VIII, 92 S.) Wiesbaden 873, Kreidel's Verlag. * 1 60

Klose, H. A., Theorie der eisernen Träger mit Doppelflanschen. Lex.-8. (VI und 82 S. mit 14 eingedr. Holzschn.) Hannover 862, Rümpler. *

— — Dasselbe. 2. verm. Aufl. Mit 203 Holzschn. im Text. 7 Reductions- u. 14 Metallsortentabellen. Berlin 1876. 8°.

Klose, H. Th., Regenerativ-Halbgasfeuerungen. Rauchgasverbrennungs-Anlagen m. Absaugg. verdorbener, heisser Luft, schädl. Dämpfe, Dünste u. s. w. Deutsches Reichspatent H. Th. Klose Nr. 50227 u. Oesterr.-Ung. Patent seit 1889. Grosse Kohlenersparniss in allen Feuergn. bei sachgemässer Handhabg. Lex.-8. (52 S. m. 1 farb. Taf.) Berlin 891. Funcke & Naeter. n. 1. —

Klose, Heinr., u. Heinr. **Vogt,** Klinik u. Biologie der Thymusdrüse m. besond. Berücksicht. ihrer Beziehgn. zu Knochen- u. Nervensystem. (Aus d. chirurg. Klinik [Dir.: L. Rehn] u. dem neurolog. Institut [Dir.: Edinger] zu Frankfurt a/M.) (VIII, 200 S. m. 23 Abb., 2 Kurven u. 11 z. Tl. farb. Taf.) gr. 8. Tübingen 910. H. Laupp. 12. —
Sonderabdruck aus: „Beiträge z. klin. Chirurgie".

Klose, Heinrich, approb. Arzt aus Ibbenbüren (Kr. Tecklenburg): Über den **Scharlach** der Kinder mit besonderer Berücksichtigung des Fiebers. *Straßburg i. E. 1903: C. Müh & Co.* (III, 138 S.) 8°
Straßburg, Med. Diss. v. 1903

Klose, Heinr., Togo unter deutscher Flagge. Reisebilder u. Betrachtgn. Mit 23 Lichtdr.-Taf. u. 69 Text-Illustr., hauptsächlich nach Orig.-Photogr. gr. 8. (XXII, 561 S. m. 1 Karte.) Berlin (899). D. Reimer. n. 14. —; geb. in Leinw. n. 16. —

Klose, Heinrich August

—— Festgedichte zur Geburtstagsfeier Sr. Majestät des allverehrten Königs von Sachsen Johann. Verfaßt und mit einer Musikbeilage versehen. 8. (54 S.) Löbau 867, Dümmler. **

Klose, Heinr. Aug., Schul-Choralbuch, od. Samml. d. gebräuchlichsten Choräle u. Responsorien f. 2, 3 u. 4 Kinderstimmen ausgesetzt. 8. (3½ B.) Löbau 836. (Leipzig, Steinacker.)

Klose, Heinr. Aug., Schul-Choralbuch, oder Sammlung der gebräuchlichsten Choräle für 2 Kinderstimmen nebst einem Anh. enth. Responsorien und einen Schlussgesang. 3. Aufl. 8. (32 lithogr. S.) Löbau 867, Dümmler. cart. *

Klose, Herm., die Deppe'sche Lehre des Klavierspiels. gr. 8. (V, 34 S.) Hamburg 886, Herold'sche Buchh. * 1 —

Klose, J. G., Vom Glafeyschen Geschlecht. Schweidnitz 1738.

— **Johann** (Ziegenhals / Schles.), De parotidibus. Diss. med.-chir. Frankfurt/Od. (Apitz) 30. IX. 1793. 36 S. (4.80) 18429
Gew.: Gerhard Vering.

Klose, Johannes: Die alten Stromtäler Vorpommerns, ihre Entstehung, ursprüngliche Gestalt und hydrographische Entwickelung im Zusammenhange mit der Litorinasenkung. Greifswald 1904: J. Abel. (88 S.) 8°
Greifswald, Phil. Fak., Ref. Deecke, Diss. v. 24. Sept. 1904
[Geb. 11. Febr. 80 Schalke; Wohnort: Greifswald; Staatsangeh.: Preußen; Vorbildung: Realgymn. Schalke Reife O. 99; Studium: Münster 4, Greifswald 4 S.; Rig. 2. Aug. 04.]

Klose, Jos., Beicht- und Kommunion-Unterricht zur Vorbereitung der Kinder auf den erstmaligen Empfang der heil. Sakramente der Buße und des Altars, mit einer Anleitung zur Gewissenserforschung für Kinder. 8. Aufl. 8. (IV, 32 S.) Neiße 883, Huch's Buchh. *

Klose, Jos. Beicht- und Kommunion-Unterricht zur Vorbereitung der Kinder auf den erstmal. Empfang der heil. Sakramente der Buße u. d. Altars, m. e. Anleitg. zur Gewissenserforschg. f. Kinder. 8. Aufl. 8. (IV, 32 S.) Neiße 889, Huch. * — 15

— **Joseph** (Nowacensis/Schlesien), De hydrope in genere. Diss. med. Frankfurt/Od. (Apitz) 22. I. 1796. 24 S. (4.20) 18430

Klose, K., der Brief des Apostels Paulus an die Philipper, s.: Bibelerklärung, praktische.

Klose, K. A., s. Klose, H. A.

Klose, Karl [aus Emden]: Über die Einwirkung von Piperidin auf Dichloracetal und Methylenchlorid ... Rostock, C. Hinstorffs Buchdr., 1897; 34 S., 1 Bl. 8.
Rostock, Phil. Fak., Inaug.-Diss. v. [8. Juni] 1897

Klose, Carolus *(geb. Groß-Wartenberg in Schles. 17. 2. 1808)*: De hernia crurali. Vratislaviae (1830). (58 S.) 8°
Breslau, Med. Diss. v. 16. [vielmehr 18.] Okt. 1830

Klose, Carl *(geb. Münsterberg in Schles. 24. 10. 1850)*: Zur Lehre von der Paralysis spinalis anterior subacuta. Poliomyelitis anterior subacuta.) Breslau 1876. (37 S.) 8°
Breslau, Med. Diss. v. 14. [vielmehr 16.] März 1876

Klose, Karl Josef — Bruck an der Leitha vom Anfange der historischen Kenntniß bis auf die gegenwärtige Zeit und seine Merkwürdigkeiten von — —. Wien, 1855. Druck von Alex. Czéh in Ungarisch-Altenburg. In Kommission bei Prandel & Meyer. (67 S. 8.)

Klose, Karl Edw., allgem. Aetiologie d. Krankheiten des menschl. Geschlechts; zu akadem. Vorlesungen. gr. 8. Leipz. 822. Barth. 2 ℛ 12 ℊ

Klose, C. L.: Beiträge zur Klinik u. Staats-Arzneikunde. *Leipz*, Kummer. 823. 8. (1 Thl. 14 Gr.)

Klose, Carl Ludw., über d. Einfluß d. Geschlechts-Unterschiedes auf Ausbild. u. Heilung v. Krankheiten. 8. (22 B.) Stendal 829, Franzen u. Große. Thlr.

— Grundsätze der allgemeinen Diätetik. Zu akadem. Vorlesungen entworfen. gr. 8. Leipz. 825. Kummer. 1 ℛ 20 ℊ

—— Handbuch d. gerichtl. Arzneiwissenschaft, s. Masius, G. H.

Karl Ludwig Klose

Historia Mesmerismi critica. Regiomonti (1812): Degen. 28 S. 8°
Königsberg, Med. Diss. v. 5. März 1812

– (Hrsg.), s. Klose, Christian Gottfried: Vorschläge zum Besten der Preußischen Staaten ...

— üb. Krankheiten, als Mittel d. Verhütung u. Heilung d. Krankheiten. gr. 8. Bresl. 826. Graß, Barth u. Co. 1 ℛ 12 ℊ

Klose, Carl Ludw., Leben Karl August's, Fürsten v. Hardenberg, königl. preuß. Staatskanzlers. gr. 8. (XXVI und 543 S. mit einem Bildnisse des Fürsten in Stahlst. und einem lithogr. Facsimile der Handschrift desselben.) Halle 851, Anton.

Klose, Karl Edw., Leben des Prinzen Carl, aus dem Hause Stuart, (Grafen von Albany,) Prätendenten der Krone von Großbritannien. Nebst d. Bildn. des Prinzen u. 1 Facsimile der Handschr. desselben. gr. 8. Leipzig 842, Engelmann. 3 ℛ

Klose, Carl Ludw., Leben Paskal Paoli's, Oberhauptes der Korsen. gr. 8. (XVI und 339 S. mit dem Bildnisse Paskal Paoli's in Holzschn.) Braunschweig 853, Schwetschke und Sohn. *

Klose, Carl Ludwig (Leipzig), De legis, circa statum personarum disponentis potentia. Disp. jur. Präs. Johann Philipp Streit. Erfurt (Grosch) 17. III. 1703. 72 S. (6.50) 18126

Klose, Carolus Ludovicus: De senectutis in officiis medicis tam clinicis quam forensibus ratione recte habenda. Vratislaviae (1829). (XXXI S.) 4°

Breslau, Med. Fak., Antr.-Progr. als ord. Prof. v. 13. Aug. 1829

Klose, Carolus Ludovicus: Syntagma semioticum exhibens partem prosoposcopiae generalem, cephaloscopiae quondam edendae prodromum. Vratislaviae (1816). (28 S.) 4°

Breslau, Med. Fak., Hab.-Schr. v. 16. Juli 1816

— Taschenbuch für Hypochondristen ꝛc., s. Taschenbuch.

Klose, Carolus Ludovicus: De medicinae exotericae secundum meliorem, quam plerumque fit, methodum conditae atque cultae insigni utilitate. (Vratislaviae 1823.) (XX S.) 4°

Breslau, Med. Fak., Antr.-Progr. als außerord. Prof. v. 6. Nov. 1823

– (Übers.), s. Vieusseux: Über künstliche Blutausleerungen . . .

Klose, Karl Ludw., Wilhelm I. von Oranien der Begründer der niederländischen Freiheit. Aus dessen Nachlasse mit einer Würdigung des Oraniers von Heinr. Wuttke. Leipzig 864. Fr. Fleischer. gr. 8. (LXXX, 271 S. u. 2 Photogr.) n. 2 ℳ

Klose, Karl Ludw., Zeitschrift f. Strafrechtspflege, s. Zeitschrift.

Klose, Carl Rud. Wilh., ein Beitrag z. Kirchengeschichte. — Basilius d. Große nach seinem Leben u. seiner Lehre dargest. gr. 8. (16 B.) Stralsund 835, Löffler'sche Buchh.

KLOSE, C[ARL] R[UD.] WILH., Geschichte und Lehre des Eunomius. Kiel (Lpz.). 1833.

Klose, C. R. Wilh., Geschichte u. Lehre d. Eunomius. gr. 8. (5 B.) Kiel 833, Universitäts-Buchh.

—— Geschichte u. Lehre d. Marcellus u. Photius. gr. 8. (5½ B.) Hamburg 837, [Fr. u. Andr. Perthes.]

Klose. Car[olus] Rudolph[us] Guil[elmus]: Dissertatio de Arianorum historia ab origine usque ad Constantini Magni mortem. Halae 1829: Ruff. VIII, 80 S. 8°

[Halle-Wittenberg, Phil. Diss. v. 11. April 1829]

Geb. [Hamburg 14. 10. 1804]

Klose, C. R. W., die Reformation in Hamburg. Eine Entgegnung. 8. (22 S.) Hamburg 850, Heroldsche Buchh. *

Klose, Carol. Rudolph. Guil., Dissertatio de polytheismi vestigiis apud Hebraeos ante Mosem. Gottingae 1830.

Klose, Marie, der betrachtende Rosenkranz. Mit 16 Bildern in chromolith. Ausführg. v. H. Knößler, nach Zeichngn. v. Joh. Klein. 16. (52 S.) Paderborn 893. F. Schöningh. Geb. in Leinw. m. Goldschn. n. 3. —

Klose, Max, der Anekdotenschatz od. wirksamstes Mittel gegen üble Laune u. Langeweile. gr. 8. (178 S.) Schweidnitz 891. G. Brieger. n. 1. —

Klose, Max, Führer durch die Sagen- und Märchenwelt der Grafsch. Glatz. 8. (VIII, 118 S. mit zahlreichen Ansichten aus der Grafschaft.) Schweidnitz 887, Brieger. * 2 —

—— Führer durch die Sagen- und Märchenwelt des Riesengebirges. 8. (VIII, 164 S. mit zahlreichen Ansichten aus dem Riesengebirge.) Ebendas. 887. * 2 —

— Habmichlieb im Riesengebirge. 8. (V, 184 S.) Ebd. 891. n. 1. —

Klose, Max, die Hohenzollern. Ein Volkslied. 12. (24 S.) Warmbrunn 881. (Hirschberg, Heilig.) n. — 30

—— die Kynastsage in verschiedener Darstellung. Gesammelte Gedichte. 8. (24 S.) Hirschberg 881, Heilig. *

Klose, M., Märchen vom Rübezahl. Mit zahlr. (1 farb.) Ansichten aus d. Riesengebirge. 8. (VI, 93 S.) Schweidnitz (902). G. Brieger. n. — 50

—— Natur- und Herzens-Reime. 12. (XI, 132 S.) Warmbrunn 881. (Hirschberg, Heilig.) *

—— des kleinen Mannes Schmuckkästchen. Anleitung zur Anlage, Bepflanzung und Pflege von Hausgärten auf dem Lande. 8. (16 S.) Ebendas. 881. *

Klose, Max, Die landwirthschaftlichen Vereine unter staatlicher Obhut u. das Maschinen-Leih-System als Mittel, dem Niedergang der Mittel- und Kleinwirthschaft Einhalt zu thun. 8°. Hirschberg, Heilig, 1881. 8 S.

—— ein Wort für den Lein- und Flachsbau, dessen Kultur, Bearbeitung und fernere Benutzung. Für den deutschen Landwirth zum zweckentsprechenden Gebrauche niedergeschrieben. 12. (28 S.) Warmbrunn 881. (Hirschberg, Heilig.) *

Klose, Olivier: Bibliotheks-Katalog. (Umschlagtitel: Katalog der Lehrerbibliothek der Anstalt. 1. Theil. Zusammengestellt von O. Kl.) 8 (S. 3—50). Bibliothekskatalog. (Fortsetzung.) (Umschlagtitel: Katalog der Lehrerbibliothek der Anstalt. Fortsetzung.) 8 (S. 3—17).

Progr. K. k. Staats-G. *Salzburg* 1899. 1900.

Klose, Olivier, und Gungl, Otto: Katalog der Lehrerbibliothek der Anstalt. Fortsetzung und Schluß. S. 85—105. 8.

Progr. K. k. Staats-Gymn. *Salzburg* 1902. 1903. 1906.

Klose Olivier: De Latinitate panegyricorum Latinorum observationes. Diss. Wien, Univ. H. 1882 PN 265 1436

Klose, Olivier Die beiden an Maximianus Augustus gerichteten panegyrici latini. 8 (S. 3—40).

Progr. K. k. Staats-G. *Salzburg* 1895.

Deutsche Helden aus grosser Zeit. Verzeichnis der in den Kriegsjahren 1864, 1866 u. 1870/71 gefallenen oder ihren Wunden erlegenen Offiziere der Kgl. Preuss. Armee unter Angabe d. Schlachten u. Gefechte. Zsgest. von Otto Klose. *Neurode: Leuschner & Tesch 1900.* (54 S.) 8° [J]

[u. 9439 2

Klose, Otto, deutsche Helden aus großer Zeit. Verzeichnis d. in den Kriegsj. 1864, 1866 u. 1870/71 gefallenen od. ihren Wunden erleg. Offiziere d. königl. preuß. Armee, unter Angabe der Schlachten u. Gefechte. Zusammengestellt nach d. Abgängen der Rang- u. Quartier-Listen. 8. (VII, 54 S.) Neurode 900. Mittelstein i/Schl., Selbstverlag. 1. —

Klose, P., Die Aufbereitung der Steinkohlen in den Ver. Staaten von Nordamerika. Berlin, 1896. 22 S. mit 5 Taf.

Klose, P., Amerikanische Handbohrmaschinen. Berlin, 1895. 7 S. mit 1 Taf.

Klose, P., der letzte Ritt des alten Fritz, s.: Haus-Bibliothek, patriotische.

Klose, P., Steinkohlen der Kreideformation in Nordamerika. Berlin, 1895. 6 S. mit 1 Taf.

Klose, P., Der Steinkohlenbergbau des Staates Pennsylvanien in den Jahren 1892—1897. Berlin, 1899. 19 S. mit 1 Taf.

Klose, P., Über die Ventilation der Steinkohlengruben im Staate Pennsylvanien. Berlin, 1894. 17 S. mit 2 Taf.

Klose, P., Zeichengang für Volksschulen, sowie für die Elementarklassen höherer Schulen. 5 Tle. (20; 15; 16; 12; 12 Stnt.) Nebst Leitfaden dazu. gr. 8. (25; 15 S.) Görlitz 881, (Remer.) à Tl. *M 1. *

Klose, Reinhold

Klose, R., Erklärg. d. römisch-katholischen Katechismus in ausgef. Katechesen. Im Anschl. an d. Breslauer Diözesan-Katechismus hrsg. gr. 8. (X, 425 S.) Habelschwerdt 898. Franke. n. 3. 50; geb. n. 4. —

Erklärung des römisch-katholischen Katechismus in ausgeführten Katechesen. Im Anschl. an d. Breslauer Diözesan-Katechismus hrsg. von R[einhold] Klose, Sem.Dir. a. D. 2. verm. u. verb. Aufl. *Habelschwerdt: Franke 1899.* (X, 451 S.) 8° [F. u. Ant.] [99. 5346

Klose, R., Erklärung des römisch-katholischen Katechismus in ausgeführten Katechesen. Im Anschlusse an den Breslauer Diözesan-Katechismus hrsg. 3. verm. u. verb. Aufl. gr. 8. (XII, 457 S.) Habelschwerdt 902. Franke. n. 3. 70; geb. n. 4. 30

Erklärung des römisch-katholischen Katechismus in ausgeführten Katechesen. Im Anschlusse an d. Breslauer Diözesan-Katechismus u. den ... Deharbeschen Katechismus hrsg. von R[einhold] **Klose**. 4., verm. u. verb. Aufl. Habelschwerdt: Franke 1905. (XI, 422 S.) 8° [F.] [06. 7487

Klose, R., Katechismus für katholische Schulen, s. Vorbereitungen und Entwürfe aus dem gesamten Unterrichtsgebiete der deutschen Volksschule.

Aus mancherlei Tagen. Gedichte von Richard **Klose**. Jauer & Leipzig: O. Hellmann [1905]. (134 S.) 8° [F.] [06. 10880 2

Klose, Richard, Assistenzarzt im Gren.-Reg. König Friedr. III. ⟨2. Schles.⟩ No 11: **Tuberkulose und Herzfehler.** Eine Betrachtung auf Grund der in d. 2. med. Universitätsklinik zu Berlin zur Beobachtung gelangten Fälle. *Berlin (1902): G. Schade.* (29 S.) 8°
Berlin, Med. Diss. v. 21. Nov. 1902

Klose, Sam. Benj., († d. 18. Sept. 1798.), s. Breslau, über. — Breslau, von.

Klose's, S. B., Darstellung der innern Verhältnisse der Stadt Breslau, siehe: Scriptores rerum Silesiacarum, 3. Bd.

(Klose, S. B.) Dokumentarische Geschichte u. Beschreibung von Breslau in Briefen. 2 Th. 8. Breslau 1780. 83. 15,00

— s. Nachr. v. Schriften u. Schriftstellern.

— s. *Runge*, notitia. — Unterhaltungen, literar.

Klose, Sigismund Christian

Klose, Sig. Chr., De anima humana. Witteb. 4°. 1724

— **M. Sigism. Christian** (Durlach; Präs.) u. (Respond.) **Joh. Heinrich Baumann** (Enslingen/Schwaben), Schediasmatis historico-philosophici de Apollonio Tyanensi philosopho Pythagorico Thaumaturgo sectio secunda. Wittbg. (Johann Andreas Röber) o. J. 16 S. (5.—) 18431

Klose, P. Chr., de Apollonio Tyanensi, philosopho pythagorico, thaumathurgo et de Philostrato. Diss. I. II. Viteberg. 723. 724. 4.

Klose, W., Bronze- und Eisenzeit oder Metallzeit. Ein Beitrag zur Lösung über die Berechtigung dieser Eintheilung und über die Priorität der Bronze. gr. 8. (IV, 116 S.) Hirschberg 887, Kuh. * 2 50

Klose, W., Syagrius. Epische Dichtg. 8. (103 S.) Oppeln 896. G. Maske. Geb. in Leinw. n. 3. —

Klose, W., Tafeln zur Berechnung d. Höhenunterschiede aus beobachteten Barometer- u. Thermometerständen. Zum Gebr. d. Grossh. Bad. militair.-topograph. Bureau's, f. Meter-Maas u. 100theil. Thermometer berechnet. 1 Tab. gr. Fol. u. 1 Stndr. qu. gr. Fol. Carlsruhe 830, Braun.

Klose, (W.,) Vorlagen f. Landschaftszeichner. 1s u. 2s Heft. Fol. Berl. 827, Müller.

Klose, W., Vorlagen für Landschaft-Zeichner, nach Max Wagenbauer. 11 Hfte. (à 12 Blatter.) Imp.-4. Berlin 840. Winckelmann u. Söhne. à 3/4 ℛ

— neueste Zeichnenschule rc., zum Gebrauch für Stadt- u. Landschulen. 1s u. 2s Hft. 4. Berl. 827. Müller. 1 ℛ

— neueste Zeichenschule zum Gebrauch für Stadt- u. Land-Schulen, wie auch zum Selbstunterricht anwendbar. 11 Hfte., enthaltend 24 Bl. Landschafts-Studien. qu. 4. Ebd. 840. à 1/4 ℛ

Klose, Walther, a. Gelsenkirchen: Die Finanzpolitik der preußischen Großstädte. Halle a. S. 1907: Gebauer-Schwetschke. (75 S.) 8° ¶(Erscheint vollst. 1907 b. F. Siemenroth, Berlin.)
Halle, Phil. Fak., Ref. Conrad, Diss. v. 8. April 1907
[Geb. 3. Okt. 81 Schalke i. Westf.; Wohnort: Halle a. S.; Staatsangeh.: Preußen; Vorbildung: Realgymn. Schalke Reife O. 00; Studium: Berlin 2, München 1, Halle 4 S.; Rig. 10. Jan. 07.]

Klose, Walth., die Finanzpolitik d. preussischen Grossstädte. (VII, 261 S.) Lex. 8. Berlin 907. F. Siemenroth. 5. 50

Klose, Wilh., Brief üb. die Konfirmation. 6. Aufl. 36.—46. Taus. 8. (12 S.) Braunschweig 893. H. Wollermann. n. — 10
Früher u. d. T.: K., an die lieben Eltern meiner Konfirmanden.

Klose, Brief üb. d. Konfirmation. 57. bis 66. Taus. 12. (15 S.) Braunschweig 898. H. Wollermann. n. — 10

Klose, Wilh., Brief über die Konfirmation. (67—76. Tauf.) (16 S.) kl. 8. Braunschweig (903). H. Wollermann. — 10

Klose. An die lieben Eltern meine ... Konfirmand .. u. 1.—6. Aufl. 8. (12 S.) Braunschw. 890,91. Grüneberg. * — 10

— am Pilgerstabe. Gedichte. 12. (VIII, 247 S.) Ebd. 894. Geb. in Leinw. 3. —; m. Goldschn. n. 3. 50

Klose, Wolf. Fr. Wlh., († d. 6. Nov. 1813.) Archiv d. prakt. Heilkunde, s. Zadig.

— Aufruf an Preußens Patrioten, d. Elend d. armen Wahnsinnigen zu mildern. 16. Bresl. 803. (Siegert in Liegn.) 4 Kr

Klose, W. Beiträge z. gerichtl. Arzneikunde. Berlin 1811.

Klose, W. F. W.: Beiträge zur gerichtl. Arzneikunde. *Bresl.* u. *Leipz.* 811. gr. 8. (1 Thl.)

— Beitr. z. gerichtl. Arzneikunde. gr. 8. Bresl. 811. W. G. Korn. 1 ℛ

Klose, W. F. W., Briefe e. Reisenden üb. u. v. Breslau. m. K. 3 Bde. 8. Breslau, W. Korn. 780—84.

— Einrichtung d. mit d. Bresl. Hausarm.-Medic.-Instituts verbund. klin. Lehranstalt. 8. Bresl. 804.

— nothwendige Erklärung, den Zweck d. Hausarmen-Medic.-Instituts u. d. Mittel zur Einreichung betreffend. 8. Bresl. 804.

— Geschichte, Verfassung und Gesetze d. Bresl. Hausarmen-Medicinals-Instituts. 8. Breslau, Korn d. ält. 808.

— die Kuhpocken u. ihre Wirkungen zu Landshut, oder Nachr. von e. durch d. Kuhpockenimpfung daselbst veranlaßten Fehde. gr. 8. Landsh. 801.

— Diss. inaug. de catheterum variis speciebus et eorum usu. 8. Bresl. 796.

Klose, W. F. W.: System d. gerichtl. Physik. *Breslau*, Korn. 813. gr. 8. (2 Thl. 12 Gr.)

Klose, W. System d. gerichtl. Physik. Berlin 1814.

Klose, W. F. W., System d. gerichtl. Physik. gr. 8. Breslau, Joh. Fr. Korn d. ält. 814.

— Vers. e. system. Handbuchs d. Pharmacologie. 1r Thl. u. 2n Thls 1r Bd. gr. 8. Breslau, Hamberger. 804. (I. 1 Rthlr. II. 1r 1 Rthlr. 12 gr.)

— Versuch e. systemat. Handbuchs d. Pharmakologie. 1r Thl. u. 2n Thls. 1r Bd. gr. 8. Bresl. 804. (Heymann in Glogau). 2 ℛ 12 Kr

— s. Wochenblatt, medicinisches.

Klösel. Plan von der Stadt Beuthen O. S. 1 : 10000. 1 Bl. L.

Klösel, G., das verdammte Geld. Schwank in 4 Akten. gr. 8. (32 S.) Berlin (893). M. Böhm. 2. —

Kloesel, Karl, Erziehungs- u. Unterrichtslehre. 1. Tl.: Die leibl. Erziehg. (Neue Titel-Ausg. v. K., der Seminar-Unterricht, 1. Bd., 1. Tl.) gr. 8. (XIV, 128 S.) Breslau 892. F. Hirt. n. 1. 60

Kloesel, Karl, Erziehungs- u. Unterrichtslehre. 2. Tl. D. geist. Erziehg. u. d. Unterricht. gr. 8. (XIV, 273 S.) Breslau 896. F. Hirt. n. 3. — (Kplt.: n. 4. 60)

— der Seminar-Unterricht. Ein Handbuch f. Seminaristen u. Volksschullehrer u. zur Wiederholg. bei der Vorbereitg. auf die 2. Lehrerprüfg. 1. Bd. Erziehungs- u. Unterrichtslehre. 1. Tl. Die leibl. Erziehg. gr. 8. (XIV, 128 S.) Posen 892. [J. Jolowicz.] Breslau, F. Hirt. n. 1. 60; geb. n. 2. —

Klosen, E., Katechismus-Andachten. 12. Liegnitz, Siegert. 757.

Klösges, L., Jesus, unser Schutz u. Trost! Römisch-kathol. Gebet- u. Gesangbuch f. Erwachsene u. Kinder. N. d. Tode d. Verf. bearb. u. erweit. v. H. Laakmann. 2. Aufl. 16. (478 S. m. Titelbild.) Kevelaer 898. Butzon & Bercker. Geb. in Leinw. n. — 90

Klösges, L., Schutzengel. Lehr- u. Gebetbüchlein f. Kinder. 16. (94 S. mit Titelbild.) Kevelaer (899). Butzon & Bercker. Geb. — 15

— Stern des Heiles. Vollst. Gebet- u. Andachtsbüchlein. 6. Aufl. 16. (250 S. m. 1 Farbdr.) Ebd. 899. Geb. in Leinw. — 40

— der geheiligte Tag des römisch-kathol. Christen. Ein vollständ. Gebetbuch, enth. die gebräuchlichsten Gebete, Gesänge u. Psalmen, lateinisch u. deutsch. 6. Aufl. 16. (250 S. m. 1 Farbdr.) Ebd. 899. Geb. in Leinw. n. — 40

Kloske, Othmar, Hochmeister-Bilder. Ursprung u. Geschichte des hohen Deutschen Ritterordens. Nach geschichtl. Quellen geschildert. (XII, 59 S.) 12. Regensburg 903. Verlagsanstalt vorm. G. J. Manz. n. 1. —; geb. in Leinw. n. 1. 50

Klosmann, Otto: Über Nitro-p-Toluyl-o-Benzoësäure und einige Derivate derselben. *Greifswald 1897: C. Sell.* (27 S.) 8°
Greifswald, Phil. Diss. v. 20. Dez. 1897

Joh. Georg Burckhard Franz Kloss geb. d. 31. Juli 1787; gest. 10. Febr. 1854 in Frankfurt a. M. als 18jähriger Lufton aufgenommen in der Loge z. Einigkeit 28. Sept. 1805. Beschreibung der Säkularfeier begangen von der Loge zur Einigkeit am 31. Juli u. 28. Sept. 1887. Frankfurt a. M. 1887: Mahlau & Waldschmidt. 59 S. 1 Taf. 8°
Enth. die Festzeichnung von H. Weismann: Lebensbild Kloss' u. die Grabrede des Pfarrers J. Chr. D. J. Deichler.

Kloss

— s. a. Closs.

Kloß, Festschrift zur 50jähr. Jubelfeier des Männerturnvereins in Posen, m. Abb., Posen 1910. 48 S., 8°.

Kloss, Grundzüge der mechanischen Wärmelehre. Budissin. 4. 22 p. einer Tafel.
Schul-/Univ.-Schrift 1867

Kloß, s.: Verfassungsrevision.

Kloß, Alfred: Die Staatsanwaltschaft bei den Land- und Amtsgerichten in Preußen, s. Marck, Hugo von

Kloß, Erich, s. a.: Erich, Jul.

Kloss, Jul. Erich, vingt années de „Bayreuth" 1876 à 1896. Considérations et pensées diverses. Traduit de l'allemand par Georges Korczewski. 8. (88 S.) Berlin 896. Schuster & Loeffler. 1.50; geb. n. 2.50

— 20 Jahre „Bayreuth" 1876—1896. Allerlei Betrachtgn. 8. (96 S.) Ebd. 896. 1.50; geb. n. 2.50

Julius Erich Kloss. Zwanzig Jahre 'Bayreuth' 1876—1896. Allerlei Betrachtgn. 5. Taus. *Berlin: Schuster & Loeffler 1896.* (96 S.) ; Bd 8.

— Max Kretzer. E. Studie zur neueren Litteratur. 8. (66 S. m. Bildn.) Dresden 896. E. Pierson. n. 1.—

Kloß, Jul. Erich, Max Kretzer. Eine Studie zur neueren Literatur. 2., völlig umgearb. Aufl. Mit 1 Bilde Max Kretzers. (Aufnahme v. R. Dührkoop in Hamburg.) (127 S.) 8. Leipzig (905). B. Elischer Nachf. n. 2.—

Kloß, Erich, s.: Wagner, Rich., in seinen Briefen.

— s.: Wagner, Rich., u. Frz. Liszt, Briefwechsel.

— s. Wagner, Richard, an Freunde und Zeitgenossen.

— s.: Wagner, Rich., an seine Künstler.

— Richard Wagner im Liede. Verse deutscher Dichter. Buchschmuck u. Illustr. v. Frz. Staffen. (72 S. m. 2 Taf.) Lex. 8. Berlin (909). Harmonie. Kart. 5.—

— Richard Wagner üb. „Lohengrin". Aussprüche des Meisters üb. sein Werk. Zusammengestellt v. K. (59 S.) gr. 8. Berlin (908). H. Paetel. —70
Sonderabdruck aus: „Richard Wagner-Jahrbuch".

— s.: Wagner, Rich., üb. die Meistersinger v. Nürnberg.

Kloss, Erich, Wagner, wie er war u. ward. Ein Wort zur Klärg. üb. den Meister als Menschen gr. 8. (84 S.) Berlin 901. O. Elsner. n. 1.—

Kloss, Erich. (Richard) Wagner-Anekdoten. Aus den besten Quellen geschöpft. 1. bis 3. Tausend. [Umschlag mit Porträt-Vignette.] 132 S. 8. Berlin und Leipzig. Schuster & Loeffler, 1908. [M. 1.50, geb. 2.—]
S. 33–83: Wanderjahre: Im Schweizer Exil — ... München-Triebschen.

— ein Wagner-Lesebuch. Volkstümliches über Wagner u. Bayreuth. (V, 285 S.) 8. Leipzig (904). C. F. W. Siegel. n. 3.—; geb. n. 4.—

— Wagnertum in Vergangenheit u. Gegenwart. (VI, 194 S.) 8. Berlin 909. A. Hofmann & Co. Geb. in Leinw. 3.—

Julius[!] Erich Kloss. Twenty Years of 'Bayreuth' 1876 to 1896. Various Reflections u. criticisms. Transl. fr. the german by William Faulkland. *Berlin: Schuster & Loeffler 1896.* (85 S.) 1 Bd 8.

Kloss, Ernst (Albert) *(geb. Zeitz 19.8.1844)*: Anilin in seiner geschichtlichen Entwicklung und seinem Einflusse auf die Entwicklung der chemischen Theorien. Breslau (1867). (64 S.) 8°
Breslau, Phil. Diss. v. 28. Juni 1867

Kloß, Frdr., die Amazonenpapageien. M. bes. Berücksicht. ihrer Pflege u. Abrichtg. allseitig geschild. gr. 8. (IV, 146 S. m. 8 Abb.) Leipzig 897. Exped. der Geflügel-Börse. 2.—

— der Graupapagei (Psittacus erithacus, L.) m. bes. Berücksicht. s. Pflege u. Abrichtg. 8. (60 S. m. Abb.) Ebd. (894). n. 1.—

— die Prachtfinken. M. bes. Berücksicht. ihrer Pflege u. Zucht allseit. geschild. gr. 8. (IV, 172 S. m. Abb.) Ebd. 896. n. 2.—

Kloß, Frdr., die Vogelzüchtung als Nebenerwerbszweig, } s.: Universalbibliothek f. Thierfreunde.
— der Wellensittich, } s.: Universalbibliothek f. Thierfreunde.

Kloss, Georg

— **Johann Georg Burghard Franz** (Frankfurt a. M.), De amputatione humeri ex articulo. Diss. chir. Götting. (J. C. Baier) 19. VIII. 1809. 92, IV S. (6.—) 18433

Kloss, Geo., de amputatione humeri ex articulo. Comment. chirurgica. 4maj. Frankf. 811. Brönner. 16 gr.

Annalen der Loge zur Einigkeit. der englischen Provincial-Loge, sowie der Provincial- und Directorial-Loge des eclectischen Bundes zu Frankfurt am Main 1742—1811. Eine Festgabe, ausgetheilt bei der Säcularfeier der Loge zur Einigkeit am 27. Juni 1842. [Von Georg **Kloss.**] Frankfurt a. M. 1842: [Horstmann]. XVI, 376 S. 4°
Recens: L. 2 (1843) S. 173–174.
cf. HZC. 121 (1843) S. 11—15 der 2. Pag. (Th. Merzdorf).
Kl. 3026, Tt. 446. S. 373–376; Steinheils Rede üb. die Grundsätze der Frmrei (Nr 1353), auch abgedr. in: T. 11 (1864) S. 91–93, 98—96.

Kloss, Georg: Actenmässige Beleuchtung der Persönlichkeiten und Behauptungen, welche die ehemalige eclectische Loge Carl zum aufgehenden Lichte, in einer sogenannten actenmässigen Entgegnung auf das Manifest der Grossen Mutter-Loge des Eclectischen Freimaurerbundes zu Frankfurt am Main wider Georg Kloss sich erlaubt hat. [Unterz.:] Georg **Kloss.** Hs. f. Br.·. Frmr. Nebst Anl. 1—4. Frankfurt a. M.: 1844. 52 S. 4° [Umschlagtit.]

Kloß, Geo., Bibliographie d. Freimaurerei, s. Bibliographie.

Bibliographie der Freimaurerei und der mit ihr in Verbindung gesetzten geheimen Gesellschaften. Systemat. zsgest. von Georg Kloss. [Nebst] Nachlese. Frankfurt a. M.: Sauerländer 1844. XIV, 430, 6 S. 8⁰
Recens: Mh. 2 (1845) S. 453—458.
cf. MM. 8 (1880—81) S. 4—5 (A. F. A. Hoodford) Zeitschr. f. Bücherfreunde. 6 (1902—1903) S. 201—205 (B. St. Goar); im Auszug, mitget. von F. Schmidt in: Bh. 53 (1910) S. 197—199. Tt. 51. Berichtigungen u. Zusätze von H. Schletter in: FZ. 13 (1859) S. 165—166, 173 bis 175.

—— Bibliothek d. Freimaurerei, s. Bibliothek.

Maurerische Büchersammlung von G[eorg] Kloss. o. O. [1850.] 8 Bl. 2⁰. [Kopftit.] [Lith.]
Tabellarische Übersicht der Büchersammlung. Sehr selten.

Der schädliche Einfluss der sogenannten höheren Grade auf die wahre Freimaurerei. Vortrag, gehalten an die neuaufgenommenen Brüder-Meister, Mittwoch, 24. Jan. 1844, in der Loge zur Einigkeit zu Frankfurt a. M. von Georg Kloss. Nebst einem Anh.: Ueber die Tendenz der sogenannten höhern, besonders theosophischen Grade der Freimaurerei in der Gegenwart. Mitgeth. von G[erh.] Friederich. o. O. [1844]. 39 S. 8⁰ [Umschlagtit.]
Ohne Anh. abgedr. in: Mh. 4 (1845) S. 64—85.
Auszug in: T. 13 (1867) S. 73—74, 84—85.
Recens: Archiv f. Frmrei. 2, 4 (1844) S. 116 bis 126 (E. Deecke).
cf. L. 4 (1844) S. 327—328.
Tt. 2090.

Die Freimaurerei in ihrer wahren Bedeutung aus den alten und ächten Urkunden der Steinmetzen, Masonen und Freimaurer nachgewiesen von Georg Kloss. (Nebst einer Abb.) Leipzig: Klemm [1846]. XII, 355 S. 1 Taf. 8⁰.

[Dasselbe.] 2. verb. Aufl. Berlin: Ehle 1855. XII, 355 S. 1 Taf. 8⁰
Recens: Literaturblatt. Red. von W. Menzel. 1846 S. 320; Archiv f. Frmrei. 4, 1 (1847) S. 91—101; A. 13 (1847) S. 336—340.
cf. FZ. 1 (1847) S. 89—95, 101—102; L. 9 (1847) S. 148—156; FQR. 1847 S. 242—244; Fr. 14 (1881) S. 439.
Tt. 309. Selten. Auf Urkunden gegründete Übersicht des Ursprungs, äusserlichen Zwecks u. Übergangs der „Operative Masonry" in die jetzige Frmrei.

Kloß, Geo., die Freimaurerei in ihrer wahren Bedeutung aus den alten und ächten Urkunden der Steinmetzen, Masonen und Freimaurer nachgewiesen. 2. (Titel-)Aufl. gr. 8. (XII und 355 S. mit 1 Stnt.) Berlin 855, Ehle. *

Geschichte der Freimaurerei in England, Irland und Schottland aus ächten Urkunden dargest. (1685 bis 1784) nebst einer Abhandlung über die Ancient Masons. Von Georg Kloss. Leipzig: Klemm [1847]. XXIV, 485 S. 8⁰
Auszug in: T. 2 (1856—1857) S. 124—125.
Recens: A. 17 (1853—1854) S. 330—332 (L. Bechstein).
cf. FZ. 2 (1848) S. 51—55; L. 12 (1848) S. 143 bis 149.
Tt. 386.

Kloß, Geo., Geschichte der Freimaurerei in England, Irland und Schottland aus ächten Urkunden dargestellt (1685—1784) nebst einer Abhandlung über die Ancient Masons. gr. 8. (XXIV und 485 S.) Leipzig 848, O. Klemm. *

Geschichte der Freimaurerei in Frankreich aus ächten Urkunden dargest. (1725—1830). Von Georg Kloss. Bd. 1. 2. Darmstadt: Jonghaus 1852—1853. 8⁰
1. Von d. Einführung d. Frmrei in Frankreich bis zur Restauration d. Königthums. XVI, 592 S. 1852.
2. Von der Restauration d. Königthums bis zur Juliusrevolution. 406 S. 1853.
Auszüge in: FZ. 7 (1853) S. 109 200, 215 bis 216, 228—229, 262; 10 (1856) S. 117—118, 128; 11 (1857) S. 62—63; T. 2 (1856—1857) S. 51—52.
Auszug in franz. Übers. von L. Hollandersky in: Le Franc-Maçon. 1853 S. 177 bis 189.
Recens: z. Bd 1: FZ. 7 (1853) S. 171—173 (R. R. Fischer); z. Bd 2: A. 17 (1853 bis 1854) S. 332—334 (L. Bechstein); z. Bd 1. 2: Frmr-Kalender. 1855—1856 S. 100 bis 101 (H. Bretschneider).
cf. Le Franc-Maçon. 1853 S. 150—153 (L. Hollandersky).
Tt. 387. In Annalenform; in Hauptsache die Gesch. der Frmrei zu Paris.

Wahrhaftigkeit: Die drei Grundpfeiler der Maurerei. Vortrag, gehalten am Johannisfeste, den 24. Junius 5838. [Von Georg Kloss. Frankfurt a. M. 1838.] 7 S. 8⁰ [Umschlagtit.]
Abgedr. in: PtkF. 1838 S. 2—3; T. 1 (1855 bis 1856) S. 129—131; Bh. 35 (1892) S. 326 bis 327.
Kl. 1271, Tt. 2088. Üb. die Mrtugend Wahrhaftigkeit.

Maurerische Handschriften von G[eorg] Kloss. Instruction. [Dat.:] Frankfurt a. M. 31. Julius 1850. [Unterz.:] J[oh.] Georg Burkh. Franz Kloss. 7 Bl. 2°. [Kopftit.] [Lith.]
Sehr selten.

Rede gehalten am 6. Dec. 1837. [Von Georg Kloss. Frankfurt a. M. 1837.] 12 S. 8° [Umschlagtit.]
Abgedr. in: Mh. 3 (1844) S. 430—445.
Kl. 1269, Tt. 2087. Zur Säkularfeier der Einführung der Frmrei in Deutschland. Überblick üb. die Periode des Erscheinens der Frmrei in Deutschland um das J. 1737.

Ueber die Unstatthaftigkeit des Versuchs ein positives Christenthum in die Freimaurerlogen hineinzuziehen. Vortrag, gehalten am Mittwoch, 6. März 1844, in geöffneter Meisterloge der ger. und vollk. Loge zur Einigkeit zu Frankfurt a. M. von Georg Kloss. Hs f. Mstr-Mr. bestimmt. o. O. [1844]. 22 S. 8° [Umschlagtit.]
Recens: Archiv f. Frmrei. 2, 4 (1844) S. 106 bis 116; L. 6 (1845) S. 154.
cf. FQR. 1847 S. 240.
Veranlasst durch eine in der Eklektischen Mutterloge herrschende Verschiedenheit der Ansichten in bezug auf das Glaubensbekenntnis des Suchenden.

Die Cölner Urkunde vom 24. Juni 1535 nebst den holländ. Protokollen von 1637 und 1638 betrachtet und beurtheilt von dem Standpunkte krit. und positiver Kenntniss des Maurerbundes aus von Georg Kloss. Altenburg 1840: Pierer. VIII, 108 S. 8°
Aus: Neueste ZfFr. 1839—1840 S. 144—251.
Kl. 2867, Tt. 308.

Was hat die deutsche Freimaurerei in dem letzten Jahrzehnd [!] geleistet? besprochen am Johannisfeste der Hoch.·. Gr.·.Loge des Eklektischen Bundes, den 28. Juni 1851, von Georg Kloss. [Frankfurt a. M. 1851.] 2 Bl. 8° [Kopftit.]
Abgedr. in: FZ 5 (1851) S. 365—368; T. 18 (1872) S. 44—46.
Tt. 2091.

Ueber Wesen und Zweck der wahren, alten Freimaurerei. Vortrag gehalten am 28. [recte: 27.] Sept. 1840, dem Tage der Einverleibung der ger.·. und vollk.·. Loge Carl zum aufgehenden Lichte zu Frankfurt am Main in den eclectischen Bund vom Br.·. **Georg Kloss.** o. O. [1840]. 8 S. 8° [Kopftit.]
Abgedr. in: Mh. 3 (1844) S. 446—462.
Kl. 1279, Tt. 2089.

Zweck und Bedeutung des Johannis-Festes. Eine Stimme brüderlicher Warnung am Johannis-Feste, den 7. Sept. 1844, von Georg **Kloss.** o. O. [1844]. 8 S. 8° [Kopftit.]
Abgedr. in: Bh. 25 (1892) S. 233—237; 37 1894 S. 201—204.

Kloss, Herm., die materiellen und formellen Gesetze für Feldmesser des preußischen Staates nebst Ergänzungen und Erläuterungen. gr. 4. (VIII und 155 S. mit 1 ill. Stnt. in qu. Fol.) Berlin 856, (Plahn'sche Buchh.) *

Kloß, J. C. G., Festklänge. Sammlung 3stimm. Lieder auf alle Feste der evangel.-christl. Kirche. Nach 4stimm. Chören klass. Tonsetzer bearb. 1. Hft. gr. 8. Gütersloh 846, Bertelsmann. 1/8 ₰

Kloß, J. C. G., Festklänge. Sammlung dreistimm. Lieder auf alle Feste der evang.-christl. Kirche. Nach vierstimm. Chören klassischer Tonsetzer bearb. 2. Hft. gr. 8. (48 S.) Gütersloh 848, Bertelsmann. 1/6 ₰ (1. 2. 1/3 ₰)

—— der Sänger. Sammlung zwei- und dreistimm. Lieder für die christl. Jugend. 1. Heft. 2. Aufl. 8. (32 S.) Gütersloh 848, Bertelsmann.

(Kloss, Jacob Gottlieb), Historische Nachricht von der Kirchfahrt Leube in dem Marggrafthum Oberlausitz im Görlitzischen Kreise gelegen. Lauban (Schill) 1762. 40 S. (8.50) 18132

Kloss, J. Gl. Histor. Nachricht von Leuba. 4. Lauban 1782.

Kloss, J. Gl. Sammlung einiger histor. Nachrichten v. d. freyen Standesherrschaft u. der kleinen Stadt Seidenberg. 8. Lauban 1762.

Kloß, Joh. Aug., Gott und die Erde, Unterwelt, Geist, Religion und die Offenbarung St. Johannis. Nach den Ansichten der Ueberzeugung und schlichten Darstellungsweise eines Laien. gr. 8. (VI und 266 S.) Weimar 855, Kühn. Thlr. *

Kloß, Joh. Chrst., das Leiden Jesu, in 37 Abschn. nach d. Harmonie d. vier Evangelisten betrachtet. Ein Erbauungsbuch f. Freunde u. Verehrer uns. Herrn. gr. 8. (21 B.) Löbau 833, Flicke.

Kloss, Josephus Ferdinandus. Hymni sacri in caes. reg. Gymnasiis cantari soliti ad justam normam quatuor vocum redacti novisque canticis adaucti a — — Editio secunda amplificata. 8. (40 S. et 4 Bl.) Viennae. Typis congregationis Mechitharisticae. Sumptibus librarii J. B. Wallishausser 1854.

Kloss, Jos. Ferd. — Hymni sacri in caes. reg. gymnasiis cantari soliti ad justam normam quatuor vocum redacti novisque canticis adaucti a — —. Editio tertia amplificata. Viennae, 1857. Typis M. Auer. Sumptibus librariae Wallishausser. (Joseph Klemm.) (38 S. 8.)

Kloss, Jos. Ferd., hymni sacri ad usum juventutis stud. in c. r. gymnasiis. Editio quarta. 8. (88 S.) Wien 860, Wallishausser'sche Buchh.

Kloss, Jos. Ferd. Hymni sacri in caes. reg. gymnasiis cantari soliti ad justam normam IV vocum, redacti novisque canticis adaucti a J. F. K. Ed. VI. gr. 8. (40 S.) Wien 889, Künast. * — 90

Kloss, Jos. Ferd., Hymni sacri in caes. reg. gymnasiis cantari soliti, ad justam normam IV vocum redacti novisque canticis adaucti. Ed. VII. gr. 8. (41 S.) Wien 897. A. W. Künast. n. — 90

Kloß, J. F. — Vierstimmige Kirchengesänge für Studirende an österreichischen Realschulen von — —. Wien. 1855. Mechitharisten-Buchdr. Verlag von J. B. Wallishausser. (54 S. 8.)

Kloss, J. F., *Secretär d. Vereines zur Beförderung echter Kirchenmusik in Wien.* Vierstimmige Kirchengesänge für Studierende an Realschulen. Neue unveränd. Aufl. *Wien. Wallishausser'sche* Buchhandl. *(Jos. Klemm).* 52 S. 8°.
1859.

Kloß, J. F., vierstimmige Kirchengesänge für Studierende an Mittelschulen. 10. verm. Aufl. gr. 8. (IV, 51 S.) Wien 877, Wallishausser'sche Buchh. *

Kloß, J. F., vierstimmige Kirchengesänge für Studierende an Mittelschulen. 12. verm. Aufl. gr. 8. (51 S.) Wien 886, Klinast. * — 84

—— Vierstimmige Kirchengesänge für Studierende an Mittelschulen. 12. Aufl. gr. 8. (50 S.) Ebd. 889. * — 84

Kloß, J. F., Vierstimmige Kirchengesänge für Studirende an Mittelschulen. 13. vermehrte Auflage. Gr.-8. (50 S) * —.42
Ebd. 1893.

Kloß, J. F — Allgemeine Kirchenmusik-Lehre in Vorträgen für Präparanden des pädagogischen Lehramtes, von — —. 8. (S. 70 et XXV.) Wien. Druck und Verlag von J B. Wallishausser. 1854.

Kloß, J. F., Singlehre für Volksschulen. Wien 865. (F. Klemm.) Lex.-8. (31 S.) n. 8 ngr.

Kloß, J. F., Singlehre für Volksschulen. 2. verm. Aufl. Lex.-8. (48 S.) Wien 870, (Klemm.) 1 —

Kloss, Johann Georg Burckhard Franz, s. Kloss, Georg

Kloss, Julius Ernst, s. Kloss, Ernst

Kloss, Max: Analytisch-graphisches Verfahren zur Bestimmung der Durchbiegung zwei- und dreifach gestützter Träger. Mit besonderer Berücksichtigung der Berechnung von Drehstrommotorenwellen. [1902.] 128 S., 4 Taf. 8° ¶ Auch bei Seydel in Berlin; Ausz. in: Dinglers Polytechn. Journal. Jg. 84. 1903. Bd 318.
Dresden, Dr.-Ing.-Diss. v. 10. 3. 1902

Kloss, Max, analytisch-graphisches Verfahren zur Bestimmung der Durchbiegung zwei- u. dreifach gestützter Träger. Mit besond. Berücksicht. d. Berechng. v. Drehstrommotorenwellen. Diss. gr. 8. (128 S. m. Fig. u. 4 Taf.) Berlin 902. (Polytechn. Buchh. A. Seydel.) n. 3.—

Kloss, Mor., Anleitung zur Ertheilung des Turnunterrichtes. Zunächst für die Elementarvolksschulen des Königr. Sachsen auf Veranlassung des K. S. Ministerii des Cultus und öffentl. Unterrichtes bearb. gr. 8. (VIII und 158 S. mit 42 Fig., 1 Grundriß von Turnräumen in eingedr. Holzschn. und 5 Liedern.) Dresden 863, Schönfeld's Buchh. *

Kloss, Mor., Anleitung zur Ertheilung des Turnunterrichtes. Zunächst für die Elementarvolksschulen des Königr. Sachsen auf Veranlassung des K. S. Ministerii des Cultus und öffentl. Unterrichts bearb. 2. verm. und verb. Aufl. Mit 49 Fig., 1 Grundriß von Turnräumen (in eingedr. Holzschn.) und 6 Liedern. gr. 8. (VIII, 191 S.) Dresden 878, Schönfeld's Verlag. * 2 40

Kloss, Mor., über die turnerische Ausbildung in ihrem Verhältnisse zu den Anforderungen an die Befähigung für den einjährigen Freiwilligendienst in den Heeresabtheilungen des norddeutschen Bundes. Ein Vortrag für die 5. Versammlg. deutscher Turnlehrer zu Görlitz am 16. Juli 1869 gehalten. [Aus den neuen Jahrbüchern für die Turnkunst.] Dresden 869. (Schönfeld.) gr. 8. (14 S.) n. 5 ngr.

—— die Barren-Uebungen der deutschen Turnschule vor dem Richterstuhle der Kritik. Eine turner. Streitfrage auf Grund gutachtl. Aeusserungen von Prof. Dr. Bock, Dr. Friedrich, Prof. Dr. H. Eb. Richter und Dir. Dr. Schildbach. gr. 8. (30 S.) Dresden 862, (Schönfeld's Buchh.) *
Aus: Neue Jahrbücher für die Turnkunst, besonders abgedruckt.

Kloß, Moritz, Bericht über die Kgl. Turnlehrerbildungsanstalt zu Dresden, d. 1., 2., 3. sieben Jahre umfassend u. bei Gelegenheit d. 25jähr. Wiederkehr ihres Eröffnungstages, 25. 10. 1875, Dresden 1856, 1864, 1871, 1875, 8°. 4 Bde.

—— zweiter Bericht über die Königl. Turnlehrer-Bildungsanstalt zu Dresden, die zweiten sieben Jahre ihres Bestehens umfassend, nebst einer Beschreibung ihrer Localitäten und der Einrichtungen für Turnunterrichtszwecke hrsg. gr. 8. (34 S. mit 1 Stnt. Abbild. und 1 lithogr. Grundplan in gr. 8. und gr. Fol.) Dresden 864, (Schönfeld's Buchh.) *

—— s. Bericht, 3., über die Turnlehrer-Bildungsanstalt zu Dresden.

—— s. Bericht, 4., über die königl. Turnlehrer-Bildungsanstalt zu Dresden.

—— Blick auf den früheren und jetzigen Stand des Schulturnwesens im Königreich Sachsen nach seiner äusseren und inneren Entwicklung nebst einer tabellar. Uebersicht der Frequenz der Schulturnanstalten. gr. 8. (43 S.) Dresden 866, (Schönfeld's Buchh.) *

—— catechismo della ginnastica. Prima versione italiana sulla IV. ed. tedesca autorizzata dall' autore di Lor. de Reya. Illustrato con 95 fig. intercalate nel testo (in Holzschn.) 8. (X, 309 S.) Triest 878. Dase. n. 3. 20

Kloß, Mor., 80 vierstimmige Choräle für gemischten Chor zum Gebrauch in Gymnasien, Realschulen und Choranstalten. Ein Hülfsmittel beim Schulgottesdienste der höh. Lehranstalten zunächst als Choralbuch zu dem Gesangbuch für Schulen von J. A. D. L. Lehmann. gr. 8. (VI und 71 S.) Erfurt 849, Körner. *

Kloß, Mor., Hantel-Büchlein für Zimmerturner. Ein Beitrag zur prakt. Gesundheitspflege. Mit 20 in den Text gedr. Abbildgn. (Holzschn.). Leipzig 858. Weber. 16. (XIV, 92 S.) n. 10 ngr.

Kloss, Mor., Hantel-Büchlein für Zimmerturner. Ein Beitrag zur prakt. Gesundheitspflege. 1. Aufl. 1858. und 2. Aufl. 16. (XIV und 93 S. mit 20 in den Text gedr. Abbild. in Holzschn.) Leipzig 860, Weber. *

—— Hantel-Büchlein für Turner, namentlich für Zimmerturner. Ein Beitrag zur prakt. Gesundheitspflege. 3., verm. und verb. Aufl. 16. (XVI und 114 S. mit 24 in den Text gedr. Abbild. in Holzschn.) Leipzig 865, Weber. *

—— Hantel-Büchlein für Zimmerturner. 4. verm. und verb. Aufl. 16. (XXII, 114 S. mit 26 in den Text gedr. Abbild.) Leipzig 872, Weber. * 1 —

— Hantel-Büchlein f. Zimmerturner. 5. verb. Aufl. Mit 26 in den Text eingedr. (Holzschn.-)Abbildgn. 16. (XVI, 114 S.) Leipzig 876. Weber. n. 1. —

Kloss, Mor., Hantel-Büchlein für Zimmerturner. 6., verm. u. verb. Aufl. Mit 26 in den Text gedr. Abbildungen. 16. (XVIII, 120 S.) Leipzig 881. Weber. n. 1. —

—— dass. — 7. Aufl. 16. (VIII, 120 S. mit 26 in den Text gedr. Abbild.) Ebendas. 884. geb. *

Kloss, Mor., Hantel-Büchlein f. Zimmerturner. 8. Aufl. Mit 26 Abbildgn. 16. (VIII, 120 S.) Leipzig 886. Weber. geb. n. 1. 20

Kloss, M., Hantel-Büchlein f. Zimmerturnen. 9. Aufl. Mit 26 in den Text gedr. Abbildgn. 16. (VIII, 120 S.) Leipzig 887. J. J. Weber. geb. n. 1. 20

Kloss, Mor., Hantel-Büchlein f. Zimmerturner. 10. Aufl. 16. (VIII, 120 S. m. 26 Abb.) Leipzig 895. J. J. Weber. Geb. in Leinw. n. 1. —

Kloß, Mor., Hantelbüchlein f. Zimmerturner. 12. Aufl. m. 27 in den Text gedr. Abb. (X, 119 S.) 16. Leipzig 907. J. J. Weber. Geb. in Leinw. 1. 20

Kloss, Mor., weibliche Hausgymnastik. Eine leicht verständliche, im Haus und Zimmer ausführbare Selbstanweisung zu gesundheitsgemäßer und heilkräftiger Körperübung. Als Beitrag zur Gesundheitslehre für das weibliche Geschlecht aller Altersstufen. 8. (XVI und 171 S. mit 27 in den Text gedr. Abbild. in Holzschn. und 1 Musikbeilage.) Leipzig 856, Weber. *

— weibliche Haus-Gymnastik. Eine leicht verständliche im Haus u. Zimmer ausführbare Selbstanweisung zu gesundheitsgemäßer u. heilkräftiger Körperübung. Als Beitrag zur Gesundheitslehre für das weibliche Geschlecht aller Altersstufen bearb. Mit 30 in den Text gedr. Abbildgn. (Holzschn.) 2. verm. Aufl. Ebend. 860. 8. (XVI, 177 S.) n. 24 ngr.

—— weibliche Haus-Gymnastik. Eine leicht verständl., in Haus und Zimmer ausführbare Selbstanweisung zu gesundheitsgemäßer und heilkräft. Körperübung. Als Beitrag zur Gesundheitslehre für das weibl. Geschlecht aller Altersstufen bearb. 3. durchgeseh. und verm. Aufl. 8. (XVI, 192 S. mit 42 in den Text gedr. Abbild. in Holzschn.) Ebendas. 873. * 2 40

—— über Heranbildung von Turnlehrern aus dem Lehrerstande. Ein Vortrag gehalten zu Berlin bei Gelegenheit des deutschen Turn- und Jubelfestes am 9. Aug. 1861. gr. 8. (15 S.) Dresden 861, Schönfeld's Buchh. *

—— Katechismus der Turnkunst, s. Weber's, J. J., illustr. Katechismen.

—— Katechismus der Turnkunst. Ein Handbüchlein für Jedermann. 8. (XI und 172 S. mit 63 in den Text gedr. Abbild. in Holzschn.) Leipzig 852, Weber. *

— — 2. Aufl. 1861. 214 S.
— — 3. Aufl. 1867. 247 S.
— — 4. Aufl. 1874. 271 S.

— Katechismus der Turnkunst. Mit über 100 in den Text gedr. (Holzschn.-)Abbildungen. 5., durchgeseh., verm. u. verb. Aufl. 8. (XVI, 320 S.) Ebend. 879. geb. n. 2. 50

— Katechismus der Turnkunst. 6., verm. Aufl. Mit 100 in den Text gedr. Abbildgn. 8. (VIII, 377 S.) Ebd. 887. geb. n. 3. —

Kloß, Mor., u. Otto Schlenker, Leitfaden der Turnkunst, s. Weber's illustrierte Katechismen. 8. Bd.

— Leitfaden d. Turnkunst, 7. verm. u. verb. Aufl., bearb. v. Otto Schlenker, m. Abb., — 1905, 8°. 5 Bde.

Kloß, M.: Neues vom Turnen und von der Erziehung zur Gesundheit. Aus: Jahrb. f. Phil. u. Paed. 1857, 1863, 1868.

—— das Turnen im Spiel oder lustige Bewegungsspiele für muntere Knaben. Eine Auswahl der einfacheren Jugend- und Turnspiele zur geist. und körperl. Erholung des jüngeren Alters. Als Festgeschenk und als Beitrag zu einer naturgemäßen Jugenderziehung bearb. 16. (IV und 118 S. mit 16 erläut. Figurentaf. in Holzschn.) Dresden 861, Schönfeld's Buchh. *

—— das Turnen in den Spielen der Mädchen. Eine Auswahl nützl. und passender Jugend- und Bewegungsspiele. Zur geistigen und körperl. Erholung des jüngeren Mädchenalters wie als Beitrag zu einer naturgemäßen Jugenderziehung. 16. (VIII und 128 S. mit 16 Taf. Abbild., in Holz geschn. von H. Bürkner, und einer Anzahl von Spielliedern.) Dresden 862, Schönfeld's Buchh.) * 20 Ngr.; geb. *

Kloß, Moritz, Das Turnen auf der Wiener Weltausstellung und die Turnanstalten in Wien (S. Abdr. a. Neues Jbuch f. d. Turnen, Bd. 19, H. 15, 1873), 31 S., 8°.

—— das Turnen auf der Wiener Weltausstellung und die Turnanstalten in Wien. gr. 8. (31 S.) Dresden 873, Schönfeld's Verlag. * 1 —

—— die weibliche Turnkunst. Ein Bildungsmittel zur Förderung der Gesundheit und Anmuth des Frauengeschlechts. Für Eltern, Lehrer und Erzieherinnen bearb. Mit 140 Abbild., 12 ein- und zweistimmigen Liedern und 4 Musikbeilagen zur Begleitung der Schrittweisen, Reigen und Spiele. gr. 8. (XII und 355 S. mit eingedr. Holzschn.) Leipzig 855, Weber. *

—— die weibliche Turnkunst. Ein Bildungsmittel zur Förderung der Gesundheit, Kraft und Anmuth des weibl. Geschlechtes. Für Eltern, Lehrer und Erzieherinnen bearb. 2., verm. und verb. Aufl. Lex.-8. (XX und 383 S. mit den Portr. von Gutsmuths, Jahn und Spieß in eingedr. Holzschn., mit 150 in den Text gedr. Abbild. in Holzschn., Liedern und Musikbeilagen zur Begleitung der Turnreigen und Spiele.) Leipzig 867, Weber. *

Kloss, Mor., die weibliche Turnkunst. Ein Bildungsmittel zur Förderung der Gesundheit, Kraft und Anmuth des weibl. Geschlechts. Für Eltern, Lehrer und Erzieherinnen bearb. 3. verm. und verb. Aufl. Mit den Brustbildern von Gutsmuths, Jahn und Spieß (in eingedr. Holzschn., 165 in den Text gedr. Abbild. (in Holzschn.) sowie vielen Liedern und Musikbeigaben zur Begleitung der Turnreigen und Spiele. gr. 8. (XXIV, 445 S.) Leipzig 875, Weber. *

Kloss, Mor. Die weibliche Turnkunst. Ein Bildungsmittel zur Förderg. der Gesundheit, Kraft u. Anmut d. weibl. Geschlechtes. Für Eltern, Lehrer u. Erzieherinnen bearb. 4. durchges. Aufl. Mit 3 Portr., 165 eingedr. Abbildgn., sowie Liedern u. Musikbeigaben. gr. 8. (XIV, 435 S.) Lpz. 889, J. J. Weber. * 9 —

Kloss, Mor., pädagogische Turnlehre oder Anweisung, den Turnunterricht als einen wesentlichen Theil des allgemeinen Erziehungs- u. Unterrichtswesens zu behandeln. Für Lehrer u. Erzieher. Mit 1 Taf. Abbild. gr. 8. Zeitz 846, Schleferdecker. n. 2/3 ₰

— Turn-Merkbüchlein für Schul-Turnanstalten. Zum Handgebrauche für Turnlehrer, Vorturner und Turnschüler. 32. (VIII und 52 S.) Leipzig 864, Weber. *

— die Turnschule des Soldaten. Systematische Anleitung zur körperl. Ausbildung des Wehrmannes, insbesond. für den Feld- und Kriegsdienst. 8. (XXIV und 374 S. mit 82 in den Text gedr. Abbild. in Holzschn.) Leipzig 860, Weber. *

– (Hrsg.), s. Versammlung, Die 4., deutscher Turnlehrer zu Stuttgart 1867.

Gewerbliche Fragen des Zeitungsverlags. Vortrag des Herrn Direktor O. KLOSS, Nürnberg, gehalten auf der Hauptversammlung Deutscher Zeitungsverleger in Kassel am 6. Juni 1910. Hannover 1910. Verein Deutscher Zeitungsverleger. 8°.

Kloss, P., Nachtrag, s.: Meyer's, F., Handbuch für Postmarkensammler.

Kloss, P., Vereinigte Staaten von Nord-Amerika. Couvert- und Streifband-Aufstellung. gr. 8. (32 S. mit 26 eingedr. Abbild.) Leipzig 880, [L. Senf.] Gebr. Senf. *

Kloß, Rich., das Beurkundungswesen im Königr. Sachsen m. Ausschluß des Notariats, s.: Handbibliothek, Leipziger juristische.

Kloß, R., Bürgerkunde, s.: Glock, A.

— Die religiöse Erziehung der Kinder im Königr. Sachsen. [Aus: „Sächs. Landesprivatrecht, 2. Aufl."] (23 S.) gr. 8. Halle 908. Buchh. des Waisenhauses. — 40

— R., s. Glock, A. u. R. Kloss, Das im Kgr. Sachsen geltende Reichs- u. Landesrecht.

— Sächsisches Landesprivatrecht, s. a. Dernburg, Heinr., das bürgerliche Recht des Deutschen Reichs und Preußens. 3. Erg.-Bd.

Sächsisches Landesprivatrecht. Von Dr. R[ichard] Kloß. Amtsrichter in Eibenstock. *Halle a. S.: Waisenhaus 1904.* (XVI, 379 S.) 8° [F.]
— Dernburg. Heinrich: Das bürgerl. Recht d. Deutschen Reichs u. Preußens. Erg.Bd 3. [04. 5853

— – 2., neu bearb. u. erw. Aufl. Ebd. 1908. XII, 477 S. 8°

— das Notariat im Königr. Sachsen, s. a. Handbibliothek, Leipziger juristische.

Kloss, Notariat im Königr. Sachsen. Vorschriften des Reichs- und Landesrechtes zusammengest. u. erläut. Leipzig 900.

Das Recht der Schuldverhältnisse nach dem Bürgerlichen Gesetzbuche von Dr. R[ichard] Kloß, Landrichter. Halle: Waisenhaus 1905. (227 S.) 8° [F.]
— Kloß: Jurist. Repetitorien. Bd 2. [06. 1905 3

— Das im Königreich Sachsen geltende Reichs- u. Landesrecht, s.: Glock, A.

Juristische Repetitorien... Von Dr. R[ichard] Kloß. Bd 1. Halle a. S.: Waisenhaus 1905. 8° [F.] [07. 6193

Kloss, R, Juristische Repetitorien. 8. Halle, Buchh. des Waisenhauses.
2. Bd. Das Recht der Schuldverhältnisse nach dem bürgerlichen Gesetzbuche. (227 S.) '05. Geb. 2. 80.

Sachenrecht des Bürgerlichen Gesetzbuches von Dr. R[ichard] Kloß, Amtsrichter. Halle a. S.: Waisenhaus 1905. (160 S.) 8° [F.]
— Kloß: Jurist. Repetitorien. Bd 1. [07. 6194

— u. Vassenge, Staatskunde f. die höh. Schulen Sachsens. (136 S.) 8. Karlsruhe 910. G. Braun'sche Hofbuchdr. Geb. 1. 50

Kloss, Rud., der Bergarbeiterschutz. gr. 8. (VI, 93 S.) Wien 897. W. Braumüller. n. 1. 60

Kloss, W., Beschreibung der türkischen Völker, ihrer Sitten und Gebräuche etc., nebst der Kaiserstadt Konstantinopel, Schumla, Silistria, Varna, Bukarest, Adrianopel u. Widdin. Mit 1 Grundriss u. e. Ansicht von Konstantinopel, Bildnis des jetzt regierend. Sultans Mahumed II und Copie e. türk. Firmans. 4. Ausgabe. Berlin, bei dem Verfasser. 1859. 8°. 4 u. 96 S. (4 Mk. 50 Pfg. Oskar Rauthe. Berlin. 1909.)

Kloss, Waldemar (tr). Lyra Germanica-Latina. Die Volks- und Studenten-Lieder . . . StL. 1904.

Kloess, Arno, die allgemeinen Sachen Luft u. Wasser nach geltendem Rechte unter Berücksicht. des Gemeingebrauchs der Rauchbekämpfungs- u. Abwässerfrage. Ein Beitrag zum deutschen Privatrechte. (VIII, 109 S.) 8. Halle 907. W. Knapp. 3. 60

— Das deutsche Wasserrecht u. das Wasserrecht der Bundesstaaten des Deutschen Reiches. Grundzüge der geschichtl. Entwicklg. u. des Systems auf Grund der deutschen Rechtsquellen, Literatur u. d. Wasser-, Mühlen- u. Fischereigesetzgebung der Bundesstaaten. (VIII, 221 S.) gr. 8. Ebd. 908. 6. 60

Klöß Karl: Über die Einwirkung von Wasser auf Methylenbromid. S. 112. Hb. 581. vgr. Separatabdruck

Kloess, Vikt. Wie soll der Unterricht in magyarischer Sprache an unseren Schulen eingerichtet werden? Auf Grund der bestehenden Bestimmungen, insbesondere auf Grund des Entwurfes der Gymnasien und Realschulen in Österreich beantwortet. 48 S. Progr. *Hermannstadt* 1881.

Klöß- oder Knödel-Kochbüchlein, neuestes, nach fränkisch-bayerischer Weise. 3., bedeutend verm. Aufl. der Klöß- oder Knödelrezepte. 8. (16 S.) Ansbach 852(53,) Gummi.

Klöß- oder Knödel-Kochbüchlein, neuestes, nach fränkisch-bayrischer Weise. 4. verm. Aufl. der Klöß- oder Knödel-Recepte. 12. (14 S.) Kulmbach 880, Wanderer. *
1.–3. Aufl. erschienen im Selbstverlage.

Kloessel, M. Hans

Klößel, M. Hans, sächsische Agrargesetzgebung. Für Verwaltungsbeamte u. Landwirte bearb. 8. (VI, 58 S.) Berlin 902. P. Parey. Kart. n. 1. 60

Klössel, M. Hans: Der Auskunftsdienst für Auswanderer, seine Organisation u. Aufgaben in Deutschland. M. e. Verz. d. Auskunftsstellen. Flöha i. S. '03. 46 S.

Klössel, M. Hans, der Auskunftsdienst f. Auswanderer, seine Organisation u. Aufgaben in Deutschland. Mit e. Verzeichnis der Auskunftsstellen. (39 S.) 8. Flöha 903. A. Peitz & Sohn. n. — 50

Klössel, M. Hans, das deutsche Auswanderungsgesetz v. 9. VI. 1897, nebst d. dazu gehör. Ausführungs-Vorschriften u. Verordngn. M. e. Anh.: Schifffahrtsgesellschaften u. Konsulate, deutsche Kolonien u. deutsche Ansiedelgn. 8. (XVI, 218 S.) Leipzig 898. Roßberg. Geb. in Leinw. n. 3. 60

— d. deutsch-russische Handelsvertrag. Geographie u. Volkswirtschaft Rußlands. Gesetze u. Tarife d. deutschen u. russ. Zollwesens f. d. Ausfuhr deutscher Waren nach Rußland u. d. Einfuhr russ. Waren nach Deutschland. M. Benutzg. d. v. Reichsamt d. Innern hrsg. deutschen Handelsarchivs bearb. gr. 8. (X, XXVIII, 314 S.) Bielefeld 895. Velhagen & Klasing. n. 8. —

Klössel, M. Hans, Kleinsiedelung, s. a. Abhandlungen, koloniale, 23. Heft.

Vortrag im Evang. Arbeiterverein zu Dresden ‹Südgruppe›: Kleinsiedelung. Ein Beitrag z. Besiedelungsfrage in d. deutschen Schutzgebieten von M. Hans **Klössel**. Berlin: Süsserott [1909]. 15 S. 8°
(Koloniale Abhandlungen. H. 23.) [09. 13140

Klössel, M. Hans, „Made in Germany". Das engl. Handelsmarken-(Waarenzeichen-)Schutz-Gesetz v. 1887, Merchandise Marks Act 1887. Nebst Ausführungs-Bestimmgn., Entscheidgn. u. Erläutergn., sowie die Annahme-Verordnungn. in brit. Kolonien u. Besitzgn., f. den deutschen Fabrikanten u. Exporteur hrsg. gr. 8. (XXIV, 139 S.) Leipzig 892. E. H. Mayer. Kart. 3. 50

Klössel, M. H., die südafrikanischen Republiken. Buren-Freistaaten. Geschichte u. Land der Buren f. Deutschlands Export u. Auswanderung. Staats- u. Handelsverträge. Gesetze. Passage u. Fracht: Hamburg-Lorenzo-Marques i. d. Delagoa-Bai ꝛc. Transit- u. Einfuhr-Zölle. Nach zuverläss. u. amtl. Quellen d. Reichsamtes d. Innern in Berlin bearb. Mit e. Karte v. Süd-Afrika. gr. 8. (XII, 206 S.) Leipzig 888. E. H. Mayer. n. 4. 50

—— Die südafrikanischen Republiken. Buren-Freistaaten f. Deutschlands Export u. Auswanderung. Geschichte u. Land der Buren. Verträge. Gesetze. Passage u. Fracht. Zölle. Nach amtl. Quellen d. Reichsamtes d. Innern in Berlin u. der Regiergn. zu Pretoria u. Bloemfontein bearb. Mit e. Karte v. Südafrika. 2. verm. Aufl. gr. 8. (XII, 234 S.) Ebd. 890. * 4 50

[F.] Die Verfassung und Verwaltung der Südafrikanischen Burenfreistaaten. F. den deutschen Auswanderer nach amtl. Unterlagen d. Regiergn zu Pretoria u. Bloemfontein bearb. v. M. Hans **Klössel**, Mitgl. d. Centralver. f. Handelsgeographie ... *Leipzig: E. H. Mayer 1896.* (VI S., 1 Bl., 67 S.) 1 Bd 8. [96. 1666

Kloessel, W. Hans, s. Kloessel, M. Hans

Klössing, *Barnim*: Aus d. physikal. Instiut [!] d. Univ. Greifswald. Untersuchungen des elektrolytischen Verhaltens von Salzlösung an der Kathode ... Greifswald, Druck v. J. Abel, 1891; 36 S., 1 Taf. 8.
Greifswald, Phil. Fak., Inaug.-Diss. v. 22. Dez. 1891

Kloßmann, Heinr., Erklärung der sogenannten Pronomina in der deutschen Sprache auf Grund eines von den bestehenden Sprachlehren abweichenden Princips der Sprachbetrachtung. gr. 8. (XVI u. 212 S.) Breslau 850, Gosohorsky in Comm. n. 1 ⁄ℬ

Klossmann, Johann Friedrich

Kloßmann, J. F. Zur Charakteristik des Thucydides. 16 S.
Breslau, M., Progr. 1847

Klossmann, J. F. Observationes de vi atque usu temporum serm. Hebraici. 34 S. . . . .
Breslau, M., Progr. 1836

Klossmann, Joannes Fridericus *(geb. Glatz 1794)*: Prolegomena in dialogum de oratoribus claris qui Tacito vulgo adscribitur. Vratislaviae (1819). (23 S.) 4°
Breslau, Phil. Diss. v. 9. Juni 1819

Klossmann, J. F. Proleg. in dialogum de oratoribus. 36 S. . . . . .
Breslau, M., Progr. 1833

Klossmann, J. F. De ratione atque usu enunciatorum hypotheticor. ling. Gr. 28 S. . . . .
Breslau, M., Progr. 1830

Klossowski, Boleslaus Josephus [de] *(geb. Wreschen in Pos. [26. 2.] 1837)*: De carie columnae vertebralis. Vratislaviae (1862). (27 S.) 8°
Breslau, Med. Diss. v. 25. [vielmehr 26.] Apr. 1862

Klossowski. Erich. la collection Cheramy, s.: Meier-Graefe, Jul.

— Honoré Daumier. (122 u. 27 S. m. 88 Taf.) Lex. 8. München 908. R. Piper & Co. Geb. 30. —

Klossowski, Erich, die Maler v. Montmartre [Willette, Steinlen, T.-Lautrec, Léandre], s. a. Kunst, die. 15. Bd.

Die Maler von Montmartre ‹Willette, Steinlen, T.-Lautrec, Léandre› von Erich **Klossowski**. Mit 2 Kunstbeil. u. 9 Vollbild. *Berlin: J. Bard [1903].* (79 S.) 8°
— **Kunst,** Die. Bd 15. [04. 1034 11

Die Maler von Montmartre ‹Willette, Steinlen, T.-Lautrec, Léandre› von Erich **Klossowski**. Mit 2 Kunstbeil., 9 Vollbild. u. zahlr. Abb. 2. Aufl. (Berlin): Bard, Marquardt & Co. [1904]. (79 S.) 8°
— **Kunst,** Die. Bd 15. [05. 6097

Klöß-Recepte, die besten u. billigsten, zu gekochten u. gebackenen, insbesond. Kartoffel-Klößen von einer bewährten Köchin aus Oberfranken. 8. Ansbach 845, Gummi. $^1/_{12}$ ⁄ℬ

Kloster, das, ein Roman nach dem Engl. des W. Scott, von K. L. Meth. Müller. 3 Theile. Berlin, Duncker u. Humblot. 821.

Kloster, das. Weltlich und geistlich, s. a. Scheible.

§ * **KLOSTER,** Das. Geistlich und weltlich. Bibliothek der älteren deutschen Volks-, Wunder-, Curiositäten- und vorzugsweise komischen Literatur. Zur Cultur- und Sittengeschichte in Wort und Bild. Hrsg. v. J. Scheible. 13 Bde. Mit zahlreichen Abbildungen (in Holzschn. u. Steindr.). Stuttgart, J. Scheible, 1845—49. Kl. 8°.
(Ldpr. $136^1/_2$ Mk.; ermässigter Preis 75 Mk.) (90 Mk. Oskar Rauthe, Berlin, 1908; 96 Kr. Haim & Goldmann, Wien, 1904; 75 Mk. Ottmar Schönhuth, München, 1911.)
Jeder Band dieses geschätzten Werkes bildet ein für sich abgeschlossenes Ganzes u. wird von der Verlagshandlung einzeln abgegeben. — S. auch die Supplemente: „Das Schaltjahr" und „Der Schatzgräber".
Mehrere Bände sind vergriffen und bereits selten.
1. Seb. Brandt's Narrenschiff, mit Geiler's von Kaisersberg Predigten darüber, und Thomas Murner's Schelmenzunft ... mit ... 200 ... Abbildgn. 1845.
2. Dr. Joh. Faust. Mit 105 Abbildgn. auf 49 Tafeln u. mit 50 Holzschn. 1846.

3. Chph. Wagner, Faust's Famulus. M. 94 Abb. auf 38 Taf. u. m. 86 Holzschn. 1846.
4. Der Theuerdank nach d. A. von 1519... M. 118 Holzschn. v. Hans Schäuffelin....
5. Die Sage vom Faust bis zum Erscheinen der Volksbücher. M. 46 Lithogr. u. mit Holzschnitten. 1847.
6. Die gute alte Zeit..... Siehe Reinöhl. Wilh. v
7. Der Festkalender ... Von F. Nork (d. i. Frdr. Korn) M. 37 Tafeln. 1847.
8. Joh. Fischart's Geschichtklitterung ... Sammt desselb Verf.: Aller Praktik Grossmutter ..., u. Thomas Murner's Gäuchmatt... M. 59 Holzschn. 1847.
9. Mythologie der Volkssagen und Volksmährchen ... Von F. Nork. 1848.
10. Joh. Fischart's Flöhhatz ..., Ehezuchtbüchlein, Podagrammisch Trostbüchlein, mit 10 kleinern Schriften. Sammt Th. Murner's Vom Lutherischen Narren, Kirchendieb- u. Ketzerkalender, 7 Satyren wider Murner. Mit 98 Holzschnitten, Portr. u. Facsim. 1848.
11. Der reimweise Faust ... von 1587 ... 1849.
12. Sitten und Gebräuche der Deutschen ... Von F. Nork. ... 1849.

§ AUS dem Kloster. Ein Beitrag zum Verständnisse der Klosterfrage in Oesterreich. Regensburg, Geo. Jos. Manz, 1848. 8⁰.

Kloster und Schloß Bebenhausen und Umgebung. 11. 8. (32 S. mit 6 Illustr., Plan des Klosters und Karte der Umgebung.) Tübingen 886, Fues. * — 60

Kloster Chorin, s.: Mark.

Kloster Fahr, s.: Waid.

Kloster Lehnin, s.: Wanderkarten.

Kloster Ossiach. Vom Verf. d. Erzählung: „Landleben der Reichen." 8. (13 B.) Wien 833, Mechitaristen-Congreg.-Buchh.

Kloster Ossiach, das ehemalige, s. Ossiach.

Kloster, Das, der PP. Minoriten in Wien ... Wien 1828. V: *Gaber, Carl.* (EngG)

Kloster, das, zu Porta, od. der unglückl. Regent zu Byzanz. 2 Bde. 8. Leipz., Joachim. 1 ₰ 12 ℋ

Kloster, d., zu Prota, od. der unglückl. Regent zu Byzanz; e. romant. Gemälde aus d. letzten Hälfte d. 11ten Jahrhund. 2 Bde. 8. Lpz. Joachim.

Kloster, das, zu Prota, oder der unglückl. Regent zu Byzanz. 2 Bde. 8. Leipz. Joachim. 811.

Kloster St. Gallen, das. Hrsg. vom histor. Verein in St. Gallen. I. und II. gr. 4. (38 S. mit 3 Stnt. Abbild., wovon 2 in Ton- und 1 in Buntdr.) St. Gallen 863,64, Scheitlin und Zollikofer. à * 12 Ngr. *

Kloster St. Marienstern, s.: Sachsen. Messtischblätter.

— das, Sinai, vom Verfass. des Grafen v. Moor. 8. Rudolst. 803. (Fr. Fleischer in Leipz.) 1 ₰

— Sinai, d., v. Verfass. d. Grafen v. Moor. 8. Rudolstadt, Klüger. 803.

— **Wadstein.** Historischer Roman. Aus dem Schwed. von C. Eichel. 3 Thle. 8. (IV. 333. 335 u. 272 S.) Leipzig 849, Kollmann. (à 1¼ ₰) 3¾ ₰

Kloster und Welt, oder Welt und Kloster. Lübeck 1784. V: *Matthesius, Siegmund Immanuel.* (Ky)

Kloster und Welt, oder Welt und Kloster, wie man will, eine Geschichte im rechten Verstande, 8. Lübeck, 784. Bohn. 25 sgl.

— u. Welt, od. Welt u. Kloster, wie man will; e. Gesch. im rechten Verstande. 8. Lübeck, Donatius. 784.

KLOSTER, Max (Neuburg): Zur Lehre von tuberculosis acuta.- München: Wild 1844. 16 S.
14.4.1842 - Urk (Titel: De tuberculosi acuta.); P 66
Diss. Ingolst.-Landsh.-Mchn.

Kloster, W. H.

— Ueber die Episteln des Horaz, welche ersichtlich Antwortschreiben sind. Pr. 1867. 16 S. 4⁰. 1.—

Kloster, W. H., Erklärung der IX. Epode des Horaz. Pr. 1861. 25 S. 4⁰.

Kloster, W. H., De Medeae versibus sedecim primis. Pr. 1870. 9 S. 4°.

Klöster. Die Aargauischen K' und ihre Ankläger. Schaffhausen 1841 s.a. [Hurter, Friedrich].

Klöster, Die Aargauischen, und ihre Ankläger. Eine Denkschrift. [Schaffhausen] 1841. V: *Hurter, Friedrich Emanuel.* (Th) (AarK)

Klöster, die aargauischen, u. ihre Ankläger. Eine Denkschr. an alle Eidgenossen u. an alle Freunde d. Wahrheit u. d. Gerechtigkeit. gr. 4. (24½ B.) Schaffhausen 841, (Hurter'sche Buchh.) Thlr.

—— die aargauischen, u. ihre Ankläger. gr. 8. (6¼ B.) Schaffhausen 841, (Hurter'sche Buchh.)
Ist ein Auszug aus dem vorstehenden Buche.

Klöster. Die aargauischen K' an sämmtliche h. Stände schweizerischer Eidgenossenschaft und an die hohe Tagsatzung. (Den 25. April 1842.) [SA.] 4. *o. O.*

Klöster. Die aargauischen K' an sämmtliche h. Stände schweizerischer Eidgenossenschaft und an die hohe Tagsatzung. (Den 1. Mai 1843.) 4. (Luzern 1843.)

Klöster. Die aargauischen K' an die sämmtlichen h. eidgenössischen Stände und an die hohe Tagsatzung. (Den 27. September 1841.) [SA.] fol. *o. O.*

Klöster in Baden! Ein Warnruf an Volk u. Regierg. 12. (16 S.) Karlsruhe 902. J. J. Reiff. n. — 10

Klöster, Bayerns, als erste Pflanzschule der christlichen Religion und ihr Abschied. 1803. München 1832. V: *Anders, Matth.* (Lindner)

Klöster, die, der Christenheit, s. Albrecht, Barbara.

KLÖSTER, die, der Christenheit. Histor.-romantische Schilderungen des Lebens u. Treibens in Mönchs- u. Frauenklöstern von *Lurine, Brot* u. Andern. Mit vielen (Holzschnitt-) Illustrationen. Brünn, o. J. Lex.-8⁰. 566 S. (Mk. 10—.) (3 Mk. 50 Pfg. Frdr. Klüber, 1898; 5 Mk. Scheible, 1898; 6 Kr. L. Rosner, Wien, 1911.)

Das Kloster St. Just. — Carmeliter und Carmeliterinnen. — D. Jesus-Kloster in Rom. — Gedenkblätter einer gewesenen Nonne. — Die geheimnisvolle Nonne. — Die Trappisten, Franziskaner und Kapuziner. — Die Heilige von Kaltern. — Die Söhne d. heil. Dominicus. — Die Karthäuser. — Der Jesuit Girard u. d. schöne Cadiére. — Die Hexe Renata Singer. — Die Besessenen von Loudun. — Die Ursulinerinnen. — Die Nonnen von Montmartre. — Klostergreuel. — Inquisition. — Das Cölibat und seine Folgen. — Skandalosa usw.

Klöster, die, der Christenheit. Historisch-romantische Schilderungen des Lebens und Treibens in Mönchs- und Frauen-Klöstern. Lex.-8. (IV, 566 S., mit eingedr. Holzschn. und 17 Holzschntaf.) Brünn 870, Karafiat.

Mit „Barbara Ubryk" zusammen auch in 16 Lfgn. (VI, 749 S.) à Lfg. 50 Pf.

Klöster, Die, der Christenheit. Schilderungen des Lebens und Treibens in Mönchs- und Frauenklöstern. Von *Lurine Brot* u. Andern. Brünn, o. J. (c. 1890?). Gr. 8⁰. Ca. 700 S. (Mk. 10—.) (5 Mk. Scheible.)

U. a.: „Der Jesuit Girard und die schöne Cadière."

KLÖSTER, Die, der Christenheit: Barbara Ubryk, Klostergräuel. Aus den Gedenkblättern einer gewesenen Nonne, Leukathea (so!), die geheimnissvolle Nonne. Historisch-romantische Schilderungen des Lebens und Treibens in Mönchs- und Frauenklöstern, nach verbürgten Quellen von *P.*******. Pressburg 1901. 8⁰. 159 S. (Mk. 2,50.) (1 Mk. 25 Pfg. Heinr. Lesser, Breslau, 1904; 1 Mk. 50 Pfg. Heinr. Hugendubel, München, 1903; 1 Mk. 80 Pfg. Adolf Weigel, 1908.)

— die, der Christenheit. Klostergräuel. Aus den Gedenkblättern e. gewes. Nonne. Leukathea, die geheimnisvolle Nonne. Historisch-romant. Schildergn. aus den Mysterien der Mönchs- u. Frauenklöster, nach verbürgten Quellen v. P.*****. 8. (159 S.) Preßburg 901. (Wien, J. Deubler.) 2. 50

Klöster und Klosterleben oder Geschichte der wichtigsten Ordensstifter unserer heil. Kirche, zur Belehrung und Erbauung des kathol. Volkes dargestellt. 8. (VII und 876 S.) Schaffhausen 860, Hurter'sche Buchh.

— die neuen, des Kantons Thurgau, s. Stimmen, katholische, aus der Schweiz.

Klöster, die schauerlichen im Walde, ein Ritterroman aus d. Zeiten der Kreuzzüge. 2 Thle. 8. Quedl. 823, Ernst.

Die schauerlichen Klöster im Walde. Ritterroman aus den Zeiten der Kreuzzüge. Bd 2.
Quedlinburg: Ernst 1823. 443 S. 8⁰

Klöster, die schauerl., im Walde. Ein interessanter Ritterroman a. d. Zeiten d. Kreuzzüge. 2 Bde. 2. Ausg. 8. (53 B.) Quedlinburg 830, Ernst.

Klöster waren noch nie so nothwendig, als heut zu Tage. 8. Münch. 802. Lentner. 8 kr

Klosterausstellung, Zweite,

in Stein a. Rh. 1896. Stein a. Rh. 1896. V: *Vetter, Ferd.* (Zuwachsverz. d. Bibliotheken in Zürich 1898 ff.)

Klosterberuf. Ein Roman ...

Kiel 1812. N. A. 1818. V: *Ahlefeld, Charlotte Sophie Luise Wilhelmine v.* (MGT) (Ky) (EE)

Klosterberuf. Ein Roman v. der Verf. der Maria Müller. 8. Kiel, Akadem. Buchh. 812.

Klosterberuf, ein Roman von der Verfasserin der Maria Müller rc., Neue Ausg. 8. Kiel, Academ. Buchh. 817.

Klosterberuf; e. Roman von der Verfass. der Maria Müller (Charl. v. Ahlefeld). N. A. 8. Kiel 818. Hesse. 1 ₰ 8 kr

Klosterchronik, St. Gallener, s. Geschichtschreiber, die, der deutschen Vorzeit.

KLOSTERFASCHING, Der. 2 Hefte mit 50 Kpfrn. (Carikaturen). 1787. 8⁰.

Weber, Möncherei IV. S. 401: „Ist ein deutsches Produkt u. dem holländischen „Renversement" weit vorzuziehen." — Sehr rar!

Klosterfrage, die badische, im Lichte der neuen Wahlen [Oktbr. 1889 u. Februar-März 1890] v. Modestus Prästolanz. gr. 8. (56 S.) Münch. 890, (Lentner). * — 50

Aus: Histor.-polit. Blätter, besonders abgedruckt, nebst e. Postscriptum d. Verf.

Klosterfrage, Die, zu Freiburg

im Breisgau. Freiburg i. Br. 1861. V: *Zell, Carl.* (Kat. Herder 1801—95.) (Kn) (BaBb)

Klosterfrage, die, zu Freiburg im Br. Lex.-8. (14 S.) Freiburg im Br. 861, Herder'sche Verlagsh. *

Klosterfrau, die vollkommene, welche unter der Regel d. Erzvater Benedict streitet. 4. Constanz 753. 1 ₰

Klosterfrauen. Die K' im St. Catharinenthal und die Reformation. 8. Konstanz 1837.

Klostergefängnisse, russische, s.: Hefte zum Christlichen Orient.

Klostergeheimniß, ein, oder die Entdeckung der Nonne Barbara Ubryk im Kloster der Karmeliterinnen zu Krakau. Reichenbach 869. Haun & Sohn. gr. 16. (14 S.) 1 ngr.

Klostergeheimnisse. Ernstes u. Heiteres hinter Kutte u. Schleier. I. Bd. (Von Werner O. Charlot.) (V, 199 S.) schmal 8. Dresden-Niedersedlitz 903. H. G. Münchmeyer. n. 1. —

Klostergeheimnisse. Ernstes u. Heiteres hinter Kutte u. Schleier. II. (Schluß-)Bd. (Von Wern. O. Charlot.) (204 S.) 20×11,5 cm. Dresden-Niedersedlitz (907). H. G. Münchmeyer. 1. —

Bd. 1. Ebd. 903. 1. —

Kloster-Geheimnisse und wahrheitsgetreue ausführliche Berichte über die im Carmeliterinnen-Kloster zu Krakau lebendig begrabene Nonne Barbara Ubryk. Mit Titelbild (Holzschnitt-Vign.). Berlin, A. Streerath, Skalitzerstr. 127. (ca. 1870). 8⁰. (2½ Sgr.)

Anzeige des Verlegers.

Der Klostergeist geschildert in der Untersuchung der Hindernisse einer vollkommenen und standhaften Verbesserung des Kirchenwesens überhaupt, insbes. der Ordensstände. Von S. Wien 1781.

Klostergeist, Der, geschildert in der Untersuchung der Hindernisse einer vollkommenen und standhaften Verbesserung des Kirchenwesens ... von S. ... Wien 1781. V: *Born, Ign. von.* (BB)

Klostergeistlichen, Baierns, s.a. Arnpeck, d. Jüng., Veit.

Klostergeistlichen, Die, Baierns, als öffentliche Lehrer gerechtfertiget. Landshut 1819. V: *Reithofer, Dionys Franz.* (Th) (Schmal)

Klostergeistlichen, die, Baierns, als öffentliche Lehrer, gegen die Herren v. Westenrieder, Müller u. Zschokke gerechtfertigt v. Veit Arnpeck d. j. 8. Landshut, Krüll. 819 .— 4

Klostergelübde, Die; Trauerspiel in fünf Akten. O. O. 178? V: *Kaffka, Johann Christoph.* (Ky)

§ **KLOSTERGELÜBDE,** Die, historisch und sittlich betrachtet. Frankfurt, 1782 in der Eßlingerschen Buchhdlg. 8°. (In München 2 Expll.: H. mon. 289, mit 2 Beibdn.; J. Can. P. 909, 3. V. 5.)
Magaz. d. Buch- u. Kunst-Handels. Jahrg. 1782. Lpz. 8°. S. 916.

Klostergeschichte, Die Krakauer. Nach feststehenden Thatsachen mitgetheilt. Breslau 1869. (2 Auflagen.) 8°. (50 Pfg. A. Bielefeld, 1891.)

Klostergeschichte, die Krakauer. Mitgetheilt nach feststehenden Thatsachen. Breslau 869. Görlich & Coch. 8. (12 S.) 1 ngr.

Klostergeschichten. Alte K'.... Heiden 1898 s. (E[ppler], P[aul]).

Klostergeschichten oder Betrügereien der Pfaffen und Mönche. Hrsg. von einem Priester. gr. 16. (82 S.) Chemnitz 871, Hager.

—— s.a. Hungari, A.

Klostergeschichten für Jünglinge und Mädchen. Freyburg [Regensburg] 1796. V: *Kraus, Wilh.* (GGr) (Wr) (MGT) (Ky)

– s.a. Krauss, Wilhelm

Klostergeschichten für Jünglinge u. Mädchen, (v. Ulr. Kraus). 8. Freib. 796. Montag u. W. in Regensb. 20 kr

Klostergeschichten, Neue. Frankfurt 1799. V: *Kraus, Wilh.* (BGE) (Ky) (MGT)

– s.a. Krauss, Wilhelm

—neue. (v. Ulr. Kraus). Frankf. 799. Diez. 1 fl

— — neue, (v. W. Kraus.) 8. Frkft. Zeßler. (Diez.) 799.

Klostergruppe, Aargauische, eingebrockt von einer gefühlvollen Seele. Mit Titelbild. Gedruckt auf Kosten der Marianischen Brüderschaft 1841. 8°. Seltenes derbes Gedicht. 8 Bll. (1 Mk. 25 Pfg. B. Seligsberg, Bayreuth, 1906.)

Klostergüter, die, Mariengarten, Diemarden, Marienstein, Hilwartshausen, Bursfelde, Höckelheim und Wiebrechtshausen im Fürstenthum Göttingen. (Abdr. aus dem Journal für Landwirthschaft.) Göttingen 860. Dieterich in Comm. gr. 8. (51 S.) n. 5 ngr.

(F) **Die Klosterhetze in Oesterreich.** 2. Aufl. 8°. (36 S.)
Graz: Styria 1902.

(F) **Die Klosterhetze** in Oesterreich. 3. Aufl. (Sammlung zeitgemässer Broschüren. Nr. 17.) 8°. (36 S.) K —.20
Ebd. 1902.

Klosterkemper, die Gewährleistung beim Thierkauf nach dem bürgerl. Gesetzbuch. Vortrag. 8. (38 S.) Coesfeld i/W. (900). J. Fleißig. n.n. — 80

Klosterkemper, Heinrich [app. Thierarzt aus Coesfeld in Westf.]: Beiträge zur Kenntniss der Lungenmykosen der Säugethiere ... Giessen, C. v. Münchow, Univ.-Dr., 1893; 42 S. 8.
Giessen, Med. Fak., Inaug.-Diss. v. 1893

Die erneuerte **Klosterkirche** in Mühlberg a. E. Festblatt z. Einweihungsfeier am 28. Juni 1906. Mühlberg a. E.: E. Lindhorst (1906). (2 Bl.) 4° [Kopft. F.]
Beil. z. 'Elbbote'. [07. 6195 3

Klosterkirche, Die, in Wibingen. [Ulm 1881.] V: *Glatz, Carl Jord.* (Heyd)

Klosterkräpflein, aus aargauischen Klostergewändern gesammelt von 3 verwahrlosten Klosterstudenten. Verlag von J. Zehnder b. Baden. 1841. 8°. IV—64 S. (In München: H. mon. 631,7.) (1 Mk. 50 Pfg. Rich. Bertling, Dresden, 1888.)
Enth. 62 stellenweise derbe Anekdoten.

Klosterküche, Die, von Wörishofen Ein praktisches Kochbuch im Sinne Kneipp's. An der Hand des hochwürdigen Herrn Pfarrers zusammengestellt von einigen Schwestern des Dominicanerinnen-Klosters in Wörishofen. Mit einer Vorrede Sr. Hochwürden des Herrn Pfarrers Kneipp. 8. (XV, 232 S.) --.75, geb. 1.—, in Prachtband 1.25
Brixen: Buchh. d. Kath.-polit. Preßvereins 1892.

Klosterküche, die, v. Wörishofen. E. prakt. Kochbuch im Sinne Kneipps. An der Hand des hochwürd. Herrn Pfarrers zusammengest. v. einig. Schwestern d. Dominicanerinnenklosters in Wörishofen. M. e. Vorrede v. Kneipp. 7., verm. u. verb. Aufl. 12. (272 S.) Brixen 894. Buchh. d. Kath.-polit. Preßvereins.
Geb. in Leinw. n. 2.—

Klosterlausnitz [Schlagwort]

Klosterlausnitz. Plan des Luftkurortes Klosterlausnitz. 1:3,000. 41×41 cm. Farbdr. Klosterlausnitz (904). Verkehrsausschuss. (Nur direkt.) n. — 40

— Wegkarte (Umschlag: Wegekarte) f. die Umgegend v. Klosterlausnitz. 1:37,500. 45×49,5 cm. Farbdr. Ebd. (899). n.n. — 50

Klostermaier, s.a. Klostermayer

Klostermaier, Matthias, genannt: Der bayrische Hiesel, der berühmteste Wildschützen- u. Räuberhauptmann aller Zeiten. Ein Volksroman. 1. Heft. (32 S. m. Abb.) gr.8. Berlin (910). Verlagshaus f. Volksliterat. u. Kunst. — 10

Klostermann: Beiträge zu einer methodischen Lektüre und des deutschen Aufsatzes in der Secunda. 19 S.– Burgsteinfurt, Progr. 1865.

– – Elberfeld 1865.

Klostermann, A., und J. Didon, Gebet- und Gesang-Büchlein, s. Didon.

Klostermann, Anton, Ref. a. Cöln: Rückforderung von Schenkungen wegen Undankbarkeit nach gemeinem Recht und nach Bürgerlichem Gesetzbuch. Borna-Leipzig 1905: R. Noske. (VII, 70 S.) 8° [F.]
Leipzig, Jur. Fak., Diss. v. 6. Dez. 1905
[Geb. 19. Febr. 82 Gießen; Wohnort: Cöln a. Rh.; Staatsangeh.: Preußen; Vorbildung: Gymn. an Marzellen Cöln Reife O. 01; Studium: Genf 1, Straßburg 3, Bonn 2 S.; Rig. 14. März 05.]

Klostermann, Aug., über deutsche Art bei Martin Luther. Ein Vortrag, gehalten im Luther-Hause zu Kiel am 21. Novbr. 1883. Lex.-8. (24 S.) Kiel 884, Biernatzki. *

Klostermann, Aug., s.a. Bibelfrage, die, in der Gegenwart.

Die Bibelfrage in der Gegenwart. 5 Vorträge von D. (A[ugust]) **Klostermann**, Dr. (Johannes) Lepsius, D. (J[ohannes]) Haussleiter, D. (Karl) Müller-Erlangen, D. (W[ilhelm]) Lütgert. Berlin: F. Zillessen 1905. (116 S.) 8° [04. 0510

Klostermann, August: Ein diplomatischer **Briefwechsel** aus dem zweiten Jahrtausend vor Christo. *Kiel: Univ.-Buchh. 1898.* (21 S.) 8°
Kiel, Rede bei Antritt d. Rektorats am 5. März 1898

Klostermann, Aug., ein diplomatischer Briefwechsel aus dem 2. Jahrtausend vor Christo. 2. Aufl. gr. 8. (31 S.) Leipzig 902. A. Deichert Nachf. n. — 80

Klostermann, Aug., die Bücher Samuelis und der Könige, s. Kommentar, kurzgefaßter, zu den heiligen Schriften Alten und Neuen Testaments, sowie zu den Apokryphen.

Klostermann, Aug., Deuterojesaia, s.: Sammlung hebräisch-deutscher Bibeltexte m. kritischen Anmerkungen.

Klostermann, August, Prof. Dr. theol.: **Deuteronomium und Grágás.** *Kiel: Univ.-Buchh. 1900.* (25 S.) 8°
Kiel, Rede am Geburtstage d. Kaisers 1900

Commentatio quae nititur loco Paulino Rom. V,1 sqq. de interno habitu Christiani ab Augusto Klostermann patrio sermone conscripta (Die Gemüthsstimmung des Christen in Röm. 5,1-11). (Gratulationsschrift für C. P. M. Lüdemann.) Kiliae (1881). 4°

—— die Gemüthsstimmung der Christen in Röm. 5, 1—11. gr. 4. (41 S.) Kiel 881, Universitäts-Buchhandlung. *

Klostermann, Aug., Geschichte d. Volkes Israels bis zur Restauration unter Esra u. Nehemia. gr. 8. (XII, 270 S.) München 896. C. H. Beck. n. 4. 50; geb. in Leinw. n. 5. 50

—— die Gottesfurcht als Hauptstück der Weisheit. Rede, beim Antritt des Rektorates der königl. Christian-Albrechts-Universität zu Kiel am 5. März 1885 gehalten. gr. 8. (30 S.) Kiel 885, Universitäts-Buchh. * 1 —

—— Korrekturen zur bisherigen Erklärung des Römerbriefes. gr. 8. (XI, 235 S.) Gotha 881, F. A. Perthes. *

Klostermann, Aug., das Markusevangelium nach seinem Quellenwerthe für die evangelische Geschichte. Göttingen 867. Vandenhoeck u. Ruprecht. gr. 8. (IV, 381 S.) n. 1 ℛ 18 ngr.

— der Pentateuch. Beiträge zu seinem Verständnis u. seiner Entstehungsgeschichte. gr. 8. (VII, 447 S.) Leipzig 893. A. Deichert Nachf. n. 8. —

— der Pentateuch. Beiträge zu seinem Verständnis u. seiner Entstehungsgeschichte. Neue Folge. (VI, 588 S.) gr. 8. Leipzig 907. A. Deichert Nachf. n. 10. —

—— Probleme im Aposteltexte, neu erörtert. gr. 8. (XVIII, 246 S.) Ebendas. 883. *

Klostermann, Aug., Schulwesen im alten Israel, s.: Studien, theologische.

Klostermann, Aug. Zur Theorie der biblischen Weissagung u. zur Charakteristik d. Hebräerbriefs. Zwei Vorträge. gr. 8. (IV, 70 S.) [Nördl. 889.] Münch., Beck. * 1 —

— Untersuchungen zur alttestamentlichen Theologie. A. u. d. T.: Die Hoffnung künftiger Erlösung aus dem Todeszustande bei den Frommen des Alten Testamentes. Gotha 868. F. A. Perthes. gr. 8. (VI, 209 S.) n. 1 ℛ

— Vindiciae Lucanae seu de itinerarii in libro actorum asservati auctore. Göttingen 866. Vandenhoeck & Ruprecht. gr. 8. (73 S.) n. 12 ngr.

Klostermann, C. [Faustin], Böhmerwald-Skizzen. 8. (VI, 163 S.) Pilsen 890. (Maasch.) n. 2. —

Klostermann, C., Böhmerwald-Skizzen. 8 (VI, 163 S.) —.90
Prag: Řivnáč 1891.

Klostermann, Erich, s.: Agrapha.

Klostermann, Erich, Analecta zur Septuaginta, Hexapla u. Patristik. gr. 8. (VII, 128 S.) Leipzig 895. A. Deichert Nachf. n. 3. —

Klostermann, Erich, s.: Apocrypha.

— über des Didymus v. Alexandrien In epistolas canonicas enarratio, s.a. Texte u. Untersuchungen zur Geschichte der altchristlichen Literatur. N. F. XIII. 2.

Über des Didymus von Alexandrien in epistolas canonicas enarratio von Erich **Klostermann.** Leipzig: J. C. Hinrichs 1905. (8 S.) 8°
— **Texte** u. Untersuchungen z. Gesch. d. altchristl. Lit. Bd 28, H. 2, [3.] [05. 2465

Klostermann, E., Origenes' Erklärungen d. Samuel u. Königsbücher. S.A. o. J. 12 S.

Die Evangelien. Unter Mitw. von Lic. Dr. Hugo Gressmann, Prof. in Berlin, erkl. von Lic. Dr. Erich **Klostermann,** Prof. in Kiel. 1. Tübingen: J. C. B. Mohr 1907. 8°
— **Handbuch** z. Neuen Testament. Bd 2, 1. [07. 18108

— griechische Excerpte aus Homilien des Origenes, s.a. Texte u. Untersuchungen zur Geschichte der altchristlichen Literatur.

— Griech. Excerpte aus Homilien des Origenes. S A. 1894. 12 S.

— Das Evangelium Markus, unter Mitwirkung v. Hugo Gressmann. s.: Handbuch zum Neuen Testament.

— Matthäus, unter Mitwirkg. v. Hugo Gressmann erklärt, s.: Handbuch zum Neuen Testament.

— s.a. Predigten, ausgewählte.

Ausgewählte Predigten. Hrsg. von Lic. Dr. Erich Klostermann, Privatd. in Kiel. 1. *Bonn: A. Marcus & E. Weber 1903.* 8°
= Texte, Kleine, f. theol. Vorlesungen u. Übungen. [4.] [03. 11095

Klostermann, Erich, Eusebius' Schrift *Περὶ τῶν τοπικῶν ὀνομάτων τῶν ἐν τῇ θείᾳ γραφῇ*, s.: Texte u. Untersuchungen zur Geschichte der altchristl. Literatur. N. F. VIII. 2.

Klostermann, E., die Schriften d. Origenes in Hieronymus' Brief an Paula. [Aus: „Sitzungsber. d. k. preuss. Akad. d. Wiss."] gr. 8. (16 S.) Berlin 897. (G. Reimer.) n. — 50

— Jesu Stellung zum Alten Testament. Ein Versuch. Vortrag, geh. auf der 4. landeskirchlich-wissenschaftl. (16. theolog.) Konferenz zu Kiel am 7. VII. 1904. (28 S.) gr. 8. Kiel 904. R. Cordes. — 75

— die Überlieferg. d. Jeremiahomilien d. Origenes, s. a. Texte u. Untersuchungen zur Geschichte d. altchristl. Literatur.

Die Überlieferung der Jeremiahomilien des Origenes v. E. Klostermann. *Leipzig: J. C. Hinrichs 1897.* (IV S., 1 Bl., 116 S.) 8.
= Texte u. Untersuchgn z. Geschichte d. altchristl. Literatur. Bd XVI. H. 3. (N. F. Bd 1. H. 3.) [97. 3316

Klostermann, Ericus [Kiliensis]: De libri Coheleth versione Alexandrina ... Kiel, ex offic. Schmidt & Klaunig, 1892; 1 Bl., 68 S., 2 Bl. 8.
Kiel, Phil. Fak., Inaug.-Diss. v. [15. Aug.] 1892

Klostermann, Hein. (Ludov.) (geb. Wenigern in Westf. 8. 4. 1825): De funiculo umbilicali circumvoluto. Berolini (1840). (31 S.) 8°
Berlin, Med. Diss. v. 17. März 1840

Klostermann, Heinr., aus Linden i. O.: Rundzellensarkom der Thränendrüse. *Würzburg 1897: P. Scheiner.* (29 S.) 8°
Würzburg, Med. Diss. v. 1897

Klostermann, J., discussion sur l'intérêt de l'argent pour les portions de l'année content. etc. 8. St. Petersb. 794. Acad. B. 12 gr.

Klostermann, Discussion sur l'intérêt de l'argent pour les portions de l'année contenant etc. 8. Leipz. Hartknoch. 799.

— recherches sur le degré du méridien entre Paris et Amiens etc. 4. St. Petersb. 789. Acad. B. 12 gr.

Klostermann, Joan. Car. Aemil. (geb. Bochum 4. 3. 1840): De pneumothorace. Berolini (1865). (32 S.) 8°
Berlin, Med. Diss. v. 22. Mai 1865

Klostermann Karl: Festrede anläßlich der am 4./10. 1903. abgehaltenen Feier zur Erinnerung an den 30jährigen Bestand der Anstalt. 10. Pilsen R. 05.
Progr.

Klostermann, K.: Über die stetig fortwirkende Tendenz der französischen Sprache, starke Verba in schwache zu verwandeln oder gänzlich ausfallen zu lassen. 10 S. – Pilsen, R., Progr. 1878.

Klostermann, K. Ueber französische Verbalausgänge. Mit besonderer Rücksicht auf die übrigen romanischen Sprachen. Pilsen, R., 1875. 16 S. Progr.

Klostermann, Ludwig (Langendreer/Westf.), Die Behandlung des Lupus durch die totale Exstirpation. Diss. med.-chir. Bln. (Gustav Schade [Otto Francke]) 23. VII. 1892. 32 S. mit Biogr. (4.—) 18435
Oppon.: Dünschmann, Delius, Werner.

Klostermann, Ludw., Sankt Joseph. Ein Gebetbuch f. alle Verehrer d. Nährvaters Jesu, bes. f. d. Mitglieder d. Vereins d. hl. Familie. 16. (XXIII, 448 S. m. farb. Titelbild.) Köln 896. Heinr. J. Gonski. Geb. in Leinw. 1. 50; in Ldr. m. Goldschn. 1. 80 u. 2. 25

Klostermann, M., Bericht üb. die Untersuchung von Nahrungsmitteln, s.: Fränkel, Carl.

Klostermann, Marie, English Reader. Ein Lesebuch für Anfänger mit Fragen und Wörterverzeichnis. gr. 8. (VI, 139 S.) Bonn 883, Weber. geb. *

Klostermann, Max: Beiträge zur Kenntniss der Alkaloide von Anagyris foetida. *Marburg 1898: (C. A. Kaemmerer & C., Halle a. S.).* (52 S.) 8°
Marburg, Phil. Diss. v. [21. Juli] 1898

Klostermann, Mauritius, Besuchungen des heil. Sacramentes des Altares für jeden Tag im Monate. ll. 12. (IV, 190 S. mit 1 Titelbild.) Freiburg i. Br. 886, Herder'sche Verlagsh. — 90
—— dass. — 2. Aufl. 32. (IX, 235 S.) Ebendas. 888. — 60
geb. 1 —

— — 3. Aufl. Ebd. 1894. IX, 235 S. 32°

Klostermann, Maurit., O. F. M., Besuchungen des heiligsten Altarssakramentes f. jeden Tag im Monat. 4. Aufl. (X, 235 S. m. farb. Titelbild.) 16. Freiburg i/B. (904). Herder. Geb. in Leinw. n. — 80

— visits to the most holy sacrament of the altar. For every day in the month. Translated from the German by Aug. Mc Clory. 32. (VII, 308 S. m. farb. Titelbild.) Ebd. 892. — 75

Klostermann, Rudolf

Klostermann, R., Bemerkungen über den Entwurf eines allgemeinen Berggesetzes für die preußischen Staaten. gr. 8. (V und 138 S.) Berlin 863, Stubenrauch. * -

Klostermann, R., Bergbau. Tübingen, 1881. 17 S.

—— das allgemeine Berggesetz für die preußischen Staaten vom 24. Juni 1865, nebst Einleitung und Kommentar. 4 Lfgn. gr. 8. (VII und 452 S.) Berlin 865,66, Guttentag. [1.—3. Lfg. à 12 Ngr., 4. Lfg. 1 Thlr.]

—— dass. — 2., verm. und verb. Aufl. gr. 8. (XII und 459 S.) Ebendas. 868. *

Klostermann, R., das allgemeine Berggesetz für die Preußischen Staaten vom 24. Juni 1865, nebst Einleitung und Kommentar, sowie mit vergleich. Berücksicht. der übrigen deutschen Berggesetze. 3. Aufl. gr. 8. (XIV, 400 S.) Berlin 874, Guttentag. *

Klostermann, R., das allgemeine Berggesetz für die Preußischen Staaten vom 24. Juni 1865, nebst Einleitung und Kommentar mit vergleichender Berücksicht. der übrigen deutschen Berggesetze. 4. Aufl. gr. 8.(XII, 399 S.) Berlin 885, Guttentag. * 9 —

Klostermann, R., allgemeines Berggesetz f. die Preußischen Staaten vom 24. Juni 1865, nebst Kommentar. 5., umgearb. Aufl. Unter Berücksicht. der durch das Gesetz vom 24. Juni 1892 eingetretenen Aendergn. hrsg. v. M. Fürst. 1. u. 2. Lfg. gr. 8. (400 S.) Berlin 893. 894. J. Guttentag. n. 9. 50

Klostermann, R., allgem. Berggesetz f. d. Preuß. Staaten v. 24. Juni 1865, nebst Kommentar. 5., umgearb. Aufl. Unter Berücksicht. d. durch d. Gesetz v. 24. Juni 1892 eingetret. Aendergn. hrsg. v. M. Fürst. 3. (Schluß-) Lfg. gr. 8. (VIII u. S. 401—744.) Berlin 896. J. Guttentag. n. 4. 50 (kplt.: n. 14. —; geb. in Leinw. n. 15. —)

— das geistige Eigenthum an Schriften, Kunstwerken u. Erfindungen, nach preussischem u. internationalem Rechte dargestellt. (In 2 Bdn.) 1. Bd. Allgemeiner Theil. — Verlagsrecht u. Nachdruck. Ebend. 867. gr. 8. (XII, 452 S.) n. 2 ℛß 10 ngr.

— — 2. Bd. A. u. d. T.: Die Patentgesetzgebung aller Länder nebst Gesetzen über Musterschutz u. Waarenbezeichnungen systematisch u. vergleichend dargestellt. **Berlin 869. Guttentag.** gr. 8. (XIII—XXIV u. 424 S.) n. 2 ℛß 20 ngr.

Klostermann, R: Das geistige Eigenthum an Schriften, Kunstwerken und Erfindungen, nach preußischem und internationalem Rechte dargestellt. Berlin
Bd 1. Allgemeiner Theil. Verlagsrecht und Nachdruck. 1867. Mit Anh.: Das Urheberrecht an Schriftwerken, Abbildungen, musikalischen Kompositionen und dramatischen Werken nach dem Reichsgesetz vom 11. Juni 1870. 1871

Klostermann, R: Das geistige Eigenthum an Schriften, Kunstwerken und Erfindungen, nach preußischem und internationalem Rechte dargestellt. 2. Aufl. Berlin
Bd 2. Die Patentgesetzgebung aller Länder nebst den Gesetzen über Musterschutz und Markenschutz. Mit Anh.: Die Reichsgesetze über das Urheberrecht von Mustern und Modellen vom 11. Januar 1876, über den Markenschutz vom 30. November 1874. 1876

Klostermann, R., Lehrbuch des preuss. Bergrechtes mit Berücksicht. der übrigen deutschen Bergrechte. (In 3 Liefgn.) 1. Liefg. Ebend. 870. gr. 8. (S. 1—164.) n. 24 ngr.

Klostermann, R., Lehrbuch d. preussischen Bergrechtes m. Berücksicht. der übrigen deutschen Bergrechte. 2. u. 3. Lfg. gr. 8. (XIII u. S. 165—500.) Ebend. 871. n. 5. 70 (cplt.: n. 8. —)

Klostermann, R: Ueber die Möglichkeit und die Bedingungen eines internationalen Schutzes für die geistige Schöpfung auf dem Gebiete der Industrie. Jena 1879

Klostermann, R., das englische Patent-, Muster- und Markenschutzgesetz vom 25. Aug. 1883, nebst Übersetzung, s.a. Jahrbücher für Nationalökonomie und Statistik.

Klostermann R, das englische Patent-, Muster- und Markenschutzgesetz vom 25. August 1883. Jena 1884

Klostermann, R., das Patentgesetz für das deutsche Reich vom 25. Mai 1877 nebst Einleitung und Commentar und mit vergleichender Uebersicht der ausländischen Patentgesetze. gr. 8. (V, 296 S.) Berlin 877, Vahlen. *

— die Patentgesetzgebung aller Länder nebst den Gesetzen über Musterschutz und Markenschutz. Systematisch und vergleichend aufgestellt. Mit einem Anhang: Die Reichsgesetze über das Urheberrecht von Mustern und Modellen vom 11. Jan. 1876 und über den Markenschutz vom 30. Novbr. 1874. 2. umgearb. Aufl. gr. 8. (X, 480 S.) Berlin 876, Guttentag. *

— zur Reform der Patentgesetzgebung, s.a. Patentfrage, die.

— Zur Reform der Patentgesetzgebung. Köln 1873

— der Schutz der Erfindungen. Vortrag, gehalten im kaufmänn. Verein in Köln. Mit einem Anhang, enthaltend das Patentgesetz für das Deutsche Reich vom 25. Mai 1877. gr. 8. (39 S.) Berlin 884, (Polytechn. Buchhandlung.) *
Aus: Annalen für Gewerbe und Bauwesen, besonders abgedruckt.

— Der Schutz der Erfindungen. Vortrag. Berlin 1884. 88

Klostermann, R., Uebersicht der bergrechtlichen Entscheidungen des königl. Ober-Tribunals. gr. 8. (XI und 281 S.) Berlin 861, Decker'sche geheime Ober-Hofbuchdruckerei.

— Uebersicht der bergrechtlichen Entscheidungen des Königl. Ober-Tribunals 1860—1863. gr. 8. (VIII und 96 S.) Berlin 864, v. Decker'sche geheime Ober-Hofbuchdruckerei.

— das Urheberrecht an Schriftwerken, Abbildungen, musikal. Compositionen und dramat. Werken nach dem Reichsgesetze vom 11. Juni 1870 systematisch dargestellt. gr. 8. (III, 74 S.) Ebendas. 871. *

— das Urheberrecht an Schrift- und Kunstwerken, Abbildungen, Compositionen, Photographien, Mustern und Modellen nach deutschem und internationalem Rechte systematisch dargestellt. gr. 8. (VIII, 282 S.) Berlin 876, Vahlen. *

Klostermann, Dr. R., Das Urheberrecht und das Verlagsrecht nach deutschen u. ausländischen Gesetzen systematisch u. vergleichend dargestellt. Mit einem Anhange: Das Urheberrecht an Schriftwerken etc. nach dem Reichsges. vom 11. Juni 1870. Berlin 1871. 8°.

Klostermann, Theodor, appr. Arzt a. Oberursel am Taunus: Ein Fall von Kehlkopffraktur. München 1904: C. Wolf & Sohn. (25 S.) 8°
München, Med. Fak., Ref. v. Angerer, Diss. v. 24. Okt. 1904
[Geb. 17. Juni 80 Oberursel a/T.; Wohnort: Mannheim; Staatsangeh.: Baden; Vorbildung: Gymn. Mannheim Reife Juli 98; Studium: München Chem. 1, München 4, Kiel 1, München 4 S.; Coll. 1. Juli 04; Approb. 8. März 04.]

— **Theodor Heinrich** (Eppenhausen / Westf.), De acidi oxalici in organismum animalem efficacia experimentis novis illustrata. Diss. med.-chir. Bln. (Feister) 17. II. 1824. 45 S. mit Biogr. (M.: Schnettler.) (6.—) 18436
Oppon.: Rave, Brueggemann, Gabler. — Gew.: Joh. zur Nieden, C. A. G. Pfeiffer.

Klostermann, Wilhelm, a. Vegesack ⟨Bremen⟩: Beiträge zur Kenntnis der Cumarine. Marburg 1905: R. Friedrich. (49 S.) 8°
Marburg, Phil. Fak., Ref. Zincke, Diss. v. 19. Nov. 1905
[Geb. 16. März 83 Vegesack; Wohnort: Bremen; Staatsangeh.: Preußen; Vorbildung: Realgymn. Vegesack Reife O. 01; Studium: Marburg 3, Berlin 1, München 1, Marburg 4 S.; Rig. 2. Aug. 05.]

Klostermayer, s.a. Klostermaier

Klostermayer, Matthias, der sogenannte Baierische Hiesel. Augsburg 1800. V: *Kerndörffer, Hnr. Aug.* (Ky)

Klostermayer, Matthias, der sogenannte Bayersche Hiesel. Seitenst. zu Rinaldo rc. 8. Lpz. (Stage in Augsb.) 800.

Klostermayer, Matthias, der sogenannte Baierische Hiesel. 8. Augsb. 800. v. Jenisch u. St. 1 ₰ 8 gl

— Dass. mit Kpf. 2 Bde. 8. Leipz., Seeger. 2 ₰ 16 gl

Klostermayer, Matth. rc. 2 Bde. (Seeger) hat jetzt Joachim u. ist (v. H. A. Kerndörfer.)

Klostermayer, Chrn., Anleitung zum theoretischen und praktischen Selbstunterricht der doppelten Buchführung nach einem vereinfachten, zeitersparenden und dennoch größere Sicherheit bietenden Methode, nebst Berechnung der Conto-Corrente. gr. 8. (VII, 92 S.) Hannover 876, (Helwing'sche Verlagsb.) *

Klostermeyer, s. Clostermeyer.

Klosterneuburg. [Wien 1898.]
V: *Drexler, Carl & Wolfgang Pauker.* (EB)

Klosterneuburg Gremium chirurgisches

Chyrurgisches Gremium Klosterneuburg. (Handschriften.)

Klosterneuburg: 1803 - 1868
Bd 1 - 2: Gremialbuch... No.1 - 2. 1803 - 1843
Bd 3: Gestionsprotokoll... 1840 - 1845
Bd 4: Rechnungshauptbuch... 1840 - 1865
Bd 5: Verzeichnis, Nahmentliches, der Mitglieder... 1840 - 1868
Bd 6: Namenverzeichnis deren...Lehrjungen. 1840 - 1866
Bd 7: Kranken-Aufnahmsprotokoll... 1844 - 1867

JB 5.850

Klosterpförtner, Der. Altona 1866. V: *Gervaise de la Touche.* (EB)

KLOSTERPFÖRTNER, Der. Erster Teil: Die Inoculation der Liebe (und zweiter Teil: Die besiegten Jungfernschaften). Chicago. Gedruckt auf Kosten guter Freunde (ca. 1875). 12°. I: 160 S., II: 94 S. Am Schlusse ein Blatt Anzeigen von 26 erotischen Schriften!
[E. III, 579.]
Sehr seltene deutsche Ausgabe.
Die Band III, 579 verzeichnete Ausgabe scheint ein Nachdruck vorliegender Ausgabe zu sein.
S. a. Karthäuser-Pförtner.

Klosterpredigt, Schweizerische, ein Stossseufzer des P. Theodosi über die Aufhebung der Klöster im Aargau. Muri und Wettingen (Jenni Sohn in Bern). 1840.
Weller, fing. Dr.

Klosterpredigt, schweizerische, e. Stoßseufzer d. Pater Theodos üb. d. Aufhebung d. Klöster im Aargau. gr. 8. (½ B.) Muri u. Wettingen 841. (Bern, Jenni Sohn.)

Klosterraub, der; Lstspl. in 5 A. 8. Berl. 801. Schöne. 12 gl

Klosters. Graubünden.... Klimatischer Sommerkurort. Hotel & Pension Brosi. [Mit 2 Tafeln und 1 Tabelle.] 8. Zürich 1883.
Ausg. A: 36 S. — Ausg. B: 56 S.

Klosters, Graubünden.... Klimatischer Sommerkurort. Hotel & Pension Brosi. [Mit 2 Tafeln und 1 Tabelle.] 8. Davos 1891.

Kloster-Schematismus. E. Verzeichnis v. römisch-kathol. Männer- u. Frauenklöstern im Deutschen Reiche. 8. (XVIII, 108 S.) Paderborn (895). Verlag d. Kloster-Schematismus. n. 2. —; geb. 3. —

[F.] Kloster-Schematismus. E. Verzeichnis v. römisch-kathol. Männer- u. Frauenklöstern im Deutschen Reiche. *Paderborn: Verl. d. Kloster-Schematism. [1896].* (XVIII, 107 S.) 1 Bd 8. [94. 4910

— e. Verzeichnis sämtl. Klöster, Hospitien, klösterl. Institutionen u. Niederlassgn. im Deutschen Reiche. 2. Aufl. N. d. neuesten amtl. Quellenmaterial zusammengest., n. Mutterhäusern m. Angabe d. Zahl d. Klosterinsassen, d. Diözesen, d. Orte u. Poststationen geordn. u. m. kurzen Charakteristiken d. Orden u. Kongregationen, ihres Zweckes u. d. Gründg., ferner m. Notizen üb. Verfassg., Ordenstracht, Ausbreitg., Eintritt rc. vers. 8. (XXIV, 186 S.) Paderborn 898. A. Höllerl. n. 3. —; geb. n. 4. —

[F.] Kloster-Schematismus. E. Verz. sämmtl. Klöster, Hospitien, Klösterl. Institutionen u. Niederlassgn im Deutschen Reiche. 2. Aufl. Nach d. neuesten amtl. Quellenmaterial zsgest. . . . *Paderborn i. Westf.: Verl. d. 'Kloster-Schematismus' [1898].* (XXIII, 186 S.) 1 Bd 8. [09. 647

Kloster-Schematismus. Ein Verzeichnis sämtl. Klöster, Hospitien, klösterl. Institutionen u. Niederlassgn. Deutschlands u. Oesterreich-Ungarns. Von Adf. Höllerl. 8. Aufl. Nach dem neuesten amtl. Quellenmaterial zusammengestellt, nach Mutterhäusern m. Angabe der Zahl der Klosterinsassen, der Diözesen, der Orte u. Poststationen geordnet u. m. kurzen Charakteristiken der Orden u. Kongregationen, ihres Zweckes u. der Gründg, m. Notizen über Verfassg., Ordenstracht, Ausbreitg., Eintritt, m. Winken u. Ratschlägen üb. die Aufnahme, Lebensweise, Mitgift, Aussteuer, üb. die Hindernisse zur Aufnahme, Entlassg.; ferner m. e. Beigabe der Regel des hl. Augustin, der Regel der Missionsschwestern u. der päpstl. Verordng. üb. die Seelenleitg. in den Klöstern rc. rc. versehen. 8. (VIII, 291 S.) Paderborn 899. Junfermann. n. 4.50

Klosterschule, die, altehrwürdige, zu Werden an der Ruhr in fiscalischer Behandlung. Krit. Studien v. e. Nichtjuristen. gr. 8. (101 S.) Münster 898. Regensberg. n. 1.20

Klosterschnle, Eine innere, im 9. Jahrhundert. Lintz 1877. V: *Kobler, Andreas.* (Jes)

Klosterschüler, Rich., d. Krüppel u. and. Novellen. 8. (109 S.) Wien 898. Wiener Volksbuchh. n. 1. —

KLOSTERSITTEN und Nonnendisziplin. Gemälde aus dem Nonnenleben. Nebst Anhang: Briefwechsel zweier Nonnen. Hrsg. v. Adolph Conrad. Berlin, o. J. (190*). 8°. (2 Mk. Oskar Rauthe, Berlin, 1909.)

Klostersitz, Ubaldus, Monumenta sepulchralia corumque epitaphia in Collegiata ecclesia b. m. Virginis Claustroneoburgi. 4. (XV u. 317 S.) geh. 8 fl. m. 20%.
Wien: Mayer 1881.

§ **KLOSTERSPIEGEL** in Sprichwörtern, Spitzreden, Anekdoten u. Kanzelstücken. Bern, Jenni, 1841. 8°. (In München: H. mon. 289 m.) (1 Mk. Völcker, Cat. 59.)

Klosterstimmen. Wegweiser f. Frauenklöster. Hrsg. v. e. Kapuziner-Ordenspriester d. rhein.-westf. Provinz. 1. Jahrg. Juni—Dezbr. 1908. 3 Nrn. (64 S.) Lex. 8. Saarlouis, F. Stein Nachf. Unberechnet.

— dasselbe. 2. u. 3. Jahrg. 1909 u. 1910. à 6 Nrn. (128 u. 120 S.) gr. 8. Ebd. à Jahrg. 1. —

Klostersturm, Der, oder wunderbare Rettung aus dem Schlachtengetümmel ... Hamburg 1817. V: *Müller, Heinrich August.* (MGT) »Quedl. 1817« (Ky)

Klostersturm, der, od. Rettung aus dem Schlachtgetümmel. Vom Verf. des „Pfarrhauses zu Remsdorf" (H. Müller VI.) 3 Thle. 8. Quedlinb. 817. Basse. 3 ⁄ 6 gl

Klostersuppe, aargauische, eingebrockt v. ein. gefühlvollen Seele. gr. 8. (1 B.) Bern 841, (Jenni Sohn.)

Klosterthurm, Der, in Venedig (,) oder Graf Helmold's (eines Oberlausitzers) wunderbare Abentheuer. Eine (zahme) Carnevals-Begebenheit. Leipzig, in der Joachimschen Buchhandlung5. O. J. (c. 1805). 8⁰. 154 S. (incl. gestoch. Tit. u. 1 Bl. Einleitg. in Versen).

KLOSTERTHURM, Der, in Venedig, oder Graf Helmold's wunderbare Abentheuer. Eine Carnevals-Begebenheit. Lpz., Joachim, 1811. 8⁰. Titel u. 154 S. Zahm.

Klosterwalde, s.: Mark.

Klosterzell, K. v., s.: Ella, das Judenkind.

Klosterzwang und Klosterfurcht oder Leben und Begebenheiten des ... Joh. Friedr. Hasse ... Deutschland 1805. [Verf.(der ersten 3 Bogen): Carl Heinrich Georg Venturini. (Wr)]

Klosterzwang u. Klosterfurcht, oder Leben u. Begebenheiten d. gewesenen Kapuzinermönchs J. F. Haße. Ein merkwürd. Beitrag z. Gesch. d. Klosterwesens. 8. Deutschland 806. (Reichard in Braunschw.) 12 gl

Kloetz, V., Schul-Grammatik der ungarischen Sprache. 1. Heft. gr. 8. (VI, 50 S.) Hermannstadt 876, Michaelis. *
Nicht weiter erschienen.

Klot, A. v., die Gefahren der unsauberen Milch. (26 S.) schmal gr. 8. Riga (904). N. Kymmel's Buchh. —80

Klotar. Trsp. in 5 A. v. J. M. Rinne. 8. Zwickau, Schumann. 801.

Kloten. (Njbl.) s.a. [Hegner, Ulrich].

Kloten. [Winterthur 1830.] V: *Hegner, Hs. Ulr.* (Cat. d. Stadtbibl. Zürich. Zürich 1864—97.)

Productions-Vermögen in seiner Wichtigkeit für den Menschen, mit Beziehung auf Schiller's Gedicht: Die Künstler. Von Joh. Leo Jul. Flamin Kloter, G. P. — 1838. B., Hörcth. — S. 3—11.
Progr. Bayreuth

Kloter, Flamin, Religion-Moralität nach Paulus an die Römer. Erklärung dieses Briefes. gr. 8. (XVIII und 283 S.) Bayreuth 847, Grausche Buchh. *

Kloter, Flamin, Religion = Moralität nach Paulus an die Römer. Erklärung dieses Briefes. 2. (Titel-)Ausg. gr. 8. (XXI und 284 S.) Weida 854, Huth's Buchh.

Kloters, C., die Dezimalrechnung u. deren Anwendung auf das neue Maß u. Gewicht nebst Aufgaben zur Verwandlung der alten Maaße u. Gewichte in neue 2c., ein Rechenbüchlein besonders für Oberklassen von Elementarschulen 2c. Crefeld 870. Klein. 8. (48 S.) 3 ngr

Kloth, Arnold (geb. am 18 Jan. 1860 in Much im Siegkr.): '(Aus d. Bonner chirurg. Klinik.)' — Zur Behandlung der Struma ... Bonn, Hauptmann'sche Buchdr. 1885. 35 S. 8.
Bonn, Med. Fak., Diss. v. 24 Juli 1885

Geschichte des Deutschen Buchbinderverbandes und seiner Vorläufer. Bearb. im Auftr. d. Verbandsverstandes von Emil **Kloth**. Bd 1. Berlin: Deutscher Buchbinderverband 1910. 8° 10. 7:69

Kloth, Franz Arnold Gregor

Kloth, Fr. Ar. Greg., der heil. Kirchenlehrer Aurelius Augustinus. 2 Thle. gr. 12. Aachen 839. Cremersche B. (F. Cazin.) 1 ⁄ 8

Kloth, Fr. Ar. Greg., der heil. Kirchenlehrer Aurelius Augustinus. 2 Thle. gr. 12. (35½ B.) Aachen 840, Cremersche Bh.

Kloth, Franz Arnold Gregor: Zur Berichtigung irriger Ansichten vom sog. Hermesianismus. Mainz: Kirchh. 1832. 8⁰
Separat-Abdruck aus: Katholik 46 (1832), S. 313–329.

— s. Geist, der, Fr. Leopolds, Grafen zu Stolberg.

—— das Leben d. heil. Alphons Maria v. Liguori, Bischofes v. St. Agatha d. Gothen u. Stifter d. Versamml. d. allerheil. Erlösers. 8. (7 B. u. Bildn.) Aachen 835, Hensen u. Comp.

— s. v. Liguori, kurze Sonntagspredigten.

Kloth, Fr. A. Gregor, Über Materialismus mit besonderer Berücksichtigung der Angriffe Dr. K. Vogts auf die Religion. Aachen. Jacobi, 1868, 51 S., 40 Pf.

Kloth, G., s.: Fabrikherr, der. Eine Geschichte.

– s. Müller, Joh. von: Reisen der Päpste.

Kloth, G., s. Reisen d. Päpste.

Die Landgemeinde Eutin und ihre Bewohner v. Heinr. **Kloth.** Eutin. o. J. 8°

Dat klooke Kind! Bescheidenheit ist eine Zier, Doch weiter kommt man ohne ihr! Sagbuck oder Zägenbuck. 3 plattdeutsche Schnurren aus Heinrich **Kloth**'s noch ungedrucktem 'Platt Land'. 1.–3. Taus. Eutin: W. Struve [1905]. (8 S.) 8° [F.] 07. 10810 9

Kloth, Heinr., de Landrathsdochder. En Geschich ut' östlich Holsteen. 2 Bde. 8. Kiel 880, Lipsius und Tischer. [1. Bd. (XII, 259 S.) *M 2,60.; 2. Bd. (293 S.) *M 2,70.] *

Kloth, Heinr., de Landrathsdochder. En Geschicht ut' östlich Holsteen. 2 Bde. 2. (Titel-)Ausg. 8. (XII, 259; 293 S.) Garding 885, Lühr und Dircks. *
geb. in 1 Bd. *

—— Sliperlisch'n. 8. (VIII, 249 S.) Ebendas. 885. *
geb. *

Kloth, Joh. Ad., kurzgefaßter jedoch gründl. Katechismus d. Kunstwiesenbaues nach Siegener Art. Nebst ein. Anh. 8. (4 B. u. 1 Stnt.) Arnsberg 838, Ritter.

(Klöti, E[mil].) An das Schweizerische Bundesgericht in Lausanne. [Eingabe] In Sachen des Kantons Zürich, Klägers, gegen den Kanton Schaffhausen, Beklagten, betreffend Hoheitsrecht am Rhein. Zürich, den 16. Februar 1907. 15 S. 8. [Zürich, W. Coradi-Maag.]

([Ausführungen] über die von der beklagten Partei neu vorgelegten Dokumente, von 1471—1663 und den Lehensbrief vom 25. Juli 1430.)

(Klöti, E[mil].) Klage des Kantons Zürich gegen den Kanton Schaffhausen betreffend das Hoheitsrecht am Rhein von Rüdlingen bis Eglisau. (An das Schweizerische Bundesgericht ... im Namen des Regierungsrates des K' Z' [erhoben von Dr. E. K', Direktionssekretär. 1906 Februar 22.) 90 S. 8. Zürich, W. Coradi-Maag, 1906.

Klöti, Emil. Die Neuordnung des Wasser- und Elektrizitätsrechtes in der Schweiz. Kritik und Vorschläge. (Separatabdruck aus dem Schweizerischen Zentralblatte für Staats- und Gemeinde-Verwaltung. Jahrg. 6, Nr. 1 und 3.) 38 S. 8. Zürich, Orell Füssli, 1905. [fr. 1. —]

Klöti, Emil. Die Proportionalwahl in der Schweiz. Geschichte. Darstellung und Kritik. Diss. Staatsw. Univ. Zürich. Separatabdruck aus der «Zeitschrift für schweizerische Statistik», Jahrg. 1901. VIII + 480 S. 8. Bern, Stämpfli & Cie., 1901.

Die Proportionalwahl in der Schweiz. Gesch., Darstellung u. Kritik. Von Dr. Emil Klöti v. Winterthur. *Bern: Schmid & Francke in Komm. 1901.* (vII, 480 S.) 8°
Aus: Zeitschr. f. schweiz. Statistik. Jg. 37. 1901. [01. 3371

(Klöti, E[mil].) Replik in Sachen des Kantons Zürich gegen den Kanton Schaffhausen betreffend das Hoheitsrecht am Rhein von Rüdlingen bis Eglisau. (An das Schweizerische Bundesgericht in Lausanne.) 31. August 1906. 58 S. 8. Zürich, W. Coradi-Maag, 1906.

Klöti, Emil, die Texte der schweizerischen Verhältniswahl-Gesetze. (98 S.) gr. 8. Zürich 909. Buchh. des schweiz. Grütlivereins. 2. —

Klöti, Wilh. Shakespeare als religiöser Dichter. gr. 8. (107 S.) Zür. 890, Höhr u. Fäsi. * 1 70

Klotsch

— s. auch Klotsch.

Klotsch, Margar. Elisab., prakt. Kochbuch für Hausmütter u. Köchinnen, besonders aber für junge Frauenzimmer, die sich auf ihren Beruf würdig vorbereiten wollen ꝛc. 8. Nürnb. 818. 2e u. 3e A. 819. Campe. 16 K

Klotschin, Margar. Elisab., prakt. Kochbuch f. Hausmütter u. Köchinnen, besond. aber f. junge Frauenzimmer, welche sich auf ihren künft. Beruf würdig vorbereiten wollen ꝛc. 4., verb. u. mit e. Anh. verm. Aufl. 8. (18 B.) Nürnberg 835, Fr. Campe'sche Buchh.

Klotz, Der unhoeffliche Monsieur, mit Poetischer Feder beschrieben . . . Sittenau [Braunschw.] 1708. V: *Dedekind, Friedrich.* Ü: *Scherffer, Wenzel.* II: *Bokemeyer, H.* (GGr) (Mn) (BrMm) (Wr)

Klotz. Friedrich d. Gr. als Ingenieur. Berlin 1868. 8° u. 4°.

Klotz. Gedächtnisrede auf Kaiser Wilhelm I., geb. am 21. März 1889 im Konservativen Verein zu Waldenburg. gr. 8. (15 S.) Glauchau 889, (Peschke). ** — 15

Klotz, graphische Malerei f. Künstler u. kunstgeübte Dilettanten. (20 z. Tl. farb. Taf.) gr. Fol. Nebst Text. gr. 4. (28 S. m. Abbildgn.) Dresden (902). G. Kühtmann. In Mappe n. 20. —

Klotz

— s. a. **Kloz.**

Klotz, Adf., das deutsche u. badische Sonntagsrecht, s. a. Lang's Sammlung deutscher u. badischer Gesetze. 3. Bd.

Das deutsche u. badische Sonntagsrecht. Enth. d. reichsrechtl. Bestimmungen über d. Sonntagsruhe in d. Industrie u. im Handelsgewerbe, sammt den allgem. u. den badischen Vollzugsvorschriften sowie d. badischen Vorschriften über d. Sonntagsfeier ... Von Dr. Adolf Klotz, Oberamtmann. *Karlsruhe: J. Lang 1900.* (XXXIX, 482 S.) 8° [F.]
— **Sammlung**, Lang's, deutscher u. badischer Gesetze. 3. [00. 9440

Cäsarstudien nebst e. Analyse d. Strabonischen Beschreibung von Gallien u. Britannien. Von Alfred **Klotz**. Leipzig & Berlin: Teubner 1910. 267 S. 8° [10. 16330 3

Klotz, Alfredus [Zittaviensis]: Curae Statianae ... Lipsiae, typ. M. Hoffmanni, 1896; 82 S. 8.
Leipzig, Phil. Fak., Inaug.-Diss. v. [13. Juli] 1896

Klotz, Alfr., curae Statianae. Diss. gr. 8. (80 S.) Leipzig 896. (E. Gräfe.) n. 1. 20

Klotz, Alfred, approb. Arzt aus Reichenbach i. V.: **Enchondrome** des Beckens und ihre operative Entfernung. *Leipzig 1900: A. Th. Engelhardt.* (32 S.) 8°
Leipzig, Med. Diss. v. [26. Mai] 1900

Klotz, Alfr., Quaestiones Plinianae geographicae, s. a. Quellen u. Forschungen zur alten Geschichte u. Geographie.

Quaestiones Plinianae geographicae. Scripsit Alfredus **Klotz**. Berlin: Weidmann 1906. (227 S.) 8°
— **Quellen** u. Forschungen z. alten Geschichte u. Geographie. H. 11. [06. 9813

Klotz, Alfred: Ramenta Statiana. *Leipzig 1897.*
in: **Beiträge**, Philologisch-histor., C. Wachsmuth z. 60. Geburtstage überreicht. [97. 3344

Klotz, A., Ad Stati Achilleida symbolae criticae. S.-A. O. J. 19 S.

Klotz, Arno, Konstruktionen d. gebräuchlichsten Zahnformen. Handbuch f. den Gebrauch an Fachschulen, sowie f. den Selbstunterricht. (29 S. m. Fig. u. 6 Taf.) 8. Crefeld (908). W. Greven. 1. —

Klotz, C., s. Klotz, Karl Ernst

Kloz, Chr. Ehrenfr., († d. 3. Juli 1781.) s. Jh. Pt. v. Ludewig, ökonom. Anmerkk.

Klotz, Christian Adolph

Klotz, Chr. Ad, († d. 31. Dec. 1771.) acta literaria. VII Voll. (Die 3 letzten Stcke. d. Bds. sind v. Glo. B. Schiruch.) 8. Altenb. 764—74. (Hennings in Neisse.) 7 ß

Klotz, Christian Adolph, Animadversiones in Theophrasti characteres ethicos ad virum excellentissimum et jurisconsult. Carolum Frider. Walchium. Jena (Fickelscherr) 1761. 46 S. (5.50) 18437

— Anti-Burmannus. 8. Jena 762. Güth. 6 K

– (Hrsg.), s. A e s o p u s : Fabulae. 1771.

— auctuar. Jurisprudentiae numismaticae, s. a. K. F. *Hommel.*

— auctuar. j u r i s p r u d e n t i a e numismaticae ed. ab Hommel. 8. Lps. Fritsch. 765.

— — u. (Respond.) **Johann Christian Briegleb** (Görlitz), De felici Horatii audacia dissertatio. Jena (Felix Fickelscherr) 2. IV. 1762. 40 Seiten. (5.--) Gew.: Johann Gotthelf v. Globig. 18440

– (Hrsg.), s. B a c h , Johann August: Opuscula ...

– (Hrsg.), s. B a y e r , Gottlieb Siegfried: Opuscula ...

— B e y t r a g z. Gesch. des Geschmacks u. d. Kunst aus Münzen. 8. Altenb. (Academ. Handl. in Jena.) 767.

— Beitrag zur Gesch. d. Geschmacks u. d. Kunst aus Münzen. 8. Altenb. 767. (Hennings in Neiße). 8 gr

— deutsche Bibliothek d. schönen Wissenschaften. 24 Stcke. in 6 Bdn. gr. 8. Halle 767—72. Gebauer. (à 1 rthl 12 gr) 9 rthl

Klotz, Christian Adolph [Praes.], s. B o e r n e r , Immanuel Karl Heinrich: De opificiorum ignobilitate inani et noxia.

Klotz, Christian Adolph [Praes.], s. C a m p e , Joachim Heinrich: Nonnulla de vi consuetudinis.

— c a r m i n u m liber un. 8. maj. Lps. Langenheim. 753.

— carminum liber unus. 8maj. Leipz. 759. Langenheim. 3 gr

— Carmina omnia. Altenb. 765. 8. 12 gr.

— c a r m i n a omnia. gr. 8. Altenb. (Academ. Handl. in Jena.) 766.

— carmina omnia. Editio emendata et nova. 8maj. Altenb. 766. (Hennings in Neisse). 12 gr

– (Vorr.), s. C a y l u s , Anne Claude Philippe Comte de: Vermischte Abhandlungen ...

– (Vorr.), s. C r u s i u s , Chr.: Opuscula ...

– (Vorr.), s. C u r t i u s , Michael Konrad: Commentarii de senatu Romano ...

— — **Oratio solemnis de dignitate, jucunditate et utilitate studiorum humanitatis.** Jena (Fickelscherr) 1761. 36 S. (5.50) 18438
Gew.: Gottlob Hermann (Loebau).

- (Hrsg.), s. D u F r e s n o y , Abbé Lenglet: De pictura carmina elegantissima.

— Elegiae. 8. Jena 762.

— e l o g i u m Burgii. 8. maj. Halae, Curt. 767.

— elogium Jh. Fr. Burgii. 8maj. Halle 767. (Laue in Berl.) 8 gr

K l o t z i i , C. A , Elogium J. F. Burgii, theol. clar. Hal. 768. 8. 8gr.

— epistola de quibusdam ad Homerum pertinentibus. 4. Leipz. 758.

— e p i s t o l a e homericae. 8. Altbg. (Academ. Hdl. in Jena.) 764.

— epistolae Homericae. 8. Altenb. 764. (Schnuphase). 14 gr

— Carmen de excidio ruinaque Zittaviae, a. MDCCLVII d. XXIII Jul. funditus eversae. 4. Görlitz 758.

— funus Petri Burmanni secundi. 8. Altenb. 762. (Acad. Buchh. in Jena). 3 gr

— — De populari dicendi genere. Götting. (Schultz/ F. A. Rosenbusch) 15. XI. 1762. 19 S. (4.—) 18443

— genius seculi. 8. Altenb. 760. (Acad. B. in Jena). 10 gr

– (Vorr.), s. G e s n e r , Johann Matthias: Biographia academica Gottingensis.

Klotzius, Christ. Adolph. Historia numorum contumeliosorum et satyricorum. Cum figuris aeri incisis. Angebunden: Hieronymi Vidae de arte poetica libri tres. Commentarium de poetae vita et carminibus addidit Christ. Adolphus Klotzius. Altenburgi 1765. 8°.

— historia numorum contumeliosiorum et satyricorum; cum fig. incisis. 8. Altenb. 765. (Schnuphase). 16 gr

— historia numorum obsidionalium; cum fig. aen. incisis. 8. Altenb. 765. (Hennings in Neisse). (a. Schnuphase in Altenb.) 16 gr

– (Vorr.), s. H o r a t i u s Flaccus, Quintus: Carmina. 1770–71.

– (Hrsg.), s. J a n i , Johann Wilhelm: Opuscula ...

— l e c t i o n e s Venusianae. 8. maj. Lps. Schwickert. 770.

— de libris auctorib. suis f a t a l i b u s. 8. maj. Lips. Langenheim. 768.

– Dass., s.a. K l o t z , Johann Chr.

– (Vorr.), s. L o n g c h a m p : Chronologischer und kritischer Entwurf einer gelehrten Geschichte Frankreichs.

Klotz, Christian Adolph [Praes.], s. M a n g e l s d o r f , Karl Ehregott: De jurejurando per gladium disp. histor.

Klotz, Christian Adolph [Praes.], s. M a n g e l s d o r f , Karl Ehregott: De magistro memoriae ad illustrandam notitiam dignitatum utriusque imperii.

Klotz, Christian Adolph [Praes.], s. M e u s e l , Johann Georg: De veterum poetarum interpretatione.

— miscellanea critica. 8maj. Utrecht 763.

— mores eruditorum. 8. Altbg. (Academ. Handl. in Jena.) 760.

– (Hrsg.), s. Mosheim, Johann Lorenz von: Epistolae amoebaeae.

— — De nemoribus in tectis aedium Romanarum. — Commentatio qua viro Johann Georg Walch . . . fasces academicos gratulata est societas latina Jena (Schill) 21. VII. 1762. 16 S. (4.50) 18441

— über den Nutzen u. Gebrauch d. alten geschnittenen Steine u. ihrer Abdrücke. Mit Kpf. gr. 8. Altenb. 768. (Hennings in Neiße.) 1 ℛ 4 gl

— opuscula varii argumenti. 8maj. Altenb. 766. (Hennings in Neisse). 1 ℛ

— Opuscula numaria, quibus juris antiqui et historiae nonnulla capita explicantur. Halae 767. Halle 767. (Laue in Berl.) 20 gl

— opuscula numaria, quib. juris antiqui hist. nonnulla capita explic. 8. maj. Halae, Curt. 772.

— opuscula philologica et oratoria. (Coll. et ed. Mangelsdorf.) 8maj. Halle 772. Gebauer. 12 gl

— opuscula poetica. 8maj. Altenb. 761. Richter. 8 gl

— opuscula varia. 8. maj. Altbg. (Academ. Hdl. in Jena.) 766.

— Oratio pro Lipsii latinitate Jenae in consessu Societatis latinae d. 20. April A. C. 1761 recitata. 4. Jen. 761.

— — Oratio Jenae d. 11. IX. 1762 recitata. — Accedit epistola ad viros doctos in Germania. Druck: Fickelscherr. 19 S. mit Schriftenverz. d. Verf. (4.50) 18442

— — **Oratio panegyrica in auspicat. diem natalem serenissimae principis ac dominae dominae Annae Amaliae ducis Saxoniae. Jena (Fickelscherr) 24. X. 1761. 24 S. (4.—) 18439**

Klotz, Christian Adolph [Praes.], s. Penzel, Abraham Jakob: De barangis in aula Byzantina militantibus.

Klotz, Christian Adolph [Praes.], s. Pilgramm, David Heinrich Gottfried von: De vitiis tragoediarum, quae vulgo Senecae tribuuntur.

— ridicula literaria. 8. Altenb. 774. (Hennings in Neisse). 6 gl

Klotz, J. A., Satyren, n. e. Anh. 8. Lpz. Hilscher. 775.

— Satyren aus d. Lateinischen v. B. G. Weinart. 8. Leipz. 776. Hilscher. 8 gl

Klotz, Christian August. Satyren; a. d. Lat. . . . Leipzig 1784. Ü: *Weinart, Benjamin Gottfried.* (MGT) (OL) »1775« (BrMm)

– (Hrsg.), s. Saxo Grammaticus: Historiae Danicae.

Klotz, C. A. Sitten der Gelehrten; a. d. Latein. Berlin 1761. Ü: *Müchler, Johann Georg.* (Adel) (MGT)

– (Hrsg.), s. Strato Sardensis: Epigrammata.

— Libellus de minutiarum studio et rixandi libidine Grammaticorum quorundam. 8. Jen. 762. Güth. 6 gl

— über das Studium des Alterthums. 8. Halle 766. Gebauer. 6 gl

– (Hrsg.), s.a. Thesaurus epistolicus Gesnerianus.

— thesaurus epistolicus Gesnerian. II Vol. 8. Halae, Curt. 770.

– (Hrsg.), s. Tyrtaeus. 1764.

— libellus singularis de verecundia Virgilii. 4. Gött. 763.

Klotz, C. A., resp. Kampe, De vi consuetudinis. Hal. 4°. 1768

– (Hrsg.), s. Vida, Marco Girolamo: De arte poetica.

— vindiciae Q. Horatii Flacci. Accedit commentarius in carmina Poetae. 8. Brem. 764. Förster. 8 gl Neue Ausg. u. d. T.: lectiones Venusianae. 8maj. Leipz. 770. Schwickert. 18 gl

Klotzii, C. A., Vita et memoria. Ed. Mangelsdorf. Hal. 772. 8. 6 gr.

— Diss. de vitiis tragoediarum, quae vulgo Senecae tribuuntur. Auct. et Resp. Dav. Hnr. Gf. de Pilgram. 4. Götting. 765. ... (Klotz soll der wahre Verf. seyn.)

Klotz, Christian August, s. Klotz, Christian Adolph

— **Christian Friedrich** (Tübingen), De acidulis Nidernowensibus. Diss. med. Präs. Wilhelm Gottfried Ploucquet. Tübing. (Fues) Sept. 1802. 32 S. mit Widm. v. Präs. (6.—) 18444

Klotz, Christian Karl August, der Weltweisheit und beider Rechte Doctor etc.

— Diss. de aequitate judiciali. 4. Tübing. 806.

Klotz, Ch. K. A. Einleitung in die Doktrin des teutschen Privat-Militär-Rechts u. Militär-Gerichts-Prozesses. Stuttgart 1810. 576 S.

Klotz, Chr. K. Aug.: Einleit. in d. Doctrin d. deutschen Privat-Militairrechts u. Militairgerichtsprocesses. *Heidelb.*, Mohr. 811. gr. 8. (1 Thl. 20 Gr.)

Klotz, Chr. K. Ang.: Das Heimfalls- u. Fiskal-Occupationsrecht des Erzhauses Oesterreich auf den in dess. Erbstaaten gelegen. Besitzz. u. Einkünften der durch den neuest. Entschädig.-Reichsschluss sekularis. deutsch. Stifte, Klöster u. s. w. (*Tübingen*). 803. 8.

— Diss. de jure protimiseos Germanico. 4. Tübing. 797.

Klotz, Chr. K. Aug.: Reichsunmittelbarkeit, Reichsstandschaft, Landeshoheit, in ihrem genauen Verhältnisse zum Reichsoberhaupte, mit Hinsicht auf die künftige Integrität Deutschlands dargestellt. *Germanien*, (Regensb.) 798. 8.

— Skizze d. deutschen Reichskreise nach d. neuesten Territorialbestande. Ein publicist. Versuch. 4. (Tübing.) 804.

Klotz, Ch. K. A.: Theor. Versuch. üb. d. Gerichtsbark. d. höchsten Reichsger. in Klagsachen deutscher Landesobrigkeiten wider ihre eignen Unterthanen in einzig nächster Instanz. *Tüb.* 800. 8.

— **Christian Max. Leop.** (Tübing.), Principia quaedam generalia de indiciis in causis criminalibus. Diss. jur. Präs. Christian Theophil v. Gmelin. Tübing. (Ludw. Fried. Fues) Sept. 1812. 36 S. mit Widm. v. Präs. (5.50) 18445

Klotz, E., Gedächtnißpredigt u. Standrede am Grabe d. Hrn. E. F. Roloff, Pastors zu Werdau. gr. 8. (1½ B.) Leipzig 828, (Barth.)

Klotz, (E.,) Geist der Familienerziehung, in e. Reihe vertrauter Briefe. 8. Lpz. 826, Barth.

Klotz, E., s.: Kalender, Frankfurter.

E. Klotz: Lehrb. d. Erfahrungsseelenlehre als d. Propäd. zur Philos., od. Grundlinien zu e. empir.-transcendent. Kritik d. gesammten menschl. Geistes, z. Behuf akad. Vorless. *Lpz.*, C. H. Reclam. 824. gr 8° 20 gl

Klotz, E., das fragwürdige Todtenbein v. Leipzig. (Satire auf die tiefstraur. Historie vom Leben, Sterben u. d. Ausgrabg. der Gebeine J. S. Bachs.) Herzerfrischender Bilderbogen als e. Denkmal f. e. in Leipzig vergessen-verfaulten großen Künstler deutschen Geistes. (20 Bl. in Leporelloform m. Abbildgn.) Lex.-8. Leipzig (906). P. de Wit. In Leinw.-Decke n. 10.—

— worin besteht das Wesen der jetzigen Religionsschwärmerei? Eine Predigt. gr. 8. Leipz. 822. Reclam. 3 gl

Das Productengeschäft der Dänischen Monarchie in diesem Jahrhundert mit Hinblick auf Handel und Landwirthschaft. Hrgg. vom Vorstande des Handels- und Industrie-Vereins in Kiel [verfasst v. Emil Klotz]. Kiel. 1861. 4°.

KLOTZ, Ernst. Der Mensch ein Vierfüßler. Eine anatomische Entdeckung samt neuer Erklärung der bisher falsch gesehenen menschlichen Fortpflanzungsorgane. Mit 25 Zeichnungen vom Verfasser. Leipzig, Otto Wigand. [Umschlag: Dresden-A., Verlag der Schönheit, Rich. A. Giesecke.] Gr. 8°. 106 S.

Klotz, Ernst, der Mensch e. Vierfüssler. Eine anatom. Entdeckg. samt neuer Erklärg. der bisher falsch gesehenen menschl. Fortpflanzungs-Organe. Mit 25 Zeichngn. vom Verf. (106 S.) Lex. 8. Leipzig 908. O. Wigand. (Urspr. Pr. 5. 70)

— — (Dohna/Misnicus), De vesaniae prognosi. Diss. med. Präs. Carl Gottlob Kühn. Lpz. (Wilhelm Haack) 2. XI. 1827. 28 S. (5.50) 18448
Gew.: Gottlob Adolph Ernst Nostiz u. Jaenkendorf (Oppach).

Klotz, Ernst, philosophische Propädeutik. Lehrstoffe für den Unterricht in Psychologie, Aesthetik, Logik und Ethik. gr. 8. (111 S.) Oschatz 875, Oldecop's Erben. *

Klotz, Ernst, vom Sinn des Lebens. Vier Akte aus dem Leben der Menschen. gr. 8. (63 S.) Leipzig (900). [B. Elischer Nachf.] O. Mutze. n. 1.50

— **Ernst** (Stollberg) u. (Respond.) **Friedrich Klotz** (Bruder), Theoriae statistices particula I. Theoria statistices tanquam scientiae. Lpz. (Staritz) 22. IX. 1821. 68 S. (6.—) 18447
Gew.: Hanns Aug. Fürchtegott v. Globig (Giessenstein).

— theoriae statistices part. I. Theoria stat. tanquam scientia. gr. 8. Lpz. 822, Reclam.

Klotz, F., s.a. Klotz, Heinrich Karl Fr. von

Klotz, F., allgemeine Wechselkunde, mit besond. Rücksicht auf die deutsche Wechsel-Ordnung, und das bayer. Gesetz über die kaufmänn. Anweisungen in Fragen und Antworten. Ein sehr nützl. Handbuch für Kaufleute, und überhaupt für alle diejenigen, welche mit Wechseln zu thun haben. 2., durch die deutsche Wechsel-Ordnung verm. und verb. Aufl. 8. (160 S.) Würzburg 851(52,) Etlinger'sche Vrlgsh.

Klotz, Fr., s. Klotz, Heinrich Karl Fr. von

Klotz, Frdr. Aug. Alex., Auslegung der Schriftstelle des Briefes Pauli an die Galater Kap. 3. V. 20. — Mit besond. Berücksichtigung der Arbeiten von Gurlitt u. Reinhardt. 1. Abth.: Wortbetrachtung. gr. 8. (40 S.) Landsberg a. d. W. 847, Schäffer & Co. ¼ ℛ

Klotz, G., s. Klotz, Johann Georg

Klotz, H. G., über Ohrpolypen, s. Hagen, R., prakt. Beiträge zur Ohrenheilkunde.

Klotz, Heinr., u. **Frz. Reinschmied,** Touristen-Rathgeber, zur leichteren Orientirung d. mähr.-schles. Sudeten-Gebirges zusammengestellt u. hrsg. 16. (64 S.) Mähr.-Schönberg 891. (Brünn, R. Knautho.) n. —36

— **Heinrich Ehrenfried** (Frankfurt a. M.), De quaestione: utrum ex redditione unius ex pluribus chirographis super uno eodemque debito confectis obligationem esse remissam colligi possit? Diss. jur. Giessen (Johann Jacob Braun) Aug. 1780. 28 S. (5.—) 18449

Klotz, Heinr. Friedr. (Frankf. a.M.)
Theses juridicae inaugurales.
Giessae 16. Mai 1777: Joh. Jac. Braun. 8 S. 4°
pro licentia summos in jure honores obtinendi.

Klotz, Heinrich Karl Fr. von

v. Klotz, H. K. Fr., der 3te August 1814. Krieger-Drama der Sachsen. 8. Leipz. 816. Voß. 3 gl

v. Klotz, Hnr. Karl Fr., († d. 27. Sept. 1818.) Dornen u. Rosen. Gesammelt während militär. Hin- u. Herzüge. 1s Heft, die J. 1809, 12 u. 13 enthalt. 8. Leipz. 818. (Joachim). 1 ℔ 12 gl

— Entwurf einer Anleit. zum Unterricht des Infanteristen. 8. Leipz. 818. Central-Cpt. 6 gl

— Feldblumen. 8. Oschatz 807.

v. Klotz, Frhrr. Fr. Hnr. Karl, kleine Gemälde aus d. menschl. Leben. 8. Meißen 818. Goedsche. 14 gl

— Gemüthsmelodien. 8. Leipz. (818). Central-Compt. 10 gl Schrbp. 14 gl

— s. a. Kranz v. Räthseln.

v. Klotz, (F.,) ein Kranz v. Räthseln, z. Unterhaltung in geselligen Kreise, nebst e. Qualität als Auflös. 12. Leipz. 822, Central Compt.

— Wechselgespräch treuer Sachsen am Jubelfeste im Sept. 1818. 8. Meißen 818. (Leipz., Central-Cpt.) 3 gl

Klotz, Hermann [aus Gehofen]: Ein Beitrag zur vergleichenden Anatomie der Keimblätter ... Halle a. S., Druck v. E. Karras, 1892; 1 Bl., 67 S. 8.
Halle, Phil. Fak., Inaug.-Diss. v. [23. März] 1892

Klotz, Herm., Entgegnung auf die „Antwort des Freih. v. Friesen-Rötha an den sächsischen Landesverein des ev. Bundes". gr. 8. (16 S.) Leipzig 901. Buchh. des ev. Bundes v. C. Braun. n. — 20

Klotz, [Hermann], Dr.: Die Flora der Goitzsche. Bitterfeld 1905: A. Schencke. (43 S.) 4°
Bitterfeld, R (OR i. E.) OP 1905 (308)

Klotz, Hermann: Ueber Mastitis carcinomatosa gravidarum et lactantium. Halle 1869: Lipke. 30 S. 8°
Halle-Wittenberg. Med. Diss. v. 2. Apr. 1869
Geb. Neu-Ruppin 19. 6. 1843. V.

Klotz, Herm., der sächsischen Frauenvereine Dienst ein Mariendienst! Predigt über Ev. Joh. 12, 3. Vers, am 25jähr. Stiftungsfest des Frauenvereins zu Drebach den 11. Juli 1880 in der Kirche daselbst gehalten. 8. (15 S.) Leipzig 880, Hinrichs'sche Buchh.

Klotz, Herm., gynäkologische Studien über pathologische Veränderungen der Portio vaginalis uteri m. Berücksicht. des Normalbaues. Mit 8 lith. Taf. gr. 4. (VII, 71 S. m. 8 Bl. Tafelerklärungen.) Wien 879. Seidel & Sohn. n. 10. —

Klotz, Herm., Veit Wolfrum, Superintendent zu Zwickau 1598—1626. Eine Studie zur sächs. Kirchengeschichte. gr. 8. (V, 84 S.) Zwickau 892. R. Zückler. n. 1. —

Klotz, J.: Beitrag zur Entwickelungsgeschichte und Anatomie des Geschlechtsapparates von Lymnaeus. ... Jena, Gustav Fischer, 1888; 1 Bl. + 40 S. u. 2 Taf. 8°
Jena, Phil. Fak., Inaug.-Diss. v. 1888

Klotz, J. Über den Einfluß der gezogenen Geschütze auf die Festungen und den Festungskrieg. Berlin 1861. 8°.

Klotz, v., Grundriss für den Vortrag über Planzeichnen etc., s. Grundriss für die Vorträge auf der Artillerie- und Ingenieur-Schule zu Berlin.

Klotz, J. Christoph

Klotz, J. C., Beschreibung der Herrschaft und Stadt Gera. 8. Ronneburg. Liter. Compt. 817.

Klotz, J. Cph., Beschreib. der Herrschaft u. Stadt Gera. 8. Ronneb. 818. Literar. Compt. (Schumann in Zwickau). 15 gl N. Aufl. Gera 826. Heinsius. 12 gl

— Predigt am letzten Reformationsfeste des 3ten evangel. Jahrhunderts. 8. Ronneb. 817. (Schumann). 2 gl

Klotz, J. L., Touristen-Führer durch das Lechthal, s.: Touristen-Führer.

Klotz, J. P. J., Prodrome de la flore du Grand-Duché de Luxembourg. 1re partie. Plantes phanérogames. gr. 8. (278 S.) Luxemburg 878, Schamburger.

Gelegenheits Gedichte v. Jacob **Klotz**. (Kiel, vor 1832 bis nach 1840.) 8°.

Klotz, Imm., christl. Religionsgesänge u. Gebete für die k. Sächs. Armee. 12. Dresd. 793. 3e Aufl. 800. 4e Aufl. 808. N. Aufl. 811. Arnold. 4 gl (NB. Die erste Aufl. hatte d. Tit.: Samml. geistl. Lieder f. Soldaten.)

Klotz, Jo. Heinrich (Dynast. Merxh. Praefectus) Dissertatio auspicalis juridica de feudo aedificii. Gissae 5. Juni 1743: E. H. Lammers. (4), 64 S. 4°
pro honoribus doctoralibus rite capessendis.

— **Jo. Heinrich** (Langenburg/Hohenlohe), De juramento calumnia. Vom Eydt vor Gefährde. Diss. jur. Präs. Jo. Ernst Floercke. Jena (Horn) 11. IV. 1731. 72 S. (6.80) 18452
Gew.: Carl Graf v. Wied (Runckel, Ysenburg). — Widm. v. Präs.

Klotz, Jo. Heinr.: Utrum statui ac genio litterati magis congruat, caelibem esse an coniugatum? Jenae 1731.

Klotz, Jh. Chr., († d. 2. Sept. 1776.) de libris auctoribus suis fatalibus liber singularis. 8 maj. Leipz. 762. Ed. II. 768. Langenheim. 10 gl

– Dass., s.a. Klotz, Christian Adolph

Klotz, Johann Georg

Klotz, G., des Frommen Andenken zur treuen Nachfolge, dargestellt an Johannes v. Nepomuck. 8. Augsburg, Wolff. 817.

Klotz, J. G., das fromme Andenken zur treuen Nachfolge, dargestellt an d. heil. Magnus, Abt zu Füßen. 12. Kempt. 820. Dannheimer. 2 gl

— Beweggründe des Uebertritts z. evangelisch-protestant. Kirche. Nebst e. Anhang v. Decan Gabler. 8. Ulm 824. Ebner. 6 gl

— Beweggründe des Uebertritts zur evangelisch-protestant. Kirche. Nebst e. Anhang v. Decan Gabler. 8. Ulm 825, Ebner.

Klotz, Joh. Geo., Beweggründe des Uebertritts zur evang.-protest. Kirche. 8. (4¼ B.) Ulm 844, Ebner, Vrlgsh.

— — Erweckung wahrer Andacht bey dem vor- und nachmittägigen Gottesdienste. 8. Augsburg. (Leipz., Herbig.) 819.

— Brunos Gleichnisse, oder: der fromme Bauer, wie er bei jeder Arbeit u. Gelegenheit seine Kinder u. Hausgenossen in d. Religion unterrichtet u. zur Tugend ermuntert. 8. Augsb. 818.

Klotz, (J. G.,) Brunos Haus- u. Landwirthschaft, worin die rechte Art gelehrt wird, ein Hauswesen zu führen, seine Sache zu vermehren u. zu verbessern, den Ehestand vernünftig anzutreten u. die Kinder gut zu erziehen. 8. Augsb. 822, Bolling.

Klotz, G.: „Bruno's Haus- und Landwirthschaft, worin die rechte Art gelehrt wird, ein Hauswesen zu führen, seine Sache zu vermehren und zu verbessern ....", Augsburg 1822 (Leipzig, Herbig).

— Rückerinnerungen am 1. Mai 1825, bis auf den 1. Mai 1813. 8. Nürnb. 825, Monath u. K.

— Wahrheit u. Thatsache gegen Lüge u. Verläumdung in den neulich erschien. Schmähschrift: „Nähere Aufklärung üb. d. Uebertritt d. vormal. Benefiziaten J. G. Klotz z. luther.-protestant. Konfession 825." Dem Lästerer u. seinem Anhange z. gebührenden Antwort rc. gr. 8. Nürnb. 825, Verf. (Lechner.)

— Woher u. wozu das Bemühen u. d. Wuth e. kathol. Priesters, durch Lügen u. Beschimpfungen mich zu verfolgen? Beantwortet. Mit dem Anhange: Alte Wahrheit gegen alte u. neue Lügen. 8. Nürnb. 826, Monath u. K.

Klotz, Johann Karl Immanuel

— **Johann Carl Immanuel** (Stollberg), De hepate neonatorum. Diss. med. Lpz. (Ernst Stange) 1847. 24 S. (4.50) 18451
Gew.: Ludolph Hermann Unger (Zwickau).

Klotz, Karl

Klotz, Carl. Ueber Dichlortoluole- und Dichlorbenzoë-Säuren. (Tübingen) Stuttgart, 1884.

Klotz, Carl, über Dichlortoluole und Dichlorbenzoë-Säuren. Inaugural-Dissertation. gr. 8. (36 S.) Stuttgart 885, (Lindemann's Sortiment.) *

Klotz, Karl, frischer Sang. Gedichte. (VII, 172 S.) 8. Dresden 903. E. Pierson. n. 1.50; geb. n. 2.50

Klotz, Karl Ernst

Klotz, Carl, im zoologischen Garten, im Thiermuseum und in der Thierbude. Ein unterhalt. Führer für Jung und Alt zur Belauschung der Thierwelt in der Wildniß und in der Gefangenschaft. Unter Benutzung der Schilderungen der Thiermaler R. Kretschmer und H. Leutemann hrsg. Mit über 100 Text-Illustr. von R. Kretschmer, H. Leutemann, Fr. W. Heine u. A., nebst 3 Tonbildern und 1 bunten Titelbilde. gr. 8. (VIII, 210 S.) Leipzig 877, Spamer. * *M* 2,50.; cart. *

Klotz, Carl Ernst, im zoologischen Garten, im Thiermuseum u. in der Thierbude. Ein unterhalt. Führer für Jung u. Alt zur Belauschung der Thierwelt in der Wildniß u. in der Gefangenschaft. Unter Benutzung der Schilderungen der Thiermaler R. Kretschmer u. H. Leutemann hrsg. 2. wohlf. (Titel-)Ausg. Mit über 100 Text-Illustr. v. R. Kretschmer, H. Leutemann, Fr. W. Heine u. A., nebst 3 Tonbildern u. einem bunten Titelbilde. gr. 8. (VIII, 210 S.) Leipzig (1877) 881. Spamer. cart. n. 3.—

Klotz, E., Leben u. Eigenthümlichkeiten aus der mittleren u. niederen Thierwelt, s. Glaser, L.

— Namen- u. Sachregister zur Zeitschrift für wissenschaftl. Zoologie, s. Zeitschrift.

— wirbellose Thiere, s. Glaser, L., Leben u. Eigenthümlichkeiten rc.

Klotz, Carol(us) Guilielm(us) Adolf(us): De hemeralopia adiecta epidemiae Halis anno 1843 observatae descriptione. Halis (1844): Semmler. 29 S. 8°
Halle-Wittenberg, Med. Diss. v. 28. Sept. 1844
Geb. Potsdam [30.10.] 1819. V.

Klotz, [M.], die Obstbaumzucht und die Behandlung der Zierbäume und Sträucher, nebst Anleitung zur Anlage und Pflege des Blumengartens. gr. 8. (24 S. mit 10 eingedr. Holzschn.-Illustr.) Danzig 879, Axt. *

Klotz, M., die Obstbaumzucht u. die Behandlung der Zierbäume u. Sträucher, nebst Anleitg. zur Anlage u. Pflege d. Blumengartens. 2. Aufl. Mit 10 Illustr. gr. 8. (31 S.) Danzig 884. Axt. n. — 50

— die Rosenzucht. Kurze Anleitung für Laien u. Liebhaber. 16. (26 S.) Ebend. 881. n. — 40

— die Rosenzucht. Anleitung f. Laien u. Liebhaber. 2. Aufl. 16. (46 S.) Ebend. 884. n. — 50

Klotz, Marc., Erneuerung des Geistes, od. d. innerl. Mensch. 2 Bde. 8. Regensb. Montag u. W. 747.

— ius canonicum univers. 4. Vien. (Wolf, Augsb.). 742.

Klotz, Mart., biblische Dichtungen. Eine Sammlung klass. Poesien zur heil. Schrift. Frauenfeld 865. Huber's Buchh. 16. (III, 544 S.) geb. mit Goldschn. n. 1 *rf* 10 *ngr*

Klotz, Martin. Ein Gang nach der St. Luziensteig und auf die Höhe des Fläscherberges. [S.A.] 8. Schaffhausen 1858.
Mit hsr. Ergänzungen und Verbesserungen des Verfassers.

Klotz, M., siehe a. *Heil und Leben.*

Klotz, Mart., Heil u. Leben. Weihnachtsbeschergn. u. Lebenserfahrgn. e. Suchenden, hrsg. v. K. 8. (72 S.) Basel 896. R. Reich. n. 1.—

Klotz, Martin. Stufenbilder aus Natur, Geschichte und Leben. Von M' K' (Pfarrer in Igis). [Mit 1 Porträt-Tafel.] 147 S. 8. Chur, Druck und Verlag Manatschal Ebner & Cie. (Komm. Jul. Rich, Buchh.), 1905. [fr. 2. —, geb. 3. —]

Klotz, Martin. Turner-Reise Rhätischer Kantonsschüler an das Schweizerische Turnfest in Luzern Anno 1840. 79 S. 8. Chur, Komm. Jul. Rich, 1904. [fr. 1. —]

Klotz, Mart., Wellengeplätscher vom Ostseestrand. Ein Liederkränzchen. 12. (VIII und 75 S.) Zürich 855, Höhr. *

—— Winkelried-Denkmal (in Gedichten). Der vaterländ. Jugend gewidmet. gr. 16. (32 S.) Chur 855, Grubenmann'sche Buchh.

Klotz, Matth.

Klotz, M., erklärende Ankündigung einer Farbenlehre. München, Giel.

Kloz, Matth., († d. 21. März 1821.) erklärende Ankündigung einer Farbenlehre u. des daraus entstand. Farbensystems. 8. München 806. (Fleischmann). 4 Gr.

— Entwurf einer Farbenlehre u. eines Farben-Systems. gr. 8. München 806. (Barth in Leipz.) 6 Gr.

Kloz, M., Meldung einer Farbenlehre u. eines Farben-Systems. 8. Münch. Glel. 806.

Klotz, Max, approb. Arzt: Aus d. Bonner med. Universitäts-Klinik. **Typhus** abdominalis im Verlauf von 15 Jahren — 1889 bis 1903/4 — auf der Bonner medizinischen Universitäts-Klinik. Eine vergleichende statistisch-klinische Studie. *Bonn 1904: C. Georgi.* (63 S.) 8°
Bonn, Med. Diss. v. 27. Apr. 1904

Klotz, Moritz: Der talmudische Tractat Ebel rabbathi oder S'machoth nach Handschriften und Parallelstellen bearbeitet, übersetzt und mit erläuternden Anmerkungen versehen. . . . Berlin, Druck v. H. Itzkowski, 1890; 2 Bl. + 79 + 1 S. 8°
Königsberg, Phil. Fak., Inaug.-Diss. v. 14. [handschr.] Jul. 1890

Klotz, Mor., der talmudische Tractat Ebel rabbathi od. S'machoth, nach Handschriften bearb., übers. u. m. erläut. Anmerkgn. versehen. 1. Hft. gr. 8. (III, 80 S.) Berlin 890. (Frankfurt a/M., Kauffmann.) n. 1. 75

— d. talmud. Tractat Ebel rabbathi oder S'machoth übers. u. erläut. 1. Hft. gr. 8. (III, 80 S.) Berlin 890. M. Poppelauer. n. 1. 75; ermäss. Pr. n. 1. 50

Klotz, M., Krankenbesuch u. Trauergebräuche nach Bibel u. Talmud. Eine übersichtl. u. leichtfaßl. Zusammenstellg. nach den bibl. u. talmud. Quellen. gr. 8. (22 S.) Frankfurt a/M. (901). (J. Kauffmann.) n. — 50

Klotz, Osc., quaestionum grammaticarum specimen. Stettin 866. Dannenberg. gr. 8. (37 S.) n.n. 7½ *ngr.*

Klotz, O. Philosophorum Graecorum de linguae natura sententiae. Stettin, Marienstifts-G., 1875. 14 S. 4. Progr.

Leitfaden zur deutschen Sprache oder kurz gefasstes Lehrbuch der deutschen Sprache in Fragen und Antworten. Zsgest. v. Otto Klotz. Preston. 1867. 8°.

Kloz, P. A. F., Anleit. zur Bewirthschaftung u. Benutzung der Forsten, mit Beziehung auf die damit zu verbinden bleibende nachhaltige Sicherheit; auf Erfahrung gegründet. 8. Karlsr. 824. (Gosohorsky in Bresl.) 1 Thlr 4 Gr.

KLOTZ, P. A. F.: Über Bildung der Jäger zu brauchbaren Forstbeamten. Nebst 100 Fragen und Antworten zur Prüfung im Forstwesen und 50 in der Jägerei. - Breslau 1846. IV, 118 S. 2. Aufl.

Kloz, P. A. F., üb. die zweckmäßigste Bildung d. Jäger zu brauchbaren Forstbeamten. Nebst 100 Fragen u. Antworten zu deren Belehrung u. Prüfung im Forstwesen u. 50 dergl. in d. Jägerei z. besond. Beachtung d. Forstbesitzer. 2., verm. Aufl. gr. 8. (7½ B.) Breslau 846, Gosohorsky's Buchh.

Klotz, Paul

Klotz, die Kriegsvorbereitungen Rußlands u. seine Heeresbewegungen im J. 1877 bis zur ersten Schlacht bei Plewna, s. a. Beiheft zum Militärwochenblatt. 1903. Hft. 2.

Die Kriegsvorbereitungen Russlands und seine Heeresbewegungen im Jahre 1877 bis zur ersten Schlacht bei Plewna. Vortrag geh. zu Berlin 1902. Von [Paul] Klotz, Hauptm. im Gen.-Stabe d. IV. Armeekorps. *Berlin: E. S. Mittler & Sohn [1903].* (S. 67–94.) 8° [F.]
— **Militär-Wochenblatt.** 1903, Beih. 2, [1.]

Klotz, Philipp, Johann Michael Sailer als Moralphilosoph, s. a. Studien zur Philosophie u. Religion. 3. Heft.

Klotz, Philipp: Johann Michael Sailer als Moralphilosoph. Ein Beitr. z. Geschichte d. christl. Ethik im XIX. Jh. Paderborn 1909: Schöningh. VI, 174 S. 8° ¶(Ersch. auch als: Studien z. Philos. u. Religion. H. 3.)
Würzburg, Phil. Diss. v. 10. Mai 1909, Ref. Stölzle
[Geb. 21. März 76 Mörsch; Wohnort: Böblingen; Staatsangeh.: Bayern; Vorbildung: Gymn. Speyer Reife Juli 95; Studium: München Phil. 2, Theol. 4, Heidelberg 1 S.; Rig. 11. Nov. 08.] [U 09. 4167

Klotz, Reinhold

— Adnotationum criticarum ad M. Tullii Ciceronis librum de natura deorum primum. I. Pr. 1867. 9 S. 4°. —.90
— — II. Pr. 1867. 21 S. 4°. 1.20
— — III. Pr. 1868. 9 S. 4° —.90
— — IV. Pr. 1869. 18 S. 4°. 1.—

— adnotationum criticarum ad M. Tullii Ciceronis librum de natura deorum primum partes I—IV. Ebend. 867,68. gr. 4. 22½ *ngr.*
1. (24 S.) 9 *ngr.* — II. (21 S.) 6 *ngr.* — III. (9 S.) 3 *ngr.* — IV. (15 S.) 4½ *ngr.*

— Adnotationum criticarum ad M. Tullii Ciceronis orationem Caecinianam pars I. Pr. 1860. 17 S. 4°. 1.—

— Adnotationum criticarum ad M. Tullii Ciceronis orationem Caecinianam. 2 Tle. 1866. 67. 25. 16 S. 3.—

—— adnotationum criticarum ad M. Tulli Ciceronis orationem Caecianam partes I et II. gr. 4. Leipzig 866,67, Dürr'sche Buchh. [Pars I. (35 S.) 9 Ngr., Pars II. (16 S.) 6 Ngr.]

— Adnotat. ad Ciceronis epistolarum ad Atticum missarum libros. I. Pr. 1868. 9 S. 4°. 1.50
— — II. Pr. 1870. 18 S. 1.—

Klotz, Rhold., adnotationum ad Ciceronis epistolarum ad T. Pomponium Atticum missarum libros pars prima et altera. Leipzig 869. (Dürr'sche Buchh.) gr. 4. 16½ *ngr.*
1. (24 S.) 9 *ngr.* — 2. (20 S.) 7½ *ngr.*

Klotz, Rhold., Adnotationes ad M. Tull. Ciceronis orationem Quinctianam. gr. 4. (16 S.) Leipzig 862, Dürr'sche Buchh.

— Ueber Sophokles Antigone. Gel. 1853. 22 S.

Klotz, R., Einige Bemerkungen zu d. Reden u. Briefen aus des Sallustius verloren gegangenen Geschichtsbüchern. Gel. 1849. 15 S. 1.—

– (Hrsg.), s. Bibliotheca sacra ecclesiae Graecorum.

– (Hrsg.), s. Bibliotheca sacra patrum ecclesiae Graecorum.

— de Catulli carmine IV ejusque parodia Vergiliana. Ebend. 868. gr. 4. (8 S.) 3 *ngr.*

– (Hrsg.), s. Cicero, Marcus Tullius: Cato maior de senectute. 1831.

– (Hrsg.), s. Cicero, Marcus Tullius: Tusculanae disputationes. 1835 u. ö.

– (Hrsg.), s. Cicero, Marcus Tullius: Laelius de amicitia. 1833.

– (Hrsg.), s. Cicero, Marcus Tullius: Auserwählte Reden.

– (Hrsg.), s. Cicero, Marcus Tullius: Sämtliche Reden.

– (Hrsg.), s. Cicero, Marcus Tullius: Sämtliche Werke.

– (Hrsg.), s. Cornelius Nepos: Vitae excellentium imperatorum. 1846.

– (Hrsg.), s. Devarius, Matthaeus: De Graecae linguae particulis.

Klotz, Reinh., Emendationes Catullianae. 4. (16 S.) Leipzig 859, Dürr'sche Buchh.

— emendationum Plautinarum libellus. Ebend. 868. gr. 4. (19 S.) 6 ngr.

Klotz, Reinh., Emendationes Tullianae. 8 maj. (2½ B.) Lipsiae 832, (Baumgaertner.)

— — Emendationes Tullianae. Lpz. (B. G. Teubner) 5. IX. 1832. 36 S. (4.80) 18455
Gew.: Johann Christian Jahn.

— — De emendationibus quae per coniecturam fiunt commentatio prima. Lpz. (A. Edelmann) 1856. 35 S. (4.—) 18457

Klotz, Reinhold., de emendationibus quae per conjecturam fiunt commentatio I. Lipsiae 857. (Dürr'sche Buchhdlg.) 4. (1 Bl., 32 S.) 6 ngr.

Klotz, R., Epistola critica ad Godofr. Hermannum de locis quibusdam Sophoclis ex Antigona. Gel. 1840. 27 S. 1.—

— Epistola critica, quam ad Godofredum Hermannum Virum Illustrem de locis quibusdam Sophoclis ex Antigona gratulandi caussa die XIX. m. Decembris a. MDCCCXL misit. 8maj. ibid. 840. n. ⅙ ₰

Klotz, Reinh., Handbuch d. latein. Litteraturgeschichte nach den Quellen bearb. 1. Thl. gr. 8. (25 B.) Leipzig 846, Wilh. Engelmann.

—— Handbuch der lateinischen Stilistik. Nach des Vaters Tode hrsg. von Rich. Klotz. gr. 8. (VIII, 316 S.) Leipzig 874, Teubner. *

Klotz, Reinhold, Handwörterbuch der latein. Sprache. 1. Bd. (8 Lfgn.) (A — Hytanis.) Lex.-8. (XIV und 1718 S.) Braunschweig 847—52, Westermann. (à Lfg. * 16 Ngr.) *

Klotz, Reinhold, Handwörterbuch der lateinischen Sprache. Unter Mitwirkung von Lübker und Hudemann herausg. 9—17. (letzte) Liefg. Braunschweig 853—57. Westermann. Lex.-8. (2. Bd.: 2 Bl., 1844 S.) Jede Liefg. n. 16 ngr.; 1—17.: n. 9 ₰.

Klotz, Reinh., Handwörterbuch der lateinischen Sprache. Unter Mitwirkung von Fr. Lübker und E. E. Hudemann hrsg. 2 Bde. 2. Stereotypabdr. 1858. 8 Thlr. und 8., vielfach verb. Aufl. Lex.-8. (XIV und 8562 S.) Braunschweig (861)62, Westermann. Thlr. *

— Handwörterbuch der lateinischen Sprache. Unter Mitwirkung von Fr. Lübker u. E. E. Hudemann hrsg. 4. Aufl. Unveränd. nach der 3., vielfach verb. Aufl. 2 Bde. Braunschweig 866. Westermann. Lex.-8. (XVI, 1718 S., 1844 S.) n. 4 ₰ 28 ngr

— Handwörterbuch der lateinischen Sprache. Unter Mitwirkg. v. Fr. Lübker u. E. E. Hudemann hrsg. 2 Bde. 5. Abdr. unverändert nach der 3. vielfach verb. Aufl. Lex.-8. (1718 u. XIV, 1844 S.) Braunschweig 872. 74. Westermann. n. 16. —

—— Handwörterbuch der lateinischen Sprache. Unter Mitwirkung von Fr. Lübker und E. E. Hudemann hrsg. 5. Abdr. unverändert nach der 3. vielfach verb. Aufl. 2 Bde. in 40 Lfgn. Lex.-8. (1718; XIV, 1844 S.) Braunschweig 873,74, Westermann. à Lfg. * 40 Pf. (* ℳ 16.) *

—— neue Jahrbücher f. Philologie, s. Jahrbücher.

—— Index bibliothecae Christ. Dan. Becki. 8maj. (45 B.) Lipsiae 835, (Cnobloch.)

— — Laudatio Friderici Augusti II. regis Saxoniae. Lpz. (A. Edelmann) 17. X. 1854. 24 S. (4.—) 18456

— de duodecim tabularum libello ejusque origine. Lipsiae 858. Dürr'sche Buchhdlg. 4. (14 S.) 4½ ngr.

– (Hrsg.), s. Lucianus Samosatensis: Gallus sive somnium.

– (Hrsg.), s. Lucianus Samosatensis: Totengespräche. 1833.

—— Nachträge u. Berichtigungen zu Cicero's Disputationibus Tusculanis. gr. 8. (14 B.) Leipzig 843, Schwickert. –

—— Quaestiones criticae. Lib. I. 8maj. (7¼ B.) Lipsiae 831, Schwickert.

— Reinhold (Stollberg) u. Carl Frid. Gotthold Meutzner (Johanngeorgenstadt), Quaestionum criticarum liber primus. Lpz. (Staritz) 25. V. 1831. 39 S. (5.50) 18454
Gew.: Christian Daniel Beck, Gottfried Hermann.

— quaestiones Gellianae. Lipsiae 857. (Dürr'sche Buchhdlg.) 4. (20 S.) 3 ngr.

— — Quaestiones Gellianae. Lpz. (Alexander Edelmann) 1857. 23 S. (3.50) 18458

—— Quaestiones Tullianae. Lib. I. 8. (9 B.) Lipsiae 830, Schwickert.

– (Hrsg.), s. Sintenis, Karl Heinrich: Versuch einer Anleitung zu Ciceros Schreibart.

– (Hrsg.), s. Terentius Afer, Publius: Comoediae. 1838.

— — Viro illustri Carolo Friderico Guenther utr. juris doctori jubilari diem 3. VI. 1858 quo ante 50 annos summos in ordine jure consultorum honores suscepit gratul. rector et senatus universitatis litterarum Lipsiensis. Lpz. (A. Edelmann) (4.50) 18459

Klotz, Rich. Zur Allitteration und Symmetrie bei T. Maccius Plautus, insbesondere im ersten Akt des Miles Gloriosus. 35 S. Progr. G. Zittau 1876.

Klotz, Rich., zur Allitteration und Symmetrie bei Titus Maccius Plautus, insbesondere im 1. Akt des miles gloriosus. gr. 4. (35 S.) Zittau 876. (Leipzig, Teubner.) *

Klotz, Richard [Dr.]: Animadversiones ad veteres Vergilii interpretes. Treptow a. R., Druck v. R. Marg, 1893; 1–14 S. 4.
Treptow a. R., k. Bugenhagen-G, P 1893 (149)

Klotz, Richard: Die Aussprache des Lateinischen in der Schule. Ein Anhang zur Grammatik. *Treptow a. R. 1898: R. Marg.* (22 S.) 8° [Ant. u. J.]
Treptow a. R., k. Bugenhagen-G, OP 1898 (157)

— Bericht üb. d. Erscheinungen auf d. Gebiet d. griech. u. röm. Metrik. S.-A. 1883. 165 S.
— — S.-A. 1886. 106 S.
— — S.-A. 1891. 52 S.

Klotz, Rich. Grundzüge alt-römischer Metrik. gr. 8. (X, 590 S.) Lpz. 890. Teubner. * 12 —

— Aug. O. Fr. Lorenz über meine Programmabhandlung: Zur Allitteration u. s. w. 4 S. **Progr.** G. *Zittau* 1878.

Klotz, R., de numero dochmiaco observationes. gr. 8. (42 S.) Zittaviae 881. (Leipzig, Teubner.) *

Klotz, Ric., de numero anapaestico quaestiones metricae. Dissertatio inauguralis. Leipzig 869. (Teubner.) gr. 8. (VIII, 52 S.) n. 12 ngr.

Klotz, Richard [Dr.]: De scholiis Statianis commentatio I. Treptow a. R., Druck v. R. Marg, 1895; 1–13 S. 4.
Treptow a. R., k. Bugenhagen-G, OP 1895 (150)

Klotz, Rich. Studia aeschylea. 36 S. **Progr.** Kö. G. *Leipzig* 1884.

—— Studia Aeschylea. gr. 4. (36 S.) Leipzig 884, (Hinrichs'sche Buchh.) *

Klotz, Rud., der Dachs. Seine Naturgeschichte u. Jagd u. die dazu geeigneten Hunde, nebst Anh. Mit Illustr. u. Kunstbauplänen. (VIII, 192 S.) gr. 8. Cöthen (903). P. Schettler's Erben. n. 4.—; Einbd. n.n.n. 1.—

Klotz, Rudolf: Aus d. pathol. Inst. zu Heidelberg. Ein Fall von Parotistuberkulose als Beitrag zur Frage der Genese der tuberkulösen Riesenzellen. Berlin 1910: G. Reimer. 18 S. 8° (Aus: Virchows Archiv f. pathol. Anat. u. Physiol. Bd 200.)
Heidelberg, Med. Diss. v. 27. Mai 1910, Ref. Ernst
[Geb. 6. Aug. 82 Dresden; Wohnort: Tübingen; Staatsangeh.: Sachsen; Vorbildung: Vitzthumsch. Gymn. Dresden Reife O. 01; Studium: Kiel 1, Berlin 1, München 8 S.; Coll. 27. Mai 09; Approb. 1. Mai 09.] [U 10. 2008

— **der Foxterrier, seine Geschichte, Zucht u. Verwendung zur Jagd über u. unter der Erde Mit 19 Illustr. im Text, gezeichnet vom Verf., u. zahlreichen Hundebildern. (VIII, 270 S.) gr. 8. Ebd. 905. n. 6.—**

Klotz, S. A. F.: „Anleitung zur Bewirthschaftung und Benutzung der Forsten, in Bezug auf die damit zu verbinden bleibende nachhaltige Sicherung der Forsten; auf Erfahrung gegründet". Breslau 1824 (Gosohorski).

Das Bild oder Gemählde Des Leidenden, Verwundeten und Gekreutzigten Jesu ... In einer Vorbereitungs- und sieben Passions-Predigten ... vorgestellet v. Stephano **Klotzio**, hrgg. durch Stephanum Jebsen. Flensburg. 1705. 4° k.

Klotz, Walt. Über die Quellen zur Geschichte Phokions in Diodoros, Arrianos, Nepos und Plutarchos. (69) 8. Zittau 1877. **Diss.**

— **Wilhelm** (Frankfurt a. M.), De tacito pacto majorum usurarum remissorio, ex solutione minorum praesumto. Tractatio synoptica. Präs. Ferdinand Christoph Harppracht. Tübing. (Kerner) 18. V. 1703. 68 S. (6.80) 18460

Klotz, Wilhelm (Frankfurt a. M.)
Dissertatio inauguralis juridica de usufructu conjugum statutario, cumprimis Francofurtensi, ad Reform. Francof. P. III. Tit. VIII et IX et P. V. T. V sqq. Gissae 28. Dez. 1708: Joh. R. Vulpius. 65 S. 4°
pro summis in utroque jure honoribus ... consequendis

Klotz v. Sprecher, P., den Sorgenkindern. Worte der Mahnung, Belehrung und des Trostes aus dem Munde erfahrener Christen. 1. und 2. verm. Aufl. 12. (VIII, 142 S.) Basel 876,84, Detloff's Verlag. *
geb. *

Klotz- v. Sprecher, P., den Sorgenkindern. Worte der Mahng., Belehrg. u. des Trostes aus dem Munde erfahrener Christen. 3., verm. Aufl. 12. (VIII, 142 S.) Basel 894. R. Reich. n. 1.—

Klotz-Spritzmann, Rebecka. Ueber die Häufigkeit der Darmparasiten bei Kindern in Zürich und Umgebung. Diss. Med. Univ. Zürich. *Kopftitel:* Aus dem Kinderspital Zürich. Innere Abteilung: Prof. Dr. O(sc[ar]) Wyss. 18 S. 8. Zürich, J. J. Meier, 1908.

Klötze, s: Deutschland. Karte. (Abt. Preussen.)

Klötze, s.: Preussen. Messtischblätter.

Klotzek, Josef Die Verhältnisse der Römer zum achäischen Bunde von 229 bis 149. 8 (43 S.). K. k. R.- u. Ober-G. *Brody* 1887. **Progr.**

Klötzel, Jak., der Interessenrechner, mittelst welchem ein Jeder die Zinsen aller Capitalien bloß durch e. Multiplication u. Division genau berechnen kann etc. gr. 8. (1⅛ B.) Pesth 846. (Emich.) *

—— der kleine Rechner. gr. 8. (4⅛ B.) Pesth 846. (Emich.)*

Klotzer, Isaak, pr. Arzt: Zur Kasuistik, zum Wesen und zur Genese der Ostéoarthropathie hypertrophiante (Marie). Leipzig 1908: Georgi. 38 S. 8°
Leipzig, Med. Diss. v. 7. Nov. 1908, Ref. Curschmann
[Geb. 11. Juli 76 Beuthen O.-S.; Wohnort: Berlin; Staatsangeh.: Preußen; Vorbildung: Gymn. z. Grauen Kloster Berlin Reife M. 96; Studium: Berlin 9 S.; Coll. 20. Nov. 08; Approb. 11. Aug. 02.] [U 09. 2801

Klötzer, C., s. Kalender f. sächs. Staatsbeamte.

Klötzer, Chr., üb. d. Kanzleistil u. d. Abfassg. v. Berichten im besonderen Vortrag, geh. im Verein d. Beamten d. kgl. sächs. Staatseisenbahnen. [Aus: „Zwanglose Hefte f. Lernende im Eisenbahndienste".] gr. 8. (15 S.) Dresden 895. W. Baensch. — 60

Klötzer, Chr., die Vorbildung, Annahme, Beförderung u. Besoldung des mittleren nichttechnischen Beamtenpersonals der königl. sächs. Staatseisenbahn-Verwaltg. 8. (20 S.) Dresden (900). H. Burdach. n. — 80

Die Ausschliessung der Brr Mossdorf und Krause aus der Loge zu den 3 Schwertern und wahren Freunden in Dresden im Jahre 1810. Auf Grund actenmässiger Nachweise dargest. von Chr[istian] **Klötzer.** [Mit einem Vorw. des Br. Emil Adolf Ferd. Rumpelt, gen. Walther.] Ms. f. Brr. Leipzig: Zechel 1881. V, 60 S. 8°
Recens: Bh. 24 (1881) S. 173 (J. G. Findel); FZ. 35 (1881) S. 296 (K. Pilz); HL. 14 (1881) S. 1088; O. 7 (1881) S. 72.
cf. Z. 11 (1881) S. 65 (G. Treu).
Tr. 537

Bilder aus dem Maurerleben. Dichtungen von Christian Klötzer. Dresden: Urban in Comm. 1892. 19 S. 8° [Umschlagtit.]
Recens: Bh. 85 (1892) S. 272.
cf. DrL. 21 (1891—1892) S. 1828 (R. Spalteholz).
5 Dichtungen.

Zum Gedächtniss an den i. d. ewigen Osten eingegangenen Br. Emil Rumpelt-Walther. [Unterz.:] [Christian] Klötzer. Ms. f. Frmr. Dresden 1888: Pässler. 39 S. 8°
Aus: DrL. [Jg. 17] Beil.
Bericht üb. die Trauerfeierlichkeiten für Walther; Reden von E. Winkler u. F. A. Peuckert (letztere abgedr. in: Bh. 31 (1888) S. 383—385, 393—395; FZ. 42 (1888) S. 377—282; DrL. 17 (1887—1888) Beil. S. 6—11) u. ein Gedicht von E. Lehmann.

Hauschild, Osw.: [Gedicht.] Dem lieben Vater Br.·. Osw. Hauschild am Morgen seines goldenen Maurerjubiläums den 17. Febr. 1907 im Namen der Familie dargebracht von seiner Schwiegertochter Schw.·. Else Hauschild. Gedichtet vom Br.·. [Christian] Klötzer. [Dresden 1907.] 4 Bl. 8° [Umschlagtit.]
„Nun ist in goldnem Glanze aufgezogen, . . ."

Gesänge bei der Fest-Tafel zur Feier des hundertsten Geburtstages weiland Sr. Maj. des Kaisers Wilhelm des Grossen in den vereinigten Altstädter Logen Or. Dresden am 21. März 1897. [Unterz.:] Chr[istian] Klötzer. [Dresden 1897.] 2 Bl. 8° [Umschlagtit.]
2 Lieder ohne Noten.

Emil Rumpelt-Walther. [Unterz.:] [Christian] Klötzer. [Dresden: Pässler 1888.] 12 S. 4° [Kopftit.] (DrL. [Jg. 17] Beil.)

Klötzer, Franz Ludwig

Klötzer, *Ludwig* Zu Schillers „Lied an die Freude". 8 (S. 3—8). Z. Gedächtnisfeier f. Ph. F. A. Just G. *Zittau* 1894.
Nicht im Tauschverkehr.
Progr.

Klötzer, (Ludwig), Prof.: Die Musik in Schillers Musenalmanach. Zittau 1904: Rich. Menzel. (S. 1—42.) 4°
Zittau, G OP 1904 (636)

Klötzer, Louis Schiller in seinen Beziehungen zur Musik. 24 S.
Progr. G. *Zittau* 1885.

Heinrich Marschners Schul- und Chorzeit von Franz Ludwig **Klötzer,** Prof. Einladungsschrift zu d., d. 21. Dez. in d. Aula d. Johanneums stattfind. Gedächtnisfeier. Zittau 1906: R. Menzel Nf. (15 S.) 8° [F.] [illegible] 2

Klötzer, H., Erläuterung d. neuen Maß- u. Gewichts-Systems, nebst kurzer Vergleichg. der Größen- u. Werth-verhältnisse zu dem alten Maß u. Gewicht, nebst Umrechng. d. Kubikfußes in Kubikmeter. Leicht verständlich erklärt. 2. verm. u. verb. Aufl. 16. (24 S.) Bischofswerda 872. (Dresden, Bach.) n. — 20

Klötzer, Karl Chr. Wilhelm

Klötzer, K. Ch. W.: Vers. e. Beytr. zur Bericht. d. Lehre von d. Beweislast. *Jena*, Manke n. S..813. 8. (12 Gr.)

Klötzer, K. Ch. W.: Versuch eines Beitrages zur Berichtigung der Lehre v. d. Beweislast, insbes. bei angestellter actio confessoria u. negatoria. *Jena*, Manke. 813. 8. (9 Gr.)

Klötzer, K. Ch. W.: Vers. e. Beytr. z. Revision d. Theorie v. Gewohnheitsrechte. *Jena*, Manke. 813. 8. (1 Thlr. 8 Gr.)

Klötzer, Louis, s. Klötzer, Franz Ludwig

Klötzer, Ludwig, s. Klötzer, Franz Ludwig

Klötzer, Robert Friedrich Julius: Die griechische Erziehung in Homers Ilias und Odyssee. Ein Beitrag zur Geschichte der Erziehung im Altertum. . . . Zwickau, Druck v. R. Zückler, 1891; 29 S. 4°
Leipzig, Phil. Fak., Inaug.-Diss. v. [6 Jun.] 1891

Klötzer, Rob. Frdr. Jul., die griechische Erziehung in Homer's Ilias u. Odyssee. Ein Beitrag zur Geschichte der Erziehg. im Altertum. Diss. gr. 4. (29 S.) Zwickau 891. (Leipzig, G. Fock.) n. 1. 25

Klotzhuber, Nikol., unter der Pickelhaube. 10 Militärhumoresken. (79 S. m. Abbildgn.) 8. München (909). M. Ernst. 1.75; geb. m. Goldschn. 2. 50

Kloetzke, Christian. Guil. (geb. Nienburg in Anhalt 1789): Dissertatio anatomica de Rana cornuta. Berolini 1816. (16 S.) 4° * Nachgeliefert von dem am 31. Juli 1813 promovierten Verf.
Berlin, Med. Diss. v. 31. Juli 1813

Christianus Guilelmus Kloetzke

De Rana cornuta. Berolini 1816: Starck. 16 S. 4°
Berlin, Med. Diss. v. 1816

Rudolphi, Car. Asmund. praes., **Kloetzke,** Joan. Christ. Guil. [resp.]: Theses medicae dissertationi inaugurali amphibiorum anatomen illustraturae praemissae. Berolini (1813). (2 Bl.) 4°
Berlin, Med. Thes. v. 31. Juli 1813

Klotzmann, F., drehbare Panzer f. Kanonen in Landbefestigungen. Nach authent. Quellen bei Berücksicht. der Folgergn. aus dem Bukarester Schiessversuche 1885/86, unter Einbeziehg. jedoch auch jener aus den Cummersdorfer Versuchen 1882 u. 1885 bearb. Hierzu 2 Heliotyp., ferner e. Atlas m. den Taf. I—VIII u. 2 Tableaux (in Fol. u. Mappe). Als Anh. zu: „Vorschläge f. Neuerungen im Gebiete der permanenten Befestigung u. d. Festungskrieges" v. F. Rieger. [Aus: „Mittheilgn. üb. Gegenstände d. Artillerie- u. Genie-Wesens".] gr. 8. (IV, 142 S.) Wien 887. (v. Waldheim.) n. 6. —

Klößner, Chrstn. Wilh., Beitrag zur Ehrenrettung 2c., s. Beitrag.

Klötzner, Chrstn. Wilh., „es ist mir lieb, daß du mich gedemüthiget hast." Erntepredigt. gr. 8. (1 B.) Altenburg 833, Schnuphase.

Klötzner, Chrstn. Wilh., das Gedächtniß unsers Luthers. Predigt z. 300jähr. Gedächtnißfeier des Todestages Dr. Mart. Luthers am Sonnt. Estom. 1846 gehalt. 8. (1 B.) Eisenberg, Schöne'sche Buchh. *.

Klötzner, Chrn. Wilh., Gedächtnißpredigt nach dem am 3. Aug. 1853 erfolgten Hinscheiden Sr. Hoh. des regierenden Herzogs Georg zu Sachsen-Altenburg, gehalten am 15. Sonnt. nach Trin. 1853 zu Eisenberg. gr. 8. (15 S.) Altenburg 853, Schnuphase'sche Buchh.

Klötzner, Chr. Wlh., „Haltet am Gebet!" Probepredigt bei seiner Einführung als Superintendent u. Oberpfarrer in Eisenberg am 2. Sonnt. nach Epiphanias 1844 gehalten. gr. 8. Altenburg 844, Schnuphase. 1/8 ₰

— Rede am Grabe d. Geh. Hofr. rc. Dr. Carl Ludw. Em. Schuderoff, geh. am 26. Oct. 1837. gr. 8. Altenburg, Schnuphase'sche Buchh.

Klötzner, Chrn. Wilh., Rede bei der feierlichen Grundsteinlegung zum Restaurationsbau an der Kirche zu Klosterlausnitz im Herzogth. Altenburg am 15. April 1863 gehalten. gr. 8. (15 S.) Eisenberg 863, Schöne'sche Buchh. **

— Reden vor Gebildeten bei besond. Gelegenheiten, nebst zwei Gelegenheitspredigten. 1. u. 2. Bdchn. gr. 8. Altenburg, Schnuphase'sche Buchh. [1. (13 B.) 837. 2/3 Thlr., 2. (13 B.) 842. 5/6 Thlr.]

— dass. 3. Bdchn. gr. 8. (12½ B.) Ebds. 844.
2. Bdchn. Ebendas. 1842. 25 Ngr.

— Reden vor Gebildeten bei Taufen, Trauungen, Communionen n. am Grabe gehalten, nebst 2 Gelegenheitspredigten. 1. Bdchn. 2. Aufl. gr. 8. (9 B.) Altenburg 846, Schnuphase'sche Buchh. *

Klötzner, Chrn. Wilh., Reden vor Gebildeten bei Taufen, Trauungen, Communion u. am Grabe gehalten. 2. Bdchn. 2. Aufl. gr. 8. (VIII u. 139 S.) Altenburg 847, Schnuphase. n. 1/2 ₰ (1 u. 2: n. 1 ₰)

— Reden vor Gebildeten bei Taufen, Trauungen, Communionen und am Grabe gehalten. 3. Bdchn. 2. Aufl. gr. 8. (VIII und 143 S.) Altenburg 853, Schnuphase'sche Buchh. *
1. und 2. Bdchn. (1. Aufl.) Ebendas. 1846—47. à Bdchn. * 15 Ngr.

— was uns bleibt, wenn theure Verbindungen des Lebens sich lösen. Abschiedspredigt am 3. Sonntage n. Epiphanias 1844 in der Bartholomäikirche zu Altenburg gehalt. gr. 8. (1 B.) Altenburg, Schnuphase'sche Buchh.

— Worte am Grabe d. Justizrathes Joh. Karl Chr. Vater zu Altenburg, gespr. am 31. Jan. 1836. gr. 8. Altenburg, Schnuphase'sche Buchh.

Klotz's Führer durch die Umgebung Magdeburgs. Anh.: Wanderkarte durch die Umgebg. m. Berücksicht. der Radfahrwege. 1 : 200,000. 12. (20 S.) Magdeburg 900. C. E. Klotz. n. 1.—

Klotzsch, Ernst, prakt. Arzt zu Lamstedt (Rgbz. Stade): **Aus** d. Kgl. chirurg. Klinik zu Kiel. Ein **Fall** von Oesophagusdivertikel, operiert und geheilt. *Kiel 1902: Schmidt & Klaunig.* (21 S.) 8°
Kiel, Med. Diss. v. [14. Mai] 1902

Klotzsch, Fr., s. Klotzsch, Johann Friedrich

Klotzsch, G. L., Die preußischen Volksschulgesetze. 1. Bearbtg. Berlin, 1907. 646 S.

Klotzsch, Geo., Gesetz üb. das Diensteinkommen der Lehrer u. Lehrerinnen an den öffentlichen Volksschulen vom 26. V. 1909 (Gs. 93) m. Ausführungsanweisung u. e. Anh., enth. das Lehrerpensionsgesetz, das Ruhegehaltskassengesetz, das Lehrerreliktengesetz u. das neue Gesetz üb. die Heranziehg. der Beamten, Elementarlehrer u. unteren Kirchendiener zur Gemeindeeinkommensteuer. Für den prakt. Gebrauch erläutert. (VIII, 259 S.) 8. Berlin 909. C. Heymann. Kart. 4.—

Klotzsch, Hans, a. Schönlanke (Prov. Posen): Aldehydsynthesen in der Thiophen- und Benzolreihe. Freiburg i. B.: Speyer & Kaerner 1906. (35 S.) 8°
Freiburg i. B., Phil. Fak., Ref. Gattermann, Diss. v. 1. Sept. 1906
[Geb. 2. Mai 72 Schönlanke; Wohnort: Freiburg i. B.; Staatsangeh.: Preußen; Vorbildung: Obersekunda-Reife; Studium: Leipzig 4 S., Pharmac. Staatsexamen, Freiburg i. B. 9 S.; Rig. 22. Juni 06.]

Klotzsch, J. F. Wähler des Kreises. Die octroyirte Verfassung vom 5. Dezember 1848, — Schöneberg, Vereins-Buchdruckerei. 1 Bl. 4.
Flugblatt. Berlin, Jan. 1849.

Klotzsch, J. G. C., s. Klotzsch, Johann Georg Karl

Klotzsch, Johann Friedrich: Ueber die Abstammung der im Handel vorkommenden rothen Chinarinde. Mit zwei lithographirten Tafeln. (Abhandlungen der Königlichen Akademie der Wissenschaften zu Berlin. 1857. S. 51-75.) Berlin 1858. 25 S. 4°.

Klotzsch, (J.) F., über die Abstammung der im Handel vorkommenden rothen Chinarinde. Aus d. Abhdlgn. d. k. Akad. d. W. zu Berlin. Mit 2 lith. Taf. Berlin 858. Dümmler's Verlhdlg. in Comm. gr. 4. (26 S.) n. 18 ngr.

[Klotzsch (J. F.), etc.] App. gen. et specierum . . . 1855. Berol. [1856?] 4°.

— de baptismo super mortuis. 4. Frberg 753.

Klotzsch, J. F., Begoniaceen-Gattungen und Arten. (Aus den Abhandlungen der königl. Akademie der Wissenschaften zu Berlin 1854.) gr. 4. (135 S. mit 12 Stnt.) Berlin 855, Nicolaische Buchh. *

– s. Beiträge, Nützliche, zu den nötigen und angenehmen Wissenschaften.

Klotzsch, Joh. Friedr., Beschreibung officineller Gewächse, s. Pflanzen-Abbildungen.

Klotzsch, Fr., und Aug. Garcke, die botanischen Ergebnisse der Reise Sr. Königl. Hoh. des Prinzen Waldemar von Preussen in den J. 1845 und 1846. Durch Dr. Werner Hoffmeister auf Ceylon, dem Himalaya und an den Grenzen von Tibet gesammelte Pflanzen beschrieben. Fol. (VIII und 164 S. mit 100 Stnt.) Berlin 862, v. Decker'sche geheime Ober-Hofbuchdruckerei. cart. *

Klotzsch, Johann Friedrich (Dippoldiswalde), De feudis nobilium et rusticorum in Saxonia. Diss. jur. Präs. Gottlieb Sturm. Wittbg. (Scheffler) 28. III. 1747. 30 S., tlws. dtsch. (5.—) 18162

— — Dasselbe. Vom Adel. und Bauren=Lehn in Sachsen. (6.—) 18163

— Gedanken von der Erfindung des Bergwerks zu Freiberg. 8. Chemnitz 763.

– s.a. G e g e n b u c h e , Vom.

Klotzsch, J. F., Vom Gegenbuche, Ein Beytrag zur Sächsischen Bergwerksgeschichte. Chemnitz, 1780. 99 S.

K l o t z s c h , Johann Friedrich: „Vom Gegenbuche. Ein Beitrag zur sächsischen Bergwerks-Geschichte", Chemnitz 1780. — Vorh.: Preuss. Oberbergamt Dortmund — E. c. 31 — Verein zur Wahrung der bergbaulichen Interessen Essen-Ruhr — Fa. 98[3].

— s. H a y n e , J. G., Darstellung u. Beschreib. der in d. Arzneikunde gebräuchl. Gewächse.

K l o t z s c h i i Herbarium vivum mycologicum sistens Fungorum per totam Germaniam crescentium collectionem perfectam. Cent. VI et VII. cura Ludov. Rabenhorst. 4 maj. Dresdae (et Lipsiae 844, libr. Arnold.) Versiegelt * *

K l o t z s c h i i herbarium vivum mycologicum sistens Fungorum per totam Germaniam crescentium collectionem perfectam. Editio nova. Centuria I—VIII. Cura L. Rabenhorst. gr. 4. (576 Blatt mit aufgeklebten Pflanzen.) Dresden 855—59, (am Ende.) à * *

—— Icones plantar. rarior. etc., s. I c o n e s.

– I c o n e s plantarum rariorum ..., s. L i n k , Heinrich Friedrich

(J. F. Klotzsch) Sächsische Münzgeschichte. Chemnitz, 1779. 2 Bde..

—— Philipp S c h o e n l e i n ' s botanischer Nachlass auf Cap Palmas. gr. 4. (24 S. mit 4 Stnt.) Berlin 857, (Dümmler's Verlagsh.) *
Vorstehende Schrift des Verf. wurde aus: Abhandlungen der k. Akademie der Wissenschaften zu Berlin besonders abgedruckt.

—— über Pistia. Gelesen in der königl. Akademie der Wissenschaften am 2. Decbr. 1852. gr. 4. (31 S. mit 3 Stnt.) Berlin 853, (Schneider.) *

– s. P r a u n , Georg Sept. Andr. von: Gründliche Nachricht von dem deutschen Münzwesen ...

— de jactu quaedam. 4. Frberg 753.

Klotzsch, Johann Friedrich. Sammlung vermischter Schriften zur Sächsischen Geschichte. Chemnitz 1766-77. MV: *Grundig, Gottfried Immanuel.* (Ky)

— (u. Gf. Imm. Grundig,) Samml. verm. Nachrichten z. Sächs. Geschichte. 12 Thle. 8. Chemnitz 766—77. (Starke). 5 ß

Sammlung vermischter Nachrichten z. sächs. Geschichte, v. Klotsch u. Grundig. 10 Bde. Chemnitz 1767—77. 8.

K l o t z s c h , Joh. Fried.: „Das Schrotamt, aus richtigen Quellen des Alterthums entdecket und betrachtet", Dresden 1766. — Vorh.: Bibl. des Kammergerichts Berlin — Ee. 160.

— d. Schrotamt aus richtigen Quellen d. Alterthums entdeckt u. betrachtet. 8. Dresd. 766. (Graz u. G. in Frberg). 6 K

– s.a. S t a t u t a der Stadt Freiberg.

Statuta der Stadt Freyberg v. J. 1676. mit Anmerkk. u. Beweisurk. v. J. F. K l o t z s c h , hersg. v. Ch. F. G e r l a c h . *Freyberg*, Craz u. Gerlach. 803. 4. (16 Gr.)

— Linné's natürliche Pflanzenklasse Tricoccae des Berliner Herbarium's im Allgemeinen und die natürliche Ordnung Euphorbiaceae insbesondere. (Aus den Abhdlgn. der k. Akad. der Wissensch. zu Berlin.) Berlin 860. Dümmler's Verlhdlg. in Comm. gr. 4. (108 S.) n. 1 ß 2 ngr.

(K l o t z s c h , Johann Friedrich): „Ursprung der Bergwerke in Sachsen, aus der Geschichte mittlerer Zeiten untersuchet", Chemnitz 1764. — Vorh.: Com. Bibl. Hamburg — Bücherei der Industrie- u. Handelskammer Leipzig — Verein zur Wahrung der bergbaulichen Interessen, Essen-Ruhr — Fa. 81.

Klotzsch, Jh. Fr., († d. 2. Juni 1789) Ursprung d. Bergwerke in Sachsen, aus d. Geschichte mittl. Zeiten untersucht. 8. Chemnitz 764. Mauke. 12 K
230 S.

– s.a. V e r s u c h einer kursächsischen Münzgeschichte...

(K l o t z s c h , Johann Friedrich): „Versuch einer Chur-Sächsischen Münzgeschichte von den ältesten bis auf jetzige Zeiten", 2 Teile, Chemnitz 1779, 1780. — Vorh.: Com. Bibl. Hamburg und Büch. der Industrie- und Handelskammer Leipzig.

K l o t z s c h , Joh. Friedr.: „Das Verzellen, nach seiner Bedeutung aus der alten Rechts-Verfassung untersuchet und durch Urkunden erläutert", Dressden 1765. — Vorh.: Bibl. des Kammergerichts Berlin — Ec. 4914.

— das Verzellen, nach seiner Bedeutung aus d. alten Rechtsverfassung untersucht. 8. Dresd. 765. (Graz u. G. in Frberg). 8 K

— **Johann Georg Carl,** De Christo ab instituenda societate clandestina alieno. Disp. histor.-theolog. Präs. Franz Volkmar Reinhard. Wittbg. (Adam Christian Charisius) 20. XI. 1786. 34 S. mit Widm. v. Präs. (4.50) 18464

Jo. Geo. Car. K l o t z s c h disp. de diligentia Livii in enarrandis prodigiis recte aestimanda. Viteb. 1789. 4.

— — De variis generibus pulchritudinis verae recte distinguendis. Wittbg. (Christian Heinrich Grässler) 29. IV. 1809. 23 S. (4.—) 18470

Klotzsch, Johann Georg Karl [Praes.], s. G o e r e n z , Johann August: De diligentia Livii in enarrandis prodigiis recte aestimanda.

— Handbuch d. krit. Geschichte d. N. Test. 8. Wittenb. 795. Zimmermann. 8 K

Klotzsch, Johann Georg Karl [Praes.], s. H o p p e , Ernst August Dankegott: Principiorum doctrinae de moribus Stoicae et Christianae collato.

Klotzsch, Johann Georg Karl [Praes.], s. K r i e g e l , Karl Friedrich: De lingua Germanica recentiorum philosophiam tractandi studiis haud parum culta.

— — De lingua Germanica recentiorum philosophiam tractandi studiis haud parum culta. Diss. histor.-philos. Pars I. Präs. Johann Matthia Schroeckh. Wittbg. (Carl Christian Dürr) 15. V. 1789. 20 S. (5.—) 18465
Tl. II s. Kriegel, C. F. oder Tischer, J. F. W.

— — De notione egoismi moralis. Wittbg. (Tzschiedrich) 17. X. 1796. 26 S. (5.50) 18467

— — De notione fidei moralis. Wittbg. (Tzschiedrich) 23. X. 1793. 26 S. (5.50) 18466

— — De Octavia Lucii Annaei Senecae. Wittbg. (Tzschiedrich) 30. IV. 1804. 12 S. (3.—) 18469

Klotzsch, J. G. C., Der Postumus d. röm. Dichters Martial. 1798. 60 S. 12°.

— — (Beltitio-Saxo.), De Annaeo Seneca uno tragoediarum quae supersunt omnium auctore. Wittenbg. (Tzschiedrich) 30. VII. 1802. 12 Seiten. (3.—) 18468

– s.a. Seneca, Lucius Annaeus.

Klotzsch, J. G. K., Lucius Annaeus Seneca. Wittenb. u. Zerbst 799. 802. 2 Theile. 8. 2 rthlr. 14 gr.

Klotzsch, Jh. Geo. Karl, († d. 10. Juli 1819.) Versuch e. moral. Anthropologie nach ihren Grundlinien dargestellt. 8. Wittenb. 817.

— über die Benennung Volkslehrer; e. philosoph. Abhandl. 8. Frankf. u. Leipz. 790.

Klotzsch, Karl Gleb., Rückblick auf unsere bisherige Verbindung. Predigt über Matth. 6, 22. 23. beim Abschied von der Gemeinde St. Afra in Meißen am 5. Sonntag nach Trinit. 1864 gehalten. Meißen, Mosche. gr. 8. (15 S.) n. 2⅓ ngr.

KLOTZSCH, O.
Untersuchungen über die Natur der Gährungserscheinungen. Nach eigenen Beobachtungen. Jena, 1869. 8vo.

Klotzsch, Thdr., die Formenlehre der neuhochdeutschen Schriftsprache. Leipzig 865. C. F. Winter'sche Verlagsh. gr. 8. (XV, 143 S.) n. 20 ngr.

Klotzsch, *Theodor Bernhard Albert Die Einweihung des neuen Realgymnasialgebäudes.* 4 (S. 49—58 der Schuln.). Rg. *Borna* 1887 (512)
Progr.

Klotzsch, Th. B. A., französische Formenlehre zum wörtlichen Auswendiglernen. gr. 8. (VI, 50 S.) Dresden 883, Ehlermann. cart. *

Klotzsch, Th. B. A., die Grundzüge der französischen Grammatik. Ein Hilfsbuch zur Repetition und Orientirung für Schüler. gr. 8. (XV, 180 S.) Leipzig 876, Teubner.

Klotzsch, *Theodor Bernhard Albert* [Prof. Dr., Rekt.]: Der Lehrgang des französischen Unterrichts in Quinta. Eine Lehrprobe. Borna, Druck v. R. Noske, 1891; S. III–VII, 1–41; 4°
Borna, st. RG. OP 1891 (545)

Klotzsch, T. B. A. „Lerne jede Sprache, wie du deine Muttersprache gelernt hast." Ein Beitrag zur Methodik des Sprachunterrichts. Borna, R., 1875. 42 S. Progr.

— methodisch bearbeitetes französisches Lesebuch für höhere Unterrichts-Anstalten. gr. 8. (VI, 470 S.) Berlin 877, Weidmann'sche Buchh. *

Klotzsch, T. B. A. Methode des fremdsprachlichen Unterrichts. Ein Beitrag zur praktischen Pädagogik. Borna, Rg., 1883. 7 S. 4. Progr.

—— Methode des fremdsprachlichen Unterrichts. Ein Beitrag zur prakt. Pädagogik. [Als Mscr. gedr.] gr. 8. (10 S.) Borna 883. (Dresden, Ehlermann.)

Klotzsch, T. B. A. Der französische Unterricht in höheren Lehranstalten während der beiden ersten Schuljahre. Eine methodische Ausführung der ersten und zweiten Abteilung des französischen Lesebuches für höhere Unterrichtsanstalten von Klotzsch. Borna, Rg., 1879. 58 S. Progr.

Klotzsch, W., Universalschule für die Harmonika mit 8 Tasten. Leichtfaßlichste aller Methoden zur Erlernung des Harmonikaspieles. 18 Musikstücke (Lieder und Tänze) nebst Anweisung zum Baßspiel. 12. (16 S.) Bitterfeld 888. Baumann's Buchh. — 30

— Universalschule für die Harmonika mit 10 Tasten. Leichtfaßlichste aller Methoden zur Erlernung des Harmonikaspieles. 33 Musikstücke (Lieder u. Tänze) nebst Anweisung zum Baßspiel. 2. Aufl. 8. (16 S.) Ebd. 888. — 60

Klötzsch, O. [aus Gostau b. Lützen]: Ueber die Verbreitungswege des tuberculösen Giftes nach den Meningen bei Kindern von den primär erkrankten Herden aus. . . . Halle a. S., Hofbuchdr. v. C. A. Kaemmerer & Co., 1889; 24 S. + 1 Bl. 8°
Halle, Med. Fak., Inaug.-Diss. v. 22. Jul. 1889

Klotzsche, s.: Moritzburg.

Klotzsche, Luftkurort u. Sommerfrische, m. Königswald bei Dresden. Hrsg. vom Verschönerungsverein zu Klotzsche-Königswald. 2., neu bearb. Aufl. 8. (17 S.) Klotzsche. (Dresden, C. Höckner's Sort.) n. — 40

Klötzscher, Reinhold

Klötzscher, R., Humor aus der Schule. In Zeitungen gelesene, von Collegen gehörte u. selbst erlebte Schulwitze. gr. 16. (87 S.) Gutenswegen 900. (Magdeburg, A. Rathke.) — 60

Humor aus der Schule. In Zeitungen gelesene, von Collegen gehörte u. selbst erlebte Schulwitze gesamm. durch R[einhold] Klötzscher. *Gutenswegen: Selbstverl. 1900.* (87 S.) 8° [F.] [ov. 9913 3

Klouček, Celda, s.a. Baudekorationen, ausgeführte.

Klouček, C., Ausgeführte Baudekorationen und andere plastische Arbeiten. Fol. (60 Blätter in Lichtdruck.) In Mappe
Wien: Schroll 1906. K 40.—

Klouček, Celda, kunstgewerbliche Entwürfe. 45 Taf. in Lichtdr. v. Carl Bellmann in Prag. Fol. (1 Blatt Text.) Prag 893. J. G. Calve. In Mappe. n. 32. —

Klouček, Celda, Ornamente für Architectur und Kunstgewerbe nach plastischen Originalen. 5 Lfgn. Fol. (à Lfg. 5 Lichtdr.-Taf.) Frankfurt a. M. 888, Keller. à Lfg. *ℳ 5.—. *

Klouček, Celda, professor c. k. umělecko-průmyslové školy v Praze, a jeho žáci, 50 světlotisků dle provedených plastik. (Fünfzig Lichtdruckbilder nach vollführter Plastik.) Gr.-br.-Fol. In Komm. K 40.—
Wien: Schroll 1906.

Klouček, J. B. De studio linguae graecae ac latinae nostra quoque aetate et utili et necessario. Braunau, U. G., 1851. 8 S. 4. Progr.

Klouček, Wenzel Kritisches und Exegetisches zu Vergilius. 31 S. 8. Progr. Kleins. *Prag* 1879

Kloucek, W.: Miscellen zu Vergilius Aen. I. 384 f. II. 410, 415. IV IV 74 bis 76, V. 613 - 615. VI. 886 f. 760 f. VIII. 96 bis 107 f. IX 174 f. X, 397 f. Ecl. IV. 18 - 25. VII. 10 -13. Aen. I. 643 - 648. II. 260 - 64. IV. 208 bis 210. ZS. 37 S. 8°.– Leitmeritz OG, Progr. 1870, 72, 73.

Klouczek: Ueber den sogenannten Nominativus absolutus bei Thukydides. Zs. 22 S.–Leitmeritz, Progr. 1859, 1860

Klouczek: Zu V e r g i l und H o r a z. Zs. 25 S. (Erklärung mehrerer Stellen aus Verg. Aeneis u. Hor. Oden).–Leitmeritz, Progr. 1868, 1869

– **Vergiliana 26. 30. 15. Smichow 82, 83, 88. Progr.**

– (Hrsg.), s. V e r g i l i u s Maro, Publius: Aeneis.

Klouczek, s. K l o u č e k

Klövekorn, f.: Zur Hebg. d. Nutzgeflügelzucht in Elsaß-Lothringen.

Kloevekorn, H., die Kämpfe Cäsar's gegen die Helvetier im J. 58 v. Chr. G. Eine Kritik v. Cäsar's Darstellg. in Caes. d. bell. Gall. I, 2—29. gr. 8. (25 S.) Leipzig 889. (Fock.) n. —80

Kloevekorn, Henricus [Ottenhagensis]: De proscriptionibus a. a. Chr. n. 43 a. [sic!] M. Antonio, M. Aemilio Lepido, C. Julio Caesare Octaviano triumviris factis. . . . Regimonti, ex offic. Liedtkiana, 1891; 129 S., 1 Bl. 8°
Königsberg, Phil. Fak., Inaug.-Diss. v. 20. Jan. 1891

Kloevekorn, Heinr., de proscriptionibus a. a. Chr. n. 43., a M. Antonio, M. Aemilio Lepido, C. Julio Caesaro Octaviano triumviris factis. Diss. gr. 8. (129 S.) Königsberg i/Pr. 891. (W. Koch.) n. 2. —

Klövekorn, J., s. **Kretschmer, J. W.**, der Locomotivführer.

Klövekorn, Joseph: Immermanns Verhältnis zum deutschen Altertume mit besonderer Berücksichtigung seines Romanzenzyklus „Tristan und Isolde". Münster in Westf. 1907: Westf. Vereinsdruckerei. (51 S.) 8° [J.]
Münster, Phil. Fak., Ref. Schwering, Diss. v. 30. Okt. 1907
[Geb. 11. Juli 82 Uedem: Wohnort: Uedem; Staatsangeh.: Preußen; Vorbildung: Gymn. Emmerich Reife O. 02; Studium: Münster 2, Marburg 1, Berlin 1. Münster 4 S.; Rig. 13. März 07.]

Klövekorn, Jos., Immermanns Verhältnis zum deutschen Altertum m. besond. Berücksicht. seines Romanzenzyklus „Tristan u. Isolde". s. a. B e i t r ä g e, Münstersche, zur neueren Litteraturgeschichte. IV.

Immermanns Verhältnis zum deutschen Altertum mit besond. Berücks. d. Romanzenzyklus 'Tristan u. Isolde'. Von Joseph **Klövekorn**. Münster i. W.: H. Schöningh 1907. (03 S.) 8° [J.]
— **Beiträge**, Münstersche, z. neueren Literaturgeschichte. H. 4. [08. 3011

K l ö v e k o r n, L., über Hermes, Hermesianer, Hermesianismus. Ansichten u. fragmentar. Andeutungen. gr. 8. (3¼ B.) Osnabrück 838, Rackhorst'sche Buchh. *

Klövekorn, L., mathematische Studien z. geometr. Arithmetik u. arithmet. Geometrie. 1. Hft., z. geometr. Arithmetik. gr. 8. (3¾ B. u. 8 Stnt.) Münster 846, Deiters. *

—— dass. 2. Hft., mehr z. arithmet. Geometrie. gr. 8. (3⅛ B. u. 10 Stnt.) Ebds. 847. *

Klövekorn, Ludwig (geb. Münster in Westf. 31. 5. 1844): Ueber die Geburten in der Beckenendlage. Berlin (1867). (34 S.) 8°
Berlin, Med. Diss. v. 25. Juli 1867

Kloevekorn, Theobald (Osnabrück), **De rhachialgitide chronica. Diss. med. Bln. (Brüschck) 8. XI. 1823. 32 S. mit Biogr. (M.: F. Schorlemmer.) (6.—) 18414**
Oppon.: A. Hildebrand, C. Tourtual, M. Wirtensohn. — Gew.: Gott. Siebenbergen (Münster), Friedrich Gräver (Münster).

Klöwer, August [aus Brackel b. Dortmund (Westfalen)]: Ein Fall von Tuberculose des Nervus opticus. . . . Würzburg, Anton Boegler'sche Buchdr., 1889; 18 S. 8°
Würzburg, Med. Fak., Inaug.-Diss. v 1889

Kloz

— s. a. **Klotz.**

Kloz, C. Adolph, s. K l o t z , Christian Adolph

Kloz, Christian Karl August, s. K l o t z

Kloz, G., s. K l o t z , Johann Georg

Kloz, J. A., s. K l o t z , Christian Adolph

Kloz J. C., De virtutibus in Tirone Ciceronis liberto laudatis. Diss. 1727. 81 S. 4°.

— **Johann Friedrich** (Stuttgart), De retractu partiali, Germanice Theil=Losung. Ad instar commentationis succinctae ad jus provinciale Wirtembergicum p. II. tit. XVI. §. Demnach auch etc. p. 287. Diss. jur. Präs. Michael Grass. Tübing. (Franck) o. J. (Anf. 18. Jahrh.) 38 S., tlws. dtsch. (6.—) 18472

Kloz, L., orationes pro singulis anni Dominicis. 4. Augsb. I. Wolf. 742.

Kloz, Theod. Armin. (geb. Sommerschenburg bei Magdeburg 22. 3. 1818): De tabe dorsuali. Berolini (1841). (29 S.) 8°
Berlin, Med. Diss. v. 31. Juli 1841

Klözel, s. K l ö t z e l

Klozner Ladislaus: Ueber Personennamen in pikardischen Urkunden aus dem 13. und 15. Jahrhundert. 1904 PN 1730 **Diss.** Wien, Univ. 2257

[Tibetisch] . . . [Ant.] **Klu₀Bum Bsdus Pai Snin Po.** Eine verkürzte Version d. Werkes v. d. hunderttausend Nâga's. E. Beitrag z. Kenntnis d. tibet. Volksreligion v. Dr. Berthold L a u f e r. Einl., Text, Übs. u. Glossar. *Helsingfors: Soc. Finno-Ougrienne 1898.* (V S., 1 Bl., 20, 119 S.) 1 Bd 8.
— **Toimituksia**, Suomalais-ugrilaisen s e u r a n. [No] XI. [98. 5084

KLUB, Der, der Demi-Vierges. Ein Beitrag zur Geschichte der modernen Erotik. Aus dem Französischen übertragen von Dr. Heinrich Conrad. 2 Bde. Privatdruck. 1907. 112 + 142 S. [B. III, 584.]

KLUB, D e r, d e r D e m i - V i e r g e. E i n B e i t r a g z u r G e s c h i c h t e d e r m o d e r n e n E r o t i k. Aus d. Französ. übertragen von H. C o n r a d. 2 starke Bde. O. O. 1907. 8°. (Mk. 30—.) (25 Mk., Orig.-Atlasbde., Adolf Weigel, Lpz., 1908; 26 Mk. Hugo Streisand, Berlin, 1908.)
P r i v a t d r u c k, nur in beschränkter Auflage für Subscribenten hergestellt.
Laut P r o s p e k t „kann man „Klub" getrost den besten erotischen Publikationen der Weltliteratur an die Seite stellen". (??)

Klubb, an den, des Obscurationssystems, od. einige Anmerkk. üb. d. Sendschreiben des Hrn. v. Brentano rc., (v. Jak. Danzer od. Al. Sandbüchler?) gr. 8. Frburg. (Kempten) 792. Mayr in Salzb. 3 *K*

Klubb, d. raisonnirende, in Quirlequitsch. 8. Brandb. (Hessenland in Magdeburg.) 800.

— der raisonnirende, in Quirlequitsch. 8. Brandenb. 800. (Central-Compt. in Leipz.) 8 *K*

KLUB, Der raisonnirende, in Quirlequitsch. Germanien (Brandenburg) 1800. Rar!
Weller, fing. Druckorte.

Schmölln: Der Schmöllner Klub vom 23. Mai 1894. Eine Erinnerung an sein 50jähriges Bestehen. Köstritz [1894]: Seifert. 15 S. 8⁰.

Klub- und **Vereins-Adreßbuch** für Kiel und Umgegend. Gleichzeitig Vereinskalender. Kiel. 4⁰
1908. 1909/10.
Fortges. u. d. T.:
Illustriertes **Vereins-Adreßbuch** für Kiel und Umgegend. ebd. 4⁰
1911/12. 1913. 1920.

Klubbgesellschaft, die, voll heterogener Charaktere, Erklär. e. Zeichn. nach Chodowiecki. Hannov. 793. Hahn. 3 *K*

Klubbisten, die Mainzer, zu Königstein od. Die Weiber decken einander die Schanden auf, s.a Literatur-Pasquille, deutsche. 4.

Klubbisten, Die Mainzer, zu Königstein. Ein tragikomisches Schauspiel in einem Aufzuge. O. O. 1793. (2ter Titel: Die Mainzer Klubbisten zu Königstein, oder die Weiber decken einander die Schanden auf.....) 8⁰. 36 S. Rarissime!
— — Dasselbe. (Neudruck auf imit. Handp.) Leipzig (Julius Zeitler) 1907. 8⁰. (Orig.-Cartonbd. mit Titel in Rothdruck Mk. 1,80; auf altem Bütten in Hpgt. 3,50.)

Die Mainzer **Klubbisten** zu Königstein oder Die Weiber decken einander die Schanden auf. Leipzig: J. Zeitler 1907. (38 S.) 8⁰ [F.]
[Nebent.:] Die Mainzer Klubbisten zu Königstein. Ein tragi-kom. Schauspiel in 1 Aufz. 1793.
— **Litteratur-Pasquille,** Deutsche. St. 4. 108. 477 7

Klüber, C. J. G.: „Erörterung der Fragen: ob ein Landesherr berechtigt sei, ausländischen oder fremden Schutzjuden den Handel in seinem Staate zu untersagen? sodann, ob solche Juden durch Entrichtung des Leibzolls zugleich die Concession zum Handel erlangen? Ein Beitrag zum deutschen Staats- und Privat-Recht", Pappenheim 1801. — Vorh.: Com. Bibl. Hamburg.

E. T. P. (Klüber): „Ueber einen Plan zur Errichtung einer Bank in der freien Stadt Frankfurt", Frankfurt a. M. 1825. — Vorh.: Com. Bibl. Hamburg und Bibl. des Reichsbankdirektoriums Berlin.

Klüber, Joh. Ludw., Abhandlungen u. Beobachtungen f. Geschichtkunde, Staats- u. Rechtswissenschaften. 1. u. 2. Bd. gr. 8. Frankfurt a. M., Andreä. [1. (26 B.) 830. 2 Thlr. 12 Gr., 2. (26 B. incl. 2 Tab. gr. 4.) 834. 2 Thlr.]

Klüber, Abhdlgn. üb. Politik u Staatswissensch. 2 Bde. Frankf. 834. (13.50)

Klüber, Joh. Ludw., die eheliche Abstammung d. fürstl. Hauses Löwenstein-Wertheim von d. Kurfürsten Friedrich d. Siegreichen v. d. Pfalz, u. dess. Nachfolgerecht in d. Stammländern d. Hauses Wittelsbach. — Aus d. literar. Nachlasse d. Verf. hrsg. v. J. Mülhens. gr. 8. (24 B.) Frankfurt a. M. 837, (Schmerber'sche Buchh.) *

Klüber, J. Ludw., Acten z. Gebrauch seines praktischen Collegiums. 4 Stck. Fol. Erl. Palm. 789—92.

Klüber, Ludwig (Hrsg.), s.a A c t e n des Wiener Congresses in den Jahren 1814 u. 1815.

Eb.: **Acten des Wiener Congresses in d. J. 1814 u. 15.** *Erl.*, **Palm u. Enke. 815—19. 8 Bde. oder 31 Hefte. gr. 8. (19 Thl. 12 Gr.) (Bd. 4. 5. 2e Aufl. 833.) — 9. od. Suppl. Bd.** *Ebend.* **835. 8. (1 Thl. 18 Gr.)**

— — Anweisung zur Erbauung russischer Stubenöfen rc. s. Anweisung.

Klüber, Jo. Ludwig, De Arimannia. Commentatio juris feudalis Langobardici. Erlangen (Zeltner) 1785. 55 S. (6.30) 18473
Gew.: Jo. Theophil Seger.

Klüber, Jh.Ldw.(Hrsg.), s. A r n d t , Chr.Gottlieb: Über den Ursprung u. die verschiedenartige Verwandtschaft d. europ.Sprachen.

Klüber. Johann Ludwig s. Auszug der Akten des Wiener Congresses.

— Baden bei Rastadt, nach d. unterird. Gängen u. Kammern d. Schlosses rc. Mit architekton. Zeichnn. auf 4 Kpft. gr. 8. Tüb. 837. v. Cotta. 16 *K*

Klüber, Joh. Ludw. Beschreibung von Baden bei Rastatt und seiner Umgebung. Tübingen in der J. G. Cotta'schen Buchhandlung 1810
2 Teile. 8⁰
1: Baden, die Stadt. VIII − 255 S., 5 Taf. in Kupferst.
2: Umgebung. 281 S., 2 Karten in Kupferst.

Klüber, J. L.: Kleine jurist. Bibliothek, od. ausführl. Nachr. v. neuen kleinen jurist., vornehml. akadem. Schriften. *Erlangen*, Palm. 786—93. 26 St. in 7 Bdn. gr. 8. (à 6 Gr.)

— kleine jurist. Bibliothek, oder ausführl. Nachr. von kl. jurist., vornehmlich acad. Schriften rc. 26 Stcke. gr. 8. Erlang. 783—94. Palm. (à 6 *K*) 6 *ℳ* 12 *K*

– s. C ü r n e de St. Palaye: Ritterwesen.

– s. D a r c e t , J. P. J.: Neue Erfindung.

Klüber, J. L.: Droit des gens moderne de l'Europe. *Stuttg.*, **Cotta. 819. 2 Voll. gr. 8. (3 Thl. 8 Gr.)**

Klüber, J. L.: Ueb. Einführ., Rang, Erzämter, Titel, Wappenzeichen u. Wappenschilde d. neuen Kurfürsten. *Erl.*, **Palm. 803. gr. 8. (8 Gr.)**

Klüber, J. L.: Einleit. z. e. neuen Lehrbegr. d. deutschen Staatsrechts. *Erl.*, **Palm. 803. gr. 8. (15 Gr.)**

– s. E i n r i c h t u n g d. kathol. Kirchenwesens . . .

— Entwurf e. Instruction, f. verpflicht. Landschieder, Siebiner, Marker, Steiner u. Steinsetzer od. Feldgeschworne. 8. Ebend. 808.

— systemat. Entwurf d. kaiserl. Wahlkapitulation. Mit Zusätzen u. Veränderungen. gr. 8. Erlang. 790. Palm. 5 *K*

— über Erbschaftssteuer u. lachende Erbengebühr, s.a. Erbschaftssteuer.

Klüber, J. Ludw., üb. Erbschaftssteuer und lachende Erbengebühr ic. 8. Erl. Palm. 790. Rthlr.

– s. E s s a i sur l'ordre de Malte.

—— pragmat. Geschichte d. nationalen u. polit. Wiedergeburt Griechenlands, bis zu d. Regierungsantritt d. Königs Otto. gr. 8. (39½ B.) Frankfurt a. M. 835, [Varrentrapp's Vrlsh.]

Jo. Ludov. Klüber diss. inaug. de historia instrumentorum ad polyporum extirpationem. Hal. 1797. 8.

KLÜBER, J. L.: Isagoge in elementa jur. publ., quo utuntur Nobiles immediati in imperio Rom. Germ. *Erl.*, Palm. 793. 8. (12 Gr.)

— — De jure nobilium feuda militaria constituendi. — Lectionum in academia Erlangensi per semestre aestivum a. c. 1786 a se instituendarum causa exposuit. Götting. (Jo. Christ. Dieterich) 34 S. (5.—) 18474

— mein Contingent z. Gesch. d. Gedächtnißübung in den erst. Jahren d. 16ten Säc. f. d. Besitz. v. Schenkel u. Sommers Compend. d. Mnemonik. 8. Nrnb. Monath. 805.

— Kryptographik, Lehrbuch d. Geheimschreibekunst, Chiffrir- und Dechiffrirkunst, in Staats- u. Privatgeschäften. m. K. gr. 8. Tübing. Cotta. 809.

– s. L e h n f o l g e r e c h t , Das, der Familie v. d. Knesebeck.

Klüber, Das Lehnrecht der Familie von dem Knesebeck zu Tylson auf die Grafschaft Horn. Frankfurt a. M. 1815.

KLÜBER, J. L.: Lehrbegriff d. Referirkunst. *Tüb.*, Cotta. 808. gr. 8. (20 Gr.)

— Lehrbegriff d. Referirkunst. gr. 8. Tüb. Cotta. 809.

– s. L i c h t , Das neue.

— neueste Literatur d. deutschen Staatsrechts, s. a. Pütter, Litt. 4r Thl.

KLÜBER, J. L.: Neue Literatur des deutschen Staatsrechts als Forts. d. *Pütter*. *Erl.*, Palm. 791. gr. 8. (2 Thl.)

Klüber, Johann Ludwig: „Das Münzwesen in Teutschland nach seinem jetzigen Zustande, mit Grundzügen zu einem Münzverein teutscher Bundesstaaten", Stuttgart und Tübingen 1828. — Vorh.: Com. Bibl. Hamburg und Büch. der Industrie- und Handelskammer Leipzig.

—— das Münzwesen in Teutschland nach seinem jetzigen Zustand, mit Grundzügen zu e. Münzverein teutscher Bundesstaaten. gr. 8. (19 B.) Stuttgart 829, Cotta.

— de nobilitate codicillari. 4. Erlang. 788. Palm. 8 gr

– s.a. O c c u p a t i o n s r e c h t .

KLÜBER, J. Ludw.: Das Occupationsrecht des landesherrlich. Fiscus im Verhältniss zu den Besitzungen, Renten u. Rechten, welche d. säkular. als Entschädig. gegeb. geistl. Stiftungen im fremden Geb. zugestanden, rechtl. geprüft. *Erlangen*, Palm. gr. 8. (4 Gr.)

— d. Occupationsrecht des landesherrl. Fiskus im Verhältniß zu den Besitzungen ic. w. d. säcularis. als Entschäd. gegeb. geistl. Stiftungen in fremden Geb. zustanden. gr. 8. Ebend. 804.

KLÜBER, J. Lud.: De pictura contumeliosa. *Erlangae*, Palm. 787. 4maj. (5 Gr.)

– s. P o l y t a l p e n , Die.

Klüber, Jh. Ldw. Das Postwesen in Deutschland, wie es war, ist, und sein könnte. gr. 8°. Erlangen, Palm, 1811.

Klüber, Johann Ludwig: „Quellen-Sammlung zu dem Oeffentlichen Recht des Teutschen Bundes. Enthaltend die Schluss-Acte des Wiener Congresses, den Frankfurter Territorial-Recess, die Grundverträge des Teutschen Bundes und die Beschlüsse der Bundesversammlung von allgemeinerem Interesse. Mit historisch-literarischen Einleitungen, Uebersichten des Inhaltes und Anmerkungen", Erlangen 1816. — 3. sehr verm. Auflage, Erlangen 1830; desgl. Fortsetzung, „enthaltend die neuesten Beschlüsse der Bundesversammlung", 2 Bände, Erlangen 1833, vorh.: Büch. der Industrie- und Handelskammer Leipzig.

— Quellen-Samml. zu dem öffentl. Recht des deutschen Bundes. Enth.: die Schluß-Acte des Wiener Congresses, den Frankfurter Territorial-Recess, die Grundverträge d. deutschen Bundes, u. Beschlüsse der Bundesversammlung von allgemeinerem Interesse. Mit histor.-literar. Einleitungen, Uebersichten des Inhaltes u. Anmerkk. gr. 8. Erlang. 3e verb. Aufl. 830. Palm u. Enke. 1 Rthlr 6 gr geb. in Sarsenet 1 Rthlr 20 gr (Die 1e u. 2e A., s. oben: Schlußacte d. Wiener Congresses.)

—— Fortsetz. d. Quellen-Sammlung ic. Enthalt. d. neuesten Beschlüsse d. Bundesversammlung. gr. 8. (7¼ B. u. ¼ B. Register.) Erlangen 833, Palm u. Enke.

— — öffentl. Recht d. deutsch. Bundes u. d. deutsch. Bundesstaaten. gr. 8. Frankf. a. M., Andreäische Buchh. 817.

Klüber, (Joh. Ludw.,) öffentl. Recht des teutschen Bundes u. der Bundesstaaten. 2 Abthlgen. 2e Aufl. gr. 8. Frankf. 823. Andreä.

—— öffentl. Recht d. Teutschen Bundes u. d. Bundesstaaten. 2 Abthln. 3., sehr verm. u. verb. Aufl. Lex.-8. (56½ B. incl. 2 Tab. gr. 4.) Frankfurt a. M. 831, Andreä.

Klueber, Johann Ludwig.
Öffentliches Recht des deutschen Bundes und der Bundesstaaten. Frankf. a. M. 4. A. 1840. H: *Morstadt*, *Carl Eduard*. (EngJ) (Wa)

—— öffentl. Recht d. teutschen Bundes u. d. Bundesstaaten. 4., mit d. Verf. hinterlass. Bemerkn. u. Zusätzen vielfältig verbess., u. bis z. Gegenwart vervollständ. Aufl. (v. Karl Ed. Morstadt). Mit d. Verf. Biographie u. Bildn. Lex.-8. (62⅛ B. incl. 2 Tab.) Frankfurt a. M. 840, Andreäische Buchh.

– s. S c h e n k e l , L. u. Sommer: Compendium.

— Schlußacte des Wiener Congresses vom 9. Juni 1815, u. Bundesacte vom 8. Juni 1815. gr. 8. Erlang. 816. 2e Aufl. 818. Palm u. Enke. 16 gr 3e Aufl., s. unten: Quellensamml.

Schlussacte des Wiener Congresses v. 9. Juni 1815, u. deutsche Bundesacte od. Grundvertrag d. deutsch. Bundes v. 8. Juni 1815, beide in der Ursprache, kritisch berichtigt u. s. w. herausg. v. J. L. Klüber. *Erlangen*, Palm u. Enke. 818. gr. 8. (16 Gr.)

Die 3. Aufl unt. d. Tit: *Ders.*: Quellensammlung zu d. öffentl. Recht des deutschen Bundes. Enthalt. die Schlussacte des Wiener Congresses, den Frankfurter Territorial-Recess, die Grundverträge des deutschen Bundes und Beschlüsse der Bundesversammlung von allgemeinerem Interesse. Mit historisch-literärischen Einleitungen, Uebersichten des Inhaltes u. Anmerkungen. 3. sehr verm. Aufl. *Erlangen*, Palm u. Enke. 830. 8. (1 Thl. 6 Gr.)

—— die Selbstständigkeit d. Richteramtes u. d. Unabhängigkeit seines Urtheils im Rechtsprechen; im Verhältniß zu e. Preuß. Verordn. v. 25. Jän. 1823, welche d. Recht d. Entscheidung aller Streitfragen, betreff. d. Sinn, d. Anwendbarkeit, od. d. Gültigkeit v. Staatsverträgen, d. Richteramt entzieht, u. d. Ministerium d. auswärt. Angelegenheiten zueignet. Mit e. Anh., betreff. d. Frage: ob u. wie zu unterscheiden sey, zwischen d. Landesherrn u. d. Staats-Fiscus, dann zwischen landeshoheitl. u. fiscal. Rechtsverhältnissen? Lex.-8. (10½ B.) Frankfurt a. M. 832, Andreä.

– s. Seger: Opuscula.

— Staatsarchiv d. deutschen Bundes. 2 Bde. in 6 Heften. gr. 8. Erlang. 816 u. 18. Palm u. Enke. 3 ₰ 18 gl

Klüber, J. L.: Staatsarchiv d. deutschen Bundes. *Frankf. a. M.*, Andreä. 1—2r Bd. 816—18. gr. 8. (3 Thl. 8 Gr.)

(—— und F. A. Klüber,) genealog. Staats-Handbuch, s. Staats-Handbuch.

Klüber, J. L., Staatsrecht d. Rheinbundes; Lehrbegriff. *Tüb.*, Cotta. 808. 8. (2 Thl.)

Klüber, Jh. Ldw., Staatsrecht des Rheinbundes. Lehrbegriff. gr. 8. Tübing. 809. v. Cotta. 2 ₰

— die Sternwarte zu Manheim, beschrieben. Mit 1 Steinbr. gr. 4. Manh. u. (Karlsr.) 811. Braun. 1 ₰ 4 gl

— Uebersicht der diplomat. Verhandlungen d. Wiener Congresses überhaupt, u. insonderheit üb. die wichtigen Angelegenheiten des deutschen Bundes. 1e — 3e Abtheil. gr. 8. Frankf. a. M. 816 u. 17. Andreä. 2 ₰ 20 gl

Klüber, Joh. Ludw.: Wichtige Urkunden für den Rechtszustand der deutschen Nation, mit eigenhändigen Anm. Aus dessen Papieren mitgeth. u. erl. von C. Welcker. 2. Aufl. Mannheim 1845.

Klüber, d. diplomat. Verhandlungen d. Wiener Congresses. 3 Thle. Frankfurt a/M. 816—18. (8. 50)

— Versuch üb. d. Geschichte d. Gerichtslehen. gr. 8. Erlang. 803. Palm. 8 gl

— — europäisches Völkerrecht. 1r Bd. gr. 8. Stuttgart, Cotta, 821.

— europäisches Völkerrecht. 2r Band. Mit e. Anhang f. das Völkerrecht. gr. 8. Stuttg. 822, v. Cotta. 1 Rthl. 6 gr. Beide Bände.

Klüber, Joh. Ludw., europäisches Völkerrecht. 2. Aufl. Sorgsam revidirt, commentirt und ergänzt von Carl Ed. Morstadt. gr. 8. (XVI und 482 S.) Schaffhausen 851, Hurter'sche Buchh.

— üb. den staatsrechtl. Werth d. Papiergeldes in deutschen Rheinländern. gr. 8. Tübing. 805.

Klüber, J. Patriotische Wünsche das Postwesen in Deutschland betreffend. gr. 8°. Weimar 1814.

Klüber, Johann Salomon

Klüber, J. S., Kirchenhistorische u. kirchenrechtliche Ansichten, Grundsätze u. Beiträge über die Ehe überhaupt und über die Ehe zwischen Christen und Juden insonderheit. 1835. (In Rostock, Landesbibl.; im Cat. von 1909 ohne Orts- u. Formatsangabe.)

Klüber, Jh. Sal., völkerrechtl. Beweisführung über die bestehende Gültigkeit d. westphälischen Religionsfriedens, als erster großer Grundvertrag von Europa, u. Charta magna in teutschen Staaten, so wie über den Ausdruck: „zwei oder drei christl. Hauptparteien“ u. noch darüber: ob d. Papst nicht wenigstens indirect die protestant. Kirchenpartei anerkannt habe? aus Quellen in e. Anhange von 17 Beilagen. gr. 8. Erlangen 840. Verf. 1 ₰

Klüber, J. S., völkerrechtliche Beweise für die fortwährende Gültigkeit des westphälischen oder allgemeinen Religionsfriedens, wie er als erster Grund-Vertrag von Europa und charta magna in teutschen Staaten bekannt ist. Aus Quellen u. in einem Anhange mit 17 Beilagen. gr. 8. Nürnberg 841, Raw'sche Buchh. ⅔ ₰

Klüber, Jh. Sal., Entwurf e. Instruktion f. verpflichtete Landesschieder, Steiner, Steinsetzer od. Feldgeschworne. 8. Pappenh. 803. (Stein in Nürnb.; a. Palm in Erlang.) 6 gl

Klüber, J. S., Entwurf e. Instruktion f. verpflichtete Landesschieder, Steiner, Steinsetzer od. Feldgeschworne. 8. Nürnb. Stein. 811.

—— Instruction f. verpflicht. Landesschieder, Grenzsteinsetzer, Marker, Feldgeschworne, Feldsteußler, Feldschieder, Siebener, Umgänger od. Untergänger. 3., verm. Aufl. 8. (4 B.) Erlangen 838, Palm'sche Vrlsbuchh.

Klüber, J. S., Instruktion für verpflichtete Landesschieder, Steinsetzer, Umgänger, Siebener, Marker, Untergänger oder Feldgeschworne. Zu gemeinnützigem Gebrauche eingerichtet und hrsg. 3., verm. Aufl. 8. (VIII und 40 S.) Pappenheim 851. Augsburg, (Jaquet's Vrlgsh.)

—— histor. u. staatsrechtl. Lösung d. beiden europä. Lebensfragen: üb. d. natürlichsten Mittel d. Juden-Emancipation, z. bleibenden Zufriedenheit v. Christen u. Juden, dann üb. d. ohne Gewissenszwang von selbst erfolgende Abwürdigung d. Talmuds. Aus gemeinnütz. Absichten, u. mit unpartei. Prüfung hrsg. gr. 8. (8½ B.) Erlangen 838, Palm'sche Vrlsbuchh.

Klüber, J. S., interessante Rechts-Verhältnisse zwischen Christen u. Juden als Religions-Parteien betrachtet, insonderheit staatskirchenrechtl. u. kirchenrechtl. Erörtern. d. Fragen: I. üb. d. Möglichkeit d. Ehen zwischen Christen u. Juden, so wie wegen einem dafür allgem. befried. Kopulations-Ritual, dann II. hinsichtl. e. Verbots d. Beschneidung an unehel. Knaben christl. Väter u. jüd. Mütter ɪc. ɪc. Ein Versuch. 8. (7 B.) Dinkelsbühl 834, Walthr. Thlr.

Klüber, Joseph. Ein Fall von Bronchialcarcinom und Lungencyste. *Erlangen 1898: A. Vollrath.* (22 S.) 8°
Erlangen, Med. Diss. v. 16. Dez. 1897

(Klüber, M. J. L.:) Archives diplomatiques pour l'histoire du temps et des Etats. — Diplomat. Archiv f. d. Zeit- u. Staaten-Gesch. *Stuttg.* u. *Tüb.* 821—26. 6 Vol. 8.

Klüber, Rudolf

Klüber: Ueber die Quellen des Diodor von Sicilien im IX. Buch. 40 S. – Würzburg, Progr. 1868.

Klüber, Rud., über die Quellen des Diodor v. Sicilien im 9. Buch. Würzburg 868. (Stuber.) gr. 4. (40 S.) n. 12 ngr.

Klüber's Lehrbuch der Geheimschreibekunst. Tübingen 1809. 8.

Klubb, Berliner, v. Spectator, s.: Großstadt-Dokumente. 25.

Klučak, Heinr. Geschichte des Leitmeritzer Gymnasiums. II. Teil von 1851 bis 1876. 36 S. 8. [I: 1877.] G. *Leitmeritz* 1878.
Progr.

Kluczak: Zur Methodik des Unterrichts in der Zoologie am Untergymnasium. 16 S.– Leitmeritz, Progr. 1853.

Klučák, H. Die Participien der griechischen, lateinischen, deutschen, cechischen, italienischen und französischen Sprache vergleichend behandelt. Leitmeritz, O. G., 1855. 12 S. 4. **Progr.**

Kluce, Jo. Dan., Diss. de somnio uxoris Pilati. Hal. 4°. 1720

Klücher, Alb., d. Bauschule u. ihre Bedürfnisse f. uns. heut. Zeit. E. Abhandlg. aus d. Praxis — f. d. Praxis. gr. 8. (19 S.) Hamburg 895. A. Frederking. n. —50

Klüchtzner, Wilko von, Referendar a. Haynrode, Kr. Worbis: Erbrechtliche Surrogation nach Bürgerlichem Gesetzbuch. Borna-Leipzig 1904: R. Noske. (VIII, 82 S.) 8° [J.]
Leipzig, Jur. Fak., Diss. v. 19. Aug. 1904
[Geb. 14. Okt. 77 Haynrode (Kr. Worbis); Wohnort: Haynrode; Staatsangeh.: Sachsen und Preußen; Vorbildung: Realgymn. Weimar Reife O. 98, Ergänzungsprüf. Gymn. Jena O. 99; Studium: Halle 1, Leipzig 3, Göttingen 2 S.; Rig. 13. Juni 02.]

Der Kluck an seine Berliner Freunde. Friedländersche Buchhandlung. 1 Bl. Fol.
Flugblatt. Berlin, 1848/49.

Kluck, Hermann, aus Floetenstein (Westpr.): Ein Beitrag zur Spezifität der Präcipitine. *Würzburg 1904: P. Scheiner.* (28 S.) 8°
Würzburg, Med. Diss. v. 1904

Kluck, Max *Emil Julius* [pr. Arzt aus Pommern]: Aus d. patholog. Institute zu Greifswald. Ein Fall von vereitertem Haematoma durae matris. . . . Greifswald, Druck v. J. Abel, 1890; 25 S. 8°
Greifswald, Med. Fak., Inaug.-Diss. v. 8. Okt. 1890

Kluck, Paul [pr. Arzt aus Tempelburg i. Pomm.]: Die in den Jahren 1885—1888 in der chirurgischen Klinik zu Greifswald vorgekommenen Fälle von Osteomyelitis acuta. . . . Greifswald, Druck v. Julius Abel, 1890; 42 S. 8°
Greifswald, Med. Fak., Inaug.-Diss. v. 21. Mai 1890

Kluckhohn, Aug., Beiträge zur Geschichte des Schulwesens in Bayern vom 16. bis zum 18. Jahrh. gr. 4. (71 S.) München 875, (Franz'sche Buchh.) *
Aus: Abhandlungen der k. bayer. Akademie der Wissenschaften, besonders abgedruckt.

Kluckhohn, Aug., über die wissenschaftlichen und künstlerischen Bestrebungen Wittelsbach'scher Fürsten aus dem Hause Pfalz. Festrede zur Vorfeier des 700jähr. Regierungsjubiläums des bayer. Herrscherhauses, gehalten am 24. Juli 1880 in der Aula der k. techn. Hochschule. Lex.-8. (16 S.) München 880, Th. Ackermann.

— Blücher, s. a. Sammlung gemeinverständl. wissenschaftl. Vorträge.

Kluckhohn, A. Blücher. (72) 8. Berlin 1876. 1,20.

Kluckhohn A, Blücher. (Slg gemeinv. wiss. Vortr. 313-14) Berlin 1879

Kluckhohn, Aug., Briefe Friedrich des Frommen, Kurfürsten von der Pfalz mit verwandten Schriftstücken gesammelt u. bearb. Hrsg. durch die histor. Commission bei der königl. Akademie der Wissenschaften. 1. Bd. 1559—1566. Braunschweig 867. Schwetschke & Sohn. gr. 8. (LXVII, 744 S.) n. 4 ₰

— — 2. Bd. 1. Hälfte. 1567—1572. Ebend. 870. gr. 8. (488 S.) n. 2 ₰ 12 ngr.

Kluckhohn, Aug., Briefe Friedrich des Frommen, Kurfürsten von der Pfalz mit verwandten Schriftstücken gesammelt und bearb. Hrsg. durch die histor. Commission bei der königl. Akademie der Wissenschaften (in München). 2. Bd. 2 Hälften. gr. 8. Braunschweig, Schwetschke und Sohn. [1. Hälfte. 1567—1572. (S. 1—488.) 870. * ℳ 7,20.; 2. Hälfte. 1572—1576. (XLIII, S. 489—1088.) 872. * ℳ 6.] *
1. Bd. Ebendas. 1867. * ℳ 12.

—— die Ehe des Pfalzgrafen Johann Casimir mit Elisabeth von Sachsen. 4. (85 S.) (Ebendas.) 873. *
Aus: Abhandlungen der k. bayer. Akademie der Wissenschaften, besonders abgedruckt.

Kluckhohn, A., zur Erinnerung an Georg Waitz, s. a. Sammlung gemeinverständl. wissenschaftl. Vorträge.

Kluckhohn A, zur Erinnerung an Georg Waitz. (Sammlung gemeinverständlicher wissenschaftlicher Vorträge Neue Folge II. 9) Hamburg 1887

—— Friedrich der Fromme, Kurfürst von der Pfalz, der Schützer der reformirten Kirche, 1559—1576. 2 Hälften. gr. 8. Nördlingen, Beck'sche Buchh. [1. Hälfte. (I—VIII, S. 1—150.) 877. * ℳ 2,50.; 2. Hälfte. (IX—XVIII, S. 151—478 mit Portr. in Tondr.) 879. * ℳ 4,50.] *

— zwei pfälzische Gesandtschaftsberichte üb. den französischen Hof u. die Hugenotten 1567 u. 1574. [Aus Abhandlgn. d. k. bayer. Akad. d. Wiss.] gr. 4. (60 S.) München 870. Franz in Comm. n. 2. —

— zur Geschichte des angeblichen Bündnisses von Bayonne, nebst e. Originalbericht über die Ursachen des 2. Religionskriegs in Frankreich. [Aus den Abhandlungen der k. bayer. Akad. der Wiss.] München 868. (Franz.) gr. 8. (51 S.) n. $22\frac{1}{2}$ ngr.

Kluckhohn, Aug., Geschichte des Gottesfriedens. gr. 8. (V und 151 S.) Leipzig 857, Hahn'sche Hofbuchh.

Kluckhohn, Aug., Gustav Adolf, s. Wartburghefte. 16. Hft.

Gustav Adolf von Prof. Dr. August Kluckhohn. *(Leipzig: Buchh. d. Ev. Bundes 1901.)* (24 S.) 8° [Kopft. J.]
= Wartburghefte. H. 16.

— der Freiherr v. Ickstatt u. das Unterrichtswesen in Bayern unter dem Churfürsten Maximilian Joseph. Vortrag in der öffentl. Sitzg. der k. Akademie der Wissenschaften am 25. Juli 1868 gehalten. Ebend. 869. gr. 4. (57 S.) n. $22\frac{1}{2}$ ngr.

Kluckhohn, Aug. Ueber Lorenz v. Westenrieder's Leben u. Schriften, s.a Bibliothek, bayerische.

Kluckhohn A, über Lorenz von Westenrieders Leben und Schriften. (Bibliothek, Bayerische 12) Bamberg 1890

—— Ludwig der Reiche Herzog von Bayern. Zur Geschichte Deutschlands im 15. Jahrh. Gekrönte Preisschrift. gr. 8. (XVI und 384 S.) Nördlingen 865, Beck'sche Buchh. *

—— Luise, Königin von Preußen. Zur Erinnerung an ihren 100jähr. Geburtstag [10. März 1876]. Mit dem (photogr.) Bildniß der Königin. (Pracht-Ausg.) Lex.-8. (70 S.) Berlin 876, Habel. *M 4,50.; geb. in Leinw. *
—— dass. — s.a Sammlung gemeinverständl. wissenschaftl. Vorträge.

Kluckhohn, A., Luise, Königin von Preussen. (70 S.) Hamburg 1883. Verlagsanstalt u. Druckerei.

—— aus dem handschriftlichen Nachlasse L. Westenrieder's. 1. und 2. Abthl. gr. 4. München 882, (Franz'sche Buchh.) *

Inhalt:
Abthl. 1. Denkwürdigkeiten und Tagebücher. (111 S.) **M 3,50.
» 2. Briefe Westenrieder's. Mit einem Anhang: Tagebücher aus den Kriegsjahren 1805—1809. (78 S.) **M 2,20.
Aus: Abhandlungen der k. bayer. Akademie der Wissenschaften, besonders abgedruckt.

Gedachtnissfeier der Georg-Augusts-Universitat für Weiland Seine Majestät den Kaiser und König Wilhelm am XVI. März 1888. Rede gehalten von Prof. Dr. A. Kluckhohn. Ansprache des zeitigen Prorectors, Prof. Dr. F. Frensdorff. Göttingen, Druck d. Dieterichschen Univ.-Buchdr. Wilh. Fr. Kaestner, 1888; 14 S. 4°

Rede zur Feier des Geburtstages Seiner Majestät des Kaisers und Königs am 27. Jan. 1890 im Namen der Georg-Augusts-Universität gehalten von August Kluckhohn. Über Karl von Clausewitz. Göttingen, Druck d. Dieterichschen Univ.-Buchdr. Wilh. Fr. Kaestner, 1890; 22 S. 4°

Kluckhohn, Aug., deutsche Reichstagsakten unter Kaiser Karl V., s.: Reichstagsakten, deutsche.

—— der General v. Scharnhorst, s.a Sammlung gemeinverständlicher wissenschaftlicher Vorträge.

Kluckhohn A, der General von Scharnhorst. (Slg wiss. Vortr. 451) Berlin 1884

—— Karl Freiherr v. Stein, s.a Volks-Bibliothek, neue.

Kluckhohn A, Karl Frhr v Stein. (Neue Volksbibl. II, 13-14) Stuttgart 1877

Kluckhohn, Aug., Vorträge u. Aufsätze. Hrsg. v. K. Th. Heigel u. Kd. Wrede. gr. 8. (V, 509 S. m. Bildnis.) München 894. R. Oldenbourg. n. 6. 50

Kluckhohn, Paul, die Ministerialität in Südostdeutschland vom 10. bis zum Ende des 13. Jahrh., s.a Quellen u. Studien zur Verfassungsgeschichte des Deutschen Reiches in Mittelalter u. Neuzeit. IV, 1.

Kluckhohn, Paul: Die Ministerialität in Südostdeutschland vom zehnten bis zum Ende des dreizehnten Jahrhunderts. Kap. 1. Die Anfänge des Standes bis zum Ende des elften Jhs. Göttingen 1909: (Hofbuchdr., Weimar). X, 34 S. 8°
(Ersch. vollst. in: Quellen u. Studien z. Verfassungsgesch. d. Deutschen Reiches in Mittelalter u. Neuzeit. Bd 4.)
Göttingen, Phil. Diss. v. 18. Dez. 1909, Ref. Brandi, Schröder
[Geb. 10. April 86 Göttingen; Wohnort: Göttingen; Staatsangeh.: Preußen; Vorbildung: Gymn. Göttingen Reife O. 04; Studium: Heidelberg 1, München 1, Göttingen 8 S.; Rig. 5. Mai 09.] [U 10. 1430

Die Ministerialität in Südostdeutschland vom zehnten bis zum Ende des dreizehnten Jahrhunderts. Von Paul Kluckhohn. Weimar: Böhlau 1910. X, 247 S. 8°
(Quellen u. Studien z. Verfassungsgeschichte d. Deutschen Reiches in Mittelalter u. Neuzeit. Bd 4, H. 1.) [10. 8165

Kluckhohn, Wilhelm, Referendar: Der Auftrag zur Besorgung eines fremden Geschäftes und die auftraglose Geschäftsführung nach gemeinem und bürgerlichem Recht. Göttingen 1909: Huth. VIII, 103 S. 8°
Göttingen, Jur. Diss. v. 31. Juli 1909, Ref. Titze
[Geb. 2. Dez. 84 Göttingen; Wohnort: Göttingen; Staatsangeh.: Preußen; Vorbildung: Gymn. Göttingen Reife O. 03; Rig. 21. Juli 09.] [U 09. 1377

Kluckhohn, Wilh., der Auftrag zur Besorgung e. fremden Geschäftes u. die auftraglose Geschäftsführung nach gemeinem u. bürgerlichem Recht. (III—IX u. 103 S.) gr. 8. Göttingen 909. Vandenhoeck & Ruprecht. 2. 40

Kluckhuhn, Arnold. Kleine Bibelkunde. Ein Hilfsbüchlein f. d. Schul- u. Konfirmanden-Unterricht. 2. verb. Aufl. 8. (45 S.) Lpz. 890, Fr. Richter. * — 40

Kluckhuhn, Arnold, kleine Bibelkunde. E. Hilfsbüchl. f. d. Schul- u. Konfirmanden-Unterr. 3., verb. Aufl. 8. (44 S.) Leipzig 897. Fr. Richter. n. — 40

Kluckhuhn, Arnold, Heimatsgrüße. 8. (X, 177 S.) Wernigerode 881. Angerstein. n. 3. —; geb. n. 4. —

—— Hilfsbüchlein für den Konfirmanden-Unterricht. 1. Heft: Bibelkunde. gr. 8. (40 S.) Bützlingen 884. (Leipzig, Drescher.) *

Kluckhuhn, Arnold, Hilfsbüchlein f. den Konfirmanden-Unterricht. 1. u. 2. Hft. gr. 8. Bützlingen. (Frankfurt a/M., Drescher.) n. 1. —
1. Bibelkunde. (110 S.) 884. n. — 40
2. Erklärung d. D. Martin Luthers kleinem Katechismus. (IV, 113 S.) 885. n. — 60

Kluckhuhn, Arnold, Hilfsbüchlein zum Konfirmanden-Unterricht in freiem Anschluß an M. Luthers kleinen Katechismus. 2., völlig umgearb. Aufl. gr. 8. (VI, 82 S.) Leipzig 894. F. Richter. n. — 75

Kluckhuhn, Arnold, die wahre Menschheit Jesu Christi. Ein christolog. Vortrag. 8. (36 S.) Halle 875, Fricke. *

— über d. Offenbarung Johannis. Ein Vortrag. gr. 8. (24 S.) Leipzig 895. Th. Rother. n. — 30

— evang. Zeugnisse aus d. Psalter. 50 Predigten üb. Psalmtexte, nach d. Gang d. Kirchenjahres ausgew. M. e. Vorwort v. Oettli. gr. 8. (VI, 343 S.) Leipzig 897. B. Richter. n. 3. —; geb. n. 4. —

Das Recht der Wirtschaftswege und sonstigen landwirtschaftlichen Zweckgrundstücke sowie d. Gesetz v. 2. April 1887. Von Gerhard Kluckhuhn, Reg.R. zu Breslau. *Berlin: F. Vahlen 1904.* (V, 280 S.) 8° [J.] [04.6900

Kluckhuhn, K., die christliche Kirche auf Erden. Vortrag den 25. Febr. 1894 geh. gr. 8. (14 S.) Görlitz 894. (Berlin, G. Nauck.) n. — 20

Kluckow, Franz: Sprachliche und textkritische Studien über Hue de Rotelandes Protheselaüs nebst einem Abdruck der ersten 1009 Verse. Greifswald 1909: Adler. 83 S. 8°
Greifswald, Phil. Diss. v. 8. Mai 1909, Ref. Stengel
[Geb. 30. Okt. 84 Woldenberg; Wohnort: Berlin; Staatsangeh.: Preußen; Vorbildung: Friedrichs-Werdersche Oberrealsch. Berlin Reife M. 05; Studium: Berlin 6 S.; Rig. 2. Febr. 09.] [U 09. 1533

Klugzel, die Rose v. Wien. Historischer Sensations-Roman der Gegenwart. (In ca. 25 Hftn.) 1–6. Hft. gr. 8. (192 S.) Reichenberg 876. Schöpfer in Comm. à — 40

Klugzel, die Rose v. Wien. Historischer Sensations-Roman der Gegenwart. 7–30. (Schluß-)Lfg. gr. 8. (S. 193–958.) Reichenberg 877. Schöpfer in Comm. à — 40

Kluczenko, Basil, s. Sanitätsbericht der Bukowina.

Kluczenko, Basil: Sanitätsbericht der Bukowina für das Jahr . . . Czernowitz: Verl. d. k. k. bukowiner Landesregierung 1893/1899. *(Erschienen für die Jahre 1891–1896.)*

Kluczenko, Basil: Das Stahlbad Dorno-Watra in der Bukowina. Czernowitz: Pardini 1901.

Kluczycki: Affekt und Leidenschaft. Ein psychol. Studium. Tarnow, Progr. 1854.

Kluczycki, Frz., König Johann III. vor Wien. Historische Darstellg. d. glorreichen Feldzuges im J. 1683. Deutsch v. Karl J. Petelenz. Lex.-8. (106 S. m. 1 chromigr. Portr.) Krakau 883. (Wien, Frick.) n. 3. 20

Kluczycki, Vinzenz Paul, Errungenschaftsansprüche auf eine richtige Anwendung der Spannung von Gasen oder Dämpfe als Triebkraft etc. 8. (2 B.) Leipzig 845, Brauns.*

Kludt, Samuel

Kludt, S., Berichte und Gesuche, welche an die Staatsregierung in Angelegenheiten der dt. Landgemeinden in Südrußland gerichtet wurden. Aufgenommen in: Rudolph Meyer, Heimstätten u. a. Wirtschaftsgesetze. Berlin 1883

Kludt, S., Bilder und Geschichten aus Südrußland. Steppe, Klima, Berge, Wälder, Flüsse, Ströme, Strandseen, Meeresufer, Tiere, Pflanzen, Mineralien Südrußlands. 54 S. Odessa: Nietzsche 1899

Kludt, S., die christlichen Taufnamen in deutscher und russischer und zum Theil auch in französischer, englischer und italienischer Sprache unter Angabe ihres Ursprungs und ihrer Bedeutung. Nebst Regeln zur richt. Schreibung deutscher Tauf- und Eigennamen im Russischen. gr. 8. (49 S.) Odessa 888, (Rudolph.) **

Kludt, Samuel: Die Verfassung der ausländischen Ansiedler auf Kronländereien in Rußland nach dem Gesetz vom 4./16. Juni 1871. Eine Zusammenstellung der Gesetze und Regierungs-Verordnungen über die Organisation der grundbesitzenden Ansiedler . . . Ges. und übers. 2., stark verm. Aufl. — Odessa: Nitzsche 1873. X, VI, 285 S. [1. Aufl. Halbstadt 1872.]

Kludt, S., Vorschriften für das Verfahren in den vor die Landvögte und Stadtrichter gehörenden Rechtssachen nebst den in diesen Vorschriften angeführten und einigen anderen Gesetzesbestimmungen aus den Jahren 1890 und 1891. — Übersetzt, mit einem russisch-deutschen Verzeichnis amtlicher und gerichtlicher Ausdrücke versehen. 232 S. 70 S. Odessa 1892

Kludt, Wilhelm: Die deutschen Kolonisten in Bessarabien in ihrem sittlichen und religiösen Zustande bis zum Jahre 1861. Herausgg. von des Verfassers Sohn Samuel Kludt. Mit einer Karte. Odessa 1900: L. Nitzsche. 69 S.

Klug, hie welsch! hie deutsch! Zeitbild mit Gesang in 4 Aufzügen und einem Nachspiel: Friede auf Erden. (Den Bühnen gegenüber Mscr.) gr. 8. (IV und 78 S.) Hamburg 869. (Celle, Schulze'sche Buchh.) *

Klug, der Bandwurm in Menschen und Thieren und die naturgemäße Vertilgung desselben durch Abtödtung der „Brut" und nicht blos des Kopfes. Eine populär medicin. Abhandlung für Jedermann zur Selbstkur und Beseitigung aller Geheimmittel. Bearb. unter Benutzung von Dr. Fireking's amerikan. Mscr. (1. und 2. Aufl.) gr. 8. (42 S. mit verschiedenen in den Text gedr. Holzschn.) Berlin 879, (Roßbach.)

Klug, der Bandwurm in Menschen und Thieren und die naturgemäße Vertilgung desselben durch Abtödtung der „Brut" und nicht blos des Kopfes. Eine populär medicin. Abhandlung für Jedermann zur Selbstkur und Beseitigung aller Geheimmittel. 3. Aufl. gr. 8. (42 S. mit verschiedenen in den Text gedr. Holzschn.) Berlin 880, Roßbach.

K l u g : Praktische Winke für den Geldverkehr landwirtschaftlicher Darlehnskassen. o.O. 1908.

Klug, Adam [Lehrer d. höh. Stadtschule in Olpe]: Untersuchungen über Robert Browning's Verskunst. Erlangen 1908: Junge & Sohn. (V, 200 S.) 8°
München, Phil. Fak., Ref. Schick, Diss. v. 26. Juli 1907
[Geb. 29. Jan. 81 Mömlingen (Unterfranken); Wohnort: Olpe (Westfalen); Staatsangeh.: Bayern; Vorbildung: Gymn. Aschaffenburg Reife Juli 00; Studium: Techn. Hochsch. München 1, Univ. Berlin 1, Freiburg i. B. 1, München 7 S.; Rig. 26. Juli 07.]

Klug, Albert, Gerichtsassessor: Die Annahme eines unehelichen Kindes an Kindesstatt durch seinen Vater oder seine Mutter nach dem Bürgerlichen Gesetzbuch für das Deutsche Reich. Naugard 1904: G. Kleine. (35 S.) 8° [J. u. Ant.]
Greifswald, Jur. Fak., Ref. Frommhold, Diss. v. 26. Okt. 1904
[Geb. 4. Okt. 73 Daber i. P.; Wohnort: Naugard; Staatsangeh.: Preußen; Vorbildung: Gymn. Greifenberg i. P. Reife M. 94; Studium: Berlin 1, Breslau 3, Greifswald 3 S.; Rig. 19. Jan. 99.]

Klug, Alfr., Fragen u. Antworten üb. evang. Jünglings- u. Männervereine, s.: Krummacher, Karl.

Klug, Alfr. Zwei Heirathspläne u. e. Hochzeit. 3 Predigten üb. 1. Samuelis 18, 17–19; Vers 20–30., Joh. 2, 1–11, geh. am 1., 8. u. 15. Juli 1888. gr. 8. (32 S.) Emden 889, Gerhard. ** — 15

— Hoffnungen u. Wünsche der evangelischen Schule u. Kirche im Blick auf das zu erlassende Volksschulgesetz. Referat, auf der Synodal-Konferenz der Pfarrer u. Lehrer der Synode Moers, am 4. Novbr. 1891 geh. zu Moers. gr. 8. (17 S.) Berl. 892, Buchh. d. Deutschen Lehrerzeitg. * — 20

Klug, Alfr., d. Kirchen-Archiv. Anleitg. zu e. planmäß., prakt. Einrichtg. u. Fortführg. desselben. 8. (26 S.) Barmen 895. D. B. Wiemann. n. — 50

Klug, Karl Krummacher, der Vater der Jünglinge, s.: Für Feste u. Freunde der inneren Mission.

Karl Krummacher. Sein Leben u. Wirken, dargest. von Alfred **Klug**, Pastor in Barmen. *Elberfeld: Westd. Jünglingsbund 1902.* (255 S.) 8° [J.]
(09 3328 5

— weshalb können u. dürfen wir als evang. Christen auf d. Schulvorstand nicht verzichten?, s.: Schulvorstand od. nicht?

Der Hausschwamm ein pathogener Parasit des menschlichen u. tierischen Organismus, speziell seine Eigenschaft als Erreger von Krebsgeschwülsten. Von Dr. Anton **Klug**, Freiheit-Johannisbad. Mit 40 Mikrophotogr., 2 Handzeichn., 1 Tab. u. 1 Diagr. *Freiheit-Johannisbad: Selbstverl. 1903.* (139 S.) 4°(8°)
[03. 4300

K l u g , C.: „Bauernfreund", Bauzen 1767 (Drevenstädt).

Klug, Carl ..., s. K l u g , Karl ...

Klug, Daniel: Gutachten ...

— —, Theologisches, wegen Heurathung der verstorbenen Frauen Schwester (von *Daniel Klug*). O. O. 1735. (l. c.)

Klug, Aemil. Gust., de diversa blennorrhoeae ac syphilidis indole. Dissert. inaug. medica. 4. Lipsiae 837. (Goethe.) n. ⅙ ₰

— **Emil Gustav** (Leipzig), De diversa blennorrhoeae ac syphilidis indole. Diss. med. Lpz. (C. P. Melzer) 12. V. 1837. 24 S. (5.50) 18517
Gew.: Johann Christian August Clarus, Carl August Kuhl, Heinrich Eduard Kuehn.

Klug, Aemil. Gust., de diversa blennorrhoeae ac syphilidis indole. Dissert. inaug. med. 4. (4 B.) Lipsiae 837, (T. O. Weigel.) *

Klug, Ferd., s.: Archiv, ungar., f. Medizin.

Klug, Ferd., s.: Studien, physiologische, aus Instituten der Universität Budapest

KLUG, Fr.: Monographia Siricum Germaniale atque generum illis adnumeratorum. - Berolini 1803. 64 S., 8 Taf.

— monographia Siricum Germaniae atque generum illis adnumeratorum. Cum tabulis aen. col. VII. 8maj. Berl. 804. Schüppel. 3 ₰ 12 ℊ

Klug, (Fr.,) entomolog. Monographien. Mit 10 ill. Kupfrt. gr. 8. Berlin 825, Reimer.

Klug, Friedrich, s.a. Klug, Johann Christian Friedrich

Klug, Friedrich, Assistenzarzt beim 8. Lothr. Inf.-Reg. Nr. 159 a. Westhofen i. W.: Aus der Chirurg. Klinik und Poliklinik des Kgl. Charité-Krankenhauses. Leiter Prof. Dr. Hildebrand. Beitrag zur traumatischen Entstehung der Sehnenscheidentuberkulose und zur Impftuberkulose. Leipzig 1907: B. Georgi. (30 S.) 8°
Leipzig, Med. Fak., Ref. Trendelenburg, Diss. v. 30. April 1907
[Geb. 7. Nov. 79 Westhofen i. Westf.; Wohnort: Mülheim a. Ruhr; Staatsangeh.: Preußen; Vorbildung: Gymn. Hagen Reife O. 99; Studium: Leipzig 1, Berlin K. W. A. 9 S.; Coll. 14. Mai 07; Approb. 25. Juli 05.]

— **Friedrich Gottlob** (Reichenb./Vogtl.), Consumtos ex quibus locupletior existit fructus an restituere teneatur bonae fidei possessor. Präs. D. Heinr. Gottfried Bauer. Lpz. (Langenheim) 6. V. 1762. 8 S. (4.—) 18518

Klug, Gust. Molière in seinen Farcen und ersten Komödien, hauptsächlich nach Gesichtspunkten der Ästhetik und Moral beurteilt. 32 S. Progr. *Strausberg* 1877.

Klug, J., s. Annalen d. Physik u. Chemie. Namenreg. z. 1.—35. Bde.

Klug, J., Namenregister zu den Annalen der Physik und Chemie. Neue Folge, Bd. 1—35 (1877—1888.) Leipzig 1889.

Klug, J. M., Reductions-Tabellen über die im deutschen Zollverein vorkommenden Handels-Gewichte, berechnet auf Zoll- und preuß. Gewicht. hoch 4. (VIII und 72 S.) Hildburghausen 847, (Kesselring'sche Hofbuchh.) *

Klug, Ida, s. Pestalozzi's, H., Vorträge u. Reden.

Klug, Ignaz, Seminarpräfekt: Jesus Christus, der menschgewordene Logos Gottes. Ein dogmengeschichtl.-apologetischer Beitrag z. Entw. d. christolog. Dogmas in d. vornicänischen Zeit. Würzburg 1908: H. Stürtz. (111 S.) 8°
Würzburg, Theol. Fak., Ref. Merkle, Diss. v. 30. April 1908
[Geb. 31. Juli 77 Keilberg; Wohnort: Würzburg; Staatsangeh.: Bayern; Vorbildung: Gymn. Aschaffenburg Reife Juli 96; Studium: Würzburg 8 S.; Rig. 10. März 06.]

Lebensfragen. Apologet. Abhandlungen f. d. studierende Jugend u. f. gebildete Laien. Von I[gnaz] Klug. (Seminarpräfekt). Paderborn: F. Schöningh 1907. (VI, 315 S.) 8° [3.] [08. 6148]

— Lebensfragen. Apologetische Abhandlgn. f. Studierende u. f. gebildete Laien. 2. u. 3. Aufl. (X, 313 S.) kl. 8. Ebd. 908. 09. 2.—; geb. in Leinw. 2.60
1. Aufl. (VI, 315 S.) 907. 1.60; geb. 2.20.

Klug, J., Gottes Reich. Apologetische Abhandlgn. f. Studierende u. f. gebildete Laien. 1. u. 2. Aufl. (XI, 314 S.) kl. 8. Paderborn 909. 10. F. Schöningh. 2.—; geb. 2.60

— Gottes Wort u. Gottes Sohn. Apologetische Abhandlgn. f. Studierende u. f. gebildete Laien. 1. u. 2. Aufl. (XI, 375 S.) kl. 8. 909. 10. 2.40; geb. 3.—

Klug, Johann Christian Friedrich

Klug's, Fr., gesammelte Aufsätze üb. Blattwespen. Hrsg. v. Jos. Kriechbaumer. Mit e. (lith. u.) color. Doppeltaf. hoch 4. (VII, 300 S.) Berlin 884. Friedländer & Sohn. n. 16.—

Klug, Friedr., Auswahl medicin.-gerichtl. Gutachten d. Kgl. wissenschaftl. Deputation f. d. Medicinalwesen, mit Genehmig. Eines hoh. Ministerii d. Geistl.-, Unterr.- u. Medicinal-Angelegenheiten hrsg. 1. Bd. gr. 8. (28½ B.) Berlin 828, Reimer.

—— Bericht üb. e. auf Madagascar veranstalt. Sammlung v. Insecten aus d. Ordn. Coleoptera. Eine in d. Kgl. Akad. d. Wissenschn. am 29. März 1832 geles. Abhandl. M. 5 ill. Taf. gr. 4. (17 B.) Berlin 833, (Dümmler.)

— s. Scheiterer-Archiv n.

— **Jo. Christ. Friedr.** (Berlin), Historia instrumentorum ad polyporum exstirpationem, eorumque usus chirurgicus. Tract. med. Halle (Bathe) 27. XI. 1797. 46 S. (6.—) 18519
Gew.: D. C. G. Selle.

—— Jahrbücher der Insektenkunde, s. Jahrbücher etc.

KLUG, Fr.: Jahrbücher der Insektenkunde, mit besonderer Rücksicht auf die Sammlung im Königlichen Museum zu Berlin. - Berlin 1834. Bd. 1

Kupfersammlung zu Wilmsens Handb. d. Naturgeschichte.

Klug, Fr., Symbolae physicae, s. Symbolae.

Klug, Josef, Rechtspraktikant: Der dingliche Gerichtsstand. *Aschaffenburg 1904: Schippner.* (IV, 81 S.) 8°
Würzburg, Jur. Diss. v. 1904

Klug, Joseph: Inversion und elektrischer Strom. Würzburg, k. bayer. Hofbuchdr. v. Bonitas-Bauer, 1895; 44 S. 8.
Würzburg, k. neues G, P 1895*

Simon Marius aus Gunzenhausen und Galileo Galilei. Ein Versuch z. Entscheidung d. Frage über d. wahren Entdecker d. Jupitertrabanten u. ihrer Perioden von Josef **Klug**, Gymn.Prof. in Nürnberg. (München: K. Akad. 1904.) (S. 387–520.) 4°
— **Abhandlungen** d. math.-phys. Klasse d. Kgl. bayer. Akad. d. Wiss. Bd 22, Abt. 2, [2.] 05. 3504

Klug, Joseph: Das Prinzip der virtuellen Geschwindigkeiten bei Galilei. *Würzburg 1900: Bonitas-Bauer.* (50 S.) 8° [Ant. u. J.]
Würzburg, k. neues G, P 1900*

Klug, Jul., der Meierhof oder das Leben der Hausthiere. Mit besond. Hervorhebung ihrer Sprache. Spaßhaft aufgefaßt und für artige Kinder bearb. gr. 16. (88 S. mit 4 ill. Stnt.) Ratibor 858, (Wichura.)

Klug, Karl

Alt-Lübeck. Von **K. Klug.** Nebst 1 Charte und 3 Tafeln Abbildungen. (Aus der Zeitschrift des Vereins für Lübeckische Geschichte und Alterthumskunde. Heft 2.) Lübeck. 1857. 8°.

Klug, Karl, Geschichte Lübecks während der Vereinigung mit dem französischen Kaiserreiche. 1811—1813. 2 Abthlgn. Lübeck 856, 57. v. Rohden. gr. 8. (XIV, 299 S. u. 1 color. Lithogr.) n. 1 $\mathscr{P}$. 24 ngr.

Klug, K., Opfer- u. Grabalterthümer zu Waldhausen, s. a. Beiträge z. nord. Alterthumskunde.

Opfer- und Grabalterthümer zu Waldhausen. Ein Beitrag zur Nordischen Alterthumskunde. Im Auftrage des Vereines für Lübeckische Geschichte hrgg. v. **K. Klug.** Mit 7 lithogr. Tafeln nach Zeichnungen v. J. A. Spetzler. Lübeck. 1844. = Beiträge zur nordischen Alterthumskunde. Heft 1. 4°.

Karl von **Villers** Verdienste um Lübeck v. K. Klug. Lübeck. 1856. 8°.

Klug, Car. Alexand. (geb. Berlin 1814): Cyanopathiae exempla nonnulla. Berolini (1840). (33 S.) 4°
Berlin, Med. Diss. v. 14. Aug. 1840

Klug, Carl Friedr. Gustav (Düben), De usu remediorum externo in morbis infantum. Diss. med. Präs. Carl Gottlob Kühn. Lpz. (Hirschfeld) 15. XI. 1803. 32 S. (5.50) 18515
Gew.: Ephraim Moses Levy.

KLUG, Leopold

Die Kubische Involution. Von Dr. Leopold Klug. (Separatabdruck aus dem Orvos-Természettudományi értesitö. Medic.-Naturwissensch. Mittheilungen.) Kolozsvár. 1899. In Comm. Eisenstein & Co. Gr.-8°. 39 S. mit einer Tafel. fl. —.90
Die Tafel ist mit „II. Tábla" bezeichnet.

Klug, Leop., die Configuration des Pascal'schen Sechseckes im Allgemeinen u. in 4 spec. Fällen. gr. 8. (132 S. m. 1 Tab. u. 3 Taf.) Kolozsvár 898. (Wien, J. Eisenstein & Co.) n. 3. —

Klug, L., Konstruktion der Perspektivumrisse u. der ebenen Schnitte der Flächen 2. Ordnung. (11 S. m. 1 Taf.) gr. 8. Wien 904. (A. Hölder.) n. — 60

— Konstruktion des Reliefs e. Fläche 2. Ordnung. (18 S. m. 1 Taf.) gr. 8. Ebd. 905. n. — 50
2 Sonderabdrucke aus: „Sitzungsber. d. k. Akad. d. Wiss."

Klug, Louis, griechische Tragödien, s. Tragödien, griechische.

Über das Wesen und die Behandlung der geistig abnormen Fürsorgezöglinge von Dr. med. O[skar] **Kluge**, Dir. in Potsdam. Berlin: Reuther & Reichard 1905. (18 S.) 8°
— **Sammlung** von Abhandlungen aus d. Geb. d. pädag. Psychologie u. Physiologie. Bd 8, H. 4. 6. 996 2

Klug, Otto: Aus dem pathologischen Institut zu Greifswald. Ueber pathologische Kernformen in der Hornhaut. Ein Beitrag zur Lehre von der Keratitis. *Greifswald 1898: J. Abel.* (29 S.) 8°
Greifswald, Med. Diss. v. 31. März 1898

Klug, Paul, a. Wenigumstadt (Unterfranken): Über Veränderung der Blutzusammensetzung bei körperlichen Anstrengungen. Würzburg 1904: P. Scheiner. (29 S.) 8°
Würzburg, Med. Fak., Ref. v. Frey, Diss. v. 19. Sept. 1904
[Geb. 31. Okt. 78 Wenigumstadt; Wohnort: Wenigumstadt; Staatsangeh.: Bayern; Vorbildung: Gymn. Aschaffenburg Reife Juli 99; Studium: Würzburg 6, Berlin 1, Würzburg 3 S.; Coll. 27. Juli 04; Approb. 12. Juli 04.]

Jahresbericht, Erster — über die k. k. Realschule zu Olmütz im Schuljahre 1855. Vom prov. Direktor Dr. Ferdinand Edl. v. Hönigsberg. Olmütz, 1855. Anton Hałauska's Universitäts-Buchdruckerei. (54 S. 4.)
Inhalt: Jos. Reinhart: Ueber das Freihandzeichnen nach Modellen. — P. Eugen Klug: Verzeichniß der in der Umgebung von Olmütz vorkommenden Käfer. — Carl Schrötter: Mineralogische und chemische Untersuchung des Graphits nächst Schweine in Mähren. — Schulnachrichten.

Klug Dr. Rudolf: Beitrag zur definitiven Bahnbestimmung des Kometen 1826 IV. 21. Mähr. Ostrau 03.
Progr.

Klug, Rud., definitive Bahnbestimmung des Kometen 1826 IV. (65 S.) 31,5×24 cm. Wien 906. A. Hölder. 4. 75
Sonderabdruck aus: „Denkschr. d. k. Akad. d. Wiss."

*Klug, Rudolf: Beitrag zur definitiven Bahnbestimmung des Kometen 1826 IV. S. 3—23. 8.
Kaiser Franz Joseph I. Kommunal-Gymn. *Mährisch-Ostrau* 1903.
Progr

Klug, [Rudolf]: Des kaiserlichen Mathematikers Johannes Kepler Neujahrsgeschenk oder Über die Sechseckform des Schnees. 1611. Aus dem Lateinischen übersetzt und mit Anmerkungen versehen von R. Kl. 30 S. 8. **Progr.** K. k. Staats-Gymn. *Linz* 1907.

Klug, Wencesl., Dissertat. de morbis dentium eorumque cura. 8 maj. (7 B.) Pragae 832, (Haase Söhne.)

Klüg, Max, üb. d. Krankheits-Constitut. d. J. MDCCCXXXIV, beobachtet im Julius-Hospitale zu Würzburg, mit VI Krankheitsgeschichten u. XII Tab. Inaug.-Abhandl. gr. 8. (5 B. incl. Tab.) Würzburg 835, (Stahel'sche Buchh.) *

Kluge, Ferd., e. Volksb. v. C. Ghf. Salzmann. 8. Lpz. Crusius. (F. C. W. Vogel.) 790.

Kluge, ..., s. Gesangbuch, Zerbstisches.

Kluge, Haftg. d. Tierhalters, s. Sammlg. nat.-oek. Abhandlgn.

Kluge, A., philosophische Fragmente. Mit Bezug auf die v. Hartmann'sche „Philosophie des Unbewußten". 2 Hefte. gr. 8. (XI, 296 S.) Breslau 875,77, Aderholz' Buchh.
à Heft * $\mathscr{M}$ 3. *
— dass. — 2. (Titel-)Ausg. gr. 8. (IX, 296 S.) Freiburg i. Br. 878, Herder'sche Verlagsh. *

Kluge, A., Katechismus der katholischen Religion, für die mittleren und oberen Klassen der Elementarschulen. Den Katecheten Deutschlands zur Prüfung vorgelegt. gr. 8. (XVI, 98 S.) Leipzig 885, Peter's Verlag. *

Kluge, A., d. eucharist. Kreuzweg, d. Priesters Trost u. Lehre. gr. 8. (98 S.) Mainz 895. F. Kirchheim. n. 1. —

Kluge, A., das Seelenleiden Jesu Christi, des Welterlösers, e. Schule der Heiligkeit u. des inneren Lebens. 1., allgemeiner Thl. 8. (VII, 302 S.) Mainz 893. F. Kirchheim. n. 3. —

Kluge, *Johannes* Alexander [pr. Arzt aus Plettenberg i. Westf.]: Ein Fall von Myxosarkoma ovarii sinistri bei einem elfjährigen Mädchen ... Marburg, Buchdr. F. Sömmering, 1894; 39 S. 8. Marburg, Med. Fak., Inaug.-Diss. v. 27. Juni 1894

Kluge, Arthur, appr. Arzt aus Berlin: Statistische Untersuchungen über die Häufigkeit von Fällen tötlich verlaufender Gallensteinerkrankung vor und nach Einführung der Gallensteinoperation. *Erlangen 1901: E. Th. Jacob.* (49 S.) 8° Erlangen, Med. Diss. v. 31. Juli 1901

Kurze Anleitung zur christlichen Vollkommenheit. Von A[ugust] Kluge, Geistl. R. Paderborn: F. Schöningh 1907. (71 S.) 8° [F.] [07. 11349

Kluge, August [pr. Arzt, aus Strohkirchen]: Untersuchungen über die Wirkung des Phosphors nebst Bemerkungen über die Bildung der Peptone in den Organen. . . . Rostock, Univ.-Buchdr. v. Adler's Erben, 1890; 36 S. 8°
Rostock, Med. Fak., Inaug.-Diss. v. [27. Sept.] 1890

Die Gottähnlichkeit des Menschen. Von A[ugustin] Kluge, Geistl. Rat. ... Neisse 1905: Bär. 266 S. 8° [05. 4056 B

Kluge, B., warum nimmt das Urtheil über die in der Religionswissenschaft gemachten Fortschritte in den Gymnasialzeugnissen die erste Stelle ein, und wie kann diese Wissenschaft ihre bevorzugte Stelle in den Gymnasien würdig behaupten? Wien. 4. 17 S.
Schul-/Univ.-Schrift 1865

Kluge: Warum nimmt das Urtheil über die in der Religionswissenschaft gemachten Fortschritte in den Gymnasialzeugnissen die erste Stelle ein, u. wie kann diese Wissenschaft ihre bevorzugte Stellung in den Gymnasien würdig behaupten? 17 S. –W. Neustadt, Progr. 1865.

Kluge, Bruno, Referendar: Die rechtliche Natur des dem Verkäufer und dem Einkaufskommissionär nach § 44 K.O. gewährten Verfolgungsrechts. Berlin: Trenkel 1909. 78 S. 8°
Breslau, Jur. Diss. v. 13. März 1909, Ref. Meyer-Fischer
[Geb. 9. Jan. 83 Weißwasser; Wohnort: Haynau; Staatsangeh.: Preußen; Vorbildung: Gymn. Bunzlau Reife O. 04; Studium: Halle 4, Breslau 2 S.; Rig. 13. Febr. 08.] [U 09. 495

Kluge, C. A. E., s. K l u g e , K. A. E.

Kluge, Carl ..., s. K l u g e , Karl ...

Kluge, Ch. Gottlieb

— Anm. v. d. Wes. u. d. Unsterblichk. d. vernünft. S e e l e. 2 Thle. 8. Wittb. 740–42.

— hist. Ber. v. d. Nordhäus. G e s a n g b u c h e. 4. Wittenberg. 737.

Kluge, Ch. Gli., († d. 12. April 1824.) kurze Entwürfe seiner in Schulpforte gehalt. Predigten 1771—73. 8. Lpz. 774. Böhme.

— E n t w ü r f e f. geh. Predigten 1771–73. 8. Leipz. Böhme. 774.

Kluge, C. Gli., Gesangb. v. 609 B e g r ä b n i ß l i e d e r n. 8. Bresl. W. G. Korn. 747.

— erklärtes G l o r i a, od. Erklär. einig. geistl. Lieder. 8. Bresl. Meyer. 745.

Kluge, G., schriftmäßig erklärtes Gloria, oder allein Gott in d. Höh sey Ehr. gr. 8. Bresl. 754. Gosohorsky. 10 gr

— h y m n o p o e g r a p h i a, L e b e n s b e s c h r. schles. Liederdichter 3 Zeh. 8. Bresl. Korn d. jüng. 751–54.

Kluge, Glo., († 1771.) hymnopoeographia silesiaca, oder histor. Lebensbeschreibb. Schles. Liederdichter. 3 Decades. 8. Bresl. 751—54. W. G. Korn. 16 gr

— schlesisch. J u b e l p r i e s t e r, wor. d. Leben 100 Jubelpriester beschr. ist. 4. Bresl. Korn d. ält. 763.

— s. T h r e n o d i a Klugio - Parmanniana.

Kluge, E., Adreßbuch der Stadt Köln, s. A d r e ß b u c h.

Kluge, E. A., Hoheit auf Reisen, s. D i l e t t a n t e n - M a p p e.

Kluge, E. Dan., Quatenus ex animi diversa ratione diversum recte deduci ac demonstrari queat temperamentum. Zerbst 8°.
1765

Kluge, Ed., die Stellung und Bedeutung der Apokryphen, sowohl nach Wesen und Inhalt als in histor. Beziehung. Zwei Gespräche. Zweite gekrönte Preisschrift in Folge des Aufrufs vom „Verwaltungsrath des Vereins für innere Mission, augsb. Bekenntnisses, im Großherzogth. Baden." 8. (78 S.) Frankfurt a. M. 852, Brönner. Thlr.

Kluge, Emil, Königgrätz, Preussen's Ehrenspiegel. Eine Perle für jedes treue Preussenherz. Episches Gemälde. Dessau 867. Neubürger. gr. 8. (27 S.) 6 ngr.

Kluge, Emil Robert Oscar: Vier Fälle von Endocarditis maligna. München, Verl. v. J. F. Lehmann, 1891; 33 S. 8°
München, Med. Fak., Inaug.-Diss. v. 1891

Kluge, Ernst, Biostatik der Stadt Reval u. ihres Landkirchsprengels für die J. 1834—62. 1. Abthl. Statistik der Geborenen u. Getrauten. Reval 867. Kluge's Verlag. gr. 4. (XVI, 84 S.) n. 1 Thlr 15 ngr.

Kluge, Dr. E. Plan von Altona. 1 : 8000. Altona 1885. 1 Bl. c. I.

Gedrängte Skizze der wirthschaftlichen Entwickelung der Stadt Altona v. Ernst Kluge. ⟨Separat-Abdruck aus der Einleitung des Werkes: „Die gemeinnützigen Einrichtungen und Veranstaltungen in Schleswig-Holstein mit besonderer Rücksicht auf das Wohl der unteren Volksklassen."⟩ Kiel. 1882. 8°

Kluge, Eug., Liederkranz, unsern Jünglingsvereinen, wie auch andern christl. Vereinigungen dargereicht. (XX, 188 S.) gr. 16. Riga 903. Jonck & Poliewsky.
Geb. n. 1.60; ermäß. Preis n. 1.20

Kluge, F. G. De Desiderio Erasmo Roterodamo. 8 S. . . . .
Breslau, M., Progr. 1830

— F.G. (rector et professor gymnasii Magdalenaei), Ad memoriam solemnis diei, quo ante tria haec secula confessio Augustana renuntiata est, invitat. Breslau 25. VI. 1830. 10 S. (4.—) 18523

Kluge, Fr. Wilhelm

Kluge, F. W. Christ. v. Wolf, der Philosoph. Ein biograph. Denkmal. 40 S.
Breslau, M., Progr. 1831

Kluge, **Fr. Wlh., († d. 21. Aug. 1833.), s.** *Aristoteles* **de politica.**

Kluge, F. W. Hannonis periplus cum commentario. 34 S. . .
Breslau, M., Progr. 1828

– s.a. Hannonis

Kluge, Franz [aus Heilbrn, Prov. Sachsen]: Ueber die von Samson de Nantuil benutzten Werke . . . . Eisleben, Druck v. Ernst Schneider, 1885; 58 S. 8°.
Halle, Phil. Fak., Inaug.-Diss. v. [16. Jan.] 1886.

Kluge, Franz, über die von Samson de Nantuil benutzten Werke. Diss. Halle 1885, Lippertsche Buchh. 8°. 58 S.

Kluge, F(riedr.), Dr., d. z. Prorektor: **Heimweh. Ein wortgeschichtl.** Versuch. *Freiburg i. B. 1901: Ch. Lehmann's Nachf.* (50 S.) 4°
Freiburg i. B., Progr. zum Geburtstag d. Grossherzogs 1901

Kluge, Frdr., Beiträge zur Geschichte der germanischen Conjugation, s.a. Quellen u. Forschungen zur Sprach- u. Culturgeschichte der germanischen Völker.

Kluge, Frdr., Beiträge zur Geschichte der germanischen Conjugation. Strassburg 1879. 8.
A. u. d. T.: Quellen u. Forsch. 32. . . . .

Kluge, Friedrich. Bunte Blätter. Kulturgeschichtliche Vorträge und Aufsätze. [Mit 1 Abbildung und 1 Karte.] VIII + 213 S. 8. Freiburg ⟨Baden⟩, J. Bielefeld, 1908. [M. 6. —, geb. 7. —]
Darin S. 160—164: Ein neues gotisches Sprachdenkmal? (Glossenhandschrift aus der Reichenau. — Aus der Beilage zur Allgemeinen Zeitung vom 16. Januar 1897); *S. 165—174:* Das Schweizerische Idiotikon (Vortrag gehalten auf der Basler Philologen-Versammlung am 27. September 1907); *s. auch S. 24/6. 28. 92. 96. 206/8 etc.*

Kluge, Frdr., bunte Blätter. Kulturgeschichtliche Vorträge u. Aufsätze. 2., durch e. Sach- u. Wortregister verm. Aufl. (VIII, 214 S. m. 1 Karte.) 8. Freiburg i/B. J. Bielefeld. 5.—; geb. 6.—
1. Aufl. (VIII, 213 S. m. 1 Karte.) 908. 6.—; geb. 7.—.

Kluge. Zur Charakteristik der englischen Sprache. Essen, 2. städt. H. T.. 1868. 27 S. Progr.

Kluge, Fridr., de Platonis Critia, s.a. Dissertationes philologicae Halenses. XIX, 3.

Kluge, Fridericus: De Platonis Critia. Halis 1909: Orphanotr. 51 S. 8°
Halle, Phil. Diss. v. 23. Dez. 1909, Ref. Kern
[Geb. 5. Sept. 86 Hannover; Wohnort: Hannover; Staatsangeh.: Preußen; Vorbildung: Lyz. I Hannover Reife O. 05; Studium: Göttingen 4, Halle 4 S.; Rig. 3. Aug. 09.] [U 10. 1760

De Platonis Critia. Scripsit Fridericus **Kluge.** Halis Sax.: Niemeyer 1910. S. 252—295. 8° [Umschlagt.]
Ersch. auch als Inaug.-Diss. Halle 1909.
(Dissertationes philologicae Halenses. Vol. 19, p. 3.) [11. 8849

– Unser Deutsch, s.a. Wissenschaft u. Bildung.

Unser Deutsch. Einführung in d. Muttersprache. Vorträge u. Aufsätze von Friedrich **Kluge.** Prof., Freiburg i. B. Leipzig: Quelle & Meyer 1907. (146 S.) 8° [F.]
— Wissenschaft u. Bildung. 1. [06. 14803

— Friedrich (Vorsteher der Anstalt), Einladungsschrift zu der den 1. August's zu haltenden Schulprüfung der Lehranstalt für Knaben. — Enthält: I. Tag der Hermannsschlacht (Eduard Schmid, Mitlehrer). II. Kurze Nachricht über die Lehranstalt und einige Worte über Kindererziehung. Jena (J. G. Schreiber u. Comp.) 1818 36 S. (5.50) 18522

Kluge, Friedr., Einladungsschrift zu der, den 1. August zu haltenden, Schulprüfung der Lehranstalt für Knaben. enthält: I. Tag d. Hermannsschlacht. II. Einige Worte über Kindererziehung. gr. 8. Jena, Schmid. 818.

Kluge, Friedr., Etymologica, s. Festgruss an Otto v. Böhtlingk.

English etymology. A select glossary serving as introd. to the history of the Engl. language by F[riedr.] **Kluge** a. F. Lutz. *Strassburg: K. J. Trübner 1898.* (VIII, 234 S.) 1 Bd 8. [98. 4477

Kluge, Frdr., s.: Festschrift zur 50jähr. Doktorjubelfeier Karl Weinholds.

Geschichte der englischen Sprache von Friedrich **Kluge.** Mit Beitr. von D(ietrich) Behrens u. E(ugen) Einenkel. 2. verb. u. verm. Aufl. Mit 1 Karte. *Strassburg: K. J. Trübner 1899.* (IV S., S. 927—1166.) 4°(8°)
Aus: Pauls Grundriss d. germ. Philologie. [03. 1131 11

— Geschichte der englischen Sprache. Mit Beiträgen v. D. Behrens u. E. Einenkel. Der 2. verb. Aufl. 2. Abdr. (IV u. S. 925—1166 m. 1 Karte.) Lex.-8. Strassburg 904. K. J. Trübner. n. 5. 50; geb. in Leinw. n.n. 6. 50
Sonderabdruck aus: „Paul's Grundr. d. german. Philol."

—— angelsächsisches Lesebuch, zusammengestellt und mit Glossar versehen. gr. 8. (VI, 194 S.) Halle 888, Niemeyer. *

Angelsächsisches Lesebuch. Zsgest. u. m. Glossar vers. v. Friedrich **Kluge.** 2. verb. u. verm. Aufl. *Halle: M. Niemeyer 1897.* (1 Bl., IV, 214 S.) 1 Bd 8. [97. 5509 K.

Angelsächsisches Lesebuch. Zsgest. u. mit Glossar vers. von Friedrich **Kluge.** 3. Aufl. *Halle: M. Niemeyer 1902.* (221 S.) 8° [02. 11785 B

Mittelenglisches Lesebuch von Friedrich **Kluge.** Mit Glossar versehen von Arthur Kölbing. *Halle: M. Niemeyer 1904.* (VIII, 219 S.) 8° [03. 14207 B

Rotwelsch. Quellen u. Wortschatz d. Gaunersprache u. d. verwandten Geheimsprachen von Friedrich **Kluge,** Prof., Freiburg i. B. 1. *Strassburg: K. J. Trübner 1901.* 8° [F.] [01. 3634

Seemannssprache. Wortgeschichtl. Handbuch deutscher Schifferausdrücke älterer u. neuerer Zeit, auf Veranlassung d. Kgl. Preuss. Minist. d. geistl. ... Angelegenheiten hrsg. von Friedrich **Kluge,** Prof. Halle a. S.: Waisenhaus 19(08—)11. XI, 847 S. 4°(8°) [11. 3693 4

Kluge, Frdr., Chaucer's Sprache u. Verskunst, s.: Brink, Bernh. ten.

—— Zum altenglischen Sprachschatz, s. XVIII. Bd. 2. Abthl. S. 661: Studien, englische, 9. Bd. 1. Heft.

—— **nominale Stammbildungslehre der altgermanischen Dialecte, s.a. Sammlung kurzer Grammatiken germanischer Dialecte.**

Kluge, Frdr., Nominale Stammbildungslehre der altgermanischen Dialecte. Halle 1886. 8. . . . .

Nominale Stammbildungslehre der altgermanischen Dialekte v. Friedrich Kluge. 2. Aufl. *Halle: M. Niemeyer 1899.* (X, 110 S.) 1 Bd 8. = Sammlung kurzer Grammatiken german. Dialekte. B. Ergänzungsreihe. No 1. [99. 4711 3

— deutsche Studentensprache. 8. (XI, 136 S.) Straßburg 895. K. J. Trübner, Verl. n. 2. 50; geb. in Leinw. n. 3. 50

Kluge, F. Zum indogermanischen Vocalismus. Diss. Strafsburg 1878. 46 S.

Kluge, Friedrich: Zum indogermanischen Vocalismus. Separat-Abdruck aus den Quellen und Forschungen, Heft 32, Beiträge zur Geschichte der germanischen Conjugation. Strassburg, Karl J. Trübner. London, Trübner u. Comp., 1878. 8. 46 S.

— die vorromanischen Volkssprachen der romanischen Länder, s.: Windisch, E.

—— von Luther bis Lessing. Sprachgeschichtl. Aufsätze. gr. 8. (VIII, 144 S.) Straßburg 888, Trübner. *

—— dass. — 2. Aufl. gr. 8. (XI, 150 S. mit 1 Kärtchen.) Ebendas. 888. *

— von Luther bis Lessing. Sprachgeschichtl. Aufsätze. 3. Aufl. M. e. Kärtchen. 8. (VII, 151 S.) Ebd. 897. n. 2. 50

Von Luther bis Lessing. Sprachgeschichtl. Aufsätze von Friedrich **Kluge**. 4. durchges. Aufl. Mit 1 Kärtchen. *Straßburg: K. J. Trübner 1904.* (VIII, 253 S.) 8° [F.] [04. 1480

— Vorgeschichte d. altgerman. Dialekte. 2. Aufl. m. e. Anh.: Geschichte der got. Sprache. [Aus: „Paul's Grundriss d. german. Philologie", 2. Aufl.] gr. 8. (XIII u. S. 323—528.) Ebd. 897. n. 4. 50

— Vorgeschichte der altgermanischen Dialekte. Der 2. verb. u. verm. Aufl. 2. Abdr. Mit e. Anh.: Geschichte der got. Sprache. (XVI u. S. 323—528.) Lex. 8. Strassburg 906. K. J. Trübner. 4.50; geb. in Leinw. 5. 50
Sonderabdruck aus: „Paul's Grundr. d. german. Phil."

— etymologisches Wörterbuch der deutschen Sprache. (In ca. 8 Lfgn.) 1. u. 2. Lfg. Lex.-8. (S. 1—128.) Straßburg 882. Trübner. à n. 1. 50

— etymologisches Wörterbuch der deutschen Sprache. 3—7. (Schluß-)Lfg. gr. 8. (XXIV u. S. 129—428.) Straßburg 883. Trübner. à n. 1. 50

— dasselbe. 3. Aufl. gr. 8. (XXIV, 428 S.) Ebend. 884. n. 10. 50; geb. n. 12. 50

Kluge, Friedr., etymologisches Wörterbuch der deutschen Sprache. 4. verb. Aufl. 10 Lfgn. Lex.-8. (XXIV, 452 S.) Straßburg 888, Trübner. à Lfg. *ℳ 1.—. * geb. *

— dasselbe. Gesamtinder. Von Vinc. Fr. Janssen. gr. 8. (VII 284 S.) Ebd. 890. n. 7. —

Kluge, Frdr., etymologisches Wörterbuch der deutschen Sprache. 5., verb. Aufl. 10 Lfgn. gr. 8. (XXVI, 491 S.) Straßburg 891—894. K. J. Trübner, Verl. à n. 1. — (kplt. geb. in Halbfrz.: n. 12. —)

— etymolog. Wörterbuch d. deutschen Sprache. 6., verb. u. verm. Aufl. gr. 8. (XXVI, 510 S.) Ebd. 898. n. 8. —; geb. in Halbfrz. n. 10. —
Erschien auch in 8 Lfgn. à n. 1. —.

[F.] Etymologisches Wörterbuch der deutschen Sprache v. Friedrich Kluge, Prof. a. d. Univ. Freiburg i. Br. 6. verb. u. verm. Aufl. *Straßburg: J. Trübner 18(98.)99.* (XXVI, 510 S.) 1 Bd 4. [99. 1070 11

Etymologisches Wörterbuch der deutschen Sprache von Friedrich **Kluge**, Prof., Freiburg i. Br. 6. verb. u. verm. Aufl. 2. Abdr. *Straßburg: K. J. Trübner 1905.* (XXVI, 510 S.) 4° [F.] [04. 13166 9

Etymologisches Wörterbuch der deutschen Sprache von Friedrich Kluge, Prof. 7. verb. u. verm. Aufl. (In 3 Lfgen.) Straßburg: Trübner 19(09–)10. XVI, 510 S. 4°(8°) [09. 17633

— s.: Zeitschrift f. deutsche Wortforschung.

Kluge, Friedrich Leopold

— — **Foedera quae imperatores Romani cum Francis ante tempora Chlodovei fecerunt. Präs. D. Jo. Wilhelm Hoffmann. Wittbg. (Ephr. Gottlob Eichsfeld) 31. VIII. 1737. 44 S. (6.80) 18525**

— Friedrich Leopold (Wittenberg), **Quousque adulterium per conjecturas probetur. Präs. Augustin Leyser. Wittbg. (Wwe. Gerdes) 1735. 16 S., tlws. dtsch. (5.50) 18524**

Kluge, Fritz [aus Ploetzky '(Prov. Sachsen)']: Zur Köhnlein'schen Darstellung der Paraffine ... Burg b. M., Druck v. A. Hopfer, 1894; 38 S. 8.
Tübingen, Naturw. Fak., Inaug.-Diss. v. 1894

Kluge, Geo., langes Leben u. gesundes Alter. Ärztliche Ratschläge, die Alterserscheingn. zu verhüten u. sich die Frische der Jugend zu erhalten. (VIII, 184 S.) gr. 8. Berlin 910. O. Salle. 3.—; geb. 3. 75

Kluge, *Julius* Georg [app. Arzt]: Aus d. med. Klinik zu Kiel. Die Messung des Blutdrucks am Menschen mit Hülfe des v. Basch'schen Sphygmomanometers ... Kiel, Druck v. L. Handorff, 1893; 77 S., 1 Bl. 8.
Kiel, Med. Fak., Inaug.-Diss. v. [12. Apr.] 1893

Kluge, Gottlob, s. Kluge, Ch. Gottlob

Kluge, Gustavus *Fridericus Carolus* [Aschersiebensis]: **De Euclidis Elementorum libris qui feruntur XIV et XV . . . Lipsiae,** typ Hirschfeldianis, 1891; 2 Bl., 47 S., 1 Taf. 8°
Leipzig, Phil. Fak., Inaug.-Diss. v. [26. März] 1891

Kluge, H.: Ueber d. ursprüngliche Bedeutung und Gestalt d. Johannisfeste u. der damit verwandten Feiern. o. O. u. J. 4°
[Lübeke: Antiquariats-Katal. 1919 No 56.]

Kluge, H., Kalkulatur, siehe Arndt.

Kluge, H., wilde Rosen. Gedichte. gr. 16. (VIII, 151 S.) Dessau 872, Heine. *

Kluge, Hans, die volkswirtschaftl. Grundlagen f. die Haftung des Tierhalters im bürgerl. Gesetzbuche, s.: Sammlung nationalökonom. u. statist. Abhandlungen. 50. Bd.

Kluge, Hans, a. Genthin: Die volkswirtschaftlichen Grundlagen für die Haftung des Tierhalters im bürgerlichen Gesetzbuche. Halle a. S. 1905: (Lippert & Co., Naumburg a. S.) (32 S.) 8° ¶ (Ersch. vollst. in: Samml. nationalökon. u. statist. Abhandl. d. staatswiss. Sem. zu Halle a. S., Bd 50.)
Halle, Phil. Fak., Ref. Conrad, Diss. v. 1. Aug. 1905
[Geb. 17. Jan. 70 Genthin; Wohnort: Halle; Staatsangeh.: Preußen; Vorbildung: Gymn. Torgau Reife O. 98; Studium: Freiburg i. B. 1, Halle 1, München 1, Halle 8 S.; Rig. 6. Juni 05.]

Die volkswirtschaftlichen Grundlagen für die Haftung des Tierhalters im Bürgerlichen Gesetzbuche. Von Dr. phil. Hans **Kluge**. Jena: G. Fischer 1905. (50 S.) 8°
= **Sammlung** nationalökon. u. statist. Abhandlungen d. staatswiss. Seminars zu Halle. Bd 50. [05. 20083

Kluge, Heinrich, approb. Arzt aus Meldorf: **Aus d. pathol.** Institute d. Universität Kiel. Ein **Fall** von Geschwulstthrombose der unteren Hohlvene und des rechten Vorhofs. *Kiel 1900: P. Peters.* (18 S.) 8°
Kiel, Med. Diss. v. [3. Mai] 1900

Kluge, Herm., die „allgemein missionarische" Ausbildung der Missionare, s.: Hefte zur Missionsstunde. Nr. 3.

Kluge, Herm., Auswahl deutscher Gedichte. Im Anschluß an die Geschichte der deutschen National-Literatur. gr. 8. (VI, 488 S.) Altenburg 878, Bonde. *

Kluge, Herm., Auswahl deutscher Gedichte. Im Anschluß an die Geschichte der deutschen National-Litteratur. 2., verb. u. verm. Aufl. gr. 8. (VIII, 501 S.) Altenburg 881. Bonde. n. 3. —

Kluge, Herm., Auswahl deutscher Gedichte. Im Anschluß an die Geschichte der deutschen National-Literatur. 2. verb. und verm. Aufl. gr. 8. (VIII, 501 S.) Altenburg 882, Bonde. *

Kluge, Herm., Auswahl deutscher Gedichte. Im Anschluß an die Geschichte der deutschen National-Litteratur. 3. verb. und verm. Aufl. gr. 8. (VIII, 619 S. mit 66 Portr. in Holzschn.) Altenburg 887, Bonde's Verlag. *ℳ 3.—; geb. *

Kluge, Herm. Auswahl deutscher Gedichte. Im Anschluß an die Geschichte der deutschen National-Litteratur. 4. verb. u. verm. Aufl. gr. 8. (VIII, 626 S. m. Porträts u. Holzschn.) Altenb. 890, Bonde. * 3 —; geb. * 3 80

Kluge, Herm., Auswahl deutscher Gedichte. Im Anschluß an die Geschichte der deutschen National-Litteratur. 5., verm. Aufl. Mit zahlreichen Porträts in Holzschn. gr. 8. (VIII, 624 S.) Altenburg 893. O. Bonde's Verl. n. 3. —; geb. n. 3. 80

Kluge, Herm., Auswahl deutscher Gedichte. Im Anschl. an d. Geschichte d. deutschen National-Litteratur. 7., verb. u. verm. Aufl. M. zahlr. Porträts in Holzschn. gr. 8. (VIII, 680 S.) Altenburg 899. O. Bonde. n. 3. —; geb. n. 3. 80

Kluge, Herm., Auswahl deutscher Gedichte. Im Anschluß an die Geschichte der deutschen National-Litteratur. 8., verb. u. verm. Aufl. Mit zahlr. Porträts in Holzschn. gr. 8. (VIII, 680 S.) Altenburg 901. O. Bonde. n. 3.—; geb. n. 3.80

Kluge, Herm., Auswahl deutscher Gedichte. Im Anschluß an die Geschichte der deutschen National-Literatur. 11., verb. u. verm. Aufl. Mit zahlr. Portr. in Holzschn. (VIII, 712 S.) gr. 8. Altenburg 906. O. Bonde. n. 3. —; geb. n. 3. 80

Kluge, Herm., Auswahl deutscher Gedichte. Im Anschluß an die Geschichte der deutschen National-Literatur. 13. u. 14., verb. Aufl. Mit zahlreichen Porträts in Holzschn. (VIII, 707 S.) gr. 8. Altenburg 910. O. Bonde. 3.—; geb. n 3. 85

Kluge, Herm., die Consecutio temporum, deren Grundgesetz u. Erscheinungen im Lateinischen. gr. 8. (VIII, 124 S.) Cöthen 883. Schulze. n. 2. —

—— zur Entstehungsgeschichte der Ilias. gr. 8. (VIII, 220 S.) Cöthen 888, O. Schulze, Verlag. *

Kluge, H., s.: Erlebnisse u. Erfahrungen aus der Arbeit der Brüdermission.

— das Evangelium in Moskitoland, s.: Ziock, H.

Kluge, Herm., Geschichte der deutschen National-Literatur. Zum Gebrauch an höheren Unterrichtsanstalten und zum Selbststudium bearb. 1. und 2. Aufl. (VIII, 168 S.) 1869.70. *ℳ 1,40.; 3. verb. Aufl. (VIII, 179 S.) 1871. *ℳ 1,50.; 4. Aufl. (VIII, 207 S.), und 5. Aufl. (214 S.) 1873,74. *ℳ 1,60., und 6. verb. Aufl. gr. 8. (VIII, 224 S.) Altenburg 875, Bonde. *

—— Geschichte der deutschen National-Literatur. Zum Gebrauche an höheren Unterrichtsanstalten und zum Selbststudium bearb. 7. und 8. verb. Aufl. (VIII, 228 S.) 1877; 9. verb. Aufl. gr. 8. (VIII, 230 S.) Ebendas. 878. *

—— Geschichte der deutschen National-Literatur. Zum Gebrauche an höheren Unterrichtsanstalten und zum Selbststudium bearb. 10.—12. verb. Aufl. (VIII, 240 S.) 1880,81; 13. und 14. verb. Aufl. (VIII, 243 S.) 1882,83; 15. verb. Aufl. gr. 8. (VIII, 242 S.) Altenburg 884, Bonde. * geb. *

—— Geschichte der deutschen National-Litteratur. Zum Gebrauche an höheren Unterrichtsanstalten und zum Selbststudium bearb. 16. verb. Aufl. (VIII, 247 S.) 1885; 17.—19. verb. Aufl. gr. 8. (VIII, 248 S.) Altenburg 886—88, Bonde's Verlag. *ℳ 2.—; geb. *

— Geschichte der deutschen National-Litteratur. Zum Gebrauche an höheren Unterrichtsanstalten u. zum Selbststudium bearb. 18.—21., verb. Aufl. gr. 8. (VIII, 252 S.) Altenburg 887—890. Bonde's Verl. n. 2. —; geb. n. 2. 25

— Geschichte der deutschen National-Litteratur. Zum Gebrauche an höheren Unterrichtsanstalten u. zum Selbststudium bearb. 23. verb. Aufl. gr. 8 (VIII, 252 S.) Ebd. 892. * 2 —; geb. * 2 40

— Geschichte der deutschen National-Litteratur. Zum Gebrauche an höheren Unterrichtsanstalten zum Selbststudium bearb. 26., verb. Aufl. gr. 8. (VIII, 258 S.) Ebd. 894. n. 2. —; geb. n. 2. 40

— Geschichte d. deutschen National-Litteratur. Zum Gebrauche an höh. Unterrichtsanst. u. z. Selbststudium bearb. 29., verb. Aufl. gr. 8. (VIII, 263 S.) Ebd. 898. n. 2. —; geb. n. 2. 50

— Geschichte der deutschen National-Litteratur. Zum Gebrauche an höh. Unterrichtsanstalten u. zum Selbststudium bearb. 33. verb. Aufl. gr. 8. (VIII, 268 S.) Ebd. 902. n. 2. —; geb. n. 2. 50

— Geschichte der deutschen National-Literatur. Zum Gebrauche an höheren Unterrichtsanstalten u. zum Selbststudium bearb. 37., verb. Aufl. (VIII, 300 S.) gr. 8. Ebd. 906. n. 2. —; geb. n. 2. 50

— Geschichte der deutschen National-Literatur. Zum Gebrauche an höh. Unterrichtsanstalten u. zum Selbststudium bearb. 42. u. 43. Aufl. (VIII, 316 S.) gr. 8. Ebd. 911. 2.—; geb. 2. 60

— tibetische Pilgerfahrten, s.: Schreve, Th.

Kluge, H., Plan der Iliaslektüre, in 2 Jahreskursen entworfen. 8. (XI, 39 S.) Leipzig 891. B. G. Teubner. Kart. — 75

Kluge, H., die Schrift d. Mykenier. E. Untersuchg. üb. System u. Lautwert d. v. Arth. J. Evans entdeckten vorphöniz. Schriftzeichen. M. 4 Schrifttaf. u. 80 Abb. u. Reproduktionen v. Inschriften. gr. 8. (VIII, 110 S.) Cöthen 897. O. Schulze. n. 8. —

— aus d. Stadtmission in Paramaribo, s.: Richter, Ant.

—— Themata zu deutschen Aufsätzen und Vorträgen. Für höhere Unterrichtsanstalten. gr. 8. (IX, 225 S.) Ebendas. 876. *

—— Themata zu deutschen Aufsätzen und Vorträgen. Für höhere Unterrichtsanstalten. 2. Aufl. (273 S.) 1879. * ℳ 2,40.; 3. verm. und verb. Aufl. gr. 8. (XVI, 352 S.) Ebendas. 882. *

—— Themata zu deutschen Aufsätzen und Vorträgen. Für höhere Unterrichtsanstalten. 4. verm. und verb. und 5. verb. Aufl. gr. 8. (XXIV, 372 S.) Ebendas. 886,88. *

—— Themata zu deutschen Aufsätzen u. Vorträgen. Für höhere Unterrichtsanstalten. 6. verb. Aufl. gr. 8. (XXIV, 372 S.) Ebd. 891. * 3 —; geb. * 3 80

— Themata zu deutschen Aufsätzen u. Vorträgen. Für höhere Unterrichtsanstalten. 7., verb. Aufl. gr. 8. (XXIV, 372 S.) Ebd. 894. n. 3. —; geb. n. 3. 80

Kluge, Herm., Themata zu deutschen Aufsätzen u. Vorträgen. Für höhere Unterrichtsanst. 9., verb. Aufl. gr. 8. (XXIV, 372 S.) Altenburg 897. O. Bonde. n. 3. —; geb. n. 3. 80

— Themata zu deutschen Aufsätzen u. Vorträgen. Für höh. Unterrichtsanstalten. 11., verb. Aufl. gr. 8. (XVI, 383 S.) Ebd. 902. n. 3. —

— Themata zu deutschen Aufsätzen u. Vorträgen. Für höhere Unterrichtsanstalten. 13., verb. Aufl. (XVI, 383 S.) gr. 8. Ebd. 906. n. 3. —; geb. n. 3. 80

— Themata zu deutschen Aufsätzen u. Vorträgen. Für höhere Unterrichtsanstalten. 14. u. 15., verb. Aufl. (XVI, 383 S.) gr. 8. Ebd. 908. 3.—; geb. 3. 80

Kluge, H. Die antike Tragödie in ihrem Verhältnisse zur modernen. Altenburg, G., 1868. 35 S. 4. Progr.

— s.: Traktate, kleine, aus der Brüdermission.

Kluge, Herm. Über das Wesen des griechischen Accents. 47 S. Progr. *Cöthen* 1876.

Kluge, Hermann Otto

Kluge, H. O., Bildertafeln zu dem Lehrbuche der Schwimmkunst. Imp.-Fol. Berlin 870, Mittler und Sohn.

Kluge, H. O., Bildertafeln zu dem Lehrbuch der Schwimmkunst für Turner u. andere Freunde der Leibesübungen. Unter Mitwirkg. von C. Euler. Berlin 870. Schroeder. Imp.-Fol. (9 Steintaf.) 1 ₰ 15 ngr.

Kluge, H. O., Über Boxen, Berlin 1863, 16 S., 8°.

Kluge, H. O., Entwurf einer Instruction zum Betriebe von Massen-Turnübungen für Infanterie nach den Prinzipien bearb., die bei dem Turnen der berliner Feuerwehr zu Grunde liegen. gr. 8. (VI und 45 S. mit 2 Tab. in qu. gr. Fol. und 10 Stnt. Abbild. in qu. gr. 4.) Berlin 861, Dümmler's Buchh. Thlr. *

Kluge, H., Fragen: Genügt d. Sommerturnplatz od. ist f. d. Gedeihen d. Turnens eine Turnhalle nötig? — Wie ist ein Turnplatz einzurichten, wenn er d. jetzigen Anforderungen entsprechen soll? Dresden 1863.

Kluge, H., Genügt der Sommer-Turnplatz oder ist für das Gedeihen des Turnens eine Turnhalle nötig? Wie ist ein Turnplatz einzurichten, wenn er den jetzigen Anforderungen entsprechen soll? Berlin 1863, 8 S., 8°.

Kluge, H. O., Über die Herstellung von Turnräumen und deren Geräteinrichtung, 1876, 33 S., 1 Taf., 8°.

Kluge, Herm. Otto, Commando-Tafeln f. das Degen- u. Bajonettfechten nach dem Schwed. Systeme entworfen f. die Schüler der Königl. Central-Turnanstalt zu Berlin. gr. 8. (42 S.) Berlin 852, Dümmler's Buchh. n. ⅓ ₰

Kluge, H. O., Lehrbuch der Schwimmkunst. Für Turner und andere Freunde der Leibesübungen und zur Benutzung in Schul- und Militär-Schwimmanstalten unter Mitwirkung von Euler. gr. 8. (LXIII, 192 S. mit 9 lithogr. Taf. Abbildungen, in qu. Fol.) Berlin 870, Schroeder's Verlag. 4 50

Kluge, H. O., das Mädchenturnen in den Kluge'schen Turnanstalten, nebst e. Beschreibung der zweiten Kluge'schen Turnanstalt in Berlin. gr. 8. (63 S.) Berlin 872. Schroeder's Verl. n. 1. —

Kluge, H., Über die leiblichen Messungen der Sprunggrößen, Berlin u. Dresden 1864, 7 S., 8°.

Kluge, H. O., & P. M. Kawerau: Mittheilungen über das Turnen in der Kgl. Central-Turnanstalt zu Berlin a. d. Jahren 1851—1860. Dresden 1871. 47 S. Sonderdr. aus: Neue Jahrbücher f. d. Turnkunst.

Kluge, H. O.: Über Ringübungen. Berlin 1858. 12 S.

Kluge, Herm. Otto, Schwimm- u. Sprung-Gymnastik. Mit 53 Taf. metallograph. Abbild. 8. (5½ B.) Berlin 843, A. Hirschwald, Verl. *

— Schwimm- u. Sprung-Gymnastik. Beschrieben u. bildlich dargestellt. Mit 53 Taf. Abbild. 2. wohlf. Ausg. 8. (VIII u. 76 S.) Berlin 847, Hirschwald. n. ½ ₰

Kluge, H. O., Das Torballspiel, m. Abb., Berlin 1866, 2 S., 2 Taf., 8°.

—— die Kluge'sche Turnanstalt in Berlin. gr. 8. (30 S. mit 8 Stnt.) Dresden 861. (Berlin, Dümmler's Buchh.) *
Aus: Neue Jahrbücher für die Turnkunst, von M. Kloss, besonders abgedruckt.

Kluge, H. O., Räumlich kleine und doch vollständige Turneinrichtung zu einem Klassenturnen von 40 Schülern, für solche Schulen, denen zu größeren Einrichtungen die Mittel fehlen, m. Abb., Berlin 1868, 7 S., 1 Taf., 8°.

Kluge, H., Turneinrichtungen in Antwerpen, Berlin 1869, 11 S., 1 Taf., 8°.

Kluge, H. O.: Das Turnen und dessen Einrichtungen bei der Berliner Feuerwehr. Leipzig 1872. 22 S. Beilage z. Deutschen Turnzeitung. 1872.

Kluge, H. O., Turngerät-Auf- und Wegstellungen, m. Abb., Berlin 1870, 20 S., 1 Taf., 8°.

Kluge, H. O., & K. Euler: Turngeräte und Turneinrichtungen für Schul- und Militär-Turn-Anstalten und Turnvereine. Berlin 1872. 222 S. m. Abb.

Kluge, H. O., u. Euler, Karl, Turngerät- und Turneinrichtungen für Schul- und Militärturnanstalten und Turnvereine, m. Abb., Berlin 1872, XLVI u. 222 S., 3 Taf., 8°.

Kluge, H. O., Die neue Turnhalle des König-Wilhelms-Gymnasiums zu Berlin u. Geräte-Einrichtung: Taf. I: Grundriß u. Ansicht v. oben; Taf. II u. III: Querschnitt u. Längenschnitt, 2 Bl., 2°.

— Turntafeln f. Mädchen- u. Knabenturnen auf 60 Uebungstage vertheilt. Eine Anleitung zu allmählichem Fortschreiten u. zur Erinnerung des Gelernten f. Turnlehrerinnen u. Lehrer, Erzieher u. Freunde der Jugend. Ler. 8. (64 S. m. 1 Tab. in gr. Fol.) Berlin 850, G. Reimer in Comm. n. 1/2 ₰

Kluge, Hermann, über Übungen mit dem Eisenstabe, Dresden, 7 S., 8°.

Kluge, H. O.: Wörterbuch zur Erklärung aller in der Kunstsprache des Deutschen Turnens vorkommenden Wörter und Redensarten. Berlin 1873. Hs. 2°

Kluge, H. O., Zapfen- oder Kloben-Federbeschlag bei Springgeräten? m. Abb., Berlin 1866, 4 S., 1 Taf., 8°.

Kluge, H. O., über Zimmer- und Garten-Turngeräte, m. Abb., Dresden 1876, 12 S., 1 Taf., 8°.

Kluge, Hermann, Zusammenstellung von Übungsgruppen einfacher Ordnungsübungen, Freiübungen und Geräteübungen, Dresden, 24 S., 8°.

Kluge, J., Handbuch d. gerichtl. Kalkulatur, s.: Arndt, J.

Kluge, J., aus der Heimat. Bielefeld in Wort und Bild. qu. 4. (158 S. mit Illustr.) Bielefeld 888, Pfeffer. geb. *

Kluge, J., aus der Heimat. Bielefeld in Wort u. Bild. qu. gr. 8. (158 S.) Bielefeld 889. (Pfeffer.) geb. n. 4. —

Kluge, J. D., de more vinum aqua diluendi in s. coena. Trem. 1736. 4.

Kluge, J. F., Dispositiones üb. alle Sonn- u. Festt.-Evang. 2 Thle. 8. Langensalze, Schneider. 763. 64.

— Threnodie. 8. Langensalza 765.

Kluge, Jac., guter Rath für Unterleibskranke. Methode und Mittel zur Heilung langwieriger Unterleibskrankheiten und der davon ausstrahlenden räthselhaften Beschwerden. 1. Aufl. 1848. * 1 Thlr., 2. Aufl. (VI und 13 S.) 1849. * 20 Ngr. und 3., umgearb. Aufl. 8. (21 S.) Leipzig 850, Schrey. *

Kluge, Jh. Dn., († d. 30. Aug. 1797.), s. 1) Briefe über d. Liebe z. Vaterlande. 2) Denkwürdigk. Terrans. 3) Denkwürdigkeit Wilfranc's.

Kluge, Jh. Dn., s. 1) Nächte, clementinische. 2) Salander, e. Liebhaber rc.

— s. a. Sophie, od. Briefe zweier Freundinnen.

SOPHIE oder Briefe zweyer Freundinnen (von *Joh. Daniel Kluge*). Stettin 1780.
Anon.-Lex. IV. p. 98 (nach Kayser u. Meusel).

— Joh. Paul (Querfurt), De fide uxoris erga maritum. Diss. moral. Präs. M. Jacob Anton Jacobi. Lpz. (Johann Gottlieb Bauch) 30. X. 1715. 36 S. (6.50) 18527

Kluge K. Fernsprech-Übersichtskarte v. Deutschland. (Mit 8 S Text) Leipzig (1893)

Kluge, C. A. E., die Bekenntnisse des Augustinus im Auszuge als Spiegel und Zeugniß der Verderbtheit der natürlichen Menschen, der Macht der göttlichen Gnade in Christo und der Kraft des Wortes Gottes, dem deutschen Volke und besonders allen seinen Jünglingen mitgetheilt. 16. (46 S.) Nürnberg 860 Raw'sche Buchh.

—— Geschichte der christlichen Kirche, s. Trautmann, J. B.

Kluge, C. A. E., Für die Griechen. (Gedichte.) 8. (IV und 31 S.) Dresden 854, Naumann. *

—— Harfe und Trommete. Gedichte. 8. (VI und 171 S.) Breslau 854, Geiser'sche Buchh. *

Kluge, Car. (Augustus Ern.) (geb. Grüntanne bei Ohlau 7. 11. 1821): De chlorosi. Berolini (1848). (22 S.) 8°
Berlin, Med. Diss. v. 3. Okt. 1848

Kluge, Karl, das Evangelium Johannis. Darstellung d. Lehrbegriffs. gr. 8. (V, 111 S.) Halle a/S. 892. R. Mühlmann's Verl. n. 2. —

[K.] Kluge, *Carl* [Dir.: Dr.]: Zur Geschichte des höheren Mädchenschulwesens in Essen. Essen, Druck v. G. D. Bädeker, 1891; S. 3 - 30; 4°
Essen a. d. R., vereinigte st. HT, P 1891 **

Geschichte der St. Johannis-Loge „Zur Wahrheit" im Or. Prenzlau. Zur hundertjährigen Jubelfeier derselben verf. vom Br. [Karl] Kluge. Prenzlau 1896: Mieck. 29 S. 8°
cf. Bbl. 10 (1896) S. 209 (A. W. Sellin).
Nebst Verzeichn. der Stiftungen, Beamten u. Ehrenmitgl. der Loge.

Kluge, Carl, der Hebräerbrief. Auslegung und Lehrbegriff. gr. 8. (220 S.) Neu-Ruppin 863, Oehmigke.

Kluge, Carolus (Theodorus) (*geb. Greiffenberg in Schles. 9. 7. 1836*): De itinerario Alexandri Magni. Vratislaviae (1861). (64 S.) 8° [*Buchausg. 1861 bei Calvary & Ko. in Berlin.*]
Breslau, Phil. Diss. v. 15. Aug. 1861

Kluge, Carl, de itinerario Alexandri Magni. Dissertatio. gr. 8. (IV und 67 S.) Breslau 861. (Berlin, Calvary und Comp.) *

Kluge, Karl, der Keim zu Israel's Verfall. Eine neue Betrachtung der Geschichte Israels. gr. 8. (126 S.) Leipzig 874, Fr. Fleischer. * 2 —

[K.] Kluge, *Karl* [Dir. Dr.]: Mitteilungen aus den Ministeriellen Bestimmungen über das höhere Mädchenschulwesen vom 31. Mai 1894. Essen, Druck v. G. D. Bädeker, 1895; 3—8 S. 4.
Essen a. d. R., st. HM, P 1895**

Kluge, Car. Al. Ferd., Apparatus deligationis et proprius. Edit. II. — Regulativ f. d. Anfertigung d. einfachen chirurg. Verbände nach e. mittleren Grössen-Verhältnisse. 2. Aufl. 2 Tab. gr. Fol. Berlin 831, Hirschwald.

Kluge, (Karl Alexander Ferdinand) (Mitarb.):

s.: Behrend, Friedrich Jakob: Ikonographische Darstellung der Beinbrüche und Verrenkungen. Leipzig: 1845

JB 6.322/2

Kluge, C. A. F., Darstellung d. Beinbrüche u. Verrenkungen, s. Encyklopädie.

Kluge, C. A. F., s. Fritze, H. E., Arthroplastik.

—— die künstlichen Hände u. Füsse, s. Fritze, H. E., Arthroplastik.

Karl Alexander Ferdinand Kluge

Dr. Carl Heinrich Dzondi's Heilart der Lustseuche geprüft und beurtheilt von Carl Alexander Ferdinand Kluge. Berlin: Reimer 1828. 86 S. 8°

Aus: Rust's Magazin für die ges. Heilkunde.

Kluge, Karl Al. Fd., Klassification d. chirurg. Krankheiten nach ihrem Wesen. 1 lithogr. Tab. in gr. Roy.-Fol. Berl. 820. Hirschwald. 6 gr

Kluge, C. A. F., die persönliche Macht, s.: Weber, A.

Kluge, C. A., Versuch e. Darstellung des anim. Magnetismus als Heilmittel. Brl. 8°

1791

— Versuch e. Darstell. d. animal. Magnetismus als Heilmittel. gr. 8. Berl. 811. (Brandenburg). 3 rthl 8 gr Hbg. Pr. 1 rthl 12 gr 2e Aufl. gr. 8. Berl. 815. 3e unveränd. wohlf. Ausg. gr. 8. Berl 819. Reimer. 2 rthl 3 gr

Kluge, C. A. F., Versuch ein. Darstellung des animal. Magnetismus als Heilmittel, gr. 8. Berl. Achenwall u. Comp. 811.

Kluge, Karl Alex(ander) Ferdin(and): Versuch einer Darstellung des animalischen Magnetismus als Heilmittel. Th.1: Theoretischer Theil, 511 S., gbd., Abb.

Wien: Haas 1815

JB 2.682

Kluge, Carl Alex. Ferd., Versuch einer Darstellung des animalischen Magnetismus als Heilmittel. 3te unveränd. wohlf. Aufl. gr. 8. Berlin, Reimer. 819.

Kluge, Karl Emil, Handbuch der Edelsteinkunde für Mineralogen, Steinschneider u. Juweliere. Nebst 11 Tab. zur Bestimmung geschnittener Steine u. 15 lith. Taf. (in 8. u. 4.) mit 201 Abbildgn. Leipzig 860. Brockhaus. gr. 8. (XVIII, 561 S.) n. 4 rthl

—— Lehrbuch der Naturgeschichte für Handels- und Gewerbschulen. gr. 8. (VIII und 548 S.) Leipzig 857, O. A. Schulz. *

Kluge, Emil (I.), über Synchronismus und Antagonismus von vulkanischen Eruptionen und die Beziehungen derselben zu den Sonnenflecken und erdmagnetischen Variationen. Mit einer graph. Darstellung der vulkan. Eruptionen von 1600—1860. Lex.-8. (IV und 102 S. mit 1 Stnt. in Fol.) Leipzig 863, Engelmann.

—— über die Ursachen der in den J. 1850 bis 1857 stattgefundenen Erd-Erschütterungen und die Beziehungen derselben zu den Vulkanen und zur Atmosphäre. gr. 8. (124 S.) Stuttgart 861, Schweizerbart'sche Verlagsh. *

Kluge, Carl Gustav Leopold (Goessnitz), De cutis exsiccatione, certo mortis signo. Diss. med. Lpz. (Staritz) 9. IX. 1842. 24 S. (5.50) 18521
Gew.: Christian Gottfried Bernhard.

Kluge, Kurt, Chronik der Stadt Militsch. (V, 353 S.) gr. 8. Militsch 909. (Breslau, Ev. Buchh.) Geb. in Leinw. nn 7.—

— Die evangelische Gnadenkirche zu Militsch. [Aus: „Chronik d. Stadt Militsch".] (48 S. m. 1 Taf.) 8. Ebd. 909. nn —75

Kluge, Leop. Chrph., Predigten zum Vorlesen in Landkirchen, sowie zur häusl. Erbauung. 1. Jahrg.: Predigten über die Episteln auf alle Sonn- und Festtage des christl. Kirchenjahres, nebst einem Anhange, enth. Predigten für die Fastenzeit und kleineren Feste. gr. 8. (VI und 570 S.) Zerbst 847, Kummer'sche Buchh.

Kluge, Leop. Chrph., Predigten zum Vorlesen in Landkirchen sowie zur häuslichen Erbauung. 1. Jahrg.: Predigten über die Episteln auf alle Sonn- u. Festtage des christl. Kirchenjahres, nebst einem Anh., enthltd.: Predigten für die Fastenzeit u. kleineren Feste. 2. (Titel-)Ausg. Leipzig (847.) 858. Violet. gr. 8. (VI, 570 S.) 2 rthl

— — 2. Jahrg.: Predigten über die Evangelien auf alle Sonn- u. Festtage des christl. Kirchenjahres. Ebend. 858. gr. 8. (VI, 522 S.) 2 rthl

Kluge, Leop. Chrph., Predigten zum Vorlesen in Landkirchen sowie zur häuslichen Erbauung. Anhang zum 2. Jahrgang, enth.: Predigten für die Fastenzeit, die kleineren Feste u. für Todtenfeier u. Begräbnisse, nebst kurzen erbaulichen Betrachtungen für alle Festzeiten des christlichen Kirchenjahres. Leipzig 862. Violet. gr. 8. (VI, 196 S.) $22\frac{1}{2}$ ngr

Kluge, Leop. Chrph., Predigten zum Vorlesen in Landkirchen sowie zur häuslichen Erbauung. 1. Jahrg. Predigten über die Episteln auf alle Sonn- u. Festtage des christl. Kirchenjahres nebst einem Anh. enth.: Predigten für die Fastenzeit u. kleineren Feste. 3. Aufl. Leipzig 867. Violet. gr. 8. (VI, 570 S.) 2 rthl

Kluge, Leop. Chrph., Predigten zum Vorlesen in Landkirchen sowie zur häusl. Erbauung. 2. Jahrg.: Predigten über die Evangelien auf alle Sonn- und Festtage des christl. Kirchenjahres. 2. Aufl. gr. 8. (VI, 482 S.) Leipzig 871, Violet. 6 —
—— dass. — 3. Jahrg. Predigten für die Fastenzeit, die kleineren Feste und Todtenfeier und Begräbnisse, nebst kurzen erbaul. Betrachtungen für alle Festzeiten des christl. Kirchenjahres, zugleich als Anhang zum 2. Jahrg. 2. verm. Aufl. gr. 8. (VI, 226 S.) Ebendas. 873. 3 —

Kluge, Leop. Chrph., Predigten zum Vorlesen in Landkirchen, sowie zur häusl. Erbauung. 1. Jahrg.: Predigten über die Episteln auf alle Sonn- und Festtage des christl. Kirchenjahres. 4. Aufl., besorgt von Ernst Kluge. gr. 8. (VI, 466 S.) Leipzig 877. Violet.
2. und 3. Jahrg. Ebendas. 1871,73. M. 9.

Kluge, Leop. Chrph., Predigten zum Vorlesen in Landkirchen, sowie zur häuslichen Erbauung. 2. Jahrg.: Predigten üb. die Evangelien auf alle Sonn- u. Festtage d. christl. Kirchenjahres. 3. Aufl., besorgt v. Ernst Kluge. gr. 8. (VI, 482 S.) Leipzig 884. Violet. 6.—;
Einbd. n.n. 1. 50

Kluge, Leop. Chrph., Predigten z. Vorlesen in Landkirchen, sowie z. häuslichen Erbauung. (3. Bd.) gr. 8. Dresden 895. W. Violet. 3.—
Predigten f. d. Fastenzeit, d. kleineren Feste u. f. Todtenfeier u. Begräbnisse, nebst kurzen erbaul. Betrachtgn. f. alle Festzeiten d. christl. Kirchenjahres, zugl. als Anh. z. 2. Jahrg. 3. Aufl. (VI, 226 S.)

Kluge, Max Hermann Edmund [aus Magdeburg]: Das männliche Geschlechtsorgan von Vespa germanica ... M. e. Taf. (Aus: Arch. f. Naturgesch., 1895.) Berlin, Nicolai, 1895; 45 S., 1 Taf. 8.
Leipzig, Phil. Fak., Inaug.-Diss. v. [29. Aug.] 1895

Kluge, O., über das Wesen u. die Behandlung der geistig abnormen Fürsorgezöglinge, s.: Sammlung v. Abhandlungen aus d. Gebiete der pädagog. Psychologie u. Physiologie. VIII. 4.

Kluge, [Oskar]: Männliches und weibliches Denken. Ein Beitrag zur Frauen- u. Erziehungsfrage. Halle: Marhold 1902. 35 S. 8°

Kluge, Otto: Beiträge zur Methodik des hebräischen Sprachunterrichts. Pyritz 1909: Backe. 24 S. 4°
Pyritz, k. Bismarck-G OP 1909 (203) [S 09. 249

Kluge, Otto, a. Quedlinburg: Darstellung und Beurteilung der Einwendungen des Aristoteles gegen die Platonische Ideenlehre. Greifswald 1905: J. Abel. (74 S.) 8°
Greifswald, Phil. Fak., Ref. Schuppe, Diss. v. 21. Jan. 1905
[Geb. 21. Sept. 79 Quedlinburg; Wohnort: Greifswald; Staatsangeh.: Preußen; Vorbildung: Gymn. Quedlinburg Reife M. 98; Studium: Halle 1, Tübingen 1, Berlin 1, Halle 4 S.; Rig. 12. Dez. 04.]

Kluge, Otto, auf der Eichsfelder Dorfpfarre. Zwanglose Geschichten. (144 S.) 12. Frankfurt a/M. 903. Gebr. Knauer. n. 1. 80; geb. n. 2. 50

Die Idee des Priestertums in Israel-Juda und im Urchristentum. Ein religionsgeschichtl. u. bibl.-theol. Vergleich von Dr. phil. Otto Kluge. Leipzig: A. Deichert 1906. (VIII, 67 S.) 8° [07. 1130 8

Kluge, Otto, die Aristotelische Kritik der Platonischen Ideenlehre. Dargestellt u. beurteilt. (75 S.) gr. 8. Greifswald (905). J. Abel. n. 1. 50

•Kluge, Otto: Recht und Staat im Lichte christlicher Weltanschauung. Eine theologisch-ethische Studie. 41 S. 8.
Festschrift zur 50jähr. Jubelfeier Kgl. Bismarck-Gymn. *Pyritz* 1909.
Progr.

Kluge, Paul [aus Lambrechtshagen]: Beitrag zur Kenntniss einiger bei der Reduction von Nitroderivaten aromatischer Kohlenwasserstoffe mit Zinn und Salzsäure entstehenden chlorhaltigen Aniline.... Rostock, Univ.-Buchdr. v. Adler's Erben, 1886; 16 S. 8°.
Rostock, Phil. Fak., Inaug.-Diss. v. 4. Okt. 1886.

Kluge, Paul, Beitrag zur Kenntniss einiger bei der Reduction von Nitroderivaten aromatischer Kohlenwasserstoffe mit Zinn und Salzsäure entstehenden chlorhaltigen Aniline. Diss. Rostock 1886, G. B. Leopolds Univ.-Buchh. 8°. 16 S.

Kluge, Paul (geb. Alsleben a. S. 4. 6. 1857): Ueber Sclerotomie bei Glaucom. Berlin (1881). (34 S.) 8°
Berlin, Med. Diss. v. 14. Febr. 1881

Kluge, Paul, vereinfachte phonetische Stenographie. Neueste vervollkommnete Aufl. 8. (35 autogr. S.) Baden-Baden 888, (Spies.) *

Kluge, R., Handbuch f. Armenpfleger. Rathgeber f. in der öffentl. od. privaten Armenpflege thät. Personen. gr. 8. (VIII, 103 S.) Hamburg 899. Grefe & Tiedemann. Kart. n. 1. —

Kluge, R., Handbuch f. Armenpfleger. Rathgeber f. in der öffentl. od. privaten Armenpflege thät. Personen. 2. verb. Aufl. (X, 103 S.) gr. 8. Hamburg 903. Grefe & Tiedemann. n. 1. 50

Kluge, R., üb. den Kohlenverbrauch f. die Dampfheizg. der Personenwagen, s.: Organ f. die Fortschritte des Eisenbahnwesens. 54. Jahrg. Erg.-Hft.

Kluge, Rhard., Sawitri. Schauspiel in 4 Akten u. 1 Vorspiel. (Nach e. ind. Legende.) (109 S.) 8. Leipzig 910. Modernes Verlagsbureau. 3. —

Kluge, Thdr., Beschreibung der in den Kirchenschätzen Hannovers u. Sachsens befindlichen geschnittenen Steine. 1. Heft. Die geschnittenen Steine der Schatzkammer des Domes u. der St. Magdalenenkirche zu Hildesheim. (14 S. m. 1 Taf.) 8. Hildesheim 907. A. Lax. 1. 50

Kluge, Theodor, a. Nauen: Die Darstellungen der Löwenjagd im Altertum. Berlin: R. Trenkel 1906. (83 S.) 8°
Gießen, Phil. Fak., Ref. Sauer, Diss. v. 13. Okt. 1906
[Geb. 24. Febr. 80 Nauen; Wohnort: Berlin; Staatsangeh.: Preußen; Vorbildung: Sophien-Realgymn. Berlin Reife O. 00; Studium: Berlin T.H. 7. gleichzeitig Univ. 2 S.; Rig. 20. Mai 05.]

Kluge, Theod. (geb. Breslau 16. 8. 1820): De febribus intermittentibus. Berolini (1843). (26 S.) 8°
Berlin, Med. Diss. v. 28. Okt. 1843

— Die Lykier, s.a. Orient, der alte. XI, 2.

Die Lykier. Ihre Geschichte u. ihre Inschriften. Mit 5 Abb. u. Kärtchen d. Fundorte. Von Dr. phil. Theodor Kluge. Leipzig: Hinrichs 1910. 32 S. 8°
(Der Alte Orient. Jg. 11, H. 2.) [10 460

— Studien zur vergleichenden Sprachwissenschaft der kaukasischen Sprachen, s.a. Mitteilungen d. vorderasiatischen Gesellschaft. 1907, V. u. 1910, I.

Studien zur vergleichenden Sprachwissenschaft der kaukasischen Sprachen. Von Theodor Kluge. 1. Berlin: Peiser in Komm. (1907.) 8°
(Mitteilungen d. Vorderasiatischen Gesellschaft 1907, 5.) [07. 1228

Verzeichnis der Büchersammlung des Stadtmuseums zu Nauen. 1909. Von Dr. phil. Theodor Kluge. (Nauen 1909: Freyhoff.) 29 S. 8° [09. 7917

Kluge, W., 150 Jahre Gemeinschaftspflege in Sachsen, s.: Bibliothek, kleine, f. innere Mission. 20. Hft.

Kluge, Walter, Gerichtsreferendar a. Berlin: Prozeßführung des Mannes und der Frau beim Güterstande der Verwaltung und Nutznießung. Berlin 1900: H. Schiftan. (86 S.) 8° [J.]
Rostock, Jur. Fak., Ref. Wachenfeld, Diss. v. 15. April 1906
[Geb. 6. Mai 83 Berlin; Wohnort: Berlin; Staatsangeh.: Preußen; Vorbildung: Friedr.-Wilh.-Gymn. Berlin Reife O. 01; Studium: Berlin 5, Leipzig 1 S.; Rig. 11. Juli 05.]

Kluge, Walter: Besondere Systeme. Ein Beitr. z. Bestimmung von Determinanten. Lissa i. P. 1908: Comenius-Dr. 48 S. 8°
Lissa, k. Comenius-G OP 1908 (216) [S 08. 233

Kluge, Walt., besondere Systeme. Ein Beitrag zur Bestimmg. v. Determinanten. Progr. (48 S.) 8. Lissa 908. (O. Eulitz.) 1. 50

Kluge, Werner, appr. Arzt a. Arneburg a. Elbe: Beitrag zu den Störungen der Herztätigkeit nach Diphtherie. Halle a. S. 1908: C. A. Kaemmerer & Co. (24 S., 1 Taf.) 8°
Halle, Med. Fak., Ref. Schmidt, Diss. v. 8. Juli 1908
[Geb. 20. Mai 81 Arneburg a. Elbe (Altmark); Wohnort: Arneburg a. Elbe; Staatsangeh.: Preußen; Vorbildung: Gymn. Stendal Reife O. 02; Studium: Halle 1, Berlin 1, Halle 8 S.; Coll. 4. Dez. 07; Approb. 20. Juni 07.]

Kluge, Werner, appr. Arzt a. Gera, Reuß j. L.: Zur Casuistik der Mensenterialsarkome. München 1904: Kastner & Callwey. (34 S.) 8°
München, Med. Fak., Ref. v. Bollinger, Diss. v. 28. Nov. 1904
[Geb. 5. Juni 79 Gera, Reuß j. L.; Wohnort: Gera; Staatsangeh.: Reuß j. L.; Vorbildung: Gymn. Gera Reife M. 98; Studium: Leipzig 4, München 2, Leipzig 1, München 4 S.; Coll. 27. Juli 04; Approb. 25. Mai 04.]

Verzeichniss d. neueren u. wichtigeren Erscheinungen auf dem Gebiete d. Landwirthschaft u. verwandter Zweige. Herausg. v. der Buchhandlung v. Kluge & Ströhm in Reval. Reval 1896. 240 S.

Klüge. A., Amazonenstatuen von Phidias, Polyklet und Strongylion. S.-A. s. a. 10 S.

Klügel, A., Predigt am deutschen Dankfeste, den 18. Juni 1871 gehalten. gr. 8. (16 S.) Braunschweig 871, G. C. E. Meyer sen. * — 25

Klügel, A., Predigt am 50jährigen Jubelfeste der Schlacht bei Leipzig gehalten. gr. 8. (15 S.) Braunschweig 863, G. C. E. Meyer sen.

Klügel, Adolf

Klügel, A. Der lateinische Unterricht in Sexta. 18 S. *Blankenburg* 1881
Progr.

Klügel, Adolf: Verzeichnis der Schülerbibliothek des Herzogl. Gymnasiums zu Blankenburg. Aufgestellt von A. Kl. 8 (70 S.).
Progr. Herzogl. G. *Blankenburg a. H.* 1898

Klügel, Adolf: **Verzeichnis** der Schülerbibliothek des Herzogl. Gymnasiums zu Blankenburg. *Blankenburg a. H. 1898: O. Kircher.* (70 S.) 8° [F.]
Blankenburg a. H., herz. G, OP 1898 (727)

C. G. Klügel's Wegweiſer zu der ſchleſiſchen Rechenkunſt. Breslau, Korn der jüng. 8. (12 gr.) 1772

Klügel, Ernst Gottfried Christian

— — De arresto, eoque inprimis tacito, ad Statuti Budissinensis de anno 1678 titulum V. tractatio. Wittbg. 1797. 20 S. mit Biogr. v. Johann Heinrich Hoffmann (Taucha b. Leipzig; M.: F. E. Hammer.) (5.50) 18489

Kluegel, Ernst Gottfried Christian [Praes.], s. Bauer, Johann August: De lite sine appendice contestanda.

Kluegel, Ernst Gottfried Christian [Praes.], s. Brescius, Christian Karl: De litis judicialis initio.

Kluegel, Ernst Gottfried Christian [Praes.], s. Busse, Johann Christian Gottlob: De modis, secundum quos militibus succeditur, privilegio munitis.

— — Civibus academicis s. p. d. (Psalmus 136. Carmine expressus.) Wittbg. (Carl Christian Dürr) 1793. 2 Bl. (1.—) 18485

— — De diffessione venditoris in furti quaestione. Wittbg. 1792. 16 S. mit Biogr. v. Gotthold Lebrecht Sachse (Doebeln; M.: J. S. Schulz.) (5.50) 18484

— — De Burmetae sive census nuptialis exactione in Lusatiae superioris Marchionatu illicita. Wittenbg. (Tzschiedrich) 4. X. 1789. 18 S. mit Biogr. v. Johann Christoph Gebhard Grebel (Wittenberg; M.: Ch. W. Fischer.) (5.50) 18480

— — Exemplum magnae suspicionis furti commissi ex indiciis conjunctis. Wittbg. 1799. 16 S. mit Biogr. v. Carl Ferdinand Weise (Closter-Geringswalde; M.: J. Ch. Lots.) (5.—) 18491

Kluegel, Ernst Gottfried Christian [Praes.], s. Fallou, Christian Friedrich Daniel: De actionibus quatenus vel bonae sint fidei vel stricti juris.

Kluegel, Ernst Gottfried Christian [Praes.], s. Fischer, Wilhelm Ferdinand: Variae juris sententiae.

Kluegel, Ernst Gottfried Christian [Praes.], s. Franck, Heinrich Gottlob: De extensis piarum caussarum privilegiis.

Kluegel, Ernst Gottfried Christian [Praes.], s. Gensiken, Traugott Friedrich: De fide sponsalitia.

Kluegel, Ernst Gottfried Christian [Praes.], s. Georgi, Gottfried Joachim Thomas: De libello in processu civili ordinario offerendo inprimis ex legum Saxonicarum constitutionibus.

Kluegel, Ernst Gottfried Christian [Praes.], s. Gleditsch, Heinrich Christoph: De differentiis juris Romani et Germanici inprimis Saxonici in materia de rerum servitute.

Kluegel, Ernst Gottfried Christian [Praes.], s. Glück, Johann Karl Traugott: Varia juris meletemata.

Kluegel, Ernst Gottfried Christian [Praes.], s. Hauschild, Gottlob August: Varia juris Saxonici meletemata.

Kluegel, Ernst Gottfried Christian [Praes.], s. Heden, Johann Wilhelm: Theses de documentorum recognitione generali et speciali.

Kluegel, Ernst Gottfried Christian [Praes.], s. Heffter, Karl Christian: De servitutis altius tollendi notione.

Kluegel, Ernst Gottfried Christian [Praes.], s. Herder, Sigismund August Wolfgang von: De jure quadraturae metallicae.

Kluegel, Ernst Gottfried Christian [Praes.], s. Hering, Andreas August: De caussis citationis edictalis.

Kluegel, Ernst Gottfried Christian [Praes.], s. Hilliger, Johann Friedrich: Recognitionem et litis contestationem in libello simul inepte peti.

Kluegel, Ernst Gottfried Christian [Praes.], s. Hoffmann, Gottfried Benjamin: Capita quaedam de jure fidejussionis in creditorum concursu.

Klügel, Ernst Gottfr. Christian, De honoribus a tutela et cura excusantibus disserit viro Christian Sigismund Georgi magnifici academiae rectoris honorem susciperet gratul. Wittbg. (Schlomach) 1758. 24 S. (6.—) 18475

Kluegel, Ernst Gottfried Christian [Praes.], s. Horn gen. Grosse, August Gottlob: Quaedam ex jure observationes.

— — Judex virtutem publice laudans. Wittenbg. (Christian Philipp Meltzer) 1797. 20 S. mit Biogr. v. Gottlob Friedrich Christoph Jungwirth (Libschwitz/Vogtl.; M.: J. D. Frenzel.) (5.50) 18490

— — De judice edictaliter citante tractatio. Wittenbg. 1791. 12 S. mit Biogr. v. Andreas August Hering (Bautzen; M.: Ch. F. Glaeser.) (5.50) 18481

Kluegel, Ernst Gottfried Christian [Praes.], s. Keilholz, Gotthelf Christian: Num clericorum testimonium fide ipsorum munitum sine jurisjurandi necessitate in negotiis judicia libus sit validum?

Kluegel, Ernst Gottfried Christian [Praes.], s. Krieger, Gottfried Christian: De pretio vero atque justo.

— — Orationem quam Carl Friedrich Barth (Pforta) beneficii Wolframsdorfiani lege habiturus est. — De Laocoonte commentatio IIII. Wittbg. (Adam Christian Charisius) 1801. 4 Bl. (2.—) 18493

Kluegel, Ernst Gottfried Christian [Praes.], s. Lauter, Johann Christ.: Quo processus genere ex libro censuali agendum sit?

— — De legitimatione ad causam. I. Wittbg. (Adam Christian Charisius) 1802. 11 S. mit Biogr. v. Theophil Polycarp Cranold (Graefenhainichen. Eilenburg; M.: Wachsmuth.) (5.—) 18495

— — Dasselbe. II. Wittbg. (Adam Christian Charisius) 1802. 16 S. mit Biogr. v. Johann August Bauer. (Zeuden; M.: J. S. Clug.) (5.—) 18496

— — Dasselbe. III. Wittbg. (Adam Christian Charisius) 1802. 20 S. mit Biogr. v. Christian Friedrich Kretzschmar (Neustadt b. Dresden; M.: M. R. Wiesner.) (5.—) 18497

— — Honores doctorales in perillustrem Canutum Henricum lib. baronem de Bonde (equitem Suecum) conferendos indicit. Lpz. (Johann Sommer) 1802. 16 S. mit Biogr. B.'s. (Stockholm; M.: A. S. v. Hildebrand.) (5.—) 18494
De magistri navibus perscrutandae legitimatione officiali.

— — (Wittbg.), Dissertatio de liberis a tutela et cura excusantibus. Präs. Christian Hanack. Wittenbg. (Ephraim Gottlob Eichsfeld) Nov. 1758. 32 S. (6.20) 18476

— — (Rector), Cives academicos ad solemnia pentecostalia invitat. — Inquiritur in veram mentem loci I. Petr. III. 18—20. Ad intelligendum, ubi Christus, post suam e mortuis resurrectionem, ad sui usque in coelum receptionem, degerit. (Verf. F. W. Dresde?) Wittbg. (Christ. Phil. Meltzer) 1801. 16 S. (2.—) 18492

Klügelius, Ern. Gdf. Chr., Diss. de magia e criminum serie proscribenda. Witteb. 4°.
1789

Kluegel, Ernst Gottfried Christian [Praes.], s. Mangelsdorf, Gottfried Traugott Gotthold: De quantitate annua, in piae causae favoram legata, certa quamuis simul assignata sorte, immutabili.

Kluegel, Ernst Gottfried Christian [Praes.], s. Marcus, Friedrich Wilhelm: De testibus noviter repertis.

Kluegel, Ernst Gottfried Christian [Praes.], s. Mehlig, Karl Gottfried: Varia ex jure vario capita.

Kluegel, Ernst Gottfried Christian [Praes.], s. Meuder, Heinrich Wilhelm: De calumniatoribus metallicis.

— — De militibus amicitia devotis. Comment. III. (Orationem a Traugott Friedrich Theophil Schwenk [Langendembach / Neustadt]). Wittbg. (Adam Christian Charisius) 29. VII. 1793. 4 Bl. (1.50) 18486

— — Dasselbe. V. (Orationem ab Friedrich Wilhelm Sieber [Plessa Misnico]). Wittbg. (Adam Christian Charisius) 9. X. 1793. 4 Bl. (1.—) 18487

Kluegel, Ernst Gottfried Christian [Praes.], s. Müller, Friedrich August Wilhelm: Theses ex statutorum Zittaviensium capite de consensu ad sponsalia necessario.

Kluegel, Ernst Gottfried Christian [Praes.], s. Müller, Johann Christian Theophil: Num crimen falsae monetae sit crimen laesae majestatis, et quaenam poena eius jure nostro locum habeat.

Kluegel, Ernst Gottfried Christian [Praes.], s. Nathusius, Johann August: De loco vectigalibus sive oneribus publicis realibus et personalibus in concursu creditorum attribuendo.

Kluegel, Ernst Gottfried Christian [Praes.], s. Nordheim, Sylvius August: De foro eius, qui praedium conduxit competente, inprimis in Saxonia electorali.

Kluegel, Ernst Gottfried Christian [Praes.], s. Pfotenhauer, Samuel Friedrich August: De divisione eius quod in ultima voluntate relictum est cognatis proximioribus simul cum remotioribus utrisque nomine collectior successoribus nominatis.

— — De possessorio summario in exercendis actibus publice nocituris non concedendo. Wittenbg. (Adam Christian Charisius) 1803. 18 S. mit Biogr. v. Carl Christian Heffter) Schweinitz; M.: A. E. Wirsic.) (5.—) 18499

— — Processus inhibitionis ex legibus Saxonicis descriptio. Wittbg. 1792. 20 S. mit Biogr. v. Carl Wilhelm Ehrenfried Ebelt (Neustadt b. Dresden; M.: W. R. Zinkernagel.) (5.50) 18483

Kluegel, Ernst Gottfried Christian [Praes.], s. Quossdorff, Karl Gottlieb: Recognitionem et litis contestationem simul in libello plerumque cum iactura temporis et expensarum nonnunquam tamen sine damno peti.

— — Orationem ab M. Christian Friedrich Wolff (Wittenberg) rev. min. cand. benefici Wolframsdorfiani lege recitandam civibus acad. significat. Wittbg. (Carl Christian Dürr) 1787. 4 Bl. (1.50) 18479
Racematio in Tacito XXVII.

Kluegel, Ernst Gottfried Christian [Praes.], s. Ringel, Karl August: De jure testandi quod competit filiofamilias.

— — De senectute non honorata. Disp. jur. Präs. Andreas Florens Rivinus. Wittbg. (Schlomach) 8. VI. 1759. 48 S. (6.30) 18477

— — De sponso sponsave latentibus. Wittbg. (Adam Christian Charisius) 1803. 18. S. mit Biogr. v. Gottfried Ernst Schumann (Doebeln; M.: Ch. W. Otto.) (5.—) 18498

Kluegel, Ernst Gottfried Christian [Praes.], s. Studer, Johann Jakob: De furto ferarum eiusque poena praesertim in terris Saxonicis dissertatio.

— — De transactione in causa metallica inprimis venarum. Wittenbg. 1794. 24 S. mit Biogr. v. Gustav Alexander Bielitz (Liebenwerda; M.: J. S. D. Berg.) (5.50) 18488

— — De usu conjuratorum apud Saxones. Diss. jur. Wittbg. (Gerdes) Mai 1767. 38 S. (6.—) 18478

— — De viduo in ducatus Saxoniae parte successore in immobilia ab uxore relicta ex jure Flamingico. Wittbg. 1792. 23 S. mit Biogr. v. Gottlob Otto Frenz (Neustadt b. Dresden; M.: A. C. Peisser.) (5.50) 18482

Klügel, Georg Simon

Klügel, G.S. (Mitarb.), s. Abbildungen von Menschen, Thieren, Vögeln, Fischen, Amphibien u. Bäumen.

Klügel, Geo. Sim., († d. 4. Aug. 1812.) naturhistor. ABC. Mit Kpf. 8. Halle 792. Dreyßig. 12 gr.

Klügel, G. Sim., naturhist. ABC. m. K. 8. Halle, Dreyßig. 793.

Georg Simon Klügel's, öffentl. Lehr. d. Mathem. zu Helmstädt, Abhandlung von der besten Einrichtung der Feuerspritzen zum Gebrauch des platten Landes; welche die eine Hälfte des von der Königl. Preussisch. General-Ober-Finanz-Kriegs- und Domainendirection auf das Jahr 1772. ausgesetzten Preises gewonnen hat, nebst der die andere Hälfte des Preises, und die nach vorläufig angestellten Versuchen wirklich geschehenen Verfertigung einer der Preisfrage gemäßen Feuerspritze betreffende Anzeige. Berlin, in Verlag der Buchhandlung der Realschule. 5 Bog. Text. m. 2 Kpf. in fol., gr. 4. 1774

— mathemat. Abhandll., s. A. G. Kästner.

Georg Simon Kluegel

Anfangsgründe der Arithmetik, Geometrie und Trigonometrie, nebst ihrer Anwendung auf praktische Rechnungen, das Feldmessen und die Markscheidekunst. Von Georg Simon Klügel. Berlin & Stettin: Nicolai 1782. 156 S. 8°

— Anfangsgr. d. Arithmetik u. Geometrie. gr. 8. Berlin, Nicolai. 809.

Klügel, G. S., Anfangsgründe der Arithmetik, Geometrie u. Trigonometrie, nebst ihrer Anwendung auf praktische Rechnungen rc. Mit 3 Kupf., 6te durch C. G. Zimmermann verb. u. verm. Aufl. gr. 8. Berlin, Nicolai. 810.

Klügel, Geo. Sim., Anfangsgründe d. Astronomie mit d. mathem. math. Geographie, Schifffahrtskunde rc. Mit 3 Kpft. gr. 8. Berl. 793. N. A. 807. Nicolai. 16 gr.

G. S. Klügel's Anfangsgründe der praktischen Mechanik, der bürgerlichen und Kriegsbaukunst mit Kupfern. Berlin, Nicolai, gr. 8. (20 gg.) 1784

— Anfangsgr. d. prakt. Mechanik, d. bürg. u. Kriegsbauk. m. K. gr. 8. Berl. Nicolai. 807.

— Anfangsgr. d. Naturlehre, in Verbind. mit d. Chemie u. Mineralogie. gr. 8. Berl. 792. N. A. 806. Nicolai. 1 rthl.

G. S. Klügel Anmerkungen über die römischen Ziffern. Hannöv. Mag. p. 1159 - 1166. 1767

— Astronomie m. d. mathem. Geogr., Schifffahrtskunde rc. m. K. gr. 8. Ebend. 807.

— Beschr. e. heft. Gewitters, welch. Halle betr. 8. Halle, Hemmerde u. Schw. 789.

— Beschr. merkw. Völker, s. Abbildung

— Beschreib. d. Wirkungen e. heftigen Gewitters, welches am 12. Juli 1789 Halle betraf. 8. Halle 789. Schwetschke u. S. 4 gr.

— analyt. Dioptrik, oder Theorie d. optischen Werkzeuge. 2 Thle. gr. 4. Leipz. 777, 78. (Brockhaus). 1 rthl. 12 gr.

Georg Simon Kluegel

Analytische Dioptrik in 2 Theilen. Von Georg Simon Klügel. (Th. 1.2.) Leipzig: Junius 1778. 303 S. 1 Bd 4°

— analytische Dioptrik, oder Theorie d. optisch. Werkzeuge. 2 Thle. gr. 4. Lpz. Gleditsch. 777. 78.

— von den besten Einricht. d. Feuerspritzen. m. K. gr. 4. Berl. Realschulb. 774.

— Encyklopädie, oder Vortrag d. gemeinnütz. Kenntnisse oder Heberichs bürgerl. Wissenschaften. 3 Thle. Mit 7 Kpf. gr. 8. Berl. 782 — 84. Nicolai. 2e verb. u. verm. Ausg. 1r Theil. d. Naturgesch. d. Pflanzen, d. Thiere u. d. Menschen. 792. 3e A. 803. 1 rthl. 2r Thl. d. Anfangsgründe d. Mathematik rc. Mit 6 Kpft. 792. 3e A. 803. 1 rthl. 3r Thl. d. Astronomie rc. Mit 8 Kpft. u. 2 Karten. 793. 3e A. 807. 1 rthl. 4r Thl. d. Seewissenschaften (v. C. G. D. Müller). Die Kriegswissenschaft u. d. Philosophie. Mit 5 Kpft. 794. 2e A., 3e A. 809. 5r Thl. d. deutsche Sprachlehre u. (J. A. Remer), Uebersicht d. Geschichte. 794. 2e u. 3e A. 809. beide 1 rthl. 16 gr. 6r Thl. 2 Abtheill. P. J. Bruns allgemeine Erdbeschreibung. 805. 20 gr. 7r Thl. die europ. Geographie von Ch. G. D. Stein. 816. 1 rthl. 12 gr. Alle 7 Theile zusammen nur 5 rthl.

Georg Simon Kluegel

Geometrische Entwickelung der Eigenschaften der stereographischen Projection. Von Georg Simon Klügel. Mit 3 Kupfertaf. Berlin u. Stettin: Nicolai 1783. VIII, 70 Taf. 8°

— s. L. Euler, [illegible].

— s. Lehrsätze d. wichtigsten Theoreme.

Klügel, Georg Simon (Übers.u.Hrsg.):

s.: Priestley, Joseph: Geschichte und gegenwärtiger Zustand der Optik, vorzüglich in Absicht auf den physikalischen Theil dieser Wissenschaft. (The History and present state of discoveries relating to vision. Dt.) Leipzig: 1776

JB 131

Georg Simon Kluegel

Georgius Simon Klügel: De Ratione quam inter se habent in demonstrationibus mathematicis methodus synthetica et analytica. Helmstadii 1767: Schnorr. XXIX S. 8°

Helmstedt, Univ.-Schr.v.9.Mai 1767

Klügel, Georg Simon: Conatuum praecipuorum theoriam parallelarum demonstrandi recensio, s. Kästner, Abraham Gotthelf (Präs.)

Klügel, G. S., die Seewissenschaft, Schiffsbaukunst und Kriegsbaukunst etc. (Der Encyclopädie 4r. u. 5r. Thl.) Berlin. 1809. 8. 3½ Thlr.

— **Georg Simon** (Prorector) una cum senatu academico sancte celebrandam memoriam Spiritus Sancti in apostolos profusi academiae civibus commendat. — Praemissa disputatione de Spiritu Sancto primis Christianis ab apostolis per impositionem manuum tradito. (Verf.: Noesselt?) Halle (I. C. Hendel) 1798. 24 S. (4.—) 18500

Georg Simon Kluegel

Analytische Trigonometrie, von Georg Simon Klügel. Braunschweig: Fürstl.Waisenhausbuchh. 1770. 2⅚ S.

— encyklopäd. Uebersicht d. Kenntnisse u. Wissenschaften, welche zur Bildung u. Aufklärung ꝛc. dienen, herausg. v. J. K. Bellshusen. 8. Neubrandenb. 790.

— Unterr. in der Naturlehre u. Naturgeschichte für d. Jugend. 8. Leipz. 794. (W. Rauck). 10 ℛ

Georg Simon Kluegel

Die gemeinnützigsten Vernunftkenntnisse, oder Anleitung zu einer verständigen und fruchtbaren Betrachtung der Welt. Von Georg Simon Klügel. Leipzig: Crusius 1789. 256 S. 8°

Georg Simon Kluegel

Die gemeinnützigsten Vernunftkenntnisse, oder Anleitung zu einer verständigen und fruchtbaren Betrachtung der Welt. Von Georg Simon Klügel. 2., verm. u. verb. Ausg. Berlin & Stettin: Nicolai 1791. XII, 268 S. 8°

— d. gemeinnützigst. Vernunftkenntnisse, oder Anleit. z. e. vern. Betrachtung der Welt. gr. 8. Berlin, Nicolai. 793.

— u. J. R. Forster, 2tes (u. ff.) naturhistor. Weihnachtsgeschenk, f. Abbildd. v. Menschen, Thieren ꝛc.

Klügel, Geo. Sim., Wörterbuch der reinen Mathematik. — Supplemente. Herausg. von Jh. Aug. Grunert. 2 Abthll. A—Z. Mit 6 Kpfrtaf. gr. 8. Leipzig 833. u. 836. Schwickert. 8⅔ ℛ (Mit d. Hauptwerke zusammen 24⅔ ℛ) 1r—4r Thl. sind herabgesetzt auf 10 ℛ

— mathemat. Wörterbuch, oder Erklärung d. Begriffe, Lehrsätze, Aufgaben u. Methoden d. Mathematik ꝛc. Mit 8 Kpft. 1e Abtheil. 1r—3r Thl. gr. 8. Leipz. 803—8. Schwickert. 12 ℛ 4r, 5r Thl, fortges. v. K. B. Mollweide. Mit 15 Kpft. gr. 8. Leipz. 823—31. Schwickert. 10 ℛ 12 ℊ 1r—4r Thl. Hbg. Pr. 10 ℛ

Klügel, Geo. Simon, mathemat. Wörterbuch, od. Erklär. d. Begriffe, Lehrsätze, Aufgaben u. Methoden d. Mathematik, mit d. nöthigen Beweisen u. literar. Nachrichten begleitet; in alphabet Ordn. Fortges. v. C. B. Mollweide u. beendigt v. Joh. Aug. Grunert. 1. Abthl. Die reine Mathematik. 5. Thl. T.—Z. 2 Abthln. M. 8 Kpfrt. (gr. 4.) gr. 8. (75 B.) Leipzig 831, Schwickert.
1—4. Thl. A—S. Ebendas. 1803—23., 16 Thlr. 12 Gr., hrbgs. Pr 10 Thlr.

—— dass. — Supplemente. Hrsg. v. Joh. Aug. Grunert. 1. Abthl. A—D. M. 2 Kpfrt. (gr. 4.) gr. 8. (23½ B.) Ebds. 833.

Klügel, Geo. Sim., mathem. Wörterbuch — Supplemente. Hrsg. v. Joh. Aug. Grunert. 2 Abthln. E—Z. gr. 8. (65 B. u. 4 Kpfrt.) Leipzig 836, Schwickert.
Hauptwerk, 5 Thle. u. Suppl. 1. Abthl. (A—D.) Ebendas. 1803—33. 19 Thlr. 8 Gr.

Klügel, Gottlob Christian

— **De commissis fraudatorum vectigalium causa.** Wittbg. 1785. 15 S. mit Biogr. v. Christian Friedrich Wilisch (Dresden; M.: J. Ch. Krüger). (6.—)
18506

— — **Lectori benevolo s.** Wittbg. (Gerdes) 25. XII. 1762. 14 S. mit Biogr. v. Heinrich Friedrich Leberecht Autenriet (Wittenberg; M.: E. V. Lohmann.) (6.—) 18503

— — **Lectori benevolo s.** Wittbg. (Gerdes) 1763. 16 S. mit Biogr. v. Christian Heinrich Drewer (Dresden; M.: M. S. Doering). (6.—) 18504

— — **Lectori benevolo s. p. d.** Wittbg. (Gerdes) 19. IV. 1767. 16 S. mit Biogr. v. Friedrich Salomon Bretnitz (Nebra/Thür.; M.: A. C. Scharnov). (6.20) 18505

— — **Lectori benevolo salutem.** Wittbg. 1787. 16 S. mit Biogr. v. Johann Carl Traugott Glueck (Schneeberg; M.: Ch. S. Bürger). (5.—) 18507

— **Gottlob Christ.** (Zwickau), Lenitatem in adulteriis reipublicae nocere et prodesse. (Daß das gelinde Verfahren bey Bestraffung des Ehebruchs dem gemeinen Wesen theils schädlich, theils aber auch nützlich sey.) Präs. Augustin Leyser. Wittbg. (Eichsfeld) Juni 1735. 29 S. (6.—) 18501

— — **De ordine litis in causa amissarum cautionum publicarum in Saxonia datarum earumque anonymarum tractatio I.** Wittbg. 1793. 20 S. mit Biogr. v. Heinrich Christoph Kirsch (Dresden; M.: A. Ch. F. Thilemann). (5.50) 18509

— — **Dasselbe. II.** Wittbg. (Carl Christian Dürr) 1793). (S. 21—46) mit Biogr. v. Christian Erdmann Zangen (Dresden; M.: Ch. G. A. Schroeter) (5.50) 18510

— — **De tutore arbores in praedio pupillari emortuas vendente.** Wittbg. (Carl Christian Dürr) 1793. 16 S. mit Biogr. v. Johann Ludwig Heinrich Hermann (Fördergersdorf; M.: J. F. Crusius). (5.—) 18508

— — **De vi publica. Diss. jur.** Präs. Augustin Leyser. Wittbg. (Ephraim Gottlob Eichsfeld) Jan. 1737. 32 S., tlws. dtsch. (6.—) 18502

Klügel, Jh. Chr., Samml. einigen Predigten. 8. Braunschw. 782. Schulbuchh. 8 gr.

Klügel, Karl Glo., nützl. Wegweiser zu d. jetzigen Zeit üblichen Schlesischen Rechenkunst ec. 8. Bresl. 772. W. G. Korn. 12 gr.

Kluger, Alfred, Gerichtsassessor: Die Obligation als Voraussetzung des Pfandrechts nach gemeinem Rechte und dem Rechte des Bürgerlichen Gesetzbuchs. Greifswald 1904: J. Abel. (50 S.) 8°
Greifswald, Jur. Fak., Ref. Pescatore, Diss. v. 14. Febr. 1905
[Geb. 23. Febr. 68 Greisau i. Schles.; Wohnort: Strehlen; Staatsangeh.: Preußen; Vorbildung: Gymn. Patschkau Reife O. 91; Studium: Berlin 3, Breslau 3, Greifswald 2 S.; Rig. 21. Febr. 98.]

KLUGER, Josephus: De hominis creatione et iustificatione. — (1896) 131 S. 4° (Handschr.) Diss. 518
Diss. Wien, Univ.

Kluger, Joseph [aus Schlesien]: Ein Fall von traumatischer Iriscyste ... Greifswald, Buchdr. C. Sell, 1897; 33 S., 1 Bl. 8.
Greifswald, Med. Fak., Inaug.-Diss. v. 10. März 1897

Kluger, Wilhelm (Bearb.), s. Hauser, Mathias Frh. v.: Analyt. Abhandlung d. Anfangsgründe der Mathematik.

Klüger Alfred: Über den Acetylacetaldehyd und ein Kondensationsprodukt desselben mit Formaldehyd. S. 111. Hb. 61 . . . . vgr.
Separatabdruck

Klueger, Hermann: Ueber Genesis und Composition der Halachasammlung Edujot ... Breslau, Th. Schatzky, *1895*; 120 S., 1 Bl. 8.
Leipzig, Phil. Fak., Inaug.-Diss. v. [20.] Juni 1895

Klueger, Herm., üb. Genesis u. Composition d. Halacha-Sammlung Edujot. Mit Subvention d. Zunz-Stiftg. gr. 8. (120 S.) Breslau 895. (M. & H. Marcus.) n. 3. —

Judith. Oratorium. Text von Leopold Gerlach. Für Solostimmen, Chor u. Orchester comp. von August **Klughardt**. Op. 85. Klav.Ausz. mit Text. *Leipzig: Gebr. Hug & Co. 1901.* (208 S.) 4° [01. 5186

Concert für Violine und Orchester comp. von August **Klughardt**. Op. 68. Clav.Ausz. ⟨d. Orchesters⟩ vom Comp. [nebst] Principalstimme. *Leipzig: E. W. Fritzsch 1895.* (39, 19 S.) 4° [00. 11947

Lob des Friedens. Dichtung f. höh. Mädchenschulen f. Deklamation u. Chor von Johannes Weber. Musik von A[ugust] **Klughardt**. op. 90. [Textbuch.] *Kassel: O. Kuprions Nachf. [1902].* (10 S.) 8° [F.] [03. 8918 4

Das Meer. Dichtung von Johannes Weber. Comp. von August **Klughardt**. op. 81. [Textbuch.] *Kassel: J. Weber [1902].* (16 S.) 8° [F.] [03. 8919 4

Die heilige Nacht. Weihnachtsfeier f. Mädchenschulen. Dichtung von Johanna Siedler. Musik von A. **Klughardt**. [Text.] Kassel: J. Weber [1898]. (19 S.) 8° [F.] [07. 11636

Die Bremer Stadtmusikanten. Eine heitere Märchendichtung von Johanna Siedler. Musik von A[ugust] **Klughardt**. [Textbuch.] *Kassel: J. Weber [1898].* (22 S.) 8° [F.] [03. 8910 4

Weihnacht. Ein kleines Hirtenspiel mit Chören z. Aufführung an höh. Knabenschulen von Johannes Weber. Musik von August **Klughardt**. [Textbuch.] *Kassel: O. Kuprions Nachf. [1900].* (8 S.) 8° [F.] [03. 8911 4

Die Zerstörung Jerusalems. Oratorium v. August **Klughardt**. Op. 75. Klavierauszug mit Text. *Bayreuth: C. Giessel jr. [1898].* (101 S.) 4° [F. u. Ant.] [00. 7149

Klugheim, Jesaias Moses, grauße Prophezeiung for das J. 1848. gr. 8. (4 S.) Kiel 848, Naeck.

Klugheit, die, zu leben, oder Anweis., durch was für Mittel zur höchsten Glückseligkeit dieses Lebens zu gelangen sey. 8. Delitzsch 751. Vogelgesang. 3 gr.

Klugheit zu leben und zu herrschen ... Leipzig 1722. V: *Rüdiger, Joh. Chph.* (Myl)

Klugheit zu leben und zu herrschen. 2 Theile. 8. Cöthen, Cörner. 757.

Anonym: „Klugheit zu leben und zu herrschen", 2 Theile, Cöthen 1737 (Cörner). 2. Aufl. u. d. T.: „Grundregeln einer Staatswissenschaft", Leipzig und Cöthen 1748.

Klugheit in d. Liebe. Lsp. v. Thomson. 8. Frkft. Brönner, a. Gebhardt u. K. 776.

Klugheit, Menschliche, oder die Kunst, wodurch ein Mensch sich und sein Glück emporbringen kann. A. d. Engl. Greifsw. u. Strals. 1743. V: *Britaine, William of.* (EB)

— **menschl.**, wie e. Mensch s. Glück machen soll. 8. Frankfurt, 743.

KLUGHEIT, Menschliche, oder die Kunst, wodurch ein Mensch sich, und sein Glück hoch empor bringen kann. Wittenberg 1746. 8°.
Wiener Cat. verbotener Bücher, 1774.

Klugheit, Die, der Obrigkeit in Anordnung des Bierbrauens . . . 1705. Arnstadt V: *Treiber, Joh. Frdr.* (ABJP)

KLUGHEIT, Die wahre, derer Herren Studenten bey angestellter Conversation auf Universitäten ihren Lebenswandel honett und richtig zu führen. Unveränderter Abdruck des 1755 in Leipzig erschienenen Originals. (Am Kopfe: Severo-Jocosum Zum 150 jähr. Jubilaeum der Universität Erlangen.) Erlangen 1893. 4°. (In Dresden.)
P. E. Richter, Bibl. geogr. Germaniae. Lpz. 1896. S. 791.

Klugheiten, zum Geschenk für fleißige Schüler u. Schülerinnen. 8. Königsb. 787. Jäsch. 1 ℔

— u. Thorheiten unsers Zeitalters, Unmenschen, Richtern, Dummköpfen, Staatsmännern, Mönchen u. Tartüffen gewidmet. 8. Leipz. 789. Weygand. 1 ℔

Klugheits-Catechismus zum Unterricht für die Jugend. Dresden 1806. V: *Fischer, Joh. Erasmus.* (MGT)

Klugheitsregeln, s. Campe.

Klugheitsregeln für Belehrende und Dienende. Zeitz 1800. V: *Swift, Jonathan.* (EE)

Klugheits-Schule, Des warnenden Vaters Philanthropini, in gutem Rath . . . allen Unglücksfällen auszuweichen. Nürnberg 1778. V: *Leutwein, Philipp Jacob.* (Ml.) (Ky)

Klugkist, Daniel (Bremen), De regulis juris Romani e doctrina de societate male ad communionem bonorum inter conjuges accommodatis — simul de jure patrio quod Bremae obtinet. Diss. jur. Marburg (Müller) 11. IV. 1771. 96 S. (8.50) 18529
Widm. v.: Emil Ludwig Hombergk zu Vach.

Klugkist, Diederich: De curiis dominicalibus vulgo von Dinckhöffen. 38 S. – Basel, Jur.Diss.v.29.Jan.1700.

Klugkist, *Heinrich* [aus Ostpreussen]: Über puerperalen, parametrischen Abscess mit nachfolgender Pyclonephritis [!] im Anschl. an e. beobacht. Fall ... Greifswald, Buchdr. C. Sell, 1897; 27 S., 1 Bl. 8.
Greifswald, Med. Fak., Inaug.-Diss. v. 4. März 1897

— **Heinrich,** De auctoritate legum Romanarum in jurisprudentia publica. Oratio inaug. 18. III. 1728. Bremen (Hermann Christoph Jan) 1729. 30 S. (6.50) 18531
Gew.: D. Hieronymus Alers, D. David Dwerhagen.

— **V. C. Heinrich** (Bremen), De veris duellorum limitibus, sive Vom Kampff=Recht, dissertatio inaug. Utrecht 1727. — Iterum edita cum commentario atque praefatione de nobilibus Germanis jure belli instructis, et adpendicibus I. De veteris Germaniae statu legali. II. De diffidationibus singularia. III. De nobil. Germ. a jure suprematus. (Von der Souverainité der alten deutschen Edelleute.) IV. Opusculis huc pertinentibus, viri Johann Peter v. Ludewig, ab August Rudolph Jesaia Bünemann (Minden/Westf.) Halle (Hendel) 1736. 4 Bl., 128 Seiten. (12.—) 18530
Append. IV.: Vom Degentragen des Adels und der Gelehrten in Teutschland. — Vom Degen ablegen vor Gericht und bey großen Herren. — Warum das Degentragen denen Handwerckern in Teutschland verbothen. — Daß ein Geschimpfter vor ehrloß zu achten?

Klugkist, Wilhelm, approb. Arzt aus Bawien, Kr. Gerdauen: **Ein Fall von Brown-Séquard'scher Halbseitenläsion.** *Leipzig 1903: B. Georgi.* (46 S.) 8°
Leipzig, Med. Diss. v. (5. Dez.) 1903

– (Red.), s. Zeitschrift für Lokomotivführer.

Klügling, Karl Fr. Hnr., († d. 21. März 1827.) Additamenta ad Th. Chr. Harlesii brevior. notitiam etc., s. Th. Chr. *Harles.*

— über d. Anthropomorphismus der Bibel in den Vorstellungen von Gott. gr. 8. Danz. 830. Goldstamm. 1 ß

Klugmann, H., die Geschichte des 8. Brandenburg'schen Infanterie-Regiments Nr. 20. gr. 8. (IV und 205 S.) Luxemburg 863, (Bück.) *

Die Frau im Talmud. Von Dr. N[aum] **Klugmann.** Wien: (Waizner; Frankfurt a. M.: Kauffmann) 1898. 87 S. 8°
[Ein T. ersch. als Inaug.-Diss. Bern 1898.]
Klugmann: Vergleichende Studien z. Stellung d. Frau im Altertum. Bd 1.) [11. 93⁸¹]

Klugmann, Naum [aus Studinitza, Russl.]: Vergleichende Studien zur Stellung der Frau im Altertum. Wien 1898. 82 S. 8°.
Bern. Phil. Diss. 1897/98.

Vergleichende Studien zur Stellung der Frau im Altertum. Von Dr. N[aum] **Klugmann.** Bd 1. Wien: (Waizner; Frankfurt a. M.: Kauffmann) 1898. 8° [11. 93⁸⁰]

Klügmann, A., Anfora Jatta dall' Antigone o dalle amazoni. S.-A. 1876. 27 S.

Klügmann, A., Die Basilica Julia am Forum zu Rom. S.-A. 1871. 8 S. —.50

— L'effigie di Romanoi tipi monetarii piu antichi. 1879. 61 S. u. 1 Taf.

Klügmann, A., etruskische Spiegel, s.: Gerhard, Ed.

— Tazze a figure rosse con fatti di Ercole. S.-A. 1878. 8 S. u. 3 Taf.

Klügmann, Adf., die Amazonen in der attischen Literatur und Kunst. Eine archaeolog. Abhandlung. Lex.-8. (VII, 208 S.) Stuttgart 875, Spemann. *

Kluegmann, Joh. Adph., de Ephoro historico graeco. Dissertatio. gr. 8. (46 S.) Göttingen 860, Vandenhoeck und Ruprecht's Verlagsb. *

Klügmann, Karl, Referendar: Die Beweiskraft der Handelsbücher, ihre Geschichte und jetzige Bedeutung. Göttingen 1907: L. Hofer. (63 S.) 8°
Heidelberg, Jur. Fak., Ref. Schroeder, Diss. v. 9. April 1907
[Geb. 6. Apr. 84 Lübeck; Wohnort: Berlin; Staatsangeh.: Lübeck; Vorbildung: Wilhelms-Gymn. Berlin Reife M. 03; Studium: München 4, Berlin 2 S.; Rig. 6. März 07.]

Klügmann, K., das Staatsrecht der freien und Hansestadt Lübeck, s. Handbuch des öffentlichen Rechts der Gegenwart.

Klügmann, Karl: Staatsrecht der Freien und Hansestädte, s. Wolffson.

Kluibenschedl, Hans Erzherzog Ferdinand II. von Tirol als Schauspieldichter. 8 (S. 3—42).
Progr. K. k. Staatsg. *Görz* 1891.

Kluibenschedl Johann: Über das Orinoco-System und dessen Erschließung. (32). Bozen R. 93.
Progr.

Kluit, A., primae lineae Collegii Diplomatico-historico-politici. 8. Leyd. 780. Luchtmans. 1 ß

— histor. Federum Belgii Foederati primae lineae. III Voll. 8. Leyden 791. Luchtmans. 3 ß

Kluk-Kluczycki, V. P.

—— die Kometen als Trabanten der Planeten zum Beleg für die gänzliche Reform der Himmels-Mechanik entwickelt. gr. 8. (64 S.) Ebendas. 873. * 1 —

Kluk-Kluczycki, V. P., der Ballistik gänzliche Reform auf Grundlage der neuentdeckten Fallgesetze und der inductiven Logik streng physikal. Erfordernisse dargestellt. gr. 8. (33 S.) Leipzig 873, Friese. — 60

Kluk-Kluczycki, V. P., der Himmels-Mechanik gänzliche Reform, auf Grund der inductiven Logik; mit der streng-berechtigten philosoph. und mathemat. Nachweisung. gr. 8. (156 S.) Leipzig 880, (Kaeseberg und Oelsner.) *
Vergriffen.

Kluk-Kluczycki, V. P., Umsturz irrthümlicher Schullehren d. heutigen Standes d. Wissenschaften: Physik, Chemie, Physiologie, Raumlehre, Astronomie etc. Auf Grund der Auffassung v. der Einheit der Naturkraft. I—III. Lex.-8. Krakau, (G. Gebethner & Co.). n. 7. 20
I. Wahnsinn u. Ungereimtheit der der Geometrie u. Raumlehre unterlegten Grundsätze. Populäre Skizze, um dringend nothwend., wissenschaftl. Prüfg. (59 S.) 885. n. 1. 20
II. Verlogenheit der Gravitationsgesetze mit Fakta-Entstellung in der Sternkunde. Populäre Skizze um dringend nothwend., wissenschaftl. Prüfg. (94 S.) 888. n. 3. —
III. Das ballistische Prinzip d. gasexplosiven Mechanikzerfallens an der einstigen einheitlichen festen Masse der Globularwelt in Verbindung m. Materieträgheit, begründet die an sich belassene Bewegung im freien Himmelsraume der Stern- u. Planetenerscheinungen. (XIV, 62 S. m. 1 Tab.) 891. n. 3. —

Klukkert, Bernhard, Referendar: Der Verzicht auf Rechtsmittel nach der Zivilprozess-Ordnung. Berlin 1909: Pilz. 57 S. 8°
Göttingen, Jur. Diss. v. 8. Okt. 1909, Ref. Detmold
[Geb. 15. Dez. 81 Lingen a. E.; Wohnort: Lingen; Staatsangeh.: Preußen; Vorbildung: Gymn. Lingen Reife O. 03; Studium: Berlin 2, München 1, Göttingen 3 S.; Rig. 31. Juli 09.] [U 10. 1343

Klumel, Meier

Klumel, M., s.: Ibrâhîm Ibn Jakûb, Mischpâtîm.

Klumel, Meier, aus Widsi, Rußl.: **Mischpâtîm.** Ein samaritanisch-arab. Commentar zu Ex. 21—22,15 von Ibrâhîm Ibn Jakûb. Nach einer Berliner Hs. hrsg. u. mit einer Einl. u. Anm. versehen. *Berlin 1902: H. Itzkowski.* (13, XXXIV S.) 8°
¶ (Soll fortgesetzt werden.)
Straßburg, Phil. Diss. v. 1902

Klumker, Christian Jasper

Klumker, Chr. J., Armenstatistik einiger deutscher Städte f. d. J. 1896/97, s.: Beiträge zur Armenstatistik. 1.

Armenstatistik einiger deutscher Städte für das Jahr 1896/97. Hrsg. nach e. Erhebung d. Konferenz deutscher Städtestatistiker im Auftr. d. Instituts f. Gemeinwohl in Frankfurt a. M. von Dr. Chr. J. Klumker. *Jena: G. Fischer 1902.* (L, 260, 41 S.) 4°(8°)
= Beiträge z. Armenstatistik. 1. [03. 1837

— die Bedeutung der Berufsvormundschaft, s.: Spann, O., die Stiefvaterfamilie unehelichen Ursprungs.

Die Bedeutung der Berufsvormundschaft für den Schutz der unehelichen Kinder. Eine Denkschrift f. d. internat. Kongreß f. Erziehung u. Kinderschutz in Lüttich mit 11 Tab. von Dr. Chr. J. **Klumker** u. Dr. Othmar Spann. Dresden: O. V. Böhmert 1905. (31 S.) 4° [06. 0313

— Bemerkungen zur Zwangserziehungs-Gesetzgebung, s.: Best.

— u. Joh. Petersen, Berufsvormundschaft (Generalvormundschaft), s.: Schriften des deutschen Vereins f. Armenpflege u. Wohltätigkeit.

Berufsvormundschaft (Generalvormundschaft). Von Prof. Dr. Chr[istian] J[asper] **Klumker**, Dir., Frankfurt a. M., u. Dr. Joh(annes) Petersen, Dir., Hamburg. Bd 1. 2. Leipzig: Duncker & Humblot 1907. 2 Bde 8° [F.]
1. Berichte. 2. Materialien.
= **Schriften** d. deutschen Vereins f. Armenpflege u. Wohltät. H. 81. 82. [08. 779

Klumker, Chr. J., s.: Jahrbuch der Fürsorge.

Klumker, Chr. J., u. Blaum, Kurt, Jugendämter im Reich, München, 31 S., 8°.

Der Notstands-Ausschuß der Centrale für private Fürsorge in Frankfurt a. M. Winter 1901/02. Bericht erstattet ... v. Geschäftsführer Dr. Chr. J. Klumker. *Frankfurt a. M. 1902: Boreusiepen & Demuth.* (20 S.) 8° [F.] [03. 1024

Der Notstands-Ausschuss der Centrale für private Fürsorge in Frankfurt a. M. Winter 1901/02. Bericht erstattet im Auftr. d. Ausschusses v. Geschäftsführer d. Centrale Dr. Chr. J. **Klumker**. Frankfurt a. M. 1902: Merkur. (20 S.) 8° [F.] [07. 7663

— s.: Probleme der Fürsorge.

Probleme der Fürsorge. Untersuchungen im Auftrage der Centrale für private Fürsorge in Frankfurt a. M. Hrsg. von Chr. J. Klumker. Bd. 1. Lex.-8°. Dresden, O. V. Böhmert, 1905.

Probleme der Fürsorge. Abhandlungen d. Centrale f. private Fürsorge in Frankfurt a. M. (Hrsg.: Dr. Chr. J. Klumker.) Bd 2. Dresden: O. V. Böhmert 1905. 4°(8°) [F.] [05. 9917

— System der Volkswirtschaft, s.: Roscher, Wilh.

Klumker, Chr(istian) Jasper, cand. min. von d. Insel Juist: **Der friesische Tuchhandel zur Zeit Karls des Grossen und sein Verhältnis zur Weberei jener Zeit.** *Emden [1898]: A. Gerhard.* (S. 29—69.) 8° ¶ Aus: Jahrbuch d. Gesellschaft f. bildende Kunst u. vaterländ. Altertümer zu Emden, Bd 13, H. 1, 1899.
Leipzig, Phil. Diss. v. [28. Dez.] 1898

— s.: Vorberichte zur 2. Tagung deutscher Berufsvormünder.

Vorberichte zur Tagung deutscher Berufsvormünder hrsg. im Auftr. d. Ständ. Ausschusses von Prof. Dr. [Christian Jasper] **Klumker**. 2. Dresden: O. V. Böhmert 1907. 8° [F.]
[1 erschien u. d. T.: Zur Frage d. Berufsvormundschaft. 1906.] [07. 16788

Klumm-Patsch, allerlei. 2 Hefte. gr. 16. (14; 16 S. mit eingedr. Illustr.) Leipzig 878, Dölling. à Heft 10 Pf.

Klump K, der Eichen-Schäl- und Hackwaldbetrieb im Odenwalde. (Wedekind, neue Jahrbücher der Forstkunde. Neue Folge. I, 2) Frankfurt a. M. 1850

Klump, Marie, Lehrstoff f. d. Handarbeitsunterricht im Lehrerinnen-Seminar. Mit e. Vorwort v. K. Rehorn. gr. 8. (XIII, 34 S. m. 1 Taf.) Frankfurt a/M. 897. M. Diesterweg. n. — 60

Klump, Wilhelm, a. Romrod (Grh. Hessen): **Handwerk und Gewerbe bei den Angelsachsen.** Heidelberg 1908: C. Winter. (40 S.) 8° ¶ (Erscheint vollst. u. d. T.: „Die altengl. Handwerkernamen sachl. u. sprachl. erläutert" als: Anglist. Forschungen H. 24.)
Heidelberg, Phil. Fak., Ref. Hoops, Diss. v. 4. Febr. 1908
[Geb. 8. Okt. 84 Romrod; Wohnort: Heidelberg; Staatsangeh.: Hessen; Vorbildung: Gymn. Darmstadt Reife O. 03; Studium: Heidelberg 2, München 1, Heidelberg 6 S.; Rig. 5. Aug. 07.]

Klump, Wilh., die altenglischen Handwerkernamen, s.: Forschungen, anglistische. 24. Heft.

Die altenglischen Handwerkernamen sachlich und sprachlich erl. von Wilhelm **Klump**. Heidelberg: C. Winter 1908. (VIII, 129 S.) 8°
[Ein T. erschien als Inaug.-Diss. Heidelberg 1908 u. d. T.: Handwerk u. Gewerbe bei d. Angelsachsen.]
= Forschungen, Anglistische. H. 24. [08. 13081

Klump, Willi, pr. Tierarzt: **Aus d. physiol. Inst. zu Giessen. Die Bewegung des Herzens und der grossen Gefässe.** München 1910: Kastner & Callwey. 30 S. 8°
Gießen, Veterinär-Med. Diss. v. 8. Aug. 1910, Ref. Frank
[Geb. 18. Sept. 85 Darmstadt; Wohnort: Darmstadt; Staatsangeh.: Hessen; Vorbildung: Realgymn. Darmstadt Reife O. 04; Studium: Gießen 7 S.; Rig. 15. Mai 08.] [U 10. 1217

Klumpar, Jan Květoslav, skladba [syntaxis] jazyka latinského s připojenými příklady českými ku překládání na jazyk latinský a s úlohami k stilistickým cvičením. Část 1. Prag 863. Kober. gr. 8. (VIII, 188 S.) n. 16 ngr.

Programm, drittes — des k. k. Ober-Gymnasiums zu Iglau, veröffentlicht am Schlusse des Schuljahres 1853. 4. (26 S.) Iglau. Druck aus Joh. Rippl's artist. Anstalt. 1853.
Inhalt: Wie der Grieche und der Deutsche den Ablativ decken; von H. Schreyer. — Kurzgefaßte Geschichte des Gymnasiums, von Joh. Fl. Klumpar. — Schulnachrichten.

Klumpen, Joh., naturgemäßes Turnen in der Volksschule, s. a Abhandlungen, pädagog. N. F. IV. 9.

Naturgemässes Turnen in der Volksschule. Von Johannes Klumpen, Lehrer in Krefeld. *Bielefeld: A. Helmich [1899].* (32 S.) 8° [F.]
— Abhandlungen, Pädagogische. N. F. Bd 4, H. 9.

Klumpf, Johann Thomas.

Diss. inaug. de privilegio Henrici VII. Rom. Regis Francofurtensis ad Moenum civibus ... dato. Altorfii 1730. V: *Schwarz, Chn Gottlieb.* (MI.) (will)

Klumpf, Johann Thomas (Frankfurt a. M.), De privilegio Henrici VII. Romanorum regis Francofurtanis ad Moenum civibus de filiabus libere elocandis olim dato. Diss. jur. Altdorf (Magnus Daniel Meyer) Mai 1730. 76 S. (8.—) 18532
Widm. v.: C. G. Schwarz, Jacob Christoph Oelhafen v. Schöllenbach, Joh. Max v. Holzhausen (Frankfurt a. M.), Christian Ludwig Scheid (ex Triboccis Patric.), Christian Gottlieb Koenig.

Klumpner Karl: Zeit- und Endgeschwindigkeitscurven. 9. Mähr. Ostrau R. 08.
Progr.

Klumpp, A.

Klumpp, das deutsche Grundbuchrecht. Uebersichtliche Darstellg. d. Grundsätze u. Bestimmgn. d. bürgerl. Gesetzbuches u. d. Reichsgrundbuchordng. üb. d. Rechte an Grundstücken u. Vergleichung derselben m. dem bisher. württemberg. Recht. Mit bes. Berücksicht. d. Bedürfnisse d. württemberg. Grundbuchführer bearb. I. Thl. Allgem. Grundsätze. 8. (VIII, 149 S.) Stuttgart 898. W. Kohlhammer. n. 2. —

Klumpp, A., das deutsche Grundbuchrecht. Uebersichtliche Darstellung der Grundsätze u. Bestimmgn. des bürgerl. Gesetzbuches u. der Reichsgrundbuchordng. üb. die Rechte an Grundstücken u. Vergleichg. derselben m. dem bisher. württemberg. Recht. Mit besond. Berücksicht. der Bedürfnisse d. württemberg. Grundbuchführer bearb. II. Thl. u. III. Thl. 1. u. 2. Abschn. 8. Stuttgart 899. W. Kohlhammer. n. 9. —; (kplt. n. 11. —; geb. n. 13. 50)
II. Die einzelnen dingl. Rechte an Grundstücken. (VIII u. S. 151—444.) n. 3. 60
III. 1. Mustereinträge. 1. Eintragungsbewilligungen und Eintragungsanträge. (XXIII u. S. 447—557.) n. 1. 60. — 2. Dasselbe. 2. Eintragungsbewilligungen u. Grundakten. (VII u. S. 557—673.) Nebst Beilagenheft: Mustereinträge in Grundbuch. hoch 4. (V u. S. 675—763.) n. 3. 80

Klumpp, A., Das deutsche Grundbuchrecht u. die württembergischen Ausführungsbestimmungen. 2. Aufl. 1. Lfg. gr. 8. (S. 1—240.) Stuttgart, W. Kohlhammer. 1901 4. —

Klumpp, A., Das deutsche Grundbuchrecht u. die württembergischen Ausführungsbestimmungen. 2. Aufl. 2. Lfg. gr. 8. (241—497.) Stuttgart, W. Kohlhammer. 1901 4. —

Klumpp, A., Das deutsche Grundbuchrecht u. die württembergischen Ausführungsbestimmungen. 2., völlig neu bearb. Aufl. 3. Lfg. (2. Tl. S. 497—658.) gr. 8. Stuttgart, W. Kohlhammer. 1902 3. —

Klumpp, A., Das deutsche Grundbuchrecht u. die württembergischen Ausführungsbestimmungen. 2., völlig neu bearb. Aufl. 4. Lfg. (2. Tl. S. 659—1034.) gr. 8. Stuttgart, W. Kohlhammer. 1904 6. —

Klumpp, A., Das deutsche Grundbuchrecht u. die württembergischen Ausführungsbestimmungen. 2., völlig neu bearb. Aufl. 5. Lfg. (XVI u. S. 1035—1186.) gr. 8. Stuttgart, W. Kohlhammer. 1905
3. — (Vollständig: 20. —; geb. 22. 50.)

Das deutsche Grundbuchrecht und die württembergischen Ausführungsbestimmungen. Von A[d.] **Klumpp**, Landger.R. 2., völlig neu bearb. Aufl. Stuttgart: W. Kohlhammer 1905. (XVI, 1185 S.) 8° [F.]

Klumpp E., die Pelztiere der Welt und ihre Verwendung. 1. u 2. Auflage. (36 S) Heilbronn 1910

(Klumpp, Friedr. Wilh.,) erster Bericht üb. d. Erziehungs- u. Unterr.-Anstalt in Stetten rc., s. Bericht rc.

Klumpp, F. W., über d. Errichtung v. Realschulen. Ein Wort z. Verständigung üb. diese wichtige Frage. gr. 8. (3¼ B.) Stuttgart 830, Metzler'sche Buchh.

Klumpp, F. W., Die Erziehung des Volkes zur Wehrhaftigkeit, N. Abdr., 56 S., 8°.

— s. Guts-Muths, J. C. F., Spiele.

(——) die Gründung u. Eröffnung d. Erziehungs- u. Unterr.-Anstalt in Stetten rc., s. Gründung rc.

—— das Gymnasium in Stuttgart in seiner Entwicklung während d. zwei letzten Decennien. Einladungs-Schrift. gr. 4. (6¾ B.) Stuttgart 838, (Metzler'sche Buchh.)

—— das evangel. Missionswesen. Ein Ueberblick üb. seine Wirksamkeit u. seine weltgeschichtl. u. nationale Bedeutung. gr. 8. (1 B.) Stuttgart u. Tübingen 841, Cotta'scher Verlag.
Aus: Deutsche Vierteljahr-Schrift, besond. abgedruckt.

Klumpp, F. W., das evangel. Missionswesen. Ein Ueberblick üb. seine Wirksamkeit u. seine weltgeschichtl. u. nationale Bedeutung. 2. Aufl. gr. 8. (4¼ B.) Stuttgart 844, Cotta'sche Buchh.
Aus: Deutsche Vierteljahrs-Schrift besond. abgedruckt.

—— die gelehrten Schulen nach d. Grundsätzen d. wahren Humanismus u. d. Anforderungen d. Zeit. Ein Versuch. 2 Abthln. 8. Stuttgart, Steinkopf. [1. (16 B.) 829. 16 Gr., 2. (21½ B. u. 1 Tab.) 830. 1 Thlr.]
Vgl. Bemerkungen zu Klumpp's Schrift rc.

Klumpp, Frdr. Wilh.: Die classischen Studien vom Standpunkte des Evangeliums. Stuttgart: Beck & Fränkel (1837).

—— die class. Studien v. Standpunkte d. Evangeliums. Rede. gr. 8. (1½ B.) Stuttgart 838, Beck u. Fränkel.
Aus dem: Correspondenzblatt f. Lehrer, besond. abgedruckt.

—— das Turnen. Ein deutsch-nationales Entwicklungs-Moment. gr. 8. (3¾ B.) Stuttgart u. Tübingen 842, Cotta'sche Bh. —
Aus: Deutsche Vierteljahrs-Schrift besond. abgedruckt.

Klumpp, F. W.: Das Turnen als Bestandtheil unserer nationalen Erziehung. Stuttgart & Tübingen 1860. 30 S. Sonderdr. aus: Deutsche Vierteljahrsschrift. H. 2. Nr. 90.

Klumpp, G. A., das württembergische Gesetz über Gebäude-Brandversicherung vom 14. März 1853, mit der Vollzugsverordnung und sämmtl. Normalvorschriften bis zur neuesten Zeit, nebst zahlreichen Zusätzen und Erläuterungen für die Behörden und Schätzungs-Commissionen. 2., bedeutend verm. Handausg. mit alphabet. Sachregister. 8. (IV und 226 S.) Stuttgart 863, Metzler's Verlag. *

Klumpp, G. A., das württembergische Gesetz über Gebäude-Brandversicherung vom 14. März 1853, mit der Vollzugsverordnung u. sämmtlichen Normalvorschriften bis zur neuesten Zeit, nebst zahlreichen Zusätzen u. Erläuterungen für die Behörden u. Schätzungs-Commissionen. 3., bedeutend verm. Handausg. mit alphabet. Sachregister. gr. 8. (IV, 284 S.) Stuttgart 881. Metzler's Verl. n. 3. 40

Klumpp, G. A. v., das württembergische Gesetz üb. Gebäude-Brandversicherung vom 14. März 1853, nebst Vollzugsverordng., sämmtl. Normalvorschriften, zahlreichen Zusätzen u. Erläutergn. u. alphabet. Sachregister f. die Behörden u. Schätzungs-Kommissionen. 3., bedeutend verm. Handausg. Nachtrag, enth. die bis 1. Juli 1894 ergangenen Normalvorschriften u. sonst veranlaßten Aendergn. u. Ergänzgn., unter Berücksicht. der einschläg. Spezialentscheidgn., bearb. von v. Doll. gr. 8. (III, 132 S.) Stuttgart 894. J. B. Metzler's Verl. n. 1. 20
(Hauptwerk m. Nachtrag: n. 4. —)

Klumpp, Heinrich, Regierungsref. 1. Kl.: **Geschichte und Reform der Zusammensetzung der Kammer der Standesherren.** *Stuttgart 1903: C. Grüninger.* (83 S.) 8° [J.]
Tübingen, Staatswiss. Diss. v. 1903
(Nicht für den Austausch)

Klumpp, Heinr., Geschichte u. Reform der Zusammensetzung der Kammer der Standesherren. Diss. (IV, 85 S.) gr. 8. Stuttgart 908. (R. Kaufmann.) n. 2. —

Klumpp, Otto, Kinder-Lieder alter und neuer Zeit. gr. 8. (VI und 458 S. mit 8 lithogr. Abbild. in Tondr.) Stuttgart 851(52,) Chelius.

—— dass. — 2. Aufl. ohne Abbildungen für Schulen. gr. 8. (VI und 458 S.) Ebds. 852(53.)

Klumpp, Otto, Kinder-Lieder alter und neuer Zeit. Ein Gedicht-Buch für Schule und Haus. 2. Aufl. ohne Abbildungen für Schulen. gr. 8. (VI und 458 S.) Stuttgart 853, Chelius.

Klun, Vinzenz F.

Klun, V. F., Archiv für die Landesgeschichte des Herzogth. Krain, s. Archiv.

Klun, V. F., Archiv f. die Landesgeschichte des Herzogthums Krain. 1. Hft. gr. 8. (VIII u. 125 S.) Laibach 852, v. Kleinmayr & Bamberg. n. 16 ngl.

Klun, Dr. V. F. Archiv für die Landesgeschichte des Herzogthums Krain. Heft I. 8. (124 S.) Laibach. Kleinmayr u. F. Bamberg 1853.
(Inhalt: Annalen von der Zeit Karl des Großen bis zum Jahre 1800. — Anhang: I. Reihenfolge der Landeshauptleute in Krain. — II. Reihenfolge der Bischöfe in Laibach. — III. Reihenfolge der Landes-Vizedome in Krain. — IV. Reihenfolge der Richter und Bürgermeister nebst einer Uebersicht der Geschichte der Stadt Laibach. — V. Reihenfolge der Aebte des Cisterzienserstiftes Sittich.)

Klun, Dr. V. F. — Archiv für die Landesgeschichte des Herzogthums Krain, von — —. 1stes Heft. (VII, 126 S.) 2. und 3. Heft. (VIII, 292 S. 5 Tafeln und 2 Karten.) 8. Laibach. Druck von Ignaz von Kleinmayr und Fedor Bamberg. 1854.

—— und Henry Lange, Atlas zur Industrie- und Handelsgeographie. Für commercielle und technische Lehranstalten, für Kaufleute und Industrielle. Mit erläut. Texte. 5 Lfgn. qu. Fol. (VIII und 450 S. mit 16 chromolithogr. Karten.) Leipzig und Zürich 864 — 66. [Weimar, K. Voigt jun.] à Lfg. * 22 Ngr. cplt. *

Klun, V. F., Einfluss der Rotation der Erde auf den Lauf und die Uferbildung der Flüsse. Lex.-8. (11 S.) Wien 863, (Gerold's Sohn.) *
Aus: Mittheilungen der k. k. geographischen Gesellschaft, besonders abgedruckt.

Klun, V., Dr., Flusskarten der Donau und der Theiss. (Herausgegeben vom Strassen- und Wasserbau-Departement des K. K. Staats-Ministeriums. (Separat-Abdr. aus den Mittheilungen der K. K. Geograph. Gesellsch., VII. Jahrgang.) Wien 1863.

—— Geografia universale ad uso delle scuole medie. Divisa in tre parti. 8. Wien, (Gerold's Sohn.) *
Inhalt:
Parte 1. Elementi di geografia matematica, fisica e politica. (IV und 84 S.) 864. * 8 Ngr.
» 2. L'impero d'Austria. (86 S.) 864. * 8 Ngr.
» 3. La Germania e gli altri stati dell' Europa. — L'Asia. — L'Africa. — Gli stati dell' America. — L'Australia. (IV und 186 S.) 866. * 16 Ngr.

Klun, V. F., Geografia universale ad uso delle scuole medie. Divisa in tre parti. gr. 8. Wien, Gerold's Sohn. * 3 60
Inhalt:
Parte 1. Elementi di geografia, matematica, fisica e politica. 2a ediz. 1873. * 80 Pf., e 3a ediz. (86 S.) 876. * 90 Pf.
» 2. L'impero d'Austria. 2a ediz. (80 S.) 874. * 90 Pf.
» 3. La Germania e gli altri stati dell' Europa. — Asia. — Africa. — Gli stati dell' America. — Ausralia. 2a ediz. (200 S.) 874. * ℳ 1,80.

Klun, V. F., Geografia universale ad uso delle scuole medie. 3 parti. 8. Wien, Gerold's Sohn. **
Inhalt:
Parte 1. Nozioni preliminari di geografia matematica, fisica e politica. 4a ediz. emendata. (93 S.) 879. ** 90 Pf.
» 2. Monarchia austro-ungarica. 3a ediz. emendata. (62 S.) 878. * 80 Pf.
» 3. Gli stati d'Europa [meno l'Austro-Ungaria], l'Asia, l'Africa, l'America, l'Australia. 3a ediz. emendata. (170 S.) 879. * ℳ 1,60.

Klun, V. F., geografia universale ad uso delle scuole medie. Parte II e III. gr. 8. Wien, C. Gerold's Sohn n. 2. 30
II. Monarchia austro-ungarica. 4. ed. riveduta e corretta (56 S.) 892. n. — 70
III. Gli stati d'Europa (meno l'Austro-Ungheria), l'Asia l'Africa, l'America, l'Australia. 5. ed. riveduta e corretta (VI, 143 S.) 894. n. 1. 60

Klun, Dr. V. F., Geografia universale ad uso delle scuole medie. 4. durchgesehene und verbesserte Auflage. Wien 1892. C. Gerold's Sohn. (Min.-Erl. v. 3. Juni 1893, Z. 11452.)
II. Theil: Die österreichisch-ungarische Monarchie. Geheftet —.35
III. Theil: Die Staaten Europas (außer Oesterreich-Ungarn), Asien, Afrika, Amerika, Australien. Geheftet —.80

Klun, Dr. V. F., Geografia universale ad uso delle scuole medie. 4. durchgesehene und verbesserte Auflage. Wien 1892. K. Gerold's Sohn. (Min.-Erl. v. 3. Juni 1893, Z. 11452.)
II. Theil: Die österreichisch-ungarische Monarchie. Geh. —.35
III. Theil: Die Staaten Europas (außer Oesterreich-Ungarn), Asien, Afrika, Amerika Australien. Geh. —.80

Klun, Dr. V. F., Geografia universale ad uso delle scuole medie. III. Theil: Die Staaten Europas (außer Oesterreich-Ungarn), Asien, Afrika, Amerika, Australien. 5. durchgesehene und verbesserte Auflage. Wien 1894. K. Gerold's Sohn. (Min.-Erl. v. 13. März, 1894, Z. 3680.) Geheftet —.80

Klun, V. F., allgemeine Geographie mit besond. Rücksicht auf das Kaiserth. Oesterreich. Als Leitfaden für Mittelschulen bearb. gr. 8. (X und 290 S.) Wien 861, Gerold's Sohn. *

—— allgemeine und Handels-Geographie. Ein Lehrbuch für kommerzielle und techn. Lehranstalten, für Kaufleute und Industrielle. 1. Thl.: Allgemeine Geographie. 1. Aufl. 1860. 3 Thlr. und 2., verb. Aufl. gr. 8. (XI und 480 S.) Wien 861, Gerold's Sohn. *

Klun V. allgemeine und Handelsgeographie. 2. Auflage. I. Wien 1862

—— allgemeine Handels-Geographie. 3., umgearb. Aufl. 1. Thl. Allgemeine Geographie. gr. 8. (VII und 476 S.) Wien 868, Gerold's Sohn. *

— allgemeine Handels-Geographie. 4., gänzlich umgearb. Aufl. 1. Thl. Allgemeine Geographie. gr. 8. (VII, 566 S.) Wien 875. Gerold's Sohn. n. 6. —

— Hand- u. Schulatlas über alle Theile der Erde. In 22 color. Karten (in Kpfrst.) Freiburg i. Br. 869. Herder. qu. Fol. n. 1 *ℛ* 10 *ngr.*, cart. n.n. 1 *ℛ* 20 *ngr.*

Klun, V. F., Hand- und Schulatlas über alle Theile der Erde in 22 Karten. 1. und 2. Aufl. *ℳ 4., und 3. neu durchgeseh. Aufl. Fol. Freiburg i. Br. 873, Herder'sche Verlagsh. *ℳ 4,50.; geb. **

— Hand- u. Schulatlas über alle Theile der Erde in 22 (lith. u.) color. Karten. 4., neu durchgeseh. Aufl. gr. Fol. Freiburg i/Br. 882. Herder. n. 3. —; geb. n. 4. —

—— Leitfaden für den geographischen Unterricht an Mittelschulen. 1.—7. Aufl. 8. (280 S.) Wien 863—68, Gerold's Sohn. *

(2.) Klun, Dr. V. F., Leitfaden für den geographischen Unterricht an Mittelschulen. 2. verb. Aufl. gr. 8. (VI. 288 S.) Wien, Gerold. 1863 1 fl. 30 kr.
(Die 1. Aufl. erschien unter dem Titel: Allgem. Geographie mit besonderer Rücksicht auf das Kaiserthum Oesterreich.)

(3. —— Leitfaden für den geographischen Unterricht an Mittelschulen. 3. Aufl. gr. 8. (VI. 288 S.) Ebds. 1863 1 fl. 30 fl.

(4.) Klun, Dr. V. F., Leitfaden für den geographischen Unterricht an Mittelschulen. 4. Aufl. 8. (VI. 277 S.) Wien, Gerold. 1864 kr.

(5.) Klun, Dr. V. F., Leitfaden für den geographischen Unterricht an Mittelschulen. 5. Aufl. 8. (VI u. 277 S.) Wien, Gerold. 1 fl. 30 kr. 1865 (Nur fest.)

— — Leitfaden für den geographischen Unterricht an Mittelschulen. 6. Aufl. gr. 8. (280 S.) Ebds. 1867 1 fl. 30 kr.

— — Leitfaden für den geographischen Unterricht an Mittelschulen 7. Auflage. gr. 8. (280 S.) Ebds. 1868 1 fl. 30 kr.

—— Leitfaden für den geographischen Unterricht an Mittelschulen. 8.—14. neu umgearb. Aufl. 1869—73. *ℳ 2,70., und 15.—17. neu umgearb. Aufl. gr. 8. (285 S.) Ebendas. 874,75. * 2 80

(9.) — — Leitfaden für den geographischen Unterricht an Mittelschulen. 9. Aufl. 1870. gr. 8. (280 S.) Ebds. 1869 1 fl. 30 kr.

(10.) Klun, Dr. V. F., Leitfaden für den geographischen Unterricht an Mittelschulen. 10. neu durchgesehene Auflage. 1871. gr. 8. (280 S.) Wien, Gerold. 1 fl. 30 kr. (Nur fest.)

— Leitfaden f. den geographischen Unterricht an Mittelschulen. 18. neu umgearb. Aufl. gr. 8. (285 S.) Ebend. 876. n. 2. 80

Klun, V. F., Leitfaden für den geographischen Unterricht an Mittelschulen. 19. Aufl. Umgearb. von Gust. Adf. Schimmer. gr. 8. (216 S.) Wien 878. Gerold's Sohn. n. 2. 40

Klun, V., Leitfaden für den geograph. Unterricht an Mittelschulen. 20. Aufl. Umgearb. von Gust. Adf. Schimmer. 8. (214 S.) Wien 882, Gerold's Sohn. *

Klun, V. F., Leitfaden für den geographischen Unterricht an Mittelschulen. Neu bearb. von R. Trampler. 21. Aufl. Approbiert mit h. Erlaß des k. k. Ministeriums für Kultus und Unterricht vom 17. Mai 1887, Z. 9094. 8. (242 S.) Wien 887, Gerold's Sohn. geb. *

— Leitfaden f. den geographischen Unterricht an Mittelschulen. Neu bearb. v. R. Trampler. 22. Aufl. gr. 8. (VI, 233 S. m. 11 Holzschn.) Ebd. 894. Geb. in Leinw. n. 2. 40

Klun's Leitfaden für den geographischen Unterricht an Mittelschulen. Neu bearbeitet von R. Trampler. Mit 11 in den Text gedruckten Holzschnitten. 23. Auflage. Wien 1897. C. Gerold's Sohn. (Min.-Erl. v. 4. April 1897, Z. 7800.) Geheftet 1.—, gebunden 1.20

(F) Kluns' Leitfaden für den geographischen Unterricht an Mittelschulen. Neu bearbeitet von R. Trampler. 24., im wesentlichen unveränderte Auflage. Mit 10 in den Text gedruckten Holzschnitten. Laut hohen Ministerial-Erlasses vom 17. September 1901, Z. 26.356, zum Lehrgebrauche an Mittelschulen mit deutscher Unterrichtssprache allgemein zulässig erklärt. Wien. 1901. Gerold's Sohn. Gr.-8°. VI, 232 S. Geb. K 2.50

Klun, Leitfaden für den geographischen Unterricht an Mittelschulen. Neu bearbeitet von R. Trampler. 25., teilweise umgearbeitete Auflage. Wien 1905. Carl Gerold's Sohn. Geb. K 2.—, in Leinwand geb. K 2.50.

– (Red.), s. Mitteilungen des historischen Vereins für Krain.

—— das Kaiserthum Oesterreich. Geographisch-statist. Abriß nach dem neuesten Standpunkte. gr. 8. (IV und 84 S.) Wien 861, Gerold's Sohn *

—— das Kaiserthum Oesterreich. Geographisch-statist. Abriß nach dem neuesten Standpunkte. 2.—4., verb. Aufl. gr. 8. (VII und 64 S.) Wien 864—68, Gerold's Sohn. *

(2.) Klun, Dr. V. F., Das Kaiserthum Oesterreich. Geographisch-statistischer Abriß nach dem neuesten Standpunkte. 2. verb. Aufl. gr. 8. (64 S.) Wien 1864, Gerold. 60 kr.

Klun, Dr. V. F., Das Kaiserthum Oesterreich. Geographisch-statist. Abriß nach dem neuesten Standpunkte. 3. verb. Aufl. gr. 8. (64 S.) Wien, Gerold. 1865 60 kr.

Klun, Dr. V. F., Das Kaiserthum Oesterreich. Geographisch-statistischer Abriß nach dem neuesten Standpunkte. 1. verbesserte Auflage. gr. 8. (64 S.) Wien, Gerold. 1866 60 kr.

—— das Kaiserthum Oesterreich. Geographisch-statist. Abriß nach dem neuesten Standpunkte. 5. Aufl. 1869, und 6. verb. Aufl. gr. 8. (III, 64 S.) Ebendas. 873. * 1 20

— Reise auf dem weißen Nil. Aus den Orig.-Manuscr. d. Gen.-Vikars v. Central-Afrika, Ign. Knoblecher. 8. (47 S.) Ebd. 851. 6 ngr

— **Rittor** u. Humboldt, dio Begründer der wissenschaftl. Erdkundo. [Aus: Mittheilungen der k. k. geograph. Gesellschaft.] Wien 864. (Gerold's Sohn.) Lex.-8. (16 S.) n. 6 ngr.

—— **Statistik** von Oesterreich-Ungarn. gr. 8. (VIII, 366 S.) Wien 876, Braumüller. *

Klunoker, Zwangserziehgs.-Gesetzg., s. Grenzfragen, jurist.-psychiatr.

Kluncker, Friedrich August (Grossluebbenau/Lausitz), De Taxo baccata. Diss. med. Präs. D. Georg Rudolph Boehmer. Wittbg. (Christian Philipp Meltzer) 22. III. 1796. 34 S. (6.—) 18533
Gew.: Johann Friedr. Neuber (Dransdorf), Johann Theophil, Johann Carl u. Friedrich Wilhelm Kluncker (Brüder).

Kländor, Theodor, aus Gleschendorf, Furstent. Lübeck: Ueber einige **Derivate** des Diacetalamins. *Rostock 1902: C. Hinstorff.* (36 S.) 8°
Rostock, Phil. Diss. v. [27. Dez.] 1901

Klünder, Udo, Diplom-Chemiker aus Gleschendorf i. Oldbg.: Ueber einige substituierte **Phenacylverbindungen und die** Einwirkung von Chloracetylchlorid auf Acetdiphenylamin und Acettetrahydrochinolin. *Rostock 1900: C. Hinstorff.* (52 S.) 8°
Rostock, Phil. Diss. v. [28. Mai] 1900

Klunge, A. (Hrsg.), s. W o c h e n s c h r i f t , Schweizerische für Pharmazie.

Klunge, Karl Sam. Ernst, Annalen d. deutsch. u. ausl. Crim.-Rechtspflege, s. Annalen.

Klunger, Carl: J. A. P. Schulz in seinen volkstümlichen Liedern. Leipzig 1909: Brandstetter. 63 S. 8°
Leipzig, Phil. Diss. v. 13. Juli 1909, Ref. Riemann, Köster
[Geb. 2. Mai 83 Leipzig; Wohnort: Leipzig; Staatsangeh.: Sachsen; Vorbildung: Realgymn. Leipzig Reife O. 04; Studium: Leipzig 6 S.; Rig. 23. Juli 07.] [U 09. 3001

Klunk, Otto (Darmstadt)
Ueber die Coagulation der Milch durch Labflüssigkeit.
Giessen: W. Keller 1863. 18 S. u. 2 Bl. Thesen.
Diss. med. 9.1.1864. vorh. 26. 7. Δ.

Klunker, Hermann Paul, appr. Arzt: Über Verbrennungen des Auges. Jena-Ziegenhain 1907: Thür. Verlagsdruckerei. (55 S.) 8°
Jena, Med. Fak., Ref. Wagenmann, Diss. v. 7. Okt. 1907
[Geb. 18. April 80 Hof; Wohnort: Hof; Staatsangeh.: Bayern; Vorbildung: Gymn. Hof Reife Juli 99; Studium: München 6, Erlangen 1, Jena 3 S.; Coll. 19. Juli 07; Approb. 6. April 07.]

* **Klunker,** Ludwig J.: Die gesetzliche Untertans-Verfassung in Galizien. Aus dem Wortlaute der bis auf die neueste Zeit erflossenen Verordnungen systematisch zusammengestellt . . . 3 Bde. Lemberg: Winiarz 1845/46.

Klunker, Max, Deutschlands Heldensöhne in Süd-West, s.: Sammlung lebender Bilder.

Klunker, Traugott Richard (Dippoldiswalde), Nonnulla in larvis raninis observata praecipue de vasis circulatoriis. Diss. physiol.-pathol. Präs. Otto Bernh. Kuehn. Lpz. (J. S. Wassermann) 15. VIII. 1860. 23 S. mit Biogr. (M.: A. Wehnert.) (5.50) 18534
Oppon.: Armin Huppert, Carl Taeufert, Ernst Kohlschuetter.

* **KLUNKERMUZ,** D e r g r o s s e. Im Jahr 1671. (Nebst freiem Kupfertitel.) 12°. Grösste Seltenheit! (In Berlin: Yy 2301, mit 2 Beibdn.; auch in Dresden: Litt. Germ. rec. C. 1016.)
Enth. s o t a d i s c h e S a t y r e n g e g e n d i e L a s t e r d e s w e i b l i c h e n G e s c h l e c h t s. Unter den eingestreuten G e d i c h t e n finden sich Übersetzungen aus Ovid, Martial &c. — 6 Bll. Vorst. u. 167 SS., nebst 1 S. „Erklärung des (curiosen) Kupferblats". Vorr., unterz.: X. Y. Z. — „Klunkermuz" ist hier Bezeichnung für ein l i e d e r l i c h e s W e i b.

— — Originalgetreue Faksimile-Reproduktion. (Dresden 1910.) 12°. (Mk. 14—.)
Unter den ä l t e r e n d e u t s c h e n E r o t i c a u n d S o t a d i c a befindet sich eine Anzahl Rarissima, die an Originalität und kulturgeschichtlicher Bedeutung ganze Reihen ähnlicher moderner, zum Teil renommirter Werke übertreffen. Zu den in nur sehr wenigen Exemplaren bekannten Raritäten dieser Gattung gehört „D e r g r o s s e K l u n k e r m u z", ein humorvolles, köstliches Büchelchen von unzweifelhaft sittengeschichtlichem Wert!

Klunspies, Jos., Andachtsübungen beim Besuche der heiligen Gräber am Charfreitage und Charsamstage; nebst einem Anhang, enthaltend: Tageszeiten und Litanei vom Leiden Christi, Gebete zur schmerzhaften Mutter Gottes, Kreuzweganbachten etc. 8. (IV und 115 S. mit eingedr. Holzschn. und 1 Stahlst.) Würzburg 857, Stahel'sche Buchh. * 7 Ngr.; geb. *

—— Gebete und Betrachtungen beim Besuche des heil. Kreuzweges Jesu Christi. 16. (40 S. mit vielen eingedr. Holzschn.) Würzburg 857, Stahel'sche Buchh.
Aus des Verf. „Heiliges Grabbüchlein" besonders abgedruckt.

Klunz, C., der Körper des Menschen (Anatomie-Atlas), s. q. Mück's praktische Taschenbücher.

Klunz, C., Der Körper des Menschen. (Anatomieatlas.) Farbige naturgetreue Abbildungen mit Text. [Mücks praktische Taschenbücher. Bd. 20.] K 1. –
Wien: Szelinski 1907.

Klunzinger, Carl ..., s. K l u n z i n g e r , Karl ...

Klunzinger, F., die Kunstler aller Zeiten u. Volker, s. Muller, Fr.

Klunzinger, Karl

Klunzinger, Carl, Antheil der Deutschen an der Entdeckung von Südamerika oder Abenteuer des Ambros. Dalfinger und des Nikol. Federmann, beider von Ulm, des Geo. Hohemut von Speier und des fränk. Ritters Phil. v. Hutten unter der Herrschaft der Welser von Augsburg in Venezuela. Nach den Hauptquellen dargestellt. 8. (VII und 116 S. mit 1 lithogr. Karte in hoch 4.) Stuttgart 857, (Sonnewald'sche Buchh.) *

Klunzinger, K., 500 Aufgaben f. das mündliche u. schriftliche Rechnen. Ein stufenmäßig geordneter Lehrgang f. das Alter von 12 – 14 Jahren. 3. Aufl. 8. (56 S.) Eßlingen 894. A. Lung. n. — 50

— dasselbe. Resultate. 8. (9 S.) Ebd. 894. n. — 30

Klunzinger, K., 500 Aufgaben f. das mündliche u. schriftliche Rechnen. Ein stufenmäßig geordneter Lehrgang f. das Alter von 12—14 Jahren. 4. Aufl. 8. (68 S.) Stuttgart 899. A. Lung. n. — 50

Klunzinger, K., 1000 Aufgaben f. das mündl. u. schriftl. Rechnen, zum Gebrauch f. Schulaspiranten, gehobene Oberklassen u. Fortbildungsschulen. Lehrerausg. 2., verb. Aufl. 8. (180 S.) Nagold 888. Zaiser. n. 2. —; geb. n. 2. 20

— dasselbe. Schülerausg. 2., verb. Aufl. 8. (100 S.) Ebd. 888. n. 1. —; geb. n. 1. 20

— 1000 Aufgaben f. das mündliche u. schriftliche Rechnen zum Gebrauch f. Schulaspiranten, gehobene Oberklassen u. Fortbildungsschulen. Schülerausg. 3., erweit. Aufl. 8. (145 S.) Ebd. 894. Kart. n. 1. —; Lehrerausg. 3. Aufl. (238 S.) kart. n. 2. —

Klunzinger, K., zweimal 1000 Aufgaben f. d. mündl. u. schriftl. Rechnen z. Gebr. f. Schulaspiranten, Landexamenskandidaten, gehob. Oberklassen u. Fortbildungsschulen. Schülerausg. 4., verb. u. erweit. Aufl. 8. (146 S.) Eßlingen 897. Stuttgart, A. Lung. Kart. n. 1. 40; Lehrerausg. (248 S.) n. 2. 80

— zweimal 1000 Aufgaben f. das mündliche u. schriftl. Rechnen zum Gebrauch f. Schulaspiranten, Landexamenskandidaten, gehobene Oberklassen u. Fortbildungsschulen. Schülerausg. 5. verb. Aufl. 8. (177 S.) Ebd. (901). Kart. n. 1. 70

Klunzinger, K., zweimal 1000 Aufgaben f. das mündliche u. schriftliche Rechnen zum Gebrauch f. Schulaspiranten, Landexamenskandidaten, gehobene Oberklassen u. Fortbildungsschulen. Schülerausg. 7. Aufl. (177 S.) kl. 8. Stuttgart (909). A. Lung. Kart. 1. 70

— dasselbe. Lehrerausg. 5. verb. u. erweit. Aufl. (240 S.) 8. Ebd. 908. Kart. 3. —

— Aufsätze f. Mittel- u. Oberklassen. Fabeln, Erzählgn., Sagen, Beschreibgn., Schildergn., Umbildgn. u. s. w. Gesammelt u. bearb. gr. 8. (VIII, 152 S.) Stuttgart 897. A. Lung. Kart. n. 2. 40

— dasselbe f. Oberklassen u. Schulaspiranten. Als Schülerarbeiten ges. u. bearb. gr. 8. (VIII, 172 S.) Stuttgart 895. A. Bonz & Co. n. 1. 80

Klunzinger, Karl, Aufsätze f. Oberklassen u. Schulaspiranten. Erzählungen, Umschreibgn., Schildergn., Abhandlgn., Vergleichgn. u. Sprichwörter. Als Schülerarbeiten gesammelt u. bearb. 2., verb. u. verm. Aufl. (VIII, 250 S.) 8. Stuttgart 905. A. Bonz & Co. n. 2. 40

Klunzinger, Carl, artistische Beschreibung der vormal. Cisterzienser-Abtei Maulbronn. gr. 8. (44 S. mit 1 lithogr. Grundriß in Fol.) Stuttgart 849, (Sonnewald'sche Buchh.) *

Klunzinger, Carl, artistische Beschreibung der vormaligen Cisterzienser-Abtei Bebenhausen. Ein Seitenstück zu der artist. Beschreibung der Abtei Maulbronn von demselben Verf. gr. 8. (38 S. mit 1 lithogr. Grundr. in Imp.-4.) Stuttgart 852, (Sonnewald'sche Buchh.) *

— artistische Beschreibung der vormaligen Cisterzienser-Abtei Malubronn. Mit 1 (lith.) Grundriß (in Fol.). 3. verb.

Aufl. Stuttgart 856. Sonnewald in Comm. gr. 8. (III, 53 S.) n. 10 ngr.

—— artistische Beschreibung der vormaligen Cisterzienser-Abtei Maulbronn. 4., verb. Aufl. Nach dem Tode des Verf. bearb. und hrsg. von C. B. Klunzinger. gr. 8. (56 S. mit 1 lithogr. Grundriß in Fol.) München 861. (Stuttgart, Lindemann.) *

— Bilder aus der württembg. Geschichte f. Volksschuloberklassen u. Schulaspiranten. 2. Aufl. [Aus: „K. Geschichtsbilder" rc.] 8. (26 S.) Nagold 894. G. W. Zaiser. n. — 20

Klunzinger, Karl, die Edlen v. Neipperg u. ihre Wohnsitze Neipperg u. Schwaigern. — Zur Feier d. Vermähl. Sr. Erlaucht d. Grafen u. Hrn. Alfred Aug. Karl Frz. Camillus v. Neipperg mit Ihr. Kgl. Hoheit Marie Friedrike Charlotte Prinzessin v. Württemberg. Geschichtl. dargest. gr. 8. (2¼ B. u. 1 Ansicht.) Stuttgart 840, Köhler.

— Erklärungen zum amtl. Wörterverzeichnis f. die württemb. Schulen. (III, 195 S.) 8. Nagold (906). G. W. Zaiser. Kart. n. 1. 50

Klunzinger, Karl, Geschichte der Stadt Laufen am Neckar mit ihren ehemaligen Amtsorten Gemrigheim u. Ilsfeld. 8. Stuttgart 846, Cast. n. 12 ngr

Klunzinger, Karl, urkundliche Geschichte der vormaligen Cisterzienser-Abtei Maulbronn. Mit einer Regesten enthaltenden Beilage. Stuttgart 854. Sonnewald. gr. 8. (V, 134 S. u. Beilage 96 S.) 1 th.

—— Geschichte d. Zabergäus u. d. jetzigen Oberamts Brackenheim. 1. Abthl. gr. 8. (9½ B. u. 4 Abbild.) Stuttgart 841, Autenrieth'sche Buchh.

—— Geschichte des Zabergäus u. des jetzigen Oberamts Brackenheim. 4 Abthl. gr. 8. (54⅝ B., 6 Stnt. u. 1 Karte.) Stuttgart 841—44, Belser'sche Buchh. *

Klunzinger, K., Geschichte des Zabergäus und des jetzigen Oberamts Brackenheim. 4. Abthlg. Die vormals Teutschmeister'schen und die mediatisirten Besitzungen der Grafen von Neipperg und der Freiherren von Massenbach. Stuttgart 1848. 8.

— Geschichtsbilder f. Volksschuloberklassen u. Schulaspiranten 2. Aufl. 8. (II, 105 S.) Ebd. 894. n. — 80

— Geschichtsbilder f. Volksschuloberklassen u. Schulaspiranten. 3. Aufl. 8. (109 S.) Nagold 898. G. W. Zaiser. Kart. n. 1. —

— Rechen-Aufgaben f. d. Fortbildungsschulen. Schüler-Ausg. 2., unveränd. Aufl. 8. (54 S.) Eßlingen 896. Stuttgart, A. Lung. n. — 30

— dasselbe. Lehrer-Ausg. 2., unveränd. Aufl. 8. (80 S.) Ebd. 896. n. 1. —

— Rechen-Aufgaben f. d. Fortbildungsschulen. Lehrer-Ausg. 3. Aufl. gr. 8. (II, 66 S.) Ebd. (901). n. 1. —

– (Hrsg.), s. Wilhelmi, Karl: Beschreibung und Geschichte der Burgruine Steinsberg.

Klunzinger, Karl Benjamin

Klunzinger, C. B., belehrender Begleiter f. Aquarien- u. Terrarienfreunde bei Ausflügen u. Besichtigung v. Sammlungen, insbesondere v. Ausstellungen. (82 S. m. Titelbild.) 8. Stuttgart (910). Strecker & Schröder. 1. —

Klunzinger, C. B., Bilder aus Oberägypten, der Wüste und dem Rothen Meere. Mit einem Vorwort von Geo. Schweinfurth. gr. 8. (XIII, 400 S. mit 22 Orig.-Zeichnungen in eingedr. Holzschn. und 1 Holzschntaf.) Stuttgart 877, Levy und Müller. *

Klunzinger, C. B., Bilder aus Oberägypten, der Wüste u. dem Rothen Meere. Mit einem Vorwort von Georg Schweinfurth. Mit 20 Orig.-Zeichn. 1. u. 2. Aufl. gr. 8. (XIII, 400 S.) Stuttgart 878. Levy & Müller. n. 12. —

Klunzinger, C. B. Bodenseefische, deren Pflege u. Fang. gr. 8. (VII, 232 S. m. 88 Abbildgn.) Stuttg. 892, Enke. * 5 —

Klunzinger, C. B., die Fische des Rothen Meeres. Eine krit. Revision mit Bestimmungstabellen. 1. Thl.: Acanthopteri veri Owen. Mit Unterstützung der kgl. preuss. Akademie der Wissenschaften hrsg. Fol. (IX, 133 S. mit 13 lithogr., zum Theil color. Taf.) Stuttgart 884, Schweizerbart'sche Verlagsh. *

— Geschichte der Stuttgarter Tiergärten. (51 S. m. 5 Fig. u. 1 Taf.) 8. Stuttgart 910. C. Grüninger. 1. —
Sonderabdr.a.:„Jahreshefte d.Ver.f.vaterländ.Naturkde."

— die Korallthiere des rothen Meeres. Mit Unterstützung der königl. preuss. Akademie der Wissenschaften hersg. 1—3. Thl. gr. 4. Berlin 878. 79. Gutmann. Cart. n. 70. —
1. Die Alcyonarien u. Malacodermen. Mit 8 lith. (zum Thl. farb.) Taf. (VII, 98 S.) n. 20. —
2. Die Steinkorallen. 1. Abschn.: Die Madreporaceen u. Oculinaceen. Mit 8 photogr. u. 2 lith. Taf. (VI, 88 S.) n. 24. —
3. Die Steinkorallen. 2. Abschn. [Schluss]: Die Astraeaceen u. Fungiaceen. Mit 10 photogr. Taf. (III, 100 S.) n. 26. —

— — j. a Naturgeschichte d. Tierreichs.

Klunzinger CB, Naturgeschichte des Tierreichs. 4. A. (198 S 80 T) fol Stuttgart

(F) Klunzinger, C. B., Naturgeschichte des Tierreichs. Großer Bilderatlas mit Text für Schule und Haus. 5. Aufl. Fol. (ill. 198 S. mit 80 Tafeln.) geb. K 24
Wien: Szelinski 1903.

— die v. Müller'sche Sammlung australischer Fische in Stuttgart. Mit 9 (lith.) Taf. (in 8. u. 4.). Lex.-8. [Aus: „Sitzungsber. d. k. Akad. d. Wiss."] Wien 880. (Gerold's Sohn.) n. 4. 80

— die zoologische Sammlung der technischen Hochschule in Stuttgart. Ein Führer f. die Studierenden, zugleich e. Leitfaden f. die Anlage u. Führg. zoolog. Schulsammlgn. f. höh. Lehranstalten. (32 S.) gr. 8. Stuttgart 903. E. Schweizerbart. n. — 60

— die Spitz- u. Spitzmundkrabben (Oxyrhyncha u. Oxystomata) des Roten Meeres. (VII, 91 S. m. 18 Abbildgn., 2 Taf. u. 2 Bl. Erklärgn.) 4. Stuttgart 906. F. Enke. n. 10. —

Klunzinger, C. B., Synopsis der Fische des rothen Meeres. 1. Thl.: Percoiden — Mugiloiden, und 2. Thl. [Separat-Abdr. aus den Verhandlungen der k. k. zoolog.-botan. Gesellschaft in Wien. Jahrg. 1870, Bd. XX.] 8. (166; 48 S.) Wien 870,71. [Leipzig, Brockhaus' Sortiment und Antiq.] * 8 —

Klunzinger, Paul

Klunzinger, P. Die schmalspurige Montan-Bahn von Rostocken nach Marksdorf in Ungarn. Wien 1875.

Klunzinger, Paul, Project der Einwölbung des Wienflusses innerhalb der Grenze der Gemeinde Wien. In Verbindung mit der Regulirung der anlieg. Stadttheile, mit der Anlage einer neuen grossen Wienstrasse u. mit Rücksicht auf eine Stadtbahn. Mit 3 chromolith. Tafeln. Nach einem Vortrage, gehalten im österreich. Ingenieur- u. Architekten-Vereine am 4. Febr. 1882. gr. 8. (20 S.) Wien 882. Spielhagen & Schurich. n. 2. —

KLUNZINGER, Paul
Die Regulierung des Eisernen Thores und der übrigen Katarakte an der Unteren Donau, sowie die Ergebnisse der Grossschiffahrt nach deren Eröffnung am 1. October 1898. Von Ingenieur Paul Klunzinger. Separat-Abdruck aus der „Allgemeinen Bauzeitung" Heft 3. 1899. Hiezu 7 Tafeln. Wien. 1899. Selbstverlag. [In Comm. Lehmann & Wentzel.] Fol. 44 S. * fl. 4.—

347 (436)

Der deutsch-österreichisch-ungarische Verband für Binnenschiffahrt. Vortrag des Ingenieur P. Klunzinger geh. 1897. *Wien: Donau-Verein 1897.* (33 S.) 8°
Aus: Danubius.
(Donau-Verein. ⟨Verein z. Hebung d. Fluss- u. Canalschiffahrt in Oesterreich.⟩)
(oo. 8475 11

Klüpfel, Carl, s. Klüpfel, Karl

Klüpfel, Engelbert

— s Jh. Laur. Berti.

— S Bibliotheca nova ecclesiast.

Engelberti Kluepfelii, Augustiniani Friburgensis Theologi, Vetus bibliotheca ecclesiastica. Vol. I. Pars I. Freiburg, 1780, 8°, 248 S.
Diese Zeitschrift setzte sich zur Aufgabe, patristische und ältere theol. Inedita zu publizieren und verdiente Schriftsteller der frühern Zeit samt ihren Werken der Gegenwart wieder vorzuführen. Leider blieb es beim 1. Bande. Recension Nova biblioth. Frib. V. 73—78.

Kluepfel, Engelb., Commentatio historica sistens Lutheranorum novissima dissidia de canone divinarum Scripturarum. Freiburg 1780, 8°.
Recens. Nova biblioth. Frib. V, 123—40.

Engelberti Kluepfelii Augustiniani, theologi Friburgensis, ad Jo. Salomonem Semlerum, Halensem theologum, epistolae XIV. Nova Bibliotheca Friburgensis vol. II.—V. (Friburgi 1776—1780.)

Klüpfel, Engelb., liber apologeticus de eximiis dotibus naturae rationalis ante peccatum. 8. Frburg 769. Mit n. Titelbl. 779. Wagner. (Wolff in Augsb.) 12 *K*

— institutiones theologiae dogmaticae in usum audit. Prs. I. II. 8maj. Wien 789. Kraus. Ed. II. 8maj. ibid. 802, 3. Binz. Ed. III. II Ptes. ibid. 807. 3 ℛ 12 *K* Institut. etc. quartis curis recogn., opera et studio Gr. Ziegler. II Tom. 8maj. Wien 819. Binz. (Leipz., Liebeskind). Ed. n. Wien 821. Armbruster. 4 ℛ 8 *K*

— institutiones theologiae dogmat. in us. audit. II Tmi. Vien. Binz. (Liebeskind in Lips. in Commission.) 804.

— — dem, ad usum privatum S. S. Theologiae Candidat. etc. a C. Geist. 8. maj. ibid. 804.

Klüpfel, Cl. Engelbert, Institutiones theolog. dogmat., ad us. privat. SS. theol. Candidator. in compendium redactae a Caj. Geist. Edit. II. 8maj. (16 B.) Vindobonae 830, Armbruster.

Klüpfel, Cl. Engelb., Institt. theologiae dogmaticae ad usum privatum SS. theologiae candidatorum in compendium redactae a Caj. Geist. Edit. III. 8maj. Vindobonae 838. Armbruster. 2/3 ℛ

Klüpfel, Cl. Engelb., Institutiones theolog. dogmat. ad us. privat. SS. theolog. candidator. in compend. redactae Caj. Geist. Edit. III. et IV. 8maj. (à 16 B.) Vindobonae 838, 42, [Mayer et Comp.] à

Klüpfel, C. Engelb., Institutiones theologiae dogmaticae, ad usum privatum SS. theol. Candidat. in compendium redactae a Prof. D. Caj. Geist. Edit. IV. 8maj. Vindobonae 842, Mayer et Comp. 2/3 ℛ

Klüpfel, Engelb., († d. 8. Juli 1811.) Diss. de libellis martyrum. 8. Frburg 777. Stettin in Ulm. 3 gr

— necrologium, sodalium et amicorum literatorum auctore superstite diem suum obierunt. 8maj. Frburg 809. Herder. 1 Rthl. (Gräffer u. S. in Wien). 16 gr

— oratio in obitum Mar. Theresiae, Roman. Imperatricis. Fol. Frburg 781. Wagner. 6 gr

— panegyricus Josepho II. nomine Musarum Friburgens. 1777 dicatus. Fol. Frburg 779. Wagner. (W. Vogel in Leipz.) 4 gr

Klypfel, Engelb., Psalmi VII poenitentiales, paraphrasi elegiaca et expositione prosaica illustrati. Wien, Mechitaristen, 1823, 8°. Nach Klupfels Tode von seinen Freunden zum Drucke befördert.

Klüpfel, (E.,) VII Psalmi poenitentiales paraphrasi elogiaca et expositione prosaica illustrati etc. gr. 8. Wien 823, (Wallishauser.)

— Samml. v. Schriften, s. Sammlungen.

Klüpfel, Engelb., Vindiciae vaticinii Isaiae 7, 13 de Emmanuele. Freiburg, 1779, 4°.

Klüpfel, Eng., de vita et scriptis Conradi Celtis Protnecii. Ed. J. C. Ruef. Praemissa sunt quaedam de hodierno linguae Latinae neglectu. Progr. Friburg 813. 4. (66 S)

— de vita et scriptis Conr. Celtis Protucci praecipui renascentium in Germania literarum restauratoris primique Germanor poetae laureati opus posthum. auctor. consistorii acad. Friburg. edendum cur. J. K. Ruef. 8maj. Frburg 814. Herder. 12 gr Ed. absolvit C. Zell. II Ptes. 4. Friburg 827. Wagner. 3 Rthl.

—— de vita et scriptis Conr. Celtis Protucci, praecipui renascentium in Germania literar. restauratoris primique germanor. poetae laureati, opus posthum. Auctorit. consistorii acad. Friburg. edendum cur. J. C. Ruef, edit. absolvit C. Zell. II Pts. 4. (50¼ B.) Friburgi 827, Wagner.

Klüpfel, Emanuel Chph. (Hrsg.), s. Almanac de Gotha 1754.

Klüpfel, Emm. Cph., († d. 21. Nov. 1770.) Bedenken über d. Frage: Ob d. Ehe mit des Bruders Wittwe erlaubt sey? 8. Gotha 752.

Klüpfel, Gust., die Gold- u. Silberproduktion u. ihr Einfluß auf d. Geldwert, s. a. Währungs-Bibliothek.

Klüpfel G, die Gold- und Silberproduktion und ihr Einfluss auf den Geldwert. (36 S 1 T) (Währungsbibliothek I, 4) Stuttgart 1895

Klüpfel, Heinrich Immanuel

— Abhandl. über einzelne Theile d. bürgerl. Rechts. gr. 8. Stuttg. 818. Metzler. 1 Rthl. 4 gr

Klüpfel, H. Im.: Ueb. d. Ascendentenfolge nach Longobard. Lehnrecht. *Stuttg.*, Löfflund. 804. 8.

Klüpfel, Heinrich Immanuel (Stuttgart), De ratione aestimandi felicitatem hominum. Diss. I. Präs. August Friedrich Boeck. Tübing. (Fues) Sept. 1777. 40 S. (6.—) 18512

Klüpfel, H. I.: Ueber einzelne Theile des bürgerl. Rechts. Stuttgart 1817.

Klüpfel, H. Imm.: Ueber d. Vielfachh. d. Verwandtsch. u. ihre Wirkk. besond. in Rücks. auf d. Recht d. Erbfolge. *Stuttg.*, Erhard u. Löfflund. 792. 8. (12 Gr.)

Klüpfel, Joh. Albr., s.: Flora.

Klüpfel, Jo. Albr., († d. 10. Mai 1795.), s. 1) Journal für d. Gärtnerei. 2) Taschenbuch d. Kochkunst.

— *S.* Vortheile z. Erziehung etc.

Klüpfel, Karl, s. Bibliothek des litterarischen Vereins in Stuttgart XIV, XXXI, XLVII.

Klüpfel, Karl, der schwäbische Bund, s. Taschenbuch, historisches.

Klüpfel, Carl, die deutschen Einheitsbestrebungen in ihrem geschichtlichen Zusammenhang dargestellt. gr. 8. (XIV und 577 S.) Leipzig 852(53,) G. Mayer. *

Klüpfel K, die deutschen Einheitsbestrebungen in ihrem geschichtlichen Zusammenhange dargestellt. Leipzig 1853

— u. Max Eifert, Geschichte u. Beschreibung der Stadt u. Universität Tübingen. 1. Abthl. A. u. d. T.: Geschichte u. Beschreibung der Stadt Tübingen. Verfaßt von Max Eifert. gr. 8. (X u. 342 S.) Ebd. 849. n. 1 Rthl. 4 ngr (cplt. n. 3 Rthl. 8 ngr)

Klüpfel, Carl, Geschichte und Beschreibung der Universität Tübingen. gr. 8. (VIII und 531 S. mit 1 Tab. in Fol.) Tübingen 849, Fues. *

Klüpfel, K[arl]: Geschichte und Beschreibung der Universität Tubingen. Tubingen 1849 = Klüpfel u. Eifert: Gesch. u. Beschreibung der Stadt u. Univ. Tubingen. 2.

Klüpfel, Karl, Geschichte der deutschen Einheitsbestrebungen bis zu ihrer Erfüllung 1848—1871. 2 Bde. gr. 8. Berlin, Springer's Verlag. à Bd. *M. 8. * 16 —

Inhalt:
Bd. 1. 1848—1865. (VIII, 389 S.) 872.
" 2. 1866—1871. Mit einem beide Bde. umfass. alphabet. Verzeichnisse der hervorrag. Personen. (VII, 434 S.) 873.

Klüpfel, K: Geschichte der deutschen Einheitsbestrebungen bis zu ihrer Erfüllung 1848–1871. Bd 1. 2. Berlin 1872–73

—— Kaiser Maximilian I., s. a National-Bibliothek, deutsche.

Klüpfel, Karl, Kaiser Maximilian I. gr. 8. (202 S.) Berlin 864, Brigl.
Aus: Deutsche National-Bibliothek, besonders abgedruckt.

Klüpfel, K. Kaiser Maximilian I. (202) 8. Berlin 1864. 2,00 — N. Ausg. 8. ib. 1873.

— Rechenaufgaben aus den Schulaspirantenprüfungen 1902—06. (Neue Folge.) Als Fortsetzg. der 2×1000 Aufgaben gesammelt. (56 S.) 8. Stuttgart 906. A. Lung. n. — 65

— Gustav Schwab. Sein Leben und Wirken. Leipzig 858. Brockhaus. 8. (VII, 399 S.) n. 1 Rthl. 24 ngr.

Klüpfel, Karl, Gustav Schwab als Dichter u. Schriftsteller, s.: Lebensbilder schwäbischer Dichter.

(Klüpfel, Carl.) Süddeutsche Städte und Städtebündnisse im Mittelalter. [A.] 8. [Leipzig 1852.]

—— die Universität Tübingen in ihrer Vergangenheit und Gegenwart dargestellt. gr. 8. (V, 162 S. mit 1 Tab.) Leipzig 877, Fues's Verlag. *

Klüpfel, Carl, aus Frankfurt a. M.: **Untersuchungen des Übergangs elektrischer Ströme zwischen Flüssigkeiten und Gasen.** *Marburg 1904: R. Friedrich.* (VI, 42 S.) 8°
Marburg, Phil. Diss. v. [16. Febr.] 1904

Klüpfel, Carl s. Urkunden zur Geschichte des Schwäbischen Bundes. Stuttgart 1846–1853.

—— und G. Schwab, Wanderungen durch Schwaben, s. Schwab.

—— und G. Schwab, Wegweiser durch die Literatur der Deutschen, s. Schwab.

—— dritter Nachtrag zu dem Wegweiser durch die Literatur der Deutschen. Ein Handbuch für Laien. A. u. d. T.: Literarischer Wegweiser für gebildete Laien. Die Jahre 1856—58. Nebst einem Vorworte über Schriftstellerei und Buchhandel. gr. 8. (XXIV und 96 S.) Leipzig 858, G. Mayer. *
Das Vorwort einzeln

— erster Nachtrag zu dem Wegweiser durch die Literatur der Deutschen von G. Schwab u. K. Klüpfel. Ein Handbuch für Laien. Leipzig 853. G. Mayer. gr. 8. (IV, 107 S.) n. 20 ngr.

—— fünfter Nachtrag zu dem Wegweiser durch die Literatur der Deutschen. Ein Handbuch für Laien. A. u. d. T.: Literarischer Wegweiser für gebildete Laien. Die Jahre 1861—1862. gr. 8. (XXXII und 77 S.) Leipzig 863. [Klinkhardt.] *

— sechster Nachtrag zu dem Wegweiser durch die Literatur der Deutschen. Ein Handbuch für Laien. A. u. d. T.: Literarischer Wegweiser für gebildete Laien. Die Jahre 1863—1864. Ebend. 864. gr. 8. (XXXII, 92 S.) n. 20 ngr.

Klüpfel, Karl, siebenter Nachtrag zu dem Wegweiser durch die Literatur der Deutschen. Ein Handbuch für Laien A. u. d. T.: Literarischer Wegweiser für gebildete Laien. Die Jahre 1865—1867. Leipzig 867. Klinkhardt. gr. 8. (XIV, 120 S.) n. 20 ngr.

— vierter Nachtrag zu dem Wegweiser durch die Literatur der Deutschen. Ein Handbuch für Laien. A. u. d. T.: Literarischer Wegweiser für gebildete Laien. Die Jahre 1859—1860. Leipzig 860. G. Mayer. gr. 8. (X, 89 S.) n. 20 ngr.

—— zweiter Nachtrag zu dem Wegweiser durch die Literatur der Deutschen. Ein Handbuch für Laien. gr. 8. (IV und 188 S.) Leipzig 856, G. Mayer. *

—— literarischer Wegweiser für gebildete Laien. Die Jahre von 1870—1874. Erster Nachtrag zur 4. Aufl. des Schwab und Klüpfel'schen Wegweisers. gr. 8. (132 S.) Leipzig 874, Klinkhardt. * 2 40
Hauptwerk mit erstem Nachtrag * 10 40

—— dass. — s. Schwab, G.

Klüpfel, Karl, literarischer Wegweiser für gebildete Laien. Die Jahre von 1874—1876. Zweiter Nachtrag zur 4. Aufl. des Schwab und Klüpfel'schen Wegweisers. gr. 8. (XIX, 80 S.) Leipzig 876, Klinkhardt.

—— dass. — Die Jahre von 1876—1879. Dritter Nachtrag zur 4. Aufl. des Wegweisers durch die Literatur der Deutschen. gr. 8. (VI, 133 S.) Ebendas. 879.
Hauptwerk und erster Nachtrag. Ebendas. 1870,74. * M. 10,40.

Klüpfel, L., Die Notwendigkeit des Zusammenschlusses der Betriebskrankenkassen. Vortrag, gehalten in der Versammlung von Betriebskrankenkassen zu Eisenach am 29. Juni 1907. Essen-Ruhr, 1907. 28 S.

Klüpfel, Die Notwendigkeit des Zusammenschlusses der Betriebskrankenkassen. Vortrag. 8°. Essen a. d. Ruhr 1907. (Mitteilungen des Vereins zur Wahrung gemeins. wirtsch. Interessen, 1907, Nr. 5/6.)

Vollst. Samml. aller Schriften, d. durch Veranlass. d. — kais. Toleranz- u. Reformations-Edicten auch andern Verordnungen grösstenth. zu Wien erschienen sind. *Strasb.*, akad. B. 1—5. Bd. 784. 6. Bd.; auch unt. d. Tit.: Samml. bischöfl. Verordnn. u. Hirtenbriefe, welche seit 1780 besond. in Deutschl. erschienen sind; z. Aufklär. d. Kirchengesch., d. Kirchenrechts u. d. deutschen Staatsrechts; herausg. v. Eglbr. Klüpfel. *Strasb.*, 786. 8.

Klupsch, Hugo, Referendar in Lissa i. P.: **Die Haftung des falsus procurator.** *Greifswald 1900: J. Abel.* (85 S.) 8°
Greifswald, Jur. Diss. v. 1900

Klupß, Johann Martin

Klups, J. M. Ein Beitrag zur Fauna der Umgegend von Rastenburg und der Provinz Preußen. 15 S.
Rastenburg, Progr. 1849

Klupß, J. M. Ueber die Bewegung eines elliptischen Cylinders auf geneigter Ebene. 12 S.
Rastenburg, Progr. 1829

Klupß, Joh. Mart. Potenzlehre. Fortsetzung. 26 S.
Rastenburg, Progr. 1842

Klupß, J. M. Theorie der Gleichungen des 3. u. 4. Grades. Als Leitfaden zum Vortrage. 47 S.
Progr. Rastenburg 1831

Klupß, J. M. Theorie der Potenzen. 16 S.
Rastenburg, Progr. 1836

Jo. Sam. Klupsch de effectibus opii analecta historica. Diss. inaug. Hal. 1804. 8.

Klupsch, Jh. Sam., s. Thom. Lauth, Handbuch d. Mythologie.

Kluß, Geo., neues Taschenwörterbuch polnisch-deutsch u. deutsch-polnisch. Zum Schul- u. Handgebrauch zusammengestellt nach den neuesten Quellen u. der neuen Rechtschreibg. 2 Tle. in 1 Bde. (600 u. 798 Sp.) 16. Trebitsch 908. J. Lorenz. (Nur direkt.) Geb. in Leinw. 2. 50

Klusemann, Erich Carl [aus Ofen]: Ueber die Zusammensetzung und die Beschaffenheit der aus den grossen und aus den kleinen Fettkügelchen der Kuhmilch gewonnenen Butter ... Leipzig-R., Druck v. O. Schmidt, 1893: 58 S., 1 Bl., 18 Taf. 8.
Leipzig, Phil. Fak., Inaug.-Diss. v. [18. Mai] 1893

Klusemann, Friedrich August

Klusemann, Fr. Aug., Altargebete, s. Sintenis, Wlh. Frz., Luther lebt noch.

Klusemann, Friedr. Aug., freundl. Gabe an die in d. Heil. Geist-Kirche zu Magdeburg 1833, 1835, 1837, 1839. Confirmirten. Enth. die an dieselb. gesprochenen Confirmationsreden. gr. 8. Magdeburg, Creutz'sche Buchh. à 1/6 Thlr.

— freundliche Gabe an die in der Heil. Geist-Kirche zu Magdeburg am 4. April 1841 Confirmirten. Enthaltend die an Dieselben gesprochene Confirmationsrede. gr. 8. Magdeburg 841, Baensch. 1/8 ℔

— zwei Predigten: Der Weihnachtsbaum u. daß Liebe zur Religion eine heilige Pflicht der Eltern gegen Kinder sei. gr. 8. Magdeburg 837, 38. Creutz. 1/6 ℔

— selig sind die Augen, die da sehen, das Ihr sehet! Luc. 10, 23—37. Predigt am 13. Sonnt. n. Trinit. 1845 zu Magdeburg gehalten. 2. Aufl. gr. 8. Ebend. 845. 3 ngl

— was wir an unserer Kirche haben? Predigt, am 2. Pfingstfeiertage 1846 gehalten. gr. 8. Ebend. 846. 3 ngl

Klusemann, F. A., Weihe-Fest-Predigt, s. Denkmal z. Erinnerung rc.

— der Weihnachtsbaum, und daß Ehrfurcht u. Liebe gegen die Religion und ihre Anstalten eine heilige Pflicht der Eltern gegen ihre Kinder sei. Zwei Predigten. gr. 8. Ebend. 841. 1/8 ℔

—— wie unser Glaube an e. künft., bess. Leben, zu verschied. Zeiten, auch auf uns. Gemüth verschied. wirkt. Pred. üb. Luc. 24, 13—35. 8. (1 1/2 B.) Magdeburg 835, (Heinrichshofen.) *

Klusemann, Geog. Gust. Guil. (geb. Osterode a. H. 19. 1. 1811): De blennorrhoea sive ophthalmia aegyptiaca. Berolini (1837). (29 S.) 8°
Berlin, Med. Diss. v. 8. März 1837

Zum Gedächtnis des Brs Wilh. Deecke. [Unterz.: Herm.] Klüsener. [Mülhausen i. Els. 1897.] 4 Bl. 8⁰

Loge „Zur Säule an den Vogesen" Or. Mülhausen i. Els. I. Jahresbericht für das Mr-Jahr 1901—1902 vom Br. [Herm.] Klüsener. II. Bericht über das 25 jährige Stiftungsfest, vom Br. Fr[iedr.] Scherer. III. Gedenktafel der i. d. e. O. e. Brr. Wetzlar [1902]: Imgardt. 19 S. 8⁰ [Umschlagtit.] cf. Bbl. 16 (1902) S. 510 (G. Diercks).

Klusemann, Max, Gerichtsreferendar in Charlottenburg: Das Recht des Menschen an seinem Körper. Borna-Leipzig 1907: R. Noske. (X, 49 S.) 8°
Leipzig, Jur. Fak., Diss. v. 24. Mai 1907
[Geb. 17. Juni 84 Magdeburg; Wohnort: Charlottenburg; Staatsangeh.: Preußen; Vorbildung: Domgymn. Magdeburg Reife O. 03; Studium: Tübingen 3, Berlin 1, Halle 2 S.; Rig. 12. Juli 05.]

Kluser, Karl Josef

Kluser, K. J., der Landschreiber Valentin Compar v. Uri u. s. Streit m. Zwingli, s. Neujahrs-Blatt, histor., hrsg. v. d. Gesellschaft f. Geschichte u. Alterthümer d. Kantons Uri.

[J.] Der Landschreiber Vallentin Compar von Uri und sein Streit mit Zwingli. Geschichtl. Abh. v. K. J. Kluser, Pfarrer. *Altdorf: Buchdr. M. Gisler 1894.* (39 S.) 1 Bd 8.
= Neujahrsblatt, Historisches, hrsg. v. d. Gesellschaft f. Geschichte u. Alterthümer d. Kantons Uri auf d. J. 1895. [No] 1. [98. 3820

Klusmann, A.

—— und F. Blackûter, Fibel. Des Kindes erstes Schulbuch. Nach der Methode des Dr. Vogel in Leipzig zusammengestellt. 1.—4. Aufl. 8. (104 S. mit eingedr. Holzschn.) Oldenburg 862—68, Stalling's Verlag. *

—— und F. Blackûter, Fibel. Des Kindes erstes Lesebuch. Nach der Methode des Dr. Vogel in Leipzig zusammengestellt. 5. Aufl. 1869, und 6. Aufl. 8. (IV, 104 S.) Oldenburg 871, Stalling's Verlag. * — 40

—— Rechenbuch für Unterklassen, s. Friedrichs, H.

— die Stenographie, e. Frage der Zeit. Jever 868. Mettcker & Söhne in Comm. gr. 4. (26 S. wovon 2 lith.) n. 10 ngr.

Klusmann, Dietr., u. H. Klusmann, Fibel. Lesebuch f. Unterklassen. gr. 8. (IV, 114 S. m. 4 Steintaf.) Ebend. 874. — 75

Klusmann, D., u. H. Klusmann, Fibel. Lesebuch für Unterclassen. 2. Aufl. gr. 8. (120 S.) Oldenburg 882. Stalling's Verl. — 75

Klusmann, D., u. H. Klusmann, Fibel. Lesebuch für Unterklassen. 3. Aufl. gr. 8. (III, 120 S. m. Illustr.) Oldenburg 885. Stalling's Verl. — 75

Klusmann, Fr., Novellen, s. Novellenkranz.

Klusmann, Heinrich, Gerichtsassessor: Die Tragweite der §§ 134, 138 I B.G.B. Oldenburg 1909: Barfuß. 79 S. 8°
Erlangen, Jur. Diss. v. 20. Juli 1909, Ref. Siber
[Geb. 30. Okt. 81 Schmalenfleth; Wohnort: Oldenburg i. Gr.; Staatsangeh.: Oldenburg; Vorbildung: Gymn. Oldenburg Reife O. 99; Studium: Freiburg i. B. 1, Berlin 1, Göttingen 4 S.; Rig. 27. Mai 09.] [U 10. 718

Klusmann, Theodor, appr. Arzt, Assistenzarzt b. Feldart.-Reg. Nr. 33: Ein Fall von Sturzgeburt im Akte vermeinter Stuhlentleerung. Göttingen 1909: Hofer. 31 S. 8°
Göttingen, Med. Diss. v. 17. Juni 1909, Ref. Runge
[Geb. 11. Febr. 84 Osnabrück; Wohnort: Metz; Staatsangeh.: Preußen; Vorbildung: Gymn. Osnabrück Reife O. 01; Studium: Berlin Univ. 1, K. W. A. 1 S.; Coll. 18. Mai 06; Approb. 4. Febr. 08.] [U 09. 1312

Klusmeyer, z. Paulinischen Rechtfertigungslehre. Holzminden. 4. 20 p.
Schul-/Univ.-Schrift 1864

Klüsner, F., Menschenpläne und Gottes Führungen, oder warum ich ein Methodist geworden bin. Nebst einem Anhang von der Taufe. 8. (46 S.) Bremen 883, Verlag des Tractathauses. *

Kluespies, Jos., Andachtsübungen beim Besuche der heiligen Gräber am Charfreitage und Charsamstage; nebst einem Anhange, enthltd.: Tageszeiten und Litanei vom Leiden Christi, Gebete zur schmerzhaften Mutter Gottes, Kreuzwegandacht rc. Würzburg 857. Stahel. gr. 16. (2 Bl., 115 S. mit Holzschn. im Text u. 1 Stahlst.) n. 15 ngr.

— Gebete und Betrachtungen beim Besuche des heiligen Kreuzweges Jesu Christi. (Abdr. aus dessen „Heiliges Grabbüchlein.") Mit vielen Holzschn. (im Text). Würzburg (857.) Stahel. 16. (40 S.) 1¼ ngr.

Kluss, Th., musikal. Wegweiser. Ein Hilfsbuch f. d. Prüfgn. Musikbeflissener. 12. (25 S.) Hannover 896. L. Oertel. n. — 50

Klüss, Frz., die älteste deutsche Gewerkschaft: Die Organisation der Tabak- u. Zigarrenarbeiter bis zum Erlasse des Sozialistengesetzes, s.a. Abhandlungen, volkswirtschaftl., d. badischen Hochschulen. VIII. 2. Erg.-Bd.

Die älteste deutsche Gewerkschaft: Die Organisation der Tabak- und Zigarrenarbeiter bis zum Erlasse des Sozialistengesetzes. Von Dr. Franz **Klüß**. Karlsruhe: G. Braun 1905. (68 S.) 8°
— Abhandlungen, Volkswirtschaftl., d. Bad. Hochschulen. Bd 8, Erg.Bd 2.
[05. 8506

Klüss, Franz: Die älteste deutsche Gewerkschaft: Die Organisation der Tabak- und Zigarrenarbeiter bis zum Erlasse des Sozialistengesetzes. Karlsruhe 1905: G. Braun. (68 S.) 8° ¶ [Volkswirtschaftl. Abhandlungen der Badischen Hochschulen, Band 8 Ergänzungsbd 2.]
Heidelberg, Phil. Fak., Ref. Rathgen, Diss. v. 20. Juni 1905
[Geb. 20. Febr. 79 Dreschwitz a. Rugen; Wohnort: Stralsund; Staatsangeb.: Preußen; Vorbildung: Realgymn. Stralsund Reife O. 98; Studium: Greifswald 2, Berlin 2, Gottingen 2, Heidelberg 2 S.; Rig. 23. Juni 04]

Klüss, Karl [aus Lubeck]: Zur Kenntnis der unterschwefelsauren Salze .... Lübeck, Druck v. Gebr. Borchers, 1888; 2 Bl. + 42 S. + 1 Bl. 8°
Berlin, Phil. Fak., Inaug.-Diss. v. 7. Jan. 1888

Klußmann, E., und W. Sigismund, zum Gedächtniß an Schiller's 100jähr. Geburtsfeier, s. **Sigismund, W.**

Klussmann, Ernst

Klussmann, E., Adnotationes criticae ad Tertulliani librum de spectaculis. Gel. 1876. 15 S. 1.-

Klussmann, E., De Alberici mythographi codice Gothano altero cum corollario coniectaneorum ad tres scriptores latinos. Pr. 1868. 24 S. 4°. 1,20

Klussmann, Ernest. Commentatio de Alberici mythographi codice Gothano altero cum corollario conjectaneorum ad tres scriptores latinos. Rudolstadt 868. (Berlin, Calvary & Co.) 4. (24 S.) n. 15 *ngr.*

Klussmann, E., Mantissa quaestionum in Arnobio criticarum. Pr. 1868. 19 S. 4°.

Klussmann, E., Miscellanea critica. Gel. 1877. 8 S.
Ueber Seneca, Nepos, Minucius, Juvenalis.

Klussmann, Ernst, Miscellanea critica. gr. 8. (8 S.) Rudolstadt 877, (Müller'sche Buchh.) *

Klussmann, Ernest, Oratio de Obbario philologo habita in gymnasio illustri Fridericiano a. d. pridie idus Apriles a. 1862. gr. 8. (14 S.) Rudolphopoli 862. (Leipzig, Wagner.)

—— Quaestiones Arnobianae criticae (ex programmate gymnasii Rudolphopolitani separatim editae.) 4. (19 S.) Leipzig 863, Teubner. *

— Qu. Septimii Florentis Tertulliani libellus de spectaculis. Gel. 1876. 69 S. 1.50

Die Entwickelung des Hamburgischen Vorlesungswesens. Dargest. im Auftr. d. Vorlesungs-Kommission d. Oberschulbehörde von H. **Klussmann**. Mit 2 Abb. u. 1 Taf. *Hamburg: L. Voss 1901.* (43 S.) 4°(8°) [01. 11199 3

Klussmann, Max Coniectanea critica ad Tertulliani libros ad Nationes. S. 89—96. **Progr.** Wi. G. **Hamburg* 1885.

— Coniectanea critica ad Tertulliani libros ad Nationes. Gel. 1886. 8 S. 4°. —.75

Klussmann, Maximilianus: Excerpta Tertullianea in Isidori Hispalensis Etymologiis colleg. et explan. (= Curar. Tertull. part. IV. — I—III: Gotha 1887.) Hamburgi, typ. express. Lütcke et Wulff, 1892; 1 Bl., 38 S. 4.
Hamburg, Gelehrten-S d. Johanneums, P 1892 (729)

Klussmann, Max. Excerpta Tertullianea in Isidori Hispalensis etymologiis collegit et explanavit M. K. Progr. gr. 4. (38 S.) Hamb. 892, (Herold's Verlag). ** 2 50

— excerpta Tertullianea in Isidori Hispalensis etymologiis collegit et explanavit M. K. Progr. gr. 4. (38 S.) Hamburg 892. (Herold's Verl.) n.n. 2. 50

Klußmann, Max, Geschichts-Tabellen f. Gymnasien u. Realgymnasien. 4., bericht. u. bis auf die neueste Zeit fortgeführte Aufl. 8. (24 S.) Rudolstadt 890. Hofbuchdruckerei. n. — 25

— die Kämpfe am Eurymedon, s.a. **Schrader, H.,** de archaeologicae Thucydideae apud veteres scriptores auctoritate.

Klussmann, Max *Heinrich Raimund* Die Kämpfe am Eurymedon. 4 (S. 16—24).
In: Lud. Herbst natalem 80. celebranti gratulantur Johannei rector et collegae *Hamburg* 1891.
Nicht im Tauschverkehr.
Progr.

Klussmann, Maximilianus: Curarum Tertullianearum particulae 1 et 2. Halis Saxonum 1881: (Mitzlaff in Rudolstadt). 51 S. 8°
Halle-Wittenberg, Phil. Diss. v. [23. Mai] 1881
Geb. Rudolstadt 7. 11. 1856. V.
Ersch. später, verm. um part. 3. Apologeticum et libri ad nationes alterum ex alteris emendantur (= S. 53—80) als: Curarum Tertullianarum libri tres. Rudolphopoli 1887: Mitzlaff. 80 S. 8° Im Buchhandel Gothae: F. A. Perthes. Vorh. Rudolstadt LB

Klussmann, Max, curarum Tertullianearum particulae III. gr. 8. (80 S.) Gotha 887, F. A. Perthes. *

Klussmann, Nelly (C. Cornelius), 25 Lieder m. Klavierbegleitung f. Haus, Schule u. Kindergarten. (39 S.) gr. 8. Berlin (906). L. Oehmigke's Verl. n. — 80

Klussmann, Rud., Bibliotheca scriptorum classicorum et graecorum et latinorum, s.: **Jahresbericht** üb. die Fortschritte der klassischen Altertumswissenschaft. Suppl.-Bd.

Bibliotheca scriptorum classicorum et Graecorum et Latinorum. Die Literatur von 1878 bis 1896 einschliessl. umfassend. Hrsg. von Prof. Dr. Rudolf **Klussmann**. Bd 1, T. 1. Leipzig: Reisland 1909. 8°
(Jahresbericht über d. Fortschritte d. klass. Altertumswiss. Bd 146. Suppl.-Bd.)
[09. 16480

Klussmann, Rud., curae africanae. 4. (13 S.) Gera 883. Kanitz' Sort. 1. 50

Klussman, Rud., Emendationes Frontinianae. Inest epistula critica Guilelmi Studemund ad Rud. Klussmann. gr. 8. (XLII, 78 S.) Berlin 874, Calvary und Comp. * 2 40

Klussmann, Rud., index commentationum Aeschylearum ab a. CIƆIƆCCCVIII maximo in Germania editarum. 8. (28 S.) Berlin 878. Calvary & Co. n. 1. —

Klussmann, R., Emendationum Frontoniarum particula. Diss. 1871. 80 S.

Klussmann, Rud. Tulliana. 19 S. Progr. G. *Gera* 1877.

—— **Tulliana.** gr. 4. (19 S.) Berlin 877, Mayer und Müller. *

Rudolf Klussmann, Systematisches Verzeichnis der Abhandlungen, welche in den Schulschriften sämtlicher an dem Programmaustausch teilnehmender Lehranstalten erschienen sind, 5 Bde. (1876—1910), Leipzig 1889/1916.

Klussmann, Rudolf. Systematisches Verzeichnis der Abhandlungen, welche in den Schulschriften sämmtlicher an dem Programmtausche teilnehmenden Lehranstalten vom Jahre 1876—1885 erschienen sind. Nebst zwei Registern. Leipzig, B. G. Teubner, 1889. Progr.

Klussmann, Rud., systematisches Verzeichnis der Abhandlungen, welche in den Schulschriften sämtlicher an dem Programmtausche teilnehmenden Lehranstalten erschienen sind. Nebst 2 Registern. 2. Bd. 1886—1890. gr. 8. (VII, 285 S.) Leipzig 893. B. G. Teubner. n. 5. — (1. 2.: n. 10. —)

Klussmann, Rud., systematisches Verzeichnis der Abhandlungen, welche in den Schulschriften sämtlicher an dem Programmtausche teilnehmenden Lehranstalten erschienen sind. Nebst 2 Registern. 3. Bd. 1891—1895. gr. 8. (VII, 342 S.) Leipzig 899. B. G. Teubner. n. 8. —
Bd. 1 u. 2. Ebd. 889. 893. n. 10. —.

Klussmann, Rud., systematisches Verzeichnis der Abhandlungen, welche in den Schulschriften sämtl. an dem Programmtausche teilnehmenden Lehranstalten erschienen sind. Nebst 2 Registern. 4. Bd. 1896 bis 1900. (VIII, 347 S.) gr. 8. Leipzig 903. B. G. Teubner. n. 8. —
Bd. 1—3 Ebd. 889—899. n. 18. —.

Klußmann, Wilh., Sammlung v. Polizei-Verordnungen u. ortsstatutarischen Bestimmungen f. den Stadtkreis Osnabrück. gr. 8. (VII, 180 S.) Osnabrück 894. J. G. Kisling. Kart. n.n 3. 75

Klut, Hartwig [Apotheker aus Berlin]: Beiträge zur Kenntnis substituierter Thiodicyandiamine. Friedrichshagen 1902. 83 S. 8°.
Basel. Phil. Diss. 1901/1902.

Klut, Hartwig. Beiträge zur Kenntnis substituierter Thiodicyandiamine. Diss. Phil. Basel. IV + 83 S. 8. Friedrichshagen, Albert Kunzke, 1902.

Untersuchungen des Wassers an Ort und Stelle. Von Dr. Hartwig **Klut.** Mit 29 Textfig. Berlin: J. Springer 1908. (VI, 159 S.) 8° 16. 16397

Klute H.: Zinkperhydrol, Zincum peroxygenatum u. Magnesiumperhydrol ... Diss. (Bern). Berl. 1910. 48 S. P.

Klüter, August, approb. Arzt aus Schalke, Westf.: **Aus d. pathol. Institute zu Kiel.** Ein **Fall** von zapfenförmiger Verlängerung der Kleinhirntonsillen bei teleangiektatischem Gliom der rechten. *Kiel 1899: P. Peters.* (15 S.) 8°
Kiel, Med. Diss. v. [26. Sept.] 1899

***Klüter*, J. C., nouv. Grammaire théor. et prat. gr. 8. Halle 750. Waisenh.-B. 6 K**

Kluth, C., Aufgaben zum Kopf- und Tafelrechnen für deutsche Volksschulen. Mit Berücksicht. der deutschen Reichsmünze, als ein Anhang zu jedem Rechenbuch nebst Münztabelle für Deutschland. 8. (21 S.) Langensalza 873, Verlags-Comptoir. [Beyer und Söhne.] — 15

—— Ergebnisse zum Kopf- und Tafelrechenbuch in norddeutschen Volksschulen. Neu bearb. nach der Maß- und Gewichtsordnung für den norddeutschen Bund. 2. Aufl. 8. (88 S.) Ebendas. 870. * — 75

— praktisches Kopf- u. Tafelrechenbuch für die Hand des Schülers in norddeutschen Volksschulen. Fibel u. Vorstufe. Neu bearb. nach der Maß- u. Gewichtsordnung für den norddeutschen Bund. 4. [der neuen Bearbeitung 1.] Aufl. Ebend. 870. 8. (32 S.) 2 ngr.

—— dass. — 1.—6. Heft. 8. Ebendas. 870—72. 1 —
Inhalt:
Heft 1. 4.—6. [der neuen Bearbeitung 1.—3.] Aufl. (16 S.) * 10 Pf.
" 2. 3. und 4. [der neuen Bearbeitung 1. und 2.] Aufl. (32 S.) * 20 Pf.
" 3. 2. [der neuen Bearbeitung 1.] Aufl. (24 S.) 15 Pf.
" 4. 2. und 3. [der neuen Bearbeitung 1. und 2.] Aufl. (28 S.) * 20 Pf.
" 5. 2. [der neuen Bearbeitung 1.] Aufl. (32 S.) * 20 Pf.
" 6. 2. [der neuen Bearbeitung 1.] Aufl. (28 S.) 15 Pf.

—— dass. — 5. Heft. Neu bearb. mit Berücksicht. der neuen Reichsmünze. 3. Aufl. 8. (29 S.) Ebendas. 870. * — 20

—— praktisches Kopf- und Tafelrechenbuch für die Hand des Schülers in norddeutschen Volksschulen. Fibel und Vorstufe. Neu bearb. nach der Maß- und Gewichtsordnung für den norddeutschen Bund. 4. [der neuen Bearbeitung 1.] Aufl. 8. (32 S.) Ebendas. 872. * — 20

—— dass. — für die Hand des Schülers in deutschen Volksschulen. Fibel und Vorstufe. Neu bearb. mit Berücksicht. der neuen Reichsmünze. 5. Aufl. 8. (32 S.) Ebendas. 873. * — 20

—— dass. — Ergebnisse. 2 Abthlgn. 3. Aufl. 8. Ebendas. 874. * 1 —
Inhalt:
Abthl. 1. Die Ergebnisse zur Fibel und Vorstufe, sowie zu dem 1. und 2. Heft. [Stufe 1—4.] (S. 1—63.) * 40 Pf.
" 2. Die Ergebnisse zu dem 3.—7. Hefte. [Stufe 5—10 und Anhang.] (S. 64—174.) * 60 Pf.

—— dass. — Nach den „Allgemeinen Bestimmungen vom 15. Octbr. 1872" neu bearb. 1. 2. 4.—7. Heft. 8. Langensalza 874,75, Beyer und Söhne. * 1 —
Inhalt:
Heft 1. 3. Stufe: Das schriftliche Addiren, Subtrahiren, Multipliciren und Dividiren einfach benannter Zahlen. 7. und 8. Aufl. (16 S.) * 10 Pf.
" 2. 4. Stufe: Die Münzen-, Maß- und Gewichts-Tabelle, Resolviren und Reduciren, vier Species mehrfach benannter Zahlen, Regeldetri, die Zeitrechnung, Flächenrechnung. 5.—7. Aufl. (32 S.) * 20 Pf.
" 4. 2. Cursus der Bruchrechnung. [Ungleichnamige Brüche.] Enth. 6. Stufe: Vorübungen zum Bruchrechnen; die vier Species mit Brüchen. 7. Stufe: Die Decimalrechnung. 4.—7. Aufl. (28 S.) * 20 Pf.
" 5. 8. Stufe: Die einfache, umgekehrte und zusammengesetzte Regeldetri, die Zinsrechnung, die Kettenrechnung. Neu bearb. mit Berücksicht. der neuen Reichsmünze. 4. Aufl. (31 S.) * 20 Pf.
" 6. 8. Stufe: Die Tararechnung, Rabatt- und Diskontorechnung, Gesellschaftsrechnung, Mischungsrechnung. 9. Stufe: Die Flächen- und Körperrechnung. 3. und 4. Aufl. (24 S.) * 15 Pf.
" 7. 10. Stufe: Quadratzahlen und ihre Wurzeln. Kubikzahlen und ihre Wurzeln. Anhang: Algebraische Aufgaben. (20 S.) * 15 Pf.

Kluth, C., praktisches Kopf- und Tafelrechenbuch für die Hand des Schülers in deutschen Volksschulen. Neu bearb. mit Berücksicht. der neuen Reichsmünzen. 7 Hefte und Fibel und Vorstufe 2 Hefte. 8. Langensalza 875—79, Beyer und Söhne. *
Inhalt:
Fibel und Vorstufe. 1. und 2. Heft. 1. Stufe: A. Die vier Species im Zahlenraum von 1—10; B. Die vier Species im Zahlenraum von 10—20. — 2. Stufe: Die vier Species im Zahlenraum von 1—100. 7. Aufl. (32 S.) * 20 Pf.
Heft 1. 3. Stufe: Das schriftliche Addieren, Subtrahieren, Multiplizieren und Dividieren einfach benannter Zahlen. 9. Aufl. (16 S.) * 10 Pf.
" 2. 4. Stufe: Die Münzen-, Maß- und Gewichts-Tabelle; Resolviren und Reduciren; vier Species mit mehrfach benannten Zahlen; Regeldetri; die Zeitrechnung; die Flächenrechnung. 8. Aufl. (32 S.) * 20 Pf.
" 3. 1. Cursus der Bruchrechnung. (Gleichnamige Brüche.) Enth. 5. Stufe: Vorübungen zu den Bruchen und die vier Species der Bruchrechnung (gewöhnliche Brüche und Decimalbrüche) mit einfach und mehrfach benannten Zahlen, das Resolvieren und Reduzieren, sowie einige Aufgaben der Regeldetri, Zinsrechnung, Gesellschaftsrechnung und Flächenrechnung. 5. und 6. Aufl. (24 S.) * 15 Pf.
" 4. 2. Cursus der Bruchrechnung. [Ungleichnamige Brüche.] Enth. 6. Stufe: Vorübungen zum Bruchrechnen; die vier Species mit Brüchen. 7. Stufe: Die Decimalrechnung. 8. Aufl. (28 S.) * 20 Pf.
" 5. 8. Stufe: Die einfache, umgekehrte und zusammengesetzte Regeldetri; die Zinsrechnung; die Kettenrechnung. 5. Aufl. (31 S.) * 20 Pf.
" 6. 8. Stufe: Die Tararechnung, Rabatt- und Diskontorechnung, Gesellschaftsrechnung, Mischungsrechnung. 9. Stufe: Die Flächen- und Körperrechnung. 4. Aufl. (24 S.) * 15 Pf.
" 7. 10. Stufe: Quadratzahlen und ihre Wurzeln. Kubikzahlen und ihre Wurzeln. Anhang: Algebraische Aufgaben. 2. Aufl. (20 S.) * 15 Pf.

Kluth, C., praktisches Kopf- und Tafelrechenbuch für die Hand des Schülers in deutschen Volksschulen. Ergebnisse. 2 Abthlgn. 4. Aufl. 8. Langensalza 877, Beyer und Söhne.

Inhalt:

Abthl. 1. Die Ergebnisse zur Fibel und Vorstufe, sowie zu dem 1. und 2. Hefte. [Stufe 1—4.] (S. 1—63.) * 40 Pf.

» 2. Die Ergebnisse zu dem 3.—7. Hefte. [Stufe 5—10 und Anhang.] (S. 64—174.) * 60 Pf.

Kluth, C., praktisches Kopf- und Tafelrechenbuch für die Hand des Schülers in deutschen Volksschulen. Neu bearb. mit Berücksicht. der neuen Münzen, Maße und Gewichte. 1.—5. Heft und Fibel und Vorstufe 2 Hefte. 8. Langensalza, Beyer und Söhne. *

Inhalt:

Fibel und Vorstufe. 1. und 2. Heft. 1. Stufe: A. Die vier Species im Zahlenraum von 1—10. B. Die vier Species im Zahlenraum von 10—20. — 2. Stufe: Die vier Species im Zahlenraum von 1—100. 8. Aufl. (32 S.) 880. * 20 Pf.

Heft 1. 3. Stufe: Das schriftliche Addieren, Subtrahieren, Multiplizieren und Dividieren einfach benannter Zahlen. 10. und 11. Aufl. (16 S.) 880,82. * 10 Pf.

» 2. 4. Stufe: Die Münzen-, Maß- und Gewichts-Tabelle; Resolviren und Reduciren; vier Species mit mehrfach benannten Zahlen; Regeldetri; die Zeitrechnung; die Flächenrechnung. 9. und 10. Aufl. (32 S.) 881,84. * 20 Pf.

Kluth, C., praktisches Kopf- und Tafelrechenbuch &c.

Heft 3. 1. Cursus der Bruchrechnung. (Gleichnamige Brüche.) Enthaltend 5. Stufe: Vorübungen zu den Brüchen und die vier Species der Bruchrechnung (gewöhnliche Brüche und Decimalbrüche) mit einfach und mehrfach benannten Zahlen, das Resolvieren und Reduzieren, sowie einige Aufgaben der Regeldetri, Zinsrechnung, Gesellschaftsrechnung und Flächenrechnung. 7. Aufl. (24 S.) 881. * 15 Pf.

» 4. 2. Cursus der Bruchrechnung. (Ungleichnamige Brüche.) Enthaltend 6. Stufe: Vorübungen zum Bruchrechnen; die vier Species mit Brüchen. 7. Stufe: Decimalrechnung. 9. Aufl. (28 S.) 881. * 20 Pf.

» 5. 8. Stufe: Die einfache, umgekehrte und zusammengesetzte Regeldetri; die Zinsrechnung; die Kettenrechnung. 6. Aufl. (31 S.) 882. * 20 Pf.

6. und 7. Heft. Ebendas. 1876,79. à * 15 Pf.

Kluth, C., praktisches Kopf- u. Tafelrechenbuch f. die Hand d. Schülers in deutschen Volksschulen. 2. Hft. 10. Aufl. 8. (32 S.) Langensalza 884. Beyer & Söhne. n. — 20

Kluth, C., praktisches Kopf- und Tafelrechenbuch für die Hand des Schülers in deutschen Volksschulen. 1. Heft. 13. Aufl. 8. (16 S.) Langensalza 888, Beyer und Söhne. *

2.—7. Heft. Ebendas. 1876—84. * ℳ 1.25.

—— Kopf- und Tafelrechenbuch für deutsche Volksschulen. Ergebnisse zum 1. und 2. Heft. 4. Aufl. 8. (IV, 23; 28 S.) Langensalza 881, Beyer und Söhne. *

Kluth, Dietrich Theophil (Hamburg), Nonnulla de abscessibus per congestionem ex vitio ossium cum partis inferioris columnae vertebralis tum pelvis exortis. Diss. med. Halle 26. IX. 1831. Berlin (Nietack) 1832. 40 S. mit Biogr. (M.: A. D. M. Ohlendorff) u. 2 Lith. (D. G. Kluth ad nat. del., J. W. Schütze lith.) (6.50) 18536

Gew.: Heinr. Christoph Kluth (Vater). — Krankengesch. v.: Heinrich Schmidt, Friedrich Trinks.

Kluth, Ditericus Theophilus: Nonnulla de abscessibus per congestionem ex vitio ossium cum partis inferioris columnae vertebralis tum pelvis exortis. Accedunt tabulae lithographicae II. Berolini 1832: Nietack. 38 S., 2 Taf. 8° (4°)

Halle-Wittenberg, Med. Diss., nachgeliefert von dem am 26. Sept. 1831 auf Thesen promovierten Verf.

Geb. Hamburg 31. 1. 1810. V. Dzondi's Progr. vgl. Nr. 751.

Kluth, E[mil]: Zum Abschied von meinen lieben Schülerinnen wie den verehrten Damen und Herrn des Kollegiums. Oberhausen 1908: Kühne. S. 28—34. 4°

Oberhausen im Rheinland, st. paritāt. HM P 1908 [208] [S 08. 234

Kluth, E[mil], Direktor: (1) Leaving Certificate Examinations in Schottland. (2) Zur Umgestaltung der höheren Mädchenschule. Oberhausen 1900: R. Kühne Nachf. (S. 3—14.) [F.]

Oberhausen, st. HM P 1900 [192]

Kluth, E[mil]: Chief Poets of the 19th Century. Oberhausen 1908: Kühne. S. 3—8. 4°

Oberhausen im Rheinland, st. paritāt. HM P 1908 [208] [S 08. 235

Kluth, E[mil], Direktor: **Der deutsche Ritterorden und seine Burgen. Oberhausen 1907: R. Kühne Nachf. (S. 3—16.) 4° [F.]**

Oberhausen, st. paritāt. HM OP 1907 [199]

Taschenliederbuch f. Mädchenschulen, enthalt. 200 Lieder, Sing- u. Jugendspiele f. Ausflüge von Schulklassen, ausgew. v. E. Kluth, Guben, 140 S., 16°.

Taschenliederbuch für Mädchenschulen, enth. 200 Lieder, Sing- u. Jugendspiele f. Ausflüge von Schulklassen. Ausgewählt von **E[mil] Kluth**, Dir. zu Guben. *Guben: A. Koenig (1903).* (XII, 140 S.) 8° [F.] [illegible]

Kluth, Henr. Cph., De rheumatismo chronico. Specimen inaug. med. Kiliæ. 1800. P.

Kluth, Hermann, Referendar in Waldheim i./S.: **Die Rechtsstellung der Mäkler unter Ausschluß der Ehemäkler auf der Grundlage des Bürgerlichen Gesetzbuches vom 18. August 1896 und des Neuen Handelsgesetzbuches vom 10. Mai 1897.** *Borna-Leipzig 1903: W. Wigand.* (102 S.) 8°

Leipzig, Jur. Diss. v. 1903

Kluth, Josef, Gerichtsrefer.: Die Stellung des stillen Gesellschafters bei Auflösung der stillen Gesellschaft. Mülheim a. Rh. 1909: Künstler. VII, 79 S. 8°

Leipzig, Jur. Diss. v. 2. Aug. 1909

[Geb. 13. Juli 83 Kerpen, Kr. Bergheim; Wohnort: Mülheim a. Rh.; Staatsangeh.: Preußen; Vorbildung: Gymn. Mülheim Reife O. 03; Studium: Bonn 2, München 1, Berlin 1, Bonn 2 S.; Rig. 3. Juli 06.] [U 09. 2569

Kluth, Karl, Arzt: Beitrag zu einer allgemeinen Entwicklungstheorie. Rostock 1908: (Völkel, Bernburg). 37 S. 8°

Rostock, Med. Diss. v. 5. Jan. 1909, Ref. Barfurth, Schwalbe

[Geb. 9. Mai 78 Pritzwalk; Wohnort: Bernburg; Staatsangeh.: Preußen; Vorbildung: Joachimsth. Gymn. Berlin Reife O. 98; Studium: Rostock 10 S.; Coll. 20. Dez. 06; Approb. 15. Febr. 08.] [U 09. 3717

Kluth, Carl, s.: Jahrbuch f. das lithographische Gewerbe.

— s.: Taschen-Kalender f. Lithographen.

Kaiser Friedrich und sein Erzieher. Rede 1904 zu Eberswalde geh. von L[eberecht] **Kluth**, Prof. Eberswalde: H. Langewiesche 1904. (20 S.) 8° [F.] [05. 1911]

Kluth, Leberecht: *Zum Geburtstage Luthers.* 1 (1888). 2 (1891). 3 (1893). 4 (1895) siehe S. 125.

Progr.

Kluth, Leberecht: Ausgewählte Schulreden. Eberswalde, C. Müller's Buchdr., 1896; 1—24 S. 4.

Eberswalde, Wilhelms-G, P 1896 (72)

Kluth, Leberecht: Ausgewählte Schulreden. I (24 S.).

Progr. Wilhelms-G. *Eberswalde* 1896

I. Zum Gedächtnis Kaiser Wilhelms I. (22. März 1888). II. Zum Gedächtnis Kaiser Friedrichs III. (15. Juni 1892). III. Zum Geburtstage Luthers. 1 (1888). 2 (1891). 3 (1893). 4 (1895). IV. Zur dreihundertfünfzigjährigen Jubelfeier der Einführung der Reformation in der Mark Brandenburg (1889).

Kluth, L. Über die Vereinbarkeit der mechanistischen Weltbetrachtung mit der teleologischen. 18 S. **Progr.** St. G. *Halle* 1879.

Kluth, Robert [aus Nauen]: Der Gypskeuper im mittleren Wesergebiet ... Göttingen, Druck d. Dieterich'schen Univ.-Buchdr., 1894; 47 S. 8.

Göttingen, Phil. Fak., Inaug.-Diss. v. [11. Aug.] 1894

Kluth, Walther, Gerichtsassessor in Aachen: Der Prozeß-Vergleich mit besonderer Berücksichtigung des gesetzlichen Rücktrittsrechts bei einem solchen. Aachen 1907: La Ruelle. (VIII, 54 S.) 8°
Leipzig, Jur. Fak., Diss. v. 4. Jan. 1908
[Geb. 5. Febr. 79 Aachen; Wohnort: Aachen; Staatsangeh.: Preußen; Vorbildung: Gymn. Cleve Reife O. 97; Studium: Lausanne 1, München 2, Berlin 1, Bonn 2 S.; Rig. 31. März 06.]

Klutmann, Alex., die Haubergswirtschaft, s. a. Abhandlungen des staatswissenschaftlichen Seminars zu Jena. II. 1.

Klutmann, Alex, Olpe i. W.: Die Haubergswirtschaft. Ihr Wesen, ihre geschichtliche Entwicklung und ihre Reformbedürftigkeit. Auf Grund der Verhältnisse im Kreise Olpe i. W. Jena: G. Fischer 1905. (31 S.) 8° ¶(Ersch. vollst. in dems. Verl. als: Abhandl. d. Staatswiss. Seminars, hrsg. v. Pierstorff, Bd 2, H. 1.)
Jena, Phil. Fak., Ref. Pierstorff, Diss. v. 10. Aug. 1905
[Geb. 27. Febr. 81 Olpe; Wohnort: Olpe; Staatsangeh.: Preußen; Vorbildung: Landw. Schule Lüdinghausen bis O. 99; Studium: Bonn-Poppelsdorf 5, Jena 3 S.; Rig. 6. März 05.]

Die Haubergswirtschaft. Ihr Wesen, ihre geschichtl. Entwicklung u. ihre Reformbedürftigkeit. Auf Grund d. Verhältnisse im Kreise Olpe i.W. dargest. von Dr. Alex. **Klutmann.** Jena: G. Fischer 1905. (VIII, 114 S.) 8°
= **Abhandlungen** d. staatswiss. Seminars zu Jena. Bd 2, H. 1. [e3. 1044]

Klutmann, Rudolf, Kammergerichtsreferendar in Berlin: Analyse des National-grusinischen Obligationenrechts im Kodex König Wachtangs VI. Stuttgart 1908: Union. (45 S.) 8°
Heidelberg, Jur. Fak., Ref. Bekker, Diss. v. 1908
[Geb. 30. März 83 Charlottenburg; Wohnort: Friedenau b. Berlin; Staatsangeh.: Preußen; Vorbildung: Luisen-Gymn. Berlin Reife M. 02; Studium: Berlin 3, München 2, Berlin 4 S.; Rig. 28. Mai 07.]

Klutschak, Eugen (Hrsg.), s. Mars. 1868 ff.

Klutschak, Eugen, Skizzen aus dem böhmischen Elbegau. kl. 8
1. Bändchen. (48 S.) Aussig, August Grohman. 20 kr., 2. Bändchen 2. Aufl. (96 S.) 30 kr. 1883

Klutschak, Frz., Böhmische Adelssitze als Centralpunkte volkswirthschaftlicher u. humanitarer Bestrebungen. 1. Heft: Schloss Tetschen. Mit mehren (8 lith.) Ansichten von C. Würbs. Prag 855. Credner in Comm. gr. 8. (VIII, 154 S.) n. 1 ℛ. 10 ngr.
Auch mit französischem Texte zu gleichem Preise.

—— auf der reichenberg-pardubitzer Bahn ins Gebirge. Ein Büchlein für Touristen. 1. Abthl.: Die reichenberg-pardubitzer Bahn. Mit Seiten-Ausflügen: Burg Kunčtitz, Switschin, Burg Pecka etc. 8. (IV und 316 S. mit 1 lithogr. Kärtchen in qu. Fol.) Prag 860, Credner's Verlags-Conto. *

Klutschak, Frz., Bohemia, s. Bohemia.

—— s. Chateaux nobles de Bohême.

Klutschak, Frz., der Führer durch Prag. Mit e. alphabet. Verzeichnisse der Sehenswürdigkeiten Prags und seiner Umgebung, u. einigen belehrenden Notizen für Fremde. Mit 1 Plan. gr. 12. Prag 838. Haase Söhne. 5/8 ℛ

Klutschack, Frz., der Führer durch Prag. 2. verm. Aufl. (Mit 1 Ansicht in Stahlstich, u. 1 Situations-Plan von Prag nebst Charte der Umgegend.) 16. Prag 841, Haase Söhne. geb. 1/12 ℛ — bass. mit 12 Stahlst. 2 ℛ illum. 3½ ℛ

Klutschak, Frz., der Führer durch Prag. 5. verm. u. verb. Aufl. 16. (192 S. m. 1 Stahlst. u. in Stahl gest. Plan.) Prag 849, Haase Söhne. n. 1/12 ℛ

Klutschak, Frz., der Führer durch Prag. 7., größtentheils umgearb. Aufl. 16. (III und 204 S. mit 1 Stahlst. und einem in Stahl gest. Situationsplane in Fol.) Prag 857, Haase Söhne. * -

Klutschak, Frz., der Führer durch Prag. 8. Aufl. 1862. 18 Ngr. und 9., verm. und umgearb. Aufl. 16. (XXIV und 191 S. mit 1 Stnt., 1 lithogr. Situationsplane und 1 lithogr. Plane der 3 Prager Theater in gr. 16. und gr. 4.) Prag 867, Haase Söhne. * 20 Ngr.; geb. mit 10 Stahlst. *

Klutschak, Frz., der Führer durch Prag. 10. Aufl. (XXIV, 222 S.) 1870. * ℳ 2., und 11. verm. und verb. Aufl. Mit einem neuen (lithogr.) Situationsplane (gr. Fol.) und einem Plane der drei Prager Theater (3 Holzschntaf.). gr. 16. (XXVII, 264 S.) Prag 873, Verlag der Bohemia. *

Klutschak, Frz., der Führer durch Prag. 12. verm. und verb. Aufl. Mit 1 neuen (chromolithogr.) Situationsplane (in Imp.-Fol.), 1 Photolithogr. des Hradschin von Nordosten und (lithogr.) Plänen der 3 Prager Theater. 8. (341 S.) Prag 878, [Verlag der Bohemia.] Haase. cart. *

Klutschak's Führer durch Prag und Umgebung. Neu bearbeitet u. ergänzt von Hermann Katz. 13. Aufl. 8°. (180 S.) Prag, Haase. Mit einem Plane von Prag, geb. fl. 1 40. 1887

Klutschack, Frz., der rakonitzer Kreis, im Königr. Böhmen, s. Oesterreich, Nr. 4.

— die Kriegsjahre Prags in der Mitte des vor. Jahrh. 3 Episoden aus dem österr. Erbfolge- u. dem 7jährigen Kriege. Ebend. 866. gr. 8. (IV, 159 S.) n. 10 ngr.

Klutschak, Franz, Die Kriegsjahre Prags in der Mitte des vorigen Jahrhunderts. Drei Episoden aus dem österreichischen Erbfolge- und dem siebenjährigen Kriege. 8. (158 S.) Prag, Haase Söhne. 50 kr.

— s. Panorama d. Universums.

Klutschak, F., Schloss Tetschen, s. Adelssitze, böhmische. —

Klutschak, Heinr. v., als Eskimo unter den Eskimos. Eine Schilderung der Erlebnisse der Schwatka'schen Franklin-Aufsuchungs-Expedition in den Jahren 1878—80. Mit 3 (chromolith.) Karten, 12 Vollbildern u. zahlreichen in den Text gedr. Illustr. (in Holzschn.) nach den Skizzen des Verf. gr. 8. (V, 247 S.) Wien 881. Hartleben. 6. —; geb. n. 7. 50

KLUTTENTRATT, Natz, und Wolf Wildgraf von Tecklenburg, Edler vom Desenberge und Klusenstein, Krissbetten und Kassbetten oder Unkenklänge von Westfalens rother Erde. (Plattdeutsche Gedichte.) 1884.
So bei Weller, Lex. Ps. p. 298.

Klütz, Grundriss der allgemeinen Chemie. Wehlau. 1843. 4
Schul-/Univ.-Schrift

Klütz, *Gustav* Georg [aus Loitz i. Pomm.]: Ein Fall von Sectio caesarea bei Carcinom der Portio und Vagina ... Greifswald, Druck v. J. Abel, 1893; 30 S. 8.
Greifswald, Med. Fak., Inaug.-Diss. v. 13. Okt. 1893

Klütz, Wilhelm August

Klütz, W. A. Einige Andeutungen über die Ausbildung jugendlicher Phantasie nach ihrem Standpunkte zum Gymnasial-Lehrkreise. 15 S.
Neu-Stettin, Progr. 1844

Klütz, Wilh. Aug., Anschauungen aus d. Schweiz mit e. Anhange üb. d. Straßburger Münster. 12. (7 B.) Cöslin 832, Hendeß.

Klütz, W. [=Guilelmus] August[us]: De foedere boeotico. 50 Bl. 4° (2°)
Halle-Wittenberg, Phil. Diss. v. 6. Jan. 1821
Geb. [Greifenberg (Pommern) 14. 8. 1794]
Ersch. im Buchhandel Berlin: Maurer 1821. 95 S. 8°.

— de foedere Boeotico. 8maj. Berl. 821. Maurers B. 12 gr.

Klütz, Wilhelm August (Conrector), Einladung zu der Allerhöchst verordneten Feier des vor sieben Jahrhunderten in Pommern eingeführten Christenthums durch Bischof Otto von Bamberg am 15. VI. 1824 in dem Gymnasium zu Neu=Stettin, nebst dem Versuche einiger Züge über den Gang des Lichts in der Geschichte. Bln. (Maurer. Druck: G. Hayn) 1824. 31 S. (5.—) 18513

Klütz Epaminondas und Pelopidas. Eine Parallele. 19 S.
Neu-Stettin, Progr. 1834

Klütz, Wlh. Aug., die Gegenwart nach ihrem geistigen Standpunkte in Wissenschaft, Kunst u. Leben. Mit besond. Rücksicht auf Deutschland dargest. gr. 8. Stargard 831. Hendeß. 7/12 ℔

— Glück d. Lebens in Kunst u. Wissenschaft. 12. Berl. 820. Maurers B. 6 gr.

— Natur, Mensch, Vernunft, s. W. A. Keiper.

Klütz Das alte Rom im neuen. Fragment. 11 S. . . . . . .
Neu-Stettin, Progr. 1837

Klütz, W.A.: Der Strand von Bajä. Ein historisches Spiegelbild. 8 S. – Progr. Neu-Stettin 1852.

Die Katastrophe von Landeshut i. Schl. am 23. Juni 1760. Nebst 6 Beilagen und einem Plane. Von Laube, Premier-Lieutenant und herausgegeben von v. Klützow, Landrath. (Mit 1 Tafel.) Landeshut 1861. 8.

Klvaňa, Jos., d. Moldauthal zwischen Prag u. Kralup, s.: Archiv d. naturwissenschaftl. Landesdurchforschg. v. Böhmen.

Kluver, Heinrich

Klüver, Hinr.: Kurtzes Bedencken, über die jur. Frage: Ob eine schwangere Frau, wenn sie wärender Reise auf dem Wagen eines Kindes genesen, für selbiges Fuhr-Lohn zu geben gehalten sey? Jena o. J.

Klüver, Hinrich. Kurtzes Bedencken, Uber die Juristische Frage: Ob eine schwangere Frau, wenn sie wärender Reise auf dem Wagen eines Kindes genesen, für selbiges Fuhr-Lohn zu geben, gehalten sey . . . Mit Consens der hiesigen Hoch-löblichen Juristischen Facultät heraus gegeben. Jena, J. M. Gollner, 1709. 4°. 23 S. In Umschlag.
H.-G. III, 586: „Seltenes jurist. Curiosum", in dem u. a. auch erörtert wird, „ob das Frauenzimmer mit guter Renommé wol reisen könne", denn „. . . die Reisen stehen dem weiblichen Geschlecht übel an, weil sie ihre Keuschheit, oder zum wenigsten doch ihre Modestie verdächtig machen". Das Ganze wird mit leiditem Humor vorgetragen.

Kluver, Henr.: Commentatio iur. ad ictorum axioma: cuilibet in suo ad collum usque aedificare licet. Lingua vernacula: In wie weit der Rechts-Satz gegründet: daß man biß an den Himmel zu bauen befugt sey. Jenae 1754.

Klüver, Henr.: Electa de jure canum Vom Hunde-Recht. Rec. o. O. 1734.

KLUVER, J. H. — Juristische Ergötzlichkeiten vom Hunde-Rechte . . . . Wie solche anfänglich in lateinischer Sprache von *J. H. Kluvern* . . . . Itzo aber in teutscher Sprache . . . . ans Tage-Licht gestellet. Mit Titelkpf. Franckfurt und Leipzig 1715. 8°. (In Rostock, Landesbibl.)

Kluver, Heinrich, De jure canum. Vom Hunde=Recht, ubi praecipuae controversiae quae circa canes accidere possunt explicantur et dissolvuntur. Stade 1711. 40 S., tlws. dtsch. (6.50) 18537
Gew.: Barthold Clemenz v. Kuhla, Adolph Friedrich v. During.

— — Dasselbe. Stade (Heinrich Brummer) 1711. (6.80) 18538

Kluver, de jure canum. Vom Hunde-Recht. Vitemb. 742.

Kluver, J. H., s. Kluver, Heinrich

Klüver, C. C.

Klüver, die Rinderwage in der Tasche, s.: Strauch, R.

Klüver, C. C., Tabelle zur Bestimmung des Brutto- und Nettogewichts des Rindviehes vermittelst zweier Maße. In deutscher Uebersetzung hrsg. von R. Strauch. 8. (39 S.) Bremen 882, Heinsius. *

Klüver, C. E., Tabelle zur Bestimmung des Brutto- und Nettogewichts des Rindviehes vermittelst zweier Maße. In deutscher Übersetzung hrsg. von R. Strauch. 3. Aufl. 8. (7, 39 S.) Bremen 887, Heinsius Nachf. *

Klüver's Tabelle zur Bestimmung d. Brutto- u. Nettogewichtes des Rindviehes vermittelst zweier Maße. In deutscher Übersetzg. hrsg. v. R. Strauch. 4. u. 5. Aufl. 12. (XII, 31 S.) Bremen 891,92, Heinsius Nachf. * 1 —

Klüver, die Viehwage in d. Tasche, s.: Strauch, R.

Klüver, C. E., s. Klüver, C. C.

Klüver, Hans H.

Klüver, H. H. Beschreibung des Herzogtums Mecklenburg. Anjetzo aber gründlich ausgeführet, vermehrt u. verbessert. Andere Aufl. Hamb. 1737—40. II u. B: *Jargow, Johann Friedrich.* (Bachmann, Mecklenburg. Güstrow 1889.)

Klüver, Hans H., Beschr. d. Herzogth. Mecklenburg. 7 Abtheil. 8. Hamb. Hoffmann. 742.

Klüver, Heinrich, s. Kluver, Heinrich

Klüver, Hinrich, s. Kluver, Heinrich

Beiträge zur Geschichte des Gemeindeorganismus in Kiel bis zum Jahre 1600 v. Theodor Klüver. Kiel. 1911. 8°
Phil. Diss.
—— [Verm. um 1 Beilage.] ebd. 1912. 8° = Mitteilungen der Gesellschaft für Kieler Stadtgeschichte. H. 29.

Klucy, v. Unterricht über Dienst im Felde. Freiberg 1830. 198 S.

Klüx, Wolf Ehrenreich August von (Lausitzer Adel) u. (Respond.) **Christian Günther Hasse** (Penig), De amnestia sive lege oblivionis. Lpz. (Breitkopf) 4. X. 1736. 52 S. (6.80) 18514

Kluyver A. J.: Beobachtungen über die Einwirkung von ultravioletten Strahlen auf höhere Pflanzen (mit 1 Taf.). S. 120. I. 1137 . . . . „ 1.10
Separatabdruck

Klyne, G., moderne Reklame-Laternen u. Schilder-Rahmen. (22 farb. Taf. m. 1 Bl. Text.) 30,5×46,5 cm. Plauen (910). (C. F. Schulz & Co.) In Mappe 6. —

Klypfel, Engelbert, s. Klüpfel, Engelbert

Klysma, das, von Kamillenthee in sechs Eingießungen für Mediziner, nach berühmten Mustern gedichtet von Curiosus. 8. (9 S.) Nürnberg 887, Ballhorn. *

Kolibri 360 GmbH
Ferdinand-Jühlke-Straße 7
99095 Erfurt, Deutschland
produktsicherheit@kolibri360.de